E-Book inside.

Mit folgendem persönlichen Code können Sie die E-Book-Ausgabe dieses Buches downloaden:

4kjy6-p56r0-18700-5e2l2

Registrieren Sie sich unter

www.hanser-fachbuch.de/ebookinside

und nutzen Sie das E-Book auf Ihrem Rechner*, Tablet-PC und E-Book-Reader.

Der Download dieses Buches als E-Book unterliegt gesetzlichen Bestimmungen bzw. steuerrechtlichen Regelungen, die Sie unter www.hanser-fachbuch.de/ebookinside nachlesen können.

* Systemvoraussetzungen: Internet-Verbindung und Adobe® Reader®

Frank Henning / Elvira Moeller
Handbuch Leichtbau

 Bleiben Sie auf dem Laufenden!

Hanser Newsletter informieren Sie regelmäßig über neue Bücher und Termine aus den verschiedenen Bereichen der Technik. Profitieren Sie auch von Gewinnspielen und exklusiven Leseproben. Gleich anmelden unter

www.hanser-fachbuch.de/newsletter

Frank Henning
Elvira Moeller

Handbuch Leichtbau

Methoden, Werkstoffe, Fertigung

2., überarbeitete und erweiterte Auflage

HANSER

Die Herausgeber

Prof. Dr.-Ing. Frank Henning (für die 1. Auflage)
Lehrstuhl für Leichtbau am Institut für Fahrzeugsystemtechnik am Karlsruher Institut für Technologie (KIT), Karlsruhe
Stellvertretender Leiter des Fraunhofer-Instituts für Chemische Technologie ICT, Pfinztal

Dipl.-Chem. Elvira Moeller
Herausgeberin und Autorin technisch-wissenschaftlicher Publikationen,
freiberuflich tätig für Verlage, Firmen und Institutionen

Bibliografische Information Der Deutschen Nationalbibliothek:
Die Deutsche Nationalbibliothek verzeichnet diese Publikation in der Deutschen Nationalbibliografie;
detaillierte bibliografische Daten sind im Internet über <http://dnb.ddb.de> abrufbar.

ISBN 978-3-446-45638-9
E-Book-ISBN 978-3-446-45984-7

Die Wiedergabe von Gebrauchsnamen, Handelsnamen, Warenbezeichnungen usw. in diesem Werk berechtigt auch ohne besondere Kennzeichnung nicht zu der Annahme, dass solche Namen im Sinne der Warenzeichen- und Markenschutzgesetzgebung als frei zu betrachten wären und daher von jedermann benutzt werden dürften.

Alle in diesem Buch enthaltenen Verfahren bzw. Daten wurden nach bestem Wissen dargestellt. Dennoch sind Fehler nicht ganz auszuschließen.

Aus diesem Grund sind die in diesem Buch enthaltenen Darstellungen und Daten mit keiner Verpflichtung oder Garantie irgendeiner Art verbunden. Autoren und Verlag übernehmen infolgedessen keine Verantwortung und werden keine daraus folgende oder sonstige Haftung übernehmen, die auf irgendeine Art aus der Benutzung dieser Darstellungen oder Daten oder Teilen davon entsteht.

Dieses Werk ist urheberrechtlich geschützt.

Alle Rechte, auch die der Übersetzung, des Nachdruckes und der Vervielfältigung des Buches oder Teilen daraus, vorbehalten. Kein Teil des Werkes darf ohne schriftliche Einwilligung des Verlages in irgendeiner Form (Fotokopie, Mikrofilm oder einem anderen Verfahren), auch nicht für Zwecke der Unterrichtsgestaltung – mit Ausnahme der in den §§ 53, 54 URG genannten Sonderfälle –, reproduziert oder unter Verwendung elektronischer Systeme verarbeitet, vervielfältigt oder verbreitet werden.

© 2020 Carl Hanser Verlag München Wien
www.hanser.de
Lektorat: Dipl.-Ing. Volker Herzberg
Gestaltung, Seitenlayout und Herstellung: Der Buch*macher*, Arthur Lenner, München
Covercocept: Marc Müller-Bremer, Rebranding, München, Germany
Titelillustration: Atelier Frank Wohlgemuth, Bremen
Coverrealisierung: Max Kostopoulos
Druck und Bindung: Hubert & Co., Göttingen
Printed in Germany

Vorwort zur 1. Auflage

Leichtbau ist die Umsetzung einer Entwicklungsstrategie, die darauf ausgerichtet ist, unter vorgegebenen technischen Randbedingungen die geforderte Funktion durch ein System minimaler Masse zu realisieren. Hinzu kommt die Gewährleistung der Systemzuverlässigkeit über die gesamte Produktlebenszeit.

Unter Leichtbau versteht man jedoch nicht nur die Verringerung des Gewichts, sondern die Steigerung der Effizienz eines Gesamtsystems. Leichtbau erfordert einen ganzheitlichen, interdisziplinären Ansatz, der sich in die Bereiche Methoden, Werkstoffe und Produktion einteilen lässt. Um Leichtbau effizient umzusetzen, muss der Ingenieur auf umfassendes Wissen zurückgreifen können, das diese Themenfelder einschließt. Effiziente Leichtbaulösungen hängen neben den technischen Anforderungen zudem auch von den ökonomischen, ökologischen und sozialen Randbedingungen ab.

Die Herausforderung der Zukunft liegt vor allem im Optimieren und Zusammenführen unterschiedlicher Leichtbauwerkstoffe zur Realisierung eines leichten, wirtschaftlich umsetzbaren Systems, entweder durch produktionsintegrierte Hybridisierung oder durch anschließendes Fügen von Einzelbauteilen zu einem hybriden Gesamtsystem.

Um dieses komplexe Thema praxisgerecht aufzubereiten, ist das Buch entlang des Wertschöpfungsprozesses gegliedert: Ausgehend von der Produktentstehung für Leichtbaukomponenten und -systeme über die unterschiedlichen, für den Leichtbau relevanten Konstruktionswerkstoffe, der direkt damit verbundenen Produktion, die sich in Fertigungsverfahren, Nacharbeit und Fügetechnologien unterteilen lassen, bis hin zur Bewertung von Leichtbauteilen und Strukturen sowie den Methoden der ganzheitlichen Bilanzierung.

In Teil I werden das integrierte Produktentstehungsmodell und die damit verbundene ganzheitliche Lösung zur Beschreibung von Produktentstehungsprozessen und der sie unterstützenden Methoden vorgestellt. Dank gilt Herrn *Prof. Dr.-Ing. Albert Albers*, dessen Arbeiten diesen Teil prägen und der die Themen mit seinen Mitarbeitern in diesem Teil des Buches zusammengeführt hat.

In Teil II werden die relevanten Leichtbauwerkstoffe und systematischen Methoden zur Werkstoffauswahl beschrieben. Die Kapitel zu den einzelnen Werkstoffen enthalten übersichtliche Angaben und Vergleiche zu Eigenschaften und viele spezielle Hinweise und Anwendungsbeispiele, die sich auf ihre Eignung als Leichtbauwerkstoff beziehen. Besonderer Dank gilt Herrn *Dr.-Ing. Kay Weidenmann*, der nicht nur als Koordinator, sondern auch wesentlich zum Inhalt dieses Teils beigetragen hat. Ohne sein herausragendes Engagement würde der zweite Teil sicherlich nicht in dieser Form vorliegen.

In Teil III des Handbuchs stehen die Fertigungsverfahren im Leichtbau, die Formgebung, die Be- und Verarbeitung von Leichtbauprodukten und -werkstoffen im Fokus. Die Fertigungsverfahren sind oftmals der Schlüssel für eine wirtschaftliche Herstellung von Leichtbauteilen und wesentlicher Bestandteil des Systemansatzes mit den interagierenden Bereichen der Methoden, Werkstoffe und Produktion. Für die inhaltliche Koordination dieses Kapitels gebührt Herrn *Prof. Dr.-Ing. Volker Schulze* entsprechender Dank.

Teil IV setzt sich mit dem für den Leichtbau bedeutenden Thema der Fügetechnologien auseinander, die in fünf Gruppen unterteilt werden. Für Mischbauweisen im Multi-Material-Design spielt vor allem das Kleben, also das chemische Fügen, eine zunehmende Rolle. Kombinierte Fügeverfahren, auch als Hybridfügen bezeichnet, kombinieren die Vorteile verschiedener Verfahren und spielen für den Leichtbau hinsichtlich der Materialeinsparung an den Fügestellen eine wichtige Rolle.

Teil V des Buches beschäftigt sich mit der Bewertung von Bauteilen und Leichtbaustrukturen. Dieses Themenfeld umfasst die Prozess- und Bauteilsimulation neuer Leichtbauwerkstoffe, die oft nicht mit konventionellen Materialgesetzen zu beschreiben sind und eine besondere Herausforderung darstellen. Weitere Kapitel sind die Betriebsfestigkeit im Leichtbau, die zerstörungsfreie Prüfung von Werkstoffen und

Bauteilen, das Structural Health Monitoring – die Schadensdetektion, die Reparaturfähigkeit einer Faserverbundstruktur und Reparaturkonzepte bis hin zu End-of-Life-Konzepten und Recycling.

Im VI. Teil des Buches werden der für den Leichtbau sehr bedeutende Aspekt der ganzheitlichen Bilanzierung und die hierfür angewandten Methoden vorgestellt. Die sogenannte Life-Cycle-Analyse umfasst die ganzheitliche Betrachtung eines Leichtbausystems entlang der Wertschöpfungskette über die Produktlebenszeit bis zur Verwertung und ermöglicht somit eine aussagekräftige Bewertung hinsichtlich technischer, ökonomischer, ökologischer und sozialer Aspekte.

Unser Dank gilt den Autoren aller Einzelbeiträge und allen, die auf andere Weise am Zustandekommen des Buches beteiligt waren – auch den Firmen und Organisationen, die Bildmaterial und Daten zu Verfügung gestellt haben, um einzelne Sachverhalte zu verdeutlichen.

Besonders danken möchten wir Herrn *Dipl.-Ing. Volker Herzberg* vom Carl Hanser Verlag, der mit Verständnis und Hilfsbereitschaft, mit viel Sachverstand und Diplomatie eine positive und konstruktive Zusammenarbeit bewirkt hat.

August 2011

Frank Henning
Elvira Moeller

Vorwort zur 2. Auflage

Das vorliegende Buch ist im Jahre 2011 in der 1. Auflage erschienen. Inzwischen sind in vielen Bereichen neue Erkenntnisse erarbeitet, Fertigungsverfahren optimiert und die Eigenschaften von Werkstoffen verbessert worden. Diese Aspekte wurden bei der Überarbeitung und Aktualisierung berücksichtigt.

In der vorliegenden 2. Auflage wurden aber auch neue Kapitel aufgenommen, z. B. die Additive Fertigung sowie die Einbeziehung der Künstlichen Intelligenz zur Gewinnung aktuellen Wissens. Gründlich überarbeitet wurde der Teil der Werkstoffe, vor allem der der faserverstärkten Kunststoffe.

Einige völlig neue Aspekte wurden in das Buch aufgenommen: Die Initiative Massiver Leichtbau, die Bionik, also die Umsetzung biologischer Systeme in technische Produkte und die wirtschaftlichen Aspekte des Leichtbaus. Nicht alles was technisch machbar ist, ist auch bezahlbar, d. h. die wirtschaftliche Effektivität muss mit dem technischen Fortschritt einhergehen.

Ein weiteres Wort zur 2. Auflage: Herr Professor Henning konnte in dieser Ausgabe nicht mehr als aktiver Herausgeber mitwirken. Er hat inzwischen ein Reihe weiterer Aufgaben übernommen, sodass für die Herausgebertätigkeit keine Zeit blieb.

Dessen ungeachtet hat er seine eigenen Beiträge auf dem Gebiet der faserverstärkten Kunststoffe gründlich überarbeitet und aktualisiert.

Ich danke allen Autoren, den neuen und den bisherigen, für die Mühe, die sie sich gemacht haben, um neue Erkenntnisse in den Text aufzunehmen.

Nicht zuletzt danke ich – wie immer – Herrn Volker Herzberg für seine Hilfe und Unterstützung, aber auch für seine Geduld und Diplomatie, mit der er die Entstehung des Werkes begleitet hat.

April 2020

Elvira Moeller

Inhaltsverzeichnis

Vorwort V
Autorenverzeichnis XXXI

Teil I – Produktentstehungsprozess für Leichtbaukomponenten und -systeme 1

1 Der Prozess der Produktentstehung
Albert Albers, Andreas Braun, Jonas Heimicke, Thilo Richter 5

1.1 Grundlagen 9
    1.1.1 Modellierung von Produktentstehungsprozessen 9
    1.1.2 Grundlagen der Systemtechnik 11
    1.1.3 Das Erklärungsmodell der PGE – Produktgenerationsentwicklung 12
    1.1.4 Bekannte Prozessmodelle 12
    1.1.5 Grenzen herkömmlicher Prozessmodelle 14
    1.1.6 Neues Modell für einen Produktentstehungsprozess –
           Controlling vs. Entwicklerunterstützung 16
        1.1.6.1 Controlling im Mittelpunkt 17
        1.1.6.2 Unterstützung von Entwicklern 17
1.2 Das iPeM – integriertes Produktentstehungsmodell 18
    1.2.1 Hypothesen der Produktentstehung 18
    1.2.2 Begriffe und Elemente des iPeM 21
        1.2.2.1 Aktivitätenmatrix 21
        1.2.2.2 Aktivitäten der Produktentstehung 21
        1.2.2.3 Problemlösungsprozess SPALTEN 24
        1.2.2.4 Das Systemtriple aus Ziel-, Handlungs- und Objektsystem 26
        1.2.2.5 Ressourcensystem 26
        1.2.2.6 Phasenmodell 27
        1.2.2.7 Ganzheitliche Modellierung durch die verschiedenen Ebenen und deren
                Wechselwirkungen im iPeM 27
        1.2.2.8 iPeM zur Nutzung von Erfahrung und Wissen im Produktentstehungsprozess 28
1.3 Anwendung des iPeM bei der Entwicklung einer Felge aus kohlenstofffaserverstärktem
    Kunststoff 29
1.4 Zusammenfassung 32
1.5 Weiterführende Informationen 33

2 Technology Intelligence – Technologiefrühaufklärung mit Künstlicher Intelligenz
Joachim Warschat, Antonino Ardilio 37

2.1 Auslöser von Innovationen 41
2.2 Herausforderungen bei der Technologiesuche 41
    2.2.1 Suchstrategie 41
    2.2.2 Wissenswachstum 42

2.3	Die funktionssemantische Methode (FSM)	43
	2.3.1 Der Ansatz	43
	2.3.2 Vom Informationsbedarf zur gezielten Suche	44
2.4	Die funktionssemantische Methode im Leichtbau	48
2.5	Technologieradar	49
2.6	Marktexplorer	50
2.7	Fazit	51
2.8	Literaturverzeichnis	51

3 Leichtbaustrategien und Bauweisen
Gundolf Kopp, Norbert Burkardt, Neven Majić 53

3.1	Einleitung	55
3.2	Anforderungen an Leichtbaukonstruktionen	55
3.3	Leichtbaustrategien	58
	3.3.1 Bedingungsleichtbau	59
	3.3.2 Konzeptleichtbau	60
	3.3.3 Stoffleichtbau	61
	3.3.4 Formleichtbau	62
	3.3.5 Fertigungsleichtbau	63
	3.3.6 Leichtbau versus Kosten	63
3.4	Bauweisen	66
	3.4.1 Differentialbauweise	66
	3.4.2 Integralbauweise	66
	3.4.3 Modulbauweise	67
	3.4.4 Verbundbauweise	68
	3.4.4.1 Hybridbauweise	69
	3.4.4.2 Multi-Material-Design	69
3.5	Fazit	71
3.6	Weiterführende Informationen	71

4 Virtuelle Produktentwicklung
Albert Albers, Neven Majić, Andreas Schmid, Manuel Serf 73

4.1	Computergestützte Konstruktion – Computer Aided Design (CAD)	77
4.2	Computergestützte Entwicklung (CAE) – Computer Aided Engineering	79
	4.2.1 Produktsimulation mit der Finite-Elemente-Methode (FEM)	79
	4.2.2 Entwicklung der FEM	80
	4.2.3 Anwendungsbereiche der FEM	81
	4.2.4 Verfügbare FEM-Programme	81
	4.2.5 Ablauf einer FEM-Analyse	82
	4.2.6 Literatur zu Berechnungsprogrammen und zu FEM	86
4.3	Strukturoptimierung	86
	4.3.1 Topologieoptimierung	87
	4.3.1.1 Topologieoptimierung eines Fahrradbremskraftverstärkers	89

		4.3.1.2 Topologieoptimierung eines Felgensterns	91
	4.3.2	Formoptimierung	94
		4.3.2.1 CAD-basierte Formoptimierung	95
		4.3.2.2 FE-Netz-basierte Formoptimierung	96
		4.3.2.3 Beispiel zur Netz-basierten Formoptimierung	97
		4.3.2.4 Formoptimierung mit Sicken	102
	4.3.3	Parameteroptimierung	107
4.4	Fazit		110
4.5	Weiterführende Informationen		111

5 Systemleichtbau – ganzheitliche Gewichtsreduzierung
Albert Albers, Norbert Burkardt 113

5.1	Definition der Begriffe	117
5.2	Rahmenbedingungen für den Systemleichtbau	119
5.3	Analyse und Synthese des technischen Systems	122
	5.3.1 Funktionsintegration in einem Bauteil	122
	5.3.2 Trennung der Funktionen	123
5.4	Rechnergestützte Methoden im Systemleichtbau	123
	5.4.1 Topologieoptimierung von Elementen in einem technischen System	124
	5.4.2 Optimierung von mechatronischen Systemen	125
	5.4.3 Automatische Lastenermittlung	126
5.5	Konstruktion eines Roboterarms	127
5.6	Fazit	130
5.7	Weiterführende Informationen	131

6 Funktionsbasierte Entwicklung leichter Produkte
Albert Albers, Sven Revfi, Markus Spadinger 133

6.1	Der Erweiterte Target Weighing Ansatz (ETWA)	137
6.2	Der ETWA als Problemlösungsprozess	137
6.3	Funktionsweise des Erweiterten Target Weighing Ansatzes	138
	6.3.1 Produktgeneration G_{n-1}	138
	6.3.2 Funktionsanalyse	138
	6.3.3 Aufwandsanalyse der Teilsysteme oder Funktionsbereiche	139
	6.3.4 Erstellung der Funktion-Aufwand-Matrix	139
	6.3.5 Identifikation von Suchfeldern	140
	6.3.6 Unternehmensspezifische Gewichtung der Faktoren Masse, Kosten und CO_2-Emissionen	141
	6.3.7 Konzeptfindung	142
	6.3.8 Konzeptbewertung	142
	6.3.9 Konzepttragweite	142
	6.3.10 Zielaufwand	145
6.4	ETWA und MBSE	145
6.5	Getriebegehäuse als Beispiel	146

6.6	Fazit	150
6.7	Weiterführende Informationen	150

7 Validierung im Produktentstehungsprozess
Albert Albers, Tobias Düser 153

7.1	Verifizierung und Validierung von Produkteigenschaften	155
7.2	Virtuelle und experimentelle Validierungsumgebung	155
7.3	Zielkonflikte bei der Validierung von Produkteigenschaften im Leichtbau	156
7.4	Validierungsprozess	157
7.5	Systemleichtbau durch keramische Werkstoffe als Beispiel	158
7.6	Fazit	160
7.7	Weiterführende Informationen	160

Teil II – Werkstoffe für den Leichtbau – Auswahl und Eigenschaften 163

1 Werkstoffauswahl für den Leichtbau
Kay Weidenmann, Alexander Wanner 167

1.1	Werkstoffe und ihre Eigenschaften	169
1.2	Allgemeine Aspekte der Werkstoffauswahl	172
	1.2.1 Informationsquellen	172
	1.2.2 Darstellen und Vergleichen von Werkstoffeigenschaften	172
	1.2.3 Werkstoffauswahl im Produktentstehungsprozess	173
1.3	Auswahlstrategien	174
	1.3.1 Anforderungsprofil und Werkstoffbewertung	174
	1.3.2 Werkstoffindices zur Bewertung von Werkstoffen	176
1.4	Werkstoffauswahl mit Werkstoffindices	177
	1.4.1 Leichtbaurelevante Werkstoffindices	180
	1.4.2 Werkstoffauswahldiagramme	181
1.5	Mehrfache Randbedingungen und konkurrierende Ziele	183
	1.5.1 Mehrfache Randbedingungen	183
	1.5.2 Konkurrierende Ziele	184
1.6	Einfluss der Bauteilform	187
	1.6.1 Grundsätzliches	187
	1.6.2 Form und Effizienz	187
	1.6.3 Der Formfaktor	187
	1.6.4 Rolle des Formfaktors bei der Werkstoffauswahl	188
1.7	Beschränkungen durch den Bauraum	190
	1.7.1 Grundsätzliches	190
	1.7.2 Auswahlstrategie bei beschränktem Bauraum	190
	1.7.3 Weitere Bauteile und Lastfälle	192
1.8	Zusammenfassung	192
1.9	Weiterführende Informationen	194

2 Stähle
Wolfgang Bleck 195

2.1 Stähle sind vielseitige Werkstoffe 199
2.2 Hochfeste Flachprodukte 199
    2.2.1 Stähle für Feinstblech (< 0,5 mm) 199
    2.2.2 Stähle für Feinblech (0,5–3 mm) 202
    2.2.2.1 Bake-Hardening-Stähle 205
    2.2.2.2 Hochfeste IF-Stähle 207
    2.2.2.3 Mikrolegierte Stähle (HSLA-Stähle) 207
    2.2.2.4 Dualphasenstähle (DP- und DH-Stähle) 207
    2.2.2.5 TRIP-Stähle 208
    2.2.2.6 Komplexphasenstähle (CP-Stähle) 208
    2.2.2.7 Martensitische Stähle (MS-Stähle) 208
    2.2.3 Stähle für Bleche in größeren Dicken 209
    2.2.4 Stähle für das Pressformen 214
2.3 Stähle für Schmiedestücke 217
2.4 Stähle für hochfeste Drähte 220
2.5 Höchstfeste Stähle 221
    2.5.1 Höchstfeste Vergütungsstähle 221
    2.5.2 Höchstfeste martensitaushärtende Stähle (Maraging-Stähle) 222
2.6 Recyclerverhalten von Stahl 223
2.7 Weiterführende Informationen 223

3 Aluminiumwerkstoffe
Jürgen Hirsch, Friedrich Ostermann 225

3.1 Aluminium als reines Metall 229
3.2 Aluminiumlegierungen 230
    3.2.1 Einteilung und Nomenklatur 230
    3.2.2 Knetlegierungen für Strukturbauteile 232
    3.2.2.1 Mittelfeste Strukturwerkstoffe der Legierungsgruppe Al-Mg (EN AW-5xxx) 233
    3.2.2.2 Mittelfeste Strukturwerkstoffe der Legierungsgruppe AlMgSi (EN AW-6xxx) 235
    3.2.2.3 Mittelfeste Strukturwerkstoffe der Legierungsgruppe AlZnMg (EN AW-7xxx) 235
    3.2.2.4 Hochfeste AlCu- und AlZnMgCu-Legierungen der Serien AW-2xxx und AW-7xxx 236
    3.2.3 Gusslegierungen für Strukturbauteile 236
3.3 Be- und Verarbeitung von Aluminiumwerkstoffen 237
    3.3.1 Formgießen - Urformen 237
    3.3.2 Halbzeuge aus Aluminiumknetlegierungen - Umformen 238
    3.3.2.1 Aluminium-Strangpressprofile 239
    3.3.2.2 Bänder, Bleche und Platten 239
    3.3.2.3 Werkstoffverbunde mit Aluminium 240
    3.3.3 Verarbeitung von Aluminiumhalbzeugen 241
    3.3.3.1 Bearbeitung von Profilen 241
    3.3.3.2 Blechumformung 241

	3.3.4	Trennen und Spanen von Aluminiumlegierungen 243
	3.3.5	Oberflächenbehandlungen 243
	3.3.6	Fügen 244
	3.3.7.	Reparaturmöglichkeiten 245
3.4	Konstruktive Gesichtspunkte 245
	3.4.1	Grundsätze der Gewichtseinsparung 245
	3.4.2.	Elastische Werkstoffeigenschaften und Leichtbaugrad 246
	3.4.3	Verhalten unter schlagartiger Beanspruchung 247
	3.4.4	Grundsätze für die Schwingfestigkeit 248
3.5	Recycling 249
3.6	Anwendung von Aluminiumwerkstoffen 249
3.7	Zusammenfassung 251
3.8	Weiterführende Informationen 252

4   Magnesiumwerkstoffe
Peter Kurze 255

4.1	Magnesium als reines Metall 259
4.2	Magnesiumlegierungen 260
	4.2.1	Einteilung und Nomenklatur von Magnesiumlegierungen 260
	4.2.2	Einfluss der Legierungselemente 261
4.3	Eigenschaften von Magnesiumlegierungen 262
	4.3.1	Mechanische Eigenschaften 262
	4.3.2	Physikalische Eigenschaften 264
	4.3.3	Chemische Eigenschaften 266
4.4	Korrosion und Korrosionsschutz 267
	4.4.1	Korrosion 267
	4.4.2	Korrosionsschutz 268
	4.4.2.1	Zusatz von ausgewählten Legierungselementen 268
	4.4.2.2	Oberflächenbehandlung von Magnesiumwerkstoffen 268
4.5	Verarbeitung und Bearbeitung von Magnesiumlegierungen 271
	4.5.1	Urformen 271
	4.5.2	Umformen 272
	4.5.3	Fügen von Magnesiumlegierungen 273
4.6	Anwendung von Magnesiumlegierungen 274
	4.6.1	Automobilbau 274
	4.6.2	Elektronik 275
	4.6.3	Maschinenbau 276
	4.6.4	Raumfahrt 277
4.7	Fazit 277
4.8	Weiterführende Informationen 278

5 Titanwerkstoffe
Heinz Sibum, Jürgen Kiese 281

5.1 Titan als Metall 285
5.2 Einteilung der Titanwerkstoffe 285
    5.2.1 Reintitan 285
    5.2.2 Titanlegierungen 286
5.3 Eigenschaften von Titanlegierungen 289
    5.3.1 Physikalische und technologische Eigenschaften 289
    5.3.2 Konsequenzen für eine werkstoffgerechte und kosteneffektive Konstruktion im Leichtbau .. 292
5.4 Be- und Verarbeitung von Titanwerkstoffen 293
    5.4.1 Wärmebehandlung 293
    5.4.2 Fügeverfahren 296
    5.4.2.1 Thermisches Fügen 296
    5.4.2.2 Mechanisches Fügen 297
    5.4.2.3 Chemisches Fügen 299
    5.4.3 Spanende Bearbeitung 299
    5.4.4 Trennen, Stanzen, Lochen und Abtragen 300
    5.4.5 Umformen 300
    5.4.6 Oberflächenbearbeitung 301
    5.4.6.1 Dekorative Schichten 301
    5.4.6.2 Verschleißschutzschichten 302
    5.4.6.3 Festigkeitsstrahlen 302
5.5 Sicherheitsaspekte und Recycling 302
5.6 Halbzeugherstellung und Halbzeugformen 303
5.7 Anwendungsbeispiele 304
5.8 Zusammenfassung und Ausblick 306
5.9 Weiterführende Informationen 307

6 Kunststoffe
Axel Kauffmann 309

6.1 Grundlagen 313
6.2 Thermoplaste 316
    6.2.1 Standardkunststoffe 319
    6.2.2 Technische Kunststoffe 320
    6.2.3 Hochleistungspolymere 320
6.3 Duromere 321
    6.3.1 Harzsysteme, Formmassen 321
    6.3.2 Vernetzte Polyurethane 321
6.4 Elastomerwerkstoffe 323
    6.4.1 Vernetzte Elastomere (Gummiwerkstoffe, Kautschuk) 323
    6.4.2 Thermoplastische Elastomere (TPE) 325
6.5 Geschäumte Polymere 326

	6.5.1	Weichelastische Schaumstoffe	327
	6.5.2	Halbharte Schaumstoffe	328
	6.5.3	Harte Schaumstoffe	328
6.6	Additive und Füllstoffe		330
6.7	Weiterführende Informationen		332

7 Faserverstärkte Kunststoffe
Frank Henning unter Mitarbeit von Klaus Drechsler und Lazarula Chatzigeorgiou 335

7.1	Das Prinzip von Verbundwerkstoffen		339
7.2	Kunststoffe als Matrix		340
7.3	Verstärkungsfasern und ihre Eigenschaften		343
	7.3.1	Glasfasern	343
	7.3.2	Kohlenstofffasern	344
	7.3.3	Aramidfasern	347
	7.3.4	Naturfasern	348
7.4	Textile Halbzeuge		350
	7.4.1	Matten und Vliese	350
	7.4.2	Gewebe	351
	7.4.3	Gelege	352
	7.4.4	Geflechte	353
	7.4.5	Gesticke	354
	7.4.6	Fiber Patch Preforming	356
	7.4.7	Nähtechnologie	357
	7.4.8	Bindertechnologie	358
7.5	Imprägnierte Halbzeuge		359
	7.5.1	Duromere Systeme	360
	7.5.1.1	Diskontinuierlich faserverstärkte Duromere	360
	7.5.1.2	Kontinuierlich faserverstärkte Duromere	363
	7.5.2	Thermoplastische Systeme	365
	7.5.2.1	Diskontinuierlich faserverstärkte Thermoplaste	365
	7.5.2.2	Kontinuierlich faserverstärkte Thermoplaste	366
7.6	Eigenschaften von faserverstärkten Kunststoffen		369
	7.6.1	Haftung zwischen Matrix und Faser	371
	7.6.2	Einfluss auf Festigkeit und Steifigkeit	371
7.7	Anwendungsgebiete		373
7.8	Weiterführende Informationen		379

8 Technische Keramik
Walter Krenkel 383

8.1	Strukturkeramiken für Leichtbauanwendungen		387
	8.1.1	Monolithische Keramiken	387
	8.1.2	Keramische Wälzlager für die Antriebstechnik	388
	8.1.3	Leichtbau-Kameragehäuse aus Siliciumnitrid	389

8.2	Leichtbau mit Faserverbund-Keramiken	390
	8.2.1 Keramische Verbundwerkstoffe	390
	8.2.2 Verstärkungsfasern	392
	8.2.3 Herstellverfahren für CMC-Bauteile	393
	8.2.4 Eigenschaften der CMC-Werkstoffe	395
	8.2.5 Hochtemperatur-Leichtbau in der Raumfahrt	397
	8.2.6 Keramische Leichtbaubremsen	398
	8.2.7 Leichtbau in der Verbrennungstechnik und Wärmebehandlung	399
8.3	Zusammenfassung und Ausblick	400
8.4	Weiterführende Informationen	400

9 Hybride Werkstoffverbunde
Kay Weidenmann, Frank Henning 403

9.1	Verbundwerkstoffe vs. Werkstoffverbund	405
9.2	Grundlagen der Hybridisierung	406
9.3	Leichtbaurelevante Hybridkonzepte	409
	9.3.1 Kunststoff-Metall-Hybride	409
	9.3.2 Kunststoff-Kunststoff-Hybride	412
	9.3.3 Kunststoff-Keramik-Hybride	415
	9.3.4 Kunststoff-Holz-Hybride	416
9.4	Zusammenfassung	418
9.5	Weiterführende Informationen	418

Teil III – Fertigungsverfahren im Leichtbau – Formgebung, Be- und Verarbeitung 419

1 Urformen von metallischen Leichtbauwerkstoffen
Andreas Bührig-Polaczek
unter Mitarbeit von Samuel Bogner, Stephan Freyberger, Matthias Jakob, Gerald Klaus,
Heiner Michels, Christian Oberschelb, Uwe Vroomen 423

1.1	Gießen	427
	1.1.1 Verfahrensspezifische Möglichkeiten zur gegossenen Leichtbaukonstruktion	427
	1.1.1.1 Konstruieren von Gussteilen	427
	1.1.1.2 Charakteristische Größen der Gießprozesse	428
	1.1.2 Auswirkungen von Prozess und Legierung auf die Eigenschaften des Gussbauteils	428
	1.1.2.1 Auswirkungen der Erstarrungsbedingungen auf Gussgefüge und mechanische Eigenschaften	428
	1.1.2.2 Gießbare Magnesiumwerkstoffe	429
	1.1.2.3 Gießbare Aluminiumlegierungen	430
	1.1.2.4 Titanlegierungen für den Formguss	430
	1.1.2.5 Gusseisenwerkstoffe und gießbare Stähle	431
	1.1.2.6 Hybride Werkstoffverbunde	432

	1.1.3	Verfahren der Gießereitechnik ... 433
	1.1.3.1	Dauerform und verlorene Form ... 433
	1.1.3.2	Wirkgrößen im Gießprozess ... 433
	1.1.3.3	Schmelze, Gießen und Nachbearbeitung ... 434
	1.1.4	Schwerkraftguss ... 436
	1.1.4.1	Schwerkraftkokillenguss ... 436
	1.1.4.2	Schwerkraftsandguss ... 439
	1.1.5	Das Niederdruck-Kokillengießverfahren ... 440
	1.1.6	Das Druckgießverfahren ... 441
	1.1.7	Das Feingussverfahren ... 443
	1.1.8	Ausblick ... 446
1.2	Weiterführende Informationen ... 448

2 Umformen von metallischen Leichtbauwerkstoffen
Christoph Dahnke, Soeren Gies, Christian Löbbe, Alessandro Selvaggio, A. Erman Tekkaya ... 449

2.1	Herstellung von Leichtbaustrukturen aus Blech durch Umformen ... 453
	2.1.1	Unterschiedliche Leichtbaustrategien ... 453
	2.1.2	Erweiterte Formgebungsgrenzen durch wirkmedienbasierte Blechumformverfahren ... 453
	2.1.3	Herstellung belastungsangepasster Blechformteile ... 457
	2.1.4	Presshärten höchstfester Blechformteile ... 458
	2.1.5	Hybridbauweisen auf Basis von Blechhalbzeugen ... 460
2.2	Herstellung von Leichtbaustrukturen durch Massivumformung ... 462
	2.2.1	Strangpressen ... 463
	2.2.2	Runden beim Strangpressen ... 468
	2.2.3	Verbundstrangpressen ... 469
	2.2.4	Schmieden ... 470
2.3	Herstellung von Leichtbaustrukturen durch Biegeumformung ... 472
	2.3.1	Profile als Basis für den Leichtbau ... 472
	2.3.2	Herstellung von geraden Profilen durch Biegen ... 473
	2.3.3	Herstellung von belastungsangepassten Profilen durch Biegen ... 476
	2.3.4	Biegen von Rohren und Profilen ... 479
	2.3.5	Biegen von belastungsangepassten Rohren und Profilen ... 483
2.4	Zusammenfassung ... 485
2.5	Weiterführende Informationen ... 486

3 Trennen von metallischen Leichtbauwerkstoffen
Benedict Stampfer, Volker Schulze, Jürgen Michna ... 491

3.1	Zerteilen ... 495
	3.1.1	Verfahren des Zerteilens ... 495
	3.1.2	Verschleiß und Formfehler an der Schnittfläche ... 496
	3.1.3	Zerteilen von NE-Metallen ... 496
3.2	Spanen mit geometrisch bestimmter Schneide ... 498
	3.2.1	Einfluss auf den Prozess des Zerspanens ... 498

	3.2.2	Zerspanen von NE-Metallen	501
	3.2.2.1	Titanzerspanung	501
	3.2.2.2	Magnesiumzerspanung	505
	3.2.2.3	Aluminiumzerspanung	506
3.3	Spanen mit geometrisch unbestimmter Schneide		508
	3.3.1	Wasserstrahlschneiden	508
	3.3.2	Schleifen	509
3.4	Abtragen		510
	3.4.1	Laserbearbeitung	510
	3.4.2	Funkenerosives Abtragen	511
3.5	Zusammenfassung		511
3.6	Weiterführende Informationen		512

4 Eigenschaftsänderungen bei metallischen Leichtbauwerkstoffen
Alexander Erz, Jürgen Hoffmeister, Stefan Dietrich, Volker Schulze 515

4.1	Verfestigung durch Umformen		519
	4.1.1	Verfestigungsstrahlen (Kugelstrahlen)	519
	4.1.2	Verfestigung durch Walzen (Festwalzen)	519
4.2	Wärmebehandlung		520
	4.2.1	Härten	520
	4.2.1.1	Martensitische Umwandlung	520
	4.2.1.2	Zeit-Temperatur-Umwandlungsschaubilder (ZTU-Schaubilder)	522
	4.2.1.3	Härtbarkeit von Stahl	524
	4.2.2	Vergütung von Stahl	525
	4.2.3	Chemische Verfahren bei Stählen	526
	4.2.4	Aushärten am Beispiel einer Aluminiumlegierung	527
	4.2.5	Aushärtung von Magnesiumlegierungen	531
	4.2.6	Härten und thermomechanisches Behandeln von Titanlegierungen	532
	4.2.7	Lokale Wärmebehandlungsmethoden zum thermischen Einstellen von Gefügegradienten	534
4.3	Zusammenfassung		535
4.4	Weiterführende Informationen		536

5 Verarbeitung von Kunststoffen
Axel Kauffmann 539

5.1	Extrusion		543
	5.1.1	Rohr- und Profilextrusion	544
	5.1.2	Extrusionsblasformen	545
5.2	Spritzgießen		547
	5.2.1	Thermoplast-Spritzgießen	548
	5.2.2	Elastomer-Spritzgießen	550
	5.2.3	Duroplast-Spritzgießen	550
	5.2.4	Sonderverfahren	551
5.3	Schäumverfahren		554

	5.3.1	Extrusionsschäumen	554
	5.3.2	Partikelschäumen	554
	5.3.3	Polyurethanschäumen	556
5.4	Pressen		558
5.5	Tiefziehen		559
5.6	Rotationsformen		560
5.7	Zusammenfassung		562
5.8	Weiterführende Informationen		562

6 Fertigungstechnologien für faserverstärkte Kunststoffe
Frank Henning 565

6.1	Fertigungsverfahren für diskontinuierlich faserverstärkte Duromere		569
	6.1.1	Bulk Moulding Compound (BMC)	569
	6.1.2	Rieselfähige diskontinuierlich faserverstärkte duromere Formmassen	569
	6.1.3	Reinforced-Reaction Injection Moulding (R-RIM)	570
	6.1.4	Fasersprühen von Polyurethan	570
	6.1.5	Fließpressen von SMC	573
	6.1.6	Fließpressen diskontinuierlich faserverstärkter Duromere im Direktverfahren	574
6.2	Fertigungsverfahren für diskontinuierlich faserverstärkte Thermoplaste		576
	6.2.1	Spritzgießen	576
	6.2.2	Direktprozesse im Spritzgießen	578
	6.2.3	Fließpressen	580
	6.2.3.1	Fließpressen glasmattenverstärkter Thermopaste (GMT)	580
	6.2.3.2	Fließpressen langfaserverstärkter Thermoplastgranulate (LFT-G)	580
	6.2.3.3	Fließpressen diskontinuierlich faserverstärkter Thermoplaste im Direkt-Verfahren	581
6.3	Fertigungsverfahren für kontinuierlich faserverstärkte Duromere		585
	6.3.1	Handlaminiertechnik	585
	6.3.1.1	Unterteilung der Verfahren	587
	6.3.1.2	Beispiele für die Anwendung des Handlaminierens	588
	6.3.2	Prepreg-Technologien	590
	6.3.2.1	Teilprozesse der Prepreg-Technologie	591
	6.3.2.2	Werkzeuge für die Prepreg-Technologie	596
	6.3.2.3	Aushärtung der Laminate	597
	6.3.2.4	Anwendungsbeispiele für unterschiedliche Prepreg-Technologien	599
	6.3.3	Flüssigharz-Imprägnierverfahren – LCM-Technologien	601
	6.3.3.1	Übersicht über die Verfahren	601
	6.3.3.2	Gebräuchliche Harzimprägierverfahren	605
	6.3.3.3	Harzinjektionsverfahren	605
	6.3.3.4	Pultrusion	617
	6.3.3.5	Faserwickeln	619
	6.3.3.6	Anwendungsbeispiele	621
	6.3.3.7	Sonderverfahren	622
6.4	Fertigungsverfahren für kontinuierlich faserverstärkte Thermoplaste		623
	6.4.1	Tapelegetechnologien	623

	6.4.2	Formgebung kontinuierlich faserverstärkter Organobleche und konsolidierter Gelege 625

      6.4.2   Formgebung kontinuierlich faserverstärkter Organobleche und konsolidierter Gelege 625
      6.4.3   Fertigung hybrider kontinuierlich faserverstärkter Thermoplaste 627
6.5   Weiterführende Informationen 628

7 Trennen faserverstärkter Kunststoffe
Anton Helfrich, Volker Schulze, Chris Becke 633

7.1   Bearbeitungsfehler und Bearbeitungsqualität 637
7.2   Spanen mit geometrisch bestimmter Schneide 639
      7.2.1   Verschleiß und Schneidstoffe 639
      7.2.2   Fräsen 639
      7.2.3   Bohren 641
      7.2.4   Drehen 644
      7.2.5   Einspannen von faserverstärkten Kunststoffen bei der Zerspanung 645
7.3   Spanen mit geometrisch unbestimmter Schneide 646
      7.3.1   Schleifen 646
      7.3.2   Wasserstrahlschneiden 646
7.4   Abtragen 648
      7.4.1   Abtragen mit Laserstrahlen 648
      7.4.2   Funkenerosives Abtragen (EDM) 648
7.5   Zusammenfassung 649
7.6   Weiterführende Informationen 649

8 Formgebung bei Technischer Keramik
Reinhard Lenk 653

8.1   Technologie der Keramikherstellung 657
8.2   Formgebung Technischer Keramik 659
      8.2.1   Prinzipien keramischer Formgebung 659
      8.2.2   Keramische Formgebungsverfahren 661
      8.2.2.1 Pressformgebung 661
      8.2.2.2 Plastische und thermoplastische Formgebung 665
      8.2.2.3 Gießformgebung 669
      8.2.2.4 Additive Fertigung 671
      8.2.3   Binderkonzepte und Entbinderungsverfahren 671
8.3   Komplexe keramische Bauteilstrukturen 672
      8.3.1   Grundlagen 672
      8.3.2   Fertigungstechnische Möglichkeiten und Anwendungsbeispiele für den Leichtbau 674
      8.3.2.1 Direkte Formgebung 675
      8.3.3.2 Formgebung und Fügen 675
      8.3.2.3 Replikationstechniken 676
      8.3.2.4 Verwendung von Trägermaterialien (PT-Keramik®) 678
      8.3.3   Anwendungsbeispiele für den Leichtbau 681
8.4   Zusammenfassung 683
8.5   Weiterführende Informationen 683

9 Fertigungsrouten zur Herstellung von Hybridverbunden
Frank Henning, Kay Weidenmann, Bernd Bader 685

9.1	Oberflächenbehandlung als Vorbereitung zur Fertigung	689
	9.1.1 Oberflächenmodifizierung mit Plasma	689
	9.1.2 Chemische Aktivierung	689
9.2	In-mould Assembly (IMA)	691
	9.2.1 Umspritzen und Umpressen	691
	9.2.2 Verarbeitung von Organoblechen in hybriden Verbunden	692
	9.2.2.1 Allgemeine Aspekte	692
	9.2.2.2 Fertigung von verstärkten Bauteilen auf Basis von Organoblechen	692
	9.2.3 Fertigungsverfahren für kontinuierlich verstärkte, diskontinuierliche Faserverbunde	694
	9.2.4 Hybride Innenhochdruckumformung	696
9.3	Post Moulding Assembly (PMA)	699
	9.3.1 Vergleich von PMA und IMA	699
	9.3.2 Verbindungstechnik als wesentlicher Aspekt der PMA-Route	700
9.4	Fügen von Hybridverbunden mit anderen Bauteilen	701
9.5	Zusammenfassung	702
9.6	Weiterführende Informationen	703

10 Additive Fertigung von Strukturen und Werkstoffen für den Leichtbau
Christian Haase, Patrick Köhnen 705

10.1	Einleitung	709
10.2	Potenziale für den Leichtbau	710
10.3	Designkriterien additiv gefertigter Leichtbaustrukturen	711
10.4	Verfahren der additiven Fertigung	713
	10.4.1 Pulverbettverfahren	713
	10.4.1.1 Selektives Lasersintern	715
	10.4.1.2 Selektives Laserschmelzen	715
	10.4.1.3 Elektronenstrahlschmelzen	716
	10.4.2 Auftragschweißverfahren	716
	10.4.3 Harzbad-Photopolymerisation	717
	10.4.4 Materialextrusion	718
	10.4.5 Binderdruck	719
	10.4.6 Materialdruck	720
	10.4.7 Laminationsverfahren	721
10.5	Anwendungsfelder und -beispiele	721
10.6	Weiterführende Informationen	723

11 Initiative Massiver Leichtbau
Hans-Willi Raedt, Thomas Wurm, Alexander Busse 725

11.1	Einleitung	729
11.2	Untersuchte Fahrzeuge und Vorgehensweise der Initiative Massiver Leichtbau	729

11.3 Übersicht über Leichtbaupotenziale ... 729
11.4 Leichtbau durch Werkstoffinnovationen ... 731
    11.4.1 Hochfeste Edelbaustähle für den Leichtbau ... 732
    11.4.2 Leichtbau mit höherfesten Stählen ... 734
    11.4.3 Leichtbau im Getriebe: Schlüsselfaktor Werkstoff ... 735
    11.4.4 Beurteilung von werkstofflichem Leichtbau ... 736
11.5 Umformtechnische Potenziale für den Leichtbau ... 736
    11.5.1 Leichtbaupotenziale im Verbrennungsmotor ... 737
    11.5.2 Leichtbaupotenziale im Power-Split-Getriebe und im weiteren Antriebsstrang ... 738
    11.5.3 Leichtbaupotenziale im elektrischen Hinterachsantrieb ... 739
    11.5.4 Leichtbaupotenziale im Fahrwerk von Pkw und Lkw ... 740
11.6 Zusammenfassung ... 743
11.7 Weiterführende Informationen ... 743

Teil IV – Fügetechnologien im Leichtbau ... 745

1 Mechanisches Fügen
Ortwin Hahn, Sushanthan Somasundaram, Gerson Meschut, Florian Augenthaler, Vadim Sartisson ... 749

1.1 Stanznieten ... 753
    1.1.1 Verfahrensbeschreibung ... 754
    1.1.2 Qualitätsbestimmende Größen von Stanznietverbindungen ... 756
    1.1.3 Konstruktive Hinweise ... 757
    1.1.4 Einsatzbereiche ... 757
    1.1.5 Systemtechnik zum Stanznieten ... 759
    1.1.6 Prozessüberwachung des Setzvorgangs ... 760
    1.1.7 Nacharbeitslösungen und Reparatur ... 761
    1.1.8 Sonderstanznietverfahren ... 762
    1.1.9 Anwendungsbeispiele für das Stanznieten ... 764
1.2 Blindnieten ... 765
    1.2.1 Blindnietsysteme – genormt und anwendungsbezogen ... 765
    1.1.2 Allgemeine Richtlinien zur Auswahl von Blindnieten ... 767
    1.2.3 Qualitätssicherung ... 768
    1.2.4 Anwendungsbeispiele für das Blindnieten ... 771
1.3 Schließringbolzensetzen ... 772
    1.3.1 Schließringbolzensysteme ... 772
    1.3.2 Eigenschaften von Schließringbolzenverbindungen ... 774
    1.3.3 Allgemeine Richtlinien ... 774
    1.3.4 Qualitätssicherung ... 776
    1.3.5 Anwendungsbeispiele für das Schließringbolzensetzen ... 778
1.4 Clinchen ... 779
    1.4.1 Clinchsysteme ... 780
    1.4.2 Allgemeine Richtlinien ... 782
    1.4.3 Qualitätssicherung ... 784

		1.4.4	Schneidclinchen	785
		1.4.5	Anwendungsbeispiele für das Clinchen	786
	1.5	Loch- und gewindeformendes Schrauben		786
		1.5.1	Schraubsysteme	787
		1.5.2	Allgemeine Richtlinien	790
		1.5.3	Qualitätssicherung	793
		1.5.4	Anwendungsbeispiele für Verschraubungen im Automobilbau	794
	1.6	Hochgeschwindigkeitsbolzensetzen		795
		1.6.1	Grundlagen und Begriffe	796
		1.6.2	Verfahrensablauf und Verbindungsausbildung	796
		1.6.3	Setzgerät zum Bolzensetzen	798
		1.6.4	Richtlinien zur Konstruktion und Fertigung	799
	1.7	Weiterführende Infomationen		801

2 Fügen durch Umformen
Soeren Gies, A. Erman Tekkaya 807

2.1	Fügen durch Umformen von Rohr- und Profilteilen			809
2.2	Fügen durch Weiten			810
	2.2.1	Einsatz eines Wirkmediums		811
	2.2.2	Einsatz eines starren Werkzeuges		814
	2.2.3	Einsatz von Wirkenergie		815
2.3	Fügen durch Engen			816
	2.3.1	Einsatz von Wirkenergie		816
	2.3.2	Einsatz eines starren Werkzeuges		819
2.4	Zusammenfassung			820
2.5	Weiterführende Informationen			821

3 Thermisches Fügen
Thomas Nitschke-Pagel 823

3.1	Schweißen			825
	3.1.1	Anforderungen an Schweißverfahren für den Leichtbau		827
	3.1.2	Übersicht wichtiger Schweißverfahren		829
	3.1.2.1	Metall-Lichtbogenschmelzschweißverfahren		829
	3.1.2.2	Spezielle Schweißverfahren		833
	3.1.3	Lichtbogenarten beim MSG-Schweißen		836
	3.1.4	Wärmereduzierte MSG-Prozesse		839
	3.1.4.1	MSG-Prozesse mit Treppenstufenimpuls		839
	3.1.4.2	ColdArc-Prozess		841
	3.1.4.3	CMT-Prozess		843
	3.1.4.4	Micro-MIG- Prozess		844
	3.1.5	Anwendung der energiereduzierten MSG-Prozesse		845
	3.1.6	Schweißen von Leichtmetalldruckguss		847
	3.1.7	Besonderheiten beim Schweißen verfestigter Werkstoffe		849

	3.1.8	Weiterführende Informationen zu 3.1 852
3.2	Löten	856
	3.2.1	Löten als stoffschlüssiges Fügeverfahren..856
	3.2.2	Löten artgleicher Werkstoffe 859
	3.2.2.1	Löten von Stählen 859
	3.2.2.2	Löten von Aluminiumwerkstoffen 862
	3.2.2.3	Löten von Magnesiumwerkstoffen 862
	3.2.2.4	Löten von Titanwerkstoffen 863
	2.2.3	Löten von Mischverbindungen 863
	3.2.4	Fazit 865
3.3	Weiterführende Informationen zu 3.2..866

4 Chemisches Fügen – Kleben
Klaus Dilger 869

4.1	Kleben als Fügeverfahren..873
	4.1.1	Klebgerechte Gestaltung..873
	4.1.1.1	Kleben geschlossener Profile...875
	4.1.1.2	Kleben von T-Stößen 877
	4.1.2	Klebstoffe für den Leichtbau..877
	4.1.2.1	Epoxidharzklebstoffe..877
	4.1.2.2	Polyurethanklebstoffe 879
4.2	Vorbehandlung der Oberflächen zum Kleben 879
4.3	Leichtbauwerkstoffe und deren Klebbarkeit 879
	4.3.1	Kleben von Stahlblechen..881
	4.3.2	Kleben formgehärteter Stahlbauteile 881
	4.3.3	Kleben von Aluminiumblechen...884
	4.3.4	Kleben von Aluminium-Druckguss 887
	4.3.5	Kleben von Magnesiumwerkstoffen 890
	4.3.6	Kleben von Titanwerkstoffen...890
	4.3.7	Kleben lackierter Bleche 890
	4.3.8	Kleben von Kunststoffen 892
	4.3.8.1	Kleben thermoplastischer Kunststoffe 892
	4.3.8.2	Kleben von Elastomeren 893
	4.3.8.3	Kleben von Duromeren..893
	4.3.9	Kleben von Faserverbundwerkstoffen 893
4.4	Rechnerische Auslegung von Leichtbauklebungen..895
	4.4.1	Analytische Berechnungsmethoden für Klebverbindungen................................896
	4.4.1.1	Berechnung von dünnen, strukturellen Klebschichten..896
	4.4.1.2	Berechnung von flexiblen, gummielastischen Klebschichten 898
	4.4.2	Numerische Berechnungsmethoden für Klebverbindungen 900
	4.4.2.1	Berücksichtigung mehrachsiger Spannungszustände 901
	4.4.2.2	Kohäsivzonenmodelle 902
4.5	Kleben im Fahrzeugbau 903
	4.5.1	Kleben im Karosserie-Rohbau 903

	4.5.2	Kleben in der Automobilmontage	905
4.6	Zusammenfassung	905
4.7	Weiterführende Informationen	906

5 Hybridfügen
Ortwin Hahn, Sushanthan Somasundaram, Gerson Meschut, Florian Augenthaler, Vadim Sartisson......909

5.1	Grundlagen des Hybridfügens	913
5.2	Fertigung nach verschiedenen Verfahren	913
5.3	Eigenschaften der Verbindungen und deren Prüfung	916
	5.3.1 Qualitätssicherung	917
	5.3.2 Quasistatische Beanspruchung	917
	5.3.3 Schwingende Beanspruchung	918
	5.3.4 Schlagartige Beanspruchung	918
	5.3.5 Alterungs- und Korrosionsverhalten	918
	5.3.6 Temperaturabhängigkeit der Verbindungseigenschaften	918
5.4	Besonderheiten bei loch- und gewindeformendem Schrauben in Kombination mit dem Kleben	919
5.5	Anwendungsbeispiele	919
5.6	Thermisch-mechanische Fügeverfahren	920
	5.6.1 Widerstandselementschweißen	921
	5.6.2 Reibelementschweißen	922
5.7	Weiterführende Informationen	923

6 Qualitätssicherung in der Produktion
Jens Ridzewski 925

6.1	Ziele der Qualitätssicherung	927
6.2	Qualitätsmanagement – eine Unternehmensphilosophie	928
6.3	Qualitätssicherungsmaßnahmen	931
	6.3.1 Aufgaben in der Produktion von Faserverbundbauteilen	931
	6.3.2 Einteilung der Qualitätssicherungsmaßnahmen	932
	6.3.3 QS-Maßnahmen bei zulassungspflichtigen Bauteilen im Bauwesen	935
	6.3.3.1 Einteilung	935
	6.3.3.2 Eigenüberwachung oder werkseigene Produktionskontrolle (WPK)	935
	6.3.3.3 Fremdüberwachung oder Inspektion	936
6.4	Prüfverfahren an faserverstärkten Kunststoffen	937
	6.4.1 Übersicht der Verfahren	937
	6.4.2 Zerstörungsfreie Prüfung	937
	6.4.3 Rheologische Prüfverfahren	938
	6.4.4 Physikalische Prüfverfahren	939
	6.4.5 Prüfverfahren zur Bestimmung der mechanischen Eigenschaften von Laminaten	940
	6.4.6 Prüfverfahren zur Bestimmung der thermischen Eigenschaften	949
	6.4.7 Übersicht weiterer ausgewählter Prüfnormen	952
6.5	Zusammenfassung	952
6.6	Weiterführende Informationen	953

Teil V – Bewertung von Bauteilen und Leichtbaustrukturen 955

1 Werkstoffmodelle für die Prozess- und Bauteilsimulation
Hermann Riedel 959

- 1.1 Beschreibung von Plastizitätsmodellen 963
  - 1.1.1 Überblick 963
  - 1.1.2 von Mises-Modell 964
  - 1.1.3 Chaboche-Modell 964
  - 1.1.4 Anwendung des Chaboche-Modells auf die Rückfederung 965
  - 1.1.5 Phänomenologische Modelle für Anisotropie 966
  - 1.1.6 Texturmodelle 967
  - 1.1.7 Anwendung von Texturmodellen auf Leichtbauwerkstoffe 969
- 1.2 Beschreibung von Schädigungs- und Versagensmodellen 972
  - 1.2.1 Bruchmechanismen 972
  - 1.2.2 Bruchkriterien für duktilen Bruch 973
  - 1.2.3 Schädigungsmechanik für duktilen Bruch 974
  - 1.2.4 Anwendung des Gologanu-Modells auf die Kantenrissbildung beim Walzen 975
  - 1.2.5 Anwendung des Gologanu-Modells auf das Grenzformänderungsschaubild 977
  - 1.2.6 Bruchverhalten faserverstärkter Kunststoffe 978
  - 1.2.7 Bruchmechanik 981
- 1.3 Weiterführende Informationen 982

2 Crashverhalten von metallischen Werkstoffen und deren Fügeverbindungen
Dong-Zhi Sun 987

- 2.1 Einleitung 991
- 2.2 Werkstoff- und Versagensmodelle für Crashsimulation 992
  - 2.2.1 Werkstoffmodelle für Dehnratenabhängigkeit und Anisotropie 992
  - 2.2.2 Versagensmodelle 993
- 2.3 Crashsimulation von Aluminium- und Magnesiumwerkstoffen 995
- 2.4 Durchgängige Simulation eines TRIP-Stahls vom Umformen bis Crash 998
  - 2.4.1 Einflüsse der Mehrachsigkeit und Belastungsgeschichte auf die Bruchdehnungen 998
  - 2.4.2 Versagensmodellierung mit Berücksichtigung von Vordehnungen und Vorschädigung 999
- 2.5 Crashsimulation von Fügeverbindungen 1001
  - 2.5.1 Ersatzmodelle für Punktschweißverbindungen 1001
  - 2.5.2 Modellierung von Klebverbindungen 1002
  - 2.5.3 Simulation von Hybridverbindungen (Punktschweißkleben) 1003
- 2.6 Weiterführende Informationen 1005

3 Crashverhalten von polymeren Werkstoffen
Stefan Hiermaier 1007

- 3.1 Mechanische Eigenschaften unverstärkter Thermoplaste 1009
- 3.2 Numerische Simulation faserverstärkter Kunststoffe unter Crashlast 1014

3.3	Weiterführende Informationen	1016

4 Bedeutung der Betriebsfestigkeit im Leichtbau unter Berücksichtigung der besonderen Anforderungen der E-Mobilität
Andreas Büter 1017

4.1	Einleitung	1021
4.2	Betriebsfestigkeit als Basis für die Bauteilauslegung	1026
	4.2.1 Inhalt des Lastenheftes	1027
	4.2.2 Formen des Versagens	1029
	4.2.3 Auswahl des Materials	1031
	4.2.4 Beispiel 1: Betriebsfeste Auslegung einer hochbelasteten Kunststoffkomponente im Motorraum	1032
4.3	Numerische und experimentelle Betriebslastensimulation	1041
	4.3.1 Materialeigenschaften	1041
	4.3.2 Mehrachsigkeit	1041
	4.3.3 Festigkeit von Proben und Bauteilen im Vergleich	1043
	4.3.4 Schadensakkumulation	1044
4.4	Möglichkeiten von Funktionsintegration im Entwicklungsprozess	1046
	4.4.1 Beispiel 2: Hybride Leichtbau-Hinterachse für Elektrofahrzeuge	1047
	4.4.2 Beispiel 3: Funktionsintegrierter Leichtbau am Beispiel eines Faserverbund-Querlenkers	1049
	4.4.3 Beispiel 4: Entwicklung eines Faserverbund-Rades mit integriertem Elektromotor	1055
4.5	Zusammenfassung	1058
4.6	Weiterführende Informationen	1059

5 Zerstörungsfreie Prüfung von Werkstoffen und Bauteilen
Gerd Dobmann, Christiane Maierhofer 1063

5.1	Prüfung von Ausgangswerkstoffen	1067
	5.1.1 Prozessintegrierte mikromagnetische Charakterisierung von Festigkeit und Tiefzieheignung	1067
	5.1.2 Das Multiparameter-Konzept 3MA	1069
	5.1.3 Mikromagnetische Inline-Bestimmung von Streckgrenze und Zugfestigkeit	1070
	5.1.4 ZfP von Faserverbundwerkstoffen	1072
	5.1.4.1 ZfP von Faserverbundmaterial mit Ultraschall	1073
	5.1.4.2 Thermographie von Faserverbundwerkstoffen	1074
	5.1.4.3 Wirbelstromprüfung von Faserverbundkunststoffen	1077
5.2	Prüfung von Halbzeugen, Werkstoffverbunden und Verbundwerkstoffen	1078
	5.2.1 Fertigungsintegrierte Prüfung von Tailored Blanks	1078
	5.2.2 Fertigungsprüfung mechanischer Fügungen	1082
	5.2.3 Zerstörungsfreie Charakterisierung der Schadensentwicklung in kohlenstofffaserverstärkten Kunststoffen	1083
	5.2.4 Blitzthermographie zur Charakterisierung von Fertigungsdefekten in CFK	1085
5.3	Zusammenfassung	1086
5.4	Weiterführende Informationen	1086

6	**Structural Health Monitoring – Schadensdetektion**	
	Hans-Jürgen Schmidt, Bianka Schmidt-Brandecker	1091

6.1	Einleitung	1093
6.2	SHM-Methoden	1094
6.3	Erfassung von Betriebslasten durch SHM	1096
	6.3.1 Systeme zur Erfassung der Betriebslasten	1096
	6.3.2 Identifizierung von extremen Landelasten (hard landing detection)	1096
	6.3.3 Anpassung der Inspektionsforderungen	1097
	6.3.4 Sicherheitsfaktoren	1098
6.4	Strukturoptimierung durch SHM	1099
	6.4.1 Grundlagen für die SHM-Anwendung am Druckrumpf	1101
	6.4.2 Beispiele zur Gewichtsreduzierung für typische Rumpfschalen	1102
	6.4.3 Alternative Stringer-Überwachung	1103
	6.4.4 Schlussfolgerungen	1105
6.5	Inspektion von Leichtbaustrukturen	1105
	6.5.1 Reduzierung oder Ersatz von konventionellen Inspektionen	1106
	6.5.2 Reduzierung oder Ersatz von Modifikationen	1106
	6.5.3 Lebensdauerverlängerung	1107
	6.5.4 Zustandsabhängige Wartung	1107
	6.5.4.1 Erfassung von Betriebslasten	1107
	6.5.4.2 Kontinuierliche Überwachung	1107
6.6	Ausblick	1107
6.7	Weiterführende Informationen	1108

7	**Reparaturfähigkeit und Reparaturkonzepte bei Strukturen aus faserverstärkten Kunststoffen**	
	Christian Thum, Georg Wachinger, Helmut Wehlan	1109

7.1	Einleitung	1113
7.2	Schäden und Reparaturen an FVK-Strukturen	1113
	7.2.1 Schadensursachen	1114
	7.2.2 Schadensformen	1114
	7.2.3 Schadensbereiche	1114
	7.2.4 Reparaturkategorien	1115
7.3	Reparaturverfahren monolithischer Verbundwerkstoffe	1115
	7.3.1 Provisorischer Oberflächenschutz mit Reparaturklebebändern	1115
	7.3.2 Schleifen als Reparaturverfahren	1116
	7.3.3 Reparatur von Delaminationen mit injizierenden Verfahren	1116
	7.3.4 Reparatur von Delaminationen durch Einsetzen von Nieten	1117
	7.3.5 Reparatur von Schäden durch zusätzliche Lagen	1117
	7.3.6 Schäften als Reparaturverfahren	1118
	7.3.7 Neue Entwicklungen für das automatisierte Schäften	1120
	7.3.7.1 Abtrag mittels Fräsen	1121
	7.3.7.2 Abtrag mittels Wasserstrahl	1125
	7.3.7.3 Abtrag mittels Laser	1127

		7.3.7.4	Bewertung der unterschiedlichen automatisierten Abtragsarten	1129
	7.3.8		Verfahren mit Aufdoppelung	1129
	7.3.9		Alternative Möglichkeiten für die Patchherstellung	1132
7.4	Reparatur von Sandwichstrukturen			1135
	7.4.1		Anbindungsfehler zwischen Wabe und Decklaminat	1135
	7.4.2		Oberflächenversiegelung bei zulässigen Schadensgrößen	1136
	7.4.3		Beschädigung von Decklaminat und Kernstruktur	1136
	7.4.4		Reparatur bei einem durchgehenden Schaden	1137
7.5	Fazit			1138
7.6	Weiterführende Informationen			1138

8 Recyclingfähigkeit und End-of-Life-Konzept im Leichtbau
Jörg Woidasky 1141

8.1	Nachhaltigkeitsorientierung als Leitbild	1145
8.2	End-of-Life-Konzept	1146
8.3	Grundlagen des Recycling von Leichtbauwerkstoffen	1148
8.4	Materialidentifikation als Schlüsselprozess bei Metallen in Luftfahrtanwendungen	1149
8.5	Recycling faserverstärkter Verbundwerkstoffe	1151
	8.5.1 Bewährt: Mechanische Verfahren	1152
	8.5.2 Pilotanwendungen: Thermische Verfahren	1153
	8.5.3 Aufwändig und vielversprechend: Chemische Verfahren	1154
	8.5.4 Nachfolgeschritte: Von der Faser zum rezyklathaltigen Halbzeug	1155
	8.5.5 Beseitigung carbonfaserhaltiger Abfälle	1155
	8.5.6 Lohnt sich das Recycling überhaupt?	1155
8.6	Kombination mit der Rohstofferzeugung bei der GFK-Verwertung bei der Zementklinkerherstellung	1156
8.7	Schlussfolgerungen	1157
8.8	Weiterführende Informationen	1158

Teil VI – Spezielle Aspekte des Leichtbaus 1161

1 Ganzheitliche Bilanzierung und Nachhaltigkeit im Leichtbau
Matthias Fischer, Stefan Albrecht, Martin Baitz 1163

1.1	Lebenszyklusanalyse und Nachhaltigkeit	1167
1.2	Entwicklung und Stand der Technik in der Ökobilanz	1169
1.3	Herausforderungen bei der Vereinfachung komplexer Zusammenhänge	1171
	1.3.1 Ökonomisch basierte Ansätze der Input-Output-Ökobilanz	1171
	1.3.2 Bewertung der Ressourcen	1172
	1.3.3 „Footprinting"-Methoden	1173
1.4	Herausforderungen bei der ökologischen Beurteilung von Werkstoffen und Materialien im Leichtbau	1173
1.5	Design for Life Cycle im Leichtbau	1175

1.6	Einflüsse von Leichtbau-Aspekten auf die technisch-ökologischen Eigenschaften von Produkten und Systemen	1177
	1.6.1 Bereitstellung von Material und Rohstoff in der Vorkette	1179
	1.6.2 Vom Material zum System – Aktuelle Entwicklungen im Leichtbau	1181
1.7	Schlussfolgerungen und Empfehlungen	1183
1.8	Weiterführende Informationen	1185

2 Bionik als Innovationsmethode für den Leichtbau
Helena Hashemi Farzaneh 1189

2.1	Aspekte der Bionik für den Leichtbau	1193
	2.1.1 Bionische Materialien und Strukturen	1193
	2.1.2 Bionische Strategien im Leichtbau	1194
2.2	Entwicklung bionischer Innovationen für den Leichtbau	1196
	2.2.1 Strategien zur Anwendung von Bionik	1197
	2.2.2 Suche nach biologischen Vorbildern oder technischen Anwendungsgebieten	1199
	2.2.3 Analyse und Vergleich biologischer und technischer Systeme	1201
	2.2.4 Abstraktion biologischer und technischer Systeme	1203
	2.2.5 Transfer bionischer Analogien für den Leichtbau	1205
2.3	Weiterführende Informationen	1206

3 Betriebswirtschaftliche Aspekte des Leichtbaus
Wolfgang Seeliger 1209

3.1	Allgemeine Einführung – Herstellkosten und Investitionsrechnung	1213
3.2	Prozessorientiertes Kostenmodell zur Ermittlung der Herstellkosten	1214
	3.2.1 Aufstellung des Kostenmodells	1214
	3.2.2 Datenerhebung und Berechnung	1215
	3.2.3 Prozessmodule und die Bedeutung der Gewinn-Marge	1218
3.3	Beispiel für die Anwendung des Kostenmodells – CFK- vs. Blechbauteil	1218
	3.3.1 Bedeutung der Stückzahlen für die Kosteneffizienz	1219
	3.3.2 Einfluss der Taktzeit	1220
	3.3.3 Solide Marktnische für CFK – Sorgenkind Prozesszeit	1222
3.4	Investitionsrechnung als Maßstab für die Wirtschaftlichkeit	1222
	3.4.1 Grundlagen der Investitionsrechnung nach dem DCF-Modell: Tabelle der Cash Flows und Ermittlung des Netto-Barwerts (NPV)	1223
	3.4.2 Beispiel für die Anwendung der Investitionsrechnung – ein topologieoptimiertes Maschinenbett	1226
	3.4.3 Leichtbau lohnt sich auch im Maschinenbau	1227
3.5	Schlussbetrachtungen	1228
3.6	Weiterführende Informationen	1228

Sachregister 1229

Autorenverzeichnis

Herausgeber

Prof. Dr.-Ing. Frank Henning
Fraunhofer-Institut für Chemische Technologie ICT, Pfinztal
frank.henning@ict.fraunhofer.de

Dipl.-Chem. Elvira Moeller
Leinfelden-Echterdingen
elvira.moeller@t-online.de

Autoren

Prof. Dr.-Ing., Dr. h.c. Albert Albers
Karlsruher Institut für Technologie (KIT)
IPEK – Institut für Produktentwicklung
albert.albers@kit.edu

I.1, I.3, I.4, I.5, I.6, I.7

Dr.-Ing. Stefan Albrecht
Fraunhofer Institut für Bauphysik (IBP)
Ganzheitliche Bilanzierung GaBi Stuttgart
stefan.albrecht@ibp.fraunhofer.de

VI.1

Dr. Antonino Ardilio
Fraunhofer-Institut für Arbeitswirtschaft und Organisation (IAO)
antonino.ardilio@iao.fraunhofer.de

I.2

Dr.-Ing. Florian Augenthaler
Robert Bosch GmbH
florian.augenthaler@bosch.com

IV.1, IV.5

Dr.-Ing. Bernd Bader
Fraunhofer-Institut für Chemische Technologie ICT, Pfinztal
bernd.bader@ict.fraunhofer.de

III.9

Dr.-Ing. Martin Baitz
Thinkstep – a Spera Company Stuttgart
m.baitz@spera.com

VI.1

Dipl.-Ing. Chris Becke
Karlsruher Institut für Technologie (KIT)
wbk - Institut für Produktionstechnik
becke@wbk.uka.de

III.7

Prof. Dr.-Ing. Wolfgang Bleck
RWTH Aachen
Institut für Eisenhüttenkunde
bleck@iehk.rwth-aachen.de

II.2

Dr.-Ing. Andreas Braun
Karlsruher Institut für Technologie (KIT)
IPEK – Institut für Produktentwicklung
andreas.braun@kit.edu

I.1

Prof. Dr.Ing. Andreas Bührig-Polaczek
RWTH Aachen
Gießerei-Institut
sekretariat@gi.rwth-aachen.de

III.1

Prof. h.c. Norbert Burkardt
Karlsruher Institut für Technologie (KIT)
IPEK – Institut für Produktentwicklung
norbert.burkardt@kit.edu

I.3, I.5

Alexander Busse
fka GmbH, Aachen

III.11

Prof. Dr.-Ing. Andreas Büter
Fraunhofer-Institut für Betriebsfestigkeit und
Systemzuverlässigkeit LBF
andreas.bueter@lbf.fraunhofer.de

V.4

Dipl.-Ing. Lazarula Chatzigeorgiou
Institut für Gießerei-, Composite- und Verarbeitungstechnik (IGCV)
lazarula.chatzigeorgiou@igcv.fraunhofer.de

II.7

Dr.-Ing. Christoph Dahnke
Institut für Umformtechnik und Leichtbau
christoph.dahnke@iul.tu-dortmund.de

III.2

Dr.-Ing. Stefan Dietrich
Karlsruher Institut für Technologie (KIT)
wbk - Institut für Produktionstechnik
stefan.dietrich@kit.edu

III.4

Prof. Dr.-Ing. Klaus Dilger
Technische Universität Braunschweig
Institut für Füge- und Schweißtechnik
k.dilger@tu-braunschweig.de

IV.4

Prof. Dr. rer.nat. Gerd Dobmann
Lehrstuhl für Zerstörungsfreie Prüfung und
Qualitätssicherung
Saar-Universität Saarbrücken
gerd.dobmann@t-online.de

V.5

Prof. Dr.-Ing. Klaus Drechsler
Technische Universität München
Lehrstuhl für Carbon Composites (LCC)
drechsler@lcc.mw.tum.de

II.7

Dr.-Ing. Tobias Düser
AVL Deutschland GmbH

I.7

Dipl.-Ing. Alexander Erz
Karlsruher Institut für Technologie (KIT)
Institut für Angewandte Materialien - Werkstoffkunde
alexander.erz@kit.edu

III.4

Dipl.-Ing. Matthias Fischer
Fraunhofer Institut für Bauphysik (IBP)
Ganzheitliche Bilanzierung GaBi
matthias.fischer@ibp.fraunhofer.de

VI.1

Dr.-Ing. Soeren Gies
Technische Universität Dortmund
Institut für Umformtechnik und Leichtbau
soeren.gies@iul.tu-dortmund.de

III.2, IV.2

Dr.-Ing. Christian Haase
RWTH Aachen
Institut für Eisenhüttenkunde
christian.haase@iehk.rwth-aachen.de

III.10

Prof. Dr.-Ing. Ortwin Hahn
Universität Paderborn – Laboratorium für Werkstoff-
und Fügetechnik (LWF)
ortwin.hahn@t-online.de

IV.1, IV.5

Dr.-Ing. Helena Hashemi Farzaneh
Technische Universität München
helena.hashemi@tum.de

VI.2

M.Sc. Jonas Heimicke
Karlsruher Institut für Technologie (KIT)
IPEK – Institut für Produktentwicklung
jonas.heimicke@kit.edu

I.1

Anton Helfrich
Karlsruher Institut für Technologie (KIT)
Institut für Angewandte Materialien – Werkstoffkunde
anton.helfrich@kit.edu
III.7

Prof. Dr.-Ing. Frank Henning
Fraunhofer-Institut für Chemische Technologie ICT, Pfinztal
frank.henning@ict.fraunhofer.de
II.7, II.9, III.6

Prof. Dr.-Ing. Stefan Hiermaier
Fraunhofer-Institut für Kurzzeitdynamik (EMI), Freiburg
hiermaier@emi.fraunhofer.de
V.3

Prof. Dr.-Ing. Jürgen Hirsch
Hydro Aluminium Rolled Products GmbH-F&E, Bonn
juergen.hirsch@hydro.com
II.3

Dr.-Ing. Jürgen Hoffmeister
Karlsruher Institut für Technologie (KIT)
Institut für Angewandte Materialien – Werkstoffkunde
juergen.hoffmeister@kit.edu
III.4

Prof. Dr.-Ing. Axel Kauffmann
Duale Hochschule Baden-Württemberg Karlsruhe
axel.kauffmann@dhbw-karlsruhe.de
II.6, III.5

Dr.-Ing. Jürgen Kiese
vorm. ThyssenKrupp VDM GmbH, Essen
juergen.kiese@thyssenkrupp.com
II.5

M.Sc. Patrick Köhnen
RWTH Aachen
Institut für Eisenhüttenkunde
patrick.koehnen@iehk.rwth-aachen.de
III.10

Dipl.-Ing. Gundolf Kopp
Deutsches Zentrum für Luft- und Raumfahrt e. V. (DLR)
Institut für Fahrzeugkonzepte
gundolf.kopp@dlr.de
I.3

Prof. Dr.-Ing. Walter Krenkel
Universität Bayreuth
Lehrstuhl Keramische Werkstoffe
walter.krenkel@uni-bayreuth.de
II.8

Prof. Dr. rer. nat. habil. Peter Kurze
Wissenschaftlich-technischer Berater
prof.peter.kurze@t-online.de
II.4

Dr. Reinhard Lenk
CeramTec GmbH, Plochingen
r.lenk@ceramtec.com
III.8

Dr.-Ing. Christian Löbbe
Institut für Umformtechnik und Leichtbau
christian.loebbe@iul.tu-dortmund.de
III.2

Dr. Christiane Maierhofer
Bundesanstalt für Materialforschung und -prüfung (BAM)
christiane.maierhofer@bam.de
V.5

Dr.-Ing. Neven Majić
Cevotec GmbH
neven.majic@cevotec.com
I.3, I.4

Prof. Dr.-Ing. Gerson Meschut
Universität Paderborn – Laboratorium für Werkstoff- und Fügetechnik (LWF)
meschut@lwf.upb.de
IV.1, IV.5

Dipl.-Ing. Jürgen Michna
Karlsruher Institut für Technologie (KIT)
wbk – Institut für Produktionstechnik
michna@wbk.uka.de
 III.3

Dr.-Ing. Thomas Nitschke-Pagel
Technische Universität Braunschweig
Institut für Füge- und Schweißtechnik
t.pagel@tu-braunschweig.de
 IV.3

Dr.-Ing. Friedrich Ostermann
Aluminium-Technologie-Service – Meckenheim – Paderborn
ostermann@aluminiumtechnologie.de
 II.3

Dr. Hans-Willi Raedt
Hirschvogel Automotive Group
hans-willi.raedt@hirschvogel.com
 III.11

M.Sc. Sven Revfi
Karlsruher Institut für Technologie (KIT)
IPEK – Institut für Produktentwicklung
sven.revfi@kit.edu
 I.6

M.Sc. Thilo Richter
Karlsruher Institut für Technologie (KIT)
IPEK – Institut für Produktentwicklung
thilo.richter@kit.edu
 I.1

Prof. Dr.-Ing. Jens Ridzewski
IMA Institut für Materialforschung und Anwendungstechnik GmbH, Dresden
jens.ridzewski@ima-dresden.de
 IV.6

Prof. Dr. rer. nat. Hermann Riedel
Fraunhofer-Institut für Werkstoffmechanik IWM, Freiburg
hermann.riedel@iwm.fraunhofer.de
 V.1

M. Sc. Vadim Sartisson
Universität Paderborn – Laboratorium für Werkstoff- und Fügetechnik (LWF)
vadim.sartisson@lwf.upb.de
 IV.1, IV.5

Dr.-Ing. Andreas Schmid
Karlsruher Institut für Technologie (KIT)
IPEK – Institut für Produktentwicklung
andreas.schmid@kit.edu
 I.4

Dr. Hans-Jürgen Schmidt
AeroStruc - Aeronautical Engineering, Buxtehude
HJB.schmidt@t-online.de
 V.6

Bianka Schmidt-Brandecker
AeroStruc - Aeronautical Engineering, Buxtehude
HJB.schmidt@t-online.de
 V.6

Prof. Dr.-Ing. habil. Volker Schulze
Karlsruher Institut für Technologie (KIT)
wbk - Institut für Produktionstechnik
volker.schulze@kit.edu
 III.3, III.4, III.7

Dr. Wolfgang Seeliger
Leichtbau BW GmbH
wolfgang.seeliger@leichtbau-bw.de
 VI.3

Alessandro Selvaggio
Technische Universität Dortmund
Institut für Umformtechnik und Leichtbau
alessandro.selvaggio@iul.tu-dortmund
 III.2

Dipl.-Ing. Manuel Serf
Karlsruher Institut für Technologie (KIT)
IPEK - Institut für Produktentwicklung
manuel.serf@kit.edu
I.4

Dr. Heinz Sibum
Im Ruhestand
II.5

Dr.-Ing. Sushantan Somasundaram
ThyssenKrupp AG, Essen
sushanthan.somasundaram@thyssenkrupp.com
IV.1, IV.5

Dipl.-Ing. Markus Spadinger
Karlsruher Institut für Technologie (KIT)
IPEK - Institut für Produktentwicklung
markus.spadinger@kit.edu
I.6

M. Sc. Benedict Stampfer
Karlsruher Institut für Technologie (KIT)
Institut für Angewandte Materialien – Werkstoffkunde
benedict.stampfer@kit.edu
III.3

Dr.-Ing. Dong-Zhi Sun
Fraunhofer-Institut für Werkstoffmechanik IWM, Freiburg
dongzhi.sun@iwm.fraunhofer.de
V.2

Prof. Dr.-Ing. Erman Tekkaya
Technische Universität Dortmund
Institut für Umformtechnik und Leichtbau
erman.tekkaya@iul.tu-dortmund.de
III.2, IV.2

Dipl.-Ing. (FH) Christian Thum
Airbus Helicopters Donauwörth
christian.thum@airbus.com
V.7

Dr.-Ing. (FH) Georg Wachinger
Airbus Senior Expert
(Im Ruhestand)
V.7

Prof. Dr. rer. nat. Alexander Wanner
Karlsruher Institut für Technologie (KIT)
Institut für Angewandte Materialien - Werkstoffkunde
alexander.wanner@kit.edu
II.1

Prof. Dr.- Ing. habil. Joachim Warschat
Fraunhofer-Institut für Arbeitswirtschaft und Organisation (IAO)
joachim.warschat@iao.fraunhofer.de
I.2

Helmut Wehlan
Airbus Helicopters Deutschland GmbH
helmut.wehlan@helicopters.com
V.7

Prof. Dr.-Ing. habil. Kay Weidenmann
Universität Augsburg
Institut für Materials Ressource Management (MRM)
kay.weidenmann@mrm.uni-augsburg.de
II.1, II.9, III.9

Prof. Dr.-Ing. Jörg Woidasky
Hochschule Pforzheim
joerg.woidasky@hs-pforzheim.de
V.8

Dr.-Ing. Thomas Wurm
Georgsmarienhütte GmbH. Georgsmarienhütte
III.11

Teil I

Produktentstehungsprozess für Leichtbaukomponenten und -systeme

1	Der Prozess der Produktentstehung	5
2	Technoly Intelligence – Technologiefrühaufklärung mit künstlicher Intelligenz	37
3	Leichtbaustrategien und Bauweisen	53
4	Virtuelle Produktentwicklung	73
5	Systemleichtbau – ganzheitliche Gewichtsreduzierung	113
6	Funktionsbasierte Entwicklung leichter Produkte	133
7	Validierung im Produktentstehungsprozess	153

I

Der Erfolg von Unternehmen auf den globalisierten Märkten unserer Zeit wird entscheidend durch die erfolgreiche Entwicklung neuer Produkte bestimmt. Hierbei sind sowohl die inventiv orientierten Tätigkeiten, d. h. das Finden neuer Ansätze und Konzepte, wie auch die innovativ orientierten Tätigkeiten, d. h. die erfolgreiche Umsetzung dieser Konzepte bis hin zu erfolgreichen Produkten am Markt, von hoher Bedeutung. Neue Herausforderungen wie z. B. im Leichtbau erfordern eine interdisziplinäre Zusammenarbeit und eine Ausweitung des Betrachtungsraums auf das gesamte Feld der Produktentstehung. Zunehmend verkürzte Produktlebenszyklen, ein globalisierter Wettbewerb und begrenzt verfügbare Ressourcen sowie die damit verbundenen verstärkt integrierenden Ansätze zur Produktentstehung führen zu einer steigenden Komplexität sowohl der technischen Lösungen selbst als auch der dazugehörigen Prozesse.

Das iPeM – integrierte Produktentstehungsmodell und die damit verbundene ganzheitliche Lösung zur Beschreibung von Produktentstehungsprozessen im Sinne der PGE – Produktgenerationsentwicklung und der sie unterstützenden Methoden steht für eine auf diese aktuellen und künftigen Herausforderungen einer erfolgreichen Produktentwicklung zugeschnittene Umorientierung der in Forschung und Praxis noch verbreiteten phasenorientierten Prozessmodelle.

Gefördert wird in diesem Zusammenhang das Verständnis von Produktentstehungsprozessen, die sich durch einen zielsystemorientierten Aufbau und durch eine individuelle parallel und seriell strukturierte Abfolge standardisierter grundlegender Aktivitäten auszeichnet. Diese Aktivitäten können bei der jeweils individuellen Entwicklung eines neuen Produkts bedarfsorientiert entlang eines Zeitstrahls angeordnet werden und bilden die individuellen Phasen der jeweiligen Entwicklung eines bestimmten Produkts. Dies ermöglicht eine hohe Flexibilität und führt die

Ergebnisse der Aktivitäten der Produktentstehung am Beispiel einer Felge aus Kohlenstofffaserverbundwerkstoff

Welten der Entwicklungsmethodik und des Entwicklungsmanagements erfolgreich in einem koordinierten System zusammen. Ein Megatrend moderner Produktentwicklung ist die zunehmende Leichtbauorientierung, aufbauend auf einer systematischen Identifikation von Technologiepotenzialen für Leichtbauprodukte. Eine langfristige strategische Technologieplanung für den Leichtbau ermöglicht ein deutlich geringeres Entwicklungsrisiko und beeinflusst Produktgewicht und Ressourcenverbrauch und damit nachhaltig den Geschäftserfolg.

Dem entgegen stehen z. B. die Forderung nach einer zunehmenden Masseerhöhung im Automobilbau aufgrund steigender Sicherheits- und Umweltauflagen sowie einem zunehmenden Komfortbedürfnis, dem durch eine konsequente Umsetzung effizienter Leichtbaustrategien, wie z. B. Einsatz von Leichtbauwerkstoffen, Änderung der Bauteilgeometrie oder Gestaltung des gesamten Systems begegnet werden kann. Bei all diesen Lösungsansätzen ist die virtuelle Produktentwicklung eine Kernaktivität im Produktentstehungsprozess, die sich bereits in vielen industriellen Branchen erfolgreich etabliert hat. Damit kann vor allem dem zunehmenden Trend nach Variantenvielfalt, leichten Produkten und kurzen Produktentstehungszyklen Rechnung getragen werden, weshalb sich die virtuelle Produktentwicklung als Schlüsseltechnik im Bereich Leichtbau zeigte. Diese stützt sich in der Praxis auf eine Vielzahl computergestützter Methoden, die in ihrer Allgemeinheit kurz als CAx-Methoden bekannt sind. Mögliche Bezeichnungen für den Endbuchstaben x reichen von D wie Design (deutsch: Konstruktion) über E wie Engineering (deutsch: Entwicklung) und M wie Manufacturing (deutsch: Produktion) bis zu S wie Styling (Gestaltung).

Zur Ausschöpfung des gesamten Leichtbaupotenzials spielt der Systemleichtbau eine zentrale Rolle bei der Produktentstehung. Dabei werden technische Systeme unter Berücksichtigung von technischen und wirtschaftlichen Rahmenbedingungen und den Wechselwirkungen innerhalb des Systems optimiert. Betrachtet wird hierfür ein Gesamt- oder Teilsystem eines Produkts, dessen Eigenschaften für den Kundennutzen und damit für eine vollständige Produktreife mit Hilfe virtueller sowie experimenteller Untersuchungsmethoden und deren Kombinationen validiert werden.

1 Der Prozess der Produktentstehung

Albert Albers, Andreas Braun, Jonas Heimicke, Thilo Richter

1.1	Grundlagen	9
1.1.1	Modellierung von Produktentstehungsprozessen	9
1.1.2	Grundlagen der Systemtechnik	11
1.1.3	Das Erklärungsmodell der PGE – Produktgenerationsentwicklung	12
1.1.4	Bekannte Prozessmodelle	12
1.1.5	Grenzen herkömmlicher Prozessmodelle	14
1.1.6	Neues Modell für einen Produktentstehungsprozess – Controlling vs. Entwicklerunterstützung	16
1.1.6.1	Controlling im Mittelpunkt	17
1.1.6.2	Unterstützung von Entwicklern	17
1.2	Das iPeM – integriertes Produktentstehungsmodell	18
1.2.1	Hypothesen der Produktentstehung	18
1.2.2	Begriffe und Elemente des iPeM	21
1.2.2.1	Aktivitätenmatrix	21
1.2.2.2	Aktivitäten der Produktentstehung	21
1.2.2.3	Problemlösungsprozess SPALTEN	24
1.2.2.4	Das Systemtriple aus Ziel-, Handlungs- und Objektsystem	26
1.2.2.5	Ressourcensystem	26
1.2.2.6	Phasenmodell	27
1.2.2.7	Ganzheitliche Modellierung durch die verschiedenen Ebenen und deren Wechselwirkungen im iPeM	27
1.2.2.8	iPeM zur Nutzung von Erfahrung und Wissen im Produktentstehungsprozess	28
1.3	Anwendung des iPeM bei der Entwicklung einer Felge aus kohlenstofffaserverstärktem Kunststoff	29
1.4	Zusammenfassung	32
1.5	Weiterführende Informationen	33

Die ureigene Zielsetzung eines produzierenden Unternehmens ist die Entwicklung und Herstellung sowie der Vertrieb marktfähiger Produkte mit dem Zweck der Gewinnmaximierung. Unerheblich, ob es sich dabei um Entwicklungen mechatronischer Systeme mit hohem oder niedrigem Neuentwicklungsanteil handelt, die Produktentstehung erfolgt in weiten Teilen immer nach wiederkehrenden Abläufen und Mustern. Diese Handlungsabläufe und die Elemente, die zu deren Organisation und Management notwendig sind, werden in Modellen von Produktentstehungsprozessen (PEP) beschrieben. Insbesondere im Kontext Leichtbau ist die systematische Betrachtung der Produktentstehung im ganzheitlichen, organisationsübergreifenden Zusammenhang von höchster Bedeutung, um z. B. Fertigungs- oder Validierungsrestriktionen bereits bei der Gestaltmodellierung gerecht zu werden. Im Folgenden werden die Grundlagen und die wesentlichen Aspekte der Modellierung von Produktentstehungsprozessen beschrieben, die Prozessmodellierung basierend auf dem Erklärungsmodell der PGE – Produktgenerationsentwicklung fokussiert und an einem Beispiel aus dem Kontext Leichtbau verdeutlicht.

1.1 Grundlagen

Produkte

Im Kontext der Produktentstehung versteht man unter dem Begriff Produkt eine Ware oder Dienstleistung, die mit dem Ziel erzeugt wird, sie gewinnbringend am Markt an einen oder mehrere Kunden zu veräußern. Eine Ware kann dabei ein physisches Artefakt oder immaterielles Erzeugnis, wie zum Beispiel eine Software sein.

Produktlebenszyklus

Der Lebenszyklus eines Produkts umfasst die gesamte Zeitspanne von der Entwicklung eines Produktes über dessen Markteinführung bis hin zur Herausnahme aus dem Markt. Marktwirtschaftlich orientierte Produktlebenszyklusmodelle gliedern den Produktlebenszyklus in die vier Phasen Entwicklung und Einführung, Wachstum, Reife/Sättigung und Schrumpfung/Degeneration (Abb. 1.1).

Produktentwicklung

Als Produktentwicklung wird die Gesamtheit aller Tätigkeiten verstanden, welche dazu dient, ein Produkt von der ersten Idee bis zum marktfähigen Produkt zu entwerfen. Die Produktentwicklung umfasst dabei im Wesentlichen die Bereiche Entwicklung (inkl. Vorentwicklung), die Konstruktion und die Validierung eines Produkts.

Produktgenerationsentwicklung

Produkte werden unter Rückgriff auf Vorgängerprodukte, Konkurrenzprodukte, Produkte aus anderen Branchen oder unter Rückgriff auf andere Artefakte entwickelt, welche als Referenz dienen und deren Gesamtheit das Referenzsystem bilden. Der Begriff „Produktgenerationsentwicklung" reflektiert dieses Faktum und stellt Prozesse, Methoden und Tools zur Verfügung, um die Entwicklung neuer Produktgenerationen bestmöglich zu unterstützen.

Produktentstehung

Die Produktentstehung schließt die Produktentwicklung ein und beinhaltet darüber hinaus die Produktionsvorbereitung und die Produktion sowie alle Tätigkeiten, die mit der Vermarktung in Zusammenhang stehen. Die Produktentstehung steht somit am Beginn im Produktlebenszyklus. Die nachfolgenden Kapitel werden zeigen, dass sie nicht nur einen immensen Einfluss auf spätere Lebenszyklusphasen hat, sondern diese im Umkehrschluss auch bereits in den frühen Phasen der Produktentstehung voraus bedacht und berücksichtigt werden müssen, um erfolgreiche Produkte zu entwickeln.

1.1.1 Modellierung von Produktentstehungsprozessen

Neue Produkte und deren Vertrieb dienen nicht nur dem ökonomischen Vorteil der produzierenden Unternehmen, sondern sind im Normalfall für den Kunden bzw. Anwender dieser Produkte von Nutzen. Auf diese Weise schaffen Produkte einen Mehrwert für die Gesellschaft. In diesem Sinne müssen Produkte immer sowohl für den Anbieter als auch für den Kunden und Anwender einen Vorteil bieten.

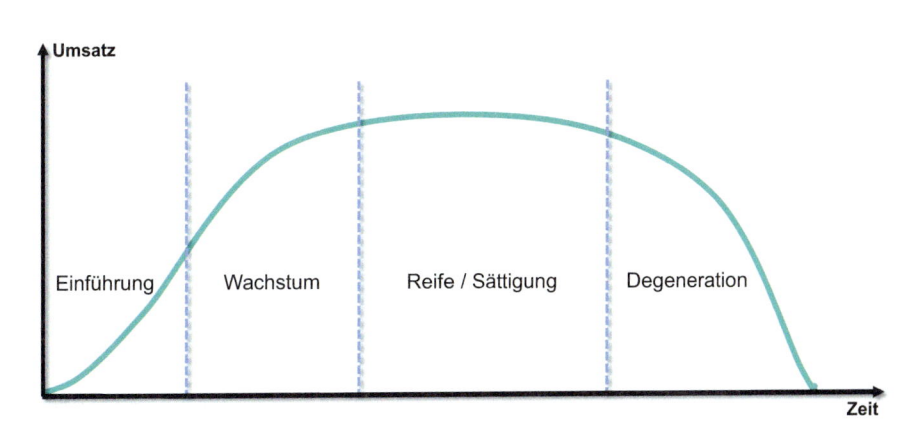

Abb. 1.1: *Vier Phasen eines Produktlebenszyklus (Vernon 1966)*

Dieser Vorteil für diese Gruppen entsteht allerdings nur, wenn es sich bei dem Produkt nicht nur um eine Invention im Sinne einer neuartigen Erfindung oder Entwicklung handelt, sondern um eine Innovation, welche am Markt erfolgreich ist (Schumpeter 1912). Um diesen Erfolg nachhaltig zu sichern, ist eine Ausrichtung der Produktentstehung am Markt unumgänglich. In einer systematischen Betrachtung müssen sowohl das eigene Unternehmen, der Kunde, aber auch der Wettbewerb mit einbezogen werden. Dabei ist zunächst sicherzustellen, dass die Kundenwünsche richtig erfasst und dem Entstehungsprozess zugänglich gemacht werden; ferner muss die Umsetzung der Wünsche in funktionale Produkte unter ökonomischen Randbedingungen erfolgen. Weitere Restriktionen sind die Kapazitäten und Randbedingungen des eigenen Unternehmens, wie auch die Wettbewerbssituation im betrachteten Marktsegment (Abb. 1.2).

„Das Richtige richtig entwickeln!" – Dieser Herausforderung kann durch methodische Unterstützung in den verschiedenen Aktivitäten der Produktentstehung begegnet werden. Um die Methoden der Konstruktionswissenschaften (CAD, FEM-Werkzeuge etc.) effektiv einsetzen zu können, ist es beispielsweise hilfreich, eine Struktur vorzugeben, die den Entwicklern zur Orientierung dient. Somit kann prozessorientiert eine adäquate Unterstützung bereitgestellt werden. Wiederkehrende Lösungsmuster in verschiedenen Entwicklungsprojekten lassen sich auf diese Weise zu Hilfestellungen in Form von Handlungsanleitungen zusammenfassen, die wiederholt verwendet werden können. Modelle von Produktentstehungsprozessen schaffen genau eine solche Struktur.

Abb.1.2: *Das Marktdreieck Kunde – Unternehmen – Wettbewerb (nach Deltl 2004)*

Wie wichtig eine effiziente Produktentstehung ist, wird durch die Abbildung 1.3 veranschaulicht, aus der hervorgeht, dass Entwicklung und Produktion zu- nächst Kapital in Anspruch nehmen, bevor nach der Markteinführung ein Umsatz erwirtschaftet werden kann. Es gilt diese Time-to-Market (Zeitraum bis zur Einführung eines Produktes am Markt) so kurz wie möglich zu halten.

Trotz dieses Zeit- und Kostendrucks müssen Fehler in den frühen Phasen eines Produktlebenszyklus vermieden werden. Nach der sogenannten Zehnerregel gilt, dass sich die Kosten zur Behebung von Fehlern mit jeder neuen Produktentstehung um den Faktor zehn erhöhen (Abb. 1.4). Eine geeignete Modellierung von Produktentstehungsprozessen und deren

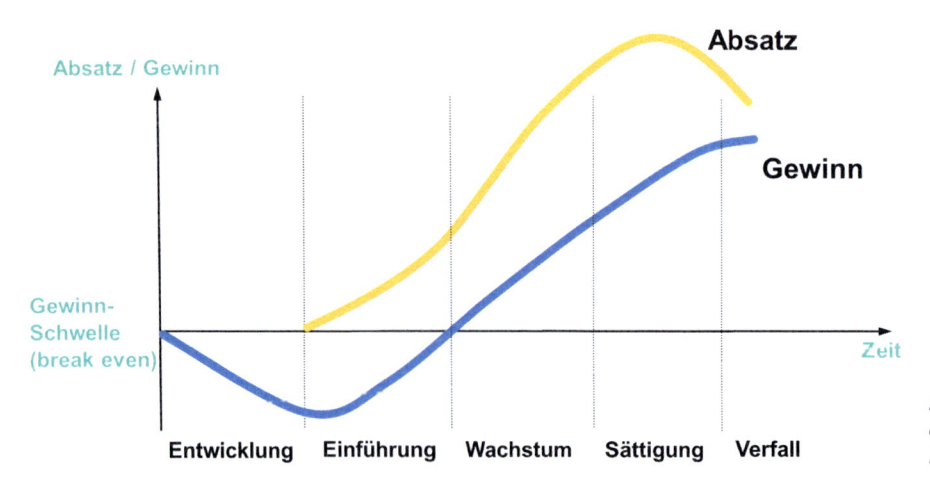

Abb.1.3: *Umsatzkurve über die Lebenszyklusphasen (nach Ehrlenspiel 2003, Geyer 1976)*

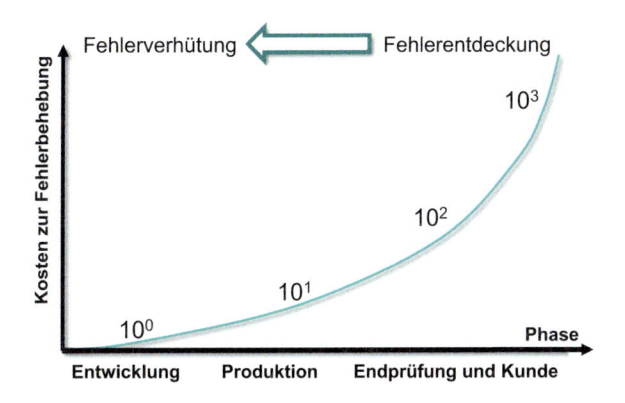

Abb. 1.4: *Zehnerregel der Kosten zur Fehlerbehebung (Ehrlenspiel 2003, nach Reinhart et al. 1996)*

Zielen hilft, diese Kosten und die Time-to-Market zu reduzieren.

1.1.2 Grundlagen der Systemtechnik

Die Produktentstehung lässt sich als ein System modellieren (Ropohl 1975). Ohne Kenntnis ihres inneren Aufbaus können Systeme als Black Box dargestellt werden. Dabei werden lediglich drei über die Systemgrenze übertragene Größen Stoff, Energie und Information betrachtet. Systeme können hierarchisch aus Subsystemen aufgebaut sein und/oder ihrerseits Subsysteme übergeordneter Systeme sein (Abb. 1.5).

Auch die Produktentstehung kann auf Basis der allgemeinen Systemtheorie modelliert werden. Dabei handelt es sich um ein komplexes System, das eine Summe von Eingangsgrößen (Ziele) in eine Summe von Ausgangsgrößen (Objekte) überführt, wobei eine dieser Ausgangsgrößen das eigentliche Produkt darstellt. Anfallende „Nebenprodukte" sind Dokumente, wie Anforderungslisten, Projektpläne und Prüfberichte, virtuelle, physische und gemischt physisch-virtuelle Prototypen, alle Simulationsergebnisse etc. Die Summe aller entstehenden Objekte und deren Beziehungen untereinander bilden das *Objektsystem*. Die Eingangsgrößen stellen Ziele dar, wobei einige dieser Ziele bereits zu Beginn des Produktentstehungsprozesses definiert werden (können), und andere erst im Laufe des Prozesses – etwa, wenn die Auswertung einzelner Objekte, wie z. B. Prüfberichte zu neuen Schlüssen führt – entstehen. Die Ziele, mit ihnen verbundene Anforderungen und beschränkende Randbedingungen stehen durch vielfältige Verknüpfungen und Wechselwirkungen in Beziehung zueinander und bilden das *Zielsystem* (Ropohl 1979). Bei der Produktentstehung handelt es sich um ein *sozio-technisches* System. Neben Arbeitsmitteln, Entwicklungswerkzeugen und Fertigungstechnologien ist in hohem Maße der Mensch als zentraler Akteur im Produktentstehungsprozess relevant. Dabei bestimmt zum einen der menschliche Wunsch

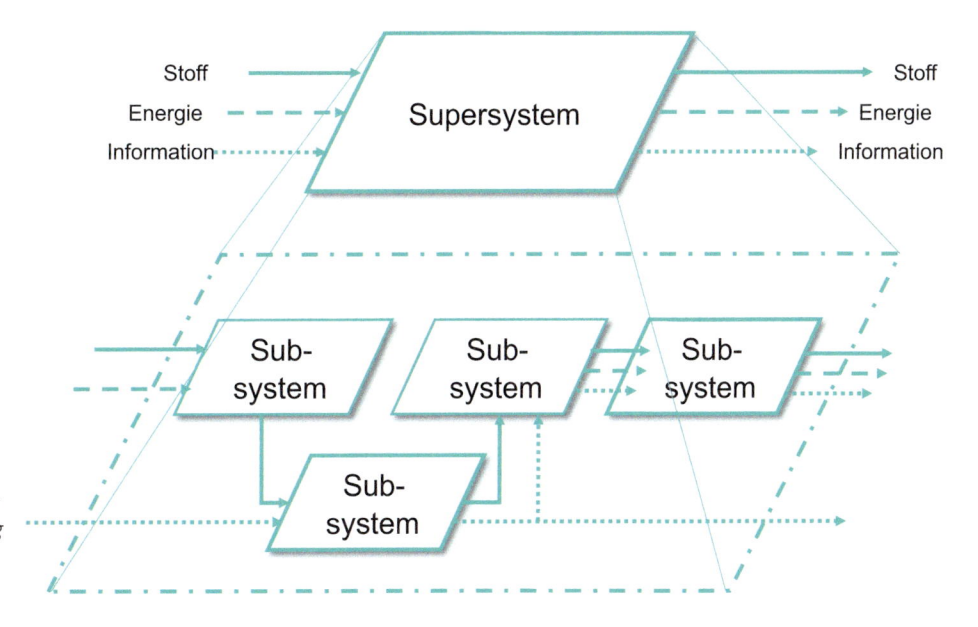

Abb. 1.5: *Modell der Produktentstehung anhand von Black Boxen und Veranschaulichung der übertragenen Größen (Ehrlenspiel 2003)*

nach einer Veränderung der Natur (z. B. die Herstellung eines Werkzeugs zu einem bestimmten Zweck) oder zum anderen der Wettbewerbsdruck am Markt die anfängliche Zielsetzung der Produktentstehung. Durch das Einbringen seiner Arbeitskraft und vor allem seiner (kreativen) Wissensarbeit in den Entstehungsprozess ist der Mensch weiterhin maßgeblich an der Transformation von Zielen in Objekte beteiligt. Durch die Konsumierung der Objekte letztlich werden diese ihrer Bestimmung zugeführt. Alle am Transformationsprozess von Zielen in Objekte beteiligten Elemente bilden das Handlungssystem (Ropohl 1979).

1.1.3 Das Erklärungsmodell der PGE – Produktgenerationsentwicklung

Etablierte Theorien zur Beschreibung von Entwicklungsvorhaben aus Konstruktionsmethodik (Pahl et al. 2007) oder Innovationsmanagement (Henderson und Clark 1990) sind nicht in der Lage, die gesamte Breite an Neuentwicklungsanteilen realer Produktentwicklungsprojekte vollständig zu beschreiben. Ein detailliertes und fundiertes Verständnis über die Anteile neuentwickelter Komponenten in einem System ist allerdings hinsichtlich der Entscheidungsfindung für nachgelagerte Aktivitäten insbesondere in frühen Entwicklungsphasen anzustreben. Diese beeinflussen maßgeblich nachgelagerte Prozess- und zukünftige Produkteigenschaften (z. B. in Kosten, Entwicklungszeit und Qualität). Das Beschreibungsmodell der PGE – Produktgenerationsentwicklung nach (Albers et al. 2015) dient der vollständigen Beschreibung unternehmerischer Produktentwicklungsvorhaben und stellt zudem die Basis für die (Weiter-)Entwicklung von Methoden, Prozessen und Tools im Bereich der Forschung dar. Der Ansatz der PGE fußt hierbei auf zwei fundamentalen Hypothesen! Zum einen werden neue Produkte oder Lösungen immer auf Basis eines Referenzsystems entwickelt. Dieses enthält Referenzsystemelemente, die beispielsweise unternehmenseigene Vorgängerprodukte, Produkte des Wettbewerbs, darüber hinaus jedoch ebenso branchenferne Lösungen oder solche aus dem Bereich der Forschung sein. Die Referenzsystemelemente dienen der jeweiligen Entwicklung der Teilsysteme der zugehörigen Produktgeneration als Referenz bei der Umsetzung (Albers 2019). Die zweite grundlegende Hypothese, die der PGE zugrunde liegt, besagt, dass die Entwicklung einer neuen Produktgeneration durch die systematische Kombination der Aktivitäten Übernahmevariation (ÜV), Gestaltvariation (GV) und Prinzipvariation (PV) erfolgt. Der Neuentwicklungsanteil einer Produktgeneration wird aus dem Anteil aus GV und PV gebildet. Der Ansatz der PGE lässt sich demnach mittels eines mathematischen Modells ausdrücken. Zu diesem Zweck ist die Menge aller Teilsysteme einer neuen Produktgeneration anhand ihrer Variationsart zunächst drei Teilmengen zuzuordnen. Dabei beschreiben $\ddot{U}\,S_{n+1}\{TS|\ddot{U}V_{(TS)}\}$ die Menge derjenigen Teilsysteme einer neuen Produktgeneration, die durch ÜV entwickelt wurden, $G\,S_{n+1}\{TS|GV_{(TS)}\}$ die Menge derjenigen Teilsysteme einer neuen Produktgeneration, die durch GV entwickelt wurden und $P\,S_{n+1}\{TS|PV_{(TS)}\}$ die Menge derjenigen Teilsysteme einer neuen Produktgeneration, die durch PV entwickelt wurde. Die neue Generation eines Produkts (Gn+1) lässt sich dann durch die Vereinigung der drei Teilmengen ausdrücken: $G_{n+1} = \ddot{U}\,S_{n+1} \cup G\,S_{n+1} \cup P\,S_{n+1}$.

1.1.4 Bekannte Prozessmodelle

Folgende Prozessmodelle zur Produktentstehung sind bekannt:

VDI-Richtlinie 2221
Die VDI-Richtlinie 2221 (Abb. 1.6) stellt eine Kernrichtlinie der Produktentwicklung dar und umfasst die Entwicklung technischer Produkte und Systeme. Sie besteht aus zwei Teilen (Blatt 1 und Blatt 2). Blatt 1 umfasst die allgemeingültigen Grundlagen der methodischen Produktentwicklung und die Definition von zentralen Zielen, Aktivitäten und Arbeitsergebnissen, die wegen ihrer generellen Logik und Zweckmäßigkeit Leitlinien für die Anwendung in der Praxis darstellen. Blatt 2 umfasst exemplarische Produktentwicklungsprozesse in unterschiedlichen Branchen und mögliche Zuordnungen der Aktivitäten zu Prozessphasen. Die Beispielprozesse

1.1 Grundlagen

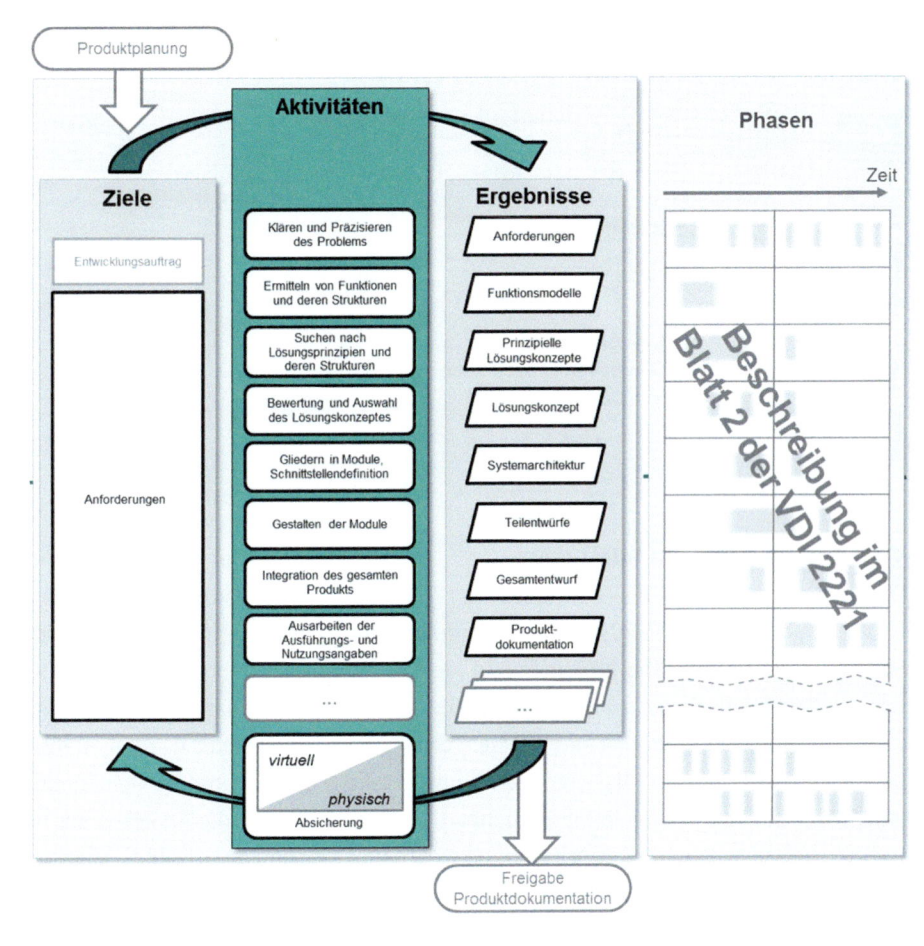

Abb. 1.6: *Arbeitsschritte beim Planen und Konstruieren (VDI-Richtlinie 2221)*

sollen Anwendern den Bezug zu speziellen Verhältnissen und Begriffen erleichtern und außerdem dazu anregen, das eigene Vorgehen inhaltlich und organisatorisch zu reflektieren und gegebenenfalls anzupassen.

Stage-Gate-Modell von Cooper

Cooper entwickelte das Stage-Gate-Modell, um Entwicklungsprozesse hinsichtlich der Zeit und Qualität der Prozessdurchführung sowie einer priorisierten Zielverfolgung zu optimieren (Cooper 1994). Damit soll der Projektfortschritt messbar und somit prüfbar gemacht werden. Dieser *managementorientierte Ansatz* unterteilt Produktentwicklungsprozesse in sequenzielle Phasen, die durch sogenannte Gates streng voneinander getrennt sind. Diese Gates fungieren als Meilensteine, zu denen die Übergabe an die jeweils nächste Phase folgt. Dabei wird auf Basis der bis dorthin erarbeiteten Informationen vom Management eine Entscheidung anhand zuvor definierter Kriterien über das weitere Vorgehen (Fortführung, Iteration oder Abbruch) getroffen. Stage-Gate-Prozesse sind in der industriellen Praxis weit verbreitet.

Fuzzy-Stage-Gate-Ansatz

Die Fortentwicklung dieses Ansatzes ist eine Logik, die auf sogenannten Fuzzy-Gates basiert (Abb. 1.7). Dabei sind die Zeitpunkte der Gates nicht vorgegeben, sondern ergeben sich aus dem Projektfortschritt und der Ressourcenverwaltung. Überlappende Phasen erstrecken sich hier über mehrere Gates, was eine flexiblere und situationsangepasste Terminierung zulässt, wobei die Informationsübergabe zwischen den Akteuren verschiedener Phasen beispielsweise durch Ansätze wie Core-Team-Management weiter unterstützt werden kann.

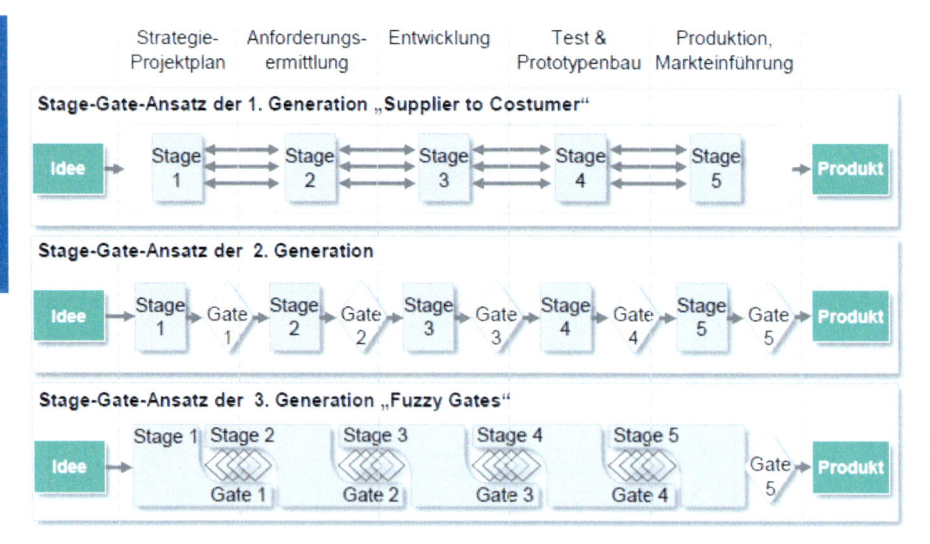

Abb.1.7: Stage-Gate-Ansatz nach Cooper – drei Generationen von Entwicklungsprozessen (nach Bursac 2016)

V-Modell der VDI-Richtlinie 2206

Das sogenannte V-Modell (VDI-Richtlinie 2206) verbindet die VDI-Richtlinie 2221 mit Ansätzen aus der Softwareentwicklung (Abb. 1.8) und steht hier für die Gruppe *domänenspezifischer* Prozessmodelle.

Die Herausforderung bei mechatronischen Systemen liegt darin, dass über die Phasengrenzen hinweg sehr eng zwischen den Disziplinen Maschinenbau, Elektrotechnik und Informationstechnik zusammengearbeitet werden muss. In drei Betrachtungsebenen, auf System-, Subsystem- und Komponentenebene, werden die Prozessschritte *Systementwurf, Ausarbeitung domänenspezifischer Elemente* und *Systemintegration* bearbeitet. Bei der Integration werden die Systemeigenschaften mit den Spezifikationen aus der Entwurfsphase abgeglichen – die beiden Schenkel des V werden hierdurch in Beziehung zueinander gesetzt. Beim V-Modell handelt es sich um eine Erweiterung der sequenziellen Vorgehensmodelle wie der VDI-Richtlinie 2221.

Integrative Ansätze

In der integrierten Produktentwicklung wird der Fokus auf die Erfassung und Erfüllung der Kundenwünsche gelegt, wobei alle am Prozess beteiligten Stakeholder (Kunde, Wettbewerber, eigenes Unternehmen inklusive Zuliefererkette und Vertriebsnetzwerk) berücksichtigt werden (Ehrlenspiel 2003).

Beispielhaft für einen integrativen Ansatz zeigt Abbildung 1.9 das Vorgehensmodell nach Gausemeier. Er unterscheidet in seinem Phasenmodell drei Zyklen (Iterationen einer Reihe bestimmter Aktivitäten): die Definition der Produktstrategie, die Produktentwicklung und die Produktionssystementwicklung. Während im ersten Zyklus Erfolgspotenziale ermittelt und daraus erfolgversprechende Produktkonzepte abgeleitet werden, steht im zweiten Zyklus „die Verfeinerung der domänenübergreifenden Prinziplösung durch die Experten der Domänen" (Gausemeier 2002) im Vordergrund. Im dritten Zyklus werden der Herstellungsprozess geplant und der Serienanlauf vorbereitet.

1.1.5 Grenzen herkömmlicher Prozessmodelle

Die zuvor beschriebenen Prozessmodelle sind in der Industrie unterschiedlich stark vertreten und oft in Details verändert beziehungsweise an die jeweiligen Aufgabenstellungen angepasst. Dennoch ist ihnen eine Reihe von Nachteilen gemein. Das größte Defizit der genannten Handlungsschemata ist deren mangelnde Reaktionsfähigkeit im Umgang mit Komplexität. Das System der Produktentstehung wird durch eine Vielzahl verschachtelter Elemente gebildet, die zumeist eng miteinander verknüpft sind und in vielfältiger wie auch wechselnder Beziehung zueinanderstehen. Im heutigen Kontext der Globalisierung bedeutet dies, dass die Produktentstehung zumeist in verteilten Umgebungen und unter einem sehr intensiven Austausch von Informationen stattfindet. Der zunehmende Zeit- und Kostendruck sowie der

1.1 Grundlagen

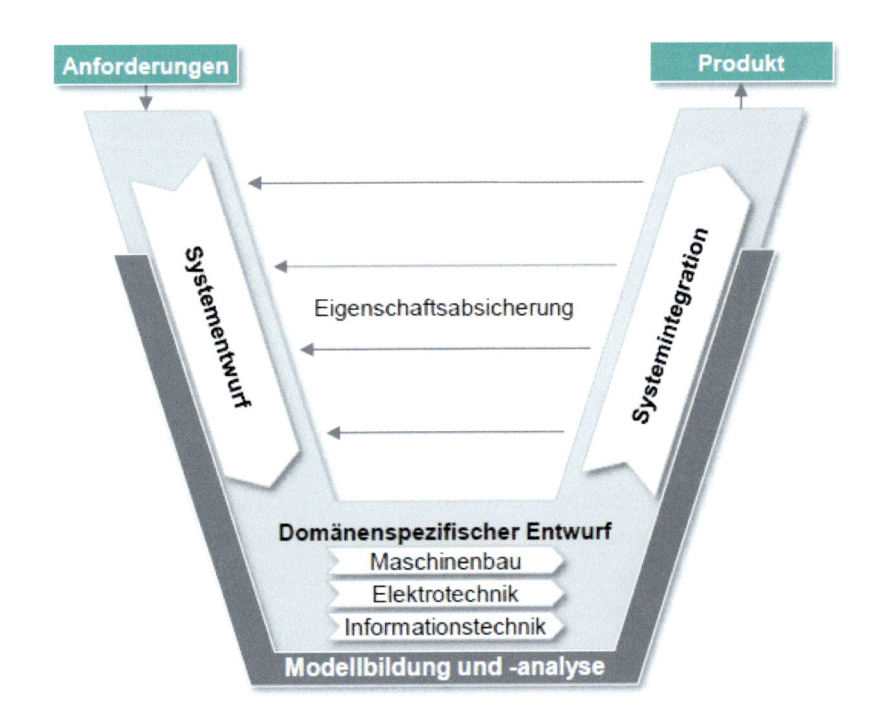

Abb.1.8: *V-Modell im Mechatronik-Design (VDI-Richtlinie 2206; Abbildung nach Bursac 2016)*

Trend zu individualisierten Käufermärkten steigern die Komplexität noch weiter. Zudem ändern sich die Randbedingungen der Produktentstehung typischerweise auch während des Produktentstehungsprozesses. Sie sind daher in der Praxis oft von einer großen Unschärfe und Unvollständigkeit gekennzeichnet.

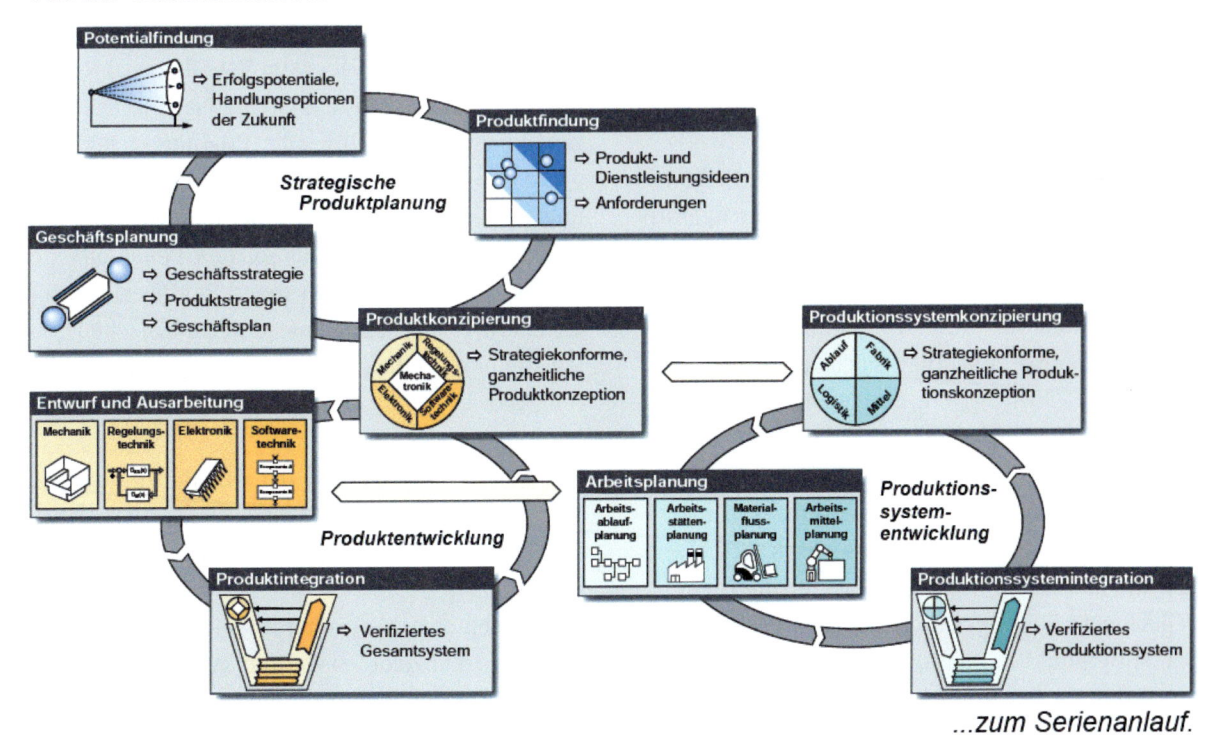

Abb. 1.9: *3-Zyklen-Modell der Produktentstehung (Gausemeier 2014)*

Die meisten Prozessmodelle greifen diese Faktoren nicht auf. Weiterhin wird der hohen Dynamik heutiger Produktentstehungsprozesse nicht Rechnung getragen und auch der hohe Grad an Vernetzung der Prozesselemente wird meist nur stark vereinfacht dargestellt (Meboldt 2008).

Die Komplexität der Produktentstehung macht das Planen sehr schwierig. Präskriptive Modelle, also Ansätze, welche die sequenziellen Entwicklungsschritte starr vorgeben, führen dazu, dass die in der Praxis üblichen Prozess-Iterationen nicht abgebildet werden können. Sie lassen sich nur sehr schwer an sich verändernde Randbedingungen anpassen, was in der Konsequenz dazu führt, dass die Innovationskraft der Entwickler zugunsten eines erhöhten Risikodenkens geschmälert wird.

Andererseits bieten zu offen beziehungsweise zu weit definierte Modelle wenig konkrete Hilfestellungen für Entwickler. Sie sind – um möglichst viele Eventualitäten abdecken zu können – bewusst so formuliert, dass sie einen breiten Interpretationsspielraum zulassen. Dies macht es schwer, fassbare Handlungsanweisungen abzuleiten. Um die operativ tätigen Entwickler evident unterstützen zu können, ist eine klare Ordnungsstruktur, in die konkrete Werkzeuge und Methoden eingeordnet werden können, notwendig. Nur damit lassen sich auch wiederholbare Lösungsmuster beschreiben.

Oftmals unterstützen Modelle nur eine Sicht auf den Produktentstehungsprozess: Die der operativ tätigen Produktentwickler oder die des Managements. Das folgende Kapitel macht deutlich, dass beide Sichten für erfolgreiche Entwicklungsprojekte notwendig sind. Dies macht es nicht zuletzt auch sehr schwierig, ein durchgängiges Wissensmanagement aufzubauen. Durch Ad-hoc-Lösungen und improvisierte Maßnahmen bei unvorhergesehenen Problemen wird ein Transfer von Prozesswissen in zukünftige Projekte stark erschwert. Gerade dieses Know-how ist für ein Unternehmen jedoch sehr wichtig. Der Mensch als Problemlöser im Mittelpunkt der Produktentstehung prägt den Entstehungsprozess wesentlich. Die Produktentstehung ist ein in weiten Teilen heuristisch geprägter, kreativer Prozess, der von den individuellen Fertigkeiten und Erfahrungen der Beteiligten abhängt. Neben dem richtigen Einsatz verschiedenartiger Entwicklungswerkzeuge gilt es letztlich, dieses Prozesswissen zu dokumentieren und explizit zur Verfügung zu stellen, um langfristig erfolgreich zu sein.

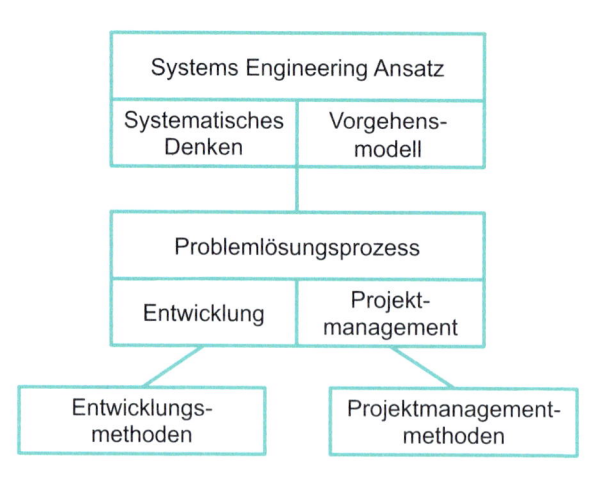

Abb.1.10: *Systems Engineering Ansatz (Züst 2003)*

Wissenschaftler wie Patzak, Daenzer, Hubka, Dumitrescu und Eder haben den Ansatz des Systems Engineering erarbeitet. Dieses Rahmenwerk zielt darauf ab, den beschriebenen Schwierigkeiten dadurch zu begegnen, dass dem Vorgehensmodell der Produktentstehung eine systematische Denkschule gegenübergestellt wird. Der Produktentstehungsprozess wird darin grundsätzlich in zwei Welten unterteilt, nämlich das eigentliche Entwickeln und das Projektmanagement als solches. Beide Aspekte, so die Philosophie des Systems Engineering, sind gleichermaßen wichtig, um eine technische Problemstellung in eine erfolgreiche Lösung zu überführen (Abb. 1.10).

1.1.6 Neues Modell für einen Produktentstehungsprozess – Controlling vs. Entwicklerunterstützung

Es ergeben sich zwei unterschiedliche Sichten und damit verschiedene Ziele und Anforderungen an Modelle für Produktentstehungsprozesse, die beide wichtig sind. Wird eine Sichtweise zu sehr betont, besteht die Gefahr, dass die andere vernachlässigt wird.

1.1.6.1 Controlling im Mittelpunkt

Aus Sicht des Controllings stehen messbare kosten- und zeitorientierte Zielgrößen im Mittelpunkt der Betrachtung. Dabei sollen diese Größen zum einen an den Bedürfnissen des Marktes ausgerichtet und so definiert sein, dass sie das ausgewählte Marktsegment möglichst genau beschreiben und zum anderen gleichzeitig die Ressourcen des eigenen Unternehmens exakt auslasten. Die Konkurrenzsituation soll dabei ebenfalls möglichst zielführend berücksichtigt sein, d. h. entweder wird das Unternehmen mit der Spezifikation des Produktprofils bewusst in einen horizontalen Wettbewerb geführt (gleiches Marktbedürfnis wird mit einem vergleichbaren Produkt befriedigt), oder aber eben diese direkte Wettbewerbssituation wird versucht, im vertikalen Wettbewerb zu umgehen (mit vollkommen verschiedenen Produkten für dasselbe Bedürfnis). Weiterhin liegen die Überwachung der Zielgrößen und deren Erreichen im Fokus der Betrachtung des Controllings. So gilt es einerseits, die Ziele des Produktentstehungsprozesses kontinuierlich an sich ändernde Randbedingungen anzupassen. Dies ist beispielsweise notwendig, wenn ein Kunde plötzlich seine Wünsche ändert. Neben der Definition und Kommunikation dieser neuen Ziele ist hierbei vor allem das rechtzeitige Erfassen der sich ändernden Randbedingungen ein nicht zu unterschätzendes Problem. Andererseits zielen die Aktivitäten des Controllings darauf ab, die Ressourcen des Unternehmens möglichst adäquat auszunutzen. Wenn sich also Zielsetzungen weiterentwickeln, muss kontinuierlich eine Umverteilung von Arbeitspaketen und Prüfstandslaufzeiten etc. vorgenommen werden, um eine möglichst kurze Time-to-Market sicherzustellen und das Kostenlimit nicht zu überschreiten.

Bei der Planung von Produktentstehungsprozessen kann eine entsprechende Modellierung eine große Hilfe sein. Ein Produktentstehungsprozess-Modell muss über alle Phasen einer realen Produktentstehung die notwendigen Aktivitäten und die beteiligten Personen/Produktionsmittel abbilden und miteinander in Beziehung setzen können. Darüber hinaus gilt es, die Zeitintervalle (wann welche Aktivität von wem durchgeführt wird), und die dabei entstehenden Informationen und Ergebnisse zu beschreiben und zu speichern. Erst damit ist es möglich, einen realen Produktentstehungsprozess während seiner Ausführung vollständig aufzuzeichnen. Eine solche Aufzeichnung kann dann genutzt werden, um aus dem Verlauf des Prozesses zu lernen und mit den entsprechend gezogenen Schlüssen ein verbessertes Modell für die Planung eines neuen Prozesses vorzunehmen. In der industriellen Praxis spricht man hierbei vom kontinuierlichen Verbesserungsprozess KVP.

1.1.6.2 Unterstützung von Entwicklern

Neben der übergeordneten Planbarkeit von Produktentstehungsprozessen, also der managementorientierten Sichtweise des Controllings, ist die operative Unterstützung und Begleitung der Entwickler im Prozess von entscheidender Bedeutung. Beobachtungen in der Erforschung realer Produktentstehungsprozesse zeigen, dass die instabile und hochgradig dynamische Natur dieser Prozesse hierfür eine hohe Flexibilität erfordert, wenn Modelle der Produktentstehung erstellt und genutzt werden sollen. Zahlreiche Studien belegen, dass viele der bereits beschriebenen Prozessmodelle in der industriellen Praxis nicht oder nur unzureichend angewendet werden können (Meboldt 2008).

Trotz einer sorgfältigen Vorausplanung ergeben sich in realen Produktentstehungsprozessen fast immer Änderungen, auf die die Entwickler reagieren müssen. Ein zielorientiertes Controlling, das sich durchgängig über alle Phasen des Produktentstehungsprozesses erstreckt, ist unumgänglich. Dies erfordert, Werkzeuge und Mittel zur Unterstützung bereitzustellen. Eine Prozessmodellierung, die beiden Sichten auf Produktentstehungsprozesse gerecht wird und die für beide Seiten verständlich ist, kann dazu einen wesentlichen Beitrag leisten.

In der komplexen Produktentstehung mit sich verändernden Zielvorgaben kann den Entwicklern vor allem mit einer klaren und eindeutigen Vorgabe für den systematischen Umgang mit Informationen geholfen werden. Die kontinuierliche Modellierung und Erweiterung des Zielsystems des Prozesses sowie dessen Repräsentation und Kommunikation ist eine Möglichkeit der Umsetzung. Darüber hinaus ist der kontinuierliche Lernprozess während der Produktentstehung und über die Grenzen einzelner Projekte hinweg sicherzustellen. Um die einzelnen Tätigkeiten in der Produktentstehung miteinander in Beziehung setzen zu können und den Beteiligten eine Orientierungshilfe zu geben, muss eine Prozessmodellierung weiterhin die Aktivitäten der Produktentstehung und der Problemlösung beinhalten und kommunizierbar machen. Damit wird es auch möglich, individuelle Methoden und Werkzeuge, wie z. B. CAx-Tools oder Kreativitätstechniken, gezielt bereit zu stellen. So erhalten Entwickler idealerweise die benötigte methodische Unterstützung im jeweils richtigen Moment. Im folgenden Kapitel wird ein Ansatz für ein solches Modell eingeführt und erläutert.

1.2 Das iPeM – integriertes Produktentstehungsmodell

Das iPeM – integrierte Produktentstehungsmodell ist ein Ansatz zur Prozessmodellierung, der die oben genannten Aspekte in einem konsistenten Modell zusammenführt. Das iPeM ist ein Metamodell; d. h. es besitzt einen generischen Charakter und enthält alle Elemente, die notwendig sind, um für individuelle Problemstellungen in der Produktentstehung angepasste Modelle daraus abzuleiten (Albers und Meboldt 2007).

In den folgenden Abschnitten werden die Hypothesen der Produktentstehung, die dem Metamodell iPeM zugrunde liegen, und die einzelnen Elemente des Ansatzes sowie deren Beziehungen untereinander beschrieben. Darauffolgend wird die Anwendung des iPeM an einem Anwendungsfall im Bereich Leichtbau erläutert.

1.2.1 Hypothesen der Produktentstehung

Für ein grundlegendes Verständnis von Produktentstehungsprozessen können fünf zentrale Hypothesen formuliert werden (Albers 2010). Auf dieser Basis lässt sich das Metamodell iPeM aufbauen, welches die beiden Sichten, die im vorigen Abschnitt differenziert wurden, berücksichtigt: Die Unterstützung operativ tätiger Entwickler und die managementorientierte Sicht des Controllings. Der Ansatz fußt auf der allgemeinen Systemtheorie. Die zentralen Hypothesen beruhen auf langjährigen Erfahrungen in der Erforschung und Durchführung von Entwicklungsprojekten mit Unternehmen am IPEK - Institut für Produktentwicklung des Karlsruher Instituts für Technologie (KIT) und begründen einen Modellierungsansatz, der realen Produktentstehungsprozessen sowie dem Erklärungsmodell der PGE – Produktgenerationsentwicklung gerecht wird.

1. Hypothese: Individualität von Produktentstehungsprozessen
Jeder Produktentstehungsprozess ist einzigartig und individuell.
Kein Entstehungsprozess wird je exakt gleich wiederholt werden. Andere Zielsetzungen oder Randbedingungen, unvorhergesehene Schwierigkeiten und subjektiv operierende und/oder veränderte Handlungssysteme führen immer zu einem einzigartigen Verlauf eines Produktentstehungsprozesses. Es lässt sich zeigen, dass sich die Elemente dieser Modelle zwar in jedem Prozess ähneln, sowohl ihre Ausprägungen als auch ihre Beziehungen untereinander jedoch von Prozess zu Prozess immer individuell sind (Albers 2010). Die Struktur des Metamodells bleibt unverändert, aber die Ausführung einer Produktentstehung führt immer zu einzigartigen Beziehungen und Informationsflüssen zwischen den Elementen.

2. Hypothese: System der Produktentstehung
Auf den Grundlagen der Systemtheorie lässt sich eine Produktentstehung als die Transformation eines (anfangs vagen) Zielsystems in ein konkretes Objektsystem durch ein Handlungssystem beschreiben.

Ein Produktentstehungsprozess und die Beziehungen seiner Elemente untereinander und entlang eines Zeitstrahls hängen von den Zielen, den zu erschaffenden Objekten und der operativen/funktionalen Einrichtung (Handlungssystem), die die Transformation ausführt, ab. Die drei Elemente sind voneinander abhängig (Abb. 1.11). Das *Handlungssystem* ist ein sozio-technisches System, das aus strukturierten Aktivitäten, Methoden und Prozessen aufgebaut ist (Ropohl 1975). Es enthält weiterhin alle für die Realisierung einer Produktentstehung notwendigen Ressourcen (Entwickler, Budget, Infrastruktur etc.). Das Handlungssystem erstellt sowohl das Ziel- als auch das Objektsystem. Beide Systeme sind ausschließlich durch das Handlungssystem miteinander verbunden. Das *Zielsystem* umfasst die mentale Vorstellung der geplanten Eigenschaften eines Produkts und alle dafür notwendigen Restriktionen, deren Abhängigkeiten und Randbedingungen. Die Ziele beschreiben dabei den gewünschten zukünftigen Zustand des Produkts (und seiner Komponenten) und dessen Kontext, nicht jedoch die Lösung als solche. Das Zielsystem wird im Verlauf des Produktentstehungsprozesses fortwährend erweitert und konkretisiert (Ropohl 1979).

Das *Objektsystem* enthält alle Dokumente und Artefakte, die als Teillösungen während des Entstehungsprozesses anfallen. Es ist vollständig, sobald der geplante Zielzustand erreicht ist. Das eigentliche Produkt ist neben den Entwicklungsgenerationen und Zwischenprodukten – wie Projektplänen, Zeichnungen, Prototypen usw. – eines der Elemente des Objektsystems. Das Handlungssystem nimmt während des Produktentstehungsprozesses ständig Teile des Objektsystems auf und leitet daraus durch Schritte der Analyse und Validierung neue Ziele ab. So führt die Entscheidung über einen gewählten Antrieb beispielsweise zwangsläufig zu neuen Zielen, wie etwa dem Bedarf nach geeigneten Kühlsystemen. Endergebnis eines Produktentstehungsprozesses ist neben dem eigentlichen Produkt auch die Summe aller Zwischenergebnisse im Objektsystem, das vollständige Zielsystem und nicht zuletzt das gesammelte Erfahrungswissen im Handlungssystem aus der Durchführung und Reflexion des Prozesses.

3. Hypothese: Validierung
Die Validierung ist die zentrale Aktivität im Produktentstehungsprozess.

Wie zuvor beschrieben, wird durch Aktivitäten der Analyse und Validierung ein kontinuierlicher Abgleich zwischen Soll-Zustand (Zielsystem) und erreichtem Ist-Zustand (Objektsystem) vorgenommen. Die fortlaufende Erweiterung des Zielsystems wird maßgeblich durch die Validierungsschritte des Handlungssystems erbracht.

Die folgenden Kapitel werden zeigen, dass die Validierung einerseits als eine eigene Produktentstehungsaktivität, die der Revision von Objekten (meist Prototypen oder Simulationsmodelle) nach deren Gestaltung dient, betrachtet werden kann. Andererseits tritt sie jedoch auch als eine wiederkehrende Aktivität *innerhalb* jedes einzelnen Prozessschrittes der Produktentstehung auf. Bei der Transformation eines Zielsystems in ein Objektsystem ist es unabdingbar,

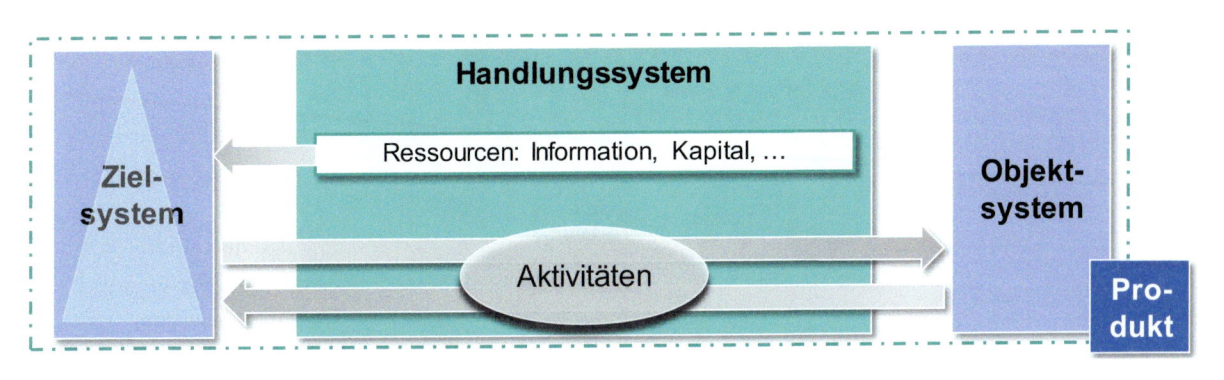

Abb. 1.11: *System der Produktentstehung abgebildet und Interaktion zwischen Ziel-, Handlungs- und Objektsystem*

die Ergebnisse und den Prozessverlauf *kontinuierlich* an den Zielvorgaben zu messen und im Sinne des Controllings rechtzeitig Maßnahmen zu definieren, um den Produktentstehungsprozess erfolgreich auszuführen.

4. Hypothese: Zielbeschreibung in der Problemlösung

Die Transformation von Zielen in Objekte kann als Problemlösungsprozess betrachtet werden.

Dabei gibt es einen Ist-Zustand, der in einen geplanten Soll-Zustand überführt werden soll, wobei der Weg und die Mittel – oder aber auch sowohl der vorliegende Ist-Zustand als auch der gewünschte Soll-Zustand – dieser Überführung unklar sein können. Aufgrund der hohen Dynamik von Produktentstehungsprozessen und der Tatsache, dass heutige Produktentstehungsprojekte oftmals in global verteilten, interdisziplinären Teams erfolgen, ist eine kohärente Modellierung der Ziele dieser Prozesse notwendig. Es ist von entscheidender Bedeutung, dass alle Beteiligten eine gemeinsame Sprache bei der Beschreibung der Elemente (Teilergebnisse) im Produktentstehungsprozess sprechen. Nur so kann ein Projekterfolg über den Verlauf eines Prozesses (mit sich ändernden Parametern) sichergestellt werden, und es kommt nicht zu Spekulationen oder Missverständnissen. Die Objekte, die in Produktentstehungsprozessen erstellt werden, müssen hinsichtlich der gewünschten Produktfunktionen, die Teil des Zielsystems sind, beschrieben werden, um die Ziele transparent zu halten. Die Funktionen technischer Systeme können immer als Wechselwirkungen von Wirkflächenpaaren (WFP) und die sie verbindenden Leitstützstrukturen (LSS) – also konkret auf der Produktebene – beschrieben werden. Diese Vorstellung wird im Contact and Channel Ansatz (C&C^2-A) fundiert beschrieben (Matthiesen 2002). C&C^2-A kann helfen, Ziele und Randbedingungen von Produktentstehungsprozessen auf individuelle Komponenten eines Produkts abzubilden.

5. Hypothese: Beschreibung von Funktionen

Eine technische Funktion benötigt immer mindestens zwei Wirkflächenpaare (WFP) und sie verbindende Leitstützstrukturen.

Ein System kann seine Funktion(en) nur in Wechselwirkung mit seiner Umgebung erfüllen. Ein System,

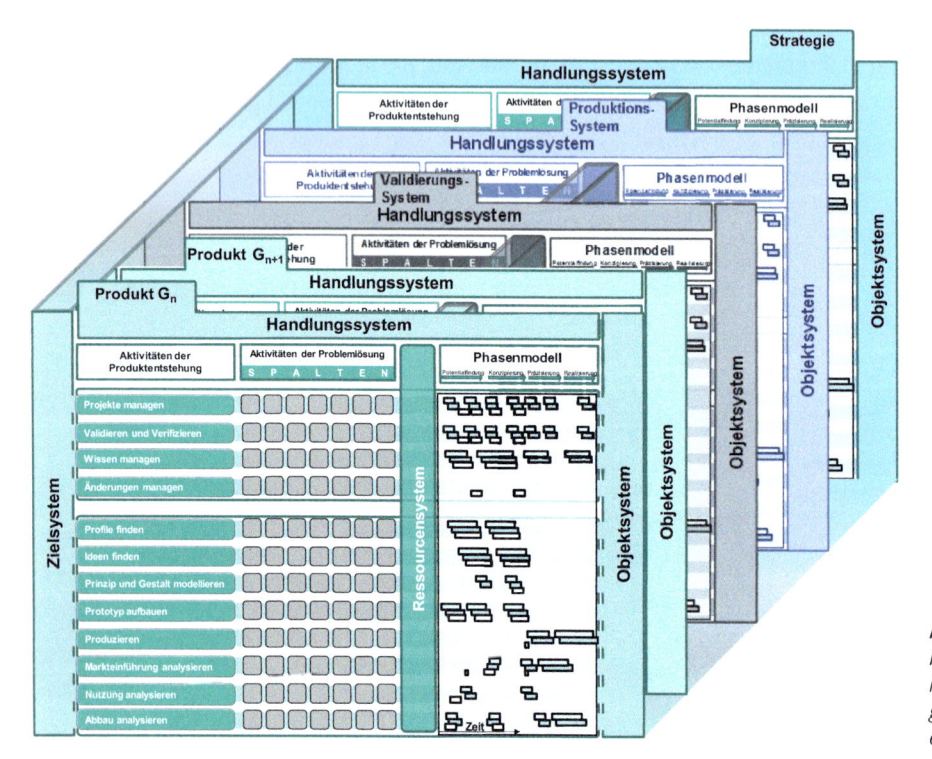

Abb. 1.12: *Das integrierte Produktentstehungsmodell iPeM im Kontext der Produktgenerationsentwicklung (Albers et al. 2016b)*

das keine WFP mit seiner Umgebung bildet, erfüllt keine Funktion. Anders ausgedrückt: In einem Produktentstehungsprozess werden WFP gestaltet – ein Bauteil alleine hat keine Funktion!

Die Anwendung von C&C^2-A in der Produktentstehung hilft den Beteiligten dabei, systematisch zu denken. Dies bedeutet, dass sie Einflüsse auf und von benachbarten Systemen bedenken, wenn sie ein Produkt oder einen Teil dessen entwickeln.

1.2.2 Begriffe und Elemente des iPeM

In diesem Abschnitt wird das Metamodell iPeM vorgestellt. Ein Metamodell enthält allgemeine Beschreibungen zu Elementen und deren Beziehungen, die benötigt werden, um spezifische Modelle aufbauen zu können; ein Beispiel ist die Sprache mit Vokabular und Grammatik, aus der immer wieder neue Sätze gebildet werden können. Abbildung 1.12 ist eine grafische Darstellung des Metamodells iPeM. Es enthält das Ziel-, Handlungs- und Objektsystem unterschiedlicher Layer, die die gesamte Organisation oder den Produktentstehungsprozess abbilden. Das Handlungssystem wird durch die Aktivitäten der Produktentstehung und der Problemlösung sowie dem Ressourcensystem und dem Phasenmodell gebildet. Im Phasenmodell kann der zeitliche Bezug der Aktivitäten modelliert werden.

1.2.2.1 Aktivitätenmatrix

Die Aktivitätenmatrix wird aus den „Aktivitäten der Produktentstehung" und den „Aktivitäten der Problemlösung" gebildet. Diese Matrix kann wie ein modulares System unterschiedlicher Methoden für die situationsspezifische Unterstützung im Produktentstehungsprozess verstanden werden.

Die Aktivitäten der Produktentstehung bestehen wiederum aus den beiden Clustern „Basisaktivitäten" und „Aktivitäten der Produktentwicklung", die unterschiedliche Abstraktionsgrade und Anwendungsgebiete beschreiben.

So orientieren sich die Aktivitäten der Produktentwicklung grob an den Lebenszyklusphasen eines Produkts (Abb. 1.1). Dabei sind sie jedoch nicht als chronologische Reihung einer sequenziell abzuarbeitenden Abfolge von Prozessschritten zu verstehen. Vielmehr beschreiben diese Aktivitäten grundsätzlich zu unterscheidende Tätigkeiten, die im Laufe eines Produktlebens aus Entwicklersicht von Belang sind. Auf einem Zeitstrahl können die Aktivitäten in jedem Produktentstehungsprozess individuell und iterativ angeordnet werden, wie es die jeweilige Situation erforderlich macht.

Mit den Aktivitäten der Problemlösung kann der Problemlösungsprozess modelliert werden. Dabei wird die Problemlösungsmethodik SPALTEN genutzt. SPALTEN kann in jeder Aktivität der Produktentstehung angewendet werden, um die Aktivitäten des Handlungssystems im Sinne einer strukturierten Vorgehensweise zu unterstützen. Zusammen spannen die Aktivitäten der Produktentstehung und die Aktivitäten der Problemlösung eine Matrix auf, anhand deren Struktur sich Entwickler im Prozess jederzeit orientieren können. In Abbildung 1.13 bilden die gewählten Aktivitäten eine Matrix von 84 Feldern, denen einzelne Tätigkeiten und korrespondierende Entwicklungsmethoden entsprechen. Gerst benennt die Aktivitäten der Produktentstehung als *Makroaktivitäten* und die Aktivitäten der Problemlösung als *Mikroaktivitäten* (Gerst 2002).

1.2.2.2 Aktivitäten der Produktentstehung

Die Aktivitäten der Produktentstehung (Abb. 1.13) stellen für Entwickler generische im Produktentstehungsprozess auszuführende Tätigkeiten dar. Diese lassen sich in Produktlebenszyklusphasen unterschiedlich kombinieren. Das bedeutet, dass diese Felder Suchbereiche darstellen, aus denen benötigte Informationen bezogen werden können. Sie sind bewusst als Tätigkeiten – also als aktive Handlungen – formuliert. Die hier genannten Formulierungen können prinzipiell auch an produkt-, firmen- oder branchenspezifische Begrifflichkeiten angepasst werden oder in ihrer Anzahl variieren. Sie gliedern sich, wie beschrieben, in die Basis- und Produktentwicklungsaktivitäten auf. Die einzelnen Aktivitäten werden im Folgenden erläutert.

1 Der Prozess der Produktentstehung

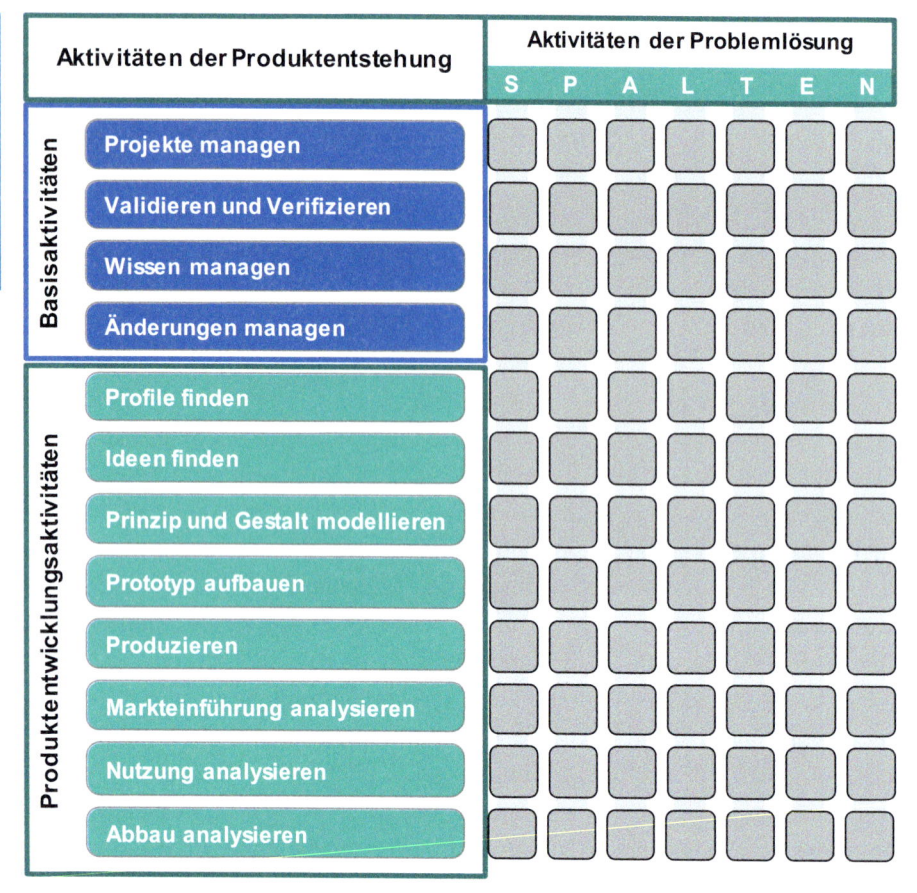

Abb.1.13: *Charakteristische Aktivitätenmatrix*

Basisaktivitäten im iPeM

Die Basisaktivitäten werden parallel zu den Produktentwicklungsaktivitäten und in einem regelmäßig wiederkehrenden Modus durchgeführt, um den Produktentwicklungsprozess zu unterstützen, zu verbessern und abzusichern. Sie besteht aus den Aktivitäten: *Projekte managen*, *Validieren und Verifizieren*, *Wissen managen* und *Änderungen managen*. Die Basisaktivitäten werden nicht gesondert durchgeführt, sondern dienen der Unterstützung der Produktentwicklungsaktivitäten (z. B. das Validieren einer neu generierten Idee) (Albers et al. 2016b).

Projekte managen

Diese Aktivität umfasst neben der initialen und kontinuierlichen Planung von Projekten auch die Aspekte des Controllings, wo vor allem die Einhaltung und Budgetierung von Zeit, Kosten und anderen Ressourcen im Vordergrund stehen. In der frühen Phase der Produktgenerationsentwicklung kommt der Aktivität *Projekte managen* eine herausgehobene Stellung zu, da hier zu Beginn des Projekts die grundlegenden Parameter des Produktentstehungsprozesses und die initialen Zielvorgaben für das Produkt definiert werden.

Validieren und Verifizieren

In der dritten Hypothese der Produktentstehung wurde die Wichtigkeit der Validierung als zentrale Aktivität im Produktentstehungsprozess bereits beschrieben. Diese Tätigkeit dient nicht nur dazu, nach der Ausarbeitung von Entwürfen die physikalischen Eigenschaften des zukünftigen Produkts in Simulationen oder Prototypenversuch zu testen. Vielmehr handelt es sich auch bei der Validierung um eine wiederkehrende Aktivität, in der – beispielsweise während der Iterationen der Modellierung von Prinzip und Gestalt – kontinuierlich der erreichte Ist-Zustand mit dem im Zielsystem beschriebenen Soll-Zustand abgeglichen wird. Insbesondere durch diese Aktivität wird das Zielsystem im Prozess der Produktentstehung kontinuierlich konkretisiert. Die Validierung sollte hierbei früh und kontinuierliche mittels virtueller, physischer oder gemischt physisch-virtueller Prototypen erfolgen.

Wissen managen
Ziel der Durchführung dieser Aktivität ist es, einen Überblick über interne und externe Daten, Informationen und Kompetenzen zu gewinnen. Weitere Elemente sind die Identifikation, der Erwerb und die Entwicklung von Wissen sowie die Verbreitung, Nutzung und Pflege dieses Wissens.

Änderungen managen
Die inhärenten Elemente dieser Aktivität sind: die Überprüfung der Früherkennung von Fehlern sowie die Umsetzung entsprechender Maßnahmen inklusive der Koordination von technischen, wirtschaftlichen und sozialen Veränderungen. Dies gilt z.B. für die Reaktion auf eine neue Soll-/Ist-Konstellation, die eine Design-Optimierung nach sich zieht oder durch einen neuen Kundenwunsch.

Aktivitäten der Produktentwicklung im iPeM
Die Kernaktivitäten, oder auch Aktivitäten der Produktentwicklung genannt, stellen einen Teil der Aktivitäten der Produktentstehung dar. Durch Anwendung der Kernaktivitäten in Verbindung mit den Basisaktivitäten auf den unterschiedlichen Ebenen (Produkt, Strategie, Produktionssystem und Validierungssystem) kann der Produktentstehungsprozess ausgeführt werden (Albers et al. 2016b).

Profile finden
Ein Produktprofil ist ein Modell eines Nutzenbündels, das den angestrebten Anbieter-, Kunden- und Anwendernutzen für die Validierung zugänglich macht und den Lösungsraum für die Gestaltung einer Produktgeneration explizit vorgibt. Ein Nutzenbündel wird hierbei verstanden als eine Gesamtheit aus Produkten und Dienstleistungen, welches mit dem Zweck erstellt wird, an einen Kunden verkauft zu werden und für ihn direkt oder indirekt – z.B. für von ihm berücksichtigte Anwender oder für seine Kunden – Nutzen zu stiften. Es enthält Potenziale und Bedarfssituationen am Markt, wobei neben dem Kundenwunsch auch die Wettbewerbssituation und die Position des eigenen Unternehmens betrachtet werden. Ziel ist es, eine Marktlücke, beziehungsweise ein Marktsegment für sich auszumachen, in dem gezielt nach technischen Lösungen gesucht werden kann, um diese möglichst erfolgreich vertreiben zu können (Albers et al. 2018).

Ideen finden
In dieser Aktivität werden erste Ideen für Produkte generiert, die die zuvor beschriebenen Marktbedürfnisse befriedigen. Die Beschreibung der Ideen kann hierbei gestaltneutral erfolgen. Ideen enthalten nur die grundsätzlichen Charakterzüge des neuen Produkts, um den Lösungsraum für die spätere Gestaltmodellierung so groß wie möglich zu halten. Konkret werden insbesondere Wirkprinzipien sowie mögliche Referenzsystemelemente hinsichtlich erster Produktfunktionen identifiziert und kondensiert.

Prinzip und Gestalt modellieren
Die Realisierung der Produktideen erfolgt in dieser Aktivität. Da es erfahrungsgemäß kaum möglich ist, Funktionsprinzipien zu beschreiben, ohne gleichzeitig gestalterische Vorstellungen zu entwickeln, wurde die Modellierung von Prinzip und Gestalt als eine gemeinsame Aktivität formuliert. Dabei gehen Entwickler sukzessive von abstrakten Skizzen und Entwürfen aus, bis hin zu ausgearbeiteten Detailzeichnungen, CAD-Modellen oder Fertigungsunterlagen. Die Basis für die gestalterische Umsetzung können hierbei generierte Ideen darstellen, wobei die Generierung von Ideen und die gestalterische Umsetzung einen iterativen Prozess darstellen, der die kontinuierliche Konkretisierung von Ziel- und Objektsystem bewirken.

Prototyp aufbauen
Diese Aktivität dient dem frühen und kontinuierlichen Aufbau von Prototypen. Diese werden zum einen

als Entscheidungsgrundlage in Projektmeilensteinen mit möglichen Stakeholdern, zum anderen als System in Development (SiD) im Zuge der kontinuierlichen Validierung sowie zum Explizieren mentaler Modelle im Produktentstehungsprozess genutzt (Albers et al. 2017). Die Art, Manifestation und die Konfrontationsmethode von Prototypen ist in Abhängigkeit des Reifegrads, der jeweiligen Entwicklungssituation und des jeweiligen Ziels des Prototypeneinsatzes abhängig. Prototypen können physisch, virtuell oder gemischt physisch-virtuell umgesetzt werden. So lässt sich beispielsweise bereits ein Produktprofil, welches lösungsneutral ist, mittels unterschiedlicher Techniken wie die Umsetzung als Video realisieren (Richter et al. 2018), während Wirkprinzipien in der Regel physisch umgesetzt werden.

Produzieren

In dieser Lebenszyklusphase wird das Produkt hergestellt, d.h. die zuvor definierten Wirkflächen und Leitstützstrukturen werden erzeugt und zu Wirkflächenpaaren montiert. Das Vorausdenken dieser Phase dient bereits während der Aktivität „Prinzip und Gestalt modellieren" als Informationsquelle, um beispielsweise Anforderungen an die Montierbarkeit schon früh mit in den Produktentstehungsprozess einfließen zu lassen (Design-for-X- Ansatz).

Markteinführung analysieren

Ähnlich wie die Aktivität *Produzieren* kann auch die Aktivität *Markteinführung analysieren* bereits zu früheren Zeitpunkten im Produktentstehungsprozess vorausgedacht werden. Im Sinne des Simultaneous Engineering können Tätigkeiten parallelisiert werden. Es kann beispielsweise schon während der Entwicklung ein Vertriebsnetz für das Produkt aufgebaut werden. Ebenso können Services mitgedacht werden.

Nutzung analysieren

Gleiches gilt für die Aktivität *Nutzung analysieren*. Auch diese dient als Informationsquelle in frühen Entwicklungsphasen, nämlich immer dann, wenn die künftige Nutzung des Produkts vorausgedacht und entsprechende Ziele und mit diesen verbundenen Anforderungen an Produkt und Prozess daraus abgeleitet werden. Darüber hinaus kann in dieser Aktivität auch nach Auslieferung eines Produkts z.B. dessen Akzeptanz beim Kunden überwacht werden, um weitere Projekte im Sinne der PGE weiterzuentwickeln.

Abbau analysieren

Hier wird der Abbau, das Recycling oder die Endlagerung des Produkts betrachtet. Erfahrungen z.B. mit dem Recycling von faserverstärkten Kunststoffen zeigen, dass teilweise erhebliche Kosten auf Unternehmen zukommen, wenn diese Aspekte nicht bereits frühzeitig im Produktentstehungsprozess berücksichtigt werden. Durch eine sorgfältige und rechtzeitige Planung der Rückbauprozesse in den frühen Aktivitäten der Modellierung von Prinzip und Gestalt können große Einsparpotenziale ermittelt und ausgeschöpft werden.

1.2.2.3 Problemlösungsprozess SPALTEN

Im Metamodell iPeM wird SPALTEN als Problemlösungsprozess für die Transformation von Zielsystemelementen in Objektsystemelemente innerhalb der jeweiligen Aktivitäten genutzt. Dieses Akronym steht für einen Zyklus von Problemlösungsaktivitäten in einer bestimmten Struktur bzw. Reihenfolge. Etliche praktische Erfahrungen in Industrieprojekten haben die Anwendbarkeit von SPALTEN für Problemstellungen der Produktentstehung und auch für beliebige andere Problemsituationen gezeigt (Albert, Saak, Burkardt 2002). SPALTEN ist eine universelle Methode, die an verschiedene Probleme angepasst werden kann. D.h. die Schritte werden je nach Problemsituation individuell ausgeführt. SPALTEN ist darüber hinaus fraktal, denn es lassen sich einzelne Schritte in einer tieferen Betrachtungsebene wiederum als eigener SPALTEN-Prozess modellieren (Abb. 1.14).
Die SPALTEN- Schritte sind:
- Situationsanalyse
- Problemeingrenzung
- Alternative Lösungssuche
- Lösungsauswahl
- Tragweitenanalyse
- Entscheiden und Umsetzen
- Nachbereiten und Lernen.

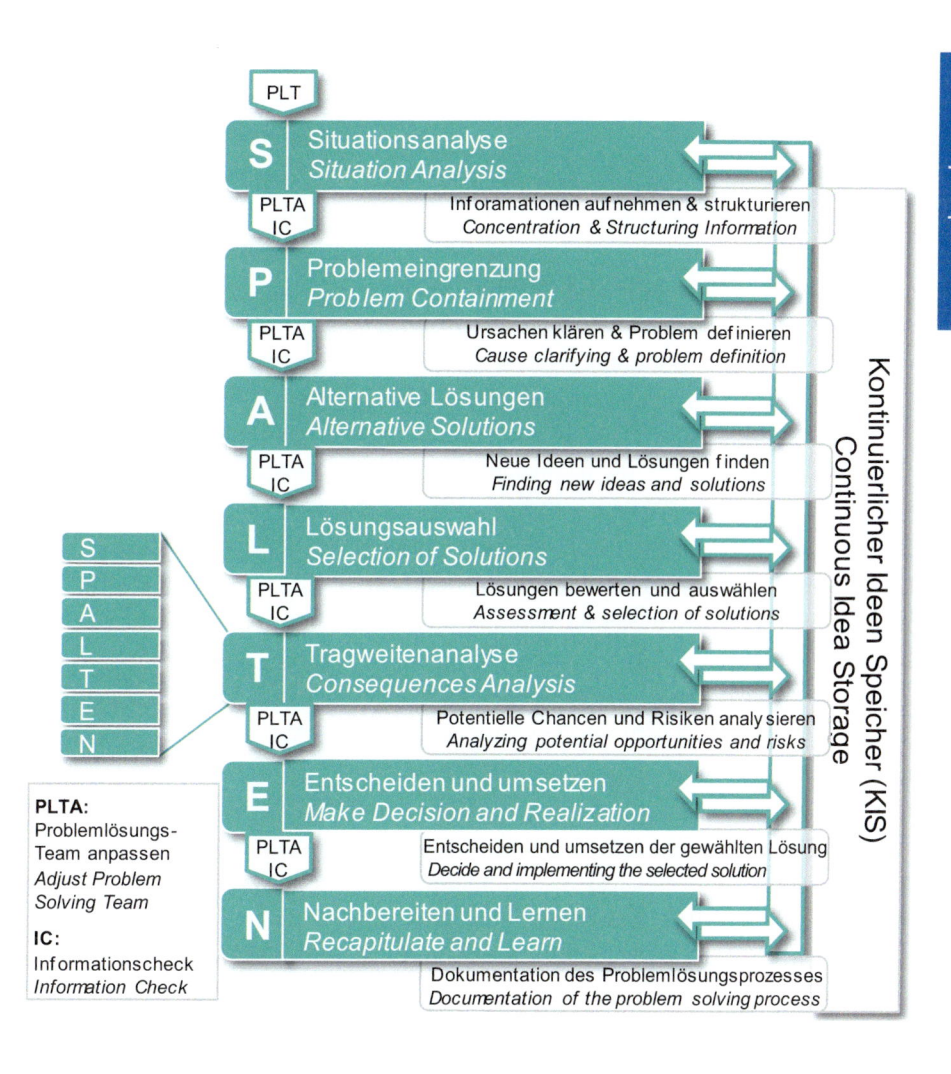

1.2 Das iPeM – integriertes Produktentstehungsmodell

Abb. 1.14: Übersicht der SPALTEN-Methode

S Situationsanalyse / *Situation Analysis*
PLTA / IC — Inforamationen aufnehmen & strukturieren / *Concentration & Structuring Information*

P Problemeingrenzung / *Problem Containment*
PLTA / IC — Ursachen klären & Problem definieren / *Cause clarifying & problem definition*

A Alternative Lösungen / *Alternative Solutions*
PLTA / IC — Neue Ideen und Lösungen finden / *Finding new ideas and solutions*

L Lösungsauswahl / *Selection of Solutions*
PLTA / IC — Lösungen bewerten und auswählen / *Assessment & selection of solutions*

T Tragweitenanalyse / *Consequences Analysis*
PLTA / IC — Potentielle Chancen und Risiken analysieren / *Analyzing potential opportunities and risks*

E Entscheiden und umsetzen / *Make Decision and Realization*
PLTA / IC — Entscheiden und umsetzen der gewählten Lösung / *Decide and implementing the selected solution*

N Nachbereiten und Lernen / *Recapitulate and Learn*
Dokumentation des Problemlösungsprozesses / *Documentation of the problem solving process*

PLT — Kontinuierlicher Ideen Speicher (KIS) / *Continuous Idea Storage*

PLTA: Problemlösungs-Team anpassen / *Adjust Problem Solving Team*
IC: Informationscheck / *Information Check*

Grundsätzlich wird die Informationsmenge während eines SPALTEN-Zyklus immer wieder systematisch erweitert und wieder verdichtet, sodass auch von einem „atmenden Prozess" gesprochen wird. Ausgehend von der Definition eines geeigneten PLT (Problemlösungsteams) werden zunächst in der *Situationsanalyse* Informationen zum zu lösenden Problem gesammelt. Diese werden im nächsten Schritt, der *Problemeingrenzung*, wieder verdichtet, mit dem Ziel, den Fokus auf das Wesentliche zu lenken und das wirklich vorliegende Problem zu definieren. Zwischen diesen beiden wie auch allen übrigen Schritten findet ein Informationscheck (Wurde alles beachtet?) und die Überprüfung des Problemlösungsteams statt, um zu hinterfragen, ob weitere/andere Personen notwendig sind, um im Prozess fortzuschreiten. In der Aktivität *Alternative Lösungssuche* werden verschiedene Methoden angewendet, um mögliche Lösungen für das identifizierte Problem zu generieren. Damit wird die Wahrscheinlichkeit erhöht die bestmögliche Lösung identifiziert zu haben. Die angewandten Methoden lassen sich in intuitive Methoden und kreative Methoden clustern. In der *Lösungsauswahl* werden die generierten Lösungsalternativen anhand definierter Kriterien bewertet, und es wird auf Basis dessen die umzusetzende Lösung ausgewählt. Weitere Elemente im SPALTEN-Zyklus sind die *Tragweitenanalyse* (systematische Frage nach Chancen und Risiken mit der Definition entsprechender Maßnahmen, die mit der ausgewählten Lösung einhergehen), das *Entscheiden und Umsetzen*, das zu einer gemeinsamen Entscheidung für und zu der Umsetzung der Lösung führt und das *Nachbereiten und Lernen*, wo Prozesswissen für zukünftige Problemlösungszyklen festgehalten und zum Zwecke der kontinuierlichen Verbesserung aufbereitet wird (Albers et al. 2016a).

1.2.2.4 Das Systemtriple aus Ziel-, Handlungs- und Objektsystem

Wie zuvor beschrieben, lässt sich die Produktentstehung als Transformation eines Zielsystems in ein Objektsystem durch ein Handlungssystem modellieren (Z-H-O-Triple). Im Folgenden werden die Informationsflüsse im Detail beschrieben.

Betrachtet man einen Produktentstehungsprozess entlang der Aktivitätenmatrix des iPeM genauer, wird deutlich, dass während jeder Aktivität kontinuierlich Teilziele aus dem Zielsystem aufgegriffen und bearbeitet werden. Während dieser Bearbeitung entstehen fortwährend Objekte, die als Gestalt- oder Erkenntnisobjekte das Objektsystem erweitern. Im Handlungssystem werden diese Objekte – beispielsweise Simulationsmodelle – analysiert und bewertet, was zu neuen Teilzielen – etwa einer Optimierung – führt. Zoomt man eine Detaillierungsstufe tiefer in das System Produktentstehung, so lassen sich diese Informationsflüsse entlang des Problemlösungszyklus SPALTEN modellieren. In jeder Aktivität der (technischen) Problemlösung können Elemente aus dem Zielsystem „entnommen" oder dorthin zurückgeführt werden. Ebenso kann das Handlungssystem in jedem Problemlösungsschritt Elemente aus dem Objektsystem „entnehmen" oder (neue) Elemente dort abspeichern.

Abbildung 1.15 zeigt beispielhaft die Informationsflüsse im Handlungssystem anhand von Doppelpfeilen, die den Transfer von Elementen aus dem Zielsystem bzw. Objektsystem während einer Aktivität der Produktentstehung symbolisieren. Darin wird deutlich, dass Ziel- und Objektsystem über das Handlungssystem eng miteinander verzahnt sind. Gemäß der vierten und fünften Hypothese der Produktentstehung lassen sich die Elemente des Ziel- und Objektsystems mit dem Modell C&C^2-A beschreiben. Die Informationsflüsse im Handlungssystem eines Produktentstehungsprozesses können also mit C&C^2-A modelliert werden. Dies hilft allen Beteiligten, eine einheitliche Sprache und gemeinsame Vorstellungen der Produktentstehung aufzubauen. Das gilt durchgängig für den gesamten Produktentstehungsprozess und gleichermaßen auf allen Abstraktionsstufen.

1.2.2.5 Ressourcensystem

Das Ressourcensystem ist Teil des Handlungssystems und umfasst u.a. Mitarbeiter, Kapital, Information (auch Patente…), Arbeitsmittel (Material, Maschinen…). Da diese Elemente untereinander vernetzt sind und in vielfältigen Beziehungen z.B. zu externen Lieferanten oder Servicedienstleistern stehen, können die Ressourcen ebenfalls als Subsystem der Produktentstehung charakterisiert werden.

Die Ressourcen können den Tätigkeiten der Aktivitätenmatrix zugewiesen werden. So wird innerhalb des Handlungssystems eine Projektplanung vorgenommen, die es dann auch erlaubt, einzelne Aktivitäten als konkrete Phasen auf einem Zeitstrahl abzubilden. Die Struktur der Aktivitätenmatrix, die vornehmlich die Sicht der Entwickler widerspiegelt, wird dadurch mit der managementorientierten Sicht des Controllings verknüpft. Durch Zuweisung entsprechender Elemente aus dem Zielsystem (Zeitvorgaben etc.) und den zugehörigen Objekten (Projektpläne, Statusberichte, usw.) erfolgt die Anbindung an das Gesamtsystem der Produktentstehung.

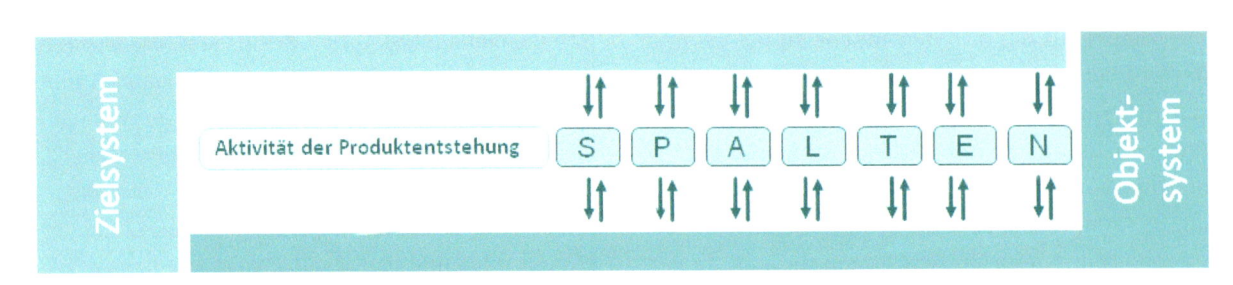

Abb. 1.15: *Der Einsatz der SPALTEN-Methode zum Informationsfluss zwischen dem Zielsystem und dem Objektsystem*

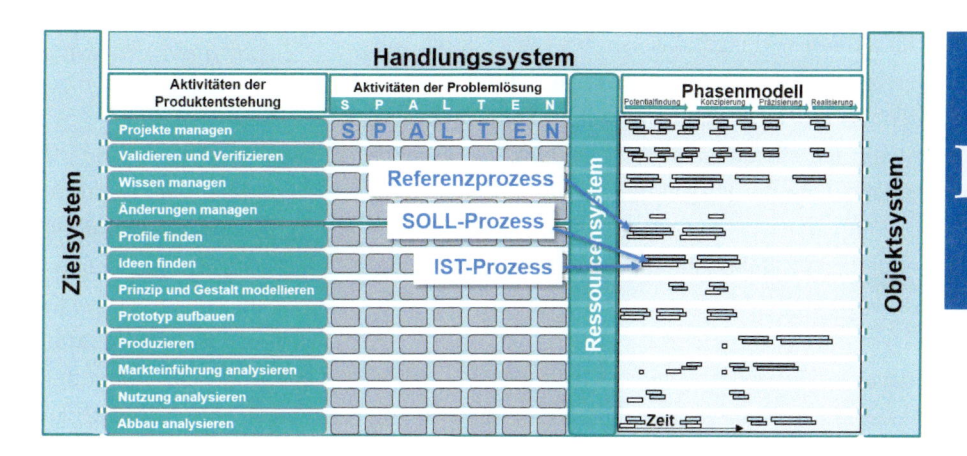

Abb. 1.16: *Referenzmodell, Implementierungsmodell und Anwendungsmodell im Phasenmodell des iPeM (Wilmsen 2019)*

1.2.2.6 Phasenmodell

Die zeitliche Abfolge der Aktivitäten kann im Phasenmodell abgebildet werden. Dessen Darstellung kann z. B. einem Gantt-Chart gleichen. Sobald Aktivitäten konkreten Zeitintervallen zugeordnet sind, können sie als Phase eines Produktentstehungsprozesses mit einer gewissen Dauer betrachtet werden (Abb. 1.16). Phasen werden also aus mehreren parallelen Aktivitäten kombiniert. Dies geschieht dynamisch entsprechend den Erfordernissen der jeweiligen Situationen im Projekt.

Auf Gesamtprozessebene lassen sich im Phasenmodell des iPeM drei verschiedene Modelle abbilden. Der *Referenzprozess* stellt hierbei einen generischen Prozess dar, der auf Basis eines konkreten Projektes oder einer Vielzahl an Produktentwicklungsprojekten über Produktgenerationen hinweg aufgebaut wird. Dieser Referenzprozess muss zur jeweiligen Projektplanung wiederum an die Gegebenheiten des aktuellen Entwicklungsvorhabens angepasst werden und wird dann in einem *SOLL-Prozess* im Phasenmodell dargestellt. Der tatsächliche Projektverlauf wird anschließend im *IST-Prozess* abgebildet (Wilmsen 2019).

1.2.2.7 Ganzheitliche Modellierung durch die verschiedenen Ebenen und deren Wechselwirkungen im iPeM

Die dreidimensionale Struktur des iPeM erlaubt die Modellierung verschiedener Produktgenerationen und Berücksichtigung verschiedener Unternehmensbereiche im Modell. Jeder dieser Ansätze (Produkt, Strategie, Produktionssystem, Validierungssystem) oder eine beliebige weitere Produktgeneration bildet eine individuelle Schicht und kann durch eine Ebene im iPeM modelliert werden. Die verschiedenen Ebenen stellen die Entwicklung von Produktgenerationen selbst, die der Unternehmensstrategie, des Produktionssystems und des Validierungssystems, dar. Jede Ebene besteht aus der gleichen Struktur und die Aktivitäten können auf jede dieser Ebenen angewendet und modifiziert werden - entsprechend der jeweiligen Sicht. Diese Struktur ermöglicht eine fokussierte Entwicklung auf das jeweilige System in der Entwicklung mit einer gleichzeitigen Integration der anderen, für die Produktentwicklung relevanten Bereiche.

Ebene - Produkt

Die erste Ebene beschreibt die Entwicklung des Produkts selbst. Da Produkte in Generationen entwickelt werden, ist es möglich, für jede dieser Generationen eine Ebene hinzuzufügen. Auf diese Weise können die Zusammenhänge verschiedener Generationen modelliert werden (z. B.: ein Motor wird für eine Fahrzeuggeneration entwickelt und soll auf die nächste Generation übertragen werden). Darüber hinaus können die Ressourcen über mehrere Projekte hinweg geplant werden.

Ebene - Validierungssystem

In dieser Ebene werden die Elemente entwickelt, die die Validierung des Produktes ermöglichen. Diese Ebene beschreibt demnach einen eigenen

Produktentwicklungsprozess, der sich durch die bereits beschriebenen Aktivitäten durchführen lässt. So muss z. B. ein Prüfstand geplant, konstruiert und gebaut und ebenfalls validiert werden. Diese Ebene darf nicht mit der Basisaktivität Validieren und Verifizieren verwechselt werden, sondern liefert die wesentlichen Produkte, die für diese Aktivität benötigt werden.

Ebene - Produktionssystem
Diese Ebene umfasst alle Vorgänge, die relevant sind, um das Produktionssystem zu entwickeln. Von der Herstellung des Produktionssystems bis hin zur Produktion selbst. Die Entwicklung eines Produktionssystems ist ebenfalls ein eigener Produktentwicklungsprozess.

Ebene - Strategie
Ein langfristiger Rahmen wird durch verschiedene Regeln vorgegeben. Dies sind verschiedene Prinzipien, die das Unternehmen dabei unterstützen, eine nachhaltige und vorteilhafte Marktposition zu erreichen. Sie basieren auf vielen Geschäftsaktivitäten und können beispielsweise unterschiedliche Geschäftsmodelle enthalten und generationenübergreifend sein. Die Strategie des Unternehmens und das Produkt selbst beeinflussen sich gegenseitig. Ein wichtiger Punkt ist die Steuerung der Entwicklungsstrategie: Hier wird festgelegt, wie eine wirtschaftliche Produktpolitik erreicht werden kann, z. B. Marketingprogramm, Variantenvielfalt, modulare Entwicklung, Technologien und Fertigungstiefe.

Jede Ebene des iPeM enthält ein eigenes Objektsystem. Die einzelnen Objektsysteme interagieren miteinander. Dabei können Objekte direkt untereinander ausgetauscht werden. Das Zielsystem und das Ressourcensystem werden kontinuierlich modelliert. Somit ist es möglich a) die verschiedenen Ziele eines Unternehmens oder eines Prozesses durch ein einziges konsistentes Zielsystem zu modellieren und b) die Planung der Gesamtressourcen für ein gutes Gesamtergebnis konsistent durchzuführen (Albers et al. 2016b).

1.2.2.8 iPeM zur Nutzung von Erfahrung und Wissen im Produktentstehungsprozess

Die Definition des Begriffs „Wissen" ist Gegenstand einer über 2000 Jahre alten Diskussion der Philosophie. Im Umfeld der Produktentstehung können folgende Abgrenzungen angenommen werden: Wissen ist immer bestimmten Wissensträgern zugehörig. Es wird nicht durch eine bloße Sammlung von Informationen aufgebaut, sondern erfolgt individuell durch kognitive Fähigkeiten von Personen und durch Interpretation auf Basis von Vorwissen (Albers und Meboldt 2007). Wissen kann nach (Nord 1999) als die Gesamtheit der Kenntnisse und Fertigkeiten einer Person zur Problemlösung betrachtet werden. Dabei besteht eine zunehmende Konkretisierung einzelner Wissensstufen, ausgehend von Zeichen und Daten über Informationen (Daten + Semantik), Wissen (vernetzte Informationen) bis hin zu Können, Handeln, Kompetenz und – im Kontext der Produktentstehung schließlich – Wettbewerbsfähigkeit.

In Produktentstehungsprozessen wird im Handlungssystem Wissen aufgebaut. Dies kann zum einen in Form von *explizitem Wissen* (Dokumenten und Modellen, also Erkenntnisobjekten) vorliegen. Zum anderen entsteht *implizites Wissen* während Prozessen, also z. B. Erfahrungswissen, welches über die Aktivitäten und Phasen aufgebaut wird, ohne expliziert geworden zu sein. Durch die Dokumentation von Entscheidungen (und deren Informationsgrundlagen) kann ein Teil dieses Produkt-/Prozesswissens im Zielsystem dokumentiert werden.

Für Unternehmen ist es zwingend notwendig, ein geeignetes Wissensmanagement aufzubauen, um nachhaltig konkurrenzfähig zu sein. Für einen kontinuierlichen Verbesserungsprozess und vor allem bei (etwa altersbedingter) Mitarbeiterfluktuation muss ein Wissenstransfer sichergestellt sein. Dafür müssen verknüpfte Informationen zweckmäßig dargestellt und kommunizierbar gemacht werden. Die Struktur des iPeM, die Ziele, Objekte und Aktivitäten verknüpft, und die Möglichkeit, Prozesse im Phasenmodell beschreiben und aufzeichnen zu können, kann hierbei eine Hilfestellung geben.

1.3 Anwendung des iPeM bei der Entwicklung einer Felge aus kohlenstofffaserverstärktem Kunststoff

In diesem Abschnitt wird das integrierte Produktentstehungsmodell am Beispiel der Entwicklung einer Felge aus kohlenstofffaserverstärktem Kunststoff (CFK) beschrieben. Die Felge wurde am Karlsruher Institut für Technologie (KIT) innerhalb von Kooperationsprojekten mit KA-RaceIng – einem studentischen Rennsport-Team, in der vom VDI veranstalteten Serie „Formula Student" – entwickelt.

Der Kontext des Formula Student-Wettbewerbs liefert viele Randbedingungen für das Zielsystem der Felge. So werden die Boliden in (praktisch weitgehend unerfahrenen) studentischen Teams mit Hilfe von Sponsoren und Partnerunternehmen konstruiert und gebaut. Die Rennen selbst erfolgen im Einzelzeitfahren. Dies bedeutet für die Auslegung der Felge, dass nicht davon ausgegangen werden muss, dass im Einsatz Kollisionen mit anderen Fahrzeugen oder Bordstein-Überfahrten etc. auftreten. Dahingegen gilt es, möglichst viel Gewicht einzusparen, um im Zeitfahren konkurrenzfähig zu sein. Die ursprüngliche Felge aus Aluminium des Teams KA-RaceIng hat ein Gewicht von 4,3 kg.

Bildet man den Produktentstehungsprozess der Felge im iPeM ab, so können diese Randbedingungen sowie die technischen Eigenschaften (Geometrie, Festigkeit) der Vorgänger-Felge, als Referenzsystemelement aus Aluminium, in das anfängliche Zielsystem übernommen werden. Die Ressourcen im Fall von KA-RaceIng werden durch die Studierenden, deren Arbeitsmittel (Rechnerarbeitsplätze, Werkstatt) sowie Partnerunternehmen aus der Industrie gebildet, beispielsweise für Fahrwerkskomponenten, den Antriebsstrang oder hier den Werkzeugbau für die Felge.

Bei der Ermittlung der Zielwerte für die geforderten Steifigkeiten und Festigkeiten wurde deutlich, dass die bisher verwendeten Aluminium-Felgen sehr überdimensioniert waren. Für Felgen aus Aluminium gibt es etablierte Prüfkataloge (z. B.

Abb. 1.17: *CAD-Modell der Felge*

einen 10 Punkteplan des TÜV). Die Zielsystembildung für eine Felge aus Faserverbundwerkstoffen wird aber dadurch erschwert, dass keine vergleichbaren Prüfmittel und -verfahren bekannt sind. Grund hierfür sind die werkstoffspezifischen Versagensarten. Im Gegensatz zum beobachtbaren Risswachstum in den Aluminium-Felgen treten bei faserverstärkten Kunststoffen Zwischenfaserbrüche und Delamination auf, deren Schadensmechanismus (z. B. bzgl. der Resttragfähigkeit) zur Zeit noch erforscht wird. Ein Ablösen zweier Lagen kann nur mit Computertomographen oder mittels Ultraschall detektiert werden.

In einem ersten Projekt wurden verschiedene Fertigungsverfahren von faserverstärkten Kunststoffen untersucht. Aus diesen Ergebnissen und einer weitergehenden Recherche wurde in einem Folgeprojekt ein CAD-Modell der Felge erstellt und daraus Zeichnungen für die Fertigung eines Funktionsmusters abgeleitet (Abb. 1.17).

Wie wichtig eine kohärente Wissensdokumentation und -übergabe sind, zeigt der folgende Verlauf der Produktentstehung. So wurde z. B. der Aspekt des fertigungsgerechten Konstruierens nämlich ungenügend betrachtet, was zu einer tiefgreifenden Iteration, aber auch zum Aufbau von wertvollem Know-how und der Entwicklung einer neuen Konstruktionsmethode für Faserverbundlaminate mit parallelisierten Aktivitäten führte. Die Abbildung 1.18 zeigt einen IST-Prozess des iPeM für die Felge.

Im Phasenmodell ist ersichtlich, dass zu Beginn des Prozesses das Profil und die spätere Nutzung der Felge als Grundlage für die Erstellung eines

Zielsystems gebraucht wurden (frühe Zeitpunkte auf der Zeitachse). Es schließt sich eine Ideenphase an, in der vor allem produktionsrelevante Aspekte im Fokus standen – Abbildung 1.18 zeigt deutlich die parallel verlaufenden Aktivitäten. Dies steht für die ersten Projektarbeiten zu den Fertigungsverfahren mit entsprechenden gleichzeitig verlaufenden Validierungs- und Verifizierungszyklen (etwa Rücksprachen/Korrektur durch den Projektleiter). Dieser Phase schließt sich die Modellierung von Prinzip und Gestalt an, die in einem Anschlussprojekt zu einem CAD-Modell für die Fertigung führte. Würde man das Zielsystem dieser Arbeit mit den Ergebnissen (Erkenntnisobjekte) des vorangegangenen Projekts vergleichen, würde die Informationslücke der Fertigungsrestriktionen offenbar werden. Da dies im vorliegenden Fall nur unzureichend erfolgte, musste der Produktentstehungsprozess während der Fertigung abgebrochen werden. In Abbildung 1.18 sind die Aktivitäten Entscheiden und Umsetzen des Produzierens und Nachbereiten und Lernen der Basisaktivität Projekt managen und Wissen managen türkis hervorgehoben. Tatsächlich zeigte sich an dieser Stelle das Problem, dass die modellierte Gestalt der Felge nicht ohne einen erheblichen Mehraufwand an Zeit und damit Kosten laminiert werden konnte, was zu einer Iterationsschleife führte.

Aus dem CAD-Modell der Felge wurde in der Aktivität Produzieren ein CAD-Modell des Formwerkzeuges zur Herstellung der Felge abgeleitet. Die Abbildungen 1.19 und 1.20 zeigen das nach diesem CAD-Modell gefertigte Werkzeug.

Abbildung 1.21 zeigt das Fräsen eines Schaumkerns zur Herstellung der Felge bei einem Partnerunternehmen. In der Fertigung hatte sich jedoch gezeigt, dass die einzelnen Lagen z.T. nicht – wie geplant – in die Form eingelegt werden konnten, da die Krümmung stellenweise sehr groß war (Abb. 1.22). Die Schwierigkeiten beim Laminieren waren in der Vorarbeit teilweise zwar prinzipiell erkannt worden. Da diese Arbeit jedoch nicht die Umsetzung der Fertigung zum Ziel hatte, wurde diese Information weder ausreichend dokumentiert, noch wurde sie in entsprechendem Maße weitergegeben (Stichwort Wissenstransfer). Hier hätte die Objektbeschrei-

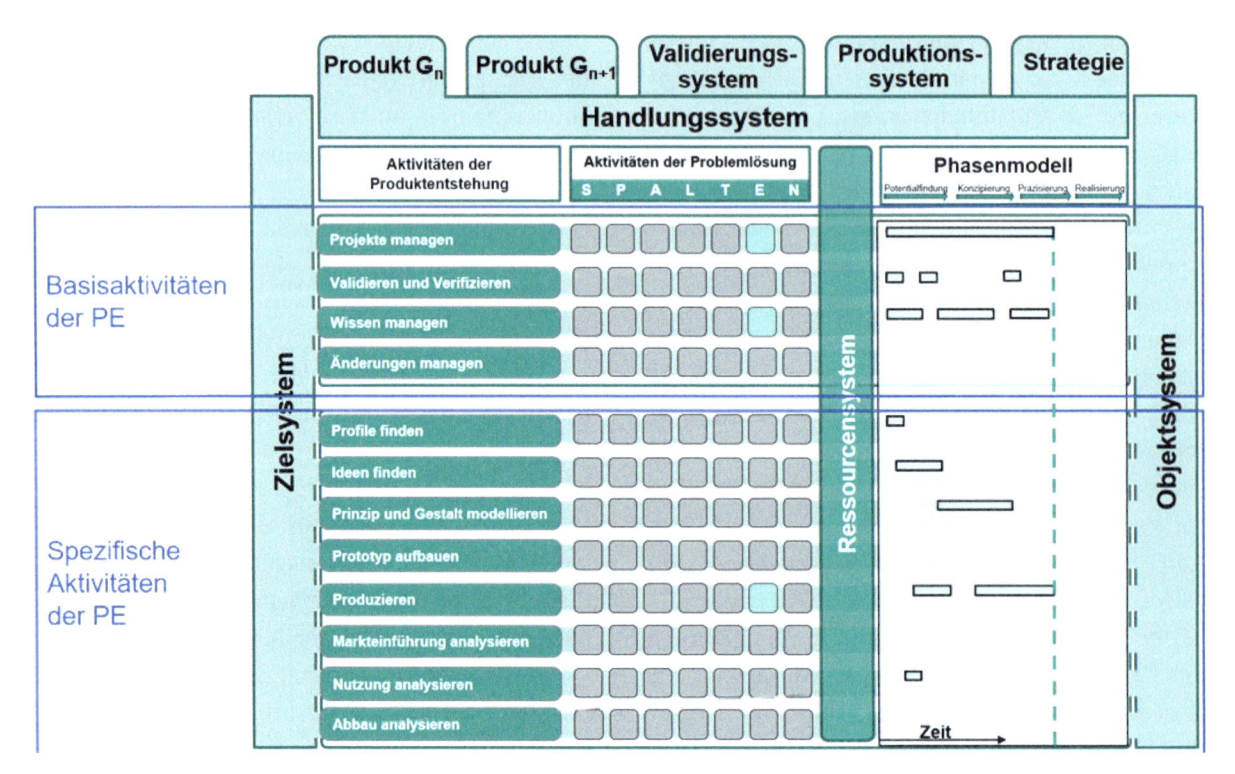

Abb. 1.18: *IST-Modell des Produktentstehungsprozesses der Felge*

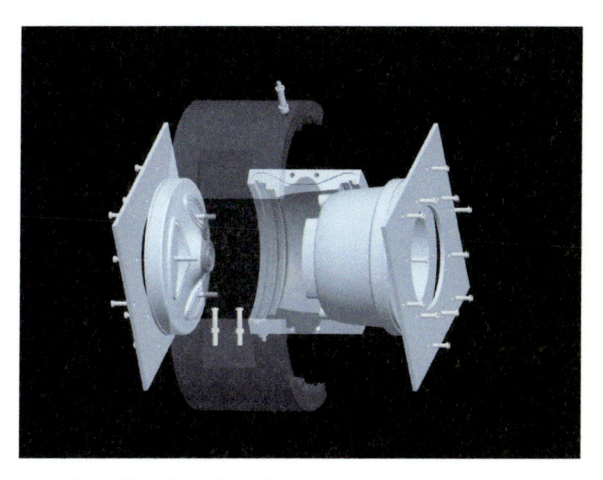

Abb. 1.19: *CAD-Modell zur Herstellung der Felge*

Abb. 1.20: *Form zur Herstellung der Felge*

bung mit C&C-M (vierte Hypothese der Produktentstehung) helfen können, die aus dem gewählten Fertigungsverfahren erwachsenen Ziele auf die entsprechenden Wirkflächenpaare für die Fertigung zu beziehen. Damit hätte eine stringente Weitergabe dieser Informationen erfolgen können, oder aber es hätte eine Analyse der Herstellungstechnologie im Hinblick auf Fertigungsrestriktionen durchgeführt werden können.

Dieses Wissen stand jedoch in dem Projekt aufgrund der nicht erfolgten Übergabe nicht mehr zur Verfügung, und das Problem fehlenden Wissens wurde nicht erkannt. Es wurde nach Erstellung des CAD-Modells keine Drapiersimulation durchgeführt. Im Gesamtprozess bedeutet dies eine unvollständige Validierung des Teilschritts aufgrund unzureichender Situationsanalyse im Laufe des Projektes.

Abb. 1.21: *Fräsen der Kunststoffform zum Einlegen in die Kavität*

Erst während der Produktion wurde der Fehler entdeckt und analysiert. In einer Iterationsschleife wurde das Zielsystem mit diesem Wissen erweitert, um die Fertigungsrestriktionen für Faserverbundwerkstoffe nun ebenfalls zu berücksichtigen.

In Zusammenarbeit mit Industriepartnern konnten die Formen durch Anpassung der Lagen verwendet und anschließend durch KA-RaceIng bei einem Partnerunternehmen belegt und infiltriert werden (Abb. 1.23). Aktuell werden Testfahrten mit der neuen Felge durchgeführt, um die Simulationsergebnisse zu bestätigen.

Mit dem gesammelten Erfahrungswissen aus diesem Anwendungsfall kann ein Referenzprozess für die Entstehung von im Faserverbund gefertigten Produkten erstellt werden. Dieser berücksichtigt die produktionstechnischen Besonderheiten der Verarbeitung von Faserverbundwerkstoffen bereits in den frühen Phasen der Produktentstehung. Im Phasenmodell in Abbildung 1.24 verlaufen die Aktivitäten der Prinzip- und Gestaltmodellierung weitestgehend parallel mit denen des Produzierens. Zudem taucht die Aktivität Nutzung analysieren früh auf, um wichtige Randbedingungen aus den Nutzungsszenarien abzuleiten und die Lasten und Anforderungen an die Betriebsfestigkeit im Zielsystem zu beschreiben. Um die Übergabe und Vollständigkeit der Informationen zwischen den einzelnen Entwicklungsschritten dieser relativ jungen Technologie zu gewährleisten, wurde die Aktivität Validierung in diesem Referenzprozess betont.

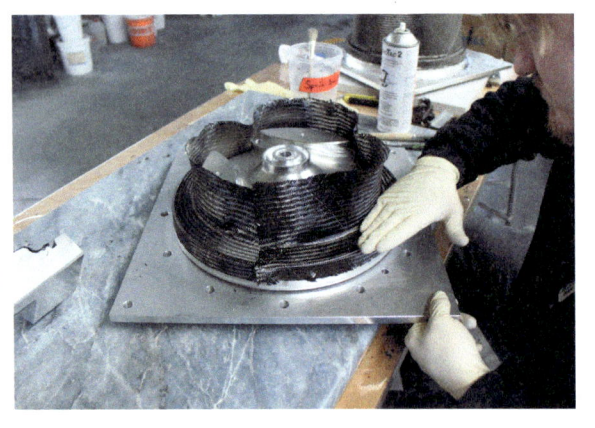

Abb. 1.22: *Laminiervorgang bei der Herstellung der Felge*

Abb. 1.23: *Eingelegter laminierter Schaumkern in der Form*

Die Abbildung 1.25 zeigt die aus kohlenstofffaserverstärktem Kunststoff hergestellte Felge, die ein Gewicht von 1,5 kg erreicht. Das Beispiel dieses Produktentstehungsprozesses verdeutlicht, wie das Metamodell iPeM und daraus abgeleitete SOLL-, IST- und Referenzprozesse dazu geeignet sind, solche Prozesse zu verbessern. Gerade im Leichtbau ist die Verknüpfung von Zeitplanung und methodischer Unterstützung der Entwickler besonders wichtig.

1.4 Zusammenfassung

Gerade in unerfahrenen Teams oder unter Entwicklungsbedingungen, in denen die Zusammenarbeit – etwa durch global verteilte Teams unterschiedlicher kultureller Herkunft – erschwert ist, ist ein professionelles Informations- und Wissensmanagement zwingend erforderlich. Eine kohärente Speicherung und Bereitstellung aktueller und möglichst vollständiger Informationen und die Möglichkeit, diese in

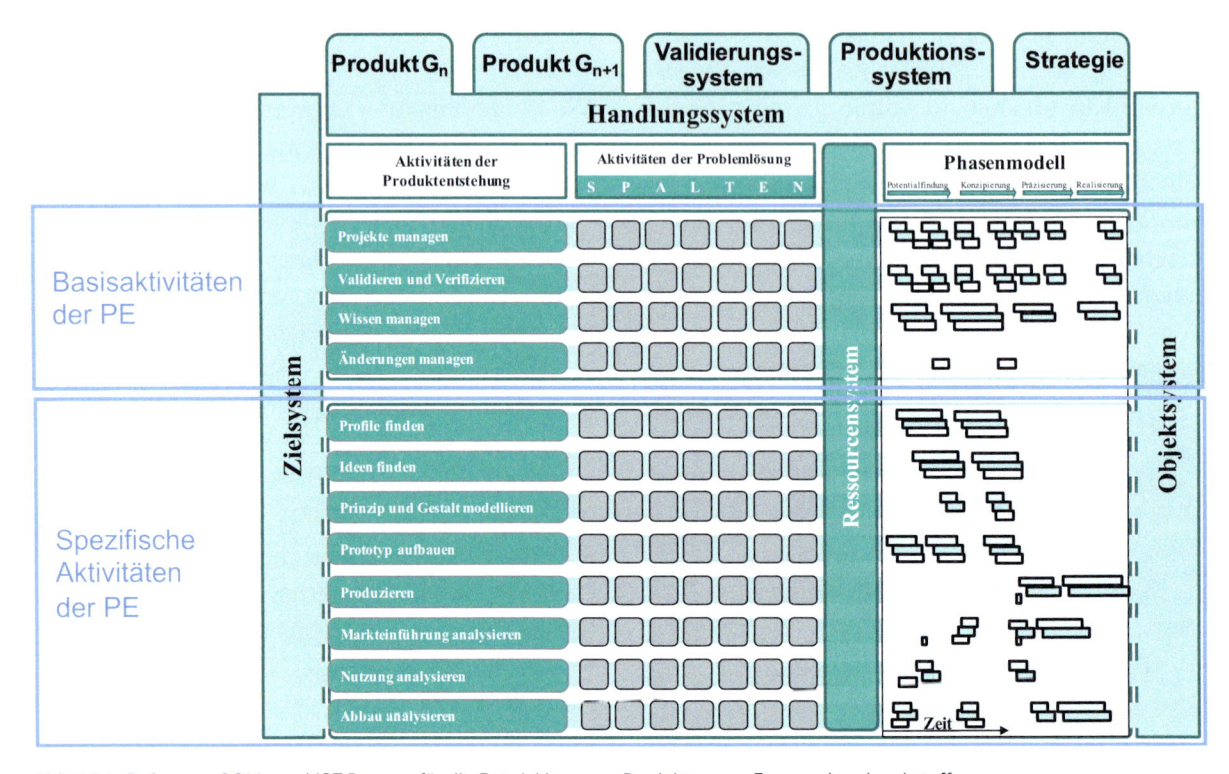

Abb.1.24: *Referenz-, SOLL- und IST-Prozess für die Entwicklung von Produkten aus Faserverbundwerkstoffen*

Abb. 1.25: *Leichtbaufelge aus kohlenstofffaserverstärktem Kunststoff als Demonstrator des Formula-Student Teams KA-RaceIng*

einem gemeinsamen Verständnis zu teilen, helfen Missverständnisse und Versäumnisse auf ein Minimum zu reduzieren.

Die Struktur des Metamodells iPeM ermöglicht die verknüpfte Repräsentation von Ziel-, Handlungs- und Objektsystem im gesamten Organisationskontext sowie der Aktivitätenmatrix, die eine Syntax für die inhaltliche und zeitliche Abfolge der Tätigkeiten in der Produktentstehung bildet. Dies ermöglicht auch eine zielgerichtete und an individuelle Problemstellungen angepasste, methodische Unterstützung sowohl der Entwicklerteams als auch des Controllings. Durch Erfahrungen und Akquise von Know-how über die Entwicklung verschiedener Produktgenerationen hinweg ist es möglich, Referenzprozesse im iPeM abzubilden. Damit lassen sich SOLL-Prozesse erstellen, die an problemspezifische Randbedingungen und Restriktionen angepasst werden können. Im Beispiel der Leichtbaufelge aus kohlenstofffaserverstärktem Kunststoff bedeutet dies, dass Aktivitäten sinnvoll parallelisiert und priorisiert wurden, um den Umständen (unbekannte Technologie, unerfahrenes Team, spezielle Fertigungsverfahren) gerecht werden zu können. Der erfolgreiche Prozess dient als ein Muster für zukünftige Projekte. Dieses kann mit dem iPeM explizit gemacht und kommuniziert werden, oder aber auch durch eine Anpassung der einzelnen Elemente auf weitere Problemstellungen bzw. Leichtbauanwendungen projiziert werden.

1.5 Weiterführende Informationen

Literatur

Albers, A.: Five Hypotheses and a Meta Model of Engineering Design Processes. In: Proceedings of the TMCE 2010. Ancona, 2010

Albers, A., Braun, A., Muschik, S.: Uniqueness and the Multiple Fractal Character of Product Engineering Processes. In: Proceedings of the MMEP 2010. Cambridge, 2010

Albers, A., Bursac, N., Rapp, S. (2017a): PGE – Produktgenerationsentwicklung am Beispiel des Zweimassenschwungrads. In: Forsch Ingenieurwes 81 (1), S. 13–31, zuletzt geprüft am 25.11.2017

Albers, A., Bursac, N., Wintergerst, E. (2015): Product Generation Development – Importance and Challenges from a Design Research Perspective. In: New Developments in Mechanics and Mechanical Engineering, S. 16–21, zuletzt geprüft am 19.05.2017

Albers, A., Heimicke, J., Walter, B., Basedow, G. N., Reiß, N., Heitger, N. et al. (2018): Product Profiles. Modelling customer benefits as a foundation to bring inventions to innovations. In: Procedia CIRP 70, S. 253–258.

Albers, A.; Dietmayer K.; Bargende M.; Behrendt M.; Yan, S.; Buchholz, M. et al. (2017b): XiL-BW-e – Laboratory Network Baden-Württemberg for Electric Mobility. In: EVS30 Symposium, zuletzt geprüft am 01.12.2017

Albers, A.; Rapp, S.; Spadinger, M.; Richter, T., Birk, C.; Marthaler, F.; Heimicke, J.; Kurtz, V.; Wessels, H.: The Reference Systems in PGE, Proceedings of 22nd International Conference on Engineering Design JCED, 2019

Albers, A.; Reiß, N.; Bursac, N.; Breitschuh, J. (2016a): 15 Years of SPALTEN Problem Solving Methodology in Product Development. In: Casper Boks (Hg.): Proceedings of NordDesign 2016. August 10-12, 2016, Trondheim, Norway. Bristol, United Kingdom: The Design Society, S. 411–420, zuletzt geprüft am 06.09.2017

Albers, A.; Reiss, N.; Bursac, N.; Richter, T. (2016b): iPeM – Integrated Product Engineering Model in

Context of Product Generation Engineering. In: Procedia CIRP 50, S. 100–105.

Albers, A.; Meboldt, M. (2007): IPEMM – Integrated Product Development Process Management Model, Based on Systems Engineering and Systematic Problem Solving. In: 16th International Conference on Engineering Design, zuletzt geprüft am 14.11.2017

Andreasen, M. M.: Concurrent Engineering – effiziente Integration der Aufgaben im Entwicklungsprozess. In: Handbuch Produktentwicklung. Carl Hanser Verlag, München, 2005

Cooper, R. G.: Perspective: Third-Generation New Product Processes. Journal of Product Innovation Management, Bd. 11, 1994

Bursac, N.: Model Based Systems Engineering zur Unterstützung der Baukastenentwicklung im Kontext der Frühen Phase der Produktgenerationsentwicklung, Forschungsberichte IPEK - Institut für Produktentwicklung am Karlsruher Institut für Technologie (2016)

Daenzer, W. F., Huber, F.: Systems Engineering. Verlag Industrielle Organisation, Zürich, 2002

Deltl, J.: Strategische Wettbewerbsbeobachtung. Gabler Verlag, Wiesbaden, 2004

Ehrlenspiel, K.: Integrierte Produktentwicklung. 3. Aufl., Carl Hanser Verlag, München, 2003

Gausemeier, J., Hahn, A., Kespohl, H.-D., Seifert, L.: Vernetzte Produktentwicklung. Der erfolgreiche Weg zum Global Engineering Networking. Carl Hanser Verlag, München, 2006

Gausemeier, J.: Strategiekompetenz und Agilität. Unternehmertagung des VDMA, 6./7. November 2002

Gerst, M.: Strategische Produktentscheidungen in der integrierten Produktentwicklung Dissertation. Verlag Dr. Hut, München 2002

Geyer, E.: Produktplanung – Ideenfindung, Ideenbewertung, Ideenverfolgung. RKW-Handbuch Forschung, Entwicklung, Konstruktion, Beitrag 4170. Berlin, Schmidt 1976

Henderson, R. M.; Clark, K. B. (1990): Architectural Innovation: The Reconfiguration of Existing Product Technologies and the Failure of Established Firms. In: Administrative Science Quarterly (35), S. 9–30, zuletzt geprüft am 10.09.2017

Hubka, V., Eder, W. E.: Design Science. Springer Verlag, Berlin/Heidelberg, 1996

Kesselring, F.: Technische Kompositionslehre. Springer Verlag, Berlin/Heidelberg, 1954

Matthiesen, S.: Ein Beitrag zur Basisdefinition des Elementmodells „Wirkflächenpaare & Leitstützstrukturen" zum Zusammenhang von Funktion und Gestalt technischer Systeme. IPEK-Forschungsberichte, Bd. 6, Karlsruhe, 2002

Meboldt, M.: Mentale und formale Modellbildung in der Produktentstehung – als Beitrag zum integrierten Produktentstehungsmodell (iPeM). IPEK-Forschungsberichte, Bd. 29, Karlsruhe, 2008

Nord, K.: Wissensorientierte Unternehmensführung: Wertschöpfung durch Wissen. Gabler Verlag, Wiesbaden, 1999

Pahl, G.; Beitz, W.; Feldhusen, J. (2007): Konstruktionslehre. Grundlagen erfolgreicher Produktentwicklung Methoden und Anwendung. 7. Auflage. Berlin Heidelberg: Springer-Verlag Heidelberg.

Patzak, G.: Systemtechnik, Planung komplexer innovativer Systeme. Grundlagen, Methoden, Techniken. Springer Verlag, Berlin/Heidelberg, 1982

Reinhart, G.; Lindemann, U.; Heinzl, J.: Qualitätsmanagement. Springer-Verlag, Berlin 1996

Richter, T.; Heimicke, J.; Reiß, N.; Breitschuh, J.; Albers, A.; Gutzeit, M. et al. (2018): Pitch 2.0 - Concept of early Evaluation of Product Profiles in Product Generation Engineering. In: Proceedings of the TMCE 2018, S. 395–404. Online verfügbar unter http://vm-literatur/litdata/refbase/ [16541]-[pitch20concept]-[richter]-[2018]/16541_richter_2018.pdf, zuletzt geprüft am 05.06.2018

Rodenacker, W. G.: Methodisches Konstruieren. 4. Aufl., Springer Verlag, Berlin/Heidelberg, 1994

Ropohl, G.: Einführung in die Systemtechnik. Systemtechnik – Grundlagen und Anwendungen. Carl Hanser Verlag, München (1975)

Ropohl, G.: Eine Systemtheorie der Technik. 3. Aufl., Universitätsverlag Karlsruhe, 2009

Roth, K.: Konstruieren mit Konstruktionskatalogen: Konstruktionslehre. 3. Aufl., Bd. 1., Springer Verlag, Berlin/Heidelberg, 2009

Schumpeter, J.: Theorie der wirtschaftlichen Entwicklung. Hrsg. v. J. Röpke und O. Stiller. Duncker & Humblot, Berlin, 2006 (Nachdruck der 1. Aufl. von 1912)

Suh, N.: Axiomatic Design: Advances and Applications. Oxford Univ. Press, New York, 2001

Ulrich, K., Eppinger, S.: Product Design and Development. McGraw-Hill, 1999

Vernon, R.: International Investment and International Trade in the Product Cycle. In: Quarterly Journal of Economics. Cambridge, 1966

Wilmsen, M.; Duehr, K.; Heimicke, F.; Albers, A.: The first steps towards innovation: A reference process model for developping product profiles. Proceedings of 22nd International Conference on Engineering Design JCED, 2019

Wögerbauer, H.: Die Technik des Konstruierens. Oldenbourg Verlag, München, 1943

Züst, R., Schregenberger, W.: Systems Engineering. A Methodology for Designing Sustainable Solutions in the Fields of Engineering and Management – A Short Summary. Verlag Eco-Performance, Zürich, 2003

Richtlinien

VDI-Richtlinie 2206: Entwicklungsmethodik für mechatronische Systeme (Ausg. 06-2004)

VDI-Richtlinie 2221: Methodik zum Entwickeln und Konstruieren technischer Systeme und Produkte

Die VDI-Richtlinie 2221 ist zurückgezogen. Sie ist ersetzt durch

VDI 2221 Blatt 1: Entwicklung technischer Produkte und Systeme – Modell der Produktentwicklung, und

VDI 2221 Blatt 2: Entwicklung technischer Produkte und Systeme – Gestaltung individueller Produktentwicklungsprozesse.

Beide Ausg. 11-2019.

2 Technology Intelligence – Technologiefrühaufklärung mit Künstlicher Intelligenz

Joachim Warschat, Antonino Ardilio

2.1	Auslöser von Innovationen	41	2.4	Die funktionssemantische Methode im Leichtbau	48
2.2	Herausforderungen bei der Technologiesuche	41	2.5	Technologieradar	49
2.2.1	Suchstrategie	41			
2.2.2	Wissenswachstum	42	2.6	Marktexplorer	50
2.3	Die funktionssemantische Methode (FSM)	43	2.7	Fazit	51
2.3.1	Der Ansatz	43	2.8	Literaturverzeichnis	51
2.3.2	Vom Informationsbedarf zur gezielten Suche	44			

Getrieben durch die zunehmende Dynamik in fast allen Branchen auf den Weltmärkten werden Technologieinnovationen oftmals zum wesentlichen Schlüssel, um sich im globalen Wettbewerb nachhaltig und erfolgreich zu behaupten. Gleichzeitig gilt es, den wachsenden Anforderungen aus dem Umwelt- und Klimaschutz hinsichtlich Ressourcenschonung und -effizienz Genüge zu leisten. Ein kontinuierlicher Fokus auf die gezielte strategische Integration von emergenten Technologien und Produktionsverfahren bietet Unternehmen somit die Chance, langfristig einen Vorsprung zur Konkurrenz auszubilden.

Aktivitäten, welche es Unternehmen ermöglichen, technologische Chancen und Risiken zu identifizieren, die das zukünftige Wachstum und Überleben ihres Unternehmens beeinflussen könnten, werden unter den Begriff Technology Intelligence (TI) subsummiert. Ziel der TI ist es, jene technologischen Informationen zu identifizieren, zu verarbeiten und zu verbreiten, die für die strategische Planung und Entscheidungsfindung erforderlich sind. Da sich die Lebenszyklen von Technologien verkürzen und das Geschäft immer globaler wird, wird es immer wichtiger, über effektive TI-Funktionen zu verfügen (Mortara 2007).

Die Herausforderungen beim TI liegen dabei klar auf der Hand: Die Potenziale neuer Technologien für das eigene Produktportfolio müssen rechtzeitig erkannt sowie für den spezifischen Einsatz beurteilt werden. Gleichzeitig müssen die Ansprüche des Marktes und der Kunden erfüllt werden. Diese Fähigkeit, technologische Innovationen erfolgreich zu adaptieren, unterliegt – je nach Anwendungsfall – einer hohen Komplexität, da eine Vielzahl von unterschiedlichen Faktoren für die erfolgreiche Umsetzung eine Rolle spielen kann. Um Risiken und Fehlentwicklungen so weit als möglich zu vermeiden, müssen diese Faktoren systematisch betrachtet und in Beziehung zueinander bewertet werden (Warschat 2003).

Vor allem Branchen mit einem schnellen Technologiewandel, wie beispielsweise der Automobilbau oder die Energietechnik, sind auf eine leistungsfähige Technology Intelligence, d. h. eine systematische, die Zusammenhänge abbildende Informationsversorgung, angewiesen. Dies gilt insbesondere für das innovative Feld der Leichtbautechnologien.

2.1 Auslöser von Innovationen

Der Anstoß zum Einsatz einer neuen Technologie für den Leichtbau kann durch zwei verschiedene Ansatzpunkte gegeben werden: Durch neue naturwissenschaftliche oder technische Erkenntnisse (Technology Push) sowie durch Anforderungen von Anwendern zur Erfüllung von Kundenbedürfnissen (Market Pull) (Vahs, Burmeister 2005).

Beim Technology Push werden Innovationen durch neu entwickelte Technologien, wie beispielsweise durch Faserverbundwerkstoffe oder neue Umformverfahren erzeugt, für die es erst noch die passenden Anwendungsfelder zu finden gilt. Die Technologieentwicklung umfasst den Aufbau der für die Umsetzung nötigen Kompetenzen und die Eliminierung bzw. Verminderung bestehender Schwachstellen alternativer Technologien. Aus diesem Ansatz ergeben sich meist einschneidende z.T. disruptive Innovationen mit einem sehr hohen Neuheitsgrad, da sich die Technologieentwicklung auf keinen Markt oder kein spezifisches Produkt festlegt und das Technologiepotenzial dementsprechend groß ist. Allerdings ist das damit verbundene unternehmerische Risiko aufgrund des noch fehlenden Marktbezugs entsprechend hoch.

Im Gegensatz dazu werden Innovationen beim Market Pull zur Befriedigung von Kundenwünschen initiiert, indem neue Funktionen von Produkten mit Hilfe zu integrierender Technologie realisiert werden. Ausgehend von der Marktsituation werden die relevanten Technologien sowie Kompetenzen identifiziert und gezielt zur Problemlösung eingesetzt. Der Veränderungsgrad solcher Innovationen ist zwar im Vergleich eher gering, allerdings birgt die Einführung durch die bereits vorhandenen Märkte ein geringeres wirtschaftliches Risiko und damit entsprechend höhere Erfolgsaussichten. Die Anzahl der erfolgreichen Innovationen liegt dabei deutlich höher als bei den durch Technology Push initiierten Innovationen.

Bei der Suche nach neuen Technologien (Technology Push) oder neuen Anwendungen (Market Pull) sind allerdings zwei fundamentale Probleme zu überwinden: Zum einen die Generierung der Suchbegriffe, also die Erarbeitung der Suchstrategie („Was wird gesucht?"), zum anderen das Suchen in einer Welt des exponentiellen Informationswachstums („Wo wird gesucht?").

2.2 Herausforderungen bei der Technologiesuche

2.2.1 Suchstrategie

Mit konventionellen Suchprozessen suchen wir in der Regel nach Technologien, die benannt werden können. Dabei existiert meistens ein grober Begriff von den Technologien die gesucht werden. Ist es z.B. die Aufgabe, einen leichten aber belastbaren Werkstoff für ein Fahrzeugteil zu finden, gibt der Spezialist „Carbon" in das Suchsystem ein und findet zwar vielleicht neue Details zu diesem Technologiefeld, aber für ihn nichts wirklich essenziell Neues.

Zum Auffinden wirklich neuer, da disruptiver Technologien ist es deshalb notwendig, auf einer abstrakten Ebene zu suchen. Auch bei der Suche nach neuen Märkten bzw. Anwendungen muss von der Technologie abstrahiert werden, da Märkte bzw. Anwender nicht an einer bestimmten Technologie interessiert sind, sondern an dem Nutzen, den diese stiftet. Diese wird durch die Funktion, welche die Technologie erfüllt, bestimmt.

Der große Vorteil einer Nutzung von Funktionen als „abstrakte Suchbegriffe" ist, dass diese im Computer als Objekt-Aktivitäts-Relation dargestellt werden können, also als Substantiv-Verb-Kombination. Die Funktionen sind somit das Bindeglied zwischen Produkt und Technologie (Abb. 2.1).

Die Funktionsbeschreibung aus Anwendersicht ist häufig nicht identisch mit der Funktionsbeschreibung aus technologischer Sicht. So sind z.B. zur Erfüllung der Anwender-Funktion „Freie Sicht gewährleisten" im Fahrzeug in der Regel drei technologische Funktionen notwendig: Entfernen von Wasser

Abb. 2.1: *Nutzerfunktion vs. Technologiefunktion*

z. B. durch Scheibenwischer, Entfernen von Eis z. B. durch Wärme und Entfernen von Schmutz z. B. durch Sprühen von Wasser (Abb. 2.2).

Für die Suche nach Technologien können die Funktionen beliebig erweitert werden (z. B. mit Synonymen) und mit Attributen versehen werden (physikalische Prinzipien, Materialparameter, Fertigungsverfahren, Reifegrad, Verarbeitungskosten etc.). Die so entstehenden Begriffsnetze werden in Ontologien (Gomez-Perez et al. 2004) abgebildet. Diese können durch semantische Softwaresysteme rechnerintern verarbeitet werden (Dengel 2012).

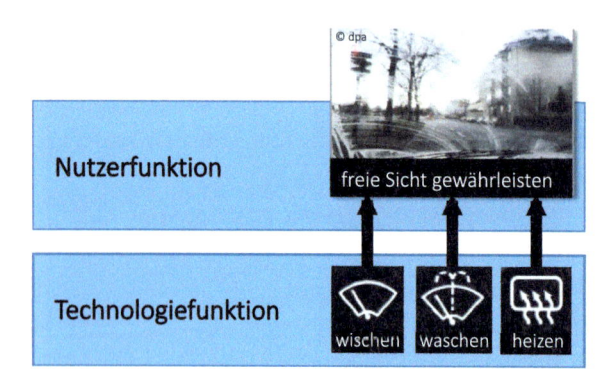

Abb. 2.2: *Nutzerfunktion vs. Technologiefunktion*

2.2.2 Wissenswachstum

Damit kann das zweite Problem, das exponentiellen Wachstum der Informationen bzw. des Wissens beinhaltet, gelöst werden.

Weltweit nimmt die Zahl der Forscher und Wissenschaftler zu. Selbst wenn die Produktivität des einzelnen Forschers gleichbleibt, steigt die Zahl der Forschungsergebnisse und der wissenschaftlichen Veröffentlichungen stetig an. In Anbetracht einer zunehmenden Verbreitung von Forschungsergebnissen z. B. aufgrund der Open Access Bestrebungen und wachsender grauer Literatur im Internet wird die Menge an verfügbaren technologischen Informationen weiter steigen.

Belegt werden diese Entwicklungen beispielsweise durch die stetig ansteigenden Patentanmeldungen – in den letzten 20 Jahren hat sich die Zahl an Patentanmeldungen vervielfacht (Rosenich) – oder durch das Wachstum der generell zur Verfügung stehenden Datenmenge. Gerade die unstrukturierten Informationen in Form von Texten werden in Zukunft weiter stark ansteigen (Abb. 2.3).

Die Anforderungen, in dieser Situation das notwendige technologische Wissen schnell zu identifizieren,

2.3 Die funktionssemantische Methode (FSM)

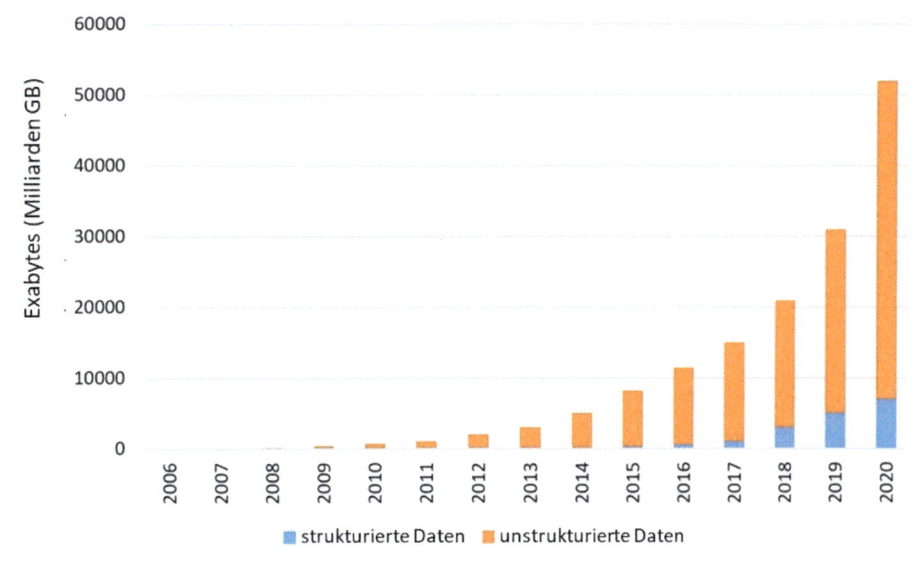

Abb. 2.3: *Wachstum strukturierter und unstrukturierter Daten (IDC Research)*

zu bewerten und aufzubauen, überfordert zunehmend die Ressourcen der Unternehmen. Die damit verbundenen technischen Risiken, ggf. eine neue Technologie nicht rechtzeitig zu erkennen bzw. zu früh in eine neue Technologie einzusteigen bei unkalkulierbaren finanziellen Risiken, bedingt durch einen zu geringen technologischen Reifegrad mit einem damit verbundenen immensen Technologieentwicklungsaufwand, steigen immer weiter an.

Mit Hilfe rechnergestützter semantischer Tools kann diese Fülle an unstrukturierten technologischen Informationen in angemessener Zeit durchsucht werden (Dengel 2012). Das Problem mit herkömmlichen Suchmaschinen zu lösen, stößt auf Schwierigkeiten. Sie benötigen Begriffe, z. B. Carbon. Gesucht werden soll aber nach Funktionen, die z. B. die Eigenschaften eines Werkstoffs umschreiben. Wie oben erwähnt, führt die Eingabe von Begriffen aber zu mehr oder weniger bekannten Sachverhalten.

Mit Ontologien (Gomez-Perez et al. 2004, Gruber 1993, Guarino 1998, Hermans 2008) kann dagegen viel allgemeiner (inklusive Synonyme, Akronyme, unterschiedliche Sprachen etc.) gesucht werden. Es wird mit Begriffsklassen gearbeitet, d.h. kommt ein bestimmter Begriff nicht vor, wird nach der übergeordneten Klasse gesucht.

Die ontologiebasierten semantischen Systeme stellen ein wichtiges Teilgebiet der Künstlichen Intelligenz dar. Der Rechner versteht Sprache und kann auf Basis der Ontologien mit Hilfe eines Reasoners (List of Reasoner, University of Manchester 2018) Schlussfolgerungen ziehen, die so explizit nicht vorhanden sind, sondern sich erst durch die Verknüpfung der Inhalte ergeben.

2.3 Die funktionssemantische Methode (FSM)

2.3.1 Der Ansatz

Um die Probleme der Abstraktion der Technologien und der Bewältigung der Informationsmenge zu lösen, wurde eine funktionssemantische Methode entwickelt und software-technisch unterstützt (Warschat et al. 2013 und 2015). Eine Funktion kann dargestellt werden als Objekt-Aktivitäts-Relation, d.h. an einem Objekt wird eine Aktivität ausgeübt, die das Objekt verändert. Die Änderung kann dabei durch verschiedene Technologien durchgeführt werden. So kann z.B. die Funktion „Blech schneiden" durch Sägen, Wasserstrahlschneiden, Lasertrennen etc. realisiert werden.

Der Anwender wird vielleicht als Nutzenfunktion eine noch allgemeinere Form wählen: „Blech anpassen", sodass „Blech schneiden" nur eine Möglichkeit darstellt und „Blech biegen" möglicherweise ebenfalls in Frage kommt.

Um die große Zahl an Informationen bewältigen zu können, ist der Rechnereinsatz unabdingbar. Da die Funktionen als Objekt-Aktivität-Relation dargestellt werden können, ergibt sich direkt eine semantische Formulierung: Objekt = Substantiv, Aktivität = Funktionsverb. Somit können zur Suche von Technologien, abgeleitet aus Funktionen, semantische Softwaresysteme (Text-Mining-Systeme) eingesetzt werden. Ein weiteres gewichtiges Argument für die Entwicklung einer semantischen Methode ist die Tatsache, dass der weit überwiegende Teil des dokumentierten menschlichen Wissens in unstrukturierter Form (Veröffentlichungen, Webseiten, etc.) vorliegt (Granitzer 2006). Dabei ist zu beachten, dass es unterschiedliche semantische Konzepte gibt, die das Wissen, in unserem Fall das technologische Wissen, in unterschiedlicher Tiefe und in unterschiedlicher Flexibilität oder „Intelligenz" repräsentieren.

Die semantische Treppe, in Anlehnung an Blumauer und Pellegrini (2006) sowie an Lassig und McGuiness (2001) ordnet die semantische Reichhaltigkeit aufsteigend an (Abb. 2.4).

Die für die Technologiesuche geeignete Stufe ist die Ontologie. Sie beinhaltet Regeln, die durch einen Reasoner bearbeitet werden können und so eine Form von Intelligenz darstellen, da Schlussfolgerungen gezogen werden können und nicht alles fest vorgegeben werden muss.

2.3.2 Vom Informationsbedarf zur gezielten Suche

Am Anfang jeder Suche nach neuen Technologien oder neuen Anwendungen steht ein spezielles Erkenntnisinteresse und – damit verbunden – ein Informationsbedarf, der die entsprechenden

- Technologischen Suchfelder und die
- Informationsqualität

adressiert.

Dabei sind die Informationsquellen und die Suchtermini zu berücksichtigen bzw. zu gestalten.

Die Informationsquellen müssen Kriterien hinsichtlich

- Informationsgehalt
- Informationsträger
- Zugriff auf Quelle
- Qualität (z. B. Zuverlässigkeit) der Information

erfüllen.

Sollen z. B. für die Lösung einer Leichtbauaufgabe auch biomimetische Informationen genutzt werden, ist der Zugang zu einer entsprechenden Datenbank unerlässlich (Le et al. 2017).

Die Suchtermini operieren dann auf den Informationsquellen. Sie müssen thematisch strukturiert werden, und es müssen gegebenenfalls Attribute, wie z. B. Temperaturbeständigkeit, definiert werden, und sie müssen im semantischen System abgebildet werden, um sie im Rechner verarbeitbar zu machen.

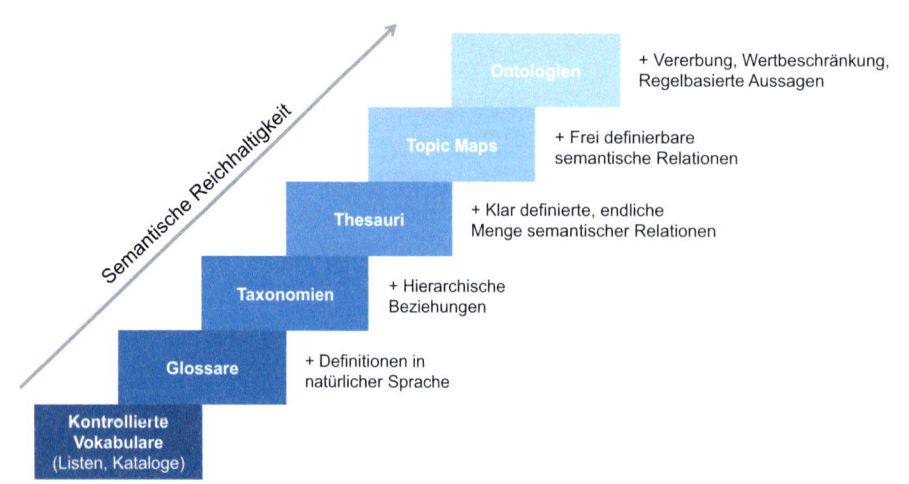

Abb. 2.4: *Semantische Treppe*

Betragsändernde Verben	Betragsschaffende Verben	Betragserhöhende Verben	Betragsbeibehaltende Verben	Betragsvermindernde Verben	Betragsaufhebende Verben
abändern	anfertigen	anreichern	aufrechterhalten	abklingen	abbrechen
abwandeln	bilden	anschwellen	behalten	abnehmen	abschaffen
ändern	entstehen	ansteigen	beibehalten	abschwächen	aufheben
austauschen	erstellen	anwachsen	bestehen lassen	absinken	auflösen
editieren	erzeugen	aufstocken	bewahren	begrenzen	auslöschen
erneuern	fabrizieren	ausdehnen	bleiben	beschneiden	beenden
korrigieren	fertigen	ausweiten	erhalten	dezimieren	beschließen
modifizieren	formen	erhöhen	halten	drosseln	beseitigen
reformieren	generieren	erweitern	konservieren	herabsetzen	einstellen
transformieren	gestalten	extensivieren	wahren	kürzen	eliminieren
überarbeiten	herstellen	häufen		mindern	entfernen
umändern	hervorbringen	heraufsetzen		nachlassen	entsorgen
umbilden	kreieren	hinzufügen		reduzieren	streichen
umformen	modellieren	intensivieren		reduzieren	wegbringen
umfunktionieren	produzieren	mehren		restringieren	
umgestalten	schaffen	potenzieren		runtersetzen	
umwandeln	schöpfen	steigen		schmälern	
variieren		steigern		schrumpfen	
verändern		strecken		schwächen	
wechseln		vergrößern		sinken	
		vermehren		streichen	
		vervielfachen		verkleinern	
		wachsen		verkürzen	
		zahlreicher		vermindern	
		zunehmen		verringern	
				zurückgehen	

Abb. 2.5: *Betragsbeeinflussende Verben*

Hier sei nochmals darauf hingewiesen, dass in den meisten technischen Dokumenten eher mittelinduzierte Funktionsverben wie „Blech wasserstrahlschneiden" vorkommen, wogegen in anwendungsorientierten Texten oft zweckorientierte Nutzerfunktionen eher allgemein und z. T. ohne Bezug zu einer speziellen Technologie wie „Blech anpassen" vorkommen.

Eine wichtige Anforderung an die funktionssemantische Methode ist es deshalb, eine Übersetzung von Nutzerfunktionen in Technologiefunktionen zu unterstützen. Und – da es häufig mehrere Technologiefunktionen zur Lösung gibt – synonyme Technologiefunktionen zu ermitteln.

Dazu müssen die auf unterschiedlichen Abstraktionsebenen definierten Funktionen vergleichbar gemacht werden. Hierzu eignen sich insbesondere Funktionsprofile (Schmitz 2017), die einen Vergleich der Funktionsverben erlauben. Die Basis dafür sind die Merkmale und ihre Ausprägungen, die die Eigenschaften eines Objektes definieren (Birkhofer 1980). Häufig wird zwischen Beschaffenheits- und Funktionsmerkmalen unterschieden. Die Beschaffenheitsmerkmale definieren die elementaren Zustandseigenschaften, wie stoffliche, geometrische, chemische, biologische, elektrische, optische, mechanische Eigenschaften.

Die Funktionsmerkmale setzen auf den Zustandseigenschaften auf und beschreiben die Wirkeigenschaften eines Systems, also die Überführung des Inputs in den Output (Patzak 1982).

Im Leichtbau spielen als Beschaffenheitsmerkmale, z. B. stoffliche Merkmale eine große Rolle, da sie häufig der Ausgangspunkt für die Verwendung eines leichten und festen Werkstoffs sind (CFK, Aluminium, hochfeste Stähle etc.). Der Vergleich der Funktionsverben beruht also vor allem auf den beeinflussbaren Objekteigenschaften (Wolffgramm 1994). Um sicher zu gehen, dass Funktionsverb und Objekt „zusammenpassen", muss das entsprechende Verwendbarkeitsmerkmal beim Objekt vorhanden sein. So muss z. B. sichergestellt sein, dass bei der Suche nach Synonymen für das Funktionsverb „biologisch abbauen" nur solche berücksichtigt werden können, die mit Objekten verknüpft sind, die die Eigenschaft „biologisch abbaubar" haben. Da wir nach Wirkzusammenhängen suchen, ist noch zu bestimmen, welches Ziel die Beeinflussung der Objekteigenschaft haben soll. Es können sechs Arten der Beeinflussung unterschieden werden (Birkhofer 1980, Schmitz 2017): Änderungen, Schaffung, Erhöhung, Beibehaltung, Verminderung und Aufhebung des Betrags der zu beeinflussenden Objekteigenschaften (Abb. 2.5).

Für jedes Funktionsverb definiert das Funktionsprofil die
- beeinflusste Objekteigenschaft,
- Art der Beeinflussung,
- Verwendbarkeitseigenschaft.

Damit stellt das Funktionsprofil die Verbindung zwischen Nutzerperspektive (anwendungsorientiert) und Technologieperspektive (lösungsorientiert) dar (Abb. 2.6).

Zur Ermittlung der Funktionsprofile wird eine Text-Mining-Software eingesetzt, z.B. COGITO von Expert Systems. Damit kann eine große Anzahl von Textdokumenten nach Funktionsprofilen durchsucht werden. Dabei gibt es zwei Möglichkeiten. Kann aus der Aufgabenstellung eine Nutzer- oder Technologiefunktion in Form eines Objekt-Verb-Terms abgeleitet werden, so kann das Funktionsverb als Startpunkt dienen.

Kann aus der Aufgabenstellung nur eine gewünschte Änderung einer Objekteigenschaft ermittelt werden, so muss zuerst ein initiales Funktionsprofil definiert werden. Dann erst kann nach synonymen Funktionsverben gesucht werden. Dies geschieht mit Hilfe regelbasierter semantischer Methoden. Die Funktionsprofile werden zuerst kontextunabhängig in einer Ontologie abgespeichert, die die logischen Strukturen der Funktionsprofilermittlung enthält. Erst bei einer direkten Synonymermittlung wird kontextspezifisch daraus eine Synonymität berechnet.

Somit müssen die synonymen Funktionsverben nicht im Vorhinein berechnet und in einer Datenbank gespeichert werden, was hohen Pflegeaufwand nach sich ziehen würde. Ein weiterer wesentlicher Vorteil ist, dass die logische Struktur und die Funktionsprofile vergleichsweise stabil sind, d.h. über längere Zeit als Grundlage der Technologiesuche verwendet werden können, wogegen die verschiedenen konkreten Technologien einem deutlich rascheren Wandel unterworfen sind.

Die Auswertung der logischen Strukturen wird mit Hilfe eines Reasoners durchgeführt. Die Ontologie wird im OWL (Web Ontology Language) Format abgebildet und in Protégé programmiert.

Als Ergebnis erhält man eine Liste synonymer Funktionsverben, die dann vom Experten danach bewertet

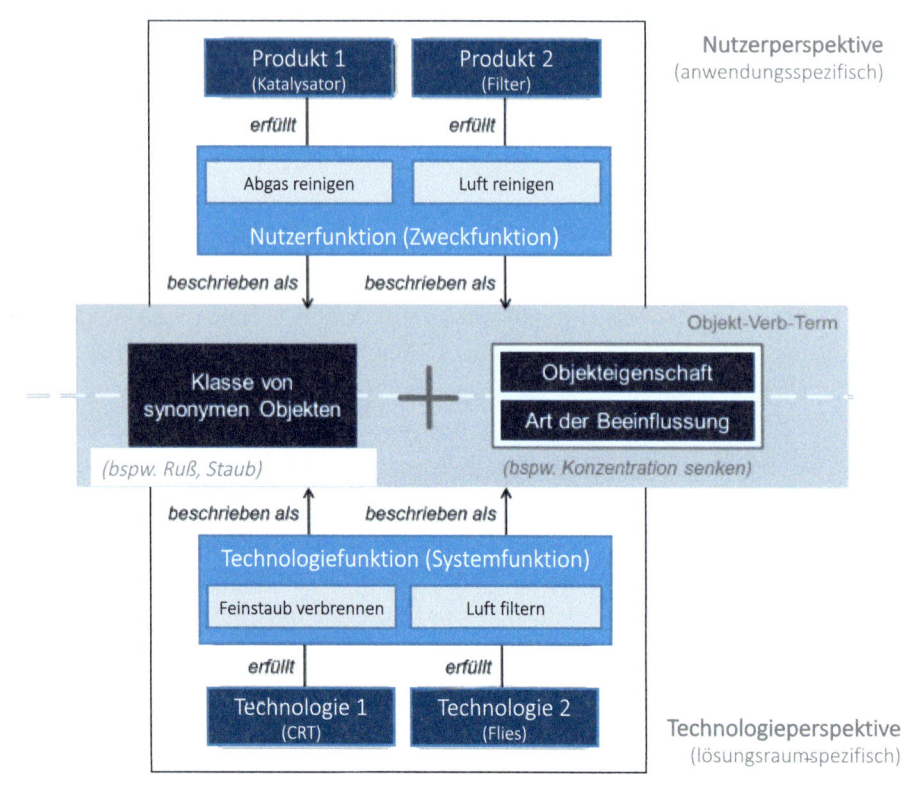

Abb. 2.6: *Verbindung von Nutzer- und Technologieperspektive (in Anlehnung an Schmitz 2017)*

2.3 Die funktionssemantische Methode (FSM)

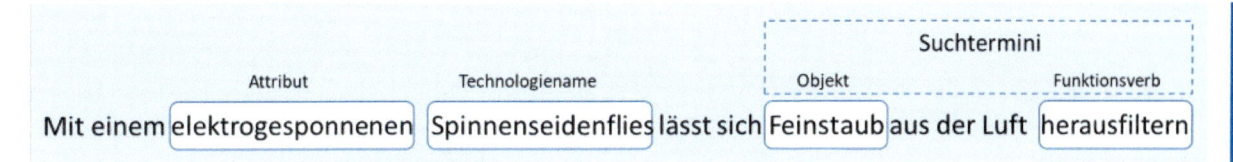

Mit einem |elektrogesponnenen| |Spinnenseidenflies| lässt sich |Feinstaub| aus der Luft |herausfiltern|

Attribut — Technologiename — Suchtermini (Objekt, Funktionsverb)

Abb. 2.7: *Ermittlung von Technologienamen im Umfeld von Suchtermini*

werden, ob die damit verbundenen Wirkprinzipien in das Suchfeld passen und ob sie neue Erkenntnisse bringen können.

Anschließend werden die Objekte auf Basis der Funktionsprofile, die die interessierenden Objektklassen abbilden, weiter spezifiziert. Dazu können z. B. Thesauri herangezogen werden.

Als Ergebnis stehen dann ein Set an
- Funktionsverben und ein Set an
- Objektklassen, sowie ein Set an
- Informationsquellen zur Verfügung,

um eine effiziente Suchabfrage zu generieren. Gesucht sind Namen von Technologien. Um sie zu finden werden Funktionsverben und Objektklassen logisch verknüpft, sodass sich daraus ein Lösungsraum ergibt, der mit hoher Wahrscheinlichkeit die gesuchten Technologienamen enthält. Da Technologienamen Hauptworte sind, muss die Text-Mining-Software alle Substantive der Umgebung der Suchtermini identifizieren.

Die ermittelte Technologie wird dann von Experten geprüft, ob sie in das zu Beginn der Recherche definierte Suchfeld – also zur Problemstellung – passt. Dieser Vorgang wird häufig interaktiv durchgeführt. Sind die Suchtermini zu eng oder zu allgemein festgelegt, müssen sie angepasst werden. Dazu können auch weitere Datenquellen, wie Patentdatenbanken, weitere Fachdatenbanken oder Internetquellen herangezogen werden. Als Benchmark kann die bisher im Unternehmen eingesetzte Technologie dienen. Mit welchen Objekteigenschaften, also Attributen und den Funktionen, kann der Bedarf der Kunden abgedeckt werden und können damit Alleinstellungsmerkmale gegenüber der Konkurrenz generiert werden?

Als Entscheidungsgrundlage können die Attribute extrahiert werden, die die Leistungsfähigkeit der Technologie beschreiben. Somit erhält man Leistungsprofile der Technologien.

Die funktionssemantische Methode eignet sich auch deshalb sehr gut, weil sie „Schwache Signale" wahrnehmen kann. So kann z. B. ein Technologiename, der in nur einem Dokument erwähnt wird, gefunden werden, was mit statistischen Methoden nicht gelingt. Neben der Suche nach neuen Technologien eignet sich die funktionssemantische Methode auch zur Ermittlung neuer Anwendungsfelder von Technologien. Dazu werden die unternehmensspezifischen Technologiekompetenzen in Form von Technologiefunktionen und den zugehörigen Leistungsattributen beschrieben. Um zu ermitteln in welchen neuen Anwendungen die Technologie eingesetzt werden kann, werden entsprechende Konkurrenztechnologien identifiziert. Das wird durch die stufenweise Zerlegung der Funktionen bzw. der Baugruppen eines Produktes erreicht, sodass die Zusammenhänge zwischen Produkten, Baugruppen und Funktionen abgebildet werden können.

Die Strukturierung der Funktionen folgt dem Prinzip der Zweck-Mittel-Beziehung, die auf der Wozu-wie-Logik basiert. Abbildung 2.8 zeigt den Aufbau eines Funktionsbaums.

Die Rangstufen werden so definiert, dass in Richtung der ersten Rangstufe die Frage „wozu" (Zweck) gestellt wird, und in Richtung der 2., 3. und der weiteren Rangstufen nach dem „wie" (Mittel) gefragt wird. Die Strukturierung der Funktionen für eine Anwendung schafft die Möglichkeit, für jede Teilfunktion nach synonymen Technologien zu suchen, indem die technischen Funktionen in Suchtermini überführt werden, die mit Hilfe der Funktions-Ontologie um synonyme Suchtermini erweitert werden. Schließlich werden die einzelnen Funktionen und Technologien, Baugruppen, Komponenten oder Verfahren einander zugeordnet.

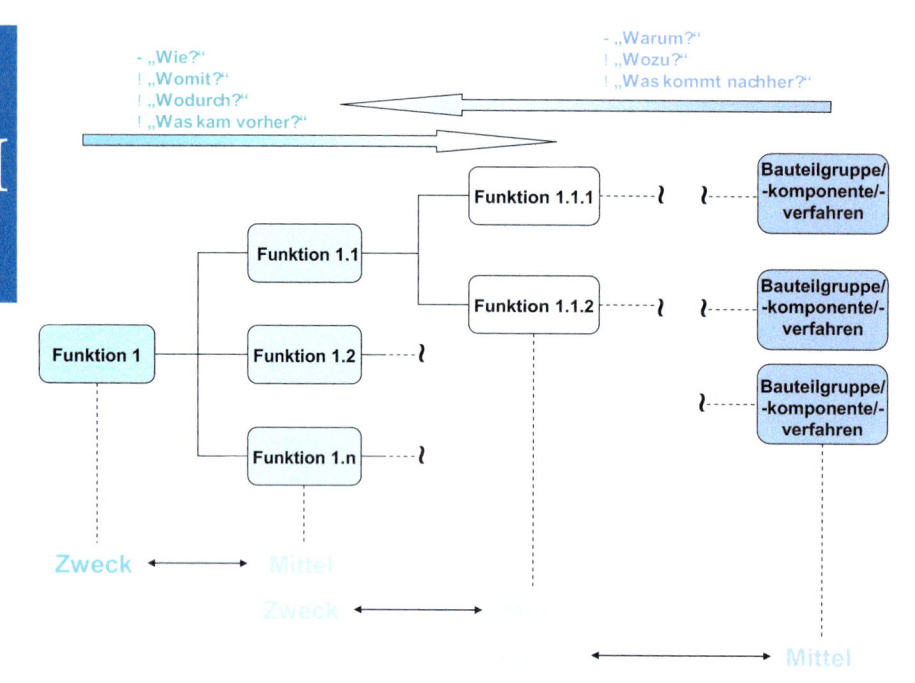

Abb. 2.8: *Grafische Darstellung des Funktionsbaums*

2.4 Die funktionssemantische Methode im Leichtbau

Ausgangspunkt für die Anwendung der FSM im Leichtbau sind die technischen Funktionen und die entsprechenden Attribute.

Zur Lösung eines Leichtbauproblems können vereinfacht zwei Richtungen eingeschlagen werden (Abb. 2.9).

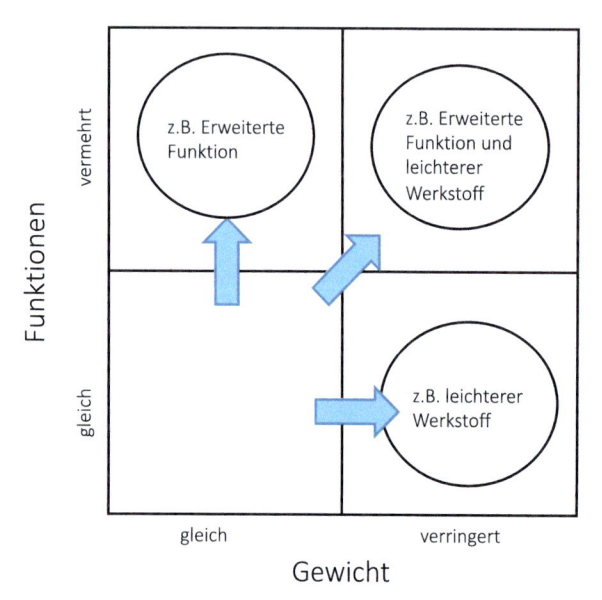

Abb. 2.9: *Lösungsmatrix für Leichtbauprobleme*

Einmal wird das Gewicht bei konstanter Funktionalität und unveränderten Attributen (Leistungsparameter) verringert, zum anderen wird bei gleichem Gewicht die Funktionalität erhöht und/oder es werden die Leistungsparameter verbessert. Selbstverständlich kann auch eine Kombination der beiden Wege realisiert werden.

Bei der Suche nach synonymen Technologien können die betragsbeeinflussenden Verben angewendet werden (Abb. 2.5): Für die Funktionen und Attribute die betragsschaffenden und betragserhöhenden Verben und für das Gewicht die betragsvermindernden und betragsaufhebenden Verben.

Mit Hilfe statistischer Textanalysen können diese Funktionsprofile automatisiert erfasst werden. Sie bestehen aus der überschaubaren Anzahl der betragsbeeinflussenden Verben und den relevanten Objekteigenschaften (Gewicht, Funktionen und Attribute). Es müssen also nicht alle technischen Funktionen (Funktionsverben) ermittelt und dann auf ihre Verwendbarkeit im speziellen Fall geprüft werden, sondern nur die Funktionsverben werden extrahiert, die die gewünschten Objekteigenschaften in Verbindung mit dem betragsbeeinflussenden Verb aufweisen. Der Vorteil ist wieder, dass nicht alle Synonymitäten in einem Katalog aufwändig

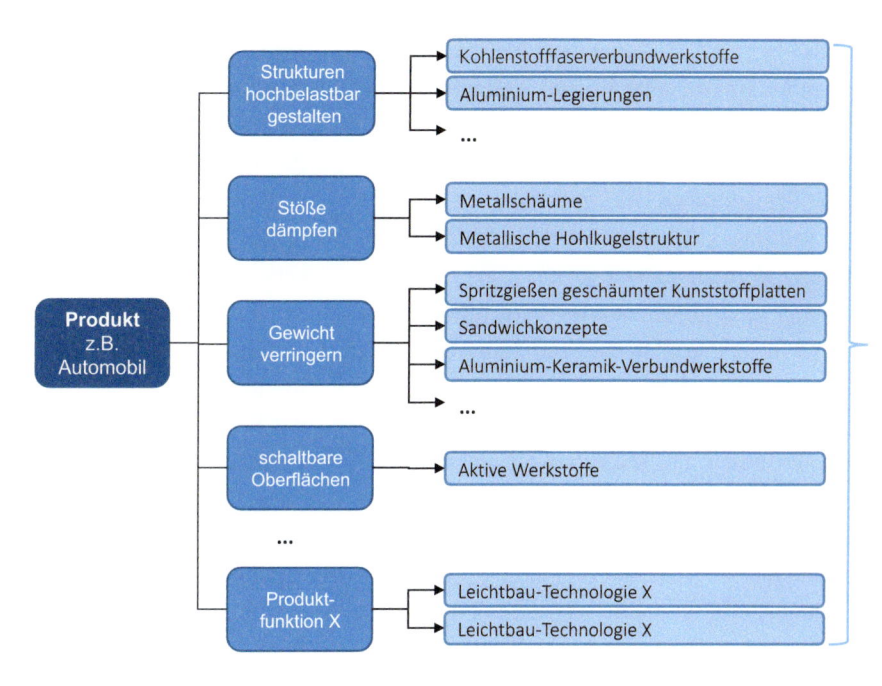

Abb. 2.10: *Verknüpfung von Produkt-Technologie mit Kundenanforderungen*

gesammelt und gepflegt werden müssen. Die Funktionsontologie ermöglicht es, mit einem Semantic Reasoner nur die fallspezifischen Synonymitäten zu berechnen.

Sind die spezifischen Funktionen ermittelt und die synonymen Technologien ebenfalls, kann die Verbindung zwischen Funktionen, Technologie und Produkt bzw. Baugruppe hergestellt werden (Abb. 2.10).

In einem weiteren Schritt werden dann die gefundenen Leichtbautechnologien auf ihren Erfüllungsgrad hinsichtlich der Kundenanforderungen bewertet.

2.5 Technologieradar

Mit Hilfe der funktionssemantischen Methode kann eine Recherche nach Technologien durchgeführt werden. Gesucht sei ein Bauteil, das höhere Festigkeit bei gleichem oder niedrigerem Gewicht als das bisherige Bauteil aufweist. Als zusätzliche Anforderung sollte es möglich sein, unterschiedliche Festigkeitszonen längs des Bauteils zu realisieren.

Ausgangspunkt ist somit ein Bauteil mit seinen Objekteigenschaften. Die Objekteigenschaft „Festigkeit" soll bei zumindest gleichem „Gewicht" erhöht werden. Daraus wird die technische Funktion „Festkörper fester machen" abgeleitet. Festigkeit kommt in technischen Texten aber in verschiedenen Ausprägungen vor, z.B. als Zugfestigkeit, Bruchfestigkeit, Torsionsfestigkeit/Steifigkeit etc. vor.

Text-Mining-Systeme verfügen daher über einen Algorithmus (Stemming), der den Wortstamm ermittelt, sodass alle Spezifikationen von Festigkeit in den Texten erfasst werden. Funktionsverben sind aber in der Regel mehrdeutig, sodass zusätzlich die Objekteigenschaft beeinflussenden Verben (Abb. 2.5, Spalte 2) herangezogen werden, im vorliegenden Beispiel die betragsbeeinflussenden Verben „Betrag schaffen" und „Betrag erhöhen". Jetzt kann nach synonymen/alternativen Technologien gesucht werden.

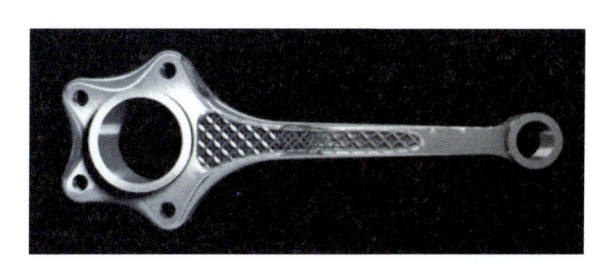

Abb. 2.11: *3D-Druck eines Leichtbauteils (Quelle: Sculpteo)*

Neben Multimaterialsystemen wurden nanoporöse Schäume und 3D-Druckstrukturen gefunden. Eine Bewertung der Kosten, der Recyclingfähigkeit etc. gab den Ausschlag für 3D-Druckstrukturen. Damit können Stützstrukturen, die z.B. Ähnlichkeit mit Knochenstrukturen, Wabenstrukturen etc. aufweisen, gefertigt werden.

Das Ergebnis mag für einen 3D-Druck-Spezialisten einfach und nicht überraschend sein, aber es wurde ohne Expertenunterstützung gefunden, d.h. auch Nichtspezialisten sind in der Lage, Technologien zu ermitteln. Lediglich die finale Bewertung wird von einem Experten vorgenommen. Damit ist er von einer Menge an Routinearbeit entlastet.

Ein weiterer Vorteil ist das fast vollständige Screening einer Technologiefunktion. So wurden bei der Suche nach Technologien zur Oberflächen-Analyse ca. 20 Technologien durch Fertigungsfachleute ermittelt, während mit Hilfe der FSM über 100 technologische Lösungen gefunden wurden.

2.6 Marktexplorer

Besteht die Aufgabe im Auffinden alternativer Anwendungen einer Technologie, wird ebenfalls FSM eingesetzt (Ardilio 2012).

Beispiel ist hier ein Hersteller von Gasflaschen für Taucher, die in einem speziellen Tiefziehverfahren nahtlos hergestellt werden und deshalb besonders fest und leicht sind. Ein erster Kreativworkshop zum Finden von alternativen Anwendungen ergab eine Reihe von Vorschlägen nahe an der bisherigen Funktion. Die Ideen reichten vom Speichern von Druckluft für LKW bis zu Sauerstoffflaschen für den medizinischen Bedarf.

Zur Ermittlung von Lösungen für entferntere Funktionen wurde deshalb die funktionssemantische Methode eingesetzt. Hier gibt es zwei Möglichkeiten der Recherche.

In der ersten Variante geht man von der technischen Funktion „Teile tiefziehen" aus und ermittelt daraus Objekteigenschaften: Hohlkörper, hinterschneidungsfrei, nicht gekrümmt,…

Anschließend werden Synonyme Produktionsverfahren zum Tiefziehen ermittelt, die die gleichen Objekteigenschaften herstellen können, aber zu schwereren Bauteilen führen, wie z.B. Gießen, Bleche schweißen,….

Die zweite Variante geht vom Objekt „Gasflasche" und den zugehörigen Objekteigenschaften aus. Dann werden Synonyme Objektklassen mit der FSM ermittelt. Die Anwendung beider Varianten führte schließlich unter anderem zu Hochleistungsrohren für verschiedene Anwendungen. Sie sind gewichtsparend und können auch funktionserweiternd sein. So kann z.B. durch die verbesserten Fertigungseigenschaften der Durchfluss von speziellen Medien ermöglicht werden.

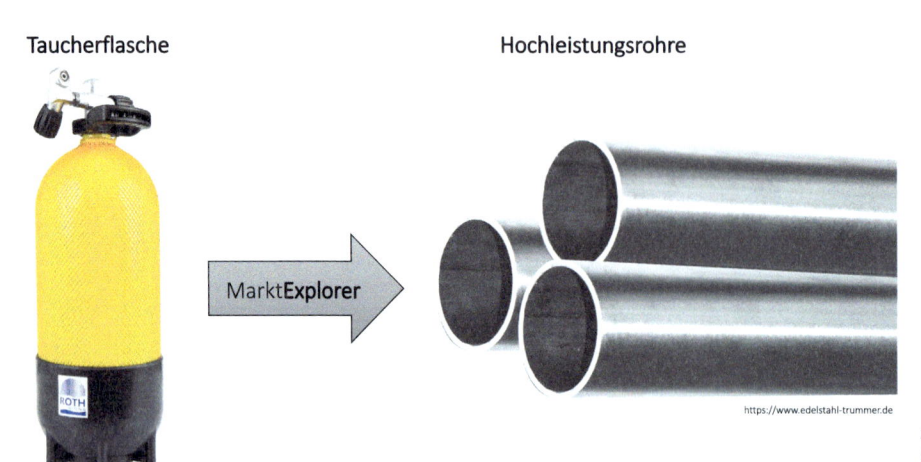

Abb. 2.12: *Ergebnis der Diversifikation mit dem MarktExplorer*

2.7 Fazit

Die beträchtlichen Auswirkungen von Leichtbau-Innovationen auf ganze Wertschöpfungsketten von Produkten, das Zusammenspiel von Nutzung von Leichtbaukonzepten und neuartigen Fügetechnologien z. B. in lasttragenden Automobilstrukturen, und die Marktforderungen nach nachhaltigen ressourcenschonenden Produkten stellen die Unternehmen bei der Suche nach neuen Technologien und neuen Anwendungen vor große Herausforderungen. Teure Fehlentwicklungen an den Anforderungen des Kunden vorbei kann sich kaum ein Unternehmen leisten. Der vorgestellte Ansatz bietet für diese Problemstellung einen systematischen Zugang zur Identifikation von Leichtbautechnologien in verschiedenen Märkten. Die eingesetzte Methode eignet sich sehr gut als unterstützendes Hilfsmittel zur systematischen Durchführung einer Technologiefrühaufklärung für Leichtbaukonzepte.

2.8 Literaturverzeichnis

Ardilio, A: Fraunhofer MarktExplorer – Heute schon Märkte für morgen erkunden. In: Hans-Jörg Bullinger (Hrsg.): In: Fokus Technologiemarkt. Technologiepotenziale identifizieren – Marktchancen realisieren. München: Carl Hanser Verlag, S. 127–147, 2012

Birkhofer, H.: Analyse und Synthese der Funktionen technischer Produkte. Düsseldorf: VDI-Verlag, 1980

Blumauer, A.; Pellegrini, T.: Semantic Web und semantische Technologien: Zentrale Begriffe und Unterscheidungen. In: Tassilo Pellegrini und Andreas Blumauer (Hrsg.): Semantic Web. Wege zur vernetzten Wissensgesellschaft. Berlin, Heidelberg: Springer-Verlag (X.media.press), S. 9–25, 2006

Dengel, A.: Semantische Technologien. Grundlagen – Konzepte – Anwendungen. Heidelberg: Springer Verlag, 2012

Gómez-Pérez, A.; Fernández-López, M.; Corcho, O.: Ontological engineering. With examples from the areas of knowledge management, e-commerce and the semantic web. 3. Print. London: Springer (Advanced information and knowledge processing). 2004

Granitzer, M.: Statistische Verfahren der Textanalyse. In: T. Pellegrini, Blumauer, A. (HG): Semantic Web: Springer, Se. 437-450, 2006

Gruber, T.: Towards Principles for the Design of Ontologies used for Knowledge Sharing. In: N. Guarino, Poli, R. (Hrsg.): Formal Ontology in conceptual Analysis and Knowledge Representation. Deventer, The Netherlands: Kluwer Academic Publishers, 1993

Guarino, N.: Formal Ontology and Information Systems. In: Nicola Guarino (Hrsg.): Formal ontology in information systems. Proceedings of the first international conference (FOIS'98), June 6 – 8, Trento, Italy. Amsterdam: IOS.Press [u. a.] (Frontiers in artificial intelligence and applications, 46), S. 3-17, 1998

Hermans, J.: Ontologiebasiertes Informations-Retrieval für das Wissensmanagement. Berlin: Logos Verlag, 2008

Heubach, D.: Eine funktionsbasierte Analyse der Technologierelevanz von Nanotechnologie in der Produktplanung. [Online-Ausg.], 2009

Lassila, O.; McGuinness, D.: The role of frame-based representation on the semantic web. Technical Report KSL-01-02. Standford University, 2001

Le, T., Warschat J., Farrenkopf, T.: An early biologisation process to improve the acceptance of biomimetics in organisations. In: Advanced Computational Methods for Knowledge Engineering; S. 175-188, Le, N.T., Do T.V., Ngog H.A. Hoai An L.T. ; Springer 2017

Mortara, L., Kerr, C., Phaal, R., Probert: Technology intelligence: Identifying threats and opportunities from new technologies. Wayback Machine., D., University of Cambridge, 2007

Schmitz, M.: Ein Verfahren zur Formulierung von Suchstrategien für die Identifikation neuer Technologien. Dissertation, Universität Stuttgart, Fraunhofer Verlag 2017

Rosenich, P.: Der Patent-Tsunami aus Asien. Swiss Engineering, September 2015

Vahs, D.; Burmester, R.: Innovationsmanagement. Von der Produktidee zur erfolgreichen Vermarktung. 3. Aufl. Stuttgart: Schäffer-Poeschel (Praxisnahes Wirtschaftsstudium), 2005

Warschat, J.: Integriertes Innovationsmanagement. Erfolgsfaktoren, Methoden, Praxisbeispiele. Dieter Spath (Hrsg.), Studie 2003. Stuttgart: Fraunhofer-IRB-Verlag.

Warschat, J.; Korell, M.; Schmitz, M.: Semantik im Technologie-Monitoring. Konzepte, Prozesse und Werkzeuge. In: Jürgen Gausemeier (Hrsg.): Vorausschau und Technologieplanung. 9. Symposium für Vorschau und Technologieplanung. Paderborn: HNI-Verlagsschriftenreihe 318, S. 37–52, 2013

Warschat, J.; Schimpf, S.; Korell, M. (Hrsg.): Technologien frühzeitig erkennen, Nutzenpotenziale systematisch bewerten. Fraunhofer-Institut für Arbeitswirtschaft und Organisation (IAO), Stuttgart; Stuttgart: Fraunhofer Verlag 2015

Wolffgramm, H.: Allgemeine Technologie – Teil 1. Hildesheim: Verlag Franzbecker (Allgemeine Techniklehre, 1), 1994

Wolffgramm, H.: Technische Systeme; Teil 1. Hildesheim: Verlag Franzbecker (Allgemeine Techniklehre, 3), 1997

3 Leichtbaustrategien und Bauweisen

Gundolf Kopp, Norbert Burkardt, Neven Majić

3.1	Einleitung	55	3.4	Bauweisen	66
			3.4.1	Differentialbauweise	66
3.2	Anforderungen an Leichtbau-		3.4.2	Integralbauweise	66
	konstruktionen	55	3.4.3	Modulbauweise	67
			3.4.4	Verbundbauweise	68
3.3	Leichtbaustrategien	58	3.4.4.1	Hybridbauweise	69
3.3.1	Bedingungsleichtbau	59	3.4.4.2	Multi-Material-Design	69
3.3.2	Konzeptleichtbau	60			
3.3.3	Stoffleichtbau	61	3.5	Fazit	71
3.3.4	Formleichtbau	62			
3.3.5	Fertigungsleichtbau	63	3.6	Weiterführende	
3.3.6	Leichtbau versus Kosten	63		Informationen	71

3.1 Einleitung

Eine große Herausforderung für Produktentwickler besteht darin, leichte und dabei zuverlässige Produkte zu gestalten. Gerade vor dem Hintergrund des weltweit zunehmenden Ausstoßes an klimaschädlichem CO_2-Gas gewinnt die Gewichtsreduzierung bewegter Massen zunehmend an Bedeutung, um einer effizienten Nutzung ökologischer Ressourcen während der Herstellung und des Betriebes eines Produktes gerecht zu werden. Neben der Funktionserfüllung wird eine möglichst geringe Masse zu einem wesentlichen Teil des Zielsystems eines neuen Produktes. Der Leichtbau ist daher eine Voraussetzung für eine erfolgreiche Entwicklung marktfähiger Produkte. Leichtbaustrukturen finden sich bereits in den unterschiedlichsten Anwendungsgebieten. Dabei sind nicht nur Strukturen in der Raumfahrt, wie Raketen und Satelliten oder Luftfahrzeuge, wie Flugzeuge und Hubschrauber, sondern ebenfalls Strukturen für den Straßen- und Schienenfahrzeugbau, wie Automobile und Fahrzeuge für den Rennsport, oder im Bauwesen z. B. Brücken zu nennen. Insbesondere im Automobilbau stellt die Entwicklung von rein elektrisch betriebenen Fahrzeugen eine besondere Herausforderung dar, da sehr große und schwere Batterieeinheiten aus Gründen einer geforderten Reichweite notwendig sind und damit leichte Fahrzeugkarosserien unverzichtbar werden. Für die Gestaltung solcher Leichtbaustrukturen bedarf es einer geeigneter Strategie und besonderer Bauweisen, um Gewichtseinsparungen zu erreichen.

3.2 Anforderungen an Leichtbaukonstruktionen

Die Entwicklung von Leichtbaustrukturen ist ein komplexer und interdisziplinärer Prozess. Umweltverträglichkeit, Mobilität, Sicherheit und Komfort sind zentrale Anforderungen unserer Zeit. Sie stellen für die Produktentwicklung der Automobilindustrie bedeutende Herausforderungen dar. Eine Zusammenstellung von Anforderungen an Baugruppen im Automobilbau zeigt die Abbildung 3.1.

Abb. 3.1: *Anforderungen an die Module und Baugruppen im Automobilbau (Braess und Seifert 2003)*

3 Leichtbaustrategien und Bauweisen

Tab. 3.1: *Überblick von Anforderungen an Leichtbaukonstruktionen*

Rahmenbedingungen	Anforderungen	Kriterien

• Gesellschaft
• Politik
• Gesetzgebung
• Märkte
• usw.
	• Ökologie
	   Ressourcenverbrauch
	   (Herstellung und Betrieb)
	• Sicherheit
	   Lasten
	   Zulassungsvorschriften
	   Konstruktionsvorschriften
	• Kundenakzeptanz
	   Komfort
	   Individualität
	• Kosten
	   Austauschbarkeit
	   Plattformbildung
	   Montageabläufe
	   Reparaturfreundlichkeit
	• Bauweise
	   Werkstoffe
	   Fertigungstechnologien
	• Recyclingfähigkeit
	• usw.
		• Masse
		• Kräfte
		• Verkaufszahlen
		• Stückzahlen
		• Budgetverfügbarkeit
		• Werkstoffauswahl
		• Oberflächenqualität
		• usw.

Neben der grundsätzlichen Funktion oder Erfüllung der Aufgaben der Leichtbaustruktur müssen unterschiedliche Rahmenbedingungen aus der Gesellschaft, der Politik und Gesetzgebung sowie den Märkten berücksichtigt werden. In Tabelle 3.1 wird ein Überblick über die Rahmenbedingungen, die Anforderungen und die gültigen Kriterien gegeben.

Rahmenbedingungen aus der Gesellschaft

Gesellschaftliche Rahmenbedingungen sind ein Ergebnis eines tief greifenden gesellschaftlichen Wandels. Bei diesem Wandel werden zunehmend Werte wie Individualität und Hedonismus[1] hervorgehoben. Pflicht- und Akzeptanzwerte bleiben hinter dem Erleben und Genießen von Freiheit und Wohlstand zurück. Außerdem ist der heutige Kunde im Bereich Automobil deutlich anspruchsvoller und emanzipierter als der frühere, was seine sinkende Kompromissbereitschaft bezüglich der individuellen Vorzüge erklärt (Neff et al. 2001). Damit unterteilt sich die Gesellschaft in viele unterschiedliche Lebenswelten. Insgesamt ist sie vieldeutiger, schnelllebiger und feinsinniger geworden. Die Verkörperung von Status wird in kleinen, fluktuierenden Teilgesellschaften immer wieder neu definiert. Als Folge dieser Veränderungen ist gerade auf den Automobilmärkten der westlichen Kulturen eine zunehmende Entwicklung zur Individualisierung zu beobachten. Sie wird von Marketingexperten wie folgt erklärt (Winzen 2002): „War der Pkw früher hauptsächlich Fortbewegungsmittel und der Besitz eines solchen bereits ein Statussymbol (…), so gilt heute (…) der Besitz eines Pkw als normal. Es wurde im Verlauf der letzten 20 Jahre somit notwendig, mit anderen Mitteln (…) zu zeigen, dass man sich von seinem Nachbarn abheben will und kann."

Exklusive, ausgefallene und puristische Fahrzeugkonzepte versprechen zwar das gewünschte Maß an Individualität, lassen aber oftmals andere Kundenanforderungen außer Acht. Über den Trend zur Individualität hinaus gibt es eine Entwicklung, die vernunftbetonte Aspekte, wie Nutzen, Kosten und Umweltschutz beim Neuwagenkauf hervorheben. Gerade die Kosten spielen eine entscheidende Rolle.

---

[1] Hedonismus (griech. hedone: „Freude, Vergnügen, Lust") Bezeichnet eine ethische Lehre, nach der das Streben nach Genuss und das Vermeiden von Schmerz eigentliches Motiv, letztes Ziel und sittliches Kriterium des menschlichen Handelns sei.

Rahmenbedingungen aus Politik und Gesetzgebung

Mobilität ist ein wesentlicher Faktor für den Wohlstand unserer Gesellschaft. Prognostiziert wird eine weitere Zunahme der weltweiten Automobilproduktion von 65 Mio. auf rund 80 Mio. Einheiten pro Jahr bis 2015 (Nassauer 2007). Die mögliche Beeinflussung von klimatischen Veränderungen, verursacht u.a. durch einen hohen CO_2-Ausstoß durch Fahrzeuge, ist allgemein bekannt. Dem steht gleichzeitig das wachsende Umweltbewusstsein in Gesellschaft und Politik gegenüber. Mobilität wird zukünftig verstärkt unter dem Aspekt der Nachhaltigkeit betrachtet werden. Strengere gesetzliche Regelungen, wie die der Europäischen Kommission, die für Pkw-Neuwagen ab 2012 einen durchschnittlichen Grenzwert von 130 g Kohlenstoffdioxid-Emission pro km festlegt (Kommission der Europäischen Gemeinschaften 2007), zwingen die Fahrzeughersteller dazu, verbrauchsärmere Fahrzeuge anzubieten. Im Automobilbau sind deshalb in den letzten Jahren und Monaten verstärkte Anstrengungen unternommen worden, die Emissionen zu reduzieren.

Laut der Fahrwiderstandsgleichung geht die Fahrzeugmasse in drei der vier Fahrwiderstandsgrößen ein und ist damit eine den Kraftstoffverbrauch und damit die Emission maßgeblich beeinflussende Größe für konventionell angetriebene Fahrzeuge.

Fahrwiderstandsgleichung:

Unter Verwendung von konventionellen Antriebskonzepten mit Verbrennungsmotor (Diesel- oder Ottomotoren) kann durch eine Massenreduktion um 100 kg – je nach zugrunde gelegtem Fahrzeugtyp und Fahrzyklus – ein Kraftstoffminderverbrauch von 0,3 bis 0,6 Liter je 100 km sowie eine Reduktion der CO_2-Emission um bis zu 10 g/km erzielt werden (Furrer 2007, Förderreuther 2008).

Neue Antriebsformen, wie Hybrid- oder Elektroantrieb, entschärfen diesen Druck auf Leichtbaustrukturen etwas. Diese Antriebsformen können durch Rückgewinnung von Bremsenergie, sogenannter Rekuperation[2], Beschleunigungsenergie rückgewinnen. Jedoch wird bei diesen Fahrzeugen das Gesamtgewicht z.B. durch Batterien grundsätzlich erhöht. Des Weiteren wird unterschätzt, dass trotz der Möglichkeit zur Rekuperation von Antriebsenergie während des Bremsvorgangs Energieverluste auftreten. In einer Studie wurde der Energiebedarf für den Betrieb eines Elektrofahrzeugs – bezogen auf die Masse, den Luftwiderstand, den Rollwiderstand und die Nebenverbraucher – bestimmt (Abb. 3.2). Das Betriebsverhalten eines Fahrzeugs mit einer Masse von 1753 kg wurde hier mit den vier unterschiedlichen Fahrzyklen NEFZ[3], Artemis[4] Urban, Artemis Road

---

2 Rekuperation (lat. recuperare) steht für technische Verfahren zur Energierückführung bzw. -gewinnung

3 NEFZ: Neuer Europäischer Fahrzyklus

4 Artemis: Fahrzyklen, die näher an der Realität liegen als im Vergleich dazu der NEFZ

$$F_W = (1 + C_{rot}) \cdot m_F \cdot a_F + m_F \cdot g \cdot f_R(v_F) \cdot \cos\alpha_{St} + m_F \cdot g \cdot \sin\alpha_{St} + \frac{\rho_L}{2} \cdot c_w \cdot A_x \cdot v_{rel}^2$$

m_F	Gesamtfahrzeugmasse [kg]	C_{rot}	Faktor zur Berücksichtigung rotatorisch beschleunigter Massen (0,05 Verbrennungsmotor, 0,03 elektromotorischer Antrieb)
g	Erdbeschleunigung [m/s²]	a	Beschleunigung des Fahrzeuges
f_R	Rollwiderstandskoeffizient (abhängig von der Geschwindigkeit und der Bereifung)	ρ_L	Luftdichte
α_{St}	Steigungswinkel	c_w	Luftwiderstandsbeiwert
v_F	Fahrzeuggeschwindigkeit	A_x	Stirnfläche des Fahrzeugs
		v_{rel}	Relative Fahrgeschwindigkeit

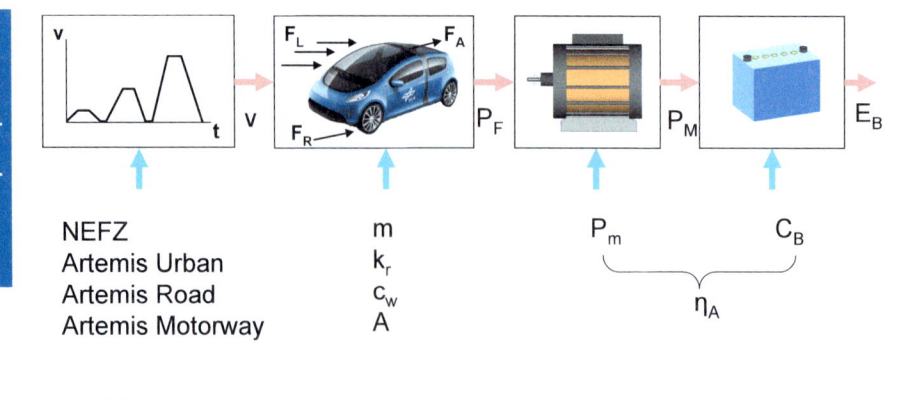

3 Leichtbaustrategien und Bauweisen

NEFZ
Artemis Urban
Artemis Road
Artemis Motorway

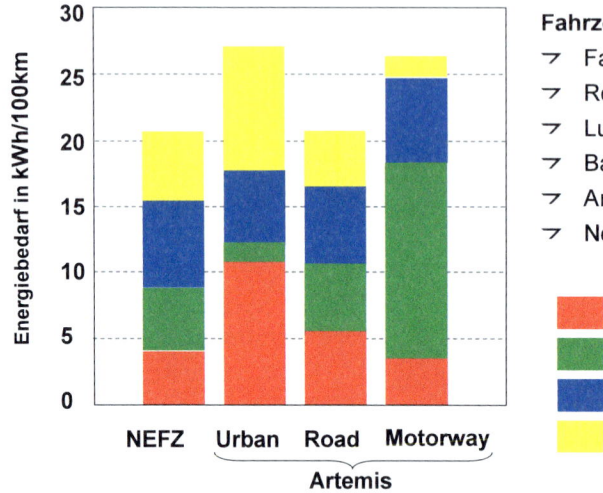

m
k_r
c_w
A

P_m

C_B

η_A

Fahrzeugparameter
- Fahrzeugmasse 1753 kg
- Rollwiderstand 0,01
- Luftwiderstand 0,62 m²
- Batteriekapazität 80 Wh/kg
- Antriebswirkungsgrad 70 %
- Nebenverbraucher 1,5 kW

Abb. 3.2: *Anteil der Fahrzeugmasse am Energiebedarf eines Elektrofahrzeugs (Friedrich und Hülsebusch 2009)*

und Artemis Motorway simuliert. Vor allem im Stadtzyklus (Urban), in dem künftige Elektrofahrzeuge betrieben werden, ist der Anteil des Masseeinflusses auf den Energiebedarf höher. Zusätzlich zur Rekuperation ermöglicht eine Reduzierung des Fahrzeuggewichtes vor allem im Stadtverkehr eine Erhöhung der Reichweite.

Entgegen der geforderten Massenreduktion bei Fahrzeugen sorgen stetig steigende Leistungs-, Sicherheits- und Komfortansprüche dafür, dass sich das Fahrzeuggewicht kontinuierlich erhöht. Ein typisches Beispiel hierfür ist die Fahrzeugmasse des Fahrzeugtyps Golf von Volkswagen, dessen Gewicht in den letzten 20 Jahren stetig anstieg (Goede et al. 2008). Einerseits sind Fahrzeuge immer größer geworden, anderseits werden weitere Sicherheitssysteme, Komfortausstattungen usw. verbaut. Um der Gewichtserhöhung entgegenzuwirken und um im Idealfall eine gewichtsneutrale Kompensation der zusätzlichen Fahrzeugfunktionen zu erzielen, wird Leichtbau zum zentralen Leitgedanken der Fahrzeugentwickler (Röcker 2008). Dieser Leitgedanke lässt sich auf die bereits erwähnten Anwendungsgebiete der Luft- und Raumfahrt, des Schienfahrzeugbaus, des Bauwesens usw. übertragen.

3.3 Leichtbaustrategien

Während Bauweisen, Werkstoffe und Fertigungstechnologien die Schlüssel zu neuen und verbesserten Leichtbaustrukturen sind, ermöglichen die Leichtbaustrategien eine zielgerichtete Anwendung dieser Schlüssel. Unterschiedliche Bezeichnungen für diverse Leichtbaustrategien sind heute in Gebrauch, wobei diese sich strukturiert in fünf Cluster zusammenfassen lassen (Abb. 3.3).

Im Entwicklungsprozess unterstützen diese Leichtbaustrategien die Gestaltung gewichtsoptimierter

3.3 Leichtbaustrategien

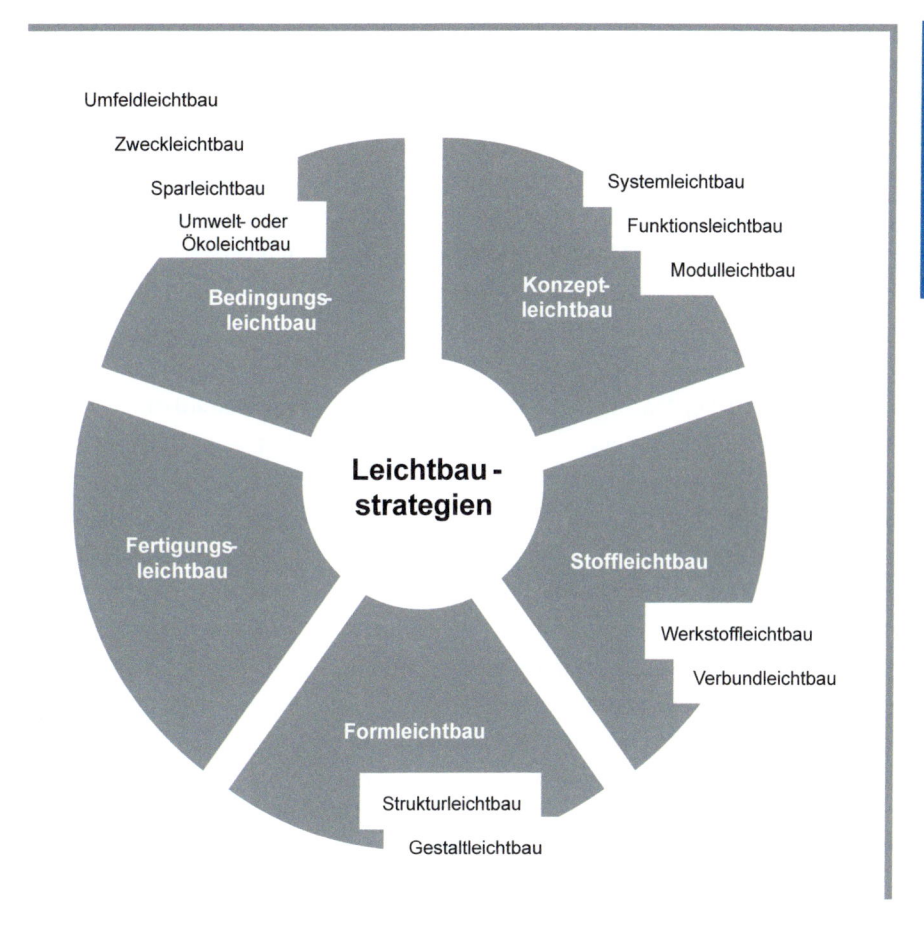

Abb. 3.3: *Leichtbaustrategien und Zuordnung diverser weiterer Bezeichnungen*

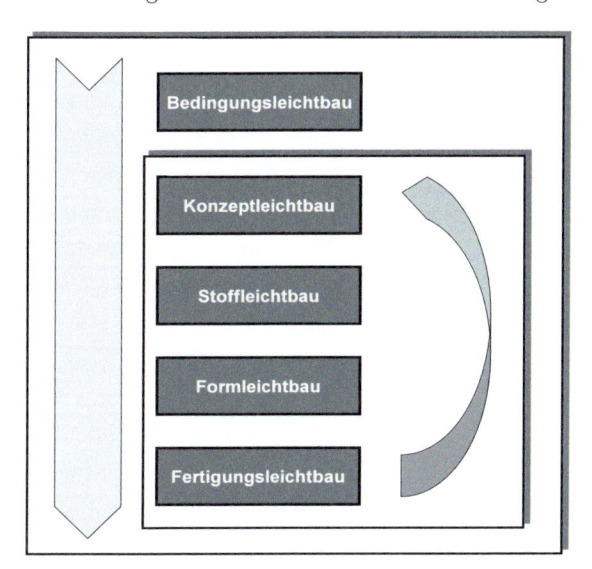

Abb. 3.4: *Leichtbaustrategien und vorgeschlagener Ablauf während des Entwicklungsprozesses*

Leichtbaulösungen. Wie in Abbildung 3.4 dargestellt, wird – ausgehend vom Bedingungsleichtbau, der die Anforderungen an die Leichtbaustruktur vorgibt und als Basis für weitere Leichtbaustrategien dient – eine Leichtbaustruktur über den Konzept-, Stoff-, Form- und Fertigungsleichtbau entwickelt. Diese vier Leichtbaustrategien können dabei im Entwicklungsprozess in diversen Iterationsschleifen durchlaufen werden und beziehen sich ggf. auf einzelne Bauteile, Baugruppen, Module oder auf die gesamte Leichtbaustruktur.

3.3.1 Bedingungsleichtbau

Der Bedingungsleichtbau, auch als Umfeldleichtbau bezeichnet, umfasst die Anforderungen oder Bedingungen an die Leichtbaustruktur. Diese Anforderungen setzen sich aus den Rahmenbedingungen der Gesellschaft, der Politik und Gesetzgebung sowie der Märkte zusammen. Als Beispiel hierfür sind Anforderungen an die Sicherheit einer Fahrzeugstruktur zu nennen, beispielsweise unterschiedliche Crashanforderungen, denn für die Zulassung eines neuen Automobils auf dem Markt sind vom Gesetzgeber Mindestanforderungen festgelegt. In Europa sind ECE[5]-Vorschriften zu erfüllen, während in den USA die sogenannten FMVSS[6]-Vorschriften gelten. Des Weiteren gibt es noch Verbraucherschutz-Organisationen, wie z. B. Euro-NCAP[7] oder US-NCAP[8], deren Crash-Vorschriften höhere Anforderungen beinhalten. Aus den im Abschnitt 3.2 beschriebenen Rahmenbedingungen kann eine Vielzahl weiterer und notwendiger Anforderungen zur Entwicklung, Produktion, Betrieb, Wartung und Verwertung von Produkten abgeleitet werden.

Aus einer solchen Anforderungsliste ergibt sich noch keine Leichtbaustrategie. Erst durch kritisches Hinterfragen möglichst aller Anforderungen ergeben sich neue Leichtbaupotenziale für die zu entwickelnde Struktur. Es entsteht ein sogenanntes Pflichtenheft, das diejenigen Anforderungen enthält, auf die nicht verzichtet werden kann. Durch die konsequente Streichung nicht notwendiger Anforderungen, welche direkt die Struktur beeinflussen, kann Gewicht eingespart werden. Des Weiteren wird für die Anwendung weiterer Leichtbaustrategien mehr Auswahl- und Konstruktionsfreiheit geschaffen, um zusätzliches Gewicht einsparen zu können. Ein Fahrzeug, das z. B. nur für den amerikanischen Markt zugelassen werden soll, muss nicht unbedingt die Crashanforderungen des Euro-NCAP erfüllen. Die Leichtbaustrategien Zweck-, Spar-, Umweltleichtbau werden dem Begriff Bedingungsleichtbau untergliedert, da diese über den Bedingungsleichtbau bzw. über die Anforderungen aus den Rahmenbedingungen abgeleitet werden können.

Zweckleichtbau

Der Zweckleichtbau ergibt sich aus Anforderungen an die Funktion des Gesamtsystems. Gewichtseinsparung ist daher notwendig oder zweckmäßig zur Erfüllung der Funktion des Gesamtsystems. Am Beispiel eines Automobils kann dies die Achslastverteilung sein, um eine sichere Fahrdynamik zu gewährleisten. Bei einem Fahrzeug, dessen Motor im Vorderwagen untergebracht ist, kann es notwendig sein, zusätzliches Gewicht in der Vorderwagenstruktur einzusparen, um eine ausgewogene Achslastverteilung zu erreichen. Im Rennsport oder Flugzeugbau können dies z. B. Anforderungen nach höherer Beschleunigung sein, was vor allem durch eine reduzierte Masse ermöglicht werden kann.

Sparleichtbau

Der Sparleichtbau resultiert aus der Anforderung nach Kosteneinsparung während der Produktherstellung. Sie kann auch als direkte Kosteneinsparungsstrategie bezeichnet werden. Es werden durch die Einsparung von Werkstoff oder die Verkürzung von Prozessketten sowie durch Integration von Funktionen in die Leichtbaustruktur auch die Herstellungskosten reduziert.

Umweltleichtbau

Der Umweltleichtbau – in manchen Literaturquellen auch als Ökoleichtbau bezeichnet – ist das Ergebnis aus definierten Anforderungen an die Ökologie oder Ökonomie während des Betriebes der Leichtbaustruktur. Dabei werden teilweise höhere Kosten für den Werkstoff oder die Produktion akzeptiert, um während des späteren Betriebs Kosten oder Auswirkungen auf die Umwelt zu reduzieren. Im Bereich der Luft- und Raumfahrt erfolgt z. B. eine Erhöhung der Produktions- und Herstellkosten zugunsten eines reduzierten Energieverbrauchs bzw. reduzierter Treibstoffkosten im Betrieb oder zugunsten erhöhter Zuladung. In Bezug auf die Kosten kann diese Leichtbaustrategie im Vergleich zum Sparleichtbau als indirekte Kosteneinsparungsstrategie bezeichnet werden.

3.3.2 Konzeptleichtbau

Der Konzeptleichtbau, teilweise auch als Systemleichtbau bezeichnet, zeichnet sich durch die Betrachtung des Gesamt- bzw. Teilsystems aus. Durch die systematische Betrachtung geeigneter Strukturbauteile, Komponenten und Module und deren

---

5 ECE: Economic Comission for Europe
6 FMVSS: Federal Motor Vehicle Safety Standard
7 Euro-NCAP: European New Car Assessment Programme
8 US-NCAP: US New Car Assessment Program

Anpassung dieser an das Gesamt- bzw. Teilsystem wird das Gewicht des Gesamtsystems gesenkt. Die Einbindung neuer Lastpfade oder die Entwicklung von Strukturen mit höherer Teile- und Funktionsintegration sind Beispiele hierfür. Dies kann die Anordnung der Komponenten (Package) und das Design einer Komponente zwar erheblich beeinflussen, aber damit das Gewicht des Gesamtsystems signifikant verringern.

Als Beispiel ist die Außenhaut eines Flugzeugflügels zu nennen. Dessen Geometrie ist vor allem für die aerodynamischen Grundeigenschaften und letztendlich für den Auftrieb zuständig. Sie übernimmt auch zusätzliche Funktionen zur Erfüllung von Steifigkeitsanforderungen. Eine weitere Funktion besteht in der Ausbildung einer Tankstruktur im Innern des Flügels, eines sogenannten Integraltanks, bei dem die Struktur gleichzeitig als Treibstoffbehälter dient (Abb. 3.5). Das Beispiel des Flugzeugflügels zeigt, dass unterschiedliche Anforderungen an die Struktur, wie Oberflächengüte, Festigkeiten, Dichtigkeit, Korrosionsbeständigkeit, usw. erfüllt werden müssen. Die Flügelstruktur übernimmt damit multifunktionale Aufgaben, wobei eine klare Abgrenzung zwischen Konzept-, Stoff-, Form- und Fertigungsleichtbau oftmals nicht möglich ist.

Teilweise wird dies auch mit Funktionsleichtbau beschrieben, wobei zwischen passivem (Abb. 3.5) und aktivem Funktionsleichtbau zu unterscheiden ist. Würden dem technischen System „Flügel" aktive Elemente hinzugefügt bzw. vorhandene Elemente, wie Querruder und Klappen verwendet werden, um zur Minderung von Manöver- oder Böenlasten beizutragen, so könnten dadurch z.B. die Anforderungen an die Steifigkeit verringert werden. Dabei darf das zusätzliche Gewicht durch hinzugefügte Elemente, wie Sensoren oder Steuereinheiten, nicht vernachlässigt werden. Bei der Anwendung von aktiven Werkstoffen und Werkstoffsystemen, wie Piezoelementen oder Carbo-Nano-Tubes als weitere Beispiele für aktive Funktionsintegrationen, wird die direkte Verknüpfung mit dem Stoffleichtbau ersichtlich. Wird der Konzeptleichtbau auf einzelne Module oder Subsysteme angewendet, kann hier auch von Modulleichtbau gesprochen werden.

Durch die in Abbildung 3.4 dargestellte Vorgehensweise hat der Konzeptleichtbau auf die anderen Leichtbaustrategien einen großen Einfluss. Gewichts-einsparungspotenziale ergeben sich hier in deren Verknüpfung. Der Konzeptleichtbau hat durch die grundlegende Definition des Gesamtsystems einen weitreichenden Einfluss auf die Ausführung der Struktur. Oftmals ergeben sich Einschränkungen in der Wahl des Werkstoffes bzw. der Geometrie.

3.3.3 Stoffleichtbau

Der Stoff- bzw. Werkstoffleichtbau hat das Ziel, für die gegebenen Anforderungen die Struktur mit dem leichtesten möglichen Werkstoff herzustellen. Durch die Substitution eines Werkstoffs durch einen anderen Werkstoff mit geringerer Dichte kann das Gewicht einer Struktur reduziert werden. Dies scheint eine einfach umsetzbare Strategie zu sein. Es muss allerdings berücksichtigt werden, dass durch die Wahl eines anderen Werkstoffs ohne Anpassung der Geometrie und der ebenfalls damit zusammenhängenden Fertigungsverfahren für die Herstellung der Struktur die Umsetzung des Stoffleichtbaus als nicht einfach gilt. Teilweise sind mit der Umstellung von einem Werkstoff zu einem anderen große Innovationen und Technologiesprünge notwendig. Als Beispiel ist die Substitution von Aluminium durch faserverstärkten Kunststoff im Flugzeugbau zu nennen. Zur Umsetzung reicht es oft nicht aus, einfach den Werkstoff zu ändern. Unter anderem sind Anpassungen

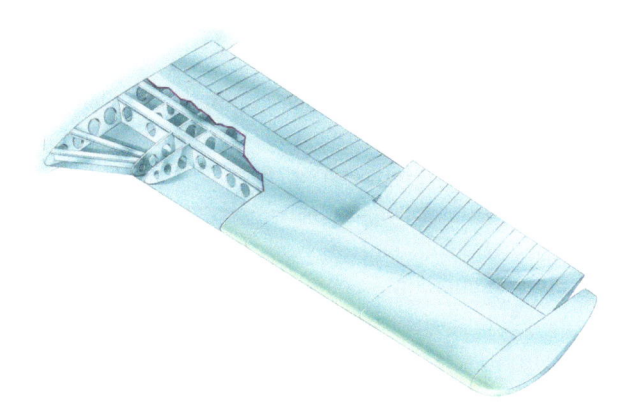

Abb. 3.5: *Integraltank zwischen den Tragflächenrippen eines Flugzeugflügels (Quelle: fotolibra)*

in Bezug auf Krafteinleitungen oder Fügetechnologie erforderlich.

Etwas einfacher gestaltet sich der Stoffleichtbau, wenn für ein Strukturbauteil ein Werkstoff höherer Festigkeit mit ansonsten ähnlichen Eigenschaften und ähnlicher Verarbeitungstechnologie gewählt wird und so die Wandstärken und damit das Gewicht verringert werden können. Abbildung 3.6 zeigt ein solches Beispiel mit einer Hinterachsfeder für einen VW (Lupo FSI). Es wurde anstelle einer Feder aus Stahl mit 1,1 kg Gewicht eine Feder in Titan ausgeführt. Bei gleichen Kenngrößen lag die Gewichtseinsparung hier bei 450 g (Schauerte et al. 2001).

Beim Stoffleichtbau kommen die unterschiedlichsten Werkstoffe und Werkstoffverbunde zur Anwendung:

- Metallische Werkstoffe
  - Stahl
  - Aluminium
  - Magnesium
  - Titan
- Nicht-metallische Werkstoffe
  - Kunststoffe
  - Technische Keramik
- Verbundwerkstoffe
  - Faserverstärkte Kunststoffe (Kohlenstoff-, Glasfaserverbunde)
  - Keramische Verbundwerkstoffe
  - Metallische Verbundwerkstoffe
- Aktive Werkstoffe
  - Piezowerkstoffe
  - Carbo-Nano-Tubes

Dabei erscheint für den Stoffleichtbau der Einsatz von Verbundwerkstoffen, insbesondere faserverstärkten Kunststoffen, als besonders geeignet. Deren Eigenschaften können den entsprechenden Anforderungen durch die Wahl der Fasern oder Faserkombinationen, die Wahl der Faserorientierung und der Matrix entsprechend angepasst werden. Der Einsatz solcher Verbundwerkstoffe kann je nach Anwendungsfall sehr kostenintensiv oder gar nicht geeignet sein, da unter Umständen weitere Kriterien an das Gesamtsystem außer dem Gewicht berücksichtigt werden müssen.

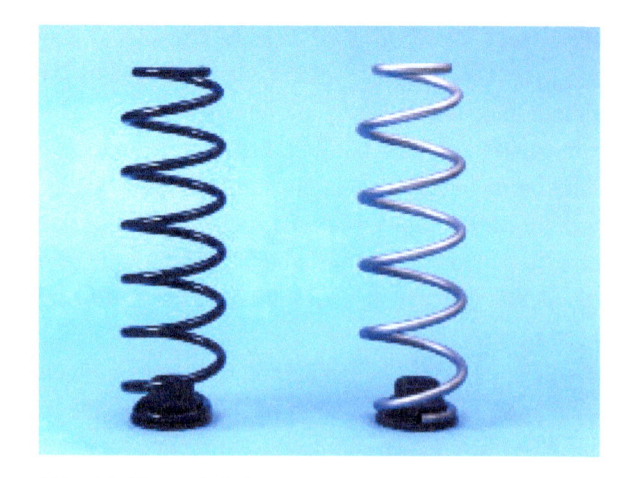

Abb. 3.6: *Hinterachsfedern eines Fahrzeugs aus Stahl und Titan (Schauerte et al. 2001)*

Adaptive Werkstoffe sind für den aktiven Funktionsleichtbau besonders interessant, denn durch den Einsatz von Piezokeramik können z. B. unerwünschte Schwingungen von Strukturen gedämpft und Spitzenlasten reduziert werden, was eine gewichtsreduzierte Auslegung der Struktur erlaubt.

3.3.4 Formleichtbau

Das Ziel des Formleichtbaus ist es, eine Struktur an die gegebenen Anforderungen so anzupassen, dass durch eine optimale Kraftverteilung und Formgebung eine Struktur mit minimalem Gewicht entsteht. Die wichtigsten Anforderungen neben dem Gewicht sind Belastungen, Bauräume, Fertigungstechnologien und Funktionsintegration wie Lasteinleitungselemente. Dies verdeutlicht, dass der Formleichtbau mit dem Konzept- und Stoffleichtbau eng verknüpft ist. Beim Formleichtbau werden die Geometrie, Anzahl und Anordnung der Strukturbauteile unter Berücksichtigung der Anforderungen, vor allem der Lasten, konstruktiv umgesetzt. Während des Entwicklungsprozesses kommen neben unterschiedlichen Gestaltungs- und Konstruktionsrichtlinien ebenfalls Optimierungsverfahren, wie Topologie- oder Formoptimierungsverfahren zur Anwendung (Abb. 3.7).

Die konstruktive Umsetzung der Struktur im Formleichtbau hängt nicht nur mit den erwähnten

3.3 Leichtbaustrategien

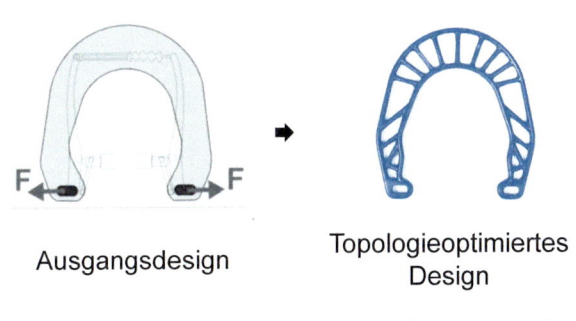

Ausgangsdesign → **Topologieoptimiertes Design**

Abb. 3.7: Topologieoptimierung eines Fahrradbremskraftverstärkers (Spickenheuer et al. 2009)

Abb. 3.8: Superplastisch umgeformter Versuchskörper aus Magnesium

Leichtbaustrategien (Konzept- und Stoffleichtbau) zusammen, sondern ist größtenteils abhängig von der gewählten Bauweise, nämlich Differential- oder Integralbauweise (Abschnitt 3.4). Bei der Differentialbauweise steht der Formleichtbau für die gewichtsoptimierte konstruktive Gestaltung einzelner Strukturelemente im gewählten Werkstoff und Fertigungsverfahren und definiert die Reihenfolge des Zusammenbaus, das über die Fügetechnologie zu deren Ausführung zu einer lasttragenden Gesamtstruktur führt. Im Vergleich dazu ist der Formleichtbau bei der Integralbauweise für die Geometrie und Oberflächenform verantwortlich und optimiert z. B. die Wandstärken eines Integralbauteils in Bezug auf den verwendeten Werkstoff und das Fertigungsverfahren, um eine gewichtsoptimierte Struktur zu erhalten. Der Formleichtbau wird teilweise aufgrund der beschriebenen Gestalt- und Strukturanpassungen als Gestalt- oder Strukturleichtbau bezeichnet.

3.3.5 Fertigungsleichtbau

Unter dem Begriff Fertigungsleichtbau werden die Gewichtseinsparungspotenziale durch Herstellungs-, Fertigungs- und Montageprozesse bezeichnet. Allerdings kann der Fertigungsleichtbau selten isoliert betrachtet werden, da dieser mit den beiden Leichtbaustrategien Stoff- und Formleichtbau sehr eng verknüpft ist. Fertigungsverfahren, wie Tailored Welded Blanks oder Tailored Rolled Blanks sind zu nennen, die Blechstrukturen mit unterschiedlichen Wandstärken herstellen können und damit optimiert für die in der Struktur auftretenden Beanspruchungen sind. Des Weiteren können auch Umformprozesse dem Fertigungsleichtbau zugeordnet werden, da diese die Werkstoffeigenschaften verbessern und auch die Wandstärken gezielt reduzieren (s. Kap. III.2). Beispiele hierfür sind das Warmumformen ausgewählter Stahllegierungen oder das superplastische Umformen von Magnesium (s. Kap. II.4) (Abb. 3.8).

Die im Diagramm (Abb. 3.9) dargestellte Probe wurde bei einer Temperatur von 250 °C mit Umformgeschwindigkeiten von 0,3 mm/min bzw. 5 mm/min hergestellt.

Prozesse in der Füge- und Montagetechnologie, wie z. B. Laserschweißen, Löten oder Kleben sind auch dem Fertigungsleichtbau zuzuordnen (s. Kap. IV.3 und IV.4). Im Vergleich zu geschraubten, genieteten oder punktgeschweißten Strukturen können hier z. B. Flanschabmessungen zum Fügen reduziert werden bzw. homogenere Verbindungen zwischen den zu verbindenden Strukturen realisiert werden.

3.3.6 Leichtbau versus Kosten

Im Leichtbau stellt sich die Frage, wie viel ein Kilogramm Gewichtseinsparung kosten darf. Die Antworten darauf fallen in den verschiedenen Branchen unterschiedlich aus, sie können sogar innerhalb der verschiedenen Anwendungsgebiete stark variieren (Abb. 3.10).

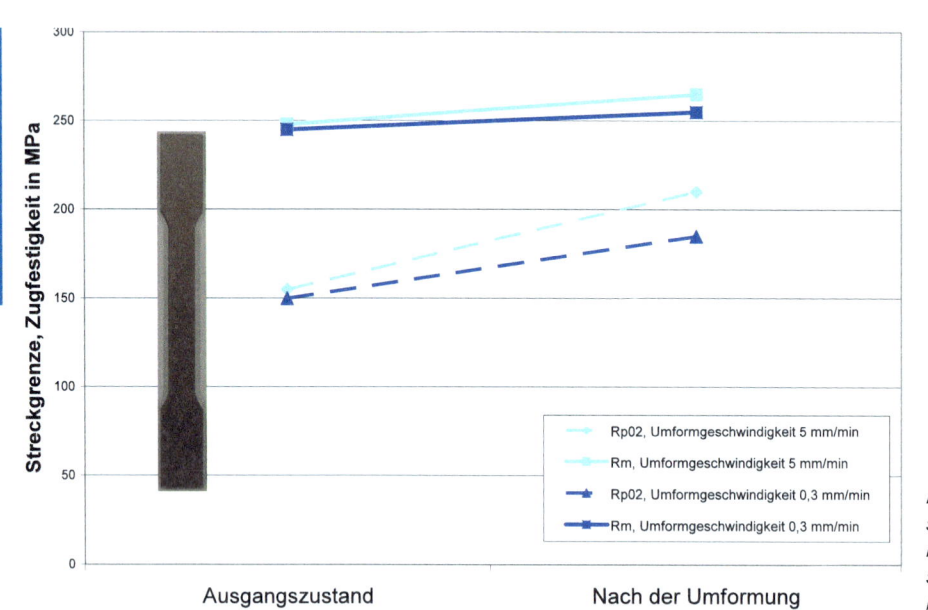

Abb. 3.9: *Mechanische Eigenschaften der Magnesiumlegierung AZ31 vor und nach der superplastischen Umformung bei Raumtemperatur*

Nicht nur in Bezug auf das Anwendungsgebiet, sondern auch im Zusammenhang mit der Lage des Strukturbauteils bzw. des Bereiches innerhalb der Gesamtstruktur entstehen unterschiedliche Zielvorgaben für Mehrkosten, die im Zusammenhang mit der Gewichtseinsparung noch akzeptiert werden. Beispielsweise werden in verschiedenen Bereichen im Automobil in Abhängigkeit der Antriebsart und der Lage des Aggregats in Verbindung mit der Schwerpunktlage unterschiedliche Mehrkosten pro eingespartes Kilogramm akzeptiert. Das Beispiel nach Abbildung 3.11 zeigt einen Frontantrieb mit einem Antriebsaggregat im Vorderwagen. Aufgrund der Schwerpunktlage und der damit zusammenhängenden Fahrdynamik werden hier höhere Mehrkosten zur Gewichtseinsparung im vorderen Bereich akzeptiert anstatt im hinteren Fahrzeugbereich. Des Weiteren werden im Dachbereich höhere Kosten pro eingespartes Kilogramm akzeptiert als im Bodenbereich.

Bei der Betrachtung des Gesamtsystems kann die sekundäre Gewichtseinsparung in die Betrachtung der Kosten integriert werden. Eine sekundäre Gewichtseinsparung bezeichnet Einsparungen einer Struktur, die sich auf andere Strukturen auswirken. Im Automobilbau kann bei Gewichtseinsparungen z. B. in der Karosserie durch weitere Anpassungen im Fahrwerk, Bremsen, Getriebe bis hin zum Antriebsaggregat weiteres sogenanntes „sekundäres" Gewicht eingespart werden. Die Abbildung 3.12 zeigt dies in Zusammenhang mit den beiden Leichtbaustrategien Stoff- und Konzeptleichtbau.

Durch Stoff- und Konzeptleichtbau entstehen primäre Gewichtseinsparungen, die weitere sekundäre Einsparungen durch Anpassungen am Motor, Getriebe oder Fahrwerk erlauben. Diese sekundären Gewichtseinsparungen haben nicht nur einen Einfluss auf das Gesamtgewicht, sie können auch Mehrkosten pro eingespartem Kilogramm erfordern.

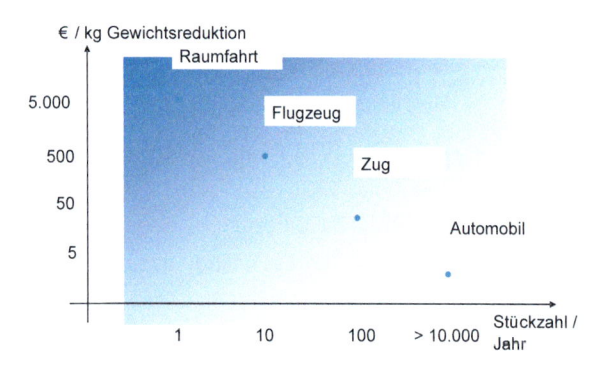

Abb. 3.10: *Leichtbaukosten pro eingespartem Kilogramm, die vom Kunden akzeptiert werden (Friedrich 2008)*

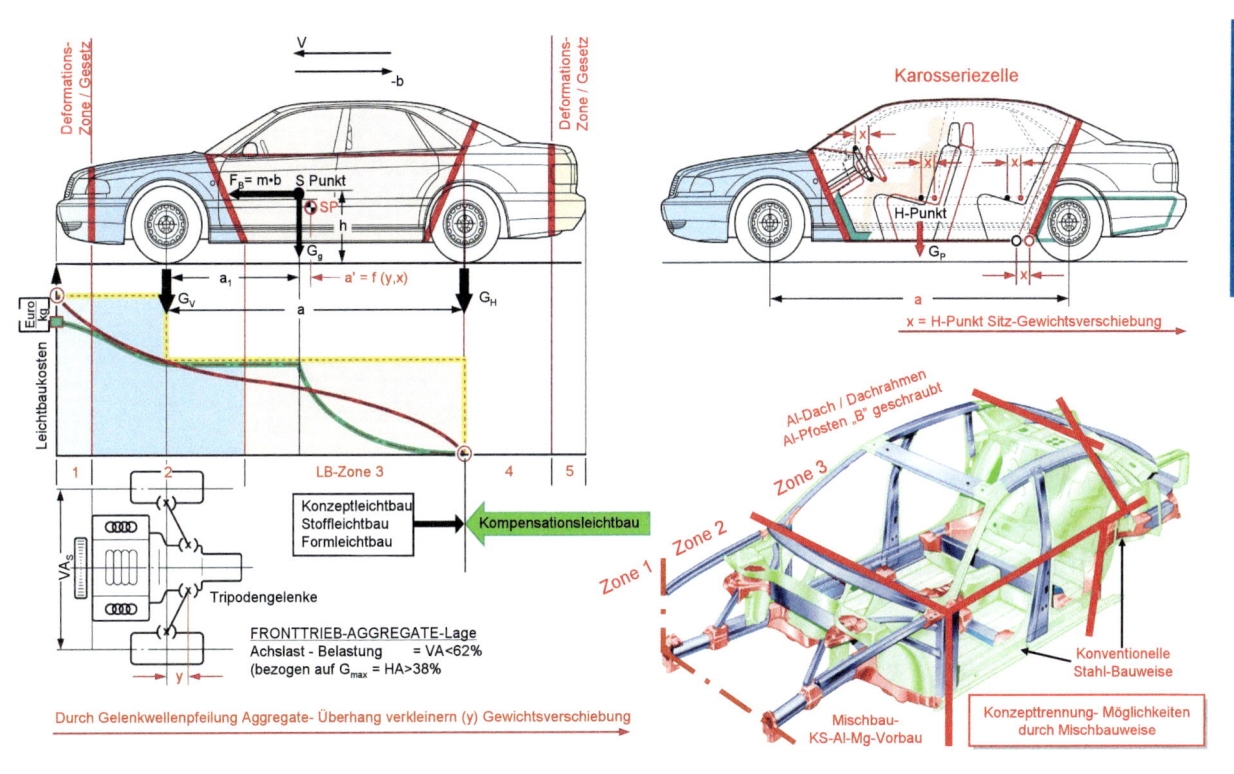

Abb. 3.11: *Leichtbauzonen im Automobil (Haldenwanger 1997)*

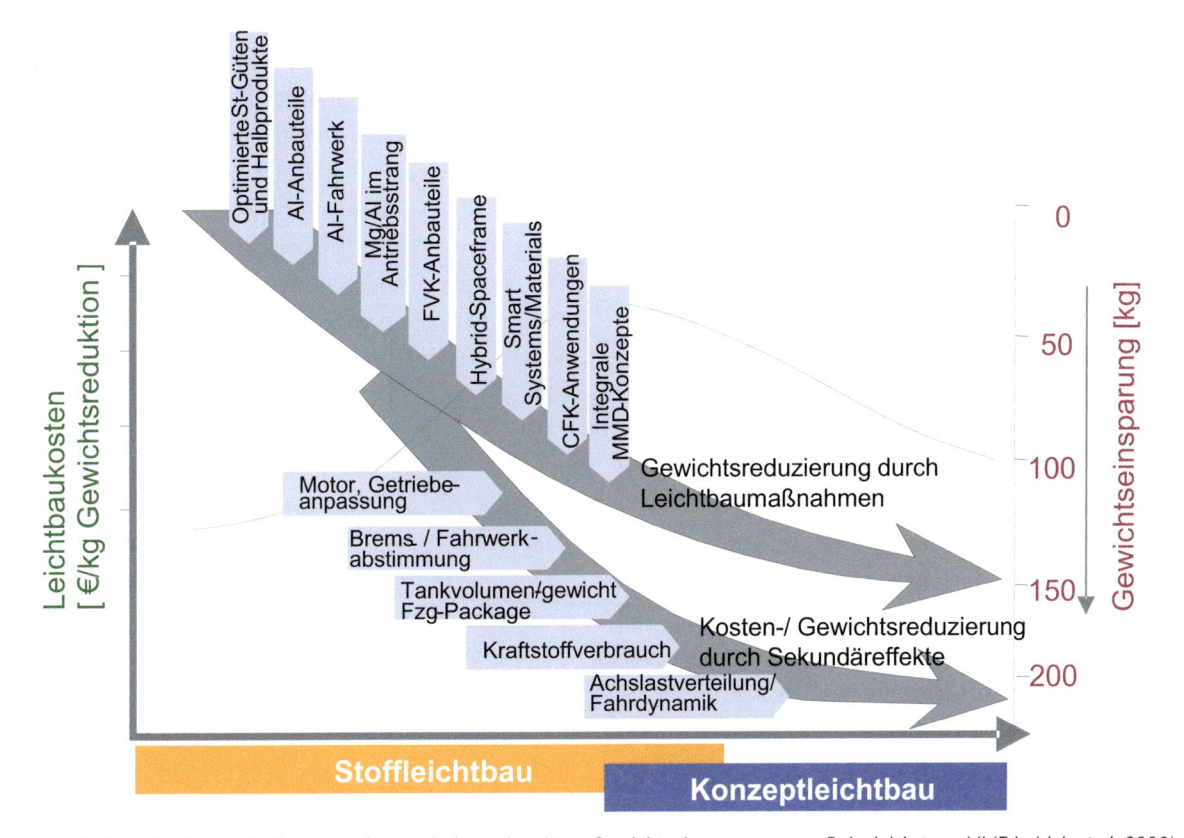

Abb. 3.12: *Leichtbaukosten in Zusammenhang mit den sekundären Gewichtseinsparungen am Beispiel Automobil (Friedrich et al. 2003)*

3.4 Bauweisen

Eine Gesamtstruktur kann durch unterschiedliche Bauweisen – getrennt oder zusammenhängend – erstellt werden. Des Weiteren kann eine Bauweise sich lediglich auf ein Bauteil, ganze Baugruppen oder die gesamte Struktur beziehen. Welche der Bauweisen bei welchen Strukturen angewendet wird, hängt einerseits von den verwendeten Konstruktionsstrategien und den Konstruktionselementen, wie Bauteilgröße und -anzahl, Wahl der Werkstoffe bzw. der Fertigungsverfahren und andererseits vom betrachteten Umfang bzw. Bereich ab.

3.4.1 Differentialbauweise

Die Differenzialbauweise ist eine klassische Bauweise, um Gesamtstrukturen aufzubauen. Es werden einzelne Konstruktionselemente, Einzelteile bzw. Bauteilelemente und Halbzeuge durch Fügen zu einer Gesamtstruktur additiv miteinander verbunden. Die einzelnen Elemente werden dabei – verglichen mit anderen Bauweisen – verhältnismäßig einfach gestaltet. Abbildung 3.13 zeigt einen Teil einer Vorderwagenstruktur eines Fahrzeugs, aufgebaut durch einzelne Blechelemente in Differentialbauweise. Auf diese Weise ergeben sich einige Vorteile. Es können unterschiedliche Werkstoffe durch die einzelnen Elemente kombiniert zur Anwendung kommen und dabei ihr spezifisches Leichtbaupotenzial entwickeln. Die Bauweise dient auch der Fail-Safe-Philosophie. Im Schadensfall können par-tielle Reparaturen an einzelnen Elementen ausgeführt werden, sie können auch relativ einfach ausgetauscht werden. Am Ende des Bauteillebens sind die einzelnen Elemente einfacher zu recyceln.

Die Differentialbauweise hat neben den beschriebenen Vorteilen auch Nachteile. An den Fügestellen zwischen einzelnen metallischen Werkstoffen kann Kontaktkorrosion auftreten. Neben einem höheren Materialaufwand für einzelne Bauteile z. B. durch Fügeflansche ergibt sich konsequenterweise auch ein erhöhter Montageaufwand.

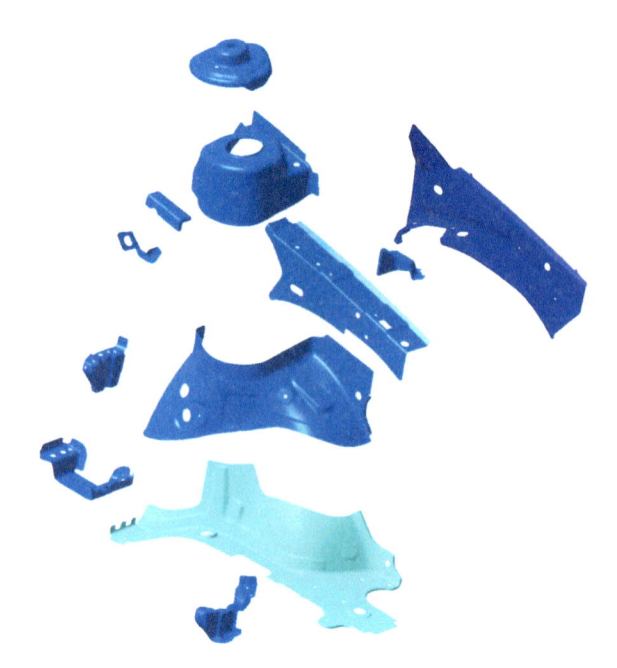

Abb. 3.13: *Fahrzeugstruktur in Differentialbauweise (Super Light Car)*

3.4.2 Integralbauweise

Die Integralbauweise dagegen hat zum Ziel, die Struktur aus einem Stück herzustellen und durch die Integration von Funktionen (Anschraubpunkte, Versteifungen etc.) und Teilstücken möglichst viel Gewicht einzusparen. Die Leichtbaustrategie Konzeptleichtbau ist eng mit dem Ziel der Funktionsintegration in der integralen Bauweise verknüpft. Die Vorteile dieser Bauweise liegen im minimalen Bauteilgewicht und einem geringen Fügeaufwand innerhalb der Grenzen des Bauteils. Dies wird durch den direkten Vergleich der Differenzialbauweise (Abb. 3.13) und der Integralbauweise im gleichen Bauteil- bzw. Funktionsumfang deutlich. Die Abbildung 3.14 zeigt ein integrales Gussbauteil aus Magnesium mit einem Gewichtseinsparungspotenzial von mehr als 60 % im Vergleich zur Stahlvariante in Differenzialbauweise.

Diesen Vorteilen stehen aber auch Nachteile gegenüber. Die Fertigung ist teilweise aufwändiger, und die Formen zur Herstellung der Bauteile sind komplexer und dadurch teurer. Des Weiteren ist die Materialvariation im Bauteil eingeschränkt.

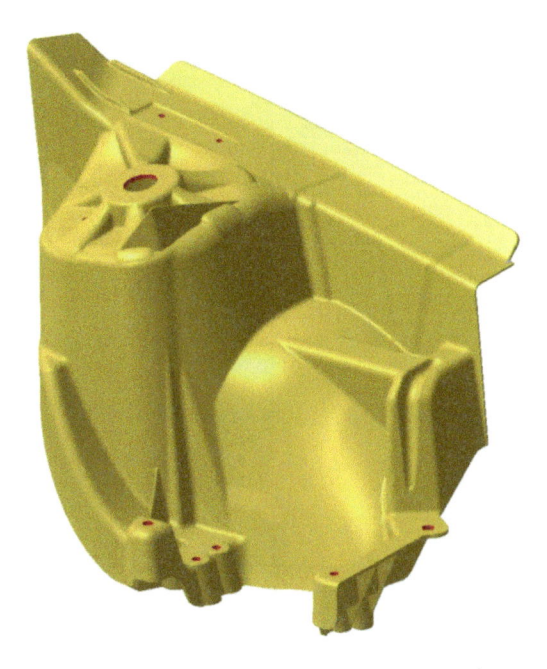

Abb. 3.14: *Integrales Gussbauteil einer Vorderwagenstruktur eines Fahrzeugs*

3.4.3 Modulbauweise

Eine andere Art des Zusammenbaus ist die Modulbauweise. Dabei kann die Definition für ein Modul wie folgt zusammengefasst werden: Ein Modul ist eine Baugruppe eines größeren Zusammenbaus. Es zeigt eine starke Vernetzung innerhalb seines umfassenden Bereiches und eine im Vergleich dazu schwächere Vernetzung zu seinen Nachbarbauteilen bzw. -modulen. Diese angrenzenden Bauteile und Module können durch eindeutige Schnittstellen abgegrenzt sein. Über diese definierten Schnittstellen wird ein Modul für die mechanische Verbindung mit der Gesamtstruktur und für alle zu übertragenden Leistungen und Informationen in das umgebende System eingebunden. Durch eine optimale Integration und Verkettung von Funktionen und Teilfunktionen auf Ebene der Gesamtstruktur führt es zur Modulbauweise. Das Frontend des VW Polo ist in Modulbauweise ausgeführt (Abb. 3.15). Ein Montageträger nimmt dabei die in einen Querträger integrierten Scheinwerfer, den Kühler und den Stossfänger im Modul auf. Die Definition von Moduln wird anhand unterschiedlicher Vernetzungskriterien vorgenommen, z. B. funktionsbezogen, prozessbezogen oder strukturbezogen (Tab. 3.2).

Funktionsbezogene Module umfassen Funktionen wie Klimatisierung oder Steuerung. Sie fassen dabei oftmals Elemente, Bauteile oder Baugruppen ähnlicher Funktion zusammen, die teilweise über große Bereiche des Gesamtsystems verstreut platziert sein können.

Prozessbezogene Module beziehen sich z. B. auf Entwicklungs-, Herstellungs- oder Montageprozesse. Ein Beispiel aus der Automobilindustrie sind Montagemodule, wie das Frontend des Polo (Abb. 3.15). Hier werden vormontierte Bauteile und Baugruppen als ein Montagemodul in die Fahrzeugstruktur eingebaut. Dabei ist der Aufwand der Vormontage des Moduls höher als der eigentliche Montageaufwand in die Fahrzeugstruktur. Dieses Modul kann bei Zulieferern vorgefertigt und vormontiert werden und beim Automobilhersteller an das Montageband zeitgetaktet angeliefert werden. Solche bzw. andere Module können bei der Wahl geeigneter Schnittstellen auch in anderen Fahrzeugplattformen und Produktfamilien verwendet werden. Diese Vorteile werden in die Unternehmensstrategie in Bezug auf Variation und Logistikkette mit einbezogen bzw. von solcher Unternehmensstrategie betrieben.

Strukturbezogene Module umfassen strukturelle Bauteile bis hin zu Gesamtstrukturen, wie Karosse-

Abb. 3.15: *Frontend in Modulbauweise am Beispiel des VW Polo (Henning 2005)*

3 Leichtbaustrategien und Bauweisen

Tab. 3.2: *Beispiele für Moduldefinitionen (Schindler 2008)*

Vernetzungskriterien	Modulbegriff	Beispiele aus dem Flugzeugbau	Beispiele aus dem Fahrzeugbau
funktionsbezogen	Funktionsmodul	Bugfahrwerk- bzw. Hauptfahrwerksmodul Cockpitmodul	Klimamodul Federbeinmodul Heizmodul
prozessbezogen	Montagemodul	Klappen Türmodule	Front- oder Heckmodul Dachmodul Türmodul Heckklappenmodul
	Entwicklungsmodul	Klimaanlage Triebwerksmodul	Antriebsstrang Abgasanlage
strukturbezogen	Strukturmodul	Rumpfmodul Tragflächen und Flügelkastenmodul Heckleitwerk	Vorderwagen Karosseriestrukturmodul

riebaumodule in der Fahrzeugindustrie oder ganze Flugzeugstrukturen in der Luftfahrt.

Die Modulbauweise eröffnet durch eine geeignete Wahl der Schnittstellen und damit der Zusammenfassung und Abgrenzung von Moduln die Plattformbildung und erhöht damit den Verwandtschaftsgrad in einer Produktfamilie. Durch diese Denkweise, die die gesamte Struktur umfasst und der Möglichkeit einer Gleichteilestrategie können Entwicklungs-, Herstellungs- und Montagekosten reduziert werden. Allerdings wird bei der Modulbauweise nicht immer die optimale Leichtbaulösung für einzelne Gesamtstrukturen innerhalb der Produktfamilie erreicht, was ein Nachteil sein kann.

3.4.4 Verbundbauweise

In der Verbundbauweise werden verschiedene Werkstoffe in einem Bauteil vereint, um durch deren unterschiedliche Eigenschaften eine Bauteilstruktur mit reduzierter Masse bei gleichbleibenden oder verbesserten Eigenschaften zu erhalten (s. Kap. II.9). Als Werkstoffe kommen Metalle, technische Keramik, verstärkte odert unverstärkte Kunststoffe in Frage, die je nach Anforderung auf unterschiedliche Weise miteinander kombiniert werden. Ein beliebtes Beispiel sind Sandwichstrukturen, bei denen Kerne aus Schäumen (Metall oder Kunststoff), Waben oder pulvermetallurgisch hergestellte Metallstrukturen mit Decklagen aus Metall- oder Kunststoffplatten versehen werden (Abb. 3.16).

Diese Sandwichstrukturen haben im Vergleich zu Vollmaterial bei gleicher oder verbesserter Biegesteifigkeit ein reduziertes Strukturgewicht. Die Abbildung 3.17 stellt dies am Beispiel der spezifischen Biegesteifigkeit für unterschiedliche Strukturen in Abhängigkeit der Höhe dar.

Die Vorteile der Verbundbauweise sind ihr geringeres Gewicht trotz höherer erreichbarer Steifigkeit sowie funktionsintegriert eine bessere akustische und thermische Dämmung.

Diesen Vorteilen stehen Nachteile, wie geringere Fail-Safe-Eigenschaften, vor allem bei Faserverbundwerkstoffen, die herausfordernde Krafteinleitung, ein erhöhter Fertigungsaufwand und teilweise höhere

Abb. 3.16: *Unterschiedliche Kernmaterialien für Sandwichstrukturen (Kopp et al. 2009)*

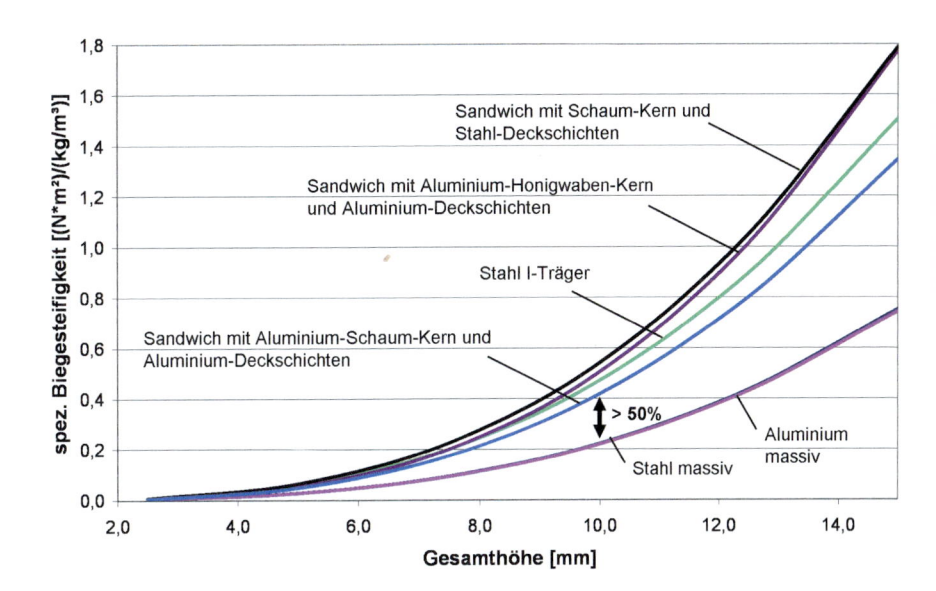

Abb. 3.17: *Spezifische Biegesteifigkeit bezogen auf die Höhe (Kopp u. a. 2009)*

Werkstoffkosten gegenüber. In der Entwicklungsphase ist die Simulation der Bauteileigenschaften von vielen Fertigungsparametern abhängig, wodurch sich eine genaue Simulationsvorhersage erschwert. Bei Sandwichstrukturen kommt die geringe Darstellbarkeit von Geometriesprüngen als ein weiterer Nachteil hinzu. Innerhalb der Bauteilgrenzen ist die Reparaturfähigkeit ebenfalls eingeschränkt.

3.4.4.1 Hybridbauweise

Bei der Hybridbauweise werden unterschiedliche Werkstoffe auf Bauteilebene kombiniert (s. Kap. III.9). Die Hybridbauweise stellt eine Materialmischbauweise dar. Der Materialverbund wird alleine dadurch hergestellt, dass mindestens ein Leichtmetallwerkstoff in urformender Fertigung (An-, Ein- oder Umgießen) mit einer weiteren Werkstoffkomponente verbunden wird (Abb. 3.18). Die Verbindung kann hier sowohl form- als auch stoffschlüssig sein.

Durch diese Kombination werden die Eigenschaften der jeweiligen Elemente der Bauteile und deren unterschiedliche Werkstoffeigenschaften optimal ausgenutzt. Die einzelnen Werkstoffeigenschaften können sich durch die Hybridbauweise ergänzen und ermöglichen dadurch ein hohes Leichtbaupotenzial. Demgegenüber steht ein hoher Fertigungsaufwand durch das Urformverfahren, welcher zu Mehrkosten im Vergleich zu anderen Bauweisen führen kann.

Die Schadensbeurteilung und Reparaturmöglichkeiten sind auch eingeschränkt, und die Gefahr der Korrosion an den form- und stoffschlüssigen Kontaktstellen ist schon während der Entwicklung zu beachten.

3.4.4.2 Multi-Material-Design

Multi-Material-Design ist die konsequente Weiterentwicklung der zuvor aufgezeigten Bauweisen.

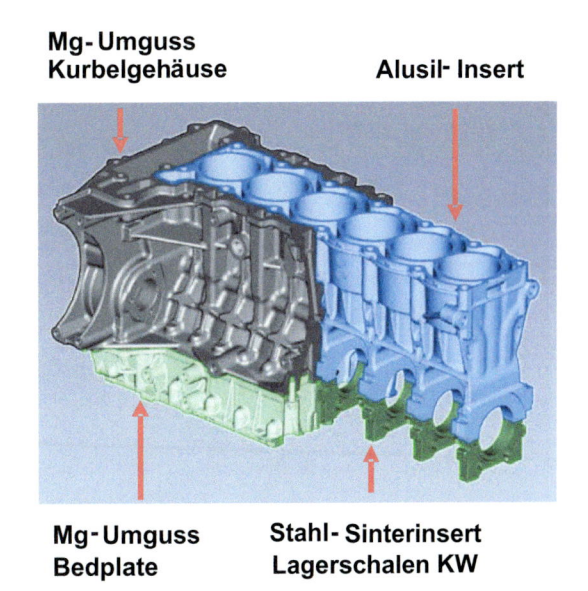

Abb. 3.18: *Kurbelgehäuse aus einem Aluminium-Magnesium-Verbund eines Sechszylinder-Motors von BMW (KW-Kurbelwellenlagerschalen) (Klüting 2004)*

Dabei wird für jedes Bauteil ein anforderungsgerechter Werkstoff eingesetzt. D.h. in Multi-Material-Design realisierte Strukturen werden durch unterschiedliche Werkstoffe, z.B. Stahl, Aluminium, Magnesium oder Faserverbundwerkstoffe und durch verschiedene Fertigungsverfahren, wie Gießen, Umformen, Pressen oder Spritzen hergestellt. Dieser Materialmix ist notwendig, um das volle Leichtbaupotenzial ausschöpfen zu können. Bei der Verbindung der Strukturelemente oder Bauteile zu Modulen oder Gesamtstrukturen kommen warme und kalte Fügetechnologien zum Einsatz. Diese Mischung beinhaltet aber nicht nur die Werkstoff- und Fertigungsebene, sondern auch die Konstruktionsbauweisen der Gesamtstruktur auf Systemebene.

Die Anwendung von solchen unterschiedlichen Werkstoffen erfordert allerdings die Anwendung der jeweils geeigneten Fügeverfahren. Thermische Fügeverfahren, wie Schweißen oder Löten, kommen für Kunststoffe nicht in Betracht. Es kommen deshalb überwiegend mechanische Fügeverfahren wie z.B. Nieten, Stanznieten, Clinchen, Direktschrauben oder chemische Fügeverfahren (Kleben) zum Einsatz. Eine Kombination dieser Fügetechnologien, das sogenannte Hybridfügen, findet ebenfalls in Multi-Material-Designstrukturen seine Anwendung (s. Kap. IV.5).

Bei der Auswahl der jeweiligen Fügeverfahren sind der Montageprozess und damit die Zugänglichkeit, wie z.B. einseitige oder zweiseitige Zugänglichkeit während des Fügens und der notwendige Platzbedarf für Fügevorrichtungen einzuplanen (s. Kap. IV.1). Die mechanischen Eigenschaften in Bezug auf die Kraftübertragung sowie die Unterschiede in den thermischen Ausdehnungskoeffizienten der unterschiedlichen Werkstoffe, die Haltbarkeit bzw. Lebensdauer, die Temperaturbeständigkeit und Korrosionsbeständigkeit erschweren die Auswahl geeigneter Fügeverfahren.

Vorteile dieser Bauweise sind die diversen Möglichkeiten, ein Gewichtsoptimum durch die Variation der Parameter zu finden. Allerdings stellt diese Parametervielfalt die Entwicklung vor erhebliche Herausforderungen. Neben der Simulation der Eigenschaften, der Montage- und Fügeprozesse sind Korrosions- und Recyclingaspekte nur einige Themen, die das Multi-Material-Design nicht vereinfachen.

Ein Beispiel ist der Audi TT mit der Anwendung diverser Werkstoffe in der Fahrzeugkarosserie, wie Aluminium und Stahl, und der Kombination unterschiedlicher Herstellverfahren für die Bauteile, z.B. Gieß- und Umformprozesse (Abb. 3.19). Durch Multi-Material-Design ergibt sich dabei ein Gewichtsvorteil von 48% im Vergleich zur Stahl-Referenz und im Vergleich zur Bauweise aus Voll-Aluminium ein weiteres Leichtbaupotenzial von 12% (Firmenschrift Audi AG 2006).

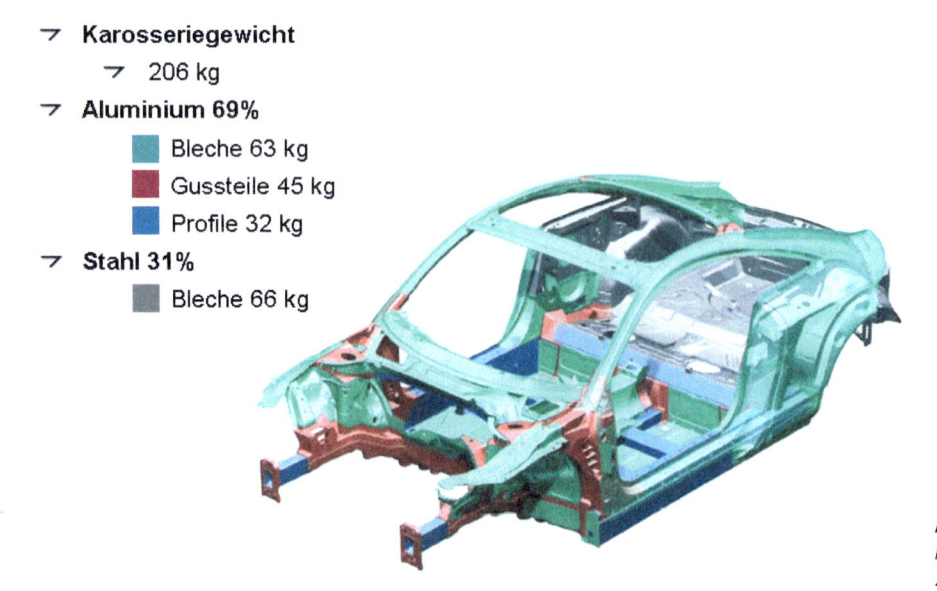

↗ **Karosseriegewicht**
  ↗ 206 kg
↗ **Aluminium 69%**
  Bleche 63 kg
  Gussteile 45 kg
  Profile 32 kg
↗ **Stahl 31%**
  Bleche 66 kg

Abb. 3.19: *Audi TT in Multi-Material-Design (Quelle: Audi 2006)*

Materialien
- Aluminiumblech
- Aluminiumguss
- Aluminiumstrangpressprofil
- Stahl
- Warm umgeformter Stahl
- Magnesiumblech
- Magnesiumguss
- Glasfaserthermoplast

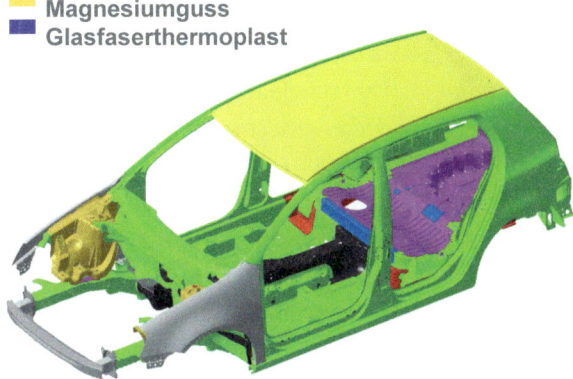

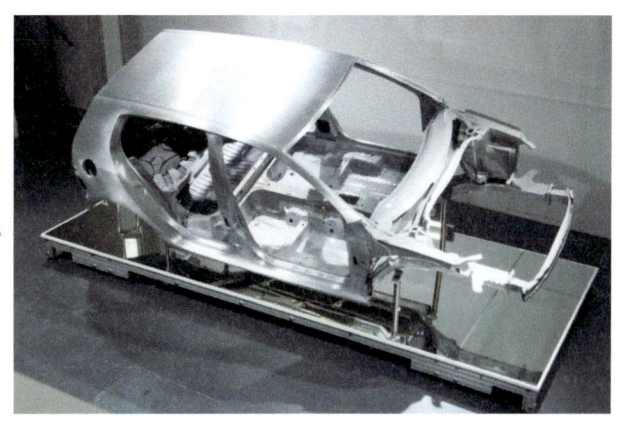

Abb. 3.20: *Super Light Car-Karosserie in Multi-Material-Design, links CAD Model, rechts dargestellter Demonstrator*

Ein weiteres Beispiel ist der „Super Light Car" aus dem gleichnamigen europäischen Forschungsprojekt (Abb. 3.20). In diesem Projekt wurde eine Multi-Material-Design Karosserie mit einer Gewichtsreduzierung von insgesamt 35 % im Vergleich zu einer konventionellen Stahl-Karosserie einwickelt und prototypisch dargestellt.

3.5 Fazit

Die Verbesserung der Energie- und Ressourceneffizienz bewegter Massen spielt im Hinblick auf nachhaltige Strategien zur CO_2-Reduzierung eine wichtige Rolle. Durch Anwendungen geeigneter Leichtbaustrategien und durch neue kostenattraktive Bauweisen wie z. B. die Multi-Material-Design-Bauweise, können erhebliche Gewichtseinsparungen erzielt werden. Dies zeigt auch die Herausforderungen an die Fügetechnologie und die Notwendigkeit, die einzelnen Leichtbaustrategien während des Entwicklungsprozesses von Leichtbaustrukturen verknüpft zu betrachten.

Zukünftige Leichtbauprodukte werden daher verstärkt auf werkstoffflexible, modulare Bauweisenkonzepte mit unterschiedlichen Leichtbaustrategien verfolgt.

3.6 Weiterführende Informationen

Literatur

Braess, H.-H., Seiffert, U.: Vieweg Handbuch Kraftfahrzeugtechnik. 3. Aufl., Vieweg+Teubner Verlag, Wiesbaden, 2003

Förderreuther, A.: Reduction of Greenhouse Gases by Aluminium-Intensive Lightweight Design. International Circle of Experts on Car Body Engineering 2008. Bad Nauheim, 26./27. Februar 2008

Friedrich, H. E., Goede, M. F., Krusche, T.: Bauweisen für neue Fahrzeugkonzepte im Spannungsfeld von Leichtbau und Kostenattraktivität. Tag der Karosserie, Aachen, 6. Oktober 2003

Friedrich, H. E., Hülsebusch, D.: Elektro-Fahrzeugkonzepte und Leichtbau: Anforderungen für neue Werkstoffe? 1. Internationaler eCarTec Kongress für individuelle Elektromobilität, München, 13./14. Oktober 2009

Friedrich, H. E., Kopp, G.: Trends, Bauweisen-Konzepte für neue Entwicklungen im Fahrzeugbau. FAT-Forum „CO2-Reduzierung durch Leichtbau". VDA, Frankfurt, Dezember 2008

Furrer, P.: Karosseriebau mit Aluminiumblech – Neue Lösungen für den kosteneffizienten Leichtbau. 16. Aachener Kolloquium Fahrzeug- und Motorentechnik, Aachen, 8.–10. Oktober 2007

Goede, M., Stehlin, M., Rafflenbeul, L.: Leichtbaupotenzial durch Mischbauweise im Karosseriebau. International Circle of Experts on Car Body Engineering 2008. Bad Nauheim, 26./27. Februar 2008

Haldenwanger, H. G.: Zum Einsatz alternativer Werkstoffe und Verfahren im konzeptionellen Leichtbau von Pkw-Karosserien. TU Dresden, 1997

Henning, J.: Modulare Karosseriekonzepte. 2. Braunschweiger Symposium, Braunschweig, 25. Januar 2005

Klüting, M., Landerl, C.: Der neue Sechszylinder-Ottomotor von BMW. Teil I: Konzept und konstruktiver Aufbau. In: MTZ, 65, 2004, S. 868–880

Kopp, G., Friedrich, H. E., Kuppinger, J., Henning, F.: Innovative Sandwichstrukturen für den funktionsintegrierten Leichtbau. In: ATZ, 04/2009, S. 298ff

Nassauer, J.: Globaler Automobilmarkt. Munich Network Forum Automobil und Innovation – Internationale Märkte, technische Entwicklungen. München, 28. November 2007

Neff, T., Junge, M., Köber, F., Viert, W., Hertel, G.: Bewertung modularer Fahrzeugkonzepte im Spannungsfeld zwischen Kundenorientierung und Standardisierung. In: Fahrzeugkonzepte für das 2. Jahrhundert Automobiltechnik. VDI-Berichte Nr. 1653. VDI Verlag, Düsseldorf, 2001, S. 373–379

Röcker, O.: Untersuchungen zur Anwendung hoch- und höchstfester Stähle für walzprofilierte Fahrzeugstrukturkomponenten. Dissertation, Technische Universität Berlin, 31. Januar 2008

Schauerte, O., Metzner, D., Krafzig, R., Bennewitz, K., Kleemann, A.: Fahrzeugfedern federleicht : Erster Serieneinsatz einer Achsschraubenfeder aus Titan. In: ATZ, 103, 2001, S. 654–660

Schindler, V., Sievers, I.: Forschung für das Auto von morgen. Springer Verlag, Berlin/Heidelberg, 2008

Spickenheuer, A., Uhlig, K., Gliesche, K., Heinrich, G., Albers, A., Majic, N.: Steifigkeitsoptimierung von Faserverbundbauteilen für den extremen Leichtbau. 12. Chemnitzer Textiltechnik-Tagung, 2009

Winzen, U.: Neue Trends in der Automobilindustrie. In: Die Wirtschaft, Ausg. 7/8, 2002

Vorschrift

Kommission der Europäischen Gemeinschaften: Ein wettbewerbsfähiges Kfz-Regelungssystem für das 21. Jahrhundert. Mitteilung der Kommission an das Europäische Parlament und den Rat, Stellungnahme zum Schlussbericht der hochrangigen Gruppe CARS 21. Brüssel, 7. Februar 2007

Firmenschrift

Audi AG: Automobil Industrie. Sonderheft Audi TT, 2006

4 Virtuelle Produktentwicklung

Albert Albers, Neven Majić, Andreas Schmid, Manuel Serf

4.1	Computergestützte Konstruktion – Computer Aided Design (CAD)	77	4.3.1.1 Topologieoptimierung eines Fahrradbremskraftverstärkers	89
			4.3.1.2 Topologieoptimierung eines Felgensterns	91
4.2	Computergestützte Entwicklung (CAE) – Computer Aided Engineering	79	4.3.2 Formoptimierung	94
			4.3.2.1 CAD-basierte Formoptimierung	95
4.2.1	Produktsimulation mit der Finite-Elemente-Methode (FEM)	79	4.3.2.2 FE-Netz-basierte Formoptimierung	96
4.2.2	Entwicklung der FEM	80	4.3.2.3 Beispiel zur Netz-basierten Formoptimierung	97
4.2.3	Anwendungsbereiche der FEM	81	4.3.2.4 Formoptimierung mit Sicken	102
4.2.4	Verfügbare FEM-Programme	81	4.3.3 Parameteroptimierung	107
4.2.5	Ablauf einer FEM-Analyse	82		
4.2.6	Literatur zu Berechnungsprogrammen und zu FEM	86	4.4 Fazit	110
4.3	Strukturoptimierung	86	4.5 Weiterführende Informationen	111
4.3.1	Topologieoptimierung	87		

Die virtuelle Produktentwicklung hat sich in den letzten Jahrzehnten parallel zur rasanten Entwicklung immer leistungsfähigerer Computer zunehmend weiterentwickelt und bestimmt den heutigen Produktentstehungsprozess und insbesondere die methodische Entwicklung innovativer Leichtbauprodukte. Ihr Potenzial zur Kosten- und Zeitersparnis ist der Schlüssel zur Steigerung der Wettbewerbsfähigkeit. Noch bevor ein Produkt tatsächlich gefertigt wird, ist es weitgehend möglich, den gesamten Produktentstehungsprozess vom Herstellungsverfahren bis zum fertigen Bauteil durch rechnergestützte Anwendungen zu simulieren und frühzeitig zu validieren. Die Zeitspanne von der Produktidee bis zum fertigen Produkt kann sich dadurch erheblich verkürzen.

Neben der schon seit Jahrzehnten eingesetzten CAD/CAE-Technik kommen zunehmend Techniken zum Einsatz, die einen intuitiveren Umgang mit dem virtuellen Produkt ermöglichen. Dazu zählen Virtual Reality (VR) und Augmented Reality (AR). Während es bei VR lediglich darauf ankommt, die Wirklichkeit und ihre physikalischen Eigenschaften möglichst in Echtzeit in einer interaktiven virtuellen Umgebung darzustellen, wie dies z. B. bei Computerspielen der Fall ist, geht man bei AR noch einen Schritt weiter. Bei AR werden die virtuelle und die reale Welt vor dem Auge des Betrachters überlagert. Um dem Nutzer ein möglichst realistisches Abbild zu präsentieren, werden bei VR und AR auch Datenbrillen verwendet. Datenhandschuhe und Bewegungstracking ermöglichen mitunter eine direkte Manipulation der virtuellen Umgebung.

Neben den Anstrengungen zur verbesserten Interaktion und Visualisierung liegt aber das Hauptaugenmerk der virtuellen PE auf der Realisierung eines durchgängigen Datenflusses. Das beste CAD-Modell nützt nichts, wenn es nicht für eine FEM-Analyse genutzt werden kann oder wenn die Daten nicht in die Fertigung übernommen werden können. Das eigentliche Ziel ist daher die durchgängige digitale Unterstützung des Produktentstehungsprozesses. Alle virtuellen und digitalen Werkzeuge sind darauf ausgerichtet, die Planung, Produktentwicklung und Produktion gleichermaßen zu unterstützen. In Forschung und Lehre unterscheidet man z.T. zwischen digitalen Werkzeugen für die kollaborative Produktentstehung und der Virtualisierung und Automatisierung des ganzen Prozesses. Zu ersterem gehören alle CAD/CAE-Techniken, wie sie in diesem Beitrag beschrieben werden. Die Virtualisierung und Automatisierung gipfeln in der Erzeugung des so genannten Digital Twin bzw. des Cyber Physical Production Systems, auf die hier jedoch nicht näher eingegangen wird, da sie nicht Leichtbau-spezifisch sind.

4.1 Computergestützte Konstruktion – Computer Aided Design (CAD)

Während früher 2D-Konstruktionen am Zeichenbrett von Konstrukteuren erstellt wurden, gehört die virtuelle Konstruktion von 3D-Bauteilen am Computer zum heutigen Standard. Dieser computergestützte Entwurf (engl. Computer Aided Design, CAD) stellt somit eine Art „elektronisches Zeichenbrett" dar. Mit der Nutzung von CAD-Systemen haben sich nicht nur die Arbeitsbedingungen, sondern auch der Arbeitsablauf des Konstrukteurs verändert, wobei auch an zukünftigen Werkzeugen für den „Konstrukteur von morgen" zur Erhöhung der realen Virtualität gearbeitet wird (Abb. 4.1). Insbesondere die Nutzung von Virtual Reality (VR) und Augmented Reality (AR)-Technologien verspricht einen zukünftigen intuitiveren Einsatz von CAD sowie den Produktentwickler unterstützenden weiteren Systemen und Produkten. Durch die Entwicklung der letzten Jahre und durch den immer stärker werdenden Einsatz von hochleitungsfähigen Smartphones wurde eine Basis geschaffen, VR- und AR-Technologien im großen Maßstab einsetzen zu können. Durch die daraus resultierende gestiegene Nutzung von VR- und AR-Systemen stieg die Akzeptanz dieser Systeme und ein intuitiver Einsatz beispielsweise zur Interaktion des Konstrukteurs mit dreidimensionalen Modellen wurde ermöglicht.

Die Vision ist es, künftig den Computerbildschirm durch spezielle AR-Brillen zu ersetzen, sodass der Nutzer digitale Prototypen in 3D sehen und dadurch vor allem intuitiver interagieren und bewerten kann. Durch den Einsatz von 3D-Projektionssystemen wird die gemeinsame Bearbeitung von Konstruktionsmodellen durch mehrere Bearbeiter im virtuellen Raum möglich. Bis der „Konstrukteur von morgen" allerdings komplette virtuelle Welten erfahren kann, ist noch weiterer Entwicklungsaufwand notwendig.

Mit den modernen CAD-Systemen werden Produkte als räumliche Geometriedaten am Bildschirm virtuell erzeugt. Dabei werden sie in Form von Einzelteilen und Baugruppen als Volumenmodelle modelliert und zu einem virtuellen Gesamtprodukt zusammengesetzt, sodass 2D- oder 3D-Konstruktionszeichnungen abgeleitet werden können (Abb. 4.2). Diese Datenmodelle sind die Grundlage für die weitere Planung der Fertigung und für die Weiterentwicklung bis zur Serienreife.

Die Darstellung von 3D-Konstruktionsobjekten ist als Linien- oder Kantenmodell, Flächenmodell, Volumenmodell oder Hybridmodell möglich. 3D-Kanten- oder Drahtmodelle werden zur Ableitung von Schnitten aus einem Volumen- oder Flächenmodell zur Erzeugung von technischen Zeichnungen herangezogen. Für diese Darstellungsform sind die Raumkoordinaten von Eckpunkten sowie die zu verbindenden Linienelemente (Polygone) notwendig. Eine Erweiterung von Linien- oder Kantenmodellen durch ebene und gekrümmte Hüllflächen führt zu Flächenmodellen, die im Jahr 1983 eingeführt wurden und sich bis heute im Automobilbau durchgesetzt haben. Volumenelemente als 3D-Konstruktionsobjekte können seit Mitte der 1990er Jahre in die Konstruktions-

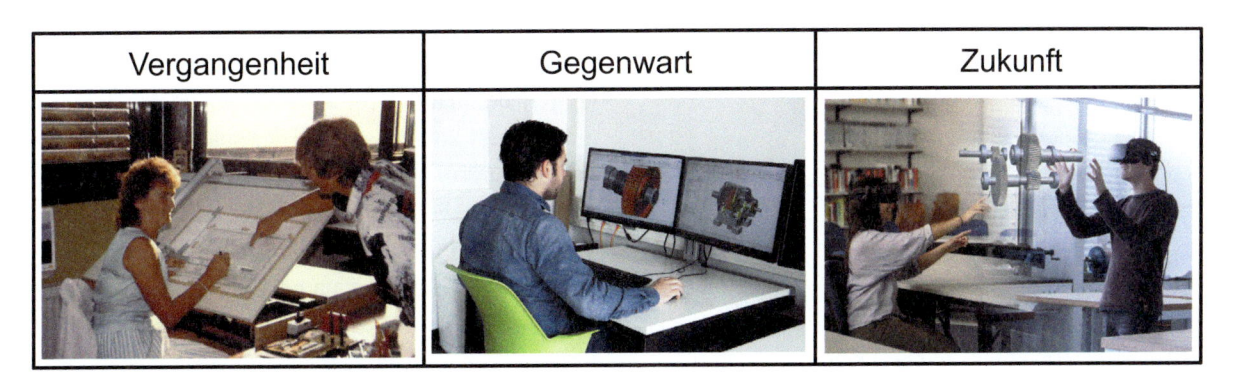

Abb. 4.1: *Entwicklung der Arbeitsbedingungen eines Konstrukteurs*

Abb. 4.2: *Digitales CAD-Modell einer Felge in Explosionsdarstellung*

arbeiten aufgenommen werden. Eine Weiterführung der Entwicklung resultiert in Hybridmodellen, eine Kombination aus Flächen- und Volumenmodell.

Ein weiteres Merkmal eines modernen 3D-CAD-Systems ist der Aufbau parametrischer Modelle, bei denen Volumen, Körper, Flächen und Bedingungen assoziativ durch Parameter erzeugt werden können. Beispielsweise kann ein Rohr durch Veränderung seines Außendurchmessers mit beliebigen Wandstärken konstruiert werden. Mit Hilfe dieser parametrisch assoziativen Modellkonstruktion lassen sich sehr schnell Konstruktionsänderungen durchführen.

Moderne 3D-CAD-Systeme unterstützen diese Modellierungsverfahren mit unterschiedlichen Funktionalitäten, mit deren Hilfe 3D-Modelle beliebiger Komplexität erzeugt werden können. Zu den gängigsten kommerziellen CAD-Softwarepaketen für 3D-Modelle zählen zurzeit:

- CREO der Fa. Parametric Technology Corporation (PTC)
- Catia der Fa. Dassault Systèmes
- SolidWorks der Fa. Dassault Systèmes SOLIDWORKS Corporation
- NX der Fa. Siemens PLM Software
- Solid Edge der Fa. Siemens PLM Software
- AutoCAD der Fa. Autodesk
- Autodesk Inventor sowie Fusion 360 der Fa. Autodesk.

Die meisten dieser Programme verwenden eigene Dateiformate, was den Datenaustausch zwischen verschiedenen CAD-Programmen teils erschwert. Es ist zwischen CAD-systemneutralen und CAD-systemspezifischen Datenformaten zu unterscheiden. Mit den CAD-systemneutralen Formaten gelingt in der Regel nur die Übertragung von Kanten-, Flächen- und Volumenmodellen. Die Konstruktionshistorie geht in der Regel verloren, damit sind die übertragenen Daten für eine Weiterverarbeitung nur bedingt geeignet. Wesentliche CAD-systemneutrale Datenformate sind VDAFS, IGES, SAT, IFC und STEP. Als Datenaustauschformat hat sich das Drawing Interchange Format (DXF) von der Firma Autodesk als Standard für Zeichnungen weitgehend etabliert. Dieses Dateiformat findet seine Verwendung bei AutoCAD und vielen anderen CAD-Programmen.

Mit dem Vorhandensein von 3D-Modellen haben sich neue Methoden der virtuellen Untersuchung von Baugruppen etabliert, die als Digital Mock-Up (DMU) bezeichnet werden. Dieses DMU beinhaltet ein digitales Versuchsmodell des späteren Produktes, das in Baugruppen und Einzelteile untergliedert ist. Eine Vielzahl von Untersuchungen wie Ein- und Ausbauuntersuchungen, Kollisionsprüfungen und Montierbarkeit lassen sich damit durchführen. Es hilft darüber hinaus bei der Abstimmung, Analyse und Konkretisierung von Entwicklungsergebnissen, was es zu einer Art von Entscheidungsplattform macht.

Standard in der Industrie ist heutzutage auch die Weiterverarbeitung der CAD-Modelle. Aus den CAD-Modellen können die Fertigungsdaten abgeleitet werden und damit automatisiert Programme für die Steuerung der Werkzeugmaschinen erstellt werden. Damit entfällt die manuelle, zeitaufwändige und meist fehlerträchtige CNC-Programmierung. Des Weiteren können die CAD-Modelle direkt durch generative Verfahren gefertigt werden. Diese Verfahren wurden in den letzten Jahren stark weiterentwickelt und deren Einsatzmöglichkeiten wurden erweitert, sodass sie einen immer stärker werdenden Einsatz in Unternehmen finden.

Da es eine hohe Anzahl an Literatur zur Konstruktion und Entwicklung von Bauteilen am Markt gibt, werden im Weiteren nur einige Standardwerke genannt: Steinhilper und Sauer 2008, Conrad 2005, Hoenow und Meißner 2004, Klein 2009, Koller 1994, Kurz et al. 2004, Wiedemann 2007, Hoenow und Meißner 2009 oder Pahl et al. 2005.

4.2 Computergestützte Entwicklung (CAE) – Computer Aided Engineering

Um die Effizienz der virtuellen Produktentstehung zu steigern und damit den zunehmenden Trend nach Variantenvielfalt, kurzen Produktentstehungszyklen und geringen Fertigungsstückzahlen gerecht zu werden, hat sich die computergestützte Entwicklung bzw. computergestützte Berechnung (engl. Computer Aided Engineering, CAE) als Schlüsseltechnik durchgesetzt. Mit Hilfe der CAE werden Entwicklungsingenieure bei ihren täglichen technischen und wissenschaftlichen Aufgaben unterstützt, wobei im Sprachgebrauch der Begriff CAE dem Bereich Berechnung und Simulation zugeordnet wird. Besonders bei der Entwicklung von innovativen Leichtbau-Produkten wird das risikobehaftete Erfahrungswissen der Ingenieure um quantifizierbare Aussagen über verschiedene Berechnungsvarianten ergänzt oder eben ersetzt. Dabei ersetzt der Einsatz von CAE-Methoden die physischen Versuche mit Prototypen nicht vollständig, aber das Zusammenspiel beider Methoden ermöglicht es, detailliertere und vor allem im Produktentwicklungsprozess früher verfügbare Erkenntnisse über das zu entwickelnde Produkt zu erlangen.

4.2.1 Produktsimulation mit der Finite-Elemente-Methode (FEM)

Ein wesentliches Merkmal der rechnergestützten Entwicklung ist die Auslegung und Bewertung des Bauteil bzw. Systemverhaltens mit Hilfe der Finite-Elemente-Methode (FEM). Da nur in einfachen Fällen eine analytische Lösung berechnet werden kann, ist in den meisten Fällen ein Finite-Elemente-Modell (FE-Modell) des zu lösenden Problems zu bilden, welches die Realität hinreichend genau abbildet, um eine Näherungslösung bestimmen zu können. Dadurch eröffnet die FEM als numerisches Näherungsverfahren eine neue Dimension in der Inge-nieurswelt. Das breite Spektrum der Anwendungen und kostengünstigen Einsatzmöglichkeiten trägt dazu bei, dass sich diese Methode als Alternative oder zumindest als Ergänzung zu den experimentellen Untersuchungen etabliert hat. Dadurch lassen sich im Produktentstehungsprozess teure Prototypen und Versuchsaufbauten reduzieren oder sogar vermeiden, und der Weg zum fertigen Produkt wird kürzer. Um rasch auf sich ändernde Kundenanforderungen reagieren zu können, bietet die FEM die Möglichkeit einer schnellen Untersuchung und Bewertung von Produktideen, lange bevor ein Prototyp gebaut wird. Einige der wesentlichen Vorteile der FEM sind:

- Reduzierung von Prototypen
- Reduzierung der Entwicklungszeiten
- Senkung der Entwicklungs- und Produktionskosten
- Einsparung von Material
- Frühzeitiges Erkennen von potenziellen Schwachstellen
- Qualitätssteigerung des Produktes
- Kosten- und Gewichtsersparnis durch Optimierung des Produktes
- Flexible Anpassung an Kundenerfordernisse.

4.2.2 Entwicklung der FEM

Den Begriff Finite-Elemente-Methode prägte erstmals Clough im Jahr 1960, dessen Besonderheit die Zerlegung einer Struktur in endliche finite Elemente ist. Auf Basis von speziellen Funktionen (so genannten Ansatzfunktionen) für jedes finite Element lassen sich Gleichungssysteme aufstellen und zu einem Gesamtgleichungssystem zusammenfassen, welches durch so genannte Solver gelöst wird. Die FEM als numerische Berechnungsmethode wurde erstmals in den frühen 60er Jahren für Ingenieursaufgaben in der Luft- und Raumfahrtindustrie zur Strukturuntersuchung von Flugzeugflügeln eingesetzt. Die erfolgreiche Anwendung dieser Methode hat dazu geführt, dass sie auch in der Fahrzeugindustrie ihre Anwendung und Akzeptanz gefunden hat. Mit der rasanten Entwicklung der Computertechnologie gewann die Methode immer mehr an Bedeutung und wurde nach und nach effizienter und ausgereifter. Kaum eine technische Entwicklung hat den Berechnungsprozess seit den 70er Jahren in der Praxis so revolutioniert wie die Anwendung der FEM. Mittlerweile deckt sie ein weites Anwendungsspektrum ab. Der Umgang mit FEM erfordert allerdings ausgebildete Fachleute, die im heutigen Sprachgebrauch als Berechnungsingenieure bezeichnet werden. Berechnungsingenieure können mit ihren leistungsfähigen Rechnern und spezieller Software virtuelle Versuche beliebig oft wiederholen. Die Anwendung der FEM von Konstrukteuren dagegen scheiterte in den letzten Jahren allerdings aus Gründen der großen Unterschiede zwischen CAD- und FEM-Systemen. Mittlerweile werden in kommerziellen CAD-Systemen unterschiedliche FEM-Werkzeuge integriert, die bereits einen Berechnungsprozess während der Konstruktionsphase erlauben. Damit ist ein Verbindungselement, ein so genanntes CAD-FEM-System zwischen Konstruktion und Berechnung, gelungen. Hier sind beispielsweise CATIA, CREO, I-DEAS oder UNIGRAPHICS zu nennen. Konstrukteure und Designer können ohne detaillierten FEM-Hintergrund in den Berechnungsprozess eingebunden werden, wobei derzeit nur Berechnungen mit einer sehr geringen Komplexitätsstufe möglich sind.

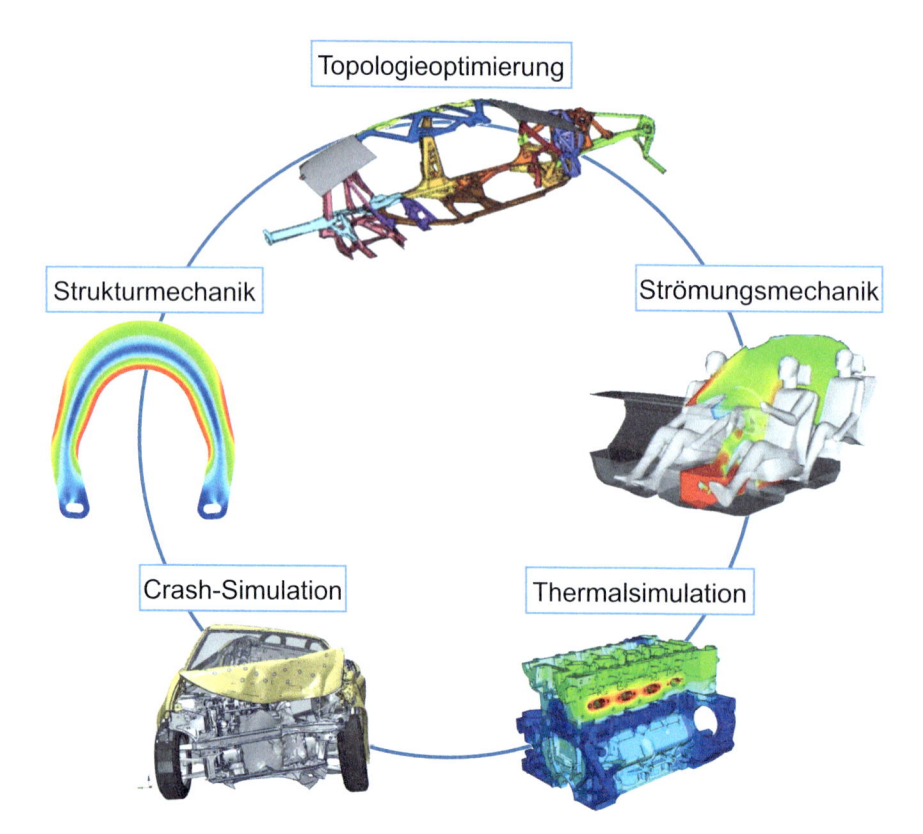

Abb. 4.3: *Verschiedene Simulations- und Analysearten im Überblick (Quelle: TECOSIM GmbH)*

4.2.3 Anwendungsbereiche der FEM

Tab. 4.1: *Übersicht über unterschiedliche FEM-Analysen*

Statische Analysen • lineare Verformungs- und Spannungsanalyse • nichtlineares Materialverhalten/geometrisches Verhalten
Stabilitätsanalyse • Beuluntersuchungen
Dynamische Analysen • Modalanalyse • Frequenzganganalyse • Antwortspektrum • Lebensdauer
Impakt-Analyse • Falltests • Crash • Explosion
Optimierung • Topologieoptimierung • Formoptimierung • Parameteroptimierung
Bruchmechanik • Rissentstehung • Rissfortschritt
Verbundwerkstoffe • lineare/nichtlineare Verformungs- und Spannungsanalyse • Untersuchung auf Faserbruch und Zwischenfaserbruch • Delaminationsuntersuchung
Thermische Berechnungen • Wärmeübertragung • stationäres und instationäres Verhalten
Strömungsberechnungen • stationär, instationär • laminar, turbulent • kompressibel, inkompressibel
Elektrische und magnetische Felder • Magnetfeldberechnung • Elektromagnetfeldberechnung
Akustische Berechnungen • Geräuschreduzierung • Schallverteilung

Die meisten der heutigen kommerziellen FEM-Softwarepakete ermöglichen die Durchführung einer linearen Verformungs- und Spannungsanalyse, wobei weitere Funktionalitäten für die Berechnung unterschiedlicher statischer sowie dynamischer Problemstellungen zur Verfügung stehen. Die FEM wird überwiegend im Maschinenbau, Fahrzeugbau, der Luft- und Raumfahrt sowie dem Bauwesen eingesetzt, wobei sie zunehmend auch in der Biomechanik zur Untersuchung der Funktionen und Strukturen von Bewegungsapparaten im medizinischen Bereich herangezogen wird. Eine Übersicht der unterschiedlichen Analysearten kann Abbildung 4.3 und Tabelle 4.1 entnommen werden.

4.2.4 Verfügbare FEM-Programme

Mit der rasanten Entwicklung der Computertechnologie hat die Anzahl an kommerziellen Simulationswerkzeugen stetig zugenommen. Eines der ersten kommerziellen FEM-Programme wurde 1965

Tab. 4.2: *Kommerzielle Simulations- und Optimierungsprogramme*

SOFTWARE	
Name	Internet-Link
Strukturmechanik	
MSC.NASTRAN	www.mscsoftware.com
NX.Nastran	www.plm.automation.siemens.com
ABAQUS	www.3ds.com
ANSYS	www.ansys.com
PERMAS	www.intes.de
OptiStruct	www.altairhyperworks.de
Transiente Vorgänge	
PAM-CRASH	www.esi-group.com
LS-DYNA	www.dynamore.de
RADIOSS	www.altairhyperworks.de
ABAQUS	www.3ds.com
Strömungsmechanik	
ANSYS	www.ansys.com
STAR-CCM+	www.cd-adapco.com
Topologie- und Formoptimierung	
TOSCA	www.3ds.com
OptiStruct	www.altairhyperworks.de
Parameteroptimierung	
optiSLang	www.dynardo.de
LS-OPT	www.dynamore.de
OptiStruct	www.altairhyperworks.de
Optimus	www.cybernet.co.jp
Isight	www.3ds.com
modeFRONTIER	www.esteco.com
Mehrkörpersimulation	
SIMPACK	www.simpack.com
MSC.Adams	www.mscsoftware.com
MADYMO	www.madymo.com

4 Virtuelle Produktentwicklung

bei der NASA entwickelt, das unter dem Namen NASTRAN (NAsa STRuctural ANalysis) bekannt ist und bis heute intensiv in der Praxis eingesetzt wird. Je nach Anwendungsbereich haben sich mittlerweile verschiedene FEM-Programme etabliert. Ein Auszug von FEM-Programmen kann Tabelle 4.2 entnommen werden.

Einige kommerzielle FEM-Programme bieten die Möglichkeit, verschiedene Solver einsetzen zu können. Damit ist es dem Anwender möglich, den Solver zu wählen, der für den gewünschten Anwendungsbereich am besten geeignet ist. So genannte universell einsetzbare FEM-Programme sind z. B. ABAQUS, ANSYS, NASTRAN, PAM-CRASH oder LS-DYNA, wobei die meisten Solver sich durch eine oder mehrere Kernkompetenzen auszeichnen.

4.2.5 Ablauf einer FEM-Analyse

Ein FEM-basierter Berechnungsprozess setzt sich aus mehreren Schritten zusammen, wobei die Schritte 3, 4 und 5 ein FEM-Programm benötigen:

1. Konstruktionsdaten
2. Idealisierung
3. Pre-Processing
4. Solver
5. Post-Processing.

Eine Veranschaulichung der einzelnen Schritte am Beispiel eines Fahrradbremskraftverstärkers zeigt Abbildung 4.4. Die Beschreibung des genauen Ablaufs ist nachfolgend wiedergegeben, wobei zusätzliche Checklisten den Anwender in der täglichen Praxis unterstützen sollen. Allerdings ist zu erwäh-

1. Konstruktionsdaten — CAD-Modell

2. Idealisierung — Vereinfachung — Ausnutzen der Symmetrie

3. Pre-Processing — Modellierung (FE-Modell)

4. Solver — Analyse — $M\ddot{u} + C\dot{u} + Ku = f \rightarrow u$

5. Post-Processing — Auswertung & Bewertung

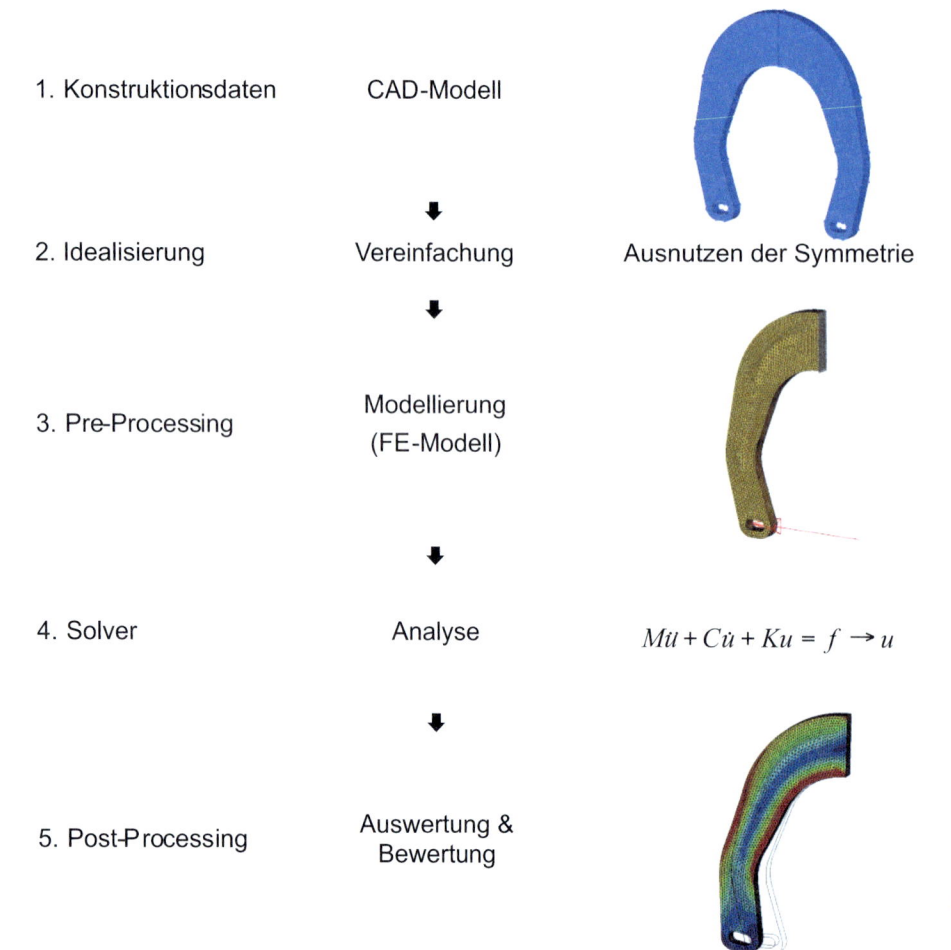

Abb. 4.4: *Ablauf der FEM-Analyse am Beispiel eines Fahrradbremskraftverstärkers*

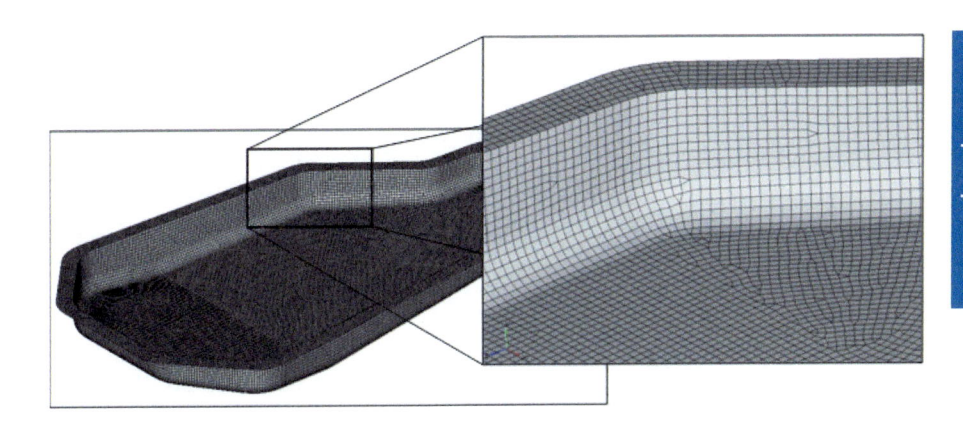

Abb. 4.5: *Vernetzung einer Ölwanne mit 2D-Elementen*

nen, dass die Checklisten keinesfalls als vollständig angesehen werden können, sondern lediglich als Orientierungshilfe heranzuziehen sind.

1. Konstruktionsdaten

In der Regel stehen Konstruktionsdaten für die Modellierung zur Verfügung. Die meisten Pre-Processing-Programme beinhalten Schnittstellen zu kompatiblen CAD-Formaten. So können gängige CAD-Formate, wie z.B. IGES, STEP oder VDA, eingelesen werden. Sofern bei der frühen Konzeptphase keine CAD-Daten existieren, können vereinfachte CAD-Modelle auch in den Pre-Processing-Programmen erstellt werden.

2. Idealisierung

Um sowohl das Pre-Processing als auch die Analysedauer gering zu halten, ist es notwendig, die Problemstellung zu vereinfachen. Außerdem ist die Modellierung der gesamten realen Bauteileigenschaften nahezu unmöglich und in der Regel auch nicht notwendig. Sie hängt sehr stark davon ab, welches Berechnungsziel der Anwender erreichen möchte. So ist z.B. bei der Untersuchung des Strukturverhaltens bei einer Crash-Berechnung eines Fahrzeugs die Modellierung von Verkleidungselementen, wie z.B. eines Kotflügels, nicht unbedingt notwendig.

Eine sehr wichtige Fragestellung ist, mit welcher Dimension (1D/2D/3D) sich das Problem ausreichend genau untersuchen lässt. Weitere Modellierungsvereinfachungen umfassen das Ausnutzen der Symmetrie (System und Belastung sind symmetrisch) und Antimetrie (System ist symmetrisch bei unsymmetrischer Belastung) sowie die Vernachlässigung von Einzelheiten, die für die Analyse nicht relevant sind.

Checkliste der Idealisierung
- Modellierungsdimension (1D, 2D oder 3D)
- Vernachlässigung irrelevanter Einzelheiten
- Vereinfachung der Anbindungen
- Elementtyp (linear, quadratisch,...)
- Materialtyp (elastisch/elasto-plastisch, ...)
- Starre oder elastische Lagerung
- Ausnutzung von Symmetrie und Antimetrie.

3. Pre-Processing

Während früher für eine FEM-Analyse der Berechnungsingenieur auf Basis von Konstruktionszeichnungen ein FE-Modell erstellen musste, erfolgt heute die Übertragung von CAD-Daten an das Pre-Processing durch weitgehend standardisierte Austauschformate. Bei diesem Pre-Processing wird unter Berücksichtigung von Idealisierungsüberlegungen ein realitätsnahes Rechenmodell erstellt. Im Vordergrund steht dabei die Zerlegung des Bauteils in finite Elemente. Dieser Schritt ist im Sprachgebrauch als Diskretisierung oder Vernetzung bekannt (Abb. 4.5). Eine manuelle Vernetzung ist zwar möglich, jedoch bei vielen Problemstellungen nicht praktikabel. Deshalb wird häufig mit Angabe einer gewählten Elementgröße eine automatische Diskretisierung durchgeführt. Es ist jedoch darauf zu achten, dass die Elemente die Geometriekontur möglichst

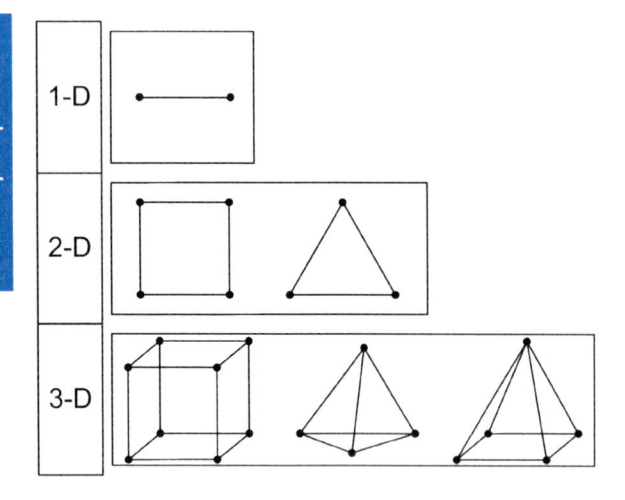

Abb. 4.6: *Übersicht über Elementtypen zur Vernetzung von CAD-Modellen*

genau abbilden und dass sie in relevanten Bereichen eine hinreichend kleine Elementgröße aufweisen. Unterschiedliche Elementtypen sind in der Abbildung 4.6 dargestellt. Je nach gewähltem Elementtyp können unterschiedliche Ergebnisgenauigkeiten erreicht werden.

Die in Abbildung 4.6 dargestellten Elementtypen basieren auf einer linearen Ansatzfunktion, d.h. die Verschiebungen in den Eckpunkten der Elemente werden zuerst berechnet, und die Verschiebungen zwischen diesen Eckpunkten werden anschließend linear approximiert. In Bereichen mit hohen Spannungsänderungen oder Verformungen, wie z.B. im Kerbbereich, sollte aus Genauigkeitsgründen feiner vernetzt oder ein Elementtyp höherer Ordnung gewählt werden. Höhere Ordnung bedeutet z.B. ein Element mit quadratischen Ansatzfunktionen, die allerdings neben der Verschiebungsberechnung in den Eckpunkten auch die Ermittlung der Verschiebungen in der Mitte der Elementkanten erfordert. Dadurch kann zwischen den berechneten Verschiebungswerten an den Eckpunkten ein quadratischer Verschiebungsverlauf ermittelt werden, der eine höhere Genauigkeit liefert. Diese höhere Genauigkeit geht jedoch zu Lasten der Berechnungszeit.

Den finiten Elementen können neben dem Elementtyp weitere Eigenschaften zugewiesen werden, wie z.B. Wandstärke und Materialtyp. Voraussetzung für die Analyse mit einem FEM-Solver ist ein zu definierender Lastfall, der Last- und Randbedingungen berücksichtigt. Hierfür können z.B. einerseits Kräfte oder Drücke und andererseits Lagerungen oder Zwangsverschiebungen aufgebracht werden. Die Checkliste für Pre-Processing gibt einen Überblick über die durchzuführenden Schritte, wobei die Aufzählung keinesfalls als vollständig angesehen werden kann, sondern lediglich als Orientierungshilfe dient.

Checkliste Pre-Processing
- CAD-Daten einlesen
- CAD-Daten aufbereiten
- CAD-Vereinfachung (Symmetrie, Radien, Absatzhöhe, …)
  - Abstraktion (2D oder 3D, Vernachlässigung irrelevanter Details)
  - Erzeugen einer Mittelfläche
- Vernetzen der CAD-Daten
  - Manuelle oder automatische Vernetzung
  - Keine große Abweichung zur Geometriekontur
  - Netzkriterien und -qualität beachten
- Zuweisung der Elementdaten (Elementtyp, Wandstärke,…)
- Materialzuweisung
- Anbindungen (Verschraubung, Klebung, Schweißpunkte, …)
- Kontaktdefinition (Crash, große Verformungen, …)
- Definition des Reibmodells
- Ergebnisumfang für das Post-Processing anfordern
- Last- und Randbedingungen
  - Lagerung
  - Loslager
  - Festlager
  - Einspannung
- Art der Belastung
  - Statisch
  - Dynamisch
  - Stochastisch
  - Stationär
  - Instationär
- Typ der Belastung
  - Zwangsverschiebungen
  - Kräfte, Momente, Drücke
  - Temperaturen

- Eigenspannungen/Vorspannungen
- Eigengewicht
* Lastfälle
  - Einzelner Lastfall
  - Kombination von Lastfällen
* Solveroptionen einstellen (Statik, Eigenfrequenzanalyse, ...)
* Überprüfung des Berechnungsmodells

4. Solver (Löser)

Das beim Pre-Processing erstellte FE-Modell stellt den Input für eine Analyse mit einem Solver dar. Manche Pre-Processing-Programme erlauben den Analysestart innerhalb der Pre-Processing Bedienoberfläche, da eine Kopplung zum Solver besteht. Im Gegensatz hierzu lassen sich in der Regel die Berechnungen auch mit einzugebenden Befehlen in der Konsole des Betriebssystems starten. Es ist über die Bedienungsanleitung zur Softwareinstallation zu erfahren, ob diese eingesetzte Software auf allen Betriebssystemen (Unix, Windows, Linux) sowie unter 32bit und 64bit lauffähig ist, um die gesamte Leistungsfähigkeit des Solvers als Anwender nutzen zu können. Eine voll parallelisierte Software kann z.B. Berechnungen auf mehrere Prozessoren verteilen, sodass sich die Berechnungszeiten deutlich verkürzen können. Auch erfahrenen Berechnungsingenieuren fällt es nicht immer leicht, die automatisch generierten Fehlerprotokolle der Solver zu interpretieren und darauf basierend eine Korrektur des FE-Modells vorzunehmen. Deshalb stellen die meisten Pre-Processing-Programme Funktionalitäten zur Verfügung, die die Kontrolle der FE-Modelle ermöglichen. Der Prozess zur Erstellung eines lauffähigen Berechnungsmodells ist deshalb in den meisten Fällen ein iterativer Prozess. Erst wenn eine erfolgreiche Berechnung durchgeführt ist und Ergebnisdateien vorliegen, kann die Auswertung im Rahmen des Post-Processing stattfinden.

5. Post-Processing

Der letzte Schritt des FEM-Ablaufs beinhaltet die Ergebnisvisualisierung und deren Interpretation. Voraussetzung für die Auswertung sind die nach der Berechnung angelegten Ergebnisdateien, sodass z.B. Kräfte, Spannungen oder Verformungen auswertbar sind. Es ist jedoch zu beachten, dass der Ergebnisumfang nur im Rahmen des Pre-Processing angefordert werden kann. D.h. wenn sich bestimmte Ergebnisgrößen nicht auswerten lassen, ist eine erneute Simulation in vollem Umfang notwendig. Insbesondere bei umfangreichen Berechnungen kann daher eine längere Wartezeit von mehreren Stunden anfallen. Es existieren so genannte Stand-Alone-Post-Processing-Programme, die ausschließlich für die Visualisierung der Ergebnisse herangezogen werden. Daneben existieren integrierte Pre-/Post-Processing-Umgebungen, die beide Aspekte abdecken. Im Zuge des Auswertungsprozesses sind sowohl die Kurvenverläufe, wie z.B. Kraft-Verschiebungs-Kurven als auch Animationen möglich. Besonders bei Crash-Berechnungen von Strukturen ist die Animation zum Verständnis des Strukturverhaltens von wesentlicher Bedeutung. Einzelne Komponenten, wie z.B. die Motorhaube oder Motoreinheit, können ausgeblendet werden, um die Verformung der Längsträgerstruktur zu bewerten.

Die Qualität der Ergebnisinterpretation hängt neben der Qualität des FE-Modells auch von der Erfahrung des Anwenders ab. Aufgrund der Komplexität des Berechnungsablaufs können sich in jedem Schritt des Berechnungsablaufs viele Fehler einschleichen, die ohne ein qualifiziertes Wissen kaum entdeckt werden können. Um daher eine fachliche Bewertung und Prüfung der Plausibilität von Berechnungsergebnissen erfolgreich durchführen zu können, sollte der Anwender grundlegende Kenntnisse in der technischen Mechanik sowie ein mathematisches Grundverständnis haben.

Checkliste Post-Processing
* Plausibilitätskontrollen
  - Handrechnungen
  - Verformungszustand
  - Vergleich mit vereinfachten FE-Modellen
  - Energieerhaltung bei dynamischen Analysen
* Kontrolle des statischen Gleichgewichts
* Vergleich mit den realen Versuchsergebnissen

Bei dem beschriebenen Berechnungsablauf handelt es sich um einen iterativen Prozess, der durch ständige Änderungen und Anpassungen geprägt ist. Der dafür notwendige Zeit- und Arbeitsaufwand ist schwer zu kalkulieren und kann in der Regel nur von erfahrenen FEM-Anwendern im Umgang mit Simulationsprogrammen abgeschätzt werden. Es hat sich gezeigt, dass ca. 65–75 % des Arbeitsaufwands für die Erstellung des FE-Modells, ca. 5–10 % für die Fehlerbeseitigung und ca. 20–25 % für die Auswertung und Interpretation der Ergebnisse benötigt werden.

4.2.6 Literatur zu Berechnungsprogrammen und zu FEM

Es gibt leider so gut wie keine Bücher über kommerzielle Pre-/Post-Processing-Programme. Dafür bieten viele Programme so genannte „Tutorials" an, mit denen grundlegende Funktionalitäten in der Bedienung, Analyse und Auswertung kennengelernt werden können. Eine weitere Möglichkeit ist der Besuch von Kursen, bei denen in der Regel auch Schulungsunterlagen zur Verfügung gestellt werden. Für die FEM gibt es aufgrund des großen Anwendungsspektrums eine Fülle an Büchern. Viele davon geben eine mathematisch orientierte Einführung sowie Anwendungsbeispiele an. Eine vollständig detaillierte Anleitung zur FE-Analyse, die alle Anwendungsgebiete umfasst, ist derzeit als Handbuch nicht zu finden. Dennoch werden im Folgenden ausgewählte Standardwerke empfohlen, die die Grundlagen und die Anwendung der FEM beschreiben: Fröhlich 1995, Steinbuch 1998, Müller et al. 1999, Link 2002, Bathe 2002, Klein 2007, Steinke 2007, Knothe et al. 2008, Klein 2015.

4.3 Strukturoptimierung

Die Strukturoptimierung unterstützt die stetige Konkretisierung des Produktes im Verlauf des Produktentstehungsprozesses. Ihr Ziel besteht darin, mechanisch oder thermisch belastete Bauteile in ihrer Gestalt so zu verändern, dass diese den Anforderungen und Bedingungen, die zum Teil stetigen Veränderungen unterliegen, möglichst gut gerecht werden können. Die Ziele werden mit einer so genannten *Zielfunktion* formuliert, die mit Hilfe bestimmter Optimierungsalgorithmen minimiert bzw. maximiert wird. Die vom Optimierer veränderbaren Größen in der Zielfunktion werden in der Regel als *Designvariable* bezeichnet. Damit können Leitstützstrukturen und Wirkflächen einer Gesamtstruktur gezielt verändert werden. Je nach Art dieser Designvariablen können verschiedene Disziplinen der Strukturoptimierung unterschieden werden (Abb. 4.7). Dies verdeutlicht die Unterschiede zwischen Topologieoptimierung (engl. topology optimization), Formoptimierung (engl. shape optimization) und Parameteroptimierung (engl. parameter optimization). Trotz der Tatsache, dass sich diese Optimierungsmethoden strikt voneinander abgrenzen, ist eine Anwendung aller Methoden notwendig, um das höchste Leichtbaupotenzial zu erzielen.

Die einzelnen Disziplinen zeichnen sich durch folgende Merkmale aus, wobei die Annahme bestimmter Lastbedingungen jeweils vorausgesetzt wird:

- Bei der Topologieoptimierung wird eine Materialverteilung in einem gegebenen Bauraum ermittelt. Die Designvariablen sind hierbei die Dichte- bzw. E-Modul-Verteilung im Designraum.
- Bei der Formoptimierung wird die Oberflächenkontur eines gegebenen Bauteils variiert.
- Bei der Parameteroptimierung werden z. B. Wandstärken, Faserlagen oder Faserrichtungen variiert.

Die Topologieoptimierung bietet im Vergleich zu den anderen Optimierungsmethoden das höchste Potenzial, um Gewicht bei einem Bauteil einzusparen.

In der Praxis kommen folgende Zielfunktionen häufig zur Anwendung:

- Masse → Minimierung
- Steifigkeit → Maximierung
- Spannung → Minimierung
- Verformung → Minimierung
- Eigenfrequenzen → Maximierung

4.3 Strukturoptimierung

Die allgemeine Definition eines Optimierungsproblems lautet:
„Minimiere (oder maximiere) eine Zielfunktion (engl. objective function) unter Einhaltung vorgegebener Randbedingungen (engl. constraints)".
Zur Umsetzung der Optimierungsverfahren ist eine mathematische Formulierung notwendig. Dies kann wie folgt ausgedrückt werden:

Minimiere: $F(\mathbf{X})$ Zielfunktion, (z.B. Nachgiebigkeit eines Bauteils)
$g_j(\mathbf{X}) \leq 0 \; j = 1\ldots m$ Ungleichheitsnebenbedingung (z.B. Gesamtmasse darf nicht überschritten werden)
$h_k(\mathbf{X}) = 0 \; k = 1\ldots l$ Gleichheitsnebenbedingung (z.B. Grundgleichung der FEM: F=Ku)
$X_i^l \leq X_i \leq X_i^u \; i = 1\ldots n$ Schranken (z.B. Volumen darf nicht höher als 70% des Ausgangsvolumens werden)

Die so genannten Designvariablen bilden zusammen einen Vektor:

$$\mathbf{X} = [X_1 \ldots X_n]^T$$

Diese Variablen stellen die Parameter dar, die im Verlauf einer Optimierung verändert werden können. Sie bestimmen also die Eigenschaften und das Verhalten des zu optimierenden Modells.

4.3.1 Topologieoptimierung

Das Bauteildesign spielt für den Leichtbau eine sehr große Rolle. Daher wird die Topologieoptimierung in einer sehr frühen Phase des Produktentstehungsprozesses eingesetzt, um kraftflussgerechte Designvorschläge für den Konstruktionsprozess neuer Leichtbaustrukturen zu ermitteln. Diese Designvorschläge unterscheiden sich dabei teilweise deutlich von Konstruktionsentwürfen, die mit einem klassischen ingenieurmäßigen „Trial and Error"-Vorgehen

	Topologie-optimierung	Form-optimierung	Parameter-optimierung
Vorgegeben	Designraum, Lastfall, Lagerung	Designentwurf	Designentwurf
Variation	Materialverteilung	Bauteil-oberflächennetz	Z. B. Wandstärke oder Faserorientierung

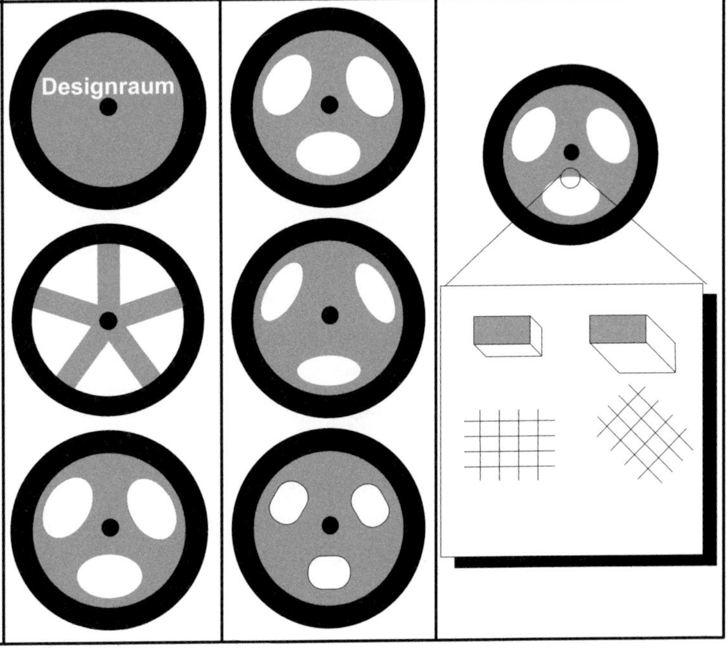

Abb. 4.7: *Teildisziplinen der Strukturoptimierung am Beispiel eines Felgensterns*

erarbeitet werden. Die theoretischen Grundlagen der Topologieoptimierung sind bereits sehr gut beschrieben, und schon heutzutage finden diese Verfahren eine weite Verbreitung im industriellen Konstruktionsprozess. Die Voraussetzung für einen Topologieoptimierungsprozess ist ein vom Konstrukteur definierter Bauraum. Auf Basis dieses Bauraums, der in einen Designraum und einen Non-Design-Raum unterteilt werden kann, sowie der dazugehörigen Belastungen, Randbedingungen und Materialeigenschaften kann ein FE-Modell erstellt werden. Die Änderung der virtuellen Masse im Designraum erfolgt durch eine Steifigkeitsänderung der finiten Elemente, bis die vom Anwender geforderte Gewichtsreduktion erreicht ist. Die Designvariablen sind hierbei normierte Dichten, die zwischen den Werten 0 und 1 variieren. Aufgrund von Zwischenwerten ist in der Regel eine reine 0-1-Verteilung nicht vorhanden. Eine hohe normierte Dichte entpsricht einer Materialbelegung.

Die Abbildung 4.8 zeigt das Ergebnis einer Topologieoptimierung anhand eines einseitig eingespannten Balkens unter Last, bei dem aus einem vorgegebenen Bauraum Ω ein Designvorschlag Ω^* ermittelt wird.

Der Initialisierungsschritt umfasst die Erstellung eines lauffähigen FE-Modells, mit dem eine Analyse (FE-Solver) entweder statisch, dynamisch oder nicht-linear durchgeführt werden kann. Der eigentliche Optimierungsprozess beschränkt sich auf den iterativen Prozess zwischen FE-Solver und dem Optimierungsmodul. Ausgehend von einer durch den FE-Solver für den Designraum berechneten Antwortgröße, wie etwa der Dehnungsenergie als Maß für die Nachgiebigkeit, wird das FE-Modell durch das Optimierungsmodul modifiziert. Je nach Optimierungsaufgabe können für die Modifikation unterschiedliche Optimierungsalgorithmen eingesetzt werden (Abb. 4.9).

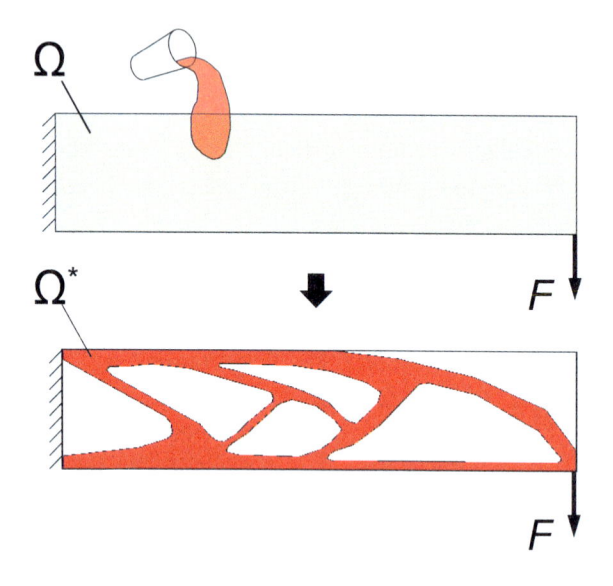

Abb. 4.8: *Prinzip der Materialverteilung als Ziel der Topologieoptimierung am Beispiel eines einseitig eingespannten Balkens*

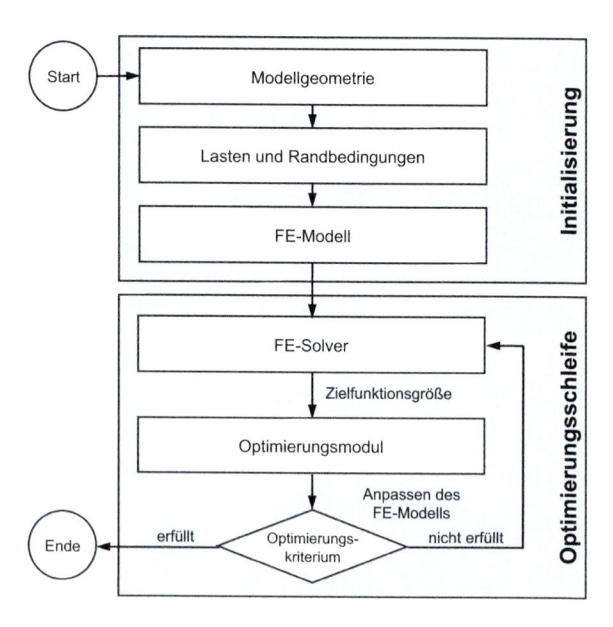

Abb. 4.9: *Prinzipieller Ablauf der Topologieoptimierung*

Fertigungsrestriktionen

Im Sinne einer effizienten Produktentwicklung sind fertigungsbedingte Randbedingungen, die als Restriktion in die Strukturoptimierung eingehen, für den Erfolg der Optimierungsmethoden in der Praxis von großer Bedeutung. Einige dieser Restriktionen sind bereits in kommerziellen Softwaretools implementiert (Abb. 4.10). Hierzu zählen zum Beispiel:

- Entformbarkeit
- Minimal / Maximal zulässige Wandstärken
- Symmetrie
- Dichtheit (keine Durchbrüche in der Struktur).

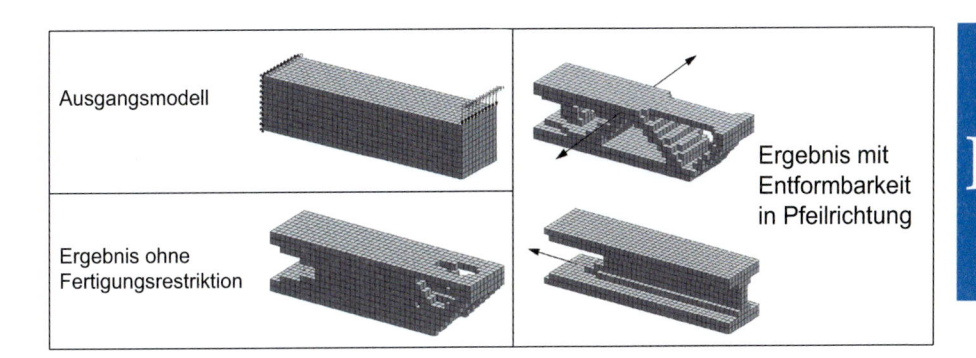

Abb. 4.10: *Kragträger mit unterschiedlichen Entformungsrichtungen (Quelle: FE-DESIGN)*

Neben diesen Fertigungsrestriktionen existieren auch erweiterte Formen von Topologieoptimierungen, die beispielsweise die Faserausrichtung von faserverstärkten Kunststoffen oder die Materialverteilung von generativ hergestellten Bauteilen berücksichtigen.

Bekannte kommerzielle Topologieoptimierungsprogramme, die auch unterschiedliche Umfänge zur Berücksichtigung von Fertigungsrestriktionen anbieten, sind zum Beispiel SIMULIA von der Fa. Dassault Systèmes (Frankreich), OptiStruct von der Fa. ALTAIR (USA), ANSYS von der Fa. ANSYS Inc. (USA) oder OPTISHAPETS von der Fa. Quint (Japan).

4.3.1.1 Topologieoptimierung eines Fahrradbremskraftverstärkers

Im Rahmen dieses Beispiels soll die Gestalt eines Fahrradbremskraftverstärkers (engl. Brake Booster) mit dem Ziel einer hohen massenspezifischen Steifigkeit ermittelt werden. Um diese optimierte Geometrie im Vergleich zu einem kommerziell verfügbaren Fahrradbremskraftverstärker aus Aluminium bewerten zu können, soll das Topologieoptimierungsergebnis hergestellt und experimentell untersucht werden.

Der in Abbildung 4.11 dargestellte Fahrradbremskraftverstärker kann als ein U-förmiger Versteifungsbügel bezeichnet werden, der bei so genannten V-Bremsen zur besseren Dosierbarkeit der Bremskraft und Vergrößerung der Bremswirkung eingesetzt wird.

Der gewählte Bauraum für die Topologieoptimierung orientiert sich an dem in Abb. 4.11 dargestellten Brake Booster, dessen Abmessungen in der Höhe ca. 130 mm und in der Breite ca. 120 mm betragen. Entsprechend des im vorherigen Abschnitt dargestellten Optimierungsprozesses bildet der erste Schritt die Geometriemodellierung und Vernetzung mit Volumenelementen. Die durchschnittliche Kantenlänge von ca. 1 mm soll zu einer hohen Auflösung der Materialverteilung führen. Durch Verwendung

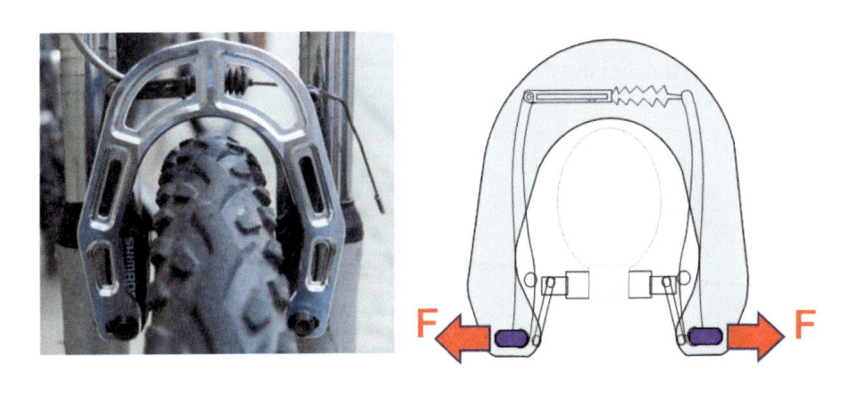

Abb. 4.11: *Fahrradbremskraftverstärker mit Belastungssituation (Quelle: Leibniz-Institut für Polymerforschung Dresden e.V.)*

Fahrradbremskraftverstärker   Lastfall

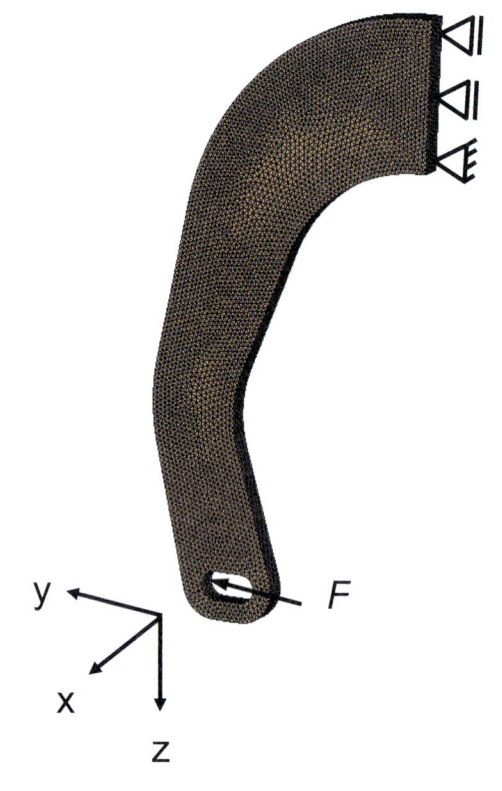

Abb. 4.12: *FE-Modell mit Volumenelementen, Einzelkraft und Symmetrierandbedingungen*

von Symmetrieeigenschaften der Geometrie kann der Designraum halbiert werden, sodass insgesamt 56 000 Volumenelemente erzeugt werden. In Abbildung 4.12 ist das FE-Modell mit den dazugehörigen Symmetrierandbedingungen und der aufgebrachten Einzelkraft F in y-Richtung von 500 N dargestellt.

Für den Topologieoptimierungsprozess wird als Nebenbedingung eine Massereduktion um 30 % der Ausgangsmasse festgelegt. Das Ergebnis dieses Prozesses mit den dabei durchgeführten Einzelschritten zeigt die Abbildung 4.13. Der erste Schritt bestand in der Topologieoptimierung mit TOSCA. Aufbauend auf diesem Ergebnis wurde die Kontur mittels TOSCA geglättet. Es ergeben sich dabei zum Teil sehr dünne und inhomogene Streben. Daher ist eine Überführung in eine fertigungsgerechte Geometrie erforderlich, was insbesondere für die kurzen Streben zutrifft. Eine Bewertung dieser Materialverteilung hat ergeben, dass homogene Streben mit einem bestimmten Mindestdurchmesser zwingend für die Fertigung notwendig sind. Um nicht allzu sehr von der geglätteten Kontur abzuweichen, wird eine Unterteilung in zwei Bereiche mit unterschiedlichen Wandstärken durchgeführt (Abb. 4.14). Eine zu große Geometrieabweichung hätte voraussichtlich zu einem schlechteren Steifigkeit-Masse-Verhältnis geführt. Neben der Volumenreduktion als Nebenbedingung wird auf die Mindestdicke als optionale Nebenbedingung bewusst verzichtet, um die zusätzlichen Überlegungen zu einer fertigungsgerechten Geometrie zu verdeutlichen. Auf Basis dieser neuen Geometrie kann ein weiteres FE-Modell erstellt werden, das nun für die Ermittlung der massenspezifischen Steifigkeit verwendet werden kann (Abb. 4.14).

Damit ist es nun möglich, das optimierte Bauteil aus Aluminium durch Fräsen herzustellen. Sowohl der kommerziell verfügbare Brake Booster als auch der gefertigte optimierte Brake Booster sind experimentell an einer Zugprüfmaschine untersucht, sodass Kraft-Weg-Kurven (F-s-Kurven) ermittelt werden können.

Zur Bewertung der Steifigkeitseigenschaften dient die massenspezifische Steifigkeit, bei der die Strukturverschiebung mit der Masse verknüpft ist. Die

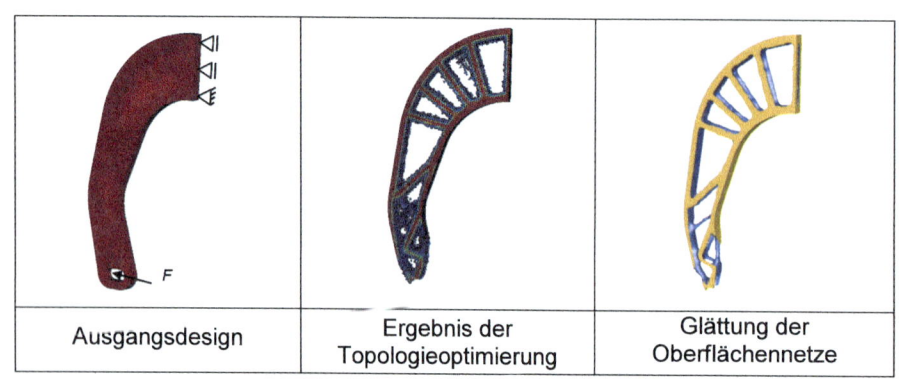

Abb. 4.13: *Topologieoptimierung eines Fahrradbremskraftverstärkers*

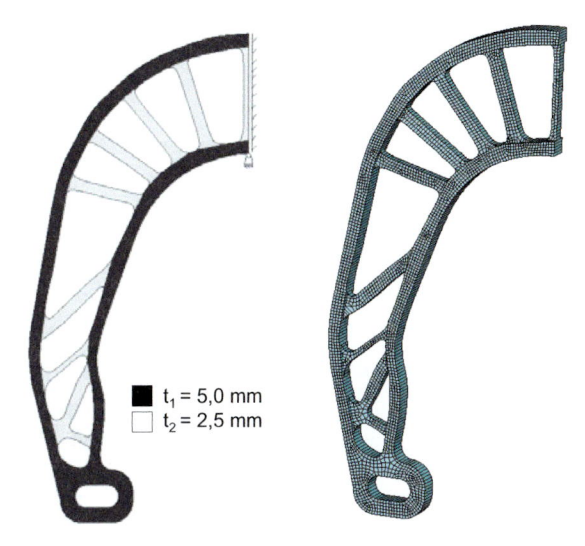

Abb. 4.14: *Fertigungsgerechtes FE-Modell mit Volumenelementen, Einzelkraft und Symmetrierandbedingung*

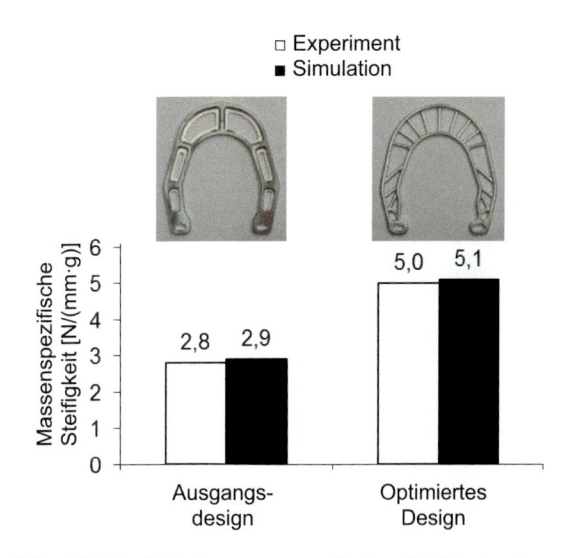

Abb. 4.15: *Vergleich der massenspezifischen Steifigkeit zwischen Ausgangsdesign (Referenz) und dem topologieoptimierten Brake Booster*

dabei ermittelte massenspezifische Steifigkeit des Referenzbauteils mit dem optimierten Brake Booster ist in Abbildung 4.15 dargestellt. Hier ist deutlich zu erkennen, dass die topologieoptimierte Form fast die doppelte massenspezifische Steifigkeit erreicht. Auch der Vergleich zwischen numerischen und experimentellen Ergebnissen führt bei beiden Varianten zu einer sehr guten Übereinstimmung.

4.3.1.2 Topologieoptimierung eines Felgensterns

Bei diesem Beispiel soll ein Designvorschlag für einen Felgenstern ermittelt werden. Die dabei gesuchte Geometrie soll mit drei Speichen maximale Steifigkeit besitzen. Um die Übertragbarkeit der numerischen Ergebnisse auf die reale Fertigung zu erleichtern, werden spezielle Restriktionen bei der Optimierung berücksichtigt.

Zunächst wird auf Basis eines CAD-Modells der Felge ein Berechnungsmodell erstellt. Die in Abbildung 4.16 (links) gezeigte Schnittdarstellung der Felge zeigt den Bauraum. Um lediglich die Topologie des Felgensterns zu optimieren, wird im CAD-System eine Trennung zwischen dem Bereich für den zu ermittelnden Felgenstern und der restlichen Struktur durchgeführt, die das Felgenbett sowie den Naben-

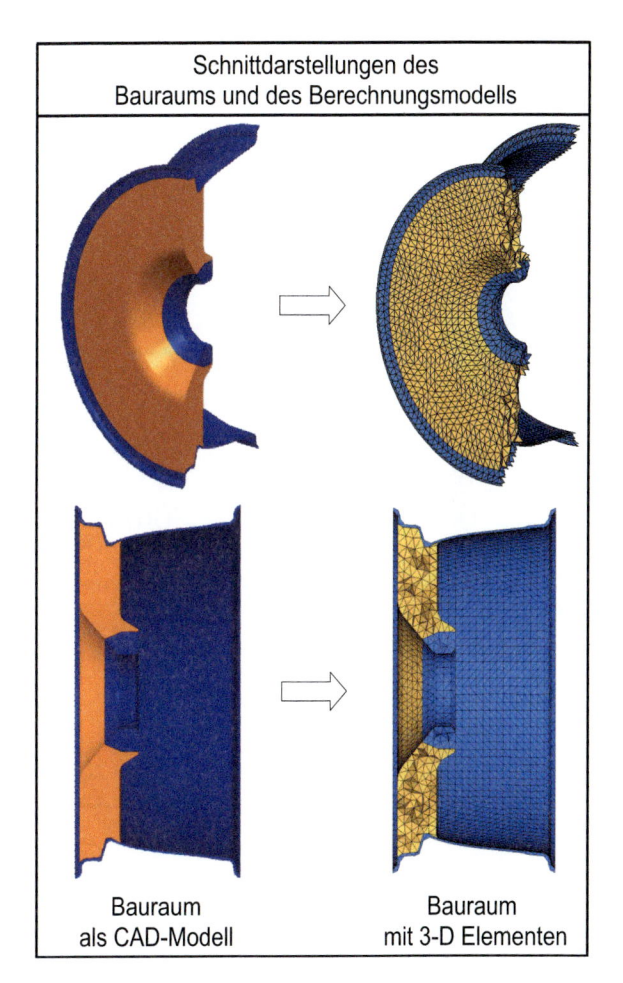

Abb. 4.16: *Bauraum des CAD-Modells (links) und Bauraumdiskretisierung mit 3D-Elementen (rechts)*

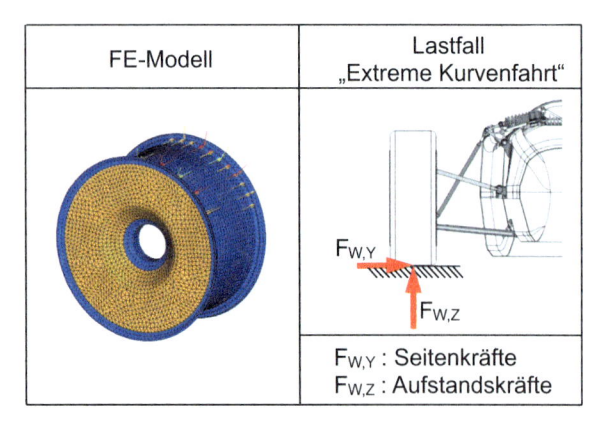

Abb. 4.17: *FE-Modell mit Lastfall „Extreme Kurvenfahrt"*

bereich betreffen. Auf Basis dieser Trennung lässt sich der zu optimierende Bereich bei der Topologieoptimierung als Designraum definieren.

Dieses CAD-Modell wird mit dem Pre-Processing-Programm HyperMesh (Altair) eingelesen, sodass der Designraum und die restliche Struktur der Felge vernetzt werden können. Hierfür wird das Volumen der einzelnen Bereiche mit Tetraederelementen ausgefüllt, was in der Abbildung 4.16 (rechts) zu sehen ist. Die Elementkantenlänge im Designraum beträgt 8 mm, wohingegen die Elementkantenlänge in dünnwandigen Bereichen wie im Felgenbett reduziert wird.

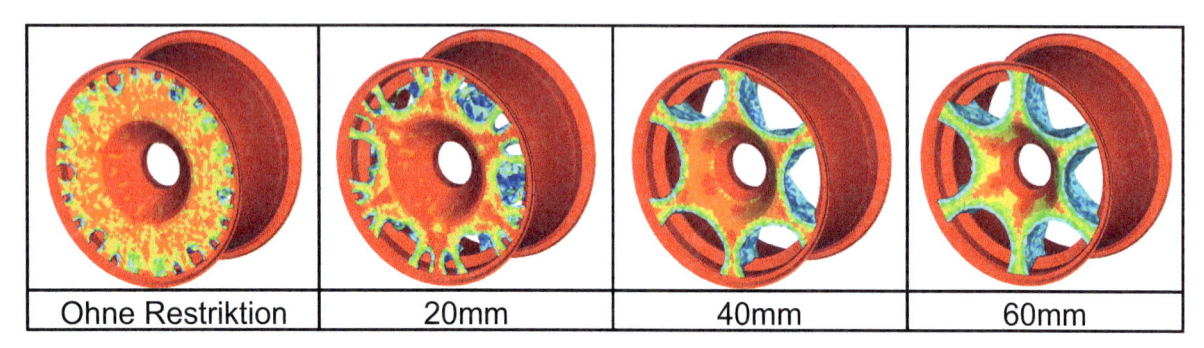

Abb. 4.18: *Einfluss der Mindestdicke auf die Speichenausbildung in Kombination mit zyklischer Symmetrie*

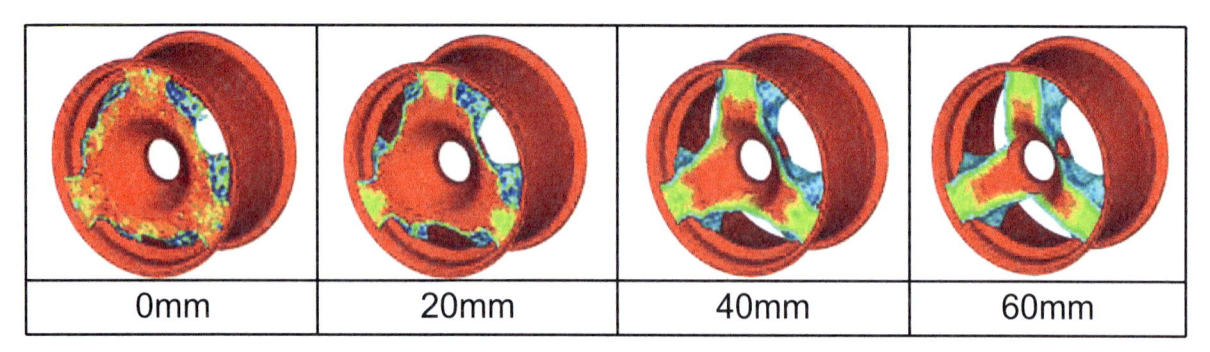

Abb. 4.19: *Einfluss der Mindestdicke auf die Speichenausbildung unter Berücksichtigung einer angepassten Krafteinleitung und zyklischer Symmetrie*

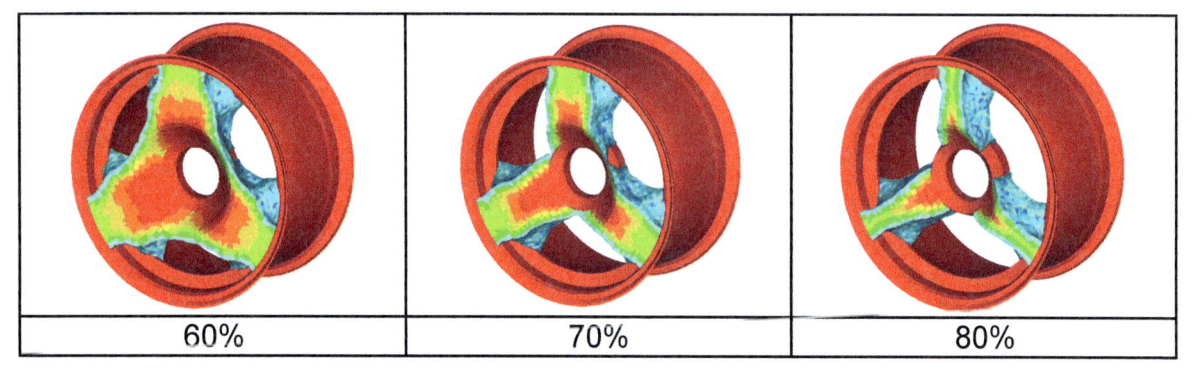

Abb. 4.20: *Einfluss unterschiedlicher Volumenreduktion auf das Topologieoptimierungsergebnis*

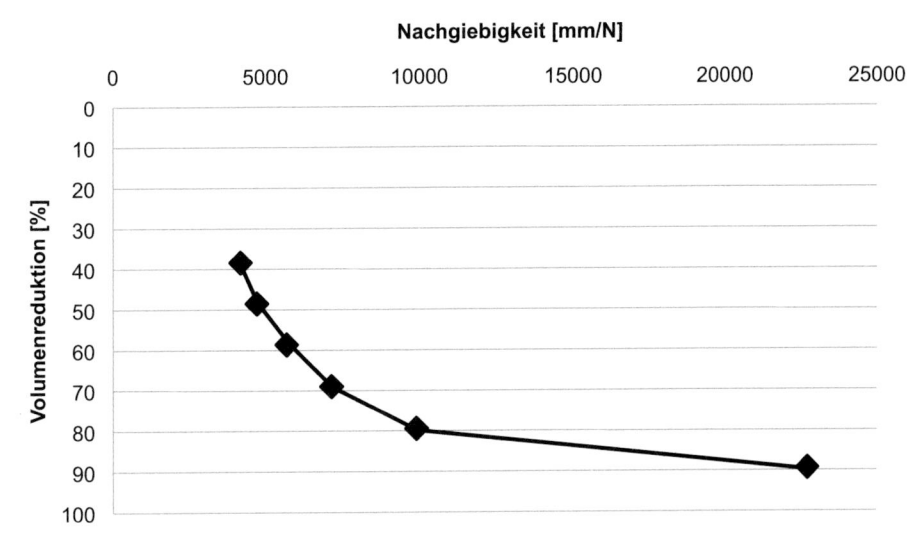

Abb. 4.21: *Volumenreduktion über der Nachgiebigkeit*

Es ist hier darauf hinzuweisen, dass der Designraum mit ähnlich großen Tetraederelementen zu vernetzen ist, damit sich keine großen Querschnittsprünge bei der Topologieoptimierung ergeben. Um bei anisotropen Werkstoffen keine Richtung zu bevorzugen, wird das Berechnungsmodell mit einem isotropen Werkstoff definiert.

Als Lastfall wird eine „Extreme Kurvenfahrt" herangezogen, bei der überwiegend Seiten- ($F_{W,Y}$) und Aufstandskräfte ($F_{W,Z}$) auf das Felgenhorn einwirken (Abb. 4.17). Sowohl das innere wie auch das äußere Felgenhorn werden mit Seitenkräften beaufschlagt, um Kurvenfahrten in beiden Richtungen zu berücksichtigen. Der Reifendruck und die Flächenpressung durch eine zentrale Verschraubung werden für dieses Beispiel vernachlässigt.

Bei der Optimierungsaufgabe wird die Nachgiebigkeit als Zielfunktion definiert, deren Minimierung unter der Nebenbedingung einer Volumenreduktion von 70 % stattfinden soll. Damit sich in OptiStruct (Altair) sich wiederholende Strukturbereiche über dem Umfang ausbilden, wird eine zyklische Symmetrie (engl. Cyclical Symmetry) als weitere Nebenbedingung definiert. Die Forderung einer Mindestdicke (engl. Minimum Membersize) wird zusätzlich als Nebenbedingung berücksichtigt, sodass ein bestimmter Mindestdurchmesser der Speichen am Ende der Optimierung eingehalten wird. Daher lassen sich typische Ergebnisse der Topologieoptimierung in Form dünner Streben vermeiden. In Abbildung 4.18 ist der Einfluss unterschiedlicher Mindestdicken auf das Optimierungsergebnis – zunächst ohne die Randbedingung zur Ausbildung von drei Speichen – dargestellt.

Anhand der Ergebnisse lässt sich erkennen, dass mit der zyklischen Symmetrie die gewünschte Anzahl von drei Speichen nicht direkt ermittelt werden kann. Die Speichenausbildung wird sehr stark von den angreifenden Kräften und deren Verteilung beeinflusst, wie im Folgenden gezeigt wird. Die ursprünglich über den Umfang verteilte Last wird an drei Bereichen stärker konzentriert, sodass sich damit die geforderte Anzahl von drei Speichen ausbilden kann. Der Vergleich zwischen den Abbildung 4.18 und 4.9 macht diesen Unterschied deutlich. Da besonders die Höhe der Volumenreduktion das Optimierungsergebnis beeinflusst, wird dieser Parameter variiert. Das Ergebnis ist in der Abbildung 4.20 dargestellt.

Eine Volumenreduktion von 70 % hat sich bei dieser Topologieoptimierung als zielführend erwiesen. In Abbildung 4.21 ist zu erkennen, dass sich die Nachgiebigkeit bei einer Volumenreduktion von über 70 % überproportional erhöht.

Sowohl die Nebenbedingungen als auch eine veränderte Lastverteilung über den Umfang führen zu drei Speichen mit einem Speichendurchmesser von ca. 60 mm. Im Anschluss an die Topologieoptimierung wird dieser Designvorschlag über die in OptiStruct

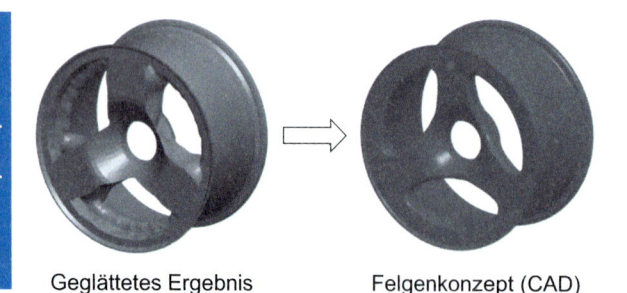

Abb. 4.22: *Überführung des topologieoptimierten Felgensterns in ein Felgenkonzept*

verfügbare OSSMOOTH-Funktion geglättet und in ein IGES-Dateiformat übertragen. Diese erstellte CAD-Geometrie kann danach mit einem CAD-Programm weiter verwendet und zu einem Felgenkonzept ausgearbeitet werden (Abb. 4.22).

4.3.2 Formoptimierung

Die Formoptimierung zielt auf die Optimierung der äußeren Form eines Bauteils in einem lokal eng begrenzten Bereich ab. Als Beispiel sei die Optimierung einer einzelnen Ausrundung oder eines Bauteilübergangs genannt. Die geometrischen Änderungen gegenüber dem Ausgangszustand sind häufig minimal und mit dem bloßen Auge kaum erkennbar – dennoch tragen sie stark zur Reduktion der Spannungsspitzen im optimierten Bauteilbereich bei. Die Menge der möglichen Formvariationen muss durch Vorgabe des Designraums und durch Definition der veränderlichen Designvariablen eingeschränkt werden. Innerhalb dieser Grenzen kann ein Optimierungsprogramm die Formvariationen durchführen und mit einem geeigneten Algorithmus eine optimale Lösung bestimmen. Die Beschreibung der Menge aller akzeptablen Lösungen kann je nach Problemstellung und verfügbaren Programmen sehr schwierig und zeitaufwändig sein und setzt zugleich fachliche Kenntnisse des Anwenders voraus.

Die Formoptimierung wird hauptsächlich zur Reduktion von Spannungsspitzen und damit zur Erhöhung der Lebensdauer eines Bauteils eingesetzt. Natürlich ergeben sich daraus wiederum Auswirkungen auf die auftretenden maximalen Verschiebungen. Da bei der Formoptimierung sowohl Material angelagert als auch abgetragen werden kann, ist es möglich, dass das Bauteil nach der Formoptimierung leichter ist als zuvor. Formoptimierung kann neben dem eigentlichen Optimierungsziel somit auch zur Gewichtsoptimierung beitragen. Werden weitere Optimierungsziele, wie beispielsweise das Eigenfrequenzverhalten, berücksichtigt, ist auf eine eventuelle Rückkopplung zu achten.

Es gibt zwei Methoden, um Formvariationen durchzuführen:

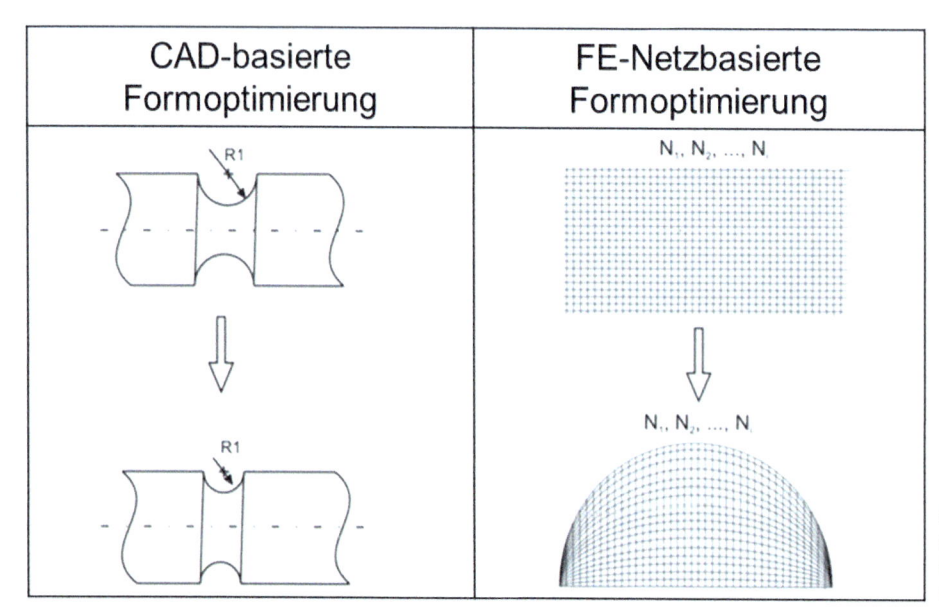

Abb. 4.23: *Gegenüberstellung einer CAD-basierten und einer Netz-basierten Formoptimierung*

1. CAD-basierte Methode (parametrische Formoptimierung)
2. Netz-basierte Methode (parameterfreie Formoptimierung)

Bei der CAD-basierten Formoptimierung werden die Designvariablen direkt an die CAD-Parameter eines parametrisierten CAD-Modells gekoppelt. Diese Methode ist in den gängigen CAD-Programmen, wie z. B. UNIGRAPHICS (UG), ProEngineer (PTC), CATIA (Dassault Systèmes) oder Pro/Mechanica implementiert. Im Vergleich dazu wird bei der Netz-basierten Formoptimierung die CAD-Beschreibung des Bauteils nicht verwendet, sondern nur das FE-Netz, das ebenfalls eine geometrische Beschreibung des Bauteils darstellt. Die Netz-basierte Formoptimierung ist z. B. in den Programmen Nastran (MSC Software Corporation), OptiStruct (Altair), TOSCA (FE-DESIGN) oder CAO (CAOSKO) implementiert.

4.3.2.1 CAD-basierte Formoptimierung

Die gängigen CAD-Programme bieten die Möglichkeit, die CAD-Beschreibung des Bauteils für die Formoptimierung zu nutzen. Als Designvariable können prinzipiell alle die Geometrie des CAD-Modells beschreibenden Parameter verwendet werden. Für die gezielte Formoptimierung einer bestimmten Kerbe an der Bauteiloberfläche werden nur die CAD-Parameter zur Variation freigegeben, die Veränderungen an der Kerbe bewirken (also z. B. Kerbradius, Koordinaten des Kerbradiusbogens relativ zu den angrenzenden Bauteiloberflächen) und Parameter, die die angrenzenden Geometrie beschreiben. Den prinzipiellen Ablauf einer CAD-basierten Formoptimierung veranschaulicht die Abbildung 4.24. Nachfolgend werden die einzelnen Schritte ausführlich beschrieben:

Im *1. Schritt* muss das CAD-Geometriemodell aufgebaut werden. Dabei ist zu berücksichtigen, dass die während der Optimierung zu variierenden Parameter (Designvariablen) im CAD-Modell enthalten sind. CAD-Modelle, wie sie aus der Konstruktionsabteilung stammen, müssen häufig vor der Optimierung überarbeitet werden, um entsprechende Designvariablen im CAD-Modell zu definieren. Des Weiteren müssen die CAD-Modelle mit einer konsistenten Parametrisierung aufgebaut sein, um eine fehlerfreie Modelländerung während der Optimierung sicherzustellen. Bei komplexen Bauteilen ist dies nur sehr zeitaufwändig zu realisieren. Auch bei fehlerfreien CAD-Modellen kann bereits bei geringen Formänderungen die CAD-Beschreibung versagen (gegenseitige Durchdringung von Oberflächen aufgrund geänderter Parameter), was dazu führt, dass das CAD-Modell nicht mehr aufgebaut werden kann.

Im *2. Schritt* müssen die Designvariablen, also die zu variierenden CAD-Parameter sowie die Grenzen, innerhalb derer sie variiert werden dürfen, mathematisch definiert werden. Diese mathematische Beschreibung des möglichen Lösungsraums ist teilweise sehr aufwändig und zeitintensiv.

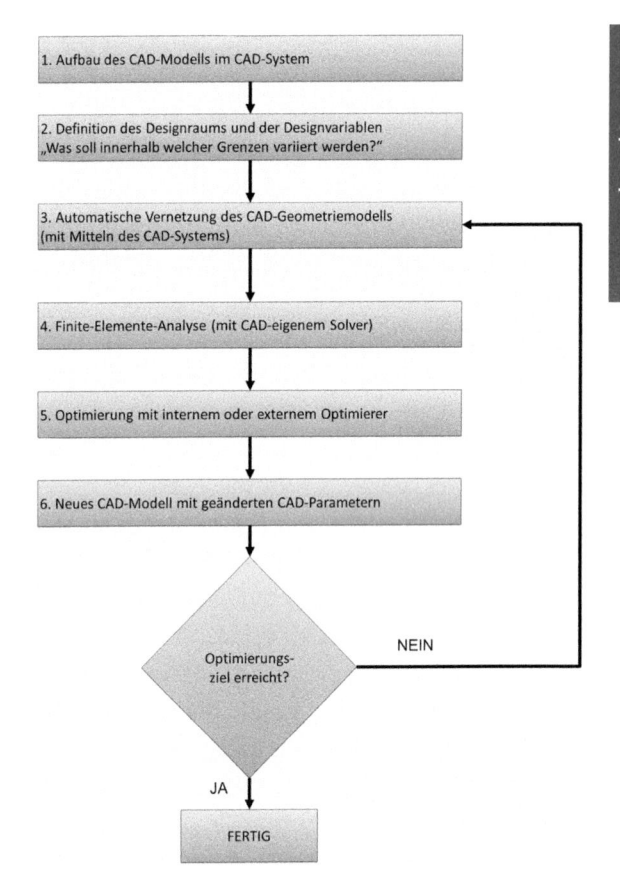

Abb. 4.24: *Ablaufdiagramm der Formoptimierung mit Iterationsschleife*

1. Aufbau des CAD-Modells im CAD-System
2. Definition des Designraums und der Designvariablen „Was soll innerhalb welcher Grenzen variiert werden?"
3. Automatische Vernetzung des CAD-Geometriemodells (mit Mitteln des CAD-Systems)
4. Finite-Elemente-Analyse (mit CAD-eigenem Solver)
5. Optimierung mit internem oder externem Optimierer
6. Neues CAD-Modell mit geänderten CAD-Parametern

Optimierungsziel erreicht? NEIN → (zurück zu 3.) / JA → FERTIG

Im *3. Schritt* wird das CAD-Modell automatisch mit Hilfe eines im CAD-System implementierten Vernetzers (engl. Mesher) vernetzt. Es ist gängiger Sprachgebrauch, Vernetzungsprogramme als Vernetzer zu bezeichnen. Nicht immer führt eine automatische Vernetzung zum gewünschten Ergebnis. Häufig ist es notwendig, die automatisch generierten Netze nachträglich manuell zu verändern, an das Simulationsziel anzupassen bzw. an den interessierenden Stellen zu verfeinern. In manchen Fällen ist eine automatische Vernetzung sogar ganz unmöglich.

Auf Basis des im *3. Schritt* entstandenen Finite-Elemente-Netzes wird im *4. Schritt* eine Finite-Elemente-Analyse durchgeführt. Die Ergebnisse dieser Analyse werden an den Optimierer übergeben.

Im *5. Schritt* beurteilt der Optimierer mittels eines Algorithmus (der vom Optimierungsproblem und dem Optimierungsziel abhängt) die Eigenschaften des Bauteils und identifiziert die Schwachstellen (z. B. Orte maximaler Spannungen; Optimierungsproblem: Lebensdauer, Thermische Beanspruchung, usw.; Optimierungsziel: Spannungsreduktion) und bestimmt neue Werte für die Designvariablen.

Die neuen Werte werden in das CAD-Geometriemodell übertragen und damit wird im *6. Schritt* ein neues, modifiziertes Geometriemodell aufgebaut.

Nach erneuter Vernetzung des modifizierten CAD-Modells (*3. Schritt, 1. Iteration*) wird wieder eine FE-Analyse (*4. Schritt, 1. Iteration*) durchgeführt. Der Optimierer wertet die veränderten Eigenschaften des Bauteils im Vergleich zum vorherigen Iterationsschritt (bzw. bei i=1 zum Originalbauteil) aus und verändert die Designparameter nach den Vorgaben des Optimierungsalgorithmus.

Der wesentliche Vorteil der CAD-basierten Formoptimierung liegt darin, dass die Geometriebeschreibung des CAD-Systems verwendet wird und somit am Ende des Optimierungsprozesses das optimierte Bauteil als CAD-Modell vorliegt. Weiterhin treten bei Formänderungen keine Netzverzerrungen auf, weil nach jeder Modifikation (automatisch) ein neues Netz generiert wird. In der Praxis ist die automatische Vernetzung komplexer Geometrien ohne eine manuelle Nachbearbeitung des Netzes derzeit nicht möglich, was die CAD-basierte Formoptimierung erschwert. Tabelle 4.3 zeigt die Vor- und Nachteile der CAD-basierten Methode im Überblick.

Tab. 4.3: *Vor- und Nachteile der CAD-basierten Formoptimierung*

Vorteile
• CAD-Parameter als Designvariable • Neuvernetzung nach jeder Formänderung • Optimierte Form als CAD-Modell
Nachteile
• CAD-Modell normalerweise nicht auf Formoptimierung zugeschnitten • Erzeugung eines CAD-Modells für Formoptimierung kann zeitaufwändig sein • Automatische Neuvernetzung kann versagen • Aufbau eines modifizierten CAD-Modells kann versagen • Auswahl der relevanten Parameter aus umfangreicher Liste kann mühselig sein

4.3.2.2 FE-Netz-basierte Formoptimierung

Bei der Netz-basierten Formoptimierung wird zur Geometriebeschreibung eines Bauteils nicht die CAD-Beschreibung, sondern nur das FE-Netz verwendet. Die Netz-basierte Formoptimierung kann deshalb vollkommen unabhängig vom CAD-Modell des Bauteils durchgeführt werden. Die Formvariationen werden allein durch Verschiebung der Knoten des FE-Netzes erzeugt. Das Prinzip kann an einem einfachen Beispiel demonstriert werden (Abb. 4.25).

Man kann bei der Netz-basierten Formoptimierung zwei Typen von Optimierungsverfahren unterscheiden. Bei Verwendung eines mathematischen Optimierungsalgorithmus werden so genannte Formbasisvektoren zur Beschreibung der Formvariationen verwendet, während beim CAO-Verfahren, das auf einem Optimalitätskriterium basiert, direkt auf die Koordinaten der einzelnen Knoten zugegriffen wird. Beide Verfahren der Netz-basierten Formoptimierung werden ausführlich in (Harzheim 2007) erläutert.

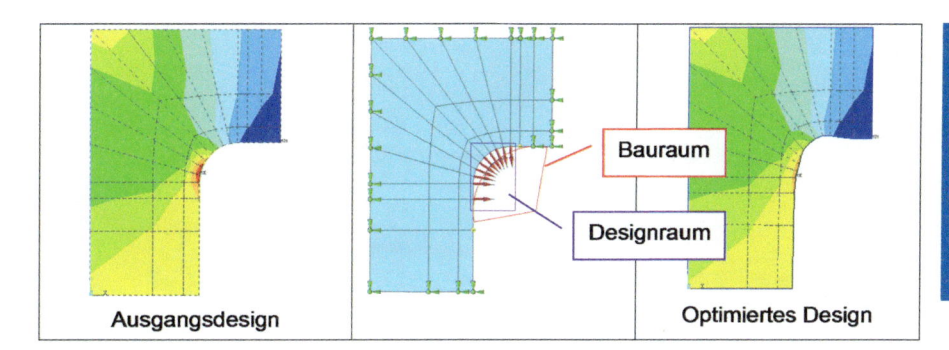

Abb. 4.25: *Prinzip der Netz-basierten Formoptimierung (Quelle: FE-DESIGN)*

4.3.2.3 Beispiel zur Netz-basierten Formoptimierung

Die Netz-basierte Formoptimierung soll hier am Beispiel der Optimierung eines Differentialhalters gezeigt werden (Abb. 4.26). Die Optimierung des Differentialhalters wurde am IPEK – Institut für Produktentwicklung des Karlsruher Instituts für Technologie (KIT) im Rahmen eines Kooperationsprojekts mit KA-RaceIng durchgeführt (Reinhardt und Maier 2009). KA-RaceIng ist das Formula Student Team des KIT. Der dargestellte Entwicklungsprozess war Bestandteil der Konstruktionsphase für den Rennwagen KIT09 für die Rennsaison 2009 und kann stellvertretend für den Ablauf in einer Entwicklungsabteilung eines beliebigen Unternehmens angesehen werden.

Die zu erreichenden Ziele waren:
- Entwicklung einer Aufhängung für das Hinterachsdifferential des Rennwagens KIT09 für die Rennsaison 2009
- Ableiten eines gewichtsoptimierten Designvorschlags
- Umsetzung der Konstruktion.

Das Beispiel zeigt, wie die Formoptimierung der Topologieoptimierung (Abschnitt 4.3.1) im Entwicklungsprozess nachgeschaltet ist. Zuerst wurde aus einem CAD-Modell des Differentialhalters ein geeignetes FE-Modell erstellt, mit dem durch eine anschließende Topologieoptimierung Designvorschläge erstellt wurden. Diese Designvorschläge wurden anschließend wieder in ein CAD-Modell umgesetzt, dessen Gestalt durch eine nachfolgende Formoptimierung bezüglich der auftretenden Spannungen optimiert wurde.

Topologieoptimierung

Der prinzipielle Ablauf beginnt mit der Bauraumerstellung mittels CAD-Software. Das so erzeugte Bauraummodell (Abb. 4.27 links) wird meist in ein systemoffenes Format exportiert, damit es im verwendeten Pre-Processing-Programm verwendet werden kann. Der Begriff „Pre-Processing" beschreibt die Datenvorverarbeitung für die Simulation. Dabei wird das Bauraummodell mit den Nebenbedingungen verknüpft und mit den abzubildenden Kräften beaufschlagt.

Die Abbildung 4.28a zeigt den Designraum, innerhalb dessen die Topologieoptimierung Veränderungen vornehmen darf. In Abbildung 4.28b sind die

Abb. 4.26: *Differentialhalter des Rennwagens KIT08 aus der Rennsaison 2008 (Quelle: KA-RaceIng)*

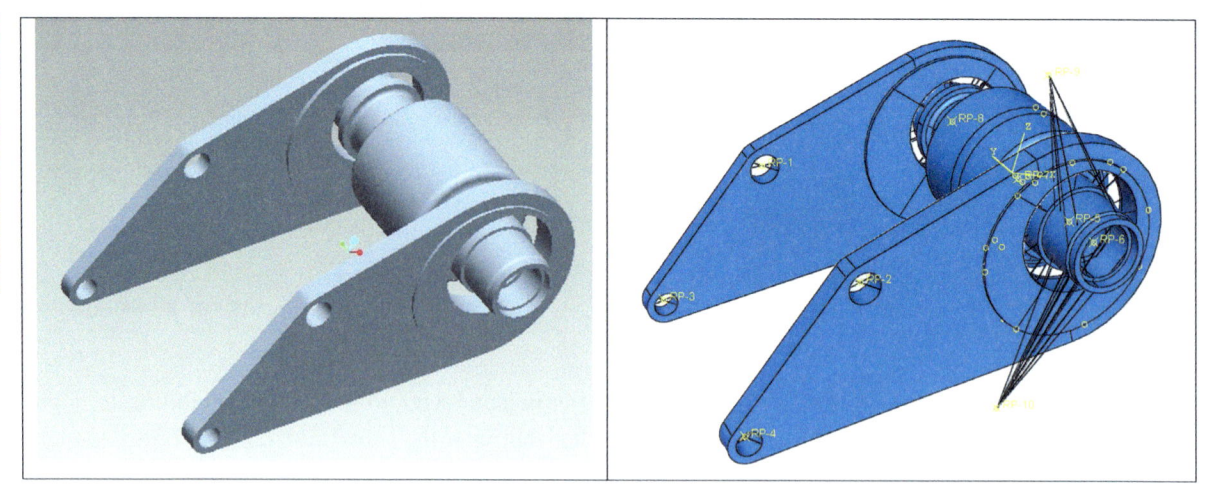

Abb. 4.27: *links: CAD-Modell des Differentialhalters mit Differential ohne Darstellung der Lager , rechts: CAE-Modell des Differentialhalters mit Differential, Randbedingungen und Kräften (Quelle: KA-RacIng)*

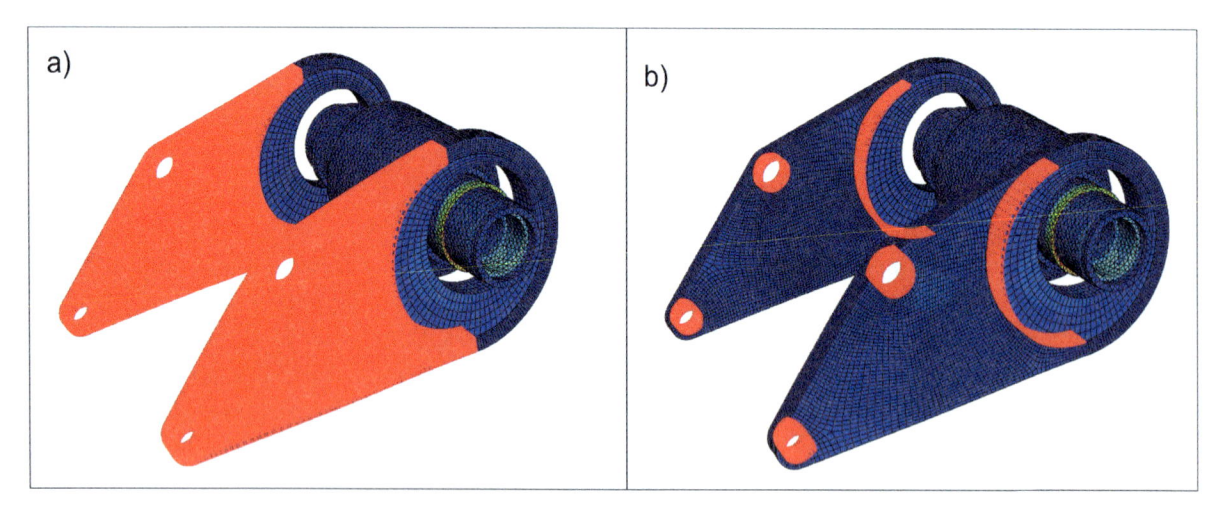

Abb. 4.28: *Designraum (a) und „frozen elements" (b) (Quelle: KA-RaceIng)*

unveränderbaren, räumlich fixierten Knoten, die mit Hilfe so genannter „frozen elements" abgebildet werden, dargestellt. Das Diskretisieren des Bauraummodells durch ein FE-Netz erfolgt ebenfalls beim Pre-Processing (Abb. 4.29 links).

Nach einem ersten erfolgreichen Durchlauf der Berechnung kann die Software der Topologieoptimierung zur Erzeugung eines ersten Designvorschlags herangezogen werden. Dabei sind in der Regel mehrere Durchläufe mit verschiedenen Optimierungsparametern notwendig, um das Ergebnis besser interpretieren zu können.

Auf Basis des ermittelten Designvorschlags wird ein CAD-Modell konstruiert (Abb. 4.29 rechts). Von diesem ersten Entwurf ist erneut eine FEM-Simulation mit denselben Randbedingungen durchzuführen, um die Spannungen in der Konstruktion zu bewerten. Die Anpassung des CAD-Modells mit anschließend erneutem Durchlauf der FE-Analyse ist bei zu großen Spannungen oder unzulässig hohen Verformungen notfalls mehrmals zu wiederholen. Für größere Baugruppen mit einer Vielzahl an Rand- und Nebenbedingungen kann die Verifikation viel Zeit in Anspruch nehmen. Für das so entstandene CAD-Modell des Bauteils oder der Baugruppe kann im Anschluss eine Formoptimierung durchgeführt werden.

Die Abbildungen 4.30 a), b) und d) zeigen die Verteilung der von Mises-Vergleichsspannungen mit dem

4.3 Strukturoptimierung

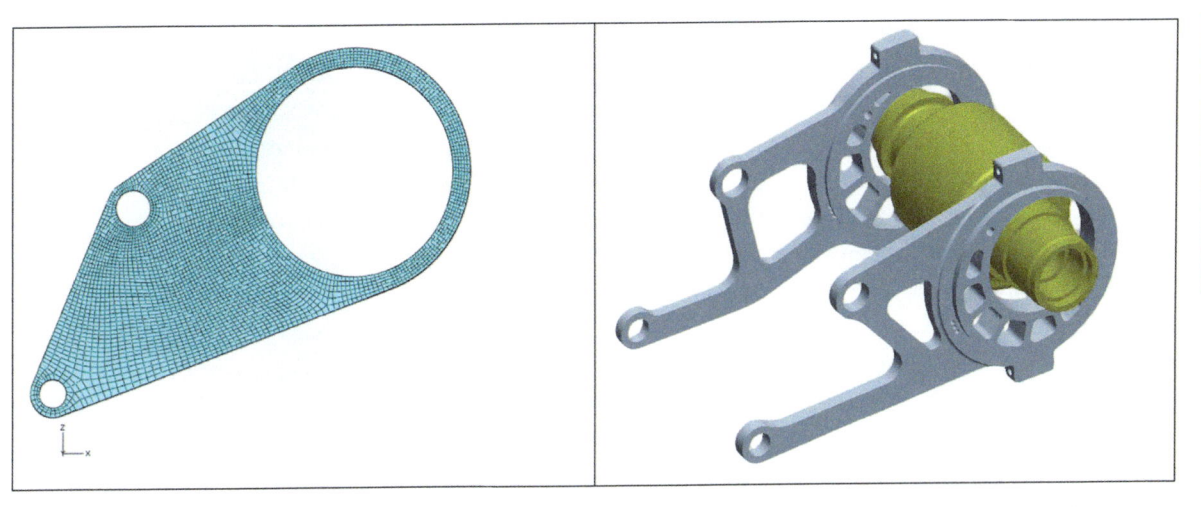

Abb. 4.29: *(links) Vernetzter Bauraum des Differentialhalters, (rechts) Topologieoptimiertes Ergebnis als CAD-Modell (Quelle: KA-RaceIng)*

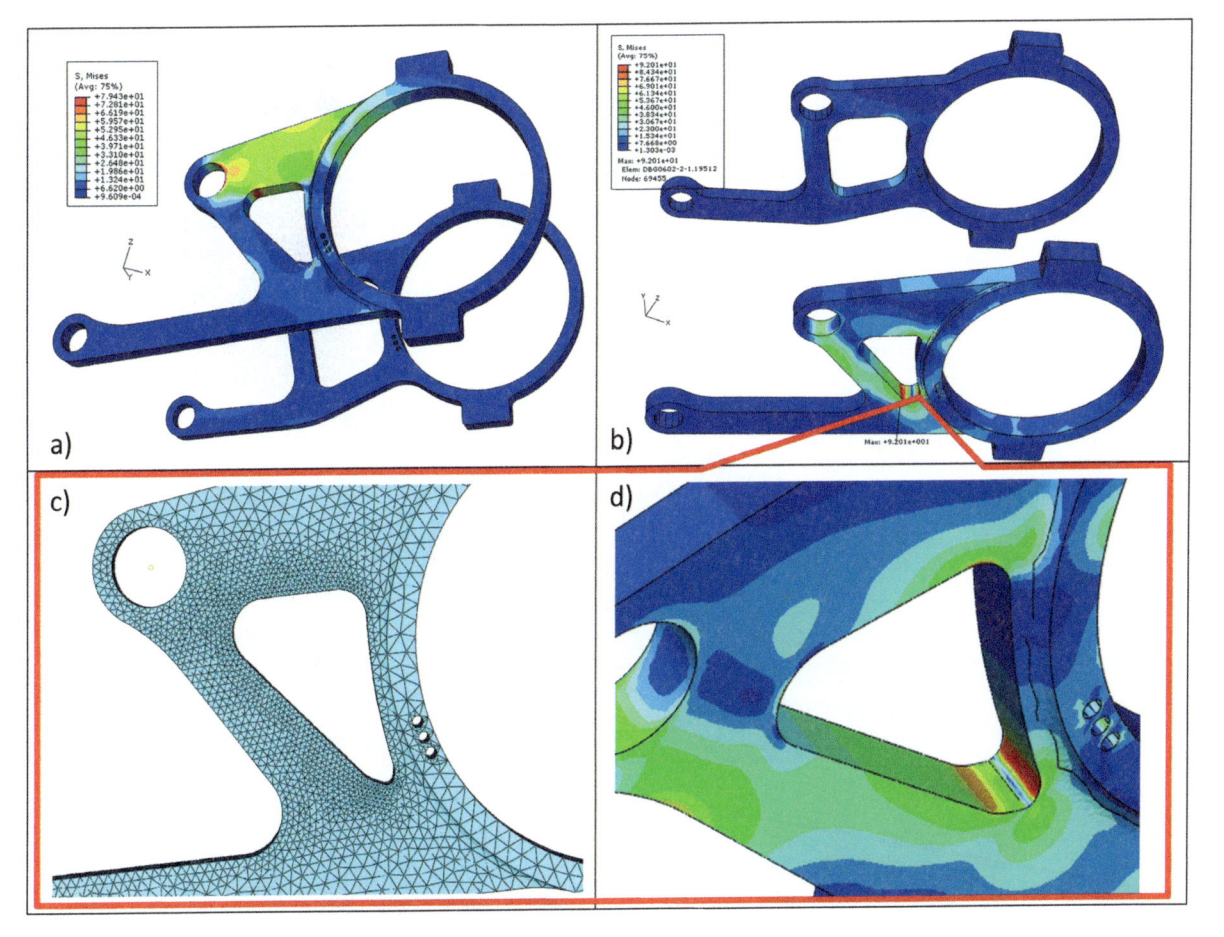

Abb. 4.30:
a) von Mises-Spannungen nach Topologieoptimierung für Lastfall „Antrieb"
b) von Mises-Spannungen nach Topologieoptimierung für Lastfall „Schub"
c) Tet10-Element vernetzter Differentialhalter
d) Vergrößerung der kritischen Stelle im Lastfall „Schub"
(Quelle: KA-RaceIng)

topologieoptimierten Ergebnis. Diese Darstellungen der Spannungsverteilung dienen als Referenz für die nachfolgend durchgeführte Formoptimierung. Dabei werden kritische Radien und Querschnittsübergänge, welche hohe Spannungsgradienten aufweisen (in Abb. 4.30 a), b), d) rot dargestellt) so verändert, dass eine Homogenisierung der Spannung an diesem Übergang stattfindet. Die Aufgabe des Konstrukteurs ist es, den Designvorschlag der Formoptimierung im Anschluss in einem neuen bzw. modifizierten CAD-Modell zu konstruieren. Die Eigenschaften des modifizierten CAD-Modells können abschließend mit einer erneuten FE-Analyse überprüft werden.

Formoptimierung
Die vorhandene Bauteilstruktur wurde vorangehend der Topologieoptimierung unterworfen und die Ergebnisse wurden mittels FEM analysiert. Dabei wurde festgestellt, dass sich am linken Halter erkennbare Spannungsspitzen in der Aussparung im Schubbetrieb (Rollen) sowie im Zugbetrieb (Antrieb) ergeben. Dieser Bereich eignet sich für den nachfolgenden Einsatz der Formoptimierung, die eine Homogenisierung der Spannungsverteilung erreichen soll. Sowohl die Formoptimierung als auch die Topologieoptimierung benötigen einen Designraum, in dem Änderungen vorgenommen werden dürfen. Im Gegensatz zur Topologieoptimierung werden bei der Formoptimierung jedoch Oberflächenknoten angegeben, die zu einer Korrekturverschiebung freigegeben werden. Diese relevanten Knoten wurden im vorliegenden Beispiel schon beim Post-Processing der Topologieoptimierung bestimmt. Für das vorliegende Demonstratorbauteil des Differentialhalters wurden als geeignete Optimierungsstellen zwei Bereiche identifiziert, bei welchen Spannungsspitzen auftreten. Zum einen handelt es sich bei dem höher belasteten linken Halter um die Innengeometrie (Abb. 4.30d) und zum anderen um die Oberfläche an der vorderen Strebe (Abb. 4.30a). Für beide identifizierte Bereiche wird eine gesonderte Optimierung durchgeführt: Zum einen für den Bereich der vorderen Strebe und zum anderen für die Innenkontur des Halters.

Zunächst wird der Bereich der vorderen Strebe berechnet. In diesem Bereich treten keine großen Spannungsgradienten auf. Allerdings wird die untere

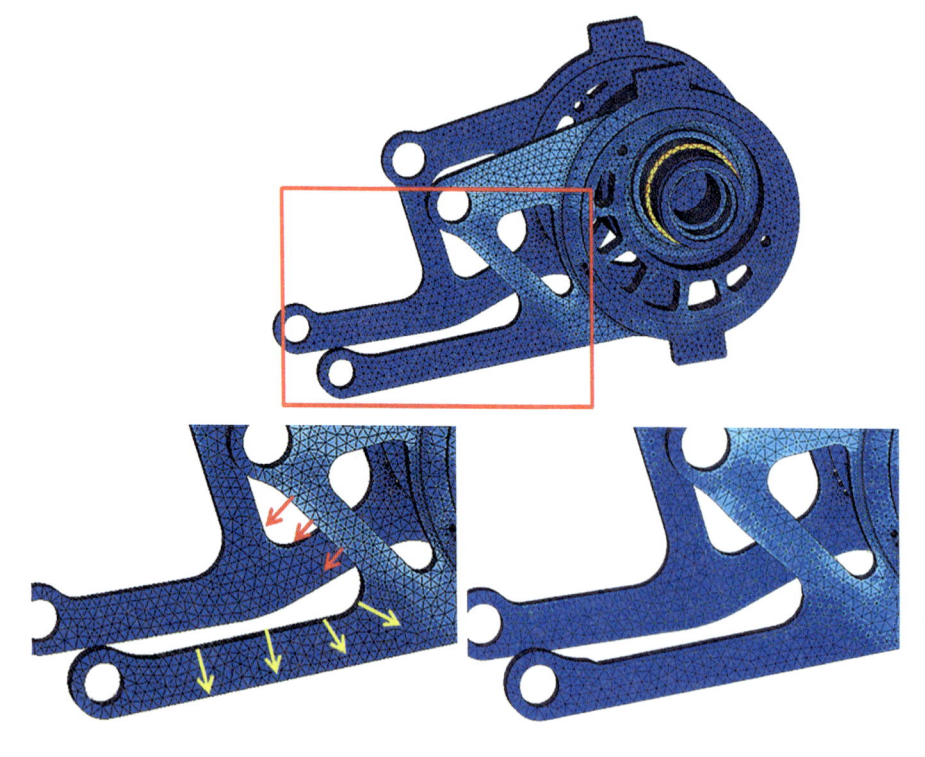

Abb. 4.31: *Ergebnis der Formoptimierung für den Bereich der vorderen Strebe (rechts unten) – optimiert mit TOSCA Shape (Quelle: KA-RaceIng)*

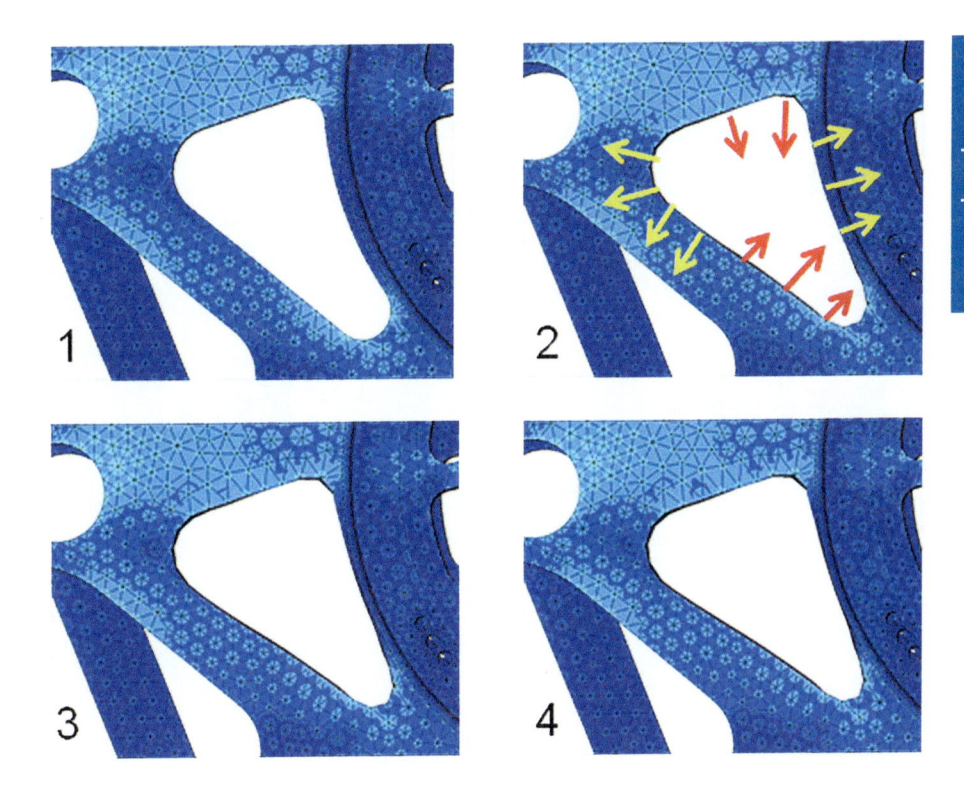

Abb. 4.32: *Ergebnisse der Formoptimierung im Bereich der inneren Aussparung – optimiert mit TOSCA Shape (Quelle: KA-RaceIng)*

Strebe nur gering belastet und kann zur Gewichtseinsparung dünner gestaltet werden. Der Vorteil der Untersuchung mittels TOSCA Structure.shape besteht darin, dass Schub und Antrieb als Lastfälle im Optimierungsprozess berücksichtigt werden können. Die zweite Berechnung soll Spannungsspitzen in der Innenkontur glätten. In Abbildung 4.31 sind die Ergebnisse der Formoptimierung dargestellt. Dabei zeigen die roten Pfeile eine Materialzunahme und die gelben Pfeile eine Materialabnahme an den entsprechenden Stellen an.

In Abbildung 4.32 werden der Ausgangszustand (1) sowie die Zwischenschritte (2) und (3) bis zum Ergebnis (4) dargestellt. In Schritt (2) wird erneut mit Pfeilen gezeigt, in welche Richtung die Knotenverschiebung erfolgt. Anschließend wird am formoptimierten Bauteil erneut eine Bewertung mittels FEM durchgeführt. Dabei wird der gestaltoptimierte linke Halter hinsichtlich auftretender Spannungen untersucht und mit dem Ergebnis der vorangegangenen Topologieoptimierung verglichen. Anschließend werden Gewicht und Spannungen der Baugruppen des KIT08 und KIT09 verglichen (Tab. 4.4 und Abb. 4.33).

Für einen Vergleich der Maximalspannungen im Lastfall Antrieb wurde das Modell für den Differentialhalter des KIT08 mit derselben Modellierung der Lasteinleitung über das Differential neu erstellt. Abschließend sind in Abbildung 4.34 die gefertigten Differentialhalter und die vormontierte Baugruppe

Tab. 4.4: *Gegenüberstellung der Ergebnisse auf Basis des Vorjahresbauteils und des optimierten Differentialhalters mit Hilfe der Topologie- und Formoptimierung*

	KIT08 Referenz	KIT09 Topologieoptimierung	KIT09 Formoptimierung
Max. Spannungen (Antrieb) [N/mm^2]	107,1	81,6	79,4
Max. Spannungen (Schub) [N/mm^2]	N/A	92,0	82,5
Gewicht linker Halter [g]	388,4	338,3	289,1
Gewicht rechter Halter [g]	342,8	271,8	230,5

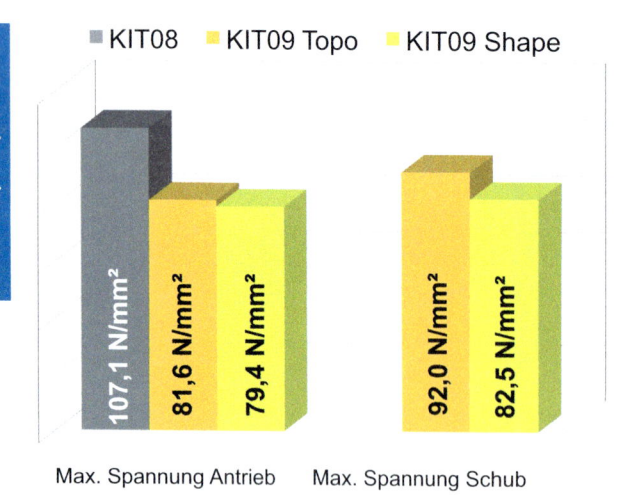

Abb. 4.33: *Gegenüberstellung der Spannungsspitzen und Massen verschiedener Baugruppen (Quelle: KA-RaceIng)*

dargestellt. In Tabelle 4.5 sind zum Abschluss nochmals die Vor- und Nachteile der FEM-Netz-basierten Methode zusammengefasst:

Tab. 4.5: *Vor- und Nachteile der FEM-Netz-basierten Formoptimierung*

Vorteile
• Unabhängig vom CAD-Modell (Qualität, Parametrisierung)
• Unabhängig vom CAD-System
Nachteile
• Erzeugung der Basisvektoren kann schwierig sein
• Optimierte Form liegt nicht als CAD-Modell vor
• Netzverzerrungen können Qualität der FEM-Ergebnisse verschlechtern
• Neuvernetzung aufwändig

4.3.2.4 Formoptimierung mit Sicken

Schalenstrukturen in Form von Blechen prägen den Automobil- und Fahrzeugbau bis heute. Neben den designprägenden Verkleidungselementen ist gerade die Karosserie durch großflächige und dünnwandige Strukturen gekennzeichnet. Häufig sind auch dünnwandige Blechstrukturen Bestandteil von Hochleistungs- oder Leichtbauprodukten. Um ein minimales Gewicht bei gleichzeitig hoher Bauteilsteifigkeit zu erreichen, werden diese Strukturen durch Sicken versteift. D. h. deren Wirkungsweise besteht vor allem darin, die Biegesteifigkeit von Blechstrukturen durch Vergrößerung des Flächenträgheitsmoments zu erhöhen. Zusätzlich können auch die Eigenfrequenzen des Bauteils erhöht werden. Manchmal spielt aber auch nur das Design in Form einer Verzierung eine Rolle.

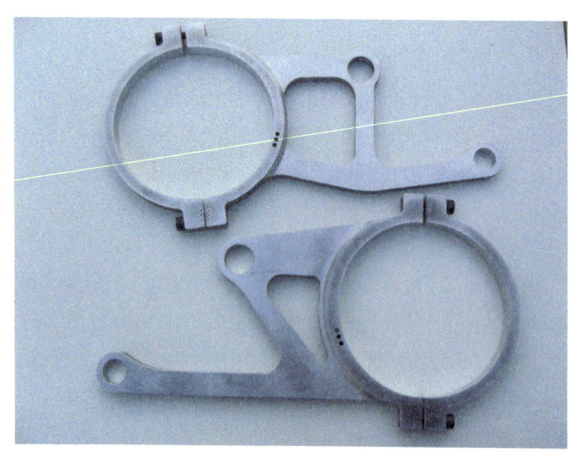

Abb. 4.34: *Optimierter Differentialhalter (oben) und im Zusammenbau (unten) (Quelle: KA-RaceIng)*

4.3 Strukturoptimierung

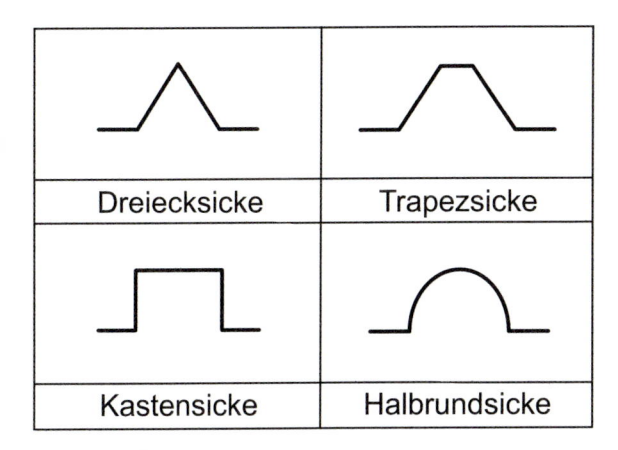

Dreiecksicke	Trapezsicke
Kastensicke	Halbrundsicke

Abb. 4.35: *Übersicht über verschiedene Sickenquerschnitte*

Formen von Sicken

Die Sicke kennzeichnet sich durch rinnenartige Vertiefungen oder Erhöhungen in ebenen oder räumlich gekrümmten dünnwandigen Blechstrukturen, wobei das Verhältnis von Sickentiefe zur Länge klein ist. Die Abbildung 4.35 zeigt verschiedene Sickenquerschnitte, wobei die Wahl für eine Sickenform von verschiedenen Randbedingungen, wie z. B. Steifigkeitsanforderungen, Werkzeugkosten oder Anbindungsstellen zur Peripheriestruktur, abhängt.

Eine weitere Sickenunterscheidung hängt vom Sickenauslauf ab, je nachdem, ob eine geschlossene oder offene Sicke vorliegt (Abb. 4.36).

Eine Vielzahl an Sicken ergibt eine Sickenstruktur bzw. ein Sickenmuster, deren Sickenanordnung z. B. in Form einer Mehrfachsicke oder als gekreuztes Sickenmuster möglich ist (Abb. 4.37).

Für einfache Formen und Belastungen helfen bei der Gestaltung von Blechbauteilen oft Konstruktionskataloge und -richtlinien (Abb. 4.38).

Bei komplexen Bauteilgeometrien stoßen diese empirischen Hilfsmittel jedoch oft an ihre Grenzen, was letztendlich zu keiner guten bzw. optimalen Versickung führt. Erst seit einigen Jahren wurden Programme basierend auf der FEM entwickelt, die Form und Lage von Sicken automatisch ermitteln. Hierzu gibt es parametrische und parameterfreie Entwurfsansätze. Das Optimierungstool OptiStruct von Altair basiert z. B. auf einem parametrischen Ansatz, der mit Hilfe von Form-Basis-Vektoren Sickenentwürfe generiert. Die Optimierungsergebnisse einer flachen quadratischen Blechstruktur (Kantenlänge 600 mm) unter Einwirkung einer zentral und senkrecht angreifenden Kraft zeigt Abbildung 4.39.

Geschlossene Sicke	Offene Sicke

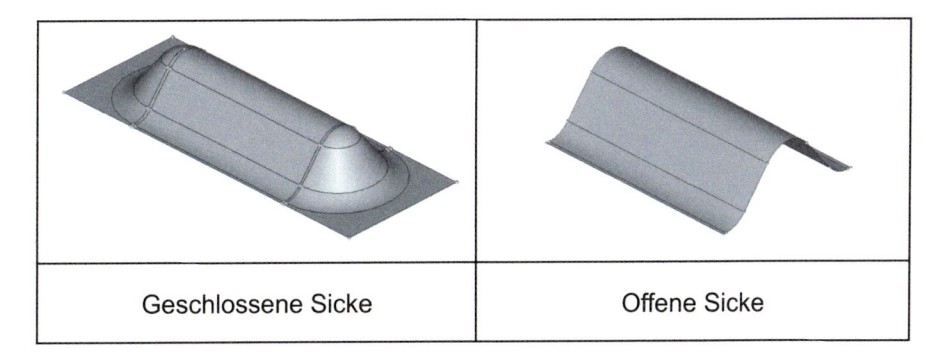

Abb. 4.36: *Der Auslauf der Sicke als Unterscheidungsmerkmal*

Parallel angeordnete Sicken	Gekreuztes Sickenmuster

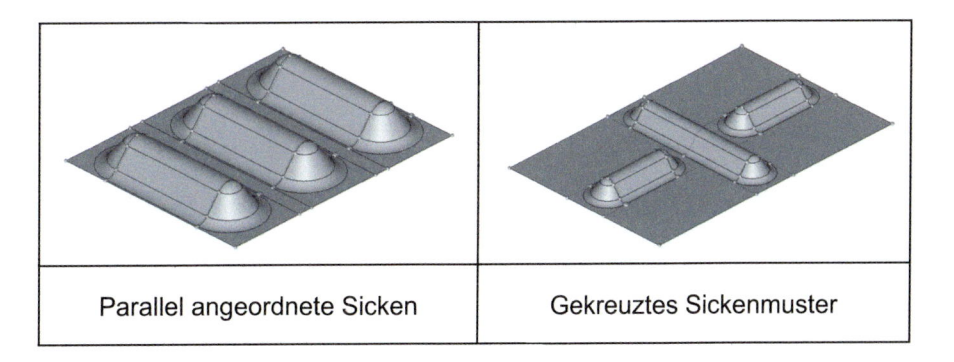

Abb. 4.37: *Anordnung von Sicken*

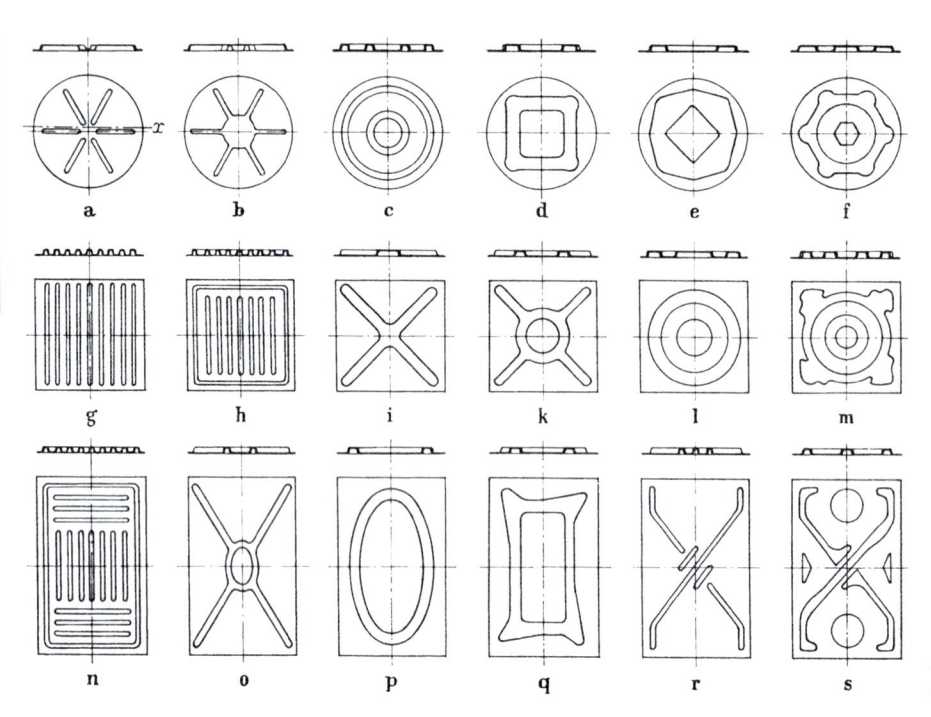

Abb. 4.38: *Sickenbilder (Oehler und Garbers 1968)*

Um jedoch diese Sickenentwürfe in einem entsprechenden Sickenmuster in CAD zu realisieren, sind die generierten Sickenmuster erst durch den Konstrukteur zu interpretieren, was aufgrund der Komplexität des Musters meistens zu verschiedenen Interpretationen führen kann (Abb. 4.39). Hinzu kommen die oft undeutlich ausgeprägten Sicken auf Zwischenhöhen, die die nötige Interpretation erschweren. Um diese Interpretation zu erleichtern, verfügt OptiStruct über eine Funktionalität, die eine automatische Interpretation der Ergebnisse durchführt. Eine versagensfreie Herstellung der CAD-Geometrie ist jedoch nicht garantiert. Im Vergleich zu parametrisierten Verfahren bietet die Software TOSCA von Dassault Systèmes einen parameterfreien Ansatz an, der eindeutige Sickenmuster generiert und damit einen aufwändigen Interpretationsprozess nicht erforderlich macht (Abb. 4.40).

Die Abbildung 4.40 lässt erkennen, dass sich das Sickenmuster abhängig vom verwendeten Lagerungstyp deutlich ändert. Das liegt daran, dass sich der Biegezustand im randnahen Bereich voneinander unterscheidet, während dieser sich in der Plattenmitte kaum ändert und sich dadurch eine vergleichbare Sickengestalt ergibt. Um einen groben quantitativen Eindruck über die mechanische Qualität unterschiedlicher Sickenmuster zu geben, sind in Abbildung 4.41 ausgewählte Sickenmuster gegenübergestellt. Die dabei gelenkig gelagerten Platten (600 mm x 600 mm) haben eine Sickenhöhe von 10 mm. Im Vergleich zur unversickten Platte ist die Versteifungswirkung bei allen Varianten sehr hoch, wobei das Muster mit dem parameterfreien Ansatz den höchsten Versteifungseffekt ergibt.

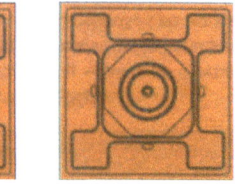

Sickenatlas → Abgeleitete Sickenmuster durch Interpretation

Abb. 4.39: *Gestaltungsbeispiel für Sickenmuster aus dem Sickenatlas (Schwarz 2002)*

4.3 Strukturoptimierung

Sickenbreite: 30 mm **Sickenbreite: 50 mm** **Sickenbreite: 70 mm**

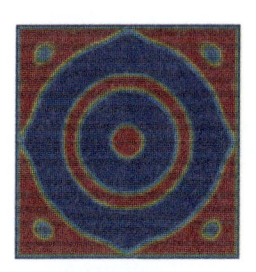

Lagerung der Kanten: gelenkig (translatorische Freiheitsgrade gesperrt)

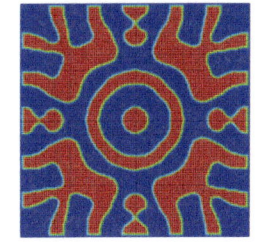

Lagerung der Kanten: eingespannt (alle Freiheitsgrade gesperrt)

Abb. 4.40: *Parameterfreie Versickung mit unterschiedlichen Sickenbreiten und unterschiedlicher Lagerung*

Fertigungsrestriktionen

Um die direkte Nutzbarkeit der Methode für konkrete Problemstellungen zu erhöhen, können Fertigungsrestriktionen für die Sickengestaltung eingesetzt werden. So kann beispielsweise über eine Kopplung mit Umformsimulationen direkt im Optimierungsprozess ermittelt werden, welche Sickenhöhen bei der Fertigung noch rissfrei realisierbar sind. Ebenso ist es möglich, fertigungsbedingte Eigenspannungen abzubilden und so lastpfadoptimierte, herstellungsgerechte Sickenmuster ableiten zu können [Majić et. al. 2013].

Beispiel zur Versickung einer Ölwanne

Bei diesem Beispiel soll eine Ölwanne durch eine Versickung möglichst steif gestaltet werden, indem sich 6 mm hohe und 20 mm breite Sicken bei der Optimierung ausbilden. Die Ölwanne ist in Stahl ausgeführt. Sie weist eine Materialdicke von 1,3 mm und ein Gesamtgewicht von 1,62 kg auf (Abb. 4.42). Als Berechnungsprogramm wird TOSCA Structure.bead gewählt. Als Lastfall wird ein Innendruck von 1 bar beaufschlagt. Die Auswirkung auf den Ölfluss soll hierbei unberücksichtigt bleiben. Abgesehen von der relativ komplexen Berandung weist die Wanne als besonderes Merkmal einen leichten Knick in der Oberfläche auf. Für das Berechnungsmodell werden quadratische und dreieckige Elemente eingesetzt, deren durchschnittliche Elementkantenlänge ca. 2,5 mm beträgt. Der zu versickende Bereich wird so gewählt, dass auch eine Sickenerzeugung über die Kante hinaus möglich ist.

Die vernetzte Geometrie hat unter Druck eine maximale Verschiebung von 12,0 mm. Betrachtet

Muster	Unversickt	Oehler	Sickenatlas	TOSCA
	☐	 ⊕	 ⊡	 ⊚
Max. Verschiebung in [mm]	21,7	2,4	1,1	0,4

Abb. 4.41: *Vergleich der Versteifungseffekte für unterschiedliche Sickenanordnungen (Emmrich 2005)*

105

man die Verformung in Abbildung 4.43, so ist der Einfluss des Knickes in der Schale deutlich. Durch die Versteifungswirkung des Knickes ist die maximale Verschiebung deutlich erkennbar nach rechts verlagert.

Das mit TOSCA ermittelte Sickenmuster ist in Abbildung 4.44 zu sehen. Aufgrund der leichten Interpretierbarkeit dieses Sickenmusters lässt sich eine Überführung in ein CAD-Modell durchführen, deren Ergebnis auch in der Abbildung 4.44 zu sehen ist. Da sich derzeit die Sickenform nicht als Kastensicke im Optimierungsprozess ausbildet, lässt sich diese z. B. bei der CAD-Überführung erreichen, um die maximale Versteifungswirkung zu erzielen.

Das Ergebnis der Verformungsanalyse unter Verwendung des interpretierten Modells ist in Abbildung 4.45 zu sehen, bei der die maximale Verschiebung 1 mm beträgt. Bei der maximalen Versteifung ergibt sich aufgrund der konstanten Wandstärke in der Sickenoptimierung und der einhergehenden Vergrößerung der Bauteiloberfläche zwar eine Gewichtszunahme von 0,22 kg, diese ist jedoch in der realen Umsetzung aufgrund der Wandstärkenausdünnung deutlich geringer bzw. nicht vorhanden.

Eine maximale Gewichtsreduktion bei gleicher Referenzverschiebung von 12,0 mm beträgt 1,27 kg, was zu einer Gewichtsersparnis von fast 80 % führt. Eine Übersicht über die ermittelten Ergebnisse zeigt die Tabelle 4.6. Eine Anpassung der Wandstärken an handelsübliche Wandstärken ist in der Regel mit geringfügigen Steifigkeitsänderungen zu erwarten.

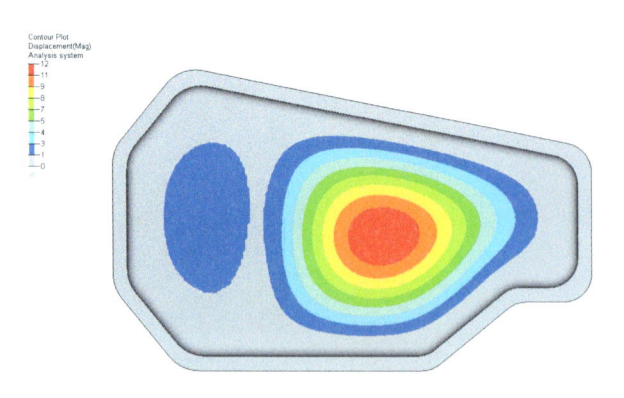

Abb. 4.43: *Verformung der Ölwanne unter Druck (Angaben in mm)*

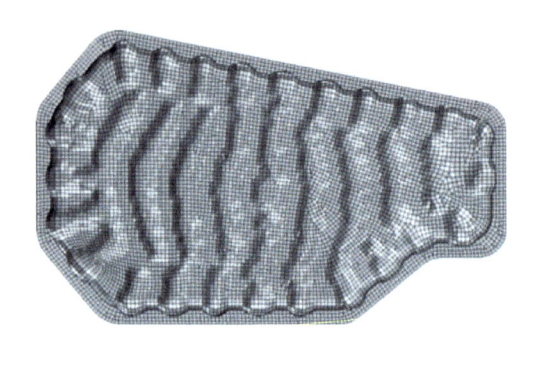

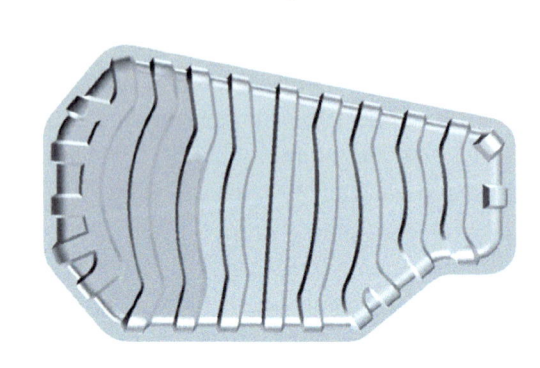

Abb. 4.44: *Ergebnis der Sickenoptimierung und Interpretation als CAD-Modell*

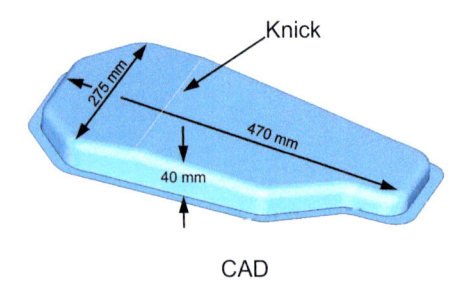

CAD

FE-Modell

Abb. 4.42: *CAD-Geometrie und FE-Modell der Ölwanne*

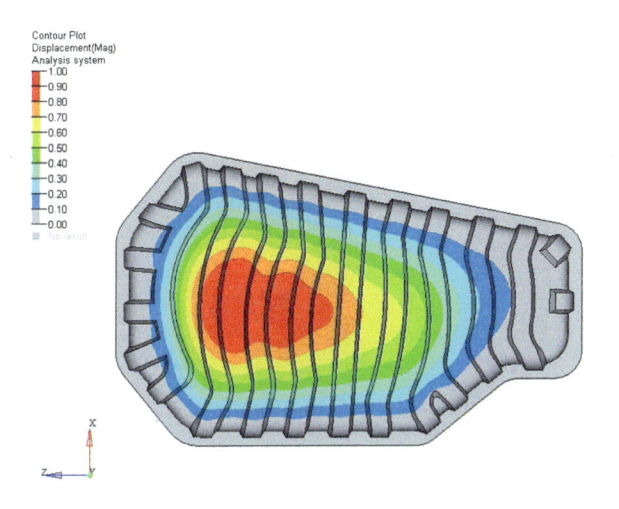

Abb. 4.45: *Verformung der versickten Ölwanne mit einer maximalen Verschiebung von 1 mm (Angaben in mm)*

4.3.3 Parameteroptimierung

Die Parameteroptimierung ist neben der Topologie- und der Gestaltoptimierung ein wichtiger Teilbereich der Strukturoptimierung. Nachdem die Topologie und die Gestalt des zu optimierenden Bauteils festgelegt wurden, kann mit der Parameteroptimierung eine weitere, detailliertere Dimensionierung vorgenommen werden. Dabei können diskrete Bauteilparameter, wie z. B. die Faserorientierung eines Mehrschichtenverbundes, Wandstärken von Blechen oder auch Querschnittswerte von Strukturen variiert werden.

Optimierung der Faserstruktur

Bei diesem Beispiel soll das Laminat einer Felge aus einem kohlenstofffaserverstärken Kunststoff über eine Parameteroptimierung hinsichtlich maximaler Steifigkeit optimiert werden. Die dabei verwendete Software ist HyperWorks der Fa. Altair (Version 10), deren Solver OptiStruct für die Laminatoptimierung eingesetzt wird.

Laminatoptimierung: Die Optimierung des Laminats wird dabei in drei Schritte gegliedert. In der ersten Phase wird die Fasermenge für jedes Element bestimmt. Anschließend wird das Ergebnis in fertigungsgerechte Einzelschichten überführt, sodass schließlich in der letzten Phase die Optimierung der Laminatreihenfolge erfolgt:

Konzeptphase: „Free-Size"-Optimierung
Optimierung von Wandstärken für jedes Element
Dimensionierungsphase: „Size"-Optimierung
Lagenbasierte Interpretation der „Free-Size"-Ergebnisse und diskrete Optimierung der einzelnen Patches hinsichtlich einer fertigungsgerechten Einzelschichtdicke
Schichtungsphase: „Ply-Stack"-Optimierung (bzw. „Shuffling"-Optimierung)
Optimierung des Schichtaufbaus durch Variation der Einzelschichtlagen
In Abbildung 4.46 lässt sich das dreiphasige Optimierungskonzept darstellen, deren genauer Ablauf im Folgenden beschrieben wird.

Modellerstellung am Beispiel einer Felge

Zur Erstellung des Berechnungsmodells ist zunächst das CAD-Volumenmodell der Felge in ein FE-Modell zu überführen. Hierfür wird lediglich die Oberfläche des Volumenmodells in HyperMesh importiert und mit 2D-Elementen vernetzt, sodass diesen Elementen ein anisotropes Material zugeordnet werden kann. Die Felge soll ausschließlich mit einem [0°/90°/+45°/-45°]-Laminattyp gefertigt werden, weshalb alle zu optimierenden 2D-Elemente

Tab. 4.6: *Versteifungseffekt und Potenzial zur Gewichtsreduktion am Beispiel einer versickten Ölwanne*

Anforderung	Modell	Wandstärke [mm]	max. Verschiebung [mm]	Masse m [kg]	Δm [kg] zur Referenz
-	unversickt	1,30	12,0	1,62	-
max. Versteifung	versickt	1,30	1,0	1,84	+0,22
max. Versteifung bei gleicher Masse	versickt	1,15	1,2	1,62	±0
max. Gewichtsreduktion bei gleicher Referenzverschiebung	versickt	0,25	12,0	0,35	-1,27

4 Virtuelle Produktentwicklung

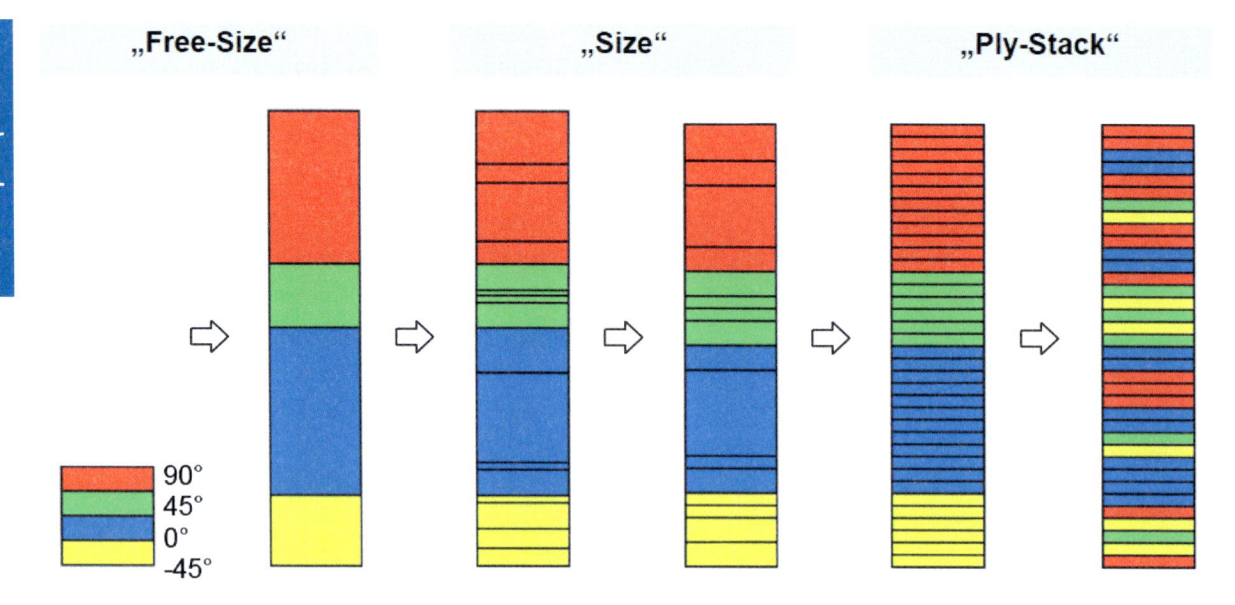

Abb. 4.46: *Dreiphasiges Optimierungskonzept für die Laminatauslegung mit OptiStruct (Altair)*

über diese vier Lagenwinkel aufgebaut und mit einer frei ausgewählten Einzelschichtstärke definiert werden.

Dieses Ausgangslaminat für die Optimierung wird auch als „Superply" bezeichnet. Um die Aufbaurichtung und Orientierung des „Superplys" zu definieren, werden im nächsten Schritt der Normalenvektor und die Ausrichtung der Elemente bestimmt. Zur Diskretisierung wird eine mittlere Kantenlänge von 5 mm gewählt, sodass sich ca. 15 000 Schalenelemente ergeben. Diese sind im Weiteren nach den vier Lagenwinkeln unterteilt.

Als Lastfall wird eine „Extreme Kurvenfahrt" herangezogen, bei der beide Felgenhörner überwiegend durch Seiten- und Aufstandskräfte belastet werden. Zusätzlich ist das FE-Modell mit Kräften resultierend aus dem Reifendruck und der Zentralmutter aus der Verschraubung mit der Radnabe ergänzt.

„Free-Size"-Optimierung

Für die Optimierungsaufgabe wird die Nachgiebigkeit als Zielfunktion definiert, dessen Minimierung unter der Nebenbedingung einer maximalen Masse

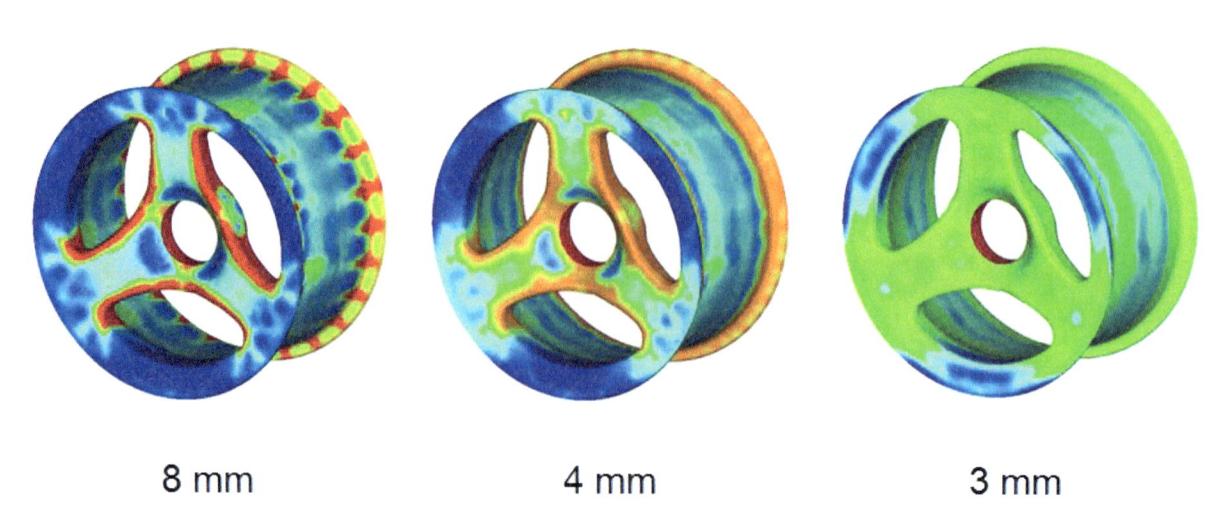

Abb. 4.47: *Einfluss der maximalen Laminatwandstärke auf die Materialverteilung*

von 1500 g erfolgt. Zusätzlich werden eine zyklische Symmetrie (engl. Cyclical Symmetry) sowie die maximale Laminatwandstärke als fertigungsbedingte Restriktion berücksichtigt. In Abbildung 4.47 ist der Einfluss unterschiedlicher maximaler Laminatwandstärken auf die Materialverteilung dargestellt. Sofern hohe Laminatwandstärken zugelassen werden, führt dies zu Bereichen mit starken Sprüngen in der Laminatwandstärke, was hinsichtlich Fertigung eher nachteilig zu bewerten ist. Auf Basis dieser Materialverteilung kann die Laminatwandstärke je Faserorientierung dargestellt werden, was in der Abbildung 4.48 zu sehen ist.

„Size"-Optimierung

Nach der „Free-Size"-Optimierung erfolgt eine schichtenbasierte Interpretation der Materialverteilung, sodass die Topografie in einzelne Schichtenbündel (SB) zerlegt wird. In der Abbildung 4.49 ist die Zerlegung exemplarisch für die 0°-Orientierung dargestellt.

Die eigentliche „Size"-Optimierung überführt die zuvor optimierten Schichtenbündel in ein Vielfaches fertigungsgerechter Einzelschichtwandstärken. Für diesen Optimierungsschritt werden die Zielfunktion und die Nebenbedingungen aus der „Free-Size"-Optimierung übernommen.

„Ply-Stack"-Optimierung

In der letzten Phase, der „Ply-Stack"-Optimierung, werden die angepassten Schichtbündel in fertigungsgerechte Einzelschichten übertragen und hinsichtlich ihrer Reihenfolge optimal gestapelt. Das Ergebnis nach den drei Optimierungsphasen ist in Abbildung 4.50 dargestellt. Die Steifigkeit der Felge wird durch das vorgestellte Optimierungsverfahren deutlich erhöht und in einen fertigungsgerechten Laminatentwurf übertragen. Für eine Felgenmasse von ca. 1 500 g ist der Verlauf der Nachgiebigkeit je Optimierungsphase mit OptiStruct der Abbildung 4.51 zu entnehmen.

Für eine detaillierte Übersicht in die Entwicklung von Bauteilen aus Faserverbundkunststoffen (FVK) wird die nachfolgende Literatur empfohlen: Schürmann 2007, Flemming und Roth 2003 sowie Ehrenstein 2006.

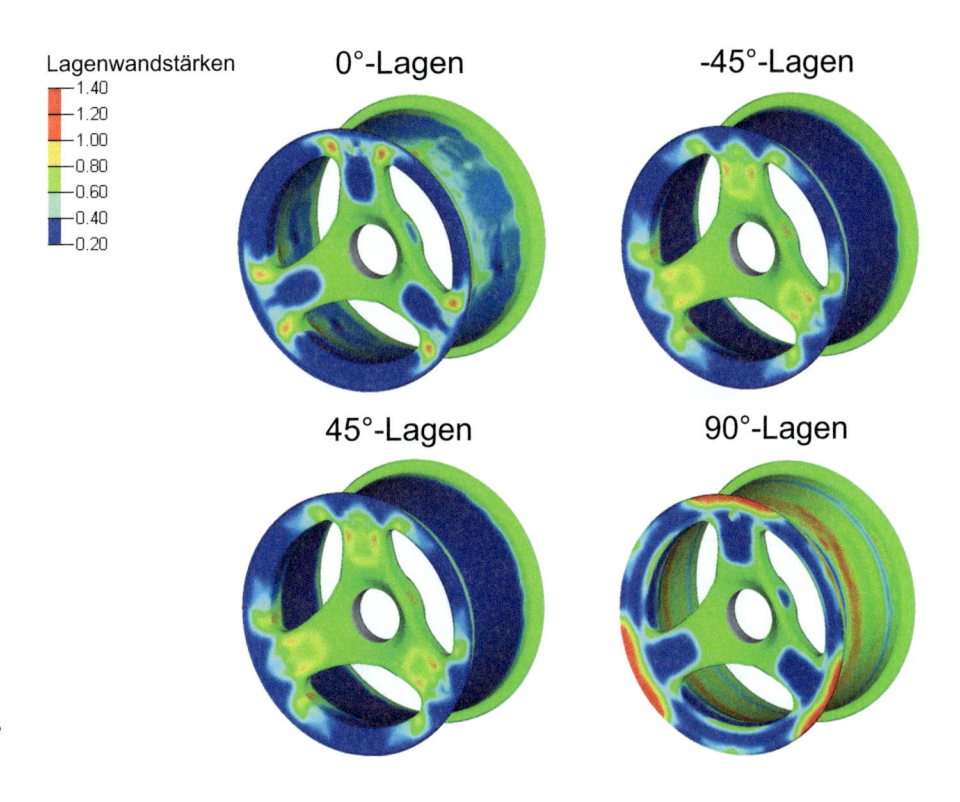

Abb. 4.48: *Ergebnis der „Free-Size"-Optimierung – Laminatwandstärke in mm je Faserorientierung*

1. SB mit 0°

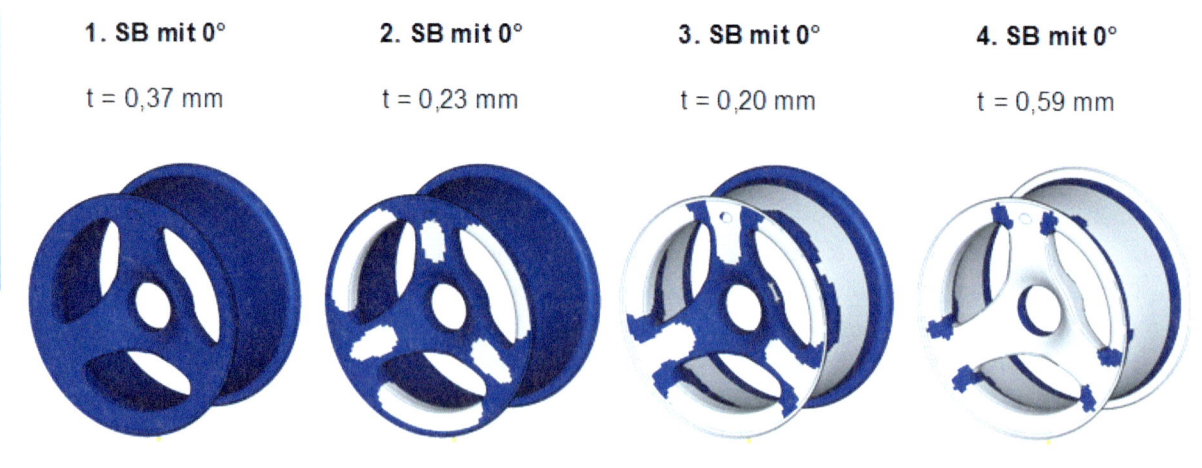

t = 0,37 mm

2. SB mit 0°

t = 0,23 mm

3. SB mit 0°

t = 0,20 mm

4. SB mit 0°

t = 0,59 mm

Abb. 4.49: *Schichtenbündel (SB) nach schichtenbasierter Interpretation für die 0°-Orientierung*

4.4 Fazit

In diesem Abschnitt wurde die wesentliche Bedeutung der virtuellen Produktentwicklung für den heutigen Leichtbau dargestellt. Die wichtigsten Werkzeuge für den Entwicklungsingenieur aus dem Bereich der Konstruktion und der Strukturoptimierung wurden vorgestellt, die einen virtuellen Entwurf von Leichtbaustrukturen erlauben und damit einen zeitintensiven und teuren „Trial and Error"-Prozess an realen

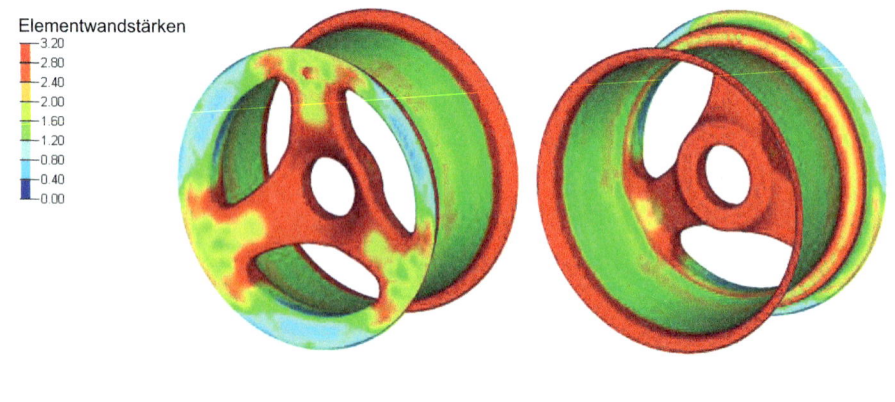

Abb. 4.50: *Ergebnis nach den drei Optimierungsphasen*

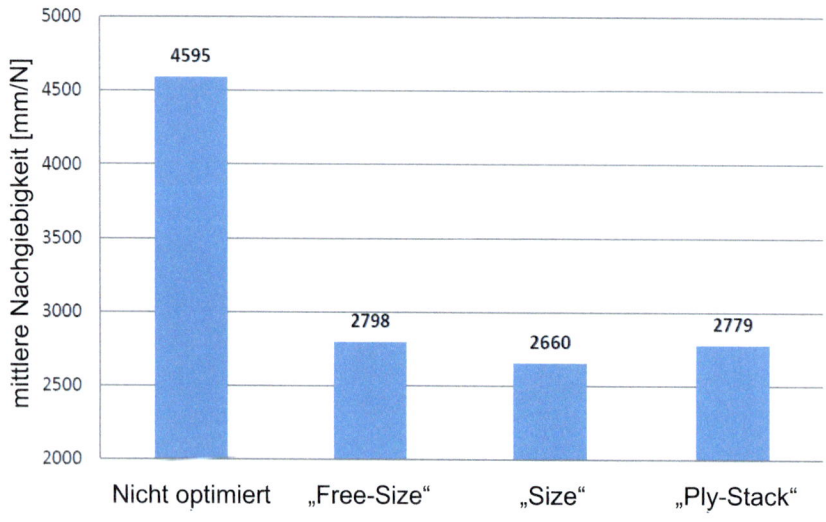

Abb. 4.51: *Vergleich der Nachgiebigkeit aus unterschiedlichen Optimierungsphasen*

Bauteilen deutlich reduzieren. Zu jeder Teildisziplin der Strukturoptimierung (Topologie-, Form- und Parameteroptimierung) wurden ausführliche Beispiele unter Berücksichtigung der verschiedenen Abläufe beschrieben, die vor allem das Potenzial zur Gewichtsreduzierung zeigen.

Abschließend ist zu erwähnen, dass die virtuelle Produktentwicklung und damit auch die Simulations- und Optimierungswerkzeuge sich ständig weiterentwickeln, um den hohen Herausforderungen zur Entwicklung energieeffizienter und innovativer Leichtbaustrukturen gerecht zu werden.

4.5 Weiterführende Informationen

Literatur

Albers, A., Majić, N., Krönauer, B., Hoffmann, H.: Manufacturing Aspects in Simulation Based Bead Optimization. 10. Internationales Stuttgarter Symposium „Automobil- und Motorentechnik", Stuttgart, 16./17. März 2010

Bathe, K.-J.: Finite-Elemente-Methoden. Springer Verlag, Berlin/Heidelberg, 2002

Conrad, K.-J.: Grundlagen der Konstruktionslehre: Methoden und Beispiele für den Maschinenbau. Carl Hanser Verlag, München, 2005

Ehrenstein, G. W.: Faserverbund-Kunststoffe: Werkstoffe – Verarbeitung – Eigenschaften. Carl Hanser Verlag, München, 2006

Emmrich, D.: Entwicklung einer FEM-basierten Methode zur Gestaltung von Sicken für biegebeanspruchte Leitstützstrukturen im Konstruktionsprozess. IPEK-Forschungsberichte, Bd. 13, Karlsruhe 2005

Flemming, M., Roth, S.: Faserverbundbauweisen. Springer Verlag, Berlin/Heidelberg, 2003

Fröhlich, P.: FEM-Leitfaden: Einführung und praktischer Einsatz von Finite-Elemente-Programmen. Springer Verlag, Berlin/Heidelberg, 1995

Harzheim, L.: Strukturoptimierung: Grundlagen und Anwendungen. Verlag Harri Deutsch, Frankfurt/Main, 2007

Hoenow, G., Meißner, T.: Konstruktionspraxis im Maschinenbau. Carl Hanser Verlag, München, 2009

Hoenow, G., Meißner, T.: Entwerfen und Gestalten im Maschinenbau: Bauteile, Baugruppen, Maschinen. Carl Hanser Verlag, München, 2004

Klein, B.: FEM – Grundlagen und Anwendungen der Finite-Elemente-Methode im Maschinen- und Fahrzeugbau. Wiesbaden: Springer Fachmedien Wiesbaden, 2015

Klein, B: Leichtbau-Konstruktion – Berechnungsgrundlagen und Gestaltung. Vieweg+Teubner Verlag, Wiesbaden, 2009

Klein, B: FEM: Grundlagen und Anwendungen der Finite-Elemente-Methode im Maschinen- und Fahrzeugbau. Vieweg+Teubner Verlag, Wiesbaden, 2007

Knothe, K., Wessels, H.: Finite Elemente. Springer Verlag, Berlin/Heidelberg, 2008

Koller, R.: Konstruktionslehre für den Maschinenbau. Springer Verlag, Berlin/Heidelberg 1994

Kurz, U., Hintzen, H., Laufenberg, H.: Konstruieren, Gestalten, Entwerfen: Lehr- und Arbeitsbuch für das Studium der Konstruktionstechnik. Vieweg+Teubner Verlag, Wiesbaden, 2009

Link, M.: Finite Elemente in der Statik und Dynamik. Teubner Verlag, Stuttgart, 2002

Majic, N., Albers, A., Kalmbach, M., Clausen, P.: Development and statistical evaluation of manufacturing-oriented bead patterns. Advances in Engineering Software, 2013, 57, 40–47.

Meske, R., Lauber, B., Puchner, K., Grün, F.: Parameterfreie Gestaltoptimierung auf Basis einer Lebensdaueranalyse. Springer VDI Konstruktion, Heft 6, 2004

Müller, G., Groth, C.: FEM für Praktiker. Bd. 1: Grundlagen. Expert Verlag, Renningen, 2002

Oehler, G., Garbers, F.: Untersuchung der Steifigkeit und Tragfähigkeit von Sicken. Forschungsberichte des Landes Nordrhein-Westfalen, Nr. 1918, 1968

Pahl, G., Beitz, W., Feldhusen, J., Grote, K.-H.: Konstruktionslehre: Grundlagen erfolgreicher Produktentwicklung, Methoden und Anwendung. Springer Verlag, Berlin/Heidelberg, 2005

Reinhardt, F., Maier, T.: Einbindung der Topologieoptimierung in den Entwicklungsprozess bei KA-RaceIng. Studienarbeit, Nr. 1623. IPEK – Institut für Produktentwicklung, Karlsruhe, 2009

Schürmann, H.: Konstruieren mit Faser-Kunststoff-Verbunden. Springer Verlag, Berlin/Heidelberg, 2007

Schwarz, D: Auslegung von Blechen mit Sicken (Sickenatlas). Forschungsvereinigung Automobiltechnik e.V., FAT-Schriftenreihe Nr. 168, Frankfurt, 2002

Steinbuch, R.: Finite Elemente – ein Einstieg. Springer Verlag, Berlin/Heidelberg, 1998

Steinhilper, W., Sauer, B.: Konstruktionselemente des Maschinenbaus 1. Springer Verlag, Berlin/Heidelberg, 2008

Steinhilper, W., Sauer, B.: Konstruktionselemente des Maschinenbaus 2. Springer Verlag, Berlin/Heidelberg, 2008

Steinke, P.: Finite-Elemente-Methode. Springer Verlag, Berlin/Heidelberg, 2007

Wiedemann, J.: Leichtbau: Elemente und Konstruktion. Springer Verlag, Berlin/Heidelberg, 2007

5 Systemleichtbau – ganzheitliche Gewichtsreduzierung

Albert Albers, Norbert Burkardt

5.1	Definition der Begriffe	117	5.4.1	Topologieoptimierung von Elementen in einem technischen System	124
5.2	Rahmenbedingungen für den Systemleichtbau	119	5.4.2	Optimierung von mechatronischen Systemen	125
5.3	Analyse und Synthese des technischen Systems	122	5.4.3	Automatische Lastenermittlung	126
5.3.1	Funktionsintegration in einem Bauteil	122	5.5	Konstruktion eines Roboterarms	127
5.3.2	Trennung der Funktionen	123	5.6	Fazit	130
5.4	Rechnergestützte Methoden im Systemleichtbau	123	5.7	Weiterführende Informationen	131

Das Ziel des Leichtbaus ist die Reduzierung von Gewicht, welches durch die Anwendung verschiedener Leichtbaustrategien, wie z. B. Form- und Stoffleichtbau, erreicht werden kann. Dabei wird die Gewichtsreduzierung einzelner Bauteile beispielsweise durch die gezielte Auswahl geeigneter Werkstoffe und durch die Gestaltung von Bauteilform und -topologie fokussiert. Demgegenüber stellt der Systemleichtbau eine Methode zur ganzheitlichen Gewichtsreduzierung von technischen Systemen dar.

Ganzheitlich bedeutet, dass nicht ein einzelnes Bauteil betrachtet wird, sondern das ganze System. Man stellt sich die Frage: Muss das System diese Masse haben, um die Funktion zu erfüllen für die es gedacht ist? Oder anders herum betrachtet: Würde eine Verringerung der Masse die Funktion des Systems beeinträchtigen oder unmöglich machen? Der Systemleichtbauer geht also vom Zweck des Systems aus und sucht nach leichteren Lösungen, die den gleichen Zweck erfüllen. Dabei kann eine völlige Neukonstruktion herauskommen. Unter Verwendung neuer Technologien kann das leichtere Produkt sich sogar extrem vom Vorgängerprodukt unterscheiden und dessen Funktionalität weit übertreffen. Beispiele für extremen Systemleichtbau wären die Armbanduhr gegenüber einer mechanischen Wanduhr, der Laptop gegenüber einer Schreibmaschine oder das Handy gegenüber dem Schnurtelefon.

In der Praxis geht es natürlich meist darum, mit den gegebenen Möglichkeiten des Stands der Technik Verbesserungen zu erzielen. Dies erfolgt oft durch Funktionsintegration, also durch die Zusammenfassung verschiedener Unterfunktionen eines Systems. Das integrierte Funktionselement kann dann durchaus schwerer sein als vorher, aber durch Wegfall der Subsysteme hat sich die Gesamtbilanz hinsichtlich des Gewichts verbessert.

Der Systemleichtbau ist bei allen mobilen Anwendungen von Bedeutung, da man hier mit leichteren Werkstoffen allein noch nicht das Maximum erreicht. Die oben genannten Beispiele zeigen in beeindruckender Weise, wie systemische Revolutionen zu federleichten Alltagsgegenständen geführt haben, die unter Beibehaltung der alten Konstruktion undenkbar wären.

5.1 Definition der Begriffe

Ein technisches System ist in diesem Zusammenhang als eine von der Umgebung abgrenzbare Einheit definiert, deren innere Elemente untereinander in ausgeprägteren Beziehungen zueinander stehen als zu anderen außenstehenden Elementen.

Die Wirkung des Systems ist größer als die der Summe der einzelnen Elemente. Die Elemente sind entsprechend einem bestimmten Zweck organisiert und durch die Systemgrenze gegenüber der Umgebung abgegrenzt. Das Black-Box-Modell (Abb. 5.1) ist die elementare Darstellung der Systemtheorie. Die Elemente können weitere Teilsysteme enthalten, die wiederum Elemente und Teilsysteme enthalten können. Die Funktionen stellen die Transformationsmöglichkeiten des Systems dar und sind durch Wechselwirkungen über die Systemgrenze hinaus charakterisiert (Meboldt 2008, Ottnad 2009, Pahl et al. 2007).

Wie diese Funktionen technisch umgesetzt werden, ist dabei nicht von Belang. Die Anzahl der zur Funktionserfüllung notwendigen Elemente und Teilsysteme kann in einem technischen System damit variieren und ist nicht festgelegt. Zur Funktionserfüllung können die Elemente und Teilsysteme ebenfalls unterschiedlich in Wechselwirkung stehen.

Unter Systemleichtbau ist die ganzheitliche Optimierung eines technischen Systems im Hinblick auf Gewicht und Massenträgheit unter Berücksichtigung aller Beziehungen und Wechselwirkungen im System sowie allgemeiner technischer und wirtschaftlicher Rahmenbedingungen zu verstehen. Der Systemleichtbau stellt damit eine werkstoff- und produktübergreifende Methode des Leichtbaus dar.

Sollen in einem System sowohl Gewicht als auch Massenträgheit reduziert werden, so kann sich ein Widerspruch ergeben, da eine Gewichtsreduzierung nicht unbedingt mit einer Reduzierung der Massenträgheit einhergeht. Als Beispiel sei eine Hohlwelle aus Stahl genannt, bei der der Werkstoff Stahl durch Aluminium substituiert werden soll. Bei gleichem Innendurchmesser der Hohlwelle und gleichem zu übertragenden Moment steigt das Massenträgheitsmoment signifikant, wohingegen die Masse leicht reduziert werden kann.

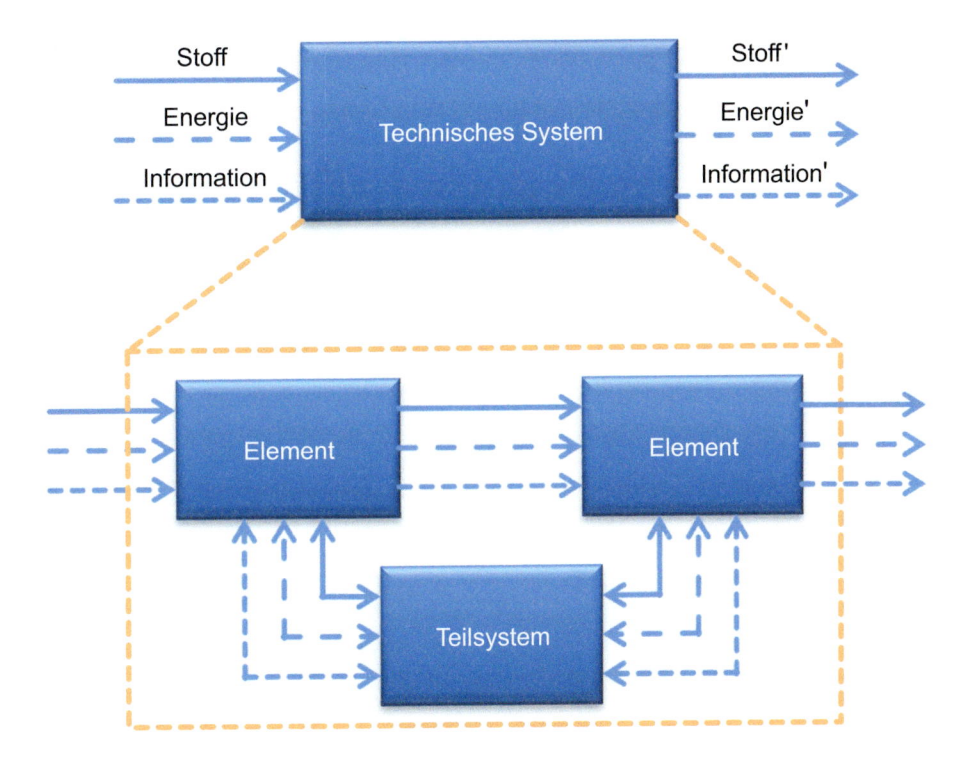

Abb. 5.1: *Black-Box-Modell eines technischen Systems*

Die Funktion technischer Systeme wird durch die Systemkomponenten und deren Interaktionen bestimmt. Die Schnittstellen sind dabei insbesondere unter Leichtbauaspekten, beispielsweise durch die Berücksichtigung verschiedener Werkstoffe und deren Kombination im System wichtig und durch den Produktentwickler bei der Definition der Gestalt zu berücksichtigen. Abhängig vom jeweiligen System kann beispielsweise eine Reduzierung oder Erhöhung der Anzahl der Komponenten erforderlich sein (Abb. 5.2), oder eine Umstrukturierung von Elementen und Teilsystemen im Gesamtsystem. Dies kann für einzelne Elemente auch zu einer Gewichtszunahme führen, die durch zusätzliche zu erfüllende Funktionen oder geänderte Belastungen verursacht werden. Dieser Sachverhalt steht aber nicht im Widerspruch zum Systemleichtbau insofern als die Gewichtszunahme der einzelnen Komponenten durch eine Reduzierung des Gesamtgewichts des Systems oder des Massenträgheitsmoments überkompensiert wird. Definitionsgemäß wird im Systemleichtbau die Betrachtung des Systems, und damit die Wechselwirkungen zwischen einzelnen Elementen, mit der Betrachtung einzelner Elemente verknüpft.

Deshalb ist der Systemleichtbau nicht losgelöst von anderen Leichtbaustrategien zu sehen, sondern steht mit diesen ebenfalls in Wechselwirkung (Abb. 5.3).

Der Systemleichtbau ist dem Form- und Stoffleichtbau übergeordnet (Fischer 2008). Innerhalb eines Systems können Form- und Stoffleichtbau Anwendung finden und damit den Systemleichtbau bei der Gewichtsreduzierung unterstützen.

Mögliche Wechselwirkungen zwischen den Leichtbaustrategien sind:

- Form- und Stoffleichtbau: Die mögliche Form eines Bauteils hängt in starkem Maße vom verwendeten Werkstoff ab.
- System- und Formleichtbau: Die mögliche Form eines Bauteils wird durch den verfügbaren Bauraum im System begrenzt.
- System- und Stoffleichtbau: Der Werkstoff hängt von der Anordnung des Bauteils im System und den damit einhergehenden Umgebungsbedingungen ab.

Beispiel: Optimierung eines Verbrennungsmotors

Als Beispiel für eine Optimierung eines technischen Systems soll ein Verbrennungsmotor dienen, der aus sehr vielen Elementen und Teilsystemen besteht. Für eine Optimierung eignen sich vor allem Elemente, die in hohem Maß zum Gesamtgewicht des Systems beitragen. Das Kurbelgehäuse eines Verbrennungsmotors stellt mit einem Gewichtsanteil von 25–30 % des Motorgewichtes ein solches Bauteil dar.

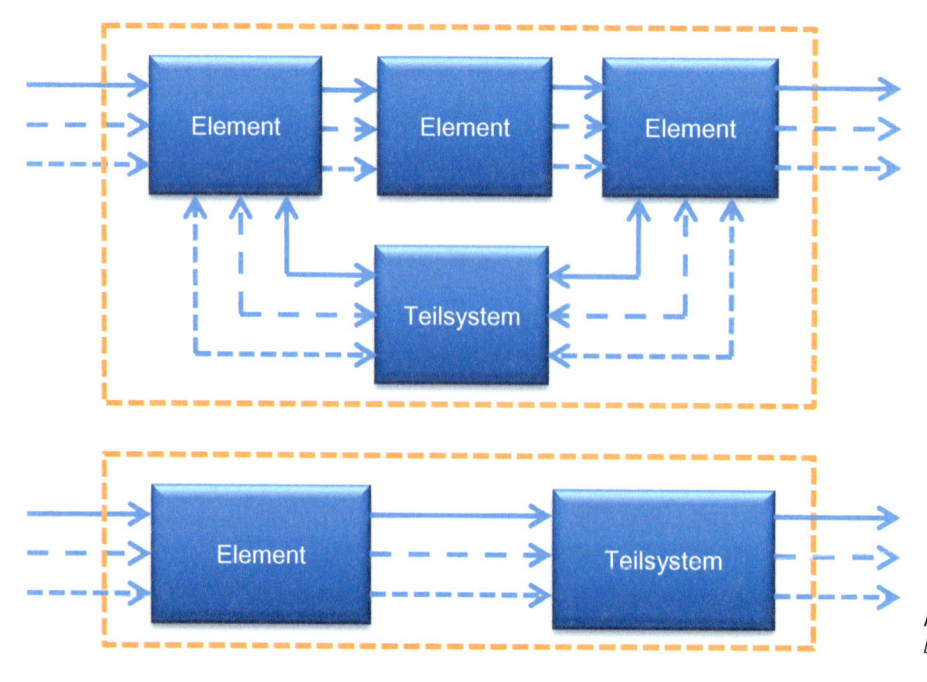

Abb. 5.2: *Variationen eines Black-Box-Modells*

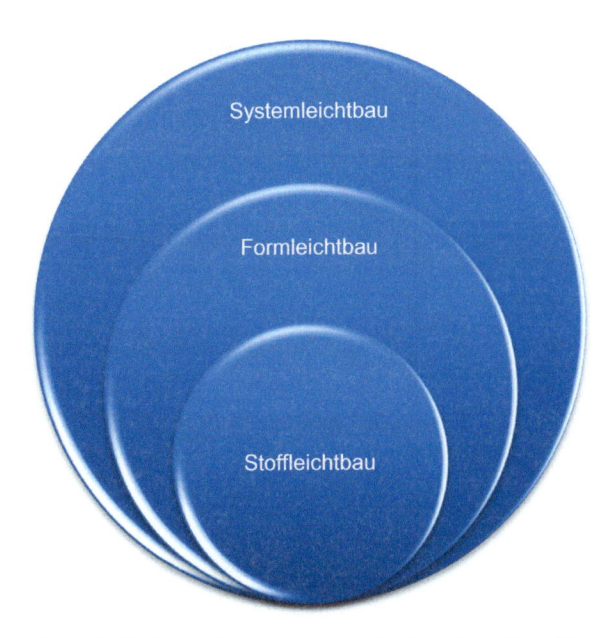

Abb. 5.3: *Wechselwirkungen zwischen den Leichtbaustrategien*

Optimiert man ein Kurbelgehäuse aus Grauguss ohne Beachtung der Wechselwirkungen zum umgebenden System und zwischen den einzelnen Leichtbaustrategien, so erhält man als Ergebnis ein Kurbelgehäuse aus Aluminium mit einer Gewichtsersparnis von ca. 40 %. Das Kurbelgehäuse weist im Bereich der Kolbenführung Wechselwirkungen mit dem Kolben und den Kolbendichtungen auf. An dieser Stelle ist ein gutes tribologisches Verhalten gefordert. Durch die Nähe zum Brennraum ist der Werkstoff hohen Temperaturen und erheblichen Temperaturschwankungen ausgesetzt.

Magnesium bietet aufgrund der geringeren Dichte ein noch größeres Potenzial zum Leichtbau. Aufgrund des tribologischen Verhaltens kann Magnesium jedoch nicht im Bereich der Zylinderlaufflächen eingesetzt werden. Der Einsatz im Bereich hoher Temperaturen ist durch das Kriechverhalten von Magnesium ab ca. 105°C nicht möglich. Aufgrund dieser Überlegungen lässt sich am Kurbelgehäuse ein weiteres Leichtbaupotenzial erschließen. Hierbei wird ein Modell des technischen Systems gebildet, das sowohl die Funktion als auch den Ort der Funktionserfüllung beschreibt.

Durch eine Systemanalyse werden die thermisch, mechanisch und tribologisch hoch belasteten Stellen im Kurbelgehäuse identifiziert. Durch eine Zuordnung einsetzbarer Werkstoffe zu den identifizierten Stellen und ihrer Belastungen kann durch eine Synthese eine Aufteilung des Gehäuses in unterschiedliche Werkstoffe erfolgen.

Die Lösung, die die BMW AG bereits in Serie einsetzt, besteht damit in einer sinnvollen Aufteilung des Kurbelgehäuses in ein Element aus Aluminium und ein Element aus Magnesium (Abb. 5.4). Das Element aus Aluminium ist dabei den hohen thermischen und tribologischen Belastungen ausgesetzt. Das Element aus Magnesium wird in Bereichen des Kurbelgehäuses eingesetzt, in denen der Werkstoff den Anforderungen gerecht wird. Fertigungstechnisch wird diese Lösung durch Umgießen des Elements aus Aluminium mit Magnesium realisiert. Durch die entstehende Verbundbauweise ergibt sich gegenüber einem Aluminiumkurbelgehäuse nochmals ein Gewichtsvorteil von ca. 25 % (Klüting 2004).

Dieses Beispiel zeigt, dass der Systemleichtbau und die anderen Leichtbaustrategien wie z. B. der Stoffleichtbau, eng in Wechselwirkung stehen und gemeinsam betrachtet werden müssen.

5.2 Rahmenbedingungen für den Systemleichtbau

Neben den technischen Bedingungen unterliegt jedes Produkt im freien Markt auch wirtschaftlichen Rahmenbedingungen, durch die es in der Regel nicht möglich ist, das aus technischer Sicht maximale Leichtbaupotenzial auszuschöpfen. Insbesondere unter diesen Rahmenbedingungen ist es wichtig, das Gesamtsystem zu betrachten, damit für das Produkt unter den vorgegebenen Rahmenbedingungen das größte Leichtbaupotenzial erzielt werden kann. Mögliche Rahmenbedingungen für ein Produkt sind (Abb. 5.5):

- Der Gestaltung kommt eine zentrale Bedeutung im Systemleichtbau zu, da sie zum einen von vielen anderen Aspekten beeinflusst wird und diese zum anderen gleichzeitig selbst beeinflusst. Sie beinhaltet die Festlegung der Form der Bauteile,

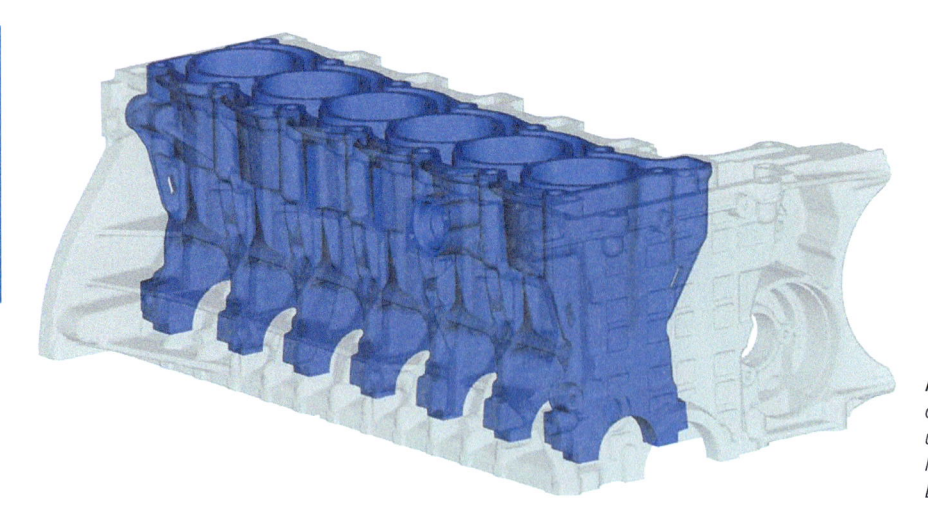

Abb. 5.4: *Kurbelgehäuse, das zum Teil aus Aluminium und zum anderen Teil aus Magnesium besteht (Quelle: BMW AG)*

die sehr entscheidend viele Produktmerkmale mitbestimmt. In der Gestaltung können verschiedene Bauweisen, wie z. B. Differential-, Integral- oder Hybridbauweise Anwendung finden, die abhängig von der jeweils zu erfüllenden Funktion sind. Die optische Anmutung durch das Design des Produktes spielt für den Erfolg ebenfalls oft eine wichtige Rolle.

- Für die Fertigung spielt die Losgröße eine bedeutende Rolle, da sie das Fertigungsverfahren und damit dessen spezifische Vor- und Nachteile mitbestimmt. Viele Verfahren eignen sich nur für eine Kleinserienfertigung, da sie keine hohen Stückzahlen erlauben. Als Beispiel sei die Fertigung von Felgen aus Faserverbundkunststoff (FVK) genannt, die gegenwärtig nur mit einem großen Anteil an Handarbeit erfolgen kann. Darüber hinaus beeinflusst das Fertigungsverfahren auch in hohem Maße die Produktionskosten. Die Montage und das Fügen müssen ebenfalls beachtet werden, da die Möglichkeiten oftmals durch die verwendeten Werkstoffe begrenzt sind. Sehr wichtig ist auch die Qualitätssicherung in der Fertigung, die insbesondere bei faserverstärkten Kunststoffen sehr schwierig ist (Kap. IV.6).
- Die Qualität eines Produktes wird subjektiv durch die Zufriedenheit des Kunden bezüglich seiner an das Produkt gestellten Ansprüche bestimmt. Eine objektive und zugleich quantitative Größe zur Beurteilung ist beispielsweise die erzielbare Lebensdauer eines Produktes. Bei vielen Anwendungen werden auch geringe Toleranzen oder korrosionsfreie Oberflächen als qualitativ hochwertig eingestuft. Ein weiterer sehr wichtiger Aspekt ist der Komfort eines Produktes. Dieser wird zum Beispiel durch Geräuschemissionen oder Schwingungen an der Mensch-Maschine-Schnittstelle wahrgenommen.
- Die Sicherheit eines Produktes wird durch Festigkeit, Steifigkeit, Stabilität, Betriebsfestigkeit und das Crashverhalten bestimmt. Sie kann in vielen Fällen durch experimentell ermittelte Kennwerte quantitativ bewertet werden. Sicherheitsmerkmale wie Stabilität oder Betriebsfestigkeit können nur quantitativ bewertet werden, wenn zur experimentellen Absicherung aufwändige Tests und Prüfverfahren eingesetzt werden. Diese experimentelle Absicherung ist Teil eines umfassenden Produktvalidierungsprozesses (Kap. I.6), der auf die speziellen Anforderungen für Leichtbaukomponenten abgestimmt sein muss.
- Die Auswirkungen des Produktes auf die Umwelt müssen ebenfalls von der Fertigung über die Nutzung bis zum Recycling des Produktes beachtet werden. Zum einen muss das Produkt an sich umweltverträglich sein und zum anderen ist der Energieeinsatz bei der Produktion, während der Anwendung des Produktes und bei der Entsorgung zu berücksichtigen. Aber auch die Schallabstrahlung durch schwingende Bauteil-

flächen kann die Umwelt belasten. Am Ende eines Produktlebenszyklus muss das Produkt entsorgt werden, wobei eine bestmögliche Recyclingrate mit geringem Energieeinsatz anzustreben ist. Dies könnte insbesondere bei faserverstärkten Kunststoffen oder im Allgemeinen, nicht trennbaren Werkstoffen, problematisch werden (Kap. V.6).

Für den Erfolg eines Produktes ist ein gutes Kosten-Nutzen-Verhältnis sehr wichtig. Dies bedeutet, dass die Mehrkosten durch Leichtbau mit einem entsprechenden Mehrwert für den Kunden einhergehen müssen. Einen solchen Mehrwert könnten geringere Betriebskosten, höhere erzielbare Nutzlasten oder eine verbesserte Maschinendynamik darstellen. Für eine Anwendung im System ist es beim Leichtbau also wichtig, die Orte zu identifizieren, an denen Leichtbau im Hinblick auf das Gesamtsystem eine möglichst gute Kosten-Nutzen-Relation aufweist.

Als Beispiel für den Systemleichtbau an einem mobilen System soll ein Fahrzeug dienen. In Hinblick auf die Energieeffizienz eines mobilen Systems ist es sinnvoll, die Masse derjenigen Komponenten zu reduzieren, die häufigen und starken Beschleunigungen ausgesetzt sind. Dazu zählen rotierende Elemente, wie z. B. eine Radfelge, bei der bei jedem Beschleunigungs- und Bremsvorgang die Drehzahl und damit die darin gespeicherte kinetische Energie geändert wird. Im Falle der Beschleunigung einer Felge mit höherem Trägheitsmoment ist ein stärkerer Motor für die gleiche Dynamik notwendig und beim Bremsvorgang wird der höhere Energieinhalt zusätzlich in Wärme umgewandelt. Sowohl beim Beschleunigen als auch beim Bremsen ist also ein möglichst niedriges Trägheitsmoment erstrebenswert.

Das Rad gehört ebenfalls zu den ungefederten Massen eines Fahrzeuges, die in entscheidendem Maße die Fahrsicherheit beeinflussen. Durch niedrige ungefederte Massen kann das Fahrwerk schneller den Fahrbahnunebenheiten folgen. Gleichzeitig werden die Fahrwerksschwingungen gedämpft, wodurch mit höheren ungefederten Massen mehr Energie verloren geht.

In Bezug auf die Fahreigenschaften erscheint es sinnvoll, Gewicht an den höher gelegenen Stellen im Fahrzeug einzusparen, damit der Schwerpunkt

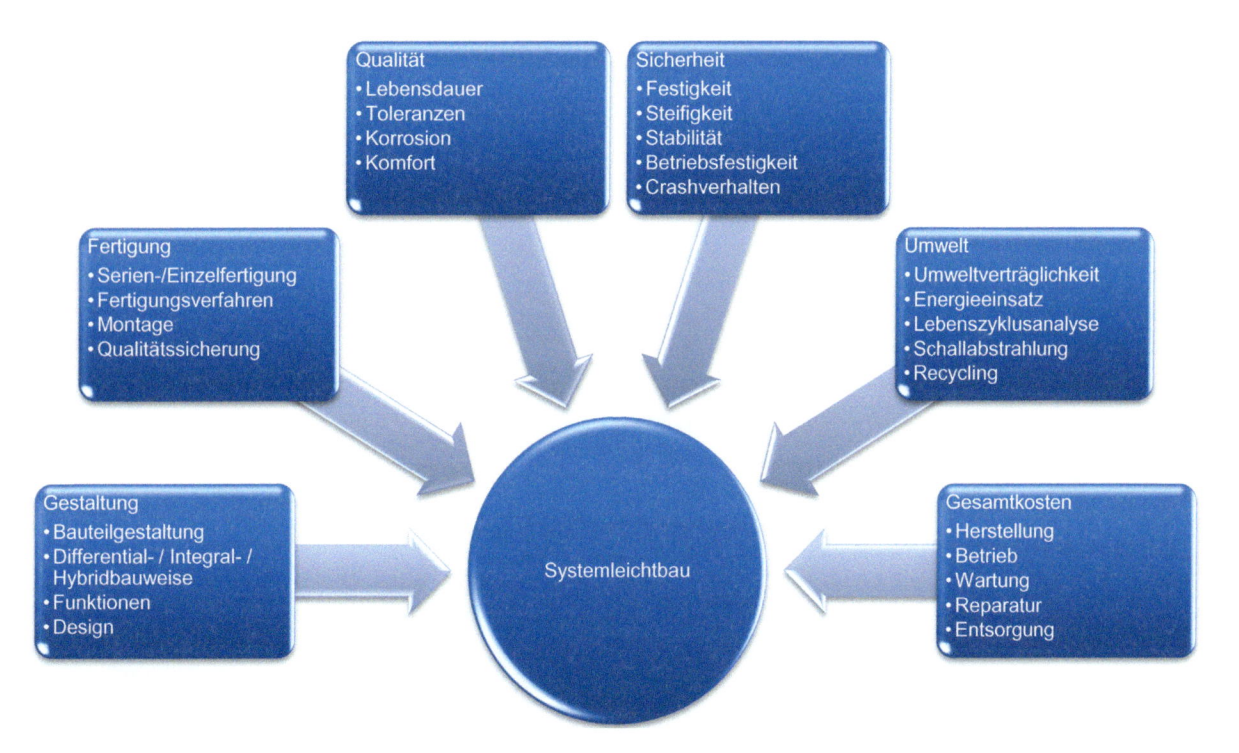

Abb. 5.5: *Rahmenbedingungen für den Systemleichtbau*

abgesenkt werden kann. Soll das gesamte Fahrzeuggewicht gesenkt werden, so ist die Suche nach Bauteilen mit einem möglichst guten Kosten-Nutzen-Verhältnis sinnvoll. Zur Identifizierung dieser Bauteile ist es wichtig, ein System und die Wechselwirkungen im System zu verstehen.

5.3 Analyse und Synthese des technischen Systems

Bei der Anwendung von Systemleichtbau ist zu Beginn eine Analyse des zu optimierenden technischen Systems durchzuführen. Durch eine methodische Vorgehensweise bei der Systemanalyse können alle Beziehungen und Wechselwirkungen zuverlässig erfasst werden. Dazu eignet sich das Contact & Channel Model (Kapitel I.1) mit einer generalisierten Definition von Wirkflächenpaaren und Leitstützstrukturen, die es erlaubt, mechatronische Systeme mit Regelungs- und Softwarekomponenten zu analysieren. Zusätzlich besteht damit die Möglichkeit einer Überführung von Modellen in die Simulation unter Berücksichtigung der Schnittstellen zwischen verschiedenen Simulationsumgebungen (Kap. I.4) (Ottnad 2009, Albers et al. 2010).

Wirkflächenpaare können zur Beschreibung funktionaler Zusammenhänge zwischen einzelnen Bauteilen und Baugruppen genutzt werden, und lassen sich in Softwareanwendungen so implementieren, dass sie auf Anwendungsebene als Schnittstellen zwischen Softwarewerkzeugen eingesetzt werden können. Die Wirkflächenpaare im System können dabei als Schnittstellen zwischen einzelnen Bauteilen oder Baugruppen in einer Simulationsumgebung implementiert werden (Albers et al. 2002).

Betrachtet man ein geregeltes und dynamisches System auf einer abstrakten Ebene (Abb. 5.6), so ergeben sich zwischen den einzelnen Elementen Wechselwirkungen durch die Massen der einzelnen Elemente und den davon abhängigen dynamischen Kräften. Verändert sich das Gewicht oder die Topologie eines Elementes, so hat dies Auswirkungen auf die Eigenfrequenzen und die Steifigkeit des Elements und beeinflusst damit auch das gesamte Systemverhalten, da die anderen Elemente im System andere Lasten erfahren. Schließt man die Regelung in die Betrachtung mit ein, so ergeben sich weitere wichtige Parameter, die das Systemverhalten beeinflussen können. Durch eine Anpassung der Reglerparameter oder der Regelungsstrategie werden die dynamisch auftretenden Reaktionskräfte der betroffenen Elemente verändert. Im System kann dadurch das Schwingungsverhalten beeinflusst werden. Zur Abstimmung eines Systems auf das gewünschte Systemverhalten müssen diese Wechselwirkungen zwischen den Elementen im System berücksichtigt werden.

Nach der Analyse des zu optimierenden Systems können – aufbauend auf dem erstellten Modell und den damit aufgezeigten funktionalen Zusammenhängen – neue Lösungen synthetisiert werden. Die Ideenfindung kann dabei unter anderem durch die zwei folgend genannten Konstruktionsprinzipien unterstützt werden.

5.3.1 Funktionsintegration in einem Bauteil

Eine Möglichkeit der Synthese ist die Integration möglichst vieler Funktionen in einem einzigen Bauteil. Geachtet werden muss dabei auf eine möglichst gute Ausnutzung des Bauteilvolumens.

Bei der Anwendung dieses Prinzips ist bei der Gestaltung und Auslegung der Bauteile Vorsicht

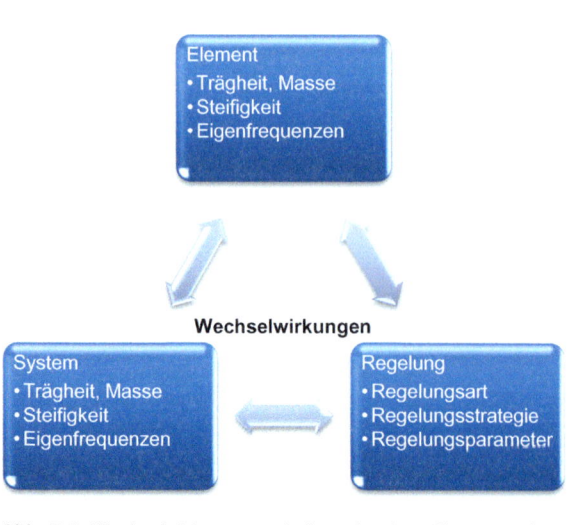

Abb. 5.6: *Wechselwirkungen zwischen einzelnen Elementen im Systemleichtbau*

geboten. Je nach Anwendungsfall ist es nicht mehr möglich, einen eindeutigen Kraftfluss zu identifizieren, was zu Problemen bei der Dimensionierung der Bauteile führen kann. Ebenso kann es bei der Funktionsintegration zu Toleranzketten kommen, die unbedingt beachtet werden müssen. Durch die Funktionsintegration kann das Gewicht des neu gestalteten Bauteils zunehmen. Bezogen auf das Gesamtsystem ist dabei jedoch eine Gewichtsreduzierung möglich.

Die Ziele der Funktionsintegration sind neben dem reduzierten Systemgewicht, niedrigere Produktionskosten durch einen geringeren Materialeinsatz und niedrigere Logistik- und Montagekosten durch Reduzierung der Anzahl an Bauteilen. Dies lässt sich jedoch nicht pauschal auf alle Bauteile anwenden und muss geprüft werden. Die Funktionsintegration lässt sich oftmals nur durch komplexere Formen oder andere Fertigungsverfahren realisieren, die zu erhöhten Produktionskosten führen können.

Ein praktisches Beispiel für die Funktionsintegration ist die Frontscheibe eines Kraftfahrzeugs, welche neben der offensichtlichen Funktion Sicht und Schutz der Insassen auch noch eine Trag- und Versteifungsfunktion der Karosserie erfüllt.

Ein weiteres Beispiel zeigt die Möglichkeit der Funktionsintegration einer Bauteilverbindung. Im Fahrzeugbau werden Karosserieteile inzwischen oft verklebt und nicht mehr geschweißt, genietet oder verschraubt. Durch die großflächigere Kraftübertragung kann eine höhere Steifigkeit erreicht werden, die ein Potenzial zur Gewichtsersparnis bietet. Darüber hinaus dichten die Klebeverbindungen gleichzeitig die Karosserie ab, wodurch zusätzliche Dichtmasse eingespart werden kann. Ein weiterer Vorteil für den Leichtbau ist die mögliche Verbindung unterschiedlicher Werkstoffe durch Klebeverbindungen, da durch die Trennung der Bauteile durch die Klebeschicht Kontaktkorrosion vermieden werden kann (Kap. IV.4).

5.3.2 Trennung der Funktionen

Eine andere Möglichkeit in der Systemsynthese besteht darin, jedem Element nur eine einzelne Funktion zuzuweisen. Das in der Systemanalyse gewonnene Systemverständnis bietet dafür die Vorlage zum Aufteilen der Funktionen auf einzelne Bauteile unter Berücksichtigung aller Wechselwirkungen. Der Vorteil dieser Methode liegt darin, dass die Systemgestaltung dadurch eindeutig wird, und das System mit geringeren Sicherheitsfaktoren dimensioniert werden kann. Im Falle einer reinen Zug-/Druckbelastung der Elemente kann der Werkstoff optimal ausgenutzt werden.

Ein Nachteil dieses Prinzips ist, dass der zur optimalen Anordnung der Elemente notwendige Bauraum oft nicht zur Verfügung steht und dass zur Funktionserfüllung eine höhere Anzahl an Bauteilen benötigt wird. Beispiele sind die Radaufhängungen von Rennwagen, die durch einzelne Zug- und Druckstäbe gestaltet sind. Dadurch kann eine optimale Werkstoffausnutzung erreicht werden.

5.4 Rechnergestützte Methoden im Systemleichtbau

Die Optimierung von technischen Systemen ist durch deren Komplexität in der Regel nicht durch einen analytischen Ansatz lösbar. Aus diesem Grund bedient man sich hier in der Regel numerischer Methoden. Zur Optimierung mechanischer Strukturen und Systeme finden insbesondere die Finite-Elemente-Methode (FEM), die Simulation von Mehrkörpersystemen (MKS) sowie eindimensionale Simulationswerkzeuge (z. B. Matlab/Simulink) Anwendung. Bei Anwendungen der FEM steht typischerweise das Verhalten einzelner oder relativ weniger Bauteile im Vordergrund. Bei der konventionellen MKS mit reinen Starrkörpern steht das Systemverhalten im Vordergrund. Das Ziel der Anwendung eindimensionaler Simulationswerkzeuge ist die Simulation großer und komplexer Systeme, mit denen der Einfluss von Parametern auf das gesamte Systemverhalten analysiert werden kann. Die Systemgrenzen sollten bei allen Simulationsmethoden so klein wie möglich und so groß wie nötig gewählt werden.

Jede Simulationsmethode hat dabei spezifische Vor- und Nachteile. Durch eine Kombination der Simulationsansätze besteht die Chance, alle Vorteile miteinander zu verbinden und die Nachteile größtenteils zu eliminieren (Abb. 5.7). Durch eine Aufteilung des Systems durch Wirkflächen gemäß des generalisierten Contact & Channel Models können mehrere Simulationswerkzeuge zusammengeführt werden. Es wird dadurch möglich, alle relevanten Wechselwirkungen zwischen Bauteil, Teilsystem und Gesamtsystem zu erfassen.

Beispielsweise kann das Schwingungsverhalten eines flexiblen Körpers das Verhalten eines Teilsystems und des Gesamtsystems beeinflussen. Betrachtet man einen gesamten Antriebsstrang eines Fahrzeugs und möchte die Kupplung in Hinsicht auf Leichtbau optimieren, so ist es nötig, dass der Optimierung die in der Realität auftretenden Lasten zugrunde gelegt werden. Dazu können der Motor, der restliche Antriebsstrang vom Getriebe bis zum Reifen/Fahrbahnkontakt sowie der Fahrer und die Umgebungsbedingungen in einer eindimensionalen Simulation berechnet werden. Der Einfluss des Fahrers und der Umgebungsbedingungen darf dabei nicht unterschätzt werden, da sie die auftretenden Phänomene im Antriebsstrang mit beeinflussen. Für eine effiziente Simulation der realen Umgebungsbedingungen ist eine sinnvolle Wahl des Abstraktionsgrads der Modelle wichtig, da viele Komponenten das untersuchte Teilsystem nur am Rande beeinflussen. Das Kupplungssystem kann für eine genaue Untersuchung als Mehrkörpermodell in die Simulation eingebunden werden, sofern die Möglichkeiten einer eindimensionalen Simulation dafür nicht ausreichend sind. Ein Kupplungssystem enthält aber auch sehr viele elastische Bauteile, wie z. B. die Tellerfeder, die nicht als Starrkörper, angenommen werden dürfen. In der MKS besteht die Möglichkeit einer Aufteilung der elastischen Elemente in mehrere Starrkörper oder die Anwendung von speziellen Elementen, die elastische Verformungen berücksichtigen. Die mögliche Geometrie solcher Elemente kann jedoch nicht beliebig sein. Für komplexere Formen ist eine Einbindung als flexibler FEM-Körper notwendig.

5.4.1 Topologieoptimierung von Elementen in einem technischen System

Ist das Ziel z. B. die Optimierung der Topologie eines Elements in einem geregelten, dynamischen System, so sind folgende Aspekte von zentraler Bedeutung:
- Die Abbildung des Systemverhaltens wird durch die Integration von elastischen Körpern in der Simulation realistischer, da die Wechselwirkungen zwischen Element und System erfasst werden können. Dies kann durch eine hybride Mehrkörpersimulation erzielt werden.
- Für die Optimierung von dynamisch belasteten Bauteilen können aus der Simulation Last-Zeitreihen abgeleitet werden, welche dann maßgeblich die spätere Bauteilgestalt beeinflussen.
- Durch eine eindimensionale Restsystemsimulation in Verbindung mit der hybriden Mehrkörpersimulation ist bei einer relativ niedrigen Berechnungsdauer eine sehr realistische Simulation des Gesamtsystems möglich.
- Durch die Integration von eindimensionalen Simulationsprogrammen bietet sich zudem die Möglichkeit, die Regelung mit in die Simulation und Optimierung zu integrieren. Für die Regelung

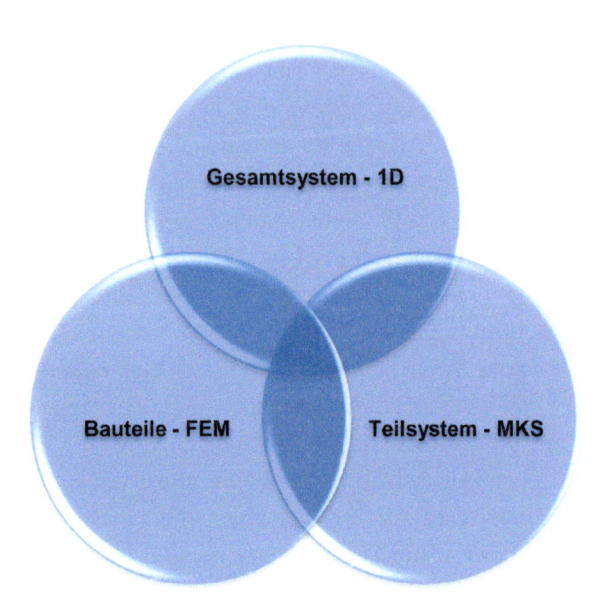

Abb. 5.7: *Kombination verschiedener Simulationsansätze*

sind eindimensionale Simulationswerkzeuge bestens geeignet und viel komfortabler als eventuell vorhandene Regelungsmodule in anderen Softwarepaketen.

Der Einfluss einer hybriden Simulation wurde anhand einer Simulation eines Landemanövers eines Transportflugzeugs aufgezeigt. Bei der Simulation als reines Starrkörpermodell betragen die Beschleunigungswerte im Cockpit nur etwa ein Drittel wie bei einer Analyse mit hybrider Mehrkörpersimulation. Hier zeigt sich stark die Bedeutung einer solchen Betrachtung in Hinblick auf Leichtbau, da sich die resultierenden Spannungen in den Bauteilen deutlich unterscheiden können (Ottnad 2009, Krüger 2002).

5.4.2 Optimierung von mechatronischen Systemen

Die Bedeutung und die Verbreitung mechatronischer und geregelter Systeme nehmen immer weiter zu. Insbesondere im Hinblick auf den Systemleichtbau bieten diese eine interessante und nicht zu vernachlässigende Möglichkeit, Gewicht einzusparen. In einer traditionellen Optimierung werden einzelne Bauteile ohne Berücksichtigung von Wechselwirkungen zwischen den einzelnen Elementen im System sowie der Regelung optimiert. Für ein statisch belastetes Bauteil ist dieser Weg sinnvoll, da die Lasten in der Regel unabhängig von der Gestalt des Bauteils sind. Für Bauteile in dynamischen und geregelten Systemen können die Lasten jedoch durch das dynamische Verhalten von Bauteilen im System beeinflusst werden. Die Regelung beeinflusst durch die Ausgabegrößen ebenfalls die Dynamik und die dadurch entstehenden Lasten. Eine Modifikation von Bauteilen oder Reglerparametern kann daher zu einem geänderten Systemverhalten und damit auch zu geänderten Lastsituationen führen.

Die Herausforderung im dynamischen Optimierungsfall besteht darin, dass z. B. bei der Optimierung der Bauteilgestalt die Eingangsgrößen für die Optimierung wiederum von der Bauteilgestalt abhängen. Es ist damit unmöglich, Ursache und Wirkung zu identifizieren. Als Metapher zu dem Problem kann das „Henne-Ei-Problem" angeführt werden. Zur Umgehung des Problems gibt es verschiedene Möglichkeiten (Ottnad 2009):

- Abschätzen oder Annähern des Systemverhaltens: Die Daten dazu können zum einen von Vorgängerelementen oder -systemen genutzt werden und dabei sowohl aus Simulation oder Versuch. Alternativ kann ein Startwert geschätzt oder intuitiv bestimmt werden. Problematisch ist dabei, dass der Startwert ein Ausgangsdesign darstellt. Zwischen den einzelnen Iterationsschritten der Optimierung müssen die Eingangsgrößen für den nächsten Optimierungsschritt angepasst werden. Für die eigentliche Optimierung wird dann der traditionelle Optimierungsprozess (Abb. 5.8) für statische Bauteile verwendet.

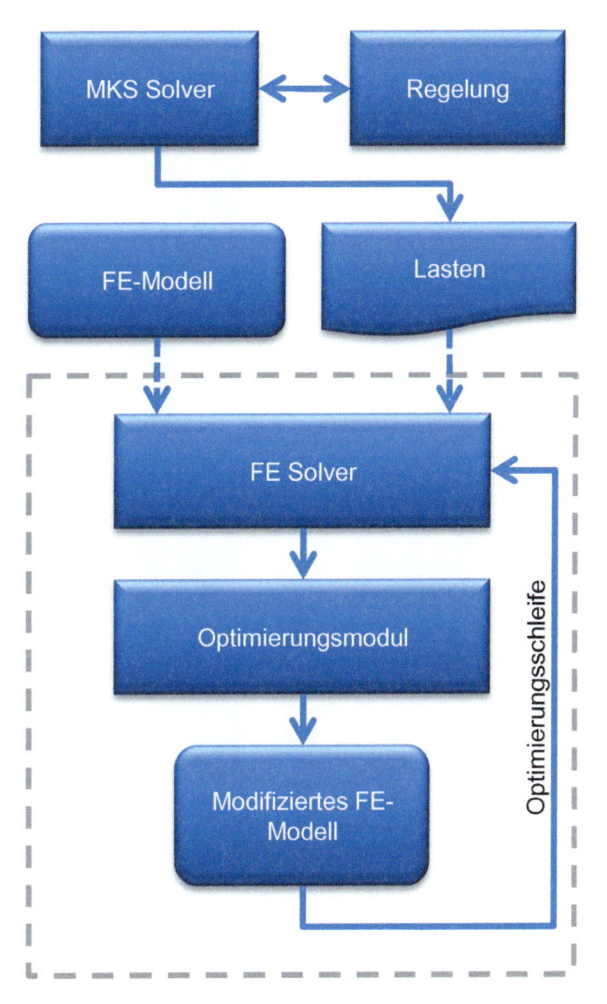

Abb. 5.8: *Traditioneller Optimierungsprozess für ein mechatronisches System*

Dieses Verfahren arbeitet schrittweise und ist mit viel Aufwand verbunden, da bei jeder Iteration ein kompletter Optimierungsprozess durchgeführt werden muss.

- Aktualisierung der Lasten: Durch eine Aktualisierung der Lasten kann der Effekt einer „falschen" Annahme im Optimierungsprozess stark reduziert werden, jedoch wird er dadurch nicht aufgehoben. Es wird allerdings vermieden, mehrfache vollständige Optimierungszyklen durchzuführen, die in der Praxis aus Zeit- und Kostengründen nur schwer durchgeführt werden können. Eine deutliche Steigerung der Effizienz ist gegeben, sofern die Aktualisierung der Lasten vollständig automatisiert abläuft (Abb. 5.9).

5.4.3 Automatische Lastenermittlung

Es ist für eine solche Optimierung sehr wichtig, die Lasten automatisch zu ermitteln, allerdings ändern sich in einer systembasierten Optimierung die auftretenden Lasten mit jeder Iteration und müssen daher fortlaufend angepasst und in die Optimierung integriert werden. Es ist jedoch nicht zweckmäßig, an bestimmten Zeitpunkten, an denen die kritischen Lasten im Ausgangsdesign auftraten, die Lasten für die Optimierung auszulesen, da sich diese durch das dynamische Systemverhalten verschieben können (Abb. 5.10). Die Lasten müssen für eine solche Optimierung also ebenfalls dynamisch ermittelt und an die Optimierung übergeben werden. Zur Vermeidung ähnlicher Lastfälle, die anhand von Schwingungen

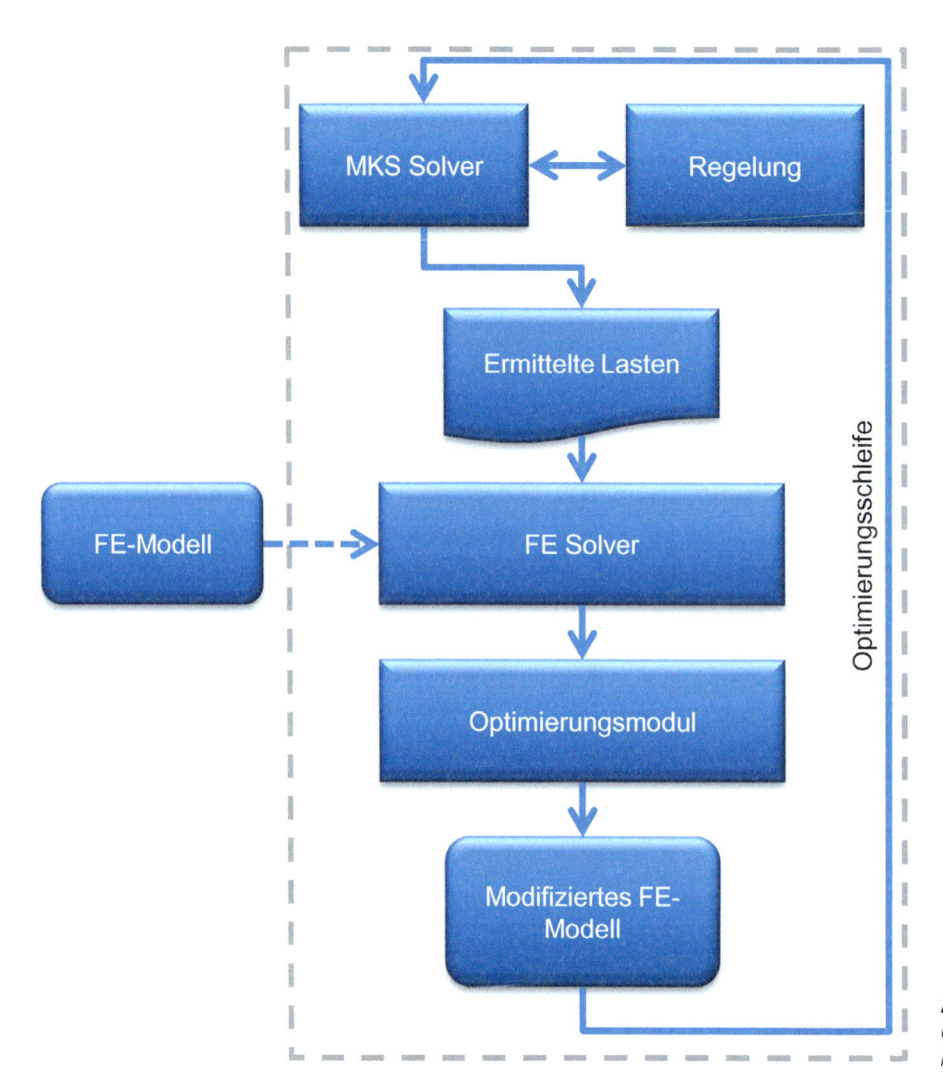

Abb. 5.9: *Systembasierter Optimierungsprozess für ein mechatronisches System*

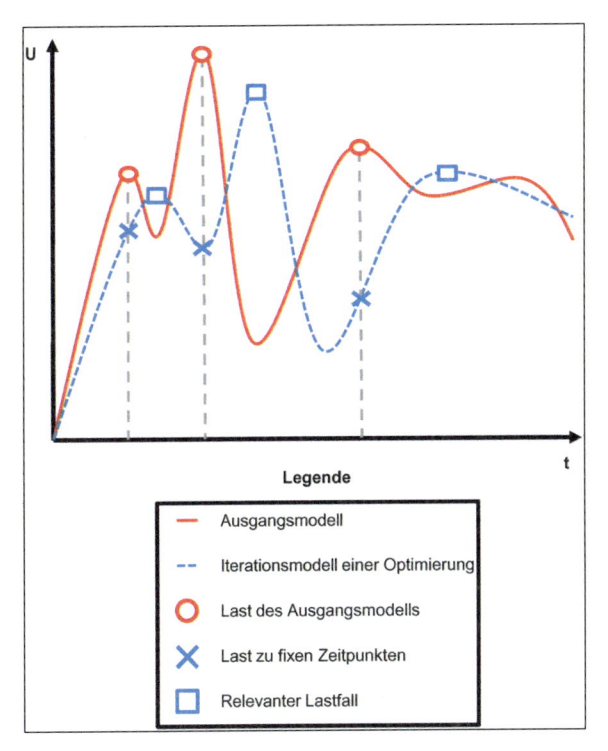

Abb. 5.10: *Automatische Lastfallermittlung*

entstehen könnten, sollten die gewählten Lastfälle einen Mindestabstand voneinander aufweisen. Solche ähnlichen Lastfälle würden für die Optimierung keinen Vorteil bieten und erzeugen die Gefahr, dass die Struktur bei anderen Lastfällen unterdimensioniert ist.

5.5 Konstruktion eines Roboterarms

Als Beispiel für eine Topologieoptimierung soll der humanoide Roboter ARMAR III (Abb. 5.11) dienen, der im Rahmen des Sonderforschungsbereichs (SFB) 588 unter anderem vom IPEK – Institut für Produktentwicklung Karlsruhe am Karlsruher Institut für Technologie (KIT) entwickelt und als Demonstrator umgesetzt wurde. Der Arm von ARMAR III verfügt über sieben aktive Freiheitsgrade, während der menschliche Arm neun Freiheitsgrade hat. Bei der äußeren Gestaltung des Roboterarms orientiert sich der Arm an der menschlichen Gestalt. Dadurch soll er in der Lage sein, Tätigkeiten in menschlicher Umgebung genauso wie der Mensch auszuüben. Zur

Abb. 5.11: *Oberkörper des humanoiden Roboters ARMAR III*

Bereitstellung geeigneter Antriebsmomente werden Elektromotoren in Kombination mit unterschiedlichen Elementen, wie etwa Zahnriemen, Seilzügen und Harmonic Drive- oder Schneckengetrieben eingesetzt. Zur Erfassung von Position, Geschwindigkeit sowie Drehmoment und äußeren Kräften kommen in den Gelenken verschiedene Sensorsysteme zum Einsatz.

Der Optimierungsprozess wird an einem stark vereinfachten Modell des Unterarms von ARMAR III (Abb. 5.12) mit lediglich einem geregelten Freiheitsgrad demonstriert. Dabei handelt es sich um ein System mit einem aktiven geregelten Rotationsgelenk, vergleichbar mit dem Teilsystem zur Beugung des Ellenbogengelenks. Das zu optimierende Bauteil stellt die verbindende Leitstützstruktur zwischen aufgebrachtem Motormoment und der zu bewegenden Last dar. An dieser soll eine Topologieoptimierung

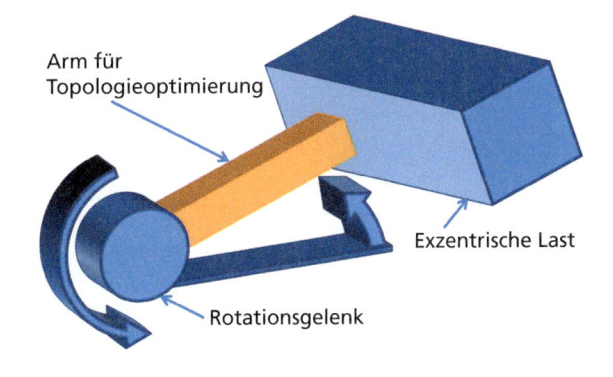

Abb. 5.12: *Stark vereinfachtes Modell des Unterarms des ARMAR III*

unter Beachtung des Systemverhaltens durchgeführt werden. Dazu ist in der MKS-Simulation ein flexibler Körper auf Basis einer FE-Repräsentation notwendig. Die Last ist als einfacher quaderförmiger Starrkörper modelliert, die etwas außerhalb der Mitte bzw. der Armlängsachse fixiert ist.

Die Verbindung zur Regelung erfolgt an zwei Wirkstellen: Einerseits wird das Motormoment eingeleitet und andererseits werden Winkelgeschwindigkeit und Drehwinkel als Sensorinformation ausgegeben. Diese Wirkflächenpaare im System bilden – wie bereits beschrieben – also auch Schnittstellen im Simulationsmodell. Die verwendeten Eingangs- und Ausgangsgrößen des MKS-Modells entsprechen dabei dem physikalischen Modell. Der Motor und eine Momentenbeschränkung sind als einfache Signalblöcke modelliert; sie sind für die weitere Optimierung nicht von Bedeutung. Die eigentliche Regelung besteht aus einem PID-Regler (Abb. 5.13). Als Eingangsgröße wird eine Sprungfunktion für eine Rotation des Armes um 90° vorgegeben.

Der maximal zur Verfügung stehende Bauraum für die Leitstützstruktur im System wird mit Hilfe eines

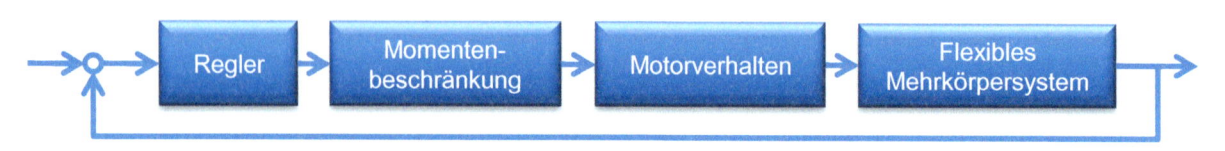

Abb. 5.13: *Regelungsstruktur für die Simulation des Roboterarms*

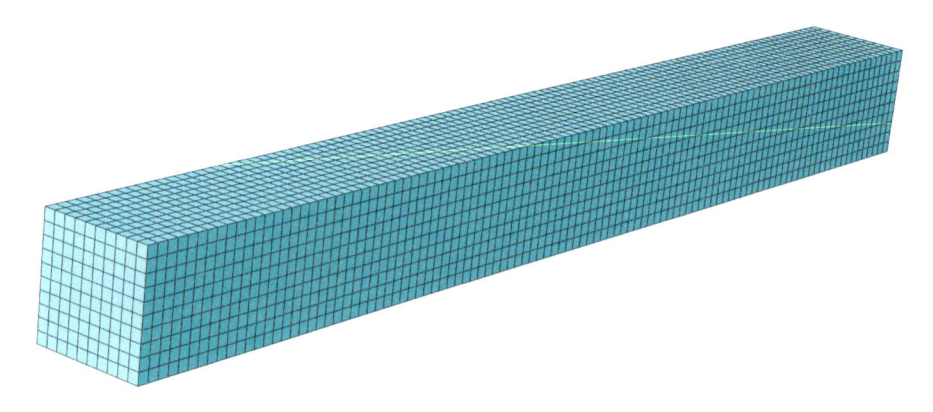

Abb. 5.14: *FE-Modell für die Topologieoptimierung*

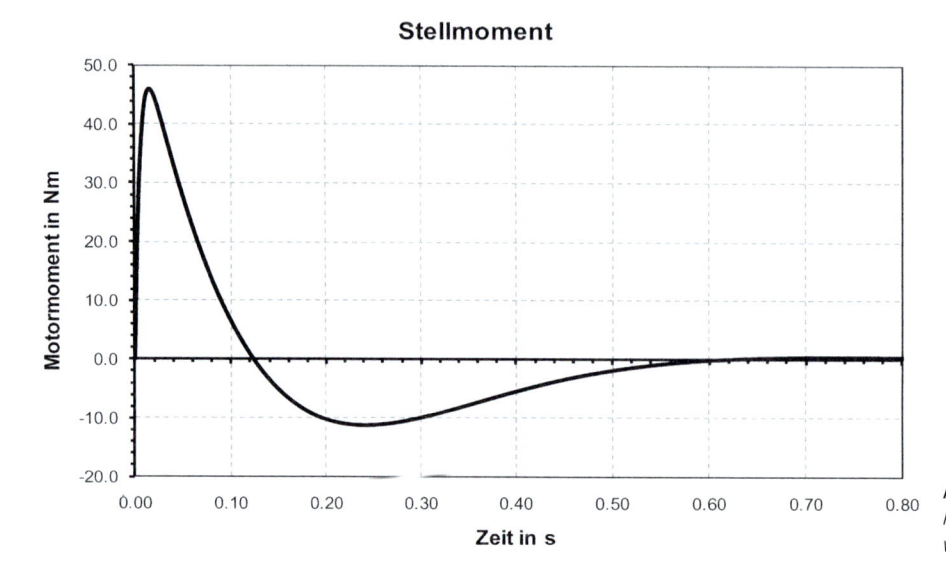

Abb. 5.15: *Darstellung des Motormoments in Abhängigkeit von der Zeit*

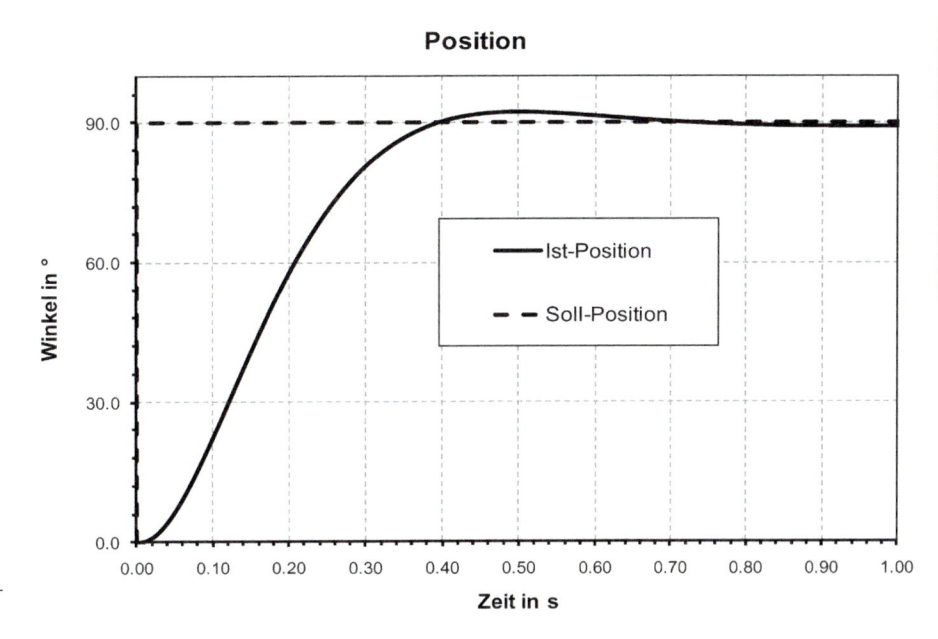

Abb. 5.16: *Position des Roboterarms über einen Zeitraum*

FEM-Modells abgebildet (Abb. 5.14). Die Ermittlung der Deformation des flexiblen Körpers in der Mehrkörpersimulation erfolgt über Eigenmoden und statische Korrekturmoden, die zuvor in der FEM berechnet wurden.

Das Ziel der Optimierung ist eine Maximierung der Steifigkeit bei einem Zielvolumen von 15 % des ursprünglichen Designraums. In dieser Optimierung ist das Ergebnis ausschließlich durch die dynamische Belastung bestimmt, da keine statische Belastung und keine Gravitation auf das System wirken. Der Arm wird anfangs mit 45 Nm beschleunigt und mit deutlich geringeren Momenten wieder abgebremst (Abb. 5.15). Er erreicht die gewünschte Position nach etwa 0,4 Sekunden und hat einen leichten Überschwinger (Abb. 5.16).

Für die Optimierung wird die Dehnungsenergie als Zielgröße herangezogen und anhand von drei Lastfällen mit einem Mindestabstand, der für eine unterschiedliche Charakteristik verantwortlich ist, bewertet. Der Mindestabstand gewährleistet eine Einbeziehung unterschiedlicher Charakteristika, die bei Schwingungen auftreten können und auf die Optimierung einen positiven Effekt haben. Die größte Belastung wirkt zu Beginn des Beschleunigungsvorgangs auf die Struktur, da hier das maximale Motormoment anliegt. Im Bereich der Verzögerung sind die Werte viel kleiner, aber die Struktur wird in die entgegengesetzte Richtung gedehnt. Zum Vergleich wurden eine Optimierung nach dem traditionellen Optimierungsverfahren und eine Optimierung nach dem systembasierten Optimierungsverfahren durchgeführt.

Die Ergebnisse zeigen prinzipiell eine Art Hohlprofil mit ausgeprägten Ober- und Unterseiten und einer fachwerkartigen Verbindung dazwischen, wie man es bei einer Optimierung auf Biegebelastung erwartet (Abb. 5.17). Die Unterschiede in der Gestaltung betreffen vor allem den Umgang mit Torsionskräften. Die Stege sind bei der traditionellen Optimierung weiter in der Mitte platziert, und der Materialeinsatz bei den Stegen ist bei dem systemischen Optimierungsansatz größer.

Zum Vergleich des Systemverhaltens wurden die auftretenden Dehnungsenergien mit MKS und Regelung von beiden Designvorschlägen durchgeführt (Abb. 5.18). Eine Minimierung der Dehnungsenergie bedeutet dabei eine Maximierung der Steifigkeit des Bauteils. Es ist durch den systembasierten Ansatz eine Verbesserung um 20 % zu verzeichnen. Durch das gleiche Zielgewicht sind bei dem Motormoment und der Position keine großen Auswirkungen feststellbar. Es zeigt sich, dass bereits die reine Beachtung des dynamischen Verhaltens starke Auswirkungen auf die Optimierung hat. Die Regelung wurde in

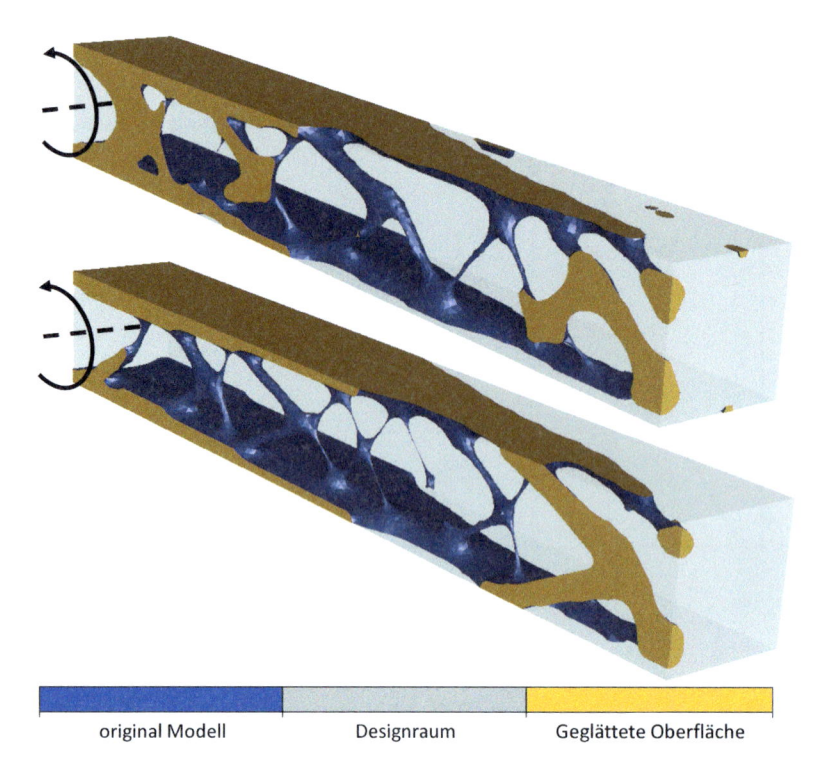

5 Systemleichtbau – ganzheitliche Gewichtsreduzierung

Abb. 5.17: *Optimierungsergebnisse (oben systembasiert, unten traditionell)*

diesem einfachen Beispiel bei der Optimierung noch gar nicht beachtet (Ottnad 2009).

5.6 Fazit

Es ist das Ziel des Systemleichtbaus, das Gesamtsystem unter besonderer Berücksichtigung von Gewicht und/oder Trägheitsmoment zu optimieren. Ein System unterliegt im Markt unterschiedlichen Randbedingungen, die zum Ausschöpfen des dadurch begrenzten Leichtbaupotenzials eine ganzheitliche Systembetrachtung erfordern.

In einem System stehen die einzelnen Komponenten in Wechselwirkung, die bei der Entwicklung berücksichtigt werden muss. Der Systemleichtbau integriert somit Leichtbaustrategien wie Form- und Stoffleichtbau und erweitert die Betrachtung um die

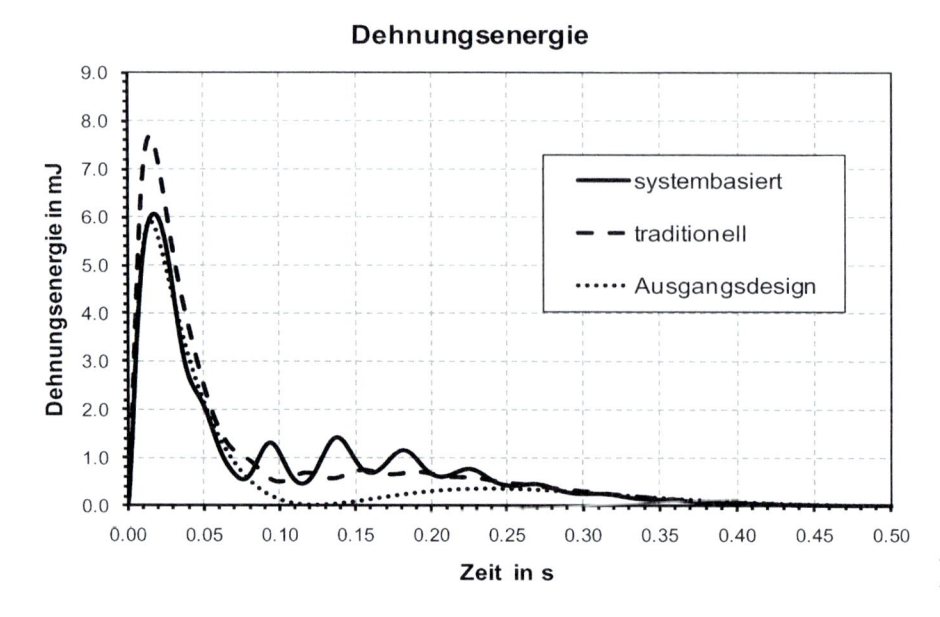

Abb. 5.18: *Vergleich der Dehnungsenergien*

für die Funktion des Gesamtsystems wesentlichen Wechselwirkungen.

Durch eine methodische Analyse des zu entwickelnden technischen Systems werden die relevanten Wechselwirkungen erfasst, um darauf aufbauend neue Systemlösungen zu synthetisieren.

Ein beispielhafter Optimierungsprozess für den Systemleichtbau wurde anhand einer um Wechselwirkungen im System erweiterten Topologieoptimierung eines Roboterarms aufgezeigt. Dieser Prozess berücksichtigt die Auswirkungen der Optimierung auf das System und dessen Verhalten und führt diese wieder dem Optimierungsprozess zu.

5.7 Weiterführende Informationen

Literatur

Albers, A., Enkler, H.-G., Ottnad, J.: Die Herausforderung komplexer Simulationsprozesse – Ein methodischer Ansatz mit dem generalisierten Contact and Channel Model. 6. Paderborner Workshop „Entwurf mechatronischer Systeme", 2009

Albers, A., Matthiesen, S.: Konstruktionsmethodisches Grundmodell zum Zusammenhang von Gestalt und Funktion technischer Systeme – Das Elementmodell „Wirkflächenpaare & Leitstützstrukturen" zur Analyse und Synthese technischer Systeme. Konstruktion, Zeitschrift für Produktentwicklung, Bd. 54, Heft 7/8, Düsseldorf, 2002

Fischer, F., Forsen, J.: Systemleichtbau durch konzeptionelle Anforderungsverlagerung als Beitrag zur Entwicklung effektiver Leichtbaukonstruktionen. euroLITE, Nürnberg, 2008

Klüting, M., Landerl, C.: Der neue Sechszylinder-Ottomotor von BMW. Teil I: Konzept und konstruktiver Aufbau. In: ATZ, 11/2004

Krüger, W.: Design and Simulation of Semi-Active Landing Gears for Transport Aircraft. Mechanics Based Design of Structures and Machines, Bd. 30, Nr. 4, 2002, S. 493–526

Meboldt, M.: Mentale und formale Modellbildung in der Produktentstehung – als Beitrag zum integrierten Produktentstehungsmodell (iPeM). IPEK-Forschungsberichte, Bd. 29, Karlsruhe, 2008

Ottnad, J.: Topologieoptimierung von Bauteilen in dynamischen und geregelten Systemen. IPEK-Forschungsberichte, Bd. 40, Karlsruhe, 2009

Pahl, G., Beitz, W., Feldhusen, J., Grote, K.-H.: Konstruktionslehre: Grundlagen erfolgreicher Produktentwicklung. Methoden und Anwendung. 7. Aufl., Springer Verlag, Berlin/Heidelberg, 2007

6 Funktionsbasierte Entwicklung leichter Produkte

Albert Albers, Sven Revfi, Markus Spadinger

6.1	Der Erweiterte Target Weighing Ansatz (ETWA)	137	6.3.6 Unternehmensspezifische Gewichtung der Faktoren Masse, Kosten und CO_2-Emissionen	141
6.2	Der ETWA als Problemlösungsprozess	137	6.3.7 Konzeptfindung	142
			6.3.8 Konzeptbewertung	142
			6.3.9 Konzepttragweite	142
6.3	Funktionsweise des Erweiterten Target Weighing Ansatzes	138	6.3.10 Zielaufwand	145
6.3.1	Produktgeneration G_{n-1}	138	6.4 ETWA und MBSE	145
6.3.2	Funktionsanalyse	138		
6.3.3	Aufwandsanalyse der Teilsysteme oder Funktionsbereiche	139	6.5 Getriebegehäuse als Beispiel	146
6.3.4	Erstellung der Funktion-Aufwand-Matrix	139	6.6 Fazit	150
6.3.5	Identifikation von Suchfeldern	140	6.7 Weiterführende Informationen	150

Im Gegensatz zu konventionellen, auf Teilsystemen und vor allem Komponenten basierenden Leichtbauaktivitäten betrachtet die funktionsbasierte Produktentwicklung das Produkt als Gesamtheit seiner Funktionen. Dabei stellt sich die zentrale Frage, welche Produktgestalt die Funktionen am besten erfüllen kann, unabhängig davon, welche Gestalt das Referenzprodukt besitzt. Diese zu entwickelnde Gestalt ist so zu wählen, dass das Produkt seine gewünschten Funktionen erfüllt. Die funktionsbasierte Entwicklung hat ihren Weg in verschiedene Bereiche der Produktentwicklung gefunden – auch in den Leichtbau.

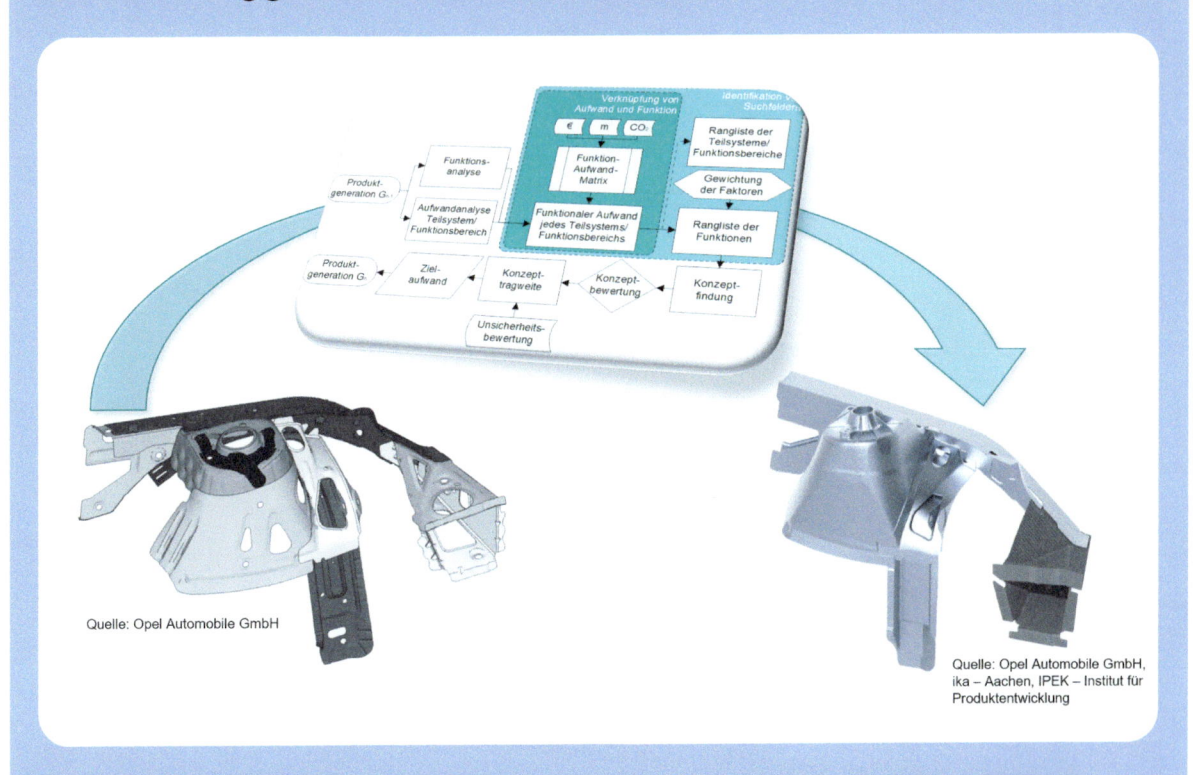

Quelle: Opel Automobile GmbH

Quelle: Opel Automobile GmbH, ika – Aachen, IPEK – Institut für Produktentwicklung

Einzelne Komponenten bzw. Teilsysteme isoliert in ihrem Gewicht zu optimieren, bedeutet nicht zwangsläufig, ein Optimum des Gesamtsystems zu erzielen. Ein möglicher Ansatz, um diesem Problem entgegenzuwirken, bietet der Systemleichtbau. Das Potenzial des Systemleichtbaus sowie der Zusammenhang zwischen Funktion und Gestalt eines Systems sind in Kapitel I.5 beschrieben. Die Abstraktion des Systems auf die Ebene seiner Funktionen stellt eine Möglichkeit dar, komponentenübergreifend Leichtbaupotenzial zu identifizieren. Deshalb wurden in den letzten Jahren einige Ansätze entwickelt, um die Potenziale des Systemleichtbaus zu adressieren. Ein ausgewählter Ansatz, der Erweiterte Target Weighing Ansatz (ETWA), wird in diesem Kapitel vorgestellt.

6.1 Der Erweiterte Target Weighing Ansatz (ETWA)

Der Erweiterte Target Weighing Ansatz (ETWA) (Albers et al. 2017) ist eine teilsystemübergreifende, funktionsbasierte Leichtbaumethode im Kontext der PGE – Produktgenerationsentwicklung nach Albers (Kap. 1.1.3). Das Ziel der Methode ist es, die für den Leichtbau relevanten Faktoren - Masse, Kosten und CO_2-Emissionen - anwendungsspezifisch zu berücksichtigen und darauf basierend Leichtbaupotenziale zu identifizieren und zu evaluieren. Die gefundenen Potenziale können anschließend mit den verschiedenen Leichtbaustrategien System-, Stoff-, Form-, Fertigungs- und Bedingungsleichtbau (Kap. I.3) gehoben werden, wobei der ETWA selbst als Methode für den Systemleichtbau betrachtet werden kann. Der Ansatz basiert auf den Ideen des „Value Engineering" sowie des „Target Costing" und abstrahiert deren Grundprinzipien im Kontext Leichtbau. Dabei findet eine Zuordnung von Masse, Kosten und CO_2-Emissionen zu Funktionen statt. Andere Ansätze, die ebenfalls vorschlagen, Funktionsgewichte zu bestimmen, sind von Feyerabend (1991), Posner et al. (2012) und Ponn und Lindemann (2008) bekannt. Das Ablaufdiagramm des ETWA ist in Abbildung 6.1 dargestellt.

6.2 Der ETWA als Problemlösungsprozess

Der Erweiterte Target Weighing Ansatz kann selbst als ein SPALTEN-Prozess modelliert werden (Abb. 6.2). Damit stellt er einen Prozess zur systematischen Problemlösung dar. Die Erfassung der Situation im Rahmen der Situationsanalyse (S) erfolgt durch die Funktionsanalyse, die Aufwandsanalyse, die Erstellung der Funktion-Aufwand-Matrix und die Ermittlung der funktionalen Aufwände. Die Problemeingrenzung (P) wird durch die Identifikation der Suchfelder vorgenommen. Auf den Schritt der Konzeptfindung als Teil der Suche nach alternativen Lösungen (A) folgt die Konzeptbewertung innerhalb der Lösungsauswahl (L). Die Tragweitenanalyse (T) wird durch die Bewertung technologischer Unsicherheiten unterstützt. Die Problemlösungsaktivitäten Entscheiden und Umsetzen (E) sowie Nachbereiten und Lernen (N) erfolgen durch die Festlegung des Zielaufwands und durch die neue Produktgeneration. Die Schritte der Konzeptfindung, Konzeptbewertung und Konzepttragweite unterliegen einem iterativen Prozess, der zeitlich fortschreitet. Mit zunehmender Detaillierung der Konzepte müssen in den einzelnen Aktivitäten unterschiedliche Methoden gewählt werden. So sollen z. B. die Methoden zur Lösungsauswahl aufgrund der iterativen Anpassung des Ziel-

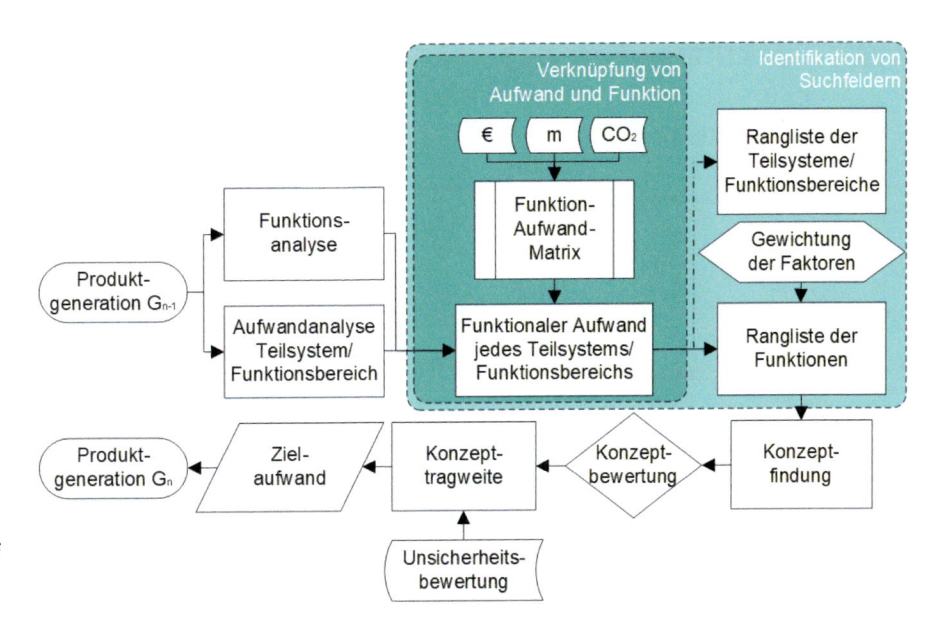

Abb. 6.1: *Ablaufdiagramm des Erweiterten Target Weighing Ansatzes (ETWA)*

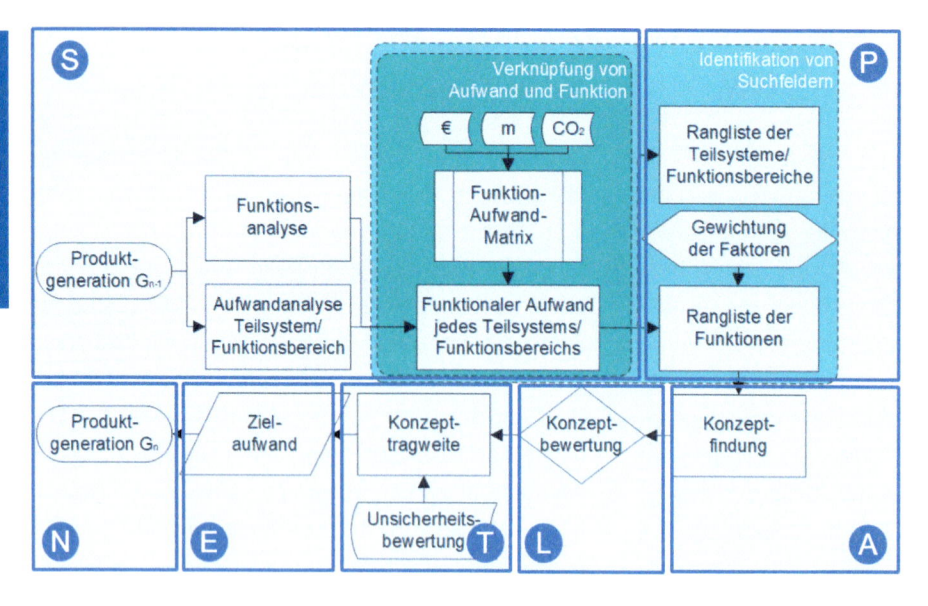

Abb. 6.2: *Einteilung des ETWA nach SPALTEN nach Albers et al. (2018b)*

systems mit fortschreitendem Detaillierungsprozess immer mehr Details berücksichtigen können: Wo am Anfang noch Nutzwertanalysen auf Basis von Handskizzen verwendet werden können, sollten im weiteren Produktentstehungsprozess Simulationen oder auch Komponenten- und Gesamtsystemversuche eingebunden werden. Die Iterationsschritte werden so lange ausgeführt, bis der Zielaufwand bestimmt werden kann. Auf die einzelnen Aktivitäten, die während des ETWA durchgeführt werden, wird im nächsten Kapitel eingegangen.

6.3 Funktionsweise des Erweiterten Target Weighing Ansatzes

6.3.1 Produktgeneration G_{n-1}

Der Ausgangspunkt der Leichtbaumethode ist im Sinne der PGE – Produktgenerationsentwicklung nach Albers ein Referenzprodukt der Produktgeneration G_{n-1}, das hinsichtlich seiner Masse optimiert werden soll, ohne dabei die entstehenden Produktionskosten sowie die über den gesamten Produktlebenszyklus anfallenden CO_2-Emissionen zu vernachlässigen.

Hierbei ist es wichtig, zunächst die richtige Systemgrenze festzulegen, um den richtigen Komponentenumfang zu wählen und danach die Komponenten zu sinnvollen Teilsystemen zusammenzufassen. Der Detaillierungsgrad sollte dem Komponentenumfang entsprechend gewählt werden.

6.3.2 Funktionsanalyse

Der Schritt der Funktionsanalyse ist eine der Kernaktivitäten der Methode und zugleich entscheidend für deren Erfolg, da sie als Basis für alle nachfolgenden Schritte dient. Dabei muss stets zwischen Funktionen und Anforderungen unterschieden werden. Eine Funktion entspricht dem beabsichtigten Zweck eines technischen Produkts im Sinne der auszuübenden Wirkungen (Alink 2010), während eine Anforderung eine „durch einen Wert oder einen Wertebereich festgelegte Beschreibung eines einzelnen Produktmerkmals darstellt" (Lohmeyer 2013). Es wird zwischen Haupt-, Neben- und Zusatzfunktionen (beschreiben Haupt- und Nebenfunktionen) unterschieden. Um einen Überblick über die Funktionen eines komplexen Systems zu erhalten, können diese entweder methodisch mit Hilfe des Contact, Channel and Connector Ansatzes (C&C^2-A) (Albers et al. 2014b) oder mit Hilfe von Expertenwissen abgeleitet werden. Die methodische Bestimmung der Funktionen über den C&C^2-Ansatz ist möglich, da Gestalt und Funktion direkt miteinander zusammenhängen: Aus der Gestalt eines Produkts können dessen Funktionen analysiert werden, während eine Funktion in einem Syntheseschritt in eine konkrete Gestalt überführt werden kann (Matthiesen 2011).

6.3.3 Aufwandsanalyse der Teilsysteme oder Funktionsbereiche

Parallel zur Funktionsanalyse wird der Aufwand der Teilsysteme oder Funktionsbereiche bestimmt. Unter dem Aufwand wird das Zahlentripel aus Masse, Kosten und CO_2-Emissionen verstanden. Funktionsbereiche sind Bereiche des Produktes, in denen die analysierten Funktionen erfüllt werden. Der funktionsbereichsbasierte Ansatz ist dann von Vorteil, wenn das zu untersuchende System nur aus wenigen Komponenten/Teilsystemen besteht (Albers et al. 2017).
Die Masse der einzelnen Teilsysteme kann über die Bestimmung des Teilsystemvolumens (z. B. aus CAD-Daten) und anschließender Multiplikation mit deren Dichte gewonnen werden. Die Bestimmung der Funktionsbereichsmassen erfolgt analog zu den Teilsystemen, mit dem einzigen Unterschied, dass die Funktionsbereiche zuvor im CAD extrahiert werden müssen. Zur Bestimmung der Kosten bzw. der CO_2-Emissionen sind geeignete Ansätze zu wählen. Als Möglichkeiten hierfür seien an dieser Stelle der „Grüne-Wiese-Ansatz" zur Bestimmung der Kosten und die Lebenszyklusanalyse zur Bestimmung der CO_2-Emissionen genannt. Die resultierenden Werte gilt es, anschließend auf die Teilsysteme bzw. die Funktionsbereiche umzulegen (Abb. 6.3).

6.3.4 Erstellung der Funktion-Aufwand-Matrix

Um die Funktion-Aufwand-Matrix zu erstellen, werden die Funktionen, die in der Funktionsanalyse bestimmt wurden, in die Spalten einer Matrix geschrieben. Die identifizierten Teilsysteme/Funktionsbereiche mitsamt ihrer Masse, Kosten und CO_2-Emissionen aus der Aufwandanalyse werden in den Zeilen der Matrix notiert. Anschließend wird jedem Teilsystem bzw. Funktionsbereich der prozentuale Anteil an der Funktionserfüllung zugeordnet (Albers et al. 2013). Dieser Arbeitsschritt ist häufig zeitaufwändig, da zunächst identifiziert werden muss, zu welchen Funktionen das Teilsystem beiträgt. Hierbei sind unter anderem Expertenwissen und Erfahrung hilfreich. Alternativ kann über ein methodisches Vorgehen auf Basis des $C\&C^2$-Ansatzes vorgegangen werden (Albers et al. 2019). Letztlich ergeben sich als Resultat der Zuweisung Funktionsmassen, Funktionskosten und Funktions-CO_2-Emissionen (Abb. 6.4). Der teilsystemübergreifende Ansatz des Systemleichtbaus spiegelt sich hierin wieder, da eine Funktion von mehreren Teilsystemen bzw. Funktionsbereichen übernommen werden kann.

	Masse [kg]	Kosten [€]	CO_2 [kg]
Teilsystem 1/ Funktionsbereich 1	0,1	100	0,1
Teilsystem 2/ Funktionsbereich 2	0,5	500	0,5
Teilsystem 3/ Funktionsbereich 3	0,4	60	0,4
...	...	...	...
Teilsystem n/ Funktionsbereich n	0,2	350	0,1

Abb. 6.3: *Aufwand jedes Teilsystems bzw. Funktionsbereichs*

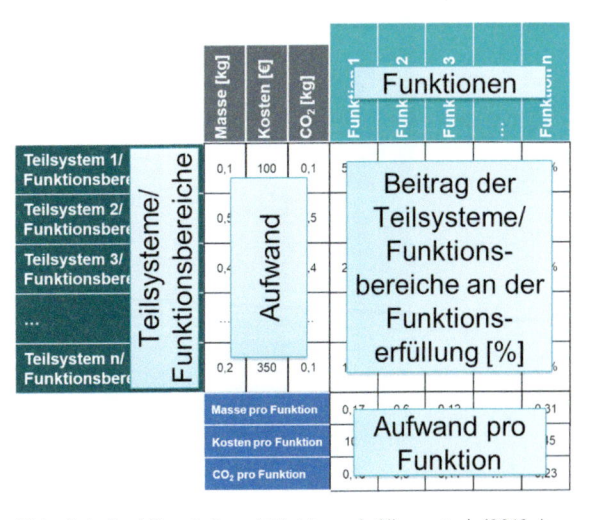

Abb. 6.4: *Funktion-Aufwand-Matrix nach Albers et al. (2018a)*

6.3.5 Identifikation von Suchfeldern

Auf Basis der zuvor ermittelten Funktionsaufwände sollen nun Leichtbausuchfelder identifiziert werden. Dies kann mit Hilfe verschiedener Methoden erfolgen. Eine Möglichkeit ist die Betrachtung der Teilsysteme/Funktionsbereiche, die den höchsten Aufwand erfordern. Eine andere Möglichkeit ist die Erstellung eines dreidimensionalen Graphen, der die Masse, Kosten und CO_2-Emissionen als Achsen darstellt (Abb. 6.5). Dieser bietet die Möglichkeit, eine schnelle Übersicht über die Aufwände der einzelnen Funktionen zu erhalten.

Eine weitere Möglichkeit ist die Durchführung einer ABC-Analyse, bei der die Funktionen nach ihrem Gesamtaufwand sortiert, in die drei Bereiche A, B und C eingeteilt werden (Abb. 6.6). Dabei sind diejenigen Funktionen mit dem größten Aufwand in Bereich A zu finden. Diese Funktionen bieten aufgrund ihres hohen Aufwands Leichtbaupotenzial. Weniger wichtige Funktionen in Bereich B sollten auch genauer betrachtet werden, da sich dahinter Leichtbaupotenzial verbergen könnte. Funktionen in Bereich C erfordern einen sehr geringen Aufwand, sodass eine Suche nach Leichtbaupotenzial nicht zielführend ist. Zusätzlich bietet sich die Auswertung in einem Funktionsportfolio an. Dazu wird zunächst die relative Wichtigkeit jeder Funktion mittels eines paarweisen Vergleichs bestimmt (Abb. 6.7). Anschließend wird der Aufwand jeder Funktion über der jeweiligen Wichtigkeit aufgetragen, um das Funktionsportfolio zu erhalten (Abb. 6.8). Leichtbaupotenzial bieten nun solche Funktionen, deren Aufwand über der Ausgleichsgeraden liegt.

Da die nachfolgenden, generierenden Schritte alle auf den identifizierten Leichtbausuchfeldern aufbauen, sollten stets mehrere Auswertungsmöglichkeiten kombiniert herangezogen werden, um eine umfassende Analyse der Situation zu gewährleisten.

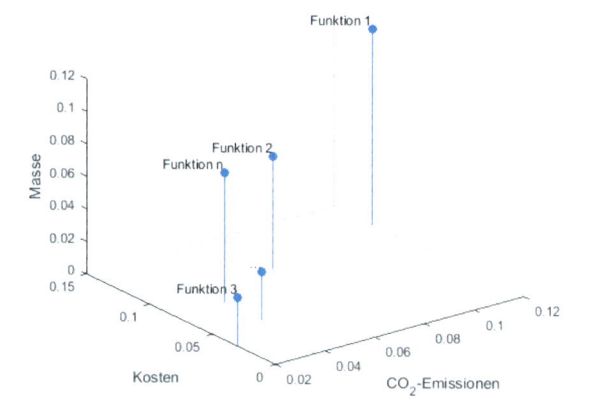

Abb. 6.5: *Grafische Darstellung der identifizierten Aufwände*

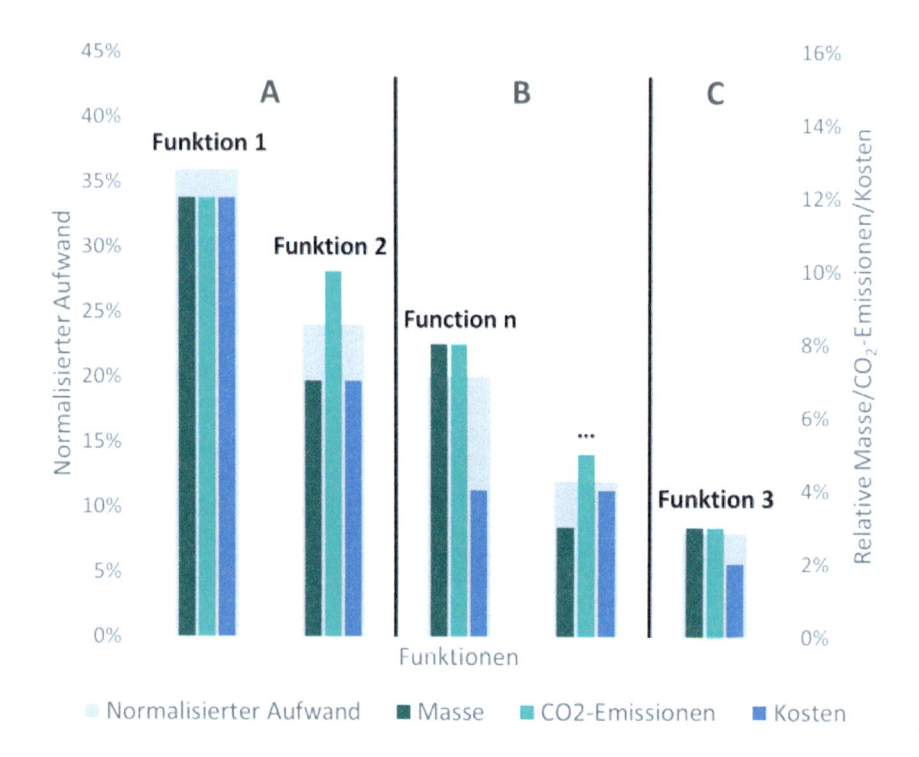

Abb. 6.6: *ABC-Analyse nach Albers et al. (2013)*

Abb. 6.7: *Paarweiser Vergleich nach Albers et al. (2018b)*

6.3.6 Unternehmensspezifische Gewichtung der Faktoren Masse, Kosten und CO$_2$-Emissionen

Um unternehmensspezifische Abwägungen sowie eine strategische Positionierung des Unternehmens zu ermöglichen, kann im ETWA eine Gewichtung der Faktoren Masse, Kosten und CO$_2$-Emissionen vorgenommen werden, bevor die Identifikation der Suchfelder erfolgt. Hierfür sind unterschiedliche Ansätze denkbar. Um jedoch eine intuitive Anwendbarkeit und Nachvollziehbarkeit zu gewährleisten, wird ein linearer Ansatz vorgeschlagen, wie er z.B. auch von Ashby (2005) in der Materialauswahl verwendet wird, um die Masse unter Berücksichtigung von Kosten und CO$_2$-Emissionen zu reduzieren. Gleichung 6.1 zeigt den vorgeschlagenen linearen Ansatz. Dabei wird der Aufwand (Masse, Kosten und CO$_2$-Emissionen) jedes Teilsystems durch m, $€$ und CO_2 repräsentiert. Die entsprechenden Gewichtungsfaktoren werden durch w_m, $w_€$ und w_{CO2} dargestellt. Für die Summierung der Gewichtungsfaktoren gilt Gleichung 6.2.

$$E = w_m \cdot m + w_€ \cdot € + w_{CO2} \cdot CO_2 \qquad (6.1)$$

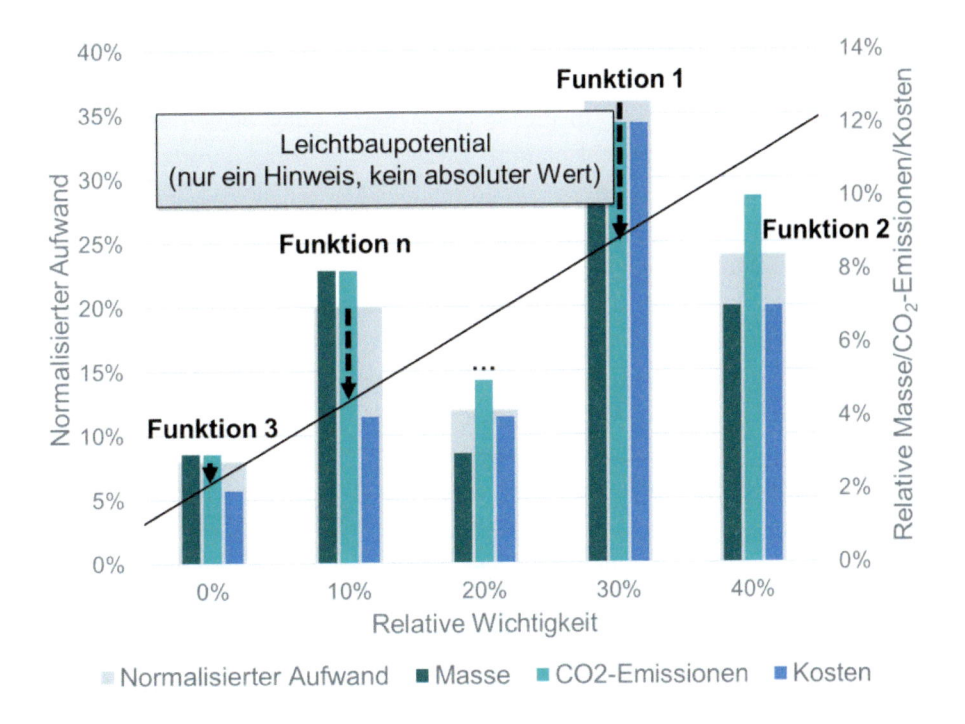

$$w_m + w_€ + w_{CO2} = 1 \qquad (6.2)$$

Abb. 6.8: *Funktionsportfolio nach Albers et al. (2018a)*

6.3.7 Konzeptfindung

Auf Basis der identifizierten Funktionen mit zu hohem Aufwand werden in dieser Phase neue Prinzip- und Gestaltkonzepte entwickelt. Dazu ist es hilfreich, Rückschlüsse auf die masse-, kosten- und CO_2-treibenden Teilsysteme bzw. Funktionsbereiche zu ziehen. Durch den direkten Zusammenhang von Funktion und Gestalt ist es möglich, in diesem Schritt große Aufwandseinsparungen durch eine optimierte Gestalt zu realisieren. Entsprechend der analysierten Situation sind die passenden Leichtbaustrategien und -bauweisen, Werkstoffe, Komponentengestaltungen, Verbindungstechniken, etc. zu wählen. Die Information über „zu aufwändige" Funktionen bietet zusammen mit der Information darüber, welche Teilsysteme/Funktionsbereiche dazu beitragen, zudem die Möglichkeit, gezielt Multi-Material-Konzepte zu entwerfen. Dabei können Materialien für bestimmte Teilsysteme/Funktionsbereiche belastungsgerecht ausgewählt und kombiniert werden.

Die Ideenfindung sollte mit geeigneten Methoden unterstützt werden. Diese hängen u. a. vom Stadium des Produktentwicklungsprozesses ab. Zu Beginn können geeignete Kreativitätsmethoden wie Brainwriting, TRIZ, o. ä. Anwendung finden. Die entwickelten Alternativlösungen liegen dabei in der Regel zunächst als verbale Beschreibungen oder Handskizzen vor. In dieser Phase der Konzeptfindung soll bewusst darauf verzichtet werden, Konzepte vorzeitig zu verwerfen. Ziel ist zunächst, eine möglichst große Auswahl an alternativen Lösungen zu generieren. Im Laufe des Produktentstehungsprozesses werden von nun an die Konzeptideen immer weiter ausdetailliert. Mit steigendem Detaillierungsgrad der verfolgten Konzepte können weitere Methoden, wie z. B. die Materialauswahl nach Ashby, Topologie-, Parameter- oder Formoptimierungen unterstützend herangezogen werden.

Die während des Produktentstehungsprozesses iterativ stattfindende Reduktion der Konzeptideen erfolgt erst auf Basis der Bewertung der „Konzepttragweite".

6.3.8 Konzeptbewertung

Nachdem zunächst eine große Anzahl an Konzeptideen in der Phase der Konzeptfindung generiert wurde, müssen diese im Schritt der Konzeptbewertung bewertet und ausgewählt werden. Dazu wird ein dreistufiges Vorgehen vorgeschlagen, das vom zeitlichen Stand des Produktentstehungsprozesses abhängt (Wagner 2015):

1. Grobe Vorauswahl (Abgleich mit Projektzielen, physikalischer und technischer Machbarkeit, etc.)
2. Qualitative Bewertung der erreichbaren Masse, Kosten und CO_2-Emissionen (z. B. mit der Nutzwertanalyse)
3. Quantitative Bewertung durch Rückeinsetzen der Konzeptideen in die Funktion-Aufwand-Matrix

6.3.9 Konzepttragweite

Nach der Bewertung der Konzepte hinsichtlich Masse, Kosten und CO_2-Emissionen sollte stets die Tragweite einer jeden Konzeptidee bewertet werden. Die Tragweite besteht zum einen aus Chancen der Idee – wie z. B. große Leichtbaupotenziale – aber auch aus den mit der Idee einhergehenden Risiken und Unsicherheiten.

Dabei muss zwischen Risiko und Unsicherheit unterschieden werden. Ein Risiko ergibt sich aus den beiden Faktoren *Unsicherheit* und deren *Eintrittswahrscheinlichkeit*. Risiken können daher nur angegeben werden, wenn die Eintrittswahrscheinlichkeit von Unsicherheiten abgeschätzt werden kann. Unsicherheit ist dahingegen definiert als der Unterschied zwischen vorhandenen Informationen und Informationen, die zur Durchführung einer bestimmten Tätigkeit erforderlich sind. Sie ist immer mit mangelndem Wissen verbunden, d. h. ein hohes Maß an Unsicherheit bedeutet wenig Wissen. Die Unsicherheit kann demnach durch Wissenszuwachs reduziert werden. Somit werden Unsicherheiten im Laufe der Produktentwicklung reduziert. Es gibt zwei Arten von Unsicherheiten: technologische Unsicherheiten und Marktunsicherheiten. Die technologische Unsicherheit schließt Bedenken hinsichtlich der technischen Anforderungen und der Machbarkeit eines Produktes ein. Die Marktunsicherheit beschreibt die Bedenken bezüglich des Zielmarkts sowie der Kundenbedürfnisse.

Für ein erfolgreiches Projekt ist es demnach entscheidend, Unsicherheiten im Produktentstehungsprozess zu reduzieren. Dazu müssen sie jedoch zunächst identifiziert und bewertet werden. Im Folgenden wird deshalb eine Methode zur Abschätzung der technologischen Unsicherheiten im Rahmen des Erweiterten Target Weighing Ansatzes (ETWA) vorgestellt (Albers et al. 2018b).

Die technologische Gesamtunsicherheit einer Konzeptidee setzt sich aus den vier Einflussfaktoren Impact, Übernahmevariationsanteil, Referenzprodukt – Technologie und Referenzprodukt – Anwendungsszenario zusammen, die nachfolgend erläutert werden.

- *Impact*

  Der erste Einflussfaktor ist der *Impact*. Er beschreibt den aufaddierten, prozentualen Anteil der relativen Wichtigkeiten der durch die neue Konzeptidee betroffenen Funktionen. Die Idee dahinter ist, dass Funktionen mit größerer Bedeutung für das Gesamtprodukt – die Hauptfunktionen – mehr zur Gesamtbewertung der technologischen Unsicherheit beitragen müssen als Funktionen mit geringerer Wichtigkeit.

  Durch den Abgleich der neuen Konzeptidee mit dem Referenzprodukt kann direkt festgestellt werden, welche Funktionen vom neuen Konzept betroffen sind. Zur Bestimmung des Impacts wird die relative Wichtigkeit der betroffenen Funktionen aus dem paarweisen Vergleich aufaddiert. Daraus ergibt sich die kumulative Wichtigkeit der betroffenen Funktionen. Mit dieser kumulierten Wichtigkeit kann in die Tabelle (Abb. 6.9) gegangen und der Unsicherheitsfaktor bestimmt werden. Aufgrund der kumulierten Berechnung der Wichtigkeit wird vorgeschlagen, die Einteilungsbereiche für die Unsicherheitsfaktoren an das Vorgehen bei der ABC-Analyse anzulehnen. Allerdings ist bei jeder Anwendung zu prüfen, ob die Einteilung der

Kumulierte Wichtigkeit der betroffenen Funktionen [%]	Unsicherheitsfaktor
>95	5
85,01-95	4
70,01-85	3
50,01-70	2
0-50	1

Abb. 6.9: *Skala für den Impact nach Albers et al. (2018b)*

Bereiche für die vorliegende Problemstellung adäquat ist.

- *Übernahmevariationsanteil*

  Der zweite Einflussfaktor ist der *Übernahmevariationsanteil*. Dieser Faktor gibt an, wie viele Teilsysteme aus dem Referenzprodukt als Übernahmevariation für die neue Produktgeneration übernommen werden können. Durch den Vergleich der Teilsysteme der neuen Konzeptidee mit den Teilsystemen des Referenzprodukts ist es möglich, die Anzahl der übernommenen Teilsysteme - im Sinne der PGE - zu bestimmen. Diese Anzahl an Übernahmevariationsteilsystemen wird auf die Gesamtanzahl aller Teilsysteme bezogen, um den Anteil der Übernahmevariationen in Prozent zu erhalten. Mit diesem prozentualen Anteil kann aus der Auswertungstabelle (Abb. 6.10) der Unsicherheitsfaktor für den Einflussfaktor Übernahmevariationsanteil entnommen werden. Die Skala wird hier mit einer linearen Verteilung vorgeschlagen, kann jedoch anwendungsspezifisch angepasst werden.

  Die Auswertung in Prozent ist notwendig, damit die Methode unabhängig von der Anzahl der

Übernahmevariationsanteil [%]	Unsicherheitsfaktor
<20	5
20,01-40	4
40,01-60	3
60,01-80	2
80,01-100	1

Abb. 6.10: *Skala für den Übernahmevariationsanteil nach Albers et al. (2018b)*

Teilsysteme eingesetzt werden kann. Durch die Angabe der Anzahl der Teilsysteme, die durch Übernahmevariation übernommen werden, ist es möglich, die Anzahl der Teilsysteme, die in der neuen Konzeptidee durch Gestalt- und Prinzipvariation neu entwickelt werden müssen, direkt zu bestimmen. Diese Informationen sind wichtig für die Beurteilung der technologischen Gesamtunsicherheit des Konzepts, da neu zu entwickelnde Teilsysteme mit größerer Unsicherheit einhergehen als Teilsysteme, die durch Übernahmevariation übernommen werden. Diese erhöhte technologische Unsicherheit wirkt sich beispielsweise auch durch verstärkte Entwicklungs- und Validierungsaktivitäten oder Innovationen in den Produktionsprozessen aus.

- *Referenzprodukt – Technologie*
  Der dritte Einflussfaktor ist das *Referenzprodukt – Technologie*. Die Technologie umfasst die auftretenden Wirkprinzipien, die verwendeten Materialien sowie die Produktionsprozesse (Albers et al. 2014a). Wirkprinzipien sind: Übertragung von Kraft, Energie, Material oder Information durch einen festen Körper, eine Flüssigkeit, ein Gas oder ein Feld. Dieser Faktor beschreibt demnach, in welchem Kontext das Prinzipkonzept, die verwendeten Materialien und die damit verbundenen Produktionsprozesse für die neue Konzeptidee bereits angewandt wurden. Dies erfordert einen Abstraktionsschritt für die neue konzeptionelle Idee auf die Prinzipien-Ebene. Abbildung 6.11 zeigt die zugrundeliegende Skala. Um die passende Zeile zu finden, kann die folgende Frage gestellt werden: Wo wird/wurde das betrachtete Teilsystem im Kontext aktiver Wirkprinzipien, verwendeter Materialien und benötigter Produktionsprozesse bereits eingesetzt?
  Es liegt auf der Hand, dass Technologien, die nur in der Forschung eingesetzt werden, eine höhere technologische Unsicherheit hinsichtlich der Anwendung im industriellen Umfeld haben. Wenn der Einflussfaktor Referenzprodukt – Technologie aus einer anderen Branche stammt, ist dies auch mit einem hohen Maß an technologischer Unsicherheit verbunden, da das Wissen erst in den richtigen Kontext gesetzt werden muss. Wird die Technologie in der gleichen Branche eingesetzt, ist das interne Wissen gering und muss erst aufgebaut werden, aber die Anwendung scheint möglich zu sein, während Technologie-Referenzprodukte aus dem eigenen Unternehmen oder gar dem eigenen Entwicklungsteam mit einer geringen technologischen Unsicherheit behaftet sind.

- *Referenzprodukt – Anwendungsszenario*
  Der vierte Einflussfaktor ist das *Referenzprodukt – Anwendungsszenario*. Das Anwendungsszenario beschreibt die Funktionen, die ein Teilsystem erfüllt, mit all seinen dazugehörigen Randbedingungen (Albers et al. 2014a) und Anforderungen unter Verwendung des gleichen Prinzipkonzepts im gleichen Kontext. Dazu gehört insbesondere das Lastkollektiv (Lasthöhe, Lasthäufigkeit). Die Frage, die gestellt werden muss, um den geeigneten Unsicherheitsfaktor zu identifizieren, könnte lauten: Wo wird/wurde das betrachtete Teilsystem unter Berücksichtigung der identifizierten aktiven Wirkprinzipien (das für das neue Konzept benötigt wird) im gleichen Kontext (=zur Erfüllung der gleichen Funktion unter gleichen Randbedingungen) schon einmal eingesetzt?
  Dieser Einflussfaktor beschreibt, wie nah ein mögliches Referenzprodukt an der neuen Konzeptidee ist. Daher ist es naheliegend, dass der höchste Unsicherheitsfaktor vergeben wird, wenn kein Referenzprodukt zur Verfügung steht, das die gleichen Funktionen unter den gleichen Randbedingungen erfüllt (z. B. wenn ein neuer Werkstofftyp noch nie zur Kraftübertragung in einer bestimmten Höhe eingesetzt wurde). (Abb. 6.12)

Referenzprodukt - Technologie	Unsicherheitsfaktor
Forschung	5
Andere Branche	4
Gleiche Branche	3
Unternehmen	2
Entwicklungsteam	1

Abb. 6.11: *Skala für das Referenzprodukt – Technologie nach Albers et al. (2018b)*

Referenzprodukt - Anwendungsszenario	Unsicherheits- faktor
Noch nicht im gleichen Kontext angewandt	5
Forschung	4
Andere Branche	3
Gleiche Branche	2
Unternehmen	1

Abb. 6.12: *Skala für das Referenzprodukt – Anwendungsszenario nach Albers et al. (2018b)*

Die technologische Unsicherheit einer Konzeptidee ergibt sich durch die Addition der vier Einflussfaktoren. Bei der Visualisierung der Einflussfaktoren in einem Netzdiagramm wird die technologische Unsicherheit durch die Fläche repräsentiert, die sich durch das Verbinden der einzelnen Unsicherheitsfaktoren ergibt (Abb. 6.13).

Die Skalen für die einzelnen Faktoren wurden jeweils von 1 bis 5 gewählt, sodass eine ausreichende Differenzierungsmöglichkeit besteht. Das Mittel der Addition wurde gewählt, damit die einzelnen Unsicherheitsfaktoren aus der resultierenden technologischen Gesamtunsicherheit rekonstruiert werden können. Alternativ wäre es, wie bei der Berechnung der Risikoprioritätszahl für die FMEA, möglich gewesen, die technologische Unsicherheit durch Multiplikation der Faktoren zu ermitteln. Der Nachteil dieses Verfahrens ist jedoch dessen Nichtlinearität.

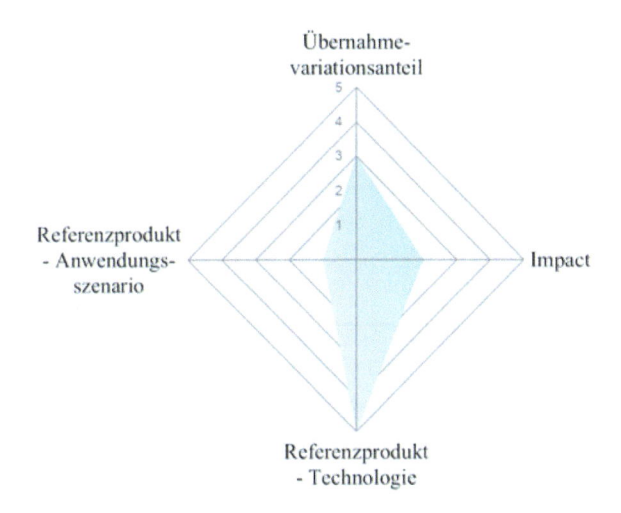

Abb. 6.13: *Technologische Unsicherheit nach Albers et al. (2018b)*

Das Netzdiagramm kann auf verschiedene Arten gelesen werden. Einerseits gibt es einen schnellen Überblick über die technologische Unsicherheit einer Konzeptidee. Zudem unterstützt es den Entscheidungsprozess: Wenn beispielsweise eine Konzeptidee vorliegt, die ein großes Potenzial in Bezug auf Masse, Kosten und CO_2-Emissionen bietet, aber gleichzeitig mit einer großen technologischen Unsicherheit verbunden ist, gilt es zu entscheiden, ob nicht eine andere Konzeptidee vorzuziehen ist, bei der die Potenziale nicht so groß sind, aber eine deutlich geringere technologische Unsicherheit vorliegt. Stellt sich heraus, dass die Technologie Teil der aktuellen Forschung und damit zu weit weg vom kurzfristigen Einsatz im industriellen Umfeld ist, kann die Konzeptidee möglicherweise direkt in den kontinuierlichen Ideenspeicher (KIS) verlagert werden. Darüber hinaus können aus der Bewertung mögliche Maßnahmen zur Reduzierung der technologischen Unsicherheit abgeleitet werden. Liegt beispielsweise ein nicht allzu weit entferntes Anwendungsszenario (andere/gleiche Branche) vor, könnte versucht werden, einen Experten aus dieser Branche zu rekrutieren. Somit eignet sich diese Methode auch als Managementwerkzeug.

6.3.10 Zielaufwand

Nach der Auswahl eines Konzepts bei dem die Masse-, Kosten- und CO_2-Potenziale sowie die damit einhergehenden technologischen Unsicherheiten als ausreichend bewertet werden, kann für die Entwicklung der neuen Produktgeneration ein Zielaufwand ausgegeben werden.

6.4 ETWA und MBSE

Die grundlegende Idee hinter der modellbasierten Systementwicklung (MBSE) ist es, konsistente und durchgängig nutzbare Modelle, die das zu entwickelnde System beschreiben, während dessen Entwicklung zu generieren und fortwährend zu nutzen. Dies impliziert, dass es möglich sein muss, auch sehr spezialisierte Tätigkeiten mit diesen Modellen durchführen zu können. Ist dies der Fall, wird eine erhebliche Effizienzsteigerung erzielt, da mit gesicherten und umfangreich verfügbaren Informationen gearbeitet werden kann. Insbesondere bei der Modellweiternutzung über verschiedene Produktgenerationen hinweg ergeben sich erhebliche Effizienzpotenziale. Für die Entwicklung von mechanischen Systembestandteilen wurde der FAS4M-Ansatz entwickelt. Bei diesem Ansatz wird entwicklungsbegleitend modelliert und die bei der Entwicklung generierten Inhalte in vier System-Sichten abgebildet. Diese sind die Funktionen-, Prinzipien-, Konzepte- und Komponenten-Sicht. Die Sichten stehen untereinander in Beziehung. Die Funktionen-Sicht dient der Modellierung einer funktionalen Architektur mit Funktionen und Teilfunktionen. In der Prinzipien-Sicht werden mögliche Prinziplösungen zur Umsetzung der Funktionen gesammelt und ausgewählt. Eine konzeptionelle Detaillierung findet in der Konzepte-Sicht statt. In der Komponenten-Sicht werden schließlich Komponenten/Teilsysteme mit ihren Eigenschaften modelliert (Albers et al. 2018a).

Ein Modell, welches nach dem FAS4M-Ansatz erstellt wird, enthält sowohl Funktionen als auch die an deren Realisierung beteiligten Teilsysteme. Die Masse, Kosten und CO_2-Emissionen der Teilsysteme können hinterlegt und gegebenenfalls über eine Schnittstelle aus einem CAD-Modell abgerufen werden. Aus den hinterlegten Modelldaten lässt sich automatisiert eine Matrix ableiten, in der jede Komponente mit der durch sie realisierten Funktion verknüpft ist. Dadurch verringert sich der initiale Vorbereitungsaufwand zur Durchführung des ETWA entscheidend. Der Arbeitsaufwand, der im bisherigen Vorgehen zur Funktionsdefinition benötigt wurde, entfällt vollständig. Der anschließende Arbeitsschritt, die Komponenten der prozentualen Funktionserfüllung zuzuordnen, wird um die Fehlerquelle von vergessenen oder falschen Zuweisungen verringert. Die Vollständigkeit wird aus dem Modell gewährleistet. Die markierten Felder in der automatisiert abgeleiteten Matrix müssen lediglich durch die entsprechenden Prozentwerte ersetzt werden. Des Weiteren können die dokumentierten Leichtbaupotenziale wie auch entwickelte, aber nicht umgesetzte Leichtbaukonzepte wieder in das Modell eingepflegt werden und stehen bei der Entwicklung von zukünftigen Produktgenerationen direkt zur Verfügung. Interessant ist dies insbesonders, wenn die Technologien zur Realisierung von Leichtbauansätzen sich bis zur Entwicklung der betreffenden, zukünftigen Produktgeneration entscheidend weiterentwickelt haben. Beispielsweise konnten einige hinsichtlich Belastung optimierte Bauteilgeometrien vor einigen Jahren nur mit erheblichem Mehraufwand gefertigt werden. Diese Lösungen können nun – aufgrund neuer Produktionstechnologien wie der additiven Fertigung – wieder attraktiv werden (Albers et al. 2018a).

6.5 Getriebegehäuse als Beispiel

Das Vorgehen des Erweiterten Target Weighing Ansatzes soll im Folgenden anhand eines vereinfachten Beispiels erklärt werden. Als Referenzprodukt, dessen Gewicht reduziert werden soll, wird dem Produktentwickler ein Getriebegehäuse vorgelegt, das aus den vier Teilsystemen *Deckelanbindung* ①, *Aufhängung* ②, *Lagersitze* ③ und *Grundkörper* ④ zusammengesetzt ist (Abb. 6.14).

Beim nachfolgenden Schritt der Funktionsanalyse werden die Funktionen des Getriebegehäuses (Abb. 6.15) mit dem C&C²-Ansatz identifiziert und mit den Experten für dieses System abgestimmt.

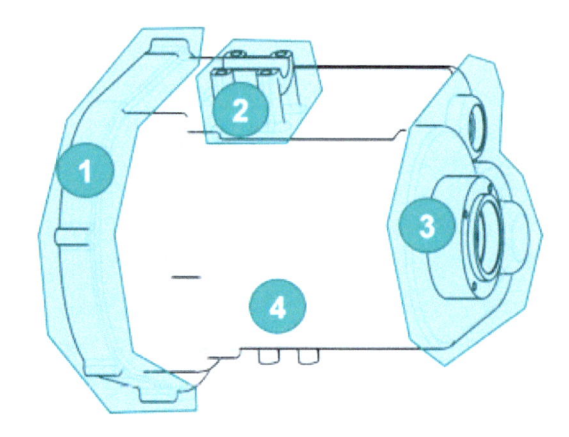

Abb. 6.14: *Getriebegehäuse (Albers et al. 2018a)*

6.5 Getriebegehäuse als Beispiel

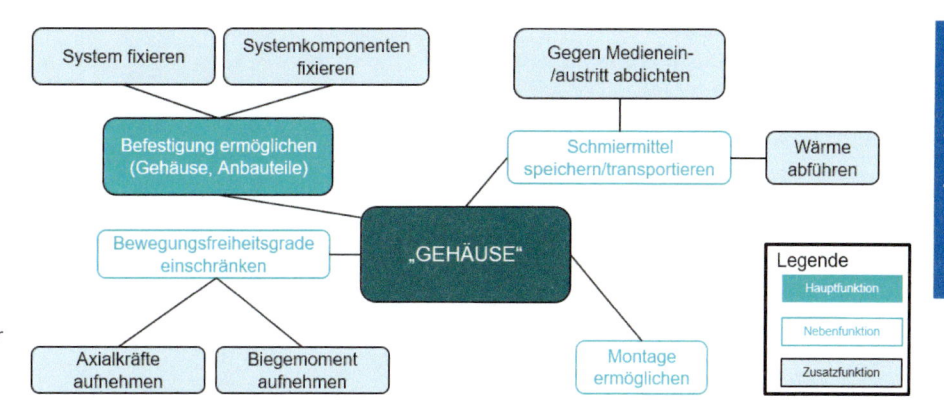

Abb. 6.15: *Baumdiagramm der Funktionen des Getriebegehäuses*

Parallel dazu werden die Aufwände, d. h. Masse, Kosten und CO_2-Emissionen der Teilsysteme (Abb. 6.16), bestimmt. An dieser Stelle sei erwähnt, dass für das vorliegende Beispiel fiktive Werte eingesetzt wurden.

Anschließend erfolgt die Erstellung der Funktion-Aufwand-Matrix (Abb. 6.17). Dabei wird die prozentuale Zuordnung der Teilsysteme zu den durch sie ausgeübten Funktionen vorgenommen. Es ist darauf zu achten, dass ein Teilsystem maximal 100 % an Funktionen übernehmen kann (= Zeilensumme).

Das Getriebegehäuse wird mit Hilfe von MBSE entwickelt. Deshalb konnten diese Schritte zeitlich stark

	Masse [kg]	Kosten [€]	CO_2 [kg]
Deckelanbindung	4,2	40	0,1
Aufhängung	0,47	35	0,2
Lagersitze	2,52	30	0,3
Grundkörper	3	50	0,6

Abb. 6.16: *Aufwände der Teilsysteme des Getriebegehäuses*

	Masse [kg]	Kosten [€]	CO_2 [kg]	Gegen Medienein-/austritt abdichten	Biegemoment aufnehmen	Systemkomponenten fixieren	Axialkräfte aufnehmen	Montage ermöglichen	Wärme abführen	System fixieren
Deckelanbindung	4,2	40	0,1	5%	25%	10%	25%	30%	5%	
Aufhängung	0,47	35	0,2		5%		5%			90%
Lagersitze	2,52	30	0,3	5%	25%	35%	25%	5%	5%	
Grundkörper	3	50	0,6	30%	30%		30%		10%	
Masse pro Funktion				1,24	2,60	1,30	2,60	1,39	0,64	0,42
Kosten pro Funktion				18,50	34,25	14,50	34,25	13,50	8,50	31,50
CO_2 pro Funktion				0,20	0,29	0,12	0,29	0,05	0,08	0,18

Abb. 6.17: *Funktion-Aufwand-Matrix für das Getriebegehäuse*

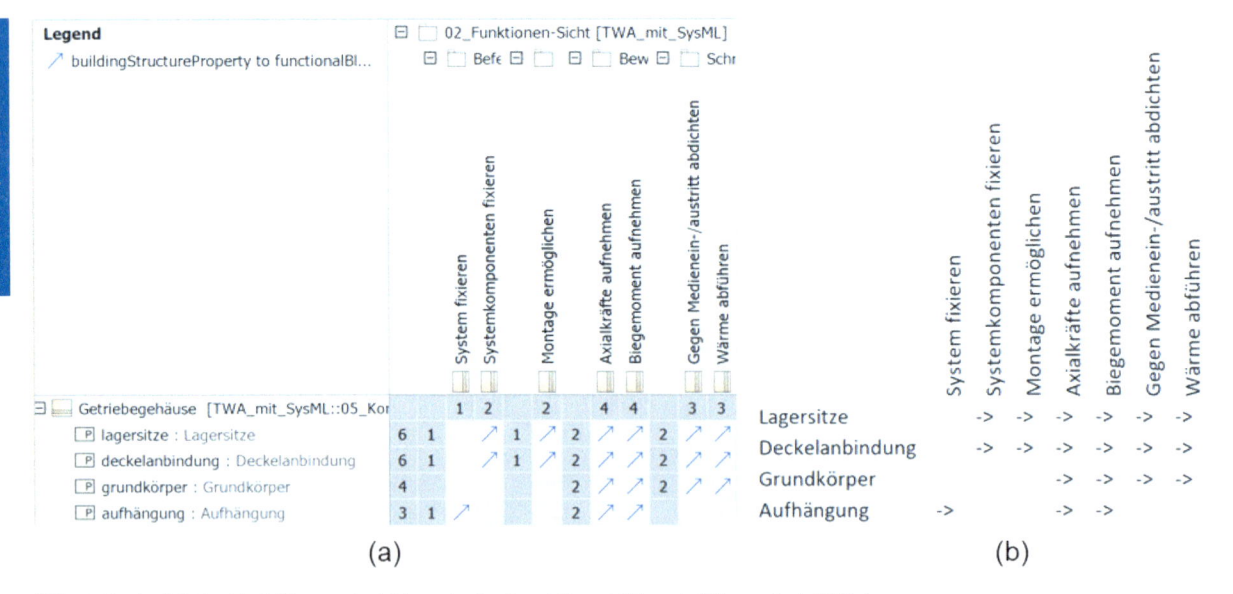

6 Funktionsbasierte Entwicklung leichter Produkte

Abb. 6.18: *Ansicht im Modellierungstool (a) sowie der Excel-Export (b) nach (Albers et al. 2018a)*

verkürzt werden, da sowohl die Aufwände als auch die Verknüpfung der Teilsysteme zu den Beiträgen bei der Funktionserfüllung im Modell impliziert vorlagen. Abbildung 6.18 (a) zeigt das entwickelte Modell, das automatisiert in eine Excel-Matrix überführt werden kann (Abb. 6.18 (b)). Die so entstehende Matrix ist in den mit „->" markierten Feldern mit dem passenden Prozentwert auszufüllen. Durch dieses Vorgehen ergibt sich eine erhebliche Zeitersparnis bei der Durchführung des ETWA sowie ein steigender Return of Investment im Spannungsfeld zwischen Modellierungsaufwand und Modellnutzen durch eine konsequente Anwendung der PGE – Produktgenerationsentwicklung (Albers et al. 2018a).

Mit Hilfe des anschließend durchgeführten paarweisen Vergleichs werden die relativen Wichtigkeiten

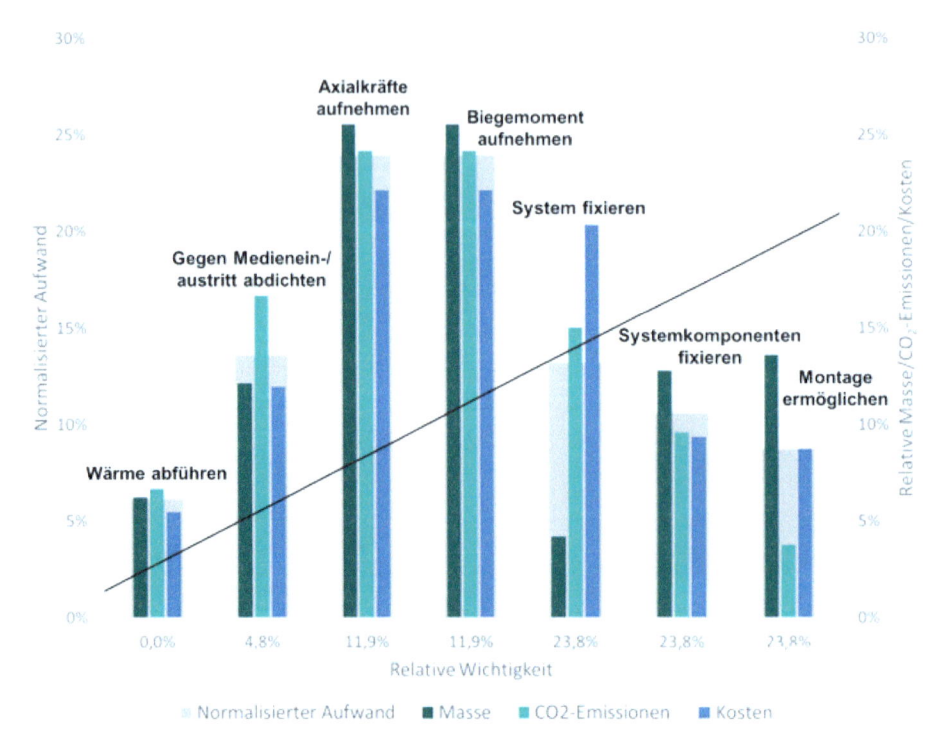

Abb. 6.19: *Funktionsportfolio für das Getriebegehäuse*

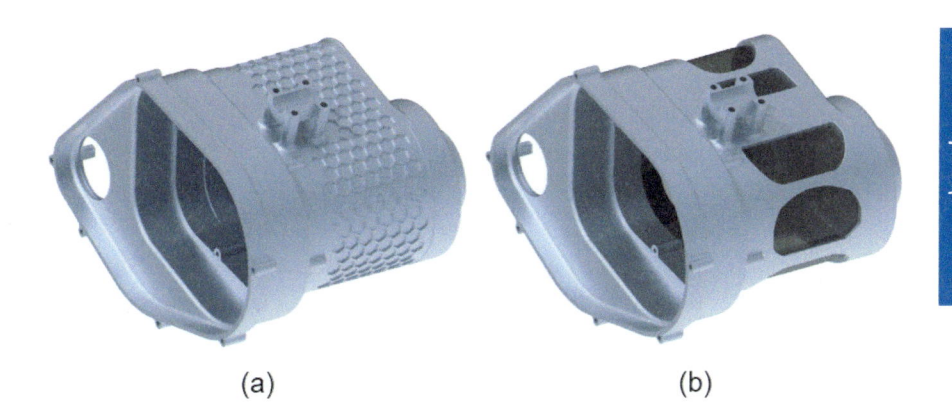

Abb. 6.20: *Getriebegehäuse mit Wabenstruktur (a) und Trennung der Funktionen (b) nach (Albers et al. 2018a)*

(a)   (b)

der Funktionen bestimmt und das Funktionsportfolio generiert (Abb. 6.19). Die Faktoren Masse, Kosten und CO_2-Emissionen sind hierbei alle gleich gewichtet. Aus dem Portfolio wird ersichtlich, dass die Funktionen *Wärme abführen, Gegen Medienein-/austritt abdichten, Axialkräfte aufnehmen* und *Biegemomente aufnehmen* einen „zu hohen" Aufwand besitzen. Das Teilsystem, das zu allen vier Funktionen beiträgt und gleichzeitig eine hohe Masse besitzt, ist der *Grundkörper*. Deshalb wird im Folgenden vereinfacht nur die Optimierung des Grundkörpers betrachtet.

Im Schritt der Konzeptfindung werden für das Getriebegehäuse – unterstützt durch Kreativitätsmethoden – zwei neue Konzepte generiert (Abb. 6.20). Dabei diente zum einen die bionische Wabenstruktur als Referenz und zum anderen das Gestaltungsprinzip der Trennung der Funktionen.

Das Konzept der Wabenstruktur erreicht die gleiche Steifigkeit wie das aus Vollmaterial gefertigte Referenzprodukt, mindert aber durch die lokale Reduzierung der Wandstärke die Masse des Grundkörpers. Beim Konzept der Trennung der Funktionen wird die Funktion *Gegen Medienein-/austritt abdichten* von den anderen Funktionen des Grundkörpers separiert und durch einen zusätzlichen Kunststoffzylinder ausgeübt. Dadurch kann der Grundkörper durch eine kraftflussgerechte Gestaltung mit minimalem Materialeinsatz realisiert werden. Mit der Wabenstruktur kann eine Gewichtsersparnis von etwa 9 % erreicht werden, während die Trennung der Funktionen etwa 15 % ermöglicht. Nun würde die Entscheidung, welches Konzept zu realisieren ist, instinktiv auf das Konzept mit Kunststoffzylinder (Trennung der Funktionen) fallen, da dieses Konzept eine höhere Gewichtsersparnis verspricht. Jedoch muss zur Bewertung der Tragweite der Konzepte noch die mit den Ideen einhergehende technologische Unsicherheit beurteilt werden. Dabei zeigt sich, dass die technologische Unsicherheit bei der Idee mit dem Kunststoffzylinder größer ist als bei der Wabenstruktur. Zwar ist der Impact (die von den neuen Konzeptideen betroffenen Funktionen) sowie der Anteil der Übernahmevariationen (drei der vier Teilsysteme können durch Übernahmevariation übernommen werden) in beiden Konzepten gleich, jedoch ergibt sich eine unterschiedliche Bewertung bei den Einflussfaktoren *Referenzprodukt – Technologie* und *Referenzprodukt – Anwendungsszenario*: Während die Wabenstruktur in ihrer Herstellung und Simulation beherrscht wird und auch die Anwendung für kraft- und biegemomentübertragende Teilsysteme bekannt ist, muss bei der Kunststoffzylinderlösung berücksichtigt werden, dass das Anwendungsszenario zum Abdichten gegen heißes Getriebeöl, der Abführung der entstehenden Wärme sowie der Resistenz gegen die Einwirkung von Verschleißpartikeln nicht im gleichen Kontext bekannt ist. Dadurch ergibt sich für das Konzept mit Kunststoffzylinder eine höhere technologische Unsicherheit, die dem erhöhten Gewichtseinsparpotenzial gegenübergestellt werden muss. Da das Management in diesem Fall nicht bereit ist, die erhöhten technologischen Unsicherheiten zu akzeptieren, fällt die Entscheidung zur weiteren Ausarbeitung auf die Idee mit der Wabenstruktur.

6.6 Fazit

Die Leichtbaustrategie des Systemleichtbaus bietet eine Möglichkeit, große Leichtbaupotenziale zu realisieren. Die Stärke dieser Strategie kommt zum Tragen, wenn gesamte Konzepte neu gedacht und bestehende Strukturen hinterfragt werden. Dies gelingt beispielsweise durch die Betrachtung des Produkts als Summe seiner Funktionen. Deshalb wurden einige Ansätze entwickelt, die sich auf diese Herangehensweise stützen. Ein solcher Ansatz ist der Erweiterte Target Weighing Ansatz, der eine teilsystemübergreifende, funktionsbasierte Leichtbaumethode darstellt und damit zur systematischen Identifikation und Evaluation von Leichtbaupotenzialen unter Berücksichtigung von wirtschaftlichen und ökologischen Aspekten dient.

Die Bewertung von technologischen Unsicherheiten, die mit neuen Konzeptideen einhergehen, trägt dazu bei, eine ganzheitliche Konzeptbewertung zu generieren. Die Synthese der Funktionen in neue Konzepte ermöglicht einen gezielten Einsatz des Multi-Material-Designs und bietet demnach eine große Chance für Leichtbauaktivitäten, um auch zukünftig noch Massereduzierungen zu realisieren.

6.7 Weiterführende Informationen

Literatur

Albers, A., Klingler, S., Wagner, D. (2014a): Prioritization of Validation Activities in Product Development Processes. In: Proceedings of the DESIGN 2014 - 13th International Design Conference. Dubrovnik, May 19–22, 2014. Glasgow: The Design Society, S. 81–90, 2014

Albers, A., Matthiesen, S., Revfi, S., Schönhoff, C., Grauberger, P., Heimicke, J.: Agile Lightweight Design - the Extended Target Weighing Approach in ASD - Agile Systems Design using functional Modelling with the C&C²-Approach. In: Proceedings of the 22nd International Conference on Engineering Design (ICED 2019); 2019

Albers, A., Moeser, G., Revfi, S.: Synergy Effects by using SysML Models for the Lightweight Design Method "Extended Target Weighing Approach". In: Procedia CIRP 70, S. 434–439.

Albers, A., Revfi, S., Spadinger, M. (2018a): Extended Target Weighing Approach – Identification of Lightweight Design Potential for New Product Generations. In: Proceedings of the 21st International Conference on Engineering Design (ICED 17). Vancouver, August 21–25, 2017. Glasgow: The Design Society, S. 367–376, 2017

Albers, A., Revfi, S., Spadinger, M. (2018b): Extended Target Weighing Approach - Estimation of Technological Uncertainties of Concept Ideas in Product Development Processes, SAE Technical Paper 2018-37-0028, 2018

Albers, A., Wagner, D., Ruckpaul, A., Hessenauer, B., Burkardt, N., Matthiesen, S.: Target Weighing – A New Approach for Conceptual Lightweight Design in Early Phases of Complex Systems Development. In: Proceedings of the 19th International Conference on Engineering Design (ICED 13). Seoul, August 19–22, 2013. Glasgow: The Design Society, S. 301–310, 2013

Albers, A., Wintergerst, E. (2014b): The Contact and Channel Approach (C&C²-A): relating a system's physical structure to its functionality. In: Chakrabarti, A. (Ed.), Blessing, L.T.M., An Anthology of Theories and Models of Design; Springer Verlag, Heidelberg, pp. 151–171

Alink, T.: Bedeutung, Darstellung und Formulierung von Funktion für das Lösen von Gestaltungsproblemen mit dem C&C-Ansatz. IPEK-Forschungsberichte, Bd.48, Karlsruhe, 2010

Ashby, M.F.: Materials selection in mechanical design, 3rd edition, Butterworth Heinemann, Oxford, UK, 2005

Feyerabend, F.: Wertanalyse Gewicht. Methodische Gewichtsreduzierung – am Beispiel von Industrierobotern: VDI-Verlag. 1991

Lohmeyer, Q.: Menschzentrierte Modellierung von Produktentstehungssystemen unter besonderer Berücksichtigung der Synthese und Analyse dynamischer Zielsysteme. IPEK-Forschungsberichte, Bd. 59, Karlsruhe, 2013

Matthiesen, S.: Seven years of product development in industry – experiences and requirements for supporting engineering design with 'thinking tools'. In: Proceedings of the 18th International Conference on Engineering Design (ICED 11). Copenhagen, August 15–18, 2011. Glasgow: The Design Society, S. 236–245, 2011

Ponn, J., Lindemann, U.: Konzeptentwicklung und Gestaltung technischer Produkte, Springer-Verlag, Berlin Heidelberg, 2008

Posner, B., Keller, A., Binz, H., Roth, D.: Holistic Lightweight Design For Function And Mass: A Framework For The Function Mass Analysis. In: Proceedings of the DESIGN 2012 – 12th International Design Conference. Dubrovnik, May 21–24, 2012. Glasgow: The Design Society, S. 1071–1080, 2012

Wagner, D.: Methodengestützte Entwicklung eines elektrischen Energiespeichers zur Erschließung von Leichtbaupotenzialen als Beitrag zur Produktgenerationsentwicklung. IPEK-Forschungsberichte, Bd. 89, Karlsruhe, 2015

7 Validierung im Produktentstehungsprozess

Albert Albers, Tobias Düser

7.1	Verifizierung und Validierung von Produkteigenschaften	155	7.4	Validierungsprozess	157
7.2	Virtuelle und experimentelle Validierungsumgebung	155	7.5	Systemleichtbau durch keramische Werkstoffe als Beispiel	158
7.3	Zielkonflikte bei der Validierung von Produkteigenschaften im Leichtbau	156	7.6	Fazit	160
			7.7	Weiterführende Informationen	160

7.1 Verifizierung und Validierung von Produkteigenschaften

Eine zentrale und stets wiederkehrende Herausforderung im Produktentstehungsprozess von leichtbauorientierten Systemen liegt in der umfassenden Verifizierung und Validierung der Produkteigenschaften. Bei der Verifizierung wird beurteilt, *ob ein System richtig entwickelt* wurde. Die Eigenschaften eines Produkts werden also formal mit spezifischen Anforderungen abgeglichen. Typische Beispiele sind Zug-/Druckversuche, Wiegen, etc. Im Rahmen der Validierung wird überprüft, *ob das richtige System entwickelt* wurde. Die Beurteilung erfolgt beispielsweise an kundenorientierten Kriterien hinsichtlich Einsatzzweck oder Benutzererwartung. Die Zusammenhänge und Unterschiede zwischen Verifizierung und Validierung sind exemplarisch in Abbildung 7.1 am Beispiel der Felge dargestellt.

Die Verifizierung ist ein Bestandteil der Validierung. Bei der formalen Verifizierung von Produkteigenschaften wird nicht überprüft, ob die Anforderungen für den Anwender und Kunden des Produkts überhaupt relevant sind. Auch wird bei der Überprüfung einzelner Anforderungen auf Zielkonflikte keine Rücksicht genommen. Es wird nur die Eigenschaft als solche charakterisiert und mit Zielgrößen verglichen. Beispielsweise ist der formale Nachweis des Gewichts und der Steifigkeit einer Felge für den Kunden und Anwender unerheblich. Ein wichtiges Kriterium für den Verbraucher ist dagegen die Neigung des gesamten Fahrzeugs zu Schwingungen, die wiederum von Massenträgheit und Nachgiebigkeit der Felge, beeinflusst werden. Die Untersuchung dieser Schwingungen ist jedoch nur dann relevant, wenn sie bei der Anwendung durch den Kunden auch auftreten können.

Bei der Validierung wird der Nutzen der Eigenschaft für den Kunden geprüft. Der Anwender eines Produkts ist an dessen richtiger Funktion unter für ihn relevanten Bedingungen interessiert. Gegenstand der Validierung sind demnach Gesamt- oder Teilsysteme eines Produkts, die unter realistischen Bedingungen orientiert am Kundenwunsch untersucht werden. Die Darstellung des ausgereiften und vollständigen Produkts ist in frühen Aktivitäten der Produktentstehung nicht

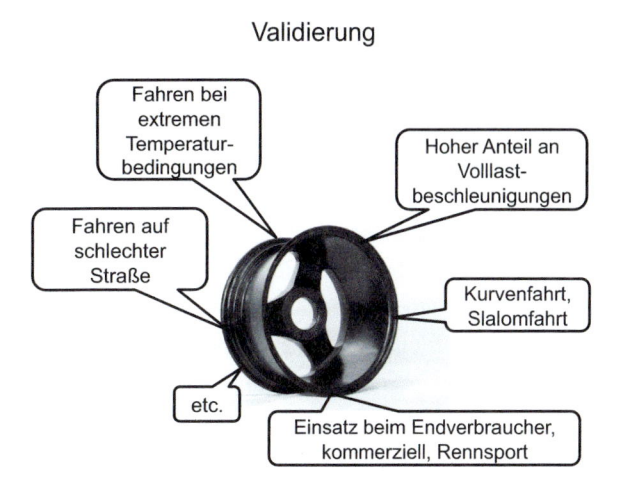

Abb. 7.1: *Aspekte der Verifizierung (oben) und Validierung (unten) am Beispiel einer Felge*

möglich. So kommen sowohl experimentelle als auch modellbasierte Methoden bei der Validierung zum Einsatz. Dabei werden virtuelle Methoden, wie z. B. Simulation, mit dem realen Test integriert betrachtet.

7.2 Virtuelle und experimentelle Validierungsumgebung

Untersuchungen an virtuellen Systemen sind grundsätzlich dann erforderlich, wenn das System nicht real vorliegt oder nur unter hohem Kosten- und Zeitaufwand als Prototyp hergestellt werden kann. Darüber hinaus werden Simulationen von Bedeutung, wenn Messort oder Messgröße eine sehr spezielle Messtechnik erfordern.

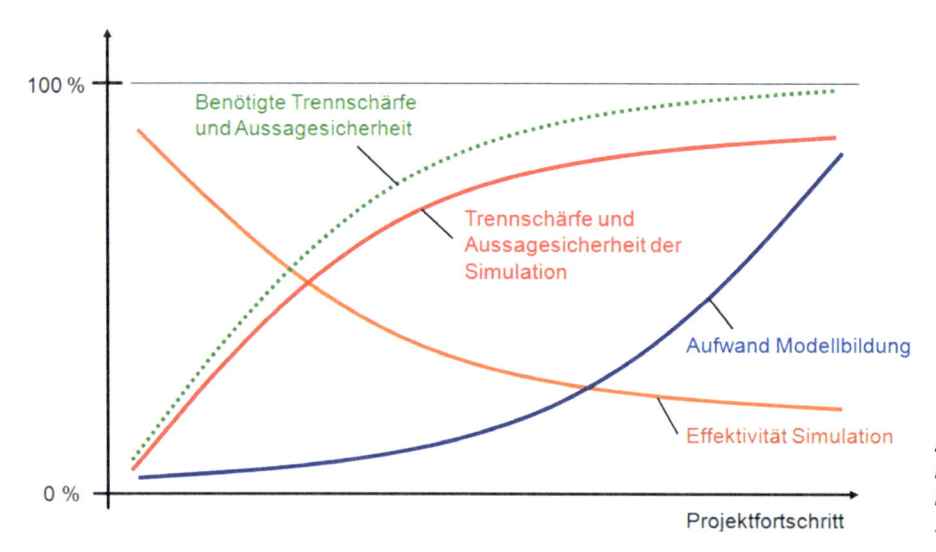

Abb. 7.2: *Aufwand und Nutzen der Simulation im Entwicklungsprozess (Heißing 2002)*

So ist zum Beispiel die Dehnung an einer schwer zugänglichen Stelle einer Tragstruktur nur sehr aufwändig zu messen. Die gleiche Struktur lässt sich dagegen auch als dreidimensionales Modell in einem computergestützten Berechnungsprogramm abbilden. Dabei werden die an der Struktur anliegenden Kräfte für die Berechnung entsprechend der experimentellen Untersuchung angenommen. Die sich daraus ergebende Dehnung und Spannung kann so nach Größe und Verteilung für beliebige Stellen des Bauteils ermittelt und bewertet werden.

Durch den gezielten Einsatz der Simulation bei der Produktvalidierung ist es möglich, Eigenschaftsabsicherungen als sogenanntes Frontloading bereits in frühen Phasen der Produktentstehung durchzuführen. Mit zunehmendem Projektfortschritt, d.h. mit zunehmender Konkretisierung des Produktes, kann der Aufwand der Modellbildung stark zunehmen, um die dann erforderliche Aussagesicherheit zu erreichen. Daher kann es sinnvoll sein, rechtzeitig einen hohen Anteil an Simulation für die Validierung einzusetzen (Abb. 7.2).

Untersuchungen an realen Systemen bieten sich an, wenn das zu untersuchende System kostengünstig zur Verfügung steht. Es muss dabei die Möglichkeit bestehen, relevante Größen messtechnisch erfassen zu können. Grundsätzlich gibt es bei experimentellen Untersuchungen zwei Ausprägungen. Zum einen werden Experimente zur Systemanalyse im Hinblick auf Betriebsfestigkeit, Geräusch, etc. durchgeführt. Zum anderen dienen sie dazu, Simulationsmodelle zu validieren. Im ersten Fall spricht man von Produktvalidierung, im zweiten Fall von der Modellvalidierung. Von einer bekannten Belastungssituation, z.B. bei der modellbasierten Untersuchung einer Tragstruktur, kann nicht immer ausgegangen werden. Oft stellen die zu untersuchenden Bauteile nur einzelne Elemente eines umfangreichen Gesamtsystems dar. Zum Beispiel ist das an einer Felge anliegende Drehmoment modellbasiert nur schwer zu ermitteln. Dafür müsste ein Modell des gesamten Antriebsstrangs erstellt und berechnet werden. Vorausgesetzt, ein Versuchsfahrzeug ist verfügbar, wäre in diesem Fall die experimentelle Ermittlung des Drehmoments an der Felge, z.B. durch die einfache Applizierung von Dehnungsmessstreifen an der Seitenwelle leichter durchführbar. Die Felge selbst kann in der experimentellen Untersuchung zur Ermittlung der Belastungssituation ersetzt werden, sodass zunächst auf einen Prototyp verzichtet werden kann.

7.3 Zielkonflikte bei der Validierung von Produkteigenschaften im Leichtbau

Bei der Fahrzeugentwicklung gibt es viele unterschiedliche Entwicklungsziele, z.B. bezüglich Fahrkomfort, Energieeffizienz, Sicherheit oder Zuverlässigkeit. Im Kontext zu den Leichtbauanforderungen können Zielkonflikte bzw. ungünstige Wechselwirkungen auftreten wie z. B.:

- *Fahrkomfort:* Durch die getaktete Verbrennung im Kolbenmotor eines Fahrzeugs werden im Triebstrang und im Fahrzeugaufbau Schwingungen angeregt. Die Anregbarkeit und Übertragung von Schwingungen bei Leichtbaustrukturen kann nicht ohne weiteres aus dem Verhalten einer konventionellen Bauweise abgeleitet werden. Es könnten die Resonanzlagen einzelner Bauteile und Baugruppen durch Leichtbaumaßnahmen in Betriebsfrequenzbereiche verschoben werden, die erhebliche negative Auswirkungen auf das Komfortverhalten des Fahrzeugs hätten.
- *Sicherheit*: Die B-Säulen von Fahrzeugen dürfen bei Crashtests keinesfalls nachgeben. Leichtbauwerkstoffe wie Aluminium haben zwar eine geringere Dichte, allerdings auch eine geringere Beanspruchbarkeit. Damit wird es ggf. erforderlich, bei manchen Strukturen die Wandstärke zu erhöhen, sodass letztendlich ein höheres Gesamtgewicht als bei der Verwendung von Stahl als Werkstoff das Ergebnis wäre.
- *CO_2-Reduzierung:* Viele neue Fahrzeugkonzepte haben komplexe Technologien zur Reduzierung der CO_2-Emission. Insbesondere bei der Hybridisierung kommen neue Komponenten, wie Elektromotoren, Batterie und Leistungselektronik zum Einsatz. Leichtbaukonstruktionen von Karosserien erfordern neue Konzepte, z. B. in Form von Mischbauweisen (Multi-Material-Design) im Vergleich zu konventionellen Bauweisen. Diese können den Bauraum und somit die Integrationsfähigkeit von Hybridkomponenten stark einschränken.
- *Zuverlässigkeit:* Werkstoffe wie faserverstärkte Kunststoffe sind unter dem Aspekt der Schadenstoleranz bei stoßartiger Beanspruchung kritisch, da aufgrund von Delaminationen die Druckfestigkeit des Laminats erheblich abnimmt, wohingegen diese Versagensart bei isotropen Materialien nicht auftreten kann.

7.4 Validierungsprozess

Produktentstehung ist ein iterativer Prozess, der sich von der ersten Idee und den prinzipiellen Lösungen bis zu einer vollständig definierten Gestalt mit Toleranzen und Bemaßungen vollzieht. Zwischen den einzelnen Iterationen finden immer Validierungsaktivitäten statt. Dieser Zusammenhang ist in Abbildung 7.3 an einem Referenzmodell dargelegt. Die

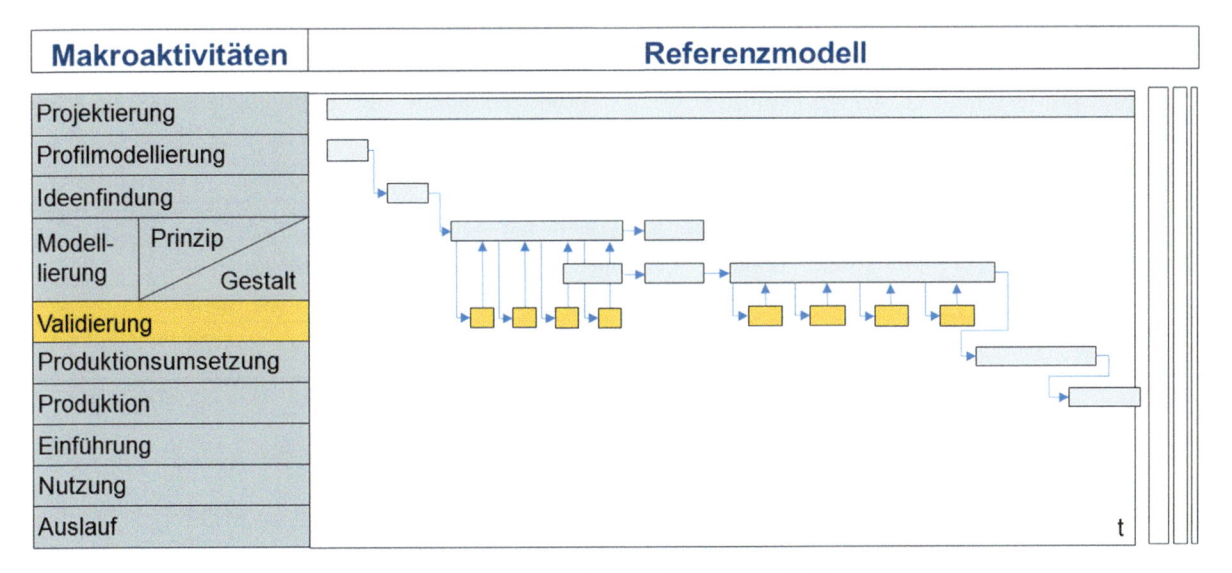

Abb. 7.3: *Die Aktivität Validierung im integrierten Produktentstehungsmodell (iPeM) nach Albers*

Validierung darf somit keinesfalls nur am Ende der Produktentwicklung erfolgen, sondern sie muss begleitend zum Produktentstehungsprozess durchgeführt werden.

Die Validierung stellt damit eine zentrale Aktivität im Produktentstehungsprozess dar. Es werden zwar bei der Synthese eines Produkts schon umfangreiche Eigenschaften definiert und dokumentiert, es kann dennoch erst nach der Validierung und ihrer Dokumentation von Systemverständnis gesprochen werden. Letztendlich schafft nur Validierungsaktivität Wissen über die tatsächlichen Produkteigenschaften in der Anwendung.

Für die Durchführung der Validierung werden verschiedene Analysemethoden eingesetzt. Grundsätzlich lassen sich diese Methoden für Produkteigenschaften in Kategorien nach dem Zweck bzw. der Genauigkeit einteilen (Tab. 7.1). Diese Methoden haben sich vor allem im Bereich des klassischen Maschinenbaus mit dem Schwerpunkt auf den mechanischen Produkteigenschaften etabliert.

Für die Validierung eines Systems sind verschiedene Werkzeuge zur Unterstützung der Analysemethoden verfügbar:

- Messtechnik zur Erfassung physikalischer Größen. Dabei wird im Allgemeinen zerstörungsfrei, ohne Rückwirkung auf das Verhalten des Prüflings, gemessen. Aus den erfassten und aufbereiteten physikalischen Messwerten können Kennwerte berechnet werden.
- Bildanalyse in unterschiedlichen Frequenzbereichen, z. B. Infrarotaufnahmen des Prüflings.
- Materialanalyse zur Erfassung der stofflichen Eigenschaften des Prüflings, dabei kann zerstörungsfrei oder zerstörend mit Probenahme gearbeitet werden.
- Vergleich der Mess- und Kennwerte mit experimentellen Erfahrungswerten ähnlicher Prüfungen, z. B. bei der Zahnradberechnung nach DIN 3990.
- Einsatz von Virtual Reality und/oder Augmented Reality als Versuchsumgebung des virtuellen und/oder realen Prototyps.
- Anwenderbefragung zur statistischen Erfassung des Produkteindrucks auf den Anwender bzw. zur Analyse der Interaktion des Anwenders mit dem Produkt.
- Simulationswerkzeuge (1D, 2D, 3D).

7.5 Systemleichtbau durch keramische Werkstoffe als Beispiel

Die Verminderung des CO_2-Ausstoßes eines Fahrzeugs mit konventionellem Verbrennungsmotor wird durch eine Reduktion des Kraftstoffverbrauchs erreicht. Ein wesentlicher Faktor für einen geringen Verbrauch bei konventionellen Antrieben ist eine kleine Fahrzeugmasse. Diese kann durch Leichtbau erreicht werden. Im Rahmen des Sonderforschungsbereichs 483 „Hochbeanspruchte Gleit- und Friktionssysteme auf Basis ingenieurkeramischer

Tab. 7.1: *Klassifikation der Produktanalysemethoden (Ehrlenspiel 1995)*

Art der Methode	Zweck der Methode			
	Grundsätzliches Verhalten	Vergleich zwischen Alternativen	Eigenschaftsermittlung	
			überschlägig	genau
Überlegung, Diskussion	Interdisziplinäre Diskussion	Vorteils-/Nachteilsvergleich, Portfolioanalyse	Abschätzung, Szenariotechnik	Logische Argumentation
Berechnung, Kennzahlenvergleich	Analytische Berechnung	Vergleichsrechnung, Marktanalyse	Auslegungs-, Überschlagsrechnung	Nachrechnung
Simulation mit dem Rechner	Physikalische Simulation	Simulation mit unterschiedlichen Alternativen	Testmarkt, Einfaches Modell	FEM-Rechnung, Genaues Modell
Versuch	Handversuch, Rapid Prototyping	Vergleichsversuch, Modellversuche	Vorversuch, Modellversuch	Prototypversuch, Prüfstandsversuch

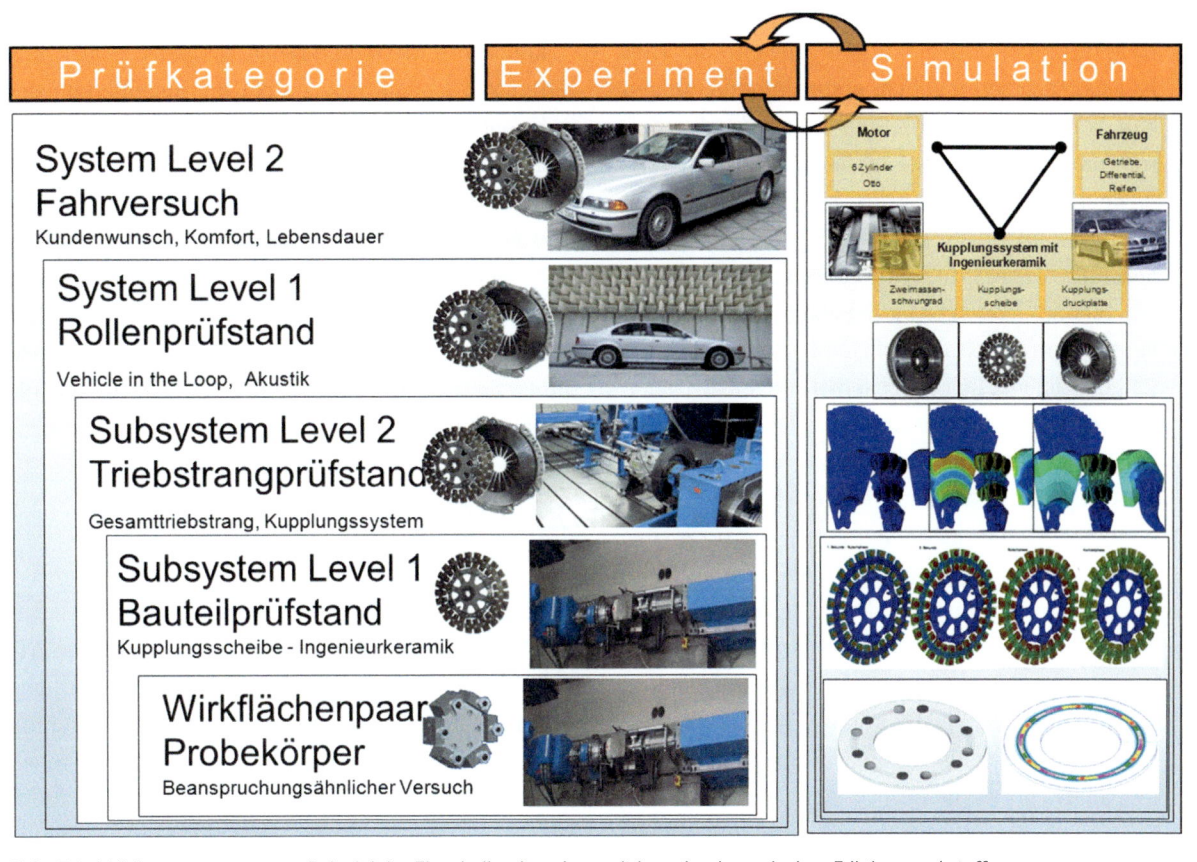

Abb. 7.4: *Validierungsprozess am Beispiel der Einscheibenkupplung mit ingenieurkeramischen Friktionswerkstoffen*

Werkstoffe" wurde am IPEK – Institut für Produktentwicklung eine Hochleistungsfahrzeugkupplung mit keramischen Friktionswerkstoffen entwickelt. Durch die höhere Leistungsdichte der Kupplung kann diese wesentlich kompakter gebaut werden. Daraus resultieren beispielsweise schlankere und damit leichtere Getriebegehäuse – ein Beitrag zum Systemleichtbau. Dieser steht in Wechselwirkung mit Verschleiß- und Komforteigenschaften, die es im Validierungsprozess zu analysieren gilt. Der Validierungsprozess am Beispiel der Einscheibenkupplung mit ingenieurkeramischen Friktionswerkstoffen ist in Abbildung 7.4 dargestellt. Das Bild verdeutlicht den iterativen Prozess. Sowohl in der Simulation als auch im realen Versuch werden in unterschiedlichen Prüfkategorien Analysen mit bestimmten Zielsetzungen durchgeführt:

- *Wirkflächenpaar (Probekörper):* Das System wird weitgehend auf den tribologischen Kontakt reduziert. Dieser Kontakt kann mit einfachen keramischen Probekörpern und Gegenreibscheiben dargestellt werden. Die Prüfvorrichtung ermöglicht eine geregelte rotatorische Relativbewegung von Probekörpern und Gegenreibscheibe sowie eine regelbare Anpresskraft. Es werden Reibungs- und Verschleißprozesse unter einstellbaren Bedingungen untersucht. Auf dieser Untersuchungsebene können erste Aussagen über das Verhalten der Friktionswerkstoffe bei einer bestimmten Flächenpressung, Materialpaarung oder von Temperatureinfluss gemacht werden.
- *Subsystem (Bauteilprüfstand):* Es werden Untersuchungen von Reibungs- und Verschleißprozessen unter Berücksichtigung der Wechselwirkung von Systemgestalt und tribologischem Kontakt durchgeführt. So werden in Ergänzung zum Wirkflächenpaar-Versuch neben dem vollständigen tribologischen Kontakt zusätzlich die realen thermischen Massen, der tatsächliche Überdeckungsgrad und die Anfederung dargestellt. Zwar gibt es dabei keine standardisierte Systemgrenze,

es wird jedoch eine weitgehende Isolation der Hauptfunktion eines Bauteils angestrebt. Hier ist es auch schon möglich, erste Untersuchungen zum Wärmehaushalt des Subsystems durchzuführen, da die wichtigsten Wärmesenken und Wärmequellen Bestandteil des zu untersuchenden Bauteils sind.

- *Subsystem (Triebstrangprüfstand):* Fragen zur Systemdynamik, genauer zu Schwingungen und Stößen im Antriebsstrang, spielen hier eine wichtige Rolle. Es ist möglich, Wechselwirkungen zwischen Gesamtsystem und Friktionssystem zu untersuchen, beispielsweise selbst- und zwangserregte Schwingungen oder Lastwechselschläge. Das untersuchte System beinhaltet auch eine reale oder realitätsnahe Kupplungsbetätigung, sodass die Eingriffsmodulation über die Belagsfederung und die Kupplungsansteuerung berücksichtigt werden kann. Über die Wärmehaushaltsuntersuchungen auf Bauteilebene hinaus können Wechselwirkungen mit dem Gehäuse und der Umwelt dargestellt und analysiert werden.
- *System (Rollenprüfstand):* Auf dem Rollenprüfstand wird das Verhalten des Gesamtfahrzeugs mit dem Kupplungssystem analysiert. Hier sind die thermischen Randbedingungen bis auf den realen Fahrtwind vollständig abgebildet, nämlich die Kupplungsglocke, der Wärmeeintrag über die Motorgehäusetemperatur und das Getriebegehäuse als Wärmesenke oder -quelle. Die Einsatzbedingungen, vor allem die fahrbaren Manöver, sind jetzt sehr realitätsnah. Eine Interaktion zwischen Mensch und Maschine ist durch die Verfügbarkeit aller Schnittstellen zwischen Mensch und Maschinen im Fahrzeug möglich. Querdynamische Phänomene können nicht dargestellt werden.
- *System (Betriebsversuch):* Das Gesamtfahrzeug wird auf der Straße untersucht. Über die Analysen hinaus, die auf dem Rollenprüfstand möglich sind, können weitere Systemeigenschaften analysiert werden. Wichtig ist eine tatsächliche Lebensdaueranalyse unter realen Einsatzbedingungen in der Dauererprobung. Es kann jetzt auch das Geräuschverhalten in der realen Umgebung bewertet werden. Längs- und querdynamische Phänomene können im Betriebsversuch ebenfalls berücksichtigt werden. Im Fokus steht die Regelbarkeit des Kupplungssystems unter Betriebssystembedingungen.

Durch diesen iterativen Prozess und das systematische Vorgehen unterstützen die Validierungsaktivitäten den Produktentwickler und gewährleisten ein *richtiges Produkt* als Ergebnis der Produktentwicklung.

7.6 Fazit

Die Validierung ist eine zentrale Aktivität in der Produktentwicklung, die kontinuierlich die eigentliche Synthese des Produkts bis hin zu seiner vollständigen Reife begleiten muss. Für die Validierung stehen modellbasierte, virtuelle Werkzeuge sowie experimentelle, physikalische Untersuchungsmethoden zur Verfügung, die konsequent integriert betrachtet werden müssen.

7.7 Weiterführende Informationen

Literatur

Albers, A.: Basics of Validation. Institut für Produktentwicklung, Vorlesungsumdruck. Karlsruhe, 2006

Albers, A., Behrendt, M., Ott, S.: Validation – Central Activity to Ensure Individual Mobility. FISITA 2010 World Automotive Congress. Budapest, 2010

Albers, A., Düser, T., Ott, S.: X-in-the-loop als integrierte Entwicklungsumgebung von komplexen Antriebssystemen. 8. Tagung Hardware-in-the-loop-Simulation, Kassel, 2008

Albers, A., Merkel, P., Geier, M., Ott, S.: Validation of Powertrain Systems on the Example of Real and

Virtual Investigations of a Dual Mass Flywheel in the X-in-the-Loop (XiL) Environment. 9th International CTI Symposium & Transmission Expo, Berlin, 2009

Düser, T.: X-in-the-Loop – ein durchgängiges Validierungsframework für die Fahrzeugentwicklung am Beispiel von Antriebsstrangfunktionen und Fahrassistenzsystemen. IPEK-Forschungsberichte, Bd. 47, Karlsruhe, 2010

Ehrlenspiel, K.: Integrierte Produktentwicklung – Methoden für Prozessorganisation, Produkterstellung und Konstruktion. Carl Hanser Verlag, München 1995

Heißing, B.: Die Simulation als Tool im Produktentstehungsprozess von Kraftfahrzeugen. Tagungsband Virtual Product Creation, Berlin, 2002.

Meboldt, M.: Mentale und formale Modellbildung in der Produktentstehung – als Beitrag zum integrierten Produktentstehungs-Modell (iPeM). IPEK-Forschungsberichte, Bd. 29, Karlsruhe, 2008

Mitariu, M.: Methoden und Prozesse zur Entwicklung von Friktionssystemen mit Ingenieurkeramik am Beispiel einer trockenlaufenden Fahrzeugkupplung. IPEK-Forschungsberichte, Bd. 38, Karlsruhe, 2009

Schyr, C.: Modellbasierte Methoden für die Validierungsphase im Produktentwicklungsprozess mechatronischer Systeme. IPEK-Forschungsberichte, Bd. 22, Karlsruhe, 2006

Richtlinie

VDI-Richtlinie 2206: Entwicklungsmethodik für mechatronische Systeme. Beuth Verlag, Berlin, 2004

Teil II

Werkstoffe für den Leichtbau – Auswahl und Eigenschaften

1	Werkstoffauswahl für den Leichtbau	167
2	Stähle	195
3	Aluminiumwerkstoffe	225
4	Magnesiumwerkstoffe	255
5	Titanwerkstoffe	281
6	Kunststoffe	309
7	Faserverstärkte Kunststoffe	335
8	Technische Keramik	383
9	Hybride Werkstoffverbunde	403

Ein Großteil neuer Produktentwicklungen beruht auf der Entwicklung neuer Werkstoffe für den jeweiligen Anwendungszweck. Auch im Bereich der sogenannten „Leichtbauwerkstoffe" haben sich – ausgehend von den ersten Forschungsansätzen im ersten Drittel des 20. Jahrhunderts – bis jetzt zahlreiche innovative Entwicklungen ergeben, die heute teilweise schon selbstverständlich genutzt werden, während andere ihr Potenzial noch in der Umsetzung großserientauglicher Leichtbaukonzepte beweisen müssen. Bei rund 80.000 verschiedenen Ingenieurswerkstoffen auf Basis von Metallen und Kunststoffen wird die Suche nach geeigneten Kandidaten für eine bestimmte Anwendung schnell aufwändig, will man nicht in gewohnte Bahnen verfallen, sondern anhand eines Anforderungsprofils die am besten geeigneten Werkstoffe identifizieren und zur Anwendung bringen. Aus diesem Grund ist dem folgenden Teil ein Kapitel zur systematischen Werkstoffauswahl für typische Anwendungsfälle des Leichtbaus vorangestellt.

Daran anschließend folgen detaillierte Betrachtungen zu den gängigen Leichtbauwerkstoffgruppen. Bei den Metallen sind dies zunächst die Stähle, die zwar zu den schweren Metallen gehören, aber insbesondere in hoch- und höchstfesten Modifikationen ein im Vergleich zu anderen Leichtbauwerkstoffen achtbares Leichtbaupotenzial besitzen. Dieses wurde in den vergangenen Jahren mit der Entwicklung neuer Mehr- und Komplexphasenstähle noch weiter entwickelt. TRIP-, TWIP- oder Maraging-Stähle sind heute bereits in der industriellen Produktion angekommen und erlauben den Einsatz von Stählen für Leichtbaustrukturen, die hohen mechanischen Belastungen unterliegen. Den Leichtmetallen Aluminium, Magnesium und Titan scheint das Leichtbaupotenzial schon durch ihre geringe Dichte intrinsisch gegeben zu sein. Tatsächlich sind jedoch auch die Festigkeiten und Steifigkeiten im Vergleich zu den Stählen reduziert, sodass auch hier stetig Materialdesign betrieben wird, um die Anwendungsbereiche zu erweitern.

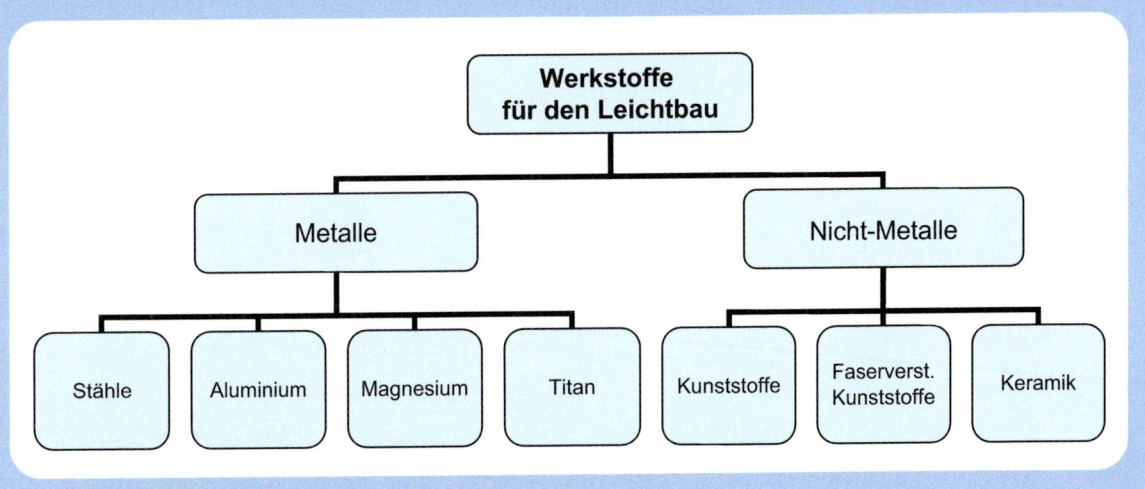

Übersicht über die im Leichtbau verwendeten Werkstoffe

In den 30er Jahren des 20. Jahrhunderts wurden insbesondere Legierungen von Aluminium und Magnesium zur Einsatzreife in der Luftfahrt entwickelt. Diese werden im Wesentlichen heute noch verwendet und sind zwischenzeitlich in die Welt des Automobils vorgedrungen. Zusätzlich wurden neue Legierungssysteme kreiert, die insbesondere maximale Einsatztemperaturen zulassen, das Verhältnis von Festigkeit und Dichte weiter erhöhen oder vor allem beim Magnesium die Korrosionsanfälligkeit verringern. Titan besitzt dabei eine dem Stahl vergleichbare Phasenchemie, die es erlaubt, eine breite Variation von Gefügezuständen mit Hilfe thermomechanischer Behandlungen einzustellen. Auf diese Weise ist die definierte Einstellung auch komplexer Eigenschaftsprofile möglich. Gleichzeitig ist die Verarbeitung von Titan vergleichsweise anspruchsvoll, da insbesondere Gussbauteile nur dann gute mechanische Eigenschaften aufweisen, wenn Gussporen durch aufwändige thermomechanische Nachbehandlungen beseitigt werden. Aus diesem Grund wurde beim Titan schon früh eine pulvermetallurgische Fertigungsroute für Bauteile komplexer Geometrie etabliert, die zwar vergleichsweise kostenintensiv ist, jedoch die endkonturnahe Fertigung leistungsfähiger Bauteile ermöglicht.

Auch keramische Werkstoffe eignen sich – bedingt durch ihre geringe Dichte und hohe thermomechanische Stabilität – für Leichtbauanwendungen. Sofern die Sprödigkeit keinen Nachteil in der jeweiligen Anwendung darstellt, können selbst monolithische Keramiken in Strukturbauteilen eingesetzt werden. Keramische Faserverbundwerkstoffe bieten darüber hinaus noch eine gewisse Schadenstoleranz und werden schon heute in leichten Bremsscheiben im Automobil- und Luftfahrtsektor verwendet.

Die Werkstoffklasse mit den geringsten Dichten und dem höchsten Produktionsvolumen stellen die Polymere dar. In Bereichen, in denen mechanische und thermische Belastbarkeit nur eine untergeordnete Rolle spielen, können sie auch als Vollwerkstoffe eingesetzt werden – andernfalls bietet eine breite Palette an Verstärkungsfasern, wie Kohlenstoff-, Glas-, Aramid- und Naturfasern die Möglichkeit, die mechanischen Eigenschaften in der Weise zu steigern, dass duromere oder thermoplastische Matrices absolute Steifigkeiten in der Größenordnung jener von Leichtmetallen erreichen.

Konsequenterweise erfordert die Verwendung des idealen Werkstoffes für die jeweilige Anwendung im Systemleichtbau auch die Kombination verschiedener Werkstoffe in einer Mischbauweise. Der Übergang zur Kombination verschiedener Werkstoffe in einem Werkstoffverbund bzw. einem Verbundwerkstoff ist dann fließend. In diesem Zusammenhang ist häufig von hybriden Werkstoffen die Rede, wobei es eine genaue Begriffsdefinition bisher nicht gibt. Häufig versteht man darunter die Kombination eines Verbundwerkstoffes mit einem Vollwerkstoff einer anderen Werkstoffklasse oder die Kombination von Verbundwerkstoffen unterschiedlicher Verstärkungsarchitektur. Die hierbei auftretenden Fragestellungen betreffen häufig die Grenzflächeneigenschaften der Verbindung der verschiedenartigen Materialien.

1 Werkstoffauswahl für den Leichtbau

Kay Weidenmann, Alexander Wanner

1.1	Werkstoffe und ihre Eigenschaften	169	1.5	Mehrfache Randbedingungen und konkurrierende Ziele	183
			1.5.1	Mehrfache Randbedingungen	183
1.2	Allgemeine Aspekte der Werkstoffauswahl	172	1.5.2	Konkurrierende Ziele	184
1.2.1	Informationsquellen	172	1.6	Einfluss der Bauteilform	187
1.2.2	Darstellen und Vergleichen von Werkstoffeigenschaften	172	1.6.1	Grundsätzliches	187
			1.6.2	Form und Effizienz	187
1.2.3	Werkstoffauswahl im Produktentstehungsprozess	173	1.6.3	Der Formfaktor	187
			1.6.4	Rolle des Formfaktors bei der Werkstoffauswahl	188
1.3	Auswahlstrategien	174			
1.3.1	Anforderungsprofil und Werkstoffbewertung	174	1.7	Beschränkungen durch den Bauraum	190
1.3.2	Werkstoffindices zur Bewertung von Werkstoffen	176	1.7.1	Grundsätzliches	190
			1.7.2	Auswahlstrategie bei beschränktem Bauraum	190
1.4	Werkstoffauswahl mit Werkstoffindices	177	1.7.3	Weitere Bauteile und Lastfälle	192
1.4.1	Leichtbaurelevante Werkstoffindices	180	1.8	Zusammenfassung	192
1.4.2	Werkstoffauswahldiagramme	181	1.9	Weiterführende Informationen	194

II

1.1 Werkstoffe und ihre Eigenschaften

Nach verschiedenen Schätzungen stehen dem Ingenieur heute zwischen 40.000 und 80.000 verschiedene Werkstoffe und Werkstoffzustände zur Verfügung, die sich jeweils durch ein ganz bestimmtes Eigenschaftsspektrum auszeichnen (Ashby et. al. 2002). Dazu gehören neben den mechanischen Eigenschaften wie Festigkeit, Steifigkeit, Duktilität oder Schwingfestigkeit und Zähigkeit auch Eigenschaften, die für die strukturelle Anwendung in der Regel weniger wichtig sind und als chemische oder physikalische Eigenschaften bezeichnet werden. Zu ihnen gehören die magnetischen und elektrischen Eigenschaften wie die Magnetisierbarkeit, der elektrische Widerstand ebenso wie die Wärmekapazität oder der Korrosionswiderstand. Gerade die letztgenannte Eigenschaft zeigt, dass auch chemische und physikalische Eigenschaften für strukturelle Anwendungen eine wesentliche Rolle spielen können, da die mechanischen Eigenschaften auch durch nicht-mechanische Faktoren beeinflusst werden können. Eine Auslegung einer Konstruktion nach mechanischen Gesichtspunkten ist im Produktdesign nur ein wesentlicher Schritt. Ein weiterer notwendiger Schritt ist ein systematischer Werkstoffauswahlprozess, dessen Ziel zunächst die Definition eines Anforderungsprofils an den zu verwendenden Werkstoff ist, gefolgt von der eigentlichen Materialauswahl, um aus der Vielzahl der zur Verfügung stehenden Materialien die vielversprechendsten Kandidaten herauszufiltern. Erste Betrachtungen hinsichtlich der systematischen Werkstoffauswahl für den gewichtsoptimierten Strukturleichtbau wurden in den 1950er und 1960er Jahren angestellt (Gerard 1956, Shanley 1960).

Die Ingenieurswerkstoffe lassen sich in verschiedene Werkstoffklassen einteilen, die in Abbildung 1.1 dargestellt sind (Ashby, Jones 2005). Neben den Metallen und Polymeren sowie Keramiken und Gläsern gehören dazu auch die natürlichen Werkstoffe sowie nach (Ashby 2006) auch die Elastomere, die eine Unterklasse der Polymere darstellen, sich aber in ihren Eigenschaften von denen der Duromeren und Thermoplasten (Plastomeren) deutlich abheben. Die Werkstoffe einer Materialklasse besitzen gewisse Gemeinsamkeiten: Sie haben oft einen

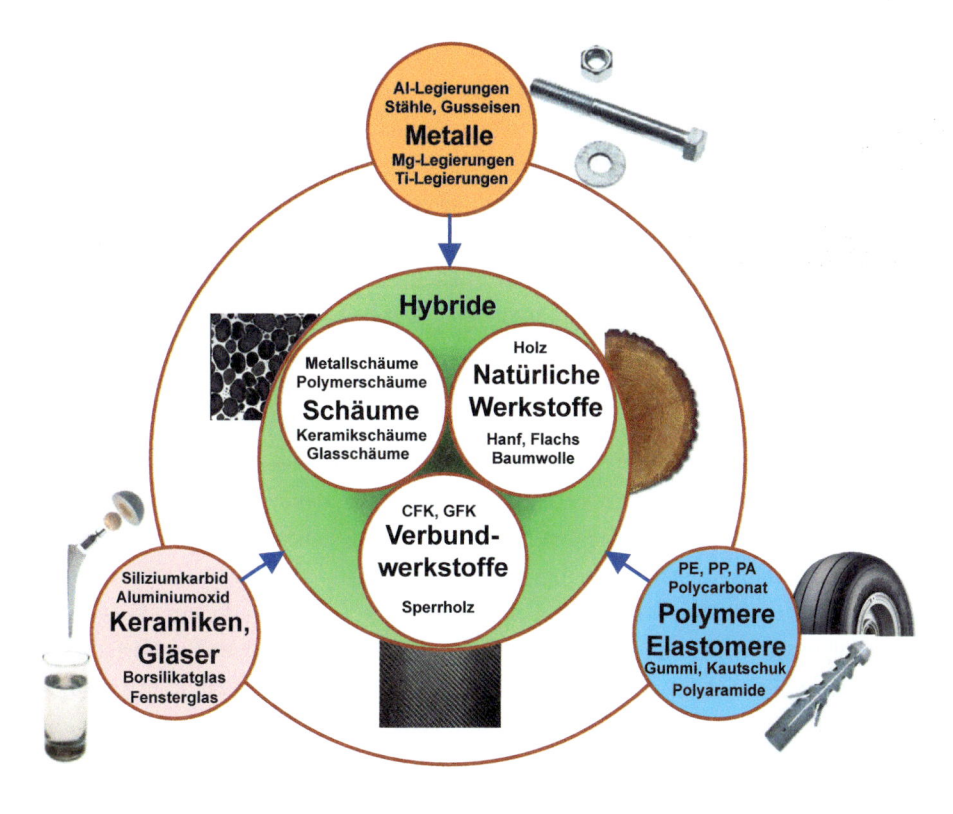

Abb. 1.1: *Übersicht über die Werkstoffklassen*

ähnlichen chemischen Aufbau und damit ähnliche chemische Eigenschaften. Sie werden auf ähnliche Weise verarbeitet und besetzen oft auch ähnliche Anwendungsfelder. Kombiniert man Werkstoffe aus verschiedenen Werkstoffklassen miteinander, erhält man Verbundwerkstoffe, die somit eine eigene Werkstoffklasse darstellen. Die Schäume werden oft als eigene Werkstoffklasse dargestellt (Gibson, Ashby 2016), sind aber streng genommen nur eine Morphologie der schaumbildenden Matrix (Metall, Polymer oder Keramik).

Metalle

Metalle besitzen sehr hohe Steifigkeiten und damit sehr hohe Elastizitätsmodul. Durch geeignete Legierungselemente und entsprechende Wärmebehandlungen können die mechanischen Eigenschaften von Metallen in breiten Margen verändert werden. Diese Tatsache betrifft vor allem die mechanischen Eigenschaften, weshalb weniger die Suche nach einem bestimmten Metall, sondern vielmehr die Suche nach einer Legierung in einem bestimmten Wärmebehandlungszustand im Vordergrund steht. Über Wärmebehandlungen kann oftmals ein ausgewogenes Verhältnis von Festigkeit und Duktilität eingestellt werden. Ein hinreichendes plastisches Formänderungsvermögen ist insbesondere für umformtechnische Formgebungsverfahren erforderlich. Umgekehrt gibt es aber auch höchstfeste Zustände, die mit geringen Bruchdehnungen einhergehen. Auch aufgrund ihrer Duktilität neigen Metalle zur Ermüdung, außerdem besitzen sie von allen Materialklassen den geringsten Korrosionswiderstand. Dies sind Aspekte, die auch im Leichtbau eine wichtige Rolle spielen.

Keramiken und Gläser

Keramiken und auch Gläser besitzen aufgrund ihrer starken ionischen oder kovalenten Bindungskräfte im Gitter ebenfalls hohe Steifigkeiten und damit hohe Elastizitätsmodul. Keramiken sind nicht plastisch verformbar und setzen der Rissausbreitung nur wenig Widerstand entgegen. Der letztgenannte Aspekt führt zu einer ausgeprägten Diskrepanz zwischen der Zug- und Druckfestigkeit. Da unter Druck Risse erst bei sehr hohen Lasten entstehen und wachsen, ist die Druckfestigkeit von Keramiken ca. 15mal höher als ihre Zugfestigkeit. Diese hohe Druckbeständigkeit gepaart mit hoher Härte lassen Keramiken vor allem als verschleißbeständige Lagermaterialien Anwendung finden. Für andere strukturelle Anwendungen ist der Einsatz von Keramiken begrenzt, da bei ihnen die Streuung der mechanischen Kennwerte jeweils groß ist. Dies ist dadurch begründet, dass das Versagen spröder Werkstoffe durch intrinsische Fehler bestimmt ist, die anders als bei Metallen nicht durch plastische Verformung stabilisiert werden können. Daher spielt bei Keramiken auch die Größe des unter Last stehenden Volumens eine wichtige Rolle. Je größer dieses Volumen, desto höher ist die Wahrscheinlichkeit, dass darin ein großer Defekt vorliegt, und desto geringer ist die Zugfestigkeit. Aufgrund der hohen Streuung sind Konstruktionen aus keramischen Werkstoffen weit schwieriger betriebssicher auszulegen. Trotz allem haben Keramiken ein interessantes Eigenschaftsspektrum, das für einige Anwendungen auch im Leichtbau von Interesse ist.

Polymere und Elastomere

Im Vergleich zu den bereits beschriebenen Klassen stellen Polymere das andere Ende der Werkstoffskala dar. Die Elastizitätsmodul sind vergleichsweise gering und liegen im Bereich von 0,1 bis 10 GPa (Thermoplaste und Duromere) oder noch darunter (Elastomere). Da Polymere gleichzeitig gute Festigkeiten und niedrige Dichten von rund $1\ \mathrm{g\cdot cm^{-3}}$ besitzen, sind die für den Leichtbau relevanten spezifischen Kennwerte dennoch attraktiv. Gleichzeitig sind die Schmelztemperaturen bei Thermoplasten oder Zersetzungstemperaturen bei Duromeren und Elastomeren im Vergleich zu denen anderer Ingenieurswerkstoffe niedrig. Das begrenzt zum einen die Anwendung auf Umgebungsbedingungen, die nahe der Raumtemperatur sind. Zum anderen ergibt sich dadurch eine starke Kriechneigung der Werkstoffe, die ebenfalls bereits bei Raumtemperatur das mechanische Verhalten mitbestimmt. Des Weiteren weisen Polymerwerkstoffe teilweise schon bei Temperaturen um den Gefrierpunkt einen Übergang zu sprödem Werkstoffverhalten auf. Sofern diese

Abb. 1.2: *Polymerverbundwerkstoffe erlauben die kostengünstige Serienfertigung steifigkeitsoptimierter Leichtbaukomponenten (Quelle: Fraunhofer ICT)*

Rahmenbedingungen beachtet werden oder für die avisierte Anwendung nur von untergeordneter Bedeutung sind, besitzen Polymerwerkstoffe auch große Vorteile. Dazu gehört die einfache Verarbeitung und Formgebung, die zudem eine hohe geometrische Komplexität und die Funktionsintegration ermöglicht. Polymere sind des Weiteren sehr korrosionsbeständig und können eingefärbt werden, was für das Produktdesign hilfreich ist.

Verbundwerkstoffe

Werden Werkstoffeigenschaften gefordert, die sich mit *einem* Werkstoff einer Materialklasse nicht realisieren lassen, bieten Verbundwerkstoffe die Möglichkeit, Eigenschaftskombinationen zu generieren, die das Anforderungsprofil erfüllen. Dabei ist jedoch zu bedenken, dass Verbundwerkstoffe auch nachteilige Eigenschaften besitzen können. Dazu gehört der in der Regel höhere Preis, der durch die Anwendungsmöglichkeit gerechtfertigt werden muss. Verbundwerkstoffe werden allgemein nach ihrer Matrix qualifiziert. So unterscheidet man Polymer-, Metall- und Keramikmatrixverbunde. Erstere besitzen im Moment für den Leichtbau das höchste Anwendungspotenzial, da die Steigerung der mechanischen Eigenschaften von Polymeren durch Verstärkungselemente, wie z. B. Glas- oder Kohlenstofffasern im Vergleich zur unverstärkten Matrix am höchsten ausfällt. Dies schlägt sich vor allem in der Steifigkeit nieder, die ingenieurstechnisch eine wichtige Auslegungsgröße darstellt. Diese Klasse der Verbundwerkstoffe hat auch den Vorteil der besten Verarbeitbarkeit, da häufig konventionelle Methoden der Polymerverarbeitung eingesetzt werden können. Keramische Verbundwerkstoffe sind als Stahlbeton vor allem im Bauwesen verbreitet und finden sich in Form von Bremsscheiben oder Heizelementen zusätzlich in Hochtemperaturanwendungen. Der Einsatz von Metallmatrixverbundwerkstoffe ist im Leichtbau noch nicht weit entwickelt, da diese Werkstoffe in der Herstellung doch verhältnismäßig teuer sind. Vor allem in Wärmesenken, im Motorenbau und für tribologische Anwendungen rechtfertigen die Eigenschaftsspektren jedoch die vergleichsweise hohen Herstellkosten.

Durch die große Bandbreite der Werkstoffeigenschaften lassen sich prinzipiell immer Lösungen für eine bestimmte Anwendung finden – meist auch mehrere. Leider ist es häufig so, dass die Werkstoffauswahl mangels Vorkenntnissen nicht systematisch erfolgt, sondern sich meist auf Erfahrung stützt. Im folgenden Abschnitt werden Strategien behandelt, nach denen Werkstoffe systematisch ausgewählt werden können und wie man sich gleichzeitig von äußeren Restriktionen lösen kann. Dazu ist es zunächst notwendig, die Materialeigenschaften über alle Materialklassen hinweg von mehreren Seiten zu beleuchten und objektiv zu vergleichen, um davon ausgehend eine systematische Werkstoffauswahl zu betreiben.

1.2 Allgemeine Aspekte der Werkstoffauswahl

1.2.1 Informationsquellen

Zumindest die grundlegenden Eigenschaften, wie die Dichte, die mechanischen Eigenschaften, thermische und andere physikalische Eigenschaften von Werkstoffen sind heute in verschiedenen freien Datenbanken wie Matweb verfügbar. Des Weiteren gibt es beispielsweise für Aluminium und Stahl in Deutschland Industrieverbände, die in den letzten Jahren detaillierte Werkstoffdatenbanken zusammengestellt und verfügbar gemacht haben. Eine gute Übersicht über Datenbanken und Datenquellen findet sich bei (Reuter 2006, 2013). Solche auf einzelne Werkstoffgruppen beschränkte Datenbanken haben allerdings den Nachteil, dass sie den für die systematische Auswahl notwendigen Blick auf die Gesamtheit der Werkstoffe nicht ermöglichen.

Noch schwieriger sieht es hingegen bei Fragestellungen aus, die stärker ins Detail gehen: Informationen über das Verfestigungsverhalten, das Ermüdungsverhalten oder Eigenschaften jenseits der Raumtemperatur sind nur schwierig zu erhalten. Hierzu liegen meist nur verstreute, unstrukturierte Informationen vor, beispielsweise in wissenschaftlichen Aufsätzen in Zeitschriften oder in Kundeninformationen von Werkstoffherstellern.

Die im Folgenden dargestellte systematische Herangehensweise ist hinsichtlich der Bandbreite der Fragestellungen und Werkstoffe nicht eingeschränkt. Die Qualität des Ergebnisses wird aber stets auch durch die Datenbasis bestimmt, auf die sich die systematische Werkstoffauswahl stützt.

1.2.2 Darstellen und Vergleichen von Werkstoffeigenschaften

Die einfachste Möglichkeit zur Darstellung von Werkstoffeigenschaften ist eine Tabelle. Grundsätzlich erlaubt eine Tabelle auch den Vergleich von mehreren Werkstoffen miteinander, sie wird aber bei einer großen Informationsfülle schnell unübersichtlich. Zudem enthält eine Tabelle zunächst keinen wertenden Charakter – die Eigenschaften werden einfach nebeneinander aufgeführt. Sicherlich ist es denkbar, eine Rangliste für eine bestimmte Eigenschaft zu erstellen, doch meist erfordert eine bestimmte Anwendung eher eine günstige Eigenschaftskombination als nur eine definierte Eigenschaft. Ashby hat in den vergangenen 20 Jahren vergleichende graphische Darstellungsformen für Werkstoffeigen-

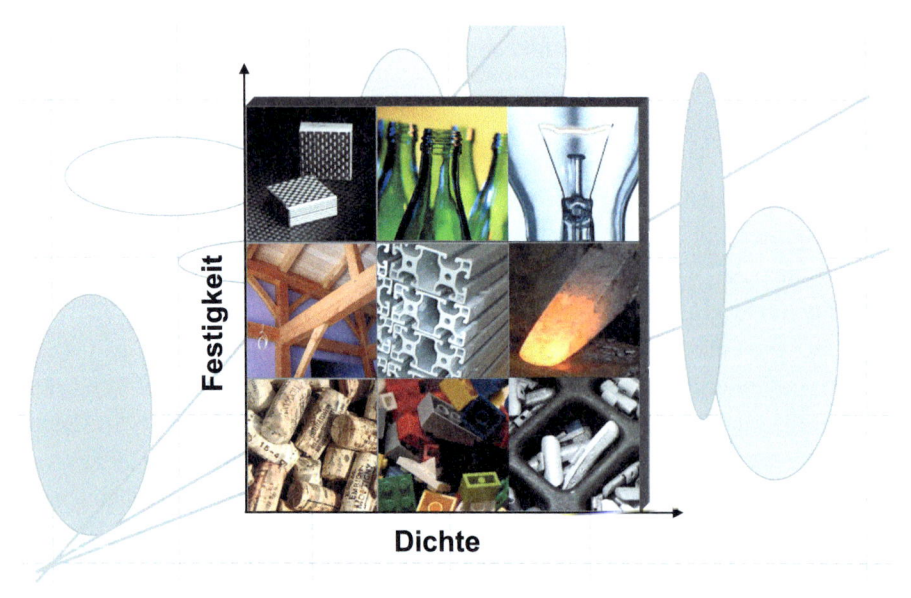

Abb. 1.3: *Schematische Eigenschaftskarte: Festigkeit über Dichte*

schaften und -eigenschaftsprofile entwickelt, mit denen die Werkstoffauswahl betrieben werden kann (Ashby 1989, 2006). Sehr hilfreich ist es beispielsweise, zwei relevante Eigenschaften in einem doppeltlogarithmischen Diagramm gegeneinander aufzutragen. Ein Beispiel ist die spezifische Festigkeit. Sie ist ein zentraler Kennwert im Werkstoffleichtbau und stellt sich als das Verhältnis von Festigkeit zu Dichte (s_f/r) dar. Trägt man diese Größen gegeneinander auf, dann erhält man ein Diagramm, das unterschiedliche Informationsdichten enthalten kann (Abb. 1.3). Symbolisiert durch Piktogramme sieht man zunächst nur, dass natürliche Werkstoffe wie Kork geringe Dichten und Festigkeiten besitzen. Wolfram (z. B. eingesetzt als Glühfaden) hingegen eine hohe Festigkeit bei hoher Dichte.

Werden zusätzlich die Eigenschaften aller Werkstoffe quantitativ in das Diagramm eingetragen, kann man dieses zunächst vereinfacht in Eigenschaftsgebiete für unterschiedliche Werkstoffhauptgruppen (Metalle, Polymere,…) einteilen. In Abbildung 1.3 findet sich im Bildhintergrund eine solche Darstellung der Eigenschaftsgebiete. Innerhalb dieser Gebiete finden sich dann die einzelnen Werkstoffuntergruppen (Aluminiumlegierungen, Stähle,…) wieder. Eine letztlich noch detailliertere Darstellung ergäbe ein Diagramm, indem die einzelnen Werkstoffe (EN AW-6060, EN AW-6082,…) voneinander unterscheidbar wären. Eines wird aber schon durch diese vereinfachte Betrachtung klar: Der Vergleich von Werkstoffen kann mit Hilfe von Eigenschaftsdiagrammen, die später noch diskutiert werden sollen, in einer deutlich übersichtlicheren Weise geschehen als mit simplen Tabellen.

1.2.3 Werkstoffauswahl im Produktentstehungsprozess

Die Auswahl geeigneter Werkstoffe spielt eine Schlüsselrolle im Produktentstehungsprozess. Werkstoff und Fertigungsverfahren stehen naturgemäß in einem direkten Zusammenhang und beeinflussen gemeinsam die Möglichkeiten und Grenzen bei der funktionsgerechten Gestaltung und Auslegung von Bauteilen und Systemen. Diese Wechselbeziehungen sind in Abbildung 1.4 schematisch in Form eines Tetraeders dargestellt.

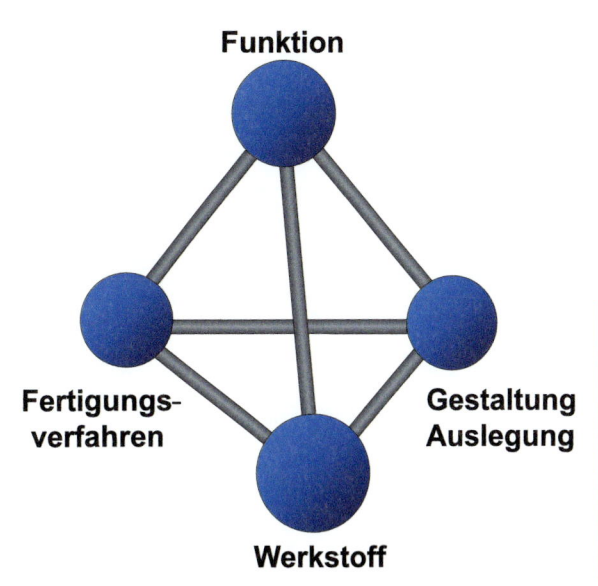

Abb. 1.4: *Wechselspiel der Werkstoffauswahl mit anderen Aspekten der Produktentwicklung*

Die Zusammenhänge lassen sich am Beispiel des Fahrradrahmens verdeutlichen. Besonders leichte Fahrradrahmen können aus hochfesten Aluminiumlegierungen oder aus kohlenstofffaserverstärktem Kunststoff (CFK) hergestellt werden (Abb. 1.5). Der Rahmen aus einer Aluminiumlegierung wurde durch Zusammenschweißen prismatischer Rohrstücke gefertigt, die als Halbzeuge auf dem Markt verfügbar sind. Hochfeste stoffschlüssige Schweißverbindungen sind bei Aluminiumlegierungen technisch realisierbar, nicht aber bei CFK-Werkstoffen. Im gezeigten Beispiel wurde die CFK-Rahmenkonstruktion durch ein integrales Fertigungsverfahren hergestellt, in dessen Mittelpunkt das Wickeln der Kohlenstofffasern auf eine Kernstruktur stand, mit der die Form des gesamten Rahmens vorgegeben wurde. Dadurch konnte die Verstärkungskomponente (d. h. die Kohlenstofffasern) quasi endlos über den gesamten Rahmen hinweggeführt und herkömmliche Fügestellen, wie sie etwa Schweiß- oder Klebenähte darstellen, ganz vermieden werden. Die beiden Fahrradrahmen unterscheiden sich in vielerlei Hinsicht, und alle wesentlichen Unterschiede sind auf die eine oder andere Weise durch die Werkstoffauswahl begründet oder eng mit ihr verknüpft.

Da die Werkstoffauswahl mit allen anderen Aspekten des Produktentwicklungsprozesses verwoben

Abb. 1.5: *Auswirkung der Werkstoffwahl auf Gestalt und Dimensionierung am Beispiel des Fahrradrahmens: Aluminiumlegierung, prismatische Rohre, Fügung durch Schweißen (links) und Kohlenstofffaser/Epoxidharz-Verbundwerkstoff, integrales Fertigungsverfahren (rechts) (Quelle: Storck Bicycle)*

ist, wird sie in der Regel nicht am Anfang oder am Ende dieses Prozesses stehen, sondern muss diesen in allen Phasen begleiten. Es ist hilfreich, wenn bereits in der Konzeptphase eine Vorauswahl getroffen wird, die dann im Folgenden verfeinert wird. Eine systematische Herangehensweise an diesen Vorauswahlprozess wird im Folgenden am Beispiel leichtbaurelevanter Fragestellungen behandelt.

1.3 Auswahlstrategien

1.3.1 Anforderungsprofil und Werkstoffbewertung

Die Herausforderung besteht darin, aus der Vielzahl zur Verfügung stehender Materialien auf der Grundlage eines definierten Anforderungsprofils die vielversprechendsten Kandidaten herauszufiltern. Eine entsprechende Auswahlstrategie besteht dabei aus zwei Schritten:
- Das Aufstellen von Kriterien, mit deren Hilfe beurteilt werden kann, ob ein Werkstoff die Anforderungen erfüllt,
- und eine Bewertung der Werkstoffe an Hand dieser Kriterien, um die Eignung der so ausgewählten Materialien klassifizieren zu können.

Verschiedene Auswahlstrategien wurden von (Farag 1989, Lewis 1989 Dicter 1991, Bréchet et.al. 2001 oder Charles et.al. 1997) vorgeschlagen. Ihnen allen gemeinsam ist ein einfaches Schema, das in Abbildung 1.6 dargestellt ist: Ein Eingangsdatensatz – das Anforderungsprofil – wird in einen Ausgangsdatensatz – die Auswahl an Werkstoffen und möglichen Fertigungsprozessen – transferiert. Die Auswahlstrategie entspricht dabei der Transferroutine. Drei dieser Auswahlstrategien sollen im Folgenden vorgestellt werden (Ashby et.al. 2002).

Induktive Argumentation oder Analogie

Die induktive Argumentation oder Analogie beruht auf bereits vorhandenen Erfahrungen. Das Anforderungsprofil basiert auf einer bestimmten Problemstellung. Die Transferroutine sucht nach Lösungen, die mit der vorgegebenen Problemstellung eine oder mehrere Gemeinsamkeiten besitzen und für die bereits Teillösungen existieren. Aus der Kombination der Teillösungen werden potenzielle Lösungen für die aktuelle Problemstellung gefunden, deren Eignung dann überprüft wird. Zentral für die Anwendung dieser Strategie ist das Vorhandensein von Wissen über bereits gelöste Probleme, die mit den aktuellen verwandt sind. Diese Strategie ist daher nicht innovativ, da sie prinzipiell nur Lösungen liefern kann, die auf bereits Bekanntem basieren. Andererseits birgt dieses Verfahren nur geringe Risiken.

Fragebogen-Strategie

Die Fragebogen-Strategie leitet den unerfahrenen Anwender mit Hilfe von Fragestellungen durch den

Werkstoffauswahlprozess. Sie fußt auf dem Ergründen von verfügbarem Expertenwissen. Aus den Antworten auf die Fragen müssen sich dem Anwender neue Fragen ergeben, deren Antworten ihm iterativ neue Fragen aufgeben, bis eine endgültige Lösung für die Problemstellung gefunden ist. Grundsätzlich funktioniert das Verfahren nur dann, wenn die Problemstellung klar genug formuliert wurde. Diese Auswahlstrategie ist ebenfalls wenig innovativ, da nur bereits vorhandenes Wissen abgefragt wird. Falls ein Material oder Prozess im Fragebogen nicht auftaucht, kann diese Option zur Problemlösung auch nicht erhalten werden.

Freie, strukturierte Suche

Die freie, strukturierte Suche bietet das größte Anwendungsspektrum und die Möglichkeit neue, innovative Lösungen für die aktuelle Problemstellung zu finden. Dazu benötigt dieses Verfahren genau spezifizierte Angaben, die mit ingenieurwissenschaftlichen Methoden analysiert werden können, z.B. genaue Angaben über die gewünschte Form (Bauteildesign) und quantitative Angaben über mögliche Lasten, etc. Aus diesem Anforderungsprofil ergeben sich vier Fragestellungen:

- Funktion: Was ist die Aufgabe des Bauteils?
  Bereitstellung einer Fahrzeugzelle (z. B. Flugzeugrumpf), Übertragung von Kräften und Momenten, Wärme und elektrischer Energie,…
- Zielsetzung: Welche Eigenschaften sollen optimiert werden? Welche Größe muss minimiert/maximiert werden?
  Die Konstruktion sollte möglichst leicht sein, möglichst geringe Kosten verursachen, hohe Sicherheit gewährleisten,…
- Randbedingungen: Welche Bedingungen müssen erfüllt sein?
  Begrenzter Bauraum, Ausfallsicherheit bei gegebener Beanspruchung, Betriebstemperatur, Umgebung,…
- Freiheitsgrade: Welche Designvariablen sind frei wählbar?
  Länge des Bauteils, Querschnittsfläche, Gewicht,…

Weitere Prozessschritte

Der sich anschließende Werkstoffauswahlprozess gliedert sich in drei Schritte: dem Screening, dem Ranking und der Dokumentation (Abb. 1.7). Das Screening sortiert im ersten Schritt alle Materialien aus, die das Anforderungsprofil nicht erfüllen.

Abb. 1.6: *Ablaufschema des Auswahlprozesses: Auswahlstrategien als Transferroutine zwischen Anforderungsprofil und Kandidatenliste (Ashby et.al. 2002)*

1 Werkstoffauswahl für den Leichtbau

Alle Werkstoffe: Ausgrenzung ungeeigneter Kandidaten durch Anwendung von Eigenschaftsgrenzen

Grundsätzlich geeignete Werkstoffe: Reihung durch Anwendung von Eigenschafts-Indices

Gruppe gut geeigneter Werkstoffe: Weitere Einengung durch zusätzliche Informationen (Handbücher, Spezialsoftware, Experten-Systeme, CD-ROMS, Internet)

Bestgeeignete Werkstoffe: Weitere Einengung durch Berücksichtigung lokaler Gegebenheiten

Endgültige Werkstoffauswahl

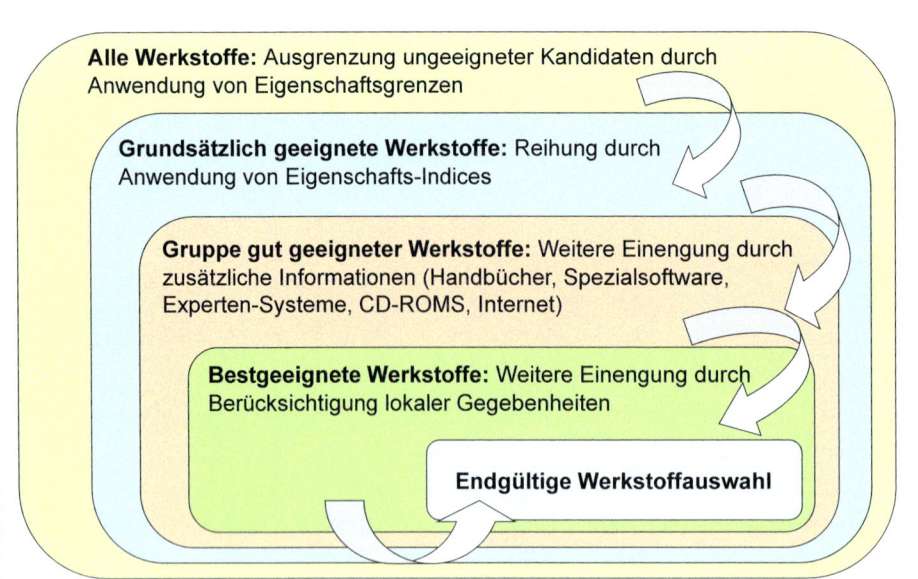

Abb. 1.7: *Schematischer Ablauf des Werkstoffauswahlprozesses nach (Ashby 1999)*

Beispielsweise können Polymere oberhalb ihrer relativ niedrigen Schmelztemperatur nicht eingesetzt werden und scheiden daher für Hochtemperaturanwendungen in diesem Schritt aus. Dieser Schritt sortiert so zwar ungeeignete Kandidaten aus, macht aber keine Aussage über die relative Eignung der prinzipiell geeigneten Kandidaten. Der nächste Schritt ist daher das Ranking, das den verbleibenden Kandidaten nach deren Eignung eine Rangfolge zuweist. Bei diesem Schritt spielen die sogenannten Werkstoffindices eine wichtige Rolle – diese werden im folgenden Abschnitt beschrieben. Im letzten Schritt erstellt die Dokumentation aus weiteren gesammelten Informationen für jeden Spitzenkandidaten ein Dossier, mit dessen Hilfe dann eine endgültige Entscheidung getroffen werden kann. Erst in diesem Auswahlschritt sollten lokale Gegebenheiten, wie Erfahrungen mit bestimmten Werkstoffen, gegebene Produktionsprozesse oder die Verfügbarkeit des Werkstoffes berücksichtigt werden. Der Werkstoffauswahlprozess ist in Abbildung 1.7 nochmals schematisch zusammengefasst. In der Praxis wird häufig beobachtet, dass vor allem und ausschließlich der letzte Schritt zur Werkstoffauswahl herangezogen wird. Diese in der Praxis übliche Vorgehensweise liefert in der Regel nicht das optimale Ergebnis, da die Bandbreite der Lösungen ohne vorher erfolgtes Screening per se eingeschränkt ist.

1.3.2 Werkstoffindices zur Bewertung von Werkstoffen

Ein Werkstoffindex ist eine Maßzahl für eine Kombination von Werkstoffeigenschaften, die die Eignung des Werkstoffs für eine bestimmte Anwendung charakterisiert.

Das Design eines Bauteils wird generell durch drei Faktoren bestimmt: Seine Funktion (F), seine Geometrie (G) und das Material (M), aus dem es besteht. Dementsprechend ist die Leistungsfähigkeit (P) eines Bauteils durch diese drei Faktoren bestimmt, die als Variablen der mathematischen Funktion

$$P = f(F, G, M)$$

aufgefasst werden können. Das Optimum der Werkstoffauswahl ergibt sich als Maximum oder Minimum dieser Funktion. Werden Funktion, Geometrie und Werkstoff als separate Faktoren angesehen – was sie in vielen Fällen auch sind – kann obige Gleichung zu

$$P = f_1(F) \cdot f_2(G) \cdot f_3(M)$$

mit drei separaten mathematischen Funktionen umgeformt werden, die selbst als Faktoren aufgefasst werden. Damit wird die Materialauswahl unabhängig, d.h. der optimale Werkstoff kann ermittelt werden, ohne dass alle Details über Funktion und Geometrie bekannt sind. Der Faktor $f_3(M)$ wird als

Werkstoffindex bezeichnet, während das Produkt der beiden anderen Faktoren als Strukturindex bezeichnet wird. Ein Werkstoffindex kann aus jedem gestellten Anforderungsprofil ermittelt werden (Ashby 2006).

Zwar bietet die freie strukturierte Suche die oben erwähnten Vorteile und wurde auch zwischenzeitlich für die Vorgabe mehrerer Zielsetzungen und Limitierungen (Ashby 2000, Bréchet et. al. 2001) sowie für die Auswahl hybrider Werkstoffe (Sirisalee et. al. 2006) optimiert, aber sie stellt auch an den Anwender gewisse Voraussetzungen: So muss das Anforderungsprofil präzise formuliert werden und dieses in einen (oder mehrere) Werkstoffindex überführt werden können. Darüber hinaus muss der Anwender Zugang zu Werkstoffdaten haben und aus diesen die richtigen Schlüsse ziehen können (Ashby et. al. 2002).

1.4 Werkstoffauswahl mit Werkstoffindices

Leichtbaukonstruktionen sollen, wie der Name sagt, ein möglichst geringes Gewicht besitzen. Gleichzeitig sollen sie bestimmte vorgegebene (Mindest-)Anforderungen bezüglich Steifigkeit und mechanischer Belastbarkeit erfüllen. Bei der Werkstoffauswahl richtet sich das Augenmerk deshalb auf die Dichte ρ und, sofern es um die Steifigkeit des betrachteten Bauteils geht, auf den Elastizitätsmodul E. In Abbildung 1.8 sind die Bandbreiten dieser beiden Werkstoffkennwerte für alle Konstruktionswerkstoffe dargestellt. Das Spektrum der Elastizitätsmoduln porenfreier Werkstoffe umfasst etwa fünf Größenordnungen, das der Dichten knapp zwei Größenordnungen.

Welche Werkstoffe eignen sich nun vermutlich für leichte und zugleich steife Bauteile? Oftmals wird intuitiv der bereits angesprochene spezifische Elastizitätsmodul als Auswahlkriterium herangezogen, d. h. der Quotient

$$M_1 = \frac{E}{\rho}.$$

Dieser Quotient ist aber nur einer von vielen denkbaren Werkstoffindices, die aus den Werkstoffeigenschaften Dichte und Elastizitätsmodul gebildet werden können. Wie im Folgenden gezeigt wird, ist der Werkstoffindex M_1 kein allgemeingültiges Werkstoffauswahlkriterium für den Leichtbau. Dieser Werkstoffindex führt nur dann zu besonders gut geeigneten Werkstoffen, wenn das Bauteil einachsig und über den Querschnitt homogen beansprucht wird sowie keine Einschränkungen bezüglich der Bauteilquerabmessungen vorliegen. Dieser Fall tritt technisch letztlich nur bei einer einfachen Zugstrebe auf.

Im Allgemeinen ist die Bauteilbeanspruchung komplexer, kann aber oft auf eine Kombination von Grundbeanspruchungen zurückgeführt werden. Die wichtigsten Grundbeanspruchungen im Strukturleichtbau sind Zug, Druck, Biegung, Schub und Torsion (Godno, Gere 2017). Für jede Beanspruchungsart lässt sich ein eigener Werkstoffindex für den Leichtbau ableiten. Sofern eine bestimmte Grundbeanspruchung dominiert, kann der zugehörige Werkstoffindex als Auswahlkriterium herangezogen werden, da diese Beanspruchung der limitierende Faktor für die Anwendung ist (Ashby 2006). Insofern ist es nicht immer notwendig, alle Beanspruchungsarten bei der Werkstoffauswahl zu berücksichtigen, sondern nur die letztlich relevante oder relevanten, wenn mehrere Randbedingungen zu erfüllen sind (Ashby 2000). Der für eine bestimmte Anwendung wesentliche Werkstoffindex kann systematisch gefunden werden. Die Funktion eines zugbeanspruchten Stabes (Abb. 1.9) ist es, Lasten bis zu einer bestimmten Maximallast F_{max} zu tragen. Das leichtbaurelevante Ziel sei es, seine Masse m möglichst gering zu halten. Der Kontext (Anforderungskatalog, Lastenheft) liefere folgende Randbedingungen: Die Stablänge sei festgelegt auf L_0 und die elastische Längenänderung unter der Last F_{max} darf nicht größer sein als d_c. Bei dieser einfachen Betrachtung geht man zunächst davon aus, dass der Bauraum nicht begrenzt ist, d. h. es liegt keine Beschränkung hinsichtlich der Form und Fläche des Strebenquerschnitts vor. Die Querschnittsfläche A ist daher eine sogenannte freie Variable. Der Werkstoff selbst kann als weitere freie Variable aufgefasst werden.

1 Werkstoffauswahl für den Leichtbau

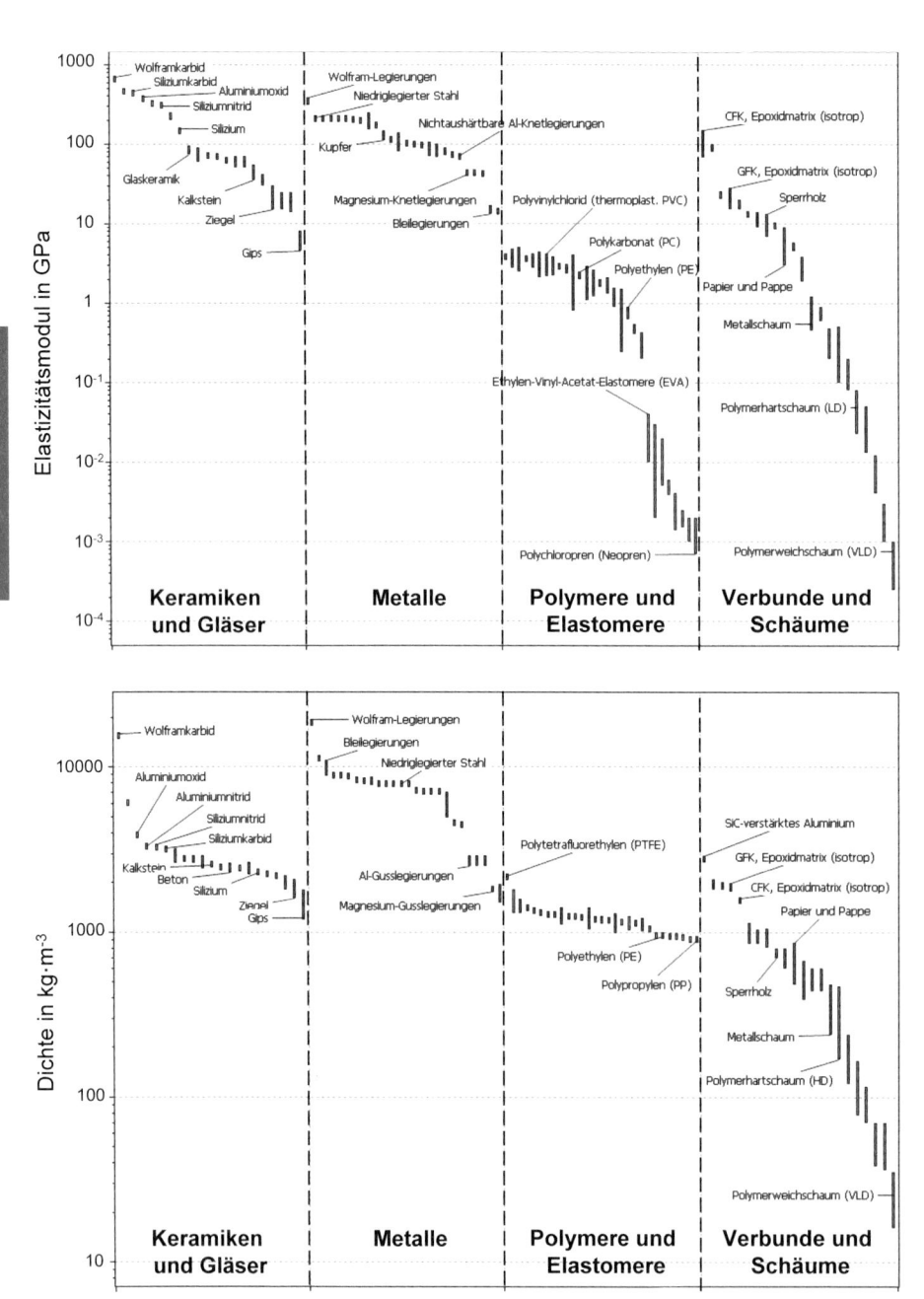

Abb. 1.8: *Werkstoffdichten und Elastizitätsmoduln im Vergleich. Die Bandbreite der porenfreien Werkstoffe überstreckt knapp zwei bzw. fünf Größenordnungen (Quelle: CES Edu Pack, Granta Design)*

Zur Herleitung des gesuchten Werkstoffindex stellt man zunächst eine Zielgleichung auf. In unserem Fall gilt es, die Masse m des Stabes zu minimieren.

Für diese gilt

$m = AL_0 \rho$

Die Steifigkeitsanforderung (Randbedingung) kann wie folgt formuliert werden:

$$\frac{F_{max} L_0}{AE} \leq \delta_c$$

Durch Eliminierung der freien Variable A ergibt sich

$$m \geq \left(\frac{F_{max} L_0^2}{\delta_c} \right) \cdot \left(\frac{\rho}{E} \right)$$

Die rechte Seite dieser Ungleichung wurde hier mit Bedacht in zwei Faktoren gruppiert: Der erste Faktor enthält alle Größen, die durch die Randbedingungen

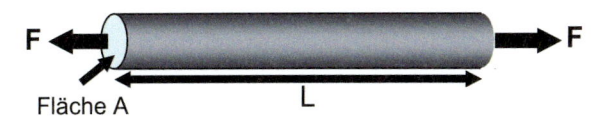

Abb. 1.9: *Zugbeanspruchter Stab mit Länge L und Querschnittsfläche A*

fest vorgegeben sind. Im zweiten Faktor sind die Kennwerte zusammengefasst, die von Werkstoff zu Werkstoff variieren und erst durch die Werkstoffauswahl festgelegt werden. Man erkennt, dass die untere Schranke für die Masse m des Stabs umso kleiner ist, je kleiner der Quotient r/E ist. Man sucht somit nach Werkstoffen mit möglichst kleinem Werkstoffindex r/E bzw. mit möglichst großem Werkstoffindex E/r. Letzterer entspricht dem bereits oben eingeführten Werkstoffindex M_1.

Die generelle Vorgehensweise zur Identifizierung des Werkstoffindexes für eine gegebene Fragestellung zur Werkstoffauswahl ist nachfolgend in Form eines Rezeptes zusammengefasst.

Rezept zur Identifizierung des Werkstoffindexes (Ashby 2006)
- Identifiziere Funktion, Randbedingungen, Ziel und freie Variablen
- Stelle die „Zielgleichung" auf
- Falls außer der Werkstoffwahl noch eine andere Variable vorhanden ist: Finde heraus, durch welche Randbedingungen diese Variable beschränkt wird
- Eliminiere diese Variable aus der Zielgleichung
- Lies die Eigenschaftskombination ab, die zu maximieren oder zu minimieren ist.

Als zweites Beispiel werden Bauteile betrachtet, die wie unten skizziert, hauptsächlich auf Biegung belastet werden und wiederum eine vorgegebene Mindeststeifigkeit aufweisen sollen. Man betrachtet exemplarisch einen biegebelasteten Balken mit quadratischem Vollquerschnitt und der Kantenlänge b (Abb. 1.10).

Die Zielgleichung für den Leichtbau lautet in diesem Fall

$$m = AL\rho = b^2L\rho$$

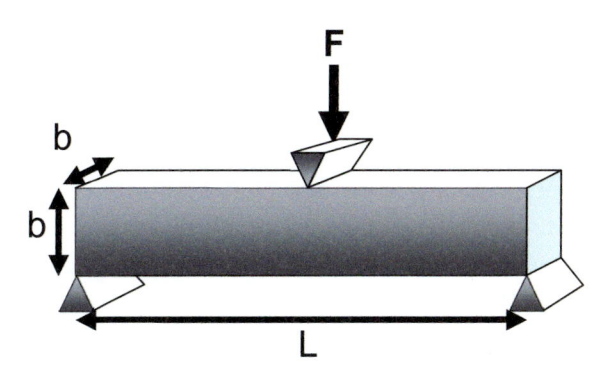

Abb. 1.10: *Biegebeanspruchter Balken mit Länge L und Querschnittsfläche $A = b^2$*

Es sei gefordert, dass der Balken unter der Last F_{max} eine Durchbiegung von höchstens d_c erfährt (Randbedingung). Diese Steifigkeitsanforderung kann wie folgt formuliert werden

$$\frac{F_{max}L^3}{CEI} \le \delta_c,$$

wobei C eine von der konkreten Belastungsform (3-Punkt, 4-Punkt, Punktlast, Linienlast etc.) abhängige Konstante und I das relevante äquatoriale Flächenträgheitsmoment ist. Letzteres beträgt im Falle des quadratischen Balkenquerschnitts

$$I = \frac{b^4}{12}$$

Nach Eliminierung der freien Variable b erhält man hieraus

$$m \ge \left(\sqrt{\frac{12L^5F_{max}}{C\delta_c}}\right) \cdot \left(\frac{\rho}{\sqrt{E}}\right)$$

Für biegebeanspruchte Bauteile in Leichtbaukonstruktionen eignen sich somit Werkstoffe, die einen möglichst hohen Werkstoffindex

$$M_2 = \frac{\sqrt{E}}{\rho}$$

aufweisen.

In Tabelle 1.1 sind die Werkstoffindices M_1 und M_2 für Aluminiumlegierungen, Titanlegierungen, Stähle und einen typischen CFK-Laminatwerkstoff aufgelistet. Die M_1-Werte der drei metallischen Werkstoffe unterscheiden sich kaum, d. h. diese Werkstoffe sind für Leichtbaukonstruktionen gleich gut geeignet, sofern Zugbeanspruchung dominiert. Für biegebeanspruchte Bauteile sind Aluminiumlegierungen aber deutlich besser geeignet als Titanlegierungen oder Stähle: Der M_2-Wert von Aluminiumlegierungen liegt um ca. 30 % über dem von Titanlegierungen und ca. 70 % über dem von Stahl. In jeder Hinsicht überlegen ist das CFK-Laminat, welches bei beiden Werkstoffindices deutlich an der Spitze liegt. Dieser Vergleich ist ein Beispiel dafür, wie Werkstoffindices eingesetzt werden können, um die relative Eignung von Werkstoffen für einen bestimmten Anwendungsfall zu bestimmen.

Tab. 1.1: Vergleich verschiedener Werkstoffe an Hand von Werkstoffindices

Werkstoff	CFK-Laminat	Al-Leg.	Ti-Leg.	Stähle
Elastizitätsmodul E [GPa]	60	70	115	200
Dichte $\rho \ [Mg \cdot m^{-3}]$	1,6	2,7	4,5	7,9
$M_1 = \dfrac{E}{\rho} \left[\dfrac{GPa}{Mg \cdot m^{-3}} \right]$	38	26	26	25
$M_2 = \dfrac{\sqrt{E}}{\rho} \left[\dfrac{\sqrt{GPa}}{Mg \cdot m^{-3}} \right]$	4,84	3,10	2,38	1,79

1.4.1 Leichtbaurelevante Werkstoffindices

Mit den beiden bisher eingeführten Werkstoffindices M_1 und M_2 lassen sich aber bei weitem nicht alle Fragen zur Werkstoffauswahl im Leichtbau beantworten. Zum einen sind weitere Grundbeanspruchungsarten und Randbedingungen denkbar, zum andern orientiert sich die Werkstoffauswahl nicht immer an der Steifigkeit. Oft stehen andere Anforderungen im Mittelpunkt, wie z. B. eine bestimmte mechanische Belastbarkeit oder ein bestimmtes elastisches Energiespeichervermögen pro Gewichts- oder Volumeneinheit. Eine unvollständige Liste von Werkstoffindices für den Leichtbau ist in Tabelle 1.2 zusammengestellt.

In den ersten drei dargestellten Fällen zeigt sich sehr deutlich, dass die Art der Beanspruchung bei der Herleitung des Werkstoffindexes eine entscheidende Rolle spielt. Intuitiv ist man geneigt, die spezifische Steifigkeit E/ρ als den universellen Werkstoffindex anzusehen. In der Tat sind für diesen einfachen Fall Stahl, Aluminium, Titan und Magnesium tatsächlich ebenbürtige Leichtbauwerkstoffe, wie Tabelle 1.1 beweist. Das ist auch der Grund, weshalb in den folgenden Kapiteln gerade diese Legierungsgruppen näher beleuchtet werden. Sobald aber eine Biegebeanspruchung als Lastfall angenommen wird, verändert sich das Bild und die Materialien mit geringer Dichte besitzen höhere Werkstoffindices und sind damit besser geeignet. Dieser Unterschied wird bei einer Platte mit konstanter Biegehöhe sogar noch ausgeprägter als bei einem Balken. Konsequenterweise würde man nun erwarten, dass Magnesium mit der besten Eignung für eine biegebelastete Platte im Karosseriebau verbreitet eingesetzt würde. Das ist aber nicht der Fall! Der Grund hierfür liegt in der schlechten Umformbarkeit, womit der verbreitete Einsatz an der Verarbeitbarkeit scheitert. Dies ist ein gutes Beispiel für einen Fall, bei dem das Magnesium aufgrund anderer Randbedingungen als Kandidat ausscheidet.

Ein ähnliches Bild ist bei vorgegebener Belastbarkeit zu erkennen. Hier spricht man von der spezifischen Festigkeit und auch diese ist von der Belastungsart abhängig. In Tabelle 1.2 ist dabei stets die Streckgrenze als Eingangsgröße für den Werkstoffindex angegeben. Bei metallischen Werkstoffen ist diese eine übliche Dimensionierungsgröße. Bei anderen Werkstoffen, z. B. den Keramiken, die – wie eingangs geschildert – deutlich höhere Druck- als Zugfestigkeiten aufweisen und daher vor allem unter Druckbeanspruchung eingesetzt werden, wird auch diese im Werkstoffindex verwendet. Entscheidend ist letztlich der für die Beanspruchungsart relevante Kennwert.

Die systematische Werkstoffauswahl mit Hilfe von Werkstoffindices beschränkt sich keineswegs auf den Leichtbau. Unter Einbeziehung anderer charakteristischer Werkstoffeigenschaften lassen sich Werkstoffindices für nahezu beliebige Anwendungen definieren.

Tab. 1.2: *Vergleich verschiedener Werkstoffe an Hand von Werkstoffindices*

Funktion	festgelegt	frei	Werkstoffindex bei Steifigkeitsvorgabe	Werkstoffindex bei Belastbarkeitsvorgabe
Stab (Zugbeanspruchung)	Maximallast Länge	Querschnittsfläche	$\dfrac{E}{\rho}$	$\dfrac{R_{eS}}{\rho}$
Balken (Biegebeanspruchung)	Maximallast Länge	Querschnittsfläche	$\dfrac{E^{1/2}}{\rho}$	$\dfrac{R_{eS}^{2/3}}{\rho}$
Platte (Biegebeanspruchung)	Maximallast Länge Breite	Dicke	$\dfrac{E^{1/3}}{\rho}$	$\dfrac{R_{eS}^{1/2}}{\rho}$
Welle (Torsionsbeanspruchung)	Max. Drehmoment Länge	Querschnittsfläche	$\dfrac{G^{1/2}}{\rho}$	$\dfrac{R_{eS}^{2/3}}{\rho}$
Säule (Druckbeanspruchung) Versagen durch elastisches Ausknicken oder plastische Druckverformung	Maximallast Länge	Querschnittsfläche	$\dfrac{E^{1/2}}{\rho}$	$\dfrac{R_{eS}}{\rho}$

1.4.2 Werkstoffauswahldiagramme

Wie im vorigen Abschnitt dargestellt, sind bei der Werkstoffauswahl für Leichtbauteile mit Steifigkeitsvorgabe zwei Werkstoffeigenschaften wichtig: der Elastizitätsmodul und die Dichte. In Abbildung 1.8 wurden die wichtigsten Konstruktionswerkstoffe an Hand dieser Eigenschaften „eindimensional" verglichen. Wesentlich aufschlussreicher im Hinblick auf die Anwendung als Leichtbauwerkstoffe ist es aber, wenn

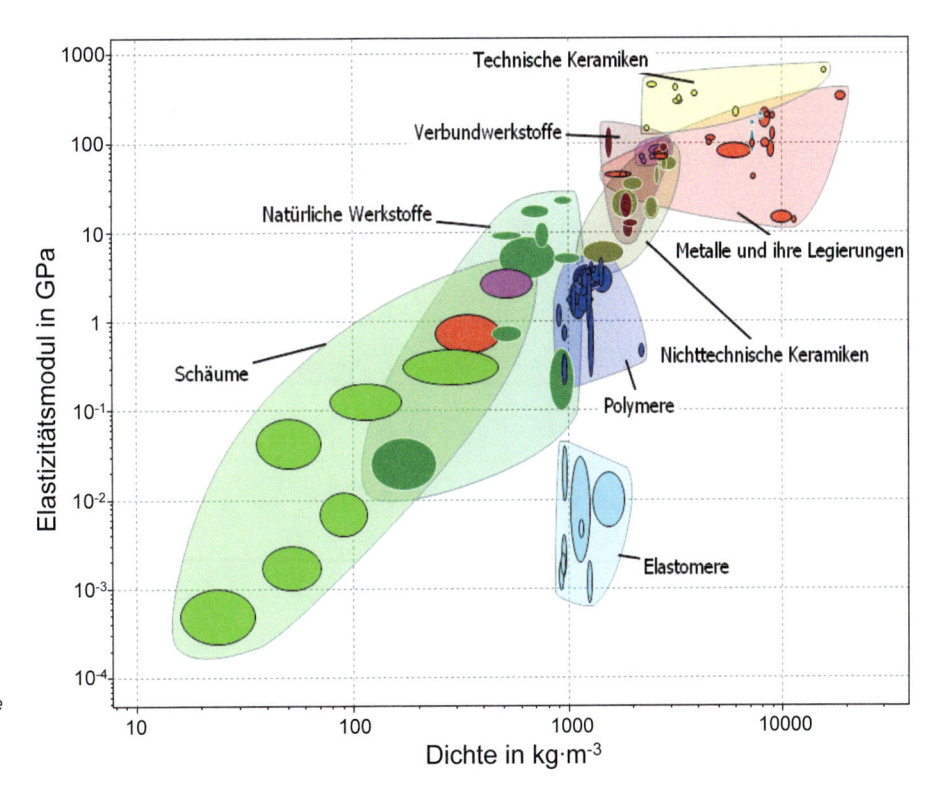

Abb. 1.11: *Beispiel für ein Werkstoffauswahldiagramm: Doppelt logarithmische Elastizitätsmodul-Dichte-Karte (Quelle: CES Edu Pack, Granta Design)*

1 Werkstoffauswahl für den Leichtbau

man die Lage der Werkstoffe in der zweidimensionalen Elastizitätsmodul-Dichte-Karte betrachtet (Abb. 1.11).

Da sich Werkstoffe hinsichtlich fast jeder wichtigen Eigenschaft um mehrere Größenordnungen unterscheiden können, ist es sinnvoll, für solche Karten logarithmische Darstellungen zu wählen. Die logarithmische Skalierung hat außerdem den Vorteil, dass die Werkstoffauswahl dann an Hand von geraden Hilfslinien erfolgen kann, deren Steigungen unmittelbar mit den Werkstoffindices verknüpft sind. In das in Abbildung 1.12 dargestellte Elastizitätsmodul-Dichte-Diagramm ist exemplarisch eine derartige Linienschar für den Werkstoffindex $M = E^{1/2}/r$ eingezeichnet.

Zur logarithmischen Darstellung im Werkstoffauswahldiagramm muss der Werkstoffindex

$$M = \frac{\sqrt{E}}{\rho}$$

zunächst umformuliert werden:

$$E = \rho^2 M^2 \Rightarrow \log E = 2 \log M + 2 \log \rho$$

Im Werkstoffauswahldiagramm (log E vs. log ρ) ergibt sich dann eine Gerade mit der Steigung n = 2 und dem Ordinatenabschnitt a = 2logM. Für eine Reihe von unterschiedlichen M-Werten ergibt sich nicht eine einzelne Gerade, sondern eine Geradenschar.

Die durchgezogene Linie hat die Steigung n = 2 und stellt eine Auswahllinie für den konstanten Werkstoffindex $M = E^{1/2}/\rho$ dar. Alle Werkstoffe, die auf ein und derselben Linie liegen, eignen sich somit gleich gut (oder gleich schlecht) für biegebeanspruchte Leichtbauteile mit Steifigkeitsvorgabe (vgl. Bauteil „Balken" in Tabelle 1.2). Der Wert des Werkstoffindexes ändert sich von Linie zu Linie.

Entlang einer Linie ändert sich nur der Wert der freien Variablen. In Abbildung 1.12 ist dazu eine detailliertere und erweiterte Version des E-Modul-Dichte-Diagramms dargestellt.

Alle Werkstoffe, die sich links bzw. oberhalb der eingezeichneten Linie mit der Steigung n = 2 befinden, besitzen einen höheren $E^{1/2}/\rho$-Wert als Stähle. In diesem Suchgebiet sind – in Übereinstimmung mit den Angaben in Tabelle 1.1 – die CFK-Werkstoffe, die Titanlegierungen und die Aluminiumlegierungen.

Eine Sammlung von nützlichen Werkstoffauswahldiagrammen ist in dem Lehrbuch „Materials Selection in

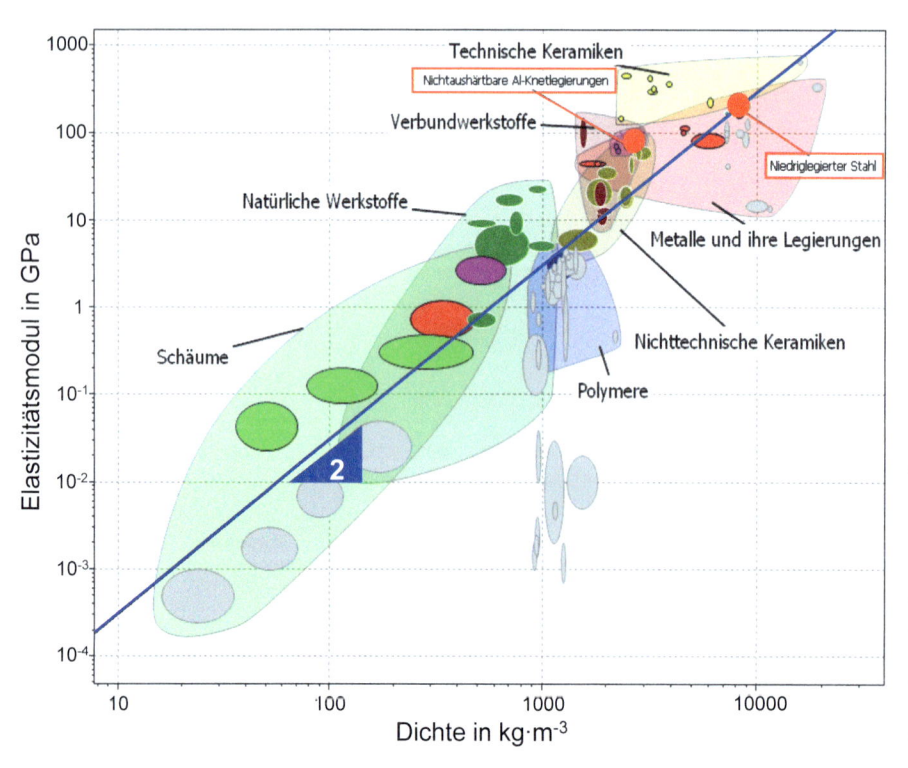

Abb. 1.12: *Anwendung eines Werkstoffauswahldiagramms: Auf der eingezeichneten Geraden mit Steigung 2 liegen alle Werkstoffe, die denselben Werkstoffindex $M_2=E^{1/2}/r$ aufweisen wie Stähle. Links und oberhalb dieser Geraden sind alle Werkstoffe zu finden, die einen höheren M_2-Wert aufweisen und sich somit besser für biegesteife Leichtbauteile eignen sollten. Darunter sind z. B. die Aluminiumlegierungen und die faserverstärkten Kunststoffe. Darunter sind aber auch viele Materialien, die auf Grund anderer Kriterien nur sehr eingeschränkt in Betracht kommen, z. B. Diamant (Preis, Verfügbarkeit) und Beryllium (sehr gesundheitsschädlich!). (Quelle: CES Edu Pack, Granta Design)*

Mechanical Design" von M.F. Ashby zu finden, das als Standardwerk auf dem Gebiet der systematischen Werkstoffauswahl anzusehen ist (Ashby 2006, 2016).

1.5 Mehrfache Randbedingungen und konkurrierende Ziele

1.5.1 Mehrfache Randbedingungen

Die Werkstoffauswahl kann wie jeder Auswahlprozess durch mehrfache Randbedingungen oder konkurrierende Ziele erschwert werden (Goicoechea et.al. 1982) (Keeney, Raifa 1993). Ein Beispiel für mehrfache Randbedingungen ist der bereits angesprochene Fahrradrahmen (Abb. 1.5). Das Ziel „möglichst leicht" wird in der Praxis dadurch beschränkt, dass an den Rahmen zwei verschiedene Anforderungen gestellt werden: er soll eine bestimmte Mindeststeifigkeit und eine bestimmte Mindestbelastbarkeit aufweisen. Wenn man wieder davon ausgeht, dass die Biegebeanspruchung dominiert, dann ergibt sich aus der Steifigkeitsbedingung die Mindestmasse m mit

$$m \geq m_2 = \sqrt{\frac{12 L^5 F_{max}}{C \delta_c}} \left(\frac{\rho}{\sqrt{E}} \right).$$

Aus der Festigkeitsbedingung ergibt sich eine ähnliche Bedingung für eine Mindestmasse. Diese ist – ohne Herleitung an dieser Stelle – gegeben als

$$m \geq m_3 = \left(\frac{6 F_{max} L^{5/2}}{C_2} \right)^{2/3} \left(\frac{\rho}{R_{eS}^{2/3}} \right).$$

Eine einfache Strategie wäre nun, diese durch die Belastung gegebenen Mindestmassen m_2 und m_3 für alle Werkstoffe zu berechnen und miteinander zu vergleichen. Es wird dann schnell klar, dass für einige Werkstoffe m_2 und für andere m_3 die relevante Mindestmasse ist. Der am besten geeignete Werkstoff ist der, der die limitierende Bedingung mit dem geringsten Gewicht erfüllen kann. Das minimale Gewicht des Bauteils ist bei Erfüllung beider Randbedingungen durch die größere der aus den beiden Randbedingungen festgelegte Masse bestimmt. Diese Methode wird als analytische Methode bezeichnet. Eine Alternative hierzu ist eine graphische Lösung. Hierzu werden die beiden Massen x = m_2 und y = m_3 gegeneinander aufgetragen. Die Ursprungsgerade in diesem Diagramm zeigt dann an, wo welche Randbedingung dominiert: Oberhalb der Ursprungsgeraden ist dann für den jeweiligen Werkstoff die zweite Randbedingung – also die Festigkeitsanforderung – massebestimmend. Unterhalb ist es die Steifigkeitsbedingung. Um die optimale Lösung zu erhalten, führt man dann Grenzlinien ein, die man kontinuierlich in Richtung Koordinatenursprung – also zu immer kleiner werdenden Bauteilgewichten hin – verschiebt. Das Werkstoffgebiet, das zuletzt übrig bleibt, ist die optimale Lösung. Beide aufgezeigten Verfahren haben jedoch denselben gravierenden Nachteil: Zur Berechnung von m_2 und m_3 werden verschiedene werkstoffunabhängige Größen benötigt. Abhilfe schafft der im Folgenden gezeigte Ansatz, der die Werkstoffauswahl bei mehrfachen Randbedingungen wieder mit Hilfe der Werkstoffindices löst.

Unter der bereits gemachten Annahme, dass in dem beschriebenen Fahrradrahmen Biegebeanspruchungen dominieren, führt die erste Randbedingung (Steifigkeitsanforderung) auf den Werkstoffindex $M_2 = E^{1/2}/\rho$ die zweite (Festigkeitsanforderung) auf den Werkstoffindex $M_3 = (R_{eS})^{2/3}/\rho$ (Tab. 1.2). Man nimmt an, ein aus der Titanlegierung TiAl6V4 gefertigter Fahrradrahmen erfüllt die Anforderungen an Steifigkeit und Belastbarkeit ganz knapp und sucht nach noch besser geeigneten Werkstoffen. Die Titanlegierung wird durch die Indexwerte M_2^{Ti} und M_3^{Ti} charakterisiert. Durch Auftragung des Quotienten M_3/M_3^{Ti} gegen M_2/M_2^{Ti} ergibt sich das in Abbildung 1.13 dargestellte Diagramm, das in die vier Felder „fester", „steifer", „fester und steifer" und „zu nachgiebig oder nicht belastbar genug" eingeteilt werden kann. Alle in diesem Diagramm eingetragenen Lösungen besitzen dasselbe Gewicht.

Es ist zu erkennen, dass durch die Verwendung der hochfesten Aluminiumlegierung 7075 ein Steifigkeitszuwachs bei gleichem Gewicht erzielt werden kann. Das Gewicht kann aber nicht reduziert werden, da sonst sofort die Mindestanforderung

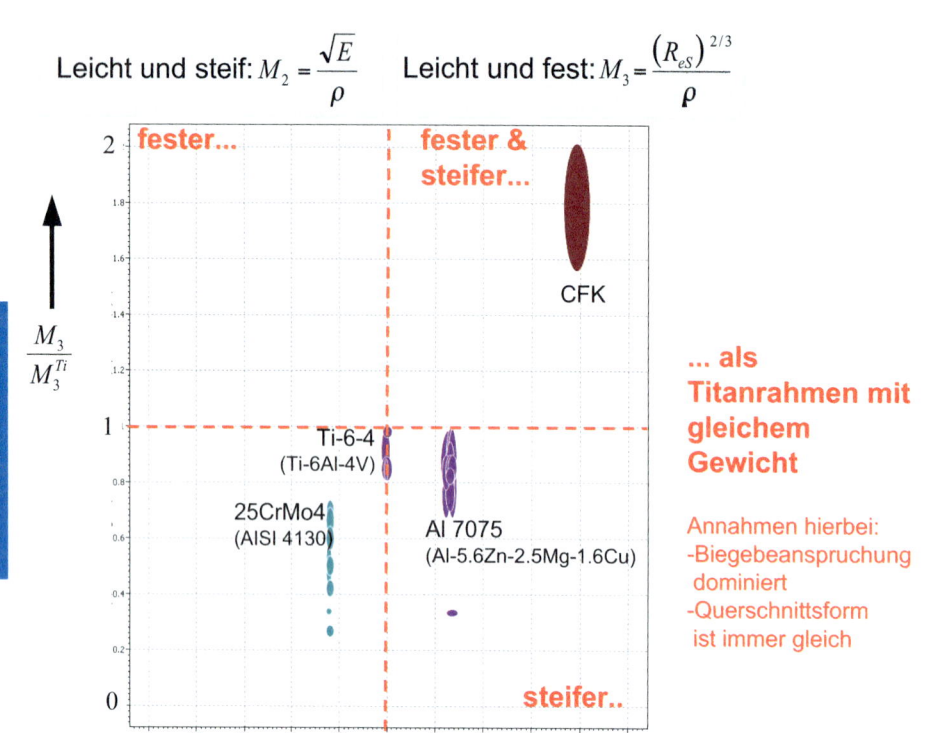

1 Werkstoffauswahl für den Leichtbau

Leicht und steif: $M_2 = \dfrac{\sqrt{E}}{\rho}$ Leicht und fest: $M_3 = \dfrac{(R_{eS})^{2/3}}{\rho}$

Abb. 1.13: Werkstoffauswahl bei mehrfachen Randbedingungen am Beispiel eines leichten, steifen und belastbaren Fahrradrahmens.

an die Belastbarkeit des Rahmens unterschritten werden würde. Anders ist es beim CFK-Werkstoff: Hier kann bei gleichem Gewicht eine um über 80 % höhere Steifigkeit und eine um 10 bis 50 % höhere Festigkeit erzielt werden. Dies bedeutet, dass bei Verwendung dieses Werkstoffs das Gewicht reduziert werden könnte. Deutlich schlechter als alle anderen Lösungen ist der Stahlrahmen, der bei gleichem Gewicht weniger steif und fest ist als alle anderen Lösungen.

1.5.2 Konkurrierende Ziele

In der Praxis liegen oft mehrere konkurrierende Ziele vor, sodass bei der Werkstoffauswahl Kompromisse eingegangen werden müssen. Wichtige Ziele im Leichtbau sind vor allem

- möglichst geringe Masse
- möglichst geringes Volumen (geringer Bauraum)
- möglichst geringe Kosten
- möglichst geringe negative ökologische Auswirkungen.

Dabei führt die Optimierung eines Zieles meist zur Verschlechterung des anderen. Aus diesem Grund müssen bei der Werkstoffauswahl Strategien gefunden werden, die es ermöglichen, verschiedene Ziele gegeneinander abzuwägen.

Wenn wir unser Beispiel mit dem Fahrradrahmen nochmals aufgreifen, erkennen wir schnell, dass auch hier ein Zielkonflikt vorliegen kann. Optimieren wir den Balken unter der Randbedingung der Steifigkeitsanforderung hinsichtlich minimalen Gewichts oder minimaler Kosten, dann wird schnell deutlich, dass dies zu einem gegenläufigen Effekt führen kann: Besonders günstige Werkstoffe, wie Stahl, besitzen einen zu hohen Index M_2, umgekehrt sind besonders leichte und steife Werkstoffe wie Titan oder kohlenstofffaserverstärkter Kunststoff vergleichsweise teuer. Im Folgenden soll eine Strategie vorgestellt werden, die eine Werkstoffauswahl mit konkurrierenden Zielen ermöglicht.

Konkurrierende Ziele liegen beispielsweise vor, wenn ein Werkstoff für ein Gehäuse gesucht wird, das bei vorgegebenen Innenabmessungen und vorgegebener

1.5 Mehrfache Randbedingungen und konkurrierende Ziele

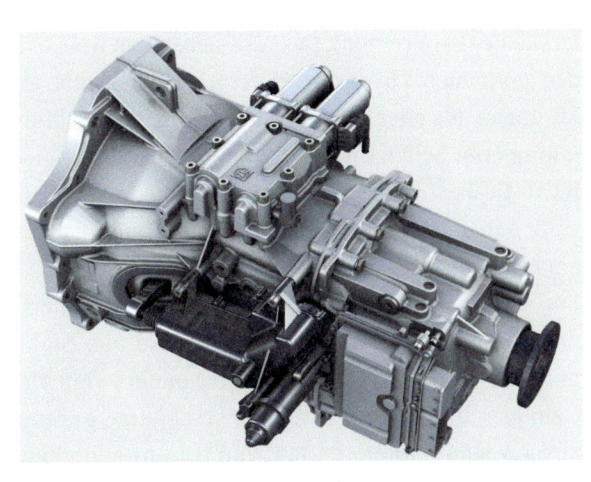

Abb. 1.14: *Anwendungsbeispiel für einen Zielkonflikt: Ein möglichst leichtes und dünnwandiges Getriebegehäuse (Quelle: ZF Friedrichshafen AG)*

Steifigkeit möglichst leicht und zugleich möglichst dünnwandig sein soll. Solche Fälle finden sich in vielen Fällen – beispielsweise bei portablen Elektronikgeräten. Doch auch beim Fahrzeugleichtbau liegt eine solche Fragestellung beispielsweise bei einem Getriebegehäuse (Abb. 1.14) vor, das wegen seiner Größe ein hohes Gewichtseinsparungspotenzial birgt und für das in der Regel nur ein begrenzter Bauraum zur Verfügung steht. Gerade im Fahrzeugleichtbau treten häufig Zielkonflikte und mehrfache Randbedingungen auf (Field, de Neuville 1988).

Wie in Abbildung 1.15 dargestellt, führen die beiden Ziele „möglichst leicht" und „möglichst dünnwandig" zu unterschiedlichen Werkstoffindices, wenn man das diskutierte Beispiel zunächst auf die bestimmende Belastung – in diesem Fall die Biegebeanspruchung des Gehäuses ist – zurückführt. Der Zielkonflikt liegt auf der Hand: Vermutlich ist die dünnste Lösung nicht zugleich die leichteste.

Geht man wieder davon aus, es handelt sich um eine Werkstoffsubstitution, dann empfiehlt es sich, relative Indices einzuführen. Angenommen, das Gehäuse bestünde bislang aus dem Werkstoff W_0, dann unterscheidet sich die Mindestwandstärke eines Gehäuses aus dem Werkstoff W bei gleicher gegebener Steifigkeit von einem solchen aus Werkstoff W_0 um den Faktor

$$P_1 = \frac{t}{t_0} = \left(\frac{E_0}{E}\right)^{1/3} .$$

Das Mindestgewicht unterscheidet sich um den Faktor

$$P_2 = \frac{m}{m_0} = \left(\frac{\rho}{E^{1/3}}\right)\left(\frac{E_0^{1/3}}{\rho_0}\right)$$

von der ursprünglichen Lösung in Werkstoff W_0.

In dem in Abbildung 1.16 dargestellten Diagramm sind die bei vorgegebener Steifigkeit erzielbaren

Abb. 1.15: *Werkstoffauswahl für ein möglichst leichtes und zugleich dünnwandiges Gehäuse mit vorgegebener Steifigkeit. Es besteht ein Zielkonflikt, da die Ziele „möglichst dünnwandig" und „möglichst leicht" zu unterschiedlichen Werkstoffindices führen.*

Funktion	Steife Platte
Randbedingung	Mindeststeifigkeit S $\quad S \leq \dfrac{48EI}{L^3}$ mit $I = \dfrac{bt^3}{12}$
Ziel 1	Möglichst geringe Dicke
Index 1	$t \geq \left(\dfrac{SL^3}{4Eb}\right)^{1/3} \propto \dfrac{1}{E^{1/3}}$
Ziel 2	Möglichst geringe Masse
Index 2	$m \geq \left(\dfrac{12Sb^2}{C}\right)^{1/3} L^2 \left(\dfrac{\rho}{E^{1/3}}\right) \propto \dfrac{\rho}{E^{1/3}}$

m = Masse
b = Breite
L = Länge
ρ = Dichte
t = Dicke
S = Steifigkeit
I = Flächenträgheitsmoment
E = Elastizitätsmodul

Wanddicken und Gewichte für die unterschiedlichsten Werkstoffe dargestellt, wobei als Vergleichswerkstoff der Kunststoff ABS (Acryl-Butadien-Styrol) gewählt wurde. ABS ist ein schlagzäher Thermoplast, der häufig für spritzgegossene Gehäuse im Bereich der Elektro- und Computerindustrie eingesetzt wird. Es resultiert ein Diagramm, das eine sogenannte Kompromisskurve (Trade-off curve) enthält. Lösungen, die P_1 (die Wandstärke) minimieren, minimieren nicht automatisch P_2 (das Gewicht) und umgekehrt. Die Menge der optimalen Lösungen, die entweder eher den Faktor P_1 oder den Faktor P_2 optimieren, bilden diese Kompromisslinie. Ein häufig verbreiteter Name für die Kompromisslinie ist die Pareto-Front, benannt nach dem italienischen Ökonom Vilfredo Pareto, der Zielkonflikte in der Volkswirtschaft untersuchte (Pareto 1906). Das ABS selbst liegt weit von den optimalen Lösungen entfernt. Folglich gibt es Lösungen, die eher das Gewicht oder die Wandstärke minimieren helfen und Kompromisse, die für beides nicht die Beste, aber insgesamt eine optimierte Lösung anbieten. Diese befinden sich möglichst nahe am Knick in der Kompromisslinie.

Für das beschriebene Beispiel ist zu erkennen, dass besonders dünnwandige Gehäuse aus Stahl hergestellt werden können, besonders leichte Gehäuse hingegen aus Polymerschäumen. Eine ausgewogene Kombination von Dünnwandigkeit und geringem Gewicht haben aber nur Aluminiumlegierungen und Magnesiumlegierungen sowie verschiedene Verbundwerkstoffe (glasfaser- oder kohlenstofffaserverstärkte Kunststoffe, partikel-

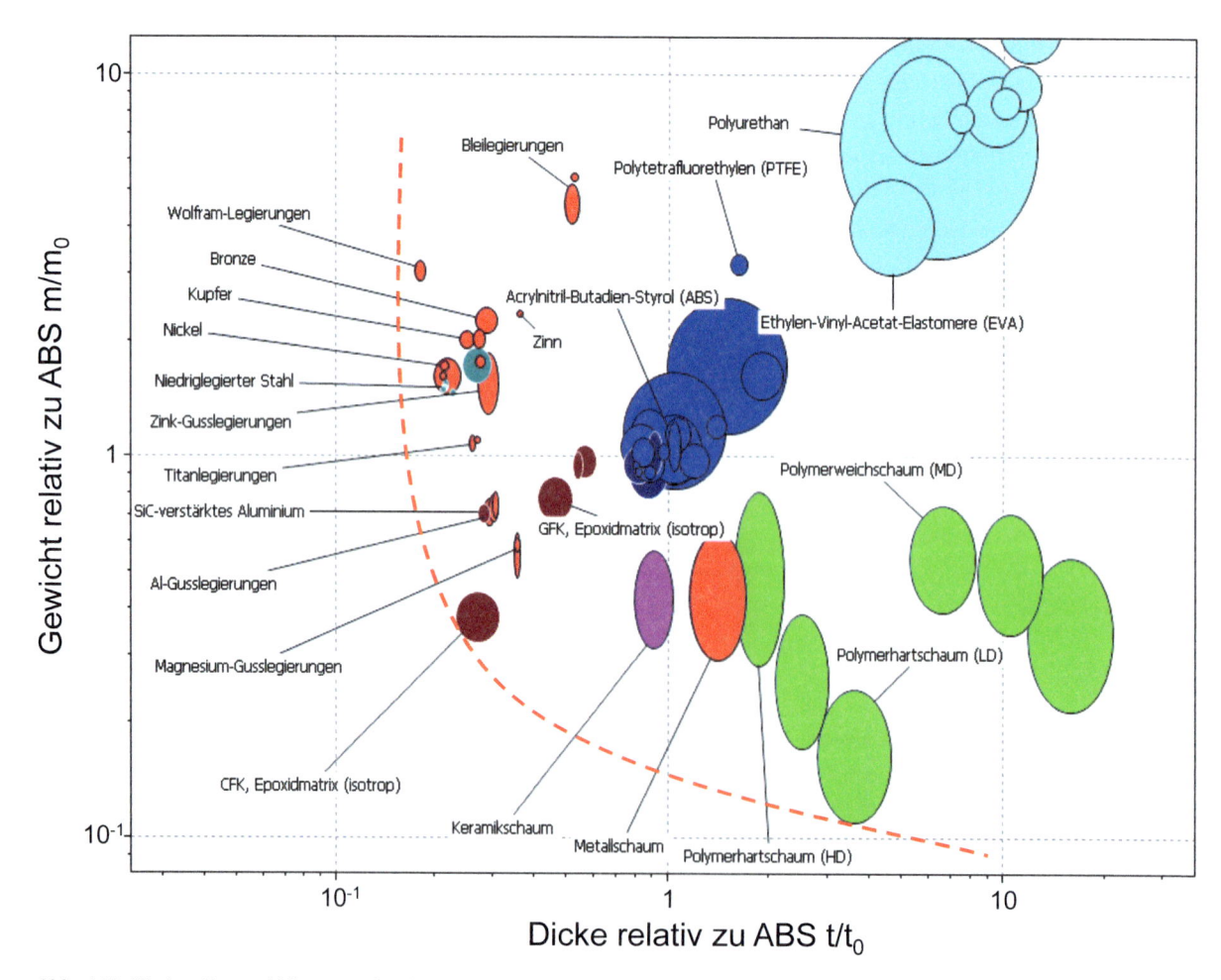

Abb. 1.16: *Werkstoffauswahldiagramm für ein möglichst leichtes und zugleich dünnwandiges Gehäuse mit vorgegebener Steifigkeit. Die besten Lösungen für diesen Zielkonflikt bilden eine Kompromisslinie (trade-off curve), die im Bild rot gestrichelt eingezeichnet ist (Quelle: CES Edu Pack, Granta Design)*

verstärktes Aluminium). Für Kfz-Getriebegehäuse kommen deshalb bevorzugt Al- und Mg-Gusslegierungen in Betracht. Auf Basis von Aluminium lassen sich etwas platzsparendere, auf Basis von Magnesium etwas leichtere Getriebegehäuse herstellen. Diese Werkstoffe ermöglichen einen sehr guten Kompromiss zwischen den beiden Zielen „möglichst leicht" (Leistungsfähigkeit und Kraftstoffverbrauch des Kfz) und „möglichst dünnwandig" (begrenzter Bauraum im Kfz).

1.6 Einfluss der Bauteilform

1.6.1 Grundsätzliches

Die Tabelle 1.1 zeigt für den Fall „leicht und steif" unter Biegebelastung, dass der relevante Werkstoffindex $E^{1/2}/\rho$ für den Fahrradrahmen aus kohlenstofffaserverstärktem Kunststoff doppelt so hoch ist wie für den Titanfahrradrahmen. Bei dieser einfachen Betrachtung wurde stillschweigend angenommen, dass die Querschnittsformen in beiden Fällen gleich sind. Dies ist in Wirklichkeit nicht der Fall. Dasselbe gilt ja auch für den Vergleich von Aluminiumrahmen und CFK-Rahmen, wie in Abbildung 1.5 eindrücklich zeigt, oder auch für Stahlrahmen. Neben dem Werkstoffleichtbau ist daher auch der Formleichtbau relevant, und es stellt sich die Frage, ob es eine Möglichkeit gibt, Form- und Werkstoffleichtbau zu verknüpfen.
Manche Werkstoffe eignen sich zur Herstellung dünnwandiger Hohlprofile, andere taugen bevorzugt für Massivbauteile. Diese Aspekte müssen bei der Werkstoffauswahl berücksichtigt werden, will man dem Werkstoff konstruktiv wirklich gerecht werden.

1.6.2 Form und Effizienz

Nicht bei allen Beanspruchungsarten ist die Form wirklich wichtig. Bei Zugbeanspruchung zum Beispiel ist allein die Querschnittsfläche, aber nicht deren Form für die Tragfähigkeit oder die Steifigkeit entscheidend. Schon wenn man die Belastungsrichtung umkehrt, kommt ein Formeinfluss ins Spiel: Ist ein Druckstab zu schlank, kommt es zum Knicken und der Stab versagt. Die Knickstabilität kann dabei durch die gewählte Form entscheidend beeinflusst werden. In Abbildung 1.17 sind nach (Ashby 2016) schematisch verschiedene Standardbauteile und -beanspruchungsarten aufgeführt. In den Fällen, bei denen der Formeinfluss eine wichtige Rolle spielt, wird er strukturmechanisch durch das entsprechende Flächenträgheitsmoment erfasst.

Die beiden Faktoren Form und Effizienz beschreiben dabei zunächst einfach die Querschnittgestalt und bewerten den Werkstoffeinsatz bei größtmöglicher Bauteilsteifigkeit oder -festigkeit. Ist der Werkstoffeinsatz gering, spricht man von hoher Effizienz. Gleichzeitig ist aus der Praxis bekannt, dass nicht alle Werkstoffe in beliebiger Form herstellbar sind. Dies ist nicht alleine deshalb der Fall, weil keine wirtschaftlichen Fertigungsverfahren zur Verfügung stehen, sondern in einigen Fällen existieren kaum technische Möglichkeiten, bestimmte Formen zu realisieren (Ashby 1991).

Um die Form bei der Werkstoffauswahl zu berücksichtigen, müssen zwei Punkte ermöglicht werden: Zunächst müssen die werkstoffspezifischen Grenzen für die jeweilige Querschnittsform erfasst und verstanden werden. Weiterhin gilt es eine Methode für die simultane Werkstoff- und Formauswahl anzuwenden, wie sie im Folgenden vorgestellt wird (Ashby 1991).

1.6.3 Der Formfaktor

Der Formfaktor drückt aus, um welchen Faktor eine bestimmte Form eine Belastung besser erträgt als ein runder Vollstab derselben Werkstoffquerschnittsfläche. Der runde Vollstab ist die „Standardgeometrie" mit einem neutralen Querschnitt, auf die die Leistungsfähigkeit der alternativen Form bezogen wird. Damit ist der Formfaktor für den runden Vollquerschnitt gleich 1. Alle Formen mit einer größeren Leistungsfähigkeit besitzen dann Formfaktoren größer als 1. Diese Grunddefinition gilt nicht nur für die Steifigkeit, sondern ebenfalls für die Festigkeit. Im

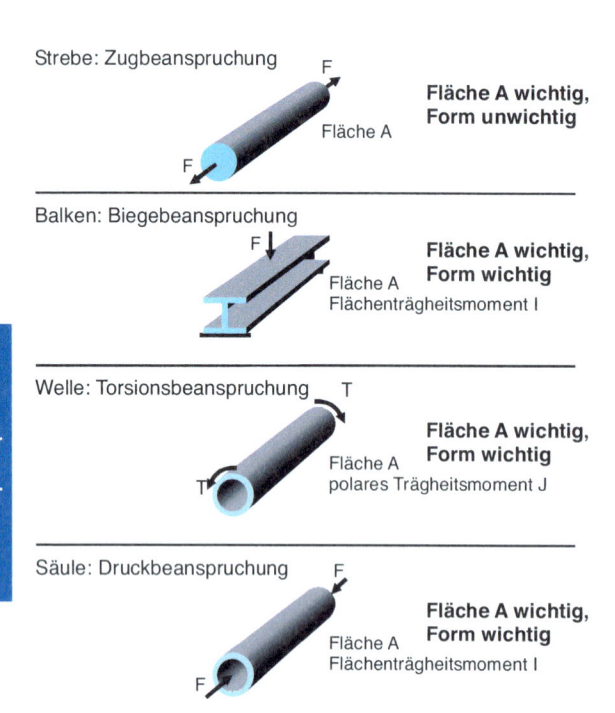

Strebe: Zugbeanspruchung
Fläche A wichtig, Form unwichtig
Fläche A

Balken: Biegebeanspruchung
Fläche A wichtig, Form wichtig
Fläche A
Flächenträgheitsmoment I

Welle: Torsionsbeanspruchung
Fläche A wichtig, Form wichtig
Fläche A
polares Trägheitsmoment J

Säule: Druckbeanspruchung
Fläche A wichtig, Form wichtig
Fläche A
Flächenträgheitsmoment I

Abb. 1.17: *Standardbauteile und -beanspruchungsarten*

Folgenden soll die Betrachtung exemplarisch für die formeffiziente Biegesteifigkeit erfolgen.

Formeffiziente Biegesteifigkeit

Zunächst betrachten wir die Biegesteifigkeit des in Abbildung 1.18 dargestellten „geformten" Querschnitts. Der Einfachheit halber handele es sich um ein Rohr oder um einen Doppel-T-Träger – Formen, die bei einer Biegebeanspruchung erfahrungsgemäß häufig verwendet werden.

Die Standardform ist, wie bereits geschildert, Vollmaterial mit einer Fläche von

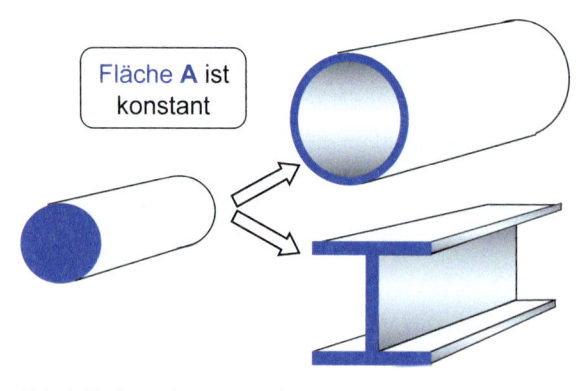

Fläche **A** ist konstant

Abb. 1.18: *Betrachtungen zur formeffizienten Biegesteifigkeit*

Doppel-T-Profil
$\phi_B^e \approx 10$

Rundes Hohlprofil
$\phi_B^e \approx 10$

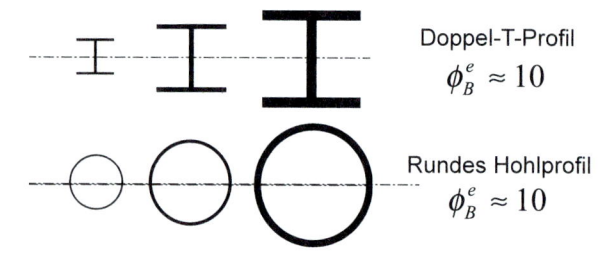

Abb. 1.19: *Der Formfaktor ist unabhängig von Größe und Fläche*

$$A = \pi r^2 \; .$$

Das zugehörige axiale Flächenträgheitsmoment beträgt bekanntlich

$$I_0 = \frac{\pi}{4} r^4 = \frac{A^2}{4\pi} \; .$$

Die Biegesteifigkeit einer beliebigen Form erhält man, wenn das axiale Flächenträgheitsmoment mit dem Elastizitätsmodul multipliziert wird. Es folgt:

$$S = EI \; .$$

Das Verhältnis der Biegesteifigkeit der beliebigen Form zur Standardbiegesteifigkeit definiert dann den Formfaktor für elastische Biegung:

$$\phi_B^e = \frac{S}{S_0} = \frac{EI}{EI_0} = 4\pi \frac{I}{A^2} \; .$$

Dieser dimensionslose Formfaktor ist dann letztlich ein Maß für die Formeffizienz. Der Formfaktor ist charakteristisch für die Form, er ist aber unabhängig von Größe und Fläche, da die Bezugsgröße stets ein Vollprofil mit der gleichen Querschnittsfläche ist. So besitzen z. B. ein rundes Hohlprofil und ein Doppel-T-Träger bei Betrachtung der elastischen Biegung jeweils einen Formfaktor von ca. 10 (Abb. 1.19).

1.6.4 Rolle des Formfaktors bei der Werkstoffauswahl

Kombiniert man den Formfaktor geschickt mit den Werkstoffauswahlindices, so erhält man für das Beispiel des leichten steifen Biegebalkens $E^{1/2}/\rho$ neue Werkstoffauswahlindices, die die Form mit berücksichtigen (Ashby 2007). Dieser Belastungsfall tritt beispielsweise an dem gewählten Beispiel mit dem Fahrradrahmen auf. Dieser neue Werkstoffindex berechnet sich wie folgt:

$$\frac{(\phi_B^e E)^{1/2}}{\rho} = \frac{(E/\phi_B^e)^{1/2}}{\rho/\phi_B^e} = \frac{E^*}{\rho^*}.$$

Das Ergebnis ist ein fiktiver Werkstoff, der nicht nur durch seine chemische Zusammensetzung und seine allgemeinen Werkstoffeigenschaften, sondern auch durch seine Form definiert ist.

Trägt man diesen fiktiven Werkstoff in das Auswahldiagramm ein, liegt er an anderer Stelle als derselbe Werkstoff ursprünglich, d.h. mit Formfaktor 1, lag. Daraus ergibt sich eine „formbedingte Verschiebung" im Werkstoffauswahldiagramm.

In Abbildung 1.20 ist dies für Aluminium gezeigt. Der fiktive Aluminiumwerkstoff mit einem Formfaktor von 44 liegt jenseits der Auswahlkennlinie und damit besser als andere Lösungen – insbesondere als ein Aluminiumvollstab, aber auch als Vollstäbe aus anderen Materialien. Der Einfachheit halber ist jetzt nur Aluminium mit seinem Formfaktor eingetragen. Letztlich ist es aber sinnvoll, auch andere Werkstoffe mit ihren Formfaktoren einzutragen, um einen reellen Vergleich zu bekommen. Dabei empfiehlt es sich, jeweils die maximalen Formfaktoren zu verwenden. Für den Fall der elastischen Biegung ist dieser bei Aluminium – wie oben eingetragen – 44, für Stahl z.B. 65 (Weaver 1998). Weitere maximale Formfaktoren für verschiedene Werkstoffe und Lastfälle sind in Tabelle 1.3 zusammengefasst.

Tab. 1.3: *Obergrenzen der Formfaktoren für verschiedene Lastfälle und Werkstoffe*

Werkstoff	$\phi_B^e{}_{(max)}$	$\phi_T^e{}_{(max)}$	$\phi_B^f{}_{(max)}$	$\phi_T^f{}_{(max)}$
Stähle	65	25	13	7
Aluminiumlegierungen	44	31	10	8
glasfaser- oder kohlenstofffaserverstärkte Polymere	39	26	9	7
Polymere	12	8	5	4
Holz	5	1	3	1

Nur durch Änderung der Form können also weitere Gebiete im Eigenschaftsdiagramm erschlossen werden. Der Formfaktor erlaubt zudem einerseits gleiche Formen miteinander zu vergleichen (entspricht der

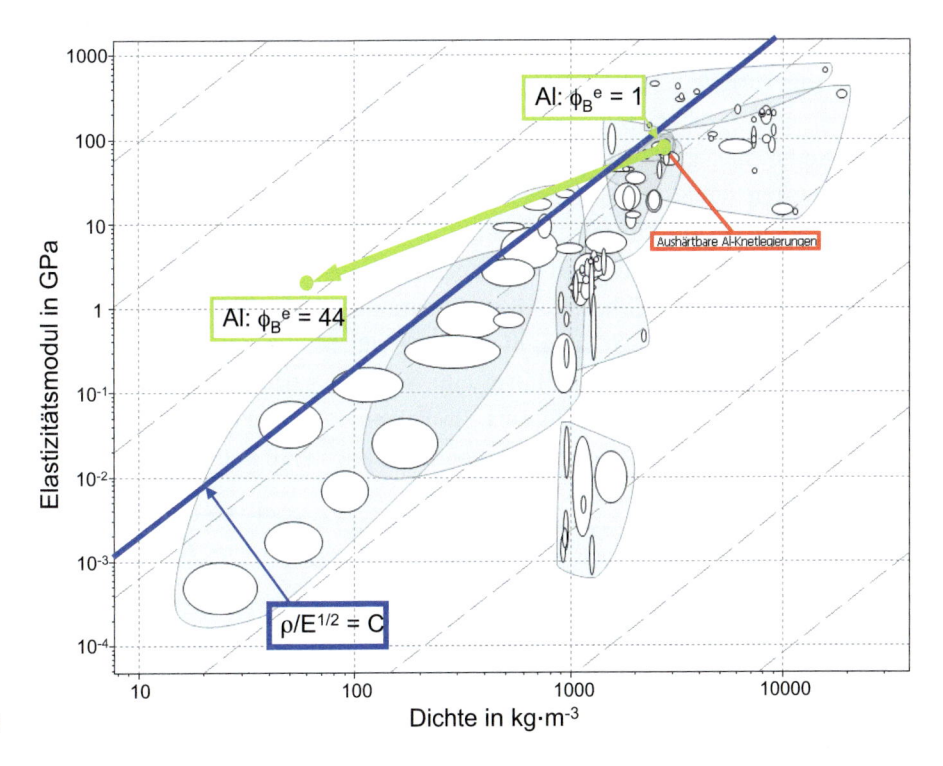

Abb. 1.20: *Formbedingte Verschiebung (Quelle: CES Edu Pack, Granta Design)*

Berücksichtigung gleicher Formfaktoren) oder andererseits unterschiedliche Formen, z.B. eine Lösung mit Aluminiumrohren oder mit Stahl-T-Trägern, zu bewerten.

1.7 Beschränkungen durch den Bauraum

1.7.1 Grundsätzliches

Bei den bisherigen Betrachtungen wurde vernachlässigt, dass in vielen Fällen der zur Verfügung stehende Bauraum strikt begrenzt ist. Für den bereits mehrfach diskutierten Biegebalken könnte dies bedeuten, dass der Außendurchmesser limitiert ist oder bei einer Platte, dass die Dicke einen bestimmten Wert nicht überschreiten darf. Eine einfache Strategie für diesen Fall ist, zunächst die bisher schon eingeführten Werkstoffindices zur Auswahl heranzuziehen und erst im letzten Schritt alle Lösungen zu verwerfen, die zu Geometrien führen, für die der vorgegebene Bauraum nicht ausreicht. Dieser Ansatz führt aber in der Regel nicht zum optimalen Ergebnis, da er nicht die Verbesserung der Leistungsfähigkeit berücksichtigt, die sich durch eine an den Bauraum ideal angepasste Formgestaltung ergäbe. Andererseits brauchen Hohl- oder Halbhohlprofile generell mehr Raum bei gegebenem Werkstoffvolumen und erwecken daher im Hinblick auf eine bauraumsparende Lösung zunächst den Anschein, sie seien eine ungünstige Alternative. Insgesamt ist die Werkstoffauswahl bei beschränktem Bauraum eine vielschichtige Fragestellung, die ähnlich wie die Berücksichtigung der Bauteilform eine systematische Herangehensweise erfordert. Im Folgenden wird daher eine Strategie beschrieben, mit der eine gegebene Form im Werkstoffauswahlprozess berücksichtigt werden kann, die eine optimale Kombination aus Werkstoff und Querschnittsform bei gegebenem Bauraum liefert.

1.7.2 Auswahlstrategie bei beschränktem Bauraum

Als einfaches Beispiel gelte wiederum das leichte steife Rohr unter Biegebeanspruchung, wie es beim Fahrradrahmen der vorherrschende Lastfall ist. Der Bauraum limitiert den Außendurchmesser r_0. In diesem Bauraum können verschiedenste Rohre mit unterschiedlichen Wandstärken untergebracht werden, indem der Innenradius r_i als freie Variable eingeführt wird (Wanner 2010). Ziel ist es, die Masse zu reduzieren, die gegeben ist als

$$m = \pi(r_0^2 - r_i^2)L\rho,$$

wobei eine Mindeststeifigkeit des Balkens S_b von

$$S_b \leq \frac{C_1 EI}{L^3}$$

gefordert ist. Dabei beträgt das Trägheitsmoment I eines Rohres

$$I = \frac{\pi}{4}(r_0^4 - r_i^4).$$

Die Mindeststeifigkeit S_b, die Länge L sowie r_0 sind konstruktiv bzw. durch den äußeren Bauraum gegeben. Verrechnet man die Gleichungen zur Beseitigung der freien Variablen r_i, so erhält man folgenden Zusammenhang für die Masse:

$$m \geq \pi r_0^2 L\rho \left(1 - \sqrt{\frac{4S_b L^3}{\pi r_0^4 C_1 E}}\right).$$

Dieser Ausdruck kann deutlich vereinfacht werden, wenn man zum einen das Werkstoffvolumen

$$V = \pi r_0^2 L$$

und die Konstante E_0 einführt, die sich aus den Randbedingungen ergibt. E_0 entspricht dem Mindest-Elastizitätsmodul, mit dem die Steifigkeitsrandbedingung gerade erfüllt wird, wenn der gesamte Bauraum mit Vollmaterial ausgefüllt ist.

$$E_0 = \frac{4S_b L^3}{\pi r_0^4 C_1}$$

Daraus folgt für die Masse

$$m \geq V\rho \left(1 - \sqrt{\frac{E_0}{E}}\right).$$

1.7 Beschränkungen durch den Bauraum

Teilt man die Masse durch das Volumen, erhält man die effektive Dichte des Rohres, die stets kleiner ist als die Werkstoffdichte, da der Hohlraum mit berücksichtigt wird.

$$\rho_{eff} \geq V\rho\left(1 - \sqrt{\frac{E_0}{E}}\right) \Leftrightarrow E = \frac{E_0 \rho^2}{(2\rho - \rho_{eff})\rho_{eff}}$$

Mit Hilfe dieser Gleichung hat man jetzt die Steifigkeitsforderung mit der Bedingung des vorgegebenen Bauraums verknüpft. Die rechte Seite der Gleichung muss minimiert werden, um die effektive Dichte und damit das Bauteilgewicht zu senken. Im Gegensatz zu allen bisher behandelten Fällen kann diese Gleichung nicht mehr einfach in einen Werkstoffindex und weitere Indices, die geometrische und funktionelle Randbedingungen beschreiben, zerlegt werden. Trotzdem können damit für das Problem ungeeignete Lösungen ausgeschlossen und gleichzeitig geeignete Lösungen quantitativ bewertet werden.

Als Auswahldiagramm eignet sich das in Abbildung 1.21 dargestellte und bereits bekannte Diagramm logE – logρ, in das Linien konstanter effektiver Dichte ρ_{eff} eingetragen werden (im vorliegenden Beispiel für E_0 = 40 GPa). Dazu muss man die Gleichung für die effektive Dichte nach E auflösen, um die Form y = f(x) zu erhalten.

Im Diagramm erhält man nun parallel laufende Auswahllinien, die wie die Auswahlgeraden, verschoben werden können, um die leichteste Lösung zu erhalten. Um das Vorgehen zu verdeutlichen, kann man sich im Folgenden auf die beiden Lösungen Magnesiumlegierungen und Stahl konzentrieren. Dazu ist in Abbildung 1.22 der Bereich der metallischen Werkstoffe nochmals vergrößert dargestellt. Da der Elastizitätsmodul von Magnesium nur knapp über E_0 liegt, wird die Lösung ein dickwandiges Rohr mit sehr kleinem Innendurchmesser sein. Bei Stahl hingegen erfüllt ein dünnwandiges Rohr die gegebene Steifigkeitsrandbedingung. Das wird im Diagramm sehr deutlich, wenn man zusätzlich die unterschiedlichen Werte von r_i/r_0 aufträgt, die ja nach obigen Betrachtungen Bestandteil von E sind.

In Abbildung 1.21 sind auch die Auswahllinien für den Werkstoffindex $E^{1/2}/\rho$ als gestrichelte Linien dargestellt. Es ist hier deutlich ersichtlich, dass bei Vernachlässigung der Form bzw. des beschränkten Bauraumes, Magnesiumlegierungen deutlich bessere Werte liefern würden als Stähle.

Wie bei der Betrachtung des Formfaktors ist auch hier zu berücksichtigen, dass der zulässige Innendurchmesser nicht nur eine untere Grenze (r_i = 0), sondern auch eine obere Grenze hat, die durch das Beulen des Hohlprofils gegeben ist.

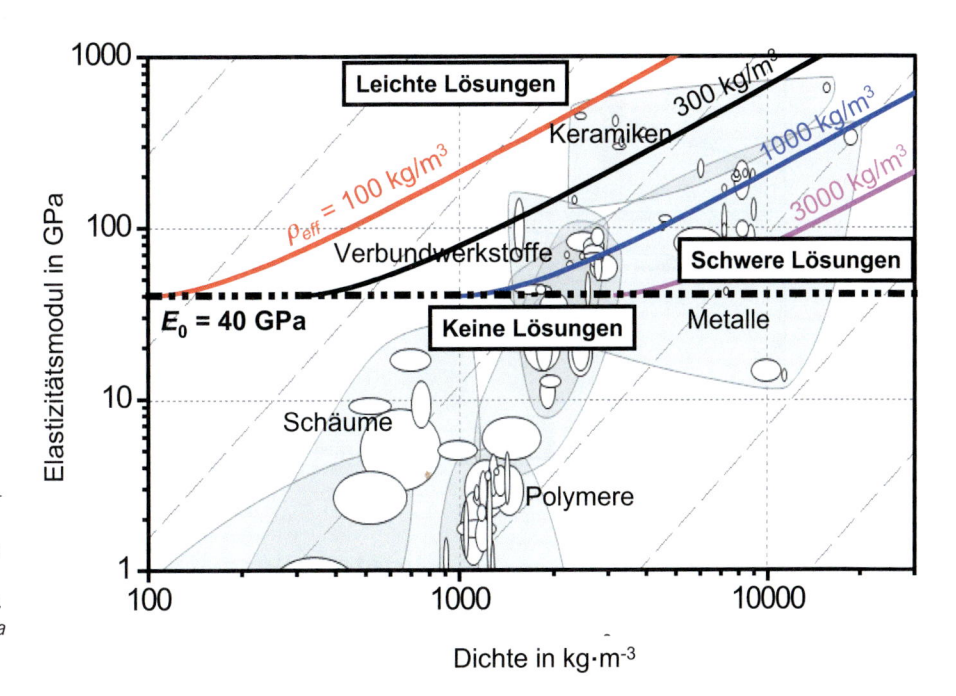

Abb. 1.21: *Werkstoffauswahl bei beschränktem Bauraum. Unterhalb der Grenze E_0 ergeben sich keine Lösungen. Je weiter die Auswahlkurve nach links verschoben wird, desto leichter werden die Lösungen. (Quelle: CES Edu Pack, Granta Design)*

1.7.3 Weitere Bauteile und Lastfälle

Das vorgestellte Verfahren ist prinzipiell auch für andere anwendungsrelevante Fälle des Strukturleichtbaus anwendbar. Die Ergebnisse der Berechnungen von Rohren unter Zug, Torsion oder Biegung sowie Sandwichplatten unter Biegung (unter Vernachlässigung des Gewichtes, der Festigkeit und der Steifigkeit des Kernmaterials) sind in Tabelle 1.4 zusammengefasst.

Jeder dieser Fälle wurde sowohl für die Steifigkeits- als auch für die Festigkeitsbedingung betrachtet. Die Gleichungen für das Rohr in Zug sind entsprechend einfach: Wie bereits ausgeführt, spielt die Form hier keine Rolle.

Die generelle Strategie bei eingeschränktem Bauraum ist es also, zunächst eine freie Variable zu definieren, die den Raum im Inneren des Bauteils variieren lässt, ohne äußere Begrenzungen zu verändern. Dieses Vorgehen führt zu einer neuen Art von Zielgleichungen und Indices, die Form und Werkstoff gleichzeitig beschreiben. Mit diesen Indices ist dann analog zum bisher geschilderten Vorgehen eine Auswahl möglich.

1.8 Zusammenfassung

Ebenso wie die Konstruktion ist die Werkstoffauswahl im Produktentstehungsprozess ein systematischer Vorgang, der mit Hilfe der gezeigten Strategien formalisiert werden kann. Dabei ist es entscheidend, Werkstoffe, Konstruktion und Fertigung zielführend aufeinander abzustimmen. Sollen Werkstoffe nachträglich substituiert werden, ist die gezeigte Strategie ebenfalls sinnvoll einzusetzen. Grundsätzlich muss es jedoch möglich sein, einen Werkstoffindex herzuleiten, was im Einzelfall eine gewisse Abstraktion der Beanspruchung erfordern kann. Dabei müssen unter Umständen Prioritäten beim Anforderungsprofil gemacht werden, um die wirklich wesentlichen Ziele und die relevanten

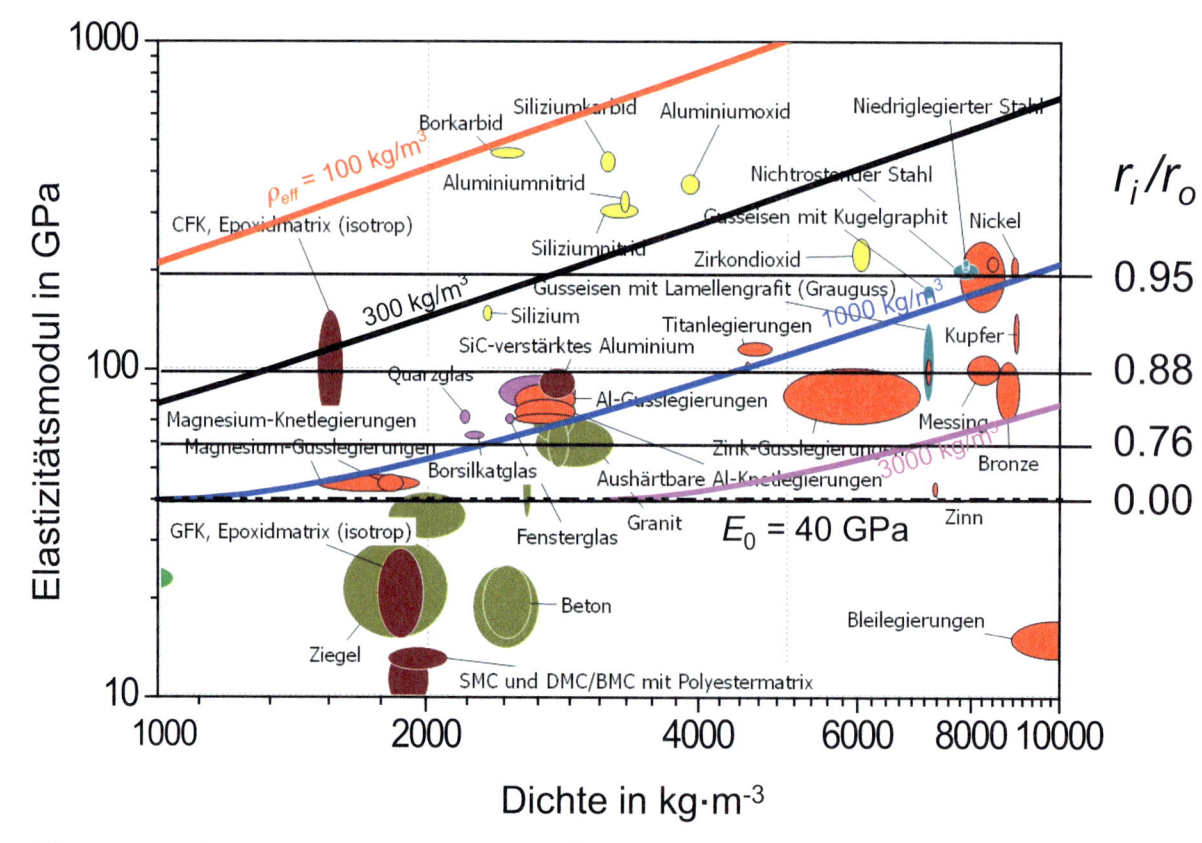

Abb. 1.22: Werkstoffauswahl bei beschränktem Bauraum: Ein dünnes Stahlrohr hat eine effektive Dichte von unter 1000 kg·m⁻³, das fast vollgefüllte Magnesium dagegen von über 1000 kg·m⁻³. (Quelle: CES Edu Pack, Granta Design)

1.8 Zusammenfassung

Tab. 1.4: *Obergrenzen der Formfaktoren für verschiedene Lastfälle und Werkstoffe*

Bauteilart / Lastfall	Vorgaben	Freie Variable	Grenzindex	Zielgleichung für Leichtbau	querschnittsbestimmender Parameter
Rohr / Zug	S, L, r_o	r_i	$E_0 = \dfrac{S L}{\pi r_o^2}$ (steifigkeitsbestimmt)	$\rho_{eff} \geq E_0 \dfrac{\rho}{E}$	$\dfrac{r_i}{r_o} \leq \sqrt{1 - \dfrac{E_0}{E}}$
	F, r_o	r_i	$\sigma_0 = \dfrac{F}{\pi r_o^2}$ (steifigkeitsbestimmt)	$\rho_{eff} \geq \sigma_0 \dfrac{\rho}{\sigma_f}$	$\dfrac{r_i}{r_o} \leq \sqrt{1 - \dfrac{\sigma_0}{\sigma_f}}$
Rohr / Torsion	S_t, L, r_o	r_i	$G_0 = \dfrac{2 S_t L}{\pi r_o^4}$ (steifigkeitsbestimmt)	$\rho_{eff} \geq \rho\left(1 - \sqrt{1 - \dfrac{G_0}{G}}\right)$	$\dfrac{r_i}{r_o} \leq \sqrt[4]{1 - \dfrac{G_0}{G}}$
	M_t, r_o	r_i	$\sigma_0 = \dfrac{4 M_t}{\pi r_o^3}$ (festigkeitsbestimmt)	$\rho_{eff} \geq \rho\left(1 - \sqrt{1 - \dfrac{\sigma_0}{\sigma_f}}\right)$	$\dfrac{r_i}{r_o} \leq \sqrt[4]{1 - \dfrac{\sigma_0}{\sigma_f}}$
Rohr / Biegung	S_b, L, r_o	r_i	$E_0 = \dfrac{4 S_b L^3}{\pi r_o^4 C_1}$ (steifigkeitsbestimmt)	$\rho_{eff} \geq \rho\left(1 - \sqrt{1 - \dfrac{E_0}{E}}\right)$	$\dfrac{r_i}{r_o} \leq \sqrt[4]{1 - \dfrac{E_0}{E}}$
	M_b, r_o	r_i	$\sigma_0 = \dfrac{4 M_b}{\pi r_o^3}$ (festigkeitsbestimmt)	$\rho_{eff} \geq \rho\left(1 - \sqrt{1 - \dfrac{\sigma_0}{\sigma_f}}\right)$	$\dfrac{r_i}{r_o} \leq \sqrt[4]{1 - \dfrac{\sigma_0}{\sigma_f}}$
Sandwich / Biegung	S_b, L, w, h_o	h_i	$E_0 = \dfrac{12 S_b L^3}{w h_0^3 C_2}$ (steifigkeitsbestimmt)	$\rho_{eff} \geq \rho\left(1 - \sqrt[3]{1 - \dfrac{E_0}{E}}\right)$	$\dfrac{h_i}{h_o} \leq \sqrt[3]{1 - \dfrac{E_0}{E}}$
	M_b, w, h_o	h_i	$\sigma_0 = \dfrac{6 M_b}{w h_o^2}$ (festigkeitsbestimmt)	$\rho_{eff} \geq \rho\left(1 - \sqrt[3]{1 - \dfrac{\sigma_0}{\sigma_f}}\right)$	$\dfrac{h_i}{h_o} \leq \sqrt[3]{1 - \dfrac{\sigma_0}{\sigma_f}}$

Es bedeuten: S Zugsteifigkeit, S_b Biegesteifigkeit, L Bauteillänge, r_i Rohrinnendurchmesser, r_o Rohraußendurchmesser, F Kraft, M_t Drehmoment, M_b Biegemoment, h_o Höhe des Sandwichs, h_i Höhe des Sandwichkerns, w Sandwichplattenbreite, C1, C2 lastabhängige Konstanten

Randbedingungen ableiten und in Form von einfachen Gleichungen darstellen zu können.

Außer für die hier gezeigten einfachen Fallbeispiele des Leichtbaus kann für eine Vielzahl von Lastfällen oder auch anderer physikalischer oder chemischer Beanspruchungen ein Werkstoffindex abgeleitet werden. Darüber hinaus existieren analoge Strategien für die systematische Auswahl von Fertigungsprozessen. Auch wirtschaftliche oder ökologische Betrachtungen – Stichwort „ganzheitliche Bilanzierung" – können bei diesen Auswahlprozessen ebenso Berücksichtigung finden.

1.9 Weiterführende Informationen

Literatur

Ashby, M. F.: On the Engineering Properties of Materials, Acta Metallurgica (1989) 37 S. 1273–1293.

Ashby, M. F.: Material and Shape, Acta Metall. Mater. (1991) 39, S. 1025–1039

Ashby, M. F.; Cebon, D.: Case Studies in Materials Selection. 1. Auflage, Cambridge (UK): Granta Design, 1997

Ashby, M. F.: Materials Selection in Mechanical Design. 2. Auflage, Oxford (UK): Butterworth and Heinemann, 1999

Ashby, M. F.: Multi-objective optimization in material design and selection. Acta Mater. (2000) 48, S. 359–369

Ashby, M. F.; Bréchet, Y.; Cebon, D.: Selection Strategies for Materials and Processes. Adv. Engin. Mat. (2002) 4, S. 327–334

Ashby, M. F; Jones, D. R. H.: Engineering Materials 1, An Introduction to Their Properties and Applications. 3. Auflage, Woburn (UK): Butterworth and Heinemann, 2005

Ashby, M. F.: Materials Selection in Mechanical Design: Das Original mit Übersetzungshilfen. 1. Auflage, München: Spektrum Akademischer Verlag / Elsevier, 2006

Bréchet, Y.; Ashby, M.F.; Salvo, L.: Sélection des Matériaux et des Procédés de Mise en Oeuvre. 1. Auflage, Lausanne (CH): Presses Polytechniques et Universitaires de Lausanne, 2001

Charles, J. A.; Crane, F. A. A.; Furness, J. A. G.: Selection and Use of Engineering Materials. 3. Auflage, Oxford (UK): Butterworth and Heinemann,1997

Dieter, G. E.: Engineering Design, A Materials n Processing Approach. 1. Auflage, New York (USA): McGraw-Hill, 1991

Farag, M. M.: Selection of Materials and Manufacturing Processes for Engineering Design. 1. Auflage, Englewood Cliffs (USA): Prentice-Hall, 1989

Gere, J.; Timoshenko, St. P.: Mechanics of Materials. 4. Auflage, Boston (USA): PWS Publications, 1997

Field, F. R.; de Neuville, R.: Material selection – maximizing overall utility. Metals Materials. (1988) 6, S. 378–382

Gerard, G.: Minimum Weight Analysis of Compression Structures. 1. Auflage, New York (USA): New York University Press, 1956

Gibson, L. J.; Ashby, M. F.: Cellular Solids. 2. Auflage, Cambridge (UK): Cambridge University Press, 1997

Goicoechea, A.; Hansen, D. R.; Druckstein, L.: Multi-Objective Decision Analysis with Engineering and Business Applications. 1. Auflage, New York (USA): Wiley, 1982

Keeney, R. L.; Raiffa, H.: Decisions with Multiple Objectives: Preferences and Value Tradeoffs. 2. Auflage, Cambridge (UK): Cambridge University Press, 1993

Lewis, G.: Selection of Engineering Materials. 1. Auflage, Englewood Cliffs (USA): Prentice-Hall, 1989

Pareto, V.: Manuale di Economica Politica. 1. Auflage, Mailand (I): Societa Editrice Libraria, 1906

Reuter, M.: Methodik der Werkstoffauswahl: Der systematische Weg zum richtigen Material. 2. Auflage, München: Carl Hanser Verlag, 2014

Shanley, F. R.: Weight-Strength Analysis of Aircraft Structures. 2. Auflage, New York (USA): Dover Publications, 1960

Sirisalee, P.; Ashby, M. F.; Parks, G. T.; Clarkson P. J.: Multi-criteria Material Selection and Multi-Materials in Engineering Design. Adv. Engin. Mat. (2006) 8, S. 48–56

Wanner, A.: Minimum-weight materials selection for limited available space. "Material and Design" (2010) 31, S. 2834–2839

Weaver, P.M.; Ashby, M.F.: Material limits for shape efficiency. Prog. Mater. Sci. (1998) 41, S. 61–128

Firmeninformationen

www.matweb.com
www.grantadesign.com

2 Stähle

Wolfgang Bleck

2.1	Stähle sind vielseitige Werkstoffe	199	2.2.3 Stähle für Bleche in größeren Dicken	209
2.2	Hochfeste Flachprodukte	199	2.2.4 Stähle für das Pressformen	214
2.2.1	Stähle für Feinstblech (< 0,5 mm)	199		
2.2.2	Stähle für Feinblech (0,5–3 mm)	202	2.3 Stähle für Schmiedestücke	217
2.2.2.1	Bake-Hardening-Stähle	205		
2.2.2.2	Hochfeste IF-Stähle	207	2.4 Stähle für hochfeste Drähte	220
2.2.2.3	Mikrolegierte Stähle (HSLA-Stähle)	207	2.5 Höchstfeste Stähle	221
2.2.2.4	Dualphasenstähle (DP- und DH-Stähle)	207	2.5.1 Höchstfeste Vergütungsstähle	221
2.2.2.5	TRIP-Stähle	208	2.5.2 Höchstfeste martensitaushärtende Stähle (Maraging-Stähle)	222
2.2.2.6	Komplexphasenstähle (CP-Stähle)	208		
2.2.2.7	Martensitische Stähle (MS-Stähle)	208	2.6 Recyclierverhalten von Stahl	223
			2.7 Weiterführende Informationen	223

Jährlich werden 1,6 Milliarden Tonnen Stahl hergestellt; etwa die Hälfte dieser riesigen Menge geht in die Infrastruktur und in Gebäude. Zwar wird diesen Anwendungen typischerweise nicht unmittelbar der Begriff Leichtbau zugeordnet, gleichwohl gibt es hier große Herausforderungen an die Gewichtsoptimierung, beispielsweise bei Brücken mit großen Spannweiten oder Türmen mit großen Höhen. Hierbei ist die Diskussion über den richtigen Werkstoff nicht wirklich neu. Als das Wahrzeichen der Pariser Weltausstellung 1889 – der Eiffel-Turm – mit seiner damals revolutionierenden Leichtbauarchitektur aus Stahl eingeweiht wurde, war er einerseits ein Wunder bezüglich Höhe und filigraner Optik, andererseits wurde er in ästhetischer Hinsicht von vielen Zeitgenossen als eher hässlich eingestuft. Nur gut, dass er bald nach der Ausstellung wieder abgerissen werden sollte. Die Nutzung für die aufkommende Telegrafie und später die Entwicklung als touristisches Wahrzeichen verhinderten den Rückbau und führten zu einer Ikone aus Stahl. Der seinerzeit futuristische Eiffelturm mit 325 m Höhe wurde aus lediglich 10.100 t Stahl gefertigt. Nimmt man moderne Stähle und bleibt bei etwa dem gleichen Konstruktionsprinzip, dann ist der 1973 errichtete Fernsehturm in Kiew ein Beispiel für den durch moderne Stahlwerkstoffe erzielten Fortschritt: bei einer Höhe von 385 m wiegt er 2700 t. Das auf die Höhe bezogene spezifische Gewicht konnte somit durch verbesserte Stähle und Fügeverfahren von 31 auf 7 t/m reduziert werden.

Noch filigranere Konstruktionen sind mit Hyperboloid-Strukturen möglich: der Schuchow-Radioturm in Moskau aus dem Jahr 1922 galt als ein Symbol für den technischen Fortschritt in der gerade gegründeten Sowjetunion. Neuerdings kommt dieses Bauprinzip auch bei extrem hohen Gebäuden wie dem 600 m hohen Canton Turm in Guangzhou in China zum Einsatz. Es sind der Werkstoff und die Konstruktion, die zusammen modernen Leichtbau ermöglichen.

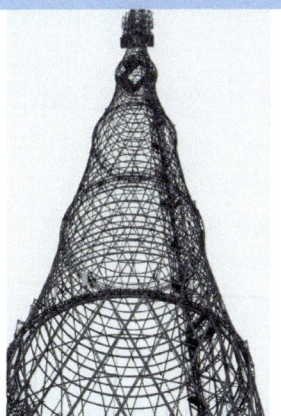

Hohe Stahltürme: Eiffel-Turm in Paris, Schuchow-Radioturm in Moskau, Fernsehturm in Kiew, Canton Tower in Guangzhou
Quelle: wikimedia commons, Eiffelturm: Je-str; Shukow-Tower: Sergey Norin; Gangzhou Tower: Eduardo M.C

Begehbare Stahlskulptur Tiger & Turtle in Duisburg
Quelle: Avda / CC BY-SA (https://creativecommons.org/licenses/by-sa/3.0)

Heute kann aus über 2500 spezifizierten Stählen der optimale Werkstoff für den Leichtbau gewählt werden. Herausfordernde Anwendungsfälle sind beispielweise in der Fahrzeugtechnik zu finden, wo Leichtbau und gleichzeitig erhöhte Anforderungen an die passive Sicherheit zu erfüllen sind. Einerseits steht das enorme Potenzial der Stähle zur Festigkeitssteigerung unter Ausnutzung von Phasenumwandlungen, Verformung, Mischkristallverfestigung, Kornfeinung, Ausscheidungshärtung, Texturverfestigung und Eigenspannungen zur Verfügung. Andererseits kommt hinzu, dass in Stählen sehr unterschiedliche mikrostrukturelle Gefüge eingestellt werden können, die eine Abstimmung von Festigkeit und Umformbarkeit oder Zähigkeit in weiten Grenzen ermöglichen. Nimmt man die Vielfalt der zur Verfügung stehenden Produktformen und die gerade auch in den letzten Jahren weiterentwickelten modernen Fügeverfahren hinzu, dann wird verständlich, dass trotz seines spezifischen Gewichts Stähle für viele industrielle Leichtbau-Anwendungen das Material der Wahl sind. Besonders Architekten lieben diesen Werkstoff, weil er technische Lösungen auf hohem Ingenieurniveau und hohe ästhetische Ansprüche gleichermaßen erfüllen kann. Die Landmarke „Tiger & Turtle" in Duisburg – eine begehbare Achterbahn-Konstruktion der Künstler Heike Mutter und Ulrich Genth – ist ein Beispiel hierfür. Nebenbei wird hier auch Leichtbau bei hoher Sicherheit für gleichzeitig bis zu 195 Besucher dokumentiert. Bei einer Lauflänge von 220 m wurden 90 t Stahl eingesetzt; das entspricht einem Gewicht von 0,4 t/m. Die Kreativität der Künstler, das Können der Ingenieure und das Wissen um Stahl ermöglichen ein leichtes, optisch fast schwebendes Kunstwerk.

2.1 Stähle sind vielseitige Werkstoffe

Moderne Werkstoffe für konstruktive Anwendungen sind dadurch gekennzeichnet, dass sie gleichzeitig eine Vielzahl von Anforderungen erfüllen. Diese Anforderungen ergeben sich aus der Nutzung der Werkstoffe, aus den zur Verfügung stehenden Herstellverfahren, aus der Ressourcensituation und aus der Wiederverwertbarkeit. Am Beispiel von Werkstoffen für den Karosseriebau lässt sich dies, wegen der hier sehr ausgeprägten Wettbewerbssituation verschiedener Werkstoffgruppen, besonders deutlich formulieren.

Die Anforderungen aus der Nutzung in der Karosserie sind durch die Trends im Karosseriebau definiert: Leichtbau, passive Sicherheit, Korrosionsbeständigkeit. Die Voraussetzung für eine Nutzung im Karosseriebau stellt aber die großtechnische Darstellbarkeit von entsprechenden Blechen und Bändern dar; hieraus ergeben sich Forderungen nach Ressourcenverfügbarkeit, Stranggießfähigkeit, Warm- und Kaltumformbarkeit, Verarbeitbarkeit, Beschichtbarkeit und Umweltverträglichkeit. Schließlich ist noch an die Möglichkeit der Entsorgung und eines geschlossenes Recyclingsystems zu denken; auch alle Produktionsstufen des Werkstoffkreislaufs bezüglich der Wirtschaftlichkeit sind zu bewerten. Eine moderne Werkstoffentwicklung kann deshalb nicht mehr nur allein Teilaspekte dieses Produktlebenszyklus betrachten, sondern setzt bereits in einem frühen Stadium des Entwicklungsprozesses eine interdisziplinäre Zusammenarbeit voraus. Die Entwicklung neuer Werkstoffe mit industrieller Relevanz ist in der Regel immer eng mit der Verfahrenstechnik verknüpft, die erst eine ökonomisch sinnvolle Produktion ermöglicht.

Stähle sind Werkstoffe mit dem Element Eisen als Hauptbestandteil. Sie sind gekennzeichnet durch ein breites Spektrum an chemischen, physikalischen, mechanischen und magnetischen Eigenschaften. Als Besonderheiten sind ihre im Vergleich zu anderen Werkstoffklassen hohen Festigkeiten und die auch bei tiefen Temperaturen noch hohe Bruchzähigkeit zu nennen. Stähle können mit einer großen Oberflächenhärte versehen werden; durch geeignete Legierung werden sie beständig auch in aggressiven Medien; sie können sowohl weich- als auch hartmagnetisch vorliegen. Durch Phasenumwandlungen im festen Zustand kann eine große Vielfalt an kristallografischen Gefügen eingestellt werden. Die Kombination von unterschiedlichen Gefügebestandteilen in einem Stahl ergibt zahlreiche Möglichkeiten der Werkstoffoptimierung. Diese vielfältigen Eigenschaften werden durch Legierungselemente, durch Umformung und Wärmebehandlung verändert und den geforderten Gebrauchseigenschaften angepasst.

Eisen kann mit ca. 75 Elementen des Periodensystems Legierungen oder Verbindungen eingehen. Unter Berücksichtigung von verschiedenen Legierungsstufen (allein mit dem Element Mangan werden bei grober Einteilung Werkstoffe in etwa 10 unterschiedlichen Legierungsniveaus hergestellt) und Legierungskombinationen ergibt sich hieraus eine schier unerschöpfliche Vielfalt an chemischen Zusammensetzungen. Die derzeit genutzten ca. 2500 verschiedenen Stähle stellen also nur einen kleinen Teil der möglichen Eisenlegierungen dar.

Im Folgenden wird eine Einführung in die Werkstofftechnik derjenigen hochfesten Stähle gegeben, die für Anwendungen im Leichtbau besonders geeignet sind. Wegen der Vielzahl der Werkstoffe kann dabei nur exemplarisch vorgegangen werden; die Kapitel gliedern sich nach den großtechnisch zur Verfügung stehenden Halbzeugen.

2.2 Hochfeste Flachprodukte

2.2.1 Stähle für Feinstblech (< 0,5 mm)

Feinstblech ist kalt gewalztes und geglühtes Stahlblech mit Dicken < 0,5 mm, das in großem Umfang als Weißblech in verzinnter Form in der Verpackungsindustrie eingesetzt wird. Die in den letzten Jahren entwickelten gut umformbaren Stähle sind gleichwohl auch für Verwendungszwecke außerhalb der Verpackungsindustrie nutzbar.

Aufgrund des starken Wettbewerbs mit Aluminium, das auf den gleichen Fertigungsanlagen

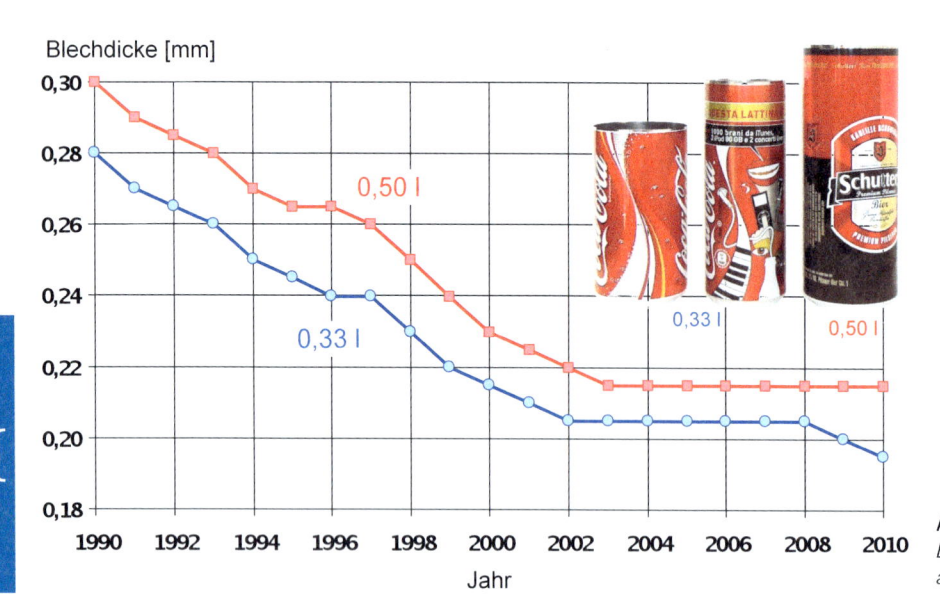

Abb. 2.1: *Entwicklung der Blechdicken für Getränkedosen aus Stahl*

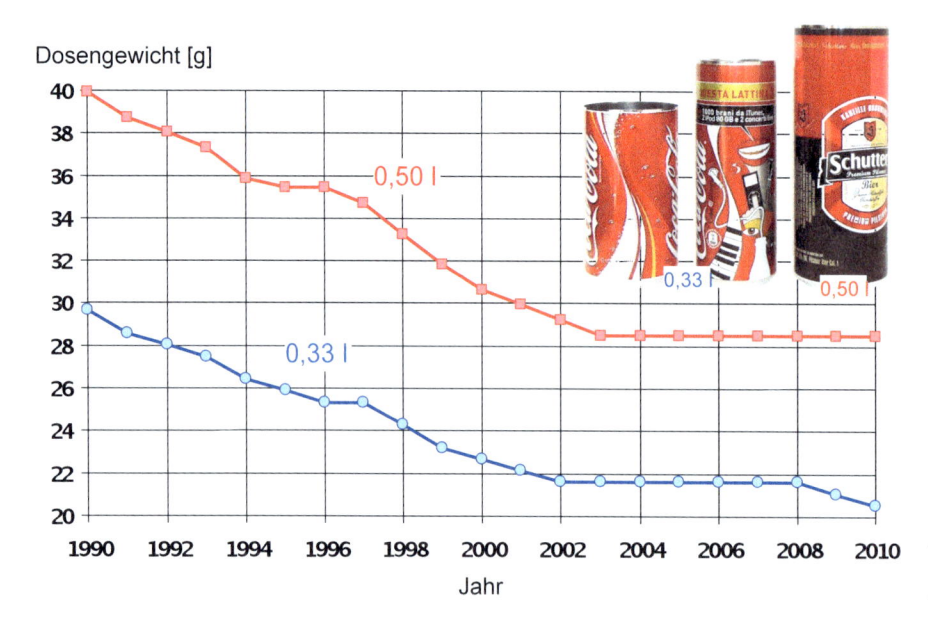

Abb. 2.2: *Reduzierung der Gewichte von Getränkedosen aus Stahl*

verarbeitet werden kann, ist es erforderlich, die Eigenschaften von Weißblech ständig zu optimieren und dank geringerer Ausgangsblechdicken eine Reduzierung des Dosengewichtes und damit eine Kostenminimierung zu erreichen. Zurzeit liegen die minimalen Einsatzblechdicken von Weißblech zur Fertigung von zweiteiligen Getränkedosen je nach Füllvolumen zwischen 0,195 mm (0,33 l-Dose) und 0,215 mm (0,5 l-Dose) und damit um knapp 30 % niedriger als noch 1990 (Abb. 2.1). In gleichem Maße konnte das Gewicht der Getränkedosen reduziert werden (Abb. 2.2). Diese Getränkedosen werden nach dem DWI-Verfahren hergestellt (Drawn + Wall – Ironing); das ist eine Kombination aus Tiefziehen und Abstreckgleitziehen, bei der trotz der sehr geringen Blechdicken sehr hohe Gesamtumformgrade erzielt werden. Nach dem Umformen zur DWI-Dose beträgt die Dicke im Dünnwandbereich ca. 0,07 mm und im Dickwandbereich am oberen Dosenende ca. 0,13 mm. Der Deckel der DWI-Dose wird aus fertigungstechnischen Gründen aus Aluminium hergestellt. Die Dickenabsenkung bei Weißblech für DWI-Dosen erfordert eine Steigerung der Ausgangsfestigkeit,

2.2 Hochfeste Flachprodukte

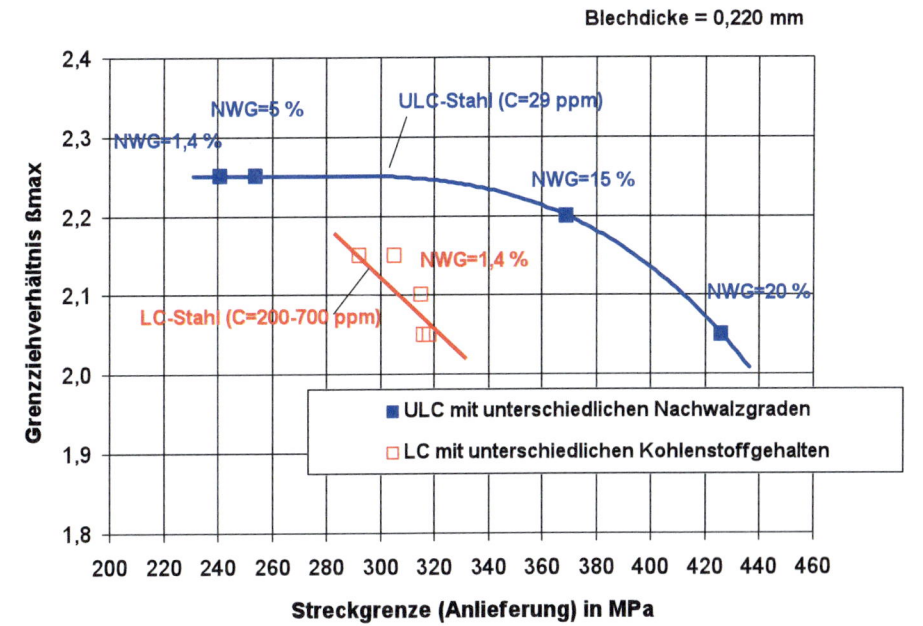

Abb. 2.3: Grenzziehverhältnis β_{max} von Feinstblechen als Funktion der Streckgrenze

um den geometrisch bedingten Stabilitätsverlust der fertigen Dose zu kompensieren. Dies wird durch verstärktes Nachwalzen oder alternativ durch Einsatz von Stählen mit höheren Kohlenstoff- oder Mangan- oder Aluminiumgehalten erreicht. Für die beiden Werkstoffkonzepte LC-Stahl (Low Carbon; C < 0,1 Massen%) und ULC-Stahl (Ultra Low Carbon; C < 0,01 Massen%) wird das Grenzziehverhältnis β_{max} als Funktion der Streckgrenze dargestellt (Abb. 2.3). Ausgehend von dem ULC-Stahl mit einer Streckgrenze von 240 MPa erfolgt die Festigkeitssteigerung über einen auf bis zu 20% erhöhten Nachwalzgrad auf bis zu 425 MPa. Das Grenzziehverhältnis als Maß für das Umformvermögen sinkt dabei von 2,25 auf 2,05. Bezogen auf die gleiche Streckgrenze wird bei dem LC-Stahl, bei dem in der Abbildung die C-Gehalte zwischen 0,02 und 0,07 Massen-% variieren, mit erhöhtem Kohlenstoffgehalt stets ein niedrigeres Grenzziehverhältnis gemessen. Es ist somit der Schluss zulässig, dass ULC-Stähle selbst bei hohen Nachwalzgraden noch ein besseres Umformverhalten aufweisen als LC-Stähle mit höherem Kohlenstoffgehalt. Das außerordentliche Umformvermögen dieser Stähle auch bei sehr geringen Blechdicken verdeutlicht die Entwicklung der zylindrischen Dosenform zur sogenannten „shaped can". Der zylin-

Abb. 2.4: „Shaped Cans", die mittels Innenhochdruckumformen hergestellt wurden

drische Dosenkörper wird zunächst aus einer Rechteckplatine mittels Rollenwiderstandsnahtschweißen gefertigt, bevor die Ausformung der extrem dünnen Seitenwände mittels Innenhochdruckumformen zu verschiedenen Formen erfolgt (Abb. 2.4).

An Stähle für Feinstblech werden höchste Anforderungen an den Reinheitsgrad, die Homogenität der Gefüge und an das Rekristallisationsvermögen während des Fertigungsprozesses gestellt. Einen Überblick über das derzeitige Portfolio von hochfesten Feinstblechstählen ermöglicht das Diagramm Bruchdehnung über Streckgrenze in Abbildung 2.5. Hierbei wird zwischen einmal gewalzten (SR: Single Reduced) und zweimal gewalzten (DR: Double Reduced) Güten unterschieden. Die Bezeichnungen BA und CA zeigen die Alternativen im Glühprozess (BA: Batch Annealing; CA: Continuous Annealing) auf. Mit Special DR wird ein optimiertes Walzverfahren zur Einstellung sehr hoher Streckgrenzen von über 550 MPa bei gleichzeitig vor allem angesichts der dünnen Abmessungen noch hohen Dehnungswerten von über 10 % bezeichnet (Rasselstein GmbH).

2.2.2 Stähle für Feinblech (0,5–3 mm)

Werkstoffe für Feinblech und dünne Bänder können warmgewalzt bis hin zu minimalen Dicken von ca. 0,8 bis 1,5 mm (Compact Strip Mill: ca. 0,8 mm; Warmbreitbandstraße: ca. 1,5 mm) oder kaltgewalzt auf Tandemstraßen bis zu einer Dicke von 0,5 mm hergestellt werden. Hauptabnehmer der Feinblechprodukte sind die Automobilindustrie, die Hausgeräteindustrie, die Verpackungsindustrie und die Bauindustrie. Feinbleche werden überwiegend durch Kaltumformprozesse, wie z. B. Tief- oder Streckziehen, zu Bauteilen verarbeitet.

In der schematischen Darstellung Kaltumformbarkeit, z. B. Bruchdehnung, über Festigkeit, z. B. Zugfestigkeit, können die Besonderheiten der mechanischen Eigenschaften von Feinblech-Werkstoffen aufgezeigt werden (Abb. 2.6). Mit zunehmender Festigkeit nimmt die Kaltumformbarkeit ab, sodass in der Vergangenheit Stähle mit Zugfestigkeiten > 500 MPa nur als eingeschränkt kalt umformbar galten. Neue Entwicklungen vor allem bezüglich der Gefügeeinstellung haben zu neuen Werkstoffgruppen geführt, die auch bei hohen Festigkeitswerten noch attraktive Eigenschaften für die Kaltumformung aufzeigen. In der Abbildung wird unterschieden zwischen den einphasigen ferritischen Stählen, den mehrphasigen ferritischen Stählen, den austenitischen Stählen mit Cr-Ni-Matrix und den austenitischen Stählen mit Mn-Matrix. In den Feldern angegebene Werkstoffbezeichnungen werden im Folgenden erläutert.

Die Kaltumformbarkeit eines Flachproduktes ist dessen Fähigkeit, unter einer gegebenen Verfor-

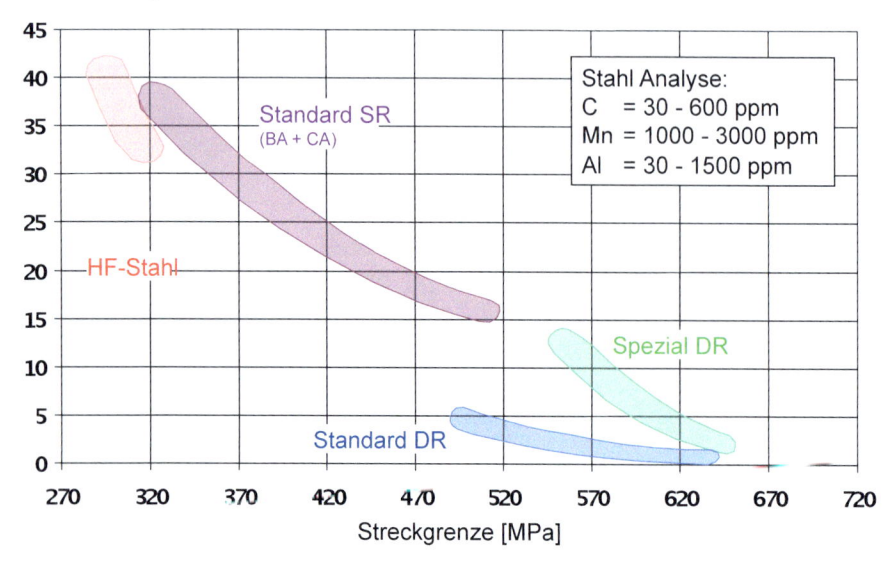

Abb. 2.5: *Portfolio der Feinstblechstähle (Dicke ca. 0,25 mm)*

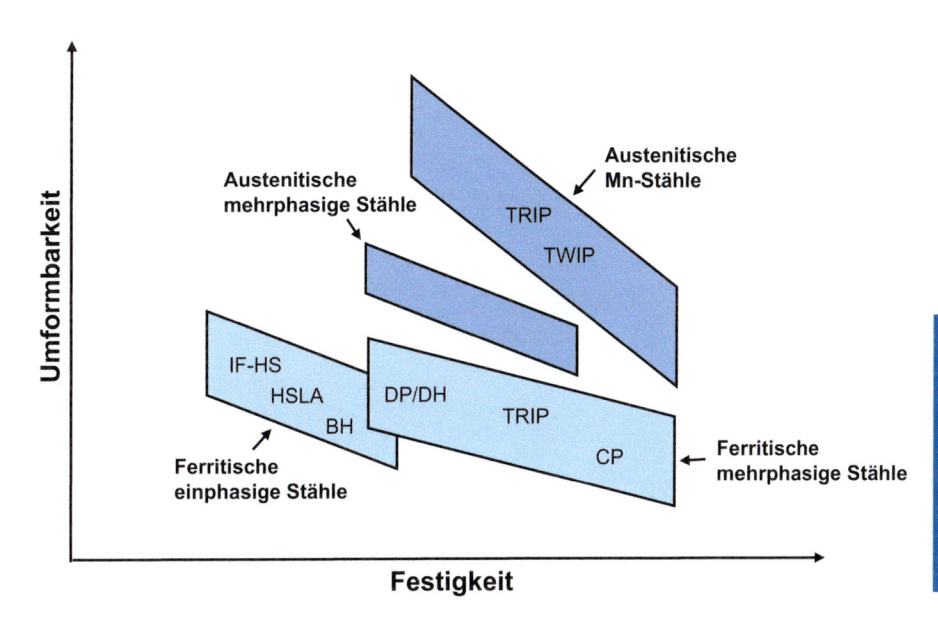

Abb. 2.6: *Portfolio der Feinblechstähle (Dicke ca. 1,0 mm)*

mungsbeanspruchung die Endform eines Hohlteils oder Profils versagensfrei anzunehmen. Der Begriff „versagensfrei" beschreibt dabei nicht nur die Freiheit von Rissen, sondern auch die Vermeidung von unzulässigen örtlichen Einschnürungen oder unzulässigen Gestaltsabweichungen. Eine gute Kaltumformbarkeit wird im Zugversuch durch hohe Werte der Gleichmaßdehnung und der Bruchdehnung, häufig durch eine niedrige Streckgrenze – oder genauer durch ein niedriges Streckgrenzenverhältnis $R_{p0,2}/R_m$ – und durch hohe Werte der senkrechten Anisotropie r und des Verfestigungsexponenten n beschrieben. Die senkrechte Anisotropie r beschreibt das Verhältnis von Breitenformänderung zu Dickenformänderung; sie wird als Maß für den Widerstand gegen örtliche Einschnürung beim Tiefziehen angesehen. Der Verfestigungsexponent n stellt den Exponenten der Fließ-Gleichung $k_f = \text{const.} \cdot \varphi^n$ dar, wobei k_f die Fließspannung und φ die logarithmische Formänderung ist. Ein hohes Verfestigungsvermögen wird als wichtig vor allem bei Streckziehvorgängen angesehen. Darüber hinaus kann die Kaltumformbarkeit durch technologische Prüfverfahren wie die Erichsen-Tiefung, den hydraulischen Tiefungsversuch, den Lochaufweitungsversuch oder die Grenzformänderungskurve beschrieben werden.

Die Gefüge der für den Karosseriebau verwendeten hochfesten Stähle werden in Abbildung 2.7 miteinander verglichen. Bei den mikrolegierten Stählen liegt eine ferritische Matrix vor, die durch feinste Ausscheidungen im Nanometermaßstab bezüglich der Korngröße und der Grundfestigkeit beeinflusst wird. Die in der Abbildung schematisch eingezeichneten Ausscheidungen sind im lichtoptischen Gefüge nicht sichtbar. Das Gefüge wird beschrieben durch die Korngröße, gegebenenfalls durch die Kornform, und durch den Ausscheidungszustand, der im Elektronenmikroskop erfasst werden kann. Der Verformungsmechanismus dieser einphasigen Stähle stellt die Versetzungsgleitung dar. Mikrolegierte Stähle werden international häufig als HSLA-Stähle (High Strength Low Alloy) bezeichnet.

In mehrphasigen Stählen müssen mindestens zwei im lichtmikroskopischen Maßstab differenzierbare Phasen berücksichtigt werden. Bedingt durch den Herstellungsprozess kommt es hier häufig zu einer lokal unterschiedlichen chemischen Zusammensetzung. Die Gefügebeschreibung erfordert nun die Angabe von geometrischen Größen zu Körnern und Phasen, von Volumenanteilen der beiden Phasen sowie von der lokal vorliegenden chemischen Zusammensetzung. Neben einer homogenen Versetzungsbewegung können hier inhomogene Versetzungsbewegungen, die nur lokal begrenzt auftreten, beobachtet werden. Diese Werkstoffe werden häufig unter dem Begriff AHSS (Advanced High Strength

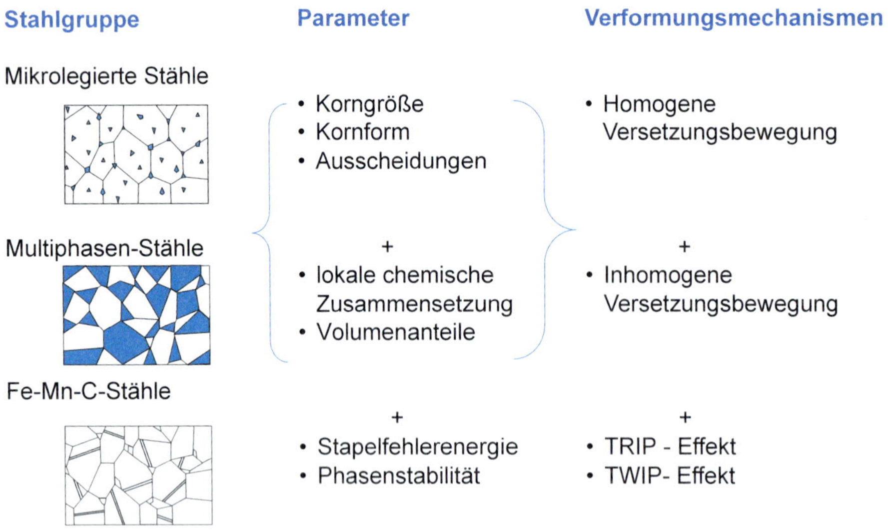

Stahlgruppe	Parameter	Verformungsmechanismen
Mikrolegierte Stähle	• Korngröße • Kornform • Ausscheidungen	• Homogene Versetzungsbewegung
Multiphasen-Stähle	+ • lokale chemische Zusammensetzung • Volumenanteile	+ • Inhomogene Versetzungsbewegung
Fe-Mn-C-Stähle	+ • Stapelfehlerenergie • Phasenstabilität	+ • TRIP - Effekt • TWIP- Effekt

Abb. 2.7: *Schematische Darstellung von Gefügen und den wichtigsten Parametern zu ihrer Beschreibung; die vorherrschenden Verformungsmechanismen in verschiedenen Stahlgruppen werden angegeben*

Steels) zusammengefasst. Die Gruppe der AHSS-Stähle ist durch eine Vielzahl von unterschiedlichen Gefügekombinationen gekennzeichnet. Ein besonders prominenter Vertreter ist der Dualphasen-Stahl mit einem Gefüge, das aus Martensitinseln in einer ferritischen Matrix besteht. Diese Werkstoffe erweitern das Spektrum der kaltumformbaren Stähle zu deutlich höheren Festigkeitswerten und führen im direkten Vergleich zu den HSLA-Stählen mit einer besseren Umformbarkeit. Derzeit technisch eingeführte mehrphasige Werkstoffe weisen zumeist die Kombination von zwei Phasen auf. Neue Konzepte sehen die gezielte Einstellung und Verteilung von drei und mehr Phasen im Gefüge vor, sodass diese Werkstoffe auf das jeweilige Einsatzgebiet maßgeschneidert werden. Einige Phasen können wie bei den TRIP-Stählen metastabil eingestellt werden, sodass bei einer Kaltumformung Phasenumwandlungen gezielt genutzt werden.

Bei den hochmanganhaltigen Stählen liegt ein austenitisches Gefüge vor, das im lichtmikroskopischen Erscheinungsbild an Rekristallisationszwillingen leicht identifizierbar ist. Hier kommen nun als Besonderheit neben der homogenen und inhomogenen Versetzungsbewegung (z.B. in Mikrobändern) die mechanisch induzierte Phasenumwandlung zu Martensit und die mechanisch induzierte Phasenumwandlung zu Zwillingen als weitere Phänomene bei der plastischen Verformung hinzu. Die Wirkung des TRIP- und des TWIP-Effektes beruht dabei weniger auf der jeweiligen spezifischen Formänderung, beziehungsweise der Form- und Volumenänderung, als auf der Entstehung von vielen neuen Grenzflächen, die kontinuierlich während einer plastischen Verformung entstehen und somit kontinuierlich neue Hindernisse für die Bewegung von Versetzungen bilden und zu einer außergewöhnlich starken Verfestigung beitragen. Bei der Gefügebeschreibung ist es deshalb besonders wichtig, die Phasenstabilität des Austenits zu kennen, was im Wesentlichen über die Ermittlung der Stapelfehlerenergie erfolgt.

Die in Stählen nutzbaren Verformungsmechanismen sind somit neben der homogenen Versetzungsbewegung der TRIP-Effekt (TRansformation Induced Plasticity), der TWIP-Effekt (TWinning Induced Plasticity) und in jüngster Zeit diskutiert die inhomogene Versetzungsbewegung, die gelegentlich auch mit den Begriffen SBIP oder MBIP bezeichnet wird (Shear Band oder Micro Band Induced Plasticity) (Abb. 2.8). Die inhomogene Versetzungsbewegung kann vorteilhaft genutzt werden, wenn sich Mikrobänder im Abstand von einigen hundert nm gleichmäßig im Gefüge bilden. Diese verschiedenen Verformungsmechanismen können gezielt genutzt werden, um das Verfestigungsverhalten auf einem gegebenen hohen Festigkeitsniveau zu beeinflussen und damit attraktive Kombinationen von Umformbarkeit und Festigkeit einzustellen.

2.2 Hochfeste Flachprodukte

Versetzungsreaktionen

Homogene Versetzungsbewegung

Inhomogene Versetzungsbewegung

Gittertransformation

TRIP-Effekt

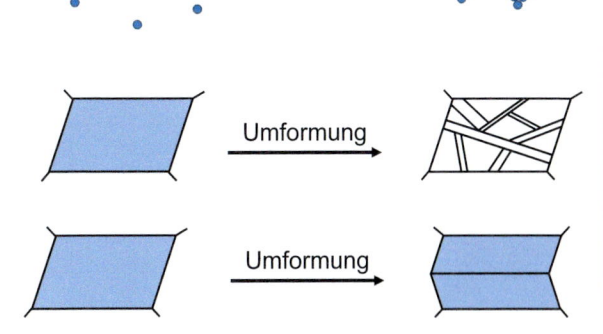

TWIP-Effekt

Abb. 2.8: *Schematische Darstellung verschiedener Verformungsmechanismen in Stählen*

Die hochfesten Stähle für die Kaltumformung können in verschiedene Stahlgruppen aufgeteilt werden, die im Folgenden in der Reihenfolge steigender Festigkeit vorgestellt werden. Die chemische Zusammensetzung und die mechanischen Eigenschaften dieser Stähle finden sich in verschiedenen Normen, wie DIN EN 10268, DIN EN 10292 und DIN EN 10336. Die in diesem Kapitel herangezogenen Kurznamen und Kennwerte (Tab. 2.1) basieren auf der VDA-Richtlinie VDA239-100 vom Mai 2016, die den derzeitigen Stand der Technik beschreibt.

Ein Vergleich der Gefügecharakteristika der verschiedenen Stahlsorten ist in Abbildung 2.9 gegeben. Dabei wird deutlich, dass die Mikrostrukturen durch sehr geringe Korngrößen und Phasen auf der µm- oder häufig sogar der nm-Skala charakterisiert sind.

2.2.2.1 Bake-Hardening-Stähle

Unter Bake-Hardening-Stählen werden Werkstoffe verstanden, die bei einer Wärmebehandlung durch

Mikrolegierter Stahl
Ferritisches Gefüge mit vereinzelten Perlitinseln

Dualphasenstahl
Ferritische Matrix mit 5 – 30 Vol.-% inselartig eingebettetem Martensit; geringer Bainitanteil

TRIP-Stahl
Ferritisch-bainitische Matrix mit ca. 10 – 20 Vol.-% Restaustenit

Abb. 2.9: *Lichtoptische Mikrostruktur von ausgewählten hochfesten Feinblechstählen (Vergrößerung ca. 1000fach)*

Komplexphasenstahl
Bainitische Matrix mit Anteilen an Martensit, Ferrit und Restaustenit

2 Stähle

Tab. 2.1: *Vergleich von Eigenschaften und chemischer Zusammensetzung von verschiedenen Stahlsorten nach VDA 239-100*

Stahlsorte Kurzname	$R_{p0,2}$ [MPa]	R_m [MPa]	A_{80} [%] min.	r_{90} min.	n_{10-20} min.	C max.	Si max.	Mn max.	P max.	S max.	Ti max.	Nb max.	Al
Bake-Hardening-Stähle													
CR180BH	180-240	290-370	34	1,1	0,17	0,06	0,50	0,70	0,060	0,025	-	-	≥0,015
CR210BH	210-270	320-400	32	1,1	0,16	0,08	0,50	0,70	0,085	0,025	-	-	≥0,015
CR240BH	240-300	340-440	29	1,0	0,15	0,10	0,50	1,00	0,100	0,030	-	-	≥0,015
Hochfeste IF-Stähle													
CR210IF	210-270	340-420	33	1,1	0,18	0,01	0,30	0,90	0,080	0,025	0,12	0,09	≥0,010
CR240IF	240-300	360-440	31	1,0	0,17	0,01	0,30	1,60	0,100	0,025	0,12	0,09	≥0,010
Mikrolegierte Stähle													
HR340LA	340-440	420-540	22	-	0,13	0,12	0,50	1,50	0,030	0,025	0,15	0,10	≥0,015
HR700LA	700-850	750-950	10	-	-	0,12	0,60	2,10	0,030	0,025	0,20	0,10	≥0,015
CR340LA	340-430	410-530	21	-	0,12	0,12	0,50	1,50	0,030	0,025	0,15	0,09	≥0,015
CR420LA	420-520	480-600	17	-	0,11	0,12	0,50	1,65	0,030	0,025	0,15	0,09	≥0,015
Dualphasenstähle													
HR330Y580T-DP	330-450	580-680	19	-	0,13	0,14	1,00	2,20	0,060	0,010	Ti+Nb ≤0,15		0,015-0,1
CR440Y780T-DP	440-550	780-900	14	-	0,11	0,18	0,80	2,50	0,050	0,010	Ti+Nb ≤0,15		0,015-1,0
CR700Y980T-DP	700-850	980-1130	8	-	-	0,23	1,00	2,90	0,050	0,010	Ti+Nb ≤0,15		0,015-1,0
CR440Y780T-DH	440-550	780-900	18	-	0,13	0,18	0,80	2,50	0,050	0,010	Ti+Nb ≤0,15		0,015-1,0
CR700Y980T-DH	700-850	980-1180	13	-	-	0,23	1,80	2,90	0,050	0,010	Ti+Nb ≤0,15		0,015-1,0
TRIP-Stähle													
CR400Y690T-TR	400-520	690-800	24	-	0,19	0,24	2,00	2,20	0,050	0,010	Ti+Nb ≤0,20		0,015-2,0
CR450Y780T-TR	450-570	780-910	21	-	0,16	0,25	2,20	2,50	0,050	0,010	Ti+Nb ≤0,20		0,015-2,0
Komplexphasenstähle													
HR660Y760T-CP	660-820	760-960	10	-	-	0,18	1,00	2,20	0,050	0,010	Ti+Nb ≤0,25		0,015-1,2
CR570Y780T-CP	570-720	780-920	10	-	-	0,18	1,00	2,50	0,050	0,010	Ti+Nb ≤0,15		0,015-1,0
CR780Y980T-CP	780-950	980-1140	6	-	-.	0,23	1,00	2,70	0,050	0,010	Ti+Nb ≤0,15		0,015-1,0
CR900Y1180T-CP	900-1100	1180-1350	5	-	-	0,23	1,00	2,90	0,050	0,010	Ti+Nb ≤0,15		0,015-1,0
Martensitische Stähle													
HR900Y1180T-MS	900-1150	1180-1400	5	-	-	0,25	0,80	2,50	0,050	0,010	Ti+Nb ≤0,25		0,015-2,0
CR860Y1100T-MS	860-1120	1100-1320	3	-	-	0,13	0,50	1,20	0,020	0,025	Ti+Nb ≤0,15		≥0,01
CR1350Y1700T-MS	1350-1700	1700-2000	3	-	-	0,35	1,00	3,00	0,020	0,025	Ti+Nb ≤0,15		≥0,01

eine kontrollierte Kohlenstoffalterung eine Festigkeitssteigerung erfahren. Im Ausgangszustand liegen die Kohlenstoffatome mit einer Konzentration von etwa 10–20 ppm gelöst und homogen verteilt in der ferritischen Matrix vor; der Werkstoff ist bei Raumtemperatur alterungsbeständig. Durch eine Verformung des Blechs werden neue Versetzungen eingebracht, an die sich bei der anschließenden

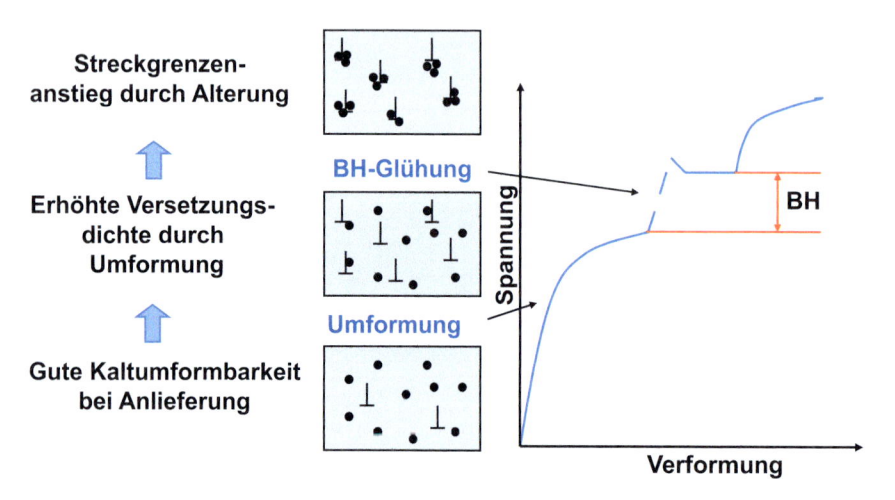

Abb. 2.10: *Schematische Darstellung des Bake-Hardening-Verhaltens*

Wärmebehandlung bei ca. 170 °C Kohlenstoffatome anlagern. Durch diese Cottrell-Wolken werden weitere Versetzungsbewegungen erschwert und der Werkstoff erfährt zusätzlich zur Kaltverfestigung durch Verformung einen Streckgrenzenanstieg durch Versetzungsblockierung (Abb. 2.10).

Bake-Hardening-Stähle werden vornehmlich im Automobilbau für Struktur- und Außenhautteile eingesetzt. Die Vorteile dieser Stähle liegen darin, dass sie im Anlieferungszustand eine gute Kaltumformbarkeit infolge ihrer verhältnismäßig niedrigen Streckgrenze und ihrer hohen r- und n-Werte aufweisen und dass die Wärmebehandlung während der ohnehin durchgeführten Lackierung erfolgt. Sie erfahren beim Lackeinbrennen durch eine kontrollierte Kohlenstoffalterung eine zusätzliche Streckgrenzensteigerung. Die Streckgrenzensteigerung beträgt etwa 40 bis 60 MPa bei einer Wärmebehandlung von 170 °C/20 min. Der Bake-Hardening-Effekt ist die durch Alterung hervorgerufene Wiederkehr einer ausgeprägten Streckgrenze.

2.2.2.2 Hochfeste IF-Stähle

Die Kaltumformbarkeit von weichen unlegierten Stählen kann durch eine vollständige Abbindung der interstitiellen Atome C und N als Folge einer Mikrolegierung mit Ti und Nb deutlich gesteigert werden. Dieses Konzept der weichen IF-Stähle (IF: Interstitiell Frei) wird auf höhere Festigkeitsstufen bei den hochfesten IF-Stählen übertragen. Nach einer Tiefentkohlung im Vakuum erfolgt eine Mikrolegierung zur Abbindung der interstitiellen Atome und eine zusätzliche Legierung mit Mn und/oder P zur Mischkristallverfestigung. Hierdurch lassen sich ausgeprägte kristallografische Tiefziehtexturen einstellen, die zu einer günstigen Kombination von Tiefziehfähigkeit und leicht angehobener Streckgrenze führen.

2.2.2.3 Mikrolegierte Stähle (HSLA-Stähle)

Die Festigkeitssteigerung durch Ausscheidungen nutzt die spezifischen Vorteile der Mikrolegierungselemente Titan, Niob und Vanadin im Konzentrationsbereich 0,02 bis 0,10 Massen-%. Mikrolegierungselemente tragen mit Hilfe von Feinstausscheidungen sehr harter Karbonitride zur Festigkeitssteigerung und zur Kornfeinung bei und verbessern gleichzeitig die Verarbeitungseigenschaften dieser Stähle. Mikrolegierte Stähle werden im Englischen HSLA-Stähle (High Strength Low Alloy) genannt. In diese Gruppe gehören auch die isotropen Stähle (IS), die aufgrund einer sehr geringen Zugabe von Ti oder Nb ein gleichmäßig feines Gefüge mit richtungsunabhängigen Eigenschaften aufweisen. Mikrolegierte Stähle sind dank ihres ausgewogenen Eigenschaftsspektrums universell einsetzbar.

2.2.2.4 Dualphasenstähle (DP- und DH-Stähle)

Die Dualphasenstähle bestehen aus einer ferritischen Matrix, die eine zweite, martensitische Phase enthält. Die Martensitphase des Dualphasenstahls liegt inselförmig auf den Korngrenzen vor und besitzt einen Volumenanteil von 10 bis 30 %. Das Gefüge kann mit steigender Festigkeit auch Bainitanteile enthalten. Das Gefüge von Dualphasenstählen mit verbesserter Umformbarkeit (sogenannte DH-Stähle) beinhaltet darüber hinaus auch geringe Mengen Restaustenit. DP-Stähle haben auf Grund der weichen Ferritphase eine niedrige Streckgrenze, kombiniert mit einer - resultierend aus der harten Martensitphase - hohen Zugfestigkeit und stellen einen guten Kompromiss zwischen Festigkeit und Verformbarkeit dar. Die Hauptlegierungselemente sind Mangan und Silizium, in manchen Fällen wird auch Aluminium oder Chrom hinzulegiert. Diese Legierungselemente senken die kritische Abkühlgeschwindigkeit für die Perlit- und Bainitbildung und erleichtern somit die Bildung von Martensit nach der Glühung. Bezogen auf ihre Zugfestigkeit zeigen DP-Stähle ein niedriges Streckgrenzenverhältnis und eine hohe Kaltverfestigung. Sie weisen auch im undressierten Zustand ein kontinuierliches Spannung-Dehnung-Diagramm auf, das durch freibewegliche Versetzungen an der Phasengrenze Ferrit/Martensit bewirkt wird. Diese Versetzungen werden als geometrisch notwendige Versetzung bezeichnet (GND: Geometrically Necessary Dislocations), weil sie den Volumensprung bei der Austenit/Martensit-Umwandlung kompensieren.

Nachteilig können sich die harten Martensitphasen auf die Rissbildung im Lochaufweitungsversuch oder bei der Biegung um enge Radien auswirken.

2.2.2.5 TRIP-Stähle

Bei TRIP-Stählen wird nach der Glühung ein Gefüge aus 40 bis 60 Vol.-% Ferrit, 35 bis 45 Vol.-% Bainit und 5 bis 15 Vol.-% Restaustenit eingestellt (Abb. 2.9). Diese Werkstoffe machen sich den sogenannten TRIP-Effekt (transformation induced plasticity) zu Nutze, bei dem der Restaustenit während einer Kaltverformung in Martensit umwandelt und dadurch zu einer besonders starken Verfestigung führt. Diese Umwandlung bietet den Vorteil einer verbesserten Verformbarkeit kombiniert mit einer Festigkeitssteigerung während der Formgebung. Auch bei den TRIP-Stählen werden Mangan und Silicium als Hauptlegierungselemente eingesetzt, um eine Karbidbildung zu verhindern und die Phasenumwandlung zu steuern. Mangan dient weiterhin zur Stabilisierung des Restaustenits. Infolge des hohen Kaltverfestigungsvermögens erreichen sie hohe Gleichmaßdehnungen und hohe Zugfestigkeiten. Der Restaustenit wird bei der Herstellung so mit Kohlenstoff angereichert, dass er thermisch stabil, mechanisch aber unstabil vorliegt.

2.2.2.6 Komplexphasenstähle (CP-Stähle)

Eine Festigkeitssteigerung durch kontrollierte Abkühlung wird in Komplexphasenstählen genutzt, die durch Mischgefüge mit hauptsächlich bainitischen Gefügekomponenten gekennzeichnet sind. Dank ihrer feinen Gefügestuktur lassen sich sehr hochfeste Stähle mit guter Kaltumformbarkeit herstellen. Aufgrund ihrer sehr gleichmäßigen feinstrukturierten Gefüge weisen sie sehr gute Lochaufweitungswerte und eine hervorragende Biegbarkeit auf (Abb. 2.9).

2.2.2.7 Martensitische Stähle (MS-Stähle)

Mit sehr hohen Abkühlgeschwindigkeiten werden Stähle erzeugt, die einen hohen Anteil Martensit in der mehrphasigen Struktur enthalten. Neben Martensit kann auch Bainit vorliegen. Im Vergleich zu DP-Stählen weisen sie ein höheres Streckgrenzenverhältnis und eine höhere Zugfestigkeit auf.

Die neuen hochfesten kaltumformbaren Stähle werden hauptsächlich für Strukturteile im Karosseriebau eingesetzt, da durch die höheren Festigkeiten eine hohe Energieabsorption im Crashfall ermöglicht wird. Aufgrund der reduzierten Blechdicke gegenüber konventionellen Stählen leisten die Mehrphasenstähle

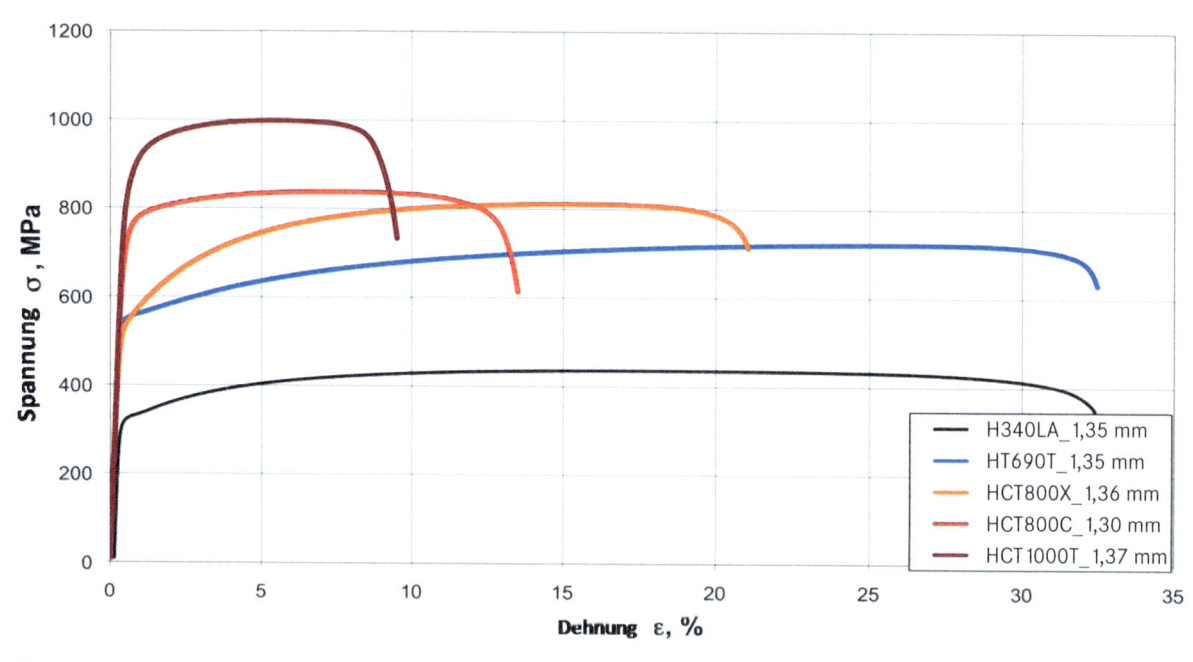

Abb. 2.11: *Spannung-Dehnung-Kurven von hochfesten Feinblechstählen*

einen großen Beitrag zum Karosserieleichtbau und werden immer häufiger in der Serienproduktion verwendet (worldautosteel; AHSS Guidelines).

Einige der neuen Stähle stehen nur als Kaltband in dünnen Abmessungen zur Verfügung. Dualphasen-Stähle, Complexphasen-Stähle, MS-Stähle sowie die große Gruppe der mikrolegierten Stähle sind in verschiedenen Sorten auch als warmgewalztes Band darstellbar. Die Spannung-Dehnung-Kurven einiger hochfester Feinblechstähle sind in Abbildung 2.11 zusammengestellt. Das unterschiedliche Festigkeitsniveau und die daraus ableitbaren unterschiedlichen Dehnungen werden deutlich. Zwar stellt der Zugversuch den Standardprüftest zur Bestimmung der mechanischen Eigenschaften dar; die Eignung der hochfesten Stähle für den jeweiligen Einsatzfall kann aber nicht allein anhand der Zugversuchskennwerte ermittelt werden. Das teilweise sehr komplizierte Verformungsverhalten moderner mehrphasiger Werkstoffe kann hiermit nur annähernd beschrieben werden (ThyssenKrupp und Voestalpine Stahl GmbH).

2.2.3 Stähle für Bleche in größeren Dicken

Stahl ist wegen seiner Tragfähigkeit, seines günstigen Verarbeitungsverhaltens und seiner hohen Wirtschaftlichkeit der wichtigste Konstruktionswerkstoff im Nutzfahrzeug- und Mobilkranbau. Hier hat das Eigengewicht der Konstruktion einen entscheidenden Einfluss auf die Nutzlast und damit auf die Wirtschaftlichkeit. Aus diesem Grund besteht ein großes Interesse an einem möglichst geringen Eigengewicht.

Für viele Bauteile im Nutzfahrzeug- und Mobilkranbau werden bereits hochfeste Grobblech- und Warmbandstähle eingesetzt. Als Werkstoffe stehen dafür normalgeglühte, thermomechanisch gewalzte, intensiv gekühlte und wasservergütete Stahlsorten zur Verfügung (Abb. 2.12). Gemein ist diesen Stählen, dass sie zunächst auf einer Warmbandstraße oder einer Grobblechstraße warmgewalzt werden.

Im Anschluss daran kann ein Vergüten erfolgen, das mit einem durchgreifenden Erwärmen der Bleche auf Temperaturen oberhalb A_{c3} beginnt. Danach erfolgt ein schnelles Abkühlen mit Druckwasser, wodurch eine Gefügeumwandlung in der Martensit- oder Bainitstufe erreicht wird. Beim Normalglühen wird die Abkühlung moderat vorgenommen, sodass ein feinkörniges ferritisch-perlitisches Gefüge entsteht.

Man versucht heute vielfach, den Härtevorgang zu vereinfachen, indem man den Werkstoff direkt aus der Walzhitze abschreckt, d.h. direkt härtet. Bei diesem Prozess ergibt sich eine Verbesserung der Härtbarkeit, die sich zur weiteren Absenkung der Legierungsgehalte im Sinne einer Verbesserung der Schweißbarkeit nutzen lässt.

Beim thermomechanischen Walzen wird die Endwalzphase des Warmwalzens so gesteuert, dass das

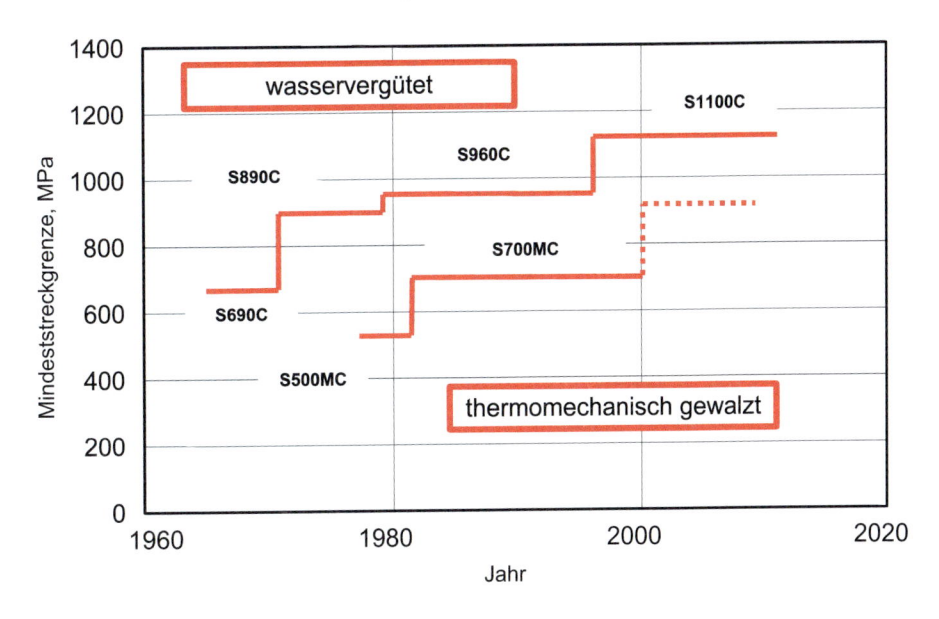

Abb. 2.12: *Chronologische Entwicklung von hochfesten Baustählen für Grobblech-Anwendungen*

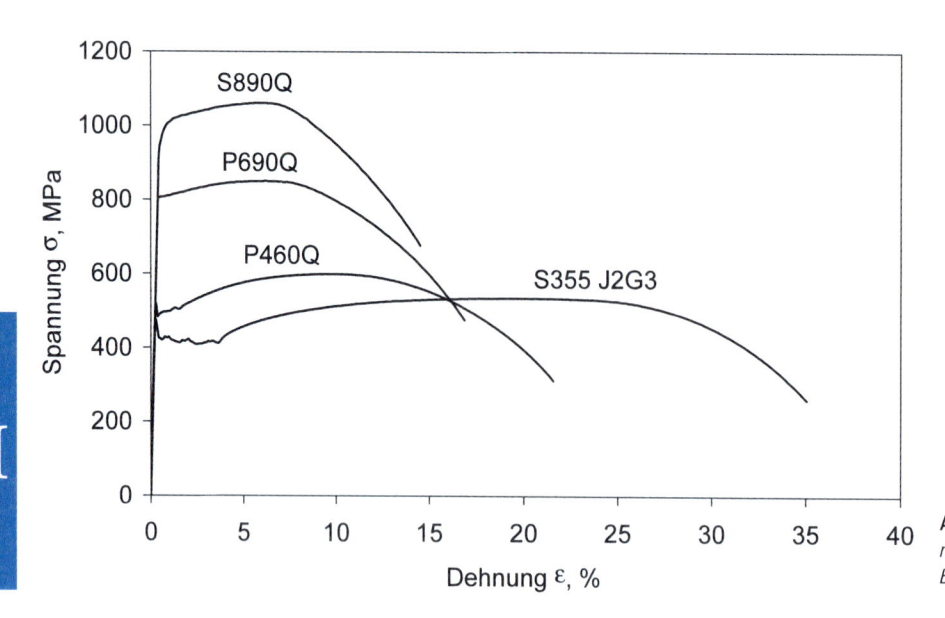

Abb. 2.13: *Spannung-Dehnung-Kurven von hochfesten Baustählen*

austenitische Gefüge vor dem Abkühlen auf dem Auslaufrollgang der Warmbandstraße nicht mehr rekristallisiert. Der stark verformte und gestreckte Austenit wandelt dann in ein sehr feinkörniges ferritisches Gefüge um. In Kombinationen mit sehr feinen Ausscheidungen der Mikrolegierungselemente lassen sich so Stähle mit einer ausgezeichneten Kombination von Festigkeit und Zähigkeit herstellen.

Bei der Dimensionierung von zugbeanspruchten Bauteilen aus Stahl werden in den meisten Fällen Festigkeitsnachweise geführt, mit denen nachgewiesen werden soll, dass die im Bauteil unter den zu erwartenden Betriebslasten auftretenden Spannungen nicht die Festigkeit des verwendeten Werkstoffs überschreiten. Dadurch soll verhindert werden, dass es zu Brüchen, Anrissen oder unzulässigen Formänderungen kommt. Hieraus resultieren Anforderungen an die Streckgrenze und die Zugfestigkeit. Die meisten Bemessungsmethoden basieren dabei auf der Anwendung einer Fließhypothese, mit deren Hilfe die im Bauteil auftretenden mehrachsigen Spannungen in eine Vergleichsspannung umgerechnet werden, die der im einachsigen Zugversuch ermittelten Bemessungsspannung zur Durchführung des Festigkeitsnachweises gegenübergestellt wird. In Abbildung 2.13 sind die in Zugversuchen ermittelten konventionellen Spannung-Dehnung-Kurven von verschiedenen hochfesten unlegierten Baustählen mit Mindeststreckgrenzen zwischen 355 MPa und 890 MPa dargestellt. Die Bemessung von Bauteilen orientiert sich an der Streckgrenze dieser Werkstoffe.

Bei druckbeanspruchten Bauteilen sind nicht die Festigkeitseigenschaften des Werkstoffs relevant, sondern es werden üblicherweise die Stabilitätsbedingungen bezüglich Knicken, Kippen oder Beulen maßgeblich, weil druckbeanspruchte schlanke Bauteile bereits bei Spannungen unterhalb der Streckgrenze ihren stabilen Gleichgewichtszustand verlieren können. Für den Stabilitätsnachweis solcher Bauteile sind deswegen neben den geometrischen Randbedingungen der Konstruktion insbesondere die elastischen Eigenschaften des Werkstoffs, ausgedrückt durch den Elastizitätsmodul, von Bedeutung. Der E-Modul kann bei herkömmlichen Stählen legierungsbedingt kaum geändert werden.

Unlegierte Baustähle gehören zur Gruppe der Stähle mit kubisch-raumzentrierter Kristallstruktur. Neben dem klassischen ferritisch-perlitischen Gefüge treten bei vergüteten Varianten angelassener Martensit und bei thermomechanisch gewalzten Stählen Mischgefüge aus Ferrit, Perlit und Bainit auf. Moderne Baustähle sind aus Gründen der verbesserten Zähigkeit in der Regel perlitarm oder perlitfrei eingestellt. Diese Stähle weisen eine deutliche Abhängigkeit der Zähigkeit von der Temperatur auf, die unter anderem mit Hilfe von Kerbschlagbiegeversuchen beschrieben werden kann. Dabei werden temperierte gekerbte Proben in

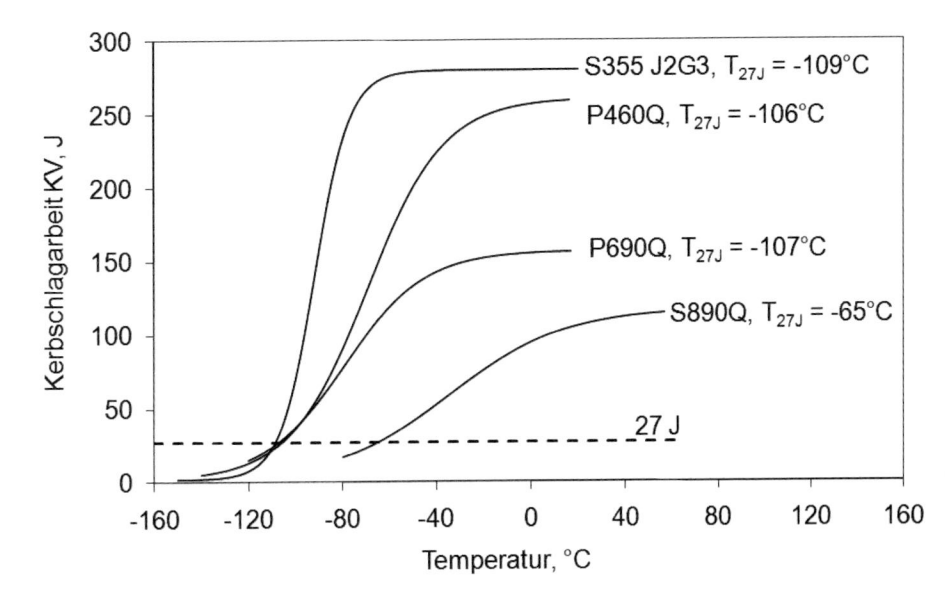

Abb. 2.14: Kerbschlagzähigkeit-Temperatur-Kurven von hochfesten Baustählen

einem Pendelschlagwerk zerschlagen, und die dabei verbrauchte Schlagarbeit wird gemessen. Abbildung 2.14 zeigt für die bereits in Abbildung 2.13 vorgestellten hochfesten unlegierten Baustähle die Abhängigkeit der Kerbschlagarbeit von der Prüftemperatur mit einer Kennzeichnung von Übergangstemperaturen. Diese können zum Nachweis der Sprödbruchunempfindlichkeit von Bauteilen herangezogen werden. Im allgemeinen Stahlbau existieren in den derzeit gültigen Bemessungsregeln allerdings Vorschriften zur Werkstoffauswahl, um die Sprödbruchunempfindlichkeit der Bauteile sicherzustellen, ohne dass hierzu detaillierte bruchmechanische Nachweise zu führen sind.

Während für quasistatisch zugbeanspruchte Bauteile die Streckgrenze aus dem einachsigen Zugversuch als Werkstoffwiderstandsgröße verwendet werden kann, müssen bei zyklisch beanspruchten Bauteilen andere Kenngrößen, insbesondere die Zeitfestigkeit

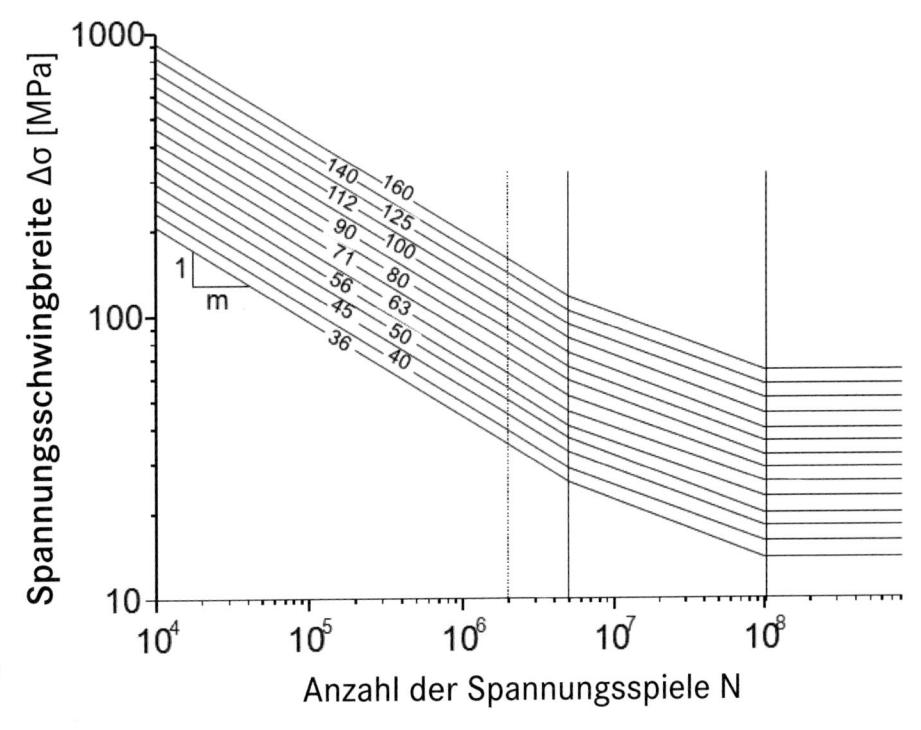

Abb. 2.15: Bemessung von Stahlbauteilen mittels Zeit- und Dauerfestigkeitsdiagrammen

und die Dauerfestigkeit, berücksichtigt werden. Abbildung 2.15 zeigt hierzu das für die Bemessung von Stahlbauten in Europa verwendete Zeit- und Dauerfestigkeitsdiagramm. Die darin dargestellten Kurven zeigen für unterschiedliche Kerbfälle die zulässige Schwingspielbreite in Abhängigkeit von der sicher ertragbaren Lastzyklenzahl, wobei die Kerbfälle die aufgrund der geometrischen Ausbildung des Konstruktionsdetails auftretenden Spannungsüberhöhungen berücksichtigen. Sie können für Bemessungsaufgaben unter anderem anhand von Katalogen ausgewählt werden. Die Verbindung mit konstruktiven Details verdeutlicht, dass die Ermüdungsfestigkeit sehr stark von der Bauteilgeometrie beeinflusst wird.

Zur Anwendung des Bemessungsdiagramms muss zunächst für das auszulegende Konstruktionsdetail der zugehörige Kerbfall ausgewählt werden. Anschließend können dann entweder Inspektionsintervalle festgelegt oder Bauteile dimensioniert werden.

Die metallkundlichen Maßnahmen zur Einstellung von hohen Streckgrenzen und Zugfestigkeiten beeinflussen die zyklischen Werkstoffkennwerte nur geringfügig. Abbildung 2.16 zeigt den Zusammenhang zwischen der Wechselfestigkeit von Stählen bei unterschiedlichen Beanspruchungsarten und der im quasistatischen Zugversuch ermittelten Zugfestigkeit. Anhand der Kurvenverläufe wird deutlich, dass die Wechselfestigkeit nicht im gleichen Maße zunimmt wie die Zugfestigkeit. Berücksichtigt man darüber hinaus, dass mit steigender Festigkeit das Verhältnis von Streckgrenze zu Zugfestigkeit ansteigt, so zeigt sich, dass mit steigender Streckgrenze die zyklischen Kennwerte nur noch geringfügig steigen. Aus diesem Grund werden hochfeste Baustähle nur selten für vorwiegend zyklisch beanspruchte Bauteile eingesetzt, denn die erhöhte Festigkeit kann nicht in Form einer leichteren und schlankeren Bauteilauslegung ausgenutzt werden. Durch geeignete Nachbehandlung, zum Beispiel durch Ausbildung von glatten und runden Geometrieübergängen sowie durch Schleifen von Oberflächen, lässt sich allerdings eine Verbesserung der Ermüdungseigenschaften von Bauteilen erzielen, weil ein günstigerer Kerbfall erreicht wird. Dadurch wird der Einsatz hochfester Stähle im Zeitfestigkeitsbereich (Lastwechsel $< 10^6$) interessant gemacht.

Weitere Anforderungen an die Verwendungseigenschaften von unlegierten Baustählen betreffen beispielsweise die Verschleiß- sowie die Korrosionseigenschaften, wobei insbesondere letztere üblicherweise durch Beschichtungen oder Zinküberzüge eingestellt werden.

Ein beispielhaftes Einsatzgebiet für sehr hochfeste Stähle stellen Mobilkrane dar, die heute in vielen Einsatzarten zu finden sind. Zunehmend Verbreitung findet der so genannte All-Terrain-Typ, welcher sowohl gelände- als auch straßentauglich ist (Abb. 2.17). Dabei werden Hublasten bis 800 t erreicht. Bei

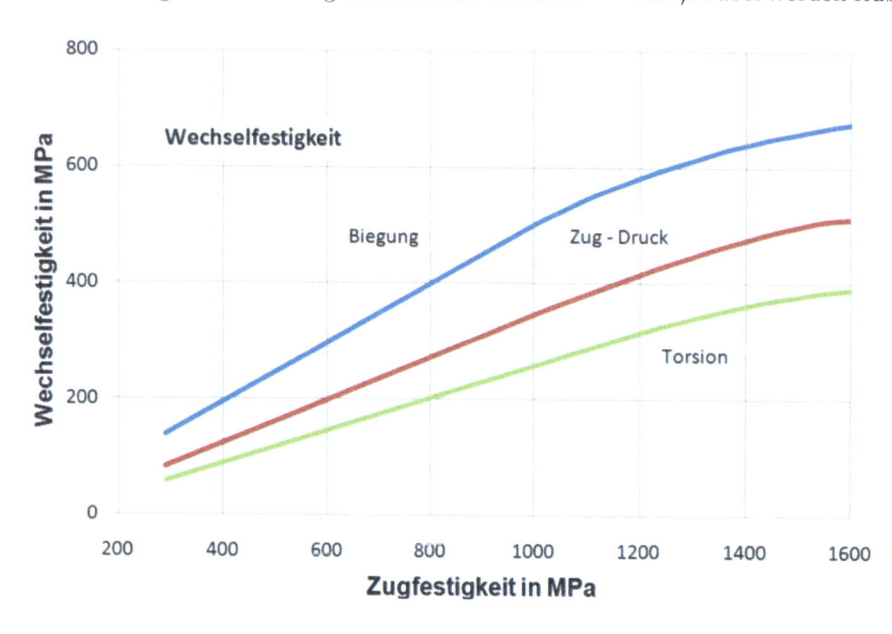

Abb. 2.16: *Zusammenhang zwischen der Wechselfestigkeit und der Zugfestigkeit von Stählen bei unterschiedlichen Belastungen*

2.2 Hochfeste Flachprodukte

~1950
Erster Liebherr Turmdrehkran

Autokran

Jahr	Betriebsgewicht	Traglast
1975	95 t	140 t
1987	96 t	800 t

2000
Moderner Mobilkran

Abb. 2.17: *Historische und heutige Beispiele für Mobilkrane (Quelle: Liebherr)*

diesen hohen Hublasten soll das Transportgewicht (Eigengewicht) des Kranes möglichst klein sein.

Um die geforderten niedrigen Transportgewichte einzuhalten, hat der Leichtbau hohe Priorität, da die Autokrane als Teilnehmer am Straßenverkehr der StVZO unterliegen und somit die zulässige Achslast in Deutschland von 12 t nicht überschritten werden darf. Um dies zu erreichen, kommt nur der Einsatz hochfester Baustähle in Frage, verbunden mit einer fortschrittlichen Konstruktion und modernen Berechnungsmethoden. Neben der sicheren Auslegung für die hohen statischen und dynamischen Beanspruchungen spielen die Gebrauchstauglichkeit und betriebsfeste Dimensionierung der tragenden Stahlkonstruktion bei der Anwendung hochfester Baustähle im Mobilkranbau eine besondere Rolle. Dem Wunsch nach Leichtbauweise und gleichzeitiger Steigerung der Festigkeitskennwerte kam die Stahlindustrie durch die Bereitstellung thermomechanisch gewalzter und vor allem wasservergüteter Feinkornbaustähle mit bis zu 1100 MPa Mindeststreckgrenze nach. Das Ausmaß der möglichen Verringerung des Eigengewichts durch Einsatz hochfester Baustähle zeigt die Abbildung 2.18. Hiernach kann bei gleicher

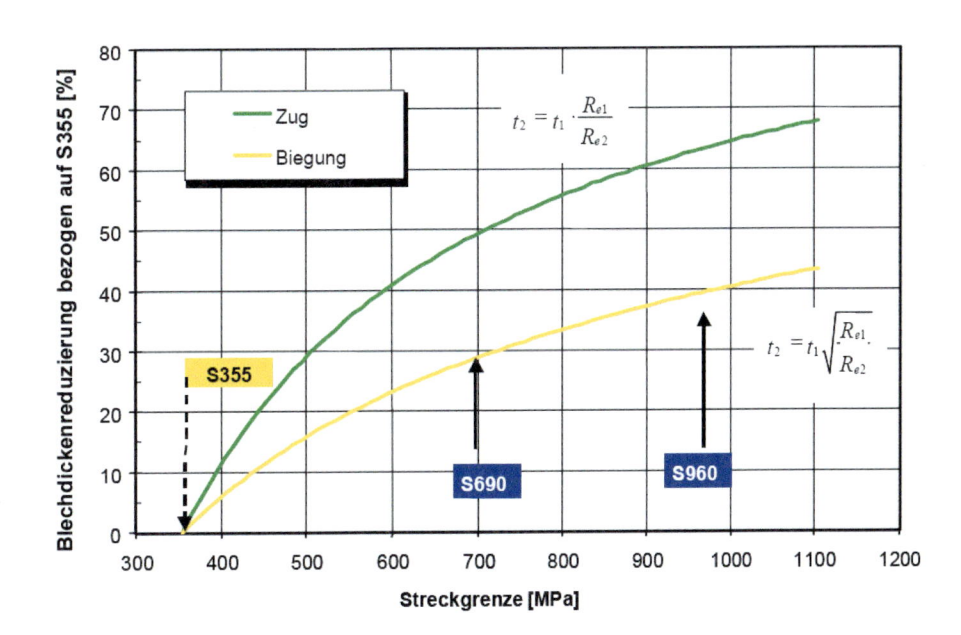

$$t_2 = t_1 \cdot \frac{R_{e1}}{R_{e2}}$$

$$t_2 = t_1 \sqrt{\frac{R_{e1}}{R_{e2}}}$$

Abb. 2.18: *Blechdickenreduzierung durch Verwendung hochfester Baustähle für unterschiedlich belastete Bauteile im Mobilkran-Bau*

2 Stähle

Tab. 2.2: *Chemische Zusammensetzung und typische mechanische Eigenschaften von wasservergüteten hochfesten Baustählen*

Stahlsorte	Kennwerte				Legierungsanteile in Massen-%						
Kurzname/ Werkstoffnummer	R_e [MPa] min.	R_m [MPa]	A_{min} [%] min.	T_{27} °C	C max.	Si max.	Mn max.	Cr max.	Mo max.	Ni max.	V max.
S690QL / 1.8928[1]	690	770–940	14	–40	0,20	0,80	1,70	1,50	0,70	2,00	0,12
S690QL1 / 1.8988[1]	690	770–940	14	–60	0,20	0,80	1,70	1,50	0,70	2,00	0,12
S960QL / 1.8933[2]	960	980–1150	12	–40	0,18	0,5	1,6	0,8	0,7	2,0	0,1
S1100QL / 1.8942[2]	1100	1200–1500	8	–40	0,20	0,5	1,7	1,5	0,7	2,5	0,12

[1] DIN EN 10025-6, [2] Werksangaben ThyssenKrupp Stahl AG

Tragfähigkeit (Zugbeanspruchung) das Eigengewicht um ca. 60 % verringert werden, wenn ein Stahl S960Q anstelle eines Stahles S355 eingesetzt wird. Bei der Bemessung von Krankonstruktionen ist eine sichere Auslegung für die hohen statischen und dynamischen Beanspruchungen unabdingbar.

In der bisherigen Praxis der Auslegung nach DIN 15018 resultieren hieraus jedoch vergleichsweise niedrige zulässige Spannungen und damit sehr konservative Festlegungen für die Ermüdungsfestigkeit. Hochfeste Sonderbaustähle werden hier bezüglich des Ermüdungsverhaltens von Schweißkonstruktionen praktisch wie normalfeste Baustähle eingestuft. Um die hochfesten Stähle möglichst optimal einzusetzen, haben die Kranhersteller bislang das Regelwerk nach bestem Wissen auf die neuen Stähle übertragen. Bei Bewertungen hinsichtlich der ertragbaren zyklischen Belastungen im Betriebsfall bei den hochfesten Baustählen gibt es allerdings noch Klärungsbedarf. Dies gilt vor allem vor dem Hintergrund, dass die so produzierten Mobilkrane 20 Jahre und mehr im Einsatz stehen und häufig nicht genau definierten Belastungen unterworfen werden.

Zumeist werden die hochfesten wasservergüteten Baustähle S960Q und S1100Q eingesetzt, deren chemische Zusammensetzung und typische mechanische Eigenschaften in Tabelle 2.2 gezeigt sind. Dabei wird deutlich, dass beide Stähle einen vergleichbaren C-Gehalt von nur 0,17% aufweisen. Es handelt sich also um niedriglegierte Stähle mit einem C-Gehalt unter 0,2 % und niedrigem Kohlenstoffäquivalent CET. Im Gefüge weisen diese Stähle eine feine martensitische Struktur mit eingelagerten Carbiden auf, die eine bemerkenswert gute Kombination aus Festigkeits- und Zähigkeitseigenschaften unabhängig von der Blechdicke ergibt.

2.2.4 Stähle für das Pressformen

Das Presshärten, häufig auch als Formhärten bezeichnet, ist eine innovative Technik, um sicherheitsrelevante Bauteile wie Seitenaufprallträger, Stoßfänger und B-Säulen aus borlegierten Stählen herzustellen. Diese ultrahochfesten Bauteile werden häufig im Presshärteverfahren hergestellt und zeichnen sich durch vollständig martensitische Gefüge mit Zugfestigkeiten um 1500 MPa aus.

Mit *Presshärten* wird ein Warmumformvorgang mit integrierter Härtung bezeichnet, der sich in vier wesentliche Prozessschritte untergliedert:

1. Austenitisierung im Ofen zur Homogenisierung des Gefüges als Voraussetzung für die später angestrebte Härtung,
2. Transfer der Formplatine in das Presswerkzeug,
3. Formgebung im Werkzeug innerhalb eines eng begrenzten Temperaturfensters,
4. Härtung bei Unterschreiten der Martensitstart-Temperatur während des Abkühlens innerhalb des Werkzeugs.

Die Umformung wird bei diesem Prozess bei erhöhter Temperatur in der unterkühlten austenitischen Phase durchgeführt. Neben dem im Vergleich zur Kaltumformung gesteigerten Umformvermögen zeichnet sich das Presshärten insbesondere durch die Dar-

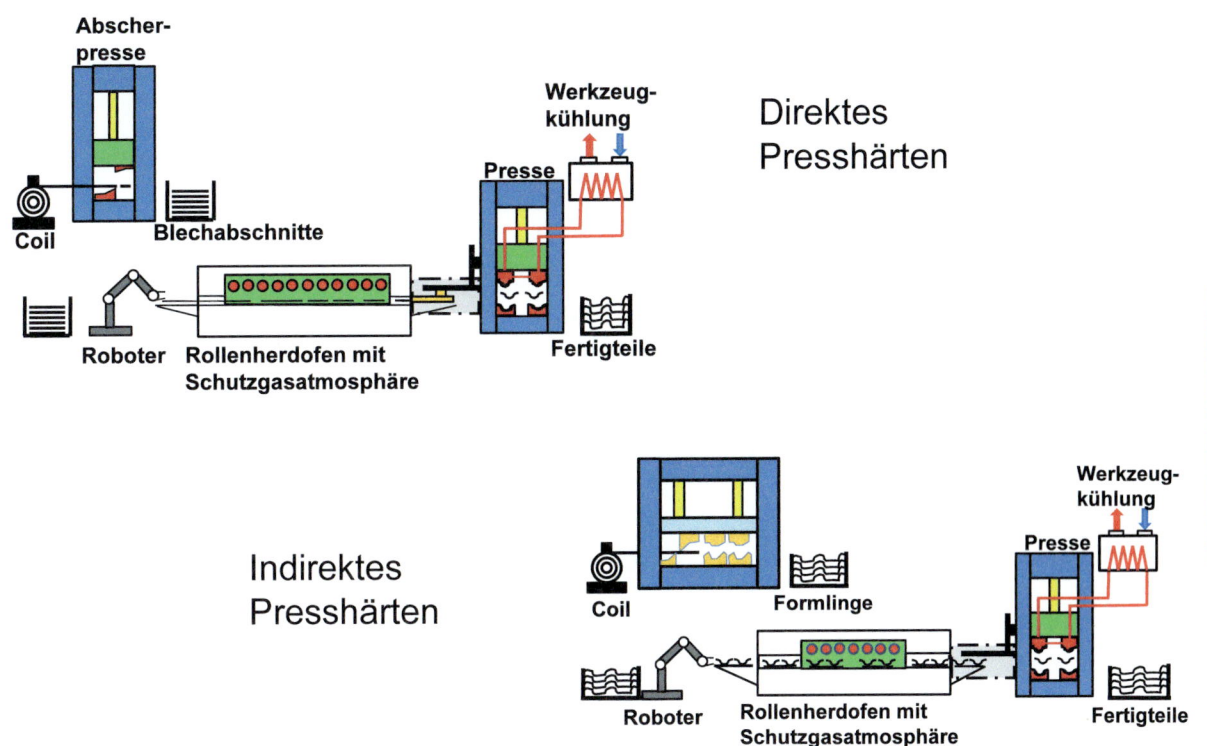

Abb. 2.19: *Schematische Darstellung der beiden Verfahrensvarianten des Presshärtens*

stellung komplizierter Geometrien ohne elastische Rückfederung, durch akzeptable Formtoleranzen und durch die Reduzierung der Umformkräfte aus. In der industriellen Anwendung haben sich 2 Verfahrensvarianten des Presshärtens etabliert, das direkte und das indirekte Presshärten (Abb. 2.19).

Beim *direkten Presshärten* wird das Coil in einer Abscherpresse in ebene Blechabschnitte konfektioniert. In einem Schutzgasofen werden die Blechabschnitte bei einer Temperatur 30K–50K oberhalb der Gleichgewichtsumwandlungstemperatur A_{c3} (~950°C) geglüht. Im Anschluss wird das austenitisierte Blech in einem gekühlten Presswerkzeug in einem Schritt endabmessungsnah gepresst und simultan abgeschreckt (ATZ 2009).

Beim *indirekten Presshärten* wird das Coil in einer Vorpresse konfektioniert und durch eine Kaltumformung bis auf 90–95 % seiner Endkontur vorgepresst. Im Anschluss erfolgt die Austenitisierung im Rollenherdofen unter Schutzgasatmosphäre sowie die Fertigpressung mit simultaner Abkühlung analog zum direkten Verfahren. Hintergrund dieser Verfahrensvariante ist neben der Verringerung des thermo-mechanischen Verschleißes der Warmumformwerkzeuge die Realisierung komplizierterer Umformoperationen als beim direkten Presshärten (Firmeninformation von Voestalpine Stahl).

Als Werkstoff für das Presshärten wird zumeist der borlegierte Manganstahl 22MnB5 (1.5528) eingesetzt. In Abbildung 2.20 ist ein kontinuierliches Zeit-Temperatur-Umwandlungsschaubild für diesen Stahl dargestellt. Hier wird ersichtlich, dass die Abkühlung des Bleches im Presswerkzeug so schnell erfolgen muss (v_{krit}=30K/s), dass eine bainitische Phasenumwandlung unterdrückt und eine vollständige Umwandlung in der Martensitstufe erreicht wird. Die Umwandlungskennwerte des Stahls 22MnB5, die Martensitstart-Temperatur (Ms) und Martensit-Finish-Temperatur (Mf), liegen bei 400°C bzw. 215°C. Die zeitliche Verzögerung der diffusionsabhängigen Phasenumwandlungen wird durch den Zusatz von 0,003 ppm Bor realisiert.

Ziel des Presshärtens aus werkstofftechnischer Sicht ist das Einstellen eines martensitischen Gefüges, um die geforderte Festigkeit von etwa 1500 MPa für die sicherheitsrelevanten Bauteile zu erfüllen.

2 Stähle

22MnB5 – 1.5528

Austenitisierung bei 900°C, 5 min

Legierungsgehalte in Massen-%

C	Mn	Si	Al	Ti	Cr	B
0,22	1,25	0,25	0,03	0,03	0,15	0,003

Abkühlgeschwindigkeit = 30 K/s

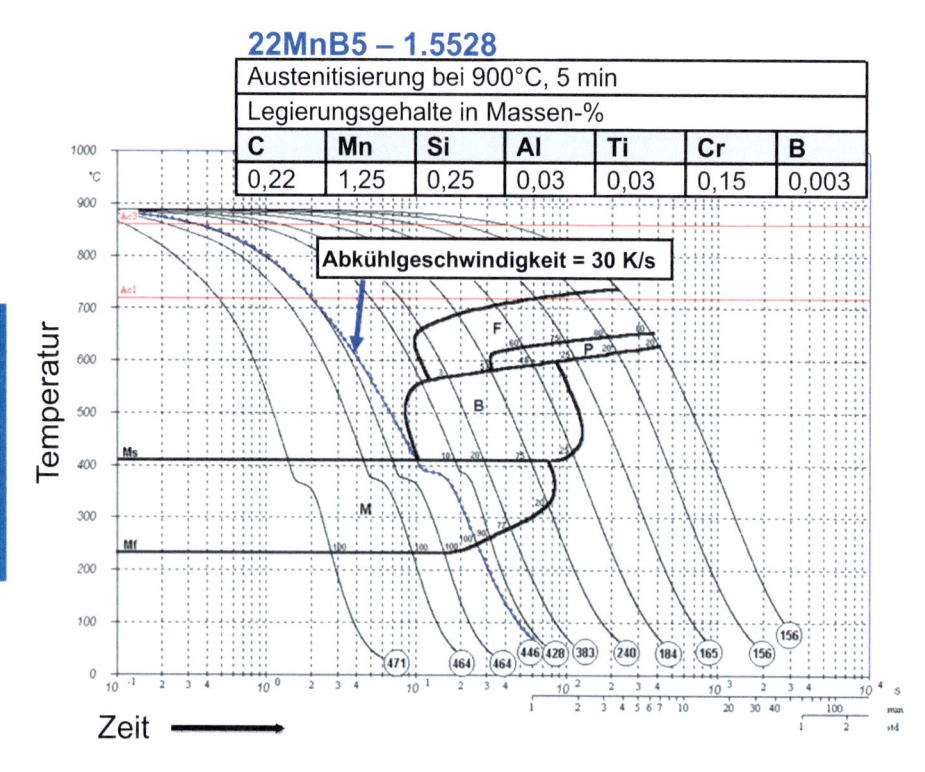

Abb. 2.20: *Chemische Zusammensetzung und Umwandlungsverhalten des für das Presshärten genutzten Stahls 22MnB5. Die kritische Abkühlgeschwindigkeit zur Einstellung eines Gefüges aus 100% Martensit ist angegeben.*

Prozessparameter für das Presshärten sind somit die Austenitisiertemperatur und -dauer, Transferzeit, Umformgeschwindigkeit und Anpressdruck. In Abbildung 2.21 sind die Spannung-Dehnung-Kurven des Stahls 22MnB5 im ferritisch-perlitischen Ausgangszustand sowie im pressgehärteten Zustand dargestellt. Durch die Austenitisierung bei 950°C für 5 min und den anschließenden Pressvorgang im wassergekühlten Werkzeug lässt sich die Zugfestigkeit bei dieser Stahlsorte von ca. 500 MPa im Ausgangszustand um den Faktor 3 auf beinahe 1600 MPa steigern. Die Bruchdehnung A_{80} verringert sich durch die Formhärtung von etwa 20% auf lediglich 4%. Im Vergleich zu anderen kalt umform-

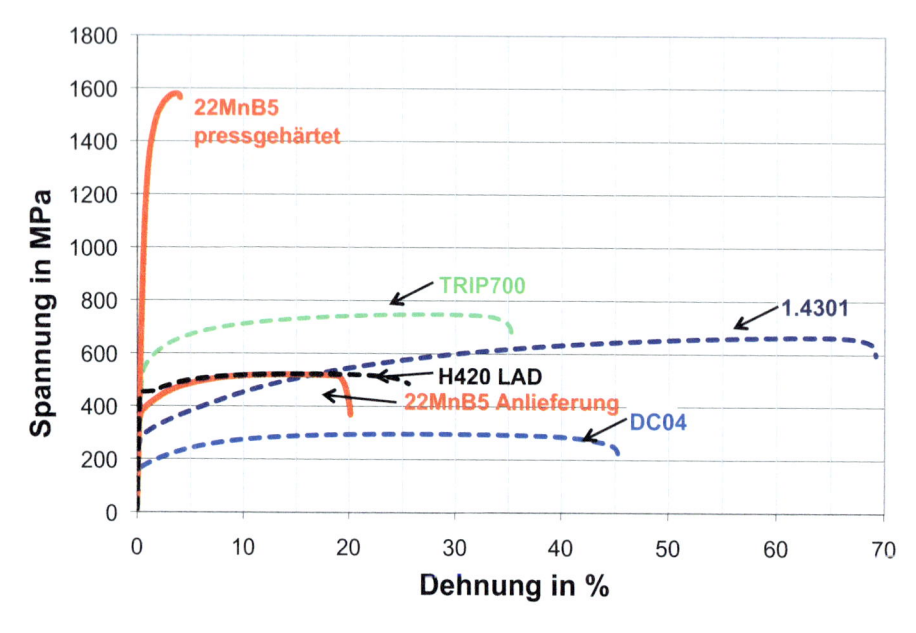

Abb. 2.21: *Spannung-Dehnung-Kurven des Stahls 22MnB5 im Anlieferungszustand und im pressgehärteten Zustand im Vergleich zu kaltumformbaren Stählen*

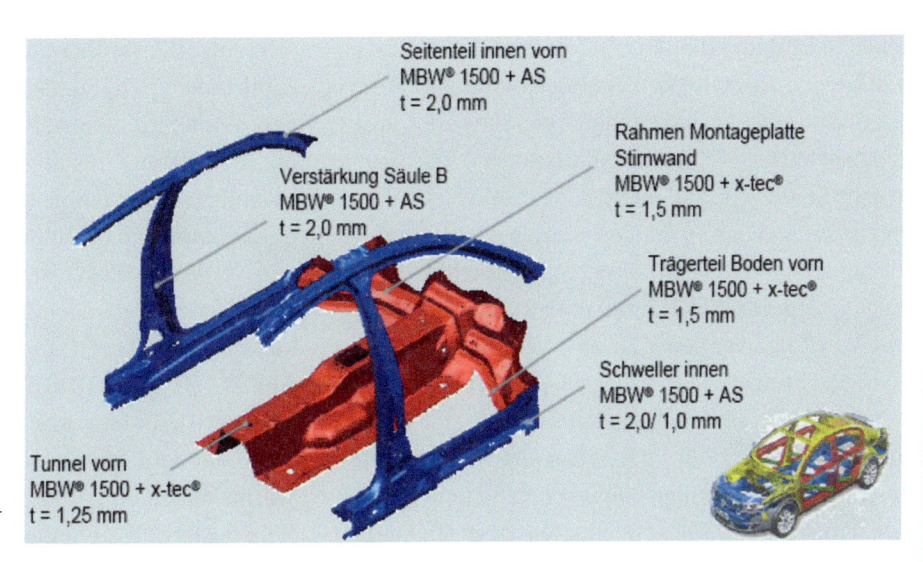

Abb. 2.22: *Anwendung von pressgehärteten Bauteilen im VW Passat B6 (Quelle: Thyssen-Krupp Steel)*

baren Stahlwerkstoffen, wie beispielsweise dem TRIP-Stahl, dem austenitischen Edelstahl 1.4301, dem mikrolegierten Stahl H420LAD sowie dem weichen Tiefziehstahl DC04, liegt die Festigkeit im pressgehärteten Zustand aufgrund des martensitischen Gefüges deutlich höher.

Pressgehärtete Bauteile werden aufgrund ihrer außergewöhnlichen Festigkeit und Steifigkeit sowie ihrer hohen Maßgenauigkeit für crashrelevante Bauteile im Automobilbau verwendet. In Abbildung 2.22 sind am Beispiel eines VW Passat B6 die pressgehärteten Teile dargestellt. Die abgebildeten Bauteile, wie B-Säule, Schweller, Dachrahmen und Mitteltunnel, sind von großer Bedeutung für die Steifigkeit der Karosserie und die Fahrgastsicherheit und sollen im Falle eines Crashs das Eindringen von Fremdkörpern in den Fahrgastraum verhindern. Im Falle des Passat B6 konnte durch die Verwendung von formgehärteten Bauteilen das Fahrzeuggewicht gegenüber der Vorgängerversion Passat B5 um ca. 25 kg reduziert werden (Quelle: Volkswagen).

Neben seinen vielen Vorzügen gegenüber konkurrierenden Verfahren ist die geringe Duktilität des martensitischen Gefüges eine kritische Größe, insbesondere im Zusammenhang mit Anti-Intrusion-Anwendungen. Somit ist die Erhöhung der Duktilität pressgehärteter Bauteile bei gleichbleibender Festigkeit eine Notwendigkeit für deren Einsatz in der Automobilindustrie. Gegenstand aktueller Forschung ist die Untersuchung neuer Analysenkonzepte auf der Werkstoffseite, teilweise in Verbindung mit dem Auftreten mehrphasiger Gefüge, einer optimierten Prozessführung sowie der Einsatz von maßgeschneiderten Platinen und die Einführung von lokalen Wärmebehandlungen.

Durch den Einsatz von „tailored blanks", d. h. durch die maßgeschneiderte Kombination verschiedener Werkstoffe, lassen sich im Presshärteverfahren Bauteile mit gradierten Eigenschaften erzeugen. So führt die Paarung mikrolegierter Stahl und Mangan-Bor-Stahl bei einer B-Säule zu einem im Crashfall stark energie-absorbierenden Übergangsbereich zum Schweller und einem hochfesten martensitischen Bauteil im Kopfbereich des Fahrers zu einem Höchstmaß an Sicherheit.

Diese Technik lässt sich mit „tailored tempering" kombinieren. Eine auf den Werkstoff und die Ansprüche des Bauteilbereiches abgestimmte Temperaturbehandlung hinsichtlich Erwärmen und Abschrecken beim Formhärten verleihen dem Bauteil ein definiert abgestimmtes Eigenschaftsprofil.

2.3 Stähle für Schmiedestücke

Die Möglichkeit zur Gewichtsreduzierung bei massivumgeformten Schmiedeprodukten kann auf Basis einer konstruktiven oder stofflichen Anpassung erfolgen; auf den letzten Aspekt wird im Folgenden eingegangen. Bislang werden in der Schmiedeindustrie neben Vergütungsstählen (z. B. der Stahl 42CrMo4), welche eine zusätzliche Wärmebehandlung in Form des Härtens und nachfolgenden Anlassens erfordern, hauptsächlich ausscheidungshärtende ferritisch-perlitische Stähle (AFP-Stähle, z. B. der Stahl 38MnVS6) eingesetzt. Bei diesen Stählen werden die gewünschten Eigenschaften direkt aus der Schmiedehitze durch eine gesteuerte Abkühlung eingestellt, allerdings weisen sie im Vergleich zu den Vergütungsstählen deutlich geringere Kerbschlagarbeitswerte auf.

Neuere Trends beinhalten den Einsatz von höher mikrolegierten AFP-M-Stählen sowie die Entwicklung von hochfesten, duktilen bainitischen Schmiedestählen (HDB-Stähle). Die erreichbaren Zugfestigkeiten dieser neu entwickelten Stähle sind schematisch in Abbildung 2.23 dargestellt. Wesentlich ist in jedem Fall, die Phasenumwandlung beispielsweise über die Abkühlung nach dem Schmiedeprozess so zu steuern, dass das gewünschte Gefüge eingestellt wird. Die zusätzlich mit Nb und Ti mikrolegierten AFP-M-Stähle erreichen ihre gesteigerte Festigkeit gegenüber den konventionellen AFP-Stählen durch einen verringerten Perlitlamellenabstand λ, einen geringeren Ferritanteil sowie eine erhöhte Menge an Karbonitrid-Ausscheidungen der Mikrolegierungselemente. Die darüber hinaus gehende Festigkeit der bainitischen HDB-Stähle ist eine Folge der bei niedrigen Temperaturen ablaufenden Phasenumwandlung mit der daraus resultierenden fein ausgeprägten bainitischen Lanzettenstruktur. Die Sekundärphase dieser bainitischen Stähle besteht in erster Linie aus fein verteiltem Restaustenit, welcher im Gegensatz zu harten und spröden Zementitteilchen die Zähigkeit nicht herabsetzt. Die Eigenschaften von sowohl AFP-M- als auch HDB-Stählen werden durch eine gezielte Abkühlung aus der Schmiedehitze erzeugt und erfordern keine zusätzliche, kostenintensive Wärmebehandlung (Initiative Massiver Leichtbau).

Höherlegierte HDB-Stähle können bei genau kontrollierter Abkühlung sogar den TRIP-Effekt aufweisen (transformation induced plasticity), was zu erhöhten Zähigkeitswerten und einem besonders positiven Verhalten bei zyklischer Beanspruchung, insbesondere bei einer Betriebsfestigkeitsauslegung, führt. Eine neue Entwicklung stellen die LHD-Stähle dar, womit lufthärtende Schmiedestähle mit hoher Duktilität bezeichnet werden. Diese Stähle sind durch hohe Mangangehalte gekennzeichnet, die eine Martensitbildung bereits bei Luftabkühlung ermöglichen. Dank des korngrenzenaktiven Legierungselements

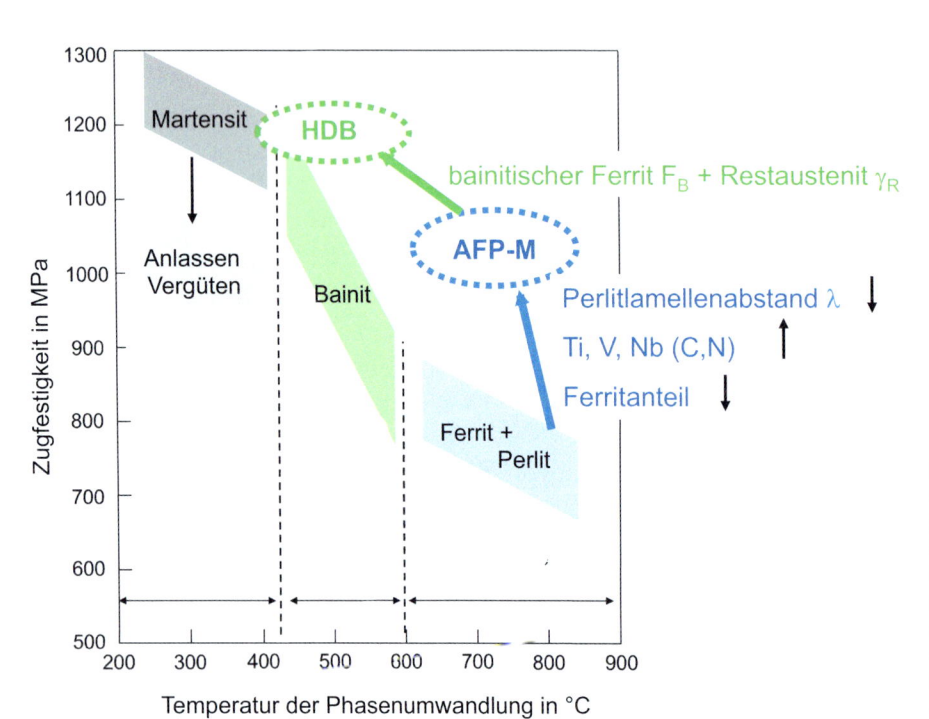

Abb. 2.23: Zugfestigkeitswerte von Schmiedestählen in Abhängigkeit von der Temperatur der Phasenumwandlung; Darstellung der neuen Werkstoffkonzepte HDB (hochfeste duktile bainitische Schmiedestähle) und AFP-M (ausscheidungshärtende ferritisch-perlitische Stähle – modifiziert)

2.3 Stähle für Schmiedestücke

AFP: **A**usscheidungshärtende **F**erritisch-**P**erlitische Stähle; AFP-M: AFP-**M**odifiziert;
HDB: **H**igh **D**uctile **B**ainite; Q+T: Quench+ Tempering
Teilweise noch in Entwicklung: LHD: **L**uft**H**ärtend **D**uktil; TRIP: **TR**ansformation **I**nduced **P**lasticity

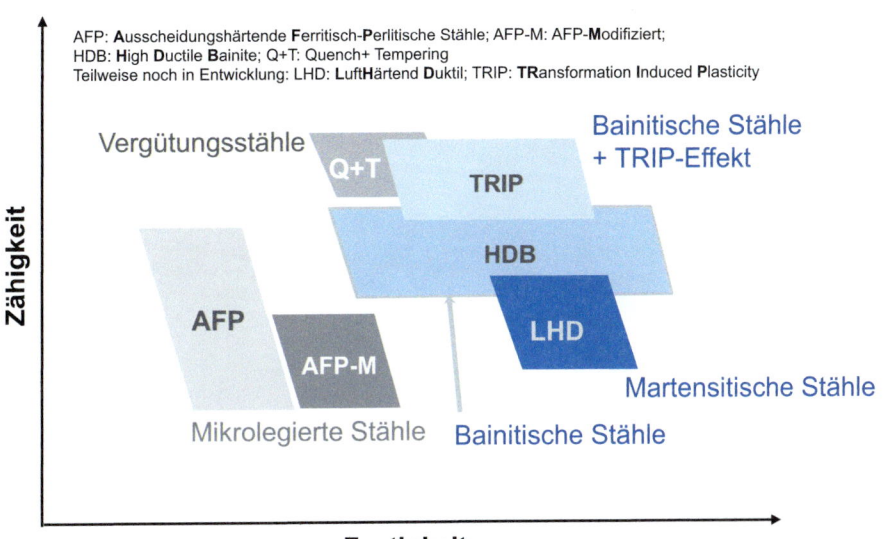

Abb. 2.24: *Portfolio von Schmiedestählen (schematisch)*

Bor wird eine Manganversprödung vermieden; eine Mikrolegierung kontrolliert die Austenitkorngröße und ermöglicht damit eine sehr feinstrukturierte gleichmäßige Gefügausbildung mit hoher Zähigkeit (Bleck 2017).

Die chemischen Zusammensetzungen sowie typische mechanische Kennwerte der AFP-M-, HDB-Stähle, TRIP-Stähle und LHD-Stähle sind in Tabelle 2.3 im Vergleich zu dem Vergütungsstahl 42CrMo4 und dem AFP-Stahl 38MnVS6 angegeben. Die Nutzung abgesenkter C-Gehalte zur Reduzierung der Carbidmenge, die erhöhten Si-Gehalte zur Vermeidung von Zementitausscheidungen, erhöhte Mn-Gehalte zur Beeinflussung der kritischen Abkühlgeschwindigkeit sowie die kombinierte Mikrolegierung mit mehreren Elementen ist charakteristisch für die neu entwickelten Stähle.

Bei den darstellbaren mechanischen Eigenschaften dieser Stähle können verbesserte Festigkeitseigenschaften erreicht werden, ohne Einbußen bei Bruchdehnung und Brucheinschnürung im Vergleich zu konventionellen AFP-Stählen hinnehmen zu müssen. Anwendungsbeispiele für den Einsatz solcher Werkstoffe sind in Abbildung 2.25 dargestellt. Nutzfahrzeug-Radträger und Kurbelwellen sind Beispiele für Bauteile, welche bislang aus konventionellen AFP-Stählen hergestellt werden und durch die Substitution durch höherfeste Stahlgüten das Potenzial für eine Querschnittsreduktion und damit Gewichtsersparnis bieten (Raedt 2006).

Andere Werkstoffkonzepte setzen auf die Verfestigung durch Kaltumformung. Hierbei konnte etwa am Beispiel eines martensitischen Werkstoffes für Schraubenverbindungen mit niedrigem C-Gehalt

Tab. 2.3: *Chemische Zusammensetzung und mechanische Eigenschaften von den neu entwickelten Schmiedestählen im Vergleich zu den Referenzgüten 42CrMo4 und 38MnVS6 (typische Werte)*

Stahlsorte Kurzname	Kennwerte				Legierungsanteile in Massen-%									
	$R_{p0,2}$ [MPa]	R_m [MPa]	A_5 [%]	A_V [J]	C	Si	Mn	Cr	Mo	B	N	Nb	Ti	V
42CrMo4	>750	1000-1200	>11	>35	0,42	0,20	0,80	1,0	0,30	-	-	-	-	-
AFP/38MnVS6	>520	800-950	>12	-	0,38	0,50	1,40	0,20	0,030	-	0,015	-	-	0,10
AFP-M	800	1100	11	15	0,36	0,70	1,45	0,15	0,030	-	0,0210	0,030	0,020	0,20
HDB	850	1250	16	35	0,22	1,60	1,50	1,30	0,080	0,0030	0,0100	0,030	0,020	-
TRIP	800	1100	14	45	0,18	0,95	2,50	0,20	0,095	0,0020	0,0070	-	0,030	-
LHD	900	1400	12	15	0,18	0,50	3,85	0,10	0,010	0,0060	0,0080	-	0,045	-

Abb. 2.25: *Beispiele für Bauteile aus hochfesten Schmiedestählen; links: Radträger eines Nutzfahrzeuges (Quelle: CDP Bharat Forge), rechts: Kurbelwelle (Quelle: ThyssenKrupp Gerlach)*

(0,03 %), welcher mit 2 % Mn, 2 % Cr, 1 % Ni und 1 % Mo legiert ist, Dehngrenzen von 1080 MPa und Zugfestigkeiten von 1100 MPa bei noch guten Zähigkeitswerten erreicht werden. Diese Werte liegen etwa 20 % über den Werten eines vergleichbaren Vergütungsstahls für diese Anwendung.

Eine weitere Möglichkeit zur Gewichtsreduzierung ist die Substitution von Gussteilen durch geschmiedete Komponenten. Ein Beispiel hierfür ist eine Leichtbau-Ausgleichswelle, die nicht mehr gegossen, sondern aus geschmiedetem Stahl hergestellt wird (Abb. 2.26). Hierdurch wird eine filigranere Geometrie ermöglicht, was die Masse des Bauteils um ein Drittel reduziert.

Daraus ergibt sich eine Gewichtseinsparung von bis zu einem Kilogramm je Motor. Aus der damit verbundenen Minimierung der Drehträgheit der Welle resultieren außerdem reduzierte Antriebskräfte und eine geringere Geräuschentwicklung.

Es zeigt sich also, dass auch in der Massivumformung Potenziale zur Gewichtseinsparung bei einer präzisen Abstimmung der Anforderungen an Bauteil, Werkstoff und Herstellungsprozess vorhanden sind und ausgeschöpft werden können (Raedt 2006).

2.4 Stähle für hochfeste Drähte

Die hohe Festigkeit wird hier durch eine Kombination aus chemischer Zusammensetzung, Einstellung eines bestimmten Gefüges und anschließender Kaltverfestigung erreicht. Als Ausgangsmaterial wird ein übereutektoider Stahl (Kohlenstoffgehalt > 0,8 %) mit möglichst wenig Verunreinigungen und Mittenseigerung verwendet, der unverformbare Einschlüsse enthält. Beim Abkühlen entsteht hier ein perlitisches Gefüge mit Primärzementit. Durch die vor dem Drahtziehen übliche Patentierungsbehandlung wird ein extrem feinlamellarer Perlit erzeugt (Sorbit). Dieses Gefüge besitzt ein gutes Formänderungsvermögen und große Duktilität bei gleichzeitig hoher Festigkeit, was für das spätere Drahtziehen erforderlich ist. Durch die darauffolgende Verformung wird die Festigkeit durch

Abb. 2.26: *Geschmiedete Leichtbau-Ausgleichswelle für einen PKW-Motor (Quelle: Hirschvogel Umformtechnik)*

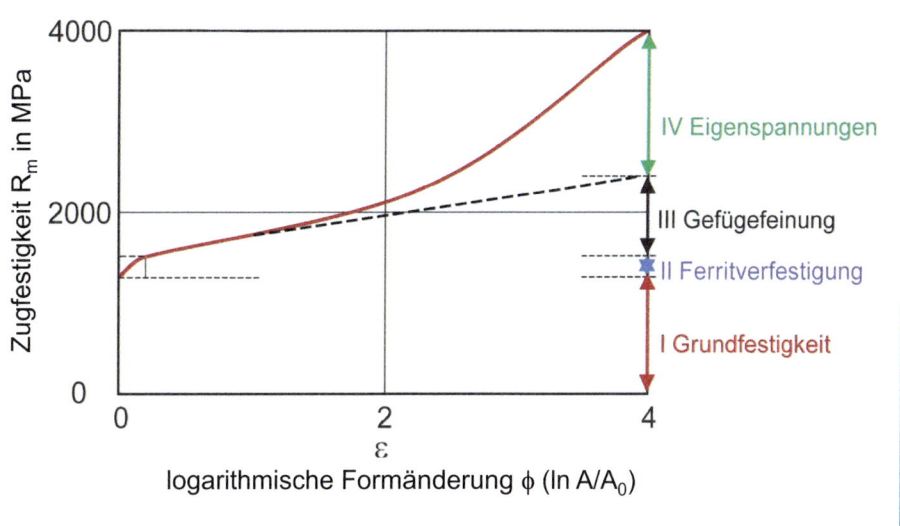

Abb. 2.27: *Festigkeitssteigernde Mechanismen in hochfestem Stahldraht (ca. 0,8 % C)*

Kaltverfestigung weiter gesteigert. In Abhängigkeit vom Fertigungsweg und Drahtdurchmesser können hiermit Zugfestigkeiten von bis zu 4000 MPa eingestellt werden (Abb. 2.27).

2.5 Höchstfeste Stähle

Als höchstfeste Stähle bezeichnet man Stähle mit sehr hoher Zugfestigkeit und Streckgrenze (meist >1200 MPa) und einer für Konstruktionswerkstoffe ausreichenden Zähigkeit. Es wird zwischen höchstfesten Vergütungsstählen und Maraging-Stählen unterschieden. Die chemische Zusammensetzung und die mechanischen Eigenschaften einiger höchstfester Stähle sind in Tabelle 2.4 und 2.5 zu finden.

2.5.1 Höchstfeste Vergütungsstähle

Die Grundlage der Festigkeit ist – wie bei allen Vergütungsstählen – das durch eine Härtebehandlung eingestellte kohlenstoffreiche Marten-

Tab. 2.4: *Chemische Zusammensetzung einiger höherfester Stähle*

Stahlsorte		Legierungsanteile in Massen-%								
Kurzname	Werkstoffnummer	C	Si	Mn	Co	Cr	Mo	Ni	Ti	V
Vergütungsstähle										
38NiCrMoV-7-3	1.6926[a]	0,38	0,25	0,65	-	0,80	0,35	1,85	-	0,12
41SiNiCrMoV-7-6	1.6928	0,41	1,65	0,55	-	0,80	0,40	1,50	-	0,10
X32NiCoCrMo-8-4	1.6974	0,32	0,10	0,25	4,5	1,0	1,0	7,5	-	0,09
X41CrMoV-5-1[b]	1.7783[c]	0,41	0,90	0,30	-	5,0	1,3	-	-	0,50
martensitaushärtende Stähle										
X2NiCoMo 18-8-5[d]	1.6359	0,02	0,05	0,05	7,5	-	4,8	18,0	0,45	-
X2NiCoMo 18-9-5[d]	1.6358[e]	0,02	0,05	0,05	9,0	-	5,0	18,0	0,70	-
X2NiCoMoTi 18-12-4[d]	1.6356	0,01	0,05	0,05	12,0	-	3,8	18,0	1,60	-
X1NiCrCoMo 10-9-3[f]		0,01	0,05	0,05	3,3	9,0	2,0	10,0	0,80	-

a Ähnlich LW 1.6944
b Sekundärhärtender Stahl
c Ähnlich LW 1.7784
d Außerdem etwa 0,1% Al
e Ähnlich LW 1.6354
f Nichtrostender Stahl

Tab. 2.5: Mechanische Eigenschaften bei Raumtemperatur der höchstfesten Vergütungsstähle nach Härten und Anlassen sowie der martensitaushärtenden Stähle nach Aushärtung.

Stahlsorte Kurzname	Zugfestigkeit R_m [MPa]	0,2%-Dehngrenze $R_{p0,2}$ [MPa]	Bruchdehnung A [%]	Brucheinschnürung Z [%]	Kerbschlagarbeit (DVM-Probe) A_v J	Bruchzähigkeit K_{Ic} [b] N/mm$^{3/2}$
38NiCrMoV7-3	1850	1550	8	40	35	1600…2600
41SiNiCrMoV7-6	1950	1650	8	40	30	1600…2400
X32NiCoCrMo8-4	1550	1350	10	50	40	2400…3800
X41CrMoV5-1	1900	1600	8	40	30	1200…1800
X41CrMoV5-1	1700	1400	9	45	35	2000…2500
X41CrMoV5-1	1500	1300	10	50	40	2500…3000
X2NiCoMo 18-8-5	1850	1750	8	50	35	2800…3500
X2NiCoMo8-9-5	2100	2000	7	45	25	1800…3000
X2NiCoMoTi 18-12-4	2400	2300	6	30	15	1000…1500
X1NiCrCoMo 10-9-3	1550	1500	10	55	45	3800

a Längsproben, aus Stäben von ca. 50 mm Durchmesser entnommen
b Die oberen Wertebereiche werden bei sondererschmolzenen Werkstoffen erreicht

sitgefüge. In der Regel wird eine martensitische Durchhärtung angestrebt, weswegen diese Stähle eine hohe Härtbarkeit und einen relativ hohen Legierungsgehalt aufweisen. Die endgültige Festigkeit eines Bauteils wird durch das Anlassen festgelegt. Chemische Zusammensetzung und Anlasstemperatur müssen dann so aufeinander abgestimmt werden, dass eine ausreichende Zähigkeit erreicht wird. Wenn eine Zugfestigkeit oberhalb von 1400 MPa erreicht werden soll, verbleiben bei der Anlasstemperatur – unter Vermeidung der 300 °C-Martensitversprödung – nur die Temperaturbereiche 150–200 °C und oberhalb von 500 °C. Für beide Bereiche wurden geeignete Stahlsorten entwickelt.

Die Stähle 38NiCrMoV7-3 und 41SiNiCrMoV7-6 gehören zu der Gruppe höchstfester Vergütungsstähle, die nach Ölhärten bei tieferen Temperaturen (200 °C) angelassen werden. Die Stähle X32NiCoCrMo8-4 und X41CrMoV5-1 zeichnen sich durch eine besonders hohe Anlassbeständigkeit aus und können daher bei Temperaturen oberhalb von 500 °C angelassen werden.

2.5.2 Höchstfeste martensitaushärtende Stähle (Maraging-Stähle)

Bei den kohlenstoffarmen martensitaushärtenden Stählen ergibt sich durch einen Nickelgehalt von ca. 18 % eine Hysterese in den Umwandlungstemperaturen, die dann eine Aushärtung dieser Stähle ermöglicht. Wie Abbildung 2.28 zeigt, bildet sich nach Abkühlung von 800 °C bei ca. 200 °C ein kohlenstoffarmer Nickel-Martensit aus dem Austenit, der bei Wiedererwärmung erst bei etwa 500 °C rückumwandelt. Bei der Abkühlung entsteht aufgrund der hohen Löslichkeit für Legierungselemente des Austenits und der geringen Löslichkeit des Martensits nach der Umwandlung ein übersättigter Martensit. Bei Erwärmung kommt es insbesondere kurz unterhalb der Umwandlungstemperatur (450–500 °C) zu Ordnungsvorgängen und Vorausscheidungen, die eine Aushärtung des Werkstoffs bewirken.

Die entstehenden Phasen sind unter anderem FeTi, Ni_3Mo, Fe_2Mo. Die Festigkeit dieser Stähle setzt sich zusammen aus der Grundfestigkeit des übersättigten Nickel-Martensits (ca. 1000 MPa) und der

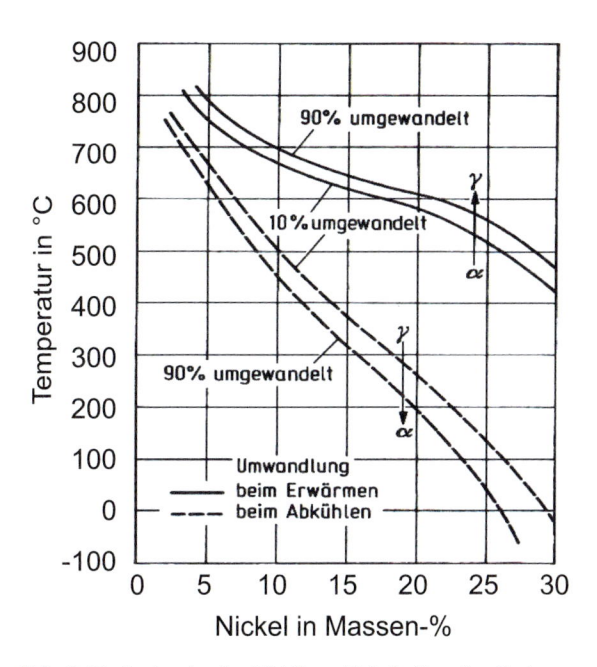

Abb. 2.28: *Zustandsschaubild Eisen-Nickel mit großer Hysterese für die γ/α- und α/γ- Umwandlung; Basis für die Entwicklung von Maraging-Stählen*

Festigkeitserhöhung durch die Ausscheidungshärtung.

Die chemische Zusammensetzung der höchstfesten martensitaushärtenden Stähle ist durch Zugaben von Kobalt, Molybdän und Titan gekennzeichnet; der Legierungsgehalt legt die jeweilige Festigkeitsklasse fest. Der nichtrostende Maraging-Stahl X1NiCrCoMo10-9-3 weist einen Chromanteil von 9 % auf und ist damit unter vielen Umgebungsbedingungen korrosionsbeständig.

Martensitaushärtende Stähle werden für höchstbeanspruchte Bauteile im Werkzeug- und Maschinenbau, in der Luft- und Raumfahrtindustrie sowie in der Freizeitindustrie eingesetzt. Beispielsweise wird die Schlagseite von Golfschlägerköpfen aus Maraging-Stahlplatten gefertigt.

2.6 Recyclierverhalten von Stahl

Eine nachhaltige Nutzung von Werkstoffen kann nur in Kreisläufen sichergestellt werden. Ausführliche Bilanzierungen für verschiedene Stahlprodukte wurden in den letzten Jahren erstellt; ein Vergleich mit Alternativwerkstoffen fällt allerdings häufig schwer wegen unterschiedlicher Bilanzierungsgrenzen und fehlender Bewertungsmaßstäbe.

Eisenwerkstoffe lassen sich hervorragend recyclieren; bereits heute werden ca. 50 % des in der Welt erzeugten Rohstahls auf Schrottbasis erschmolzen. In der Bundesrepublik Deutschland liegen die Recyclingquoten für Dosen aus Stahlfeinstblech bei 84 % im Dualen System; trotz ca. jährlich 2 Mio. aus dem Verkehr gezogener PKW belasten keine Altautowracks die Umwelt. Beides sind Indizien für eine funktionierende Schrottwirtschaft, die privatwirtschaftlich betrieben wird; Stahlschrott wird weltweit gehandelt und stellt einen wichtigen Rohstoff dar.

Das Recyclierverhalten der Stähle ist aus technischer Sicht bezüglich der meisten Legierungselemente unproblematisch, weil diese in die Schlacke oder in die Stäube überführt werden, sodass der Rohstahl erneut als Ausgangsmaterial für hochwertige Produkte zur Verfügung steht. Probleme bestehen bei einigen Begleitelementen wie Cu und Sn, die zur Agglomeration neigen und deshalb durch eine Schrottseparierung in weniger kritische Produktwege gelenkt werden. Vorschläge für metallurgische Behandlungsverfahren zur Minimierung des unerwünschten Eintrags dieser Begleitelemente existieren, allerdings ist ein wirtschaftlicher Betrieb noch nicht gegeben.

Schließlich ist zu erwähnen, dass Eisen nicht toxisch oder karzinogen ist; die Abbauprodukte sind Oxide, die auch in der natürlichen Umwelt vorkommen.

2.7 Weiterführende Informationen

Literatur

Bleck, W.; Bambach, M.; Wirths, V.; Stieben, A.: Microalloyed engineering steels with improved performance - an overview. HTM Journal of Heat Treatment and Materials 72 (2017) 346-354

Karbasian, H; Tekkaya, E.: A review of hot stamping. Journal of Materials Processing Technology 210 (2010) 2103-2118

Raedt, H.-W.: Leichtbau durch Massivumformung. Automobiltechnische Zeitschrift ATZ (2006) 40-43

Normen und Richtlinien
VDA 239-100 Ausg. 2016-05
Flacherzeugnisse aus Stahl zur Kaltumformung

DIN EN 10268 Ausg. 2013-12
Kaltgewalzte Flacherzeugnisse aus Stählen mit hoher Streckgrenze zum Kaltumformen; Technische Lieferbedingungen

DIN EN 10292 Ausg. 2007-06
Kontinuierlich schmelztauchveredeltes Band und Blech aus Stählen mit hoher Streckgrenze zum Kaltumformen; Technische Lieferbedingungen

DIN EN 10336 Ausg. 2007-07
Kontinuierlich schmelztauchveredeltes und elektrolytisch veredeltes Band und Blech aus Mehrphasenstählen zum Kaltumformen; Technische Lieferbedingungen

DIN EN 10346 Ausg. 2015-10
Kontinuierlich schmelztauchveredelte Flacherzeugnisse aus Stahl zum Kaltumformen; Technische Lieferbedingungen

DIN EN 13001-1 Ausg. 2015-06
Krane – Konstruktion allgemein; T1: Allgemeine Prinzipien und Anforderungen

Firmeninformationen
www.hirschvogel.com
www.liebherr.com
www.massiverleichtbau.de
www.thyssenkrupp-steel.com (ThyssenKrupp Rasselstein GmbH)
www.voestalpine.com/stahl
www.worldautosteel.org

3 Aluminiumwerkstoffe

Jürgen Hirsch, Friedrich Ostermann

3.1	Aluminium als reines Metall	229
3.2	Aluminiumlegierungen	230
3.2.1	Einteilung und Nomenklatur	230
3.2.2	Knetlegierungen für Strukturbauteile	232
3.2.2.1	Mittelfeste Strukturwerkstoffe der Legierungsgruppe Al-Mg (EN AW-5xxx)	233
3.2.2.2	Mittelfeste Strukturwerkstoffe der Legierungsgruppe AlMgSi (EN AW-6xxx)	235
3.2.2.3	Mittelfeste Strukturwerkstoffe der Legierungsgruppe AlZnMg (EN AW-7xxx)	235
3.2.2.4	Hochfeste AlCu- und AlZnMgCu-Legierungen der Serien AW-2xxx und AW-7xxx	236
3.2.3	Gusslegierungen für Strukturbauteile	236
3.3	Be- und Verarbeitung von Aluminiumwerkstoffen	237
3.3.1	Formgießen - Urformen	237
3.3.2	Halbzeuge aus Aluminiumknetlegierungen - Umformen	238
3.3.2.1	Aluminium-Strangpressprofile	239
3.3.2.2	Bänder, Bleche und Platten	239
3.3.2.3	Werkstoffverbunde mit Aluminium	240
3.3.3	Verarbeitung von Aluminiumhalbzeugen	241
3.3.3.1	Bearbeitung von Profilen	241
3.3.3.2	Blechumformung	241
3.3.4	Trennen und Spanen von Aluminiumlegierungen	243
3.3.5	Oberflächenbehandlungen	243
3.3.6	Fügen	244
3.3.7.	Reparaturmöglichkeiten	245
3.4	Konstruktive Gesichtspunkte	245
3.4.1	Grundsätze der Gewichtseinsparung	245
3.4.2.	Elastische Werkstoffeigenschaften und Leichtbaugrad	246
3.4.3	Verhalten unter schlagartiger Beanspruchung	247
3.4.4	Grundsätze für die Schwingfestigkeit	248
3.5	Recycling	249
3.6	Anwendung von Aluminiumwerkstoffen	249
3.7	Zusammenfassung	251
3.8	Weiterführende Informationen	252

Aluminium ist heute nach Stahl das am häufigsten in großtechnischem Maßstab hergestellte und verwendete Gebrauchsmetall. Es kommt in der Natur wegen seiner Reaktionsfreudigkeit nicht als metallisches Element, sondern als Mineral vor. Obwohl es nach Silicium und Sauerstoff das dritthäufigste (über 7%) Element der Erdkruste ist, wurde es erst 1808 von Sir Humphry Davy entdeckt. Seine industrielle Herstellung wurde erst 1886 durch die Erfindung der Schmelzflusselektrolyse, dem „Hall-Hérault Prozess" möglich. Rohstoff für die Herstellung ist reines Aluminiumoxid, das aus dem hoch ergiebigen Mineral Bauxit gewonnen wird (Bayer-Prozess), dessen abbauwürdige Ressourcen den weltweiten Bedarf für schätzungsweise weitere 200 Jahre decken dürften (BGR 1998). Als Leichtbauwerkstoff, aber auch wegen seiner weiteren vielfältigen Eigenschaften hat Aluminium eine eindrucksvolle Entwicklung erfahren, mit einer aktuellen Jahresproduktion von heute weltweit über 60 Mio. Tonnen und mit hoher Recyclingrate (ca. 3/4 alles jemals produzierten Aluminiums ist noch im Gebrauch – mit steigender Tendenz). Der Bedarf an Aluminiumwerkstoffen wird heute zu etwa 1/3 durch „Sekundäraluminium" gedeckt, das energiesparend und auf besonders wirtschaftliche Weise aus Schrottrückläufen gewonnen wird, ein wichtiger Beitrag zur Schonung der Ressourcen und zur Minderung des Energieverbrauchs.

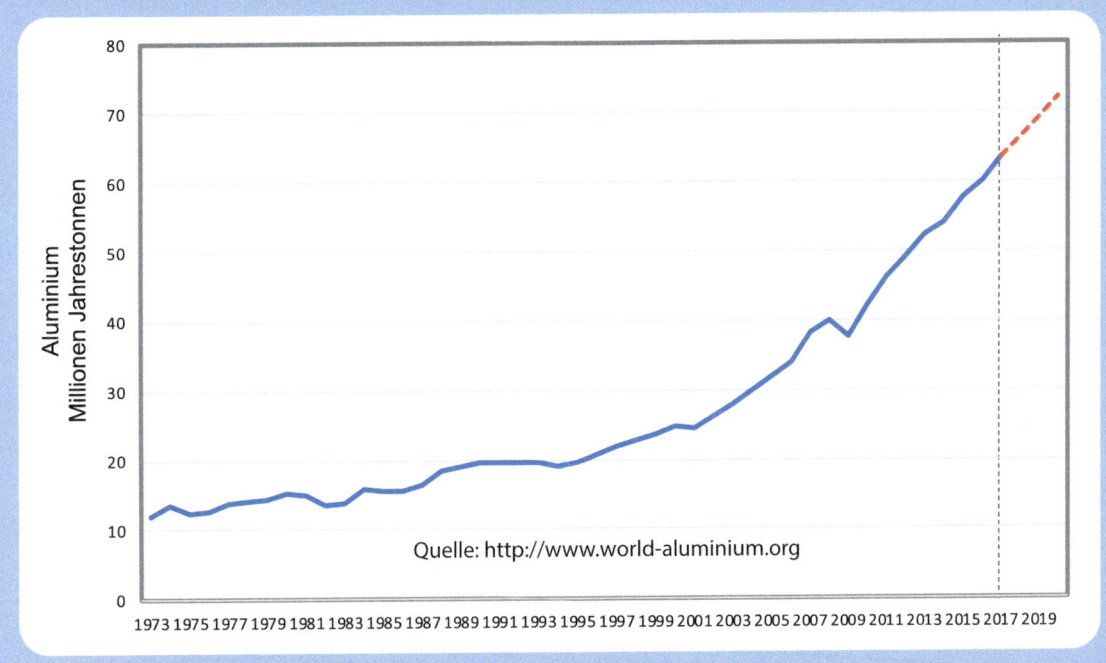

II

Quelle: http://www.world-aluminium.org

Entwicklung der Aluminiumproduktion weltweit

Das „Konstruieren mit" und das „Denken in" Aluminium in der Ausbildung und Anwendungspraxis hat sich erst jetzt langsam etabliert, und es besteht noch ein erhebliches Potenzial. Das junge Metall und seine Legierungen sind bei weitem noch nicht

II

ausgereizt und viele seiner speziellen Eigenschaften lassen sich noch gezielt weiter optimieren. Dabei setzt der Ausbau vorhandener Möglichkeiten und das Erkennen neuartiger Lösungsansätze für weitere Anwendungen eine gute Kenntnis des Werkstoffs, seiner Eigenschaften und Herstellungsmöglichkeiten und seines Verhaltens in der Verarbeitung und Anwendung voraus (Ostermann 2014). Dabei steht im Mittelpunkt die Definition und Erzeugung des für den jeweiligen Anwendungsfall optimalen Gefüges, das heute vielfach schon auf virtueller Basis quantitativ modelliert werden kann (Hirsch 2006), was zur Verkürzung der Entwicklungszyklen beiträgt.

In den letzten Jahren wurde neuartige Fertigungsverfahren entwickelt, wie der Prozess der Additiven Fertigung, auch 3D-Druck genannt, die auch für den Werkstoff Aluminium eine neue Form der Bauteilherstellung bietet.* Einer der Hauptvorteile des 3D-Drucks ist die Fähigkeit, sehr komplexe Formen oder Geometrien zu erzeugen (Kap. III.11). Es gibt eine Vielzahl von Prozessen, bei denen Material computergesteuert zu einem dreidimensionalen Objekt schichtweise aufgebaut wird über feine Pulver, die dann z.B. per Laser oder Elektronenstrahl zusammengeschmolzen werden. Inzwischen sind Ablauf und Präzision so gut, dass einige 3D-Druckverfahren als industrielle Produktionstechnologie auch für Aluminium in Frage kommen. Der Prozess ist allerdings noch sehr langsam und teuer, insbesondere bei großen Produktionsmengen.

Geniale innovative Lösungen in der Anwendungspraxis schließen die vielen möglichen Eigenschaften und Verhaltensweisen des Werkstoffs ein, die im Folgenden im Hinblick auf den Einsatz im Leichtbau näher beschrieben werden.

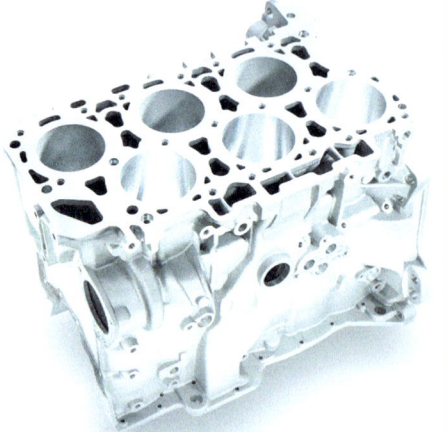

Beispiel eines in 3D-Druck hergestellten Motorblocks der Robert Hofmann GmbH. 3D-SLM-Druck

*"The bible of 3D printing" Wohlers Report 2016 - Wohlers Associates https://wohlersassociates.com/2016report.htm

3.1 Aluminium als reines Metall

Die grundlegenden physikalisch-chemischen Eigenschaften sind für reines, unlegiertes Aluminium in Tabelle 3.1 aufgelistet und in Tabelle 3.2 mit anderen gebräuchlichen Metallen verglichen. Charakteristisches Leichtbaumerkmal des Aluminiums ist seine geringe Dichte, die nur von Magnesium unterboten wird. Die Eigenschaften werden durch geeignete Legierungs- und Verarbeitungstechnik anwendungsbezogen gezielt modifiziert, wobei jedoch der Werkstoffcharakter und dessen wichtigste Merkmale im Hinblick auf den Leichtbau grundsätzlich erhalten bleiben.

Tab. 3.1: *Materialkonstanten für reines Aluminium (99.99%)*

Elastizitätsmodul E	70 GPa ($\times 10^9 N/m^2$)
Schubmodul G	26 GPa ($\times 10^9 N/m^2$)
Schmelzpunkt T_S	660 °C
Dichte ρ	2,70 g/cm³
Atomgewicht A	27,0 g/mol
Querkontraktionszahl ν	0,34
Spezifische Wärme (100 °C)	0,2241 cal·g^{-1}·K^{-1} 938 Jkg^{-1}K^{-1}
Schmelzwärme	94,7 cal.g^{-1} (397 kJ.kg^{-1})
Elektrische Leitfähigkeit (20 °C)	37 m/Ωmm²
Thermische Leitfähigkeit (20 °C)	235 W·m^{-1}·K^{-1} (0,5 cal. sec^{-1}cm^{-1}K^{-1})
Wärmeausdehnungs- koeffizient (25 °C)	23,1 10^{-6}·K^{-1}
Thermische Emissivität (40 °C)	3,0 %
Licht-Reflektivität	> 90 %

Abb. 3.1: *Beispiel für den Aufbau eines gelöteten Wärmetauschers, bestehend aus Rippenblechen, Sammelrohren und dünnen, Medien führenden stranggepressten Profilen (Quelle: Hydro)*

Die Materialkonstanten für reines Aluminium bleiben durch die gängigen Legierungszusätze weitgehend unverändert, mit Ausnahme der Schmelztemperatur (die in Legierungen i.d.R. sinkt und zu einem Schmelzbereich anwächst), der elektrischen Leitfähigkeit und in gewissen Grenzen auch der Wärmeausdehnung und Wärmeleitfähigkeit. Die hohe Wärmeleitfähigkeit und elektrische Leitfähigkeit machen Aluminium zu einem idealen Leichtbauwerkstoff für den Motorenbau, für Kühler und auch als elektrischen Leiter (Abb. 3.1). Beim Vergleich mit anderen gut leitfähigen Metallen (z.B. Kupfer) zeigt der auf die Dichte bezogene Kennwert die besondere Eignung als Leichtbauwerkstoff (Tab. 3.2).

Tab. 3.2: *Einige spezifische Eigenschaften der Metalle im Vergleich*

Eigenschaft	Einheit	Mg	Al	Ti	Fe	Cu
Ordnungszahl		12	13	22	26	29
Kristallgitterstruktur		hdp	kfz	hdp/krz	krz/kfz	kfz
Schmelztemperatur	[°C]	650	660	1678	1536	1083
Dichte	[g/cm³]	1,7	2,7	4,5	7,8	8,9
E-Modul E-Modul / Dichte [E / ρ]	[MPa]	45 000 26 600	70 000 25 860	111 000 24 600	210 000 26 900	130 000 14 600
Wärmeleitfähigkeit κ Leitzahl / Dichte [κ / ρ]	[W/mK] 20–100 °C	130 76	235 87	30 7	70 9	390 44
Elektr. Leitfähigkeit Leitfähigkeit/Dichte	[m / Ω x mm²]	24 14	37 14	1,6 0,4	10 1,2	56 6,3

3 Aluminiumwerkstoffe

Von den chemischen Eigenschaften ist vor allem die Oxidationsneigung ausschlaggebend für den praktischen Gebrauch des Aluminiums, das sich an frischen Oberflächen spontan mit einer 1-2 nm dünnen, sehr dichten und haftfesten Oxidschicht überzieht und dem Werkstoff eine hohe Korrosions- und Witterungsbeständigkeit verleiht, sofern eine periodische Belüftung vorhanden ist und der pH-Wert der feuchten oder flüssigen Umgebung im neutralen Bereich zwischen etwa 4,5 und 8,5 liegt. Die Korrosionsbeständigkeit steigt mit zunehmendem Reinheitsgrad des Aluminiums und ist bei Legierungen abhängig vom Gefüge, d. h. von der Art, Anordnung und Größe der Fremdphasen. So werden beispielsweise hochfeste Cu-haltige und dadurch korrosionsempfindliche Luftfahrtlegierungen durch eine dünne Walzplattierung mit Reinaluminium korrosionsfest gemacht.

Durch Kontakt mit elektrochemisch edleren Metallen - wie Stahl oder Kupfer - kommt es in aggressiver, feuchter Umgebung aufgrund der unterschiedlichen chemischen Potenziale zu galvanischer Korrosion (Kontaktkorrosion). Ungünstig sind auch unbelüftete Stellen und enge Spalte, die nicht austrocknen. Diese sollten konstruktiv vermieden oder zusätzlich durch Abdichten dauerhaft geschützt werden, um Spaltkorrosion zu vermeiden.

3.2 Aluminiumlegierungen

3.2.1 Einteilung und Nomenklatur

Dem Anwender steht eine umfangreiche Palette bewährter Aluminium-Knet- und Gusslegierungen zur Verfügung (Abb. 3.2).

Neben den aufgeführten Hauptlegierungselementen werden einzelne weitere metallische Elemente (z. B. Cr, Zr, Ti, B, V, Bi, Pb, Li, Sc) in geringen Mengen zugesetzt, um bestimmte Eigenschaftsänderungen zu erreichen.

Um bei der Vielzahl der Legierungen Verwechslungen durch nationale Bezeichnungen zu vermeiden, wurde international das numerische 4-stellige Bezeichnungssystem der Aluminum Association (USA) für Knetlegierungen übernommen und durch CEN für die europäischen Hersteller verbindlich. Analog wurde von CEN ein 5-stelliges Bezeichnungssystem für Gusslegierungen eingeführt (Aluminium Taschenbuch; DIN EN 573 und DIN EN 1706) (Tab. 3.3). Auf diese Weise ist eine eindeutige Zuordnung erreicht, die gegebenenfalls durch die Bezeichnungsweise mit chemischen Symbolen der Hauptlegierungselemente ergänzt wird. Dabei steht AW für „Aluminium Wrought Alloys" und AC für „Aluminium Casting".

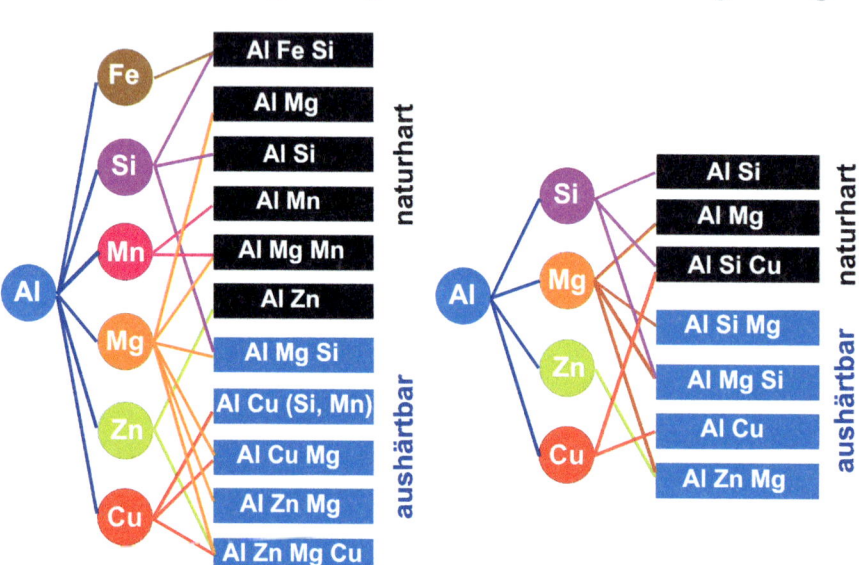

Abb. 3.2: *Übersicht über die Aluminium-Legierungselemente und -Legierungstypen für Knet- und Gusswerkstoffe (Quelle: Mader 2007)*

3.2 Aluminiumlegierungen

Tab. 3.3: *CEN-Legierungsbezeichnungen für Knet- und Gusslegierungen nach DIN EN 573 bzw. DIN EN 1706*

Legierungsart CEN-Bezeichnung	Numerische Legierungs-bezeichnung	Haupt-legierungs-elemente	Substitutions-mischkristall-verfestigung	Mechanische Verfestigung (H-Zustände)	Ausscheidungs-härtung (T-Zustände)
Knetlegierungen EN AW- (n. DIN EN 573)	1xxx	(>99,00 % Al)	keine	X	keine
	2xxx	Cu	X	keine (X)	X
	3xxx	Mn	X	X	keine
	4xxx	Si	X	keine (X)	keine
	5xxx	Mg	X	X	keine
	6xxx	Mg + Si	X	keine	X
	7xxx	Zn	X	keine	X
	8xxx	andere (z. B. Fe)	X	X (X)	(X)
Gusslegierungen EN AC- (n. DIN EN 1780)	1xxxx	(>99,00 % Al)	keine	keine	keine
	2xxxx	Cu	X	keine	X
	4xxxx	Si	X	keine	X
	5xxxx	Mg	X	keine	keine
	7xxxx	Zn	X	keine	X
	8xxxx	Sn	X	keine	keine

(X) = abhängig von der Legierungszusammensetzung

Die wesentlichen Mechanismen der Festigkeitssteigerung durch Legierungsbildung sind dabei (sortiert nach ihrer Bedeutung für Aluminium):

a. durch Wärmebehandlung erzeugte Ausscheidung feinster Phasenpartikel (Ausscheidungshärtung)
b. gelöste Atome der Legierungsmetalle (Substitutionsmischkristallverfestigung), z. T. auch in Verbindung mit plastischer Verformung
c. erhöhte Verformungsverfestigung (evtl. bei gleichzeitig reduzierter Erholung)
d. feine Korngröße nach Rekristallisation.

Man unterscheidet naturharte Legierungen (Mechanismen b und c) und aushärtbare Legierungen (Mechanismus a).
Die Legierungen werden in verschiedenen Zuständen gefertigt, die durch mechanische (d. h. verfestigende) Bearbeitung (b) und durch thermische Behandlungen (a, d) definiert eingestellt werden. Die Bezeichnung der Werkstoffzustände ist neben der Legierungsbezeichnung maßgebend für die Definition der Eigenschaften und Grundlage der Werkstoffnormung (DIN EN 515).

Die Festigkeit naturharter Knetlegierungen beruht ausschließlich auf der Mischkristallbildung (Serien EN AW-1xxx, -3xxx und -5xxx) und kann zusätzlich durch Ver- und Entfestigung (z. B. durch Kaltwalzen und ggf. Glühen) verändert werden. Durch Rekristallisationsglühen (Weichglühen, Zustand „0") erreicht der Werkstoff das geringste Festigkeitsniveau, aber gleichzeitig auch die höchste thermische Stabilität und das höchste Verformungsvermögen. Mit zunehmender Kaltverfestigung steigt die Festigkeit (Zustand H1x; x = Verfestigungsstufen) und gleichzeitig das Streckgrenzenverhältnis $R_{p0,2}/R_m$, jedoch sinkt das Verformungsvermögen (Abb. 3.3, links). Durch Rückglühen von verfestigtem Material bei Temperaturen unterhalb der Rekristallisationsgrenze, dem sogenannten Erholungsglühen, tritt Entfestigung ein (Zustand H2x), wobei die Verformbarkeit - bei vergleichbarem Festigkeitsniveau – etwas günstiger als im H1x-Zustand ist (Abb. 3.3, rechts). Temperaturbereiche, in denen Entfestigung auftritt, erzeugen bei höheren Legierungsgehalten (z. B. Mg > 3 %) stabilisierende Effekte im Gefügeaufbau, die sich positiv auf die Lagerbeständigkeit und das

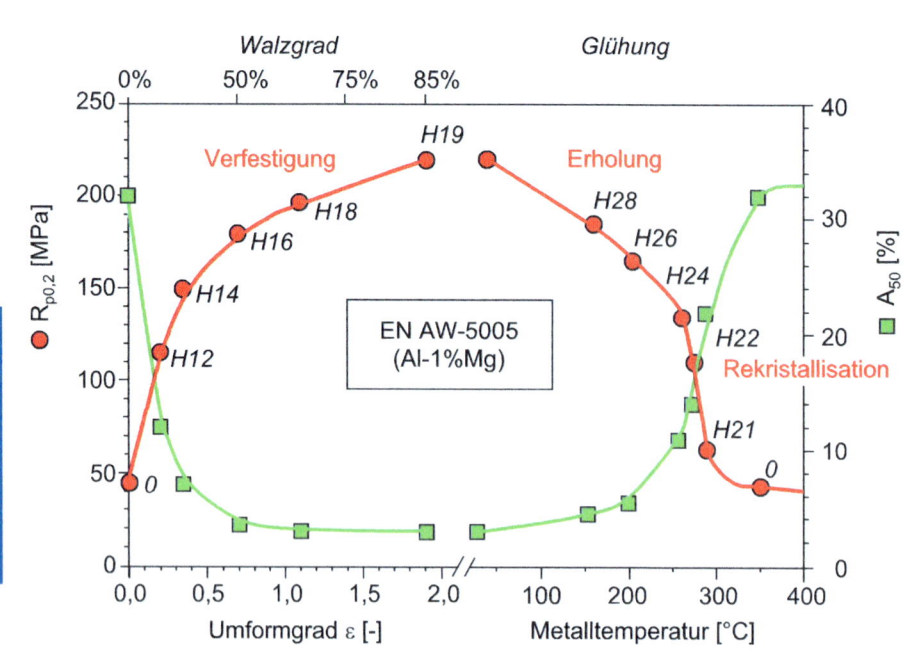

Abb. 3.3: *Hxx-Zustände naturharter Legierungen nach Verformung und Glühen*
links: *Verfestigung durch plastische Verformung (Kaltwalzen)*
rechts: *Entfestigung (Erholung und Rekristallisation) durch Wärmebehandlung (Quelle: XXX)*

Korrosionsverhalten auswirken. Diese stabilisierten Zustände solcher naturharten Legierungen werden mit H3x gekennzeichnet. Auch die Temperaturen bei der Härtung von Einbrennlacken verursachen Entfestigungseffekte. Lackierte Bänder und Bleche aus verfestigten, naturharten Legierungen sind daher durch die Zustandsbezeichnung H4x kenntlich gemacht. Für weitere Details wird auf die einschlägige Normung verwiesen (DIN EN 515).

Aushärtbare Legierungen benötigen zur Erzeugung eines bestimmten Festigkeitsniveaus durch Ausscheidungshärtung eine Wärmebehandlung, bestehend aus Lösungsglühen (i.d.R. > 500 °C) und Abschrecken mit anschließender Kalt- oder Warmauslagerung (i.d.R. < 200 °C). Entsprechend der Norm DIN EN 515 ist die Zustandsbezeichnung einer ausgehärteten Legierung „Tx", gegebenenfalls gefolgt von weiteren Ziffern (DIN EN 515, Tabelle 3.4).

Um bestimmte Anforderungsprofile zu erfüllen, werden bei der Warmaushärtung Zwischenzustände, Txx, festgelegt, die unvollständige Aushärtung bzw. unterschiedliche Grade der Überhärtung (Überalterung) kennzeichnen. Abbildung 3.4 erläutert die Systematik solcher Zwischenzustände entsprechend der Norm DIN EN 515, auf die für weitere Detailausführungen verwiesen wird.

3.2.2 Knetlegierungen für Strukturbauteile

Die Verwendung von Aluminiumlegierungen als tragfähiger, belastbarer Strukturwerkstoff erfordert Festigkeitseigenschaften, die um das 5- bis 10-fache höher sind als die des unlegierten Aluminiums. Neben dem Festigkeitskriterium sind allerdings weitere Eigenschaften zu berücksichtigen, die sich nach der

Tab. 3.4: *Auswahl von häufig verwendeten Zustandsbezeichnungen für aushärtbare Aluminiumlegierungen*

Bezeichnung	Bedeutung
T3	lösungsgeglüht, kalt umgeformt und kalt ausgelagert
T4	lösungsgeglüht und kalt ausgelagert
T5	abgeschreckt aus der Warmumformungstemperatur und warm ausgelagert
T6	lösungsgeglüht und warm ausgelagert
T7	lösungsgeglüht und überhärtet; verbessert Spannungsriss- und Schichtkorrosionsverhalten
T8	lösungsgeglüht, kalt umgeformt und warm ausgelagert

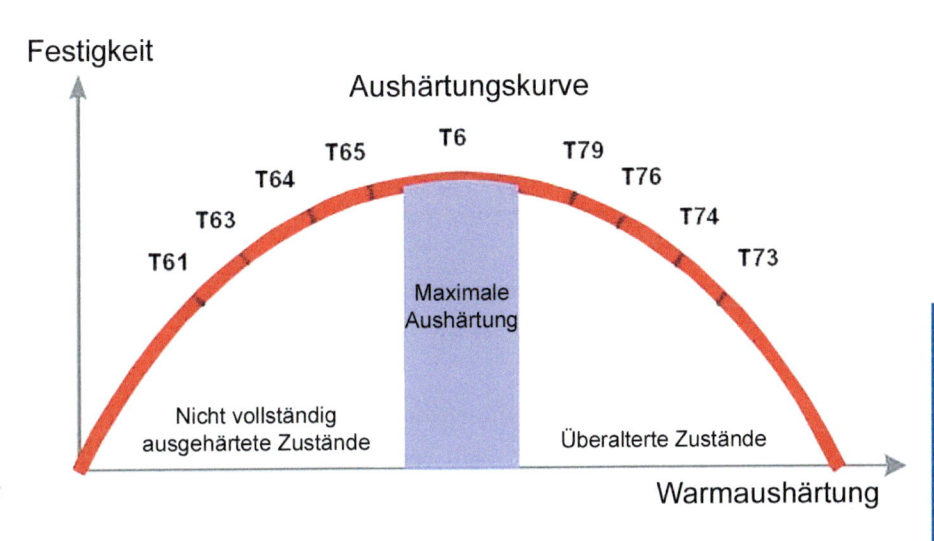

Abb. 3.4: *Txx-Zustände aushärtbarer Legierungen nach Warmauslagerung*

Herstellbarkeit, der Verarbeitbarkeit und nach den Einsatzbedingungen bzw. speziellen Anwenderkriterien richten. Die nachfolgend beschriebenen Legierungen stellen eine Auswahlempfehlung dar bzw. richten sich nach den Anforderungen in bestimmten Anwendungsvorschriften. Ausführliche Details sind beim Hersteller zu erfragen.

3.2.2.1 Mittelfeste Strukturwerkstoffe der Legierungsgruppe Al-Mg (EN AW-5xxx)

Al-Mg-Legierungen sind die Basis für eine wichtige Gruppe nicht aushärtbarer Knetlegierungen, deren Festigkeitswerte durch den Mg-Gehalt als Mischkristall und gegebenenfalls durch zusätzliche Kaltverfestigung bestimmt werden. Darüber hinaus enthalten Al-Mg-Legierungen oft noch die dispersionsbildenden Elemente Mn, Cr und Zr, wodurch das Kristallisations- und Rekristallisationsverhalten im Fertigungsablauf gesteuert werden - ersteres bei der Erstarrung – wichtig für den Schmelzschweißprozess, letzteres z. B. zur Stabilisierung der Korngröße. Aufgrund der starken Verfestigungswirkung des Mg haben die Legierungen eine sehr gute Verformbarkeit, insbesondere im Hinblick auf Streckziehbarkeit (Abb. 3.5). Durch

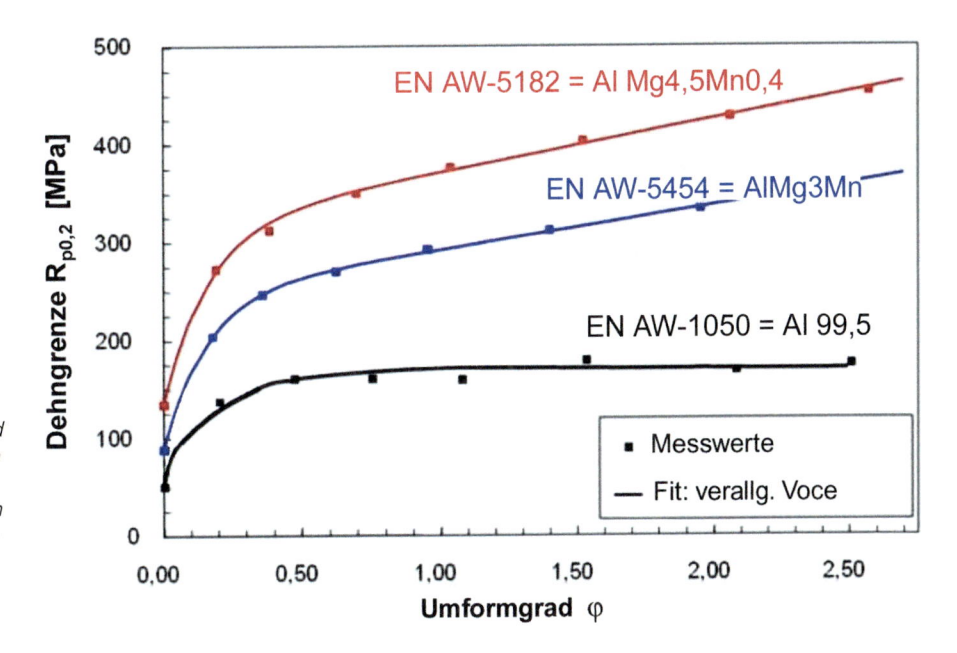

Abb. 3.5.: *Fließspannung und Verfestigung beim Kaltwalzen von einigen naturharten Al-Mg-Legierungen und deren quantitative Darstellung nach Voce (1947-48):*
$k_f = k_{f0} + (k_{f1} + \theta_1 \cdot \varphi) \cdot (1-\exp(-\theta_0 \cdot \varphi / k_{f1}))$

Mg-Anreicherung in der Oxidschicht ergibt sich eine höhere Schichtdicke, die z. T. mitverantwortlich ist für den guten Korrosionswiderstand dieser Legierungsgruppe.

Alloy / Voce parameter =	K_{f0}	K_{f1}	Θ_0	Θ_1
Al 99,5: EN-AW 1050	40	135	350	0
AlMg3Mn: EN-AW 5454	80	160	950	56
AlMg4,5Mn: EN-AW 5182	135	180	1150	57

Magnesium ist das effektivste Legierungselement für die Mischkristallverfestigung. Aluminium hat eine hohe Löslichkeit für Magnesium im festen Zustand (max. 17,4 Gew.-% bei 450 °C), die jedoch zu niedrigen Temperaturen hin abnimmt und bei 100 °C nur noch etwa 2 Gew.-% beträgt. Übliche Al-Mg-Konstruktionslegierungen mit 3 bis 5 Gew.-% Mg-Gehalt befinden sich demnach im heterogenen 2-Phasengebiet (α-MK + Al_8Mg_5). Jedoch ist die Entmischung des übersättigten homogenen Mischkristalls extrem träge. Das Phasengleichgewicht erfordert eine Abkühlrate von unter 10^{-5} °C/min (Hatch 1983), die in der Praxis nicht erreicht wird. Deshalb kann eine längere Erwärmung bei Temperaturen über ca. 70 °C von Legierungen mit > 3,5 Gew.-% Mg zu einer Sensibilisierung der Korngrenzen und dadurch zu Anfälligkeit gegen interkristalline Korrosion führen. Dies gilt besonders für verfestigte Zustände, wenn sie nicht durch eine abschließende Glühstufe bei mittleren Temperaturen stabilisiert worden sind (Zustandsbezeichnung H116 bzw. H321). Das Stabilisierungsglühen verwandelt die kontinuierliche Segregationsschicht an den Korngrenzen in diskrete (unschädliche) Ausscheidungspartikel.

Aus AlMg-Legierungen werden Walz-, Press-, und Ziehprodukte hergestellt. Bei höheren Mg-Gehalten erhöht sich jedoch der Fließwiderstand auch bei der Warmverformung erheblich, sodass das Strangpressen von dünnwandigen Konstruktionsprofilen unwirtschaftlich ist. AlMg-Legierungen für Konstruktionszwecke werden daher vorzugsweise als Walzprodukte erzeugt und angewendet. Auch die Herstellung von Rohrprodukten wird überwiegend auf kontinuierlichen HF-Rohrschweißanlagen aus Walzbändern betrieben.

Eine Besonderheit der AlMg-Legierungen im Zustand 0/H111 bei der Kaltumformung dünnwandiger Blechbauteile ist die mögliche Ausbildung von sog. Fließfiguren, die einerseits durch eine ausgeprägte Streckgrenze als flammenförmige Lüdersbänder und andererseits durch dynamische Reckalterung (Portevin-LeChatelier-Effekt) als feine Streifenmuster auf der Blechoberfläche erscheinen. Durch besondere Maßnahmen (Vorrecken, Korngröße) können diese Effekte vermindert bzw. durch Einstellung der Umformparameter (Geschwindigkeit, Temperatur) vermieden werden (Ostermann 2014).

Für die konstruktive Verwendung ist vor allem die gute Schweißbarkeit der höher legierten AlMg-Legierungen hervorzuheben. Als Schweißzusatz dient dabei vorzugsweise arteigener Werkstoff.

Gängige Al-Mg-Legierungen, die sich in verschiedenen Anwendungsgebieten bewährt haben, einschließlich ihrer mechanischen Eigenschaften, sowie Angaben zur Schweißbarkeit und allgemeinen Korrosionsbeständigkeit sind im Aluminium Taschenbuch Bd. 1 (2009) aufgeführt.

Anwendungsgebiete

Al-Mg-Werkstoffe werden wegen der guten Umformeigenschaften als Blechform- und Strukturteile eingesetzt, auch im Automobilbau, aber wegen der Gefahr der Fließfigurenbildung jedoch vorwiegend im nicht dekorativen Innenbereich. In der Rohkarosse werden vor allem Al-Mg-Legierungen der Klassen EN AW-5754 [AlMg3], EN AW-5042 [AlMg3,5Mn], und EN AW-5182 [AlMg4,5Mn0,4] verwendet, jeweils in den weichen Werkstoffzuständen 0/H111.

Auch im Schiffbau haben sich die AlMg-Legierungen besonders bewährt, oft im halbharten Zustand. Sie finden wegen ihrer ausgezeichneten Tieftemperatureigenschaften auch Verwendung in der Kryogentechnik. In verschiedenen geregelten Anwendungsbereichen werden nur ausgewählte Legierungen und Werkstoffzustände empfohlen bzw. zugelassen. Bei der Legierungsauswahl für nicht geregelte Einsatzgebiete lassen sich je nach den Anforderungen aus dem Aluminium Taschenbuch 3 (2014) und Ostermann (2014) Hinweise und weitere hilfreiche Anregungen entnehmen.

3.2.2.2 Mittelfeste Strukturwerkstoffe der Legierungsgruppe AlMgSi (EN AW-6xxx)

Die Al-MgSi-Legierungsgruppe umfasst ausschließlich aushärtbare Legierungen; sie stellt neben den naturharten Al-Mg-Legierungen die wichtigsten Werkstoffe für den allgemeinen Leichtbau. AlMgSi-Legierungen haben keine Neigung zu Fließfiguren und werden wegen guter Festigkeit und Umformeigenschaften bestimmter Legierungen für Blechformteile im Automobilleichtbau mit dekorativen Ansprüchen (z. B. Karosserie-Außen- und -Anhängeteile) eingesetzt. Wegen der ausgezeichneten Strangpressbarkeit eignen sich diese Legierungen besonders gut zur Erzeugung komplexer Formen von Konstruktionsprofilen. Sie sind schmelzschweißbar und haben eine gute Korrosionsbeständigkeit, die es erlaubt, Bauteile ohne notwendigen Oberflächenschutz unter normalen Witterungsbedingungen einzusetzen. Für dekorative Zwecke können sie mit einer Anodisationsschicht bzw. mit organischer Beschichtung versehen werden

Profile aus AlMgSi-Legierungen werden üblicherweise im Zustand „warm ausgehärtet" (T6) geliefert und eingesetzt. Für Formteile (z. B. Bleche), die einer weiteren Kaltformgebung bedürfen, sollte je nach Legierung und bei größeren Umformgraden der Zustand „kalt ausgehärtet" (T4) verwendet und die Bauteile anschließend einer Warmaushärtung (z. B. 20' 185 °C bis 16 h/160 °C) unterzogen werden. Je nach Bedarf können auch nicht vollständig ausgehärtete Zwischenzustände (z. B. T61 - T65, Abb. 3.4) für Formgebungszwecke eingesetzt werden.

Anwendungsgebiete

Konstruktionswerkstoffe aus AlMgSi-Legierungen haben sich in vielfältigen Anwendungsgebieten bewährt. Hierzu zählen neben Anwendungen im Bauwesen, in der Elektrotechnik und in vielen alltäglichen Gegenständen (z. B. Leitern, Möbeln) vor allem die Transport- und Verkehrstechnik. Die sogenannte Integralbauweise von Schienenfahrzeugen, z. B. beim ICE 1 bis 3, wäre ohne die wirtschaftlich günstigen Großstrangpressprofile aus AlMgSi-Legierungen nicht möglich gewesen. Für die geregelten Anwendungsgebiete werden im Aluminium Taschenbuch 3 sowie in Ostermann (2014) geeignete und zugelassene Legierungen und Werkstoffzustände empfohlen. Speziell für die Anforderungen an Blechbauteile des Automobilbaus wurden AlMgSi-Legierungen entwickelt, die eine Kombination von notwendiger Festigkeit und maximaler Umformbarkeit ergeben und sich den Prozessabläufen in der Automobilherstellung anpassen. Feinbleche aus EN AW-6016 werden im Zustand T4 verarbeitet und während des Lackeinbrennzyklus gleichzeitig warm ausgehärtet. Zur Verbesserung der Lagerfähigkeit der Blecheigenschaften und zur Beschleunigung der Aushärtung während der relativ kurzen Zeit für die Aushärtung von Einbrennlacken wird auch ein stabilisierter T4+ (auch „pre-bake – PB oder PX" genannt) Zustand geliefert. Weitere speziell auf bestimmte Anwendungen im Automobilbau zugeschnittene AlMgSi-Legierungen findet man im Aluminium Taschenbuch 3 und in Ostermann 2014. Dort sind auch die mechanischen Eigenschaften und Angaben zur Schweißbarkeit und allgemeinen Korrosionsbeständigkeit aufgeführt.

Bei der Legierungsauswahl ist zu beachten, dass für Anwendungsfälle, in denen eine erhöhte Risszähigkeit gefordert wird, solche AlMgSi-Legierungen gewählt werden, die eine definierte, ausreichende Menge an den Zusatzelementen Mn und Cr enthalten. Diese mindern die Gefahr von interkristallinem Bruchverhalten. Für Bauteile aus Legierungen der höheren Festigkeitsstufe, die unter Last höheren Betriebstemperaturen (z. B. ~ 100 °C) ausgesetzt sind, ist der Gehalt an Pb-Verunreinigung unter 30 ppm (0,003 Gew.-%) zu halten, um Rissbildung durch Bleisprödigkeit zu vermeiden. Für benötigte höhere Festigkeiten von über 400 MPa im Zustand T6 sind Zusätze von bis zu 1% Kupfer erforderlich, bei deren Einsatz aber eventuell Probleme mit der Korrosionsbeständigkeit berücksichtigt werden müssen.

3.2.2.3 Mittelfeste Strukturwerkstoffe der Legierungsgruppe AlZnMg (EN AW-7xxx)

Al-ZnMg-Legierungen ohne Cu-Gehalt zählen zu den gut schweißbaren mittel- bis hochfesten Legierungen mit allgemein guten Korrosionseigenschaften.

Die Besonderheit dieses Legierungstyps ist der große Temperaturbereich für das Lösungsglühen und im Zusammenhang damit eine ungewöhnlich geringe Abschreckempfindlichkeit. Die Legierungen eignen sich daher für größere Dickenabmessungen mit gleichmäßigen Festigkeitswerten, sie erzielen aber damit auch die höchste Schweißnahtfestigkeit aller Aluminiumlegierungen durch anschließendes Aushärten bei Raumtemperatur bzw. bei mittleren Temperaturen zwischen 120 und 145 °C.

Problematisch ist die Neigung dieser Legierungsgruppe zu Spannungsrisskorrosion (SpRK) und zu Schichtkorrosion (SK) im Zustand T4 und bei unsachgemäßer Wärmebehandlung (langsame Abkühlung nach Lösungsglühen < 30°C/min, ungenügende Aushärtung) sowie nach dem Schweißen. Das Kaltbiegen von Profilen ohne nachträgliche thermische Behandlung kann wegen der remanenten hohen Eigenspannungen SpRK verursachen. Für kritische Anwendungen ist eine fachlich qualifizierte Beratung zu empfehlen. Günstig verhalten sich stranggepresste Profile mit Warmverformungsgefüge.

Praktische Bedeutung haben die Legierungen AW-7020, AW-7003 und AW-7108 (Aluminium Taschenbuch). Die letzten beiden Varianten lassen sich gut strangpressen und werden wegen des hohen Vermögens zur Energieabsorption für Crash-Elemente und Stoßfänger im Automobilbau eingesetzt. Die Legierung AW-7020 ist wegen des Gehalts an Cr und Mn weniger für filigrane Profilquerschnitte und Hohlprofile geeignet; sie wird dagegen bevorzugt für Schweißkonstruktionen im Ingenieurbau, bei Pioniergeräten und im Maschinenbau eingesetzt.

3.2.2.4 Hochfeste AlCu- und AlZnMgCu-Legierungen der Serien AW-2xxx und AW-7xxx

Die Einsatzgebiete dieser hoch- und höchstfesten Legierungen sind traditionell der Bau von Luft- und Raumfahrzeugen. Die außergewöhnlich hohen Anforderungen an Materialqualität, Konstruktion und Verarbeitung haben zu zahlreichen spezifischen Entwicklungen geführt, die für zivile Einsatzzwecke nur mit erhöhtem Kostenaufwand zu realisieren sind und deren sachgerechte Behandlung den Rahmen dieses Buches sprengen würde. Dennoch sind für zivile Anwendungen auch hochfeste Legierungen der Serien AW-2xxx und AW-7xxx von Interesse, z. B. für den Werkzeug- und Formenbau sowie für den Einsatz bei Verbindungselementen, wie Schrauben und Nieten (EN AW-AlCu2,5Mg). Die hochfesten Al-ZnMgCu-Legierungen (z. B. AW-7075) sind außerordentlich gut zerspanbar. Legierungen mit Cu-Gehalten bis zu 4 % (z. B. AW-2024) sind mit Lichtbogenverfahren nur begrenzt schweißbar; günstiger sind Sonderverfahren, wie das Elektronenstrahlschweißen und das Rührreibschweißen (Kap. IV.3). Für Hinweise auf gängige hochfeste Legierungen für zivile Einsatzzwecke und deren mechanische Eigenschaften und andere Aspekte wird auf das Aluminium Taschenbuch 1 verwiesen. Für Anwendungen in korrosionskritischen Bereichen ist die (im Vergleich zu Cu-freien Aluminiumlegierungen) verringerte Korrosionsbeständigkeit zu berücksichtigen. Zu Korrosionsschutzmaßnahmen können bei Flachprodukten Plattierungen mit resistenten Legierungen oder Reinaluminium verwendet werden. Für andere Produkte stehen verschiedene organische und anorganische Beschichtungsverfahren zur Verfügung.

3.2.3 Gusslegierungen für Strukturbauteile

Die gute Gießbarkeit von Aluminiumgusslegierungen, insbesondere für das Druckgießen, begründet die hervorragende Stellung des Aluminiumgusses in vielen Einsatzbereichen des Leichtbaus, wie in der Verkehrstechnik und dem Apparate- und Maschinenbau. Besonders günstig sind diese Verfahren durch die Verwendung von Sekundärgusslegierungen, die sich aufgrund der Recyclingfähigkeit der Aluminiumwerkstoffe in großer Legierungsvielfalt kostengünstig herstellen lassen. Etwa 80 % aller Aluminiumgussteile in Deutschland werden daraus hergestellt. Die nachhaltige Weiterentwicklung der Gießverfahren und der Einsatz optimierter primärer Gusslegierungen haben dem Aluminium Anwendungsgebiete erschlossen, in denen an den Werkstoff hohe Anforderungen an Festigkeit und Zähigkeit gestellt werden. So werden auch Sicherheitsteile im Fahrzeugbau zunehmend als Aluminium-Gussteile hergestellt.

Anders als bei Knetlegierungen richtet sich die Zusammensetzung der Gusslegierungen vornehmlich nach der Gießbarkeit, d. h. nach dem Fließ- und Formfüllungsvermögen und der Warmrissbeständigkeit bei der Erstarrung. Sie enthalten deshalb überwiegend höhere Anteile an Legierungszusätzen. Bei der dendritischen Erstarrung entsteht ein heterogenes Gefüge, dessen Struktur durch das gewählte Gießverfahren, durch verfeinernde Spurenelemente und ggf. durch abschließende Wärmebehandlung gesteuert wird.

Der wichtigste Bestandteil von Aluminiumgusslegierungen ist das Silizium (Si), das die Fließeigenschaften der Schmelze verbessert und das wegen der geringen Löslichkeit im festen Mischkristall als harte Sekundärphase auskristallisiert (Legierungsgruppe EN AC-4xxxx). Bei Zusammensetzungen unterhalb bis oberhalb des eutektischen Punktes erreicht die Schmelze hohe Fließ- und Formfüllungseigenschaften. Geringe Mg-Zusätze (0,3 bis 0,6 %) zu binären AlSi-Legierungen und entsprechende Wärmebehandlung vermitteln Festigkeitssteigerungen durch Aushärten in Analogie zu AlMgSi-Knetlegierungen. Bei übereutektischen Si-Gehalten wird außerdem die thermische Ausdehnung merklich reduziert. Al-Si- und Al-SiMg-Legierungen zeichnen sich, besonders wenn sie auf Primärmetallbasis erschmolzen werden, durch gute Korrosionsbeständigkeit aus.

Al-SiCu-Legierungen sind typischerweise Sekundärlegierungen und stellen die wichtigste Grundlage für den Druckguss dar. Der Cu-Gehalt steigert die Warmfestigkeit, verringert jedoch die Korrosionsbeständigkeit, weshalb in kritischen Anwendungen Korrosionsschutzmaßnahmen erforderlich sind.

Al-Mg und Al-Mg(Si)-Gusslegierungen (Legierungsgruppe EN AC-5xxxx) zeichnen sich durch gute Korrosionseigenschaften aus und besitzen bei mittleren Festigkeitsniveaus vergleichsweise sehr gute Bruchdehnungs- und Zähigkeitseigenschaften.

Al-Cu-Legierungen (Legierungsgruppe EN AC-2xxxx) stellen die Gusslegierungsgruppe mit den höchsten Festigkeitseigenschaften dar. Sie müssen auf Primärmetallbasis erschmolzen werden, um die für Strukturanwendungen notwendigen Duktilitätsanforderungen zu erfüllen. Al-Cu-Legierungen erzielen ihre hohen Festigkeitseigenschaften durch Aushärtung bei entsprechender Wärmebehandlung.

Al-ZnMg-Gusslegierungen (Gruppe EN AC-5xxxx) haben für den strukturellen Leichtbau bisher kaum Bedeutung erlangt. Ihr Vorzug ist bei mittleren Festigkeits- und Korrosionseigenschaften vor allem die dekorative Anodisierbarkeit.

Abgesehen von der Legierungszusammensetzung spielt für das Eigenschaftsprofil der Formgussteile das jeweilige Gießverfahren die Hauptrolle. Die Festlegung von Gussteileigenschaften benötigt daher nach DIN EN 1706 neben der Legierungsbezeichnung zusätzlich die Bezeichnung des verwendeten Gießverfahrens, das mit einem der folgenden Kennzeichen der Legierungsnummer angehängt wird (z. B. AC-42100KT6):

S Sandguss
K Kokillenguss, Niederdruckkokillenguss
D Druckguss
L Feinguss

Die mechanischen Eigenschaften von Formgussteilen, die aus verschiedenen Legierungen und mit verschiedenen Gießverfahren hergestellt sind findet man im Aluminium Taschenbuch 2 sowie in Ostermann (2014).

3.3 Be- und Verarbeitung von Aluminiumwerkstoffen

3.3.1 Formgießen – Urformen

Das Formgießen als wichtigstes Urformverfahren des Aluminiums gliedert sich in verschiedene Verfahrensarten, die unterschiedlichen Anforderungen in Bezug auf Bauteilgröße, Bauteilart, Seriengröße, Eigenschaften, Oberfläche usw. gerecht werden. Eine Übersicht über die wichtigsten Gießverfahren gibt die Abbildung 3.6.

Verlorene Formen	Dauerformen	
Sandguss	**Kokillenguss**	**Druckguss**
Grünsandguss	Schwerkraft-kokillenguss	Standard-Druckguss
Kernpaket-Verfahren	Niederdruck-kokillenguss	Vakuumdruckguss (z.B. VACURAL)
Niederdruck-Sandguss	Gegendruckguss	Indirektes Squeeze-Casting (z.B. Fa. UBE)
Vollformguss (Lost Foam)	Direktes Squeeze-Casting	Poral
Feinguss (Lost Wax)		Thixoguss

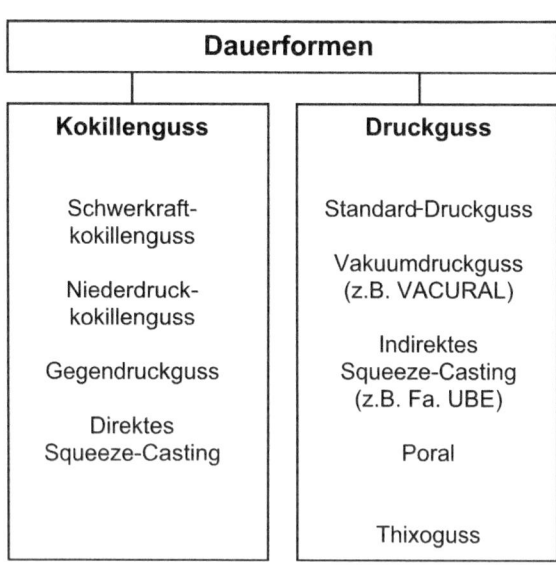

Abb. 3.6: *Übersicht über die wichtigsten Gießverfahren für Aluminium (nach v. Zengen)*

Die Fülle der Verfahren deutet an, dass der Prozess der Erstarrung durch eine große Zahl von Faktoren beeinflusst werden kann, um ein reproduzierbar dichtes Gefüge in Bauteilen mit komplexen Formen (u.a. Einsatzmöglichkeiten von Sandkernen für Hohlraumbildung) und engen Maßtoleranzen auf wirtschaftliche Weise zu erzielen. Der Formgussprozess ist zwar der schnellste Weg von der Schmelze zum fertigen Bauteil, aber nicht der einfachste!

Der kostengünstige Standard-Druckguss bestreitet den größten Mengenanteil (~ 50 %) der Formgussproduktion, bietet kleinste Mindestwanddicken und Ausformschrägen, hohe Formgenauigkeit, hohe Festigkeitswerte, den vornehmlichen Einsatz von Umschmelzlegierungen und hohe Produktivität. Das Verfahren ist jedoch begrenzt in der Ausformung von Hohlräumen und verursacht aufgrund des systembedingten höheren Gasgehalts eine hohe Porosität, die die Bruchzähigkeit vermindert und das Schmelzschweißen nur bedingt zulässt. Verfahrensvarianten, wie der Vakuumdruckguss, indirektes Squeeze-Casting, Poral und Thixoguss, vermeiden einige der genannten Einschränkungen, erlauben das Schmelzschweißen und den Einsatz für hochbeanspruchte Teile, arbeiten jedoch mit geringerer Produktivität und eingeschränkter Legierungswahl.

Der Schwerkraft-Kokillenguss bietet demgegenüber ein porenärmeres Gefüge, dadurch die Möglichkeit des Schmelzschweißens, der Wärmebehandlung (für aus- härtbare Legierungen), der Anodisierfähigkeit und den Einsatz für hochbeanspruchte Teile, verlangt jedoch höhere Mindestwanddicken, größere Ausformschrägen und eine gewisse Beschränkung der Legierungswahl.

Von den Gießverfahren mit „verlorenen Formen" ist der Sandguss hinsichtlich Bauteilgröße und -gewicht, Mindestseriengröße, Legierungswahl, Formkosten, Einsatz von Sandkernen und Änderungsmöglichkeiten das flexibelste Verfahren. Der Gasgehalt ist gering, jedoch beschränkt das heterogene Erstarrungsgefüge den Einsatz für hochbeanspruchte Teile. Die Form- und Maßgenauigkeit des Grünsandgusses und die Steuerung des Erstarrungsprozesses werden durch die aufgeführten Verfahrensvarianten deutlich verbessert. Die höchste Maßgenauigkeit der Gießverfahren überhaupt bietet der Feinguss (Wachsausschmelzverfahren, Lost Wax).

3.3.2 Halbzeuge aus Aluminiumknetlegierungen - Umformen

Mit Halbzeug werden Zwischenprodukte aus Knetlegierungen bezeichnet, die durch Warm- und ggf. anschließende Kaltumformungen von stranggegossenen Barren oder bandgegossenen Vorfabrikaten (Gießband) erzeugt werden. Die wichtigsten Umformverfahren in der Halbzeugproduktion sind das Walzen von Flachprodukten und das Strangpressen von Profilen sowie das Schmieden (Kap. III.2).

3.3.2.1 Aluminium-Strangpressprofile

Aluminiumlegierungen lassen sich hervorragend durch Strangpressen in komplexe Profilformen bringen (Abb. 3.7). Man unterscheidet offene („Voll"-) Profile, Hohlprofile sowie über Dorn gepresste nahtlose Profilrohre. Bei ersteren wird der auf höhere Temperaturen (~400–500 °C) angewärmte Abschnitt des Stranggussbarrens durch eine formgebende Matrize gepresst. Hohlprofile mit einer oder mehreren Hohlkammern werden mit Kammer- oder Brückenwerkzeugen, in denen die Hohlraum-bildenden Dorne aufgehängt sind, hergestellt und enthalten so verfahrensbedingt Pressnähte.

Die herstellbaren Abmessungen sind abhängig von der Strangpressbarkeit der Legierung und der gegebenen Anlagenkapazität. Bei kleinen Profilabmessungen und gut pressbaren Legierungen erreicht man Innenwanddicken von einigen Zehntel mm. Aus werkzeugtechnischen Gründen nimmt jedoch die herstellbare Mindestwanddicke mit den Profilabmessungen zu. Bei Großpressen kann die Profilgröße bis zu 800 mm Breite betragen. Bei der Querschnittsgestaltung sind gewisse strangpressgerechte Radien und Massenverteilungen einzuhalten.

Für die Profilherstellung spielen die aushärtbaren Al-MgSi-Legierungen (z. B. EN AW-6060) eine herausragende Rolle, da sie bei hohen Temperaturen sehr leicht und in komplexe Geometrien pressbar sind und sich nach Abschrecken aus der Prozesshitze sehr gut aushärten lassen. Hochfeste aushärtbare Al-ZnMgCu- (EN AW-7xxx) und naturharte Al-Mg-Legierungen (EN AW-5xxx) können auch stranggepresst werden, wenngleich langsamer und in weniger komplexen Formen. Eigenschaften, Abmaße und Toleranzen sind den Normen DIN EN 754, DIN EN 755 und DIN EN 12020 zu entnehmen.

Neben der Anwendung in der Luftfahrt (Stringer-, Boden- und Sitzprofile) und im Bau (z. B. Fenster-, Fassadenprofile) ist der Verkehrssektor (Automobil Space-Frame, Schienenfahrzeuge) ein wichtiger Markt.

3.3.2.2 Bänder, Bleche und Platten

Die weitaus größten Mengen an Aluminium-Knetlegierungen in Konstruktions- und anderen Bauteilen sind gewalzte Platten, Bänder und Bleche. Die Walzumformung der stranggegossenen Barren oder Gießwalzbänder erzeugt Flachprodukte mit engen Dickentoleranzen und durch legierungsspezifische thermomechanische Fertigungsschritte ein gleichmäßig komprimiertes Gefüge. Durch abschließende Wärmebehandlung werden je nach Legierungsart weiche, feinkörnig rekristallisierte (Zustand 0/H111), verfestigte oder rückgeglühte (H-Zustände) sowie ausgehärtete (T3, T4, T6, T7, T8) Zustände hergestellt. Abschreckempfindliche Legierungen werden zum Abbau von Eigenspannungen einem abschließenden Reckvorgang unterzogen.

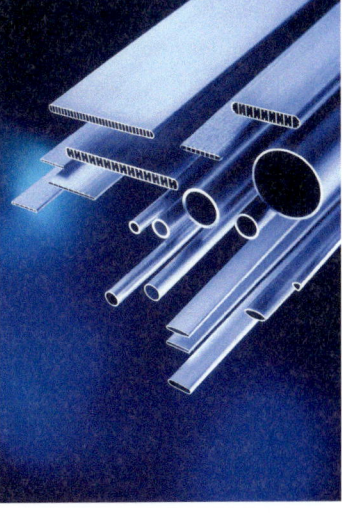

Abb. 3.7: *Beispiele für die Formenvielfalt von Aluminium-Strangpressprofilen (Quelle: VAW/Hydro)*

Bleche aus den hochfesten, aushärtenden (EN AW-2xxx und EN AW-7xxx) Legierungen werden bevorzugt im Flugzeugbau eingesetzt, wobei durch ausgeklügelte Wärmebehandlungen (Txxx) diese hochfesten Varianten gezielt gegenüber Ermüdung und Bruch auf hohe Schwingfestigkeit eingestellt werden.

Bleche werden z.T. mit unlegiertem Aluminium oder mit lotfähigem oder korrosionsbeständigen Legierungen plattiert, um speziellen Oberflächen-Anforderungen zu genügen, wie
- anspruchsvolles Aussehen, z.B. blanke LKW-Aluminiumtanks
- lotfähige (niedrig schmelzende) Legierungsauflagen (z.B. Wärmetauscher)
- korrosionsbeständige Außenhautkomponenten (im Flugzeugbau).

In Banddurchlaufeinrichtungen werden Walzbänder oberflächenbehandelt (Entfetten, Beizen, Anodisieren, Konversionsbehandeln, Passivieren, Befetten, Lackieren).

Durch Prägewalzen können Bänder/Bleche mit Oberflächenstrukturen versehen werden, die dekorativen oder funktionalen Zwecken dienen, z.B. EDT- (Elektro-Discharge-Texturing-) Oberflächen für Automobil-Außenhautanwendungen oder Warzenbleche für rutschsichere Bodenbeläge.

Eigenschaften, Abmessungen und technische Lieferbedingungen von Platten, Bändern und Blechen aus Aluminiumwerkstoffen sind in den Normen DIN EN 485 („Bänder, Bleche, Platten"), DIN EN 1386 („Bleche mit eingewalzten Mustern") und DIN EN 1396 („Bandbeschichtete Bleche und Bänder") und im Aluminium Taschenbuch enthalten.

3.3.2.3 Werkstoffverbunde mit Aluminium

Zu den Werkstoffverbunden zählen vorwiegend Sandwich-Laminate mit Kernen aus Kunststoff- oder Metallschaum mit Aluminiumdecklagen, die sich durch hohe Steifigkeitseigenschaften bei verringertem spezifischem Gewicht auszeichnen. Auch geklebte oder hartgelötete Verbundplatten mit metallischen Kernlagen (Metawell® oder Honeycomb)

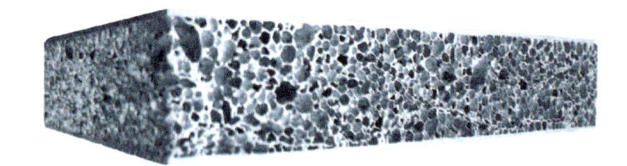

Abb. 3.8: *Sandwichstruktur aus Aluminiumschaum und Deckblechen aus Aluminium (Quelle: Alulight® International GmbH)*

bieten eine Verringerung des spezifischen Gewichts bis auf ca. 0,5 g/cm³. Als Sandwichkern dient auch geschlossen-poriger Aluminiumschaum mit einer Dichte von 0,4–0,7 g/cm³, der mit den Deckblechen verklebt wird. Vielseitiger in der Formgestaltung von Aluminiumschaum-Sandwichelementen ist pulvermetallurgisch hergestellter Schaum, der erst bei oder nach der Formgebung vom Anwender aufgeschäumt wird, durch Wärmezufuhr, z.B. mittels eines Infrarotstrahlers. Sandwichelemente mit schubsteifem Aluminiumschaumkern zeichnen sich durch isotropes Werkstoffverhalten, hohe Dämpfungseigenschaften und hohe Energieabsorption im Crashfall aus (Abb. 3.8). Aluminiumschäume sind bis ca. 540 °C temperaturbeständig und erfüllen die Brandschutznorm nach DIN 4102.

In speziellen Anwendungen, z.B. im Flugzeugbau werden auch Werkstoffverbunde aus Aluminium und faserverstärkten Kunststoffen, wie GLARE© eingesetzt (Kap. III.9). Dabei werden besonders vorteilhafte Eigenschaften verschiedener Werkstoffe geeignet miteinander kombiniert und maßgeschneiderte Verstärkungen und Kombinationen unterschiedlicher Eigenschaften erreicht.

Verbundwerkstoffe dagegen bestehen aus einer Metallmatrix, in die hochfeste Fasern z.B. im Druckguss-Verfahren, eingelagert werden, die die Zugfestigkeit und Elastizität in Richtung der Fasern erhöhen (MMC – Metal Matrix Composites). Dabei existieren deutlich voneinander abgegrenzte Phasen, deren Anordnung zueinander die Eigenschaften (meist richtungsabhängig) definiert und die durch die Herstellung bestimmt wird. Kurzfasern verbessern in Aluminium die Steifigkeit und Verschleißfestigkeit. Das Material lässt sich nach dem klassischen Verfahren der Halbzeugherstellung zu Blechen, Strangpressprofilen und Gesenkschmiedeteilen verarbeiten. Allerdings liegen die Kosten im Vergleich zum monolithischen Werkstoff deutlich höher.

Keramikpartikelverstärkter Aluminiumformguss wird überwiegend durch SiC-Beimengung zur Schmelze eingesetzt und verleiht dem Bauteil hohe Abriebfestigkeit und verbesserte Warmfestigkeit, obwohl die Festigkeiten bei Raumtemperatur weitgehend unverändert bleiben. Ähnliche Eigenschaftsverbesserungen erreicht man auch über den pulvermetallurgischen Weg, z.B. durch Sprühkompaktieren von weit übereutektischen AlSi-Legierungen, wobei das daraus hergestellte Halbzeug gleichzeitig auch einen deutlich geringeren thermischen Ausdehnungskoeffizienten besitzt (Kap. III.1.2).

3.3.3 Verarbeitung von Aluminiumhalbzeugen

3.3.3.1 Bearbeitung von Profilen

Stranggepresste Profile werden meistens bereits durch die Querschnittsgestaltung dem Verwendungszweck angepasst. Die gewöhnlich in Pressrichtung geraden und gerichteten Profile bedürfen jedoch häufig der Bearbeitung durch spanende oder stanzende Methoden sowie der Umformung durch Biegung oder örtliche Querverformung (Abb. 3.9).

Stranggepresste Profile werden üblicherweise aus aushärtbaren Legierungen gefertigt und in warm ausgehärteten Zuständen T6 oder T7 verwendet. Wegen der eingeschränkten Umformbarkeit in diesen Zuständen werden Kaltumformungen mit höheren Umformgraden in den Herstellungs- oder Wärmebehandlungsprozess des Profils integriert, z.B. im Zustand W (unmittelbar nach dem Abschrecken). Größere Umformgrade sind auch im Zustand T4 oder T61 möglich, erfordern jedoch für Profile aus der Serie AW-7xxx eine nachträgliche vollständige Warmauslagerung. Sekundäre Formgebungen von Bauteilen aus Profilen einschließlich der Kalibrierung auf engste Formtoleranzen werden mit dem Verfahren der Innenhochdruckumformung (IHU) erzielt (Kap. III.2).

3.3.3.2 Blechumformung

Gewalzte Flachprodukte wie Bleche und Bänder müssen in der Regel einer weiteren Formgebung unterzogen werden, die überwiegend bei Raumtemperatur durchgeführt wird. Zweidimensionale Formgebungen werden vom Band durch Rollformer erzeugt (Bsp.: Trapezprofile für die Architektur) und ggf. in der Linie durch Hochfrequenzschweißen zu Rohren („Schweißrohre") verbunden. Dreidimensionale Formgebungen erfordern Preseneinrichtungen, mit denen durch Tief- und Streckziehvorgänge in Werkzeuganlagen bestehend aus Stempel, Matrize, Blechhalter und ggf. Gegenstempel konvexe und konkave Formelemente sowie häufig gleichzeitig Ausstanzungen, Abkantungen und Falzen vorgenommen werden. Wichtige Anwendungen solcher Formteile findet man bei Karosserieteilen im Automobilleichtbau (Abb. 3.10 und 3.11).

Die Herstellung von Karosserieteilen stellt höchste Anforderungen an die Qualität, die hohes Umformvermögen voraussetzen, aber gleichzeitig auch hohe Gleiteigenschaften im Werkzeug sowie zuverlässige Anpassung an die Bedingungen der Großserienfertigung, der Montage (Fügetechnik) und abschließenden Beschichtung einer gewöhnlich in Mischbauweise hergestellten Karosserie. Derartige Qualitäten werden mit einem Gefüge hergestellt, das nach dem Umformen keine Oberflächenveränderungen verursacht, die eine dekorative Beschichtung behindern,

Abb. 3.9: *Stoßfängerprofile nach der Bearbeitung durch Biegen, Stanzen und Prägen (Quelle: Raufoss)*

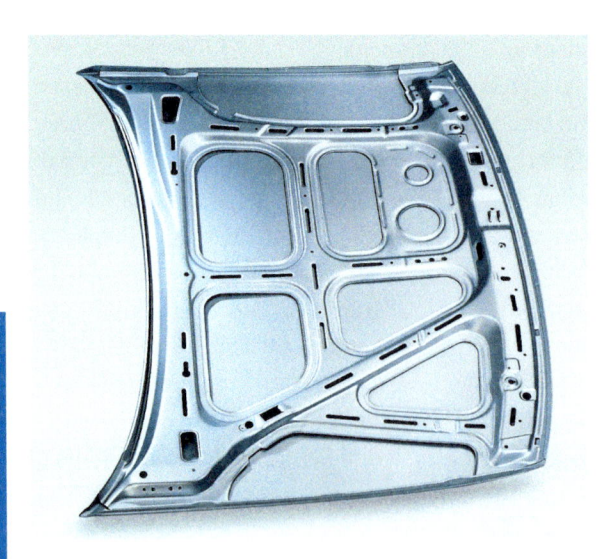

Abb. 3.10: *Motorhaube eines PKW aus Aluminium (Quelle: Hydro)*

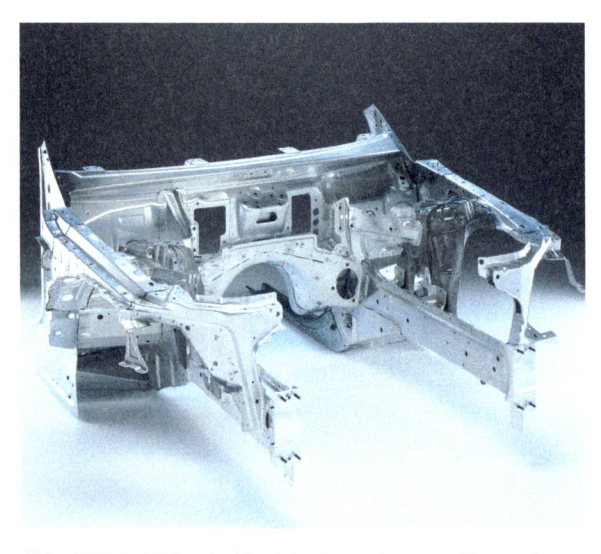

Abb. 3.11: *Leichtbau in Aluminiumbauweise unter Verwendung von Blech-, Profil- und Formgussteilen: Vorderwagen des BMW 5 (E60, 2003). (Quelle: Hydro)*

und die im abschließenden Dressierwalzvorgang mit einer isotropen, tribologisch optimalen Oberflächentextur (EDT oder Lasertex) versehen werden. Anschließend durchlaufen die Bänder Entfettungs-, Beiz-, Konversions- oder Anodisationsprozessstufen sowie ölige oder Trockenschmierstoffbeschichtungen oder gegebenenfalls Vorlackierungen (Furrer und Bloeck 2001).

Der Umformprozess und die Auslegung der Werkzeuge werden heute durch rechnerische Simulation gestaltet, wozu Umformkennwerte der verwendeten Blechwerkstoffe benötigt werden. Die typischen Kennwerte für Festigkeit und Umformbarkeit von Aluminiumlegierungen sind für erste Vergleiche verschiedenen Quellen zu entnehmen, z. B. Aluminium Taschenbuch 1, Ostermann (2014) und Furrer und Bloeck (2001) sowie Online-Datenbanken (AluSelect 2008). Für konkrete Legierungen stellen die Blechhersteller die für kommerzielle Umformsimulationsprogramme benötigten Daten der Fließkurven und Grenzformänderungsdiagramme zur Verfügung.

Die wirtschaftliche Großserienherstellung von komplexen Blechformteilen im Karosseriebau erfordert einen hohen Investitionsaufwand in Pressenstraßen und Werkzeuganlagen. Für Kleinserienfahrzeuge oder Sonderfahrzeuge ist die Teileherstellung mit dem relativ langsamen Verfahren der „Superplastischen Umformung" eine Lösungsalternative, wobei spezielle Blechlegierungen bei erhöhten Temperaturen und kontrollierten Umformgeschwindigkeiten in einem Werkzeugsatz und Arbeitsgang verformt werden. Nachdem in der Entwicklung leichter, hochfester Stahlgüten im Automobilbau die Hochtemperatur-Umformung (press hardening) weite Verbreitung gefunden hat, sind solche Fertigungsverfahren auch für Aluminium in der Entwicklung, z. T. mit sehr hohen Temperaturen. Dabei werden gleich zwei wichtige Vorteile erreicht: Erstens die (extrem) gute Umformbarkeit bei hoher Temperatur und zweitens ein effektives Lösungsglühen, das ein Aushärten nach der Abschreckung impliziert (vergleichbar dem Strangpressen).

Abb. 3.12: *Demonstrator Bauteil aus dem Super-Light-Car*

Diese neuen Entwicklungen (z. B. das „HoDforming" - hodforming.com/) ermöglichen es, Rohre und Bleche auch aus hochfesten Aluminiumlegierungen sehr gut umzuformen, innerhalb einer kurzen Zeitspanne von etwa 20 Sekunden, d. h. sie sind geeignet für die Massenproduktion. Ein weiterer wichtiger Aspekt der Hochtemperatur-Umformung von Aluminium mit Gas ist die Minimierung der Reibung im Gesenk, was gute Oberflächen ermöglicht. Ein Anwendungsbeispiel ist das Demonstratorbauteil aus dem SuperLight-Car (Abb. 3.12).

3.3.4 Trennen und Spanen von Aluminiumlegierungen

Aluminiumlegierungen gehören zu den am leichtesten und am wirtschaftlichsten zu zerspanenden Metallen, d. h. der Prozess arbeitet mit geringeren Schnittkräften, Zerspanungstemperaturen und Werkzeugverschleißraten (Kap. III.3). Je höher die Festigkeiten des Grundwerkstoffs, desto günstiger sind die Zerspanungseigenschaften. Die Zerspanungseigenschaften der homogenen Knetwerkstoffe sind günstiger als die der heterogenen Gusswerkstoffe, insbesondere solcher mit hohem Si-Anteil. Spezielle „Automaten-Legierungen" enthalten spanbrechende Gefügeeinlagerungen von Pb, Sn und Bi, die die Spanabfuhr erleichtern (EN AW-2007, -2011, -2011A, -2030, -5058, -6012, -6018 und -6262). Trockene Bearbeitung oder Minimalmengenschmierung sind heute übliche Verfahren. Für die unterschiedlichen Zerspanbarkeitsgruppen der Knet- und Gusswerkstoffe stehen jeweils geeignete Schneidwerkstoffe zur Verfügung, die eine wirtschaftliche Bearbeitung durch Hochgeschwindigkeitszerspanung auch in automatisierten Anlagen erlauben (Ostermann 2014).
Für die wirtschaftliche mechanische Bearbeitung von Aluminiumblechen sind einige besondere Maßnahmen nötig (Golovashchenko 2006). Beim Schneiden/Stanzen von Blechteilen entstehen leicht Flitter, welche die Oberfläche beeinträchtigen können. Die Flitterbildung kann durch die entsprechende Einstellung der Geometrien der Werkzeugschneidkanten, des Schneidspalts und durch einen beweglichen Gegenstempel unter dem Stanzrest vermieden werden (Golovashchenko 2007). Schneiden von Aluminium mit dem Laser- oder Wasserstrahl sind ebenfalls geeignete, etablierte Verfahren.

3.3.5 Oberflächenbehandlungen

Zu dekorativen oder funktionellen Zwecken können Aluminiumhalbzeug und -bauteile mit verschiedenen Oberflächen versehen werden. Die Anwendbarkeit nachfolgender Alternativen richtet sich jedoch teilweise nach der Art des Grundmetalls (Knethalbzeug, Guss) und der Legierung:

Mechanische Oberflächenbearbeitung: Bürsten, Schleifen, Strahlen mit keramischem oder metallischem Strahlgut, Polieren.

Chemische Oberflächenbehandlung: Beizen, Ätzen, Glänzen, Konversionsbeschichtung zur Haftgrundvermittlung mit Ti- und Zr-Fluorid und durch Phosphatieren.

Anodisieren (Eloxieren) zum gezielten elektrochemischen Aufbau einer harten Oxidschicht als Haftgrund für Lacke und Klebstoffe (unverdichtet, ~ 5 μm Dicke), als Schutz gegen Witterungs- und Handhabungseinflüsse (verdichtet, ~ 25 μm Dicke), als Verschleiß- und Abriebschutz (Harteloxal, ~ 50 bis 150 μm Schichtdicke) sowie als naturfarbene oder gefärbte Dekorbeschichtung. Der Korrosionsschutz ist beständig im Bereich pH 4,5 bis pH 8,5.

Nasslack- und Pulverbeschichten nach Vorbehandlung durch mechanische, chemische oder elektrochemische Verfahren zur Haftgrundvermittlung und zum Korrosionsschutz. Bei solchen Oberflächen, die vor dem Beschichten unbehandelt oder fehlerhaft sind, kann es zur korrosiven Unterwanderung der lackierten Oberflächen kommen, der sog. Filiformkorrosion.

Galvanisieren (Verkupfern, Vernickeln, Verchromen, Verzinken, Verzinnen, Vermessingen, Versilbern, Vergolden), in der Regel in mehrstufigen Prozessschritten.

Thermisches Spritzen (insbesondere Plasmaspritzen) mit oxidkeramischen Verbindungen, meistens zum Verschleißschutz.

3.3.6 Fügen

Fügetechnik ist eine Schlüsseltechnologie im Aluminium-Leichtbau. Da jede Fügestelle eine potenzielle Schwachstelle der Struktur darstellt, ist eine sorgfältige Verfahrenswahl und Ausführung von entscheidender Bedeutung. In der Regel werden tragende, sicherheitsrelevante Strukturen nach der Tragfähigkeit der Verbindung und deren Lebensdauer bemessen. Unter Hinweis auf die ausführliche Behandlung dieses Themas in Teil IV dieses Handbuchs sollen hier nur einige wenige, aluminiumspezifische Angaben gemacht werden.

Thermisches Fügen

Bis auf die hochfesten Aluminium-Legierungen sind die meisten für die klassischen MIG- und WIG-Schmelzschweißverfahren geeignet. Allerdings neigen insbesondere Legierungen mit Cu-Gehalten unter 5 Gew.-% und niedriglegierte Al-Mg-Legierungen neigen zu Schweißrissigkeit. Neben dem MIG- und WIG-Schmelzschweißen können auch Widerstands-, Abbrennstumpf-, Reib- sowie Laser- und Elektronenstrahlschweißen bei Aluminium durchgeführt werden (Automotive Manual).

Verbindungsverfahren wie Hartlöten eignen sich besonders gut für Aluminiumwerkstoffe, da das Lot (eine eutektische Al-Si-Legierung) durch Walzplattieren vorab auf den Aluminium-Grundwerkstoff aufgebracht werden kann. Bei der Massenfertigung von Wärmetauschern können so beliebig viele (auch flächenhafte) Berührungsstellen bei einer Ofenlötung miteinander verbunden werden.

Beim Schweißen und Löten muss beachtet werden, dass die eingebrachte Wärme den Werkstoffzustand gegebenenfalls verändern kann. Mit Ausnahme des Zustands „weich" wird die Festigkeit von Schweißverbindungen in der Wärmeeinflusszone WEZ deutlich herabgesetzt. Legierungen mit großen Schmelzintervallen neigen beim Schmelzschweißen durch Korngrenzen-Anschmelzungen zu Heißrissbildung. Vermeidung von Heißrissen erreicht man durch erhöhte Anteile von Resteutektikum bei der Erstarrung des Schmelzbades, d.h. für naturharte Al-Mg-Werkstoffe eignen sich zum Schweißen daher besser die höherfesten Varianten mit Mg-Gehalten > 3%. Dies gilt auch für die Schweißzusatzstoffe. Bei diesen Legierungen ist die Entfestigung des kalt verfestigten Grundwerkstoffs zu beachten, bei Al-Mg-Legierungen mit > 3% Mg eine eventuell einsetzende Empfindlichkeit gegenüber interkristalliner Korrosion.

Bei ausgehärteten Legierungen, die in der Regel nicht mit arteigenem Zusatzwerkstoff geschweißt werden können, tritt ein Festigkeitsverlust in der WEZ auf. Eine anschließende erneute Kalt- oder Warmaushärtung bringt keinen nennenswerten Festigkeitsgewinn. Ausnahmen von dieser Regel sind Cu-freie EN AW-7xxx (Al-ZnMg)-Legierungen, die ihre volle Grundwerkstofffestigkeit in der WEZ durch Kalt- oder Warmauslagerung nach dem Schweißen erreichen. Empfohlen wird bei diesen Al-ZnMg-Legierungen jedoch eine nachträgliche Warmaushärtung, um das Auftreten von Schichtkorrosion in korrosiver Umgebung zu vermeiden.

Weichlöten von Aluminiumlegierungen mit geeigneten Loten ist möglich, aber für strukturelle Anwendungen ungeeignet. Hartlöten in Öfen oder Bädern ist üblich bei Aggregaten, z.B. bei der Herstellung von Wärmetauschern, jedoch weniger für strukturelle Zwecke. Neuerdings findet das Hartlöten mit lokaler Laserstrahlerwärmung Beachtung – auch für Hybridverbindungen Aluminium/Stahl – wobei auf geeignete Wahl und Behandlung von Flussmitteln zu achten ist.

Mechanisches Fügen

Mechanische Fügeverfahren sind sogenannte „kalte" Fügeverfahren, die sich für alle Aluminiumlegierungen eignen und keine Beeinflussung des Gefüges durch Temperatureinwirkung verursachen. Sie haben darüber hinaus in der Mischbauweise besondere Bedeutung gewonnen. Detaillierte Ausführungen zum mechanischen Fügen enthält Kapitel IV.1, weitere Details in Automotive Manual.

Kleben

Das strukturelle Kleben von Aluminium hat sich in den vergangenen Jahren insbesondere in der Hybridbauweise im Automobil-Leichtbau, z.B. beim

Verbinden von Stahl mit Aluminium durchgesetzt. Die Güte einer Klebverbindung hängt ab von der Benetzung der Oberfläche der Fügeteile, von der Haftung des Klebstoffs auf dem Fügeteil (Adhäsion) und der inneren Festigkeit des Klebstoffs (Kohäsion). Die fachgerechte Vorbehandlung ist in Analogie zur Vorbehandlung vor der Lackierung Voraussetzung für eine zuverlässige und dauerhafte Klebung. Zu beachten ist, dass die Aushärtung von Klebstoffen bei Temperaturen erfolgt, die auch bei Aluminiumlegierungen bereits Aushärtungs- oder Entfestigungseffekte verursachen können (Kap. IV.4).

Rührreibschweißen

Ein noch vergleichsweise junges Verbindungsverfahren für stoffschlüssiges Verbinden ist das Rührreibschweißen, bei dem ein rotierender „Finger" (Rührstift) mechanisch durch die fest eingespannte Verbindungsfuge plastisch hindurch gepresst wird (Kap. IV.3). Da bei diesem Prozess kein Anschmelzen des Grundwerkstoffs einsetzt, können auch die nicht schweißbaren, hochfesten Aluminiumlegierungen stoffschlüssig verbunden werden. Die Entfestigungswirkung der Prozesswärme ist gering und die nahezu kerbwirkungslose Nahtform ergibt vergleichsweise hohe statische und Ermüdungsfestigkeiten.

3.3.7. Reparaturmöglichkeiten

Die handwerkliche Reparatur von durch Unfall oder Missbrauch entstandenen Schäden an Aluminiumbauteilen oder -konstruktionen ist üblich und möglich, erfordert jedoch aluminium-spezifischen und -konstruktiven Sachverstand. Manche der in der industriellen Fertigung verwendeten Verfahren, z. B. Clinchen oder Schweißen, sind für handwerkliche Werkstätten häufig ungeeignet und müssen durch für die Einzelfertigung verwendbare Techniken ersetzt werden. Besonders bei Sicherheitsteilen oder komplexen Aggregaten mit elektronischen Elementen sollten die Angaben in Reparaturhandbüchern beachtet werden.

3.4 Konstruktive Gesichtspunkte

3.4.1 Grundsätze der Gewichtseinsparung

Bei der Entwicklung von Leichtbaukonstruktionen mit Aluminium sind folgende Gesichtspunkte zu berücksichtigen:

- Leichtbaukonstruktionen sollen möglichst leicht sein. Diese triviale Feststellung bedeutet möglichst große Materialeinsparung durch hohe Materialausnutzung, wodurch scheinbar die Forderung nach hohen Festigkeitswerten der verwendeten Leichtbauwerkstoffe gerechtfertigt ist. Diese Schlussfolgerung kann aber irreführend sein!

- Das spezifische Gewicht des verwendeten Werkstoffs spielt zweifellos eine große Rolle bei der Werkstoffauswahl für den Stoffleichtbau. Vergleicht man das Leichtbaugewicht eines Bauteils (bei gleichem Werkstoffvolumen) aus verschiedenen Werkstoffen, würde man eine Gewichtsveränderung im Verhältnis der spezifischen Gewichte der Werkstoffe erhalten. Aluminiumbauteile wären damit 3-mal leichter als Stahlbauteile. Aufgrund der unterschiedlichen Werkstoffeigenschaften und der unterschiedlichen Beanspruchung sind jedoch meist nur Gewichtseinsparungen von etwa 35 bis 45 % realistisch zu erzielen.

- Eine hohe Materialausnutzung kann herstellungstechnologisch begrenzt sein (z. B. durch herstellungsbedingte Mindestwanddicken bei Profilen und Gussteilen oder durch die Verbindungsfestigkeit). Da die technologischen Eigenschaften aber legierungsabhängig sind, müssen die Werkstoff- und Konstruktionskonzepte so beschaffen sein, dass ein Optimum an Materialausnutzung möglich ist.

- Da ein Bauteil selten „aus einem Guss", sondern meistens aus verschiedenen Bauelementen besteht, spielt die Verbindungstechnik eine eminent wichtige Rolle bei der Gestaltung und Auslegung. Die Eigenschaften der Verbindungen sind ebenfalls stark werkstoffabhängig und meistens nicht proportional zu den statischen Festigkeitswerten.

Daher müssen die Eigenschaften der Verbindungsart bei der Werkstoffauswahl berücksichtigt werden.

3.4.2. Elastische Werkstoffeigenschaften und Leichtbaugrad

Zu den wichtigen Merkmalen von Konstruktionswerkstoffen zählen seine elastischen Eigenschaften. Bei allen mit Traglasten beanspruchten Konstruktionen sind gewöhnlich die elastischen Formänderungen unter Last auf ein bestimmtes, zulässiges Maß begrenzt. In welchem Maße sich die Formänderungen unter Last auswirken, ist abhängig vom Werkstoff, der Konstruktion und Art der Beanspruchung. Dieses bauteilabhängige elastische Verhalten wird mit Steifigkeit bezeichnet.

Elastizitätsmodul bzw. Schubmodul sind grundlegende Werkstoffeigenschaften, die in die Steifigkeitsberechnung eingehen. Bauteilquerschnitt und Flächenträgheitsmoment sind konstruktionsbedingt und die wesentlichen Variablen. Je nach Beanspruchungsart – insbesondere Torsions- und Biegebeanspruchung – beeinflussen diese jedoch den erreichbaren Leichtbaugrad, wie nachfolgend beschrieben wird.

Torsionsbeanspruchung

Bei der Frage der Torsionssteifigkeit für eine Stahl- oder Aluminiumausführung ist zwischen dem Verhalten eines dünnwandigen Querschnitts und eines Vollquerschnitts des Bauteils zu unterscheiden. Bei dünnwandigem Querschnitt, z. B. bei einem dünnwandigen Rohr, sind zwei Fälle zu betrachten: Fall (a): Gleicher mittlerer Durchmesser und Fall (b): Gleiche Wanddicke. Für gleiche Torsionssteifigkeit muss im Fall (a) die Wanddicke beim Aluminiumteil verdreifacht werden, wodurch sich kein Gewichtsvorteil ergibt. Wird im Fall (b) der Durchmesser des Aluminiumrohres um 44 % vergrößert, erhält man gegenüber der Stahlausführung einen Gewichtsvorteil von 52 % bei gleicher Torsionssteifigkeit. Bei einem runden Torsionsstab mit Vollquerschnitt kann mit Aluminium gegenüber Stahl ein Gewichtsvorteil von 42 % erzielt werden, allerdings muss hier der Durchmesser um 32 % erhöht werden.

Biegebeanspruchung

Die Biegesteifigkeit ist abhängig vom Produkt aus Elastizitätsmodul E und Flächenträgheitsmoment I. Beim Vergleich von Stahl- und Aluminiumbiegeträgern gilt für gleiche Steifigkeit $E_{St} \cdot I_{St} = E_{Al} \cdot I_{Al}$, d.h. der Aluminiumbiegeträger muss das 3-fache Flächenträgheitsmoment des Stahlträgers besitzen. Da die Höhe h des Biegebalkens gegenüber der Breite b in der 3. Potenz in das Flächenträgheitsmoment eingeht ($I \approx b \cdot h^3$), kann man durch eine Vergrößerung der Balkenhöhe das Flächenträgheitsmoment besonders wirksam erhöhen und je nach Auslegung des Balkenquerschnitts einen Gewichtsvorteil bis zu ca. 40 % erzielen.

Die vorstehenden Beispiele machen drei wesentliche Konstruktionsgrundsätze deutlich:

1. Die Erfüllung von Steifigkeitskriterien verringert die volle Ausnutzung der geringeren Dichte des Aluminiums gegenüber Stahl.
2. Die möglichst große Ausschöpfung von Gewichtsvorteilen für den optimalen Leichtbau erfordert die Beachtung der Beanspruchungsart sowie eine zielgerichtete Gestaltung des Bauteils.
3. Zum Erreichen eines beachtlichen Leichtbaueffektes bei Verwendung von Aluminium als Ersatz für Stahl ist auf jeden Fall ein größeres Bauvolumen erforderlich, um die gleichen Steifigkeitskriterien zu erfüllen.

Als Konsequenz aus (1) und (2) ergibt sich auch, dass Aluminiumlegierungen bei gleicher Tragfähigkeit der Leichtbauteile geringere Festigkeitsansprüche erfüllen müssen als z. B. Stähle. Dies wirkt sich vorteilhaft auf Verarbeitbarkeit, Verformbarkeit und auch auf das Ermüdungsverhalten aus. Auch für das Crash-Verhalten wirkt sich dieser Umstand positiv aus, da es weniger zu Knickeffekten kommt.

Durch intelligente Querschnittsgestaltungen kann man bei Konstruktionen mit Strangpressprofilen zu besonders günstigen Ergebnissen kommen. Bei stranggepressten Profilträgern kann man durch Anordnung von aussteifenden Voll- oder Hohlrippen in den beulgefährdeten Querschnittbereichen die Stabilität verbessern. Außerdem wirken Hohlkam-

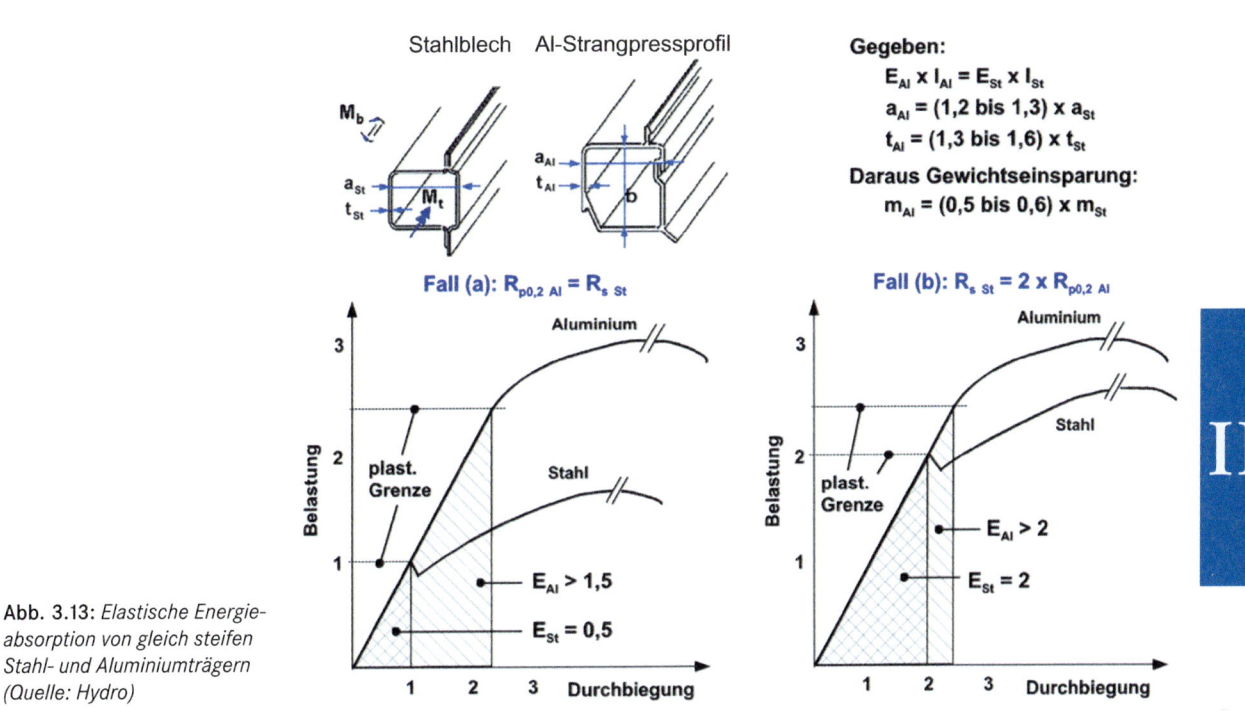

Abb. 3.13: *Elastische Energieabsorption von gleich steifen Stahl- und Aluminiumträgern (Quelle: Hydro)*

mern im Profilquerschnitt positiv auf die Torsionssteifigkeit. Ein konstruktives Optimum erreicht man, wenn gleichzeitig die zu Stabilitätszwecken vorgesehenen Aussteifungen weitere Funktionen, wie Montagehilfen und Befestigungshilfen, übernehmen können.

Eine gewisse Überdimensionierung durch Verwendung einer höherfesten Legierung kann von Vorteil sein, wenn es sich um Crash-relevante Strukturen, z. B. Pkw-Stoßfänger handelt, da das Aluminiumbauteil eine sehr viel höhere elastische Energie und auch eine höhere Verformungsenergie aufnehmen kann als ein auf gleiche Steifigkeit dimensioniertes Stahlbauteil (Abb. 3.13). Im Falle (a) haben Stahl und Aluminiumprofil die gleiche Streckgrenze: die elastische Energieaufnahme des Stoßfängerprofils ist dreimal so groß wie die beim Stahlstoßfänger gleicher Steifigkeit, bevor die Streckgrenze überschritten wird. Wird ein höherfester Stahl verwendet (z. B. doppelte Streckgrenze), so ist die elastische Energieaufnahme von beiden Alternativen etwa gleich, jedoch wird immer noch eine 40 bis 50 %ige Gewichtsersparnis verwirklicht (Fall b).

3.4.3 Verhalten unter schlagartiger Beanspruchung

Während die mechanischen Eigenschaften üblicherweise mit Dehnungsgeschwindigkeiten von $d\varepsilon/dt = 2 \times 10^{-4}$ s^{-1} ermittelt werden, werden die Werkstoffe bei hoher schlagartiger Beanspruchung, z. B. beim Crash, mit Dehnungsgeschwindigkeiten bis 10^3 s^{-1} beansprucht. Die verschiedenen Werkstoffe reagieren unterschiedlich auf derartig hohe Beanspruchungsgeschwindigkeiten in Bezug auf die Festigkeitswerte (R_m, $R_{p0,2}$) und die Verformbarkeitswerte (A_5, Z). Das typische Verhalten der Aluminiumwerkstoffe zeigen die Diagramme in Abbildung 3.14. Hier handelt es sich um zwei warm ausgehärtete (T6) mittelfeste Legierungen aus den Legierungsgruppen 6xxx und 7xxx. Außerdem ist das Verhalten der 7xxx-Legierung in überhärtetem Zustand (T7) dargestellt.

Im Vergleich zu Stählen hat die erhöhte Dehnungsgeschwindigkeit nur geringfügige Auswirkungen auf die Festigkeitseigenschaften von Aluminium. Allerdings reagieren die 7xxx-Legierungen etwas empfindlicher, was sich auch in den Verformbarkeitswerten zeigt.

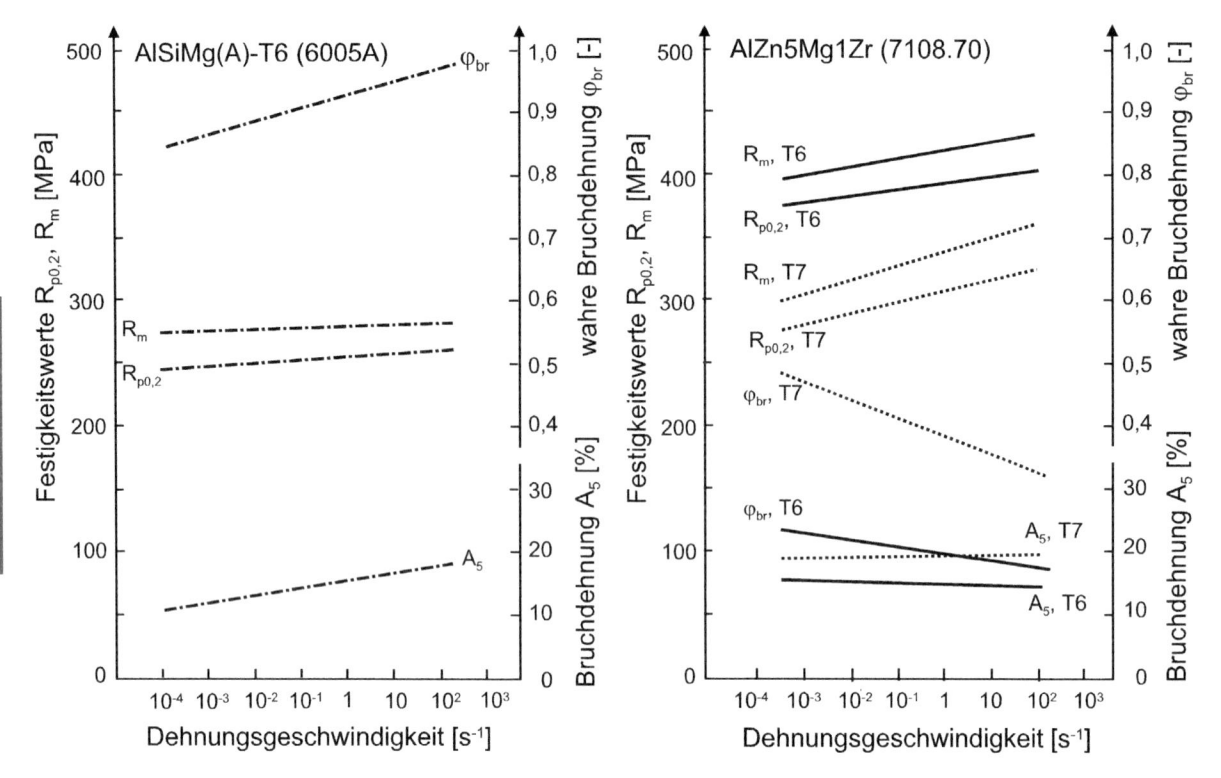

Abb. 3.14: *Einfluss der Dehnungsgeschwindigkeit auf die mechanischen Eigenschaften der Aluminiumlegierungen 6xxx und 7xxx (Quelle: Hydro)*

Besonders die naturharten 5xxx-Legierungen, aber auch die aushärtbaren mittelfesten 6xxx-Legierungen weisen bei hohen Dehnungsgeschwindigkeiten höhere Bruchdehnungswerte sowie höhere Brucheinschnürung auf. Diese Feststellung gilt auch für Schmelzschweißverbindungen. Bei den hochfesten 7xxx-Legierungen vermindert sich jedoch die Brucheinschnürung (Z bzw. $\varepsilon_f = \ln(1-Z)$) mit höheren Dehnungsgeschwindigkeiten. Zahlreiche mittelfeste Aluminiumlegierungen sind daher bestens geeignet für Energie-absorbierende Crash-Elemente. Wegen der Unempfindlichkeit gegen schlagartige Beanspruchung sowie wegen des nicht vorhandenen Sprödbruchübergangs ist es bei Aluminiumlegierungen – anders als bei Stählen – nicht üblich, Kerbschlagbiegeversuche durchzuführen.

3.4.4 Grundsätze für die Schwingfestigkeit

Da Leichtbaukonstruktionen häufig wechselnden Beanspruchungen ausgesetzt sind, ist das Ermüdungsverhalten des verwendeten Werkstoffs von besonderem Interesse. Es wird üblicherweise in der Form der Wöhlerkurve dargestellt. Anders als die mittelfesten ferritischen Stähle hat Aluminium keine untere Schwingfestigkeits- (Dauerfestigkeits-) Grenze. Aus Gründen des Leichtbaus werden schwingbeanspruchte Konstruktionen jedoch betriebsfest ausgelegt, wobei die Dauerfestigkeit ihre Bedeutung verloren hat.

Das Rissfortschrittsverhalten eines angerissenen Bauteils unter schwingender Belastung wird ebenfalls als Kriterium für die Berechnung der Betriebstauglichkeit verwendet. Bei der Darstellung des Werkstoffverhaltens auf der Grundlage der Bruchmechanik zeigen Aluminiumlegierungen im Vergleich zu Stahlwerkstoffen höhere Rissfortschrittsgeschwindigkeiten bei gleicher Spannungsintensitätsamplitude. Da jedoch Aluminiumbauteile aus Steifigkeitsgründen größere Querschnitte und folglich geringere Spannungsintensitätswerte an einer Rissstelle aufweisen, können sich durchaus geringere Rissfortschrittsgeschwindigkeiten ergeben als bei einem vergleichbaren Stahlbauteil.

Ein wichtiger weiterer Grundsatz ist die konstruktive und fertigungsbedingte Vermeidung von Kerben sowohl am Bauteil als auch bei der Ausführung von Schweißverbindungen, da die mittel- und höherfesten aushärtbaren Legierungen eine größere Kerbempfindlichkeit besitzen. Schwingfestigkeitsdaten für Grundwerkstoffe und Schweißverbindungen sind verschiedenen Konstruktionsregelwerken zu entnehmen, wie DIN 4113, IIW-document XIII-1965/XV-1127 (2003), EN 1999-1-3 (2011), ECCS-Dok. Nr. 68 (1992) und DVS 1608 (2011),

3.5 Recycling

Für alle Werkstoffe sind heute Ökobilanzen, CO_2-Belastung (carbon footprint) und Recyclingmöglichkeiten eine Herausforderung, die bei der Materialauswahl für jede Konstruktion zu berücksichtigen ist. Umweltfreundliche Leichtbauprodukte und Produktionsmethoden sind gefragt und der Druck zur Energieeinsparung und zum Recycling wächst. Dies stärkt die Position von Aluminium, denn die Energieeinsparung durch den Einsatz in der Verkehrstechnik überwiegt den relativ hohen Energieeinsatz bei der Erzeugung des Primärmetalls, das meist in entlegenen Regionen aus dort im Überfluss vorhandener regenerativer Energie, z. B. Wasserkraft, gewonnen wird. Beim Recycling beträgt der Energiebedarf dann nur noch 5 %. Aluminiumrecycling ist wirtschaftlich attraktiv. Als Altmetall besitzt Aluminium immer noch etwa 2/3 des Neuwertes und die Recyclingquoten sind entsprechend hoch (ca. 95 % im Bau und Fahrzeugbau). Etwa 3/4 des jemals erzeugten Aluminiums sind noch im Gebrauch – mit steigender Tendenz.

Um bei der Wiederverwertung von Altschrotten eine möglichst hohe Werkstoffqualität zu erzielen, ist eine Sortierung nach Legierungen wünschenswert. Dies setzt insbesondere bei Mischbauweisen eine sortenreine Trennmöglichkeit voraus, die bei der konstruktiven Gestaltung und Bearbeitung bereits berücksichtigt werden sollte.

3.6 Anwendung von Aluminiumwerkstoffen

Die bekanntesten Beispiele für angewandten Leichtbau findet man im Transportwesen, d. h. im Flugzeug-, Automobil-, LKW- , Schiff- und Schienenfahrzeugbau, da hier das Verhältnis von mechanischer Festigkeit zu Gewicht die entscheidende Rolle spielt.

Der erste Bau von „Zeppelin" Luftschiffen (um 1900) und die Entdeckung des aushärtbaren Duralumin (Al-CuMg) durch A. Wilm (1906) waren Meilensteine im Einsatz erster hochfester Al-Legierungen (Abb. 3.15).

Abb. 3.15: *Zeppelinbau 2011: Innenstruktur des Zeppelin NT. Die 3 Längsträger sind aus Aluminium (gold-gelb), die Querträger aus CFK (schwarz). (Quelle: ZLT Deutsche Zeppelin-Reederei GmbH)*

Bis heute werden hoch- und ermüdungsfeste Aluminiumlegierungen neu- und weiterentwickelt, welche die hohen und zum Teil unterschiedlichen Anforderungen (z. B. hohe Druck- bzw. Zugfestigkeiten für die Flügelober- und -unterseite bei Flugzeugen) erfüllen (z. B. Al-Li-Legierungen). Dabei gibt es im Flugzeugbau keine Kompromisse in Bezug auf Sicherheit, und auch Schadenserkennung und Wartung im Betrieb haben einen hohen Stellenwert.

Zwar läuten in der Flugzeugindustrie Verbundwerkstoffe eine Wende für neue Flugzeuggenerationen ein, dennoch behauptet Aluminium mit der Entwicklung neuer Legierungen seine Position in den erfolgreichen Flugzeugmodellen, die heute – und auch in Zukunft – die Verkaufszahlen anführen.

In den letzten Jahrzehnten steigt besonders der Aluminiumeinsatz in Verkehrsmitteln für den schnellen und energieeffizienten Massentransport, wie z.B. Fahrräder, Nutzfahrzeuge, Omnibusse, Schienenfahrzeuge (Hochgeschwindigkeitszüge, Metro- und Straßenbahnen) und Schnellfähren sowie Kreuzfahrtschiffsaufbauten u.v.m. Hier ist Leichtbau wegen der häufigen Beschleunigungs- und Bremsvorgänge – nicht nur bei Hochgeschwindigkeitszügen – von besonderem Nutzen im Sinne der Energieeinsparung beim Betrieb. Auch für die neuesten Entwicklungen der Fahrzeuge für die Elektromobilität ist Aluminium ein Leichtbauwerkstoff der ersten Wahl zur Optimierung der Reichweite und Reduzierung der Kosten, die sich in Bezug auf die Einsparung von Batteriegewicht rechnet.

Die Integralbauweise mit Strangpressprofilen aus Aluminium ist auch hier kostenmäßig wettbewerbsfähig gegenüber der herkömmlichen Stahlbauweise.

Vor allem im Automobilbau hat der Werkstoff breiten Einzug gehalten und wächst stetig (Abb. 3.16). In PKWs reduziert Aluminium das Gewicht der Antriebsaggregate, Motor/Getriebe/Kühl- und Heizaggregate, von Fahrwerk, Karosserie und Anhängeteilen und damit den Treibstoffverbrauch und CO_2-Ausstoß. Außerdem verbessern sich das Fahrverhalten und die Reichweite bei Elektro-Mobilen. Da sich die erhöhten Materialkosten schnell amortisieren, nimmt auch der Aluminiumanteil in Mittelklasse- und Kleinwagen zu. In LKWs und Bussen erhöht sich durch Leichtbau deutlich die Zuladung bzw. reduzieren sich die Achslasten. Wegen seiner Vorzüge hat sich Aluminium bei großangelegten Studien führender europäischer Automobilbauer auch in der effizienten Mischbauweise durchgesetzt, z.B. im Super-Light-Car-Projekt (Hirsch et. al. 2009) und seine Fähigkeit zur kosten- und bedarfsgerechten Massenfertigung bewiesen. Einen Durchbruch für den Leichtbauwerkstoff Aluminium in der Massenfertigung von Automobilen erreichte der meistgebaute Wagen der Welt, der FORD Pick-up Truck F-150 aus den USA. Er verwendet ca. 260 kg Aluminium als Blech für die Karosserie, was zu einem Leergewicht von 1954 kg führt mit Bestnoten im Crashtest. Ford hat die anfallenden Pressschrotte so zusammengefasst, dass sie vollständig recycelt werden und damit zu einer deutlich günstigeren Kostenkalkulation beitragen.

Ein aktuelles Beispiel für den vorteilhaften Leichtbau mit Aluminium ist der Einsatz von Strangpressprofilen beim Bau effizienter Sonnenwärmekraftwerke, die durch bewegliche Parabolspiegel die Sonnenstrahlung bündeln und damit hohe Wirkungsgrade

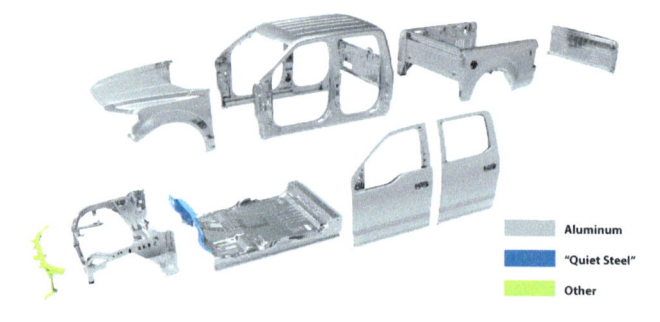

Abb. 3.16: *Aluminium-Einsatz im Automobil: (Quelle: Karosserie des FORD F-150)*

Abb. 3.17 : *Aluminium-Profile für bewegliche Sonnenlicht-Kollektoren (Quelle: Hydro)*

erzielen. Dabei spielt die einfache (leichte) und stabile Konstruktion mit hoher Präzision die entscheidende Rolle (Abb. 3.17). Hier liefern Strangpressprofile optimale und kostengünstige Lösungen, die in sonnenreichen Gebieten in Anlagen mit Leistungen bis zu 250 MW erfolgreich eingesetzt werden. Da auch im Beleuchtungsbau das Reflexionsverhalten von Aluminium gerne genutzt wird, wäre auch hier ein Einsatz denkbar, wenn es gelingt, optimierte Spiegel mit resistenten Oberflächen aus Aluminium zu bauen. Auch für Solaranlagen auf Hausdächern werden überwiegend Aluminium-Leichtbau-Konstruktionen verwendet, die eine aufwändige Verstärkung der Dachkonstruktion überflüssig machen.

3.7 Zusammenfassung

Die grundsätzliche Vorgehensweise bei der Gestaltung von Leichtbaukonstruktionen ist zunächst werkstoffunabhängig. Allerdings bieten die verschiedenen Werkstoffe häufig unterschiedliche Lösungsmöglichkeiten, die mittel- oder unmittelbar wirtschaftliche Folgen haben können. Für Aluminium spricht die große Vielfalt kostengünstiger Formgebungsmöglichkeiten der Ausgangswerkstoffe, insbesondere durch die Formgießverfahren und die Strangpresstechnik. Eine kluge Ausnutzung dieses Potenzials vermindert die Zahl von Fügeoperationen, die immer zu Schwachstellen einer Konstruktion führen. Diese Vorteile können besonders dann ergiebig sein, wenn es gelingt, die konstruktive und fertigungstechnische Lösung unter Berücksichtigung der herstellungsprozessbedingten Toleranzen des gewählten Materials ohne zusätzliche Richt- und Feinbearbeitung zu erreichen.

Insbesondere bei Mischbauweisen mit anderen metallischen Werkstoffen ist auf die Kompatibilität zu achten. Dazu zählen die unterschiedlichen elastischen Eigenschaften, die elektrochemischen Eigenschaften unter der Einwirkung korrosiver Betriebsbedingungen, die thermischen Ausdehnungseigenschaften unter Bedingungen der Fertigung, des Betriebs und der Reparatur sowie die unterschiedlichen Oberflächeneigenschaften hinsichtlich Beschichtungstechnik und Reibungsverhalten.

Die konsequente Umsetzung des Leichtbauprinzips – unter Beachtung der hier dargestellten Gesichtspunkte – wird bei der Herstellung von Aluminium-Bauteilen außerdem noch durch die nahezu unbegrenzten Gestaltungsmöglichkeiten in den Fertigungsprozessen wie Walzen, Strangpressen, Gesenkschmieden, Fließpressen und Formguss gefördert. Die individuelle Konstruktion eines Bauteilkomplexes sollte daher unter zwei wichtigen Aspekten vorgenommen werden:

Der Bauteilquerschnitt ist so zu konzipieren, dass sich eine günstige Masseverteilung ergibt, was durch eine geeignete Dimensionierung und Verteilung der erforderlichen Bauteilmasse erreicht wird, die in das Trägheitsmoment eingehen. Bei der Konzeption und Gestaltung ist Wert auf eine funktionsgerechte Integralbauweise unter Verwendung geeigneter Bauelemente zu legen.

In der Integralbauweise aus stranggepressten Aluminiumprofilen oder -Formgussteilen lassen sich montagefertige Teile herstellen, die aus anderen Werkstoffen aufwändig zusammengesetzt werden müssen, was den höheren Preis der Aluminiumwerkstoffe ausgleichen kann. Dies setzt eine enge Zusammenarbeit mit dem Hersteller und die Kenntnis der optimalen Gestaltungsmöglichkeiten bei den verschiedenen Halbzeugarten voraus.

Hier muss sich das „Denken in Aluminium" noch entwickeln. Neben Lehrbüchern wie diesem spielen zunehmend Internet basierte Informationsseiten eine Rolle. Für den Leichtbau mit Aluminium sind aber besonders das internationale e-learning tool „AluMatter" (www.alumatter.info) mit dem Modul „Aluminium in Structural Applications" und für den Fahrzeugbau das „Aluminium Automotive Manual" AAM („www.eaa.net/aam") zu nennen.

Bei der Auslegung von Leichtbaukonstruktionen müssen Werkstoffeigenschaften geeignet miteinander abgeglichen werden, z. B. Elastizität (Steifigkeit), Streckgrenze, Bruchzähigkeit und Dauerfestigkeit, was einen Vergleich aller verfügbaren Leichtbauwerkstoffe ermöglicht (AluMatter, AluSelect).

Grundsätzlich kann festgestellt werden, dass Aluminium in der Lage ist, den gestiegenen Marktanforderungen an Leichtbauwerkstoffen zu begegnen. Allerdings muss für derartige Werkstoffe ein deutlich erhöhter Aufwand getrieben werden, der sich kostenmäßig im Produkt niederschlägt. Während in der Vergangenheit nur die Luft- und Raumfahrtindustrie bereit war, angemessene Mehrkosten pro kg Gewichtseinsparung zu übernehmen und so die Entwicklung neuer Werkstoffe zu fördern, gilt dies zunehmend in der gesamten Transportbranche (Automobile, LKWs, Schienenfahrzeuge, Schiffe, Fahrräder u. ä.), da dadurch Performance, Ökologie und Ökonomie deutlich positiv beeinflusst werden.

Das Ziel der Werkstoff- und Legierungsoptimierung ist auszurichten auf die bedarfsorientierte Optimierung der Eigenschaften der Halbzeuge, ihre abgestimmte, wirtschaftliche Fertigung und Verarbeitung sowieF die Weiterverarbeitung beim Kunden und im Einsatz.

3.8 Weiterführende Informationen

Literatur

Aluminum Design Manual. The Aluminium Association, USA, 2010

Aluminium Taschenbuch – Bd. 1: Grundlagen und Werkstoffe. 16. Aufl., Beuth Verlag Berlin, 2009

Aluminium Taschenbuch – Bd. 2: Umformung, Gießen, Oberflächenbehandlung, Recycling, 16. Aufl., Beuth Verlag Berlin, 2018

Aluminium Taschenbuch – Bd. 3: Weiterverarbeitung und Anwendung. 16. Aufl., Beuth Verlag Berlin, 2014

Anderson, T. (Hrsg.): Welding Aluminum – Questions and Answers. Aluminum Association, 2010

BGR, Bundesanstalt für Geowissenschaften und Rohstoffe, Hannover 1998

Dwight, J.: Aluminum Design and Construction. E & FN SPON, New York, 1999

Furrer, P., Bloeck, M.: Aluminium-Karosseriebleche: Lösungen für den kosteneffizienten Automobilleichtbau. Verlag Moderne Industrie, Landsberg/Lech, 2001

Golovashchenko, S. F.: A Study on Trimming of Aluminum Autobody Sheet and Development of a New Robust Process Eliminating Burrs and Slivers. International Journal of Mechanical Science, 48, 2006, S. 1384–1400

Golovashchenko, S. F.: Robust Trimming of Automotive Panels. Mater. Sci. Forum, Bd. 539–543, 2007, S. 423

Habenicht, G.: Kleben – Grundlagen, Technologie, Anwendungen. 3. Aufl., Springer Verlag, Berlin/Heidelberg, 1997

Hahn, O., Klemens, U.: Dokumentation 707: Fügen durch Umformen, Nieten und Durchsetzfügen – Innovative Verbindungsverfahren für die Praxis. Studiengesellschaft Stahlanwendung e.V., Düsseldorf, 1996

Hatch, J. E.: Aluminum – Properties and Physical Metallurgy. ASM American Soc. For Metals, Metals Park Ohio, 1984

Hirsch, J.: Aluminium Alloys for Automotive Application. Mater. Sci. Forum, Bd. 242, 1997

Hirsch, J. (Hrsg.): Virtual Fabrication of Aluminium Products – Microstructural Modeling in Industrial Aluminium Processes. Wiley-VCH Verlag, Weinheim, 2006

Hirsch, J., Bassan, D., Lahaye, C., Goede, M.: Aluminium in Innovative Light-weight Car Design (Results of the SLC Project for Aluminium Processing and Applications). Proceedings Int. SLC Conference: „Innovative Developments for Lightweight Vehicle Structures", Wolfsburg, Mai 2009, S. 101–114

Kissell, J. R., Ferry, R. L.: Aluminum Structures: A Guide to Their Specification & Design. 2. Aufl., J. Wiley & Sons Inc., New York, 2002

Krüger, U.: Geschichte des Metall-Flugzeugbaus – Werkstoffe, Schweißen und Löten, Konstruktionen. DVS-Media GmbH, Düsseldorf, 2008

Mader, W. in Moeller, E. (Hrsg.): Konstruktionswerkstoffe, Auswahl, Eigenschaften, Anwendung; 2. Aufl., München: Carl Hanser Verlag, 2013

Ostermann, F.: Anwendungstechnologie Aluminium. 3. Aufl., Springer Verlag, Berlin/Heidelberg, 2014

Voce, E. J.: Inst. Metals, 74, (1947–1948) S. 537

Normen und Vorschriften

Hobacher, A. (Hrsg.): IIW-document XIII-1965-03/XV-1127-03. Recommendations for Fatigue Design of Welded Joints and Components. International Institute of Welding, 2003

EN 1999: Bemessung und Konstruktion von Aluminiumtragwerken. Teil 1-3: Ermüdungsbeanspruchte Tragwerke

ECCS-Dokument Nr. 68: ECCS-European Recommendation for Aluminium Alloy Structures Fatigue Design. Brüssel, 1992

DVS 1608: Gestaltung und Festigkeitsbewertung von Schweißverbindungen an Aluminiumlegierungen im Schienenfahrzeugbau. DVS-Verlag, Düsseldorf, 2010

Firmeninformationen

www.aluminium.matter.org.uk
www.eaa.net/aam
www.aluSelect
www.aluinfo.de

4 Magnesiumwerkstoffe

Peter Kurze

4.1	Magnesium als reines Metall	259	4.5	Verarbeitung und Bearbeitung von Magnesiumlegierungen	271
4.2	Magnesiumlegierungen	260	4.5.1	Urformen	271
4.2.1	Einteilung und Nomenklatur von Magnesiumlegierungen	260	4.5.2	Umformen	272
4.2.2	Einfluss der Legierungselemente	261	4.5.3	Fügen von Magnesiumlegierungen	273
4.3	Eigenschaften von Magnesiumlegierungen	262	4.6	Anwendung von Magnesiumlegierungen	274
4.3.1	Mechanische Eigenschaften	262	4.6.1	Automobilbau	274
4.3.2	Physikalische Eigenschaften	264	4.6.2	Elektronik	275
4.3.3	Chemische Eigenschaften	266	4.6.3	Maschinenbau	276
			4.6.4	Raumfahrt	277
4.4	Korrosion und Korrosionsschutz	267			
4.4.1	Korrosion	267	4.7	Fazit	277
4.4.2	Korrosionsschutz	268			
4.4.2.1	Zusatz von ausgewählten Legierungselementen	268	4.8	Weiterführende Informationen	278
4.4.2.2	Oberflächenbehandlung von Magnesiumwerkstoffen	268			

In vielen Bereichen ist Magnesium – ein alter und zugleich neuer Werkstoff – als leichtester metallischer Konstruktionswerkstoff sehr aktuell geworden. Seine Geschichte weist Magnesium als typisch „europäisches Metall" aus, mit dem viele namhafte Persönlichkeiten in Verbindung gebracht werden können. Seinen Namen verdankt es Magnesia, einem Gebiet im östlichen Griechenland. 1808 wurde es von dem Engländer Sir Humphry Davy entdeckt und 1828 von dem Franzosen A. Bussy in massiver Form dargestellt. 1830 bestimmte der Deutsche Justus von Liebig seine Eigenschaften. 1833 produzierte der Engländer M. Faraday Magnesium mittels Elektrolyse, und der Deutsche Robert Bunsen entwickelte eine Elektrolysezelle. Sie alle schufen damit die Grundlagen, die auch heute noch für die Gewinnung von Magnesium Gültigkeit haben. Schließlich begann 1886 die erste industrielle Produktion von Magnesium in Hemelingen bei Bremen. In den 30er Jahren des vorigen Jahrhunderts begann eine starke Nachfrage nach Magnesium in Deutschland. Es wurde z. B. im VW Käfer in Großserie (21 kg Mg im Motorblock/Getriebegehäuse) eingesetzt. 1939 wird bereits ein hoher Stand der Magnesiumtechnologie dokumentiert (Beck 1939).

Leider gingen viele Erfahrungen zu diesem Werkstoff im Laufe des 2. Weltkrieges verloren. Anfang des 21. Jahrhunderts ist es eine Herausforderung – insbesondere in Hochtechnologiebereichen – leichte metallische Konstruktionswerkstoffe verstärkt einzusetzen mit dem Ziel, Masse zu reduzieren und Energie einzusparen. Typisch dafür sind die Bereiche Fahrzeugbau, Luft- und Raumfahrt, Maschinenbau sowie Elektrotechnik und Elektronik.

In den letzten 10 Jahren hat sich beim Einsatz von Magnesium-Werkstoffen nicht viel geändert. Dies gilt für Europa und insbesondere für Deutschland. Demgegenüber hat China eine Monopolstellung erlangt. Dort wird Magnesium für Satelliten eingesetzt, in anderen asiatischen Ländern auch für Felgen.

Leichtmetall	Symbol Kristallstruktur	Dichte in g/cm^3	Reaktion	Standardreduktionspotenzial E° in V (Weast 1987)
Magnesium	Mg (2)	1,7	$Mg^{2+} + 2e^- \rightleftharpoons Mg$	-2,37
Beryllium	Be (2)	1,85	$Be^{2+} + 2e^- \rightleftharpoons Be$	-1,85
Aluminium	Al (1)	2,7	$Al^{3+} + 3e^- \rightleftharpoons Al$	-1,66
Titan	Ti (2)	4,5	$Ti^{2+} + 2e^- \rightleftharpoons Ti$	-1,63

(1) kubisch   (2) hexagonal

II

Einerseits besteht bei Einsatz von Magnesiumwerkstoffen der gravierende Vorteil der Masseeinsparung bei gleichzeitiger Nutzung günstiger mechanischer und physikalischer Eigenschaften, andererseits neigen Magnesiumwerkstoffe von Natur aus stark zur Korrosion. Durch Umgebungsbedingungen, wie Beanspruchung durch aggressive Medien (im Winter Salz auf den Straßen) und Einwirkung von Luftverschmutzungen (z. B. SO_2), steht man der Verwendung von Magnesiumwerkstoffen auch jetzt noch sehr skeptisch gegenüber. Nicht nur die allgemeine Korrosion des Magnesiums wird in diesem Zusammenhang gesehen, sondern auch die Folgen von Bimetallkorrosion (auch als galvanische oder Kontaktkorrosion bezeichnet). Magnesium und seine Legierungen sind die leichtesten, aber auch die unedelsten Konstruktionswerkstoffe aus Leichtmetall.

4.1 Magnesium als reines Metall

Magnesium (Mg) ist ein Element der II. Hauptgruppe des Periodensystems mit der Ordnungszahl 12 und der relativen Atommasse 24,3050. Das Metall kommt in der Natur nicht elementar vor, sondern nur in Form von Verbindungen, vorwiegend als Carbonate, Silicate, Chloride und Sulfate. Die Vorkommen sind häufig, so bestehen z. B. ganze Gebirgszüge, wie die Dolomiten, aus Magnesium haltigem Mineral, dem Dolomit $CaMg(CO_3)_2$.

Die Herstellung erfolgt aus geschmolzenem Magnesiumchlorid in Dow-Zellen, das aus Magnesiumoxid hergestellt wird. Das an der Kathode abgeschiedene Magnesium wird abgeschöpft und das an der Anode entstehende Chlorgas in den Prozess zurückgeführt. Reines Magnesium und konventionell gegossene Magnesiumlegierungen kristallisieren in hexagonal dichtester Kugelpackung (hdp-Gitter) ohne Modifikationswechsel. Sie haben eine deutliche Anisotropie und sind deshalb für Kaltverformung schlecht geeignet.

Unterhalb von 225 °C ist eine Verformung nur durch {0001} ⟨11 20⟩-Basis-Gleiten und pyramidale {10 12} ⟨10 11⟩ – Zwillingsbildung möglich. Oberhalb von 225 °C nimmt die Verformbarkeit durch Bildung neuer Gleitebenen {1011} sprunghaft zu. Starke Verformungen sollten daher in diesem Temperaturbereich erfolgen (Emley 1969). Diese Tatsache muss für das Strangpressen und das Walzen von Magnesiumlegierungen unbedingt beachtet werden. In Tabelle 4.1 sind die Eigenschaften von Reinmagnesium aufgeführt.

Durch Zulegieren ausgewählter Elemente werden die Eigenschaften des reinen Magnesiums wesentlich verbessert. Magnesiumlegierungen zeichnen sich durch ihre guten Ver- und Bearbeitungseigenschaften aus. Allgemein sind sie durch folgende Eigenschaften charakterisiert:

- Geringste Dichte der metallischen Leichtbauwerkstoffe,
- hohe spezifische Festigkeit,
- hohe Dämpfungskapazität,
- exzellente Gießbarkeit,
- gute Schweißbarkeit unter Schutzgas,
- einfache spanabhebende Formgebung, z. B. Fräsen, Drehen, Sägen,
- vollständige Recyclierbarkeit.

Tab. 4.1: *Eigenschaften von Reinmagnesium (Merkel/Thomas 2003)*

Mg kristallisiert hdp mit dem idealen Achsenverhältnis c/a = 1,62	
Dichte in g/cm^3	1,74
Schmelzpunkt in °C	650
Siedepunkt in °C	1110
Wärmeleitfähigkeit in W/cm °C (20 °C)	5,44
Wärmeleitfähigkeit in W/cm °C (1106 °C)	7,52
Spezifische Wärme in J/g °C (0 °C)	0,142
Spezifische Wärme in J/g °C (1227 °C)	0,161
Elektrische Leitfähigkeit in μΩ/cm (20 °C)	12,43
Elektrische Leitfähigkeit in μΩ/cm (1000 °C)	54,8
Spezifische Wärmekapazität c_p in $J \cdot kg^{-1} \cdot K^{-1}$	1017,4
Wärmeleitfähigkeit λ in $W \cdot m^{-1} \cdot K^{-1}$	157,4
Wärmeausdehnungskoeffizient α in $10^{-6} \cdot K^{-1}$	24,5
Spezifische elektrische Leitfähigkeit χ in $MS \cdot m^{-1}$	22,2
Spezifischer elektrischer Widerstand ρ in $\Omega \cdot cm$	$4,5 \cdot 10^{-6}$
Temperaturkoeffizient des Widerstandes α in K^{-1}	$4,2 \cdot 10^{-3}$
Elastizitätsmodul E in GPa	44,3
Gleitmodul (Schubmodul) G in GPa	17,4
POISSON-Zahl μ = 0,27	
Zugfestigkeit $R_{m\,gegossen}$ in MPa / $R_{m\,gepresst}$ in MPa	98 … 128 / 245
Bruchdehnung (gegossen) A in % / (gepresst) A in %	5 / 10

Diesen Eigenschaften stehen jedoch auch einige negative Gesichtspunkte bei der Anwendung von Magnesiumlegierungen gegenüber. Neben der schlechten Kaltverformbarkeit unterhalb von 225 °C sind auch die durch die starke Schwindung von ca. 4 % bei der Erstarrung bzw. 5 % bei der Abkühlung auf Raumtemperatur bedingte Mikroporosität und die geringe Zähigkeit sowie hohe Kerbempfindlichkeit häufig Argumente gegen den Einsatz von Magnesiumlegierungen (Eschelbach 1969).

Die statischen und dynamischen Eigenschaften des Magnesiums stehen ebenso hinter den entspre-

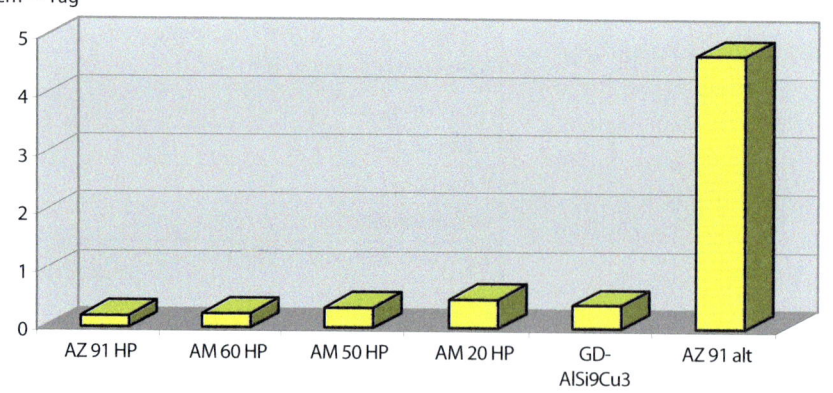

Abb.4.1: *Korrosionsraten verschiedener Magnesiumlegierungen im Vergleich mit einer Aluminium-Druckgusslegierung*

chenden Werten des konkurrierenden Aluminiums zurück, so z. B. der E-Modul. Ein niedriger E-Modul kann aber auch Vorteile haben, z. B. gute Dämpfungseigenschaften. Trotzdem finden Magnesiumwerkstoffe überall dort Anwendung, wo die Masseersparnis Priorität hat.

Trotz der Entwicklung von High-Purity-Magnesiumlegierungen sowie dem Zusatz spezieller Legierungselemente, z. B. Seltene Erden, ist zwar die Korrosionsbeständigkeit gesteigert worden, es ist und bleibt aber wesentliches Argument der Kritiker für den Einsatz von Magnesiumlegierungen, dass diese korrodieren. Abbildung 4.1 zeigt einen Vergleich der Korrosionsraten verschiedener Magnesiumlegierungen mit einer Aluminium-Druckgusslegierung.

Aus dieser Abbildung ist zu entnehmen, dass z. B. AZ91 (alte Version mit Schwermetall) gegenüber AZ91HP eine mit dem Faktor 19 höhere Korrosionsrate besitzt. High-Purity-Magnesiumlegierungen sind in Bezug auf die Korrosionsrate vergleichbar mit gebräuchlichen Aluminium-Druckgusslegierungen. Dieses Beispiel zeigt, dass man der Korrosion des Magnesiums durchaus begegnen kann.

4.2 Magnesiumlegierungen

4.2.1 Einteilung und Nomenklatur von Magnesiumlegierungen

Weltweit hat sich die Nomenklatur nach der ASTM-Norm (ASTM-B275) durchgesetzt. Die Legierungen werden durch Kurzbuchstaben der Hauptlegierungselemente, gefolgt von deren gerundeten Gehalten in Masseprozent, gekennzeichnet (ASTM-B94).

Tab. 4.2: *Kurzbuchstaben für Legierungselemente des Magnesiums*

	Kurzbuchstabe	Legierungselement		Kurzbuchstabe	Legierungselement
xx	A	Aluminium		N	Nickel
	B	Wismut		P	Blei
	C	Kupfer	x	Q	Silber
	D	Cadmium		R	Chrom
x	E	Seltene Erden (Rare Earth)	x	S	Silicium
	F	Eisen		T	Zinn
	H	Thorium	x	W	Yttrium
x	K	Zirkonium		Y	Antimon
	L	Lithium	xx	Z	Zink
xx	M	Mangan			

xx sehr häufig   x häufig   nicht gekennzeichnet: selten

Nachgestellt können Buchstaben A, B, C und D sein, die den Grad der Verunreinigungen charakterisieren. Der nachgestellte Buchstabe X kennzeichnet eine Experimentallegierung. T1 bis T6 bezeichnet die Wärmebehandlungszustände. In Europa ist HP für High Purity oftmals nachgestellt. Es entspricht D in der ASTM-Norm.

Dies sei am Beispiel AZ91D erläutert. AZ91D (identisch mit AZ91HP, nach DIN-Norm GD-MgAl9Zn1) ist eine Magnesiumlegierung mit nominell 9 Masse-% Aluminium und 1 Masse-% Zink von HP-Qualität. ASTM B-94 schreibt für gegossenes AZ91D folgende chemische Zusammensetzung vor (Tab. 4.3):

Tab. 4.3: *Chemische Zusammensetzung von AZ91D*

Legierungsmetall	Masse-%
Al	8,3–9,7
Zn	0,35–1,0
Si	max. 0,10
Mn	min. 0,15
Cu	max. 0,0
Fe	max. 0,005
Ni	max. 0,002
andere	max. 0,02

4.2.2 Einfluss der Legierungselemente

Die Eigenschaften von Magnesiumlegierungen werden – wie bei anderen Metallen auch – durch Art und Menge der zulegierten Elemente bestimmt (Tab. 4.4).

Tab. 4.4: *Einfluss der einzelnen Legierungselemente auf die Eigenschaften der Magnesiumlegierungen*

Element	Wirkung
Aluminium Al	ist das Hauptlegierungselement, das in allen technisch genutzten Magnesiumlegierungen enthalten ist. Es erhöht die Zugfestigkeit und die Härte, wobei die Härtesteigerung auf Bildung der Phase $Mg_{17}Al_{12}$ beruht (bis maximal 120 °C stabil). Die Gießbarkeit des Magnesiums wird entscheidend verbessert. Ein Nachteil ist die erhöhte Neigung zur Mikroporosität.
Silber Ag	erhöht in Verbindung mit Seltenen Erden in starkem Maße die Warmfestigkeit und Kriechbeständigkeit, bewirkt jedoch eine erhöhte Neigung zur Korrosion.
Beryllium Be	wird der Schmelze in geringen Konzentrationen zugegeben (< 30 ppm). Die Oxidation der Schmelze wird drastisch reduziert.
Calcium Ca	weist einen Kornfeinerungseffekt auf und erhöht die Kriechbeständigkeit. Allerdings ist eine Tendenz zum Kleben in der Form und Heißrissneigung vorhanden.
Lithium Li	bewirkt eine Mischkristallverfestigung bei Umgebungstemperatur, reduziert die Dichte und erhöht die Duktilität. Das Abdampfungs- und Brandverhalten der Schmelze und die Korrosionsbeständigkeit werden stark negativ beeinflusst.
Mangan Mn	erhöht die Zugfestigkeit und die Korrosionsbeständigkeit und führt zu einer Kornfeinerung und verbesserter Schweißbarkeit
Seltene Erden RE (für Rare Earth)	Yttrium, Neodymium und Cer bewirken in Magnesiumlegierungen die Bildung stabiler Ausscheidungen, die die Warmfestigkeit sowie die Kriech- und Korrosionsbeständigkeit in starkem Maße erhöhen.
Silicium Si	verschlechtert die Gießbarkeit, erhöht aber die Kriechbeständigkeit.
Thorium Th	ist das effektivste Element, um die Warmfestigkeit und die Kriechbeständigkeit von Magnesiumlegierungen zu erhöhen (leider radioaktiv).
Zink Zn	verbessert wie Aluminium die Gießbarkeit und hat eine festigkeitssteigernde Wirkung. So kann durch Zinkzusatz bis zu 3 Masse-% die Schwing- und Zugfestigkeit erhöht werden. Wie beim Aluminium steigt jedoch die Tendenz zur Mikroporosität und bei Gehalten über 2 Masse-% die Tendenz zur Heißrissbildung.
Zirkonium Zr	führt zu einer Steigerung der Zugfestigkeit ohne Absinken der Dehnung (Kornfeinerung). Allerdings kann Zirkon nicht den aluminium- oder siliciumhaltigen Schmelzen zugegeben werden.

Die Legierungselemente Nickel, Eisen und Kupfer beeinflussen in höchstem Maße die Korrosionsstabilität der Magnesiumlegierungen. In HP- (oder D-)Legierungen darf der maximale Gehalt an Nickel 0,002 Masse-%, an Kupfer 0,03 Masse-% und an Eisen 0,005 Masse-% sein. Für hochwertige Anwendungen sollten immer HP-Legierungen eingesetzt werden.

4.3 Eigenschaften von Magnesiumlegierungen

4.3.1 Mechanische Eigenschaften

Allgemein haben Magnesiumlegierungen bei niedrigen Temperaturen im Bereich von -50 bis ca. +100 °C gute mechanische Eigenschaften. Einige Sonderlegierungen, z. B. ZE41 und WE43, sind bei wesentlich höheren Temperaturen (bis 300 °C) einsetzbar. Die charakteristischen mechanischen Eigenschaften sind in Tabelle 4.5 dargestellt. Es handelt sich bei den Angaben um Durchschnittswerte für Probestäbe, welche auf einer Kaltkammermaschine mit einer 6-fach Form (L_0=50 mm) und 10 mm · 10 mm · 55 mm für den Schlagtest gegossen wurden.

Die mechanischen Eigenschaften hängen in hohem Maße von der Legierungszusammensetzung, dem Herstellungsverfahren und dessen Parametern ab. Die Zugfestigkeit und die 0,2 %-Dehngrenze sind bei niedriger Temperatur der Legierung höher, während die Dehnung mit fallender Temperatur abnimmt. Magnesiumlegierungen kriechen erst bei höheren Temperaturen (über 100 °C) sehr stark.

Der E-Modul von Magnesiumlegierungen ist gegenüber Aluminiumlegierungen (bei Raumtemperatur: Mg-Legierung 45 GPa, Al-Legierung 71 GPa) viel geringer. Er sinkt mit steigender Temperatur. Hohe Dämpfungsfähigkeit ist im Regelfall mit einem niedrigen E-Modul verbunden. Aus diesem Grunde haben Magnesiumlegierungen eine sehr hohe Dämpfungsfähigkeit, nämlich viel höher als Stahl oder Aluminiumlegierungen.

Folgende Seite:
Abb. 4.2: *Ausgewählte Diagramme zur Charakterisierung mechanischer Eigenschaften von Magnesium-Druckgusslegierungen (Hydro Magnesium 2001)*
linke Spalte von oben nach unten
Spannungs-Dehnungskurve von Magnesium-Druckgusslegierungen bei Raumtemperatur
0,2 %-Dehngrenze von Magnesium-Druckgusslegierungen
Schlagfestigkeit von Magnesium-Druckgusslegierungen
Bruchdehnung von Magnesium-Druckgusslegierungen als Ergebnis von Zugversuchen
Kriechdehnung von Magnesium-Druckgusslegierungen bei 150 °C und 50 MPa
rechte Spalte von oben nach unten
Zugfestigkeit von Magnesium-Druckgusslegierungen
Ermüdungsverhalten von Magnesium-Druckgusslegierungen bei axialer Belastung
Ergebnisse von Schlagtests mit Teststäben ohne Kerbe
Kriechdehnung von Magnesium-Druckgusslegierungen bei 100 °C und 50 MPa
Brinell-Härte von Magnesium-Druckgusslegierungen bei Raumtemperatur

Tab. 4.5: *Mechanische Eigenschaften von Magnesium-Druckgusslegierungen (Hydro Magnesium 2001)*[*]

Eigenschaft	Einheit	AZ91	AM60	AM50	AM20	AS41	AS21	AE42
Zugfestigkeit, R_m	MPa	248	247	237	206	240	230	237
0,2 %-Dehngrenze, $R_{p0,2}$	MPa	148	123	116	94	130	120	130
Druckfestigkeit	MPa	148		113	74		106	103
Bruchdehnung (L_0=50 mm)	%	6,6	12	14	16	10	12	13
Elastizitätsmodul	GPa	45	45	45	45	45	45	45
Schermodul	GPa	17	17	17	17	17	17	17
Brinellhärte	HBS 1/5	70	65	60	45	60	55	60
Schlagfestigkeit Charpy, ohne Kerbe	J	6	17	18	18	4	5	5

[*] Norsk Hydro hat 2006/2007 sein Magnesiumengagement beendet, demzufolge sind keine aktuellen Unterlagen zugänglich

4.3 Eigenschaften von Magnesiumlegierungen

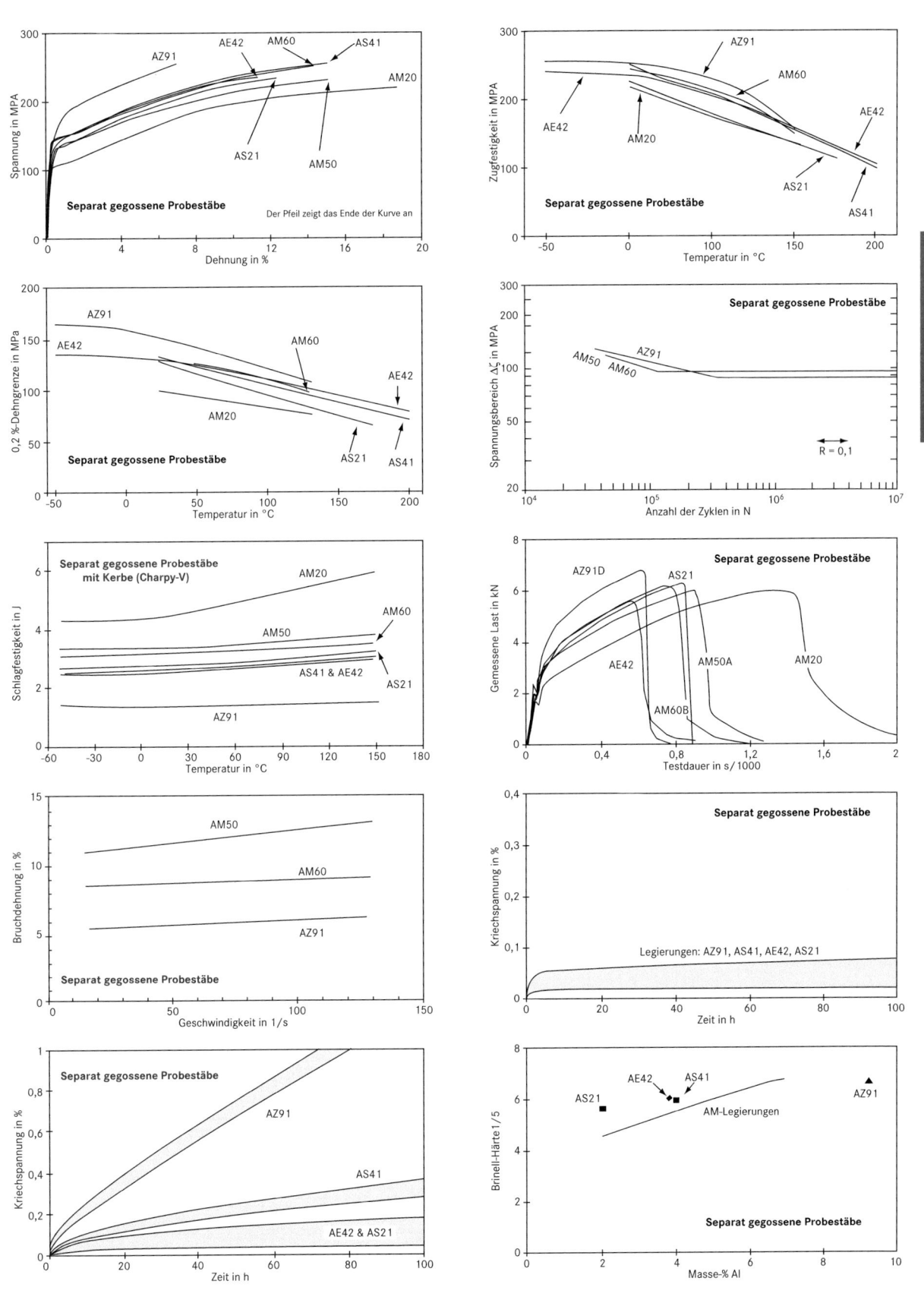

Die Dauerschwingfestigkeit von Magnesium-Druckgusslegierungen ist gut bis befriedigend, aber geringer als die von Aluminium-Druckgusslegierungen,
z. B. AZ91   50 MPa bei   50 · 10^6 Lastwechseln
     AM50   45 MPa bei   50 · 10^6 Lastwechseln
     A380 120 MPa bei 500 · 10^6 Lastwechseln

Es ist daher verständlich, dass sowohl die Oberflächengüte als auch die Beschichtung von Magnesiumbauteilen zur Steigerung des Korrosions- und Verschleißschutzes beim möglichen Einsatzfall mit berücksichtigt werden müssen. Von den gebräuchlichen Magnesium-Druckgusslegierungen hat AZ91 die höchste Schwingfestigkeit.

Die Kerbschlagzähigkeit von Magnesiumlegierungen ist vergleichbar mit der von Aluminiumlegierungen, aber geringer als die von Stahl und Schwermetallen. Die Kerbschlagzähigkeit im Vergleich bei Raumtemperatur und bei sehr niedriger Temperatur (-200 °C) bleibt unverändert (kein Umschlag vom duktilen zum spröden Bruch). Abbildungen 4.2 zeigen eine Zusammenstellung von Diagrammen über mechanische Eigenschaften von Mg-Druckgusslegierungen (Hydro Magnesium 2001).

Diese Diagramme sind zwar fast 20 Jahre alt, aber immer noch aussagekräftig, zumal keine neuen Aussagen verfügbar sind.

4.3.2 Physikalische Eigenschaften

Einige Werte zu charakteristischen physikalischen Eigenschaften von Magnesiumdruckgusslegierungen sind in Tabelle 4.6 dargestellt.

Die Werte in Klammern sind geschätzt. Die spezifische Dämpfungskapazität von AZ91 bei 35 MPa beträgt 25 % und bei 100 MPa 53 %.

Folgende allgemeine Aussagen können in Bezug auf physikalische Eigenschaften von Magnesiumlegierungen getroffen werden (Abb. 4.3). In Bezug auf Aktualität gilt das bereits für die Abbildungen 4.2 Gesagte.

Dichte
Magnesium und seine Legierungen sind die leichtesten metallischen Konstruktionswerkstoffe (Abb. 4.3a).

Wärmeausdehnung
Die Wärmeausdehnung von Legierungen im Vergleich zu Reinmagnesium wird verringert durch Zusätze von Silicium, Wismut und Zinn, während sie durch Zusatz von Zink erhöht wird. Der Zusatz von Aluminium oder Mangan verändert den Wert kaum.

Wärmeleitfähigkeit
Die Wärmeleitfähigkeit von Legierungen im Vergleich zu Reinmagnesium wird durch steigende Zusätze an

Tab. 4.6: *Physikalische Eigenschaften von Magnesium-Druckgusslegierungen (Hydro Magnesium 2001)*

Eigenschaft	Einheit	Temp.°C	AZ91	AM60	AM50	AM20	AS41	AS21	AE42
Dichte	g·cm^{-3}	20	1.81	1,80	1,77	1,75	1,77	1,76	1,79
Liquidustemperatur	°C			598	615	620	638	617	632	625
Anschmelztemperatur	°C		420-435	420-435	420-435	420-435	(420-435)	(420-435)	(590)
Wärmeausdehnungskoeffizient	µm·m^{-1}·K^{-1}	20-100	26,0	26,0	26,0	26,0	26,1	26,1	26,1
Schmelzwärme	kJ·kg^{-1}			370	370	370	370	370	370	370
Spez. Wärmekapazität	kJ·kg^{-1}·K^{-1}	20	1,02	1,02	1,02	1,02	1,02	1,02	1,02
Wärmeleitfähigkeit	W·m^{-1}·K^{-1}	20	51	61	65	94	68	84	84
Elektrische Leitfähigkeit	MS·m^{-1}	20	6,6		9,1	13,1		10,8	11,7

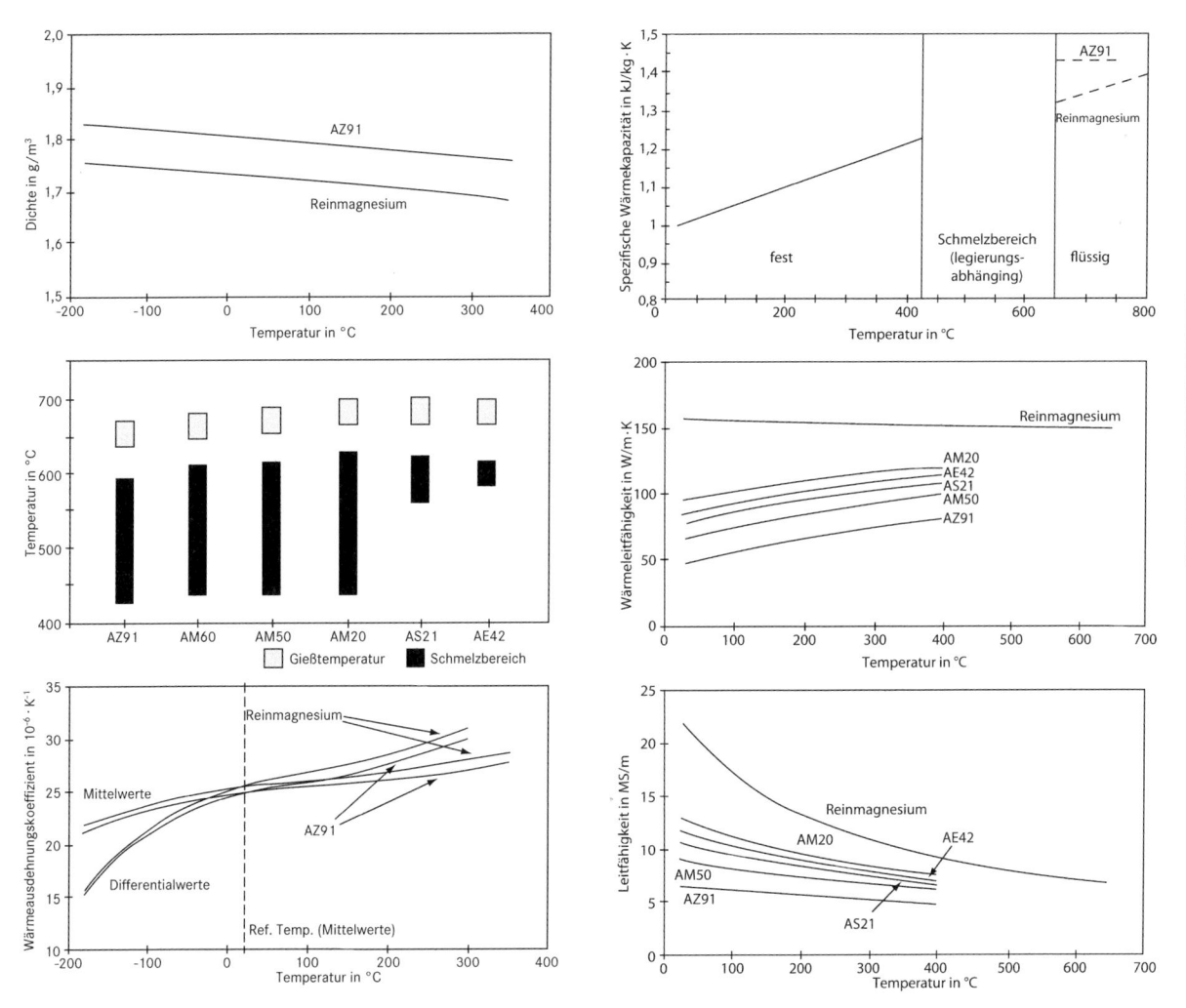

Abb. 4.3: *Ausgewählte Diagramme zur Charakterisierung physikalischer Eigenschaften von Magnesium-Druckgusslegierungen (Hydro Magnesium 2001)*
linke Spalte von oben nach unten
Dichte von kokillengegossenem AZ91 und Reinmagnesium, berechnet aus dem Wärmeausdehnungskoeffizienten, basierend auf Dichtemessungen
Schmelzbereich und typische Gießtemperaturen von Magnesium-Druckgusslegierungen
Wärmeausdehnungskoeffizient von kokillengegossenem AZ91 und Reinmagnesium
rechte Spalte von oben nach unten
Spezifische Wärmekapazität von Magnesiumlegierungen
Wärmeleitfähigkeit von kokillengegossenen Magnesiumlegierungen
Elektrische Leitfähigkeit von kokillengegossenen Magnesiumlegierungen und Reinmagnesium

Aluminium, Zinn und Mangan stark herabgesetzt, während Zusätze an Zink und Silber einen geringen Einfluss ausüben (Abb.4.3e).

Brennbarkeit

Kompakte Stücke von Magnesiumlegierungen als Ganzes können nicht zum Brennen gebracht werden. Wird ein solches Stück örtlich bis über den Schmelzpunkt erhitzt, so verbrennt an der Luft nur das geschmolzene Metall, ohne dass der Brand auf das Reststück übergreift. Anders ist es bei Spänen, bei denen schon die Verbrennungswärme eines einzelnen Spanes genügt, um benachbarte Späne zu entzünden. Trockene Späne brennen ruhig ab, während feuchte Späne infolge der gleichzeitig einsetzenden Wasserstoffentwicklung zu einer lebhaften Reaktion führen. Dagegen neigen beim Polieren oder Schleifen Magnesium Stäube zu Staubexplosionen. Bei der mechanischen Bearbeitung von Magnesium sind besondere Sicherheitsvorschriften zu beachten.

Elektrische Leitfähigkeit

Aufgrund der hexagonalen Kristallstruktur des Magnesiums hat der elektrische Widerstand bei Raumtemperatur senkrecht zur hexagonalen Achse einen Wert von $4{,}54 \cdot 10^6\,\Omega \cdot cm$, während er parallel zur hexagonalen Achse $3{,}77 \cdot 10^6\,\Omega \cdot cm$ beträgt. Die elektrische Leitfähigkeit des Magnesiums und seiner Legierungen nimmt mit fallender Temperatur stark zu, aber selbst bei einer Temperatur von 0,74 K tritt noch keine Supraleitfähigkeit ein. Bei erhöhter Temperatur nimmt sie stark ab (Abb. 4.3f). Die elektrische Leitfähigkeit von Reinmagnesium wird durch Zusatz schon geringer Mengen an Aluminium, Antimon und Lithium erniedrigt, während selbst größere Zusätze an Schwermetallen (Kupfer, Nickel, Kobalt) oder Silber nur einen relativ geringen Einfluss ausüben. Ein Zusatz von Zink wirkt sich viel weniger auf die elektrische Leitfähigkeit aus (verglichen mit Reinmagnesium) als der Zusatz von Aluminium.

Elektromagnetische Eigenschaften

Magnesiumlegierungen haben schon unbeschichtet Schirmdämpfungen von über 100 dB über den gesamten Frequenzbereich. Die Schirmdämpfung nimmt mit steigender Frequenz zu und erreicht bei Wandstärken des Magnesiumgusses von 5 mm bereits bei 10 MHz einen Wert von 1000 dB.

Optische Eigenschaften (Reflexion)

Mechanisch frisch bearbeitetes Magnesium oder seine Legierungen sehen silberhell glänzend aus. Die Reflexion im Bereich des sichtbaren Lichtes von mechanisch polierten Oberflächen ist etwa vergleichbar mit der von Aluminium, während sie im ultraroten und ultravioletten Bereich etwas niedriger liegt. Je nach Art der umgebenden Atmosphäre ändern sich mit der Zeit auch stark die optischen Eigenschaften des Magnesiums oder seiner Legierungen. Die Reflexion im sichtbaren Bereich wird wesentlich geringer.

Verhalten des Magnesiums und seiner Legierungen bei Einwirkung von „harten Strahlen"

Magnesium ist weitgehend röntgentransparent. Über das Verhalten von Magnesium bei Einwirkung anderer „harter" Strahlen ist wenig bekannt.

4.3.3 Chemische Eigenschaften

Von Natur aus bilden Magnesiumwerkstoffe an feuchter Luft eine dünne (< 1 μm) Passivschicht, die im Wesentlichen aus Magnesiumhydroxid $Mg(OH)_2$ und hydratisierten oxidischen Bestandteilen der Legierungselemente besteht. Dieses Verhalten ist für alle Leichtmetalle typisch. Ono (Ono 1998) weist speziell für Magnesium und seine Legierungen eine Dreischichtstruktur der Passivschicht aus, die charakterisiert ist durch eine hydratisierte innere auf dem Metall liegende Schicht, eine dünne und dichte mittlere Schicht sowie eine äußere porige Zone. In der Passivschicht sind auch Legierungsbestandteile wie Aluminium, Zink und Seltene Erden meist im hydratisierten Zustand enthalten, die die Korrosionsstabilität des Magnesiumwerkstoffs beeinflussen. Bei Magnesium wird der pH-Wert in der Passivschicht durch Wasser (Luftfeuchtigkeit) angehoben und dadurch die aus $Mg(OH)_2$ bestehende Passivschicht stabilisiert. Dem Pourbaix-Diagramm (Pourbaix 1974) entnimmt man, dass $Mg(OH)_2$ erst ab einem pH-Wert größer als 8,5 stabil ist. Das erklärt die Tatsache, warum es im Gegensatz zu Aluminiumwerkstoffen in alkalischen Medien nicht aufgelöst wird.

Auf Grund der hexagonalen Gitterstruktur des Magnesiums kommt es zu geometrischen Fehlanpassungen mit der Struktur der natürlich gebildeten Passivschicht. In der Passivschicht entstehen hohe Druckspannungen, die zu Rissen führen, sodass korrosive Stoffe bis zum Metall vordringen und Korrosion verursachen können. Die Passivschicht auf Magnesium ist gegen wässrige Elektrolyte, wie Säuren, Salze, die Ionen wie Cl^-, SO_3^{2-}, SO_4^{2-}, NO_3^-, PO_4^{3-}, CO_3^{2-} enthalten, nicht beständig, da sie aufgelöst wird (Ausnahme: F^-- und CrO_4^{2-}-Ionen). Gegen viele organische Stoffe ist die natürliche Passivschicht des Magnesiums stabil, z.B. gegen Kohlenwasserstoffe, gebräuchliche Alkohole (außer gegen Methanol!), Aromaten, Ether und Ester.

4.4 Korrosion und Korrosionsschutz

Korrosion und Korrosionsschutz von Magnesiumwerkstoffen sind für die Anwendung ein zentrales Thema. Deshalb wird dieser Aspekt hier ausführlicher behandelt.

4.4.1 Korrosion

Alle Korrosionsarten an Magnesiumwerkstoffen lassen sich auf elektrochemische Vorgänge zurückführen. Man erwartet aufgrund des hohen elektronegativen Potenzials eine erhebliche Korrosionsneigung. Die häufigsten Korrosionsarten sind:

Lochfraßkorrosion hat ihre Ursache in Gefügeinhomogenitäten, z.B. Ausscheidung von $Mg_{17}Al_{12}$-Kristalliten. Diese Ausscheidungen sind edler als die umgebende Matrix, und es kommt hier zur Bildung von Lokalelementen. Im wissenschaftlichen Sinne ist diese Erscheinung keine Lochfraßkorrosion (im Passivbereich befindet sich kein definiertes Lochfraßpotenzial!), sondern eine galvanische Korrosion, die lochartige Korrosionsspuren hinterlässt.

Spannungsrisskorrosion entsteht bei Magnesium-Werkstoffen durch innere und äußere Zugspannungen in Verbindung mit dem spezifischen Korrosionsmedium. Diese Korrosionsart tritt in Chlorid-, Sulfat- und sogar Chromatlösungen auf. Es kommt zur Versprödung der Rissspitze durch Adsorption von Wasserstoff, der infolge des Korrosionsvorganges gebildet wird.

Galvanische Korrosion ist die Folge der Bildung eines galvanischen Elementes. Diese Korrosionsart ist bei Magnesiumlegierungen aus zwei Gründen sehr häufig:

- Eine Magnesiumlegierung enthält immer edlere Bestandteile, wie Schwermetalle, insbesondere Fe, Cu, Ni.

Besonders negativ tritt die galvanische Korrosion auf, wenn Magnesiumlegierungen mit Schwermetallen (Fe, Cu, Ni) verunreinigt sind, die dann im elektrischen Kontakt mit der Matrix stehen. Dadurch entwickelt sich bei Einwirkung wässriger Medien Wasserstoff bei einer geringen Überspannung. Der gesamte Vorgang wird durch spezifische Anionen (z.B. Chlorid, Sulfat) unterstützt. Um diesen Vorgang zu verhindern, wurden hochreine Magnesiumlegierungen (High-Purity) entwickelt, die in chloridhaltigen wässrigen Medien wesentlich korrosionsbeständiger sind als die „alte Version" mit hohen Gehalten an Fe, Cu und Ni (Abb. 4.1).

- Es gibt kaum einen technischen Einsatz, in dem Magnesiumwerkstoffe nicht mit anderen edleren Metallen – wie sehr häufig Stahl – in Kontakt stehen (Mischbauweise).

Die beiden, in elektrischer Verbindung stehenden Metalle haben unterschiedliche Potenziale. Je größer die Potenzialdifferenz ist, umso mehr wird das unedlere Metall Magnesium (Anode) im Elektrolyten, der sich an der Kontaktstelle angesammelt hat, aufgelöst. Das verwendete Kathodenmaterial ist bei der Kontaktkorrosion von entscheidendem Einfluss.

Aus dem Modell des galvanischen Elementes für die galvanische Korrosion (Bimetallkorrosion) lassen sich folgende notwendige Schutzmaßnahmen ableiten:

- In trockener Atmosphäre sind für Magnesium keine galvanischen Schutzmaßnahmen erforderlich.
- In stark korrosiven Bereichen (Elektrolyt an der Kontaktstelle) sind folgende konstruktive Maßnahmen zu empfehlen:
  - Vermeiden des elektrischen Kontaktes von Magnesium mit anderen Metallen durch elektrische Isolierung. Direkter Kontakt mit Metallen wie Kupfer, Nickel und nichtrostendem Stahl ist zu vermeiden. Es können z.B. hartanodisierte Aluminiumunterlegscheiben oder Aluminiumschrauben verwendet werden.
  - Verwendung von Kontaktmaterial, das sich als „kompatibel" erwiesen hat, wie Aluminium-Magnesiumlegierungen der 50er- und 60er-Reihe (AlMg2.5, AlMg4.5Mn, AlMgSi1), Zink, Zinn, Polymere verursachen eine geringe galvanische Korrosion an Magnesium (Skar 2004).
  - Ansammlung von Elektrolyten an der Kontaktstelle vermeiden.

4.4.2 Korrosionsschutz

Als Korrosionsschutz dienen zum einen Maßnahmen zur Verbesserung der Qualität von Magnesiumlegierungen durch Zusatz weiterer Legierungselemente und zum anderen gezielte Oberflächenbehandlungen der Werkstoffe.

4.4.2.1 Zusatz von ausgewählten Legierungselementen

Es ist das Ziel, galvanische Vorgänge im Mikrobereich zu unterbinden und die Ausbildung einer homogenen Deckschicht zu erreichen. Die wichtigsten klassischen Legierungselemente – mit Ausnahme von Aluminium – sind weniger in der Lage, die Korrosionsfestigkeit des Magnesiums zu verbessern. Aluminium erhöht bis ca. 10 Masse-% als Zusatz zur Magnesiummatrix deutlich die Korrosionsbeständigkeit. Das Hinzufügen von Seltenen Erden, wie Nd, La, Ce, hat dagegen einen positiven Einfluss auf das Korrosionsverhalten der entsprechenden Magnesiumlegierung. Die elektrochemischen Standardpotenziale der Seltenen Erden liegen ausnahmslos in der Nähe von Magnesium, sodass keine galvanische Korrosion auftritt. Ein derartig veränderter Magnesiumwerkstoff ist z. B. WE54 (5 % Y, 3,5 % Nd und andere SE; 0,5 % Zr), der eine hohe Warmfestigkeit bis 300 °C und eine hervorragende Korrosionsstabilität (in chloridhaltigen Wässern) aufweist (Frazier 1989). Durch Abschrecken der Schmelze wird die Homogenität der Magnesiumlegierung verbessert, sodass zusätzliche Passivierungseffekte auftreten, die zur Verringerung der Korrosionsstromdichte um ein bis zwei Größenordnungen führen. Von großer Bedeutung sind die bisher noch wenig erforschten synergetischen Effekte bei mehrfach legierten Magnesiumwerkstoffen.

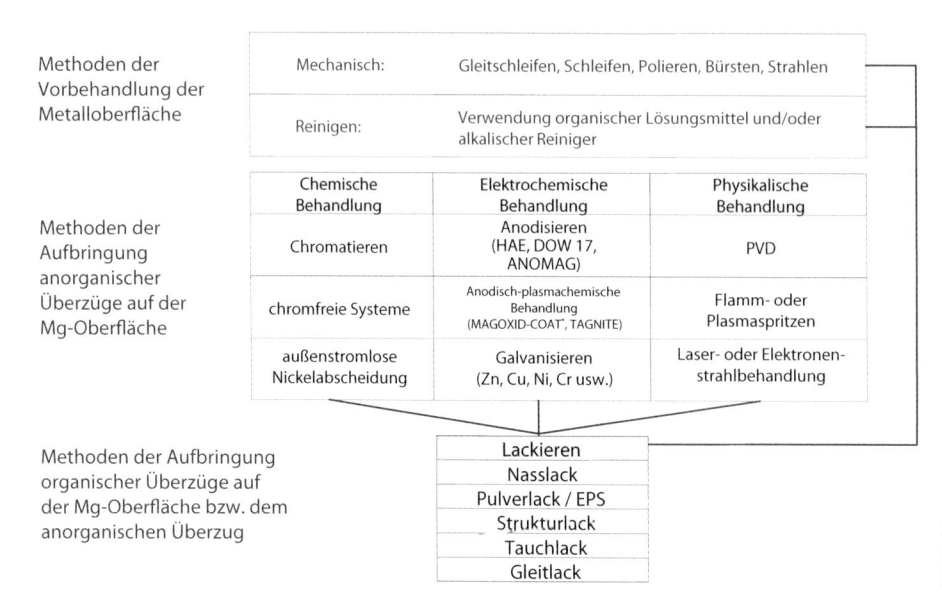

4.4.2.2 Oberflächenbehandlung von Magnesiumwerkstoffen

Die Oberflächenbehandlung von Magnesiumwerkstoffen ist eine sehr effektive Methode für den Korrosionsschutz (Kurze 2000). Sie ist an bestimmte Voraussetzungen gebunden:
- Der beste Oberflächenschutz ist wirkungslos, wenn der verwendete Magnesiumwerkstoff keine High-Purity-Qualität aufweist.
- Auf einem dichten Magnesiumguss wirkt der Oberflächenschutz besser als auf porigem Guss.
- Bei Magnesium-Druckguss ist die Gusshaut der am dichtesten gepackte Bereich. Die Entfernung dieser Gusshaut durch chemisches Beizen oder mechanische Behandlung (Strahlen) sowie anschließendes Aufbringen von Oberflächenschutz

Methoden der Vorbehandlung der Metalloberfläche	Mechanisch:	Gleitschleifen, Schleifen, Polieren, Bürsten, Strahlen	
	Reinigen:	Verwendung organischer Lösungsmittel und/oder alkalischer Reiniger	
Methoden der Aufbringung anorganischer Überzüge auf der Mg-Oberfläche	Chemische Behandlung	Elektrochemische Behandlung	Physikalische Behandlung
	Chromatieren	Anodisieren (HAE, DOW 17, ANOMAG)	PVD
	chromfreie Systeme	Anodisch-plasmachemische Behandlung (MAGOXID-COAT®, TAGNITE)	Flamm- oder Plasmaspritzen
	außenstromlose Nickelabscheidung	Galvanisieren (Zn, Cu, Ni, Cr usw.)	Laser- oder Elektronenstrahlbehandlung
Methoden der Aufbringung organischer Überzüge auf der Mg-Oberfläche bzw. dem anorganischen Überzug	Lackieren / Nasslack / Pulverlack / EPS / Strukturlack / Tauchlack / Gleitlack		

Abb. 4.4: *Methoden der Oberflächenbehandlung von Magnesiumwerkstoffen*

führt zu schlechteren Korrosionsstandzeiten im Vergleich zu denen, bei denen die Gusshaut nicht entfernt wurde.
- Die Magnesiumoberfläche lässt sich durch Strahlen mit Glasperlen oder Korundpartikel nicht verdichten wie die des Aluminiums; sie kann durch das Strahlgut (z. B. Fe) eher verunreinigt werden und dadurch starke Kontaktkorrosion verursachen.

In Abbildung 4.4 sind die wichtigsten Methoden der Oberflächenbehandlung von Magnesiumwerkstoffen zusammengestellt. Alle darin enthaltenen Verfahren dienen dazu, Schutzschichten zu applizieren mit dem primären Ziel, Korrosion zu verhindern. Die stromlosen elektrochemischen Verfahren zur Herstellung oxidischer Schutzschichten werden derzeit am häufigsten angewendet.

Stromlose elektrochemische Oberflächenbehandlung

Die zu beschichtenden Magnesiumbauteile werden nach entsprechender Vorbehandlung mit dem Konversionselektrolyten ohne Verwendung einer äußeren Stromquelle in Kontakt gebracht. Das kann durch Tauchen, Spritzen, Sprühen, Pinseln u. a. erfolgen. Dadurch reagiert die Magnesiumlegierung mit den Bestandteilen des Konversionselektrolyten unter Bildung einer Konversionsschicht von 1 bis 5 µm Dicke, die zumeist oxidischer Natur ist. In (Ono 1998) wird eindeutig gezeigt, dass der Bildungsmechanismus der Konversionsschicht eine anodische Reaktion ist und – wie das Beispiel des Chromatierens (MIL-M3171) zeigt – doch komplizierter abläuft als allgemein beschrieben und angenommen wird. Die Konversionsschicht besteht aus einem System zylindrischer Zellkolonien mit Porendurchmessern von ca. 5 nm, ausgehend von einer zentralen Pore mit ca. 50 nm Durchmesser. Unter diesem System zylindrischer Zellkolonien befindet sich eine sehr dünne „barrier layer" mit einer Schichtdicke von ca. 5 nm (Abb. 4.5).
Das Wachsen der Konversionsschicht beginnt an der Grenzfläche Metall/Konversionselektrolyt mit der Bildung eines hydratisierten oxidischen Films von $MgO_x(OH)_y$, der im Konversionselektrolyten durch

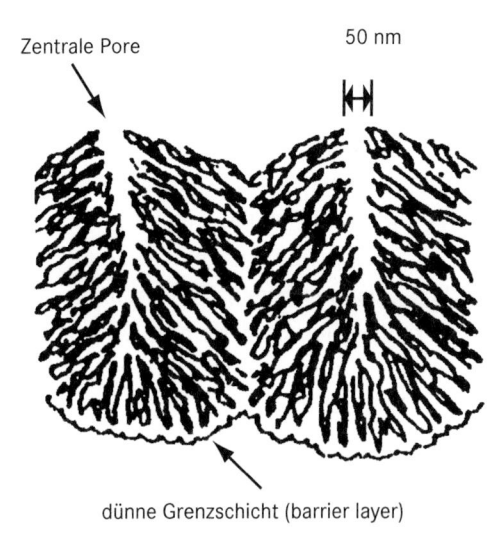

Abb. 4.5: *Schematische Darstellung von zylindrischen Zellkolonien einer Konversionsschicht*

einen anodischen Vorgang wieder partiell gelöst wird. Es bilden sich Poren aus, die sich in Form von zylindrischen Zellkolonien vereinigen. Über die „barrier layer" erfolgt ein Austausch von Ionen und Ladungen, in dessen Folge die Konversionsschicht wächst. In diese oxidische Matrix $MgO_x(OH)_y$ werden Bestandteile des Konversionselektrolyten, des Vorbehandlungsmediums (z. B. Aktivieren) und der Legierung mit eingebaut. Dadurch entsteht eine teilkristalline Schutzschicht. Durch XPS- und Auger-Analysen werden einerseits Bestandteile des Konversionselektrolyten in der Konversionsschicht und andererseits Reaktionsprodukte, die aus dem Konversionselektrolyten und der Magnesiumlegierung stammen, gefunden. Je nach verwendetem Konversionselektrolyten und Magnesiumlegierung handelt es sich um Metalloxide, wie z. B. Cr_2O_3, MnO_2, aber auch MgF_2, $NaMgF_3$ sowie Oxidhydroxide des Basismaterials, insbesondere $MgO_x(OH)_y$ und $AlO_x(OH)_y$.

Legt man chromatierte Magnesiumwerkstücke in DI-Wasser, so lassen sich Bestandteile des Konversionselektrolyten, z. B. Cr(VI)-Ionen, nachweisen, die aus den beschriebenen zylindrischen Zellkolonien stammen müssen. Dieser Cr(VI)-haltige „Restelektrolyt" ist Ursache für den „Selbstheileffekt". Cr(VI)-Ionen sind aber als eindeutig krebserzeugend eingestuft, sodass äquivalente chromfreie Verfahren entwickelt und eingesetzt werden müssen.

Zum Ersatz von Cr(VI)-Ionen wird von den Elementen im Periodensystem ausgegangen, die in unmittelbarer Nähe des Chroms stehen, und von denen als Nachbarelemente ähnliche Eigenschaften zu erwarten sind. Das sind insbesondere die Elemente Mn, V, Mo und W. Sie bilden Anionen, die im Aufbau dem Chromation ähnlich sind. Sie sind teilweise sehr starke Oxidationsmittel (z. B. Permanganat) und können in zahlreichen Oxidationsstufen – wie auch das Element Cr – auftreten. In der Literatur (Kurze 1999, 2000, 2001) wird ein chromfreies Konversionsverfahren der Firma AHC für Magnesiumwerkstoffe beschrieben, dessen wässriger Konversionselektrolyt Kaliumpermanganat ist, der in Kombination mindestens ein Alkali- oder Ammoniumsalz eines Anions aus der Gruppe von Vanadat, Molybdat und Wolframat enthält. Das Verfahren und die damit erzeugten Produkte sind durch das Warenzeichen MAGPASS-COAT® geschützt.

Dieses Verfahren ist für alle Magnesiumwerkstoffe verwendbar. Die Konversionsschicht hat je nach eingesetztem Magnesiumwerkstoff eine goldgelbe bis graubraune Farbe und ist etwa 1 µm dick. Aus EDX- und Auger-Analysen wurde die Zusammensetzung ermittelt: MgO, Mg(OH)$_2$, Mn$_2$O$_3$, MnO$_2$ und mindestens ein Oxid der Elemente V, Mo und W. Die Schichten zeigen – wie Chromatschichten – einen ausgeprägten „Selbstheileffekt", sind nicht toxisch, gut recyclebar und bewirken den gleichen Korrosionsschutz wie Chromatschichten. Im Folgenden sollen die Korrosionsschutzwerte von Chromat-

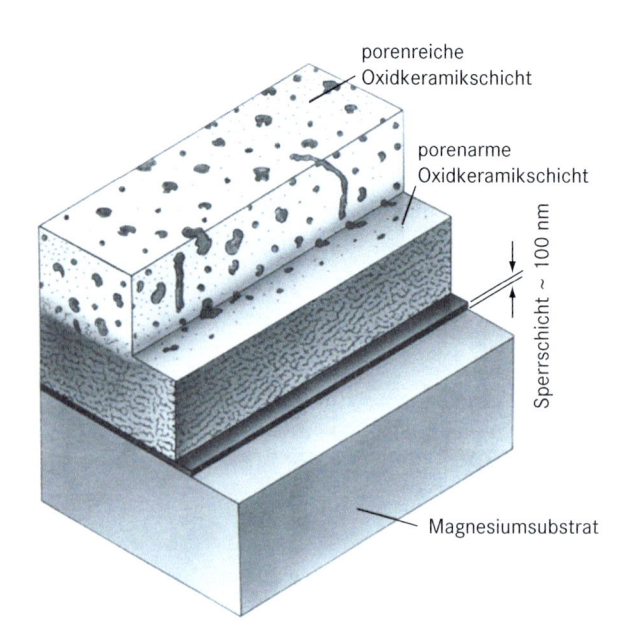

Abb. 4.6: *Schematischer Aufbau von MAGOXID-COAT®*

(MIL-M-3171) und MAGPASS-COAT®-Schichten auf AZ91 HP-Substraten – wie sie im Salzsprühnebeltest nach DIN EN ISO 9227, erhalten wurden – miteinander verglichen werden (Tab. 4.7). Die MAGPASS-COAT®-Schichten wurden im Automobilbau, in der Elektrotechnik/Elektronik, im Maschinenbau und in der optischen Industrie positiv getestet (Walter 2003, 2004).

Elektrochemische Oberflächenbehandlung

Schutzschichten auf Magnesium lassen sich durch Anodisation herstellen, die ähnlich aufwachsen wie beim Aluminium. Als chrom(VI)-freies System ist

Tab. 4.7: *Vergleich des Korrosionsschutzwertes (in h) nach DIN EN ISO 9227 von chromatierten und mit MAGPASS-COAT® beschichteten Proben aus AZ91HP*

	Chromatieren nach MIL-M-3171	MAGPASS-COAT®
stromlos hergestellte Konversionsschicht ohne Versiegelung	5–10	5–10
stromlos hergestellte Konversionsschicht + Silankombination	412–495	451–608
stromlos hergestellte Konversionsschicht + Epoxid-Polyesterpulverlack 80 bis 100 µm	505–603	528–607
stromlos hergestellte Konversionsschicht + Silankombination + Epoxid-Polyesterpulverlack 80 bis 100 µm	796–1038	818–1038

Der kleinere Wert entspricht der Zeit in Stunden, bei der die erste der drei Proben einen unzureichenden Korrosionsschutz zeigt; der größere Wert gibt die Zeit an, bei der die letzte der drei Proben einen unzureichenden Korrosionsschutz zeigt.

die HAE-Beschichtung (benannt nach dem Erfinder Harry A. Evangelides) (Ono 1998) zu nennen. Die Firma AHC benutzt ein chrom(VI)-freies Verfahren, das anodisch mit plasmachemischer Reaktion in Elektrolyten durchgeführt und als MAGOXID-COAT® bezeichnet wird (Kurze 1996, 2000, 2001). Der wässrige Elektrolyt besteht aus Fluor-, Bor- und Phosphorsäure und enthält basische organische Substanzen. Es wird mit Spannungen > 100 Volt gearbeitet. Die Schicht besteht aus zwei Teilbereichen: einem porenarmen Bereich, der sich auf der „barrier layer" befindet und einem sich darauf anschließenden porenreichen Bereich (Abb. 4.6).

Die Schutzschicht wird bis zu 25 μm Dicke hergestellt. Sie besteht aus kristallinen Bestandteilen wie MgO, Mg(OH)$_2$, MgF$_2$ und Spinellen, wie MgAl$_2$O$_4$. Sie sieht weiß bis grauweiß aus und kann im Einstufenprozess durch Zusätze in dem Elektrolyten auch „schwarz" erzeugt werden. Tabelle 4.8 zeigt die Korrosionsbeständigkeit dieser Schichten, bestimmt nach DIN EN ISO 9227 (Schichtdicke 25 μm, AZ91HP Norsk Hydro).

Tab. 4.8: *Korrosionsbeständigkeit nach DIN EN ISO 9227 von MAGOXID-COAT®-Schichten*

System	Korrosionsbeständigkeit (in h)
blank (nur entfettet)	0–10
MAGOXID-COAT®	80–100
MAGOXID-COAT® + Wasserglas	250–300
MAGOXID-COAT® + Silan	430–600
MAGOXID-COAT® + EP-Pulverlack	750–1000
MAGOXID-COAT® + Silan + EP-Pulverlack	>1000

In (Mordike 2005) ist die Oberflächenbehandlung von Magnesiumwerkstoffen ausführlich beschrieben.

4.5 Verarbeitung und Bearbeitung von Magnesiumlegierungen

4.5.1 Urformen

Magnesiumlegierungen werden am häufigsten durch Gießen geformt (s. Kap. III.1). Sie lassen sich als Sand- und Kokillenguss sowie Druckguss vergießen. Der Vorteil des dünnwandigen Gießens bei Magnesiumlegierungen sollte prinzipiell immer bei der Formgebung genutzt werden.

Beim Kaltkammer-Verfahren (KK) wird das flüssige Metall in die kalte Gießkammer (Form) gefördert. Die höheren Drücke (bis 900 bar) wirken bei dickwandigen Partien der Schwindung entgegen. Ein mit Schutzgas beaufschlagter Dosierofen (2- oder 3-Kammerdosierofen) garantiert sauberes Material ohne Ausseigerungen und eine gleichmäßige Metallbadtemperatur. Die minimalen Wanddicken, die mit diesem Verfahren erreicht werden können, betragen ca. 2 mm. Das Thixomoulding-Verfahren ist eine Sonderform des Kaltkammer-Verfahrens, bei dem das teilflüssige Material über einen Extruder in die Form gepresst wird.

Beim Warmkammer-Verfahren wird das flüssige Metall vom Ofen über die beheizte Gießgarnitur (Gießbehälter, Düse) direkt in die warme Druckgießform geführt. Das Verfahren hat eine hohe Produktivität bei sehr großen Schusszahlen. Der Metalldruck beträgt ca. 160 bis 250 bar, es sind minimale Wanddicken bis zu 1 mm möglich. Demzufolge ist es für dünnwandige Teile das bevorzugte Verfahren. Das Magnesiumgießen bedarf stets der Anleitung durch erfahrene Fachleute. Es ist nicht möglich, die Erfahrungen aus dem Aluminiumguss kritiklos auf den Magnesiumguss zu übertragen.

Die durch Druckgießen erhaltenen Werkstücke haben eine Gusshaut, die sehr dicht und homogen ist. Sie sollte für einen nachfolgenden Korrosionsschutz nicht entfernt werden. Eventuell ist nur schonend zu beizen, um Trennmittel von und aus der Oberfläche zu entfernen. Druckgussteile werden normalerweise nicht wärmebehandelt, wohl aber Sand- und Kokillengussteile, um die Festigkeit zu erhöhen.

In (Brunnhuber 1991) wird die Praxis der Druckgussfertigung ausführlich dargelegt. Neue Gießverfahren von Magnesiumlegierungen wie Squeeze-Casting, Thixomading, Thixocasting, New Reocasting u.a. sind im (Magnesium-Taschenbuch 2000) ausführlich beschrieben.

4.5.2 Umformen

Das Umformverhalten von Magnesium und seinen Legierungen ist abhängig von werkstoffspezifischen Faktoren, wie Phasenart und -anteil, Korngröße und -form, Ausscheidungsart, -größe und -anteil, Reinheitsgrad, Versetzungsdichte, Textur, usw. und technologiebedingten Faktoren, wie Umformgrad, -geschwindigkeit und -temperatur sowie Spannungszustand. Die Umformbarkeit von Magnesiumwerkstoffen ist gegenüber der von Aluminiumwerkstoffen im kalten Zustand vergleichsweise sehr gering (Kap. III.2). Bei einachsiger Zugbeanspruchung werden lediglich Formänderungen von weniger als 12 % erreicht. Demzufolge ist eine Warmumformung für den industriellen Einsatz notwendig.

Bleche aus Magnesiumlegierungen werden in einer Dicke von 0,8 bis 30 mm durch Warmwalzen hergestellt. Für die Warmumformung sind der Gusszustand und die Oberflächenbeschaffenheit sehr entscheidend. Um eine sehr gute Blechqualität zu erhalten, ist eine allseitige spanende Bearbeitung der gegossenen Blöcke notwendig. Es werden Reversierwalzwerke in Duo- oder Quatroausführung eingesetzt und Temperaturen von 250 bis 450 °C eingestellt. Kommt es zur Unterschreitung der unteren Grenztemperaturen, erfolgt Kaltwalzen, und die Umformverfestigung wird nicht mehr durch Rekristallisation abgebaut. Für eine detailliertere Betrachtung sei auf die weiterführende Literatur verwiesen (Magnesium-Taschenbuch 2000, Mordike 2005, Magnesium-Knetlegierungen 2004, Juchmann 2004).

Das Strangpressen hat im Vergleich zu anderen Formgebungsverfahren des Magnesiums nur eine untergeordnete Bedeutung. Es ergeben sich im Vergleich zu anderen keine verfahrensbedingten Vorteile, sodass hier der höhere Magnesiumpreis im Vergleich zum Aluminium lediglich zu Einzelanwendungen führt. Bei einer gesamten Betrachtungsweise mit einer möglichen Funktionsintegration bietet das Strangpressen die Möglichkeit, komplexe Querschnittsformen kostengünstig darzustellen. Für eine optimale Gestaltung der Strangpressprofile muss die Prozessführung genau beachtet werden. Zurzeit werden mit dieser Technologie hauptsächlich Magnesiumlegierungen mit den Elementen MgMn, MgAlZn, MgZnZr, und MgSeZr bearbeitet.

Strangpressprofile können sehr flexibel gestaltet werden. Profilbereiche mit niedriger Beanspruchung lassen sich zur Gewichtsreduzierung (verminderte Wandstärke oder Hohlräume) nutzen und Bereiche mit hoher Beanspruchung werden durch vergrößerte Wandstärken realisiert. Als Grenzwert für die minimale Wandstärke bei Vollprofilen lässt sich mit AZ31 und Durchmessern von 10 bis 50 mm beispielsweise ca. 1 mm realisieren. Bei den Legierungen AZ61, AZ80 oder ZK60 beträgt diese minimale Wandstärke ca. 1,5 mm (Becker 1998).

Aufgrund der hexagonalen Gitterstruktur ist die plastische Verformbarkeit von Magnesium z. B. durch Schmieden bei Raumtemperatur stark eingeschränkt. In Umformversuchen stellte sich heraus, dass die Temperatur einen entscheidenden Einfluss auf die Umformbarkeit hat (Papke 1996). Bei Tempe-

Abb. 4.7: *Stranggepresste Voll- und Hohlprofile aus Magnesium-Knetlegierungen (Quelle: Otto Fuchs KG)*

raturen von ca. 230 °C werden zusätzliche Gleitsysteme aktiviert, die zu einer erheblichen Verbesserung der Umformeigenschaften führen (Metal Handbook 1988). Wird die Temperatur jedoch zu hoch gewählt, können Haarrisse im Schmiedeteil auftreten. Somit ist eine gezielte Temperaturführung bei der Warmumformung von Magnesium notwendig. Für eine detailliertere Betrachtung sei auf die weiterführende Literatur verwiesen (Becker 1998, Mordike 2005 und Friedrich 2005).

4.5.3 Fügen von Magnesiumlegierungen

In DIN 8593 sind verschiedene Fügeverfahren aufgeführt, die prinzipiell auch für Magnesiumwerkstoffe anwendbar sind (Kap. IV.1). Generell ist immer zu beachten, dass Magnesium in Kontakt mit anderen Metallen zu Kontaktkorrosion neigt. Maßnahmen zur Verhinderung dieser Erscheinung wurden bereits beschrieben. Ergänzend zu diesen Ausführungen ist beim Fügen das Flächenverhältnis Anode (Mg)/Kathode zu beachten. Die Fläche der Kathode ist klein zu halten, weil sich dann nur wenig Wasserstoff bilden kann. Das ist auch bei Lackierungen zu beachten. Entgegen der falschen Vorstellung ist der edlere Partner Kathode zu lackieren, da beim Magnesium der Riss im Lack dazu führt, dass der gesamte Korrosionsstrom auf diese kleine Fehlstelle konzentriert wird. So können große Korrosionsschäden am Magnesiumbauteil entstehen. Wichtig ist auch, dass alkalibeständige Beschichtungsstoffe verwendet werden, da das an der Kontaktstelle vorhandene Magnesiumoxid stark basisch ist und die organische Beschichtung verseifen könnte.

Schrauben

Stahlschrauben werden vor der Verwendung in Magnesiumlegierungen durch Beschichtungen geschützt. Neu ist der Einsatz von mit Aluminium- oder mit Al/Mg-Legierungen beschichteten Stahlschrauben (Lehmkuhl 2000) oder von Stahlschrauben, auf die eine $Mg_{17}Al_{12}$ Phase appliziert wurde (Patent AHC). Die Verwendung von AlMg-Schrauben sowie Muttern ist unter Beachtung der geringen Festigkeit möglich.

Nieten

Nieten hat nur noch in Sonderfällen Bedeutung. Es werden Aluminium-Niete, die 3 bis 5 % Mg enthalten, verwendet. Sie können im Gegensatz zu früher eingesetzten Magnesium-Nieten bei Raumtemperatur verarbeitet werden.

Clinchen

Das Clinchen gewinnt zunehmend an Bedeutung. Hierbei werden überlappend angeordnete Blech-, Rohr- oder Profilteile durch Kaltumformung mittels Stempel und Matrize form- und kraftschlüssig miteinander verbunden. Für das Clinchen muss der Blechwerkstoff temperiert werden (250 °C–350 °C). Angestrebt wird sowohl ein Aufheizen der Fügewerkzeuge mittels Widerstandserwärmung als auch ein induktives Beheizungssystem. Derzeit sind beim Einsatz des Clinchens „Anpassungsarbeiten" notwendig, um die Einflüsse bei der Ausformung der Clinchverbindung zu optimieren. Im Magnesium-Taschenbuch sind weitere Ausführungen zum Clinchen gemacht.

Schweißen

Magnesiumwerkstoffe wurden bereits 1924 autogen geschweißt. Heute werden Lichtbogenschweiß-, Strahlschweißprozesse und Pressschweißungen als Hochleistungsverfahren eingesetzt. In Tabelle 4.9 ist die Schweißeignung (Lehmkuhl 2000) von einigen Magnesium-Guss- und Magnesium-Knetlegierungen bewertet. Sie beruht auf der Beurteilung der Rissneigung in der Naht und dem erforderlichen Aufwand zur Erzielung einer guten Qualität der Schweißnaht. Für das Schweißen von Mg-Legierungen müssen die entsprechend geforderten Schweißzusätze ausgewählt werden. Für das zu verwendende Schutzgas (meist Ar oder Ar/He-Gemische) gelten die gleichen Kriterien wie für das Schweißen von Aluminium-Werkstoffen, d.h. das Schutzgas muss einen geringen Gehalt an Wasserstoff haben (Nahtporosität). Vor dem Schweißen muss die Oberfläche im Schweißnahtbereich sorgfältig gereinigt werden, d.h. Öle, Fette, Oxide und sonstige Schichten wie auch Passivierungsschichten sind zu entfernen. Auf Schweißverfahren wird ausführlich in Kapitel IV.3 eingegangen.

Tab. 4.9: *Schweißeignung ausgewählter Magnesiumlegierungen (Magnesium-Taschenbuch 2000)*

Gusslegierung	Schweißeignung
AM100A	gut
AM60B	gut
AM50A	gut
AM20	gut
AZ63A	befriedigend
AZ81A	gut
AZ91C	gut
AZ92A	gut
EK30A	gut
EK41A	gut
EQ21	gut
EZ33A	sehr gut
K1A	sehr gut
QE22A	gut
ZE41A	gut
WE43	gut
WE53	gut
ZC63	gut
ZK51A	eingeschränkt
ZK61A	eingeschränkt
Knetlegierung	**Schweißeignung**
AZ10A	sehr gut
AZ31B, C	sehr gut
AZ61A	gut
AZ80A	gut
M1A	sehr gut
ZE10A	sehr gut
ZK21A	gut
ZK60A	eingeschränkt

Kleben

Das Kleben hat sich als industrielles Fügeverfahren etabliert. Die Qualität der Klebeverbindung wird durch die Einflussparameter Materialpaarung, Oberflächenbeschaffenheit und Verarbeitungsbedingungen beeinflusst (Kap IV.4). Klebstoffe sind „Brücken" zwischen Werkstoffoberflächen. Die Festigkeit der Klebeverbindung ist abhängig von der Haftung des Klebstoffes am Werkstoff (Adhäsion) und der Festigkeit innerhalb des Klebstoffes (Kohäsion). Die Klebestelle muss vor dem Kleben von Ölen, Fetten u.a. gereinigt werden. Es hat sich als positiv erwiesen, dass eine dünne Passivschicht auf der Oberfläche des Bauteils für eine dauerhafte Klebeverbindung am besten geeignet ist (Walter 2004).

Dicke Passivschichten reißen innerhalb der Schicht und lösen damit die Klebeverbindung bei Belastung. Als Klebstoffe werden meistens reaktive Polymere verwendet, die unter definierten Bedingungen, wie erhöhte Temperatur (100 °C), Mischen mit einem zweiten Partner (2-Komponenten-Kleber) oder einer „aktiven Metalloberfläche" aushärten.

4.6 Anwendung von Magnesiumlegierungen

4.6.1 Automobilbau

Im Herbst 1931 präsentierte der Automobilhersteller Horch einen der ersten Zwölfzylinder-Serienmotoren der Welt. Audi mit den historischen Wurzeln im Traditionsunternehmen Horch brachte rund 70 Jahre später mit dem A8 L 6.0 quattro wieder einen Zwölfzylinder auf den Markt. Neben den fahrtechnischen Leistungen hebt sich diese Limousine durch ihre richtungsweisende Leichtbau-Technologie von vergleichbaren Fahrzeugen ab. Als einziger Zwölfzylinder verfügt sie über den Audi Space-Frame ASF® aus Aluminium. Ebenfalls aus Aluminium bestehen Radträger, die Lenker der Vorderachse und der Hinterachse, alle Bremssättel, die Stoßdämpferlager und die Räder.

Folgerichtig wird auch beim Motor auf Leichtmetalle, nämlich Aluminium und Magnesium, zurückgegriffen. Eine kompakte Bauweise durch die Kombination von zwei Sechszylinder V-Motoren zu einem Zwölfzylinder-Aggregat in W-Form tragen zusammen mit der Leichtbauweise zu dem geringen Gewicht des Motors bei. Jedes der 420 PS des W 12-Zylinder-Motors beschleunigt beim Audi A8 L 6.0 quattro lediglich 4,7 kg – ein Wert, der auf dem Niveau von Hochleistungs-Sportwagen liegt.

Einen wesentlichen Beitrag, um diese Spitzenleistung zu ermöglichen, liefert immer wieder und oft im Verborgenen die Oberflächentechnik. Als beispielhaftes Detail sei hier auf das Saugrohr des W 12-Zylinders hingewiesen. Es besteht aus einer hochreinen Sandguss-Magnesiumlegierung – ein Beitrag zur Gewichtsreduzierung. Um einerseits der

Abb. 4.8: *Saugrohr W12 aus AZ91 mit MAGPASS-COAT® + Polyesterpulverlack (ca. 200 µm)*

Abb. 4.9: *Cockpit des 1-Liter-Autos von Volkswagen; im unteren Bereich ist der Magnesium-Rahmen zu sehen (mit MAGPASS-COAT® chromfrei passiviert)*

starken Neigung zur Korrosion entgegenzuwirken, die Magnesium und seine Legierungen besitzen, und andererseits die Forderung nach chromfreier Beschichtung zu erfüllen, wurde das Saugrohr mit einer chromfreien wässrigen Passivierungslösung (MAGPASS-COAT®) und einer rund 200 µm dicken Schicht Pulverlack auf Polyesterbasis in der Farbe Titansilber behandelt. Diese Schichtkombination sieht nicht nur ansprechend aus (Abb. 4.8), sie überstand auch alle von Audi geforderten Festigkeits- und Korrosionstests.

Ein weiteres Anwendungsbeispiel ist der Rahmen des Ein-Liter-Autos von Volkswagen (Abb. 4.9). Für diesen Rahmen griff VW auf das gegenüber Aluminium nochmals deutlich leichtere Magnesium zurück. Dieser Magnesium-Rahmen wurde mit MAGPASS-COAT® chromfrei passiviert. Das Verfahren dient als Ersatz für Chromatierungen. Der Rahmen ist als Mischbauweise konzipiert und als solcher eine Schweiß- und Klebekonstruktion aus mehreren Magnesiumlegierungen. Die beschichtete Oberfläche hat insgesamt eine Größe von ca. 20 m².

4.6.2 Elektronik

Sensor heißt das Zauberwort im automobilen Rennsport. Sensoren messen Radgeschwindigkeiten, Drehmomente, Fliehkräfte, Reifen- und Bremsenverschleiß, Öl- und Flüssigkeitsdrücke, Dämpfung und vieles mehr. Allein im Getriebe eines Formel 1-Wagens sitzen 40 von 200 Sensoren.

Abb. 4.10: *Mittelkonsole D3 für Audi A8*

Abb. 4.11: *Optischer Fahrzeugsensor: Unter der CFK-Außenhaube Magnesium-Komponenten mit der tiefschwarzen MAGOXID-COAT® (Quelle: CORRSYS-DATRON GmbH)*

Speziell für die Rennsportbranche hat ein bedeutender Sensorhersteller einen leichten und sehr kompakten optischen Sensor entwickelt, der berührungslos den Längs- und Querweg des Fahrzeuges bei der Bewegung über die Fahrbahnoberfläche misst. Daraus können der Querwinkel, die Längs- und Quergeschwindigkeit sowie die Längs- und Querbeschleunigung abgeleitet werden. Aufgrund der kompakten Abmessungen (ca. 164 mm · 52 mm · 61 mm) und des geringen Gewichts von 500 g eignet sich dieser Sensor besonders für die Montage am (auch gelenkten) Fahrzeugrad für die Schräglaufwinkelmessung.

Um die kompakte und leichte Bauweise zu realisieren, wurde für die Außenhaube des Sensors ein CFK-Werkstoff verwendet, während die Konstrukteure sich bei dem Gehäuse, das die eigentliche Optik beherbergt, sowie bei weiteren Komponenten für eine Magnesiumlegierung entschieden. Für diese Teile sind ein ausreichender Korrosionsschutz und eine schwarze Oberfläche erforderlich, welche die Reflexion des Lichtes im Bereich des optischen Strahlenganges reduziert.

Diese Forderungen werden durch eine tiefschwarze, 25 µm dicke MAGOXID-COAT®-Schicht erfüllt, die auf allen gebräuchlichen Magnesiumlegierungen mit einem anodischen plasmachemischen Verfahren erzeugt werden kann. Die kristalline Oxidkeramik-Konversionsschicht wächst zu 50 % in den Grundwerkstoff hinein und zu 50 % aus ihm heraus. Kanten, Hohlräume und Reliefs werden gleichmäßig beschichtet. Die Dauerschwingfestigkeit des Grundmaterials wird durch die Beschichtung nicht beeinträchtigt. Entsprechend versiegelt übersteht die Schicht ca. 400 Stunden im neutralen Salzsprühtest nach DIN EN ISO 9227. Aufgrund ihrer elektrischen Isolationswirkung verhindert sie zudem wirksam Kontaktkorrosion. Der Reflexionsgrad einer schwarzen MAGOXID-COAT®-Schicht liegt unter 5 %.

Der optische Sensor mit den schwarzen Magnesium-Komponenten hat sich in der Praxis bestens bewährt und leistet heute einen entscheidenden Beitrag für die präzise, mehrdimensionale Fahrzeug-Messtechnik (Abb. 4.11).

4.6.3 Maschinenbau

Überall dort, wo Masse bewegt und beschleunigt werden muss, wird geringe Masse unter Sicherstellung der Festigkeit gefordert. Magnesium entspricht dieser Forderung mit einer Dichte von 1,74 g·cm^{-3} und guten Festigkeitseigenschaften. Es ist daher nicht verwunderlich, dass im Laufe der letzten Jahre Magnesium immer mehr als Konstruktionswerkstoff „entdeckt" wurde. So hat jetzt ein Werkzeughersteller einen Planfräskopf aus Magnesium für die Zerspanung von Metall entwickelt. Er wiegt zehn Kilogramm weniger als die Vergleichsausführung aus Stahl, bezogen auf einen Werkzeugdurchmesser von 250 mm. Der Planfräskopf ist mit axial justierbaren Kassetten bestückt, die jeweils eine Hartme-

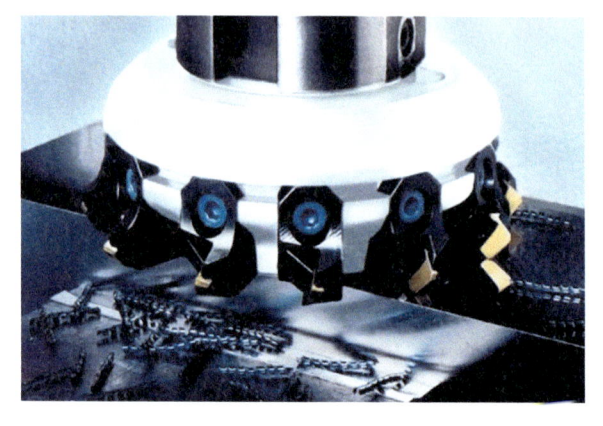

Abb. 4.12: *Bearbeitung eines Maschinenunterteils mit einem Planfräskopf, dessen Magnesium-Grundkörper durch eine MAGOXID-COAT®-Schicht geschützt wird (Quelle: Wilhelm Fette GmbH)*

tall-Wendeschneidplatte enthalten. Die Vorteile der Magnesiumausführung liegen auf der Hand: besseres Werkzeughandling durch weniger Masse sowie verminderte Maschinenbelastung durch geringere Massenträgheit und kleinere Fliehkräfte. Durch eine spezielle Oberflächenveredelung (MAGOXID-COAT®) wird der Planfräskopf hinreichend vor Verschleiß und Korrosion geschützt (Abb. 4.12).

4.6.4 Raumfahrt

Weltraumsatelliten dienen unter anderem der globalen Kommunikation und der Wetterbeobachtung. Sie sind für moderne Industriegesellschaften unverzichtbar. Um so erstaunlicher ist die Tatsache, dass der Bereich um die Erde in einer Höhe von etwa 60 bis 180 km, in denen sich die meisten Satelliten bewegen, noch nicht systematisch erforscht worden ist. Daher startete die amerikanische Raumfahrtbehörde NASA 1994 das sog. TIMED-Projekt. TIMED steht hierbei für Thermosphäre – Ionosphäre – Mesosphäre – Energetik – Dynamik. Im Vergleich mit anderen anodischen Konversionsschichten auf Magnesium weist die MAGOXID-COAT®-Schicht eine sehr hohe Korrosionsbeständigkeit auf. Entsprechend untersucht wurden die Druck-, Temperatur-, Dichte- und Windverhältnisse sowie Einflüsse verschiedener Energiearten auf die thermische Struktur in diesen Regionen der äußeren Erdhülle. Im All wurde der Satellit weitgehend über Solarpanel mit der nötigen Energie versorgt. Gelenke aus einer Magnesiumlegierung haben die Aufgabe, die Solarpanels zu entfalten (Abb. 4.13). Damit dieser Vorgang auch sicher gelingt, wurde die Oberfläche der Gelenkkomponenten mit MAGOXID-COAT®, einer 20 µm dicken, gleitfähigen Oxidkeramikschicht versehen. Die gute Verbundhaftung dieser Schicht mit dem Grundmaterial verblüffte selbst die NASA-Forscher, als sie die Schicht einem Temperaturschock-Test aussetzten. Beim schnellen Übergang von flüssigem Stickstoff zu heißem Wasser zeigten sich keinerlei Schichtabplatzungen. Eine PTFE-Imprägnierung verleiht der Schicht bei der hier beschriebenen Anwendung zusätzliche Gleiteigenschaften. Die Dauerschwingfestigkeit des Grundmaterials wird durch die Beschichtung nicht beeinträchtigt. Die thermische Emission ist mit über 80 % sehr hoch.

4.7 Fazit

Die Entwicklung von Magnesium als Leichtbauwerkstoff erscheint zunächst widersprüchlich. Auf der einen Seite hat Norsk Hydro in den Jahren 2006/2007 seine Aktivitäten in Europa und Kanada stillgelegt, da die Produktion gegenüber dem Export aus China unrentabel wurde. Trotzdem hat der Bedarf an Magnesium in der Welt zugenommen.

Auf der anderen Seite wurden im Jahre 2010 in Deutschland zwei neue Stätten für die Erforschung und Entwicklung von Magnesiumwerkstoffen eröffnet, was darauf hinweist, dass dem Metall eine Zukunft eingeräumt wird. Auf dem Gelände des Helmholtz-Zentrums Geesthacht, Zentrum für Material und Küstenforschung, wurde für 7 Mio. Euro eine Halle mit einer Magnesium-Gießwalzanlage aufgebaut. Fast gleichzeitig haben die Technische Universität Bergakademie Freiberg und die Magnesiumflachprodukte GmbH (MgF) ein Warmwalzwerk für Magnesium eingeweiht, das ebenfalls mit öffentlichen Mitteln gefördert wurde.

In der Europäischen Forschungsgemeinschaft Magnesium (EFM) mit Sitz in Aalen (Deutschland) wird intensiv auf dem Gebiet des Magnesiumdruckgusses geforscht. Viele Firmen, z.B. die Firma AHC

Abb. 4.13: Magnesium-Gelenke für Satelliten-Solarpanel mit MAGOXID-COAT® -Oberfläche

Oberflächentechnik GmbH, arbeiten auf dem Gebiet des Korrosionsschutzes von Magnesiumwerkstoffen für breite Anwendungen in der Automobilindustrie, in der Luftfahrt und der Medizintechnik.

Besonders in der Medizintechnik werden neue Entwicklungen betrieben zum Einsatz von Magnesiumimplantaten, die sich im Körper nach geringer Liegedauer auflösen. Das sind z.B. Stents, Knochenschrauben usw.

An allen Stätten werden Magnesiumwerkstoffe und die Verfahren zu ihrer Herstellung und Verarbeitung weiter entwickelt, um den Werkstoff Magnesium für den täglichen Gebrauch zu verbessern und ihm weitere Einsatzbereiche zu erschließen, in denen der leichteste aller metallischen Konstruktionswerkstoffe auch in Zukunft Anwendung finden wird.

4.8 Weiterführende Informationen

Literatur

Beck, A.: Magnesium und seine Legierungen, Springer-Verlag, Berlin 1939, Neuauflage 2001

Becker, J.; Fischer, G.; Schemme, K.: Herstellung und Eigenschaften stranggepresster und geschmiedeter Magnesiumbauteile; Metall 52(9), S. 528–536, 1998

Brunnhuber, E.: Praxis der Druckgußfertigung; Verlag Schiele und Schön, Berlin, 4. Auflage, 1991

Dietze, A.: Stoffkreislauf von Magnesium; Aluminium 75 (3), 1999

Emley, E.F.: Principles of Magnesium Technology, Pergamon Press, Oxford, 1969

Eschelbach, R.: Taschenbuch der metallischen Werkstoffe; Frankh'sche Verlagshandlung, Stuttgart, 1969

Frazier, E.W., et al.: Advanced Light weight Alloys for Aerospace Applications, JOM, Mai 1989

Juchmann, P.: Integrated Process Chain for Automobile Magnesium Sheet Components, 61st Annual World Magnesium Conference, New Orleans, Louisiana USA, 09.-12.05.2004

Kurze, P.: Magnesium – Eigenschaften, Anwendungen, Potentiale; (Hrgb. K.U. Kainer), Wiley-VCH Verlag GmbH, Weinheim, 2000

Kurze, P.: Korrosionsschutz durch neue chromfreie Passivierung von Magnesiumwerkstoffen; 7. Magnesium Automotive Seminar der Europäischen Forschungsgemeinschaft Magnesiumguss e. V., Tagungsband, Aalen, 29./30.09.1999

Kurze, P., Singe, Th., Diesing, J.: Korrosionsschutz von Magnesiumwerkstoffen; Metalloberfläche, 54 (9), 2000

Kurze, P.: Chromfreie Oberflächenbehandlung von Magnesiumwerkstoffen; Berichtsband über das 23. Ulmer Gespräch, Ulm, 03./04.2001, Eugen G. Leuze Verlag, Saulgau 2001

Kurze, P., Banerjee, D.: Eine neue anodische Beschichtung zur Verbesserung der Korrosions- und Verschleißbeständigkeit von Magnesiumwerkstoffen; Gießerei-Praxis 11/12, 1996

Lehmkuhl, H., Mehler, K., Reinhold, B., Bongard, H., Tesche, B.: Elektrolytische Abscheidung von Aluminium-Magnesium-Legierungen aus aluminiumorganischen Komplexelektrolyten; Mat.-wiss. und Werkstofftechnik, 31, 2000

Magnesium Taschenbuch. Herausgeber Aluminium-Verlag, Düsseldorf, 1. Auflage, 2000

Magnesium Technology. Herausgeber Mordike, F., Springer Verlag, Heidelberg, 2005

Magnesium-Knetlegierungen – Stand und Perspektiven: im Auftrag des BMFS, Projektträger Jülich, 3. WING-Statusseminar (Tagungsmaterial), Forschungszentrum Jülich GmbH, Jülich, 2004.

Merkel, M; Thomas, K.H.: Taschenbuch der Werkstoffe, 6. Auflage; Fachbuchverlag, Leipzig, Carl Hanser Verlag, 2003

N.N.: Forging of Magnesium Alloys; Metals Handbook, Ninth Edition, 4, S.260–261, 1988

N.N.: Magnesium and Magnesium Alloy; ASM Specialty Handbook, Materials Pork, USA, 1999

Ono, S.: Metallurgical Science and Technology - Surface phenomena and protective film growth on magnesium and magnesium alloys, Vol. 16, Nos. 1-2, Nov. 1998

Papke, M.: Pulver- und Präzisionsschmieden von Superleichtlegierungen auf Magnesium-Lithium-

Basis; Dissertation, Universität Hannover, 1996

Pourbaix, M.: Atlas of Electrochemical Equilibria in Aqueous Solutions; Second English Edition, National Association of Corrosion Engineers, Houston, 1974

Schichtel, G.: Magnesium-Taschenbuch; VEB Verlag Technik, Berlin, 1954

Skar, J.I.: Corrosion Properties and Protection of Magnesium Die Castings; 12th Magnesium Automotive and End User Seminar, Aalen, 13./14.09.2004

Walter, M.: MAGPASS-COAT® as a Chrome-free Pre-treatment for Paint Layers and an Adhesive Primer for Subsequent Bonding; SAE 2004 World Congress, Detroit, USA 8.-11.03.2004

Walter, M.; Kurze, P.: Chromfreie Passivierung für Magnesium-Werkstoffe und ihre Eignung als Haftgrund für Lacke und Kleber; 11th Magnesium Automotive and End User Seminar, Aalen 25./26.09.2003

Walter, M.: Surface Treatment of Magnesium Substrates; Magnesium 2003, 6th International Conference and Exhibition on Magnesium alloys and their Applications, DGM, Wolfsburg, 18.–20.11.2003

Weast, R.C.: CRC Handbook of Chemistry and Physics, 67th Edition, 1986-1987, Press, Inc., Boca Raton (Florida)

Patent

Chemisch passivierter Gegenstand aus Magnesium oder seinen Legierungen, DE 19913342; Inhaber: Electro Chemical Engineering GmbH

Verfahren zur Erzeugung von ggf. modifizierten Oxidkeramikschichten auf sperrschichtbildenden Metallen und damit erhaltene Gegenstände. EP 0545230; Inhaber: Electro Chemical Engineering GmbH

5 Titanwerkstoffe

Heinz Sibum, Jürgen Kiese

5.1	Titan als Metall	285
5.2	Einteilung der Titanwerkstoffe	285
5.2.1	Reintitan	285
5.2.2	Titanlegierungen	286
5.3	Eigenschaften von Titanlegierungen	289
5.3.1	Physikalische und technologische Eigenschaften	289
5.3.2	Konsequenzen für eine werkstoffgerechte und kosteneffektive Konstruktion im Leichtbau	292
5.4	Be- und Verarbeitung von Titanwerkstoffen	293
5.4.1	Wärmebehandlung	293
5.4.2	Fügeverfahren	296
5.4.2.1	Thermisches Fügen	296
5.4.2.2	Mechanisches Fügen	297
5.4.2.3	Chemisches Fügen	299
5.4.3	Spanende Bearbeitung	299
5.4.4	Trennen, Stanzen, Lochen und Abtragen	300
5.4.5	Umformen	300
5.4.6	Oberflächenbearbeitung	301
5.4.6.1	Dekorative Schichten	301
5.4.6.2	Verschleißschutzschichten	302
5.4.6.3	Festigkeitsstrahlen	302
5.5	Sicherheitsaspekte und Recycling	302
5.6	Halbzeugherstellung und Halbzeugformen	303
5.7	Anwendungsbeispiele	304
5.8	Zusammenfassung und Ausblick	306
5.9	Weiterführende Informationen	307

Titan ist das vierthäufigste Metall und das neunthäufigste chemische Element in der Erdrinde. Die generelle Verfügbarkeit ist damit sehr groß – als abbauwürdig gelten zurzeit an die 1000 Mio. t, wobei durch Explorationen ständig neue Vorkommen entdeckt werden. Titanerz gibt es sozusagen wie „Sand am Meer", was die Tagebaustätten an der australischen Ostküste beweisen. Zu den Hauptabbaugebieten gehören neben Australien auch Südafrika, USA, Kanada, Ukraine und Norwegen, also im Wesentlichen politisch stabile Regionen.

Titan wurde im Abstand von nur 4 Jahren gleich zweimal entdeckt. 1791 fand es William Gregor im Eisensand von Cornwall und 1795 entdeckte der deutsche Chemiker Heinrich Klaproth bei der Untersuchung von Eisenerzproben das Oxid eines unbekannten Metalls, dem er den Namen Titan (nach den Riesen in der griechischen Mythologie) gab. Erst 1825 gelang Berzelius die Darstellung von Titan aus diesen Erzen, das aber noch sehr verunreinigt war. 1910 wurde eine Methode zur Herstellung von Titan mit einem Reinheitsgrad von 99,9 % im Labormaßstab entwickelt. Das Metall erlangte wirtschaftliche Bedeutung erst 1948, als mit dem Kroll-Prozess ein Verfahren zur industriellen Herstellung zur Verfügung stand.

II

Wichtigste Titananwendungen in der Zelle und im Fahrwerk des A380

Von den ca. 200 bekannten titanhaltigen Mineralien werden hauptsächlich Ilmenit (FeTiO$_3$), aber auch Rutil (TiO$_2$) und Anatas (modifizierter Rutil) zur Weiterverarbeitung genutzt, die vor allem als Sande in Küsten und Flussniederungen leicht abbaubar sind. Von den abgebauten Mengen werden ca. 95 % als Oxide für die Pigmentproduktion verwendet. Nur 5 % werden zum Metall reduziert, wobei davon wiederum ein beträchtlicher Anteil als Legierungszusätze für andere Metalllegierungen (Titanzink, titanstabilisierte Edelstähle, hochfeste Aluminiumlegierungen etc.) benötigt werden.

Ilmenit wird in einer ersten Stufe durch Teilreduktion des Eisens zu titanoxidreicher Schlacke aufgearbeitet. Die Reduktion des Oxids zum Metall erfolgt mittlerweile ausschließlich nach dem Kroll-Prozess, d. h. Schlacke, Rutil, Anatas und/oder sehr minderwertige Titanschrotte (aus Recycling-Verfahren) werden chemisch zu Titantetrachlorid (TiCl$_4$) umgesetzt, das wiederum durch Magnesium zum hochreinen (> 99,5 %) Titanmetall (Titanschwamm) reduziert wird. Das anfallende Magnesiumchlorid (MgCl$_2$) wird durch Elektrolyse zerlegt und dem Prozess im Kreislauf wieder zugeführt. Zur Herstellung von Legierungen wird der Titanschwamm zusammen mit den Legierungselementen im Vakuum-Lichtbogenofen oder Elektronen- bzw. im Plasmastrahlofen umgeschmolzen, wobei im ersten Fall nur unter Vakuum und im zweitem Fall auch unter einer Argon-Schutzgasatmosphäre umgeschmolzen werden kann.

5.1 Titan als Metall

Titan ist ein Element aus der 4. Nebengruppe des Periodensystems der Elemente mit der Ordnungszahl 22. Es liegt als polymorphes Metall in zwei allotropen Modifikationen vor: Es kristallisiert zunächst kubisch-raumzentriert als β-Titan und erst unterhalb einer Temperatur von 882,5 °C als α-Titan in hexagonal dichtester Kugelpackung (Tab. 5.1).

Tab. 5.1: *Eigenschaften von Titan (technisch rein) (Sibum u. a. 1996)*

Kristallstruktur	hdp, krz
Dichte ρ in $g \cdot cm^{-3}$	4,505
Schmelzpunkt in °C	1670
Wärmeausdehnungskoeffizient α in $10^{-6} \cdot K^{-1}$ (20–100 °C)	8,7
Elastizitätsmodul E in GPa	111,8
Gleitmodul (Schubmodul) G in GPa	40,2
Streckgrenze $R_{p0,2}$ in MPa	180–390
Zugfestigkeit R_m in MPa	290–740
Bruchdehnung A5 in %	30–16
Brinell-Härte HB in $N \cdot mm^{-2}$	120–200
Querkontraktionszahl (25 °C)	0,3

Titan ist ein Metall mit hoher Festigkeit bei geringer Dichte. Seine Legierungen sind fester als Stahl und warmfester als Aluminiumlegierungen. Bereits mit geringen Spuren von Sauerstoff entsteht auf der Oberfläche eine dünne oxidische Deckschicht, die bei Verletzungen schnell regeneriert. Diese Schicht ist die Ursache für die hohe Korrosionsbeständigkeit. In stark reduzierenden Medien wird die Deckschicht gelöst.

Titanwerkstoffe werden im Flugzeug- und Raketenbau, im Anlagenbau, aber auch in der Architektur, im Innenausbau, dem Maschinenbau und in der Schmuckindustrie verwendet. Nicht unerwähnt bleiben soll der Einsatz in der Medizintechnik aufgrund der exzellenten Biokompatibilität des Materials. Bei höheren Temperaturen (> 550 °C) ist Titan bedingt einsetzbar, wobei die Festigkeit dort kein Problem darstellt. Es ist der mangelnde Oxidationswiderstand, der den Einsatz von Titan bei hohen Temperaturen begrenzt.

5.2 Einteilung der Titanwerkstoffe

Seit der Einführung eines wirtschaftlichen und qualitativ zuverlässigen Verfahrens zur Gewinnung von Titan aus Erz wurden verschiedene Rein-Titansorten und Titanlegierungen entwickelt, um den speziellen Anforderungen in den vielfältigen Einsatzgebieten gerecht zu werden. Diese kann man grob in zwei Kategorien unterteilen:

- Reintitan, hauptsächlich für den Anlagenbau (meist Flachprodukte) und
- Titanlegierungen, hauptsächlich für Luft- und Raumfahrt (meist Stabmaterial).

5.2.1 Reintitan

Abweichend von den meisten anderen metallischen Werkstoffen wird Titan auch unlegiert bzw. niedriglegiert in größerem Maße eingesetzt, und zwar vornehmlich dort, wo die chemische Beständigkeit im Vordergrund steht. Somit sind die Haupteinsatzgebiete für Reintitan Anlagen im chemischen Apparatebau, in denen hoch korrosiver Angriff zu erwarten ist. Reintitan – im englischen Sprachraum „cp titanium" (commercial pure) genannt – wird je nach Festigkeitsniveau in vier Hauptgruppen (Grades) angeboten. Als Festigkeit steigerndes „Legierungselement" dient hauptsächlich Sauerstoff, der allerdings die Duktilität einschränkt. Tabelle 5.2 zeigt die chemische Zusammensetzung der Reintitansorten. Sie enthalten (fast) keine metallischen Legierungselemente und decken einen Festigkeitsbereich von 290 bis 740 MPa ab (Tab. 5.3).

Da cp-Titan ebenfalls verhältnismäßig hohe Festigkeiten aufweist, insbesondere die Grade 3 und 4, ist man auch beim Leichtbau bestrebt, zuerst auf die Reintitangüten zurückzugreifen. Grund hierfür ist der Preis; Reintitan ist aufgrund der fehlenden Legierungsbestandteile und der einfacheren Halbzeugherstellung kostengünstiger. Auch die einfachere Verarbeitbarkeit kann ausschlaggebend sein.

Tab. 5.2: *Chemische Zusammensetzung der Reintitangruppen (Angaben in Masse-%)* [1)]

Werkstoffbezeichnung nach ASTM	DIN		Fe	O	N	C	H
grade 1	Ti 1 3.7025	min. max.	- 0,15	- 0,12	- 0,05	- 0,06	- 0,013
grade 2	Ti 2 3.7035	min. max.	- 0,20	- 0,18	- 0,05	- 0,06	- 0,013
grade 3	Ti 3 3.7055	min. max.	- 0,25	- 0,25	- 0,05	- 0,06	- 0,013
grade 4	Ti 4 3.7065	min. max.	- 0,30	- 0,35	- 0,05	- 0,06	- 0,013

[1)] Bei Werkstoffen für die Luftfahrt gelten geringfügig abweichende Werte der chemischen Zusammensetzung

Tab. 5.3: *Technologische Kennwerte von Reintitangruppen*

Werkstoff-Nr. nach DIN	Dehngrenze $R_{p0,2}$ in MPa min.	Zugfestigkeit R_m in MPa	Bruchdehnung A5 in % min.	Brucheinschnürung Z in % min.
Ti 1 3.7025	180	Min. 290 max. 410	längs 30 quer 25	35
Ti 2 3.7035	250	Min. 390 max. 540	längs 22 quer 20	30
Ti 3 3.7055	320	Min. 460 max. 590	längs 18 quer 16	30
Ti 4 3.7065	390	Min. 540 max. 740	längs 16 quer 15	25

5.2.2 Titanlegierungen

Um eine Veränderung der Eigenschaften im Hinblick auf Festigkeit, Warmfestigkeit, Umformverhalten etc. zu erreichen, wird Titan legiert. Zusätze von Palladium (und neuerdings auch vom preisgünstigeren Ruthenium) verbessern die an sich schon hohe Korrosionsbeständigkeit des Titans noch weiter, haben aber bei diesen niedrigen Gehalten keinen Einfluss auf die mechanisch-technologischen Kennwerte (Tab. 5.4).

Wenn man bei Titan von Legierungen spricht, meint man in erster Linie α/β-Titanlegierungen und β-Titanlegierungen. Hierbei sind die vorkommenden Phasen gemeint. Zu den α/β-Titanlegierungen können auch die near-α-Titanlegierungen gezählt werden. Sie enthalten weniger β-Phase und sind die klassischen Hochtemperaturlegierungen. Bei den β-Titanlegierungen handelt es sich im eigentlichen Sinne um metastabile β-Titanlegierungen, da sie noch sehr viel α-Phase enthalten können. Reine β-Titanlegierungen haben technisch noch keine große Bedeutung. Reintitan wird oft auch als α-Titan bezeichnet.

Da die Volumengehalte der α- bzw. der β-Phase und deren Morphologie einen entscheidenden Einfluss auf die mechanischen Kennwerte haben, sei dies an dieser Stelle kurz erklärt. Das elementare Titan liegt bis zu seiner Transustemperatur von ca. 882 °C als hexagonale (α-Struktur) und oberhalb bis zum Schmelzpunkt von ca. 1670 °C als kubisch-raumzentriertes (β-Struktur) Gitter vor. Durch entsprechende Legierungselemente kann es einphasig (α oder β) bzw. zweiphasig (α und β) eingestellt werden und die β-Transustemperatur wird verschoben. Als Legierungselemente zur α-Stabilisierung dienen Aluminium und/oder Sauerstoff, zur β-Stabilisierung werden bevorzugt Molybdän, Vanadium und Eisen eingesetzt. Je nach thermomechanischer und/oder thermischer Behandlung können die Anteile der

Tab. 5.4: *Chemische Zusammensetzung niedriglegierter Titansorten (Angaben in Masse-%)*

Werkstoffbezeichnung nach ASTM	DIN		Fe	O	N	C	H	Pd
grade 17		min.	-	-	-	-	-	0,04
		max.	0,20	0,18	0,03	0,08	0,015	0,08
grade 11	Ti 1 Pd 3.7225		-	-	-	-	-	0,15
			0,15	0,12	0,05	0,06	0,013	0,25
grade 16		min.	-	-	-	-	-	0,04
		max.	0,30	0,25	0,03	0,08	0,015	0,08
grade 7	Ti 2 Pd 3.7235		-	-	-	-	-	0,15
			0,20	0,18	0,05	0,06	0,013	0,25
-	Ti 3 Pd 3.7255	min.	-	-	-	-	-	0,15
		max.	0,25	0,25	0,05	0,06	0,013	0,25
grade 12	Ti-0,8Ni-0,3Mo 3.7105	min.	-	-	-	-	-	Ni 0,6/ Mo 0,2
		max.	0,25	0,25	0,25	0,06	0,013	Ni 0,9/ Mo 0,4

zweiphasigen Bereiche auch noch auf unterschiedliche Anwendungsanforderungen hin optimiert werden (Festigkeit, Dauerfestigkeit, Kriechbeständigkeit, Rissausbreitung, Verformbarkeit, etc.).

Eine weitere Steigerung der Festigkeit (bis über 1200 MPa) und anderer technologischer Kennwerte ist durch Zulegieren anderer metallischer Elemente zu erreichen (Tab. 5.5 und 5.6).

Für den Leichtbau eignen sich bezüglich ihrer Dichte alle Titanlegierungen. Die Unterschiede sind marginal. Während Reintitan eine Dichte 4,5 g/cm^3 aufweist, hat die bekannte α/β-Titanlegierung Ti-6Al-4V, mit einem relativ hohen Al-Gehalt, eine Dichte von 4,45 g/cm^3. Eine β-Titanlegierung, z. B. die Ti-10V-2Fe-3Al, besitzt eine Dichte von 4,65 g/cm^3, obwohl sie relativ hohe Gehalte an Vanadium und Eisen enthält.

Tab. 5.5: Chemische Zusammensetzung einiger beispielhafter Legierungen

TIKRUTAN	Kurzbezeichnung Werkstoff-Nr. nach DIN		Al	V	Fe	Mo	Sn	Zr	Cu	Si	O	H	N	C
LT 24	TiAl6Sn2Zr4Mo2 3.7145	min.	5,5	-	-	1,8	1,8	3,6	-	0,06	-	-	-	-
		max.	6,5	-	0,25	2,2	2,2	4,4	-	0,12	0,15	0,015	0,05	0,05
LT 26	TiAl6Zr5Mo0,5Si 3.7155		5,70 6,30	-	- 0,20	0,25 0,75	-	4,0 6,0	-	0,10 0,40	- 0,19	- 0,015	- 0,05	- 0,08
LT 31	TiAl6V4 3.7165	min. max.	5,5 6,75	3,5 4,5	- 0,30	-	-	-	-	-	- 0,20	- 0,015	- 0,05	- 0,08
LT 33	TiAl6V6Sn2 3.7175		5,0 6,0	5,0 6,0	0,35 1,0	-	1,5 2,5	-	0,35 1,0	-	-	-	-	-
											- 0,20	- 0,015	- 0,04	- 0,05
LT 34	TiAl4Mo4Sn2Si 3.7185	min. max.	3,0 5,0	-	- 0,20	3,0 5,0	1,5 2,5	-	-	0,3 0,7	- 0,25	- 0,015	- 0,05	- 0,08

Tab. 5.6: Mechanisch-technologische Eigenschaften einiger beispielhafter Legierungen

TIKRUTAN	Kurzbezeichnung Werkstoff-Nr. nach DIN	Dehngrenze $R_{p0,2}$ in MPa		Zugfestigkeit R_m in MPa			Bruchdehnung A_5 in %		Brucheinschnürung Z in %		Brinellhärte Richtwerte HB 30 geglüht
		geglüht min.	ausgehärtet min.	geglüht min.	ausgehärtet min.	max.	geglüht min.	ausgehärtet min.	geglüht min.	ausgehärtet min.	
LT 24	TiAl6Sn2Zr4Mo2 3.7145	-	820	-	890	-	-	8	-	20	-
LT 26	TiAl6Zr5Mo0,5Si 3.7155	-	880	-	950	-	-	6	-	20	-
LT 31	TiAl6V4 3.7165	870 830	1030 1000	920 900	1100 1070	-	8 10 8	8	25 20	20 15	310
LT 33	TiAl6V6Sn2 3.7175	1000 930	- 1100	1070 1000	1200	-	10 8	6	20	15	320
LT 34	TiAl4Mo4Sn2Si 3.7185	-	960 920 870	-	1100 1050 1000	1280 1220 1200	9	9	-	20 20 20	350

5.3 Eigenschaften von Titanlegierungen

5.3.1 Physikalische und technologische Eigenschaften

Bevor auf die Eigenschaften einzelner Gruppen von Titanwerkstoffen genauer eingegangen wird, sollen die wesentlichen Merkmale aufgezeigt werden, die Titanwerkstoffe auszeichnen (Peters u.a. 2002, Boyer u.a. 1994, Lütjering u.a. 2003 und Martienssen u.a. 2006):
- Niedrige Dichte
- hohe absolute und höchste spezifische Festigkeiten
- sehr gute Korrosionsbeständigkeit
- gute Verarbeitbarkeit
- große Verfügbarkeit
- hohe Biokompatibilität
- gute Dekorfähigkeit
- gutes Image.

Da Titan als Konstruktionswerkstoff häufig in „Konkurrenz" zu anderen Werkstoffen steht, werden in Tabelle 5.7 einige physikalische Daten einander gegenübergestellt.

Die wesentlichen mechanisch-technologischen Eigenschaften von sehr gebräuchlichen Reintitansorten und Titanlegierungen bei Raumtemperatur sind in der Tabelle 5.8 bei den dort aufgeführten Qualitäten als Standardwerte zusammengestellt. Aus den Werten ist auch zu erkennen, welchen Einfluss die Wärmebehandlung auf die mechanischen Eigenschaften der Legierungen hat.

Tab. 5.7: *Physikalische Daten einiger Werkstoffe im Vergleich*

Eigenschaften	Aluminium	Tiefziehstahl	Nichtrostender Stahl	Titan
Dichte in g/cm³	2,7	7,85	7,85	4,5
Wärmeausdehnungskoeffizient in 10^{-6}/K	26	12	18	9,1
Wärmeleitfähigkeit in W/m K	140	50	21	20
Schmelzpunkt in °C	~ 640	~ 1530	~ 1350	~ 1700
E-Modul in GPa	65	210	200	108

Tab. 5.8: *Festigkeiten und Dehnungen (Mindestwerte) von Reintitan und einigen gebräuchlichen Legierungen im Vergleich*

Legierung	Typ	Zustand	Zugfestigkeit R_m in MPa	Streckgrenze $R_{P0,2}$ in MPa	Dehnung A_5 in %
Ti grade 1	α	geglüht	290	180	30
Ti grade 2	α	geglüht	390	250	22
Ti grade 3	α	geglüht	460	320	18
Ti grade 5 (Ti-6Al-4V)	α/β	geglüht	920	870	8
		geglüht u. ausgelagert	1070	1000	8
Ti-6Al-6V-2Sn	α/β	geglüht	1000	930	8
		geglüht u. ausgelagert	1200	1100	6
Ti-6Al-2V-4Zr-2Mo	Near-α	geglüht	890	820	8
Ti-15V-3Cr-3Sn-3Al	β	ausgelagert	1000	965	7

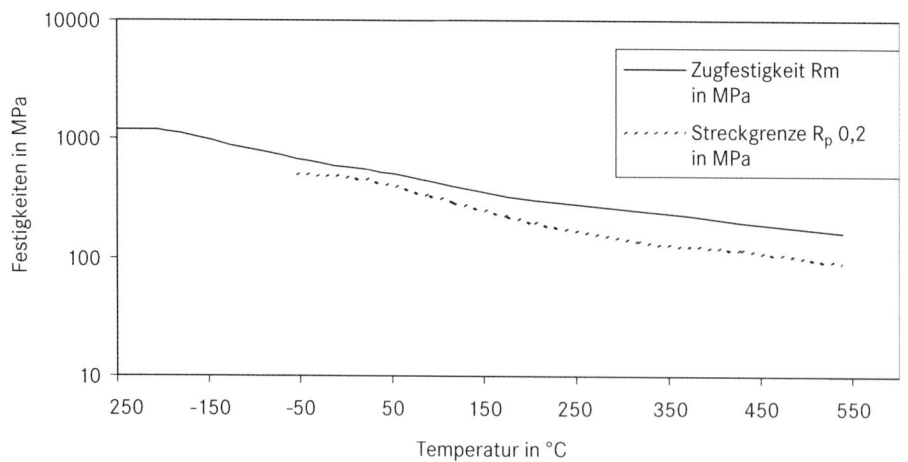

Abb. 5.1: *Temperaturabhängigkeit der Festigkeiten von Reintitan 3.7065*

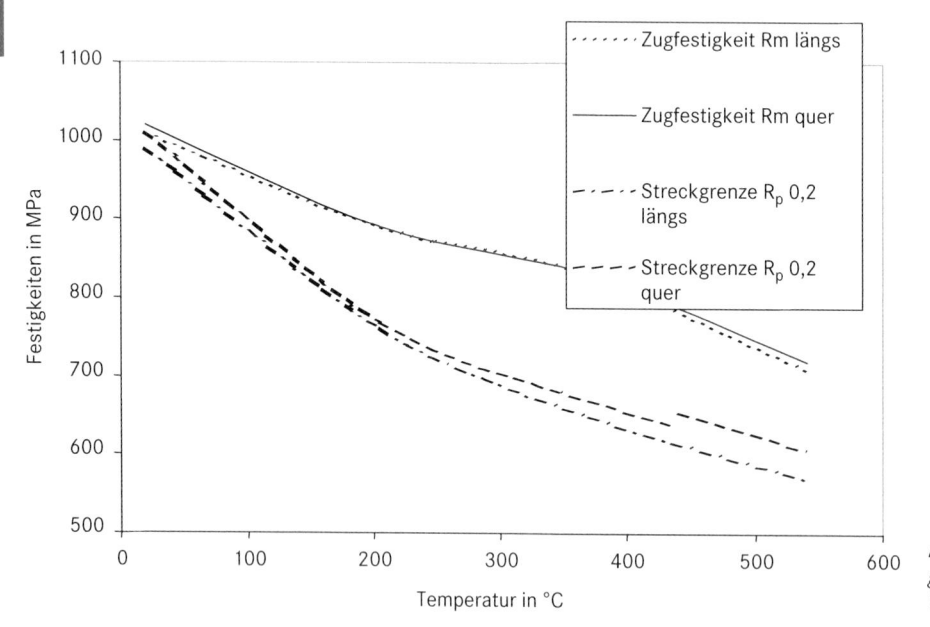

Abb. 5.2: *Temperaturabhängigkeit der Festigkeiten von Titanlegierung 3.7145*

Die Temperaturabhängigkeit der Zugfestigkeit (R_m) und der Dehngrenze ($R_{p0,2}$) werden beispielhaft an der Güte grade 4, Werkstoff-Nr. 3.7065, in den Abbildungen 5.1 und 5.2 an der warmfesten Titanlegierung WSt.-Nr. 3.7145 (TiAl6Sn2Zr4Mo2) dargestellt.

Für Anwendungen im Bauteil sind oft die folgenden physikalischen bzw. technologischen Kennwerte wichtig. Ihre Abhängigkeiten von der Temperatur sind in den Abbildungen 5.3 bis 5.5 dargestellt (Boyer u. a. 1994). So zeigt die Abbildung 5.3 die Wärmeleitfähigkeit einiger ausgewählter Reintitan- und Legierungsgüten, Abbildung 5.4 die Wärmeleitung und den elektrischen Widerstand von Legierung 3.7235 im Temperaturverlauf, Abbildung 5.5 die thermischen Ausdehnungskoeffizienten von Reintitan und Titanlegierung 3.7165 (grade 5).

Die sehr gute chemische Beständigkeit der Titangüten beruht auf der Tatsache, dass sich das metallische Titan in „statu nascendi" wegen seiner hohen Sauerstoffaffinität mit einer sehr dünnen porenfreien und fest anhaftenden Oxidschicht überzieht. Diese Schicht kann sich auch bei Verletzungen (z. B. im tribologischen Einsatz) aus der Umgebung erneuern. Schon durch geringe Mengen z. B. an Wasser regeneriert sich der Korrosionsschutz. Verstärkt werden kann dieser Schutz durch Zulegieren kleiner Mengen Palladium (z. B. Grade 11 bzw. 7) oder Nickel und Molybdän (Grade 12) sowie durch Zugabe von Inhi-

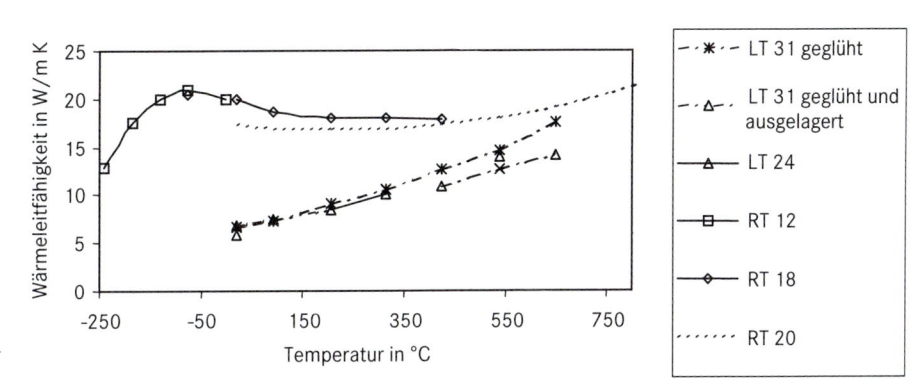

Abb. 5.3: *Wärmeleitfähigkeit von ausgewählten Reintitan- und Legierungsgüten in Abhängigkeit von der Temperatur*

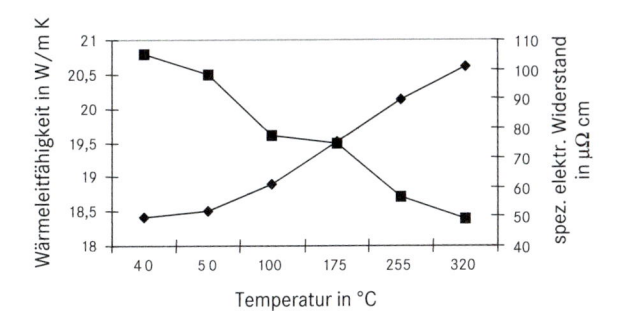

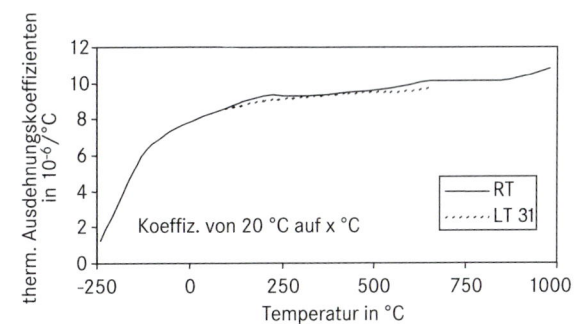

Abb. 5.4: *Wärmeleitfähigkeit und spezifischer elektrischer Widerstand von Legierung 3.7235 in Abhängigkeit von der Temperatur*

Abb. 5.5: *Thermische Ausdehnungskoeffizienten von Reintitan und Legierung 3.7165 in Abhängigkeit von der Temperatur*

Tab. 5.9: *Korrosionsbeständigkeit von Titanwerkstoffen gegen verschiedene Medien*

Beständig	Begrenzt beständig	Unbeständig
Salpetersäure	Schwefelsäure	Fluor
Chromsäure	Salzsäure	Trockenes Chlorgas
Schwefelige Säure	Phosphorsäure	Rauchende Salpetersäure
Alkalilaugen	Oxalsäure	
Ammoniak	Ameisensäure	
Wässrige Chloride		
Salzsole		
Meerwasser		
Feuchtes Chlorgas		
Essigsäure		
Maleinsäure		
Acetaldehyd		
Carbamat		
Dimethylhydrazin		
Flüssiger Wasserstoff		
Zunehmend	<— Beständigkeit —>	**Abnehmend**
Oxidierende Bedingungen, Fe^{3+}, Cu^{2+}, Ti^{4+}, Cr, Si, Mn, Pd im Ti		Reduzierende Bedingungen, steigende Konzentration, höhere Temperaturen, Fluor, Fluorverbindungen
Es bedeuten: beständig:	Abtrag < 0,125 mm/a	
begrenzt beständig:	Abtrag 0,125 – 1,25 mm/a	
unbeständig:	Abtrag > 1,25 mm/a	

bitoren im Anwendungsmedium. Tabelle 5.9 zeigt, gegen welche Medien Titanwerkstoffe korrosionsbeständig sind und gegen welche weniger. Starken Einfluss haben Temperatur und Konzentration der Medien. Bei gleichzeitigem Vorhandensein mehrerer Medien ist vor dem Einsatz ein Test der Korrosionsbeständigkeit empfehlenswert. Vorsicht ist geboten bei fluorhaltigen Medien, bei trockenem Chlorgas und bei roter rauchender Salpetersäure. Hier kann es zu spontanen heftigen Reaktionen kommen.

Kontaktkorrosion in Verbindung mit anderen Werkstoffen (z.B. Aluminium, Magnesium und niedriglegierte Stähle) sollte durch Potenzialtrennung vermieden werden – nicht das Titan, sondern der Kontaktpartner korrodiert. Spalt- und Lochkorrosion sind nur unter extrem aggressiven Bedingungen zu beobachten.

5.3.2 Konsequenzen für eine werkstoffgerechte und kosteneffektive Konstruktion im Leichtbau

Aus den physikalischen Eigenschaften der Titanwerkstoffe wird deutlich, dass sich diese Werkstoffe neben einer universellen Anwendung, die aber meistens aus Kostengründen entfällt, für besonders kritische Anwendungsfälle anbieten. Aus diesem Grunde wird bei der Konstruktion sicherlich immer der Vergleich zu Sonderstählen vorgenommen werden. Spezifische Festigkeit und Elastizitätsmodul gehören zu den wichtigsten Auswahlkriterien vor allem bei bewegten Bauteilen (Tab. 5.10). Ein Beispiel für die positive Auswirkung dieser Eigenschaften sind Federn aus Titan, die in dieser Kombination um ca. 65 % leichter werden können.

Hinsichtlich der Festigkeit entsprechen die Titanwerkstoffe etwa den austenitischen Stählen (Tab. 5.8). Vor allem die hohe 0,2 %-Dehngrenze zusammen mit der relativ geringen Dichte ergeben bei der Substituierung von Stahl durch Titan bei gleicher Festigkeit eine Gewichtsersparnis von 42 %. Wesentliche Vorteile sind deshalb bei Anwendungen mit hohen Beschleunigungskräften ersichtlich: die gegenüber Stahl niedrigeren Zentrifugalkräfte erlauben geringere Auslegungen der Konstruktion, die wiederum zu Gewichtseinsparungen und zur Reduzierung der Trägheitskräfte führen. Anwendungen in Triebwerken, Turboladern und Zentrifugen sind Beispiele hierfür.

Da Titan wie andere Werkstoffe auch zum Kriechen neigt, müssen bei der Berechnung von festigkeitsbeanspruchten Konstruktionsteilen die Zeitstandwerte berücksichtigt werden (VdTÜV-Merkblatt 230 und DIN 17869). Bei Festigkeitsbeanspruchungen unter erhöhten Temperaturen sind die unlegierten und niedriglegierten Titanwerkstoffe im Allgemeinen nur bis max.

Tab. 5.10: *Elastizitäts- und Schubmoduln bzw. Festigkeiten einiger Reintitangüten und Legierungen in unterschiedlichen Wärmebehandlungszuständen, gemessen bei RT*

Legierung	Zustand	E-Modul (bestimmt im Zugversuch) in GPa	G-Modul	R_m in MPa	$R_{P0,2}$ in MPa
Ti grade 1		105	45	290	180
Ti grade 2		105	45	390	250
Ti grade 3		105	45	460	320
Ti grade 5 (Ti-6Al-4V)	geglüht	110	42	920	870
	geglüht u. ausgelagert	114	42	1070	1000
Ti-6Al-6V-2Sn	geglüht	110	45	1000	930
	geglüht u. ausgelagert	117	45	1200	1100
Ti-6Al-2Sn-4Zr-2Mo	geglüht	114	n.b.	890	820
Ti-15V-3Cr-3Sn-3Al	ausgelagert	99	n.b.	1000	965

350 °C vorteilhaft anzuwenden. Bei nicht auf Festigkeit beanspruchten Teilen liegt die Einsatzgrenze aufgrund von Oxidationserscheinungen bei ca. 500 °C.

Die hexagonale Grundstruktur der Reintitansorten und der häufigsten Legierungsgüten führt in vielen Halbzeugfabrikaten zu anisotropen Eigenschaften. Das heißt, dass zum Beispiel in Blechen aus kalt gewalzten Bändern die Festigkeits- und Dehnungswerte in Längsrichtung erheblich von denen quer zur Walzrichtung ermittelten abweichen können. Natürlich erfüllen sie die von der Norm vorgegebenen Mindestwerte. Bei Tafelblechen können diese Unterschiede durch das so genannte Querwalzen verringert werden. Der niedrige Wärmeausdehnungskoeffizient führt in Titankonstruktionen zu geringen Wärmespannungen. Titan weist im Vergleich zu unlegiertem Stahl eine um den Faktor 5 geringere elektrische und thermische Leitfähigkeit auf. Im Vergleich zum austenitischen Stahl liegen die Werte etwa gleich. Bei Verbundkonstruktionen mit anderen Werkstoffen sind diese Unterschiede in der Leitfähigkeit und Ausdehnung unbedingt zu beachten. Bei tribologisch beeinflussten Anwendungen, vor allem auch bei Paarungen mit anderen Werkstoffen, müssen die Oberflächen gegebenenfalls vor Abrieb geschützt werden.

Ein optimaler Einsatz von Titanwerkstoffen wird nur selten durch die einfache Substitution eines konventionellen Materials erreicht, nur die artgerechte Konstruktion unter Berücksichtigung des gesamten Eigenschaftsspektrums bringt die gewünschte Effektivität. Wenn diese Umsetzung dann auch noch über die gesamte Lebenszeit kalkuliert wird, wird auch die Kostenseite des als „teuer" geltenden Werkstoffs relativiert.

5.4 Be- und Verarbeitung von Titanwerkstoffen

5.4.1 Wärmebehandlung

Die Eigenschaften von Titanwerkstoffen können durch spezielle Wärmebehandlungen relativ genau eingestellt werden. Das beginnt mit der thermomechanischen Behandlung beim Schmieden und Walzen und wird fortgesetzt bei Halbzeugen und (Fast)-Fertigbauteilen durch Weichglühen, Spannungsarmglühen und der Kombination von Lösungsglühen mit anschließender Warmauslagerung. Beeinflusst werden können Kornstruktur, Korngrößen, Kornverteilung, Versetzungsdichte, Ausscheidungszustand etc. Auf diese Weise lassen sich z. B. die mechanisch-technologischen Werte, Bruchzähigkeit, Dauerfestigkeiten, innere Restspannungen und die Korrosionsbeständigkeit beeinflussen (Peters u. a. 2002). Als Beispiel zeigt die Tabelle 5.11 den Einfluss der unterschiedlichen Gefüge auf die mechanischen Eigenschaften (bei α/β-Titanlegierungen). Ein Glühen (Prozessieren) oberhalb der β-Transustemperatur führt zu lamellaren Strukturen (technisch eher unwichtig). Unterhalb der β-Transustemperatur werden globulare oder Duplexgefüge eingestellt. Dies gilt auch für die metastabilen β-Titanlegierungen, wobei hier β-Strukturen immer mehr an Bedeutung gewinnen. Die Wärmebehandlungen für die einzelnen Titangüten unterscheiden sich in Temperatur und Dauer. Während die Temperaturspanne beim Glühen und Spannungsarmglühen verhältnismäßig groß ist, müssen bei der Gefüeeinstellung, z.B. des Primär-α-Gehaltes und beim Aushärten von Titanlegierungen, engere Temperaturbereiche eingehalten werden.

Ein typischer Vergleich der Ti-6Al-4V bei unterschiedlichem Gefüge ist in der Tabelle 5.12 dargestellt.

Tab. 5.11: *Einfluss des Gefüges auf die mechanischen Eigenschaften von α/β-Titanlegierungen*

Eigenschaft	lamellar	globular/duplex
E-Modul	o	+/- *
Festigkeit	-	+
Duktilität	-	+
Bruchzähigkeit	+	-
Rissbildung	-	+
Rissausbreitung	+	-
Zeitstandfestigkeit	+	-
Superplastizität	-	+
Oxidationsverhalten	+	-
„+" - Verbesserung, „-" - Verschlechterung, „o" - ohne Einfluss *) texturabhängig		

Tab. 5.12: *Dehngrenze, Wechselfestigkeit und Bruchzähigkeit der Ti-6Al-4V für unterschiedliche Gefüge*

Gefüge	$R_{p0,2}$ in MPa	$\sigma(10^7$ LW, R = -1, Luft) in MPa	K_{Ic} in MPa·m$^{-1/2}$
Duplex	880	675	65
Lamellar	770	500	90

Da z. B. Verdichterschaufeln sowohl hohe Festigkeiten als auch hohe Bruchzähigkeiten aufweisen sollen, steckt man in einem Dilemma und muss einen Kompromiss eingehen; auch unter den Aspekt, dass für geringe Kriechraten ein grobes β-Gefüge günstiger wäre.

Die oben erwähnte β-Transustemperatur muss als absolut kritische Temperatur gesehen werden. Sie darf in der Regel im Einsatz nicht überschritten werden. Dies gilt natürlich nicht, wenn bewusst ein sog. β-Gefüge eingestellt werden soll. Wird die β-Transustemperatur überschritten, auch nur kurzzeitig, so entsteht sehr rasch eine sehr grobe Kornstruktur, die insbesondere schlechtere mechanische Eigenschaften zeigt. Dies kann nicht durch eine Glühbehandlung rückgängig gemacht werden. Unterhalb der β-Transustemperatur neigen Titan und seine Legierungen eher zu moderaten Kornvergröberungen.

Das Glühen ist eine Wärmebehandlung, um entweder eine durch Umformung oder Aushärtung verursachte Verfestigung des Werkstoffes rückgängig zu machen oder einen stabilen Werkstoffzustand einzustellen. Im Regelfall erfolgt das Glühen oberhalb einer Temperatur, bei der Rekristallisation eintritt. Das Spannungsarmglühen ist eine Wärmebehandlung zum Abbau von Eigenspannungen ohne wesentliche Änderungen des Gefüges. Im Regelfall erfolgt das Spannungsarmglühen unterhalb der Rekristallisationstemperatur. Es kann erforderlich sein z. B. nach: dem Schweißen, dem Umformen bei Temperaturen unterhalb 650 °C oder bei örtlich begrenzten Umformungen, nach einer spanenden Bearbeitung, insbesondere nach dem Schleifen oder Richten. Die Parameter für das Glühen und das Spannungsarmglühen der Reintitanwerkstoffe (3.7025, 3.7035, 3.7055 und 3.7065) und der Titanlegierungen TiAl6V4 (3.7165) und TiAl6V6Sn2 (3.7175) sind in Tabelle 5.13 aufgeführt.

Die angegebenen Haltezeiten für das Spannungsarmglühen gelten für Wanddicken bis 10 mm. Für jede weiteren 10 mm sind sie um ca. 15 min zu erhöhen. Bei sämtlichen Wärmebehandlungen von Titanwerkstoffen ist grundsätzlich die hohe Reaktionsfreudig-

Tab. 5.13: *Parameter zum Glühen und Spannungsarmglühen von Titanwerkstoffen*

	Werkstoff	Temperaturspanne in °C	empfohlene Temperatur in °C	Haltezeit	Abkühlung
Glühen (Weichglühen)	Reintitan	600–800	700	2 min/mm Dicke min. 10 min. max. 20 min.	Luft
	TiAl6V4	700–840	730	2 min/mm Dicke min. 30 min. max. 300 min.	Luft oder Ofen bis 500 °C, dann Luft
	TiAl6V6Sn2	700–840	730	2 min/mm Dicke min. 30 min. max. 480 min.	Luft oder Ofen bis 500 °C, dann Luft
Spannungsarmglühen	Reintitan	500–600	550	30–60 min.	Luft
	TiAl6V4	550–700	675	30–60 min.	Luft oder Ofen bis 500 °C, dann Luft
	TiAl6V6Sn2	550–650	600	60–120 min	Luft oder Ofen bis 500 °C, dann Luft

5.4 Be- und Verarbeitung von Titanwerkstoffen

Tab. 5.14: *Klassische Bearbeitungsverfahren*

Fügen	Trennen	spanend	spanlos
Thermisch WIG-Schweißen, MIG-Schweißen, Plasma-Schweißen, Elektronenstrahl-Schweißen, Diffusions-Schweißen, Reib-, Rührreib-, Ultraschall-Schweißen, Widerstands- Schweißen, Löten	**Mechanisch** Sägen Scheren Stanzen Lochen	Drehen	Warmumformung/Schmieden Kaltumformung S(uper)P(lastic)-F(orming)
Mechanisch Durchsetzfügen, Bördeln, Nieten	**Abrasiv** Wasserstrahl	Fräsen	Biegen Kanten Drücken
Chemisch Kleben	**Thermisch** Laser-, Plasma- und Autogenbrennen	Bohren	Tiefziehen, Prägen, Hydroforming
		Schleifen	(Elektro)-Chemisch ECM, Erodieren, Beschichten

keit mit Wasserstoff, Sauerstoff und Stickstoff zu beachten. Aus diesem Grund müssen die Wärmeübertragungsmittel der zur Verfügung stehenden Anlagen so beschaffen sein, dass keine unzulässigen Reaktionen mit dem Werkstoff stattfinden. Dies gilt insbesondere für eine unzulässige Wasserstoffaufnahme aus der Ofenatmosphäre.

Wasserstoffaufnahme erfolgt ab Temperaturen von ca. 80 °C. Oberhalb 700 °C führen Sauerstoff und Stickstoff verstärkt zur Bildung von Zunderschichten, unter gleichzeitiger Diffusion von Sauerstoff in die Werkstückoberfläche (Diffusionszone). Durch diese chemischen Reaktionen werden die Zähigkeitseigenschaften und die thermische Stabilität der Titanwerkstoffe verringert. Im Gegensatz zu Sauerstoff und Stickstoff kann Wasserstoff durch Vakuumglühen unter geeigneten Bedingungen weitgehend wieder entfernt werden.

Zur Wärmebehandlung können neben Schutzgas- (nur Edelgase) und Vakuumöfen auch elektrisch- oder gasbeheizte Luftöfen eingesetzt werden. Bei gasbeheizten Öfen ist ein Luftüberschuss von etwa 10 bis 15 % einzustellen und eine unmittelbare Berührung des Wärmebehandlungsgutes mit der Gasflamme zu vermeiden (Überhitzungsgefahr). Die bei der Wärmebehandlung entstandenen Zunderschichten müssen mit mechanischen Verfahren, wie Sandstrahlen, Schleifen oder Bürsten und nachfolgendem Beizen entfernt werden. Leichte Anlauffarben lassen sich allein durch Beizen beseitigen. Bewährt hat sich für die Beizbehandlung eine wässrige Lösung von 20 Vol.-% HNO_3 (65 %-ige Salpetersäure) und 2 Vol.-% HF (40 %-ige Flusssäure).

Hierbei soll nicht nur die an der Oberfläche befindliche Oxidschicht, sondern auch die darunter liegende sauerstoffangereicherte Diffusionszone (der sog. α-case) mit abgetragen werden, da diese z. B. die Zerspanbarkeit, d. h. die Standzeiten von Dreh- und Fräswerkzeugen, erheblich herabsetzt. Nach der Entfernung von Zunder- und Oxidschichten sollte in jedem Fall der Wasserstoffgehalt geprüft werden, da bei Glüh- und Beizbehandlungen die Gefahr der Wasserstoffaufnahme besteht. Tabelle 5.14 zeigt eine

Übersicht der gebräuchlichen klassischen Bearbeitungsverfahren für Titanwerkstoffe.

Unter Beachtung der schon erwähnten physikalischen Eigenschaften, wie Versprödung und Oberflächenaufhärtung durch Gasaufnahme (bei thermischen Verfahren), geringe Wärmeleitung und spezifische Wärme verbunden mit hohen Reibbeiwerten (beim spanenden Bearbeiten) und das hohe Verhältnis von Streckgrenze zu Festigkeit (bei Umformungsvorgängen) lassen sich auch Hochgeschwindigkeitsbearbeitungsverfahren für Serienbauteile einsetzen.

5.4.2 Fügeverfahren

Grundsätzlich sind beim Fügen von Titanwerkstoffen – wie bei anderen Werkstoffen auch – zu unterscheiden: mechanische, thermische und chemische Verfahren, wobei die thermischen nochmals unterteilt werden müssen, und zwar in solche, die oberhalb bzw. unterhalb der Schmelzphase der jeweiligen Fügepartner angewendet werden (s. Kap. IV.3). Vor allem die Verfahren, bei denen die Partner artfremd sind und die Temperaturen so hoch, dass die Schmelztemperatur eines Partners oder die eutektische Temperatur der sich ergebenden Verbindung überschritten wird, müssen besonders kritisch betrachtet werden. Denn die Gefahr, dass sich sehr spröde intermetallische Phasen oder korrosionsfördernde chemische Verbindungen bilden, ist sehr groß. Letzteres ist auch ein Problem bei mechanischen Fügeverfahren mit artfremden Partnern in korrosiver Umgebung, wobei meist der nicht aus Titan bestehende Partner stärker angegriffen wird.

5.4.2.1 Thermisches Fügen

Schweißen

Die Schweißbarkeit von Titanwerkstoffen ist nicht generell gegeben (s. Kap. IV.3.1). So sind manche Legierungen besonders schweißgeeignet, andere dagegen sind untauglich (Tab. 5.15). Beim EB-Schweißen im Vakuum kann diese Palette erheblich erweitert werden. Aber auch die Schweißbedingungen, die Konstruktion und die späteren Betriebsbedingungen sind ausschlaggebend. Die unlegierten Sorten gelten allgemein als gut schweißbar. Sind Zusatzwerkstoffe erforderlich, so wird zur Einhaltung der allgemeinen mechanisch-technologischen Werte die im Sauerstoffgehalt nächst niedrigere Qualität gewählt. Über die genauen Randbedingungen geben die spezifischen Normen Auskunft.

Tab. 5.15: *Schweißbarkeit (WIG) einiger beispielhafter Legierungen*

Schweißbarkeit gut	Reintitan
	Grade 1 (Pd)
	Grade 2 (Pd)
	Grade 3
	Grade 4
	Niedriglegierter Titanwerkstoff
	Ti-0,8Ni-0,3Mo
	Legierter Titanwerkstoff
	Ti-6Al-4V
Schweißbarkeit bedingt gut	**Legierte Titanwerkstoffe**
	Ti-15V-3Cr-3Sn-3Al
	Ti-6Al-2Sn-4Zr-2Mo

Wegen der hohen Affinität zu allen reaktiven Gasen vor allem bei hohen Temperaturen gilt:

- Geeignete Schutzgasführung und -art. Schleppdüsen und Abschirmung von oben und unten bis zu Temperaturen unter 350 °C sind unbedingt einzuhalten. Als Schutzgase sind nur Argon und in Sonderfällen Helium zugelassen, und das jeweils in einer Reinheit besser als 4.8 (DVS-Merkblatt 2713). Eine optimale Schweißnahtvorbereitung und -reinigung sollte durchgeführt werden. Zur Auswertung von Schweißausführungen gibt es Farbtafeln, z. B. das Beiblatt zum DVS-Merkblatt 2713.
- Auf keinen Fall Formiergase mit Wasserstoffanteilen verwenden (Wasserstoffversprödung). Stickstoff ist in Bezug auf Titan kein inertes Gas und darf ebenfalls nicht eingesetzt werden.
- Titan darf wegen der Bildung spröder intermetallischer Phasen in der Regel (d. h. bei Überschreiten von Schmelz- und eutektischen Temperaturen) nicht mit artfremden Werkstoffen verschweißt werden. Gewarnt wird besonders vor der Verbindung mit Stahl.

Sonderverfahren wie Widerstandspressschweißen, Punktschweißen und Reibschweißen werden großtechnisch erfolgreich eingesetzt, Linear- und Rotationsschweißen sogar bei den wohl kritischsten Bauteilen überhaupt: den Triebwerksscheiben. Abbildung 5.6 zeigt die ersten Stufen eines Triebwerks, bei denen die Scheiben der Stufen miteinander rotations- und die Schaufeln auf die Scheiben linear geschweißt sind. Da beim Reibschweißen die Werkstoffe im teigigen Zustand miteinander gefügt werden, können hier auch unterschiedliche Werkstoffe verschweißt werden. Die oxidbehafteten Fügeflächen werden aus dem Schweißbereich herausdrückt. Deshalb kann dieses Verfahren sogar unter Normalatmosphäre durchgeführt werden. Die Schweißwulste werden anschließend abgearbeitet. Abbildung 5.7 zeigt Beispiele von reibgeschweißten Hybridbausteinen (RSH-Stahl mit LT 31 und C-Stahl mit LT 31), deren Bruchflächen im Zugversuch außerhalb der Schweißbereiche liegen.

Abb. 5.6: *Rotations- und Linearschweißen an den ersten Stufen eines Triebwerks (Quelle: MTU, München)*

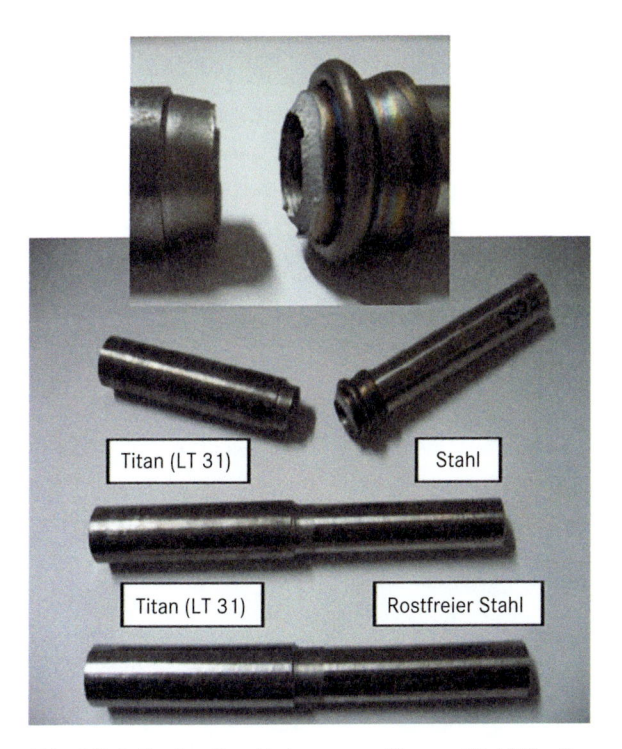

Abb. 5.7: *Reibschweißverbindungen von Titan und Stahl (Quelle: SLV, München)*

Löten

Das klassische Löten von Titanwerkstoffen gilt allgemein als problematisch (Kap. IV.3.2). Die naturbedingte Sauerstoffschicht und die Neigung zur Bildung von intermetallischen Phasen erfordern gewisse Maßnahmen. Dickere Oxidschichten sollten durch Beizen auf ein Minimum reduziert werden und durch nachfolgende Wärmeeinflüsse nicht wieder dicker werden. Das heißt im Normalfall: Löten unter Vakuum, vor allem beim Hartlöten. Der Einsatz reaktiver Lote, meist als amorphe Lötbänder hergestellt, verbessern die Benetzbarkeit der Lötpartner. Silberlote vermeiden die Bildung intermetallischer Phasen. Ein weiteres viel versprechendes Fügeverfahren wurde mit dem laserunterstützten Löten entwickelt. Die Fügestelle wird unter einer Schutzgasdusche nur partiell erhitzt. Die Vorteile liegen auf der Hand: Man ist nicht mehr auf die Dimensionierung von Vakuumöfen angewiesen, das Gefüge wird wegen der relativ kurzen Aufheizzeiten nicht stark verändert, und es wird nur im wirklichen Kontaktfeld Wärme eingebracht.

Da die Beeinflussung des Bauteils durch den Lötprozess jedoch nicht unerheblich ist (Kornwachstum, Kontaktflächen, thermische Spannungen, intermetallische Phasen, Korrosionsprobleme), sollten bei kritischen Anwendungen unbedingt Probelötungen mit anschließenden mechanisch-technologischen Prüfungen, metallografischen Untersuchungen und Korrosionsversuchen vorgenommen werden.

5.4.2.2 Mechanisches Fügen

Mechanische Fügeverfahren wie Durchsetzfügen, Clinchen, Nieten und Stanznieten sind je nach Festigkeit und/oder Duktilität des Titanwerkstoffs möglich (s. Kap. IV.1). Besonders bei den Güten

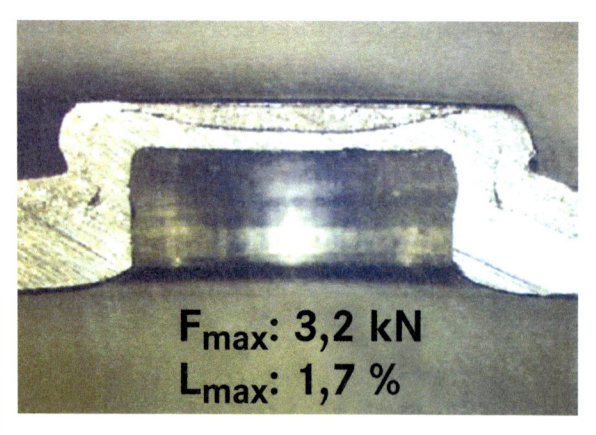

Abb. 5.8: *Durchsetzfügen artfremder Werkstoffe (Quelle: Inpro, Berlin)*

RT 12 und RT 15 sind sie problemlos durchführbar. Auch das Fügen artfremder Werkstoffe wie z. B. RT 12/15 mit Karosseriestählen (Abb. 5.8) führt zu stabilen Verbindungen. Das Nieten ist langjährige Praxis in der Luft- und Raumfahrt und somit auf einem hohen Qualitätsniveau etabliert.

Auch hier gibt es neue Entwicklungen, die wegen der erheblichen Bedeutung künftiger Konstruktionen erwähnt werden. Das DAVEX®-System erlaubt die Herstellung von T- und Doppel-T-Trägern, auch Paneele sind denkbar, ausgehend von Bändern. Unter Beachtung gewisser Geometrien (Abb. 5.9) werden über parallel und hintereinander geschaltete Walzprozesse Profile hergestellt – ohne Einsatz von Wärmequellen. Dabei können diese Profile auch aus

Abb. 5.10: *Abgasanlage von Bugatti Veyron 16.4, Titan mit Aluminium plattiert (Quelle: Boysen)*

artfremden Werkstoffen bestehen. Kombinationen aus kohlenstofffaserverstärkten Kunststoffen, Titan, Aluminium und Stahl sind durchführbar.

Zu den Schweißverfahren unterhalb des Schmelzpunktes zählen auch das Diffusionsschweißen (DB), das Spreng- und das Walzplattieren. Auch artfremde Werkstoffe können miteinander verbunden werden, wobei aus Zeitgründen beim DB-Schweißen die Bildung von intermetallischen Phasen und das Kornwachstum betrachtet werden müssen. Bauteile aus walzplattierten Werkstoffen zeigt Abbildung 5.10.

Abb. 5.9: *Beispiele für Davex-Profile (Quelle: ThyssenKrupp Davex, Gelsenkirchen)*

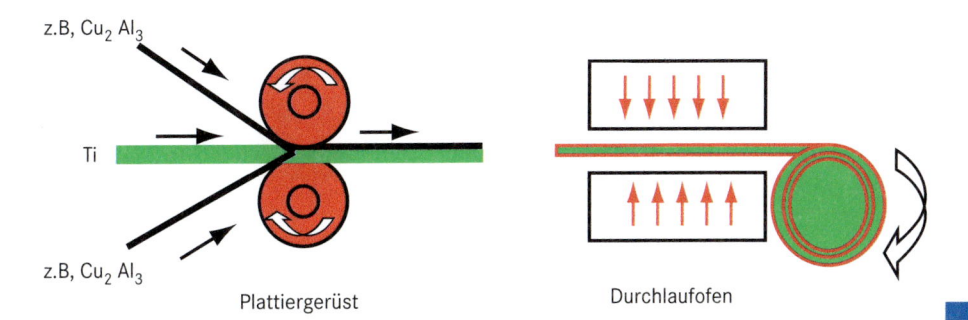

Abb. 5.11: *Walzplattieren mit anschließender reaktiver Glühung (Quelle: Wickeder Westfalenstahl, Wickede)*

z.B, Cu_2Al_3

Ti

z.B, Cu_2Al_3

Plattiergerüst

Durchlaufofen

Besondere Vorzüge bilden diese Werkstoffe deshalb, weil bei gleichzeitiger Kostenoptimierung großflächig die jeweiligen Werkstoffeigenschaften (Verformbarkeit, Wärmeleitung, Aussehen etc.) genutzt werden können.

In manchen Fällen kann die dünne Plattierschicht sogar mit dem Trägermaterial „umlegiert" werden. Es werden vollkommen neue Eigenschaften erzeugt (Abb. 5.11). Im Fall der dünnen Aluminiumschicht auf Titan bildet sich eine Sauerstoffsperrschicht, sodass das Titan bei sehr viel höheren Temperaturen eingesetzt werden kann. Hier sind Anwendungstemperaturen über 900 °C möglich. In einem weiteren Beispiel verhindert eine dünne „einlegierte" Kupferschicht Algenbewuchs auf Titanoberflächen etc.

Gute Möglichkeiten, die sich aus der Kombination aus Sprengplattieren mit anschließendem Warmwalzen als Sandwich ergeben, versprechen Entwicklungsarbeiten, die zurzeit durchgeführt werden.

5.4.2.3 Chemisches Fügen

Unter dem Begriff „Chemisches Fügen" wird das Kleben von Titanwerkstoffen verstanden, das mittlerweile auch in qualitativ anspruchsvollen Bereichen der Luft- und Raumfahrt verwendet wird – ein Zeichen für die Zuverlässigkeit dieser Technik (Kap. IV.4). Wie schon beim Löten erwähnt, ist der Oberflächenzustand der zu verklebenden Partner von höchster Wichtigkeit, da die Oberfläche neben dem Kleber die Qualität des Fügens ausmacht. Rauheit, Haftfestigkeit, Spaltgröße und Größe der Klebefläche bestimmen die Festigkeit. Die Rauheit kann mechanisch und/oder durch Beizen eingestellt werden. Wichtig ist das Trocknen der Klebeflächen nach dem Reinigen (Entfetten, Spülen). Der Kleber bestimmt neben der Festigkeit auch die Einsatztemperatur. Die Kleber können warm- und kaltaushärtend, Ein- oder Zweikomponentenkleber sein. Gebräuchlich sind Epoxidharze, Cyanoacrylate und Polyacryldiester. Auch bei Fügeverfahren durch Kleben können artfremde Werkstoffe miteinander verbunden werden. Allerdings erfordern die thermische Ausdehnung und das Korrosionsverhalten der Partner besondere Beachtung.

5.4.3 Spanende Bearbeitung

Unter Beachtung der titantypischen Eigenschaften, wie geringer Wärmeleitfähigkeit, Fress- oder Schweißneigung und relativ niedrigem Elastizitätsmodul lassen sich Titan und seine Legierungen spanend bearbeiten (s. Kap. III.3). Das heißt vor allem, die beim Spanen induzierte Wärme muss möglichst gering gehalten und zusätzlich unmittelbar über den Span und das Kühlmedium abgeführt werden. Die Anforderungen heißen daher: Geringe Schnittgeschwindigkeit, hoher Vorschub, starke Kühlung und geeignete Werkzeugbeschichtung.

Um das Nachgeben wegen des niedrigen E-Moduls zu vermeiden, sollte das Werkstück, aber auch das Werkzeug fest und stabil eingespannt werden. Im Allgemeinen wird man die Werkstücke vor dem Bearbeiten, wenn es nicht schon dem Lieferzustand entspricht, spannungsarm glühen und etwaige harte Oberflächenschichten durch Strahlen und Beizen entfernen. Bei sehr geringen Fertigungstoleranzen sollte beachtet werden, dass der mechanische Eingriff durch die Spanarbeit wiederum zu Spannungen im oberflächennahen Bereich führt. Dort ist eventuell sogar ein weiteres Spannungsarmglühen vor dem letzten Span erforderlich. Grundsätzlich ist die richtige Werkzeugauswahl von der Art der Bearbeitung abhängig, somit wird auf die einschlägige Beratung der Werkzeughersteller verwiesen.

Um die werkstoffspezifischen Gegebenheiten beim *Drehen und Fräsen* zu berücksichtigen, wird auf Richtwerte z. B. in den Werkstoffleistungsblättern der Luftfahrt (WL 3.7034 bzw. WL 3.7164 Teil 100) und der DIN 17869 hingewiesen.

Wegen der Schwierigkeit einer guten Spanabfuhr und der damit verbundenen Verminderung der Kühlung kann sich das *Bohren* etwas schwieriger gestalten, vor allem bei Tieflochbohrungen. Eventuell muss sogar in mehreren Schritten und mit Einsatz von Kühlkanalbohrungen gearbeitet werden.

Auch beim *Schleifen* gilt es, keine hohe Wärme in die Oberfläche zu bringen, um Schleifverbrennungen zu verhindern. Es wird sowohl nass als auch trocken geschliffen. Hinweise sind auch hier in den Werkstoffleistungsblättern der Luftfahrt zu finden (WL 3.7024 Teil 100). Besonders muss auf die Gefahr einer Schleifstaubentzündung/-explosion hingewiesen werden. Es sollten unbedingt die Anweisungen vor allem der Hersteller von Absauganlagen beachtet werden. Hinweise finden sich auch in den Sicherheitsdatenblättern der Titanhersteller.

5.4.4 Trennen, Stanzen, Lochen und Abtragen

Titan und Titanlegierungen können durch mechanische Verfahren (Bügel- und Bandsägen) wiederum unter Beachtung guter Kühlung mit möglichst grober Zahnung, thermisch (autogen, mit Plasma- oder Laserbrennschneiden) oder durch abrasives Wasserstrahlschneiden getrennt werden. Letzteres hat, wie bei anderen Werkstoffen auch, den wesentlichen Vorteil einer nicht wärmebeeinflussten Trennnaht (s. Kap. III.3). Je nach Dicke des Werkstückes und der Trenngeschwindigkeit sind nur geringe Nacharbeiten erforderlich.

Das Stanzen und Lochen bei Raumtemperatur ist bei geringem Werkzeugverschleiß nur bei den „weichen" Reintitangüten (RT 12 bzw. RT 12S) möglich. Wichtig ist hier die Entfernung dickerer Oxidschichten vor der Bearbeitung. Wie beim allgemeinen Beizen können vor allem bei dünnen Blechen mit den für Titan gängigen Mischsäuren (HNO_3/HF) unmaskierte Flächenbereiche abgetragen werden. Unterstützt werden kann dieser Prozess durch einen elektrochemischen Ablauf (electrochemical machining, ECM). Auch ein funkenerosives Bearbeiten wird häufig angewendet. Allerdings ist hier in vielen Fällen mechanisches Bearbeiten oder Beizen im Anschluss erforderlich.

5.4.5 Umformen

Diese Verfahren der Umformung sind – bis auf wenige Ausnahmen – identisch mit denen für die Umformung von Edelstählen oder anderen metallischen Werkstoffen (s. Kap. III.2). Vor dem Einsatz der Anlagen für Titan sollten sie jedoch sorgfältig gereinigt werden, um mögliche Kontaminationen – vor allem vor einer Wärmebehandlung – zu vermeiden.

Bevor das Halbzeug den Weiterbearbeitungsbetrieb erreicht, hat es schon mehrere Stufen der Warmumformung durch Schmieden und/oder Walzen durchlaufen. Die Formänderungsfestigkeit nimmt dabei zu höheren Temperaturen stark ab, vor allem wenn man die β-Transustemperatur (α-β-Übergang) überschreitet. Große Umformgrade werden deshalb kostengünstig bei hohen Temperaturen durchgeführt. Allerdings geht das auf Kosten der Gefügestruktur, die beim Überschreiten titanspezifischer Temperaturen zu starkem Kornwachstum und damit mechanisch-technologischer Beeinträchtigung führt. Lamellare Gefüge (prozessiert über der β-Transustemperatur) besitzen geringe Festigkeiten und Duktilitäten. Außerdem muss bei hohen Temperaturen entweder unter Schutzgas gearbeitet werden, oder es wird eine mehr oder weniger starke Verzunderung in Kauf genommen, die anschließend wieder entfernt werden muss.

Optimale Temperaturen liegen deshalb – je nach Umformgrad und Titanwerkstoff – zwischen 150 und etwa 500 °C, wobei der einzuhaltende Temperaturbereich durch die Gefügeausbildung, die Neigung zur Rissbildung und den Umformwiderstand begrenzt wird. Häufig ist ein Vorwärmen der Werkzeuge sinnvoll. Einige feinkörnige Titanlegierungsbleche lassen sich sogar superplastisch umformen (superplastical forming). Auf diese Weise lassen sich – bevorzugt in Kombination mit dem Diffusionsschweißen – sehr komplexe Strukturen herstellen.

Die unlegierten Titansorten grade 1 und grade 2 lassen sich bei Raumtemperatur gut umformen (Kaltumformen). Besonders gute Tief- und Streckzieheigenschaften weist die Sorte RT 12S auf, eine Qualität im unteren Normenbereich von Grade 1, was die Festigkeitswerte (und Sauerstoffgehalte) betrifft. Die Sorten grade 3 und grade 4 lassen sich bei Raumtemperatur nur mäßig und die Titanlegierungen nur noch bedingt umformen; diese Werkstoffe erfordern eine Verarbeitung im vorgewärmten Zustand.

Als Schmiermittel für die Blechumformung bei Raumtemperatur haben sich u. a. spezielle Tiefziehfolien, Emulsionen, Werkzeugbeschichtungen und/oder Dry-Lubricants, bei erhöhten Temperaturen kolloidaler Graphit sowie Heißpressfette mit Zusätzen von Graphit oder Molybdändisulfid bewährt. Bei sehr hohen Umformungen ist auch hier ein Zwischenglühen zu empfehlen. Hydroforming hat sich als besonders gutes Umformverfahren für Titanbleche (und -rohre) herausgestellt, weil trotz hoher Umformgrade wenig Werkzeugberührung (Reibung) stattfindet und deshalb der Werkstoff in seinen Fließeigenschaften nicht behindert wird. Empfehlungen über geeignete Biegeradien sind in DIN 9003 Teil 3 zu finden (Tab. 5.16).

Tab. 5.16: *Empfohlene Biegeradien beim Kalt-Abkanten von Titanwerkstoffen nach DIN 9003-3*

Werkstoff	Blechdicke in mm			
	0,6	1,0	2,0	4,0
RT 12 / RT 12Pd	1,6	2,5	6,0	12,0
RT 15 / RT 15Pd	2,0	4,0	8,0	16,0
RT 18 / RT 18Pd	3,0	5,0	10,0	25,0
LT 31 (TiAl6V4)	5,0	8,0	16,0	32,0

5.4.6 Oberflächenbearbeitung

Die Oberflächeneigenschaften von Titanwerkstoffen spielen bei vielen Bearbeitungsschritten oder Anwendungen eine wesentliche Rolle. Es kann sich um gewünschte oder unerwünschte Eigenschaften handeln, wie Korrosionsbeständigkeit durch dünne Oxidschicht (keramisches Verhalten), mattgraue Optik aus Dekogründen oder unerwünschte, wie unzureichende tribologische Beständigkeit, Fressneigung oder Versprödung durch Gasaufnahme.

Es gibt eine Reihe von Methoden zur Vermeidung oder Verbesserung der Eigenschaften. Dazu zählt vor dem Aufbringen funktionaler Schichten zuerst einmal das Erzeugen einer möglichst dünnen Oxidschicht. Bei dickwandigen Bauteilen geschieht das durch Sandstrahlen mit anschließendem Beizen, bei dünneren durch Beizen in einer Salzbeize oder bei dünnen Anlauffarben in Mischsäure. Um einen gleichmäßigen Beizangriff zu gewährleisten, sollte das Bauteil ausreichend entfettet sein.

5.4.6.1 Dekorative Schichten

In den letzten Jahren wurden Titanwerkstoffe verstärkt in der Architektur und im Schmuckbereich eingesetzt. Dabei wurde hauptsächlich der typische „Titanlook" bevorzugt, der sich allerdings erst durch eine gezielt hergestellte Oberflächenrauheit ergibt. Beizen, Korund- und/oder Glasperlenstrahlen verhelfen dem Titan dabei zu diesem Aussehen. Eine weitere Möglichkeit zur Optimierung des Aussehens der Oberfläche ist die Behandlung in einem Elektrolyten, indem die Oxidschichtdicke durch Anodisieren in den Bereich der Interferenzwellenlängen des sichtbaren Spektrums gebracht wird. Auf diese Weise lassen sich über große Flächen gleichmäßige, sehr intensive Farben erzeugen.

Interferenzfarben können aber auch thermisch erzeugt werden: unterschiedliche Farben ergeben sich aus Temperatur, Legierungszusammensetzung und Kristallrichtung. Eine interessante Möglichkeit mit hochaufgelöster Zeichnung ist das Lasercolorieren, wobei variable Strahlintensität und Dauer zu unterschiedlichen Farben führen.

Durch Wärmebehandlung in Stickstoffatmosphäre reagiert die Titanoberfläche mit dem Stickstoff zu Titannitrid, das durch einen kräftigen Goldton gekennzeichnet ist. Aber auch weitere Farbtöne sind herstellbar: Grau (TiC), Bronze (TiCN), Dunkelgrau (TiAlCN), Messing (ZrN), Chrom (CrN). Üblich sind auch chemische oder galvanische Beschichtungen mit Nickel, Kupfer und Chrom. Natürlich können über PVD und plasmaunterstütztes PVD auch weitere Metalle auf Titan aufgebracht werden.

5.4.6.2 Verschleißschutzschichten

Spezielle Schichten wurden entwickelt, um die tribologischen Eigenschaften der Titanbauteile zu verbessern. Schichtaufbau und -art hängen dabei von der Art der Verschleißbeanspruchung ab, die zu erwarten ist, z. B. punktuelle, lineare oder flächige Belastungen, Reibpartner, Temperatur, Zwischenmedium oder Atmosphäre, Schwingungsreibverschleiß, abrasiv, erosiv, adhäsiv, korrosiv und natürlich Kombinationen von diesen. Wegen der Vielzahl dieser Schichten und Beschichtungsverfahren können hier nur einige aufgelistet werden:

- Elektrolytisch (kathodisch): z. B. Cr, Ni, Messing, Bronze
- elektrolytisch (anodisch): TiO$_2$
- elektrolytisch (außenstromlos): z. B. Ni, Cu, Ag, Sn
- PVD (physical vapour deposition), plasmaunterstütztes PVD: z. B. Silicium-, Titan-, Chrom-, Wolframkarbide
- CVD (chemical vapour deposition): z. B. Silicium-, Titan- und Chromkarbide sowie Titankarbonitride
- Nitrieren: Gas-, Plasma-, Hochdruck-, Bad-, Lasergasnitrieren
- Lasergaslegieren: z. B. Titannitrid, Titancarbid, Titandiborid
- diverse Spritzverfahren, z. B. thermisches Spritzen, Detonationsspritzen etc.
- Auftragsschweißen
- Plasma elektrolytisch: Titanoxid.

5.4.6.3 Festigkeitsstrahlen

Das Festigkeitsstrahlen bzw. Festwalzen wird eingesetzt zur Erhöhung der Dauerfestigkeit derartig beaufschlagter Bauteile, z. B. Federn. Durch Einbringen von oberflächennahen Druckeigenspannungen wird der sensible Einfluss von Mikrokerben (Rauheit) und anderen Fehlern deutlich reduziert. Dieses Verfahren ist jedoch von der Art der Legierung abhängig. Reintitan (α-Titan) und (α+β)-Titanlegierungen reagieren sehr positiv darauf, während die β-Titanlegierungen nur sehr moderate Reaktionen auf das Festigkeitsstrahlen zeigen. Höhere Temperaturen mindern den Effekt im Laufe des Einsatzzyklus, da die Eigenspannungen thermisch abgebaut werden.

5.5 Sicherheitsaspekte und Recycling

Während für kompakte Titanwerkstoffe keine Entzündungsgefahr besteht, ist diese Gefahr umso höher, je größer die spezifische Oberfläche bzw. der Fein- oder Pulveranteil des Werkstoffs ist. In dieser Form ist Titan brand- bzw. explosionsgefährdet. Deshalb sollten vor allem Ansammlungen von Stäuben und Spänen möglichst vermieden werden. Es wird nachdrücklich auf die Sicherheitsdatenblätter der Hersteller hingewiesen.

Titanwerkstoffe können nahezu komplett recycelt werden. Je nach Klassifikation wird der Titanschrott eingesetzt als:

- Ausgangsprodukt für Ferrotitan
- Legierungszusatz zur Erzeugung titanstabilisierter Stähle
- Vormaterial für Titangussteile definierter Qualität
- Schwammersatz zum Erschmelzen höchstkritischer Bauteile.

Titanschrott hat einen hohen Wiederverwendungswert, der auch im vollen Umfang genutzt wird (ca. 90 %). Je nach Güte des Schrotts und den Anforderungen des daraus herzustellenden Produktes gibt es unterschiedliche Aufbereitungsverfahren. Die Verwendungsmöglichkeiten sind vielfältig – angefangen als hochwertiger Ersatz für den Rohstoff Schwamm, über Zugaben als Legierungselemente in Stahl, Zink und Aluminium bis hin zur Ferrotitanfertigung bzw. als Erzersatz.

Aufgrund der steigenden Titannachfrage und der steigenden Energie- und Rohstoffpreise wurden spezielle Schmelztechniken entwickelt, die einen Schrottanteil von bis zu 100 % zulassen.

5.6 Halbzeugherstellung und Halbzeugformen

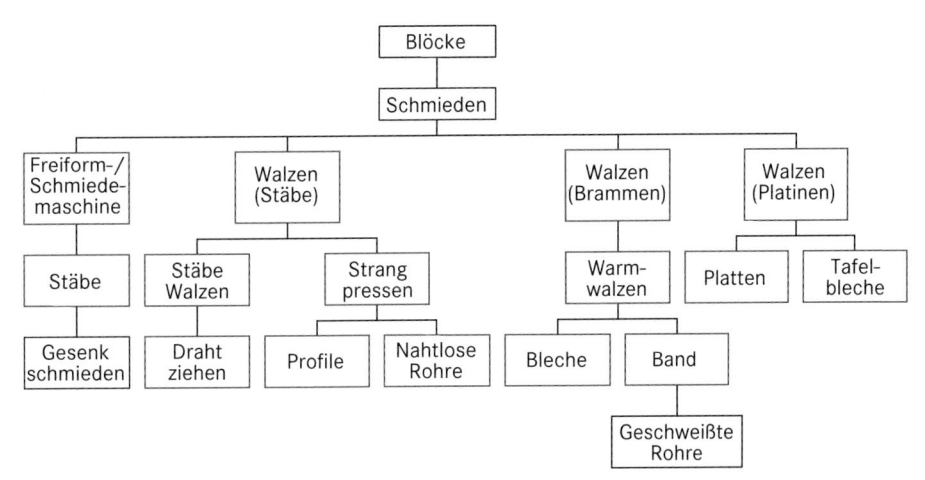

```
                          Blöcke
                            │
                         Schmieden
    ┌───────────────┬─────────┴──────┬────────────────┐
Freiform-/        Walzen          Walzen           Walzen
Schmiede-         (Stäbe)         (Brammen)        (Platinen)
maschine
    │         ┌─────┼──────┐      ┌─────┬──────┐
  Stäbe     Stäbe  Strang         Warm-  Platten  Tafel-
            Walzen pressen        walzen          bleche
    │         │      │               │
  Gesenk   Draht  Profile         Bleche  Band
  schmieden ziehen Nahtlose
                   Rohre                Geschweißte
                                         Rohre
```

Abb. 5.12: *Produktionswege zu Halbzeugen aus Titan und Titanlegierungen*

Wichtig für eine hochwertige Schrottverwertung ist die strikte Sortenlogistik. Der Konstrukteur kann dazu beitragen, die sortenreine Wiedergewinnung von Legierungen bei der späteren Schrottverwertung zu erleichtern, indem mechanische nicht trennbare Verbunde mit nicht kompatiblen anderen Werkstoffen soweit wie möglich vermieden werden. Dazu kann auch die Empfehlung von Werkzeugen und Kühl-/Schmierstoffen in der spanenden Bearbeitung zählen, die eine Aufbereitung der Späne vereinfacht.

5.6 Halbzeugherstellung und Halbzeugformen

Wegen der Sauerstoffaffinität und der hohen Schmelztemperatur ist die Weiterverarbeitung von Titanschwamm nur durch Schmelzen unter Vakuum bzw. in einer Argonatmosphäre möglich. Zur Raffination und Homogenisierung erfolgt das Umschmelzen in der Regel wenigstens zweifach und zwar im Lichtbogenofen (VAR) oder im Trogschmelzverfahren (CHM) (Elektronenstrahl- bzw. Plasmastrahlofen). Ergebnis dieses Prozesses sind Blöcke, beim Trogschmelzen von Schrott auch schon Brammen. Während die Fertigung bis zum Schmelzen titanspezifisch erfolgt, werden die sich anschließenden Verarbeitungsschritte aus Wirtschaftlichkeitsgründen nach Möglichkeit an Großaggregaten der Stahlindustrie durchgeführt – natürlich mit den Parametern, die auf die jeweilige Werkstoffgüte abgestimmt sind. Abbildung 5.12 zeigt Hauptproduktionswege und die wesentlichen Halbzeugfabrikate.

Erwähnt werden sollen hier auch Herstellungswege von Endkontur- bzw. endkonturnahen Bauteilen, beispielhafte Produktionswege sind in Abbildung 5.13 aufgeführt. Sie werden häufig bei größeren Stückzahlen in identischer Abmessung gewählt. Beachtet werden müssen die für diese Herstellung oft abweichenden Normen. Die Herstellung von endkonturnahen und komplex gestalteten Bauteilen ist dann besonders wirtschaftlich, wenn eine Weiterverarbeitung nur an kleinen Passstellen (z. B. Flansche an Pumpengehäusen) notwendig ist. Hier sind auch Titanguss und besonders der Spritzguss zu erwähnen (MIM – Metal Injection Moulding).

Vor der Konstruktion ist zu berücksichtigen, dass nicht jeder Werkstoff in jeder Dicke handelsüblich

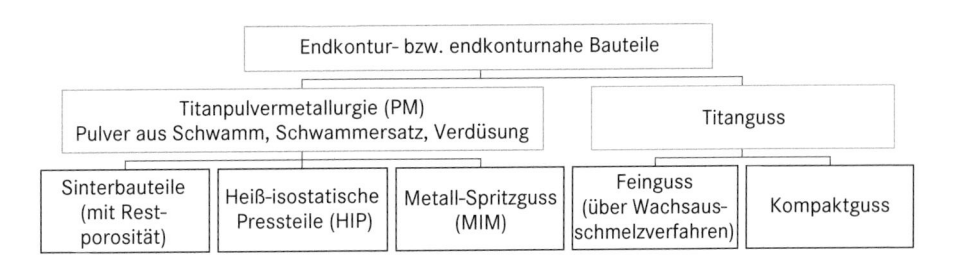

```
                    Endkontur- bzw. endkonturnahe Bauteile
                              │
              ┌───────────────┴───────────────┐
      Titanpulvermetallurgie (PM)           Titanguss
  Pulver aus Schwamm, Schwammersatz, Verdüsung
    ┌──────────┬───────────┬──────────┐   ┌──────────┬──────────┐
 Sinter-    Heiß-iso-   Metall-          Feinguss    Kompaktguss
 bauteile   statische   Spritzguss      (über Wachs-
 (mit Rest- Pressteile  (MIM)           ausschmelz-
 porosität) (HIP)                       verfahren)
```

Abb. 5.13: *Herstellungswege von endkontur(-nahen) Bauteilen*

und verfügbar ist. Neben der Auswahl der handelsüblichen Güten anhand zahlreicher nationaler und internationaler Normen, sollte zusätzlich auch geklärt sein, wie es – vor allem bei Kombinationen mit unterschiedlichen Abmessungen und Halbzeugformen – mit der Verfügbarkeit aussieht.

5.7 Anwendungsbeispiele

Dem Begriff Leichtbau wird in letzter Zeit ein immer größerer Stellenwert zugeordnet, angeheizt durch CO_2-Problematik, globale Erderwärmung, etc. Insbesondere in der Luft- und Raumfahrt sowie der Automobilindustrie ist das Gewicht eine entscheidende Stellgröße, um Kosten zu sparen. Es gibt neben dem Materialleichtbau, bei dem Titan eine wichtige Rolle spielen kann, auch den Gestalt- und Strukturleichtbau; aber auch neue Konzepte werden betrachtet (Kap. I.3).

Beim Materialleichtbau hat sich die Kenntnis durchgesetzt, dass ein „gesunder" Materialmix den meisten Erfolg verspricht: der richtige Werkstoff am richten Ort. Dies bedeutet aber auch, dass die Füge- und Verbindungstechnik stärker gefordert wird. Man kann nicht so ohne weiteres Titan mit Aluminium oder mit Stahl zusammenschweißen. Hier müssen neue Verbindungskonzepte gefunden und erprobt werden.

Einige Kombinationen von Fügepartner sind aus korrosionstechnischen Gründen nicht realisierbar. Ein typisches Beispiel kommt aus dem Flugzeugbau. Der erhöhte Einsatz von kohlenstofffaserverstärkten Kunststoffen führt dazu, dass an einigen Stellen nicht mehr Aluminium eingesetzt werden kann. Die Kohlenstofffaser ist elektrochemisch sehr edel. Kommt sie direkt mit Aluminium in Verbindung, kann Kontaktkorrosion auftreten, bei dem sich das Aluminium auflöst. Diese Problematik besteht beim Einsatz von Titan nicht, da der elektrochemische Potenzialunterschied äußerst gering ist. Mit steigendem Einsatz von kohlenstofffaserverstärkten Kunststoffen ist auch ein gestiegener Anteil von Titan im Flugzeugbau zu verzeichnen.

Tab. 5.17: Übersicht über Anwendungen für Titanwerkstoffe im Leichtbau

Luft- und Raumfahrt	Verdichterscheiben und -schaufeln, Gehäuse, Nachbrenneraußenverkleidungen (Triebwerk Cone), Flanschringe, Schrauben, Bolzen, Niete, Hydraulik- und Heißluftleitungen, Hubschrauberrotorköpfe, Beschläge, Fahrwerkteile, Flügelkästen, Rumpfspante, Bremsenzubehör, Bleche für Außenhaut von Flugzeugen, Triebwerkaufhängungen, Flügellagerbuchsen, Längsversteifungen, komplexe Formteile, Raketenmotor-Gehäuse, Treibstofftanks, Ventile, Pumpengehäuse, Pumpenflügelrad Beispiel: Abb. 5.14 und 5.15
Anlagenbau	Rührer, Wellen, Pumpen, Mischer, Ventile, Wärmetauscher Beispiel: Abb. 5.16
Energieerzeugung und -speicherung	Turbinenscheiben, -schaufeln, und -läufer, Beispiel: Abb. 5.17
Meeres- und Offshore-Technik	Tragflügelboote, Unterseeboote, Flansche, Meerwasserentsalzung im Offshorebereich, Trinkwasseraufbereitung, Öl- und Gasriser, Löschwassersysteme Beispiel: Abb. 5.18
Automobilindustrie	Pleuelstangen und -schrauben, Ventile, Ventilfedern, Ventilfederteller, Kolben, Kurbelwellen, Nockenwellen, Antriebswellen, Torsionsstäbe, Radaufhängung, Schraubenfedern, Schrauben, Kupplungskomponenten, Abgasanlagen, Kugelgelenke, Getriebe, Turbolader, Getriebesynchronisierung, Bremszylinder, Dichtscheiben, Dekorteile Beispiel: Abb. 5.19
Maschinenbau	Rotoren für Hochgeschwindigkeitszentrifugen, Textilmaschinen
Personenschutz	Panzerung von Fahrzeugen, Hubschraubern und Kampfflugzeugen, Helme, Schutzwesten für zivile und militärische Verwendungen Beispiel: Abb. 5.20

5.7 Anwendungsbeispiele

Abb. 5.14 und 5.15: *Raketentanks der Ariane 5, hergestellt durch Formdrücken (Quelle: MT Aerospace, Augsburg)*

Neben dem direkten Leichtbau gibt es auch den indirekten Leichtbau, d. h. es werden Sekundäreffekte erzielt, was oft noch effektiver in der Gewichtsreduzierung sein kann. Die Substitution durch einen Werkstoff mit geringerer Dichte kann am Bauteil selbst oft nur eine geringe Gewichtsverminderung bewirken. Häufig ist das Bauteil dann auch teurer geworden. Aber die Umgebung dieses Bauteils kann

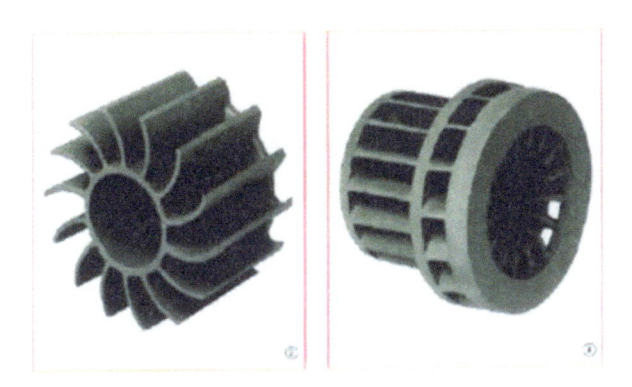

Abb. 5.16: *Pumpenläufer aus Titanguss (Quelle: ThyssenKrupp VDM)*

Abb. 5.17: *Turboladerrad, CNC-gefertigt (Quelle: Otto Fuchs, Meinerzhagen)*

Abb. 5.18: *Meerwasserentsalzungsanlage (Quelle: DME Duisburg)*

Abb. 5.19: *Titanpleuel für hochdrehende Pkw- und Motorradmotoren (Quelle: ThyssenKrupp VDM)*

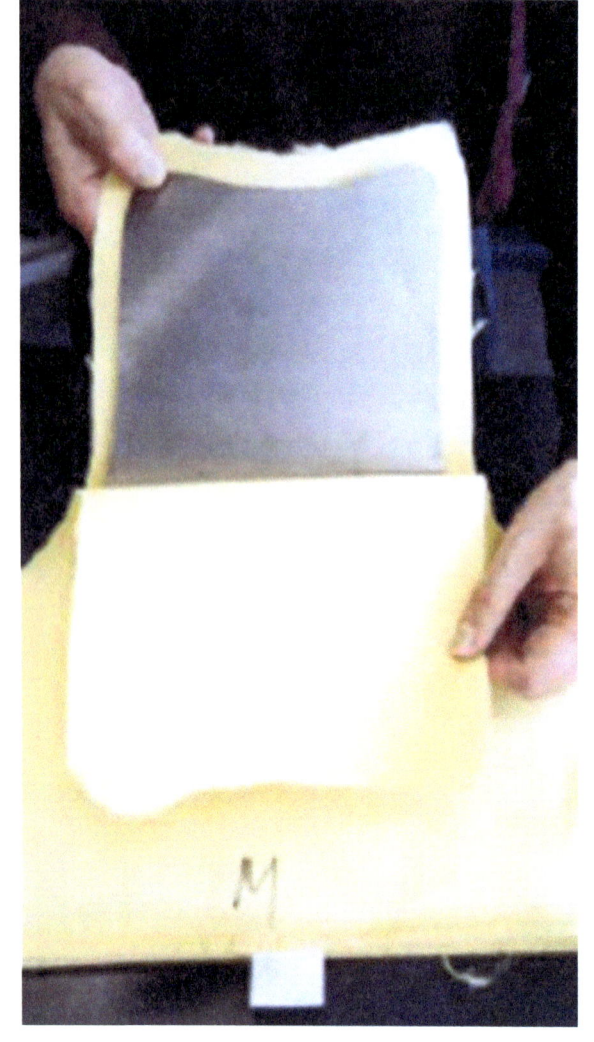

Abb. 5.20: *Titanfolie in einer Schutzweste, die die Energie des Aufpralls reduziert (Quelle: Omnicomput, Hamm)*

anders gestaltet werden. Zum Beispiel können ein Lager, das Gehäuse und andere Bauteile leichter gestaltet werden, was letztendlich zu einer ausgeprägten Gewichtsverminderung führt. Es ist immer das System bzw. die Bauteilgruppe zu betrachten.

5.8 Zusammenfassung und Ausblick

Bei einer derzeitigen weltweiten Fabrikation von Halbfertigprodukten in der Größenordnung von ca. 100.000 t/a teilt sich der Markt auf in zwei etwa gleich große Segmente:
- Luft-und Raumfahrt und
- Anlagenbau, Sport, Medizintechnik.

Dabei ist für die Luftfahrt ein weiterer Anstieg mit der Entwicklung größerer Flugzeuge (A380, Dreamliner) zu erwarten.

Der Energieverbrauch für die Reduzierung über den Kroll-Prozess liegt mit ca. 30 bis 40 kWh/kg geringfügig höher als bei Aluminium. Neue Entwicklungen wie z. B. Elektrolyse (FCC-Prozess) und neue Konzepte (modifizierter Kroll-Prozess) versuchen, den Energieaufwand zu reduzieren, wie es rein thermodynamisch auch möglich ist, sind aber über den Labormaßstab bisher nicht hinaus gekommen. Eine Übersicht über die neuen Verfahren findet sich bei American Society for Testing and Materials.

Die so genannten γ-Titanlegierungen (Titanaluminide) sind hier zwar der Vollständigkeit wegen aufgeführt, bilden aber wegen ihrer intermetallischen Eigenschaften eine eigene Werkstoffgruppe. Ausführlichere Angaben über diese Werkstoffe finden sich in Peters u. a. 2002. Forschungsaktivitäten richten sich in erster Linie auf die Erhöhung der Raumtemperaturduktilität, die bei einigen Titanaluminiden nur wenige Prozent beträgt. Vorteile dieser Gruppe sind die geringe Dichte, hohe Steifigkeit und die gute Hochtemperaturfestigkeit.

5.9 Weiterführende Informationen

Literatur

Boyer, R., Welsch, G., Collings, E. W.: Materials Properties Handbook: Titanium Alloys. ASM International, 1994

Lütjering, G., Williams, J. C.: Titanium. Springer Verlag, Berlin/Heidelberg, 2003

Martienssen, W., Warlimont, H.: Springer Handbook of Condensed Matter and Materials Data. Springer Verlag, Berlin/Heidelberg, 2006

Peters, M., Leyens, C. (Hrsg.): Titan und Titanlegierungen. Wiley-VCH Verlag, Weinheim, 2003

Sibum, H., Güther, V., Roidl, O., Wolf, H. U.: Titanium and Titanium Alloys. In: Ullmann's Encyclopedia of Industrial Chemistry. VCH Verlagsgesellschaft, Weinheim 1996

Sommer, K., Friedrich, B.: Titanium Molten Salt Electrolysis – Latest Developments. Proceedings of EMC, 2005

Normen und Vorschriften

ASTM B265: Standard Specification for Titanium and Titanium Alloy Strip, Sheet, and Plate

ASTM B348: Standard Specification for Titanium and Titanium Alloy Bars and Billet

ASTM B367: Standard Specification for Titanium and Titanium Alloy Castings

ASTM B381: Standard Specification for Titanium and Titanium Alloy Forgings

DIN 17851: Titanlegierungen, Chemische Zusammensetzung

DIN 17860: Bänder und Bleche aus Titan und Titanlegierungen, Technische Lieferbedingungen

DIN 17861: Nahtlose kreisförmige Rohre aus Titan und Titanlegierungen, Technische Lieferbedingungen

DIN 17862: Stangen aus Titan und Titanlegierungen, Technische Lieferbedingungen

DIN 17863: Drähte aus Titan

DIN 17864: Schmiedestücke aus Titan und Titan-Knetlegierungen (Freiform- und Gesenkschmiedeteile), Technische Lieferbedingungen

DIN 17865: Gussstücke aus Titan und Titanlegierungen, Feinguss, Kompaktguss

DIN 17866: Geschweißte kreisförmige Rohre aus Titan und Titanlegierungen, Technische Lieferbedingungen

DIN 29783: Luft- und Raumfahrt, Feingussstücke aus Titan und Titanlegierungen, Technische Lieferbedingungen

DIN 65039: Luft- und Raumfahrt, Bleche, Platten und Bänder aus Titan und Titanlegierungen, Technische Lieferbedingungen

DIN 65040: Luft- und Raumfahrt, Stangen, Ringe, Schmiedevormaterial und Schmiedestücke aus Titan und Titanlegierungen, Technische Lieferbedingungen

DIN EN 2600: Luft- und Raumfahrt, Bezeichnung von metallischem Halbzeug, Regeln

DIN EN 2617: Luft- und Raumfahrt – Platten aus Titan und Titanlegierungen, Dicken 6–100 mm

DIN EN 2858-1: Luft- und Raumfahrt, Titan und Titanlegierungen, Schmiedevormaterial und Schmiedestücke, Technische Lieferbedingungen, Teil 1: Allgemeine Anforderungen

DIN EN 2858-2: Luft- und Raumfahrt, Titan- und Titanlegierungen, Schmiedevormaterial und Schmiedestücke, Technische Lieferbedingungen, Teil 2: Schmiedevormaterial

DIN EN 2858-3: Luft- und Raumfahrt, Titan und Titanlegierungen, Schmiedevormaterial und Schmiedestücke, Technische Lieferbedingungen, Teil 3: Ausfallmuster

Alle Normen erscheinen im Beuth Verlag, Berlin

VdTÜV WB 230/1: Bänder und Bleche aus Titan, unlegiert und niedriglegiert

VdTÜV WB 230/2: Rohre aus Titan, unlegiert und niedriglegiert

VdTÜV WB 230/3: Stangen, Draht und Schmiedestücke aus Titan, unlegiert und niedriglegiert

Verband der Technischen Überwachungsvereine VdTÜV: Werkstoffblätter. TÜV Media GmbH The Society of Automotive Engineers SAE International, vormals www.sae.org

6 Kunststoffe

Axel Kauffmann

6.1	Grundlagen	313
6.2	Thermoplaste	316
6.2.1	Standardkunststoffe	319
6.2.2	Technische Kunststoffe	320
6.2.3	Hochleistungspolymere	320
6.3	Duromere	321
6.3.1	Harzsysteme, Formmassen	321
6.3.2	Vernetzte Polyurethane	321
6.4	Elastomerwerkstoffe	323
6.4.1	Vernetzte Elastomere (Gummiwerkstoffe, Kautschuk)	323
6.4.2	Thermoplastische Elastomere (TPE)	325
6.5	Geschäumte Polymere	326
6.5.1	Weichelastische Schaumstoffe	327
6.5.2	Halbharte Schaumstoffe	328
6.5.3	Harte Schaumstoffe	328
6.6	Additive und Füllstoffe	330
6.7	Weiterführende Informationen	332

Neben Metallen und keramischen Werkstoffen nehmen Kunststoffe in unserer Gesellschaft eine zunehmend technologische und wirtschaftliche Bedeutung ein. Die weltweite Produktion an Kunststoffen lag 2017 bei 348 Millionen. Seit 1989 weisen Kunststoffe sogar ein deutlich größeres Produktionsvolumen als Stahl auf, und das Wachstum dieser Werkstoffgruppe ist bis dato nahezu ungebremst.

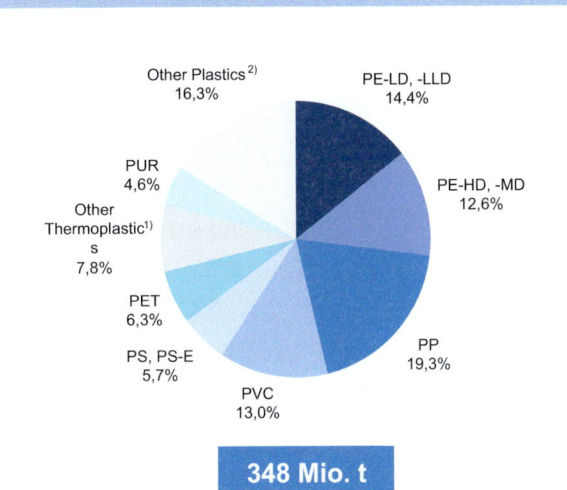

- Polyolefins account for around 46% of the global Plastics Materials demand.

- PVC is the second largest resin type following Polyolefins.

- Standard Plastics (Polyolefins, PVC, PS & EPS, PET) account for approx. 71% of the total demand.

Pie chart (348 Mio. t):
- Other Plastics[2]: 16,3%
- PE-LD, -LLD: 14,4%
- PE-HD, -MD: 12,6%
- PP: 19,3%
- PVC: 13,0%
- PS, PS-E: 5,7%
- PET: 6,3%
- Other Thermoplastics[1]: 7,8%
- PUR: 4,6%

1) The category "Other Thermoplastics" e.g. includes polyacetals (e.g. POM), polyesters excl. fibres (e.g. PBT), ABS, SAN, ASA, PA, PC, EPDM/ EPM and further thermoplastics not shown separately.
2) The category "Other Plastics" especially includes thermosets like epoxide resins, melamine resins, urea resins, phenolic resins and others (e.g. adhesives, coatings, sealants), which are not shown separately.
Source: PlasticsEurope Market Research Group (PEMRG) / Conversio Market & Strategy GmbH

e = estimation

Weltweite Kunststoff-Produktion 2017 (PlasticsEurope 2017)

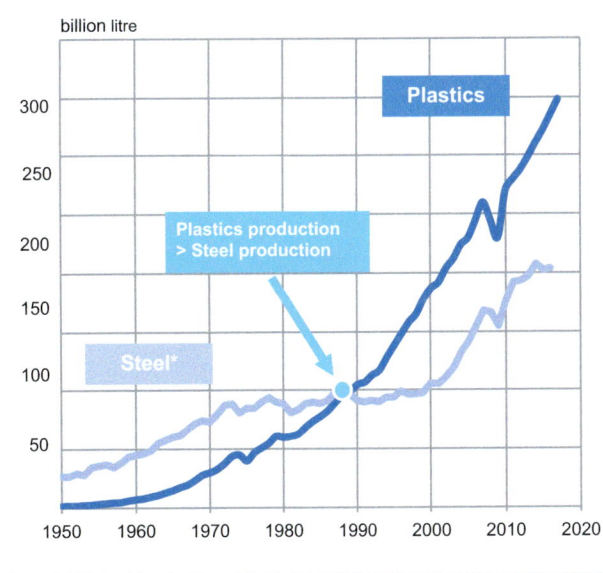

- Plastics production by volume surpassed steel production in 1989

Global Production 2017:
- Plastics:
  348 Mio. t =
  348 billion litre
- Steel:
  1,630 Mio. t* =
  203 billion litre
  *) 2016
- Calculation Model:
  1 kg plastics = 1 litre
  8 kg steel = 1 litre

Source: Stahl-Zentrum/International Iron and Steel Institute (IISI), PlasticsEurope Market Research Group (PEMRG) / Consultic Marketing & Industrieberatung GmbH

Weltweites Produktionsvolumen von Kunststoffen und Stahl bis 2017 (PlasticsEurope 2017)

Innerhalb dieses Kapitels werden die Eigenschaften von Kunststoffen sowie die Einsatzmöglichkeiten in Hinblick auf leichtbaurelevante Anwendungen betrachtet. Der Schwerpunkt liegt dabei auf unverstärkten Kunststoffen. Eine exakte Abgrenzung zu verstärkten Kunststoffen ist jedoch nicht immer möglich, da gerade im Leichtbau, in den meisten Kunststoffbauteilen Füll- und Verstärkungsstoffe zum Einsatz kommen.

Es werden sowohl ungeschäumte als auch geschäumte Kunststoffe betrachtet, und es wird auf leichtbaurelevante Einsatzmöglichkeiten eingegangen. Dabei werden die Kunststoffe nach der klassischen Unterscheidung nach den Hauptgruppen Thermoplaste, Duromere, Elastomere eingeteilt. In einem weiteren Kapitel wird die Thematik der geschäumten Polymere diskutiert.

Des weiteren wird der Einsatz verschiedener Additive zur Anpassung der Eigenschaften von Kunststoffen, beispielsweise hinsichtlich Flammschutz, Antistatik, Farbgebung, etc. erläutert.

Faserverbundwerkstoffe wie sie häufig für hoch beanspruchte Bauteile eingesetzt werden, sowie der Aufbau hybrider Werkstoffverbunde sind Inhalt von Kapitel 7 (Leichtbau mit Polymerfaserverbundwerkstoffen) und Kapitel 9 (Hybride Werkstoffverbunde).

6.1 Grundlagen

Kunststoffe lassen sich nach Art der Struktur und Bindungsmechanismen der Makromoleküle in die drei Gruppen Thermoplaste, Elastomere und Duroplaste einteilen. In der Praxis erfolgt die Unterteilung nach unterschiedlichen Gesichtspunkten. Die *Thermoplaste* (lineare und verzweigte Kettenmoleküle) werden dabei physikalisch nach ihrer Struktur, die *Elastomere* (schwach vernetzte Kettenmoleküle)

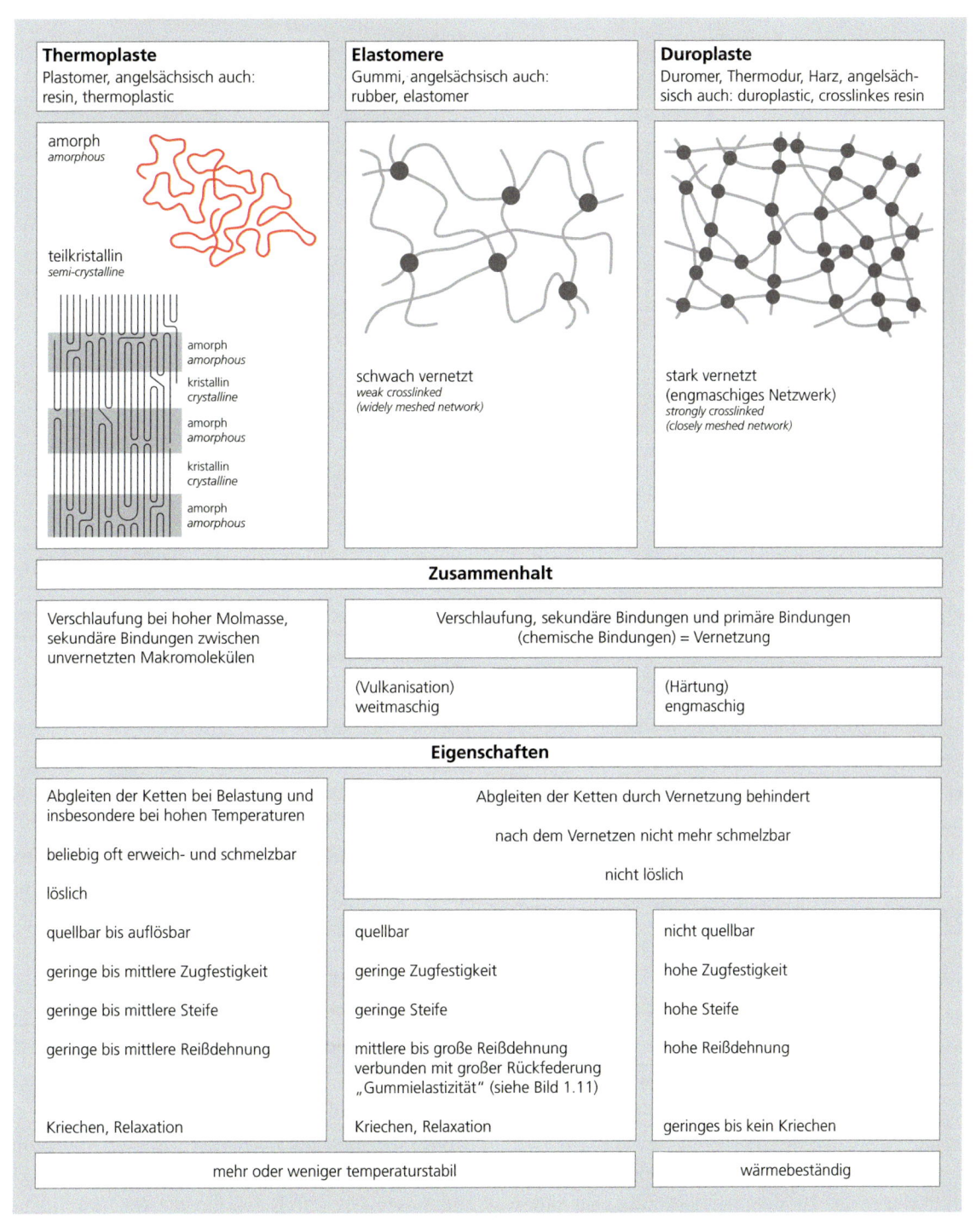

Thermoplaste Plastomer, angelsächsisch auch: resin, thermoplastic	Elastomere Gummi, angelsächsisch auch: rubber, elastomer	Duroplaste Duromer, Thermodur, Harz, angelsächsisch auch: duroplastic, crosslinkes resin
amorph *amorphous* teilkristallin *semi-crystalline* amorph *amorphous* kristallin *crystalline* amorph *amorphous* kristallin *crystalline* amorph *amorphous*	schwach vernetzt *weak crosslinked* *(widely meshed network)*	stark vernetzt (engmaschiges Netzwerk) *strongly crosslinked* *(closely meshed network)*
Zusammenhalt		
Verschlaufung bei hoher Molmasse, sekundäre Bindungen zwischen unvernetzten Makromolekülen	Verschlaufung, sekundäre Bindungen und primäre Bindungen (chemische Bindungen) = Vernetzung	
	(Vulkanisation) weitmaschig	(Härtung) engmaschig
Eigenschaften		
Abgleiten der Ketten bei Belastung und insbesondere bei hohen Temperaturen beliebig oft erweich- und schmelzbar löslich	Abgleiten der Ketten durch Vernetzung behindert nach dem Vernetzen nicht mehr schmelzbar nicht löslich	
quellbar bis auflösbar	quellbar	nicht quellbar
geringe bis mittlere Zugfestigkeit	geringe Zugfestigkeit	hohe Zugfestigkeit
geringe bis mittlere Steife	geringe Steife	hohe Steife
geringe bis mittlere Reißdehnung	mittlere bis große Reißdehnung verbunden mit großer Rückfederung „Gummielastizität" (siehe Bild 1.11)	hohe Reißdehnung
Kriechen, Relaxation	Kriechen, Relaxation	geringes bis kein Kriechen
mehr oder weniger temperaturstabil		wärmebeständig

Abb. 6.1: *Strukturschema verschiedener Kunststoffgruppen (Eyerer 2005)*

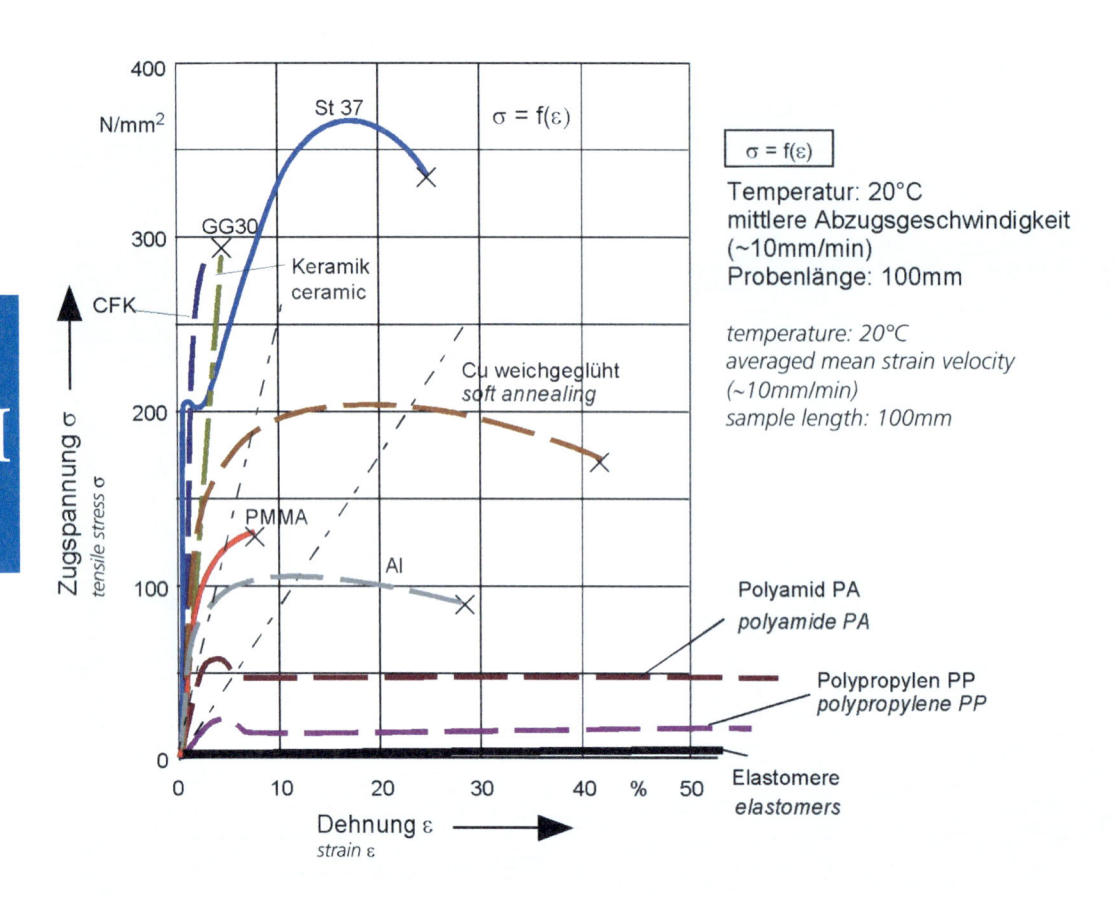

Abb. 6.2: *Spannungs-Dehnungs-Diagramm verschiedener Kunststoffe im Vergleich zu Metallen und Keramik bei Raumtemperatur (Eyerer 2005)*

chemisch nach dem Merkmal Doppelbindung und die *Duroplaste* (dreidimensional vernetzte Kettenmoleküle) nach dem Verfahrensparameter Druck eingeteilt. Die ebenfalls bedeutende Gruppe der *thermoplastischen Elastomere* (lineare Elastomere, TPE) sind Kunststoffe, die sich bei Raumtemperatur vergleichbar den klassischen Elastomeren verhalten, sich jedoch unter Wärmezufuhr plastisch verformen lassen und somit ein thermoplastisches Verhalten zeigen (Abb. 6.1).

Kunststoffe unterscheiden sich in ihren Eigenschaften erheblich von metallischen und keramischen Werkstoffen. Die Dichte der meisten Kunststoffe liegt zwischen 0,8 und 1,4 g/cm^3 (Ausnahmen bis 2,2 g/cm^3). Sie sind damit erheblich leichter als Metalle und keramische Werkstoffe. Viele Kunststoffe sind im Gegensatz zu Metallen beständig gegenüber anorganischen Medien, wie Säuren und Laugen. Im Gegensatz zu Metallen reagieren sie allerdings empfindlich auf organische Lösemittel, wie Alkohole, Aceton, Benzin (Ausnahme Kraftstofftanks aus Polyethylen). Die gängigen Verarbeitungstemperaturen für Kunststoffe liegen im Bereich von 250 bis 300 °C. Während Metalle bei hohen Temperaturen aufwändig gegossen oder die Halbzeuge spanend bearbeitet werden müssen, lassen sich aus Thermoplasten auch kompliziertere Formteile mit vergleichsweise geringem Aufwand fertigen.

In Bezug auf die mechanischen Eigenschaften sind Kunststoffe anderen Werkstoffklassen häufig unterlegen (Abb. 6.2). Ihre Festigkeit erreicht meist nicht die von Metallen oder Technischer Keramik, was jedoch teilweise mit konstruktiven Mitteln oder dem Einsatz von Verstärkungsfasern kompensiert werden kann, z. B. durch den Einsatz von Aramid- oder Kohlenstofffasern zur Verstärkung (Kapitel II.7). Die

6.1 Grundlagen

Wärmeleitfähigkeit von Kunststoffen liegt deutlich unter der von Metallen; ihre elektrische Leitfähigkeit ist um 15 Größenordnungen kleiner als die von Metallen.

Hochpolymere zeigen bei mechanischer Beanspruchung im normalen Gebrauch ein im Vergleich zu den meisten anderen Werkstoffen besonders stark ausgeprägtes viskoelastisches und viskoses (plastisches) Verhalten, das heißt, die auftretenden Deformationen sind teils elastischer (reversibler), teils viskoser und plastischer (irreversibler) Natur. Die Werkstoffkenngrößen, wie E-Modul, Schubmodul und damit verbundene mechanische Eigenschaften sind einerseits von der Temperatur abhängig, andererseits von der Beanspruchungszeit und -geschwindigkeit. Charakteristische Punkte der E-Modulkurven der 4 Hauptgruppen von Kunststoffen sind die Glasübergangstemperatur T_g und die Fließ- bzw. Schmelztemperatur T_f, T_m (Abb. 3) (Eyerer 2005).

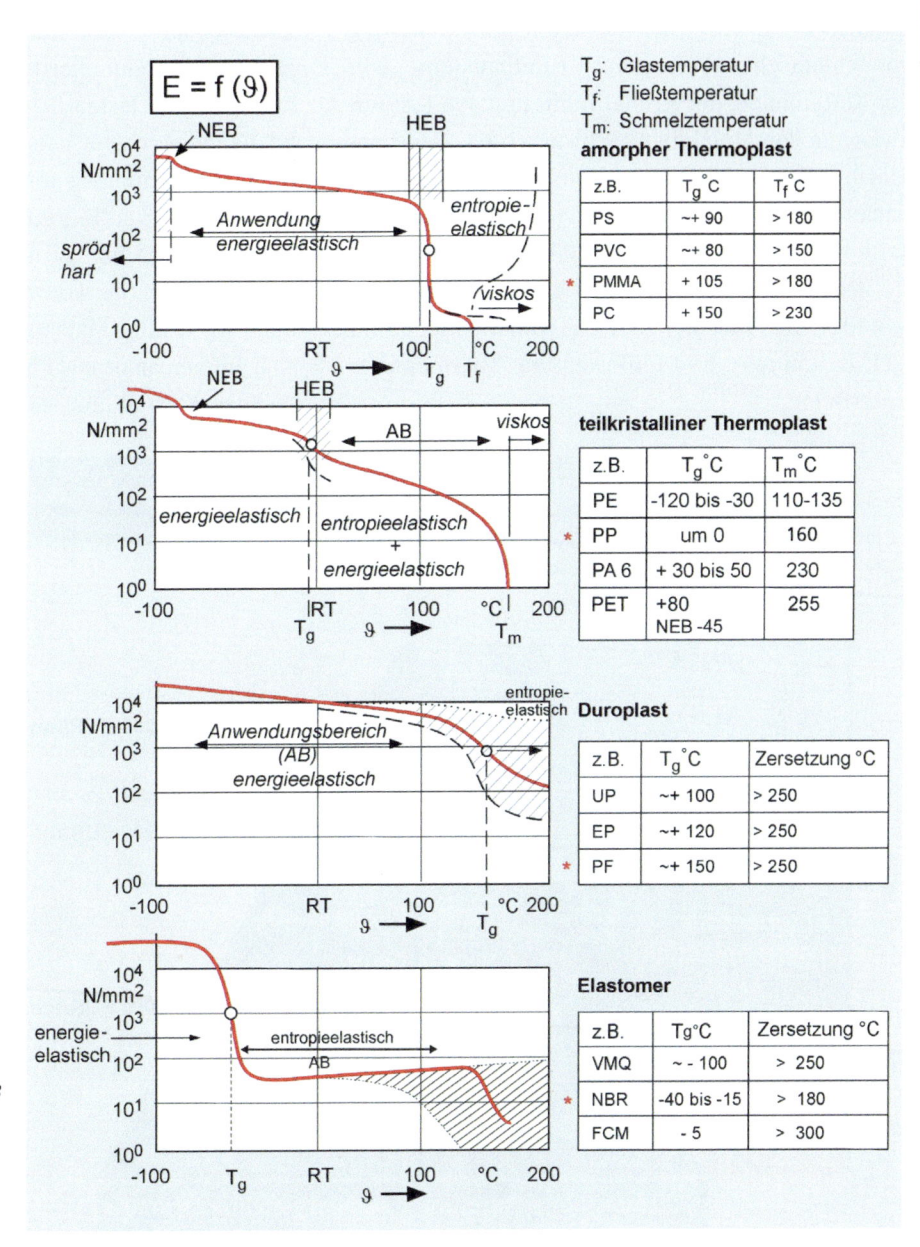

Abb. 6.3: *Elastizitätsmodul über der Temperatur für verschiedene Kunststoffe (NEB = Nebenerweichungsbereich, RT = Raumtemperatur, HEB = Haupterweichungsbereich, AB = Anwendungsbereich (Eyerer 2005)*

T_g: Glastemperatur
T_f: Fließtemperatur
T_m: Schmelztemperatur

amorpher Thermoplast

z.B.	T_g °C	T_f °C
PS	~+ 90	> 180
PVC	~+ 80	> 150
PMMA	+ 105	> 180
PC	+ 150	> 230

teilkristalliner Thermoplast

z.B.	T_g °C	T_m °C
PE	-120 bis -30	110-135
PP	um 0	160
PA 6	+ 30 bis 50	230
PET	+80 NEB -45	255

Duroplast

z.B.	T_g °C	Zersetzung °C
UP	~+ 100	> 250
EP	~+ 120	> 250
PF	~+ 150	> 250

Elastomer

z.B.	T_g °C	Zersetzung °C
VMQ	~ - 100	> 250
NBR	-40 bis -15	> 180
FCM	- 5	> 300

6.2 Thermoplaste

Thermoplaste sind Kunststoffe, die aus langen linearen Makromolekülen bestehen, die durch Erwärmung aufgeschmolzen werden können und sich in einem bestimmten Temperaturbereich einfach (eben thermoplastisch) verformen lassen. Dieser Vorgang ist reversibel, das heißt, er kann durch Abkühlung und Wiedererwärmung bis in den schmelzflüssigen Zustand beliebig oft wiederholt werden, solange nicht durch Überhitzung die thermische Zersetzung des Materials einsetzt. Die Eigenschaften von Thermoplasten sind abhängig vom chemischen Aufbau der Grundbausteine, von der Kettenlänge, der Kristallinität und den Kräften zwischen den Molekülen (Schwarz 2004). Thermoplaste werden für einfache Konsumgüter und Verpackungen ebenso eingesetzt wie für technische Teile in der Automobil- und Elektroindustrie oder für Produkte in der Bauindustrie, wie Fensterprofile und Rohre. Thermoplastische Kunststoffe lassen sich in amorphe und teilkristalline Thermoplaste unterteilen.

Amorphe Thermoplaste bestehen aus langen Kettenmolekülen, die sich bei ihrer Bildung ineinander verschlingen und verfilzen. Wegen ihres unsymmetrischen Aufbaus bzw. ihrer großen Seitengruppen kristallisieren sie nicht. Sie sind daher glasklar, wenn sie nicht modifiziert sind. Sie haben meist gute optische Eigenschaften und weisen geringe Verarbeitungsschwindung auf. Sie sind hart und spröde und haben einen hohen E-Modul. Die Temperaturbereiche, in denen amorphe Thermoplaste eingesetzt werden, liegen unterhalb der Glasübergangstemperatur T_g (Einfriertemperatur). Dort verhalten sie sich energieelastisch, oberhalb dieser Glastemperatur entropieelastisch (gummiartig). Amorphe Thermoplaste haben keinen festen Schmelzpunkt. Weil Fadenmoleküle ohne chemische Bindungen untereinander vorliegen, können sie mit allen gängigen Verfahren, wie Spritzgießen, Extrudieren, Warmumformen und Schweißen ver- bzw. bearbeitet werden.

Teilkristalline Thermoplaste haben teilweise geordnete, kristalline Molekülbereiche, zwischen denen sich immer amorphe Phasen befinden. Mit zunehmender Kristallinität nimmt die Transparenz der

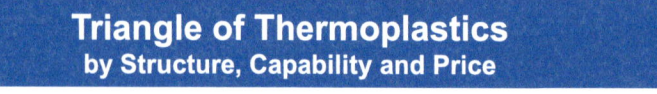

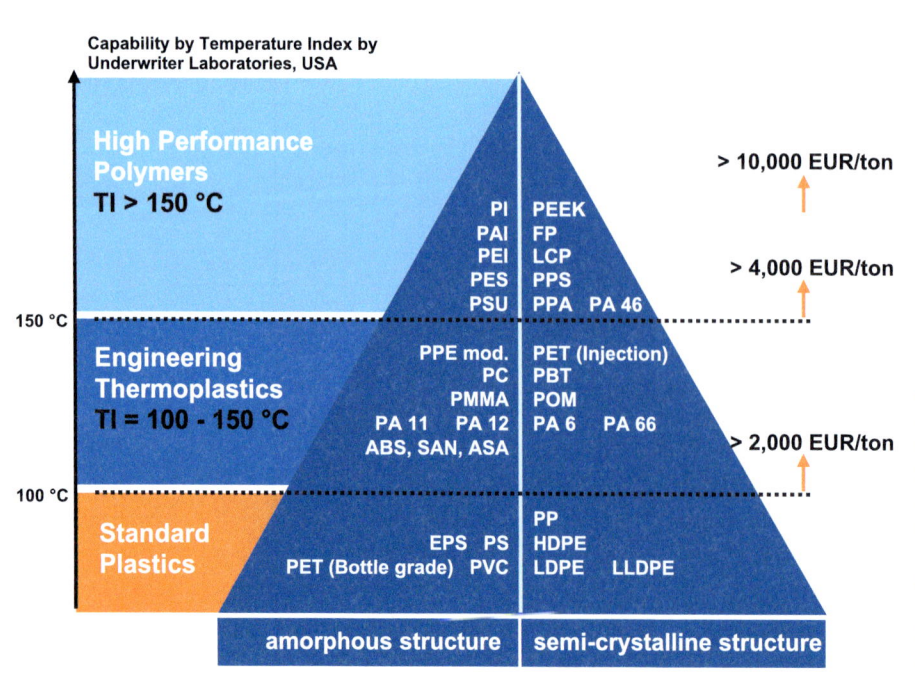

Abb. 6.4: *Werkstoffpyramide, Einteilung der Thermoplaste High Performance Polymers: Hochleistungskunststoffe für außergewöhnliche Anwendungen und spezielle teure Nischenprodukte Engineering Thermoplastics: Technische Kunststoffe mit verbesserter Leistung bei höheren Kosten.* (PlasticsEurope 2017)

teilkristallinen Kunststoffe ab. Sie sind opak. Ist die amorphe Phase unterhalb der T_g, sind die Kunststoffe sprödhart. Sie haben eine hohe Festigkeit, einen hohen E-Modul und geringe Duktilität. Ist die amorphe Phase oberhalb der T_g, besitzt der Kunststoff eine hohe Zähigkeit und eine gute Abriebfestigkeit. Im Gegensatz zu amorphen Kunststoffen findet man bei teilkristallinen einen scharfen Übergang vom Feststoff zur Schmelze. Bei einer bestimmten Temperatur T_m schmelzen die Kristallite auf und das Polymer liegt dann als Schmelze vor. Beim Abkühlen aus der Schmelze kristallisiert das Polymer wieder. Die Einsatztemperaturbereiche liegen zwischen der Glasübergangstemperatur T_g und der Kristallitschmelztemperatur T_m. Verarbeitungsmöglichkeiten für teilkristalline Thermoplaste sind die gleichen wie für amorphe Thermoplaste, jedoch haben die Abkühlbedingungen und die Werkzeugtemperatur großen Einfluss auf die Eigenschaften wegen unterschiedlicher Kristallinität und Nachkristallisation.

Entsprechend ihrer Anwendung lassen sich Kunststoffe nach Eigenschaften, Preis und Mengenbedarf in drei sich überlappende Gruppen unterteilen (Abb. 6.4):

Standardkunststoffe (Massenkunststoffe) umfassen die in großen Mengen hergestellten Thermoplaste, die für Verpackungen, Folien, Gehäuse, Rohre etc. eingesetzt werden. Dazu zählen z. B. PE, PVC, PS, PP.

Technische Kunststoffe werden in der Regel für Anwendungen hergestellt, an die höhere mechanische, thermische oder elektrische Anforderungen gestellt werden. Zu dieser Gruppe zählen z. B. PA, POM, PC, PMMA, PET.

Hochleistungskunststoffe werden für höchste mechanische und thermische Beanspruchungen verwendet. Typische Hochleistungskunststoffe sind z. B. PEI, PES, PPE, PPS, PEEK, PSU.

Tab. 6.1: *Kurzbezeichnungen einiger Kunststoffe*

ABS	Acrylnitril-Butadien-Styrol-Kunststoff
ASA	Acrylester-Styrol-Acrylnitril-Kunststoff
CA	Celluloseacetat
CR	Chloropren-Kautschuk
EP	Epoxidharz
EPS	Expandiertes Polystyrol
EPE	Expandiertes Polyethylen
EPP	Expandiertes Polypropylen
ETFE	Ethylen-Tetrafluorethylen-Kunststoff
EVA	Ethylen-Vinylacetat-Kunststoff
HDPE	PE-HD, PE hohe Dichte
LCP	Flüssigkristall-Polymer (Liquid-Crystal-Polymer)
LDPE	PE-LD, Polyethylen niedrige Dichte
MF	Melamin-Formaldehyd-Harz
MP	Melamin-Phenol-Harz
NBR	Nitrilkautschuk
PA	Polyamid
PBT	Polybutylenterephthalat
PC	Polycarbonat
PE	Polyethylen
PE-HD	Polyethylen, hohe Dichte
PE-LD	Polyethylen, niedrige Dichte
PE-LLD	Polyethylen, linear, niedrige Dichte
PE-UHMW	Polyethylen, ultrahohe Molmasse
PEEK	Polyetheretherketon
PEI	Polyetherimid
PES	Polyethersulfon
PET	Polyethylenterephthalat
PF	Phenol-Formaldehyd-Harz
PMMA	Polymethylmethacrylat
POM	Polyoxymethylen (Polyacetal, Polyformaldehyd)
PP	Polypropylen
PPE	Polyphenylenether
PPO	Polyphenylenoxid
PPS	Polyphenylensulfid
PS	Polystyrol
PSU	Polysulfon
PTFE	Polytetrafluorethylen
PUR	Polyurethan
PVC	Polyvinylchlorid
PVDF	Polyvinylidenfluorid
SAN	Styrol-Acrylnitril Kunststoff
SBS	Styrol-Butadien-Styrol
TPE	Thermoplastische Elastomere
TPU	Thermoplastische Polyurethan Elastomere
UHMW PE	PE-UHMW, Polyethylen, ultrahohe Molmasse
UF	Harnstoff-Formaldehyd-Harz
UP	Ungesättigtes Polyester Harz

Tab. 6.2: *Eigenschaften ausgewählter Thermoplaste (Carlowitz 1995, campusplastics)*

Thermoplaste, ungefüllt	LDPE	HDPE	PP	ABS	CA	PS(B)	PVC	PMMA	PC	POM	PA66	PET	PPE	PPO	PSU	PAar	PVDF
Wärmeformbeständigkeit A bis °C	-	55	60	102	60	75	69	98	140	125	66	80	215	B130	174	217	115
kurzzeitige Anwendung bis °C	90	110	140	100	70	70	70	98	135	140	170	170	>226	130	>150		150
Glasübergangstemperatur ca. °C	-110	-110	-10	110		92	90	105	150	-60	78	60					178
Lir.Wärmedehnzahl ca. 10^{-5} K^{-1}	25	18	18	10	12	10	8	7	7	11	9	7	5,5	6	5,6	18	14
Brennbarkeit	leicht	leicht	leicht	ja	schwer	leicht	schwer	ja	schwer	ja	ja	ja	schwer	schwer	schwer	schwer	nein
Verbrennungswärme KJ/g	48	46,5		35		40	18	26	30,7	17							
Rohdichte ca. g/cm³	0,92	0,95	0,90	1,05	1,30	1,04	1,38	1,18	1,20	1,41	1,14	1,31	1,37	1,06	1,24	1,42	1,78
Streckspannung bis ca. MPa	12	25	35	55	45		48		60	73	60	60	94	55	80	2,7	56
Dehnung bei Streckspannung %	20	11	15	3	3				7			4	5,5	5			
Reißfestigkeit bis ca. MPa	20	30	35	45		35		70	75		33	60			70	175	50
Reißdehnung ca. %	600	900	700	25	70	50	70	4,5	100	70	150	200	11		80	2,7	60
Zug-E-Modul bis ca. MPa	450	1200	1600	2300	2000	2000	2500	3300	2200	3200	2000	2700	3150	2500	2500	13400	2600
Rockwell-Härte R (D785) ca.	45 D	65 D	98	110	100	50		93	120	85 D	115	120	M88	119	M69	M86	78 D
Kerbschlagzähigkeit 23°C kJ/m²	o.B.	o.B.	10	12	1,2	7	10	2	30	9	18	3,5	1,9		4,1		12
Schlagzähigkeit 23°C kJ/m²	o.B.	o.B.	o.B.	o.B.	70	70	o.B	11	o.B.	o.B.	o.B.	o.B.	o.B	>15	o.B.		o.B.
Schlagzähigkeit -40°C (-20°C) kJ/m²			(13)	70	40	60	o.B.		o.B.	o.B	o.B.	o.B.					
spez.Durchgangswiderstand W cm	1018	1018	1018	1016	1018	1018	>1016	>1015	>1017	1018	1012	1016	>1016	1017	>1016	>1016	>1015
Wasseraufnahme 4 d %	<0,01	<0,01	<0,01	0,2	4	<0,1	0,35	0,35	0,36	0,6	3,5	0,7	2,3	0,066	0,26	0,20	<0,04
Witterungsbeständigkeit	stab.	stab.	stab.	3 a	stab.	-	stab.+	+	stab.+	- UV	Ruß +	+	+	+	+/-	+	++
beständig in wäss. Lsg. (konz.Sre)	++	++	++	+/-	-	+	++	+	+(-)	+(-)	+(-)	+	+	+	+	+	++
beständig in organ. Lösungsmitteln	+/-	+(-)	+(-)	+/-	+	-	+/-	+(-)	+(-)	+	+	+(-)	+/-	+/-	-		++
max.Verarbeitungstemperatur ca.°C	<280	<280	<300	<280	<230	<260	<210	<230	<320	<230	<290	<280	<360	<300	<390	<280	<250
unterer Preis, einfach, ca. €/kg	0,90	0,95	1,05	2,10	2,90	1,20	0,95	2,90	6,20	3,00	3,10	3,10	10,50	4,60	15	25	25

6.2.1 Standardkunststoffe

Als Standardkunststoffe kommen vorwiegend Polyolefine (Polyethylen, Polypropylen), Polystyrol und PVC zum Einsatz.

Polyolefine sind Polymere, die aus Kohlenwasserstoffen der Formel C_nH_{2n} mit einer Doppelbindung (Ethylen, Propylen, Buten-1, Isobuten) aufgebaut sind. Polyolefine sind teilkristalline Thermoplaste, die sich durch gute chemische Beständigkeit und elektrische Isoliereigenschaften auszeichnen. Sie sind preiswert, lassen sich mit nahezu allen üblichen Verfahren verarbeiten und finden breite Anwendung. Hauptsächlich werden Polyethylen (PE) und Polypropylen (PP) eingesetzt. Sie sind im Maschinen- und Fahrzeugbau, der Elektrotechnik, im Bauwesen sowie im Transportwesen und der Verpackungstechnik zu finden.

PVC (Polyvinylchlorid) ist ein amorpher thermoplastischer Kunststoff. Er ist hart und spröde und wird erst durch Zugabe von Weichmachern und Stabilisatoren weich, formbar und für technische Anwendungen geeignet. Aufgrund der vielfältigen Verarbeitungsmöglichkeiten und der guten Eigenschaften ist PVC in vielen Anwendungen von Folien und Kunstleder bis hin zu harten Spritzgussbauteilen und Profilen zu finden. PVC ist beständig gegen Chemikalien und äußere Witterungseinflüsse, wie Licht, Wasser oder Temperatur, hat eine gute Reißfestigkeit und hohe Dimensionsstabilität. Formteile aus Weich-PVC weisen eine angenehme Haptik auf.

PVC verfügt über das breiteste Anwendungsspektrum sämtlicher Thermoplaste und gehört zu den wichtigsten Kunststoffen. Größtes Marktsegment sind extrudierte Halbzeuge (Rohre und Profile), aber auch Innenraumbauteile, wie die Verkleidung von Instrumententafeln, Türsäulenabdeckung, Türgriffe, Hutablage, Kunstleder auf den Sitzen, Mittelkonsole, Dachhimmel, Schalthebelmanschetten, etc. Auch im Flugzeugbau oder Bootsbau findet sich PVC wieder, beispielsweise als ultraleichte Bauteile, die durch ein spezielles Schäumverfahren von Pasten-PVC gefertigt werden können. Bei der Verarbeitung müssen aufgrund der Toxizität des Monomeren strenge Arbeitssicherheitsvorschriften beachtet werden.

Polystyrol (PS) ist ein transparenter, amorpher oder teilkristalliner Thermoplast, der entweder als thermoplastisch verarbeitbarer Werkstoff oder als Schaumstoff (expandiertes Polystyrol) eingesetzt wird. PS steht nach PE, PP und PVC mengenmäßig an vierter Stelle der Massenkunststoffe und hat zahlreiche Einsatzgebiete. Wichtigstes Anwendungsbiet sind formstabile Verpackungen, aber auch für technische Formteile wie Gehäuseteile wird PS in großen Mengen eingesetzt (Chemlin 2006, Domininghaus 2008).

Bezüglich der produzierten Menge sind diese Standardthermoplaste Polyethylen (einschließlich PE

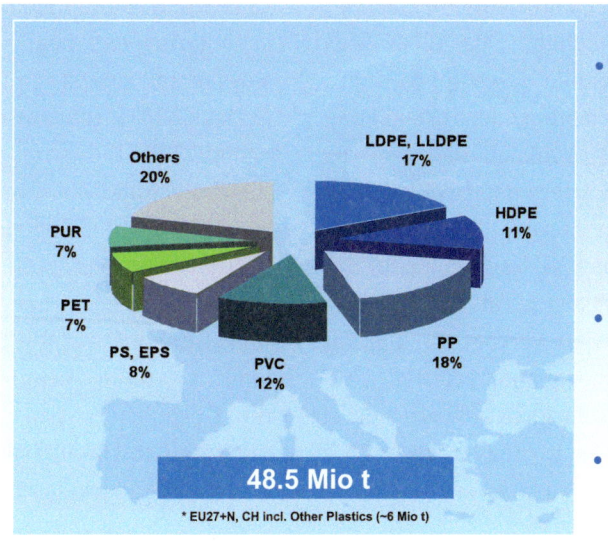

Abb. 6.5: *Anteil unterschiedlicher Kunststoffsorten an der insgesamt verarbeiteten Menge in Deutschland; Kunststoffe 2015 (Quelle: Umweltbundesamt 2016)*

niedriger Dichte (LDPE), lineares PE niedriger Dichte (LLDPE) und PE mit hoher Dichte (HDPE)), Polypropylen (PP), Polyvinylchlorid (PVC), und Polystyrol (festes PS und expandiertes/expandierbares EPS) am bedeutendsten. Zusammen decken diese Produkte zwei Drittel der gesamten Kunststoffnachfrage in Europa.

6.2.2 Technische Kunststoffe

Technische Kunststoffe weisen gegenüber Standardkunststoffen bessere mechanische, thermische und meist auch elektrische Eigenschaften auf. Sie sind für komplexe Beanspruchungen einsetzbar. Die Bezeichnung "technische Kunststoffe" wird im Allgemeinen für thermoplastische Polymere verwendet, die aufgrund ihrer guten physikalischen und chemischen Eigenschaften häufig zur Herstellung von technischen Bauteilen eingesetzt werden. Im Automobilsektor, in der Elektro- und Elektronikindustrie sowie vielen weiteren Bereichen werden technische Kunststoffe in großen Mengen zur Herstellung von Komponenten angewendet, bei denen der Kunststoff traditionelle Werkstoffe, wie z. B. Metall, ersetzt, oder aber für technische Bauteile, in denen die guten Eigenschaften technischer Thermoplaste genutzt werden, z. B. ihre hohe mechanische Festigkeit, ihre gute chemische Beständigkeit, ihr geringer Abrieb und Verschleiß und ihre einfache Verarbeitung. Auch der Einsatz technischer hochtransparenter Kunststoffe wie Polycarbonat (PC) oder Polymethylmethacrylat (PMMA) erfolgt immer häufiger. Gegenüber Glas zeichnen sich diese Werkstoffe durch ihr geringes Gewicht und die Designfreiheit bei der Formgebung aus. Sie kommen in der Automobilindustrie als Streuscheiben von Scheinwerfern und Heckleuchten und als Frontscheiben zum Einsatz.

Ein anspruchsvolles Beispiel ist das Dachmodul des Smart Fortwo, welches aus Polycarbonat mit nur sehr geringen inneren Spannungen, verzugsarm und mit einer exzellenten Oberflächenqualität gefertigt wird. Diese Ausführung des Dachelementes ermöglicht eine deutliche Gewichtseinsparung – gegenüber einer vergleichbaren Lösung aus Glas – um über 40 Prozent.

Abb. 6.6: *Dachmodul des Smart Fortwo aus Polycarbonat. (Quelle: Bayer MaterialScience AG)*

6.2.3 Hochleistungspolymere

Hochleistungskunststoffe sind technische Kunststoffe mit besonders herausragenden Eigenschaften, vor allem hinsichtlich der thermischen Einsatzgrenzen. Sie sind bei Temperaturen von über 150°C und – teilweise auch über 200°C – dauerhaft einsetzbar, ohne dass die mechanischen Eigenschaften sich wesentlich verändern. Die Verarbeitung von Hochleistungskunststoffen stellt oftmals auch höhere Anforderungen an die Werkzeug- und Maschinentechnik. Zu diesen Produkten gehören Aramide, flüssig-kristalline Polymere, Fluorpolymere, Polyetherketone, Polyimide, Polyphenylsulfid und Polysulfone (Ehrenstein 1999).

Der Marktanteil der Hochleistungspolymere ist sehr gering und liegt bisher bei weniger als 1%, was nicht zuletzt an den hohen Kosten liegt (Kaiser 2007). Die Anwendungen reichen von der chemischen Industrie über die Medizintechnik, Elektrotechnik bis hin zur Luftfahrt. Hochleistungspolymere übernehmen häufig Aufgaben als Konstruktionswerkstoff für komplexe Bauteile und Präzisionsbauteile, bei denen eine hohe Festigkeit und Dimensionsstabilität gefordert sind. Dabei sind als größte Vorteile gegenüber den Metallen die Gewichtsersparnis, die Verschleißfestigkeit, die gute Schwingungsdämpfung und die rationellere Bearbeitbarkeit zu nennen.

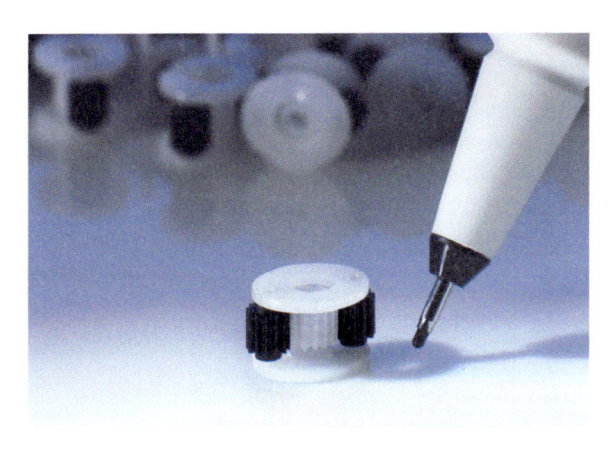

Abb. 6.7: *Mikrogetriebe im 2K-Montagespritzguss; Sonnenrad und Flansche aus POM und Planetenräder aus PBT (Quelle: Oechsler AG)*

6.3 Duromere

Duromere/Duroplaste sind Polymere, die in einem Härtungsprozess aus einer Schmelze oder Lösung der Komponenten durch Vernetzung entstehen. Diese irreversible Reaktion wird meist durch Erhitzen bewirkt (englisch thermosets), kann aber auch durch Oxidationsmittel, energiereiche Strahlung oder den Einsatz von Katalysatoren initiiert bzw. beschleunigt werden. Ausgehärtete Duroplaste sind meist hart und spröde und demzufolge im weitergehenden Fertigungsprozess nur noch mechanisch zu bearbeiten. Ursache für dieses Verhalten sind die dreidimensional vernetzten Makromoleküle. Die Erwärmung von ausgehärteten Duroplasten führt nicht zur plastischen Verformung, sondern lediglich zu deren Zersetzung. Die Materialkennwerte von Duromeren können teilweise nahe denen von Aluminium bzw. Stahl liegen. Wegen ihrer mechanischen und chemischen Beständigkeit auch bei erhöhten Temperaturen werden sie häufig für Elektroinstallationen, aber auch zunehmend in der Luftfahrt und im Automobilbau verwendet (Tab. 6.3).

6.3.1 Harzsysteme, Formmassen

Die meisten Harzsysteme werden in der Praxis mit Verstärkungsfasern versehen (Kapitel II.7). Harze, die nicht mit Fasern verstärkt werden, sind meist hochgefüllt, um die Schwindung zu verringern.

Die Harzverarbeitung ohne Verstärkungsfasern beschränkt sich vor allem auf die Gießverfahren. Das Harz wird zusammen mit dem Härter maschinell oder manuell in Formen gegossen.

Die verschiedenen duroplastischen Formmassen können unter verschiedenen Gesichtspunkten eingeteilt werden. Gebräuchlich ist u. a. die Einteilung nach der Art der Vernetzung, wie ungesättigte Bindungen und Vernetzung über reaktive Gruppen. Nachfolgend werden die Formmassen nach Kondensations- und Reaktionsharzen unterschieden.

Typische Vertreter der Kondensationsharze sind Phenolharze (PF) und Aminoplaste, wie Melaminharze (MF), Melamin-Phenol-Harze (MP) und Harnstoffharze (UF).

Phenoplaste/Aminoplaste sind farblos bis gelb-braun, durchscheinend, hart und spröde, beständig gegen Wasser und Lösungsmittel, unbeständig jedoch gegen starke Säuren und Laugen. Diese Materialien werden als Bindemittel für Holz, Lacke und Beschichtungen verwendet.

Typische Vertreter der Reaktionsharze sind ungesättigte Polyesterharze (UP), einschließlich der Diallylphthalatharze (DAP) und Epoxidharze (EP).

Polyester sind glasklar mit einer glänzenden Oberfläche, gut zu gießen und besitzt eine starke Klebekraft; dieser Kunststoff ist hart bis elastisch, chemikalienbeständig und spinnbar. Polyester findet Verwendung als Klebe-, Lack- und Gießharz; mit Faserverstärkung wird er zu Karosserieteilen, Tanks und Bootskörpern verarbeitet.

Epoxidharz (EP) ist honiggelb, durchsichtig, besitzt eine gute Klebekraft und lässt sich vergießen; dieses Material ist hart bis zähelastisch, beständig gegen Säuren, Laugen, Salzlösungen und Lösungsmittel. Es dient ebenfalls als Basis für Klebe-, Lack- und Gießharze; mit Fasern verstärkt werden aus EP Karosserie- und Flugzeugteile hergestellt.

6.3.2 Vernetzte Polyurethane

Vernetztes Polyurethan (PUR) wird der Gruppe der duroplastischen Kunststoffe zugeordnet und entsteht durch Polyaddition der beiden Ausgangsstoffe Polyol und Isocyanat. Generell ist Polyure-

Tab. 6.3: *Übersicht gebräuchlicher Duromere (Scheu 1983)*

Kurzzeichen mit Bezeichnung	PF Phenol-Formaldehyd	UF Harnstoff-Formaldehyd	MPF Melamin-Phenol-Formaldehyd	MF Melamin-Formaldehyd	DAP Diallylphthalat	UP Ungesättigte Polyester	EP Epoxid
Handelsnamen	Bakelite, Vyncolit	Bakelite, Ciabanoid	Resart, Raschig, Bakelite	Melopas, Raschig	Neonit, Synre-Almoco	Bakelite, Tetra-DUR, Menzolite, Raschig	Araldit, Neonit, Supraplast
Dichte (g/cm^3)	1,3–2,0	1,5	1,5–2,0	1,5–2,0	1,7–2,0	1,2–2,2	1,6–2,1
Verarbeitungsschwund in %	0,2–1	0,2–1	0,4–0,8	0,3–1,8	0,05–1,1	0,7–1,2	0,1–0,9
Nachschwindung in % (168 h/110 °C)	0–0,09	0,07–0,12	0,08–0,13	0,04–0,19	0–0,06	0,08–0,13	0–0,8
Zugfestigkeit (MPa)	40	40–65	60–80	50–70	45–75	45–75	50–90
Druckfestigkeit (MPa)	200–400	200–250	200–260	200–250	150–200	150–200	150–255
Biege-E-Modul (MPa x 1000)	5–23	6–9	6–9	6–12	6–12	6–12	9–15
Schlagzähigkeit (kJ/m^2)	2–14	5–8	5–10	5–10	5–13	5–13	5–12
Kerbschlagzähigkeit (kJ/m^2)	1,3–3,7	1,3–1,5	1,3–1,7	1,3–2,5	1,1–5	1,1–5	2–7
max. Anwendungstemperatur (< 50 h in °C)	250	180	160	200	250	250	230
max. Anwendungstemperatur (< 20000 h in °C)	160	130	135	160	170	185	180
Durchschlagfestigkeit Ed bei 1 mm Wanddicke (KV/mm)	35	30	30	25	30	30	30
spez. Durchgangswiderstand (Ω x cm)	1E12	1E12	1E13	1E12	1E14	1E14	1E14
dielektrischer Verlustfaktor (tanσ 100 Hz)	0,005–0,5	0,005–0,15	0,3–0,6	0,1–0,4	0,01–0,06	0,01–0,03	0,01–0,045
Wasseraufnahme in % (96 h bei 230 °C)	0,1–0,3	1,5	0,85	1,6	0,3	0,25	0,8
Entflammbarkeit	94 V-0	94 V-0	94 V-0	94 V-0	94 V-0	94 V-0	94 V-0
chemische Beständigkeit (Säuren/Laugen) 1: beständig 2: bedingt beständig 3: unbeständig	1	2	1	1	1	1	1
mögliche Farben	schwarz	gedeckte Farben	alle Farben	alle Farben	bedingt alle Farben	alle Farben	gedeckte Farben
mögliche Verstärkungen	Gesteinsmehl, mineral. Kurzfasern, Glimmer, C-Fasern, Glasfasern/Kugeln	Zellstoff	Holzmehl, Zellstoff, Gesteinsmehl	Holzmehl, Zellstoff, Gesteinsmehl	Glasfasern	lange, kurze Glasfasern	lange, kurze Glasfasern, Gesteinsmehl
Anwendungsgebiete	Industrien: Automobil, Elektro, Haushalt, Sanitär, Trinkwasser (warm/kalt)	Schraubenverschlüsse für die Kosmetik, Installationsmaterial	Gehäuse, Schalen, Griffe, Schalter, Schütze	Lichtschalter, Gehäuse für Haushaltsgeräte, Ess- und Trinkgeschirr	Fahrzeugindustrie, Elektrotechnik, Schaltergehäuse, Haushaltsgeräte, Kontaktleisten, Steckverbindungen	Elektrobauteile, Fahrzeugbau, Haushaltsgeräte	Elektrobauteile, Kollektoren, Anker, Kontaktträger, Präzisionsteile, Pumpen, chem. Industrie

than ein sehr vielseitig einsetzbarer Kunststoff mit entsprechend vielseitigen Eigenschaften. Durch eine geeignete Reaktionsführung und Auswahl der Monomere können Polyurethane mit unterschiedlichen Vernetzungsgraden entstehen. Engmaschig vernetztes PUR ist hart und zähelastisch (Duroplast). Weitmaschig vernetztes PUR dagegen ist weich und gummielastisch (Elastomer). Nicht vernetztes PUR hat die Eigenschaften eines Thermoplasten. Durch Zusatz eines Treibmittels kann PUR auch aufgeschäumt werden. Aufgrund der vielfältigen chemischen Variationsmöglichkeiten und Anpassungen des Polyols und der Polyisocyanate kann das Eigenschaftsspektrum von Polyurethanen von sehr weich und gummielastisch bis hin zu einem harten und zähen Konstruktionswerkstoff eingestellt werden.

Polyurethan wird in unterschiedlichsten Bereichen eingesetzt. Einige typische Anwendungsbeispiele sind Schuhsohlen, Zahnriemen, Pkw-Stoßstangen, Klebstoffe, Lacke, etc.

Im Konzeptauto RN30 – gemeinsam entwickelt von BASF und Hyunday Motor Company – werden beispielsweise PUR-RIM- und Hartintegralschaumsysteme aus Elastolit® von BASF aufgrund ihrer sehr guten Fließfähigkeit zur Realisierung anspruchsvoller Designelemente wie Kotflügel und Spoiler eingesetzt. Die für Anbauelemente entwickelten Werkstoffe kombinieren hohe Qualität mit niedrigem Gewicht sowie einer lackierbaren „Class-A"-Oberfläche. Der RN30 verfügt darüber hinaus über semistrukturelle Sandwichlösungen für den Innenraumboden aus Elastoflex® E, ein faserverstärktes Polyurethansystem zur Sprühimprägnierung und einer Papierwabenstruktur.

6.4 Elastomerwerkstoffe

6.4.1 Vernetzte Elastomere (Gummiwerkstoffe, Kautschuk)

Elastomere sind hochpolymere, organische Werkstoffe, die große Verformungen reversibel aufnehmen und mechanische Energie absorbieren können. Zu den Elastomeren gehören alle Arten von vernetztem Kautschuk. Die Elastomere sind weitmaschig vernetzt und daher flexibel. Sie werden beim Erwärmen nicht weich und sind in den meisten Lösemitteln nicht löslich. Typische technische Anwendungen sind beispielsweise Reifen, Dichtungen, Bänder, Riemen, Schläuche und Kabelummantelungen (Tab. 6.4).

Naturkautschuk ist wohl einer der ältesten „Kunststoffe". Dieses Material wird aus dem Milchsaft bestimmter tropischer Bäume hergestellt. Chemisch handelt es sich bei Naturkautschuk um ein Polymer des Isoprens. Durch *Vulkanisieren* mit Schwefel (Prozess: Mischen, Erhitzen, Pressen) werden die fadenförmigen Makromoleküle des Rohkautschuks vernetzt, und es entsteht Gummi. Je nach dem Grad der Vernetzung kann Weichgummi oder Hartgummi hergestellt werden. Naturkautschuk wird aber nur noch für wenige spezielle Anwendungen verarbeitet.

Abb. 6.8: *Hyundai RN30 Konzeptauto mit BASF PUR-Karosserieteilen (Quelle: BASF Polyurethanes GmbH)*

Tab. 6.4: *Zusammenstellung der am meisten verwendeten Elastomertypen mit ihren hauptsächlichen Anwendungsbereichen (Erhard 1993, Eyerer 2008)*

	Elastomere	Kurzbezeichnung (nach DIN ISO 1629)	Typische Anwendungsbereiche	
Chemisch vernetzte Elastomere (Vulkanisate)	Naturgummi	NR	Auskleidungen im Apparatebau, Schuhsohlen, Gummistiefel, Handschuhe, Klebstoffe	
	Styrol-Butadien-Gummi	SBR	Fahrzeugreifen	Technische Artikel
	Butadiengummi	BR		Schuhsohlen, technische Artikel
	Isoprengummi	IR		Dünne Gummiartikel
	Chloroprengummi	CR	Technische Gummiwaren wie z. B. Transportbänder, Dichtungen, Schläuche, Walzenüberzüge, Behälterauskleidungen	
	Acrylnitril-Butadien-Gummi (Nitrilgummi)	NBR	Standard Gummi für technische Anwendungen: O-Ringe, Nut-Ringe, Dichtmanschetten, Wellendichtringe, Faltenbeläge, Membranen, Schläuche, Öl- und kraftstoffbeständige Dichtungen	
	Polyurethan	AU	Verschleißfeste, dämpfende Maschinenteile, Auskleidungen, Schuhe	
	Ethylen-Propylen-(Dien)-Terpolymere	EPDM	Energieabsorbierende Außenteile von Fahrzeugen wie Front- oder Heckspoiler, Stoßfänger, Kabelisolierungen, Mischkomponenten für Thermoplaste (PP), Profildichtungen	
	Butylgummi	IIR	Schläuche für Reifen (Innenliner), Dichtungen, Membranen, Dämpfungselemente, Auskleidungen im Apparatebau bis 140°C (abriebfest), Elektrische Isolierungen in der Kabelindustrie	
	Silicongummi	VMQ	Formdichtungen und Dichtungsmassen hoher Wärmebeständigkeit und Kälteflexibilität	
	Fluorelastomere	FKM	Dichtungen mit hoher Beständigkeit gegen Wärme und Chemikalien	
Physikalisch vernetzte Elastomere (TPE)	Thermoplastische Polyolefine-Elastomere (Ethylen-Propylen-Blockcopolymere)	EPR (EPM)	Energieabsorbierende Automobilaußenteile wie Spoiler oder Stoßfänger	
	Styrol-Butadien-Blockpolymere	SBS	Sohlen für Schuhe, Mischkomponente für Thermoplaste	
	Thermoplastische Polyurethane	TPE-U	Skischuhe, Verschleißschutz, Dämpfungselemente	
	Thermoplastische Polyetherester	TPE-E	Hydraulik, Pneumatik (öl- und temperaturbeständig)	
	Thermoplastische Polyamid-Elastomere	TPE-A		

Der Großteil der heute eingesetzten Elastomere basiert auf synthetischem Kautschuk.

Butadien-Kautschuk ist gelb bis braun und wird meistens mit Ruß schwarz eingefärbt. Je nach Schwefelgehalt ist er zähhart bis weich-gummielastisch. Butadien-Kautschuk wird wie sein natürliches Vorbild durch Vulkanisierung vernetzt. Beimischungen beeinflussen die Eigenschaften des Kunststoffs. Fahrzeugreifen, Dichtungen, Schläuche, Gummifedern und Faltenbälge werden aus Butadien-Kautschuk hergestellt.

Butyl-Kautschuk ist ein farbloser, durchscheinender, gummielastischer Kunststoff mit einer relativ geringen Festigkeit. Zu seinen besonderen Eigenschaften zählt die Fähigkeit, sich bei längerer Krafteinwirkung zu verformen, bei kurzer jedoch gummielastisch zu bleiben. Butyl-Kautschuk findet deshalb Anwendung als Dichtungs- und Auskleidungsfolie, als Klebstoff oder Dichtungsmasse.

Chloropren-Kautschuk (CR), besser bekannt unter der Firmenbezeichnung Neopren, hat eine ähnlich gute Korrosionsbeständigkeit wie Butadien-Kautschuk. CR kann verklebt werden, hält sehr lange und ist beständig gegen UV-Licht und Ozon. Dadurch bleiben seine gummi-elastischen Eigenschaften auch bei Außenanwendungen länger erhalten. Vielfach wird CR-Kautschuk zu Dichtungsmanschetten und Behältergummierungen verarbeitet. Auch Taucheranzüge bestehen aus diesem Material.

Silikone entsprechen in ihrer Struktur den Makromolekülen des Kunststoffs, bei denen die zentralen Kohlenstoffatome durch Siliciumatome ersetzt sind. Je nach dem Grad der Vernetzung ist Silikon ölartig bis gummielastisch. Eine besondere Eigenschaft ist seine wasserabstoßende Wirkung und die Temperaturbeständigkeit im Bereich von -90 bis +180 °C. Mit Silikonölen lassen sich Mauerwerke und Textilien hydrophobieren. Silikonharze werden als Isolierlack gegen Feuchtigkeit und als Trennmittel verwendet.

Silikon-Kautschuk (SIR) ist gegen Wasser, verdünnte Säuren und Laugen, Salzlösungen und Alkohole beständig. Starke Säuren, Laugen und flüssige Kohlenwasserstoffe greifen ihn jedoch an. SIR stößt Wasser ab, ist antihaftend und gummielastisch im Temperaturbereich von -100 bis +200 °C. Dieser Kautschuk wird als Dichtung oder Basisrohstoff für hydrophobe Schutzbeschichtungen verwendet.

6.4.2 Thermoplastische Elastomere (TPE)

Thermoplastische Elastomere (TPE) sind Polymere, die sich bei Raumtemperatur vergleichbar den klassischen Elastomeren verhalten, sich jedoch unter Wärmezufuhr plastisch verformen lassen, und somit ein thermoplastisches Verhalten zeigen. Durch Variation der Anteile von Hart- und Weichphase kann die Härte in einem weiten Bereich eingestellt werden, sodass sich insgesamt ein Härtebereich ergibt, der über den der Hauptvalenzelastomere hinausgeht und somit die Lücke zu den Thermoplasten schließt.

Üblicherweise werden die vielfältigen TPE-Werkstoffe in folgende Klassen eingeteilt:

TPE-O *oder TPO* Thermoplastische Elastomere auf Olefinbasis, vorwiegend PP/EPDM,
TPE-V *oder TPV* Vernetzte thermoplastische Elastomere auf Olefinbasis, vorwiegend PP/EPDM,
TPE-U *oder TPU* Thermoplastische Polyurethane
TPE-E *oder TPC* Thermoplastische Copolyester
TPE-S *oder TPS* Styrol-Blockcopolymere (SBS, SEBS, SEPS, SEEPS und MBS),
TPE-A *oder TPA* Thermoplastische Copolyamide.

TPE-Werkstoffe werden häufig in Verbindung mit Thermoplasten eingesetzt, mit dem Ziel, Bauteile aus einer Weich- und einer Hartkomponente in einem Verfahrensschritt herzustellen. Eine Alternative zu aufwändig hergestellten Gummi-Metall-Verbunden, die zur Dämpfung in Maschinenlagern und Fahrwerken verwendet werden, hat die Elastogran GmbH zusammen mit ihrem Mutterkonzern BASF entwickelt. Der Verbund besteht aus einem neuartigen, vernetzendes TPU (TPU-X: Handelsname Elastollan®) und einem Vertreter der neuen Polyamid-Familie Ultramid® CR. Im Zweikomponentenspritzguss lassen sich in einem Prozess Formteile herstellen, in denen der leichte, glasfaserverstärkte Thermoplast für Stabilität sorgt und das vernetzte thermoplastische Polyurethan die gummielastischen Eigenschaften beisteuert. Es kann bis zu 40 % Gewicht eingespart werden (Abb. 6.9).

TPE wird auch zunehmend zur Substitution von PVC eingesetzt. Mit den TPO-Innenraumfolien TEPEO®

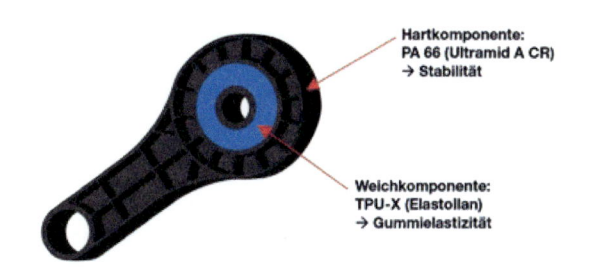

Abb. 6.9: *Bauteil „Drehmomentstütze" bestehend aus einer Hart- (PA66 + 35 % GF) und der Weichkomponente TPU-X (Quelle: BASF Polyurethanes GmbH)*

und TEPEO 2® von Benecke-Kaliko wurden aufgrund der niedrigen Dichte der Materialien in der E-Klasse von Mercedes-Benz (Türverkleidung) oder dem 5er BMW (Instrumententafel) im Vergleich zu herkömmlichen PVC-Folien Gewichtsvorteile von 25 bis 50 Prozent erzielt. Je nach Anwendungsfall lassen sich damit über 2 kg pro Fahrzeug einsparen.

6.5 Geschäumte Polymere

Nach DIN 7726 ist ein Schaumstoff „ein Werkstoff mit über die gesamte Masse verteilten Zellen (offen, geschlossen oder beides) und einer Rohdichte, die niedriger ist als die Dichte der Gerüstsubstanz". Theoretisch können alle Kunststoffe aufgeschäumt werden, in der Praxis findet man aber nur wenige geschäumte Materialien. Vorwiegend sind dies geschäumte Polyurethane, Polyolefine, Polystyrol und PVC.

Schaumstoffe werden häufig entsprechend ihres Aufbaus oder anhand der mechanischen Eigenschaften eingeteilt. Daneben finden sich auch andere Einteilungskriterien wie Dichte, chemische Beschaffenheit der Polymerphase oder technisches Einsatzgebiet (Tab. 6.5).

Weich-elastische Schaumstoffe verformen sich bei Belastung sehr stark und überwiegend elastisch (z.B. PUR- oder PVC-Weichschaum).

Tab. 6.5: *Einteilung polymerer Schaumstoffe und Schäumverfahren (Hilyard 1982, Gibson 1988, Klempner 1991, Schuch 2001)*

Merkmal	Ausführung
Härte	Harte, halbharte und weichelastische Schaumstoffe
Zellstruktur	Geschlossenzellig, offenzellig und gemischtzellig
Gestalt der Zellen	Kugeln, Waben und Polyeder
Zelldurchmesser	Mikrozellular < 0,3 mm, feinzellig 0,3 ... 2 mm, grobzellig > 2 mm
Dichte	Leichte Schaumstoffe < 100 kg/m^3, schwere Schaumstoffe > 100 kg/m^3
Dichteverteilung	Schaumstoffe mit gleichmäßiger Dichteverteilung, Integralschaumstoffe mit kompakter Randzone
Polymerphase	Thermoplaste (PE, PS, PP, PVC, EVA, PEI, etc.) Duroplaste (PUR, EP, UF, UP) Elastomere (EPDM, NR, NBR, SBR, SI)
Chemische Struktur	Vernetzt, unvernetzt
Schäumverfahren – Herstellungsverfahren	*Schaumschlagverfahren*: Einschlagen oder einblasen von Luft/Gas in einen Kunststoff, z.B. für elastomere Schaumstoffe wie Latex-Schäume *Mischverfahren*: Einbringen von zumindest zwei flüssigen, reaktiven Komponenten sowie in der Regel ein Treibmittel in eine Form, in der dann chemische Reaktionen, die Gas frei setzen und die Polymeren vernetzen, parallel zueinander ablaufen, vorrangig für duromere Schaumstoffe wie Polyurethan *Mischverfahren*: Einbringen von zumindest zwei flüssigen, reaktiven Komponenten sowie in der Regel ein Treibmittel in eine Form, in der dann chemische Reaktionen, die Gas frei setzen und die Polymeren vernetzen, parallel zueinander ablaufen, vorrangig für duromere Schaumstoffe wie Polyurethan *Expansionsverfahren*: Weitaus am häufigsten eingesetzte Verfahren zur Herstellung thermoplastischer Schaumstoffe, insbesondere Polyolefinschäume. Beruhen auf Expansion einer gasförmigen Phase, die in der Polymerschmelze dispergiert ist. Übliche Verfahren sind das Extrusionsschäumen und Partikelschäumverfahren (extrudiert/autoklav)
Schäumverfahren – Treibmittel	Chemisch (exotherm oder endotherm) und physikalisch expandierte Schaumstoffe

Abb. 6.10: *Entstehung eines Polyurethan-Schaumpilzes (Quelle: BASF Polyurethanes GmbH)*

Halb-harte Schaumstoffe werden häufig zur Energieabsorption eingesetzt, können bei Belastung eine plastische und eine elastische Verformung aufweisen (z. B. EPS, EPP).

(Spröd-)harte Schaumstoffe zeigen bei Druckbeanspruchung einen hohen Verformungswiderstand; bei Überlastung bricht das Zellgefüge (z. B. PF-Schaumstoffe).

PUR-Schaumstoffe lassen sich von weichelastisch über halbhart bis hin zu sprödhart einstellen und sind damit für zahlreiche Anwendungsgebiete geeignet. In die Mischung von Isocyanaten und Polyolen bei der Herstellung von PUR wird ein physikalisches Treibmittel (Pentan, Stickstoff, Kohlenstoffdioxid) zugegeben. Es bildet sich während der Vernetzungsreaktion ein duroplastischer PUR-Schaum. Wird Wasser zugegeben, reagiert ein Teil des Isocyanats zu den korrespondierenden Harnstoffen unter Freisetzung von Kohlendioxid, welches das Gemisch aufschäumt und die Zellstruktur eines Weichschaumstoffes ausbildet. Polyurethane können unterschiedlichste Eigenschaften aufweisen, abhängig von der Auswahl der Ausgangsmaterialien.

6.5.1 Weichelastische Schaumstoffe

Weichelastische Schaumstoffe auf Polyurethanbasis sind leicht und reversibel verformbar. Sie lassen sich aufgrund ihres unterschiedlichen chemischen Aufbaus in Polyether-Schaumstoffe und Polyester-Schaumstoffe unterteilen. Daneben gibt es Spezialitäten, wie beispielsweise viskoelastische Schaumstoffe, Kaltschaumstoffe und Hypersoftschaumstoffe.

Wegen ihrer Offenzelligkeit sind PUR-Weichschaumstoffe gut luftdurchlässig. Sie dienen in erster Linie dem Komfort und der Dämpfung und sind vor allem durch ihre Stauchhärte, Eindrückhärte und den Druckverformungsrest gekennzeichnet. Technische Schäume werden für Matratzen, Sitzkissen in Möbeln und Fahrzeugsitzen sowie für diverse andere Aufgaben der thermischen und akustischen Isolation eingesetzt. Weitere Anwendungsgebiete für weichelastische Schäume sind unter anderem Filter, Verpackungen, Dichtungen und Schwämme.

Eine im Vergleich zu Polyurethanschaumstoffen noch sehr junge Werkstoffklasse sind Melaminharz-Schaumstoffe. Sie sind extrem leicht, schwer entflammbar, halogenfrei, hochtemperaturbeständig und tieftemperaturelastisch sowie schallabsorbierend, wärme- und kälteisolierend. Typisches Kennzeichen dieser Werkstoffklasse ist die filigrane räumliche Netzstruktur, die aus schlanken und

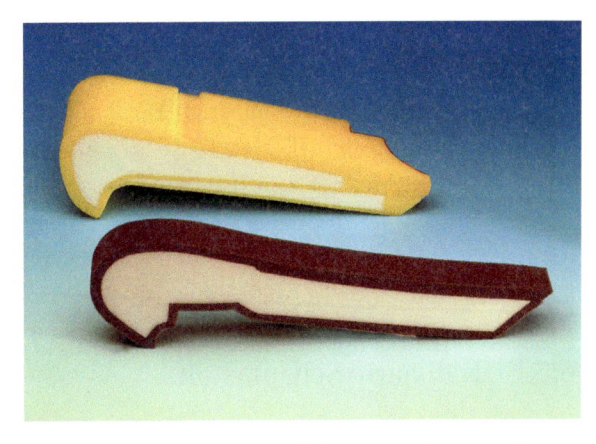

Abb. 6.11: *Flugzeugsitze aus PUR-Schaumstoffen, deren Kern aus Melaminharzschaumstoff besteht (Quelle: Quelle BASF*

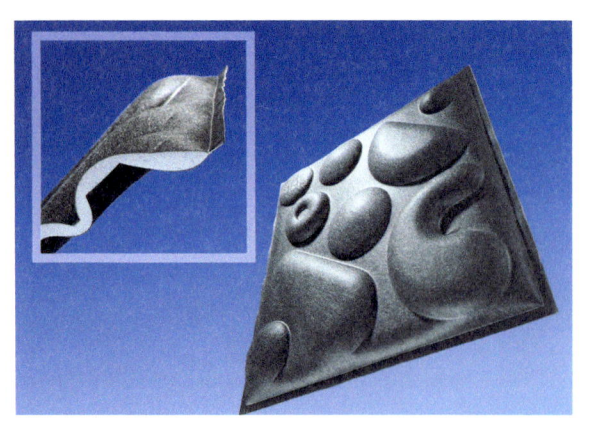

Abb. 6.12: *Thermogeformte Motorabdeckung aus Melaminharzschaumstoff (Quelle: BASF SE)*

damit leicht verformbaren Stegen gebildet wird. Der Melaminharzschaumstoff Basotect® der BASF findet beispielsweise Einsatz in Flugzeugsitzen und ermöglicht das Gewicht dieser Sitze um 50 bis 70 % zu reduzieren. Bei einem Airbus A380 lassen sich so bis zu 600 kg Gewicht einsparen. Der amerikanische Flugzeughersteller Boeing dämmt die Maschinen seiner neuen Serie Dreamliner 787 ebenfalls mit dem Melaminharzschaumstoff Basotect®.

Ebenfalls als Schall- und Wärmeisolation wird der Melaminharzschaumstoff im IC-200 der Schweizerischen Bundesbahnen eingesetzt und trägt hier aufgrund seines geringen Gewichts im Vergleich zu anderen Isolierstoffen zu Energieeinsparungen im Fahrbetrieb bei. Zusätzlich wird durch die Gewichtsreduzierung in den Decken- und Wandbereichen der Wagenschwerpunkt nach unten verlagert und damit die Sicherheit bei Kurvenfahrten erhöht, was besonders bei Schmalspurbahnen von großer Bedeutung ist.

VW in Nordamerika verwendet den schalldämpfenden und schwer entflammbaren Melaminharzschaumstoff Basotech® TG der BASF SE für die Motorabdeckung in verschiedenen Modellreihen. Der Schaumstoff ist mit einer Dichte von 9 kg/m³ leichter als andere Materialien, die üblicherweise für Motorabdeckungen verwendet werden.

6.5.2 Halbharte Schaumstoffe

Halbharte Schaumstoffe wie PUR-Schaumstoffe oder Polypropylen Partikelschaumstoff (EPP) finden überwiegend im Fahrzeugbau Anwendung. Halbhart bedeutet, dass diese Schaumstoffe wesentlich härter sind als Weichschäume. Der Übergang ist jedoch fließend, und die Zwischenstufen sind einstellbar. Kennzeichnend für einen PUR-Halbhartschaum ist das ausgezeichnete Dämpfungsverhalten. Bei Stoßbelastung wird die Energie aufgenommen und verteilt, ohne dass es zu einem gummiartigen Zurückprallen kommt. Der Schaum geht vielmehr langsam in seine Ausgangslage zurück. Aufgrund seiner Offenzelligkeit haben halbharte PUR-Schaumstoffe auch besonders akustisch dämpfende Eigenschaften. Expandierter Polypropylen Partikelschaumstoff (EPP) kommt vor allem für Anwendungen, bei der das geringe Gewicht in Verbindung mit den hervorragenden Energieabsorptionseigenschaften zum Tragen kommen soll zur Anwendung. Beispiele hierfür sind Crashelemente verschiedenster Art. Die Mehrzahl der PKW-Stoßfänger ist heutzutage mit EPP-Einlegeteilen ausgerüstet.

6.5.3 Harte Schaumstoffe

Hartschaumstoffe (beispielsweise auf Basis von PUR oder PS) eignen sich gut als Kernmaterial in Sandwichbauteilen für Leichtbauelemente. PUR-Schaumstoffe werden u.a. zum Aussteifen von Hohlstrukturen (Automobilbau) eingesetzt. Des Weiteren eignen sie sich sehr gut zur Wärmedämmung.

PUR als Integralhartschaumstoff bei mittleren Dichten von 0,5 g/cm³ bis 1,1 g/cm³ wird u.a. eingesetzt für Konstruktionszwecke (Möbelbau, Gehäuse für Büromaschinen, Messgeräte, Funk- und Fernsehgeräte usw.), d.h. für großflächige, leichte und doch steife Formteile. Die Härte resultiert aus der höheren Vernetzungsdichte durch Verwendung kurzkettiger Polyole in Kombination mit höherfunktionellen Polyolen und höherfunktionellen Polyisocyanaten. Aufgrund der sehr guten dielektrischen und mechanischen Eigenschaften sowie der Möglichkeit, die geforderten Brandschutznormen zu erfüllen, eignet sich Hartintegralschaumstoff besonders zur Herstellung von technisch hochwertigen Formteilen für die Elektroindustrie, wie z.B. Gehäuse und Abdeckun-

6.5 Geschäumte Polymere

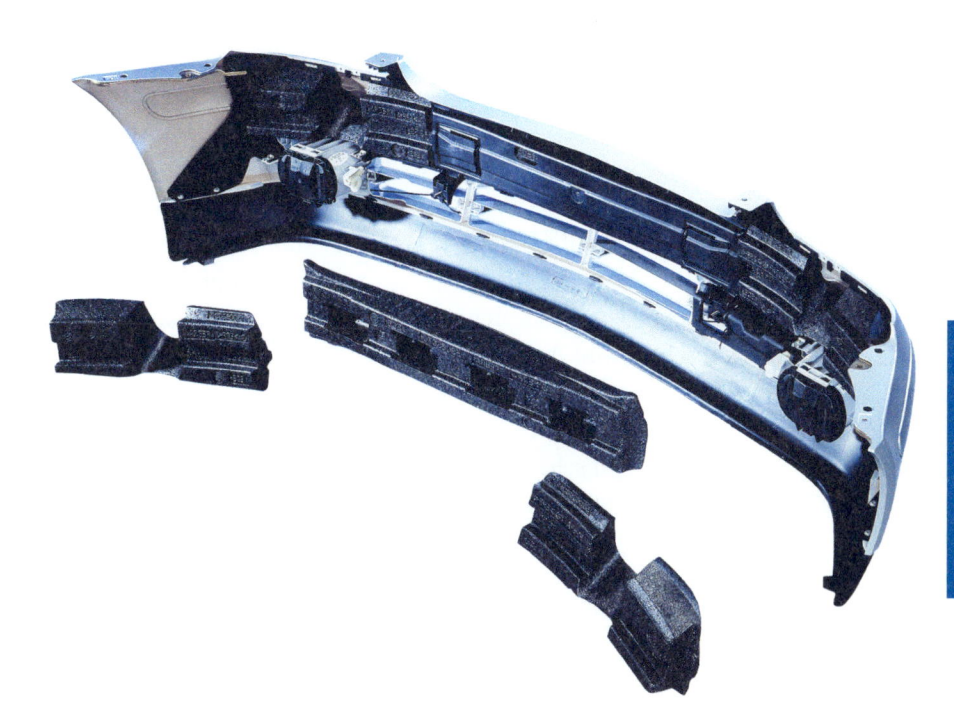

Abb. 6.13: *Stoßfänger mit EPP-Einlegeteilen (Quelle: Ruch Novaplast)*

gen für elektrische Geräte. Beispiele für Anwendungen im Sport- und Freizeitbereich sind die Kerne für hochbelastete Alpin- und Langlaufski oder Schwerter von Segelbooten.

Im Zuge des Leichtbaus im Automobilbau werden Tragstrukturen heutiger Fahrzeuge aus Hohlprofilen aufgebaut. Als gewichtsoptimierte Alternative trägt der Einsatz von Strukturschaumteilen zur lokalen Aussteifung von Karosserien bei. Die Strukturelemente werden im Karosseriebauprozess in die Hohlprofile eingebracht. Die Aktivierung, Expansion und Aushärtung der Epoxidschäume erfolgt unter Temperatureinwirkung im Rahmen des Lackierprozesses. Die erzielbaren Gewichtsreduzierungen hängen vom

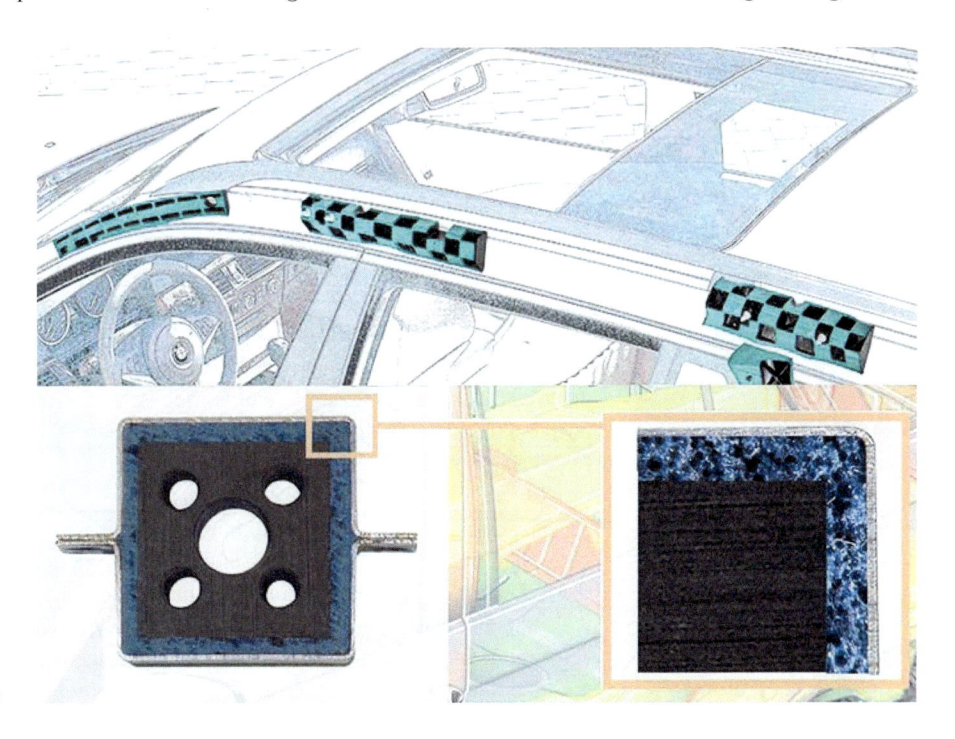

Abb. 6.14: *Strukturschaumteile zur lokalen Aussteifung (Quelle: Stauber BMW Group)*

329

Gesamtfahrzeugkonzept ab. So werden zum Beispiel beim BMW 5er Touring 10 kg Gewicht gegenüber Stahl eingespart.

6.6 Additive und Füllstoffe

Um aus den Polymeren praxistaugliche und verarbeitbare Werkstoffe zu machen, wird ihnen eine Vielzahl von *Additiven* zugesetzt, z.B. solche, die den Polymeren bestimmte Funktionen verleihen, ihre Eigenschaften verbessern oder verändern und solche, die ihr Aussehen beeinflussen (Pfaender 1999, Röthemeyer 2001).

Füllstoffe sind feste partikelförmige organische oder vorwiegend anorganische Substanzen, die Dichte, E-Modul, Druck- und Biegefestigkeit, Härte, Formbeständigkeit in der Wärme, Oberflächengüte und ggf. das antistatische Verhalten erhöhen. Die Schwindung und die Reißdehnung werden verringert. Die Zug- und Scherfestigkeit sowie die Wärmestandfestigkeit können jedoch nur durch die Zugabe von faserförmigen Verstärkungsstoffen erhöht werden. Die Permeationsgeschwindigkeit von Medien wird (je nach Haftung der polymeren Matrix) i.d.R. erhöht. Die grundsätzliche Unverträglichkeit mit dem Grundmaterial (Matrix) führt zu einem Mehrphasen-

Tab. 6.6: *Überblick über verwendete Additive und deren Wirkung auf Kunststoffe (geändert nach Eyerer 2008)*

Additive	Eigenschaften/Wirkung der Additive
Antioxidantien	Die Antioxidantien verlängern oder erhalten die Lebensdauer eines Kunststoffteiles, indem sie den oxidativen Abbau verlangsamen oder gar unterbinden.
Antistatika	Die Antistatika beeinflussen das Auftreten elektrischer Ladungen, indem sie diese über die gesamte Oberfläche gleichmäßig ausbreiten und ableiten.
Brandschutzausrüstung	Flammschutzmittel unterschiedlicher chemischer Zusammensetzung schirmen Sauerstoff ab und verhindern damit die Ausbreitung von Flammen.
Farbmittel	Als Farbmittel kommen fast nur anorganische Pigmente in Betracht, da organische Pigmente bei den hohen Verarbeitungstemperaturen der Kunststoffe nicht beständig sind (Titandioxid, Eisenoxidrot, Rußpartikel).
Rheologische Hilfsmittel	Diese Zusatzstoffe beeinflussen die Viskosität gießfähiger Polymere und verbessern damit die Verarbeitbarkeit.
Gleitmittel	Gleitmittel verringern die innere (Glyzerinester) und äußere (Wachse, Fettsäuren) Reibung von Kunststoffschmelzen; sie bilden einen Schmierfilm zwischen Kunststoff und Werkzeugwandung.
Initiatoren	Initiatoren sind Stoffe, die die Vernetzung von Harzen (oder linearen Polymeren) katalytisch auslösen.
Haftvermittler	Haftvermittler sind Substanzen, die zwischen zwei Substraten eine enge physikalische und/oder chemische Bindung herstellen. Es kann sich dabei um die Haftung zwischen Verstärkungsfasern und Matrix oder um die zwischen einem Bauteil und Klebstoff handeln.
Keimbildner	Die Keimbildner (Nukleierungsmittel) sollen bei teilkristallinen Thermoplasten den Kristallinitätsgrad erhöhen.
Schlagzähigkeitsverbesserer	Die Schlagzähigkeitsverbesserer sind Homo- oder Copolymere, die aufgrund ihrer niedrigen Glasübergangstemperatur spröde Polymere so modifizieren, dass diese auch bei niedrigen Temperaturen schlagzäh bleiben.
Treibmittel	Physikalische oder chemische Treibmittel dienen zur Freisetzung eines Gases, um eine Kunststoffschmelze aufzuschäumen.
Stabilisatoren	Stabilisatoren verbessern die Beständigkeit von Polymeren. Sie erhöhen die Lebensdauer des Kunststoffes, da sie ihn vor schädigenden Einflüssen schützen (z.B. Oxidation, Strahlung, Temperatureinwirkung).
Weichmacher	Weichmacher sollen die Härte und die Sprödigkeit von Polymeren herabsetzen. Sie vergrößern den Abstand der Molekülketten, verringern so die Nebenvalenzkräfte und verschieben den Einfrierbereich zu tieferen Temperaturen.

6.6 Additive und Füllstoffe

Tab. 6.7: Überblick über die Wirkung bekannter Füll- und Verstärkungsstoffe auf das Eigenschaftsbild von Kunststoffen (Eyerer 2008)

	Glasfasern	Wollastonit	C-Fasern	Whiskers	Synthesefasern	Cellulose	Glimmer	Talkum	Graphit	Sand-/Quarzpulver	Silica	Kaolin	Glaskugeln	Calciumcarbonat	Metalloxide	Ruß
Zugfestigkeit	+ +		+	+ −			+	0					+			
Druckfestigkeit	+							+		+			+	+		
E-Modul	+ +	+ +	+ +	+			+ +	+		+	+		+	+	+	+
Schlagzähigkeit	− +	−	−	−	+ +	+	− +	−		−	−	−		− +	−	+
reduzierte thermische Ausdehnung	+		+				+	+		+	+	+		+		
reduzierte Schwindung	+	+	+				+	+	+	+	+	+	+	+	+	
bessere Wärmeleitfähigkeit		+	+					+	+	+	+			+		+
bessere Wärmestandfestigkeit	+ +	+	+ +				+	+				+		+	+	
elektrische Leitfähigkeit		+							+							+
elektrischer Widerstand		+					+ +	+			+	+ +		+		
Wärmebeständigkeit		+					+	+		+	+	+			+	+
chemische Beständigkeit		+					+	0	+			+	+			
besseres Abriebverhalten		+					+	+	+			+				
Extrusionsgeschwindigkeit	− +						+					+		+		
Abrasion in Maschinen	−		0	0	0		0	0	−				0	0		0
Verbilligung	+	+			+	+	+	+	+	+ +	+	+	+	+ +		
	faserförmige Füllstoffe und Verstärkungsmittel						plättchenförmige Typen			kugelige Füllstoffe						

+ + starke Wirkung   + schwache Wirkung   0 ohne Wirkung   − negative Wirkung

system, dessen Verträglichkeit jedoch durch haftvermittelnde Zusatzstoffe erhöht werden kann.

Füllstoffe unterscheiden sich durch ihren chemischen Aufbau, ihre Kornform, -größe und -verteilung. Bei der Kornform spielt das Verhältnis von Länge zu Dicke (l/d) eine wichtige Rolle. Es hat bei der Kugel und beim Würfel den Wert 1. Bei Quadern erreicht dieses, in der englischsprachigen Fachliteratur als „aspect ratio" bezeichnete Verhältnis Werte von 4:1, bei Plättchen von 5 bis 100:1 und bei Fasern > 100:1. Füllstoffteilchen mit Werten bis 4:1 wirken normalerweise als ausgesprochene Extender, d. h. sie verbessern außer der Steifheit nicht die mechanischen Eigenschaften; ganz anders verhalten sich die Plättchen (Glimmer, Talkum, Graphit, ATH) und erst recht die Verstärkungsfasern.

Ebenso wichtig wie das l/d-Verhältnis ist die Kornverteilung. Der obere Schnitt, gleichsam das Grobkorn, beeinflusst vor allem die Schlagzähigkeit sowie das Gleit- und Verschleißverhalten der Formstoffe. In kritischen Fällen ist es deshalb sehr wichtig, diesen „top cut" durch Sichten abzutrennen. Grundsätzlich ist eine große Füllstoffoberfläche erwünscht; ist diese jedoch zu groß, kann sie zu Agglomeratbildung führen und wirkt dann wie ein Grobkorn (Dominighaus 2008, Stange 1984, Schlumpf 1983).

Anorganische Füllstoffe bewirken eine hohe Temperaturbeständigkeit, eine gute Kriechstromfestigkeit, eine hohe mechanische Festigkeit und eine geringe Schwindung. Zwischen gleichmäßiger Füllstoffverteilung und hoher mechanischer Festigkeit muss ein Kompromiss geschlossen werden. Füllstoffarten und Teilchenformen sind beispielsweise Gesteinsmehl in Form von Pulver und Glimmer als Blättchen. Nachteil der meisten Füllstoffe ist ihre relativ hohe Dichte, typischerweise zwischen 2,4 und 3,0 g/cm³, weshalb in zunehmendem Maße Hohlglaskugeln (ρ = 0,4 g/cm³) zur Optimierung des Leichtbaupotenzials verwendet werden. Ein weiterer Trend geht hin zu mikronisierten Typen (Nanoverbunde, Nanocomposites) mit hohem Aspektverhältnis von bis zu 1000. Damit lassen sich beispielsweise mit Nanoclays mit 5 % Füllgrad und weniger ähnliche Eigenschaften erzielen wie mit 30 % konventioneller Füllstoffe. Eine Herausforderung dabei ist die homogene, feinverteilte, aufgeschlossene, gerüstbildende Verteilung der Nanopartikel in der Kunststoffmatrix. Nach Vielfalt, Menge und anwendungstechnischer Bedeutung stehen die anorganischen Füllstoffe an der Spitze aller Zusatzstoffe.

Organische Füllstoffe sind im Vergleich zu anorganischen Füllstoffen wesentlich leichter. Sie zeigen eine relativ starke Wasseraufnahme. Es handelt sich um Holzmehl als Pulver, Zellstoff als Kurzfaser, Textilfäden als Langfaser und Gewebeschnitzel als Blättchen. Von den partikelförmigen organischen Füllstoffen hat für Thermoplaste, insbesondere PP, das Holzmehl die größte Bedeutung erlangt. Bei den härtbaren Formmassen kommt die pulverförmige Cellulose hinzu (Eyerer 2008).

Über den Einsatz mineralischer, organischer und metallischer Fasern und daraus hergestellter flächenförmiger Gebilde, wie Vliese, Gewebe und Gewirke können Kunststoffe und technische Formmassen gezielt hinsichtlich ihrer physikalischen Eigenschaften verbessert werden (s. Kapitel II.7).

6.7 Weiterführende Informationen

BASF (Hrsg.): PlasticsPortal Europe. http://www.plasticsportal.net/wa/kunststoffe/technische-kunststoffe.htm

Campusplastics (Hrsg.): www.campusplastics.com

Carlowitz, B.: Kunststofftabellen, 4.Auflage, München: Carl Hanser Verlag 1995

Chemlin: http://www.chemlin.de/chemie/kunststoffe.htm. Digitalverlag GmbH 2006

Dominghaus, H.; Elsner, P.; Eyerer, P.; Hirth, T.: Kunststoffe – Eigenschaften und Anwendungen. 7. Auflage, Berlin Heidelberg: Springer Verlag, 2008

Ehrenstein G. W.: Polymer-Werkstoffe – Struktur, Eigenschaften, Anwendungen 2. Auflage, München: Carl Hanser Verlag, 1999

Erhard, G.: Vorlesungsmanuskript. Universität Karlsruhe, Karlsruhe 1993

Eyerer, P.: Kunststoffkunde. Vorlesungsmanuskript mit CD, 13. Auflage, Fraunhofer IRB Verlag, Universität Stuttgart, 2005

Eyerer, P.; Hirth, T.; Elsner, P.: Polymer Engineering - Technologien und Praxis. Berlin: Springer Verlag, 2008

Forsdyke, K. L.; Starr, T. F.: Thermoset resins: A Rapra market report, Rapra Technology Limited, Shawbury, United Kingdom, 2002

Gibson, L. J.; Asby, M. F.: Cellular Solids: Structure & Properties. Pergamon Press, 1988

Hilyard, N. C.: Mechanics of Cellular Plastics. Barking, Essex: Aplied Science Publishers, 1982

Kaiser, W.: Kunststoffchemie für Ingenieure. 2. Auflage, München: Carl Hanser Verlag, 2007

Klempner, D.; Frisch, K. C.: Handbook of Polymeric Foams and Foam Technology. München: Carl Hanser Verlag 1991

Leppkes, R.: Polyurethane – Werkstoff mit vielen Gesichtern, 5. Auflage, Landsberg: Moderne Industrie, 2003

Lauhus, W.P.; Haberstroh E.; Ehrig, F.: Technische Elastomere – Pro und Contra für klassische oder thermoplastische Elastomere. Kunststoffe 87 (1997) S. 706–716

Montell AG (Hrsg.): Technische Information Montell EPP. Bayreuth: Montell 1997

Pfaender, R.: Additive für Rezyklate. Kunststoffe 7/1999, S 76–79. München: Carl Hanser Verlag, 1999

PlasticsEurope: Business Data and Charts 2008. PlasticsEurope, 2017

Röthemeyer, F; Sommer, F: Kautschuktechnologie. München: Carl Hanser Verlag, 2001

Scheu (Hrsg.): http://www.scheu.ch/produkte/Flyer_Duroplasttabelle.pdf

Schlumpf, H.: Kunststoffe, 73 (1983), S 511. Carl Hanser Verlag, 1983

Schuch, H.: Physik der Schaumbildung. Fachtagung Polymerschäume. Würzburg: Süddeutsches Kunststoff-Zentrum, Mai 2001

Schwarz, O.; Ebeling, F.; Huberth, H.; Schirber, H.; Schlör, N.: Kunststoffkunde. 8. Auflage, Vogel Verlag, 2004

Stange, K.: Kunststoffe, 74 (1984), S 633. München: Carl Hanser Verlag, 1984

7 Faserverstärkte Kunststoffe

Frank Henning unter Mitarbeit von Klaus Drechsler und Lazarula Chatzigeorgiou

7.1	Das Prinzip von Verbundwerkstoffen	339	
7.2	Kunststoffe als Matrix	340	
7.3	Verstärkungsfasern und ihre Eigenschaften	343	
7.3.1	Glasfasern	343	
7.3.2	Kohlenstofffasern	344	
7.3.3	Aramidfasern	347	
7.3.4	Naturfasern	348	
7.4	Textile Halbzeuge	350	
7.4.1	Matten und Vliese	350	
7.4.2	Gewebe	351	
7.4.3	Gelege	352	
7.4.4	Geflechte	353	
7.4.5	Gesticke	354	
7.4.6	Fiber Patch Preforming	356	
7.4.7	Nähtechnologie	357	
7.4.8	Bindertechnologie	358	
7.5	Imprägnierte Halbzeuge	359	
7.5.1	Duromere Systeme	360	
7.5.1.1	Diskontinuierlich faserverstärkte Duromere	360	
7.5.1.2	Kontinuierlich faserverstärkte Duromere	363	
7.5.2	Thermoplastische Systeme	365	
7.5.2.1	Diskontinuierlich faserverstärkte Thermoplaste	365	
7.5.2.2	Kontinuierlich faserverstärkte Thermoplaste	366	
7.6	Eigenschaften von faserverstärkten Kunststoffen	369	
7.6.1	Haftung zwischen Matrix und Faser	371	
7.6.2	Einfluss auf Festigkeit und Steifigkeit	371	
7.7	Anwendungsgebiete	373	
7.8	Weiterführende Informationen	379	

Werkstoffe lassen sich auf unterschiedliche Weise optimieren. Metalle werden mit anderen Metallen in bestimmten Anteilen legiert, Kunststoffe mit verschiedenen Komponenten copolymerisiert oder zu entsprechenden Blends verarbeitet. Eine weitere Möglichkeit ist die Kombination verschiedener Werkstoffe miteinander, um die positiven Eigenschaften des einen mit denen des anderen Werkstoffs zu kombinieren.

Die einfachste Methode ist die Herstellung von *Werkstoffverbunden*, in dem z. B. die Innenwand eines Behälters aus einem anderen Material erstellt wird als seine Außenwand, da beiden Werkstoffen eine unterschiedliche Aufgabe zugeordnet ist und diese im Verbund die geforderte Funktion erfüllen.

Eine andere Möglichkeit ist die Entwicklung eines neuen quasihomogenen Werkstoffs durch die Kombination von mindestens zwei Werkstoffen zu einem *Verbundwerkstoff*. Dabei werden Werkstoffe wie Kunststoffe, Keramik oder Metalle mit unterschiedlichen Materialien in Form von Fasern oder Geweben verstärkt.

Bei Metallen werden durch Faserverstärkung die Streckgrenze und der E-Modul erhöht bei gleichzeitiger Reduzierung der Dichte und des thermischen Ausdehnungskoeffizienten, bei Keramik wird die Bruchzähigkeit verbessert (Kap. II.8) und bei Kunststoffen im Wesentlichen die Festigkeit und Steifigkeit erhöht. Der Faserverbundwerkstoff besteht dabei mindestens aus zwei Komponenten: einer einbettenden Matrix und den verstärkenden Fasern. Durch die Wechselwirkung der beiden Komponenten auf Mikroebene entstehen die Eigenschaften des neuen Werkstoffs.

Gebräuchliche Verbundwerkstoffe

Matrix	Verstärkung	Produkt	Abkürzung
Kunststoff	Glasfasern	Glasfaserverstärkter Kunststoff	GFK
	Kunststofffasern (Aramidfasern)	Aramidfaserverstärkter Kunststoff	AFK
	Kohlenstofffasern	Kohlenstofffaserverstärkter Kunststoff („Carbon")	CFK
Keramik	Kohlenstofffasern Keramikfasern organische Fasern	ceramic matrix composites	CMC
Metall		metal matrix composites	MMC

Mit der Einführung dünner Fasern wird der Effekt der spezifischen Festigkeit genutzt. „Ein Werkstoff in Faserform hat in Faserrichtung eine vielfach größere Festigkeit als dasselbe Material in anderer Form. Je dünner die Faser ist, umso größer ist die Festigkeit" (Griffith 1920). Da die Fasern je nach Beanspruchung ausgerichtet werden können, entstehen mit Hilfe geeigneter Herstellungsverfahren maßgeschneiderte Bauteile.

7.1 Das Prinzip von Verbundwerkstoffen

Verbundwerkstoffe sind makroskopisch quasihomogene Werkstoffe, die aus zwei oder mehr ineinander nicht lösbaren Komponenten (Phasen) bestehen. Dabei werden Eigenschaften erzielt, die von den einzelnen Komponenten alleine nicht erreicht werden können. Während Füllstoffe z.B. die Aufgabe der Kostenreduktion, dem Erhöhen oder Verringern der Dichte, dem Beeinflussen der thermischen und elektrischen Eigenschaften sowie der Steifigkeit haben, dienen Verstärkungsstoffe vor allem der Steigerung der Festigkeit.

Eine Voraussetzung für ein erfolgreiches Verbundkonzept ist, dass sich die Eigenschaften der Phasen um einen Faktor > 3 unterscheiden und der Anteil einer Phase mindestens 10 Gew.-% beträgt. Die verstärkende Komponente trägt in der Regel die Lasten, während die einbettende Komponente primär die Formgebung, Lasteinleitung und -übertragung und zudem den Schutz der Verstärkung übernimmt sowie für die physikalischen und chemischen Eigenschaften verantwortlich ist.

Zu den verstärkenden Komponenten zählen Fasern und Whisker (längliche Einkristalle) sowie Teilchen mit einem Aspektverhältnis deutlich > 1. Unterschieden werden teilchen-, kurzfaser-, langfaser-, endlosfaser- und whiskerverstärkte Verbundwerkstoffe.

Die drei Werkstoffgruppen der einbettenden Phase, der Matrix, sind:
- Polymere: Duromere, Thermoplaste, Elastomere
- Metalle: Aluminium, Magnesium, Stahl, Titan
- Keramik: Siliciumcarbid, Siliciumnitrid, Aluminiumoxid, Kohlenstoff

Entscheidend für die Verstärkungswirkung ist neben den Eigenschaften der Matrix und der Verstärkungsphase die Grenzschicht zwischen beiden Phasen. Die Haftung entsteht in Abhängigkeit der Werkstoffpaarung durch unterschiedliche Anteile an mechanischer, chemischer und physikalischer Adhäsion zwischen der Verstärkungskomponente und der Matrix. Das Ziel bei der Zusammenführung der beiden Komponenten ist deshalb die vollständige Benetzung der Verstärkungskomponente mit der und die Anbindung an die Matrix.

Faserverstärkte Kunststoffe (FVK) lassen sich in die Gruppen Hochleistungsfaserverbundwerkstoffe (HLFVW), deren Faserverstärkung in kontinuierlicher und gerichteter Form vorliegt, und quasihomogene Kunststoffverbunde mit diskontinuierlicher Faserverstärkung mit vorwiegend regelloser Ausrichtung unterteilen. Bei den HLFVW kommen meist sehr hochwertige Materialien, wie z.B. Kohlenstofffasern (Carbon Fiber Reinforced Polymer, CFRP), Aramidfasern aber auch Glasfa-

Abb. 7.1: *Schematische Darstellung von mit Geweben, mit unidirektionalen Langfasern, mit Teilchen, Kurzfasern (oder Whisker) und mit Langfasern verstärkten Verbunden*

sern (Glas Fiber Reinforced Polymer, GFRP), eingebettet in beispielsweise Epoxidharze, Phenolharze sowie Polyetheretherketone, Polysulfone und Polyetherimide zum Einsatz. Die Verstärkungsfasern werden vor der Imprägnierung mit dem Matrixwerkstoff zu einem großen Anteil zu textilen Vorprodukten wie Matten, Geweben oder Gelegen verarbeitet.

Durch die Richtungsabhängigkeit (Anisotropie) der Eigenschaften der Konstruktionswerkstoffe selbst, verbunden mit geeigneten Konstruktions- und Bauweisen und einer zu anderen Werkstoffen vergleichsweise geringen Dichte, ermöglichen diese Werkstoffe in der Struktur von Bauteilen oder Systemen ausgeprägte Gewichtseinsparungen. Dabei ist es erforderlich, das unterschiedliche Materialverhalten längs und quer zur Faserausrichtung sowie bei textilen Aufbauten in der Einzelschicht zu berücksichtigen, damit die unterschiedlichen Wärmeausdehnungen kompensiert und ein Bauteilverzug vermieden wird. Eine besondere Herausforderung bei dieser Werkstoffgruppe liegt auch in der wirtschaftlichen Umsetzung zum Bauteil durch ein geeignetes Fertigungsverfahren (s. Kap. III.6).

Die zweite Gruppe der diskontinuierlich faserverstärkten Kunststoffe findet vor allem in semistrukturellen Bauteilen Anwendung. Im Gegensatz zu den HLFVW kommen bei den quasihomogenen Kunststoffverbunden großserientechnische Produktionsverfahren wie das Spritzgießen und das Fließ- und Formpressen zum Einsatz. Die deutlich höhere Produktivität dieser Verfahren führt zur Auswahl günstiger Ausgangskomponenten. Als Verstärkungsfasern kommen deshalb vor allem Glas- und Naturfasern zum Einsatz, als thermoplastische Matrix vorwiegend Polypropylen, aber auch Polyamid und als duromere Matrix ungesättigte Polyesterharze, Vinylesterharze, Phenolharze und Polyurethane. Neben der Gewichtsreduktion im Vergleich zu Metallen von durchschnittlich bis zu 40 % bieten diskontinuierlich faserverstärkte Strukturbauteile eine bei einstufiger Herstellung vollständige Integration von Funktionen, die eine Vielzahl von sekundären Verarbeitungsschritten und Fügeprozessen vermeidet. Entwicklungen der letzten Jahre führen zu einem zunehmenden Einsatz von mit Kohlenstofffasern diskontinuierlich faserverstärkten Werkstoffen.

Die Eigenschaften der Matrix bestimmen wesentliche Eigenschaften des Bauteils, wie Temperatur-, Hydrolyse- und Witterungsbeständigkeit, Schlagzähigkeit und flammhemmendes Verhalten. Es wird zwischen duromeren und thermoplastischen Kunststoffen unterschieden, wobei die vernetzenden Kunststoffe aufgund ihrer einfacheren Verarbeitung für den größten Teil der Faserverbund-Kunststoffe eingesetzt werden. Duromere (Vinylester, Epoxide, ungesättigte Polyester) härten durch chemische Vernetzung aus und sind somit nicht mehr plastisch verformbar. Aufgrund der guten dynamischen Beanspruchung, Formteilgenauigkeit und Temperaturbeständigkeit sind sie für Anwendungen im Strukturbereich bestens geeignet. Verklebungen einzelner Formteile sind problemlos möglich.

Thermoplaste dagegen fließen nach Überschreiten der Schmelz- oder Fließtemperatur und sind dadurch formbar. Nach Abkühlung erstarren sie wieder. Bei konstanter langfristiger Belastung neigen Thermoplaste zum Kriechen, d. h. zur temperatur- und zeitabhängigen Verformung.

Die Ausgangswerkstoffe für Duromere, so genannte Reaktionsharze, bestehen aus Molekülen oder Oligomeren, die bei Raumtemperatur meistens flüssig sind oder aus Granulaten, die sich bei geringen Temperaturen verflüssigen, während Thermoplaste bei höheren Temperaturen und aufgrund ihrer Viskosität bei hohen Drücken verarbeitet werden müssen.

Der Reaktionsmechanismus der Kunststoffe und Eigenschaften ausgewählter ausgehärteter Produkte sind in Kapitel II.6 ausführlich beschrieben, sodass hier nur die wichtigsten Eigenschaften kurz zusammengefasst werden. Die Verarbeitung ist in Kapitel III.6 ausführlich dargestellt.

7.2 Kunststoffe als Matrix

Die wichtigsten Reaktionsharze, die zu polymeren Verbundwerkstoffen verarbeitet werden, sind:
- Ungesättigte Polyesterharze (UP-Harze), bei denen mindestens eine der Komponenten (meist

mehrwertiger) Alkohol, vorzugsweise aber eine meist mehrwertige ungesättigte Carbonsäure ist, die in monomeren Verbindungen, häufig Styrol, gelöst ist und mit ihnen copolymerisieren. Die Verarbeitung und die resultierenden Eigenschaften werden wesentlich durch die Länge der Moleküle und die Anzahl der Doppelbindungen bestimmt. Als Härter-Beschleuniger-Systeme für das Härten bis 80 °C kommen beispielsweise Ketonperoxide mit Kobaltbeschleunigern und Benzoylperoxid mit Aminbeschleunigern in Betracht.

- Vinylesterharze (VE-Harze) oder Phenacrylatharze (PHA-Harze) aus Phenyl-und/oder Phenylen-Derivaten mit endständig veresterten Acrylsäuren, die in monomeren Verbindungen, häufig Styrol, gelöst sind und mit ihnen radikalisch unter Peroxidzugabe copolymersieren.
- Epoxidharze (EP-Harze) mit einer zur Härtung durch Polyaddition ausreichenden Anzahl von Epoxidgruppen. EP-Harze sind bei Raumtemperatur flüssig bis fest, gegebenenfalls in Lösemittel gelöst. Sie haben im Molekül mindestens eine, in den meisten Fällen zwei Epoxidgruppen, die als funktionelle Gruppen für den Aufbau zu Makromolekülen erforderlich sind. Die Härterkomponente liegt als Flüssigkeit oder in Pulverform vor. Sie enthält im Molekül aktive Wasserstoffatome, die mit den EP-Gruppen des Harzes reagieren. EP-Harze und Härter sind in streng stöchiometrischem Verhältnis miteinander zu mischen.
- Phenolharze (PF-Harze), die durch Kondensation von Phenolen und Aldehyden, insbesondere Formaldehyd als wässrige Lösungen (30–50 %ig), hergestellt werden. Varianten beruhen auf unterschiedlichen phenolischen Ausgangsstoffen, unterschiedlichen Phenol-Formaldehyd-Verhältnissen und auf verschiedenartigen chemischen oder physikalischen Modifikationen.
- Methacrylatharze (MA-Harze), aus einem polymerisierbaren Gemisch von polymeren und monomeren Methacrylsäureestern.
- Isocyanatharze mit einer zur Härtung ausreichenden Anzahl von Isocyanat-Gruppen, die zu Urethanharzen polymerisieren. Die Urethan-Gruppen in der Kette sorgen für Thixotropierbarkeit und gute (Glas-)Faserbenetzung. Die VE-Urethane sind spröder und nehmen durch die reaktionsfähige Isocyanatgruppe mehr Wasser auf als die normalen Vinylesterharze.

Entscheidend für die Verarbeitung ist die Aushärtetemperatur des Harz/Härtergemisches. Die folgenden Angaben enthalten Richtwerte.
- Kalthärtende Systeme härten bei Raumtemperatur, Tg-Erhöhung bis auf ca. 50–80 °C durch Temperung möglich, Verarbeitung z. B. im Handlaminat oder Flüssigharz-Infusionsverfahren im Bootsbau, bei der Rotorblattfertigung und der Herstellung von Segelflugzeugen, Motorflugzeugen und Sportartikeln.
- Warmhärtende EP-Harzsysteme härten bis ca. 120 °C und werden z. B. in LCM-Prozessen (RTM oder Infusion) zu EP-Prepregs im Automobilbau, Bootsbau, Rotorblattfertigung und zu Sekundärstrukturen für die zivile Luftfahrt verarbeitet.
- Heißhärtende EP-Harzsysteme härten zwischen ca. 120 und 200 °C, sie werden wie warmhärtende verarbeitet und für Primär- und Sekundärstrukturen in der Luft- und Raumfahrt, für militärische Anwendungen, für den Motorsport, zu Helikopter-Strukturen und Rotorblättern verarbeitet.

Mit Blick auf die Verarbeitung werden die Harze nach ihren Komponenten im Lieferzustand untergeteilt:
- 2-Komponenten-Harzsysteme, d. h. Harz und Härter werden in getrennten Gebinden angeliefert. Sie erlauben eine einfache Lagerung bei Raumtemperatur und eine vergleichsweise längere Verarbeitungszeit von bis zu ca. 2–3 Jahren. Die Komponenten werden vor der Verarbeitung in dem vom Lieferanten angegebenen Verhältnis gemischt und innerhalb der vorgegebenen Zeit verarbeitet.
- 1-Komponenten-Harzsysteme (heißhärtende Systeme, die ebenfalls zur Herstellung von Prepregs verwendet werden): Harz und Härter sind bereits vorgemischt und werden in einem Gebinde angeliefert. Sie müssen zwingend gekühlt (≤ -18 °C) gelagert und vor der eigentlichen Verarbeitung definiert aufgetaut werden. Im Gegensatz zu

Tab. 7.1: *Eigenschaften der wichtigsten in Faserverbund-Kunststoffen eingesetzten Kunststoffe*

Harz/Härter-System	Eigenschaften
UP-Harz/Styrol	• preiswert, große Vielfalt durch verschiedene Kombinationen • hohe Verarbeitungsschwindung • Gute Witterungsbeständigkeit, geringe Beständigkeit gegen Alkalien
VE-Harz/Styrol	• ähnlich UP-Harzen, aber höherwertig • große Variabilität in der Verarbeitung • gute Chemikalienbeständigkeit
Epoxidharz/Diamin	• hochwertig • stöchiometrische Dosierung erforderlich • sehr gute mechanische Eigenschaften, daher prädestiniert als Matrix für hochwertige Fasern (z. B. C-Fasern) • gute Haftung auf vielen Substraten (Klebstoff) • in der Verarbeitung weniger flexibel als UP- und VE-Harze • chemische Beständigkeit vom Härter abhängig • Spektrum der Temperaturbeständigkeit breiter als bei UP-Harz und VE-Harz (Tg bis über 200 °C); • Gefahr von Hautreizungen und Allergien durch Flüssigharze
Phenolharze	• Verarbeitung kann durch Säure (Resole) und Spaltprodukte erschwert werden • hohe Wärmeform-, Dimensions- und Chemikalienbeständigkeit • günstiges Brandverhalten mit hoher Restfestigkeit • in klassischen Faserverbundwerkstoffen wenig verarbeitet

2-komponentigen Systemen haben die Produkte auch bei Kühllagerung eine sehr begrenzte Lagerzeit von ca. 6–12 Monaten.

Jedem Harz oder Harzgemisch werden Additive zugesetzt, um bestimmte Eigenschaften bei der Verarbeitung und der Nutzung zu erhalten oder zu optimieren, z. B. Füllstoffe, Thixotropiermittel, Pigmente, Trennmittel, Stabilisatoren und Flammschutzmittel (Kap. II.6).

Thermoplastische Kunststoffe lassen sich in amorphe und teilkristalline Thermoplaste unterteilen. Faserverstärkte Thermoplaste treten dabei zunehmend in Konkurrenz zu faserverstärkten Duromeren. Zentrale Vorteile der Thermoplaste sind dabei die kürzeren Verarbeitungszyklen, die höhere Schlagzähigkeit und Schadenstoleranz, die unbegrenzte Lagerfähigkeit sowie die bessere Rezyklierbarkeit. Allerdings neigen Thermoplaste unter hoher und andauernder Beanspruchung, vor allem bei höheren Temperaturen, zum Kriechen. Entsprechend ihrer Anwendung lassen sich thermoplastische Kunststoffe nach Eigenschaften, Preis und Mengenbedarf in drei sich Gruppen unterteilen:

- Standardkunststoffe (Massenkunststoffe) umfassen die in großen Mengen hergestellten Thermoplaste, die für Verpackungen, Folien, Gehäuse, Rohre etc. eingesetzt werden. Ein prominenter Vertreter ist das Polypropylen, das aufgrund der hervorragenden Verarbeitungseigenschaften in Verbindung mit der Faserverstärkung den größten Anteil bei diskontinuierlich faserverstärkten Anwendungen hat.
- Technische Kunststoffe werden in der Regel für Anwendungen hergestellt, an die höhere mechanische, thermische oder elektrische Anforderungen gestellt werden. In hochwertigen Faserverbundwerkstoffen findet sich häufig glasfaser-, aber auch kohlenstofffaserverstärktes Polyamid. Zu dieser Gruppe zählen zudem POM, PC, PMMA, PET.
- Hochleistungskunststoffe werden für höchste mechanische und thermische Beanspruchungen verwendet. Typische Hochleistungskunststoffe sind z. B. PEI, PES, PPE, PPS, PEEK, PSU. In der Luft- und Raumfahrt finden vor allem kontinuierlich faserverstärkte PEEK-Strukturwerkstoffe Einsatz.

7.3 Verstärkungsfasern und ihre Eigenschaften

Verstärkungsfasern beeinflussen maßgeblich die Eigenschaften des Verbundwerkstoffs sowie der daraus hergestellten Bauteile, speziell die Steifigkeit, Festigkeit, Schlagzähigkeit, Wärmeformbeständigkeit und das Kriechverhalten. Für den strukturellen Leichtbau sind aufgrund ihrer hohen spezifischen mechanischen Eigenschaften lediglich Kohlenstoff-, Aramid- und Glasfasern technisch relevant. Zunehmend werden auch Basaltfasern vor allem in Entwicklungsprojekten eingesetzt. Der Systemleichtbau geht jedoch weit über die Struktur hinaus, weshalb auch die an Bedeutung zunehmenden Naturfasern hier Erwähnung finden.

7.3.1 Glasfasern

Glasfasern haben einen gleichmäßigen nahezu runden Querschnitt mit einem Durchmesser von ca. 7 bis 24 µm; sie werden aus geschmolzenem Glas gezogen. Die Zusammensetzung des Glases bestimmt ihre Eigenschaften (Tab. 7.2). Sie sind kostengünstig und finden ihre Anwendung überall dort, wo hohe Festigkeiten und weniger hohe Steifigkeiten gefordert sind. Bei der Herstellung des Textilglases wird auf die gerade gezogene Faser eine Schlichte aufgetragen, die vor allem zum Schutz der Fasern, zum Zusammenhalt und zur Haftungsverbesserung der Fasern an der organischen Matrix dient. Diese Schlichten enthalten unter anderem organische Filmbildner, Gleitmittel, Antistatika und Haftvermittler auf Silanbasis, die der jeweiligen organischen Matrix angepasst sind.

Tab. 7.2: *Allgemeine Eigenschaften verschiedener Glasfasern*

Art	Eigenschaften
E-Glasfasern (electrical)	bestehen aus alkalifreiem Glas und eignen sich als elektrische Isolatoren mit hoher Transparenz für Radiowellen
S-Glasfasern (strength)	weisen höhere Bruchfestigkeit und Zähigkeit auf
C-Glasfasern	haben höheren Borgehalt und höhere chemische Beständigkeit
Borfreie ECR-Glasfasern	sind feste und chemisch beständige E-Glasfasern ohne Bor

Glasfasern sind gekennzeichnet durch eine im Vergleich zu den Metallen geringe Dichte, geringe Kriechneigung, geringe Feuchtigkeitsaufnahme und einen hohen E-Modul. Sie sind isotrop, d.h. ihre Werkstoffkennwerte in Faserrichtung sind gleich denen quer zur Faserrichtung. Ihre Zugfestigkeit ist höher als die aller anderen Verstärkungsfasern und höher als die von Stahl.

Glasfasern werden als Roving (zum Strang zusammengefasste Spinnfasern ohne Drillung), Garn, Zwirn (mit Drillung), oder als flächige oder dreidimensionale Halbzeuge angeboten. Textilglas lässt sich um etwa 3% dehnen und ändert bis zu 250°C Dauerbelastung seine mechanischen Eigenschaften nicht. Es hat einen geringen thermischen Ausdehnungskoeffizienten und ist nicht brennbar.

Glasfasern finden ihren mengenmäßig größten Einsatz als kontinuierliche Verstärkungsfaser beispielsweise in der Fertigung von Leiterplatten oder von Rotorblättern für Windenergieanlagen. Im Bereich der diskontinuierlich faserverstärkten Kunststoffe finden sie vor allem Anwendung im Bereich semistruktureller Bauteile, wie beispielsweise Sitzscha-

Tab. 7.3: *Technische Kennwerte verschiedener Glasfasern*

	Dichte in g/cm²	Zugfestigkeit* in MPa	E-Modul in kN/mm²	Bruchdehnung* in %	therm. Ausdehnungskoeffizient in m/m°C	Erweichungstemperatur in °C
E-Glas	2,6	3400	73	< 4,8	$5,0 \cdot 10^{-6}$	850
S-Glas	2,53	4400	86	< 4,6	$4,0 \cdot 10^{-6}$	980
C-Glas	2,52	2400	70	< 4,8	$6,3 \cdot 10^{-6}$	750
ECR-Glas	2,72	3440	73	< 4,8	$5,9 \cdot 10^{-6}$	880
AR-Glas	2,68	3000	73	< 4,4	$6,5 \cdot 10^{-6}$	770
* Abnahme bis zu 50% bei der Herstellung der Halbzeuge						

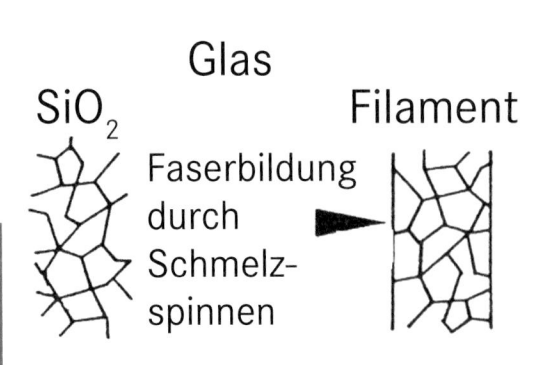

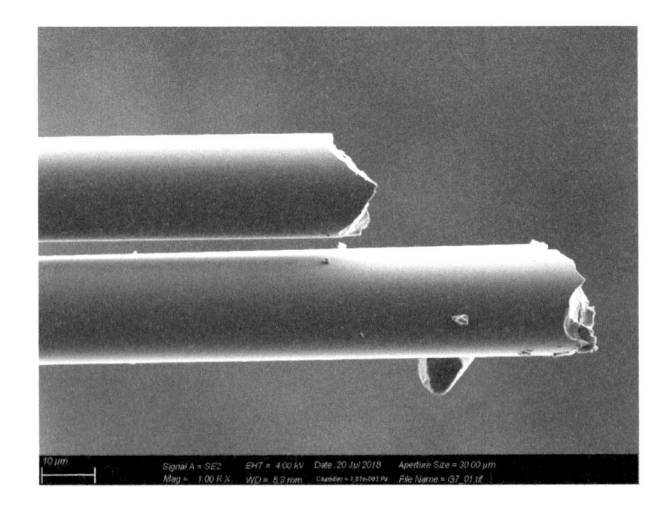

Abb. 7.2: *Aufbau von Glasfasern*

len, Frontendmontageträger oder Unterbodenabdeckungen.

Wegen ihrer elektrischen Isolationsfähigkeit und ihrer hohen elektromagnetischen Transparenz werden sie ebenfalls im Luftfahrtbereich für die Herstellung von Bugverkleidungen, sog. Radomen, eingesetzt.

Die Grundsubstanz der Glasfaser ist Siliciumdioxid SiO_2 (Kieselsäure) und (ausgenommen von Quarzglas) unterschiedlichsten Metalloxiden wie beispielsweise Al_2O_3. Glasfasern besitzen somit aufgrund ihres dreidimensionalen Aufbaus isotrope Eigenschaften (Abb. 7.2).

Die Rohstoffzusammensetzung der Glasfasern bestimmt in Kombination mit der nasschemischen Schlichtetechnologie und dem Glasfaserherstellungsverfahren die Eigenschaften der Glasfasern. Deren Art, Menge, Orientierung und Faserlänge bzw. Faserlängenverteilung, bestimmt die Eigenschaften des Bauteils.

Die meist verwendete Faser ist die E-Glasfaser, die aufgrund ihrer chemischen Zusammensetzung im Unterschied zu den anderen Glasfaserarten eine deutlich geringere Empfindlichkeit gegen Feuchtigkeit aufweist und somit vorwiegend Einsatz in der Elektroindustrie findet. Darüber wird sie aufgrund ihres geringen Preises auch in der Fertigung von Automobilkomponenten und bei Rotorblättern für die Windenergie eingesetzt.

Wichtige Kenngrößen der Glasfasern sind unter anderem Steifigkeit, Festigkeit, Bruchdehnung, Filamentdurchmesser, Garnfeinheit, Art, Anteil und Löslichkeit der Schlichte. Die Anzahl der Filamente in einem Roving beeinflusst die Verarbeitbarkeit und die Eigenschaften im Faserverbundbauteil.

7.3.2 Kohlenstofffasern

Die für den strukturellen Leichtbau wichtigsten Fasern sind die Kohlenstofffasern, die häufig auch als Carbon-Fasern oder C-Fasern bezeichnet werden, in einem komplexen, mehrstufigen Prozess – je nach gewünschten Eigenschaften – hergestellt werden. Kohlenstofffasern besitzen einen zweidimensionalen, schichtförmigen Aufbau mit kovalenten Bindungen in der Ebene (Abb. 7.3). Ein hoher Orientierungsgrad der Graphitkristalle und 100 % Parakristallinität bestimmen zudem die herausragenden Eigenschaften. Neben hohen gewichtsspezifischen mechanischen Eigenschaften weisen Kohlenstofffasern eine gute Biokompatibilität auf und sind unempfindlich gegen Korrosion, Lösungsmittel, Laugen und schwache Säuren (unbeständig nur gegen starke Oxidationsmittel/Säuren). C-Fasern sind sowohl elektrisch als auch thermisch gut leitend und körperverträglich.

Kohlenstofffasern sind technische Fasern mit sehr hoher Festigkeit und Steifigkeit, jedoch geringer Bruchdehnung. Zu ihrer Herstellung werden organische Ausgangsmaterialien über eine schmelzbare Zwischenstufe carbonatisiert. Man nutzt z. B. struk-

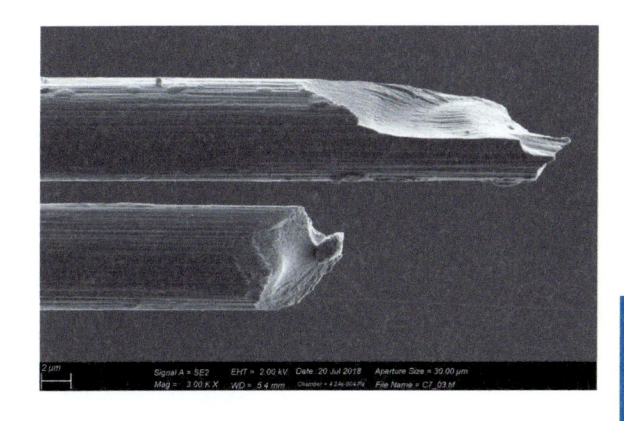

Abb. 7.3: *Aufbau der Kohlenstofffasern (links Blumberg 1989, rechts Fraunhofer ICT 2018)*

turell vorgeformte hochmolekulare Materialien wie Polyacrylnitril (PAN) (Precursor), organische Fasern oder Pech. Aus Cellulose hergestellte Fasern weisen weniger hochwertige Strukturen auf und werden deshalb überwiegend als thermisch hoch belastbare Isolierwerkstoffe eingesetzt. Heute gelten Fasern auf Basis Polyacrylnitril in drei verschiedenen Modifikationen als Standardfasern für Strukturwerkstoffe:

- PAN-HT – hochzugfest (high tenacity)
- PAN-HM – hochmodulig (high modulus)
- PAN-UHM – ultrahochmodulig (ultrahigh modulus)

Bei UHM-Fasern führt die Zunahme der Steifigkeit zum Abfall von Festigkeit und Dehnung.

Aus preiswertem Pech werden mit hohem Aufwand an Reinigungs- und Aufbereitungsverfahren kostengünstige Fasern hergestellt, die sich durch hohe Steifigkeit sowie gute thermische und elektrische Eigenschaften auszeichnen. Ihre Druckfestigkeit ist, bedingt durch die geringen Wechselwirkungen zwischen den Graphitebenen jedoch deutlich geringer. Pech basierte Fasern besitzen eine geringere Festigkeit und Steifigkeit als PAN basierte, sind elektrisch und wärmeleitend. Im letzten Schritt des Herstellungsprozesses werden die Fasern bei Temperaturen von bis zu 3000 °C verstreckt, sodass die Graphitebenen sich orientieren können. Auf diese Weise werden HT-Kohlenstofffasern mit hochorientierter Struktur (HM-C) hergestellt. Diese Streckgraphitierung wirkt sich auf die Zugfestigkeit und den E-Modul aus.

Kohlenstofffasern haben im Gegensatz zu Kunststoffen ein progressives Spannungs-Dehnungsverhalten, d. h. mit zunehmender Belastung steigt der E-Modul. Im Gegensatz zu Glasfasern sind sie stark anisotrop. Diese Eigenschaft gilt auch für die Wärmeausdehnungskoeffizienten, die in Faserrichtung und senkrecht dazu sehr unterschiedlich sind. Kohlenstofffasern sind normalerweise äußerst spröde und knickempfindlich. Dies erschwert den Herstellungs- und Verarbeitungsprozess. Deshalb werden sie mit einem Oberflächenschutz versehen, der meist zudem als Haftvermittler zur Matrix dient. Die Fasern werden bei langer Lagerung unflexibel, da die Oberflächenschicht aushärtet (Epoxidharz). Die Faser selbst ist fast dauerschwingfest. Sie brennt im Verbund trotz hoher eigener Brennbarkeit nur langsam.

Übergeordnet können beispielsweise vier Typen von Kohlenstofffasern unterschieden werden (Abb. 7.4):

- HT-Fasern: hochfeste Kohlenstofffasern (engl. high tenacity), Standardfasern
- ST-Fasern: höhere Festigkeit als HT-Fasern (engl. super tenacity)
- IM-Fasern: höherer Modul als HT-Fasern (engl. intermediate modulus)
- HM-Fasern: hochsteife Fasern (engl. high modulus)

Ein wichtiger Prozessschritt ist die direkte Oberflächenbehandlung der Fasern nach der Carbonisierung bzw. nach der Graphitisierung, um eine entsprechende Weiterverarbeitung der Fasern zu ermöglichen. Wie auch bei den Glasfasern wird

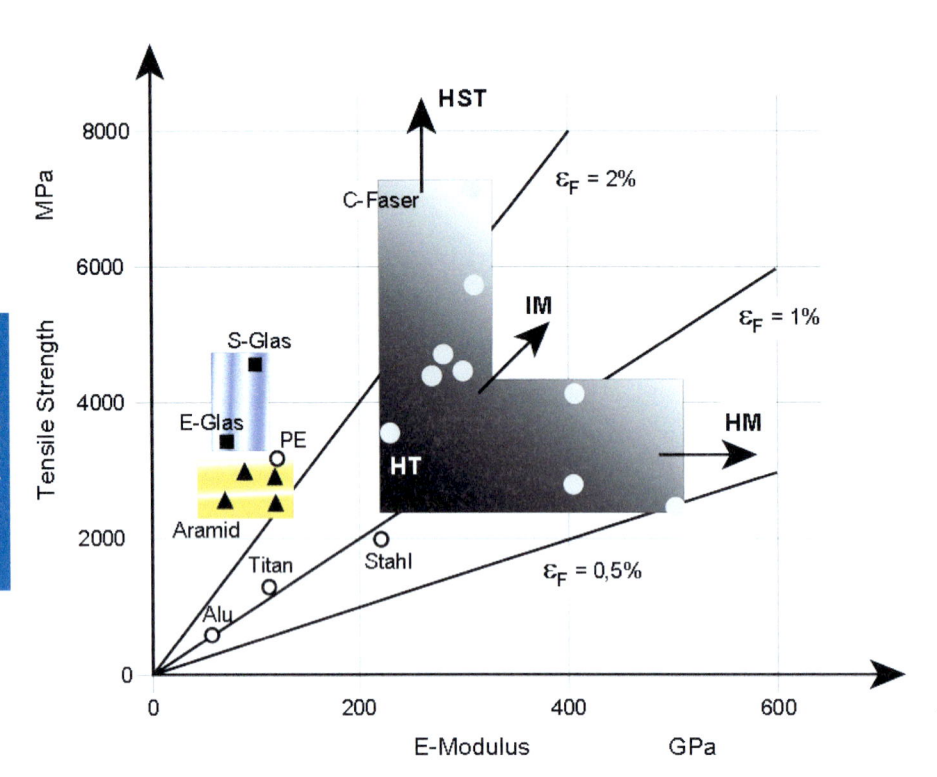

Abb.7.4: *Eigenschaften von unterschiedlichen Kohlenstofffasertypen (Drechsler)*

eine Schlichte im Herstellungsprozess aufgebracht, um die Handhabung sowie die folgende Benetzung der Fasern mit der Polymermatrix zu verbessern. Die Wahl der Schlichte hat einen entscheidenden Einfluss auf die interlaminaren Eigenschaften des Verbundwerkstoffes. Als Endprodukt entstehen somit unterschiedliche Kohlenstofffaser-Rovings, die in kontinuierlicher Form auf eine Spule aufgewickelt werden und somit zur Weiterverarbeitung mit unterschiedlichen Textiltechniken (Weben, Flechten, etc.) zur Verfügung stehen. Üblicherweise bestehen die Rovings aus unterschiedlich gebündelten Fasereinzelfilamenten. Bei Kohlenstofffasern gibt die sog. K-Zahl die Anzahl der Einzelfilamente eines Rovings an, 1 K = 1 Kilo =1.000 Filamente).

Die üblichen K-Zahlen für Kohlenstofffasern sind:
1K-Typ, d. h. Roving aus 1.000 Filamenten
3K-Typ, d. h. Roving aus 3.000 Filamenten
6K-, 12K- und neuerdings für Industrieanwendungen 24K- oder auch 50K-Typ.

Bei gleichem Prozessablauf wird ersichtlich, dass beispielsweise die 1K-Typen im Vergleich zu 12K-Typen deutlich teurer sind, da der Durchsatz in der Produktion entsprechend geringer ist. Üblicherweise finden 1K-Typen Anwendung in der Raumfahrtindustrie, da sie ausgezeichnete mechanische Eigenschaften besitzen und die Herstellung von flächigen Faserhalbzeugen mit entsprechend geringeren Faserflächengewichten ermöglichen. Hierdurch kann eine wesentlich feinere Abstufung der Einzelschichten entsprechend der strukturmechanischen Eigenschaften erfolgen, und somit das größtmögliche Leichtbaupotenzial erzielt werden.

Im Gegensatz dazu finden in der zivilen Luftfahrtindustrie typischerweise Faserhalbzeuge Anwendung, die aus 6- oder 12K-Rovings hergestellt werden. Für die kostensensitiven Bereiche, wie beispielsweise der Automobilindustrie oder dem allgemeinen Transport- und Maschinenwesen, werden üblicherweise 12- oder 24K-Typen verwendet, da hier sowohl der Materialpreis als auch die Produktivität für die Realisierung von Großserien entscheidend sind. Um diesen Anforderungen zu begegnen, werden sogenannte „Low-Cost"-Kohlenstofffasern mit einer K-Zahl von > 24 – meist 50K, auch als „Heavy Tow" bezeichnet, angeboten.

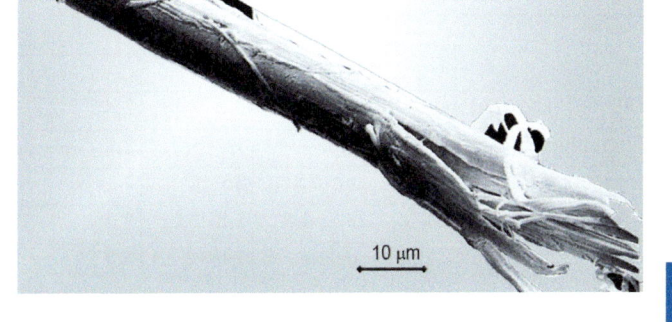

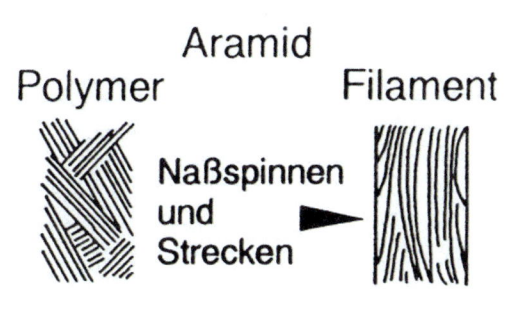

Abb. 7.5: *Aufbau der Aramidfaser (Blumberg 1989)*

7.3.3 Aramidfasern

Aramidfasern bestehen aus linearen organischen Polymeren (aromatische Polyamide) mit hoher Festigkeit und Steifigkeit, bei denen die kovalenten Bindungen der Polymerkette entlang der Faserachse orientiert sind. Da die Schmelztemperatur des PPTA-Polymers (Polyphenylenterephthalamid) oberhalb der thermischen Zersetzungstemperatur liegt, können Polyamidfasern nicht schmelzflüssig, sondern lediglich mit Hilfe von Lösemitteln/Säuren hergestellt werden. Aramidfasern haben einen nahezu kreisrunden Querschnitt mit um die 12 μm Durchmesser (Abb. 7.5). Die Dichte mit 1,45 g/cm³ ist im Vergleich zu anderen Verstärkungsfasern gering. Sie haben eine hohe gewichtsbezogene Zugfestigkeit und sind stark anisotrop, d. h. die Werkstoffeigenschaften in Faserrichtung unterscheiden sich von denen quer zur Faser (Tab. 7.4).

Aramidfasern können bis zu 7% Feuchtigkeit aufnehmen, wodurch die Festigkeit der Fasern und vor allem die Haftung zwischen Faser und Matrix beeinträchtigt werden. Sie sind im Verbund mit Polymeren bis 300 °C temperaturbeständig. Auch bei höherer Temperatur schmelzen sie nicht und sind daher für feuerfeste Schutzkleidung geeignet. Bekannt sind Aramidfasern unter anderem von DuPont unter dem Markennamen Kevlar.

Vorteile von Aramidfasern sind ihre Chemikalienbeständigkeit (ausgenommen gegenüber starken Säuren und Basen), ihre Flammwidrigkeit (selbstverlöschend), die Dimensionsstabilität, ihre geringe elektrische und Wärmeleitfähigkeit. Sie reagieren auf UV-Strahlung mit signifikantem Festigkeitsabfall. Aramidfasern lassen sich in vor allem mit Duromeren und vereinzelt auch mit Thermoplasten verarbeiten. Bauteile, die mit Aramidfasern verstärkt sind, zeigen Druckempfindlichkeit in Faserrichtung. Dies liegt in ihrem Aufbau begründet. Die Fasern sind für zug- als für druckbeanspruchte Elemente besser geeignet. Die steifen Fasertypen finden vor allem in Flugzeugstrukturen Anwendung, meist in Kombination mit Kohlenstofffasern, um das Energieaufnahmevermögen des Verbundwerkstoffes zu steigern und das Schädigungsverhalten zu verbessern. Leichtbaurelevant sind Aramidfasern mit geringem Modul vor allem für Schutzzwecke, wie Leichtpanzerungen, Splitterschutzwesten oder Helme. Aramidfasern sind, wie Kohlenstofffasern anisotrop, das bedeutet, die physikalisch/mechanischen Eigenschaften quer und längs der Faser sind signifikant unterschiedlich. Die polymere Struktur ist für das duktile und zähe Verhalten verantwortlich und wirkt sich auf die Knotenfestigkeit zuträglich aus. Folge der Zähigkeit ist eine schlechte mechanische Bearbeitbarkeit. Die

Tab. 7.4: *Mechanische Eigenschaften verschiedener Aramidfasern (nach Ehrenstein 2006)*

Aramidfaser	Dichte in g/cm³	Durchmesser in μm	Zug-E-Modul in kN/mm²	Zugfestigkeit in MPa	Bruchdehnung in %
hochzäh	1,45	12	80	3600	4,0
hochsteif	1,45	12	131	3800	2,8
extrem steif	1,45	12	186	3400	2,0

Tab. 7.5: *Eigenschaften von Verstärkungsfasern im Vergleich (Michaeli 2006)*

	Glasfaser			Kohlenstofffaser			Aramidfaser	
	E	R/S	C	HT	HST	HM	Normal	HM
Dichte [g/cm³]	2,6	2,5–2,53	2,45	1,75–1,8	1,78–1,83	1,79–1,91	1,39–1,44	1,45–1,47
Zugfestigkeit [GPa]	2,3	1,9–3,0	2,1	2,7–3,5	3,9–7,0	2,0–3,2	2,8–3,0	2,8–3,4
E-Modul [GPa]	72–73	86–87	71	228–238	230–270	350–490	58–80	120–186
Bruchdehnung bei Zug [%]	2,2–3,2	2,8–3,6	2,3	1,2–1,4	1,7–2,4	0,4–0,8	3,3–4,4	1,9–2,4
Spezifische Zugfestigkeit [GPa·cm³/g]	0,9	1,13–1,23	0,9	1,5–2,0	2,2–3,0	1,1–1,7	1,9–2,2	1,9–2,3
Spezifischer E-Modul [GPa·m³/g]	27,7–28,2	34–34,9	29	127–134	127–150	190–260	40–56	83–127
Filamentdurchmesser [µm]	3–25			7–8	5–7	6,5–8,0	12	
Thermischer Ausdehnungskoeffizient [10⁻⁶/K]	5	4	7,2	−0,1 – −0,7		−0,5 – −1,3	−2,0 – −6,0	

Fasern und Schnittkanten der Laminate sind schnell ausgefranst, und es kann zu Delaminationen kommen, weshalb geeignete Schneidwerkzeuge einzusetzen sind.

Aramidfasern weisen eine ganze Reihe an hervorragenden Eigenschaften wie ein exzellentes Dämpfungs- und Ermüdungsverhalten, eine gute Chemikalien- und Temperaturbeständigkeit, eine geringe Wärmeleitfähigkeit, eine negative thermische Ausdehnung und eine hohe Energieaufnahme auf. Die Faser hat eine gute elektrische Isolierfähigkeit und die Dielektrizitätskonstante ist geringer als die von Glas.

In Tabelle 7.5 werden die typischen Eigenschaften der Aramidfasern anderen Verstärkungsfasern gegenübergestellt. Aramidfasern besitzen spezifische Festigkeiten, die im Bereich der Kohlenstofffasern liegen, wohingegen Kohlenstofffasern eine im Vergleich zu Glasfasern zwei- bis dreimal so hohe spezifische Zugfestigkeit und einen bis zu zehnfach höheren spezifischen E-Modul besitzen, worin das enorme Leichtbaupotenzial dieser Verstärkungsfasern deutlich wird.

7.3.4 Naturfasern

Auch natürliche Fasern zur Verstärkung von Kunststoffen werden für den semistrukturellen Leichtbau herangezogen. Dazu gehören vor allem Flachs, Hanf, Jute und Baumwolle. Bei diesen Fasern handelt es sich um nachwachsende Rohstoffe, die zwar ein ausgesprochen geringes Gewicht haben, deren entsprechend geringe Belastbarkeit jedoch zu einem vergleichsweise eingeschränkten mechanischen Eigenschaftsniveau führt. Zudem sind eine Reihe von Herausforderungen zu bewältigen, die sich aus der geringen Temperaturbeständigkeit (< 200 °C) und den schwankende Eigenschaften durch unregelmäßige Wachstums- und Witterungsbedingungen ergeben. Naturfasern werden entsprechend ihrer Wachstumsregion in unterschiedlichen Ländern entsprechend ihrem Vorkommen verwendet, um einen ökologisch und ökonomisch sinnvollen Einsatz zu gewährleisten.

Die Festigkeitswerte von Naturfasern liegen durchschnittlich etwa bei einem Viertel derer von Glasfasern, die spezifischen in etwa bei der Hälfte. Die absoluten E-Module von Pflanzenfasern liegen bei einem Fünftel der Glasfaserkennwerte, die spezifischen bei ca. einem Drittel. Dies verdeutlicht den eingeschränkten Einsatz im strukturellen Leichtbau. Betrachtet man den Leichtbau sinnvoller Weise als System, so bekommen naturfaserverstärkte Verbundwerkstoffe eine zunehmende Bedeutung gerade im Bereich funktionsintegrierter Verkleidungsteile. Tabelle 7.6 zeigt einige Kennwerte unterschiedlicher Naturfasern im Vergleich zu denen der Glasfasern.

Die *Abacafaser*, auch Manila Hanf genannt, wird auf den Philippinen angebaut und liefert leichte, feste und sehr widerstandsfähige Fasern. Verwendet werden vor allem die bis zu zwei Meter langen Hartfasern der Abacablätter. Die Faser ist relativ grob und weist

Tab. 7.6: Mechanische Eigenschaften (Mittelwert (Mw) und Median (Md)) von Naturfasern getestet im Einzelelementtest mit dem System Dia-Stron (AVK)

Faserart (Anzahl getesteter Elemente)		Sisal (84)	Flachs (84)	Hanf (66)	Jute (93)	Baumwolle (117)	Lyocell (93)	Ramie (158)	Abaca	E-Glass
Dichte [g/cm³]		1,30	1,46	1,50	1,42	1,51	1,54	1,54	1,44	2,60
Festigkeit [MPa]	Mw	428	874	827	571	618	815	1250	1100	3500
	Md	424	790	588	540	561	837	1271		
Spezifische Festigkeit [MPa·cm³/g]	Mw	329	599	551	402	409	529	812	765	1346
	Md	326	541	392	380	372	544	825		
E-Modul [GPa]	Mw	4,57	14,58	12,98	17,34	11,84	8,63	35,96	-	72
	Md	4,39	12,84	8,29	16,35	10,49	8,27	35,25		
Spezifischer E-Modul [MPa·cm³/g]	Mw	3,52	9,99	8,66	12,21	7,84	5,61	23,35	-	28,24
	Md	3,38	8,80	5,52	11,51	6,95	5,37	22,91		

eine hohe Reißfestigkeit von 45 bis 70 cN/tex auf. Die Farbe reicht von weiß über gelblich bis braun. Abacafasern fanden zum Beispiel in einer Leichtbauunterbodenkapselung der Mercedes A-Klasse Einsatz.

Flachs wird häufig zur Ölgewinnung angebaut, eignet sich jedoch auch hervorragend zur Gewinnung hochwertiger Fasern. Die Flachsfaser wird, aufgrund ihrer guten mechanischen Eigenschaften und regionalen Verfügbarkeit, vermehrt als Verstärkungsfaser für Naturfaserverbundwerkstoffe eingesetzt. Hinzu kommt der ökonomische Vorteil des geringen Kilopreises für technische Fasern. Eines der wichtigsten Anwendungsgebiete für flachsfaserverstärkte Kunststoffe ist die Automobilindustrie, fast zwei Drittel der hier eingesetzten Naturfasern sind Flachsfasern.

Hanf enthält im Gegensatz zum Flachs stärker verholzte Faserteile. Die langen Faserbündel spalten sich beim Hecheln nicht so stark auf, wodurch die Faser gröber und steifer, aber reißfester als Flachs ist. Die aufbereitete Bastfaser hat eine Länge von ca. 5–55 mm und eine Dicke, die zwischen 16 und 50 µm liegt. Die sehr langen Fasern werden beim Hecheln in drei Teile gerissen. Der mittlere Teil liefert versponnen das gleichmäßigste und qualitativ hochwertigste Garn, das Fußstück wird meist für Werggarne verwendet. Eingesetzt werden Hanfgarne je nach Qualität als Verstärkungsfasern, für Dekorations- und Vorhangstoffe, in der Gurt-, Riemen- und Teppichweberei, für Sattler-, Netz- und Sacknähgarne, Kordeln und Seile. Die Faser ist aufgrund ihrer hohen Festigkeit, wenig dehnbar, grob und hart, saugfähig, fault auch unter Wasser kaum und ist ziemlich verrottungsfest (Schiffstaue).

Sisal ist die Bezeichnung für die aus den Blättern der Agave sisalana gewonnenen Hartfasern. Sie wird in Yucatán (Mexico), Ost- und Westafrika, Brasilien usw. angebaut. Die Pflanze benötigt bis zur Schnittreife etwa 5–6 Jahre und kann dann 7–10 Jahre lang geerntet werden. Die Faser hat einen harten Griff, hohe Reiß- und Scheuerfestigkeit, ist glänzend, gut einfärbbar und widerstandsfähig gegen Feuchtigkeit.

Die für die Produktion von naturfaserverstärkten Kunststoffen eingesetzten Fasern sind, preislich bedingt, vor allem Kurz- aber auch Langfasern. Naturfasern liegen im Vergleich zu den technischen Fasern immer in endlicher, oftmals sehr unterschiedlicher Länge vor, weshalb die Herstellung von Kardenbändern oder Spinnrovings erforderlich ist, die wiederum Ausgangsprodukte zur Herstellung technischer Textilien sind.

Grundsätzlich lassen sich Naturfasern wie Glasfasern im Extrusions-, Press- und Spritzgießverfahren verarbeiten. Eines der wichtigsten Verarbeitungsverfahren für Naturfasern ist das Formpressen, bei dem sogenannte Naturfasermatten zusammen mit duromeren oder thermoplastischen Kunststoffen unter Temperatureinwirkung verpresst werden. Diese Werkstoffe zeichnen sich durch eine geringe Dichte kombiniert mit relativ hohen Festigkeiten und Steifigkeiten aus.

Bei den eingesetzten Verfahren ist es entscheidend, die vollständige Benetzung der Fasern zu gewährleisten, zum einen, um einen optimalen Faser-Matrix-Verbund zu erhalten, und zum anderen, um die Wasseraufnahme der Naturfasern zu verhindern. Maßgebend sind niederviskose Matrixmaterialien, die die Fasern vollständig benetzen, ohne diese thermisch zu schädigen. Da beim Pressen mit geeigneten Matrixmaterialien geringere Verarbeitungstemperaturen (ca. 180–210 °C) als beim Spritzgießen (ca. 230 °C) benötigt werden, sind bei Naturfasermaterialien bisher vorwiegend die Pressverfahren im Serieneinsatz.

7.4 Textile Halbzeuge

Textile Vorformlingtechnologien haben ein hohes Potenzial zur automatisierten Herstellung von belastungsgerechten, endkonturnahen Faserstrukturen, die in einem nachfolgenden Arbeitsschritt mit dem Matrixsystem imprägniert werden. Hierzu wurden verschiedene Harzinjektionstechnologien entwickelt (s. Kap. III.6). Eine Alternative bei der Herstellung thermoplastischer Faserverbundwerkstoffe ist die Hybridgarntechnik (Comingling), bei der die Verstärkungsfasern und die Thermoplastfäden schon im Textilprozess miteinander kombiniert werden. Die Faserstruktur wird anschließend unter hohem Druck und bei Temperaturen über der Schmelz- oder Fließtemperatur des Thermoplasten konsolidiert.

In den letzten 30 Jahren wurden aus den klassischen Textiltechnologien Verfahren entwickelt, die an die Erfordernisse der Verarbeitung der Glas-, Aramid- und Kohlenstofffaser angepasst oder speziell für die Anforderungen der Faserverbundtechnologie ausgelegt wurden, z. B.

- Gewebe, Gelege, Geflechte
- Gesticke, Gestricke
- Fibre Patch Preforming
- Nähtechnologie.

Einige dieser Verfahren basieren auf flächigen Halbzeugen, die in einem zweiten Arbeitsgang zugeschnitten und schichtweise in ein Werkzeug eingelegt werden (sequentielle Preformherstellung). Bei anderen Verfahren werden die Fasern direkt in die endgültige Kontur eingebracht (direkte Preformherstellung). Der Weg von der Faser zum textilen Halbzeug ist für die verschiedenen Ansätze in Tabelle 7.7 dargestellt.

Die einzelnen Technologien unterscheiden sich deutlich in Bezug auf die Produktivität und die möglichen Faserorientierungen bzw. Vorformlinggeometrien. Ergänzt wird die Textiltechnologie häufig durch sogenannte Bindertechnologien, die eine Stabilisierung bzw. eine Verbindung mehrerer biegeschlaffer textiler Halbzeuge ermöglichen und damit die Handhabung verbessern.

7.4.1 Matten und Vliese

Die einfachsten und vergleichbar günstigsten Halbzeuge sind die Matten (Abb. 7.6), die sich durch ihre Herstellungsweise unterscheiden. Eine Variante wird aus einem Endlosfaden hergestellt (Endlosmatte), die andere aus geschnittenen Spinnfäden mit Längen

Direkte Preformherstellung		Sequentielle Preformherstellung	
Verstärkungsfaser direkt vom Hersteller		Zusätzliche Halbzeugherstellung (Gewebe, Gelege, Fließ, …)	
Bindertechnologie	Textile Verfahren	Bindertechnologie	Textile Verfahren
Faserspritzen (und Varianten)	• 2D/3D Flechten • Stricken • Fiberplacement Technologien (TFP) • 3D Weben	• Binderumformtechnik (Presspreformen, Diaphragma) • Tapelegen • FPP	2D/3D Nähen
Herstellung der Preform mit nur **einem Arbeitsschritt** möglich		Mindestens **zwei Arbeitsschritte** zur Herstellung einer Preform	

Tab. 7.7: *Gegenüberstellung direkter und sequentischer Preformherstellung*

Abb. 7.6: *Glasfasermatte (Quelle: Carbon Werke)*

Abb. 7.7: *Kohlenstofffilamentvlies (Quelle: Carbon Werke)*

zwischen 25 und 50 mm (Schnittmatte). Durch die ungerichtete flächige Faserablage wird ein quasi-isotropes Verstärkungsgebilde erzeugt.

Die Anbindung der Fasern kann einerseits durch Binder erfolgen, der vor der Ablage aufgebracht wird und während der Trocknung die Fasern miteinander verklebt. Zur besseren Durchtränkung ist der Binder meist in der Matrix löslich. Der Binder kann in flüssiger oder fester Form (Pulver) vorliegen. Eine zweite Variante ist das Vernadeln. Dabei werden die Fasermatten mit Stiften in Form von Nadeln mit zusätzlichen Widerhaken durchstochen, und es entsteht eine mechanische Verbindung (physikalische Verschlaufung) ähnlich dem Vernähen.

Durch die quasi-isotropen Eigenschaften und die relativ geringen Faservolumengehalte von Matten (ca. 20 bis 30 %) sind diese nicht für hochbeanspruchte Bauteile geeignet und werden deshalb fast ausschließlich aus Glasfasern angeboten. Die Flächengewichte sind in einem großen Bereich einstellbar.

Vliese sind eine Sonderform der Matten, die sich durch deutlich geringere Flächengewichte auszeichnen (Abb. 7.7). Anwendung finden sie oft als Oberflächenvlies für Bauteile mit hochwertigen Oberflächen, zum Beispiel im Automobilbau. Hier finden auch Kohlenstofffasern Anwendung.

7.4.2 Gewebe

Weben ist die älteste Textiltechnik, die für die Herstellung von Faserverbundstrukturen eingesetzt wird. Das Grundprinzip besteht darin, dass zwei Fadensysteme, Kette und Schuss, miteinander verwebt werden. Je nach Webart entstehen ebene Halbzeuge, die sich durch ihre Bindungsart unterscheiden (Abb. 7.8).

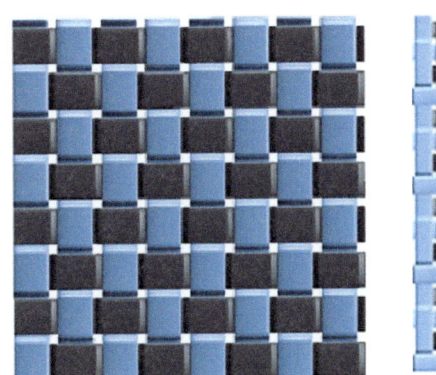

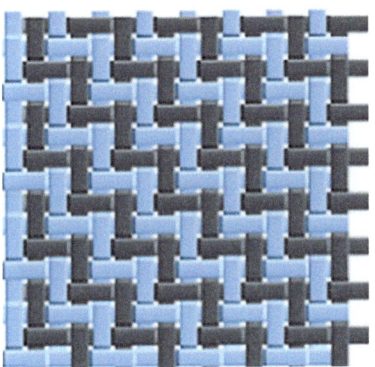

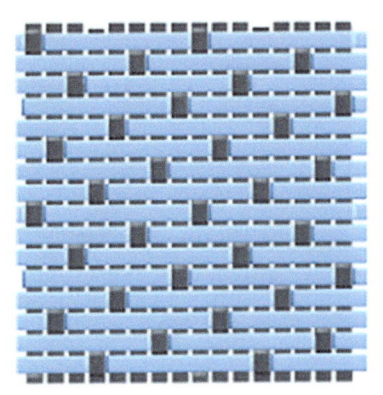

Abb. 7.8: *Leinwand-, Köper- und Atlasbindung (Quelle: IFB Universität Stuttgart)*

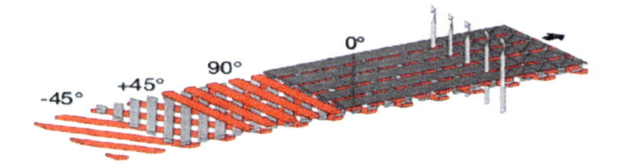

Abb. 7.10: *Multiaxialgelege (Quelle: Saertex GmbH)*

Andererseits ergeben sich durch die Webstruktur interessante optische Designvarianten. Gewebe werden daher häufig für kohlenstofffaserverstärkte Sichtbauteile eingesetzt. Große Herausforderung hierbei ist die ungleichmäßige Verteilung von Faserfilamenten und Matrix in den Knotenpunkten die durch Nahtanhaftung und entsprechende Schwindung zu Oberflächenmarkierungen führen.

Neben diesen klassischen 2D-Geweben gibt es verschiedene Webarten, die entweder zu einer dreidimensionalen Faserverstärkung oder zu einer dreidimensionalen Faserstruktur führen (Abb. 7.9).

7.4.3 Gelege

Die wichtigsten flächigen Halbzeuge werden im sogenannten Multiaxial-Gelegeverfahren (MAG) hergestellt, bei dem im Gegensatz zu den Geweben bis zu neun Faserrichtungen in einem Halbzeug kombiniert werden können (Abb. 7.10).

Die einzelnen Faserlagen sind außerdem nicht miteinander verwoben, sondern liegen aufeinander, wodurch Faserondulationen signifikant reduziert werden. MAGs haben daher bessere mechanische

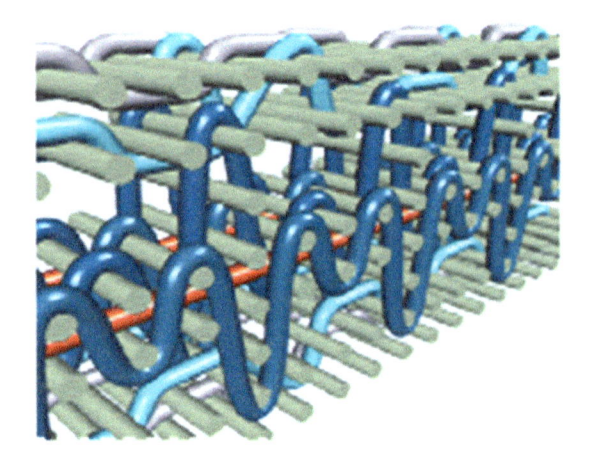

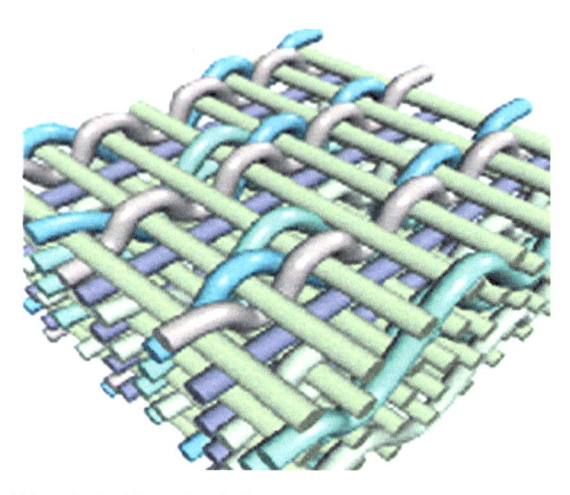

Abb. 7.9: *Dreidimensionale Faserverstärkung (Quelle: Scottweave)*

Durch die Überkreuzung von Kett- und Schussfäden ergeben sich Faserondulationen, die insbesondere bei Druckbelastung zu einer Reduktion der mechanischen Eigenschaften von Laminaten führen.

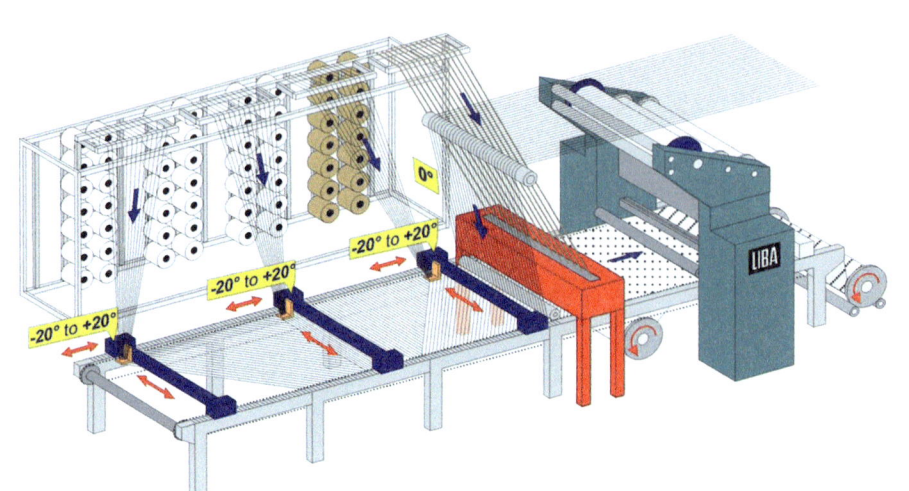

Abb. 7.11: *Gelegemaschine (Quelle: Saertex GmbH)*

Abb. 7.12: *Drapierung einer Druckkalotte (Quelle: Airbus)*

Abb. 7.13: *Flechtprinzip*

Eigenschaften als Gewebe. Damit ein handhabbares Halbzeug entsteht, werden die einzelnen Lagen nach dem Ablegen auf der Maschine durch ein Vielnadelnähsystem mit einem dünnen Faden vernäht (Abb. 7.11). Wie bei Geweben erfolgt die Klassifizierung der MAGs über das Flächengewicht, das sich zum einen aus dem Titer der Fasern und zum anderen aus der Anzahl der Lagen ergibt. Multiaxialgelege sind auf dem Markt als zwei-, drei-, vier- oder mehrlagige Faserstrukturen verfügbar. Sie können somit entsprechend der spezifischen Anforderungen in einem weiten Bereich variiert werden. Durch die Anzahl der Lagen und der Nähart ergibt sich ein mehr oder weniger gutes Drapierverhalten bei der Herstellung sphärisch gekrümmter Bauteile. In Abbildung 7.12 ist die Drapierung eines vernähten Geleges am Beispiel der Druckkalotte für einen Airbus dargestellt.

7.4.4 Geflechte

Ein Verfahren, das immer mehr an Bedeutung gewinnt, ist die Flechttechnik. Seit langem sind Geflechtschläuche als Halbzeuge zur Herstellung von rohrförmigen Bauteilen bekannt. Das Grundprinzip besteht darin, dass die auf Klöppeln aufgespulten Fasern gegenläufig auf sogenannten Flügelrädern auf einer Kreisbahn geführt werden (Abb. 7.13). Ein großer Vorteil der Flechttechnik ist die kontinuierliche Anpassungsfähigkeit an Querschnittsänderungen, die allerdings mit einer Änderung des Flechtwinkels einhergeht.

Ähnlich wie beim Weben entsteht das Geflecht unter Zusammenführung aller sich überkreuzender Fasern im Flechtpunkt im Zentrum der Anlage. Hier entstehen zwei sich überkreuzende Faserrichtungen. Diese können durch das Verhältnis von Flecht- und Abzuggeschwindigkeit in einem weiten Bereich von ca. 25° bis 80° variiert werden. Bei Bedarf kann ein drittes Fadensystem, das Stehfadensystem, das gerade in Längsrichtung durch das Geflecht verläuft, integriert werden. Auf diese Weise entsteht ein triaxiales in sich geschlossenes Geflecht (Abb. 7.14).

Eine besondere Flechtart, welche die Ondulation durch die Überkreuzung der Flechtfadensysteme vermeidet, ist das sogenannte UD-Flechten, bei dem eines der beiden Fadensysteme durch einen sehr dünnen Faden ersetzt wird und so pro Lage nur eine Faserrichtung erzeugt wird. Die mechanischen Eigenschaften können so deutlich verbessert werden und das Niveau von Prepreg-Bauteilen erreichen.

In den letzten Jahren wurde das roboterunterstützte Flechten entwickelt. Bei diesem Verfahren wird ein Flechtkern durch einen Roboter im Flechtpunkt manipuliert und automatisiert umflochten (7.15). Auf diese Weise können sehr komplexe, endkonturnahe, rohrförmige Faserstrukturen hergestellt werden,

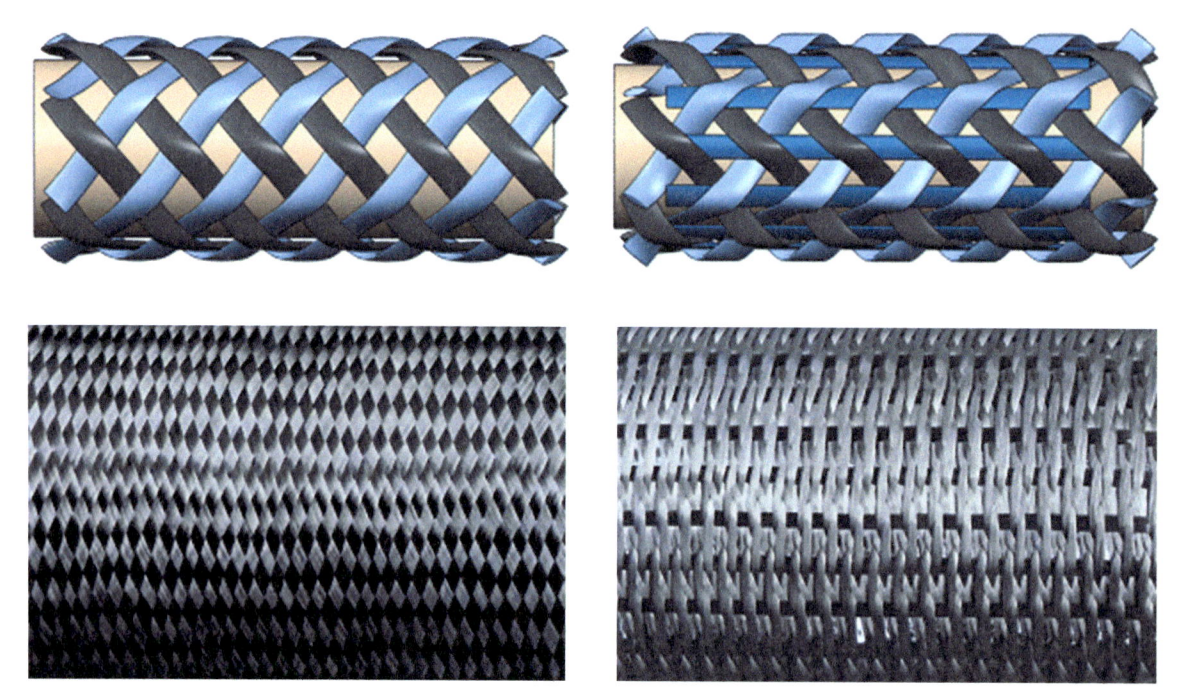

Abb. 7.14: *Biaxiales (links) und triaxiales (rechts) Geflecht (Quelle: IFB Universität Stuttgart)*

die gleichzeitig eine optimale, belastungsgerechte Faserarchitektur aufweisen. Beispiele dafür zeigt Abbildung 7.16.

Wird die Flechttechnik von Beginn an für die Herstellung eines Produktes in Betracht gezogen, kann das Potenzial durch eine fertigungsgerechte Gestaltung optimal genutzt werden. Eine sehr komplexe Geometrie stellt ein Fahrradrahmen dar, der aus vier Bauteilen besteht, wobei drei mit der Umflechttechnik hergestellt werden (Abb. 7.17). Im Gegensatz zu bekannten Rahmenkonzepten wurde die Anzahl der Einzelteile, die nach der Injektion und Aushärtung gefügt werden, halbiert.

Eine besondere Variante der Flechttechnik ist das sogenannte 3D-Flechten. Bei diesem Verfahren sind die Klöppel und die Flügelräder nicht in einem Ring, sondern einer flachen Matrix angeordnet. Somit können die Fasern fast beliebig bewegt werden, wodurch sich im Flechtpunkt sehr komplexe Faserstrukturen ergeben. Durch die hohe Flexibilität können voll automatisiert selbst Profile mit variablem Querschnitt hergestellt werden. Das 3D-Flechten hat bisher dennoch nur eine Anwendung in Nischen, z. B. bei der Herstellung von Zwickelfüllern profilversteifter Platten, gefunden, da die Produktivität und die realisierbaren Profilquerschnitte vergleichsweise gering sind.

7.4.5 Gesticke

Gesticke ermöglichen eine sehr hohe Flexibilität der Faserorientierung und bieten sich daher für die Herstellung von Vorformlingen für Ausschnittsverstärkungen, Krafteinleitungen oder für komplexe, kleine Bauteile an. Das Prinzip beruht darauf, dass die Ver-

Abb. 7.15: *Umflecht-Prinzip (Quelle: LCC, TU München)*

Abb. 7.16: *Beispiele für Umflechtbauteile*
BMW M6 Stoßfängerträger (Quelle: SGL Kümpers GmbH), SLR Crashbox (Quelle: Eurocarbon, McLaren Mercedes), Flugzeugfahrwerksbein (Quelle: NLR)

stärkungsfasern auf komplexen Bahnen geführt und auf ein Basistextil aufgenäht werden (Abb. 7.18).
Der Vorteil der Sticktechnik liegt neben der Automatisierbarkeit darin, dass die Faserorientierungen den Belastungen und den Geometrien optimal angepasst werden können. Dies führt zu einer hohen Nutzung der Fasern bezüglich gerichteter mechanischer Eigenschaften und Formteilkonturtreue bzw. Verschnittfreiheit. Die Produktivität ist durch den Aufwand der gezielten Ablage geringer als bei Multiaxialgelegen oder Geweben. Neue Entwicklungen bieten durch den Einsatz von Großstickmaschinen jedoch interessante Zykluszeiten.

Ein interessantes Beispiel zur Veranschaulichung der Möglichkeiten der Sticktechnik ist der in Abbildung 7.19 dargestellte Fahrrad-Bremssattel im Vergleich mit einem Aluminiumbauteil und einem herkömmlichen Faserverbundbauteil, das aus einer quasi-isotropen Platte aufgebaut ist, dargestellt. Es zeigt sich, dass durch die Sticktechnik annähernd eine Verdreifachung der gewichtsspezifischen Steifigkeit möglich ist.
Eine große Herausforderung stellt die Auslegung von Gesticken dar. Die klassische Laminattheorie kann hierbei keine Hilfe leisten. Interessante Ansätze basieren auf dem Prinzip des bionischen Wachstums. Hierbei werden in einem iterativen Prozess

Abb. 7.17: *Flechtfahrrad (Quelle: IFB Universität Stuttgart)*

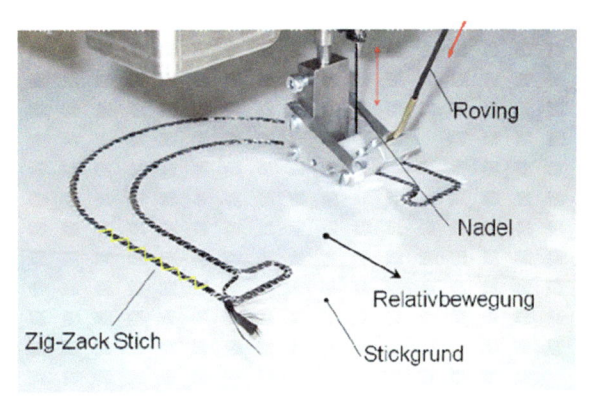

Abb. 7.18: *Prinzip der Sticktechnologie (Quelle: IFB Universität Stuttgart)*

Aluminium - gestanzt
Gewicht: 52 g
Steifigkeit absolut: 116 N/mm
Steifigkeit spezif.: 2,26 N/mm/g

Kohlenstofffaser - TFP
Gewicht: 28 g
Steifigkeit absolut: 180 N/mm
Steifigkeit spezif.: 6,4 N/mm/g

CF - Gewebe - Prepreg
Gewicht: 29 g
Steifigkeit absolut: 65 N/mm
Steifigkeit spezif.: 2,25 N/mm/g

Abb. 7.19: *Vergleich eines gestickten Brakeboosters mit einem Brakebooster aus Aluminium und aus CFK-Prepreg (Quelle: IFB Universität Stuttgart)*

die Hauptspannungsrichtungen in einem Bauteil aufgrund der geometrischen Randbedingungen und der aufgebrachten äußeren Lasten berechnet. Mit Hilfe von Optimierungsprogrammen werden ideale Fasereinzellagen berechnet und fertigungsgerecht platziert. Dieses Verfahren kann mit Topologie- und Formoptimierungsverfahren kombiniert werden.

7.4.6 Fiber Patch Preforming

Das Fiber Patch Placement Verfahren (FPP) ist genau genommen kein textiles Verfahren, sondern den Fiber Placement Verfahren zuzuordnen. Es soll jedoch kurz beschrieben werden, da es neben der Prepreg-Verarbeitung auch trockene Faserhalbzeuge herstellt und damit das flexibelste Verfahren in Bezug auf die realisierbare Geometrie, Bauteildicke und Faserorientierung ist.

Das Prinzip besteht darin, dass definierte Stücke, sogenannte Patches, vollautomatisch aus einem Faserband geschnitten und mit Hilfe von zwei Robotern und einem flexiblen Patchgreifer schnell und positionsgenau auf komplexe 3D-Formen aufgebracht werden (Abb. 7.20).

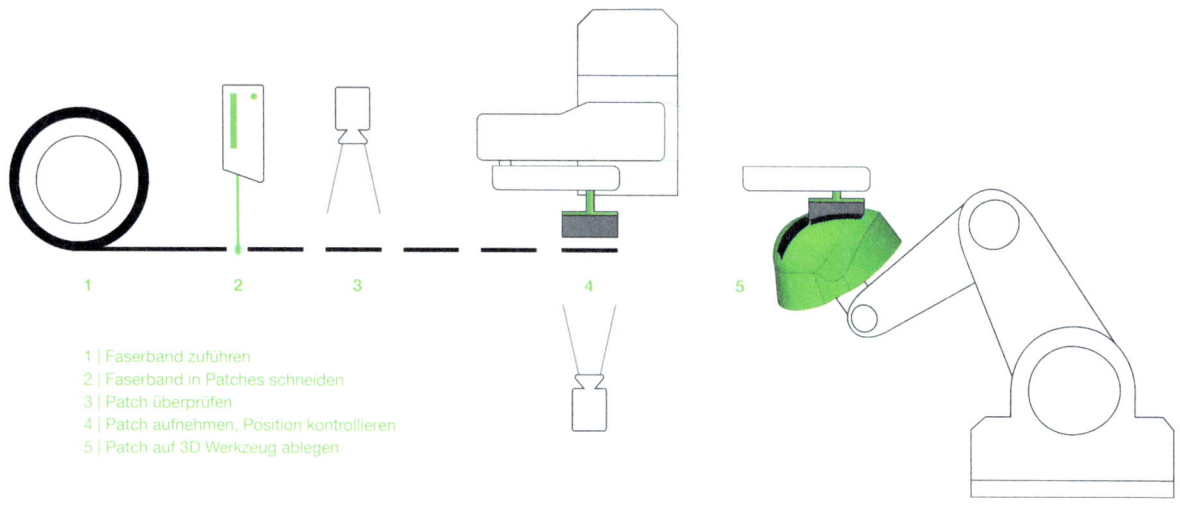

1 | Faserband zuführen
2 | Faserband in Patches schneiden
3 | Patch überprüfen
4 | Patch aufnehmen, Position kontrollieren
5 | Patch auf 3D Werkzeug ablegen

Abb. 7.20: *Prinzip des Fiber Patch Placement Verfahrens (Quelle: Cevotec, München 2018)*

7.4.7 Nähtechnologie

Mit der Nähtechnologie können grundsätzlich zwei Aufgaben erfüllt werden: Eine Konfektionierung, das heißt eine Verbindung mehrerer Textilien oder Vorformlinge zu einer komplexen, integralen Struktur oder die Realisierung einer dreidimensionalen Faserverstärkung zur Verbesserung der Schadenstoleranz und der strukturellen Integrität. Im ersten Fall kommt als Nähfaden ein dünner Faden, z. B. aus Polyester zum Einsatz. Beim strukturellen Nähen werden Glas-, Kohlenstoff- oder Aramidfasern verwendet.

Grundsätzlich unterscheidet man das 2D- und das 3D-Nähen. Bei den 2D-Verfahren besteht die Nähmaschine aus einem Ober- und einem Unterteil. Als Naht kommt hauptsächlich der Doppelsteppstich zum Einsatz. Das 2D- oder Zweiseitnähverfahren ist relativ kostengünstig, produktiv und ermöglichen fast beliebige Nähfeldgrößen. Sie eignen sich jedoch im Wesentlichen nur für ebene, zweidimensionale Strukturen. Für dreidimensionale Strukturen wurden in den letzten Jahren verschiedene sogenannte Einseitnähverfahren entwickelt. Die wichtigsten sind das Tuften, der Blindstich und das Zwei-Nadel-Verfahren. Abbildung 7.22 zeigt die verschiedenen Nähköpfe und die entsprechende Naht.

Abbildung 7.23 zeigt ein Beispiel für das Konfektionieren, bei dem das Nähen dem Verbinden, Markieren, Positionieren und der Randabsicherung dient. Hierbei werden dünne Fasern eingesetzt, welche die Textilstruktur möglichst wenig stören. Besonders interessant ist die Verwendung von Nähgarnen, die sich nach der Imprägnierung in der Matrix auflösen.

Eine typische Anwendung der Nähtechnik aus dem Flugzeugbau ist in Abbildung 7.24 dargestellt. Mit dem Blindstichverfahren werden einzelne Multiaxialgelegebahnen zu einem großen, ebenen Vorformling zusammengenäht, der in einem Stück über das Werkzeug der Druckkalotte des Airbus A380 drapiert wird.

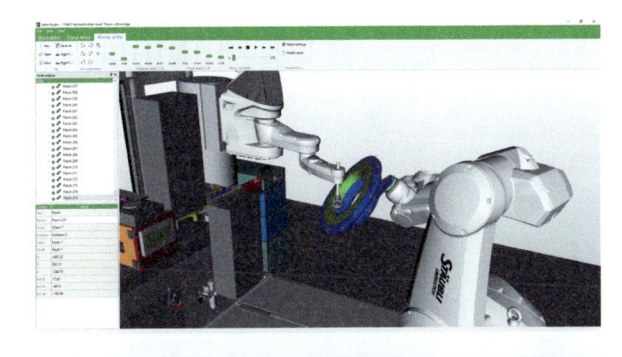

Abb. 7.21: *Offline Roboterprogrammierung mit ARTIST STUDIO am Beispiel eines Flugzeugfensterrahmens (oben) und (unten) das Produktionssystem SAMBA beim Preforming eines Getriebegehäuses (Quelle: Cevotec, München)*

Damit ist ein Umformen des Halbzeugs nicht mehr erforderlich. Mit der variablen Orientierung jedes Patches können die lasttragenden Fasern auch entlang von gekrümmten Kraftflüssen im Bauteil ausgerichtet werden. Damit lassen sich die mechanischen Eigenschaften, wie z. B. Festigkeit und Steifigkeit, gegenüber konventionellen Laminaten deutlich steigern. Das Verfahren arbeitet sehr verschnittarm und genau. Eine inline-Qualitätskontrolle sorgt für ein lückenloses Qualitätsprotokoll.

Mit den am Markt verfügbaren SAMBA Fertigungsanlagen stehen skalierbare und variable Produktionssysteme für unterschiedliche Materialien bereit, die mit der CAE Software ARTIST STUDIO im Hinblick auf eine effiziente virtuelle Produktentwicklung (Laminaterstellung und -berechnung) sowie Prozessplanung (Roboterprogrammierung und -simulation) für komplexe Bauteile unterstützt werden (Abb. 7.21).

7 Faserverstärkte Kunststoffe

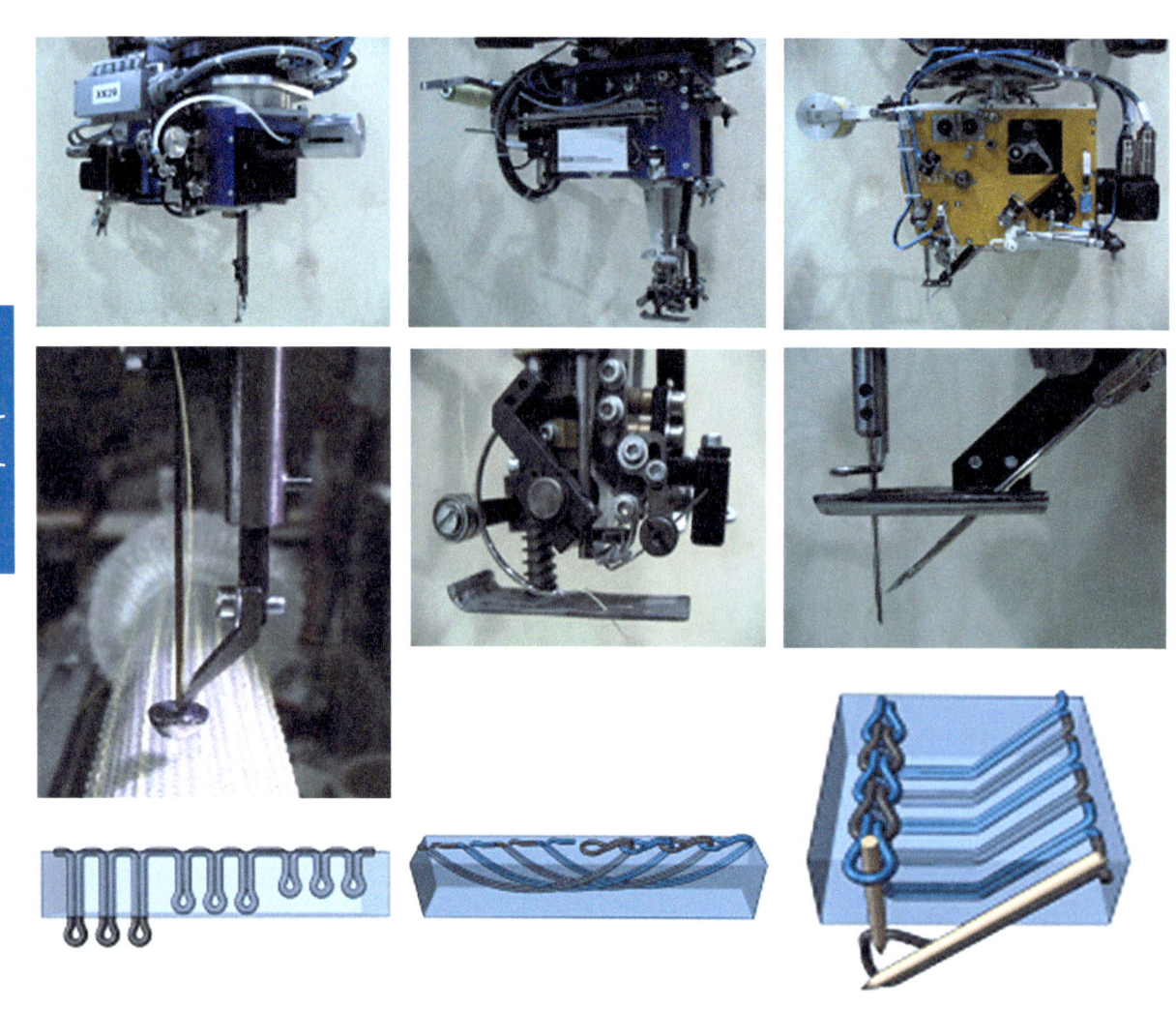

Abb. 7.22: *Unterschiedliche Einseitnähverfahren (Quelle: IFB Universität Stuttgart)*

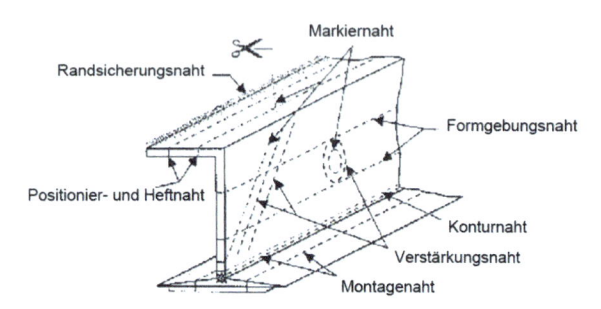

Abb. 7.23: *Unterschiedliche Nahtarten (Körwien 2003)*

7.4.8 Bindertechnologie

Zur Weiterverarbeitung der biegeschlaffen textilen Vorformlinge kann es vorteilhaft sein, diese mit einem sogenannten Binder zu stabilisieren. Dies erleichtert die Handhabung, z. B. mit einem Greifersystem, kann aber auch, ähnlich wie bei der Nähtechnik, der Verbindung verschiedener Basistextilien dienen.

Binder gibt es in Form von Pulvern, Vliesen oder Flüssigkeiten sowohl auf Duromer- als auch auf Thermoplastbasis. Die Aktivierung erfolgt in der Regel durch Beaufschlagung mit Druck und/oder durch Erwärmung. Diese kann in einem Umluftofen, durch Infrarot, durch Mikrowelle oder durch ein einfaches Bügeleisen erfolgen. Wichtig ist, dass die Bindermenge gering ist, um eine hohe Permeabilität für die nachfolgende Imprägnierung zu gewährleisten. In der Regel ist ein Gewichtsanteil von deutlich unter 5 % zur Stabilisierung ausreichend. Besonders

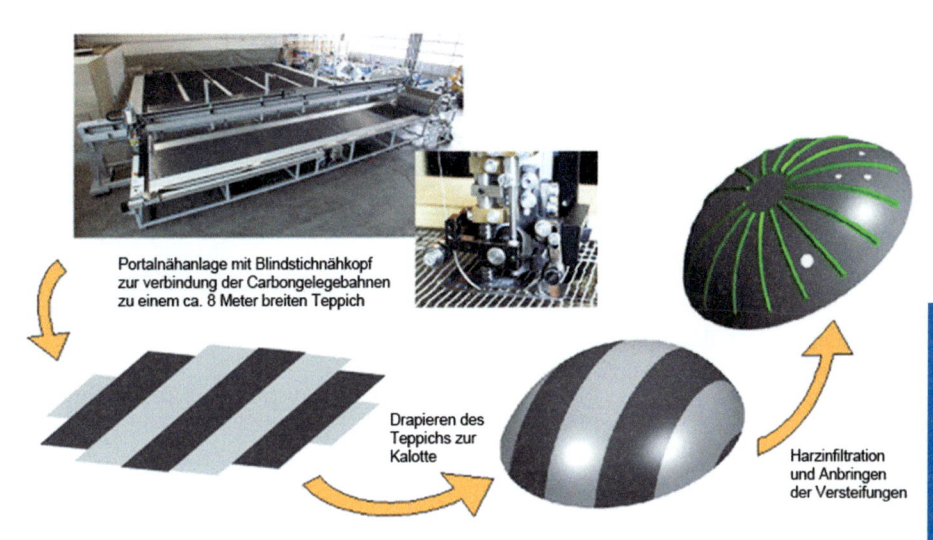

Abb. 7.24: *Herstellung einer Druckkalotte (Quelle: EADS)*

interessant sind multifunktionale Binder, die neben der Stabilisierung auch eine Harzmodifikation, z.B. zur Erhöhung der Zähigkeit, ermöglichen.

7.5 Imprägnierte Halbzeuge

Die Bezeichnung Prepreg (englisch preimpregnated = vorgetränkt) beschreibt sowohl flächige Fasergewebe oder -gelege als auch Matten, die bereits in einem vorgeschalteten Benetzungsprozess mit einer Matrix imprägniert wurden. Üblicherweise kommen je nach Zielapplikation und erforderlicher Bauteilperformance flächige Faserhalbzeuge sowohl mit unterschiedlichen Fasertypen (Glas-, Kohlenstoff-, Aramidfasern), Faserarchitekturen und Faserausführungen zum Einsatz.

Um das gesamte Eigenschaftsspektrum dieser Werkstoffklasse zu nutzen, können diese flächigen Faserhalbzeuge übergeordnet mit thermoplastischen oder auch duromeren Matrixwerkstoffen vorimprägniert werden. Je nach Anwendung und nachfolgendem Fertigungsverfahren werden die Rezepturen bereits vom Halbzeughersteller festgelegt, um neben den mechanischen Eigenschaften des in einem nachfolgenden Schritt geformten Bauteils auch die typischen prozessspezifischen Verarbeitungseigenschaften, wie beispielsweise die erforderlichen Viskositäten und das Temperaturverhalten, zu gewährleisten. In Abhängigkeit der Faserverstärkung und der Endanwendung kann der Harzmassenanteil bis zu 60 % (z.B. bei Glasfaserprepregs) betragen.

Entsprechend der Verfügbarkeit von flächigen, gewobenen Faserhalbzeugen werden sog. Gewebeprepregs als Rollenware mit einer typischen Halbzeugbreite von ca. 1.000 –1.300 mm angeboten, wobei eine Rolle ca. 60–80 m² (je nach Faserflächengewicht) Material aufnehmen kann.

Unidirektionale Gelegeprepregs werden vorrangig mit typischen Halbzeugbreiten von 150, 300, oder 600 mm bereitgestellt, was u.a. auf die folgenden Verarbeitungsverfahren, wie beispielsweise das automatisierte Tape-Legen (ATL) zurückgeführt werden kann. Neuerdings werden vermehrt auch sog. Slit-Tapes für die Luftfahrtindustrie angeboten, die aus UD-Prepreghalbzeugen in einem definierten Prozess konfektioniert und auf Spulen aufgewickelt werden. Die Tapes werden dann für Anwendungen im sog. Automated Fibre Placement genutzt, um eine möglichst endkonturnahe, lastpfadgerechte und automatisierte Faserablage komplexer Bauteile zu ermöglichen. Halbzeuge mit kontinuierlicher Faserverstärkung werden zur Herstellung von Hochleistungsbauteilen für Strukturanwendungen verwendet. In der Regel sind sie nicht oder nur in sehr geringem Maße fließfähig, weshalb die geometrische Komplexität der Bauteile begrenzt ist.

Zu den imprägnierten Halbzeugen zählen auch die diskontinuierlich faserverstärkten Kunststoffe, wie zum Beispiel der glasmattenverstärkte Thermoplast, das Sheet- oder Bulk-Molding Compound oder die Langfaserstäbchengranulate. Halbzeuge mit diskontinuierlicher Faserverstärkung bieten durch ihre Fließfähigkeit den Vorteil, komplexe Geometrien wie Rippen oder Anschraubdome abformen zu können. Sie sind daher insbesondere für Bauteile mit einem hohen Grad an Funktionsintegration attraktiv. Materialien mit Langfaserverstärkung werden dem Verarbeiter vorwiegend als flächige Halbzeuge zur Verfügung gestellt, die dann in einem Fließpressprozess verarbeitet werden. Kurzfaserverstärkte Materialien liegen in der Regel als rieselfähige Granulate vor und werden vorwiegend im Spritzgießprozess verarbeitet.

Immer häufiger wird in aktuellen Entwicklungen die Kombination von kontinuierlich und diskontinuierlich faserverstärkten Halbzeugen angestrebt, um sowohl strukturell hoch belastbare als auch geometrisch komplexe Bauteile zu einem attraktiven Preis herstellen zu können.

Abb. 7.25: *Duromere Phenol-Formaldehyd-Formmasse mit 55 Gew.-% Glasfasern (PF-GF55)*

7.5.1 Duromere Systeme

Duromerprepregs können nach folgenden Kriterien unterteilt werden:
- Art der Weiterverarbeitung: nicht-fließfähig oder fließfähig (kontinuierlich oder diskontinuierlich faserverstärkt)
- Ausführung der Faserarchitektur: Gewebe, Gelege, Matten, Vlies
- Fasertyp bzw. -werkstoff: Glas-, Kohlenstoff-, Aramidfasern
- Duromerwerkstoff: Epoxid-, Phenol-, BMI- oder UP- bzw. VE-Harze.

Ein weiterer Vorteil von typischen Duromer-Prepregharzen, im Vergleich zu Flüssigharzsystemen für Harzinfusions- oder Injektionsprozesse, ist die mit einer Erhöhung der Viskosität einhergehende Möglichkeit zur Zähigkeitsmodifizierung, um die Schadenstoleranz im späteren Faserverbundbauteil (durch die Reduktion der Sprödigkeit) zu erhöhen.

7.5.1.1 Diskontinuierlich faserverstärkte Duromere

Duromere Formmassen für die Spritzgießverarbeitung sind rieselfähige, granulatförmige Halbzeuge, die aus einem vernetzungsfähigen Harz, Füllstoffen, Verstärkungsfasern, Additiven sowie Verarbeitungshilfsmitteln bestehen. Abbildung 7.25 zeigt beispielhaft eine Phenol-Formaldehyd-Formmasse mit 55 Gew.-% Glasfasern (PF-GF55). Aufgrund der chemischen Vernetzung während der Formgebung bieten Bauteile aus duromeren Formmassen gute mechanische Eigenschaften bei erhöhten Temperaturen, eine hohe chemische Beständigkeit gegenüber aggressiven Medien und eine sehr gute Kriechfestigkeit.

Die verwendeten Harzsysteme für duromere Formmassen sind Phenol-Formaldehyd-, Epoxid-, Polyester-, Melamin-, Diallylphthalat- sowie Silikonharze (Domininghaus 2012). Aufgrund ihrer technischen und wirtschaftlichen Relevanz wird im Folgenden insbesondere auf Phenol-Formaldehyd-Formmassen eingegangen.

Phenolharze werden durch die Kondensation von Phenol mit Formaldehyd hergestellt. In Abhängigkeit des Phenol-Formaldehyd-Verhältnisses und der verwendeten Katalysatoren erhält man direkt härtende Resol-Harze (Formaldehyd-Überschuss und alkalisches Milieu) oder indirekt härtende Novolak-Harze (Formaldehyd-Mangel und saures Milieu). Resole sind selbsthärtend und vernetzen unter dem Einfluss von Hitze oder Säuren, wohingegen Novolake einen Härter als Formaldehydspender benötigen. Üblicherweise wird zu diesem Zweck Hexamethylentetramin verwendet, das sich bei Temperaturen oberhalb von 100 °C zersetzt und dabei Formaldehyd freisetzt (Pilato 2010).

Je nach Anwendungsfall für die duromere Formmasse kommen unterschiedliche Füll- und Verstärkungsstoffe zum Einsatz. Organische Füllstoffe wie Holzmehl und Cellulose werden aufgrund ihres attraktiven Preises und ihrer geringen Dichte für Formmassen bevorzugt verwendet, aus denen Komponenten von Haushaltsgeräten wie beispielsweise Topf- und Pfannengriffe hergestellt werden. Anorganische Füllstoffe werden zur Verbesserung bestimmter Eigenschaften, wie beispielsweise Dimensionsstabilität, Hitzebeständigkeit und Reduktion der Verarbeitungsschwindung, eingesetzt. Bevorzugt werden dafür Glasmehl, Glaskugeln, Calciumcarbonat, Talk und Wollastonit verwendet (Pilato 2010).

Die in duromeren Formmassen verwendeten Verstärkungsfasern sind in aller Regel Glasfasern, wobei die Faserlänge im Mittel deutlich unter 1 mm beträgt. Kohlenstofffasern kommen aufgrund ihres hohen Preises nur in Sonderanwendungen zum Einsatz. Aufgrund der geringen Schmelzeviskosität der duromeren Harze liegen übliche Füllstoff- und Fasergehalte der Formmassen zwischen 50 und 80 Gew.-%.

Zur Herstellung der Phenol-Formaldehyd-Formmassen werden die beschriebenen Einzelkomponenten (Harz, Füllstoffe, Verstärkungsfasern, Additive sowie Verarbeitungshilfsmittel) in Pulverform gravimetrisch in einen Extruder dosiert. Zum Einsatz kommen sowohl Ko-Kneter als auch gleichläufige Doppelschneckenextruder. Im Extruder wird das Harz aufgeschmolzen, um eine homogene Verteilung und Benetzung der Füllstoffe und Fasern zu erzielen. Zudem wird über die gezielte Energieeinbringung durch Scherung und Temperatur der gewünschte Vorvernetzungsgrad der Formmasse eingestellt. Nach dem Austritt aus dem Extruder wird die Formmasse zügig abgekühlt und granuliert, um den weiteren Fortschritt der Vernetzungsreaktion zu unterbinden.

Bulk Moulding Compound (BMC / CIC / ZMC) bezeichnet eine fließfähige diskontinuierlich verstärkte Sauerkraut-artige Masse, die ursprünglich aus dem flächig vorliegenden Sheet Molding Compound (SMC) Halbzeug entwickelt wurde. Ziel hierbei ist es, das Material im Spritzgieß- und Spritzprägeprozess verarbeiten zu können. Dies ermöglicht die wirtschaftliche Herstellung kleinerer Bauteile in größerer Stückzahl. Daher gibt es BMC-Rezepturen, die nahezu identisch zum SMC sind, jedoch deutlich kürzere Fasern enthalten. Üblicherweise beträgt die Faserlänge anstatt 1" (25,4 mm) 1/2 bzw. 1/4" (12,7 bzw. 6,4 mm) und der Fasergehalt ist von 20-40 auf 10-25 Gew.-% im Vergleich zum SMC reduziert. Zudem ermöglicht der gegenüber SMC reduzierte Faseranteil eine Erhöhung des Füllstoffgehalts (Davis 2003). Die für die Herstellung von BMC gebräuchlichen Verfahren sind in Kap. III.6.1 beschrieben.

Sheet Moulding Compound (SMC).bezeichnet ein flächenförmiges Halbzeug, das aus vernetzungsfähigen Harzen, zumeist auf Basis ungesättigter Polyester, mineralischen Füllstoffen, diskontinuierlichen unregelmäßig gerichteten Glasfasern und erforderlichen Zuschlagstoffen besteht. Die SMC-Halbzeugherstellung gliedert sich in zwei Schritte:

- Herstellung des Harzfüllstoffgemisches
- Herstellung des SMC-Halbzeugs

Bei der Herstellung des Harzfüllstoffgemisches (HFG) werden zunächst die flüssigen Rohstoffe mittels Dissolver vermischt und anschließend die festen Füllstoffe hinzugegeben. Das HFG wird dann zur Herstellung des SMC-Halbzeugs den beiden Rakelkästen zugeführt. Dabei wird der Harzfüllstoffgemischstrom in einem statischen und/oder dynamischen Mischer mit einem Eindickmittel versetzt. Durch die Rakelkästen wird eine HFG-Schicht mit definierter Dicke auf die obere und untere Trägerfolie aufgerakelt. Als Trägerfolie wird zumeist eine styroldichte PE/PA-Verbundfolie verwendet. Es ist darauf zu achten, dass die Höhe des Harzfüllstoffgemischs in den Rakelkästen konstant bleibt, da durch diese die Dicke des Gemischauftrags auf die Trägerfolien und damit das SMC-Flächengewicht sowie der Glasfasergehalt beeinflusst wird.

Die Fasern werden in einem Schneidwerk auf die gewünschte Länge geschnitten, in der Regel 1" (25,4 mm), und fallen dann regellos auf die Harzschicht der unteren Trägerfolie. Nach dem Zusammenführen der oberen und unteren Trägerfolien wird das SMC-Halbzeug durch eine Verdichterrollenstrecke geführt und auf stapelfähige, zumeist 1.500 mm breite Spulen, bis zu einem Gewicht von ca. 400 kg pro Spule aufgerollt bzw. zickzackförmig in Holzkisten abgelegt.

Abhängig von der Rezeptur erfolgt im Anschluss an die SMC-Halbzeugherstellung die Reifung über mehrere Tage, bevor das Halbzeug zum Bauteil verpresst werden kann. Die Rezeptur bestimmt auch das Zeitfenster, in dem das Halbzeug in einem vorgegebenen Temperaturbereich lagerfähig ist. Aufgrund der vielfältigen Einsatzmöglichkeiten von SMC existiert eine Vielzahl an unterschiedlichen, speziell auf die gewünschten Eigenschaften der Anwendung abgestimmten SMC-Rezepturen, sodass im Folgenden nur auf die Hauptgruppen eingegangen werden kann.

Beim *Advanced SMC* werden die spezifischen, d. h. auf die Dichte bezogenen, mechanischen Eigenschaften durch den Einsatz von Kohlenstofffasern in Form von unidirektionaler kontinuierlicher Faserverstärkung oder quasi-isotropem Lagenaufbau (0/90/45/-45/90/0°), deutlich erhöht. Ziel der Entwicklung ist es, das Leichtbaupotenzial der kohlenstofffaserverstärkten Verbundwerkstoffe mit der Wirtschaftlichkeit der SMC-Technologie zu vereinen, um so Strukturbauteile für die Automobilindustrie zu fertigen (Abb. 7.26).

Beim *Carbon SMC* werden geschnittene Kohlenstofffasern anstelle der Glasfasern eingesetzt. Dadurch können sehr hohe spezifische Steifigkeiten bei hoher Festigkeit erzielt werden. Gleichzeitig erlauben die Schnittfasern bei der Formgebung durch den Fließpressvorgang eine endkonturnahe Fertigung. Aufgrund der Fasereigenschaften wird bei diesen im Strukturbereich eingesetzten SMC Werkstoffen auf Füllstoffe verzichtet. Dies führt dazu, dass keine Class-A Oberfläche erzielbar ist. Das Halbzeug eignet sich hervorragend in Kombination zum Advanced SMC, um neben den strukturell hochwertigen Eigenschaften auch eine Funktionsintegration zu ermöglichen (Abb. 7.27).

Abb. 7.27: *CF SMC-Teil mit Rippenversteifung basierend auf Topologieoptimierung*

Beim *Low Density SMC* wird die Dichte durch Zugabe beispielsweise von Glashohlkugeln oder alternativen Füllstoffen mit geringer Dichte von ca. 1,85 auf bis zu 1,2 g/cm³ reduziert.

Beim *Rezyklat SMC* werden durch Zerkleinerung aufbereitete SMC-Rezyklatanteile in Form von Pulver, Stäbchen oder Plättchen bei gleichzeitiger Reduktion des Füllstoffanteils beigemischt. Zur Kostenreduktion werden den meisten SMC-Rezepturen bereits geringe Mengen an Rezyklat beigemischt.

Zur Erhöhung der Schädigungsgrenze (Knistergrenze) und damit z. B. Erzielung einer günstigeren Einstufung bei KFZ-Versicherungen wird bei den *Tough SMC*-Rezepturen durch die Zugabe von speziellen thermoplastischen Additiven oder die Verwendung spezieller Harzsysteme größerer Dehnung die Zähigkeit gegenüber herkömmlichem SMC erhöht.

Abb. 7.26: *Automobilunterboden aus SMC mit lokaler CF-UD-Verstärkung*

7.5.1.2 Kontinuierlich faserverstärkte Duromere

Duromerprepregs mit kontinuierlicher Faserverstärkung haben aufgrund ihrer vielfältigen Ausführung in Kombination mit den hervorragenden mechanischen und thermischen Eigenschaften heute die größte Bedeutung für für den Einsatz in Primär- und Sekundärstrukturen, z.B. im Luftfahrtbereich. Sie können mit unterschiedlichen kontinuierlichen Faserachitekturen (Textilien oder UD-Fasern), Flächengewichten und Fasertypen bezogen werden und gehören zu den nicht-fließfähigen Prepreghalbzeugen.

Da bei der Herstellung von kontinuierlich faserverstärkten Duromer-Prepregs die Faserverstärkung mittels eines definierten Harz/Härter-Gemisches imprägniert und somit prinzipiell die chemische Vernetzung bereits in Gang gesetzt wird, müssen diese sowohl gekühlt (bei ≤ -18 °C) gelagert und transportiert werden. Folglich befinden sich Prepreghalbzeuge im noch reaktionsfähigen B-Zustand und besitzen somit auch bei Kühllagerung eine begrenzte Verarbeitungszeit von ca. 6–12 Monaten.

Im Unterschied zum Nasslaminieren, bei dem Faserverstärkung und Harzsystem bis zum Formgebungsvorgang getrennt vorliegen und somit die Eigenschaften des Faserverbundbauteils (d.h. vor allem der Faservolumen- und Porengehalt) unmittelbar vom Verarbeiter bestimmt werden, besitzen Prepregs entscheidende Vorteile. Begründet werden kann dies einerseits durch die Bereitstellung von Einzelschichten mit einem definierten Faservolumen- bzw. Porengehalt und einer festgelegten Faserausrichtung. Zudem können somit reproduzierbare Bauteilqualitäten und gleichbleibend hohe mechanische Eigenschaften sichergestellt werden. Auch hier erfolgt natürlich die eigentliche Fertigung der Faserverbundstruktur durch den Aufbau unterschiedlicher Prepreg-Einzelschichten entsprechend den strukturmechanischen Anforderungen. Übliche Einzellagendicken von UD-Gelegen sind beispielsweise 0,125–0,25 mm.

Die Imprägnierung der Faserverstärkungen erfolgt in einem kontinuierlichen Prozess, wobei hier nach der Art des Auftrags bzw. der Imprägnierart (Hotmelt- oder Solvent-Verfahren) unterschieden werden kann (Abb. 7.28 und 7.29).

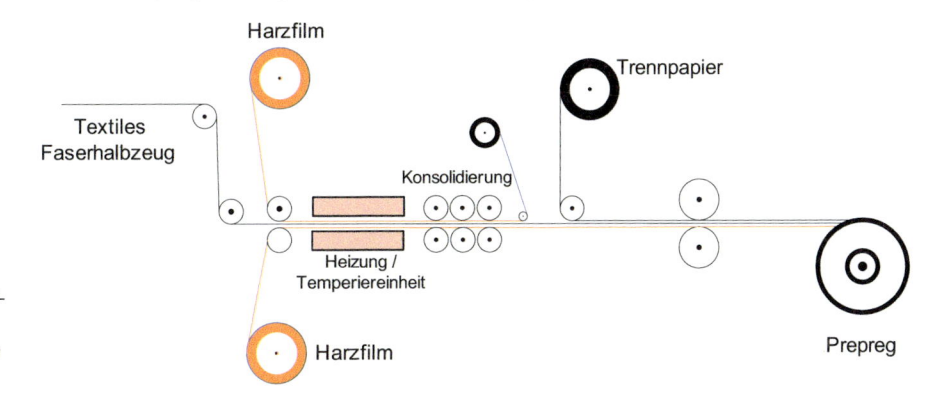

Abb. 7.28: *Prinzip der Herstellung eines Duromerprepegs nach dem Hot-melt- Verfahren (nach Hexcel 1997)*

Lösemittelverfahren

Flüssigbad-Imprägnierverfahren (Vertikalanordnung)

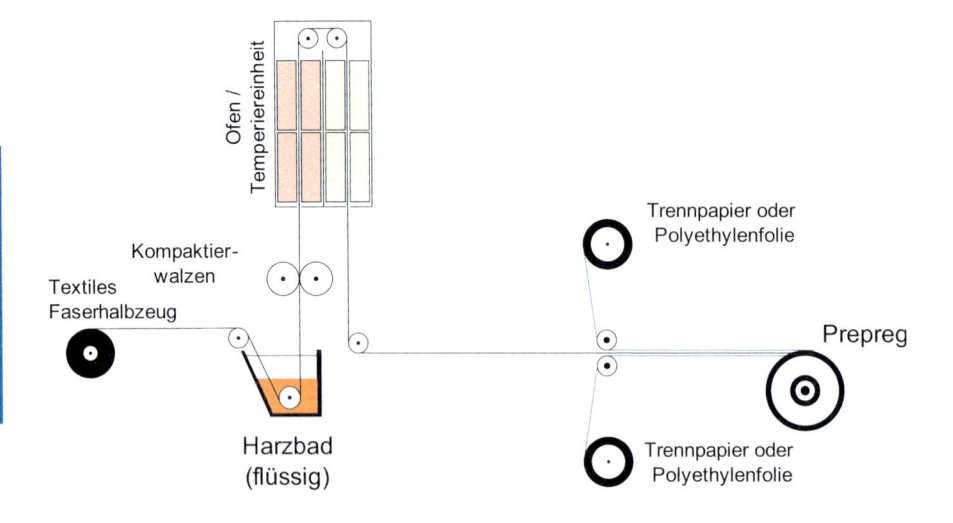

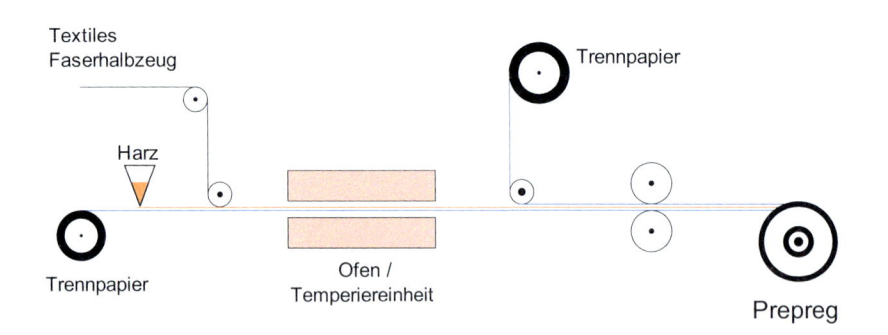

Abb. 7.29: Prinzip der Herstellung eines Duromerprepegs nach dem Solvent-Verfahren (nach Hexcel 1997)

Bei dem sog. Hotmelt-Verfahren oder Schmelzfilmverfahren handelt es sich prinzipiell um einen zweistufigen Prozess, bei dem zunächst das Harz/Härtergemisch in einer vorgeschalteten Stufe kontinuierlich unter definierter Temperatur von ca. 50–110 °C (EP-Harze benötigen geringere Temperatur als BMI-Systeme) auf einem flächigem Träger- bzw. Trennpapier verteilt, anschließend auf einer Rolle aufgewickelt und zwischengelagert wird. In einem Folgeschritt (Stufe 2) erfolgt die eigentliche Imprägnierung der Faserhalbzeuge. Für die schnelle, homogene und porenfreie Durchtränkung der textilen Faserhalbzeuge muss zur Verringerung der Viskosität der Harzfilm einerseits erwärmt und andererseits das Prepreghalbzeug direkt im Anschluss durch Zuhilfenahme von Walzen möglichst einschlussfrei imprägniert werden. Abschließend werden die imprägnierten Halbzeuge durch die kontinuierliche Zuführung von Trennfolien auf der Ober- und/oder Unterseite auf eine Rolle aufgewickelt. Dieses Verfahren wird vorrangig für die Herstellung von UD-Prepregs verwendet, da hier aufgrund des im Vergleich zu Geweben geringen Faserflächengewichtes (= geringere Einzelschichtdicke) eine reproduzierbare Imprägnierung mit höherviskosen Harzen möglich ist.

Im Unterschied hierzu erfolgt die Herstellung von Gewebeprepregs primär mit dem sog. Solvent-Verfahren (Abb. 7.29). Für die homogenere und porenfreie Imprägnierung der Faserverstärkung wird hierbei die Viskosität des Harzsystems mit Hilfe von Lösemitteln deutlich herabgesetzt. Die Faserhalbzeuge werden dann beispielsweise kontinuierlich durch ein Harzbad gezogen. Für die nahezu vollständige Durchtränkung sorgen entsprechende Kompaktierwalzen, welche die primär an der Faserhalbzeugoberfläche anhaftende Matrix in Dickenrichtung zwischen die Einzelfilamente drücken. Im direkten Anschluss wird unter definierter Temperaturbeaufschlagung das Lösemittel mit Hilfe von Absaugeinrichtungen wieder entfernt. Es ist darauf zu achten, dass der Gehalt an Restlösemittel in den Prepreghalbzeugen, sowohl aus Gründen der Arbeitssicherheit als auch zur Sicherstellung der stöchiometrischen Verhältnisse des Harz/Härtersystems, so gering wie möglich gehalten wird.

Langfristig ist der Zielkonflikt zwischen den technischen Herausforderungen und dem steigenden Umweltbewusstsein zu lösen. Aus diesem Grund ist ein ganz klarer Trend, der sich auf die Prozess- und Harzmodifikation zur lösemittelfreien Herstellung von Prepregs und somit auf das Hotmelt-Verfahren fokussiert, zu verzeichnen.

7.5.2 Thermoplastische Systeme

Diskontinuierlich faserverstärkte Thermoplaste sind fließfähig und lassen sich im Spritzgießen oder Fließpressen verarbeiten (Abb. 7.30), wohingegen kontinuierlich faserverstärkte Thermoplaste sich lediglich drapieren und formpressen lassen.

7.5.2.1 Diskontinuierlich faserverstärkte Thermoplaste

Kurzfaserverstärkte Granulate werden in einem herkömmlichen Extrusionsprozess unter Zuführung von Schnittglasfasern hergestellt. Die Herstellung von Stäbchengranulaten (langfaserverstärkte Granulate) erfolgt hauptsächlich durch Pultrusion (Lücke 1997). Dabei werden die Endlosfasern durch eine Thermoplastschmelze gezogen, mittels eines Werkzeugs imprägniert und je nach Verfahren teilweise oder vollständig konsolidiert. Eine weitere Möglichkeit ist die Imprägnierung der Faserrovings über ein umlaufendes Imprägnierrad, bei dem Kunststoff durch eine poröse Fläche von innen nach außen gedrückt wird und den umlaufenden sich spreitenden Roving benetzt. Beim Pultrudieren werden die Endlosfasern durch eine Thermoplastschmelze gezogen, mittels eines Werkzeugs imprägniert und konsolidiert. Die am Markt befindlichen Granulate unterscheiden sich vor allem in ihrer Imprägniergüte und der Homogenität der Faserverteilung (Edelmann 1998). Diese Halbzeuge stehen im Wettbewerb zu glasmattenverstärkten Thermoplasten (GMT) sowie der Direktverarbeitung der Ausgangswerkstoffe im LFT-D Verfahren.

Im Bereich der halbzeugbasierten Fertigungsverfahren mit diskontinuierlicher Faserverstärkung und

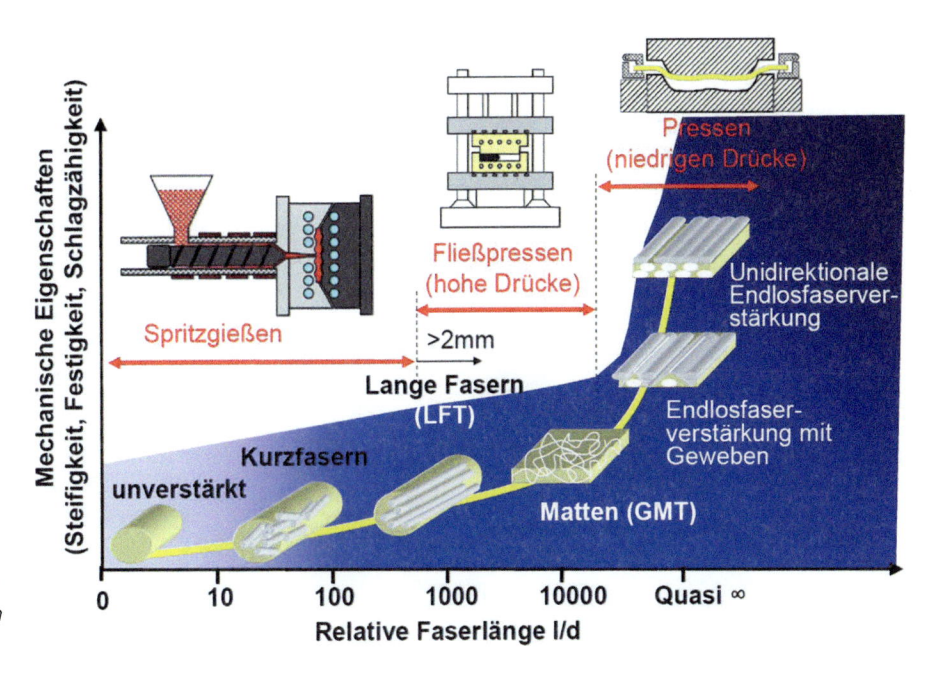

Abb. 7.30: Qualitative Darstellung mechanischer Eigenschaften in Abhängigkeit von der Faserlänge (Obermann 2009 a)

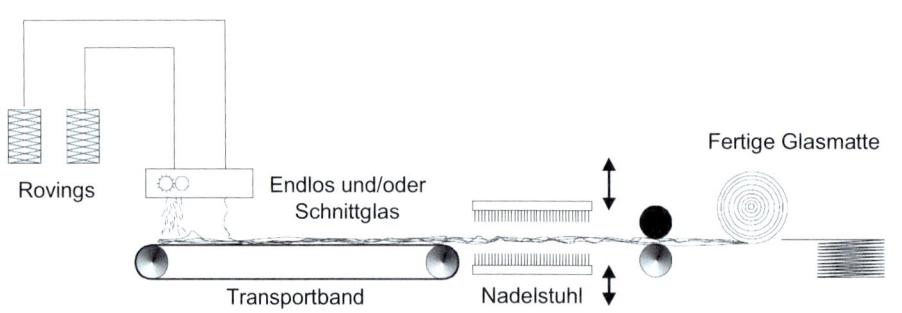

Abb. 7.31: *Herstellung der Glasfasermatte (N.N. 2002)*

thermoplastischer Matrix dominieren die glasmattenverstärkten Thermoplaste. Die GMT-Halbzeugherstellung gliedert sich in zwei Schritte:

Herstellung der Glasfasermatte, bei der kontinuierlich oder diskontinuierlich Glasfasern auf einem Transportband abgelegt, mit einem Nadelstuhl vernadelt oder mit einer Vorrichtung bebindert und anschließend als Vlies aufgewickelt werden (Abb. 7.31).

Im Anschluss erfolgt die Imprägnierung und Konsolidierung, bei der ein Thermoplastschmelzefilm im Eindüsenschmelzefilmverfahren zwischen zwei GMT-Glasfasermatten eingebracht wird. Die beiden Deckschichten werden entweder durch je eine obere und untere Thermoplastfolie oder beim Dreidüsenschmelzefilmverfahren (Abb. 7.32) mittels dreier Thermoplastschmelzefilmdüsen aufgebracht. Die schmelzeimprägnierten GMT-Glasfasermatten werden anschließend in einer Doppelbandpresse unter Temperatur- und Druckeinwirkung benetzt, konsolidiert, abgekühlt, abgelängt und palettiert.

Eine Weiterentwicklung der GMT in Bezug auf Gewichtsreduktion, spezifische Steifigkeit und Geräuschdämpfung stellt das so genannte SymaLITE der Firma Quadrant Plastic Composites bzw. SuperLite® der Firma Azdel dar. Dabei handelt es sich um ein Faserverbundwerkstoff-Halbzeug aus regellos diskontinuierlichen Glasfasern mit Polypropylen, das sich besonders für großflächige, leichte und steife Bauteile, beispielsweise für eine Pkw-Unterbodenverkleidungen, eignet. Je nach Konsolidierungsgrad bei der Formgebung kann die Dichte von 1,1 (GMT mit 30 Gew.-% Glasfasern) auf bis zu 0,3 g/cm³ unter entsprechendem Einbußen bei der Festigkeit reduziert werden. Die Herstellung von SuperLite® basiert auf der Papiermachertechnik. Dabei werden Polypropylen und Additive mit Wasser vermischt und ein PP/Glas-Schlamm durch die Zugabe diskontinuierlicher Schnittfasern erzeugt, der auf einem porösen Transportband aufgerakelt wird. Nach einer Vakuum- und Heißlufttrocknung können optional Oberflächengewebedeckschichten bzw. PP-Folien im einstufigen Kalander aufgebracht werden.

7.5.2.2 Kontinuierlich faserverstärkte Thermoplaste

Kontinuierlich faserverstärkte Thermoplaste werden aufgrund ihrer hohen Viskosität in Form von Halbzeugen verarbeitet. Die Viskositäten thermoplastischer Hochleistungsmatrices liegen bei Verarbeitungstemperatur ca. 100-fach über den Viskositäten duromerer Matrices im Bereich von

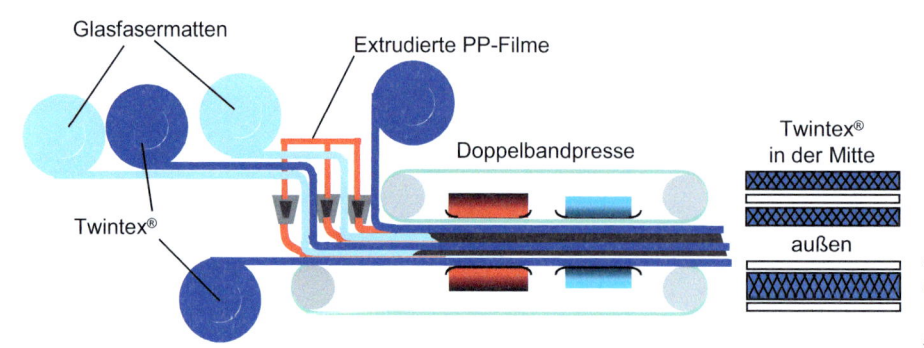

Abb. 7.32: *Herstellung von GMT ohne und GMTex mit Twintex® im Dreidüsenschmelzefilmverfahren (Broo 2004)*

102-104 Pa s (Hancox 1988). Aufgrund der hohen Viskosität und dem damit verbundenen Zeitaufwand zur Benetzung der Einzelfilamente ist die Konsolidierung bei der Verarbeitung endlosfaserverstärkter Thermoplaste in einem großserientauglichen Verfahren vom Bauteilformgebungsvorgang zu entkoppeln. Durch die Konsolidierung und somit vollständigen Benetzung der einzelnen Filamente wird die Prozesszykluszeit bei der Verarbeitung zum Bauteil deutlich herabgesetzt (Vogelsang 1989). Lediglich die In-situ-Polymerisation von Monomeren und Oligomeren erlaubt das Formen des Faserverbundwerkstoffs im Bauteilherstellungsprozess. Dies ist jedoch wirtschaftlich und technisch nur mit wenigen Thermoplasten möglich. Thermoplastische Prepregs liegen entweder in Form unidirektional verstärkter Tapes vor oder basieren auf textilen Verstärkungsstrukturen, die in einem nachfolgenden Schritt mit einem hochviskosen fließfähigen Thermoplast unter Temperaturbeaufschlagung imprägniert werden. Industriell eingesetzte Textilien sind vor allem Gewebe und Gelege. Die daraus hergestellten sogenannten Organobleche können auch aus Tapes in flächige Halbzeuge (gelegt oder gewebt) konsolidiert und dem Verarbeiter bereitgestellt werden.

Die folgenden zwei Begriffe, die der Beschreibung der hier betrachteten Technologien zur Verarbeitung von kontinuierlich vorliegenden Faserverstärkungsstrukturen dienen, finden bis heute keine einheitliche Verwendung, weshalb sie an dieser Stelle wie folgt definiert werden:

- *Imprägnieren* ist das Benetzen von Verstärkungsstrukturen mit gewünschtem Matrixvolumenanteil in Form von Pulver, Lösung, Schmelze oder mittels Hybridstrukturen (Filmstacking, Textilimprägnierung).
- Unter *Konsolidieren* versteht man das weitestgehend einschlussfreie Zusammenführen von Fasern, Matrix und gegebenenfalls Füllstoffen und das Verfestigen des Faserverbundbauteils.

Die am Markt befindlichen Halbzeuge unterscheiden sich hinsichtlich ihres Konsolidierungsgrades, mit dessen Zunahme die Flexibilität des Halbzeugs abnimmt. Verarbeitungsprozesse, wie beispielsweise das Vakuumsack- oder das Autoklavverfahren (Benedicts 1993), ermöglichen das gezielte Positionieren von imprägnierten Verstärkungstextilien und fordern meist die Drapierfähigkeit des Halbzeugs. Die Konsolidierung erfolgt dann während der Bauteilherstellung. Die Herstellung von Halbzeugen durch Imprägnieren erfolgt mittels Lösungsmittelimprägnierung, Pulverimprägnierung (Abb. 7.33) oder dem sogenannten Filmstacking (Abb. 7.34).

Lösungsmittelimprägnierung

kann nur für solche Thermoplaste verwendet werden, für die ein geeignetes gesundheitlich unbedenkliches Lösemittel existiert. Dies steht meist im Widerspruch zur geforderten Lösungsmittelbeständigkeit der aus dem Halbzeug herzustellenden Bauteile. Die flächigen Verstärkungstextilien oder gerichteten Fasern werden durch eine Polymerlösung gezogen und das aufgetragene Polymer durch Andruckrollen in die Fasern/textile Struktur eingearbeitet (Abb.7.29). Anschließend wird das Lösungsmittel abgedampft, was eine aufwändige Kapselung des Prozesses und in modernen Anlagen eine Rückgewinnung des Lösungsmittels erfordert. Lösungsmittelimprägnierte Halbzeuge zeichnen sich aufgrund der deutlich verbesserten Benetzung durch eine sehr gute Imprägnierqualität aus, eignen sich besonders für feine, dichte Gewebe und werden deshalb vor allem für die Luft- und Raumfahrt angeboten (Weghuis 1990).

Pulverimprägnierung

hat sich besonders bei Thermoplasten durchgesetzt, die im Herstellungsprozess als Pulver in geeigneter Korngröße anfallen, wie z.B. PP, PA12 oder ABS. Abbildung 7.33 zeigt exemplarisch eine Pulverimprägnierstrecke, bei welcher der Thermoplast als Pulver in einem Wirbelbad auf ein Gewebe aufgetragen und anschließend nach einer Heizstrecke in einem Kalander durch Anschmelzen fixiert wird (Eyerer 2000, Benedicts 1993). Die Herstellung eines UD-Tapes mittels Pulverimprägnierung verläuft ähnlich.
Eine weitere Variante ist ein wässriges Pulverbad, bei dem das Wasser anschließend in einer Heiz-

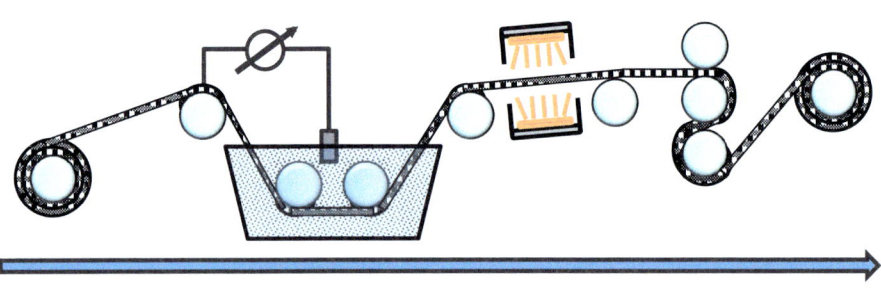

7 Faserverstärkte Kunststoffe

1. Gewebe **2. Wirbelbad mit Thermoplastpulver** **3. Heizstrecke** **4. Abzugs- und Kühlwalzen**

Abb. 7.33: *Anlagenschema der Pulverimprägnierung von Verstärkungsstrukturen*

strecke verdampft, der Kunststoff aufgeschmolzen und der Verbund über eine Düse zum Profilhalbzeug kalibriert und konsolidiert wird.

Schmelzimprägnierung

Ausgehend von einem Kunststoffgranulat wird die über eine Breitschlitzdüse ausgetragene Schmelze mit einer UD- oder Textilstruktur (Fasern oder Gewebe) direkt in Kontakt gebracht und einer Konsolidierungseinheit zugeführt. Neben diskontinuierlichen Intervallpressen werden hierbei überwiegend kontinuierlich arbeitende Doppelbandpressen (DBP) für die Imprägnierung und Konsolidierung der Halbzeuge eingesetzt (Abb. 7.32).

Ein weiteres Verfahren, das auf der Nutzung einer Doppelbandpresse zur Imprägnierung und Konsolidierung beruht, ist die sogenannte Film-Stacking Methode (Folienimprägnierung), bei der die Verstärkungstextilien (Gewebe, Faser, …) und thermoplastische Folien abwechselnd geschichtet werden (Abb. 7.34).

Unabhängig vom Prozessansatz werden die Materialien in der Heizzone unter Druckbeaufschlagung solange über Schmelztemperatur gehalten, bis die Filamente vollständig benetzt sind. Anschließend folgen die Abkühlung in einer Kühlzone, der Materialabzug und ggf. ein Konfektionierungsschritt. Abbildung 7.35 zeigt einen Vergleich erzielbarer Steifigkeiten und Festigkeiten thermoplastischer Organobleche.

Textile Imprägnierung

Neben der Aufbringung des Thermoplasten über Lösungsmittel, Pulver, Schmelze oder Folie ist auch die Zuführung in Faserform möglich. Nach der Verarbeitung der Polymeren zu orientierungsarmen Polymer-Filamenten, können diese – vermischt mit den Verstärkungsfasern (Mischroving – Comingled yarn) – zu Geweben, Gelegen oder Gestricken weiter verarbeitet werden (Kaldenhoff 1993, Vogelsang 1989). Die textile Imprägnierung durch das Comingling bietet einen wesentlich gleichmäßigeren und engeren Kontakt als die Pulverimprägnierung. Nach der Verarbeitung der Polymeren zu orientierungsarmen Polymer-Filamenten können diese in

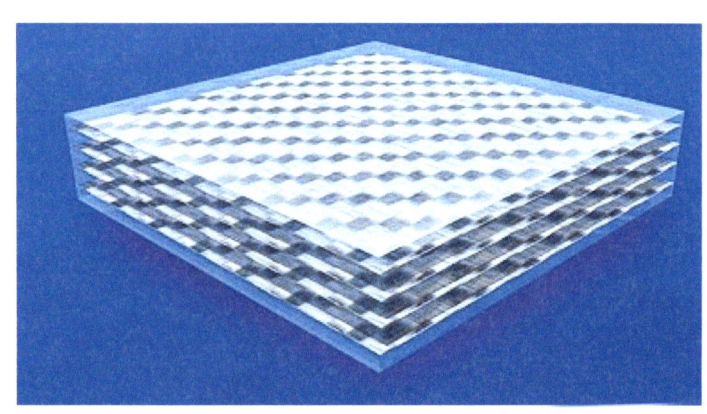

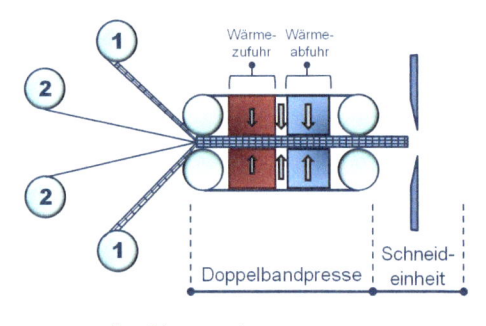

1 – Glasgewebe
2 – Thermoplastisches Matrixmaterial
⇧ – Druckeinwirkung

Abb. 7.34: *Film-Stacking im Doppelbandpressenprozess (rechts Bond Laminates GmbH)*

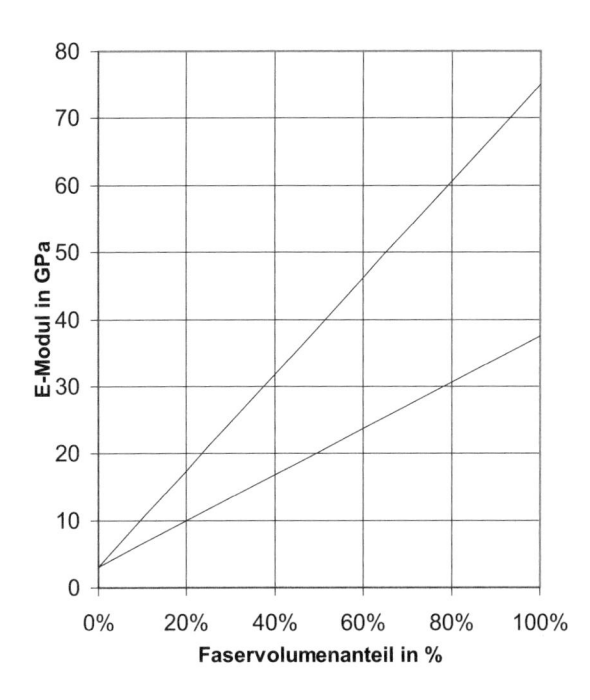

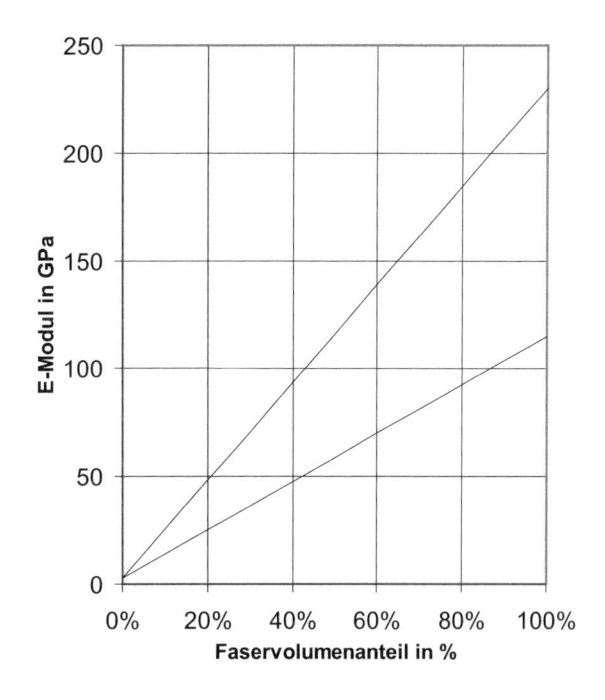

	E-Modul [GPa]	Festigkeit [MPa]
Biegung	50	780
Zug	58	800

	E-Modul [GPa]	Festigkeit [MPa]
Biegung	21	600
Zug	25	500

Abb. 7.35: *Vergleich erzielbarer Steifigkeiten mit thermoplastischen Organoblechen, links: PA/Glas und rechts PA/Kohlenstofffaserverstärkter Kunststoff, jeweils 50 Vol.-% (Obermann 2009 b)*

einem textilen Verfahren mit den Verstärkungsfasern vermischt und zu Geweben, Gelegen oder Gestricken weiter verarbeitet werden (Kaldenhoff 1993, Vogelsang 1989). Textilimprägnierte Halbzeuge zeigen hervorragende Drapiereigenschaften bei gleichmäßiger Matrixverteilung sowie Lösungsmittelfreiheit und sind unter Anwendung textiler Verarbeitungsprozesse auch für die Massenproduktion geeignet.

7.6 Eigenschaften von faserverstärkten Kunststoffen

Faserverstärkte Kunststoffe sind eine Werkstoffgruppe, die eine große Zahl von individuellen Produkten umfasst. Ihre Eigenschaften sind abhängig von
- Art und Länge der Fasern
- Mechanischen Eigenschaften der Fasern
- Art und Ausgangskomponenten der Matrix
- Technischen Eigenschaften der Matrix
- Anteil und Ausrichtung der Fasern
- Oberflächenbehandlung der Fasern
- Zusatzstoffe in der Matrix, z. B. Pigmente und
- Verarbeitungsverfahren.

Die Vielzahl von Parametern lässt erkennen, dass es außerordentlich schwierig ist, für faserverstärkte Kunststoffe technische Kennwerte anzugeben oder allgemeine Eigenschaften zu beschreiben. Dabei sind wirtschaftliche Aspekte, wie Rohstoffpreise und der Bedarf an Anlagen, noch nicht berücksichtigt.

Ein wichtiges Kriterium zur Erzielung hoher mechanischer Eigenschaften ist die Faserlänge. Nur wenn eine kritische Länge überschritten ist, können die Kräfte von Faser zu Faser übertragen und so die Fasereigenschaften im Verbundwerkstoff genutzt werden. Für

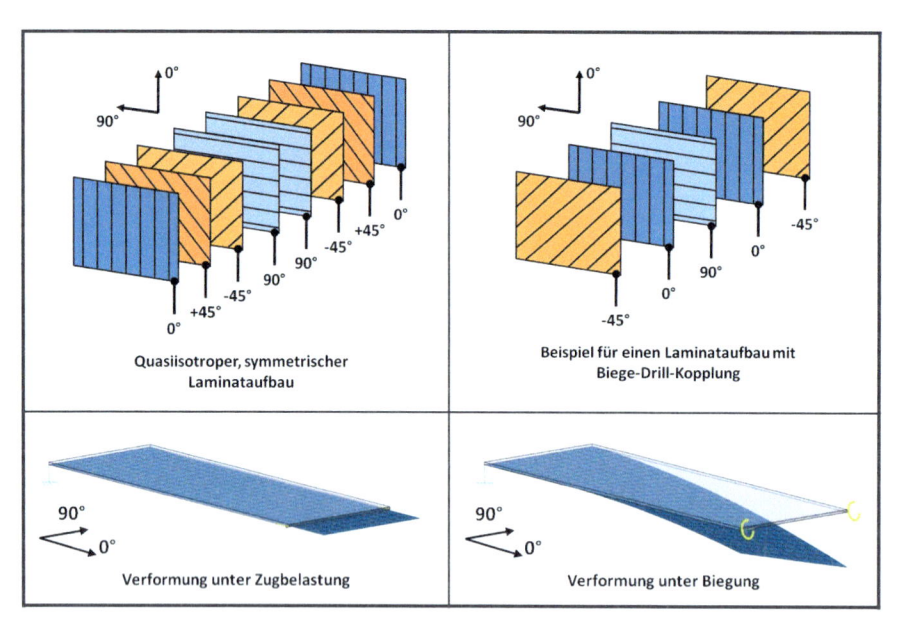

Abb. 7.36: *Unterschiedliche Laminataufbauten*

das Erzielen einer hohen Steifigkeit reicht, abhängig von der eingesetzten Matrix, eine Faserlänge im Bereich von 1 mm bereits aus. Um die maximal mögliche Festigkeit zu erreichen sind schon ca. 10 mm Faserlänge erforderlich. Einer hohen Schlagzähigkeit des Faserverbundwerkstoffes sind noch längere Fasern dienlich. Im Flugzeugbau und für andere Hochleistungsanwendungen kommen daher nur kontinuierlich faserverstärkte Kunststoffe zum Einsatz.

Noch wichtiger ist die Umsetzung einer belastungsgerechten Faserorientierung. Schon Abweichungen von wenigen Grad bewirken bei kontinuierlicher Faserverstärkung eine signifikante Reduktion der mechanischen Eigenschaften. Die dadurch einstellbare Anisotropie ist eine der wichtigsten Eigenschaften von Faserverbundwerkstoffen gegenüber den isotropen Metallen, da damit die Werkstoffeigenschaften optimal an die jeweiligen Anforderungen angepasst werden können. Hierzu werden einzelne Lagen, z. B. unidirektionale Tapes, schichtweise unter verschiedenen Orientierungswinkeln aufgebaut. Man beschränkt sich in der Regel auf die Winkel 0,90 und +-45 Grad (Abb. 7.36). Durch einen unsymmetrischen, eventuell auch nicht ausgeglichenen Verbund (z. B. mehr Lagen in +45 als in -45 Grad Richtung), kann die Steifigkeitsmatrix gezielt eingestellt und es können so z. B. Biege-Drill-Kopplungen erzielt werden. Bei speziellen textilen Fertigungsverfahren wie dem Sticken, können auch gekrümmte Faserbahnen realisiert werden, die optimal an die Hauptspannungslinien angepasst sind. Hierdurch ist eine optimale Nutzung der Fasereigenschaften möglich.

Entscheidend für die mechanischen Eigenschaften von Strukturen aus Verbundwerkstoffen sind die Fasern, wohingegen die Matrix die physikalischen und chemischen Eigenschaften beeinflusst (Tab. 7.8). Das mit Abstand höchste Leichtbaupotenzial ist mit den Kohlenstofffasern erreichbar. Natürlich ist auch eine Hybridisierung, das heißt die gezielte Kombination verschiedener Fasertypen in einem Bauteil, möglich. Zur Kostenreduzierung kann z. B. die Grundstruktur mit Glasfasern aufgebaut werden, während Kohlenstofffasern nur gezielt in höchstbelasteten Regionen zum Einsatz kommen. Allerdings ist zu beachten, dass Glasfasern wesentlich schwerer und weit von den hohen Steifigkeiten von Kohlenstofffasern entfernt sind. Mischungen der relativ spröden Kohlenstofffasern mit den zähen Aramidfasern ermöglichen dagegen die Herstellung von Verbundstrukturen mit sehr hohem Energieaufnahmevermögen bei geringem Gewicht.

Die Festigkeit und die Steifigkeit sind aber nicht die einzigen Kriterien, die das Leichtbaupotenzial bestimmen. In der Regel müssen Strukturen auf Lebensdauer ausgelegt werden. Es ist daher entscheidend, wie sich die Werkstoffeigenschaften aufgrund von Medieneinflüssen oder zyklischer Belastung über die gesamte Lebensdauer verhalten. In diesem Bereich verfügen Faserverbundwerkstoffe über einen großen Vorteil gegenüber Metallen. Insbesondere der Rissfortschritt im Bereich von Löchern oder Ausschnitten ist sehr gering.

Dieser Effekt ist genauso auf den inhomogenen Materialaufbau zurückzuführen wie das hohe Energieabsorptionsvermögen. Während bei metallischen Strukturen die gesamte Energie nur über plastische Verformung abgebaut wird, versagen Verbundwerkstoffe durch Faser-, Matrix- und Grenzflächenversagen. Bei optimaler Gestaltung, z.B. durch eine dreidimensionale Faserverstärkung, kann eine gewichtsspezifische Energieabsorption von über 100 kJ/kg erreicht werden. Metallische Strukturen liegen im Bereich von 20 kJ/kg.

Bei der Werkstoffauswahl sind jedoch nicht nur die mechanischen Eigenschaften für eine entsprechende Anwendung von Bedeutung, häufig stehen zudem funktionale Eigenschaften, wie die Wärmeausdehnung, im Vordergrund. Diese kann bei CFK-Werkstoffen über die Faserorientierung in einem weiten Bereich eingestellt werden (Abb.7.39). Kohlenstofffasern haben in Faserrichtung eine leicht negative Wärmeausdehnung von $-0{,}5 \cdot 10^{-6}$ 1/K, quer dazu $7 \cdot 10^{-6}$ 1/K.

Tab. 7.8: *Beeinflussung der Eigenschaften von FVK unter dem Einfluss verschiedener Verstärkungsfasern*

Eigenschaften	Verstärkungsfaser		
	Glasfaser	Aramidfaser	Kohlenstofffaser
Dichte	+-	++	+
Zugfestigkeit	+	+	+
E-Modul	-	+	++
Druckfestigkeit	+	-	+
Schlagzähigkeit	+	+	-
Dämpfung	-	+	-
dynamisches und statisches Verhalten	+	+	++
Dielektrische Eigenschaften	++	++	-
Haftung	++	-	+
Feuchtigkeitsaufnahme	+	-	+

Es soll in diesem Zusammenhang nur auf den wichtigen Aspekt der Haftung zwischen Matrix und Faser und auf die generelle Beeinflussung der Eigenschaften durch bestimmte Arten der Verstärkung eingegangen werden.

7.6.1 Haftung zwischen Matrix und Faser

Ein Verbundwerkstoff erzielt nur dann optimale Eigenschaften, wenn die auftretenden Kräfte in die Fasern eingeleitet werden können. Voraussetzung dafür ist eine gute Haftung zwischen Faser und Matrix, die durch eine entsprechende Vorbehandlung der Verstärkungsfasern mit einem Haftvermittler erreicht wird. Die Haftvermittler, Organosilane, werden der Schlichte zugesetzt. Es handelt sich um Verbindungen, deren einer Teil mit der Matrix und deren anderer Teil mit der Faseroberfläche reagiert, sodass zwischen beiden eine chemische Verbindung entsteht.

Die hohe Reaktivität der eingesetzten Chemikalie ist entscheidend für eine gute Haftung, während die Polarität des Silans oder die Benetzbarkeit der silanisierten Faser keinen Einfluss hat. Da duromere Reaktionsharze ohnehin reaktionsfähige Molekülgruppen enthalten, ist ihre Anbindung an das Silan unproblematisch.

Polare Thermoplaste haben grundsätzlich eine bessere Haftung auch zu den Haftvermittlern, mit denen sie eine Diffusionsschicht bilden, als unpolare Thermoplaste. Thermoplaste, die eine reaktive Gruppe tragen, können prinzipiell ebenfalls mit der funktionellen Gruppe des Silans reagieren. Bei unpolaren Thermoplasten, wie z.B. Polyolefinen, ist dies nicht möglich. Es ist jedoch möglich reaktive Gruppen an die Polymerkette anzubinden und durch diese eine Kopplung zur Faser zu bewirken.

7.6.2 Einfluss auf Festigkeit und Steifigkeit

Während die Festigkeit von Werkstoffen normalerweise mit der Zugfestigkeit als dem am einfachsten messbaren Kennwert gekennzeichnet wird, reicht dies besonders bei diskontinuierlich faserverstärkten Kunststoffen nicht aus, da es eine deutliche Abhängigkeit von der Belastungsart gibt. Der Unterschied zwischen Zug- und Druckfestigkeit kann erheblich sein. Bei kompakten, homogenen Kunststoffen ist die Zugfestigkeit unter anderem aufgrund von Fehlstellen oder Rissen, die zur Spannungserhöhung beitragen, geringer als die Druckfestigkeit, bei der z.B. Risse durch das Zusammendrücken der Rißufer Kräfte übertragen können. Bei unidirektional glasfaserverstärkten EP-Harzen ist eine deutliche Abhängigkeit der Zug- und Druckfestigkeit vom Fasergehalt festzustellen.

Die geringere Verbundfestigkeit bei Druck gegenüber Zug ist auf die Wirksamkeit der Knickstütze und ferner darauf zurückzuführen, dass die Querverformung des Harzes senkrecht zur Faserorientierung deutlich größer ist als die der Glasfaser, deren Querkontraktionszahl geringer ist als die der Fasern aus Kohlenstoff oder Aramid. Dazu trägt ein erheblich geringerer E-Modul der Glasfasern (EII = 73.000 MPa) – im Vergleich zu den C-Fasern (EII = 250.000 ÷ 500.000 MPa) – bei. Es entstehen größere Verformungen (im Vergleich zu C-Fasern) und der Unterschied zwischen den Querkontraktionszahlen von Fasern und Matrix kann sich deutlicher auswirken. Bei Aramidfasern macht sich zusätzlich das leichte Aufspleißen senkrecht zur Faser festigkeitsmindernd bemerkbar.

Die Festigkeit des reinen EP-Harzes ist unter Druck fast doppelt so hoch wie unter Zug. Dies wirkt sich aber in Faserrichtung nur bei geringen Fasergehalten aus. Senkrecht zur Faser ist die Druckfestigkeit höher als die des unverstärkten Harzes, die Zugfestigkeit (wegen Haftung, Störspannung und Dehnungsvergrößerung) dagegen geringer. Mit zunehmendem Fasergehalt nimmt die Zugfestigkeit zudem sogar eher ab, da die keilende Wirkung der Einbettung schwindet, während sie bei Druckbeanspruchung annähernd konstant bleibt.

Zug- und Druckbeanspruchung parallel und senkrecht zur Faserrichtung treten bei Schubbeanspruchung auf. Zunächst gilt, dass die Schubfestigkeit der Matrix ungefähr bei 50 bis 60 % der Matrixzugfestigkeit liegt und diese wiederum deutlich geringer als die Druckfestigkeit ist. Die Verstärkungswirkung der Fasern macht sich bei der Druckkomponente der Schubbelastung immer, bei der Zugkomponente dagegen nur in Faserrichtung positiv bemerkbar. Somit ergibt sich eine Schubfestigkeit des unidirektional verstärkten Verbundes, die zwischen Zug- und Druckfestigkeit liegt. Die Schubfestigkeit wird selbst bei der ungünstigsten Faseranordnung, parallel und senkrecht zur Faser, gegenüber der reinen Matrixfestigkeit erhöht. Ein Einfluss des Fasergehaltes ist praktisch nicht vorhanden. Somit ist bei einer Belastung senkrecht zur Faser die Druckfestigkeit immer höher als die Zugfestigkeit.

Die zum geringeren Teil sogar formschlüssige Verankerung des EP-Harzes an der Oberfläche der Kohlenstofffaser und deren größere Querverformung führen dazu, dass die Druck- und Zugfestigkeit etwa gleich sind.

Abweichend von der Festigkeit ergibt sich beim Elastizitätsmodul, dass eine Einbettung einer steiferen Faser immer mit einer Erhöhung der Steifigkeit des Verbundes einhergeht, egal in welcher Richtung die Fasern verlaufen. Beim E-Modul wirken sich solche Überhöhungen nicht aus. Die Folge ist, dass die Einlagerung einer zweiten steiferen Komponente immer zu einer Erhöhung des Gesamt-E-Moduls gegenüber dem E-Modul der reinen Matrix führt.

Bei glasfaserverstärkten Epoxidharzen ist der E-Modul der Faser etwa 20mal so hoch wie der der Matrix. Der höchste E-Modul ergibt sich in Faserrichtung. Je nach dem Winkel zwischen Faser und Belastung ändert er sich. Senkrecht zur Faser ist er am geringsten, jedoch immer noch höher als der der unverstärkten Matrix. Die Wechselwirkung zwischen Faserorientierung und Beanspruchungsrichtung wird beim Vergleich von Zug/Druck und Schub-Beanspruchung deutlich. Während bei Zug und Druck der Modul in Faserrichtung am größten ist, ist er bei Schub in Faserrichtung am geringsten, da die Last über die Matrix geleitet wird.

Ein wichtiger Aspekt ist die Schadenstoleranz, das heißt das Verhalten einer Struktur nach einer Schädigung. Bei metallischen Strukturen treten z.B. bei einem Impact schon bei relativ geringen Energien plastische Deformationen auf, die gut sichtbar sind und somit die Inspizierbarkeit erleichtern. Anders bei Faserverbundstrukturen: Hier zeigen sich Schäden aufgrund der fehlenden Plastifizierung erst bei vergleichsweise hohen Energien an der Oberfläche. Im Innern können jedoch Delaminationen entstehen, die vor allem die Druckfestigkeit deutlich reduzieren. Bei der Auslegung von Verbundwerkstoffen ist dies durch entsprechende Sicherheitsfaktoren zu berücksichtigen. In der Regel werden daher nur Dehnungen bis zu 0,4 % zugelassen. Die Schadenstoleranz ist vor allem abhängig von der Zähigkeit des Matrixsystems sowie von der Faserarchitektur. Durch eine dreidimensionale Faserverstärkung können Delaminationen verhindert werden.

Unter Berücksichtigung aller genannten Anforderungen und Randbedingungen wurden verschiedene Fertigungsverfahren entwickelt, die ein sehr unterschiedliches Potenzial in Bezug auf die realisierbaren Geometrien, die Produktivität und die Eigenschaften haben (Kap. III.6).

7.7 Anwendungsgebiete

Aufgrund ihres spezifischen Eigenschaftsprofils weisen Faserkunststoffverbunde wesentliche Vorteile gegenüber homogenen Werkstoffen auf. Dazu zählen vor allem die guten mechanischen Eigenschaften bei gleichzeitig geringem Gewicht (gewichtsspezifische Eigenschaften), aber auch physikalische Eigenschaften wie z. B. Durchlässigkeit von Röntgenstrahlen, Abschirmung elektromagnetischer Felder oder eine einstellbare Wärmeausdehnung über einen definierten Temperaturbereich. Auch erzielbare chemische Eigenschaften, wie die Beständigkeit gegenüber einer Vielzahl von Medien in Abhängigkeit der gewählten Matrix und die daraus resultierende Korrosionsbeständigkeit, zählen zu den Vorteilen. Letzteres begründet auch den ansteigenden Verbrauch von FVK im Chemieanlagenbau und in der Bauindustrie, z. B. bei der Verlegung von Versorgungsleitungen.

Haupteinsatzbereich von Faserverbundwerkstoffen ist jedoch der funktionsintegrierte Leichtbau, vor allem in der Transportindustrie, der Luft- und Raumfahrt, zunehmend im allgemeinen Fahrzeug- und dem Automobilbau.

Am häufigsten ist die Zielsetzung die Reduktion bewegter Massen, die zunehmend auch zum Einsatz dieser Werkstoffe im Anlagenbau, wie z. B. in Windkraftanlagen zur Effizienzsteigerung oder in der Automation zur Geschwindigkeits- und Präzisionssteigerung führen. Hinzu kommt die Funktionsintegration durch eine gewichtsoptimierte Integralbauweise durch den Einsatz fließfähiger diskontinuierlich faserverstärkter Faserverbunde, die die Anzahl der Fügestellen und -elemente deutlich reduziert.

In der Transportindustrie unterscheidet man Strukturbauteile mit der Zielsetzung, die Anisotropie der Werkstoffe ingenieurstechnisch so zu nutzen, dass die erforderlichen Kräfte bei möglichst geringem Gewicht und Werkstoffeinsatz aufgenommen werden können und semi-strukturelle funktionsintegrierende Bauteile durch fließfähige Faserverbunde. Beim Fahrzeug zählen zum ersteren Karosserieprimärstrukturen, Crashboxen und -absorber, Stoßfängerquerträger sowie auch Schubfeldbauteile wie das Fahrzeugdach und zum letzeren Frontendmontageträger, Instrumententafelträger, Türmodule und Unterbodenabdeckungen. Die Luft- und Raumfahrt weist die größte Anzahl an HLFVW vor, unter anderem zählen hierzu das Tragflächenverbindungsstück, Druckkalotten, Tragflächensegmente sowie Flugzeugboden- und Rumpfsegmente.

Kohlenstofffaserverstärkte Verbundwerkstoffe (CFK) bieten von allen Werkstoffen das höchste Leichtbaupotenzial. In vielen Anwendungen wurden Gewichtsreduzierungen von 25 % gegenüber Aluminium und 60 % gegenüber Stahl erreicht. Im Flugzeugbau zählt CFK daher zu den wichtigsten Strukturwerkstoffen. Segelflugzeuge bestehen seit den sechziger Jahren komplett aus Faserverbundwerkstoffen und auch im Verkehrsflugzeugbau hat ihr Einsatz in den letzten 20 Jahren stetig zugenommen (Abb. 7.37).

Die Einführung begann zunächst mit nur gering belasteten Sekundärstrukturen, später folgten erste Primärstrukturen wie Leitwerke und Druckdome. Abbildung 7.38 zeigt schematisch das Seitenleitwerk des Airbus A300, bei dem erstmals CFK zum Einsatz kam und damit den Einzug der Verbundwerkstoffe in die Primärstruktur bedeutete. Die Hauptvorteile sind rund 20 % Gewichtseinsparung gegenüber der Alu-

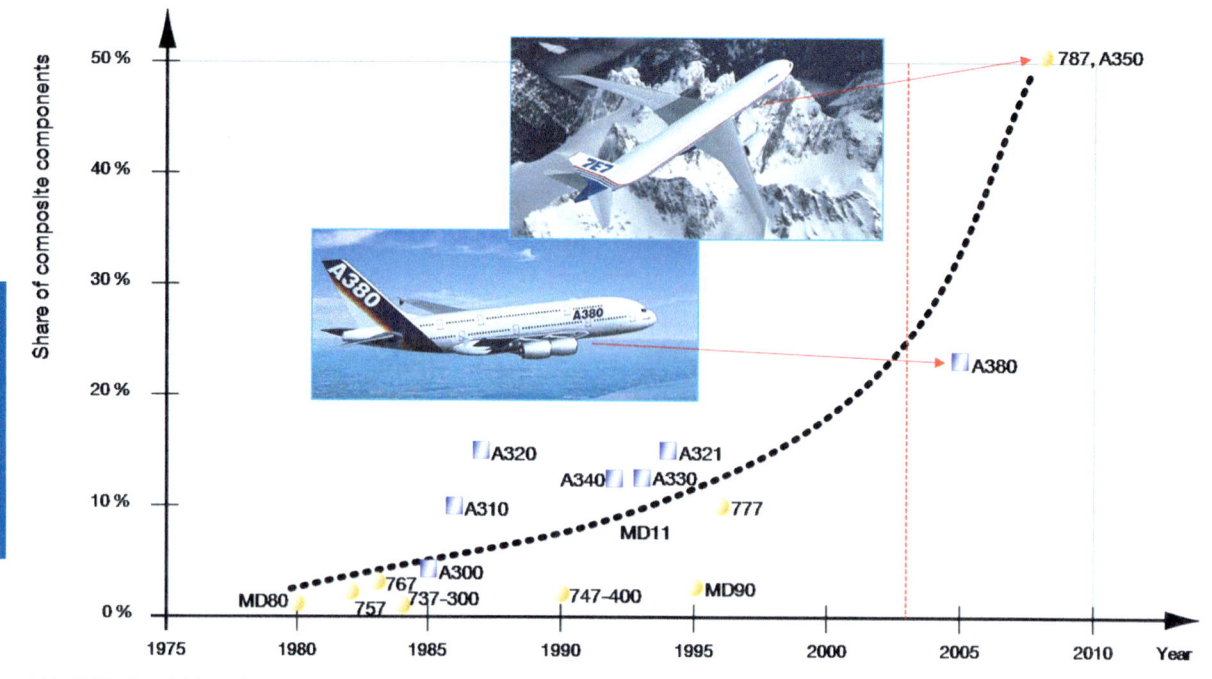

Abb. 7.37: *Entwicklung des Anteils faserverstärkter Kunststoffe im Flugzeugbau (Quelle: DLR Braunschweig, Lars Herbeck)*

miniumstruktur sowie eine deutliche Reduzierung der Einzelbauteile, die zu Kostenreduzierungen in der Montage führt.

Abbildung 7.39 zeigt den Einsatz von Verbundwerkstoffen im aktuellen Airbus A380.

Einen weiteren großen Sprung mit einem CFK-Anteil von über 50% machen nun die modernsten Flugzeuge wie die Boeing 787 und der Airbus A350, die erstmals über einen CFK-Flügel und CFK-Rumpf verfügen (Abb. 7.40).

Vorteile sind nicht nur die hohe Gewichtseinsparung verbunden mit geringerem Kerosinverbrauch, sondern auch ein verbesserter Passagierkomfort durch einen höheren Kabinendruck, höhere Luftfeuchtigkeit und größere Fenster – Optionen, die die Faserverbundtechnologie gegenüber Aluminium bietet. Die Airlines profitieren durch geringere Wartungskosten aufgrund der Korrosionsfreiheit und der guten Ermüdungseigenschaften, verbunden mit einem gutmütigen Rissfortschrittsverhalten.

Bei allem Fortschritt bleibt dennoch auch im Flugzeugbau noch viel Forschungs- und Entwicklungsbedarf, insbesondere wenn man an den CFK-Einsatz in zukünftigen Kurzstreckenflugzeugen denkt, die in viel höheren Stückzahlen gebaut werden als der A350 und die B787.

Dies betrifft sowohl die Bauweisen, beispielsweise die grundlegende Frage, ob der Rumpf in Form von Röhren oder Schalen aufgebaut wird, als auch die Werkstoffsysteme (z. B. Duromer- oder Thermoplastmatrix) und die dadurch definierten Fertigungstechnologien. Dominiert heute die so genannte Prepregtechnologie

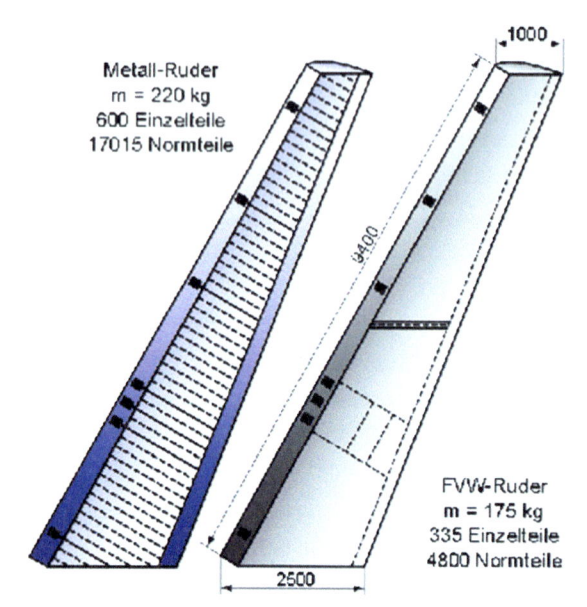

Abb. 7.38: *Vergleich von Seitenleitwerken aus Aluminium und Faserverbundwerkstoffen*

7.7 Anwendungsgebiete

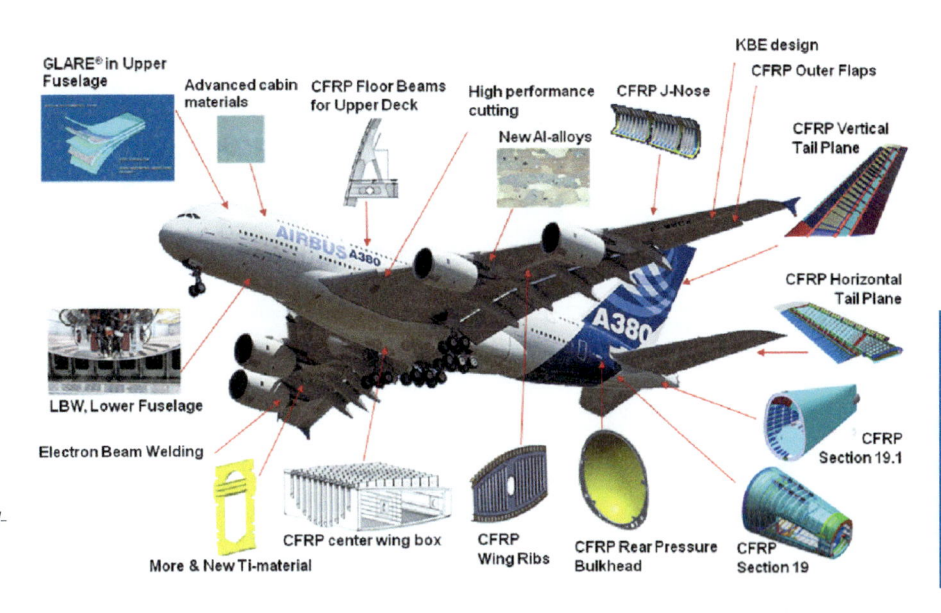

Abb. 7.39: *Anteil von Verbundwerkstoffen im A380 (Quelle: Airbus)*

auf Basis unidirektionaler, vorimprägnierter Kohlenstofffaser-Tapes, die im Handlegeverfahren oder automatisiert durch Tapelegeanlagen schichtweise in ein Werkzeug abgelegt und dann in einem Autoklaven verdichtet und ausgehärtet werden, gewinnen zunehmend Fertigungsverfahren an Bedeutung, die auf trockenen Faserhalbzeugen basieren. Diese werden in einem zweiten Arbeitsschritt mit dem Harz imprägniert.

Diese Verfahren bieten gegenüber der Prepregtechnologie einige entscheidende Vorteile, insbesondere, wenn für die Herstellung der Faserhalbzeuge moderne hochproduktive und automatisierte Textiltechnologien zum Einsatz kommen. Die anschließende Imprägnierung kann durch verschiedene Harzinjek-

Abb. 7.40: *Airbus A350 (Quelle: Airbus)*

Abb. 7.41: *Nischenfahrzeuge mit CFK-Struktur*

375

7 Faserverstärkte Kunststoffe

Abb. 7.42: *Inspektion des BMWi8 Seitenmoduls und Transport des BMWi3 Life Moduls*

tionsverfahren erfolgen, die abhängig von der Werkzeugtechnologie und der Art der Harzzuführung zu sehr unterschiedlichen Taktzeiten, Kosten und Qualitäten führen.

Diese neuen Technologien sind auch eine Voraussetzung für den Einsatz von Faserverbundwerkstoffen im Großserienautomobilbau und Maschinenbau. Die auf dem Markt verfügbaren Nischenfahrzeuge, wie der Porsche Carrera GT oder der McLaren Mercedes SLR, setzten zwar schon auf CFK zur Gewichtsreduzierung und zur Reduzierung der Werkzeugkosten bei den für den Automobilbau extrem kleinen Stückzahlen, basieren jedoch im Wesentlichen auf Fertigungstechnologien aus dem Flugzeugbau und der Formel 1 (Abb. 7.41). Außerdem vermeiden sie mit Ausnahmen des SLR den Einsatz von Verbundwerkstoffen im Bereich der energieabsorbierenden Strukturen.

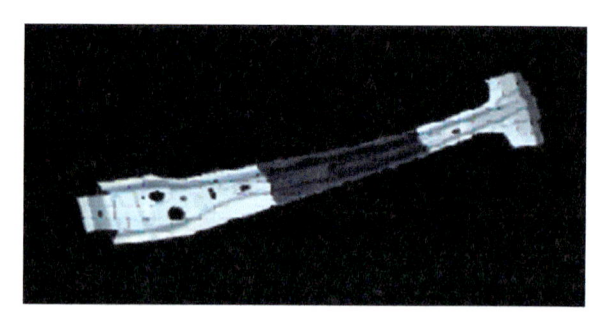

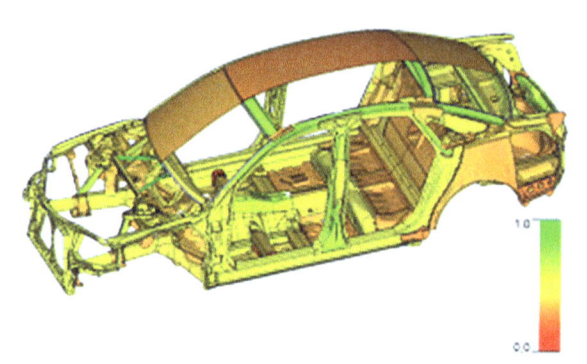

Abb. 7.43: *Strategien für CFK-Technologien*
Links oben: *Voll CFK, konventionellens Konzept (Mercedes)*
Links unten: *Metall/CFK Hybridstruktur (Audi)*
Rechts oben: *Metall/CFK Hybridwerkstoff (SGL Benteler)*
Rechts unten: *Voll CFK, CFK-gerechtes Konzept (Volkswagen AG)*

Geeignete Bauweisen, Optimierungen aller Prozessschritte und die Verfügbarkeit kostengünstiger Werkstoffsysteme sind nur einige Voraussetzungen für die Nutzung des Leichtbaupotenzials von CFK bei größeren Stückzahlen. Weitere Vorteile sind eine höhere Agilität und eine höhere Designfreiheit.

Diese Faktoren haben die Entwicklung entsprechender Technologien signifikant vorangetrieben. Geeignete Verfahren für höhere Stückzahlen stehen inzwischen zur Verfügung und sind im Kapitel III.6 vorgestellt. Diese finden auch bei der Produktion des BMWi3 ihren Einsatz (Abb. 7.42).

Zur Einführung der CFK-Technologie im Automobilbau bieten sich verschiedene Strategien an. Am konsequentesten und vielversprechendsten ist die Entwicklung faserverbundgerechter Strukturkonzepte, die eine optimale Umsetzung in entsprechende Bauweisen und Fertigungstechniken ermöglichen. Dies führt in der Regel zu einem hoch integrierten Design mit wenigen Großmodulen. Risikoloser ist die Realisierung von Hybridstrukturen auf Struktur- oder Komponentenebene. Beide Konzepte beruhen im Wesentlichen auf herkömmlichen Stahl- oder Aluminiumstrukturen, bei denen entweder einzelne Komponenten komplett durch CFK-Bauteile ersetzt werden oder Metallkomponenten gezielt durch CFK verstärkt werden. Hierdurch können z. B. sehr effizient das Energieabsorptionsvermögen oder die Betriebsfestigkeit der Komponente erhöht werden. Ein Konzeptleichtbau, der das System im Ganzen im Blick hat, ist jedoch allen anderen Leichtbaustrategien vorzuziehen und bietet eine hervorragende Grundlage die anisotropen Eigenschaften in einem faserverbundgerechten Konzept/Teilsystem gewichtsoptimiert umzusetzen.

Phenol-Formaldehyd-Formmassen sind aufgrund ihres Eigenschaftsprofils sehr gut für Anwendungen im direkten verbrennungsmotorischen Umfeld geeignet. Eine typische Anwendung ist beispielsweise ein Ventilblock für ein Doppelkupplungsgetriebe (Abb. 7.44). Aktuelle Entwicklungen gehen in Richtung großvolumiger, struktureller Motorenkomponenten. Die Eignung der Phenol-Formaldehyd-Formmassen wurde anhand eines Einzylinder-Forschungsmotors

Abb. 7.44: *Spritzgegossener Ventilblock für ein Doppelkupplungsgetriebe aus einer Phenol-Formaldehyd-Formmasse (Quelle: Sumitomo Bakelite Co., Ltd.)*

gezeigt. Durch die Verwendung eines spritzgegossenen Zylindergehäuses konnten Gewicht und Geräuschemissionen des Motors reduziert werden, ohne die Leistung zu beinträchtigen (Abb. 7.45) (Berg 2016).

Abb. 7.45: *Leichtbau-Forschungsmotor mit spritzgegossenem Zylindergehäuse aus einer Phenol-Formaldehyd-Formmasse (Quelle: Fraunhofer ICT)*

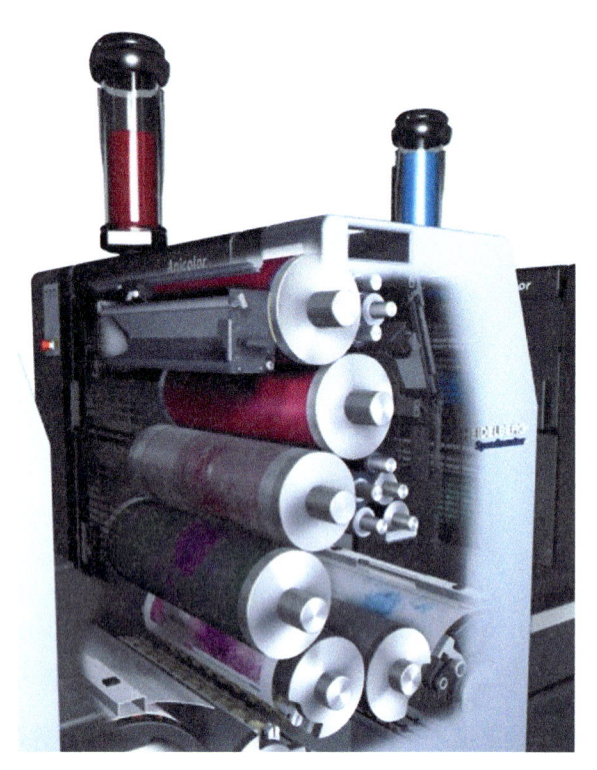

Abb. 7.46: *Druckwalzen (Quelle: Heidelberger Druckmaschinen AG)*

Die Entwicklung faserverbundgerechter Strukturkonzepte und Bauweisen ist jedoch nur ein Schritt zur Erzielung einer hohen Leichtbaugüte. Auch an den Fertigungsprozess werden hohe Anforderungen gestellt. Hierbei gilt es merkmalfrei reproduzierbare Eigenschaften im Bauteil in einem robusten Prozess zu erzeugen und dies bei möglichst hohem Faservolumengehalt. Um Lufteinschlüsse zu reduzieren werden oftmals Prozesse eingesetzt, die eine zusätzliche Druckbeaufschlagung bei erhöhter Temperatur zulassen. Dies führt zu hohen Faservolumengehalten von um die 60% bei gleichzeitig geringem Porengehalt von unter 2%. Die aktuellen Entwicklungen

Besonders interessant ist die Kombination von elektrischen Antrieben und Faserverbundstrukturen. Zum einen kommt dem Gewichtseinsparpotenzial durch den Einsatz von CFK aufgrund des höheren Fahrzeuggewichts durch die Batterien eine besondere Bedeutung zur Steigerung der Reichweite zu, zum anderen erlauben Elektrofahrzeuge völlig neue Strukturkonzepte, die frei von Package-Restriktionen herkömmlicher Fahrzeuge sind. Auch im allgemeinen Maschinen- und Anlagenbau finden Faserverbundwerkstoffe, zunehmend CFK wachsendes Interesse. Gewichtseinsparung ist hierbei nur *eine* Motivation. Häufig ist auch die geringe und einstellbare Wärmeausdehnung für dimensionssensitive Strukturen, wie große Druckmaschinenwalzen, von Bedeutung (Abb. 7.46).

Die Möglichkeit, sehr große Strukturen relativ kostengünstig herzustellen, macht man sich bei der Herstellung von Rotorblättern für Windenergieanlagen zu Nutze (Abb. 7.47). Von Vorteil sind auch hier das gute Dauerfestigkeitsverhalten und die Korrosionsfreiheit bei geringem Gewicht.

Abb. 7.47: *Windenergieanlage (Quelle: ENERCON GmbH)*

zielen zum einen in Richtung einer autoklavfreien Fertigung sowie auf Erzielung kurzer Zykluszeiten für sehr große Strukturen (Beispiele: Windenergie oder Rumpfstrukturen) und zum anderen auf vollautomatisierte Pressprozesse zur Realisierung hoher Stückzahlen.

7.8 Weiterführende Informationen

Literatur

Benedicts, M. A., Muzzy, J. D.: Glass Fiber/Polypropylen Prepregs Produced by Electrostatic Fluidized Bed Powder Coating. Annual Technical Conference Society of Plastics Engineers, New Orleans, 1993

Blumberg, H.: Stand und Entwicklungstendenzen für Hochleistungspolymer- und Kohlenstofffasern. 27. Internationale Chemietagung, Dornbirn, September 1989

Breuer, U., Neitzel, M.: Processing Technology for Mass Production of Fabric Reinforced Thermoplastic Parts. Proceedings International Man-Made Fibres Congress, Dornbirn, 1996

Bristow, P.: AZDEL innovation in action – Thermoplastic Composites, Guide to AZDEL SuperLite®. AZDEL, Inc., Forest, 2004

Broo, R., Dittmar, H.: Advanced GMT Applications in the Automotive Industry. In: SPE Automotive Composites Conference, 14./15. September 2004. Society of Plastics Engineers, Automotive & Composites Divisions, MSU Management Education Center, Troy, 2004

Cutolo, D., Savadori, A.: Processing of Product Forms for the Large-Scale Manufacturing of Advanced Composites. Polymers for Advanced Technologies. John Wiley & Sons Ltd., 1994

Drechsler, K.: Vorlesungsmanuskript: Werkstoffe und Fertigungsverfahren der Luft- und Raumfahrttechnik. Universität Stuttgart, 2004

Edelmann, K.: Charakterisierungsmöglichkeiten glasfaserverstärkter thermoplastischer Pressmassen. Vortrag 1. AVK-TV Tagung, Baden-Baden, 1998

Effing, M., Eckenberger, J., Staub, B., Walrave A.: TEPEX. The Revolution in Mass Production of Advanced Composites. Proceedings, 4th Japan International SAMPE Symposium, Tokio, 1995

Effing, M., Hopkins, M.: The Tepex-System: Cost Effective High-Volume Production of Parts and Profiles for Recreation, Protection and Transportation Markets. Proceedings of the 39th SAMPE Symposium and Exhibition, Anaheim, 1994, S. 2637–2654

Ehrenstein, G.W.: Faserverbund-Kunststoffe. Werkstoffe, Verarbeitung, Eigenschaften. Carl Hanser Verlag, München, 2006

Engelen, H.: Dow Automotive Product Offering PP/Long Glass Fiber Granulates for Injection Molding and PP-'systems' (PP + Combi-masterbatches) for d-LFT Processes, Updated Version. Dow Automotive, Terneuzen, 2006

Eyerer, P.: Vorlesungsmanuskript: Kunststoffe in der Anwendung. Universität Stuttgart, 2000

Eyerer, P.: Kunststoffkunde WS/SS 2005/2006 – Gesamtmanuskript zur gleichnamigen Vorlesung für Studenten und Doktoranden. 13. Aufl., Universität Stuttgart, Institut für Kunststoffprüfung und Kunststoffkunde IKP, 2005

Flemming, M., Ziegmann, G., Roth, S.: Faserverbundbauweisen, Fasern und Matrices. Springer-Verlag, Berlin/Heidelberg, 1995

Forsdyke, K. L., Starr, T. F.: Thermoset Resins: A Rapra market report. Rapra Technology Limited, Shawbury, 2002

Gächter, R., Müller, H.: Taschenbuch der Kunststoff-Additive: Stabilisatoren, Hilfsstoffe, Weichmacher, Füllstoffe, Verstärkungsmittel, Farbmittel für thermoplastische Kunststoffe. 3. Ausg., Carl Hanser Verlag, München, 1990

Ganga, R.: Fibre Imprégnée de Thermoplastique (FIT). Composites et Nouveaux Matériaux, 5, 1984

Hancox, N. L.: High Temperature High Performance Composites. Advanced Materials & Manufacturing Process, 3, 1988, S. 359–389

Hexcel Composites: "Prepregtechnologie". Publikation Nr. FGU 017, August 1997

Jäger, H., Verderhalven, J.: Carbon Fibers as Strategic Future Materials – The European Position. Eucomas, Augsburg, 1./2. Juli 2009

Kaldenhoff, R., Wulfhorst, B.: Textile Prepregs aus Friktionsspinnhybridgarnen für Faserverbundwerkstoffe. Technische Textilien, 36, 1993

Körwien, T.: Konfektionstechnisches Verfahren zur Herstellung von endkonturnahen textilen Vorformlingen zur Versteifung von Schalensegmenten, Universität Bremen 2003

Lamond, T. G.: Fillers [for Sheet Molding Compounds]. In: Hamid G. Kia (Hrsg.): Sheet Molding Compounds Science and Technology. Carl Hanser Verlag, München, 1993, S. 95–115

Li, W., Lee, L. J.: Shrinkage Control of Low-profile Unsaturated Polyester Resins Cured at Low Temperature. Polymer, 39, 1998, S. 5677–5687

Li, W., Lee, L. J.: Low Temperature Cure of Unsaturated Polyester Resins with Thermoplastic Additives II. Structure Formation and Shrinkage Control Mechanism. Polymer, 41, 1999, S. 697–710

Lücke, A.: Thermoplaste mit Rückgrat. Kunststoffe, 87, 3, 1997, S. 279–283

Lücke, A.: Langfaserverstärkte Thermoplaste im Automobil – Stand der Technik und zukünftige Perspektiven. Tagung, Würzburg, 1999

Meyer, O.: Kurzfaser-Preform-Technologie zur kraftflussgerechten Herstellung von Faserverbundbauteilen. Diss., 2008

Michaeli, W.: Einführung in die Kunststoffverarbeitung. 5. Aufl., Carl Hanser Verlag, München, 2006

Montagne, M., Bulliard, X., Michaud, V., Månson, J-A. E.: An Explanation of the Low Profile Mechanism in Unsaturated Polyester Resins. In: COMPOSITES 2005, Convention and Trade Show, American Composites Manufacturers Association, Columbus, 2005

Neitzel, M., Breuer, U.: Die Verarbeitungstechnik der Faser-Kunststoff-Verbunde. Carl Hanser Verlag, München, 1997

Neitzel, M., Mitschang, P.: Handbuch Verbundwerkstoffe – Werkstoffe, Verarbeitung, Anwendung. Carl Hanser Verlag, München, 2004

N. N.: Langfaserverstärkte Polymere; Celstran, Compel, Fiberod. Firmenschrift der Ticona, ein Unternehmen der Hoechst Gruppe, 1998

N. N.: Glasmattenverstärkte Thermoplaste, Verarbeitungs-Richtlinien für GMT Teile. 2. Aufl., Quadrant Plastics Composites, Lenzburg, 2002

Obermann, C.: IKV Kolloquium, Aachen, 2009

Obermann, C.: Werkstoffsymposium Leichtbautechnik, Stuttgart, 2009

Ostgathe, M.: Zur Serienfertigung gewebeverstärkter Halbzeuge für die Umformung. Dissertation, Universität Kaiserslautern, IVW, 1997

Pohl, C.: Konsolidierungsgrad. Schriftliche Mitteilung des Instituts für Kunststoffverarbeitung IKV, Aachen, 1998

Reuther, E.: Kohlefaser SMC für Strukturteile. In: 7. Internationale AVK-Tagung für verstärkte Kunststoffe und duroplastische Formmassen, Kongresshaus Baden-Baden, 27.–29. September 2004

Schwarz, O., Ebeling, F. W.: Kunststoffkunde. Vogel Verlag, Würzburg, 2007

Stachel, P., Schäfer, C., Stieg, J.: Advanced SMC, ein kohlenstofffaserverstärkter Verbundwerkstoff für die Automobilindustrie. In: 6. Internationale AVK-TV Tagung für verstärkte Kunststoffe und duroplastische Formmassen, Kongresshaus Baden-Baden, 7./8. Oktober 2003

Stassen, P., Koppes, M., Tijhuis, J.: Stabilisation of Polymer Matrix Polypropylene in LFT & New Directions. In: 6th Annual SPE Automotive Composites Conference & Exposition (ACCE), MSU Management Education Center in Troy, 12.–14. September 2006

Tadros, A.: Mass Production of Advanced Composite Materials Technology and Economics of Consolidated Sheet Manufacturing. Proceedings of 2nd Japan International SAMPE Symposium, Proceedings of 2nd Japan International Symposium, Kyoto, 1994

Vancso Szmercsanyi, I., Voo, E.: Interaction Between Unsaturated Polyester Resins and Fillers. Kunststoffe, 58, 12, 1968, S. 907–912

Vancso Szmercsanyi, I.: Zur Wechselwirkung zwischen ungesättigten Polyesterharzen und

Metalloxiden. In: Vortrag auf der 9. öffentlichen Jahrestagung der Arbeitsgemeinschaft Verstärkte Kunststoffe, Freudenstadt, 6.-9. Oktober 1970

Vogelsang, J., Greening, G., Neuberg, R.: Hybridgarne aus HT-Thermoplasten/Carbonfasern: Neues Halbzeug für Hochleistungsverbund. Chemiefasern/Textilindustrie, Industrie Textilien, 31, Frankfurt/Main, 1989

Vöö, E., Szommer, L., Polhammer, M., Hirschberg, P.: Erfahrungen bei der Verarbeitung von Polyester Preßmaterialien. Kunststoff-Rundschau, 10, 1974, S. 447-452

Wacker, M., Liebold, R., Ehrenstein, G. W.: Charakterisierung des Eindickverhaltens von Class-A SMC mittels unterschiedlicher Untersuchungsmethoden. In: 5. Internationale AVK-TV Tagung für verstärkte Kunststoffe und duroplastische Formmassen, Kongresshaus Baden-Baden, 17./18. September 2002

Weghuis, M., Dreumel, W. van: Continuous Fibre Reinforced Thermoplastics in Daily Use. Reinforced Plastics, 34, 1990, S. 38-41

Weiland, A.: Nähtechnische Herstellung von dreidimensional räumlich verstärkten Preforms mittels Einseitennähtechnik. Dissertation, Pro Business GmbH, Berlin, 2003

Firmenschriften

Firmenprospekt SMC-Produktionsanlagen. Schmidt & Heinzmann GmbH & Co. KG, Bruchsal, 1984

Produktinformation CIC-Produktionsanlagen für Faser-Formmassen. Schmidt & Heinzmann GmbH & Co. KG, Bruchsal, 1984

8 Technische Keramik

Walter Krenkel

8.1 Strukturkeramiken für Leichtbauanwendungen ... 387
8.1.1 Monolithische Keramiken ... 387
8.1.2 Keramische Wälzlager für die Antriebstechnik ... 388
8.1.3 Leichtbau-Kameragehäuse aus Siliciumnitrid ... 389

8.2 Leichtbau mit Faserverbund-Keramiken ... 390
8.2.1 Keramische Verbundwerkstoffe ... 390
8.2.2 Verstärkungsfasern ... 392
8.2.3 Herstellverfahren für CMC-Bauteile ... 393
8.2.4 Eigenschaften der CMC-Werkstoffe ... 395
8.2.5 Hochtemperatur-Leichtbau in der Raumfahrt ... 397
8.2.6 Keramische Leichtbaubremsen ... 398
8.2.7 Leichtbau in der Verbrennungstechnik und Wärmebehandlung ... 399

8.3 Zusammenfassung und Ausblick ... 400

8.4 Weiterführende Informationen ... 400

Wie keine andere Werkstoffklasse kombinieren keramische Werkstoffe hohe thermomechanische Festigkeiten mit einer geringen Materialdichte. Dennoch finden sich bisher in der Praxis nur wenige Beispiele für leichtgewichtige Konstruktionsbauteile aus monolithischen Keramiken, bei denen für die Werkstoffauswahl die hohen massenspezifischen Eigenschaften entscheidend sind. Dem Konstrukteur von Leichtbaustrukturen missfällt vor allem eine Eigenschaft der Keramiken, die in ihrer Mikrostruktur begründet liegt: Die hohen kovalenten bzw. ionischen Bindungskräfte lassen nahezu keine plastische Verformung des Gefüges zu, sodass im Überlastfall die Konstruktion schlagartig versagt. Dieses inhärent spröde Bruchverhalten hat auch noch eine weitere Eigenschaft der Keramiken zur Folge: Die Kennwerte weisen eine hohe Streuung auf, sodass mit hohen Sicherheitsfaktoren gerechnet werden muss oder aufwändige Qualitätssicherungsmaßnahmen ergriffen werden müssen.

Dennoch werden die geringen Dichten der keramischen Werkstoffe für den extremen Leichtbau bereits ausgenutzt, immer jedoch in Kombination mit anderen, unikalen Eigenschaften dieser Werkstoffe wie beispielsweise hohe Steifigkeit (geringe Nachgiebigkeit der Strukturen), hohe Härte (geringer Verschleiß) oder geringes thermisches Ausdehnungsverhalten (niedrige Thermospannungen). Faserverstärkte Keramiken, d. h. Keramiken mit eingebetteten Kurz- oder Langfasern, die versagenskritische Risse zum Stoppen bringen und die Bruchzähigkeit deutlich steigern können, wurden speziell für den Hochtemperatur-Leichtbau entwickelt und erweitern das konstruktive Potenzial der Keramiken enorm.

Keramische Bremsscheibe (Porsche PCCB 911 Turbo S) und Leichtbau-Spiegelstruktur (Masse 11,5 kg, Ø 1000 mm von ECM Engineered Ceramic Materials GmbH) aus kohlenstofffaserverstärktem Siliziumcarbid

Diese keramischen Verbundwerkstoffe (Ceramic Matrix Composites, CMC) zeigen durch ihr quasi-plastisches Bruchverhalten eine deutlich höhere Schadenstoleranz, sodass auch großflächige, dünnwandige und sehr leichte Strukturbauteile aus keramischen Werkstoffen hergestellt werden können. Ursprünglich für den Thermalschutz von Raumtransportern entwickelt, bieten die CMC-Werkstoffe dem Konstrukteur erstmals die Möglichkeit, extremen Leichtbau mit hoher Temperatur- und Thermoschockbeständigkeit zu verbinden. Die Herstellung und Verarbeitung der Faserverbundkeramiken unterscheiden sich in wesentlichen Punkten von den Verfahren der klassischen Keramiken und sind eng verwandt mit den textilen Verarbeitungstechniken der polymeren Faserverbundwerkstoffe.

In diesem Kapitel werden wichtige Vertreter der monolithischen (Salmang, Scholze 2007, Kollenberg 2009) sowie faserverstärkten (Krenkel 2003, Krenkel 2008) Keramiken vorgestellt und exemplarische Anwendungen für den konstruktiven Leichtbau beschrieben.

8.1 Strukturkeramiken für Leichtbauanwendungen

8.1.1 Monolithische Keramiken

Monolithische Keramiken, die als Konstruktions- oder Strukturkeramiken eingesetzt werden, umfassen sowohl Oxide als auch Nichtoxide und werden meist aus pulverförmigen Ausgangsprodukten durch Sintern hergestellt. Zu den wichtigsten oxidischen Keramiken zählen Alumiumoxid (Al_2O_3) und Zirkonoxid (ZrO_2), zu den wichtigsten Nichtoxiden die Nitride und Carbide von Silicium (Si_3N_4, SiC), Bor und Titan. Die mechanischen Hochtemperatureigenschaften der oxidischen Keramiken sind meist geringer, dafür bleibt ihre Oxidationsbeständigkeit auch bei hohen Einsatztemperaturen erhalten. Die Eigenschaften dieser Konstruktionswerkstoffe hängen sehr stark von den Herstellungsbedingungen ab. Bereits die Präparation der Ausgangspulver ist entscheidend für die Qualität des Endprodukts. Für Hochleistungskeramiken muss mit extrem feinem und reinem Pulver gearbeitet werden, das synthetisch hergestellt wird und dessen Teilchengröße im Submikrometerbereich liegt, um eine möglichst hohe Sinteraktivität zu erreichen. Nur mit sinteraktiven Pulvern lassen sich homogene Gefüge erzielen und festigkeitsmindernde Fehler in Form von Inhomogenitäten, Poren oder Mikrorissen vermeiden.

Keramische Werkstoffe können Spitzenspannungen, wie sie bei schlagartigen mechanischen Beanspruchungen oder bei starken Temperaturwechseln (Thermoschock) auftreten, nicht durch plastische Verformung abbauen. Nach Erreichen einer kritischen Spannung besteht nur durch lokale Rissbildung die Möglichkeit des Spannungsabbaus, sodass Keramiken fast immer im elastischen Bereich der Spannungs-Dehnungs-Kurve versagen. Diese fehlende Plastizität, verbunden mit den hohen Elastizitätmodulen, erfordert eine besondere Sorgfalt beim Konstruieren von keramischen Bauteilen, insbesondere bei der Fügung mit Strukturen, die aus Werkstoffen mit wesentlich höheren Bruchdehnungen bestehen. Erschwerend für den Konstrukteur kommt hinzu, dass Keramiken meist bei hohen Temperaturen eingesetzt werden. Da ihre thermischen Ausdehnungskoeffizienten deutlich kleiner als die von Metallen oder Polymeren sind, werden bei starren, nicht-dehnverträglich ausgelegten Fügungen hohe thermische Spannungen in der Keramik induziert, die zum Versagen der Konstruktion in Folge von Thermalspannungen führen können.

Aus Sicht des Leichtbaus weisen keramische Werkstoffe einige hervorragende Eigenschaften auf. Ihre Dichten liegen mit 2 bis 4 g/cm³ (Ausnahme ZrO_2) in der gleichen Bandbreite wie die metallischen Leichtbau-Werkstoffe Magnesium, Aluminium und Titan. Es werden je nach Herstellverfahren Festigkeiten von bis zu 1500 MPa erreicht, vergleichbar mit den Festigkeiten von höchstfesten Stählen (Abb. 8.1). Ihre inhärente Sprödigkeit verhindert allerdings, dass dieses hohe Spannungsniveau konstruktiv ausgenutzt werden kann, sodass oft nur Druckspannungen zugelassen werden.

Faserverbund-Keramiken (CMC-Werkstoffe) sind keramische Konstruktionswerkstoffe, die auch auf Zugbeanspruchung ausgelegt werden können. Diese als C/C, C/SiC, SiC/SiC oder OFC bezeichneten Keramiken weisen Zugfestigkeiten von bis zu 350 MPa auf und werden als Leichtbauwerkstoffe vor allem im Hochtemperaturbereich eingesetzt. Abbildung 8.2 zeigt die massenspezifische Festigkeit (die sogenannte Reißlänge) dieser Werkstoffe im Vergleich zu anderen Konstruktionswerkstoffen. Während die leichtesten Bauteile aus polymeren Faserverbundwerkstoffen hergestellt werden können (bei Einsatztemperaturen von max. 200 °C und Reißlängen von bis zu 40 km), gibt es für Leichtbaukonstruktionen oberhalb von 1100 °C praktisch keine Alternative zu CMC-Werkstoffen. Während Refraktärmetalle zu schwer und monolithische Keramiken zu spröde sind, können Faserverbundkeramiken unter bestimmten Bedingungen bis etwa 1500 °C, kurzzeitig auch noch wesentlich höher, eingesetzt werden. Das Diagramm zeigt auch, dass mit zunehmender Temperaturbelastung die spezifischen Festigkeiten der zur Verfügung stehenden Werkstoffe abnehmen, d. h. dass die leichtesten Konstruktionen diejenigen sind, an die die geringsten Temperaturanforderungen gestellt werden.

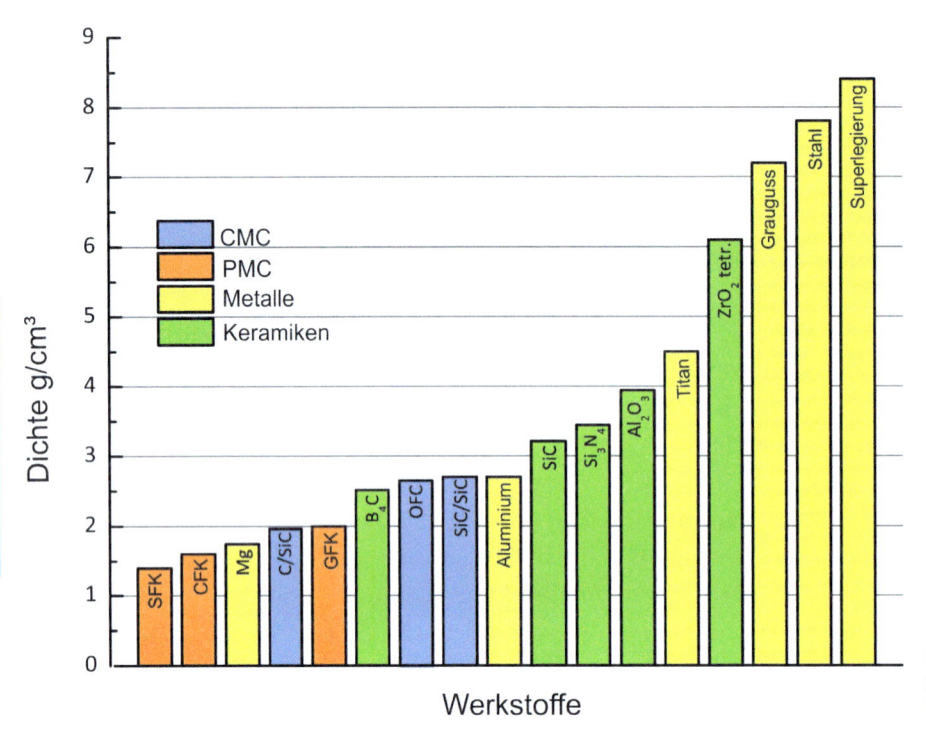

Abb. 8.1: *Dichte verschiedener Konstruktionswerkstoffe im Vergleich*

Keramische Verbundwerkstoffe eignen sich insbesondere für den Hochtemperatur-Leichtbau, d. h. für Bauweisen, bei denen hohe Temperaturfestigkeit mit geringstmöglichem Gewicht kombiniert wird. Monolithische Keramiken werden üblicherweise nur in Verbindung mit anderen vorteilhaften Eigenschaften wie hoher E-Modul, geringe Ausdehnung oder hohe Härte für spezielle Leichtbau-Anwendungen eingesetzt. Im Folgenden werden beispielhaft erfolgreiche Anwendungen und Produkte beschrieben.

8.1.2 Keramische Wälzlager für die Antriebstechnik

Die im Vergleich zu Stahl niedrigere Dichte von keramischen Hochleistungswerkstoffen, in Verbindung mit ihrer hohen Härte und Verschleißfestigkeit, führ-

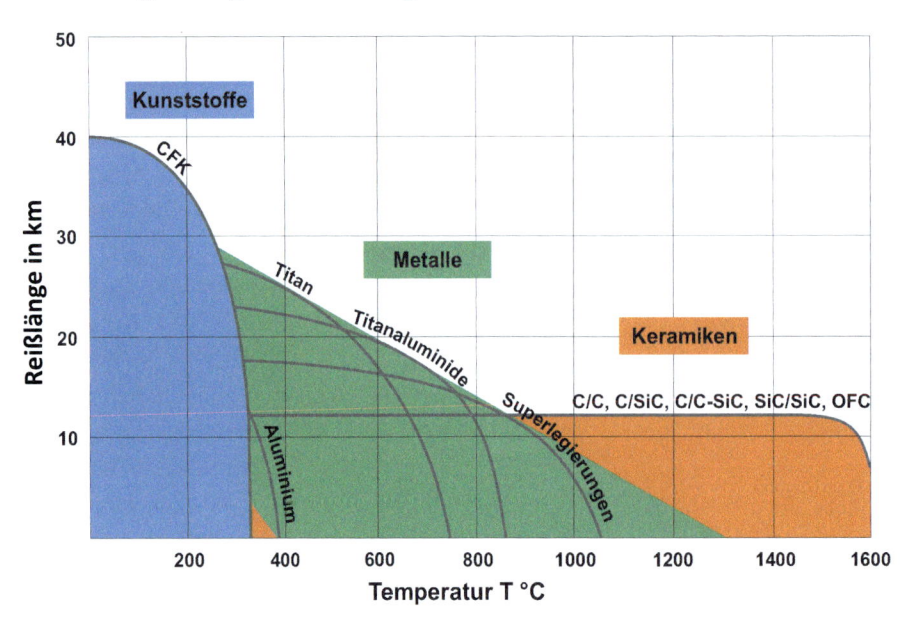

Abb. 8.2: *Reißlänge verschiedener Werkstoffe in Abhängigkeit von der Temperatur*

ten zur Entwicklung von keramischen Wälzlagern mit niedriger Masse. Wälzlager sind eines der präzisesten Massenprodukte überhaupt und stellen hohe Anforderungen hinsichtlich Rundlauf, Geräuschentwicklung, Zuverlässigkeit und Lebensdauer. Heißisostatisch gepresstes Siliciumnitrid und Zirkonoxid sind Keramiken, die sich für diese tribologische Anwendung besonders eignen. Speziell Si_3N_4 übertrifft mit einer Härte von 1600 MPa herkömmlichen Wälzlagerstahl 100Cr6 um den Faktor zwei. Für die unterschiedlichen Anwendungen (Motoren- und Gasturbinenbau, Sportartikel, Medizintechnik, Lebensmitteltechnik etc.) wurden mit keramischen Wälzlagern die bisherigen Grenzen der Antriebstechnik erweitert. Die Bauweise erfolgt entweder als vollkeramisches Lager, wobei Wälzkörper und Ringe aus keramischen Werkstoffen bestehen oder in Metall-Keramik-Hybridbauweise, wobei die Keramikwälzkörper in Stahlringen laufen (Abb. 8.3).

Die geringe Dichte resultiert in geringen Fliehkräften der rotierenden Teile und erlaubt eine Steigerung der zulässigen Drehzahlen. Der niedrige Reibwert der Materialpaarungen verringert gleichzeitig den Wärmeeintrag in das Lager. Eine Reduzierung des Reibmoments bis 40 % und eine längere Lebensdauer durch die geringere Verlustleistung gegenüber klassischen Wälzlagern sind die vorteilhaften Folgen.

Außerdem bieten diese Hochleistungslager verbesserte Not- und Trockenlauf-Eigenschaften, hohe Temperaturbeständigkeiten bis 1000 °C und durch die hohe Säure- und Korrosionsbeständigkeit auch Einsatzmöglichkeiten in aggressiven Medien. Nachteilig sind, – wie so oft bei technischer Keramik – ihre hohe Kosten, die je nach Qualität und Ausführung deutlich höher liegen als bei Stahl.

8.1.3 Leichtbau-Kameragehäuse aus Siliciumnitrid

Als Beispiel für den aktuellen Stand der Herstelltechnik von komplexen Leichtbaustrukturen aus monolithischer Keramik kann die Gehäusestruktur für eine Luftüberwachungskamera der Firma FCT Ingenieurkeramik gelten (Berroth, Devilliers, Luichtel 2009). Für dieses innovative Kamerakonzept wird Si_3N_4-Keramik verwendet, da nur dieser Konstruktionswerkstoff die geforderte Eigenschaftskombination aus niedriger Dichte (3,26 g/cm³), hohem E-Modul (320 GPa) und sehr niedrigem Wärmeausdehnungskoeffizienten ($1 \cdot 10^{-6}$ 1/K bei RT) aufweist. Auf Grund der hohen mechanischen Lasten, die auf das Bauteil während der Starts und Landungen des Flugzeugs wirken (Beschleunigungen bis 75 g) und wegen der hohen Gewichts- und Toleranzanforderungen erfolgt

Abb. 8.3: *Vollkeramische Wälzlager (links: Si_3N_4, rechts: Si_3N_4-Kugeln und ZrO_2-Ringe) und Hybrid-Wälzlager (Mitte) (Quelle: Cerobaer 2018)*

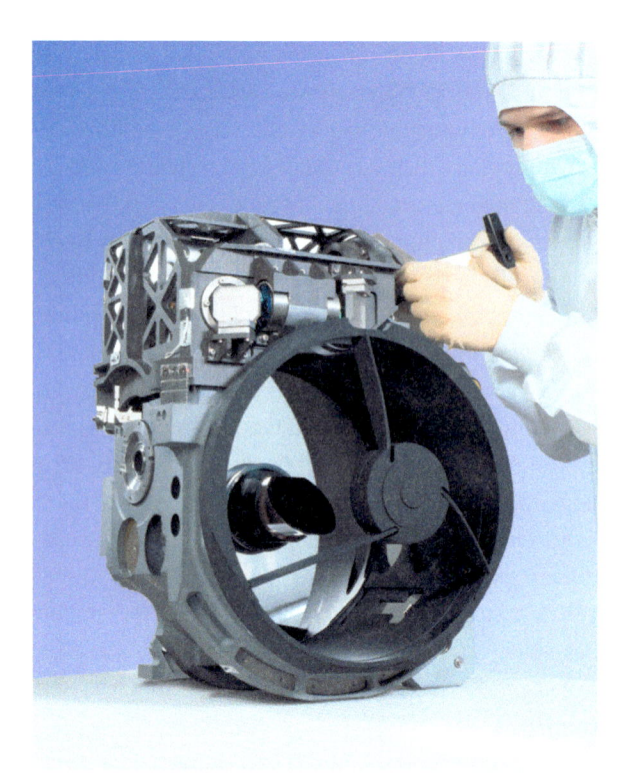

Abb. 8.4: Leichtbau-Kameragehäuse aus Siliciumnitrid (Quelle: Berroth, Devilliers, Luichtel 2014)

die Herstellung in Integralbauweise. Hierbei wird aus einem rohr- oder blockförmigen Halbzeug (dem so genannten Grünkörper) durch Zerspanung auf Dreh- und Fräsmaschinen das sehr komplexe und mit unterschiedlichsten Wandstärken (3–70 mm) versehene Bauteil herausgearbeitet (Abb. 8.4). Aus dem kaltisostatisch gepressten Grünkörper wird bei dieser mechanischen Zwischenbearbeitung mehr als 80 % der Masse entfernt. Wie bei anderen keramischen Werkstoffen ist auch bei diesem Bauteil die Endbearbeitung auf möglichst wenige Funktionsflächen zu beschränken, die vor der Sinterung mit einem entsprechenden Schleifaufmaß versehen werden müssen. Eine besondere Herausforderung besteht darin, dass während der nachfolgenden Sinterung eine Schrumpfung des Bauteils um ca. 20 % erfolgt und die geforderten Formänderungstoleranzen nicht mehr als ± 0,2 % betragen dürfen. Nur durch eine ausgefeilte Bearbeitungstechnik im grünen und gebrannten Zustand und durch eine optimierte Sintertechnik lassen sich derartig komplex geformte Leichtbaustrukturen aus monolithischer Keramik herstellen.

Während diese substraktive Fertigung heute noch dominiert, gibt es zunehmend Bestrebungen, keramische Bauteile mittels additiver Fertigungsverfahren herzustellen. Als beispielhaft gelten komplexe SiSiC-Strukturen, die mittels 3D-Druck aus Pulvern aufgebaut und durch angepasste Sinterschritte (Pyrolyse, Silizierung) verdichtet werden. Bei den additiven Verfahren ist der Materialbedarf geringer, und es lassen sich Leichtbaustrukturen mit Kavitäten und Hinterschnitten fertigen, die mit herkömmlichen Methoden nicht möglich sind (Fa. Schunk Carbon Technology).

8.2 Leichtbau mit Faserverbund-Keramiken

8.2.1 Keramische Verbundwerkstoffe

Die extremen Leichtbauanforderungen in der Raumfahrttechnik führten vor ca. 30 Jahren zur Entwicklung von keramischen Faserverbundwerkstoffen. Zusammen mit den polymeren und metallischen Verbundwerkstoffen (PMC, MMC) bilden diese CMC-Werkstoffe die insbesondere für den Leichtbau immer wichtiger werdende Werkstoffklasse der Faserverbundwerkstoffe. Keramische Verbundwerkstoffe unterscheiden sich durch ihre mikroporöse und mikrorissbehaftete Matrix sowohl von allen anderen Verbundwerkstoffen als auch von den monolithischen keramischen Konstruktionswerkstoffen (Abb. 8.5). Einerseits ist eine absolut dichte Matrix verfahrensbedingt kaum realisierbar, andererseits entstehen während der Bauteilherstellung bzw. während des Einsatzes bei hoher Temperatur wegen der unterschiedlichen Ausdehnungskoeffizienten von Fasern und Matrix thermisch induzierte Mikrorisse in der keramischen Matrix. Sie führen zu einer offenen Porosität der CMC-Werkstoffe, die je nach Herstellverfahren und verwendeter Faserarchitektur bis zu 20 % betragen kann.

Die Herstellung keramischer Verbundwerkstoffe erfolgt mit ähnlichen Technologien, wie sie auch bei der Herstellung von Faserverbundbauteilen mit polymeren Matrices üblich sind. Im Gegensatz zu CFK- oder GFK-Werkstoffen liegt die primäre Aufgabe der Fasern nicht darin, die Festigkeit und Steifigkeit zu steigern, sondern in einer wesentlichen Erhöhung der Bruchzähigkeit des Verbundwerkstoffes. Mit CMC-Werkstoffen werden Bruchdehnungen von bis zu 1 % erreicht, welche damit rund eine Größenordnung über den entsprechenden Werten der unverstärkten Matrices liegen (Abb. 8.6). Der gegenüber den monolithischen Keramiken stark verbesserte Risswiderstand beruht auf Energie verzehrenden Vorgängen an den Faser/Matrix-Grenzflächen. Bei nicht zu hohen Bindungskräften zwischen Fasern und Matrix kommt es unter äußeren Krafteinwirkungen durch Umleitungs- und Überbrückungseffekte der Fasern zu einem Stoppen der Matrixrisse, bevor im Überlastfall Faserbruch und Faser-Pullout auftreten und so weitere Bruchenergie binden. Durch diese Mechanismen wird trotz spröder Einzelkomponenten ein quasi-plastisches Bruchverhalten der CMC-Werkstoffe und damit eine hohe Schadenstoleranz und Zuverlässigkeit der Bauteile erreicht. Ein Bau-

Polymere Verbundwerkstoffe PMC
- Fasermodul > Matrixmodul
- Fasern für hohe Bruch- und Biegefestigkeit
- Hohe Faser/Matrix-Bindung
- Keine Risse
- Geringer Porengehalt

Monolithische Keramik
- Material hoher Reinheit
- Kleine Korngröße
- Perfekte Korngrenzen
- Keine Risse, keine Defekte
- Keine Porosität

Keramische Verbundwerkstoffe CMC
- Fasermodul ≈ Matrixmodul
- Fasern für hohe Schadenstoleranz
- Schwache Faser/Matrix-Bindung
- Mikroriss-System
- Hohe Porosität
- Verschiedene Bestandteile

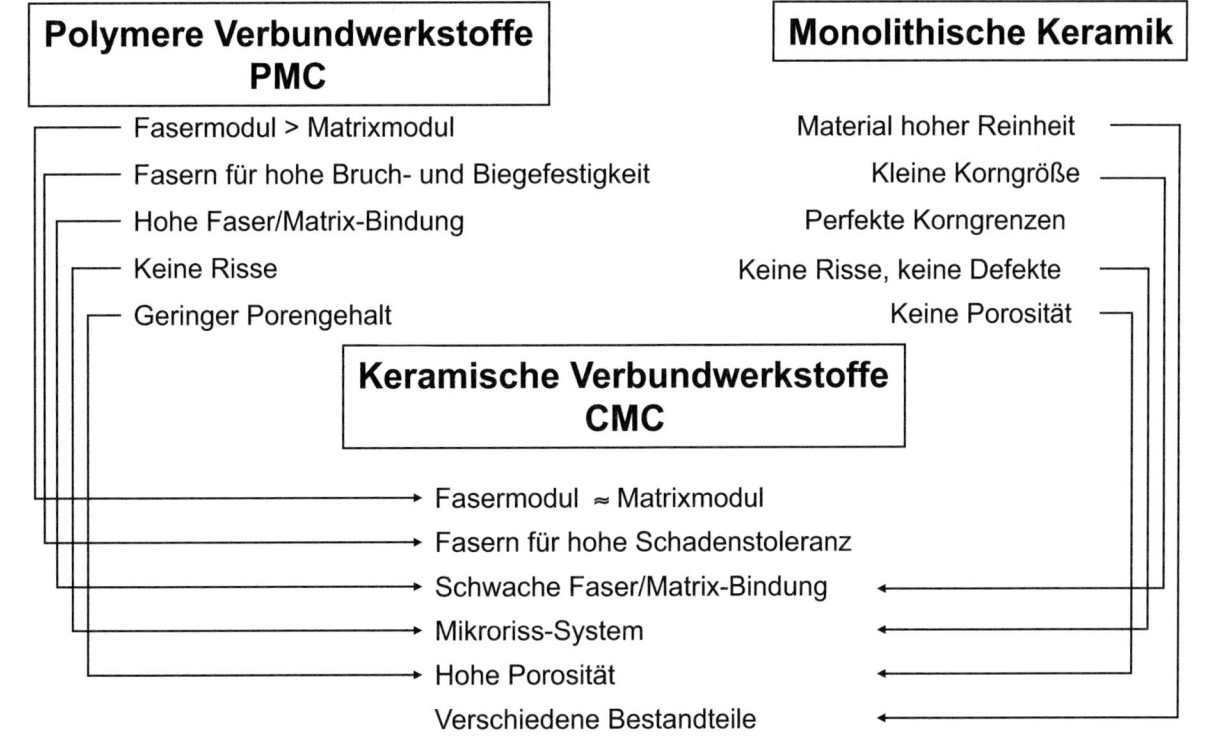

Abb. 8.5: *Gefügeeigenschaften von keramischen Verbundwerkstoffen im Vergleich zu monolithischen Keramiken und polymeren Verbundwerkstoffen*

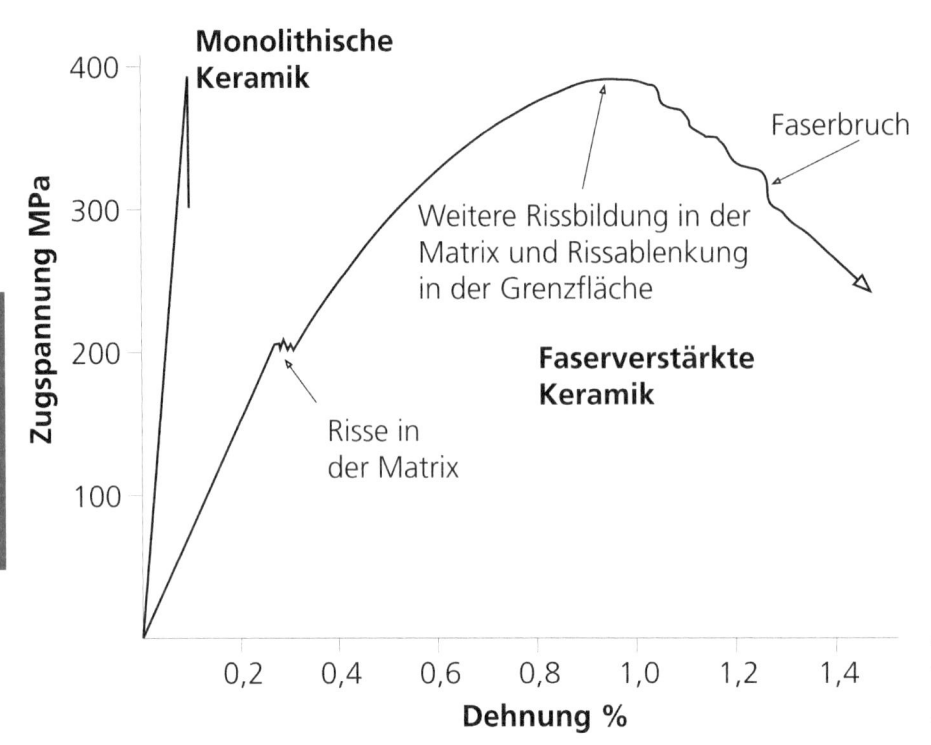

Abb. 8.6: *Typische Spannungs-Dehnungs-Diagramme von verstärkter und monolithischer Keramik*

teilversagen kündigt sich durch eine vorhergehende irreversible Verformung an, wie sie bei konventioneller Keramik mit rein linear-elastischem Verhalten nicht auftritt.

Diese energiedissipierenden Effekte in der Grenzfläche (Interphase) zwischen Fasern und Matrix treten nur dann auf, wenn die Bindungskräfte relativ schwach sind, sodass ein Gleiten der Fasern in der Matrix möglich ist. Allerdings müssen die Bindungskräfte ausreichend hoch sein, um eine Schubkraftübertragung zwischen den Fasern und der Matrix zu ermöglichen. Das Maßschneidern dieser Interphase-Eigenschaften auf die jeweiligen Erfordernisse erfolgt üblicherweise durch eine Beschichtung der Faseroberflächen, wofür sich die Abscheidung von Kohlenstoff oder hexagonalem Bornitrid aus der Gasphase (CVD-Verfahren) bewährt hat. Alternativ können auch dünne Faserschutzschichten durch das Imprägnieren der Faserbündel mit flüssigen Precursoren (Keramik bildendes Polymer) und anschließender Pyrolyse erzeugt werden, bevor die Faser-Preform mit dem die Matrix bildenden Precursor infiltriert wird. Diese Faserbeschichtungen sind für alle Herstell-verfahren sehr aufwändig und teuer. Sie sind ein wesentlicher Grund für die hohen Materialkosten der heutigen CMC-Werkstoffe.

8.2.2 Verstärkungsfasern

Wie bei den polymeren und metallischen Faserbundwerkstoffen bestimmen auch bei den keramischen Verbundwerkstoffen die Fasern das Werkstoffverhalten. Damit die Fasern bei den hohen Steifigkeiten der Matrices ihre Rissstoppfunktion erfüllen können, müssen diese ebenfalls einen hohen E-Modul und wegen der auftretenden hohen Prozesstemperaturen (über 1000 °C) während der CMC-Herstellung auch eine hohe Temperaturbeständigkeit aufweisen.

Organische Fasermaterialien und konventionelle, silicatische Glasfasern mit Erweichungstemperaturen von ca. 700 °C kommen für CMC-Werkstoffe nicht in Frage. Einzig oxidische (Al_2O_3- oder Mullit-) und nicht-oxidische (SiC-) Keramikfasern mit polykristallinem oder amorphem Gefüge sowie Kohlenstofffasern sind auf Grund der notwendigen Temperaturbeständigkeit geeignet. Für Kohlenstofffasern gilt allerdings die Einschränkung, dass diese in Luft

Herstellung der Faserpreform
⬇
Einstellung der F/M-Grenzflächen
⬇

- **CVI-Prozess**
  Isotherm/Isobar
  Gradientenverfahren (p,T)
  Rapid-CVI
- **LPI-Prozess**
- **LSI-Prozess**
- **Hybrid-Prozess**
  CVI+LSI
  LPI+LSI
  CVI+LPI

⬇
Bearbeitung
Schleifen, Fräsen, Bohren
⬇
Fügung (optional)
In situ-Fügung,
form-/kraftschlüssig
⬇
Beschichtung (optional)
Wärmedämmschichten (TBC)
Korrosionsschutzschichten (EBC)

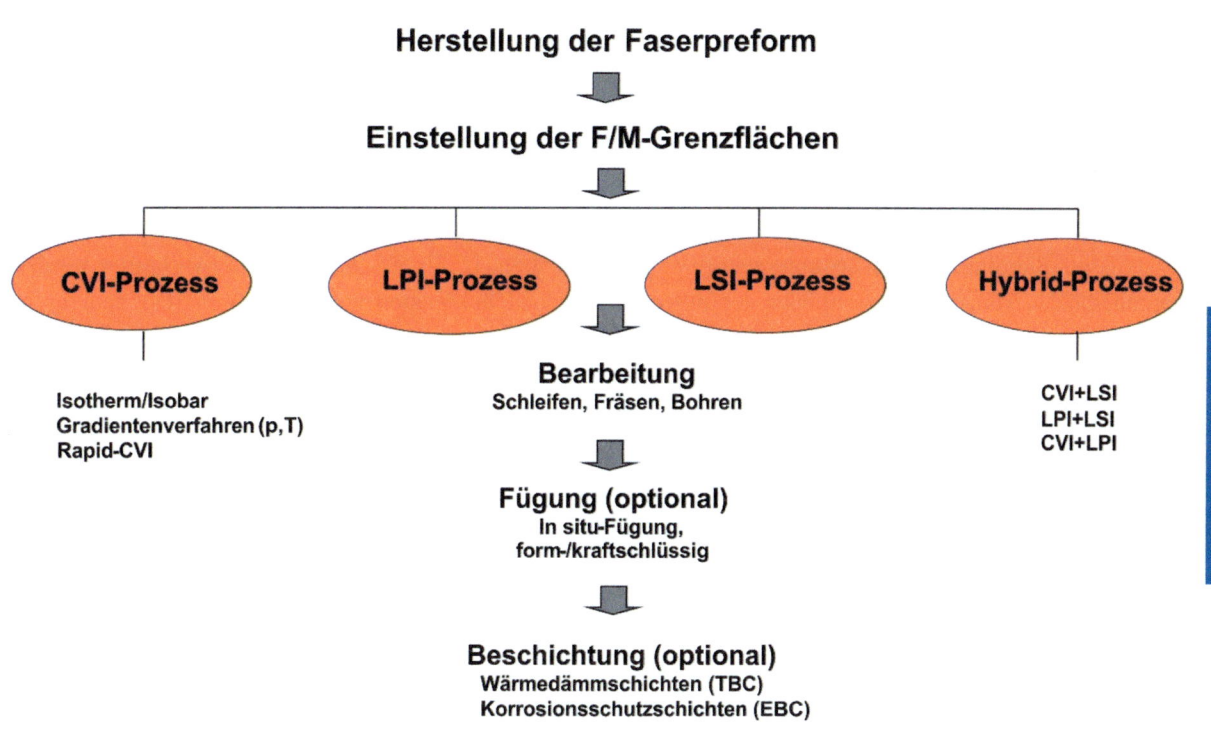

Abb. 8.7: *Wichtige Herstellungsprozesse für nicht-oxidische CMC-Werkstoffe*

oder Sauerstoff bereits bei relativ niedrigen Temperaturen (ab ca. 400 °C) oxidieren. Sie müssen bei hohen Temperaturen folglich durch die umgebende Matrix oder durch einen zuvor auf die Faseroberfläche aufgebrachten Oxidationsschutz geschützt werden. Ein derartiger Oxidationsschutz ist allerdings nur unter stationären Einsatzbedingungen wirksam, da bei zyklischer Thermalbelastung Mikrorisse durch die unterschiedlichen Ausdehnungskoeffizienten zwischen den anisotropen Fasern und der Oxidationsschutzschicht entstehen können. Keramische Fasern sind wesentlich oxidationsbeständiger, durch Gefügeveränderungen (z. B. Kornwachstum) ist ihre Langzeitbeständigkeit allerdings auf etwa 1100 °C limitiert.

8.2.3 Herstellverfahren für CMC-Bauteile

Die Herstellung faserverstärkter Verbundkeramiken stellt hohe Anforderungen an die Prozesstechnik. Für alle Herstellverfahren mit Ausnahme der oxidischen CMC-Werkstoffe sind spezielle Vakuum- oder Schutzgasöfen notwendig, die bei Temperaturen oberhalb von 1000 °C betrieben werden müssen. Ausgangspunkt sind jeweils textile Faser-Vorkörper (Preformen), die mit einer keramischen Bettungsmasse (Matrix) gefüllt werden. Zur Erzielung einer möglichst hohen Bruchzähigkeit wird zuvor die Oberfläche der Fasern funktionalisiert, d. h. durch chemische oder thermische Behandlung bzw. Beschichtung wird eine für das jeweilige Verfahren günstige Faser/Matrix-Grenzfläche eingestellt. Nach der möglichst endkonturnahen Herstellung des Bauteils erfolgt die Zwischenbearbeitung der Fügeflächen bzw. die Beschichtung der Oberfläche mit Wärme- oder Korrosionsschutzschichten (TBC- bzw. EBC-Schichten). Abbildung 8.7 zeigt die für Bauteile aus nicht-oxidischen CMC-Werkstoffen wichtigsten Prozesse und Herstellschritte.

Bei der Gasphaseninfiltration (Chemical Vapor Infiltration, CVI) wird die Matrix aus gasförmigen Precursoren gebildet. Das Prozessgas (z. B. Methyltrichlorsilan) wird hierzu durch die beheizte, poröse Faser-Preform geleitet. Durch eine chemische Reaktion in der Gasphase scheidet sich bei ausreichend hohen Temperaturen die keramische Matrix auf der Oberfläche der Fasern ab. Das Verfahren eignet sich zum Aufbau von keramischen Matrices mit einfacher chemischer Zusammensetzung, wie z. B. C, SiC, B$_4$C, TiC, BN oder Si$_3$N$_4$. Das CVI-Verfahren wird vor allem zur Herstellung von carbidischen Verbundwerkstoffen (C/C, C/SiC, SiC/SiC) eingesetzt, wobei sehr hochwertige Matrices erreicht werden können. Zum Aufbau der Matrix müssen allerdings Prozessbedingungen gewählt werden, die das frühzeitige Verschließen der äußeren Oberfläche des vorgelegten Faserkörpers vermeiden, und das Eindringen reaktionsfähiger Gasmoleküle auch in der Tiefe der Faserstruktur ermöglichen. Je nach Prozessbedingungen unterscheidet man zwischen dem isotherm/isobaren, dem Gradienten- bzw. dem Rapid-CVI-Verfahren.

Beim LPI-Verfahren (Liquid Polymer Infiltration), auch PIP-Verfahren genannt (Polymer Impregnation and Pyrolysis) erfolgt der Matrixaufbau durch die Infiltration des Fasergerüsts mit einer polymeren Vorstufe (Precursor). Das Polymer wird nach der Vernetzung in einem thermischen Zersetzungsschritt (Pyrolyse) zu einer amorphen oder (bei höheren Temperaturen) kristallinen Keramik umgewandelt. Die Pyrolyse der meist siliciumhaltigen, polymeren Precursoren zu amorphen Keramiken erfolgt bei relativ niedrigen Prozesstemperaturen (ca. 1000 °C) und ist mit großen Volumenschwindungen und damit Mikrorissbildungen innerhalb der Matrix verbunden. Als Abhilfe können in die polymeren Suspensionen passive (keramische) oder aktive (metallische) Füllstoffe eingebracht werden, die durch Volumenexpansion vor oder während der Pyrolyse der Schwindung entgegenwirken. Das Auffüllen des Rissnetzwerkes und die Erhöhung der Matrixdichte erfolgt durch mehrere Nachinfiltrationen, die allerdings einen erheblichen Zeit- und Kostenaufwand darstellen. Das LPI-Verfahren eignet sich besonders für großflächige Bauteile mit komplizierter Geometrie, da differenzielle Bauweisen durch das kraft- oder formschlüssige Verbinden von einzelnen Komponenten zu komplexen Bauteilen mit Hilfe von artgleichen Polymeren möglich sind.

Das LSI-Verfahren (Liquid Silicon Infiltration, im englischen Sprachgebrauch Melt Infiltration (MI) genannt) beruht auf der Infiltration von flüssigem Silicium in poröse Kohlenstofffasergerüste mit partieller Umwandlung der Kohlenstoffmatrix zu Siliciumcarbid.

In einem ersten Schritt erfolgt die Formgebung eines CFK-Vorkörpers (Kohlenstofffaserverstärkter Kunststoff), wobei in noch ausgeprägterem Maße wie beim LPI-Verfahren die aus der Faserverbundtechnik bekannten Formgebungstechniken wie Harzinjektions-, Wickel- oder Pressverfahren angewandt werden können. Im Unterschied zum LPI-Verfahren werden jedoch kohlenstoffreiche Polymere (C-Precursoren) verwendet. Nach der Vernetzung des Polymers erfolgt in einem ersten Hochtemperaturschritt die Umwandlung des CFK-Vorkörpers in einen C/C-Körper (Carbon/Carbon) durch Pyrolyse bei Temperaturen von etwa 900 °C in Inertgasatmosphäre.

Im C/C-Gefüge bildet sich in Abhängigkeit der Faser/Matrix-Bindungskräfte ein translaminares Mikrorisssystem mit einer entsprechenden offenen Porosität aus. Diese Rissstruktur ermöglicht in einem zweiten Hochtemperaturschritt die Kapillarinfiltration des porösen C/C-Körpers mit schmelzflüssigem Silicium unter Vakuum bei Temperaturen von mindestens 1420 °C (Schmelztemperatur von Silicium). Hierbei reagiert das flüssige Silicium im Porenraum des C/C-Körpers mit dem überwiegenden Teil des amorphen Matrixkohlenstoffes zu SiC. Das endgültige Gefüge des CMC-Verbundwerkstoffes weist diskrete C/C-Segmente mit einer relativ schwachen Bindung zwischen Fasern und umgebender C-Matrix sowie relativ harte SiC-Gerüste mit geringen Anteilen aus nicht reagiertem Silicium auf, weshalb diese Materialien auch als C/C-SiC-Werkstoffe bezeichnet werden. Im Versagensfall auftretende Risse pflanzen sich entlang der Faseroberflächen fort und verzweigen sich in der amorphen Kohlenstoffmatrix mit der Folge einer erhöhten Bruchzähigkeit (Abb. 8.8).

In sogenannten Hybridverfahren wird versucht, die Vorteile der einzelnen Verfahren miteinander zu verbinden. So wird beispielsweise beim CVI/LSI-Hybridverfahren zur Einstellung einer geeigneten Faser/Matrix-Grenzschicht in einem ersten Schritt das Interphase im CVI-Verfahren aufgebracht, während die Auffüllung der Matrix im schnelleren LSI-Verfahren erfolgt. Andere Hybridverfahren kombinieren das LPI- mit dem CVI- oder dem LSI-Verfahren, wobei diese Verfahrenskombinationen bisher noch nicht zu kommerziellen Produkten geführt haben.

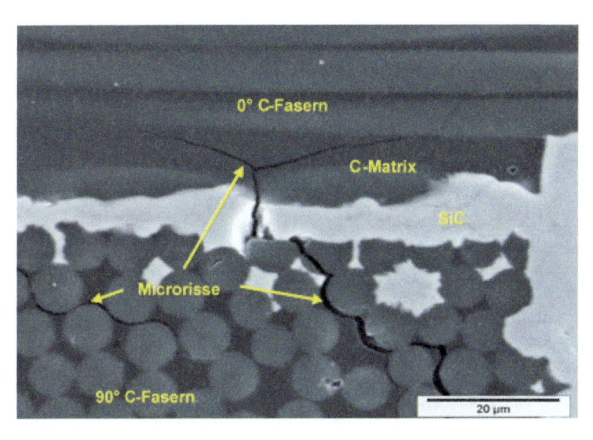

Abb. 8.8: *Intralaminarer Rissfortschritt und interlaminare Rissverzweigung in einem C/C-SiC Verbundwerkstoff*

Oxidische Faserverbundkeramiken (Oxide Fiber Composites, OFC) werden meist durch die Imprägnierung von (oxidischen) Fasergerüsten mit wässrigen Schlickern (Suspensionen mit hohen Feststoffgehalten) hergestellt. Nach dem Trocknen erfolgt der eigentliche Sinterprozess, bei dem die Matrix zu einem mikroporösen Gefüge verdichtet wird. Abbildung 8.9 zeigt beispielhaft die Verfahrensschritte zur Herstellung von ebenen Laminaten oder Rohren aus Prepregs (Puchas 2016). Die poröse Mikrostruktur der OFC-Werkstoffe bedingt einerseits ein schadenstolerantes Verhalten, andererseits können die Bauteile nach dem Sintern noch problemlos mechanisch endbearbeitet werden (Sägen, Bohren, Fräsen, etc.). Die Nachteile dieser Schlickertechnik liegen in den niedrigen „Off axis"-Festigkeiten, die geringe interlaminare Scherfestigkeiten bzw. Querzugfestigkeiten zur Folge haben.

8.2.4 Eigenschaften der CMC-Werkstoffe

Neben der für Faserverbundwerkstoffe typischen Richtungsabhängigkeit der physikalischen und mechanischen Eigenschaften stellt das von der Einsatztemperatur weitgehend unabhängige Festigkeitsverhalten eine Besonderheit der CMC-Werkstoffe dar. Zumindest

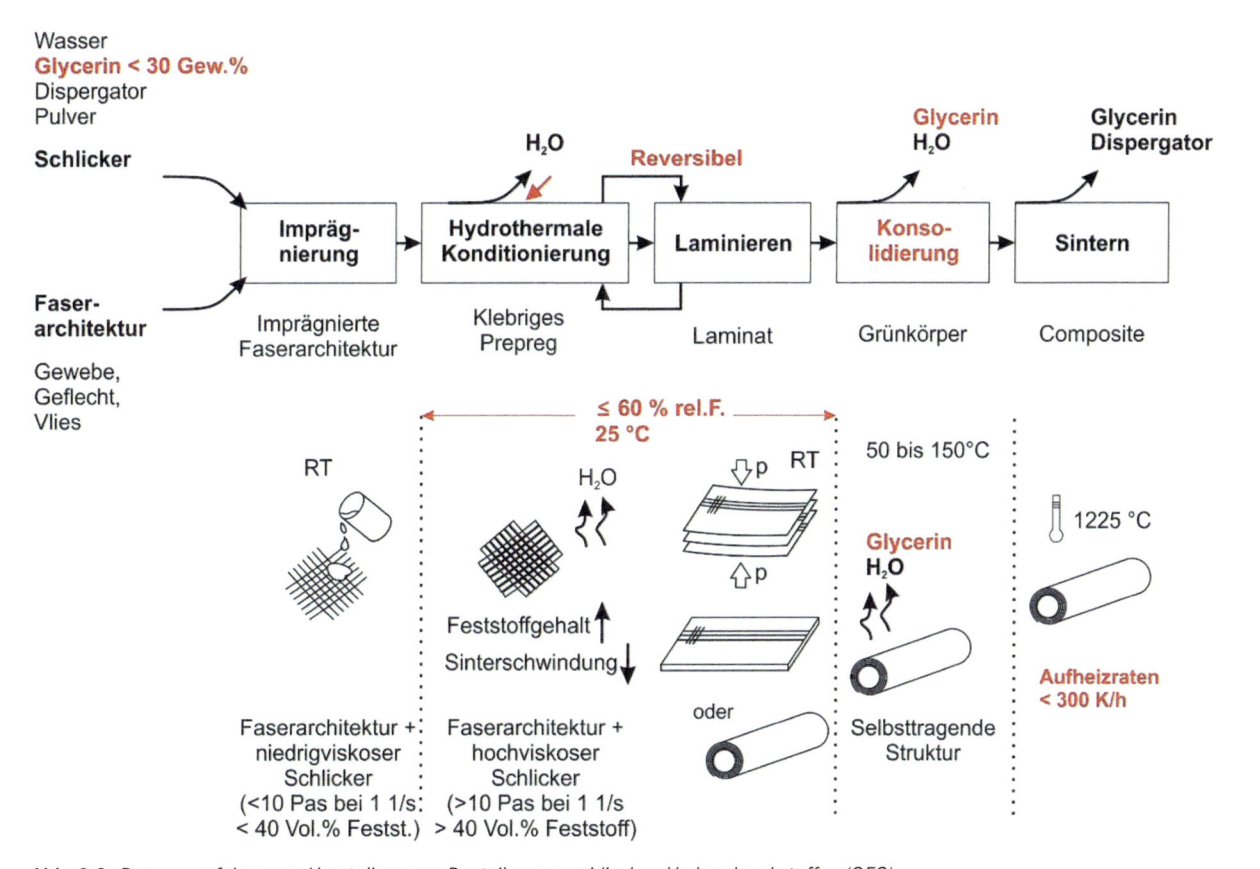

Abb. 8.9: *Prepregverfahren zur Herstellung von Bauteilen aus oxidischen Verbundwerkstoffen (OFC)*

für Kurzzeitanwendungen bietet diese außergewöhnliche Hochtemperaturstabilität der keramischen Verbundwerkstoffe dem Konstrukteur den Vorteil, dass die meist vorliegenden RT-Kennwerte für eine erste Bauteilauslegung auch auf den HT-Einsatz übertragen werden können. Für kohlenstofffaserverstärkte CMC-Werkstoffe mit Gewebeverstärkung liegen die Materialdichten zwischen 1,8 und 2,2 g/cm³, d. h. es handelt sich bei diesen Konstruktionswerkstoffen um extrem leichte Materialien (Tab. 8.1). In Verbindung mit Zugfestigkeiten bis 350 MPa ergeben sich massenspezifische Festigkeiten, die oberhalb von etwa 1000 °C von keinem anderen Werkstoff erreicht werden (Abb. 8.2). Ein Beispiel für das quasi-duktile Versagensverhalten von CMC-Werkstoffen zeigt Abbildung 8.10. Die vergleichsweise hohe Schadenstoleranz dieser Werkstoffe entsteht durch eine schwache Anbindung der Fasern an die Matrix, wodurch Risse nicht direkt von der Matrix in die Fasern geleitet werden, sondern parallel zu diesen abgelenkt oder verzweigt werden. Bei Überschreiten einer kritischen Spannung beginnen die Fasern zu versagen und werden teilweise aus der Matrix gezogen (Faser Pull-Out),

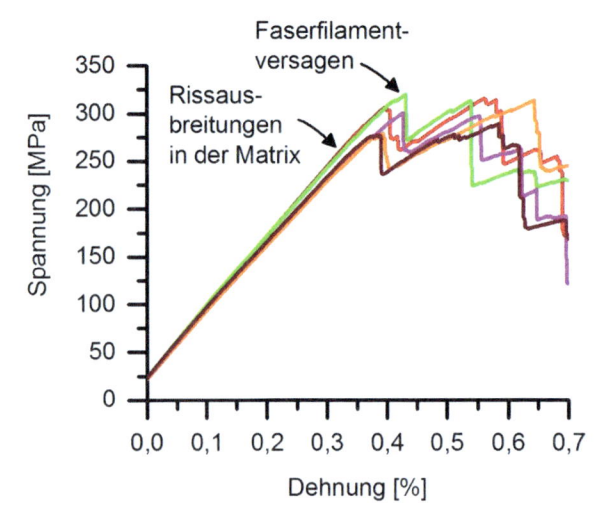

Abb. 8.10: *Charakteristisches Spannungs-Dehnungs-Diagramm eines OFC-Werkstoffes. Der stufenartige Verlauf nach Erreichen der Maximalspannung zeigt die energiedissipierenden Effekte*

Tab. 8.1: *Eigenschaften von nicht-oxidischen CMC-Werkstoffen mit bi-direktionaler Kohlenstofffaserverstärkung (Schäfer/Vogel 2003, Krenkel 2001, Mühlkratzer 1999, Desnoyer/Lacombe/Rouges 1991)*

		Gasphaseninfiltration (CVI-Verfahren)		Flüssigphaseninfiltration	
		CVI (isotherm)	CVI (p,T-Gradienten)	LPI	LSI
Eigenschaften	Einheit	C/SiC	C/SiC	C/SiC	C/SiC	C/C-SiC
Zugfestigkeit	MPa	350	300–320	250	240–270	80–190
Bruchdehnung	%	0,9	0,6–0,9	0,5	0,8–1,1	0,15–0,35
E-Modul	GPa	90–100	90–100	65	60–80	50–70
Druckfestigkeit	MPa	580–700	450–550	590	430–450	210–320
Biegefestigkeit	MPa	500–700	450–500	500	330–370	160–300
Interlaminare. Scherfestigkeit	MPa	35	45–48	10	35	28–33
Porosität	%	10	10–15	10	15–20	2–5
Fasergehalt	Vol.%	45	42–47	46	42–47	55–65
Dichte	g/cm³	2,1	2,1–2,2	1,8	1,7–1,8	1,9–2,0
Thermischer Ausdehnungskoeffizient ∥	10^{-6} K^{-1}	3[1]	3	1,16[4]	3	-1 bis 2,5[2]
Thermischer Ausdehnungskoeffizient ⊥		5[1]	5	4,06[4]	4	2,5–7[2]
Wärmeleitfähigkeit ∥	W/mK	14,3–20,6[1]	14	11,3–2,6[2]	–	17,0–22,6[3]
Wärmeleitfähigkeit ⊥		6,5–5,9[1]	7	5,3–5,5[2]	–	7,5–10,3[3]
Spezifische Wärme	J/kgK	620–1400	–	900–1600[2]	–	690–1550
Hersteller		SNECMA	MAN	Dornier	MAN	DLR
∥ = parallel und ⊥ = senkrecht zur Gewebeorientierung						
(1) = RT – 1000 °C (2) = RT – 1500 °C (3) = 200 – 1650 °C (4) = RT – 700 °C						

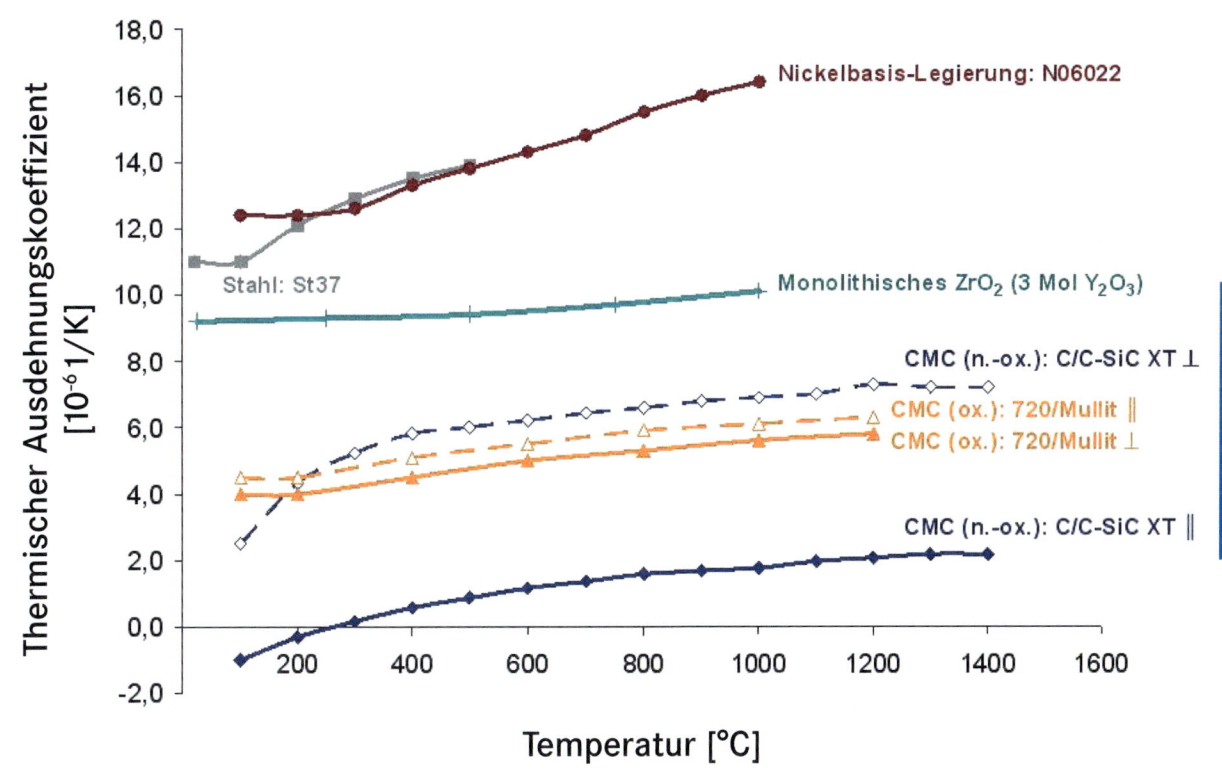

Abb. 8.11: Wärmeausdehnungskoeffizienten verschiedener Werkstoffe in Abhängigkeit von der Temperatur

bis ganze Faserbündel brechen und schlussendlich das Bauteil versagt.

Eine Besonderheit der CMC-Werkstoffe stellt ihr niedriger thermischer Ausdehnungskoeffizient dar. Bei Kohlenstofffasern überträgt sich deren ausgeprägte Anisotropie auf das Verhalten des gesamten Composites, sodass bei niedrigen Temperaturen sogar mit negativen Ausdehnungskoeffizienten gerechnet werden muss. In Verbundwerkstoffen mit amorphen oder kristallinen Keramikfasern ist das anisotrope Verhalten weniger ausgeprägt. Abbildung 8.11 zeigt, dass die CTE-Werte für CMC-Werkstoffe generell niedriger liegen als für monolithische und insbesondere für metallische Konstruktionswerkstoffe. In der Praxis bedeutet dies, dass für eine sichere und dauerhafte Hochtemperatur-Verbindung zwischen Bauteilen aus keramischen Verbundwerkstoffen und metallischen Werkstoffen eine stoff- oder kraftschlüssige Fügung allein meist nicht möglich ist. Vielmehr müssen formschlüssige und in allen drei Raumachsen verschiebbare oder elastisch verformbare Verbindungselemente eine Kompensation der unterschiedlichen Dehnungen sicherstellen und für eine ausreichende Dehnkompatibilität zwischen den Werkstoffen sorgen.

8.2.5 Hochtemperatur-Leichtbau in der Raumfahrt

Keramische Verbundwerkstoffe gelten als eine Schlüsseltechnologie für die Luft- und Raumfahrt. Sowohl im Antriebsbereich (Brennkammern, Schubdüsen, etc.) und im Thermalschutz von Raumtransporte als auch in modernen Gasturbinen wird höchste Temperaturfestigkeit bei gleichzeitig minimaler Masse gefordert. Vor allem die im Staupunktbereich exponierten Komponenten, wie beispielsweise die Nasenkappe oder die Flügelvorderkanten, müssen als so genannte Heiße Strukturen kurzfristig Temperaturen bis zu 1700 °C widerstehen können. Im amerikanischen Space Shuttle hatten diese Bereiche zwar nur einen Anteil von etwa 3,5 % an der umspülten Oberfläche, es entscheidet sich aber gerade an der gewichtsoptimierten Auslegung dieser thermomechanisch höchstbelasteten CMC-Bauteile, ob ein Raumfahrzeug die geforderte Nutzlast befördern kann.

Abbildung 8.12 zeigt exemplarisch verschiedene Leichtbaustrukturen (Nasenkappe, Seiten- und Kinnpaneele, Rumpf-Steuerklappe) aus C/SiC Werkstoffen, die für den Technologieträger X 38 entwickelt und von der NASA erfolgreich unter Wiedereintrittsbedingungen getestet wurden.

8.2.6 Keramische Leichtbaubremsen

Bremsscheiben gehören zu den wichtigsten Sicherheitsbauteilen in den verschiedensten Transportsystemen (Automobile, Schienenfahrzeuge, Flugzeuge, Aufzüge, etc.) und sind besonders gewichtssensitiv, da sie zur ungefederten Masse eines Fahrwerks zählen. Die Bremsleistungen liegen meist deutlich über den Antriebsleistungen des Motors, sodass der heute üblicherweise eingesetzte Grau- oder Stahlguss immer mehr an seine thermischen Belastungsgrenzen stößt. Keramische Verbundwerkstoffe weisen nicht nur eine sehr viel niedrigere Dichte, sondern auch eine höhere Thermoschock- und Korrosionsbeständigkeit auf. In den letzten Jahren haben sich Leichtbaubremsscheiben aus C/SiC in leistungsstarken Fahrzeugen sowie Reibbeläge in Fangbremsen von Hochleistungsaufzügen etabliert (Abb. 8.13).

Je nach Zusammensetzung der nach dem LSI-Verfahren hergestellten Verbundkeramiken (gradiert, kurzfaser- oder gewebeverstärkt, mit oder ohne Additive) wird das Reibungs- und Verschleißverhalten auf die

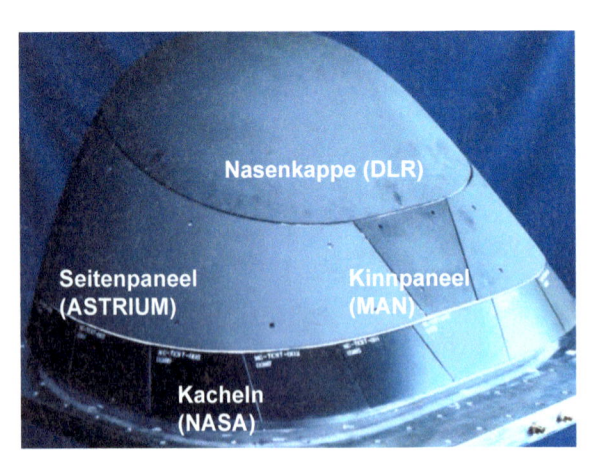

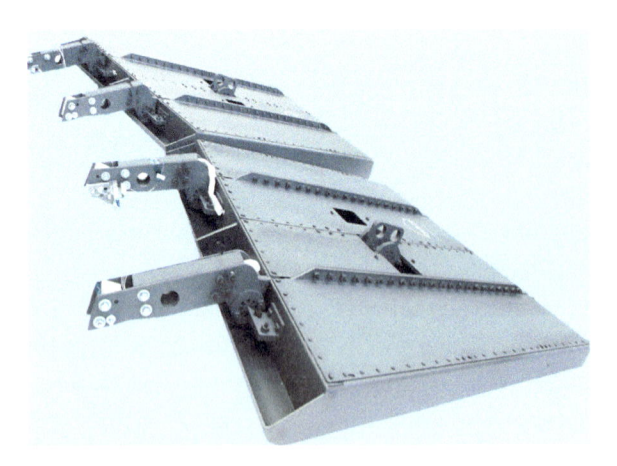

Abb. 8.12: *Extrem leichte Strukturbauteile aus C/SiC-Verbundkeramik, hergestellt nach unterschiedlichen Verfahren (LSI-C/SiC-Nasenkappe (DLR), LPI-C/SiC-Seitenpaneel (Astrium), CVI-C/SiC-Kinnpaneel und Bodyflap (MT Aerospace) (Kochendörfer/Hald/Krenkel 2003, Leuchs 2008)*

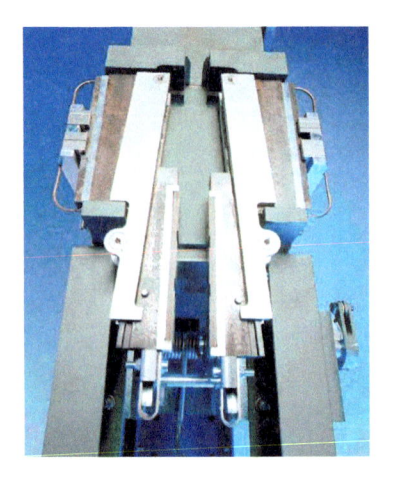

Abb. 8.13: *Automobilbremse (links) und Aufzugsbremse mit Bremsscheiben bzw. Reibbelägen aus C/SiC (Krenkel 2008)*

entsprechenden tribologischen Anforderungen angepasst. Die massenspezifische Wärmekapazität der Verbundkeramik ist dabei im Vergleich zu Grauguss deutlich höher (Tab. 8.2). Da aber auch die Dichte um rund zwei Drittel geringer ist, ist die auf das Volumen bezogene Wärmekapazität kleiner, sodass in der Praxis die keramischen Bremsscheiben etwas größer dimensioniert werden müssen und damit der Gewichtsvorteil im Vergleich zu einer metallischen Bremse nicht mehr ganz so deutlich ausfällt. Außerdem muss die keramische Bremsscheibe mit einer metallischen Nabenbefestigung dehnverträglich verbunden werden. Insgesamt ergibt sich für das keramische Bremssystem eine um rund 50 % leichtere Bauweise.

Tab. 8.2: *Vergleich eines metallischen mit einem keramischen Bremsscheibenmaterial (Eigenschaften bei Raumtemperatur) (Krenkel/Renz 2008, Neudeck/Wüllner/Dietl 2006)*

Eigenschaften	Einheit	C/SiC	GG-20
Dichte	kg/dm³	2,3–2,45	7,25
spez. Wärmespeicherkapazität/ Gewicht	J/kg K	800	500
spez. Wärmespeicherkapazität/ Volumen	J/dm³ K	1800	3600
Wärmedehnung	10^{-6} 1/K	1 (RT) 2 (300 °C)	9 (RT) 12 (300 °C)
Wärmeleitfähigkeit	W/m K	40	54
Zugfestigkeit	MPa	20–40	150–250
E-Modul	GPa	30	90–110
Biegebruchfestigkeit	MPa	50–80	150–250
Bruchdehnung	%	0,3	0,3–0,8
Widerstand gegen Thermorisse	W/m	> 27000	< 14000
Maximale Temperatur	°C	1350	700

8.2.7 Leichtbau in der Verbrennungstechnik und Wärmebehandlung

Oxidische Faserverbundwerkstoffe (OFC) eignen sich wegen ihrer hohen Oxidations-, Korrosions- und Thermoschockbeständigkeit insbesondere für Bauteile in der Verbrennungstechnik (z. B.

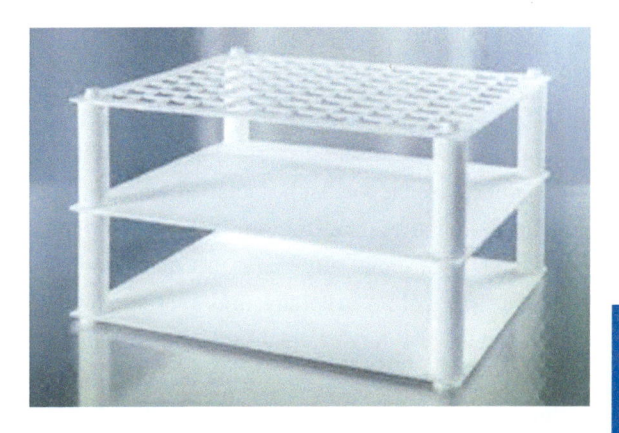

Abb. 8.14: *Chargiergestell für die Wärmebehandlung (Fa. Schunk) und Brennerdüse aus einer geflochtenen dreidimensionalen Faserpreform (Universität Bayreuth, Fa. 2C-Composites)*

als Brennerdüsen, Abb. 8.14). Ihre niedrige Dichte von rund 3 g/cm³ sowie ihre vergleichsweise geringe Wärmekapazität machen diese Konstruktionswerkstoffe nicht nur für den klassischen Leichtbau, sondern auch für Strukturbauteile interessant, bei denen es auch auf „thermischen" Leichtbau ankommt. So finden OFC-Werkstoffe in der Wärmebehandlung (z. B. als Chargiergestelle, Abb. 8.14) oder in der Metallurgie zunehmend Anwendung, bei denen durch die geringe Dichte der CMC-Werkstoffe, verbunden mit einer niedrigen Wärmeleitfähigkeit und Wärmekapazität, die Zykluszeiten von Hochtemperaturprozessen deutlich verringert werden können.

8.3 Zusammenfassung und Ausblick

Leichbau mit keramischen Werkstoffen befindet sich trotz der massenspezifisch meist sehr günstigen Eigenschaften dieser Werkstoffklasse noch in den Anfängen. Dies hängt einerseits mit den hohen Faserkosten der CMC-Werkstoffe, andererseits mit dem Sprödbruchcharakter der monolithischen Keramiken und den vergleichsweise niedrigen thermischen Ausdehnungskoeffizienten zusammen, die dehnkompatible Verbindungen und oft ein konstruktives Umdenken erfordern. Konstruktionsregeln, wie sie für duktile Werkstoffe entwickelt wurden, gibt es für den keramischen Leichtbau nur in beschränktem Umfang. Außerdem fehlt bei den Entwicklern wie auch bei den Anwendern oft noch die praktische Erfahrung mit keramischen Konstruktionswerkstoffen. In dem Maße, wie hohe Temperaturbeständigkeit und Leichtbau zur Schonung von Ressourcen und zur Steigerung der Wirkungsgrade wichtiger werden, wird sich auch der klassische Konstrukteur mit keramischem Leichtbau auseinandersetzen müssen. Insbesondere werden die keramischen Verbundwerkstoffe auf Grund ihrer sehr guten Verschleißeigenschaften und ihrer extremen Temperatur- und Thermoschockbeständigkeit zukünftig eine interessante Alternative zu herkömmlichen Leichtbauwerkstoffen darstellen.

8.4 Weiterführende Informationen

Literatur

Bansal, N.P.; Lamon, J.: Ceramic Matrix Composites. Wiley-VCH, New Jersey, 2015

Berroth, K.: Silicon Nitride for Lightweight Stiff Structures for Optical Instruments, in: Optical Materials and Structures Technologies IV (Ed: J.L. Robichaud, W.A. Goodman) Proceedings of SPIE, Vol. 7425, 2009

Berroth, K.: Silicon Carbide and Silicon Nitride Ceramics for Passive Structural Components in Avionics. Space and Mechanical Engineering, Ceramic Applications 2, 2014, 42–46

Desnoyer, D., Lacombe, A., Rouges, J.M.: Large Thin Composite Thermo-Structural Parts, in: Proc. Int. Conf. Spacecraft Structures and Mechanical Testing. ESA/ESTEC, Noordwijk, The Netherlands, 1991

Kochendörfer, R., Hald, H., Krenkel, W.: Gestaltungsrichtlinien für CMC-Bauteile, in Krenkel, W.: Keramische Verbundwerkstoffe, Weinheim: Wiley-VCH, 2003, 149–172

Kollenberg, W.: Technische Keramik, Essen: Vulkan Verlag, 2009

Krenkel, W.: Anwendungspotenziale faserverstärkter C/C-SiC Keramiken, in Krenkel, W.: Keramische Verbundwerkstoffe, Weinheim: Wiley-VCH, 2003, 220–241

Krenkel, W.: Keramische Verbundwerkstoffe, Weinheim: Wiley-VCH, 2003

Krenkel, W.: Ceramic Matrix Composites, Weinheim: Wiley-VCH, 2008

Krenkel, W.: Cost Effective Processing of CMC Composites by Melt Infiltration (LSI-Process), Proceedings Ceramic Engineering and Science (Ed. ACerS), 22 (3), 2001, 443–454

Krenkel, W.; Renz, R.: CMCs for Friction Applications, in Krenkel, W.: Ceramic Matrix Composites, Weinheim: Wiley-VCH, 2008, 385–407

Leuchs, M.: Chemical Vapor Infiltration Processes for Ceramic Matrix Composites: Manufacturing, Properties, Applications, in Krenkel, W.: Ceramic Matrix Composites. Weinheim: Wiley-VCH, 2008, 141–164

Mühlratzer, A.: Production, Properties and Applications of Ceramic Matrix Composites. cfi - Ber. DKG 76 (4), 1999, 30–35

Neudeck, D.; Wüllner, A-.; Dietl, H.: Bremsen mit nichtmetallischen Bremsscheiben, in Breuer, B., und Bill, K.H.: Bremsenhandbuch. Wiesbaden: Vieweg-Verlag, 2006, 420–426

Puchas, G., Krenkel, W.: Neue Fertigungstechnologien für oxidkeramische Verbundwerkstoffe; Werkstoffe 6/2016

Salmang, H.; Scholze, H.: Keramik (Hrsg. R. Telle), Berlin: Springer Verlag, 2007

Schäfer, W.; Vogel, W.D.: Faserverstärkte Keramiken, hergestellt durch Polymerinfiltrationen, in Krenkel. W.: Keramische Verbundwerkstoffe, Weinheim: Wiley-VCH, 2003, 76–94

Firmeninformationen
www.cerobear.de, 2018
www.fcti.de, 2018
www.schunk-carbontechnology.com, 2018

9 Hybride Werkstoffverbunde

Kay Weidenmann, Frank Henning

9.1	Verbundwerkstoffe vs. Werkstoffverbund	405	9.3.2	Kunststoff-Kunststoff-Hybride	412
			9.3.3	Kunststoff-Keramik-Hybride	415
			9.3.4	Kunststoff-Holz-Hybride	416
9.2	Grundlagen der Hybridisierung	406			
			9.4	Zusammenfassung	418
9.3	Leichtbaurelevante Hybridkonzepte	409	9.5	Weiterführende Informationen	418
9.3.1	Kunststoff-Metall-Hybride	409			

9.1 Verbundwerkstoffe vs. Werkstoffverbund

Bei klassischen Verbundwerkstoffen handelt es sich nach Definition um Werkstoffe, die aus verschiedenartigen, untereinander fest verbundenen Materialien aufgebaut sind und deren chemische und physikalische Eigenschaften die der Einzelkomponenten übertreffen (Lee 1989). Dagegen besteht ein Werkstoffverbund aus Komponenten unterschiedlicher Werkstoffe mit unterschiedlichen Eigenschaftsprofilen, die zu einem Bauteil mit neuem Eigenschaftsprofil mit Hilfe einer werkstoffgerechten Fügetechnik kombiniert werden (Moeller 2003). In der Tat sind die Grenzen fließend, vor allem seit Fügeverfahren, wie z. B. das Kleben, auch Bestandteil direkter Fertigungsverfahren sein können. Wird beispielsweise ein metallischer Einleger in einen Verbund direkt bei der Konsolidierung des Verbundwerkstoffes eingelegt, verschwimmen die Grenzen zwischen Verbundwerkstoff und Werkstoffverbund.

Eine sinnvollere Abgrenzung ist daher die Frage nach der Homogenität auf unterschiedlichen Größenskalen: Ist das Bauteil makroskopisch homogen, auf mikroskopischer Ebene jedoch in Verstärkungskomponente und Matrix unterscheidbar, handelt es sich um einen Verbundwerkstoff. Können aber bereits mit bloßem Auge verschiedene Komponenten unterschieden werden, handelt es sich eher um einen Werkstoffverbund. Der Begriff Hybrid stammt vom lateinischen „Hybrida" und bedeutet „Gekreuztes", „Gemischtes" oder „Gebündeltes". Im engeren Sinne der Werkstoffwissenschaft ist damit jeder Verbundwerkstoff oder Werkstoffverbund ein hybrider Werkstoff.

Häufiger jedoch wird der Begriff „Hybrid" weiter gefasst: Zusätzlich zum an sich schon vorhandenen Verbundcharakter kommen weitere Aspekte hinzu, z. B. eine weitere Funktionalität (physikalische Eigenschaften in Ergänzung zu strukturmechanischen Eigenschaften). Wichtig ist dabei die Abgrenzung zum Verbundwerkstoff: Der Werkstoffverbund ist schon in seinem Erscheinungsbild deutlich als eine „gebaute Struktur" erkennbar.

Konsequenterweise gibt es daher auch hybride Verbunde, bei denen ein Verbundwerkstoff selbst eine der Komponenten darstellt. Dazu gehören beispielsweise Sandwichverbunde mit Deckschichten aus verstärkten Kunststoffen (Abb. 9.1). Das Prinzip des Sandwichverbundes beruht auf der vornehmlichen Belastung der oberen und unteren Deckschichten, die über ein Kernmaterial (z. B. Pappwaben, Schäume) auf Distanz gehalten werden. Die Aufgabe der Deckschichten ist die Aufnahme von Zug- und Druckbeanspruchungen, die auftreten, wenn der Sandwichverbund gebogen wird. Der Kern benötigt dabei eine gewisse Schubfestigkeit, um die Durchgängigkeit des Lastpfades von oben nach unten zu gewährleisten. Da der Kern meist aus einem anderen Werkstoff als die Deckschicht besteht, wird eine solche Bauweise häufig auch als Multi-Material-Design bezeichnet. Speziell hybride Werkstoffverbunde lassen sich dabei in zwei Gruppen unterteilen:

1. Hybridstruktur als Materialmischbauweise, welche ohne die Anwendung von kalten oder warmen Verbindungs- oder Fügetechnologien erzeugt wird. Der Materialverbund wird alleine dadurch erzeugt, dass mindestens ein Werkstoff in formgebender Fertigung (z. B. Spritzgießen, Gießen, Sintern) mit einer weiteren Werkstoffkomponente

Verbundwerkstoff   **Werkstoffverbund**   **Hybrider Werkstoffverbund**

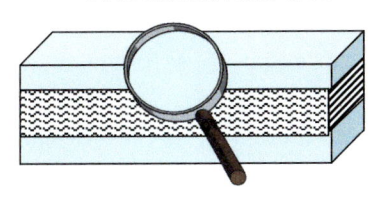

Abb. 9.1: *Schematische Darstellung der Definition Verbundwerkstoff – Werkstoffverbund – Hybridverbund*

verbunden wird. Diese Verbindung kann sowohl form- als auch stoffschlüssig sein
2. Hybridstruktur als Bauteilmischbauweise, welche den Einsatz von kalten oder warmen Verbindungs- oder Fügetechnologien erfordert.

Im Folgenden sollen unter hybriden Verbunden vor allem solche Verbunde beschrieben werden, die der Definition 1 entsprechen.

9.2 Grundlagen der Hybridisierung

Bauteile im Multi-Material-Design basieren auf einem Materialmix, bei dem verschiedene Werkstoffe in einer Gesamtstruktur oder lokal gesehen auch in einem einzelnen Bauteil jeweils dort eingesetzt werden, wo sie unter Berücksichtigung wirtschaftlicher und technischer Gesichtspunkte die meisten Vorteile bieten. Diese Vorteile sind
- ein hohes Potenzial an Funktionsintegration
- geringe Herstellungs- und Investitionskosten
- verminderter Montageaufwand und
- reduziertes Bauteilgewicht.

Zur Erfüllung dieser strategischen Zielstellungen müssen leistungsfähige Werkstoffe, abgesicherte Konstruktions- und Fertigungsweisen und innovative Füge- und Produktionstechniken immer wieder neu auf höchstem technischem Niveau zusammengeführt werden. Das Ergebnis ist dann ein hybrider Verbund, in dem an unterschiedlichen Stellen verschiedene Werkstoffe unterschiedliche Aufgaben übernehmen. Die Herausforderung liegt darin, gleichzeitig die sogenannte Gebrauchseignung hinsichtlich Alterung, Schwingfestigkeit, Korrosionsbeständigkeit, Chemikalienbeständigkeit und Temperaturbeständigkeit eines in ein Bauteil integrierten Systems zu gewährleisten bzw. noch zu verbessern. Die Entwicklung und die Integration erfolgreicher Hybridstrukturen beruht damit gleichzeitig auf spezifischem Know-how in vielen Bereichen der Werkstoff- und Ingenieurswissenschaften und „systemischem" Denken, d.h. der Betrachtung des Gesamtsystems (z.B. des Automobils und der Anforderungen daran) über den Tellerrand der Komponente hinaus. Damit ist es möglich, geforderte robuste Prozesse mit gezielter Werkstoffforschung, Auslegung, Prozessentwicklung und Verfahrensqualifizierung und mit einer begleitenden Modellbildung und Simulation zu erreichen.

Die Eigenschaften der Werkstoffhauptgruppen Metall, Kunststoff, Glas, Keramik bzw. synthetische und natürliche Verbunde (z.B. Holz) und deren Preis-Leistungs-Verhältnis unterscheiden sich zum Teil gravierend. Zudem unterliegen die Werkstoffe unterschiedlich intensiven Kostenschwankungen, die es bei der Werkstoffauswahl mit zu berücksichtigen gilt. Diese Unterschiede bieten aber auch großes Potenzial, sofern es gelingt, die für die jeweilige Anwendung optimalen Materialien in einem Bauteil zu kombinieren. Wie groß das Potenzial ist, zeigt eine Gegenüberstellung einiger der wichtigsten Werkstoffeigenschaften von Metall und Kunststoff. So liegt zum Beispiel der Elastizitätsmodul der Metalle näherungsweise um den Faktor 100 über dem der Kunststoffe, die Zugfestigkeit um den Faktor 10 bis 100. Im Gegensatz dazu beträgt die Dichte der Kunststoffe nur rund 15 Prozent der Werte von Metall. Die schlechte Leitfähigkeit für Wärme und Elektrizität bietet Vorteile bei speziellen Anwendungen, die gute Formbarkeit sowie die Verfügbarkeit eines nahezu unbegrenzten Typenspektrums sind weitere Pluspunkte.

Prinzipiell unterscheidet man vier Fälle, nach denen zwei verschiedene Komponenten zu einem Verbund kombiniert werden können (Abb. 9.2). Die vier Fälle unterscheiden sich wie folgt:

A: „Das Beste von Beiden"-Szenario
Der Idealfall wird oft erreicht, wenn Volumeneigenschaften des einen Partners mit Oberflächeneigenschaften des zweiten Partners kombiniert werden, z.B. verzinktes Stahlblech.

B: Die Mischungsregel
Das Beste, was im Verbund erreicht wird, ist das arithmetische Mittel der Eigenschaften der Verbundpartner, z.B. unidirektional faserverstärkte Verbunde.

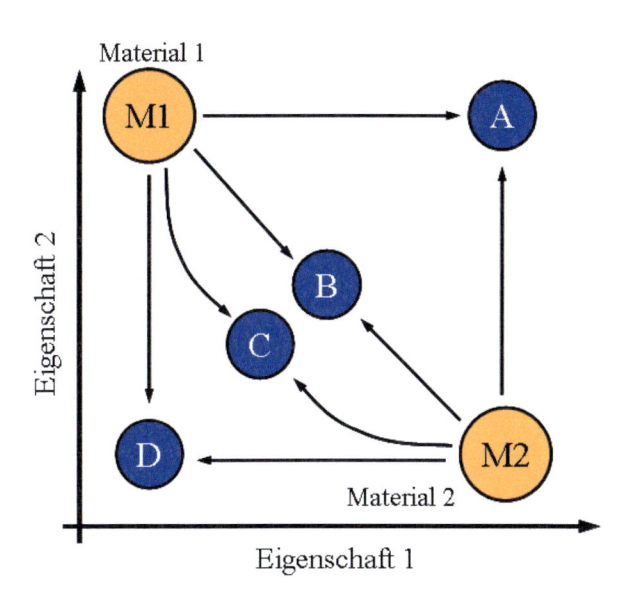

Abb. 9.2: *Mögliche Eigenschaften eines Verbundes aufgrund der Eigenschaften der Einzelkomponenten (Quelle: Ashby 2006)*

C: Der Schwächere dominiert
Die Verbundeigenschaften liegen etwas schlechter als bei B, da die Verbundpartner nicht ideal kombiniert sind, z. B. teilchenverstärkte Verbunde. Dieser Fall kann auch auftreten, wenn die Grenzflächeneigenschaften des Verbundes nicht optimal ausgestaltet sind.

D: „Das Schlechteste von Beiden"-Szenario
Diese Variante wird z. B. in Metall-Wachs-Verbunden für Sprinkleranlagen eingesetzt. Der niedrigere Schmelzpunkt des Wachses bestimmt die Funktion.

Betrachtet man ausschließlich den Leichtbau, stehen bei den beiden Verbundpartnern in der Regel dieselben mechanischen Kennwerte und Eigenschaften im Vordergrund. Es wird über die Mischungsregel oft der Fall B erreicht. Im Beispiel von Sandwichverbunden werden unter Biegung jedoch auch Leistungen erzielt, die besser liegen als die der jeweiligen Verbundkomponenten. Dieser Effekt kann vor allem dann erreicht werden, wenn die zu optimierenden Eigenschaften mehrere Funktionen erfüllen müssen, z. B. elektrische Leitfähigkeit und gleichzeitig geringes Gewicht bei hoher Festigkeit, d. h. vor allem dann, wenn eine Struktureigenschaft mit einer Funktionseigenschaft verknüpft wird. Zwei Werkstoffe mit „starken" Eigenschaften zu einem Verbund mit noch stärkeren Eigenschaften zu verbinden, ist eine Chance, Bauteile mit maßgeschneiderten Eigenschaften und mit neuen, bisher ungekannten Produktqualitäten zu erzeugen.

Ein Beispiel ist die Bordwand eines Kühlfahrzeuges, die sowohl möglichst biegesteif als auch gut thermisch isolierend sein soll. Als Konstruktionselemente werden hier in der Regel Sandwichverbunde eingesetzt. Sandwichverbunde sind die am weitesten verbreiteten technischen Werkstoffverbunde in hybrider Bauweise, da in der Regel hochsteife Deckschichten mit schubfesten, aber wenig steifen Kernmaterialien verknüpft sind und so der eigentliche und meist teurere Hochleistungswerkstoff in nur geringem Anteil im Gesamtverbund enthalten ist, dieses Werkstoffvolumen jedoch hinsichtlich der Belastung optimal ausgeschöpft wird.

Mit Hilfe der im Folgenden dargestellten mathematischen Zusammenhänge kann man die Eigenschaften eines Sandwichverbundes, der in oben beschriebener Weise zum Einsatz kommen soll, aus den Kennwerten der Einzelkomponenten berechnen (Abb. 9.3).

Zur Betrachtung eines Verbundes im Multi-Material-Design soll angenommen werden, dass als Kernmaterial ein PVC-Hartschaum verwendet wurde und das Deckblech aus Aluminiumvollmaterial besteht. Durch Variation der Dicke des Deckblechs bei vorgegebener Gesamthöhe des Verbundes, was einem eingeschränkten Bauraum entspricht, können nun einerseits die Biegesteifigkeit und die Wärmeleitung eingestellt werden. Die Ziele sind konkurrierend: Eine Steigerung der Biegesteifigkeit erhöht den Anteil an Aluminiumvollmaterial und hebt so auch die thermische Leitfähigkeit an, was für die hier diskutierte Anwendung nicht erwünscht ist. Umgekehrt verbessert ein steigender Anteil des PVC-Schaumkerns die thermische Isolation, senkt aber die mechanische Belastbarkeit in Form der Biegesteifigkeit. Trägt man den Kehrwert der Steifigkeit, d. h. des effektiven E-Moduls gegen die Wärmeleitfähigkeit auf, erhält man das in Abbildung 9.4 abgebildete Diagramm. Schematisch dargestellt sind die Gebiete monolithischer Lösungen aus polymeren Vollmaterialien

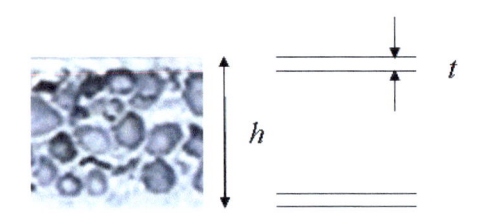

Effektive Dichte:

$$\rho_{eff} = \left[\frac{2t}{h}\right]\rho_{Deckblech} + \left[1 - \frac{2t}{h}\right]\rho_{Kern}$$

Effektive Wärmeleitfähigkeit:

$$\lambda_{eff} = \left(\frac{\left[\frac{2t}{h}\right]}{\lambda_{Deckblech}} + \frac{\left[1 - \frac{2t}{h}\right]}{\lambda_{Kern}}\right)^{-1}$$

Effektiver E-Modul:

$$E_{eff} = \left[1 - \left(1 - \frac{2t}{h}\right)^3\right]E_{Deckblech} + \left[\left(1 - \frac{2t}{h}\right)^3\right]E_{Kern}$$

Wärmeleitung

Biegung

Abb. 9.3: *Berechnung der effektiven Eigenschaften am Beispiel der Bordwand eines Kühlfahrzeugs (λ: Wärmeleitfähigkeit, ρ: Dichte, E: Elastizitätsmodul)*

bzw. Schäumen und Schäumen bzw. Platten aus Aluminium. Dieses Gebiet ist im Eigenschaftsschaubild deutlich abgegrenzt von einem Bereich, in dem keine Lösungen existieren. Dieser Bereich ist jedoch der technisch interessante, da das gesuchte Optimum mit hoher Biegesteifigkeit bei gleichzeitiger niedriger Wärmeleitung in der Ecke links unten im Diagramm läge.

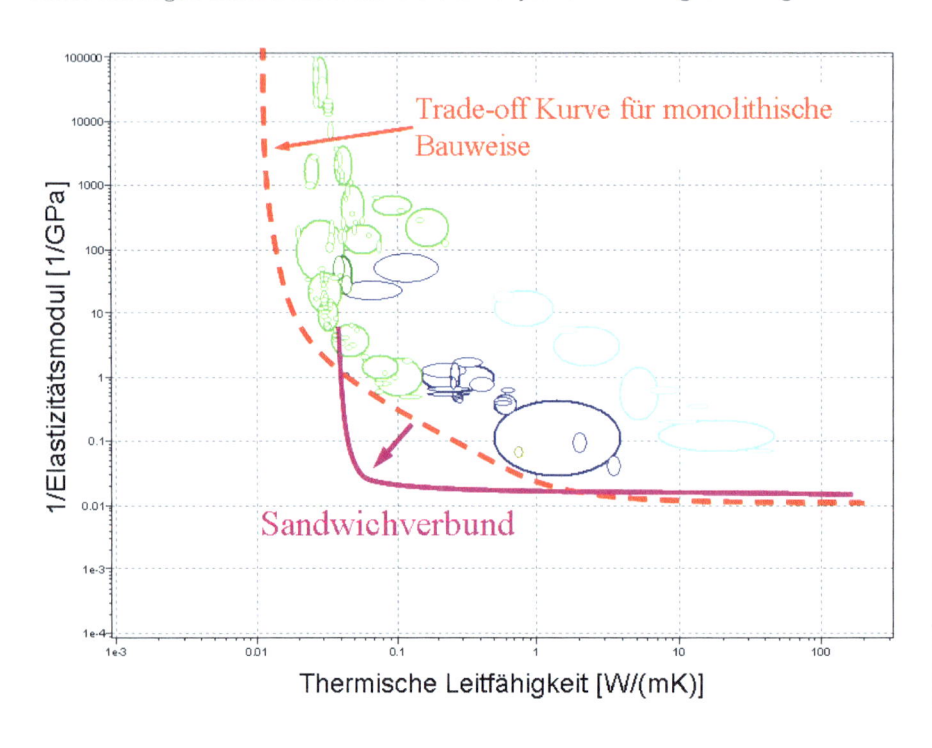

Abb. 9.4: *Fallbeispiel einer Bordwand eines Kühlfahrzeuges: Hybride Lösung (Sandwichverbund) vs. Monolithische Lösung (Quelle: CES Edu Pack, Granta Design)*

Die Kombination eines PVC-Hartschaums und einer Aluminiumdeckschicht durchbricht die Grenze der jeweiligen nicht-hybriden Lösungen aus Vollwerkstoffen. Einige Hybridlösungen mit bestimmten Verhältnissen von Deck- zu Kernschicht sind daher besser als dass, was mit herkömmlichen Vollwerkstoffen erreicht werden kann.

Dieses einfache Beispiel verdeutlicht den Effekt des Leichtbaus durch Hybridisierung. Erste Anwendungen waren hochfeste Leichtbaustrukturen für Automobilkarosserien aus der Kombination von Blech und Kunststoff. Mittlerweile werden auch weitere Materialkombinationen erfolgreich in der Praxis eingesetzt.

9.3 Leichtbaurelevante Hybridkonzepte

Im Folgenden werden unterschiedliche leichtbaurelevante Hybridkonzepte anhand ausgewählter Werkstoffkombinationen vorgestellt. Eine quantitative Angabe von Werkstoffeigenschaften erfolgt dabei bewusst nicht, da sich gerade bei der bereits angesprochenen „systemischen" Betrachtung aus unterschiedlichen Anforderungen an die jeweiligen Bauteile maßgeschneiderte Lösungen mit ganz speziellen Eigenschaften ergeben. Stets möglich ist jedoch die qualitative Aussage, welche Vorteile sich gegenüber einer monolithischen Bauweise, d. h. Bauteil aus einem Vollwerkstoff, oder anderen Lösungen ergeben. Darüber hinaus ist die Darstellung auf Anwendungsbeispiele beschränkt, bei denen mindestens eine Komponente kunststoffbasiert ist. Zwar existieren z. B. auch Metall-Keramik-Hybride oder andere Hybride, diese sind jedoch im Markt zum einen weit weniger verbreitet und zum anderen meist nicht hinsichtlich Leichtbaurelevanz ausgelegt. Der Schwerpunkt der Betrachtungen liegt auf den werkstofflichen Eigenschaften. Hinsichtlich der produktionstechnischen Aspekte sei an dieser Stelle auf Kapitel III.9 verwiesen

9.3.1 Kunststoff-Metall-Hybride

Strukturteile für die Karosserie

Noch immer werden nach Angaben des Statistischen Bundesamtes jährlich im Straßenverkehr in Deutschland etwa 3000 Personen getötet. Die Zahl der Personen, die bei Straßenverkehrsunfällen verunglückten, liegt bei etwa 400 000 (Statistisches Bundesamt, Zahlen von 2017). Die Bestrebungen der Automobilindustrie, preiswerte, aber sichere Lösungen bereit zu stellen, werden insbesondere durch den Preisdruck und durch die weltwirtschaftlichen Belastungsfaktoren Rohstoff- und Energiepreisentwicklung erschwert. Unter diesem Aspekt sind integrative Systeme und Leichtbaukonzepte gefragt, welche Produktionskapazitäten, Material- und Rohstoffe schonen.

Konträr dazu zeigen Automobile mit wachsendem Ausstattungsumfang die Tendenz, mit jeder neuen Modellgeneration an Gewicht zuzulegen. Als Gegenstrategie bietet sich die Verwendung von Leichtbaukomponenten sowohl in der Karosseriestruktur als auch in Anbaugruppen oder Bauteilen an. Der direkte Weg wäre die Verwendung von Blechstrukturen mit geringerer Wandstärke, jedoch mit dem Nachteil, dass insbesondere die Biegesteifigkeit jedes Strukturteils mit der Wandstärke abnimmt. Als Konsequenz ergeben sich dadurch vor allem im Bereich von Krafteinleitungsstellen Schwachpunkte. Um den Leichtblechkomponenten hinreichend Stabilität zu geben, wurden 1989 erstmals von der Bayer AG so genannte Hybridstrukturen mit angespritzten und mechanisch verankerten Verrippungen aus Kunststoff vorgestellt (Klocke 2006). Durch diese Methode, die sich einfach durch Spritzgießen durchführen lässt, können „Dünnblechteile" mit wenig zusätzlichem Gewicht effektiv stabilisiert und damit versteift werden. In solchen Hybridbauteilen werden gezielt die Stärken von Kunststoff und Stahl oder Aluminium kombiniert. Der metallische Verbundpartner steuert einen hohen Elastizitätsmodul, hohe Festigkeit und ein duktiles Verhalten bei. Als Kunststoff sind Polyamid 6-Typen (PA 6) Material der Wahl – unter anderem wegen der hohen dynamischen Festigkeit und der guten Schlagzähigkeit bei Hitze und Kälte. Der Kunststoff muss mit Glasfasern verstärkt sein, damit er eine nur geringe Kriechneigung hat, steif und bei hoher Wärmeformbeständigkeit dimensionsstabil ist. Damit handelt es sich um einen Verbund aus einem glasfaserverstärkten Kunststoff, also einem Verbundwerkstoff, und einem Metallteil – ein hybrider Verbund nach der Definition 1 in Abschnitt 9.1.

Der systemische Vorteil dieser Kombination ist die Erhöhung der Steifigkeit des Gesamtbauteils, sodass der Metallanteil im Vergleich zur Vollwerkstofflösung reduziert werden kann. Die daraus resultierende Gewichtsersparnis liegt bei rund 30 bis 40 Prozent, ohne dass dabei Abstriche bei der Strukturfestigkeit oder -steifigkeit in Kauf genommen werden müssen. In Abbildung 9.5 ist die Anwendung eines solchen Metall/Kunststoff-Hybridteils als Querstrebe im Dachbereich eines Personenkraftwagens dargestellt. Die Umsetzung in Hybridtechnik ermöglicht gegenüber einer reinen Metallvariante aus zwei verschweißten Stahlblechen eine Gewichtsersparnis von rund 500 Gramm (Klocke 2006). Zusätzlich zu den Versteifungsrippen bietet die Hybridtechnik die Möglichkeit, beliebige Zusatzfunktionen, wie z. B. Befestigungselemente, Lagerstellen, Schnapphaken, Schraubverbindungen, Kabelklemmen usw. in einem Arbeitsgang zu integrieren und so zeit- und kostenintensive Nachbearbeitungs- und Montageprozesse einzusparen.

In Bezug auf Belastbarkeit sind Hybridbauteile so leistungsfähig wie entsprechende Stahlkomponenten, was am Deformationsverhalten eines einfachen U-förmigen Trägers gezeigt werden kann.

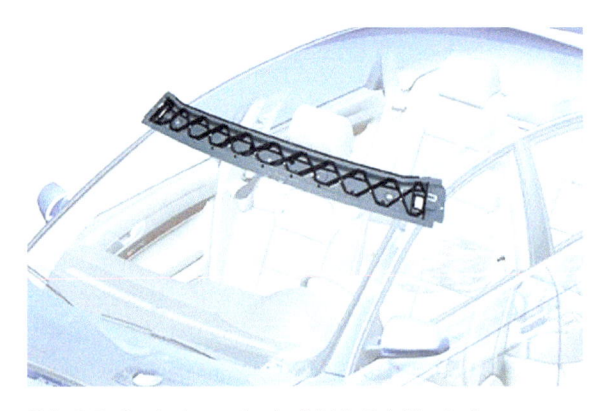

Abb. 9.5: *Dachrahmen des Audi A6 in Hybridtechnik (Quelle: LANXESS Deutschland GmbH)*

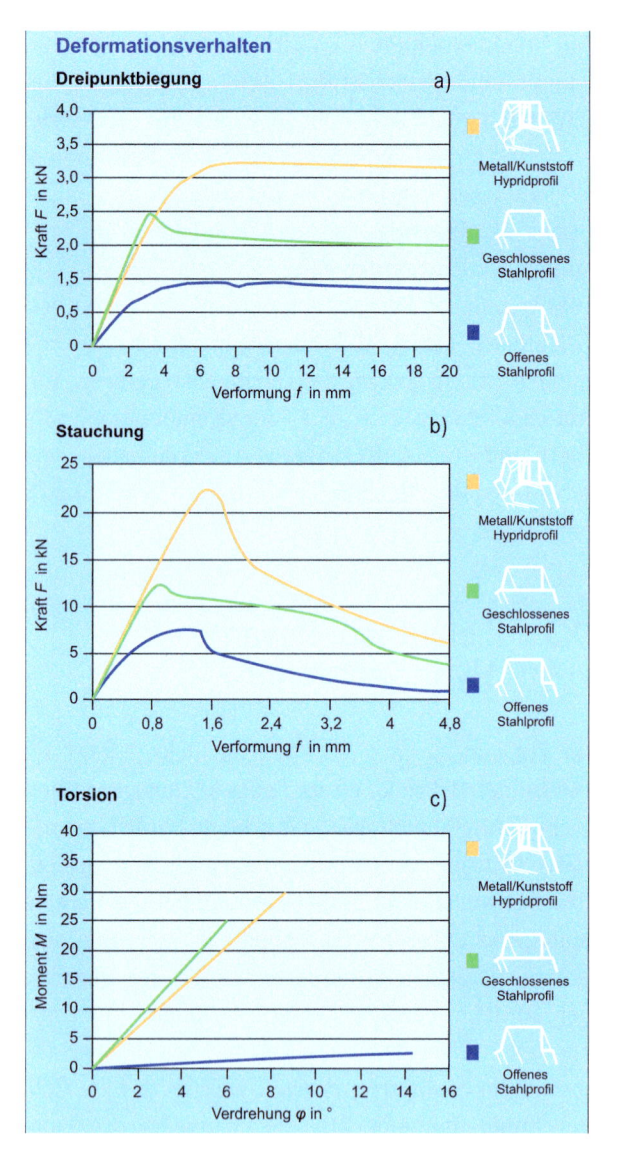

Abb. 9.6: *Kraftverformungskurven eines U-förmigen Trägers (7 mm Wandstärke) bei Deformation durch a) Dreipunktbiegung, b) Stauchung und c) Torsion (Klocke 2006)*

Bei einer Dreipunktbiegung (Abb. 9.6a) und einer Stauchung (Abb. 9.6b) ist das Hybridprofil ähnlich steif wie das geschlossene Stahlprofil, aber wesentlich fester. Das offene Stahlprofil schneidet in diesem Vergleich deutlich schlechter ab. Bei einer Deformation durch Torsion (Abb. 9.6c) ist die Steifigkeit des Hybridprofils viel höher als die des offenen und nur wenig niedriger als die des geschlossenen Stahlprofils.

Generell hat die Hybridbauweise gegenüber Stahlkonzepten den Vorteil, dass mit ihr flexibler konstru-

Abb. 9.7: *Hybrid-Frontend des Ford Focus C-MAX (Klocke 2006)*

iert werden kann. Sehr belastete Bereiche lassen sich gezielt mit Kunststoffverrippungen versteifen.

Die Technologie von Kunststoff-Metall-Verbunden ist bei der Produktion von Frontends mittlerweile etabliert (Abb. 9.7). Über 30 Millionen dieser leicht herzustellenden und belastbaren Teile wurden mittlerweile für mehr als 60 Automodelle aus Stahlblech und verschiedenen Typen von Polyamiden hergestellt. Auch Pkw-Dachrahmen, Bremspedale und Pedallagerböcke bestehen inzwischen aus diesem Materialverbund.

Schiebefenster-Führungen

Bei Führungselementen für Glasscheiben steht nicht nur die Gewichtsersparnis im Vordergrund, sondern die Funktionsintegration. Sie resultiert aus den aktuellen Designkonzepten der Fahrzeuge, die eine flächenbündige Integration der Seitenfenster in die Karosserien von Bussen oder Kastenwagen vorsieht (Abb. 9.8). Neben der einbruchshemmenden Fixierung müssen sie die Führung und Lagerung der Scheiben übernehmen und die Verbindung zur Blechkarosserie herstellen, und zwar in einem Temperaturbereich von -30 bis +70 °C (KC 2009). Die Führungen für Schiebefenster sind Metall/Kunststoff-Hybridteile, deren zentrale Komponente ein 400 bis 1500 mm (je nach Fahrzeugmodell) langes Metallprofil ist. Es wird, ebenso wie die bereits beschriebenen Strukturteile für die Karosserie, mit Kunststoffverrippungen stabilisiert. Der Hybridteil und ein zusätzlicher Gehäuseteil werden zu einer Baugruppe komplettiert. Bei der Konstruktion des Formteils muss der große Unterschied der Werkstoffeigenschaften von Kunststoff und Metall berücksichtigt werden. Dies gilt insbesondere für den thermischen Ausdehnungskoeffizienten: Dieser ist bei Kunststoff 3 bis 20-fach höher als bei Metall. Das Metallteil kann daher in der Regel nicht direkt mit Kunststoff ummantelt werden, sondern es wird vorher eine elastische Zwischenschicht auf das Metallprofil aufgebracht, welche die Ausdehnungsunterschiede aufnehmen kann.

Ab Herbst 2015 wurde die BMW 7er-Reihe serienmäßig mit CFK-Dachholmen und -querstreben ausgestattet und damit eine CFK-Metall-Mischbauweise mit strukturtragenden CFK-Bauteilen in einer automobilen Serienproduktion in einer Größenordnung von mehr als 100.000 produzierten Fahrzeugen pro Jahr umgesetzt. Als ein wesentliches, tragendes Kunststoff-Metall-Hybridbauteil wurde hier eine mit CFK verstärkte Stahl-B-Säule ebenfalls in Serie umgesetzt. Auch die A- und C-Säulen wurden auf diese Weise verstärkt.

Ebenfalls ein in der Serienanwendung befindliches Faserkunststoff-Metall-Hybridmaterial ist der von AIRBUS gemeinsam mit der TU Delft entwickelte

Abb. 9.8: *Die Schiebefenster-Führungsschienen in Hybridbauweise sind klassische Multifunktions-Komponenten (KC 2009)*

Werkstoff GLARE (Glass Laminate Aluminium Reinforced Epoxy). Dieser Laminatwerkstoff besteht aus Aluminium und GFK-Lagen und wurde ab 2005 vor allem im Rumpf des A380 verbaut. Er wird zwischenzeitlich durch die nächste GLARE-Generation ersetzt, die sich durch eine höhere statische Festigkeit auszeichnet. GLARE hat gegenüber den Vollmaterialien – vor allem gegenüber dem Aluminium als Vollwerkstoff – Vorzüge beim Rissausbreitungsverhalten (was sich in der Dauerfestigkeit niederschlägt), bei Impactbelastungen sowie beim Brandverhalten.

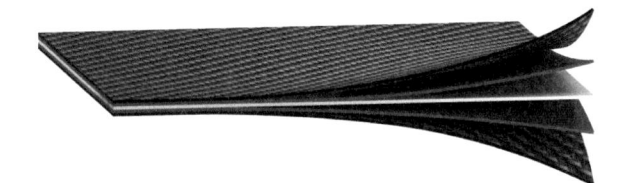

Abb. 9.9: *Ein Faser-Metall-Elastomer-Laminat mit einer Metallkernschicht, CFK-Außenschichten und Elastomerzwischenschichten vereinigt zahlreiche Aufgaben in einem Werkstoffsystem (Bild: IAM, KIT)*

Mehrfache Hybridisierung: Viele Werkstoffe, viele Funktionen

Die Verbindung artfremder Werkstoffe in einem Hybrid stellt den Konstrukteur grundsätzlich vor große Herausforderungen: Die Kombination von beispielsweise CFK und Metall birgt ein hohes Korrosionspotenzial, wenn die Komponenten nicht voneinander elektrisch isoliert sind. Darüber hinaus führen die unterschiedlichen thermischen Ausdehnungskoeffizienten zu thermischen Eigenspannungen, die bei Temperaturwechselbelastung zur Delamination führen könnte. Umgekehrt wurde bereits in Abschnitt 9.2 erläutert, dass durch eine Funktionstrennung das volle Potenzial der Hybridisierung ausgeschöpft werden kann. Daher bietet die mehrfache Hybridisierung die Möglichkeit, die Herausforderungen zu lösen und umgekehrt mehrere Funktionen in einem Werkstoffsystem zu vereinen. Ein Beispiel hierfür sind Faser-Metall-Elastomer-Laminate (Abb. 9.9). Ausgehend von einem hybriden Laminat aus kohlenstofffaserverstärktem Kunststoff und Aluminium werden hier zusätzlich Elastomerzwischenschichten eingeführt, die mehrere Aufgaben erfüllen. Zum einen werden CFK und Metall elektrisch entkoppelt, um Korrosion zu vermeiden, zum anderen ermöglicht die Elastomerschicht den Ausgleich der Unterschiede im thermischen Ausdehnungskoeffizienten. Die Elastomerschicht dient darüber hinaus als Haftvermittler zwischen den artfremden Werkstoffen CFK und Metall und erhöht die Dämpfung des Gesamtverbundes. Damit sind gleich mehrere Funktionen in diesem Werkstoffverbund integriert.

Potenzielle Anwendungen außerhalb des Transportsektors

Im Anwendungssegment „weiße Ware", d. h. Haushaltsgroßgeräte, und in der Möbelindustrie ist zurzeit ein Trend zur Modulbauweise zu beobachten, um mehr Freiheiten beim Design zu gewinnen. Es ist das Ziel, wenige Basiskomponenten zu bauen, die mit einer Vielzahl von gestalterischen Möglichkeiten ausgestattet sind. In Entwicklung sind zum Beispiel Strukturbauteile für Waschmaschinen, wie Träger, Laugenbehälter und tragende Gehäuseteile. Möbelhersteller zeigen Interesse an hochbelastbaren Hybridleichtbau-Regalen. Bei Drehstühlen wird daran gearbeitet, die Drehmechanik und den Kreuzfuß in Hybridbauweise auszuführen. Der Einsatz von Kunststoff eröffnet dabei viele Kombinationsmöglichkeiten, was Oberflächen (matt, glänzend, genarbt etc.) und Farben betrifft (Klocke 2006). Gerade im Bereich „weiße Ware" werden Sandwichbleche mit Metalldeckschichten und polymeren Zwischenschichten zur Schalldämpfung insbesondere bei Waschmaschinen verbreitet genutzt und schlagen so die Brücke zur im vorherigen Abschnitt beschriebenen Entwicklung.

9.3.2 Kunststoff-Kunststoff-Hybride

Die Kombination von Kunststoffen und Kunststoffen bietet für die Hybridisierung den Vorteil, dass keine artfremden Werkstoffe zusammengeführt werden. Zunächst klingt es außergewöhnlich, in diesem Zusammenhang überhaupt von einer Hybridisierung zu sprechen. Bei Kunststoff-Kunststoff-Hybriden werden in aller Regel kontinuierliche Faserverstärkung und diskontinuierliche Faserverstärkung in einem

Werkstoffverbund zusammengeführt. Faserkunststoffverbunde mit diskontinuierlicher Faserverstärkung bieten dabei die Möglichkeit, eine große geometrische Vielfalt abzubilden und mit Hilfe von leicht automatisierbaren Verfahren, wie dem Spritzguss oder Pressprozessen, verarbeitet zu werden. Kontinuierlich verstärkte Faserverbunde sind bezüglich der mechanischen Eigenschaften hingegen deutlich leistungsfähiger, setzen jedoch Einschränkungen hinsichtlich der geometrischen Gestaltungsfreiheit. Dementsprechend bietet hier die Hybridisierung die Möglichkeit, eine lokale, kontinuierliche Faserverstärkung zur Verbesserung der mechanischen Eigenschaften bei gleichzeitiger Umsetzung von komplexen geometrischen Formen mit Hilfe der diskontinuierlichen Faserverbunde.

Um das Anwendungs- und Leistungspotenzial der Hybridisierung ausgehend von den in 9.3.1 beschriebenen Kombinationen aus Metall und Kunststoff zu erweitern und zusätzlich Gewicht einzusparen, arbeiten Rohstoffhersteller und Automobilhersteller daher daran, die metallischen Komponenten, also Stahlblech und Aluminium, durch z. B. so genannte Organobleche (Abb. 9.10) zu ersetzen (Lanxess 2009). Organobleche sind flächige, kontinuierlich verstärkte Verbundwerkstoffbauteile aus speziellen Geweben, die in definierten Orientierungen in eine Thermoplastmatrix eingebettet sind. Die Gewebe werden aus Glasfaser-, Polyaramid- oder Kohlenstofffasern hergestellt (s. a. II.8.4). Als Thermoplastmatrix dient Polyamid, das unter anderem gute Haftung zu den Fasern zeigt. Ferner verwendet man je nach Einsatzzweck auch Polypropylen, Polyphenylensulfid oder auch thermoplastische Polyurethane. Die Bezeichnung „Organoblech" leitet sich dabei aus der Möglichkeit ab, diese Verbunde ähnlich metallischen Blechen zu verarbeiten. Durch die verwendete Thermoplastmatrix können diese Verbunde warm umgeformt werden.

Die Hybridbauteile, die bei der Kombination von verstärkten Kunststoffen (Organobleche) mit unverstärkten Kunststoffen demnach vollständig aus kunststoffbasierten Komponenten bestehen (Kunststoff-Kunststoff-Hybride), sind – verglichen mit ihren Pendants aus metallischem Blech – leichter und

Abb. 9.10: *Halbzeuge aus Organoblech mit umgeformtem und hinterspritztem Träger (Quelle: Lanxess 2009)*

zeigen eine höhere Flächensteifigkeit sowie deutlich höhere Festigkeiten. Anwendungspotenzial besteht neben den „klassischen" Hybridbauteilen vor allem für Komponenten, die eine hohe Flächensteifigkeit aufweisen müssen, wie etwa Reserveradmulden, Schottwände zum Motorraum und Komponenten des Fahrzeugbodens. Es bietet sich zudem die Chance, Anbauteile, wie Verstärkungen, Aufnahmen, Führungen oder Clipse durch Anspritzen zu integrieren – Gestaltungsmöglichkeiten, die die diskontinuierlich faserverstärkte Komponente mit sich bringt.

Außerdem ist kein Korrosionsschutz erforderlich, welcher bei der Verwendung von metallischem Blech einen zusätzlichen Kostenfaktor darstellt. Auch außerhalb der Automobilindustrie gibt es eine Vielzahl von Anwendungsmöglichkeiten für Organobleche, bei denen die Gewichtsminimierung im Vordergrund steht, z. B. Schutzhelme u. a. im Sport- oder militärischen Bereich oder Bremshebel für Fahrräder. Als ein weiteres Beispiel aus dem Bereich der Hybrid-Verfahren zeigte die EDAG auf der IAA 2009 eine Staufachladeklappe einer LKW-Kabine, die aus einer konventionellen Stahlaußenhaut in Verbindung mit einem Innenteil aus Organoblech besteht (Abb. 9.11). Die Technologie bietet enormes Leichtbaupotenzial und kann zu einer Gewichtsreduzierung von bis zu 60 Prozent führen. EDAG will diese Technologie auf alle Anbauteile, wie z. B. Türen, Deckel, Klappen ausweiten.

Zusammengefasst können folgende Vorteile der Hybridbauweise verzeichnet werden:
- Gewichtsreduzierung um 60 %
- geprüfte Crash-Performance

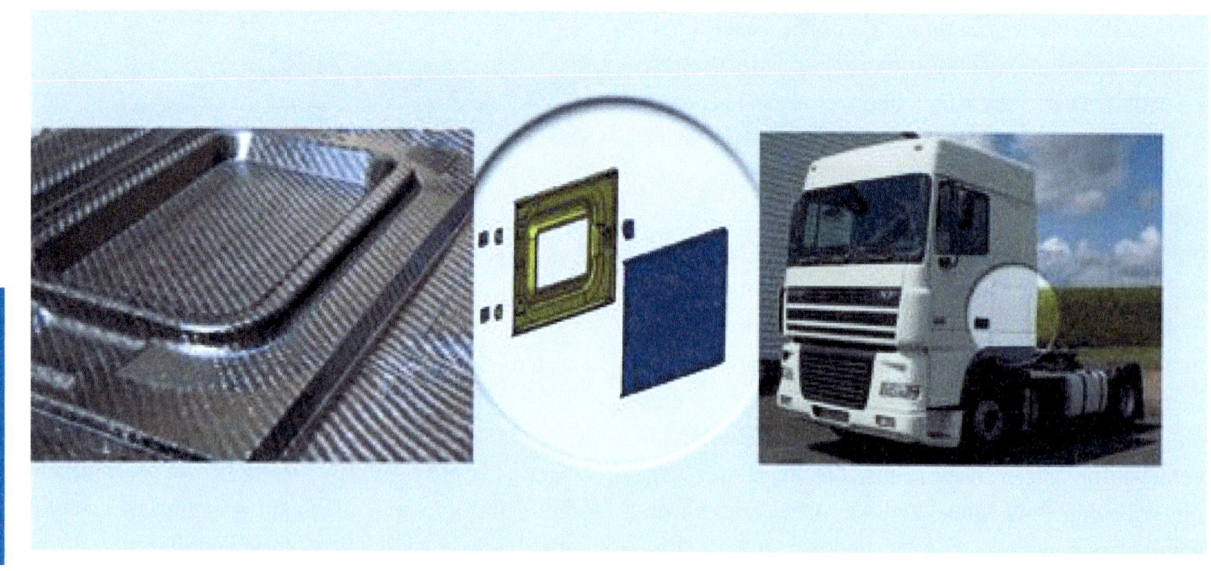

Abb. 9.11: *Staufachklappe einer LKW-Kabine in Hybridbauweise (Quelle: EDAG)*

- Halbierung des Gewichts der Stoßfängerträger (von ca. 7 auf 3 kg)
- definierbare Werkstoffeigenschaften
- Basisdicke: 2 und 2,5 mm
- die Energieaufnahme ist mindestens um den Faktor drei höher als die von vergleichbaren Blechkonstruktionen
- kein zusätzlicher Korrosionsschutz wie bei metallischen Blechen erforderlich
- Integration von Anbauteilen, wie Verstärkungen, Aufnahmen, Führungen oder Clipse.

Ein weiteres prominentes Beispiel für den Einsatz von Organoblechen ist der Stoßfängerträger des BMW M3. Seit dem Beginn der Serienproduktion in 2001 wurde das Werkstoffkonzept mehrmals überarbeitet und wird heute in einer Kombination aus angespritztem Polyamid 6 und einer Endlosfaserverstärkung mit Organoblechen realisiert. Laut Herstellerangaben beträgt die Gewichtsreduktion gegenüber der Stahlbauweise 45 % (VDI 2017). Auch der Infotainmenthalter der Audi AG aus dem Jahr 2014, der Steuergeräteträger für das Mercedes S-Klasse Cabriolet aus dem Jahr 2015 sowie die ab 2018 in Serie umgesetzten Leichtbau-Türmodule des Ford Focus (der mit mindestens 1 Mio. Fahrzeuge über Modelllaufzeit produziert wird) sind Anwendungsbeispiele, die die Serienfähigkeit von Kunststoff-Kunststoff-Hybridkonzepten unterstreichen (VDI 2017).

Vergleichbare Hybridisierungsansätze gibt es auch bei duromeren Matrixsystemen. Hier werden als diskontinuierliche Komponente Sheet Molding Compounds (SMC) eingesetzt. Die Aufgaben der kontinuierlichen Faserverstärkung übernehmen hierbei vorimprägnierte, kontinuierliche Materialien (Prepreg). Eine Herausforderung ist dabei die Entwicklung von kompatiblen Matrixsystemen, denn SMC-Materialien bestehen aus mehrstufig reagierenden Matrixsystemen, an deren Chemie die Prepreg-Matrix angepasst werden muss. Eine mehrstufige Reaktion kann hier bei der kontinuierlich verstärkten Komponente auch genutzt werden, um eine Vorfixierung der Geometrie der kontinuierli-

Abb. 9.12. *Kunststoff-Kunststoff-Hybridisierung: Kombination von kontinuierlicher Faserverstärkung (unten) mit diskontinuierlicher Faserverstärkung (Mitte) in einem SMC-Prepreg-Hybrid (oben) (Quelle: IAM, KIT)*

chen Komponente zu erreichen. So kann verhindert werden, dass der Fließprozess zur Ausformung der diskontinuierlichen Komponente die kontinuierliche Faserverstärkung aus der im finalen Bauteil vorgesehenen Lage verschiebt. Dies ist unerwünscht, da die von der Konstruktion vorgegebene Lage im Bauteil der kontinuierlichen Verstärkung selbstverständlich die Gesamtleistungsfähigkeit des Bauteiles definiert. Dementsprechend ist eine korrekte Vorfixierung der kontinuierlichen Verstärkung im Presswerkzeug neben der Sicherstellung der Matrixkompatibilität eine wesentliche Aufgabe. Abbildung 9.12 zeigt einen Kunststoff-Kunststoff-Hybrid auf Basis eines SMC mit kontinuierlicher Faserverstärkung im Vergleich zu den Einzelkomponenten als Vollwerkstoffen. Durch die Integration endloser Kohlenstofffasern in der Deckschicht steigt hier z. B. die Leistungsfähigkeit unter Biegebeanspruchung deutlich an.

In Kapitel III.9 sind die entsprechenden fertigungstechnischen Aufgaben und Lösungen dargestellt. Wie grundsätzlich bei der Hybridisierung gehen hier Produkt-, Prozess- und Werkstoffentwicklung Hand in Hand.

9.3.3 Kunststoff-Keramik-Hybride

Wie in Abschnitt 9.2 bereits dargestellt, ergibt sich das Leichtbaupotenzial keramischer Werkstoffe in erster Linie aus der systemischen Betrachtung. Keramiken selbst sind für die im konstruktiven Leichtbau häufig eintretenden Lastfälle wie Zug, zyklische Beanspruchung oder dynamische Belastung (Crash) aufgrund ihres Eigenschaftsprofils kaum geeignet. Wird jedoch Keramik als Verschleißschutz oder aufgrund ihrer hohen Härte zur Steigerung der Druckfestigkeit oder als Schneidwerkstoff eingesetzt und dabei mit leichteren Kunststoffkomponenten kombiniert, können wieder Hybridbauteile mit Leichtbaupotenzial entstehen. Eine solche Lösung wird bei der neuesten Generation von Epiliergeräten, konkret bei den „Pinzettenscheiben" der Epilierköpfe eingesetzt. Während sie bei den bisherigen Geräten aus Cr-Stahl-Scheiben mit aufgespritzten Kunststoffsegmenten (ABS) bestanden, werden sie bei der neuesten Gerätegeneration als 2-Komponenten-Hybrid-Spritzgießteil ohne Metallteil ausgeführt. Der Zentralteil der Scheibe

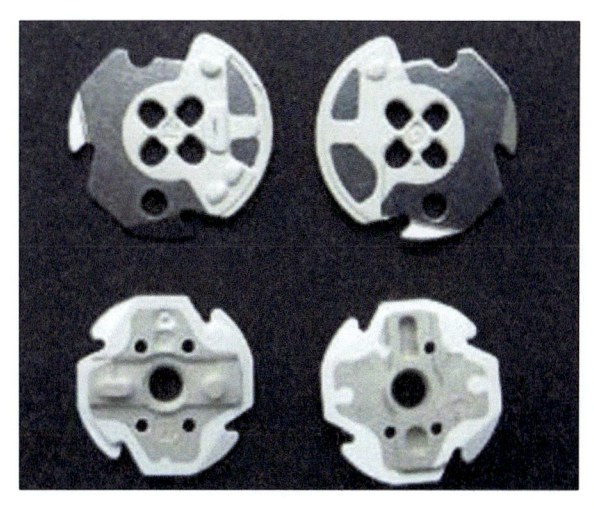

Abb. 9.13: *Kunststoff umspritzt mit Keramik-Compound (unten), Vorgängermodell als Kombination von Metallteil und Kunststoffteil (oben) (KC 2009)*

besteht aus einem ungefüllten PA 6.6 und bietet gute Lagereigenschaften. Die Umrandung mit einem Compound aus PA 6.6, Zirkonoxid und Glasfasern bietet die gewünschte Festigkeit und den Verschleißschutz (Abb. 9.13). Das vorliegende Beispiel gibt einen Ausblick auf die Möglichkeiten zur Eigenschaftskombination nach Maß: Während der Zentralteil des Pinzettenrades für einen verschleißfreien Lauf auf der Metallwelle ausgelegt ist, liegt die Anforderung beim Außenteil auf Härte und Verschleißfestigkeit. Im Vergleich zur metallischen Lösung sind die Pinzettenscheiben leichter und haltbarer. In Folge kön-

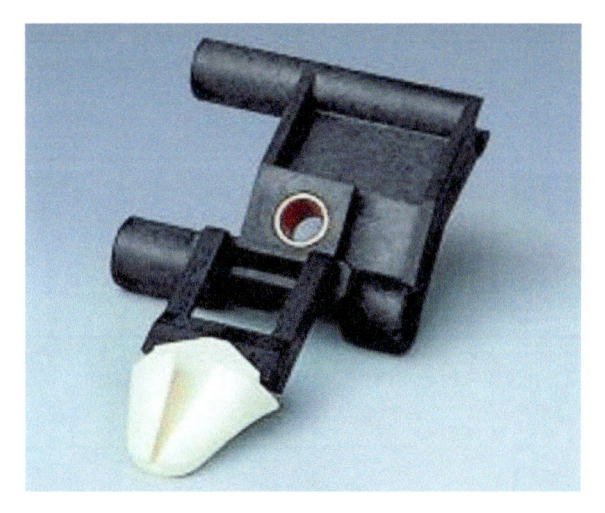

Abb. 9.14: *Fadenleiteinheit als Verschleißschutz und Trägerelement; die verwendeten Materialien sind Keramik und Polyimid mit Metallbuchse (Quelle: Rauschert)*

nen durch Integration der verbesserten Lagerung im neuen Bauteil auch Baugruppen im Epiliergerät selbst bis zum Antrieb hin neu dimensioniert werden, wodurch das gesamte Gerät leichter wird und höheren Anwendungskomfort bietet. Der Leichtbaueffekt ergibt sich damit indirekt aus dem Einsatz des Hybridbauteils.

Für echte Bauteile aus Keramik-Kunststoff-Hybriden gab es bislang nur wenige Anwendungen, wie z.B. mit Kunststoffgriffen umspritzte Designermesser oder Fadenführungen (Abb. 9.14) in Spinnereianlagen. Diese Beispiele zeigen jedoch, wie die hervorstechenden Eigenschaften keramischer Werkstoffe, nämlich hohe Härte und Steifigkeit, hohe Druck- und Wärmefestigkeit, sehr gute Verschleiß- und Korrosionsbeständigkeit, mit denen der Kunststoffe, nämlich angenehme Haptik, niedrige Verarbeitungskosten und einfache Formgebung kombiniert werden können.

9.3.4 Kunststoff-Holz-Hybride

Wie Abbildung 9.15 zeigt, kann weiteres Leichtbaupotenzial bei synthetischen Werkstoffen nur noch durch die Verwendung von teuren Aramid- oder Kohlenstofffasern erreicht werden. Holz hingegen ist ein natürlicher Faserverbundwerkstoff mit sehr guten Leichtbaueigenschaften, was vor allem in seiner geringen Dichte bei gleichzeitig hoher Festigkeit gegeben ist. In dieser Hinsicht sind Qualitätsholzwerkstoffe den klassischen Leichtbauwerkstoffen (Aluminium, Faserverbundkunststoffen) oft überlegen. Holz erträgt hohe Lastwechselzahlen ohne Ermüdungsbrüche und ist zusätzlich stoßabsorbierend und schwingungsdämpfend. Durch die Kombination verschiedener Hölzer sowie insbesondere durch die gezielte Ausrichtung der Holzfasern können sehr leichte und stabile Bauteile realisiert werden. Für die Herstellung von Stahl wird zwanzig Mal mehr Primärenergie (10.000 kWh/t), für die Herstellung von Aluminium sogar fünfzig bis hundert Mal mehr Energie benötigt als für die Herstellung von Sperrholz (500 kWh/t). Ferner ist die CO_2- und Energiebilanz von Holzwerkstoffen positiv, die von Metallen und Kunststoffen deutlich negativ (Woodbike).

Das Ziel der aktuellen Forschung ist die Entwicklung von strukturellen bzw. semistrukturellen Kunststoff-Holz-Hybridbauteilen in Kompakt- oder

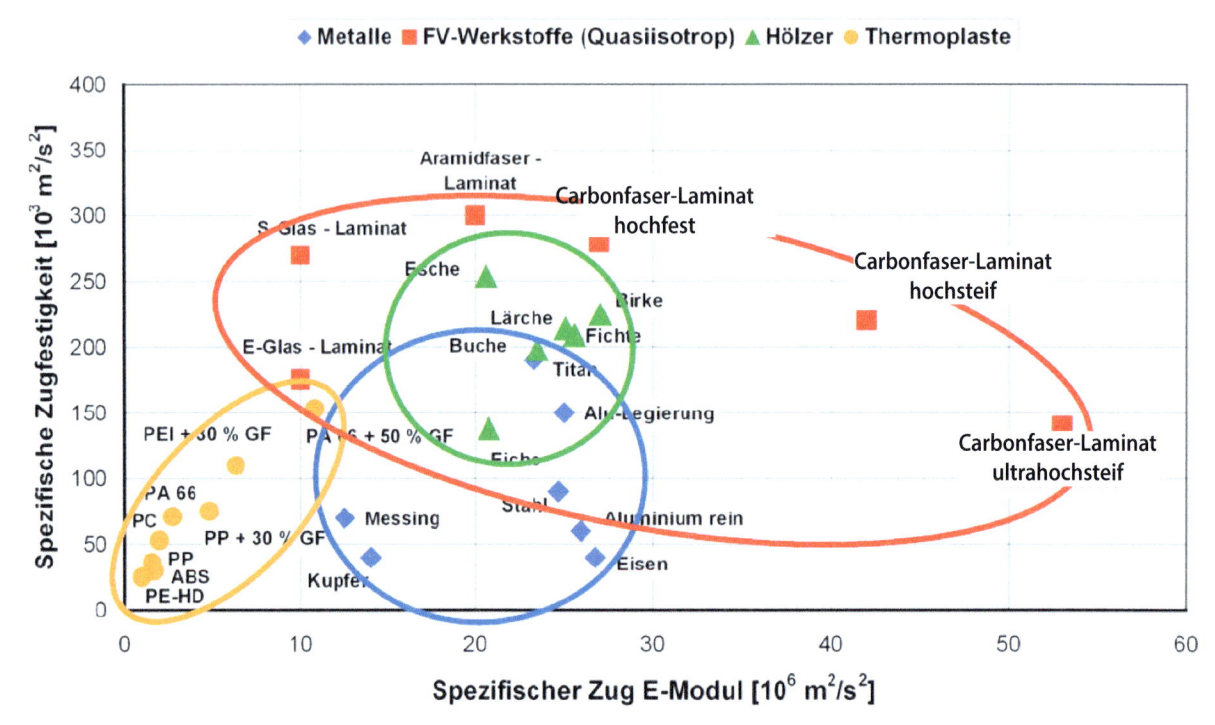

Abb. 9.15: *Spezifische Festigkeit und Steifigkeit verschiedener Werkstoffe (Quelle: Steiner)*

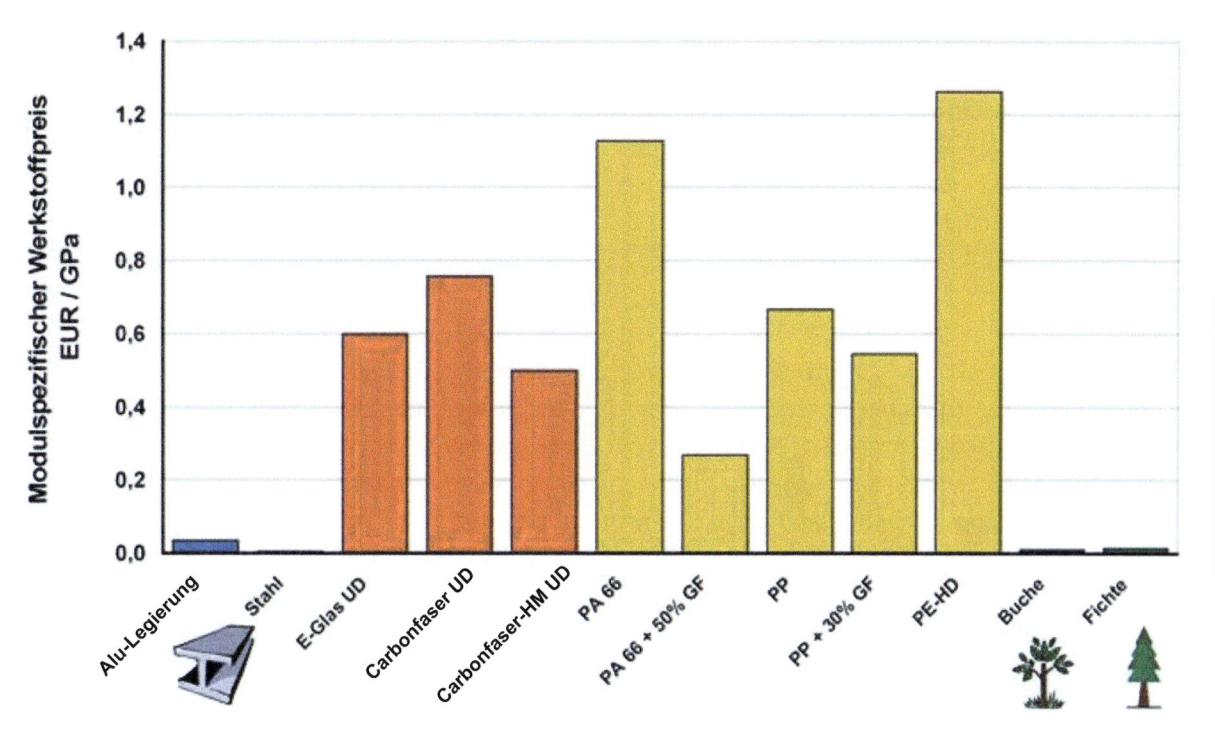

Abb. 9.16: *E-Modulspezifischer Werkstoffpreis (Quelle: Steiner 2003)*

alternativ in Sandwichbauweise mit Schaumkern für den Einsatz in LKW-Karosserie- und Interieurbauteilen, die gegenüber den bisher eingesetzten metallischen Werkstoffen maßgeblich Vorteile aufweisen. Diese Idee ist keinesfalls neu. Schon die ersten Fahrzeugkarosserien, vor allem im Nutzfahrzeugbereich, waren holzbasiert und wurden erst durch die Einführung der Massenproduktion und die gestiegenen Design- und Haltbarkeitsforderungen verdrängt. Aufgrund der Nachteile, wie z. B. geringe Verformbarkeit und Splitterwirkung, wurde Holz ab den 30er Jahren von den meisten Automobilbauern durch Stahl ersetzt (HEDAB). Nur noch bei der Firma Morgan wird auf einen Z-Profil-Rahmen ein Aufbau aus einem Fachwerk aus Eschenholz, das je nach Modell und Baujahr mit Stahl- oder Aluminiumblech beplankt ist, aufgesetzt (Wood 2005). Ansonsten werden heute Holzfurniere für optische Designzwecke eingesetzt. Dazu nutzten die Automobilingenieure eine speziell für das Furnieren dreidimensionaler Körper entwickelte Technologie. Mithilfe dieses 3D-Flächenbeschichtungsverfahrens werden z. B. die Holzteile der Mittelkonsole, an den Türen sowie am Cockpit aufgebaut. Diese Holzteile sind als 3D-Lagenholz-Formteile ausgebildet und mit einem Aluminiumkern versehen, der die Anforderungen an die Crash-Sicherheit gewährleistet (Grünweg 2010).

Mit dieser Neuentwicklung sollen neben dem Ziel einer deutlichen Gewichtsersparnis eine optimale Festigkeit in hochbeanspruchten Bereichen und eine Funktionsintegration durch das Anspritzen von Kunststoffelementen sowie Eigenschaftsverbesserungen hinsichtlich Geräusch-, Wärmedämmung und Oberflächengüte erreicht werden. Ein Vergleich des Preis/Leistungs-Verhältnisses diverser Werkstoffe zeigt, dass Holz eine wirtschaftlich interessante Option für den Leichtbau darstellt (Abb. 9.16). Nicht zuletzt auf Grund dieser Tatsache werden Holzkomponenten als Schalungselemente für den Betonbau verwendet. Doch Holz weist keine homogene, sondern eine fasrige Struktur mit ausgeprägter Richtungsabhängigkeit auf. Diese Charakteristik kann durch eine schichtweise unterschiedlich orientierte Kombination zu Verbundholzplatten gezielt genutzt werden.

9.4 Zusammenfassung

Da es in Zukunft immer schwieriger werden wird, die aus Sicht der Konstruktion gegebenen Anforderungen an die Werkstoffe mit Hilfe von Vollwerkstoffen zu erfüllen, werden Verbundwerkstoffe und Werkstoffverbunde künftig eine zunehmend wichtige Rolle in der Werkstofflandschaft spielen. Dazu ist es jedoch notwendig, die im Moment noch eine weite Verbreitung solcher Werkstofflösungen verhindernden ungünstigen Eigenschaften zu verbessern. Dies gilt beispielsweise für die Recyclierbarkeit oder auch die großserientaugliche, automatisierbare Fertigung dieser Werkstoffgruppe, die vor allem auch Fragestellungen in der Fügetechnik artfremder Werkstoffe aufwirft. Nicht zuletzt ist es bis heute schwierig, die mechanischen Eigenschaften von Werkstoffverbunden mit Hilfe der werkstoffmechanischen Modellierung so zu beschreiben, dass eine werkstoffgerechte und vor allem leichtbauoptimierte Konstruktion möglich ist. Gelingt dies, wird das Multi-Material-Design zum Schlüsselkonzept für die Werkstofftechnologie von morgen.

9.5 Weiterführende Informationen

Literatur

Ashby, M.F.: Materials Selection in Mechanical Design: Das Original mit Übersetzungshilfen. 1. Aufl., München: Spektrum Akademischer Verlag / Elsevier, 2006

Grünweg, T.: Mercedes F 800 Style, E-Klasse von übermorgen. Spiegel online Februar 2010

HEDAB 1930: Ganzstahlaufbauten für die Busse von Daimler-Benz. MBVCOE © 2004 visions network operated by HEDAB Verwaltung

Klocke, M.: Hybridtechnik – intelligenter und kosteneffektiver Leichtbau. Wissensportal baumaschine.de 1/ 2006

Lee, S. M.: Dictionary of Composite Materials Technology. Technomic Publishing, Lancaster, USA (1989)

Lutter, F.: Leicht und hoch belastbar – Organoblech-Composite-Bauteile. Kunststoffe 11/2010, S.74–77

Moeller, F.: Verbunde von Keramik mit anderen Werkstoffen [online]. Seminarreihe Technische Keramik in der Praxis, Mai 2003. Verband der Keramischen Industrie e. V.

N.N.: Hybridteile: Eigenschaften nach Maß. KC-aktuell, Informationen aus dem Kunststoff-Cluster, Ausgabe 2/2009

Steiner, G., Rinnerhofer, T.: T.WIN TEE – Ein Holz-Kunststoff-Produkt für den Golfsport, https://www.htl-kapfenberg.ac.at/zeitung/2003/TWin-Tee.htm

Wood, J.: Morgan: Leistung und Tradition; Heel-Verlag, Königswinter, 2005

Organisationen

VDI-Status-Report Faserkunststoffverbunde 2017, https://m.vdi.de/fileadmin/vdi_de/redakteur_dateien/gme_dateien/VDI-Statusreport_FVW_2017.pdf

Statistisches Bundesamt https://www.destatis.de/DE/PresseService/Presse/Pressemitteilungen/2018/02/PD18_063_46241.html

BMBF: Evaluierung und Weiterentwicklung der Technologie zur Herstellung von Furniersperrholz. Abschlussbericht zum BMBF-Verbundvorhaben „Hochwertige Verwendung von Starkholz durch Schälfurnierprodukte aus stark dimensionierten Nadel- und Laubhölzern", Aug. 2008

Firmeninformationen

www.doka.com
www.edag.de
Lanxess Organoblech – die Innovation in der Hybridtechnik. Technische Information der Lanxess AG, Februar 2009
www.rauschert.de
www.woodbike.de

Teil III

Fertigungsverfahren im Leichtbau – Formgebung, Be- und Verarbeitung

1	Urformen von metallischen Leichtbauwerkstoffen	423
2	Umformen von metallischen Leichtbauwerkstoffen	449
3	Trennen von metallischen Leichtbauwerkstoffen	491
4	Eigenschaftsänderungen bei metallischen Leichtbauwerkstoffen	515
5	Verarbeitung von Kunststoffen	539
6	Fertigungstechnologie für faserverstärkte Kunststoffe	565
7	Trennen faserverstärkter Kunststoffe	633
8	Formgebung bei Technischer Keramik	653
9	Fertigungsrouten zur Herstellung von Hybridverbunden	685
10	Additive Fertigung von Strukturen und Werkstoffen für den Leichtbau	705
11	Initiative Massiver Leichtbau	725

Der Teil III des Buches beschäftigt sich mit den Fertigungsverfahren im Leichtbau und wendet sich damit der Formgebung und der Bearbeitung sowie der Einstellung der Gebrauchseigenschaften zu. Entsprechend den Ausführungen in Teil II erfolgt eine Unterteilung anhand der Werkstoffhauptgruppen, insbesondere, weil die eingesetzten Fertigungstechnologien werkstoffspezifisch sind. Dementsprechend werden Metalle, Keramiken, Kunststoffe und faserverstärkte Kunststoffe getrennt betrachtet. Ergänzend werden die Fertigungstechnologien für Werkstoffverbunde vorgestellt. Als zusätzliches Gliederungskriterium bietet sich die DIN 8580 mit ihrer Einteilung der Fertigungstechnologien in die Fertigungshauptgruppen an. Die Zuordnung der einzelnen Kapitel ist in der Grafik dargestellt.

Aufgrund seines Umfangs und der Bedeutung ist das Fügen separat in Teil IV des Buches enthalten.

Dementsprechend werden nach dieser Einleitung zunächst die Fertigungsverfahren für metallische Werkstoffe behandelt. Nach Darstellung der Urformverfahren in Kapitel 1, die neben den für Leichtmetalle typischen Gießverfahren und deren Besonderheiten die pulvermetallurgische Route und das Schäumen umfassen, werden in Kapitel 2 die Umformverfahren geschildert, bei denen die Massivumformung, die Blechumformung und die Biegeumformung ausführlich behandelt werden. Anschließend werden die trennenden Verfahren behandelt, bei denen die Besonderheiten von Leichtmetallen und Metall-Matrix-Verbundwerkstoffen hinsichtlich des Zerteilens, des Zerspanens und des Abtragens im Vordergrund stehen. Abschließend steht das Kapitel 4 mit der Darstellung der stoffeigenschaftsändernden Verfahren. Hier sind neben den Wärmebehandlungen die mechanischen Oberflächenbehandlungen von besonderem Interesse.

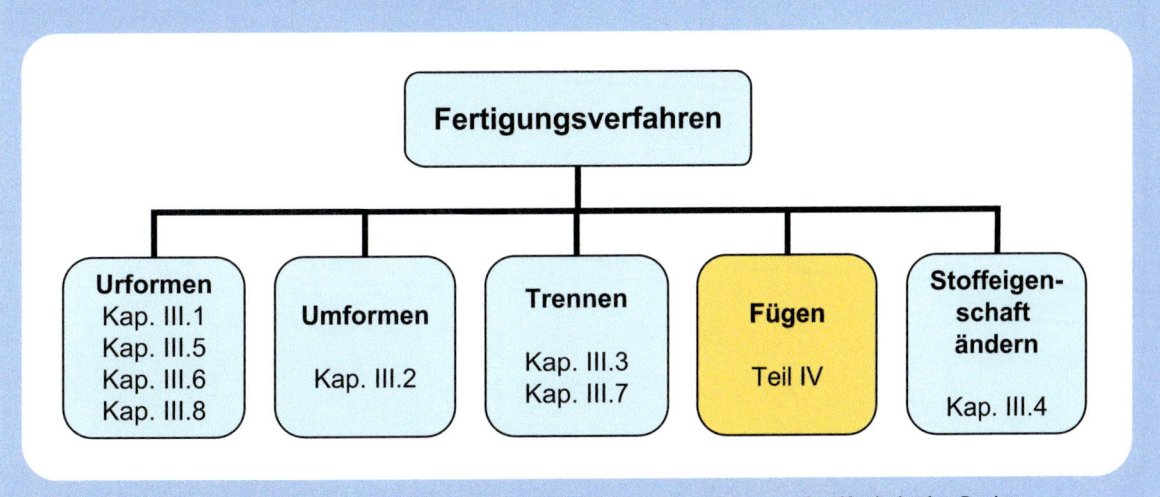

III

Einteilung der Fertigungsverfahren nach DIN 8580 einschließlich der Zuordnung zu den Kapiteln des Buches

Anschließend erfolgt in den Kapiteln 5 und 6 die Behandlung der Herstellverfahren von Kunststoffen und faserverstärkten Kunststoffen. Hierbei stellen die Matrices – Thermoplaste bzw. Duromere – und die Art der Verstärkungselemente – Kurzfaser-, Langfaser- oder Endlosfaserverstärkung – die wesentlichen Unterscheidungskriterien dar.

Die Bearbeitung von faserverstärkten Kunststoffen mittels Zerspanverfahren bietet besondere Herausforderungen und wird daher in Kapitel 7 behandelt.

Kapitel 8 hat die Darstellung von keramischen Leichtbaustrukturen zum Thema. Dabei stehen aufgrund des hohen Aufwands für weitere Bearbeitungsschritte die Urformverfahren im Mittelpunkt.

Kapitel 9 befasst sich mit der Verarbeitung verschiedener Werkstoffe in einem Bauteil zu Werkstoffverbunden, den sog. Hybridverbunden.

1 Urformen von metallischen Leichtbauwerkstoffen

Andreas Bührig-Polaczek
unter Mitarbeit von Samuel Bogner, Stephan Freyberger, Matthias Jakob, Gerald Klaus, Heiner Michels, Christian Oberschelb, Uwe Vroomen

1.1	Gießen	427
1.1.1	Verfahrensspezifische Möglichkeiten zur gegossenen Leichtbaukonstruktion	427
1.1.1.1	Konstruieren von Gussteilen	427
1.1.1.2	Charakteristische Größen der Gießprozesse	428
1.1.2	Auswirkungen von Prozess und Legierung auf die Eigenschaften des Gussbauteils	428
1.1.2.1	Auswirkungen der Erstarrungsbedingungen auf Gussgefüge und mechanische Eigenschaften	428
1.1.2.2	Gießbare Magnesiumwerkstoffe	429
1.1.2.3	Gießbare Aluminiumlegierungen	430
1.1.2.4	Titanlegierungen für den Formguss	430
1.1.2.5	Gusseisenwerkstoffe und gießbare Stähle	431
1.1.2.6	Hybride Werkstoffverbunde	432
1.1.3	Verfahren der Gießereitechnik	433
1.1.3.1	Dauerform und verlorene Form	433
1.1.3.2	Wirkgrößen im Gießprozess	433
1.1.3.3	Schmelze, Gießen und Nachbearbeitung	434
1.1.4	Schwerkraftguss	436
1.1.4.1	Schwerkraftkokillenguss	436
1.1.4.2	Schwerkraftsandguss	439
1.1.5	Das Niederdruck-Kokillengießverfahren	440
1.1.6	Das Druckgießverfahren	441
1.1.7	Das Feingussverfahren	443
1.1.8	Ausblick	446
1.2	Weiterführende Informationen	448

Urformen ist nach DIN 8580 das Fertigen eines festen Körpers aus formlosem Stoff durch Schaffen eines Zusammenhalts. Der zur Verarbeitung kommende formlose Stoff kann fest, flüssig, gasförmig, oder in den Übergangszuständen dampfförmig, breiig oder pastenförmig vorliegen.
Die Einteilung der wichtigsten Urformverfahren im Leichtbau kann nach folgendem Schaubild vorgenommen werden.
Das Gießen ermöglicht es, innerhalb nur eines Verfahrensschrittes metallische Schmelzen in ein endkonturnahes Bauteil zu überführen.

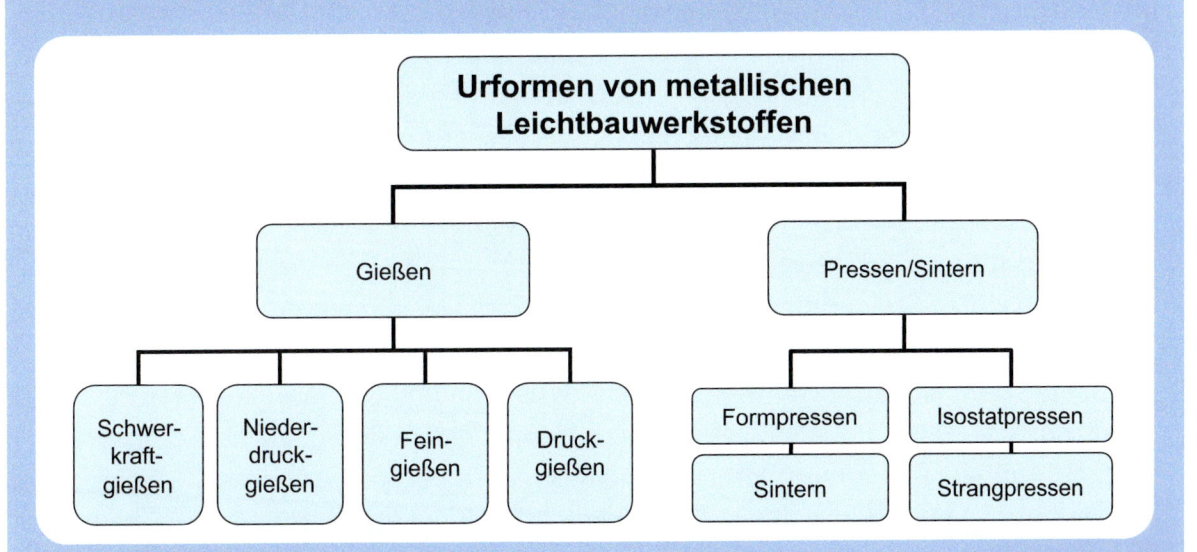

```
                    Urformen von metallischen
                       Leichtbauwerkstoffen
                    ┌──────────┴──────────┐
                  Gießen              Pressen/Sintern
        ┌────┬────┼────┬────┐         ┌────┴────┐
    Schwer- Nieder- Fein- Druck-   Formpressen  Isostatpressen
    kraft-  druck-  gießen gießen
    gießen  gießen                     Sintern    Strangpressen
```

Einteilung der Urformverfahren

Unter geeigneter Wahl des Gießverfahrens ist es möglich, fast beliebig gestaltete Freiformflächen und Hohlstrukturen darzustellen. Durch die freie Auswahl des Werkstoffs und der Form stehen dem Konstrukteur nahezu alle Möglichkeiten offen, gezielt auf die spezifischen Anforderungen einzugehen, die an das Bauteil gestellt werden. Treten aus konstruktiven Gründen innerhalb eines Bauteils lokal sehr unterschiedliche Belastungen auf, können gegossene Verbundwerkstoffe und Werkstoffverbunde eingesetzt werden, die es erlauben, unterschiedliche metallische oder auch nicht-metallische Werkstoffe miteinander zu kombinieren. Auf diese Weise kann das jeweilige Eigenschaftsprofil von wenigstens zwei Werkstoffen innerhalb eines Gesamtbauteils gezielt genutzt werden. Aufgrund der vielfältigen möglichen Eigenschaftsprofile der verwendbaren Metalle und Legierungen finden die daraus resultierenden Gussteile breiteste Anwendung in Einsatzgebieten mit höchsten und tiefsten Temperaturen, starken Temperaturwechselbelastungen sowie stark korrosiven Medien.

Daneben hat sich die pulvermetallurgische Herstellung von Präzisionsbau- oder -formteilen als moderne, kosteneffiziente Fertigungstechnologie durchgesetzt. In Bezug auf den Leichtbau hat die pulvermetallurgische Verarbeitung von Aluminiumwerkstoffen als konkurrierendes Fertigungsverfahren zur Gieß- und Umformtechnik ständig wachsende Bedeutung erreicht. Obwohl auch andere Leichtmetalle, wie Magnesium und Titan, pulvermetallurgisch für spezielle Anwendungen verarbeitet werden, soll – der größeren technischen Bedeutung wegen – hier nur die pulvermetallurgische Fertigung von Aluminiumleichtbaukomponenten aufgezeigt werden.

Im Fahrzeugbau, für die Entwicklungen neuer PKW-Motoren sind heute umweltpolitische Aspekte sowie optimierte Wirtschaftlichkeit für den Nutzer von entscheidender Bedeutung; d. h. die Entwicklungen sind auf Steigerung des Wirkungsgrades, auf Reduzierung des Kraftstoffverbrauchs und auf Verbesserung der Abgaswerte gerichtet. Zum Erreichen dieser Ziele ist einerseits eine Gewichtsreduzierung der Fahrzeuge durch z. B. Leichtbauweise (Karosserie und Motor) erforderlich. Andererseits können durch Reduzierung der bewegten Massen im Ventiltrieb bzw. im Verbrennungstrakt die gewünschten Steigerungen des Wirkungsgrades erreicht werden. Daneben ergibt sich oftmals durch Gewichtsreduzierung in diesem Bereich eine Verringerung der Reibungskräfte, die auf Ventiltrieb, Kolbenringbereich und Kurbelwellenlagerung etwa gleich verteilt sind. Als Folge der Reduzierung dieser Reibungsverluste ergibt sich ein geringerer Kraftstoffverbrauch insbesondere bei niedrigen Geschwindigkeiten (Stadtzyklus). Ein weiterer Effekt besteht in der verminderten Geräuschentwicklung.

Aus den oben genannten Gründen ist der verstärkte Einsatz von Aluminium als Ersatz für verschiedene Bauteile aus Stahl sehr interessant. In einigen Fällen sind die zu erwartenden Gewichtsreduzierungen enorm, manchmal bis zu 60 %, dem Verhältnis der Dichten dieser Werkstoff (1:3) entsprechend. Insbesondere bieten pulvermetallurgische AlSi-Legierungen Verbesserungen, die mit großem Vorteil genutzt werden können.

1.1 Gießen

Bei der Herstellung von Bauteilen durch Gießen wird in der Regel die Kombination aus Werkstoff- und Konstruktionsleichtbau angewandt, die dann zum geringst möglichen Bauteilgewicht führt. Die alleinige Verwendung eines Werkstoffs mit niedriger Dichte ist oft nicht zielführend. Vielmehr wird ein Werkstoff benötigt, der das jeweils geforderte Eigenschaftsprofil des Bauteils bestmöglich erfüllt. Aus diesem Grund ist ein Gusswerkstoff mit einer geeigneten Festigkeit, einer möglichst geringen Dichte und ausreichenden gießtechnologischen Eigenschaften auszuwählen.

Abb. 1.1: *Designvorschlag als Ergebnis der Topologieoptimierung*

1.1.1 Verfahrensspezifische Möglichkeiten zur gegossenen Leichtbaukonstruktion

1.1.1.1 Konstruieren von Gussteilen

Gussteile erlauben dem Konstrukteur annähernd alle geometrischen Freiheiten sowohl für die Darstellung der Außenkontur als auch für Innenkonturen und Hohlräume. Allerdings sind trotz vieler Freiheitsgrade auch beim Gießen fertigungsbedingte Restriktionen zu beachten. Ungünstige Konstruktionen können sich zudem auf die Fertigungskosten auswirken. Gussteile sollten daher unter Beachtung der allgemeinen Grundregeln der gießgerechten Konstruktion gestaltet werden. Hierzu zählt das Einhalten von möglichst gleichen Wandstärken sowie geringe Wandstärkensprünge. Die Gestaltfestigkeit von Gussteilen sollte – den allgemeinen Prinzipien des Leichtbaus entsprechend – nicht über Materialanhäufungen, sondern zum Beispiel über verrippte Flächen realisiert werden. Die Rippen sind dabei so zueinander anzuordnen, dass durch die Schrumpfung der Schmelze während der Erstarrung in der Form keine ungünstige Konzentration von Zugspannungen auftritt. Genauso sollte berücksichtigt werden, dass Gussteile unter Druckbeanspruchung wesentlich höhere Kräfte ertragen können als unter Zugbeanspruchung. Allerdings zeigt die Erfahrung, dass durch eine zielgerichtete Abstimmung zwischen Konstrukteur und Gießer im Produktentwicklungs-

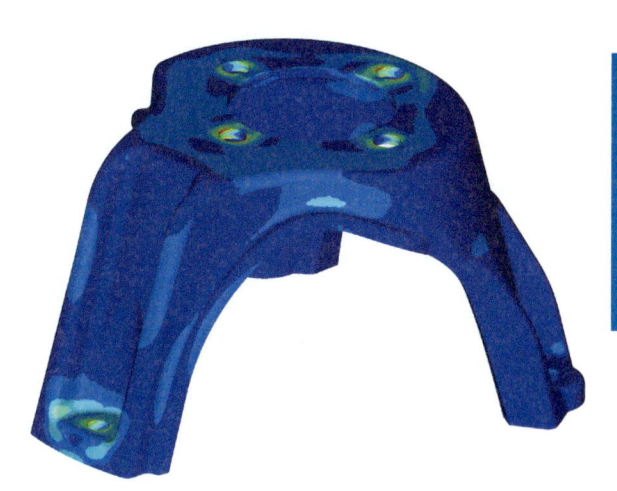

Abb. 1.2: *Spannungssimulation des auskonstruierten Designvorschlags*

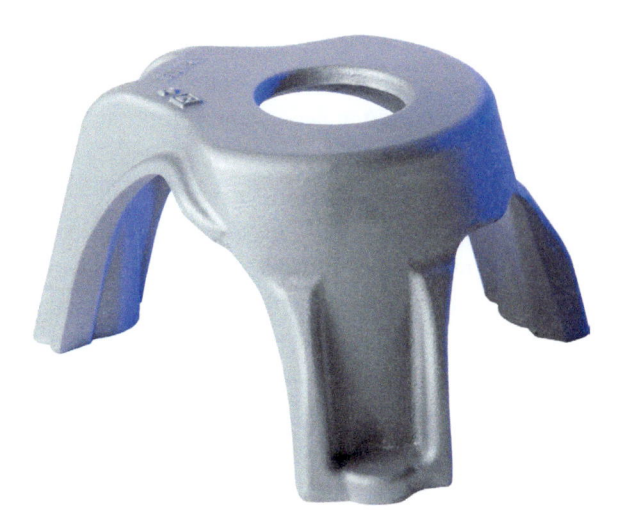

Abb. 1.3: *Rohgussteil aus Gusseisen mit Kugelgraphit (EN-GJS-400–15) (Quelle: CLAAS GUSS GmbH)*

prozess auch von bewährten Empfehlungen abweichende Konstruktionen umgesetzt werden können. Topologieoptimierung und bionische Konstruktionsansätze gehören zu den allgemeinen Vorgehensweisen beim Leichtbau. Durch das Gießen können diese Prinzipien besonders gut umgesetzt werden, da bei der Konstruktion nur eine geringfügige Bindung an prozesstechnisch bedingte geometrische Vorgaben besteht. Bei der Substitution einer Schweißkonstruktion wurde die topologische Optimierung genutzt (Abb. 1.1), um eine belastungsgerechte und damit spannungsarme Gussteilgeometrie zu gestalten (Abb. 1.2) und diese im Sandguss aus Gusseisen mit Kugelgraphit in Serie herzustellen (Abb. 1.3).

Die Auswahl des Gusswerkstoffs und des Verfahrens findet – bedingt durch prozesstechnische Gegebenheiten – häufig parallel statt. Zum Beispiel werden eisenbasierte Gusslegierungen aufgrund der hohen Schmelzetemperaturen häufig im Sandguss und Titan aufgrund der zusätzlich hohen Schmelzereaktivität nur im Feinguss hergestellt. Für die Werkstoffe Aluminium und Magnesium bestehen hinsichtlich der Wahl des Verfahrens wesentlich mehr Möglichkeiten (Tab. 1.1).

1.1.1.2 Charakteristische Größen der Gießprozesse

Bei der Herstellung der Gussbauteile werden die Werkstoffeigenschaften auch durch den Fertigungsablauf bestimmt. Da zumeist keine anschließende Wärmebehandlung erfolgt, entstehen die finalen Werkstoffeigenschaften des Bauteils direkt im Gießprozess während der Erstarrung, weshalb ein gewisses Grundverständnis dieser Abläufe für den Konstrukteur relevant ist. Die Gießprozesse lassen sich in Verfahren mit hohen und niedrigen Abkühlraten bei der Erstarrung einteilen. Eine schnelle Erstarrung wird in gut wärmeleitenden metallischen Formen mit aktiver Kühlung und hohen erzwungenen metallostatischen Drücken erreicht, eine langsamere Erstarrung herrscht in den schlechter wärmeleitenden mineralischen oder keramischen Gießformen bei natürlichen metallostatischen Drücken vor. Im Hinblick auf die zu erzielenden mechanischen Eigenschaften ist eine schnelle Erstarrung anzustreben, da diese zu feineren Gussgefügen und damit zu verbesserten Werkstoffeigenschaften führt. Die Abkühlrate, die bei herkömmlichen Gießprozessen zwischen etwa 1000 K/s und 1 K/s liegen kann, nimmt gemäß der Reihenfolge der Aufzählung: Druckguss – Schwerkraftkokillenguss – Sandguss – Feinguss ab. In der gleichen Reihenfolge sinkt die prozesstypische lokale Formfüllgeschwindigkeit von bis über 100 m/s auf wenige cm/s. Durch eine geringere und damit ruhigere Formfüllung sinkt auch meist die Häufigkeit innerer Fehler, wodurch bei Prozessen mit geringen Formfüllraten die Realisierung guter Eigenschaften besser möglich ist.

Im Druckguss werden Leichtbaulösungen vor allem durch die hier möglichen geringen Wandstärken erreicht. Die geometrische Freiheit ist in diesem Verfahren jedoch eingeschränkt und erlaubt nur innere Hohlstrukturen mit metallischen Kernen ohne Hinterschnitte. Im Kokillen- und vor allem im Sandguss ist diese Restriktion nicht oder kaum gegeben, sodass konstruktionsbedingt hohe Leichtbaugüten erreicht werden können. Durch den Einsatz von Kernen können dünnwandige Hohlkörper mit einem hohen Widerstandsmoment hergestellt werden, wodurch höchste Steifigkeiten bei niedrigsten Gewichten zu erzielen sind. Der Feinguss lässt die größten Freiheiten bezüglich der Geometrie zu. Gleichzeitig besteht die Möglichkeit zur Realisierung höchster Ansprüche an Geometrie- und Oberflächengenauigkeit, die beispielsweise das Aufbringen von mikrostrukturierten Oberflächen zur Steigerung der Funktionalität beinhaltet.

1.1.2 Auswirkungen von Prozess und Legierung auf die Eigenschaften des Gussbauteils

1.1.2.1 Auswirkungen der Erstarrungsbedingungen auf Gussgefüge und mechanische Eigenschaften

Die Größe, Morphologie und Verteilung der einzelnen Phasen des Gussgefüges übt einen signifikanten Einfluss vor allem auf die Festigkeit und Dehnung des

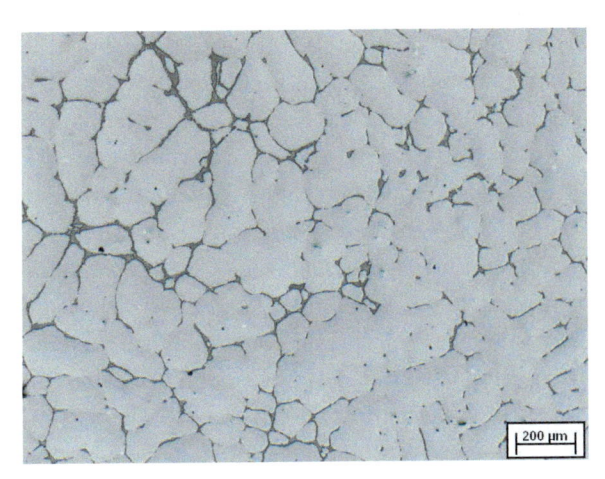

Abb. 1.4: *Sandgussgefüge einer AlCu4-Legierung*

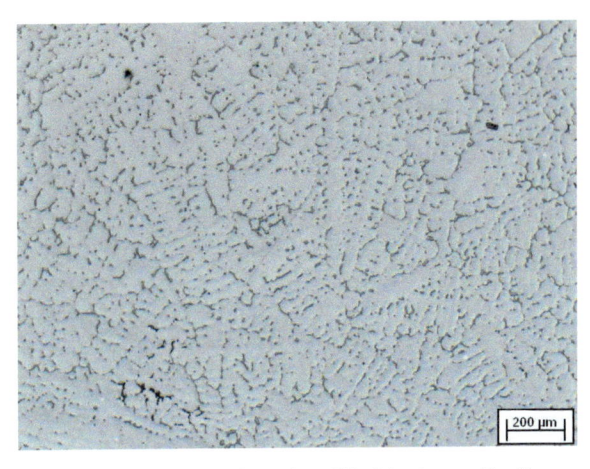

Abb. 1.5: *Kokillengussgefüge einer AlCu4-Legierung (Quelle: Gießerei-Institut)*

Gussteils aus. Beide Werte steigen in der Regel an, wenn gegenüber dem Ausgangszustand ein feines und regelmäßig ausgebildetes Gussgefüge vorliegt. Dieses Ziel lässt sich durch die Wahl der Legierung, der Schmelzebehandlung, des Gießprozesses und einer möglichen nachgeschalteten Wärmebehandlung erreichen.

Mit einer zunehmenden Abkühlrate verringert sich die Größe der einzelnen Gefügebestandteile, wobei gleichzeitig deren morphologische Ausprägung feiner wird. Eine typische für die Werkstoffcharakterisierung von Aluminiumlegierungen verwendete Größe ist der Dendritenarmabstand. Der als DAS bezeichnet Abstand der einzelnen, vom Dendritenstamm ausgehenden Dendritenarme ist eine einfach über die Abkühlrate zu kontrollierende Größe, die über eine aktive Kühlung der Gießform oder über die Integration von stark wärmeleitenden, passiv wirkenden Kühlelementen beeinflusst werden kann. Diese Maßnahme wird für lokal stark beanspruchte Bauteile oft schon bei der Auslegung des Gussteils und der Gießform berücksichtigt. Hierdurch ist es möglich, ein niederfesteres, gröberes Sandgussgefüge (Abb. 1.4) lokal zu verfeinern (Abb. 1.5) und bessere Eigenschaften herbeizuführen.

Auch bei Gusseisenwerkstoffen ist unter den Gesichtspunkten der Festigkeit eine möglichst feine Ausprägung des Gefüges anzustreben. Hierfür werden die Graphitform und -größe beurteilt, die in EN ISO 945 definiert sind. Es ist jedoch zu beachten, dass bei Gusseisenwerkstoffen die normierte Werkstoffgüte nicht über die chemische Zusammensetzung oder Gefügeausbildung, sondern über die Festigkeiten des Werkstücks oder angegossener Probestäbe festgehalten ist.

Die Auswahl der Legierung richtet sich nach dem späteren Einsatzzweck des Bauteils. Im Folgenden ist ein Überblick über die prozesstechnischen Möglichkeiten und den daraus resultierenden Eigenschaften gegeben, die für die jeweiligen Legierungen erzielt werden können.

1.1.2.2 Gießbare Magnesiumwerkstoffe

Magnesium gilt aufgrund seiner niedrigen Dichte als klassischer Leichtbauwerkstoff. Entsprechend der ISO 16220 lassen sich im Druckguss Zugfestigkeiten von 260 MPa erreichen. Einige Sonderlegierungen, die üblicherweise im Sandguss verwendet werden, weisen nach der Wärmebehandlung Festigkeiten von 250 MPa auf, die noch deutlich von gebräuchlichen, aber nicht normativ erfassten Legierungen übertroffen werden.

Magnesium eignet sich mit seinen heutzutage korrosionsbeständigen Standardlegierungen sehr gut für dünnwandige Bauteile, bei denen die Grenzen des Konstruktionsleichtbaus aufgrund prozesstechnischer Beschränkungen erreicht sind und nur die Verwendung eines besser zu gießenden und noch leichteren Werkstoffs zu einer Massenreduktion führt. Im Druckguss können auch über große Flächen und Fließlängen Wandstärken bis zu 2,5 mm erreicht werden, womit Magnesiumlegierungen bezüglich des Leichtbaugrades eine Spitzenposition im Vergleich zu anderen Gusswerkstoffen einnehmen. In Kraftfahrzeugen stellen zum Beispiel Getriebegehäuse materialintensive Teile dar, die ein großes Potenzial zur Massenreduktion bieten. An dieser Stelle gewinnen die neuen, hervorragend geeigneten kriechbeständigen Magnesiumlegierungen zunehmend an Bedeutung, die gegenüber herkömmlichen Aluminiumkonstruktionen eine Gewichtsersparnis von etwa 25 bis 30 % ermöglichen.

1.1.2.3 Gießbare Aluminiumlegierungen

Die gut gießbaren Aluminiumlegierungen sind vielfältig in allen etablierten Gießprozessen einsetzbar und können aufgrund ihrer Vielzahl Anforderungen – wie zum Beispiel höchste Duktilität oder Verschleißbeständigkeit – erfüllen (Kap. II.3). EN ISO 1706 gibt für die im Druckguss verarbeitete Legierung AlMg5 eine erreichbare Zugfestigkeit von 250 MPa an. Neue vakuumunterstützte Druckgießprozesse sowie eine allgemeine Verbesserung der Prozesstechnik ermöglichen weiterhin die Herstellung von duktilem wärmebehandelbarem Druckguss, der eine Zugfestigkeit von über 300 MPa erreichen kann. Die nicht normativ erfassten Festigkeitseigenschaften werden häufig zwischen Kunden und Lieferanten in der Konzeptphase des Produktentstehungsprozesses ausgehandelt. Im Sand- und Kokillenguss werden bei den kupferhaltigen Legierungen aufgrund der üblicherweise nachgeschalteten Wärmebehandlung Festigkeiten von über 300 MPa realisiert. Im Feinguss können höchste mechanische Eigenschaften beispielsweise durch die Anwendung des patentierten HERO®-Verfahrens erreicht werden.

Die Anwendungen für Aluminiumlegierungen sind vielfältig, das größte Einsatzgebiet ist der Automobilsektor, der sich vor allem der großserientauglichen Herstellungsverfahren bedient. Neben einer sehr großen Anzahl druckgegossener Bauteile werden auch häufig Bauteile im Kokillenguss (Abb. 1.6) und Sandguss (Abb. 1.7) hergestellt.

1.1.2.4 Titanlegierungen für den Formguss

Titan und Titanlegierungen liegen mit ihrer Dichte zwischen den Leicht- und Schwermetallen (Kap. II.5). Sie haben einen hohen Schmelzpunkt und eine ausgezeichnete chemische Beständigkeit. Mit herkömmlichen Titanlegierungen können nach DIN 17865 Festigkeiten von 880 MPa erreicht wer-

Abb. 1.6: *Im Aluminium-Kokillenguss hergestelltes Kompressorgehäuse*

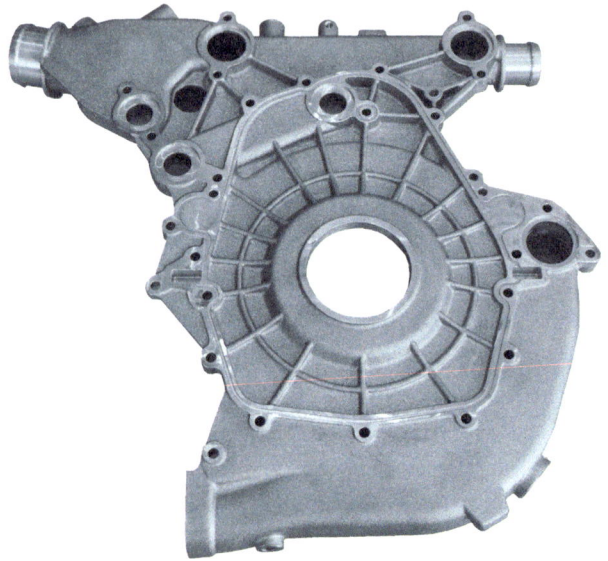

Abb. 1.7: *Im Aluminium-Sandguss hergestellter Motordichtflansch (Quelle: Ohm & Häner Metallwerk GmbH & Co. KG)*

Abb. 1.8: *Feingussbauteil aus einer Titanlegierung (Quelle: TITAL GmbH)*

den. Dadurch wird der Werkstoff aufgrund seines günstigen Verhältnisses von Festigkeit und Dichte zu einem attraktiven Leichtbauwerkstoff für hoch beanspruchte Bauteile (Abb. 1.8). Die Werkstoffklasse γ-Titan-Aluminide bietet noch ein wesentlich höheres Potenzial durch die hohe Temperaturbeständigkeit, die den Einsatz für Turbinenschaufeln in Flugzeugtriebwerken und Abgasturboladern von Kraftfahrzeugmotoren ermöglicht. Aufgrund der hohen Schmelzetemperaturen und Sauerstoffaffinität wird Titan für den Formguss in der Regel nur im Feingussprozess verarbeitet.

1.1.2.5 Gusseisenwerkstoffe und gießbare Stähle

Durch ihre höhere Dichte gehören Gusseisenwerkstoffe (GJL, GJV, GJS, ADI) nicht vordergründig zu den Leichtbauwerkstoffen. Die Festigkeiten liegen aufgrund des freien, als Graphit bezeichneten Kohlenstoffs im Gefüge tendenziell unter denen der Stähle. Im Gegenzug bieten die Gusseisenwerkstoffe eine bis zu 10% niedrigere Dichte, ein besseres Dämpfungs- und Wärmeleitungsvermögen sowie sehr gute Gießeigenschaften. Die bezüglich ihrer Festigkeiten nach EN 1561 normierte GJL-Werkstoffgruppe stellt dabei aufgrund des spannungstechnisch ungünstigen Lamellengraphits das geringste Potenzial für eine Massenreduktion dar, bietet allerdings das höchste Wärmeleitvermögen. Die Kompaktheit des Graphits und die Grundfestigkeit der Werkstoffe steigen in der Reihenfolge GJL (Lamellengraphit) – GJV (Vermiculargraphit) – GJS (Kugelgraphit). In Zahlenwerten ausgedrückt können in der gleichen Reihenfolge jeweils Spitzenwerte in der Zugfestigkeit von 350 – 500 – 900 MPa erreicht werden. Dabei ist zu beachten, dass sich die stark wanddickenabhängigen Werte in der Regel auf einen getrennt gegossenen Zugstab mit 30 mm Durchmesser beziehen. In Erweiterung des Werkstoffspektrums stehen seit kurzem genormte hoch siliziumhaltige Gusseisensorten in der erweiterten EN 1563 zur Verfügung, die erhöhte Festigkeiten bei ebenfalls sehr hohen Dehnungen bis 18 % bieten. Das ADI (Austempered Ductile Iron), das im deutschen Sprachraum als austenitisch-ferritisches Gusseisen bezeichnet wird, nimmt eine Spitzenposition bezüglich der mechanischen Eigenschaften ein und bietet damit ein großes Potenzial zur Herstellung hochbelastbarer Bauteile (Abb. 1.9). Gemäß EN 1564 kann die einem herkömmlichen GJS (EN 1563) ähnliche, jedoch wärmebehandelte Legierung 1400 MPa Zugfestigkeit bei 1% Dehnung erreichen. In Kombination mit der hervorragenden Gießbarkeit können so dünnwandige und hochfeste Bauteile mit einer hohen Leichtbaugüte hergestellt werden. Mit Gusseisenwerkstoffen können bei anspruchsvoll zu gießenden Bauteilen, insbesondere wenn sie die hohen spezifischen Belastungen unterliegen oder an sie höchste Anforderungen hinsichtlich ihrer Betriebsfestigkeit gestellt werden, Gewichtsminderungen gegenüber anderen Werkstoffen erzielt werden.

Nach DIN EN 10293 können mit gegossenen Stählen für allgemeine Anwendungen Zugfestigkeiten bis 1200 MPa bei 10 % Dehnung erreicht werden. Durch den Einsatz fortschrittlicher Gießverfahren, wie des 3cast®-Prozesses, in dem minimale Wandstärken bis zu 1,5 mm erreicht werden, können hochfeste Strukturen hergestellt werden, die in Konkurrenz zu Blechkonstruktionen aus umgeformten Stählen stehen.

Abb. 1.9: *Aus ADI hergestellte Radkassette eines 10-Zylinder-Dieselmotors (Quelle: Claas Guss GmbH)*

1.1.2.6 Hybride Werkstoffverbunde

Hybride Werkstoffe, zu denen auch Verbundwerkstoffe und Werkstoffverbunde zählen, werden bereits seit langer Zeit eingesetzt. Durch die Kombination verschiedener Materialien ist es möglich, anforderungsgerechte Gussteile herzustellen, die lokal die gewünschten Eigenschaften aufweisen. Auf diese Weise kann zum Beispiel auf Forderungen nach tribologischen Eigenschaften, hoher Härte oder Wärmeleitung eingegangen werden. Bekannte Beispiele sind Zylinderkurbelgehäuse aus Aluminium mit Gusseisenlaufbuchsen. Neue, zukünftige Anwendungen stellen Stahlblechstrukturen dar, die mit Gussknotenpunkten verstärkt sind (Abb. 1.10). Mittels dieses Konzeptes können höchste Leichtbaugrade erzielt werden, da die leichte und stabile Gussstruktur das Blech aussteift und hilft, dessen volles Potenzial zu nutzen.

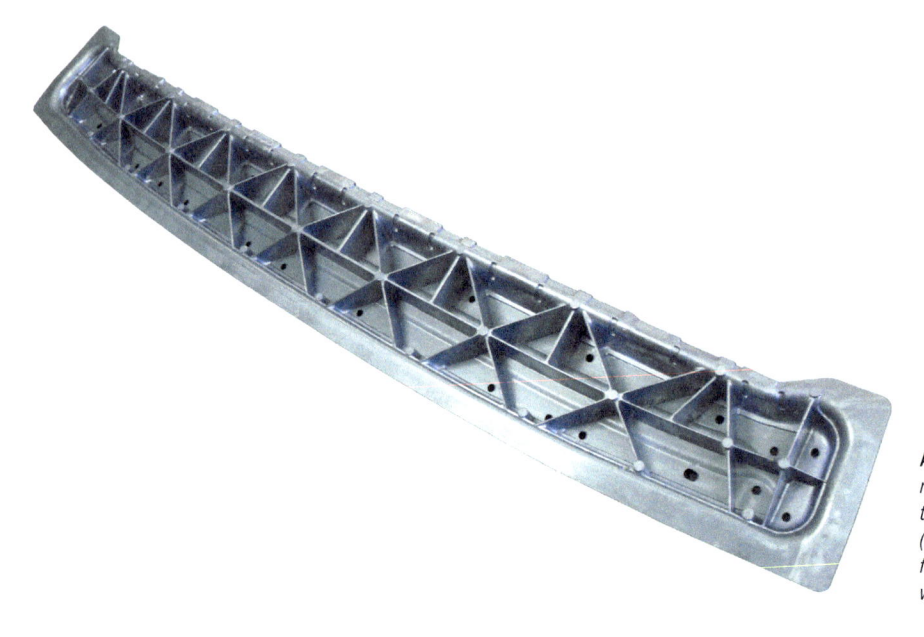

Abb. 1.10: *Hybrides Karosseriebauteil mit einer gussknotenverstärkten Blechstruktur (Quelle: Imperia, Gesellschaft für angewandte Fahrzeugentwicklung mbH)*

1.1.3 Verfahren der Gießereitechnik

Um qualitativ hochwertige Gussteile herzustellen, sind eine genaue Prozessführung und damit die Kenntnis der beteiligten Wirkgrößen notwendig. Die Wirkgrößen hängen stark vom Gießverfahren ab. In Abbildung 1.11 sind die urformenden Gießverfahren dargestellt, die in Verfahren mit verlorenen Formen und Verfahren mit Dauerformen unterteilt werden können.

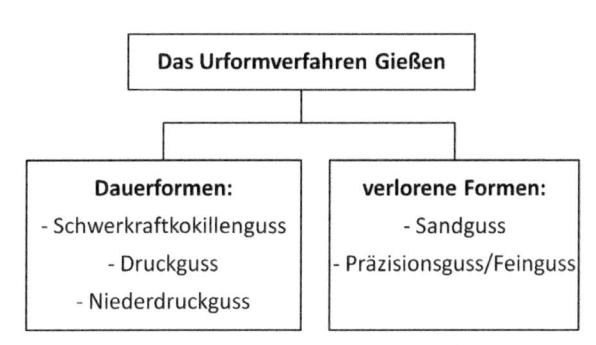

Abb. 1.11: *Einteilung der gießenden Fertigungsverfahren*

1.1.3.1 Dauerform und verlorene Form

Dauerformverfahren zeichnen sich durch die mehrfache Nutzung der Formen aus. Dauerformen (Kokillen) werden aus temperaturbeständigen und verschleißfesten Werkstoffen wie Warmarbeitsstählen, hochlegierten Gusseisenlegierungen oder Kupferlegierungen hergestellt. Da die Kokillenherstellung kostenintensiv ist, werden diese Verfahren nur in Serienproduktionen mit mittleren bis hohen Stückzahlen der Bauteile eingesetzt. Der Verschleiß von Dauerformen variiert je nach Legierung, Schmelzetemperatur und Höhe des Bauteildurchsatzes, sodass Standzeiten von wenigen tausend bis über 200.000 Abgüssen pro Form erreicht werden.

Verfahren mit verlorenen Formen basieren auf Formsanden, die über den Zusatz von Bindemittel und anschließendem Verdichten zu einer Form verfestigt werden. Die Formen werden im Gegensatz zu Dauerformen nur einmal verwendet. Grundbestandteile des Formstoffs sind je nach thermischer Anforderung die Formgrundstoffe, wie z. B. Quarz-, Chromit-, Zirkonoxid- und Aluminiumoxidsande und Bindemittel, wie z. B. Kunstharze, Bentonite, Wasserglas oder Gips. Der Formstoff kann je nach Verfahren aufgearbeitet und wiederverwendet werden. Im Sandguss werden zumeist Dauermodelle verwendet.

Die einzelnen Gießverfahren zur Herstellung von Bauteilen werden meist nach folgenden Kriterien ausgewählt:
- Maßgenauigkeit
- Oberflächenqualität
- Wandstärke
- Stückzahl
- Herstellungskosten pro Bauteil
- verfahrensabhängige mechanische Eigenschaften des Bauteils.

Tabelle 1.1 gibt eine Übersicht der gießbaren Werkstoffgruppen für die gängigen Gießverfahren. Einige Werkstoffklassen finden in bestimmten Gießverfahren bevorzugt Einsatz.

1.1.3.2 Wirkgrößen im Gießprozess

Der Gießprozess kann nach Fertigungsschritten in Schmelzen und Gießen unterteilt werden, wobei in der Regel eine Nachbearbeitung und gegebenenfalls eine Wärmebehandlung erfolgt. Die mechanischen Eigenschaften eines Gussteils werden durch physikalische Größen und Prozessgrößen geprägt. Durch genaue Kontrolle und Einstellung dieser Größen können bei vorgegebenem Anforderungsprofil Gewichtseinsparungen erzielt werden.

Zur Herstellung qualitativ hochwertiger Gussteile sollten gießtechnische Überlegungen schon in die Konstruktion einfließen. So können einige grundsätzliche Regeln die Herstellung der Formen und das Abgießen stark vereinfachen, und darüber hinaus Gussfehler minimieren. Grundsätzlich ist auf möglichst gleiche Wandstärken oder allmähliche Übergänge von Wandstärken im Bauteil zu achten. Auch sollten scharfe Kanten, Ecken, Materialanhäufungen und geschlossene Hohlräume vermieden werden. Weitere Informationen zum gießgerechten Konstruieren und zu den gießrelevanten Wirkgrößen werden in der Literatur gegeben (Herbert 2010, West 2008, Hasse 2001). Einen detaillierten Überblick über Gieß-

1 Urformen von metallischen Leichtbauwerkstoffen

Tab. 1.1: *Legierungsbasis und ihre Werkstoffgruppen in Abhängigkeit der verschiedenen Verfahren in der Gießereitechnik*

Legierungsbasis	Aluminium	Gusseisen				Stahl	Magnesium			Ti	Zink
Werkstoffgruppe	AlSi, AlCu, AlMg, AlZn	GJS, GJV, GJL	GJM	ADI	Sondergüten	Un-, niedrig-, hochlegiert	MgAlZn, MgAlMn	MgAlSi, MgAlSE, MgAlSr	MgYSE, MgZnSE, MgAgSE	α, $(\alpha+\beta)$, β-Legierungen	ZnAl, CuZn
Verfahren											
Schwerkraftguss Sand	X	X	X	X	X	X	X	-	X		X
Schwerkraftguss Kokille	X	-	O	-	-	-	X	-	-	-	-
Niederdruckguss	X	O	O	-	-	-	X	-	-	-	X
Druckguss	X	-	-	-	-	-	X	X	-	-	-
Feingussverfahren	X	X	-	-	-	X	X	-	X	X	-

Es bedeuten:
X = häufige Verwendung
O = seltene Verwendung
- = keine Verwendung
GJL = Gusseisen mit lamellarem Graphit
GJS = Gusseisen mit Kugelgraphit
GJV = Gusseisen mit vermicularem Graphit
GJM = Temperguss
ADI = wärmebehandeltes Gusseisen mit Kugelgraphit

verfahren und Gusswerkstoffe inklusive Grundlagen und Anwendung findet sich in Bührig-Polaczek, Michaeli, Spur 2013.

1.1.3.3 Schmelze, Gießen und Nachbearbeitung

Zur Herstellung der metallischen Schmelze stehen verschiedene Aggregate zur Verfügung. Die Wärmeeinbringung erfolgt dabei elektrisch (induktiv oder widerstandsbeheizt) oder durch Verbrennung fossiler Energieträger. Metallischen Schmelzen sind in einem gewissen Maße reaktiv, woraus sich hohe Anforderungen an Schmelztiegel und Prozessführung ergeben. Oxidbildung und Gasaufnahme der Schmelze sollten weitestgehend reduziert werden. Durch intensive Schmelzebehandlungen, basierend auf Schmelzhilfsmitteln, Kornfeinungsmitteln, Reinigungsmitteln, Entgasungsmitteln sowie Modifikationsmitteln, kann eine hohe Schmelzequalität eingestellt und aufrecht erhalten werden. Die Behandlung des flüssigen Metalls kann sowohl während des Schmelz- und Warmhalteprozesses als auch im Laufe des Abgießvorgangs erfolgen.

Unter Gießen wird das Füllen einer Form mit einer Flüssigkeit (Schmelze) verstanden, die anschließend einem Erstarrungsprozess in der Form unterliegt. Die Schmelze wird über ein Gießsystem in die Gießform eingebracht. Ein Gießsystem besteht aus Lauf, Anschnitten, Negativform des Gussteils und Speisern (Abb. 1.12 und Abb 1.13). Speiser werden angebracht, um das Volumendefizit V_{Gesamt} auszugleichen.

Das Volumendefizit entsteht während der Erstarrung und Abkühlung der Schmelze in der Form und setzt sich aus drei Teilen zusammen: Der Volumenschwin-

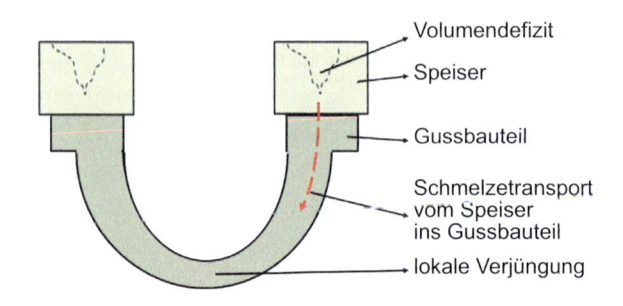

Abb. 1.12: *Gießsystem eines Gussbauteils mit Anschnitten, Lauf und Eingießsystem*

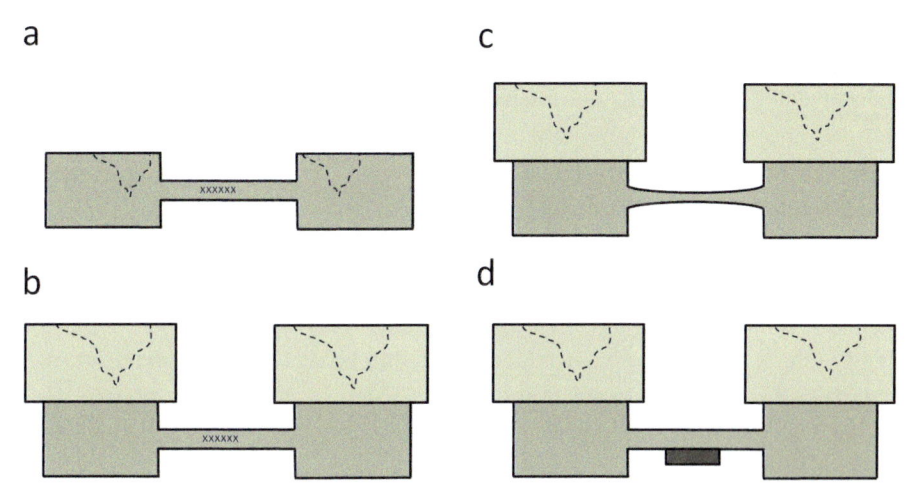

Abb. 1.13: *Schematische Darstellung eines oberhalb auf dem Gussbauteil angebrachten Speisers. Die Verjüngung im mittleren Teil des Gussteils führt zu einer gleichmäßigen gelenkten Erstarrung in Richtung Speiser und damit zur Reduzierung und Vermeidung von Poren und Gussfehlern*

dung im flüssigen Zustand, der Volumenschwindung während der Erstarrung und der Volumenschwindung im festen Zustand.

$$\Delta V_{Gesamt} = \Delta V_{flüssig} + \Delta V_{Erstarrung} + \Delta V_{fest}$$

Diese Volumenänderung bei der Kristallisation hat weitreichende Folgen und muss bei der Wahl des Gießverfahrens, der Prozessführung und der Konstruktion des Bauteils berücksichtigt werden. Die Volumenänderungen ΔV_{Gesamt} können bei nicht korrekter Auslegung von Gießsystem, Speiser und Prozessführung zu unerwünschten Gussfehlern, wie Hohlräumen (Lunkern, Poren) oder Warmrissen und lokal überhöhten Eigenspannungen im Gussteil führen. Daher sind dies wichtige Fragestellung bei den meisten Gießprozessen.

Es gibt viele gießtechnologischen Herangehensweisen, um diese Problematik zu lösen und so defektfreie oder zumindest Gussteile mit lokal unkritischen Defekten zu erzeugen. Mit Hilfe der gelenkten Erstarrung wird beispielsweise der Ort der letzten Erstarrung vom Bauteil in den Speiser verlegt (Abb. 1.13). Sind die Speiser so dimensioniert, dass größere Mengen an Schmelze in diesen Bereichen mehr Wärme speichern, erstarren die Speiser zuletzt und das Volumendefizit wird in die Speiser verschoben. Da Anschnitte und Speiser später abgetrennt und wieder eingeschmolzen werden, unterliegt hier die optimale Lösung auch wirtschaftlichen Aspekten.

Eine genaue Temperaturführung der Schmelze beim Gießen ist unerlässlich, um qualitativ hochwertige Bauteile zu gießen. So hat die Temperaturerhöhung der Schmelze eine Änderung von physikalischen Größen, wie Viskosität, Oberflächenspannung und Dichte zur Folge und damit direkt Einfluss auf gießtechnologische Eigenschaften der metallischen Schmelze. Darüber hinaus spielt die sogenannte Erstarrungsmorphologie eine entscheidende Rolle. Sie gibt an, in welcher Form der Kristallisationsprozess der erstarrenden Legierung abläuft. Man unterscheidet dabei glattwandige, rauwandige und schwammartige Erstarrungstypen mit in dieser Reihenfolge zunehmendem negativem Einfluss auf den Massetransport im Bereich der Erstarrung (Bührig-Polaczek, Michaeli, Spur 2013). Dieser ist während der Erstarrung für die Wirksamkeit der Speisung des Gussbauteils von Bedeutung und ein besserer Massentransport führt zu einer ebenfalls besseren Wirksamkeit der Speiser. Die von der Erstarrungsmorphologie abhängige Nachführung von Schmelze in das Gussteilinnere wird als *Speisungsvermögen* definiert.

Neben dem Speisungsvermögen sind das Formfüllungsvermögen und das Fließvermögen zwei weitere wichtige gießtechnologische Eigenschaften, welche von oben genannten Einflussgrößen abhängen. Diese haben Auswirkungen auf umsetzbare Wandstärken und Geometriefreiheiten.

Metallschmelzen können nur bis zu einem gewissen Grad Konturen in einer Gießform abbilden und weisen daher ein beschränktes *Formfüllungsvermögen* auf. Problematische Konturen sind dünne Kanten und spitzwinkelige Ecken. Bei niedrigem Formfüllungsvermögen nimmt die resultierende Konturenschärfe ab, bei hohen Gießdrücken wie im Druckguss oder bei hohen Gieß- und Formtemperaturen wie im Feinguss, nimmt sie zu.

Unter *Fließvermögen* versteht man in diesem Zusammenhang die Fähigkeit einer Schmelze, solange in eine Gießform zu fließen, bis der Metallfluss durch Erstarrung behindert und zuletzt aufgehalten wird. Bei der Wahl der Gießparameter werden Form- und Gießtemperaturen sowie Gießdruck ausreichend hoch gewählt, um die vollständige Füllung der Form zu erreichen bevor die Erstarrung beginnt.

Die Nachbearbeitungen der Gussteile sind vom verwendeten Verfahren abhängig. Typische Nachbearbeitungsschritte sind:

- Trennung von Anschnitten und Speisern
- Entgraten
- mechanische Bearbeitung des ganzen oder von Teilen des Bauteils.

Wärmebehandlungen an Gussteilen werden zur Einstellung der mechanischen Eigenschaften vorgenommen. Einerseits sollen die mechanischen Eigenschaften (Härte, Festigkeit, Duktilität) erhöht, andererseits aber auch eine Homogenisierung der mechanischen Eigenschaften im Bauteil bewirkt werden, um die im Gussteil durch die Erstarrung auftretenden Eigenspannungen zu reduzieren (Spannungsarmglühen) und gleichzeitig ungünstige lokale mechanische Eigenschaften zu verbessern. Die Art der Wärmebehandlung ist vom Gusswerkstoff abhängig und wird je nach Werkstoffgruppe und Charakteristik des Werkstoffs benannt und gekennzeichnet. Hierzu sind Informationen in der weiterführenden Literatur zu finden (West 2008, Hasse 2008).

1.1.4 Schwerkraftguss

Treibende Kraft der Formfüllung mit flüssigem Metall im Schwerkraftguss ist, wie der Name sagt, die Gravitation. Grundsätzlich sind anlagentechnisch ein Ofen zur Herstellung der Schmelze, eine Vergießeinrichtung und eine Form notwendig. In der industriellen Realität findet sich eine Vielzahl an Nebenaggregaten, Lösungen zur Automatisierung und spezielle Verfahrensmodifikationen.

Das Gießen in metallische Dauerformen und das Gießen in verlorene Formen unterscheidet sich in den realisierbaren mechanischen Eigenschaften der Bauteile, der geometrischen Gestaltungsfreiheit und bezüglich der vergießbaren Werkstoffe. Auch der Verfahrensablauf ist nicht der gleiche, daher werden beide Verfahren in den folgenden Abschnitten getrennt beschrieben.

1.1.4.1 Schwerkraftkokillenguss

Bei den Dauerformen unterscheidet man zwischen Vollkokille, bei der alle Gussstückaußenflächen von der Kokille abgebildet werden, und der Teilkokille, bei der auch Außenkerne aus Sandformstoffen verwendet werden. Der Einsatz von Innenkernen aus Sandformstoffen ist abhängig von der Komplexität des zu gießenden Bauteils. Dies reicht von einem Einzelkern bis hin zu einem Kernpaket. Das für den Leichtbau interessanteste Anwendungsgebiet ist der Leichtmetallkokillenguss mit Gusslegierungen basierend auf Aluminium und Magnesium. Der Vollständigkeit halber ist zu erwähnen, dass auch Kupfer-, Feinzink- und Gusseisenlegierungen im Schwerkraftkokillenguss vergossen werden können. Der Vorteil des Gießens in eine Kokille aus Warmarbeitsstahl oder auch Gusseisen gegenüber dem sonst üblichen Sandgussverfahren liegt vor allem wärmephysikalisch gesehen in der beschleunigten Abkühlung des flüssigen Metalls. In der metallischen Form, mit ihrer wesentlich höheren Wärmeleitfähigkeit, kann die Schmelze drei bis zehnmal schneller erstarren und abkühlen als im Sandgussverfahren. Durch die schnellere Erstarrung entsteht ein feinkörnigeres und dichteres Gefüge aus dem wiederum bessere Festigkeitseigenschaften resultieren. Bedingt durch das verbesserte Gefüge ist es möglich dünnwandiger zu konstruieren und somit leichtere Bauteile zu gießen. Zahlreiche Aluminium-Gussbauteile im Chassis moderner Kraftfahrzeuge stehen heute beispielhaft für das Schwerkraftkokillengießverfahren (Abb. 1.14).

Abb. 1.14: Links: Ein Gussknoten für den Vorderachsträger des Audi A4/Q5 aus einer AlSi7Mg (T6), hergestellt im Schwerkraftkokillenguss

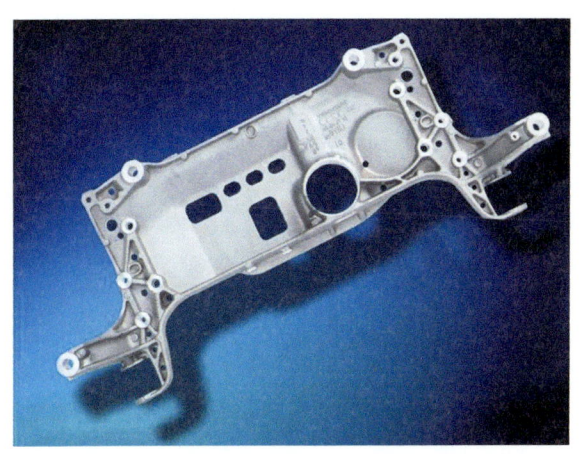

Rechts: Der Vorderhilfsrahmen für den VW Passat aus einer AlSi11Mg (T6), hergestellt im Kippkokillenguss (Quelle: KSM Castings GmbH)

Weitere Vorteile des Kokillengusses gegenüber anderen Gießverfahren sind eine bessere Maßgenauigkeit, Maßhaltigkeit und eine gute Oberflächengüte sowie die günstigen Produktionskosten bei mittleren und großen Stückzahlen.

Bei den Gießmaschinen für den Schwerkraftkokillenguss unterscheidet man je nach Verwendungszweck zwischen Horizontal- und Vertikalmaschinen. In Vertikalmaschinen finden hauptsächlich Kokillen mit waagerechter Formteilungsebene und senkrechter beziehungsweise schräger Kernzuganordnung Verwendung. Horizontalmaschinen führen demgegenüber eine waagerechte Formschließbewegung für senkrecht geteilte Kokillen aus. In Abbildung 1.15 ist schematisch eine Horizontal-Kokillengießmaschine dargestellt.

Für das Aufheizen und das Abführen der Erstarrungswärme sind die Maschine und die Kokille mit entsprechenden Heiz-/Kühleinrichtungen ausgestattet. Der Gießbetrieb kann weitestgehend mit einer

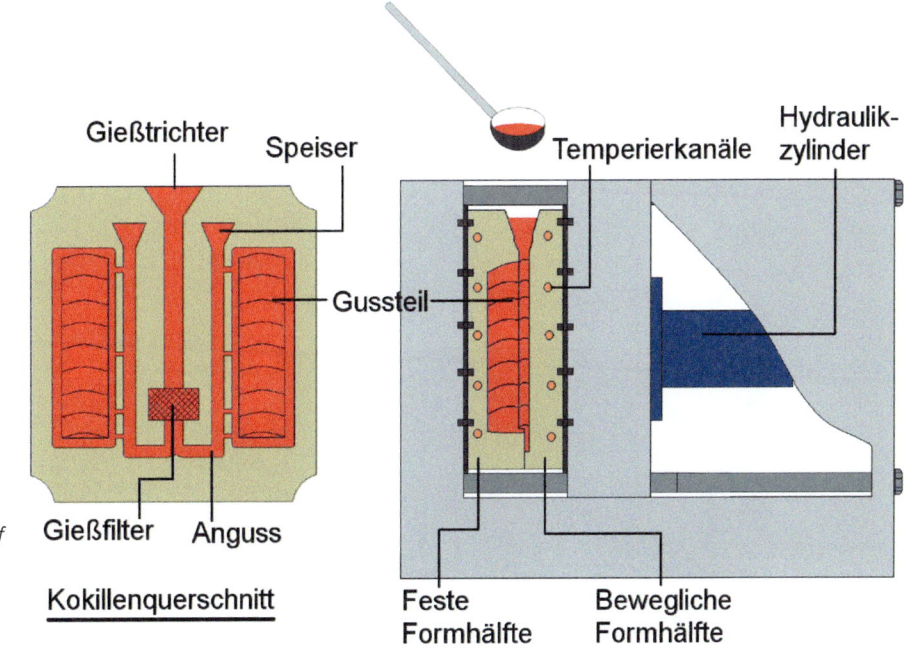

Abb. 1.15: Schematische Darstellung eines Abgusses auf einer Horizontal-Kokillengießmaschine mit fester Formhälfte (links) und beweglicher Formhälfte (rechts)

Dosiereinrichtung und einem Entnahmeroboter automatisiert werden. In der Gießerei befinden sich mehrere Kokillengießmaschinen in Linear-Anlagen oder auf Rundtischen zu einer größeren Gießzelle angeordnet. In der Kokille können, je nach Größe, ein oder mehrere Bauteile gleichzeitig abgegossen werden. Nach Möglichkeit wird die Bauteilkavität steigend, das heißt von unten nach oben gefüllt. Um Gussfehler zu vermeiden, wird neben dem Einsatz von Speisern und Einweg-Gießfiltern auf eine beruhigte Formfüllung geachtet. Der Verfahrensablauf des Gießens gliedert sich wie folgt:

- Form geöffnet; Einsetzen von Gießfilter und Kern,
- Form schließen, ggf. Kernschieber einfahren,
- Abguss mit Hilfe der Dosiereinrichtung,
- Erstarren und Abkühlen des Gussteils, ggf. Kernschieber ausfahren,
- Form öffnen und Gussteil entnehmen.

Die Prozessgrößen, die beim Schwerkraftkokillenguss zu reproduzierbaren Gussteilen mit hoher Qualität führen, müssen genau aufeinander abgestimmt sein. Hierzu gehören eine gut gereinigte Schmelze, qualitativ einwandfreie Sandkerne, die Gießtemperatur, ein gut abgestimmter Wärmehaushalt der Kokille, die Formfüllzeit und die Erstarrungszeit der Schmelze. Ein schnelles Füllen ist besonders nützlich für dünnwandige Gussstücke (2–5 mm). Es sollte aber immer darauf geachtet werden, dass ein turbulenter Fluss der Schmelze verhindert wird.

Für Gießwerkstoffe mit einer verstärkten Neigung zur Oxidation, beispielsweise bei den Aluminium-Kokillengusslegierungen, ist das Schwerkraft-Kokillengießverfahren weiterentwickelt worden. So steht zur Herstellung von großflächigen und geometrisch komplexen Sicherheitsbauteilen aus Aluminium das Kippgießverfahren zur Verfügung. Die Bauweise einer Kippgießmaschine basiert auf einer Horizontal-Kokillengießmaschine, allerdings mit der Funktionserweiterung, eine senkrecht geteilte Kokille zum Gießbeginn um 90° in die waagerechte Position zu kippen. Die Maschinensteuerung erlaubt eine Regelung der Kippgeschwindigkeit und damit der Strömungsgeschwindigkeit der Schmelze beim Gießen. So kann eine turbulente Formfüllung und damit das Einschließen von Luft vermieden werden. Eine Sonderform des Kippgießens ist das sogenannte „Rotacast" Verfahren, welches insbesondere in Verbindung mit einem Niederdruckofen üblicherweise zur Herstellung von Zylinderköpfen verwendet wird. Neben den in Abbildung 1.14 gezeigten Fahrwerksbauteilen sind weitere Anwendungen im Schwerkraftguss Gehäuse aller Art, Antriebs- und Motorenkomponenten, Hydraulikbauteile sowie Komponenten für den Maschinenbau, Industrietechnik, Möbel- und Bauindustrie.

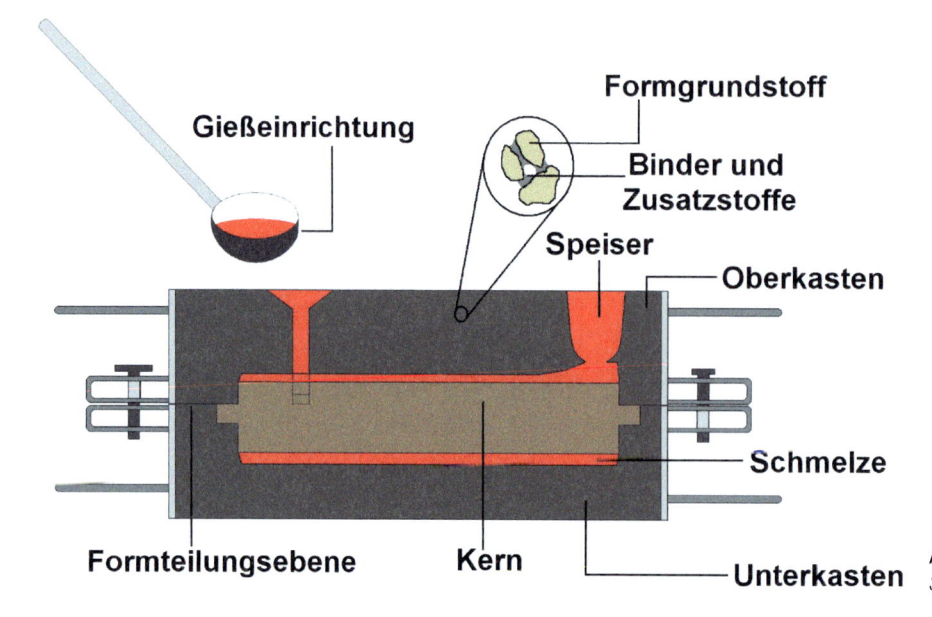

Abb. 1.16: *Prinzipskizze des Sandgussverfahrens*

Abb. 1.17: *CAD-Layout der Kerne zur Darstellung der Innenkonturen des Gussteils (links); Form und eingelegtes Kernpaket (mitte); gegossener wassergekühlter Turbolader (rechts); (Quelle: ACTech GmbH)*

1.1.4.2 Schwerkraftsandguss

Das Gießverfahren Schwerkraftsandguss ist dadurch gekennzeichnet, dass die Formen nur einmal verwendet werden können. Die Herstellung dieser verlorenen Formen kann entweder mit Hilfe von Dauermodellen oder verlorenen Modellen erfolgen. Im Bereich der Verfahren der additiven Fertigung kann der Formhohlraum durch Fräsen in die Sandform eingebracht oder direkt gedruckt werden.

Typische Formen im Sandguss bestehen aus zumeist zwei Formhälften, deren Hohlräume die negative Form der Außenkontur des Gussstücks darstellen, und mindestens einem Kern, der die Innenkontur des Gussteils erzeugt (Abb. 1.16). Die Kerne können aus mehreren Einzelkernen zusammengesetzt sein, sodass es sehr wenige Beschränkungen für die Bauteilgeometrie gibt (Abb. 1.17).

Der Prozess besteht aus der Kern- und Formherstellung, dem Bereitstellen einer Schmelze, dem Abguss, einer Abkühlphase, dem Entformen des Rohgussstücks und der Formstoffrückgewinnung (Abb. 1.18). Der zu einer Form verdichtete Formstoff besteht aus 3 Komponenten: Formgrundstoff, Formstoffbindemittel und Zusatzstoffe. Als feuerfester Formgrundstoff im Prozess dient Sand. Die Vielfalt der chemischen Zusam-

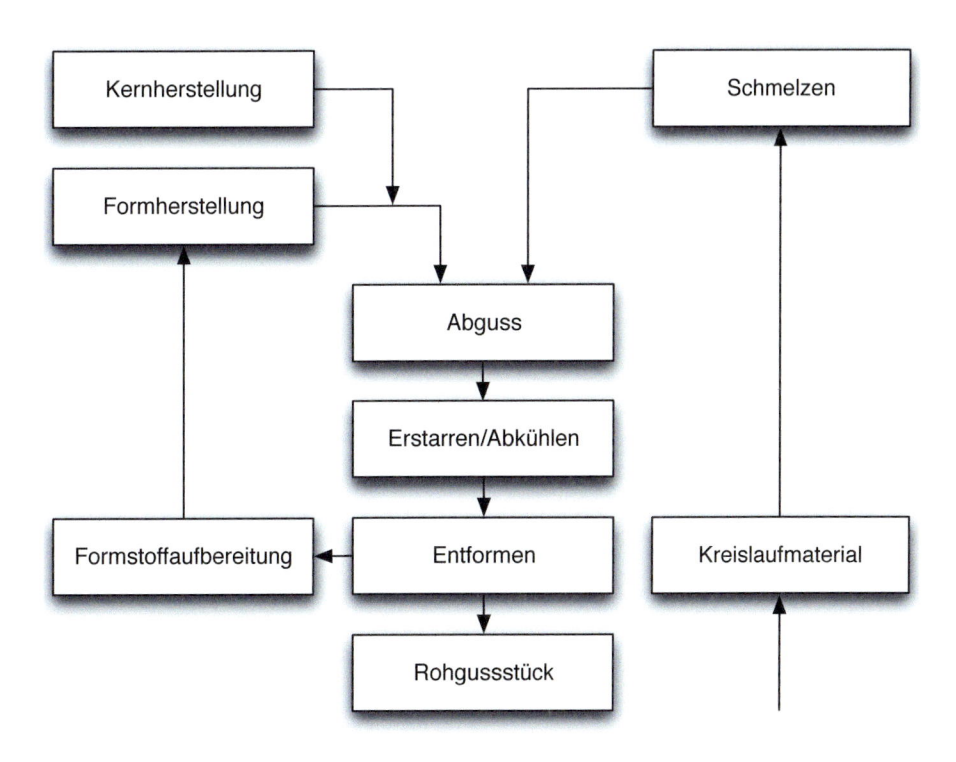

Abb. 1.18: *Prozessablaufdiagramm des Sandgussverfahrens*

mensetzung natürlicher und synthetischer Sande ermöglicht es, eine große Zahl verschiedener Werkstoffe zu vergießen (Tab. 1.1). Neben einer großen Auswahl an Formgrundstoffen existieren ebenfalls viele verschiedene Bindersysteme und Zusatzstoffe, aus denen eine auf den jeweiligen Werkstoff und das Formverfahren angepasste Mischung hergestellt werden kann.

Im nicht ausgehärteten oder verdichteten Zustand ist die Formstoffmischung rieselfähig oder fluidisierbar, sodass feine und verwinkelte Modellkonturen maßhaltig abgebildet werden können. In dem Verfahren können Wandstärken von ≥ 2,0 mm realisiert werden. Das Abgussgewicht kann – werkstoffabhängig – von kleiner als einhundert Gramm bis mehrere hundert Tonnen betragen.

Die großen Vorteile des Sandgussverfahrens für den Leichtbau liegen in der Möglichkeit, eine hohe Funktionsintegration zu erreichen, im sehr hohen geometrischen Gestaltungsspielraum inklusiver Hinterschnitten und komplexer innerer Hohlräume, in der Möglichkeit, große Wanddickenunterschiede in einem Bauteil zu realisieren und in der großen Auswahl an vergießbaren Werkstoffen (Tab. 1.1). Die zu erzielende minimale Wandstärke im Sandguss ist allerdings auf ca. 2 bis 3 mm begrenzt und kann in anderen Verfahren – wie zum Beispiel dem Druckguss – unterboten werden. Auch sind die zu erzielenden maximalen Abkühlraten, die einen kornfeinenden und damit positiven Einfluss auf die mechanischen Eigenschaften haben, durch verhältnismäßig geringe Wärmeleitfähigkeiten des granularen keramischen Formgrundstoffs bei zunehmenden Wandstärken nach oben begrenzt.

1.1.5 Das Niederdruck-Kokillengießverfahren

Im Niederdruckguss werden sowohl einfache Teile als auch sehr komplizierte Gussstücke gefertigt, welche ihren Einsatz unter anderem im Automobilbau sowie in der Luft- und Raumfahrt finden. Typische Erzeugnisse sind unter anderem höherbelastbare Kurbelgehäuse, Felgen oder auch Fahrwerkskomponenten für Pkws (Abb. 1.19 und Abb. 1.20).

Neben den Leichtmetallen Aluminium und Magnesium werden zudem geringe Mengen an Schwermetallen (Cu-Zn) sowie Stahlwerkstoffe im Niederdruckgussverfahren vergossen. Beim Niederdruckgießen wird die Schmelze ausgehend vom Ofen durch ein Steigrohr (aus Isolationsgründen meist aus keramischem Material) in eine aufgesetzte metallische Gießform (Kokille) gegossen (Abb. 1.21). Durch die typische Anordnung von Ofen, Steigrohr und Kokille kann eine nahezu gelenkte Erstarrung erfolgen, sodass auf aufwändige Anschnitt- und Speisersysteme verzichtet werden kann. Die Aufwärtsbewegung der Schmelze wird nach dem Gasdruckprinzip bewirkt, d. h. ein auf die Badoberfläche wirkender Überdruck (0,3 bis 0,6 bar) fördert das flüssige Metall kontrolliert und laminar in die Form. Der erforderliche Gasdruck

Abb. 1.19: *V12-Zylinderkurbelgehäuse Rolls-Royce, RR-Phantom; Niederdruck-Kokillengießverfahren (Quelle: KS Aluminium Technologie GmbH)*

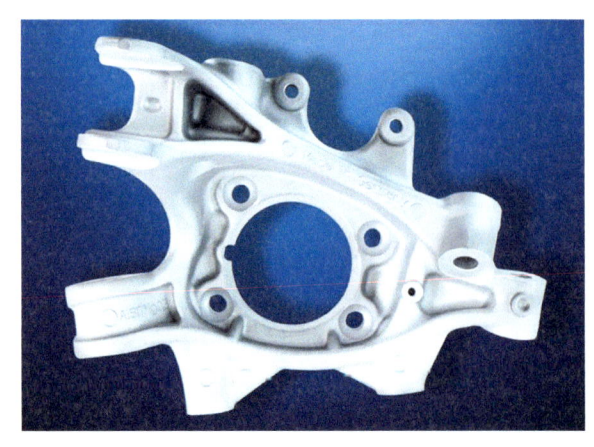

Abb. 1.20: *Radträger für Porsche Cayenne und VW Touareg; Counter-Pressure-Casting-Process (Verfahrensvariante des Niederdruck-Kokillengießverfahrens) (Quelle: KSM Castings GmbH)*

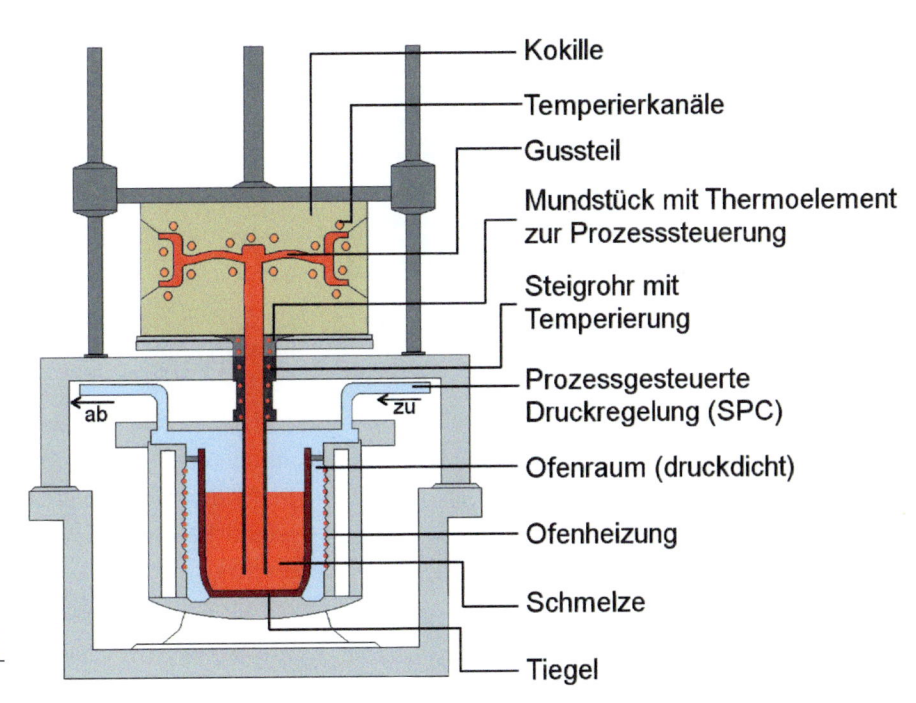

Abb. 1.21: *Prinzipieller Aufbau einer Niederdruck-Kokillengießmaschine.*

Labels: Kokille, Temperierkanäle, Gussteil, Mundstück mit Thermoelement zur Prozesssteuerung, Steigrohr mit Temperierung, Prozessgesteuerte Druckregelung (SPC), Ofenraum (druckdicht), Ofenheizung, Schmelze, Tiegel

hängt dabei von den Wanddicken des Gussstückes und vom Niveauunterschied zwischen Badspiegel im Ofen und Kokillenhöhe ab.

Einer der größten Vorteile der Niederdruckgießens ist das im Vergleich zum Schwerkraftgießen kleinere Angusssystem. Speiser werden zumeist nicht benötigt, sodass insgesamt weniger Kreislaufmaterial verursacht wird. Weniger Angussmaterial bedeutet, dass die Kosten für Nachbearbeiten und Wiedereinschmelzen deutlich reduziert werden. Die wichtigsten Vorteile des Niederdruckgießens gegenüber dem Schwerkraft-Kokillengießen sind:

- Höhere Gussqualität aufgrund einer ruhigeren Formfüllung und der Einstellung einer gelenkten Erstarrung,
- Reduzierung der Fertigungskosten durch speiser- und gießsystemloses Gießen,
- höhere Schweißeignung aufgrund eines geringeren Porositätsgehaltes,
- Verarbeitbarkeit auch schwierig gießbarer Legierungen und
- geringerer Personalaufwand durch hohe Automatisierung.

Dem stehen folgende Nachteile im Vergleich zum Schwerkraftguss gegenüber:

- Höhere Beschaffungskosten,
- höhere Zykluszeiten und
- ein verstärkter Wartungsaufwand der Anlagen durch den gegebenen permanenten Schmelzekontakt bei einigen Anlagenkomponenten.

1.1.6 Das Druckgießverfahren

Das Druckgießverfahren stellt ein gießtechnisches Fertigungsverfahren zur Herstellung von Großserienbauteilen wie Motorgehäusen, Zylinderköpfen und Gehäusen aller Art dar. Vermehrt findet es Anwendung in der Produktion schwierig zu gießender, dünnwandiger und hochintegrativer Strukturbauteile, die u.a. auch in aktuellen Elektrofahrzeugen eingesetzt und unter Anwendung von Topologieoptimierung entwickelt werden (Abb. 1.22 und 1.23).

Das Druckgießen ermöglicht die Herstellung maßgenauer Gussteile mit vorzüglicher Oberflächenbeschaffenheit. In diesem Gießverfahren werden überwiegend die Werkstoffe Aluminium, Magnesium und Zink vergossen. Aufgrund der zügigen Erstarrung, insbesondere bei dünnwandigen Gussteilen, verfügen die Gussteile über fein ausgeprägte Gefügestrukturen, die prinzipiell höhere mechanische Eigenschaften erwarten lassen als bei vergleichbaren Bauteilen aus dem

1 Urformen von metallischen Leichtbauwerkstoffen

Abb. 1.22: *Dachspitze für Opel Cascada Cabrio, minimale Wandstärke 1,2 mm; Magnesiumlegierung AM50 HP; Arbeitsschritte: Gießen, Schneiden, Beschichten, keine weitere Nachbearbeitung (Quelle: GF Casting Solutions AG)*

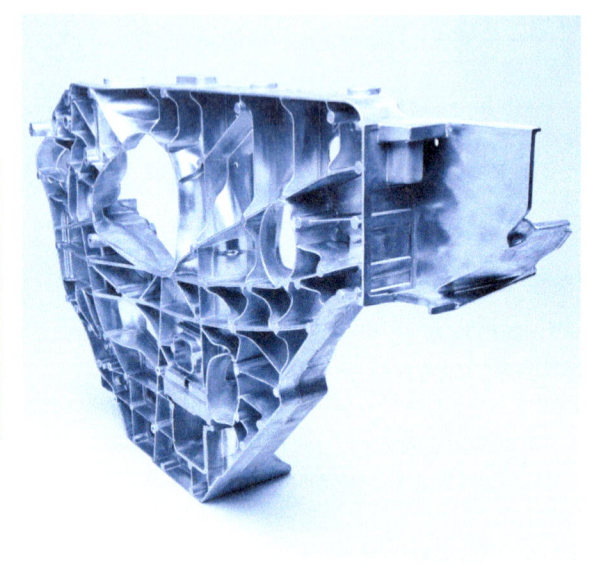

Abb. 1.23: *BMW Hinterachsträger „Gussseitenteil" i3; Aluminiumlegierung AlSi10MnMg; Schweißbarkeit und Lackierbarkeit (KTL) sind gewährleistet (Quelle: GDA e. V.)*

Schwerkraftkokillenguss. Da die Formfüllung jedoch sehr turbulent ist, wird das theoretische erreichbare Niveau der mechanischen Eigenschaften durch Oxide und Porositäten geschmälert.

Zwei Verfahrensvarianten des Druckgießens existieren: das Kalt- und das Warmkammergießverfahren. Die Verfahrenseinteilung bezieht sich auf die anlagentechnische Anbindung der Gießkammer. Beim Warmkammerverfahren befindet sich die Gießkammer direkt im Schmelzbad des angedockten Schmelz- und Warmhalteofens und wird ebendort mit Schmelze gefüllt. Aufgrund der hohen Aggressivität der Aluminiumschmelzen gegenüber Eisenwerkstoffen eignet sich dieses Verfahren nicht für das Gießen von Aluminium, sodass Aluminium ausschließlich im Kaltkammerverfahren vergossen wird. Da das Kaltkammerverfahren die meist verbreitete Druckgießvariante ist, wird im Folgenden ausschließlich das Kaltkammerverfahren angeführt (Tab. 1.1).

Beim Kaltkammerverfahren befindet sich die Gießkammer an der Druckgießmaschine ohne Kontakt zur Schmelze im Warmhalteofen. Die Befüllung der Gießkammer erfolgt aus dem von der Gießmaschine getrennten Warmhalteofen mit automatisierten Dosiersystemen. Beim Druckgießen werden die schmelzflüssigen Legierungen aus der Gießkammer mittels eins Kolbens unter Druckwirkung in eine Dauerform gegossen. Die dabei auftretenden Metalldrücke können Werte zwischen 10 und 200 MPa erreichen.

Der prinzipielle Verfahrensablauf beim Druckgießen wird in den folgenden Prozessschritten dargestellt (Abb. 1.24). Der Zyklus beginnt mit dem Schließen der Formhälften und dem anschließenden Füllen der Gießkammer mit Schmelze. Der Gießkolben fährt langsam an beziehungsweise fährt linear beschleunigt vor, um ein Überschlagen der Schmelze und damit der Gefahr einer erhöhten Oxidaufnahme entgegenzuwirken. Im Verlauf der Gießkolbenfahrt wird die Schmelze zum Anschnitt hin aufgestaut (1. Phase). In der sogenannten 2. Phase, der Füllhubphase, wird der Gießkolben stark beschleunigt und das flüssige Metall wird durch den Anschnitt mit Gießgeschwindigkeiten zwischen 30 und 150 m/s in die Form gepresst. Nach vollständiger Formfüllung wird der Gießkolben schlagartig abgebremst. Um das Gussstück zu verdichten, wird der Druck jedoch aufrechterhalten oder im Bedarfsfall erhöht. Die Schmelze erstarrt unter Einwirkung des Gießkolbens; nach vollständiger Erstarrung kann das Gussteil bei geöffneter Form entnommen werden.

Wie erwähnt, wird die Schmelze mittels des Gießkolbens auf eine hohe Gießgeschwindigkeit im Verlauf des Gießprozesses beschleunigt. Nach Verlassen des Anschnitts gelangt die Schmelze als Freistrahl in die Form, in welcher sich der Freistahl geschwindigkeitsabhängig stark aufweitet und zu turbulenter Formfüllung führt oder gar zerstäubt. Gase können dadurch vom Gusswerkstoff eingeschlossen werden und sich im erstarrten Gussstück durch Gasporositäten darstellen. In der Praxis haben sich für Aluminium maximale Anschnittgeschwindigkeiten zwischen 50 und 60 m/s bewährt. Bei Magnesiumlegierungen sollte berücksichtigt werden, dass eine minimale Strömungsgeschwindigkeit von 27 m/s nicht unterschritten werden sollte, um ein frühzeitiges Erstarren der Schmelze vor dem Ende der vollständigen Formfüllung zu vermeiden (Brunhuber 1991).

Typische aus dem Druckgießprozess resultierende Gießfehler sind Lufteinschlüsse, die aus einer zu turbulenten Füllweise und oftmals aus einer ungenügenden Entlüftung resultieren. Weiterhin lässt sich Gasporosität auf verbrennendes Schmier- und Trennmittel sowie auf verdampfendes Wasser im Formhohlraum während des Gießvorganges zurückführen (Park, Brevick 2001). Prozessparameter wie Gießkammerfüllgrad, Gießkolbengeschwindigkeit, Nachdruck und Geometrie des Gießlaufes haben einen großen Einfluss auf die Gussqualität. Mit der Auswahl geeigneter Gießparameter, u. a. auch mit Unterstützung von Simulationsprogrammen, wird die Bildung von Gussfehlern auf ein geringes und unkritisches Niveau reduziert.

Die Forderungen nach leichten, duktilen und hochfesten Gussteilen nehmen stetig zu. Zudem sollen die Gussteile wärmebehandelbar und schweißbar sein. Dies ist jedoch nur möglich, wenn in der Gießkammer und im Formhohlraum vorhandene Restluft und Gießgase wirkungsvoll abgeführt werden. Um den hohen Ansprüchen zu genügen, werden deshalb immer häufiger Vakuumtechnologien beim Druckgießen eingesetzt. Durch die technologischen Vorteile im Prozess werden signifikante Verbesserungen im Produkt erreicht. So können mit geeigneten Gusslegierungen auch Bauteile mit hohen plastischen Dehnungen hergestellt werden, so dass Fügeverfahren wie Clinchen und Stanznieten sowie Bördeln möglich sind. Dies erlaubt komplexe Leichtbaukonstruktionen mit Kombinationen von Blech und Guss.

1.1.7 Das Feingussverfahren

Der Feinguss ist in seinen Grundzügen ein sehr altes Verfahren, dass durch neue moderne Anwendungsgebiete wieder mehr Aufmerksamkeit aufgrund der einzigartigen verfahrenstechnischen Möglichkeiten erlangt hat. Der Einsatzbereich umfasst vorwiegend komplizierte und geometrisch auf andere Weise nur schwer umsetzbare Bauteile bei gleichzeitig stark unterschiedlichen Wandstärken. Es können filigrane Kerne eingesetzt werden, die kleine Hohlräume und Hinterschneidungen endkonturnah und mit hoher Oberflächengüte im Bauteil erzeugen.

Der Ablauf des Feingussverfahrens ist in Abbildung 1.25 schematisch skizziert. Am Anfang der Feingussprozessreihe steht die Modellherstellung aus Wachs. Einzelne Wachsmodelle werden mit Gießtrichter und Anschnittsystem zu Trauben zusammengefügt. Das Wachsmodell wird im Anschluss mit verschiedenen

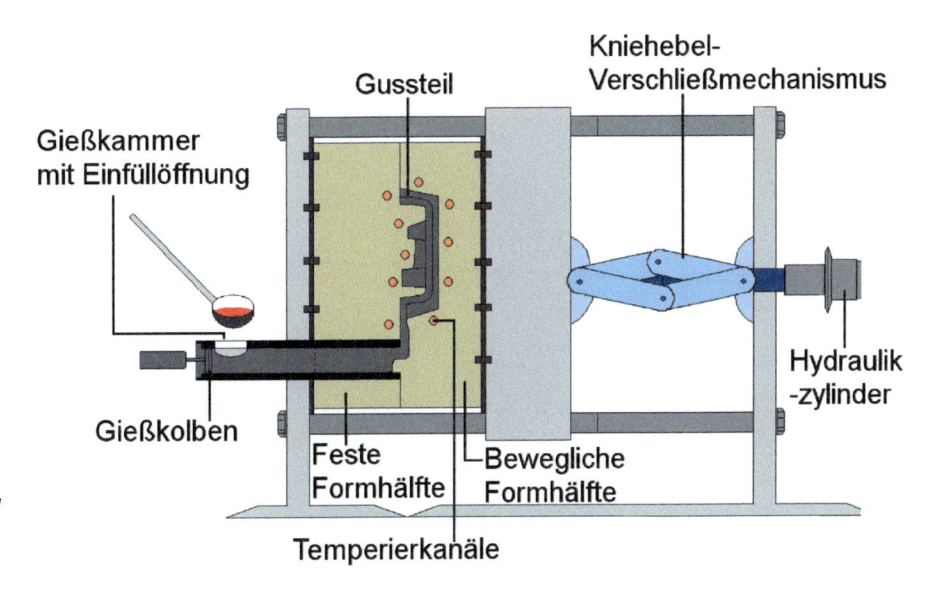

Abb. 1.24: *Prinzipieller Aufbau einer Kaltkammer-Druckgießmaschine*

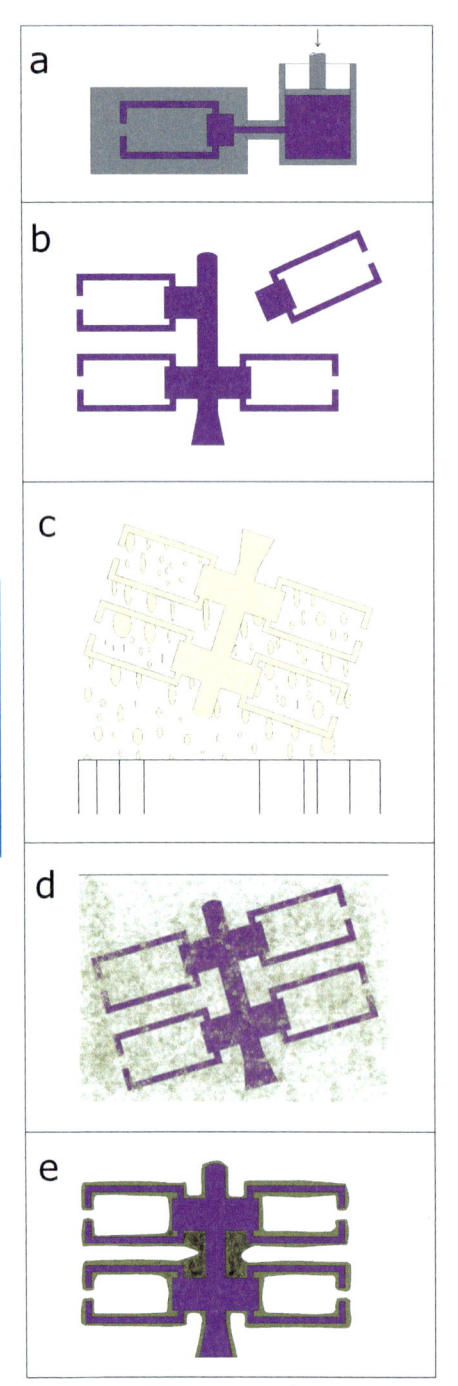

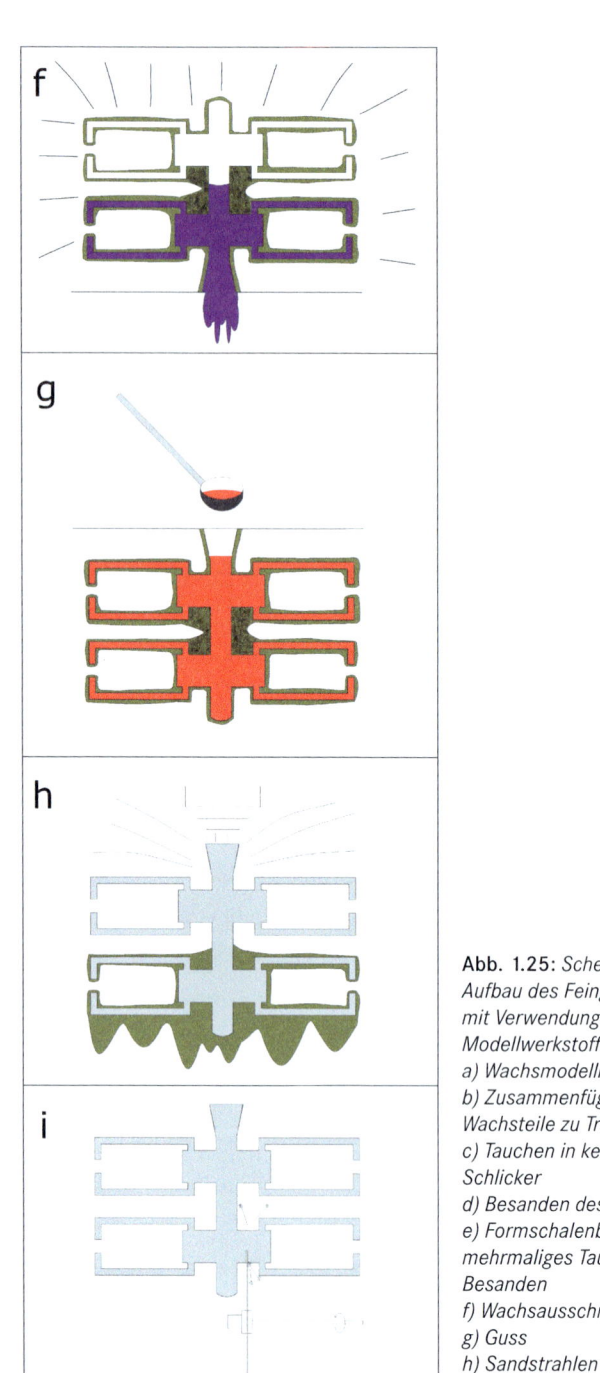

1 Urformen von metallischen Leichtbauwerkstoffen

Abb. 1.25: *Schematischer Aufbau des Feingussverfahrens mit Verwendung von Wachs als Modellwerkstoff*
a) Wachsmodellherstellung
b) Zusammenfügen der Wachsteile zu Trauben
c) Tauchen in keramischen Schlicker
d) Besanden des Modells
e) Formschalenbildung durch mehrmaliges Tauchen und Besanden
f) Wachsausschmelzen
g) Guss
h) Sandstrahlen
i) Nachbearbeitung

Schlickern und Sanden wiederholt getaucht und besandet, bis die für den Guss passenden Eigenschaften der Formschale erreicht sind. Die trockene Formschale wird anschließend in einem Autoklaven vom Wachsmodell unter Dampfdruck getrennt. Die Formschale wird daraufhin gesintert. Der nächste Prozessschritt ist der eigentliche Guss der Legierung in die meist vorgeheizte Formschale. Nach der Erstarrung wird die Formschale entfernt, es werden geringe Nachbearbeitungen durchgeführt und das entstandene Bauteil wird kontrolliert (Schütt 2008). Gewichtseinsparungen werden im Feinguss durch integriertes Konstruieren erzielt. Durch das Zusammenführen von Bauteilgruppen zu einem Bauteil kommt

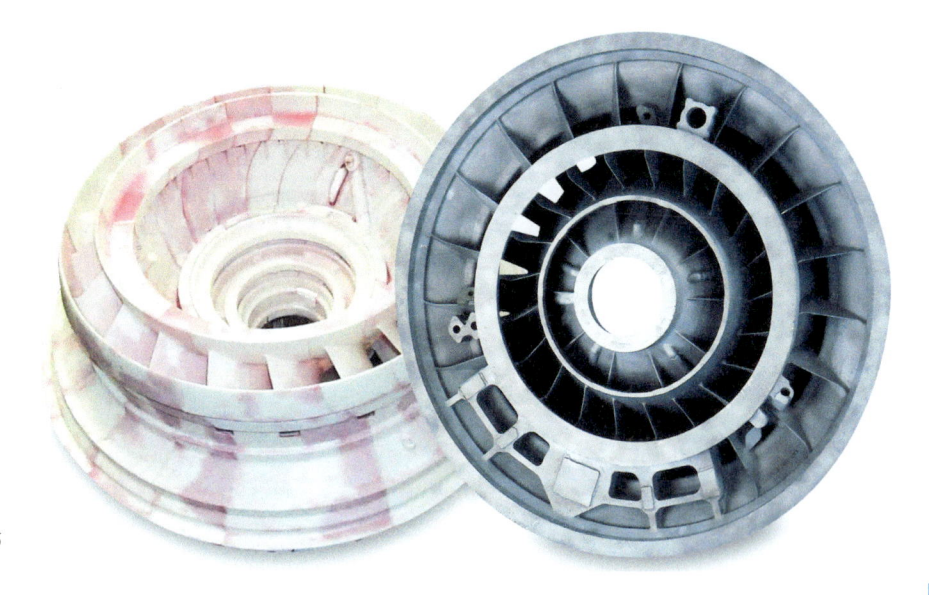

Abb. 1.26: *Additiv gefertigtes Modell und Gussteil eines Turbinengehäuses aus AlSi7Mg0,6 (Quelle: TITAL GmbH)*

vor allem der systematische Leichtbau stark zum Tragen. Dieser systematische Leichtbau führt zu Gewichtsreduzierung durch Einsparungen an der Anzahl von Einzelbauteilen und Fügematerial, das bei Blechkonstruktionen benötigt wird. Durch topologieoptimiertes Konstruieren können diese Feingussbauteile bei vorgegebenem Volumen weiter gewichtsreduzierend eingesetzt werden. Die hohe Gestaltungsfreiheit des Feingusses ermöglicht es darüber hinaus, die Bauteilgeometrie eng an den Kraftflusses zu koppeln. Aufgrund der hohen Oberflächengüte können Feingussbauteile, bis auf z. B. Dichtflächen, ohne mechanische Nachbearbeitung eingesetzt werden.

Rapid-Prototyping und additive Fertigung wird verstärkt in Kombination mit Feingussverfahren eingesetzt. Hier können aus CAD-Dateien schnell und direkt Modelle, meist aus Polymeren, umgesetzt und nachfolgend über den Feinguss prozessiert werden. Moderne additive Verfahren erzeugen maßgenaue Modelle komplexer Geometrie mit guter Oberflächenqualität (Abb. 1.26).

Auch kann im Feinguss mit Sonderverfahren, wie dem HERO Premium Casting-Verfahren* und dem Sophia-Verfahren, die minimale Wandstärke durch gezielte Abkühlung des Bauteils weiter reduziert

---

* Bezeichnung der Firma Tital GmbH

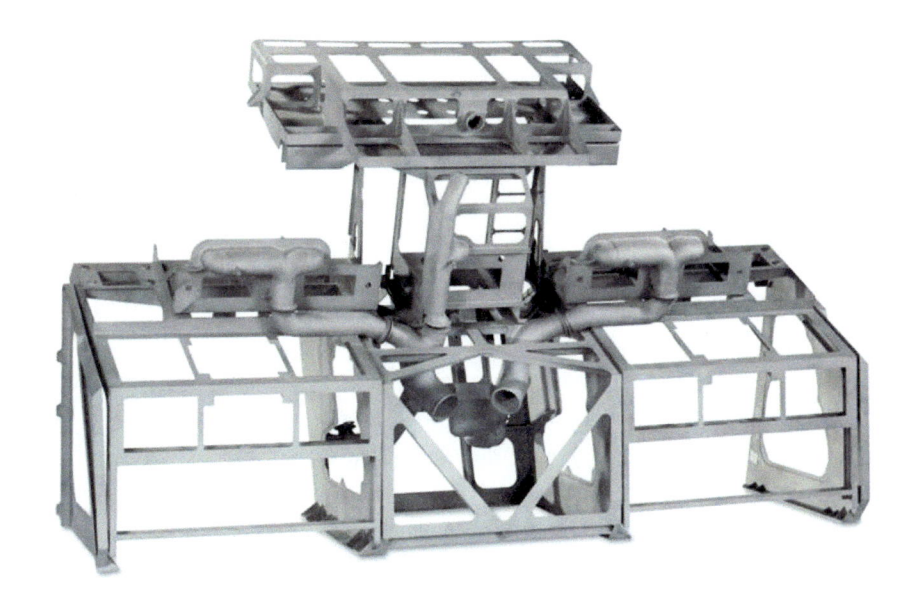

Abb. 1.27: *Instrumententräger aus Aluminium für das Cockpit eines Verkehrsflugzeugs nach dem HERO Premium Casting-Verfahren gefertigt (Quelle: TITAL GmbH)*

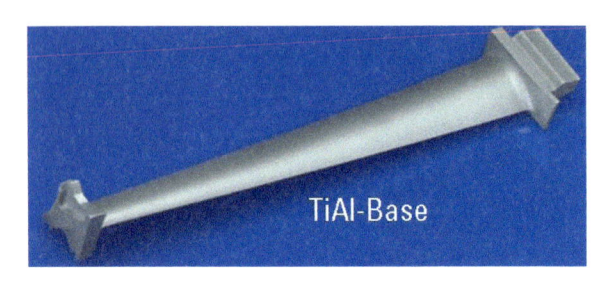

Abb.1.28: *Endkonturnahe TiAl-Turbinenschaufel; hergestellt durch die Kombination von Feinguss und Schleuderguss (Quelle: ACCESS. e.V. der RWTH Aachen)*

werden. Durch die hohe Güte der mit diesen Verfahren hergestellten Feingussteile ist keine weitere Sicherheitsbeaufschlagung der Wandstärke vonnöten, um die Eigenschaftsvorgaben durch den Konstrukteur zu erreichen. In Abbildung 1.27 ist ein Instrumententräger für ein Flugzeugcockpit dargestellt.

Die anwendbaren Gusswerkstoffe für den Feinguss sind äußerst vielfältig (Tab. 1.1). Indem die Zusammensetzung der Feingussformschale variiert werden kann, lassen sich Reaktionen zwischen Schmelze und Form verhindern. Aufgrund der Reaktivität ist z.B. Titan nur über Feingussverfahren vergießbar. Formschalen auf Y_2O_3-Basis, die durch ihre hohe chemische Beständigkeit eine Reaktion der äußerst reaktiven Titanschmelze verhindern, werden für Bauteile in der Medizintechnik, der Luft- und Raumfahrt und im Rennsport eingesetzt. Nur die Kombination von Feinguss und Schleuderguss führt im TiAl-Guss zu guten Ergebnissen, da TiAl schlechtes Fließ- und Formfüllvermögen (Nakagawa, Yokoshima, Mastuda, 1992) sowie eine hohe Reaktivität der Schmelze aufweist. TiAl wird in ersten aktuellen Triebwerken eingesetzt und führt zu deutlichen Gewichtseinsparungen (Abb. 1.28).

1.1.8 Ausblick

Die steigenden Anforderungen an die Bauteilqualitäten, insbesondere aus der Luftfahrt- und Automobilindustrie sowie durch die steigende Elektromobilität führen zum anhaltenden Bedarf an Verbesserung und Weiterentwicklung des technologischen Tandems Gießverfahren und Gusswerkstoffe. Durch die gemeinsame Entwicklung beider Zweige können Optionen und Produktlinien neu erschlossen oder gesichert werden. Ein Beispiel ist die Herstellung von sehr leichten Strukturbauteilen in kombinierten hochproduktiven Verfahrenskombinationen, wie Leichtmetalldruckguss und Kunststoff-Spitzguss (Abb. 1.29).

Über reine Neuentwicklungen hinaus werden auch vorhandene Verfahren aus wirtschaftlichen und umwelttechnischen Gründen künftig energieeffizienter ausgelegt und weiterentwickelt werden. Durch den Einsatz neuer Legierungen und allgemeiner Verfahrensverbesserungen ist es zudem möglich, die erreichbaren Leitwerte, wie Wanddicken und mechanische Kennwerte, weiter zu verbessern. Hier fordert auch die zunehmende Elektromobilität kontinuierliche Maßnahmen. Sowohl Elektrofahrzeuge als auch Hybrid-Fahrzeuge benötigen optimierten Leichtbau, um das zusätzliche Gewicht der Batterie zu kompensieren und die Reichweite zu verlängern. Das höhere Fahrzeuggewicht führt zudem zu höheren Fahrzeuglasten im Crash und hat negative Auswirkungen auf die Achs- und Nutzlasten. Durch die zusätzlichen Bauteile in Hybridfahrzeugen wird eine Zunahme von Guss im Fahrzeug von durchschnittlich 20 % erwartet (Kallien, Görgün, Wilhelm 2018).

Der Ingenieur sieht sich bei der Aufgabe, ein geeignetes Gießverfahren auszuwählen, einer Anzahl von Fragen unterschiedlichen Ursprungs gegen-

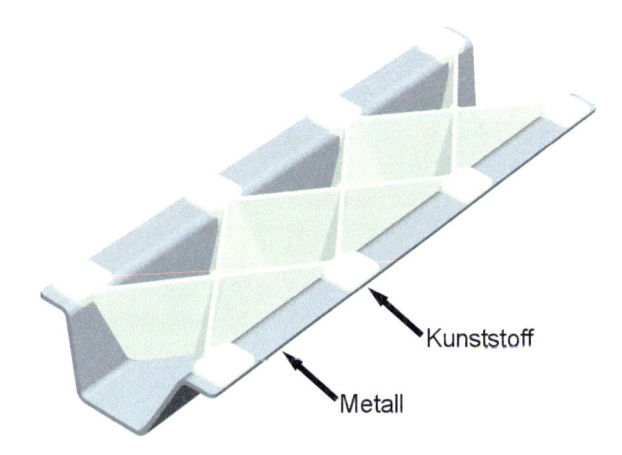

Abb. 1.29: *Metall-Kunststoff-Hybridgussteil eines Fahrzeugträgers (Druckguss/Spritzguss)*

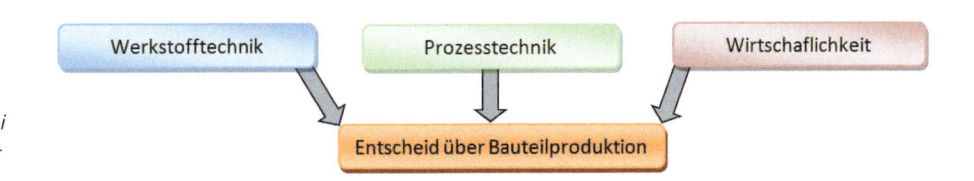

Abb. 1.30: *Hauptaspekte bei der Auswahl des Gießverfahrens*

über. Dabei spielen Aspekte verschiedener Natur eine Rolle.

Ist aufgrund der geometrischen Freiheiten, der Fertigungskosten oder der mechanischen Eigenschaften im Produkt die grundsätzliche Entscheidung für den Gießprozess gefallen, ist der Start des Entscheidungsprozesses für die Auswahl des geeigneten Gießverfahrens stets das Lasten- und Pflichtenheft des Produktes (Abb. 1.30). Dies liefert dem Ingenieur ein Anforderungsprofil, welches maßgeblich von den zu erfüllenden mechanischen und thermophysikalischen Eigenschaften, wie erforderliche Zugfestigkeit, Dehnung, Temperaturbeständigkeit, Wärmeleitfähigkeit und thermische oder mechanische Wechselfestigkeit bestimmt wird. Ausgehend von den zu diesen Punkten vorliegenden Informationen ist es möglich, zunächst ein Spektrum von Leichtbauwerkstoffen zu bestimmen, die diesen Anforderungen grundsätzlich gewachsen sind. Aus der vorangehenden Beschreibung der Urformverfahren gehen die für diese Werkstoffe zur Verfügung stehenden Verfahren hervor. Vorgegebene Anforderungen an das Produktdesign, gewöhnlich in Form von Größe und innerer Komplexität, schränken das Verfahrensangebot ihrerseits ein.

Abhängig von der Menge der zu produzierenden Bauteile nimmt die Optionsbreite der Verfahren in der Regel nochmals drastisch ab, und es verbleiben gewöhnlich ein, maximal zwei Verfahren zur Auswahl (Abb. 1.31).

Der Charakter der Entscheidungsfindung geht weit über eine rein verfahrens- und werkstoffkundliche Beurteilung hinaus. Eine aus gießtechnologischer Sicht sinnvolle Entscheidung kann unter wirtschaftlichen Aspekten gänzlich anders eingestuft werden. Energie- und Rohstoffkosten sowie betriebswirtschaftliche und umwelttechnische Aspekte müssen mit betrachtet werden. Daraus resultiert mitunter eine äußerst komplexe Problemstellung. Neben dem zu Rate ziehen von speziellem Expertenwissen empfiehlt es sich an dieser Stelle, eine methodische Betrachtung der relevanten Randbedingungen, beispielsweise mittels Six-Sigma-Werkzeugen oder numerischer Simulation, vorzunehmen.

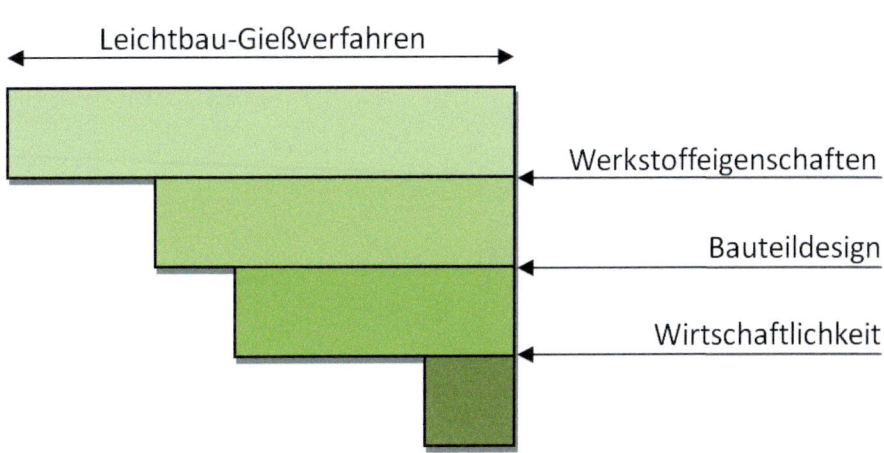

Abb. 1.31: *Reduzierung der Verfahrensoptionen*

1.2 Weiterführende Informationen

Literatur

Brunhuber, E.: Praxis der Druckgussfertigung. Berlin: Verlag Schiele und Schön, 2008

Bührig-Polaczek, A.; Michaeli, W.; Spur, G.: Handbuch Urformen, Carl Hanser Verlag München 2.Auflage: 2013

Fritz, A. H.; Schulze, G.: Fertigungstechnik, Urformen, Springerverlag Heidelberg, 8. Edition Jahrgang 2010

Hasse, S.: Gießerei-Lexikon. 18. Auflage, Berlin: Schiele & Schön, 2008

Kallien, L.H.; Görgün, V.; Wilhelm, C.: Einfluss der Elektromobilität auf die Gussproduktion in der deutschen Gießerei-Industrie, GIESSEREI 105 04/2018, S. 71-80

Nakagawa, Y.G.; Yokoshima, S.; Mastuda K.: Development of castable TiAl alloy for turbine components, Materials Science and Engineering: A, Volume 153, Issues 1-2, 30 May 1992, Pages 722–725

Park, B; Brevick, J. R.: Numerische Simulation der Auswirkung des Vorfüllens im Druckgießprozess. Gießerei-Praxis (2001), Nr. 1, S. 35-40

Schütt, K.-H.: Feingießen, konstruieren + giessen, Jahrgang 33, 2008, Nr:1

West, C.E.: Metals Handbook Volume 15 "Casting", S. 275-285, USA: ASM International, 2008

Normen

DIN EN ISO 945, Ausgabe 2010-09: Mikrostruktur von Gusseisen; Teil 1: Graphitklassifizierung durch visuelle Auswertung

DIN EN 1561, Ausgabe 2010-03: Gießereiwesen; Gusseisen mit Lamellengraphit

DIN EN 1563, Ausgabe 2010-03: Gießereiwesen; Gusseisen mit Kugelgraphit

DIN EN 1564, Ausgabe 2012-01: Gießereiwesen; Ausferritisches Gusseisen mit Kugelgraphit

DIN EN 1706, Ausgabe 2010-06: Aluminium und Aluminiumlegierungen - Gussstücke - Chemische Zusammensetzung und mechanische Eigenschaften

DIN 8580, Ausgabe 2003-09: Fertigungsverfahren, Begriffe, Einteilung

DIN EN 10293, Ausgabe 2005-06: Stahlguss für allgemeine Anwendungen

ISO 16220, Ausgabe 2005-03: Magnesium und Magnesiumlegierungen; Blockmetalle und Gussstücke aus Magnesiumlegierungen

DIN 17865, Ausgabe 1990-11: Gussstücke aus Titan und Titanlegierungen, Feinguss, Kompaktguss

Alle Normen erscheinen im Beuth-Verlag, Berlin

Firmenschriften

www.claasguss.de
www.ksmcastings.com
www.ohmundhaener.de
www.tital.de

2 Umformen von metallischen Leichtbauwerkstoffen

Christoph Dahnke, Soeren Gies, Christian Löbbe, Alessandro Selvaggio, A. Erman Tekkaya

2.1	Herstellung von Leichtbaustrukturen aus Blech durch Umformen	453	2.2.3 Verbundstrangpressen	469
			2.2.4 Schmieden	470
2.1.1	Unterschiedliche Leichtbaustrategien	453	2.3 Herstellung von Leichtbaustrukturen durch Biegeumformung	472
2.1.2	Erweiterte Formgebungsgrenzen durch wirkmedienbasierte Blechumformverfahren	453	2.3.1 Profile als Basis für den Leichtbau	472
2.1.3	Herstellung belastungsangepasster Blechformteile	457	2.3.2 Herstellung von geraden Profilen durch Biegen	473
2.1.4	Presshärten höchstfester Blechformteile	458	2.3.3 Herstellung von belastungsangepassten Profilen durch Biegen	476
2.1.5	Hybridbauweisen auf Basis von Blechhalbzeugen	460	2.3.4 Biegen von Rohren und Profilen	479
			2.3.5 Biegen von belastungsangepassten Rohren und Profilen	483
2.2	Herstellung von Leichtbaustrukturen durch Massivumformung	462		
2.2.1	Strangpressen	463	2.4 Zusammenfassung	485
2.2.2	Runden beim Strangpressen	468	2.5 Weiterführende Informationen	486

Leichtbau ist eine der zentralen Herausforderungen für die ingenieurwissenschaftliche Forschung, ebenso wie seine Anwendung z. B. in der Verkehrstechnik und im Bauwesen. Besondere Bedeutung haben hier Tragstrukturen, die sich in leichte Hüllen (Schalen) und leichte Rahmenstrukturen (Profile) unterteilen. Mischformen sind ebenso möglich und weitverbreitet. Die Fertigungstechnik und insbesondere die Umformtechnik sind dabei von besonderer Bedeutung. Die Umformtechnik stellt die wichtigste Verfahrensgruppe zur Herstellung von Leichtbaustrukturen unter Einbeziehung der konstruktiven und werkstofftechnischen Gesichtspunkte dar.

Hier nehmen werkstofforientierte und produktoptimierte Umformtechnologien eine strategische Schlüsselposition für einen erfolgreichen Leichtbau ein. Innovative Umformprozesse zur Gestaltung und Weiterverarbeitung von Produkten sichern die Produktqualität und werden den Anforderungen an z. B. Funktionalität, Sicherheit, Umweltverträglichkeit, Formgebung, Aussehen, Gewicht und Kosten gerecht.

Die Umformtechnik ist nach DIN 8580 eine der sechs Hauptgruppen von Fertigungsverfahren, welche die Art der Änderung des Stoffzusammenhalts erklären. Umformen ist die Gruppe der Verfahren der Fertigungstechnik, durch die die gegebene Form eines festen Körpers in eine andere Form unter Beibehaltung der Masse und des Zusammenhaltes überführt wird. Die Umformverfahren werden nach DIN 8582 weiter unterteilt nach den Spannungen, die die Umformung vorwiegend bewirken.

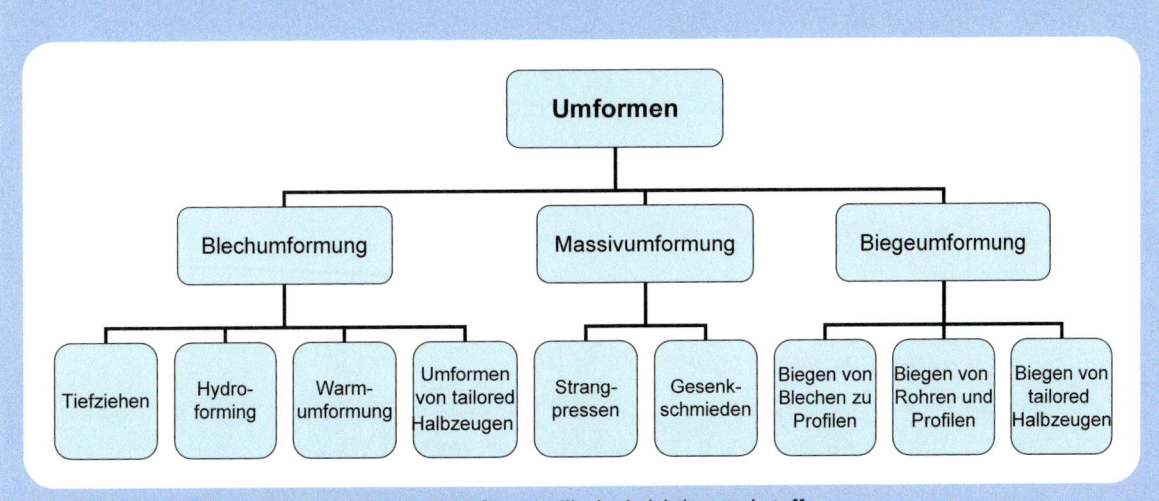

III

Einteilung der Umformverfahren nach DIN 8580 für metallische Leichtbauwerkstoffe

Dieser Gliederung wird in diesem Kapitel nicht gefolgt, sondern eher der praxisrelevanten Unterteilung der Umformverfahren, die zwischen der Massiv- und der Blechumformung unterscheidet. Die Massivumformung ist die Umformung mit großen Querschnitts- und Abmessungsänderungen. Dabei treten große Formänderungen mit hoher Verfestigung des Werkstoffs und damit hohen Kräften und Werkzeugbeanspruchungen auf. Die Blechumformung lässt sich dadurch charakterisieren, dass flächenhafte Werkstücke zu Hohlteilen umgeformt werden, ohne die gleichmäßige Ausgangswanddicke wesentlich zu verändern. Formänderungen, Verfestigungen und damit Kräfte sind bei Blechumformverfahren meist kleiner. Biegeumformverfahren können je nach Verfahren und Werkstückabmessungen beiden Verfahrensgruppen zugeordnet sein. In diesem Kapitel werden sie getrennt behandelt.

Mit ihren vielfältigen Verfahren der Blech-, Massiv- und Biegeumformung bietet die Umformtechnik für verschiedene Anwendungsgebiete hervorragende Konzepte zur Herstellung und Weiterverarbeitung von Produkten aus Leichtbauwerkstoffen mit herausragenden Eigenschaften. Ein Beispiel von Umformprodukten, das die Fähigkeit der Umformtechnik zur Umsetzung der Leichtbaustrategien demonstriert, sind Blech- und Profilstrukturen. Ihre umformtechnische Herstellung durch die relevantesten Verfahren für den Leichtbau werden in diesem Kapitel vorgestellt.

Im ersten Teil des Kapitels wird die Herstellung von Leichtbaustrukturen aus Blech durch Umformen erläutert. Im Einzelnen werden die Verfahren Tiefziehen, Hydroforming, Warmumformung und Umformen von tailored Halbzeugen behandelt.

Der zweite Teil des Kapitels ist der Herstellung von Leichtbaustrukturen durch Massivumformung gewidmet. Hier wird auf die Verfahren Strangpressen und Gesenkschmieden, die für den Leichtbau die Hauptrolle spielen, näher eingegangen.

Der dritte Teil zeigt die Herstellung von Leichtbaustrukturen durch die Biegeumformung. Die Herstellung von geraden Rohren und Profilen aus Blechhalbzeugen durch Biegen, ihre Weiterverarbeitung zu Werkstücken mit 2D- und 3D-Krümmungen und das Biegen von tailored Halbzeugen sind die relevantesten Verfahren für den Leichtbau.

Die für den Leichtbau entwickelten bzw. angepassten Prozesse der drei Bereiche zeigen, dass die Umformtechnik nicht nur die hohen Leichtbauanforderungen erfolgreich erfüllen, sondern auch in Bereiche vorrücken kann, die derzeit von anderen Fertigungsprozessen beherrscht werden. Darüber hinaus können weitere Anwendungsgebiete erschlossen werden, die den konventionellen Verfahren aus wirtschaftlichen oder technischen Gründen bisher versagt waren.

2.1 Herstellung von Leichtbaustrukturen aus Blech durch Umformen

2.1.1 Unterschiedliche Leichtbaustrategien

Die technologischen und ökonomischen Anforderungen an die Teilefertigung werden maßgeblich durch die Trends im Fahrzeug- bzw. Karosseriebau bestimmt. Diese bestehen vor allem darin, dass immer leichtere Fahrzeugstrukturen mit maximaler passiver Sicherheit für die Fahrzeuginsassen sehr flexibel und zu möglichst geringen Kosten zu realisieren sind. Für dieses Ziel werden im Bereich der Blechumformung unterschiedliche Leichtbaustrategien angewendet. Neben dem Formleichtbau und dem Fertigungsleichtbau erlaubt insbesondere der Werkstoffleichtbau eine signifikante Reduktion des Karosseriegewichtes.

Maßgeblich für die Auswahl der Leichtbaustrategie und der damit zum Einsatz kommenden Blechumformprozesse ist die gewählte Karosseriebauweise. Bei der häufig eingesetzten Schalenbauweise werden Blechformteile durch Ziehverfahren aus modernen Leichtbauwerkstoffen wie z. B. Aluminium, Magnesium oder hochfesten, dünnwandigen Stahlhalbzeugen umformtechnisch gefertigt und mithilfe thermischer oder mechanischer Fügeverfahren zu einem Karosserierahmen verbunden (Kleiner 2003). Rahmenbauweisen hingegen basieren maßgeblich auf profilförmigen Halbzeugen. Hierzu kommen u. a. Blechbiegeverfahren zum Einsatz, die Bleche oder Tailored Blanks zu geschlossenen, möglichst belastungsangepassten Hohlprofilen verarbeiten können (Abschnitt 2.3).

Bei der Herstellung von Leichtbauschalen durch Blechumformen bestehen wichtige Ziele darin,

- zur Gewichtsreduktion den Blechwerkstoffeinsatz zu minimieren, indem
  - hochfeste, dünnwandige Blechwerkstoffe eingesetzt werden,
  - die Abnahme der Bauteilsteifigkeit bei geringen Blechdicken durch eine komplexe, räumliche Formgebung kompensiert wird,
  - die Werkstoffverteilung im Blechformteil optimal an die funktionalen Bauteilbelastungen angepasst wird,
  - durch eine hohe Funktionsintegration Fügeteile bzw. Fügeprozesse minimiert werden,
- zur Gewichtsreduktion die Dichte der eingesetzten Blechwerkstoffe zu minimieren, indem
  - Leichtbauwerkstoffe wie z. B. Aluminium- oder Magnesiumlegierungen mithilfe leistungsfähiger (Warm-) Blechumformprozesse mit vorteilhaften Formgebungsmöglichkeiten verarbeitet werden,
  - die Werkstoffzusammensetzung des Blechformteils optimal an die funktionalen Bauteilbelastungen angepasst wird (Hybridbauweisen, Sandwich-Bauweisen, Einsatz geschäumter Werkstoffe usw).

2.1.2 Erweiterte Formgebungsgrenzen durch wirkmedienbasierte Blechumformverfahren

In der industriellen Praxis ist Tiefziehen das meistgenutzte Umformverfahren zur Herstellung von Blechformteilen. Dabei werden überwiegend ebene Blechzuschnitte unter Verwendung eines Stempels, einer Matrize oder eines Ziehringes sowie eines Niederhalters ohne gewollte Änderung der Blechdicke umgeformt. Die Formgebungsgrenzen ergeben sich beim Tiefziehen durch das Auftreten von Reißern oder durch die Bildung von Falten. Beide Versagensarten begrenzen den zulässigen Arbeitsbereich des Prozesses. Da das Tiefziehen den steigenden Anforderungen an die Bauteilkomplexität nur begrenzt gerecht wird, sind in den letzten Jahrzehnten zunehmend wirkmedienbasierte Fertigungstechniken entwickelt worden.

Wirkmedienbasierte Blechumformverfahren sind dadurch gekennzeichnet, dass - im Gegensatz zum konventionellen Tiefziehen - Fluide die starren Werkzeuge ersetzen oder unterstützen (v. Finckenstein 1990). Eine Einteilung der wichtigsten Verfahren in Hauptgruppen kann nach der Art des Druckaufbaus erfolgen (Abb. 2.1). Der Druckaufbau kann entweder wie beim hydromechanischen Tiefziehen durch eine

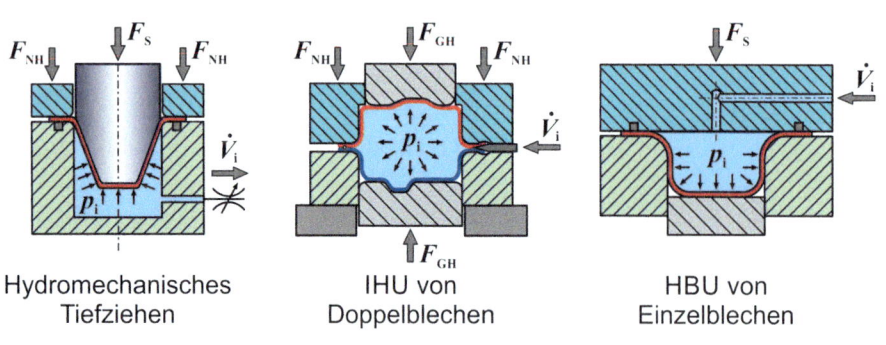

2 Umformen von metallischen Leichtbauwerkstoffen

Hydromechanisches Tiefziehen — Druckaufbau durch Werkzeugbewegung

IHU von Doppelblechen / **HBU von Einzelblechen** — Verfahren mit externer Wirkmedienquelle

Abb. 2.1: *Wirkmedienbasierte Blechumformverfahren*

entsprechende Werkzeugbewegung oder aber durch eine Zuführung des Wirkmediums über eine externe Wirkmedienquelle erfolgen, wobei hier zwischen Innenhochdruckumformen (IHU) von Doppelplatinen und der Hochdruckblechumformung (HBU) von Einzelplatinen unterschieden werden kann (Kleiner 2006).

Als Wirkmedien können Gase, Flüssigkeiten, Kunststoffschmelzen oder formlos feste Stoffe zur Anwendung kommen. Gase - meist Inertgase - werden insbesondere bei der Halbwarm- und Warmumformung verwendet, um Leichtbauwerkstoffe bei höheren Prozesstemperaturen verarbeiten zu können. Druckluft kommt meist zur Prozessunterstützung bis zu Drücken von 15 MPa zum Einsatz. Für hohe Temperaturen und Drücke bis 100 MPa eignen sich formlos feste Wirkmedien in Form von Keramikkugeln aus Zirkonoxid oder Quarzsand (Chen 2016). Die gebräuchlichsten flüssigen Wirkmedien sind Öl-in-Wasser-Emulsionen geringer Viskosität (DIN 24320), also hochwasserhaltige Druckflüssigkeiten mit Wasseranteilen über 80 Prozent.

Die in Abbildung 2.1 dargestellten Umformverfahren weisen spezifische Prozessmerkmale auf, aus denen unterschiedliche Einsatzszenarien resultieren. Beim hydromechanischen Umformen wird der hydrostatische Druckzustand im Wirkmedium durch die Bewegung eines Stempels in Kombination mit einer Verdrängung des Wirkmediums erzielt. Die formgebende Matrize ist durch einen sog. Wasserkasten ersetzt. Beim Verdrängen des Wirkmedienvolumens aus dem Wasserkasten wird durch Drosselventile oder Gegendruckzylinder ein hydraulischer Widerstand erzeugt, der zu einem Druckaufbau im Werkzeug führt. Als Sonderform ist das aktive hydromechanische Tiefziehen bekannt geworden, das ein Vorrecken des Blechwerkstoffs entgegen der eigentlichen Umformrichtung beinhaltet, um insbesondere bei flächigen Bauteilen höhere Umformgrade und dadurch eine höhere Kaltverfestigung und Steifigkeit zu erzielen (Kolleck 2002). Beim hydromechanischen Tiefziehen kann der Wirkmediendruck schon kurz nach Prozessbeginn entsprechend der gewählten Prozessführungsstrategie durch die Einstellung des Drosselventils variiert und für die Prozessgestaltung genutzt werden. Der Gegendruck unterstützt dabei die Realisierung hoher Ziehtiefen bzw. Ziehtiefensprünge oder aber die Ausformung komplexer Geometriedetails und konischer und konkaver Bauteilformen. Abbildung 2.2 zeigt hierzu

Gewichtsreduktion: Kunststofftank → Stahltank

Abb. 2.2: *Hydromechanisches Tiefziehen: komplex geformter Stahltank im Vergleich zum Kunststofftank (Quelle: IUL)*

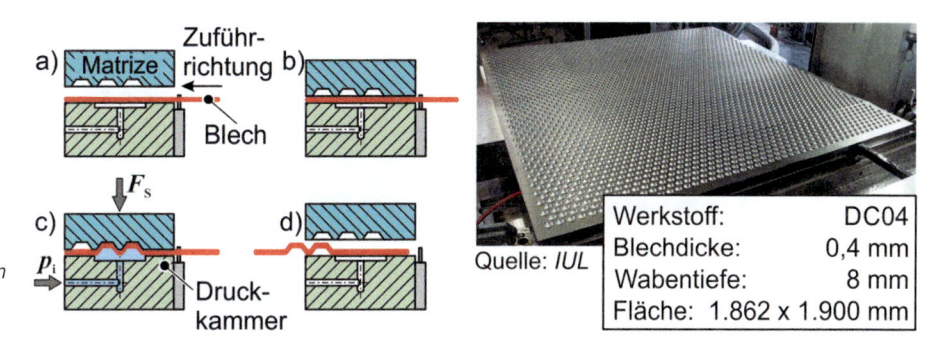

2.1 Herstellung von Leichtbaustrukturen aus Blech durch Umformen

Abb. 2.3: *Hydraulisches Tiefen von Wabenblechen (Quelle: borit)*

Quelle: *IUL*

Werkstoff:	DC04
Blechdicke:	0,4 mm
Wabentiefe:	8 mm
Fläche:	1.862 x 1.900 mm

eine hydromechanisch tiefgezogene Tankschale mit extremen Ziehtiefenunterschieden, die aufgrund der geringen Blechdicke sogar leichter ist als ein Kunststofftank gleichartiger Geometrie und Größe.

Bei der Hochdruckumformung ebener Bleche und bei dem Innenhochdruckumformen von Doppelplatinen werden blechförmige Halbzeuge mittels externer Wirkmedienquellen umgeformt, indem der Wirkmediendruck direkt oder indirekt auf die Blechhalbzeuge wirkt und diese in eine Matrize formt. Die bekannten Verfahrensvarianten unterscheiden sich hauptsächlich hinsichtlich der Druckraumabdichtung bzw. der Druckbeaufschlagung. Der einfachste Hochdruckumformprozess ist das hydraulische Tiefen. Zur Abdichtung des Druckraumes wird der Blechflansch, meist durch Abklemmwulste, während des gesamten Prozesses fest eingespannt. Ein Nachfließen aus dem Flansch ist somit nicht möglich, was die Formgebungsmöglichkeiten dieses Verfahrens limitiert.

Ein ideales Einsatzgebiet für das hydraulische Tiefen besteht z.B. in der Herstellung von Wabenplatten (Abb. 2.3), da aufgrund der hervorragenden Konturgenauigkeit ein passgenaues Fügen mehrerer Wabenbleche zu Wabenplatten möglich ist. Wabenplatten sind meist mehrlagige, steife Blechstrukturen mit einem hohen Kontaktflächenanteil zwischen den beiden Wabenblechteilen, die ein räumliches Fachwerk bilden, das durch Variation der Höckergeometrie (Tiefe, Durchmesser) an Steifigkeits- und Festigkeitsvorgaben angepasst werden kann und somit eine hohe Gewichtseinsparung ermöglicht (Sedlacek 2003).

Eine weitere Möglichkeit, die Steifigkeit flacher Blechbauteile zu erhöhen, ist das Wölbstrukturieren (Abb. 2.4).

Beim Wölbstrukturieren werden dünne gebogene Blechschalen, die mit hinterlegten Strukturierungswerkzeugen abgestützt werden, mit einem Außendruck beaufschlagt (Maqbool 2016). Bei Erreichen eines bestimmten Druckes springt das Blech in die Vertiefungen zwischen den Stützstegen des Strukturierungswerkzeuges. Dieser Formgebungsprozess entspricht streng genommen nicht dem hydraulischen Tiefen, da die Wölbstrukturen nicht eingeprägt werden, sondern das Material mit einer geringen plastischen Umformung in den stabilen, wölbstrukturierten Geometriezustand springt. Das erzeugte Wölbmuster besteht üblicherweise aus regelmäßig angeordneten Sechsecken (Behrens 2006).

Zur Erweiterung der Formgebungsmöglichkeiten bei wirkmedienbasierten Blechumformverfahren

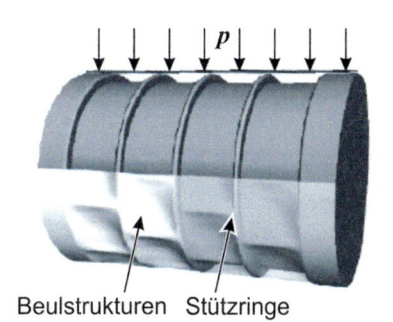

Abb. 2.4: *Wölbstrukturieren von Blechen (Behrens 2006)*

wölbstrukturierte Rückwand (Mitsch 2006)

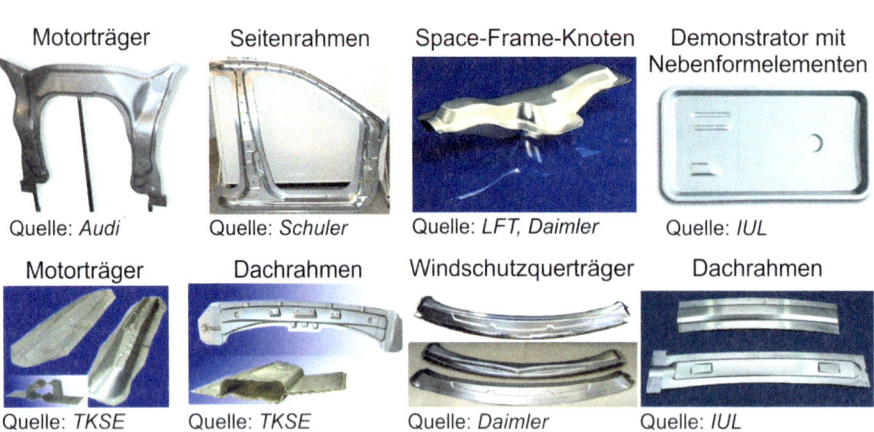

Abb. 2.5: Blechformteile, die durch IHU und HBU umgeformt sind

ist es sinnvoll, die feste Einspannung des Blechflansches aufzugeben und einen Werkstofffluss aus dem Flanschbereich zuzulassen. Die Abdichtung des Druckraumes muss folglich durch spezielle konstruktive Lösungen erfolgen. Hierzu können Gummimembrane eingesetzt werden, die das Blech vom Wirkmedium trennen. Das Guerin-Verfahren (Pischl 1970), das Wheelon-Verfahren und das Fluidzell-Verfahren (Mindrup 1988) sind Verfahrensvarianten, bei denen der Umformdruck indirekt über eine Membran auf den gesamten Blechbereich wirkt. Diese Verfahren kommen insbesondere in der Luftfahrtindustrie zur Herstellung von Aluminiumbauteilen und in der Automobilindustrie im Bereich Rapid Prototyping zum Einsatz. Dabei können hohe Drücke bis zu 250 MPa appliziert werden (ABB 1996). Die Vorteile des Verfahrens begründen sich zum einen durch die vergleichsweise niedrigen Werkzeugkosten, zum anderen durch die kurzen Entwicklungszeiten. Durch eine geeignete Werkzeugteilung besteht die Möglichkeit, Hinterschneidungen zu realisieren. Besonders geeignet ist das Verfahren für unregelmäßige Ziehteile geringer Tiefe und flacher Seitenschrägen.

Bei der Hochdruckblechumformung (HBU) wirkt der hydrostatische Druck des zugeführten Wirkmediums direkt auf die Blechplatine, und der Prozess kann durch die Parameter Wirkmediendruck, Volumenstrom und Niederhalterkraft beeinflusst werden (Kleiner 1999). Die notwendige Abdichtung des Druckraums ist durch elastische Dichtungen realisiert, ohne dabei den Blechflansch mit einer starken, den Stofffluss behindernden Flächenpressung zu beanspruchen. Ein weiterer Vorteil der direkten Druckbeaufschlagung besteht in der Möglichkeit zur Integration von Lochoperationen in den Prozessablauf (v. Finckenstein 1998). Dieser kann entweder durch die Verfahrbewegung eines Stempels oder aber durch den Einsatz von Schnittringen realisiert werden.

Beim Innenhochdruckumformen von Doppelplatinen (IHU) wird die Abdichtung entweder durch das druckdichte Fügen der Blechpaare vor der Umformung oder durch die Flächenpressung im Flanschbereich erzielt. Über sogenannte Andocksysteme wird das Wirkmedium in den Hohlraum gefördert, um den für die Umformung erforderlichen Wirkmediendruck aufzubauen. Werden verschweißte Platinenpaare eingesetzt, müssen für die Ober- und Unterschale annähernd gleiche Abwicklungen vorgesehen werden. Eine größere Gestaltungsfreiheit besteht hingegen bei der Innenhochdruck-Umformung von unverschweißten Blechpaaren. Das zentrale Problem besteht allerdings hier in dem Abdichten des druckbeaufschlagten Bauteilinnenraumes. Die Abdichtung lässt sich meist nur über eine entsprechend hohe Flächenpressung auf den umlaufenden Bauteilflansch realisieren. Durch diese große Flächenpressung wird der Werkstofffluss im Bauteilflansch gehemmt, wodurch das Nachfließen des Blechwerkstoffes in die Umformzone stark behindert wird. Abbildung 2.5 zeigt unterschiedliche Anwendungsfälle für das IHU und die HBU.

Neben dem reduzierten Werkzeugaufwand weisen IHU und HBU gegenüber dem konventionellen Tief-

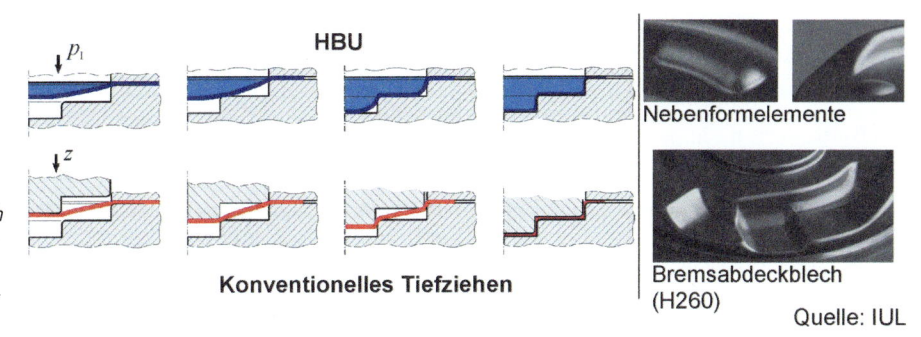

Abb. 2.6: *Vergleich zwischen Tiefziehen und HBU hinsichtlich der Ausformung von Nebenformelementen (links), einstufig HBU-gefertigtes Bremsabdeckblech (rechts) (Quelle: IUL)*

ziehen auch vielfältige technologische Vorteile auf. So kann häufig eine bessere Form- und Maßgenauigkeit nachgewiesen werden (Kleiner 1999). Weiterhin ist bei der HBU durch eine Variation der Prozessparameter eine günstige Beeinflussung der Umformgeschichte und damit eine optimale Nutzung des Formänderungsvermögens des eingesetzten Werkstoffes erreichbar. Ferner lassen sich mit diesem Verfahren komplexe Bauteilgeometrien aus dünnwandigen Blechhalbzeugen erzeugen, sodass leichte Blechformteile mit hoher Funktionsintegration herstellbar sind. Abbildung 2.6 zeigt hierzu einen Verfahrensvergleich zwischen der HBU und dem konventionellen Tiefziehen für eine stufenförmige Bauteilgeometrie. Bei dieser Bauteilgeometrie hat die HBU im Vergleich zum Tiefziehen dadurch Vorteile, dass sich das Blechmaterial gleichmäßiger verteilen kann und dadurch eine homogene Formänderungsverteilung mit geringeren Formänderungsgradienten und Maximalformänderungen auftritt.

Das Innenhochdruckumformen wird auch zur Verarbeitung von rohr- oder profilförmigen Halbzeugen eingesetzt, um geschlossene Leichtbaustrukturen mit komplexer Geometrie herzustellen. Hier erfolgt ebenfalls die Umformung durch ein Wirkmedium in einem abgeschlossenen Hohlraum, der im Wesentlichen durch das Halbzeug gebildet wird. Wie in Abbildung 2.7 dargestellt, stellen insbesondere bei erhöhten Umformtemperaturen formlos feste Werkstoffe eine sinnvolle Alternative zu fluiden oder gasförmigen Wirkmedien dar. Im Laufe des IHU-Prozesses entsteht die gewünschte Werkstückkontur durch eine von innen nach außen gerichtete Umformung des Halbzeuges gegen vorgegebene Formelemente des Werkzeuges (Dohmann 1993). Gemäß der VDI-Richtlinie 3146 kann der IHU-Prozess mit weiteren Umformoperationen (z. B. Kalibrieren, Biegen, Durchsetzen) überlagert werden. Typische IHU-Bauteile sind beispielsweise

- Abgasbehandlungsanlagen (Krümmer),
- Strukturbauteile (Rahmen, Schweller, Hilfsrahmen) oder
- Fahrwerkskomponenten (Achskomponenten).

2.1.3 Herstellung belastungsangepasster Blechformteile

Im Zuge des Fertigungsleichtbaus sind neuartige Blechhalbzeuge entwickelt worden. Bekannte und bewährte Beispiele sind Tailored Blanks, Patchwork Blanks oder Tailored Hybrid Blanks, also Blechhalbzeuge, die hinsichtlich der Stoffzusammensetzung und -verteilung in Bezug auf die späteren Bauteilfunktionen optimiert worden sind, um schließlich eine

Abb. 2.7: *Innenhochdruckumformung mit formlos festem Wirkmedium: Grundprinzip (links) und Realbauteil (rechts)*

Funktionsoptimierung und eine Gewichtsreduktion der Bauteile zu erzielen (Vollertsen 1995). Das „Maßschneidern" am Beispiel von Tailored Welded Blanks (TWB) basiert u. a. auf dem schweißtechnischen Fügen von Blechen mit unterschiedlicher Blechdicke bzw. unterschiedlichen Festigkeitseigenschaften. Als Fügeverfahren kommen meist bahngebundene Schweißverfahren, wie das Rollnahtschweißen oder das Laserschweißen, zum Einsatz. Darüber hinaus können bei den Tailored Hybrid Blanks durch Löt- oder Klebeverfahren beispielsweise Stahlwerkstoffe mit Aluminium verbunden werden.

TWB aus gut umformbaren Tiefziehstählen und mikrolegierten höherfesten Stahlsorten werden seit nahezu 30 Jahren in der Industrie erfolgreich eingesetzt. Die meisten Anwendungen dieser Produkte sind in den Karosseriestrukturen der Automobile zu finden. Neben der Anwendung zur gezielten Steuerung der Aufnahme der Crashenergie in Längsträgern, B-Säulenverstärkungen oder Sitzquerträgern werden die Tailored Blanks auch in Türen und Klappen verwendet (Abb. 2.8); hier speziell unter dem Aspekt der lokalen Verstärkung und der Integration von ansonsten zusätzlich herzustellenden Pressteilen. Aufgrund der eingebrachten Fügezone und der lokal unterschiedlichen Fließeigenschaften weisen TWB im Vergleich zu konventionellen Blechhalbzeugen ein komplexes Umformverhalten auf. Ein wesentlicher Effekt ist die sog. Schweißnahtwanderung, die daraus resultiert, dass im weichen bzw. dünneren Bereich des TWB höhere Formänderungen auftreten und die Schweißnaht in Richtung des höherfesten bzw. dickeren Bereichs des TWB wandert (Possehn 2002). Weist das TWB einen Blechdickensprung auf, sind werkzeugtechnische Anpassungen notwendig. Ein Versagen des Werkstoffs durch Rissbildung aufgrund der Überschreitung der ertragbaren Zugspannungen im dünneren Fügepartner oder eine Faltenbildung muss durch Einsatz angepasster oder segmentierter Werkzeugelemente vermieden werden (Glasbrenner 2000, Schmidt 2002).

Eine weitere Möglichkeit zur Herstellung von belastungsangepassten Blechformteilen basiert auf Blechhalbzeugen mit variablem Blechdickenverlauf, die durch flexibles Walzen erzeugt werden können. Bei diesem Verfahren wird der Walzspalt während des Walzprozesses gezielt variiert, wodurch kontinuierliche, definierte Blechdickenprofile entlang der Walzrichtung erzeugt werden können. Gegenüber TWBs zeichnen sich die durch flexibles Walzen hergestellten TRBs (Tailored Rolled Blanks) durch weiche, belastungsgerechte Blechdickenübergänge aus (Kopp 1995).

2.1.4 Presshärten höchstfester Blechformteile

Das sogenannte Presshärten ist ein Warmumformprozess, der in der Automobilindustrie zunehmend für die Fertigung crash- und sicherheitsrelevanter Strukturbauteile eingesetzt wird (Karbasian 2010). Durch den Einsatz dieser hochfesten Blechbauteile kann die Karosserie mit reduziertem Materialeinsatz und geringem Gewicht aufgebaut werden, ohne die Crashsicherheit herabzusetzen. Das Verfahren basiert auf einer Kombination von der Warmblechumformung und dem Härten im Gesenk, welches komplex geformte Bauteile mit Festigkeiten von bis zu $R_m = 1.800$ MPa ermöglicht. Hierzu wird aufgrund seiner ausgewogenen Eigenschaften hinsichtlich Festigkeit, Prozessrobustheit, Schweißbarkeit, etc. überwiegend die borlegierte Stahlgüte 22MnB5 verwendet (Behrens 2013). Um den Werkstoff vor Zunder und Korrosion zu schützen, werden die Plati-

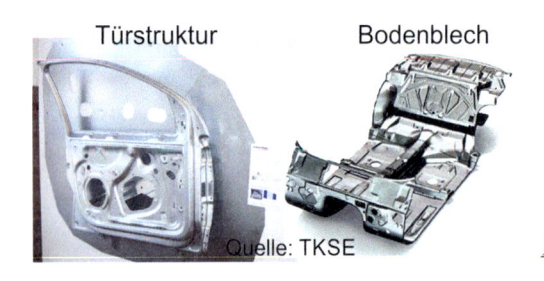

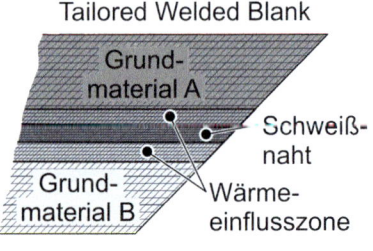

Abb. 2.8: *Exemplarische Bauteile aus TWB (links); charakteristische Bereiche des TWB (rechts) (Quelle: TKSE)*

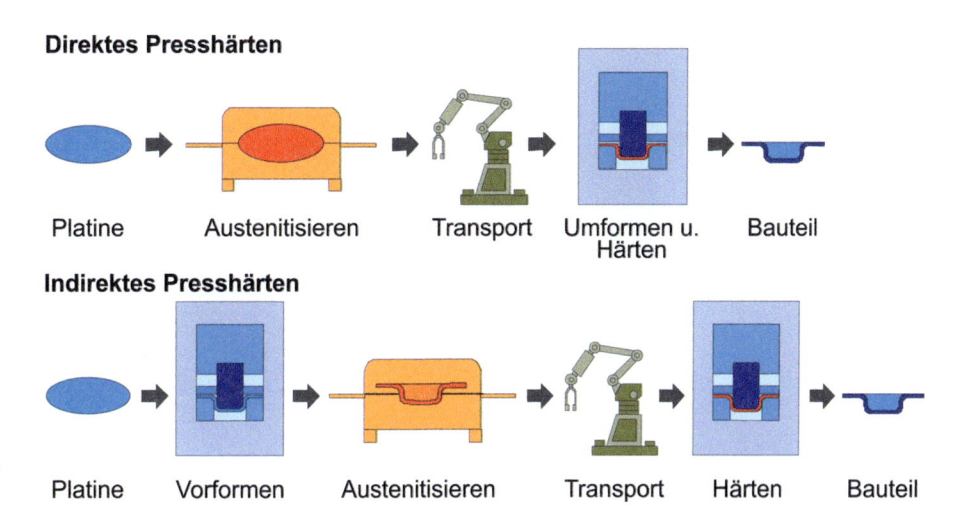

Abb. 2.9: *Prozesskette beim Presshärten*

nen vorab beschichtet. Überwiegend kommen dazu Beschichtungen auf Aluminium-Silizium- oder Zink-Basis zum Einsatz. Alternative Werkstoffsysteme, welche aktuell vereinzelt verwendet werden, streben nach höheren Festigkeiten, substituierten Beschichtungssystemen oder einer höheren Duktilität (Mori 2017). Neben höherlegierten Mangan-Bor-Stählen wie dem 34MnB5 seien exemplarisch die beschichtungsfreien chromhaltigen Edelstähle der MaX-Serie (Mithieux 2013) und die Tribond-Verbundwerkstoffe (Finkler 2013) genannt.

Aktuell existieren die typischen Prozessrouten des direkten und des indirekten Presshärtens (Abb. 2.9), wobei die indirekte Variante mit einer kalten Vorverformung einhergeht. Zur Austenitisierung werden üblicherweise Durchlauföfen verwendet, in denen die Platinen oder vorgeformten Bauteile in vier bis zehn Minuten auf 900 °C bis 950 °C erwärmt werden. Dabei ist zu beachten, dass die typischen Beschichtungssysteme einen niedrigen Schmelzpunkt unterhalb der Austenitisierungstemperatur haben. Daher sind die langsamen Heizraten im Ofen und die genannten Haltezeiten erforderlich, damit sich temperaturbeständige Diffusionsschichten zwischen dem Grundwerkstoff und der Beschichtung bilden können (Köyer 2010).

Alternative Erwärmungsverfahren verfolgen das Ziel, eine schnelle und gleichzeitig homogene Temperierung zu erzielen. Aktuelle Forschungsvorhaben setzen den Fokus häufig auf elektrische Methoden, wie die Induktion und Konduktion, doch auch Entwicklungen mittels Kontakt- oder Infraroterwärmung werden verfolgt. Durch die hohen Aufheizraten sind vordiffundierte Platinen oder alternative Beschichtungen erforderlich. Die Erwärmung von Rechteckplatinen mittels konduktiver Erwärmung liefert bereits reproduzierbare Ergebnisse (Mori 2015) während die Anwendung auf Formplatinen nur mit erhöhtem Aufwand möglich ist (Behrens 2014). Die Problematik inhomogener Temperaturfelder ist ebenfalls im Bereich der induktiven Erwärmung vorhanden. Erst durch speziell angepasste Induktionsspulen in Kombinationen mit der Verwendung von Rahmenblechen, ist eine homogene Erwärmung einfacher Formplatinen gelungen (Tozy 2015).

Nach der Austenitisierung erfolgt der Transfer in das wassergekühlte Werkzeug zum Umformen und dem anschließenden Abschrecken. Aufgrund der kritischen Abkühlrate von 27 K/s (Naderi 2007) wird dabei eine möglichst geringe Transfer- und Umformzeit sowie eine hohe Kontaktflächenpressung angestrebt.

Um für den Crashfall einen optimal angepassten Aufprallschutz zu gewährleisten, ist es wichtig, dass definierte Bereiche der Bauteile ein hinreichendes Energieaufnahmevermögen aufweisen. Hierzu sind duktile Bereiche mit höherer Bruchdehnung erforderlich, die sich im Crashfall deformieren, ohne massiv in die Fahrgastzelle einzudringen. Eingesetzt werden maßgeblich zwei unterschiedliche Strategien. Zum einen können durch eine Variation der lokalen

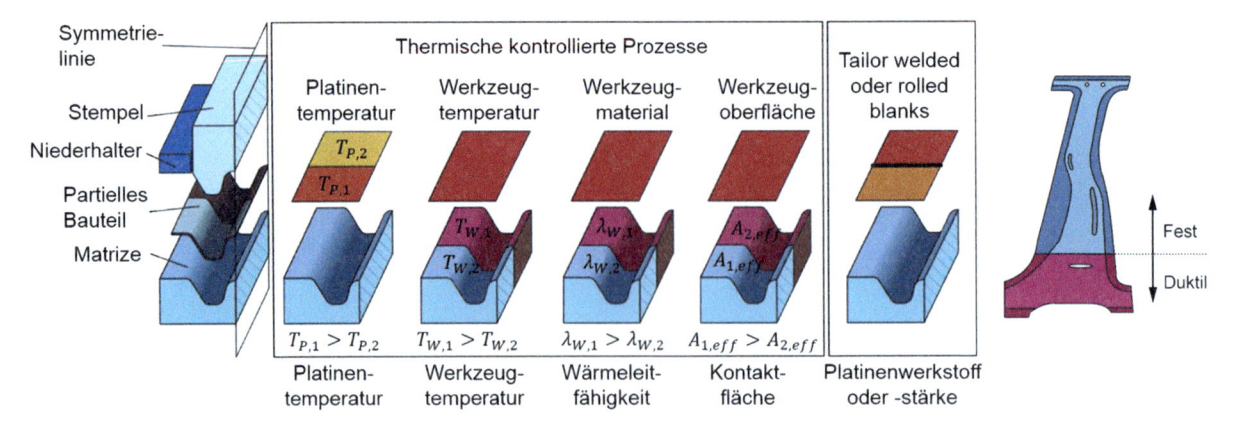

Abb. 2.10: *Pressgehärtete B-Säule nach Karbasian (2010)*

Abkühlraten (z. B. durch werkzeugtechnische Maßnahmen oder lokal unterschiedliche Vorerwärmung usw.) die angestrebten Phasenumwandlungen und damit die mechanischen Eigenschaften gezielt eingestellt werden. Zum anderen wird das Blechhalbzeug aus Einzelplatinen zusammengefügt (TWB - tailored welded blanks), das in jenen Bereichen, in denen eine höhere Energieaufnahme erforderlich ist, aus konventionellen Blechwerkstoffen geringerer Festigkeit bzw. höherer Bruchdehnung besteht (Abb. 2.10). Alternativ ist die Verwendung von flexibel gewalzten Blechen (TRB - tailored rolled blanks) möglich, die eine lokal angepasste Blechdicke aufweisen. Folglich können die Bauteile den Belastungen angepasst werden, wodurch das Leichtbaupotenzial besser ausgeschöpft wird (Merklein 2016).

2.1.5 Hybridbauweisen auf Basis von Blechhalbzeugen

Hybride Werkstoffsysteme bieten häufig ein größeres Leichtbaupotenzial als monolithische Werkstoffe, da die Werkstoffzusammensetzung des Halbzeugs bzw. des Bauteils an die funktionalen Bauteilbelastungen angepasst werden kann, indem Werkstoffkombination oder heterogen aufgebaute Werkstoffe zum Einsatz kommen. Ein solcher Verbund kann sowohl artgleiche als auch artfremde Werkstoffe aufweisen. Dies reicht von der Beschichtung über Gradientenwerkstoffe oder partikel- und faserverstärkte Werkstoffe bis hin zu gefügten Bauteilen. Die Verwendung hybrider Werkstoffsysteme ermöglicht somit die Kombination hoher Festigkeit, guter Umformbarkeit,

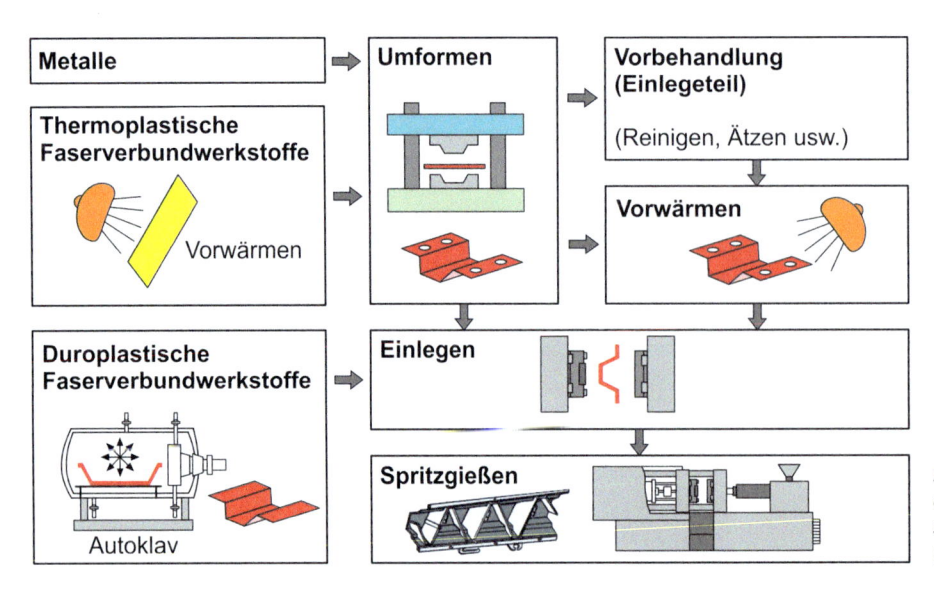

Abb. 2.11: *Prozesskette bei der Herstellung von Hybridstrukturen nach Ehrenstein (2003)*

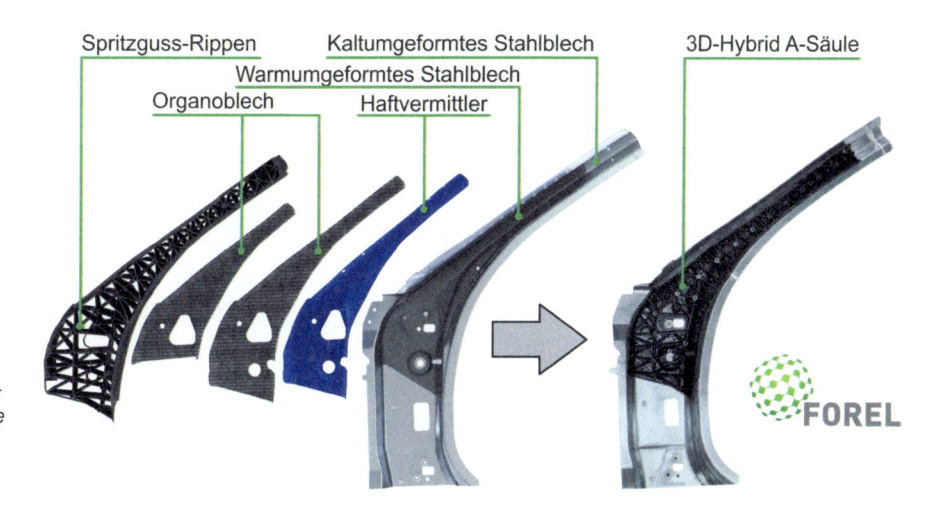

Abb. 2.12: *Aufbau einer intrinsisch gefügten Leichtbau-A-Säule in 3D-Hybrid-Bauweise (Quelle: TU Dresden / Institut für Leichtbau und Kunststofftechnik)*

ausreichender Korrosionsbeständigkeit, Verschleißfestigkeit sowie geringer Dichte.

Im Bereich der Blechumformung werden zunehmend Hybridstrukturen aus Metall und Kunststoff eingesetzt. Der Kunststoff wird hierbei durch das Spritzgießen mit der Metallkomponente gefügt. Dies ermöglicht die Integration einer Vielzahl von Zusatzfunktionen in das Bauteil, z. B. Einbauschnittstellen, Einschraubdomen, Schnappverbindungen, Führungselementen, Rippenstrukturen zur Versteifung der Blechkonstruktion usw. Dies führt neben der Einsparung von Gewicht auch zu einer deutlichen Kostenreduzierung bei der Montage. Die Verbunderzeugung mittels Umspritzen von metallischen Einlegeteilen auf Spritzgießmaschinen wird auch als In-Mould-Assembly (IMA) oder Montagespritzgießen bezeichnet. Im Gegensatz zum sog. Post-Moulding-Assembly (PMA), bei dem Metall- und Kunststoffkomponenten getrennt hergestellt und anschließend miteinander verbunden werden, erfolgt beim Umspritzen der Fügeprozess von Metall- und Kunststoffkomponenten im Spritzgießwerkzeug. Die Prozesskette zur Herstellung von Hybridstrukturen besteht meist aus einer vorgeschalteten Blechumformung und einem nachgeschalteten Fügevorgang mittels Umspritzen (Abb. 2.11) (Ehrenstein 2007). Während des Umspritzvorgangs durchströmt die Kunststoffschmelze die vorher eingebrachten Löcher des Metallteils und bildet ähnlich einem Niet nach dem Erstarren eine dauerhafte, feste Verbindung (Goldbach 1997). Als Einlegeteile dienen thermoplastische oder duroplastische Faserverbundwerkstoffe.

Bei industriellen Serienbauteilen ist eine stetige Erweiterung der Anwendungsgebiete für Kunststoff-Metall-Hybride zu beobachten. Abbildung 2.12 zeigt hierzu als Praxisbeispiel eine intrinsisch gefügte A-Säule, bei der eine signifikante Gewichtsersparnis gegenüber einer monolithischen Bauweise erreicht worden ist.

Eine Möglichkeit, Blechhybridbauteile aus unterschiedlichen Metallen herzustellen, besteht in der Verwendung von walzplattierten Halbzeugen. Das Plattieren ist eine Möglichkeit zur Herstellung von metallischen Verbundwerkstoffen (Abb. 2.13)

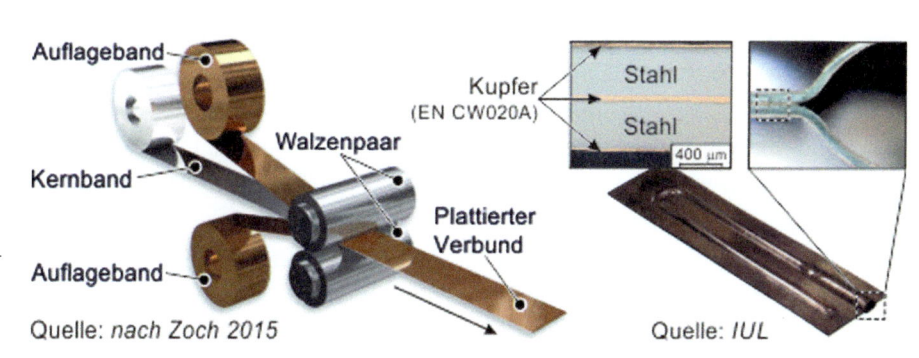

Abb. 2.13: *Walzplattieren: Prozessablauf (links) und Bauteil aus plattiertem Doppelblechverbund (rechts)*

(Kawalla 2004, Pircher 1986). Beispielsweise können die Verbundbleche aus Leichtbaulegierungen mit speziellen korrosionsbeständigen oder verschleißhemmenden Metallaußenschichten aufgebaut werden.
Als Verfahrensvarianten des Plattierens unterscheidet man zwischen Kaltwalzplattieren, Warmwalzplattieren und Sprengplattieren. Zur Erzeugung einer untrennbaren vollflächigen metallischen Verbindung zwischen den Plattierpartnern muss durch eine hohe Flächenpressung ein inniger Kontakt hergestellt werden. In der Bindeebene müssen Diffusionsmechanismen aktiviert werden. Das am häufigsten eingesetzte Plattierverfahren ist das Kaltwalzplattieren; eine Kombination aus einer kontinuierlichen Kaltpressschweißung und einer thermisch aktivierten Diffusionsverschweißung, die nach dem Walzprozess mittels einer Glühbehandlung erreicht wird. Die Wärmebehandlung initiiert neben den Haftungsmechanismen auch Erholungsvorgänge im plattierten Blechverbund, sodass deren Verarbeitung durch Blechumformverfahren möglich ist.

2.2 Herstellung von Leichtbaustrukturen durch Massivumformung

Im Gegensatz zur Blechumformung wird mit dem Begriff Massivumformung die plastische (d. h. irreversible) Formänderung von massiven Werkstücken bezeichnet. Massive Werkstücke sind durch Abmessungen gekennzeichnet, die in allen drei Raumrichtungen von ähnlicher Ausdehnung sind.
Mit den Fertigungsverfahren der Massivumformung können größere Querschnittsänderungen der Werkstücke als mit denen der Blechumformung erreicht werden, demzufolge ist in der Massivumformung ein höherer Kraft- bzw. Energieaufwand für die Umformung notwendig. Die Verfahren der Massivumformung sind überwiegend durch einen mehrachsigen Druckspannungszustand in der Umformzone gekennzeichnet. Zu ihnen gehören nach DIN 8583-1 das Walzen, das Freiform- und Gesenkschmieden und das Fließ- und Strangpressen. Zusätzlich zu den genannten Verfahren gibt es auch wichtige Massivumformverfahren mit kombinierten Zug- und Druckspannungen, wie das Durchziehen zur Drahtherstellung (DIN 8584-2).
Neben dem Spannungszustand können die Verfahren auch abhängig von der Werkstücktemperatur in die drei Gruppen Kalt-, Halbwarm- und Warmmassivumformung eingeteilt werden. Die Einordnung der Verfahren in eine der drei Gruppen ist jedoch nicht genormt.
Die wirtschaftliche Herstellung von Leichtbaustrukturen erfordert vor allem eine Fertigungstechnik, die die technische Umsetzung der Konstruktion erlaubt. Bei großen Stückzahlen werden umformende Verfahren gegenüber urformenden Verfahren bevorzugt, weil durch Umformtechnologien bei geringen Fertigungszeiten, hoher Automatisierung und hinreichender Prozesssicherheit hochbelastbare Bauteile für den Strukturleichtbau gefertigt werden können. Besonderes Leichtbaupotenzial weisen dabei die Verfahren der Massivumformung auf, weil der Druckspannungszustand während der Umformung große Formänderungen des Werkstücks mit teilweise sehr komplexen Querschnittsgeometrien ermöglicht. Des Weiteren kann durch den hohen herstellbaren Umformgrad eine erhöhte Bauteilfestigkeit der Werkstücke aufgrund der Verfestigung erreicht werden. Die Festigkeitssteigerung resultiert aus einer Zunahme der Versetzungsdichte in der Gitterstruktur aufgrund der Umformung.
Im Folgenden sollen aus der Massivumformung Verfahren des Strangpressens sowie des Schmiedens dargestellt werden. Das Strangpressen gehört dabei zu den wichtigsten und wirtschaftlichsten Fertigungsverfahren, insbesondere wenn es um die Herstellung komplexerer Leichtbaustrukturen geht (Ostermann 2007). Auch das Schmieden bekommt für die Fertigung von Leichtbaustrukturen eine immer wichtigere Bedeutung. So sind beispielsweise geschmiedete Bauteile aus Titanlegierungen im heutigen Flugzeugbau nicht mehr wegzudenken, wodurch die Maschinen immer leichter, immer größer und immer energiesparender werden. Ein Beispiel hierfür ist das Fahrgestell des A380, das ein kerndicht geschmiedetes Bauteil darstellt, ohne das die Bremsen nicht funktionieren würden.

2.2.1 Strangpressen

Das Verfahren mit den größten herstellbaren Formänderungen ist das Strangpressen, das nach DIN 8583-6 als das Durchdrücken eines von einem Aufnehmer umschlossenen Blocks vornehmlich zum Erzeugen von Strängen (Stäben) mit vollem oder hohlem Querschnitt definiert ist. Mit dem Verfahren können Profile mit verschiedensten Querschnitten gefertigt werden. Es wird dabei unterschieden zwischen Voll-, Halbhohl- und Hohlprofilen (Abb. 2.14).

Eine Strangpresse besteht im Wesentlichen aus den folgenden Komponenten:
- Stempel, der die nötige Kraft vom Antrieb auf das Werkstück (Block) überträgt,
- Aufnehmer (Rezipient), der den Block umschließt und
- Matrize, dem formgebenden Umformwerkzeug.

Die existierenden Strangpressverfahren können unter den Aspekten der Umformtemperatur, des Werkstoffs, der Profilform und des Werkstoffflusses relativ zur Werkzeugbewegung eingeteilt werden. Die letztere Zuordnung findet am häufigsten ihre Verwendung, sodass unterschieden wird zwischen dem direkten, indirekten und dem hydrostatischen Strangpressen (Müller 1995, Siegert 2001).

Das direkte Strangpressen, bei dem der Werkstoff in Richtung der Stempelbewegung fließt, wird zur Herstellung von vielseitigen Produkten und Profilen mit unsymmetrischen Querschnitten bzw. mit großen, profilumschreibenden Kreisen verwendet. In der industriellen Anwendung ist das direkte Strangpressen das am weitesten verbreitete und mit Abstand am häufigsten eingesetzte Verfahren zur Herstellung von Profilen. Die mit Abstand größte Gruppe an verarbeiteten Werkstoffen bilden dabei Aluminiumknetlegierungen. In Abbildung 2.15 sind das Verfahrensprinzip sowie die üblichen Prozessschritte des direkten Strangpressens dargestellt.

Im Gegensatz zum direkten Strangpressen findet beim indirekten Strangpressen, bei dem der Werkstoff entgegen der Stempelbewegung fließt, keine Relativbewegung zwischen Block und Aufnehmer statt, sodass die Presskräfte geringer als beim direkten Strangpressen sind. Das Verfahren wird vorwiegend zur Herstellung schwer pressbarer Stangen in Bohr- und Drehqualität verwendet (Arendes 1999). Beim hydrostatischen Strangpressen wird die Presskraft über ein Druckmedium auf den Block übertragen. Wegen der geringen Flüssigkeitsreibung treten hierbei ebenfalls nur geringe Prozesskräfte auf. Aufgrund der geringeren Flexibilität sowie der erschwerten Prozessführung besitzen die beiden genannten Verfahren jedoch nur eine geringe indus-

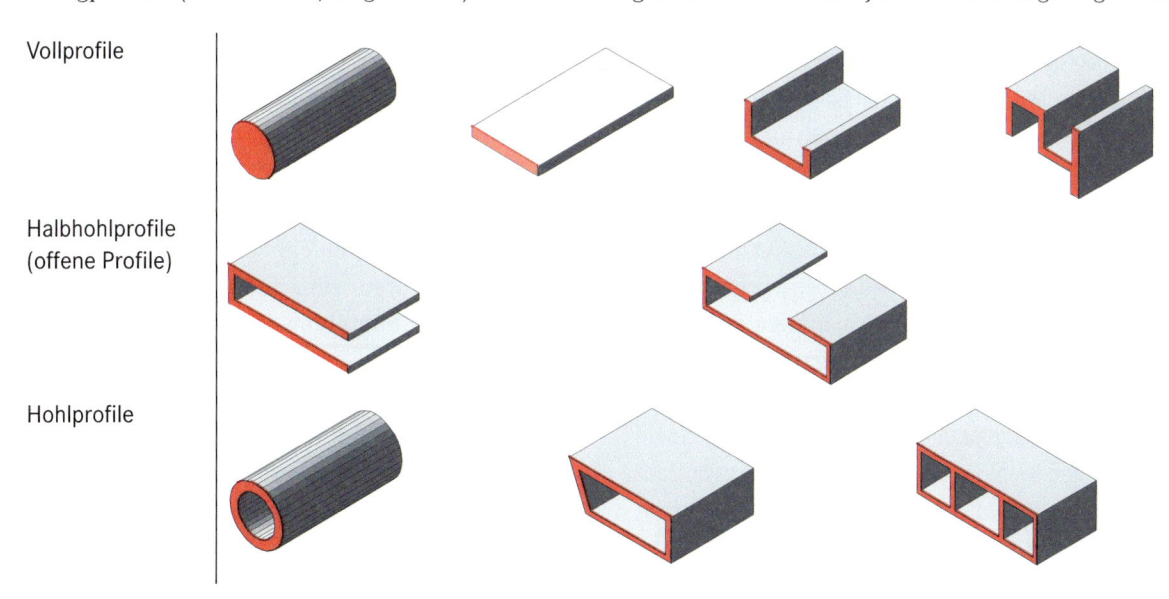

Abb. 2.14: *Grundtypen von Strangpressprofilen (Quelle: IUL)*

1. Laden des vorgewärmten Blocks

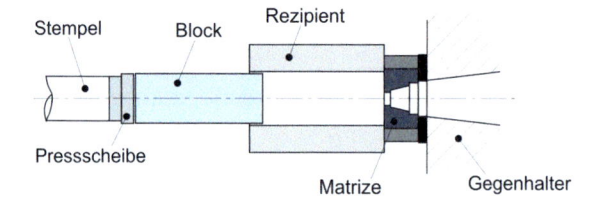

2. Aufstauchen des Blocks im Rezipienten

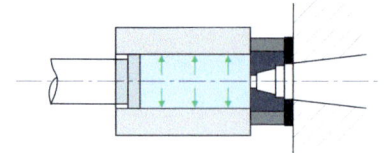

3. Pressen mit vorgegebener Pressrestlänge

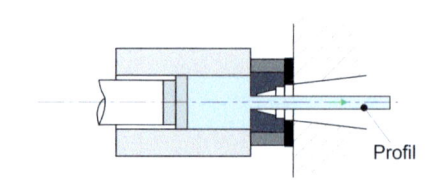

4. Zurückfahren von Rezipient und Stempel und anschließendes Abscheren des Pressrestes

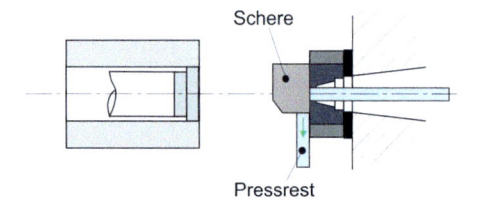

Abb. 2.15: *Verfahrensprinzip und Prozessschritte beim direkten Strangpressen*

trielle Bedeutung und werden daher an dieser Stelle nicht näher betrachtet.

Das direkte Strangpressen von Aluminium wird nahezu ausschließlich bei höheren Umformtemperaturen durchgeführt (Warmstrangpressen). Dazu werden die Blöcke vor dem Laden induktiv oder durch eine Gaserwärmung je nach Legierung auf ca. 450 - 500 °C erwärmt. Zusätzlich ist der Rezipient mit einer Heizeinrichtung versehen, um ein Abfließen der Blockwärme zu verringern. Auch die Presswerkzeuge werden vor dem Einbau in die Strangpresse in einem Werkzeugofen vorgewärmt. Zur Erhöhung der Geradheit der Profile findet ein sogenannter Puller Verwendung, der den austretenden Strang greift und während des Pressvorganges mit einer Zugkraft beaufschlagt, sodass Geschwindigkeitsunterschiede ausgeglichen und Verwerfungen sowie Verdrillungen beim Profilaustritt verhindert werden. Der Fließwiderstand des Umformgutes und hiermit auch die aufzubringende Stempelkraft hängen insbesondere von der verwendeten Legierung und der Umformtemperatur ab. Bei der Warmumformung wird die obere Grenze der möglichen Temperatur durch die Liquiduslinie gebildet. Das bedeutet, dass das Aluminium im festen Aggregatzustand vorliegt. Die hohe Druckspannung im Werkstoff und die hohen Presstemperaturen bewirken aber, dass sich das Umformgut während des Strangpressens wie ein sehr zähflüssiger Werkstoff verhält („plastischer Zustand").

Werkstoffe

Werkstoffe, die durch Strangpressen verarbeitet werden und insbesondere zur Herstellung von Leichtbaustrukturen zum Einsatz kommen, sind beispielsweise Aluminium-, Magnesium- und Titanlegierungen, wobei Aluminiumlegierungen die mit Abstand größte Anwendung finden. Typische Legierungen sind hierbei AlMgSi0,5 und AlMgSi1. Die Presstemperatur liegt in der Regel zwischen 450 °C und 580 °C. Magnesiumlegierungen wie etwa MgMn2 und MgAl3Zn werden bei deutlich geringeren Temperaturen zwischen 250 °C und maximal 450 °C verarbeitet. Die Presstemperatur von

2.2 Herstellung von Leichtbaustrukturen durch Massivumformung

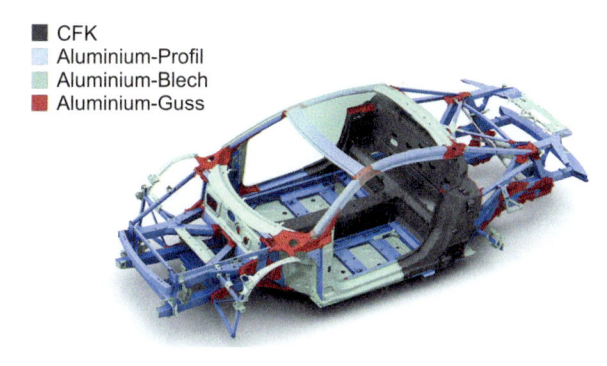

■ CFK
■ Aluminium-Profil
■ Aluminium-Blech
■ Aluminium-Guss

Abb. 2.16: *Audi R8 Space-Frame (Quelle: Audi AG)*

Titanwerkstoffen (z. B. TiAl6V4 und TiAl4Mo4Sn2) liegt aufgrund der höheren Festigkeit mit ca. 900 °C dagegen deutlich höher.

Die genannten Werkstoffe werden aufgrund ihrer geringen Dichte bei vergleichbar guter Festigkeit, ihrer hohen Korrosionsbeständigkeit und ihrer guten Pressbarkeit in zahlreichen Anwendungen moderner Transportmittel, wie in der Luft- und Raumfahrt, in der Automobilindustrie und in der Schifffahrt, eingesetzt. Strangpressprofile aus Aluminium sind in leichten Rahmenkonstruktionen wie bei dem von Audi entwickelten Space-Frame (Abb. 2.16) oder dem von BMW entwickelten C1-Roller zu finden.

Im Flugzeugbau werden Strangpressprofile aus Aluminium als Stringer und Spanten verwendet (Abb. 2.17), an denen die Außenhaut befestigt wird und dadurch die typische Rumpfstruktur entsteht. Die Stringer und Spanten versteifen die Struktur und werden belastungsgerecht ausgelegt. Für die Luft- und Raumfahrtindustrie werden hochfeste Aluminiumlegierungen der Systeme AlCuMg und AlZnMgCu als Werkstoffe zum Strangpressen eingesetzt.

Magnesiumlegierungen fanden lange Zeit aufgrund ihrer Korrosionsempfindlichkeit nur wenige Einsatzgebiete. Durch die weitere Entwicklung der Magnesiumwerkstoffe konnte die Korrosionsbeständigkeit erheblich verbessert werden, wodurch Magnesiumwerkstoffe für die Automobilindustrie wieder in Betracht gezogen werden. Zurzeit werden jedoch aufgrund der schlechteren Crasheigenschaften (Sprödigkeit) nur selten Strukturbauteile aus Magnesium hergestellt.

Titanlegierungen kommen vornehmlich in der Luft- und Raumfahrtindustrie zum Einsatz, und zwar dort, wo eine hohe Festigkeit und Temperaturbeständigkeit gefordert werden. In der Luftfahrtindustrie sind das hauptsächlich Triebwerks-, Rumpf- oder Flügel-

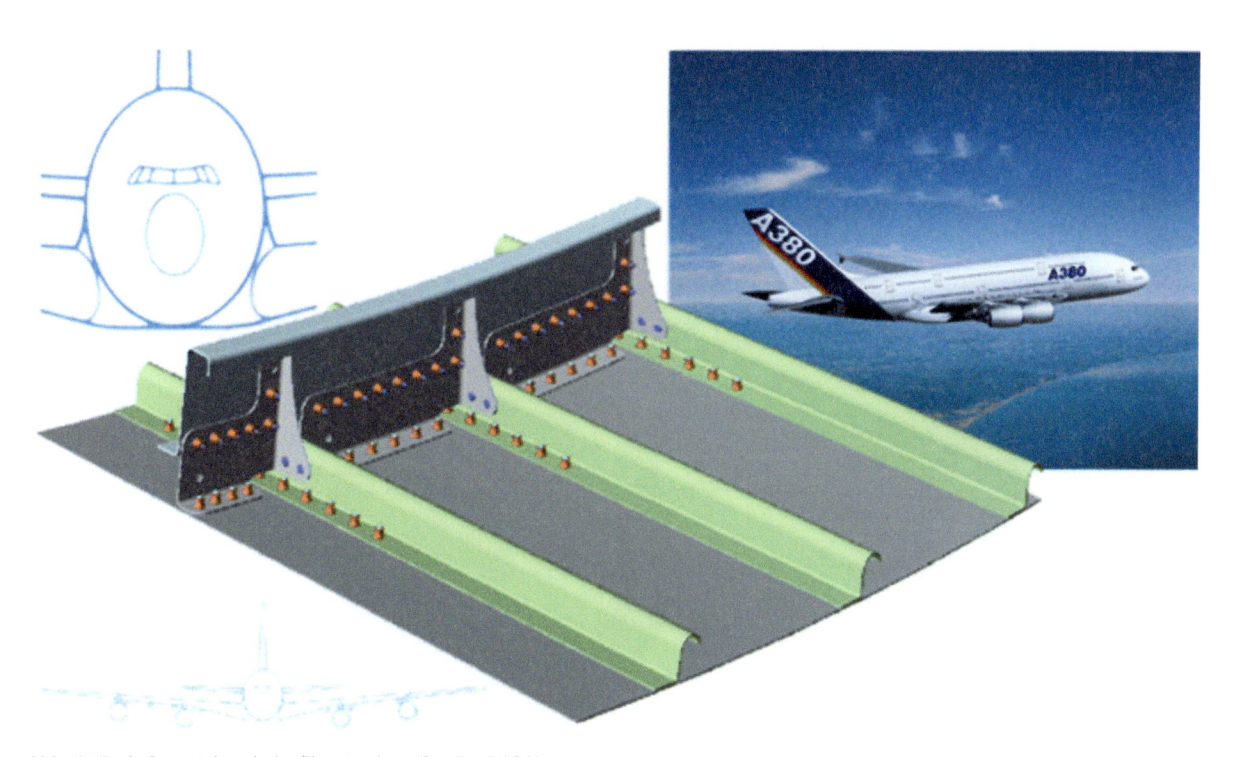

Abb. 2.17: *Außenstruktur beim Flugzeugbau (Quelle: DASA)*

teile. Eine Besonderheit bei der Verwendung von Titanlegierungen ist der Einsatz von Glasschmierungen oder Nickellegierungen. Der Glasfilm verhindert den Kontakt zwischen Werkstoff und Werkzeug und damit einen frühzeitigen Verschleiß der Gleitflächen. Zudem wirkt das aufgeschmolzene Glas als thermische Isolierschicht und behindert den Wärmeübergang vom heißen Block in die kälteren Werkzeuge.

Außer den genannten Werkstoffen können auch warmumformbare Stähle im Strangpressprozess verarbeitet werden. Die Einsatztemperatur der Blöcke liegt bei Stahlwerkstoffen zwischen 1000 °C und 1300 °C, wobei die Pressgeschwindigkeit bis zu 300 mm/s reicht. Mit den Verfahren der Massivumformung lassen sich jedoch nur bedingt Bauteile aus Stahl für den Strukturleichtbau fertigen. Die Gründe hierfür liegen im ungünstigen Preis/Leistungs-Verhältnis. Während die Fertigung von stranggepressten Stahlprofilen aufgrund des hohen Werkzeugverschleißes und der hohen Energiekosten als kostenintensiv bezeichnet werden kann, müssen bei der Gestaltung der Profilgeometrie viele prozessbedingte Einschränkungen toleriert werden. Zudem können die gefertigten Profile nicht ohne aufwendige Richtprozesse weiterverwendet werden, wodurch die Kosten zusätzlich in die Höhe getrieben werden.

Werkzeuge

Aufgrund der großen Vielfalt an herstellbaren Querschnittgeometrien werden beim Strangpressen unterschiedlich aufgebaute Werkzeuge verwendet. Für das Pressen einfacher Vollprofile (Abb. 2.14), wird lediglich ein flaches Werkzeug mit der gewünschten Außenform des Werkstücks benötigt. Diese Werkzeugtypen für das Strangpressen werden auch als Flachmatrizen bezeichnet (Abb. 2.18).

Zur Fertigung von Hohlprofilen existieren hingegen zwei Varianten. Zum einen lässt sich eine Flachmatrize in Kombination mit einem mitlaufenden Dorn verwenden. Dabei wird ein spezieller Stempel mit integriertem Dorn eingesetzt, der als Werkzeug für die Innenkontur dient. Die Außenkontur wird durch die Geometrie der Matrize bestimmt. Vorteile dieser Verfahrensvariante sind der relativ triviale Aufbau sowie die Möglichkeit, *nahtlose Rohre* zu produzieren, da der Werkstofffluss des Blockausgangsmaterials nicht innerhalb der Matrize aufgeteilt werden muss. Im Gegensatz zu Kammermatrizen entfällt damit die entstehende Längspressnaht. Eine Veränderung der Profilwandstärke während des Prozesses ist über einen unabhängig von dem Stempel verfahrbaren, konisch zulaufenden Dorn möglich (Abb. 2.19). Die Vielfalt der herstellbaren hohlen Profilquerschnitte ist jedoch begrenzt.

Die zweite Variante zur Fertigung von Hohlprofilen wird durch Kammerwerkzeuge realisiert (Abb. 2.21). Kammerwerkzeuge sind Strangpressmatrizen, bei denen der Blockwerkstoff durch Einläufe in mehrere Teilstränge aufgeteilt wird, welche anschließend in der Schweißkammmer wieder zusammengeführt

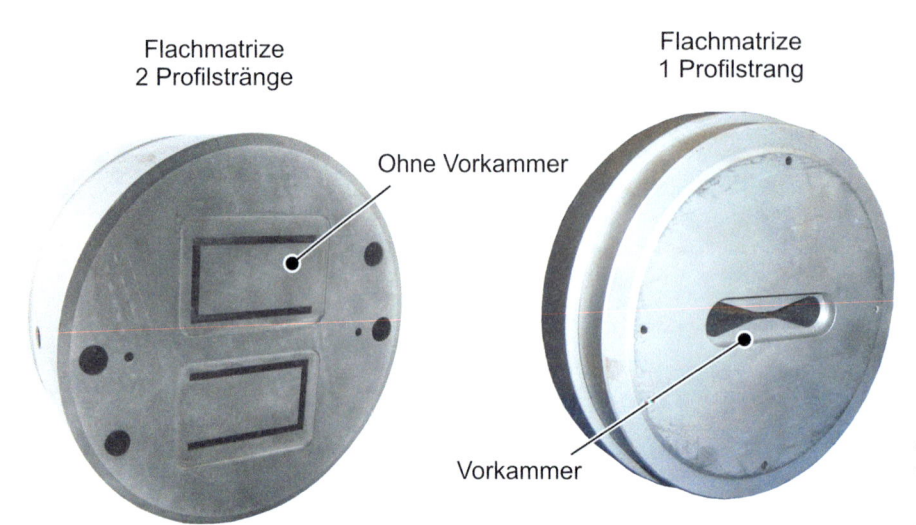

Abb. 2.18: *Flachmatrizen für das direkte Strangpressen mit und ohne Vorkammer (Quelle: IUL)*

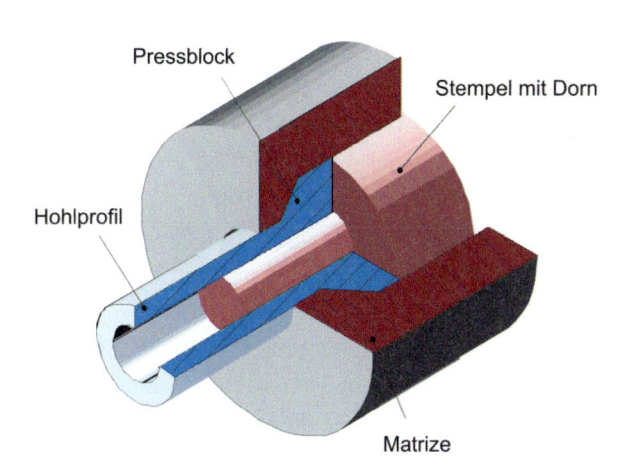

Abb. 2.19: *Herstellung von nahtlosen Rohren unter Einsatz eines mitlaufenden Dorns (Quelle: IUL)*

Abb. 2.20: *Schematische Darstellung eines Kammerwerkzeugs zur Herstellung von Hohlprofilen (Quelle: IUL)*

werden. Dort verbinden sich die Teilstränge aufgrund der hohen Temperaturen und des hohen spezifischen Drucks, der in der Kammer herrscht. Das Aufteilen des Werkstoffes in separate Teilstränge ist erforderlich, weil das formgebende Werkzeug (Dorn) für die Profilinnenkontur mittels Tragarmen an der Matrize befestigt werden muss (Abb. 2.20). Die Tragarme werden in der Literatur häufig auch als Brücken bezeichnet. Durch das Verschweißen der Einzelstränge in der Schweißkammer entstehen Längspressnähte, die in Längsrichtung durch das Hohlprofil verlaufen. Komplexe Kammerwerkzeuge haben mehrere Einläufe und Dorne, wodurch Profile mit größerer Anzahl an Hohlkammern hergestellt werden können. In Abbildung 2.21 ist ein reales Kammerwerkzeug dargestellt. Es besteht im Wesentlichen aus der Matrize mit Schweißkammer und einem Dornteil. Insgesamt sechs Tragarme halten den Dorn, der die Innenkontur formt. Im Dorn sind zusätzliche Einläufe, die einen Schriftzug innerhalb des Profils formen.

Neben den Längspressnähten aufgrund der Werkstoffteilung im Werkzeuginneren gibt es auch Querpressnähte. Das sind Werkstoffzusammenschlüsse aus unterschiedlichen Blöcken. Bei dem Block-auf-Block-Pressen, bei dem nacheinander Blöcke durch ein Werkzeug gepresst werden, verbleibt der Blockwerkstoff vom vorherigen Block im Werkzeug, welcher sich beim Pressen des nächsten Blocks mit diesem verbindet. Es bildet sich eine zungenförmige Übergangszone aus, bis der Werkstoff des vorherigen Blocks ausgepresst wurde. In der Regel hat der Profilabschnitt mit Querpressnähten schlechtere mechanische Eigenschaften als der Teil ohne Querpressnaht. In der Praxis werden die Profilabschnitte mit Querpressnaht bei Profilen für den strukturellen Leichtbau entfernt. Allerdings bleibt stets ein geringer Anteil des ersten Blocks im Werkzeug haften. Die Zonen, in denen sich das Material anlagert, werden als tote Zonen bezeichnet, weil das Material dort während der Umformung nicht fließen kann (Abb. 2.21).

In Abbildung 2.22 ist der Werkstofffluss beim Strangpressen anhand von visioplastischen Untersuchungen dargestellt. Vor dem Strangpressen

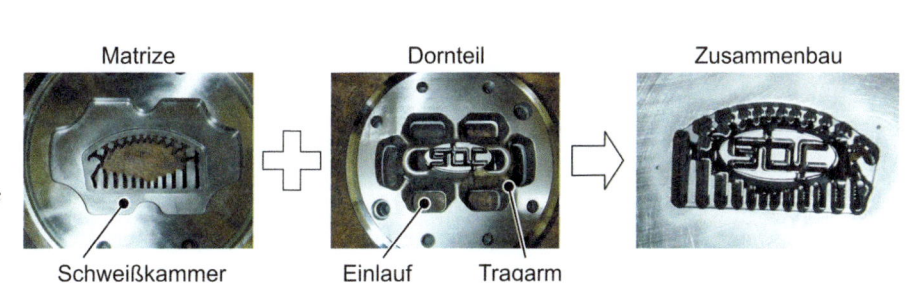

Abb. 2.21: *Komponenten eines Kammerwerkzeugs (Quelle: Wilke Werkzeugbau GmbH & CO KG)*

2.2.2 Runden beim Strangpressen

Die Herstellung von geraden Strangpressprofilen untergliedert sich herkömmlich in die Prozessschritte *Strangpressen* und *Recken*. Werden gekrümmte Profile benötigt, so schließt sich konventionell ein zusätzlicher Biegeprozess an, beispielsweise ein *Streckbiegen* oder ein *Drei-Walzen-Biegen*. Eine Alternative zur Fertigung gerader und gekrümmter Bauteile bietet das Sonderverfahren *Runden beim Strangpressen*, bei dem die Kontur der Profile bereits während des Strangpressens erzeugt wird, sodass ein nachträgliches Recken und Biegen der Bauteile entfällt (Kleiner 2000).

Beim konventionellen Strangpressen ist die Geradheit der Profile von erheblicher Wichtigkeit. Durch konstruktive Maßnahmen wird ein undefiniert gekrümmtes Austreten des Strangs verhindert. Geringste Änderungen können den sensibel reagierenden Werkstofffluss beeinflussen. Eine definierte Krümmung kann erreicht werden, indem der Werkstofffluss in der Matrize durch externe Faktoren gezielt verändert wird. Dies erfolgt bei dem Verfahren Runden beim Strangpressen durch ein Führungswerkzeug, das den austretenden Strang quer zur Pressrichtung ablenkt (Abb. 2.23). Die Rundung des Profils wird durch die Erzeugung einer Geschwindigkeitsverteilung in der Matrize infolge überlagerter Zug- und Druckspannungen sowie durch Querkräfte hervorgerufen (Arendes 1999, Klaus 2002, Becker 2009).

Die beschriebenen Kräfte und Spannungen entstehen dabei als Reaktionskräfte durch die Zustellung des Führungswerkzeuges. Es ist nicht erforderlich, die für die Krümmung notwendigen Kräfte zuvor zu berechnen, sondern lediglich die Zustellung anhand der Sollkontur und der Pressenanordnung geometrisch zu bestimmen. Dies hat zur Folge, dass Prozessparameter wie z. B.

- Werkstoff,
- Chargenschwankungen in der Legierungszusammensetzung,
- Blockeinsatztemperatur oder
- Pressgeschwindigkeit

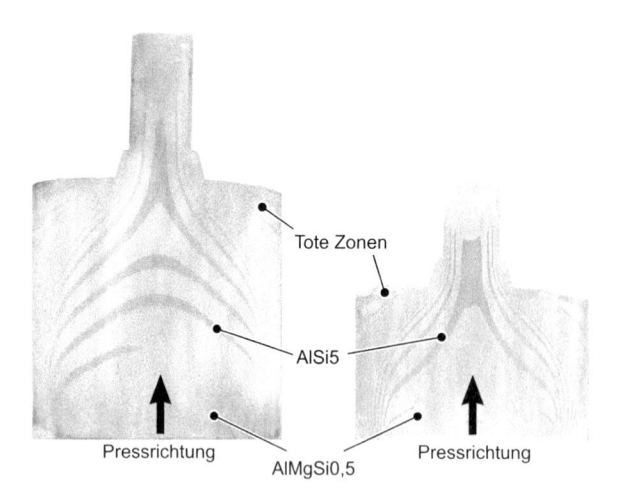

Abb. 2.22: *Visioplastische Untersuchungen zum Werkstofffluss*

wurden Pressblöcke des Werkstoffs AlMgSi0,5 (EN AW-6060) präpariert. In der Symmetrieebene wurden radial durch den Block mehrere Bohrungen eingebracht und in die Bohrungen Stifte aus dem Schweißdrahtwerkstoff der Legierung AlSi5 eingelassen. Bezüglich der verwendeten Werkstoffe wurde (Kalz 1997) eine hinreichende mechanische und thermische Ähnlichkeit festgestellt, sodass eine Beeinflussung des Stoffflusses durch den Schweißdraht vernachlässigbar ist. Die Blöcke wurden teilweise zu einer Rundstange gepresst und nach dem Abkühlen aus dem Strangpresswerkzeug entfernt. Anschließend wurden die Blöcke mittig zersägt und geschliffen. Die Fließlinien der eingebrachten Drähte sind deutlich in den Schliffbildern zu erkennen (Abb. 2.22). Mithilfe der Fließlinien kann auf das Reibungsverhalten zwischen Block und Werkzeug geschlossen werden. Deutlich sind die toten Zonen zu erkennen, an denen sich der Werkstoff abschert und ins spätere Profil fließt. Der Einfluss der Reibung zwischen Werkzeug und Pressblock nimmt zur Pressachse ab, deshalb ist die Geschwindigkeit im Inneren des Blocks größer als an der Werkzeugwand. Visioplastische Untersuchungen zur anschaulichen Verdeutlichung des Werkstoffflusses in der Matrize dienen auch zum Abgleich mit numerischen Prozessanalysen. Das numerisch ermittelte Fließverhalten der Prozesssimulation kann somit mit der Realität verglichen werden.

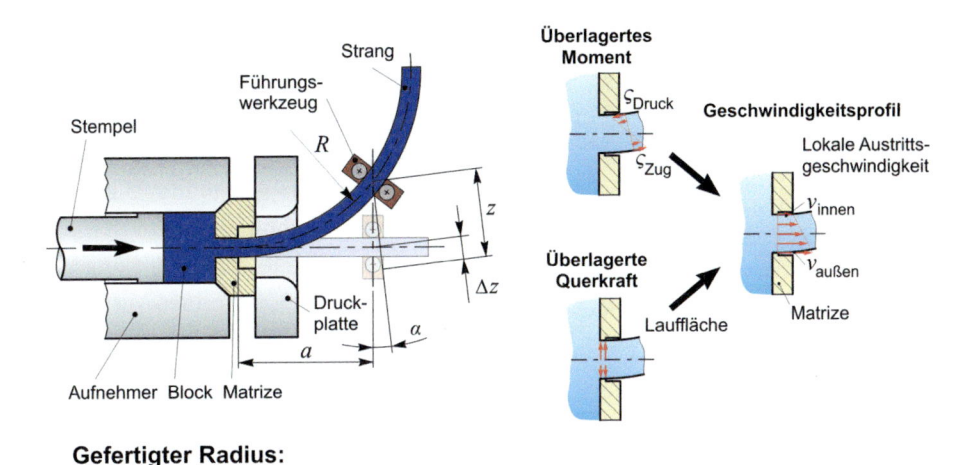

Abb. 2.23: *Verfahrens- und Wirkprinzip des Rundens beim Strangpressen*

Gefertigter Radius:

$$R = \frac{(a - \sin\alpha\,(z - \Delta z))^2}{2\cos\alpha\,(z - \Delta z)} + \frac{\cos\alpha\,(z - \Delta z)}{2}$$

keinen oder keinen zu berücksichtigenden Einfluss auf die Konturgenauigkeit der Profile ausüben. Aufgrund der spezifischen, prozessintegrierten Formgebung ist das Runden beim Strangpressen kein Biegen nach DIN 8586, denn diese Norm definiert Biegen als Umformen eines festen Körpers, bei dem der plastische Zustand im Wesentlichen durch eine Biegebeanspruchung herbeigeführt wird. Da im Fall des Rundens beim Strangpressen der Werkstoff in der Matrize bereits plastifiziert ist, muss im Gegensatz zum Biegen nach DIN 8586 kein elastisches Materialverhalten überwunden werden, bevor eine plastische Formgebung erzielt wird. Runden beim Strangpressen ist daher als eine Verfahrenserweiterung des Strangpressens zu verstehen. Die reale Fertigung von gerundeten dreidimensionalen Profilen ist in Abbildung 2.24 dargestellt. Mit dem Runden können auch gekrümmte Profile aus Magnesium hergestellt werden, was aufgrund der großen Sprödigkeit des Materials durch Biegen nicht ohne weiteres möglich ist.

Die mit dem *Runden beim Strangpressen* erzeugten Bauteile weisen nach (Arendes 1999, Klaus 2002, Becker 2003) gegenüber denen, die mit der konventionellen Prozesskette hergestellt werden, zahlreiche Vorteile auf, wie z. B.

- keine bzw. sehr geringe Eigenspannungen,
- homogenes Werkstoffverhalten,
- konstante Wandstärken,
- undeformierte Querschnitte und
- ein unvermindertes Umformvermögen.

2.2.3 Verbundstrangpressen

Ein weiteres Sonderverfahren für die Herstellung von Profilen für den Strukturleichtbau ist das *Verbundstrangpressen*. Beim Verbundstrangpressen werden unterschiedliche Werkstoffe vorteilhaft miteinander kombiniert (Schomäcker 2007, Pietzka 2014). Im Leichtbau wird dabei eine höhere Bauteilfestigkeit und -steifigkeit bei gleichzeitig niedrigem Gewicht angestrebt. Es werden hauptsächlich zwei Strategien verfolgt. Zum einen werden partikel- oder faserverstärkte Pressblöcke eingesetzt. Nachteilig sind bei dieser Variante die hohe notwendige Presskraft, der

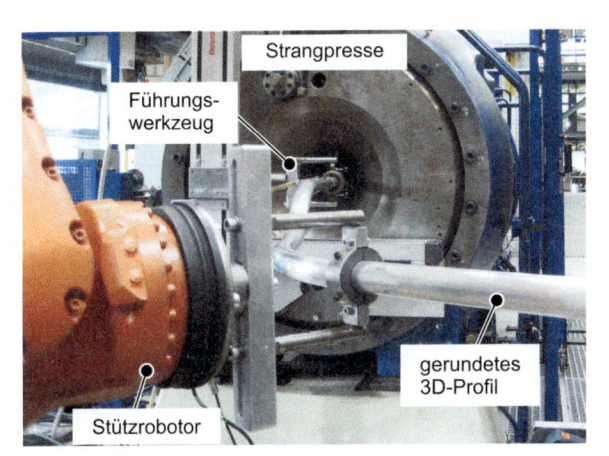

Abb. 2.24: *Fertigung von gerundeten 3D-Profilen (Quelle: IUL)*

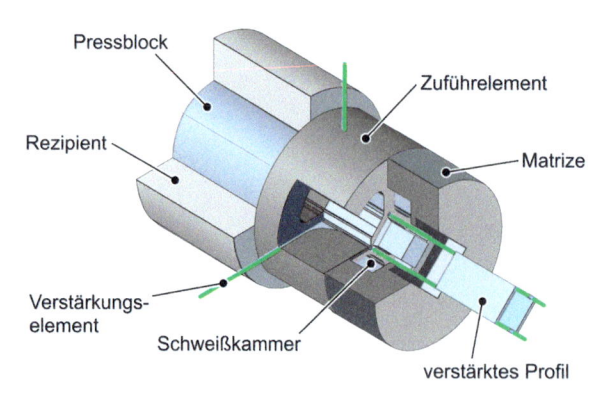

Abb. 2.25: *Darstellung des Verfahrensprinzips zum Verbundstrangpressen (Quelle: IUL)*

erhöhte Werkzeugverschleiß aufgrund von Abrasion und die diskontinuierlich vorliegende Verstärkung. Andererseits gibt es auch Entwicklungen, bei denen eine Verstärkung kontinuierlich während des Strangpressens separat vom Blockwerkstoff zugeführt wird und sich in speziell gestalteten Kammerwerkzeugen mit dem Blockwerkstoff zu einem Verbundprofil verbindet (Abb. 2.25). Diese Variante hat nicht die Nachteile wie die der verstärkten Pressblöcke. Bei der kontinuierlichen Verstärkung mittels Kammerwerkzeugen können konventionelle Pressblöcke eingesetzt werden. Als Verstärkungsmaterial können beispielsweise Drähte, Seile, Litzen und Flachbänder eingesetzt werden. Hochfeste Edelstähle und keramische Verbundwerkstoffe dienen dabei als Verstärkung. Darüber hinaus können auch Funktionselemente wie z.B. elektrische Leiter (Dahnke 2014) oder Drähte aus Formgedächtnislegierungen (Dahnke 2017) eingesetzt werden.

In Abbildung 2.26 sind unterschiedliche Querschnittsgeometrien von Verbundprofilen mit eingebetteten Verstärkungselementen dargestellt. Zusätzlich zur reinen Verstärkung ist auch eine Einbettung von beispielsweise isolierten elektrischen Leitern mit der Technologie möglich. Bei einer Prozesskette aus Verbundstrangpressen und anschließendem Biegen könnten die eingebrachten Elemente sich von der umgebenden Aluminiummatrix lösen oder sogar versagen, weil die Werkstoffe unterschiedliche Materialeigenschaften aufweisen. Durch eine Verfahrenskombination der beiden Sonderverfahren Verbundstrangpressen und Runden ist aber die Herstellung von gerundeten Verbundprofilen möglich, ohne dabei den Verbund zu schädigen (Kleiner 2009).

2.2.4 Schmieden

Das Schmieden wird allgemein zwischen Freiform- und Gesenkschmieden bzw. Freiform- und Gesenkformen unterteilt. Hierbei beschreibt das Freiformschmieden ein werkzeuggebundenes Umformen, wobei die Werkstückform durch gezielte Werkstückbewegung zwischen einzelnen Werk-

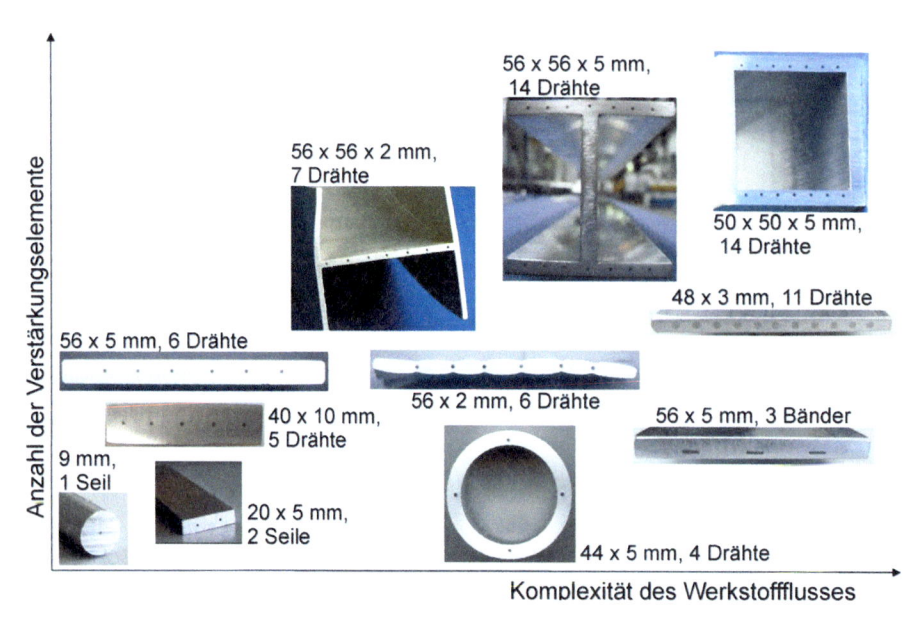

Abb. 2.26: *Querschnitt von Verbundprofilen mit eingebetteten kontinuierlichen Verstärkungselementen (Quelle: IUL)*

zeughüben erreicht wird. Die Werkstückbewegung ist translatorisch bei gleichzeitig überlagerter Drehbewegung des Werkstücks. Das Einsatzgebiet ist die Herstellung sehr großer Werkstücke, z. B. Kurbelwellen von großen Schiffsdieselmaschinen oder Turbinenläufer.

Einen Überblick über die Verfahren des Freiformschmiedens gibt die DIN 8583-3. Die Verfahren des Reckens und des Stauchens sowie das Breiten sind die wesentlichen, auf Schmiedepressen und besonderen Schmiedemaschinen realisierten und industriell angewendeten Freiformschmiedeverfahren. Die Verfahren Treiben, Schweifen und Dengeln sind eher im handwerklichen Bereich zu finden. Das Rundkneten ist sowohl ein Verfahren zum Freiformschmieden als auch zum Gesenkschmieden von Stabmaterial oder Rohren im warmen oder auch im kalten Zustand. Eine Beschreibung zu den einzelnen Verfahren kann in der DIN 8583-3 gefunden werden. Da das Freiformschmieden hauptsächlich für die Herstellung von Bauteilen größerer Dimension und geringerer Maßhaltigkeit geeignet ist, ergibt sich eine geringere Relevanz für die Fertigung von Leichtbaustrukturen.

Gesenkschmieden

Unter Gesenkschmieden wird ein werkzeuggebundenes Umformen verstanden, wobei die Werkstückform durch die Gravur gegeneinander wirkender Werkzeugteile erzeugt wird. Hier bilden Ober- und Untergesenk die sogenannte Gravur, welche ein Negativbild des Werkstücks darstellt. Die Gravur ist ein Form- und Maßspeicher, in den der Schmiederohling eingelegt wird. Über die Presse erfolgt die Schließbewegung, die den Werkstofffluss zur Formfüllung der Gravur auslöst.

Zur Herabsetzung von Spannungen und Kräften sowie zur Vergrößerung des Formänderungsvermögens erfolgt das Schmieden üblicherweise nach Anwärmen in einem Temperaturbereich, in dem Erholungs- und Rekristallisationsvorgänge ablaufen. Einige Werkstoffe erfordern dabei eng begrenzte Temperaturbereiche, um unerwünschte Phasenumwandlungen zu vermeiden. Bei vielen Nichteisenmetallen und Stählen werden bereits Umformvorgänge bei Raumtemperatur durchgeführt, sodass entsprechend von Kaltschmieden gesprochen wird. Allgemein wird zwischen Warmschmieden, Halbwarmschmieden, Kaltschmieden und Isothermem Schmieden unterschieden. Dabei beschreibt das Warmschmieden Schmiedevorgänge, bei denen die Umformtemperatur höher als die Rekristallisationstemperatur liegt. Als Halbwarmschmieden werden die Schmiedevorgänge bezeichnet, bei denen das Werkstück so weit angewärmt wird, dass bei den gegebenen Umformbedingungen eine bleibende Verfestigung eintritt. Beim Isothermen Schmieden wird der Wärmeübergang vom Werkstück in das Gesenk unterbunden, indem die formgebenden Werkzeugteile auf Umformtemperatur gehalten werden. Dadurch kann im Gegensatz zum konventionellen Schmieden eine Abkühlung der Werkstückoberfläche vermieden und die günstigen Umformeigenschaften aufrechterhalten werden.

Das Gesenkschmieden weist in der Industrie eine hohe Automatisierung auf und zeichnet sich insbesondere durch eine hohe Produktivität aus. Zudem stellt die gute Maßhaltigkeit der gefertigten Produkte einen weiteren Vorteil des Verfahrens dar. Die Produkte, die im Gesenkschmiedeprozess gefertigt werden, sind daher meist stark mechanisch beanspruchte Bauteile in der Serien- und Großserienproduktion (z. B. Achsschenkel, Turbinenschaufel etc.).

Entsprechend der Einteilung der Gesenkschmiedeverfahren in der DIN 8583-4 wird in folgende vier Varianten unterschieden:

- Gesenkdrücken:
Gesenkformen mit ganz umschlossenem Werkstück, wobei das am Gesenk anliegende, dünnwandige Werkstück nachgedrückt wird, z. B. zur Verminderung der Rückfederung.

- Formpressen mit Grat:
Gesenkformen mit ganz umschlossenem Werkstück, wobei überschüssiger Werkstoff durch den Gratspalt abfließen kann.

- Formpressen ohne Grat:
Gesenkformen mit ganz umschlossenem Werkstück, wobei kein Werkstoff nach außen entweichen kann.

- Anstauchen im Gesenk:
Gesenkformen zum örtlichen Stoffanhäufen an einem Werkstück ohne Gratbildung.

Die Verfahren Formpressen mit und ohne Grat spielen für die Fertigung von Leichtbaustrukturen eine übergeordnete Rolle. Die beiden anderen genannten Varianten stellen eher Vor- bzw. Nachbearbeitungsschritte dar, mit denen die Maßhaltigkeit von Bauteilen erhöht oder der Werkstoff lediglich verteilt wird.

Nach Abbildung 2.27 ergeben sich beim Gesenkschmieden zwei Grundvorgänge mit fließenden Übergängen - das Breiten und das Steigen. Beim Breiten wird die Ausgangshöhe des Werkstücks ohne große Breitung und ohne große Gleitwege entlang der Werkzeugwand vermindert. Der Stofffluss erfolgt hierbei im Wesentlichen parallel zur Werkzeugbewegung. Während des Steigens werden tiefe Hohlräume der Werkzeuge bei örtlicher Vergrößerung der Ausgangshöhe ausgefüllt. Der Vorgang erfolgt nach Eintritt des Werkstoffs in den Gratspalt und zeichnet sich durch hohe Normaldrücke mit langen Gleitwegen aus. Der Stofffluss erfolgt beim Steigen senkrecht und parallel zur Werkzeugbewegung. Nach diesen Grundvorgängen erfolgt das Fertigschmieden, das mit dem größten Energieaufwand verbunden ist und mit dem die endgültige Geometrie erzeugt wird.

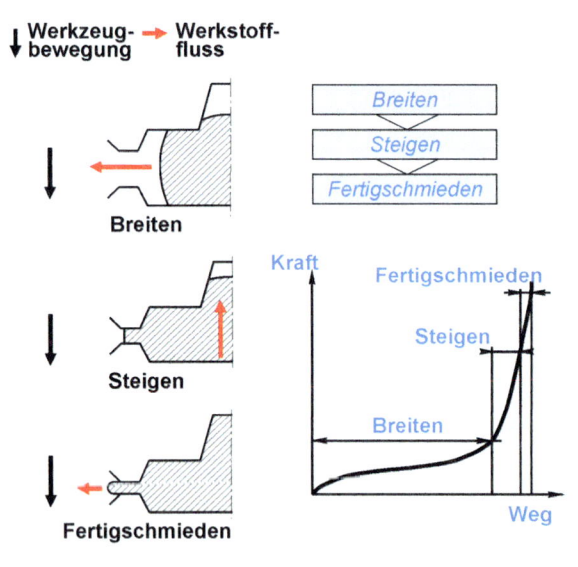

Abb. 2.27: *Hauptstufen des Gesenkschmiedens*

2.3 Herstellung von Leichtbaustrukturen durch Biegeumformung

2.3.1 Profile als Basis für den Leichtbau

Profile und Profilstrukturen sind ein exzellentes Beispiel, das die Fähigkeit der Umformtechnik zur Umsetzung von Leichtbaustrategien demonstriert. Profile bieten sowohl beim Materialeinsatz als auch bei den Fertigungsverfahren ein enormes Einsparpotenzial, und sie ermöglichen die Realisierung geometrisch komplexer Bauteilstrukturen in Verbindung mit sehr guten mechanischen Eigenschaften. Viele Leichtbaustrukturen basieren deshalb auf Profilen. Der steigende Bedarf der verkehrstechnischen und der Bauindustrie an Profilen mit verschiedenen Querschnitten und aus verschiedenen (Leichtbau)werkstoffen als wichtige Strukturelemente ist in den letzten Jahren immer deutlicher geworden und wird, wie Studien im Bereich der Verkehrsmittelindustrie belegen, noch weiter zunehmen (NSB 2003). Die Biegetechnik spielt hier bei der Herstellung und Weiterverarbeitung von Profilen eine bedeutende Rolle. Durch Biegen hergestellte gerade Profile (sogenannte Kaltprofile) und insbesondere gebogene Profile ermöglichen die Konstruktion von Strukturen mit geringem Eigengewicht und geringem Füge- und Zerspanungsaufwand und erschließen dem Produktentwickler Möglichkeiten, die für die Realisierung aerodynamisch günstiger Formen oder besonders raumsparender innovativer Lösungen genutzt werden können. Durch eine hohe Flexibilität in der Formgebung von Profilen können ebenfalls neue Wege für den Leichtbau erschlossen werden. Gerade bei Verkehrssystemen kann dadurch der Energiebedarf gesenkt und insbesondere im Automobilbereich der Kohlendioxidausstoß reduziert werden. Neben einem Einsatz in der Kraftfahrzeugtechnik kommen gerade und gebogene Profile auch in vielen Bereichen der Verkehrstechnik, etwa im Schienenfahrzeugbau, in der Nutzfahrzeugtechnik, im Schiffbau oder im Luft- und Raumfahrtbereich zur Anwendung (Abb. 2.28).

2.3 Herstellung von Leichtbaustrukturen durch Biegeumformung

Abb. 2.28: *Leichtbauprofilstrukturen in Verkehrssystemen*

Die Herstellung von Profilstrukturen, basierend auf Rohren (einfachste Form eines Profils mit Kreisquerschnitt), und Profilen aus Leichtbauwerkstoffen, beinhaltet zum einen die Herstellung des Profilhalbzeugs und zum anderen das anschließende Biegen des Profils. Durch eine ggf. nachgeschaltete IHU-Operation können diese Bauteile kalibriert werden oder weitere Formelemente ausgeformt werden. Die Einzelbauteile werden schließlich zu Strukturen zusammengefügt.

Für die Herstellung und Weiterverarbeitung von Rohren und Profilen für den Leichtbau durch Biegeprozesse werden im Folgenden die bedeutendsten Biegeverfahren vorgestellt, die zur
- Herstellung von geraden Profilen
- Herstellung von belastungsangepassten Profilen
- Biegen von Rohren und Profilen
- Biegen von belastungsangepassten Rohren und Profilen

geeignet sind. Zur Umformbarkeit der Leichtbauwerkstoffe wird dabei Stellung genommen.

2.3.2 Herstellung von geraden Profilen durch Biegen

Nach DIN 8586 ist das Biegen bzw. Biegeumformen das Umformen eines festen Körpers, wobei der plastische Zustand im Wesentlichen durch eine Biegebeanspruchung herbeigeführt wird. Neben metallischen Werkstoffen können prinzipiell auch alle anderen umformbaren Werkstoffe durch Biegen verarbeitet werden. Ob sich ein Werkstoff biegen lässt, ist von der Dehnbarkeit abhängig. Viele Metalle lassen sich kalt biegen, einige erst bei Erwärmung auf eine bestimmte Temperatur.

Das Biegen gehört zu den am häufigsten angewendeten Verfahren im Bereich der blechverarbeitenden Industrie und wird in unterschiedlichen Anwendungsbereichen eingesetzt. Die Produktpalette erstreckt sich von der Einzelfertigung von Teilen für den Kessel-, Behälter- und Schiffsbau bis zur Massenproduktion kleinerer und kleinster Bauteile, z.B. im Fahrzeugbau und in der Elektroindustrie. Auch verschiedene profilierte Halbzeuge mit verschiedensten Querschnittsformen können durch Biegen hergestellt werden (Lange 1990). Neben Profilen werden Bleche, Drähte, Bänder, Stäbe, Rohre und vorgeformte Werkstücke auf verschiedenen Umformmaschinen durch Biegen umgeformt.

Profile können sowohl durch Kalt- als auch durch Warmumformprozesse hergestellt werden. Der Vorteil bei kaltumgeformten Profilen ist die Kaltverfestigung zur Steigerung der Festigkeit im finalen Produkt. Im Bereich der Warmumformung ist ggfs. eine Vergütung des gebogenen Produkts notwendig und erfordert so einen zusätzlichen Prozessschritt. Aufgrund der einfachen Prozessführung beim Umformen bei Raumtemperatur sind die Produkte besonders verbreitet. Als Ausgangsmaterial kommen Stähle und NE-Metalle mit unterschiedlichen Mikrostrukturen zum Einsatz, die sich in der Festigkeit und Bruchdehnung unterscheiden. So werden in erster Linie die Werkstoffe Stahl und Legierungen auf Basis von Aluminium, Kupfer und Titan eingesetzt. Das Biegen von Magnesium-Blechen zu Profilen bei Raumtemperatur führt schnell zum Versagen, insbesondere bei kleinen Biegeradien. Aufgrund seiner hdp-Kristallstruktur verfügt der Werkstoff bei Raumtemperatur nur über eine Gleitebene, weshalb die Umformbarkeit eingeschränkt ist. Um aber eine Umformbarkeit zu erreichen, müssen zusätzliche Gleitebenen aktiviert werden, was durch Erwärmung oberhalb von 220 °C (in der Regel bei Biegeprozessen 300 °C) möglich ist (Trumpf 2009). Titanlegierungen haben bei Raumtemperatur eine geringe Verfestigung, sodass die Biegung mit dem Versagen einhergeht. Biegen bei Raumtemperatur kann deshalb nur in Ausnahmefällen angewandt werden. Daher ist eine Umformung im halbwarmen Temepraturbereich vorzuziehen, die im Bereich von 200–500 °C liegt (Neugebauer 2006).

Kaltprofile werden seit vielen Jahren aufgrund der großen Formenvielfalt und des kostengünstigen Herstellungsprozesses in nahezu allen Bereichen der Technik eingesetzt. Gerade der Einsatz von Profilen aus hoch- und höchstfesten Stahlwerkstoffen, die eine Gewichtseinsparung versprechen und die Realisierung neuer, innovativer Leichtbaustrukturen ermöglichen, nimmt ständig zu (Olsson 2006, Schaumann 2001).

Übliche Biegeverfahren zur Herstellung von Profilen bei Raumtemperatur sind das Walzprofilieren, das Gesenk- und Freibiegen sowie das Schwenkbiegen. Die Auswahl eines Verfahrens hängt im Wesentlichen vom Anwendungsbereich bzw. der Funktion des Bauteils, vom Werkstoff, der Stückzahl sowie der Querschnittsform (offen, geschlossen, rund- oder scharfkantig, gerade oder schräge Wandungen, unterschiedliche Wanddicken usw.) ab. Das Herstellungsverfahren bestimmt letztlich die Geometrie des Profils und seine mechanischen Eigenschaften (Chatti 1998).

Das Gesenk- und Schwenkbiegen sind diskontinuierliche Fertigungsprozesse mit geradliniger bzw. drehender Werkzeugbewegung, mit denen aus einer Blechplatine Profile endlicher Länge hergestellt werden können. Das Gesenkbiegen findet in der industriellen Praxis eine sehr breite Anwendung. Dies führte in den letzten Jahrzehnten neben der Untersuchung des Biegeprozesses auch zur Weiterentwicklung dieses Biegeverfahrens hinsichtlich der Konstruktion neuer Werkzeuge und neuer Verfahrensvarianten (Kleiner 2006, Merklein 2005, Sulaiman 1995). Ziele dieser Verfahrensentwicklungen sind entweder die Flexibilisierung des Verfahrens und Erweiterung des Produktspektrums oder die Reduzierung der Rückfederung und Erhöhung der Biegewinkelgenauigkeit.

Das Walzprofilieren ist wegen seiner hohen Ausbringung das wichtigste Herstellverfahren für die industrielle Fertigung von Kaltprofilen. Das Walzprofilieren ist ein kontinuierlicher Biegeprozess, in dem das Biegen schrittweise in mehreren Umformschritten vom ebenen Blechstreifen bis zum fertigen Profil erfolgt (Abb. 2.29). Dabei wird die Profilform durch hintereinander angeordnete Biegewalzenpaare ohne absichtliche Blechdickenreduktion erzeugt. Die Profilformen können dabei offen oder geschlossen sein, einfach oder hochkomplex. Zudem können weitere Bearbeitungsschritte in den Fertigungsprozess integriert werden. Die Werkzeugkontur der Ober- und Unterwalze ändert sich stufenweise in Abhängigkeit von der gewünschten Profilform. Aufgrund seines kontinuierlichen Prozesscharakters eignet sich dieses Verfahren besonders für die Massenfertigung.

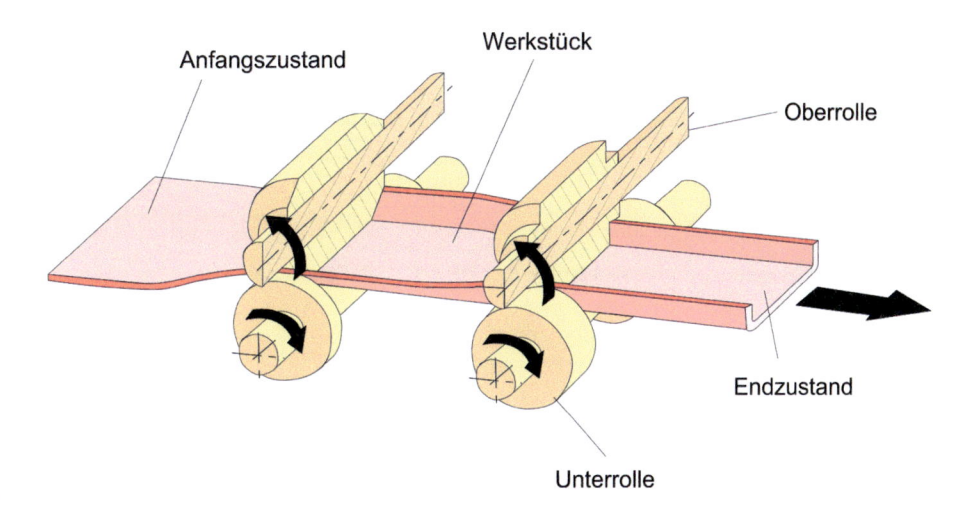

2.3 Herstellung von Leichtbaustrukturen durch Biegeumformung

Abb. 2.29: *Walzprofilieren eines U-Profils (König 1986)*

Zur Fertigung eines Kaltprofils stehen die drei Verfahren Walzprofilieren, Gesenkbiegen und Schwenkbiegen ständig im Wettbewerb. Abbildung 2.30 zeigt am Beispiel eines Türrahmenprofils die Profilherstellung durch diese drei Verfahren. Das Gesenk- und Schwenkbiegen ist im Vergleich zum Walzprofilieren sehr flexibel einsetzbar und damit gerade für die Prototypenfertigung von offenen und geschlossenen Profilhalbzeugen sehr gut geeignet. Es können Profilhalbzeuge in unterschiedlichen Querschnittsgeometrien ohne Werkzeugwechsel gefertigt werden. Mit deutlich höheren Werkzeug- und Anlagenkosten ist das Walzprofilieren jedoch von den Fertigungszeiten her überlegen, rentiert sich aber nur bei großen Stückzahlen (Lange 1990).

Insbesondere beim Stoffleichtbau kann durch den Einsatz von neuen Werkstoffen, wie z.B. den hoch- und höchstfesten Stählen, Material eingespart werden. Der Trend bei der Weiterentwicklung der kaltumformbaren Stähle geht zu deutlich höheren Festigkeiten (Carlsson 2006, Engel 2005). Die hochfesten Güten stellen bei der Verarbeitung sehr hohe Anforderungen an die Umformtechnik. Zum einen besitzen sie eine geringere Umformbarkeit und die

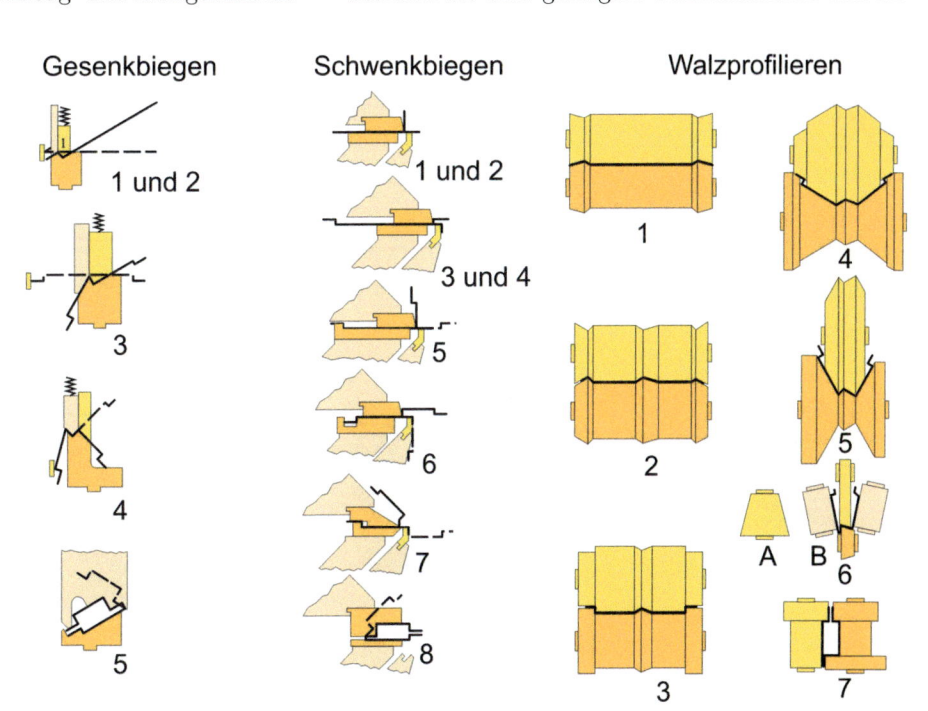

Abb. 2.30: *Fertigung eines Türrahmenprofils durch Gesenk-, Schwenkbiegen oder Walzprofilieren (Lange 1990)*

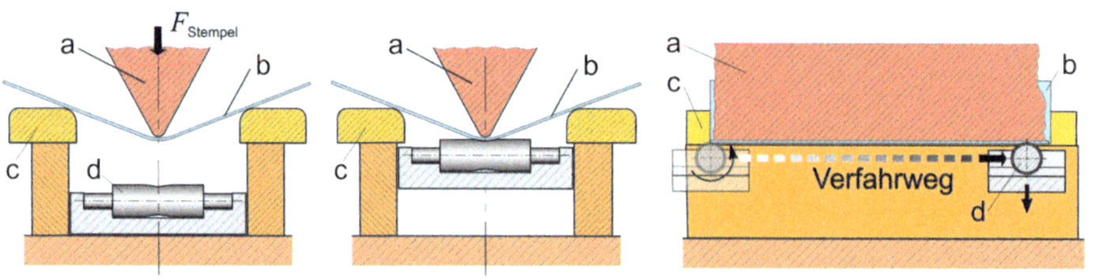

2 Umformen von metallischen Leichtbauwerkstoffen

I Freibiegen
II Walzenpositionierung
III Druckspannungsüberlagerung

a) Biegestempel   c) Gesenkplatte
b) Werkstück   d) Walze

Abb. 2.31: *Rückfederungskompensation beim Blechbiegen mittels inkrementeller Druckspannungsüberlagerung (Kleiner 2006, Kleiner 2009)*

Fertigung kleiner Radien ist stark eingeschränkt. Die Erzeugung kleiner Radien ist jedoch von erheblicher Bedeutung, weil hierdurch die Steifigkeit der Bauteile erhöht wird. Zum anderen sind die Anforderungen an die Maßhaltigkeit nur mit deutlich größerem Aufwand zu erreichen als bei der Verwendung weicher Tiefziehgüten (Groche 2004). Mit steigender Festigkeit nimmt die Rückfederung deutlich zu. Hinzu kommt die Auswirkung von Chargenschwankungen, sodass die Winkelabweichungen stärker streuen.

Eine Maßnahme, um bei hochfesten Stählen die Rückfederung zu kompensieren, ist der gezielte Einsatz von Druckspannungen. Abbildung 2.31 zeigt am Beispiel des Freibiegens die inkrementelle Spannungsüberlagerung. Dies wird durch eine zusätzliche Walze erreicht, die entlang der gebogenen Blechkante fährt und das Blech lokal mit einer Druckkraft gegen den Stempel drückt. Die Überlagerung der Druckspannungen führt zur Plastifizierung von zuvor elastischen belasteten Bereichen und somit zu einer Verringerung der Rückfederung (Kleiner 2006, Kleiner 2009).

Ein weiterer Ansatz zum Biegen spröder und hochfester Leichtmetalle, wie Magnesium-, Aluminium- und Titanlegierungen, ist das laserunterstützte Gesenkbiegen (Abb. 2.32). Im Gesenk integrierte Diodenlaser erzeugen einen Laserstrahl, der den Werkstoff entlang der Biegelinie lokal erwärmt. So wird die Fließspannung und das Biegemoment herabgesetzt, wobei die Bruchdehnung zunimmt. Ein im Oberwerkzeug integriertes Thermoelement prüft, ob das angestrebte Temperaturniveau erreicht ist (Trumpf 2009).

Im Vergleich zu Stahl weisen niedrig legierte Aluminiumwerkstoffe bei der Raumtemperatur eine geringere und Titan- und Magnesiumlegierungen eine höhere Rückfederung auf. Kupfer kann sowohl kalt- als auch warmgebogen werden. Eine Umformung der Leichtbauwerkstoffe bei erhöhten Temperaturen sorgt generell für die Reduktion der Rückfederung, der Eigenspannungen und der Gefahr des Werkstoffversagens.

2.3.3 Herstellung von belastungsangepassten Profilen durch Biegen

Die Komplexität von Automobilstrukturkomponenten und Leichtbauanforderungen haben in den letzten Jahren die Entwicklung und den industriellen

Biegen mit und ohne Laser von Magnesium der Stärke 1,6 mm

Laserunterstütztes Gesenk mit integriertem Diodenlaser

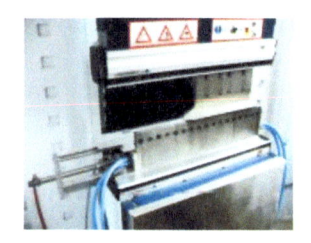

Gesamtaufbau mit seitlichem Schieber und gebogenes Blech

Abb. 2.32: *Laserunterstütztes Biegen von Magnesiumblechen (Trumpf 2009)*

2.3 Herstellung von Leichtbaustrukturen durch Biegeumformung

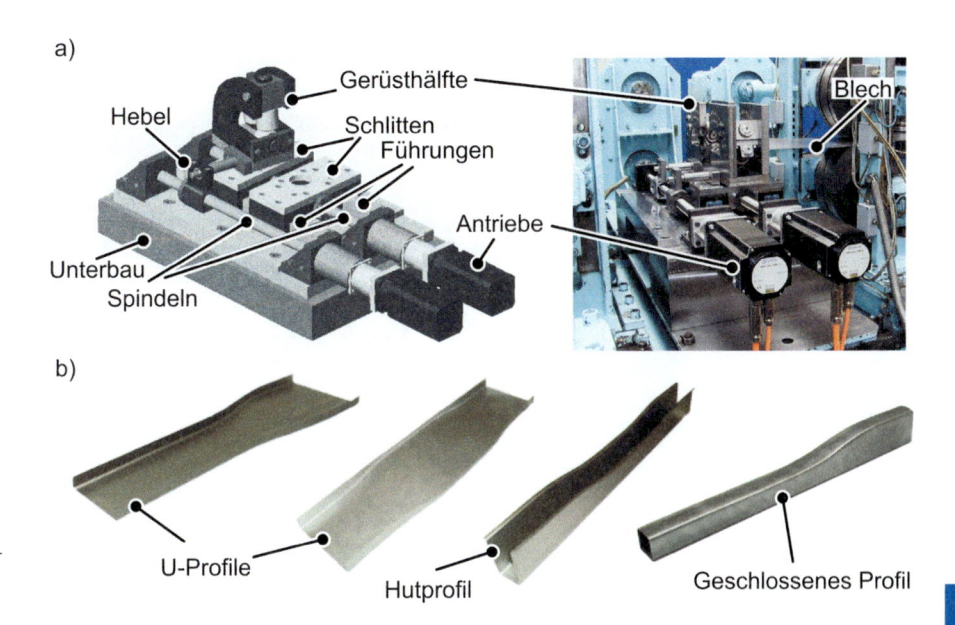

Abb. 2.33: *Walzprofilieren von Profilen mit über der Längsachse veränderlichen Querschnitten: a) Maschinenaufbau b) Demonstratoren (Grzancic 2018)*

Einsatz neuer Umformverfahren, Halbzeuge und Werkstoffe für die Fertigung von Blech- und Profilprodukten forciert. Ein wichtiges Leichtbauprinzip ist es, belastungsangepasste Bauteile zu fertigen.

Die Herstellung dieser komplexen Produkte durch Biegeverfahren stellt eine hohe Herausforderung für die Biegetechnik dar. Eine erfolgreiche Umformung macht den Einsatz von angepassten Umformstrategien sowie neuen Werkzeugen erforderlich. Relevante Beispielverfahren sind das flexible Walzprofilieren, das inkrementelle Profilumformen, das U-O-Einformen und die Herstellung von Profilen aus maßgefertigten Blechen (Tailored Blanks).

Das flexible Walzprofilieren erlaubt durch die variable Zustellung der Biegerollen während des Verfahrens die Herstellung von Profilen mit über der Längsachse variablen Profilquerschnitten. Abbildung 2.33 zeigt dieses Verfahren anhand eines U-Profils mit einer Aufweitung im mittleren Bereich. Um veränderliche Profilquerschnitte zu realisieren, ist ein Werkzeugsystem notwendig, das während des Profiliervorgangs eine Bewegung der Werkzeugrollen entsprechend der angestrebten Werkstückgeometrie ausführt. Dadurch ist es möglich, den Abstand der Werkzeughälften stufenlos zueinander zu verstellen und beide Profilseiten gleichzeitig umzuformen (Hiestermann 2003).

Das inkrementelle Profilumformen erlaubt durch die variable Zustellung der Stichelwerkzeuge während des Verfahrens die Herstellung von Profilen mit über der Längsachse variablen Profilquerschnitten. Abb. 2.34 zeigt dieses Verfahren sowie die erzielbaren Basis-Geometrien bei einem Aufbau, bestehend aus sechs Umformwerkzeugen. Um veränderliche Profilquerschnitte zu realisieren, sind kinematische oder formgebundene Werkzeuge notwendig, die in einem oder mehreren Inkrementen eine bildsame Umformung des Querschnitts hervorrufen. Durch den Vorschub des Werkstücks sowie die Rotation der Sticheleinheit werden komplexe Konturen erzeugt (Grzancic 2018).

Für die Herstellung von maßgefertigten Rohren (Tailored Tubes) wurde von ThyssenKrupp das schrittweise U-O-Einformen entwickelt (Abb. 2.35). Beim 'Modifizierten U-O-Einformen' erfolgt zunächst ein Vorprägen der unteren Kontur mittels eines U-Kernes in ein U-Gesenk. Anschließend senkt sich ein O-Gesenk, das auch geteilt sein kann, auf das U-Gesenk und formt dabei das Profil mit oder ohne Kern fertig aus. Nach dem Entfernen des O-Gesenkes liegt der Kantenstoß frei. Das modifizierte U-O-Einformen ist für stark strukturierte Hohlprofile mit Nebenformelementen und Hinterschnitten geeignet. Es lassen sich hierbei weiche oder hochfeste Stähle verarbeiten (Flehmig 2004).

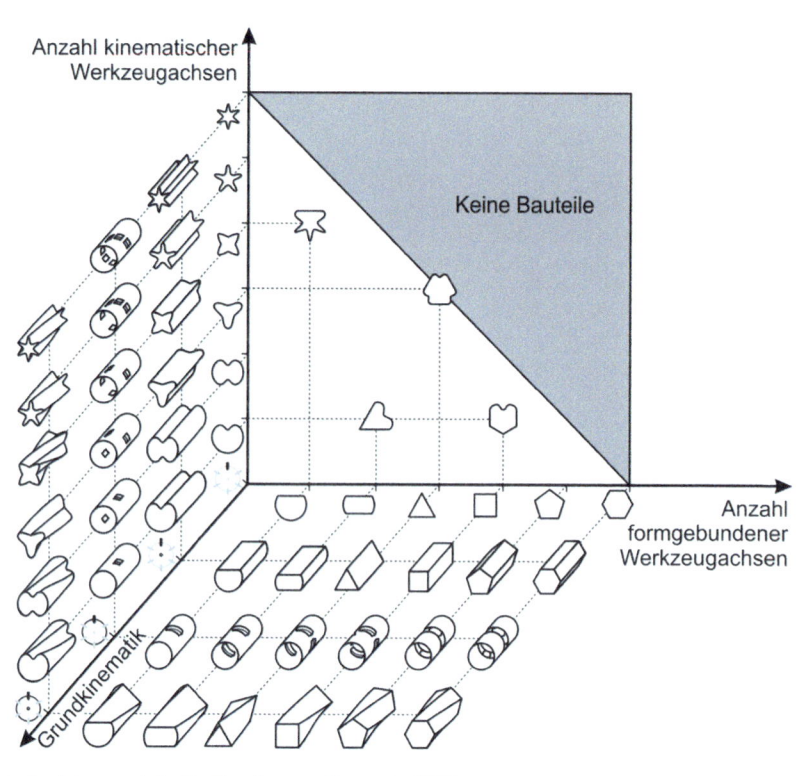

Abb. 2.34: *Flexible Fertigung von Profilen durch das Inkrementelle Profilumformen (Grzancic 2018)*

Ein weiteres Beispiel für belastungsangepasste und gewichtsoptimierte Biegeteile sind Profile aus maßgefertigten Blechen (Tailored Blanks). Zu dieser Gruppe von Halbzeugen gehören unter anderem die maßgeschweißten Bleche (Tailor Welded Blanks) und die maßgewalzten Bleche (Tailor Rolled Blanks) (Ebert 1999). Im Gegensatz zu den geschweißten Blechen, mit deren Hilfe sich nur eine stufenweise Variation der Blechdicke realisieren lässt, ermöglicht das flexible Walzen kontinuierliche Dickenübergänge. Ferner kann durch Nutzung des Effekts der Kaltverfestigung je nach Werkstoff eine erhebliche Kaltverfestigung erreicht werden.

Eine Prozesskette zur Herstellung von Profilen aus maßgewalzten Blechen ist in Abbildung 2.36 schematisch dargestellt. Dabei wurden profilförmige Tragstrukturen aus Edelstahl mittels Gesenkbiegen und anschließender Weiterverarbeitung durch Laserschweißoperationen sowie Profilbiegen hergestellt (Kleiner 2002).

Das Kernproblem beim Biegen flexibel gewalzter Bleche ist die inhomogene Rückfederung, die auf unterschiedliche Dicken und Festigkeiten zurückzuführen ist. Zur Kompensation dieser Einflüsse wird in einem modifizierten Freibiegeprozess ein flexibles Rapid-Tooling-Werkzeug mit Unterleg-

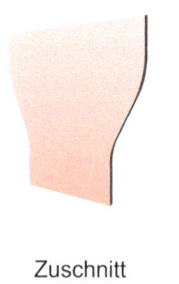

Abb. 2.35: *Modifiziertes U-O-Einformen zur Herstellung der ThyssenKrupp tailored tubes (Flehmig 2004)*

Prozesskette

Flexibles Walzen → Frei- bzw. Gesenkbiegen → Fügen durch Schweißen → Profilbiegen

Abb. 2.36: *Prozesskette zur Herstellung belastungsangepasster Profile maßgewalzter Bleche (Kleiner 2002)*

alternativ mit zwischengeschalteter Glühbehandlung

elementen eingesetzt, das eine bereichsspezifische Einstellung des effektiven Stempelweges und/oder der Gesenkweite ermöglicht. Das Unterwerkzeug besteht dabei aus einzelnen, individuell handhabbaren Gesenkelementen (Abb. 2.37). Im rampenförmigen Übergangsbereich können mithilfe von Blechlamellen (ähnlich einer Bombierung) auch lokal begrenzte, nichtlineare Wirkgeometrien realisiert werden. Mit diesem Werkzeugprototyp lassen sich über die gesamte Länge des zu biegenden maßgewalzten Blechs trotz unterschiedlicher Dicken und Werkstoffeigenschaften innerhalb gewisser Toleranzen konstante Profilgeometrien (Biegewinkel und Radien) erzielen (Kleiner 2002).

2.3.4 Biegen von Rohren und Profilen

Die Weiterverarbeitung von Rohren und profilierten Halbzeugen durch Biegeumformverfahren zu Werkstücken mit unterschiedlicher Gestalt, wie z. B. Ringe, Segmente, 3D-Formen usw., ist in diesem Zusammenhang als Rohr- bzw. Profilbiegen bezeichnet. Gebogene Profile als Konstruktionselemente stellen höchste Qualitätsanforderungen hinsichtlich der Maß- und Formgenauigkeit. In einigen der o. g. Anwendungsgebiete, z. B. in der Automobilindustrie, werden hohe Genauigkeitsanforderungen an gekrümmte Profile gestellt, die von konventionellen Biegeverfahren nicht oder nur mit großem

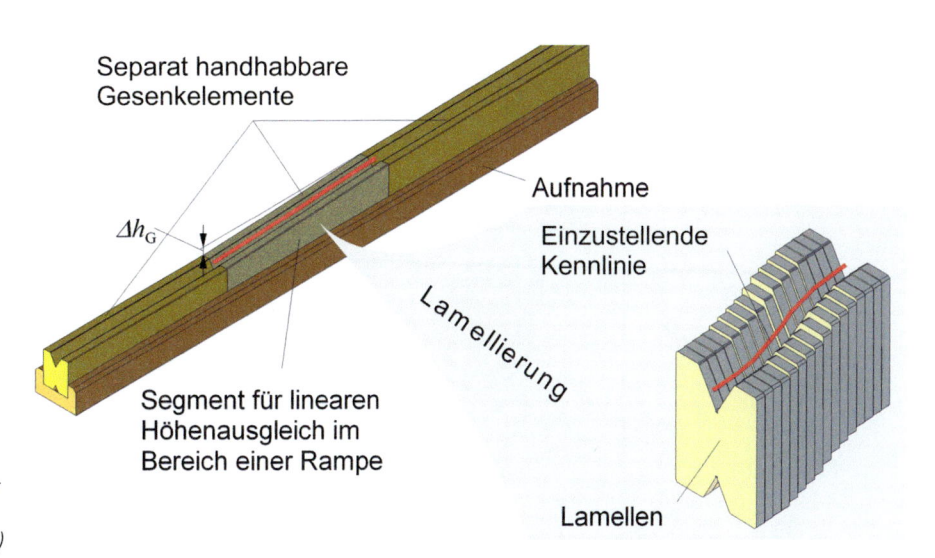

Abb. 2.37: *Rapid-Tooling-Werkzeug mit frei einstellbarer Wirkgeometrie zum lokalen Höhenausgleich (Kleiner 2002)*

Separat handhabbare Gesenkelemente — Δh_G — Aufnahme — Einzustellende Kennlinie — Lamellierung — Segment für linearen Höhenausgleich im Bereich einer Rampe — Lamellen

Aufwand erreicht werden können. Hierbei ist für Hohlprofile zwischen einem Direkteinbau der gebogenen Bauteile und einer Nachkalibrierung durch Innenhochdruckumformen zu unterscheiden. Beim Nachkalibrieren durch Innenhochdruckumformen sind geringe Formabweichungen in der Biegekontur teilweise zulässig, jedoch ist dies sehr stark von der Komplexität der Werkzeugkontur abhängig. Zudem ist die Qualität des innenhochdruckumgeformten Werkstücks von den Werkstoffeigenschaften und der Geometrie abhängig (Arendes 1999). Bei der direkten Montage von gebogenen Profilen sind die Qualitätsanforderungen in der Form- und Maßhaltigkeit noch höher zu bewerten. Diese Vorgehensweise bietet aber den deutlichen Vorteil, den relativ teuren Prozessschritt IHU einzusparen.

Maschinen zum Biegen von Profilen befinden sich bereits seit Anfang des 20. Jahrhunderts im Einsatz. Das Profil kann hierbei entweder in einem eng begrenzten Abschnitt mit kontinuierlichem bzw. diskontinuierlichem Vorschub oder in seiner ganzen Länge umgeformt werden. Aufgrund der Vielfalt der Querschnittsformen der profilierten Halbzeuge und der damit verbundenen differenzierten Anforderungen an die Biegeaufgabe kommen bei der industriellen Biegeumformung von Profilen unterschiedliche Biegeverfahren mit spezieller Eignung zur Anwendung. Abbildung 2.38 zeigt einige Biegeverfahren, die zum Biegen, insbesondere 3D-Biegen von Profilen, geeignet sind. Insbesondere die dreidimensionale Flexibilität in der Formgebung von Profilen eröffnet neue Wege für den Leichtbau. Dreidimensional gestaltete Konturen erlauben größere Freiheiten bei der Bauteilgestaltung, was zum Beispiel bei Fahrzeugstrukturen eine optimierte Fahrzeugoptik, Fahrgastzellensicherheit, Bauraumausnutzung und Aerodynamik ermöglicht. Die Verwendung von Profilen mit komplexen, nicht kreisförmigen Querschnitten ist wegen der Integration von Funktionselementen bei gleichzeitig hoher Steifigkeit besonders vorteilhaft. Die beschriebenen Trends erfordern die Fertigung komplexer Umformteile aus modernen, hochfesten Rohren und Profilen mit einer hohen Maßhaltigkeit und Wiederholgenauigkeit bei oftmals nur geringen Stückzahlen.

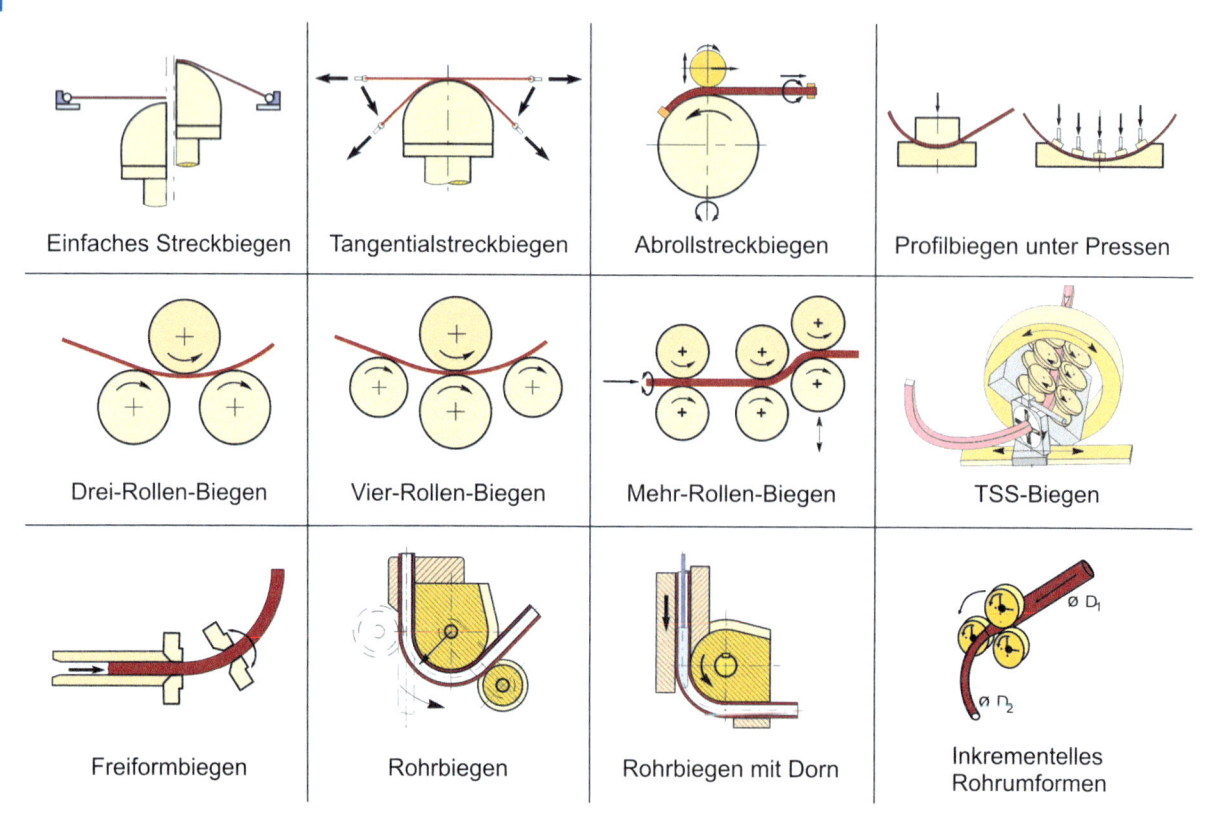

Abb. 2.38: *Verfahren zum 3D-Biegen von Profilen*

Versagensfälle

- Riss
- Kollaps
- Falten
- Aufwölbung

Fertigungsgenauigkeit

- lokale Krümmung
- 3D-Konturabweichung
- Querschnittsdeformation
- Torsion

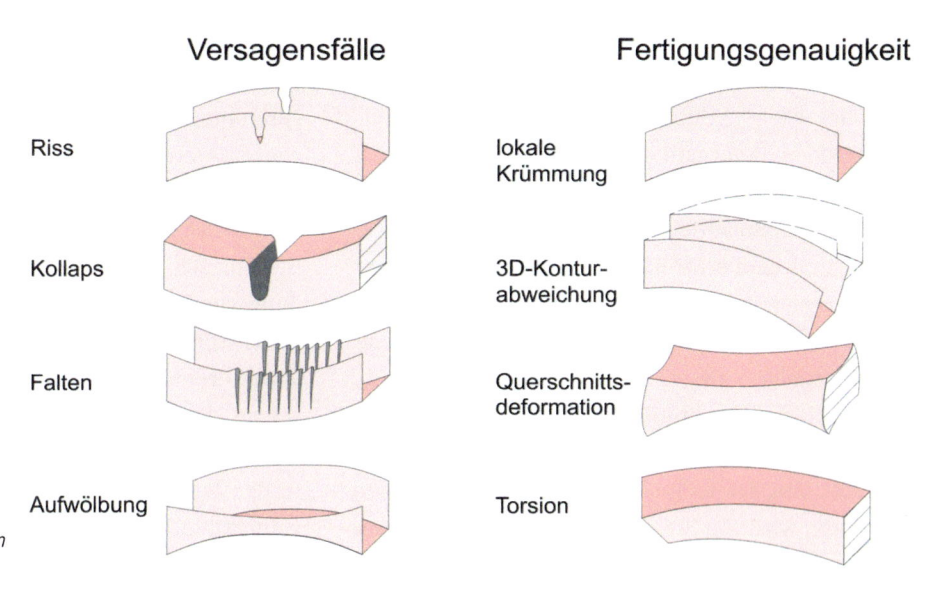

Abb. 2.39: *Problemfelder beim Profilbiegen (Vollertsen 1999)*

Die Profilbiegeverfahren können in formgebundene Verfahren (z. B. Streckbiegen, Rohrbiegen) und in Verfahren mit kinematischer Gestalterzeugung (z. B. Dreirollenbiegen, Freiformbiegen) unterteilt werden. Die erste Gruppe ist durch eine sehr gute Werkstückführung während des Biegeprozesses ebenso gekennzeichnet wie durch den Nachteil einer geringen bzw. begrenzten Flexibilität. Im Gegensatz dazu zeigen die Verfahren mit kinematischer Gestalterzeugung eine höhere Flexibilität und bieten prinzipbedingt einfachere Eingriffsmöglichkeiten zur Beeinflussung der Prozessergebnisse (ohne Aufbringung von zusätzlichen Maschinenachsen und unabhängig von der Profilform und -länge). Zusätzlich zu den Verfahren der beiden Hauptgruppen existieren weitere Verfahrensvarianten, bei denen einzelne Produkteigenschaften verbessert bzw. die Prozessgrenzen erweitert wurden. Einige dieser Varianten bauen auf einer gezielten Überlagerung zusätzlicher Spannungen auf. Andere stellen eine geeignete Kombination mehrerer Umformverfahren dar (Chatti 1998).

Die entscheidenden Qualitätsmerkmale beim Biegen von Profilen sind dabei ein über die Profillängsachse genauer Biegeradienverlauf bei möglichst geringer Querschnittsdeformation. Das für eine Biegeaufgabe auszuwählende Profilbiegeverfahren beeinflusst nicht nur die mechanischen Eigenschaften des Profils, sondern auch die Biegeeigenschaften. Problemfelder wie Querschnittsdeformation, Profilrückfederung oder Torsion des Profils (Abb. 2.39) hängen stark von dem ausgewählten Verfahren ab. Die Bewertung, ob und auf welche Weise ein gegebenes Profildesign hergestellt werden kann, ist dabei für den Anwender bzw. Produktentwickler von gekrümmten Profilen im Vorfeld schwer oder manchmal auch gar nicht möglich. Maschinenhersteller und Biegedienstleister profitieren hier von ihrer reichhaltigen Erfahrung, die Basis für die Bewertung des Profildesigns und die Auswahl potenzieller Verfahren ist. Doch gerade die zunehmende Verwendung neuer, hochfester Werkstoffe sowie komplexerer Profilquerschnitte und -konturen führen auch bei Personen mit langjähriger Erfahrung zu Problemen, da sie in diesem Fall nicht auf ihre Erfahrungen zurückgreifen können.

Ein in der industriellen Fertigung sehr verbreitetes Profilbiegeverfahren ist das Dreirollenbiegen. Aufgrund der kinematischen Gestalterzeugung ist ein wirtschaftliches Fertigen kleiner und mittlerer Lose verschiedener Werkstückformen möglich. Die vielfältigen Rollenanordnungen und die unterschiedlichen Einstellmöglichkeiten der einzelnen Rollen und die somit kinematisch erzeugte Biegekontur machen dieses Biegeverfahren recht flexibel und geeignet für den CNC-gesteuerten Betrieb. Das Dreirollenbiegen ist für die Biegeumformung von Profilen aus beliebigen Werkstoffen mit offenen, geschlossenen und auch leicht unsymmetrischen Querschnitten auf große Radien geeignet. Hierzu sind keine aufwendigen werkzeugtechnischen Maßnahmen erforderlich. Kleine Profilradien erfordern sowohl eine Abstützung des Querschnitts zur Vermeidung möglicher auftretender Deformationen und Falten als auch eine mehrstufige Biegung. Die große Flexibilität und somit die Wirtschaftlichkeit dieses Verfahrens ergeben sich durch die Erreichbarkeit unterschiedlicher Konturformen mit einem einzigen Rollensatz, da die Kontur allein durch die Positionierung der Biegerollen zueinander definiert ist.

Das 3D-Biegen von Profilen ist mit einer konventionellen Biegemaschine nicht direkt möglich, da durch die Zustellung der Rollen das Profil nur in einer Ebene gekrümmt wird. An Standardmaschinen sind jedoch teilweise einstellbare Profilführungsrollen vorgesehen, welche für das Biegen von Schrauben mit kleinen Steigungen geeignet sind und ein Zurückdrehen des tordierenden Querschnitts bei unsymmetrischen Profilen zulassen.

Speziell im Flugzeugbau werden zum Biegen von großen Radien aus Aluminium-Stringerprofilen Vier-Rollen-Biegemaschinen eingesetzt (L&F 1998). Hierbei wird das offene Profil zwischen der Oberrolle und der Unterrolle festgeklemmt, während der Umformvorgang durch die seitlich angeordneten verstellbaren Rollen erfolgt. Bei diesen Maschinen bietet die Rolle am Auslauf eine mehrachsige Einstellmöglichkeit, die zum einen zur Kompensation der Torsion der teilweise stark unsymmetrischen Stringerprofile wirksam wird, und zum anderen zur Erzeugung leichter dreidimensionaler Krümmungen, entsprechend der Form des Flugzeugrumpfes, genutzt werden kann.

Um die Werkstückführung beim Biegen weiter zu verbessern, werden in der Industrie Mehrrollen-Biegemaschinen eingesetzt (Abb. 2.40). Die Verwendung von Mehrrollen-Maschinen ermöglicht zudem die Fertigung von gegenläufig gekrümmten Profilen sowie dreidimensionale Biegungen. Allerdings sind solche 3D-Biegungen (meist Wechselbiegungen) nur mit kreisförmigem Querschnitt möglich.

In den letzen Jahren sind im 3D-Profilbiegebereich vollflexible Biegemaschinen entwickelt worden, die ebenfalls auf dem Prinzip einer kinematischen Gestalterzeugung beruhen. Das Arbeitsprinzip dieser Maschinen besteht darin, das Profil vor der Umformung in eine Führungseinheit einzulegen. Anschließend wird das Profil mit einem Schiebeelement (Pusher) durch ein feststehendes Biegewerkzeug hindurch in eine bewegliche Matrize geschoben. Die Profilbiegung wird hierbei durch eine vorgegebene Bewegung der Matrize bei gleichzeitiger Vorschubbewegung über die Längsachse des Profils erzeugt. Die kinematische Gestalterzeugung erfordert für gleichbleibende Querschnittsformen beim Übergang zu neuen Biegekonturen keinen Werkzeugwechsel, sondern nur eine erneute Definition der Relativbewegungen zwischen Profilvorschub sowie starrem

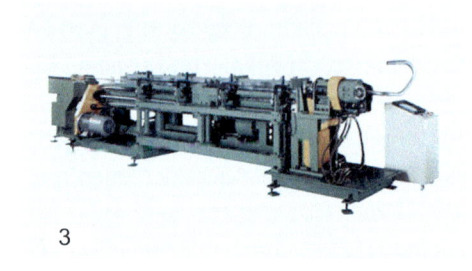

Abb. 2.40: *Maschinen zum Freiformbiegen von Rohren: (1) Hexabend-Biegemaschine, (2) 3D-Nissin-Biegemaschine, (3) MiiC-Multibender, (4) Gigalus, kombinierte Zieh- und Freiformbiegeanlage*

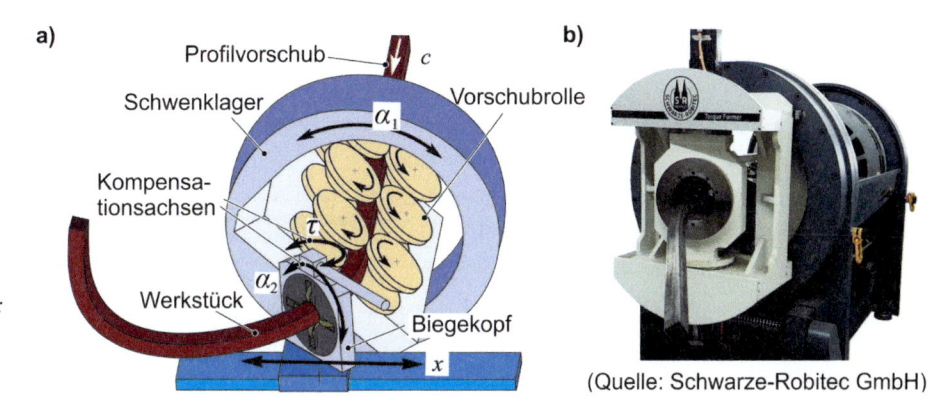

Abb. 2.41: *TSS-Biegeprozess: a) Schematischer Aufbau (Chatti 2010); b) Maschinensystem*

(Quelle: Schwarze-Robitec GmbH)

und beweglichem Werkzeug (Düring 2001). Die Verfahrensidee ist durch unterschiedliche Maschinenkonzepte verwirklicht worden. Beispiele sind die Hexabend- (Hoffmann 2013), MiiC- (MiiC 2005), Nissin-Maschine (Neu 2011, Nissin 2005) und die Gigalus, kombinierte Zieh- und Freiformbiegeanlage von TKS (TKS 2004, Flehmig 2006) (Abb. 2.40).

Das klassische Rohrbiegen ist in zwei Verfahrensvarianten, das Biegen mit Dorn und ohne Dorn, eingeteilt. Die Verfahren stehen für eine hohe Prozessstabilität, bieten jedoch zur Fertigung von maßgefertigten Bauteilen nur eine geringe Flexibilität. Beim Rohrbiegen ohne Dorn (Rohrschwenkbiegen) führt eine profilierte Biegerolle eine Schwenkbewegung um das Formstück mit dem Sollradius aus (Abb. 2.41). Eingeschränkt wird die Anwendbarkeit durch die Faltenbildung, die Verringerung der Wanddicke im Zugbereich und die Abflachung des Rohrquerschnitts. Dies tritt insbesondere bei dünnwandigen Rohren verstärkt auf. Um dies zu vermeiden, werden die Rohre mit querschnittsstützenden Elementen oder Medien gefüllt. Beim Rohrbiegen mit Dorn (auch Rotationszugbiegen genannt) ist die Gegendruckrolle feststehend und das Rohr gegen das Formstück mit einer Spannbacke befestigt. Der Dorn verhindert unerwünschte Verformungen, die i.d.R. bei dünnwandigen Rohren auftreten. Der Bereich, in dem ohne Dorn gebogen werden kann, ist verhältnismäßig klein (Lange 1990).

3D-Bauteile sind selbst auf klassischen Rohrbiegemaschinen durch Verdrehen des Rohres nach jedem Biegeprozess möglich. Der Nachteil dieses Verfahrens ist die geringe Flexibilität in Bezug auf den Wechsel auf verschiedene Profilquerschnitte, abweichend von Rohren. Um dies zu ermöglichen, ist ein Wechsel des gesamten Biegekopfs notwendig. Der zweite Nachteil ist die Beschränkung auf einen Biegeradius, der durch den jeweiligen Biegekopf der Maschine vorgegeben ist.

Der TSS-Biegeprozess (torque superposed spatial) ist ein Verfahren für das räumliche Biegen von Profilen mit nicht kreisförmigen Querschnitten zu beliebigen Krümmungen (Abb. 2.41). Das Biegesystem besteht aus einer rollenbasierten Vorschubeinheit, welche schwenkbar aufgehängt ist. Der Radius wird durch die Zustellung der x-Achse definiert. Auf dieser Achse ist der Biegekopf montiert, der das Profil umschließt und führt. Zum 3D-Biegen werden gleichzeitig die Schwenkachsen verdreht, sodass während des Prozesses die Biegeebene gedreht wird. Die Steuerung der Biegeebene erfolgt durch die Verdrehung des Profils während des Biegens. Das initierte Torsionsmoment wird durch das Verdrehen des Vorschubrollensystems eingebracht. Die Torsion ist auch für das Biegen von unsymmetrischen Profilquerschnitten relevant, um die Querschnittsverdrillung zu vermeiden. Ferner reduziert die überlagerte Schubspannung die Rückfederung und vereinfacht in dieser Hinsicht die Prozessplanung (Chatti 2010).

2.3.5 Biegen von belastungsangepassten Rohren und Profilen

Die Verarbeitung von belastungsangepassten Rohren und Profilen durch Profilbiegeprozesse zu Werkstücken mit konstanten oder variablen Radienverläufen ist ein anspruchsvoller Umformprozess, der eine

Abstimmung der Prozessparameter voraussetzt. Die Halbzeugqualität und die geforderte Zielgeometrie, die Maschine, das Werkzeug und die Maschinensteuerung bestimmen letztendlich, ob eine prozesssichere Weiterverarbeitung durch Profilbiegen umsetzbar ist. Beim Biegen von Rohren und Profilen mit variablen Querschnitten ergibt sich ein variierendes Umform- und Rückfederungsverhalten entlang der Längsachse. Damit ist eine kontinuierliche Anpassung der Maschineneinstellung notwendig, auch wenn eine konstante Profilkrümmung zu erzeugen ist. Bei formgebundenen Profilbiegeverfahren müssen zum Biegen derartiger Halbzeuge die starren Werkzeuge durch flexible Werkzeuge ersetzt werden. Bei Profilbiegeverfahren mit kinematischer Gestalterzeugung ist der Einsatz von abgestimmten Prozesssteuerungs- und Regelungsstrategien erforderlich (Chatti 2006).

Ein Beispiel eines formgebundenen Verfahrens zeigt die Abbildung 2.42. In der Prozesskette werden maßgefertigte Rohre aus hochfesten Stählen mit stark variierenden Querschnittsverläufen durch die Kombination von Drücken, Biegen und dem Innenhochdruckumformen (IHU) hergestellt (Kleiner 2006a). Insbesondere für die Fertigung von Leichtbauteilen mit komplexen Geometrien oder bei der Verwendung hochfester Güten reicht das Formänderungsvermögen des Werkstoffs im IHU-Prozess häufig nicht aus. Durch bessere Ausgangsbedingungen für das Hydroformen in Form eines angepassten Querschnittsverlaufs, dem die Zielgeometrie angenähert ist, werden die Verfahrensgrenzen der wirkmedienbasierten Umformung erweitert.

Für das Biegen der verjüngten Rohre wird das formgebundene Umformverfahren Rundbiegen (Biegen um einen Biegekern) eingesetzt, das um ein Werkzeugsystem, basierend auf dem Rapid-Tooling-Konzept, erweitert ist. Zur Anpassung des Biegekerns an die unterschiedlichen Rohrdurchmesser ermöglicht das Werkzeugsystem eine variable Einstellung des Biegeradius unter Last. Durch diesen Konturaufbau wird ein breites Bauteilspektrum mit variierenden Querschnittsverläufen abgedeckt.

Eine Weiterentwicklung zur Herstellung von gebogenen, belastungsangepassten Rohren ist das inkrementelle Rohrumformen (IRU). Das Verfahren mit kinematischer Gestalterzeugung ist eine Kombination aus den Verfahren Drücken und Freiformbiegen (Kleiner 2009). Dabei wird ein Rohr mit einem definierten Vorschub durch ein Drückwerkzeug geschoben, welches eine rotierende Bewegung ausführt. Die auf dem Drückwerkzeug befestigten Drückrollen verjüngen das Rohr auf einen definierbaren Außendurchmesser. Wird während des Einsatzes der Drückrollen die Reduzierung des Rohrinnendurchmessers durch den Einschub eines Dorns behindert, ist das Material gezwungen, aus der radialen in die axiale Richtung zu fließen, wodurch die Wandstärke reduziert wird. Mithilfe des Biegewerkzeugs wird dem Drückprozess ein Biegeprozess überlagert. Somit ermöglicht das IRU, Rohre während des Biegens gleichzeitig im Durchmesser und der Wandstärke flexibel anzupassen und auch frei definierte, dreidimensionale Biegegeometrien zu erzeugen, wie Abbildung 2.43 zeigt. Durch die Plastifizierung des Materials durch den Drückprozess stellen sich eine reduzierte Rückfederung als auch eine reduzierte Biegekraft ein. Dies bietet das Potenzial, hochfeste Leichtbauwerkstoffe präzise zu verarbeiten.

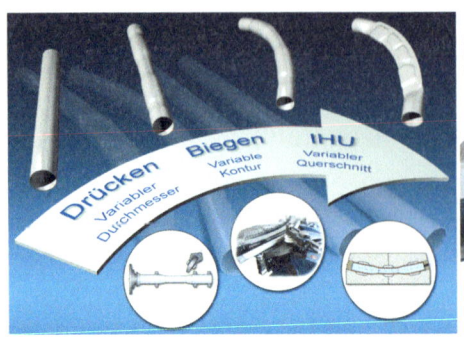

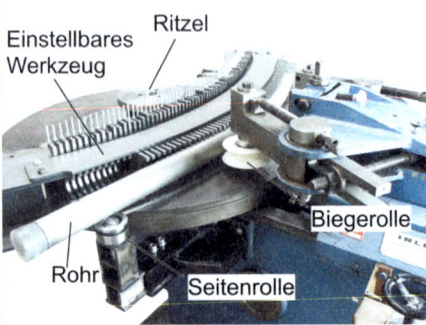

Abb. 2.42: *Links: Prozesskette Drücken-Biegen-IHU, rechts: Rapid-Tooling-Werkzeug zum Biegen von maßgefertigten Rohren (Kleiner 2006a)*

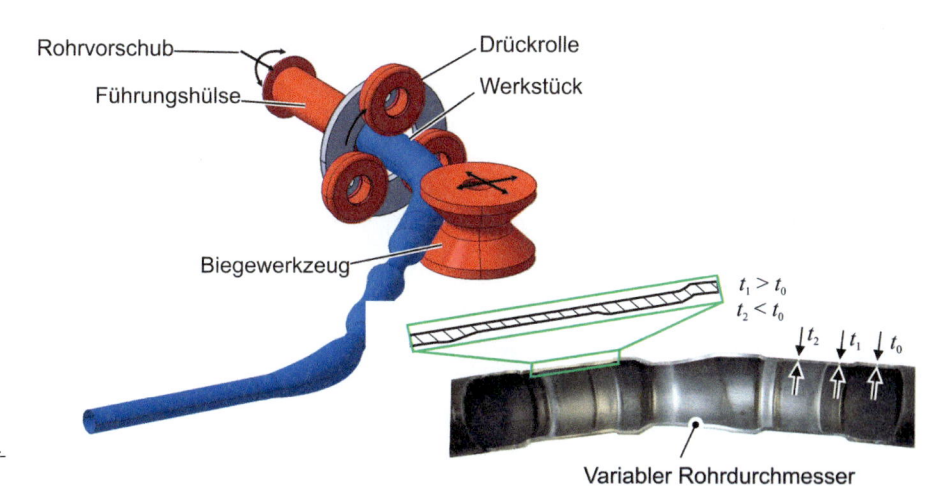

Abb. 2.43: *Verfahrensprinzip zur inkrementellen Rohrumformung und Bauteilbeispiel*

2.4 Zusammenfassung

Leichtbau ist ein ganzheitlicher technologischer Ansatz, welcher Beiträge aus den Disziplinen Konstruktion, Werkstoffe und Fertigung umfasst. Die Fertigungstechnik und insbesondere die Umformtechnik nehmen hier eine strategische Schlüsselposition zur Erzielung eines erfolgreichen Leichtbaus ein. Als Technologie für die Massenfertigung, insbesondere im Bereich der Automobilindustrie, bietet die Umformtechnik mit ihren vielfältigen Verfahren der Blech-, Massiv- und Biegeumformung innovative Lösungen zur Herstellung und Weiterverarbeitung von Leichtbauprodukten unter Einbeziehung der konstruktiven und werkstofftechnischen Gesichtspunkte. Mithilfe der in den letzten Jahren entwickelten Umformverfahren können komplexe Leichtbauprodukte aus konventionellen und innovativen Blech-, Profil- und massiven Halbzeugen sowie Leichtbauwerkstoffen mit herausragenden Eigenschaften hergestellt werden.

Gezeigte Beispielverfahren aus den drei Bereichen Blech-, Massiv- und Biegeumformung, wie z.B. das Innenhochdruckumformen, das Runden beim Strangpressen oder das TSS-Biegen, zeigen die Leistungsfähigkeit der Umformtechnik zum Erfüllen der Leichtbauanforderungen.

Die Leichtbauwerkstoffe stellen neue Anforderungen an die Umformtechnik. Gegenüber klassischen Stählen ist zum Beispiel das Umformvermögen von hoch- und höherfesten Stählen reduziert, die Werkzeugbelastung höher und die Rückfederung ausgeprägter. Überall dort, wo durch den Einsatz neuer Verfahrenstechniken, angepasster Prozessgestaltung sowie leistungsfähiger Werkzeuge diese Schwierigkeiten gemeistert werden, erschließt die Umformtechnik neue Möglichkeiten zur Qualitäts- und Wirtschaftlichkeitssteigerung.

Für die mit den höherfesten Stählen konkurrierenden Leichtmetalle, insbesondere das Aluminium, antwortet die Umformtechnik auch auf die Kundenansprüche und bietet eine Reihe von neuen Möglichkeiten zum Erreichen des Leichtbaus. Auch die Umformung von Leichtmetalllegierungen sowohl in kleinen als auch in großen Stückzahlen erfordert häufig eine Erweiterung der Prozesstechnologie. Blechumformverfahren wie die wirkmedienbasierte Umformung zielen darauf ab, die Vorteile der Umformtechnologien auch auf Bauteile mit komplexen Konturen zu erweitern. Neben deutlichen Gewichtsreduzierungen können auch dadurch bessere Qualitäten und Kostenvorteile erzielt werden.

Auch für kompakte Leichtbauteile der Massivumformung gewinnt die Gewichtsreduzierung in vielen Bereichen an Bedeutung. Aufgabe der Umformtechnik ist die Herstellung komplexer Produkte mit gestaltoptimierten Konturen. Mit Fertigungsverfahren wie dem Strangpressen oder dem Schmieden können die Anforderungen an geringeren Materialeinsatz und geringeres Bauteilgewicht bei gleicher oder sogar besserer Leistungsfähigkeit erfüllt werden.

Die Herstellung von Profilen und Profilstrukturen durch Biegeverfahren ist eines der stärksten Gebiete der Umformtechnik. Umformtechnische Prozesse zum 3D-Biegen von Rohren und Profilen können komplexe Bauteilformen herstellen und finden im Bereich der Produktgestaltung immer häufiger Anwendung. Durch den Einsatz von angepassten Halbzeugen können belastungsangepasste und gewichtsoptimierte Produkte hergestellt werden. Strukturen auf Basis von geraden und gebogenen Profilen ermöglichen die zweckmäßige Realisierung von diversen Leichtbauprinzipien in der Gegenwart und stellen eine Säule für zukünftige Perspektiven des Leichtbaus dar.

2.5 Weiterführende Informationen

Literatur zu 2.1

Behrens, B.-A.; Eckold, C.-P.; Hübner, S.; Fleck, C.; Schüler, P.: Untersuchung der Eignung alternativer Blechwerkstoffe für das Presshärten, EFB-Forschungsbericht Nr. 400, Leibniz Universität Hannover, 2013

Behrens, A.; Ellert, J.: FE-Analyse des wirkmedienbasierten Beulstrukturierungsprozesses von Feinblechen und seine Auswirkungen auf das Verhalten charakteristischer Leichtbauwerkstücke. Abschlussbericht DFG-Schwerpunktprogramm SPP 1098 (2006) S. 353–365

Behrens, B.-A.; Hübner, S.: Konduktive Erwärmung von Formplatinen für das Presshärten, EFB-Forschungsbericht Nr. 400, Leibniz Universität Hannover, 2014

Dohmann, F.: Innenhochdruckumformen. In: K. Lange (Hrsg.), Umformtechnik – Sonderverfahren: Springer-Verlag, Berlin Heidelberg New York, 1993

Ehrenstein, G.: Umgeformtes flächiges Halbzeug, Struktur- bzw. Hybridbauteil und Verfahren zur Herstellung eines derartigen Halbzeugs bzw. Bauteils, Patentanmeldung; WO 002007051652 A1; 2007

Finckenstein, E. v.: Umformtechnik – Blechbearbeitung, Bd. 3., Kapitel Sondertiefziehverfahren: Springer-Verlag, Berlin Heidelberg New York, 1990

Finckenstein, E. v.; Kleiner, M.; Szücs, E.; Homberg, W.: In-process punching with pressure fluids in sheet metal forming. Annals of CIRP 47 (1998), S. 207–212

Finkler, T.; Marx, A.; Sikora, S.; Banik, J.; Graff, S.; Lenze, F.-J.: Kompetenz in der Warmumformung – State oft the art – Werkstoff-, Prozess- und Anlagentechnik, Tagungsband zum 8. Erlanger Workshop Warmblechumformung, 2013, S. 1–20

Glasbrenner, B.: Tiefziehen von Tailored Blanks mit nichtlinearen Schweißnähten. Tagungsband der Konferenz „Neuere Entwicklungen in der Blechumformung" (2000), S. 373–385

Goldbach, H.: Hybridbauteile in der Serienfertigung, Kunststoffe 87 (1997), 9, 1133–1138

Hoffmann, M.; Leischnig, S.; Naumann, C.; Otto-Adamczak, T.; Priber, U.; Strauß, M.; Tropper, M.: HexaBend – Freiformbiegen auf einer parallelkinematischen Biegemaschine, Verbundprojekt im Rahmenkonzept „KMU-Innovativ" des Bundesministeriums für Bildung und Forschung (BMBF), 2013, Fraunhofer-Institut für Werkzeugmaschinen und Umformtechnik (Hrsg.), Technische Informationsbibliothek u. Universitätsbibliothek, Chemnitz

Karbasian, H.; Tekkaya, A.E.: A review on hot stamping. Journal of Materials Processing Technology, 210 (2010) S. 2103–2118

Kawalla, R.; Schmidtchen, M.; Spittel, M.: Plattieren – Eine Übersicht über Herstellungstechnologien und Produkte. Technologie der Werkstoffverbundherstellung durch Umformen, Tagungsband der Konferenz MEFORM, 2004, S. 1–10

Kleiner, M.; Homberg, W.; Brosius, A.: Processes and Control of Sheet Metal Hydroforming. Proceedings of the 6th International Conference on Technology of Plasticity ICTP, 1999

Kleiner, M.; Geiger, M.; Klaus, A.: Manufacturing of Lightweight Components by Metal Forming. Annals of CIRP 52 (2003) 2, S. 521–542

Klelner, M. (Hrsg.): Abschlussbericht zum DFG-Schwerpunktprogramm SPP 1098: Wirkmedienbasierte Fertigungstechniken zur Blechumformung: Shaker Verlag Aachen, 2006

Köhler, M: Plattiertes Stahlblech. Technical bulletin SIZ, Wickeder Westfalenstahl, (2004)

Köyer, M.; Horstmann, J.; Sikora, S.; Wuttke, T.; Zaspel, I.; Lenze, F.-J.: Oberflächenveredelungen für die Warmumformung -Serienprodukte und Neuentwicklungen, Tagungsband zum 5. Erlanger Workshop Warmblechumformung, 2010, S.15-28

Kopp, R.; Hauger, A.: Kinematische Erzeugung von belastungsangepassten Langprodukten mit einem über die Länge variablen Querschnitt mittels Walzen. Tagungsband des Abschlusskolloquiums zum DFG-Schwerpunktprogramm "Flexible Walztechnik". Verlag Mainz, Aachen, 1995

Leitermann, W.; Dick, P.: Potentiale der IHU-Anwendungen im Aluminium-Zentrum der Audi AG. Tagungsband des Kongresses „Innenhochdruckumformen in der Serienproduktion" (1997)

Merklein, M.; Wieland, M.; Lechner, M.; Bruschi, S.; Ghiotti, A.: Hot stamping of boron steel sheets with tailored properties: A review. Journal of Materials Processing Technology, 228, 2016, S. 11-26

Mindrup, W.: Flexible wirtschaftliche Blechumformung für Muster-, Prototypenbau und Kleinserienfertigung im Automobilbau. Blech Rohre Profile 35 (1988) 10, S. 794-798

Mithieux, J.-D.; Badinier, G.; Santacreu, P.-O.; Herbelin, J.-M.; Kostoj, V.: Optimized Martensitic Stainless Steels for Hot Formed Parts in Automotive Crash Application, Proceedings of 4th International Conference of Hot Sheet Metal Forming of High-Performance Steel, 2013, S. 57-64

Mori, K.: Smart Hot Stamping for Ultra-high Strength Steel Parts, 60 Excellent Inventions in Metal Forming, 2015, S. 403-408

Mori, K.; Bariani, P. F.; Behrens, B.-A.; Brosius, A.; Bruschi, S.; Maeno, T.; Merklein, M.; Yanagimoto, J.: Hot stamping of ultra-high strength steel parts, CIRP Annals, Vol. 66 (2), 2017, S. 755-777

Naderi, M.: Hot Stamping of Ultra High Strength Steels, Dissertation, RWTH Aachen, 2007

Neugebauer, R.; Altan, T.; Geiger, M.; Kleiner, M.; Sterzing., A.: Sheet Metal Forming at Elevated Temperatures. Annals of CIRP 55 (2006), S. 793 - 816

Pircher, H.; Sussek, G.: State of the art in cladding, especially of highalloyed steels and special alloys. Fachberichte Hüttenpraxis Metallweiterverarbeitung, Ausgabe 24 (1986), S. 1056-1065

Pischl, H.: Rationelle Blechumformung durch hydromechanisches Tiefziehen. wt-Z. 60 (1970) 1, S. 8-12

Schmidt, T.; Fritsch, C.: Mit Tailored Blanks zur steiferen Karosserie. Blech InForm (2002), S. 10-14

Sedlacek, G.; Bohmann, D.; Völling, B.: Strukturoptimierung und Erprobung von Leichtbauplatten für den Einsatz in Schienenfahrzeugen. ZEVrail Glasers Annalen, 127 (2003) 10, S. 504-510

Tozy, T.: Prozessfenster beim Presshärten bei schneller Erwärmung von Stahlplatinen mit Aluminium-Silizium-Beschichtung, Dissertation, Universität Siegen, 2015

Tröster, T.; Rostek, W.: Innovative Warmumformung. Tagungsband zur Internationale Konferenz „Neuere Entwicklungen in der Blechumformung" (2004), S. 51-65.

VDI-Report Nr. 4261: VDI Verlag GmbH, Düsseldorf, 2004, S. 25-45.

Vollertsen, F.: Tailored Blanks. Bleche, Rohre, Profile 42, (1995) 3, S. 172-178

Literatur zu 2.2

Arendes, D.: Direkte Fertigung gerundeter Aluminiumprofile beim Strangpressen. Dissertation, Universität Dortmund, Shaker Verlag Aachen, 1999

Becker, D.; Klaus, A.; Kleiner, M.: Innovative Fertigung von 3D-gekrümmten Strangpressprofilen. In: ZwF, Zeitschrift für wirtschaftlichen Fabrikbetrieb, Heft 10 (2003) , S. 476-479

Becker, D.: Strangpressen 3D-gekrümmter Leichtmetallprofile. Dissertation, Technische Universität Dortmund, Shaker Verlag Aachen, 2009

Kalz, S.; Kopp, R.: Genaue Betrachtung lokaler Vorgänge beim Strangpressen mittels visioplastischer Untersuchungen und der Finite-Elemente-Methode. Abschlussbericht zum DFG-Vorhaben 579/42-2, Aachen, 1997

Klaus, A.; Chatti, S.; Kleiner, M.: Advanced Manufacturing of Curved Profiles for Hydroforming. Light Metal Age, April 2001, S. 66-69

Klaus, A.: Steigerung der Fertigungsgenauigkeit und Erhöhung der Prozesssicherheit des Rundens beim Strangpressen. Dissertation, Universität Dortmund, Shaker Verlag Aachen, 2002

Kleiner, M.; Arendes, D.; Klaus, A.: Verfahren und Vorrichtung zur Veränderung der Austrittsrichtung des Pressgutes beim Strangpressen. Deutsche Patentanmeldung, 10.02.2000

Kleiner, M.; Tekkaya, A. E.; Becker, D.; Pietzka, D.; Schikorra, M.: Combination of curved profile extrusion and composite extrusion for increased lightweight properties. Production Engineering, Heft Vol. 3 (1), Springer-Verlag, 2009, S. 63–68

Müller, K. u. a.: Grundlagen des Strangpressens. Kontakt und Studium, Band 286, Expert Verlag Renningen-Malmsheim, 1995

Ostermann, F.: Anwendungstechnologie Aluminium. Springer-Verlag, 2. Ausgabe, 2007

Schomäcker, M.: Verbundstrangpressen von Aluminiumprofilen mit endlosen metallischen Verstärkungselementen. Dissertation, Universität Dortmund, Shaker Verlag Aachen, 2007

Siegert, K.: Strang- und Rohrpressverfahren. In: Strangpressen/ Bauser, M.; Sauer, G.; Siegert, K. (Hrsg.), 2. Auflage, Aluminium-Verlag Düsseldorf, 2001, S. 87–210

Literatur zu 2.3

Arendes, D.; Chatti, S.; Kleiner, M.: Forming of Aluminium Extrusions for Structural Elements. Proceedings of the 6th ICTP – International Conference on Technology of Plasticity. Nürnberg, 19.–24. September, 1999, Volume 3, S. 2337–2342

Becker, J.; Fischer, G.; Schemme, K.: Herstellung und Eigenschaften stranggepresster und geschmiedeter Magnesium-Bauteile. Metall (1998) Heft 9, Hüthig, Heidelberg

Carlsson, B.; Sperle, J.-O.: Neue Stahlsorten: Extrafest, ultra hochfest – keine Scheu vor großen Namen. Blech InForm (2006) 3, S. 38–40

Chatti, S.: Optimierung der Fertigungsgenauigkeit beim Profilbiegen. Dissertation, Universität Dortmund, Shaker Verlag Aachen, 1998

Chatti, S.: Production of Profiles for Lightweight Structures. Habilitationsschrift, Universität Dortmund – Université Franche Comté, Verlag Book on Demand GmbH, 2006

Chatti, S.; Hermes, M.; Tekkaya, A. E.; Kleiner, M.: The new TSS bending process: 3D bending of profiles with arbitrary cross-sections. CIRP Annals – Manufacturing Technology 59/1 (2010), S. 315–318

Chen, H.; Hess, S.; Haeberle, J; Pitikaris, S.; Born, P.; Güner, A.; Sperl, M.; Tekkaya, A. E.: Enhanced granular medium-based tube and hollow profile press hardening. CIRP Annals – Manufacturing Technology 65/1 (2016), S. 273–276

Ebert, A.: Umformung von Platinen mit lokal unterschiedlichen Dicken. Dissertation, RWTH Aachen, Shaker Verlag Aachen, 1999

Engel, B.: Neue Trends in der Umformtechnik. Tagung „Karosserie II, Alternative Fertigungsverfahren", Haus der Technik, Essen, Expert Verlag, Bd. 64, 2006, S. 174–180

Flehmig, T.; Heller, T.: Hochfeste und zukünftige Stähle sowie Hohlprofile als Komponenten für den Fahrzeugbau. Tagungsband der SFU 2004, 11. Sächsische Fachtagung Umformtechnik „Werkstoffe und Komponenten für den Fahrzeugbau", Freiberg, DE, 11 (2004), S. 95–111

Flehmig, T.; Kibben, M.; Kühni, U.; Ziswiler, J.: Device for the free forming and bending of longitudinal profiles, particularly pipes, and acombined device for free forming and bending as well as draw bending longitudinal profiles, particularly pipes, Int. Patent, Nr. PCT/EP2006/00252, veröffentlicht am 28.09.2006

Groche, P.; Henkelmann, M.: Herstellung von Profilen aus höher- und höchstfesten Stählen durch Walzprofilieren. SFU, 11. Sächsische Fachtagung Umformtechnik „Werkstoffe und Komponenten für den Fahrzeugbau", Freiberg, 2004, 11 (2004), S. 323–339

Grzancic, G.: Verfahrensentwicklung und Grundlagenuntersuchung zum inkrementellen Profilumformen. Dissertation, Technische Universität Dortmund, Shaker Verlag Aachen, 2018

Heller, B.: Halbanalytische Prozess-Simulation des Freibiegens von Fein- und Grobblechen. Dissertation, Universität Dortmund, Shaker Verlag Aachen, 2002

Hiestermann, H.; Jöckel, M.; Zettler, A.: Kosten- und qualitätsorientierter Leichtbau mit Hilfe von Walzprofilieren. UKD 2003, Umformtechnisches Kolloquium Darmstadt „Markterfolg durch innovative Produktionstechnik", Darmstadt 2003, S. 63-75

Kleiner, M.; Chatti, S.; Heller, B.; Kopp, R.; Wiedner, C.; Böhlke, P.: Umformung und Weiterverarbeitung von flexibel gewalzten Stahlblechen (Tailor Rolled Blanks) für Leichtbaustrukturen. Abschlussbericht, Studiengesellschaft Stahlanwendung, 2002

Kleiner, M.: Freibiegen mit inkrementeller Druckspannungsüberlagerung. Patentanmeldung DE 10 2006 014 093.1, Dortmund, 2006

Kleiner, M.; Chatti, S.; Ewers, R.; Hermes, M.; Homberg, W.; Shankar, R.: Einsatz endkonturnaher Stahlhalbzeuge mit variablem Durchmesser für die Innenhochdruckumformung in der Prozesskette Drücken – Biegen – IHU. Abschlussbericht Forschung für die Praxis P 566, Forschungsvereinigung Stahlanwendung e.V., 2006

Kleiner, M.; Tekkaya, A. E.; Chatti, S.; Hermes, M.; Weinrich, A.; Ben-Khalifa, N.; Dirksen, U.: New Incremental Methods for Springback Compensation by Stress Superposition. Production Engineering – Research and Development, Vol. 3/2, 2009, S. 137-144

Kolleck, R.: Mit Druck von Innen – Schuler bringt IHU- und AHM-Verfahren in Ulsab-Studie ein. Maschinenmarkt 42 (2002), S. 50-52

König, W.: Fertigungsverfahren. Bd. 5: Blechumformung. Düsseldorf: VDI, 1986

Lange, K.: Umformtechnik. Bd. 3: Blechbearbeitung. Berlin, Heidelberg, New York: Springer, 2. Auflage, 1990

Lindemann, J.; Zhang, P.; upík, V.; Leyens, Ch.: Magnesium-Knetlegierungen: Innovative Leichtbauwerkstoffe für den Automobilbau. Forum der Forschung 19/2006: 41-46

Maqbool, F.; Elze, L.; Seidlitz, H.; Bambach, M.: Comparison of Manufacturing of Lightweight Corrugated Sheet Sandwiches by Hydroforming and Incremental Sheet Forming. Proceedings of the 19th International ESAFORM Conference on Material Forming. Nantes, France, April 27-29, 2016, AIP Conference Proceedings 1769 (2016)

Merklein, M.; Pitz, M.; Hoff, C.; Lechler, J.: Neuere Entwicklungen zur Umformung höchstfester Stahlwerkstoffe. EFB-Kolloquium „Multifunktionelle Bauteile und Verfahren zur Erhöhung der Wertschöpfung in der Blechverarbeitung", Fellbach bei Stuttgart, 15.-16. Feb, 2005, Tagungsband, Band 25 (2005), Seite 119-133.

Mitsch, F.; Weinert, N.; Pech, M.; Seliger, G.: Vault Structures Enabling Sustainable Products. Proceedings of the 13th CIRP International Conference on Life Cycle Engineering, Leuven, Belgium, May 31 – June 2, 2006

Olsson, K.; Gladh, M.; Hedin, J.-E.; Larsson, J.: Microalloyed high strength steels for reduced weight and improved crash performance in automotive applications. International Symposium on Niobium Microalloyed Sheet Steel for Automotive Applications, Araxa, BR, 2005, 1 (2006), S. 223-234

Possehn, T.: Umformen von Tailored Blanks mit optimierter Werkzeugtechnik und angepasstem Schweissnahtverlauf. Dissertation, Universität Stuttgart, 2002

Ridane, N.: FEM-gestützte Prozessregelung des Freibiegens. Dissertation, Universität Dortmund, Shaker Verlag Aachen, 2008

Schaumann, T.-W.; Heller, T.; Palkowski, H.: Anwendungspotenzial warm- und kaltgewalzter Mehrphasenstähle. Leichtbau mit Stahl. UTF science, Band 2 (2001) Heft III, S. 17-22

SSAB Swedish Steel: Walzprofilieren nach Maß. Blech Rohre Profile 52 (2005) 1/2, S. 36-37

Sulaiman, H.: Erweiterung der Einsetzbarkeit von Gesenkbiegepressen durch die Entwicklung von Sonderwerkzeugen. Dissertation, Lehrstuhl für Umformende Fertigungsverfahren, Universität Dortmund, 1995, Shaker Verlag, Reihe Fertigungstechnik, Aachen 1996

Trumpf: Biegen ohne zu brechen. Blech Rohre Profile 08-2009

Vollertsen, F.; Sprenger, A.; Krause, J.; Arnet, H.: Extrusion Channel and Profile Bending – A Review. Journal of Materials Processing Technology, 87 (1999) S. 1-27

Vom Ende, A.: Untersuchungen zum Biegeumformen mit elastischer Matrize. Dissertation, Erlangen-Nürnberg, Carl Hanser Verlag, 1991

Warstat, R.: Optimierung der Produktqualität und Steigerung der Flexibilität beim CNC-Schwenkbiegen. Dissertation, Universität Dortmund, 1996

Zoch, H.-W.; Spur, G.: Handbuch Wärmebehandeln und Beschichten. München: Carl Hanser Verlag, 2015

Normen und Richtlinien

DIN 8583-1: Fertigungsverfahren Druckumformen, Teil 1: Allgemeines, 2003

DIN 8583-3: Fertigungsverfahren Druckumformen, Teil 3: Freiformen, 2003

DIN 8583-4: Fertigungsverfahren Druckumformen, Teil 4: Gesenkformen, 2003

DIN 8583-6: Fertigungsverfahren Druckumformen, Teil 6: Durchdrücken, 2003

DIN 8584-2: Fertigungsverfahren Zugdruckumformen, Teil 2: Durchziehen, 2003

DIN 8586: Fertigungsverfahren Biegeumformen, 1971

DIN 8586: Fertigungsverfahren Biegeumformen. 1971

DIN 24320: Schwerentflammbare Flüssigkeiten – Druck-Flüssigkeiten der Kategorien HFAE und HFAS – Eigenschaften und Anforderungen, 2006

VDI 3146: Innenhochdruck-Umformen – Maschinen und Anlagen, 2000

Firmeninformationen

Firmenschrift ABB: Flexform Pressen. A08-401de, ABB Pressure Systems, 1996

Firmenschrift General Overview CNC Contour Roll Forming Machine. 20. Oktober 1998, USA

Firmenschrift L&F: General Overview CNC Contour Roll Forming Machine. 20. Oktober 1998, USA

Firmenschrift MiiC: Multi-Bender. MiiC & Co GmbH, 2005.

Firmenschrift Nissin: Highly improved Functions and Productivity for Tube Bending. Nissin Precision machines Co., Ltd., 2005.

Firmenschrift J. Neu GmbH: Tube&Pipe Technology, Ausgabe November 2011, S.78

Schuöcker, D.; Bammer, F.; Holzinger, B.; Schumi, T.: Laserunterstütztes Biegen. Bericht für Trumpf Maschinen Austria, 2007

ThyssenKrupp Stahl AG: NSB-Studie (New Steel Body): „Leichtbau mit Stahl"; Duisburg 2003

ThyssenKrupp Stahl TKS Compact, Februar 2004

www.abb.com
www.miic.de
www.ssab.com
www.thyssenkrupp.com

3 Trennen von metallischen Leichtbauwerkstoffen

Benedict Stampfer, Volker Schulze, Jürgen Michna

3.1	Zerteilen	495	3.3	Spanen mit geometrisch unbestimmter Schneide	508
3.1.1	Verfahren des Zerteilens	495			
3.1.2	Verschleiß und Formfehler an der Schnittfläche	496	3.3.1	Wasserstrahlschneiden	508
			3.3.2	Schleifen	509
3.1.3	Zerteilen von NE-Metallen	496			
			3.4	Abtragen	510
3.2	Spanen mit geometrisch bestimmter Schneide	498	3.4.1	Laserbearbeitung	510
			3.4.2	Funkenerosives Abtragen	511
3.2.1	Einfluss auf den Prozess des Zerspanens	498	3.5	Zusammenfassung	511
3.2.2	Zerspanen von NE-Metallen	501			
3.2.2.1	Titanzerspanung	501	3.6	Weiterführende Informationen	512
3.2.2.2	Magnesiumzerspanung	505			
3.2.2.3	Aluminiumzerspanung	506			

Nach DIN 8580 bildet das Trennen die dritte Hauptgruppe der Fertigungsverfahren und wird als das Fertigen durch Aufheben des Zusammenhalts von Körpern definiert, wobei der Zusammenhalt teilweise oder im Ganzen vermindert wird. Dabei ist die Endform des späteren Bauteils in der Ausgangsform enthalten. Das Trennen wird außerdem in die Gruppen Zerteilen, Spanen mit geometrisch bestimmten Schneiden, Spanen mit geometrisch unbestimmten Schneiden, Abtragen, Zerlegen und Reinigen unterteilt.

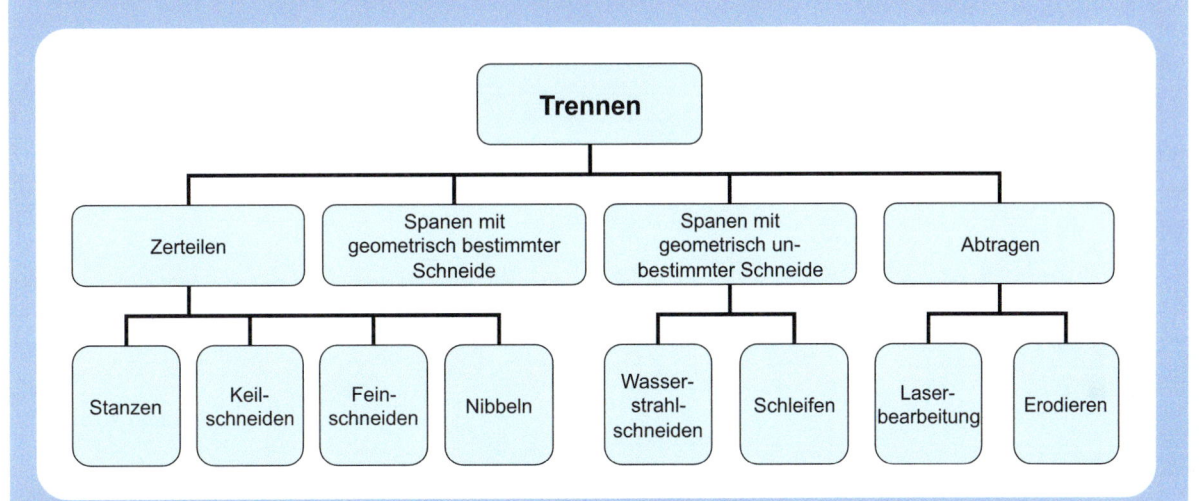

Unterteilung der Fertigungsverfahren Trennen entsprechend DIN 8580

Das folgende Kapitel beschränkt sich auf die vier erstgenannten Gruppen des Trennens, weshalb auch nur diese in der Grafik aufgeführt sind. Innerhalb der Gruppen werden jeweils ausgewählte Fertigungsverfahren kurz vorgestellt und anschließend hinsichtlich der trennenden Bearbeitung von metallischen Leichtbauwerkstoffen betrachtet. Wichtige Aspekte sind dabei die Qualität des Werkzeugs und die auftretende Reibung zwischen Werkzeug und Werkstück. Sie nehmen Einfluss auf den Verschleiß des Werkzeugs und die Qualität der Schnittkante.

Diese Probleme und ihre mögliche Lösung in der industriellen Praxis werden für die verschiedenen Leichtbaulegierungen von Magnesium, Aluminium und Titan beschrieben. Außerdem werden spezifische Aspekte wie der Werkzeugverschleiß behandelt.

3.1 Zerteilen

Im Hinblick auf den Leichtbau spielen Bleche aus Leichtmetalllegierungen, aber auch Stahllegierungen eine wichtige Rolle. Mit Hilfe von umformenden Fertigungsverfahren werden aus Blechen komplexe Bauteile hergestellt, die gegenüber massiven Bauteilen große Massevorteile bei gleichzeitig hoher Steifigkeit aufweisen. Damit aus Blechen fertige Bauteile hergestellt werden können, werden die Bleche i.d.R. trennend bearbeitet.

Nach DIN 8588 ist Zerteilen das mechanische Trennen von Werkstücken ohne das Entstehen von formlosem Stoff, also auch ohne Späne (spanlos). Unterteilt wird das Zerteilen in Scherschneiden, Keilschneiden, Spalten, Reißen und Brechen.

3.1.1 Verfahren des Zerteilens

Stanzen

Der Begriff Stanzen ist nicht genormt und vereint mehrere Fertigungsverfahren in einem Arbeitsgang innerhalb einer Presse. Die in das Stanzen einbezogenen trennenden Fertigungsverfahren entsprechen dem Scherschneiden. Stanzteile können aus nahezu allen Werkstoffen hergestellt werden, die als Bänder, Platten oder Folien vorliegen und nicht zum Splittern neigen. Stähle, die in Form von Blechen oder Bändern vorliegen, lassen sich bis zu einem spezifischen Schneidwiderstand von k_s = 1500 MPa stanzen. Aluminium und seine Legierungen sind für das Stanzen sehr gut geeignet. Ein großer Anwendungsbereich für Stanzteile aus Stahl ist die Automobilindustrie. Stanzteile aus Aluminiumlegierungen finden auch in der Verpackungsindustrie breite Anwendung..

Keilschneiden

Beim Keilscheiden wird zwischen Messer- und Beißschneiden unterschieden, je nachdem, ob das Werkstück mit einer oder zwei keilförmigen Schneiden zerteilt wird. Der Keil verformt das Werkstück beim Eindringen zuerst elastisch und dann plastisch. Die Folge ist eine Einkerbung und seitliche Werkstoffverdrängung sowie damit verbundene seitliche Materialanhäufung. Wenn die inneren Spannungen die lokale Materialfestigkeit übersteigen, bilden sich Risse, und es kommt zur Trennung des Werkstoffes. Die variable Keilform kann sowohl symmetrisch als auch asymmetrisch sein, und es können unterschiedliche Keilwinkel eingesetzt werden. Die beim Keilschneiden aufgewendete vertikale Schnittkraft wird außer für den Schneidprozess auch für die Materialverdrängung zur Seite benötigt. Dadurch kann es zu höheren Schneidkräften kommen als z.B. beim Scherschneiden.

Bearbeitet werden Bleche aus Stahl und NE-Metallen, hierbei vor allem aus Aluminium mit und ohne Beschichtungen. Magnesium weist eine nur eingeschränkte Kaltverformbarkeit auf, was durch seine hexagonale Gitterstruktur und der Neigung zur Zwillingsbildung verursacht wird. Es gibt deshalb nur eine eingeschränkte Palette an Magnesiumlegierungen, welche sich zum Keilschneiden (Messerschneiden) von Blechen eignen. Die größte Bedeutung kommt dabei der Gruppe der Mg-Al-Zn-Legierungen wie AZ31 oder AZ61 zu (Hoffmann 2008) (s. Kap. II.4). Alternativen zu AZ31 sind die Magnesium-Lithium-Legierungen LZ91 und LZ101, welche ähnliche Eigenschaften wie AZ31 aufweisen, sich aber bereits bei Raumtemperatur gut bearbeiten lassen, was bei AZ31 nicht der Fall ist. Aufgrund der hohen Lithiumkosten kommt für einen Ersatz von AZ31 eher das LZ91 in Frage (Chen 2008).

Feinschneiden

Das Feinschneiden stellt ein Scherschneiden dar, das es ermöglicht, Bauteile mit sehr glatten Schnittflächen herzustellen. Im Unterschied zum Normalschneiden wird durch eine allseitige Einspannung des Blechs eine Werkstofftrennung ausschließlich durch Fließen herbeigeführt. Dabei wird das Werkstoffgefüge stark geschert und es entsteht keine raue Bruchfläche. Feinschneiden findet überwiegend bei der Bearbeitung von Stahlwerkstoffen Anwendung. Das Feinschneiden von NE-Metallen wie Magnesium und Aluminium sowie deren Legierungen macht einen Anteil von ca. 10% aus, wobei besonders letztere für den Leichtbau in Luftfahrt und Automobilindustrie relevant sind (Schuler 1996). Reines Aluminium und nicht aushärtbare Aluminium-Magnesiumlegierungen (AlMg1, AlMg3) können sehr gut mittels Feinschneiden bearbeitet werden. Die chemische Zusammensetzung bestimmt dabei, inwieweit sich bestimmte Werkstoffe zum Feinschneiden eignen (s. Kap. II.3). So sind z. B. beim Feinschneiden von Aluminium-Zink-Magnesiumlegierungen besondere Maßnahmen, wie die Abstimmung von Schmiermittelzusätzen und Sprödigkeit bzw. Zähigkeit des Werkstoffes, zu treffen (Hellwig 2006).

Nibbeln
Nibbeln ist ein mehrhubiges, fortschreitendes Scherschneiden mit einem Schneidstempel, welches kleine Abfallstücke entlang einer Schnittlinie aus dem Werkstückmaterial heraustrennt. Im Unterschied zum Stanzen sind die Schneidkraft und die Werkzeugform unabhängig von der Konturlänge des Schnittteils. Die Konturlänge des Schnittteils bestimmt hingegen die Anzahl der zur Fertigung nötigen Hübe.

3.1.2 Verschleiß und Formfehler an der Schnittfläche

Bei zerteilenden Fertigungsprozessen kann es aufgrund der Reibung zwischen Werkzeug und Werkstück und den herrschenden Prozesskräften zum Verschleiß der Schneidkanten kommen. Sind die Werkzeugkanten zu stark verschlissen, gehen die die Werkstofftrennung verursachenden Risse nicht mehr von den Schneidkanten aus, sondern von den Freiflächen. Diese Verschiebung des Rissverlaufs führt zu einer Gratbildung, die mit zunehmender Anzahl der mit einem Werkzeug geschnittenen Teile ansteigt. Die Größe des Grats ist vom Verschleiß und vom Werkstoff abhängig. Grundsätzlich bewirkt ein Verschleiß der Schneidkanten eine Erhöhung von Schneidkraft und Schneidarbeit sowie eine Verschlechterung der Qualität der Schnittfläche.

Die Fehler an den geschnittenen Teilen werden vom Werkstoff, Werkzeug, Arbeitsablauf und Maschinentyp beeinflusst. Die an der Schnittfläche auftretenden Formfehler sind der Kantenabzug, die Einrisstiefe und die Grathöhe. Hinzu kommen u. U. Formfehler als Abweichung von der Ebenheit. Dies sind besonders die beim Ausschneiden von kleinen Teilen auftretenden Verwölbungen und die nach dem Ausschneiden von biegegerichtetem Band durch Freiwerden der Eigenspannungen bedingten Durchbiegungen. Abgesehen von weiterentwickelten Verfahren, wie dem Feinschneiden, weisen die mit Schneidverfahren erzeugten Schnittflächen immer eine Glattschnitt- und eine Bruchfläche auf. Die Glattschnittfläche wird erzeugt, wenn das Bauteil in das Werkstück eindringt und dabei jede einzelne Gitterebene trennt, ohne dass sich ein fortlaufender Riss ausbildet. Die Bruchfläche wird durch fortlaufende Risse ausgebildet, die aus einer Überlastung des Werkstoffes durch den Schneidprozess resultieren. Beim Scherschneiden tritt zusätzlich noch ein Kanteneinzug auf.

3.1.3 Zerteilen von NE-Metallen

Zerteilen von Aluminiumblechen
Bei der Fertigung von Automobilkarosserien dominierten in der Vergangenheit Stähle mit niedrigen Kohlenstoffgehalten. Allerdings finden hier mehr und mehr neue Werkstoffe, wie hochfeste Aluminiumlegierungen, Anwendung. Dies stellt auch die Bearbeitung dieser Bauteile vor neue Herausforderungen, da sich die Materialien stark in ihren Eigenschaften unterscheiden, was ihre Bearbeitbarkeit angeht. Hierdurch entstehen neue Problematiken beim Trennen von Blechen aus Aluminiumknetlegierungen.

Ein bekanntes Problem stellen Splitter des bearbeiteten Materials dar, die sich im Folgenden mit der Oberfläche von Werkzeug oder Werkstück verbinden und so für schlechte Oberflächenqualitäten sorgen. Die Folge ist aufwändige Nacharbeit, welche die Fertigungskosten deutlich steigen lässt. Dieser Fehler ist neben den höheren Materialkosten das größte Hindernis für eine weitere Verbreitung von Aluminium als Material für Außenhäute von Kraftfahrzeugen. Ein weiteres Problem ist die Gratbildung beim Schneiden von Aluminiumblechen. Durch Grate werden die Qualität und die Genauigkeit von Stanzteilen verringert, außerdem können Grate in Folgeprozessen zu weiteren Fehlern wie Spalten bei Fügeoperationen führen. Für die Fertigung guter Oberflächenqualitäten muss ein Schneidspalt von 4,5–6% der bearbeiteten Blechdicken sichergestellt werden. Beste Schnittflächen werden auch bei der Bearbeitung von Aluminiumblech mit Hilfe des Feinschneidens erzielt. Feinschneiden wird typischerweise für kleine Stanzteile, beispielsweise für die Uhrenindustrie, verwendet. Für die Herstellung von Automobilverkleidungen ist das Feinschneiden nicht wirtschaftlich einsetzbar. Grund sind die hohen Kosten für die Einrichtung der Werkzeuge und die ungenügende Steifigkeit der Pressmaschinen. Bei Blechen für Kraftfahrzeugkarosserien hat sich in der Praxis ein Schneidspalt von 10 % der Blechdicke bewährt.

Ein Ansatz zur Lösung des Problems der Absplitterungen ist die Abstützung des abzutrennenden Blechabschnitts, um ein Verbiegen des Blechs zu vermeiden und damit die horizontalen Kräfte zu minimieren. Eine weitere Möglichkeit ist die Verwendung eines stumpferen Werkzeuges auf einer Seite des Blechs (oben oder unten), sodass nur das scharfe Werkzeug auf der Gegenseite das Blech schneidet. Die Kombination beider Verbesserungsmöglichkeiten lieferte in Untersuchungen aber gute Werkstückqualitäten und einen robusten Prozess bei Schneidspaltgrößen zwischen 2 % und 107 %. Somit wären auch mit größeren Schneidspalten befriedigende Bauteilqualitäten erreichbar und damit die wirtschaftliche mechanische Bearbeitung von Aluminiumblechen möglich (Golovashenko 2006). Die Abstützung des abzutrennenden Blechabschnitts verringert außerdem die Gratbildung an der Schnittkante. Dies wirkt sich positiv auf das Verformungsvermögen und die Belastbarkeit des resultierenden Bauteils aus, weil die Grate Rissbildung begünstigen und somit vorzeitiges Bauteilversagen provozieren (Wang 2016).

Zerteilen von Magnesiumblechen

Magnesium ist aufgrund seiner hexagonalen Gitterstruktur bei Raumtemperatur nur schlecht umformbar. Bleche aus Magnesium und seinen Legierungen sind deshalb nicht weit verbreitet. Im Folgenden wird gezeigt, unter welchen Bedingungen sich 1,25 mm und 2,00 mm dicke Bleche aus der Magnesiumknetlegierung AZ31 mit Hilfe der Verfahren Beißschneiden, Messerschneiden und Scherschneiden bearbeiten lassen.

Beim Scherschneiden steigt dabei die Schneidkraft mit zunehmendem Schneidspalt. Ein Schneidspalt von 5 % stellte sich dabei als ideal heraus. Schneidspalte von über 20 % sollten vermieden werden, um ein gutes Bearbeitungsergebnis zu gewährleisten. Beim Messer- und Keilscheiden sorgt ein steigender Keilwinkel für steigende Schneidkräfte. Asymmetrische Keilwinkel sind gegenüber symmetrischen Keilwinkeln im Vorteil. Am geringsten ist die Schneidkraft beim Beißschneiden, da die Schnittfläche im Vergleich zum Messerschneiden halbiert wird.

Entscheidend bei der Bearbeitung von Magnesiumblechen ist die Prozesstemperatur. Mit zunehmender Temperatur nimmt die Glattschnittfläche zu und die Bruchschnittfläche ab, der Kanteneinzug verändert sich dagegen kaum. Hierfür sind die Eigenschaften der Magnesiumknetlegierung AZ31 verantwortlich. So verhalten sich Magnesiumwerkstoffe bei Raumtemperatur sehr spröde, was den Anteil des Glattschnitts zu Gunsten des Bruchschnitts verkleinert. Temperaturen um 225 °C sorgen bei der Legierung AZ31 für zusätzliche Gleitebenen und bereits bei 120 °C ist eine Werkstoffentfestigung festzustellen, welche eine deutlich bessere Schnittflächenqualität zur Folge hat (Hoogen 1999, Häußinger 2006, Dröder 1999).

Hinsichtlich Kosten und Verschleiß hat das Scherschneiden Vorteile gegenüber dem Beiß- und dem Messerschneiden. So ist die Werkzeugauslegung einfacher und damit sind die Konstruktions- und Baukosten geringer. Hinzu kommt, dass Werkzeuge für das Messer- und Beißschneiden schneller verschleißen und anfälliger für Beschädigungen sind als Werkzeuge für das Scherschneiden. Zur Auswahl eines Schneidverfahrens kann Tabelle 3.1 herangezogen werden.

Tab. 3.1: *Vergleich der Schneidverfahren (Hoffmann 2008)*

	Scherschneiden	Messerschneiden	Beißschneiden
Schneidkraftbedarf	-	-	+
Kosten	+	o	-
Verschleiß	+	o	-
Schnittfläche (h_B/A)	-/+	o/o	+/-
- am schlechtesten, + am besten			

Neben der Schnittqualität wirken sich temperierte Schneiden ebenfalls positiv auf die Korrosionsbeständigkeit aus. Dabei werden mit dem Messer- und dem Beißschneiden bessere Ergebnisse erzielt als mit dem Scherschneiden, da dort keine großflächigen Abplatzungen der KTL-Schicht (kathodische Tauchlackierung) auftreten. Zusammenfassend lässt sich für das Schneiden von Magnesiumblechen aus AZ31 die in Tabelle 3.2 aufgelistete Empfehlung für die Schneidparameter darstellen.

Tab.3.2: *Parameterempfehlung für Schneidprozesse (Hoffmann 2008)*

	Scherschneiden	Messerschneiden	Beißschneiden
Schneidtemperatur	ab 150°C	ab 150°C	ab 150°C
Schnittlinie	geschlossen	offen/geschlossen	offen/geschlossen
Werkzeuggeometrie	vollkantig	symmetrisch	symmetrisch
Schneidspalt	5%	—	—
Keilwinkel	—	30%	30%

Zerteilen von Titanblechen

Bleche aus Titan und seinen Legierungen werden überwiegend konventionell bearbeitet, d. h. gestanzt oder geschnitten. Werden hohe Ansprüche an die Qualität und Maßhaltigkeit der Oberfläche gestellt, kommen Laserschneid- oder Wasserstrahlschneidverfahren zum Einsatz. Da konventionelle Verfahren allerdings effizienter und wirtschaftlicher sind, ist deren Verbreitung heute noch sehr groß. Charakteristisch für das mechanische Trennen von Titanblechen ist eine Werkstoffverfestigung in einem kleinen Bereich plastischer Verformung (Adamus 2007).

3.2 Spanen mit geometrisch bestimmter Schneide

Unter Spanen mit geometrisch bestimmter Schneide versteht man nach DIN 8589 das Spanen mit einem Werkzeug, dessen Schneidenanzahl, Geometrie der Schneidkeile und exakte Lage der Schneiden zum Werkstück bestimmt sind. In den folgenden Unterkapiteln werden wichtige Trennverfahren mit geometrisch bestimmter Schneide sowie weitere wichtige Aspekte für die Zerspanung von ausgewählten Leichtmetallen vorgestellt. Während bei der Blechbearbeitung auch Stähle unter dem Leichtbauaspekt gesehen werden, werden an dieser Stelle nur NE-Metalle betrachtet.

3.2.1 Einfluss auf den Prozess des Zerspanens

Thermische Belastung

Die für Zerspanprozesse eingesetzte Energie wird fast vollständig in Wärme umgewandelt. Diese Wärme entsteht aufgrund von Trenn-, Umform- und Reibvorgängen, welche in der Wirkstelle zwischen Werkstück, Werkzeug und entstehendem Span vorherrschen. Die entstehende Wärme verteilt sich auf die beteiligten Partner Werkstück, Werkzeug und Span. Dabei ist es erwünscht, dass ein möglichst großer Anteil über den Span abgeführt wird. Zu große Wärmemengen im Werkstück können zu Bauteilverzügen führen, wodurch enge und damit kritische Toleranzen nicht mehr eingehalten werden können. Zu hohe Temperaturen im Werkzeug führen einerseits ebenfalls zu Ungenauigkeiten aufgrund der Wärmeausdehnung, andererseits zu einem schnelleren und größeren Verschleiß der Zerspanwerkzeuge. Erreichen die herrschenden Temperaturen den Schmelzpunkt der eingesetzten Schneidstoffe, kommt es zum Versagen der Werkzeuge. Zusätzlich kommt es bereits bei geringeren Temperaturen zu Diffusionsvorgängen zwischen Werkstück und Werkzeug, welche ebenfalls den Verschleiß des Werkzeugs zur Folge haben. Die entstehenden Temperaturen und die unterschiedlichen Verschleißmechanismen hängen direkt mit den zu bearbeitenden Werkstoffen zusammen und werden im Folgenden werkstoffspezifisch behandelt.

Mechanische Belastung

Neben der thermischen Belastung erfahren Zerspanwerkzeuge eine mechanische Belastung, welche außer vom Werkstoff von einer großen Anzahl von Parametern abhängig ist. Diese mechanische Belastung führt zu Spannungen in den Zerspanwerkzeugen. Überschreiten diese Spannungen die jeweiligen Grenzen der Belastbarkeit des Schneidstoffes, kommt es zum Versagen des Werkstoffs. Zusätzlich müssen hohe Zerspankräfte auch von der Maschine aufgenommen werden können.

Werkzeugverschleiß

Während des Zerspanprozesses finden im Bereich der Schneide Verformungs-, Trenn- und Reibvorgänge statt. Dabei unterliegen die eingesetzten Schneidstoffe einem außerordentlich komplexen Belastungskollektiv, welches durch hohe Druckspannungen, hohe Schnitt- und Reibgeschwindigkeiten und damit hohe Temperaturen gekennzeichnet ist.

Unter Anwendung der in der Praxis üblichen Schnittbedingungen erreichen Zerspanwerkzeuge in der Regel durch einen kontinuierlich zunehmenden Verschleiß an Span- und Freifläche ihr Einsatzende. Man versteht hierunter den fortschreitenden Materialverlust aus der Oberfläche eines festen Körpers, hervorgerufen durch mechanische Ursachen, d.h. Kontakt und Relativbewegung eines festen, flüssigen oder gasförmigen Gegenkörpers (Klocke 2008).

DIN 50 323 definiert die Oberbegriffe des Verschleißes folgendermaßen:

- *Verschleißerscheinungsform:* Sich durch Verschleiß ergebende Veränderungen der Oberflächenschicht eines Körpers sowie Art und Form der anfallenden Verschleißpartikel
- *Verschleißmechanismus:* Beim Verschleißvorgang ablaufende physikalische und chemische Prozesse
- *Verschleißart:* Kennzeichnung eines Verschleißvorgangs nach der Art der tribologischen Beanspruchung und der Systemstruktur.

Außer dem Versagen der Hartstoffschicht bei beschichteten Werkzeugen können beim Versagen des Werkzeugs die folgenden Verschleißerscheinungsformen auftreten:

Rissbildung bzw. Oberflächenzerrüttung

Unterliegt ein Werkzeug hohen mechanischen und thermischen Wechselbeanspruchungen, kommt es in der Randzone zur Rissbildung, wodurch eine Zerrüttung der Oberfläche und ein Versagen des Werkzeugs eintreten können.

Abrasion

Dringt ein harter Körper in die Oberfläche eines weicheren Grundkörpers und erzeugt aufgrund einer Relativbewegung Furchen im weicheren Körper, wird von Abrasion gesprochen.

Adhäsion

Beim Auftreten von Adhäsion entstehen zwischen Werkzeug und Werkstück (Press-) Verschweißungen, die im weiteren Verlauf wieder abgetrennt werden.

Oxidation

Der Vorgang der Oxidation tritt auf, wenn durch die Zerspanung hohe Temperaturen entstehen, oder die Zerspanung bei hohen Temperaturen stattfindet.

Diffusion

Besteht bei den am Prozess beteiligten Partnern gegenseitige Löslichkeit, kann unter hohen Schnittgeschwindigkeiten Diffusionsverschleiß an warmverschleißfesten Hartmetallwerkzeugen auftreten.

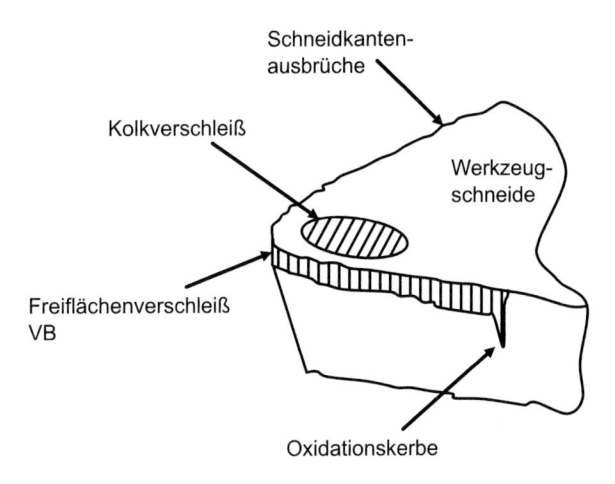

Abb. 3.1: *Verschleißarten an Zerspanwerkzeugen (Söhner 2003)*

Ausbrüche

Treten bei der Zerspanung große Schnittkräfte auf, kommt es zu Zugspannungen an der Werkzeugoberfläche und aus der daraus folgenden lokalen Überbeanspruchung zu Ausbrüchen aus der Schneidkante. Die Abbildung 3.1 zeigt eine Werkzeugschneide und mögliche Verschleißarten.

Prozessführung

Die Wahl der Prozessparameter bestimmt in großem Maße, ob bestimmte Werkstoffe unter wirtschaftlichen Aspekten spanend zu bearbeiten sind. Ziel ist es, durch große Zeitspanvolumen möglichst geringe Fertigungskosten zu erzielen. Aus diesem Grund wird ständig versucht, die Parameter Schnittgeschwindigkeit v_c, Vorschub f_z und Schnitttiefe a_p auf neue Höchstwerte zu trimmen. Die Entwicklung der Hochgeschwindigkeitszerspanung (HSC-High Speed Cutting) ist auf diese Tatsache zurückzuführen. Die Veränderung dieser Parameter hat aber wiederum einen direkten Einfluss auf die thermische und mechanische Belastung und damit auf den Werkzeugverschleiß. Zudem wird auch die erzeugbare Oberfläche, d. h. die Bearbeitungsqualität, von diesen Zerspanungsparametern beeinflusst.

Prozesskühlung

Ein weiterer Punkt, der in der Zerspanung eine zentrale Rolle spielt, ist die Prozesskühlung durch Kühlmedien verschiedener Art (fest, flüssig, gasförmig). Deren Aufgabe ist es, die Prozesstemperaturen zu senken. Dies geschieht auf mehreren Wegen. Einerseits erfolgt eine direkte Kühlung durch ein kaltes Medium, welches mit einem heißen Gegenstand in Berührung kommt, andererseits spült das Medium die heißen Späne aus der Wirkzone des Prozesses, wodurch ein großer Teil der Zerspanungswärme abgeführt wird. Hinzu kommt die schmierende Wirkung von Kühlmedien, wodurch aufgrund der geringeren Reibung weniger Wärme entstehen kann. Allerdings können durch die Prozesskühlung auch negative Effekte hervorgerufen werden, wie beispielsweise der so genannte Thermoschock, welcher entsteht, wenn sehr heiße Bereiche eines Werkzeuges plötzlich abgekühlt werden. Hierdurch kann es zum Versagen des Schneidwerkzeuges kommen. Hinzu kommt, dass durch eine Prozesskühlung zusätzliche Kosten entstehen, da die Medien bereitgestellt, gewartet und recycelt werden müssen. Nicht zu vergessen ist außerdem die gesundheitsschädliche Wirkung vieler Kühlmedien für Menschen sowie die Belastung der Umwelt bei ihrer Entsorgung.

Geometrische Werkzeugoptimierung

Eine Möglichkeit, um Fertigungsprozesse für neue Bearbeitungsaufgaben und Werkstoffe zu qualifizieren, stellt die geometrische Optimierung von Zerspanwerkzeugen dar. Damit ist neben der Veränderung der makroskopischen Gestalt auch die Feingestalt der Werkzeugschneide gemeint. Als makroskopische Gestaltänderung kann beispielsweise die Entwicklung neuer Geometrien für Fräswerkzeuge verstanden werden. So können beispielsweise oktaedrische, dreieckige, runde oder sechseckige Wendeschneidplatten verwendet werden. Jede dieser Geometrien hat ihre Vor- und Nachteile und kann im speziellen Fall eingesetzt werden.

Als Beeinflussung der Feingeometrie können das Anbringen von Fasen, Schneidkantenverrundungen oder speziellen Bohreranschliffen gesehen werden. Hier bietet sich eine Vielzahl an Möglichkeiten, die Zerspankräfte, Prozesstemperaturen und den Verschleiß des Werkzeuges zu beeinflussen.

Schneidstoffentwicklung

Da die Entwicklung neuer zu bearbeitender Werkstoffe stetig weiter geht, werden auch ständig neue Schneidstoffe entwickelt, um neue Herausforderungen in der Zerspanung meistern oder bestehende Prozesse verbessern und weiter entwickeln zu können.

Auf dem Gebiet der Schneidstoffentwicklung ergibt sich meist ein Zielkonflikt zwischen der Festigkeit und der Zähigkeit eines Werkstoffes. Der ideale Schneidstoff würde eine hohe Härte als Schutz gegen Verschleiß wie Abrieb aufweisen, bei gleichzeitig hoher Zähigkeit als Schutz gegen spröde Ausbrüche der Werkzeuge. Da sich Härte und Zähigkeit aber nicht in gleichem Maße steigern lassen, ergibt sich immer ein Kompromiss zwischen diesen beiden Eigenschaften.

Beschichtungstechnologie

Bei Zerspanwerkzeugen werden das Verschleißverhalten und damit die Standzeit vor allem durch den Betrag der Schnittkräfte sowie durch thermische Beanspruchung beeinflusst. Schnittkräfte und thermische Belastung resultieren dabei aus der Reibung zwischen Spanfläche und Span, zwischen Freifläche und Werkstück sowie aus dem eigentlichen Trennvorgang. Um diese Einflüsse zu verringern und die Standzeit der Schneidwerkzeuge zu verbessern, werden die Werkzeuge mit Hartstoffen beschichtet. Die Hartstoffschicht ist üblicherweise nur wenige μm dick und übernimmt dabei folgende Aufgaben:

- Schutz des Trägersubstrats durch hohe thermische Widerstandsfähigkeit
- Senken der Schnittkräfte und des Schnittwiderstands durch verbesserte Gleiteigenschaften
- Schutz vor Abrasion durch hohe Härte der Randschicht.

Dies ermöglicht z. B. bei einem vergleichsweise zähen Werkstoff eine hohe Härte der Randschicht und vereint so die gewünschten Eigenschaften von hoher Härte und Zähigkeit. Für die Beschichtung werden Hartstoffe wie TiN, TiCN, TaC, TiAlN, AlCrN oder auch polykristalliner Diamant und amorpher Kohlenstoff verwendet.

Allerdings gilt es zu beachten, dass es Anwendungsfälle gibt, bei denen Beschichtungen nicht verwendet werden dürfen. Zum Beispiel darf bei der Fertigung von Triebwerken bei Rolls-Royce nur bis zu einem Aufmaß von 0,5 mm mit beschichteten Werkzeugen gearbeitet werden, um eine mögliche Diffusion der Beschichtungselemente in die Bauteiloberfläche der Triebwerke zu vermeiden (Abele 2009). Um die Hartstoffschicht auf das Trägersubstrat aufzubringen, werden im Bereich der Werkzeugbeschichtung hauptsächlich die beiden Verfahren CVD (Chemical Vapour Deposition) und PVD (Physical Vapour Deposition) verwendet.

3.2.2 Zerspanen von NE-Metallen

3.2.2.1 Titanzerspanung

Die Zerspanung von Titan stellt eine große Herausforderung dar. Zwar machen seine herausragenden physikalischen Eigenschaften – wie geringe Dichte bei gleichzeitig hoher Zugfestigkeit – Titan und seine Legierungen zum idealen Leichtbauwerkstoff. Dagegen verursachen die hohe Zugfestigkeit zusammen mit dem niedrigen Elastizitätsmodul und der geringen Wärmeleitfähigkeit große Probleme bei der Zerspanung.

Die hohe Zugfestigkeit führt zu einer hohen Belastung und damit einem schnellen Verschleiß der Werkzeuge. Durch den geringen Elastizitätsmodul kann das Werkstück dem Werkzeug bei der Bearbeitung labiler Bauteile ausweichen, was beim Zurückfedern eine zusätzliche Schlagbelastung für das Werkzeug ergibt, die sich ebenfalls negativ auf die Lebensdauer der Werkzeuge auswirkt. Eine resultierende Schwingungsanregung wirkt sich zudem negativ auf das erzielbare Prozessergebnis aus.

Die bei der Zerspanung entstehende Wärme verteilt sich auf die beteiligten Partner Werkzeug, Werkstück und abgetrennter Span. Die in das Bauteil gelangte Wärme sorgt dabei für eine Materialentfestigung und senkt so die notwendigen Schnittkräfte, was sich positiv auf die Zerspanbarkeit auswirkt. Zusätzlich stellt die entstehende Wärme eine Belastung für das Zerspanwerkzeug dar, weshalb es wünschenswert ist, dass möglichst viel Wärme über die Späne aus der Prozesszone abgeführt wird. Allgemein kann gesagt werden, dass 40–70 % der entstehenden Wärme über die Späne abgeführt werden, bei der Aluminiumzerspanung sind es sogar 75 %. Die geringe Wärmeleitfähigkeit von Titan führt allerdings dazu, dass nur etwa 25 % der in der Kontaktzone zwischen Werkstück und Werkzeug entstehenden Wärme über die Späne abgeführt werden kann. Auch das Werkstück nimmt aus diesem Grund nur sehr wenig Wärme auf, weshalb der gewünschte Entfestigungsvorgang kaum bzw. nur in einem kleinen Bereich stattfinden kann. So ist bei Titan eher das Gegenteil der Fall: eine Verfestigung aufgrund der hohen Umformgrade bei der Bearbeitung. Erschwerend kommt hinzu, dass die Zerspanung von Titanlegierungen aufgrund ihrer höheren Festigkeit mehr Energie als die Zerspanung von weniger festen Werkstoffen benötigt und somit auch mehr Wärme in der Prozesszone entsteht.

Das Resultat ist eine sehr große thermische Belastung der Werkzeuge, welche zusätzlich zur hohen mechanischen Belastung wirkt und zu einem erheblichen Werkzeugverschleiß führt.

Zusätzlich neigen Titanlegierungen zu chemischen Reaktionen mit den Schneidstoffen und einem Verschweißen durch Adhäsion auf dem Werkzeug, was zur Bildung von Aufbauschneiden führt. Diese verursachen Ausbrüche aus dem Werkzeug, vorzeitiges Werkzeugversagen sowie schlechte Oberflächenqualitäten.

Um diese Problematik in den Griff zu bekommen, gibt es unterschiedliche Ansätze. Zum einen wird versucht, über neuartige Schneidstoffe und Beschichtungen die Reibung in der Prozesszone zu minimieren sowie die Werkzeuge verschleißfester zu machen, zum anderen werden neuartige Prozessführungen entwickelt und untersucht. So gibt es neben der konventionellen Nass- und Trockenbearbeitung Versuche, Titan mit Hilfe von Hochdruckkühlung oder kryogenen Medien, aber auch der so genannten Heißbearbeitung zu zerspanen.

Schneidstoffentwicklung und Beschichtung

Geht man von den hohen thermischen Belastungen bei der Tintanzerspanung aus, so sind Werkzeuge aus CBN (kubisches Bornitrid) der Schneidstoff der Wahl, da sie zum einen eine sehr hohe Härte und zum anderen eine hohe thermische Beständigkeit aufweisen. Allerdings sind beschichtete und unbeschichtete Werkzeuge aus Hartmetall je nach Prozessführung ebenso gut oder besser geeignet und zeichnen sich außerdem durch wesentlich geringere Beschaffungskosten aus.

Keramische Schneidstoffe kommen bei der Zerspanung von Titanlegierungen kaum zum Einsatz, da es aufgrund der hohen Reaktionsneigung von Titanlegierungen mit Keramiken zu sehr großen Verschleißraten kommt (Ezugwu 2003). Die Abbildung 3.2 zeigt die Kolkverschleißrate beim Zerspanen der Titanlegierung Ti6Al4V in Abhängigkeit der eingesetzten Schneidstoffe.

Wie in Abbildung 3.2 zu erkennen ist, führt die Zerspanung von Titan mit keramischen Werkzeugen zu einem schnell fortschreitenden Verschleiß der Zerspanwerkzeuge. Der Vergleich mit anderen Schneidstoffen wie polykristallinem Diamant (PCD), oder unbeschichtetem Hartmetall (HW-K10) zeigt, dass sich diese Schneidstoffe in Bezug auf den Werkzeugverschleiß besser für die Zerspanung von Titanlegierungen wie Ti6Al4V eignen.

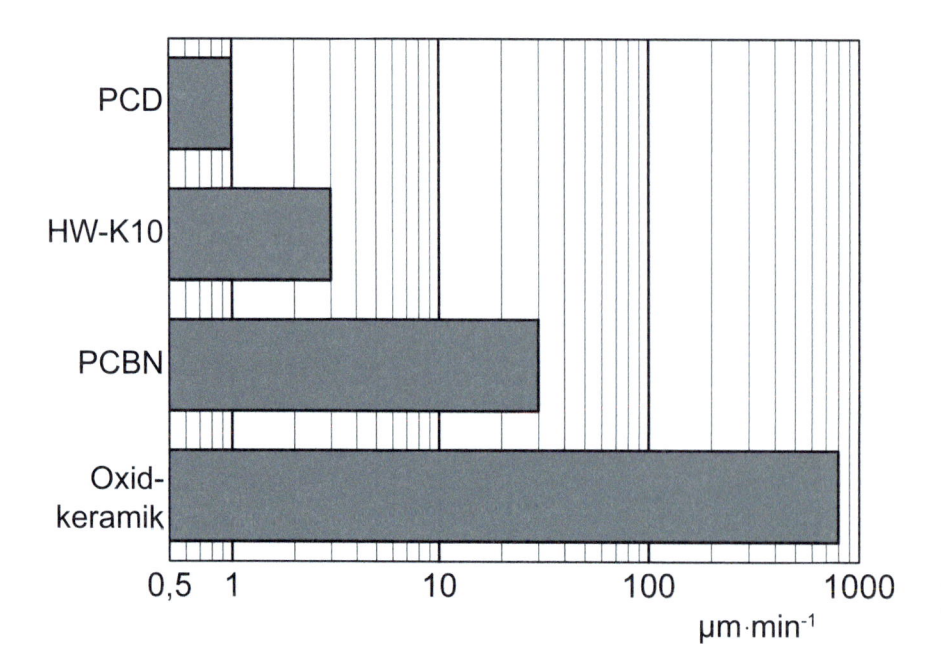

Abb.3.2: *Schneidstoffvergleich im Hinblick auf Kolkverschleiß bei der Zerspanung von Ti6Al4V (Klocke 1996)*

Prozessführung

Bei der Anwendung konventioneller Nassbearbeitung für die Zerspanung von Titanlegierungen werden mit ultraharten Schneidstoffen bei einer Schnittgeschwindigkeit von 150 m/min und einer Schnitttiefe von 0,5 mm gute Ergebnisse erzielt. Bei einer Schnittgeschwindigkeit von 105 m/min, einem Vorschub von 0,2 mm/U und einer Schnitttiefe von 0,25 mm wurde eine Standzeit der CBN-Werkzeuge von 20 Minuten erzielt (SECO 2002).

Abbildung 3.3 zeigt die Fräsbearbeitung einer Hochdruck-Verdichterscheibe in Bliskbauweise aus einer Titanlegierung unter Einsatz von Kühlschmierstoff. Unter Bliskbauweise versteht man die integrale Bauweise von Verdichterscheiben, bestehend aus Schaufel („blade") und Scheibe („disk"). Diese können entweder aus dem Vollen gefräst, elektrochemisch gesenkt oder gefügt werden.

Abbildung 3.3 macht den großzügigen Einsatz von Kühlschmierstoffen deutlich, welcher bekanntermaßen große Kosten durch Bereitstellung, Instandhaltung und Entsorgung mit sich bringt.

Bei der Trockenbearbeitung der Titanlegierung Ti6Al4V mit ultraharten Werkzeugen (PCD, CBN) und beschichteten Hartmetallen können hingegen befriedigende Standwege und Oberflächenqualitäten erreicht werden. Hierfür können allerdings nur niedrige Schnittgeschwindigkeiten (75 m/min), Vorschübe (0,25 mm/U) und Schnitttiefen (1,0 mm) verwendet werden. Dabei sprechen die hohen Kosten für ultraharte Schneidwerkzeuge klar für den Einsatz von beschichteten Hartmetallen (Ezugwu 2005). Der Verschleiß der Freifläche stellt sich bei der trockenen Bearbeitung mit Hartmetallwerkzeugen als der dominierende Verschleiß dar.

Mit Hilfe der Minimalmengenschmierung (MMS) ist es möglich, Titanlegierungen mit Hochgeschwindigkeitszerspanparametern zu bearbeiten. Im Vergleich zur Trockenbearbeitung können die Zerspankräfte deutlich gesenkt werden, was sich in einer längeren Lebensdauer der Werkzeuge widerspiegelt. Durch die bessere Schmierung und Kühlung bei der MMS-Bearbeitung können außerdem geringere Oberflächenrauheiten erzielt werden als bei trockener Bearbeitung.

Eine Alternative zur konventionellen Nassbearbeitung stellt die Zerspanung mit Hochdruckkühlung dar. Dabei wird das Kühlschmiermittel mit Drücken bis zu 30 MPa in die Prozesszone geführt. Dabei werden mehrere Ziele verfolgt. Zum einen soll eine bessere Kühlung bei höheren Schnittgeschwindigkeiten gewährleistet werden, zum anderen wirkt der Kühlmittelstrahl zusätzlich auch als Spanbrecher.

Abb. 3.3: *Fräsen einer Hochdruck-Verdichterscheibe in Bliskbauweise bei der MTU AENA*

Die Unterstützung des Spanbruchs ist insofern von Bedeutung, als dass Titan zur Bildung von Segmentspänen neigt. Außerdem werden die Späne besser aus der Prozesszone transportiert. Versuche mit Hochdruckkühlung (14 MPa) und Hartmetallwerkzeugen ergaben beim Stirnplanfräsen von Ti6Al4V die zweieinhalbfache Standzeit der Werkzeuge im Vergleich zur konventionellen Nassbearbeitung. Werden Drücke von 15 und 30 MPa verwendet, ist es möglich, die Schnittgeschwindigkeit zwischen 67 und 150 % gegenüber der konventionellen Nassbearbeitung zu erhöhen (Klocke 2002, Ezugwu 2005, Komanduri 1981).

Die Erfahrung beim Drehen der Legierung Ti6Al4V mit Hochdruckkühlung hat gezeigt, dass die Lebensdauer von CBN-Werkzeugen deutlich geringer war als bei der Verwendung von unbeschichteten Hartmetallwerkzeugen, obwohl die Zerspankräfte bei CBN-Werkzeugen geringer ausfielen als bei Hartmetallwerkzeugen. Grund für das schnelle Versagen der CBN-Werkzeuge ist das schnelle Auskerben und starke Ausbrechen der Schneidkante infolge der hohen Belastung (Ezugwu 2005).

Eine weitere Möglichkeit der Prozesskühlung stellt die Kühlung mit kryogenen Medien dar, d. h. Medien mit sehr niedrigen Temperaturen. Dabei kommen beispielsweise flüssiger Stickstoff (liquid N_2 = LN2) oder Kohlenstoffdioxid (CO_2) zum Einsatz. Untersuchungen mit LN2-Kühlung hierzu zeigen, dass die Zerspantemperaturen deutlich gesenkt werden können und die Werkzeuglebensdauer besser ist als bei allen anderen Zerspanbedingungen (Shane 2001). Neben der Werkzeuglebensdauer kann auch die gefertigte Oberflächenqualität mit Hilfe der LN2-Kühlung verbessert werden (Wang 2000).

Hochgeschwindigkeitsbearbeitung (HSC)

Mit Hilfe verbesserter Schneidstoffe und Beschichtungen sowie moderner Werkzeugmaschinen wird versucht, die Leistungsfähigkeit von Zerspanprozessen durch eine Erhöhung von Zerspanparametern, wie der Schnittgeschwindigkeit zu erhöhen. Die dafür notwendigen Werkzeuge müssen dafür über eine hohe Härte und vor allem eine hohe Warmhärte verfügen, da die maximalen Temperaturen in der Zerspanzone mit steigender Schnittgeschwindigkeit zunehmen. Als einfache Abgrenzung gegenüber der konventionellen Zerspanung können Zerspanbedingungen über den üblichen Bedingungen herangezogen werden (Pauksch 2008). Für das Fräsen von Titanlegierungen unter Hochgeschwindigkeit werden dafür Schnittgeschwindigkeiten zwischen 100 und 1000 m/min verwendet.

Abbildung 3.4 zeigt das Hochgeschwindigkeitsfräsen einer Bliskstufe für einen Niederdruckverdichter des EJ200 Triebwerks (Eurofighter). Die Bliskstufe wird aus der Titanlegierung Ti6Al4V gefertigt.

Obwohl bei der Titanbearbeitung, wie einführend bereits erwähnt, nur wenig Wärme in das Bauteil gelangt, sinken auch hier die Prozesskräfte mit steigender Schnittgeschwindigkeit. Allerdings sorgen die extrem hohen Temperaturen für sehr kurze Werkzeugstandzeiten und eine daraus resultierende schlechte Oberflächenqualität. Allerdings zeigen Untersuchungen von (Chen 2003), dass bei hohen

Abb. 3.4: *Hochgeschwindigkeitsfräsen der Bliskstufe eines EJ200-Niederdruckverdichters (Quelle: MTU)*

Schnittgeschwindigkeiten (380 m/min) mehr Wärme über die Späne abgeführt werden konnte als bei üblichen Schnittgeschwindigkeiten (62 m/min). Die Folge dieser Tatsache ist ein dünnerer Bereich von durch Wärme beeinflusstem Randgefüge bei hohen Schnittgeschwindigkeiten. Auch die gemessenen Zugeigenspannungen in der Bauteilrandschicht weisen bei hohen Schnittgeschwindigkeiten geringere Werte auf als bei niedrigen Schnittgeschwindigkeiten. Was die Hochgeschwindigkeitsbearbeitung unterschiedlicher Titanlegierungen mit Hartmetallwerkzeugen angeht, stellte sich bei (Li 2004) heraus, dass α- und α+β-Titanlegierungen besser zerspanbar sind als β-Titanlegierungen.

Auf Basis der Problematik beim Spanen von Titanlegierungen ergeben sich einige allgemeingültige Verhaltensregeln (Peters 2002):

- Möglichst kurze und schwingungsfreie Einspannung des Werkstücks
- Maschine und Einspannung müssen sehr steif ausgelegt werden
- Schneidwerkzeuge müssen scharf sein
- Ausreichende Kühlung des Titanbauteils zur schnellen Wärmeabfuhr und zur Brandvermeidung, da Titanstäube und -späne leicht entzündlich sind
- Wahl einer niedrigen Schnittgeschwindigkeit und großer Schnitttiefen
- Entfernung harter Randschichten vorab durch Strahlen oder Beizen.

Die Abbildung 3.5 zeigt als Beispiele Fanschaufeln aus der Titanlegierung Ti6Al4V für den Einsatz in Flugzeugtriebwerken von Rolls Royce.

3.2.2.2 Magnesiumzerspanung

Magnesium und seine Legierungen lassen sich allgemein sehr gut spanend bearbeiten. Grund hierfür sind die geringe Dichte und Festigkeit von Magnesium. Dadurch ergeben sich niedrige Zerspankräfte und ein guter Spanbruch, wodurch hohe Schnittgeschwindigkeiten möglich sind (8000 m/min) und nur ein geringer Werkzeugverschleiß auftritt. Im Vergleich zur Aluminium-

Abb. 3.5: *Fanschaufeln für Flugzeuge aus Ti6Al4V (Quelle: Rolls Royce plc)*

zerspanung sind die Werkzeugstandzeiten bis zu zehnmal länger.

Neben den guten Zerpanungseigenschaften birgt die Zerspanung von Magnesium allerdings auch kritische Gesichtspunkte. Hiermit ist vor allem die hohe Explosionsgefahr gemeint, welche aus der hohen Reaktivität von Magnesium mit Wasserstoff resultiert. Aus diesem Grund muss bei der nassen Zerspanung mit Kühlschmiermittelemulsionen darauf geachtet werden, dass sich keine kritischen Wasserstoffkonzentrationen bilden. Hierfür gibt es spezielle Abluftanlagen sowie Maschinen-Brandschutzeinrichtungen. So wird einerseits präventiv die Bildung explosiver Gemische im Arbeitsraum vermieden, andererseits können Brände rechtzeitig erkannt und gelöscht werden. Die Magnesiumspäne können z. B. zusätzlich in eine Presse abgeführt und dort verdichtet werden, wodurch die Selbstentzündung der Späne vermieden wird.

Bei der Trockenbearbeitung von Magnesium in Verbindung mit hohen Schnittgeschwindigkeiten kann es zur Aufbauschneidenbildung kommen, welche die Prozesskräfte steigert und sich negativ auf die Rauheit der Bauteiloberflächen auswirkt. Aufbauschneidenbildung wurde dabei vor allem bei aluminiumhaltigen Magnesiumlegierungen festgestellt. Grund sind die bei diesen Legierungen auftretenden höheren Prozesstemperaturen, welche die Plastizität der Legierung vergrößern. Scharfe Werkzeugschneiden mit hoher thermischer Leitfähigkeit zur Wärmeabfuhr sowie Beschichtungen zur Reibungsminimierung sind probate Mittel, um die Ausbildung von Aufbauschneiden bei der Magnesiumbearbeitung zu vermeiden. Die bei der Trockenbearbeitung entstehenden hochentzündlichen Späne sind brandschutztechnisch kaum zu beherrschen, weshalb Magnesium überwiegend unter Einsatz von Kühlschmiermitteln zerspant wird.

Unter den Kühlschmiermitteln gibt es eine große Auswahl. So können reine Öle eingesetzt werden, allerdings erfordert dies einen erhöhten Aufwand zum Brandschutz, da Öl-Spangemische eine größere Brandgefahr darstellen als dies beim Einsatz von wässrigen Medien der Fall ist. Wassermischbare Kühlschmierstoffe lösen sowohl das Problem der Spanabfuhr als auch das der Brandgefahr. Allerdings muss bei der Zusammensetzung des Kühlschmierstoffes beachtet werden, dass Magnesium auch mit Wasser reagieren kann. Spezielle Zusammensetzungen können diese Reaktivität aber reduzieren. Zusätzlich muss darauf geachtet werden, dass die Emulsion ausreichend stabil ist, da die Bildung von Mg^{2+}-Ionen zu einem Anstieg der Wasserhärte führt, was zu einer Entmischung der Emulsion führt und diese unbrauchbar macht. Durch eine erhöhte Pufferwirkung wird dafür gesorgt, dass der Anstieg des pH-Wertes durch die Bildung von OH-Ionen verringert wird. Die BG-Regel 204 „Umgang mit Magnesium" bietet sicherheitsrelevante Hinweise zum Umgang mit Magnesium und seinen Legierungen (Schwerin 2002).

Hinzu kommt, dass sich bei der Verwendung herkömmlicher wassermischbarer Kühlschmieremulsionen Ablagerungen auf den Werkzeugen und der Maschine bilden, was zu einem hohen Reinigungs- und Wartungsaufwand führt. Grundsätzlich ist bei der Magnesiumbearbeitung zu beachten, dass die wichtigsten Parameter der eingesetzten Kühlschmiermittel ständig überwacht werden und die Konzentration immer im empfohlenen Bereich liegt. Es kann demnach gesagt werden, dass die Bearbeitung von Magnesium aus Sicht der Zerspanung kein Problem darstellt. Die Eigenschaften des Werkstoffes führen aber zu einem erhöhten Aufwand hinsichtlich Brand- und Explosionsschutz, Überwachung und Aufbereitung der Kühlschmiermittel sowie der Entsorgung der Späne z.B. in Form von gepressten Magnesiumspanbriketts. Abbildung 3.6 zeigt als Beispiel das Gehäuse für das NAG-2 Siebengang-Automatikgetriebe von Daimler aus der Magnesiumlegierung MgAl3Si1. Kommt es trotz aller Vorsichtsmaßnahmen zu einem Magnesiumbrand, darf auf keinen Fall mit Wasser oder wasserhaltigen Löschmitteln eingegriffen werden. ABC-Pulverlöscher, Kohlendioxid sowie Stickstoff sind ebenfalls ungeeignet. Löschmittel und Löschpulver der Klasse D eignen sich hingegen. Dies sind beispielsweise trockene und rostfreie Gussspäne, trockener Spezialsand und trockene Magnesiumabdecksalze (Kleiner 2002).

3.2.2.3 Aluminiumzerspanung

Aluminiumlegierungen gehören zu den am besten zerspanbaren Metallen. Aufgrund der üblicherweise geringen Schnittkräfte, der guten thermischen Leitfähigkeit und dem geringen Schmelzpunkt von Alumi-

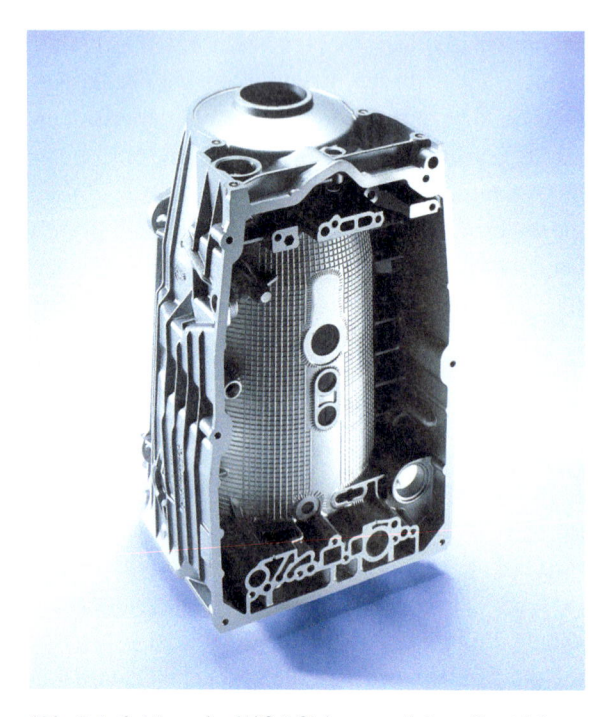

Abb. 3.6: *Gehäuse des NAG-2 Siebengang-Automatikgetriebes von Daimler aus MgAl3Si1 (Quelle: Honsel AG)*

niumlegierungen (500–600 °C) ergeben sich niedrige Zerspantemperaturen und niedrige Verschleißraten der Werkzeuge. Voraussetzung für eine gute Bearbeitbarkeit von Aluminiumlegierungen sind scharfe Werkzeuge aus Schnellarbeitsstahl, Diamant oder Hartmetall mit oder ohne Beschichtung sowie eine angepasste Bearbeitungsstrategie (Nass-/Trockenbearbeitung, Minimalmengenschmierung). Keramische Werkzeuge auf Basis von Siliciumnitrid werden wegen der hohen Löslichkeit von Silicium in Aluminium normalerweise nicht eingesetzt (Kelly 2001).

Die Zerspanbarkeit von Aluminiumlegierungen wird hauptsächlich an den Größen Werkzeugverschleiß, Spanabfuhr und Oberflächenqualität gemessen.

Der Werkzeugverschleiß wird dabei hauptsächlich von Hartstoffeinschlüssen, wie Aluminiumoxid, Siliciumcarbid oder freiem Silicium verursacht. Vor allem bei im Leichtbau eingesetzten AlSi-Legierungen mit hohen Siliciumgehalten kommt es aufgrund der harten Siliciumkristalle zu einem starken abrasiven Verschleiß (Klocke 1999).

Hohe Schnittgeschwindigkeiten und -temperaturen können bei der Aluminiumbearbeitung außerdem zu einem Verschmieren des Aluminiums führen und die Schneiden der Zerspanwerkzeuge zusetzen.

Bei der Zerspanung von Aluminium mit Kühlschmierstoffen (KSS) gilt es zu beachten, dass die für Eisenbasiswerkstoffe üblichen Medien meist nicht geeignet sind. Dies hat folgende Gründe: Bei der spanenden Bearbeitung von Aluminium bildet sich sehr schnell ein oxidischer Film mit hoher Härte auf der bearbeiteten Oberfläche. Die Folge sind Reib- und Quetschvorgänge anstatt sauberer Materialtrennung, wodurch ein schneller Verschleiß der Schneidkanten verursacht wird. Zur Vermeidung dieses Problems werden den KSS Additive zugefügt, die die Bildung von Aluminiumoxiden verhindern. Weiterhin müssen KSS für die Aluminiumzerspanung stark schmierende und druckbeständige Additive enthalten, da es aufgrund des im Aluminium enthaltenen Siliciums zu hoher Reibung und hohen Temperaturen kommt. Diese führen zu Spanverschweißungen, Aufbauschneiden und starkem Werkzeugverschleiß. Aufgrund des hohen Wärmeausdehnungskoeffizienten von Aluminium müssen KSS für die Aluminiumzerspanung in der Lage sein, die entstehende Prozesswärme schnell abzuführen, um Bauteilverzüge und nachfolgende Toleranzprobleme zu vermeiden.

Da die Nassbearbeitung große Kosten für die Beschaffung, Bereitstellung und Entsorgung von KSS verursacht und zudem eine Belastung für Mensch und Umwelt darstellen kann, wird auch bei der Aluminiumbearbeitung versucht, die Zerspanung auf Minimalmengenschmierung bzw. Trockenbearbeitung umzustellen.

Durch den Wegfall des KSS bei der Trockenbearbeitung müssen die Funktionen der KSS auf andere Art und Weise übernommen werden. Hierfür bieten sich andere Schneidstoffe und vor allem spezielle Hartstoffschichten für Werkzeuge an. Die Hartstoffschichten sorgen dabei für verminderte Reibung sowie einen größeren Widerstand gegen thermische und mechanische Belastungen. Inwieweit sich Werkstoffe zur trockenen Bearbeitung eignen und welche Werkzeuge für die jeweiligen Fertigungsverfahren empfohlen werden, kann der Abbildung 3.7 entnommen werden. Eine nahezu trockene Bearbeitung erfolgt mit der sogenannten Minimalmengenschmierung (MMS). Darunter versteht man eine Dosiermenge von 5–50 ml KSS pro Prozessstunde. Tabelle 3.3 gibt einen Überblick über die Verfahren, bei denen Aluminium unter MMS zerspant werden kann.

Tab. 3.3: *Einsatzbereiche der Minimalmengenschmierung und Trockenbearbeitung*

	Al-Gusslegierung	Al-Knetlegierung
Bohren	MMS	MMS
Reiben	MMS	MMS
Gewindeschneiden	MMS	MMS
Gewindeformen	MMS	MMS
Tiefbohren	MMS	MMS
Fräsen	Trocken	MMS
Drehen	MMS/Trocken	MMS/Trocken
Sägen	MMS	MMS

Bei Aluminiumgusslegierungen kann die Schruppbearbeitung wegfallen, die bei Aluminiumknetlegierungen nötig ist. Feingussverfahren ermöglichen eine endkonturnahe Fertigung von Halbzeugen,

3 Trennen von metallischen Leichtbauwerkstoffen

Kupferlegierungen
Magnesiumlegierungen
Graues Gusseisen

Zähigkeit/Duktilität →

Aluminiumlegierungen

Guss-Legierungen →	geschmiedete Legierungen →
Si + Al_2O_3 sinkt	Mg + Si sinkt

Stahl

ferritisch/perlitisch →	austenitisch →
Ni-, Ti, V- und/oder Ferritgehalt steigt	Ni-Gehalt sinkt

Eignung für Trockenbearbeitung — **Wachsender adhäsiver Werkzeugverschleiß**

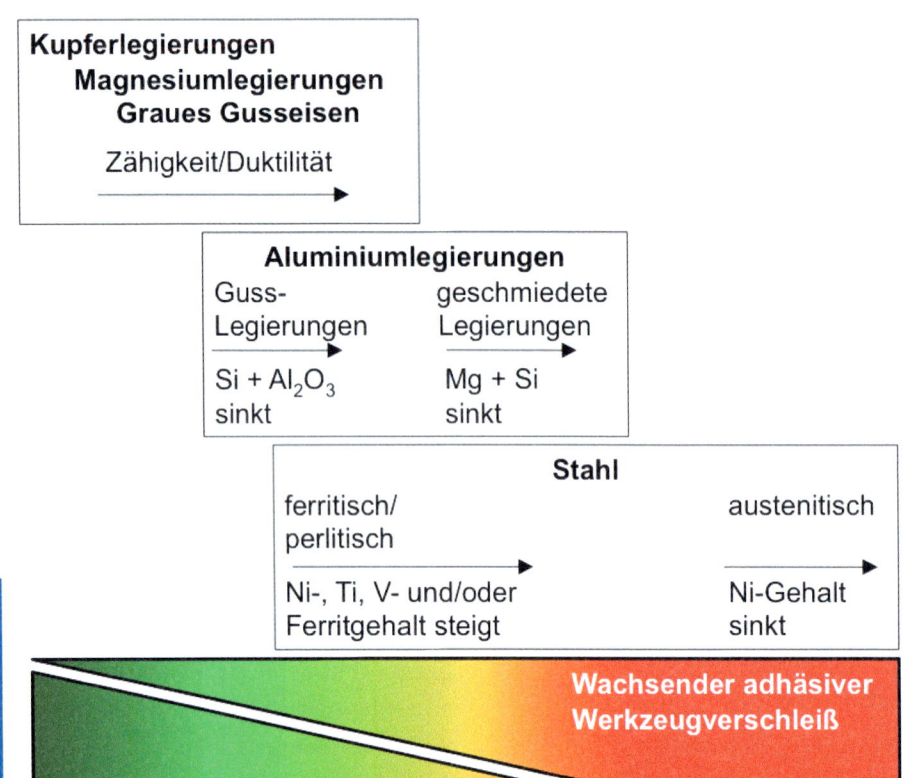

Abb. 3.7: *Eignung verschiedener Werkstoffe für die Trockenbearbeitung (Schulte 2000)*

sodass nur noch das Aufmaß durch die Schlichtbearbeitung entfernt werden muss.

Die Oberflächenqualität von Aluminiumbauteilen wird in großem Maße von der im Zerspanprozess eingebrachten Wärme und der in der Folge auftretender Grate bestimmt (Biermann 2009). Um die Gratbildung und dadurch notwendige Entgratprozesse zu vermindern, wird versucht, den Wärmeeintrag bei Zerspanprozessen zu senken. Hierfür eignen sich die bereits vorgestellten Möglichkeiten der Nass- und MMS-Bearbeitung, aber auch seltenere Medien, wie CO_2-Schneestrahlkühlung, oder die Veränderung von Prozessparametern (Weinert 2007). So konnte gezeigt werden, dass eine Erhöhung der Schnittgeschwindigkeit zu einer verminderten Wärmeeinbringung in das Bauteil führt, was durch die verkürzte Kontaktzeit von Werkstück und Werkzeug erklärt werden kann (Richardson 2006, Pabst 2008). Nach (Biermann 2009) kann das Werkstück mit Hilfe einer CO_2-Schneestrahlkühlung so gekühlt werden, dass die Herabsetzung der Fließspannung des Werkstoffes vermieden wird. Dadurch wird die Gratbildung verringert und die Oberflächengüte gesteigert.

Abbildung 3.8 zeigt ein aus einer Aluminiumgusslegierung gefertigtes Zylinderkurbelgehäuse. Die verwendete Legierung AlSi7Mg0,3 zeichnet sich durch eine gute Korrosionsbeständigkeit, eine hohe Festigkeit und hohe Zähigkeit aus und wird auch für Fahrwerksteile sowie in der Luftfahrt für Gussstücke mit mittlerer bis größerer Wandstärke verwendet.

3.3 Spanen mit geometrisch unbestimmter Schneide

3.3.1 Wasserstrahlschneiden

Das Wasserstrahlschneiden ist ein Verfahren, welches für das Schneiden von Blechen zum Einsatz kommt. Der große Vorteil dieses Verfahrens gegenüber anderen Strahlschneideverfahren, wie dem

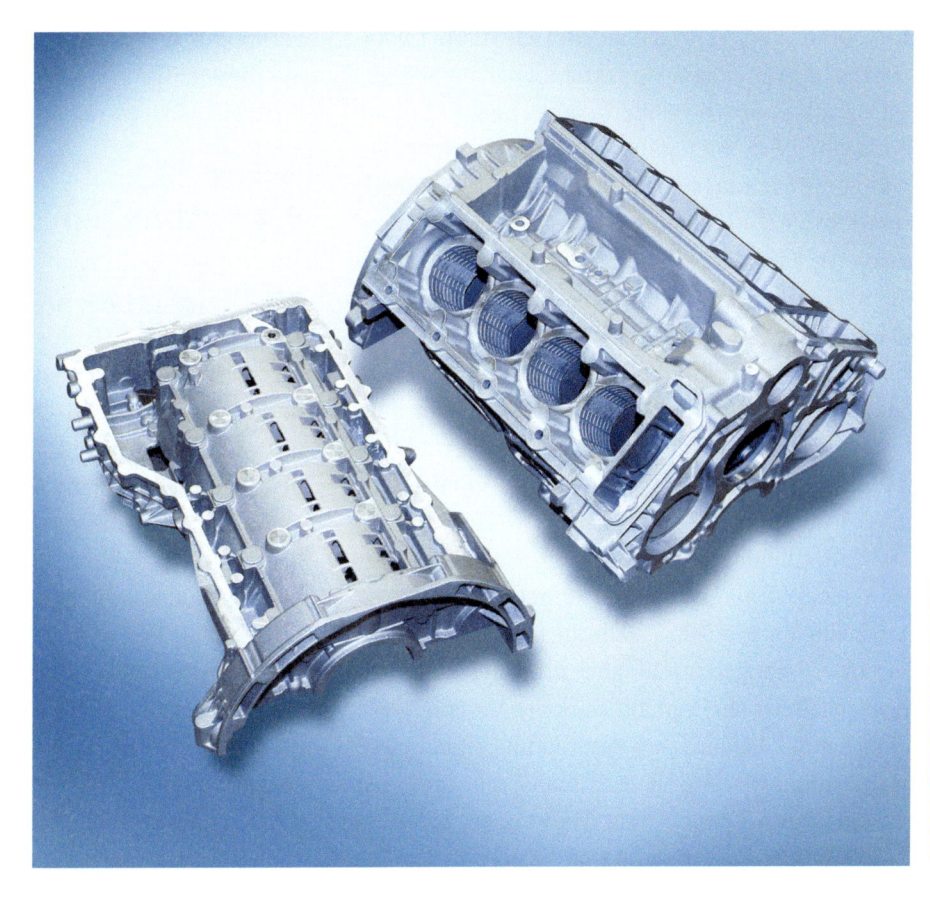

Abb. 3.8: *OM 629 Kurbelgehäuse von Daimler aus AC-AlSi7Mg0,3 (Quelle: Honsel AG)*

Brenn-, Laserstrahl- und Elektronenstrahlschneiden, besteht darin, dass keine thermische Beeinflussung des Bauteils im Bereich der Schneidkanten auftritt. Hierdurch wird vermieden, dass das Gefüge des bearbeiteten Werkstoffs durch thermische Belastung verändert wird. Als positive Folge können aufwändige Nachbearbeitungsvorgänge entfallen. Weitere Vorteile sind zur Werkstückoberfläche senkrechte Schnitte und saubere Schnittkanten. Es können unterschiedliche Werkstoffe auf einer Maschine bearbeitet werden.

Eingesetzt werden kann das Wasserstrahlschneiden für Bleche aus unterschiedlichen Werkstoffen. Titanbleche mit Dicken von 0,05 bis 152 mm werden bei der Firma Tico Titanium Inc. mit einer Wasserstrahlanlage zugeschnitten. Dabei werden für Längentoleranzen Genauigkeiten von 0,2 mm erreicht.

Auch gegenüber dem Drahterodieren kann das Wasserstrahlschneiden von Vorteil sein. So können Herstellkosten durch die Verkürzung der Bearbeitungszeit von 80–90 % um bis zu 50 % gesenkt werden.

Beim Wasserstrahlschneiden kann unterschieden werden, ob mit zusätzlichen Abrasivmedien geschnitten wird oder ob ein Reinwasserschneiden durchgeführt wird. Die Zugabe von Abrasivmedien ermöglicht das Schneiden dickerer Bleche bei gleichbleibenden Drücken. Durch die Erhöhung der Drücke auf über 5000 bar beim Wasserstrahlschneiden mit reinem Wasser wird es möglich, auch Aluminiumbleche mit 1–2 mm Dicke ohne zusätzliche Abrasivmedien zu trennen. Dadurch können die Verbrauchskosten drastisch gesenkt werden.

3.3.2 Schleifen

Das Schleifen wird bei der Bearbeitung von Leichtbauwerkstoffen zur Feinst- und Schlichtbearbeitung eingesetzt. Stellt das Schleifen von Aluminium eine Standardbearbeitung dar, so kann dies bei der Bearbeitung von Magnesium und Titan nicht gesagt werden.

Die bereits angesprochene Brand- und Explosionsgefahr von Magnesium kommt bei der Schleifbearbeitung ganz besonders zum Tragen, da hier feinste Späne (Schleifstaub) anfallen. Ab einem bestimmten Mischungsverhältnis mit Luft kann dieses Gemisch nach eingeleiteter Zündung explosionsartig verbrennen. Die zündfähige Konzentration für Magnesiumpartikel mit einem Durchmesser von 50 µm beträgt 15–30 g/m³. Aufgrund dieser Gefahren wird Magnesium überwiegend unter dem Einsatz von KSS schleifend bearbeitet. Für den Fall, dass ein Nassschleifen nicht möglich oder zu umständlich ist, muss der Schleifstaub unmittelbar am Ort des Entstehens abgesaugt werden und in einen Abscheider geleitet werden, wo er mit Wasser niedergeschlagen werden kann (Kleiner 2002).

Das Schleifen von Titan stellt auch eine besondere Herausforderung dar, da hier die physikalischen Eigenschaften von Titan am stärksten auffallen. Die entstehenden hohen Temperaturen und chemischen Reaktionen zwischen dem Titanbauteil und den Schleifkörnern können zum Verbrennen und Verschmieren der Bauteiloberfläche führen. Durch örtliche Überhitzung können die Schleifkörner schnell stumpf werden. Sie reiben in der Folge nur noch über die Bauteiloberfläche. Negative Folgen sind Oberflächenspannungen, die zu Schleifrissen führen können, welche die Dauerfestigkeit der Bauteile herabsetzen.

Es ist demnach wichtig, dass zum Schleifen von Titan Schleifscheiben eingesetzt werden, die eine gute Wärmeabfuhr begünstigen und nicht zum Absplittern neigen. Hierfür eignen sich beispielsweise Schleifmedien wie Aluminiumoxid und Siliciumcarbid mit einer keramischen Bindung. Beim Einsatz von SiC-Schleifscheiben muss eine verstärkte KSS-Zufuhr beachtet werden, da SiC-Scheiben zu erhöhter Funkenbildung neigen. Mit Al_2O_3-Schleifscheiben werden bei Schnittgeschwindigkeiten zwischen 300 m/min und 600 m/min die besten Ergebnisse erzielt. Mit SiC-Schleifscheiben sind Schnittgeschwindigkeiten von 1200–1800 m/min realisierbar.

Ab einer bestimmten Partikelgröße kann Titan ähnlich wie Magnesium mit Sauerstoff reagieren und verbrennt zu Titanoxid. Titanschleifspäne müssen aus diesem Grund ebenfalls sehr sorgfältig behandelt und gehandhabt werden.

3.4 Abtragen

3.4.1 Laserbearbeitung

Das Schneiden mit dem Laserstrahl bedeutet ein berührungsloses und fast kräftefreies Bearbeiten des Materials. Anders als beim Stanzen oder Nibbeln kann nahezu jede Konturform erzeugt werden, ohne dass ein einziger Werkzeugwechsel erforderlich wird. Das Trennen erfolgt präzise, mit kleinem Schnittspalt und mit hoher Schneidgeschwindigkeit. Eine hohe Prozessgeschwindigkeit bedingt eine minimale Wärmeeinflusszone. Daraus ergibt sich ein geringer Verzug der Werkstücke. Schnittflächen, die beim Laserschneiden entstehen, weisen eine sehr geringe Rauheit auf (Trumpf 1996). Bearbeitet werden können die behandelten Leichtbaumaterialien Aluminium, Magnesium und Titan. Vor allem bei der Blechbearbeitung und in Kombination mit anderen trennenden Fertigungsverfahren hat sich der Einsatz von Lasern in der Fertigung etabliert.

Die Laserbearbeitung kann mit unterschiedlichen Lasertypen durchgeführt werden. Jeder Typ weist dabei andere Eigenschaften auf. Zur Materialbearbeitung eignen sich einerseits Gaslaser, Festkörperlaser und Halbleiterlaser (Diodenlaser). Das Feld des Laserschneidens ist allerdings hauptsächlich – wenn auch nicht ausschließlich – den Festkörperlasern (Nd:YAG) vorbehalten. Grund hierfür sind die hohen Leistungen dieser Laser und die bessere Absorption der spezifischen Wellenlängen durch die bearbeiteten Materialien. Bei der Bearbeitung von Titan und Magnesium muss außerdem die hohe Reaktivität beachtet werden, welche den Einsatz von Sauerstoff während der Bearbeitung ausschließt.

Allerdings gibt es auch bei der Laserbearbeitung Probleme, welche im Folgenden aufgeführt sind:

- Neigung zur Restgratbildung und Auswurf der Schmelze

- Aufhärtung durch die durch den Wärmeeintrag verursachte Gefügeumwandlungen und Korrosionsanfälligkeit wegen möglicher C-Verarmung
- Aufhärtung und Versprödung der Schnittkanten durch Nitrierung beim Laserschneiden von Titan
- Unzulässige Restrauheit
- Nichtrechtwinklige Schnittkante.

Außer der reinen Laserbearbeitung gewinnen hybride Bearbeitungsprozesse an Bedeutung. Hybrid bedeutet dabei, dass bestehende Fertigungsverfahren durch den Einsatz von Lasern unterstützt werden. Beispiele hierfür sind die Laserintegration beim Drehen, Fräsen oder Scherschneiden. Dabei wird der Laser genutzt, um die Prozesszone unmittelbar vor dem Trennvorgang zu erwärmen und dadurch eine Entfestigung des zu bearbeitenden Werkstücks hervorzurufen. Abbildung 3.9 zeigt eine Laserschneidmaschine im Einsatz sowie andere mittels Laserschneiden hergestellte Blechbauteile.

3.4.2 Funkenerosives Abtragen

Das funkenerosive Abtragen (electrical discharge machining, EDM) von Leichtmetallen wie Aluminium, Titan und Magnesium ist grundsätzlich möglich und wird auch angewendet, stellt aber eher eine Ausnahme dar, da diese Materialien gut spanend und trennend bearbeitet werden können. Einzig Titan mit seinen physikalischen Eigenschaften, die eine spanende Bearbeitung aufwändig machen, bietet ein größeres Anwendungsspektrum für die EDM-Bearbeitung. Beispiele findet man in der Mikrobearbeitung zur Fertigung von Mikrobohrungen (Pradhan 2009).

3.5 Zusammenfassung

Das Trennen von metallischen Leichtbauwerkstoffen umfasst ein großes Spektrum an Anwendungen und Prozessen, welches sich gemeinsam mit der Werkstoffentwicklung ständig weiterentwickelt. Durch die spezifischen physikalischen Eigenschaften der neu eingesetzten Werkstoffe werden ständig neue Anforderungen an die Fertigungsprozesse gestellt. Um diesen Anforderungen gerecht zu werden, werden Bearbeitungsprozesse mit Hilfe von neuen oder weiter entwickelten Prozessführungen, Werkzeugen und Werkzeugbeschichtungen für die veränderten Aufgaben qualifiziert. Dabei muss immer beachtet werden, inwieweit die notwendigen Anpassungen der Prozesse (z. B. eine Verringerung der Schnittgeschwindigkeit oder eine aufwändige Prozesskühlung) mit einer wirtschaftlichen Bearbeitung der Bauteile vereinbar sind.

Damit ist gemeint, dass neue hochfeste Legierungen zwar immer auf irgendeine Art und Weise bearbeitet werden können, diese Bearbeitung aber oft aufwändig und teuer sein kann, sodass eine direkte

Abb. 3.9: *Flexibles Laserschneiden an einer Freiformfläche (links) und ausgeschnittene Produkte (rechts) (Quelle: Trumpf GmbH & Co)*

Umsetzung in der industriellen Praxis nicht möglich ist. Die Forschung auf dem Gebiet der Fertigungsprozesse hat dann die Aufgabe, neue Möglichkeiten für eine wirtschaftliche und prozesssichere Bearbeitung neuartiger Werkstoffe zu finden und damit einen Einsatz hochentwickelter Werkstoffe in der Industrie zu ermöglichen.

3.6 Weiterführende Informationen

Literatur

Abele, E.; Hölscher, R.: Ein Leichtmetall macht´s den Zerspanern schwer, Werkstatt und Betrieb 7-8, Carl Hanser Verlag, München, S. 46-51, 2009

Adamus, J.: The Influence of Cutting Methods on the Cut-Surface Quality of Titanium Sheets, Key Engineering Materials 334 (2007), S. 185-192

Biermann, D.; Heilmann, M.: Gekühlt zu hoher Güte, Werkstatt und Betrieb, 7-8, Carl Hanser Verlag, München, S. 36-39, 2009

Chen, M.; Liu, G.; Sun, F.; Jian, X.; Yuan, R.: Investigation of chip formation mechanism and surface integrity in high speed milling titanium alloy, Key Engineering Materials 233-236 (2003), S. 489-496

Dröder, K.: Untersuchungen zum Umformen von Feinblechen aus Magnesiumknetlegierungen, Dissertation, Hannover 1999

Ezugwu, E.O.; Bonney, J.; Yamane, Y.: An overview of the machinability of aeroengine alloys, Journal of Materials Processing Technology 134 (2003), S. 233-253

Ezugwu, E.O.; Da Silva, R.B.; Bonny, J.; Machado, Á.E.: Evaluation of the performance of CBN tools when turning Ti-6Al-4A alloy with high pressure coolant supplies, International Journal Machine Tool Manufacturing 45 (9) (2005), S. 1009-1014

Golovashenko, S.F.: A study on trimming of aluminum autobody sheet and development of a new robust process eliminating burrs and slivers, International Journal of Mechanical Science 48 (2006), S. 1384-1400

Häußinger, S.: Eigenschaftsvergleich von Ziehteilen aus Aluminium- und Magnesiumblech, Dissertation, Hieronymus, 2006

Hellwig, W.: Spanlose Fertigung: Stanzen, Vieweg & Sohn Verlag Wiesbaden, 2006

Hoffmann, H.; Kopp, C.: Ermittlung der Schneidparameter für Beißschneiden, Messerschneiden sowie Scherschneiden von Magnesiumblechen, EFB-Forschungsbericht Nr. 273, Hannover, 2007

Hoogen, M.: Einfluss der Werkzeuggeometrie auf das Scherschneiden und Reißen von Aluminiumfeinblechen, Dissertation, TU München, 1999

Kelly, J.F.; Cotterell, M.G.: Minimal lubrication machining of aluminium alloys, Journal of Materials Processing technology 120 (2002), S. 327-334

Kleiner, S.: Magnesium und seine Legierungen, 6. Internationales IWF-Kolloquium zur Feinbearbeitung technischer Oberflächen, Egerkingen, Schweiz, S. 19-28, 2002

Klocke, F.; König, W.; Gerschweiler, K.: Advanced machining of titanium and nickel-base alloys, Advanced manufacturing Systems and technology, CISM Courses and Lecture No. 372, Springer-Verlag, Wien, S. 7-21, 1996

Klocke, F.; Krief, T.: Coated Tools for Metal Cutting - Features and Applications, Keynote Paper, Annals of the CIRP 48/2 (1999), S. 515-525

Klocke, F.: Fertigungsverfahren Drehen, Fräsen, Bohren, 8. Auflage, Springer-Verlag, Berlin Heidelberg, 2008

Klocke, F.; Fritsch, R.; Gerschwiler, K.: Machining titanium alloys, Fifth International Conference on Behaviour of Materials in Machining, Chester UK, S. 251-258, 2002

Komanduri, R.; Turkovich, B.F.: New Observations on the mechanism of chip formation when machining titanium alloys, Wear 69 (1981), S. 179-188

Li, L.; He, N.; Xu, J.H.: Experimental Study on High Speed Milling of Ti Alloys, Materials Science Forum 471-472 (2004), S. 414-417

Pabst, R.: Mathematische Modellierung der Wärmestromdichte zur Simulation des thermischen Bauteilverhaltens bei der Trockenbearbeitung. Dissertation, Universität Karlsruhe, 2008

Paucksch, E.; Holsten, S.; Linß, M.; Tikal, F.: Zerspantechnik, Vieweg+Teubner, jetzt Springer Vieweg, Wiesbaden, 2008

Peters, M.; Leyens, C.: Formgebung von Titan und Titanlegierungen, in: Titan und Titanlegierungen, Wiley-VCH Verlag, Weinheim, 2002

Pradhan, B.B.; Masanta, M.; Sarkar, B.R.; Bhattacharyya, B.: Investigation of electro-discharge micromachining of titanium super alloy, International Journal of Advanced Manufacturing Technology 41 (2009), S. 1094–1106

Richardson, D.J., Keavey M.A., Dailami F.: Modelling of cutting induced workpiece temperatures for dry milling, International Journal of Machine Tools and Manufacture 46 (2006), S. 1139–1145

Rothwell, B.-J.: Ablagerungsfreies Bearbeiten von Gehäusen aus Magnesium, MM Maschinenmarkt, 2008

Schuler GmbH: Handbuch der Umformtechnik, Springer-Verlag Berlin-Heidelberg, 1996

Schulte, K.: Stahlbearbeitung mit Wendeschneidplatten-Bohrern bei reduziertem Kühlschmierstoff-Durchsatz, Dissertation, Universität Dortmund, 2000

Schwerin, R.; Joksch, S.: Erfahrungen bei der Zerspanung von Magnesium, 13th Magnesium Automotive and End User Seminar, 2005

Shane, Y.H.; Irel, M.; Woo-cheol, J.: New cooling approach and tool life improvement in cryogenic machining of titanium alloy Ti-6Al-4V, International Journal of Machine Tools & Manufacture 41 (2001), S. 2245–2260

Söhner, J.: Beitrag zur Simulation zerspanungstechnologischer Vorgänge mit Hilfe der Finite-Element-Methode, Dissertation, Universität Karlsruhe, 2003

Tsai, H.-K.; Liao, C.-C.; Chen, F.-K.: Die design for stamping a notebook case with magnesium alloy sheets, Journal of materials processing technology 201 (2008), S. 247–251

Valerius, E.; Riou, A.: New Technologies and Trends in the Cutting Tool Industry, First International HSS FORUM Conference, Aachen, 2005

Wang, Z.Y.; Rajurkar, K.P.: Cryogenic machining of hard-to-cut materials, Wear 239 (2000), S. 168–175

Wang, N.; Golovashchenko, S.F.: Mechanism of fracture of aluminum blanks subjected to stretching along the sheared edge, Journal of Materials Processing Technology 233 (2016), S. 142–160

Weinert K.; Kersting, M.: Schneesturm vermindert Gratbildung, Technica 56 (2007), S. 30–32

Normen und Richtlinien

DIN 8580 (Ausg. 2003-09): Fertigungsverfahren – Begriffe, Einteilung

DIN 8588 (Ausg. 2013-08): Fertigungsverfahren Zerteilen – Einordnung, Unterteilung, Begriffe

DIN 50323-2 (Ausg. 1993-11): Tribologie, Verschleiß, Begriffe

Firmeninformationen

SECO: Turning Difficult-To-Machine-Alloys, Technical Guide, p. 21, 2002

Trumpf GmbH & Co., Faszination Blech, Dr. Josef Raabe Verlags-GmbH, Stuttgart, 1996

4 Eigenschaftsänderungen bei metallischen Leichtbauwerkstoffen

Alexander Erz, Jürgen Hoffmeister, Stefan Dietrich, Volker Schulze

4.1	Verfestigung durch Umformen	519	4.2.4	Aushärten am Beispiel einer Aluminiumlegierung	527
4.1.1	Verfestigungsstrahlen (Kugelstrahlen)	519	4.2.5	Aushärtung von Magnesiumlegierungen	531
4.1.2	Verfestigung durch Walzen (Festwalzen)	519	4.2.6	Härten und thermomechanisches Behandeln von Titanlegierungen	532
4.2	Wärmebehandlung	520	4.2.7	Lokale Wärmebehandlungsmethoden zum thermischen Einstellen von Gefügegradienten	534
4.2.1	Härten	520			
4.2.1.1	Martensitische Umwandlung	520			
4.2.1.2	Zeit-Temperatur-Umwandlungsschaubilder (ZTU-Schaubilder)	522	4.3	Zusammenfassung	535
4.2.1.3	Härtbarkeit von Stahl	524			
4.2.2	Vergütung von Stahl	525	4.4	Weiterführende Informationen	536
4.2.3	Chemische Verfahren bei Stählen	526			

In der Fertigungstechnik wird eine Hauptgruppe nach DIN 8580 „Stoffeigenschaften ändern" genannt.

Nahezu alle fertigungstechnischen Arbeitsschritte beeinflussen beabsichtigt oder unbeabsichtigt den Zustand eines Halbzeugs oder Werkstücks. Eine Zustandsänderung im Sinne einer Gefügeveränderung bewirkt immer auch eine Änderung der mechanischen Eigenschaften des Materials.

Im folgenden Kapitel wird ein Überblick über mechanische Verfahren zur Festigkeitssteigerung und über die wichtigsten Wärmebehandlungsverfahren für metallische Leichtbauwerkstoffe gegeben. Die mechanische Verfestigung kann durch Strahlen oder Walzen erfolgen, während für die Wärmebehandlung mehrere Verfahren zur Verfügung stehen. Auf diese Weise lassen sich gezielt Eigenschaften an Stählen und an Leichtmetallen wie Aluminium, Magnesium und Titan beeinflussen.

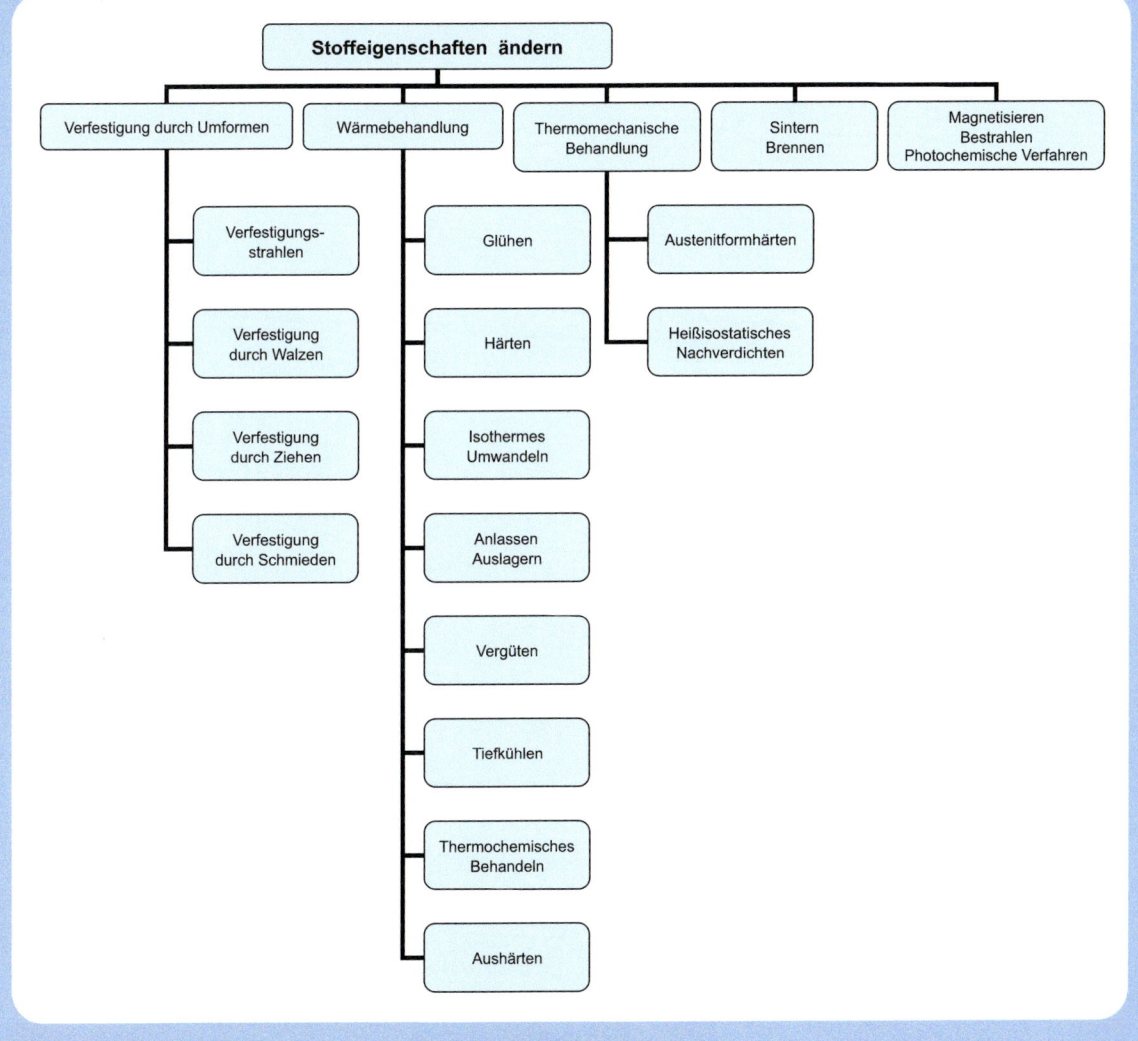

Stoffeigenschaften ändern

- Verfestigung durch Umformen
  - Verfestigungsstrahlen
  - Verfestigung durch Walzen
  - Verfestigung durch Ziehen
  - Verfestigung durch Schmieden
- Wärmebehandlung
  - Glühen
  - Härten
  - Isothermes Umwandeln
  - Anlassen Auslagern
  - Vergüten
  - Tiefkühlen
  - Thermochemisches Behandeln
  - Aushärten
- Thermomechanische Behandlung
  - Austenitformhärten
  - Heißisostatisches Nachverdichten
- Sintern Brennen
- Magnetisieren Bestrahlen Photochemische Verfahren

Einteilung der Verfahren zum Fertigungsverfahren „Stoffeigenschaften ändern"

III

4.1 Verfestigung durch Umformen

Die mechanischen Verfahren zur Festigkeitssteigerung beruhen auf dem Prinzip der Kaltverfestigung und dem Erzeugen von Druckeigenspannungen. Zwei weit verbreitete Verfahren sind das Kugelstrahlen und das Festwalzen, die im Folgenden vorgestellt werden (Scholtes 1989).

4.1.1 Verfestigungsstrahlen (Kugelstrahlen)

Unter Strahlen sind nach DIN 8200 mechanische Oberflächenbehandlungen zu verstehen, bei denen Strahlmittel bestimmter Form und hinreichend hoher Härte in Strahlanlagen unterschiedlichster Art beschleunigt werden und mit der Oberfläche des zu behandelnden Werkstücks (Strahlgut) in Wechselwirkung treten. Dabei sind je nach Zielsetzung verschiedene Verfahren zu unterscheiden. So steht beim Verfestigungsstrahlen die Erzeugung randnaher Druckeigenspannungen und Verfestigungen im Vordergrund, denen bei den übrigen Strahlverfahren untergeordnete Bedeutung zukommt. Demnach wird zur Steigerung der Beanspruchbarkeit nur das Festigkeitsstrahlen eingesetzt.

Ein großer Vorteil des Kugelstrahlens ist die hohe Flexibilität der Bauteilgeometrie, sodass es bei nahezu beliebig komplexen Bauteilen eingesetzt werden kann. Damit eignet es sich besonders für den Einsatz an Querschnittsübergängen, Hohlkehlen, Bohrungen oder Bohrungsrändern. Typische Bauteile der technischen Serienfertigung sind Federn, Pleuel, Zahnräder, abgesetzte oder genutete Wellen und Achsen, Füße von Turbinenschaufeln sowie Wärmeeinflusszonen von Schweißverbindungen (Schulze 2006).

Die Verfestigung durch Kugelstrahlen beruht auf der Umwandlung der kinetischen Energie des Strahlmittels in elastische und plastische Formänderungsarbeit vorzugsweise im Strahlgut und in Arbeit zur Veränderung der Fehlordnung ebenfalls im Strahlgut. Durch die plastische Verformung steigt die Versetzungsdichte und es bilden sich Druckeigenspannungen aus (Schulze 2006, Berns 2008). Der Verlauf der Eigenspannungen und Mikrohärte nach dem Kugelstrahlen ist in den Abbildungen 4.1 und 4.2 für 42CrMo4 dargestellt.

4.1.2 Verfestigung durch Walzen (Festwalzen)

Das Festwalzen ist ein spanloses Fertigungsverfahren, das nach VDI-Richtlinie 3177 neben

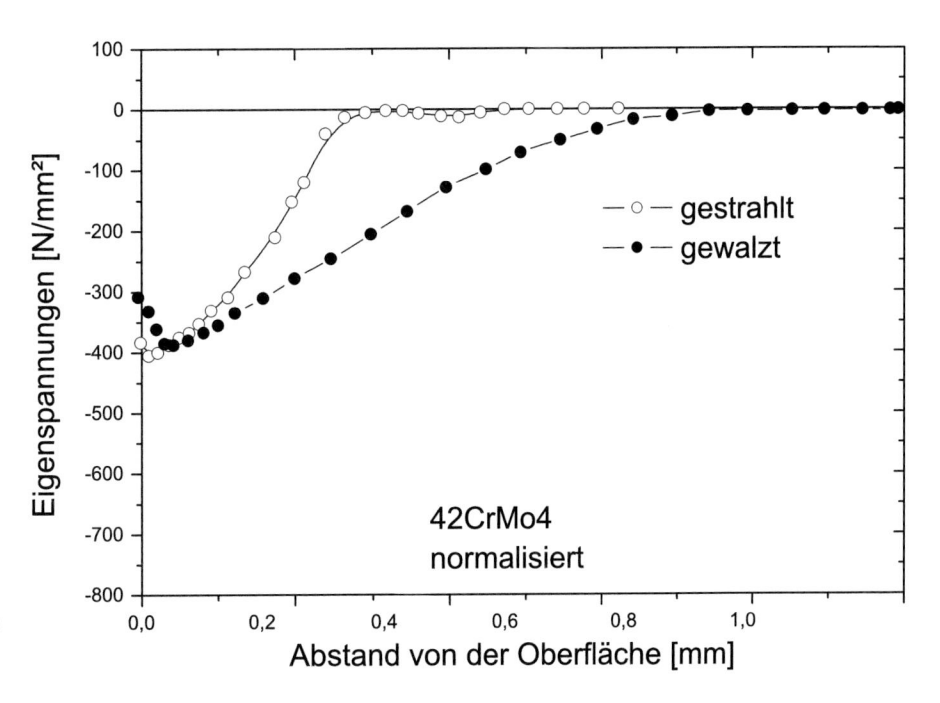

Abb. 4.1: *Verlauf der Eigenspannung nach Kugelstrahlen bzw. Festwalzen (nach Scholtes 1992)*

Glattwalzen und Maßwalzen zu den Oberflächen-Feinwalzverfahren zählt. Beim Festwalzen sollen Verfestigungen und Druckeigenspannungen in oberflächennahe Bereiche eingebracht werden, um die Schwingfestigkeit zu verbessern (Schulze 2006, Broszeit 1984).

Beim Festwalzen rollen Werkstück und Werkzeug im Allgemeinen mehrfach mit definierter Anpresskraft gegeneinander ab, wodurch im Werkstück eine kontinuierlich steigende plastische Verformung erzwungen wird. Diese plastische Verformung führt wie beim Kugelstrahlen zu Verfestigungen und Druckeigenspannungen (Schulze 2006) (Abb. 4.1 und 4.2). Das Festwalzen wird in der Automobilindustrie, im allgemeinen Maschinenbau und zum Teil auch in der Luftfahrtindustrie eingesetzt. Vorwiegend kommt es bei der Bearbeitung von Kurbelwellen, Ventilschäften, Schrauben, Bohrungen, Achsen, Bolzen und Gewindeteilen zur Anwendung. Aufgrund der verfahrensbedingt erforderlichen Rotation von Werkzeug oder Werkstück war das Festwalzen lange auf rotationssymmetrische Bauteile oder Bearbeitungsflächen beschränkt (Schulze 2006).

4.2 Wärmebehandlung

4.2.1 Härten

4.2.1.1 Martensitische Umwandlung

Beim Härten von Stählen greift ein Mechanismus, der sich von der Ausscheidungshärtung (z.B. bei Aluminiumlegierungen) grundlegend unterscheidet. Neben der diffusionsgesteuerten Gleichgewichtsumwandlung bei unlegierten Stählen von Austenit (γ-Mischkristall, kfz) in α-Mischkristall (krz) und Fe_3C, bei der von der Abkühlgeschwindigkeit abhängende Gefüge entstehen und vergleichsweise geringe Härtesteigerungen erzielt werden können, gibt es auch eine diffusionslose Nichtgleichgewichtsumwandlung von großer praktischer Bedeutung (Roos 2008).

Schreckt man Austenit ausgehend von der Austenitisierungstemperatur T_A oberhalb der GSK-Linie (Abb. 4.3) schnell genug ab, entsteht daraus Martensit mit einer tetragonal raumzentrierten Gitterstruktur. Zur Veranschaulichung dieses Vorgangs dient die sog. Bain'sche Konstruktion (Läpple 2006). Betrachtet man zwei Elementarzellen des γ-Eisens mit der Gitterkonstanten a_A, so liegt in diesen bereits eine virtuelle Martensitelementarzelle mit den Abmessungen $c_M^* = a_A$ und $a_M^* = \dfrac{a_A}{2}\sqrt{2}$ vor (Abb. 4.4).

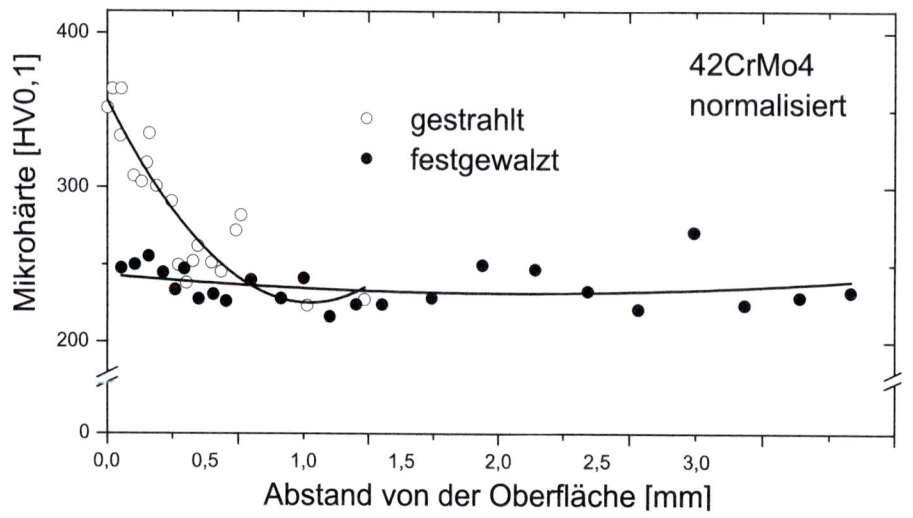

Abb. 4.2: *Verlauf der Mikrohärte nach Kugelstrahlen bzw. Festwalzen (nach Scholtes 1992)*

4.2 Wärmebehandlung

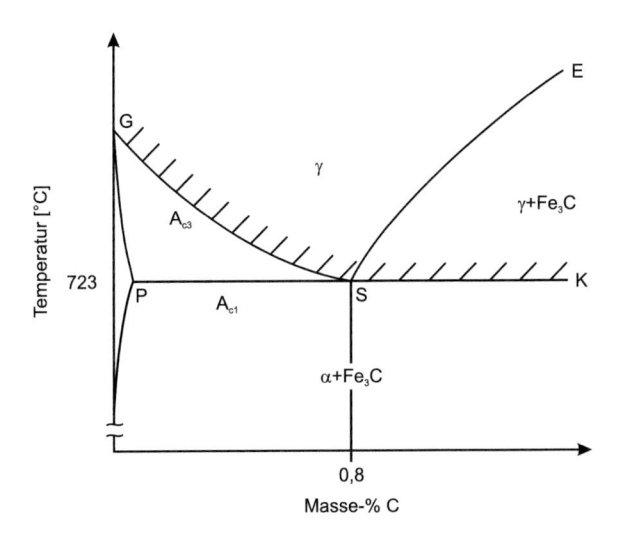

Abb. 4.3: Bereich der Austenitisierungstemperatur für unlegierte Stähle

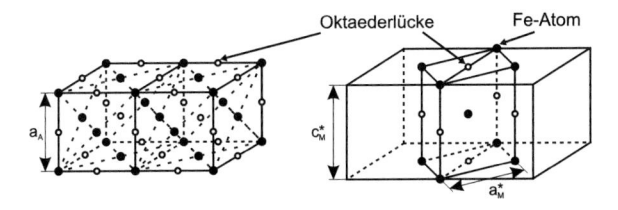

Abb. 4.4: Zwei Elementarzellen des γ-Eisens (links). Bain'sche Konstruktion mit Oktaederlücken des γ-Eisens (rechts)

Da Eisen bei der niedrigeren Temperatur bestrebt ist, eine kubisch raumzentrierte Struktur einzunehmen, muss c^*_M um etwa 20 % verkleinert und a^*_M um etwa 12 % vergrößert werden, um eine krz-Elementarzelle mit den Abmessungen $c_M = a_M$ zu erhalten (Läpple 2006).

Die in Abbildung 4.4 (rechts) eingezeichneten Oktaederlücken des γ-Eisens sind mögliche Kohlenstoffplätze. Sie gehen bei der Bain'schen Konstruktion in Oktaederlücken des Martensits über, ohne dass eine Kohlenstoffdiffusion erforderlich ist. Kohlenstoffatome bilden auf Oktaederlücken des Martensits „Verzerrungsdipole", die in der c-Achse ausgerichtet sind, weil in den a-Richtungen des tetragonalen Gitters zuvor keine Gitterlücken vorlagen. Sie verursachen daher eine tetragonale Verzerrung des Martensits ($c_M > a_M$), die mit steigendem Gehalt an gelöstem Kohlenstoff zunimmt.

Der Einfluss des Kohlenstoffgehalts auf die Gitterkonstanten c_M und a_M ist in Abbildung 4.5 (links) dargestellt. Da die kfz γ-Mischkristalle dichter gepackt sind als Martensit mit gleichem Kohlenstoffgehalt, tritt bei der Umwandlung von Austenit in Martensit eine Volumenvergrößerung auf, die zusammen mit der Scherumwandlung zu einer hohen Dichte von Gitterfehlern (Versetzungen) und dadurch zu einem starken Härteanstieg führt. Um die martensitische Umwandlung zu erzwingen, ist eine Unterkühlung unter die eutektoide Temperatur notwendig. Die Temperatur, bei der erste Volumenbereiche beginnen martensitisch umzuwandeln, nennt man Martensitstarttemperatur M_s. Die Temperatur, bei der der Austenit vollständig in Martensit umgewandelt wurde, nennt man Martensitfinishtemperatur M_f. Gelingt es technologisch nicht, auf Temperaturen $< M_f$ abzuschrecken, bleibt Restaustenit im Gefüge zurück. Mit steigendem Kohlenstoffgehalt steigt die notwendige Unterkühlung für die Martensitumwandlung infolge der zunehmenden Verzerrung des Martensitgitters und damit sinken M_s und M_f kontinuierlich (Abb. 4.5 rechts).

Für unlegierte Stähle mit Kohlenstoffgehalten > 0,5 Masse-% wird M_f kleiner als 20 °C, und es bleibt beim Abschrecken auf Raumtemperatur stets Restaustenit zurück.

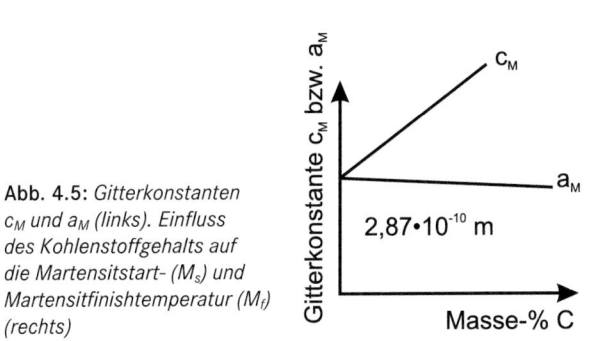

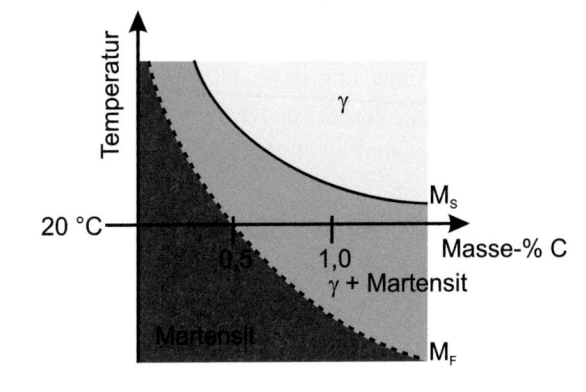

Abb. 4.5: Gitterkonstanten c_M und a_M (links). Einfluss des Kohlenstoffgehalts auf die Martensitstart- (M_s) und Martensitfinishtemperatur (M_f) (rechts)

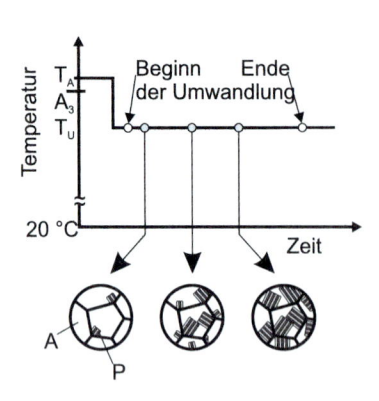

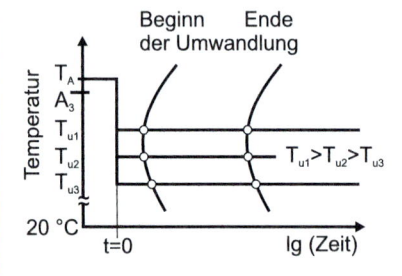

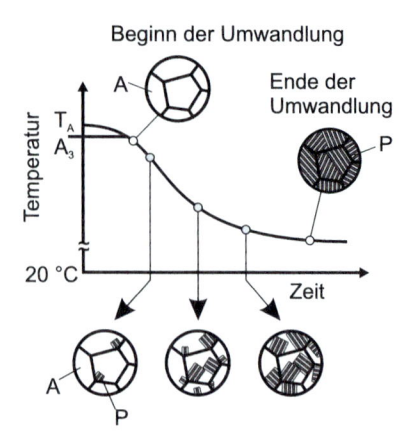

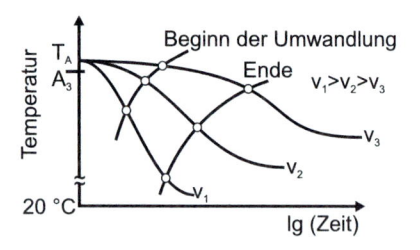

Abb. 4.6: *Versuchsführung bei der Ermittlung isothermer (Diagramme links) und kontinuierlicher (Diagramme rechts) ZTU-Schaubilder*

4.2.1.2 Zeit-Temperatur-Umwandlungs-schaubilder (ZTU-Schaubilder)

Die Gefügeausbildung und damit vor allem die mechanischen Eigenschaften von Stählen können maßgeblich durch die Temperaturführung beim Übergang aus dem γ-Mischkristallgebiet auf Raumtemperatur beeinflusst werden. Da das Fe-Fe$_3$C-Diagramm streng genommen nur für unendlich langsame Aufheizung und Abkühlung gilt, sind zusätzlich für jeden technisch relevanten Stahl sog. Zeit-Temperatur-Umwandlungs-Schaubilder (ZTU-Schaubilder) notwendig, die eine realistische Beurteilung des Umwandlungsgeschehens ermöglichen (Gobrecht 2001, Bargel 2000, Läpple 2006).
Grundsätzlich sind zwei Methoden der Abkühlung möglich:

a) Zur Aufnahme eines isothermen ZTU-Schaubilds werden Stahlproben von der Austenitisierungstemperatur T_A rasch auf verschiedene Umwandlungstemperaturen T_U abgekühlt und dort gehalten (Abb. 4.6 links). Durch Hochtemperaturmikroskopie oder Ablöschen der Proben auf Raumtemperatur nach unterschiedlich langer Haltezeit und anschließender metallographischer Untersuchung lassen sich das Ausmaß und die Art der Umwandlung in Abhängigkeit von der Zeit quantitativ erfassen. In einem Temperatur-Zeit-Diagramm mit logarithmischer Zeitachse werden dann bei jeder Umwandlungstemperatur die Zeiten für Umwandlungsbeginn und -ende aufgetragen und miteinander verbunden (Läpple 2006).

b) Zur Aufnahme eines kontinuierlichen ZTU-Schaubilds werden dagegen Stahlproben unter Aufprägung verschiedener Temperatur-Zeit-Verläufe von T_A auf Raumtemperatur abgekühlt und die dabei auftretenden Gefügeänderungen mit ähnlichen Methoden wie bei der isothermen Umwandlung erfasst (Abb. 4.6 rechts). Die einzelnen Abkühlkurven, entlang derer das Diagramm zu lesen ist, werden in einem T-lg(t)-Diagramm eingezeichnet und in diesem die Anfangs- sowie die charakteristischen Zwischen- und Endpunkte der Umwandlung markiert und miteinander verbunden (Läpple 2006).

Sowohl bei den isothermen als auch bei den kontinuierlichen ZTU-Diagrammen werden die für die jeweilige Legierung zugehörigen A_1- und A_3-Temperaturen aus dem Fe-Fe$_3$C-Diagramm als Parallelen zur Abszisse eingetragen. Außerdem werden die MS-Temperaturen bis zu den Zeiten vermerkt, bei denen noch Martensitbildung registriert wurde.

Das isotherme ZTU-Schaubild eines unlegierten Stahls mit 0,45 Masse-%C, anhand dessen die zugrunde liegenden Gesetzmäßigkeiten im Folgenden etwas ausführlicher erörtert werden, ist in Abbildung 4.7 (oben) wiedergegeben. Bei Umwandlungstemperaturen > 550 °C bildet sich durch heterogene Keimbildung an Austenitkorngrenzen zunächst Ferrit (voreutektoider Ferrit). Bei der später einsetzenden Perlitbildung wachsen dann, ebenfalls von den Korngrenzen des Austenits ausgehend, abwechselnd benachbarte Ferrit- und Zementitlamellen in die Austenitmatrix hinein. Je niedriger die Umwandlungstemperatur ist, desto feinstreifiger wird der Perlit. Zwischen ca. 500 °C und M_S beginnt die Bildung von Bainit, einem charakteristischen Gefüge, bestehend

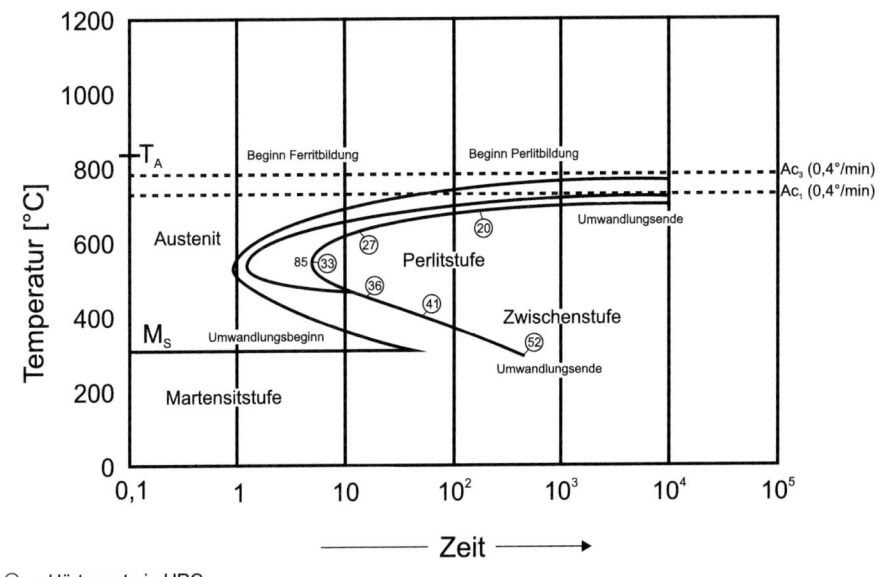

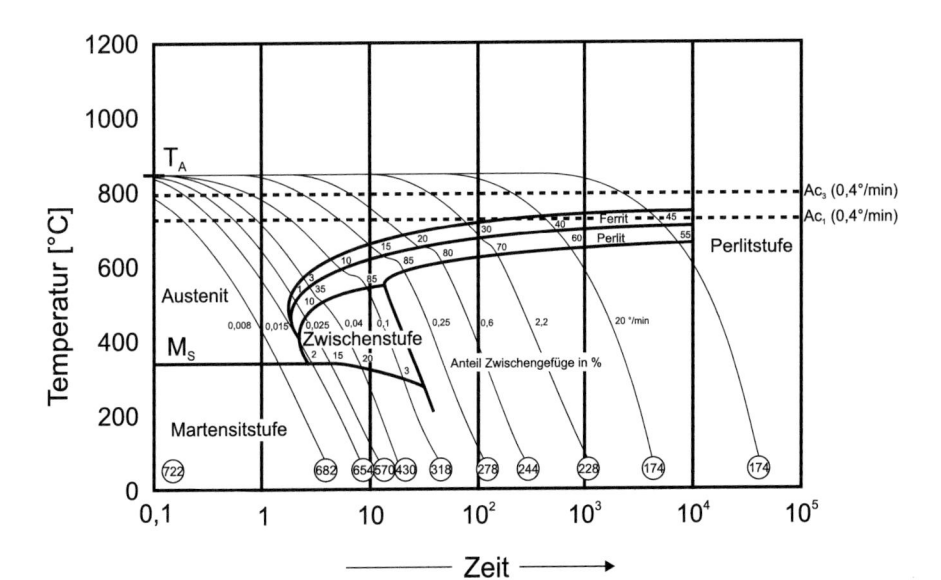

Abb. 4.7: *Isothermes (oben) und kontinuierliches (unten) ZTU-Schaubild für C45E (schematisch)*

aus mit Kohlenstoff übersättigtem bainitischen Ferrit und Karbid, das je nachdem, ob es bei höheren oder tieferen Temperaturen gebildet wird, an den Nadelgrenzen des Ferrits oder feinverteilt innerhalb der Ferritnadeln ausscheidet.

Bei einer hinreichend raschen Abkühlung auf Temperaturen unterhalb von M_S setzt die in Absatz 4.2.1 ausführlich beschriebene diffusionslose Umwandlung des Austenits in Martensit ein.

Die charakteristische Nase des isothermen ZTU-Diagramms hat ihre Ursache in zwei von der Temperatur gegenläufig abhängigen Prozessen. Zum Einen nimmt mit wachsender Unterkühlung (ΔT) die Keimbildungsgeschwindigkeit c für die Perlitbildung zu. Zum Anderen nimmt der Diffusionskoeffizient D und damit die Diffusionsfähigkeit des Kohlenstoffs mit sinkender Temperatur ab. Die Umwandlungsgeschwindigkeit wird aber durch das Produkt $c \cdot D$ bestimmt und ist damit in einem Temperaturbereich besonders groß.

In Abbildung 4.7 (unten) ist das kontinuierliche ZTU-Diagramm des unlegierten Stahls C45E mit 0,45 Masse-% C dargestellt. Dieses Diagramm ist entlang der eingezeichneten Abkühlkurven zu lesen. Unter der kritischen Abkühlgeschwindigkeit v_{krit} versteht man die Abkühlgeschwindigkeit der Abkühlkurve, die möglichst weit rechts im Diagramm liegt, ohne ein Ferrit-, Perlit- oder Bainitgebiet zu kreuzen. Die nach Abschluss der Umwandlungen bei Raumtemperatur vorliegenden Härtewerte (hier in HV) sind durch die in Kreise eingetragenen Zahlen am Ende der Abkühlkurven vermerkt. Die an den Schnittpunkten der Abkühlungskurven mit den unteren Begrenzungen der Umwandlungsbereiche angeschriebenen Zahlen geben den Volumenanteil des jeweils entstandenen Gefüges an.

4.2.1.3 Härtbarkeit von Stahl

Die bei der martensitischen Härtung von Stählen erreichbaren Härte- und Festigkeitswerte sind von der Austenitisierungstemperatur und -zeit, von der Abkühlgeschwindigkeit, der Stahlzusammensetzung und von den Werkstückabmessungen abhängig (Läpple 2006). Wegen der über den Werkstoffquerschnitt lokal unterschiedlichen Abkühlgeschwindigkeiten treten – solange v_{krit} überschritten wird – die martensitischen Umwandlungen zeitlich versetzt auf und laufen – wenn die Abkühlgeschwindigkeiten zu klein werden – nicht mehr vollständig bzw. überhaupt nicht mehr ab. Demnach ist Durchhärtung bei größeren Abmessungen nur dann gewährleistet, wenn auch im Probeninnern eine größere Abkühlgeschwindigkeit als v_{krit} erreicht wird. Letztere lässt sich durch Legierungselemente in weiten Grenzen beeinflussen.

Unter der Härtbarkeit von Stählen versteht man das Ausmaß der Härtezunahme nach Abkühlung von T_A auf Raumtemperatur mit Abkühlgeschwindigkeiten, die zur vollständigen oder teilweisen Martensitbildung führen (Bargel 2000, Läpple 2006).

Als *Aufhärtbarkeit* bezeichnet man dabei den Härtehöchstwert, der an den Stellen mit der größten Abkühlgeschwindigkeit erreicht wird. Er wird vorwiegend bestimmt durch den Gehalt an gelöstem Kohlenstoff bei der Austenitisierungstemperatur (Bargel 2000, Läpple 2006).

Die *Einhärtbarkeit* beschreibt dagegen den Härtetiefenverlauf, der mit dem lokalen Erreichen der für die Martensitbildung erforderlichen kritischen Abkühlgeschwindigkeit sehr eng verknüpft ist und damit maßgeblich vom Kohlenstoffgehalt und dem Anteil aller weiteren Legierungselemente abhängt (Bargel 2000, Läpple 2006).

Die an einem Bauteil erzielte Aufhärtung bzw. Einhärtung hängt von den vorliegenden Abkühlbedingungen ab, die ihrerseits von den Abmessungen, der Form, der Oberflächenbeschaffenheit, dem Wärmeinhalt, der Wärmeleitfähigkeit des Bauteils oder der Probe und der wärmeentziehenden Wirkung des Kühlmittels, also der Wärmeübergangszahl, abhängen.

Quantitativ wird die Härtbarkeit mit dem sog. Stirnabschreckversuch nach Jominy bestimmt (Gobrecht 2001, Bargel 2000, Läpple 2006, Brown 1973). Dabei wird eine zylindrische Probe im austenitisierten Zustand unter definierten Randbedingungen stirnseitig mit 20 °C kaltem Wasser abgeschreckt und anschließend der Härteverlauf in axialer Richtung – ausgehend von der abgeschreckten Stirnseite – gemessen (Abb. 4.8).

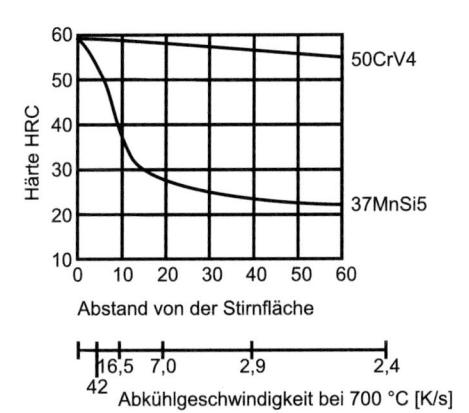

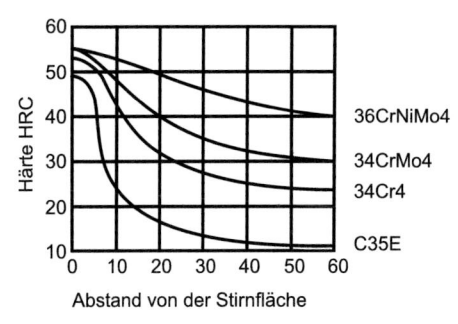

Abb. 4.8: *Härteverlaufskurven nach Stirnabschreckversuchen an Stahlproben aus 50CrV4 und 37MnSi5 (links). Einfluss von Legierungselementen auf die Härteverlaufskurven (rechts)*

4.2.2 Vergütung von Stahl

Die Eigenschaften und mechanischen Kennwerte von Vergütungsstählen lassen sich durch geeignete Wärmebehandlungen in einem sehr großen Bereich einstellen. Das Vergüten von Stählen ist somit technologisch von herausragender Bedeutung. Dieser Prozess umfasst die Arbeitsschritte (Läpple 2006):
- *martensitisches Härten* (Absatz 4.2.1) und
- *Anlassen* bei einer Anlasstemperatur T_{An} unterhalb A_1 (Abb. 4.9 links).

Je nach Legierungszusammensetzung sowie gewählter Temperatur und Zeit laufen beim Anlassen unterschiedliche Vorgänge ab. Man unterscheidet sog. Anlassstufen, deren Temperaturbereiche sich je nach Werkstoff und Anlasszeit zu höheren oder niedrigeren Temperaturen verschieben können. Bei Temperaturen um 80 °C schließen sich die im Martensit gelösten Kohlenstoffatome unter Verringerung der Gitterverzerrung zu Clustern zusammen. In der 1. Anlassstufe ($80\,°C \leq T_{An} \leq 200\,°C$) entsteht aus dem Martensit bei unlegierten und niedriglegierten Stählen das sog. ε-Karbid ($Fe_{2,4}C$) und ein Martensit α' mit einem von der Gleichgewichtskonzentration des Ferrits abweichenden Kohlenstoffgehalt. Dies geschieht unter geringer Volumenzunahme und Härtesenkung (Läpple 2006). Die 2. Anlassstufe tritt bei unlegierten Stählen etwa zwischen 200 °C und 320 °C, bei niedriglegierten Stählen bis 375 °C auf. In dieser Stufe zerfällt, sofern vorhanden, der als Folge der martensitischen Härtung entstandene Restaustenit. Neben Karbiden bilden sich Ferritbereiche α'', die sich weder in ihrem C-Gehalt noch sonst von den entsprechenden Gleichgewichtsphasen unterscheiden. Bestimmte Legierungszusätze, z. B. Cr, verschieben den Restaustenitzerfall zu erheblich höheren Temperaturen (Läpple 2006).

Erst in der 3. Anlassstufe ($320\,°C \leq T_{An} \leq 520\,°C$) stellt sich das Gleichgewichtsgefüge aus Ferrit und Zementit ein, wobei die Härte relativ stark einbricht. Bei bestimmten Legierungszusammensetzungen können in der 2. und 3. Anlassstufe zusätzliche Entmischungs- und Ausscheidungsvorgänge ablaufen, die sich mindernd auf die Kerbschlagzähigkeit auswirken (Anlassversprödung). In legierten Stählen

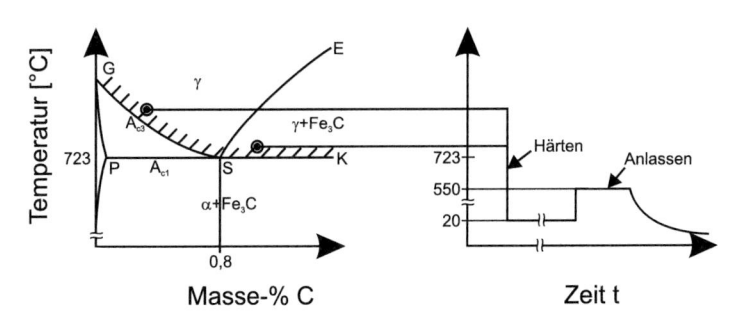

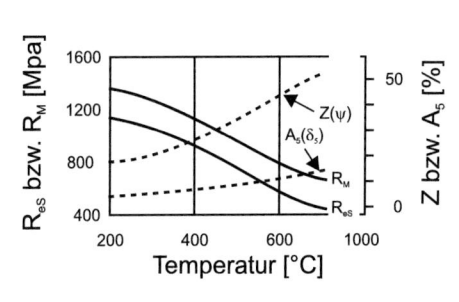

Abb. 4.9: *Verfahrensschritte beim Vergüten (links). Vergütungsschaubild von 25CrMo4 (rechts)*

mit hinreichend großen Anteilen an karbidbildenden Elementen, wie V, Mo, Cr und W, entstehen in der 4. Anlassstufe etwa zwischen 450 °C und 600 °C feinverteilte Sonder- und/oder Mischkarbide, die zu einem Wiederanstieg der Härte führen (Sekundärhärte). Solche Legierungen werden als Warmarbeitsstähle bezeichnet (Läpple 2006).

Im Vergütungsschaubild trägt man die wichtigsten mechanischen Kenngrößen eines Stahls über der Anlasstemperatur auf. Als Festigkeitskennwerte dienen in der Regel die Zugfestigkeit R_m und die Streckgrenze R_{eS}. Bei Werkstoffen mit schwer ermittelbarer Streckgrenze können auch Dehngrenzen (z. B. $R_{p0.2}$) angegeben werden. Zur Beschreibung der Zähigkeit zieht man üblicherweise die Bruchdehnung A5 oder A10 bei genormten Proben (bzw. δ bei beliebiger Probengeometrie) und die Brucheinschnürung Z (bzw. Ψ) heran. In Abbildung 4.9 (rechts) ist exemplarisch das Vergütungsschaubild des Vergütungsstahls 25CrMo4 abgebildet (Läpple 2006).

4.2.3 Chemische Verfahren bei Stählen

Thermochemische Verfahren, in DIN EN 10052 als thermochemisches Behandeln bezeichnet, sind Verfahren, bei denen die chemische Zusammensetzung in der Randschicht verändert wird. Dabei lassen sich Verfahren mit weiterer nachfolgender Wärmebehandlung wie das Einsatzhärten, und Verfahren ohne weitere Wärmebehandlung wie das Nitrieren, unterscheiden (Läpple 2006). Angaben über Glüh- und Auslagerungstemperaturen sowie entsprechende Zeiten finden sich in DIN 65084.

Einsatzhärten (Aufkohlen + Härten)

Aufkohlen wird bei Stählen mit geringem Kohlenstoffgehalt (meist kleiner 0,2 %) – die im Ausgangszustand nicht härtbar sind – angewandt. Darunter fallen z. B. legierte oder unlegierte Einsatzstähle und Automatenstähle mit geringem C-Gehalt (Gießmann 2005). Beim Aufkohlen wird der für die spätere Härtung erforderliche C-Gehalt in der Randschicht eingestellt, der dabei auf 0,7 % bis 0,9 % ansteigt. Dies geschieht durch Glühen des Werkstücks in kohlenstoffabgebender Umgebung über längere Zeit bei Temperaturen oberhalb Ac_3 (850 °C..1050 °C), also im Gebiet des homogenen Austenits. Es können unterschiedliche Aufkohlmedien eingesetzt werden, die hinsichtlich des Aggregatzustandes unterschieden werden können: feste, flüssige und gasförmige Aufkohlmittel (Läpple 2006).

Bei der Gasaufkohlung ist die technologisch wichtigste Variante im Moment die Aufkohlung unter Verwendung von Schutz- und Reaktionsgasen (Gießmann 2005). Die Diffusion des in der Ofenatmosphäre enthaltenen Kohlenstoffs in die Werkstückrandschicht kann durch den Druck, die Temperatur und die Kohlenstoffkonzentration gesteuert werden. Stand der Technik ist das Gasaufkohlen mit C-Pegel-Regelung, da dies die derzeit effektivste Technologie ist (Gießmann 2005). Die Ofenatmosphäre besteht dabei aus einem Trägergas und kohlenstoffabgebenden Komponenten, dem sogenannten Anreicherungsgas. In DIN 17022 Teil 3 werden die zahlreichen Begasungsarten erläutert. Die Auswahl des geeigneten Verfahrens geschieht unter Berücksichtigung von technologischen und ökonomischen Gesichtspunkten. Für einen Überblick über die gängigen Begasungsvarianten sei auf weiterführende Literatur verwiesen (Edendorfer 1994).

Nitrieren

Nitrieren bzw. Nitrocarburieren ist ein Verfahren ähnlich dem Aufkohlen zur Erhöhung der Oberflächenhärte (Läpple 2006). Hier wird jedoch statt Kohlenstoff atomarer Stickstoff durch Diffusion in die Randschicht eingebracht, um dort Nitride zu bilden. Dadurch entsteht direkt eine harte Randschicht, während beim Aufkohlen nur die Voraussetzungen zur Härtbarkeit geschaffen werden. Die Behandlungstemperatur liegt dabei unterhalb der eutektoiden Temperatur des Systems Eisen-Stickstoff, vorzugsweise im Bereich zwischen 480 °C und 550 °C. Aufgrund der relativ niedrigen Temperatur findet hier keine Phasenumwandlung statt. Bauteile aus Stahl, Stahlguss, Gusseisen sowie Sinterwerkstoffe aus Stahlpulver lassen sich Nitrieren und Nitrocarburieren. Die dabei zu erzielende Oberflächenhärte und Nitrierhärtetiefe hängen sehr stark von den Anteilen an nitridbildenden Legierungselementen (Cr, V, Mo, Al, Ti) und dem Gefügezustand des Werkstoffes ab (Gießmann 2005).

4.2.4 Aushärten am Beispiel einer Aluminiumlegierung

Festigkeit und Härte vieler Aluminiumlegierungen lassen sich durch die gezielte Einstellung eines Gefüges mit kleinsten, fein verteilten Teilchen steigern. Dabei wird maßgeblich der Effekt der Ausscheidungsverfestigung genutzt. Die Ausscheidungshärtung beruht auf diffusionsgesteuerten Entmischungsvorgängen und wird deshalb auch als Entmischungshärtung bezeichnet. Dabei muss ein Legierungssystem gewählt werden, das mit steigender Temperatur eine größere Löslichkeit aufweist und bei Raumtemperatur im Gleichgewichtszustand mindestens zwei Phasen beinhaltet (Gobrecht 2001). Im Folgenden wird die Ausscheidungshärtung am System AlCu erläutert. Vorteil dieser Legierungen ist die hohe Warmfestigkeit im Gegensatz zu anderen Legierungen, wie zum Beispiel AlMgSi (Ostermann 1998). Allerdings besitzen kupferhaltige Aluminiumlegierungen eine geringe Korrosionsbeständigkeit und die Schweißbarkeit von AlCu-Legierungen ist beschränkt (Bargel u. a. 2000, Fahrenwaldt 2009).

Der Aushärtemechanismus beruht auf der Erzeugung eines übersättigten Mischkristalls und anschließender Auslagerung. In DIN EN 515 sind die verschiedenen Wärmebehandlungsmethoden benannt. Prinzipiell kann der übersättigte Mischkristall durch Abschrecken aus der Temperatur der Warmformgebung oder über das Lösungsglühen erzeugt werden. Im Folgenden wird die zweite Möglichkeit näher erläutert. Dieser Prozess der Aushärtung umfasst folgende drei Schritte (Abb. 4.10):

- Das *Lösungsglühen* (oder Homogenisieren), um Legierungsbestandteile im α-Mischkristall in Lösung zu bringen (Stadium 1),
- das *Abschrecken*, welches zur Einstellung eines bei Raumtemperatur an gelösten Legierungselementen und Leerstellen übersättigten α-Mischkristalls dient (Stadium 2) und
- das abschließende *Auslagern*, um gezielt Ausscheidungen zu bilden. Bei einer Temperatur oberhalb von 80 °C spricht man von Warmauslagern (Stadium 3), andernfalls von Kaltauslagern.

Lösungsglühen

Beim Lösungsglühen werden die Legierungsbestandteile durch Diffusionsvorgänge möglichst vollständig in Lösung gebracht. Dabei ist die höchstmögliche Glühtemperatur zu wählen, da die Dauer bis zum vollständigen Lösen der Kupferatome im α-Mischkristall mit steigender Temperatur stark ab-

1: Lösungsglühen
2: Abschrecken
3: Aushärten (auslagern)

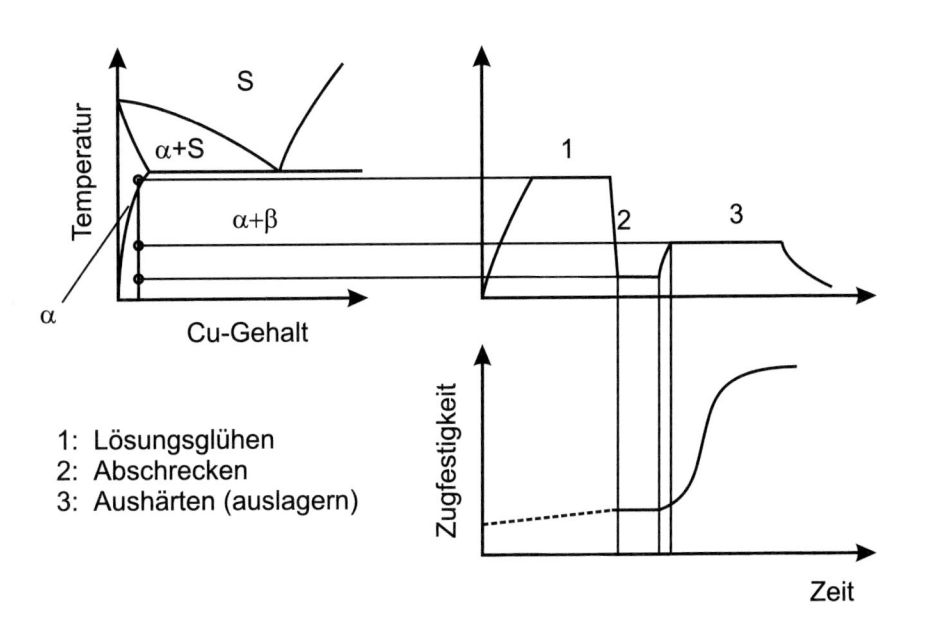

Abb. 4.10: *Prinzip der Ausscheidungshärtung am Beispielsystem Al-Cu (nach Bargel 2000)*

nimmt. Die Glühtemperatur sollte jedoch unterhalb der Schmelztemperatur eutektischer Gefügebestandteile liegen, um das Aufschmelzen solcher Gefügebestandteile bei eventuell vorhandenen Seigerungen (Konzentrationsinhomogenitäten) zu vermeiden. Je nach Legierung liegt die Temperatur zwischen 470 °C und 560 °C (Ostermann 1998). Eine verlängerte Glühdauer kann eine zu niedrig gewählte Glühtemperatur nicht ausgleichen.

Die Lösungsglühdauer wird durch die Feinkörnigkeit des Gefüges bestimmt: je feinkörniger das Gefüge, desto rascher und vollständiger gehen die aushärtenden Bestandteile in Lösung. Bei Gusslegierungen wird zusätzlich eine Homogenisierung des Gefüges erreicht, d.h. Seigerungen gelöster Legierungselemente im α-Mischkristall werden ausgeglichen. Für Angaben zu Glühtemperaturen und -zeiten in Abhängigkeit von Legierung und Halbzeugart sei auf DIN 29850 und (Kammer 2002) verwiesen.

Abschrecken

Durch Abschrecken werden weitere Diffusionsvorgänge unterdrückt und eine Entmischung des übersättigten Mischkristalls wird verhindert; hierbei spricht man vom ‚Einfrieren' des α-Mischkristalls (Ostermann 1998). Dabei sollte die Temperaturspanne zwischen Lösungsglühtemperatur und etwa 200 °C möglichst rasch durchlaufen werden. Alle Legierungselemente müssen in Lösung gehalten werden, um eine maximale Festigkeitssteigerung bei der Aushärtung zu erzielen. Dabei entstehen gleichzeitig an Legierungselementen übersättigte α-Mischkristalle mit Leerstellenkonzentrationen von bis zu 10^{-3}-10^{-4}, die wesentlich über den bei Raumtemperatur vorliegenden Gleichgewichtskonzentrationen (10^{-10}-10^{-12}) liegen (Gottstein 2007).

Auslagern

Durch die ersten beiden Schritte, Lösungsglühen und Abschrecken, liegt ein an Fremdatomen und Leerstellen übersättigter Mischkristall vor. Dieser strebt dazu, sich durch Ausscheidung der übersättigt gelösten Fremdatome wieder dem mehrphasigen, thermodynamischen Gleichgewichtszustand zu nähern. Der dafür zuständige, temperatur- und zeitabhängige ‚Wanderprozess' erfolgt durch die Diffusion der Fremdatome über Leerstellen und ermöglicht die Bildung der gewünschten Ausscheidungen entweder über die Kalt- oder die Warmaushärtung. Die Auslagerungsbehandlung bei Temperaturen deutlich unterhalb der Segregationslinie führt zur Bildung von kohärenten, teil- und inkohärenten Ausscheidungen.

In Abbildung 4.11 sind vereinfacht die verschiedenen metastabilen (a) – (b) sowie stabilen (c) Phasen und ihre Einbindung ins Matrixgitter dargestellt. Hierbei unterscheidet man:

- *Kohärente Ausscheidungen*: Die Orientierung zwischen der Ausscheidung und dem Matrixgitter stimmt überein, es liegen jedoch geringfügig unterschiedliche Gitterkonstanten vor, was zu einer großen Kohärenzspannung führt (Abb. 4.11a) (Bargel 2000, Gottstein 2007). Kohärente Teilchen können von Versetzungen geschnitten und umgangen werden.
- *Teilkohärente Ausscheidungen*: Es besteht eine gleichartige Orientierung zwischen der Ausscheidung und dem Matrixgitter, jedoch ist der Unterschied der Gitterkonstanten so groß, dass die Beziehung zwischen den Gittern gestört ist. Dies führt zu einer geringeren Verspannung des Matrixgitters (Abb. 4.11b) (Bargel 2000, Gottstein 2007). Teilkohärente Teilchen können von Versetzungen nur in Ebenen mit passender Orientierung geschnitten werden.
- *Inkohärente Ausscheidungen*: Unterschiedliche Kristallstrukturen oder große Unterschiede der Gitterkonstanten führen dazu, dass keine Beziehung zwischen der Ausscheidung und dem Wirtsgitter mehr besteht. Kohärenzspannungen liegen dann nicht mehr vor (Abb. 4.11c) (Bargel 2000, Gottstein 2007). Inkohärente Teilchen können von Versetzungen nicht geschnitten, sondern nur umgangen werden.

Das Prinzip der Teilchenhärtung besteht in der Wechselwirkung zwischen Teilchen und Versetzungen. Je nach Größe d und Abstand l der Teilchen können diese von den gleitenden Versetzun-

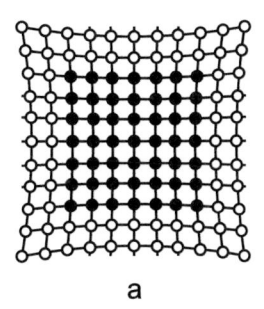

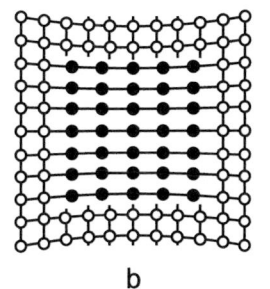

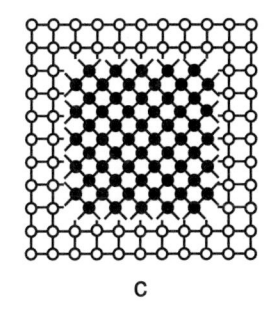

Abb. 4.11: *Kohärenzbeziehungen zwischen Ausscheidungen und der Matrix a) kohärente, b) teilkohärente, c) inkohärente Ausscheidung*

gen geschnitten oder umgangen werden (Bargel 2000). Kleine kohärente Teilchen mit relativ kleinem Abstand zueinander werden eher geschnitten (Abb. 4.12 links) (Bargel 2000). Im ersten Schritt bewegt sich die Versetzung zu der Ausscheidung hin. Im zweiten und letzten Schritt wird die Ausscheidung von der Versetzung geschnitten und abgeschert (Gottstein 2007). Die Festigkeitserhöhung resultiert aus der höheren Spannung, die nötig ist, um die Kohärenzspannungen der Teilchen zu überwinden und die Versetzungslinie durch die Ausscheidungen hindurch zu bewegen. Da während dieses Prozesses die wirksame Hindernisfläche verkleinert wird, kann die Ausscheidung von nachfolgenden Versetzungen in der gleichen Gleitebene leichter durchlaufen werden als in benachbarten. Die Verformung konzentriert sich dabei auf wenige Gleitebenen; hierbei spricht man von Grobgleitung.

Größere und weiter voneinander entfernt liegende kohärente sowie inkohärente Teilchen werden unter Hinterlassung eines Versetzungsringes umgangen (Orowan-Mechanismus, Abb. 4.12 rechts) (Bargel 2000). Dabei wird die Versetzung zunächst nur im Bereich der Teilchen in der Weiterbewegung gehindert und dadurch gekrümmt. Im Bereich hinter den Ausscheidungen (Schritt 4) vereinigen sich dann Versetzungssegmente unterschiedlichen Vorzeichens. Zurück bleiben ein Versetzungsring um die Ausscheidungen und eine Versetzung, die weiterläuft. Hierbei entspricht die Festigkeitssteigerung der Spannung, die notwendig ist, die Versetzungslinie zu krümmen und den Versetzungsring zu bilden. Die dabei erforderliche Orowan-Spannung berechnet sich analog der Quellenspannung einer Frank-Read-Quelle. Nachfolgende Versetzungen in der gleichen Gleitebene erfahren durch den hinterlassenen Ring um die Ausscheidung einen größeren Widerstand als

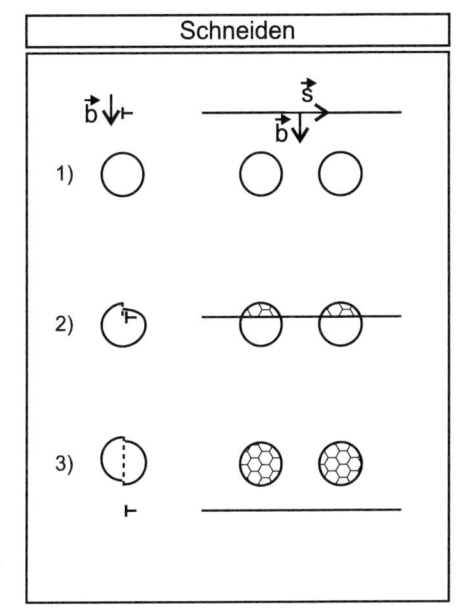

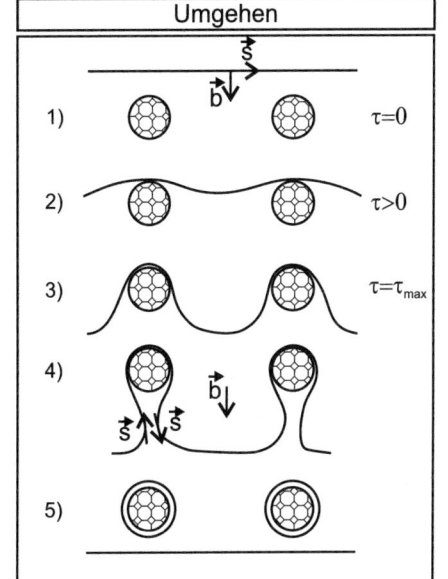

Abb. 4.12: *Wechselwirkung von Versetzungen mit Teilchen (am Beispiel der Stufenversetzung): Schneiden von kohärenten Teilchen (links) und Umgehen von Teilchen (rechts)*

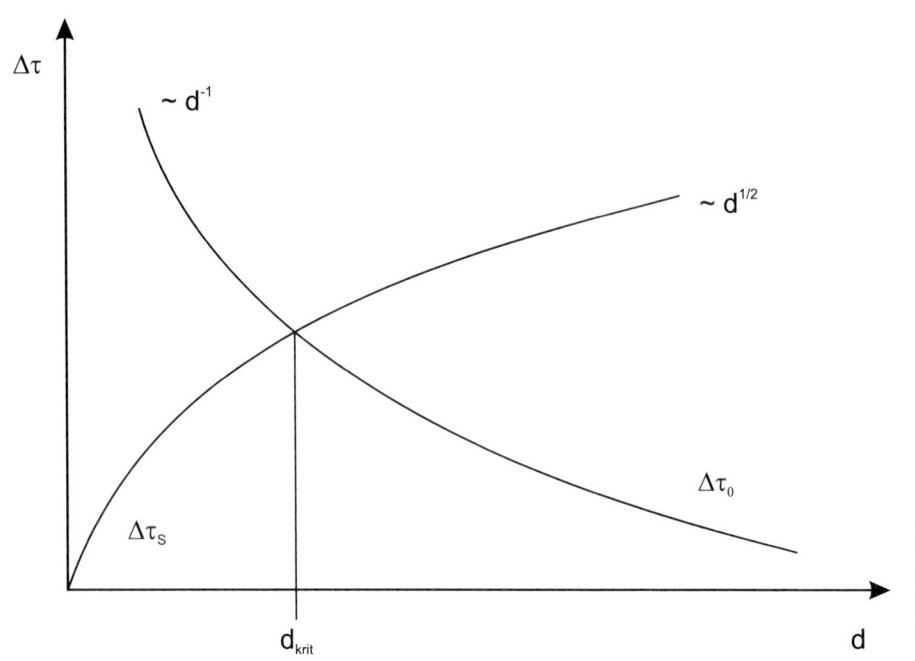

4 Eigenschaftsänderungen bei metallischen Leichtbauwerkstoffen

Abb. 4.13: *Aufzubringender Spannungsbetrag für das Schneiden ($\Delta\tau_S$) und Umgehen ($\Delta\tau_O$) von kohärenten Ausscheidungen bei konstantem Teilchengehalt (schematisch)*

in benachbarten Gleitebenen. Dadurch werden viele Gleitebenen aktiviert, allerdings nur geringfügig abgeschert; hierbei spricht man von Feingleitung.

Bei kohärenten Teilchen wird stets der Mechanismus (Schneiden bzw. Umgehen) genutzt, für welchen die kleinere Spannung aufzubringen ist, d.h. der energetisch am günstigsten ist. Der Zusammenhang zwischen Teilchengröße und aufzubringender Schubspannung für die Überwindung kohärenter Ausscheidungen ist in Abbildung 4.13 dargestellt. Der größte Festigkeitsgewinn ergibt sich genau beim kritischen Teilchendurchmesser d_{krit}, bei dem es zu einem Über-

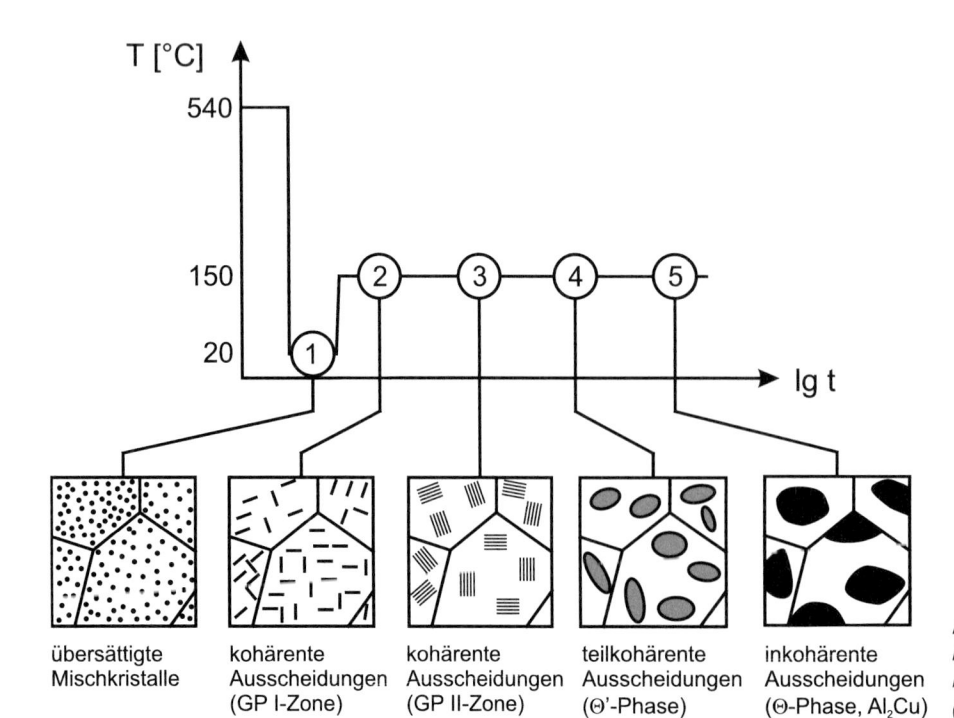

Abb. 4.14: *Stadien der Aushärtung einer AlCu-Legierung nach dem Abschrecken (schematisch)*

1. übersättigte Mischkristalle
2. kohärente Ausscheidungen (GP I-Zone)
3. kohärente Ausscheidungen (GP II-Zone)
4. teilkohärente Ausscheidungen (Θ'-Phase)
5. inkohärente Ausscheidungen (Θ-Phase, Al_2Cu)

4.2 Wärmebehandlung

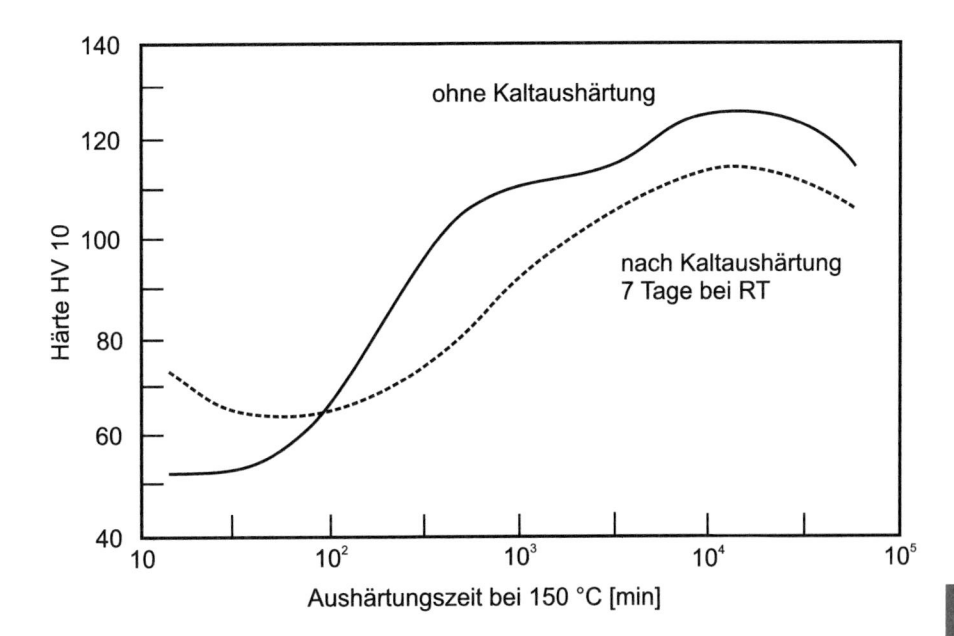

Abb. 4.15: *Härteverlauf der Aluminiumlegierung EN AW-6082 mit und ohne vorheriger Kaltaushärtung (Ostermann 1998)*

gang des Prozesses vom Schneiden zum Umgehen kommt. Inkohärente Teilchen werden stets umgangen. In Abhängigkeit von Auslagerungstemperatur und -zeit erfolgt die Ausscheidung verschiedener Phasen (Abb. 4.14).

Als Beispiel für einen in der Praxis eingesetzten Werkstoff, die Aluminiumlegierung EN AW-6082 (AlSi1MgMn) ist in Abbildung 4.15 der Härteverlauf dargestellt.

4.2.5 Aushärtung von Magnesiumlegierungen

Magnesium besitzt eine hohe Reaktionsfähigkeit, was besondere (gesetzlich geregelte) Schutzmaßnahmen gegen Selbstentzündung beim Zerspanen und Gießen erfordert (Gobrecht 2001, Bargel 2000). Reinmagnesium wird aufgrund der geringen Festigkeit nur wenig, z. B. für Opferanoden, verwendet. Magne-

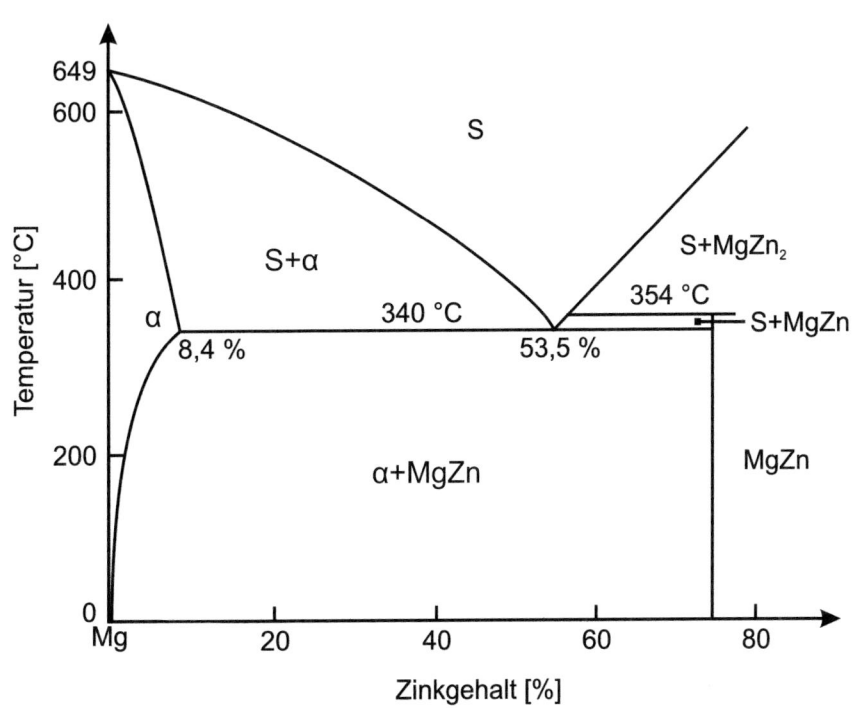

Abb. 4.16: *Zustandsschaubild Magnesium-Zink-Legierungen (vereinfacht) (Bargel 2000)*

Abb. 4.17: *Zustandsschaubild Magnesium-Aluminium-Legierungen (Bargel 2000)*

siumlegierungen dagegen sind aushärtbar und bieten ausreichend gute Festigkeit (Kap. II.4). Mg-Knetlegierungen sind in DIN 1729-1, Mg-Gusslegierungen in DIN EN 1753 genormt. Die Gießbarkeit von Mg und seinen Legierungen ist gut, die Umformbarkeit ist aber wegen der hexagonalen Gitterstruktur schlecht. Magnesiumlegierungen enthalten meist Aluminium und Zink, da diese der schlechten Zähigkeit und hohen Kerbschlagempfindlichkeit entgegenwirken sowie Mangan, um die Korrosionsbeständigkeit zu verbessern (Bargel 2000). In den Abbildungen 4.16 und 4.17 ist zu erkennen, dass Legierungen mit Al und Zn mehrphasig sind. Es treten neben homogenen Mischkristallen auch intermediäre Phasen auf. Bei der Wärmebehandlung dieser Legierungen ändert sich die Verteilung der Phasen, wodurch sich die Werkstoffeigenschaften beeinflussen lassen. Die beste Zähigkeit besitzen Legierungen im Lösungsgeglühten und rasch abgeschreckten Zustand. Die beste Festigkeit wird durch langsames Abkühlen erreicht (Bargel 2000).

4.2.6 Härten und thermomechanisches Behandeln von Titanlegierungen

Titan besitzt eine hohe Festigkeit und ausgezeichnete Korrosionsbeständigkeit (Bargel 2000). Dabei ist aber nicht das eigentlich unedle Titan beständig, sondern vielmehr die fest haftende Oxidschicht, die das Material schützt. Titan bildet mit Sauerstoff Mischkristalle, die bei einer Wärmebehandlung oder Warmformgebung zu einer unerwünschten Versprödung der Randschicht führen können (Kap. II.5). Werkstücke, die nicht nachbearbeitet werden oder sehr klein sind, müssen daher im Vakuum oder unter Schutzgas gegossen bzw. wärmebehandelt werden. Wie Magnesium besitzt auch Titan bei Raumtemperatur eine hexagonale Struktur (α-Phase) und zeigt daher nur eine mäßige Kaltverformbarkeit. Oberhalb von 882 °C geht Titan in die kubischraumzentrierte β-Phase über, die durch geeignete Legierungszusätze stabilisiert werden kann (z. B. Vanadium) (Bargel 2000). Die Einflüsse anderer Legierungszusätze sind in Abbildung 4.18 dargestellt. Es lassen sich einphasige (α oder β) oder mehrphasige Legierungen ($\alpha + \beta$) herstellen, die sich in ihren Grundeigenschaften wesentlich unterscheiden (Tab. 4.1). Die chemischen Zusammensetzungen und Bezeichnungen von Titanlegierungen sind in DIN 17851 festgelegt. Das Härten von Titanlegierungen beruht auf Mechanismen der Martensithärtung und der Ausscheidungshärtung.

Bei der Umwandlung des kubisch-raumzentrierten Gitters (β-Titan) in das hexagonale Gitter (α-Titan) mit sinkender Temperatur kommt es zu einem Schervorgang, der der Martensitbildung ähnelt. Dazu wird die Legierung im Zweiphasengebiet

4.2 Wärmebehandlung

Tab. 4.1: *Eigenschaften von Titanlegierungen (Bargel 2000, Roos 2008, Lütjering 2003)*

Legierung	Vorteile	Nachteile
α-Titan	- gute Schweißbarkeit - geringe Kriechneigung - gute Hochtemperatureigenschaften	- geringe bis mittlere Festigkeit - mäßig kaltverformbar - Wärmebehandlung nicht möglich
β-Titan	- herausragende Schwingfestigkeit - sehr gute Festigkeit - gute Kaltverformbarkeit - aushärtbar	- hohe Dichte
α+β-Titan	- gute Warmverformbarkeit - gutes Verhältnis von Festigkeit zu Dichte - aushärtbar	- schlechte Hochtemperatureigenschaften

unterhalb der Phasengrenze des β-Mischkristalls geglüht, damit sich entsprechend dem Hebelgesetz sehr viele β-Mischkristalle und wenige α-Mischkristalle im Gleichgewicht befinden. Bei einer Wärmebehandlung oberhalb der Phasengrenze des β-Mischkristalls würde es zu einer unerwünschten Grobkornbildung kommen (Bargel 2000). Das anschließende Abschrecken auf Raumtemperatur führt zu der angesprochenen Phasenumwandlung, sodass nun α-Mischkristalle im Gefüge stark überwiegen. Die dabei auftretende Gitterscherung führt zu einer geringfügigen Härtesteigerung (Bargel 2000). Der zweite Mechanismus beim Härten von Titanlegierungen nutzt aus, dass der neu gebildete α-Mischkristall an β-stabilisierenden Legierungselementen übersättigt ist. Durch Anlassen wird eine kohärente β-Phase (β-isomorphes Zustandsdiagramm) bzw. eine intermetallische Verbindung (β-eutektoides Zustandsdiagramm) ausgeschieden, was zu einer weiteren Festigkeitssteigerung führt (Bargel 2000).

Eine weitere Möglichkeit, die Eigenschaften von (α+β)-Titanlegierungen zu ändern, ist die Mikrostruktur einzustellen. Durch geeignete Verarbeitung kann eine lamellare, bi-modale („duplex") oder äquiaxiale Mikrostruktur hergestellt werden. Der Prozess besteht grundsätzlich aus den vier aufeinanderfolgenden Schritten: Homogenisieren, Umformen, Rekristallisieren und Anlassen. Je nach gewünschtem Gefüge unterscheiden sich dabei Temperatur und Dauer der einzelnen Schritte. In Abbildung 4.19 ist beispielhaft der Prozess zum Einstellen eines Duplexgefüges gezeigt. Zuerst wird in der β-Phase homogenisiert, wobei die Abkühlgeschwindigkeit ausgehend von der Homogenisierungstemperatur die Breite der entstehenden α-Lamellen bestimmt. Im zweiten Schritt werden diese α-Lamellen verformt und dabei die Versetzungsdichte und die Textur eingestellt. Bei der Rekristallisation in Schritt drei lässt sich über die Temperatur die Größe der β-Körner und die Verteilung der Legierungselemente einstellen, die Abkühlrate bestimmt wieder die Breite der α-Lamellen. Im vierten und letzten Schritt wird über die Temperatur der Anteil an Ti_3Al in der α-Phase und der Anteil an sekundärem α in der β-Phase eingestellt. Für eine

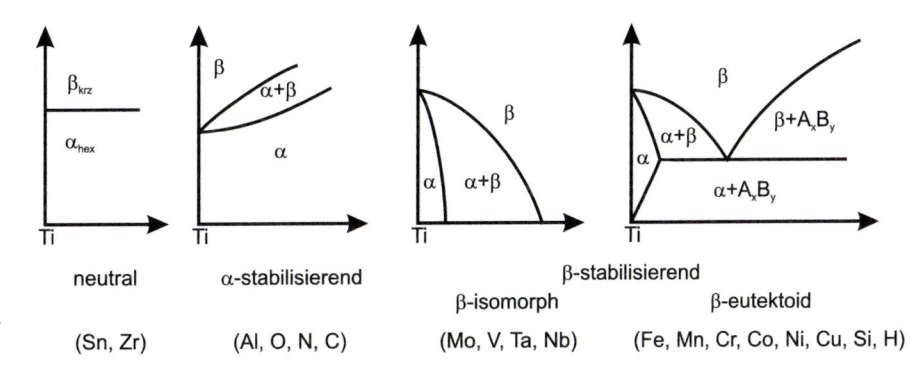

Abb. 4.18: *Einfluss der Legierungselemente auf die Zustandsdiagramme von Titan-Legierungen (Roos 2008)*

neutral (Sn, Zr)

α-stabilisierend (Al, O, N, C)

β-stabilisierend
β-isomorph (Mo, V, Ta, Nb)

β-eutektoid (Fe, Mn, Cr, Co, Ni, Cu, Si, H)

Abb. 4.19: *Einstellen eines Duplexgefüges bei α+β-Titanlegierungen (schematisch) (nach Lütjering 2003)*

detaillierte Beschreibung der Prozesse und die daraus resultierenden Eigenschaftsänderungen sei auf (Lütjering 2003) verwiesen.

4.2.7 Lokale Wärmebehandlungsmethoden zum thermischen Einstellen von Gefügegradienten

Die zuvor genannten Gefügeänderungen durch thermische Verfahren werden heute zumeist in Ofenanlagen mit einer Erwärmung des gesamten Bauteils erzeugt. Hierbei treten Gefügegradienten häufig nur in Form gehärteter Randschichten nach dem Abschrecken auf. Um Bauteileigenschaften auf die im Betrieb auftretenden Lasten maßgerecht zu verteilen, können im Gegensatz dazu lokale Wärmebehandlungstechniken wie das Laserhärten (Ocelík 2010) oder Induktionshärten (Rudnev 2017) eingesetzt werden. Hierbei wird durch auf die Oberfläche auftreffende Laserstrahlung oder durch elektromagnetisch induzierte Wirbelströme eine Erwärmung in Zonen von wenigen Millimetern bis hin zu mehreren Zentimetern vorgenommen und dann – je nach Legierung – abgeschreckt oder mit Luft abgekühlt. Diese Erwärmung kann je nach Zielstellung zu einer Ver- oder Entfestigung führen, je nachdem welcher der zuvor beschriebenen Umwandlungsprozesse aktiviert wird.

Während bei Stählen beispielsweise ein lokales Härten durch die martensitische Umwandlung herbeigeführt werden kann, ist bei ausgehärteten Aluminiumlegierungen auch eine gezielte Erweichung von technischer Relevanz. Dies kann sowohl innerhalb von Prozessen zur besseren Umformung in das Endbauteil (Merklein 2002, Kerausch 2003) als auch zur Erzeugung von thermischen Triggerstellen (Bjørneklett 2003, Peixinho 20012, Peixinho 2015) zur gezielten Einstellung des Verformungsverhaltens genutzt werden.

Im Bereich der Crashelemente im Automobil können thermische Trigger die Aufgabe der heute weit verbreiteten Sicken in Blech- und Profilbauteilen übernehmen. Sie sind von ihrem Grad an Lokalität in weiten Bereichen einstellbar. In Abbildung 4.20 ist für die induktive Erwärmung einer AW-6082 Aluminiumlegierung im T6 Zustand die Temperaturverteilung im Abstand zur Spulenmitte mit dem zeitlichen Verlauf dargestellt. Die sich dabei einstellenden Härtegradienten zeigen eine deutliche Härteabnahme von etwa 30–40 % innerhalb der ersten 3 mm bei einer Erwärmungszeit von nur 3 s.

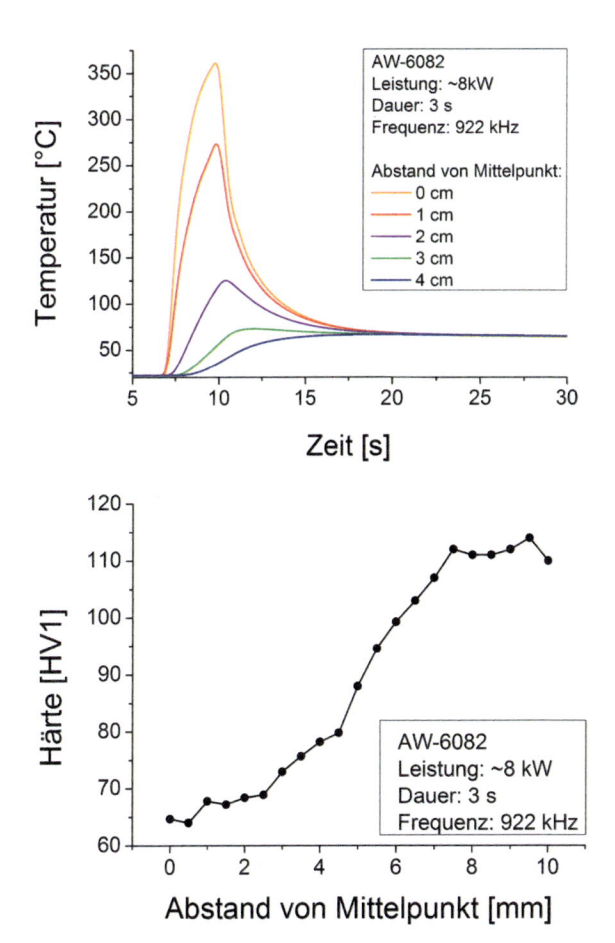

Abb. 4.20: *Temperaturverteilung (oben) und Härteverlauf (unten) nach kurzzeitiger, lokaler Wärmebehandlung mit einem Pancake Induktor (Dietrich 2017)*

Durch die gewollte Überalterung beim lokalen Wiedererwärmen können somit weiche Werkstoffbereiche erzeugt werden, welche bei der eintretenden Crashbelastung zu einem durch ihre Größe und Form gesteuerten Verformungsverhalten führen. In Abbildung 4.21 ist beispielsweise die Verformung eines AW-6082 T6 Rundprofils ohne und mit unterschiedlich positionierter lokaler Wiedererwärmung dargestellt. Es ist klar ersichtlich, wie die Position der Spule bei eintretendem Beulen die Richtung als auch die Anzahl der Beulfelder bestimmt und somit auch die auftretenden Kräfte und Verformungen im Crashfall deutlich beeinflussen kann.

4.3 Zusammenfassung

Durch Wärmebehandlung, thermochemische Verfahren und bzw. oder mechanische Oberflächenbearbeitung lassen sich bei metallischen Werkstoffen gezielt Eigenschaften ändern. Dadurch wird eine Anwendung der Werkstoffe im Leichtbau oftmals erst ermöglicht. Neue Wärmebehandlungstechniken im Bereich der lokalen Wärmebehandlung ermöglichen die Herstellung gradierter Werkstoffe, welche auf den Belastungsfall zugeschnitten sind und somit das Leichtbaupotential erhöhen können.

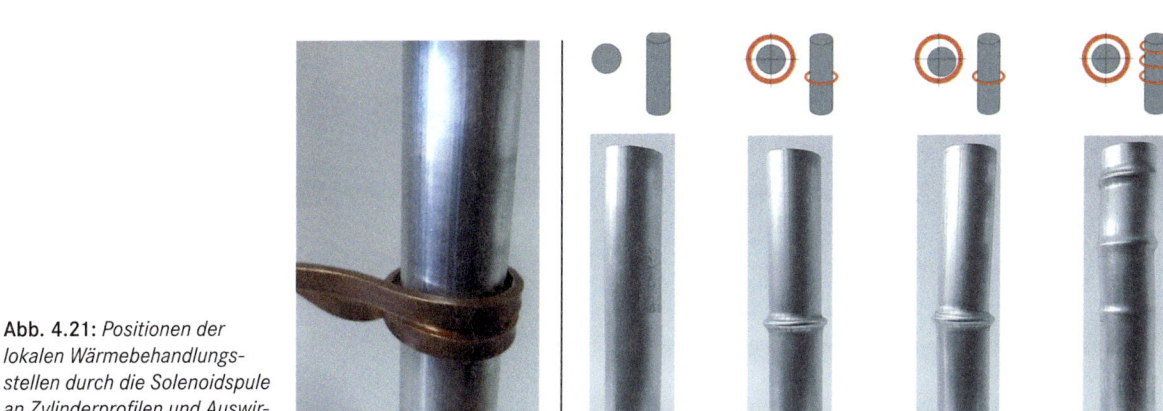

Abb. 4.21: *Positionen der lokalen Wärmebehandlungsstellen durch die Solenoidspule an Zylinderprofilen und Auswirkung des Impact-Tests auf die so behandelten Zylinderprofile (Dietrich 2017)*

4.4 Weiterführende Informationen

Literatur

Bargel, H.-J.; Schulze, G.: Werkstoffkunde, Springer-Verlag, Berlin, 2000

Berns, H.; Theisen, W.: Eisenwerkstoffe – Stahl und Gusseisen, Springer-Verlag, Berlin, 2008

Bjørneklett, B. I., Myhr, O. R. Material design and thermally induced triggers in crash management (No. 2003-01-2794). SAE Technical Paper, 2003

Broszeit, E.: Grundlagen der Schwingfestigkeitssteigerung durch Fest- und Glattwalzen, Zeitschrift für Werkstofftechnik 15(1984), S. 416–420

Brown, G.T.; James, B.A.: The accurate measurement, calculation, and control of steel hardenability, Metallurgical and Materials Transactions B 4(1973) 10, pp. 2245–2256

Dietrich, S., Schulze, V. : Unveröffentlichte Ergebnisse, IAM-WK KIT Karlsruhe, 2017

Edendorfer,B.; Lerche, W.: Entwicklungen in der Verfahrens- und Prozesstechnik der Gasaufkohlung, HTM 49(1994) 2

Fahrenwaldt, H.-J.; Schuler, V.: Praxiswissen Schweißtechnik, Vieweg+Teubner | GWV Fachverlage, Wiesbaden, 2009

Gießmann, H.: Wärmebehandlung von Verzahnungsteilen, expert verlag, Renningen, 2005

Gobrecht, J.: Werkstofftechnik Metalle, Oldenbourg Wissenschaftsverlag GmbH, München, 2001

Gottstein, G.: Physikalische Grundlagen der Materialkunde, Springer-Verlag, Berlin, 2007

Kammer, C.: Aluminium-Taschenbuch, Aluminium-Verlag, Düsseldorf, 2002

Kerausch, M., Merklein, M., Geiger, M. : Adapted Mechanical Properties for Improved Formability of Aluminum Blanks by Local Induction Heating (No. 2003-01-2750). SAE Technical Paper, 2003

Läpple, V.: Wärmebehandlung des Stahls, Verlag Europa-Lehrmittel, Hann-Gruiten, 2006

Lütjering, G.: Titanium, Springer-Verlag, Berlin, 2003

Merklein, M., Geiger, M.: New materials and production technologies for innovative lightweight constructions. Journal of Materials Processing Technology, 125, 532–536., 2002

Roos, E.; Maile, K.: Werkstoffkunde für Ingenieure, Springer-Verlag, Berlin, 2008

Ocelík, V., De Hosson, J. T. M.): Advances in Laser Materials Processing, 2010

Ostermann, F.: Anwendungstechnologie Aluminium, Springer-Verlag, Berlin, 1998

Peixinho N. : Geometry and Material Strategies for Improved Management of Crash Energy Absorption. In: Flores P., Viadero F. (eds) New Trends in Mechanism and Machine Science. Mechanisms and Machine Science, vol 24. Springer, Cham, 2015

Peixinho, N., Soares, D., Vilarinho, C., Pereira, P., Dimas, D.: Experimental study of impact energy absorption in aluminium square tubes with thermal triggers. Materials Research, 15(2), 323–332, 2012

Rudnev, V., Loveless, D., Cook, R. L.: Handbook of induction heating. CRC press, 2017

Scholtes, B.; Vöhringer, O.: Grundlagen der Mechanischen Oberflächenbehandlung, In: Mechanische Oberflächenbehandlung, Festwalzen, Kugelstrahlen, Sonderverfahren, DGM Informationsgesellschaft, Oberursel, 1989, pp. 3–20

Scholtes, B.; Macherauch, E.: Randschichtzustände von normalisiertem und vergütetem 42CrMo4 nach konsekutiven Kugelstrahlen- und Festwalzbehandlungen, Materialwissenschaft und Werkstofftechnik 23(1992), pp. 388–394

Schulze, V.: Modern Mechanical Surface Treatment, Wiley-VCH, Weinheim, 2006

Normen und Richtlinien

DIN EN 515; Ausgabe 1993: Aluminium und Aluminiumlegierungen; Halbzeug; Bezeichnungen der Werkstoffzustände

DIN 1729-1, Ausgabe 1982: Magnesiumlegierungen; Knetlegierungen

DIN EN 1753, Ausgabe 1997: Magnesium und Magnesiumlegierungen; Blockmetalle und Gussstücke aus Magnesiumlegierungen

DIN 8200, Ausgabe 1982: Strahlverfahrenstechnik, Begriffe

DIN 8201, Ausgabe 1975: Strahlmittel, Einteilung – Bezeichnung

DIN EN 10052, Ausgabe 1994: Begriffe der Wärmebehandlung von Eisenwerkstoffen

DIN 29850, Ausgabe 1989: Luft- und Raumfahrt; Wärmebehandlung von Aluminium-Knetlegierungen

DIN 17022-3; Ausgabe 1989: Wärmebehandlung von Eisenwerkstoffen; Verfahren der Wärmebehandlung; Einsatzhärten

DIN 17022-4, Ausgabe 1998: Wärmebehandlung von Eisenwerkstoffen – Verfahren der Wärmebehandlung: Nitrieren und Nitrocarburieren

DIN 17851 Ausgabe 1990: Titanlegierungen; Chemische Zusammensetzung

DIN 65084, Ausgabe 1990: Luft- und Raumfahrt; Wärmebehandlung von Titan und Titan-Knetlegierungen

VDI-Richtlinie 3177, Oberflächen-Feinwalzen, 1983

Alle Normen und Richtlinien erscheinen im Beuth-Verlag Berlin.

5 Verarbeitung von Kunststoffen

Axel Kauffmann

5.1 Extrusion	543	
5.1.1 Rohr- und Profilextrusion	544	
5.1.2 Extrusionsblasformen	545	
5.2 Spritzgießen	547	
5.2.1 Thermoplast-Spritzgießen	548	
5.2.2 Elastomer-Spritzgießen	550	
5.2.3 Duroplast-Spritzgießen	550	
5.2.4 Sonderverfahren	551	
5.3 Schäumverfahren	554	
5.3.1 Extrusionsschäumen	554	

5.3.2 Partikelschäumen	554	
5.3.3 Polyurethanschäumen	556	
5.4 Pressen	558	
5.5 Tiefziehen	559	
5.6 Rotationsformen	560	
5.7 Zusammenfassung	562	
5.8 Weiterführende Informationen	562	

Für die Großserienfertigung von Kunststoffbauteilen wird heutzutage eine Vielzahl etablierter Verarbeitungsverfahren eingesetzt. Insbesondere sind für die großtechnische Kunststoffverarbeitung das Urformen sowie ferner das Umformen und Fügen von Bedeutung. Mit Ausnahme des Tiefziehens, welches der Gruppe des Umformens zugeordnet wird, werden nachfolgend die gebräuchlichsten Urformverfahren beschrieben. Es werden die Verfahren und deren Relevanz für den Leichtbau mit Kunststoffen erörtert und es wird auf aktuelle Trends, Weiterentwicklungen und Sonderverfahren eingegangen.

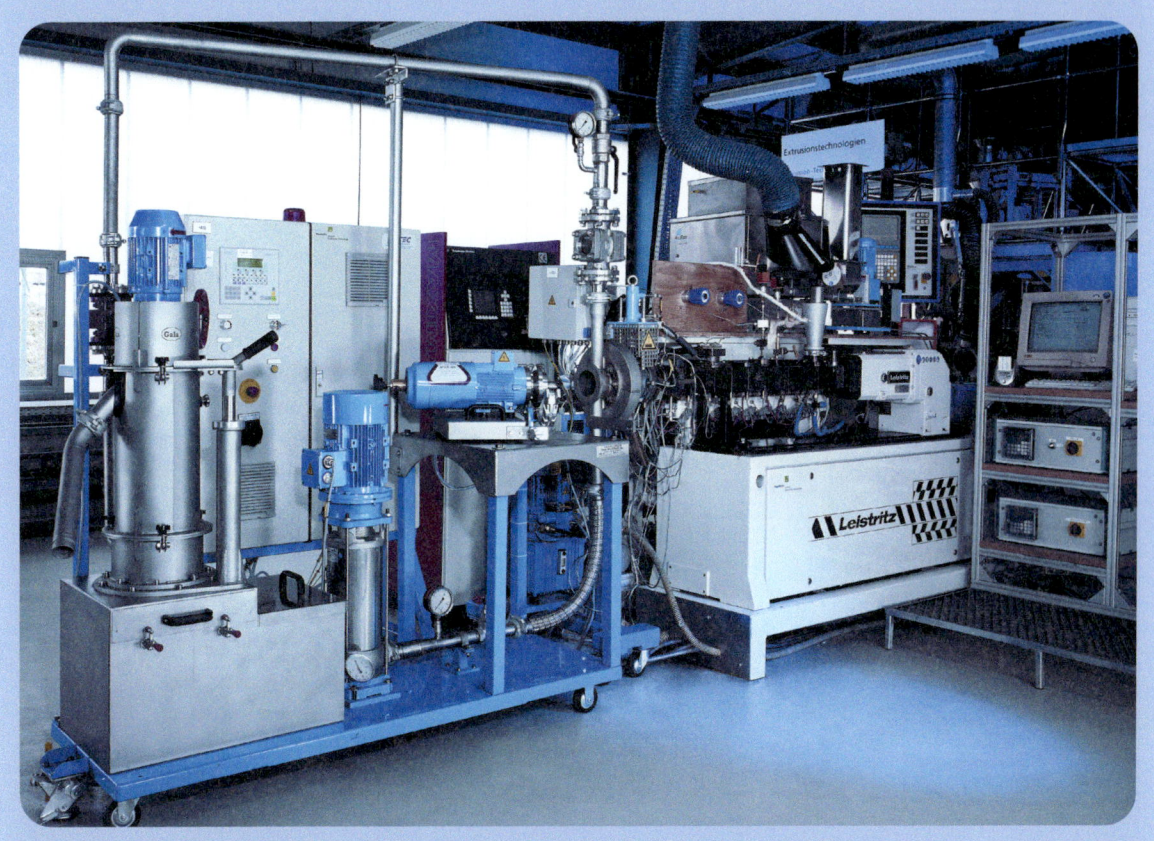

Extrusionslinie mit Unterwassergranulierung zur Granulat- und Schaumpartikelherstellung
(Quelle: Fraunhofer-Institut für Chemische Technologie ICT)

Der Schwerpunkt wird in diesem Kapitel auf die Thermoplastverarbeitung gelegt. Duromere, die vorwiegend in Verbindung mit Füll- und Verstärkungsstoffen verarbeitet werden sowie lang- und endlosfaserverstärkte Thermoplaste werden überwiegend in Teil III, Kapitel 6 behandelt. Des Weiteren wird in diesem Kapitel auf verschiedene Schäumverfahren eingegangen, die gleichermaßen für Thermoplaste, Duromere und Elastomere relevant sind.

Im Folgenden wird auf die klassische Profil- und Rohrextrusion sowie dem für den Leichtbau zunehmend an Bedeutung gewinnenden Sonderverfahren des Extrusionsblasformens eingegangen. Der Einsatz der Extrusionstechnik in integrierten Prozessen, wie beispielsweise beim Inline-Compoundieren im Spritzgießprozess oder der Kombination mit dem Pressprozess wird in Teil III Kapitel 2 (Fertigungsverfahren, Faserverbundwerkstoffe) behandelt.

5.1 Extrusion

Die Extrusion wird in erster Linie zum Fördern und Mischen sowie Einfärben und Entgasen von Polymerschmelzen eingesetzt. Hierzu nutzt man überwiegend die Wirkung rotierender Schnecken, wobei die konstruktiv einfachen Maschinen mit nur einer Schnecke der Zahl nach überwiegen (Eyerer 2005). Die Formgebung der Polymerschmelze zu Halbzeugen wie Tafeln, Folien, Profilen, Ummantelungen oder Beschichtungen erfolgt über ein am Extruder angeflanschtes Werkzeug mit entsprechenden Nachfolgeeinrichtungen. Die Produkte der Extrusionstechnik finden sich in zahlreichen Anwendungsgebieten wie beispielsweise der Bau-, Automobil- und Luftfahrtindustrie, der Medizintechnik, der Möbelindustrie sowie im Bereich Agrar oder Verpackungen wieder (Abb. 5.1).

Kernstück einer Extrusionsanlage ist der Extruder (Abb. 5.2) Die gebräuchlichsten Bauarten sind Einschnecken- und Doppelschneckenextruder. Einschneckenextruder zeichnen sich durch eine einfache Bauweise und den nahezu ausschließlichen Einsatz als Plastifizierextruder aus. Die Doppelschnecke mit zwei gleich- oder gegenläufigen Schnecken wird überwiegend zur Compoundierung, d.h. zur Einarbeitung von Additiven, Farbmitteln, Füll- oder Verstärkungsstoffen eingesetzt.

Des Weiteren gibt es zahlreiche Sonderbauarten, wie Ringextruder (12 Schnecken, die um einen feststehenden Kern angeordnet sind), Planetwalzenextruder (Führungsschneckenschaftkern mit planetförmig umlaufenden Spindeln), Ramextruder (zur Herstellung endloser PTFE- bzw. UHMW-PE-Profile), Ko-Kneter, Stiftextruder etc..

Neben dem Extruder besteht eine Gesamtanlage aus einer konturgebenden beheizten Werkzeugeinheit und einer sich anschließenden temperierten Kalibriereinheit zum Abkühlen und zur dimensionsgerechten Bauteilmaßfixierung. Weiter folgen meist eine Abzugseinheit (Raupenabzug) und eine Ablängeinheit (Säge, Schneidanlage). Ein Sammeltisch sammelt die abgelängten Extrudate. Die Kombination von Extruder, Kalibriertisch, Abzug, Schneideanlage und Sammeltisch wird als Extrusionslinie bezeichnet.

Alternativ zur Herstellung von Halbzeugen kann zunächst die Compoundierung und Herstellung maßgeschneiderter Werkstoffe in Form von Granulaten erfolgen. Die Ausgangspolymere und Additive werden hierbei im Extruder gemischt und im Anschluss granuliert. Bei der konventionellen Stranggranulierung werden im Extruder erzeugte Stränge in einem Wasserbad abgekühlt und anschließend mit einem Stranggranulator zu Granulat geschnitten. Bei der Unterwassergranulierung wird der Schmelzestrang direkt am Ende des Extrusionswerkzeugs, welches in Form einer Lochplatte ausgebildet ist, mit rotierenden Messern zu Partikeln abgelängt und im Wasserbad ge-

Abb. 5.1: *Beispiele für Extrusionsprodukte (Quelle: WAK)*

Abb. 5.2: *Doppelschneckenextruder (Quelle: Coperion GmbH)*

kühlt. Die Granulate können dann in einem anschließenden Urformprozess weiterverarbeitet werden.

5.1.1 Rohr- und Profilextrusion

Bei der Rohr- und Profilextrusion wird das extrudierte Material nach Austritt aus dem formgebenden Werkzeug über eine Kalibrierung in Form gehalten. Bei der Außenkalibrierung wird der austretende Schmelzeschlauch durch ein gekühltes Kalibrierrohr gezogen. Der für die Abkühlung und Dimensionsstabilisierung notwendige Kontakt zwischen Profil und Kalibrierrohr wird meist durch Anlegen eines Vakuums erreicht. Eine Abzugseinrichtung im Anschluss an den Kalibriertisch sorgt für den Transport des Rohrs oder Profils. In der Regel wird über Raupenketten das extrudierte Rohr oder Profil durch die Bewegung der Ketten unter Zug gesetzt. Die Geschwindigkeit des Abzugs bestimmt dabei zusammen mit der Geschwindigkeit des Extruders maßgeblich die Laufgeschwindigkeit des Halbzeugs. Für technische Produkte werden häufig Kombinationen verschiedener Materialien gefordert. Um ein mehrschichtig (bis 9 Schichten möglich) aufgebautes Extrusionsprodukt herzustellen, wird die Coextrusion eingesetzt. Jede Formmasse wird dabei in einem Extruder plastifiziert und im Bereich des formgebenden Werkzeugs zusammengeführt.
Beispielsweise erfolgt die Herstellung von 2-Komponenten-Profilen aus PP und TPE-V für den VW Golf VI über eine Coextrusionsanlage mit zwei bis drei Einschneckenextrudern unterschiedlicher Baugröße. Mit diesem Konzept soll eine optimale Homogenisierung der Materialien sichergestellt werden. Die Profile setzen sich aus Polypropylen für den Profilklemmkörper, TPE-V für die Dichtungslippen und einem Flocktape zusammen, das nach dem Austritt aus dem Extrusionswerkzeug auf die Lippen laminiert wird. Vorteile der 2-Komponenten-Profile sind eine gute Recyclingmöglichkeit, geringes Teilegewicht sowie geringere Fertigungskosten. Der Hauptextruder bereitet das PP auf, die beiden anderen Extruder lassen das extrudierte TPE-V im 45°-Winkel auf das PP strömen. Je nach Produkt ist die Anlage für eine Produktionsgeschwindigkeit von 15 bis 20 m/min ausgelegt (Abb. 5.3).

Abb. 5.3: *2-Komponenten-Profil für den Golf VI aus PP und TPE-V (Quelle: KraussMaffei Technologies GmbH)*

5.1.2 Extrusionsblasformen

Neben der klassischen Extrusion von Granulaten oder Halbzeugen wird zunehmend das Blasformen für technische Bauteile eingesetzt. Gerade für leichtbaurelevante Bauteile wird häufig mit diesem Verfahren, welches aus der Extrusion eines schlauchförmigen Vorformlings und der Ausformung in einem nachgeschalteten Blaswerkzeug besteht, gearbeitet. Mit diesem Verfahren werden Hohlkörper mit einem Volumen von wenigen ml bis zu 10.000 l hergestellt. Je nach herzustellendem Bauteil können die Anlagenkonfiguration und die Prozessführung im Detail deutlich unterschiedlich aussehen. So ist sowohl die Herstellung rotationssymmetrischer, paneelartiger als auch dreidimensional gekrümmter Bauteile möglich.

Der prinzipielle Verfahrensablauf beim Extrusionsblasformen ist der folgende (Abb. 5.4):

- Extrusion eines Schlauchs (Vorformling) aus einer Kunststoff-Formmasse
- Schließen des zumeist zweiteiligen Blasformwerkzeuges, um den schmelzeförmigen Extrusionsschlauch und Abtrennen des Schlauches
- Verfahren des geschlossenen Blasformwerkzeugs mit dem Schmelzeschlauch zur Blasstation, Eintauchen des Blasdorns in das Blasformwerkzeug und Einleitung von Druckluft in den Hohlraum des Vorformlings
- Aufblasen des Vorformlings zur endgültigen Form, die die Kontur der Innenform des Werkzeugs annimmt
- Kühlen, Öffnen der Blasform und Entformen des fertigen Kunststoffartikels.

Die Entformung und das Abtrennen der überschüssigen Materialränder, die beim Schließen der Form an den Quetschkanten oben und unten entstehen, erfolgt in der Regel automatisch. Ferner können z. B. Befestigungselemente oder andere Funktionsbauteile in das Blasformwerkzeug eingelegt oder Befestigungslaschen angeformt werden.

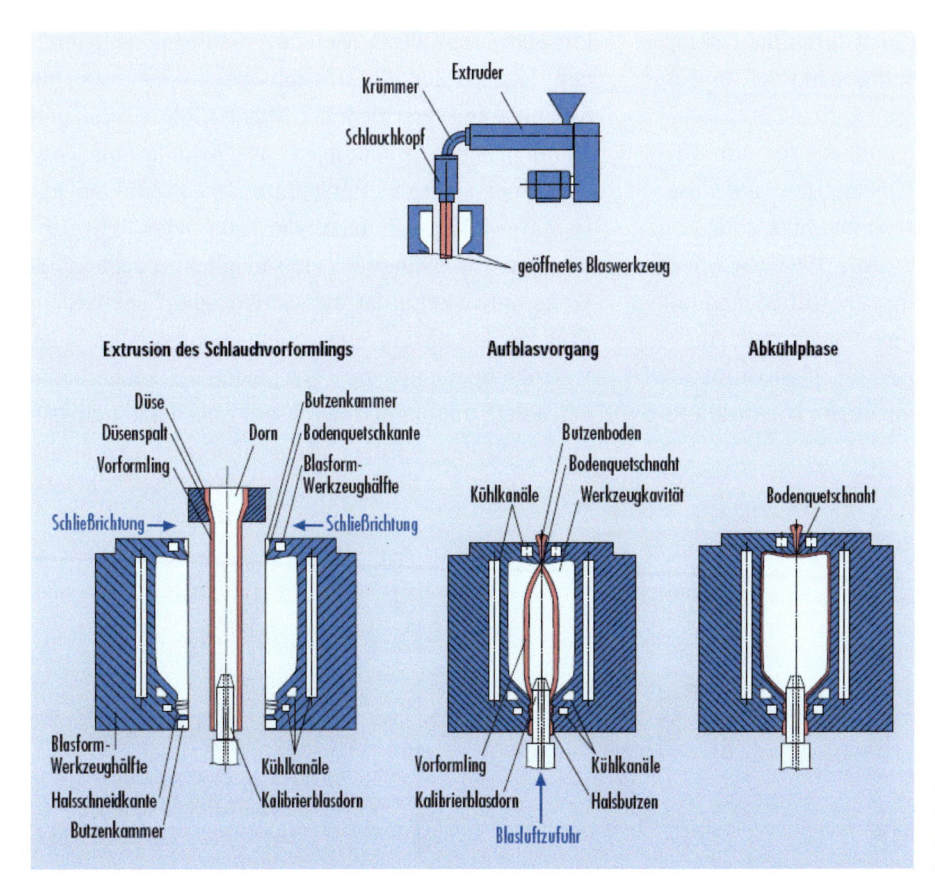

Abb. 5.4: *Verfahrensschritte beim Extrusionsblasformen (Quelle: Bayer Materialscience)*

5 Verarbeitung von Kunststoffen

Abb. 5.5: *Kunststoff-Kraftstoffbehälter (KKB) (Quelle: Kautex Maschinenbau GmbH)*

Eine typische leichtbaurelevante Anwendung sind Kraftstoffbehälter aus Kunststoff (KKB), die sich aufgrund fertigungstechnischer Vorteile und der möglichen komplexen Geometrien bei geringem Gewicht neben Stahl- und Aluminiumtanks etabliert haben. Die KKB werden in der Regel durch Extrusionsblasformen aus einem schlauchförmigen PE-HD-Vorformling erzeugt, der durch die Quetschkanten des Blaswerkzeugs eingeschlossen und mit Luft oder Stickstoff aufgeblasen wird.

Während die ersten Kraftstoffbehälter für PKW vergleichsweise einfache Geometrien aufwiesen, werden mittlerweile z.B. in Satteltanks sehr komplexe Formen realisiert. Seit etwa 1994 werden die Kunststoff-Kraftstoffbehälter zur Diffusionsminderung fluoriert, seit 1998 kommen Sperrschichten wie EVOH[*] zum Einsatz (Graser 2000). 1994 wurden bei Chrysler die ersten sechsschichtigen coextrudierten KKB eingesetzt (Karsch 2001, Klee 2000). Heute ist die Mehrzahl der KKB blasgeformt, wobei auch zunehmend Weiterentwicklungen des Blasformens und Sonderverfahren zum Einsatz kommen.

Zunehmend findet auch die Herstellung blasgeformter dreidimensional gekrümmter Rohre Einsatz. Beim hierbei zumeist eingesetzten 3D-Verfahren, auch Schlaucheinlegeverfahren genannt, übernimmt ein Roboter das Einlegen des Schlauches in das Werkzeug. Der extrudierte Schlauch wird dabei entnommen und entlang der Produktkontur im Werkzeug vom Roboter eingelegt. Während des Einlegens schließt sich die Form sequenziell und der Schlauch wird mittels Druckluft aufgeblasen (Abb. 5.6). Der Vorteil dieser Technologie liegt in der Quetschnahtfreiheit (keine Festigkeitsminderung) der Produkte, sodass keine Nacharbeit an der Artikelaußenkontur erforderlich ist. Es kann eine gleichmäßige Wanddickenverteilung über das Produkt und damit eine Gewichtseinsparung erzielt werden. Auch reduziert sich der Aufwand zur Entbutzung und Regrenrataufbereitung, sodass weniger Material im Kreislauf eingesetzt werden muss.

Ein weiteres großes Anwendungsfeld wird auch durch den Einsatz der Coextrusion erschlossen, die die Kombination verschiedener Materialien erlaubt und damit neben Anwendungen, wie Ansaugschläuche/-krümmer auch die Herstellung von Produkten mit Hart-Weich-Verbindungen, wie Lenk- oder Achsmanschetten, Stoßdämpfer, etc. möglich macht. Eine Weiterentwicklung ist die sequenzielle Coextrusion. Hier werden die einzelnen Komponenten (Hart- oder Weichkomponente) in verschiedene Speicherköpfe extrudiert und dann abwechselnd nacheinander (sequenziell) ausgespritzt und anschließend blasgeformt.

---

[*] Ethylen-Vinylalkohol-Copolymer

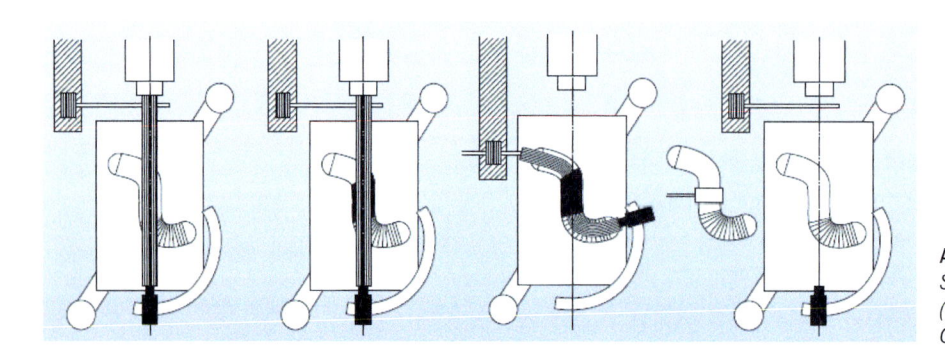

Abb. 5.6: *3D-Verfahren oder Schlaucheinlegeverfahren (Quelle: Kautex Maschinenbau GmbH)*

Abb. 5.7: *Vorlauf-Ladeluftrohr in Jectbonding-Technologie, temperaturbeständig bis 230 °C (Quelle: Röchling Automotive AG & Co. KG)*

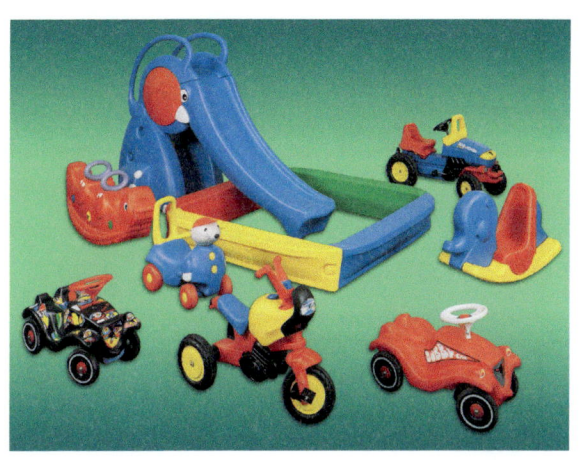

Abb. 5.8: *Blasgeformte Freizeit- und Spielgeräte (Quelle: Kautex Maschinenbau GmbH)*

Wie über eine Weiterentwicklung des Blasformens Gewicht und Kosten eingespart werden können, zeigt ein Verfahren, bei dem das Blasformen und die Spritzgießtechnik kombiniert wurden. Durch eine Kombination aus Prozess- und Produktoptimierungen werden bei der Fertigung des Ladeluftrohrs die Kosten gegenüber Aluminium um etwa 25 % gesenkt. Direkt im Blasformwerkzeug werden zwei der Funktionselemente zeitgleich zum Blasen spritzgegossen und gefügt. Bei dieser Variante befindet sich am Blaswerkzeug eine Spritzeinheit, mit der während des Blasformzyklus Befestigungslaschen angespritzt werden. Direkt nachdem das Bauteil ausgeblasen und noch nicht erkaltet ist, erfolgt das Aufbringen der Laschen mit der integrierten Spritzeinheit, wodurch eine hochfeste Verbindung zwischen dem eigentlichen Rohr und den Funktionselementen entsteht. Das Bauteil hält 2,8 bar Druck bei 230 °C als regelmäßiger Belastung stand und weist 30 % weniger Gewicht gegenüber dem Aluminiumrohr auf.

Neben anspruchsvollen technischen Bauteilen in der Fahrzeugtechnik ist das Blasformen auch zur Herstellung von Freizeit- und Spielgeräten nicht mehr wegzudenken.

Als Blasformrohstoffe finden zahlreiche Thermoplaste, aber auch Polyolefine Anwendung.

ABS: Konsolen, Verkleidungen, Spoiler, u. a. Karosserieaußenteile

PVC, PET: Transparente, glasklare Rund-, Form- und Griffflaschen

PA: Hydraulik-, Servoölbehälter, Luftansaugrohre im Motorraum

PC: Glasklares Material für Mehrweg-Transportbehältnisse

TPE: Substitution von Gummiteilen im Fahrzeugbereich.

5.2 Spritzgießen

Das Spritzgießverfahren eignet sich wie kaum ein anderes Urformverfahren zur Herstellung großer Stückzahlen, da es in kurzer Zeit direkt vom Rohstoff zum Fertigteil führt. Die Formteile erfordern in der Regel keine oder nur geringe Nacharbeit. Im Spritzguss werden vorwiegend Thermoplaste, aber auch Duromere und Elastomere verarbeitet.

Neben einfachen Massenartikeln lassen sich Bauteile komplizierter Form in einem Arbeitsgang vollautomatisch herstellen. Gerade in Bezug auf Gewichts- und Kostenoptimierung ist dieses Verfahren prädestiniert. Durch die Gestaltungsfreiheit können Bauteile optimal an den vorhandenen Bauraum angepasst werden, wie beispielsweise der erste Getriebequerträger aus Kunststoff (vorne) von ContiTech Vibration Control in Abstimmung mit BMW und BASF zeigt (Abb. 5.9). Mit einem

5 Verarbeitung von Kunststoffen

Abb. 5.9: *Getriebequerträger aus Aluminium und Kunststoff im Vergleich (Quelle: ContiTech)*

neuartigen Kunststoff-Getriebequerträger (vorne) hat ContiTech die Nutzung von lasttragenden Elementen in Leichtbauweise in die Automobilindustrie eingeführt. Der Getriebequerträger findet serienmäßigen Einsatz im BMW 5er Gran Turismo 550i. ContiTech fertigt das Bauteil aus Hochleistungspolyamid im Spritzgussverfahren. Die Verwendung des Polyamids Ultramid® A3WG10 CR der BASF führt im Vergleich zu Aluminium (hinten) zu einem um 50 % reduzierten Gewicht des Bauteils. Neben der Gewichtsersparnis werden eine optimale Fahrzeugakustik und Crashsicherheit erreicht (ContiTech 2009).

5.2.1 Thermoplast-Spritzgießen

Das Thermoplast-Spritzgießen ist Grundlage für alle anderen Spritzgießverfahren und das am häufigsten verwendete Verfahren der Kunststoffverarbeitung überhaupt. Bis Ende der 50er Jahre verwendete man Kolbenspritzgießmaschinen. Hauptmerkmal dieser Maschinen ist das Aufschmelzen der Polymergranulate in einem beheizten Zylinder und das Einspritzen in die Form über einen Kolben.

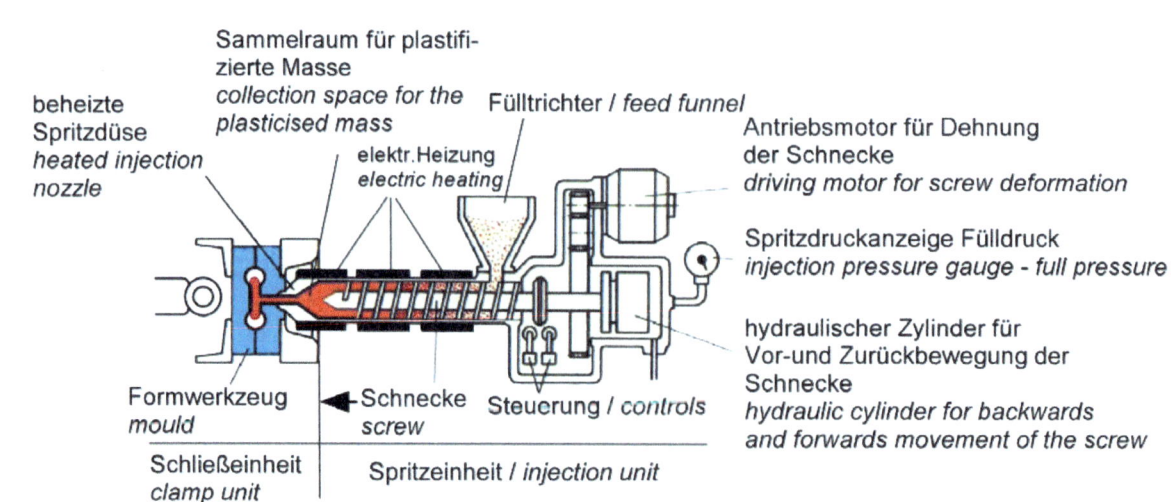

Abb. 5.10.: *Foto und schematische Darstellung einer Spritzgießmaschine (Quelle: Ferromatik Milacron GmbH, Eyerer 2005)*

5.2 Spritzgießen

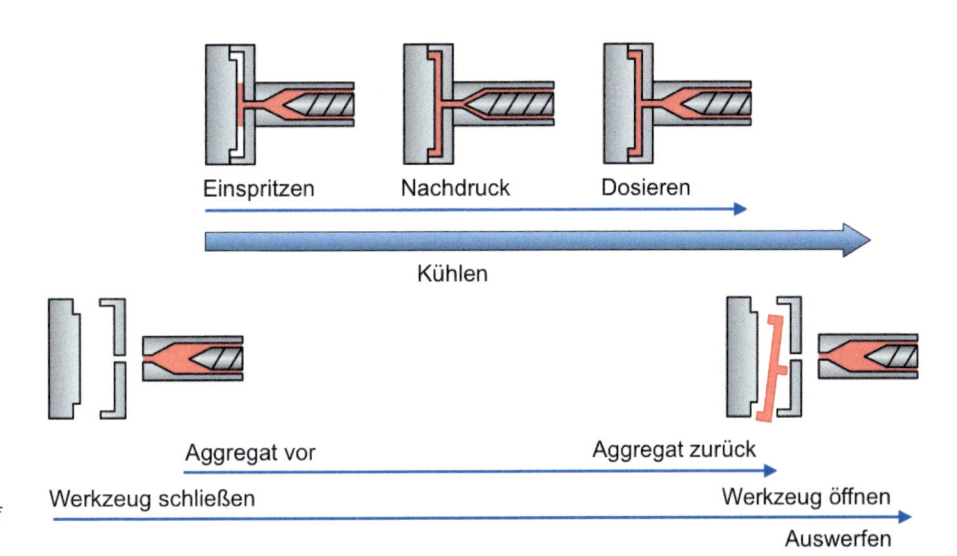

Abb. 5.11.: *Verfahrensablauf beim Spritzgießen (Ohlendorf 2008)*

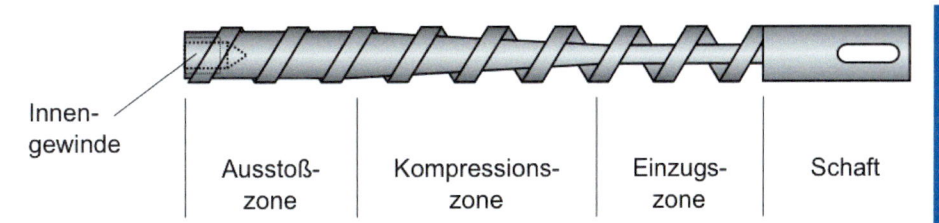

Abb. 5.12: *Aufbau der 3-Zonen-Schnecke (Standardschnecke) (Ohlendorf 2008)*

Bei heute üblichen Schneckenkolbenspritzgießmaschinen werden Kunststoffe meist in Form eines Granulats aus einem Trichter in die Schneckengänge eingezogen und über Scherung und Wärmezufuhr über einen beheizten Zylinder zu einer relativ homogenen Schmelze plastifiziert. Diese sammelt sich vor der Spitze der zurückweichenden Schnecke. In der sog. Einspritzphase wird die Schnecke rückseitig hydraulisch oder durch mechanische Kraft unter Druck gesetzt und drückt über einen axialen Vorschub (Schnecke wirkt als Kolben) die Kunststoffschmelze in die Kavität. Dabei wird die Schmelze unter hohem Druck (meist zwischen 500 und 2000 bar) durch die Rückstromsperre, die an das Spritzgießwerkzeug anliegende Düse und ein Angusskanal in die formgebende Kavität des temperierten Spritzgießwerkzeugs gedrückt. Im Anschluss an den Einspritzvorgang wirkt ein reduzierter Druck als Nachdruck noch so lange auf die Schmelze, bis die Anbindung (Anguss) erstarrt ist. Die Teile, die beim Spritzgießen hergestellt werden, weisen Genauigkeiten bis zu 1/100 mm auf und in Spezialanwendungen sogar darüber.

Die zwei wesentlichen Einheiten einer Spritzgießmaschine sind:

- Die Spritzeinheit, über die das Kunststoffgranulat aufbereitet und unter Druck in das Werkzeug einspritzt wird, und
- die Schließeinheit, die das formgebende Werkzeug aufnimmt, öffnet und schließt (Abb. 5.11).

Bei der Thermoplastverarbeitung wird häufig eine Dreizonenschnecke verwendet (Abb. 5.12). In der sogenannten Einzugszone wird das Kunststoffgranulat eingezogen. In der folgenden Zone, der Kompressionszone, wird der Kunststoff plastifiziert und verdichtet (entgast). Anschließend wird die Schmelze in der Ausstoßzone, auch Meteringzone genannt, homogenisiert und schließlich durch die sogenannte Rückstromsperre vor die Schnecke gedrückt. Als Folge des zunehmenden Staudruckes im Zylinder bewegt sich die Schnecke axial nach hinten. Die Rückstromsperre verhindert beim Einspritzen und Nachdrücken, dass das Massevolumen vor der Schnecke zurück in die Schneckengänge fließt und die Schnecke beim Einspritzen als Kolben fungieren kann.

Typische Werte der Verfahrensparameter bei Thermoplastspritzguss sind in Tabelle 5.1 dargestellt:

5.2.2 Elastomer-Spritzgießen

Der Unterschied bei der Verarbeitung von Elastomeren zum Thermoplast-Spritzgießen liegt in der Temperaturverteilung innerhalb der Maschine. Um eine Vulkanisation zu ermöglichen, ist bei der Verarbeitung von Elastomeren die Schnecke relativ kalt, das Werkzeug jedoch heiß (Tab. 5.1). Elastomere können in Form von rieselfähigen Pulvern oder bandförmig von einer speziellen Förderschnecke, die wenig Scherung in die plastifizierte Masse einbringt, eingezogen werden. Der Zylinder wird meist mit einer Flüssigkeit auf ca 80 °C temperiert (Wassertemperierung), um Überhitzung zu vermeiden, da ein zu heißer Spritzzylinder schon ein vorzeitiges Ausvulkanisieren des Elastomers zufolge hätte.

Ferner stellt auch das gratfreie Spritzgießen von Elastomeren eine besondere Herausforderung dar, da Elastomere im Fließbereich (wie Duroplaste) sehr dünnflüssig sind. Daher ist auch der Aufwand bei der Werkzeuggestaltung etwas höher als bei Thermoplastwerkzeugen. Von den genannten Besonderheiten abgesehen, verläuft der Spritzgießvorgang prinzipiell ähnlich wie beim Thermoplast-Spritzgießen.

Typische Anwendungen des Elastomer-Spritzgießens sind Schläuche sowie Dicht- und Dämpfungselemente, die häufig als Funktionselemente in Verbindung mit weiteren Kunststoff- oder metallischen Leichtbauteilen aller Art zu sehen sind.

5.2.3 Duroplast-Spritzgießen

Der Prozess des Duroplast-Spritzgießens ähnelt sehr stark dem Spritzgießen von Elastomeren. Duroplaste härten bereits bei relativ niedrigen Temperaturen aus. Danach ist eine Verarbeitung nicht mehr möglich. Die Viskosität nimmt mit wachsender Temperatur ab, bevor chemische Vernetzungsreaktionen einsetzen. Andererseits nimmt mit zunehmender Vernetzung, welche wiederum temperaturabhängig ist, die Viskosität zu. Aus der Überlagerung dieser Effekte ergibt sich bezüglich der Viskosität ein Prozessfenster optimalen Fließverhaltens (Abb. 5.13).

Um während der Verarbeitung einen vorzeitigen Beginn der Vernetzung im Plastifizierzylinder zu vermeiden, dürfen die Temperaturen 80 bis 120 °C nicht übersteigen. Wie bei der Elastomerverarbeitung muss die Friktionswärme abgeführt werden. Die Spritzeinheit zeichnet sich dadurch aus, dass die Aggregate flüssigkeitstemperiert sind und die Schnecken zur Verarbeitung von Duroplasten kürzer sind und eine tiefer geschnittene Einzugszone als Thermoplast-Schnecken aufweisen. Die Kompression bei Duroplast-Schnecken ist gering. Wegen der deutlich niedrigeren Viskosität der unvernetzten Formmassen müssen die Werkzeuge sehr hochwertige Oberflächen haben, um eine Gratbildung zu vermeiden. Das Werkzeug wird auf Härtungstemperatur temperiert, die je nach Duroplast zwischen 150 °C und 250 °C liegt. Sobald ein Vernetzungsgrad von ca. 80 % erreicht ist, ist die Festigkeit der Bauteile für die Entformung ausreichend. Das Formteil selbst

Tab. 5.1: *Verarbeitungsparameter bei Thermoplasten und Elastomeren (geändert nach Eyerer 2005)*

Verarbeitungsparameter		Thermoplaste (unvernetzt)	Elastomere (vernetzt)
Verarbeitungstemperatur	°C	200–390	70–150
Massetemperatur	°C	130–330	50–120 (unvernetzt)
Viskosität (bei je 330 s^{-1})	Pas	200–800	800–2500
Werkzeugtemperatur	°C	50–120	150–220
Einspritzdruck	bar	300–2000	200–400
Werkzeuginnendruck	bar	200–1500	10–40 (bis 500)
Zykluszeit	s	3–60	30–1800

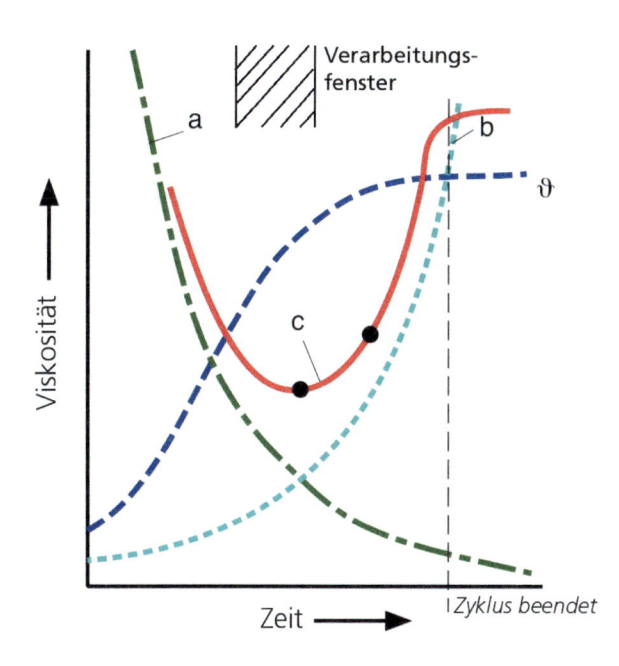

Abb. 5.13: *Viskositätsverlauf eines duroplastischen Harzsystems in Abhängigkeit von der Zeit*
a) Einfluss der Erwärmung;
b) Einfluss der Vernetzung;
c) sich ergebender Viskositätsverlauf in Abhängigkeit von der Zeit als Überlagerung der Effekte von a und b (geändert nach Michaeli 1999)

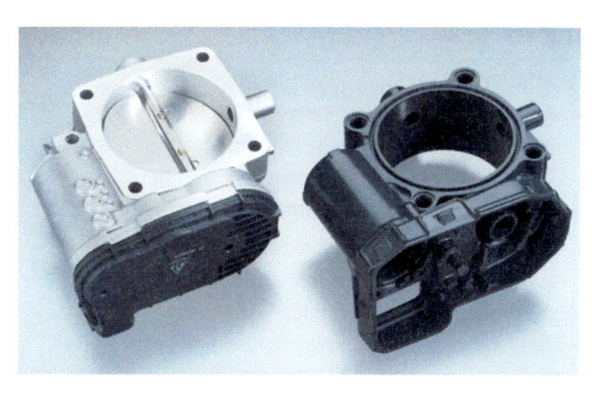

Abb. 5.14 : *Spritzgegossenes Drosselklappengehäuse aus BMC. Im Vergleich zur Aluminiumvariante (links) wiegen Drosselklappengehäuse aus BMC (rechts) fast ein Drittel weniger (Quelle: KraussMaffei)*

weist noch eine relativ hohe Temperatur auf und die Reaktion läuft außerhalb der Maschine weiter.

Spritzgegossene Duroplast-Bauteile werden häufig in Bereichen eingesetzt, bei denen eine hohe Temperatur-, Medien- und Kriechstromfestigkeit sowie mechanische Festigkeit und Maßhaltigkeit gefordert werden. Neben Anwendungen im Automobilbau werden diese Werkstoffe auch in der Luft- und Raumfahrt sowie für Schienenfahrzeuge eingesetzt. Erhebliche Vorteile ergeben sich hier hinsichtlich Gewichts- und Kosteneinsparung bei der Substitution von Aluminium (Abb. 5.14).

5.2.4 Sonderverfahren

Neben dem klassischen Spritzgussprozess, bei dem ein Bauteil über das Aufschmelzen eines Kunststoffgranulats mit anschließender Formgebung hergestellt wird, gibt es zahlreiche Weiterentwicklungen und Sonderverfahren (Tab. 5.2).

Aufgrund der Vielzahl der Varianten, die im Spritzguss Anwendung finden, werden im Folgenden nur einige für den Leichtbau relevante Sonderverfahren exemplarisch beschrieben. Prozessspezifische Besonderheiten und Sonderverfahren, die vornehmlich in Verbindung mit (lang-)faserverstärkten Kunststoffen zu sehen sind, wie beispielsweise die In-Line-Compoundierung im Spritzgießcompounder, werden in Teil III, Kapitel 6 näher beschrieben.

Mehrkomponentenspritzgießen

Unter Mehrkomponentenspritzgießen versteht man das sequenzielle Zusammenbringen mehrerer Schmelzen während des Spritzgießvorgangs in einem Werkzeug. Die Schmelzen können gegeneinander oder ineinander geführt werden. Hierbei werden Kunststoffe unterschiedlicher Eigenschaften oder unterschiedlicher Farben (deshalb auch Mehrfarbenspritzguss) in einem Formteil kombiniert. Der Einsatz des Mehrkomponentenspritzgießens ermöglicht die Herstellung von Formteilen, die hohen Anforderungen und häufig einer hohen Funktionsintegration, gerecht werden. Das können zum einen Produkte des täglichen Bedarfs, wie z. B. Verpackungen, Spielzeuge, Komponenten von Elektrogeräten oder zum anderen zunehmend technische Produkte, wie z. B. Gummilager, Rollen, Dichtungselemente, Dämpfungselemente verschiedener Art und Gehäuse mit angespritzten Dichtungen sein. Ein typisches Beispiel für Mehrfarbenspritzguss sind KFZ-Rückleuchten aus PMMA (Abb. 5.15). Die erzielten Verbunde können unlösbar verbunden, aber auch gegeneinander beweglich sein.

Tab. 5.2.: *Einteilung und Varianten der Spritzguss-Sonderverfahren*

Einteilung	Varianten
Mehrkomponenten-spritzgießen	Sandwichspritzgießen / Co-Injektion Verbundspritzgießen Marmorierspritzgießen Intervallspritzgießen
Gas- und Fluid unterstütztes Spritzgießen	Gasinnendrucktechnik (GIT) Helga Verfahren Wasserinjektionstechnik (WIT) Thermoplastschaumguss (TSG) MuCell Verfahren
Spritzgießen unter Anwendung niedriger Drücke	Kaskadenspritzgießen Spritzprägen Gashinterdrucktechnik
Hinterspritztechniken	Hinterspritzen (allg.) Inmould Labeling Inmould Decoration Insert Moulding Hinterpressen
Weitere Verfahren zum Verbinden mehrerer Komponenten	Umspritz Technik Insert Technik Hybrid Technik In Mould Montage
Verfahren mit verlorenen Kernen	Schmelzkerntechnik Mehrschalentechnik
Weitere Sonderverfahren	LSR (Flüssigsilikon) Spritzgießen Pulverspritzguss CD Spritzgießen Reinraumtechnik Spritzgießcompounder

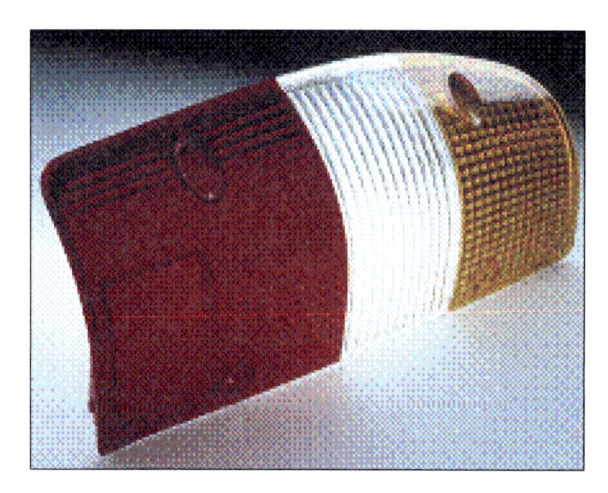

Abb. 5.15: *Rückleuchte aus PMMA im Mehrfarben-Spritzguss hergestellt (Quelle: Wittmann Battenfeld GmbH & Co. KG)*

Neben den Verarbeitungsbedingungen und der vielfältigen Werkzeugtechnik (Drehteller, Drehwerkzeug, Umsetz-, Einlegetechnik, etc.) hat die Kompatibilität der Materialien eine starken Einfluss auf die Haftung zwischen den Komponenten. Eine Verträglichkeit besteht in der Regel zwischen polaren – polaren (z. B. ABS - PA) und unpolaren – unpolaren (z. B. PE - TPE-O) Verbindungen. Hilfsstoffe und Füllstoffe, wie Gleitmittel, Formtrennmittel, Öle, Nukleierungsmittel, Farbpigmente, Weichmacher, etc. können die Verbundfestigkeit reduzieren. Je nach Werkstoffkombination sind auch Verträglichkeitsmacher verfügbar, die den Werkstoffen als Additiv zugegeben werden können.

Gasinnendrucktechnik (GIT)

Das Prinzip der GIT beruht auf dem Verdrängen der plastischen Seele aus dickwandigen Bereichen während des Einspritzens durch ein inertes Gas (in der Regel Stickstoff). Mit dem GIT-Spritzgießen lassen sich Hohlkörper mit definierter glatter Außenhaut wirtschaftlich herstellen. Neben dem Vorteil der Material- und damit Gewichtseinsparung gegenüber massiven Bauteilen bringt die Gasinnendrucktechnik auch zahlreiche technische Vorteile mit sich. Es können Formteile hergestellt werden, die mit dem Standardspritzgießverfahren nur sehr schwierig oder gar nicht herzustellen sind. Es bietet sich für dickwandige, stabförmige Formteile oder für flächige Formteile mit dickwandigen Bereichen an. Abbildung 5.16 zeigt schematisch den Formfüllvorgang, der dem des 2-Komponenten-Spritzgießens prinzipiell entspricht. Als zweite Komponente wird anstelle einer Kunststoffschmelze ein Gas (Stickstoff) mit ca. 100 bis 200 bar verwendet. Die „plastische Seele" (Schmelze im Mittelteil der Kavität) erstarrt langsamer als die Außenschichten und kann daher mit dem injizierten Gas (gelb markiert) verschoben werden.

Je nach Formteilkonstruktion ergeben sich folgende Vorteile gegenüber dem Standardspritzguss:
- Designfreiheit hinsichtlich Wandstärken und Wandstärkensprünge
- hohe Steifigkeit durch größere, geschlossene Querschnitte, gleichmäßigere Schwindung und geringe Verzugsneigung

5.2 Spritzgießen

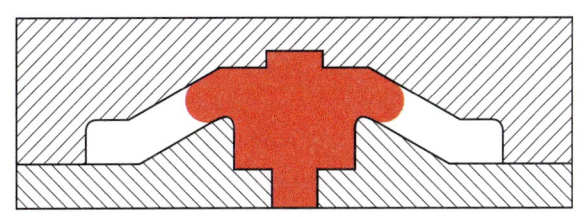

Massefüllphase
definiertes Schmelze-Volumen einspritzen

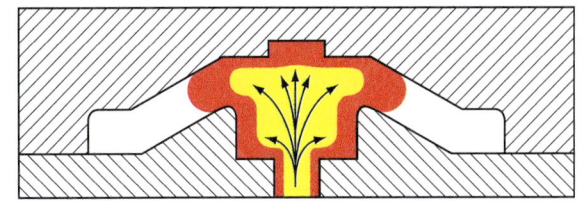

Gasfüllphase
Über Injektionsdüse verdrängt Gas die plastische Seele und füllt die Kavität (Gasdurchbrüche sind zu vermeiden)

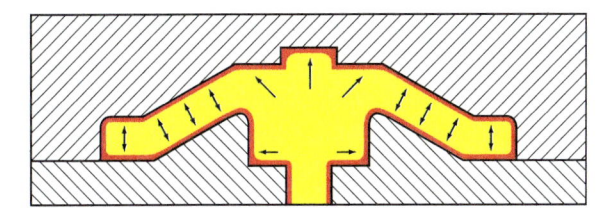

Gasnachdruckphase
Gasinnendruck (ca. 200 bar) bildet Kavität präzise ab bei undefinierter innerer Hohlraumkontur

Abb. 5.16: *Formfüllvorgang beim GIT-Spritzgießen (Eyerer 2005)*

- Reduzierung von Einfallstellen, bei großflächigen Teilen geringere Zuhaltekraft erforderlich
- Gewichtseinsparung bis zu ca. 50 %

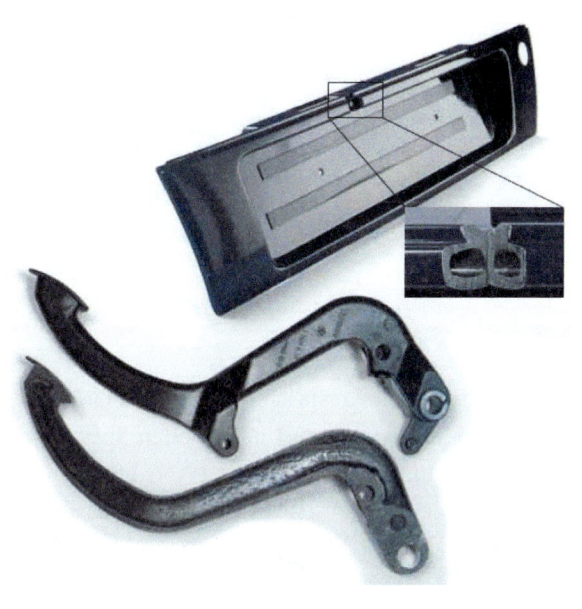

Abb. 5.17: *Kennzeichenblende als Beispiel für plattenförmige Teile und Kupplungspedal als Beispiel für rohrförmige Teile (Quelle: Bayer AG)*

- kürzere Zykluszeiten gegenüber dickwandigen Kompaktteilen.

MuCell-Verfahren

Ein Sonderverfahren des Spritzgießens, welches jedoch auch den Schäumverfahren zuzuordnen ist, ist das von der Firma Trexel angebotene MuCell-Verfahren. MuCell ist ein physikalisches Schäumverfahren, bei dem über Stickstoff im überkritischen Zustand (supercritical fluid, SCF) als Treibmittel kleine Zellen in dünnwandigen Kunststoffteilen erzeugt werden (Abb. 5.18). Das SCF wird während des Dosierens in die Kunststoffschmelze eingebracht. Der Schäumpro-

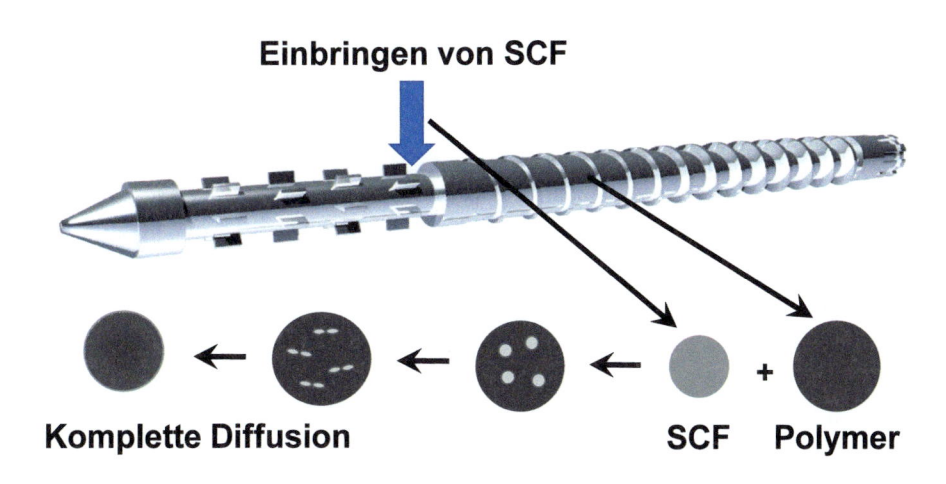

Einbringen von SCF

Komplette Diffusion ← ← ← SCF + Polymer

Abb. 5.18: *Lösen des SCF in der Schmelze (Quelle: Trexel GmbH)*

Abb. 5.19: *Ventildeckel, der nach dem MuCell-Verfahren hergestellt wurde (Quelle: Trexel GmbH)*

zess beginnt beim Einspritzen in die formgebende Kavität. Im Vergleich zum traditionellen Spritzguss sind Verkürzungen der Zykluszeit von bis zu 40% möglich. Dabei werden bei Gewichtsreduzierungen von 10–25% die üblichen Anforderungen an die Bauteilqualität erfüllt.

Am Beispiel eines mit diesem Verfahren hergestellten Ventildeckels (Abb. 5.19) zeigen sich als Vorteile neben einem geringeren Teilegewicht eine verbesserte Ebenheit und eine um 30% kleinere Maschinengröße (350 t anstelle von 500 t für Kompaktteile). Ferner ermöglichen kürzere Zykluszeiten parallele Fertigungs- und Montageschritte.

5.3 Schäumverfahren

Durch das Schäumen von Polymeren lassen sich je nach Ausgangsmaterial und Schäumverfahren Gewichtsreduzierungen um bis zu 98% gegenüber massiven Kunststoffen erreichen. Der Schäumvorgang basiert in der Regel auf der Expansion unter Einsatz chemischer oder physikalischer Treibmittel. Prinzipiell lassen sich alle Kunststoffe, d. h. Thermoplaste, Duromere und auch Elastomere, aufschäumen. Allen Herstellverfahren für Schaumkunststoffe bzw. Schaumstoff-Formteile gemein ist, dass der Ausgangswerkstoff zu Beginn des Schäumungsprozesses in einem verformbaren, fließfähigen Zustand vorliegt, der aufgeschäumt wird und schließlich eine verfestigte Schaumstruktur ergibt. Die wichtigsten Schaumstoffe basieren auf den Thermoplasten Polystyrol sowie den Polyolefinen PE, PP und PVC.

5.3.1 Extrusionsschäumen

Das Schäumen im Extrusionsprozess ist prinzipiell das einfachste und wirtschaftlichste Schäumverfahren für Thermoplaste. Ein konventioneller Extruder plastifiziert das polymere Ausgangsmaterial, mischt das Treibmittel ein und dispergiert es homogen in der Schmelze. Anschließend wird auf die niedrigst mögliche Temperatur, die Schäumtemperatur, abgekühlt und durch die der Formung des Stranges dienende Werkzeugöffnung extrudiert (Abb. 5.20). In der Regel werden so Halbzeuge, wie Profile, Platten oder Folien mit geschäumtem Kern hergestellt. Diese finden häufig direkten Einsatz zur akustischen, mechanischen oder thermischen Dämmung und Dämpfung (Rohrisolation, Verpackungen).

Zur Herstellung komplexerer Bauteile werden die Halbzeuge häufig über das Umformen/Tiefziehen geschäumter Folien/Platten weiterverarbeitet. Die leichtbaurelevanten Einsatzgebiete sind hier sehr vielfältig. Neben Automobilanwendungen (Sonnenblenden, Türpannels, Motorkapselungen) finden sich Produkte auch im Sport- und Freizeitbereich (Schuhe, Protektoren, Gymnastikmatten, etc.).

5.3.2 Partikelschäumen

Extrusion von Schaumpartikeln (EPS, EPP)
Der wesentliche Unterschied der Partikelschaumherstellung im Extrusionsprozess zum Direktschäumen ist der Einsatz eines Extrusionswerkzeuges in Form einer speziellen Lochplatte, wobei der Querschnittsverlauf der einzelnen Löcher in Extrusionsrichtung so gestaltet ist, dass die Nukleierung (Zellbildung) in den Kanälen stattfinden kann, nicht jedoch die eigentliche Expansion. Beim Austritt aus der Lochplatte kommt es durch den Druckabfall zum Aufschäumen der Schmelzestränge, die durch rotierende Messer zu annähernd runden Partikeln abgelängt und im Wasserbad gekühlt werden.

Herstellung von EPP-Schaumpartikeln im Autoklavprozess
Der Autoklavprozess ist bislang der am häufigsten eingesetzte Prozess für die Herstellung von

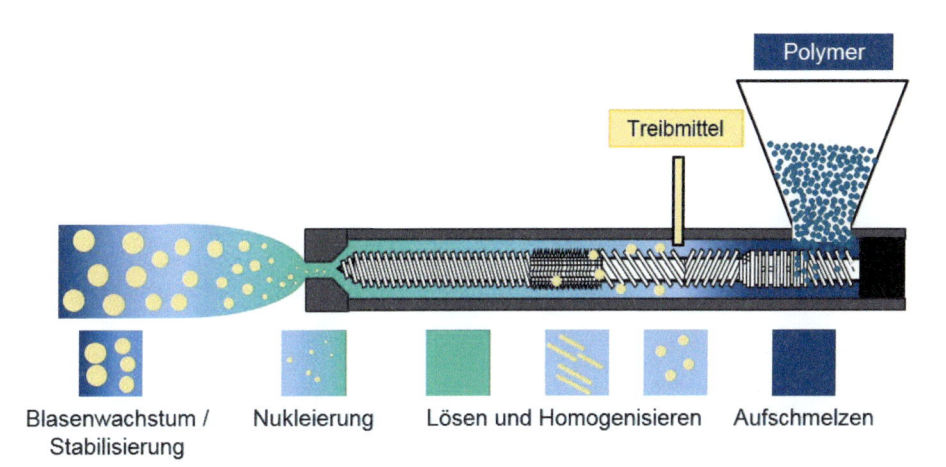

Abb. 5.20: *Extrusionsschäumen (Rapp 2018)*

Schaumpartikeln, insbesondere für EPP (expandiertes Polypropylen). Im Autoklaven wird eine Suspension aus kompaktem Polypropylen-Mikrogranulat und einer Flüssigkeit unter ständigem Rühren und Wärmezufuhr mit einer Druckatmosphäre aus Inertgas und Treibmittel beaufschlagt. Durch Diffusion reichert sich das Treibmittel in den Polypropylen-Partikeln an. Sobald der gewünschte Treibmittelgehalt erreicht ist, d. h. nach hinreichender Verweilzeit, wird der Behälterinhalt in einen Raum mit geringerem Druck überführt. Dabei kommt es zur Expansion des einimprägnierten Treibmittels, und das Granulat schäumt auf. Durch die zur Verdampfung sowohl des Treibmittels als auch zumindest eines Teils der Flüssigkeit erforderliche Enthalpie kommt es parallel zur Expansion zu einem Wärmeentzug aus den Polymeren. Aufgrund dieses Kühleffektes gelingt es, die Zellstruktur einzufrieren und die gebildeten Schaumpartikel zu stabilisieren.

Expansion von Polystyrol (EPS)

Zur Herstellung von EPS-Partikeln (expandiertes Polystyrol) wird zunächst ebenfalls Mikrogranulat hergestellt. Styrol wird in einer Suspensionspolymerisation in Gegenwart von Pentan polymerisiert, wodurch das Treibgas im Reaktionsprodukt gelöst wird und auch über Monate hinweg gelöst bleibt. Das Aufschäumen des EPS-Mikrogranulats geschieht im Vorschäumer, einem Rührbehälter, der mit Dampf durchströmt wird. Das Pentan (Siedetemperatur 35 °C) verdampft und bläht das Granulat zu Schaumperlen auf. Dabei verbleiben ca. 50 % des Treibmittels noch im Schaumpartikel. Die Schaumperlen müssen dann innerhalb ca. einer Woche nach dem Vorschäumen weiterverarbeitet werden.

Bauteilherstellung aus Partikelschaumstoffen im Formteilprozess

Im Formteilprozess wird Wasserdampf als Energieträger benutzt, der die in einem formgebenden Werkzeug befindlichen Schaumpartikel erhitzt und anschmilzt. Um den Dampf überhaupt an die Beads innerhalb der Kavität heranführen zu können, sind dampf- und luftdurchlässige Werkzeugwände Voraussetzung. Das Werkzeug befindet sich innerhalb einer Dampfkammer, die ebenso wie das Werkzeug zweigeteilt ist, um eine Entformung durch einen Öffnungshub zu ermöglichen.

Vom Prozess der eigentlichen Formteilherstellung her bestehen sehr große Ähnlichkeiten zwischen der EPS- und EPP-Verarbeitung. EPS ist während des Formteilprozesses im Gegensatz zu EPP noch treibmittelhaltig. Dies hat zur Konsequenz, dass die Partikel ein Expansionsvermögen durch verdampfendes Treibmittel besitzen. Die Schaumpartikel dehnen sich aufgrund des Innendrucks in die Zwickelräume der Beadsschüttung hinein aus, und es ergeben sich die für gute Verschweißung erforderlichen großen Kontaktflächen. EPP wird im Gegensatz zu EPS gegen einen pneumatischen Überdruck im Werkzeug gefördert, was bewirkt, dass die Schaumpartikel komprimiert werden. Nach Abbau des Staudrucks erfolgt eine

Abb. 5.21: *Schematischer Zyklusablauf der Formteilherstellung aus EPP und EPS*

Ausdehnung der Partikel und die Kontaktfläche zwischen den einzelnen Schaumpartikeln erhöht sich. Im Anschluss an den Formteilprozess kann durch Tempern das Formteil getrocknet werden. Das Kondensat verdampft und diffundiert aus, während gleichzeitig Luft eindiffundiert. Verzug und eingefallene Oberflächen bilden sich zurück. Die Temperzeit kann wenige Stunden bis zu einem ganzen Tag betragen, üblich sind 6 bis 8 Stunden bei 80 °C.

Partikelschaumwerkzeuge zeichnen sich durch bedüste Werkzeugwände aus, die während der Befüllung ein Entweichen der Füllluft aus der Werkzeugkavität und beim Bedampfen die Durchströmung mit Dampf ermöglichen (Abb. 5.22).

EPS wird im Wesentlichen für Verpackungen und zur Wärmeisolation in der Bauindustrie eingesetzt. EPP findet derzeit Anwendung im Bereich der Transportverpackungen sowie verstärkt im Automobilsektor. Beispielsweise werden Seitenaufprallschutz, Säulen- und Türverkleidungen sowie Stoßfängereinlagen aus diesem Material gefertigt. Zu den neuesten Anwendungen gehört der Einsatz im Fahrzeuginterieur zum Aufbau einer Rücksitzbank. So werden durch den Einsatz einer EPP-Sitzbank im VW Touareg 17 kg Gewicht gespart. Das gesamte Sitzbank-System aus Neopolen P, verschiedenen kleinen Kunststoffteilen und Drahtrahmen wiegt nur noch 5,5 Kilogramm und ist damit um 70 % leichter als vorherige Ausführungen aus Metall und schwererem Schaumstoff. Die Oberfläche der EPP-Bauteile ist strukturiert und somit auch in Sichtoberbereichen einsetzbar, wo sie nicht mit Leder bezogen ist.

Eine weitere typische Anwendung ist der Einsatz als Sonnenblenden in Kombination mit einem spritzgegossenen Verstärkungsrahmen sowie der Aufbau von Kopfstützen aus EPP in Verbindung mit einer Oberflächenbeschichtung aus geschäumten Polyurethan.

5.3.3 Polyurethanschäumen

Die Herstellung von PUR-Formteilen erfolgt in Niederdruck- oder Hochdruckmaschinen, in welchen die flüssig vorliegenden, niedrigviskosen Ausgangskomponenten Polyisocyanat und Polyol sowie u. U. Funktionsstoffe zugegeben, vermischt und die so gebildeten Reaktionsgemische ausgetragen werden (Abb. 5.26). Wird ein physikalisches Treibmittel (Pentan, Stickstoff, Kohlenstoffdioxid) zugegeben, bildet sich als Folge dieser Vernetzungsreaktion ein duroplastischer PUR-Schaum. Dieser Vorgang wird als Reaktionsschaumgießen (RSG-Verfahren) bzw. englisch „Reaction Injection Moulding" (RIM-Verfahren) bezeichnet. Nach diesem Verfahren können prinzipiell Integral-

5.3 Schäumverfahren

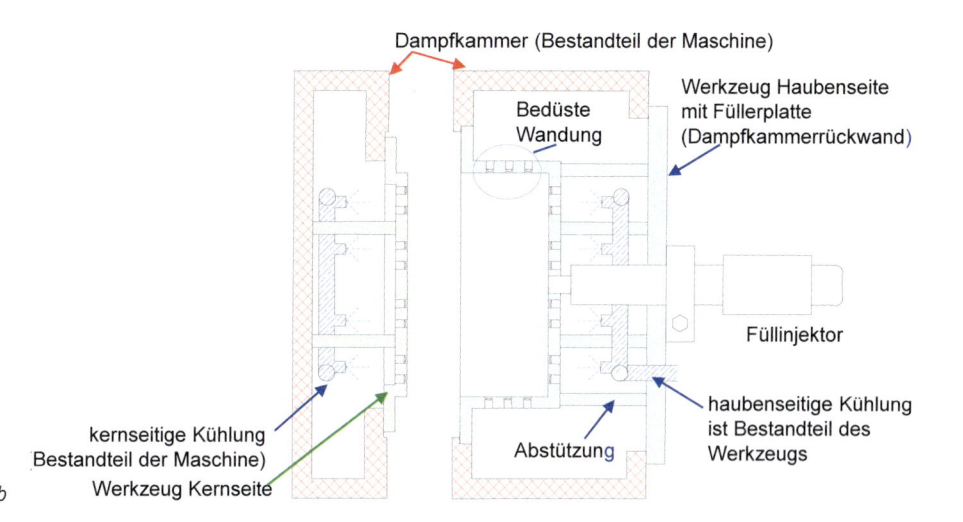

Abb. 5.22: *Aufbauschema eines EPP-Werkzeugs innerhalb der Dampfkammer*

Abb. 5.23: *Rücksitzbank des VW Touareg (Quelle: VW)*

schaumstoffe (poröser Kern mit nahezu zellfreien Randschichten) sowie Formteile mit definiert vorgegebener, homogener Dichte hergestellt werden. Werden dem reaktiven Ausgangsgemisch Füllstoffe (Fasern) mit dem Ziel einer Festigkeitserhöhung des herzustellenden Formteils zugegeben, so spricht man von „Reinforced Reaction Injection Moulding" (RRIM-Verfahren). Bei zusätzlichem Einbringen von definierten Verstärkungsstrukturen in das Bauteil handelt es sich um das Structural RIM-Verfahren (S-RIM) bzw. Structural RRIM-Verfahren (SRRIM) (Kap. III.6). Polyurethane finden als Elastomere, Hart-, Weich- und Integralschäume und als kompakte Konstruktionswerkstoffe An-

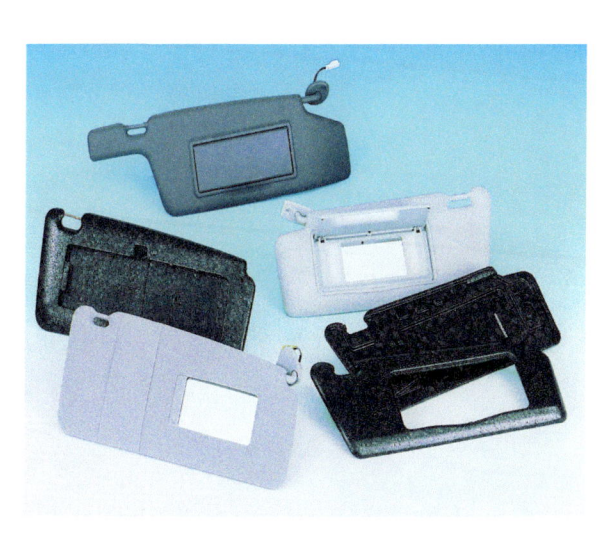

Abb. 5.24: *Sonnenblenden aus EPP (Quelle: Febra)*

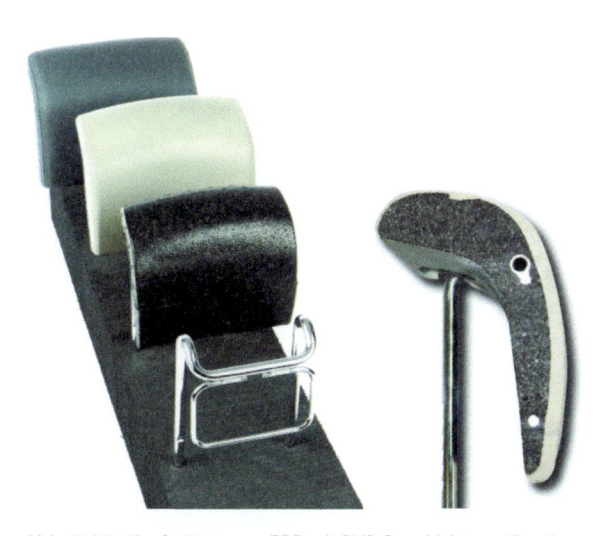

Abb. 5.25: *Kopfstützen aus EPP mit PUR-Beschichtung (Quelle: Philippine)*

III

557

5 Verarbeitung von Kunststoffen

Abb. 5.26: Prinzipskizze der Polyurethanverarbeitung (Eyerer 2008)

wendung. Die wichtigsten Einsatzgebiete sind die Möbel- und Polsterindustrie, das Bauwesen und die Fahrzeugindustrie. Leichtbaurelevante Anwendungen im Automobil sind Bauteile wie Lenkräder, Instrumententafeln, Sitze und Innen-Verkleidungsteile sowie Dämpfungselemente. Ähnliche Bauteile findet man aber auch bei Schienenfahrzeugen und in der Luftfahrt.

5.4 Pressen

Pressverfahren werden vorwiegend zur Herstellung von Bauteilen aus faserverstärkten Kunststoffen eingesetzt. Zur Fertigung der Bauteile kommen mechanische oder hydraulische Pressen sowie zwei- oder mehrteilige Werkzeuge zum Einsatz. Um die Zykluszeit zu verkürzen, werden die Materialien häufig außerhalb des Werkzeuges über Hochfrequenz-, Mikrowellen-, Infrarotvorwärmen, in einem Ofen oder durch Friktion (Spritzgießen, Spritzprägen, Extrusion, die dem Pressprozess vorgeschaltet sind) vorgewärmt. Bei Schneckenaggregaten wird die Formmasse – wie beim Spritzgießen – mit der rotierenden Schnecke plastifiziert und anschließend mit der als Kolben wirkenden Schnecke in das Presswerkzeug dosiert. Neueste Entwicklungen benutzen dafür auch einen oder mehrere Doppelschneckenextruder, deren Plastifikat mittels Handhabungstechnik in das Presswerkzeug eingelegt werden. Der Pressvorgang und damit die Formgebung erfolgt über die Verdichtung beim Schließen des Werkzeuges (s. Kap. III.6).

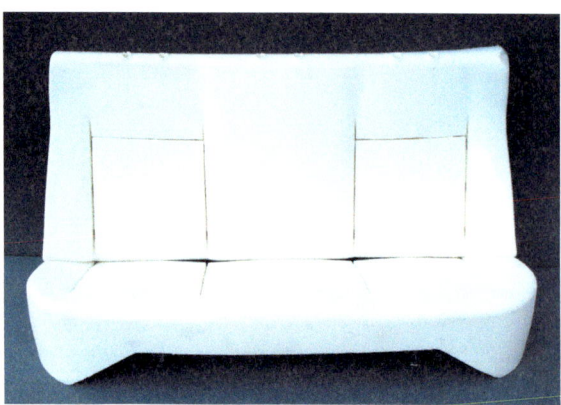

Abb. 5.27: Rücksitzbank und Instrumententafel aus PUR (Eyerer 2008)

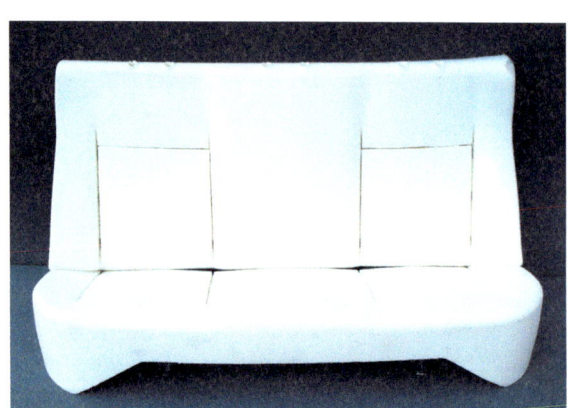

5.5 Tiefziehen

Das Tiefziehen – auch Thermoformen genannt – ist ein Umformverfahren, das durch mehrere verschiedene Verfahrensschritte die Herstellung eines formstabilen Kunststoffteils ermöglicht. Im Wesentlichen wird der Werkstoff durch Erwärmen in einen zähweichen Zustand versetzt und mit relativ geringem Kraftaufwand verformt. Im Werkzeug kühlt das Bauteil ab und wird anschließend entformt. Durch die Abkühlung frieren die Orientierungen der Molekülketten ein und behalten ihre gestreckte Lage bei.

Zum Thermoformen eignen sich fast alle amorphen und teilkristallinen Thermoplaste. Anwendungsbezogen wird dabei in Kunststoffe für technische Teile und für Verpackungsteile unterschieden. Die Halbzeuge werden nach ihrem Erscheinungsbild in Folien (bis 2,5 mm Dicke) und Platten (ab 2,5 mm Dicke) unterschieden. Zum Einsatz kommen Halbzeuge mit Dicken von 0,05 mm bis 16 mm, bei Schäumen bis 60 mm. Als technische Halbzeuge zählen PC, PMMA, PA und ABS sowie faserverstärkte Verbundwerkstoffe und eigenverstärkte Werkstoffe. Im Automobilbereich sind oft thermoplastische Elastomere sowie thermoplastische Polyolefine zu finden. Der Thermoformbereich oder das Verformungsfenster liegt bei amorphen Kunststoffen oberhalb der Glasübergangstemperatur und bei teilkristallinen knapp unterhalb der Schmelztemperatur (Tab. 5.3).

Tab. 5.3: *Beispiel einiger Temperaturbereiche beim Umformen von Thermoplasten (Eyerer 2008)*

Halbzeug	Glastemperatur [°C]	Schmelztemperatur [°C]	Umformtemperatur [°C]
PC	~ 145	-	150 – 180
PS	~ 105	-	120 – 150
PP	~ 0	~ 165	150 – 165
HD-PE	~ -80	~ 135	140 – 170
PET	~ 75	~ 245	100 – 120

Die Thermoformung findet bei den meisten Verfahren nur in einer Werkzeughälfte statt. Dies bedeutet zum einen, dass nur eine einseitige Konturgebung möglich ist, hat allerdings auch den Vorteil, dass nur eine Werkzeughälfte ausgelegt, bemaßt und hergestellt werden muss.

Neben dem klassischen Anwendungsbereich für Verpackungen findet das Tiefziehen vermehrt Anwendung als Alternative zum Spritzguss, besonders bei kleinen und mittleren Serien. Beispiele für Thermoformteile sind Hauben und Verkleidungen aller Art für den Maschinen- und Anlagenbau, für Agrar- und Baumaschinen, Flurfördergeräte und den Nutzfahrzeugbau. Des Weiteren werden Automobilbauteile wie Kotflügel oder Stoßfänger gefertigt. Auch zahlreiche andere Kfz-Bauteile werden durch das Vakuumformen hergestellt, z. B. Lackfolien, die später hinterspritzt werden, oder Benzintanks, die aus zwei thermogeformten Teilen zusammengesetzt werden. Für technische Bauteile wird meist die Positiv-Negativ Vakuumformung, vorwiegend mit Plattenautomaten realisiert (Abb. 5.28).

In der ersten Stufe wird das thermoplastische Halbzeug auf die entsprechende Umformtemperatur gebracht (1). Durch Vorblasen wird die Folie vorgestreckt (2), um eine gleichmäßige Wanddickenverteilung zu erreichen. Danach schließt das Werkzeug (3) und ein angelegtes Vakuum bringt die Folie in die gewünschte Endform (4). Nach Abkühlen des Kunststoffes kann (ohne Gefahr der Rückstellung) entformt werden.

Die Thermoformung steht meist in Konkurrenz zum Spritzgießen. Vorteile bei der Herstellung technischer Teile durch Umformen sind:

- Hohes Teilegewicht (bis 125 kg),
- große Formteile (bis 4 m²) sind möglich,
- flexible Wanddicken (0,05 mm–15 mm),
- kostengünstig bei kleinen Stückzahlen (Werkzeugkosten),
- geringe Änderungskosten, Farbwechselkosten,
- homogene Mehrschichtverbunde möglich.

Dem stehen als Nachteile gegenüber:

- Wenig Gestaltungsmöglichkeit (Hinterschnitte),
- keine gleichmäßige Wanddickenverteilung,
- schwierige Temperaturführung,
- vorgegebenes Halbzeug; keine Einflussnahme des Verarbeiters auf die Rezeptur der Folie möglich.

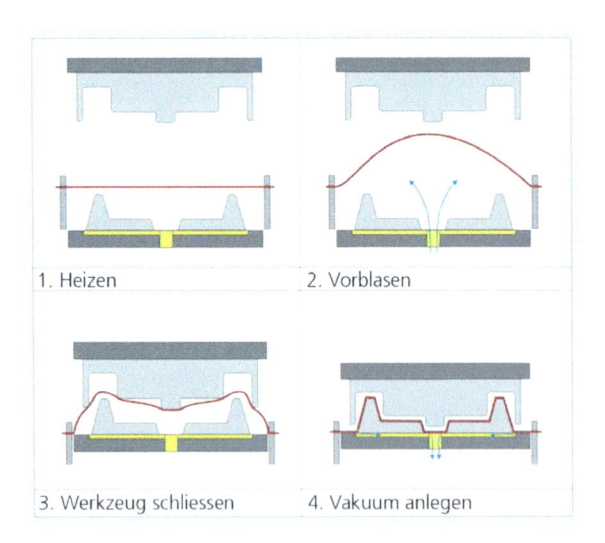

Abb. 5.28: *Verfahrensschritte beim Positiv-Negativ Vakuumformen (Eyerer 2005)*

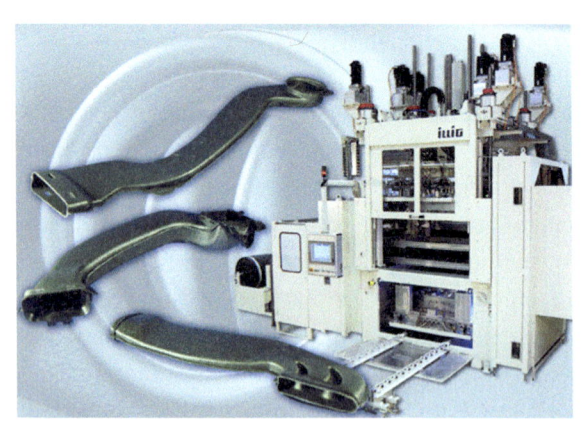

Abb. 5.29: *im Twinsheet Verfahren hergestellte Luftführungskanäle (Quelle: Illig)*

Das Thermoformen stellt in vielen kunststofftechnischen Bereichen eine kostengünstige Alternative dar. Durch die Möglichkeit der Herstellung von dünnwandigen Verpackungsmitteln können Materialiensparpotenziale genutzt werden. Den schnellen Typenwechseln und Faceliftings in der Automobilindustrie kann es durch geringe Formwerkzeugkosten Rechnung tragen. Des Weiteren bietet das Tiefziehen ein hohes Leichtbaupotenzial. Beispielsweise führte die Leichtbauweise der beiden mittels Thermoformen hergestellten Stoßfängerträger für den BMW M3 und der Durchlade für den BMW M3 CSL, jeweils aus thermoplastischen Advanced Composites zu einer deutlichen Gewichtsersparnis.

Eine neue, besonders für den Leichtbau relevante Verfahrensvariante ist das sogenannte Twinsheet-Thermoformen, mit dem aktuell sehr leichte und flexible Pkw-Luftführungskanäle in anspruchsvoller 3D-Geometrie aus PE-Schaumfolie hergestellt werden. Beim Twinsheet-Thermoformen finden die Prozessschritte Heizen, Formen und Stanzen in derselben Station statt. Es werden zwei auf Umformtemperatur aufgeheizte PE-Schaumfolien im Werkzeug durch Vakuum unterstützt zu Halbschalen geformt und zugleich an der Außenkontur miteinander verschweißt. Abschließend wird der Hohlkörper direkt im Werkzeug ausgestanzt. Im Vergleich zu extrusionsblasgeformten PP-Luftführungskanälen aus Kompaktmaterialien kann hier eine Gewichtsreduktion von bis zu 65 % erreicht werden.

5.6 Rotationsformen

Das Rotationsformen ist ein seit über 50 Jahren bekanntes Verfahren der Kunststoffverarbeitung zur Herstellung von Hohlkörpern, das sich insbesondere zur Fertigung großvolumiger Bauteile in kleinen Stückzahlen eignet. Anfänglich konnten nur einfache Formteilgeometrien hergestellt werden. Gegenwärtig stehen zahlreiche speziell auf den Rotationsprozess zugeschnittene Werkstoffe und eine fortschrittliche Prozesstechnologie zur Verfügung, die die wirtschaftliche Herstellung technisch anspruchsvoller und auch gewichtsoptimierter Teile, wie komplex geformte Kraftstofftanks, Gehäuseteile, Luftansaugkanäle, Kanus, etc. erlauben.

Beim Rotationsformen wird pulverförmiges oder flüssiges Ausgangsmaterial in einem Werkzeug mehrachsig in einer Heizkammer rotiert. Nach der gleichmäßigen Verteilung des Formwerkstoffs an der Werkzeugwandung erfolgen die Abkühlung in einer Kühlstation und die Entformung des Bauteils (Abb. 5.30).

Im ersten Schritt wird das Werkzeug mit einer definierten Menge eines pulverförmigen oder flüssigen Rohstoffs befüllt. Im zweiten Schritt versetzt man das Werkzeug in eine zweiachsige Rotation, um eine vollständige Verteilung des Materials zu gewährleisten.

5.6 Rotationsformen

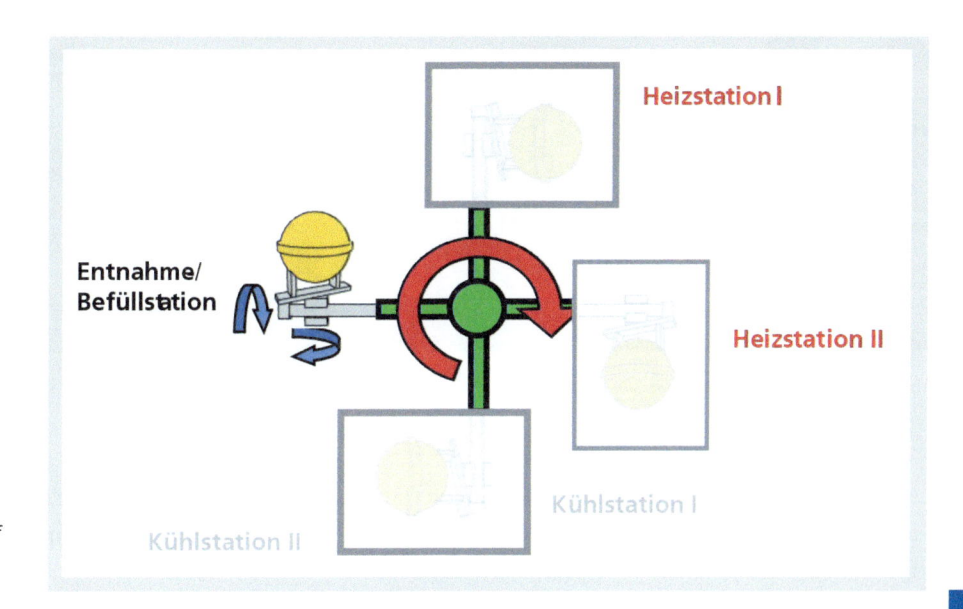

Abb. 5.30: *Verfahrensablauf beim Rotationsformen (Eyerer 2005)*

Das Werkzeug wird in die Heizkammer eingefahren und das Material allmählich an der heißen Werkzeugwand aufgeschmolzen bzw. polymerisiert. Je nach Bauteil, Kunststoff und Prozessführung sind mehrere Heizstationen möglich. Sobald die vollständige, gleichmäßige Verteilung des Materials abgeschlossen ist, fährt das Werkzeug in eine Kühlstation. Die Rotation wird beibehalten, um ein Ablaufen des Materials von der Werkzeugwand zu verhindern. Mit Kaltluft, Wassernebel oder durch direktes Eintauchen in ein Wasserbad wird das Werkzeug abgekühlt. Nach ausreichender Kühlung fährt die Form in die Entformungs- und Beladestation. Hier wird das Werkstück entnommen. Anschließend steht das Werkzeug für eine Wiederbefüllung zur Verfügung und ein neuer Produktionszyklus kann beginnen (Eyerer 2008). Zu den gängigen pulverförmigen Kunststoffen gehören unter anderem PE, PP, PC, PA, Fluoropolymere (PVDF, PFA) und EVA.

Das Rotationsformen kann für alle Anwendungen, bei denen Kunststoffprodukte – ausgehend von einem Hohlkörperteil – benötigt werden, eingesetzt werden. Dieses können Tanks aller Art, Gehäuse für Maschinen, Transportbehälter für empfindliche Güter, Freizeit- und Wassersportartikel, etwa Kajaks, Möbel- und Spielzeugteile, Sicherheitsbehältnisse etc. sein. Als Vorteile dieses Verfahrens gelten:

- „Drucklose" und kostengünstige Werkzeuge
- Hohlkörper in weitem Größenbereich (einige ml bis zu mehreren m^3)
- gleichzeitige Bestückung des Werkzeugträgers mit verschiedenen Werkzeugen
- sehr geringe Scherkräfte – verzugsarme Bauteile, geringe Eigenspannungen.

Als Nachteile gelten:
- Hohe Zykluszeit (ca. 10–30 min) im Vergleich zu Blasformen, Tiefziehen, Spritzgießen
- hoher Energiebedarf der Heizstation
- träges Aufheizverhalten und lange Abkühlzeit.

Eine Variante ist das sogenannte Slush Moulding, das auch zum Sintern von Formhäuten eingesetzt wird. Mit Rotationsanlagen lassen sich passgenaue Formhäute mit verschiedenen Werkzeugen in unterschiedlichen Größen und ohne Verschnitt herstellen (Abb. 5.31) Selbst eine verschiedenartige Narbung mit Nähten am gleichen Teil ergibt eine Hautoberfläche mit konstanter Qualität. Ferner können mehrfarbige Teile als zusammenhängende Haut produziert werden.

Neben der Herstellung klassischer Bauteile aus einem Werkstoff ist die Herstellung mehrerer Schichten möglich. Die Besonderheit ist, dass beispielsweise ein sehr leichter Drei-Schicht-Verbund mit Schaum-

Abb. 5.31: *Instrumententafel mit Slush-Haut (Quelle: Bayer MaterialScience)*

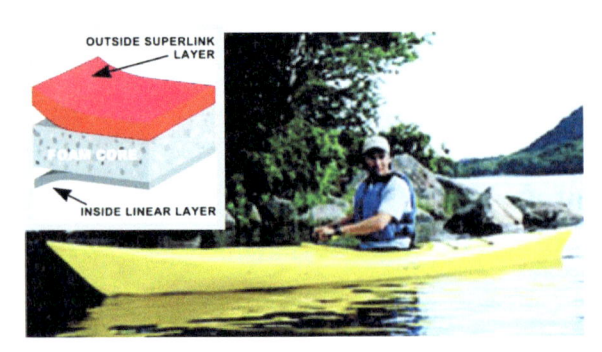

Abb. 5.32: *Kajak / Material: Sandwichaufbau (PE, PE-Schaum, PE) (Quelle: Old Town)*

kern in einem Verfahrensschritt gefertigt werden kann. Während der Heizphase werden nacheinander die Materialien PE-Pulver (Außenhülle), PE-Granulat mit chemischem Treibmittel und PE-Pulver (Bootsinnenseite) eindosiert (Abb. 5.32).

5.7 Zusammenfassung

Die moderne Kunststoffverarbeitung ist heutzutage für Leichtbau-Anwendungen nicht mehr wegzudenken. Beispielsweise werden über Sonderverfahren wie das Extrusionsblasformen oder die Gasinnendrucktechnik geometrische Optimierungen und Gewichtseinsparungen über die gezielte Ausbildung von Hohlstrukturen erreicht. Neue Konzepte, wie das TwinSheet-Verfahren zeigen, dass über Verfahrenskombinationen wie in diesem Fall über das Umformen und Fügen geschäumter Folien gegenüber Bauteilen aus Kompaktmaterialien eine enorme Gewichtsreduktion erreicht werden kann.

Zunehmend ist auch das physikalische Schäumen von Kunststoffen im Spritzguss eine Option, um bei hochwertigen Bauteilen Gewicht einzusparen und gleichzeitig die mechanischen und optischen Anforderungen zu gewährleisten. Vor allem die Sonderverfahren, neue Verfahrensvarianten und -kombinationen bieten damit zunehmend Möglichkeiten, leichte und hochwertige Bauteile herzustellen.

5.8 Weiterführende Informationen

Literatur

Eyerer, P.: Kunststoffkunde. Vorlesungsmanuskript mit CD. 13. Aufl., Fraunhofer IRB Verlag, Universität Stuttgart, 2005

Eyerer, P., Hirth, T., Elsner, P.: Polymer Engineering – Technologien und Praxis. Springer Verlag, Berlin/Heidelberg, 2008

Graser, K., Hoock, R., Urth, D.: Innovative Recyclinglösungen bei Kunststoffkomponenten. Kunststoffe im Automobilbau. VDI-Gesellschaft Kunststofftechnik, Mannheim/Düsseldorf, 2000

Karsch, U. A.: Aufbau von aktuellen Tanksystemen für Fahrzeuge des europäischen und amerikanischen Marktes. Haus der Technik (Hrsg.): Emissionen aus Kraftstoffsystemen von Pkw. Tagungsband, Essen, 21./22.Februar 2001

Klee, W., Karsch, U. A., Kempen, T.: Barrieretechnologien. Ein Beitrag zur Emissionsminderung von Kraftstoffanlagen. Verein Deutscher Ingenieure, VDI-K (Hrsg.): Kunststoffe im Automobilbau. Tagung, Mannheim, 5.-6. April 2000. Düsseldorf 2000

Michaeli, W.: Einführung in die Kunststoffverarbeitung. 4. Aufl., Carl Hanser Verlag, München, 1999

Ohlendorf, F.: Spritzgießen von Kunststoffen. Hochschule für Angewandte Wissenschaften, HAW Hamburg, 2008

Rapp, F.: Untersuchung der Eignung von thermoplastischem Cellulosepropionat zur Aufschäumung im kontinuierlichen Schaumextrusionsprozess. Dissertation, Wissenschaftliche Schriftenreihe des Fraunhofer ICT, Bd. 83; Fraunhofer Verlag Stuttgart, 2018

Firmeninformationen

Bayer: Spritzgießen von Qualitätsformteilen – Verfahrenstechnische Alternativen und Verfahrensauswahl. ATI 1147 d, Bayer AG, Ausgabe 2002-06

ContiTech AG: Pressemeldung

www.bayer.materialsscience.com
www.christophery.de
www.contitech.de
www.coperion.com
www.febra.de
www.jacobplastics.com
www.kautex-group.com
www.krauss-maffei.de
www.oldtowncanoe.com
www.philippine.de
www.roechling.com
www.trexel.com
www.wittmann-battenfeld.com

6 Fertigungstechnologien für faserverstärkte Kunststoffe

Frank Henning

6.1	Fertigungsverfahren für diskontinuierlich faserverstärkte Duromere	569	6.3.1.2	Beispiele für die Anwendung des Handlaminierens	588
6.1.1	Bulk Moulding Compound (BMC)	569	6.3.2	Prepreg-Technologien	590
6.1.2	Rieselfähige diskontinuierlich faserverstärkte duromere Formmassen	569	6.3.2.1	Teilprozesse der Prepreg-Technologie	591
6.1.3	Reinforced-Reaction Injection Moulding (R-RIM)	570	6.3.2.2	Werkzeuge für die Prepreg-Technologie	596
6.1.4	Fasersprühen von Polyurethan	570	6.3.2.3	Aushärtung der Laminate	597
6.1.5	Fließpressen von SMC	573	6.3.2.4	Anwendungsbeispiele für unterschiedliche Prepreg-Technologien	599
6.1.6	Fließpressen diskontinuierlich faserverstärkter Duromere im Direktverfahren	574	6.3.3	Flüssigharz-Imprägnierverfahren – LCM-Technologien	601
6.2	Fertigungsverfahren für diskontinuierlich faserverstärkte Thermoplaste	576	6.3.3.1	Übersicht über die Verfahren	601
			6.3.3.2	Gebräuchliche Harzimprägierverfahren	605
6.2.1	Spritzgießen	576	6.3.3.3	Harzinjektionsverfahren	605
6.2.2	Direktprozesse im Spritzgießen	578	6.3.3.4	Pultrusion	617
6.2.3	Fließpressen	580	6.3.3.5	Faserwickeln	619
6.2.3.1	Fließpressen glasmattenverstärkter Thermopaste (GMT)	580	6.3.3.6	Anwendungsbeispiele	621
6.2.3.2	Fließpressen langfaserverstärkter Thermoplastgranulate (LFT-G)	580	6.3.3.7	Sonderverfahren	622
6.2.3.3	Fließpressen diskontinuierlich faserverstärkter Thermoplaste im Direkt-Verfahren	581	6.4	Fertigungsverfahren für kontinuierlich faserverstärkte Thermoplaste	623
			6.4.1	Tapelegetechnologien	623
6.3	Fertigungsverfahren für kontinuierlich faserverstärkte Duromere	585	6.4.2	Formgebung kontinuierlich faserverstärkter Organobleche und konsolidierter Gelege	625
6.3.1	Handlaminiertechnik	585	6.4.3	Fertigung hybrider kontinuierlich faserverstärkter Thermoplaste	627
6.3.1.1	Unterteilung der Verfahren	587	6.5	Weiterführende Informationen	628

In der Literatur werden die Begriffe kurz-, lang-, und endlosfaserverstärkt oft in sehr uneinheitlicher Weise verwendet. Aus diesem Grund wird in diesem Buch in diskontinuierlich faserverstärkte und somit fließfähige und in kontinuierlich faserverstärkte und somit umformbare Kunststoffe unterschieden. Diese Klassifizierung bietet sich an, da beide Werkstoffklassen unterschiedliche Fertigungsverfahren erfordern. Die eingesetzten Matrixwerkstoffe bieten zudem eine weitere Möglichkeit zur Gliederung. Im Bereich des Leichtbaus können diese in thermoplastische und duromere Matrixwerkstoffe unterschieden werden. Entsprechend ist dieses Kapitel in die Verarbeitung diskontinuierlich und kontinuierlich faserverstärkter Kunststoffe mit duromerer und thermoplastischer Faserverstärkung gegliedert.

Neben der Herstellung und Verarbeitung diskontinuierlich verstärkter Faserverbundwerkstoffe lässt sich eine technische Unterscheidung der betrachteten Kunststoffe anhand der eingesetzten Matrix, der Faserart und der im Bauteil erreichbaren Faserlängen vornehmen. Die Faseranordnung bei diskontinuierlich faserverstärkten Kunststoffen ist zumeist regellos und der Werkstoff somit quasi-isotrop. Dennoch entstehen durch den Fließvorgang lokal Faservorzugsrichtungen, die zum Verzug

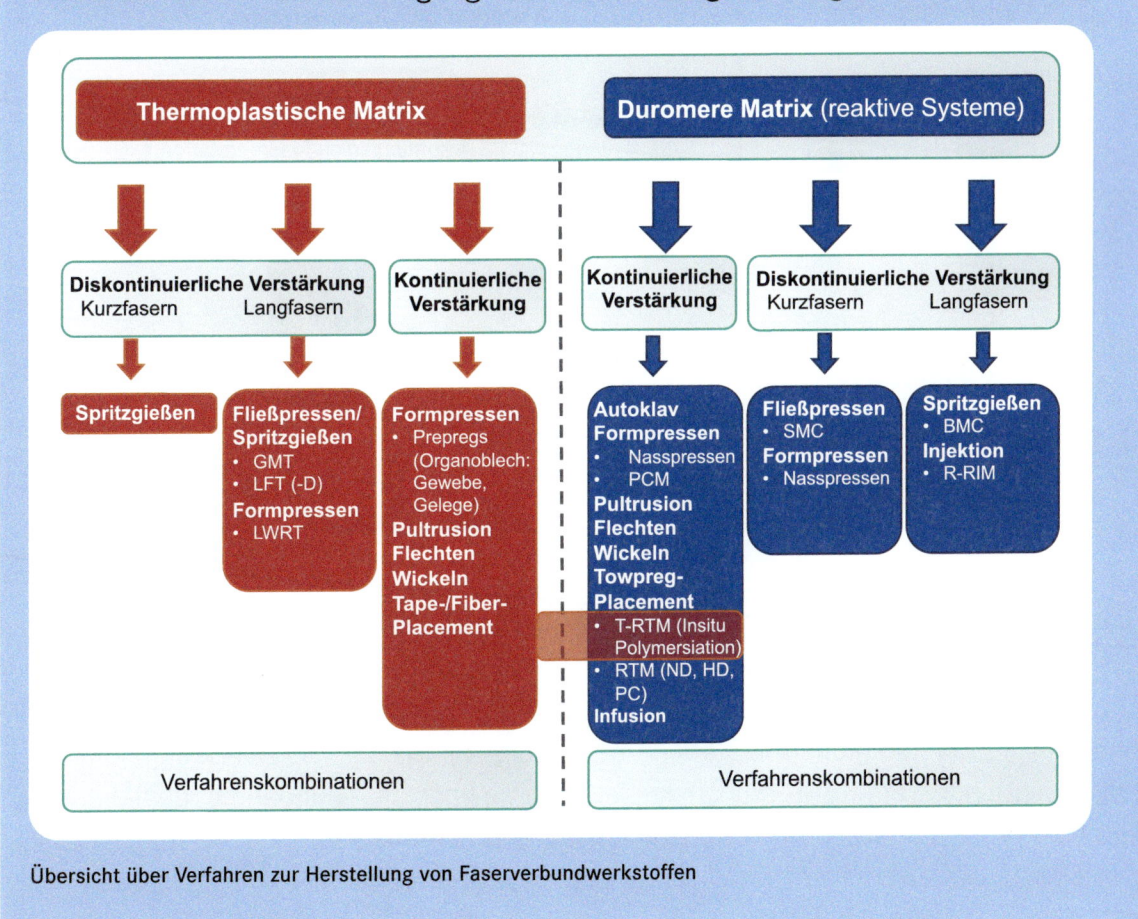

III

Übersicht über Verfahren zur Herstellung von Faserverbundwerkstoffen führen können. Dies ist bei der Auslegung durch eine geeignete Bauteilgestaltung und Werkstoffzuführung zu berücksichtigen.

Bauteile aus kontinuierlich faserverstärkten Kunststoffen besitzen Verstärkungsfasern mit einer Länge, die mindestens der Bauteildimension entspricht. Kontinuierliche Faserverstärkungen sind somit einfach von den diskontinuierlich faserverstärkten Kunststoffen zu unterscheiden. Sie laufen meist in Form von textilen Halbzeugen wie Gelegen, Geweben, Gewirken, Gestricken oder Geflechten durch das gesamte Bauteil (Ostgathe 1996).

Faserverbundwerkstoffe lassen sich unter anderem unterteilen nach:
- Art des verwendeten Matrixpolymers
- Länge der Verstärkungsfasern und Faservolumengehalt
- Art der textilen Verstärkungsstrukturen
- Art des Fertigungsverfahrens
- Anzahl der Prozessschritte (Halbzeuge, Direktverfahren).

Möglichkeiten und Grenzen unterschiedlicher Technologien zur Herstellung von Bauteilen aus Faserverbundwerkstoffen

Die Abbildung zeigt qualitativ die Möglichkeiten und Grenzen kontinuierlich und diskontinuierlich faserverstärkter Werkstoffe in Verbindung mit den geeigneten Fertigungsverfahren hinsichtlich der Realisierung komplexer sowie hochsteifer und fester Bauteile. Um Funktionen zu integrieren und gleichzeitig hohe mechanische Eigenschaften zu realisieren, besteht bei einigen Verfahren die Möglichkeit, diese zu kombinieren.

6.1 Fertigungsverfahren für diskontinuierlich faserverstärkte Duromere

6.1.1 Bulk Moulding Compound (BMC)

Für die Verarbeitung von BMC im Spritzgieß- bzw. Spritzprägeprozess sind drei unterschiedliche Anlagentechnologien gebräuchlich (Guillon 1993, Ehrenstein 1997-1):

BMC-Spritzgießeinheit mit Schnecke

Die BMC-Spritzgießeinheit mit Schnecke (Abb. 6.1, rechts) wird über einen Kolben aus einem Vorratsbehälter mit BMC versorgt, das durch die Drehung der Einschnecke kompaktiert und über eine Hubbewegung des Extruders in ein Formteilwerkzeug überführt wird. Dort härtet das Material unter Temperatureinwirkung aus. Hauptnachteil sind die hohen Scherkräfte, vor allem im Bereich der Rückstromsperre, die auf das Material einwirken und zu kurzen Faserlängen und damit im Vergleich zum SMC zu geringeren mechanischen Eigenschaften des Bauteils führen.

BMC-Spritzgießeinheit mit Kolben und mit Schnecke

Bei der BMC-Spritzgießeinheit mit Kolben (Abb. 6.1, links) handelt es sich um eine der ältesten Technologien, bei denen das BMC einem Vorratzylinder zugeführt wird, von dem es dann mittels Kolben zwischen zwei Spritzgießzyklen über eine Rückstromsperre in den eigentlichen Spritzgießzylinder gelangt. Von da aus wird das BMC über einen weiteren Kolben in das Spritzgießwerkzeug eingespritzt, wo es unter Druck und Temperatur zum fertigen Formteil aushärtet. Dabei treten im Vergleich zur BMC-Spritzgießeinheit

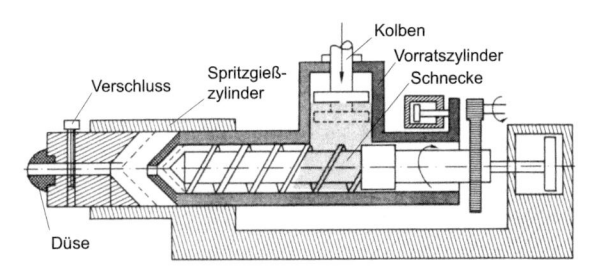

Abb. 6.2: ZMC-Spritzgießmaschine (Ehrenstein 1997-1)

mit Schnecke geringere Scherkräfte auf, die zu längeren Fasern und folgerichtig verbesserten Bauteileigenschaften führen.

ZMC-Spritzgießeinheit mit Schnecke und Kolben

Eine weitere Reduktion der Faserschädigung war bei der Entwicklung der ZMC-Spritzgießeinheit mit Schnecke und Kolben (Abb. 6.2) das Ziel. Dabei werden die Vorteile der BMC-Spritzgießeinheit mit Kolben sowie der Variante mit Schnecke, d. h. geringe Faserschädigung bei gleichzeitig hoher Reproduzierbarkeit des Schussgewichts, vereint. Das BMC wird analog zur BMC-Spritzgießeinheit mit Schnecke aufbereitet. Das Schussgewicht wird jedoch nicht mittels Rückstromsperre und Schneckenhub, sondern durch die Bewegung des Extruders, der als Kolben fungiert, in einem diesen umgebenden Zylinder, definiert.

6.1.2 Rieselfähige diskontinuierlich faserverstärkte duromere Formmassen

Die Verarbeitung von rieselfähigen, duromeren Formmassen im Spritzgießverfahren folgt dem gleichen grundlegenden Prozessablauf wie das Spritzgießen von Thermoplasten und BMC-Massen.

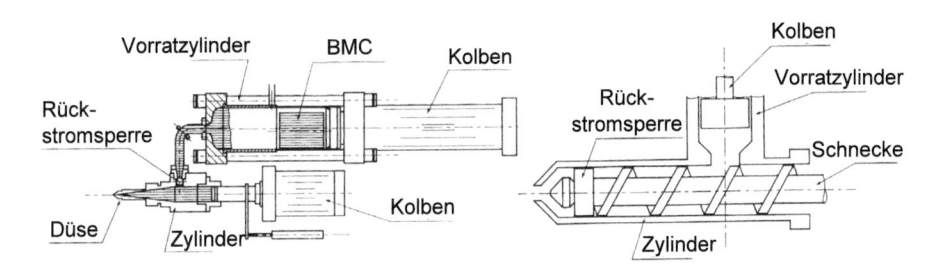

Abb. 6.1: BMC-Spritzgießeinheit mit Kolben (links) und Schnecke (rechts) (Guillon 1993)

Aufgrund der trockenen, rieselfähigen Beschaffenheit der Formmasse ist keine Stopfvorrichtung wie beim BMC erforderlich.

Die Aufgabe der Plastifiziereinheit ist es, die Formmasse in einen geschmolzenen und damit fließfähigen Zustand zu bringen. Dazu wird die Formmasse von der kompressionslosen Schnecke gefördert und durch Scherung sowie den Wärmeeintrag eines Temperiermantels aufgeschmolzen. Die plastifizierte Masse wird durch eine axiale Translationsbewegung der Schnecke in das Werkzeug eingespritzt. Zur Vermeidung von Materialanhäufungen im Bereich der Schneckenspitze wird bei der Spritzgießverarbeitung von rieselfähigen Formmassen in der Regel keine Rückstromsperre verwendet.

Beim Kontakt mit der heißen Werkzeugwand (165–190 °C) sinkt die Viskosität des Harzes in der Randschicht, sodass eine geringviskose Gleitschicht entsteht. Diese führt zu einem Wandgleiten der Formmasse während des Füllvorgangs (Tran 2018). Das Formfüllverhalten unterscheidet sich damit grundlegend vom typischen Quellfluss, der bei Thermoplasten beobachtet wird.

Durch die geringe Harzviskosität im beheizten Werkzeug werden auch kleinste Spalte unter dem hohen Werkzeuginnendruck gefüllt. Eine gratfreie Fertigung von duromeren Spritzgießbauteilen ist aus diesem Grund in der Regel nicht möglich. Der Gratstand kann nach dem Entformen durch einen Strahlprozess automatisiert entfernt werden und stellt somit einen geringen Nacharbeitsaufwand dar.

Aufgrund der geringen Verarbeitungsschwindung der hochgefüllten Formmassen können in Präzisionsanwendungen Toleranzklassen bis IT7 nach DIN 7151 erreicht werden (Höer 2014), wodurch eine aufwändige spanende Nachbearbeitung von Funktionsflächen oftmals vermieden werden kann.

Durch einen nachgelagerten Temperprozess kann die thermomechanische Beständigkeit der Spritzgießbauteile verbessert werden, da durch die Vervollständigung des Vernetzungsprozesses die Glasübergangstemperatur des Materials auf bis zu 250 °C erhöht wird (Höer 2013).

6.1.3 Reinforced-Reaction Injection Moulding (R-RIM)

Direkt verstärkte RIM-Verarbeitungsverfahren, mit denen Bauteile aus faserverstärktem Polyurethan oder ähnlich reaktiven Systemen hergestellt werden, basieren auf einer Hochdruckdosiermaschinentechnik. Das zugehörige Verfahren wird als Reaction Injection Moulding (RIM) oder Reaktionsspritzgießen bezeichnet. Dabei handelt es sich um ein Urformverfahren, bei dem die reaktiven Ausgangskomponenten unter hohem Druck intensiv miteinander vermischt und als Reaktionsmasse in ein an den Mischkopf adaptiertes formgebendes Werkzeug überführt werden. Die Aushärtung zum Bauteil findet in der Werkzeugform statt.

R-RIM ist ein vollautomatisiertes Verfahren zur Verarbeitung von hochreaktiven und füllstoffhaltigen Polyurethansystemen. Hierbei werden die Füll- und Verstärkungsstoffe in eine der beiden Systemkomponenten, meist jedoch in die Polyolkomponente eingerührt. Faserlängen bis ca. 1,5 mm sind verarbeitbar. Längere Fasern führen zu einem weiteren und verstärkten Anstieg der Viskosität. Dies führt jedoch zur inhomogenen Vermischung beider Komponenten. Aus diesem Grund kommen üblicherweise Faserlängen zwischen 0,03 mm und 0,5 mm zum Einsatz. Die Dosierung der mit Füll- und Verstärkungsstoffen beladenen Komponente erfolgt aufgrund der Abrasivität der verwendeten Füllstoffe ausschließlich mit entsprechend modifizierten Kolbenmaschinen. Durch hochreaktive und leichtfließende PUR-Systeme können Bauteile mit Wandstärken von 2 mm und geringer sowie Zykluszeiten von weniger als 90 Sekunden realisiert werden (KraussMaffei 2018).

6.1.4 Fasersprühen von Polyurethan

Bei der Verarbeitung von Polyurethanen werden häufig Systeme eingesetzt, deren Reaktion nicht nur stark vom Material selbst, sondern auch signifikant von der eingebrachten Werkzeugtemperatur abhängt. Dementsprechend liegen deren Verarbeitungstemperaturen im Bereich von 18 °C bis 90 °C und die Werkzeugtemperaturen zwischen 40 °C und

140 °C. Bei der Verarbeitung von Polyurethanen im Sprühverfahren unterscheidet man unterschiedliche Technologien:

Fiber Composite Spraying (FCS) und Composite Spray Moulding (CSM)

Ähnlich dem R-RIM basieren auch das FCS- wie auch das CSM-Verfahren auf einer Hochdruckmaschinentechnik, jedoch wird der Mischkopf durch einen Roboterarm geführt. Zudem sorgt der Mischkopf für einen Sprühaustrag des Reaktionsgemischs in eine offene Werkzeugform. Der Sprühaustrag erfolgt durch die Überführung des Vermischungsdrucks in einen Sprühstrahl oder durch zusätzliches Einbringen von Zerstäubungsluft in das Reaktionsgemisch. Die zur Verstärkung benötigten Faserrovings werden einem Schneidwerk zugeführt, das auf einem Roboterarm oder vor bzw. neben dem Mischkopf angebracht ist. Abhängig vom Schneidwerk sind Faserlängen zwischen 5 mm und 20 mm üblich, aber auch bis zu 100 mm möglich. Der Faseranteil beim Polyurethan-Fasersprühen liegt im Bereich von 25 bis 40 Gew.-%.

Die geschnittenen Fasern werden seitlich oder axial in den Sprühaustrag des Reaktionsgemischs eingebracht. Der Polyurethan-Sprühaustrag sorgt für eine entsprechende Benetzung der geschnittenen Fasern. Durch Ansteuerung des Schneidwerks sind der Faseranteil und die Faserlänge gezielt einstellbar. Zudem ist es möglich, mit dem faserverstärkten

Abb. 6.4: *Hybride LKW-Türrahmen-Struktur, Prozesskombination aus FCS-, LFI-, CCM- und IMP-Verfahren (Fraunhofer ICT, BMWi „MultiKab")*

Reaktionsgemisch vorkonfektionierte Fasermatten zu imprägnieren. Durch den Materialaustrag in eine offene Form mittels eines am Roboter befestigten Mischkopfes und der Steuerung des Schneidwerks besteht die Möglichkeit, den Fasergehalt im Bauteil lokal zu variieren und auf diese Weise das Bauteil in definierten Bereichen zu verstärken. Die Orientierung der Fasern im Werkzeug ist statistisch regellos, sodass ein quasi-isotropes Materialverhalten gewährleistet ist.

Nach Beendigung des Materialeintrags in die offene Form wird das Werkzeug geschlossen und das Reaktionsgemisch verpresst. Abhängig von den geforderten Festigkeits- und Oberflächenanforderungen sowie der Auswahl eines entsprechenden Polyurethansystems kann auf ein Verpressen des Verbundmaterials verzichtet werden, sodass ein komplett offenes Sprühverfahren entsteht. Die Vorteile dabei sind reduzierte Investitionskosten, da für die Bauteilfertigung lediglich eine Werkzeughälfte und ein vereinfachter Werkzeugträger benötigt werden.

Durch die Möglichkeit der offenen und geschlossenen Prozessführung eignen sich die Verfahren besonders zur Herstellung dünnwandiger, aber auch mehrschichtiger und hochfester Verbundbauteile. Durch die Kombination zusätzlicher Prozess- oder Verfahrensschritte, wie dem Folienhintersprühen, In-Mould Painting (IMP) oder einem nachträglich zugeschalteten Überflutungsprozesses, ähnlich dem Clear Coat Moulding Verfahren (CCM, KraussMaffei

Abb. 6.3: *FCS-Fasersprühanlage der Firma KraussMaffei am Fraunhofer ICT in Pfinztal (Fraunhofer ICT)*

Technologies GmbH) oder der CLEARRIM-Technologie Hennecke GmbH), können sehr hohe Oberflächengüten, selbst für großflächige Kleinserienbauteile von Losgrößen bis 10.000 Stück pro Jahr, wirtschaftlich hergestellt werden. (KraussMaffei 2018, Hennecke 2018).

Diese Verfahren ermöglichen zudem die Herstellung von Sandwichverbunden (. Kap. II.9). Als Kernmaterialien können unterschiedlichste Materialien oder Einlegegeometrien, wie z. B. Wabenstrukturen, Schäume oder strukturelle Verstärkungsprofile eingesetzt werden. Der Sandwichkern wird zwischen den Fasermatten eingebracht und der Verbundaufbau beidseitig mit Polyurethan besprüht, im Werkzeug abgelegt und zum Bauteil verpresst.

Long Fiber Injection (LFI)

Ähnlich dem FCS-PUR-Fasersprühen werden beim LFI-Verfahren zugeführte kontinuierliche Faserrovings mittels eines dem Mischkopf vorgeschalteten Schneidwerks abgelängt, über druckluftgestützte Düsen dem Mischkopf zugeführt und mit Polyurethan benetzt. Nach anschließendem Eintrag ins offene Werkzeug muss das faserverstärkte Reaktionsgemisch zum Bauteil verpresst werden. Dabei können sowohl geschäumte, wie auch kompakte Polyurethansysteme mit einem Faseranteil von bis zu 50 Gew.-% bei Faserlängen zwischen 12,5 mm und 100 mm eingesetzt werden. Zudem besteht die Möglichkeit, den Fasergehalt lokal zu variieren und Befestigungs- und/oder Verstärkungs-Inserts im Bauteil zu integrieren. Durch die Erweiterung der Prozessschritte oder die Kombination mit anderen Verfahren sind Strukturbauteile mit Class-A entsprechender Sichtoberfläche möglich. Aufgrund der kostengünstigen Ausgangsmaterialien, den moderaten Anlagen- und Werkzeugkosten und angesichts des hochflexiblen Prozesses eignet sich das LFI-Verfahren besonders für Losgrößen von bis zu 120.000 Stück pro Jahr.

Structural Component Spraying (SCS)

Beim Structural Component Spraying (SCS) handelt sich um eine Weiterentwicklung der LFI-Wabentechnik zur Sandwichherstellung. In diesem Verfahren werden in Fasermatten, beispielsweise aus Glas-, Natur- oder Kohlenstofffasern, eingebettete Sandwichkerne unterschiedlicher Materialien mit einem unverstärkten Polyurethansystem besprüht und verpresst.

Zuerst ist die Konfektion der Fasermatten und Kernmaterialien sowie die Befestigung in einem Halterahmen vorzunehmen. Mittels eines an einen Roboter adaptierten Sprühmischkopfs erfolgt anschließend die beidseitige Benetzung der Faserdeckschichten mit Polyurethan. Zur Aushärtung des Sandwichaufbaus wird dieser in ein temperiertes Werkzeug abgelegt und in die gewünschte Form gepresst. Über lokal aufgebrachte Faserstrukturen oder PUR-Schichten lassen sich sehr schnell und einfach kostengünstige

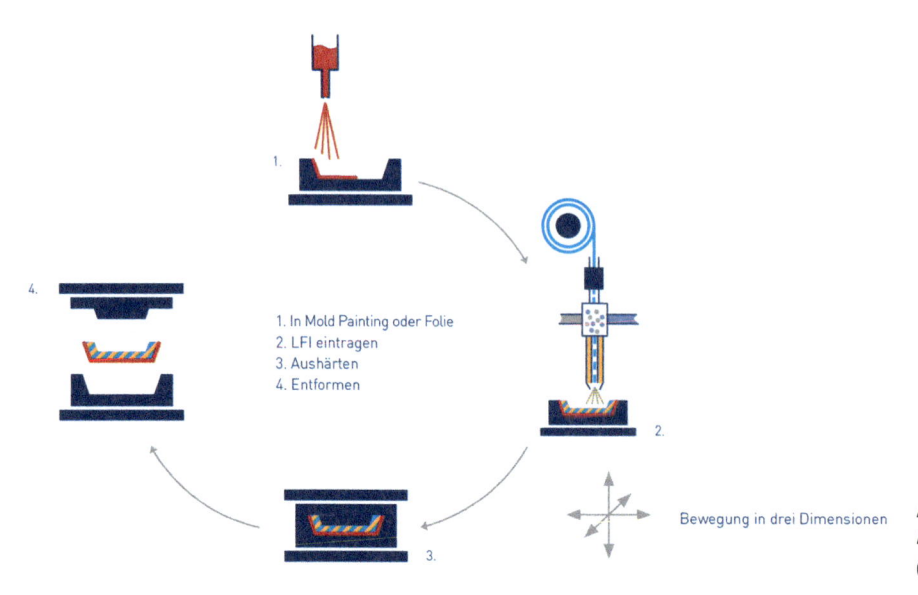

1. In Mold Painting oder Folie
2. LFI eintragen
3. Aushärten
4. Entformen

Bewegung in drei Dimensionen

Abb. 6.5: *Schematische Darstellung des LFI-Verfahrens (KraussMaffei)*

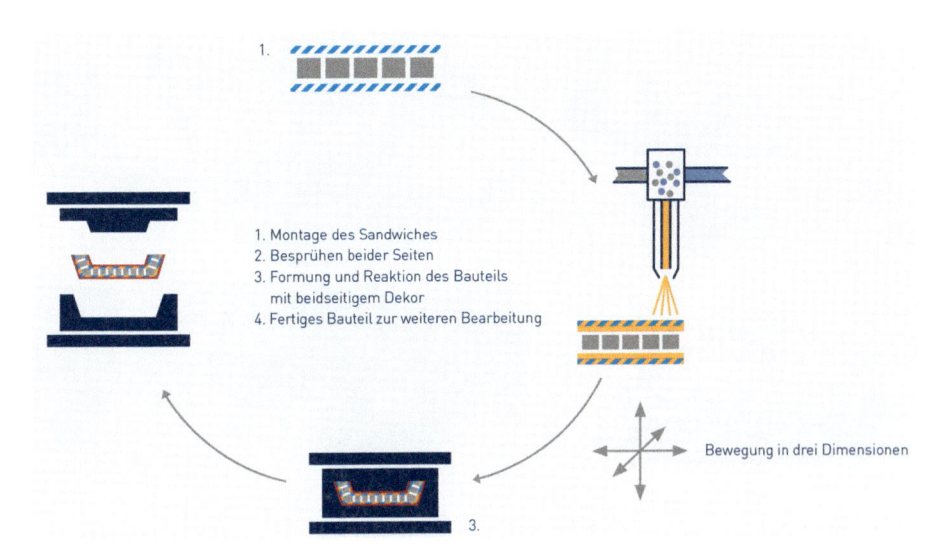

Abb. 6.6: *Schematische Darstellung des SCS-Verfahrens (KraussMaffei)*

1. Montage des Sandwiches
2. Besprühen beider Seiten
3. Formung und Reaktion des Bauteils mit beidseitigem Dekor
4. Fertiges Bauteil zur weiteren Bearbeitung

Bewegung in drei Dimensionen

hochsteife Sandwichverbundbauteile mit signifikantem Leichtbaupotenzial herstellen. Durch einen vorhergehenden Prozessschritt können Dekorschichten direkt an das Sandwichbauteil angebunden werden. Durch die relativ geringen Betriebskosten und den geringen Materialverbrauch bei hoher Leichtbaugüte eignet sich dieses Verfahren besonders für großflächige Sandwichstrukturbauteile mit Losgrößen zwischen 10.000 und 300.000 Stück pro Jahr (KraussMaffei 2018).

6.1.5 Fließpressen von SMC

Die überwiegend noch sehr personalintensive, von manueller Arbeit geprägte Verarbeitung des SMC-Halbzeugs zum Bauteil erfolgt in den im Folgenden genannten Schritten. Dabei ist zu erwähnen, dass bereits Ende der 80er Jahre Langfeld-Leuchtengehäuse (Brüssel 1989) und Anfang der 90er Jahre NFZ-Stoßfänger vollautomatisch hergestellt wurden (Brüssel 1994). Heute wird vor allem bei der Herstellung hochwertiger Class-A-Bauteile in zunehmendem Maße eine vollständige Automatisierung der Abläufe implementiert (Ernst 2006). Dies fördert die Steigerung und Sicherung von Qualität, Produktivität und Reproduzierbarkeit, verbessert die Anlagenverfügbarkeit und reduziert Zykluszeiten, Nacharbeitsaufwand und Ausschuss.

Das SMC-Halbzeug wird zumeist teilautomatisiert von Spulen abgewickelt oder einer Box entnommen und durch einstellbare Messer zu Zuschnitten mit

1. Aufnahmeeinrichtung für SMC-Wickel
2. Harzmattenabwickelanlage
3. Schneideeinrichtung für SMC-Zuschnitte
4. CNC Wiegezelle
5. Beschickroboter mit Greifer
6. Ablagetisch für Beschickgreifer
7. High-Speed Hochgenauigkeitspresse mit aktiver Parallellaufregelung
8. Presswerkzeug
9. Bauteilentnahmeroboter
10. Werkzeugreinigungsroboter
11. CNC Fräs-Bohr-Automat / Wasserstrahlschneideanlage
12. Nachkühlanlage
13. Ausschleuseband
14. Schutzumzäunung

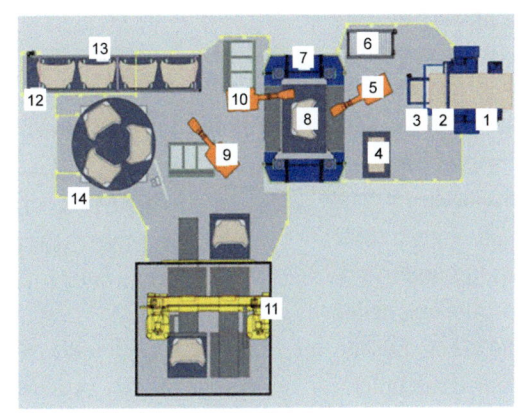

Abb. 6.7: *Schematische Darstellung einer vollautomatisierten SMC-Fertigung (Dieffenbacher)*

Abb. 6.8: *SMC Kofferraumdeckel von VW EOS und Maybach sowie Spoiler von BMW (Quelle: Dieffenbacher)*

bauteilabhängiger Kontur (jedoch nicht Endkontur) vorkonfektioniert, gestapelt, in Transportgebinden abgelegt und zur Presse transportiert. Während dieser Prozessschritte ist darauf zu achten, dass möglichst wenig Styrol entweicht, um eine reproduzierbare Materialqualität zu erzielen.

Vor dem Pressen wird das SMC-Halbzeug von den Trägerfolien befreit und es werden mehrere Zuschnitte gestapelt, bis das gewünschte Bauteilgewicht erreicht ist. Die Fläche der Zuschnitte entspricht meist zwischen 40 und 70 % der projizierten Werkzeugfläche. Der Stapel (bei komplexeren Bauteilgeometrien auch mehrere) wird dann im Werkzeug positioniert und mittels Fließpressen zum Bauteil geformt. Die Werkzeugtemperatur beträgt üblicherweise 140 bis 160 °C. Bei Kontakt mit der heißen Werkzeugoberfläche fällt zunächst die Harzviskosität ab, was eine vollständige Füllung der Werkzeugkavität erleichtert. Anschließend härtet das Bauteil durch die sich fortsetzende Polymerisation aus. Abhängig von der Art des eingesetzten Materials und der Bauteilgeometrie wird ein spezifischer Forminnendruck von 50 bis 150 bar benötigt, was je nach Bauteilgröße und angestrebter Wandstärke Presskräfte von bis zu 3.000 t und in seltenen Fällen auch mehr erfordert. Die Haltezeit, in der das Presswerkzeug geschlossen ist und die chemische Vernetzung stattfindet, beträgt je nach Bauteildicke üblicherweise zwischen ein bis drei Minuten, wobei Materialanhäufungen, z. B. im Rippenfuß oder auch in Domen, zu berücksichtigen sind.

Nach der Formgebung mittels Fließpressen wird das Presswerkzeug geöffnet, das Bauteil durch hydraulisch betätigte Auswerfer angehoben und zumeist manuell entnommen und entgratet. Die Nachbearbeitung erfolgt in den meisten Fällen durch Fräsen der Konturen, bei denen eine hohe Präzision gefordert ist. Die übrigen Ausschnitte werden mittels Wasserstrahlschneidens mit hohen Schnittgeschwindigkeiten hergestellt. Die Grundierung dient bei Bauteilen mit Oberflächenanforderungen der Lackiervorbereitung. Die grundierten und durch Waschen von Verunreinigungen befreiten Bauteile werden auf Transportgehängen durch eine Lackieranlage transportiert und dort in den gewünschten Farben lackiert. Bei durchgefärbten Bauteilen sowie beim Einsatz der so genannten In-Mold Coating-Technologie (IMC), bei der bereits im Formwerkzeug eine Grundierung oder auch ein Strukturlack auf die Bauteiloberfläche aufgebracht wird, können die ansonsten nachfolgende Grundierung oder Lackierung teilweise entfallen.

6.1.6 Fließpressen diskontinuierlich faserverstärkter Duromere im Direktverfahren

Eine Variante des klassischen SMC-Prozesses stellt der sogenannte Direkt-SMC (DSMC) Prozess dar. Dieses Verfahren ermöglicht es, unterschiedliche Harzsysteme unabhängig von deren Lagerbeständigkeit einzusetzen und diese direkt bei der Bauteilherstellung mit den entsprechenden Fasern und Füllstoffen zu kombinieren (Abb. 6.7).

Der D-SMC- Prozess eröffnet gegenüber dem klassischen Verfahren neue Möglichkeiten bei der Herstellung diskontinuierlich faserverstärkter Bauteile und bietet darüber hinaus weitere Vorteile, wie eine hohe Reproduzierbarkeit durch Vermeidung von Transport und Zwischenlagerung vor dem Verpressen. Da es sich hierbei um einen kontinuierlichen Prozess handelt, bei dem nur wenige Minuten zwischen Rohstoff und Bauteil liegen, kann eine Regelstrecke zur Gewährleistung einer gleichbleibend hohen Qualität umgesetzt werden. Die daraus resultierende geringere Ausschussrate sowie die geringere Nacharbeit wirken sich positiv auf die Bauteilkosten aus. Eine Reduktion der Bauteilkosten kann auch durch den Wegfall der Reifung sowie durch eine Verkürzung der Zykluszeit erreicht werden. Ein weiterer Vorteil des Verfahrens liegt in der hohen Flexibilität hinsichtlich Rohstoffauswahl und zeitnaher Rezepturänderung. Da es sich um eine weitgehend gekapselte Maschinentechnologie handelt, können zudem die Styrol-Emissionen verringert werden.

Grundsätzlich existieren zwei unterschiedliche Verfahrensvarianten des D-SMC- Prozesses. Beiden gemeinsam ist die kontinuierliche Aufbereitung des Harzfüllstoffgemisches (HFG) in einem gleichläufigen Doppelschneckenextruder. Die Flüssigkomponenten (Harz, LPA, Peroxid, sonstige Additive) werden gravimetrisch in einen Extruder dosiert, wo sie miteinander vermischt werden. Im selben Extruder werden die festen Füllstoffe gravimetrisch zugegeben und im Gemisch aus Harz und Additiven dispergiert.

Bei der ersten Verfahrensvariante Direkt-Strand Molding Compound wird das HFG vergleichbar zum LFT-D-ILC- Prozess (Abschnitt 6.2.3.3) in einen zweiten speziell gelagerten Doppelschneckenextruder übergeben, in welchem dann die Fasern eingearbeitet werden, siehe Abbildung 6.9. Der Extruder vereinzelt, benetzt und dispergiert die Fasern. Am Ende des Extruders wird das Extrudat direkt oder über eine Düse ausgetragen und auf das gewünschte Bauteilgewicht abgelängt und auf ein Transportband platziert. Nach der Bereitstellung des Extrudats wird es automatisiert direkt und ohne Zwischenlagerung in die Presse eingelegt und zum Bauteil verpresst. Zur Einstellung der Viskosität kann das Extrudat mittels Mikrowellen erwärmt werden (Bräuning 2008, Potyra 2009).

Durch die geänderten Verarbeitungsbedingungen ergeben sich auch veränderte Anforderungen an den Viskositätsverlauf bei der Herstellung des D-SMC (Abb. 6.10). SMC in konventioneller Herstellung erfordert zunächst eine geringe Viskosität der Harzpaste, die das Aufrakeln eines dünnen Films und somit eine gute Benetzung der Fasern ermöglicht. Im Anschluss ist ein starker Anstieg der Viskosität in möglichst kurzer Zeit das Ziel, um das Halbzeug weiter verarbeiten zu können. Die Viskosität muss

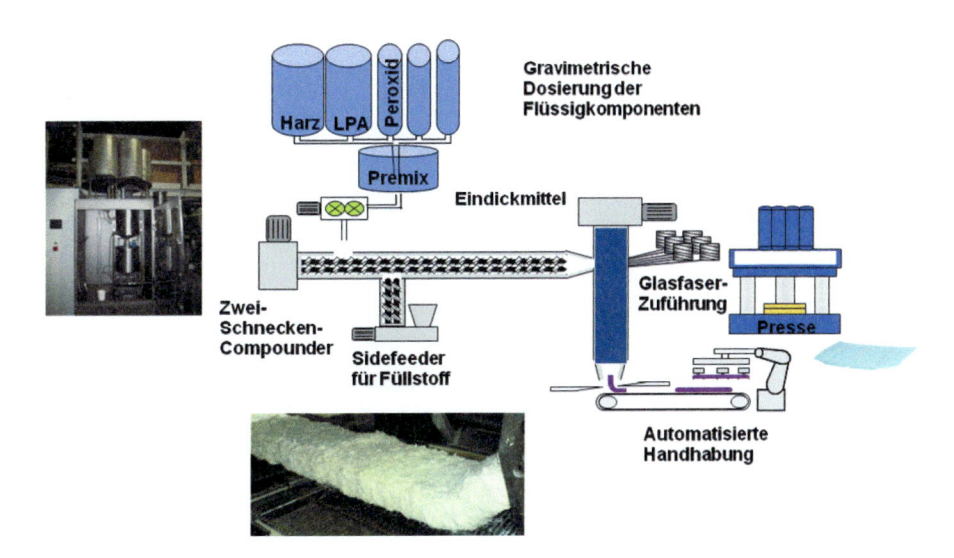

Abb. 6.9: *Schema des Direkt-SMC Prozesses mit Fasereinbringung im Doppelschneckenextruder*

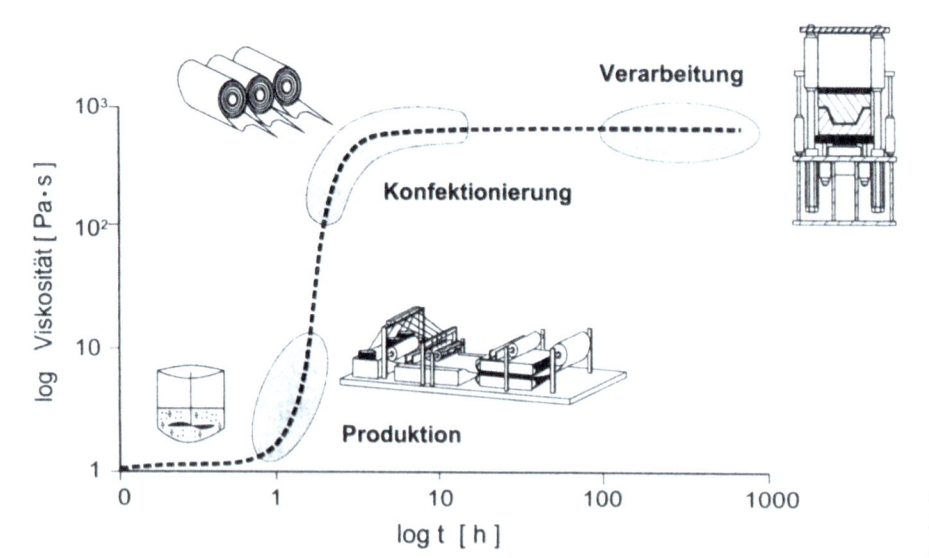

Abb. 6.10: *Viskositätsverlauf bei klassischem SMC über der Zeit (nach Wacker 2002)*

relativ hoch sein, um eine Handhabbarkeit des Halbzeuges und den Fasertransport beim Umformprozess zu gewährleisten. Im Vergleich dazu beginnt man bei D-SMC bei höherer Anfangsviskosität, da durch den Extrusionsschritt die Füllstoffe und im Mischaggregat die Fasern zwangsbenetzt werden. Die Viskosität steigt dann in wenigen Minuten an, erreicht jedoch ein geringeres Endniveau als bei konventioneller Verarbeitung. Dies ist ausreichend, da lediglich die Handhabbarkeit des Materials und der Fasertransport während des Füllvorgangs gewährleistet werden müssen. Im Gegensatz zum konventionellen SMC Prozess wird das Material nicht zwischengelagert, sodass keine Gefahr einer Faser-Matrix-Separation oder Sedimentation von Füllstoffen besteht. Weiterhin wirkt sich die geringere Viskosität vorteilhaft auf die Oberflächenqualität und den Füllvorgang aus (Bräuning 2008).

In der zweiten Verfahrensvariante Direkt-Sheet Molding Compound wird das HFG analog zum konventionellen SMC Prozess auf einer Flachbandanlage auf eine obere und untere Trägerfolie aufgerakelt und anschließend mit Schnittfasern bestreut. Nach der Verdichterstrecke wird eine zusätzliche, beheizte Reifestrecke angeschlossen, in der die Eindickreaktion beschleunigt stattfindet (Abb. 6.9. Im Anschluss wird das Material wie beim herkömmlichen SMC-Halbzeugprozess zugeschnitten, direkt in die Presse eingelegt und zum Bauteil verpresst.

6.2 Fertigungsverfahren für diskontinuierlich faserverstärkte Thermoplaste

6.2.1 Spritzgießen

Aufgrund der im Vergleich zu textilen Verstärkungen geringfügigen Eigenschaftssteigerung durch kurze Fasern, werden diese bei thermoplastischen Kunststoffen vor allem zur Verbesserung der thermomechanischen Eigenschaften wie der Wärmeformbeständigkeit sowie der Maßhaltigkeit und der Reduzierung der Feuchtigkeitsaufnahme eingesetzt. Zur Verstärkung von thermoplastischen Spritzgießbauteilen werden hauptsächlich Kurzfasern eingesetzt. Bei höheren mechanischen Anforderungen werden für semi-strukturelle Bauteile, wie zum Beispiel Verkleidungsteile, auch langfaserverstärkte Thermoplaste (LFT) im Spritzgießprozess verarbeitet. Hierbei werden die Verstärkungsfasern direkt beim Materialhersteller in unterschiedlichen Compoundier- oder Imprägnierprozessen in den Kunststoff eingearbeitet und als Kunststoffgranulat bereitgestellt. Das Granulat wird auf Standard-Spritzgießmaschinen verarbeitet (Abb. 6.11). Für die Verarbeitung von Langfasergranulaten werden häufig schonende Schneckengeometrien, aber auch entsprechende Heißkanalgeometrien angeboten. Die Fasern im

6.2 Fertigungsverfahren für diskontinuierlich faserverstärkte Thermoplaste

Abb. 6.11: *Standard-Spritzgießanlage der Firma Engel (Quelle: Fraunhofer ICT)*

Granulat werden während der Verarbeitung, beim Aufschmelzen und Fördern in der Plastifiziereinheit, in den Heißkanälen sowie beim Einspritzvorgang, gekürzt und führen im Bauteil zu einer Faserlängenverteilung bzw. mittleren Faserlänge.

Bei der Verarbeitung von mit Kurzglasfasern verstärkten Thermoplasten liegt die Faserlänge im Granulat zwischen 0,2 und 0,5 mm. Sind langfaserverstärkte Formmassen für die Anwendung erforderlich, kommen im Spritzgießprozess hauptsächlich und überwiegend Halbzeuge in Form von sogenannten Stäbchengranulaten (LFT-G bzw. LFG) mit Längen zwischen 8 mm bis 25 mm zum Einsatz (Abb. 6.12). Diese Rohmaterialien werden von den Materialherstellern als fertige Halbzeuge/Compounds (Polymer, Additive, Faser-Matrix-Koppler sowie Fasern) mit einem Faser-Gewichtsanteil von bis zu 60 % angeboten. Der gewünschte Faseranteil und das hierdurch resultierende Eigenschaftsprofil der Formteile kann durch den Anwender spezifiziert oder mittels Zumischen von reinem Matrixmaterial individuell eingestellt werden.

Beim Verarbeiten von Kurzfasergranulaten ist im Prozess die stark abrasive Wirkung dieser Materialien durch die Fasern (speziell durch die freiliegenden Faserenden) zu berücksichtigen. Eine Auslegung der Plastifiziereinheit, des Angusssystems sowie der Düsen und Werkzeuge mit verschleißfesten Werkstoffen ist daher erforderlich. Aufgrund der größeren Anzahl von freiliegenden Faserenden bei gleichem Fasergehalt wirken sich kurzfaserverstärkte Kunststoffe im Vergleich zu langfaserverstärkten Kunststoffen verstärkt negativ auf den Verschleiß von Maschine und Werkzeug aus.

Des Weiteren richten sich die Fasern während des Formfüllvorgangs aus, wodurch sich eine starke Eigenschaftsanisotropie sowie signifikante Schwindungs- und Verzugsunterschiede ergeben können. Bei kurzglasfaserverstärkten Thermoplasten zeigen sich häufig schichtweise aufgebaute Orientierungsebenen, wobei die Fasern in einer schmalen Kernzone aufgrund einer Dehnströmung vornehmlich senkrecht zur Fließrichtung orientiert sind, während sie sich in den breiteren Randzonen überwiegend in Fließrichtung anordnen (Abb. 6.13). In den meist sehr dünnen Wandhaftungszonen liegt in der Regel eine statistisch verteilte Orientierungsrichtung vor. In der Literatur werden drei-, fünf- und mehrschichtige Morphologien nachgewiesen, die sehr stark von den Verarbeitungsbedingungen und dem Materialverhalten abhängen.

Kurzfasergranulat (0,2–0,4 mm)

Ummanteltes Langfasergranulat

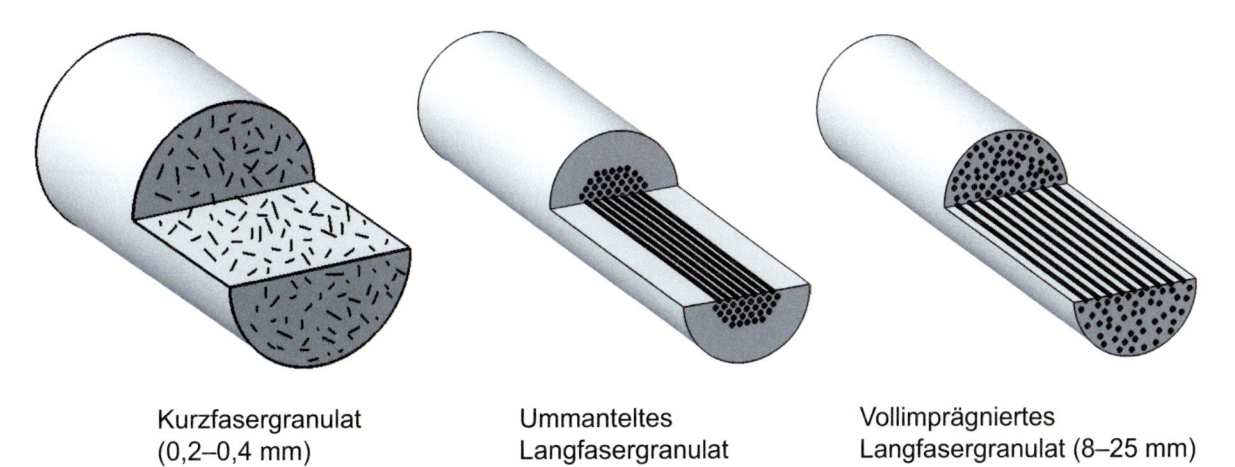

Vollimprägniertes Langfasergranulat (8–25 mm)

Abb. 6.12: *Schematische Darstellung verschiedener faserverstärkter Granulatarten*

Abb. 6.13: *Schematische Darstellung der Faserorientierung beim Spritzgießen*

Beim Spritzgießen langfaserverstärkter Thermoplaste kommen zwar Granulate von bis zu 25 mm Länge zum Einsatz, es liegen im fertigen Bauteil jedoch Fasern mit meist wesentlich geringerer Länge vor. Diese im Vergleich zum Fließpressen deutlicher ausgeprägte Einkürzung der Fasern resultiert aus den auftretenden Scherkräften im Verarbeitungsprozess, hervorgerufen durch die Plastifizierung, die Geometrie der Strömungskanäle und Umlenkungen sowie der Prozessparameter.

Um die Faserlänge während der Verarbeitung zu erhalten, sind folgende Anpassungen des Prozesses sowie der Anlagentechnik empfehlenswert:

- Verwendung einer optimierten Schnecke zur Faserschonung (Scherung, Verfahrenslänge)
- Strömungsoptimierung der Rückstromsperre, Düse sowie des nachfolgenden Angusssystems inkl. Heißkanäle und -düsen
- Möglichst geringe Schneckendrehzahlen beim Aufdosieren
- Geringer Staudruck
- Reduzierte Einspritzgeschwindigkeit
- Möglichst geringer Nachdruck.

Neben diesen Möglichkeiten zur Anpassung des Spritzgießprozesses, um bei der Verarbeitung von Langfasern die mittlere Faserlänge im Bauteil und somit dessen Eigenschaftsprofil zu erhöhen, stehen dem Anwender weitere Möglichkeiten zur Verfügung. Hierzu zählen vor allem Sonderverfahren wie das Spritzprägen, bei dem die Kunststoffmasse in eine nicht komplett geschlossene Kavität mit geringerem Druck eingespritzt werden kann. Die eigentliche Formgebung übernimmt die Schließeinheit durch einen Prägehub. Hierdurch erreicht man eine Verringerung der Scherkräfte, die wiederum eine geringere Faserschädigung und Orientierung ermöglicht und somit eine geringere Verzugsneigung zur Folge hat.

6.2.2 Direktprozesse im Spritzgießen

Eine Alternative zu den halbzeugbasierten LFT-Materialien (LFT-G) bieten beim Spritzgießen die sogenannten Direktverfahren, bei denen die einzelnen Rohmaterialien Polymer und Faser direkt in einem Prozess gemischt und zu Bauteilen verarbeitet werden. Prozessvarianten sind beispielsweise das In-Line-Compoundieren im Spritzgießverfahren oder das Faser-Direct-Compoundieren (FDC).

Beim In-Line-Compoundieren wird die Anlagentechnik als Spritzgießcompounder bezeichnet. Die Compoundiertechnik zur Materialaufbereitung wird mit der Spritzgießtechnik zur Formgebung in einem einstufigen Prozess vereint. Hierdurch ergeben sich für den Verarbeiter neue, innovative Möglichkeiten zum Maßschneidern der mechanischen Eigenschaften von Spritzgießbauteilen bei gleichzeitiger Einsparung von Energie- und Materialkosten (breiteres Angebot an Rohstoffen im Vergleich zu Halbzeugen).

Ein Pufferspeicher zwischen Compounder und Spritzgießmaschine erlaubt das kontinuierliche Aufbereiten der Formmasse im Zweischneckenextruder (ZSE) und die anschließende Zuführung zum

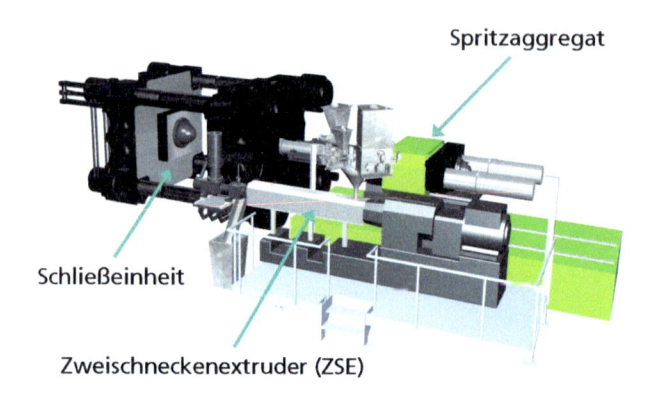

Abb. 6.14: *Schematische Darstellung eines Spritzgießcompounders (Quelle: Engel Austria GmbH)*

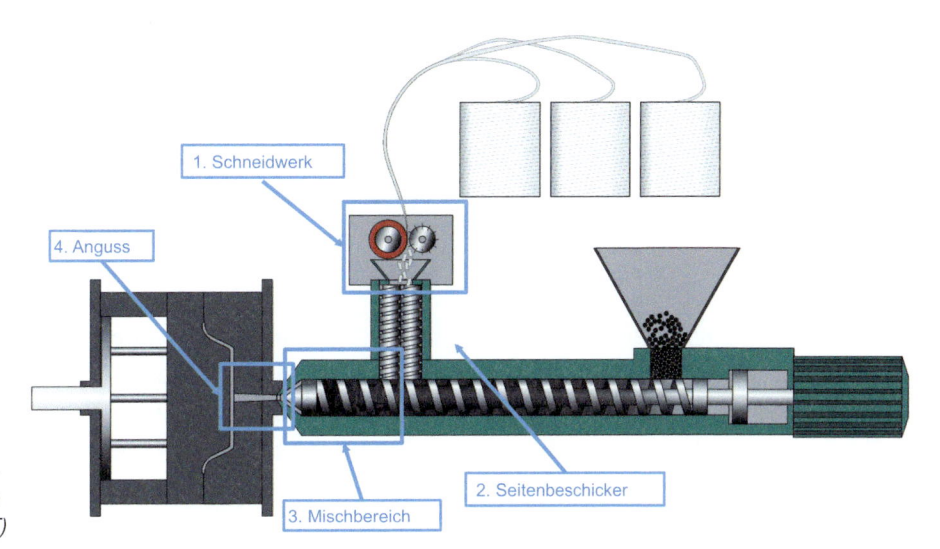

Abb.6.15: *Schematischer Aufbau der FDC-Einheit der Firma Arburg (Quelle: Fraunhofer ICT)*

diskontinuierlichen Formgebungsprozess durch die Spritzgießmaschine (Abb. 6.14).

Ein vergleichbarer Ansatz wird beim FDC-Verfahren mit geringerem Anlagenaufwand verfolgt. Durch ein Schneidwerk werden Langglasfaser-Rovings zugeschnitten und direkt über eine Seitenbeschickung der Kunststoffschmelze zugeführt (Abb. 6.15).

Durch das faserschonende Einarbeiten von Endlosfasern über den ZSE oder die Einarbeitung von Schnittfasern lassen sich im Bauteil wesentlich höhere Faserlängen als beim konventionellen Spritzgießen erzielen, was mit einer signifikanten Steigerung der mechanischen Eigenschaften einhergeht. Die Formmasse wird durch die Direktprozesse nur einmal thermisch beansprucht und die Fasern in eine Schmelze eingebracht, ohne dass eine Interaktion noch nicht aufgeschmolzener Granulate mit sich bereits in der Schmelze befindlichen Fasern stattfindet und zu Faserbruch führt. Dies führt zu höheren mechanischen Eigenschaften. In Summe steigt, wie auch beim Fließpressen, die Energieeffizienz des gesamten Prozesses bei geringerer Beanspruchung des Materials.

Die Vorteile dieses Direktprozesses können wie folgt zusammengefasst werden:

- Faserlängenvorteil durch faserschonende Einarbeitung von Endlosfasern über einen Zweischneckenextruder (ZSE)
- Durch das In-Line-Compoundieren können die Auswirkungen von Materialmodifikationen quasi direkt am fertigen Bauteil beobachtet und gemessen werden

Abb. 6.16 : *Spritzgießcompounder der Firma Engel (Fraunhofer ICT)*

- Eine hohe Flexibilität bei der Materialaufbereitung erlaubt dem Verarbeiter die Entwicklung maßgeschneiderter Werkstoffe nach eigenen Rezepten für die jeweilige Anwendung und die Verringerung der Materialkosten
- Höhere Energieeffizienz durch einstufigen Prozess
- Im Vergleich zum Pressen handelt es sich um einen geschlossenen Prozess, der die Wechselwirkung mit der Umgebung verhindert und zu geringerem Materialabbau und verbesserten Oberflächenqualitäten führt (Abb. 6.16).

6.2.3 Fließpressen

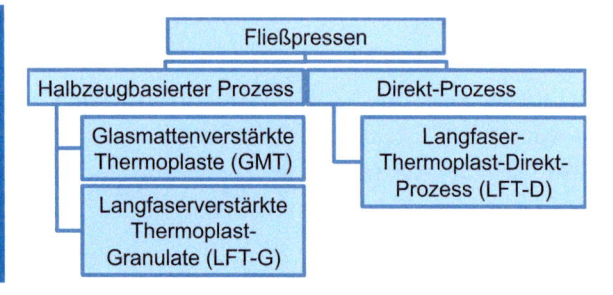

Abb. 6.17: *Gliederung der Prozessansätze im Fließpressen*

Die Verarbeitung diskontinuierlich faserverstärkter Thermoplaste im Fließpressen wird schon seit mehreren Jahrzehnten zur Großserienfertigung komplex geformter Bauteile mit im Vergleich zu kontinuierlich faserverstärkten Thermoplasten geringem Glasfasergehalt eingesetzt. Die am Markt etablierten Technologien lassen sich grundsätzlich in Halbzeug basierte Prozesse und Direkt-Prozesse untergliedern (Abb. 6.17).

6.2.3.1 Fließpressen glasmattenverstärkter Thermopaste (GMT)

Eine große Gruppe der Halbzeug basierten Fertigungsverfahren mit diskontinuierlicher Faserverstärkung und thermoplastischer Matrix bilden die glasmattenverstärkten Thermoplaste (GMT). Bei der GMT-Verarbeitung zum Formteil werden die einzelnen GMT-Halbzeugzuschnitte (Matten-GMT- oder Schnittfilament-GMT-Zuschnitte) zuerst in einem Kontakt-, Infrarot- oder Umluftdurchlauf- bzw. -paternosterofen über Schmelzetemperatur aufgeheizt, bevor sie gestapelt und im Fließpressverfahren zum fertigen Bauteil geformt werden (Abb. 6.19). Bei der Realisierung dünnwandiger, großflächiger langfaserverstärkter Thermoplast-Bauteile sind sowohl das Matten- als auch das Schnittfilament-GMT unter den hier beschriebenen Verfahren konkurrenzlos. Die alternativen Technologien führen bei geringen Wandstärken aufgrund langer Fließwege der Pressmasse zu Faserorientierungen, die meistens Bauteilverzug zur Folge haben.

Die in den Markt zuerst eingeführten GMT bekamen Anfang der neunziger Jahre Konkurrenz durch das sogenannte LFT-G-Verfahren.

6.2.3.2 Fließpressen langfaserverstärkter Thermoplastgranulate (LFT-G)

Beim Fließpressen auf Basis von Langfaserstäbchengranulaten (LFT-G) werden zwei Verfahrensvarianten unterschieden:
- Feststehendes Extrusionsaggregat mit Austragsband und automatischer oder manueller

Abb. 6.18: *Anwendungsbeispiele langfaserverstärkter Thermoplaste, links: Reserveradmulde, Mitte: Sitzschale, rechts: I-Tafelträger (Quelle: Dieffenbacher)*

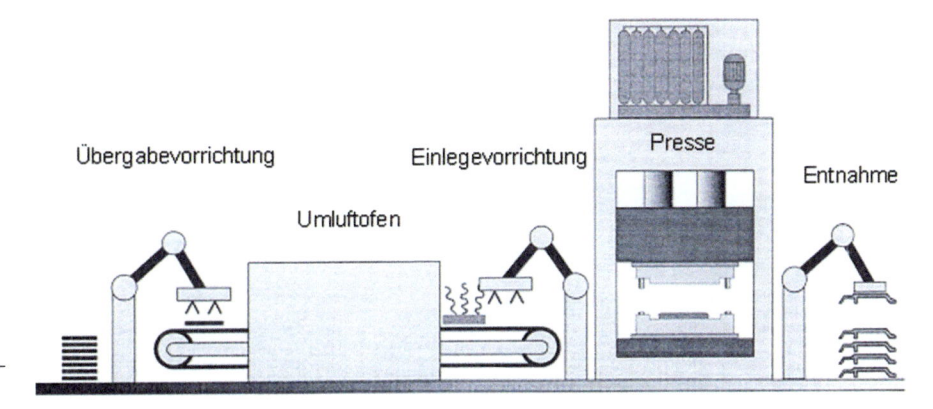

Abb. 6.19: Verarbeitung von glasmattenverstärkten Thermoplasten (Neitzel 1997)

Aufnahme der auf ein Band ausgetragenen langfaserverstärkten Schmelze in Form eines Plastifikatstranges.
- Strangablegeverfahren, bei der ein Einschneckenplastifizierer (Kombination aus Extruder und Spritzgießmaschine) in den geöffneten Pressraum einfährt und das aufbereitete Plastifikat direkt im Werkzeug austrägt und positioniert. Mittels einer CNC gesteuerten Düse sowie der CNC gesteuerten Plastifiziereinheit kann das Material konturgenau abgelegt werden. Eine Schneideeinheit an der Düse trennt den Schmelzestrang ab, bevor die Einheit aus dem Werkzeugbereich ausfährt und parallel zum Presszyklus das Plastifikat für das nächste Bauteil aufbereitet.

Bei allen Varianten zieht eine tiefgeschnittene Schnecke das Granulat schonend in den Einwellenextruder ein und plastifiziert es hauptsächlich durch externen Wärmeeintrag. Hohe L/D-Verhältnisse und eine entsprechende Schneckengeometrie minimieren die Scherung und reduzieren somit die Faserschädigung. Allerdings befindet sich eine große Menge an Werkstoff in der Anlage, was einen Anlagenstopp kostenintensiv macht. Der geringe Anteil an eingebrachter Scherenergie dient dem Öffnen der Faserbündel und der Homogenisierung der Schmelze während des Plastifiziervorgangs, was zu einer Verbesserung der Faserbenetzung führt.
Bei LFT-Granulaten ist hinsichtlich der Dispergierung und Benetzung, abhängig vom Herstellungsverfahren und der dadurch im Granulat vorliegenden Imprägniergüte, zusätzlicher Aufwand im Verarbeitungsvorgang zu betreiben (Wolf 1996). Während der Plastifikation gilt es, die Verbundmasse faserschonend zu durchmischen, damit einerseits eine vollständige Imprägnierung stattfinden kann, und andererseits eine homogene, möglichst isotrope Ausrichtung der Faser gewährleistet ist. Die Faserlänge ist dabei möglichst zu erhalten, da entstehender Faserbruch zu verringerten mechanischen Eigenschaften führt. Eine unregelmäßige Dispergierung und Imprägnierung von Fasern resultiert in Einbußen der Oberflächenqualität. Automationsoptimierungen und Zykluszeitreduzierungen setzen auf ein feststehendes Aggregat mit kontinuierlichem Austrag und automatisierter Handhabung. Grund hierfür ist die Massenträgheit der Plastifikatoreinheit und eine Beschickung im offenen Werkzeug, die eine Limitierung bei der Verringerung von Fertigungszeiten bewirkt.

Seit nunmehr 20ig Jahren verschiebt sich der Entwicklungsschwerpunkt auf innovative Direktverfahren, deren Ziel primär die Kostensenkung kombiniert mit einer großen Freiheit hinsichtlich der Materialauswahl für den Verarbeiter ist.

6.2.3.3 Fließpressen diskontinuierlich faserverstärkter Thermoplaste im Direkt-Verfahren

Die Direkt-Verfahren, kurz LFT-D, unterscheiden sich maßgeblich von der GMT- und LFT-G-Verarbeitung durch die Umgehung einer Halbzeugfertigung direkt von den Ausgangswerkstoffen zum Bauteil. Die vom Halbzeugproduzenten unabhän-

Abb. 6.20: *Schematische Darstellung der LFT-D Technologie (Quelle: Dieffenbacher)*

in den gleichzeitig die Matrix aufschmelzenden und aufbereitenden Extruder (Einmaschinentechnik) sowie eine Variante, bei der eine Trennung von Matrixaufbereitung und Fasereinarbeitung in zwei auf den jeweiligen Prozess optimierten Extrudern realisiert wird (Abb. 6.20). Die Einmaschinentechnik ist auf einen bestimmten Betriebsbereich optimiert. Um eine größere Kavität zu füllen oder Blends und maßgeschneiderte Compounds herzustellen, ist jedoch eine erhöhte Compoundierleistung erforderlich, die mit einer Steigerung der Schneckendrehzahl einhergeht. Diese ist gleichzeitig für den Fasereinzug verantwortlich und hat somit direkten Einfluss auf die Faserschädigung.

Das In-Line-Compounding, also die Trennung von Kunststoffaufbereitung und Fasereinarbeitung, ermöglicht die Herstellung anwendungsspezifischer Compounds aus den Rohstoffen oder die Modifikation von Masterbatches durch Ergänzung gewünschter Additive. Die Erzeugung eines homogenisierten maßgeschneiderten Compounds erfordert einen hohen Scherenergieeintrag, weshalb die Fasereinarbeitung in einem separaten unterfüttert betriebenen ZSG mit angepasster Drehzahl schonend erfolgt. Dabei werden die Fasern der mittels einer Filmdüse übertragene Schmelze zugeführt. Das Direktverfahren mit getrennter Kunststoffaufbereitung ist deshalb bei Bauteilgewichts- und Rezepturänderungen besser geeignet.

gige Wahl des Matrixwerkstoffs sowie die nahtlose Einstellbarkeit des Fasergehalts ermöglichen eine schnelle und kostengünstige Umstellung auf neue Produkte. Beim kontinuierlich arbeitenden LFT-D-Verfahren werden kontinuierliche Faserrovings direkt von der Spule über ein geeignetes Zuführsystem in die in einem Doppelschneckenextruder plastifizierte Schmelze eingearbeitet. Die Matrix wird aus einem Masterbatch zusammen mit dem Poylmer oder aus den einzelnen Werkstoffen in-line compoundiert.

Zwei Varianten der LFT-D-Technologie sind zu erwähnen: Die Direkteinarbeitung von Verstärkungsfasern

Beispiele für die Anwendung langfaserverstärkter Thermoplaste sind in den Abbildungen 6.18 und 6.21 dargestellt.

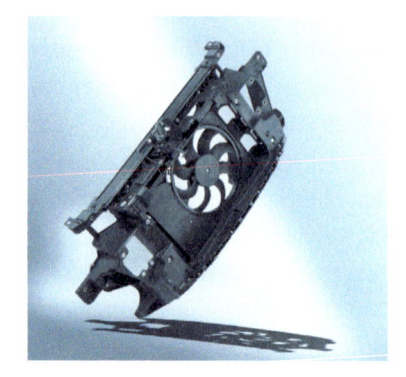

Abb. 6.21: *Anwendungsbeispiele langfaserverstärkter Thermoplaste, links: Rückwandtür, Mitte: Unterbodenverkleidung, rechts: Frontend-Montage (Quelle: Dieffenbacher)*

Fließpressverfahren für langfaserverstärkte Thermoplaste im Vergleich

Das LFT-D-Verfahren, in dem kontinuierliche Fasern der polymeren Schmelze direkt zugeführt werden, vermeidet Faserschädigung, die beim Aufschmelzen von Stäbchengranulaten durch Wechselwirkung der Granulate sowie teilaufgeschmolzener Granulate erzeugt wird. Die bruchempfindlichen Fasern kommen hierbei nur mit der niedrigviskosen Schmelze in Berührung. Der Verschleiß im Einzugsbereich des Extruders sowie die Schädigung der Faser während des Aufschmelzvorgangs werden vermieden. Der kontinuierliche Roving wird im Mischextruder gezielt zu Langfasern gebrochen, die höhere mittlere Faserlängen aufweisen als das LFT-G und damit ein höheres Eigenschaftsniveau aufweisen. Im Vergleich zur Verarbeitung von Stäbchengranulaten in Einschneckenplastifizierern, in denen sich die im Prozess befindliche Masse mit zunehmendem Bauteilgewicht überproportional erhöht, befindet sich bei gleichem Bauteilgewicht beim LFT-D- Prozess deutlich weniger Masse in der Anlage. Dies bietet eine hohe Flexibilität beim Werkzeug- oder Materialwechsel. Das Ausgangsmaterial unterliegt im Verarbeitungszyklus zudem nur einer einmaligen thermischen Beanspruchung.

Das Direkteinarbeitungsverfahren LFT-D resultiert im Vergleich zu GMT in bessere Formteiloberflächen, die keine sogenannten „Weißflecken" durch ungetränkte Glasfasern aufweisen. Dies ermöglicht die Herstellung von Bauteilen mit strukturierten Oberflächen ohne dass eine Lackierung erforderlich ist (Abb. 6.22).

Neben den technologischen Vorteilen zum Erhalt einer reproduzierbar homogenen langfaserverstärkten Schmelze besteht ein großer Vorteil jedoch in der gewonnenen Freiheit hinsichtlich der Materialauswahl. So kann unabhängig von Angebot, Preisbildung und Absatzmenge der Halbzeuge eine Vielzahl von Thermoplasten mit verschiedenen mechanischen Leistungsniveaus eingesetzt werden. Auch der Fasergehalt ist je nach Anforderung durch die Variation der Matrixdosierung, der Rovingzahl oder der Strangfeinheit flexibel und anwendungsorientiert einstellbar. Bei erhöhtem Verfahrensaufwand ist der Verarbeiter dadurch in der Lage, eigene Formulierungen zu entwickeln und weitere Unabhängigkeit bei der Preisbildung im Rohstoffeinkauf zu erlangen. Betrachtet man in Abbildung 6.23 die Wege, welche die Logistik der Halbzeug basierten Technologie in Anspruch nimmt, so lässt sich das Einsparpotenzial der Direktverfahren durch Umgehung der Halbzeugfertigung und -lagerung abschätzen.

Tabelle 6.1 vergleicht die Verarbeitungsschritte der genannten Verfahren. Inzwischen befindet sich auch eine Reihe technischer Thermoplaste auf dem Halbzeug-Markt, wobei aufgrund des günstigen Preis-Leistungsverhältnisses bei den realisierten Bauteilen die Werkstoffkombination Polypropylen (PP)/Glas eindeutig dominiert (Delpy 1990 und Jansz 1995).

Abb. 6.22: *Heckklappenstruktur des Smart mit genarbter Sichtoberfläche aus LFT-D (Ernst 2007)*

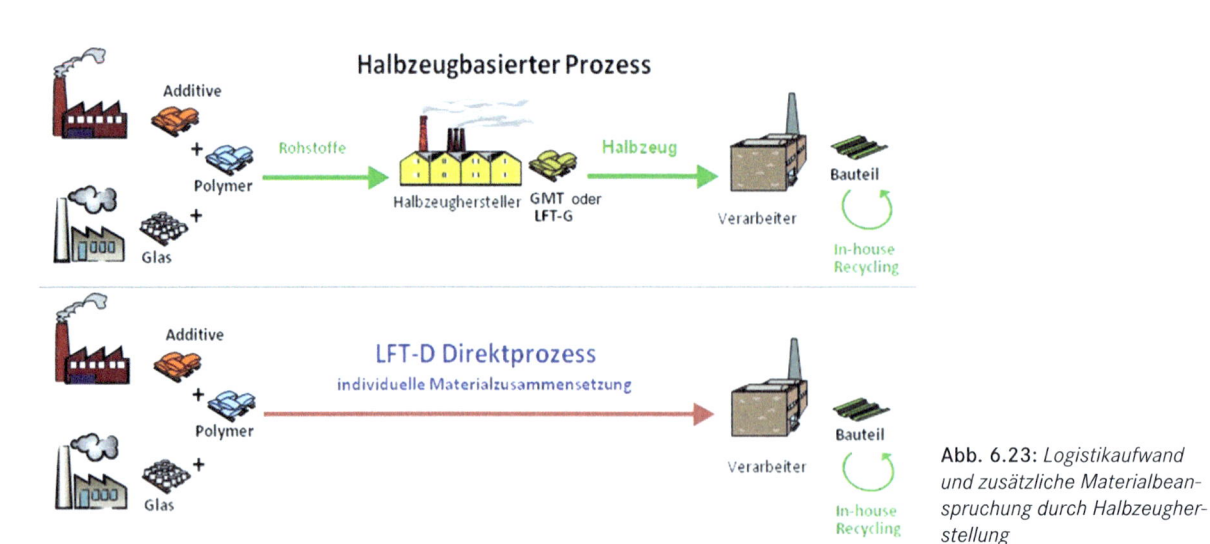

6 Fertigungstechnologien für faserverstärkte Kunststoffe

Abb. 6.23: *Logistikaufwand und zusätzliche Materialbeanspruchung durch Halbzeugherstellung*

Tab. 6.1: *Gegenüberstellung der Verarbeitungsschritte langfaserverstärkter Thermoplaste*

LFT-GMT	LFT-G	LFT-D, LFT-ILC
Mattenherstellung	Pultrusion des Halbzeugs	-
Extrusion der Matrix + Konsolidierung in einer Doppelbandpresse	-	-
Vorkonfektionierung der Halbzeugplatinen	-	-
Aufheizen im GMT-Ofen	Plastifizierung der Stäbchengranulate	In-Line Compoundierung (ILC) + Faserdirekteinarbeitung
Transfer in die Presse	Transfer in die Presse	Transfer in die Presse
Pressen des Bauteils	Pressen des Bauteils	Pressen des Bauteils

Die hier beschriebenen Verfahren unterscheiden sich vom Ablauf hauptsächlich bis zu dem Zeitpunkt, an dem eine diskontinuierlich faserverstärkte heiße Kunststoffmasse vorliegt. Mit Ausnahme des Strangablegeverfahrens wird die plastifizierte langfaserverstärkte Masse mit einem geeigneten Greifer, meist Nadelgreifer, von einem Bereitstellungsband auf-

genommen und im offenen Werkzeug positioniert. Dabei penetrieren pneumatisch ausfahrbare Nadeln durch eine Abstreiferleiste in den hochviskosen Verbundwerkstoff und fixieren das Plastifikat für den Transport in das Werkzeug. Abbildung 6.24 zeigt eine Automations- und Greifertechnik, die in der Lage ist, binnen kürzester Zeit Plastifikate, die sich über der Schmelztemperatur befinden, so zu stapeln und vorzuformen, dass im Werkzeug geeignete Fließbedingungen vorherrschen.

Während das GMT auch für das Formpressen geeignet ist, werden alle anderen langfaserverstärkten Werkstoffe durch Fließpressen zum Bauteil geformt. Wie bei den Stäbchengranulaten ist bei den Direktverfahren die Werkzeugflächenbelegung geringer als bei der GMT-Technologie. Die Ursache ist eine für

Abb. 6.24: *Automatisierte Plastifikat-Ablegetechnik (Krause 1999)*

584

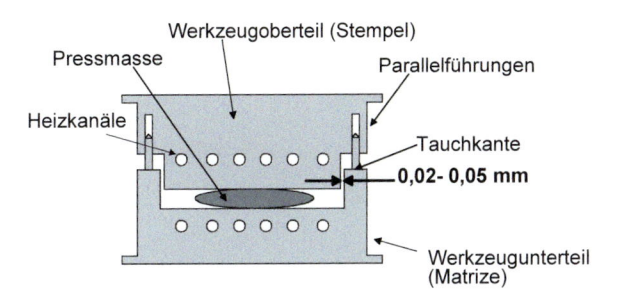

Abb. 6.25: *Prinzipieller Aufbau eines Werkzeugs für das Fließpressen*

Langfasern begrenzt realisierbare Düsenbreite. Deshalb wird die Kavität nur zu 20 bis 80 % mit langfaserverstärkter Pressmasse belegt, das Bauteil durch das Fließen der Masse gefüllt und mit dem vorgegebenen Pressdruck konsolidiert. Ein Austreten der Schmelze wird, wie in Abbildung 6.25 schematisch dargestellt, durch die Tauchkantentechnik, die neben der Begrenzung des Bauteilvolumens einen Nachdruck bei Materialschwindung ermöglicht, verhindert. Die Kompensation kleiner Dosierfehler äußert sich in einer vernachlässigbaren Dickenschwankung der Bauteile. Das Werkzeug wird über getrennte Temperierkanäle im Ober- und Unterwerkzeug bei der Verarbeitung von PP auf eine Temperatur von 40–80 °C erwärmt.

Die Tauchkantentechnik erfordert mechanische oder hydraulische Auswerfersysteme, welche die Entnahme des Bauteils erleichtern. Großserientechnische Werkzeuge besitzen wegen der verschleißenden Wirkung der Glasfasern eine oberflächengehärtete Kavität. Der größte Unterschied im Vergleich zu Presswerkzeugen für das Umformen kontinuierlich faserverstärkter Thermoplaste ist deren mechanische Auslegung auf Steifigkeit. Die für das Fließpressen erforderlichen Werkzeuginnendrücke von bis über 200 bar liegen aufgrund der hohen Schmelzeviskosität der Thermoplaste eine Zehnerpotenz über den Drücken für die Formgebung kontinuierlich faserverstärkter vollständig imprägnierter Thermoplasthalbzeuge. Der Einsatz von Tauchkanten sowie die häufig dezentrale Positionierung des Plastifikats erfordern zudem den Einsatz parallellaufgeregelter Pressen. Um den Temperaturverlust des heißen Plastifikats zu minimieren, sind im Vergleich zu Pressen für die Duromerverarbeitung wesentlich höhere Schließgeschwindigkeiten im Bereich von 20–80 mm/s erforderlich.

6.3 Fertigungsverfahren für kontinuierlich faserverstärkte Duromere

6.3.1 Handlaminiertechnik

Das wohl älteste Verfahren zur Bauteilherstellung aus Faserverbundwerkstoffen ist das sog. Handlaminieren, bei dem üblicherweise trockene Faserhalbzeuge manuell mittels eines Pinsels oder einer Rolle mit einer flüssigen Duromermatrix (Harz/Härtergemisch) schichtweise in einem einschaligen Werkzeug imprägniert werden (Abb. 6.26). Hierfür kommen sogenannte Handlaminierharze zum Einsatz, die sich durch eine entsprechende Verarbeitungsviskosität und Verarbeitungszeit bei Umgebungstemperatur auszeichnen. Eine geringere Harzviskosität erleichtert die Imprägnierung der trockenen Faserhalbzeuge. Je nach verwendetem Harzsystem und Größe der herzustellenden Struktur sind Verarbeitungszeiten von einigen Minuten bis zu mehreren Stunden (ca. 5 Minuten bis zu ca. 6 Stunden) möglich. In der Regel erfolgt im Anschluss eine Anhärtung bei Raumtemperatur, die je nach Harzsystem bis zu 24 Stunden dauern kann. Nachgeschaltet wird ein definierter Temperzyklus, bei dem das Bauteil nochmals mehrere Stunden (ca. 4–15 h) einer höheren Temperatur (üblicherweise 60–80 °C) ausgesetzt wird, um die Aushärtung des Duromers zu verbessern und somit die geforderten mechanischen Eigenschaften des Verbundwerkstoffbauteils sicherzustellen.

Üblicherweise werden die sog. Handlaminierharze in mindestens zwei separaten Gebinden – Harz und Härter – geliefert und erst unmittelbar vor dem Laminiervorgang in einem vom Hersteller angegebenen Massen- oder Volumenverhältnis miteinander gemischt und somit die chemische Vernetzungsreaktion initiiert. Diese Harzsysteme werden auch als 2K-(Komponenten)harze bezeichnet. Weitere Zusätze in Mindermengen sind in Abhängigkeit des Harzsys-

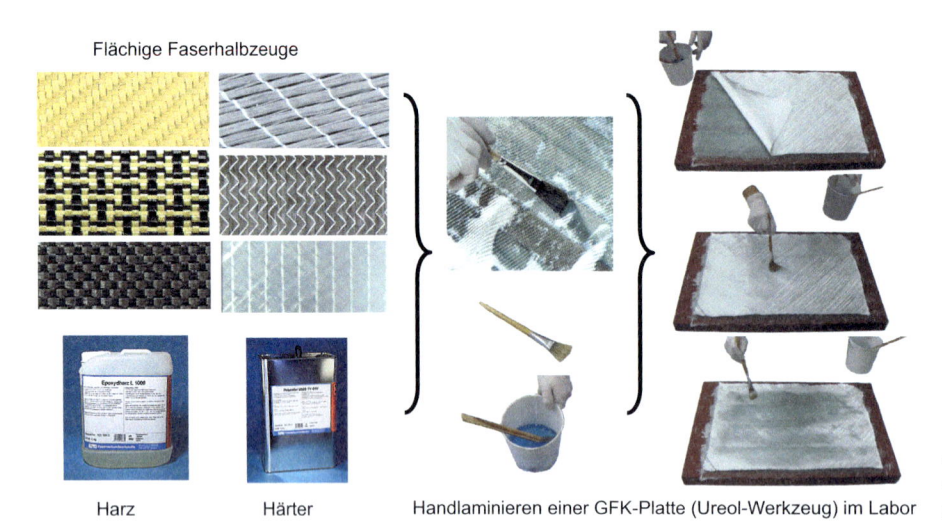

Abb. 6.26: *Prinzip des Handlaminierens (Quelle: R&G Faserverbundwerkstoffe)*

tems beispielsweise Beschleuniger, Katalysatoren, Flammschutzmittel, Verdünner, Flexibilisatoren, etc., die beispielsweise zur Funktionalisierung, aber auch zur individuellen – jedoch begrenzten – Anpassung der Vernetzungszeit oder weiterer Verarbeitungsparameter eingesetzt werden können. Hierbei ist festzuhalten, dass diese Additive auf das jeweilige Harzsystem abgestimmt sein müssen, um eine kontrollierte und vollständige chemische Vernetzung der Reaktionsharze sicherzustellen. In der Regel werden Reaktionsharze, wie Epoxid- (z. B. für den Segelflugzeugbau) oder ungesättigte Polyesterharze (z. B. im Bootsbau und allgemeine Industrieanwendungen) verarbeitet.

Der wesentliche Vorteil der Handlaminiertechnik ist, dass sehr geringe Aufwendungen für Infrastruktur und Werkzeuge erforderlich sind. So sind Werkzeuge aus einfachem Gips, Gießkeramik, Holz, Modelliermassen wie z. B. Plastilin/Wachs oder aus mit Glasfasermatten verstärkten Kunststoffen ausreichend, um gute Bauteilqualitäten zu erzielen. Diese Werkzeugmaterialien besitzen darüber hinaus den Vorteil, dass entsprechend schnelle und kostengünstige Änderungen und Nacharbeiten möglich sind, die vor allem während der Produktentwicklungsstufe im Prototypenbau hilfreich sind.

Selbstverständlich werden für die Werkzeuge je nach Anwendung auch höherwertige Werkstoffe angewendet, wozu beispielsweise metallische Werkstoffe, endlosfaserverstärkte Kunststoffe (z. B. GFK, CFK mit unterschiedlichen Faserarchitekturen), aber auch Hybridwerkstoffe (z. B. Sandwich) gehören. Diese kostenintensiveren Werkzeuge kommen vor allem bei Serienanwendungen zum Einsatz, da sie eine entsprechend höhere Lebensdauer haben bzw. die Entformung größerer Stückzahlen und bessere geometrische Ausformungen, Toleranzen sowie Oberflächen ermöglichen.

Des Weiteren ist vor allem die hohe Flexibilität zu erwähnen, da auch äußerst komplexe Geometrien und große Bauteile mit sehr geringen Infrastrukturinvestitionen realisiert werden können. Allerdings ist die Handlaminiertechnik sehr lohnintensiv und somit bei größeren Stückzahlen kaum wirtschaftlich. Ebenfalls kommt hinzu, dass sowohl durch das manuelle Auflegen bzw. Drapieren der trockenen Faserhalbzeuge ins Werkzeug größere Faserwinkelabweichungen oder auch inhomogene Tränkungsverhältnisse (Faservolumengehalt) über dem Gesamtbauteil vorliegen können. Im Vergleich zur Prepreg-Technologie werden bei der konventionellen Handlaminiertechnik in den seltensten Fällen, trotz größter Anstrengungen, Porengehalte von < 2 Vol.-% erreicht. Auch sind größere Schwankungen in der Reproduzierbarkeit des Faservolumengehaltes und der Faserausrichtung zu verzeichnen, die es bei der strukturmechanischen Bauteilauslegung zu berücksichtigen gilt. Ein weiterer Nachteil ist, dass je nach verwendetem Faserhalbzeug (Matten, Gewebe, Gelege) und Faserwerkstoff (Glas oder Kohlenstoff) Faservolumengehalte von lediglich ca. 30–45 % erreicht werden und somit das größtmögliche Leichtbaupotenzial von kontinuierlich faserverstärkten Kunststoffen nicht ausgeschöpft werden kann.

6.3.1.1 Unterteilung der Verfahren

Auch bei der Handlaminiertechnik, oft auch als Nasslaminierverfahren bezeichnet, gibt es prinzipiell unterschiedliche Verarbeitungsmethoden. Übergreifend kann eine Aufteilung nach folgenden charakteristischen Kriterien erfolgen, die je nach Anwendung teilweise auch kombiniert werden können.

Art des Laminierprozesses
- Direkte Ablage der textilen Einzellagen ins Werkzeug und unmittelbarer Harzauftrag mit dem Pinsel oder der Rolle in einem Arbeitsschritt. Diese Vorgehensweise findet in der Regel bei komplexen Bauteilen Anwendung und ist übergeordnet die einfachste Methode. Der Vorgang ist entsprechend der erforderlichen Lagenanzahl bzw. Wandstärke mehrmals zu wiederholen.
- Vorgeschaltete 2-D-Ablage der textilen Einzelschichten auf eine Trägerfolie und unmittelbarer Harzauftrag mit Pinsel oder Rolle, anschließender Transfer in das Werkzeug (sog. Ply-Transfer-Technik). Diese Methode wird vorrangig für große schalenförmige Bauteile verwendet, die im Vergleich zur Fläche ein sehr kleines Dickenverhältnis haben und leicht drapierbar sind.

Art des Harzauftrages
- Die gängigste und einfachste Methode des Harzauftrags, die prinzipiell für alle Bauteilgeometrien und -wandstärken angewendet werden kann, erfolgt direkt mit Pinsel und/oder Rolle.
- Die definierte Harzmenge (d.h. errechnete Harzmasse für ein Bauteil) wird direkt auf die Werkzeugform gegeben. Im Anschluss wird das Harz mittels Spachtel oder Rolle in die mehrlagig eingelegte trockene Faserverstärkung eingearbeitet. Diese Methode wird für geringe Wandstärken und einfache Bauteilgeometrien (Schalen, Platten) verwendet.
- Für hochwertige Strukturbauteile sind beide Vorgehensweisen nicht geeignet, da eine homogene und porenarme (luftblasenfreie) Tränkung mit diesen Techniken nicht sichergestellt werden kann.

Art des Werkzeugkonzeptes und Ausführung
- Gängigste Methode: Einteiliges festes Formwerkzeug – eine zweite Formhälfte wird nicht benötigt. Anwendung für nahezu alle Geometrien und Bauteilgrößen.
- Einteiliges festes Formwerkzeug, zweite Formhälfte wird durch eine flexible Folienmembran abgebildet. Der Gesamtaufbau wird mittels einer Vakuumpumpe evakuiert und somit die getränkte Faserverstärkung zusätzlich verdichtet. Hierdurch können ein höherer Faservolumengehalt, eine verbesserte Geometrieausformung und eine geringere Dickentoleranz realisiert werden. Anwendung findet die Technologie für einfache Geometrien und nahezu alle Bauteilgrößen, vor allem für Strukturbauteile.
- Geschlossenes, festes Formwerkzeug findet Anwendung für einfache Geometrien und kleine Bauteile mit hohen Toleranzanforderungen.

Die Vor- und Nachteile der Handlaminiertechnik sind in Tabelle 6.2 zusammenfassend dargestellt.

Tab. 6.2: *Vor- und Nachteile der Handlaminiertechnik*

Vorteile	Nachteile
Sehr geringe Infrastrukturkosten	Offenes Verfahren d.h. direkter Kontakt der Mitarbeiter mit dem Harzsystem
Komplexeste Geometrien einfach realisierbar	Schwankungen des Faservolumen- und Porengehalts
Unterschiedlichste Materialkombinationen möglich	Schwankungen der Faserwinkelabweichungen durch manuelles Auflegen und Drapieren
Sehr geringe Werkzeugkosten	Einseitig glatte Oberflächenbeschaffenheit durch üblicherweise einseitig, feste Formhälfte
Gute Eignung für kleine Stückzahlen	Lohnintensives Verfahren vor allem bei größeren Bauteilgeometrien
Sehr flexibles, schnelles Verfahren für Prototypen	-

6 Fertigungstechnologien für faserverstärkte Kunststoffe

Faserverbundwerkstoffe wurden in den 50er Jahren erstmals zur Herstellung von Segelflugzeugen verwendet, um deren Vorteile bezüglich der optimalen Gestaltung von aerodynamischen Oberflächen bei hohen gewichtsspezifischen Festigkeiten zu nutzen. Hierfür wurde die Handlaminiertechnik entwickelt, die noch bis heute beim Bau von Segel- und Kleinflugzeugen als kostengünstiges flexibles Fertigungsverfahren eingesetzt wird. Anhand der Fertigung der beiden Hauptkomponenten eines Segelflugzeugs, dem Flügel und dem Rumpf, wird der Einsatz der Handlaminiertechnik beispielhaft erläutert.

6.3.1.2 Beispiele für die Anwendung des Handlaminierens

Flügel im Segelflugzeugbau

Abbildung 6.27 zeigt eine mögliche, übergeordnete Aufteilung der wesentlichen Arbeitsschritte in der Fertigung von Segelflugzeug-Tragflügeln nach (Friedel 2009), die durch einen mehrstufigen und mehrtägigen Ablauf gekennzeichnet sind. Üblicherweise werden die Flügel in einer Schalenbauweise ausgeführt. Dies bedeutet, dass insgesamt vier Formenwerkzeuge für einen Flugzeugtyp erforderlich sind. Diese bestehen jeweils aus einer Flügeloberschale und -unterschale für beide Flächen (linker und rechter Flügel). Die Fertigung der endlosfaserverstärkten Kunststoffflächen erfolgt dabei von außen nach innen.

Besonders hervorzuheben ist dabei, dass nach dem Eintrennvorgang der Formwerkzeuge zunächst eine UV-beständige UP-Lackschicht, der sogenannte Gelcoat, aufgebracht wird. Diese bildet bereits die finale Lackschicht der Flügelflächen. Nachdem diese Schicht leicht angehärtet bzw. geliert ist, werden die flächigen Faserhalbzeuglagen mit unterschiedlichen Textilfaserarchitekturen entsprechend eines Belegungsplans (bei dieser Anwendung vorzugsweise in ±45° Faserorientierung zur Erhöhung der Torsionssteifigkeit) eingelegt und mittels flüssigem EP-Harz

1: Fertigung Flügelschalen (Sandwich-Kostruktion) incl. Einlegen der Holmgurte → Aushärtung/Tempern

2: Einkleben des Holmstegs auf Flügeloberschale & weiterer Kleinteile

3: Einbau der Steuerung & weiterer Kleinteile → Verkleben der Flügelhälften und anschließendes Tempern

4: Entformen & finale Schleifarbeiten der Nasen- und Endleiste (Beseitigung Verklebereste) sowie Endbearbeitung

Abb. 6.27: *Arbeitsschritte bei der Fertigung der Flügel eines Segelflugzeuges in Anlehnung an (Friedel 2009)*

manuell getränkt. Die Imprägnierung der Faserhalbzeuge erfolgt schichtweise mittels eines Pinsels oder einer Rolle direkt im Formwerkzeug. Teilweise besteht auch die Möglichkeit, die Faserverstärkungen zunächst auf einer Trägerfolie mit flüssigem Harz manuell vorzuimprägnieren und anschließend in das Werkzeug zu transferieren. Dies findet jedoch lediglich für kleinere, weniger komplexe Geometrien Anwendung.

Je nach Hersteller und Flugzeugtyp werden entsprechend des Konzeptes für die Bauweise unterschiedliche Vorgehensweisen gewählt. Nach dem Einlegen der Außenlagen erfolgt die Applikation des Kernwerkstoffes (z. B. PVC-Hartschaum), um eine Sandwich-Konstruktion zu realisieren. Im Anschluss werden die zumeist in einer separaten Form gefertigten Holmgurte – aufgrund des dominierenden Lastfalls der Flügel-Biegebeanspruchung meist bestehend aus 0°-orientierten Kohlenstofffaserlagen – eingelegt und mit Klebeharz fixiert und das Innenlaminat wird aufgebaut. Abschließend wird ein entsprechender Vakuumaufbau, bestehend aus den Hilfsmitteln Abreißgewebe, Lochfolie, Absaugvlies, etc. aufgebracht und der noch „nasse"-Laminat-Sandwichverbund evakuiert. Durch diese Vorgehensweise wird eine flächige homogene Kompaktierung und somit eine gute, konturtreue Ausformung sichergestellt.

Üblicherweise erfolgt direkt im Anschluss ein definierter, mehrstündiger Aushärte- bzw. Temperzyklus unter leicht erhöhter Temperatur, d. h. oft werden die Werkzeuge mit Wasser bis max. ca. 60 °C erwärmt. Nach diesem Vorgang wird der eigentliche Innenausbau durchgeführt, wofür zunächst auf der Oberschale der bereits vorausgehärtete Holmsteg verklebt und anschließend die weiteren Ausbauten, wie beispielsweise Verklebung der Aufnahmeeinrichtungen und Scharniere für die Ruder- und Bremsklappen-Steuerung, Wurzelrippen etc., durchgeführt. Nach erfolgter Aushärtung der unterschiedlichen Klebeschichten (unter definiertem Temperzyklus bei ca. 35 °C) erfolgt der Einbau des Steuergestänges. Hierbei ist hervorzuheben, dass die Verklebung der beiden Flügelschalen erst nach vollständiger Ausrüstung der Steuerungseinheiten bzw. nach Abschluss des Innenausbaus erfolgt. Dies ist der entscheidende Arbeitsschritt, da hier eine Blindverklebung (zwischen Gurtlagen der Unterschale mit bereits eingeklebtem Holmsteg der Oberschale) in höchster Präzision durchzuführen ist, um die Lastübertragung im Betrieb sicherzustellen. Zur Verklebung der beiden Flügelschalen dient ebenfalls EP-Harz, das zusätzlich mit Baumwollflocken eingedickt wird, um einerseits die erforderliche Verarbeitungskonsistenz aufzuweisen und andererseits die gewünschten mechanischen Eigenschaften bei geringerer Schwindung zu erhalten.

Rümpfe im Segelflugzeugbau

Auch die Rumpfbauweise von Segelflugzeugen (Friedel 2009) erfolgt in sehr ähnlicher Art wie die Fertigung der Tragflächen (Abb. 6.28). In den meisten Fällen kann aufgrund der größeren Laminatdicken beim Rumpf jedoch auf einen Sandwichkern zur Beulversteifung verzichtet werden. Somit ist diese Bauweise im Wesentlichen durch die zwei Schalenfertigungen mit senkrechter Trennebene charakterisiert. Vor der Verklebung der beiden Rumpfschalen werden die zahlreichen Einbauten, wie beispielsweise die Höhenleitwerksanschlüsse, das Stahlrohrgerüst für Fahrwerk und Flügelanschluss, Steuergestänge, etc., größtenteils integriert und geprüft. Nach der Entformung der verklebten Rumpfschalen werden alle gefertigten Komponenten (Flügel, Seitenruder, Verkabelung, etc.) montiert, eingepasst, eingestellt, harmonisiert und die Funktionsweise durch einen Prüfer getestet.

Bei der hier beschriebenen prinzipiellen Bauweise von Segelflugzeugen hat sich das Handlaminieren bis heute bewährt und wird von gut ausgebildeten Mitarbeitern in mehreren Betrieben der Segelflugzeug- und Kleinflugzeugindustrie weltweit praktiziert. Die speziellen Anforderungen an diese Produkte mit entsprechend geringen Stückzahlen zeigen, dass das Handlaminierverfahren durchaus eine industrielle Reife besitzt, um hochwertige Faserverbundstrukturen mit hoher Oberflächengüte zu fertigen.

6 Fertigungstechnologien für faserverstärkte Kunststoffe

1: Fertigung Rumpfschalen (Manuelles, schichtweises Einlegen & Imprägnieren Faserhalbzeuge → Aushärtung/Tempern

2: Integration Einbauten bzw. Rohbaumontage, Ausrichten und Verkleben

3: Entformung & Schleifarbeiten der Verbindungsstellen, Einbringung weiterer Einbauten

4: Rumpf-Finish & weitere Ausstattung

Abb. 6.28: *Arbeitsschritte bei der Fertigung des Rumpfes eines Segelflugzeuges in Anlehnung an (Friedel 2009)*

6.3.2 Prepreg-Technologien

Die Prepreg-Technologie ist heute nach wie vor die bedeutendste Fertigungstechnik für Strukturen aus Hochleistungsfaserverbunden für den zivilen Luftfahrtbereich und somit Benchmark bezüglich Laminatqualität und mechanischer Performance für alle alternativen Technologien. Die Bezeichnung „Prepreg", aus dem Englischen „preimpregnated" = vorgetränkt, beschreibt flächige textile Faserstrukturen, die bereits in einem separaten, vorgeschalteten Tränkungsprozess mit Matrix (Harz/ Härtergemisch) imprägniert wurden und anschließend als Halbzeug zur Weiterverarbeitung zur Verfügung stehen (Kap. II.7).

Die Prepreg-Technologie kam in den 60er Jahren bei der Firma Boeing erstmalig zur Anwendung und revolutionierte die Herstellung von Faserverbundbauteilen. Üblicherweise wurden zum damaligen Zeitpunkt die vorimprägnierten Faserhalbzeuge, die

5HS-Carbonfasergewebe-Prepreg mit Trennfolie und Andruckrolle

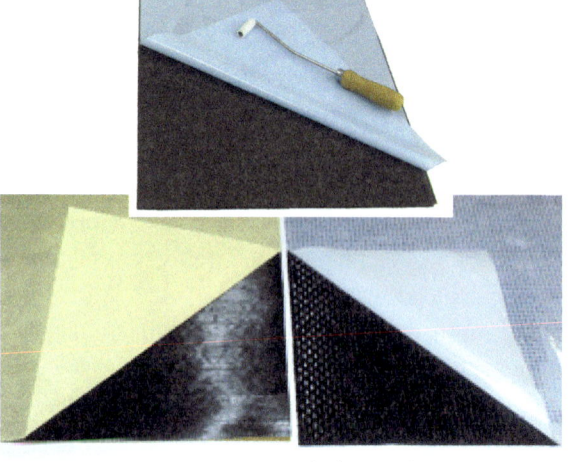

UD-Carbonfaser-Prepreg mit Trennpapier

Leinwand-Carbonfasergewebe-Prepreg mit Trennfolie

Abb. 6.29: *Beispiele für flächige Duromer-Prepreg-Halbzeuge*

sowohl mit Kohlenstoff- als auch Glasfasern in unterschiedlichen Ausführungen (Gewebe oder Gelege, Flächengewicht) erhältlich sind (Abb. 6.29), zunächst konfektioniert (Zuschnitt) und anschließend schichtweise von Hand entsprechend eines Belegungsplans, der den Anforderungen an das Bauteil gerecht wird, in ein konturgebendes Werkzeug eingelegt.

Im Anschluss wird ein spezieller Vakuumaufbau mit weiteren Hilfsmitteln (z. B. Abreißgewebe, gelochte Trennfolie, Entlüftungsvlies, etc.) aufgebracht und das Prepreg-Laminat im Autoklaven oder Umluftofen unter Druck (oder auch lediglich mit Vakuumunterstützung) bei erhöhter Temperatur ausgehärtet. Eine andere Möglichkeit bietet die Aushärtung in einer Heizpresse, wofür entsprechend massive, mehrteilige Werkzeuge und somit keine weiteren Hilfsstoffe zum Einsatz kommen. Diese Methode findet bei einfachen kleinen Bauteilgeometrien Anwendung. Zusammenfassend ist zu erwähnen, dass sich heute, je nach Bauteilausführung und Zielapplikation, unterschiedliche Verfahrensvarianten etabliert haben, die im Folgenden wiedergegeben werden.

6.3.2.1 Teilprozesse der Prepreg-Technologie

In der Prozesskette zur Verarbeitung von Prepreg-Halbzeugen zu ausgehärteten Bauteilen sind mehrere Teilprozesse erforderlich. Übergeordnet kann eine Aufteilung nach den folgenden Hauptkriterien erfolgen:

- Art des Prepreg-Ablage-Prozesses
- Art der Werkzeugausführung
- Infrastruktureinrichtungen für die Aushärtung.

Entsprechend der langjährigen Entwicklung der Prepreg-Prozesse gibt es naturgemäß viele unterschiedliche Ansätze, die sowohl miteinander verwandt sind oder auch stark voneinander abweichen können (Abb. 6.30).

Im Folgenden werden die wesentlichen Teilprozesse erläutert.

Art des Prepreg-Ablageprozesses

- Direkte Ablage der Einzellagen ins Aushärtewerkzeug (manuell oder automatisiert)
- 2-D-Ablage zu mehrlagigen Laminatpaketen (manuell oder automatisiert) und anschließender Transfer in das Aushärtewerkzeug (sog. Ply-Transfer-Technik)
- 2-D-Ablage zu mehrlagigen Laminatpaketen (manuell oder automatisiert) anschließende Umformung bei RT oder bei höheren Temperaturen (sog. Hot-Forming), Transfer ins Aushärtewerkzeug.

Art der Werkzeugtechnologie und –ausführung

- Geschlossenes, festes Formwerkzeug
- Einteiliges festes Formwerkzeug, die zweite Formhälfte wird durch eine flexible Membran oder Folie abgebildet (sog. „open mould"-Technologie).

Art der Aushärtetechnologie

- Autoklavverfahren (Aushärtung unter Druck und Temperatur)
- Konventioneller Ofen (bei Vakuumsackaufbau ® max. Druckdifferenz ca. 1 bar)
- Heizpresse.

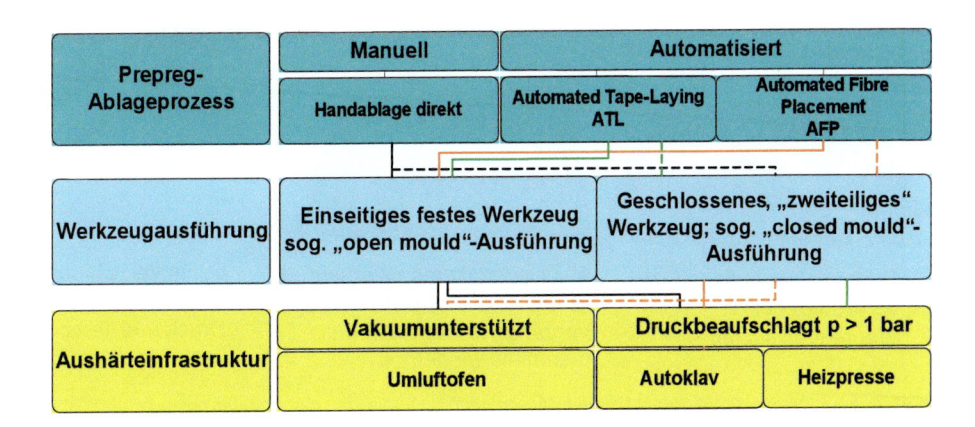

Abb. 6.30: *Übersicht über verschiedene Verfahren der Prepreg-Technologie*

Manuelle Prepreg-Ablage

In den Verfahren zur Ablage von Prepregs auf eine gegebene Geometrie kann prinzipiell zwischen manuellen und automatisierten Prozessen unterschieden werden. Wie beim klassischen Handlaminieren sind auch hier je nach strukturmechanischer, lastpfadgerechter Auslegung unterschiedliche Bauteilwandstärken zu realisieren, um darüber hinaus auch ein größtmögliches Leichtbaupotenzial zu erschließen. Dies bedeutet im Umkehrschluss, dass zahlreiche Einzelschichten manuell abgelegt und vorverdichtet werden müssen (z. B. mittels Rolle, Spachtel, etc.), um Lufteinschlüsse zwischen den Einzelschichten zu vermeiden. In Abhängigkeit des verwendeten Prepreg-Halbzeugs, der Bauteilgeometrie und den Qualitätsanforderungen sind oftmals zusätzliche Anpressvorgänge zur Zwischenverdichtung und somit zusätzliche Prozessschritte erforderlich. Prinzipiell wird hier meist durch einen temporären Vakuumsackaufbau mit weiteren Hilfsmitteln die erforderliche flächige Entlüftung/Zwischenkompaktierung realisiert. Variationen hierzu können beispielsweise Anlagen mit hoch dehnfähigen Silikonmembranen sein. Im Anschluss ist der Vakuumsackaufbau zu entfernen und weitere vorimprägnierte Einzelschichten entsprechend des Lagenbuches von Hand aufzulaminieren und zu verdichten. Diese Vorgänge sind je nach Anwendung unterschiedlich oft zu wiederholen, teilweise alle zwei bis fünf Lagen. Eine wichtige Eigenschaft beim Handlaminieren von Prepregs ist der sogenannte Tack, d. h. die Klebrigkeit des Materials bei der Verarbeitung. Aufgrund dieser Klebrigkeit werden Prepreg-Materialien auf Rollen mit je einer Schutzfolie auf Ober- und/oder Unterseite angeliefert, die vor oder bei der Verarbeitung abzuziehen sind. Diese wesentlichen Prozessschritte werden in Abbildung 6.31 verdeutlicht, die einen Aufbau für ein versteiftes Test-Panel zeigt.

Das manuelle Ablegen von Prepreg-Zuschnitten, die im Serieneinsatz mittels eines Gerber-Cutters zugeschnitten und zwischengelagert werden, findet meist für komplexe Bauteilgeometrien mit geringeren Radien oder Hinterschneidungen Einsatz. Es zeichnet sich durch hohe Flexibilität und einen weiten Einsatzbereich aus. Einschränkun-

Abb. 6.31: *Prozessschritte der Fertigung eines versteiften Panels im Labormaßstab*

Abb. 6.32: *Automatisierte Tapelege- Einheit zur 2D-Prepreg-Ablage, Portalanlage (M. Torres)*

4-spuriger Tapelegekopf (4x150mm)   1-spuriger Portal-Tapeleger (1x150mm)

gen bestehen hauptsächlich in der realisierbaren Bauteilgröße durch die beschränkte Reichweite der Mitarbeiter und die Wiederholgenauigkeit der Ablage. Anwendung findet die manuelle Ablage bei vielen anspruchsvollen Bauteilen wie z. B. komplexe und kleine Hubschrauber-Strukturbauteile, Monocoques im Motorrennsport oder Bauteile kleiner Stückzahlen und hoher Variantenvielfalt, z. B. Innenverkleidungen von Flugzeugen sowie Bauteile für den Sondermaschinenbau.

Automatisierte Ablage – ATL (Automated Tape Laying)

Ein Schlüssel für die kostengünstige Realisierung von Strukturen aus Hochleistungsfaserverbunden ist die belastungsgerechte, automatisierte Ablage der Verstärkungsfasern. Ein weiterer wichtiger Aspekt ist ebenfalls die Reduktion des produktionsbedingten Halbzeugverschnitts, der beim Prepreg-Handlaminat mit Gewebehalbzeugen je nach Bauteilkomplexität bis zu 30 % betragen kann. Aus diesem Grund wurden automatisierte Tapelegesysteme (ATL) entwickelt, mit denen ca. 150–300 mm breite UD Prepreg-Bahnen 2D-automatisiert abgelegt werden können (Abb. 6.32).

Hierbei werden entsprechend dem manuellen Prozess einzelne Lagen von einem Tapelegekopf additiv abgelegt. Diese sind jedoch nicht in einem vorgeschalteten Schritt konfektioniert, sondern werden direkt von einer Rolle automatisiert in das Bauteil abgelegt und entsprechend zugeschnitten. Um den erforderlichen Anpressdruck zur luftfreien Applikation zu erzielen, wird das Prepreg mittels einer Andruckrolle auf das Werkzeug bzw. auf die bereits abgelegte Prepreg-Lage aufgebracht.

Dies bedeutet, dass beim Tapelegen die Funktionen der manuellen Ablage (Zuschnitt, Entfernen der Schutzfolien, Zwischenvakuumaufbau), in den sogenannten Endeffektor/Legekopf zu integrieren sind. Dies erklärt die in Abbildung 6.32 zu erkennende Größe und Komplexität der Tapelegeköpfe. Darüber hinaus sind ATL-Maschinen zur Positionierung und Steuerung des Taplegekopfes üblicher Weise als große Portalanlagen ausgeführt, um die geforderten Ablagegenauigkeiten zu erzielen. Allerdings sind diese großen Portalanlagen mit ihren schweren Legeköpfen (Abmaß bis zu 1 m x 1 m x 1 m) vornehmlich für große, flächige Strukturen geeignet. Werkstücke mit erhöhter Komplexität, wie z. B. doppelt gekrümmte Flächen oder enge Radien, können aufgrund der unflexiblen unidirektionalen Tapes nicht realisiert werden. Anwendungsbeispiele für diese Ablagekonfiguration sind die Seiten- und Höhenleitwerksschalen von Airbus-Flugzeugen (Abb. 6.33).

Bei Anwendungen mit größeren Umformgraden ist es möglich, 2D abgelegte Einzellagen bzw. Lagenpakete mittels geeigneter Werkzeuge in einem nachfolgenden Prozessschritt unter Temperatur umzuformen (Hot-Forming). Auf diese Weise werden beispielsweise C-förmige Bauteile, wie Rippen oder Holme, von Flügelstrukturen kosteneffizient hergestellt.

Prozess: ATL (Automated Tape Layer)

1) 2-D Ablage, d.h. flächiges und vorkompaktiertes Halbzeug aus mehreren Einzelschichten
→ Ablage mittels Tapeleger (d.h. es werden z.B. mehrere 300mm breite Bahnen abgelegt)

2) Zuschnitt des mehrlagigen Halbzeuges

3) Transfer des Halbzeuges auf Werkzeug

4) Vakuumaufbau & Aushärtung im Autoklav

Beispiel für Anwendung

Fertigung Höhen- und Seitenleitwerksschalen
der gesamten Airbus Flugzeugfamilie

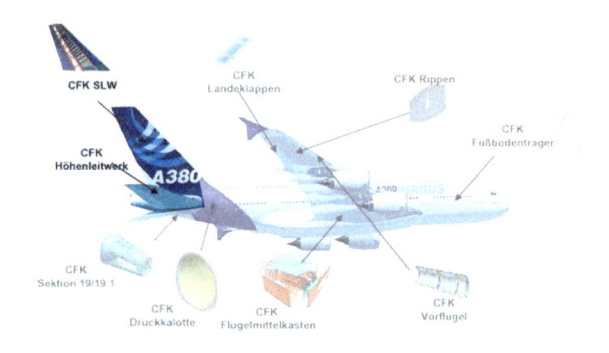

Abb. 6.33: Prozessschritte des ATL am Beispiel von Höhen- und Seitenleitwerksschalen aus Airbus-Programmen (Quelle: links M. Torres, unten rechts Airbus)

Automatisierte Ablage – AFP (Automated Fiber Placement)

Die Fiber Placement-Technologie ist prinzipiell eine Weiterentwicklung des ATL. Hierbei werden anstatt der breiten Prepreg-Tapes (ca. 150 – 300 mm) mehrere schmale Bändchen, sogenannte Tows oder Slit-Tapes in 1/4 oder 1/8 Zoll Breite nebeneinander in vergleichbarer Technologie abgelegt. Hintergrund für diese Weiterentwicklungen war insbesondere die signifikante Erhöhung der sehr eingeschränkten Drapierfähigkeit der Tapes durch eine gezielt gesteuerte Ablage von einzelnen Bändchen. Dies bedeutet, dass die Geschwindigkeit jedes einzelnen Bändchens unabhängig voneinander gesteuert und die Tapes in entsprechender Länge geschnitten werden müssen. Dies steigert die Komplexität des Fiber Placement-Kopfes gegenüber den ATL-Anlagen. Eine weitere Herausforderung an die Fiber Placement-Anlagen ist die definierte, spannungsfreie Zuführung der einzelnen Bändchen zum Fiber Placement- Kopf. Je nach Kinematik der Anlage und Anzahl der Achsen bedeutet dies, dass bei entsprechender Bewegung des Kopfes die Bändchen sogar zurückgepult werden müssen, um eine Stauchung zu vermeiden. Es ist daher leicht nachvollziehbar, welche technologische Herausforderung die Fiber Placement-Technologie mit sich bringt.

Diese Art der Faserablage erlaubt jedoch, dass in einer Ebene und auf nicht abwickelbaren Körpern gekurvte Bahnen faltenfrei abgelegt werden können, um somit eine lastpfadgerechtere Ausrichtung der Fasern sicherzustellen. Darüber hinaus kann durch das gezielte Zuführen oder Abschalten einzelner Bändchen die Anzahl der Überlappungen im Bauteil und somit das spätere Strukturgewicht reduziert werden. Die Ablage und das Schneiden der einzelnen Bändchen hat ebenfalls eine signifikante Verringerung des Verschnitts an Prepregs zur Folge.

Fiber Placement-Anlagen gibt es in verschiedenen Varianten. So wird bei einigen Anlagenherstellern die Portaltechnologie (d.h. Vertikalanordnung der Legeeinheit) vergleichbar mit der ATL-Technologie insbesondere für die Ablage in Negativ-Formen als zielführend angesehen (Abb. 6.34 Mitte unten). Für die Anwendung auf großen Positiv-Werkzeugen zeigt

6.3 Fertigungsverfahren für kontinuierlich faserverstärkte Duromere

Abb. 6.34: *Gängige Konfigurationen von AFP-Anlagen (Quellen: links oben: Coriolis Composites, rechts oben: MAG Cincinatti, unten: Ingersoll Machine Tools)*

sich eine säulenartige Bauweise bzw. horizontale Anordnung der Legeeinheit (engl. Column) mit vor dem Legekopf drehbaren Formwerkzeugen (engl. Mandrel) als geeignet (Abb. 6.34 rechts oben). Die Prepreg-Halbzeuge werden ähnlich wie beim Wickelvorgang auf einem rotierenden Werkzeug appliziert. Die wohl flexibelste Bauweise ist die Nutzung herkömmlicher Knickarmroboter als Träger des Fiber Placement-Kopfes für die Realisierung komplexer Bauteilgeometrien. Hierbei werden jedoch sehr hohe Anforderungen an das Zuführsystem der Bändchen gestellt (Abb. 6.34 links oben).

Zusammenfassend gilt, dass die Fiber Placement-Technologie die geeignete Automatisierungslösung für die Prepreg-Ablage von Bauteilen mittlerer bis hoher Komplexität ohne Hinterschnitte ist.

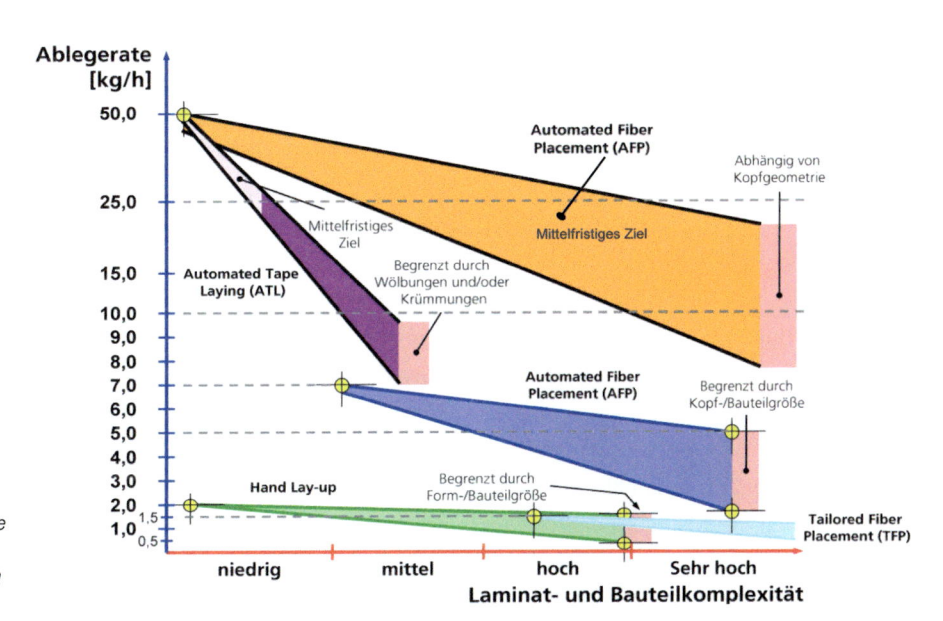

Abb. 6.35: *Prepreg-Ablagerate in Abhängigkeit der Bauteilkomplexität mit verschiedenen Technologien*

Den größten Einfluss auf die Ablagemengen sowohl beim AFP als auch beim ATL hat die Bauteilkomplexität bzw. -geometrie. Dies kann beispielsweise auch aus den ersten Erfahrungen der Fertigung des Dreamliners 787 von Boeing abgeleitet werden (Domke 2008). Abbildung 6.35 zeigt übergeordnet die Zusammenhänge zwischen der Prepreg-Ablegerate und der Bauteilkomplexität in Abhängigkeit des Ablegeprozesses (z.B. manuelle Ablage, ATL, AFP) sowie künftige Entwicklungstrends. Die automatisierte Ablage von Prepreg-Halbzeugen in größeren Mengen (hier etwa bis 15 kg/h) für schalenförmige Bauteile geringer geometrischer Komplexität ist bereits heute mittels ATL möglich. Der Fokus vieler Forschungsprojekte liegt in der Weiterentwicklung der AFP-Technologie im Hinblick auf die Realisierung kostengünstiger Produktionsprozessketten für komplexe Bauteile.

Unterschiede der einzelnen Verfahren bestehen auch in der Verschnittrate der Fasermaterialien während des Ablegeprozesses und somit des entstehenden Produktionsabfalls. Eine allgemeine Aussage kann nicht gemacht werden, da eine signifikante Abhängigkeit zur Bauteilkomplexität und zum Laminataufbau (lokale Verstärkungslagen, Faserorientierungen, etc.) besteht. Dennoch sollen zum Verständnis einige Richtwerte genannt werden:

- ~ 25–30 % Faserabfall
  Handlaminat, mit Gewebehalbzeugen
- ~ 10–15 % Prepregabfall
  Automated Tape Layer (ATL)
- ~ bis < 5% Prepregabfall möglich
  Automated Fibre Placement (AFP).

6.3.2.2 Werkzeuge für die Prepreg-Technologie

Da Prepreg-Materialien meist unter Druck und höherer Temperatur ausgehärtet werden müssen, ist bei beiden hier genannten Werkzeugkonzepten auf die erforderliche Druckresistenz zu achten. Im Gegensatz zu den geschlossenen Werkzeugen, bei denen vorrangig die Schließkräfte dominieren, wirkt auf einseitige Werkzeuge lediglich der isostatische Autoklavdruck. Dennoch ist in beiden Fällen bei der Werkzeugauslegung zu berücksichtigen, dass unter den Aushärtebedingungen keine unerwünschten Verformungen der Werkzeuge, sei es aufgrund mechanischer Belastung oder aufgrund von Wärmedehnung, auftreten.

Einseitige Werkzeuge

Zur Formgebung großflächiger Bauteile dienen heute nahezu ausschließlich einseitige Werkzeuge. Die Gegenform bildet hier ein Vakuumaufbau aus Abreißgewebe, Lochfolie und Entlüftungsvlies mit abschließender vakuumdichter Versiegelung mit einer temperaturbeständigen Folie. Nachteilig hierbei sind der hohe manuelle Arbeitsaufwand und die dadurch eingeschränkt erzielbare Reproduzierbarkeit des Aufbaus. Eine Automatisierung des Teilprozesses Vakuumfolienapplikation ist bis heute nicht verfügbar. Vorteil dieses Werkzeugkonzeptes ist neben den geringen Kosten auch die freie Gestaltungsmöglichkeit der Bauteilrückseite, wodurch mehrere Varianten von Bauteilen in einer Fertigungsform herstellbar sind.

Geschlossene Werkzeuge

Diese Art der Werkzeuge wird meist für größere Stückzahlen kleinerer bis mittlerer Bauteilgröße angewandt. Die Werkzeuge zeichnen sich durch eine klar definierte Kavität aus, die eine sehr gute Oberfläche beider Werkstückseiten gewährleistet. Im Gegensatz zu einseitigen Werkzeugen sind diese jedoch deutlich kostenintensiver, haben aber den Vorteil, dass in einer laufenden Serienproduktion auf die Herstellung des Vakuumaufbaus in manueller Arbeit vollständig verzichtet werden kann. Weiterhin besteht die Möglichkeit einer schnelleren Temperaturbeaufschlagung und Abkühlung durch die gute Wärmeleitung, insbesondere bei eigentemperierten, geschlossenen Werkzeugen.

Es besteht sowohl die Möglichkeit, die Druckaufbringung über einen Werkzeugschließmechanismus (sog. Stand-alone Werkzeuge) oder durch eine externe Druckbeaufschlagung mittels einer Presse oder eines Autoklavs zu realisieren. Eine Sonderform dieser Werkzeuge zur Herstellung hohler dünnwandiger Bauteile, wie z.B. Rohrleitungen für Klimaanlagen, ist das Drucksackverfahren. Hierbei werden ge-

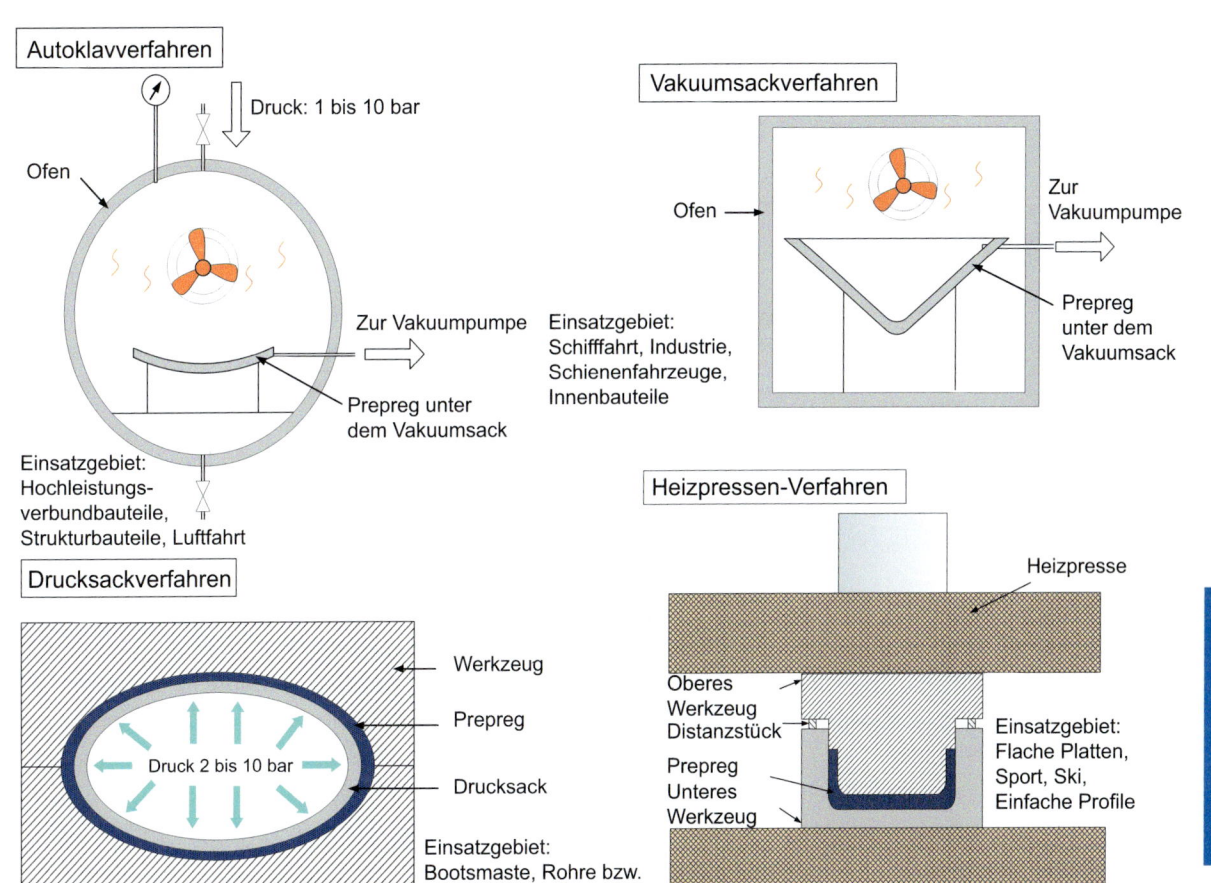

Abb. 6.36: *Hauptvertreter der Prepreg-Verfahren in Anlehnung an (Hexcel 1997)*

schlossene Negativ-Werkzeuge belegt und die Druckaufbringung wird mittels eines inneren Drucksackes realisiert.

6.3.2.3 Aushärtung der Laminate

Nach der Ablage und dem Vakuumaufbau (Open-Mould-Verfahren) bzw. Schließen der festen, geschlossenen Werkzeuge (Closed-Mould-Verfahren) erfolgt die Aushärtung des Prepreg-Laminates. In den allermeisten Fällen findet dies unter Druck (bis max. 10 bar) und Temperatur (Duromere ca. 180–200 °C, Thermoplaste z. B. PEEK bis ca. 400 °C) statt. Seltener kommen Prepreg-Materialien zum Einsatz, die lediglich unter Vakuum aushärtbar sind. In Abbildung 6.36 sind die Hauptvertreter der Aushärteverfahren dargestellt, die im Folgenden kurz erläutert werden.

Autoklavverfahren

Autoklaven (gr./lat. selbstverschließend) sind gasdicht verschließbare Druckkessel, die für die thermische Behandlung von Werkstoffen bzw. Materialien im Überdruckbereich eingesetzt werden. Diese Druckbehälter können üblicherweise für Verarbeitungsdrücke von bis zu 15 bar und Verarbeitungstemperaturen bis 400 °C ausgelegt werden. Das gängigste Herstellungsverfahren für Primärstrukturen bzw. Hochleistungsfaserverbundbauteile für den Luftfahrtbereich ist die Autoklav-Technologie. Mittels dieses Verfahrens lassen sich qualitativ sehr hochwertige Faserverbundbauteile herstellen, die sich durch einen sehr geringen Porengehalt < 2 Vol.-%, einen hohen Faservolumenanteil (bei CFK von ca. 60 ± 4 Vol.-%) und eine sehr gute Reproduzierbarkeit auszeichnen. Zurückgeführt werden kann dies u. a. darauf, dass die Prepreg-Laminate üblicherweise bei Drücken bis zu 10 bar und Temperaturen bis zu 185 °C (je nach

6 Fertigungstechnologien für faserverstärkte Kunststoffe

Abb. 6.37: *Laborautoklav aus dem IFB der Universität Stuttgart*

Matrixsystem) ausgehärtet werden. Diese Druckbeaufschlagung unter Temperatur (Verflüssigung der nicht ausgehärteten Duromermatrix) bewirkt das Kompaktieren des Laminatverbundes bzw. der Einzelschichten. Des Weiteren wird üblicherweise der Laminataufbau mittels einer Vakuumpumpe evakuiert, um überschüssige Luft zu entfernen. Meist werden Epoxidharze verwendet, welche bei Temperaturen zwischen 120 und 180 °C mehrere Stunden aushärten, um einen entsprechenden Aushärtegrad und folglich die geforderten mechanischen sowie thermischen Eigenschaften zu erreichen.

Abbildung 6.37 zeigt einen Laborautoklaven mit der wesentlichen Anlageninfrastruktur: Druckbehälter, Kompressor zur Drucklufterzeugung, Druckspeicher (optional), Steuer- und Temperiereinheit. Es ist leicht ersichtlich, dass entsprechend hohe Investitionen erforderlich sind. Zudem sind die Betriebskosten einer solchen Anlage ebenfalls signifikant. Vorteil der Autoklav-Technologie ist die Druckbeaufschlagung von großen Bauteilen bei gleichzeitiger Temperierung. Das Aufheizen bzw. Abkühlen der Bauteile erfolgt dabei durch Konvektion der druckbeaufschlagten Luft. Im industriellen Einsatz wird die Autoklav-Technologie primär für die Fertigung von qualitativ sehr hochwertigen und lasttragenden Produkten (z. B. Flugzeug-Rumpfstrukturen) eingesetzt. Ein weiteres Anwendungsgebiet in der Automobilindustrie ist vor allem das Sportwagensegment oder Produkte des Rennsports.

Vakuumsackverfahren

Beim Vakuumsackverfahren kommen in der Regel konventionelle Industrieumluftöfen zum Einsatz. So ist es beispielsweise möglich, Bauteile aus Prepreg mit einer Harzformulierung für Niederdruckkonsolidierung lediglich im Vakuumsackverfahren, d. h. max. 1 bar, in einem solchen Ofen auf einseitigen Werkzeugen auszuhärten. Nachteile dieses Verfahrens sind die lediglich einseitig hohe Oberflächenqualität, die Bauteildickentoleranzen sowie die Schwankungen im Faservolumen- und Porengehalt, weshalb sich heute die Anwendungen auf Sekundärstrukturen fokussieren. In Umluftöfen ist es möglich, auch geschlossene Werkzeuge mit Druckbeaufschlagung durch Schließmechanismen, z. B. Verschraubung, einzubringen und somit Bauteile mit beidseitig guter Oberflächenbeschaffenheit herzustellen.

Das Drucksackverfahren ist ähnlich aufgebaut. Es werden Prepreg-Strukturen durch aufgeblasene Schläuche oder eine entsprechende Membranstruktur gegen eine Werkzeugwandung konsolidiert. Diese Werkzeuge werden meist auch in Umluftöfen ausgehärtet.

Nachteil des Ofenprozesses ist die relativ langsame Aufheizung und Abkühlung der Bauteile und Werkzeuge. Dies resultiert in langen Zykluszeiten, weshalb diese Verfahren lediglich für geringe Stückzahlen in Frage kommen.

Heizpressenverfahren

Eine Alternative für kleinere Bauteilgeometrien bietet die Aushärtung der Duromer- bzw. auch die Konsolidierung der Thermoplastmatrix in einer beheizten Presse. Hierfür wird kein Vakuumaufbau benötigt, da der Prozess in einer zweiteiligen geschlossenen Form stattfindet, die vorher mit dem Prepreg entsprechend belegt wurde. Durch die Festkörper-Wärmeleitung können im Vergleich zum Ofen oder Autoklaven in der Presse schnelle Aufheiz- und Abkühlzyklen realisiert werden. Darüber hinaus ist – unabhängig von der Temperierung – auch der Druckzyklus schnell und präzise zu verändern, um z. B. bei bestimmten Temperaturen flüchtigen Stoffen aus der Matrix das Entweichen aus der Form zu erleichtern. Dies ist zum Beispiel bei Phenolharzprepregs der Fall, da sie über Polykondensation vernetzten. Bei Bauteilen im Drucksackverfahren in geschlossen Werkzeugen wird die Heizpresse darüber hinaus auch zur Erzeugung der Schließkraft der Werkzeuge genutzt.

6.3.2.4 Anwendungsbeispiele für unterschiedliche Prepreg-Technologien

Wie eingangs erläutert, gibt es viele unterschiedliche Kombinationsmöglichkeiten der einzelnen Verfahren. Um einen kleinen Überblick zu geben, sind hier einige Anwendungsbeispiele angeführt.

Manuelle Ablageprozesse

Für die Herstellung der Rumpfmittelschale des Kampfflugzeugs Eurofighter aus Epoxidharz-Prepreg wurde das Autoklav-Verfahren auf einseitigem Negativ-Werkzeug aus Epoxidharz-Prepreg gewählt. Bei diesem Projekt werden Prepregs in Form von vorkonfektionierten Lagen in das Aushärtewerkzeug manuell aufgelegt, wobei die Positionierung unter Zuhilfenahme von Laser-Projektoren erfolgt (Abb. 6.38 rechts). Der hohe manuelle Aufwand und die begrenzte Zugänglichkeit im großen Negativ-Werkzeug sind hierbei deutlich ersichtlich. Aufgrund der hohen geometrischen Komplexität kann dieser Prozess bisher nicht durch ATL oder AFP automatisiert dargestellt werden.

Im Gegensatz hierzu kann die direkte manuelle Ablage von Einzelschichten ins Aushärtewerkzeug bzw. auch teilweise mittels der Ply-Transfer-Technik an großen, schalenförmigen Bauteilen durch AFP oder ATL ersetzt werden. Ein Beispiel für die manuelle Halbzeugablage war die Fertigung von Flügelschalen (Abb. 6.38 links).

Aus diesen gezeigten Beispielen wird deutlich, dass die manuellen Arbeitsvorgänge entsprechend viel Zeit erfordern. Hierbei ist zu betonen, dass die mittels Duromermatrix vorimprägnierten Faserhalbzeuge lediglich eine begrenzte Verarbeitungszeit, das sogenannte Tack-Life, haben, da die Vernetzungsreaktion bereits beim vorgeschalteten Imprägniervorgang initiiert wurde (Harz-/Härtergemisch). Aus diesem Grund ist auch die Lagerfähigkeit von Duromer-Prepregs begrenzt, weshalb diese aufgrund der Temperaturabhängigkeit der chemischen Vernetzungsreaktion gekühlt (oft bei -18 °C) zu lagern sind. Vor der Verarbeitung sind die Materialien entsprechend genau vorgegebener Richtlinien aufzutauen, um Polymerisation zu vermeiden. Des Weiteren müssen aufgrund der begrenzten Verarbeitungszeit die Arbeitsbereiche bzw. -räume klimatisiert sein.

Abb. 6.38: *Manuelle Prepreg-Ablage für die Fertigung von Flugzeugstrukturen (Drechsler 2004)*

Manuelle Halbzeugablage an einer Flügelschale („Ply-Transfer-Technik")

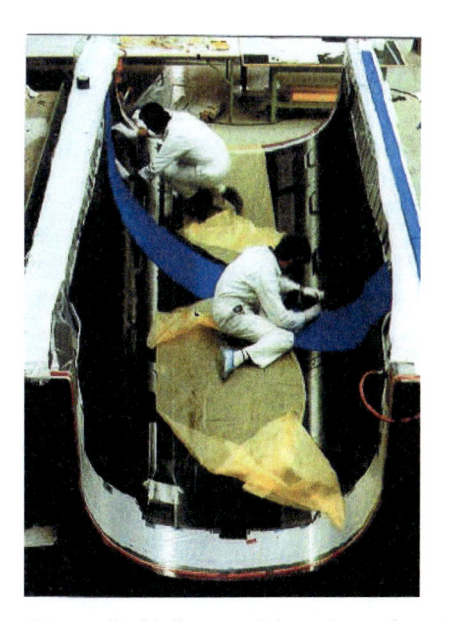

Manuelle Halbzeugablage komplex gekrümmter Bauteile (Rumpfschale)

Es ist ersichtlich, dass das Aufbringen bzw. der Aufbau eines mehrlagigen Laminats von Hand keine ausreichende Attraktivität für Großserien – vor allem in Kombination mit großen Bauteilgeometrien – bietet.

Rumpfschalen für die zivile Luftfahrt

Für die Fertigung der Rumpfschalen des Airbus A350 XWB, wie auch beim Dreamliner 787 von Boeing, findet die Fiber Placement-Technologie AFP Anwendung. Hierbei werden bis zu 32 Bändchen, je 1/4 Zoll breit, gleichzeitig mit einer Säulenanlage auf ein drehend gelagertes Positiv-Werkzeug abgelegt. Da sich die eigentlichen Flugzeugrümpfe aus mehreren Sektionen, die sich vor allem aufgrund der sich verjüngenden hinteren Sektionsformen (z. B. Sektion 19 bei den Airbus-Programmen) zusammensetzen, ist die AFP-Technologie hervorragend geeignet, um die Einzellagen mit geringem Verschnitt ohne Zwischenvakuumprozess abzulegen. Heute haben sich vor allem zwei Konzepte für die sog. Positiv-Ablage durchgesetzt, die einerseits durch mehrere Schalenbauteile zusammengesetzt oder andererseits durch die Fertigung einer Rumpftonne realisiert werden können. Mögliche Anlagenkonfigurationen für die Tonnenfertigung zeigt Abbildung 6.39 .

Bei der sogenannten Schalenbauweise erfolgt ebenfalls die Ablage auf einem Mandrel, jedoch wird nachfolgend der Aufbau in ein Negativ-Werkzeug transferiert und nach der Aufbringung des Vakuums im Autoklaven ausgehärtet. Diese Vorgehensweise bedeutet zwar einen weiteren Produktionsschritt, allerdings

Abb. 6.40: *Klimarohre für Passagierflugzeuge (Diehl 2010 -1)*

ist auf diese Weise sicherzustellen, dass die spätere aerodynamische Oberfläche durch die Werkzeugoberfläche abgebildet und folglich mit hoher Güte gefertigt werden kann. Im Unterschied zur direkten Ablage ins Negativ-Werkzeug kann mit dieser Vorgehensweise eine deutlich höhere Ablagerate erzielt werden.

Klimaanlage-Rohre für den Flugzeugbau

Die Gestaltung von gewichtsoptimierten Klimarohren aus Glasfaser- oder Kohlenstofffaser-Prepreg legt die Anwendung des Drucksackverfahrens nahe (Abb. 6.40). Hierbei werden die zweiteiligen Negativ-Werkzeuge mit Duromerprepreg belegt. Aufgrund der hohen Variantenvielfalt und der komplexen Geometrie mit kleinen Radien eignet sich die manuelle Ablage besonders gut. Nach Einbringung des zunächst nicht mit Druck beaufschlagten Drucksackes wird das Werkzeug geschlossen und die Schließkraft mittels Verschraubung sichergestellt. Nach Druckbe-

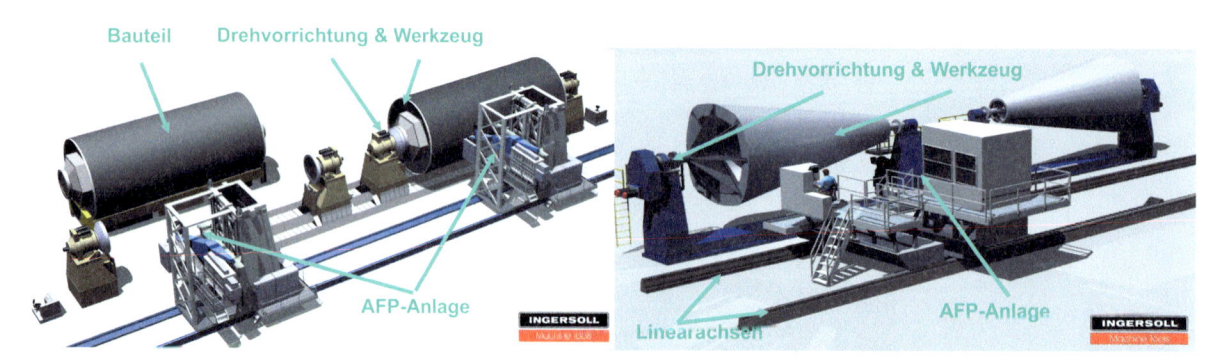

Abb. 6.39: *Peripherie für die Herstellung von rotationssymmetrischen Bauteilen im AFP-Prozess in typischer Positivbauweise für Flugzeugstrukturen (Quelle: Ingersoll)*
Ablageprozess für mittlere Rumpfsektionen bzw. Rumpftonnen (links)
Ablageprozess für hintere Rumpfsektionen bzw. Hecksektion (rechts)

Abb. 6.41: *Seitenverkleidungen für Passagierflugzeuge (Diehl 2010-2)*

aufschlagung des Drucksackes im Innern der Kavität wird das Werkzeug mit Bauteil in einen Ofen zur Aushärtung transferiert. Vorteil dieses Verfahrens ist eine gute innere Oberfläche des Klimarohres und die Realisierung komplexer Geometrien.

Bauteile für die Innenverkleidung im Heizpressenverfahren

Für die Produktion von Innenverkleidungen von Passagierflugzeugen eignet sich das sogenannte Crushed-Core-Verfahren hervorragend. Hierbei wird ein mittels manueller Ablage vorgelegtes Lagenpaket aus Phenolharz-Prepreg-Decklagen und Waben-Sandwichkern in ein geöffnetes zweiteiliges Werkzeug in eine isotherm temperierte Presse transferiert. Während des Schließvorganges der Presse formt sich das ebene Lagenpaket im zweiteiligen Werkzeug ab. Die Aushärtung erfolgt anschließend unter Pressdruck. Nach wenigen Minuten ist der Aushärtevorgang abgeschlossen und das Bauteil kann aus der Presse entnommen werden. Herausragender Vorteil dieses Verfahrens ist die schnelle, effiziente Herstellung extrem leichter Faserverbundbauteile mit relativ hoher Komplexität.

6.3.3 Flüssigharz-Imprägnierverfahren – LCM-Technologien

6.3.3.1 Übersicht über die Verfahren

Als Flüssigharz-Imprägnierverfahren werden prinzipiell Fertigungsverfahren bezeichnet, bei denen zunächst ein trockenes, mehrlagiges Faserhalbzeug bzw. ein „Vorformling" (Preform) in ein konturgebendes Werkzeug eingelegt, anschließend dieser Aufbau entweder mit einer Folie vakuumdicht versiegelt oder mit einer zweiten festen Formhälfte verschlossen und mittels eines flüssigen Duromer-Matrixwerkstoffes in einem Fließprozess imprägniert wird. Neuerdings kommen auch monomere Matrixsysteme zum Einsatz, die im Werkzeug nach dem Imprägnierprozess zu einem thermoplastischen Faserverbundwerkstoff in-situ polymerisieren. Je nach Anwendung folgt im direkten Anschluss der sogenannte Aushärte- (Duromer-Matrixsysteme) oder Polymerisationszyklus (Thermoplast-Matrixsysteme) unter definierten Prozesstemperaturen und -zeiten beispielsweise im Umluftofen, Heizpresse, etc., um eine kontrollierte Polymerisation sicherzustellen.

Übergeordnet können Fertigungsverfahren, bei denen trockene Verstärkungsfasern in einem Fließprozess der Duromermatrix imprägniert werden, der Verfahrensfamilie Liquid Composite Moulding-Process (LCM), den sogenannten Flüssigharz-Imprägnierverfahren, zugeordnet werden. Hierbei haben sich weltweit zahlreiche Verfahrensvarianten, deren Beschreibung den Rahmen dieses Buches übersteigen würde, in den letzten Jahren etabliert (Marco 1959, Hayward 1989, Seemann 1990, Karbhari 1991, Kötte 1991, Sigle 1996, Geiger 1997, Hinz 2000 und Filsinger 2001). In der Gruppe der LCM existieren unterschiedliche Bezeichnungen und Einordnungen, die sich durch Modifikationen der Prozessführung auch hinsichtlich einer Qualitätssteigerung im Hinblick auf unterschiedliche Bauteilapplikationen unterscheiden(Beckwith 2006).

Insgesamt handelt es sich um eine relativ weitgreifende und flexible Technologie, die durch die Kombination mit textilen Vorformtechnologien, sowohl für große Stückzahlen (z.B. im Automobilbau) als auch für sehr große Strukturbauteile (z.B. Rotorblätter für Windenergieanlagen, Druckkalotte A380) eine Vielzahl an Verfahrensvarianten zur kosteneffizienten Herstellung von Bauteilen aus Hochleistungsfaserverbundwerkstoffen aufweist.

Aus oben genannten Gründen werden lediglich einige der wesentlichen Vertreter der LCM-Prozessfamilie beschrieben und die prinzipiellen Unterschiede erläutert. Es ist das Ziel, einen Beitrag für ein übergreifendes Verständnis zu leisten und keinesfalls die entsprechend umfangreiche und detaillierte Fachliteratur zu ersetzen, die bei einer ganzheitlichen Betrachtung durch die Nennung zahlreicher Patentschriften ergänzt werden müsste (Schröder 2004).

Die Flüssigharz-Impägniertechnologien besitzen im Vergleich zu allen weiteren Technologien zur Herstellung von Hochleistungsfaserverbunden die größte Variantenvielfalt und Flexibilität. Aus diesem Grund erfolgt eine mögliche Aufteilung nach folgenden Hauptkriterien:

- Druckdifferenz
- Werkzeugausführung
- Hilfsstoffe
- Harzkonsistenz
- Aushärteinfrastruktur.

Da es zahlreiche Kombinationsmöglichkeiten und Sonderverfahren gibt, können die Grenzen nicht eindeutig gezogen werden. Somit sollten die in Abbildung 6.42 aufgelisteten Hauptkriterien bzw. charakteristischen Parameter für einen ersten Überblick gesondert (d. h. in Spalten) berücksichtigt werden.

Im Folgenden werden die wesentlichen Hauptkriterien erläutert:

1. Unterscheidung nach der Druckdifferenz Δp zwischen einer Harzzufuhrleitung und der Harzabfuhrleitung, die über die Querschnittsfläche als Harz zuführende Kraft für den Fließprozess wirkt. Übergeordnet sind prinzipiell zwei Möglichkeiten – die Infusion und Injektion – zu unterscheiden, die aus der allgemeinen Strömungsmechanik bekannt sind. Als Infusion wird ein Vorgang bezeichnet, der einen Medientransport (Flüssigkeit) lediglich durch erzeugten Unterdruck (d. h. Einsaugen von Flüssigkeit) ermöglicht. Hierbei wird das Druckgefälle nur unter Einwirkung des atmosphärischen Druckes erzeugt. Als Injektion kann ein Medien- bzw. Flüssigkeitstransport beschrieben werden, der durch Überdruck erzeugt wird. Die Unterscheidung kann somit nach der Einbringungsart des Matrixwerkstoffes, d. h. mittels Über- oder Unterdruck, erfolgen (Abb. 6.43).

2. Unterscheidung nach der Werkzeugausführung bzw. dem Werkzeugkonzept. Hierbei gibt es, je nach Zielbauteil/Geometrie und weiterer erforderlicher Prozessinfrastruktur (z. B. Presse, Ofen, eigenbeheizte Werkzeuge, etc.), sehr vielschichtige Konzepte und Kombinationsmöglichkeiten. Übergeordnet kann eine Unterteilung in geschlossene (closed mould) und offene Werkzeugkonzepte (open mould) erfolgen. Geschlossene mehrteilige

Druckdifferenz	Infusion	Injektion
	Medientransport durch Unterdruck (d.h. Vakuum)	Medientransport durch Überdruck

Werkzeugausführung	Einseitiges festes Werkzeug sog. „open mould"-Ausführung	Geschlossenes, „zweiteiliges" Werkzeug; sog. „closed mould"-Ausführung

Hilfsstoffe	Verteilermedium, Fließhilfen, etc.	Membran

Harzkonsistenz	Flüssigharz	
	Harzfilm	

Aushärteinfrastruktur	Vakuumunterstützt	Druckbeaufschlagt p>1bar	
	Umluftofen	Autoklav	Heizpresse

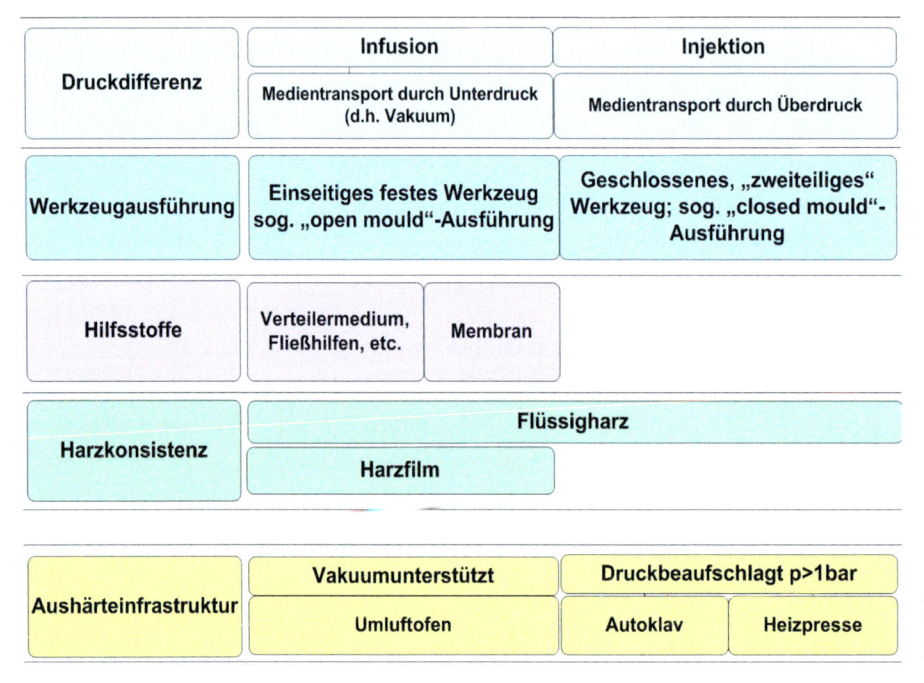

Abb. 6.42: *Einteilung der LCM-Technologien nach charakteristischen Parametern*

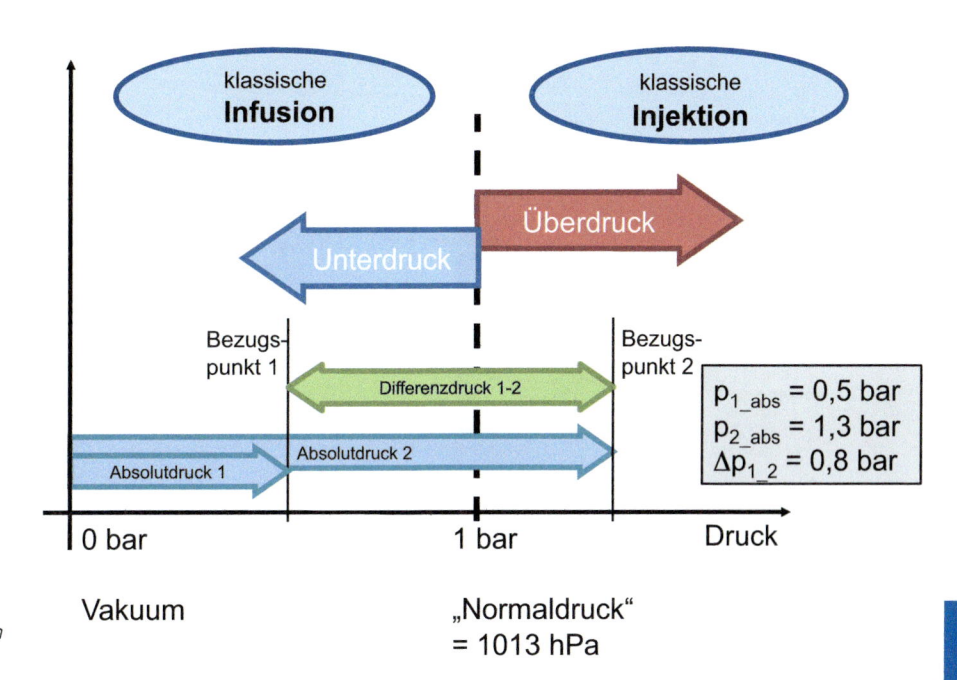

6.3 Fertigungsverfahren für kontinuierlich faserverstärkte Duromere

Abb. 6.43: *Druckdefinition und mögliche Einordnung von Infusion und Injektion*

$p_{1\_abs} = 0{,}5$ bar
$p_{2\_abs} = 1{,}3$ bar
$\Delta p_{1\_2} = 0{,}8$ bar

Werkzeuge (z. B. Press- oder Injektionswerkzeuge) finden vorrangig bei Harz-Injektionsprozessen Anwendung. Diese Werkzeuge benötigen eine entsprechend massive Ausführung, um Injektionsdrücken von ca. 1–10 bar (Luftfahrt) bzw. ca. 10–200 bar (Automobil) und den dadurch erforderlichen

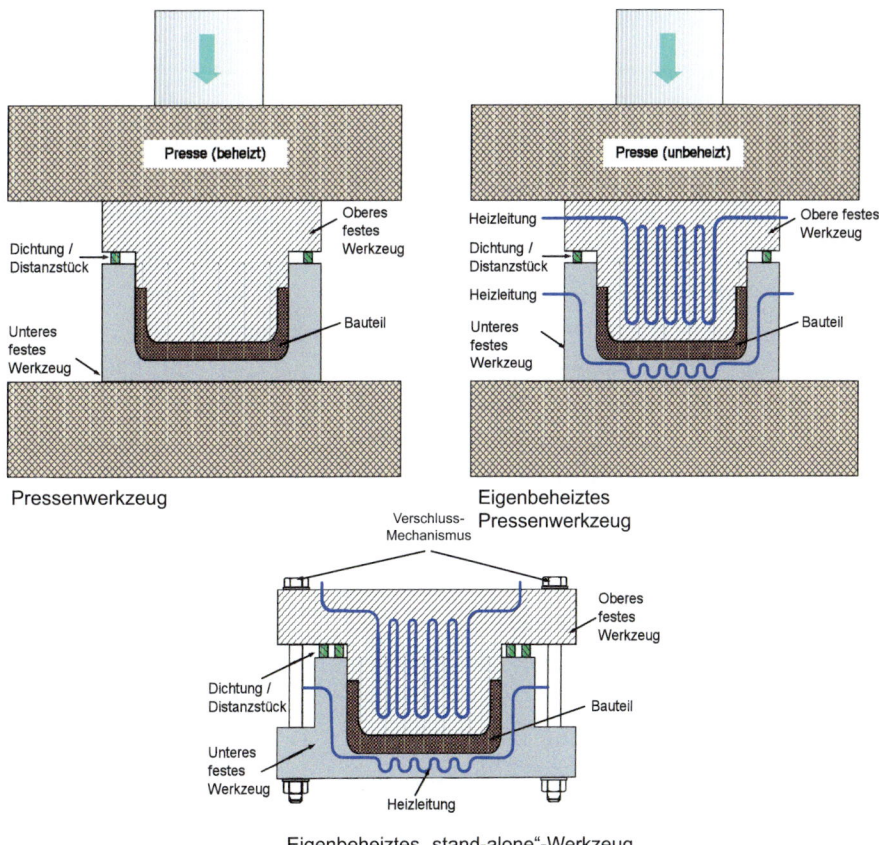

Abb. 6.44: *Prinzipielle „closed mould"-Ausführungen der LCM-Technologien*

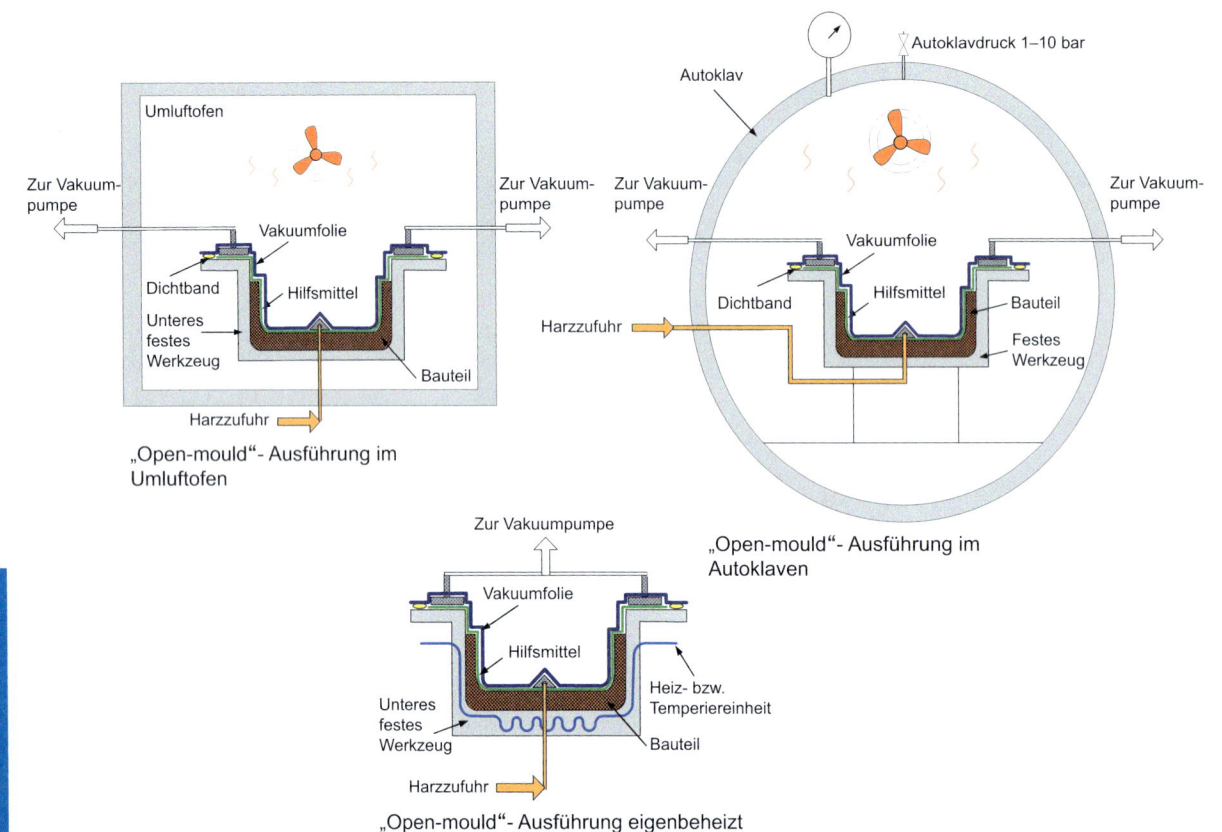

Abb. 6.45: *Prinzipielle „open mould"-Ausführungen der LCM-Technologien*

Zuhaltekräften standhalten zu können. Je nach Anwendung werden unterschiedliche Werkzeugausführungen eingesetzt (Abb. 6.44). Im Hinblick auf realisierbare Bauteilgrößen sind hierbei jedoch Grenzen gesetzt.

Bei offenen Werkzeugtechnologien werden einseitige feste Werkzeuge verwendet. Die Gegenform wird durch eine flexible Membran oder Vakuumfolie gebildet. Letztgenannte Technologien erlauben eine filigrane und somit kostengünstige Werkzeugausführung auch für große Bauteilgeometrien und werden sowohl vorrangig für Harz-Infusionsprozesse (max. Druckdifferenz ca. 1 bar) als auch für Prepreg-Technologien eingesetzt. Auch bei diesen Technologien existieren abgewandelte Ausführungen bzw. kombinierte Flüssigharz-Imprägnierverfahren (z. B. Autoklav gestützte open-mould LCM-Prozesse), bei denen auch Druckdifferenzen bis 10 bar realisiert werden können (Abb. 6.45).

3. Eine Unterscheidung nach den verwendeten Sekundärmaterialien bzw. Hilfsstoffen, wie beispielsweise Verteilermedium, Fließhilfe, Membran etc.

4. Eine Unterscheidung nach der Prozessführung und Prozessinfrastruktur. Hierzu gehören beispielsweise:

- Ausführungsart der Harzeinbringung, Absaugung
- Infrastrukturerweiterungen (z. B. Autoklav unterstützte Prozesse, …)
- Druckregelparameter während der Verarbeitung
- Infusions-/Injektionsequipment
- Aushärteeinrichtungen.

Aufgrund dieser Vielschichtigkeit werden die Unterschiede in den jeweiligen Verfahrensbeschreibungen explizit erläutert.

5. Eine Unterscheidung nach der Harzkonsistenz bzw. -viskosität bei der Verarbeitung, z. B. Flüssigharz- oder Harzfilm-Imprägnierung.

6.3.3.2 Gebräuchliche Harzimprägierverfahren

Eine Zusammenfassung der LCM-Prozessvarianten in Abhängigkeit der wesentlichen Einflussparameter wurde bereits dargelegt. Zum Verständnis werden hier lediglich die gebräuchlichsten Verfahren betrachtet und erläutert (Abb. 6.46).

Übergeordnet erfolgt eine Variantenaufteilung zwischen drei Technologien:

- Harzinfusionsverfahren
  Imprägniervorgang durch Unterdruck (bzw. Vakuum) lediglich durch Unterstützung des Atmosphärendruckes, üblicherweise offene Werkzeugtechnologie (Vakuumsack)
- Harzinjektionsverfahren
  Imprägniervorgang mit Überdruck, üblicherweise geschlossene Werkzeugtechnologie
- Kombinierte Verfahren
  Imprägniervorgang mit Überdruck und zusätzlich vakuumunterstützt, Ausführung als geschlossener Prozess; als Beispiel kann hierfür das Vacuum Assisted RTM (VARTM) genannt werden.

- Eine weitere Möglichkeit bieten die sog. *autoklavunterstützten LCM-Prozesse*, bei denen der Imprägniervorgang der Faserhalbzeuge in einem Fließprozess in offener Werkzeugausführung erfolgt. Beispiel hierfür ist das Differential Pressure RTM (DP-RTM), bei dem die Druckdifferenz zwischen Injektionsdruck und Autoklavdruck (erzeugt Überdruck auf Vakuumaufbau) zur Imprägnierung der Faserverstärkung genutzt wird (Abb. 6.42).

6.3.3.3 Harzinjektionsverfahren

Als Harzinjektionsverfahren werden prinzipiell alle Flüssigharz-Imprägnierverfahren bezeichnet, bei denen die textilen Faserverstärkungen oder Preforms in ein zwei- oder mehrteiliges, festes Werkzeug (sogenannte geschlossene Werkzeugausführung) eingelegt werden, das Werkzeug geschlossen und das Flüssigharz mit Überdruck in die Kavität injiziert und anschließend ausgehärtet wird.

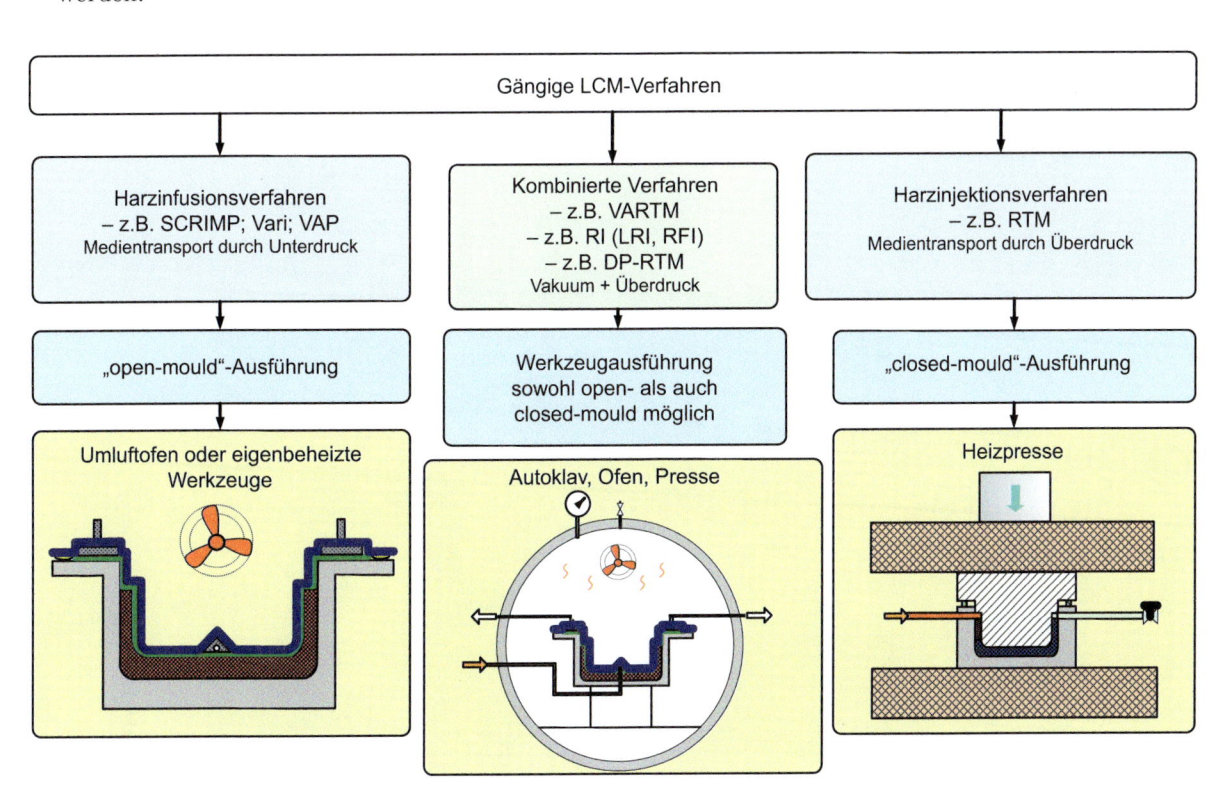

Abb. 6.46: *Auszug der gebräuchlichsten LCM-Verfahren*

RTM-Verfahren

Das wohl bekannteste Flüssigharz-Injektionsverfahren ist das Resin Transfer Moulding (RTM)-Verfahren, welches primär für die Fertigung von Hochleistungsfaserverbundbauteilen mit höchsten geometrischen Anforderungen bezüglich Maßhaltigkeit, Dickentoleranz und Oberflächengüte Anwendung findet. Die Prinzipskizze in Abbildung 6.47 erläutert die Funktionsweise, wobei dieses Verfahren zu den sogenannten geschlossenen Werkzeugtechnologien zählt, da zwei- oder mehrteilige feste Werkzeuge verwendet werden.

Nach der Bestückung des aufgeheizten Werkzeuges, das je nach Ausführung durch die beheizten Pressenplatten oder auch bei eigenbeheizter Ausführung durch entsprechende Vorkehrungen/Leitungen mit Temperierfluid erfolgen kann (Abb. 6.44), mit einem trockenen Vorformling, wird ein niederviskoses Reaktionsharz durch die aufgebaute Druckdifferenz in die Kavität injiziert und folglich die Faserverstärkung imprägniert. Die Injektionsanlage dient dabei, sofern erforderlich zur Temperierung und zur Druckbeaufschlagung des Harzes. Der Injektionsprozess gilt übergeordnet als beendet, wenn das Harz in den Leitungen der Harzfalle, einem Überlaufbehältnis, angekommen ist, oder in einzelnen Varianten die angestrebte Harzmenge ins Werkzeug transferiert wurde. Anschließend beginnt der Aushärtezyklus. Für Primärstrukturen für den Luftfahrtbereich werden Injektionsdrücke von max. bis zu 10 bar verwendet. Die entsprechenden Werkzeuge werden entweder durch einen Pressenschließdruck oder bei freistehenden Werkzeugen durch lokal angebrachte Schließvorrichtungen zugehalten (Abb. 6.45). Bei hohen Injektionsdrücken in Verbindung mit großen Bauteilgeometrien können diese Schließkräfte lediglich von massiven Pressen aufgebracht werden.

Der Trend in den RTM-Verfahren hinsichtlich großer Stückzahlen für den Automobil- und Maschinenbau geht zurzeit in die Hochdrucktechnologien. Wesentliche Zielsetzungen sind hierbei signifikant verkürzte Zykluszeiten durch vollautomatisierte Prozesse und verbesserte Oberflächenqualitäten bei gleichzeitiger Verringerung von Lufteinschlüssen bzw. Ausgasungen. Prinzipiell werden zwei Technologievarianten unterschieden: das Hochdruckpressen und das Hochdruckinjizieren (Abb. 6.48 und Abb. 6.49).

Das Hochdruckpressen bietet den Vorteil einer möglichen Imprägnierung in Dickenrichtung durch die vorangegangene Flutung eines gezielten Werkzeugspaltes mit Matrixharz. Dabei ist das Werkzeug während der Harzinjektion nicht vollständig geschlos-

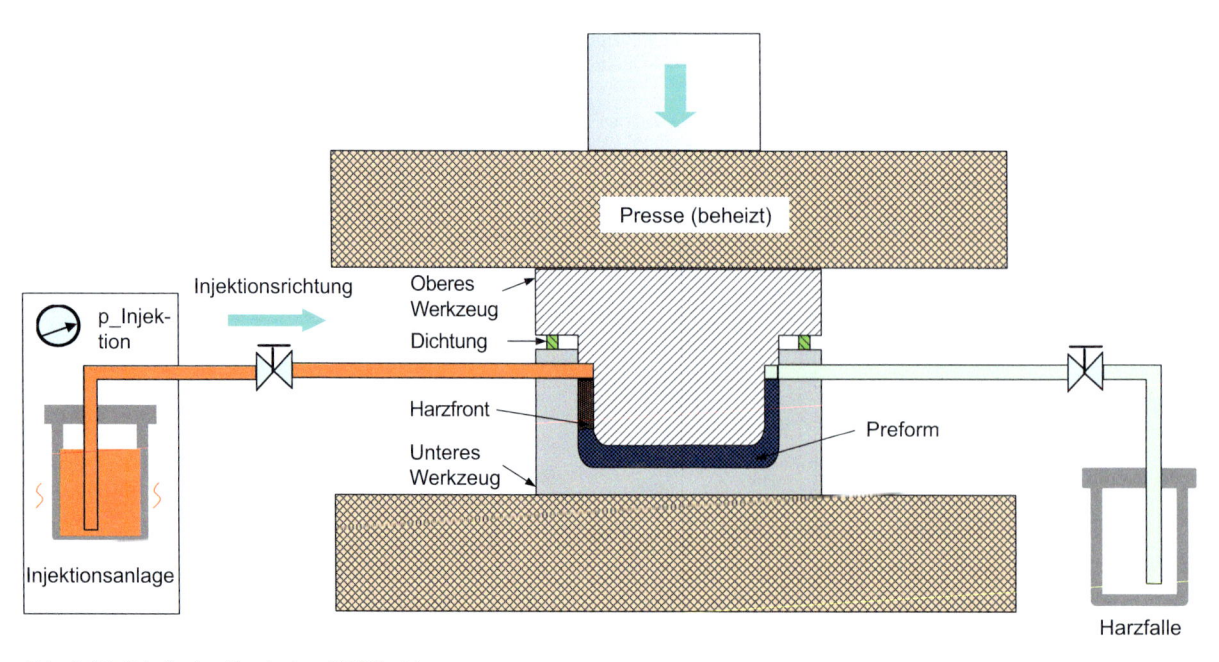

Abb. 6.47: *Prinzip des klassischen RTM-Verfahrens*

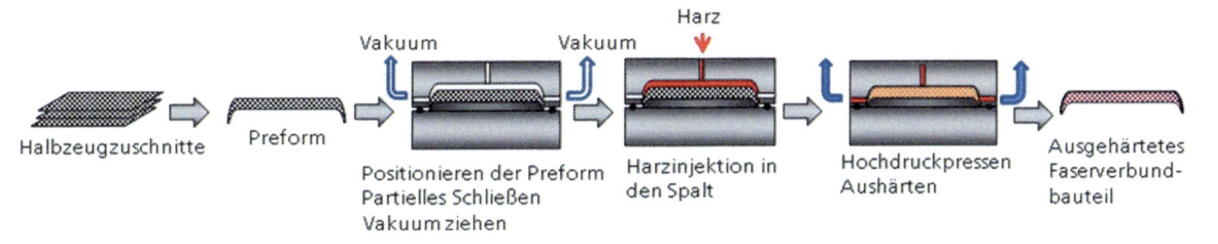

6.3 Fertigungsverfahren für kontinuierlich faserverstärkte Duromere

Abb. 6.48: *Schematische Darstellung des Hochdruckpressverfahrens – Hochdruck-RTM*

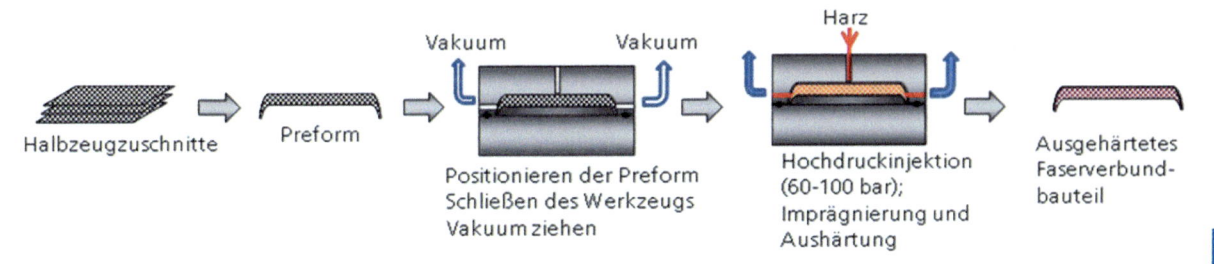

Abb. 6.49: *Schematische Darstellung des Hochdruckinjektionsverfahrens – Hochdruck-RTM*

sen. Beim Schließvorgang findet die Imprägnierung in Dickenrichtung in kurzer Zeit unter hohem Druck statt. Dies verkürzt die Imprägnierzeit signifikant. Allerdings ist diese Technologie auf großflächige und wenig komplexe Bauteile begrenzt. Der hohe Druck verhindert die Ausgasung von niedermolekularen Bestandteilen sowie von gelöstem Sauerstoff und verringert somit die Blasenbildung. Dies ist für die Oberflächenqualität, aber auch für die erzielbaren mechanischen Eigenschaften von großer Bedeutung. Die Hochdruckinjektion eignet sich hingegen auch für komplexe Geometrien. Allerdings ist darauf zu achten, dass im Injektionsbereich die Faserauf-

bauten fixiert sind, um Verschiebungen durch die Hochdruckinjektion zu verhindern. Neue Werkzeugtechnologien beschäftigen sich mit einem Mehrfachinjektionssystem analog zum Multi-Kaskaden Spritzgießen sowie dem druckgeregelten RTM.

Die technologische Herausforderung, neben einer schnellen Imprägnierung und Aushärtung des niederviskosen Harzes, bleibt in den kommenden Jahren jedoch die textile Halbzeugkonfektion und das sogenannte Preforming (Kap. II.7).

Zielsetzung zahlreicher Forschungsarbeiten auf diesem Gebiet ist eine vollautomatisierte Prozesskette für eine großserientechnische Umsetzung

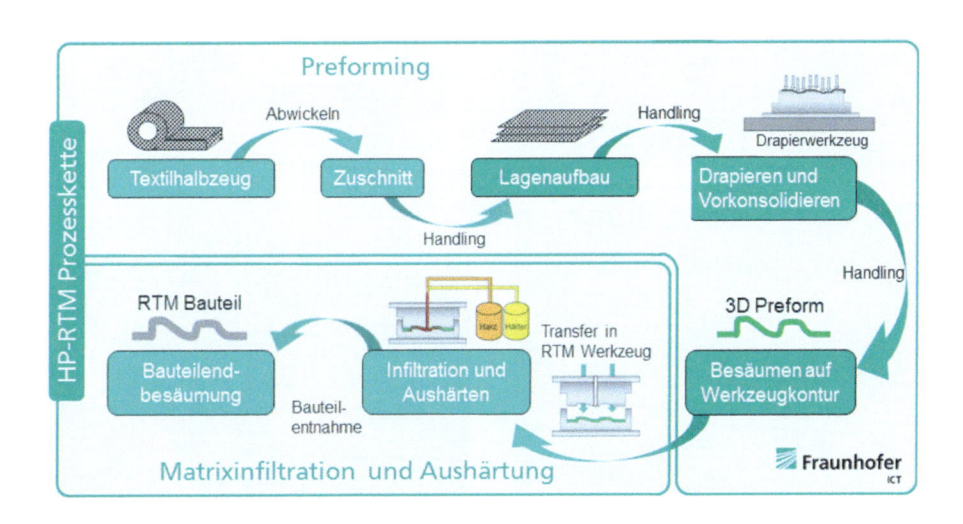

Abb. 6.50: *Prozesskette für RTM einschließlich der zu verknüpfenden Einzelschritte*

des RTM Verfahrens (Abb. 6.50). Neben innovativer Automations- und Handhabungstechnologien bleibt auch die Entwicklung neuer Harzsysteme im Fokus. Hierzu zählen sogenannte „Snap-Cure"-Systeme, die eine schnelle Imprägnierung bei niedriger Viskosität erlauben und im Anschluss schnell aushärten.

Das klassische RTM-Verfahren wird beispielsweise für die Fertigung von Hochleistungsfaserverbundbauteilen mit geringen Porenanteilen und hohen Faservolumengehalten von etwa 60 % angewandt, weshalb dieses Verfahren auch für die höchstbelasteten Seitenleitwerk-Anbindungselemente bei Airbus eingesetzt wird. Das Verfahren eignet sich auch zur Herstellung dickwandiger und hochintegraler sowie komplexer Bauteilgeometrien. Allerdings sind aufgrund der erforderlichen massiven Werkzeugausführung, der Handhabung sowie der erforderlichen Zuhaltekräfte während der Injektion Grenzen bezüglich der zu realisierenden Bauteilgrößen gesetzt (bis zu ca. 5 m²). Des Weiteren ist hervorzuheben, dass mittels des RTM-Verfahrens auch im Automobilbereich sowohl lasttragende Bauteile (z.B. Crashcone unter Einsatz der Flechttechnologie, Stoßfängerträger aber auch komplette Fahrzeugseitenrahmen) als auch Sichtbauteile mit höchsten Anforderungen, d.h. Class-A (z.B. klarlackiertes Dach mit sichtbarer Carbonverstärkungsstruktur) gefertigt werden können (Abb. 6.51).

An dieser Stelle seien noch die sogenannten thermoplastischen Injektionsprozesse kurz vorgestellt. Dabei handelt es sich um neue Verfahren, bei denen monomere Ausgangsprodukte mit ausgesprochen niedriger Viskosität (ca. 5 mPas) zur Imprägnierung textiler Verstärkungsstrukturen oder Preforms eingesetzt und anschließend polymerisiert werden. Als Monomer dient beispielsweise ε-Caprolactam, das nach Imprägnierung der textilen Verstärkungsstruktur zu Polyamid 6 polymerisiert. Dies führt zu hochverstärkten Thermoplaststrukturen mit hervorragendem Impakt- und Energieaufnahmeverhalten. Aufgrund der hohen Viskosität der thermoplastischen Schmelze können solche hochverstärkten komplexen Strukturen in keinem anderen Verfahren hergestellt werden.

In Abhängigkeit der Wandstärke der Bauteile sind Zykluszeiten von ca. drei Minuten realisierbar. Das Material hat dabei zu keinem Zeitpunkt der Verarbeitung die Schmelztemperatur von Polyamid 6 erreicht. Es werden hochmolekulare Produkte mit hohen mechanischen Eigenschaften erzeugt, die im Vergleich zur nachträglichen Formgebung von sogenannten Organoblechen (Kap. II.7) zu weitestgehend spannungsfreien Bauteilen führt.

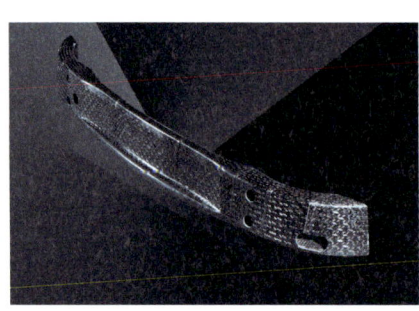

Abb. 6.51: *Anwendungsbeispiele für das RTM-Verfahren im Automobilbau*

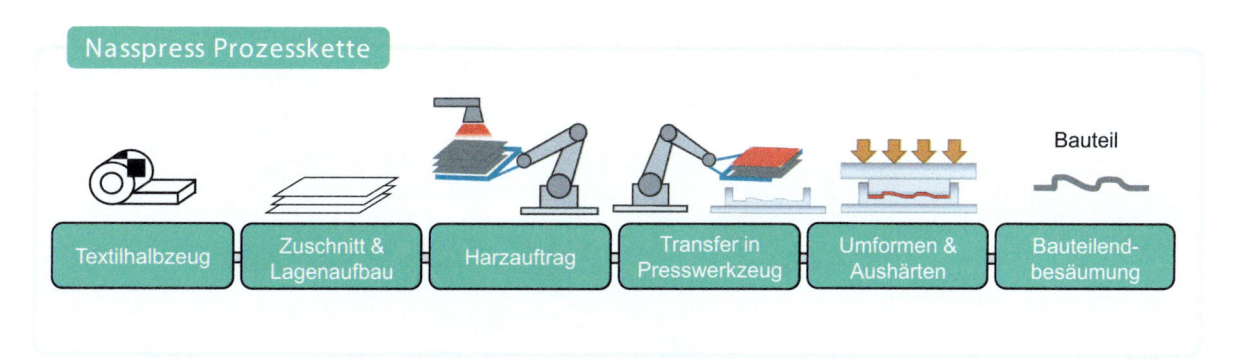

Abb. 6.52: *Schematische Darstellung des Nasspress-Verfahrens (Quelle: Fraunhofer ICT)*

Nasspress-Verfahren

Im Vergleich zum RTM-Verfahren bietet das Nasspress-Verfahren eine wirtschaftlichere Serienfertigung von Hochleistungsfaserverbund-Bauteilen und wird von einigen Automobilherstellern eingesetzt, um den Durchsatz weiter zu erhöhen (Huntsman und Rehmet). Stand der Technik ist die Verwendung von endkonturnahen Faserhalbzeugen, die zu einem definierten Lagenaufbau gestapelt werden. Anschließend wird das flüssige Reaktionsharz auf den 2D-Lagenaufbau aufgetragen, um den so imprägnierten Stapel in einem nachfolgenden Prozessschritt in die finale 3D-Bauteilgeometrie zu formen. Dazu wird das Formwerkzeug mittels Formenträger oder Presse auf Endbauteil-Dicke geschlossen (Hüttl et al. 2017; Stanglmaier 2017; Heudorfer et al. 2017). Der typische Prozessablauf des Nasspress-Verfahrens ist in Abbildung 6.52 skizziert.

Die vorgelagerte Harzapplikation außerhalb des Werkzeugs vereinfacht den Harztransfer erheblich und bietet eine sehr wirtschaftliche Alternative zu Hochdruck-RTM-Verfahren (Bergmann et al. 2016). Es ermöglicht das gleichzeitige Aushärten eines Bauteils in der Presse während parallel außerhalb der Presse der Harzauftrag auf den Lagenaufbau des nächsten Bauteils erfolgt. Da der Harzauftrag außerhalb des beheizten Formwerkzeugs stattfindet, wird die Gefahr der Materialaushärtung vor der vollständigen Formfüllung signifikant reduziert. Der flächige Harzauftrag führt zu kürzeren Fließwegen, hauptsächlich in Dickenrichtung, was wiederum die Verwendung von sehr schnell aushärtenden Harzsystemen in Verbindung mit höheren Werkzeugtemperaturen ermöglicht. Bei Formtemperaturen bis 140 °C ermöglichen diese Harzsysteme Härtungszeiten von 30 s.(Fels et al. 2017) untersuchten typische Prozessbedingungen für Hochdruck-RTM-Verfahren und Nasspress-Verfahren. Während mit Hochdruck-RTM-Verfahren Zykluszeiten von 5 min erreicht wurden, konnten die Zykluszeiten im Nasspress-Verfahren auf 2 min reduziert werden. Darüber hinaus konnten ähnliche mechanische Eigenschaften wie im Hochdruck-RTM-Verfahren erreicht werden. Das Nasspressverfahren bietet somit die Möglichkeit, die Betriebskosten bei gleichzeitig hoher Qualität zu senken. Auch in Nasspressverfahren geht die Entwicklung in Richtung druckgeregelte Prozesse, die geringere Schließkräfte ermöglichen.

VARTM-Verfahren

Das Vacuum Assisted RTM-Verfahren VARTM ist dem RTM-Verfahren in den Anwendungen sehr ähnlich. Es wird die Kavität zur Vermeidung von Lufteinschlüssen zusätzlich mittels einer Vakuumpumpe evakuiert, sodass eine bessere Oberflächengüte und ein sehr geringer Porenanteil sichergestellt werden kann (Abb. 6.53). Diese Verfahrensvariante wird vermehrt in der Fertigung von lasttragenden Primärstrukturen für den Luftfahrtbereich eingesetzt.

Vakuuminfusionsverfahren

Als Harzinfusions- oder Vakuuminfusionsverfahren werden prinzipiell alle Flüssigharz-Imprägnierverfahren bezeichnet, bei denen die textile Faserverstärkung oder ein Preform in ein einseitiges, festes Werkzeug (offene Werkzeugausführung)

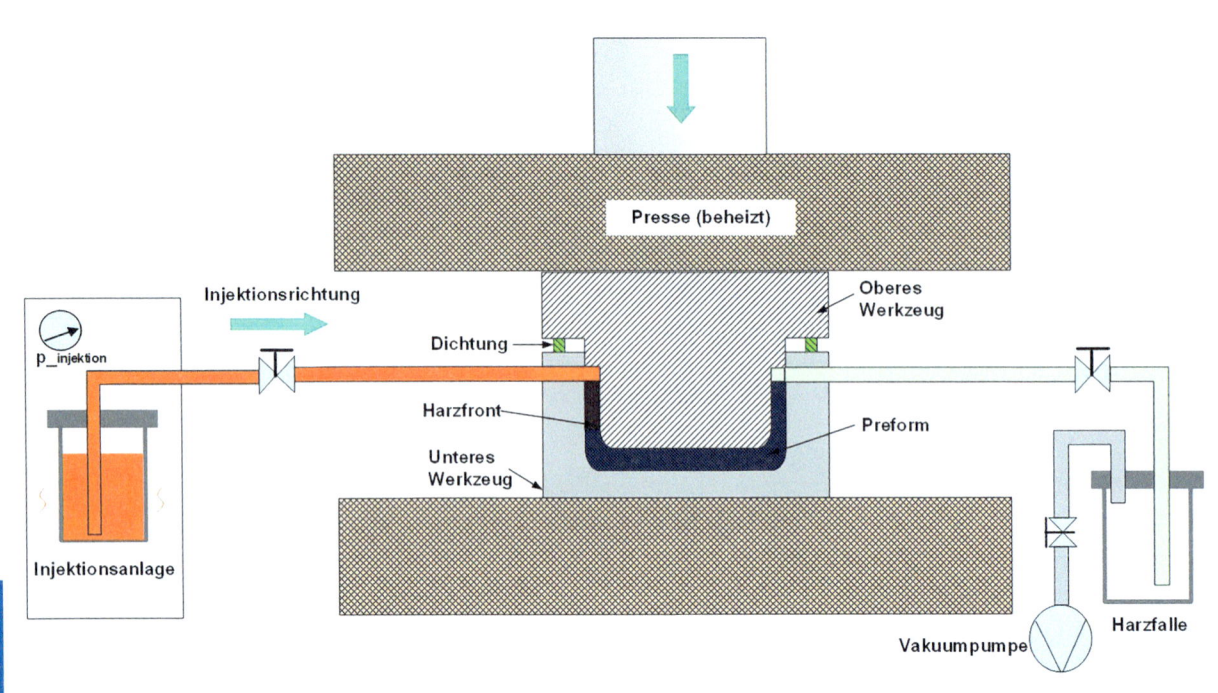

6 Fertigungstechnologien für faserverstärkte Kunststoffe

Abb. 6.53: Prinzip des VARTM-Verfahrens

eingelegt und das Werkzeug mittels einer flexiblen Folie versiegelt wird. Durch die Evakuierung des Versuchsaufbaus wird das Flüssigharz mittels Atmosphärendruck zum Durchströmen der Verstärkungsfasern „gezwungen". Die Imprägnierung der Fasern erfolgt durch einen Matrixfließprozess, der durch die flächige Verteilung der flüssigen Matrix auf der Oberfläche und einer anschließenden Verteilung in Dickenrichtung der Verstärkungsfasern unterteilt werden kann.

Nach Positionierung des textilen Faserhalbzeugs (Preform) in einer Werkzeughälfte werden weitere Sekundärwerkstoffe bzw. Hilfsstoffe, wie beispielsweise eine Fließhilfe und Harzzuführungsleitungen, appliziert. Als Gegenform wird lediglich eine Folienmembran verwendet, die mittels eines Dichtbandes vakuumdicht mit der festen Werkzeughälfte versiegelt wird. Die hierdurch entstehende Kavität, in der sich das trockene Faserhalbzeug befindet, wird mit einer Vakuumpumpe evakuiert. Durch den entstehenden Differenzdruck zwischen dem Harzeinlass und der Vakuumabsaugung wird die Tränkung der Faserverstärkung in einem Fließprozess der Matrix ermöglicht (Abb. 6.54). Von besonderer Bedeutung ist die Verwendung einer sogenannten Fließfhilfe, die im Vergleich zur Faserverstärkung eine ca. 100-

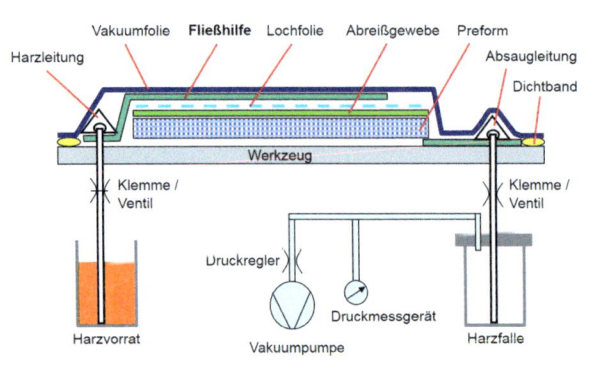

Abb. 6.54: Prinzip des Vakuuminfusionsverfahrens

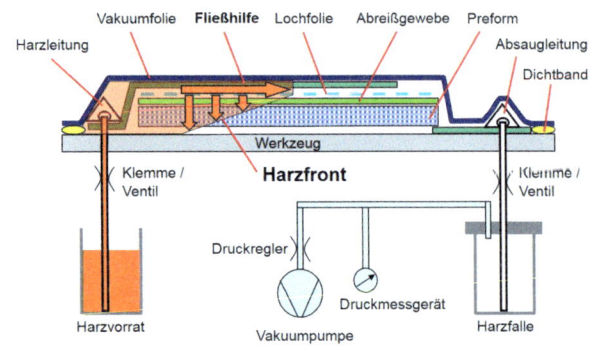

fach höhere Permeabilität besitzt. Somit können bei einer max. Druckdifferenz von ca. 1 bar auch lange Fließwege realisiert werden, da zunächst das Harz in die hochpermeable Fließhilfe einströmt und somit eine schnelle flächige Harzverteilung auf der Bauteiloberfläche ermöglicht. Anschließend erfolgt die Imprägnierung der Faserverstärkung in Dickenrichtung, weshalb sich ein sogenannter charakteristischer Harzfrontkeil ausbildet (Abb. 6.54). Als Fließhilfen kommen beispielsweise Gestricke oder Gewirke oder auch extrudierte Netze zum Einsatz. Letztgenannte werden aufgrund der begrenzten Drapierfähigkeit nur für einfache Bauteilgeometrien verwendet.

Der hier beschriebene Ablauf wurde erstmalig in einem Patent von Seeman als SCRIMP (Seeman Composites Resin Infusion Moulding Process) Verfahren im Jahr 1989 veröffentlicht (Seemann 1990). Auf einem sehr ähnlichen grundlegenden Tränkungsprinzip beruhen aber mehrere im Folgenden erläuterte Verfahren zur Herstellung von Faserverbundbauteilen.

VARI-Verfahren

Das Vacuum Assisted Resin Infusion Verfahren VARI (Geiger 1997, Feiler 2001 und 2004) ist sehr eng mit dem SCRIMP Verfahren verwandt. Es nutzt den bei Vakuuminfusionsverfahren maximalen Druckunterschied von 1 bar, um flächige Bauteile in Dickenrichtung, also senkrecht zu den Faserlagen, zu tränken (Abb.6.55). Vor der Infusion wird der Vakuumaufbau durch Verbindung der Vakuumpumpe zur Harzfalle (und somit auch die Gestaltung der Absaugung mit Verbindung durch die Fließhilfe zum textilen Faserhalbzeug) vollständig evakuiert. Nach dem Öffnen der Leitung aus dem Harzvorratsbehälter zur Harzangussleitung wird die Infusion gestartet. Das Harz verteilt sich aufgrund der hochpermeablen Fließhilfe zunächst auf der Bauteiloberfläche relativ schnell, da diese der Harzströmung nur wenig Fließwiderstand entgegensetzt. Gleichzeitig beginnt die Tränkung der Faserhalbzeuge in Dickenrichtung. Da diese Tränkung aufgrund der vergleichsweise geringen Permeabilität der Faserhalbzeuge deutlich langsamer erfolgt, entsteht eine keilförmige Harzfront im

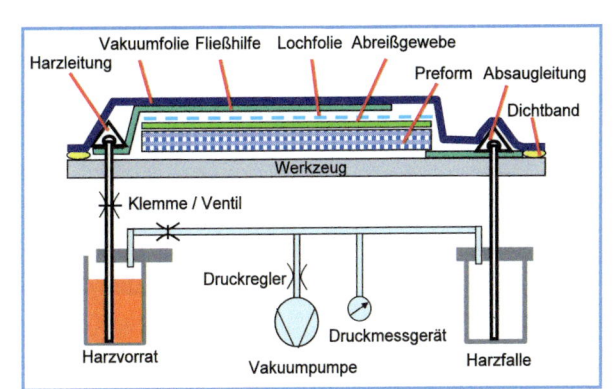

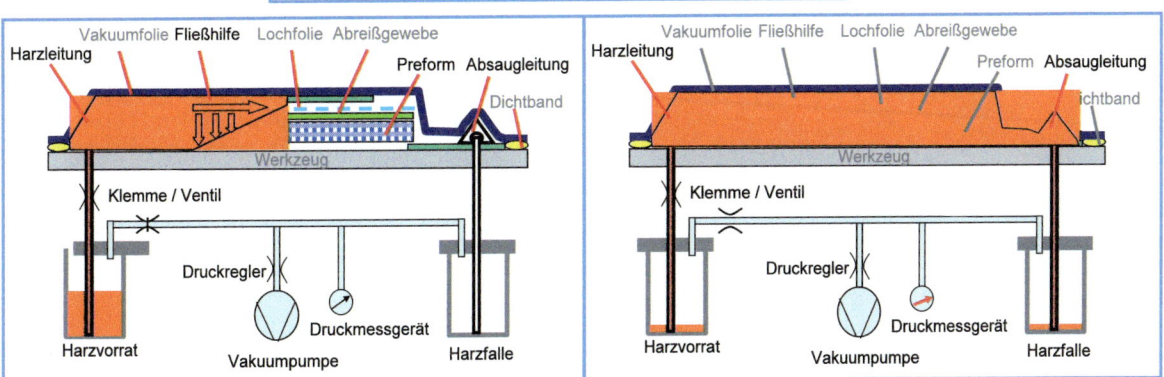

Abb. 6.55: *Prinzipskizze des VARI-Aufbaus und wesentlicher Prozessschritte*

Bauteil (Abb. 6.55). Bei vollständiger Durchtränkung des Bauteils fließt das Harz in die dafür vorgesehene Harzfalle. Im Unterschied zum SCRIMP Verfahren wird in einem weiteren Schritt die Harzzuleitung abgeklemmt und der Harzvorratsbehälter ebenfalls vakuumdicht verschlossen. Anschließend wird je nach gewünschtem Faservolumengehalt und verwendetem Material ein sogenannter Rücksaugdruck an eine Harzfalle und den Harzvorratsbehälter von wenigen 100 hPa angelegt. Nach erneutem Öffnen der Angussleitung und der Verbindungsleitung zur Harzfalle wird somit überall am Bauteil der gleiche Druck angelegt. Da somit kein Druckgefälle mehr vorhanden ist, stellt sich nach wenigen Minuten ein Druckgleichgewicht im kompletten Vakuumaufbau ein, was folglich zu einem homogenen Faservolumenanteil im Gesamtbauteil führt. Dieses Druckgleichgewicht bleibt auch während der Aushärtung erhalten. Das VARI-Verfahren findet beispielsweise bei der Fertigung von Rotorblättern für Windenergieanlagen (WEA) Anwendung (Abb. 6.56). Das Rotorblatt wird hierbei in einer sogenannten Schalenbauweise gefertigt, wofür die entsprechenden Belegungen durchgeführt werden müssen. Somit werden für ein Blatt aufgrund der aerodynamischen Profilausführung für den eigentlichen Rohbau der Schalen zwei Werkzeuge benötigt, wobei die einzelnen Produktionsvorgänge sehr ähnlich sind.

Die Werkzeuge bestehen ebenfalls aus mittels des VARI-Verfahrens um ein Urmodell mit einer Duromermatrix infiltrierten flächigen Faserhalbzeugen. Bereits bei der Produktion dieser Werkzeuge werden die Temperiereinrichtungen integriert, um einen späteren Aushärte- und Temperzyklus der Bauteile zu ermöglichen. Je nach Blattgeometrie sind Werkzeuglängen von 50 m keine Seltenheit. Nach erfolgter Werkzeugvorbereitung wird zunächst mit dem manuellen Einlegen von multiaxialen flächigen Glasfaserhalbzeugen entsprechend des Belegungsplans begonnen. Natürlich müssen im direkten Anschluss die wesentlichen Einbauten, wie beispielsweise die oft vorgefertigten Holmgurtlagen und weitere Faserhalbzeuglagen appliziert, die Hilfsstoffe und Anguss- sowie Absaugleitungen positioniert und der Vakuumsack mittels Dichtband verschlossen werden. Nach einem Dichtigkeitstest wird der Imprägniervorgang mittels eines niederviskosen Zweikomponenten-EP-Harzes durchgeführt. Um die Belegungszeiten der Werkzeuge so gering wie möglich zu halten und somit auch eine mögliche Werkzeugduplizierung aus kosten- und vor allem auch aus Platzgründen zu vermeiden, wird im direkten Anschluss der definierte Temper- bzw. Aushärtezyklus unter Temperatur gestartet. Eine analoge Vorgehensweise wird für die zweite Schale durchgeführt.

Nach der Aushärtung der Außenschalen erfolgen die Integration bzw. die Verklebung des Holmstegs und die Vorbereitungsarbeiten für den eigentlichen Verklebeprozess der Schalen zu einem Rotorblatt. Nach Aushärtung der Klebeschicht werden noch eine Oberflächenbehandlung und eine Lackierung durchgeführt. Zuletzt werden diese Arbeiten noch durch eine finale Ausrüstung und eine Qualitätsüberprüfung ergänzt, bevor der Transport zum Kunden erfolgen kann (Abb. 6.57).

Mit dieser Vorgehensweise ist eine Fertigung von einem Rotorblatt/Tag in einem 3-Schicht-Betrieb möglich. Diese Blätter mit einer Länge von ca. 50 Meter und einem Gewicht von ca. 12 Tonnen werden auf eine Lebensdauer von ca. 20 Jahren und ca. 100 Milliarden Lastwechsel konzipiert. Sie sind bereits Stand der Technik. Die Entwicklungen gehen vor allem im Offshore-Bereich in Richtung 60 bis 70 Meter Blattlänge bei mindestens gleichbleibender Lebensdauer.

VAP-Verfahren
Der Vacuum Assisted Process VAP wurde im EADS Konzern zur Herstellung hochwertiger Faserverbundbauteile für den Flugzeugbau entwickelt (Filsin-

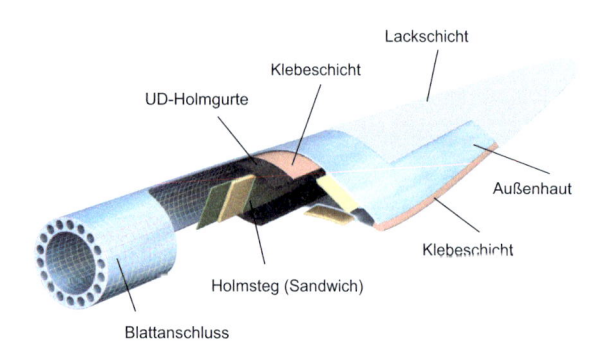

Abb. 6.56: *Bauweise von Rotorblättern für Windenergieanlagen in Anlehnung an (Gurit 2009)*

Abb. 6.57: *Prozesskette zur Fertigung von Rotorblättern für Windenergieanlagen (Quelle: SGL Rotec, Hinrich Graue, EUROS GmbH)*

ger 2001, Schröder 2004). Auch beim VAP-Verfahren ist das Tränkungsprinzip in Dickenrichtung beibehalten. Er zeichnet sich jedoch durch eine semipermeable Membran aus, die gas- aber nicht flüssigkeitsdurchlässig ist. Hierdurch wird im Aufbau ein Zweikammersystem erzeugt. Die untere Kammer wird bei der Infusion mit Harz gefüllt und besitzt ebenfalls die Fließhilfe zur flächigen Verteilung des Harzes auf der Bauteiloberfläche. Die Membran trennt diese Kammer von der harzfreien evakuierten Seite, und gewährleistet so eine flächige Vakuumabsaugung auf dem gesamten Bauteil. Der prinzipielle Ablauf und der Aufbau können Abbildung 6.58 entnommen werden.

Zu Beginn des Prozesses wird der komplette Aufbau über die obere Kammer evakuiert. Anschließend wird das Ventil zum Harzvorratsbehälter geöffnet und der Infusionsprozess läuft entsprechend dem VARI-Verfahren ab. Die Infusion wird durch das Schließen des Ventils beendet, nachdem die für den Aufbau errechnete Harzmenge zur Erzielung des gewünschten Faservolumengehalts eingebracht wurde. Die obere Kammer bleibt harzfrei. Üblicherweise bleibt zur Aushärtung das maximale Vakuum erhalten. Ähnlich wie beim VARI-Verfahren gibt es jedoch die Möglichkeit der Rücksaugung auch beim VAP-Verfahren, wofür eine weitere Pumpe angeschlossen werden kann.

Vorteil des VAP-Verfahrens ist beispielsweise, dass durch die flächige Überdeckung der Membran mittels Vlies ebenfalls eine flächige Absaugung realisiert wird und somit die zu wählende Absaugstrategie und Positionierung bereits definiert ist. Ebenfalls können hierdurch Ausgasungen des Harzes über die Membran abgesaugt werden, sodass sich diese nicht im Laminat einschließen. Während beim VARI-Verfahren zwingend vorentgaste Harze für die Herstellung von porenfreien Laminaten verwendet werden müssen,

6 Fertigungstechnologien für faserverstärkte Kunststoffe

Abb. 6.58: *Prinzipskizze des VAP-Aufbaus einschließlich einzelner Prozessschritte*

sind bei VAP auch mit nicht-entgasten Harzsystemen sehr gute Bauteilqualitäten zu erzielen. Als Anwendungsbeispiel sei hier die Cargo Door des Airbus A 400M erwähnt, an die als primäres Strukturbauteil des Flugzeugrumpfes hohe Qualitätsanforderungen gestellt werden (Abb. 6.59).

Abb. 6.59: *A 400M Cargo Door, hergestellt in VAP-Technologie (Quelle: Airbus /EADS & Premium Aerotec GmbH)*

Die Schale der Cargo Door mit einer Größe von ca. 6 m x 4 m wird in einem Schuss mit den darauf aufgebrachten Stringern im VAP-Verfahren infiltriert und im Umluftofen ausgehärtet. Dabei sind Faservolumengehalte von 60 ± 4 % und Porengehalte unter 2,5 Vol.-% zu erzielen. Als Verstärkungsfasern werden HT-Kohlenstofffasern in Multiaxialgelegen eingesetzt, die im manuellen Ablageverfahren in das Negativ-Werkzeug eingebracht werden. Alle anderen Bauteile, wie Rippen und Randträger, werden ebenfalls in separaten Werkzeugen im VAP-Verfahren hergestellt. Die Montage der Einzelteile zur fertigen Cargo Door wird mittels High-Lock-Bolzenverbindungen durchgeführt, da die Klebetechnologie für primäre Flugzeugstrukturen derzeit noch nicht zugelassen und für manche auftretenden Belastungen nicht ausreichend ist. Als letzter Schritt wird die Verriegelungsmechanik mit den Lasteinleitungshaken montiert (Abb. 6.59 – rote Bauteile).

Weitere Verfahrensvarianten bzw. kombinierte Verfahren (RI)

Zu den Verfahren der Resin Infusion (RI) gehören das RFI (Resin Film Infusion) und das RLI (Resin Liquid Infusion). Bei beiden Verfahren liegen die textilen Faserhalbzeuge und die Matrix (Harz/Härtergemisch) getrennt vor. Die Bestückung der einseitigen festen Formhälfte erfolgt durch eine schrittweise Einbringung der Faserhalbzeuge und des Harzes, das sowohl eine flüssige Konsistenz (RLI) haben oder auch als Film (RFI) vorliegen kann. Im Anschluss werden weitere Sekundärwerkstoffe bzw. Hilfsmittel und eine Vakuumfolie aufgebracht, die mit dem Werkzeug versiegelt werden. Die vollständige Durchtränkung der Faserhalbzeuge mit Matrix erfolgt während der Aufheizphase des Härtungsprozesses unter Druck, Temperatur und/oder Vakuum im Autoklaven. Im Unterschied zu den Flüssigharzimprägnierverfahren VAP oder VARI erfolgt die Durchtränkung der Faserverstärkung überwiegend in Dickenrichtung durch die Druckbeaufschlagung im Autoklaven. Somit sind beim RI-Verfahren sehr kurze Fließwege zurückzulegen, sodass ebenfalls hochviskose Matrixwerkstoffe zum Einsatz kommen können. Durch diese Tatsache können beispielsweise auch zähigkeitsmodifizierte Harzsysteme verwendet werden, um die Schadenstoleranz eines duromeren Faserverbundbauteils zu verbessern.

Das sogenannte RLI-Verfahren findet beispielsweise Anwendung in der Laminatherstellung für die Qualitätsprüfung von flächigen Faserhalbzeugen im Luftfahrtbereich. Vor dem eigentlichen Einbau bzw. der Verwendung in Luftfahrtstrukturen sind sowohl vom Halbzeughersteller Warenausgangsprüfungen als auch vom Anwender Wareneingangsprüfungen durchzuführen, womit die Qualität durch ein fest-

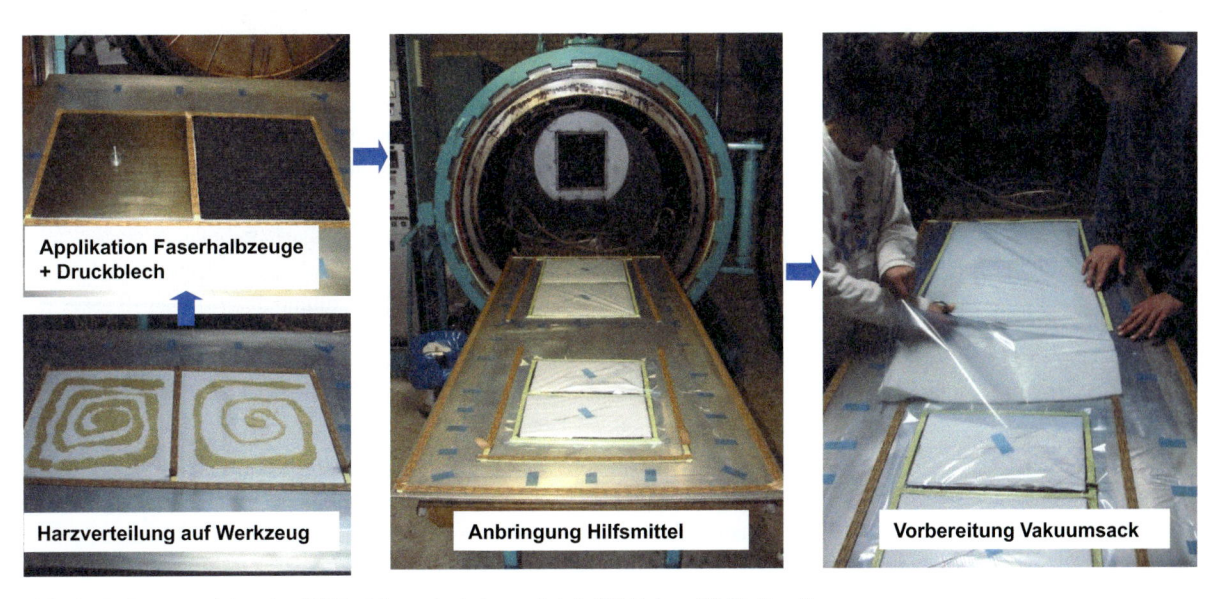

Abb. 6.60: *Prozessschritte des RLI-Verfahrens im Labormaßstab (IFB Universität Stuttgart)*

Druckkalotte mit Vakuumaufbau für Autoklavprozess **Ausgehärtete Druckkalotte**

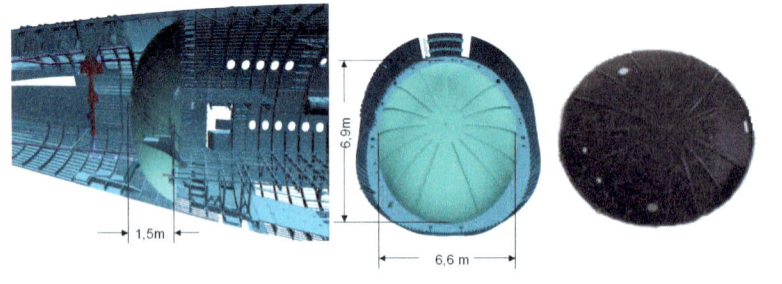

Visualisierung Einbau und Abmaße einer Druckkalotte   **Fertig bearbeitete Druckkalotte**   **Anwendung im A380**

Abb. 6.61: *Fertigung einer Druckkalotte für den A 380 nach dem RFI-Verfahren (Quelle: Airbus / EADS)*

gelegtes mechanisches Kennwertprogramm überprüft wird. Die Freigabe zur Weiterverarbeitung setzt die Einhaltung der Qualitätsanforderungen voraus. Die wesentlichen Prozessschritte für die Fertigung solcher Laminate mittels des RLI-Verfahrens im Labormaßstab zeigt Abbildung 6.60. Nach erfolgtem Vakuumaufbau und Vorevakuierung des Aufbaus wird der Autoklavzyklus entsprechend den materialabhängigen Parametern gestartet, und die Laminate werden unter Temperatur und Druck ausgehärtet.

Diesen Verfahren sind hinsichtlich der Bauteilgröße nahezu keine Grenzen gesetzt, jedoch eignen sie sich nicht für komplexe Geometrien. Dies kann beispielsweise dadurch begründet werden, dass das

Tab. 6.3: *Vor- und Nachteile verschiedener Harzimpägnierverfahren*

	Vorteile	Nachteile
Harzinjektions-verfahren (RTM, VARTM)	– Hochkomplexe und hochintegrale Bauteile realisierbar – Sehr gute Oberflächengüte (bis Class A) – Sehr gute Maßhaltigkeit – Keine weiteren Hilfsmittel erforderlich – Für sehr große Stückzahlen geeignet – Kurze Füll- und somit Prozesszeiten möglich	– Massive, teure Werkzeuge – Komplexe Infrastruktur (z. B. Heizpresse, Injektionsanlage) – Bauteilgrößen durch Werkzeugausführung, Werkzeuggewicht und Zuhaltekräfte begrenzt
Vakuuminfusions-verfahren (SCRIMP, VAP, VARI)	– Geringe Infrastrukturkosten – Filigrane, einteilige Werkzeuge (kostengünstig) – Integrale Strukturen realisierbar – Bauteilgrößen nahezu unbegrenzt (z. B. WEA-Rotorblätter mit bis zu 60 m Länge) – Für mittlere Stückzahlen und vor allem auch für Prototypenfertigung sehr gut geeignet	– Einseitig glatte Bauteiloberfläche – Verwendung von Hilfsmitteln für den Vakuumaufbau – Im Vergleich zu RTM schlechtere Maßhaltigkeit bzw. höhere Dickentoleranz
Harzinfusions-verfahren (RI, RFI, RLI)	– Sehr gut geeignet für schalenförmige Großstrukturen – Einteilige, kostengünstige Werkzeuge – Verwendung zähigkeitsmodifizierter EP-Harze möglich (Optimierung der Schadenstoleranz)	– Hohe Infrastrukturkosten – Verwendung von Hilfsmitteln für den Vakuumaufbau – Realisierung von hochintegralen, komplexen Bauteilen nicht möglich

manuelle Einbringen des Harzes (sowohl flüssig als auch als Film) auch bei stark gekrümmten Bauteilgeometrien oder mit großen Dickenschwankungen im Laminataufbau erschwert wird bzw. eine vollständige Imprägnierung, z.B. auch in Radien, nicht sichergestellt werden kann. Besonders gut geeignet sind die RI-Verfahren für Strukturbauteile in Schalenbauweise und ausgeglichener Lagenabstufung. Ein aktuelles Beispiel aus der Serienanwendung ist die Fertigung der Druckkalotte des A 380, die im RFI-Verfahren hergestellt wird (Abb. 6.61).

Structural Reaction Injection Moulding (S-RIM)

Das Structural Reaction Injection Moulding- (S-RIM) Verfahren ist dem Reaction Injection Moulding-Verfahren (RIM) sehr ähnlich. Die Materialvermischung vor dem Eintrag in das jeweilige Werkzeug erfolgt nach demselben Prinzip. Der Unterschied zum Reaction Injection Moulding besteht lediglich darin, dass dem Verfahren noch ein zusätzlicher Arbeitsschritt vorgeschaltet ist, in dem konfektionierte Faserhalbzeuge, meist aus Glasmatten oder anderen textilen Halbzeugen, vorgeformt und anschließend im Werkzeug positioniert werden. Im Anschluss erfolgt die Imprägnierung mit Polyurethan meist unter Druck.

Dieser Prozess kann entweder bei geschlossenem oder offenem Werkzeug mit meist festen Werkzeughälften durchgeführt werden, was abhängig vom injizierten Polyurethansystem ist.

Die Faserhalbzeuge (Preforms) sind meist Wirrfasermatten, die aus geschnittenen diskontinuierlichen Fasern oder gerichteten kontinuierlichen Fasern bestehen. Diese Matten werden entweder in flächiger Form eingelegt und nach der Materialinjektion beim Schließen des Werkzeuges in die richtige Form gepresst oder bereits bei der Herstellung in die gewünschte Bauteilform gebracht (Imprägnierung bei offenem Werkzeug).

6.3.3.4 Pultrusion

Der steigende Einsatz von Faserverbundwerkstoffen in praktisch allen Industriezweigen bedingt immer häufiger die Notwendigkeit einer großserienfähigen qualitätsgesicherten und kontinuierlichen Fertigung. Wichtige Verfahren auf diesem Weg basieren darauf, dass Fasern in einem kontinuierlichen Verfahren getränkt, abgelegt und ausgehärtet werden. Vertreter dieser Gruppe sind beispielsweise die Pultrusion oder auch die Wickeltechnologie.

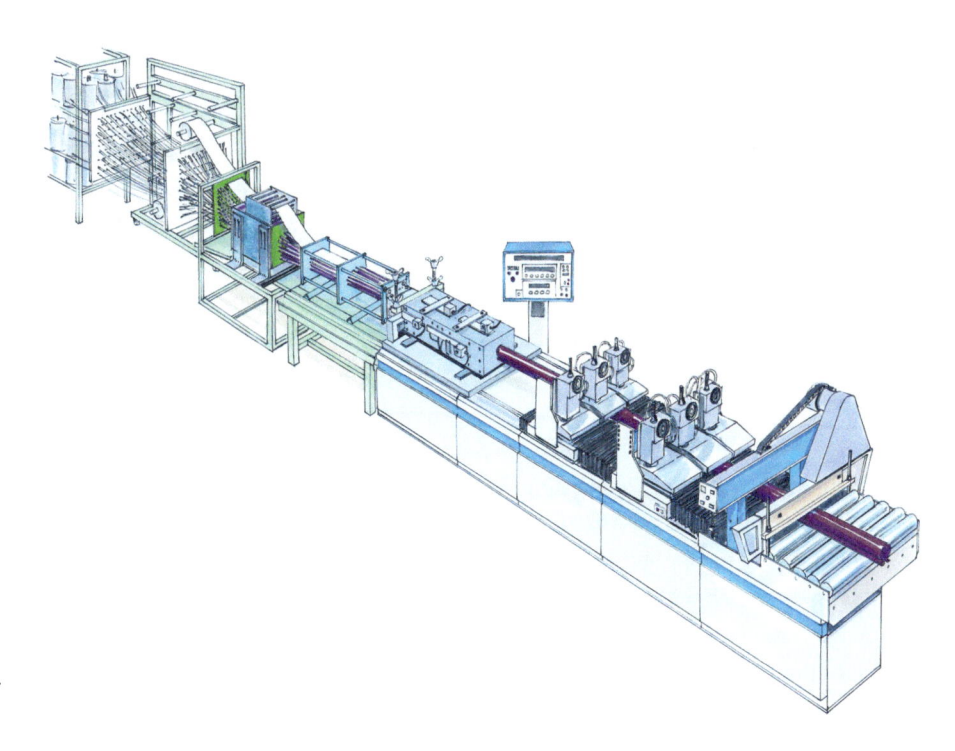

Abb. 6.62: *Prinzipskizze für klassische Pultrusion (Quelle: Pultrex)*

Die Pultrusion (dt. Strangziehen) ist ein einfaches, kontinuierliches, automatisiertes und zugleich kostengünstiges Verfahren zur Herstellung von faserverstärkten Kunststoffprofilen in gleichbleibend hoher Qualität mit hohen spezifischen mechanischen Eigenschaften, das in seinen Grundzügen seit den 50er Jahren angewandt wird. Dabei werden Verstärkungsfasern sowie – je nach Anwendung – Textilien auf Basis von zumeist Glas-, Kohlenstoff- oder Aramidfasern mit einer Duromermatrix (ungesättigte Polyester, Epoxidharze, Vinylester) imprägniert und durch ein beheiztes formgebendes Werkzeug (sog. Kulisse) gezogen (engl.: to pull) und ausgehärtet. Die Imprägnierung kann in einem offenen Harzbad, ähnlich der Nass-Wickeltechnologie, oder durch eine direkte Harzinjektion ins Werkzeug erfolgen (Abb. 6.62). Es entstehen damit endlose Profile, deren Faserorientierung bei der klassischen Pultrusion jedoch im Wesentlichen auf die Längsrichtung (d. h. in Ziehrichtung bzw. Produktionsrichtung) beschränkt ist.

Eine Anlage besteht somit aus folgenden Basiseinheiten:

- Zuführungseinheit des Verstärkungsmaterials mit vorgeschaltetem Spulengatter. Optional können auch weitere Halbzeuge (z. B. Gewebebänder) parallel zugeführt werden, um eine multiaxiale Faserausrichtung zu erzielen.
- Eigentliche Imprägniereinheit mit Tränkbad (kann als Tauchbad oder auch mit Rollen aufgetragen werden), an die eine Art Harzabstreifer anschließt. Teilweise kann auch eine direkte Imprägnierung im Werkzeug mittels Harzinjektionsverfahren erfolgen, dann entfällt das Tränkbad. Diese Technologie wird u. a. auch bei in-situ polymerisierenden thermoplastischen Matrices eingesetzt.
- Formgebungseinheit (temperiertes Werkzeug zur An- bzw. Aushärtung bzw. zum Aufschmelzen und der anschließenden Abkühlung)
- Transport-Abzugseinheit
- Abläng- bzw. Schneideinheit
- Nachgeschaltet werden kann noch eine Temperierstation zur vollständigen, jedoch freistehenden Aushärtung.

Abb. 6.63: *Beispiel diverser stranggezogener Profile (Quelle: Strongwell)*

Abbildung 6.63 zeigt unterschiedliche Profilquerschnitte für Anwendungen im Bereich von Stabwerken, Barrenholmen, im Nutzfahrzeug- oder Brückenbau und für Gebäudeprofile.

Neben der klassischen Pultrusion haben sich heute noch weitere Verfahrensvarianten etabliert, die wie folgt aufgeteilt werden können:

- Pultrusion mit flächigen Glasfaserprodukten (Ausführung als Textilband)
- Pultrusion von Vorformlingen (komplexes Verfahren)
- Pullwinding (Profilziehen mit zusätzlich kontinuierlichem Wickeln)
- Pullbraiding, sog. Flechtpultrusion

Besonders erfolgversprechend ist hierbei die Kombination aus Pultrusion und Wickeln bzw. Flechten, das sogenannten Pullwinding bzw. Pullbraiding (Abb. 6.64), mit dem kontinuierlich Hohlprofile und Rohre (mit einem Durchmessern von bis zu 100 mm) mit hoher Produktivität sowie Leichtbaugüte hergestellt werden können. Der Vorteil dieser Verfahrensvarianten liegt darin, dass multidirektionale Faserstrukturen in einem kontinuierlichen Prozess hergestellt, mit Matrix imprägniert und ausgehärtet werden können.

Pullwinding ist ein Pultrusionsverfahrens, das die Einbringung von mehrachsigen Faserverstärkungen ermöglicht. Das Verfahren kombiniert das Prinzip vom Wickelverfahren (engl.: Filament Winding) im Pultrusionsprozess, indem einzelne Rovings kontinuierlich mit Harz getränkt und mittels um den Dorn rotierender

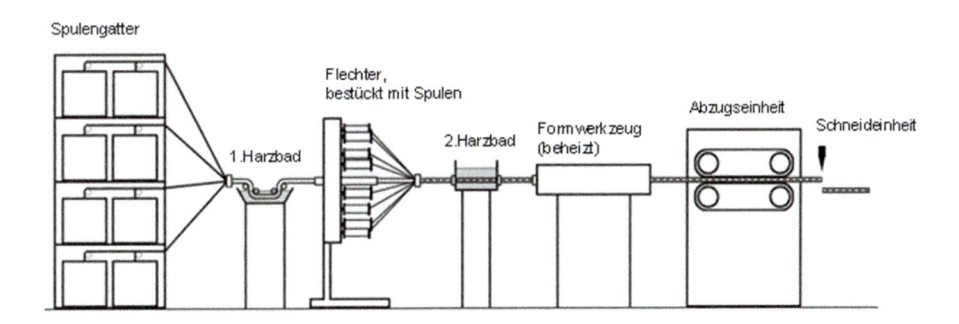

Abb. 6.64 : *Prinzipskizze des Pullbraiding (Ahmadi 2009)*

Wickelköpfe abgelegt werden. Die (quasi) quer zur Längsrichtung orientierten Fasern halten die Profilstruktur zusammen, sodass formstabilere rohrförmige Profile hergestellt werden können (Abb. 6.65). Das Ziel dieser Faserkonfigurationen ist eine Erhöhung der Biegefestigkeit und der Steifigkeit in Radialrichtung von rohrförmigen Profilen (Dispenza 2002, Lim 2002).

Das Pullwinding ähnelt somit der traditionellen Pultrusion, abgesehen von der Tatsache, dass hier im Wesentlichen Rundstäbe und Hohlprofile hergestellt werden können. Einige Anwendungsbeispiele sind: Segelmaste, teleskopische Strukturen, Wellen und Sportschäfte. Einige Patente beschreiben Lösungswege, mittels derer im Pullwinding hergestellte Profile in komplexen Bauteilen integriert werden können. Die Herausforderungen sind hier, einerseits die Harmonisierung zwischen Material und Prozessführung für diese kombinierten Technologien bereitzustellen, um eine entsprechend reproduzierbare Qualität auch bei hohem Durchsatz sicherzustellen. Andererseits ist ebenfalls ein besonderes Augenmerk auf die Berechnung bzw. auf die strukturmechanische Auslegung solcher Bauteile zu richten. Auch wenn bereits im Pullwinding hergestellte Profile teilweise auf dem Markt angeboten werden, sind weitere Forschungen im Bereich „Material und Prozessführung" als auch in Bezug auf „Designrichtlinien" für die kombinierten Technologien zwingend erforderlich, um in Zukunft eine Etablierung unter industriellen Bedingungen sicherzustellen. Dies gilt auch für das sich in der Entwicklung befindende Pullbraiding, bei dem das Flechten mit der Pultrusion vor der Imprägnierung kombiniert wird, um die gezielt einstellbaren Winkellagen in den Randschichten zu nutzen.

6.3.3.5 Faserwickeln

Beim Faserwickeln werden eine oder mehrere parallele Rovings imprägniert und auf die Oberfläche eines rotationssymmetrischen Kerns (Mandrel) auf einem definierten Pfad abgelegt(Abb. 6.66). Dies geschieht, indem der Kern gedreht wird und gleichzeitig die Fasern mittels einer Führungsvorrichtung positioniert werden. Im einfachsten Fall hat eine Wickelmaschine zwei Achsen, die relativ zueinander kontrolliert bewegt werden: (1) die Rotationsachse des Kerns und (2) die translatorische Bewegung des Fadenauges. Aus dem Geschwindigkeitsverhältnis von Dreh- und

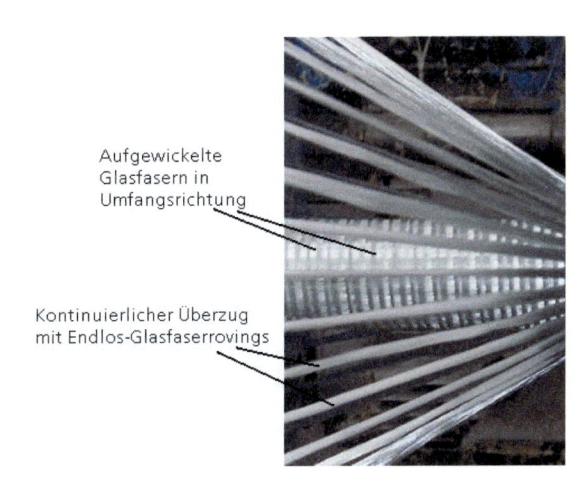

Abb. 6.65: *Prinzip des Pullwinding (Top Glass)*

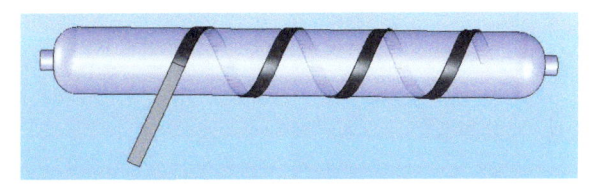

Abb. 6.66: *Faserwickeln auf rotierendem Kern (Faserpfad helixförmig, Faserwinkel ca. 45°) (Quelle: Pultrex Limited)*

Abb. 6.67: *Rohrwickeln mit parallelen Rovings (Fadenauge, imprägnierte Fasern und fast vollständig bewickeltes Rohr, Faserwinkel ca. 60°) (Quelle: EHA)*

Längsbewegung ergibt sich der Ablagewinkel der Fasern. Für die Herstellung von Rohren ist eine 2-achsige Maschine ausreichend (Abb. 6.67).
Es gibt darüber hinaus auch Wickelmaschinen mit bis zu sechs Bewegungsachsen, wodurch Bauteile mit ovalem oder rechteckigem Querschnitt, solche mit variablem Durchmesser und sogar auch einige nicht-rotationssymmetrische Strukturen hergestellt werden können, z. B. Rohrkrümmer, T-Fittings, Rotorblätter,… Die Voraussetzung an die geometrische Form des Wickelkerns (auch Wickeldorn genannt) bleibt jedoch eine konvexe Krümmung in mindestens einer Richtung.

1. Achse: Spindel, Rotation des Wickelkerns
2. Achse: Horizontalbewegung des Fadenauges (X-Achse) (inklusive Tränkeinheit)
3. Achse: Horizontalbewegung des Fadenauges (Y-Achse)
4. Achse: Vertikalbewegung des Fadenauges (Z-Achse)
5. Achse: Rotationsachse des Fadenauges (eye ‚roll' /…um die Y-Achse)
6. Achse: Anstellwinkel des Fadenauges (eye ‚yaw' /…um die Z-Achse)

Die meisten Hersteller von Wickelmaschinen bieten eine Auswahl von zwei bis sechs Achsen. Anstelle von speziell konstruierten Wickelmaschinen können die Bewegungen der 2–6. Achse auch mittels eines Industrieroboters durchgeführt werden. Eine weitere Spezialkonstruktion besteht darin, dass die 1. und 2. Achse kombiniert werden, also der rotierende Kern auf einer Lineareinheit vor- und zurück fährt, während Tränkbad und Fadenauge feststehen. Die Relativbewegungen der verschiedenen Achsen können vorausberechnet, per CAD visualisiert und in Maschinensteuerdaten überführt werden (Abb. 6.68).

Hierbei wird stets der bestmögliche Kompromiss zwischen den gewünschten Faserwinkeln zur Aufnahme der mechanischen und thermischen Belastungen des Bauteils und den geometrisch möglichen Pfaden berechnet. Weitere Kriterien sind eine möglichst gleichmäßige Wanddickenverteilung und die Vermeidung des Abhebens (normal zur Oberfläche) und Abrutschens (tangential zur Oberfläche) der imprägnierten Fasern – auch unter Berücksichtigung des Reibungskoeffizienten. Durch die Verwendung von Stiftkronen (pins) wird auch bei sehr kleinen Faserwinkeln (0°–15°) ein Abrutschen verhindert. Somit ist es möglich, Verstärkungsfasern in Achsrichtung zu platzieren oder auch Behälter mit flachen Böden herzustellen (Abb. 6.69).

Neben den erwähnten Bewegungsachsen und den dazugehörigen Maschinenelementen beinhaltet eine Faserwickel-Anlage noch folgende Basiseinheiten:

- Gestell zur Lagerung und Abzug der Verstärkungsfasern
    - optional mit Fadenspannungsregler (Tänzer), insbesondere bei Kohlenstofffasern und Spulen mit Außenabzug

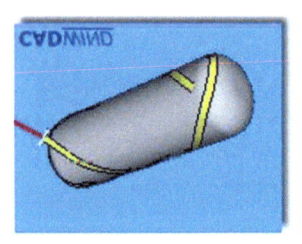

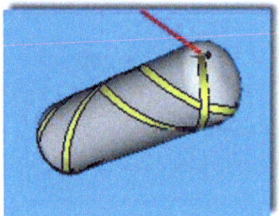

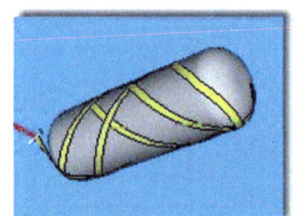

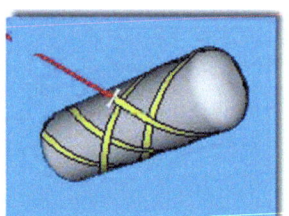

Abb. 6.68: *Visualisierung von Ablagepfaden zur Überführung in Maschinensteuerdaten (CAD)*

Abb. 6.69: *Faserpfad beim Wickeln eines Behälters (Quelle: EHA)*

- optional können weitere Halbzeuge, z.B. Bänder aus kontinuierlichen Wirrfasermatten oder Gewebebänder, parallel zugeführt werden, um eine multiaxiale Faserausrichtung zu erzielen
- Vorrichtung zum Imprägnieren der Fasern
  - Tauchbad
  - optional Walzentränkbad (Abb. 6.71)
  - optional: beheiztes Bad (für hochviskose Epoxidharze)
- Wärmeofen zur Aushärtung; speziell bei Epoxidharzen ist eine Warmaushärtung und sogenannte Nachhärtung erforderlich. Dabei rotiert der bewickelte Kern in einem Ofen, um ein Herabtropfen des Harzes zu vermeiden. Je nach Harzsystem wird vom Hersteller ein definierter Temperaturverlauf empfohlen, der bei einer Temperaturbeaufschlagung von bis zu 150° C mehrere Stunden dauern kann.
- Kern / Wickeldorn. Der Kern definiert die Oberflächenqualität der Innenseite der gewickelten Faserverbundstruktur. Dabei entspricht die Oberfläche der Innenseite der Oberflächenqualität der Kernstruktur. Aufgrund einer besseren Entformbarkeit empfiehlt es sich, die Oberfläche

des Metallkerns zu polieren. Zur Vereinfachung des Entformens wird ein Formtrennmittel auf die Oberfläche des Wickelkerns oder eine erste Schicht Polyesterfolie aufgebracht. Kerne sind:
  - Einteilig
  - Mehrteilig / kollabierbar (Sonderkonstruktionen für Durchmesser > 2 m)
  - Verbleibend (rotations- oder blasgeformte Strukturen für Behälter)
- Kernzugeinheit: Hydraulische Vorrichtung zum Herausziehen des Kerns aus einem Rohr. Je nach Länge (bis 6 m) und Durchmesser der Rohre sind Kräfte von bis zu 50 mt erforderlich.

In der Wickeltechnik kommen die bekannten Fasern, Matrices und Füllstoffe zum Einsatz. Die Auswahl der erhältlichen Harztypen und Harz/Härter-Systeme ist sehr umfangreich und erfolgt vom Konstrukteur zielgerichtet. Das große Anwendungsgebiet der Tanks und Behälter wird dominiert durch die Verwendung von E-Glasfaser-Rovings und Polyester oder Vinylester – je nach Korrosivität der zu speichernden Medien. Oftmals wird die erste gewickelte Schicht mit Glasfaservlies gewickelt, sodass sich eine harzreiche Korrosionsschutzschicht bildet.

Für Rohrleitungen und Behälter, die einem hohem Innendruck und Druckwechselbeanspruchungen ausgesetzt sind, werden Epoxidharze bevorzugt – ebenso für solche Anwendungen, bei denen die elektrische Isolation die wichtigste Anforderung ist. Fast alle der im Folgenden beschriebenen Bauteile aus dem Bereich Sport und Freizeit sowie der Mobilität (Antriebswellen) und alle militärischen und Luftfahrt-Anwendungen verwenden Epoxidharze zusammen mit Kohlenstofffasern.

6.3.3.6 Anwendungsbeispiele

Unter den verschiedenen Herstellprozessen für Faserverbundwerkstoffe hat das Faserwickeln einen Marktanteil von 10–15 % (AVK-TV). Die Vielfalt der verschiedenen Anwendungsgebiete und die unterschiedlichen Größen der im Wickelprozess hergestellten Bauteile werden in der folgenden Aufzählung deutlich. Für den Leichtbau relevant sind vor allem

Abb. 6.70: *Walzentränkbad zum Imprägnieren der Fasern (Quelle: EHA)*

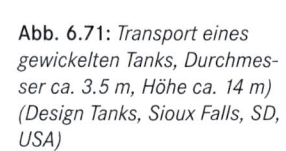

Abb. 6.71: *Transport eines gewickelten Tanks, Durchmesser ca. 3.5 m, Höhe ca. 14 m) (Design Tanks, Sioux Falls, SD, USA)*

Anwendungen, wie Antriebswellen für Automobile, Nutzfahrzeuge und Schiffsantriebe sowie Handhabungseinheiten. Für Anwendungen in der Luftfahrt werden selbst Rümpfe im Wickelverfahren hergestellt. Bei militärischen Anwendungen findet das Wickelverfahren bei der Herstellung von Raketengehäusen Einsatz. Gerade bei dieser Anwendung steht die Gewichtsreduzierung besonders im Vordergrund. Auch das Gewicht von Druckbehältern spielt in der Mobilität eine große Rolle. Dazu zählen Behälter für Flüssiggas, Erdgas bis hin zum Wasserstoffbehälter, die auch bei Satelliten eingesetzt werden. Prinzipiell eignet sich das Verfahren für die Herstellung von Behältern, die hohem Druck und Korrosion widerstehen und trotzdem leicht sein müssen.

Aber auch bei Sportartikeln, wie Ski- und Wanderstöcke, Rohre für Fahrradrahmen, Stabhochsprungstäbe, Masten für Windsurfer, Jollen und Yachten, Golfschläger, Paddel, Ruder, Baseballschläger, Zeltstangen, etc. ist die Gewichtseinsparung der Treiber für den Einsatz des Faserwickelverfahrens.

Neben den Gewichtsvorteilen spielen vor allem die Korrosionsresistenz, d.h. die Beständigkeit gegenüber chemischen Medien sowie die guten Isolationseigenschaften eine bedeutende Rolle. Hierzu zählen Anwendungen wie Hochspannungsmasten, Straßenbeleuchtungen, Antennensysteme, Silos und Tanks (vertikal z.B. Getreidespeicher oder Chemikalientanks, horizontal z.B. Tankwagen und Untergrundtanks für Kraftstoffe) (Abb. 6.71).

Auch medienführende Systeme für Hoch- oder Niederdruckanwendungen sowie zur Förderung korrosiver Medien wie vor allem Rohre (mit Durchmessern von 3 mm bis > 3 m. Wanddicke von 0,5 bis 50 mm) aber auch Rohre bis 9 m Durchmesser zur Rauchgasentschwefelung von Braunkohlekraftwerken oder speziell konstruierte Sondermaschinen werden im Faserwickelverfahren hergestellt (Abb.6.72).

6.3.3.7 Sonderverfahren

Die räumliche und zeitliche Trennung von Imprägnieren und Wickeln erlaubt die jeweils separate Optimierung der Verfahrensschritte. Die (Kosten)-Vorteile sind stark abhängig vom jeweiligen Bauteil, den Losgrößen und der Ausstattung bzw. dem Maschinenpark des Herstellers.

- Trockenwickeln und anschließendes Imprägnieren (RTM)
- Wickeln duromerer Prepreg-Bändchen. Die Fasern in solchen Prepreg-Bändchen sind bereits perfekt parallel ausgerichtet und imprägniert; es lassen sich kürzere Wickelzeiten realisieren
- Wickeln von thermoplastischen Prepreg-Bändchen. Die Imprägnierung von Fasern mit einer (hochviskosen) thermoplastischen Schmelze stellt besondere verfahrenstechnische Anforderungen und lässt sich besser außerhalb einer Wickelanlage realisieren. Beim Wickeln solcher Tapes ist es erforderlich, das thermoplastische Matrixpoly-

Abb. 6.72: *Herstellung von Rohren zur Rauchgasentschwefelung (Quelle: Hille-Engineering)*

mer lokal wieder aufzuschmelzen (z. B. mit Laser oder Heißluft) und gleich danach mit den darunter liegenden Schichten zu verschweißen und zu konsolidieren

- Das „Automated Tape Placement" (ATP)-Verfahren kann als eine Weiterentwicklung des Wickelns mit Prepregs betrachtet werden. Hierbei sind keine rotierenden und rotationssymmetrischen Wickelkerne mehr erforderlich, sondern das Tape wird auf oder in eine offene Form abgelegt. Am Ende des Ablegepfads muss das Tape jeweils abgeschnitten werden. Die Formen sind statisch und können konvex oder auch konkav gewölbte Bereiche aufweisen, z. B. Flugzeugrümpfe, -flügel und Rotoren für Windenergieanlagen.

6.4 Fertigungsverfahren für kontinuierlich faserverstärkte Thermoplaste

6.4.1 Tapelegetechnologien

UD-Tapes, die im Pulver-, Schmelz- oder Textilimprägnierverfahren hergestellt werden können (Kap. II.7), werden vorzugsweise dann eingesetzt, wenn ausgeprägte Lastpfade im Bauteil vorhanden sind oder hohe Bauteilfestigkeiten und -steifigkeiten angestrebt werden. Im Vergleich zu sogenannten Organoblechen, die aus imprägnierten textilen Halbzeugen bestehen, bieten UD-Tapes aufgrund der gerichteten Fasern und der Vermeidung der Ondulation durch textile Prozesse sowie hoher Faservolumengehalte ein hohes Leichtbaupotenzial. Des Weiteren ist es möglich, die Faserorientierungen innerhalb der Einzellagen beliebig einzustellen und Wandstärkenunterschiede innerhalb eines Bauteils durch unterschiedliche Lagenzahlen zu realisieren. Zudem können Tapes auch bei komplexen Geometrien lokal in hoch belasteten Bauteilbereichen eingesetzt werden. Übliche kommerziell am Markt angebotene Halbzeugwandstärken bewegen sich zwischen 0,1 und 0,4 mm (Graf 2016).

Zur Verstärkung von hoch belasteten Bauteilen werden in der Regel mehrere UD-Tapelagen verwendet, die vor der Verarbeitung in etablierten Großserienverfahren, wie dem Thermoplast-Spritzgießen oder dem LFT-D Fließpressen, verbunden werden müssen. Die Konsolidierung einzelner Tapelagen kann prinzipiell zu unterschiedlichen Zeitpunkten im Bauteilherstellungsprozess erfolgen und wird in den Tapeablegeprozess bei gleichzeitiger Konsolidierung der Einzellagen und ohne gleichzeitige Konsolidierung bei einer Fixierung der Gelegelagen durch lokales, oft punktförmiges Verschweißen unterschieden.

Tapelegeprozess mit lokaler Fixierung des Aufbaus

Die komplette Prozesskette zur Herstellung von UD-Tape verstärkten Bauteilen umfasst im Tapelegeprozess mit lokaler Fixierung des Aufbaus mehrere Einzelschritte (Abb. 6.73).

Zunächst werden die Verstärkungsfaser und die einbettende Thermoplastmatrix anhand der Anforderungen, wie Einsatztemperatur, mechanische Belastung, chemische Beständigkeit etc. an das Bauteil ausgewählt. Im Rahmen der Bauteilauslegung und -optimierung folgt dann der Lagenaufbau unter Berücksichtigung der Hauptlastpfade und der Prozessgrenzen. Während des eigentlichen Tapelegens wird das zuvor definierte Tape der Tapelegeanlage zugeführt, automatisiert abgelängt, positioniert und lokal

Abb. 6.73: *Prozessschritte beim Thermoplast-Tapelegen (Quelle: Fraunhofer ICT)*

Abb. 6.74: *Großserienfähige Tapelegeanlage Fiberforge (Quelle: Fraunhofer ICT)*

per Ultraschallschweißung an der darunterliegenden Lage fixiert.

Um das lokal fixierte Tapegelege in den nachfolgenden Prozessschritten weiter verarbeiten zu können, wird der Lagenaufbau konsolidiert. Dazu können entweder hydraulische Heizpressen, beheizte Doppelbandpressen oder Vakuumkonsolidieranlagen verwendet werden. Im Vergleich zum Konsolidieren mit Pressen bietet das Vakuumkonsolidieren die Möglichkeit, Lufteinschlüsse im Gelege während des Konsolidierprozesses zu beseitigen und so in kürzeren Zykluszeiten höhere Bauteilqualitäten zu erzeugen. Im Wesentlichen wird beim Vakuumkonsolidieren das Gelege zwischen zwei Infrarotstrahlungstransmittierenden Werkzeugwänden platziert und anschließend unter Vakuum mit Infrarotstrahlung über Schmelztemperatur aufgeheizt. Danach wird das Gelege unter Vakuum in einer Kühlstation abgekühlt, bevor es aus der Anlage entnommen und weiterverarbeitet werden kann (Baumgärtner 2018).

Die Weiterverarbeitung der auf diese Weise hergestellten belastungs- und prozessoptimierten Halbzeuge erfolgt mit denselben Verfahren wie die Verarbeitung von Organoblechen.

Tapelegeprozess bei gleichzeitiger Konsolidierung der Einzellagen

Beim Tapelegeprozess bei gleichzeitiger Konsolidierung wird jede Einzellage, bzw. deren Oberfläche, über Schmelztemperatur erhitzt und unter Druck abgelegt. Der Konsolidierprozess findet also direkt beim Ablegen der Einzellage statt. Dieser Prozess, auch AFP (Automated Fiber Placement) Verfahren genannt, kann sowohl mit duromeren Tapes oder sogenannten Towpregs als auch mit thermoplastischen Tapematerialien durchgeführt werden. Im Vergleich zur Infrarotaufheizung der Prepreg-Materialien beim duromeren AFP Prozess, kommen beim thermoplastischen AFP Prozess in der Regel leistungsstarke Lasersysteme zum Einsatz, um mehrere nebeneinanderliegende 1/4 oder 1/8 Zoll breite thermoplastischen Tapes innerhalb kürzester Zeit an der Oberfläche über Schmelztemperatur zu erhitzten, um eine kohäsive Verbindung zur darunterliegenden Lage zu schaffen. Die eigentliche Konsolidierung findet wie beim duromeren AFP-Prozess unmittelbar nach der Aufheizung durch eine am Ablegekopf angebrachte Andruckrolle statt. Dadurch können die Einzellagen lastpfadgerecht auf das Werkzeug, bzw. auf die bereits abgelegten Tapelagen, aufgebracht werden.

Abb. 6.75: *Großserienfähige Vakuumkonsolidieranlage Fibercon (Quelle: Dieffenbacher)*

6.4.2 Formgebung kontinuierlich faserverstärkter Organobleche und konsolidierter Gelege

Formgebung von Organoblechen – Pressverfahren

Bei den serientauglichen Pressverfahren erfolgt eine externe Erwärmung des thermoplastischen Halbzeugs, das anschließend biegeschlaff mit Hilfe einer Transportvorrichtung in die Umformstation zu transferieren ist. Die Art der Fixierung hängt von der nachfolgenden Formgebung ab (Abb. 6.76).
Zur Erwärmung kommen Paternosterumluftöfen (Abb. 6.77) oder Infrarotstrahler zum Einsatz.
Eine Nachimprägnierung im Werkzeug sollte möglichst vermieden werden, da diese während der Umformung ohne prozessverlängernde Zusatzmaßnahmen wie Pressdruckerhöhung oder geringe Abkühlraten nur eingeschränkt möglich ist (Ostgathe 1996, Breuer 1996-1). Aufgrund der erreichbaren kurzen Zykluszeiten eignen sich besonders die schnell schließenden Pressverfahren für mittlere bis große Serien (Breuer 1996-2). Eine Parallelitätsregelung ist bei der gleichmäßigen Werkzeugbelegung nicht erforderlich.

Umformen mit Gummiwerkzeugen

Im Stempelumformen mittels Gummiwerkzeugen bildet die Verformung des Elastomers das Halbzeug auf einer Patrize oder einer Matrize aus Stahl ab (Abb. 6.78). In Abhängigkeit der Werkzeuggeometrie entstehen Zonen großer und kleiner Verformung des Gummipolsters, die zu einem inhomogenen Konsolidierungs- bzw. Formdruck führen. Die Formteilgeometrie ist zudem durch die maximale Verformbarkeit

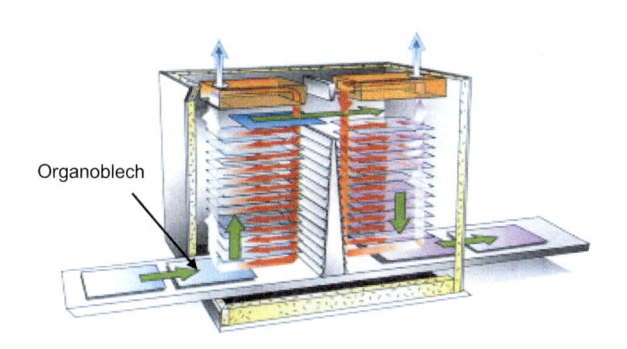

Abb. 6.77: *Erwärmung von Organoblechen in einem Paternoster-Umluftofen*

des verwendeten Elastomers begrenzt. Sehr von Vorteil beim Gummipolster ist der Einsatz unterschiedlicher Formen bei gleichem Unterwerkzeug. Es ist allerdings auf die Alterungs- und Temperaturbeständigkeit des Elastomers zu achten. Bei größeren Stückzahlen ist das Elastomer wegen Verschleiß häufig auszuwechseln.

Den Vorteilen der kurzen Taktzeiten, der günstigen Werkzeugkosten (nur eine Werkzeughälfte erforderlich), der zumindest einseitigen guten Oberflächenqualität, der hohen Automatisierbarkeit, der Möglichkeit von Formteilhinterschneidungen und der Wanddickenvariation stehen zahlreiche Nachteile, wie vor allem ein geringer und ungleichmäßiger Werkzeuginnendruck, der verschleißanfällige Gummi, die einseitige Temperierung, die Eigenspannungen im Bauteil zur Folge hat, und die Formungenauigkeit bei kleineren Radien entgegen. Aus diesem Grund wird diese Technik nur für einfache Geometrien und kleine Serien in der Luft- und Raumfahrt, wie die Herstellung von Wand- und Bodensegmenten eingesetzt (Offringa 1995). Um den Verschleiß zu minimieren und die Ausformung in den Kantenbereichen und an

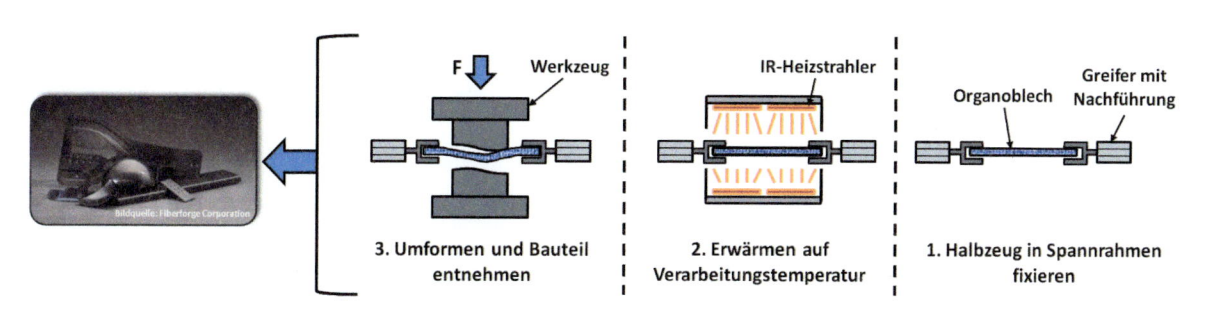

Abb. 6.76: *Verfahrensablauf zum Formen von Organoblechen (IKV Aachen)*

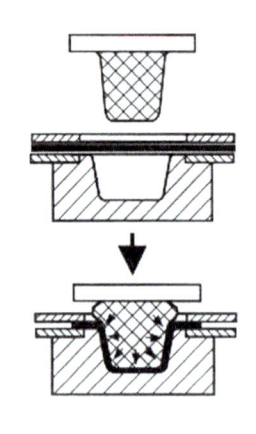

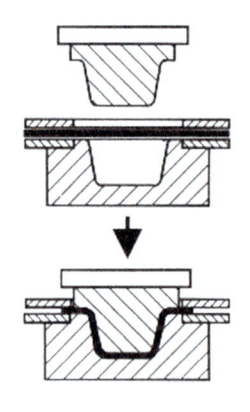

Abb. 6.78: *Pressformtechnologien für thermoplastische HLFVW-Halbzeuge (Jakob Kunststofftechnik)*

den Radien zu verbessern, ist auch die Beschichtung einer Werkzeughälfte mit Elastomer denkbar.

Pressformen mit Metallwerkzeugen

Das Pressformen mit Metallwerkzeugen, auch Match-Metal-Molding genannt, arbeitet mit zwei aufeinander abgestimmten Metallwerkzeugen, welche die oben genannten Nachteile bis auf die Druckinhomogenitäten kompensieren. Mittels Kühlbohrungen sind beide Werkzeughälften im gleichen Maße temperierbar und die Abkühlraten steuerbar. Großserientechnisch erwünscht ist auch eine hohe Werkzeugstandzeit, eine sehr hohe Reproduzierbarkeit der Formteilgenauigkeit, auch hinsichtlich besonders kleiner Radien, und eine ausgesprochen kurze Taktzeit, die das Pressformen mit Metallwerkzeugen durch eine aktive Kühlung des Werkzeugs ermöglicht.

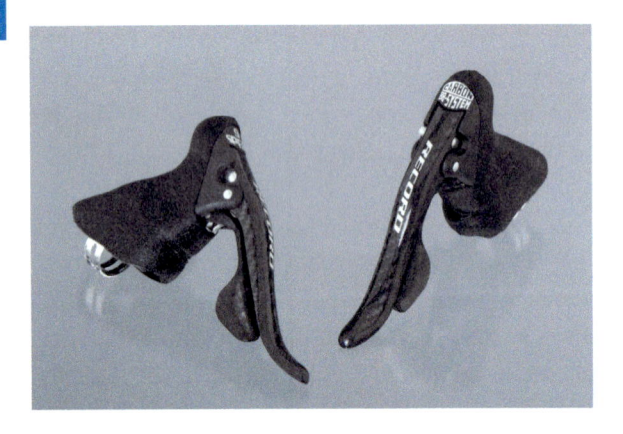

Abb. 6.79: *Anwendung von Organoblechen im Sport- und Schutzbereich (Bond Laminates GmbH)*

Bei konstant gering temperierten Werkzeugen müssen die Halbzeuge konsolidiert vorliegen, da die äußerste Schicht des Halbzeugs an der Werkzeugoberfläche schnell abkühlt, sodass unbenetzte Fasern nicht nachträglich imprägniert und Poren nicht ausgepresst werden können. Umformbedingte Abweichungen in der Bauteildicke sind vom Werkzeug zu kompensieren und der Pressspalt deshalb durch Bearbeitung der Werkzeugoberflächen dem Dickenverlauf der Bauteile möglichst genau anzupassen. Die Genauigkeit des Werkzeugspalts bestimmt die Homogenität des Konsolidierungsdrucks. Auf die Finite-Element-Methode basierende Umformsimulationen sind eine Voraussetzung für angepasste Werkzeugkonturen. Allerdings sind entsprechende Werkzeuge aufgrund der aufwändigen Konturnachbearbeitungen kostenintensiv herzustellen. Eine Faltenbildung muss aktiv über lokal eingeleitete Zugkräfte oder passiv durch Beaufschlagung einer Membranspannung verhindert werden. Das Pressformen mit Metallwerkzeugen verursacht beim Umformen homogener Laminate an steilen Werkzeugflanken einen nicht zu vernachlässigenden Druckabfall, der zu Delaminationen führen kann. Hinterschnitte sind nicht oder nur bedingt bzw. unter erhöhtem Werkzeugaufwand realisierbar.

In der Umformtechnik finden sich bei geringen Drücken von bis zu 25 bar Anwendungen im Schutzbereich, wie z. B. Feuerwehrhelme (Jakob Kunststofftechnik 1996). Die Pressformgebung mit Metallwerkzeugen ist aufgrund einer hohen Werkzeugstandzeit und kurzer Zykluszeiten, verbunden mit einer hohen Automatisierbarkeit hinsichtlich der Großserientauglichkeit, für das Verarbeiten homogener Laminate das bisher am besten geeignete Verfahren (Mehn 1995, Hou 1993).

6.4.3 Fertigung hybrider kontinuierlich faserverstärkter Thermoplaste

Hybride kontinuierlich faserverstärkter Thermoplaste vereinen die Vorteile unterschiedlicher Werkstoffsysteme (Multi-Material-Design) und ermöglichen ein hohes Leichtbaupotenzial bei gleichzeitiger Erweiterung der Bauteilfunktionalität.

Abb. 6.80: *Türmodulträger mit integriertem Organoblech (Quelle: Brose, ElringKlinger)*

Der überwiegende Teil der Anwendungen besteht aus einer lasttragenden kontinuierlichen Faserstruktur, die lokal mit Funktionselementen erweitert wird. Durch die lokale Erweiterung der kontinuierlich faserverstärkten Struktur lassen sich zahlreiche Synergien im Gesamtsystem nutzen (Brecher et al 2010) Häufig werden metallische Gewindeinserts zur Lasteinleitung eingesetzt. Um eine ausreichende stoffschlüssige Verbindung zu erzielen, müssen diese je nach Werkstoffkombination vorgewärmt oder speziell vorbehandelt werden. Durch die grundlegende Verschiedenartigkeit stellt die (mediendichte) Verbindung von metallischen und polymeren Strukturen hierbei eine besondere Herausforderung dar. In der Praxis werden metallische Einleger daher meist durch den Einsatz von Primern, Beizprozessen sowie mittels Plasmaaktivierung oder Beschichtung vorbehandelt (Ehrenstein 2004, Habenicht 2013).

Weiterhin werden lokale oder flächige Versteifungsstrukturen in Form von diskontinuierlich faserverstärkten angespritzten oder fließgepressten Rippenstrukturen (z. B. aus LFT-D) umgesetzt. Das Umformen und Hinterspritzen bzw. -pressen erfolgt dabei bevorzugt in einem zusammenhängenden Arbeitsschritt. Durch das lokale Einbringen von Schaum- oder Wabenkernen lassen sich zusätzlich lokale Sandwichstrukturen erzeugen und somit die Leichtbaugüte weiter steigern.

Abb. 6.81: *Unterbodenmodul aus thermoplastischer Endlosfaserstruktur mit lokalen metallischen Lasteinleitungselementen, lokalen Rippenstrukturen und prozessintegrativ gefügten Aluminiumprofilen (Quelle: Fraunhofer ICT)*

Abbildung 6.80 zeigt die industrielle Umsetzung eines solchen hybriden kontinuierlich und diskontinuierlich faserverstärkten Bauteils in Form eines Türmoduls. Es handelt sich dabei um einen Organoblech-Einleger, an den funktionsrelevante Strukturen im Spritzguss angespritzt werden. Die stoffschlüssige Verbindung wird über das Verschweißen des vorgewärmten Organoblechs und der Spritzgiessmasse bei der Bauteilherstellung realisiert.

Ein weiteres anschauliches Beispiel eines hochgradig funktionsintegrierten hybriden Leichtbaukonzepts zeigt Abbildung 6.81. Im Rahmen des vom BMBF geförderten Projekts SMiLE wurde ein Multi-Material-Design im Hinblick auf großserientaugliche Prozesse für einen wirtschaftlichen Leichtbau betrachtet. Ziel war die Entwicklung eines neuartigen Leichtbaukonzepts für die speziellen Anforderungen der Elektromobilität, durch den Einsatz neuer Werkstoffe und Werkstoffkombinationen. Im Fokus stand dabei die Gewichtsoptimierung von funktionsintegrativen Fahrzeugkomponenten in Mischbauweise.

Bei den hier gezeigten Beispielen für Thermoplast basierte Faserverbundbauteile handelt es sich nur um eine Auswahl. In Kapitel III.9 werden hybride Leichtbaukomponenten detaillierter betrachtet.

6.5 Weiterführende Informationen

Literaturverzeichnis

Ahmadi, M. S., Johari, M. S., Sadighi, M., Esfandeh, M.: An Experimental Study on Mechanical Properties of GFRP Braid-pultruded Composite Rods. eXPRESS Polymer Letters, Bd. 3, Nr. 9, 2009, S. 560–568

Baumgärtner, S.: Beitrag zur Konsolidierung von thermoplastischen Hochleistungsfaserverbundwerkstoffen, Stuttgart, 2017

Berg, L. F., Elsner, P., Henning, F., Thoma, B., Pfister, S. K.: Reactive Injection Moulding of Polyamide 6 – An innovative Approach for the Production of High Performance Composite Parts. The Polymer Processing Society 26th Annual Meeting, Banff, 4.–8. Juli 2010

Bergmann, J.; Dörmann, H.; Lange, R.: Interpreting process data of wet pressing process. Part 1: Theoretical approach. Journal of Composite Materials 2016; 50(17):2399–407

Brecher, C. A.; Kermer-Meyer, M.; Dubratz et al: Thermoplastische Organobleche für die Großserie. Automobiltechnische Zeitschrift : ATZ, 112 (Spezialausgabe Karosserie und Bleche): 28–32, 2010

Breuer, U., Neitzel, M.: Processing Technology for Mass Production of Fabric Reinforced Thermoplastic Parts. Proceedings International Man-Made Fibres Congress, Dornbirn, 1996

Breuer, U., Neitzel, M.: High Speed Stamp Forming of Thermoplastic Composite Sheets. Polymer & Polymer Composites, 4, 2, 1996, S. 117–123

Brüssel, R.: Ein Jahr Serienproduktion von Menzolit-Fibron langfaserverstärkter Thermoplast mit dem Direktverfahren. AVK-TV Tagung, Baden-Baden, 1998

Brüssel, R.: Prozessgeregelte vollautomatische Fertigung von PKW-Stoßfängerträgern. In: 25. Internationale AVK-Tagung Mainz, AVK-Arbeitsgemeinschaft verstärkte Kunststoffe e. V., 1994, S. 13 A14-11 bis A14-16

Brüssel, R.: Automatische Fertigung von SMC-Teilen in neuen Zeitdimensionen. In: 22. Internationale AVK-Tagung Mainz, AVK-Arbeitsgemeinschaft verstärkte Kunststoffe e. V., 1989, S. 8 15-11 bis 15-18

Dawson, D.: Long-Fiber-Reinforced Thermoplastics Gain Speed in Automotive Market. Composites Technology, September 2000

Dispenza, C., Fuschib, P., Pisano, A. A.: Mechanical Testing and Numerical Modelling of Pull-wound Carbon-epoxy Spinnaker Poles. Composites Science and Technology, 62, 2002, S. 1161–1170

Dittmar, H. et. al.: Anwendungsbeispiele hochfester GMT-Werkstoffe: Reserveradmulden, Heckklappen, Getriebe- und Motorträger. Automotive-Seminar der EATC (European Alliance for Thermoplastic Composites), Wolfsburg, 1.–2. Juli 2003

Ehrenstein, G. W., Bittmann, E., Hoffmann, L.: Duroplaste : Aushärtung – Prüfung – Eigenschaften. Carl Hanser Verlag, München, 1997

Ehrenstein, G. W., Kuhmann, K.: Mehrkomponentenspritzgießen. Springer VDI Verlag, Düsseldorf, 1997, S. 104–126

Ehrenstein, G. W. ; Ahlers-Hestermann, G. (Herausgeber): Handbuch Kunststoff-Verbindungstechnik. Carl Hanser Verlag, München, 2004

Ernst, H., Heinrich, F.: Advanced Processing of Long-Fiber Reinforced Thermoplastics. 7th Annual Automotive Composite Conference & Exhibition, Troy, 11.–13. September 2007

Ernst, H., Heinrich, F., Bräuning, R., Potyra, T., Matos, E., Stadtfeld, H. C., Walch, M.: Herstellungsprozess des SMC-Kofferraumdeckels des neuen VW-Cabriolets EOS und neue Technologien zur Herstellung von SMC-Bauteilen im Direktverfahren. 9. Internationale AVK-Tagung für verstärkte Kunststoffe und technische Duroplaste: Wettbewerbsfähig durch Verbundwerkstoffe. Essen, 19.–20. September 2006

Fels, J.; Meirson, G.; Ugresic, V.; Dugsin, P.; Henning, F.; Hrymak, A.: Mechanical Property Difference Between Composites Produced Using Vacuum Assisted Liquid Compression Molding and High Pressure Resin Transfer Molding. In: Proceedings ACCE2017 – 17th Annual Automotive Composites Conference and Exhibition, Michigan; 2017

Graf, M.; Baumgärtner, S.: Fiberforge Tailored Fiberplacement: Flexible and economical process for the mass production of hybrid lightweight composites. Düsseldorf; 2016

Guillon, D.: Parallel Technologies: BMC and ZMC. In: Kia, H. G. (Hrsg.): Sheet Molding Compounds Science and Technology. Carl Hanser Verlag, München, 1993, S. 215–234

www.gurit.com; „Composite Materials for Wind Energy", Brochure 2009

Habenicht, G.: Kleben: Grundlagen, Technologie, Anwendungen. Springer, 2013

Heudorfer, K.; Carosella, S.; Middendorf, P.: Compression wet moulding as alterative to RTM. In: Proceedings 25. Stuttgarter Kunststoffkolloquium, Stuttgart; 2017

Hou, M.: Zum Thermoformen und Widerstandsschweißen von Hochleistungsverbundwerkstoffen mit thermoplastischer Matrix. Dissertation, Universität Kaiserslautern, 1993

Hüsler, D., Jaggi, D., Rüegg, A., Stötzner, N., Ziegler, S.: Vollautomatischer Produktionsprozess zur Herstellung von großflächigen Strukturbauteilen als Verbund aus LFT und unidirektionalen EF-Profilen. 5. internationale AVK-TV-Tagung, Baden-Baden, September 2002

Hüttl, J.; Albrecht, F.; Poppe, C.; Lorenz, F.; Thoma, B.; Kärger, L. et al.: Investigation on friction behaviour and forming simulation of plain woven fabrics for wet compression moulding. In: Proceeding SAMPE Europe Conference, Stuttgart. Accepted for publication; 2017

Huntsman, S. J.: 60-second cycle times with compression process; available from: http://www.compositesworld.com/news/huntsman-announces-60-second-cycle-times-with-compressionprocess.

Johannaber, F., Michaeli, W.: Handbuch Spritzgießen. Carl Hanser Verlag, München, 2001

Krause, U.: Produktionssysteme zur GMT-/LFT-Bauteilherstellung. Langfaserverstärkte Thermoplaste im Automobil – Stand der Technik und zukünftige Perspektiven. Tagung, Würzburg, 1999

Krause, W. et. al.: LFT-D – A Process Technology for Large Scale Production of Fiber Reinforced Thermoplastic Components. Journal of Thermoplastic Composites Materials, Bd. 14, Januar 2002

Kühfusz, R.: LFT-Direktverfahren von Menzolit-Fibron. Erfahrungen aus der Serienproduktion. Langfaserverstärkte Thermoplaste im Automobil – Stand der Technik und zukünftige Perspektiven. Tagung, Würzburg, 1999

Lim, T. S., Lee, D. G.: Mechanically Fastened Composite Side-door Impact Beams for Passenger Cars Designed for Shear-out Failure Modes. Composite Structures, 56, 2002, S. 211–221

Mehn, R. et al.: Innovative Concepts for Lightweight and Manufacturing Friendly Vehicle Components Based on Glass-Fiber Reinforced Thermoplastics. VDI-Berichte, 1235, VDI Verlag, Düsseldorf, 1995, S. 143–158

Neitzel, M., Breuer, U.: Die Verarbeitungstechnik der Faser-Kunststoff-Verbunde. Carl Hanser Verlag, München, 1997

Nowotny, M.: Symalit-Halbzeugkonzepte und Entwicklungen. Langfaserverstärkte Thermoplaste im Automobilbau. Süddeutsches Kunststoff Zentrum e. V., Würzburg, 9.–10. November 1999

Offringa, A. R.: Thermoplastic Composites in Aerospace Proven through Cost Effect Processing. Proceedings, ICAC, 4th International Conference on Automated Composites, Nottingham, 1995

Ostgathe, M. et al.: Fabric Reinforced Thermoplastic Composites. Proceedings ECCM-7 Conference, London, 1996

Ostgathe M., Mayer, C., Päßler, M.: Flächige, endlosfaserverstärkte Thermoplasthalbzeuge. IVW-Kolloquium, Kaiserslautern, 1996

Rehmet, P.: CFK-Bauteile in immer kürzeren Taktzeiten: Pressemitteilung JEC World Composites Show & Conferences; Available from: http://www.kraussmaffeigroup.com/media/files/kmnews/de/PM_RPM_2016_02_JEC_de.pdf.

Schröder, W.: VAP-technology: Cost-effective Reduction of Aircraft Weight. JEC Composites, Nr. 10, 2004

Seemann, W. H.: „Plastic Transfer Moulding Techniques for the Production of Fiber Reinforced Plastic Structures", United States Patent Number 4902215, February 1990

Sigl, K. P.: Einarbeitung von Endlosglasfaserrovings in Thermoplaste im Zuge eines Einstufenprozesses. 15. Stuttgarter Kunststoff-Kolloquium, 1997

Stanglmaier, S. J.: Empirische Charakterisierung und Modellierung des Imprägnierprozesses lokal verstärkter Kohlenstofffaserhalbzeuge im RTM und Nasspress-Verfahren für die Großserie. PhDThesis; 2017

Wacker, M., Liebold, R., Ehrenstein, G. W.: Charakterisierung des Eindickverhaltens von Class-A SMC mittels unterschiedlicher Untersuchungsmethoden. 5. Internationale AVK-TV Tagung für verstärkte Kunststoffe und duroplastische Formmassen, Baden-Baden, 17.–18. September 2002

Wolf, H. J.: Zum Einfluss der Schneckenplastifizierung auf die Faserstruktur diskontinuierlich langfaserverstärkter Thermoplaste. Dissertation, TH Darmstadt, 1996

Zhao, G., Ehrenstein, G. W.: Kunststoff-Kunststoff- und Kunststoff-Metall-Hybride im Vergleich. Workshop „Flächige Leichtbauteile mit Kunststoffen", Lehrstuhl für Kunststofftechnologie, Universität Erlangen-Nürnberg, 30. Oktober 2002

Firmenschriften und Internetadressen

Arbeitsgemeinschaft Qualitätsguß e. V.: Ferrocast® – Qualität aus einem Guss. Werkstoff-Normblatt Nr. 1600/4, Haunsheim-UB, 2006

Kannegießer KMH Kunststoff GmbH: Plastifizier-/ Pressanlage – Verarbeitung thermoplastischer Kunststoffe im Strangablegeverfahren. Minden, 1997

Jacob Kunststofftechnik GmbH: Informationsbroschüre, Rückersdorf, 1996

Quadrant Plastics Composites: Glasmattenverstärkte Thermoplaste. Verarbeitungs-Richtlinien für GMT Teile. 2. Aufl., Lenzburg, 2002

Saint-Gobain Vetrotex Reinforcement:Twintex Bumper Honored at JEC-Show 1999. Presssemitteilung Firmenschrift Ticona

Werner & Pfleiderer GmbH: Neues Verfahren zum wirtschaftlichen Compoundieren langfaserverstärkter Kunststoffe. 1998

www.gurit.com

Patente

Plastic Omnium: EP 1044790 A1. Europäische Patenanmeldung, 2000

RCC: WO 0592703 A1. Internationale Patentanmeldung, 1999

Patent Nr. US 2003/0001376. Undercarriage for a vehicle and method for manufacturing longitudinal beams for it

Patent Nr. EP a800 007 A2. Gelenkwelle mit verstärktem Kunststoffrohr und mit einem endseitig drehfest verbundenem Gelenkanschlusskörper

Seemann, W. H.: „Plastic Transfer Moulding Techniques for the Production of Fiber Reinforced Plastic Structures". United States Patent 4902215, February 1990

7 Trennen faserverstärkter Kunststoffe

Anton Helfrich, Volker Schulze, Chris Becke

7.1	Bearbeitungsfehler und Bearbeitungsqualität	637	7.3	Spanen mit geometrisch unbestimmter Schneide	646
			7.3.1	Schleifen	646
7.2	Spanen mit geometrisch bestimmter Schneide	639	7.3.2	Wasserstrahlschneiden	646
7.2.1	Verschleiß und Schneidstoffe	639	7.4	Abtragen	648
7.2.2	Fräsen	639	7.4.1	Abtragen mit Laserstrahlen	648
7.2.3	Bohren	641	7.4.2	Funkenerosives Abtragen (EDM)	648
7.2.4	Drehen	644			
7.2.5	Einspannen von faserverstärkten Kunststoffen bei der Zerspanung	645	7.5	Zusammenfassung	649
			7.6	Weiterführende Informationen	649

III

Nach DIN 8580 bildet das Trennen die dritte Hauptgruppe der Fertigungsverfahren und wird als das Fertigen durch Aufheben des Zusammenhalts von Körpern definiert, wobei der Zusammenhalt teilweise oder im Ganzen vermindert wird. Dabei ist die Endform des späteren Bauteils in der Ausgangsform enthalten. Das Trennen wird außerdem in die Gruppen Zerteilen, Spanen mit geometrisch bestimmten Schneiden, Spanen mit geometrisch unbestimmten Schneiden, Abtragen, Zerlegen und Reinigen unterteilt.

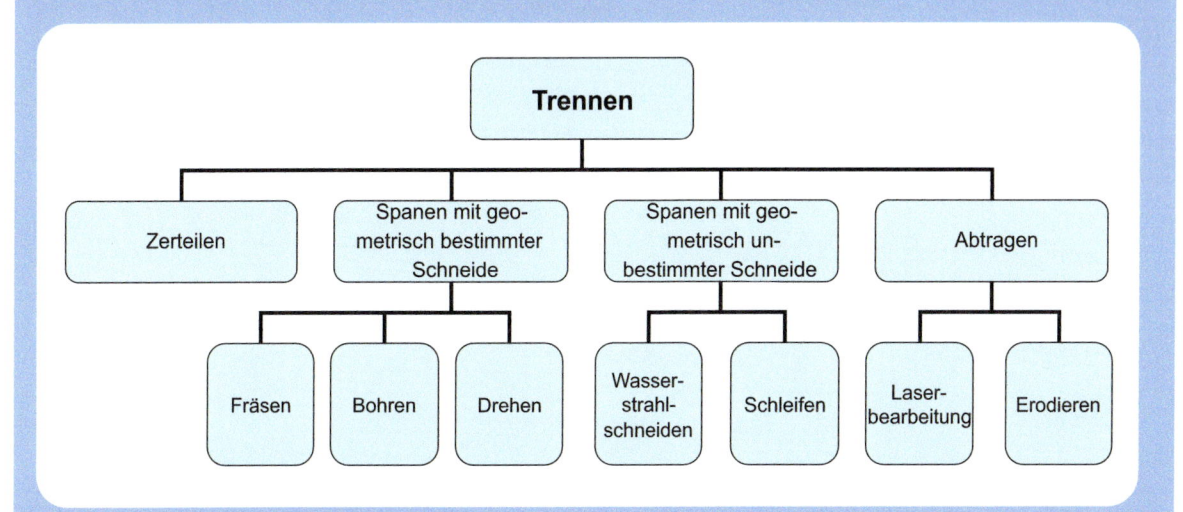

```
                              Trennen
        ┌───────────┬───────────┴───────────┬──────────┐
    Zerteilen   Spanen mit geo-      Spanen mit geo-    Abtragen
                metrisch bestimmter  metrisch un-
                   Schneide          bestimmter Schneide
                ┌─────┼─────┐         ┌────┐         ┌────┐
              Fräsen Bohren Drehen  Wasser-  Schleifen Laser-  Erodieren
                                    strahl-           bearbeitung
                                    schneiden
```

Unterteilung des Fertigungsverfahrens Trennen nach DIN 8580, bezogen auf faserverstärkte Kunststoffe

Das folgende Kapitel ist analog zu Kapitel III.3 aufgebaut und konzentriert sich auf die Bearbeitung von faserverstärkten Kunststoffen statt auf die von Metallen. Es werden Ausführungen zu den wesentlichen Fertigungsverfahren wie dem Bohren, Fräsen, Wasserstrahlen gemacht, aber auch randständigere Bearbeitungsverfahren wie die Elektroerosion behandelt. Eine Übersicht der beschriebenen Verfahren ist in der Grafik dargestellt.

Da bei faserverstärkten Kunststoffen im Gegensatz zu Metallen auch die Fragestellung der Werkstückschädigung die Qualität der Bearbeitung definiert, wird diese neben Aspekten wie Schnittkantenqualität oder Werkzeugverschleiß besonders diskutiert.

7.1 Bearbeitungsfehler und Bearbeitungsqualität

Verbundwerkstoffe aus faserverstärkten Kunststoffen (FVK) werden meist endkonturnah hergestellt. Das bearbeitete Volumen ist daher meist gering im Vergleich zu Metallen. Dennoch ist eine nachfolgende Bearbeitung in Form von Entgraten oder Besäumen der Bauteile sowie die Herstellung von Funktionsflächen in der Regel unumgänglich. Die dabei auftretenden besonderen Herausforderungen bei trennender Bearbeitung lassen sich auf die heterogene Werkstoffzusammensetzung und die stark unterschiedlichen mechanischen sowie thermischen Eigenschaften von Matrix- und Faserwerkstoff zurückführen. Diese Charakteristika, die dem Verbundwerkstoff seine typischen Gebrauchseigenschaften verleihen, verursachen andererseits Probleme bei der Bearbeitung. Eine weitere Schwierigkeit ergibt sich aus der anisotropen Orientierung der Verstärkungsfasern, die auf das spätere Lastkollektiv des Bauteils ausgelegt ist. Belastungen durch Bearbeitungskräfte in Dicken-Richtung führen dazu, dass die Belastung über die Matrix in die Fasern geleitet wird und diese somit

Werkstoffeigenschaften	Fertigungsverfahren
Mechanische Festigkeiten E-Modul, Zugfestigkeit, Bruchdehnung, … – unterschiedlich für Faser und Matrix	**Vorwiegend mechanische Belastung** Wasserstrahlschneiden, Stanzen, …
Thermische Eigenschaften Schmelzpunkt, Temperaturleitfähigkeit, … – unterschiedlich für Faser und Matrix	**Mechanische und thermische Belastung** Bohren, Fräsen, Drehen, Sägen, Schleifen,…
Anisotropie stark unterschiedliche Eigenschaften in Abhängigkeit der Faserrichtung	**Vorwiegend thermische Belastung** Laserbearbeitung, Elektroerosion…

Bearbeitungsqualität	
Mechanische Schädigung Abplatzung Ausfransung Delamination außerdem: Gratbildung, Faserausrisse, Rundheitsfehler,…	**Thermische Schädigung** Heat Affected Zone (HAZ) Aufschmelzungen Zersetzungen Thermischer Verzug …

Abb. 7.1: *Herausforderungen und Bearbeitungsfehler bei der Bearbeitung von FVK*

quer beansprucht werden, was zum Faser- sowie Grenzflächenversagen in der Nachbarschaft der Lasteinleitungsstelle führt. Das Resultat sind Bauteilschädigungen durch die Bearbeitung in Form von mechanischem oder thermischem Werkstoffversagen. Diese Herausforderungen, die resultierenden Schädigungen und sich daraus ergebende Qualitätskriterien sind bereits in den 1980er und 1990er Jahren ausführlich beschrieben worden (König 1985), stellen aber auch heute noch bei Bearbeitungsaufgaben die relevanten Grundlagen dar (Abb. 7.1).

Für die Bearbeitung faserverstärkter Kunststoffe sind Qualitätskenngrößen, wie sie bei der Bearbeitung von Metallen üblich sind (Rauheit und geometrische Genauigkeiten), nicht ausreichend. Zusätzlich muss die Bauteilschädigung als Qualitätskriterium mit herangezogen werden. Schädigungen können in permanente Fehler und solche, die durch Nacharbeit behoben werden können, unterschieden werden. Die als besonders kritisch geltenden permanenten Fehler sind Abplatzungen oder Delamination. Nicht geschnittene Fasern können durch nachgeschaltete Bearbeitungsoperationen entfernt werden. Neben den optischen Gesichtspunkten haben permanente Fehler auch eine wirkliche Schwächung des Materials durch bearbeitungsinduzierte Schädigungen zur Folge. Eine exemplarische Übersicht zu Bauteilschädigungen ist in Abbildung 7.2 gezeigt.

Persson et al. beschreiben beispielsweise den Einfluss von Bohrungen sowie den dadurch verursachten Schädigungen auf die statischen und Ermüdungsfestigkeiten von CFK-Proben (Perrson 1997). Sie konnten gegenüber Bauteilen mit zirkular gefrästen Bohrungen eine zwischen 10 und 27 % reduzierte Ermüdungsfestigkeit von Bauteilen mit Bohrungen feststellen, die mit neuen und verschleißbehafteten Bohrern (facettiert geschliffene PKD-Bohrer und Bohrer mit Dagger-Geometrie) hergestellt wurden. Langella und Durante weisen eine um 15–25 % geringere Zugfestigkeit von Proben nach, in die mit Spiralbohrern gebohrt wurde, im Vergleich zu solchen, bei denen die Bohrungen bereits beim Urformen des Werkstoffs eingebracht wurden (Langella 2008). Die Fasern im Bereich der Bohrungen wurden dabei am Bohrloch vorbei geführt und nicht geschnitten. Srinivasa Rao et al. konnten einen Zusammenhang zwischen der Kerbspannung und dem maximalen Durchmesser der Schädigung bei gebohrten Proben bestimmen (Srinivasa Rao 2008).

Es kann also festgehalten werden, dass bei der Bearbeitung von FVK das Bauteil geschwächt wird, wenn die kraftübertragenden Fasern getrennt werden. Wo möglich, sollte dies schon konstruktiv berücksichtigt

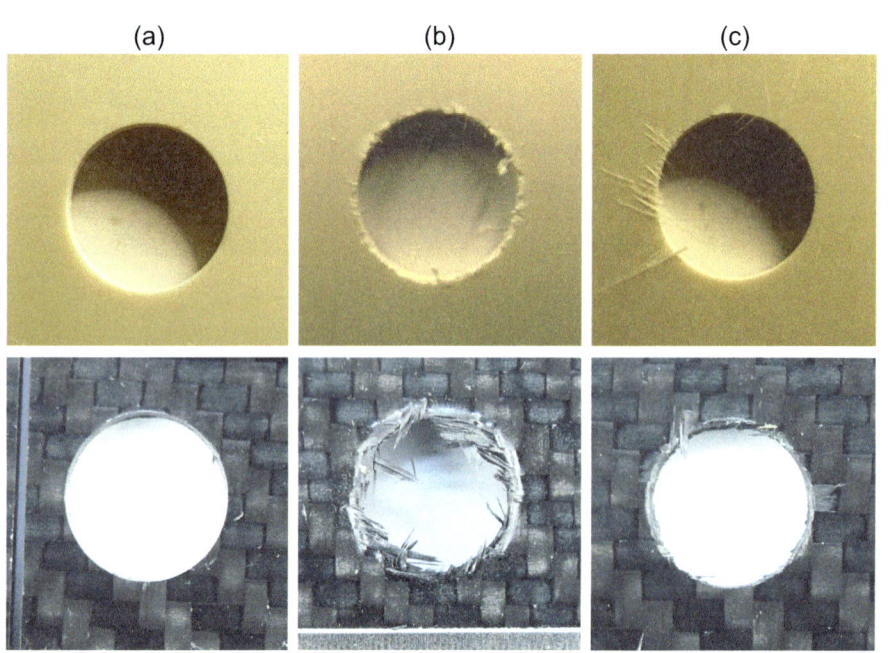

Abb. 7.2: *Typische Schädigungsbilder bei der Bohrbearbeitung faserverstärkter Kunststoffe (oben: kurzglasfaserverstärkter Polyester; unten: endloskohlenstofffaserverstärktes Epoxidharz)*
a) *Qualitativ hochwertige Bohrung mit geringen Schädigungen*
b) *Vorrrangig Delamination und Abplatzungen im Innenbereich*
c) *Vorrangig lokale Faserausrisse aus dem Decklagenbereich*

werden. Bei unumgänglichen Bearbeitungsoperationen ist die resultierende Bauteilschädigung durch geeignete Werkzeugwahl oder Prozessstrategie zu minimieren.

7.2 Spanen mit geometrisch bestimmter Schneide

7.2.1 Verschleiß und Schneidstoffe

Bei der mechanischen Bearbeitung mit geometrisch bestimmter Schneide bekommt, neben der bereits vorgestellten Herausforderung der Bauteilschädigung, der Werkzeugverschleiß zusätzliche Bedeutung. Die harten Verstärkungsfasern wirken stark abrasiv auf den Schneidstoff. Besonders die rauen Bruchflächen der Kohlenstofffasern sind dabei kritisch. Vornehmlich äußert sich der Werkzeugverschleiß in einer zunehmenden Verrundung der Schneidkante sowie Schneidkantenversätzen von Frei- und Spanfläche. Schulze et al. stellen ein Modell vor, mit dem der Verschleiß an der Schneidkante mit den Schnittgrößen korreliert werden kann (Schulze 2013). Das Werkzeug verliert mit zunehmendem Verschleiß seine für einen qualitativ hochwertigen Schnitt notwendige Schärfe. Die mechanischen und thermischen Belastungen auf Werkzeug und Werkstück nehmen zu. Aus diesem Grund sind Schneidstoffe mit hohem Widerstand gegen Abrasion und Ausbröckelungen für die Bearbeitung faserverstärkter Werkstoffe unumgänglich. Schon früh wurden aus diesem Grund Hartmetall und polykristalliner Diamant zur spanenden Bearbeitung von verstärkten Materialien empfohlen und eingesetzt. Entwicklungstrends gehen bei Hartmetallen zu besonders feinkörnigen Gefügen und im Bereich der Diamantschneidstoffe von polykristallinem Diamant hin zu Beschichtungen, die größere geometrische Freiheitsgrade aufweisen.

7.2.2 Fräsen

Die Fräsbearbeitung faserverstärkter Kunststoffe findet Anwendung bei der Kantenbearbeitung, dem Erzeugen von Taschen oder Aussparungen sowie dem Entgraten ausgehärteter Verbundwerkstoffe. Auch das Erzeugen von Bohrungen ist durch Fräsoperationen möglich (z. B. Zirkularfräsen). Es sind prinzipiell alle Verbundwerkstoffe durch Fräsen bearbeitbar, abhängig von der Zusammensetzung ergeben sich jedoch spezifische Herausforderungen. Fräsen ist definiert als Verfahren mit rotierendem Werkzeug und überlagerter translatorischer oder rotativer Vorschubbewegung auch in mehreren Achsen gleichzeitig. Je nach Orientierung von Vorschubrichtung und Werkzeugdrehrichtung unterscheidet man Gleich- und Gegenlauffräsen, wobei das Gleichlauffräsen dadurch gekennzeichnet ist, dass der Spanungsquerschnitt über den Schnitt kontinuierlich abnimmt, während er beim Gegenlauffräsen dementsprechend kontinuierlich zunimmt. Geringere Oberflächenrauheiten und Bauteilschädigungen konnten dabei für CFK-Proben bei variierten Schnittgeschwindigkeiten durch das Gegenlauffräsen erreicht werden (Janardhan 2006, König 1985).

Einfluss der Faserorientierung

Durch die heterogene und anisotrope Materialstruktur besitzt die Faserorientierung, besonders bei endlosfaser- oder gewebeverstärkten Werkstoffen einen großen Einfluss auf die Prozesskräfte und die erreichbaren Qualitäten (Abb. 7.3). Dies ist dadurch erklärbar, dass je nach Orientierung der Faser unterschiedliche Spanbildungsmechanismen wirksam werden. Bei Bearbeitung bei einem Orientierungswinkel $\psi = 0°$ (Schnitt parallel zur Faser) kommt es vorwiegend zu der Schneide vorlaufendem, interlaminarem Versagen des Matrixwerkstoffes, zu Faserbruch durch Druckbelastung und als Ergebnis in der Regel zu geringsten Oberflächenrauheiten. Erfolgt die Bearbeitung bei einem Winkel von $\psi = 90°$, werden die Fasern senkrecht belastet und versagen schließlich unter Biegung. Dabei muss im Unterschied zur 0°-Orientierung jede Faser geschnitten werden, was zu höheren Schnittkräften führt. Ausgehend von der Oberfläche sind zusätzlich Risse parallel zur Faser in das Material erkennbar. Bei Schnitten von Zwischenwinkeln kommt es zur Überlagerung der Trennmechanismen (Hohensee 1989, Klocke 1999).

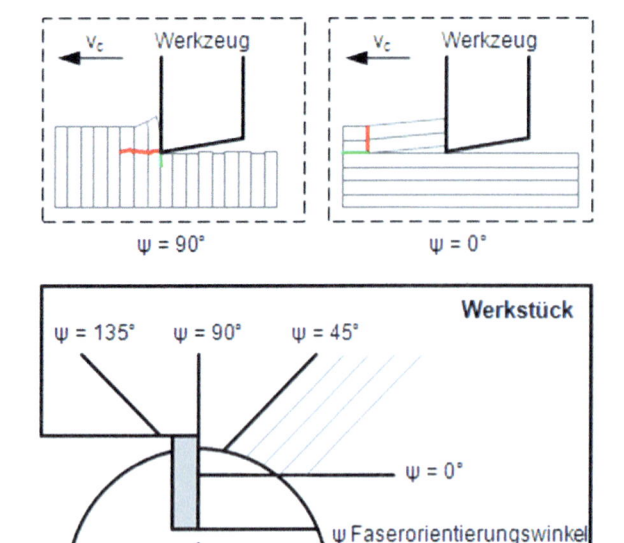

Abb. 7.3: *Definition der Faserlage beim Fräsen (nach Hohensee 1989)*

Einfluss der Prozessparameter

Auch die Prozessparameter Schnittgeschwindigkeit, Vorschub und Schnitttiefe beeinflussen das Bearbeitungsergebnis, die Beträge der Prozesskräfte, das Bearbeitungsergebnis und den Werkzeugverschleiß deutlich. Ucar und Wang zeigen, dass Vorschub- und Passivkraft bei der Bearbeitung von multidirektional verstärkten CFK-Laminaten mit zunehmender Schnittgeschwindigkeit und abnehmendem Vorschub sinken (Ucar 2005). Ähnliche Ergebnisse wurden für unidirektional verstärkte GFK-Werkstoffe und kurzfaserverstärkte CFK-Werkstoffe ermittelt, wobei neben den Kräften auch die Oberflächenrauheiten mit der Schnittgeschwindigkeit sinken (Davim 2004). Dies spiegelt auch gängige Praxis wider, nachdem gute Bearbeitungsqualitäten tendenziell mit hohen Schnittgeschwindigkeiten und geringen Vorschüben erreicht werden. Dabei muss allerdings beachtet werden, dass mit zunehmender Schnittgeschwindigkeit auch die ins Werkstück eingebrachte Wärme und somit die Prozesstemperatur steigt, wodurch der Werkstoff oder das Werkzeug geschädigt werden können.

Werkzeuge

Die gegenwärtig industriell eingesetzten Werkzeuge sind geprägt durch die Möglichkeiten, welche die relevanten Schneidstoffe polykristalliner Diamant und Hartmetall bieten, sowie die speziellen werkstoffspezifischen Anforderungen. So sind Werkzeuge aus polykristallinem Diamant aufgrund der schwierigen Herstellbarkeit in der Komplexität ihrer Geometrie beschränkt (meist gelötete PKD-Platten). Geometrien mit höherer Komplexität werden durch Hartmetallwerkzeuge sowie durch CVD-beschichtete Werkzeuge mit dünner Diamantschicht realisiert. Für die Vielzahl der Kombinationsmöglichkeiten von Faser- und Matrixwerkstoff sind auch bei den Werkzeugen unterschiedlichste Geometrien erhältlich. Beispielhaft sind in Abbildung 7.4 Fräswerkzeuge für die Fräsbearbeitung faserverstärkter Kunststoffe dargestellt.

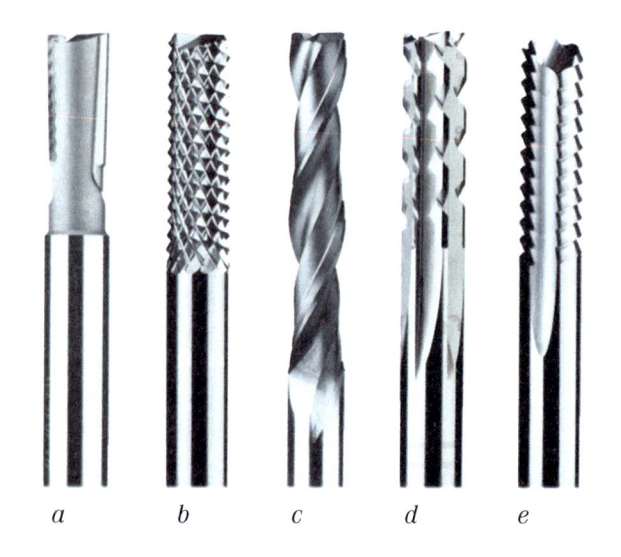

Abb. 7.4: *Fräswerkzeuge zur Bearbeitung faserverstärkter Kunststoffe:*
(a) PKD Schaftfräser, gerade
b) „Carbon-Fräser" mit Pyramidenstruktur
(c) Schaftfräser mit Diamantbeschichtung
(d) Schaftfräser speziell für SMC-Bearbeitung
(e) Schaftfräser speziell zur Kevlar-Bearbeitung
(Quelle: Hufschmied Zerspanungssysteme GmbH)

7.2.3 Bohren

Das Einbringen von Bohrungen in faserverstärkte Kunststoffe ist eine der wichtigsten Operationen zur Fügestellenvorbereitung für Schrauben oder Niete. Neben dem Wasserstrahlen ist das mechanische Bohren dabei das am weitesten verbreitete Verfahren zur Bohrlocherzeugung. Das konventionelle Bohren ist definiert als Verfahren mit rotierendem Werkzeug, bei dem Werkzeug und Werkstück eine rein einachsige translatorische Relativbewegung zueinander (Vorschubbewegung) ausführen. Charakteristisch für Bohrverfahren ist, dass sich die radial wirksamen Passivkräfte ausgleichen (bei Werkzeugen mit zwei oder mehr Zähnen bei gleichmäßiger Teilung), und es somit theoretisch zu keinen Auslenkungen des Werkzeugs kommt. Meist werden wie auch beim Fräsen flächige Bauteile bearbeitet, bei denen die Verstärkungsfasern geordnet oder ungeordnet, jedoch immer vorrangig in der Werkstückebene angeordnet sind. Der Einfluss der Faserorientierung ist analog zur Fräsbearbeitung gegeben. Beim Bohren von FVK mit gerichteten Fasern kommt es während einer Umdrehung des Werkzeugs zu Schwankungen der Schnittkraft, je nachdem in welchem Winkel die Fasern geschnitten werden. Auch die Rauheit der Bohrungswand und die Genauigkeit der Bohrung weisen einen Zusammenhang zur Orientierung der Fasern auf (Hintze 2007). Wird ein FVK mit thermoplastischer Matrix bearbeitet, so sind die benötigten Schnittkräfte aufgrund der höheren Duktilität deutlich höher als bei einer duroplastischen Matrix, die zu sprödem Versagen neigt (Weinert 2002). Die besondere Herausforderung der Bohrbearbeitung von FVK kann jedoch durch die Tatsache beschrieben werden, dass im Laufe des Prozesses das Werkzeug das Werkstück durchdringen muss und somit unweigerlich Prozesskräfte entstehen, die an den Decklagen nach außen gerichtet sind und vornehmlich durch das Matrixmaterial aufgenommen werden müssen. Die Folge sind Bauteilschädigungen besonders im Bereich der Decklagen. Delamination und Abplatzungen gelten als kritischste Schädigungsarten und sind seit Jahren Fokus intensiver Forschung.

Delamination

Bei den verursachenden Mechanismen für Delamination wird zwischen Delamination an der Werkstückoberseite beim Eintritt des Bohrers und Delamination an der Werkstückunterseite beim Austritt des Bohrers unterschieden (Abb. 7.5). Während des Anschnitts des Bohrwerkzeugs werden die ersten Materialschichten

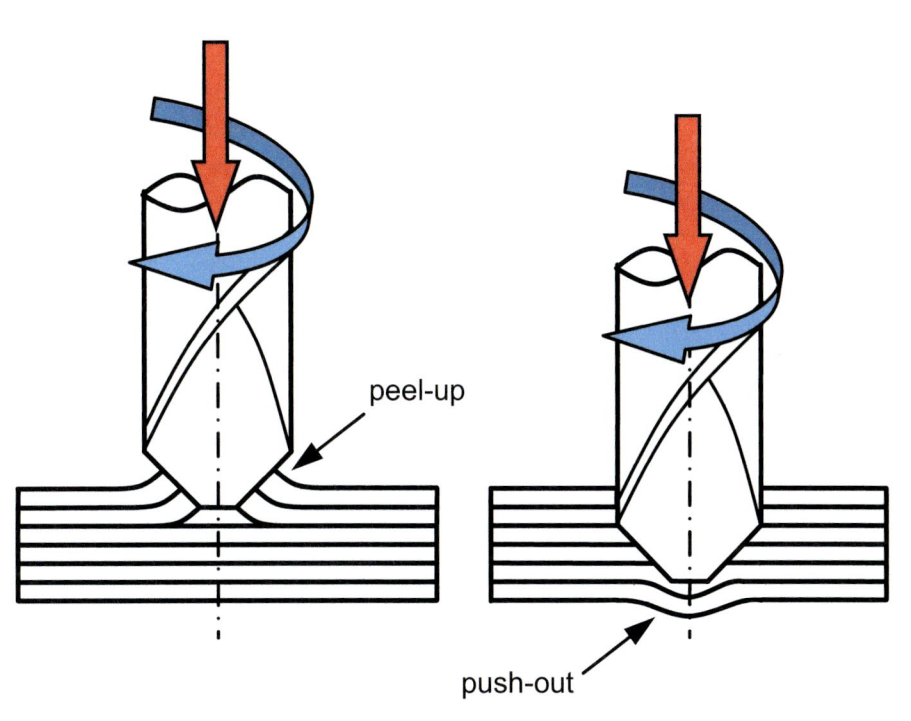

Abb. 7.5: *Delamination am Werkzeugeintritt und -austritt*

nicht sauber getrennt, sondern elastisch deformiert und mit weiterer Drehung des Werkzeugs entlang der Spiralnuten nach oben gezogen. Dies verursacht eine entgegen dem Vorschub gerichtete Axialkraft, welche die oberen Schichten von den durch die Vorschubkraft nach unten gedrückten Materialschichten trennt. Als verursachende Kraft wirkt dabei die in Umfangsrichtung wirkende Schnittkraft, welche zu einer Abscherung der oberen Schicht im Bereich der Bohrung führt. Durch die Steigung der Spiralnut wird die obere Materialschicht dann weiter delaminiert. Man spricht hierbei von Peel-up Delamination. Im weiteren Verlauf des Bohrprozesses nimmt die verbleibende Materialdicke in axialer Richtung der Bohrung kontinuierlich ab. Ab einer minimalen Reststärke liegt die axiale Vorschubkraft über der interlamellaren Festigkeit des Verbundwerkstoffes, was zur sogenannten Push-out Delamination führt (Hocheng 1990). Faraz und Biermann untersuchten die Entstehung von Schädigungen bei der Bohrbearbeitung von Bauteilen mit gewebten Faserlagen (Faraz 2013). Dabei entstehen in Abhängigkeit des Winkels zwischen Schnittrichtung und Faserorientierung lokale Schädigungen, die an eine elliptische Form angenähert werden können.

Bestimmung der Schädigung

Zur Bestimmung der Bauteilschädigung werden verschiedene Verfahren eingesetzt. Konventionelle Mikroskope und optisch scannende Verfahren mit anschließender Bildverarbeitung liefern sehr gute Aussagen über die von außen sichtbare Decklagenschädigung. Des Weiteren sind röntgenographische Scans unter Zuhilfenahme eines Kontrastmittels, welches in die entstandenen Risse eindringt, eine Möglichkeit, innere Schädigung sichtbar zu machen. Heute werden dazu jedoch meist Verfahren wie Computertomographie oder das Ultraschallscannen zur Bestimmung der inneren Schädigung eingesetzt. Auch zur Quantifizierung der Schädigung sind unterschiedliche Kriterien in Verwendung. Prinzipiell bietet es sich an, dimensionslose Kennzahlen zu verwenden, um eine Übertragbarkeit der ermittelten Schädigungen auch auf andere Bohrlochdurchmesser gewährleisten zu können. So wird das dimensionslose Verhältnis des maximalen Schädigungsdurchmessers bezogen auf den Bohrlochdurchmesser und in ähnlicher Weise das Verhältnis der maximalen Risslänge zum Werkzeugradius als dimensionslose Kennzahl zur Quantifizierung der Schädigung verwendet. Nachteilig an diesen Bewertungsgrößen ist der überproportionale Einfluss von einzelnen ausgerissenen Fasern. Auf der anderen Seite kann durch die messtechnisch zwar aufwändiger zu erfassende Messgröße der geschädigten Fläche (bezogen auf den Bohrlochquerschnitt) eine aussagekräftigere dimensionslose Kennzahl des Schädigungsgrades ermittelt werden. Dadurch geht jedoch bei inhomogenem Schädigungsverhalten die Aussage über die maximale Länge der Schädigung verloren. Davim et al. definieren daher eine gewichtete Kenngröße, der sowohl den maximalen Schädigungsdurchmesser als auch den Betrag der geschädigten Fläche berücksichtigt (Davim 2007). Eine Übersicht zu den Bewertungsgrößen ist in Abbildung 7.6 zusammengefasst.

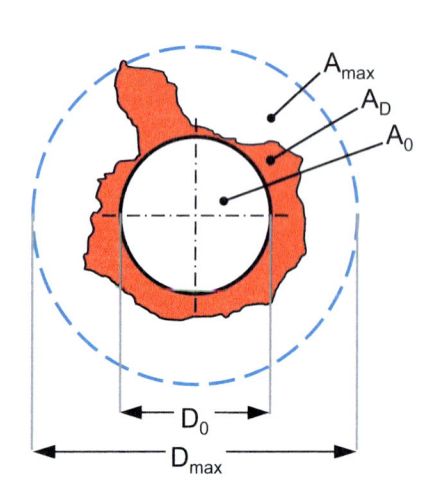

Einfache Delaminationsfaktoren

Durchmesserverhältnis $\quad F_{D,D} = \dfrac{D_{max}}{D_0}$

Flächenverhältnis $\quad F_{D,Fl} = \dfrac{A_D}{A_0}$

Gewichteter Delaminationsfaktor

$$F_{D,gew} = (1-\beta)\frac{D_{max}}{D_0} + \beta \frac{A_{max}}{A_0}$$

$$\beta = \frac{4 \cdot A_D}{\pi\left(D_{max}^2 - D_0^2\right)} \quad \sim \text{Füllgrad}$$

Abb. 7.6: *Kenngrößen zur Bestimmung der Bauteilschädigung beim Bohren*

Abb. 7.7: *Bohrergeometrien zur Bearbeitung faserverstärkter Kunststoffe:*
(a) Standard-Spiralbohrer
(b) Stufenbohrer
(c) Bohrer mit W-Spitzengeometrie
(d) Dagger-Geometrie
(e) Bohrer mit Multifacettenschliff
(f) Kernlochbohrer

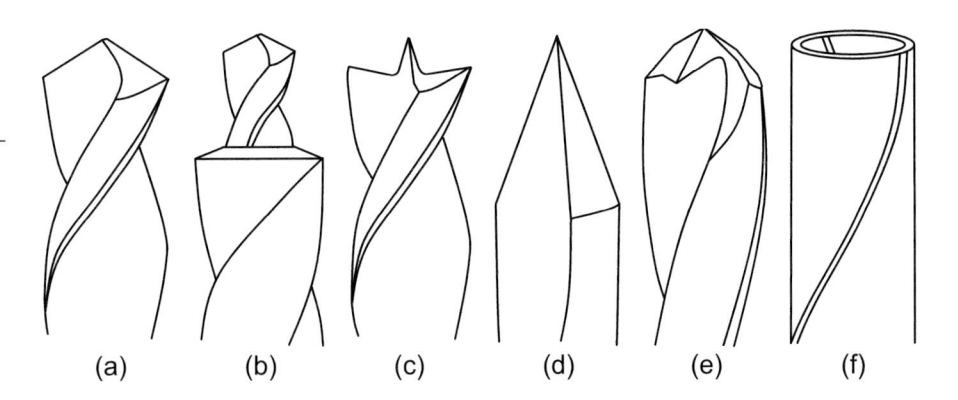

Strategien zur Reduzierung der bearbeitungsinduzierten Schädigungen

Zur Vermeidung von bearbeitungsinduzierter Schädigung werden in der Literatur verschiedene Ansätze verfolgt. Zum einen können durch Verwendung von angepassten Werkzeuggeometrien beim einachsigen Bohren die Prozesskräfte gegenüber konventionellen Spiralbohrern deutlich reduziert werden. Des Weiteren lassen sich durch eine variable Vorschubstrategie, durch mehrachsige Fräsverfahren sowie durch die Überlagerung von Ultraschallschwingungen die Bauteilschädigungen reduzieren. Für das konventionelle Bohren ist ebenfalls charakteristisch, dass verfahrensbedingt die Schnittgeschwindigkeit des Werkzeugs über den Radius zum Zentrum hin abnimmt. Im Bereich der Querschneide findet somit kein Schnittprozess mehr statt. Vielmehr wird das Material nur noch gequetscht und verdrängt. Aus diesem Grund hat besonders die Geometrie des Zentrumsbereiches des Werkzeugs einen starken Einfluss auf die nötige axial wirkende Vorschubkraft. Die Querschneide allein macht bei Spiralbohrern zwischen 65 % und 75 % des Anteils der Vorschubkraft aus. Da die Vorschubkraft jedoch maßgeblich für Delaminationserscheinungen am Bohreraustritt verantwortlich ist (Hocheng 1990), werden gute Bearbeitungsergebnisse mit Werkzeugen erreicht, die diese Problematik umgehen. In Untersuchungen zum Einfluss des Spitzenwinkels von Hartmetallbohrern auf die entstehenden Prozesskräfte und Schädigungen wurde festgestellt, dass bei Spitzenwinkeln > 180° die Schädigungen an der Werkzeugeintrittsseite verringert werden können. Diese großen Spitzenwinkel verursachen jedoch eine Verschlechterung der Schädigungskennwerte auf der Werkzeugaustrittsseite. Bei Spitzenwinkeln < 180° können die Schädigungen an der Austrittsseite verringert werden, was in den Versuchen zu einer Verschlechterung der Schädigungskennwerte an der Eintrittsseite führt (Heisel 2012). Hocheng und Tsao 2003 ermitteln analytisch und experimentell höhere kritische Vorschubkräfte bis zum Einsetzen von Delamination durch den Einsatz von Kern-, Säge- oder Stufenbohrern im Vergleich zu Spiralbohrern (Hocheng 2003). Bhatnagar et al. erreichen geringere Schädigungen an GFK-Laminaten durch Stufen- bzw. facettiert geschliffenen Bohrer (8-facet) gegenüber Spiralbohrern oder Bohrern mit parabolischer Werkzeugspitze (Bhatnagar 2004). Mathew et al. weisen deutlich geringere Prozesskräfte und bis zu 16-mal höhere kritische Vorschubwerte bis zum Einsetzen von Delamination durch den Einsatz eines Kernlochbohrers im Vergleich zu Spiralbohrern nach (Mathew 1999a). Werkzeuge mit diesen Geometrien sind heute kommerziell erhältlich und ermöglichen Bohrbearbeitung an faserverstärkten Kunststoffen mit deutlich reduzierten Schädigungen. Eine exemplarische Übersicht an verwendeten Bohrergeometrien ist in Abbildung 7.7 skizziert. Neben der reinen Geometrievariation besteht auch in der Anpassung der Prozessparameter, speziell des Vorschubs, eine Möglichkeit, das Bearbeitungsergebnis zu beeinflussen. So wird in der Regel der Vorschub im Bereich des Werkzeugaustritts reduziert, wodurch sich auch die Vorschubkraft und somit die Bauteilschädigungen reduzieren lassen. Schulze et al. konnten mit einer gezielten Anpassung der Vorschubparameter an die verschleißbedingt veränderliche Mikrogeometrie der Bohrerschneide eine geringere Schädigung erreichen (Schulze 2013). Mit zunehmendem Werkzeugverschleiß wurde der Vorschub so stark erhöht, dass die Schneidkantenverrundung geringer war als der Vorschub je Zahn. Damit konnten konstante Schädigungen bei gleichzeitiger Verringerung der Prozesszeit beobachtet werden.

Eine weitere Möglichkeit, Schädigungen zu reduzieren, die durch die Bearbeitung verursacht werden, besteht in der Anwendung mehrachsiger Fräsbearbeitung zur Bohrlochherstellung. Persson et al. stellen bei durch Zirkularfräsen hergestellten Bohrungen in CFK-Proben geringere Schädigungen fest als bei Bohrungen, welche mittels Dagger- oder 8-Facet-Bohrer hergestellt wurden (Persson 1997). Beim Zirkularfräsen dringt das Werkzeug entlang einer helixförmigen Vorschubbahn in das Werkstück ein. Folge sind ein am Umfang unterbrochener Schnitt und somit geringere Prozesskräfte sowie eine geringere thermische Belastung des Werkstückmaterials. Zudem können qualitativ gute Bearbeitungsergebnisse durch geometrisch einfache Werkzeuge erreicht werden, was besonders bei der Bearbeitung von Werkstoffverbunden vorteilhaft ist.

Schulze et al. weisen in ihrer Arbeit die Verringerung von Schädigungen durch eine gezielte Richtung der Prozesskräfte ins Werkstückinnere bei der Bearbeitung nach (Schulze 2011). Um dies zu bewerkstelligen, wurden neue Verfahren entwickelt, bei denen die Prozessführung und die Werkzeuggeometrie gezielt aufeinander abgestimmt sind. Eine Weiterentwicklung des Zirkularfräsens stellt der kombinierte Prozess aus Zirkular- und Spiralfräsen dar. Mit diesem Prozess wird die Werkstückoberseite mittels Zirkularfräsen und die Werkstückunterseite mittels Spiralfräsen bearbeitet. Dabei wird die Werkzeuggeometrie ausgenutzt, um die Prozesskräfte ins Bauteilinnere zu richten (Becke 2011, Schulze 2012). Schulze und Becke stellen zudem ein fünffachsiges Taumelfräsen zur schädigungsarmen Bohrungsbearbeitung vor (Schulze 2009). Dabei wird das Werkzeug nach dem Durchtritt durch das Werkstück um einen definierten Winkel gekippt und der obere sowie der untere Decklagenbereich in einer taumelnden Werkzeugbewegung so bearbeitet, dass die Schnitt- und Passivkraft an Ober- und Unterseite stets ins Werkstückinnere gerichtet sind (Abb. 7.8). In Referenzuntersuchungen wurden, besonders im Bereich des Werkzeugaustritts, geringere Schädigungen festgestellt als durch zirkulare Fräsbearbeitung erreichbar. Schließlich kann auch durch die Anwendung von ultraschallunterstützter Zerspanung beim Bohren von FVK ein besseres Bearbeitungsergebnis erzielt werden. Dem konventionellen Bohrprozess wird dabei eine hochfrequente axiale Schwingung oder Umfangsschwingung mit Amplituden im Mikrometerbereich überlagert. Dadurch wird der Schnittvorgang in der Frequenz der Schwingung wiederholt unterbrochen, wodurch sowohl die Prozesskräfte und somit die Werkstückschädigung als auch der Werkzeugverschleiß reduziert werden können.

7.2.4 Drehen

Die Drehbearbeitung faserverstärkter Kunststoffe besitzt Bedeutung für die Außenbearbeitung gewickelter Rohrprofile sowie, aufgrund der Prozesskinematik und dem kontinuierlichen Schnitt, für allgemeine

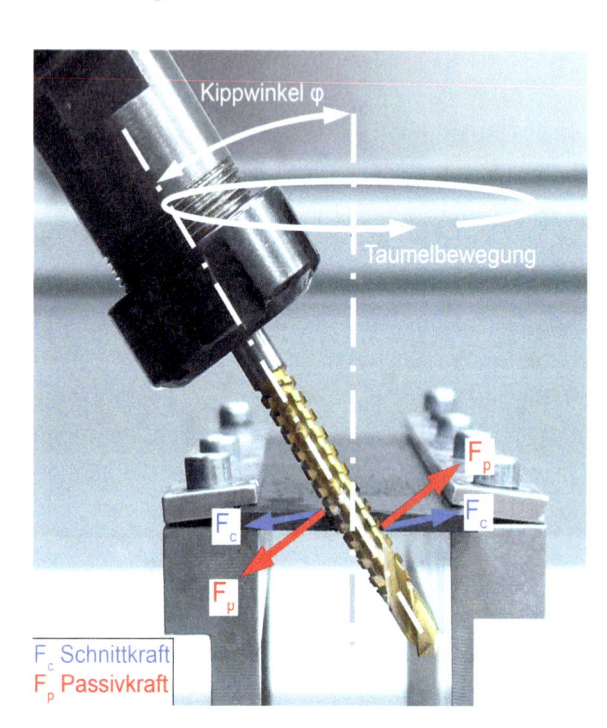

Abb. 7.8: *Fünffachsiges Taumelfräsen zur schädigungsarmen Bohrbearbeitung faserverstärkter Kunststoffe*

Faserorientierungswinkel ψ
Schnittgeschwindigkeit v_c
Vorschubgeschwindigkeit v_f
Schnitttiefe a_p
Vorschub f

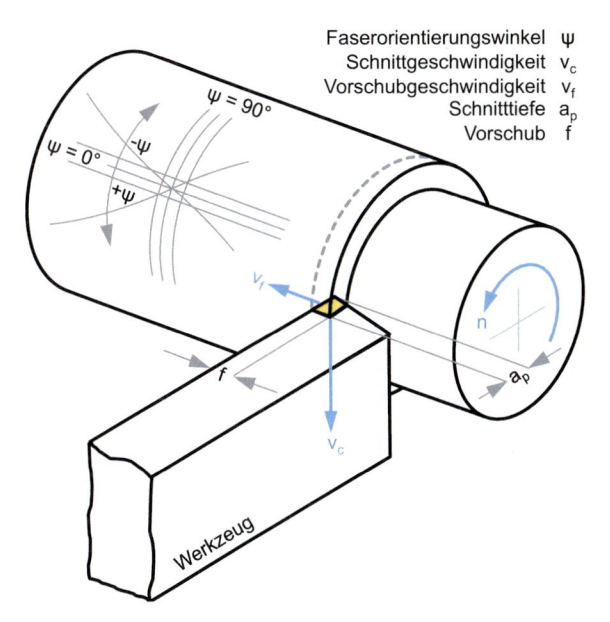

Abb. 7.9: *Prozesskinematik und geometrische Größen beim Längs-Runddrehen*

Grundlagenuntersuchungen zu Spanbildung, Verschleiß und Bearbeitungsergebnis. Wie beim Fräsen von FVK vorgestellt, hat auch beim Drehen die Orientierung der Fasern einen maßgeblichen Einfluss auf die Spanbildung und die erreichbare Qualität. Je nachdem, wie das Werkzeug auf den Verbund trifft, werden die Fasern gestaucht (ψ = 90°) oder gebogen und schließlich geschert (ψ = 0°). Die Prozesskinematik und die relevanten geometrischen Größen beim Längs-Runddrehen sind in Abbildung 1.9 dargestellt. Zur Bewertung der Bearbeitbarkeit eines Werkstoffs werden die Schnittkraft und die Rauheit der bearbeiteten Oberfläche herangezogen. Davim und Mata fassen diese beiden Größen zu einem Zerspanbarkeitsindex zusammen (Davim 2005). Tendenziell gelten die folgenden qualitativen Empfehlungen zur Herstellung von technischen Oberflächen mit geringstmöglichen Rauheiten: Schnittgeschwindigkeit erhöhen, Vorschub verringern, Bearbeitung bei möglichst kleinen Faserorientierungswinkeln. Der Einfluss der Schnitttiefe auf die Oberfläche ist in der Regel untergeordnet. Auch für die Schnittkraft gilt, dass sie mit zunehmender Schnittgeschwindigkeit sinkt und für einen Faserorientierungswinkel von ψ = 90° maximal ist. Im Vergleich der Bearbeitbarkeit von verstärktem und nicht verstärktem Polyamid (Glasfaser) wiesen Davim und Mata nach, dass durch die Verstärkungsfasern sowohl die Prozesskräfte und die Rauheit der bearbeiteten Oberfläche als auch das Verhältnis von Passiv- zu Schnittkraft steigt (Davim 2007).

7.2.5 Einspannen von faserverstärkten Kunststoffen bei der Zerspanung

Die Bearbeitung von faserverstärkten Kunststoffen stellt ebenfalls eine große Herausforderung an die Einspannung der Bauteile. Zum einen müssen die Prozesskräfte aufgenommen und die Positionierung sichergestellt werden. Zum anderen muss die Zugänglichkeit zur Bearbeitungsstelle im Prozess gewährleistet sein. Spannvorrichtungen für FVK-Bauteile fixieren diese entweder durch eine mechanische Klemmung oder mittels Vakuum. Gängige Praxis bei der Bohrbearbeitung ist die Verwendung von Stützplatten im Bereich des Werkzeugaustritts zur Abstützung des Decklagenmaterials und der Vermeidung von Delamination und Ausbrüchen. Tsao und Hocheng untersuchen die dadurch erreichbaren Unterschiede in der kritischen Maximalkraft und weisen den Vorteil nach (Tsao 2005). Sadat entwickelt eine Vorrichtung, die in ähnlicher Weise auch Delamination am Werkzeugeintritt verhindert (Sadat 1994). Klotz et al. stellen unterschiedliche Spannvorrichtungen vor und untersuchen den Einfluss der Abstände zwischen Bohrungsmittelpunkt und Spannpunkt auf die entstehenden Bearbeitungskräfte und die Schädigungen (Klotz 2014). Als Ergebnis dieser Untersuchungen konnte gezeigt werden, dass innerhalb gewisser Einspannabstände lediglich ein geringer Einfluss auf die entstehenden Schädigungen zu beobachten ist. Bei zunehmendem Abstand kommt es zu einer rapiden Zunahme der Durchbiegungen und Schädigungen, da das Bohrwerkzeug schlagartig durch das FVK-Material durchbricht. Ähnliche Herausforderungen an die Spanntechnik ergeben sich auch für das Fräsen insbesondere beim Besäumen von Bauteilkanten. Für diese Anwendungsfälle werden die Bauteile meist mittels Vakuum oder mittels mechanischer Klemmspanner fixiert.

7 Trennen faserverstärkter Kunststoffe

7.3 Spanen mit geometrisch unbestimmter Schneide

7.3.1 Schleifen

Das Schleifen spielt für die Bearbeitung faserverstärkter Kunststoffe eine nur untergeordnete Rolle. Charakteristisch für Schleifverfahren sind gegenüber dem Spanen mit geometrisch bestimmter Schneide deutlich höhere Schnittgeschwindigkeiten und geringere Vorschübe, was sich in sehr viel geringeren Spanungsdicken ausdrückt. Damit geht eine höhere thermische Belastung des Werkstückmaterials einher, was besonders bei der Bearbeitung von FVK durch geeignete Kühlstrategien kompensiert werden muss, da Kunststoffe tendenziell schlechte Wärmeleiter sind, und es sonst zu Wärmestaus in der Wirkzone und somit zu thermischer Schädigung des Werkstücks kommen kann. Besonders die Bearbeitung thermoplastischer Werkstoffe mit geringen Fasergehalten gestaltet sich als schwierig, da das weiche Material die Spanräume der Werkzeuge schnell zusetzten kann. Da sich durch schleifende Bearbeitung jedoch andererseits sehr geringe Rauheitswerte der bearbeiteten Oberfläche erreichen lassen, ist auch die Anwendung auf die Bearbeitung von Composites relevant. Eingesetzte Werkzeuge sind neben konventionellen Schleifscheiben meist gesinterte oder galvanisch belegte Schleifstifte. Als Prozessstrategie sind sowohl einachsiges Bohren als auch das Schleifen entlang einer helixförmigen Vorschubbahn analog dem Zirkularfräsen anwendbar (Park 1995, Biermann 2012).

7.3.2 Wasserstrahlschneiden

Das Trennen mit Hochdruckwasserstrahlen bietet für die Bearbeitung verschiedenster Leichtbauwerkstoffe wie Verbundwerkstoffe, Werkstoffverbunde oder Strukturen mit Waben- oder Schaumkernen enorme Vorteile. So findet die Bearbeitung ohne direkten Werkzeugverschleiß statt. Die Prozesse können also bei stabilen Prozessparametern über

Haupteinflüsse auf die Bearbeitungsqualität
- Strahldruck
- Düsenabstand
- Korngröße des Abrasivmittels
- Massestrom des Abrasivmittels
- Vorschubgeschwindigkeit

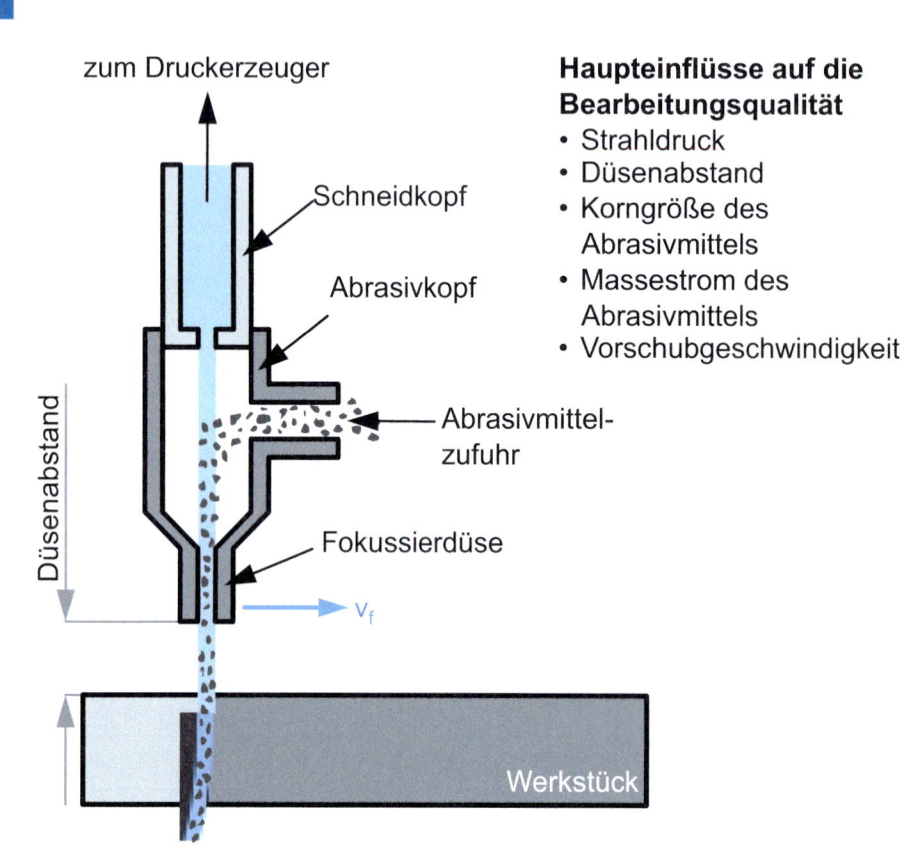

Abb. 7.10: *Schema des Abrasivwasserstrahlschneidens*

lange Zeit gleichbleibende Qualitäten liefern. Zudem ist es ein kalter Prozess, was besonders bei temperaturempfindlichen Werkstückmaterialien eine thermische Schädigung verhindert. Die Bearbeitung erfolgt außerdem staubfrei und die auftretenden Prozesskräfte sind deutlich geringer als bei mechanischer Bearbeitung, wodurch auch wenig formstabile Werkstoffe gut bearbeitet werden können. Bei höherfesten Werkstoffen oder größeren Schnitttiefen werden dem Wasserstrahl abrasive Zusätze (z. B. Minerale, wie Granat, Olivin, Korund) beigemischt, wodurch die Schnittleistung erhöht werden kann. Arbeitsdrücke reichen heutzutage bis 400 MPa. Entwicklungstrends gehen darüber hinaus bis zu Drücken von 600 MPa (Trieb 2005). Nachteilig beim Trennen mit Hochdruckwasserstrahlen sind die Ablenkung des Wasserstrahls, vor allem bei dickeren Materialien, die Flüssigkeitsaufnahme einiger Kunststoffe sowie die in der Regel sehr hohen Anlagen- und Wartungskosten, die durch den Zusatz abrasiver Medien noch erhöht werden. Die Zumischung erfolgt daher möglichst spät, in der Regel erst im Abrasivkopf. Das am stärksten beanspruchte Bauteil ist die Fokussierdüse, für die sehr verschleißfeste Materialien wie Saphir, Rubin oder Diamant verwendet werden. Anwendungen sind hauptsächlich durch die Außenbearbeitung meist flächiger Bauteile oder die Fertigung von Aussparungen gegeben, wobei der Werkstoff über die gesamte Dicke getrennt wird. Zudem kann das Wasserstrahlschneiden auch leicht für die Drehbearbeitung adaptiert werden, indem der Schneidstrahl am rotierenden Werkstück vorbei geführt wird. Bei geeigneter Prozesssteuerung sind auch Taschen mit definierter Tiefe oder 3D-Strukturen herstellbar (Cenac 2008). Dabei sind jedoch genaue Kenntnisse der von den Prozessparametern abhängigen erreichbaren Schnitttiefen nötig, die für jeden Werkstoff erneut optimiert werden müssen. Der prinzipielle Aufbau des Funktionsteils einer Wasserstrahlschneidanlage mit Abrasivzusatz sowie die relevanten Prozessparameter sind in Abbildung 7.10 dargestellt.

Die erreichbare Qualität der Schnittfuge lässt sich durch Verständnis des Prozesses und der Einflüsse der Prozessparameter nachvollziehen. Der Hochdruckwasserstrahl verliert ab dem Zeitpunkt des Austritts aus dem Schneidkopf kontinuierlich an Energie schon bevor er die Oberfläche des Werkstücks überhaupt erreicht. Die Geschwindigkeit nimmt leicht ab, der Strahldurchmesser nimmt leicht zu. Im Moment des Auftreffens auf die Oberfläche wird der Zusammenhalt des Materials dort lokal aufgehoben, und es kommt zum Herauslösen von Partikeln, welche mit dem Strahl weggespült werden. Mit zunehmender Schnitttiefe verliert der Wasserstrahl dabei weiter an Energie. In Abhängigkeit der Prozessparameter ergibt sich somit eine maximale Schnitttiefe, bei deren Erreichen der Werkstoff nicht mehr getrennt wird. Aufgrund dieser Vorgänge kann die Schnittfuge bei einem durchgehenden Schnitt somit in drei Bereiche unterteilt werden: Im Bereich des Eintritts des Strahls kommt es durch die sehr hohen Strahlenergien zu Stoßbelastungen, wodurch bei Composites Delamination hervorgerufen werden kann. Der zweite Bereich im Zentrum des Materials weist in der Regel die beste Oberflächenrauheit und geringste Schädigung auf. Der dritte Bereich ist durch starke Abdrängung des Wasserstrahls, zunehmende Wandschräge und verstärkte Riefen- und Wellenbildung auf der Oberfläche charakterisiert. Zudem kommt es durch die Druckabnahme über die Schnitttiefe und die damit verbundene schlechtere Trennwirkung bevorzugt im Bereich des Austritts stärker zu Werkstückschädigungen wie Delamination. Ziel für qualitativ hochwertige Schnittfugen mit geringen Rauheiten sind daher tendenziell hohe Drücke, geringe Vorschubgeschwindigkeiten und geringe Abstände zwischen Düse und Werkstück. Die Verwendung von abrasiven Zusätzen ist für Composites und andere Leichtbauwerkstoffe meist vorzuziehen, da die möglichen Vorschubgeschwindigkeiten deutlich höher und die Qualitäten der Schnittfugen deutlich besser sind. Dabei sollte auch auf die Qualität und Stabilität der Zuführrate geachtet werden, da dies sonst zu schwankenden Bearbeitungsqualitäten führen kann (Karpinski 2006).

7.4 Abtragen

7.4.1 Abtragen mit Laserstrahlen

Beim Abtragen mit Laserstrahlen wird Laserlicht durch geeignete Optiken auf die Oberfläche des Werkstücks gerichtet. Dabei wird die Temperatur im Werkstück lokal stark erhöht; der Werkstoff sublimiert. Die Einkopplung des Laserstrahls erfolgt entweder gepulst oder kontinuierlich. Das entfernte Werkstückmaterial wird durch das verwendete Prozessgas aus der Bearbeitungszone geblasen. Weitere wichtige Prozessparameter sind Vorschubgeschwindigkeit, Laserenergie, Pulsdauer, Pulsfrequenz, Polarisation, Fokusdurchmesser sowie Art und Druck des Prozessgases. Allgemein bietet die Laserbearbeitung eine Reihe Vorteile, die auch auf die Bearbeitung faserverstärkter Kunststoffe anwendbar sind. Zu nennen sind dabei besonders die Bearbeitung ohne Werkzeugverschleiß, verschwindend geringe mechanische Prozesskräfte sowie die Möglichkeit, nahezu alle Werkstoffe bearbeiten zu können. Nachteilig wirken die hohen Anlagenkosten und die thermische Beeinflussung des Materials in der Umgebung der Wirkzone (auch Wärmeeinflusszone WEZ oder Heat Affected Zone HAZ genannt). Anwendung findet die Laserablation neben der Herstellung von Taschen oder Oberflächenstrukturen vor allem bei der Konturbearbeitung, dem Laserbohren und dem Zuschnitt von Prepregs. Mathew et al. sowie Davim et al. untersuchen den Zusammenhang der Prozessparameter und der thermisch beeinflussten Randschicht (HAZ) bei der Laserbearbeitung von CFK- bzw. GFK-Platten (Mathew 1999b; Davim 2008). Sie weisen nach, dass der Betrag der HAZ mit zunehmender Laserenergie, Pulsdauer, Pulsfrequenz und abnehmender Vorschubgeschwindigkeit steigt. Besonders bei kohlenstofffaserverstärkten Kunststoffen ist die Ausprägung der HAZ von der Orientierung der Verstärkungsfasern abhängig. Die Wärme wird dabei entlang der Fasern schneller ins Bauteil abgeführt als senkrecht zur Faserorientierung. Herzog et al. zeigen einen linear abnehmenden Zusammenhang zwischen der Größe der HAZ und der Zugfestigkeit von bearbeiteten Proben (Herzog 2008). Die erreichten Festigkeiten durch Laser bearbeiteter Proben lagen unterhalb derer durch Wasserstrahlen oder Fräsen bearbeiteter Proben. Stock et al. zeigen mit dem Remote Laserschneiden deutlich geringere Wärmeeinflusszonen aufgrund der kurzen Wechselwirkungszeiten zwischen Laserstrahl und Werkstück (Stock 2012). Negarestani et al. konnten mit einer Zugabe von 12,5 % Sauerstoff zum Stickstoff als Prozessgas beim Laserbearbeiten eine Verbesserung der Bearbeitungsqualität und eine Verringerung der Faserausrisse beobachten (Negarestani 2010). Denkena et al. zeigen die Möglichkeit der selektiven Bearbeitung in einem Composite, bei der lediglich das Matrixmaterial abgetragen wird, und die Fasern ohne erkennbare Schädigungen freigelegt werden können (Denkena 2007).

7.4.2 Funkenerosives Abtragen (EDM)

Der Prozess des funkenerosiven Abtragens (EDM für electrical discharge machining) beruht auf der Nutzung gezielter Stromentladungen in Form von Funkenüberschlägen, welche den Materialzusammenhalt im Werkstück lokal aufheben. Werkstück und Werkzeug sind durch den Arbeitsspalt getrennt, durch den zur elektrischen Isolation bis zum Überschlag und zum Abtransport der herausgelösten Partikel ein dielektrisches Fluid gespült wird (Abb. 7.11). Es ist ersichtlich, dass funkenerosive Bearbeitung nur an Werkstoffen mit einem Mindestwert an elektrischer Leitfähigkeit durchgeführt werden kann. Aus der Gruppe der technischen Composites

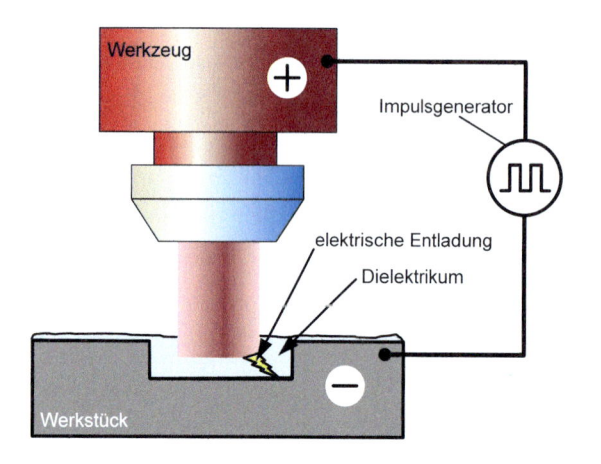

Abb. 7.11: *Schema des funkenerosiven Abtragens*

sind dies lediglich kohlenstofffaserverstärkte Kunststoffe, da Kohlenstofffasern selbst gute elektrische und thermische Leiter sind. Die Erodierbarkeit von CFK nimmt mit dem Anteil an Verstärkungsfasern zu. Park et al. zeigen, dass Composites mit einem Verstärkungsanteil von nur einem Gew.- % noch nicht erodierbar sind (Park 2007). Tendenziell muss die Arbeitsspannung erhöht werden, wenn der Anteil der Verstärkungsfaser abnimmt. Die Relevanz des EDM zur Bearbeitung faserverstärkter Kunststoffe ist gering und beschränkt auf Anwendungen, die Aussparungen mit komplexer Geometrie oder Bohrungen und Strukturen im Mikrobereich erfordern. Die prinzipielle Eignung zur Bearbeitung von CFK wurde bereits von Lau et al. gezeigt (Lau 1990). Es ist jedoch eine genaue Abstimmung der Bearbeitungsparameter auf den Werkstoff nötig. Dann sind durch EDM sehr gute Bearbeitungsergebnisse erreichbar. Kritisch ist besonders die thermische Belastung bei höheren Strömen, wodurch die Oberfläche zum Verschmieren neigt und somit die maximale Bearbeitungsgeschwindigkeit reduziert wird. Insgesamt liegt im Vergleich der abtragenden Verfahren die Bearbeitungsgeschwindigkeit des EDM deutlich unterhalb der bei der Laserablation erreichbaren Geschwindigkeit.

7.5 Zusammenfassung

Die trennende Bearbeitung von FVK ist aufgrund der heterogenen Werkstoffzusammensetzung mit besonderen Herausforderungen verbunden. Für ein gutes Bearbeitungsergebnis muss immer ein Kompromiss zwischen den optimalen Bearbeitungsprozessen für die den Verbund aufbauenden Werkstoffe gefunden werden. Als Kriterium eines guten Bearbeitungsergebnisses reichen die Beurteilung der geometrischen Genauigkeiten und Rauheiten alleine nicht aus. Es muss zusätzlich die Schädigung des Werkstoffs durch den Fertigungsprozess berücksichtigt werden, da sich die bei der Bearbeitung auftretenden mechanischen und thermischen Belastungen signifikant von denen im späteren Einsatz des Bauteils unterscheiden können, wodurch Belastungen über die Werkstoffgrenzen hinaus auftreten können. Auf Seiten der spanenden Verfahren mit geometrisch bestimmter Schneide wird dies durch den Einsatz angepasster Prozessstrategien und Werkzeugmikro- sowie -makrogeometrien umgesetzt. Allgemein ist es immer ratsam, sich bewusst zu machen, in welcher Richtung Prozesskräfte auf die Verstärkungsfasern aufgebracht werden und welche Folge dies für den Trennvorgang im Verbund hat. Bei flächigen Bauteilen sind Kraftanteile kritisch, die senkrecht zur Werkstückebene hin wirken, da sie vorrangig durch den Matrixwerkstoff aufgenommen werden müssen. Bei Kräften innerhalb der Werkstückebene ändert sich mit dem Winkel, unter dem die Fasern geschnitten werden, auch die Art des Trennvorgangs, somit die nötige Prozesskraft sowie die erreichbare Bearbeitungsqualität. Es ist prinzipiell möglich, abtragende Verfahren wie die Bearbeitung mittels Laserstrahl oder durch Funkenerosion (zumindest CFK) zu verwenden. Die speziellen Verfahrensvorteile, wie die hohen Schnittleistungen moderner Lasersysteme oder die Möglichkeit, komplexe Geometrien durch Laserablation oder Senkerosion herzustellen, sind auch bei der Bearbeitung von FVK gegeben, jedoch sind in den allermeisten Fällen die mechanische Bearbeitung oder das Wasserstrahlschneiden die wirtschaftlich und qualitativ bessere Lösung.

7.6 Weiterführende Informationen

Literatur

Bhatnagar, N.; Singh, I.; Nayak, D.: Damage investigation in drilling of glass fiber reinforced plastic composite laminates, Materials and Manufacturing Processes 19 (2004), S. 995–1007

Biermann, D.; Feldhoff, M.: Bohrungsbearbeitung von CFK mit Schleifstiften, Diamond Business 4 (2008), S. 22–29

Cenac, F.; Collombet, F.; Zitoune, R.; Deleris, M.: Abrasive-water-jet blind-machining of polymer matrix composite materials, European Conference on Composite Materials 13 (2008), S. 1–10

Davim, J.P.; Reis, P.: Multiple regression analysis (MRA) in modelling milling of glass fibre reinforced plastics (GFRP), International Journal of Manufacturing Technology and Management 6 (2004), S. 185–197

Davim, J.P.; Mata, F.: A new machinability index in turning fiber reinforced plastics, Journal of Materials Processing Technology 170 (2005), S. 436–440

Davim, J.P.; Mata, F.: A comparative evaluation of the turning of reinforced and unreinforced polyamide, International Journal of Advanced Manufacturing Technology 33 (2007), S. 911–914

Davim, J.P.; Campos-Rubio, J.; Abrao, A.M.: A novel approach based on digital image analysis to evaluate the delamination factor after drilling composite laminates, Composites Science and Technology 67 (2007), S. 1939–1945

Denkena, B.; Volkermeyer, F.; Kling, R.; Hermsdorf, J.: Novel UV-laser applications for carbon fiber reinforced plastics, International Conference on Applied Production Technology 7 (2007), S. 99–108

Faraz, A.; Biermann, D.: In Situ Qualitative Inspection of Hole Exit Delamination at Bottom-Ply during Drilling of Woven CFRP Epoxy Composite Laminates. Advanced Engineering Materials 15 (2013) 6, S. 449–463

Heisel, U.; Pfeifroth, T.: Influence of Point Angle on Drill Hole Quality and Machining Forces when Drilling CFRP. 5th CIRP Conference on High Performance Cutting (HPC) (2012), S. 471–476

Herzog, D.; Jaeschke, P.; Meier, O.; Haferkamp, H.: Investigations on the thermal effect caused by laser cutting with respect to static strength of CFRP, International Journal of Machine Tools & Manufacture 48 (2008), S. 1464–1473

Hintze, W.; Clausen, R.; Hartmann, D.; Kindler, J.; Santos, S.; Schwerdt, M.; Stöver, E.: Precision of machined CFRP – The challenge of dimensional accuracy, Proceedings of the AST Workshop on Aircraft System Technologies (2007), S. 361–374

Hocheng, H.; Dharan, C.K.H.: Delamination during drilling in composite laminates, Journal of Engineering for Industry 112 (1990), S. 236–239

Hocheng, H.; Tsao, C.C.: Comprehensive analysis of delamination in drilling of composite materials with various drill bits, Journal of Materials Processing Technology 140 (2003), S. 335–339

Hohensee, V.: Faserverstärkte Kunststoffe bearbeiten – Teil I: Umrissbearbeitung durch Fräsen, Magazin Neue Werkstoffe 2/89 (1989), S. 12–17

Janardhan, P.; Sheikh-Ahmad, J.; Cheraghi, H.: Edge trimming of CFRP with diamond interlocking tools, Proceedings of Aerospace Manufacturing and Automated Fastening Conference, 2006

Karpinski, A.; Wantuch, E.: The delamination problem of the glass fibre reinforced composites during the abrasive water jet cutting, 18th International Conference on Water Jetting (2006), S. 167–179

Klocke, F.; König, W.; Rummenhöller, S.; Würtz, C.: Milling of advanced composites, Machining of Ceramics and Composites, Jahanmir, S.; Ramulu, M.; Koshy, P.; Marcel Dekker, Inc., New York, 1999

Klotz, S.; Gerstenmeyer, M.; Zanger, F.; Schulze, V.: Influence of clamping systems during drilling carbon fiber reinforced plastics. 2nd CIRP Conference on Surface Integrity (CSI), 28.–30.05.2014 Nottingham.

König, W.; Wulf, C.; Graß, P.; Willerscheid, H.: Machining of fibre reinforced plastics, Annals of the CIRP 34/2 (1985), S. 537–548

Langella, A.; Durante, M.: Comparison of tensile strength of composite material elements with drilled and molded-in holes, Applied Composite Materials 15 (2008), S. 227–239

Lau, W.S.; Wang, M.; Lee, W.B.: Electrical discharge machining of carbon fibre composite materials, International Journal of Machine Tools and Manufacture 30 (1990), S. 297–308

Mathew, J.; Ramakrishnan, N.; Naik, N.K.: Trepanning on unidirectional composites: delamination studies, Composites Part A 30 (1999a), S. 951–959

Mathew, J.; Goswami, G.L.; Ramakrishnan, N.; Naik, N.K.: Parametric studies on pulsed Nd:YAG laser cutting of carbon fibre reinforced plastic composites, Journal of Materials Processing Technology 89–90 (1999b), S. 198–203

Park, K.Y.; Choi, J.H.; Lee, D.G.: Delamination-free and high efficiency drilling of carbon fiber reinforced plastics, Journal of Composite Materials 29 (1995), S. 1988–2002

Park, Y.B.; Kim, D.; Wan, Y.; Cook, Y.; Zhang, C.: Micro electro discharge machining of polymer/carbon nanotube composites, International SAMPE Symposium and Exhibition (2007), S. 1–9

Persson, E.; Eriksson, I.; Zackrisson, L.: Effects of hole machining defects on strength and fatigue life of composite laminates, Composites Part A 28A (1997), S. 141–151

Negarestani, R.; Li, L.; Sezer, H. K.; Whitehead, D.; Methven, J.: Nano-second pulsed DPSS Nd:YAG laser cutting of CFRP composites with mixed reactive and inert gases. International Journal of Advanced Manufacturing Technology 49 (2010), S. 553 – 566

Sadat, A.B.: Preventing delamination when driling graphite/epoxy composite, PD-Vol. 64-2, Engineering Systems Design and Analysis 2 (1994), S. 9–18

Schulze, V.; Becke, C.: Taumelfräsen zur schädigungsarmen Bohrbearbeitung von Kompositwerkstoffen, ZWF Zeitschrift für den wirtschaftlichen Fabrikbetrieb 104 (2009), S. 473–477

Schulze, V.; Becke, C.; Weidenmann, K.; Dietrich, S.: Machining strategies for hole making in composites with minimal workpiece damage by directing the process forces inwards. Journal of Materials Processing Technology 211 (2011), S. 329–338.

Schulze, V.; Klotz, S.; Zanger, F.: Experimentelle Untersuchung von Bauteilschädigung und Werkzeugverschleiß bei der FVK-Bearbeitung. Spanende Fertigung, 6. Ausgabe, Essen 2012, S. 330–337

Schulze, V.; Zanger, F.; Klotz, S.: Verschleißbedingte Parameteranpassung bei der Bohrungsherstellung in faserverstärkten Kunststoffen. 19. Symposium Verbundwerkstoffe und Werkstoffverbunde 2013, Karlsruhe, S. 958–967.

Srinivasa Rao, B.; Rudramoorthy, R.; Srinivas, S.; Nageswara Rao, B.: Effect of drilling induced damage on notched tensile and pin bearing strengths of woven GFR-epoxy composites, Materials Science and Engineering A 472 (2008), S. 347–352

Stock, J.; Zaeh, M. F.; Conrad, M.: Remote Laser Cutting of CFRP: Improvements in the Cut Surface. Physics procedia 39 (2012), S. 161–170

Trieb, A.: Wasserstrahlschneiden – Stand der Technik und innovative Anwendungen, Schweißen im Anlagen und Behälterbau, DVS-Berichte 235, DVS-Verlag, Düsseldorf, 2005, S. 45–49

Tsao, C.C.; Hocheng, H.: Effects of exit back-up on delamination in drilling composite materials using a saw drill and a core drill, International Journal of Machine Tools & Manufacture 45 (2005), S. 1261–1270

Ucar, M.; Wang, Y.: End-milling machinability of a carbon fiber reinforced laminated composite, Journal of Advanced Materials 37 (2005), S. 46–52

Weinert, K.; Kempmann, C.; Lange, M.: Bearbeitung von Werkstoffverbunden und Verbundwerkstoffen, Perspektiven der Zerspantechnik (2002), S. 257–273

8 Formgebung bei Technischer Keramik

Reinhard Lenk

8.1	Technologie der Keramikherstellung	657	8.3	Komplexe keramische Bauteilstrukturen	672
			8.3.1	Grundlagen	672
8.2	Formgebung Technischer Keramik	659	8.3.2	Fertigungstechnische Möglichkeiten und Anwendungsbeispiele für den Leichtbau	674
8.2.1	Prinzipien keramischer Formgebung	659	8.3.2.1	Direkte Formgebung	675
8.2.2	Keramische Formgebungsverfahren	661	8.3.3.2	Formgebung und Fügen	675
8.2.2.1	Pressformgebung	661	8.3.2.3	Replikationstechniken	676
8.2.2.2	Plastische und thermoplastische Formgebung	665	8.3.2.4	Verwendung von Trägermaterialien (PT-Keramik®)	678
8.2.2.3	Gießformgebung	669	8.3.3	Anwendungsbeispiele für den Leichtbau	681
8.2.2.4	Additive Fertigung	671			
8.2.3	Binderkonzepte und Entbinderungsverfahren	671	8.4	Zusammenfassung	683
			8.5	Weiterführende Informationen	683

Keramische Werkstoffe bilden sich beim Brennprozess (Sintern) aus. Voraussetzung ist eine ausreichend hohe Sinteraktivität der verwendeten Ausgangspulver, die mit der jeweils verwendeten Partikelgröße korreliert. Eine weitere Voraussetzung besteht darin, dass werkstofftypische Stofftransportprozesse durch die räumliche Mindestnähe benachbarter Partikel überhaupt möglich sind. Das bedingt homogene Pulverpackungen. Die durch hohe Sinteraktivität bei hoher Temperatur initiierten Sinterprozesse sind werkstoffspezifisch und können auf Festphasendiffusion, Verdampfung und Rekristallisation oder Lösung und Abscheidung beruhen. Während einzelne Sintermechanismen einhergehend mit der zunehmenden Verdichtung zum makroskopischen Schwinden des Sinterkörpers führen, verbleibt bei anderen eine Porosität.

III

PT-Keramik für den Leichtbau

Es gibt darüber hinaus Reaktionssintermechanismen, die durch Volumenzunahme oder Bildung von Sekundärphasen auch eine Verdichtung ohne Schwindung ermöglichen. Während Festphasensinterprozesse durch Verunreinigungen behindert werden können, wird für einen Flüssigphasensinterprozess gezielt mit Eutektika bildenden Additiven dotiert, die temporäre oder in den Korngrenzen verbleibende Sekundärphasen ausscheiden. Keramische Werkstoffe, ihre Unterteilung sowie ihre Eigenschaften sind in Teil II, Kapitel 8 „Leichtbau mit Technischer Keramik" ausführlich dargestellt.

Die Formgebung keramischer Werkstoffe erfolgt meist ausgehend von Granulat, Suspensionen oder (thermo)plastischen Formmassen. Diese Zwischenprodukte werden mit Hilfe unterschiedlicher temporärer Bindemittel (organischer Additive) hergestellt, die nach der Formgebung, noch vor dem Sinterprozess, ausgetrieben werden müssen.

Es ist auch üblich, durch Formgebung (z. B. Pressen) Rohlinge zu fertigen und diese im geformten, gehärteten, geglühten oder gesinterten Zustand mechanisch zu bearbeiten. Welche Formgebung für die Fertigung von Bauteilen bevorzugt angewendet wird, entscheiden technische und vor allem wirtschaftliche Aspekte. So ist u. a. die Geometrie des Bauteils hinsichtlich technischer Grenzen einzelner Formgebungsverfahren ausschlaggebend. Aus wirtschaftlicher Sicht wiederum spielt die Stückzahl für die Amortisation von Werkzeugen eine wichtige Rolle. Aber auch die Werkstoffkonzepte selbst beeinflussen Auswahl und Modifikation von Formgebungsverfahren. Deshalb steht dem Hersteller von Technischer Keramik eine Vielfalt an formgebungstechnischen Möglichkeiten zur Verfügung.

8.1 Technologie der Keramikherstellung

Neben Morphologie, Phasengehalt und Verunreinigungen der verwendeten Ausgangspulver bestimmen die technologischen Prozessschritte bei der Herstellung wesentlich die Struktur und die Homogenität des gesinterten Werkstoffgefüges und damit auch das Niveau und die Reproduzierbarkeit der Anwendungseigenschaften (Abb. 8.1).

Abbildung 8.2 stellt typische Gefügemerkmale als Verteilungskurven in Abhängigkeit von ihrer jeweiligen charakteristischen Abmessung dar. Über die Fertigungstechnologie beherrschbare Fehler wie z. B. unzerstörte Granulate, Risse oder Verunreinigungen gilt es zu vermeiden, da der maximale Fehler im belasteten Volumen die Festigkeit des Werkstoffs bestimmt. Die Reduzierung dieser maximalen Fehlergröße um 2/3 führt z. B. bei gesintertem Siliciumnitrid gemäß der Griffith-Gleichung (1) zu einer annähernden Verdopplung der Biegebruchfestigkeit:

$$\sigma_b = K_{Ic} / \sqrt{a\,Y} \qquad (1)$$

σ_b – Bruchfestigkeit
K_{Ic} – Spannungsintensitätsfaktor (als Maß für die Bruchzähigkeit)
a – größter Bruch auslösender Defekt
Y – Geometriefaktor

Die Formgebung spielt für die homogene und reproduzierbare Ausbildung des Materialgefüges eine wesentliche Rolle. Bereits vorhandene Fehlstellen in der Struktur sind durch die Sinterung nicht nur in der Regel nicht mehr auszuheilen, sondern vergrößern sich sogar. Da die Formgebung jedoch nicht abgekoppelt von den übrigen fertigungstechnischen Schritten betrachtet werden kann, soll zunächst die Herstellungstechnologie insgesamt beschrieben werden.

Masseaufbereitung

In der Masseaufbereitung werden die keramischen Pulver desagglomeriert, gemischt, gemahlen und

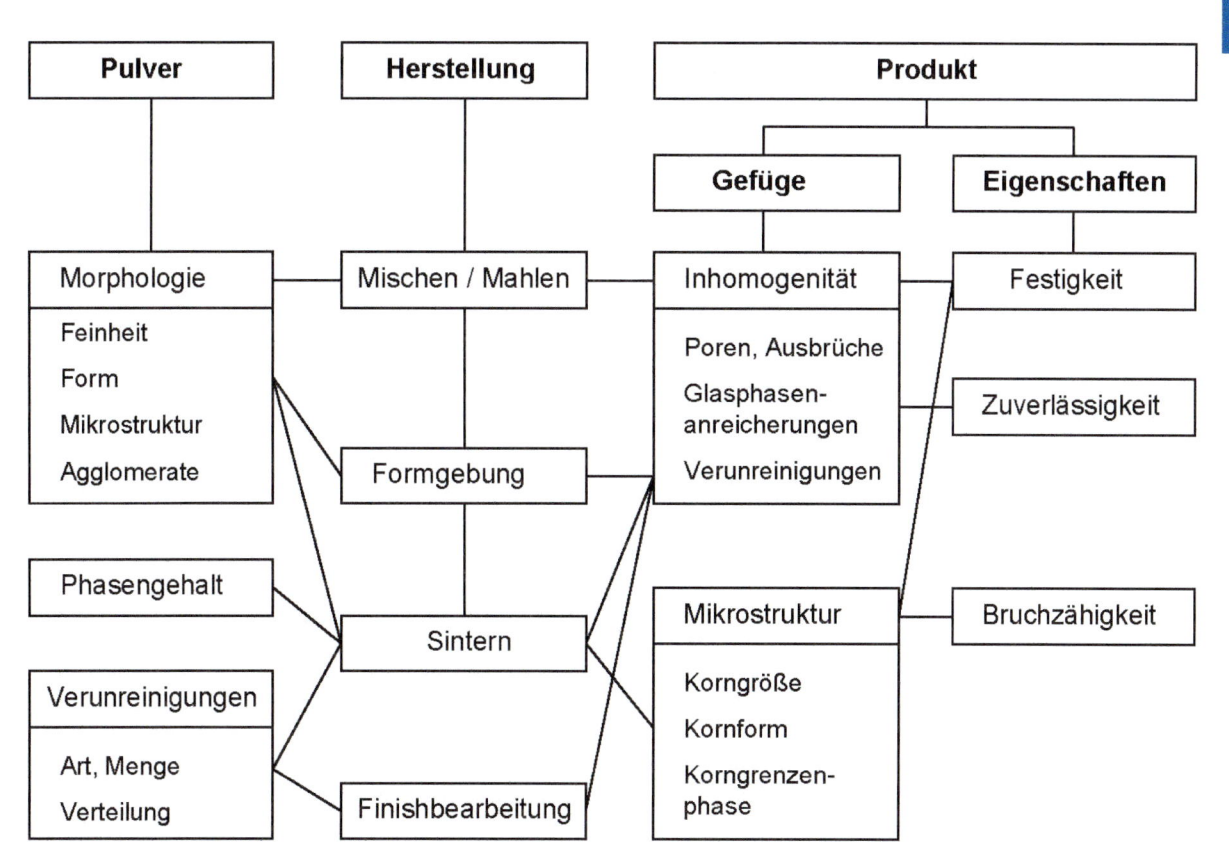

Abb. 8.1: *Eigenschaftsbeziehungen zwischen Ausgangsstoffen und Endprodukt*

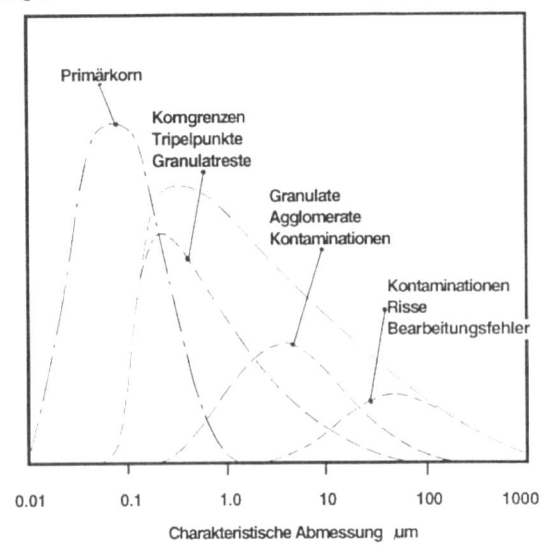

Abb. 8.2: *Häufigkeitsverteilung typischer Defektgrößen in keramischen Werkstoffen (nach Griffith)*

mit organischen Bindemitteln versetzt. Ziel ist der Aufschluss und die homogene Verteilung der verschiedenen Pulver als Primärpartikel. Durch die jeweiligen organischen Additive werden gleichzeitig formgebungsspezifische Verarbeitungseigenschaften eingestellt.

Formgebung, Bearbeitung und Entbinderung
Mit dem Formgebungsprozess entsteht der Formkörper. Während einige Formgebungsverfahren endformnah oder -gerecht gestaltet werden können (unter Berücksichtigung der Schwindung entspricht die geometrische Konfiguration bereits dem gesinterten Bauteil), ist bei anderen Verfahren eine weitere Bearbeitung (spanende Grünbearbeitung, Stanzen, Laminieren, etc.) erforderlich, um den Formkörper in der gewünschten Geometrie zu erhalten. Nach der Formgebung müssen auch die verwendeten organischen Bindemittel vollständig ausgebrannt werden, da - von einigen Ausnahmen abgesehen - Restkohlenstoff die meisten Sinterprozesse behindert.

Sintern
Beim Sintern entsteht der Werkstoff mit seinem Gefüge und seinen Eigenschaften. Die Prozessführung ist den Werkstoffen angepasst. So kann das Sintern von Nichtoxidkeramik nur unter Schutzgasatmosphäre oder im Vakuum durchgeführt werden. Mit dem Ziel, eine bessere Verdichtung zu erreichen und gleichzeitig Kornwachstum zu unterdrücken, werden manche Sinterprozesse auch druckunterstützt durchgeführt (diese Vorgehensweise ist auch als heißisostatisches Nachverdichten möglich, wenn die vorgesinterte Keramik nur noch geschlossene Poren enthält). Entsprechend der Gleichung (2) muss die Schwindung bei der Herstellung der Formkörper als

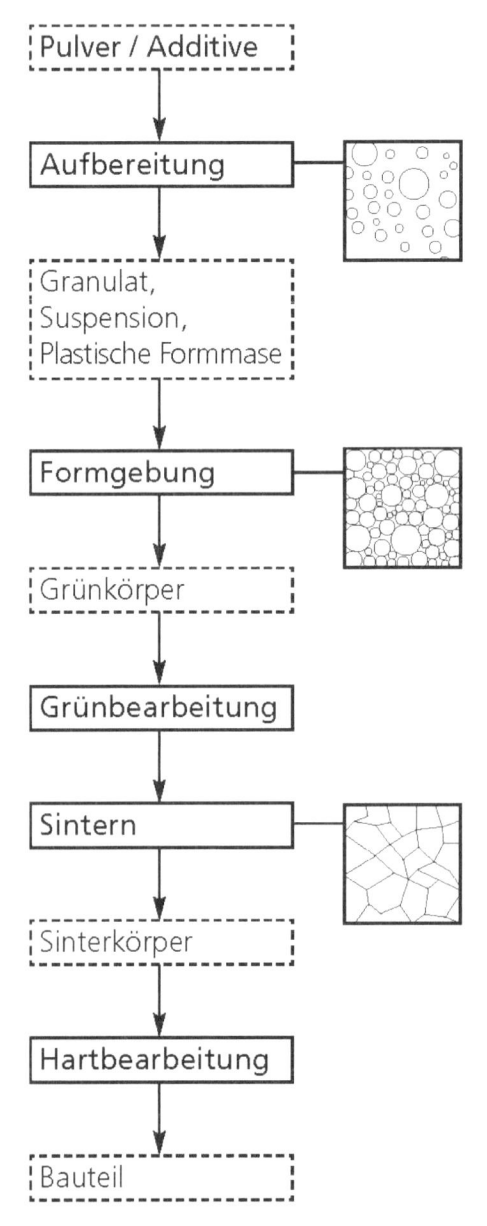

Abb. 8.3: *Keramischer Herstellungsprozess: Teilschritte und Gefügeausbildung*

entsprechendes Fertigungsaufmaß berücksichtigt werden. In die Sinterschwindung selbst geht auch noch der Masseverlust (Abbrand) ein (Gleichung 3).

$$dl = (1 - l/l_0) \, 100\,\% \qquad (2)$$

$$dl = (1 - \sqrt[3]{[(1 - dm/100)\rho_0 \, \rho^{-1}]}) \, 100\,\% \qquad (3)$$

dl – Längsschwindung, %
l_0 – Grünlängenmaß, m
l   – Sinterlängenmaß, m
dm – Masseverlust, %
ρ_0 – Gründichte, kg m-3
ρ – Sinterdichte, kg m-3

Die Berechnungsformel geht von einer isotropen Schwindung aus, bei der die relativen Längenänderungen in allen drei Raumrichtungen gleich sind.

Bearbeitung

Müssen Maß-, Form- oder Lagetoleranzen eingehalten werden oder kommt es auf eine bestimmte Oberflächengüte an, so muss die Keramik nach dem Sintern bearbeitet werden. Aufgrund der hohen Härte vieler Werkstoffe geht das nur mit aufwändiger Diamantbearbeitung. Eine mechanische Bearbeitung durch Fräsen, Drehen und Bohren ist jedoch auch im ungesinterten Zustand möglich. Hierbei muss allerdings der geringeren (Grünteil-)festigkeit sowie der abrasiven Wirkung von Werkstück und Span Rechnung getragen werden.

Fügen

Technische Keramiken können miteinander oder mit anderen Werkstoffen gefügt werden. Dieser Schritt dient meist der Einbindung des funktionellen Bauteils in die Anwendungsumgebung. Die Möglichkeiten reichen von Kraftschluss (Klemmen, Schrumpfen, Verschrauben) über Formschluss (Kitten, Umspritzen, Eingießen) bis Stoffschluss (Kleben, Löten, Schweißen). Die Option, einzelne keramische Komponenten miteinander zu fügen, ermöglicht es außerdem, auch Bauteile mit sehr komplexer Geometrie oder in extremen Dimensionierungen herzustellen. Hier ist zu unterscheiden, ob das Fügen nach dem Sintern erfolgt – dann schränkt die Art der Fügung den Einsatzbereich ein – oder ob vor dem Sintern (d. h. im Grünzustand) gefügt wurde. In diesem Fall können die Werkstoffeigenschaften in der Fügezone mit denen im übrigen Bauteilvolumen identisch sein – allerdings werden entsprechend große Sinteröfen benötigt.

8.2 Formgebung Technischer Keramik

8.2.1 Prinzipien keramischer Formgebung

Die Aufgabe keramischer Formgebung ist es, einen sinterfähigen Formkörper (im Folgenden auch als Grünkörper bezeichnet) bereitzustellen. Im Vordergrund stehen dabei immer die jeweils gewünschten Eigenschaften der gesinterten Keramik, die reproduzierbar das dem Werkstoff innewohnende Potenzial abbilden müssen. Gleichzeitig soll die Formgebung zum einen als Fertigungsschritt kostengünstig sein, und zum anderen sollen Folgekosten durch eine Nachbearbeitung so gering wie möglich gehalten werden. Das wird erreicht, indem man den Formkörper unter Berücksichtigung der Sinterschwindung so endformnah wie möglich fertigt.

Dafür gibt es mehrere Fertigungsstrategien (Abb. 8.4):

1. Es wird eine vorgefertigte Masse mit Formwerkzeugen abbildend geformt (klassische keramische Formgebung)
2. Es wird ein Halbzeug gefertigt und anschließend mit Zerspanungswerkzeugen abtragend bearbeitet (Mechanische Bearbeitung – subtraktive Fertigung)
3. Über schichtweise Verfestigung oder Materialauftrag wird der Formkörper generativ, d. h. freiformend gefertigt (Additive Fertigung)

In Abhängigkeit von den angewendeten Verarbeitungsdrücken (Abb. 8.5) können die keramischen Formgebungsverfahren darüber hinaus in drei Gruppen unterteilt werden:

8 Formgebung bei Technischer Keramik

Material auftragen
nach Konturen (Rapid Prototyping)

Material abtragen
spanend aus einem Halbzeug

Material um- / verformen
Pressen — kaltisostatisch, uniaxial
Plastische Formgebung — Strangpressen, Spritzgießen
Gießen — Foliengießen, Schlickergießen

gesintertes Bauteil
Trennschleifen
Konturenschleifen
Laserbearbeitung
Ultraschallbearbeitung
elektroerosive Bearbeitung
(Finishbearbeitung)

Ausheizen Vorsintern

Grünkörper

Drehen, Fräsen, Bohren

Keramische Formgebung

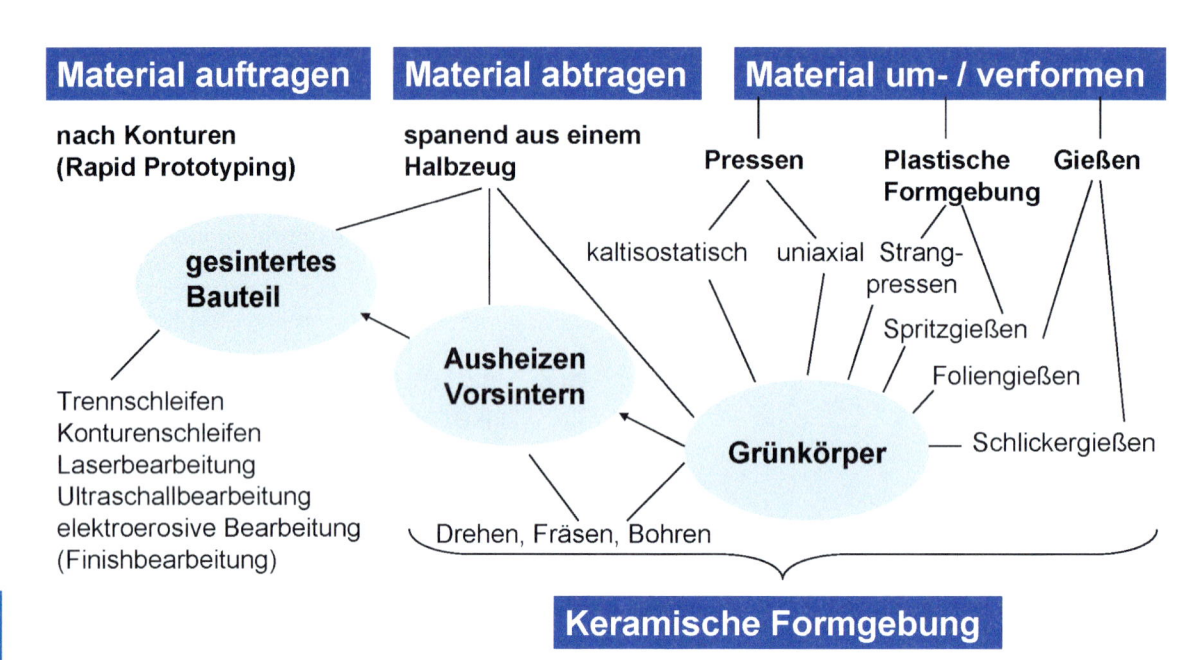

Abb. 8.4: Einordnung keramischer Formgebung in unterschiedliche Fertigungsstrategien

- Pressformgebung
- Plastische und thermoplastische Formgebung
- Gießformgebung.

Um die gewünschten hohen Packungsdichten im Grünkörper erzielen zu können, müssen interpartikuläre Abstoßungskräfte überwunden werden. Neben einer äußeren Krafteinwirkung kann die Wechselwirkung zwischen den feinteiligen Keramikpartikeln auch durch Bindemittel bzw. in der wässrigen Dispersion durch Ladungsträger (pH-Wert) erfolgen. Zusätzlich zur elektrostatischen Stabilisierung bietet der Einsatz organischer Additive die Möglichkeit, auch in nichtwässrigen Dispersionen Stabilität durch sterische bzw. elektrosterische Wechselwirkung zu erreichen. Dabei werden die einzelnen Keramikpartikel auf Distanz und zueinander beweglich gehalten, sodass die Bildung unregelmäßiger Agglomerate verhindert wird.

Können Suspensionen z. B. allein durch Gravitationskraft ausgeformt werden, so sind beim Verpressen von Granulaten oft Drücke im Bereich mehrerer 100 MPa erforderlich. Da die keramischen Partikel kein duktiles Verhalten aufweisen und somit selbst keiner Deformation unterliegen, sind diese Drücke jedoch immer noch niedriger als beim Verpressen vieler Pulvermetalle, wo eine hohe Vorverdichtung bereits als Ergebnis der Formgebung, d. h. noch vor dem Sintern, vorliegt.

Binder + Dispersionsmittel

Formgebungsdruck

Pressformgebung | Plastische und thermoplastische Formgebung | Gießformgebung

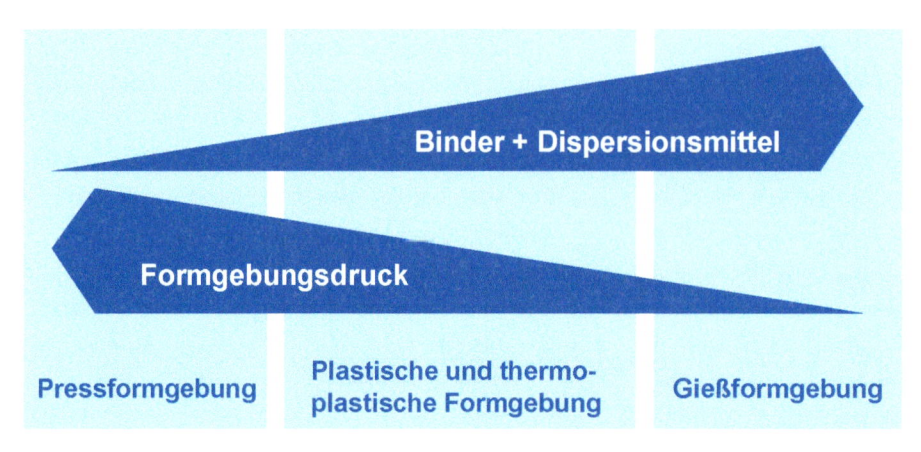

Abb. 8.5: Einteilung der Formgebungsverfahren nach Bedarf an Verarbeitungsdrücken und Bindermenge

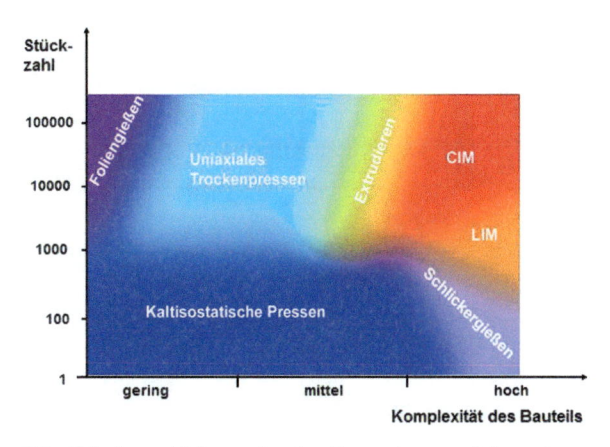

Abb. 8.6: *Auswahl des geeigneten Formgebungsverfahrens in Abhängigkeit von Bauteilgeometrie und Stückzahl*

Die Vielzahl verfügbarer keramischer Formgebungsmethoden bietet dem Produzenten von Keramik vielfältige Möglichkeiten, das für das jeweilige Produkt am besten geeignete Verfahren auszuwählen. Für eine solche Auswahl sind Bauteilgeometrie und Stückzahl entscheidende Kriterien, da Einmalkosten für Werkzeuge ebenso berücksichtigt werden müssen wie Prozess- und Folgekosten. Abb. 8.6 verdeutlicht diesen Zusammenhang zwischen Bauteilkomplexität und Stückzahl.

8.2.2 Keramische Formgebungsverfahren

Verfahrensbedingt weisen die einzelnen Formgebungsverfahren Vor- und Nachteile sowie Grenzen in ihren technischen Möglichkeiten auf. Der Keramikspritzguss z. B. ermöglicht die Fertigung von sehr komplexen Keramikbauteilen einschließlich Gewinde, Hinterschneidungen und kleinster Bohrungen, indem er die Möglichkeiten der Kunststoffverarbeitung nutzt. Aus wirtschaftlicher Sicht lohnt sich das jedoch erst ab einer größeren Stückzahl, da die Werkzeugkosten auf die Losgröße der Fertigung umgelegt werden müssen. Zusätzlich gibt es jedoch auch technische Grenzen. Da der gesamte Porenraum in der Pulverpackung mit organischem Binder ausgefüllt ist, gestaltet sich die Entfernung dieser Bindermengen aufwändig, sodass dicke Wandstärken über 10 mm nicht gefertigt werden können.

8.2.2.1 Pressformgebung

Bei der Pressformgebung werden geringe Mengen organischer Binder verwendet. Zunächst werden die Ausgangspulver zu pressfähigen Granulaten verarbeitet. Die Formgebung selbst erfolgt unter axialer oder isostatischer Druckbeaufschlagung. Die gepressten Teile können im Grünzustand gut bearbeitet werden. In Kombination mit dem isostatischen Pressen können auf diese Weise komplexe Bauteile auch in kleinen und mittleren Stückzahlen effektiv gefertigt werden. Abbildung 8.7 zeigt schematisch die Verfahrensabläufe bei der Pressformgebung.

Uniaxiales Pressen

Das uniaxiale Pressen ist ein besonders wirtschaftliches Verfahren zur Herstellung großer Stückzahlen, bei denen sich der erforderliche maschinelle Aufwand schnell amortisiert. Für dieses Verfahren sind alle keramischen Werkstoffe geeignet, die in Form von gut rieselfähigen Granulaten aufbereitet werden können. Je nachdem, welche Anforderungen an das Granulat gestellt werden, stehen hierfür verschiedene Granulationsverfahren zur Verfügung. Das gängigste Verfahren zur Herstellung von Pressgranulat ist die Sprühtrocknung. Die Suspension wird über eine Düse in die Trocknungskammer eingesprüht. Die dabei entstehenden Tropfen werden durch das Trocknungsgas im Gleich- oder Gegenstrom getrocknet. Bei Sprühgranulat handelt es sich typischerweise um Hohlkugeln. Granulierung ist ebenfalls über Wirbelschichttrocknung möglich, indem man fluidisierte Keimvorlagen verwendet, auf die die Suspension aufgesprüht wird. So lassen sich nicht nur homogen agglomerierte, sondern auch zusätzlich beschichtete Aufbaugranulate herstellen.

Die Verarbeitung zu Pressgranulat mit optimierten Eigenschaften erfordert die Anpassung des Bindersystems (Binder – Gleitmittel) und der technologischen Parameter. Oxidationsempfindliche Rohstoffe erfordern zusätzlich den Einsatz von Lösemitteln und damit explosionsgeschützte Anlagen und Technika. Dabei muss die Materialentwicklung schon

8 Formgebung bei Technischer Keramik

Abb. 8.7: *Schematische Darstellung der Verfahrensabläufe bei der Pressformgebung und Grünbearbeitung von Keramik*

unter produktionsrelevanten Randbedingungen durchgeführt werden. Die Produkteigenschaften werden wesentlich durch Zusammensetzung und Eigenschaften der Suspension, die Zerstäubungseinrichtung und das Temperaturniveau im Trockner bestimmt.

Das Verpressen selbst erfolgt vollautomatisch in mechanischen oder hydraulisch betriebenen Pressen. Das Presswerkzeug besteht aus einer Pressmatrize sowie Ober- und Unterstempel. Die Stempel können zusätzlich mehrfach unterteilt sein, je nach Kompliziertheit des Bauteils. Dennoch gibt es im Gegensatz

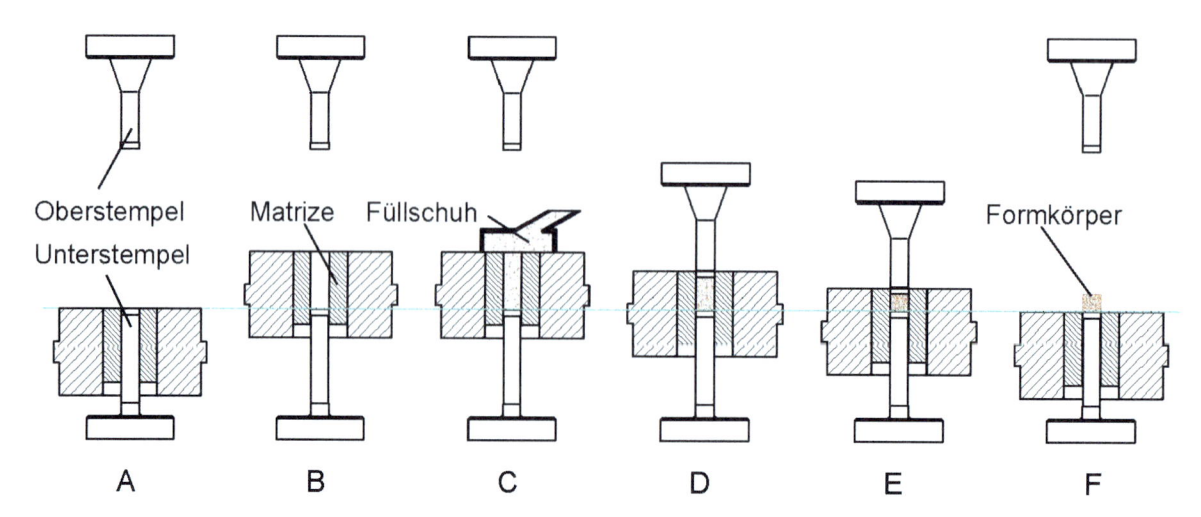

Abb. 8.8: *Bewegungsabläufe beim uniaxialen Pressen*

zur Pulvermetallurgie bei den meisten Technischen Keramiken Grenzen in der erreichbaren Komplexität der Geometrien.

Das Pressgranulat wird mittels Füllschuh mit definierten Volumen in die Form eingefüllt. Während beim einseitigen Pressen nur der Oberstempel in die Matrize eintaucht, ermöglicht eine gesteuerte Bewegung von Ober- und Unterstempel die beidseitige Verdichtung des Granulats, wodurch die Dichtegradienten aufgrund von inneren und Wandreibungsprozessen deutlich minimiert werden. Der gepresste Grünkörper wird automatisch ausgestoßen und über Schieber oder Greifer entnommen. Abbildung 8.8 verdeutlicht die Bewegungsabläufe beim uniaxialen Pressen mit den Teilschritten:

- Ausgangsstellung (A)
- Füllstellung (B)
- Füllen (C)
- Pressen (D)
- Pressstellung (E)
- Abzugsstellung (F)

Isostatisches Pressen

Beim isostatischen Pressen (oft auch in Abgrenzung zum HIP-Sinterverfahren kaltisostatisches Pressen genannt) werden ebenfalls Granulate unter Druck verpresst. Im Gegensatz zum uniaxialen Pressen werden jedoch keine starren, sondern flexible Formen aus Kunststoff eingesetzt. Nach dem Pascal'schen Prinzip breitet sich ein auf eine ruhende Flüssigkeit einwirkender Druck nach allen Seiten gleichmäßig aus. Das führt beim Verpressen keramischer Granulate zu einer hohen und gleichmäßigen Verdichtung im gesamten Volumen. Während bei der Nassmatrizentechnik (Wet-Bag-Verfahren) in Prozesszyklen zunächst eine Gummiform mit Pulver oder Granulat gefüllt, verschlossen und anschließend in einem Druckbehälter mit Druck beaufschlagt wird (Abb. 8.9), ist bei der Trockenmatrizentechnik (Dry-Bag-Verfahren) die Form fest mit dem Druckgefäß verbunden, sodass eine Fertigung im automatischen Betrieb mit kontinuierlicher Entnahme der Formkörper möglich ist (Abb. 8.10).

Die Verfahrensschritte beim isostatischen Pressen sind die folgenden:

- Füllen der Form mit Granulat (1)
- Verschließen der Form / Einführen in den Druckbehälter (2)
- Druckbeaufschlagung (3)
- Entformen des gepressten Grünkörpers (4)

Da bei den Pressverfahren nur geringe Anteile an organischem Binder und Restfeuchte (im Bereich weniger Masse-%) verwendet werden, ist die weitere Verarbeitung der uniaxial oder isostatisch gepressten Formkörper in den meisten Fällen ohne zusätzliche Entbinderungsschritte möglich.

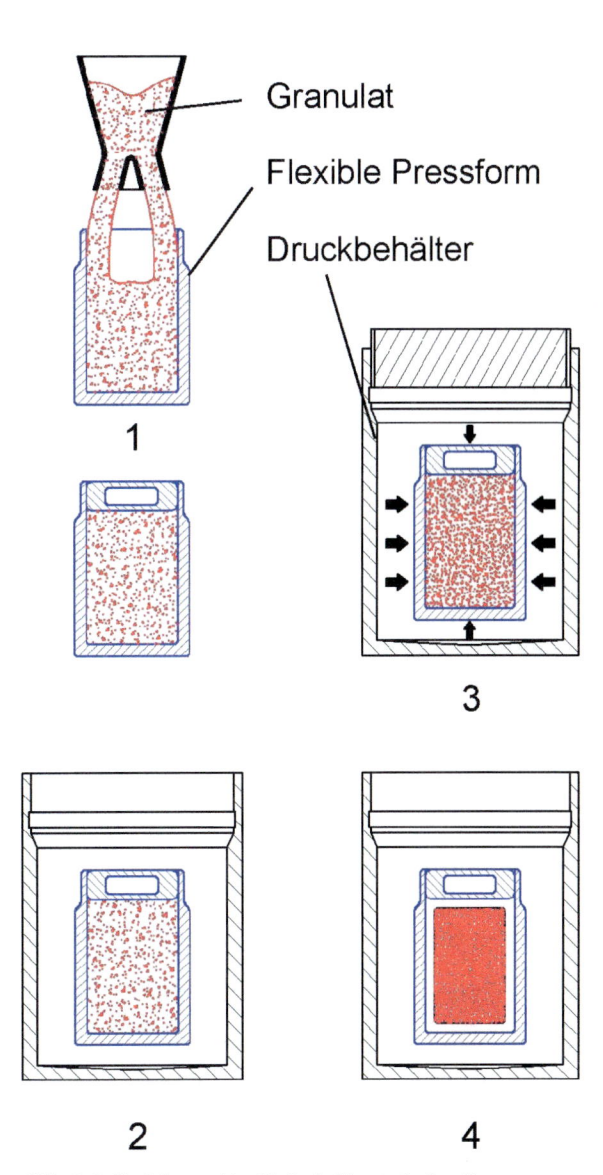

Abb. 8.9: *Verfahrensablauf beim kaltisostatischen Pressen (Wet-Bag-Verfahren)*

8 Formgebung bei Technischer Keramik

Technischer Keramik mit definierter sowie nicht definierter Schneide im ungebrannten Zustand – direkt nach der Formgebung (Grünzustand) oder nach Entbindern und Vorbrennen (Weißzustand). Die Bearbeitung isostatisch gepresster Formkörper ermöglicht es, schnell, flexibel und bei geringen Stückzahlen wirtschaftlich zu fertigen. So kann eine hohe Maßgenauigkeit der gesinterten Bauteile erzielt werden, wodurch sich der Aufwand im Finishprozess erheblich verringert. Die Möglichkeiten einer rationellen Grünbearbeitung für prototypische Bauteilentwicklungen reichen von keramikgerechten Spann- und Handhabungstechniken über den Einsatz effektiver Hochleistungsschneidstoffe bis hin zur konsequenten Nutzung von CNC-Basisprogrammen.

Abbildung 8.11 verdeutlicht schematisch den Eingriff des Werkzeugs (WZ) in das Werkstück (WST). Angetrieben von einer Werkzeugmaschine (WZM) wird das Werkstück durch das Spannmittel (SPM) aufgenommen und gehalten.

Im System WZM-WZ-WST-SPM ist die Werkzeugschneide das am meisten belastete Bauteil. Dazu trägt die abrasive Wirkung des keramischen Materials wesentlich bei. Die Besonderheiten der Keramik im ungesinterten Zustand (geringe Bindungskräfte) erfordern in der Regel scharfe Werkzeugschneiden. Um innere und äußere Schädigungen am Bauteil zu vermeiden, müssen außerdem hohe Schnittgeschwindigkeiten eingestellt werden. Gleichzeitig muss jedoch auch die hohe Riss- und Bruchempfindlichkeit des Werkstoffs berücksichtigt werden. Dazu sind bei der Wahl der Spannmittels folgende Empfehlungen zu beachten:

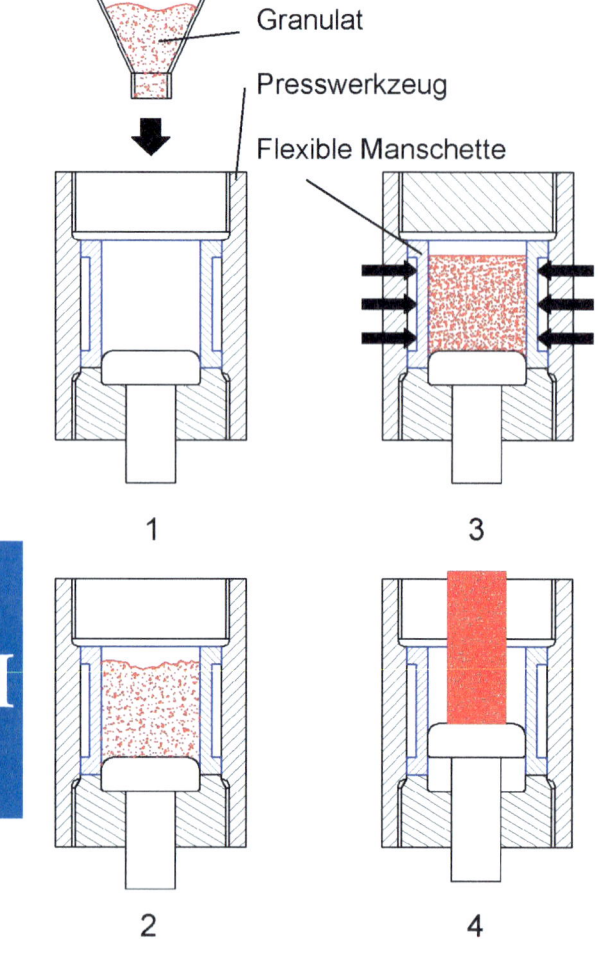

Abb. 8.10: *Verfahrensablauf beim kaltisostatischen Pressen (Dry-Bag-Verfahren)*

Grünbearbeitung

Die Grünbearbeitung ist eine interessante Alternative zur Anwendung von kostenintensiven formgebenden Werkzeugen. Sie beinhaltet die Zerspanung

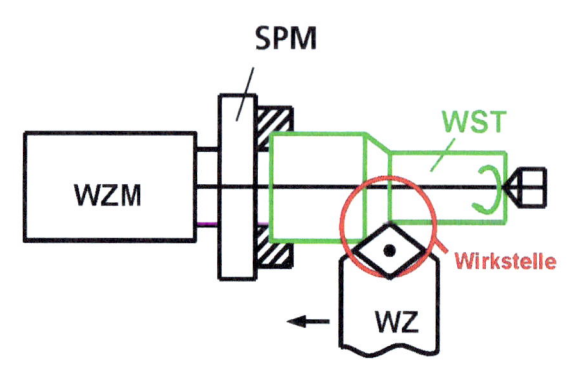

Abb. 8.11: *Schematische Darstellung der Grünbearbeitung – Eingriff des Werkzeugs in das Werkstück*

Abb. 8.12: *Kristallzüchtungsofen (Vorbereitete Kontur für die Positionierung von Heizleitern) (Quelle: Fraunhofer IKTS)*

- Flächige Krafteinleitung durch das Spannmittel
- Begrenztes Aufbringen von Spannkräften
- Verwendung von elastischen Krafteinleitungselementen
- Vermeidung starker Torsionsbeanspruchung beim Drehen
- Vermeidung von Schwingungen beim Fräsen

Für das Fixieren von dünnwandigen Teilen werden häufig Vakuum- und Gefrierspanntechniken sowie die aus der Glasindustrie übernommene Klebetechnik eingesetzt.

Vorteilhaft für die Zerspanung mit definierter Schneide ist eine extrem positive Schneidengeometrie mit Präzisionsschliff. Auf diese Weise wird ein „weiches" Schnittbild erzeugt, welches eine hohe Kantenstabilität und eine gute Oberflächenqualität erzeugt. Der Einsatz von Wendeschneidplatten ermöglicht einen schnellen Wechsel verschlissener Schneiden bei gleichzeitig konstanter Maßgenauigkeit des Werkzeugs.

Für eine flexible Grünbearbeitung, insbesondere für die Herstellung von Prototypen und Kleinserien, sind CNC-Bearbeitungsmaschinen notwendig. Durch die Zerlegung von Fertigungsaufgaben in kleine, universelle »units« werden bestimmte Geometrie- bzw. Formelemente separat bearbeitet. CNC-Programme mit Q-Parametern für Variablenbelegung und Formeleingabe bei gemeinsamem Nullpunkt bilden das Grundgerüst. Dabei können einmal getätigte Entwicklungszyklen sofort wieder angewendet sowie komplexere Geometrien durch Aufruf einzelner »units« ohne großen Programmieraufwand hergestellt werden. Für die Bearbeitung von Freiformflächen ist eine leistungsfähige CAD-CAM-CNC-Integration Voraussetzung. Frässtrategien zur Erzielung ausbruchsfreier Kanten und homogener Oberflächen sind dabei:

- Gleichlauffräsen
- Schruppbearbeitung in Z-Ebenen
- Bearbeitung ebener Flächen durch mäanderförmige Fräsbahnen
- Tangentiale An- und Abfahrwege
- Rampenförmige oder helikale Eintauchoperationen
- Beachtung von Mindestwandstärken
- Einhaltung von Übergangsradien von Grund- zu Mantelfläche (> 0,5 mm)

Die Kombination von kaltisostatischer Formgebung und Grünbearbeitung bietet sich an, um Keramikkomponenten mit komplexer Geometrie schnell und kostengünstig in kleinen und mittleren Stückzahlen zu fertigen. Als Beispiel ist in Abbildung 8.12 die Fertigung eines Kristallzüchtungsofens mit komplexen Konturen für die Positionierung von Heizleitern dargestellt.

8.2.2.2 Plastische und thermoplastische Formgebung

Durch hohe Binderanteile werden auch bei technischen keramischen Pulverwerkstoffen plastische Verarbeitungseigenschaften erreicht, wie sie bei klassischen tonhaltigen Massen aufgrund ihrer natürlichen Bildsamkeit bereits gegeben sind. Thermoplastische Binder auf der Basis von Kunststoffen und Wachsen stellen hier einen Spezialfall dar, der die Verformbarkeit auf einen eingeschränkten Temperaturbereich, bei dem die Binder aufgeschmolzen sind, beschränkt. Plastische und thermoplastische Formgebungsverfahren sind Fertigungstechnologien mit hoher Produktivität und guten Automatisierungsmöglichkeiten auch bei den vor- und nachgelagerten Schritten. Gleichzeitig können aufgrund des guten Fließverhaltens unter Druck sehr anspruchsvolle Geometrien, wie z. B. dünne Wandstärken und kleinste Bohrungen, endformgerecht hergestellt werden. Sowohl bei der kaltplastischen Extrusion als auch beim thermoplastischen Spritzguss werden hohe Umformgrade zur Abformung keramischer Massen in Kavitäten komplexer Geometrie genutzt, sodass eine endformnahe oder -gerechte Fertigung auch bei sehr filigran gestalteten Strukturen mit hoher Präzision möglich ist. Beim Spritzguss bilden die Werkzeugkavitäten dabei die Bauteilkontur vollständig ab; die Ausformung erfolgt zyklisch im geschlossenen Werkzeug. Der Prozess des Extrudierens erfolgt dagegen als kontinuierlicher Prozess durch offene Kavitäten, wobei die Mundstücksgeometrie den Querschnitt des ausgeformten Bauteils abbildet (Abb. 8.13).

8 Formgebung bei Technischer Keramik

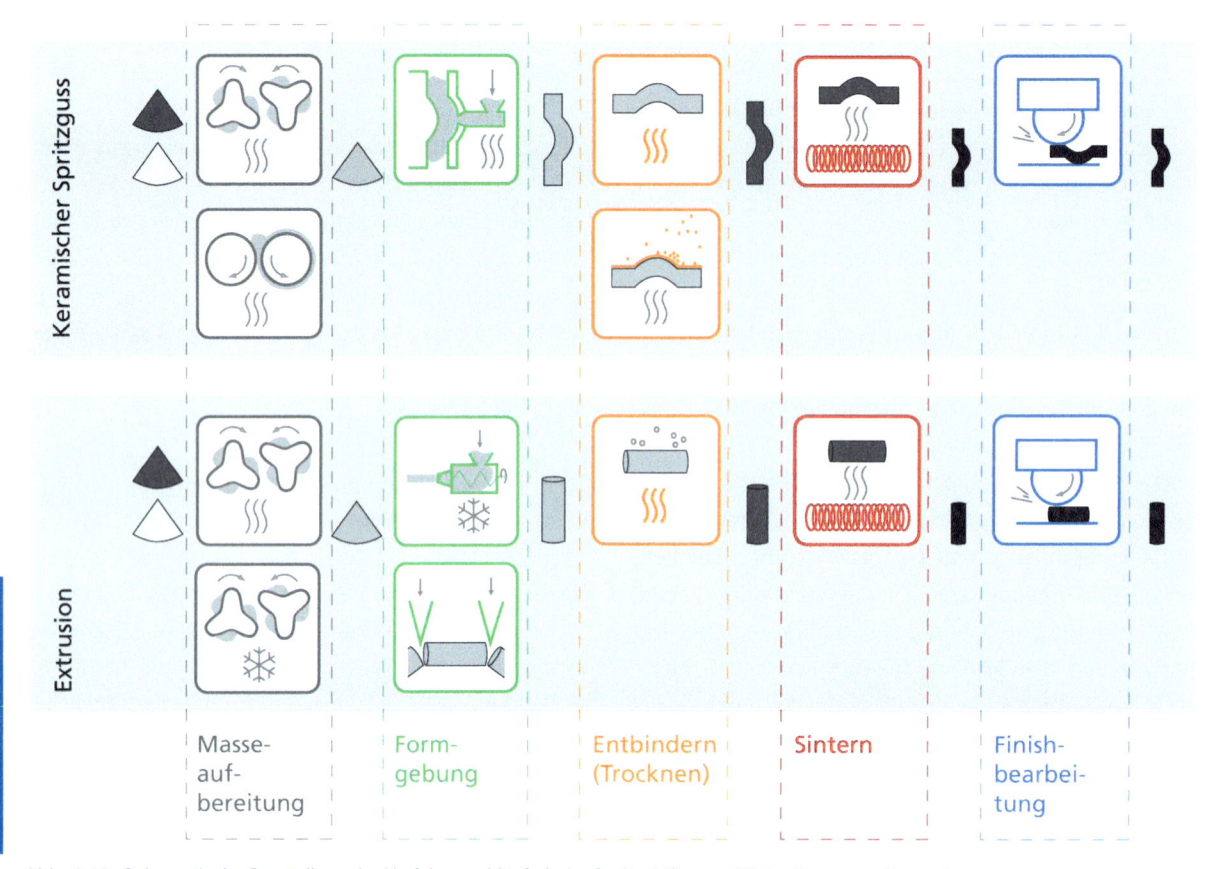

Abb. 8.13: *Schematische Darstellung der Verfahrensabläufe beim Spritzgießen und Extrudieren von Keramik*

Beim Spritzguss werden thermoplastische Binder für die Plastifizierung der keramischen Pulver verwendet. Diese ermöglichen einerseits die Formgebung bei Temperaturen oberhalb ihres Schmelzpunkts, gewährleisten gleichzeitig jedoch auch eine sichere Entformung bei niedrigeren Temperaturen. Im Falle der Extrusion dagegen wird das tontypische bildsame Verhalten bei Temperaturen nahe Raumtemperatur nachgestellt, indem wasserlösliche Binder auf Cellulosebasis in Kombination mit Gleitmitteln verwendet werden. Vor dem Ausbrennen der (im Vergleich zum Spritzguss geringeren) organischen Bindemittelanteile ist ein zusätzlicher Trocknungsschritt erforderlich. Das Austreiben der thermoplastischen Bindemittel erfolgt dann wie beim Spritzguss.

Extrusion

Die Extrusion (Strangpressen) ist eine in der Keramik seit langem bekannte und etablierte Formgebungsmethode. Sie wird vorzugsweise für die Herstellung von rohrförmigen oder länglichen Formkörpern mit unterschiedlichsten Querschnittsprofilen eingesetzt. Beispielsweise werden keramische Wabenkörper für Dieselpartikelfilter und Katalysatorträger oder rohrförmige Mehrkanalelemente durch Extrusion kaltplastischer Massen auf Basis oxidischer oder nichtoxidischer Pulver hergestellt. Die Aufbereitungstechnologie und die Massezusammensetzung bestimmen maßgeblich die rheologischen Eigenschaften der Masse. Das Fließverhalten der Masse und die Prozessparameter bei der Formgebung müssen exakt auf die jeweilige Querschnittsgeometrie des Strangs angepasst sein, um defektfreie Formkörper bei gleichzeitig hohem Durchsatz zu erhalten. Im Unterschied zu den in der traditionellen Keramik verwendeten tonhaltigen Massen müssen technische keramische Werkstoffe mit organischen Additiven plastifiziert werden. Diese setzen sich zusammen aus Binder (z. B. Methylcellulose, gelöst in Wasser), Gleitmittel und Dispergatoren/Netzmitteln.

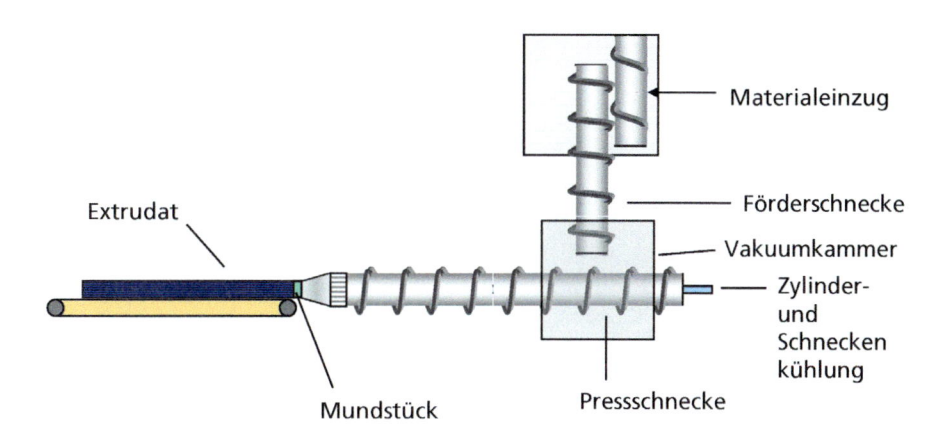

Abb. 8.14: *Schematische Darstellung der Extrusion mit einem Vakuumextruder*

Die Plastifizierung erfolgt beispielsweise in einem Kneter.

Die plastifizierte Masse wird nun in den Vakuumextruder eingeführt und durch eine Förderschnecke transportiert (Abb. 8.14). In der Vakuumkammer wird die Masse komplett entlüftet. Von dort gelangt sie zur Pressschnecke, die die Masse kontinuierlich weiter fördert. Unmittelbar vor dem Mundstück, dessen innere Kontur den Produktquerschnitt abbildet, baut sich dabei der für die Ausformung erforderliche Pressdruck auf. Hohe Umformungsgrade, wie sie z. B. bei Extrusion von dünnwandigen Waben (Abb. 8.15) auftreten, erfordern hohe Pressdrücke und damit hinsichtlich Scher- und Gleitverhalten optimierte Massen. Im Allgemeinen zeichnen sich extrusionsfähige Massen durch ein strukturviskoses Fließverhalten aus.

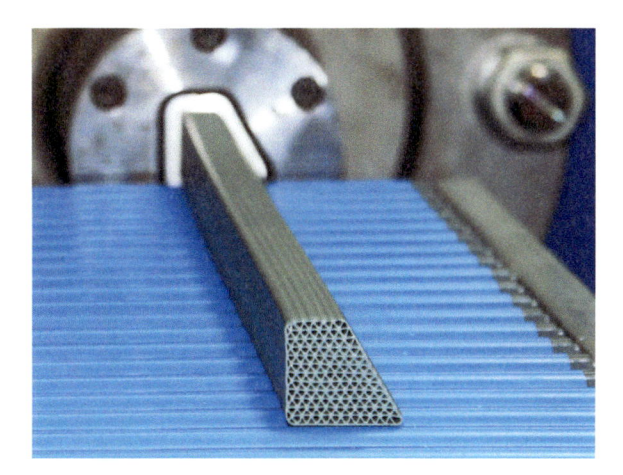

Abb. 8.15: *Keramische Wabe nach dem Ausformen aus dem Mundstück (Quelle: CleanDieselCeramics GmbH)*

Spritzguss

Der Keramikspritzguss wird vorzugsweise dann angewendet, wenn Bauteile mit komplexer Geometrie in großen Serien produziert werden sollen. Der besondere Vorteil des Verfahrens ist darin zu sehen, dass auch hinter- unter unterschnittige Teile mit Längs- und Querbohrungen ohne spanende Bearbeitung endformnah hergestellt werden können. Deshalb konnte sich das aus der Kunststoffverarbeitung stammende Verfahren seit den 1980er Jahren, ähnlich dem Metallpulverspritzguss in der Pulvermetallurgie, erfolgreich in der Fertigung keramischer Bauteile etablieren. Eine zwingende Voraussetzung für dieses Formgebungsverfahren ist die thermoplastische Verformung des Ausgangsmaterials. Da synthetische keramische Pulver, wie sie für Technischen Keramiken zum Einsatz kommen, über keine natürliche bildsame Komponente verfügen, werden sie mit organischen Bindersystemen versetzt, die der Masse thermoplastische Eigenschaften verleihen. Die Aufbereitung dieser Spritzgießmassen, auch als Feedstocks bezeichnet, erfolgt zumeist in speziellen Knetern, Doppelschneckenextrudern oder Scherwalzenkompaktoren.

Die Feedstocks werden der Spritzgießmaschine in Granulatform zugeführt, in der Plastifiziereinheit aufgeschmolzen und mit hohem Druck in die Kavität eines Spritzgießwerkzeugs eingespritzt, die dem Bauteil seine Gestalt verleiht. Im Werkzeug erstarrt die Spritzgießmasse und wird anschließend aus der Kavität ausgeworfen. Um zu einem keramischen Bauteil zu gelangen, muss das thermoplastische

8 Formgebung bei Technischer Keramik

Abb. 8.16: *Spritzgegossene Turboladerrotoren aus Siliciumnitrid (links: spritzgegossen, rechts: gesintert) (Quelle: Fraunhofer IKTS)*

Bindemittel über einen Entbinderungsschritt aus dem Formkörper entfernt werden. Die Entbinderung kann je nach Art des verwendeten Bindemittels über Extraktion durch ein Lösemittel, über katalytische Zersetzung oder auf rein thermischem Weg erfolgen. Danach folgt das Sintern des keramischen Formkörpers, bei dem er seine gewünschten Endeigenschaften erreicht. Abbildung 8.16 verdeutlicht am Beispiel eines Turboladerrotors, welche komplexen Bauteilgeometrien mit Spritzgießen endformnah in Serie gefertigt werden können.

Ähnlich wie beim Mehrfarbenspritzguss in der Kunststoffverarbeitung können auch keramische

Grünfolie

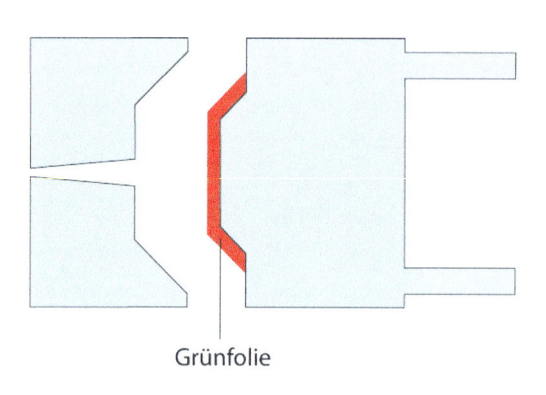

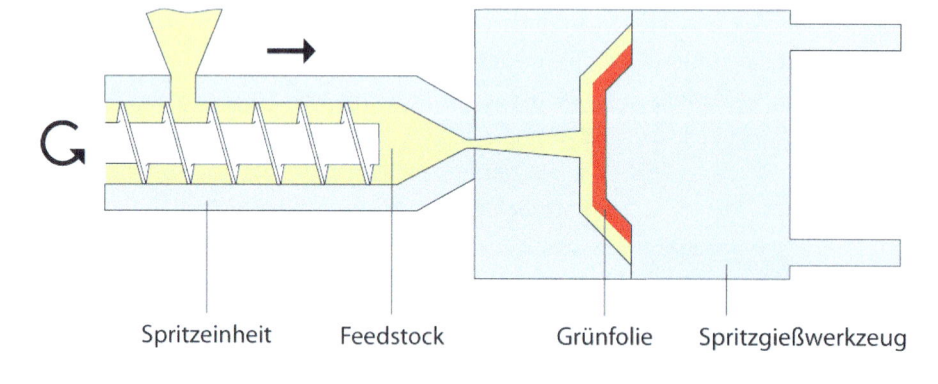

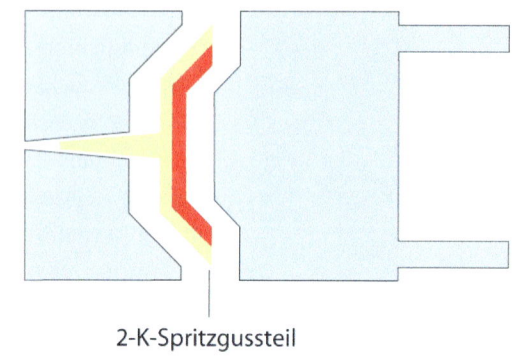

Spritzeinheit   Feedstock   Grünfolie   Spritzgießwerkzeug

2-K-Spritzgussteil

Abb. 8.17: *Grünfolienhinterspritzen von Keramik*

Werkstoffe im 2-Komponentenverfahren spritzgegossen werden. Für das Sintern zu einem fertigen Werkstoffverbund sind identische Sinterbedingungen sowie ein angepasstes Ausdehnungs- und Schwindungsverhalten der beiden Werkstoffpartner Voraussetzung. Das Spritzgießen läst sich auch mit dem Foliengießen kombinieren (Abb. 8.17). In diesem Fall werden vorkonfektionierte Grünfolien aus einem ersten Werkstoff in das Spritzgusswerkzeug eingelegt und mit dem Feedstock eines zweiten Werkstoffs hinterspritzt Werkstoffverbunde können so mit hohen geometrischen Freiheitsgraden nicht nur in der äußeren Bauteilgeometrie, sondern auch in der inneren Gestaltung des Verbunds gefertigt werden.

8.2.2.3 Gießformgebung

Gießverfahren beruhen auf der Verarbeitung von keramischen Suspensionen. Neben organischen Bindern und Dispergatoren sind größere Gehalte an Wasser und Lösemittel geeignet, das Ausformen durch eine gute Fließfähigkeit abzusichern. Dennoch müssen die Suspensionen hohe Feststoffgehalte aufweisen, damit die Formkörper homogene und hohe Packungsdichten aufweisen können. Während bei einigen Gießprozessen mit der Ausformung eine nachträgliche Verdichtung der Packung erfolgt (z. B. durch Kapillarkräfte im Falle des Schlickergießens in Gipsformen), ist bei anderen Verfahren eine signifikante Verdichtung erst im Rahmen der Trockenschwindung möglich. Beim Gelcasting beispielsweise, wo die Verfestigung direkt aus der vergossenen Suspension heraus erfolgt, kann diese Trockenschwindung deshalb eine beträchtliche Größenordnung annehmen.

Schlickerguss

Beim Schlickergießen erfolgt die Konsolidierung des Formkörpers direkt aus einer homogenen Suspension mit optimal dispergierten Pulverpartikeln. Insbesondere für Keramikpulver im Nanometer- und Submikrometerbereich ist die Gießformgebung zu bevorzugen, um die grundsätzlichen Vorteile ultrafeiner Keramikpulver hinsichtlich Werkstoffgefüge und -eigenschaften voll zur Geltung zu bringen. Das konventionelle Schlickergießen in Gipsformen stellt ein kostengünstiges Verfahren zur Herstellung kompliziert geformter, großformatiger Bauteile dar und wird deshalb auch für Technische Keramik vielseitig genutzt, insbesondere im kleinen und mittleren Stückzahlbereich. Das in der Silikatkeramik bereits seit langem etablierte Druckschlickergießen unter Verwendung von porösen Kunststoffformen hat sich dagegen in der Technischen Keramik noch nicht durchgesetzt.

Beim Gelcasting erfolgt die Grünkörperkonsolidierung durch Polymerisation eines im Schlicker gelösten Monomers. Wenn hohe Feststoffgehalte bei niedriger Schlickerviskosität verwirklicht werden, entstehen formstabile Rohkörper selbst komplizierter Geometrie schwindungsarm durch druckloses Gießen bei Raumtemperatur, Konsolidierung mittels Polymerisation (< 80 °C) und Trocknung. Mittels Gelcasting können werkstoffunabhängig Bauteile mit hoher Formenvielfalt und höchstem Eigenschaftsniveau hergestellt werden. Ebenso ist dieses Verfahren wie auch die anderen genannten Gießverfahren zur Herstellung von Bauteilen aus porösen Werkstoffen und Verbundwerkstoffen geeignet.

Foliengießen

Zur Herstellung großflächiger, dünner Keramikschichten (Breit-Flach-Bauteile) ist das Foliengießen die bevorzugte keramische Formgebungstechnologie. Die keramischen Ausgangspulver werden in einer Dispergierflüssigkeit mit einem geeigneten Verflüssiger sowie einer oder mehrerer Binderkomponenten homogen zu einem Foliengießschlicker aufbereitet. Der luftblasenfreie Schlicker wird dann auf die verfahrbare Gießstation (Abb. 8.18) aufgegeben und durch einen auf eine definierte Höhe exakt eingestellten Gießrakel gleichmäßig auf die ebene Gießunterlage verteilt. Im nachfolgenden Trocknungsprozess wird die Dispergierflüssigkeit gleichmäßig ausgetrieben, wobei sich die Höhe der Folie verringert. Zur Herstellung von mehrlagigen Folien können mehrere Schichten, die unterschiedliche Pulver enthalten, übereinander gegossen werden. Die Foliendicken, die über die Gießformgebung erreichbar sind, liegen üblicherweise im Bereich zwischen 20 μm und 1 mm.

8 Formgebung bei Technischer Keramik

Abb. 8.18: Schematische Darstellung der Verfahrensabläufe beim Schlickergießen und Foliengießen von Keramik

Während Abbildung 8.20 eine Laborgießanlage für den Bereich Entwicklung zeigt, ist das Verfahren selbst sehr gut für eine kontinuierliche Fertigung geeignet. In diesem Fall ist der Gießbehälter fixiert. Der Foliengießschlicker wird auf ein kontinuierlich bewegtes Trägerband aufgetragen, gerakelt und durchläuft eine Trocknungsstrecke, sodass die getrocknete Folie am Ende des Trägerbands laufend entnommen werden kann. Die Besonderheiten des Binderkonzepts (Binder und Weichmacher) geben der Grünfolie ausreichend flexible Eigenschaften, die ein Aufrollen ermöglicht. Eine räumlich getrennte Weiterbearbeitung der Folien durch Trenn-, Beschichtungs- und Strukturierungsverfahren wie Stanzen, Siebdrucken und Laserbearbeitung ist möglich. Einzelne vorkonfektionierte Grünfolien können darüber hinaus zu einem Stapel laminiert werden. Dadurch sind hohe Integrationsdichten unterschiedlicher Werkstoffeigenschaften und daran gekoppelter Funktionen in keramischen Bauteilen möglich.

Abb. 8.19: Foliengießen nach dem „Doctor-Blade"-Verfahren auf einer Laborgießbank (Quelle: Fraunhofer IKTS)

8.2.2.4 Additive Fertigung

In Kapitel III.10 ist die Additive Fertigung sowohl von den verfahrenstechnischen Prinzipien als auch aus Sicht der verwendeten Materialien und aktueller Applikationsbeispiele beschrieben. Die Schwerpunkte waren metallische Werkstoffe und Kunststoffe. Für diese Werkstoffe ist Additive Manufacturing mittlerweile ein etablierter Prozess und wird seit einigen Jahren vielfältig industriell umgesetzt. Keramische Werkstoffe können auch mit Verfahren des Additive Manufacturing verarbeitet werden, wobei zunächst ein Grünkörper geformt wird, der anschließend durch Sintern in eine Keramik überführt wird.

8.2.3 Binderkonzepte und Entbinderungsverfahren

Wie in den vorangegangenen Abschnitten beschrieben spielen organische Additive bei der Formgebung eine große Rolle. Da sich die reinen synthetischen Ausgangspulver aufgrund ihres spröden Verhaltens nicht wie metallische oder tonhaltige Massen plastisch verformen lassen, benötigen sie eine prozessgerechte Aufbereitung zu formungsfähigen Versätzen mit organischen Bindern. Als organische Additive sind entsprechend ihrer Wirkung Lösemittel, Dispergatoren, Binder, Plastifizierer, Gleitmittel, Netzmittel, Verflüssiger sowie Entschäumer bekannt. Entsprechend der Formgebungsverfahren unterscheiden sich Art und Menge der organischen Additive (Tab. 8.1).

Tab. 8.1: *Organischer Anteil in keramischen Formmassen*

Formgebungsverfahren	Formmasse	Organischer Anteil in Vol.-%
Trockenpressen	Pressgranulat	2–10
Extrusion	Plastische Masse	10–20
Spritzgießen	Thermoplastische Masse	35–50
Schlickergießen	Wasserhaltiger Schlicker	0,5–5
Foliengießen	Wasser- oder lösemittelhaltiger Schlicker	15–25

Wesentliche Anforderungen an die einzelnen organischen Additive ergeben sich aus der Prozessfähigkeit bei der Formgebung einschließlich der vor- und nachgelagerten Schritte. So ist beim Trockenpressen ein gutes Gleitverhalten mit minimaler innerer und äußerer (Wand-)Reibung genauso wichtig wie eine gute Bindefähigkeit beim Entstehungsprozess der Granalie im Ergebnis der Sprühtrocknung und eine hohe Grünfestigkeit beim Handling oder bei der weiteren (Grün-)Bearbeitung des Formkörpers. Für die plastische, thermoplastische und Gießformgebung ist ein strukturviskoses Verhalten, d.h. die Abnahme der Viskosität mit zunehmender Scher- und Schubbeanspruchung, von Vorteil. Zu einer hohen Formstabilität nach erfolgter Formgebung trägt darüber hinaus eine ausgeprägte Fließgrenze bei. Gießschlicker müssen garantiert frei von Lufteinschlüssen hergestellt werden, da bei der weiteren Verarbeitung weder ein zusätzlicher Druck noch ein zwischenzeitliches Vakuum aufgebracht werden können, um für eine Entlüftung zu sorgen. Bei allen Formmassen ist eine gute Benetzbarkeit der Pulveroberfläche durch die Binder Voraussetzung für die Zerstörung von Agglomeraten und die Realisierung hoher Packungsdichten homogen angeordneter Partikel.

Nach der Formgebung der keramischen Massen schließt sich vor der Konsolidierung zum Funktionsteil durch Sintern die Freisetzung der für die Formgebung notwendig gewesenen organischen Additive an. Diese Prozesse, meist als Entbindern, aber auch Entwachsen, Ausheizen oder Ausgasen bezeichnet, weisen aufgrund der verschiedenen Verfahren der Formgebung und der dabei verwendeten differierenden Additivmischungen eine große Vielfalt auf. Nachfolgend beschrieben werden – ausgehend von den unterschiedlichen Binderkonzepten – die Methoden der Entbinderung vom thermischen Ausheizen über die Extraktionsverfahren bis zur katalytischen Binderfreisetzung.

8.3 Komplexe keramische Bauteilstrukturen

8.3.1 Grundlagen

Im folgenden Absatz werden die Besonderheiten bei der Auslegung der Geometrie und der Gestaltung des Gefügedesigns von keramischen Bauteilen mit komplexer Struktur betrachtet.

Keramikgerechte und fertigungsgerechte Auslegung
Um die Eigenschaften des keramischen Werkstoffs richtig nutzen zu können, ist es notwendig, geeignete Gestaltungsmaßnahmen zu beachten. Aufgrund des gänzlichen Fehlens plastischen Verformungsvermögens versagt Keramik im Bereich kritischer Gefügeinhomogenitäten spontan beim Erreichen der örtlichen Materialfestigkeit. Besonders hohe Spannungen treten im Bereich von kleinen Radien, scharfen Kanten, Stufen und Absätzen sowie im Bereich einer punkt- oder linienförmiger Krafteinleitung auf. Aufgrund der teilweise erheblichen Kerbwirkung wird hier die Materialfestigkeit viel früher erreicht, als es die äußere Belastung der Komponente erwarten lässt. Deshalb sollten bei der konstruktiven Gestaltung eines keramischen Bauteils alle als Kerben wirkende geometrische Formen (Spannungskonzentrationen) vermieden oder zumindest nur in abgeschwächter oder optimierter Form verwendet werden. Dagegen ist die hohe Druckbelastbarkeit eine besondere Stärke keramischer Materialien. Eine *keramikgerechte Konstruktion* nutzt diese Eigenschaft möglichst optimal aus und hält jene Bereiche möglichst klein, in denen das Bauteil zug- oder biegebelastet wird. Besonders wichtig ist es, in allen auf Zug belasteten Bereichen starke Spannungskonzentrationen zu vermeiden.

Zu einer *fertigungsgerechten Konstruktion* gehört beispielsweise, dass die Bauteilgeometrie den bereits beschriebenen Besonderheiten der jeweiligen Formgebungsverfahren angepasst wird. So kann es z. B. sinnvoll sein, besonders komplizierte Formen in mehrere einfache Module zu unterteilen. Darüber hinaus sollten überspezifizierte Oberflächen und unnötig enge Toleranzen vermieden werden. Generell gilt es, die Nachbearbeitung zu minimieren, indem man nur geringe Bearbeitungsaufmaße für die Nachbearbeitung bestimmt, eine Grünbearbeitung der Endbearbeitung vorzieht, nur kleine und abgesetzte Bearbeitungsflächen vorsieht und bearbeitungsfreie Rundungen und Fasen definiert.

Die genannten Maßnahmen für eine geeignete keramik- und fertigungsgerechte Auslegung bekommen für komplexe keramische Bauteilgeometrien eine besondere Bedeutung, da die für die Produkteigenschaften gewünschten Geometriedetails oftmals den idealen Gestaltungsprinzipien entgegenstehen. So werden für eine Gewichtsreduktion der Komponente bevorzugt dünne Wandstärken angestrebt. Als Stege miteinander verbunden und sich gegenseitig stützend umschließen sie möglichst große Volumen freien Raums, sodass hohe innere Oberflächen möglichst geringe Raumgewichte der Komponenten sicherstellen. Die mechanischen Eigenschaften werden somit zunehmend nicht allein von den Werkstoffeigenschaften im Bulkmaterial bestimmt, sondern von den Übergängen innerhalb der inneren Struktur. Eingriffsmöglichkeiten durch mechanische Nachbearbeitung, um Oberflächendefekte zu minimieren, sind jedoch aufgrund der schweren Zugänglichkeit und der hohen Flächenanteile weitestgehend ausgeschlossen. Damit müssen solche Konzepte als endformgerechte Fertigung umgesetzt werden.

Möglichkeiten der Simulation
Für eine zuverlässige Bemessung eines Bauteils bei einer geforderten Lebensdauer müssen die ertragbaren Beanspruchungen den Betriebsbeanspruchungen gegenübergestellt werden. Ob die Ermittlung der lokalen Bauteilbeanspruchung durch FE-gestützte Analysen oder herkömmliche Berechnungsverfahren erfolgt, hängt von der Bauteilkomplexität und der beim Einsatz von Technischen Keramiken üblichen Überlagerung von unterschiedlichen Belastungsarten (thermisch, tribologisch, korrosiv, statisch und/oder zyklisch mechanisch) ab. Je nach Anwendungsfall ist außerdem eine ausreichende Ausfallwahrscheinlichkeit zu berücksichtigen. Modellexperimente, die den Belastungszustand hinreichend genau abbilden, ermöglichen die Ermittlung der notwendigen Kennwerte (z. B. Wöhlerkurven,

Risswachstumsparameter) für den Langzeiteinsatz. Komplexe Lastfälle und Geometrien können in der Regel nicht analytisch beschrieben werden. Aufgrund der Universalität und Anpassungsfähigkeit wird deshalb zur numerischen Spannungs- und Dehnungsanalyse überwiegend die Methode der Finiten Elemente (FEM) herangezogen. Die Verbundgeometrie wird über eine Netzstruktur, deren Dichte in iterativer Form dem erwarteten Spannungs-/Dehnungsverlauf anzupassen ist, diskret dargestellt. Aus den Stoffgesetzen der involvierten Werkstoffe resultieren Spannungs- und Dehnungsaussagen für die Elemente z. B. infolge von mechanischen und thermischen Belastungen. Aus den FEM-Ergebnissen können nunmehr für jedes Volumenelement gemittelte Hauptspannungen abgeleitet werden.

Ein „integratives Konstruieren" (Maier 2006) unter Nutzung von Simulationstechniken wird dem Werkstoffverhalten, der Belastungssituation, der Fügeverbindung, den fertigungstechnischen Besonderheiten und der Qualitätssicherung gleichermaßen gerecht. Dabei gilt es, die folgenden Randbedingungen zu ermitteln, zu simulieren und zu bewerten:

- Statistik, Bruchmechanik, Risswachstum (für eine werkstoffgerechte Auslegung)
- Lastspannungen (für eine belastungsgerechte Auslegung)
- Verbundspannungen (für eine fügegerechte Auslegung)
- Eigenspannungen (für eine fertigungsgerechte Auslegung)
- Prooftest (für eine qualitätsgerechte Auslegung)

Somit bietet die Simulation vielfältige Möglichkeiten für eine optimierte Gestaltung von Keramikanwendungen – unabhängig davon, ob für die gewünschte Funktion komplett verdichtete oder poröse keramische Werkstoffe eingesetzt werden.

Poröse und offenzellige Keramiken

Prinzipielle Möglichkeiten einer Gewichtsreduktion von keramischen Komponenten ergeben sich durch die gezielte Schaffung von ausreichend großem Porenvolumen, was naturgemäß zu einer Verringerung der Dichte des Werkstoffs führt. Gegenüber Materialien mit vollständig verdichtetem Gefüge müssen bei

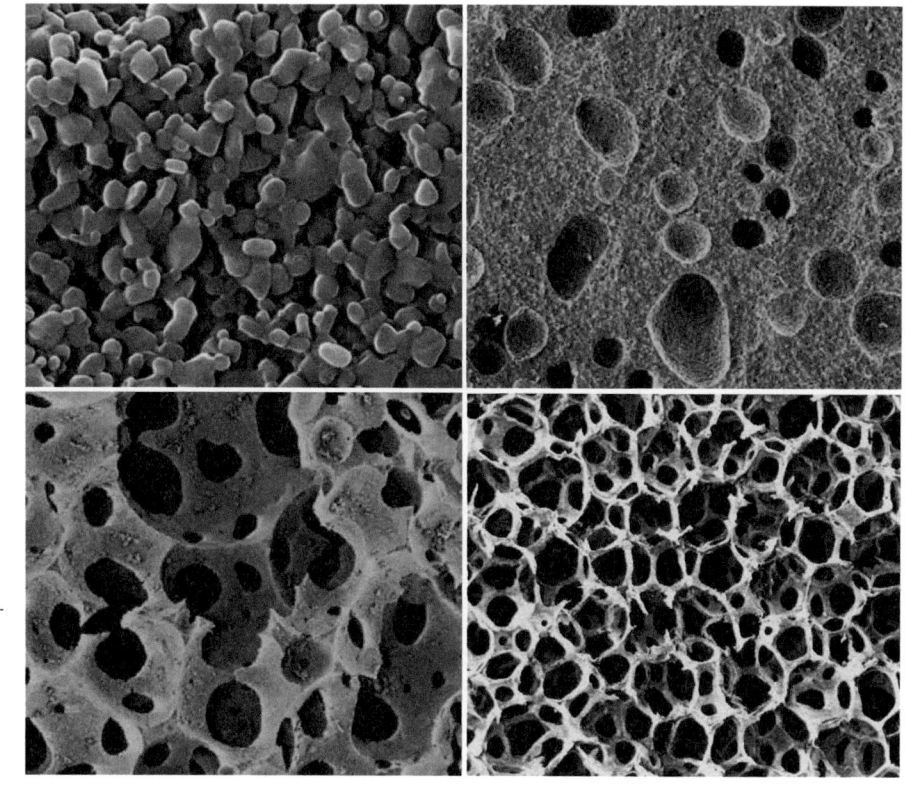

Abb. 8.20: *REM-Aufnahmen an Bruchflächen verschiedener Varianten offenporöser Keramik, hergestellt durch Kontaktstellenversinterung (oben links), Ausbrennstoffe (oben rechts), Direktschäumung (unten links), Abformung von Polymerschaum (unten rechts) (Quelle: Fraunhofer IKTS)*

porösen Werkstoffen jedoch deutlich geringere Bauteilfestigkeiten in Kauf genommen werden. Deshalb orientiert die gezielte Einstellung von Porositäten bei keramischen Werkstoffen in der Regel auf funktionelle Eigenschaften, wie z.B. Stofftrennung und Abscheidung oder Durchströmbarkeit, oft in Kombination mit der Bereitstellung einer großen Fläche für katalytisch aktiv wirkende Beschichtungen.

Die Herstellung offenporöser Keramiken kann über verschiedene Methoden verfolgt werden (typische Gefügemerkmale in Abb. 8.20). Durch Kontaktstellenversinterung von Partikeln erzeugt man sogenannte poröse Kornkeramiken. Die Poren entstehen als Freiräume zwischen den Keramikpartikeln. Je nach Partikelgrößenverteilung können sehr eng fraktionierte Porenverteilungen in einem Spektrum von wenigen Nanometern bis Mikrometern (teilweise auch bis Millimetern) eingestellt werden. Mit dieser Methode lassen sich offene Porenvolumina von etwa 40 % erreichen. Angewendet werden diese Strukturen in keramischen Cross-Flow-Membranfiltern oder in den Wall-Flow-Filtern für die Dieselpartikelfiltration.

Ein höherer Anteil an offener Porosität entsteht, wenn beim keramischen Formgebungsprozess organische Platzhalter eingebracht werden. Während der Sinterung verdampfen oder verbrennen die organischen Bestandteile und hinterlassen die gewünschten Hohlräume. Es werden – vor allem in Kombination mit einer Kontaktstellenversinterung – Porenvolumina bis 50 % erzeugt; die Porengrößen variieren im oberen Mikro- bis Millimeterbereich. Bei höheren Zusätzen an Platzhaltern treten Probleme in der Verarbeitung der Mischungen und beim Brand auf. Dagegen entsteht im Falle von eingesetzten Mengen unter 30 % vorrangig eine geschlossene Porosität.

Einen Anteil an Poren von bis zu 70 % wird durch die Direktschäumung von Suspensionen erreicht. Der Nachteil dieses Verfahrens liegt jedoch in den unzureichenden Möglichkeiten der Steuerung des Schäumprozesses. Je nach Wahl der Verfahrensparameter entsteht außerdem ein nicht unerheblicher Anteil an geschlossenen Poren. Gleichzeitig kann über den Bauteilquerschnitt keine gleichmäßige Porengröße garantiert werden und die Reproduzierbarkeit der Porenverteilung ist gering.

Die höchsten Anteile an offener Porosität von bis zu 90 %, hohe innere Oberfläche, niedrigste Raumgewichte und beste Durchströmbarkeit kann man dagegen mit offenzelliger Schaumkeramik (s. 8.3.2.3) erzielen.

8.3.2 Fertigungstechnische Möglichkeiten und Anwendungsbeispiele für den Leichtbau

Im folgenden Artikel werden die fertigungstechnischen Möglichkeiten für die Herstellung von keramischen Komponenten in Leichtbauweise beschrieben. Im Einzelnen dargestellt werden:
- Direkte Formgebung
- Formgebung und Fügen
- Replikationstechniken (Abformung von Templaten)
- Verwendung von Trägermaterialien

Abbildung 8.21 zeigt schematisch die Verfahrensschritte, die jeweils zur Formgebung und Werkstoffausbildung führen.

Die genannten Verfahren basieren auf den in Absatz 8.3.2 beschriebenen Formgebungsprinzipien; sie sind jedoch z.T. mit spezifischen Werkstoffkonzepten untersetzt.

So lassen sich durch direkte Formgebung (1) prinzipiell alle (also auch dichtgesinterte) keramische Pulverwerkstoffe in komplexe Geometrien umsetzen. Bei der Kombination von Formgebung und Fügen (2) muss zusätzlich sichergestellt werden, dass die Fügestellen den Anforderungen in der Anwendung gerecht werden. Das ist garantiert, wenn sich die Gefügemerkmale in Kontaktzone und übrigem Bauteil nicht unterscheiden. Flüssigphasensinterprozesse oder Reaktionsinfiltration bieten hierfür gute Voraussetzungen. Die Abformung von Templaten (3) wiederum ist ebenfalls mit allen keramischen Pulverwerkstoffen möglich. Es muss jedoch berücksichtigt werden, dass durch das Ausbrennen des Templates zusätzliche festigkeitsrelevante Hohlräume entstehen. Hier bieten Werkstoffe mit temporärer Schmelzphase, die diese Hohlräume schließen helfen, deutliche Vorteile. Auch das Ausbrennen von Träger-

8.3 Komplexe keramische Bauteilstrukturen

Abb. 8.21: *Fertigungstechnische Möglichkeiten für die Herstellung von keramischen Komponenten in Leichtbauweise. Verfahrensabläufe bei der Formgebung und Werkstoffausbildung*

Legende:
- Werkzeug
- Polymer, Naturfaser
- Keramische Masse
- Grünkörper
- Keramik

materialien (4) führt dazu, dass sich im gesinterten Bauteil eine Porosität nicht vermeiden lässt, wobei die verbleibende Porenstruktur die Struktur des jeweils verwendeten Trägermaterials abbildet (4a). Wie auch im Fall der zuletzt beschriebenen Keramik aus biogenen Rohstoffen (5) können die organischen Bestandteile jedoch carbonisiert und in Keramiken überführt werden (4b). Deshalb ist dieses Konzept für Werkstoffe auf der Basis von Siliciumcarbid gut geeignet. In diesem Fall sorgen Reaktionsinfiltrationsprozesse dafür, dass keine oder nur eine geringe Schwindung auftritt und dass das Porenvolumen weitestgehend bis komplett gefüllt wird (5). Werden als Ausgangsstruktur keramische Faserverbunde verwendet, können ebenfalls schwindungsarme bis -freie Werkstoffverbunde hergestellt werden.

In den folgenden Abschnitten werden die verschiedenen Fertigungsstrategien an Beispielen ausführlich beschrieben.

8.3.2.1 Direkte Formgebung

Keramische Leichtbaustrukturen können durch direkte Formgebung gefertigt werden, wenn die Verwendung von Kernen die Ausformung von Hohlräumen bedingt, sodass die Formgebung des keramischen Materials auf dünne Wandstärken beschränkt bleibt. Sind die einzelnen Wände miteinander verbunden, so ist eine hohe mechanische Stabilität der Leichtbaustruktur gewährleistet. Für die Umsetzung dieses Konzepts bietet sich die Extrusion als kontinuierliches Fertigungsverfahren an. Einen großen Erfahrungsschatz bieten hierbei die Entwicklung und Fertigung von keramischen Filtern und Katalysatoren.

8.3.3.2 Formgebung und Fügen

Am Beispiel eines des zusammengesetzten Filters wird deutlich, dass die Fertigung von Einzelelementen und ihre anschließende Fügung eine sinnvolle Strategie zur Herstellung von besonders großformatigen Bauteilen sein kann. Dies gilt für alle Halbzeuge unabhängig von der Art ihrer Formgebung. Für die letztendliche Anwendung ist die Art der Fügung wesentlich. Im günstigsten Fall ist sie stofflich identisch mit dem Material in den Einzelsegmenten. Hier bieten keramische Folien mit hohen, z. T. thermoplastisch verformbaren Bindemittelanteilen gute Voraussetzungen für das Laminieren einzelner Kontaktflächen zu arteigenen Fügestellen. In diesem Fall erfolgt das Fügen im Grünzustand. Da keramische Folien auch gut in allen drei Dimensionen strukturierbar sind, ergeben sich für den Aufbau komplexer Keramikkomponenten in Leichtbauweise vielfältige geometrische Möglichkeiten.

Die Umsetzung keramischer Leichtbaustrukturen mittels Folientechnik (s. Abschnitt 8.3.2.3) erfolgt in den Schritten:
- Foliengießen
- Folienprägen
- Laminieren

Werden keramische Grünfolien gefaltet oder geprägt und anschließend miteinander verbunden, so können Bauteile mit komplex gefüllten Hohlstrukturen gefertigt werden. Für die Herstellung solcher komplexer Keramikkomponenten müssen zunächst die Einzelelemente gesintert werden. Diese werden anschließend zusammengefügt. Eine arteigene Bindung stellt dabei sicher, dass sich unter Anwendungsbedingungen (z. B. bei hohen Temperaturen) keine Schwachstellen durch nicht temperaturstabiles Material oder auch durch unterschiedliche thermische Ausdehnungskoeffizienten der verwendeten Materialien (z. B. organische Kleber) bilden. In diesem Fall ist jedoch ein zweiter Sinterprozess erforderlich, um einen vollkeramischen Aufbau zu gewährleisten.

Eine Ausnahme stellt der Werkstoff SiSiC (siliciuminfiltriertes Siliciumcarbid) dar. In diesem Fall werden Ausgangspulvermischungen verwendet, die verschiedene SiC-Pulverkörnungen und Kohlenstoffzusätze enthalten. Der Wärmebehandlungsprozess für die Werkstoffausbildung wird im Beisein von zusätzlichem Silicium durchgeführt. Der im Formkörper enthaltene Kohlenstoff reagiert mit dem zugeführten Silicium und bildet sekundäres SiC, welches das Porenvolumen in der primären SiC-Packung weitestgehend ausfüllt. Deshalb ist es möglich, einzelne Komponenten vorzufertigen, im grünen Zustand (mit schlickerbasierten Garniertechniken) zu fügen und im zusammengesetzten Zustand in einem Schritt zu sintern, ohne dass unterschiedliche Gefügemerkmale in Einzelsegmenten und Fügestellen verbleiben.

Während des Sinterprozesses durch Reaktionsinfiltration werden in der letzten Phase wenige Prozent des Porenvolumens abschließend mit Silicium aufgefüllt, weshalb der Werkstoff SiSiC auch ein zweiphasiger Kompositwerkstoff bleibt. Die Anwendungseigenschaften werden jedoch weitestgehend von der SiC-Gefügematrix bestimmt. Im Gegensatz zu fast allen anderen technischen keramischen Werkstoffen schwindet SiSiC nicht bei der Wärmebehandlung, da die vollständige Verdichtung nicht durch Kompaktierung bzw. Versinterung der Pulverpackung, sondern durch Ausfüllen der Zwischenräume erfolgt. Das bietet für die Formstabilität auch sehr komplex konfigurierter Keramikkomponenten und ihre Maßtoleranzen wesentliche Vorteile.

8.3.2.3 Replikationstechniken

Die Darstellung komplexer keramischer Strukturen mit integrierten Hohlräumen ist ebenfalls durch Replikationstechniken möglich, indem geeignete Template, die die im späteren Keramikbauteil gewünschte Struktur aufweisen, mit einer keramischen Suspension beschichtet werden. Nachdem die Suspension getrocknet ist, wird die Keramik gebrannt, wobei auch das Templatmaterial thermisch zersetzt wird. So sind z. B. offenzellige, retikulierte Polymer-Schaumstoffe ein geeignetes Ausgangsmaterial für die Herstellung von Schaumkeramiken nach dem Schwartzwalder-Verfahren. Diese werden entsprechend der in Abbildung 8.22 dargestellten Prozesskette mit keramischen Suspensionen imprägniert, über Quetschwalzen oder verwandte Verfahren ausgepresst und anschließend wärmebehandelt.

Für die Schaumkeramikherstellung müssen Polymerschaumstoffe folgende Eigenschaften besitzen:
- Steifigkeit und Elastizität
- Gleichmäßige, isotrope Schäumung
- Hohe Offenzelligkeit
- Einstellbarkeit der Zellgrößen in einem weiten Bereich
- Keine toxischen Abprodukte während der thermischen Zersetzung
- Großtechnisch herstellbar und preiswert
- Mechanische Bearbeitbarkeit

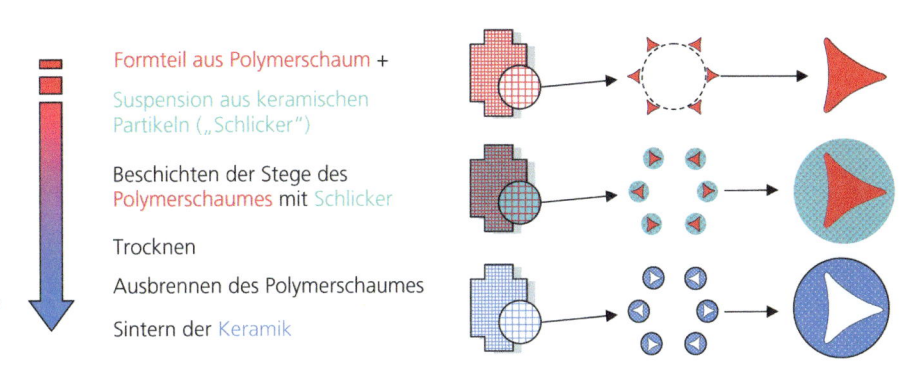

Abb. 8.22: *Technologieschema der keramischen Abformung von Polymerschaum*

Formteil aus Polymerschaum +
Suspension aus keramischen Partikeln („Schlicker")
Beschichten der Stege des Polymerschaumes mit Schlicker
Trocknen
Ausbrennen des Polymerschaumes
Sintern der Keramik

Obwohl nach dem Stand der Technik viele Polymere geschäumt werden können, entsprechen nur die Polyurethan-Schaumstoffe (PU) den genannten Anforderungen. Die Herstellung der Schaumstoffe erfolgt in Blöcken, welche je nach Porengröße bis zu einem Meter hoch sein können. Nach der Schäumung liegen die Schaumstoffe bereits in der offenzelligen Form vor, aber die einzelnen Zellen sind noch teilweise durch dünne Häutchen verschlossen. Deshalb schließt sich nach der Schaumherstellung das Retikulieren an, bei dem durch eine Knallgasexplosion die Häutchen zertrennt werden und damit die benötigte skelettartige Struktur erzeugt wird.

Eine typische industrielle Anwendung von keramischen Tiefenfiltern ist die Metallschmelzenfiltration, bei der grobzellige (2 bis 5 mm Zellweite) Keramikschäume aus Siliciumcarbid, Aluminiumoxid oder Zirkonoxid eingesetzt werden. Aufgrund der schwierigen Bearbeitbarkeit der Schaumkeramiken, werden die Polymerschäume bereits vor der Keramisierung in die notwendige Geometrie konfektioniert. Dabei können sehr variable Geometrien gefertigt werden.

Die Struktur der Polymerschaumstoffe ist aufgrund ihres Herstellungsverfahrens festgelegt. Es können nur isotrope Körper mit einer maximalen Zellgröße von 4,5 mm produziert werden. Gleichzeitig sind die Polymerstege im Querschnitt stark trikonkav, was zur Verschlechterung der mechanischen Eigenschaften der Schaumkeramiken führt, da diese üblicherweise dreieckige innere Hohlstege besitzen (Abb. 8.22). Als Alternative zu den PU-Schaumstoffen kann man deshalb als Ausgangsmaterialien technische Textilien einsetzen, bei denen die Strukturierung gezielt durch das textile Herstellungsverfahren gesteuert werden kann. Dadurch lassen sich die Zellgröße und Zellgeometrie auf den Anwendungsfall optimieren und es können sowohl isotrope als auch dreidimensional anisotrope Materialien erzeugt werden. Einige Beispiele dazu sind in Abb. 8.23 dargestellt. Technische Textilien dagegen lassen sich darüber hinaus auch mittels maschineller Techniken wie Weben, Stricken oder Wirken exakt strukturieren. Dabei lassen sich Zellgröße, -geometrie und -anisotropie genau auf den entsprechenden Anwendungsfall optimieren. Basierend auf keramischen Netzwerken CeraNet® können Keramikkörper hergestellt werden, welche sich durch unterschiedliche Eigenschaften wie Festigkeit oder Durchströmbarkeit in Abhängigkeit von der Raumrichtung auszeichnen. So sind auch extreme Anisotropien herstellbar, sowie Strukturen mit runden inneren Hohlstegen (Abb. 8.25).

Textile Fertigungstechnologien können darüber hinaus für eine bleibende Umsetzung von Faserstrukturen in Verbundwerkstoffen nutzbar gemacht werden.

Abb. 8.23: *Verschiedene Formteile aus Schaumkeramik und abgeformten Textilien (Quelle: Fraunhofer IKTS)*

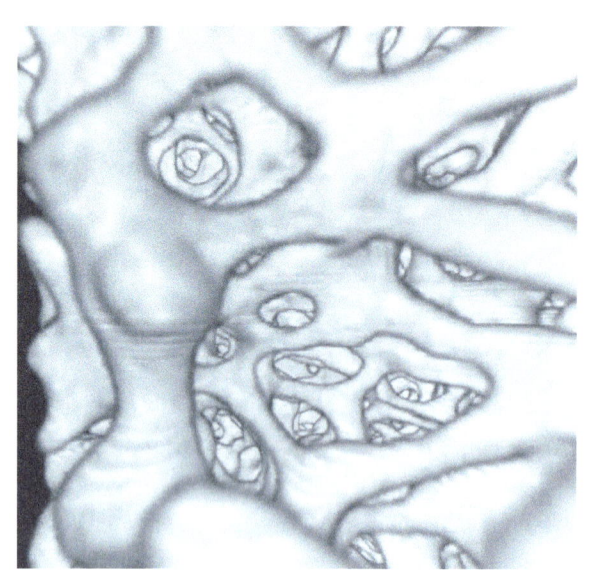

Abb. 8.24: *Computertomographie eines keramischen Schaums (Quelle: Fraunhofer IZFP)*

In diesem Fall werden keine ausbrennbaren organischen Fasern, sondern keramische oder präkeramische Fasern verwendet. Die in Teil II, Abschnitt 8.2.1 ausführlich dargestellten keramischen Faserverbundwerkstoffe sind eine Werkstoffklasse innerhalb der Gruppe der Verbundwerkstoffe (englisch: Ceramic Matrix Composites, CMC). Sie sind charakterisiert durch eine zwischen Langfasern eingebettete Matrix aus normaler Keramik, die durch keramische Fasern verstärkt wird und so zur faserverstärkten Verbundkeramik wird. Matrix und Fasern können im Prinzip aus allen bekannten keramischen Werkstoffen bestehen, wobei in diesem Zusammenhang auch Kohlenstoff als keramischer Werkstoff gesehen werden kann. Die Herstellung von Bauteilen aus faserverstärkter Keramik erfolgt in den Schritten:

- Ablegen und Fixieren der Fasern in der gewünschten Bauteilform
- Einbringen des keramischen Matrixmaterials zwischen die Fasern
- Endbearbeitung und bei Bedarf weitere Nachbehandlungsschritte wie zum Beispiel das Aufbringen von Beschichtungen

Oxidkeramische Verbundwerkstoffe (Oxide Ceramic Matrix Composites, OCMC) basieren auf hochtemperaturbeständigen Endlosfasern und keramischen Matrizes aus dem Stoffsystem Al_2O_3, SiO_2, Mullit. Der Prozess kann als Imprägnieren der keramischen Textilien mit einem Schlicker unter Nutzung der Rakeltechnik beschrieben werden. Die imprägnierten Gewebelagen werden mit derselben Technik zu Grünkörpern laminiert, wie sie von der Herstellung von faserverstärkten Kunststoffen bekannt ist (Abb. 8.26)

Die Fasern stabilisieren die von Mikrorissen und Poren durchzogenen monolithischen keramischen Strukturen zusätzlich, in dem aufgebrachte Kräfte von der Matrix über die Grenzfläche auf die Faser um- bzw. übergeleitet werden. Das Ergebnis ist ein Bauteil mit hoher Schadenstoleranz. Auch wenn die äußere Matrixschicht zerstört ist, tritt kein plötzliches Versagen des Bauteils mehr ein, sodass es weiteren Belastungen standhalten kann. Interessant für Leichtbauanwendungen ist ebenfalls die Gewichtsreduktion im Vergleich zu klassischen Strukturen, die durch Herstellung dünnwandiger Bauteile für vergleichbare Belastungen erreicht werden kann.

In den Abbildungen 8.27 und 8.28 sind verschiedene Anwendungen faserverstärkter Oxidkeramik, die sich bereits im Einsatz befinden, dargestellt. Sie verdeutlichen anschaulich die Möglichkeiten der komplexen Formgebung in Leichtbauweise.

8.3.2.4 Verwendung von Trägermaterialien (PT-Keramik®)

Grundlage der „Keramikpapiertechnologie" ist die Erzeugung von hochgradig mit Keramikpulver angereicherten präkeramischen Papieren, indem der

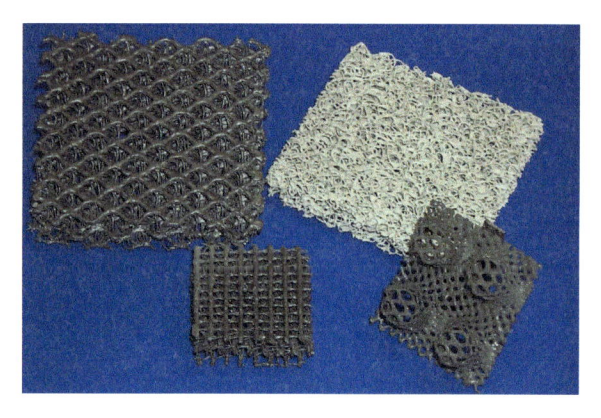

Abb. 8.25: *Verschiedene CeraNet®-Formteile (Quelle: Fraunhofer IKTS)*

8.3 Komplexe keramische Bauteilstrukturen

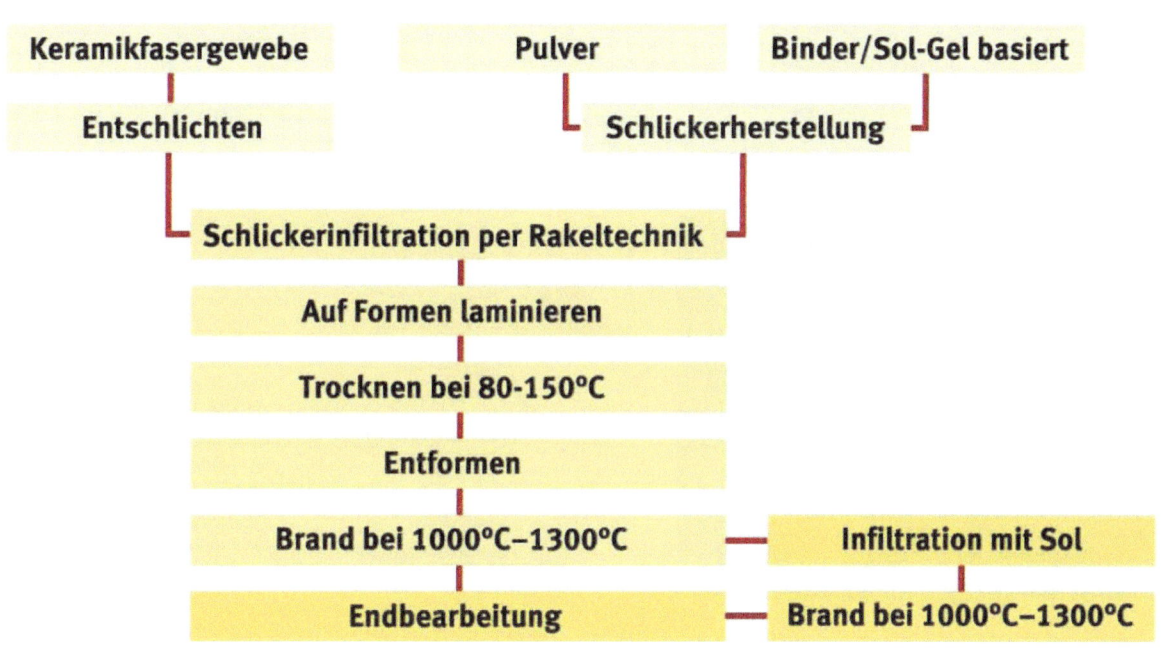

```
Keramikfasergewebe          Pulver           Binder/Sol-Gel basiert
        |                     |                      |
   Entschlichten         Schlickerherstellung --------
        |                     |
        └── Schlickerinfiltration per Rakeltechnik ──┘
                              |
                    Auf Formen laminieren
                              |
                    Trocknen bei 80-150°C
                              |
                         Entformen
                              |
                  Brand bei 1000°C–1300°C ──── Infiltration mit Sol
                              |                      |
                     Endbearbeitung ──────── Brand bei 1000°C–1300°C
```

Abb. 8.26: *Herstellungsschema von OCMC-Faserverbundwerkstoffen (Keramikblech)*

Zellulosemasse – Grundstoff jeder Papierproduktion – ein keramisches Pulver, beispielsweise Aluminiumoxid (Al_2O_3), zugemischt wird. Durch einen bis zu 85 Ma.-% hohen Anteil an anorganischem Füllstoff nimmt das Papier die Materialeigenschaften eines keramischen Grünlings an, lässt sich aber dennoch zunächst wie normales Papier umformen und prägen, bevor es abschließend durch thermische Prozesse zur Keramik umgesetzt wird. Abb. 8.29 verdeutlicht das technologische Schema bei der Herstellung von Keramikbauteilen mittels Papiertechnologie. Die Herstellung der präkeramischen Papiere erfolgt dabei im Labormaßstab in einem Blattbildner oder kontinuierlich mittels einer Papiermaschine, in dem eine kontrollierte Koagulation von Fasern und Füllstoffen herbeigeführt wird. Die Faserstoffe selbst werden aus den verschiedensten Holzsorten gewonnen.

Abb. 8.27: *Rohre aus „Keramikblech" für den Aluminiumdruckguss (Quelle: Walter E.C. Pritzkow Spezialkeramik)*

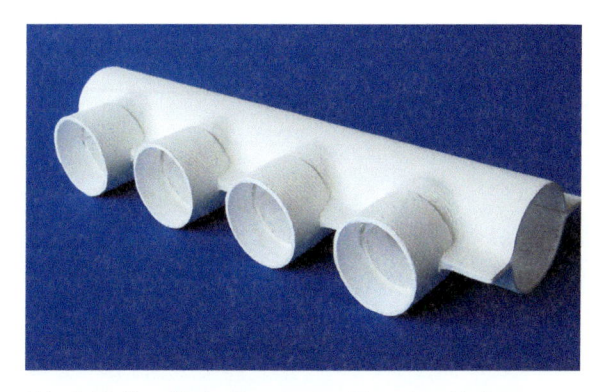

Abb. 8.28: *Verteiler im Abgassystem (Testanlage für Automobilbau) aus faserverstärkter Oxidkeramik (Quelle: Walter E.C. Pritzkow Spezialkeramik)*

8 Formgebung bei Technischer Keramik

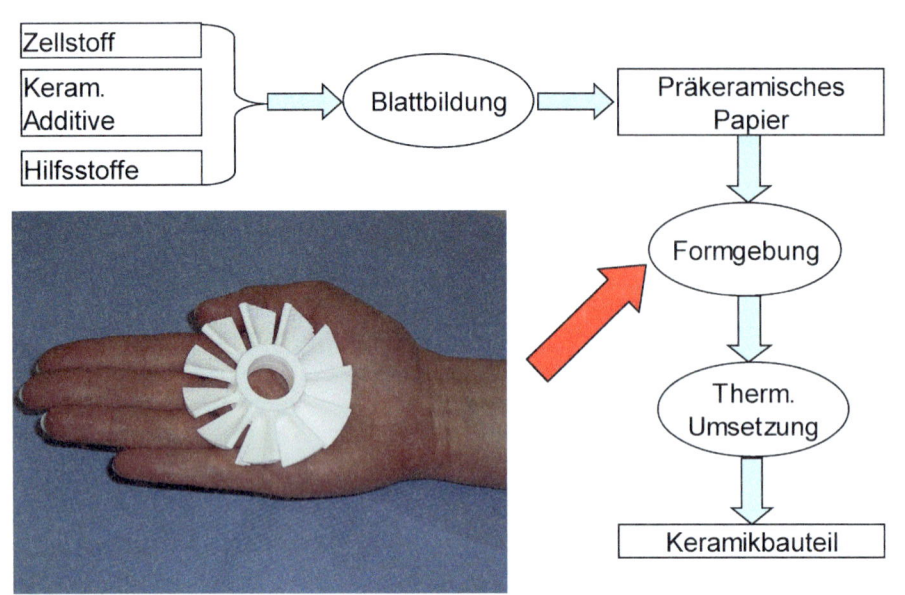

Abb. 8.29: *Technologieschema zur Herstellung keramischer Bauteile aus „Keramikpapieren" (links unten: über LOM-Laminiertechnik hergestelltes Modellbauteil) (Quelle: Papiertechnische Stiftung PTS / Friedrich-Alexander-Universität Erlangen-Nürnberg)*

Durch Laminieren präkeramischer Papiere (Abb. 8.30) können beispielsweise Platten von hoher Festigkeit aus mehreren Lagen oder tragfähige Wellpappen-Strukturen durch Verbinden gewellter Lagen mit zwei planaren Elementen realisiert werden (Abb. 8.31). Verglichen mit einer massiven Aluminiumoxidkeramik gleicher Dicke werden auf diese Weise Gewichtsersparnisse von über 50 % erreicht. Die so hergestellten Keramiken zeichnen sich durch eine geringe Wärmekapazität aus und verfügen über eine sehr hohe Steifigkeit. Sie eignen sich hervorragend als Konstruktionselemente für Hochtemperatur-Anwendungen bis 1600 °C.

Keramisch gefüllte Papiere (PT-Keramik®) können ungeachtet ihres hohen Feststoffgehalts papierüblich behandelt, wie z. B. kalandriert (verdichtet) werden. Dadurch gelingt es, die nach dem Ausbrennen der organischen Bestandteile verbleibende Porosität zu modifizieren und zu minimieren. Zusätzlich ermöglichen die vielfältigen Beschichtungs- und Formgebungsmöglichkeiten auf Basis der Papier- und Papierverarbeitungstechnik eine effektive, werkstoffübergreifende Erzeugung von dünnwandigen, komplex geformten Strukturen. Somit werden großserienfähige Fertigungsverfahren mit einem hohen Grad an geometrischer Komplexität und Flexibilität kombiniert.

PT-Keramik® bietet somit Konstrukteuren und Anwendern eine grundsätzliche Werkstoffalternative für Leichtbaulösungen, die speziell bei hohen

Abb. 8.30: *Platte in einer Dicke von 0,5 mm aus Al_2O_3-PT-Keramik® (Quelle: Werkstoffzentrum Rheinbach)*

Abb. 8.31: *Hochsteife und -tragfähige Struktur aus PT-Keramik® (Quelle: Werkstoffzentrum Rheinbach)*

Temperaturen zum Einsatz kommen. Hier ist es insbesondere die für Keramik ungewöhnliche Formgestaltungsmöglichkeit verbunden mit der einfachen Herstellung dünnwandiger Strukturen, die Konstrukteuren neue Möglichkeiten bieten. Auch die herstellungsbedingte Porosität eröffnet eine Reihe von Anwendungsmöglichkeiten, etwa in der Filtration oder der Katalyse.

8.3.3 Anwendungsbeispiele für den Leichtbau

Nachfolgend sind einige Produktbeispiele beschrieben, bei denen mit dem Einsatz von Keramik Anwendungsvorteile durch Gewichtsreduzierung erreicht werden. In der Regel geht dieser Vorteil mit der Motivation einher, weitere, Keramik spezifische Eigenschaften für die jeweilige Anwendung zu nutzen. So gibt es für die Anwendung keramischer Wälzlager (Hybridwälzlager) neben dem geringen spezifischen Gewicht mehrere Eigenschaften von Interesse, wie z.B:
- Hohe Verschleißbeständigkeit
- Chemische Beständigkeit
- Hohe Temperaturbeständigkeit
- Nichtmagnetisch Eigenschaften
- Hoher elektrischer Widerstand

Für die Anwendung bedeutet das verlängerte Lagerlebensdauer, reduzierte Reibung, gute Trockenlaufeigenschaften und damit auch bessere Notlaufeigenschaften, längere Schmierstofflebensdauer und vor allem die Möglichkeit maximal zulässige Drehzahlen deutlich zu erhöhen.

Nachdem in Hybridwälzlagern lange Zeit ausnahmslos Keramikkugeln als Wälzkörper eingesetzt wird mittlerweile das Anwendungsportfolio auch auf Rollenlager ausgeweitet (Abb. 8.32).

Verschleiß- und Korrosionsschutz sind – trotz aller technischen Fortschritte – aktuelle und wichtige Aufgaben in der Industrie. Denn: Verschleiß und Korrosion kosten die Industriestaaten vier bis sechs Prozent ihres Bruttosozialproduktes. Besonders betroffen von Verschleiß sind beispielsweise die Anlagen und Aggregate der Grundstoffindustrie bei Abbau,

Abb. 8.32: *Produktreihe „Cyrol®" für Hybridlager mit keramischen Rollen aus Siliciumnitrid (Quelle: CeramTec GmbH)*

Transport, Lagerung, Aufbereitung und Veredelung von stark abrasiven Massenschüttgütern wie Erzen, Kiesen, Sanden oder Kohlen. Viele Primärstoffe, Zwischenprodukte und Sekundärrohstoffe verursachen in ihrem Verarbeitungsprozess Verschleiß. Korrosive Einflüsse sind vor allem durch Prozessgase, durch die Fördermedien oder durch die Atmosphäre gegeben.

Höchsten Schutz vor Verschleiß und Korrosion gewährleistet Hochleistungskeramik. Dabei hat sich Aluminiumoxid-Keramik (Al_2O_3) als Ausgangsmaterial bewährt.

Ein weiteres Beispiel stellt Transparente Keramik für unterschiedlichste Anwendungen dar. Für den ballistischen Schutz, z.B. in Fahrzeugen, beträgt die Gewichtseinsparung durch den Einsatz von Systemen auf Basis von PERLUCOR® (Abb. 8.34) gegenüber herkömmlichen Panzerglassystemen bis zu

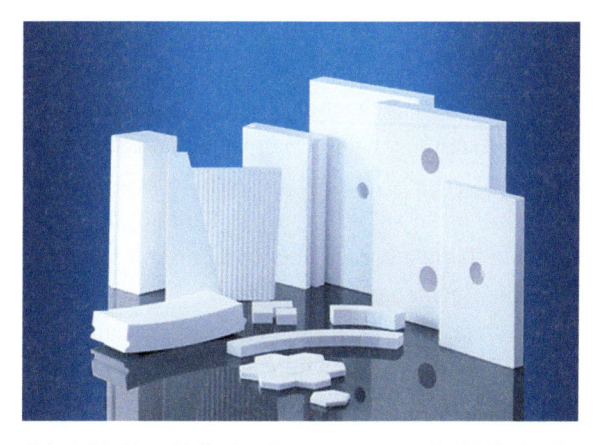

Abb. 8.33: *Verschleißschutzkomponenten aus ALUTEC® (Quelle: CeramTec GmbH)*

Abb. 8.34: *Transparente Keramik auf Basis von PERLUCOR® (Quelle: CeramTec GmbH)*

50 %. Transparente Keramik eröffnet darüber hinaus völlig neue Einsatzfelder in vielen Zukunftsanwendungen. Überall, wo konventionelle Gläser, Spezialgläser und Schutzgläser an ihre Grenzen stoßen, zeigen sich die Vorteile der Keramik. Das Material verbindet Transparenz mit den außergewöhnlichen Eigenschaften von Hochleistungskeramik. Mit ausgezeichneter Beständigkeit bietet die optisch perfektionierte Hochleistungskeramik überlegene Eigenschaften für transparente Extrem-Anwendungen, zum Beispiel in Industrie und Architektur, für Optik und Sensorik u. v. a. m.

Technische Keramik bietet in der Pulvermetallurgie etliche Vorteile gegenüber Sinterunterlagen aus herkömmlichen Werkstoffen wie Graphit oder Wolfram. Keramische Brenn- und Sinterunterlagen dienen dazu, Formteile in einem Sinterofen optimal anzuordnen und zu fixieren. Unerwünschte Verformungen während des Brennvorgangs lassen sich so vermeiden. Für eine energieeffiziente und stabile Prozessgestaltung in der Brenntechnik müssen diese Brenn-Unterlagen spezielle Eigenschaften aufweisen. Von Vorteil sind die geringe Rauheit, die hohe Wärmeleitfähigkeit, die hohe mechanische Stabilität sowie die Hochtemperaturfestigkeit.

Rauheit: Je geringer die Oberflächenrauigkeit, desto optimaler Gleiten die Formteile. Mit einer Oberflächenrauheit von i. d. R. Ra < 1 µm ist ein gleichmäßiges Schwinden während des Brennvorgangs möglich – die Formtreue der Produkte wird gewahrt. Die glatte, partikelfreie Oberfläche schützt zudem die Bauteile vor Verunreinigungen aus der Brennplatte.

Hohe Wärmeleitfähigkeit: Die Wärmeleitfähigkeit der Brennunterlage, bei Al_2O_3- und insbesondere auch AlN-Keramik, ist die Basis für geringe laterale Temperaturunterschiede und bewirkt damit eine homogene Wärmeverteilung auch innerhalb der Sinterbauteile. Ganz nebenbei wird damit auch eine hohe Temperaturwechselbeständigkeit sichergestellt, was eine schnellere Temperaturführung ermöglicht.

Hochtemperaturfestigkeit: Sie wirkt sich positiv auf die Energieeffizienz der Brennprozesse aus. Eine hohe Hochtemperaturfestigkeit der Materialien und die daraus resultierende geringe Dicke bedingen verbesserte Effizienzwerte durch geringeren Ofenballast. Daneben können keramische Sinterunterlagen auch bei Temperaturen über 1000 °C eingesetzt werden.

Hohe mechanische Stabilität: Diese Eigenschaft, gepaart mit einer niedrigen Wärmekapazität, hat nicht nur ein geringeres Gewicht bei reduziertem Volumen der Unterlage zur Folge, sondern speichert auch wenig Restwärme bei der Abkühlung. Dies hat positive Auswirkungen auf den Energieverbrauch.

Außerdem erweisen sich die Keramikoberflächen als inert. Sie machen den Einsatz von Trennmitteln oder Schutzschichten wie Coatings obsolet, da keine Kontaktreaktionen mit Metallen entstehen. Somit sind diese Sinterunterlagen auch langlebig und

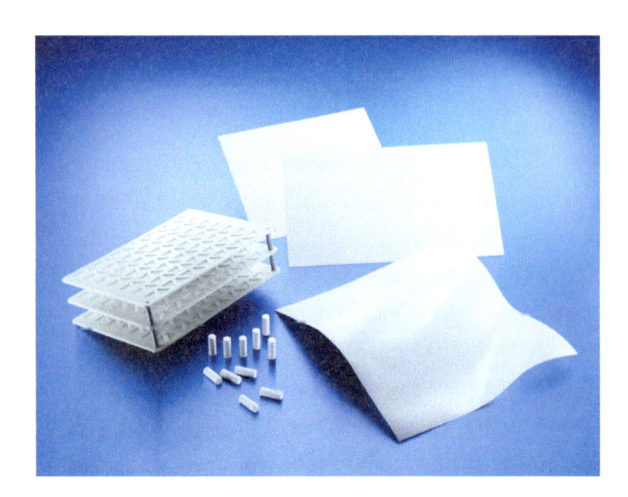

Abb. 8.35: *Setzunterlagen aus Keramik für Brennprozesse in der Pulvermetallurgie (Quelle: CeramTec GmbH)*

aufarbeitungsfrei. Aluminiumnitrid-Keramik wird beispielsweise von Metallschmelzen nicht benetzt. Designvorgaben in stabiler Leichtbauweise lassen sich technologisch mit Keramik gut umsetzen (Abb. 8.35).

8.4 Zusammenfassung

Keramische Werkstoffe zeichnen sich durch ihre spezifischen Eigenschaften wie Hochtemperaturfestigkeit, chemische Beständigkeit und hohe Härte sowie durch eine relativ geringe Dichte aus. Diese Eigenschaft allein empfiehlt sie jedoch noch nicht für die Anwendung als Strukturkomponenten im Leichtbau. Durch eine keramikgerechte Gestaltung auch sehr komplexer Geometrien lassen sich jedoch in Kombination mit den jeweils geforderten Werkstoffeigenschaften durch eine Gewichtsreduzierung oftmals zusätzliche Anwendungsvorteile erreichen. Für die Formgebung der keramischen Werkstoffe gibt es vielfältige Möglichkeiten. Diese sind in einigen Fällen materialspezifisch geprägt. Werkstoffkonzept und -eigenschaften, Bauteilkonfiguration und Herstellverfahren stehen darüber hinaus in einer engen Wechselwirkung. Neben dem grundlegenden Verständnis des Anforderungsprofils (thermomechanische und korrosive Beanspruchungen, dynamische Wechselbelastungen u. v. a. m.) ist die werkstoff- und fertigungsgerechte Auslegung der keramischen Komponente der Schlüssel für erfolgreiche Anwendungen im Leichtbau. Die Auswahl eines geeigneten Formgebungsverfahrens ist dann in Abhängigkeit von Bauteilgeometrie und Stückzahl auch unter Kostenaspekten sinnvoll möglich.

8.5 Weiterführende Informationen

Literatur

Binner, J.G.P. (Editor): Advanced Ceramic Processing and Technology, William Andrew Publishing/Noyes, 1990

German, R.M.: Injection Molding of Metals and Ceramics, Metal Powder Industry, 1997

Hängle, F. (Hrsg.): Extrusion in Ceramics, Springer Verlag, Berlin, 2009

Kollenberg, W. (Hrsg.): Technische Keramik – Grundlagen, Werkstoffe, Verfahrenstechnik; Vulkanverlag, Essen, 2010

Kriegesmann, J. (Hrsg.): Technische Keramische Werkstoffe; Fachverlag Deutscher Wirtschaftsdienst GmbH, Köln, 1989-2010

Maier H.R.: Integratives Konstruieren mit Keramik, cfi/Ber. DKG, 83 (2006), 6-7, D15–D18

Mistler, R.E.; Twiname, E.R.: Tape Casting, The Am. Ceram. Soc., Westerville, Ohio, 2000

Read, J.S. (Editor): Principles of Ceramics Processing, Wiley-Interscience, 1995

Pritzkow, W.E.C.: Oxide-Fibre-Reinforced Oxide Ceramics, cfi/Ber. DKG, 85 (2008), 12, E31–E35

Firmeninformationen

Brevier Technische Keramik; Hrsg.: Verband der Keramischen Industrie, Hans Fahner Verlag, 2003

www.hussgroup.com (CleanDieselCeramics GmbH)
www.keramikblech.com
www.keramverband.de
www.ptspapaer.com
www.wzr.cc

9 Fertigungsrouten zur Herstellung von Hybridverbunden

Frank Henning, Kay Weidenmann, Bernd Bader

9.1	Oberflächenbehandlung als Vorbereitung zur Fertigung 689	9.2.4	Hybride Innenhochdruckumformung 696
9.1.1	Oberflächenmodifizierung mit Plasma 689	9.3	Post Moulding Assembly (PMA) 699
9.1.2	Chemische Aktivierung 689	9.3.1	Vergleich von PMA und IMA 699
9.2	In-mould Assembly (IMA) 691	9.3.2	Verbindungstechnik als wesentlicher Aspekt der PMA-Route 700
9.2.1	Umspritzen und Umpressen 691		
9.2.2	Verarbeitung von Organoblechen in hybriden Verbunden 692	9.4	Fügen von Hybridverbunden mit anderen Bauteilen 701
9.2.2.1	Allgemeine Aspekte 692	9.5	Zusammenfassung 702
9.2.2.2	Fertigung von verstärkten Bauteilen auf Basis von Organoblechen 692	9.6	Weiterführende Informationen 703
9.2.3	Fertigungsverfahren für kontinuierlich verstärkte, diskontinuierliche Faserverbunde 694		

Ähnlich vielfältig wie die Palette an hybriden Verbundsystemen ist auch die Zahl der möglichen Fertigungsverfahren für diese Werkstoffgruppe, sodass eine umfängliche Behandlung aller Verfahren nicht sinnvoll möglich ist. Selbst bei der Fokussierung auf kunststoffbasierte Verbunde steht – je nach Kunststoff – die entsprechende Zahl von Herstellverfahren mit offener und geschlossener Form (s. Kap. III.6) zur Verfügung, wenn nicht gar entsprechende Fügeverfahren zum Einsatz kommen (s. Teil IV).

Im Folgenden konzentrieren sich die Ausführungen daher auf die wesentlichen Fragestellungen oder Verfahren, die spezifisch für die Herstellung von Hybridverbunden sind und nicht auf Aspekte, die den verwendeten Fertigungs- oder Fügeverfahren ohnehin inhärent sind.

Ein wesentlicher Faktor, der sich bei der Verbundherstellung immer ergibt, ist die Verbindung von Werkstoffen unterschiedlicher Materialklassen. Gerade bei Metall-Kunststoff- oder Kunstoff-Keramik-Hybriden ist aufgrund der unterschiedlichen Bindungsverhältnisse innerhalb der einzelnen Komponenten an der Grenzfläche ein entsprechendes Grenzflächendesign nötig, um ggf. eine chemische Anbindung zu ermöglichen. Dieses Grenzflächendesign wird in erster Linie durch eine dem eigentlichen Verbundfertigungsprozess vorgeschaltete Oberflächenbehandlung realisiert.

Bei kunststoffbasierten Hybridstrukturen kann bei dem Fertigungsprozess, der sich an die Vorbehandlung anschließt, die Verbindung zwischen Kunststoff und dem zweiten Verbundpartner (Metall oder Keramik) grundsätzlich auf zwei Arten hergestellt werden: Entweder durch Anfügen des Kunststoffs an den Verbundpartner im Prozess, beispielsweise direktes Anspritzen im Spritzguss oder Umfließen eines metallischen Einlegers im Pressprozess (In-Mould Assembly, IMA) oder durch nachgeschaltetes Zusammenfügen einer Kunststoff- und einer Metall- bzw. Keramikstruktur (Post Moulding Assembly, PMA) mit Hilfe eines konventionellen Fügeverfahrens.

Beim IMA wird der fertig geformte Verbundpartner in das Werkzeug eingelegt und an diskreten Stellen mit der Kunststoffstruktur formschlüssig oder nach entsprechender Oberflächenbehandlung und bei passender Oberflächenchemie auch stoffschlüssig verbunden. Am Ende des Fertigungszyklus kann das Hybridbauteil aus dem Werkzeug entnommen werden (Goldbach 2000, Op de Laak 2001).

Bei der zweiten Variante, dem PMA, kommen klassische Fügetechnologien, die entsprechend hybridfähig sein müssen, zum Einsatz. Dazu gehört typischerweise das Kleben sowie kraft- oder formschlüssige Fügeverfahren. Da bei allen Verfahren das Fügen artfremder Werkstoffe Ziel des Fertigungsprozesses ist, erfordert die Fertigung dabei in der Regel eine entsprechende Fügevorbereitung, da die nicht artverwandten Werkstoffe für den Klebeprozess aktiviert werden müssen.

Im Folgenden werden zunächst relevante Oberflächenbehandlungsverfahren vorgestellt, bevor dann die beiden Fertigungsrouten IMA und PMA anhand entsprechender Anwendungsbeispiele aus dem Bereich des Leichtbaus ausgeführt werden.

9.1 Oberflächenbehandlung als Vorbereitung zur Fertigung

9.1.1 Oberflächenmodifizierung mit Plasma

Zahlreiche Begriffe wie Niederdruckplasma, Gasentladung, „kaltes Plasma", Glimmentladung oder Nichtgleichgewichtsplasma werden als technische Plasmen bezeichnet und beschreiben doch im Wesentlichen die gleiche physikalische Erscheinung. Ein Plasma entsteht dann, wenn die Teilchenenergie in einem Gas die Ionisierungsenergie erreicht. Das Plasma ist ein Gas oder eine Gasmischung mit einer Vielzahl von neutralen und geladenen Teilchen in unterschiedlichen energetischen Anregungszuständen.

Polymere, insbesondere Thermoplaste, besitzen chemisch relativ inaktive Oberflächen, die eine Adhäsion erschweren (Rieß 2001, Mühlhan 2002). Das Plasma muss somit eine Feinreinigung und die chemische Anknüpfung polarer Gruppen bewirken, die zur Veränderung der Oberflächenenergie und zur Bindung mit Lack, Druckfarbe, Klebstoff oder anderen Materialien geeignet sind. Dazu wird meist ein einfaches oxidatives Prozessgas, wie Sauerstoff oder Luft verwendet. Abbildung 9.1 zeigt modellhaft ein Sauerstoffplasma mit molekularem und radikalem Sauerstoff, der auf einer Polyethylenoberfläche zur Anbindung von Seitengruppen mit ketonischem und aldehydischem Charakter führt. Wird dem Prozessgas eine komplexere organische Verbindung gasförmig beigemischt, so können auch gezielt ausgewählte funktionelle Gruppen an die Oberfläche gebunden werden (Rieß 2001, Mühlhan 2002, Klages 1999), die dann in Folge eine direkte chemische Reaktion mit den reaktiven Gruppen des späteren Fügepartners oder des Klebstoffs eingehen können.

Da bei den Plasmaverfahren mit geringen Materialmengen gearbeitet werden kann, sind sie sehr umweltfreundlich und Ressourcen schonend. Plasmen können mithilfe verschiedener Energiequellen erzeugt werden. Atmosphärische Plasmaquellen, welche die größte wirtschaftliche Bedeutung haben, nutzen elektrische mittelfrequente Wechselspannungen. Thermisch sensible Materialien können mit Mikrowellenplasmen im Niederdruck schonend bearbeitet werden, da die kinetische Energie der Ionen klein ist. Des Weiteren besitzen Mikrowellenplasmen eine hohe Plasmadichte, d. h. hohe Reaktivität, was demnach auch hohe Beschichtungsraten erlaubt (Nauenburg 2007, Hunyar 2008, Dreher 2009).

9.1.2 Chemische Aktivierung

Alternativ zur Plasmabehandlung, die an sich ein physikalisch ausgelöster Prozess ist, kann die Oberfläche auch chemisch aktiviert werden. Bei der chemischen Aktivierung werden entsprechende Chemikalien eingesetzt, die an der Oberfläche reaktive Gruppen entstehen lassen, die für die anschließende Reaktion mit einem Verbundpart-

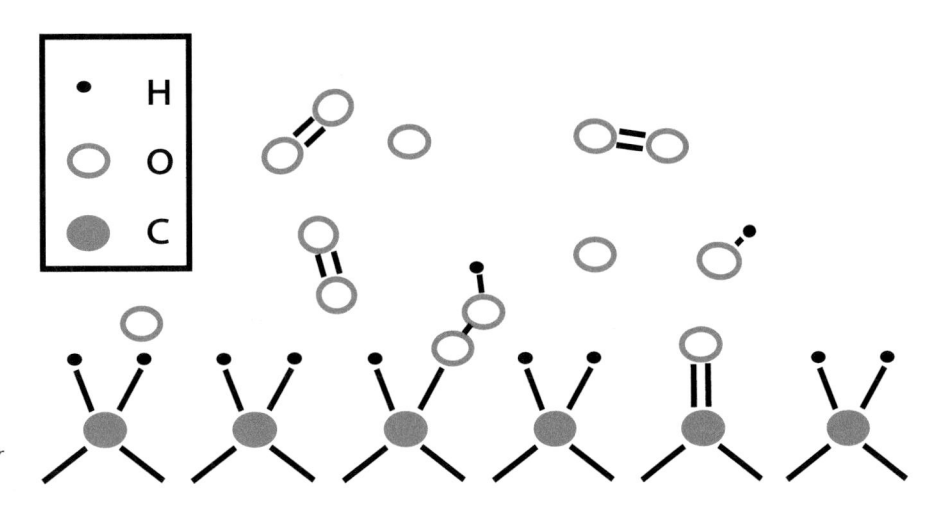

Abb. 9.1: *Schematische Darstellung der Modifikation einer PE-Oberfäche im O_2-Plasma*

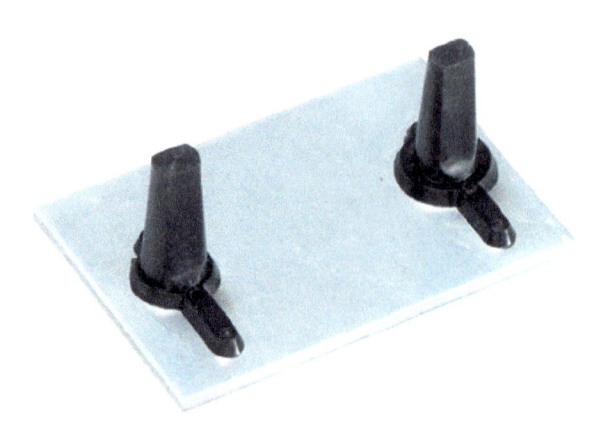

Abb. 9.2: *Prüfkörper zum Nachweis der Bindungsfestigkeit (Quelle: Tasei)*

ner zur Verfügung stehen. Hinsichtlich der Oberflächenbeschaffenheit ist das Resultat qualitativ mit dem vergleichbar, das die Plasmaaktivierung liefert. Es gibt auch Aktivierungsmittel, die die Oberfläche chemisch angreifen (Beizen) und so zu mikroskopischen Rauhigkeiten führen, die einen Mikroformschluss ermöglichen.

Taucht man beispielsweise eine Aluminiumlegierung in eine wässrige Aminlösung, bilden sich an der Oberfläche der Legierung winzige Hohlräume im Nanobereich. Wird das so behandelte Aluminiumbauteil anschließend in ein Spritzgießwerkzeug eingelegt und mit Polybutylenterephthalat (PBT) oder Polyphenylensulfid (PPS) angespritzt, entsteht dabei eine feste Verbindung zwischen dem Aluminiumbauteil und dem Kunststoff, die hauptsächlich auf mechanischer Adhäsion beruht. Die Firma Taiseiplas hat dieses neue Herstellungsverfahren Nano Molding Technology (NMT) genannt. Die Technologie gelangte nach einer dreijährigen Entwicklungsphase zur Marktreife (Tasei) und wird seit April 2004 in der Serienfertigung eingesetzt. Zusätzlich zur Prozesstechnik für das Beizbad erforderte das Verfahren die Entwicklung einer an die Metallinsertion angelehnten Werkzeugtechnik, geeigneter Werkstoffe und eines Eloxierungsverfahrens.

Der Verbund zwischen den oben erwähnten Kunststoffen PBT und PPS und verschiedenen Aluminiumknetlegierungen erzielte eine Schubbruchfestigkeit von 20–30 N/mm^2 und eine Reißfestigkeit von 90-10 N/mm^2. Der Kunststoff zeichnet sich durch einen Gehalt von 20–40 % an Verstärkungsmaterial (Glasfasern) aus. Bei Temperaturschocktests an einem PBT-Al-Verbund ergaben sich über 200 Zyklen mit Temperaturen zwischen -40 °C und +85 °C keinerlei Veränderungen in der ursprünglich erreichten Bindungsstärke. Auch bei Temperaturschocktests an einem PPS-Al-Verbund über 1000 Zyklen mit Temperaturen zwischen -55 °C und 150 °C zeigten sich keine Abweichungen in der Festigkeit der Bindung.

Gerade Kunststoff-Aluminium-Hybride sind aufgrund der vergleichsweise einfachen chemischen Aktivierbarkeit des Aluminiums unter Beibehalt der hohen Korrosionsbeständigkeit aus Sicht des Leichtbaus interessant. Eine großtechnische Anwendung solcher Hybridverbunde ist das Material GLARE®*, das bei Airbus in der Flugzeugaußenhülle eingesetzt wird. Es handelt sich um Sandwichbleche mit einem abwechselnden Aufbau aus einer Aluminiumlegierung und glasfaserverstärktem Kunststoff (Abb. 9.3). Letzterer ist in seinen Eigenschaften so ausgelegt, dass er hinsichtlich des thermischen

---

* GLARE® steht für glass laminate aluminium reinforced epoxy

Aluminiumbleche
Glasfaserverstärkter Kunststoff

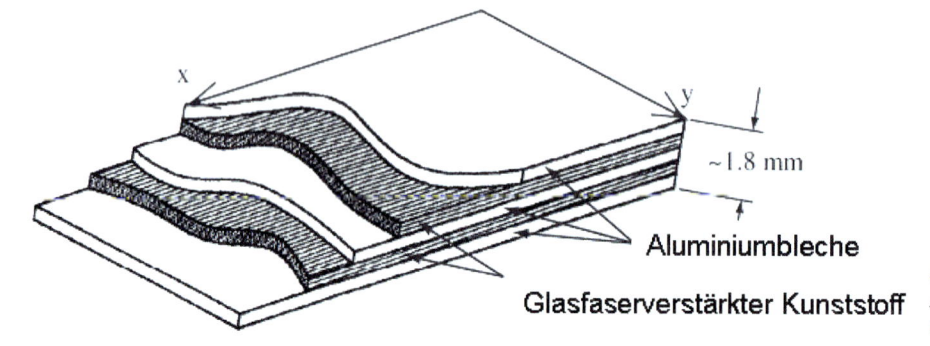

Abb. 9.3: *Schematischer Aufbau von GLARE (Quelle: Botelho 2006)*

Ausdehnungskoeffizienten auf das Aluminium abgestimmt ist, um thermische Spannungen im Betrieb zu vermeiden.

Hergestellt wird GLARE® im Vakuumsackverfahren (s. Kap. III.6), in dem Aluminium und Faserverbund direkt bei der Konsolidierung des Faserverbundes verbunden werden – ein Beispiel für das sogenannte In-mould Assembly (IMA), das im Folgenden näher ausgeführt wird.

9.2 In-mould Assembly (IMA)

Bei der Fertigung von kunststoffbasierten Hybridverbunden müssen prozess- und konstruktionstechnische Aspekte berücksichtigt werden, die sich erst aus der Hybridisierung ergeben. Ein Beispiel ist am Werkstoffverbund GLARE bereits erläutert worden – die thermische Ausdehnung. Diese Aspekte sind insbesondere bei der IMA-Fertigungsroute zu beachten, da im Gegensatz zum PMA die Verbindung der Hybridkomponenten nicht über eine speziell ausgelegte Fügestelle, sondern über eine im Prozess entstehende Grenzfläche geschieht. Dadurch ist die Anbindung zum einen meist großflächig und zum anderen meist inniger, was unter Umständen bei Betriebsbelastung eher zur Schädigung führt. Die hybridrelevanten Aspekte der Fertigung sollen im Folgenden anhand ausgewählter Verfahrensbeispiele erläutert werden.

9.2.1 Umspritzen und Umpressen

Beim Konstruieren in Hybridbauweise ist hier darauf zu achten, dass Durchbrüche, Versickungen und Umspritzungen bzw. Umpressungen im Blech für eine dauerhaft mechanische Verankerung zwischen Metall und Kunststoff sorgen. Ein solcher Formschluss ist auf Dauer meist belastbarer als der nur über aufwändige Vorbehandlungsverfahren erreichbare Stoffschluss, der gerade bei Metall-Kunststoff-Verbunden aufgrund der chemischen Unähnlichkeit der Komponenten über eine rein adhäsive Klebung kaum hinausgeht. Daher empfiehlt es sich, die Spannungsverteilung im Bauteil entsprechend der Belastung zu ermitteln und die Konstruktion hinsichtlich einer formschlüssigen Verbindung zu optimieren. Im Vergleich zur Herstellung eines reinen Spritzgieß- bzw. Pressteils muss im Falle eines Hybridbauteils der Einleger aus Metall, Keramik oder ggf. verstärktem Kunststoff an die Geometrie des Spritzgießwerkzeugs angepasst werden. Daraus ergeben sich hohe Anforderungen an dessen Fertigungsgenauigkeit.

Bei metallischen Einlegern ist dies in der Regel einfach, da sich mit neueren CNC-Methoden das Werkzeug für die Umformung des Einlegers (z. B. Tiefziehen) mit den gleichen Daten herstellen lässt wie das Spritzgießwerkzeug, weshalb die Anpassung lediglich einen geringen Aufwand erfordert. Im Falle einer sehr komplexen Metall-Rahmenstruktur ist es ratsam, anstatt eines kompliziert verschweißten Blecheinlegers mehrere partiell überlappende Einzelbleche in das Werkzeug einzulegen. Im nachfolgenden Spritzgießen bzw. Pressen entsteht dann ein formschlüssiger Verbund. Dieses führt insgesamt zu weniger Blechverschnitt und umgeht das Risiko, dass sich der komplexe Blecheinleger beim Zusammenfügen oder beim Handling verbiegt. Die Schwindung des Kunststoffs ist im Hybridbauteil nicht überall gleich. Deshalb sollte sie zuvor berechnet werden, um Verzug zu vermeiden.

Ein Kunststoff-Metall-Hybridbauteil entsteht beim IMA typischerweise also in zwei Prozessstufen, wobei der eigentliche Verbund in nur einem Arbeitsgang entsteht. Zunächst wird ein dünnwandiges, tief gezogenes oder gebogenes Blechprofil in das Press- oder Spritzgießwerkzeug eingelegt und dann gezielt mit Polyamid-Verrippungen verstärkt. Dabei werden gleichzeitig Funktionselemente mit angeformt, was als Funktionsintegration bezeichnet wird. Dass zwei Technologien, nämlich der Spritzguss und das Metall-Tiefziehen kombiniert werden, hat keine Nachteile für die Prozesssicherheit. Dies zeigt die Massenfertigung verschiedenster Hybrid-Frontends. Obwohl es sich um hochkomplexe und große Teile handelt, liegen die Ausschussraten deutlich unter einem Prozent.

Ein neuer Trend in der Hybridisierung ist die Umsetzung von „one shot, one part"-Fertigungsstrategien. Dabei wird z. B. die Umformung des Bleches bei der Hybridisierung in den Prozess direkt integriert.

Damit wird ein weiterer Prozessschritt eingespart. In diesem Zusammenhang ist auch die Kombination von Innenhochdruckumformung und Spritzguss zu erwähnen, die in Kapitel 9.2.4 beschrieben wird.

9.2.2 Verarbeitung von Organoblechen in hybriden Verbunden

9.2.2.1 Allgemeine Aspekte

Organobleche sind flächige Verbundwerkstoffbauteile, die zum einen aus speziellen Geweben bestehen, die in definierten Orientierungen in eine Thermoplastmatrix eingebettet sind (s. Kap. II.9). Die Methode der Formgebung von Organoblechen wurde aus der Metallblechverarbeitung abgeleitet und für den Composite-Werkstoff weiterentwickelt. Die Anforderungen der industriellen Serienfertigung sind erfüllt. Je nach Ausführung eines Stoßfängers beträgt die Zeitspanne für den Thermoformprozess zwischen 60 und 90 s. Um das Organoblech-Halbzeug umzuformen, werden die angelieferten Platten mit Infrarotstrahlern bis auf die Schmelztemperatur der Thermoplastmatrix aufgeheizt und anschließend mit niedrigem Druck umgeformt. Dass die an sich steifen Fasern diesen Umformprozess erlauben, liegt an der Flexibilität des Verstärkungsgewebes im trockenen, noch ungebundenen Zustand. Das Verstärkungsgewebe lässt sich manuell oder automatisiert in Formen ablegen. Ähnliches gilt innerhalb der Matrix im schmelzflüssigen Zustand, allerdings nur bis zu gewissen Grenzen. Der Formgebungsprozess erfolgt analog dem Tiefziehen bei der Blechumformung von Metallen, jedoch bei deutlich geringeren Drücken.

9.2.2.2 Fertigung von verstärkten Bauteilen auf Basis von Organoblechen

Zur Fertigung eines Vollkunststoff-Hybridbauteils wird das Organoblech zunächst in einem Pressprozess umgeformt (s. Kap. II.9). Anschließend wird das resultierende Halbzeug bis kurz unter den Schmelzpunkt der Kunststoffmatrix erwärmt, in ein Spritzgieß- bzw. Presswerkzeug eingelegt und umspritzt oder umpresst. An entsprechenden Stellen wird das Teil gezielt mit kurz- oder langfaserverstärkten Thermoplast-Verrippungen versehen. Durch eine entsprechende Vorerwärmung des Organoblechs kann sich eine sehr gute kohäsive Anbindung zum faserverstärkten Thermoplast über die gesamten Kontaktflächen ergeben. Je nach Materialauswahl und Verarbeitungsparametern entspricht diese in etwa einer guten Verklebung oder bei gleichen Matrixsystemen einer Verschweißung. Anders als bei klassischen Kunststoff-Metall-Verbundkonstruktionen entsteht zwischen beiden Komponenten keine rein formschlüssige, sondern eine kraftschlüssige Verbindung, was die mechanischen Kennwerte des Gesamtbauteils signifikant erhöht.

Um die Längenänderungen des Kunststoffteils und die damit verbundene Gefahr der Verwölbung im Kunststoffteil in Grenzen halten zu können, sind zusätzliche anwendungstechnische Maßnahmen nötig, zum Beispiel die Minimierung der Orientierungen im Formteil durch eine geeignete Angusslage sowie eine entsprechende Prozessführung.

Die Investition in ein Werkzeug zur Formgebung ist bei Organoblechen deutlich geringer als bei Metall. Deshalb lohnt sich die Fertigung von Hybridbauteilen mit Organoblech vor allem bei niedrigen bis mittleren Stückzahlen. Ein Hybridbauteil wird als Einstofflösung bezeichnet, wenn Polyamid als Spritzgießpartner und als Thermoplastmatrix des Organobleches verwendet wird. Dies ist auch in punkto Recycling eine vorteilhafte Lösung. Um die Wirtschaftlichkeit der neuen Verbundwerkstoff-Technologie weiter zu steigern, liegt ein Schwerpunkt der Entwicklungsarbeit darauf, das Tiefziehen der Organobleche in das Press- oder Spritzgießwerkzeug zu verlegen (Abb. 9.4). Durch diese Integration wäre dann das separate Aufwärmen und Tiefziehen der Bleche vor dem Umspritzen überflüssig (Lutter 2010).

Inzwischen ist der Herstellprozess für Organoblech-Hybridteile so ausgereift, dass die Serienproduktion mit Stückzahlen von über 100.000 Teilen pro Jahr wirtschaftlich ist. Potenzielle Bauteile sind auch hier Frontends sowie Reserveradmulden, Schottwände zum Motorraum und Elemente des Fahrzeugbodens (Lanxess 2009).

9.2 In-mould Assembly (IMA)

Abb. 9.4: *Herstellung eines Demonstratorträgers (Quelle: Lanxess 2009)*

Beim Hinterspritzen von Organoblechen werden Funktionselemente an ein thermo-geformtes Bauteil aus Organoblech angespritzt. Diese Technik ist dadurch gekennzeichnet, dass im Vergleich zur Insert- und Outserttechnik beide Werkstoffe mit unterschiedlichen Funktionsmerkmalen gestaltet werden können und strukturelle Aufgaben im Bauteil erfüllen (Ehrenstein 1997). Analog zur Herstellung eines Kunststoff-Metall-Hybrids, bei dem Funktionselemente an vorgeformte und gelochte Blecheinleger angespritzt werden, sind auch Einleger aus vorgeformten Organoblechen möglich. Das Anspritzen einer Rippenstruktur an ein Profil aus Organoblech erhöht die Bauteilsteifigkeit maßgeblich (Abb. 9.5). Zusätzlich zur formschlüssigen Verbindung an den Durchbrüchen der Verstärkungsstruktur trägt eine stoffschlüssige Verbindung zwischen dem Matrixwerkstoff der Einlegeverstärkung und der Spritzgießmasse zur Verbundfestigkeit bei (Zhao 2002).

In einer Variante ist der Spritzgießeinheit eine Vorformstation für Organobleche direkt vorgeschaltet (EP 2000). Die Verstärkungszuschnitte werden aufgeheizt und in einer Vorformstation in eine endformnahe Kontur gebracht. Die noch heiße Einlegeverstärkung wird in eine horizontal schließende

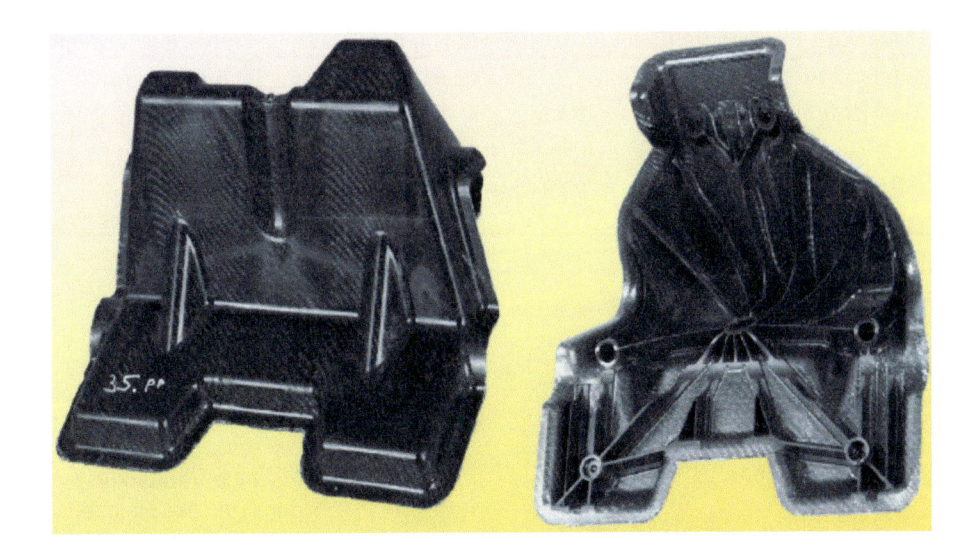

Abb. 9.5: *Hybride Lenksäulenanbindung Links: Umgeformtes Organoblech Rechts: Angespritzte Funktionen (Quelle: Bond Laminates)*

Spritzgießmaschine eingelegt und direkt hinterspritzt. Das Verfahren findet unter anderem bei der Fertigung von PKW-Stoßfängerträgern Anwendung (Dawson 2002, NN 1999).

9.2.3 Fertigungsverfahren für kontinuierlich verstärkte, diskontinuierliche Faserverbunde

Die Basis dieses Verfahrens ist bei einer thermoplastischen Technologie das so genannte LFT-Verfahren (s. a. Kap. II.6), bei dem im Formgebungsverfahren ein langfaserverstärktes Plastifikat als diskontinuierlich verstärkte Komponente eingesetzt wird. Dieses Verfahren ermöglicht per se eine Hybridisierung durch den Einsatz von kontinuierlich faserverstärkten Einlegern wie oben beschrieben, da der letzte Fertigungsschritt typischerweise ein Pressvorgang ist. Die oben gemachten Ausführungen über die Hybridisierung beim Umpressen gelten daher entsprechend. Doch die Möglichkeiten der Hybridisierung sind hier auch vielfältiger; so ist z. B. eine flächige Verstärkung über eingelegte textile Halbzeuge, Organobleche oder eine unidirektionale Faserverstärkung durch Einleger auf polymerer Basis möglich. Auch der Einsatz von metallischen Inserts oder flächigen, blechbasierten metallischen Verstärkungen ist hierbei denkbar.

Das erhaltene Produkt ist ein komplexes dreidimensionales Bauteil, das eine integrierte, last-orientierte Struktur aus Endlosfaserverstärkungen aufweist (Abb. 9.6). Gleichzeitig findet durch das Fließen des langfaserverstärkten Plastifikats in der Presse eine fließrichtungsabhängige Orientierung der Langfasern statt, die bei entsprechender Auslegung der Fließwege zu einem weiteren Festigkeitssteigerungseffekt führt.

Im Folgenden werden Verfahrenskonzepte zur Herstellung von Mischstrukturen durch Fliesspressen auf Basis von LFT-Materialien beschrieben.

Glasfasermattenverstärkte Thermoplaste (GMT, z. B. GMTex®)** ermöglichen in Kombination mit dem LFT-Verfahren eine einfache Herstellung von lokal verstärkten Bauteilen. Bei der Verarbeitung werden mehrere GMT-Zuschnitte mit und ohne Gewebeverstärkung im Presswerkzeug positioniert und im Fliesspressen gemeinsam mit dem LFT-Plastifikat verarbeitet.

Die Gewebeverstärkung im Bauteil entspricht den Abmessungen des GMT-Zuschnitts und kann in Bezug auf Form und Größe daher nur in gewissen Grenzen variiert werden. Die gewebeverstärkten Zuschnitte sind so im Formwerkzeug zu positionieren, dass die Bereiche der Krafteinleitung eingeschlossen sind. Der Fertigungsablauf entspricht der üblichen GMT-Verarbeitung, wobei außer durch die höherwertigen gewebeverstärkten Halbzeuge kaum zusätzliche Fertigungskosten entstehen. Erhöhte Schlagzähigkeit und erhöhtes Energieaufnahmevermögen im Vergleich zum nicht gewebeverstärkten Bauteil sind die Zielsetzung dieser Hybridisierung (Dittmar 2003, Nowotny 1999). Anwendungen für unidirektional verstärkte GMT-Halbzeuge sind unter anderem PKW-Reserveradmulden und PKW-Stoßfängerträger (Abb. 9.7). Der rechte Teil der Abbildung zeigt ein Röntgenbild, auf dem die Position einer Endlosfaserverstärkung im Bauteil zu erkennen ist (Wenzel Krause).

Zielsetzung des sogenannten Tailored LFT-Verfahrens ist die Integration mehrerer Fertigungsschritte zur größtmöglichen Wertschöpfung und Materialkosteneinsparung. Es erfolgt daher der Einsatz einer

---

** Firmenbezeichnung der Firma Quadrant

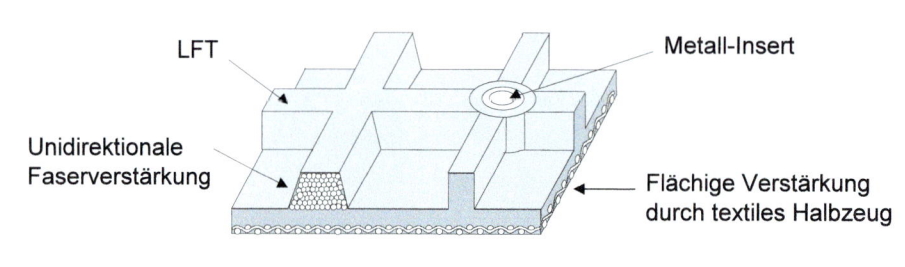

Abb. 9.6: *Bauteilstruktur mit integrierter Lang- und Endlosfaserverstärkung (Quelle: Krause 2002)*

9.2 In-mould Assembly (IMA)

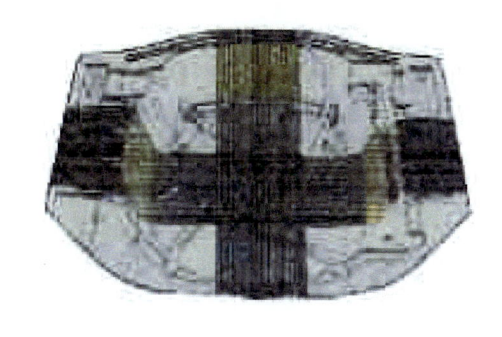

Abb. 9.7: *Reserveradmulde aus GMTex®, Gewicht: 4,8 kg (Quelle: Quadrant)*

direkten Imprägnierung von Endlosfastersträngen in Kombination mit der LFT-D Technologie. Für flächige Verstärkungen kommen teilkonsolidierte, textile Halbzeuge zum Einsatz. Tailored LFT nutzt das Prinzip des Tailored-Fiber-Placement, bei dem die Hauptbeanspruchungsbereiche des Bauteils vollständig aus abgelegten Endlosfaster-Tapes bestehen. Die bauteilspezifischen Verstärkungsstrukturen aus flächigen Halbzeugen und gewickelten Faststrängen werden direkt in der Fertigungskette hergestellt bzw. bereitgestellt und gleichzeitig mit der langfaserverstärkten Pressmasse in das Werkzeug eingelegt. Abbildung 9.8 zeigt schematisch den Ablauf des Verfahrens.

Durch den Pressvorgang entsteht ein integriertes Bauteil mit einer inneren lastorientierten Tragstruktur. Durch entsprechende Werkzeuggeometrie und Positionierhilfen werden die Einlegeverstärkungen im Werkzeug fixiert und durch das Fließpressen des LFT nicht verschoben.

Den Handhabungssystemen, die die erwärmten, vorimprägnierten Endlosfaserstrukturen mit dem LFT-Plastifikat vor dem Einlegen ins Werkzeug assemblieren, kommt dabei eine wichtige Rolle zu.

Die Vorbereitung der gewickelten Verstärkungsstruktur aus einem imprägnierten Faserstrang erfolgt ebenfalls durch eine Handhabungseinheit direkt vor der Positionierung im Werkzeug. Es werden so ein Übergabeschritt und ein weiterer Aufheizschritt für die lokal eingebrachte Verstärkungsstruktur eingespart. Prinzipiell ist der kombinierte Einsatz von Endlosfaserstrukturen aus textilen Halbzeugen,

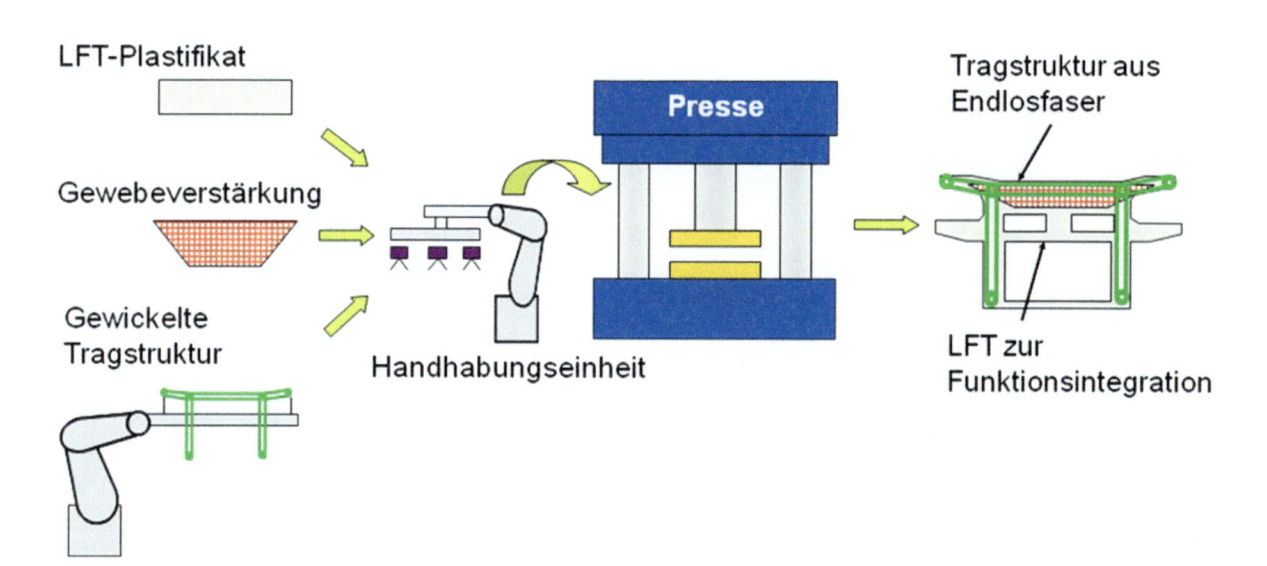

Abb. 9.8: *Tailored LFT – Umpressen von lokalen Endlosfaserverstärkungen mit LFT (Quelle: Fraunhofer ICT)*

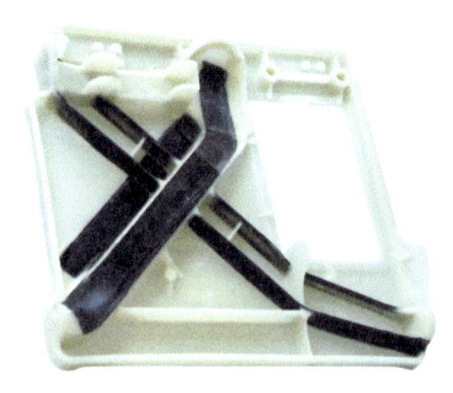

Abb. 9.9: *Struktur einer Rücksitzlehne mit lokaler Endlosfaserverstärkung (Quelle: Esoro)*

Profilen und/oder gewickelten Strukturen vorgesehen. Der Einsatz unterschiedlicher Einlegeverstärkungen ist vom speziellen Anwendungsfall abhängig. In Abbildung 9.8 ist das Fertigungskonzept für eine bauteilspezifische Verstärkungsstruktur mit dargestellt.

Ein weiteres Verfahren ist das sogenannte E-LFT-Verfahren® (WO 1999, Hüsler 2002). Die Entwicklung bezieht sich auf eine Anlage zur Bereitstellung von endlosfaserverstärkten Flachprofilen, die nach Erwärmung mit einer Handhabungseinheit in ein Presswerkzeug eingelegt und gemeinsam mit langfaserverstärktem Thermoplast zu einem hybriden Faserverbundbauteil verpresst werden (Abb. 9.9). Der Pressvorgang entspricht der GMT- und LFT-Verarbeitung mit Tauchkantenwerkzeugen.

Ausgehend von der in Kapitel II.9 dargestellten Ausführungen sind lokal endlosfaserverstärkte Strukturen auch auf der Basis duromerer Matrixsysteme möglich. Sheet Molding Compounds (SMC) dienen dabei als diskontinuierliche Verstärkung, während die kontinuierliche Verstärkung mit Prepregs realisiert wird. Sind die Matrixsysteme aufeinander abgestimmt, kann in einer dem SMC-Prozess vergleichbaren Prozesszeit ebenfalls ein Hybridbauteil generiert werden. Da beim Fließen des SMC starke Scherkräfte auf die ansonsten schlaffen kontinuierlich verstärkten Faserhalbzeuge wirken, müssen diese entweder in der Form mechanisch fixiert werden oder es findet eine Vorvernetzung statt (B-Stage), die die Endlosfaserkomponente stabilisiert. Auch Ansätze mit einer magnetischen Fixierung – basierend auf einer Zumischung magnetischer Partikel in das Harzsystem – werden beforscht.

Wie in Abb. 9.10 dargestellt sind so ebenfalls flächige Strukturen mit lokaler Endlosfaserverstärkung umsetzbar, wobei die diskontinuierliche Komponente komplexe Strukturmerkmale wie Rippen abbilden kann. Die Basis ist dabei ein glasfaserverstärktes SMC in Kombination mit kohlenstofffaserverstärkten Prepregs.

9.2.4 Hybride Innenhochdruckumformung

Ein wesentlicher Nachteil der in den vorangegangenen Abschnitten beschriebenen zweistufigen Hybridprozesse ist der Aufwand für eine sichere und formschlüssige Fixierung der eng tolerierten Einleger in der Form – etwa durch Zentrierstifte, Klemmbacken oder Schieber. Dazu kommen weitere Aufwendungen für die Arbeitsschritte Entnehmen, Einlegen, Zwischenlagerung, Reinigen, ggf. Vorbehandeln und Bereitstellen. Bei einem

Abb. 9.10: *Studie für ein lokal verstärktes, flächiges Bauteil auf Basis von SMC und UD-Prepregs (Quelle: Fraunhofer ICT)*

Abb. 9.11: *Erfolgreiche Vorversuche zur Blech-Umformung auf der Spritzgießmaschine (Quelle: Scharrenberg 2002)*

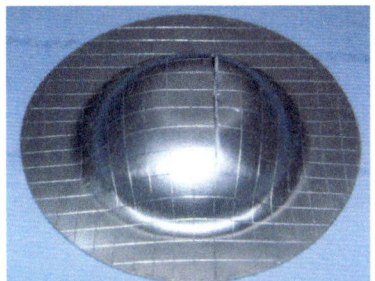

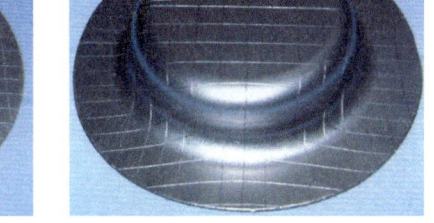

Abb. 9.12: *Durch Spritzgießen umgeformte Bleche mit und ohne Bodenreißer (Quelle: Scharrenberg 2002)*

einstufigen Prozess entfallen alle diese mit zusätzlicher Energie aufzubringenden Aktivitäten. Die Idee des hybriden Innenhochdruckumformens ist daher: Einlegerumformung und -anbindung an die polymere Matrix in einem Schritt zu vollziehen. Zusätzlich wird über die eingebrachte Schmelzewärme das Aluminiumblech aufgewärmt, sodass unter Ausnutzung des Halbwarmumformens deutlich höhere Umformgrade bei gleichzeitig besserer Standzeit der Werkzeuge sowie Duktilität und Lebensdauer der Bauteile erreicht werden. Als Wirkmedium zur Umformung dient dabei die Kunststoffschmelze selbst.

Das Innenhochdruck-Umformen (IHU) von Hohlprofilen ist dabei bereits seit vielen Jahren im industriellen Großserieneinsatz etabliert und wird künftig durch den vermehrten Einsatz hoch- und höchstfester Bleche, die nur schwer umzuformen sind, weiter an Relevanz gewinnen (s. Kap. III.2). Denn die gesamte Automobilindustrie setzt massiv auf hoch- und höchstfeste Bleche, um die Fahrzeuge hinsichtlich Gewicht und Sicherheit zu optimieren. Denn insbesondere bei Steifigkeit, Festigkeit und Gewicht haben hochfeste Bleche signifikante Vorteile, weshalb beim neuen Audi A6 alle Verstärkungsteile an den Fahrzeugseiten aus höchstfesten Blechen bestehen. Allerdings zeigen die neuen Materialien auch Nachteile, wie schlechtere Verarbeitbarkeit, geringeres Umformvermögen und geringere Ziehtiefe, höhere Press- und Niederhalterkräfte, eingeschränkte Fügeverfahren und ein kleineres Prozessfenster. Dazu kommen noch die starke Rückfederung, der Werkzeugverschleiß und die erheblichen Schnittschläge, welche die Pressen extrem belasten. Solche Werkstoffe lassen sich mit Hilfe eines Wirkmediums deutlich besser umformen.

Am Fraunhofer ICT wurden grundsätzliche Aussagen zur Bewerkstelligung eines Umformvorgangs von metallischen Halbzeugen auf einer Spritzgießmaschine erarbeitet (Abb. 9.11, 9.12, Scharrenberg 2002). Dabei wurden anhand eines einfachen Napfbauteils die geeigneten Verfahrensparameter, wie die erreichbaren Umformgrade und die dazu benötigten Spritzdrücke, experimentell bestimmt. Zusätzlich wurden Studien zum Gleit- und Nachziehverhalten zweier unterschiedlicher Metalle – Aluminiumlegierung und Tiefziehstahl – und über die dazu erforderlichen bzw. zulässigen Spaltmaße durchgeführt. Die erhaltenen Umformergebnisse wurden hinsichtlich der Qualitätsanforderungen und der Reproduzierbarkeit geprüft und bewertet.

In einer Kombination der Gasinnendruck-Spritzgießtechnik mit dem Innenhochdruckumformen (IHU) bzw. Innenhochdruck-Blechumformen (IHB) ergeben sich zahlreiche Synergien. So kann der zur Metallumformung erforderliche Druck durch das eingespritzte Polymer aufgebracht werden. Nach dem Umformen der Außenhaut kann mittels Schmelzeausblasverfahren (mit Gas oder Wasser) die plastische Seele in eine Nebenkavität oder zurück in das Spritzaggregat gedrückt werden (Ziegler 2005). Das Ergebnis ist dann lediglich ein umgeformtes Blech bzw. Rohr mit einer dünnen Polymerinnenschicht. Alternativ lassen sich im Sinne der Herstellung eines hybriden Verbundes weitere Kunststoffelemente anspritzen oder das

Bauteil kann einen massiven oder geschäumten Kern aufweisen. Das Verfahrensprinzip und das Ablaufschema sind in Abbildung 9.13 dargestellt.

- Einlegen eines Metallrohrs und Schließen des Werkzeugs, Heranfahren und beidseitiges Einpressen durch Spritzaggregat und Gasinnendruckeinheit
- Einspritzen des Kunststoffs und dabei Umformen des Metallrohrs,
- Randschicht erstarrt, Kern bleibt plastisch
- Ausblasen der plastischen Seele mit dem Gasinnendruckaggregat. Dieser Arbeitsschritt ist optional und könnte auch zur Hybridisierung anderweitig gestaltet werden (z. B. Schäumen des Polymerkerns).

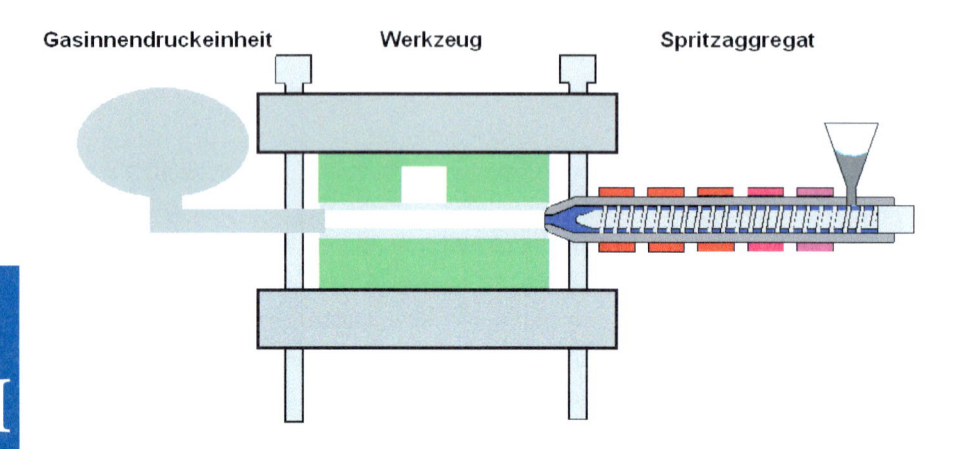

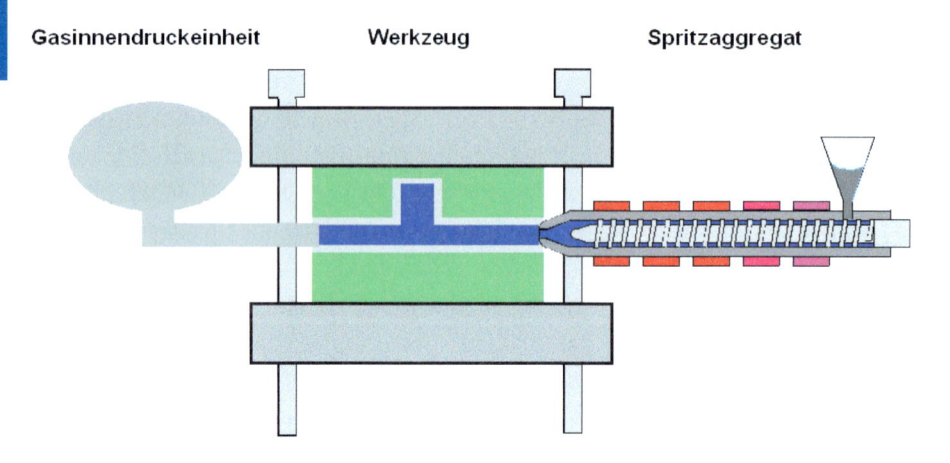

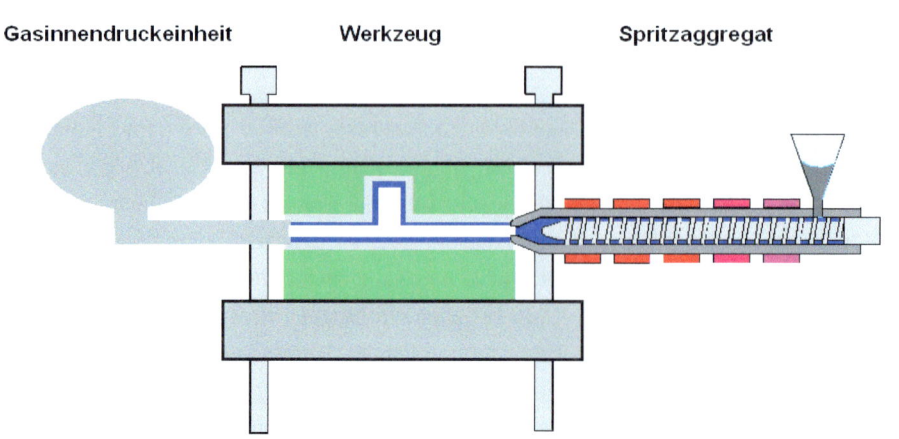

Abb. 9.13: *Arbeitsgänge beim Innenhochdruckumformen auf der Spritzgießmaschine (Quelle: Fraunhofer ICT)*

Als Anwendungen für das IHU-SG kommen rohrförmige Hohlteile aus Metall mit einer strukturstabilisierenden, isolierenden, schall- und geräuschdämpfenden, als Korrosionsschutz wirkenden und/oder verschleißmindernden Innenschicht aus thermoplastischen, duromeren oder elastomeren Kunststoffen in Frage. Produktbeispiele aus dem Automobilbereich sind z. B. Bedienelemente, wie Schaltknäufe, Lenkräder, Türgriffe, Haltegriffe, aber auch Fahrwerksteile, wie z. B. Quer- und Längslenker-Stäbe und sonstige Fahrzeugteile, wie Motorträger, Stoßstangen, Lenksäulen, Querversteifungen; etc. Rohrförmige Bauteile aus Metall mit einer Kunststoffinnenschicht könnten beispielsweise als Strukturversteifung beim Seitencrash in Fahrzeugtüren integriert werden.

9.3 Post Moulding Assembly (PMA)

9.3.1 Vergleich von PMA und IMA

Bei der PMA-Technik werden beide Komponenten des Hybridverbundes, z. B. Blech- und Kunststoffteil, zunächst separat hergestellt. Nach dem Formen des Kunststoffteils muss dieses in einem folgenden Arbeitsschritt mit dem Blechteil verbunden werden. Dies erscheint zunächst als nachteilig, da es einen zusätzlichen Arbeitsschritt bedeutet. Bei genauerer Betrachtung zeigt sich jedoch, dass das PMA gegenüber dem IMA auch signifikante Vorteile aufweisen kann. Bei der Gestaltung des Kunststoff- und des Blechteils hat der Konstrukteur z. B. eine deutlich größere Gestaltungsfreiheit. Das PMA ermöglicht so eine beanspruchungsgerechte Konstruktion, die sich mit dem IMA nicht immer realisieren lässt. Die höhere Gestaltungsfreiheit ermöglicht außerdem eine einfachere Funktionsintegration.

Die Blechstruktur kann beim PMA mit größeren Blechdickentoleranzen hergestellt werden, da das Blech nicht im Werkzeug abgedichtet werden muss. Das Werkzeug kann beim PMA bezüglich Aufbau und Toleranzen einfacher ausgeführt werden. Die Zykluszeit zur Herstellung eines Hybridbauteils ist beim PMA kürzer, wenn der Montagevorgang weniger Zeit als das Formen des Kunststoffteils erfordert. Der durch die Verarbeitungsschwindung des Kunststoffs im Unterschied zum Metall beim IMA verursachte Verzug tritt beim PMA nicht auf.

Wie Abbildung 9.14 zeigt, kann ein separat hergestelltes Kunststoffteil in mindestens zwei Richtungen entformt werden, während beim IMA die Entformungsmöglichkeiten durch das Blech eingeschränkt sind. Die beim PMA gegebene zusätzliche Entformungsrichtung erlaubt es zum Beispiel, Material an solchen Stellen einzusparen, die mechanisch nur gering belastet sind. Zusätzlich werden beim PMA quer zur Hauptentformungsrichtung verlaufende Rippen realisierbar (Abb. 9.14 links). Ohne derartige Versteifungen neigen die Hauptrippen unter Belastung oft zu Instabilität (Ausknicken). Aufgrund der größeren Gestaltungsfreiheit können daher mit dem PMA die gleichen mechanischen Eigenschaften bei geringeren Bauteilabmessungen und geringerem Bauteilgewicht erreicht werden. Dies gilt besonders

Abb. 9.14: *Entformungsmöglichkeiten beim In-Mould Assembly (IMA) und beim Post-Moulding Assembly (PMA) (Quelle: Endemann 2002)*

a) Verbinden durch Spritzgießen   b) Verb. durch nachträgliches Fügen

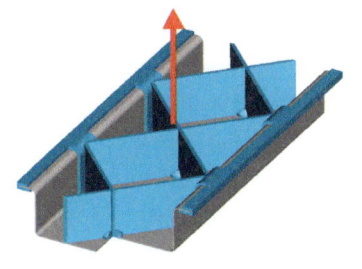

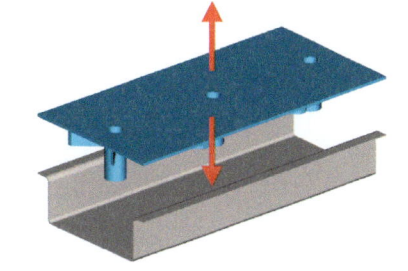

IMA: 1 Entformungsrichtung   PMA: 2 Entformungsrichtungen

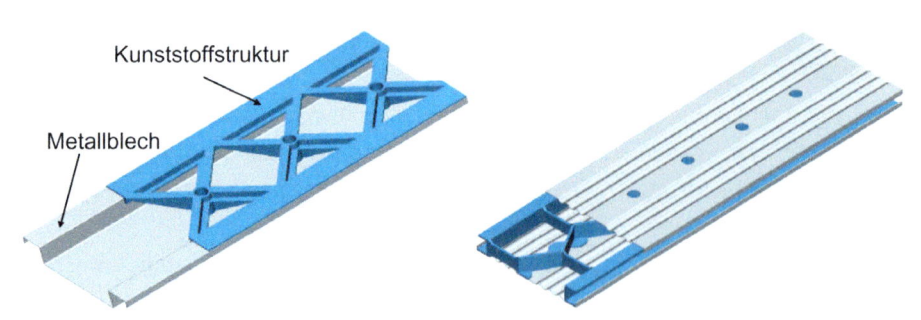

Abb. 9.15: *Beanspruchungsgerecht optimierte Kunststoff-Metall-Hybridstruktur: Die Herstellung ist nur mit PMA, nicht mit IMA möglich (Quelle: Endemann 2002)*

dann, wenn von der bekannten U-Form des Metallblechs (Hüsler 2002, Esoro) abgewichen und auf eine Sandwichbauweise übergegangen wird (Abb. 9.14 rechts).

Es zeigt sich somit, dass das PMA dem IMA hinsichtlich der Gestaltungsfreiheit überlegen ist (Abb. 9.15). Darüber hinaus ergeben sich aus den oben aufgeführten Vorteilen Kosteneinsparpotenziale beim PMA.

9.3.2 Verbindungstechnik als wesentlicher Aspekt der PMA-Route

Ob ein Kunststoff-Metall-Hybridbauteil nach dem PMA aber günstiger hergestellt werden kann, hängt wesentlich von der Art der verwendeten Verbindungstechnik ab. Für das Verbinden einer Kunststoffstruktur mit einem Metallblech nach dem Spritzgießprozess kommen unterschiedliche Verfahren in Betracht. Dabei kann grundsätzlich unterschieden werden zwischen Verbindungstechniken, die ein separates Verbindungselement erfordern (z. B. Blindnieten, Stanznieten und Schrauben) und solchen, die ohne Zusatzteile auskommen (s. Kap IV.1 und IV.4). Die letztgenannten Verbindungstechniken sind meist wirtschaftlicher und werden daher bevorzugt eingesetzt, sofern sie in der Lage sind, die mechanischen Anforderungen zu erfüllen (Op de Laak 2001).

Auf separate Verbindungselemente können z. B. Nietverfahren verzichten, bei denen ein angespritzter Kunststoffstift so umgeformt wird, dass ein Formschluss entsteht (Formung eines Nietkopfes, Abb. 9.16).

Eine alternative Verbindungstechnik für Kunststoff und Metallblech wird Kragenfügen (Collar Joining) genannt. Das Verfahren besteht im Wesentlichen aus drei Schritten (Abb. 9.17). Zunächst wird in dem Metallblech eine Bohrung hergestellt, dann an dieser Stelle mit Hilfe eines Stempels ein so genannter Kragen in das Blech gezogen, der schließlich im dritten Schritt direkt in die Wand eines Kunststoffteils eingepresst wird. Aufgrund der speziellen Form des Kragens ergibt sich auf diese Weise ein fester formschlüssiger Verbund zwischen Metallblech und Kunststoff. Wesentliche Voraussetzung für den festen Verbund ist das Vorhandensein eines Formschlusses. Dieser lässt sich z. B. durch die gezielte Herstellung einer Rille außen am Kragen erreichen. Diese Rille ist entweder eine Folge des Kragenziehens (Querschnittseinschnürung; Abb. 9.17) oder wird mit Hilfe einer entsprechend Matrize vor dem Kragenziehen in das Blech eingeprägt. Aber auch an der Kragenstirnseite lässt sich durch eine geeignete Prozessführung ein Hinterschnitt erzeugen.

Tabelle 9.1 zeigt einen Vergleich der hier vorgestellten Verfahren mit weiteren mechanischen Fügeverfahren, die als Varianten zur Herstellung von Kunststoff-Metall-Hybridverbunden über die PMA-Route eingesetzt werden. Die Auswahl ist nicht erschöpfend, daher sei an dieser Stelle auch auf den Teil IV Fügetechnologien verwiesen.

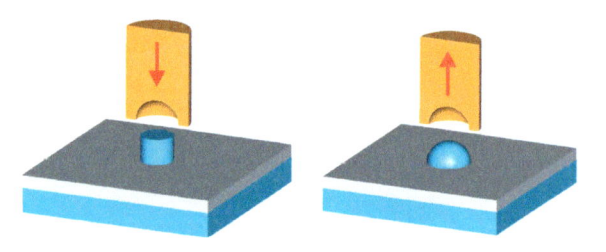

Abb. 9.16: *Verbinden von Kunststoff und Metallblech durch Heißnieten (Quelle: Endemann 2002)*

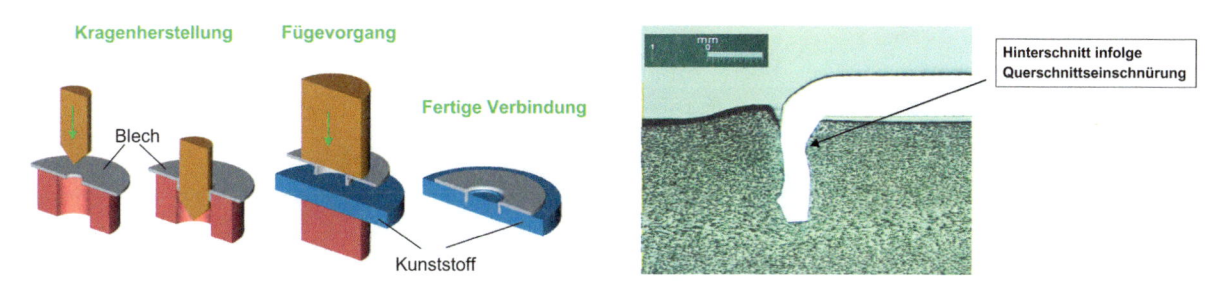

Abb. 9.17: *Schematische Darstellung der Prozessschritte des Kragenfügens, Schnittbild (Halbschnitt) eines Kragens (Quelle: BASF 2002)*

Tab. 9.1: *Vergleich verschiedener mechanischer Fügeverfahren*

	Stanznieten	Blindnieten	Schrauben	Schnappen	Heißnieten	Kragenfügen
Festigkeit	+	+	+	o	o	o/+
Spielfreiheit	+	+	+	o	-	+
Wiedermontage	-	-	+	+	-	-
Toleranzanforderungen	+	-	-	o	-	+
Fertigungszeit	+	+	+	+	-	+
Kosten	-	-	-	+	o	+
+ günstig o mittel - ungünstig							

9.4 Fügen von Hybridverbunden mit anderen Bauteilen

Bei einem systemischen Ansatz des Leichtbaus ist die Integration des Hybridbauteils in die Bauteilumgebung ein wesentlicher Schritt, der letztlich bestimmend für das Leichtbaupotenzial ist. Jedoch bietet hier die Hybridisierung häufig Vorteile bzw. ist die Hybridisierung häufig sogar der konstruktive Aspekt, der gewählt wurde, um die Fügbarkeit mit der Reststruktur erst zu ermöglichen. Enthalten Hybridbauteile beispielsweise Einleger aus Stahl, die eine freie Oberfläche bieten, so sind diese konventionell wie herkömmliche Stahlteile fügbar und lassen sich zum Beispiel kleben und nieten sowie laser- und punktschweißen. Wenn sie in eine Stahlumgebung eingebaut werden, treten im Gegensatz zu Aluminium- und Magnesium-Druckgusskomponenten dann an der Fügestelle keine Probleme durch Kontaktkorrosion auf. Weil die Blecheinleger die Schwingung dämpfen und teilweise auch unterdrücken, ermöglicht die Hybridbauweise verglichen mit reinen Kunststoffkonstruktionen deutlich engere Fertigungstoleranzen. Bei geschickter Auslegung lassen sich auch engere Toleranzfelder als bei reinen, geschweißten Stahlkonstruktionen erreichen.

Strukturelle Klebstoffe vereinen heute mehrere Funktionen: Neben der Fügeaufgabe können diese auch thermisch aktiviert aufschäumen und versiegeln dabei Hohlräume oder sorgen für verbesserte Dämpfungseigenschaften. Gerade im Karosseriebau kann damit auf weitere Dämpfungskomponenten, wie Matten, verzichtet werden, was das Leichtbaupotenzial weiter erhöht. Auch wenn durch den separaten Klebeschritt im PMA der Fertigungsaufwand erhöht wird, kann durch diese zusätzliche Funktionalisierung eine Funktionsintegration erreicht werden. Bei der CBS-Technologie (Composite Body

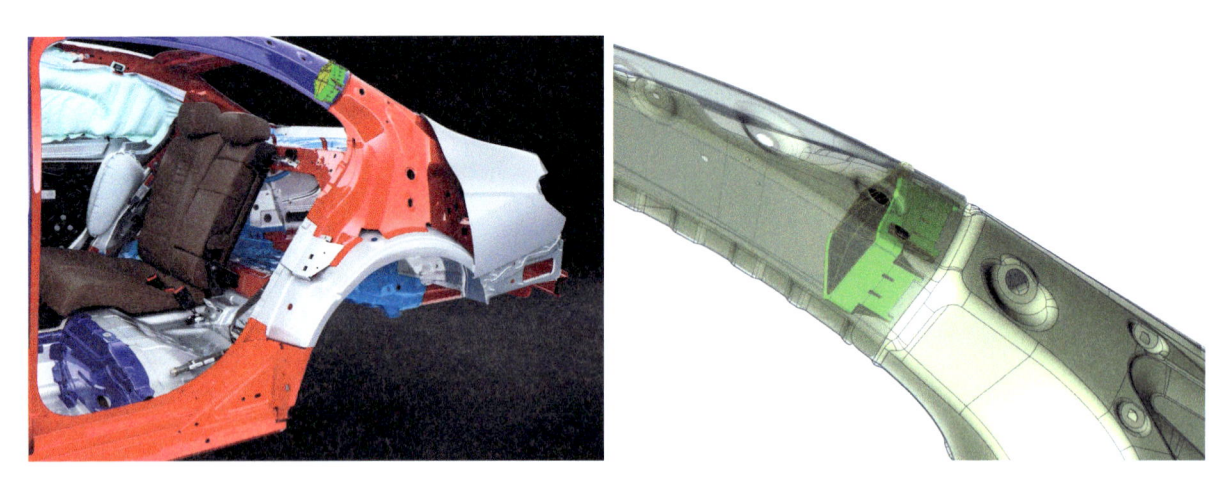

Abb. 9.18: Strukturelle Versteifung einer C-Säule mit Hilfe der CBS-Technologie am Beispiel einer Mercedes-Benz E-Klasse (links), der Strukturklebstoff expandiert im KTL-Trockner und fixiert die Versteifung an der vorgesehenen Stelle (rechts) (Quelle: L&L Products, Daimler)

Solution) wird so die Karosseriesteifigkeit gesteigert, wie in Abb. 9.18 am Beispiel der C-Säule einer Mercedes E-Klasse gezeigt. Die Versteifung reduziert das Eindringen der C-Säule in den Fahrgastraum beim Dacheindrücktest. Die Verbindungstechnologie beruht auf einem Kunststoffträger und einem Strukturklebstoff, der durch den Wärmeeintrag beim Einbrennen der kathodischen Tauchlackierung (KTL) expandiert. Diese Technologie ist bei allen großen OEMs Stand der Technik.

In Abbildung 9.19 ist eine Türrahmenstruktur dargestellt, die mit Hilfe eines polyurethanbasierten Faserprühprozesses gefertigt wurde. Auch hier sind metallische Komponenten, diskontinuierliche Langfasern und Organobleche in einem Bauteil vereint. Das Polyurethan kann dabei so hohe Oberflächenqualitäten darstellen, dass eine zusätzliche Lackierung des Bauteils entfallen kann. Gleichzeitig dient das Polyurethan als struktureller Klebstoff und als Matrixmaterial für den Faserverbund.

9.5 Zusammenfassung

Das Anwendungspotenzial hybrider Werkstofflösungen kann nur ausgeschöpft werden, wenn geeignete, wirtschaftliche und großtechnisch umsetzbare Fertigungsverfahren ihre Darstellbarkeit ermöglichen. Um Fertigungsschritte einzusparen, müssen dazu vor allem IMA-Verfahren entwickelt werden und PMA-Verfahren vor allem dort Einsatz finden, wo eine Integration der Fertigungsschritte nicht sinnvoll möglich ist. In der Tat erhöht die Hybridisierung von Komponenten deren Einsatzpotenzial, da über die Integration von Anbindungspunkten zu konventionellen Leichtbauwerkstoffen, wie Aluminium oder Stahl, mit Hilfe bekannter Fügeverfahren die Integration in bereits vorhandene Strukturen gelingt. Konsequenter Leichtbau auf Basis verstärkter Polymere würde hingegen ein vollkommenes Lösen von althergebrachten Werkstofflösungen erfordern, da die werkstoffliche Kompatibilität nicht gegeben ist. Die Hybridisierung ist hier – vergleichbar mit der

Abb. 9.19: Türrahmenstruktur in Hybridbauweise: das Matrixmaterial Polyurethan wird hier in mehreren Rollen verwendet – als Matrix für den Langfaserverbund, als Klebstoff zur Anbindung der Metallkomponente und zur Erzeugung einer hohen Oberflächenqualität (Quelle: Fraunhofer ICT)

heute geführten Diskussion im Bereich automobiler Antriebssysteme – eine Brückentechnologie für das Multi-Material-Design.

9.6 Weiterführende Informationen

Literatur

Botelho, E. C.; Silva, R. A.; Pardini Luiz, C., Rezende, M. C.: A review on the development and properties of continuous fiber/epoxy/aluminum hybrid composites for aircraft structures. Mat. Res. [online]. 2006, vol.9, n.3 [cited 2011-01-14], pp. 247–256 . Available from: <http://www.scielo.br/scielo.php?script=sci_arttext&pid=S1516-14392006000300002&lng=en&nrm=iso>.

Denes, A.R., Tshabalala, M.A., Rowell, R., Denes, F., Young, R.A.: Hexamethyldisiloxane-Plasma Coating of Wood Surfaces for Creating Water Repellent Characteristics, Holzforschung 53 (1999) 318–326.

Dreher, R., Nauenburg, K.-D., Graf, M., Emmerich, R., Bräuning, R.: High rate MW-PCVD processes for transparent hard coatings on PC plastic foils: first results and calculations for an up-scaling. International Symposium on Plasma Chemistry, Bochum 2009

Endemann, U; Glaser, S.; Völker, M.: Kunststoff und Metall in festem Verbund. Kunststoffe 11/2002, S. 110–113

Goldbach, H.; Hoffner, J.: Hybridbauteil in der Serienfertigung. Anwendungstechnische Information der Bayer AG, Leverkusen 2000

Hunyar, C.; Räuchle, E.; Alberts, L.; Graf, M.; Kaiser, M.; Nauenburg, K.-D.: Surface Waves for Technical Applications: Numerical Model of the Plasmaline®". 11th International Conference on Plasma Surface Engineering Garmisch-Partenkirchen, 2008

Klages, C.-P.: Modification and coating of biomaterial surfaces by glow-discharge processes. Materialwissenschaft und Werkstofftechnik, 30, 1999, S. 767–774

Lutter, F.: Leicht und hoch belastbar – Organoblech-Composite-Bauteile. Kunststoffe 11/2010, S.74–77.

Mühlhan, C.: Plasmaaktivierung von Polypropylenoberflächen zur Optimierung von Klebeverbunden mit Cyanacrylat Klebstoffen. Dissertation, Universität Duisburg 2002

Nauenburg, K.-D.; Alberts, L.; Dreher, R.; Kaiser, M.; Stahlschmidt, O.: High rate MW-PCVD process for transparent hard coatings on large PC parts. ISPC 18, 27th–31st of August 2007, Kyoto, Japan

Op de Laak, M.; Pötsch, G.; Schwitzer, K.: Kunststoff-Metall-Hybride. Kunststoffe 91 (2001) 9, S. 112–118

Rehn, P.; Viöl, W.: Dielectric barrier discharge treatments at atmospheric pressure for wood surface modification. Holz als Roh- und Werkstoff 61 (2003) 145–150

Rehn, P.; Wolkenhauer, A.; Bente, M.; Förster, S.; Viöl, W.: Wood surface modification in dielectric barrier discharges at atmospheric pressure; Surface and Coatings Technology 174 –175 (2003) 515–518

Rieß, K.: Plasmamodifizierung von Polyethylen. Dissertation Universität Halle-Wittenberg 2001

Scharrenberg, J.: Machbarkeitsstudie zur Verfahrenskombination Innenhochdruckumformen mit Spritzgießen. Diplomarbeit, BA Horb u. Fraunhofer ICT 2002.

Ziegler, L.: Verfahren und Vorrichtung zum Innenhochdruckumformen. Patent Organoblech – die Innovation in der Hybridtechnik. Technische Information der Lanxess AG, Ausgabe 25.02.2009

10 Additive Fertigung von Strukturen und Werkstoffen für den Leichtbau

Christian Haase, Patrick Köhnen

10.1	Einleitung	709	10.4.2 Auftragschweißverfahren	716
			10.4.3 Harzbad-Photopolymerisation	717
10.2	Potenziale für den Leichtbau	710	10.4.4 Materialextrusion	718
			10.4.5 Binderdruck	719
10.3	Designkriterien additiv gefertigter Leichtbaustrukturen	711	10.4.6 Materialdruck	720
			10.4.7 Laminationsverfahren	721
10.4	Verfahren der additiven Fertigung	713	10.5 Anwendungsfelder und -beispiele	721
10.4.1	Pulverbettverfahren	713		
10.4.1.1	Selektives Lasersintern	715		
10.4.1.2	Selektives Laserschmelzen	715	10.6 Weiterführende Informationen	723
10.4.1.3	Elektronenstrahlschmelzen	716		

Die additive Fertigungsindustrie verzeichnete im vergangenen Jahr einen Umsatz aus Produkten und Dienstleistungen von fast 10 Milliarden US-Dollar. Dies bedeutet einen Zuwachs von 62 % in den letzten 2 Jahren [Wohlers 2019]. Die durch die additive Fertigung ermöglichte schnelle Anpassung des Produktdesigns und dadurch verkürzte Dauer zwischen Produktentwicklung und Markteinführung (time-to-market) treiben das beeindruckende Wachstum der Fertigungstechnologie an.

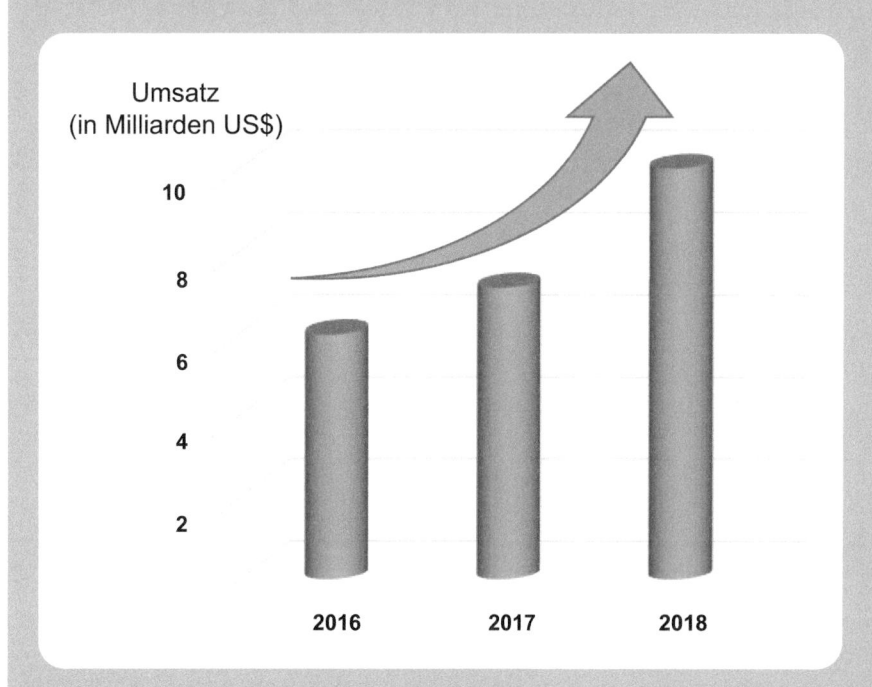

Marktwachstum der additiven Fertigungsindustrie

Für den Leichtbau ist insbesondere die geometrische Freiheit beim Bauteildesign von großem Vorteil. So können durch die Fertigung von geometrisch komplexen Strukturen, die Bauteildichte und der Montageaufwand erheblich reduziert werden.

10.1 Einleitung

Additive Fertigung (engl. Additive Manufacturing, AM), welche umgangssprachlich auch unter dem Begriff ‚3D-Druck' bekannt ist, bezeichnet laut VDI-Richtlinie und ISO/ASTM Standards die Herstellung 3-dimensionaler Objekte aus CAD-Modellen über inkrementellen, schichtweisen Materialauftrag (VDI 3405, ISO 52900). Somit unterscheiden sich die Verfahren der additiven Fertigung grundlegend von subtraktiven Verfahren wie Drehen, Fräsen und Bohren. Obwohl zahlreiche unterschiedliche Verfahren zur additiven Fertigung existieren, beruhen diese im Wesentlichen auf einem einheitlichen Prinzip (Abb. 10.1). Zunächst wird die Geometrie des herzustellenden Bauteils in einem CAD-Programm definiert und entsprechend der im Prozess auftragbaren Schichtdicke in 2-dimensionale Schnitte zerlegt. Auf der Basis dieser Daten erfolgt der schichtweise Aufbau durch lokales Aufschmelzen des Einsatzmaterials, üblicherweise Pulver oder Draht, unter Zuhilfenahme einer Wärmequelle hoher Energie. Neben Laserstrahlquellen dienen ebenfalls Elektronenstrahlen und Lichtbögen als Wärmequellen. Da neben dem aufzutragenden Material auch die darunterliegende Schicht partiell wieder erschmolzen wird, erfolgt eine lückenlose Anbindung durch das Verschweißen benachbarter Schichten.

Im Laufe der letzten 35 Jahre wurden zahlreiche Verfahren zur additiven Fertigung entwickelt. Auf die wichtigsten Technologien wird im dritten Abschnitt dieses Kapitels genauer eingegangen. Inbesondere der deutlich gesteigerte technologische Reifegrad dieser Verfahren sowie die erhöhte Zuverlässigkeit additiv gefertigter Bauteile haben dazu geführt, dass neben der schnellen Herstellung von Prototypen (engl. Rapid Prototyping) und Werkzeugen (engl. Rapid Tooling) auch zunehmend der Einstieg in die Serienfertigung gelingt. Zusätzlich zu der bereits weitverbreiteten Anwendung von additiv gefertigten Polymeren gibt es ein hohes Interesse an metallischen Werkstoffen und Legierungen. Dies ist auf sich neu ergebende konstruktive, metallurgische und wirtschaftliche Möglichkeiten zurückzuführen. Hierzu zählen beispielsweise erhöhte Freiheit bei der Gestaltung von Bauteilen mit komplexer Geometrie, durch Rascherstarrung und -abkühlung beeinflusste Mikrostrukturen sowie verkürzte Zykluszeit (time to market) und effizientere Fertigung individualisierter Produkte (Bourell 2016, Gebhardt 2016, Gibson 2010, Thompson 2016, Witt 2014).

CAD-Modell ⟹ **Bauteil**

Schritt 1:
CAD-Modell des Bauteils und Zerlegen in virtuelle Schichten

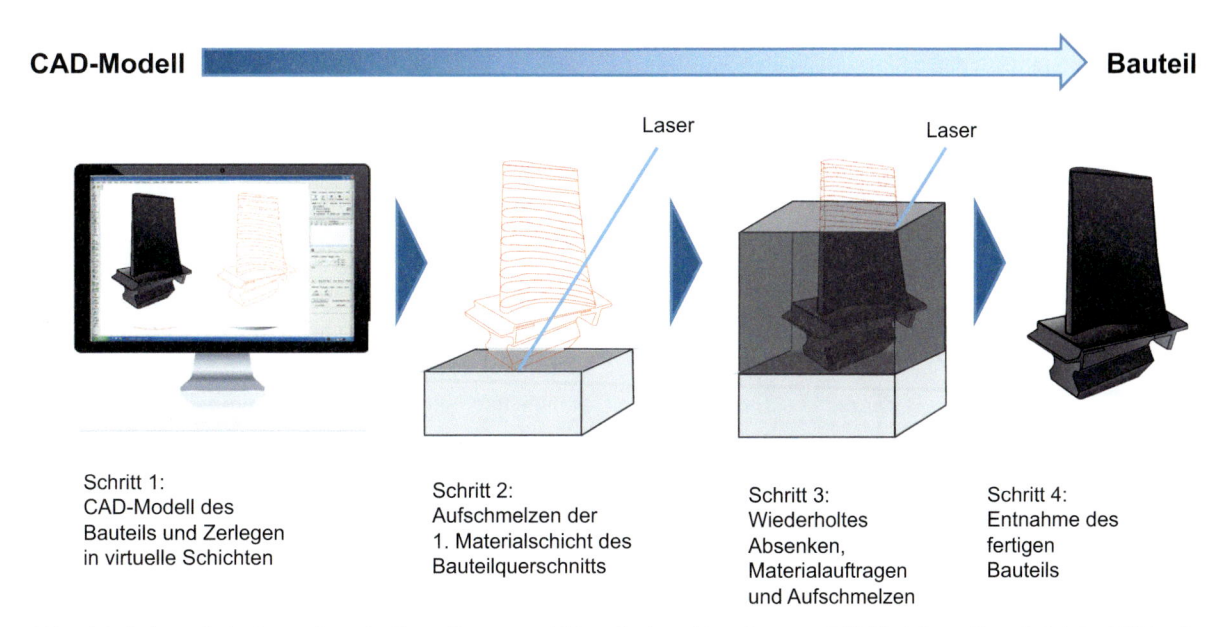

Schritt 2:
Aufschmelzen der 1. Materialschicht des Bauteilquerschnitts

Schritt 3:
Wiederholtes Absenken, Materialauftragen und Aufschmelzen

Schritt 4:
Entnahme des fertigen Bauteils

Abb. 10.1: *Schematische Darstellung der Herstellung von additiv gefertigten Bauteilen vom CAD-Modell zum Bauteil. Schritt 1 bildet die virtuelle Ebene der Prozesskette ab, die Schritte 2 bis 4 stellen die physische Ebene dar*

10.2 Potenziale für den Leichtbau

Sowohl die Anlagentechnik als auch die Prozessführung bei der additiven Fertigung erlauben es, neue Freiheitsgrade auszunutzen, welche insbesondere für den Leichtbau von großem Vorteil sind. Nachfolgend sind einige ausgewählte Vorteile der additven Fertigung gegenüber konventionellen Fertigungsverfahren aufgelistet:

- Geometrische Freiheit / Fertigung geometrisch komplexer Strukturen
- Gestaltungsfreiheit / Individualisierung / schnelle Anpassung des Produktdesigns
- Funktionsintegration
- Verarbeitbarkeit zusätzlicher/neuer Werkstoffe
- verkürzte Dauer von Produktentwicklung und Markteinführung (time to market)
- Verkürzung der physikalischen Prozesskette
- (fast) werkzeugfrei
- dezentrale, flexible Produktion/neue Lieferketten/reduzierte Lagerhaltung
- hoher Automatisierungsgrad möglich.

Für den Leichtbau ist insbesondere die geometrische Freiheit beim Bauteildesign von großem Vorteil. So können durch die Fertigung von geometrisch komplexen Strukturen die Bauteildichte und der Montageaufwand drastisch reduziert werden. Dies wird durch die Beispiele in den Abbildungen 10.2 und 10.3 verdeutlicht. In Abbildung 10.2 ist eine Halterung für Anwendung im Airbus A320 gezeigt. Gegenüber dem herkömmlichen Stahlgussteil (links) ermöglicht die lastoptimierte Auslegung durch Realisierung filigraner Streben und der Verwendung einer Titanlegierung eine Gewichtsreduktion von 40% im additiv gefertigten Bauteil (rechts). Darüber hinaus erlaubt die geometrische Designfreiheit die Herstellung von Bauteilen, die konventionell aus Bauteilgruppen zusammengefügt werden. Abbildung 10.3 zeigt diesbezüglich die neueste Generation der Kraftstoffdüse von GE für CFM LEAP Triebwerke. Durch die additive Fertigung konnten die zuvor benötigten 18–20 Einzelteile in ein Design integriert werden, was aufwändige Löt- und Montageschritte überflüssig macht und deutliche Kostenvorteile bietet.

Neben der lastgerechten Auslegung durch Designoptimierung kann das lokale Bauteilverhalten ebenfalls durch Gradierung der Mikrostruktur und/oder chemischen Zusammensetzung angepasst werden. Die Kornstruktur, Seigerungsstruktur, Textur und Eigenspannungen können durch Variation der Prozessparameter, z.B. Leistung der gewählten Strahlung, Scangeschwindigkeit, Scanstrategie, etc., in

Abb. 10.3: *Additiv gefertigte Kraftstoffdüse von GE für Flugzeugtriebwerke (Gibson 2010)*

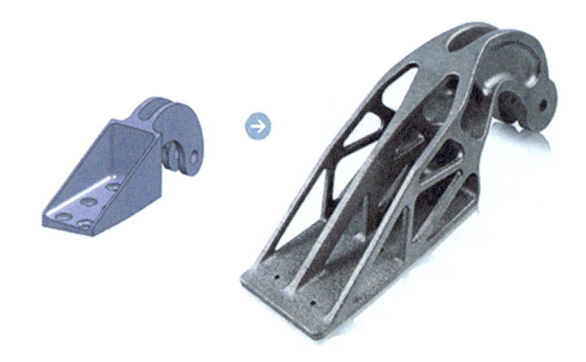

Abb. 10.2: *Vergleich des Bauteildesigns einer Halterung im Airbus A320. Links: CAD-Modell des Gussteils, rechts: additiv gefertigtes Bauteil mit filigranen Streben (Gibson 2010)*

großen Bereichen modifiziert werden. Des Weiteren erlauben es Verfahren wie das Laserauftragschweißen, unterschiedliche Pulver- oder Drahtwerkstoffe in das erzeugte Schmelzbad einzubringen. Durch Variation der jeweiligen Zufuhr-/Förderraten können extreme chemische Gradienten erzeugt werden, was die lokale Phasenzusammensetzung und die Eigenschaften entsprechend beeinflusst.

10.3 Designkriterien additiv gefertigter Leichtbaustrukturen

Grundsätzlich wird die Anpassung einer Produktidee an die Produktionsbedingungen bzw. die prozessbedingte Konstruktion als Design für Herstellung und Montage (engl. Design for Manufacture and Assembly, DfMA) bezeichnet. DfMA hat die Minimierung von Prozessunregelmäßigkeiten und Herstellungs-, Montage- und Logistikkosten durch ein an den Fertigungsprozess angepasstes Bauteil-/Produktdesign zum Ziel. Dabei werden Konstruktionsziele und Herstellungsrestriktionen simultan betrachtet, prozessspezifische Konstruktionswerkzeuge und Regeln genutzt, sowie der Einfluss des Bauteildesigns auf den Herstellungsprozess quantifiziert (Thompson 2016). Für die additive Fertigung unterscheiden sich jedoch typische Messgrößen, wie herstellbare Geometrien, Losgrößen, Produktionszeiten und Kostenstrukturen zum Teil deutlich von konventionellen Fertigungsprozessen. So werden durch an konventionelle Herstellungsprozesse angelehnte Konstruktionsmethoden, die geometrischen Freiheitsgrade und damit Möglichkeiten wie Bauteilkonsolidierungen und gesteigerte Bauteilfunktionalitäten nicht immer vollständig genutzt und additiv gefertigte Endbauteile somit nicht kosteneffizient hergestellt. Daraus ergibt sich die Notwendigkeit eines angepassten DfAM, um alle konstruktiven Möglichkeiten der additiven Fertigung auszunutzen und additiv hergestellte Endbauteile industriell konkurrenzfähig zu gestalten (Thompson 2016).
Die additive Fertigung bietet erstmals die Möglichkeit, komplexe Bauteile von der Makro- bis zur Mikroebene digital designen und auf direktem Wege herstellen zu können. Dieses „Multiskalen-Design" von äußeren und inneren Bauteilstrukturen, über periodische Substrukturen wie Gitter und Waben, zu Multimaterialsystemen und lokalem Mikrostrukturdesign resultiert dabei häufig in Designlösungen, die sich generell nur additiv fertigen lassen (Gibson 2015, Thompson 2016).

Dieser Abschnitt fasst die wichtigsten Designmöglichkeiten zusammen, die sich durch die additive Fertigung ergeben. Die äußere Makrostruktur des Bauteils kann bspw. gezielt durch numerische Topologieoptimierung an bestimmte Funktionen, wie das Erreichen einer bestimmen lokalen Steifigkeit, angepasst werden. Dabei werden durch die Umverteilung und Reduktion von Material im Bauteil zum einen Ressourcen geschont und zum anderen wird Gewicht reduziert (Abb. 10.2). Die numerische Topologieoptimierung stellt dabei an sich keine neue Optimierungsmethode dar. Allerdings können die topologieoptimierten komplexen Strukturen meist nur additiv gefertigt werden.

Innenliegende funktionelle Strukturen, wie Kühlkanäle, können direkt in das Bauteil integriert werden. Neben der Einsparung von abtragenden Nachbearbeitungsschritten kann gleichzeitig die Funktionalität des Bauteils optimiert werden, indem die Kühlkanäle besonders oberflächennah und strömungsoptimiert gestaltet werden (Gibson 2015).

Die Integration von periodischen Substrukturen in das Bauteil kann das Bauteilgewicht und den Materialverbrauch weiter reduzieren sowie zusätzliche Funktionen wie akustische oder thermische Isolierung ermöglichen. Die Eigenschaften dieser zellularen Materialen werden damit nicht mehr nur durch die Materialeigenschaften, sondern zusätzlich durch die Anordnung und Geometrie der Gitterstrukturen bestimmt (Schaedler 2016). So lassen sich die lokalen mechanischen Eigenschaften, z. B. die Steifigkeit des Bauteils, durch eine Veränderung der Zellgröße der integrierten Gitterstrukturen einstellen (Reinhart 2012).

Durch die additive Fertigung werden gleichzeitig Material und Geometrie erstellt, wodurch ein weiterer Freiheitsgrad auf der Material- und Mikrostrukturebene entsteht. Durch die additive Fertigung kann die chemische Zusammensetzung als auch die Mikrostruktur lokal eingestellt werden.

Die individualisierbare Massenproduktion (engl. Mass Costumization) stellt einen weiteren neuen Designaspekt dar, der durch die additive Fertigung ermöglicht wird. Je nach verwendetem additivem Fertigungsprozess können Losgrößen von einigen wenigen bis hin zu tausenden Bauteilen erzeugt werden, wobei jedes Bauteil an den individuellen Kundenwunsch angepasst werden kann. Die Kosten pro Bauteil bleiben jedoch trotz starker Individualisierung nahezu konstant. Davon profitieren insbesondere die Dental- und Medizintechnik infolge der individualisierbaren Massenproduktion von Implantaten und Prothesen (EOS 2018).

Die Verwendung der vorgestellten neuen Designmöglichkeiten in einem Bauteil erfordert neue Denkweisen und Konstruktionswerkzeuge (CAD-Programme). Da zwischen dem digitalen Modell und der physischen Produktion des Bauteils fast keine menschliche Interaktion mehr stattfindet, müssen CAD-Modelle für die additive Fertigung viele Informationen enthalten und von hoher Qualität sein. Bei Einbeziehung der aufgezeigten neuen Designmöglichkeiten können sich organische Geometrien, Gitterstrukturen und Multimaterialsysteme ergeben, die durch an konventionelle Herstellung angepasste CAD-Programme nur schwer konstruiert werden können (Hague 2013). Für die additive Fertigung angepasste CAD-Programme müssen es demnach ermöglichen, neben der Darstellung von komplexen Geometrien, der Integration von Topologieoptimierungen und Gitterstrukturen, zusätzliche Informationen wie bspw. Farbe und Werkstoff lokal zu definieren. Neu entwickelte Programme, wie 3DXpert (3D Systems), ElementPro (nTopology) oder Netfabb (Autodesk) bieten hier bereits angepasste Lösungen an.

Durch den schichtweisen Auftrag von Material treten zudem neue Fertigungsrestriktionen auf, die beim Bauteildesign berücksichtigt werden müssen. Zunächst müssen grundlegende Restriktionen wie die maximale Bauteilgröße, minimale Strukturgröße sowie der minimale Abstand zwischen Strukturen im Bauraum berücksichtigt werden. Diese Beschränkungen sind von dem jeweiligen additiven Fertigungsprozess abhängig. Zudem werden für das Bauteil und die Substratplatte verbindende Stützstrukturen benötigt, um den mechanischen und thermischen Einflüssen während der additiven Fertigung standzuhalten, Wärme abzuleiten, Verzug zu reduzieren und Überhänge zu stützen. Diese Stützstrukturen müssen jedoch nach dem Herstellungsprozess entfernt werden, wodurch Herstellungskosten und Produktionszeiten deutlich erhöht werden (Leary 2014). Um die Anzahl der benötigten Stützstrukturen zu reduzieren, sollten Aufbauwinkel < 30° (Abb. 10.4a) vermieden werden. Der schichtweise Materialauftrag bei der additiven Fertigung erzeugt zudem scharfe Übergänge zwischen den Schichten. Dadurch ergeben sich je nach Aufbauwinkel unterschiedliche Oberflächenrauheiten (Abb. 10.4b und c), wobei sich bei größeren Aufbauwinkeln > 45° bessere

a) Aufbauwinkel < 30°   **b) Aufbauwinkel 30° - 45°**   **c) Aufbauwinkel > 45°**

Stützstruktur — Hohe Oberflächenrauheit — Geringe Oberflächenrauheit

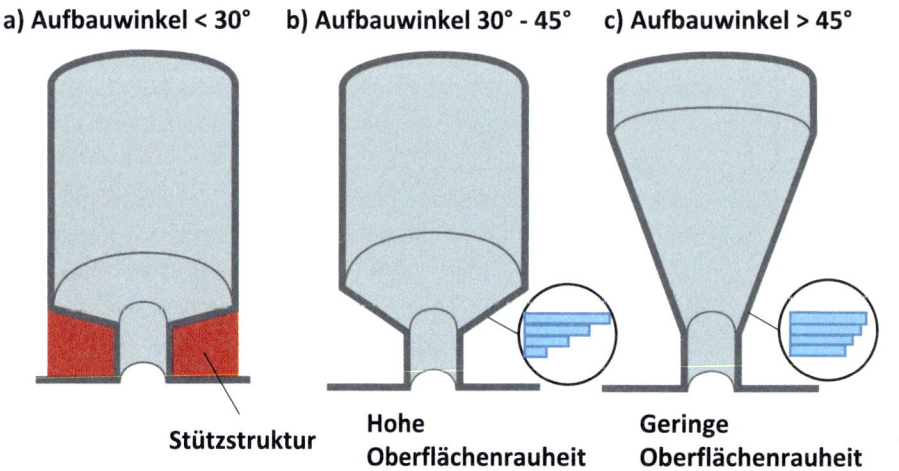

Abb. 10.4: *Schematische Darstellung des Einflusses des Aufbauwinkels auf Stützstrukturen und Oberflächenrauheit*

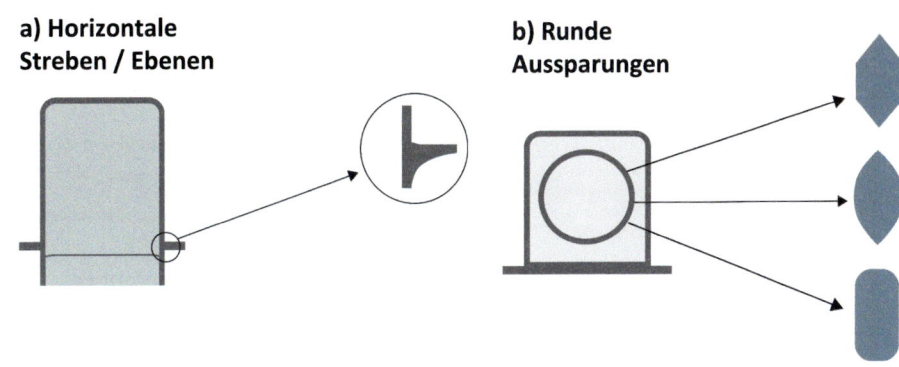

Abb. 10.5: *Konstruktionsbeispiele zur Vermeidung von Stützstrukturen und zur Erzeugung von selbsttragenden Bereichen*

a) Horizontale Streben / Ebenen

b) Runde Aussparungen

Oberflächenrauheiten erzielen lassen. Stützstrukturen erfordernde horizontale Überhänge und runde Aussparungen können durch weichere Konturen (Abb. 10.5a) und durch Änderung der Geometrie (Abb. 10.5b) selbsttragend konstruiert werden. Ein weiterer Lösungsansatz zur Minimierung der Anzahl der benötigten Stützstrukturen durch selbsttragende Bereiche ist die Umorientierung des Bauteils im Bauraum. Es ist jedoch selten möglich, die Bauteilorientierung im Bauraum so zu optimieren, dass gleichzeitig Material, Produktionskosten und die Anzahl der Stützstrukturen minimiert und die Oberflächenrauheit sowie die mechanischen Eigenschaften des Bauteils maximiert werden (Thompson 2016).

10.4 Verfahren der additiven Fertigung

Um das Leichtbaupotenzial der additiven Fertigung zu nutzen, ist es notwendig, die optimale Kombination aus additivem Fertigungsprozess und Werkstoff auszuwählen. Nach DIN EN ISO/ASTM 52900 kann die additive Fertigung in sieben Prozesse unterteilt werden. Wie alle anderen Fertigungsverfahren unterscheiden sich die additiven Fertigungsprozesse u. a. in den verarbeitbaren Werkstoffen (Tab. 10.1), der maximalen Bauteilgröße, der Genauigkeit bzw. Oberflächenrauheit, der Geschwindigkeit bzw. Aufbaurate und den Kosten (Gibson 2015). Bis auf die Harzbad-Photopolymerisation und dem Materialdruck eignen sich die aufgeführten additiven Fertigungsprozesse zur Herstellung von Strukturbauteilen und sind daher für den Leichtbau besonders interessant.

Tab. 10.1: *Additive Fertigungsprozesse und verarbeitbare Werkstoffe*

Werkstoffe	Pulverbett-verfahren	Auftragschweiß-verfahren	Binderdruck	Material-extrusion	Laminations-verfahren	Harzbad-Photo-polymerisation	Materialdruck
Metalle	X	X	X		X		
Kunststoffe	X		X	X	X	X	X
Keramiken und Gläser			X				
Verbundwerkstoffe	X			X	X		

10.4.1 Pulverbettverfahren

Pulverbettverfahren (engl. Powder Bed Fusion, PBF) basieren auf dem selektiven Sintern bzw. vollständigen Aufschmelzen durch eine Laser- oder Elektronenstrahlquelle und der anschließenden Erstarrung eines Pulverwerkstoffs zu einer festen Schicht. Der Prozess ermöglicht die Herstellung von geometrisch hochkomplexen Bauteilen wie Gitterstrukturen, die konventionell nur schwer oder nicht herstellbar sind. Die schematische Darstellung des Pulverbettverfahrens ist in Abbildung 10.6 gezeigt. Der Pulverwerkstoff, der sich in der Baukammer befindet, bildet dabei ein ebenes Pulverbett. Am Boden der Baukammer befindet sich eine in Aufbaurichtung absenkbare Substratplatte. Im ersten Schritt wird Metallpulver durch eine Rakel bzw. durch eine gegen die Auftragsrichtung rotierende Rolle aus dem Pulverreservoir in die Baukammer befördert. Die so gleichmäßig aufgetragene Pulverschicht bildet

Abb. 10.6: *Schematische Darstellung der additiven Pulverbettverfahren*

die Baufläche, auf der die aktuelle Schicht des Bauteiles hergestellt wird. Der fokussierte Laser- oder Elektronenstrahl schmilzt jede aufgetragene Pulverschicht anhand des in Schichten geschnittenen 3D-CAD-Modells des Bauteils selektiv auf. Der aufgeschmolzene Pulverwerkstoff erstarrt infolge der Wärmeabfuhr durch Wärmeleitung in das umgebende Material hin zur Substratplatte. Nach der Erstarrung wird die Substratplatte um eine Schichtdicke des Bauteils abgesenkt. Anschließend wird die nächste Pulverschicht in die Baukammer aufgetragen. Dieser Vorgang bestehend aus Aufschmelzen, Absenken der Substratplatte und Neubeschichten wird so lange wiederholt, bis das Bauteil vollständig aufgebaut ist. Anschließend wird das Bauteil von der Substratplatte abgetrennt, Stützstrukturen und nicht genutztes Pulver, welches teilweise wiederverwertet wird, entfernt. Je nach Art der verwendeten Energiequelle und des partiellen oder vollständigen Aufschmelzens des Pulverwerkstoffs werden die Pulverbettverfahren in das selektive Lasersintern, das selektive Laserschmelzen und das selektive Elektronenstrahlschmelzen unterteilt (Abb. 10.6, Tab. 10.2).

Tab. 10.2: *Additive Fertigungsprozesse und verarbeitbare Werkstoffe*

	Selektives Laserschmelzen	Selektives Lasersintern	Elektronenstrahlschmelzen
Generische Bezeichnungen	Laser-Powder Bed Fusion (L-PBF)		
Marktbezeichnungen	Selective Laser Melting (SLM®) Direct Metal Laser Melting (DMLM®) LaserCUSING® Laser Metal Fusion (LMF®) Direct Metal Printing (DMP®) Direct Metal Laser Sintering® (DMLS®)	Selective Laser Sintering (SLS)	Electron Beam Melting® (EBM®)
Werkstoffklassen	Metalle	Kunststoffe, (Keramik), (Gläser)	Metalle
Bauvolumen (dm³)	3 bis 160	16 bis 226	7 bis 146
Schichtdicken (µm)	25 bis 75	60 bis 180	50 bis 120
Aufbauraten (cm³/h)	Bis zu 100	Bis zu 6600	Bis zu 80

10.4.1.1 Selektives Lasersintern

Das selektive Lasersintern (engl. Selective Laser Sintering, SLS) wird vor allem für thermoplastische Kunststoffe wie Polyamide (PA11/12), Polystyrole (PS), aber auch thermoplastische Elastomere (TPE) eingesetzt. Lasergesinterte Kunststoffbauteile werden vor allem als Substitution für komplexe Spritzgussbauteile in der Medizintechnik, dem Maschinenbau sowie dem Automobil- und Flugzeugbau eingesetzt. Dabei kann es sich sowohl um Prototypen als auch Endbauteile handeln. Lasersintermaschinen werden u.a. von EOS (Deutschland), 3D Systems (USA), Sinterit (Polen) und Sintratec (Schweiz) hergestellt und vertrieben.

Als Laserstrahlquelle werden CO_2-Laser mit einer Leistung zwischen 70 W und 100 W eingesetzt. Die Laserstrahlung wird durch ein f-Theta Objektiv fokussiert und durch drehbare Spiegeleinheiten vom Galvano-Typ auf dem Pulverbett gesteuert. Die Baukammer kann zudem beheizt werden, um die benötigte Laserleistung und Verzüge zu minimieren. Des Weiteren findet der Sinterprozess zur Vermeidung von Oxidationsvorgängen vollständig unter Schutzgas statt.

Um erhöhte Anforderungen an den Brandschutz, wie bspw. für Elektronikanwendungen zu erfüllen, können Kunststoffpulver zudem mit Flammschutzmitteln versetzt werden. Weiterhin können die Kunststoffpulver mit Glas-, Aluminium- oder Kohlenstoffpartikeln gefüllt werden, um Verschleiß- und Temperaturbeständigkeit sowie Festigkeit zu erhöhen. Das beheizbare EOS P 810 System ermöglicht momentan als einziges die Herstellung eines Verbundwerkstoffes aus Kohlenstofffasern und dem Hochleistungskunststoff PEEK, wodurch nicht-entflammbare Bauteile mit hoher Festigkeit und Steifigkeit bei geringem Gewicht additiv gefertigt werden können.

10.4.1.2 Selektives Laserschmelzen

Das selektive Laserschmelzen (engl. Laser-Powder Bed Fusion, L-PBF) ist dem selektiven Lasersintern sehr ähnlich (Abb. 10.6). Durch Verwendung von hochleistungsfähigen Yb-Faserlasern mit einer Leistung von 100 W bis 1000 W wird jedoch das vollständige Aufschmelzen von Metallpulvern ermöglicht, wodurch hohe Dichten von mehr als 99,99 % erreicht werden. Dadurch ist das selektive Laserschmelzen der meist angewendete Prozess zur additiven Herstellung von geometrisch komplexen Endbauteilen aus Metallen. Hersteller und Vertreiber sind EOS (Deutschland), SLM Solutions (Deutschland), ConceptLaser (Deutschland) als Teilunternehmen von GE Additive (USA), Trumpf (Deutschland), DMG Mori (Deutschland), 3D Systems (USA), Additive Industries (Niederlande), AddUp (Frankreich) und Renishaw (England).

Abhängig vom Anwendungsgebiet folgt eine mechanische, thermische oder thermomechanische Nachbehandlung des Bauteils. Durch subtraktive mechanische Verfahren wird die gewünschte Oberflächengüte und Maßgenauigkeit erreicht. Thermische Nachbehandlungen reduzieren die Eigenspannungen im Bauteil. Durch heißisostatisches Pressen (engl. Hot Isostatic Pressing, HIP) können Poren im Bauteil durch eine Verdichtung bei hohen Drücken und Temperaturen reduziert werden.

Momentan steht ein großes Werkstoffportfolio metallischer Werkstoffe wie Magnesium, Aluminium, Titan, hochfeste und rostfreie Stähle, CoCr-Legierungen, Nickelbasis-Superlegierungen, aber auch Edelmetalle, wie beispielsweise Gold, zur Verfügung. Einige Werkstoffe, wie z. B. die Aluminiumlegierung Scalmalloy®, wurden gezielt für den selektiven Laserschmelzprozess entwickelt. Diese Aluminium-Magnesium-Scandium-Legierung weist eine deutlich höhere Festigkeit auf als die für die additive Fertigung häufig verwendete Aluminiumlegierung AlSi10Mg und eine vergleichbare gewichtsspezifische Festigkeit wie die Titanlegierung Ti6Al4V auf (APW 2018). Nanosteel (USA) bietet mit dem BLDRmetal™ L-40 ebenfalls einen angepassten Werkzeugstahl mit hoher Härte und sehr guter Verarbeitbarkeit an. Weitere angepasste Werkstoffe befinden sich momentan in Entwicklung (Martin 2017).

Anhand der X Line 2000R oder Projekt A.T.L.A.S. (Additive Technology Large Area System) von Concept Laser® ist ein genereller Trend in der Maschinenentwicklung zur Vergrößerung des Bauvolumens bis zu einem Kubikmeter zu beobachten (GEA 2018). Andererseits besteht ein Trend darin, die Aufbaugeschwindigkeit auf bis zu 100 cm³ pro Stunde durch die Verwendung von mehreren Laserstrahlquellen mit bis zu 1 kW Laserleistung zu erhöhen (EOS 2018(2)). Außerdem bieten zahlreiche Maschinenhersteller die Möglichkeit, den Energieeintrag im Schmelzbad bzw. der gesamten Bauteilschicht durch optische Thermografie hochauflösend zu messen und damit die Reproduzierbarkeit und Qualität der Bauteile zu erhöhen [EOS2018(3)]. Die DMP 8500 Factory Solution von 3D Systems® weist eine Entwicklung hin zu modular erweiterbarer und automatisierbarer Maschinenarchitektur auf. Zudem werden ein geschlossener Pulverkreislauf und eine nahtlose Integration in die vor- und nachgeschaltete Prozesskette angestrebt (Con 2018).

10.4.1.3 Elektronenstrahlschmelzen

Beim Elektronenstrahlschmelzen (engl. Electron Beam Melting, EBM®) wird das selektive Aufschmelzen von Metallpulver durch einen Elektronenstrahl mit bis zu 6 kW Leistung erreicht (Abb. 10.6). Hersteller für EBM Maschinen ist das Unternehmen ARCAM (Schweden) als Teilunternehmen von GE Additive (USA).

Beim Elektronenstrahlschmelzprozess wird anstatt Schutzgas ein Vakuum in der Baukammer erzeugt. Ein defokussierter Elektronenstrahl wird zum Vorwärmen des Pulverbetts genutzt, um anschließend das Pulverbett mit einem fokussierten Elektronenstrahl selektiv aufzuschmelzen. Durch eine erreichbare Vorwärmtemperatur von bis zu 1000 °C können schwer zu verarbeitende Titanlegierungen, Titanaluminide (TiAl) oder Nickelbasissuperlegierungen wie Inconel 718 eigenspannungsarm verarbeitet werden. Dadurch hat sich das Elektronenstrahlschmelzen besonders in der Medizintechnik und der Luftfahrt etabliert.

Da das gesamte Pulverbett durch die hohen Vorwärmtemperaturen zusammengesintert wird, werden weniger Stützstrukturen im Vergleich zum selektiven Laserschmelzen benötigt. Dadurch ist das Aufeinanderplatzieren von Bauteilen möglich. Gleichzeitig wird durch gesintertes Metallpulver die Produktion von innenliegenden Strukturen, wie Kühlkanälen erschwert sowie die Oberflächenrauhigkeit erhöht.

10.4.2 Auftragschweißverfahren

Die unterschiedlichen Auftragschweißprozesse (Tab. 10.3), die auch unter der generischen Bezeichnung Direct Energy Deposition (DED) bekannt sind,

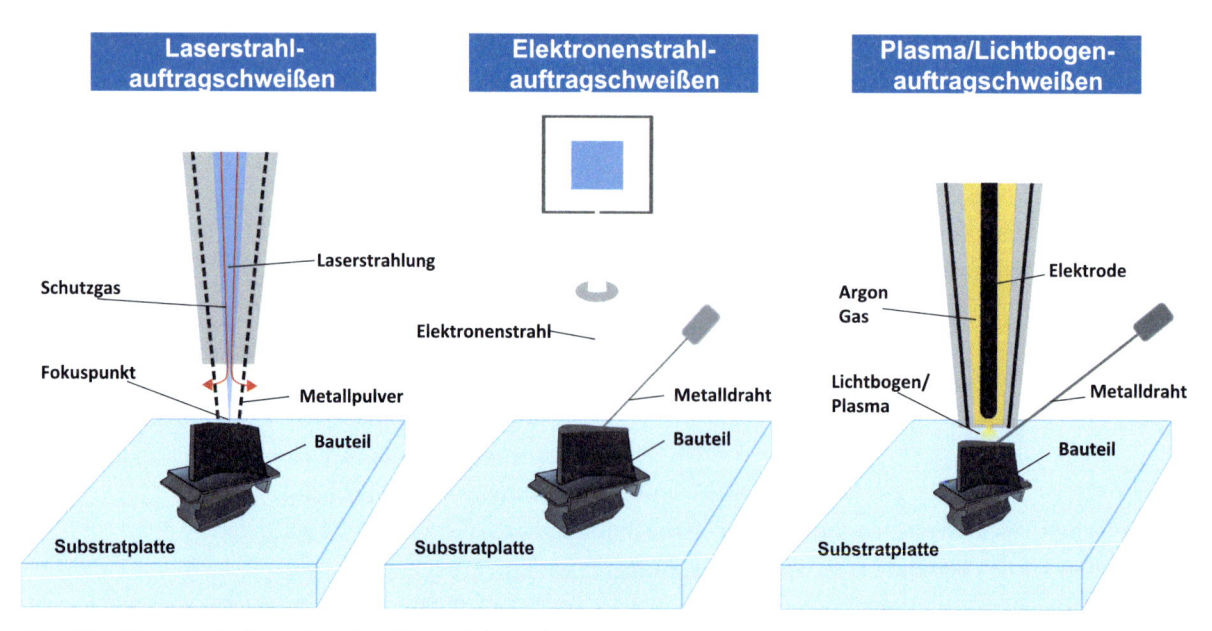

Abb. 10.7: *Schematische Darstellung der additiven Auftragschweißverfahren*

Tab. 10.3: *Additive Fertigungsprozesse und verarbeitbare Werkstoffe*

Energiequelle	Laserstrahlung	Elektronenstrahlung	Plasmastrahlung/Lichtbogen
Ausgangsmaterial	Pulver	Draht	Draht
Bezeichnungen	Laserstrahlauftragschweißen (LA) Laser Metal Deposition (LMD) Laser Engineered Net Shaping (LENS®)	Electron Beam Additive Manufacturing (EBAM®) Electron-beam freeform fabrication (EBF3)	Rapid Plasma Deposition® (RPD®) Wire Arc Additive Manufacturing (WAAM®)
Werkstoffe	Stähle, Aluminium, Titan, Nickelbasislegierungen	Stähle, Titan, Tantal, Nickelbasislegierungen	Stähle, Titan
Aufbauraten (kg/h)	Bis zu 1	3 bis 9	5 bis 10

basieren auf dem Einbringen eines Metallpulver- oder Drahtwerkstoffs in ein durch Laser-, Elektronen- oder Plasmastrahlung (Abb. 10.7) erzeugtes Schmelzbad auf einer Substratoberfläche. Durch simultanes Aufschmelzen des Pulver- oder Drahtwerkstoffs und der Substratoberfläche wird eine feste Verbindung hergestellt. Große Strukturbauteile werden durch mehrmaliges Aneinanderfügen der erzeugten Schweißraupen erstellt. Eine Schutzgasabschirmung oder ein Vakuum schützt die Prozesszone vor Oxidation. Hersteller von Auftragschweißmaschinen sind Trumpf (Deutschland), Sciaky (USA), Optomec (USA), Norsk Titanium (Norwegen).

Das Laserstrahlauftragschweißen in Kombination mit Metallpulver ist industriell am meisten verbreitet. Das Metallpulver wird durch einen inerten Trägerschutzgasstrom an ein 5-Achs gesteuertes Düsensystem befördert, durch das auch die Laserstrahlung geleitet wird. Das Düsensystem wird durch eine integrierte Wasserkühlung vor thermischer Belastung geschützt. Der austretende Pulver-Gasstrom und die Laserstrahlung treffen sich in einem Fokus auf der Substratoberfläche. Ein Vorteil des Laserstrahlauftragschweißens ist der stärker lokalisierte Wärmeeintrag im Vergleich zu dem drahtbasierten Auftragschweißen mit Elektronen- oder Plasmastrahlung. Bauteile können so endkonturnaher gefertigt werden und sind geringeren thermischen Belastungen ausgesetzt, was den Verzug verkleinert. Die Verwendung von Pulverwerkstoffen bietet zudem den Vorteil, den Werkstoff im Prozess anzupassen und so Multimaterialsysteme und chemisch gradierte Bauteile herstellen zu können. Andererseits bietet das drahtbasierte Electron Beam Additive Manufacturing® (EBAM®) deutlich höhere Aufbauraten als das Laserstrahlauftragschweißen. Zudem findet der Prozess unter Vakuum statt, wodurch auch reaktive Nickelbasis-, Titan- und Tantallegierungen gut verarbeitet werden können. Noch höhere Aufbauraten und größere Bauteile können durch das auf Titan ausgelegte Rapid Plasma Deposition® (RPD®) erzielt werden. Bei diesen Prozessen wird Titandraht durch einen Plasmastrahl aufgeschmolzen.

Im Regelfall werden durch Auftragschweißen hergestellte Bauteile spanend nachbearbeitet, um die gewünschte Endkontur und Oberflächenrauheit zu erreichen. DMG Mori bietet daher mit der LASERTEC 4300 3D hybrid® eine Maschine an, die das additive Laserstrahlauftragschweißen und eine subtraktive Dreh-Fräs-Bearbeitung in einem Bauraum miteinander kombiniert.

10.4.3 Harzbad-Photopolymerisation

Die Harzbad–Photopolymerisation (engl. Vat of liquid (VAT) - Photopolymerization) dient vor allem zur additiven Herstellung von komplexen Prototypen aus Kunststoff mit sehr hoher Oberflächenqualität. Deshalb eignet sich der Prozess auch zur Herstellung von Urformen für den Fein- und Vakuumguss, Außenbauteilen sowie zur individualisierten Massenproduktion bspw. in der Dentaltechnik. Die geometrische Genauigkeit kann sogar die von Spritzguss und CNC bearbeiteten Bauteilen übertreffen. Dazu werden zuvor flüssige, transparente oder gefärbte Epoxid-, Acryl- oder Elastomer-Harze mittels

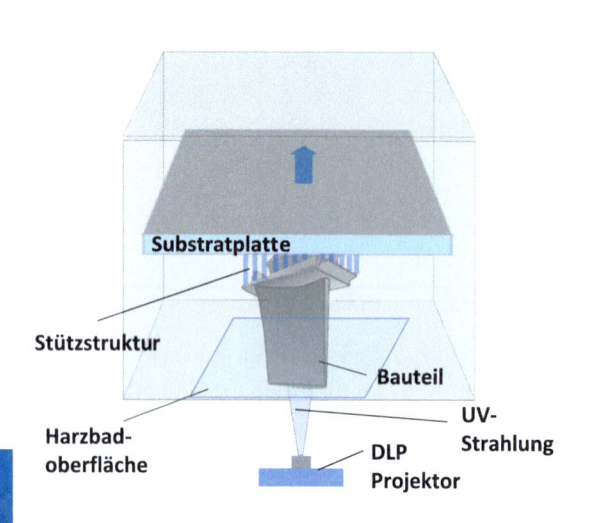

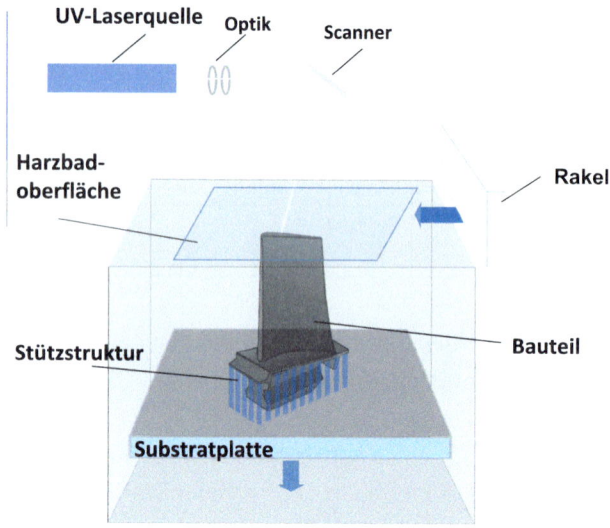

Abb. 10.8: *Schematische Darstellung der Harzbad-Photopolymerisationsverfahren*

UV-Strahlung durch Photopolymerisation in den festen Zustand überführt. VAT-Photopolymerisation kann in zwei Unterprozesse eingeteilt werden (Abb. 10.8).

Im Falle der Stereolithographie (engl. Stereolithography, SLA) wird UV-Strahlung durch einen UV-Laser auf die Oberfläche das Harzbades eingebracht. Nach der Belichtung und Verfestigung einer Schicht wird das Bauteil beim SLA-Prozess nach unten in das Harzbad abgesenkt und eine neue Schicht Harz durch einen Rakel oder eine Rolle aufgetragen. Dieser Vorgang wiederholt sich so lange, bis das Bauteil fertiggestellt ist und aus dem Harzbad entnommen werden kann. Der Prozess erfordert Stützstrukturen, die das Bauteil mit der Substratplatte verbinden und nachträglich entfernt werden müssen. Im Anschluss wird das Bauteil von überschüssigen Harzresten gereinigt und in einer UV-Kammer (Nachvernetzungsofen) ausgehärtet. Die ausgehärteten Harze können vergleichbare Eigenschaften wie additiv hergestellte ABS-, PP-, PC-, PU-Kunststoffe erreichen.

Beim Digital Light Processing (DLP) wird die UV-Strahlung durch einen DLP-Projektor in der Regel von unten auf das Harzbad projiziert und das Bauteil wird schichtweise nach oben aus dem Harzbad gezogen. Das schichtweise Auftragen von neuem Harz entfällt dadurch. Der Vorteil von DLP ist eine erhöhte Aufbaurate bei verringerter Oberflächenqualität im Vergleich zu SLA. CDLP (Continuous Digital Light Processing) stellt eine Weiterentwicklung von DLP dar, in der das Bauteil kontinuierlich und nicht schichtweise aus dem Harzbad gezogen wird, wodurch die Aufbaurate weiter erhöht werden kann.

10.4.4 Materialextrusion

Die Materialextrusion (Abb. 10.9) wird auch als Fused Filament Fabrication (FFF) oder Fused Layer Modelling/Manufacturing (FLM) bezeichnet. Die Marktbezeichnung Fused Deposition Modelling® (FDM®) ist ebenfalls verbreitet. Je nach verwendetem Kunststoff können funktionale Prototypen, Werkzeuge, medizinische Instrumente sowie Außenbauteile bspw. für die Luft- und Raumfahrt oder Automotoren additiv gefertigt werden.

Im Prozess wird ein thermoplastisches Kunststofffilament in einer 3-Achs gesteuerten, elektrisch beheizbaren Düse aufgeschmolzen und gezielt auf einer Substratplatte, die ebenfalls beheizt sein kann, extrudiert. Der Durchmesser des extrudierten Kunststoffstrangs liegt zwischen 0,1 mm und 0,5 mm.

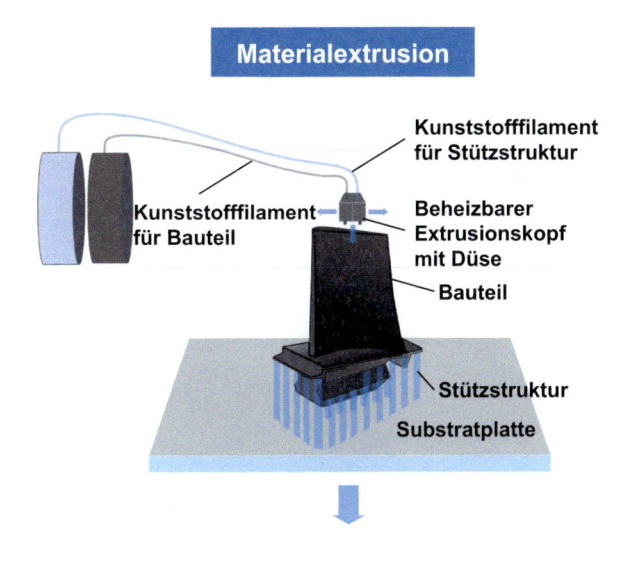

Abb. 10.9: *Schematische Darstellung der Materialextrusion*

Durch das Aneinanderfügen von mehreren Kunststoffsträngen entstehen dreidimensionale Bauteile. Die Verwendung von Stützstrukturen aus gleichem oder chemisch lösbarem Material ist notwendig, um ein Abbiegen des Bauteils während des Prozesses zu verhindern. Die Stützstrukturen werden anschließend chemisch aufgelöst oder mechanisch entfernt.

Bekannte Hersteller und Vertreiber für kleinere Desktopmaschinen sind u. a. Ultimaker® (Niederlande) und MakerBot® (USA). Größere Maschinen für die industrielle Produktion werden von Stratasys® (USA) und Markforged® (USA) hergestellt und vertrieben. Das Fortus 900mc® System von Stratasys® mit einem Bauvolumen von ca. 510 L ist als einziges in der Lage, neben Kunststoffen wie ABS, ASA, PA6, PA12, PC-ABS auch hitze- und chemisch beständige Hochleistungskunststoffe, wie PPSF/PPSU und thermoplastische Harze zu verarbeiten. Markforged® ermöglicht es zudem, mit dem X-7 System Verbundwerkstoffe aus Kevlar-, Glas- und Kohlenstofffaser verstärkten Kunststoffen herzustellen.

Eine Besonderheit stellt das Atomic Diffusion Additive Manufacturing® (ADAM®) von Markforged® dar, welches eine Kombination aus Materialextrusions- und Binderdruck-Prozess ist. Beim ADAM® werden im ersten Schritt Grünlinge hergestellt, in dem Kunststofffilamente mit eingearbeitetem Metallpulver extrudiert werden. Das Kunststoffbindemittel wird nach dem Extrusionsprozess in einer Waschstation teilweise chemisch aufgelöst. Anschließend wird das Metallpulver in einem Ofen bei bis zu 1300 °C gesintert und das restliche Kunststoffbindemittel thermisch aufgelöst. Durch ADAM® können so rostfreie Edelstähle, Werkzeugstähle, Aluminiumlegierungen, Ti6Al4V und Inconel 625 verarbeitet werden.

10.4.5 Binderdruck

Binderdruck-Prozesse (engl. Binder Jetting, BJ) dienen vor allem zur additive Fertigung von Metall- und Keramikbauteilen sowie Sandformen und Kernen für den Metallguss. Dazu wird Metall-, Keramik-, Kunststoff- oder Sandpulver, welches ein ebenes Pulverbett bildet, selektiv durch einen Binder verklebt (Abb. 10.10). Ein kontinuierlicher Strahl aus Binder-Mikrotropfen wird durch einen Multidüsen-Druckkopf auf das Pulverbett aufgetragen. Danach wird das Pulverbett im Bauraum um eine Schicht nach unten gefahren, um anschließend eine weitere Schicht Pulver aufzutragen. Der Prozess aus Pulverauftrag, Binderauftrag und Absenken des Pulverbetts wiederholt sich solange, bis das Bauteil vollständig aufgebaut ist. Nach dem Aufbau wird das nicht mit Binder infiltrierte Pulver entfernt. Der hergestellte Verbund aus Metall-, Keramik- oder Kunststoffpulver bildet einen Grünling und wird in einem Ofen nahe der Schmelztemperatur gesintert. Dabei löst sich der

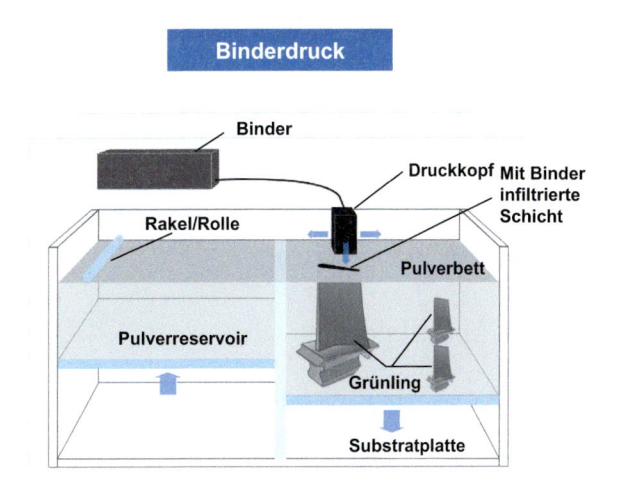

Abb. 10.10 : *Schematische Darstellung des Binderdrucks*

Binder thermisch auf. Gussformen aus Sand müssen nicht gesintert werden und sind nach Entfernen des Restpulvers funktionsfähig. Neben Sand und Zirkon kann das M-Print® System von ExOne® (USA) rostfreie Stähle, Inconel 625/718 und CoCr-Legierungen sowie Wolfram und Wolframkarbide verarbeiten. Nach dem Sintern können Bauteile aus rostfreien Stählen zusätzlich mit Bronze infiltriert werden. Die VX-Systeme von VoxelJet® (Deutschland) können neben Sand auch Kunststoffe wie PA und PMMA verarbeiten. Der Vorteil des Binderdrucks ist die schnellere Aufbaurate auf Kosten einer höheren Porosität und damit reduzierten mechanischen Eigenschaften im Vergleich zum selektiven Laserschmelzen oder Laserstrahlauftragschweißen. Zudem muss die Schrumpfung des Bauteils während des Sinterns bei dem Bauteildesign berücksichtigt werden.

DesktopMetal® (USA) stellt mit Singel Pass Jetting® Technologie eine Weiterentwicklung des Binderdrucks vor, die sich aber noch in der Entwicklung befindet, in dem der Pulver- und Binderauftrag gleichzeitig in einem bidirektional ablaufenden Vorgang stattfindet. Dadurch können Aufbauraten von bis zu 3200 cm³/h erreicht werden. Durch Verwendung von Metallpulvern für das Pulverspritzgießen (engl. Metal Injection Moulding, MIM) steht ein großes Werkstoffportfolio aus Leichtmetallen, Stählen, Nickelbasislegierungen und Hartmetallen zur Verfügung.

Der Multi Jet Fusion® Prozess von HP® (USA) stellt eine Kombination aus Binderdruck und Pulverbettverfahren dar. Nach Auftragen eines wärmestrahlungs-absorbierenden Binders wird eine zweite wärmestrahlungs-reflektierende Flüssigkeit an den Konturen der Bauteilschicht appliziert. Eine Infrarotlichtquelle sintert anschließend selektiv die mit dem Binder infiltrierte Fläche. Neben bereits bearbeitbarem PA12 stehen weitere Kunststoffe und Verbundwerkstoffe in der Entwicklung.

10.4.6 Materialdruck

Für den Materialdruck-Prozess (engl. Material Jetting, MJ) werden auch die Marktbezeichnungen Multi-Jet Modeling (MJM) und Polyjet® verwendet. Der Materialdruck eignet sich ähnlich wie die Harzbad-Photopolymerisation für die Herstellung von komplexen Prototypen mit hoher Oberflächenqualität für die Produktentwicklung, aber auch für die Fertigung von Urformen bspw. für den Feinguss. Bauteil und Stützstrukturen werden aufgebaut, indem ein flüssiges Photopolymer durch einen Multidüsenkopf direkt auf eine Substratplatte appliziert und zeitgleich durch UV-Strahlung verfestigt wird (Abb. 10.11). Anschließend wird die Substratplatte um eine Schicht abgesenkt. Der Prozess aus Applizieren des Photopolymers, Verfestigen durch eine UV-Lampe und Absenken der Substratplatte läuft schichtweise ab, bis das Bauteil und Stützstrukturen hergestellt sind. Die Stützstrukturen werden anschließend mechanisch entfernt oder chemisch aufgelöst. Durch die Art der Verfestigung ähnelt der Materialdruck dem SLA- oder DLP-Prozess, jedoch ohne die Verwendung eines Harzbades und der Notwendigkeit der Nachvernetzung in einer UV-Kammer. Ein Vorteil des Materialdrucks ist zudem die Möglichkeit, das Harz während des Prozesses variieren zu können, um so Multimaterialbauteile herzustellen. Hersteller und Vertreiber sind Stratasys (USA) und 3D Systems (USA).

Eine Abwandlung des klassischen Materialdrucks stellt das NanoParticle Jetting® (NPJ®) von XJet® (Israel) dar. Beim NPJ-Prozess wird ein flüssiger Binder verwendet, in dem feine Metall- oder Keramikpartikel

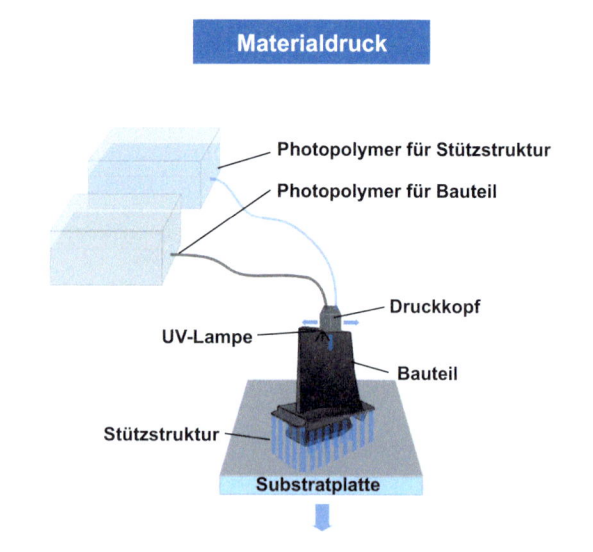

Abb. 10.11: *Schematische Darstellung des Materialdrucks*

10.5 Anwendungsfelder und -beispiele

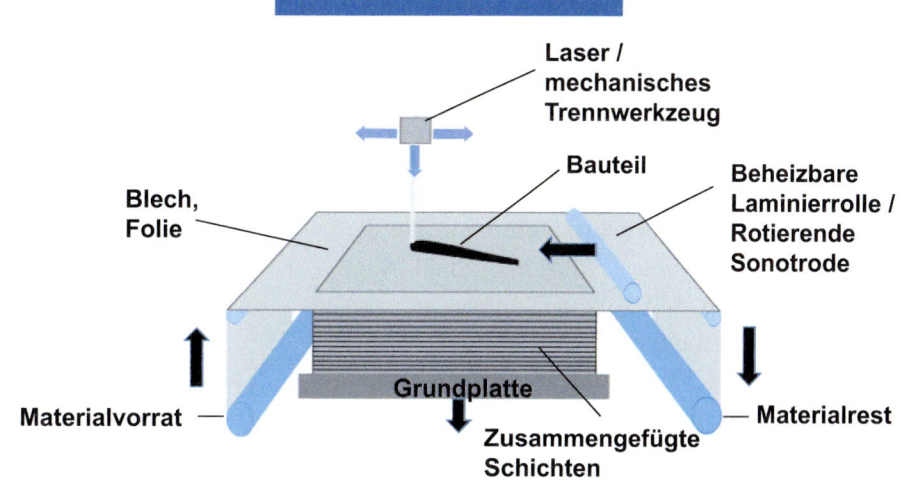

Abb. 10.12: *Schematische Darstellung des Laminationsverfahrens*

enthalten sind. Nach dem Aushärten des Binders werden die Metall- oder Keramikpartikel in einem Ofen gesintert und der Binder thermisch aufgelöst.

10.4.7 Laminationsverfahren

Die Laminationsverfahren werden auch als Layer Laminated Manufacturing (LLM) oder Laminated Object Manufacturing (LOM) bezeichnet. Dazu werden mechanisch oder durch einen Laser zugeschnittene Schichten aus Papier, Metallen, Kunststoffen oder Keramiken aufeinandergestapelt und schichtweise zusammengefügt. Das Fügen kann durch Kleben, thermisch oder mechanisch durch Ultraschall erfolgen (Abb. 10.12). Das Ultrasonic Additive Manufacturing (UAM) von Fabrisonic® (USA) eignet sich zur Herstellung von Multimaterialbauteilen aus ungleichen Metallen wie Aluminium und Titan. Das SLCOM1 System von EnvisionTec (Deutschland) ermöglicht die Verwendung von thermoplastischen Faserverbundwerkstoffen aus PEEK, PEI, PA6, PA12 Matrizen und Endlosfasern.

10.5 Anwendungsfelder und -beispiele

Luft- und Raumfahrt

Die Luft- und Raumfahrtindustrie kann durch die geringen Stückzahlen und die langen Zykluszeiten von Flugzeugen und deren Komponenten besonders von der additiven Fertigung profitieren. So können funktionsfähige Bauteile mit komplexen Geometrien und reduziertem Gewicht innerhalb kürzester Zeit kosteneffizient gefertigt werden. Zudem können modifizierte Komponenten, Upgrades und Ersatzteile nach Bedarf produziert werden, wodurch sich Lagerhaltungskosten deutlich reduzieren lassen. Abbildung 10.13 zeigt als Beispiel eine neu designte Antennenhalterung für einen Satelliten. Ähnlich wie in Abbildung 10.2 gezeigt, ermöglicht erst die additive Fertigung die Herstellung eines komplexen topologieoptimierten Bauteils, welches durch andere Fertigungsverfahren nicht wirtschaftlich gefertigt werden kann. Unter Beibehaltung der

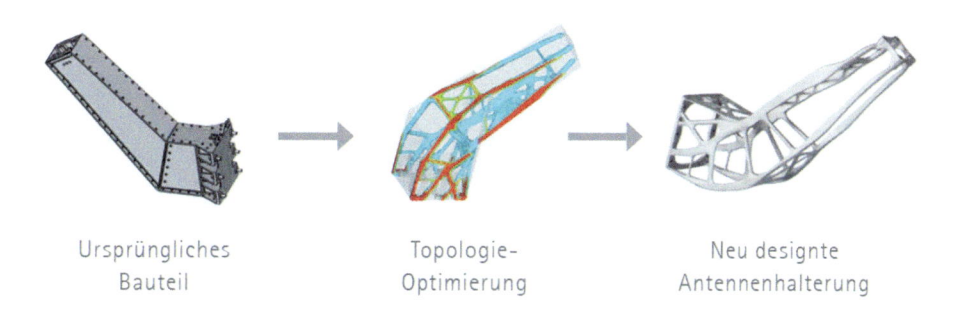

Abb. 10.13: *Neu designte Antennenhalterung für einen Satelliten (EOS 2018 (4))*

Ursprüngliches Bauteil → Topologie-Optimierung → Neu designte Antennenhalterung erforderlichen Steifigkeit konnte eine Gewichtseinsparung von mehr als 40 % erreicht werden (EOS 2018 (4)).

Medizintechnik

Die in Abschnitt 10.3 beschriebene individualisierbare Massenproduktion (engl. Mass Costumization) kann insbesondere in der Medizintechnik und der Prothetik genutzt werden. Abbildung 10.14 zeigt eine additiv über den EBM-Prozess hergestellte Gelenkpfanne eines Hüftimplantats. Hierbei bietet die additive Fertigung von Implantaten zwei Vorteile. Zum einen wird durch die Geometriefreiheit eine deutlich schnellere und kostengünstere individuelle Anpassung der Implantate an den Patienten ermöglicht. Zum anderen können feine Gitterstrukturen mit definierter Rauhigkeit auf der Oberfläche der Implantate integriert werden, um das Anwachsen des Knochens zu beschleunigen. Insgesamt lassen sich durch additiv hergestellte Implantate Patientenbehandlungen optimieren, Krankenhausaufenthalte verkürzen und Nebenwirkungen vermindern (Murr 2012).

Automotive

Früher mehrheitlich für das rapid prototyping genutzt, setzen sich die additiven Fertigungsverfahren zunehmend für die industrielle Produktion von Hochleistungsbauteilen im Bereich Automotive durch. Abbildung 10.15 zeigt ein einteiliges Wasserpumpenrad aus einer Aluminiumlegierung, welches ein zuvor eingesetztes Serien-Bauteil aus Kunststoff

Abb. 10.15: *Additiv gefertigtes Wasserpumpenrad in Fahrzeugen für den Rennsport (BMW 2015)*

ersetzt. Das strömungstechnisch optimierte sechsflüglige Radialpumpenrad wird von der BMW AG für DTM-Fahrzeuge und Z4 GT4 Fahrzeuge gefertigt und hat sich bereits im Rennsport unter hoher Belastung bewährt. Zudem können komplexe Werkzeuge und Gussformen eingespart werden (BMW 2015).

Werkzeugbau

Für die Verarbeitung von hochfesten Stahlblechen zu Leichtbau-Karosseriebauteilen wird das Presshärten angewendet. Presshärtewerkzeuge sind aufgrund von innenliegenden Kühlkanälen jedoch deutlich komplexer aufgebaut als gewöhnliche Kaltumformwerkzeuge. Abbildung 10.16 zeigt ein durch das

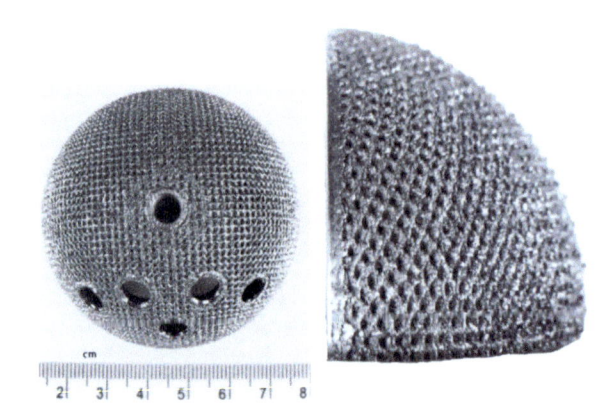

Abb. 10.14: *Additiv gefertigte Gelenkpfanne eines Hüftimplantats (Murr 2012)*

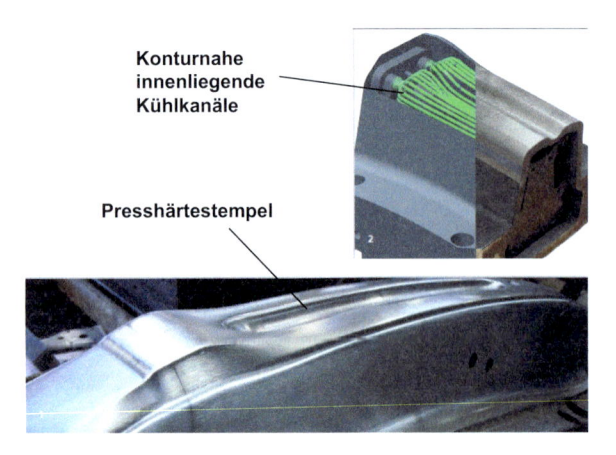

Abb. 10.16: *Additiv gefertigtes Presshärtewerkzeug (Stempel) mit konturnahen innenliegenden Kühlkanälen (Fraunhofer 2013)*

selektive Laserschmelzen hergestelles Presshärtewerkzeug (Stempel). Die additive Fertigung des Werkzeugs ermöglicht die direkte Integration von innenliegenden, konturnahen Kühlkanälen, welche in ihrer Anordnung zuvor mit thermo-fluidischer Simulation optimiert wurden. Diese Kühlkanhäle sind mit konventionellen Fertigungsmethoden, wie dem Tieflochbohren, nur eingeschränkt fertigbar. Durch das optimierte, additiv gefertigte Werkzeug konnte eine Reduzierung der Gesamtzykluszeit von 20 % erreicht werden (Fraunhofer 2013).

10.6 Weiterführende Informationen

Literatur

Bourell, D.L.: Perspectives on Additive Manufacturing. Annual Review of Materials Research 2016; Bd. 46, S. 1

Collins, P.C.; Brice, D.A.; Samimi, P.; Ghamarian, I.; Fraser, H.L.: Microstructural Control of Additively Manufactured Metallic Materials. Annual Review of Materials Research 2016; Bd. 46, S. 63

Frazier, W.E.: Metal Additive Manufacturing: A Review. J. Mater. Eng. Perform. 2014; Bd. 23, S. 1917

Gebhardt, A.; Hötter, J-S.: Additive Manufacturing. Carl Hanser Verlag, München, 2016

Gibson, I.; Rosen, D.W.; Stucker, B.: Additive Manufacturing Technologies: Rapid Prototyping to Direct Digital Manufacturing. Boston, MA: Springer US, 2010

Gibson, I.; Rosen, D.W.; Stucker, B.: Additive Manufacturing Technologies: Rapid Prototyping to Direct Digital Manufacturing. Boston, MA: Springer US, 2015

Haase, C.; Bültmann, J.; Hof, J.; Ziegler, S.; Bremen, S.; Hinke, C.; Schwedt, A.; Prahl, U.; Bleck, W.: Exploiting Process-Related Advantages of Selective Laser Melting for the Production of High-Manganese Steel. Materials 2017; Bd. 10, S. 56

Hague, R.J.; Campbell, R.I.; Dickens, P.M.: Implications on Design of Rapid Manufacturing. Proc. Inst. Mech. Eng. C: J. Mech. Eng. Sci. 2003; Bd. 217, S. 25

Herzog, D.; Seyda, V.; Wycisk, E.; Emmelmann, C.: Additive manufacturing of metals. Acta Mater. 2016; Bd. 117, S. 371

Leary, M.; Merli, L.; Torti, F.; Mazur, M.; Brandt, M.: Optimal Topology for Additive Manufacture: A Method for Enabling Additive Manufacture of Support-Free Optimal Structures. Mater. Des. 2014; Bd. 63, S. 678

Lewandowski, J.J.; Seifi, M.: Metal Additive Manufacturing: A Review of Mechanical Properties. Annual Review of Materials Research 2016; Bd. 46, S. 151

Martin, J.H.; Yahata, B.D.; Jacob, M.H.; Mayer, J.A.; Schaedler, T.A.; Pollock, T.M.: 3D printing of high-strength aluminium alloys. Nature 2017; Bd. 549, S. 365

Murr, L.E.; Gaytan, S.M.; Martinez, E.; Medina, F.; Wicker, R.B.: Next Generation Orthopaedic Implants by Additive Manufacturing Using Electron Beam Melting. International Journal of Biomaterials 2012; Bd. 245727, S. 1

Niendorf, T.; Leuders, S.; Riemer, A.; Richard, H.A.; Tröster, T.; Schwarze, D.: Highly Anisotropic Steel Processed by Selective Laser Melting. Metallurgical and Materials Transactions B 2013; Bd. 44, S. 794

Reinhart, G.; Teufelhart, S.; Riss, F.: Investigation of the Geometry-Dependent Anisotropic Material Behavior of Filigree Struts in ALM-Produced Lattice Structures. Phys. Proc. 2012; Bd. 39, S. 471

Sames, W.J.; List, F.A.; Pannala, S.; Dehoff, R.R.; Babu, S.S.: The metallurgy and processing science of metal additive manufacturing. Int. Mater. Rev. 2016; Bd. 61, S. 315

Schaedler, T.A.; Carter, W.B.: Architected Cellular Materials. Annu. Rev. Mater. Res. 2016; Bd. 46, S. 187

Thompson, M.K.; Moroni, G.; Vaneker, T.; Fadel, G.; Campbell, R.I.; Gibson, I.; Bernard, A.; Schulz, J.; Graf, P.; Ahuja, B.; Martina, F.: Design for Additive Manufacturing: Trends, opportunities, considerations, and constraints. CIRP Annals – Manufacturing Technology 2016; Bd. 65, S. 737

Witt; G.: VDI-Statusreport: Additve Fertigungsverfahren. 2014

Wohlers Report 2019: 3D Printing and Additive Manufacturing State of the Industry, Wohler Associates Inc., 2019

Normen und Richtlinien

DIN EN ISO/ASTM 52900: Additive manufacturing – General principles–Terminology; 2015

VDI-Richtlinie 3405: Additive Fertigungsverfahren - Grundlagen, Begriffe, Verfahrensbeschreibungen; 2014

Firmenquellen

www.3dmaterialtech.com/materials/, abgerufen am 15.02.2017.

www.apworks.de/scalmalloy/, abgerufen am 12.07.2018.

www.press.bmwgroup.com/deutschland/article/detail/T0215062DE/renntechnik-aus-dem-3d-drucker:-bmw-fertigt wasserpumpenrad-fuer-dtm-rennwagen-in-additivem fertigungs-verfahren?language=de, abgerufen am 12.07.2018.

www.concept-laser.de/produkte/maschinen.html, abgerufen am 12.07.2018

www.eos.info/material-m, abgerufen am 15.02.2017.

www.eos.info/branchen_maerkte/medizin/dental, abgerufen am 12.07.2018.

www.eos.info/systeme_loesungen/metall/systeme_und_zubehoer/eos_m_400-4, abgerufen am 12.07.2018.

www.eos.info/de/software/monitoring-software, abgerufen am 12.07.2018.

www.eos.info/kundenreferenzen/ruag-satellitenbauteile-additiv gefertigt, abgerufen am 12.07.2018.

www.iwu fraunhofer.de/content/dam/iwu/de/documents/Messen/220_2013-HZ_Konturnahe_Temperierung_Presshaerten.pdf,abgerufen am 12.07.2018

www.ge.com/additive/additive-manufacturing/machines/project-atlas, abgerufen am 12.07.2018

www.slm-solutions.com/products/accessories-and-consumables/slm-metal-powder, abgerufen am 15.02.2017.

11 Initiative Massiver Leichtbau

Hans-Willi Raedt, Thomas Wurm, Alexander Busse

11.1	Einleitung 729	11.5	Umformtechnische Potenziale für den Leichtbau 736
11.2	Untersuchte Fahrzeuge und Vorgehensweise der Initiative Massiver Leichtbau 729	11.5.1	Leichtbaupotenziale im Verbrennungsmotor 737
11.3	Übersicht über Leichtbaupotenziale 729	11.5.2	Leichtbaupotenziale im Power-Split-Getriebe und im weiteren Antriebsstrang 738
11.4	Leichtbau durch Werkstoffinnovationen 731	11.5.3	Leichtbaupotenziale im elektrischen Hinterachsantrieb 739
11.4.1	Hochfeste Edelbaustähle für den Leichtbau 732	11.5.4	Leichtbaupotenziale im Fahrwerk von Pkw und Lkw 740
11.4.2	Leichtbau mit höherfesten Stählen 734	11.6	Zusammenfassung 743
11.4.3	Leichtbau im Getriebe: Schlüsselfaktor Werkstoff 735	11.7	Weiterführende Informationen 743
11.4.4	Beurteilung von werkstofflichem Leichtbau 736		

Eine kleine WWW-Recherche zum Leichtbau fördert eine große Menge an Ergebnissen zutage (über Leichtbau wird offenbar viel geschrieben): „Konventionelle Werkstoffe mit nanoskaligen Füllstoffen" (sind da schon Angebote auf dem Markt?). „Die Bearbeitung von Leichtbauwerkstoffen unterscheidet sich erheblich von der Bearbeitung von Metallen" (Metalle sind also keine Leichtbauwerkstoffe?). „Der Trend im Leichtbau geht zum Multi-Material-Leichtbau" (lässt sich in Mono-Material-Bauweise kein Leichtbau erzielen?). „Faserverbundwerkstoffe sind der Schlüssel zum Leichtbau" (aber zu welchen Kosten?). Die Bildersuche zu dem Thema ist noch aufschlußreicher: Waben-Sandwichstrukturen, geschäumtes Metall, allerlei additiv gefertigte Werkstücke, CFK natürlich. Erst das 71. Bild zeigt ein Bauteil, welches mit einer (für den Automobilbau) bezahlbaren und gleichzeitig etablierten und damit qualitätssicheren Technologie gefertigt wurde: Der Massivumformung.

Ist bei der Berichterstattung über den Leichtbau auch schon das postfaktische Zeitalter angebrochen? Wird für die reißerische Überschrift und das Bild mit Aha-Effekt der tatsächlich umsetzbare, weil bezahlbare Leichtbau hintenangestellt? Es gilt doch: Leichtbau kommt erst dann auf der Straße und bei der Reduzierung des CO_2-Ausstoßes an, wenn er in großen Serien, also entsprechend kostengünstig, angewendet wird. Nichts gegen die im ersten Absatz genannten wunderbaren technologischen Entwicklungen, aber mehrere Millionen mal einige Kilogramm Leichtbau in Großserienfahrzeugen haben einen größeren Effekt als einige tausend Mal zweistellige Kilogrammzahlen in Sportwagen (die selten den täglichen Pendler oder den kilometerfressenden Langstreckenfahrer bewegen). Im Sportwagen bringt der Leichtbau noch eine zehntel Sekunde von Null auf Hundert, aber am Ende nur wenig CO_2-Einsparung in Tonnen pro Jahr.

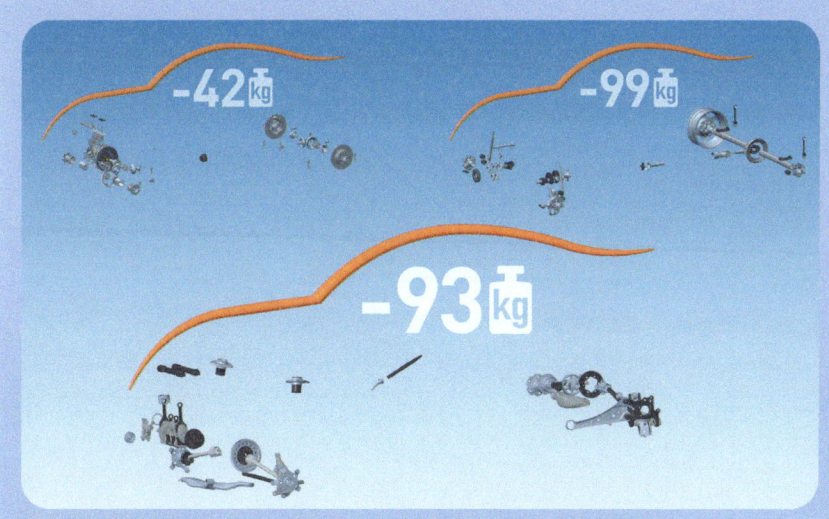

Gewichtseinsparungen an verschiedenen Fahrzeugen durch Leichtbau

III

Offenbar auf den ersten Blick wenig sexy, aber bei näherem Hinsehen dann mit umso mehr Relevanz: Die Bauteile unter der Haube, leider oft schmählich als „Commodity" bezeichnet, können mit deutlich weniger Aufwand und geringerem Qualitätsrisiko signifikante Beiträge zum automobilen Leichtbau bringen. Intelligent gestaltete Bauteile in Kraftstoffeinspritzung, Motor, Getriebe, Antriebstrang und Fahrwerk, produziert aus den Hochleistungswerkstoffen der Massivumformung mit unschlagbarer Kombination aus Festigkeit und Zähigkeit, bieten heute immer noch ein wesentliches Masseeinsparungspotenzial.

Um dieses Potenzial für einzelne Bauteile sichtbar zu machen und um das Gesamtpotenzial für ein gesamtes Fahrzeug aufzuaddieren, hat sich in 2013 die Initiative Massiver Leichtbau („Massiv" für Massivumformung) formiert. Inzwischen wurde in drei industriell finanzierten Studien von Stahlherstellern und Massivumformern aufgezeigt, dass signifikante Massereduzierungen möglich sind. Drei Fahrzeuge und Teile eines LKWs wurden zerlegt und eine große Anzahl Komponenten in Hands-On-Workshops analysiert. 42 kg können bei einem Mittelklassefahrzeug eingespart werden, 99 kg bei einem leichten Nutzfahrzeug, 93 kg bei einem Voll-Hybrid und 124 kg im Antriebsstrang des LKWs (www.massiverleichtbau.de). Dabei sind einige Lösungen erarbeitet worden, bei denen im Vergleich zum Bauteil im Serienfahrzeug nicht nur Gewicht, sondern auch Herstellkosten eingespart werden. Kosten- und Masseeinsparung gleichermaßen! Es muss nur noch gemacht werden …

11.1 Einleitung

„Massiver Leichtbau" – was sprachlich wie ein Widerspruch wirkt, zeigt sich bei näherer Beschäftigung mit dem Thema als kostengünstiger und großserienfähiger Ansatz, um deutliche Leichtbaufortschritte in automobilen Anwendungen zu erreichen. Durch Ausnutzung der Technologiepotenziale der Massivumformung lassen sich 42 kg Masse bei einem Mittelklassefahrzeug und 99 kg bei einem leichten Nutzfahrzeug reduzieren (Raedt 2014, 2016). In der jetzigen Phase III zeigt die Initiative Massiver Leichtbau – nun mit einer internationalen Partnerstruktur (www.massiverleichtbau.de/en/partners 2018) – auf, welche Leichtbaupotenziale in einem Split-Axle-Hybrid Fahrzeug liegen. Zudem wurden Getriebe, Kardanwelle und Antriebsachse eines schweren Lkw analysiert.

11.2 Untersuchte Fahrzeuge und Vorgehensweise der Initiative Massiver Leichtbau

Die Ermittlung von Leichtbaupotenzialen wird basierend auf einem konkreten, repräsentativen Fahrzeug durchgeführt. Als Referenz für ein Hybridfahrzeug wird ein Vollhybrid-SUV der Kompakt- bzw. Mittelklasse gewählt. Das Fahrzeug wird mittels eines elektrisch unterstützten 4-Zylinder-Benzinmotors an der Vorderachse angetrieben, die Systemleistung beträgt 145 kW. Ein zusätzlicher elektrischer Traktionsmotor an der Hinterachse realisiert ein Split-Axle-Hybrid Konzept und folglich einen Allradantrieb. Ein weiterer Fokus der Initiative Massiver Leichtbau ist in der Phase III neben einem Hybridfahrzeug der Antriebsstrang eines schweren Nutzfahrzeugs. Analog wird hierfür ein repräsentatives Referenzsystem genutzt, bestehend aus einem automatisierten 12-Gang Getriebe, anschließender Kardanwelle und einer Antriebsachse inkl. Differenzial.

Für die Referenzsysteme wurden ein Design-Benchmarking zur Bauweisenanalyse aller Einzelteile sowie zur Ermittlung der Gewichtsbilanzierung im Antrieb und Fahrwerk bei der fka Forschungsgesellschaft Kraftfahrwesen mbH Aachen durchgeführt. Im Rahmen des Design-Benchmarkings wurde das Fahrzeug zerlegt und alle relevanten Systeme, Baugruppen und Komponenten detailliert analysiert. Dabei lassen sich das Bauteildesign und die Gewichte, Abmessungen und Materialien sowie die Einbaulage aller Einzelteile ermitteln und in einer Datenbank mitsamt Fotos und Abbildungen dokumentieren. In dezidierten Workshops erarbeiteten Experten der beteiligten Unternehmen gemeinsam Leichtbauideen. Einen Überblick über die Vorgehensweise gibt die Abbildung 11.1.

11.3 Übersicht über Leichtbaupotenziale

Im Rahmen der Studie wurden im Hybridfahrzeug Fahrzeugteile mit einem Gesamtgewicht von 816 kg betrachtet, dies entspricht etwa 51 % des Referenzfahrzeugs. Fahrzeugkomponenten wie etwa großflächige, aus Blech gebaute Bauteile sind mit Massivumformung nicht wirtschaftlich darstellbar und wurden deshalb keiner detaillierten Analyse unterzogen. Mehr als 3600 Komponenten aus Antrieb, Fahrwerk und Elektronik des Hybridfahrzeugs wurden während der Expertenworkshops von 80 Teilnehmern untersucht und insgesamt 732 Leichtbauideen entwickelt. Diese Ideen wurden im Anschluss bilanziert und nach den Kriterien Leichtbaupotenzial, Fertigungsaufwand und dem Aufwand zur Marktimplementierung klassifiziert. Dies erlaubte eine Auswertung der relevanten Ideen hinsichtlich des Leichtbau-/Aufwandsverhältnisses (Abb. 11.2).

Insgesamt wurde im Zuge der Studie ein Leichtbaupotenzial für das Hybridfahrzeug von 93 kg identifiziert, dies entspricht etwa 11 % der untersuchten Bauteilmasse. Über 100 entwickelte Leichtbauideen werden von den Experten so eingeschätzt, dass sie sowohl das Gewicht um ca. 40 kg reduzieren können als auch mit geringem Aufwand in Entwicklung und Fertigung implementierbar sind (Quick-Wins). Weitere 25 kg können als ausgewogene Leichtbaupotenziale erschlossen werden. Andere Leichtbaumaßnahmen vermindern das Gewicht ebenfalls, erfordern

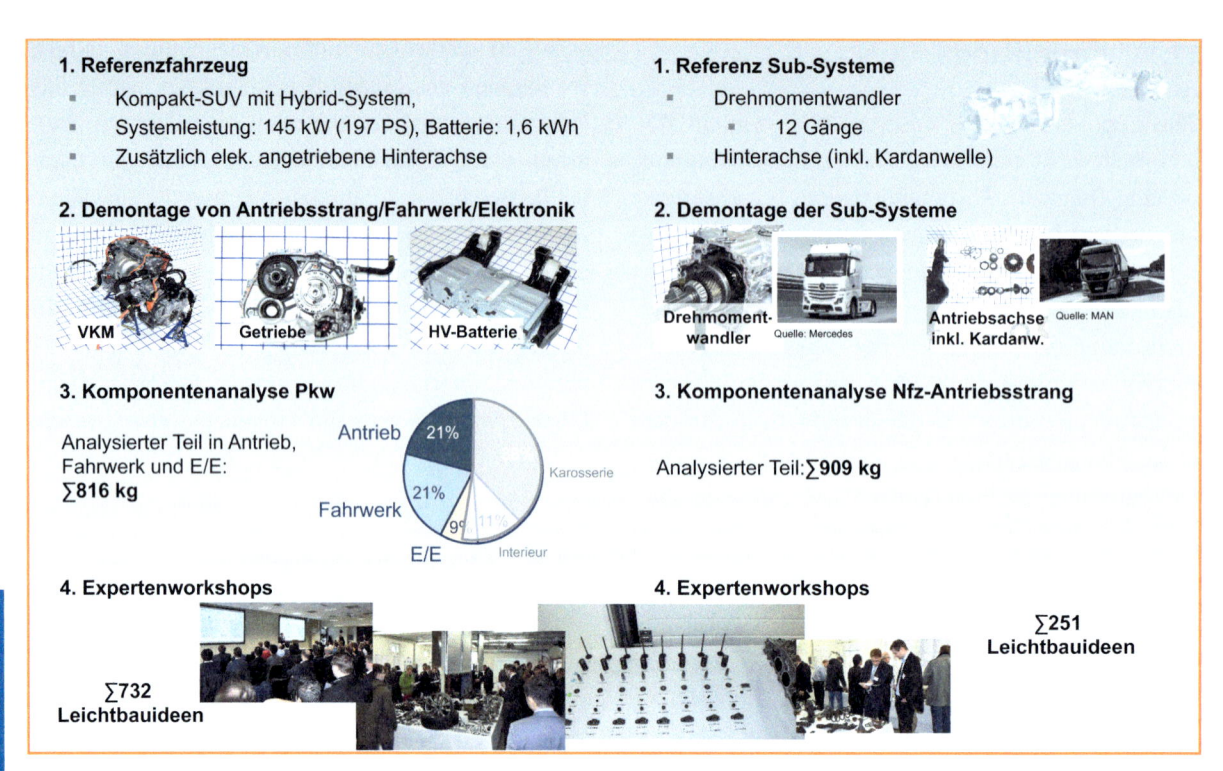

Abb. 11.1: *Projektablauf und Fahrzeugdaten des untersuchten Pkw und des Lkw*

aber einen gewissen Mehraufwand auf Fertigungs- oder Entwicklungsseite (Tough Nuts).

Im zweiten Fokus der Phase III, dem Nutzfahrzeugantriebsstrang, wurden insgesamt 460 Komponenten mit einem Gesamtgewicht von 909 kg im Design-Benchmarking betrachtet. Hiervon entfallen 290 kg auf das Getriebe und 619 kg auf die Kardanwelle sowie die Hinterachse. Im Zuge der Expertenworkshops wurden mehr als 250 Ideen für konstruktive sowie werkstoff- und fertigungstechnische Möglichkeiten des Leichtbaus entwickelt. Das resultierende Leichtbaupotenzial summiert sich zu insgesamt 124 kg,

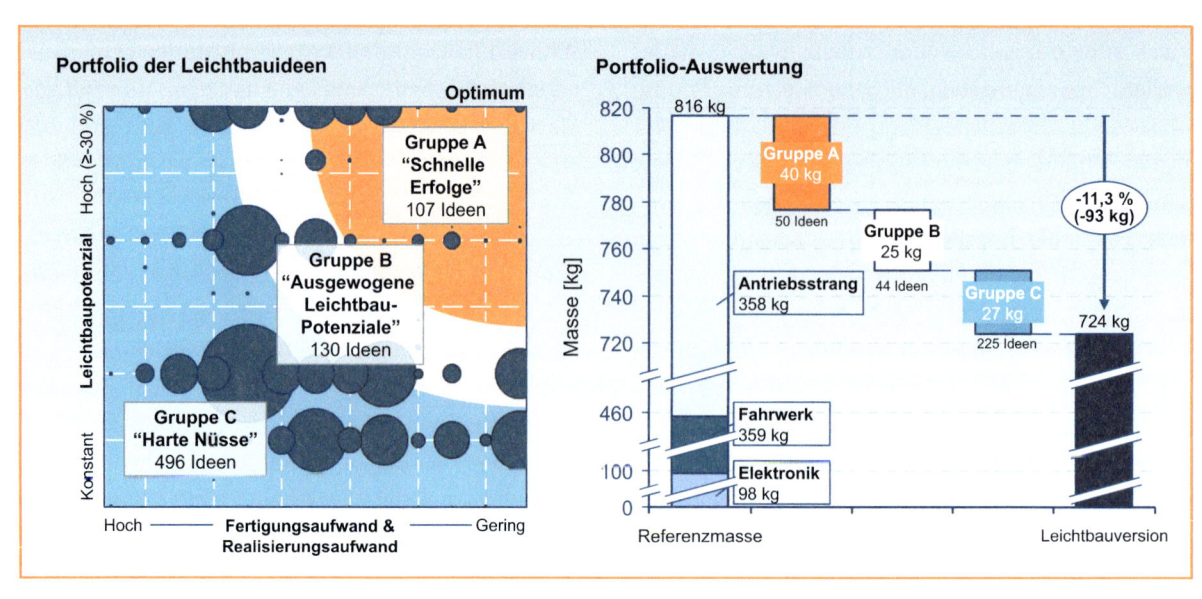

Abb. 11.2: *Portfoliodiagramm und Wasserfalldiagramm als Auswertung der Leichtbau-Ideen*

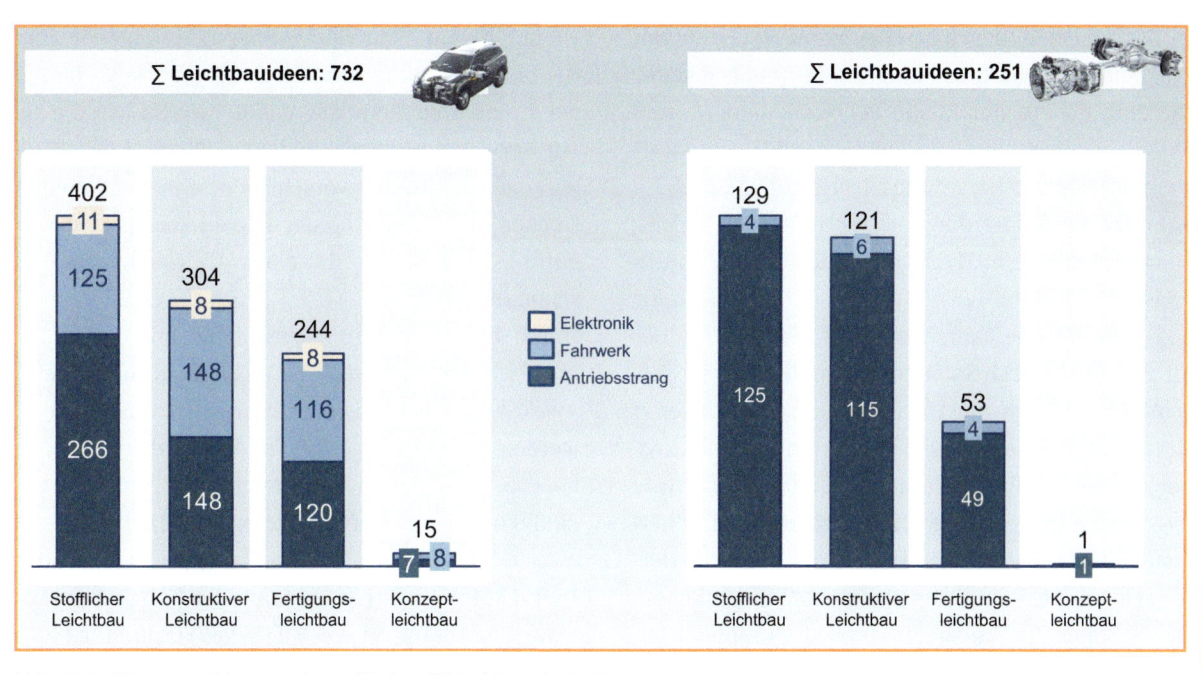

Abb. 11.3: *Clusterung Ideenzuordnung Werkstofflich / Gestalterisch*

ca. 14 % der analysierten Bauteilmasse. Eine analoge Bilanzierung aller Ideen hinsichtlich des Leichtbau-/Aufwandverhältnisses zeigt 12 Ideen, die kumuliert 20 kg Massereduktion mit geringem Umsetzungsaufwand im Vergleich zum Stand der Technik ermöglichen. Weitere 14 kg Leichtbaupotenzial sind mit konstantem Aufwand erreichbar. Der überwiegende Anteil der entwickelten Leichtbauideen erfordert hingegen einen erhöhten Aufwand zur Realisierung von weiteren 90 kg Leichtbaupotenzial.

Zusammenfassend sind folglich in beiden Referenzsystemen 4067 Komponenten untersucht und kumuliert 983 Ideen für eine mögliche Massereduktion von 217 kg entwickelt worden. Diese Ideen adressieren dabei verschiedene Arten des Leichtbaus. Insbesondere innovativer Materialeinsatz wird im Hybridfahrzeug mit 402 Ideen adressiert, im Nutzfahrzeug mit 129 und nimmt so die dominierende Leichtbaustrategie der entwickelten Ideen ein. Eine trennscharfe Abgrenzung der Strategien untereinander ist nicht möglich, so ermöglicht bzw. erfordert eine Materialänderung oft auch eine konstruktive Neugestaltung oder eine Umstellung des Fertigungsprozesses und umgekehrt. Eine optimierte Bauteiltopologie und somit eine konstruktive Neugestaltung der jeweiligen Komponente wird beim Pkw mit über 300 Ideen, im Nutzfahrzeug mit 121 Ideen entwickelt. Die dargestellten Leichtbaupotenziale haben nicht den Anspruch, fertig entwickelte Lösungen zu sein, sondern vielmehr am gewählten Beispiel Möglichkeiten für den Leichtbau aufzuzeigen. Eine weitere wichtige Möglichkeit zur Massereduktion besteht im Einsatz verbesserter Fertigungstechnologien. Auch diese Strategie des Fertigungsleichtbaus wird von vielen Ideen vorgeschlagen (Abb. 11.3). Eine Änderung des Konzepts erfordert hingegen meist einen sehr hohen Aufwand, bietet jedoch im Gegenzug meist hohes Leichtbaupotenzial.

Im Folgenden wird ein vertiefender Einblick in die entwickelten Leichtbaupotenziale anhand von konkreten Beispielen aufgezeigt.

11.4 Leichtbau durch Werkstoffinnovationen

Moderne, höherfeste Stähle können einen signifikanten und wirtschaftlichen Beitrag leisten, das Gewicht einzelner Fahrzeugbauteile und damit das Fahrzeuggesamtgewicht zu reduzieren. So wurden bereits in der Phase II der Initiative Massiver Leichtbau 210 werkstoffliche Ideen aufgezeigt, in denen unter Nutzung höherfester Stähle Fahrwerk und Antrieb eines leichten Nutzfahrzeugs gewichtsoptimiert werden können (www.massiverleichtbau.de). Im Rahmen der Studie und Analyse möglicher Leichtbaupotenziale beim Hybridfahrzeug wurden nun in Phase III der Initiative 308 Stahl-Leichtbauideen für 302 verschiedene Fahrzeugteile erarbeitet. Darüber hinaus wurden 111 Stahl-Leichtbauideen an 94 verschiedenen Teilen im Antriebsstrang des schweren Nutzfahrzeugs generiert. Von den an der Initiative beteiligten Stahlherstellern und Umformern wurde die Verwendung von etwa 20 verschiedenen höherfesten Stählen vorgeschlagen, die gewichtsreduzierte, schlankere Bauteilkonstruktionen ermöglichen. Diese Stähle umfassen ein breites Zusammensetzungs-, Gefüge- und Eigenschaftsspektrum. Einige der vorgeschlagenen ausscheidungshärtenden ferritisch-perlitischen (AFP-), Vergütungs- oder bainitisch aus der Umformtemperatur heraus umwandelnden höherfesten Stähle und deren Festigkeits- und Zähigkeitseigenschaften sind in Abbildung 11.4 aufgeführt. Zur Erzielung der gewünschten mechanisch-technologischen Eigenschaften ist zum einen ein sorgfältiger Prozess der Stahlherstellung nach dem aktuellen Stand der Technik notwendig, zum anderen auch eine gezielte bauteil-, aber auch werkstoffgerechte Weiterverarbeitung z. B. durch Warm-, Halbwarm- oder Kaltumformung.

Solche höherfesten Stähle ermöglichen höhere Belastungen, Leistungsfähigkeiten und Haltbarkeiten auch von dynamisch beanspruchten Bauteilen wie Kurbelwellen, Pleuel, Zahnräder oder Lager.

11.4.1 Hochfeste Edelbaustähle für den Leichtbau

Höherfeste AFP-Stähle, die ihre mechanischen Eigenschaften bereits durch kontrollierte Abkühlung aus der Schmiedehitze heraus und ohne einen zusätzlichen Vergütungsprozess erreichen, ermöglichen heute die Herstellung höher belastbarer und gewichtsoptimierter Bauteile aus einer schlanken Fertigungskette. So stellen z. B. die an der Initiative beteiligten Stahlwerke Saarstahl, Sidenor und Georgsmarienhütte auch weiter optimierte Varianten der AFP-Stähle 38MnVS6 und 46MnVS6 her, die sie zur Verwendung für Bauteile wie Pleuel, Kurbelwellen oder Radträger vorschlagen. Die Festigkeiten solcher AFP-Stähle können die von klassischen Vergütungsstählen, z. B. die eines 42CrMo4, zum Teil schon übertreffen.

Durch hochfeste bainitische Stähle mit einem Gefüge, welches sich auch bereits durch kontrollierte Abkühlung aus der Umformwärme heraus einstellt, werden gegenüber AFP-Stählen teilweise noch höhere Festigkeiten bei gleichzeitig verbesserten Zähigkeitseigenschaften erreicht. Den Einsatz zweier Stähle dieser Werkstoffgruppe, nämlich des 18MnCrMoV4-8-7 (1.7980) (Bainidur CN) und des patentierten 18MnCrMoV6-4-8 (1.7979) (Bainidur 1300) schlagen die Deutsche Edelstahlwerke für Bauteile wie Radlager vor. Saarstahl schlägt zur Realisierung von Leichtbaupotenzialen z. B. bei Achsschenkeln oder Common-Rails den Einsatz eines bainitischen Stahls 32MnCrMo6-4-3 vor. Auch dieser Stahl hat ein breites Anwendungsspektrum und kann, im karbonitrierten Zustand, auch für Lager mit hohen Wälzbeanspruchungen zum Einsatz kommen. Der induktiv härtbare, bainitische Stahl 50CrMnB5-3 (H50) (1.7136) und der einsatzhärtbare, bainitsche Stahl 16MnCrV7-7 (H2) (1.8195) wurde von der Georgsmarienhütte in Zusammenarbeit mit der Hirschvogel Automotive Group entwickelt. Diese Stähle werden als höherfeste Werkstoffe mit Leichtbaupotenzial für Rzeppagelenke und Antriebswellen beziehungsweise für Zahnräder und Getriebewellen vorgeschlagen. Während der H50 eine erhöhte Stützwirkung durch eine höhere Kernfestigkeit aufweist und somit dünnwandigere Konstruktionen und Steckverzahnungen mit dünnerer Abmessung ermöglicht, lässt sich durch Einsatz des 16MnCrV7-7 (H2) mit kostengünstigen, härtbarkeitssteigernden Legierungselementen die Verzahnungsbelastbarkeit durch eine erhöhte Zahnfußfestigkeit weiter steigern.

Den Einsatz eines weiteren bainitischen Stahls mit 1100 bis 1200 MPa Zugfestigkeit empfiehlt ArcelorMittal mit seinem Werkstoff SOLAM®B1100 (1.7960, 18MnCr5-3 mod.) z. B. für Kurbelwellen und Radträ-

11.4 Leichtbau durch Werkstoffinnovationen

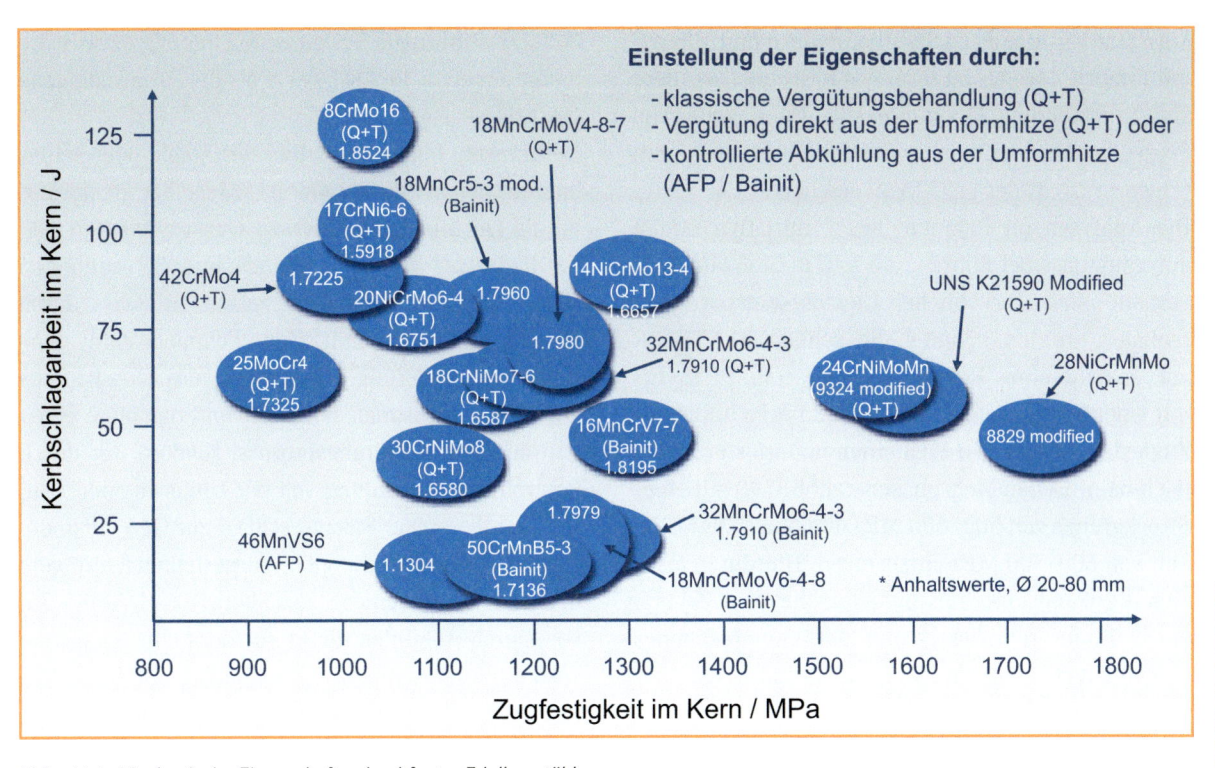

Abb. 11.4: *Mechanische Eigenschaften hochfester Edelbaustähle*

ger. Je nach Abkühlung dieses Werkstoffs aus der Umformwärme werden Kerbschlagarbeiten bei Raumtemperatur zwischen 29 J und 55 J beziehungsweise 55 J bis 110 J erzielt. Im Vergleich zum Stahl 38MnSi5 wird durch eine um 20–30 % erhöhte Dauerfestigkeit dieses bainitischen Stahls eine Gewichtsersparnis am Bauteil von 10–15 % in Aussicht gestellt.

Ultra-High-Strength, High Toughness-Stähle (UHS-HT) mit weiter gesteigerten Festigkeiten, vergleichsweise hohen Kerbschlagarbeiten und entsprechendem Leichtbaupotenzial präsentiert TimkenSteel für Getriebeanwendungen mit seinen einsatzhärtbaren Vergütungstählen UHS 230-47 (9324 Modified), UHS 230-44 (UNS K21590 Modified) und UHS 250-35 (8829 Modified). Bei solch hohen Festigkeiten kommt dem metallurgischen Reinheitsgrad der Stähle eine kritische Bedeutung zu, sodass erhöhte Anforderungen an die Stahlherstellung gestellt werden. TimkenSteel setzt daher laut eigenen Angaben seine „Ultrapremium clean steel"-Technologie während des Erschmelzens ein.

Höchste Zugfestigkeiten erzielen Federstähle, z. B. der 55Cr3, der von Saarstahl vorgeschlagene thermomechanisch gewalzte 54SiCrV6, der 60SiCrV7 oder der von ArcelorMittal aufgezeigte SOLAM®M2050 S-Cor mit einer Festigkeit bis 2050 MPa. Solche Stähle ermöglichen Gewichtsreduzierungen von Fahrzeugbauteilen wie Querstabilisatoren oder Federn.

Leichtbaupotenzial in Höhe von 20 % sieht der Stahlhersteller Daido Steel durch Einsatz eines „DCDG"-Stahls für ein Hohlrad eines Planetengetriebes im untersuchten Hybridfahrzeug. Allein dieses Bauteil wiegt aktuell 3,9 kg.

Gewichtseinsparungen durch den Einsatz höherfester Stähle sind aber nicht nur bei massiv umgeformten Bauteilen möglich, sondern auch durch den Einsatz geschmiedeter, höher belastbarer Stähle als Alternative zu gegossenen Bauteilen. So schlagen die Deutsche Edelstahlwerke vor, gegossene Lkw-Bremsscheiben mit einem Gewicht von 35,5 kg zu substituieren durch einen rostfreien, verschleißbeständigen hochkohlenstoffhaltigen und stickstofflegierten Stahl. Das hierdurch erzielbare Leichtbaupotenzial wird mit -30 % eingeschätzt.

Weitere konkrete Beispiele und Stahl-Leichtbauideen, die im Rahmen der dritten Phase der Initiative

Massiver Leichtbau von Stahlherstellern und Massivumformern / Weiterverarbeitern erarbeitet wurden, sind in Abbildung 11.5 dargestellt. Dabei geben die Prozentzahlen am, um wieviel das Serienbauteil schwerer ist als der Leichtbauvorschlag.

Die Analysen im Rahmen dieser Initiative zeigen auch auf, dass bei Rohren, die z. B. in Stoßdämpfern verbaut sind, erhebliche Gewichtseinsparungen realisiert werden könnten. So schlägt BENTELER vor, anstelle eines Rohres aus dem Stahl E235+CR mit einer Streckgrenze von min. 235 MPa und einer Zugfestigkeit von 390 MPa einen höherfesten, ferritisch-bainitischen Mehrphasenstahl FB590 mit einer Streckgrenze von 500–600 MPa und einer Zugfestigkeit von 600–700 MPa einzusetzen. Hierdurch lasse sich die Wandstärke des Behälterrohrs von 2,8 mm auf 2,0 mm reduzieren und ein entsprechendes Leichtbaupotenzial von 250 g realisieren.

11.4.2 Leichtbau mit höherfesten Stählen

Oben links in Abbildung 11.5 ist das Leichtbaupotenzial beispielsweise für eine im untersuchten Hybridfahrzeug verbaute Differential-Antriebswelle aufgezeigt. Die Hohlwelle, aktuell hergestellt aus einem CrMn-Einsatzstahl SCr420H, weist ein Gewicht von 1182 g auf. Als höherfeste Alternative zu solchen CrMn-Einsatzstählen hat die Georgsmarienhütte zusammen mit Hirschvogel einen mikrolegierten bainitischen Stahl 16MnCrV7-7 (1.8195) entwickelt, der auch einsatzhärtbar und bis zu einer Aufkohlungstemperatur von 1050 °C feinkornstabil ist. Dieser Stahl zeichnet sich durch eine im Vergleich zu herkömmlichen CrMn-Einsatzstählen deutlich erhöhte Festigkeit, Dauerfestigkeit und Härtbarkeit aus. Gleichzeitig ist die Kerbschlagarbeit hoch. Der Stahl 16MnCrV7-7 (H2) bietet aufgrund des günstigen Legierungskonzepts ebenfalls Potenzial für wirtschaftlichen Leichtbau. Er ist für die Hochtemperatur-Aufkohlung geeignet und wird von der Georgsmarienhütte schon in Serie hergestellt. Eingesetzt für die oben abgebildete Getriebewelle verspricht dieser höherfeste Stahl in Verbindung mit einer dadurch ermöglichten optimierten, dünnwandigeren Konstruktion eine Gewichtsreduzierung von 307 g. Das aktuelle Serienbauteil aus SCr420H wäre damit um etwa 35 % schwerer als die vorgeschlagene Leichtbauvariante.

Den Einsatz ferritisch-perlitischer Stähle oder seines bainitischen Stahls SOLAM®B1100 schlägt ArcelorMittal als Leichtbaualternative zu Gusswerkstoffen z. B. für Radträger vor. Simulationen und Berechnungen seitens des Stahlherstellers zeigen auf, dass durch den Einsatz des bainitischen Schmiedestahls eine Gewichtsreduzierung von 5060 g des Gussbauteils auf etwa 4100 g realisierbar ist und das ohne einen aufwändigen Vergütungsprozess, sondern nur durch kontrollierte Abkühlung von der Umformtemperatur. Der Stahlhersteller Sidenor schlägt zur Gewichtsreduzierung des in Abbildung 11.5 dargestellten Radträgers die Verwendung seines Stahls Micro1100 (44MnSiVS6) vor. Durch Abkühlen direkt aus der Schmiedewärme wird ein ferritisch-perlitisches Gefüge mit einer Zugfestigkeit von 1100 MPa erzeugt. Sidenor sieht hierdurch ein Leichtbaupotenzial von ca. 20 %.

Pleuel sind bewegliche und dynamisch hoch belastete Bauteile in Verbrennungsmotoren. Um den Treibstoffverbrauch dieser Motoren zu senken, wird – bei geforderter Dauerfestigkeit – eine möglichst geringe Masse der Pleuel angestrebt. Dementsprechend groß ist auch das Interesse der an der Initiative Massiver Leichtbau beteiligten Stahlhersteller, Schmieden und Weiterverarbeiter, Leichtbaupotenziale für diese Bauteile aufzuzeigen. Entsprechende Vorschläge reichten ArcelorMittal, Deutsche Edelstahlwerke, Georgsmarienhütte, Nippon Steel, Nissan, Saarstahl, Schmiedetechnik Plettenberg, Schuler und TimkenSteel ein. Basierend auf Untersuchungen von Mahle (www.mahle.com) schätzt TimkenSteel ein Leichtbaupotenzial bis zu 35 % durch den Einsatz der höherfesteren Stähle 36/46MnVS6Mod für geschmiedete Pleuel ein. Wird zunächst nur der Pleuelschaft betrachtet, so bewerten die Georgsmarienhütte und die Schmiedetechnik Plettenberg durch den Einsatz eines höherfesten AFP-Stahls 46MnVS5 oder eines bainitischen Stahls 16MnCrV7-7 das mögliche Leichtbaupotenzial mit 10 % bis 15 %.

Leichtbaupotenzial z. B. auch bei Bremsscheiben sieht Sidenor durch den Einsatz des verschleißbeständigen Mn-legierten Stahls 1.3401 (X120Mn12).

11.4 Leichtbau durch Werkstoffinnovationen

Antriebswelle Differential
Serie
- Einsatzstahl SCr420H
- m = 1182 g

Potential
- Höherfester Einsatzstahl 16MnCrV7-7 (H2) und fortgeschrittene Fertigung ermöglichen Querschnittsverringerungen
- m = 875 g
- Δm = 307 g (35%)

Quelle: Hirschvogel, Georgsmarienhütte

Stoßdämpfer
Serie
- Stahlrohr, z.B. E235 (1.0308)
- Wandstärke 2,8 mm
- m = 1054 g

Potential
- Höherfestes Stahlrohr FB590
- Wandstärke 2,0 mm
- m = 804 g
- Δm = 250 g (31%)

Quelle: BENTELER

Radträger vorne links
Serie
- Gusseisen (UTS = 400 - 600 MPa)
- m = 5060 g

Potential
- Stahlschmiedeteil aus ferritisch-perlitischem oder bainitischem Stahl, z.B. SOLAM B1100
- UTS = 1100 MPa
- m ≈ 4100 g
- Δm ≈ 960 g (23%)

Quelle: ArcelorMittal

Pleuel
Serie
- 23MnVS3
- m = 572 g

Potential
- Höherfester Stahl 36/46MnVS6Mod => Δm ≈ 35%
- Weitere höherfeste Stähle: 27/30/38 MnVS6 u.ä.; 16MnCrV7-7, S40C + P

Quellen: TimkenSteel, Nissan Motor, Deutsche Edelstahlwerke, Nippon Steel & Sumitomo Metal, Schmiedetechnik Plettenberg, Georgsmarienhütte, Saarstahl, ArcelorMittal

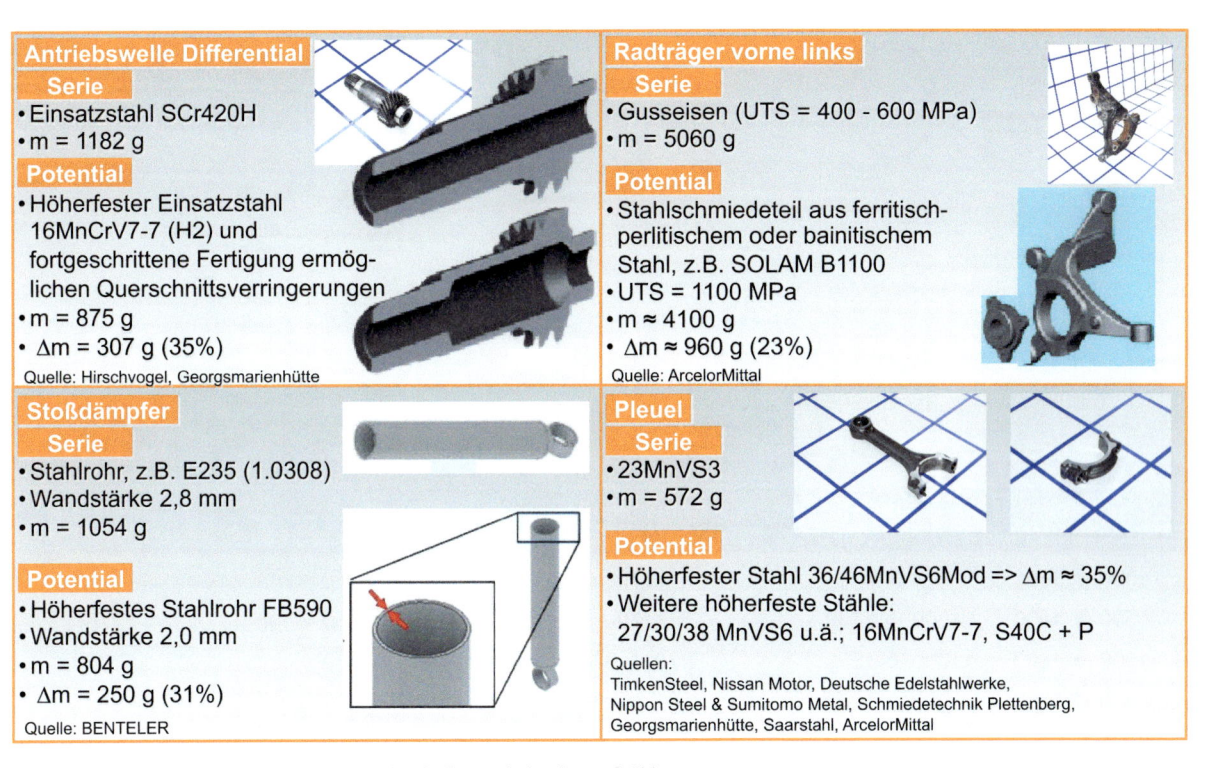

Abb. 11.5: *Leichtbaupotenziale in Prozent durch Einsatz höherfester Stähle*

Durch verbesserte mechanische Eigenschaften dieses Stahls und durch eine kühlungstechnisch optimierte Konstruktion scheinen dünnere und leichtere Scheiben möglich.

11.4.3 Leichtbau im Getriebe: Schlüsselfaktor Werkstoff

Getriebe zur Wandlung von Drehmomenten und Drehzahlen finden auch im hybriden Antriebsstrang Anwendung. Im hier betrachteten Fahrzeug sitzt ein Power-Split-Getriebe zwischen Verbrennungsmotor und Differenzial. Hier bestimmt die Drehzahldifferenz zwischen den beiden verbauten Elektromotoren das Übersetzungsverhältnis. Zudem können die Betriebspunkte des Getriebes Boost- oder Rekuperationsfunktion annehmen. Die wesentlichen Zahnradpaarungen sind als Planetengetriebe ausgeführt. Auf der Hinterachse reduziert ein zweistufiges, eingängiges Stirnradgetriebe die Drehzahl und erhöht entsprechend das Drehmoment.

Neben zahlreichen geometrischen/umformtechnischen Vorschlägen zu den verwendeten Getriebeteilen bieten natürlich die verwendeten Werkstoffe ein hohes Leichtbaupotenzial. Lassen sich Zahnräder an Flanke und Zahnfuß höher belasten, dann kann die gesamte Konstruktion kleiner und damit leichter ausgelegt werden.

Um das Leichtbaupotenzial werkstofflicher Optimierungen abzuschätzen, wurde das Institut für Produktentwicklung (IPEK) am Karlsruher Institut für Technologie KIT beauftragt, ein Modell der verwendeten Getriebe in einer Tabellenkalkulation aufzubauen. Dieses Modell hat als Eingangsgrößen Belastungs- und Belastbarkeitsdaten und schätzt über die Getriebetopologie und die limitierenden Auslegungsfaktoren das Systemgewicht ab.

Durch Variation der Belastbarkeitsgrößen kann nun die Wirksamkeit von werkstofflichen Optimierungen auf den Leichtbau des Getriebes abgeschätzt werden. Im Bild dargestellt ist das Getriebe an der Hinterachse. Es werden der Reihe nach die verschiedenen Werkstoff-Eingangsgrößen um 20 % erhöht, wie es durch hochreine Einsatzstähle möglich erscheint (TimkenSteel). Entsprechend berechnet die Tabelle mögliche Gewichtseinsparungen

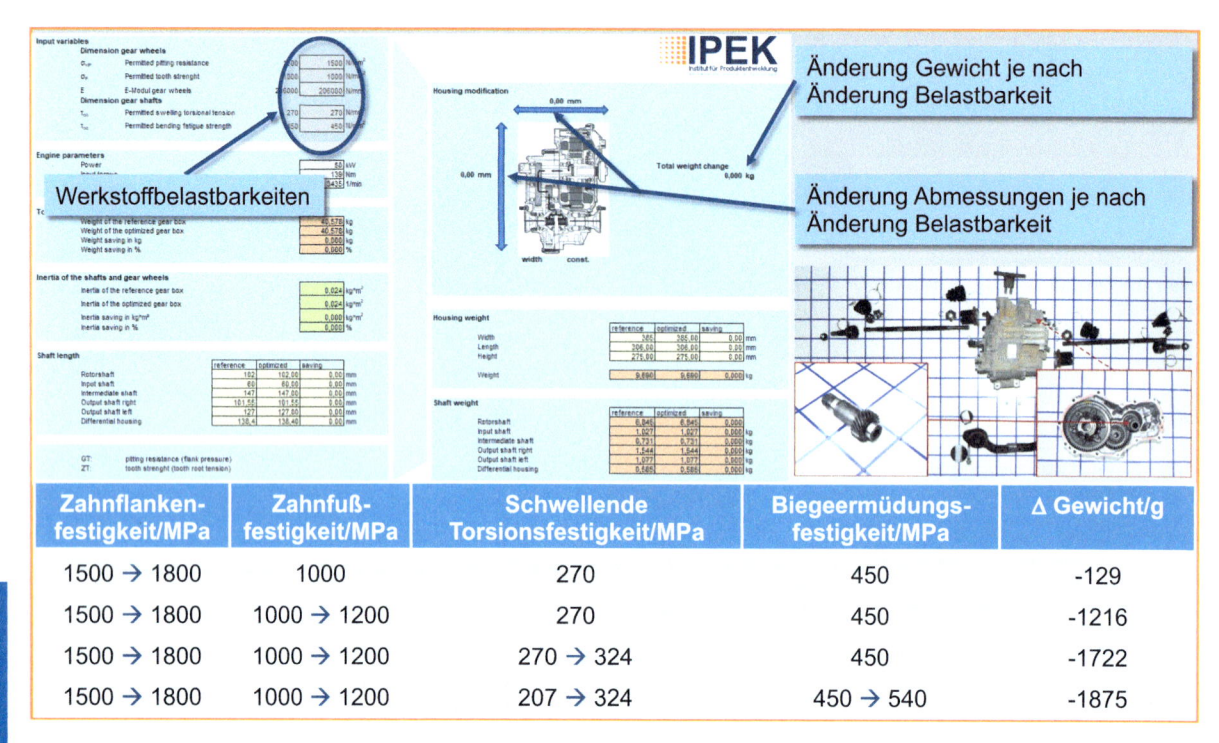

Zahnflanken-festigkeit/MPa	Zahnfuß-festigkeit/MPa	Schwellende Torsionsfestigkeit/MPa	Biegeermüdungs-festigkeit/MPa	Δ Gewicht/g
1500 → 1800	1000	270	450	-129
1500 → 1800	1000 → 1200	270	450	-1216
1500 → 1800	1000 → 1200	270 → 324	450	-1722
1500 → 1800	1000 → 1200	207 → 324	450 → 540	-1875

Abb. 11.6: *Berechnung von Leichtbaupotenzial durch belastbarere Einsatzstähle am Beispiel des Hinterachsgetriebes im Split-Axle-Antriebsstrang*

und verkleinerte Bauräume. Es zeigt sich, dass die Steigerung der Belastbarkeiten am besten in Kombination miteinander weitere Leichtbaureserven aufdeckt. Es lohnt also, sich mit verbesserten Stahlwerkstoffen zu beschäftigen, um den Leichtbau voranzutreiben.

11.4.4 Beurteilung von werkstofflichem Leichtbau

Stahl ist der wichtigste und ein weit entwickelter Konstruktionswerkstoff für Automobile. Trotzdem zeigt sich, dass auch weiterhin neue Erkenntnisse generiert werden können, mit denen sowohl die Leistungsfähigkeit als auch die Wirtschaftlichkeit von Stahlwerkstoffen (z. B. durch kontrollierte Abkühlung aus der Schmiedehitze) weiter gesteigert werden können. Die dargestellten Beispiele demonstrieren dies eindrucksvoll. Es wird aber zunehmend wichtiger, alle Partner der Prozesskette – vom Stahlwerk über Massivumformer bis hin zur fertigen Komponente – bei der Optimierung in den gemeinsamen Entwicklungsprozess einzubeziehen.

11.5 Umformtechnische Potenziale für den Leichtbau

Die Massivumformtechnologie hat sich in den letzten Jahren konsequent weiterentwickelt. Durch immer bessere Möglichkeiten der Stoffflusssimulation können komplexere Bauteile geschmiedet werden. Die Nutzung von Bauteilberechnungs-FEM durch Massivumformer erlaubt eine immer bessere Abstimmung der Bauteilauslegung mit dem Umformprozess. Dadurch lassen sich Leichtbaupotenziale entdecken und weiter ausreizen. Im Folgenden soll an zahlreichen Beispielen aus einem Split-Axle Hybridfahrzeug aufgezeigt werden, wie breit das Spektrum möglicher Masseeinsparungen in sämtlichen Anwendungsbereichen im Automobil ist. Dabei sind die gezeigten Beispiele nur eine kleine Auswahl der 732 Vorschläge, die in der dritten Phase der Initiative Massiver Leichtbau erzeugt wurden.

Um Missverständnissen vorzubeugen: Keiner der Vorschläge darf aber als Kritik an den Entwicklungsleistungen der am Serienfahrzeug beteiligten Ingenieure verstanden werden. Vielmehr sind zahlreiche exzellente Lösungen im Fahrzeug gefunden worden. Von denen können einige vielleicht noch leichter ausgeführt werden, wobei sicherlich immer eine Kosten-, Nutzen- und Risikobewertung stattfinden muss. In den Abbildungen ist immer angegeben, um wieviel Prozent das vorgefundene Serienbauteil schwerer ist als der unterbreitete Leichtbauvorschlag.

11.5.1 Leichtbaupotenziale im Verbrennungsmotor

Der Verbrennungsmotor mit seinen hochbelasteten Komponenten bietet viel Raum für Massereduzierung. Das Pleuel im Fahrzeug besteht aus dem mikrolegierten Stahl 23MnVS3 mit einer Zugfestigkeit von 850 MPa. Hier sind neue mikrolegierte Stähle am Markt, die mit einer Zugfestigkeit von 1160 MPa und dadurch ohne Beeinträchtigung des Sicherheitsfaktors eine Reduzierung des Schaftquerschnittes zulassen und damit eine Gewichtsreduzierung um 51 g ermöglichen. Moderne bainitische Stähle mit noch höherer Zugfestigkeit versprechen ein Potenzial zur Gewichtseinsparung von weiteren 20 g.

Die Nockenwelle im Fahrzeug ist aus Eisengussmaterial als Vollwelle gefertigt. Gebaute Lösungen aus geschmiedeten Nocken, die auf unterschiedliche Weise auf einem Rohr befestigt sind, sind der weitverbreitete Stand der Technik, der auch als Leichtbauvorschlag von Tekfor gestellt wurde. Der in Abbildung 11.7, links unten unterbreitete Vorschlag setzt auf Rohrmaterial auf, welches durch eine Innenhochdruckumformung mit multidirektionalen Werkzeugbewegungen mit der Funktionskontur versehen wird. Dadurch ist eine extreme Masseeinsparung möglich, wobei Festigkeit und Verschleißbeständigkeit der Nocken sicherlich noch detaillierter untersucht werden müssen.

Die Kurbelwelle, ein klassisches Schmiedeteil im Motor, erzeugt ein großes Leichtbauinteresse (Abb. 11.7 rechts). Hier werden verschiedenste Vorschläge für optimierte Stahlwerkstoffe unterbreitet: Höherfeste mikrolegierte oder bainitische Stähle, die ebenso wie der aktuelle Werkstoff keine zusätzliche Wärmebehandlung nach dem Schmieden benötigen, oder Stähle mit einem sehr hohen Reinheitsgrad durch abgesenkten Schwefelgehalt dürften

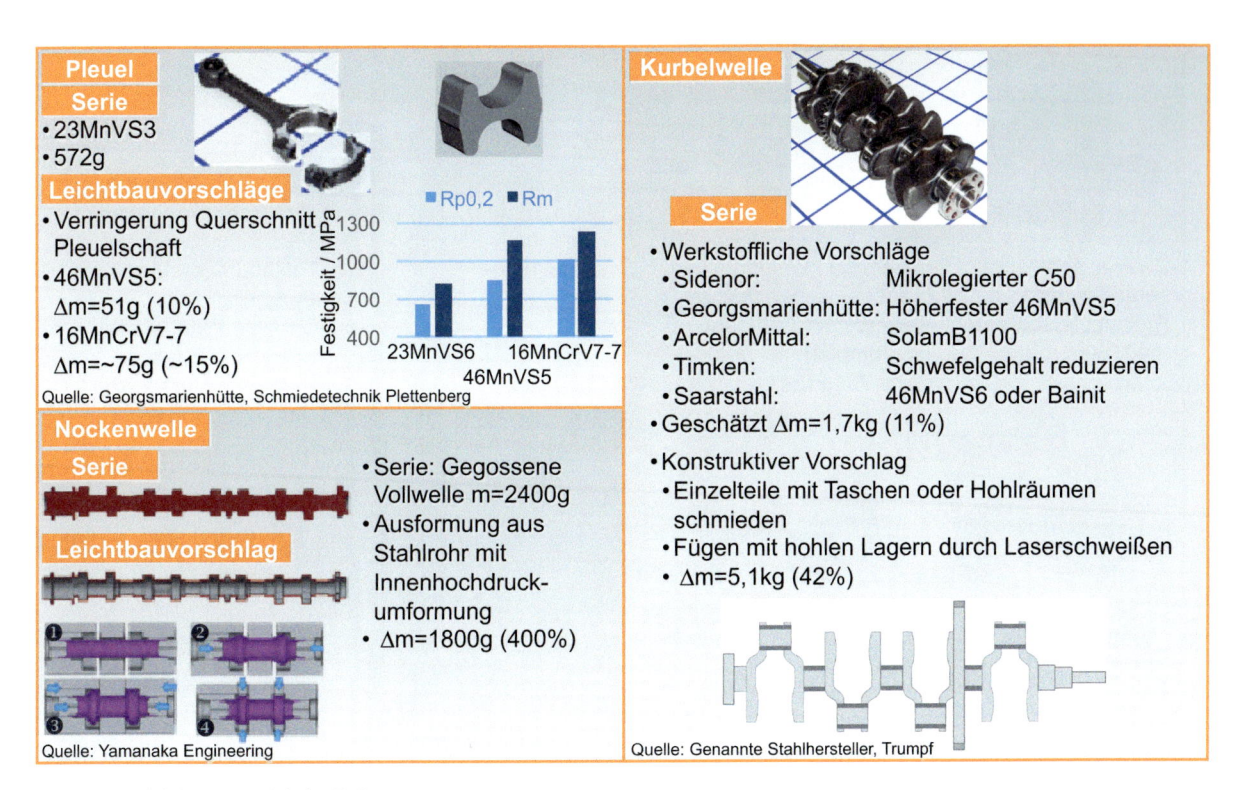

Abb. 11.7: *Leichtbaupotenziale im Verbrennungsmotor*

aufgrund ihrer höheren Lebensdauer eine kleinere Dimensionierung zulassen.

Aber auch konstruktiv-umformtechnische Lösungen werden vorgeschlagen: Hatebur schlägt vor, die Kurbelwelle aus Einzelteilen zu bauen. Damit ließen sich schmiedetechnisch einfach Taschen und Bohrungen in die Einzelteile schmieden. Schuler erweitert diesen Gedanken um das Fügen der Einzelteile per Schrumpfsitz. Trumpf geht noch weiter und schlägt vor, auch hohle Lagersitze zu verwenden und diese durch Laserschweißen mit den geschmiedeten Einzelteilen zu fügen.

11.5.2 Leichtbaupotenziale im Power-Split-Getriebe und im weiteren Antriebsstrang

Die Rotorwelle im Power-Split-Getriebe ist als zweiteilige Lösung ausgeführt. Dabei ist der hohle Schaft mit einem Presssitz in den Elektroblechträger gefügt. Zur Übertragung des Drehmoments ergibt sich notwendigerweise eine recht dickwandige Lösung. Der hier vorliegende Leichtbauvorschlag zielt darauf ab, das Lager-Biegemoment über einen viel größeren Durchmesser, dem Sitz des Elektroblechpakets zu führen. Dadurch entfällt viel Material, da die bestehende Wandung für die Abstützung des Lager-Biegemoments vollkommen ausreicht. Der Lagerflansch könnte auch kostengünstig durch Schrumpf- oder Presssitz ausgeführt werden, da dort kein Motordrehmoment, sondern nur die Biegung, die vom Lager aufgenommen wird, übertragen werden muss.

Im weiteren Antriebsstrang findet sich ein Schiebegelenk in der Seitenwelle. Die Außenseite des Gelenks ist rund und überdreht. Der Leichtbauvorschlag zielt darauf ab, die Außenseite umformtechnisch mit einer Kontur zu versehen, die der Innenseite folgt. Dabei verbleibt genügend Wandstärke für die Induktivhärtung der Innenseite. Ein weiteres, hier noch nicht quantifiziertes Leichtbaupotenzial besteht darin, das Bauteil aus dem Stahl 50CrMnB5-3 (H50) (1.7136) umzuformen. Dadurch wird eine höhere Kernfestigkeit direkt durch Abkühlung aus der Halbwarmwärme erzeugt als bei dem induktivhärtenden Kohlenstoffstahl, der im Bauteil verwendet wurde. Damit wäre

Rotorwelle — Fuge

Serie
- Zweiteilige Lösung zentraler Schaft mit Presssitz im Außenteil
- m=3180g

Quelle: Hirschvogel

Leichtbauvorschlag
- Zweiteilige Lösung
- Lagerflansch rechts: Laserschweißen oder schrumpfen
- Δm=701g (29%)

Tripoden

Serie
- Außen rund
- m=957g

Quelle: Georgsmarienhütte, Hirschvogel

Leichtbauvorschlag
- Außen umformtechnisch mit Kontur
- 50CrMnB5-3 (H50)
- Δm=156g (19%)

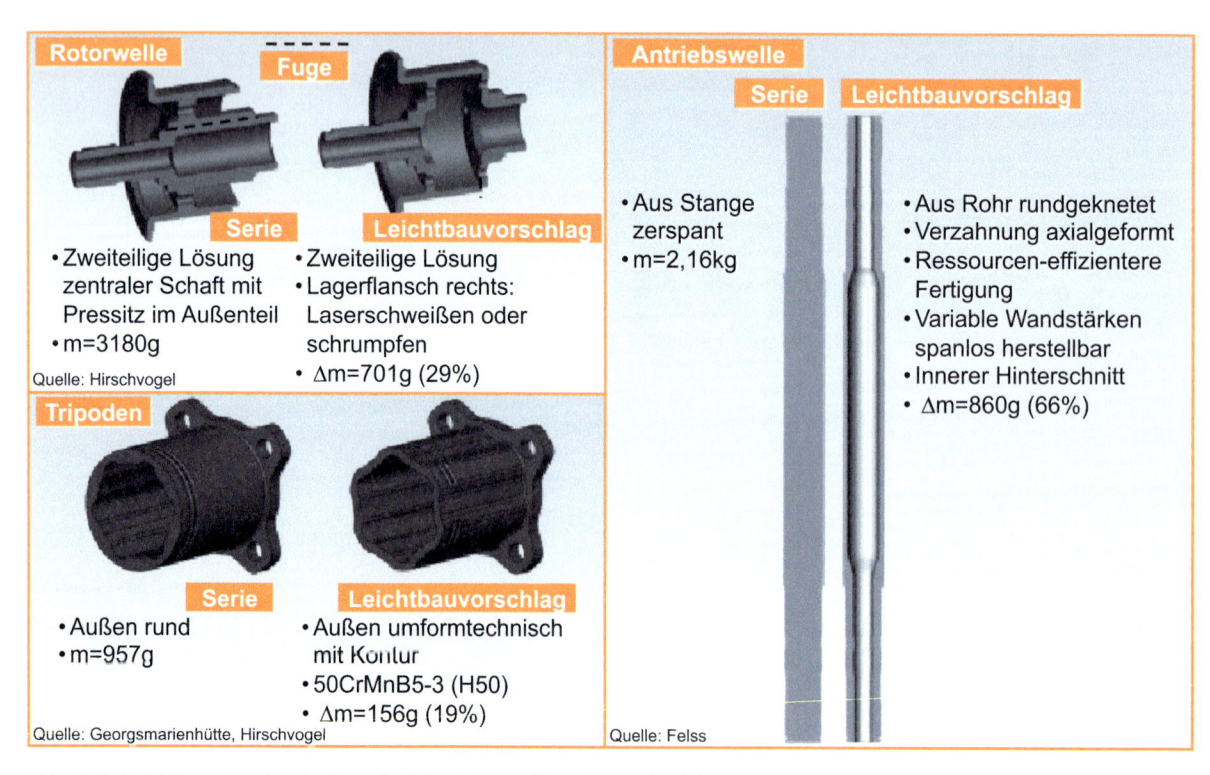

Antriebswelle

Serie
- Aus Stange zerspant
- m=2,16kg

Leichtbauvorschlag
- Aus Rohr rundgeknetet
- Verzahnung axialgeformt
- Ressourcen-effizientere Fertigung
- Variable Wandstärken spanlos herstellbar
- Innerer Hinterschnitt
- Δm=860g (66%)

Quelle: Felss

Abb. 11.8: *Leichtbaupotenziale im PowerSplit-Getriebe und im weiteren Antriebsstrang*

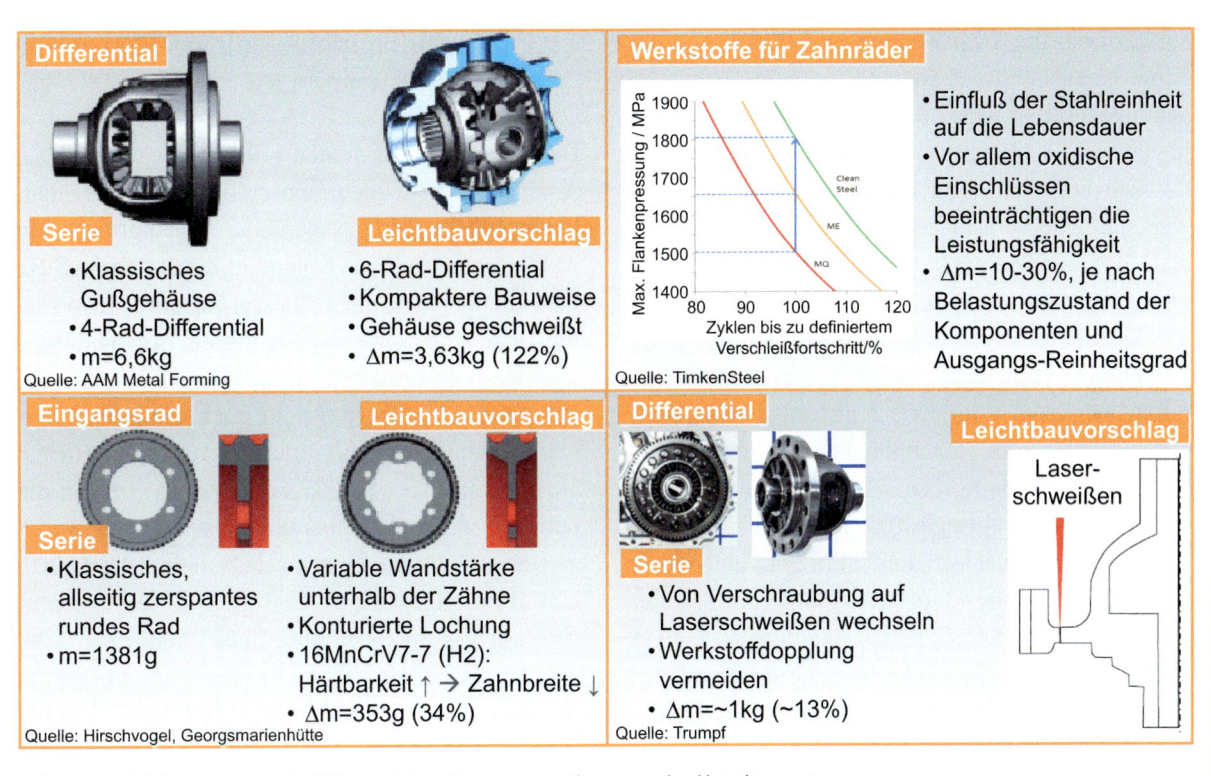

11.5 Umformtechnische Potenziale für den Leichtbau

Abb. 11.9: Leichtbaupotenziale im Differential und bei leistungsübertragenden Verzahnungen

eine geringere Induktivhärtetiefe möglich, womit höhere Druckeigenspannungen an der Oberfläche entstehen. Diese könnten die Tragfähigkeit der Oberfläche verbessern und damit eine kleinere Auslegung des Gelenks ermöglichen.

Der Anschlussflansch, der den Ausgang des Differentialgetriebes mit der Seitenwelle verbindet (wird an den Flansch des vorher erwähnten Gelenkgehäuses angeschraubt) könnte ebenso ca. 10 % Masseeinsparung realisieren. San Grato schlägt hier eine tiefere Kavität vor, die kostengünstig schmiedetechnisch herstellbar ist.

Das innere Schiebegelenk wird über eine Welle mit dem äußeren Kugelgelenk der Seitenwelle verbunden. Im analysierten Fahrzeug ist dies eine Vollwelle. Im gewichtsoptimierten Vorschlag wird die Seitenwelle als Hohlwelle ausgehend von einem Rohr durch Rundkneten hergestellt. Damit lässt sich neben einer signifikanten Gewichtsreduzierung eine merkliche Performancesteigerung im Gesamtsystem ermöglichen. Die Steckverzahnungen werden ebenfalls in einer Rundknet-Transferlinie durch Axialformen hergestellt.

11.5.3 Leichtbaupotenziale im elektrischen Hinterachsantrieb

Differentiale sind in jedem Fahrzeug einmal pro angetriebener Achse verbaut. Der absolut überwiegende Teil der Differentiale besitzt dabei 4 Kegelräder in einem Gussgehäuse. Aktuell besteht der größte Unterschied bei Differentialen darin, ob das Eingangsrad an das Gehäuse geschraubt oder geschweißt ist. Der erste Leichtbauvorschlag in diesem Anwendungsbereich zielt darauf ab, sechs statt vier Kegelräder zu verbauen. Dadurch wird die Momentenübertragung auf die doppelte Anzahl Zahnradflanken verteilt und das Gesamtsystem kann bedeutend kleiner gebaut werden, wodurch sich eine signifikante Gewichtseinsparung ergibt.

Außen am Differentialgehäuse wird das Eingangsrad befestigt (Abb. 11.9). Hier überwiegt weltweit das vollkommen rotationssymmetrische Design sowie eine konstante Wandstärke unterhalb der Zähne. Hier adressiert der Leichtbauvorschlag von Hirschvogel einerseits eine Materialeinsparung unterhalb der Zahnfüße in den Bereichen, in denen auslegungsseitig auch weniger Drehmoment in die Zähne eingeleitet wird. Zudem kann beim Lochen im Schmiedeprozess eine konturierte Bohrung eingebracht werden, die zwischen den Anschraublöchern Gewicht einspart. Nicht quantifiziert im Bild sind werkstoffliche Vorschläge. Hier könnte der Einsatzstahl 16MnCrV7-7 (H2) (1.8195) mit kostengünstigen härtbarkeitssteigernden Legierungselementen die Verzahnungsbelastbarkeit durch eine erhöhte Zahnfußfestigkeit weiter steigern. Durch eine hierdurch mögliche weitere Geometrieanpassung wird ein zusätzliches Leichtbaupotenzial von größer 5 % abgeschätzt. Daido schlägt seinen DCDG-Stahl vor, der 40 % höhere Pittingfestigkeit und 20 % erhöhte Zahnfuß-Ermüdungsfestigkeit aufweist, und damit eine kleinere und leichtere Dimensionierung erlaubt. Quantifizierbare Daten liefert TimkenSteel in seinem Leichtbauvorschlag, der auf zahlreiche leistungsübertragende Bauteile angewendet werden kann (Damm 2016, TimkenSteel). Der Einfluss des Reinheitsgrades von Stahl auf die Lebensdauer leistungsübertragender verzahnter Komponenten wurde untersucht. Ein Bauteil aus einem Einsatzstahl der ME-Güte kann bei Verwendung hochreiner Stähle (Clean Steels) um 300 MPa höher auf der Flanke belastet werden. Je nach Belastungszustand der Komponenten wird dadurch eine mögliche Masseeinsparung von 10–30 % angegeben.

Ein weiterer Vorschlag zum Differential betrachtet die Anbringung des Eingangsrads. Im vorliegenden Fahrzeug ist das Rad mit dem Differentialgetriebe mit zahlreichen Schrauben befestigt, wobei entsprechend Rad und Differentialgehäuse Materialdopplungen erzeugen. Trumpf schlägt ein Laserschweißen auf Stoß vor, mit dem etwa 1 kg Werkstoff entfallen würde.

Der Träger, der das Differential mit dem Fahrwerksrahmen verbindet, findet auch große Resonanz. Dieser besteht aus Gusseisen und wiegt 6,56 kg. Bharat Forge, Hammerwerk Fridingen, Hirschvogel und Lasco schlagen hier gewichtsoptimierte Versionen vor, die 10–20 % Gewicht einsparen könnten. Hirschvogel und Leiber schlagen den Wechsel zu geschmiedetem Aluminium vor, der zu einer Masseeinsparung von 30 % führen dürfte.

11.5.4 Leichtbaupotenziale im Fahrwerk von Pkw und Lkw

Das Fahrwerk mit seinen teils ungefederten Massen profitiert in mehrfacher Hinsicht von Leichtbauoptimierungen. Neben der Einsparung von Antriebsenergie führt Leichtbau zur Steigerung des Fahrkomforts und der Verbesserung der Fahrwerksdynamik. Ein Vorschlag in diesem Anwendungsbereich zielt auf den Stabilisator ab. Dieser ist im Fahrzeug ein gebogenes Rohr mit konstanter Wandstärke. Benteler schlägt hier als Ausgangsmaterial ein Rohr mit variabler Wandstärke vor, in dem die hochbelasteten Bogenbereiche eine dickere Wandstärke aufweisen, weniger belastete Teile jedoch eine dünnere Wandstärke. Durch diese beanspruchungsgerechte Gestaltung ließen sich über 2 kg im Stabilisator einsparen. Voestalpine unterbreitet den weiteren Vorschlag, für dieses Bauteil einen höherfesten Federstahl einzusetzen, um leichter dimensionieren zu können.

Das Domlager ist im analysierten Fahrzeug ein aufwändig aus mehreren Stahlblechen gefügtes Montageteil. Hier ließe sich durch eine Umstellung auf ein Aluminium-Schmiedeteil eine Gewichtseinsparung um ca. 200 g erzielen. Das notwendige Gummilager kann dabei durch einen Bördelvorgang eingebracht werden.

Die direkte Verbindung des Fahrwerks zum Fahrer, die Lenkung, bietet ebenso Leichtbaupotenzial. Yamanaka Engineering schlägt hier vor, ausgehend von Rohr-Vormaterial die Lenkverzahnung über einen Dorn einzuschmieden. Dieser Vorschlag wird als Ansatz ohne abstützenden Dorn auch von der Schmiedegruppe von Nissan unterstützt. Hohlschmiedevorgänge für solche Bauteile sind auch durchaus schon in Anwendung. JFE schlägt die Verwendung eines höherfesten Stahls in der Verzahnung vor, um insgesamt kleiner und damit leichter zu dimensionieren. Weitere Vorschläge zielen darauf ab, hohle (Rohr) und volle Bauteilbereiche miteinander zu fügen, oder das Bauteil über die gesamte Länge zu schmieden, und dabei neben dem Einbringen der Verzahnung eine badewannenförmige Kontur in den bisherigen Vollmaterial-Bauteilbereich einzubringen.

11.5 Umformtechnische Potenziale für den Leichtbau

Stabilisator

Serie
- Rohr mit konstanter Wandstärke
- m=3880g

Quelle: BENTELER

Leichtbauvorschlag
- Rohr mit variabler Wandstärke
- Verdickung im Bogenbereich
- $\Delta m = 1550g$ (66,5 %)

Federbein-Domlager

Serie
- Bauteil aus mehreren Blechteilen mit Gummilager gefügt
- m=960g

Quelle: Leiber, Schuler, Hirschvogel (Bild)

Leichtbauvorschlag
- Al-Schmiedeteil
- Gummilager eingebördelt
- $\Delta m \approx 200g$ ($\approx$ 25 %)

Zahnstange Lenkung

Serie
- Vollmaterial
- Verzahnung zerspanend eingebracht und induktiv gehärtet
- m=2611g

Quelle: Yamanaka Engineering

Leichtbauvorschlag
- Ausgangsmaterial Rohr
- Einformen der Verzahnung mit verzahntem Stempel über Dorn
- $\Delta m = 1338g$ (95 %)

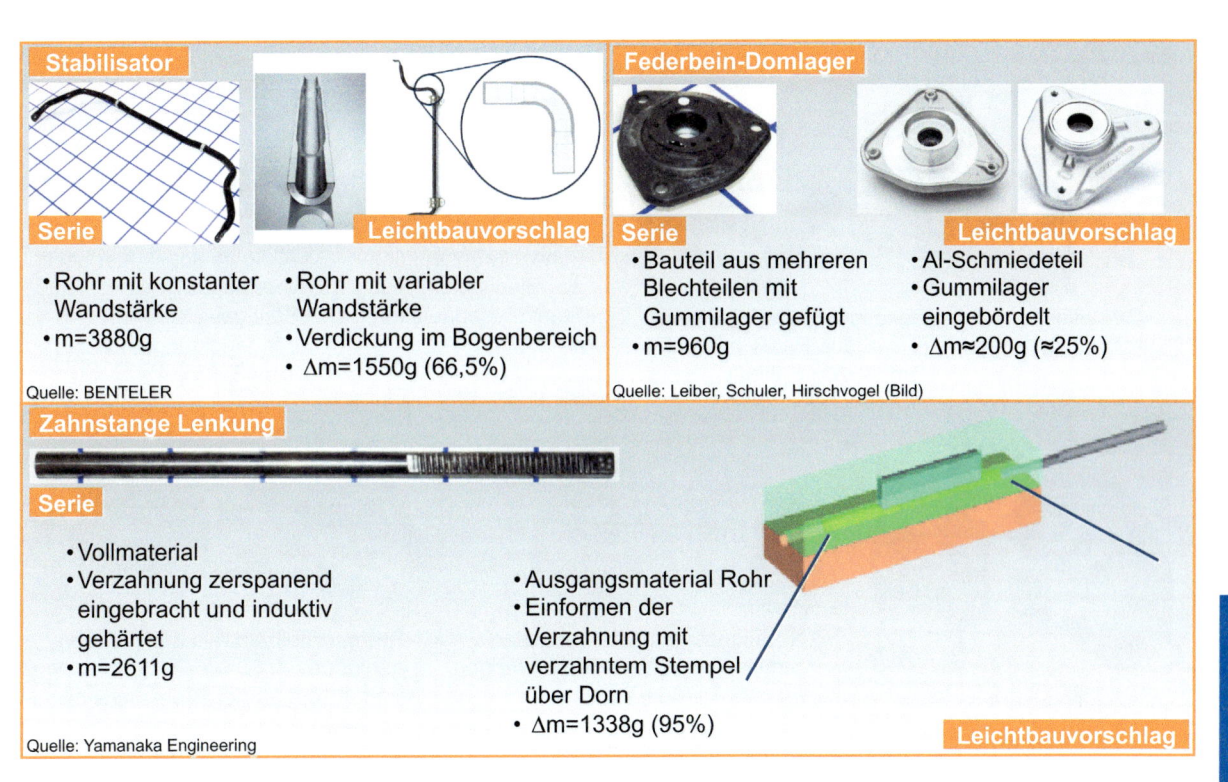

Abb. 11.10: *Leichtbaupotenziale im Fahrwerk I*

Die radtragenden Bauteile in Vorder- und Hinterachse erzeugen in der Initiative Leichtbau ebenfalls eine große Anzahl von Ideen. Schwenklager und Radträger aus Gusseisen lassen sich nahezu ohne geometrische Änderungen durch geschmiedetes Aluminium ersetzen, da sehr ähnliche Festigkeitswerte erreicht werden. Je nach Anforderung können kleine geometrische Anpassungen notwendig sein, um gleiche Steifigkeitswerte des Bauteils zu erreichen. Entsprechend errechnet sich das Leichtbaupotenzial aus dem Dichteunterschied zwischen Eisenguss und geschmiedetem Aluminium. Aus schmiedetechnischer Hinsicht wäre eine geometrische Optimierung zur Qualitätssteigerung des Bauteils sinnvoll.

Es liegen durchaus auch Leichtbauvorschläge auf der Basis von Stahlwerkstoffen vor. Es zeigt sich, dass unterschiedliche Werkstoffe und Massivumformverfahren hier im Wettbewerb stehen – am Ende wird der Kunde nach seiner Kosten-/Nutzenabwägung entscheiden.

Die Radnabe als markantes Schmiedebauteil im Fahrwerk zieht auch eine breite Aufmerksamkeit auf sich. Ausgehend vom rotationssymmetrischen Bauteil im Fahrzeug zielen zahlreiche Vorschläge auf die Wegnahme von Material von der runden Außenseite. Cotarko schlägt ein Lochen von Durchbrüchen in den Flansch vor, welches auch auf der Umformpresse durchgeführt werden kann. Aber auch konzeptionelle Leichtbauvorschläge werden unterbreitet: Der Ersatz des Verbindungstopfes der Bremsscheibe durch sternförmige Arme der Radnabe bietet neben der Bauraumeinsparung in Breitenrichtung ein signifikantes Leichtbaupotenzial.

Schließlich kann als Leichtbaubeispiel der hintere Querlenker dienen: Durch Umstieg von einer Blech-Schweißkonstruktion auf eine Aluminium-Schmiedelösung besteht eine größere Flexibilität bezüglich versteifender Elemente, sodass trotz des viel geringeren E-Moduls eine Gewichtseinsparung bei erhöhter Längssteifigkeit erzielt werden kann.

In der dritten Phase der Initiative Massiver Leichtbau wird zusätzlich das Segment der schweren Lkw analysiert, um die Leichtbaupotenziale der Massivumformung auch für diesen Anwendungsbereich darzustellen. Anhand eines Getriebes, einer Kardan-

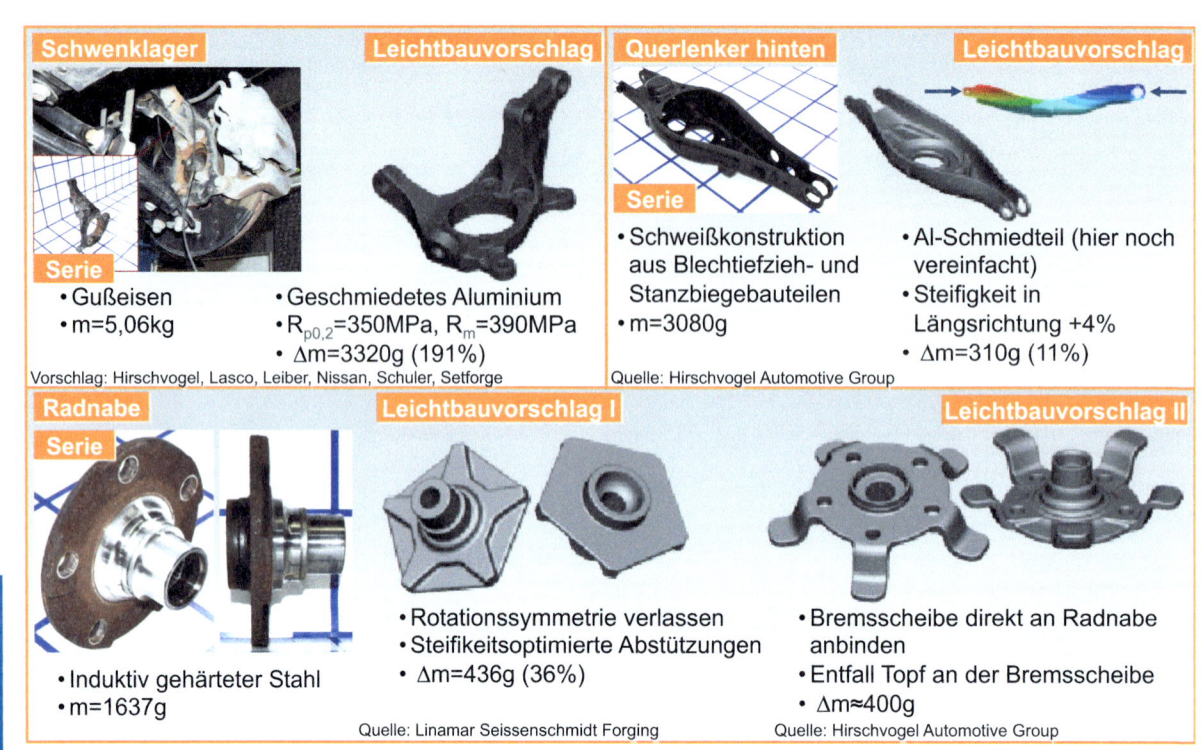

Abb. 11.11: Leichtbaupotenziale im Fahrwerk II

Schwenklager
- Serie: Gußeisen, m=5,06kg
- Leichtbauvorschlag: Geschmiedetes Aluminium, $R_{p0,2}$=350MPa, R_m=390MPa, Δm=3320g (191%)

Vorschlag: Hirschvogel, Lasco, Leiber, Nissan, Schuler, Setforge

Querlenker hinten
- Serie: Schweißkonstruktion aus Blechtiefzieh- und Stanzbiegebauteilen, m=3080g
- Leichtbauvorschlag: Al-Schmiedteil (hier noch vereinfacht), Steifigkeit in Längsrichtung +4%, Δm=310g (11%)

Quelle: Hirschvogel Automotive Group

Radnabe
- Serie: Induktiv gehärteter Stahl, m=1637g
- Leichtbauvorschlag I: Rotationssymmetrie verlassen, Steifikeitsoptimierte Abstützungen, Δm=436g (36%)

Quelle: Linamar Seissenschmidt Forging

- Leichtbauvorschlag II: Bremsscheibe direkt an Radnabe anbinden, Entfall Topf an der Bremsscheibe, $\Delta m \approx$ 400g

Quelle: Hirschvogel Automotive Group

---

welle und einer Hinterachse lassen sich zahlreiche Masseeinsparungspotenziale aufzeigen. Die Hinterachse ist hier eine Schweißkonstruktion aus einem mittig befindlichen Gussbauteil, einem Bremsträger und einem hohlen Achsstummel.

Der Bremsträger ist dabei ein sehr planares Schmiedebauteil. Der Leichtbauvorschlag in Abbildung 11.12 zielt darauf ab, nur an den Lastpfaden Material zu konzentrieren. Durchbrüche und Vertiefungen können beim Schmieden ohne großen Aufwand eingebracht werden, sodass eine beachtliche Massenreduzierung erzielt wird. Der Anschlussflansch der Kardanwelle ist weitgehend rotationssymmetrisch ausgeführt. Schmiedetechnisch ist es einfach möglich, weniger belastete Werkstoffbereiche zu entfernen, um somit ein leichteres Bauteil zu erzeugen.

Aber auch unter Beibehaltung der Rotationssymmetrie können im Getriebebereich klare Gewichtseinsparungen erzielt werden, wie die Vorgelegewelle zeigt. Hier wird von Seissenschmidt eine Umstellung von Voll- auf Hohlwelle vorgeschlagen. Ausgehend vom Rohrmaterial kann eine Hohlform durch Rundkneten hergestellt werden. In direkter Nähe zu den Wellen schlägt Richard Neumayer an Zahnrädern im Getriebe Masseeinsparung durch stärker ausgeprägte Konturen vor.

Verbindungselemente, Schrauben und Muttern sind hochstückzahlige Bauteile in der Mobilität. Wenngleich pro Bauteil die Gewichtseinsparung nur im Gramm-Bereich liegt, multipliziert sich diese entsprechend auf beeindruckende Gesamtmassen. Kamax stellt Leichtbaupotenziale im Kopf von Schrauben durch die Einbringung eines Innensechskants vor, der zudem noch bei der Montage Vorteile aufweisen kann. Aber auch die Verwendung von höherfestem Werkstoff mit Festigkeitsklasse 15.9U unter Berücksichtigung aller Randbedingungen (z. B. Resistenz gegen Wasserstoff) kann deutliche Gewichtseinsparungen erzielen, die sogar noch höher als im Bild dargestellt liegen können, wenn die möglichen konstruktiven Änderungen im Umfeld (z. B. Verringerung Bauraum) mit umgesetzt werden. Leichtbaupotenzial durch hochfeste Schrauben sieht auch der Stahlhersteller Nippon Steel & Sumitomo Metal Corporation durch den Einsatz eines Stahls mit hervorragender Beständigkeit gegen Wasserstoffversprödung.

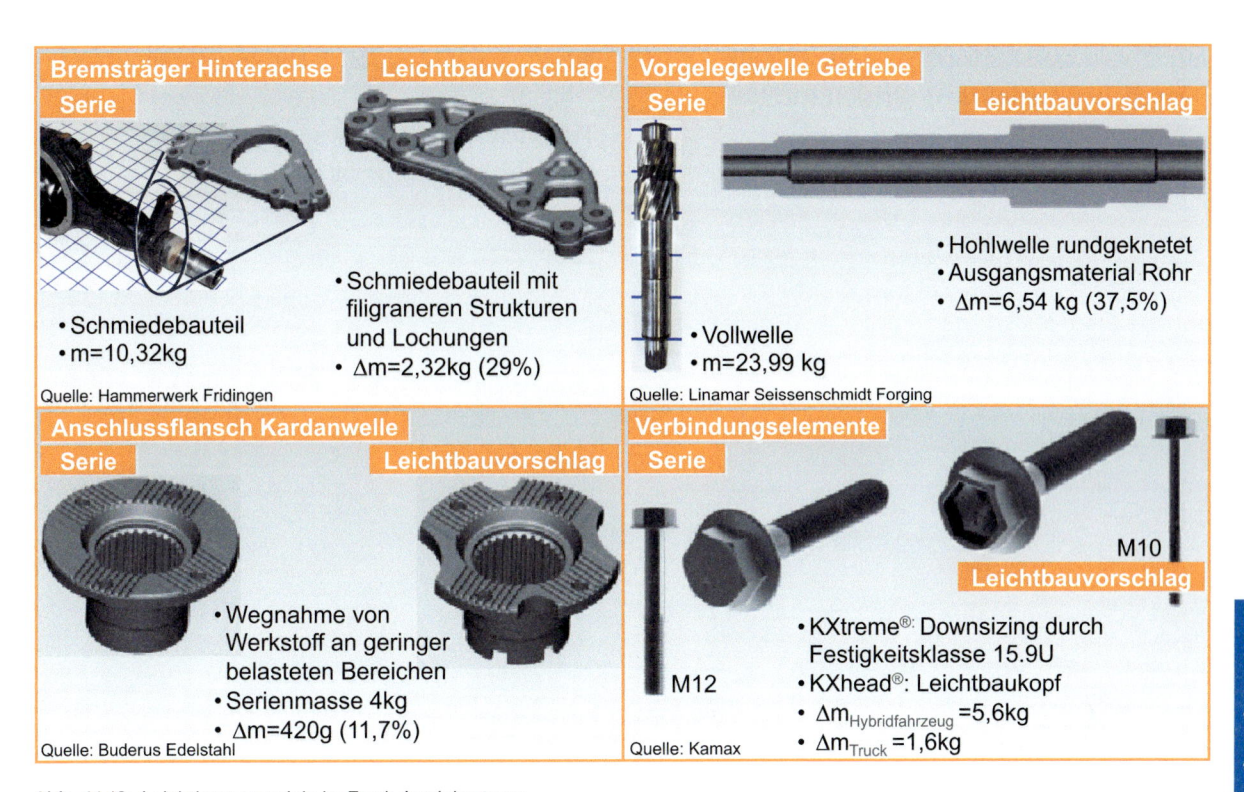

Abb. 11.12: *Leichtbaupotenziale im Truck-Antriebsstrang*

11.6 Zusammenfassung

Die Massivumformung ist zwar die älteste Fertigungstechnologie von Metallen, aber die Branche erarbeitet ständig kreative Weiterentwicklungen, die sich für Leichtbauoptimierungen nutzen lassen. Dies gilt sowohl auf industrieller Ebene, wie die zahlreichen obigen Beispiele verdeutlichen, als auch in akademischen Zusammenhängen. Dies demonstriert der Forschungsverbund „Massiver Leichtbau", welcher vom Bundesministerium für Wirtschaft und Energie (BMWi) gefördert wird und von 2015 bis 2018 arbeitet (www.massiverleichtbau.de).

Im Zusammenspiel von Verbesserungen aus werkstofflicher und fertigungstechnischer Sicht kann, unter Beteiligung aller Prozesskettenpartner, ein deutlicher Leichtbaufortschritt erzeugt werden, wie in den Beispielen eindrücklich aufgezeigt wurde. Die Unternehmen der Stahl- und Massivumformbranche stehen den Kunden für diese Herausforderungen zur Verfügung.

11.7 Weiterführende Informationen

Literatur

Damm, E.B., Glaws, P.C., Findley, K.O.: The Effects of non-metallic Inclusions on mechanical Properties and Performance of Steel, AISTech 2016, 16–19 May 2016, Pittsburgh/USA

Raedt, H.-W., Wilke, F., Ernst, C.-S.: Initiative Massiver Leichtbau, Leichtbaupotenziale durch Massivumformung, ATZ 03/2014

Raedt, H.-W., Wilke, F., Ernst, C.-S.: Initiative Massiver Leichtbau, Phase II: Leichtbaupotenziale für ein leichtes Nutzfahrzeug, ATZ 03/2016

Beteiligte Firmen

https://www.mahle.com/de/news-and-press/press-releases/Gewichtsoptimierte-pleuel-fur-hochste-beanspruchung-504

http://www.massiverleichtbau.de/en/partners-phase-III/ June 25, 2018

http://www.massiverleichtbau.de/downloads/ergebnisse-der-initiative-phase-II-leichtes-nutzfahrzeug/

http://www.massiverleichtbau.de/forschungsverbund/

TimkenSteel: https://www.youtube.com/watch?v=DjdAZUIi6bk

Teil IV

Fügetechnologien im Leichtbau

1	Mechanisches Fügen	749
2	Fügen durch Umformen	807
3	Thermisches Fügen	823
4	Thermisches Fügen – Kleben	869
5	Hybridfügen	909
6	Qualitätssicherung in der Produktion	925

Der Begriff „Fügen" wird in der Norm DIN 8593-0 definiert, wobei darunter im Wesentlichen das Verbinden von zwei oder mehr Werkstücken geometrisch bestimmter Form zu verstehen ist. Der Zusammenhalt wird dabei durch die Wirkprinzipien Kraft-, Form- oder Stoffschluss geschaffen. Durch Forschung und Entwicklung stehen heute eine Reihe unterschiedlicher Fügetechnologien zur Verfügung, die als prozesssichere Fertigungstechniken einen festen Platz in der automatisierten Großserienfertigung und der handwerklichen Einzel- und Kleinserienfertigung eingenommen haben. Die Auswahl einer geeigneten Fügetechnik für einen Anwendungsfall erfolgt dabei nach unterschiedlichen Kriterien. In der Automobilindustrie, insbesondere in der Karosseriefertigung, stellt die Wirtschaftlichkeit eines Fügeverfahrens ein wichtiges Kriterium dar. Verstärkt durch Innovationen auf dem Gebiet der Werkstofftechnik werden auch zunehmend neue Anforderungen an die Fügetechnik gestellt. Das Fügen von Leichtbauwerkstoffen und Werkstoffen in der Mischbauweise führt zu neuen Herausforderungen in der Fügetechnik. Die Fügetechnik ist daher bei der Realisierung neuer Fahrzeugkonzepte eine Schlüsseltechnologie.

Aufgrund der Vielfalt der Fügetechnologien werden diese im Rahmen dieses Beitrages in 5 Gruppen unterteilt.

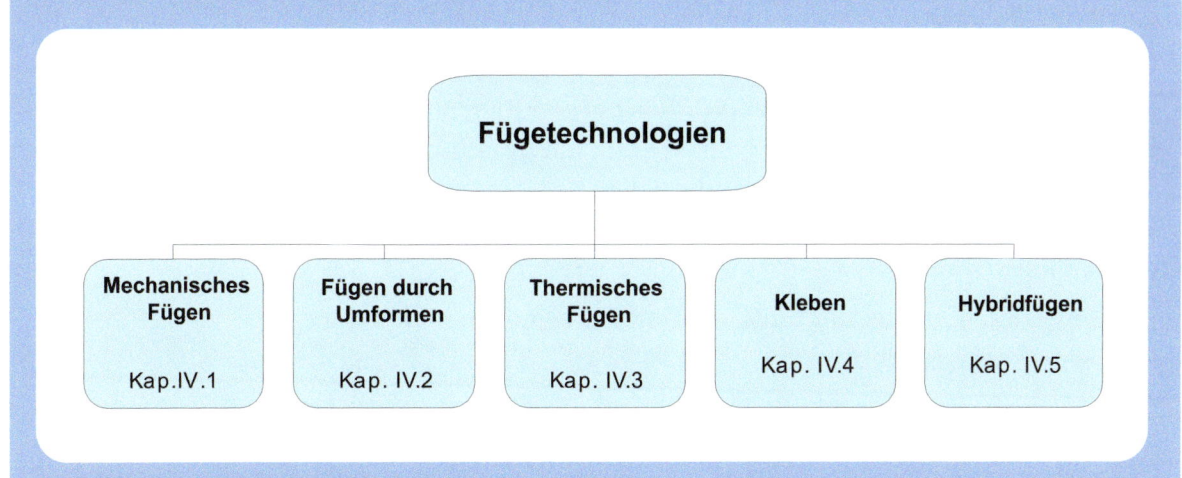

```
                    Fügetechnologien
    ┌──────────┬──────────┬──────────┬──────────┐
Mechanisches  Fügen durch Thermisches   Kleben    Hybridfügen
   Fügen       Umformen     Fügen
  Kap. IV.1    Kap. IV.2   Kap. IV.3  Kap. IV.4   Kap. IV.5
```

Einteilung der Fügetechnologien nach DIN 8593

Bis zu Beginn des 20. Jahrhunderts waren mechanische Fügetechniken dominierend für das Verbinden von Metallen. Mit der Entwicklung der elektrischen Schweißverfahren ging die Bedeutung dieser Technik zurück. In den letzten Jahren haben mechanische Fügeverfahren insbesondere in der Automobilindustrie jedoch wieder enorm an Bedeutung gewonnen. Dieser Bedeutungsgewinn ist auf die Einführung neuer Werkstoff- und Konstruktionskonzepte, die eine Reduzierung des Fahrzeuggewichtes ermöglichen, zu erklären.

Das Fügen durch Umformen, wie beispielsweise das Falzen oder Bördeln, bietet ebenfalls ein hohes Leichtbaupotential, da hierbei auf ein zusätzliches Hilfsfügeteil verzichtet wird. Es findet heute in vielfältigen Bereichen wie z. B. in der Automobilindustrie oder in der Kältetechnik Anwendung. Insbesondere neue Entwicklungen bei den Verfahren unterstreichen die hohe Bedeutung dieser Fügetechnologien für den Leichtbau.

Die thermischen Fügeverfahren zählen zu den am weitesten verbreiteten Fügeverfahren in der blechverarbeitenden Industrie. Für die „klassischen" thermischen Fügeverfahren sprechen neben dem Kriterium der Wirtschaftlichkeit insbesondere die hohe Fertigungskompatibilität. Speziell das Widerstandspunktschweißen stellt für die Verbindung von Stahlblechen im Karosserierohbau das dominante Fügeverfahren dar.

Die Fügetechnologie Kleben wird als chemisches Fügeverfahren in zahlreichen Bereichen der industriellen Fertigung auf Grund der guten Eigenschaftsprofile von Klebverbindungen angewendet. Seit Ende der 70er Jahre kommt die Klebtechnik auch im Automobilbau verstärkt zum Einsatz. Steigende Anforderungen hinsichtlich hoher Karosseriesteifigkeiten und der zunehmende Einsatz der Mischbauweise waren Auslöser dieser Entwicklung. Heute ist die Klebtechnik ein etabliertes Fügeverfahren im Fahrzeugbau.

Mit dem Einsatz kombinierter Fügetechniken, also der Kopplung des Klebens mit z. B. einem mechanischen Fügeverfahren, ist es möglich, Vorteile der jeweiligen Einzelverfahren in sinnvoller Weise zu kombinieren und auf diese Weise optimierte Verbindungseigenschaften zu erhalten. Die Kombination von klebtechnischen mit mechanischen Fügeverfahren, wie z. B. dem Stanznieten, wird als Hybridfügetechnik bezeichnet.

Die einzelnen Gruppen der Fügetechnologien werden in den nachfolgenden Unterkapiteln näher erläutert.

1 Mechanisches Fügen

Ortwin Hahn, Sushanthan Somasundaram, Gerson Meschut, Florian Augenthaler, Vadim Sartisson

1.1	Stanznieten	753	1.3.5	Anwendungsbeispiele für das
1.1.1	Verfahrensbeschreibung	754		Schließringbolzensetzen 778
1.1.2	Qualitätsbestimmende Größen von Stanznietverbindungen	756	1.4	Clinchen 779
1.1.3	Konstruktive Hinweise	757	1.4.1	Clinchsysteme 780
1.1.4	Einsatzbereiche	757	1.4.2	Allgemeine Richtlinien 782
1.1.5	Systemtechnik zum Stanznieten	759	1.4.3	Qualitätssicherung 784
1.1.6	Prozessüberwachung des Setzvorgangs	760	1.4.4	Schneidclinchen 785
1.1.7	Nacharbeitslösungen und Reparatur	761	1.4.5	Anwendungsbeispiele für das Clinchen 786
1.1.8	Sonderstanznietverfahren	762	1.5	Loch- und gewindeformendes Schrauben 786
1.1.9	Anwendungsbeispiele für das Stanznieten	764	1.5.1	Schraubsysteme 787
1.2	Blindnieten	765	1.5.2	Allgemeine Richtlinien 790
1.2.1	Blindnietsysteme – genormt und anwendungsbezogen	765	1.5.3	Qualitätssicherung 793
1.2.2	Allgemeine Richtlinien zur Auswahl von Blindnieten	767	1.5.4	Anwendungsbeispiele für Verschraubungen im Automobilbau 794
1.2.3	Qualitätssicherung	768	1.6	Hochgeschwindigkeitsbolzensetzen 795
1.2.4	Anwendungsbeispiele für das Blindnieten	771	1.6.1	Grundlagen und Begriffe 796
1.3	Schließringbolzensetzen	772	1.6.2	Verfahrensablauf und Verbindungsausbildung 796
1.3.1	Schließringbolzensysteme	772	1.6.3	Setzgerät zum Bolzensetzen 798
1.3.2	Eigenschaften von Schließringbolzenverbindungen	774	1.6.4	Richtlinien zur Konstruktion und Fertigung 799
1.3.3	Allgemeine Richtlinien	774		
1.3.4	Qualitätssicherung	776	1.7	Weiterführende Infomationen 801

Geschichtlich gesehen hat das Verbinden von Werkstoffen durch mechanische Fügeverfahren eine sehr lange Tradition, die parallel zur Metallgewinnung und -verarbeitung zurückverfolgt werden kann. Mit der Entwicklung der wirtschaftlich einsetzbaren elektrischen Schweißverfahren ging jedoch die relative Bedeutung der mechanischen Fügeverfahren zurück. Im Zusammenhang mit der Einführung neuer Werkstoff- und Konstruktionskonzepte sowie dem steigenden Umweltbewusstsein ist inzwischen aber wieder eine Zunahme der Bedeutung der mechanischen Fügeverfahren zu erkennen. Die Ursachen dafür liegen einerseits in den sich ändernden ökologischen und ökonomischen Randbedingungen sowie andererseits in der Weiterentwicklung mechanischer Fügeverfahren in den letzten Jahrzehnten. Verfahrensspezifische Vorteile, wie die Möglichkeit verschiedene Materialien in Mischbauweise verbinden zu können, kein thermischer Verzug beim Fügen und die gute Kombinierbarkeit mit der Klebtechnik führen zu immer größeren Anwendungsgebieten der mechanischen Fügeverfahren.

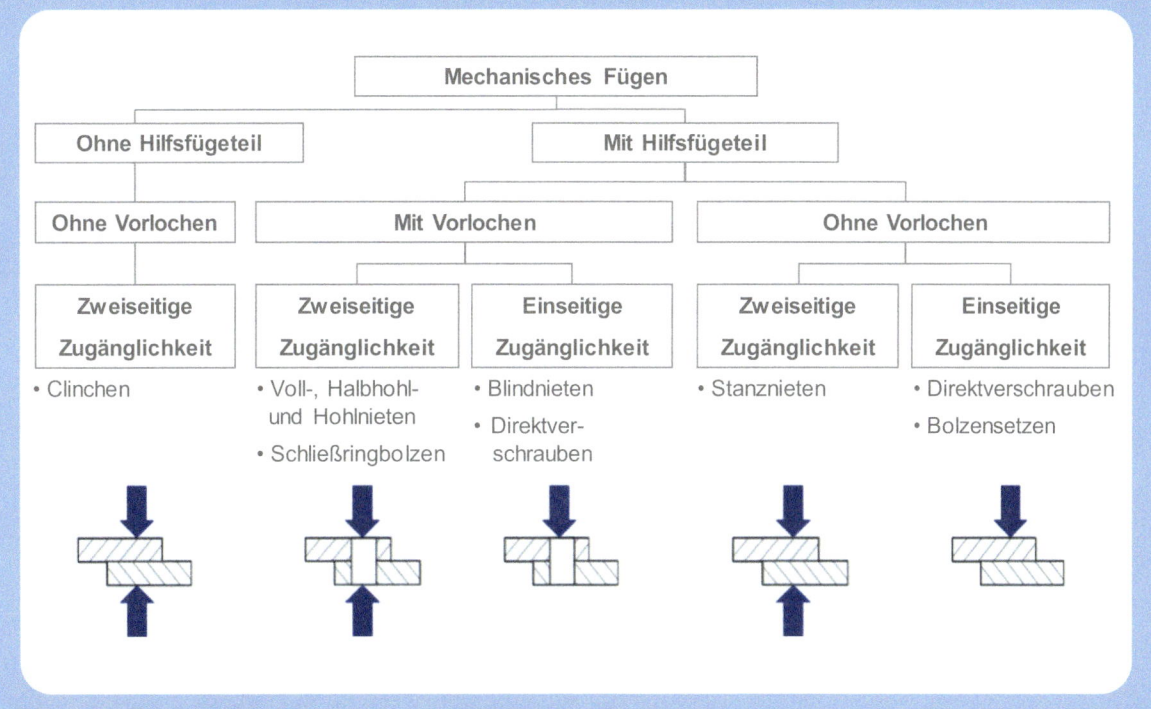

Einteilung der mechanischen Fügeverfahren nach Verarbeitungsparametern

In sicherheitsrelevanten Bereichen liefern mechanische Fügeverfahren durch ihre gute Prozessüberwachbarkeit, Dokumentierbarkeit und die Möglichkeit einer zerstörungsfreien Qualitätsprüfung die gewünschten Verarbeitungseigenschaften.

Die Vielzahl an Verfahrensvarianten ermöglicht es dem Anwender mechanischer Fügeverfahren, je nach spezifischem Anwendungsfall ein geeignetes Verfahren zu wählen. So lassen sich mechanische Fügeverfahren ohne und mit Hilfsfügeteil, ohne und mit Vorlochoperation und bei ein- oder zweiseitiger Zugänglichkeit verarbeiten. Auch in Abhängigkeit der zu fügenden Blechdicken und -festigkeiten sowie der erforderlichen Verbindungstragfähigkeit kann anwendungsbezogen das geeignete mechanische Fügeverfahren ausgewählt werden.

1.1 Stanznieten

Beim Stanznieten handelt es sich um eine Weiterentwicklung des klassischen Nietens. Wie auch andere mechanische Fügeverfahren, z. B. das Clinchen oder das Direktverschrauben, wurde die Verbreitung dieser Technologie im großen Maße durch den Einsatz in der Automobilindustrie geprägt. Neue Fahrzeugkonzepte, die nicht mehr auf eine reine Stahlbauweise, sondern vielmehr auf den Einsatz von unterschiedlichen Leichtbauwerkstoffen basierten, stellten in den 90er Jahren die Fügetechnik vor neue Aufgaben. Die bis dahin vornehmlich eingesetzte Schweißtechnik stieß bei reinen Aluminium- oder Mischverbindungen an ihre Grenzen. So konnte sich das Stanznieten und vor allem das Halbhohlstanznieten durch den Einsatz im Audi A8 (Abb. 1.1), welches als erstes Automobil in einer Aluminium-Space-Frame-Bauweise aufgebaut wurde, für den Serieneinsatz im Automobilbau qualifizieren. Durch folgende Großserienanwendungen bei verschiedenen Automobilherstellern konnte sich das Stanznieten weiter etablieren und ist heute eine Standardfügetechnik für den Leichtbau im Bereich Automobilbau, welcher durch einen Multi-Material-Mix gekennzeichnet ist.

Das Stanznieten gehört zu den Verfahren der Fertigungshauptgruppe „Fügen" (DIN 8580). Im fünften Teil der DIN 8593 ist das „Fügen durch Umformen" beschrieben (Abb. 1.2). Hierunter werden alle Fertigungsverfahren verstanden, bei denen die zu fügenden Bauteile und / oder die Hilfsfügeteile partiell oder vollständig plastifiziert und damit form- und kraftschlüssig miteinander verbunden werden.

Abb. 1.1: *Space-Frame der Karosserie für den Audi A8 (Quelle: Audi)*

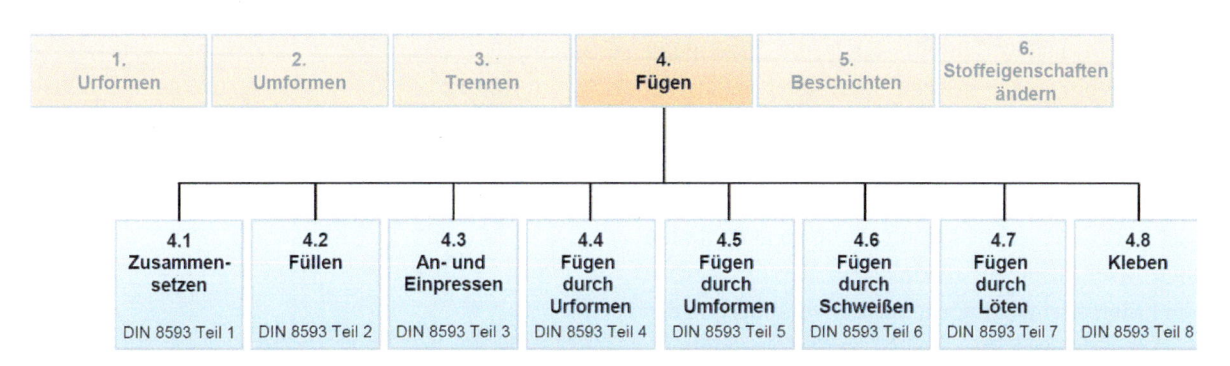

Abb. 1.2: *Unterteilung der vierten Hauptgruppe der Fertigungsverfahren „Fügen" in die acht genormten Gruppen nach DIN 8593*

1 Mechanisches Fügen

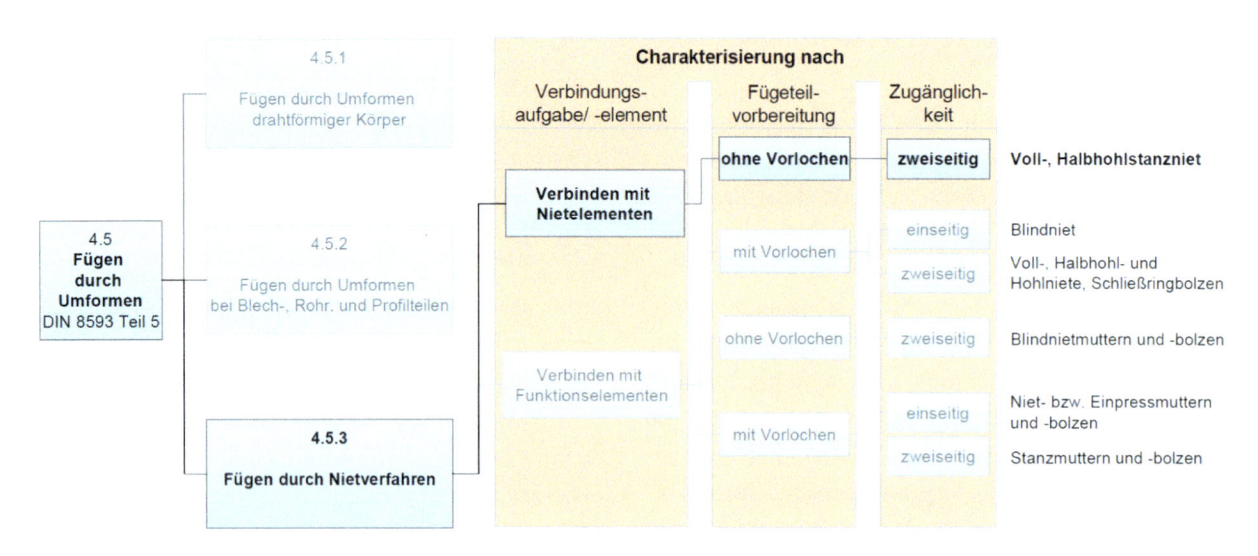

Abb. 1.3: *Einordnung der Fügetechnologien Halbhohl- und Vollstanznieten in das Schema der DIN 8593-5 (nach Hahn 1996)*

In der Untergruppe 4.5.3 werden alle Nietverfahren zusammengefasst (Abb. 1.3). Die Charakterisierung aller Nietverfahren kann nach den Merkmalen „Verbindungsaufgabe / -element", „Fügeteilvorbereitung" und „Zugänglichkeit zur Fügestelle" erfolgen. Die Technologie Stanznieten, welche aus den zwei Technologievarianten Voll- und Halbhohlstanznieten besteht, ist durch die Merkmale „Schaffung einer Verbindung mit einem Nietelement, welches ohne Vorloch bei zweiseitiger Zugänglichkeit gesetzt wird", gekennzeichnet (Hahn 1996).

Das Halbhohlstanznieten hat aufgrund seiner verfahrensspezifischen Vorteile derzeit eine größere Bedeutung im industriellen Umfeld und speziell im Automobilbau als das Vollstanznieten.

1.1.1 Verfahrensbeschreibung

Das Stanznieten zeichnet sich, wie die meisten mechanischen Fügeverfahren, durch die Erzeugung einer Verbindung zwischen zwei oder mehreren Werkstofflagen ohne den Eintrag einer gefügebeeinflussenden Prozesswärme aus. Daher entstehen beim Fügen keine gesundheitsgefährdenden Rauche oder Gase. Weiterhin kommt es an den Bauteilen auch nicht zu einem thermischen Verzug oder zu einer thermisch bedingten, lokalen Veränderung der Werkstoffeigenschaften durch Gefügeumwandlung. Die Technologie ermöglicht über das artreine Fügen hinaus auch das Fügen von Kombinationen unterschiedlicher metallischer und nicht-metallischer Werkstoffe im sogenannten Mischbau. Aufgrund der Möglichkeit, den Stanznietprozess vollständig zu automatisieren, kann die Technologie wirtschaftlich in Klein- sowie Großserien eingesetzt werden.

Beim Stanznieten kann grundsätzlich zwischen zwei Technologievarianten unterschieden werden. Je nach Variante werden unterschiedliche Stanzniete verwendet. Der Halbhohlstanzniet besteht aus einem zylindrischen Nietkörper, der an der oberen Seite in der Regel einen Senkkopf mit einen im Vergleich zum Nietkörper größeren Radius aufweist. An der unteren Seite ist der Zylinder mit einer Bohrung versehen. Dieser Teil bildet die Nietschneide. Der Vollstanzniet weist ebenfalls einen zylindrischen Nietkörper auf.

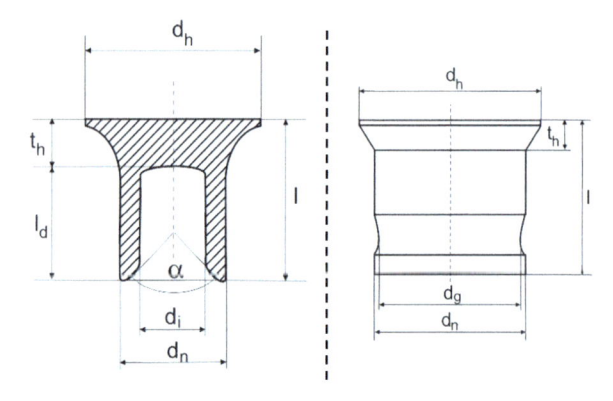

Abb. 1.4: *Darstellung der wichtigsten geometrischen Maße an Halbhohl- (links) und Vollstanznieten (rechts) (DVS/EFB 3410)*

1.1 Stanznieten

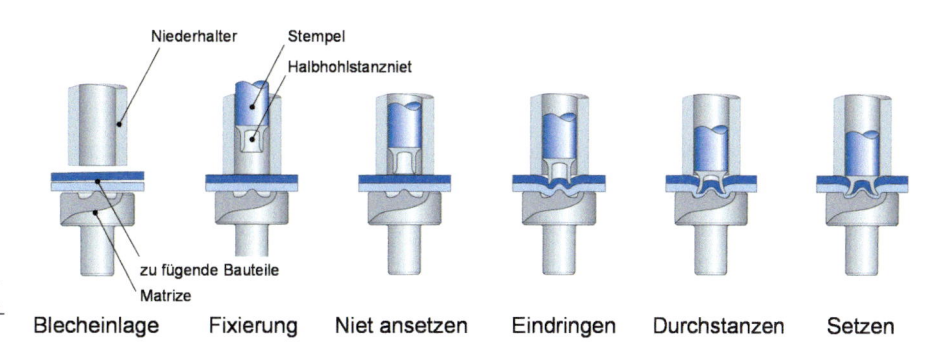

Abb. 1.5: *Schematische Darstellung des Setzprozesses beim Stanznieten mit Halbhohlniet (Quelle: Böllhof)*

Labels: Niederhalter, Stempel, Halbhohlstanzniet, zu fügende Bauteile, Matrize

Prozessschritte: Blecheinlage | Fixierung | Niet ansetzen | Eindringen | Durchstanzen | Setzen

Der Nietkopf ist beim Vollstanzniet in der Regel durch einen Senkkopf mit relativ scharfem Übergang vom Nietkopf zu Nietschaft gekennzeichnet. Der Nietfuß weist anstatt einer Bohrung eine umlaufende Ringnut auf (Abb. 1.4).

Beim Stanznieten mit Halbhohlniet wird das Fügeelement mittels eines Stempels mit einem kontinuierlichem Vorschub in die zu fügenden Blechhalbzeuge gegen eine Formmatrize gedrückt. Zur Verbesserung der Fügeelementausprägung wird prozessbegleitend mit einem Niederhalter gearbeitet. Im ersten Schritt werden die zu fügenden Teile zwischen die Matrize, welche je nach Spezifikation in Größe, Tiefe, Geometriebeschaffenheit variiert, und dem Setzkopf, bestehend aus dem Niederhalter und dem Stempel, positioniert. Nach dem Auslösen des Setzprozesses werden die Bauteile durch den Niederhalter fixiert und damit eventuelle Spalte zwischen den Fügeteilen beseitigt. Der Niet wird angesetzt und drückt die Fügeteile in die Formmatrize. Beim Erreichen eines ausreichenden Gegendruckes fängt der Niet an, die oberen bzw. stempelseitigen Materiallagen zu durchstanzen. Der entstehende Butzen verbleibt verliersicher in der Nietbohrung. Im letzten Teil des Setzprozesses verspreizt sich der Halbhohlstanzniet in der unteren bzw. matrizenseitigen Blechlage und bildet somit eine unlösbare kraft- und formschlüssige Verbindung aus (Abb. 1.5).

Beim Stanznieten mit Vollniet wird das Nietelement durch die zu fügenden Werkstoffe in einem kontinuierlichen Prozess bis zur Realisierung einer Verbindung gegen eine Schneidmatrize gepresst. Prozessbedingt entsteht hierbei ein Stanzbutzen, der separat abgeführt werden muss. Beim Vollstanznieten werden sämtliche Fügeteile gänzlich durchstanzt, wobei das untere bzw. matrizenseitige Fügeteil plastisch verformbar sein muss. Im Gegensatz zum Halbhohlstanznieten wird beim Vollstanznieten für die Erzeugung der Verbindung das Nietelement nicht plastisch verformt. Durch einen Prägering der Matrize wird der Werkstoff des untersten bzw. matrizenseitigen Fügeteiles in die Schaftnut des Vollstanznietes gepresst. Es wird hier ebenfalls eine form- und kraftschlüssige Verbindung erzeugt (Abb. 1.6).

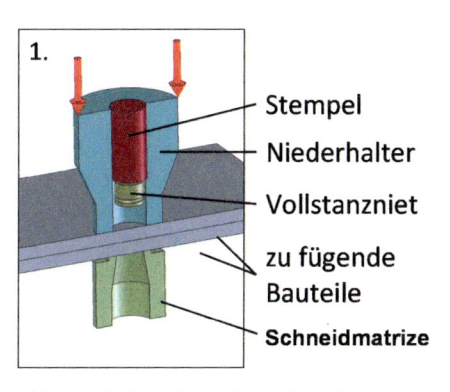

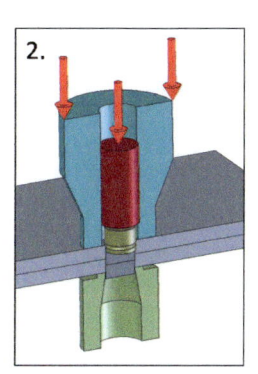

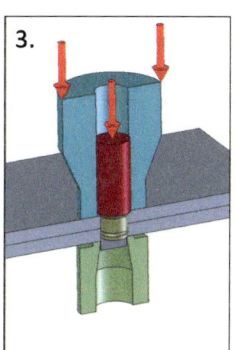

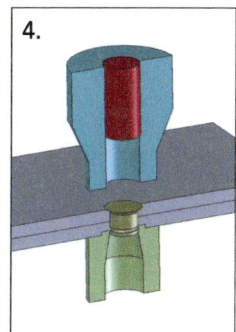

Labels: Stempel, Niederhalter, Vollstanzniet, zu fügende Bauteile, Schneidmatrize

Abb. 1.6: *Schematische Darstellung des Setzprozesses beim Stanznieten mit Vollniet (Somasundaram 2009)*

1 Mechanisches Fügen

1.1.2 Qualitätsbestimmende Größen von Stanznietverbindungen

Da es sich beim Halbhohl- sowie beim Vollstanznieten um umformtechnische Fügeverfahren handelt, haben die Prozessrandbedingungen einen großen Einfluss auf die Fügeelementausprägung und somit auf die Verbindungsqualität. Grundsätzlich wird beim Stanznieten der Prozess durch das gewählte Fügeelement sowie die gewählte Matrize stark beeinflusst. Weiterhin kann der Prozess durch einen bestimmten Niederhalterdruck sowie den Setzdruck gezielt beeinflusst werden.

Die Bewertung der Stanznietverbindung wird im ersten Schritt durch eine optische Kontrolle durchgeführt. Mit dieser Prüfung können allerdings nur grobe Fehler beim Fügeprozess, wie die Auswahl von grundlegend ungeeigneten Fügeelementen oder Matrizen, erkannt werden. Um abschließend bewerten zu können, ob die gewählten Randbedingungen zu einer qualitativ guten Verbindung geführt haben, muss eine zerstörende Prüfung in Form eines Querschliffes erfolgen. Wie bereits erwähnt, werden beim Halbhohlstanznieten die zu fügenden Bauteile sowie das Fügeelement selbst verformt (Abb. 1.7). Durch eine Vermessung bestimmter geometrischer Größen können gezielt Aussagen über die Verbindungsqualität getroffen werden.

Als besonders wichtige geometrische Größen können eine spaltfreie Anlage des Setzkopfes am stempelseitigen Fügeteil sowie die Bildung eines ausreichend großen Hinterschnitts (a1 und a2) im untersten Fügepartner gesehen werden. Um die Dichtheit (Gas- sowie Mediendichtheit) sowie die Festigkeit der Verbindung gewährleisten zu können, darf das untere Blech nicht zu stark ausgedünnt werden (tmin), da es sonst im Betrieb schnell zur Rissbildung im Bereich des Schließkopfes kommt. Weiterhin deutet das Stauchmaß S auf eine mehr oder weniger starke Beanspruchung des Nietelementes während des Fügeprozesses hin, was sich ggf. negativ auf die mechanischen Eigenschaften der Verbindung auswirkt.

Die Bewertung einer Vollstanznietverbindung im Querschliff beschränkt sich auf die Bewertung des Umformprozesses der zu fügenden Bauteile, da hier im Gegensatz zum Halbhohlstanznieten das Fügeelement während des Setzprozesses nicht verformt wird. Im Wesentlichen kann hier das bündige Anliegen des Setzkopfes an die obere Blechebene sowie die Geometrie des verprägten matrizenseitigen Fügeteils und die daraus resultierende Füllung der Ringnut bestimmt werden (Abb. 1.8).

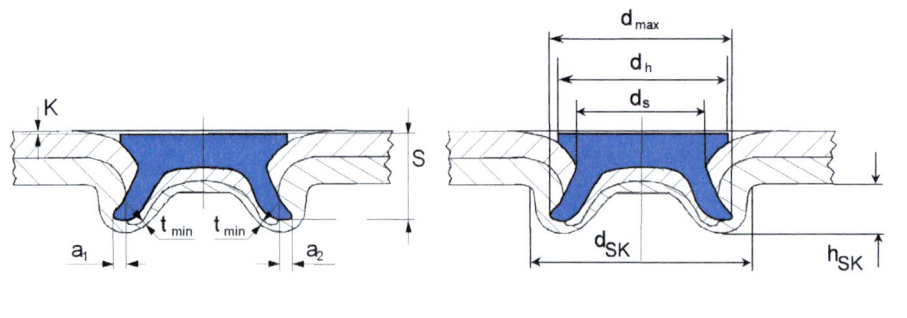

Abb. 1.7: Schematische Darstellung des Querschliffs und der qualitätsbestimmenden Größen einer Halbhohlstanzniet-Verbindung (Quelle: Böllhof)

Abb. 1.8: Schematische Darstellung des Querschliffs und der qualitätsbestimmenden Größen einer Vollstanzniet-Verbindung mit Standard-Vollstanzniet (links) und mit Mehrbereichs-Vollstanznieten (mittig und rechts) (nach DVS/EFB 3410)

1.1.3 Konstruktive Hinweise

Soll bei einem Produkt die Fügetechnologie Stanznieten eingesetzt werden, so sind einige grundsätzliche konstruktive Richtlinien bei der gestalterischen Umsetzung zu beachten. Es ist hierbei wichtig, die zweiseitige Zugänglichkeit zur Fügestelle sicher zu stellen. Konstruktiv sind daher geschlossene Profilstrukturen wie rechts im Beispiel 1 (Abb. 1.9) für die Fügetechnologie als ungeeignet zu bezeichnen. Hier müssen entsprechende Flansche vorgesehen werden. Diese Flanschflächen sind ausreichend groß zu dimensionieren, um auch eine flächige Anlage des Setzkopfes der Verarbeitungstechnik gewährleisten zu können (Abb. 1.9, Beispiel 2). Weiterhin ist die Dimension des Setzwerkzeuges bei der Zugänglichkeit zur Fügestelle zu beachten. Es ist hier vorteilhaft, innere Flansche schräg vorzusehen (Abb. 1.9, Beispiel 3). Ebenso ist bei der konstruktiven Auslegung der Fügestelle die Störkontur des Setzkopfes sowie die Entformung der Matrize nach dem Fügeprozess zu beachten (Abb. 1.9, Beispiel 4).

Abschließend sollten zwei Richtlinien für das Stanznieten beachtet werden. Zum einen sollte die Fügerichtung so gewählt werden, dass der dickere Fügepartner auf der unteren Seite (matrizenseitig) gelegen ist. So kann eine zu geringe Restbodendicke (t_{min}) in der Regel vermieden werden. Zum anderen sollte bei Fügeaufgaben, bei denen Werkstoffe mit unterschiedlicher Festigkeit verbunden werden, der duktilere Werkstoff möglichst matrizenseitig angeordnet werden. Dies ist als vorteilhaft zu bewerten, da der Haltemechanismus durch Verspreizung im bzw. Deformation vom duktilen Material günstiger erfolgt. Bei Beachtung aller Richtlinien kann die Fügetechnologie Stanznieten je nach benötigter Stückzahl mit manuellen Handgeräten oder mit vollautomatisierten Robotersystemen wirtschaftlich eingesetzt werden.

1.1.4 Einsatzbereiche

Das Stanznieten konnte sich in den letzten Jahrzehnten als wärmearme Fügetechnik etablieren. Dies ist letztlich auch auf die Vielfältigkeit der fügbaren Werkstoffe zurückzuführen. Neben reinen Stahl / Stahl-Verbindungen kommt das Stanznieten oft dort zum Einsatz, wo die Schweißtechnik keine Alternative darstellt. Dies ist vor allem bei Aluminium / Aluminium-Verbindungen sowie jeglicher Art von Mischbau, insbesondere bei Aluminium / Stahl-

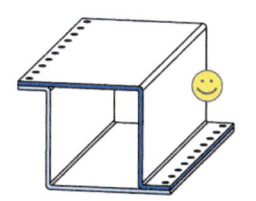

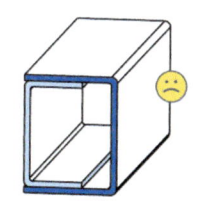

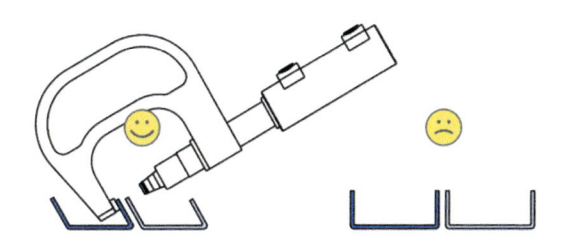

Abb. 1.9: *Richtlinien zum stanznietgerechten Konstruieren (Quelle: Böllhoff)*

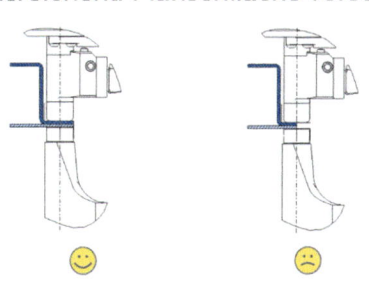

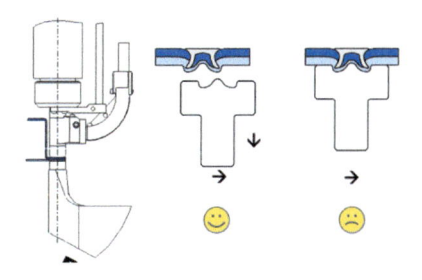

Verbindungen der Fall. Eine besondere Herausforderung ergibt sich in der Automobilindustrie beim Fügen von Mehrlagenverbindungen, welche oftmals in Kombination mit dem Kleben realisiert werden (s. Kap. IV.5). Auch hier liefert das Stanznieten die gewünschten Lösungen.

Bezogen auf die zu fügenden Halbzeuge kann grundsätzlich davon ausgegangen werden, dass vorzugsweise Blechhalbzeuge, aber auch Gusshalbzeuge sowie Strangpressprofile mittels Stanznieten verbunden werden können.

Bei den zu verarbeitenden Werkstofffestigkeiten muss zwischen den beiden Technologievarianten des Stanznietens unterschieden werden. Aufgrund neuer Entwicklungen können mit dem Halbhohlstanznieten bei einem matrizenseitig angeordneten Aluminium auch stempelseitig höchstfeste Werkstoffe mit einer Festigkeit von bis zu 1600 MPa gefügt werden. Bei der Technologievariante Vollstanznieten können grundsätzlich alle Werkstoffe gefügt werden, welche durch den Vollniet durchstanzt werden können. Die maximale Festigkeit des matrizenseitigen Werkstoffes darf hierbei 1000 MPa nicht überschreiten (Hahn 2010b).

Wie bereits beschrieben, liegt der bedeutende Vorteil der mechanischen Fügetechnik in der Fähigkeit unterschiedliche, vorzugsweise metallische oder polymere Werkstoffe miteinander verbinden zu können. In Abb. 1.10 sind beispielhafte Verbindungen mit der Technologie Halbhohlstanznieten dargestellt. Zu den Standardanwendungen für das Halbhohlstanznieten gehört das artreine Verbinden von Aluminium-Bauteilen oder der Mischbau, vorzugsweise von Aluminium und Stahl. Ferner sind im Automobilbau oft hochviskose Klebstoffe zwischen den Fügeteilen, welche die Komplexität der Fügeaufgabe erhöhen können. Durch gezielte Parameterwahl können auch hier richtlinienkonform Verbindungen erzeugt werden.

Auch beim Vollstanznieten lassen sich artreine sowie Mischbauverbindungen mit zwei oder mehr Blechlagen realisieren (Abb. 1.11). Es wird hier grundsätzlich zwischen Standard- und Mehrbereichsnieten unterschieden. Dies liegt darin begründet, dass ein Standardniet hinsichtlich der Gesamtlänge immer in engen Grenzen auf die jeweilige Fügeaufgabe abgestimmt werden muss. Hingegen kann der Mehrbereichsniet für unterschiedliche Blechdicken eingesetzt werden. Auch beim Vollstanznieten kann ein Klebstoff zwischen den Fügeteilen aufgetragen sein. Hierbei sollte dann eine entsprechende Stanzbutzenabfuhr sichergestellt werden, da der Butzen mit Klebstoff kontaminiert ist.

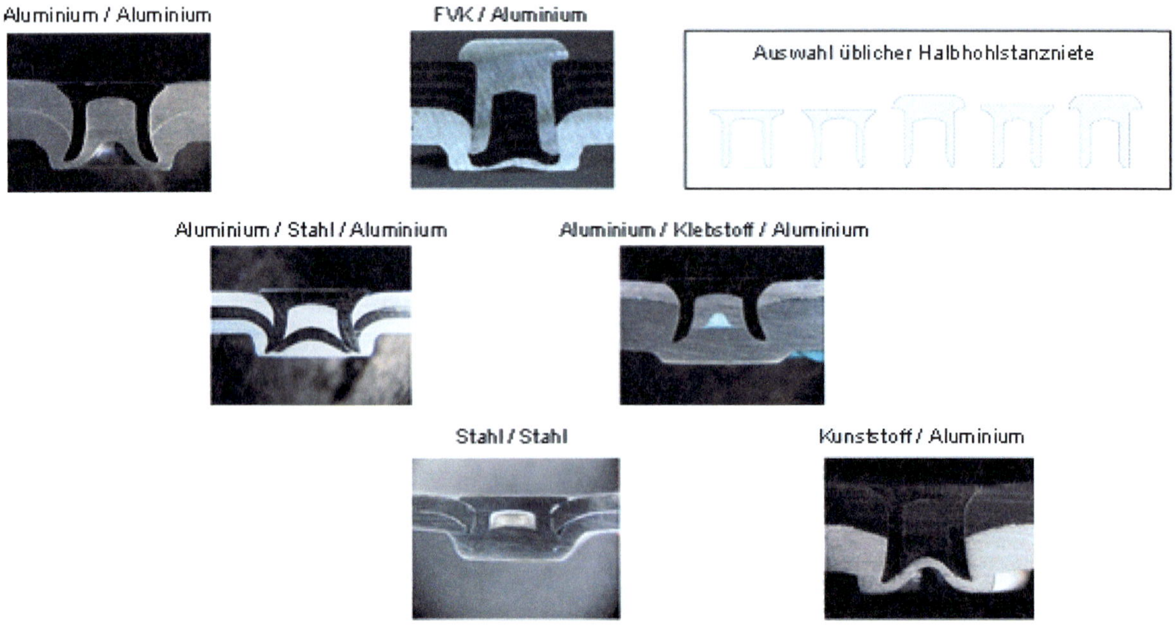

Abb. 1.10: *Möglichkeiten des Stanznietens mit Halbhohlnieten (Quelle: Böllhoff)*

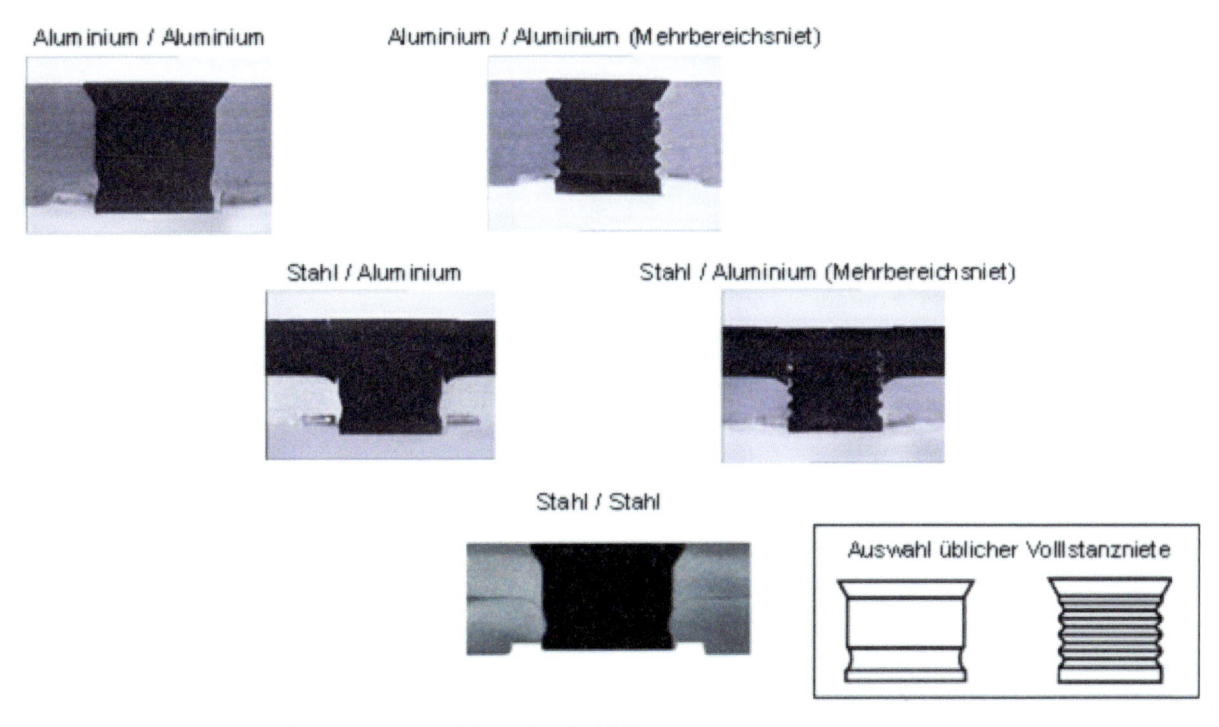

Abb. 1.11: *Möglichkeiten des Stanznietens mit Vollnieten (Quelle: LWF)*

Abschließend lässt sich sagen, dass das Stanznieten aufgrund der hohen Flexibilität hinsichtlich Werkstoffarten und -kombinationen in vielen industriellen Bereichen einen hohen Stellenwert erreicht hat. Die größten Industriezweige, die sich diese Technologie zunutze machen, sind die Automobilindustrie, die Schienenfahrzeugindustrie sowie der Bereich Weiße Ware.

1.1.5 Systemtechnik zum Stanznieten

Um reproduzierbare und hochwertige Verbindungen beim Stanznieten zu erzeugen, werden an die Systemtechnik sehr hohe Ansprüche gestellt. Die Auswahl der richtigen Verarbeitungstechnik bemisst sich nach den Kriterien Zugänglichkeit zur Fügestelle, der Anzahl der zu verarbeitenden Elemente, der aufzubringenden Prozesskraft sowie der gewünschten Art der Nietzuführung. Wichtige Anforderungen an die Systemtechnik im industriellen Großserieneinsatz sind eine hohe Verfügbarkeit, eine hohe Genauigkeit der Werkzeugfluchtung bei hohen Prozesskräften, um eine symmetrische Fügeelementausprägung gewährleisten zu können und ein geringes Eigengewicht, um die robotergestützte Verarbeitung zu ermöglichen. Das Aufbringen der Prozesskraft kann durch einen hydraulischen, pneumo-hydraulischen oder elektrischen Antrieb realisiert werden. Die Abbildung 1.12 zeigt exemplarisch die Systemtechnik für das manuelle bis

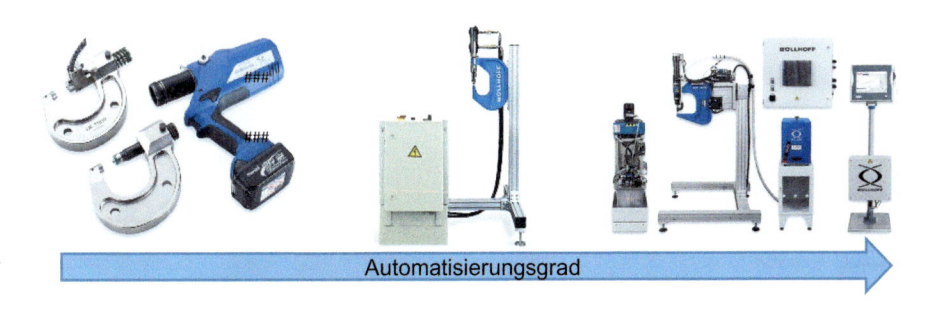

Abb. 1.12: *Verarbeitungstechnik mit unterschiedlichem Automatisierungsgrad (Quelle: Böllhoff)*

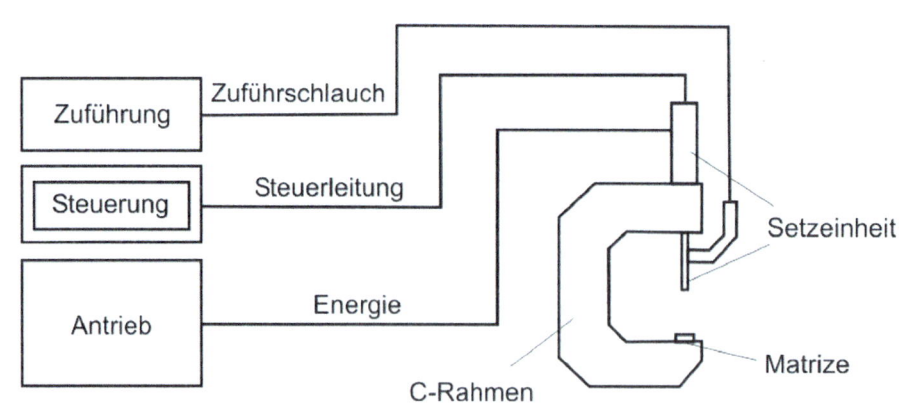

Abb. 1.13: *Prinzipieller Aufbau einer vollautomatisierten Stanznietanlage (DVS/EFB 3410)*

zum vollautomatischen Stanznieten (Abb. 1.12). Generell können Stanzniete einzeln, magaziniert oder lose verarbeitet werden.

Für den Großserieneinsatz wird in der Regel ein vollautomatisiertes Verarbeitungsgerät genutzt. Grundsätzlich besteht ein Stanznietsystem aus den in Abbildung 1.13 beschriebenen Komponenten.

Das eigentliche Setzwerkzeug besteht aus einem C-Rahmen, einer Matrize und einer Setzeinheit. Der C-Rahmen ist oft an einen Roboter adaptiert. Die Setzeinheit besteht aus dem Setzkopf, der über einen Zuführschlauch mit Stanznieten beschickt wird sowie dem Antrieb, der die entsprechende Prozessenergie zur Verfügung stellt. Das gesamte Verarbeitungssystem wird über eine eigene Steuerungstechnik in die gesamte Anlage / Bearbeitungszelle integriert.

Die Taktzeit des gesamten Systems wird von Faktoren wie dem eigentlichen Fügeprozess, dem Handling sowie den Verfahrwegen bestimmt. Die minimale Taktzeit liegt aktuell zwischen 1,2 und 3 sec. (DVS/EFB 3410). Abb. 1.14 zeigt zwei aktuelle Großseriensysteme).

1.1.6 Prozessüberwachung des Setzvorgangs

Für einen vollautomatisierten Prozess wird neben einer Steuerung auch eine Prozessüberwachung des eigentlichen Setzvorgangs benötigt. Diese Überwachung muss online erfolgen, um beim Auftreten eines Fehlers die Anlage entsprechend anhalten zu können. Die beiden aussagekräftigsten Prozessgrößen beim Stanznieten sind der Weg und die Kraft. Werden diese beiden Größen gegeneinander aufgetragen, zeigt sich eine Charakteristik, die bei gleichen Fügeparametern reproduzierbar ist. Es gibt zwei unterschiedliche Prozessüberwachungsmethoden, die sich in der Praxis etabliert haben. Zum einen kann eine Kraft-Weg-Prozesskurve in bestimmte Bereiche eingeteilt werden, welche in definierten Grenzen bei jedem Fügevorgang durchlaufen werden müssen. Diese Technik der Überwachung wird als Fenstertechnik bezeichnet (Abb. 1.15 rechts).

Die andere Möglichkeit, einen Stanznietvorgang zu überwachen ist, dass um die eigentliche Prozesskurve zwei Offset-Kurven mit einem definierten

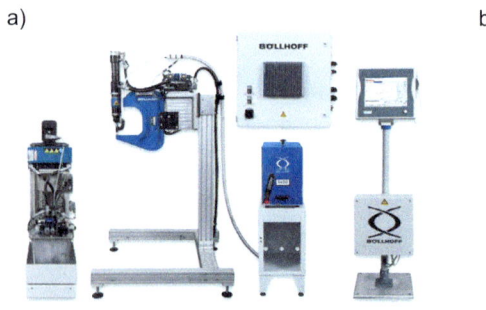

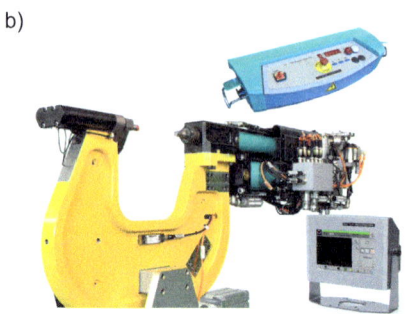

Abb. 1.14: *Exemplarische, vollautomatische Verarbeitungstechnik zum Halbhohlstanznieten (links) und zum Vollstanznieten (rechts) für den Großserieneinsatz in der Automobilindustrie (Quelle: Böllhoff, links, und TOX, rechts)*

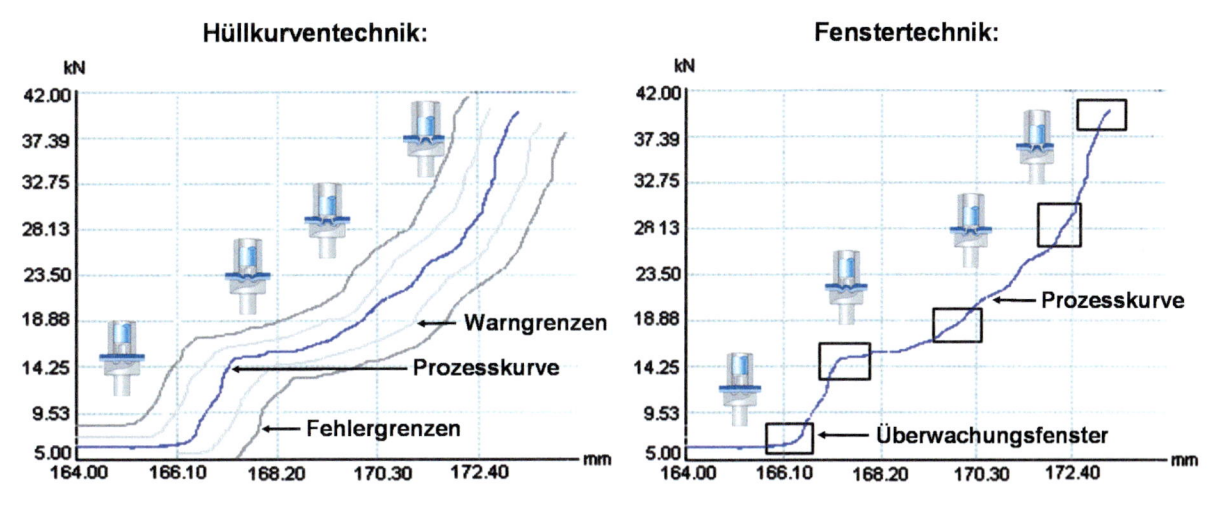

Abb. 1.15: *Prozesskurve beim Halbhohlstanznieten mit Möglichkeiten der Prozessüberwachung mit definierten Hüllkurven (Hüllkurventechnik) oder definierten Fenstern (Fenstertechnik) (Quelle: Böllhoff)*

Abstand gelegt werden (Abb. 1.15 links). Es wird hier von Hüllkurven gesprochen (Hüllkurventechnik). Vorteil gegenüber der Fenstertechnik ist die schnelle Implementierung von Hüllkurven in das System. Nachteilig ist die ungenauere Aussage über den Prozessablauf, da eine Schar von Prozesskurven in den unterschiedlichen Bereichen unterschiedlich stark streut. Eine Hüllkurve muss demnach den Bereich mit den größten unkritischen Streuungen umschließen. Dies führt schnell zu sehr breiten Hüllkurven, in deren Grenzen ggf. auch n.i.O. Verbindungen als i.O. identifiziert werden können.

1.1.7 Nacharbeitslösungen und Reparatur

Beim Stanznieten handelt es sich um ein umformtechnisches Fügeverfahren, mit dem nichtlösbare

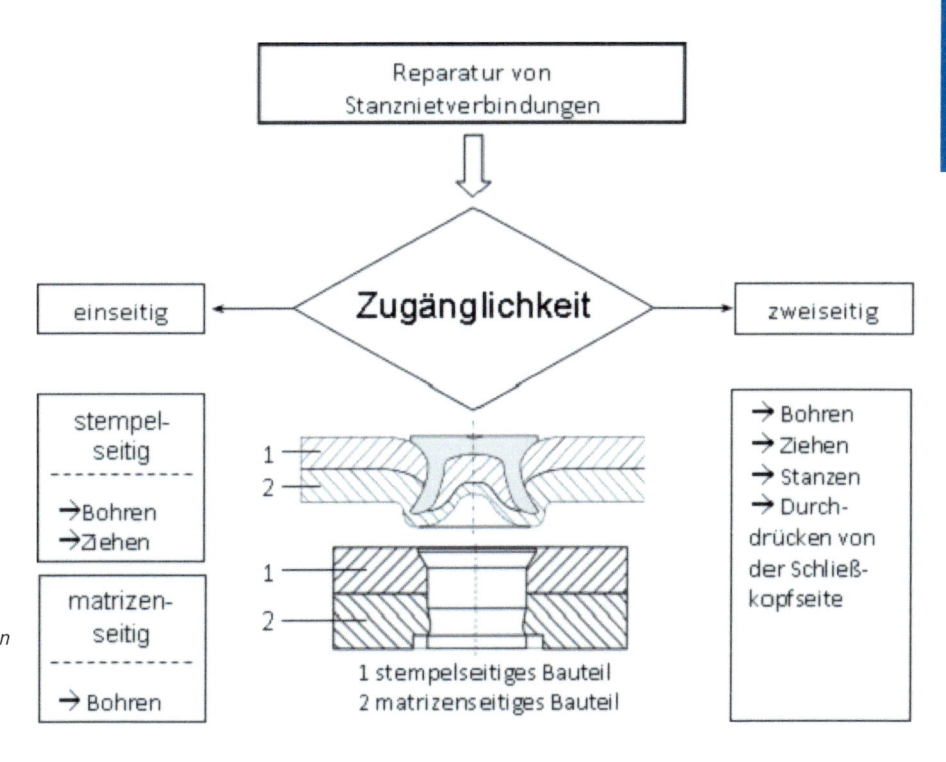

Abb. 1.16: *Mögliche Demontagemethoden von Stanznieten in Abhängigkeit der Zugänglichkeit zur Verbindungsstelle (nach DVS/EFB 3410)*

Verbindungen erzeugt werden. Sollte eine Vernietung mittels Stanznieten durch die Prozessüberwachung als n.i.O. bewertet oder durch eine Sichtprüfung als falsch gesetztes Element identifiziert werden, so muss die Verbindung nachgearbeitet werden. Ein weiterer möglicher Nacharbeitsfall kann ein Schadensfall an dem gestanznieteten Bauteil sein. Um die Funktion des Verbindens von Bauteilen wieder herzustellen, muss in einem ersten Schritt der eingebrachte Stanzniet entfernt werden. Es gibt hier unterschiedliche Methoden, die je nach Zugänglichkeit zur Verbindungsstelle eingesetzt werden können (Abb. 1.16).

Besteht nur eine einseitige Zugänglichkeit zur Fügestelle, so ist weiter zu unterscheiden, ob diese Zugänglichkeit stempel- oder matrizenseitig ist. Bei stempelseitiger Zugänglichkeit bietet es sich an, den Niet auszubohren. Hierbei muss die Spanabfuhr sichergestellt werden. Eine andere Alternative ist das Herausziehen des Stanznietes. Hierfür wird ein Zugbolzen auf den Niet geschweißt, mit dem der Niet anschließend aus der Verbindung gezogen werden kann. Bei einer matrizenseitigen Zugänglichkeit zur Verbindung kann das Nietelement lediglich ausgebohrt werden.

Besteht eine zweiseitige Zugänglichkeit zu der Fügestelle, so kann neben den gerade beschriebenen Verfahren eine Demontage auch mittels Durchstanzen oder Durchdrücken des Nietes erfolgen (Abb. 1.16). Nach einer erfolgreichen Demontage des schadhaften Verbindungselementes kann -in Abhängigkeit der Konstruktion - eine neue Verbindung mit den Fügeverfahren Blindnieten / Schließringbolzen, Schweißen, Kleben oder Schrauben realisiert werden. Falls ein ausreichender Flansch vorliegt, ist auch das erneute Setzen einer Stanznietverbindung möglich.

1.1.8 Sonderstanznietverfahren

Aufgrund der hohen technischen Relevanz von Stanznietverfahren werden laufend Weiterentwicklungen für die Einsatzgrenzenerweiterung und Optimierung der Verfahren durchgeführt, wodurch neue Leichtbauanwendungen möglich werden.

Speziell für das werkstoffgerechte Fügen von Faserkunststoffverbunden finden sich verschiedene Prozessmodifikationen. So kann zum Beispiel beim Vollstanznieten mittels Reservoirgeometrie durch

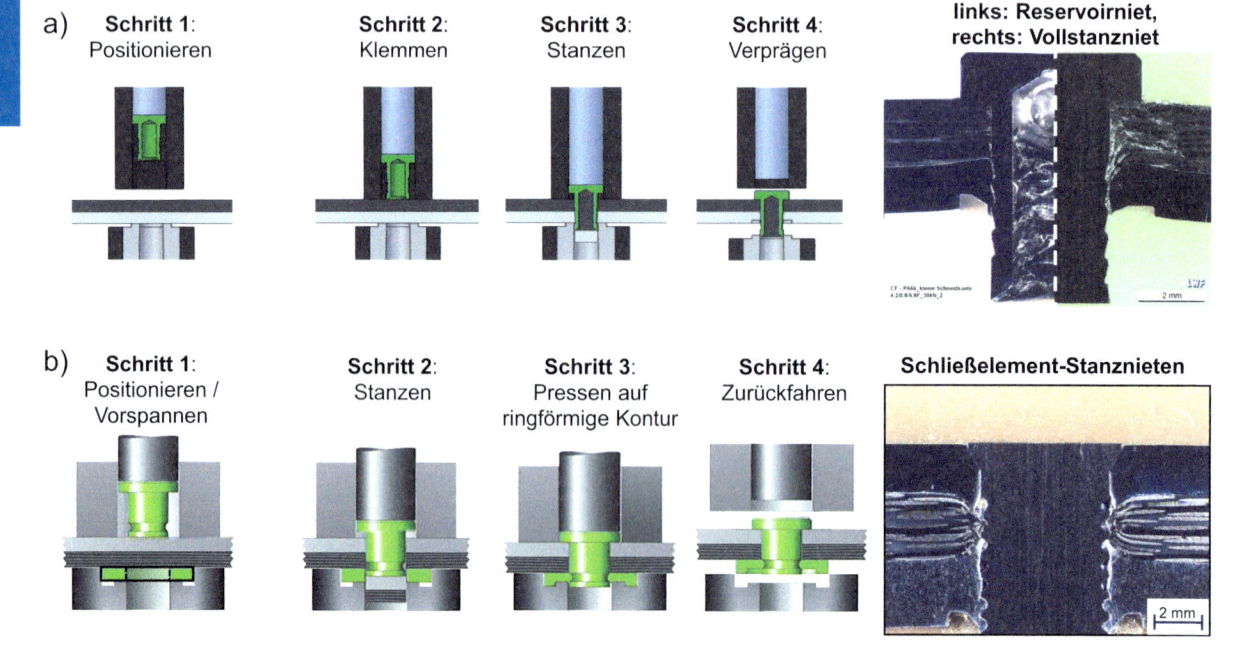

Abb. 1.17: Verfahrensablauf der Verfahren Vollstanznieten mit Reservoirgeometrie (a) und Schließelement-Stanznieten (b) (Quelle: LWF)

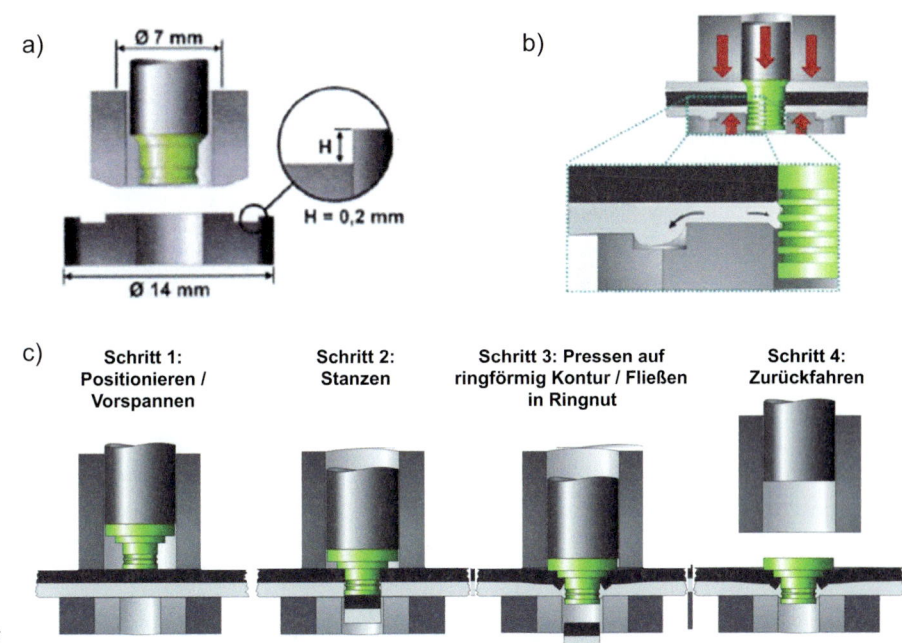

Abb. 1.18: *Modifikation einer Vollstanznietmatrize mit einem Stützring (a) und einem Staubereich (b) sowie der Verfahrensablauf Selbstschließendes Stanznieten (c) (Quelle: LWF)*

einen optimierten Schneidvorgang die Schädigung von stempelseitig angeordneten Faserkunststoffverbunden stark reduziert werden. Das Sonderverfahren Schließelement-Stanznieten hingegen ermöglicht durch die Hinzunahme eines Schließelements das vorlochfreie Verbinden von Faserkunststoffverbunden bei matrizenseitiger Anordnung (Abb. 1.17).

Andere Weiterentwicklungen zielen auf die Optimierung von Verbindungen aus höchstfesten Stählen und Aluminiumlegierungen. Für das Vollstanznietverfahren konnten die fügeprozessbedingten Deformationen durch Prozess- oder Werkzeuganpassungen reduziert und die Verbindungsqualität gesteigert werden. Beispiele hierfür stellen die Verfahrensmodifikation Selbstschließendes Stanznieten, bei dem eine Matrize ohne Prägering verwendet werden kann oder Matrizenmodifikationen zu einer Stützring- oder Staubereichsmatrize dar, Abb. 1.18.

Auch beim Halbhohlstanznieten führen Nietneu- und Weiterentwicklungen sowie angepasste Matrizen zu deutlichen Verfahrenserweiterungen. Dabei stellt vor allem die Entwicklung hochfester Niete für das Fügen von pressgehärteten 22MnB5-Werkstoffen in stempelseitiger Anordnung eine deutliche Erweiterung der Einsatzgrenzen dar. Entsprechende Niet- und Matrizenvarianten sind in Abbildung 1.19 dargestellt.

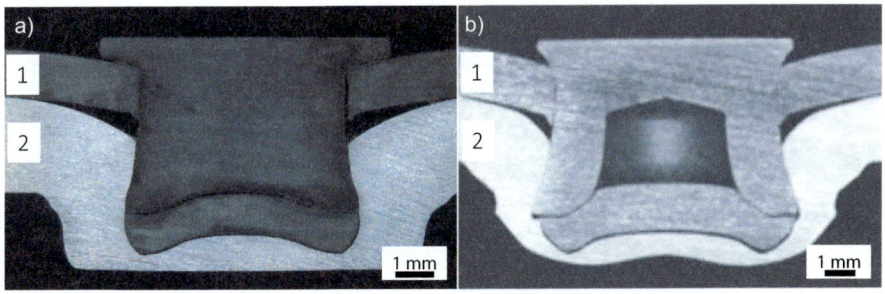

Abb. 1.19: *Fügen von pressgehärteten 22MnB5-Werkstoffen in stempelseitiger Anordnung mittels U-Niet (a) und HDX-Niet (b) (Quellen: modifiziert nach Tucker, Böllhoff)*

1) 22MnB5 pressgehärtet, t = 1,2 mm
2) Aluminium, t = 2,5 mm
Matrize: T005

1) 22MnB5 pressgehärtet, t = 1,5 mm
2) Aluminium, t = 2,0 mm
Matrize: SM1200130

1 Mechanisches Fügen

1.1.9 Anwendungsbeispiele für das Stanznieten

In den Abbildungen 1.20 und 1.21 wird die vollautomatisierte Erzeugung von Halbhohlstanznietverbindungen im Automobilbau gezeigt.

Die Verarbeitungsgeräte sind oft in ganze Bearbeitungszellen eingebunden und robotergeführt. Eine exemplarische Bearbeitungszelle ist in Abb. 1.22 dargestellt.

Im Automobilbau werden neben der reinen Großserienfertigung auch Kleinserien und Prototypen realisiert. Hier kommen oft handgeführte Stanznietsysteme zum Einsatz (Abb. 1.22 links). Sollen einzelne Baugruppen zusammengefügt werden, ist die Zugänglichkeit zur benötigten Fügestelle häufig

Abb. 1.21: *Vollautomatisierte Bearbeitungszelle im Automobilbau (Quelle: Böllhoff)*

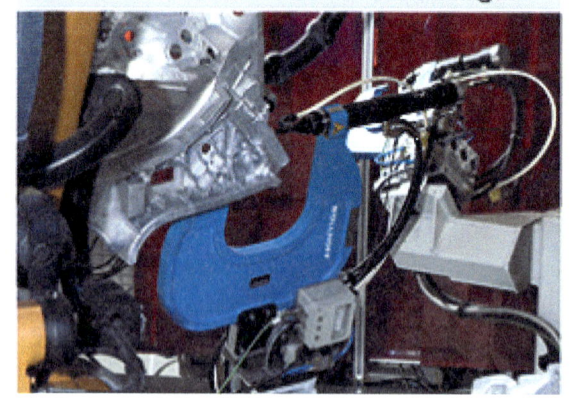

Abb. 1.20: *Vollautomatische Verarbeitung von Halbhohlstanznieten im Automobilbau (Quelle: Böllhoff)*

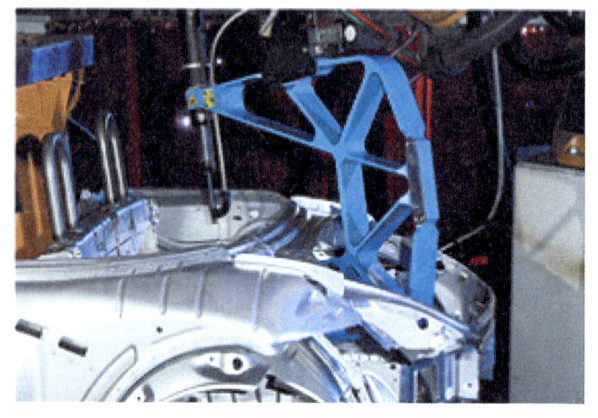

Abb. 1.22: *Halbautomatisierte Verarbeitung von Halbhohlstanznieten für Prototypen im Automobilbau (links) und für spezielle Leichtbaurahmen mit schwieriger Zugänglichkeit zur Fügestelle (rechts) (Quelle: Böllhoff)*

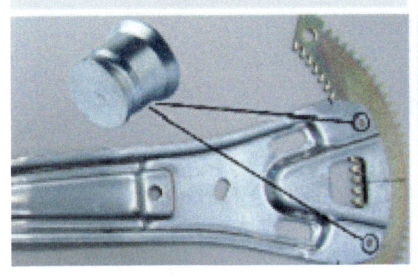

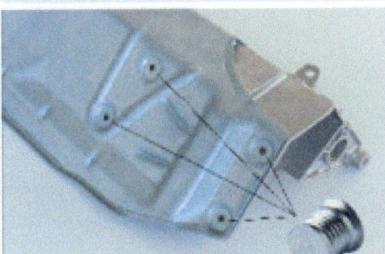

Abb. 1.23: *Exemplarische Bauteile, die mittels Vollstanznieten gefügt wurden (Quelle: Kerb-Konus)*

sehr schlecht. Es werden dann große Rachentiefen des C-Rahmens in Kombination mit einem großen Öffnungshub benötigt. Hier werden dann spezielle Leichtbaurahmen eingesetzt (Abb. 1.22 rechts).

In Abb. 1.23 sind exemplarische Bauteile dargestellt, die mittels Vollstanznieten gefügt wurden.

Das Stanznieten hat sich in vielen Industriezweigen als bewährte Fügetechnologie etabliert. Deutlich stärkster Industriezweig insbesondere für das Halbhohlstanznieten ist mit Abstand die Automobil- und deren Zuliefererindustrie.

1.2 Blindnieten

Blindniete wurden erstmals 1916 zum Patent angemeldet. Erste industrielle Umsetzungen erfolgten allerdings erst um 1954. Das häufigste Einsatzfeld der Blindniettechnik war damals der Flugzeugbau (Grandt 1994). Viele Blindnietentwicklungen für den Flugzeugbau, der im Verkehrssektor als Vorreiter für Leichtbaukonstruktionen steht, werden auch heute noch eingesetzt. Blindniete werden einseitig zur Fügestelle verarbeitet. Bei der Verarbeitung wird die Blindniethülse umgeformt, nicht aber der Bauteilwerkstoff (Klemens 1994) (Abb. 1.24).

Blindniete bestehen aus einer Blindniethülse und einem Nietdorn. Die Verarbeitung erfolgt in einem Setzvorgang besonders an Konstruktionsteilen, die nur von einer Seite zugänglich sind.

1.2.1 Blindnietsysteme – genormt und anwendungsbezogen

Für die Auswahl von Blindnietelementen können die Normen DIN EN ISO 14588 und 14589 zugrunde gelegt werden. In diesen sind Merkmale wie die Blindnietgeometrie, der Werkstoff, die Oberfläche und Angaben zu Hohlnietfestigkeitswerten für statische Belastungen festgeschrieben. Die Blindnietfunk-

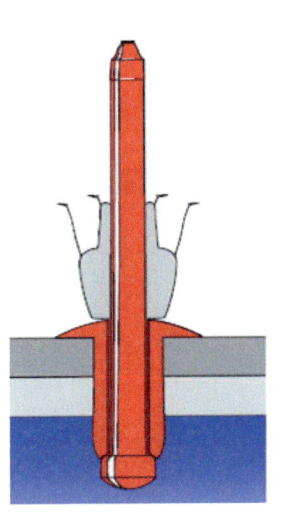

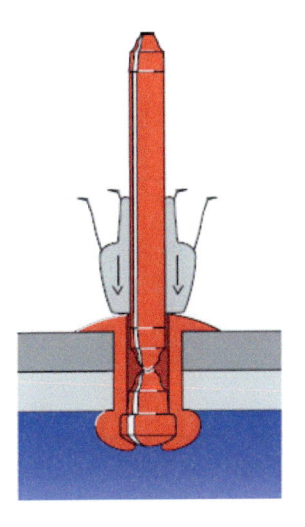

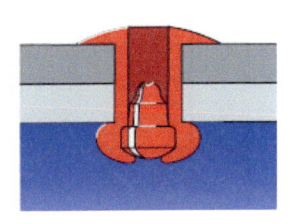

Abb. 1.24: *Herstellen einer Blindnietverbindung (Grandt 1994)*

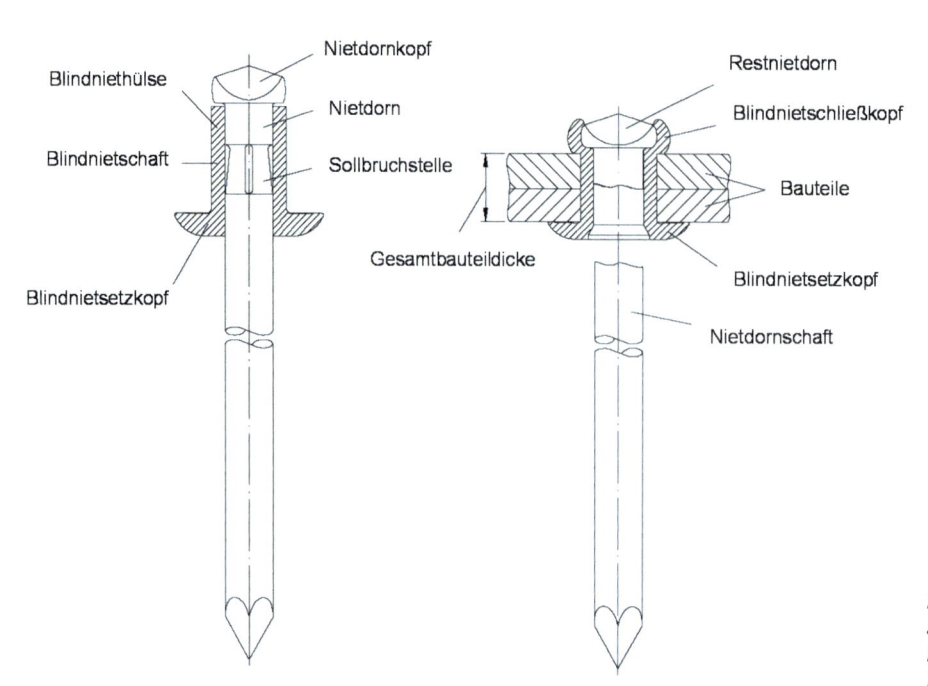

Abb. 1.25: *Wichtige Begriffe am Blindniet und an einer Blindnietverbindung (nach DVS/EFB 3430-1)*

tionseigenschaften, wie Dichtigkeit, freie Verformung, Restnietdornsicherung sowie Anzugs- und verbleibende Klemmkräfte werden nicht hinreichend definiert und sind mit dem Blindnietlieferanten abzustimmen. Ebenso sind maximal ertragbare Zug- und Scherkräfte von gefügten Blindnietelementen vom Hersteller zu erfragen, da diese insbesondere bei hochfesten Varianten die Normwerte deutlich übertreffen.

Wesentliche Entwicklungsziele in der Vergangenheit waren die hochfesten Blindniete. Diese zeichnen sich dadurch aus, dass sie hohen Scher- und Zugbelastungen ausgesetzt werden können. Durch die Gestaltung der Blindniethülse und durch den mittragenden Nietdorn konnten die Wünsche nach einem hochfesten Verbindungselement, welches bei einer einseitigen Zugänglichkeit zur Verbindungsstelle einzusetzen ist, umgesetzt werden. In Abbildung 1.26 sind einige hochfeste Blindniete schematisch in Abhängigkeit der Setz- und Scherkraft dargestellt.

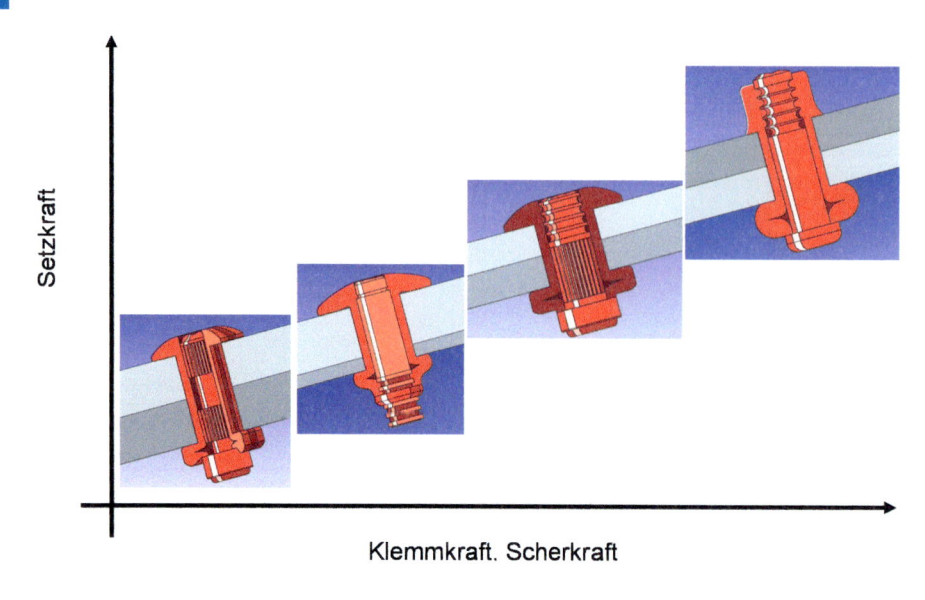

Abb. 1.26: *Unterschiedliche Ausführungsformen von hochfesten Blindnieten (Grandt 2006)*

In den schematischen Darstellungen ist deutlich zu erkennen, dass der Nietdorn bei einer Scherbelastung der Bauteile die Belastungen mit überträgt. Durch die konstruktive Gestaltung der Blindniete ist form- und/oder kraftschlüssig sichergestellt, dass der Nietdorn verliersicher, auch bei dynamischer Belastung der Fügestelle, in der Niethülse verbleibt. Einleitend sollen wesentliche Eigenschaften der modernen Blindniettechnik stichpunktartig zusammengefasst werden:

- Fügen bei einseitiger Zugänglichkeit ist möglich. Insbesondere beim Verbinden profilintensiver Rahmenkonstruktionen werden solche Fügetechniken benötigt.
- Verbindungen mit unterschiedlichen Materialien sind fügbar. Das Verbinden von Stahl, Aluminium, Magnesium und Kunststoffen ist möglich, da im Gegensatz zum Schweißen keine werkstoffliche Kompatibilität gefordert ist (Hahn 2004, Ruther 2008).
- Aufnahme hoher statischer und dynamischer Lasten. Kommt es zu einem Versagen des Hilfsfügeteils, werden hohe Kräfte und Verformungsenergien aufgenommen. Blindniete eignen sich aus diesem Grund auch für crashbelastete Strukturen (Hahn 2000).
- Unlösbare Verbindung. Der Blindniet kann nicht durch Vandalismus oder ähnliches von Unbefugten gelöst werden.
- Dokumentationspflichtige Verbindungen sind realisierbar. Durch moderne Prozessüberwachungssysteme können dokumentationspflichtige Verbindungsstellen mittels der Blindniettechnik realisiert werden (Grandt 2005).
- Blindniete sind in den Durchmesser 2 mm bis 19 mm verfügbar und können Bauteildicken von 0,5 mm bis 80 mm verbinden (Grandt 1994).

1.2.2 Allgemeine Richtlinien zur Auswahl von Blindnieten

Bei der Auswahl eines Blindnietes für eine gegebene Anwendung sind die Bauteilanforderungen, wie z.B. mechanische und thermische Beanspruchungen sowie die geforderte Korrosionsbeständigkeit zu berücksichtigen. Blindniete werden allgemein aus metallischen Werkstoffen gefertigt. Die Blindniethülsen und -dorne können dabei aus artgleichen, aber auch artverschiedenen Werkstoffen bestehen. Typische Dorn- und Hülsenwerkstoffe sind rost- und säurebeständige Stähle und Aluminiumlegierungen. Insbesondere im Bereich der Elektronik finden auch Kupferwerkstoffe Verwendung (Grandt 1994).

Die verwendeten Hülsen- und Dornwerkstoffe werden mit unterschiedlichen Beschichtungssystemen gegen Korrosion geschützt. Die Standardoberflächenbeschichtung ist eine galvanische Verzinkung, die übrigen Werkstoffe werden als Standard im Zustand „blank" angeboten. Ergänzend ist eine Vielzahl weiterer Oberflächenbeschichtungen lieferbar, z.B. galvanisch aufgebrachtes Zink-Nickel oder eine organische Beschichtung mit Zink-Aluminium-Pigmenten (Bye 2007).

Konstruktive Richtlinien

Bei der Ermittlung der Festigkeit von Blindnieten kann auf Normwerte zurückgegriffen werden. Hier werden dem Konstrukteur Anhaltswerte für die konstruktive Auslegung und Produktnormen mit Angabe von Zug- und Scherbruchkräften an die Hand gegeben (DIN EN ISO 14589). Blindniete werden entsprechend dieser Norm geprüft. Die Zugbruchkraft stellt die Kraft dar, die ein Blindniet bei Beanspruchung in Richtung seiner Längsachse ertragen kann (Abb. 1.27).

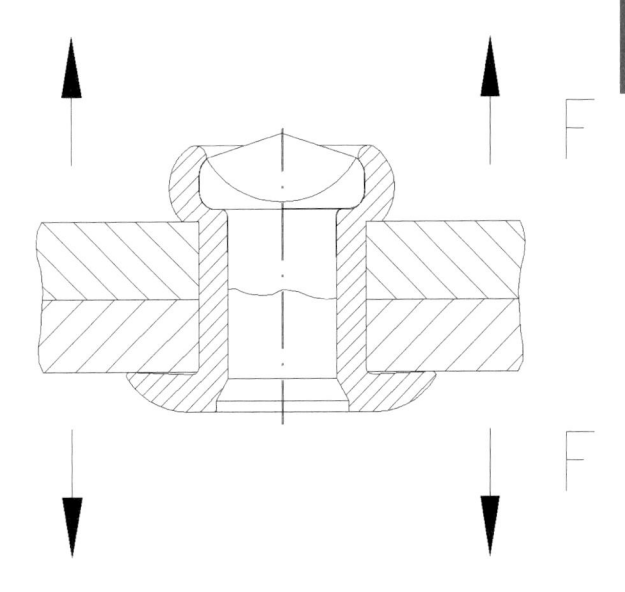

Abb. 1.27: Schematische Darstellung zur Prüfung der Zugbruchkraft nach DIN EN ISO 14589

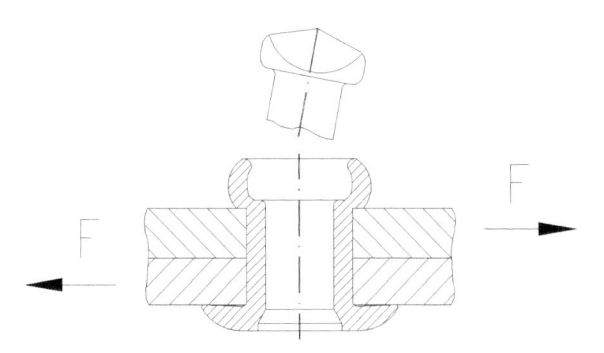

Abb. 1.28: *Schematische Darstellung zur Prüfung der Scherbruchkraft nach DIN EN ISO 14589*

Ein Blindniet wird solange gleichmäßig belastet, bis sein vollständiges Versagen eintritt. Der kleinste ermittelte Wert einer Versuchsserie ist die Mindest-Zugbruchkraft. Die ermittelten Kennwerte dienen als Richtwerte und nicht als Auslegekriterium für Verbindungen am Bauteil.

In der gleichen Norm ist die Prüfung zur Ermittlung der Scherbruchkraft vorgegeben (Abb. 1.28). Die Scherbruchkraft stellt die Kraft dar, die ein Blindniet bei Beanspruchung senkrecht zu seiner Längsachse ertragen kann. Ein Blindniet wird solange gleichmäßig belastet, bis sein vollständiges Versagen eintritt. Der kleinste ermittelte Wert einer Versuchsserie ist die Mindest-Scherbruchkraft. Auch hier dienen die ermittelten Kennwerte als Richtwerte und nicht als Auslegekriterium für Verbindungen am Bauteil.

Fertigungstechnische Richtlinien
Die Nietlöcher können auf unterschiedliche Art und Weise in die Bauteile eingebracht werden, z. B. durch Bohren, Stanzen oder Lasern (oder andere Strahlverfahren). Es ist darauf zu achten, dass die maximalen Nietlochtoleranzen die der jeweilig verwendeten Blindniete nicht überschreiten. Weiterhin sollte das Nietloch vor dem Verarbeiten des Nietes gratfrei sein, eventuelle Bohrgrate oder ähnliches sollten flächeneben entfernt werden. Bei der Verarbeitung von Senkkopfnieten ist beim Einbringen der Senkung darauf zu achten, dass diese ordnungsgemäß ausgeführt werden. Fehlerhafte Senkungen führen zu einer Beeinflussung der vorliegenden Klemmlänge und damit zu fehlerhaften Nietungen.

Die Zuordnung der Klemmlänge eines Blindnietes, häufig auch als Klemmbereich bezeichnet, zu den minimal und maximal nietbaren Bauteildicken stellt sicherlich die häufigste Fehlerursache beim Einsatz von Blindnieten dar. Sofern die Gesamtbauteildicken außerhalb dieser Grenzen liegen, ist ein anderer, geeigneter Blindniet zu verwenden.

1.2.3 Qualitätssicherung

Für die Sicherung der Verbindungsqualität gibt es sowohl zerstörungsfreie als auch zerstörende Verfahren. Zerstörungsfreie Qualitätskontrollen können in der Produktion kontinuierlich durchgeführt werden, zerstörende Kontrollen hingegen nur stichprobenartig, da das Bauteil nach der Prüfung nicht mehr seine Funktion erfüllt.

Zerstörungsfreie Prüfung
Grundsätzlich sind Blindniete selbstkontrollierende Hilfsfügeteile, deren Nietdorn an der Sollbruchstelle erst dann abreißt, wenn der Schließkopf der Blindnietverbindung voll ausgeformt ist und die maximale Nietdornbruchkraft erreicht wird. Die notwendigen Voraussetzungen, wie die Einhaltung der korrekten Bohrlochtoleranzen und des vorgeschriebenen Klemmbereiches, die plane Auflage des Setzkopfes und die Vermeidung von Fügespalten sind vom Anwender zu prüfen und sicherzustellen.

Mittels einer Sichtkontrolle werden allgemeine Aussagen über eine Verbindung getroffen. Hierbei kann geprüft werden, ob der Restnietdorn über dem Setzkopf steht, bzw. ob der Restnietdorn nicht in der Blindniethülse verblieben ist. Weiterhin kann visuell oder mit einer Fühlerlehre die Anlage des Setzkopfes auf dem Bauteil überprüft werden.

Für die Setzprozessüberwachung werden in der Regel die Zugkraft und der Zugweg (Fügezeit) während des Blindnietsetzvorgangs ermittelt und ausgewertet. Eine Möglichkeit zur Auswertung der ermittelten Daten ist der Vergleich der aufgenommenen Ist-Werte mit vorgegebenen Soll-Werten aus einer Anzahl von Referenzkurven. Ergeben sich im Fertigungsprozess Veränderungen der Ausgangsbedingungen (z. B. der Bauteildicke oder der Bohrungsdurchmesser), können diese zur Abweichung von den vorgegebenen Soll-Werten führen. Diese Veränderung der Werte muss jedoch nicht zwingend bedeuten, dass die erstellte Verbindung schadhaft ist, sie zeigt zunächst lediglich eine Abweichung an. Um die Größe eines Auswertefensters und/oder Toleranzbandes für die Setzprozessbewertung festzulegen, werden am Bauteil unter Verwendung von Grenzmustern Referenzkurven aufgezeichnet und hinsichtlich der jeweils erzielten Verbindungsqualität ausgewertet. Im Fertigungsprozess müssen sich die aufgezeichneten Prozessparameter in diesem Auswertefenster und/oder Toleranzband bewegen, um eine i.O.-Verbindung sicherzustellen. Eine Abweichung der aufgezeichneten Prozessparameter vom festgelegten Auswertefenster und/oder dem Toleranzband führt zu einer n.i.O.-Bewertung der erstellten Verbindung.

Die Art der Abweichung der Prozessparameter vom Auswertefenster oder vom Toleranzband gibt Aufschlüsse über die Fehlerart und kann so zu einer schnellen Fehlerbehebung herangezogen werden. Eine eindeutige Ableitung der Fehlerursache auf Basis der Änderung von entscheidenden Prozessparametern ist nicht möglich. Abbildung 1.29 zeigt einen charakteristischen Zugkraft-Zugweg-Verlauf mit einem Auswertefenster und einem Toleranzband für die Auswertung der Prozessdaten am Beispiel der Verarbeitung eines Standard-Blindniets.

Zerstörende Prüfung

Bei einigen Blindniettypen übernimmt der *Restnietdorn* eine wichtige Funktion. Um sicherzustellen, dass dieser nach dem Setzprozess im Schließkopf verbleibt, ist es notwendig, dass eine setzkopfseitige Nietdornverriegelung vorhanden ist und diese überprüft wird. Die Nietdornverriegelungskraft kann zerstörungsfrei mit einem Handprüfgerät oder zerstörend nach DIN EN ISO 14589 geprüft werden. Schliffbilder zeigen den Einbauzustand des Blindnietes und ermöglichen die Dokumentation von wichtigen qualitätsrelevanten Kriterien wie Lochfüllung und Formschluss am Bauteil. Mit Hilfe eines Makroschliffs ist es demnach möglich, Erkenntnisse über die Fügeelementausbildung zu erhalten (Abb. 1.30). Dabei ist beim Blindnieten besonders auf folgende Punkte zu achten:

- Der Bereich zwischen dem Setzkopf des Blindnietes und der setzkopfseitigen Fügeteiloberfläche sollte möglichst spaltfrei sein.

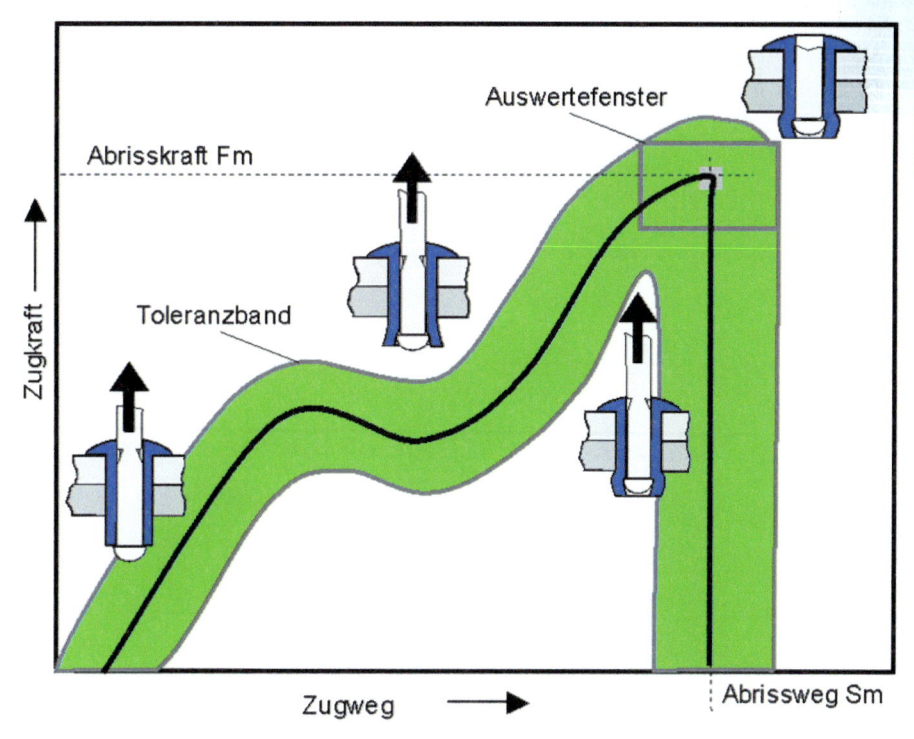

Abb. 1.29: *Charakteristischer Zugkraft-Zugweg-Verlauf mit Auswertefenster und Toleranzband für die Auswertung der Prozessdaten der Verarbeitung eines Standard-Blindniets (DVS/EFB 3430-1)*

1 Mechanisches Fügen

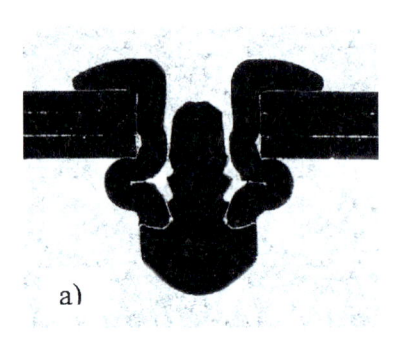

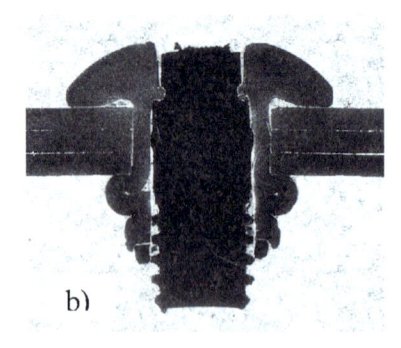

Abb. 1.30: *Schliffbilder von Blindnietverbindungen a) mit schließkopfseitiger Nietdornverriegelung und b) setz- bzw. schließkopfseitiger Nietdornverriegelung (DVS/EFB 34310-1)*

- Der Schließkopf sollte symmetrisch ausgeformt sein.
- Der Bereich zwischen dem ausgeformten Schließkopf und der schließkopfseitigen Blechoberfläche sollte spaltfrei sein.
- Der Niet sollte gerade in dem Bohrloch eingesetzt bzw. ausgeformt sein.
- Bei hochfesten Nietsystemen ist darauf zu achten, dass der Nietdornbruch oberhalb der Fügeteilebene erfolgt.

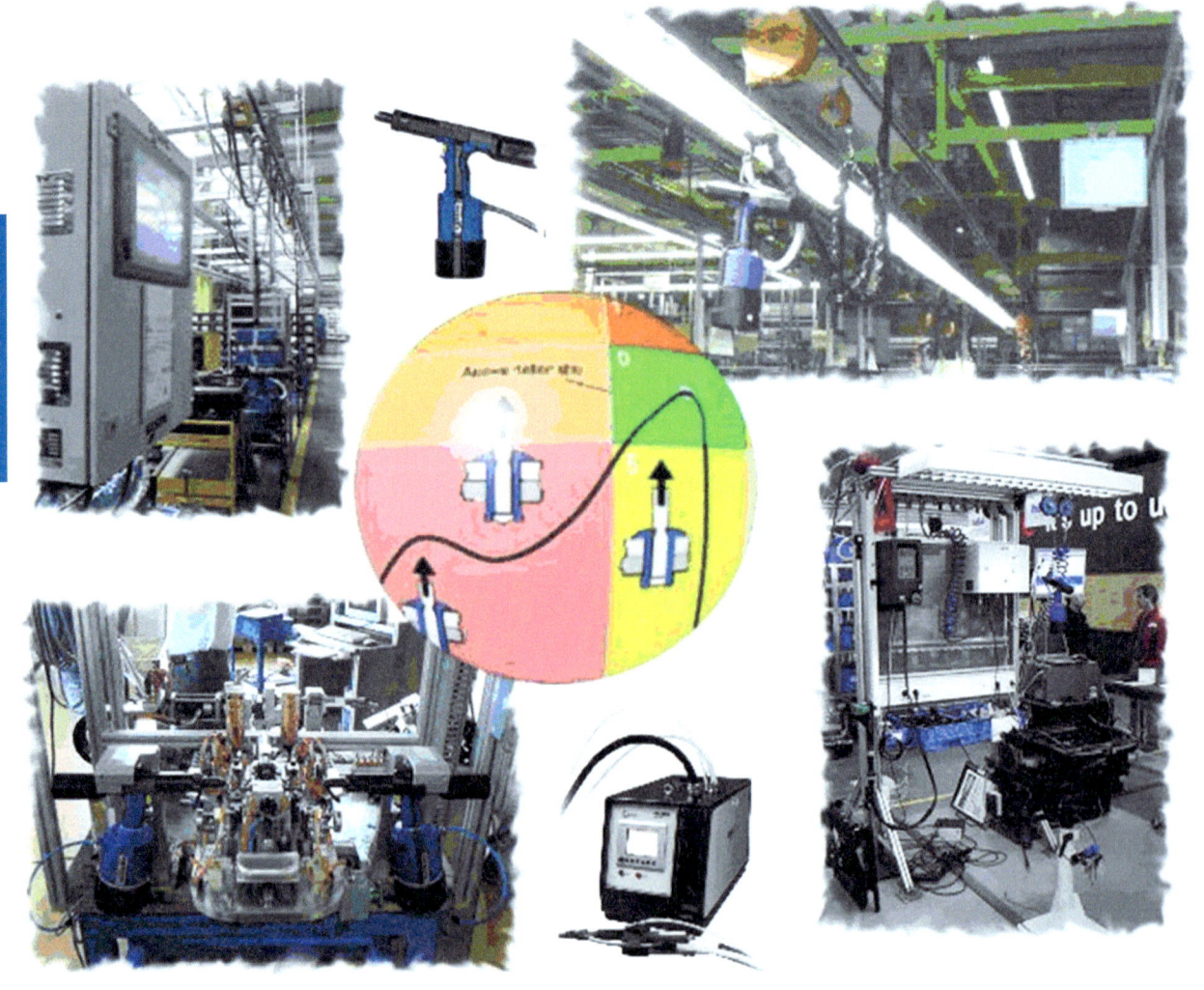

Abb. 1.31: *Technologie zur Überwachung von Blindnietsetzvorgängen (Timmermann 2006)*

1.2.4 Anwendungsbeispiele für das Blindnieten

Insbesondere die mittelständischen Karosseriebaubetriebe setzen häufig mechanische Fügetechniken ein, weil verzinkte oder beschichtete Bauteile zu komplexen Baugruppen zu montieren sind. Hochfeste Blindnietsysteme für den Rahmenbau sind z.B. eine kostengünstige Alternative, gleiche oder unterschiedliche Rahmenbauteilwerkstoffe wärmefrei und damit ohne wärmebedingten Verzug der Bauteile unlösbar miteinander zu verbinden. Durch die Verwendung von Prozessüberwachungssystemen finden Blindniete auch in sicherheitsrelevanten Bauteilen im Automobilbau Verwendung. Wenn es im Fahrzeugbau darum geht, dass Bauteilfehlfunktionen unmittelbar zur Gefährdung der Fahrzeuginsassen und der übrigen Verkehrsteilnehmer führen können, unterliegen Verbindungen an diesen Bauteilen der Pflicht zur Überwachung und zu nachhaltiger Dokumentation der Verbindungsqualität. Typische Beispiele für solche Bauteile sind Airbags, Steuergeräte, Crashsensoren, Gurtbefestigungen, Lenkgetriebe und Lenksäulen.

Die am Markt verfügbaren Verarbeitungsgeräte und -anlagen für die Blindniettechnik ermöglichen eine vollständige Dokumentation der Qualität einer Blindnietverbindung. Diese Verarbeitungstechnologie wurde erfolgreich in die industrielle Großserienfertigung eingeführt, sodass sich der Einsatzbereich von Blindnietsystemen in sicherheitsrelevanten Bauteilen kontinuierlich vergrößert (Abb. 1.31).

Im Gegensatz zur Schraubtechnik, bei welcher das Verarbeitungsgerät ein entscheidender Faktor zur Sicherstellung der Verbindungsqualität ist, liegt der Fokus bei der Blindniettechnik auf dem Blindniet. Nur durch die Qualifizierung und die konstante Sicherstellung der Funktionsebene des Blindniets, d.h. seines Verformungsverhaltens und seiner charakteristischen Kenngrößen durch den Systemanbieter, erhält der Anwender eine Basis für einen sicheren, überwachbaren und dokumentierbaren Setzprozess. Typische Anwendungsgebiete der Blindniettechnik sind neben der Metallindustrie der Fahrzeugbau und die Bauindustrie (Abb. 1.32).

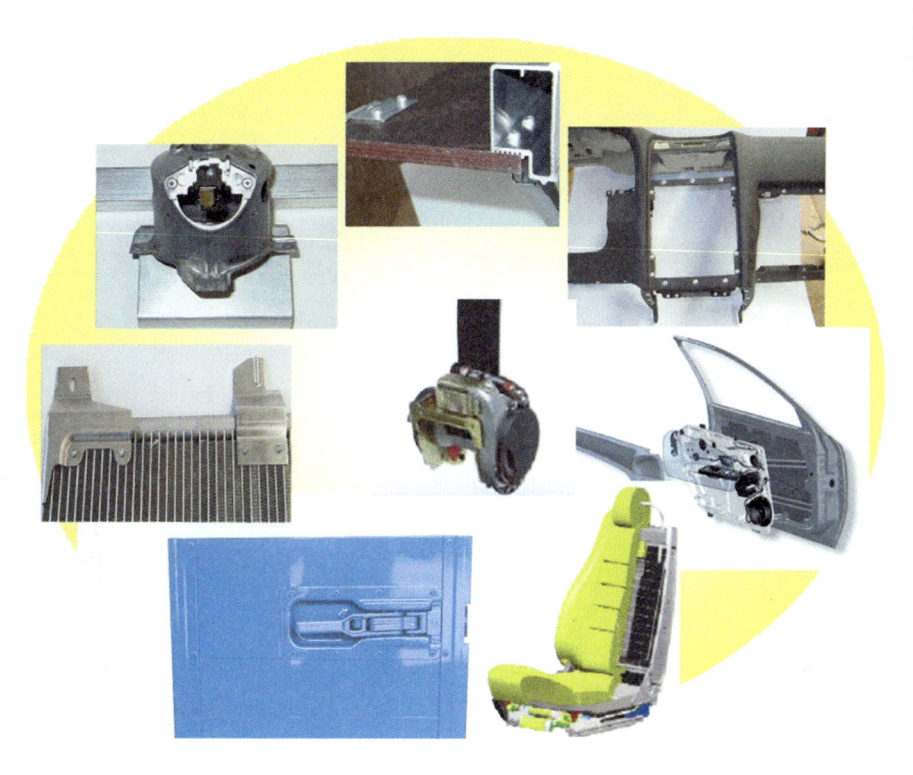

Abb. 1.32: *Anwendungsbeispiele für die Blindniettechnik (Timmermann 2006)*

1.3 Schließringbolzensetzen

Für Verbindungen, die auf einer hohen Vorspannkraft beruhen, werden in der Praxis häufig Schrauben eingesetzt. Eine echte Alternative zur Schraubenverbindung ist die Verwendung eines Schließringbolzensystems (SRB-Verbindung). Schließringbolzensysteme sind zweiteilige Verbindungselemente, die aus einem Schließringbolzen und einem Schließring bestehen (Abb. 1.33).

Beim Herstellen einer SRB-Verbindung wird der Bauteilwerkstoff vorgelocht und der Schließringbolzen in die Bauteile eingeführt. Anschließend wird der Schließring auf den Bolzen aufgeschoben und mit dem Setzgerät umgeformt. Beim Umformen wird der Schließringwerkstoff mittels des so genannten Zugkopfes in die parallelen Schließrillen des Bolzens radial eingeformt. Zum Ende der Umformung des Schließrings fließt der Schließringwerkstoff axial in Richtung der Bauteile und die Klemmkraft wird in die Verbindung eingebracht (Abb. 1.34). Die eingebrachte Klemmkraft unterliegt engen Toleranzen, da die Schließrillen auf dem Bolzen planparallel verlaufen und beim Verarbeiten die Reibung, wie etwa beim Schrauben, keinen negativen Einfluss auf die eingebrachte Klemmkraft hat. Im gefügten Zustand bilden Schließringbolzensysteme eine kraft/formschlüssige, hochfeste Verbindung mit einer hohen Vorspannung, die mit der von Schraubenverbindungen vergleichbar ist (Bye 2008).

Schließringbolzen wurden für den Luftfahrtbereich entwickelt und werden dort auch heute noch in großen Mengen eingesetzt. Zusätzliche typische Anwendungsfelder für den Einsatz von Schließringbolzensystemen sind die weiteren Segmente des Fahrzeugbaus bis hin zum Bereich Automobilbau sowie der Baubereich.

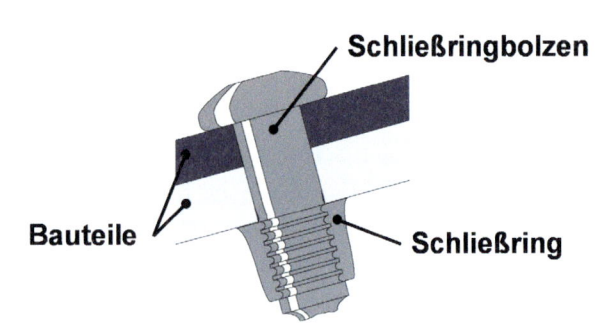

Abb. 1.33: *Das System Schließringbolzen (Bye 2008)*

1.3.1 Schließringbolzensysteme

Schließringbolzensysteme bestehen aus einem Schließringbolzen und einem Schließring. Die wesentlichen Bezeichnungen dieser Komponenten sind in Abbildung 1.35 dargestellt.

Schließringbolzen und Schließringe sind in unterschiedlichen geometrischen Ausführungsformen erhältlich. Bei den Bolzen gibt es in der Regel drei unterschiedliche Kopfgeometrien, die verwendet werden können (Abb. 1.36).

Der große Flachrundkopf wird dort eingesetzt, wo relativ weicher Bauteilwerkstoff setzkopfseitig angeordnet wird, um die aufgrund der hohen Klemmkräfte auftretenden Flächenpressungen im Bauteil-

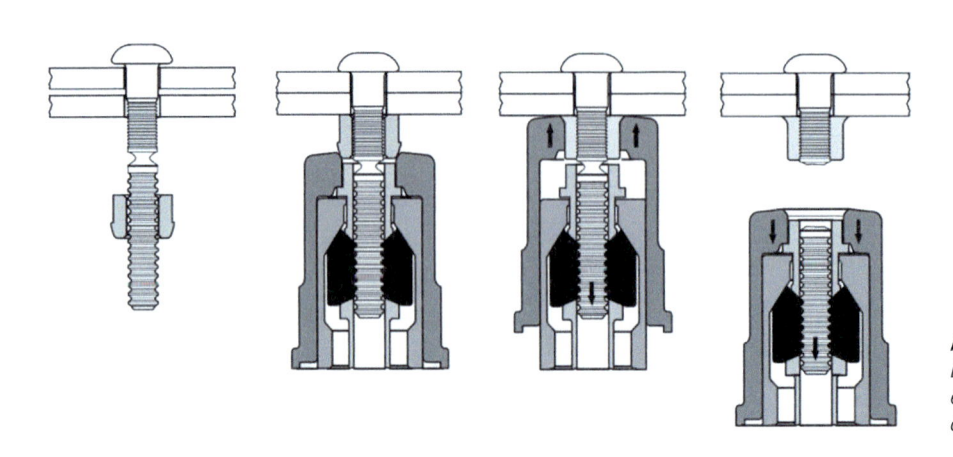

Abb. 1.34: *Schematische Darstellung der Herstellung einer Schließringbolzenverbindung (Bye 2008)*

1.3 Schließringbolzensetzen

1. Bolzenkopf
2. Glatter Schaft
3. Schließrillen
4. Sollbruchstelle
5. Zugteil
6. Schließring

Abb. 1.35: *Wesentliche Bezeichnungen am System Schließringbolzen (Bye 2008)*

werkstoff auf eine größere Fläche zu verteilen. Ein weiterer Anwendungsfall ist eine evtl. notwendige Bohrlochabdeckung. Gilt es beispielsweise, Montagetoleranzen durch das Einbringen größerer Bohrlöcher auszugleichen, wird häufig ein großer Flachrundkopfbolzen eingesetzt, um eine ausreichende Verbindungsqualität zu gewährleisten. Der Senkkopfbolzen findet dort Anwendung, wo beispielsweise über dem kopfteilseitigen Bauteil ein weiteres Bauteil angeordnet wird und entsprechend oberflächeneben gearbeitet sein muss. Weitere Gründe für eine technisch ebene Oberfläche können die Aerodynamik des Bauteils oder ein anspruchsvolleres optisches Erscheinungsbild sein.
Bei den Schließringen wird zwischen dem Standard-, dem Flanschschließring und dem Niedrigschließring unterschieden. Der Flanschschließring wird in vergleichbaren Situationen wie der Bolzen mit dem großen Flachrundkopf eingesetzt, wenn die Problemstellung das schließringseitige Bauteil ist. Der Niedrigschließring findet Verwendung, wenn schließringseitig der Überstand nicht zu groß ausfallen darf. Schließringbolzen und Schließringe sind aus Stahl-, Aluminium-, Edelstählen sowie Titan in den Durchmessern 5 mm bis 30 mm erhältlich. Mittels Schließringbolzensystemen können Gesamtbauteildicken von 1 mm bis zu 100 mm hochfest miteinander verbunden werden (Grandt 2001).

Wesentlich für die Verarbeitung von Schließringbolzensystemen ist das Zusammenwirken der Einzelkomponenten Schließringbolzen, Schließring und Werkzeug. Elementar verantwortlich für die Qualität der hergestellten Verbindung ist der geometriegebende Teil des Werkzeuges, der als Zugkopf bezeichnet wird. Durch Zugbelastung am Bolzenende, verformt der Zugkopf bzw. die Zugkopfhülse den Schließring und sorgt damit für den Werkstofffluss des Schließringes in die planparallelen Rillen des Schließringbolzens.

Die Einzelkomponenten Schließringbolzen, Schließring und Zugkopf stehen in einer direkten Wechselwirkung zueinander und müssen zur Herstellung einer unter qualitätsrelevanten Gesichtspunkten einwandfreien Verbindung, genau aufeinander abgestimmt sein.

Standard Schließringbolzen

Flachrundkopf

Großer Flachrundkopf

90° Senkkopf

Stufen- oder Sonderbolzen

Schließringe

Standard

Flanschschließring

Niedrigschließring

Abb. 1.36: *Ausführungsformen von Schließringbolzen und Schließringen (Bye 2008)*

1.3.2 Eigenschaften von Schließringbolzenverbindungen

Eine der besonderen Eigenschaften von Schließringbolzensystemen ist die Reproduzierbarkeit der Klemmkraft, die bei der Verarbeitung von Schließringbolzen in die Verbindung eingebracht wird. Abbildung 1.37 zeigt einen exemplarischen Klemmkraftverlauf während des Setzprozesses einer Schließringbolzenverbindung. Die eingebrachte Klemmkraft wird bei der Verarbeitung von Schließringbolzensystemen nur minimal, entgegen des großen Einflusses bei der Verarbeitung von Schraubenverbindungen, durch Reibung beeinflusst und ist unabhängig vom Verarbeitungswerkzeug / -anlage.

Durch die geringeren Schwankungen in der Klemmkraft kann mittels der Schließringbolzen eine Überdimensionierung der Verbindungsstelle vermieden und damit das Leichtbaupotenzial gesteigert werden (Bye05a).

Im Gegensatz zum Schrauben gelten Schließringbolzenverbindungen in der Regel als nicht lösbar. Werden Schrauben allerdings insbesondere unter dynamischer Belastung eingesetzt und ein Lösen ist nicht gewünscht, so müssen sie gegen ungewolltes Losdrehen gesichert werden (VDI-Richtlinie 2230, Blatt 1). Zur Überprüfung der Leistungsfähigkeit moderner Schraubenlosdrehsicherungen wird die Prüfung nach DIN 65151 durchgeführt. Erste Untersuchungsergebnisse zeigten bereits 1972, dass häufig verwendete Schraubenlosdrehsicherungsmaßnahmen, wie Federringe oder Ganzmetallsicherungsmuttern, nicht als Schutz gegen Vorspannkraftverlust eingesetzt werden dürfen (Junkers 1972). In Abb. 1.38 sind exemplarisch Ergebnisse nach der Prüfung gegen Losdrehen von Schraubenverbindungen dargestellt. Es zeigt sich, dass bei den meisten hier untersuchten Schraubenlosdrehsicherungsmaßnahmen die Vorspannkraft schon nach wenigen Lastwechseln auf ein Minimum abfiel.

Bei Schließringbolzensystemen muss hingegen kein Schutz gegen ungewolltes Lösen eingesetzt werden. Schließringbolzensysteme liefern aufgrund der planparallelen Rollierung einen sehr effektiven Schutz gegen Vorspannkraftverlust, auch bei höchsten dynamischen Belastungen.

1.3.3 Allgemeine Richtlinien

Bei der Auswahl eines Schließringbolzensystems für eine gegebene Anwendung sind die Bauteilanforderungen, wie z. B. mechanische und thermische Beanspruchungen sowie die Korrosionsbeständigkeit zu berücksichtigen. Schließringbolzensysteme werden standardmäßig aus nichtrostenden oder beschichteten Stählen, Titan- und Aluminiumwerkstoffen

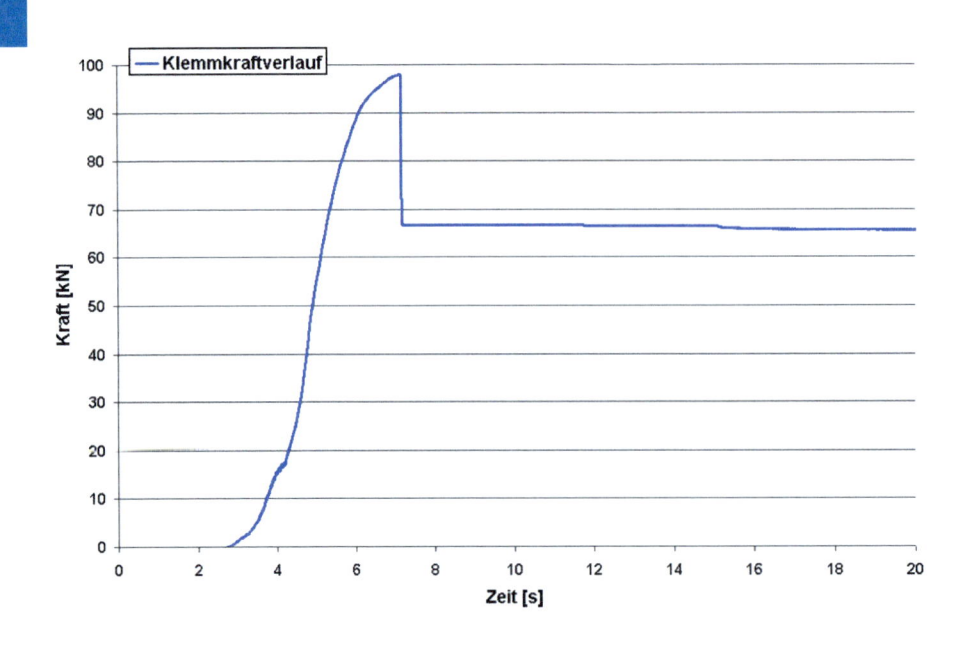

Abb. 1.37: *Exemplarischer Klemmkraftverlauf beim Verarbeiten eines Schließringbolzensystems (Ø: 12,7 mm)*

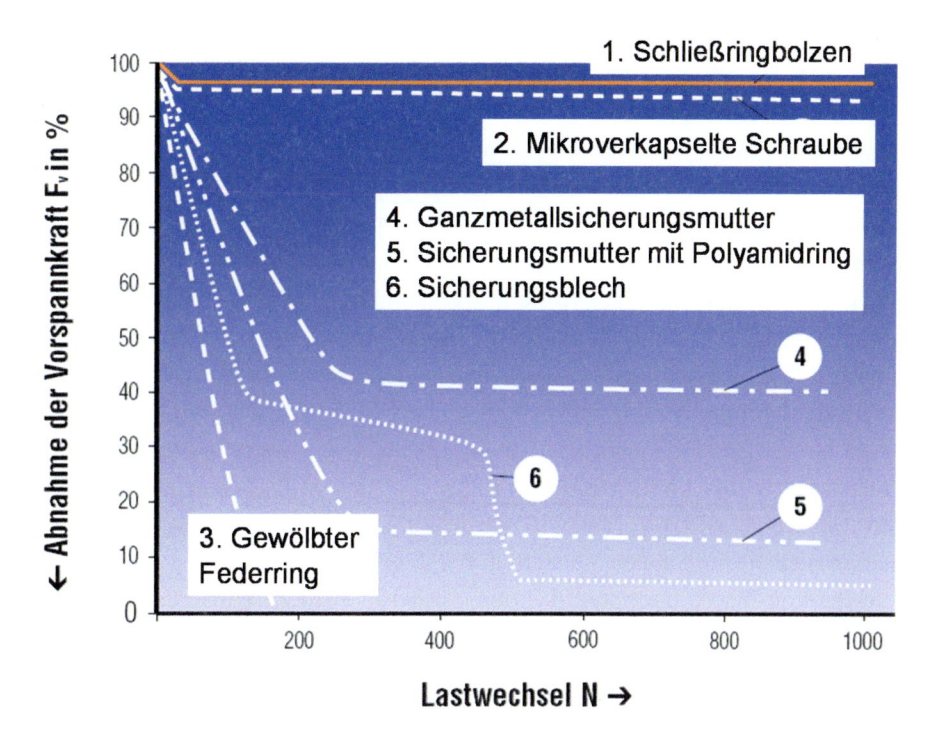

Abb. 1.38: *Losdrehkurven von Schrauben- und Schließringbolzenverbindungen (Grandt 2001)*

gefertigt. Bolzen und Schließring können dabei aus artgleichen, aber auch artverschiedenen Werkstoffen bestehen. Der Werkstoff des umzuformenden Schließringes muss immer weicher sein als der Werkstoff des Schließringbolzens. Weiterhin sind bei der Auswahl der Werkstoffe die Korrosionseinflüsse beim Einsatz des Schließringbolzensystems zu berücksichtigen. Schließringe werden unabhängig vom Werkstoff immer mit einer zusätzlichen Gleitschicht versehen.

Konstruktive Richtlinien
Die konstruktive Auslegung von Schließringbolzenverbindungen kann in zwei grundsätzliche Vorgehensweisen unterschieden werden:

- Die Auslegung über den Reibschluss der Fügeteilwerkstoffe
- Die Auslegung über den Formschluss/Lochleibung in der Verbindungsstelle.

Für die Auslegung von Schließringbolzenverbindungen über den Reibschluss in der Fügeverbindung ist die Klemmkraft, die der Schließringbolzen an der Verbindungsstelle induziert, wesentlich. Darüber hinaus ist über einen definierten Reibwert der Fügeteiloberflächen sicherzustellen, dass der Reibschluss und damit die Kraftübertragung über die Fügeteiloberflächen realisiert werden kann (Abb. 1.39).

Bei der Auslegung über den Formschluss in der Fügeverbindung können die formellen Zusammenhänge aus

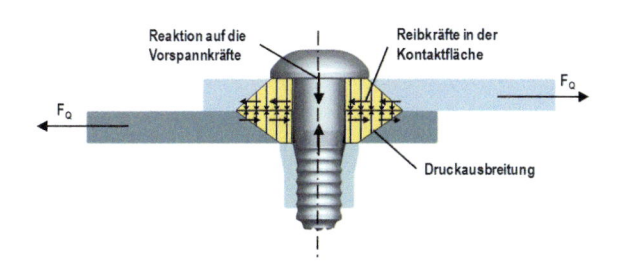

Abb. 1.39: *Auslegung einer Schließringbolzenverbindung über den Reibschluss in der Fügeverbindung (DVS/EFB 3435-2)*

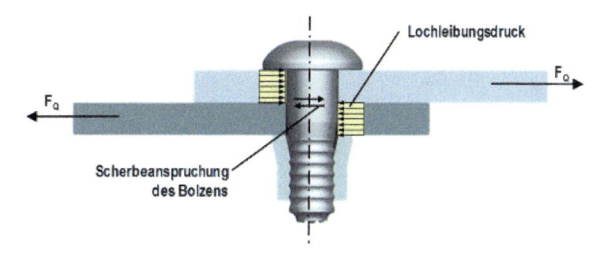

Abb. 1.40: *Auslegung einer Schließringbolzenverbindung über den Formschluss in der Fügeverbindung (DVS/EFB 3435-2)*

1 Mechanisches Fügen

der Niettechnik herangezogen werden. Zur Sicherstellung der formschlüssigen Kraftübertragung muss die Durchmesser- und Lagetoleranz bei der Vorlocheinbringung sehr genau eingehalten werden (Abb. 1.40).

In der Praxis existieren darüber hinaus Richtlinien und wissenschaftliche Arbeiten, die sich mit der Auslegung von Schließringbolzensystemen beschäftigen und teilweise beide Auslegungsverfahren kombiniert berücksichtigen (Richtlinien Deutscher Ausschuss Stahlbau, Steinhardt 1978, Wanner 2003 und 2006, DVS/EFB 3435-2).

Fertigungstechnische Richtlinien
Die Verbindungslöcher beim Verarbeiten von Schließringbolzensystemen können durch Bohren, Stanzen und Lasern hergestellt werden. Löcher, die gebohrt werden, sollten gratfrei sein. Überstehende Grate müssen flächeneben entfernt werden. Bei der Festlegung der Vorlochdurchmesser sollte den Vorgaben der technischen Dokumentationen entsprochen werden. Der Schließringbolzenkopf muss nach dem Einführen des Schließringbolzens auf der Bauteiloberfläche aufliegen. Bei der Auswahl eines Schließringbolzens ist besonders auf den Klemmbereich des Schließringbolzens zu achten. Als Klemmbereich wird die untere und obere Gesamtbauteildicke bezeichnet, die mit einem Schließringbolzen zu verbinden ist. Als grobe Annäherung kann der glatte Schließringbolzenschaft den Klemmbereich des Schließringbolzens beschreiben.

Die Angaben zum Klemmbereich in den technischen Dokumentationen bezieht sich in der Regel auf die Verwendung eines Standardschließringes. Soll ein Flanschschließring oder ein Niedrigschließring eingesetzt werden, so verschiebt sich der Klemmbereich des Schließringbolzens.

1.3.4 Qualitätssicherung

Für die Sicherung der Qualität der Verbindungen gibt es eine Reihe zerstörungsfreier und zerstörender Verfahren. Zerstörungsfreie Qualitätskontrollen können in der Produktion kontinuierlich durchgeführt werden, zerstörende Kontrollen hingegen nur stichprobenartig, da das Bauteil nach der Prüfung nicht mehr seine Funktion erfüllt.

Zerstörungsfreie Prüfung
Grundsätzlich sind Schließringbolzen selbstkontrollierbare Hilfsfügeteile, deren Bolzen an der Sollbruchstelle erst abreißt, wenn der Schließring vollständig eingeformt ist. Die notwendigen Voraussetzungen hierfür, wie die Einhaltung der korrekten Bohrlochtoleranzen, des vorgeschriebenen Klemmbereiches, die plane Auflage des Setzkopfes und die Vermeidung von Fügespalten, sind vom Anwender dieser Technik zu prüfen und sicherzustellen.

Mittels einer Sichtkontrolle werden allgemeine Aussagen über eine Verbindung getroffen. Hierbei kann geprüft werden, ob die Schließringbolzenabrissstelle über dem ausgeformten Schließring steht. Weiterhin kann visuell oder mit einer Fühlerlehre die Anlage des Setzkopfes auf dem Bauteil überprüft werden.

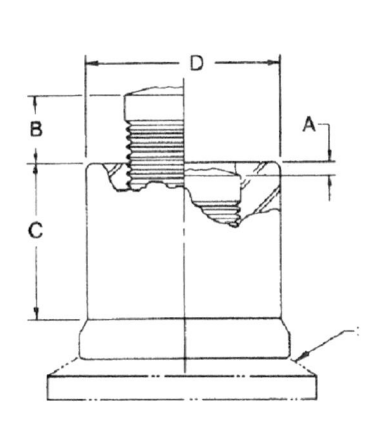

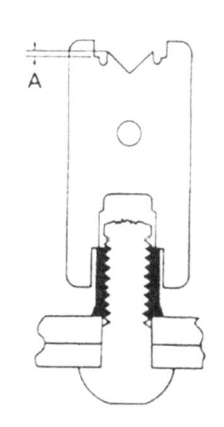

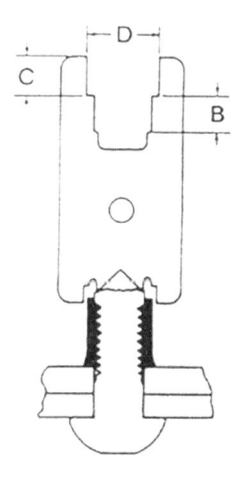

Abb. 1.41: *Kontrolle der qualitätsrelevanten Größen an einer Schließringbolzenverbindung (Grandt 2001)*

1.3 Schließringbolzensetzen

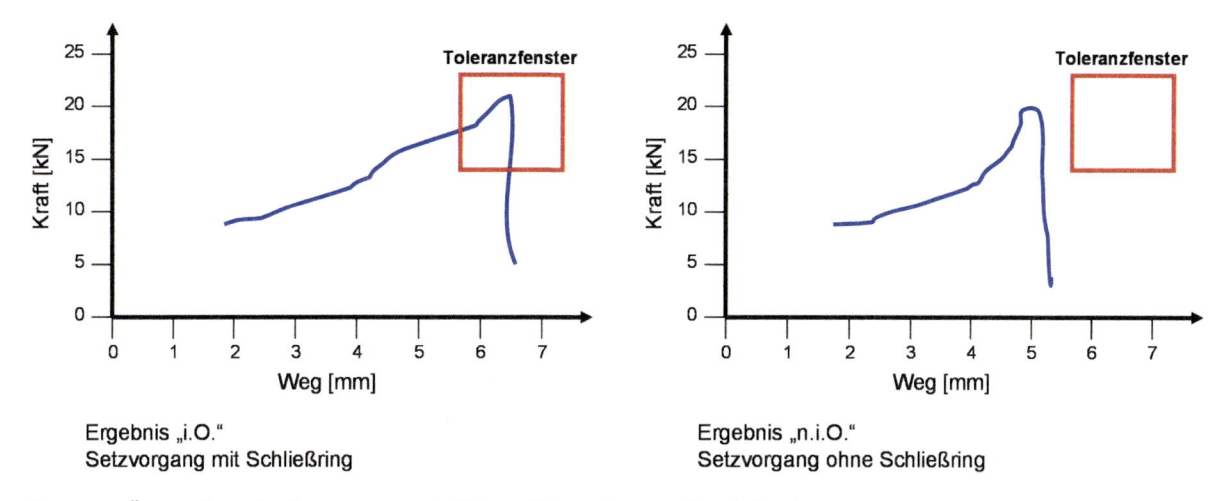

Ergebnis „i.O."
Setzvorgang mit Schließring

Ergebnis „n.i.O."
Setzvorgang ohne Schließring

Abb. 1.42: *Überwachung des Setzprozesses mit Hilfe von Toleranzfenstern (Grandt 2005)*

Eine weitere Besonderheit bei Schließringbolzensystemen ist die einfache Qualitätskontrolle der qualitätsrelevanten Größen durch Messen mit handelsüblichen Messwerkzeugen oder der Vergleich mit Lehren. Durch den Einsatz spezieller Lehren ist die Kontrolle einfach durchzuführen und es können Messfehler vermieden werden (Abb. 1.41).

Weiterhin sind Kontrollen auch ohne Lehren möglich. Die Kontrolle erfolgt dann mit einem Messwerkzeug und dem Vergleich von quantitativen Toleranzwerten in Abhängigkeit des verarbeiteten Schließringbolzendurchmessers.

Für eine zerstörungsfreie, kontinuierlich den Fertigungsprozess begleitende Qualitätskontrolle werden Setzprozessüberwachungssysteme eingesetzt. Für die Setzprozessüberwachung werden in der Regel die Fügekraft und der Fügeweg (Fügezeit) mittels geeigneter Messsensorik ermittelt und anschließend in einem Kraft-Weg-Diagramm oder Kraft-Zeit-Diagramm dargestellt (Abb. 1.42).

Eine Möglichkeit zur Auswertung der ermittelten Daten ist der Vergleich der aufgenommenen Ist-Werte mit vorgegebenen Soll-Werten einer so genannten Referenzkurve. Eine wesentliche Problemstellung bei der Verarbeitung von Schließringbolzensystemen ist insbesondere im Bereich der Massenproduktion der Verlust des Schließringes, welcher in Gebrauchszustand der Baugruppe zum Totalausfall der Verbindungsstelle führt. Insbesondere bei Anwendungen im Bereich Automotive liefern hier Prozessüberwachungssysteme in sicherheitsrelevanten Bereichen dokumentierte Verbindungsstellen.

Zerstörende Prüfung

Schliffbilder zeigen den Einbauzustand des Schließringbolzensystems und ermöglichen die Dokumentation von wichtigen qualitätsrelevanten Kriterien wie Lochfüllung und den Formschluss am Bauteil. Mit Hilfe eines Makroschliffs ist es insbesondere möglich, Erkenntnisse über die Einformung des Schließringwerkstoffes in die Schließrillen des Schließringbolzens zu erhalten (Abb. 1.43).

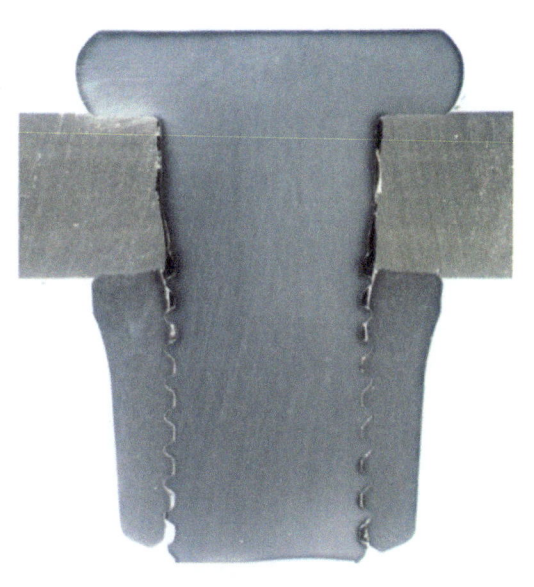

Abb. 1.43: *Schliffbild einer Schließringbolzenverbindung (Bye 2005b)*

1.3.5 Anwendungsbeispiele für das Schließringbolzensetzen

Anwendungen für Schließringbolzen sind überall dort zu finden, wo es auf die schnelle Herstellung einer sicheren Verbindung mit hoher konstanter Klemmkraft ankommt. Insbesondere der Automotivebereich hat die Vorzüge der kontinuierlich zerstörungsfrei überwachbaren Verbindungsherstellung im Bereich von Sitzen und im Airbagbereich erkannt (Abb. 1.44). Der wesentliche Leichtbaucharakter dieser Anwendungen liegt in der Reproduzierbarkeit der einzustellenden Klemmkraft durch die verwendeten Schließringbolzen und der damit verbundenen fokussierten Auslegung der Verbindungselemente auf eine geringe Größe.

Ein weiteres wesentliches Segment im Bereich des Fahrzeugbaus, der ebenfalls vermehrt Schließringbolzen einsetzt, ist der Nutzfahrzeugbau. Auch hier wird der Vorteil der reduzierten Größe von Verbindungselementen genutzt. Erfahrungen zeigen, dass beispielsweise durch die Verwendung eines Schließringbolzens der verwendete Nenndurchmesser des einzusetzenden Befestigers um 10% gegenüber dem Durchmesser einer Schraube reduziert werden kann (Bye 2008).

Ein weiteres Segment ist der Schienenfahrzeugbau. Sowohl beim Transrapid als Leichtbaufahrzeug, welches zum größten Teil aus Aluminiumkomponenten besteht, werden Schließringbolzen eingesetzt, als auch bei der Nahverkehrszugreihe Talent der Fa. Bombardier. Beim Talent wurden Schließringbolzen zur strukturellen Befestigung der Seitenwand an die Bodengruppe eingesetzt. Hier ermöglicht die Kombination der Eigenschaften von Schließringbolzenverbindungen den Einsatz dieser Befestigungstechnik. Insbesondere die Sicherstellung der konstanten Klemmkraft auch bei höchst dynamisch belasteten Verbindungsstellen dürfte einer der Hauptgründe für den Einsatz von Schließringbolzensystemen gewesen sein (Abb. 1.45).

Beim Einsatz von Schließringbolzensystemen im Baubereich wird der besondere Vorteil der einfachen Verarbeitung im Gegensatz zum Verschrauben genutzt. Es ist nicht notwendig, Schwankungen von Reibkoeffizienten oder hohe Anziehfaktoren der Verarbeitungswerkzeuge, wie es vom Verschrauben bekannt ist, bei der Auslegung der Schließringbolzenverbindungen zu berücksichtigen. Aus diesem Grund finden sich sehr häufig Schließringbolzen insbesondere im Baubereich und der Umsetzung vor Ort in der Anwendung.

Ein weiterer Vorteil von Schließringbolzensystemen im Vergleich zu Schraubverbindungen ist, dass war-

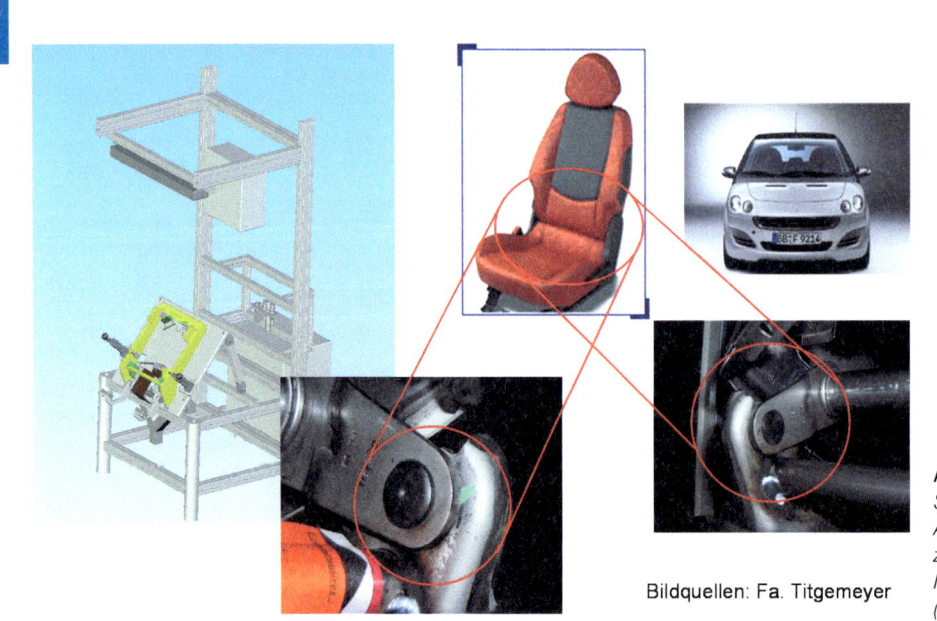

Bildquellen: Fa. Titgemeyer

Abb. 1.44: Anwendung eines Schließringbolzensystems in Ausführung eines Stufenbolzens im Bereich der Sitzverstellung eines PKW-Fahrzeugsitzes (Quelle: Fa. Titgemeyer)

Abb. 1.45: *Schienenfahrzeuge, bei denen Schließringbolzensysteme zum Einsatz kamen (Quellen: Bombardier; Transrapid International)*

tungsarme Verbindungen erstellt werden können. Anders als bei Schraubenverbindungen müssen Schließringbolzenverbindungen nicht vor einem selbständigen Lösen bei Vibrationen gesichert werden. Zudem kann von einem geringeren Klemmkraftabbau ausgegangen werden. Aus diesem Grund werden Schließringbolzensystemen auch für den Aufbau von Windkraftanlagen verwendet (Abb. 1.46).

1.4 Clinchen

Ein dem konsequenten Leichtbaugedanken entsprechendes mechanisches Fügeverfahren stellt das Clinchen (Durchsetzfügen) dar. Beim Clinchen wird eine unlösbare Verbindung ohne die Verwendung von Hilfsfügeteilen, Zusatz- oder Hilfsstoffen erzeugt. Das Verfahren beruht auf der lokalen plastischen Umformung von zwei oder mehr überlapt

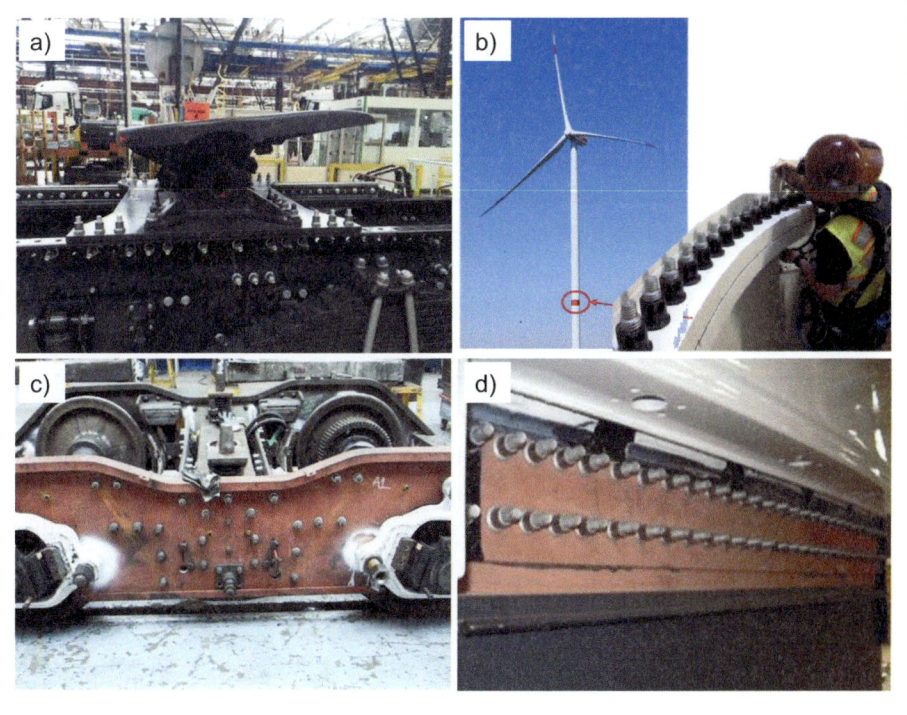

Abb. 1.46: *Anwendung von Schließringbolzensystemen im Fahrzeug- (a) und Schienenfahrzeugbau (c, d) sowie bei Windkraftanlagen (b) (Quellen: Arconic, Nordex, Bombardier Transportation)*

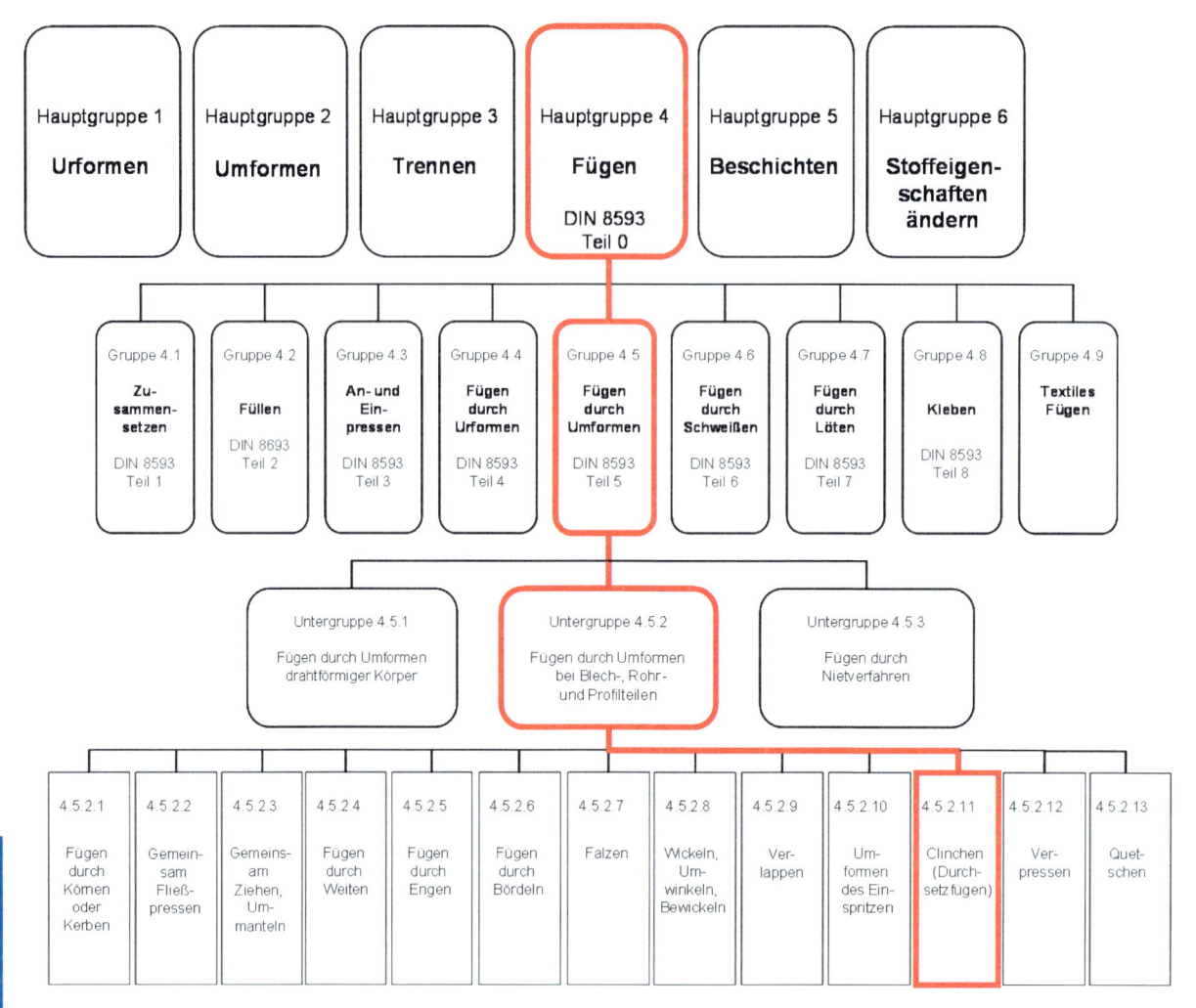

Abb. 1.47: Einordnung des Clinchens in das Schema nach DIN 8593

angeordneten Blech-, Rohr-, Profil- oder Gussteilen durch die Einwirkung eines in der Regel aus Stempel und Matrize bestehenden Werkzeugsatzes. Demzufolge wird das Clinchen der DIN 8593 Teil 5 dem „Fügen durch Umformen" zugeordnet.

Das Clinchen gilt als ein sehr gut automatisierbares und wirtschaftliches Fügeverfahren, mit dessen Hilfe sich artverschiedene und beschichtete Werkstoffe kraft- und formschlüssig prozesssicher verbinden lassen ohne thermische Beanspruchung des Gefüges. Die gute Kombinationsmöglichkeit der Klebtechnik mit dem Clinchen führt zur so genannten Hybridfügetechnik, die durch Synergieeffekte einen Einsatz im Strukturbereich der Fahrzeuge ermöglicht.

1.4.1 Clinchsysteme

Beim Clinchen wird zwischen einstufigen und mehrstufigen Verfahren unterschieden. Laut DVS/EFB 3420 wird bei den einstufigen Verfahren die Fügeverbindung durch einen ununterbrochenen Arbeitshub des Stempels oder der Matrize erzeugt. Im Gegensatz hierzu werden Fügeprozesse, bei denen Stempel und Matrize mehrere aufeinanderfolgende Arbeitshübe ausführen, als mehrstufige Verfahren bezeichnet. Eine weitere Einteilung der Clinchverbindung kann hinsichtlich des Schneidanteils im Fertigungsvorgang und der geometrischen Form des Verbindungselements erfolgen. In der Automobilindustrie werden die nicht-schneidenden Verfahren aus Gründen der besseren Schwingfestigkeit, Korrosionsbeständig-

1.4 Clinchen

Abb. 1.48: *Übersicht der Clinchsysteme (Somasundaram 2009)*

keit und Dichtigkeit der Verbindung den schneidenden Verfahren vorgezogen. Die Geometrie wird zwischen balkenförmigen und runden Verbindungen sowie Sonderformen unterschieden.

Die Auswahl der verwendeten Clinchverfahren richtet sich nach dem jeweiligen Anwendungsfall. Aufgrund der Vielzahl der Verfahrensvarianten wird hier exemplarisch das einstufige Clinchen ohne

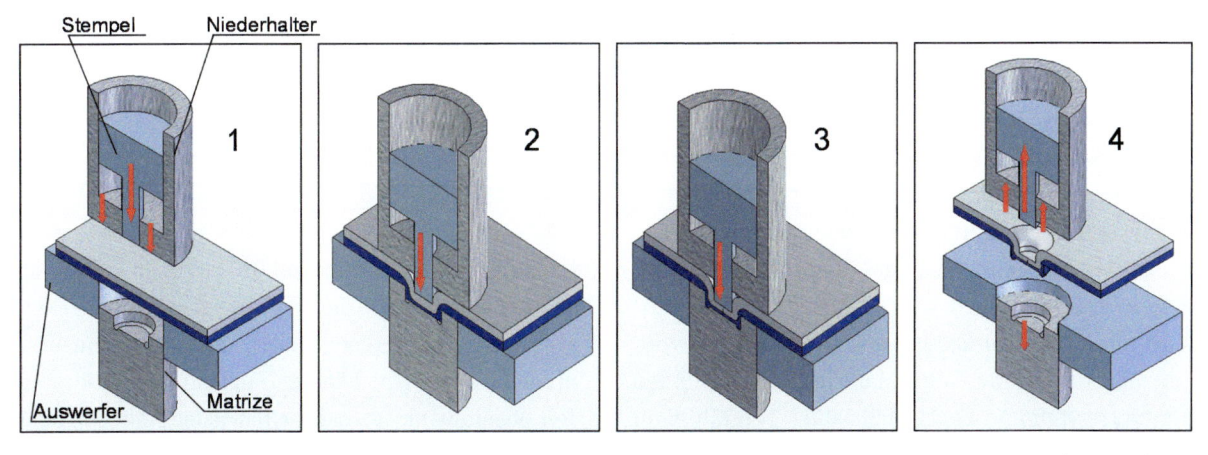

Abb. 1.49: *Schematische Darstellung des einstufigen Clinchens (Tox-Verfahren) ohne Schneidanteil mit starrer Matrize (Somasundaram 2009)*

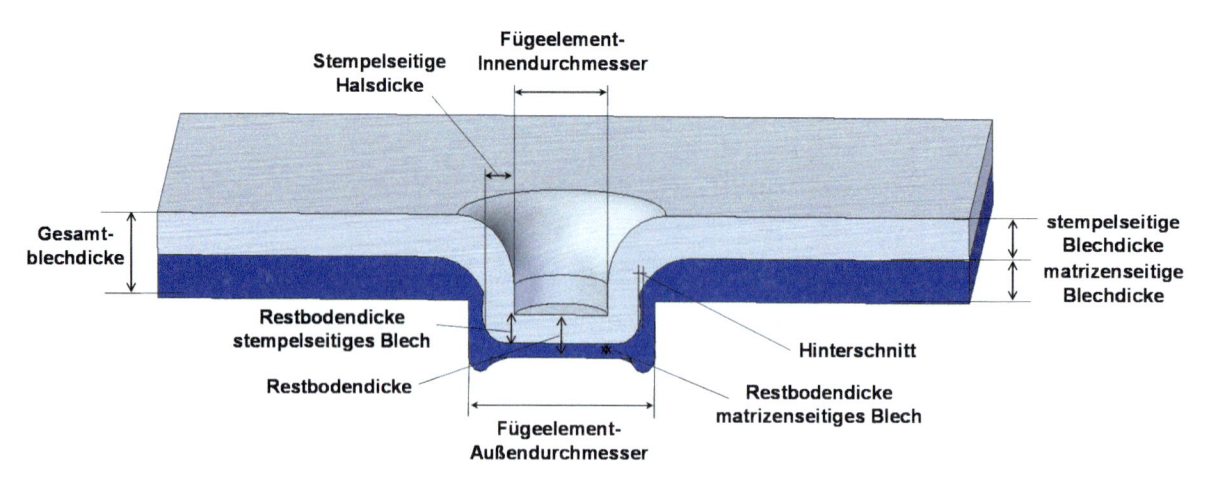

Abb. 1.50: *Runde Clinchverbindung und deren Bezeichnungen (Somasundaram 2009)*

Schneidanteil mit starrer Matrize näher beschrieben. In Abbildung 1.49 sind die 4 Phasen des Fügevorgangs beim einstufigen Clinchen ohne Schneidanteil mit geschlossener Matrize dargestellt.

Die zu verbindenden Fügeteile werden zunächst zwischen Stempel und Matrize positioniert. Durch die Federkraft des Niederhalters werden die Bleche anschließend zwischen dem Stempel und der Matrize fixiert und vorgespannt (1). In der zweiten Phase, dem Durchsetzen, werden die zu fügenden Bleche durch den Stempel in die geschlossene Matrize gedrückt, bis diese den Matrizenboden bzw. den so genannten Matrizenamboss erreichen (2). Der nachfolgende Schritt wird als Fließpressen bezeichnet, bei dem die festigkeitsrelevanten Merkmale erzeugt werden. Hierbei verdrängt die ununterbrochene Stempelbewegung den auf dem Matrizenamboss aufsetzenden Werkstoff. Das matrizenseitige Material fließt radial in den Ringkanal der Matrize. Durch das Nachfließen des stempelseitigen Materials wird der Hinterschnitt gebildet (3). Nach Erreichen einer eingestellten Kraft (kraftgesteuert) bzw. eines vorgegebenen Weges (weggesteuert) ist der Fügeprozess beendet, und es erfolgt der Rückhub (4). Der Hinterschnitt und die Halsdicke bestimmen zusammen mit der bei der Umformung des Materials entstehenden Kaltverfestigung wesentlich die Tragfähigkeit einer Clinchverbindung (Abb. 1.50).

1.4.2 Allgemeine Richtlinien

Konstruktive Richtlinien

Insbesondere im Bereich des Fahrzeugbaus gilt es, durch konsequenten Leichtbau bei gleichbleibender Sicherheit und Betriebsfestigkeit, Gewicht einzusparen. Dabei finden Werkstoffe wie Aluminium- und Magnesiumlegierungen sowie hochfeste Dünnblechstähle ihre Anwendung. Das Verbinden dieser artverschiedenen Werkstoffe stellt dabei eine große Herausforderung für die Fügetechnologie dar.

Grundsätzlich ist Clinchen nutzbar, um eine Vielzahl von Werkstoffen und Werkstoffkombinationen zu verarbeiten. Allerdings ist das Verfahren aufgrund seiner umformtechnischen Prozessschritte durch werkstoffabhängige Eigenschaften in seiner Anwendung beschränkt. So spielen die Mindestbruchdehnung A80, das Streckgrenzenverhältnis $R_{p0,2}/R_m$ und die Zugfestigkeit Rm eine bedeutende Rolle bei der Auswahl der Fügeteilwerkstoffe. Der prozesssichere Arbeitsbereich dieses Verfahrens befindet sich bei einer Mindestbruchdehnung A80 größer als 12 % und einer Zugfestigkeit Rm bis zu 600 N/mm2. Das Streckgrenzenverhältnis sollte maximal 0,7 betragen. Werkstoffe, die sich innerhalb dieser Grenzen bewegen, gelten als „gut clinchgeeignet". Werkstoffe mit geringerer Bruchdehnung und höherer Zugfestigkeit sind zum Teil ebenfalls einsetzbar, gelten jedoch als „bedingt clinchgeeignet" (DVS/EFB 3420). Diese müssen auf die Anwendbarkeit hin überprüft werden.

Bei der Anordnung der Bauteile sind ebenfalls einige Grundsätze zu beachten. Zum Erreichen einer höheren Verbindungsfestigkeit ist beim Clinchen unterschiedlicher Werkstoffe der schwerer umformbare Grundwerkstoff stempelseitig anzuordnen. Weiterhin werden Anordnungshinweise für uneinheitliche Blechdicken gegeben. Vorzugsweise ist das dünnere Bauteil matrizenseitig anzuordnen. Ist dies aus konstruktiven Gründen nicht möglich, sollte das Blechdickenverhältnis 1:2 (stempelseitiges Bauteil / matrizenseitiges Bauteil) nicht unterschritten werden (DVS/EFB 3420).

Für weitergehende Informationen zur konstruktiven Bauteilgestaltung sei auf die Literaturstellen (Hahn 2002, Kurzok 1998 und DVS/EFB 3420) verwiesen.

Fertigungstechnische Richtlinien

Es gibt eine Vielzahl verschiedener Ausführungsformen der Fertigungsanlagen für das Clinchen. Die geeignete Auswahl der Fügeeinrichtungen erfolgt nach Kraftbedarf, Zugänglichkeitsanforderungen, Taktzeit und Fügeaufgabe. Der für den Setzprozess notwendige Kraftbedarf kann elektrisch, pneumatisch, hydraulisch oder pneumohydraulisch erzeugt werden. Die Clinchwerkzeuge (Stempel und Matrize) werden über entsprechende Werkzeugträger an die Setzeinrichtung angebunden. Die Standmenge der Clinchwerkzeuge ist dabei abhängig von Faktoren wie Fügekraft, Automatisierungsgrad und Werkstoffeigenschaften und erreicht in der Regel 100.000 bis 1.000.000 Fügepunkte (DVS/EFB 3420). Neben den stationären Setzeinrichtungen mit großer Ausladung

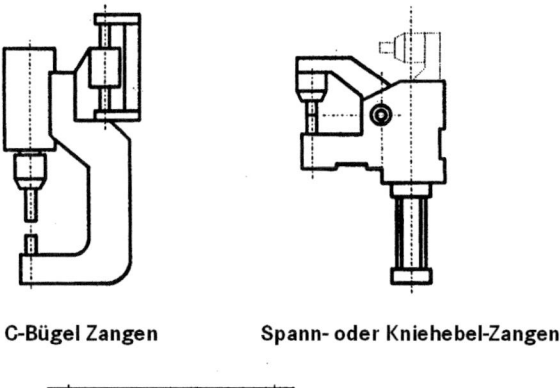

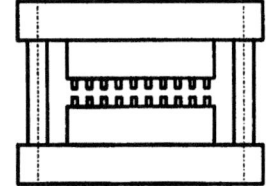

C-Bügel Zangen   **Spann- oder Kniehebel-Zangen**

Säulengeführte Mehrpunktpressen

Abb. 1.51: *Auswahl von Fertigungsanlagen für das Clinchen*

für Grundlagenuntersuchungen und Prototypenbau werden in der Serienfertigung meist stationäre oder „bewegliche" C-Bügel-Zangen eingesetzt. Letztere werden je nach Taktzahl und Wirtschaftlichkeit manuell als Handzangen oder automatisiert als Roboterzangen geführt. Scherenzangen (X-Zangen) werden dann verwendet, wenn an unterschiedlichen Positionen gefügt wird, die sich in den durch Störkonturen erforderlichen Öffnungsweiten der Fügezangen stark unterscheiden. In Bereichen, wo Bauteile in die Anlage eingelegt werden müssen oder zusätzlich zur Fügefunktion auch eine Spannfunktion durch die Zange gewährleistet werden muss, kommen Spann-

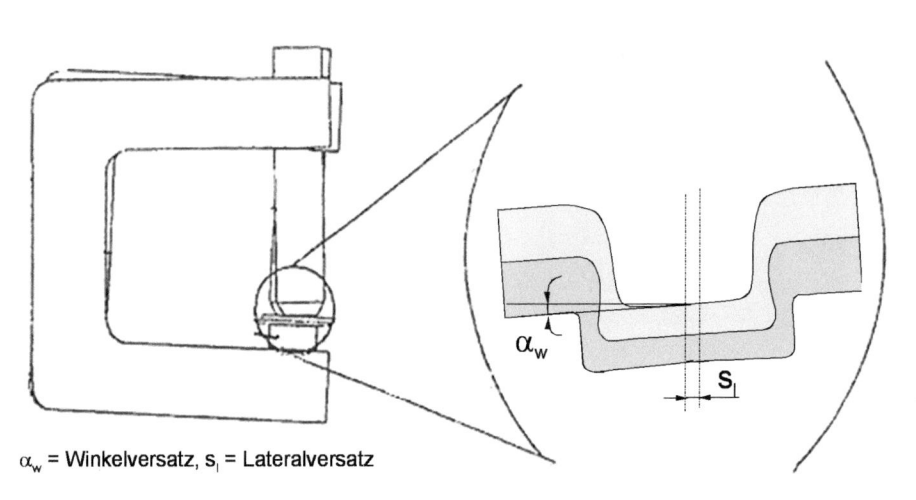

Abb. 1.52: *Entstehung von Winkel- und Lateralversatz der Fügewerkzeuge (Schulte 2002)*

α_w = Winkelversatz, s_l = Lateralversatz

bzw. Kniehebel-Zangen zum Einsatz. Säulengeführte Mehrpunktpressen kommen im Karosserie-Zusammenbau infolge der hohen Werkzeuggewichte und beschränkten Ausladungen als stationäre Fügeeinrichtungen zur Anwendung.

Das Clinchen erfordert aufgrund der Umformcharakteristik sehr hohe Fügekräfte verbunden mit hoher Genauigkeit (Sch02). Diese hohen Fügekräfte wirken als Fügereaktionskräfte auf die mobilen oder stationären Setzeinrichtungen und führen bei unzureichend steifer Bauweise der Einrichtung, insbesondere bei großen Ausladungen, zu einem Winkelversatz der Clinchwerkzeuge. Die Aufbiegung der Setzeinrichtung zieht bei ungleicher Steifigkeit zusätzlich einen Lateralversatz der Werkzeuge nach sich (Abb. 1.52).

Die mit dem Winkel- und Lateralversatz verbundene unsymmetrische Ausbildung des Fügeelementes führt zu einer undefinierten Fügeelementausprägung und erhöht den Werkzeugverschleiß.

1.4.3 Qualitätssicherung

Zur Bewertung der Fügequalität einer Clinchverbindung stehen zahlreiche zerstörende und zerstörungsfreie Prüfverfahren zur Verfügung (Hahn 2002).

Zerstörende Prüfung

Die zerstörenden Prüfverfahren (Makroschliff; Festigkeitsprüfung) werden meist für Erstbemusterungen einer Materialkombination oder für ergänzende Stichprobenuntersuchungen in der Serienfertigung herangezogen.

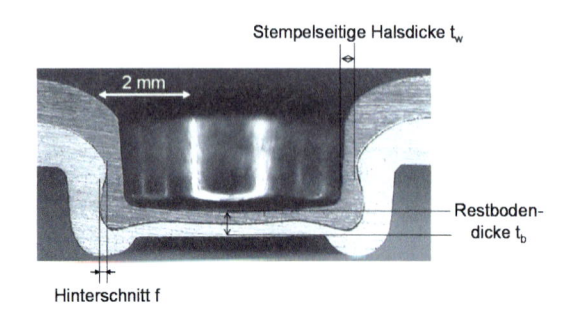

Abb. 1.53: *Makroschliff mit Kennzeichnung der qualitätsbestimmenden Merkmale einer Clinchverbindung (Somasundaram 2009)*

Mit Hilfe eines Makroschliffs lassen sich die qualitätskennzeichnenden Größen einer Clinchverbindung beurteilen. Somit ist eine Bewertung der Verbindungsqualität an Bauteilen möglich (Abb. 1.53).

Der entstandene Hinterschnitt f des stempelseitigen Bleches im matrizenseitigen Material erzeugt einen Form- und Kraftschluss, der einen wesentlichen Einfluss auf die Kopfzugtragfähigkeit hat. Die stempelseitige Halsdicke t_w kennzeichnet die Stärke des tragenden minimalen Querschnitts des stempelseitigen Fügeteils und beeinflusst somit die Scherzugtragfähigkeit.

Im Rahmen der Tragfähigkeitsuntersuchungen von Clinchelementen wird prinzipiell zwischen der quasistatischen und dynamischen Prüfung unterschieden. Mit Hilfe verschiedener Probengeometrien werden für beide Beanspruchungsarten i.d.R. die maximale Scherzug-, Kopfzug- bzw. Schälzugkraft ermittelt. Für weitergehende Informationen zur Tragfähigkeitsuntersuchung von Clinchverbindungen wird auf die Literaturstellen (Hahn 2002 und DVS/EFB 3420) verwiesen.

Zerstörungsfreie Prüfung

Die zerstörungsfreien Prüfmethoden (Kontrolle der Restbodendicke, Sichtkontrolle, Online-Kontrolle) ermöglichen eine 100 %-ige Kontrolle in der Serienfertigung und stellen damit ein wichtiges Verfahren zur Qualitätssicherung dar.

Die Restbodendicke t_b wird üblicherweise in der Mitte des Clinchpunktes mit einem Messtaster ermittelt. Diese Kenngröße dient indirekt als Kontrolle der Halsdicke und des Hinterschnitts und stellt somit die zentrale Größe der zerstörungsfrei zu messenden Parameter beim Clinchen dar.

Eine Sichtkontrolle kann ebenfalls Aufschluss über die Qualität der Verbindung geben. So lassen sich beispielsweise mit ihr Risse im Hals- und Bodenbereich detektieren und ermöglichen die Überprüfung der symmetrischen Ausbildung des Clinchpunktes.

Die heutigen Qualitätsstandards erfordern Prozessüberwachungssysteme zur Fügekraft-Weg-Aufzeichnung. Die Bewertung dieses Kraft-Weg-Verlaufs erfolgt entweder mit der Hüllkurven- und/oder der Fenstertechnik.

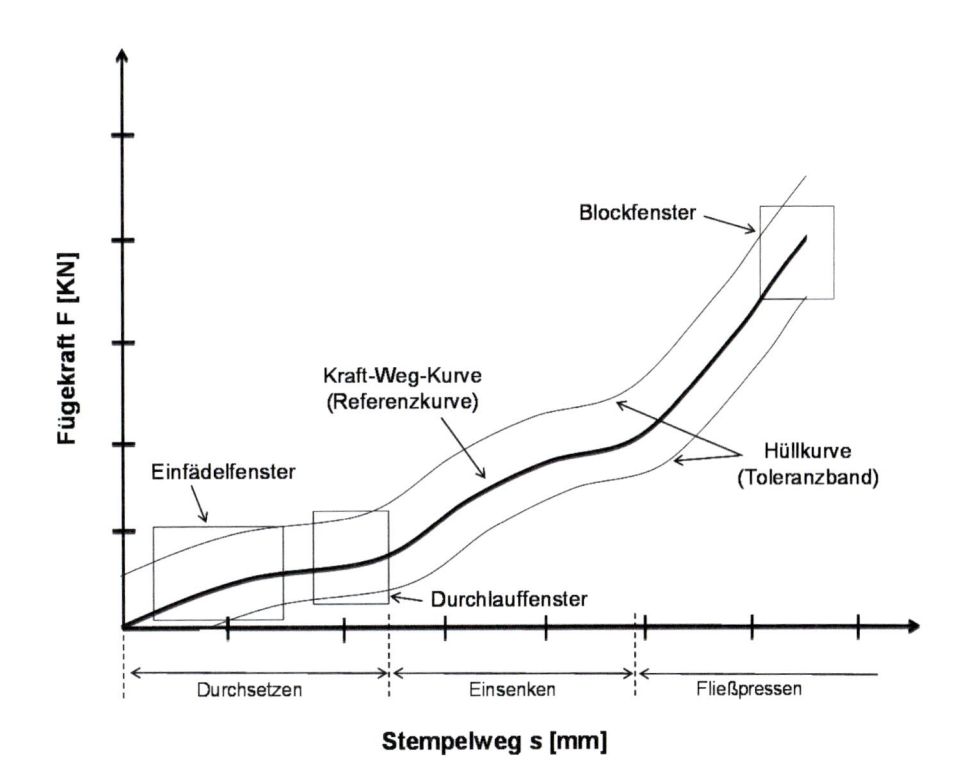

Abb. 1.54: *Prozessüberwachung mittels Hüllkurventechnik bzw. Fenstertechnik (Somasundaram 2009)*

Bei der Prozessüberwachung mittels der Hüllkurventechnik wird ein Toleranzband über den gesamten Kurvenverlauf gelegt. Abweichungen, die außerhalb der vorgegebenen Hüllkurven liegen, führen zu einer Fehlermeldung (Bober 1990, Hahn 1992 und 1993). Bei der Fenstertechnik werden charakteristische Prozessbereiche (Einfädelfenster, Durchlauffenster und Blockfenster) der Kurve überwacht. Wird ein Fenster von der zu überwachenden Messkurve nicht durchlaufen oder verlassen, wird hier ebenfalls eine Fehlermeldung ausgegeben (Abb. 1.54).

1.4.4 Schneidclinchen

Das Verfahren Schneidclinchen wurde entwickelt, um die Einsatzgrenzen der konventionellen Clinchverfahren deutlich zu erweitern. Dabei ist es mit dem Schneidclinchverfahren möglich, Materialkombinationen aus Aluminium und pressgehärteten Stählen prozesssicher und ohne eine vorgelagerte Vorlochoperation einstufig zu verbinden. Im Vergleich zum konventionellen Clinchen besteht der Stempel aus einem Innen- und einem Außenstempel, die über ein Federsystem miteinander verbunden sind. Die Matrize ist mehrteilig und besteht aus einem mit Lamellen ausgeführten Außenkörper und einem federnd gelagerten Amboss. Der Verfahrensablauf ist in Abbildung 1.55 dargestellt.

Im ersten Prozessschritt werden die Fügeteile positioniert und mittels Niederhalter fixiert. Nachfolgend wird durch den gemeinsamen Vorschub des Innen- und Außenstempels ein kugelförmiges Material-

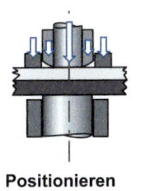

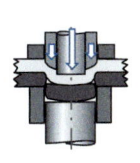

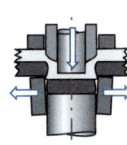

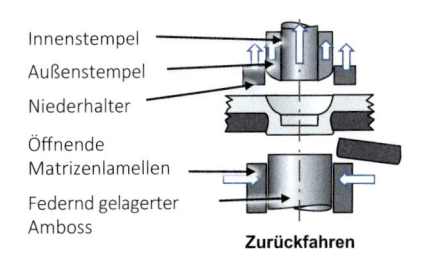

Abb. 1.55: *Verfahrensablauf des Schneidclinchprozesses (LWF)*

volumen im stempelseitigen Blech verdrängt und ein Riss im matrizenseitigen Material initiiert. Durch den weiteren Vorschub des inneren Stempels wird das stempelseitige Material durchsetzt. Es erfolgt ein Querfließpressen des stempelseitigen Materials bei gleichzeitig spreizenden Matrizenlamellen, wodurch ein Hinterschnitt ausgebildet wird. Der im Prozess entstehende Butzen muss nach dem Zurückfahren entfernt werden.

1.4.5 Anwendungsbeispiele für das Clinchen

Das Clinchen wird in einer Vielzahl technischer Bereiche der Blechverarbeitung eingesetzt. Anwender dieser Fertigungstechnologie sind beispielsweise die Automobilindustrie, die Klimageräteindustrie, der Haushaltsgeräte- und der Gehäusebau. Im Folgenden sind einige Beispiele aus der Praxis dargestellt.

1.5 Loch- und gewindeformendes Schrauben

Das Schrauben stellt eines der am weitesten verbreiteten mechanischen Fügeverfahren dar. Neben vielen Vorteilen, wie z. B. der Belastbarkeit und der Berechenbarkeit der Verbindung, bietet das Schrauben als Fügeverfahren zudem die Möglichkeit, lösbare Verbindungen zu erzeugen (Bye 2006). Die Vielfalt der heute gebräuchlichen Schraubverbindungen im Dünnblechbereich ist in Abb. 1.57 zusammengefasst. Zur Realisierung moderner Leichtbaukonzepte wird in der Automobilindustrie in den letzten Jahren insbesondere der Einsatz von loch- und gewindeformenden Schrauben angestrebt (Bye 2006, Hußmann 2008, Küting 2004, Somasundaram 2009b). Diese Schraubtechniken lassen sich zum einen prozesssicher in der Großserienanwendung automatisieren und bieten zum anderen den Vorteil einer deutlich geringeren Bauteilvorbereitung gegenüber den klassischen Schraubsystemen (Birkelbach 1988, Großberndt 1992a und1992b). Aufgrund der hohen Flexibilität der lösbaren Verbindungssysteme sind

Automobilindustrie
(Befestigungen an Karosserien, Verkleidungen, Kühlern etc.)

Weiße Ware
(Gehäuseblech-Befestigungen)

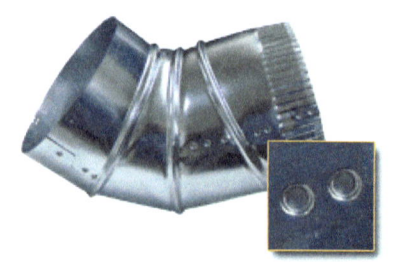

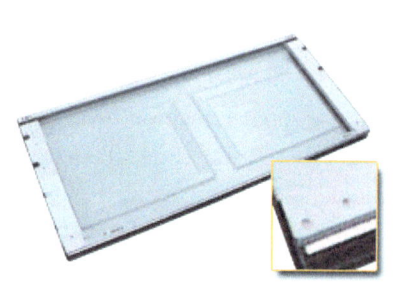

Bauzulieferer (Garagentor)

Baubereich
(Filtergehäuse, Gerüstbohlen)

Lüftungs-/Klimatechnik

Elektronik

Abb. 1.56: *Anwendungsbeispiele für das Clinchverfahren (Quellen: Eckold, BollhoffAttexor SA, BTM [EUROPE] Blechverbindungstechnik)*

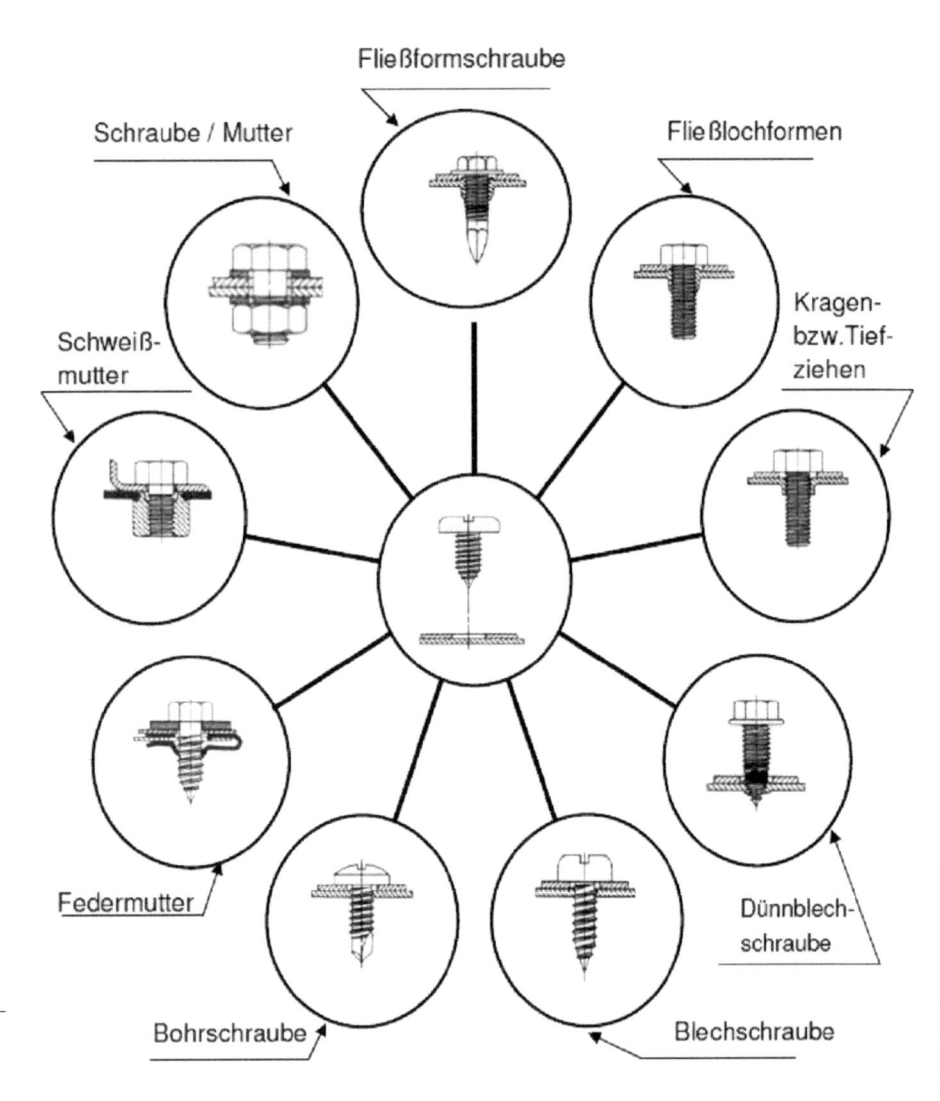

Abb. 1.57: Übersicht der gebräuchlichsten Schraubverbindungen im Dünnblechbereich (Groebel 1992)

loch- und gewindeformende Schrauben nicht nur für die hoch automatisierte Serienfertigung in der Großindustrie interessant, sondern auch für den Einsatz in klein- und mittelständischen Unternehmen geeignet. In diesem Beitrag ist das Hauptaugenmerk auf die loch- und gewindeformenden Schrauben gerichtet.

Die Direktverschraubungsverfahren mittels loch- und gewindeformenden Schrauben lassen sich dabei grundsätzlich in zwei Varianten unterteilen. Neben dem kaltformenden Schrauben (KFS), bei dem das Einbringen des Durchzuges und die Bildung des Mutterngewindes über eine spezielle Schraubgeometrie auf kaltformenden Weg erfolgt, wird das fließloch- und gewindeformende Schrauben (FLS) eingesetzt. Letzteres beruht dabei auf der Kombination der Technologien des „Fließformens" und des „Gewindefurchens".

1.5.1 Schraubsysteme

Die loch- und gewindeformenden Schrauben ermöglichen die Erzeugung einer kraft- und formschlüssigen Verbindung ohne aufwändige Bauteilvorbereitung bei nur einseitiger Zugänglichkeit der Fügestelle. Besonders vor dem Hintergrund des Leichtbaugedankens durch Hohlprofil-Bauweisen gewinnt die einseitige Zugänglichkeit zur Fügestelle eine immer größere Bedeutung. In Abbildung 1.58 ist eine Einteilung der mechanischen Fügeverfahren nach den Kriterien Fügeteilvorbereitung und Zugänglichkeit dargestellt.

Wie dieser Abbildung zu entnehmen ist, wird das Verschrauben von setzseitig vorgelochten und ungelochten Fügeteilen unterschieden.

1 Mechanisches Fügen

Abb. 1.58: Mechanisches Fügen ohne und mit Vorlochen bei einseitiger und zweiseitiger Zugänglichkeit (Somasundaram 2009b)

FLS-Verschraubung mit und ohne Vorloch des setzseitigen Fügeteils

Die 6 Schritte des Prozessablaufs beim Fließlochformschrauben mit setzseitigem Vorloch der Fügestelle sind in Abbildung 1.59 dargestellt.

Die Schraube setzt zunächst mit einer werkstoffabhängigen Anpresskraft und einer hohen Drehzahl auf das Bauteil auf (1). Durch die entstehende Reibungswärme wird der umzuformende Fügeteilwerkstoff lokal plastifiziert. Dabei fließt zunächst ein Teil des erwärmten Werkstoffs entgegen der Einschraubrichtung. Dieser Materialwulst wird durch das Durchgangsloch im klemmteilseitigen Bauteil aufgenommen. Anschließend beginnt der plastifizierte Werkstoff auch in Vorschubrichtung zu fließen, bis die konische Schraubenspitze das Material durchdringt. Die auf der Schraubenspitze angebrachten Formgebungskanten formen einen zylindrischen Durchzug im Einschraubteil aus, der die nutzbare Gewindelänge der Schraubverbindung erhöht (2, 3). In der nächsten Phase wird durch die ersten beiden Gewindeflanken der Schraube spanlos ein Mutterngewinde in dem ausgeformten Durchzug gefurcht (4). Anschließend erfolgt, nach dem die umformtechnischen Schritte abgeschlossen sind, das Einschrauben der Schraube in das gefurchte Gegengewinde und das Anziehen mit eingestelltem Drehmoment (5, 6). Beim Abkühlen der Fügezone findet ein radiales und axiales Schrumpfen des gebildeten Durchzugs auf das Gewinde der Schraube statt (Birkelbach 1993, Hilgert 2000, Küting 2004, Meschut 2003a).

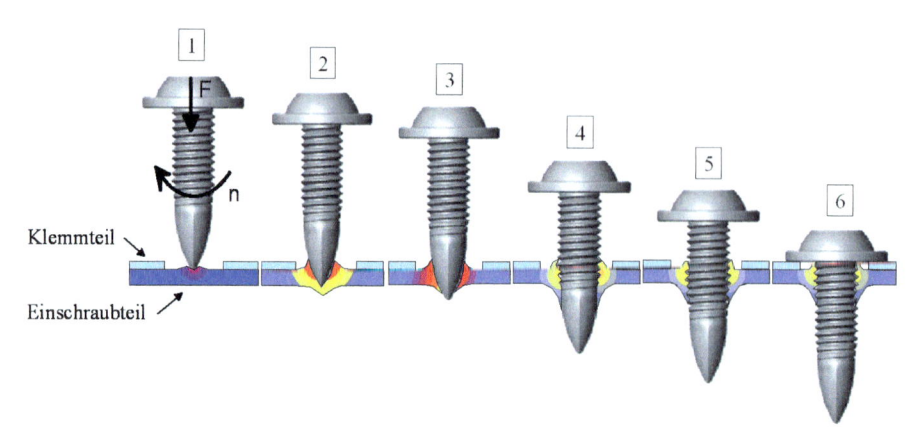

Abb. 1.59: Verfahrensprinzip FLS-Verschraubung mit setzseitigem Vorloch (Birkelbach 2001)

1.5 Loch- und gewindeformendes Schrauben

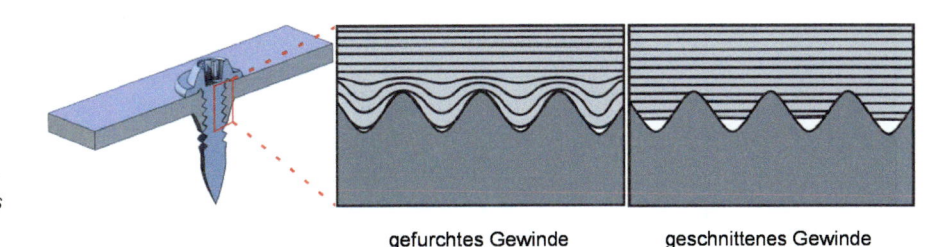

Abb. 1.60: *Schematische Darstellung eines geschnittenen und gefurchten Gewindes in einer Schraubverbindung (Somasundaram 2009)*

gefurchtes Gewinde   geschnittenes Gewinde

Im Gegensatz zum konventionellen Schrauben wird beim Fließlochformschrauben das Fügeteilmaterial plastifiziert und fließt zwischen die Gewindegänge der Schraube. Daraus resultiert eine optimale Gewindeflankenüberdeckung, was einen ununterbrochenen Kraftfluss ermöglicht (Abb. 1.60). Im Vergleich zum geschnittenen Gewinde, welches Hohlräume und Unterbrechungen des Faserverlaufs aufweist, lässt sich auf diese Weise eine deutlich höhere Tragfähigkeit, sowohl unter statischer als auch unter dynamischer Belastung, erreichen.

Eine Weiterentwicklung des Fließlochformschraubens stellt die Verfahrensvariante ohne vorherige Vorlochoperation der Fügestelle dar. Es zeigt sich, dass durch die Optimierung des Verschraubungsprozesses auch Verbindungen realisiert werden können, bei denen auf ein Vorloch des setzseitigen Fügeteils gänzlich verzichtet werden kann (Hahn 2004a, 2004b, 2004c, Meschut 2003a und 2003b, Ruther 2002). Dabei entfällt neben der Aufwandreduzierung für die Vorlochoperation auch die Toleranzproblematik einer genauen Positionierung der Schraube im

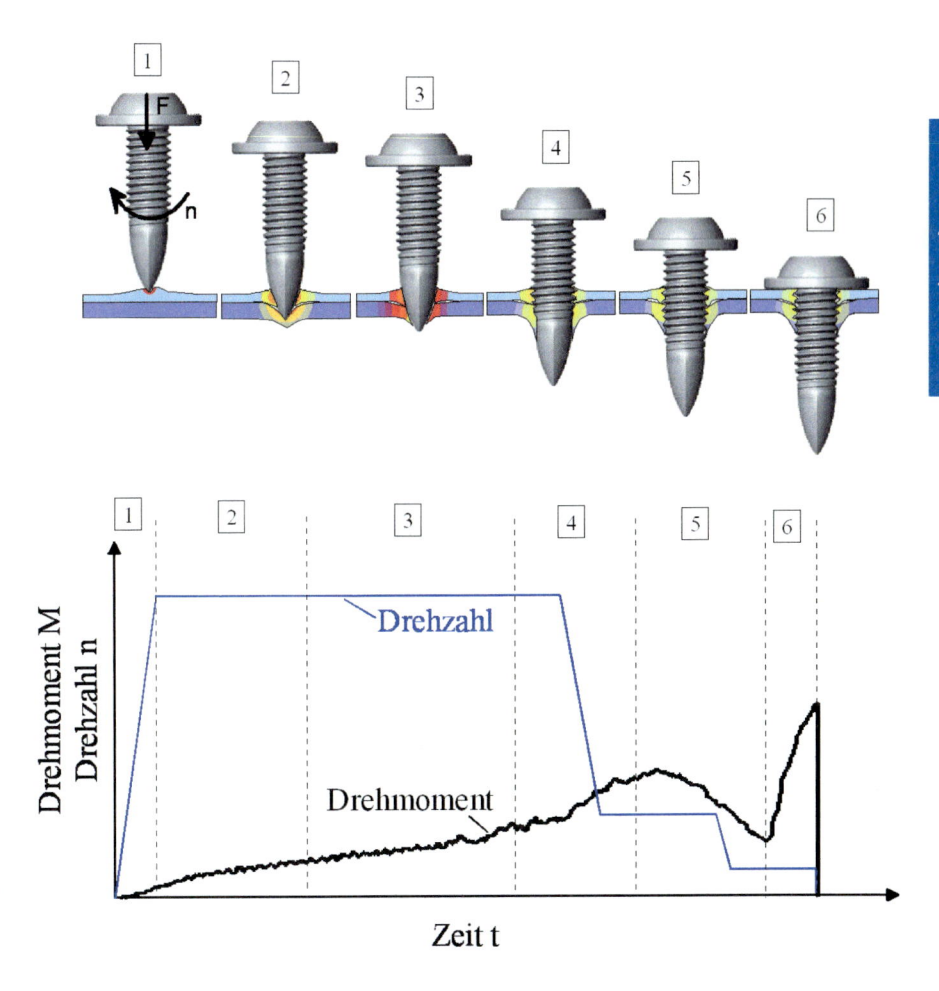

Abb. 1.61: *Verfahrensprinzip einer FLS-Verschraubung ohne setzseitiges Vorloch (nach Küting 2004)*

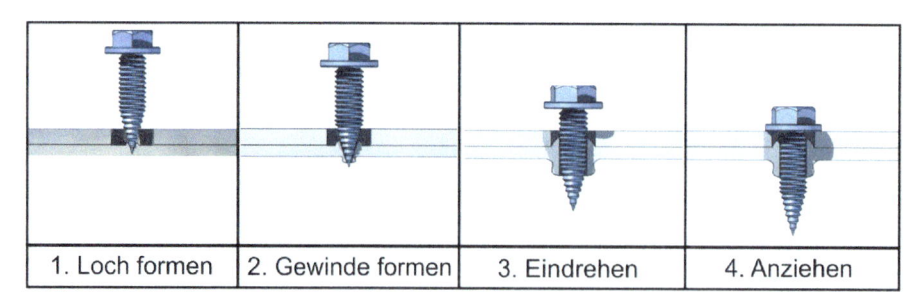

Abb. 1.62: *Verfahrensprinzip einer KFS-Verschraubung mit setzteilseitigem Vorloch (Somasundaram 2009)*

Vorloch. Letzteres stellt besonders bei robotergeführten Anlagen eine große Herausforderung dar.

Beim setzseitigem Einsatz hochfester Stahlwerkstoffe ist aufgrund, der hohen Temperaturen und Prozesskräften, die ein Aufschmelzen der Schraubenspitze zufolge haben, ein Vorloch weiterhin notwendig. Dies gilt auch beim Fügen eines sehr dicken Materialverbundes, der aufgrund von sehr großen Prozesskräften und Spaltbildungen zwischen den Fügeteilen nicht fügbar wäre.

In Abbildung 1.61 sind der Prozessablauf des Fließlochformschraubens ohne Vorlochung und darunter die Prozessparameter Drehmoment und Drehzahl in Abhängigkeit von der Prozesszeit beispielhaft dargestellt. Im Vergleich zum Prozessverlauf beim Fließlochformschrauben mit Vorloch werden beide Fügepartner mit höheren Anpresskräften und höheren Drehzahlen bis zur Plastifizierung erwärmt. Danach erfolgen die Ausbildung der Durchzüge in beiden Fügeteilen und das Gewindefurchen. Während dieser Phase steigt das Drehmoment bis zum Erreichen des Furchmoments an und fällt anschließend beim Einschrauben der Schraube in das erzeugte Gegengewinde wieder ab. Parallel hierzu wird die Drehzahl verringert, um beim Einschrauben das Muttergewinde nicht zu zerstören und das gewählte Anziehmoment prozesssicher zu erreichen. Der Drehzahlverlauf kann zusätzlich je nach Fügeaufgabe eine Zwischenstufe enthalten, die die Einschraubzeit nach der Gewindeausformung bis zum Anziehdrehmoment reduziert.

KFS-Verschraubung mit und ohne Vorloch des setzseitigen Fügeteils

Kaltformende Schraubsysteme besitzen eine spezielle Schraubgeometrie, mit der die Fertigungsschritte „Ankörnen", „Loch- und Durchzug formen" und „Gewindefurchen" realisiert werden. Nach dem Aufsetzen der Schraube auf der Bauteiloberfläche wird zunächst ein Lochzug mit einer werkstoffabhängigen Anpresskraft durch die Schraubenspitze geformt. Danach greifen die bis in die Schraubenspitze laufenden Gewindegänge und ziehen die Schraube in den Werkstoff. Ähnlich wie bei der FLS-Verschraubung wird ein Durchzug geformt, in dem gleichzeitig auch ein Gewinde gefurcht wird. Im Gegensatz zu der FLS-Technik verläuft dieser Prozess unter deutlich geringerem Wärmeeinfluss. In Abbildung 1.62 ist exemplarisch die Verfahrensvariante mit Vorloch dargestellt.

Je nach Anwendungsfall sind die beiden vorgestellten Arten der loch- und gewindeformenden Schrauben in unterschiedlichen Ausführungen der Schraubenspitze erhältlich.

1.5.2 Allgemeine Richtlinien

Die Herstellung von loch- und gewindeformenden Schrauben ist von vielen Einflussfaktoren abhängig und durch deren gezielte Anpassung beeinflussbar (Abb. 1.63). Sind die Geometrie der Schraube und die zu fügenden Werkstoffpaarungen vorgegeben, lässt sich die Qualität der Verbindung durch gezielte Variation der Prozessparameter maßgeblich beeinflussen.

Konstruktive Richtlinien

Die wichtigsten geometrischen Kenngrößen für eine FLS- und eine KFS-Verschraubung sind in Abbildung 1.64 dargestellt.

Für Verbindungen mit setzteilseitiger Vorlochung kann für das Vorloch von nachfolgenden Werten überschlägig ausgegangen werden (Tab. 1.1). Das Vorloch des Klemmteils dient zur Aufnahme des

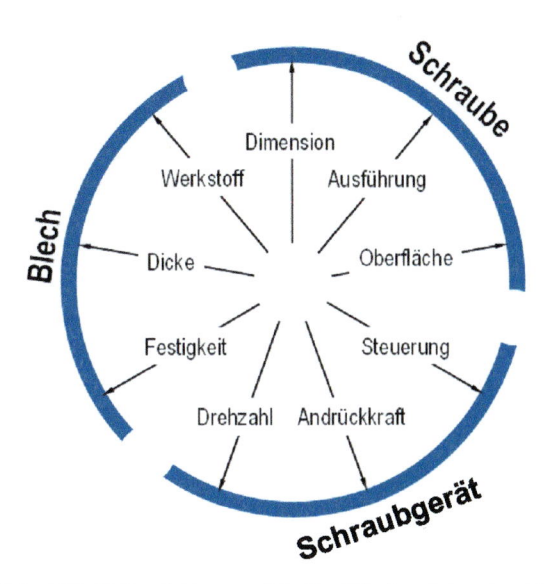

1.5 Loch- und gewindeformendes Schrauben

entgegen der Einschraubrichtung verdrängten Werkstoffs.

Aus der Festlegung der Fügeteilwerkstoffe und der Art der Belastung resultiert die Wahl und Dimensionierung der Fügeelemente. Für eine überschlägige Auslegung des Schraubendurchmessers können die Belastungskennwerte aus Tabelle 1.2 zugrunde gelegt werden.

Tab. 1.2: *Belastungskennwerte für einsatzvergütete Schrauben aus Einsatzstahl (Quelle: Heise)*

Abmessung	Mindestzugbruchlast (kN)	Mindestbruchdrehmoment (Nm)
M 3	4,0	1,5
M 3,5	5,4	2,6
M 4	7,0	4,0
M 5	11,4	7,1
M 6	16,0	12,0
M 8	29,0	29,0

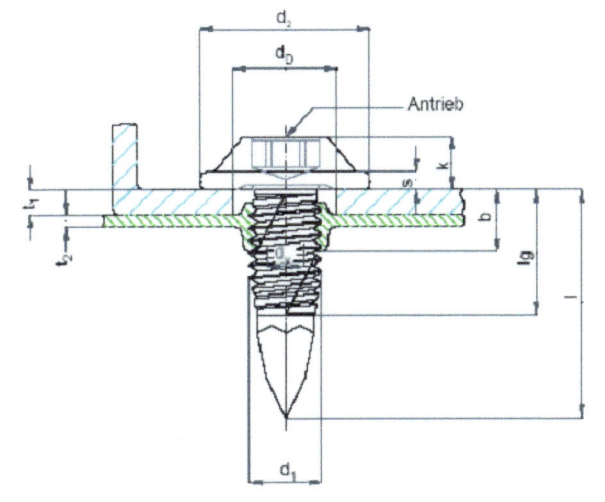

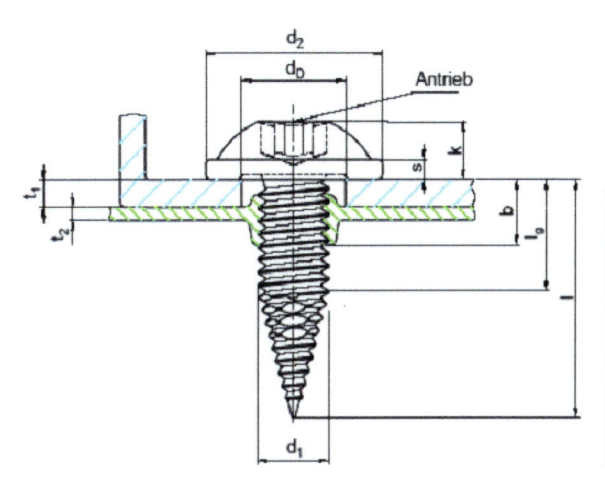

Abb. 1.63: *Einflussfaktoren auf die Qualität einer Schraubverbindung (Quelle: Heise)*

Kenngrößen der Schrauben	Kenngrößen am Bauteil
d_1 = Gewindenenndurchmesser	t_1 = Klemmteildicke
d_2 = Scheibendurchmesser	t_2 = Einschraubteildicke
k = Kopfhöhe	d_D = Durchgangslochdurchmesser
s = Scheibendicke	d_V = ggf. Vorlochdurchmesser
b = Mindestgewindelänge	
l_g = Nutzbare Gewindelänge	
l = Nennlänge	

Abb. 1.64: *Geometrische Kenngrößen an einer a) FLS- (links) und b) KFS-Verschraubung (rechts) (Quelle: Schrauben Betzer ; Fa. Ejot)*

Tab. 1.1: *Vorlochdurchmesser in Abhängigkeit von der Gewindegröße*

Vorlochdurchmesser d_V (mm)	M 3	M 3,5	M 4	M 5	M 6
FLS	3,6–4,0	4,3–4,8	5,1–5,7	6,7–7,4	8,2–9,1
KFS	3,9–4,1	4,4–4,6	5,1–5,5	6,7–7,2	8,3–8,7

1 Mechanisches Fügen

Die Ermittlung der Schraubenlänge richtet sich nach der nutzbaren Gewindelänge b. Diese lässt sich abhängig von der Klemmteildicke t_1 und der Dicke des Einschraubteils t_2 wie folgt berechnen:

$b = t_1 + 3 \cdot t_2$ (ohne Vorloch)
$b = t_1 + 2 \cdot t_2$ (mit Vorloch)

Aus der nutzbaren Gewindelänge kann anschließend gemäß Herstellertabelle die erforderliche Nennlänge der Schraube ermittelt werden.

Fertigungstechnische Richtlinien

Beim Verschrauben von loch- und gewindeformenden Schrauben werden in Vorversuchen zunächst die notwendigen Prozessparameter ermittelt. Hierzu werden Überdrehversuche durchgeführt. In Abbildung 1.65 ist der charakteristische Verlauf eines solchen Überdrehversuchs als Verschraubung 1 dargestellt. Dieser dient zur Definition eines geeigneten Prozessfensters. Hierbei werden die Schrauben mittels einer definierten Anpresskraft und Drehzahl vollständig in die Fügeteile eingeschraubt, bis es zum Abscheren der Gewindeflanken kommt. Aus dem Überdrehversuch lassen sich die für die Verbindungsqualität relevanten Prozessparameter Furchmoment M_f und Überdrehmoment $M_ü$ der Verbindung bestimmen. Dabei stellt das Furchmoment M_f eine Funktion aller Drehmomente dar, die benötigt werden, um die Schraube loch- und gewindeformend in das Einschraubteil einzubringen. Das Überdrehmoment kennzeichnet hingegen den Wert, bei dem das geformte Muttergewinde zerstört wird. Diese beiden Größen definieren das Prozessfenster für das Anzugsmoment M_a der Verbindung, das bei der Verschraubung 2 den Abschaltwert darstellt. Das Anzugsmoment ergibt sich aus der Reibung zwischen dem Unterkopf der Schraube und der Fügeteiloberfläche.

Um eine größtmögliche Prozesssicherheit zu gewährleisten, sollte das Anzugsmoment mit einem deutlichen Abstand zu den Drehmomentkennwerten M_f und $M_ü$ festgelegt werden. Wird das Anzugsmoment zu dicht am Überdrehmoment gewählt, kann es unabsichtlich zum Überdrehen der Verbindung kommen. Ein Anzugsmoment knapp oberhalb des Furchmoments kann zum frühzeitigen Abbruch des Verschraubungsprozesses führen, falls bereits beim Furchprozess der eingestellte Abschaltwert erreicht wird. Erfahrungsgemäß lässt sich für das Anzugsmoment ein praxisrelevanter Bereich definieren, in dem sich prozesssichere Verbindungen herstellen lassen. Die Festlegung dieses Bereichs lässt sich folgendermaßen vornehmen:

$1{,}2 \cdot M_f < M_a < 0{,}8\, M_ü$

Die Anpresskraft und die Furchdrehzahl, mit der der Durchzug und das Gewinde erzeugt werden, üben ei-

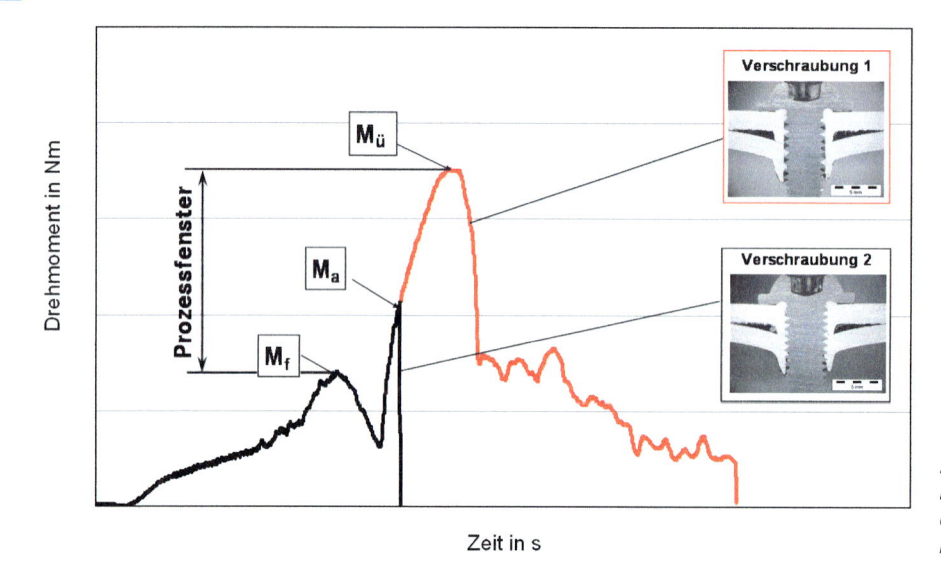

Abb. 1.65: *Drehmomentverläufe, dargestellt am Beispiel einer Fließlochformverschraubung (Somasundaram 2009b)*

nen direkten Einfluss auf den Drehmomentenverlauf aus und müssen anhand von Überdrehversuchen ermittelt werden. Bei konstanter Drehzahl und kontinuierlicher Erhöhung der Anpresskraft erfahren die Fügeteile eine kürzere Plastifizierungsphase. Dies führt zu einer Erhöhung des Furchmoments. Eine Erhöhung der Drehzahl bei konstanter Anpresskraft bewirkt dagegen eine kontinuierliche Senkung der Furch- und Überdrehmomente. Dies lässt sich dadurch erklären, dass durch die hohen Drehzahlen ein größerer Wärmeeintrag in die Fügestelle stattfindet, der zu einer erhöhten Plastifizierung des Materials beiträgt. Das Schraubengewinde erzeugt somit unter geringerem Widerstand ein Gegengewinde im Fügeteil.

Bei Verbindungen ohne vorherige Vorlochung der Fügestelle ist zur Spaltminimierung zwischen den Bauteilen die Verwendung eines Niederhalters zwingend erforderlich. Mit Hilfe des Niederhalters wird das schraubkopfseitige Blech auf das einschraubseitige Blech gepresst, wodurch ein Materialfluss zwischen den beiden Blechen unterdrückt wird. Dem Abheben des Klemmteils von dem Einschraubteil wird mit der Niederhalterkraft F_N entgegengewirkt (Abb. 1.66). Da der Niederhalter nur außen um die Fügestelle wirken kann, lässt sich eine vollständige Spaltminimierung, besonders in der direkten Fügezone unterhalb des Schraubenkopfes, technisch kaum realisieren. Die Höhe der Niederhalterkraft ist vom Werkstoff und dessen Fügeteildicke sowie der ausgewählten Drehzahl und Anpresskraft, abhängig. Eine gezielte Anpassung der Niederhalterkraft muss für jede Fügeverbindung separat vorgenommen werden.

Die vorliegende Fügeaufgabe bestimmt die einzusetzenden Schraubgeräte (handgeführt oder automatisiert) und deren Baugröße. Die Antriebsart erfolgt dabei entweder pneumatisch oder elektrisch. Die benötigten Drehzahlen können je nach Verfahrensvariante stark variieren. Insbesondere bei Einsatz der Fließlochformschrauben sollte die Drehzahl zwischen 2000–8000 U/min betragen. Beim Kaltformschrauben können auch Schraubgeräte mit deutlich geringeren Drehzahlen verwendet werden. Ein exemplarischer Aufbau ist in Abb. 1.67 für eine stationäre und robotergeführte Einrichtung dargestellt.

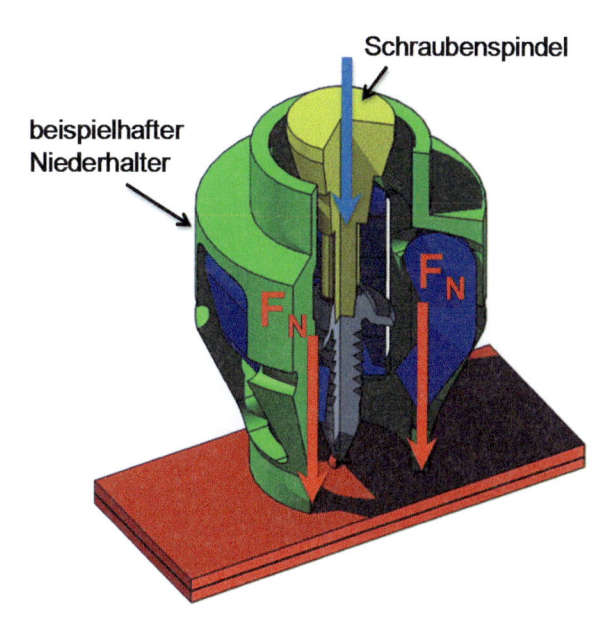

Abb. 1.66: Einsatz der Niederhalterkraft FN zur Fixierung der Bauteile und zur Spaltminimierung (Somasundaram 2009)

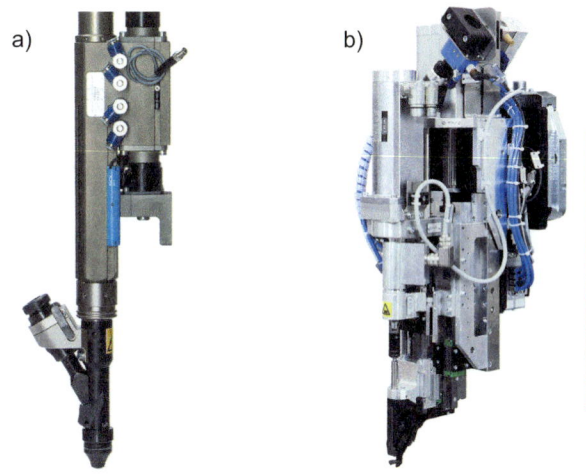

Abb. 1.67: a) stationäre und b) robotergeführte Schraubeinrichtung (Weber Schraubautomaten)

1.5.3 Qualitätssicherung

Zur Überprüfung und Bewertung der Verbindungsqualität gibt es eine Reihe unterschiedlicher Verfahren, die in zerstörende und zerstörungsfreie Verfahren eingeteilt werden.

Zerstörende Prüfung

Die zerstörenden Prüfverfahren (Makroschliff, Prüfung des Überdrehmoments, Festigkeitsprüfung)

1 Mechanisches Fügen

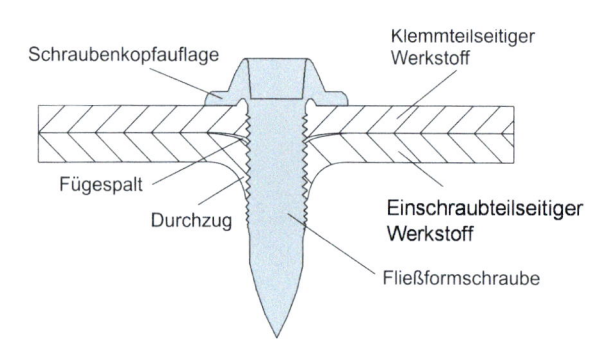

Abb. 1.68: *Schematische Darstellung des Schliffs einer FLS-Verschraubung (Somasundaram 2009)*

werden meist für ergänzende Stichproben in der Serienfertigung herangezogen.

Die Erstellung von Makroschliffen ermöglicht, es Aussagen über die Ausbildung des Fügeelementes zu erhalten. Die Verschraubungen werden dabei entlang der Mittelachse getrennt und angeschliffen. Anschließend werden die qualitätsrelevanten Größen vermessen und aufgenommen, wodurch eine Bewertung der Verbindungsqualität möglich ist. In Abbildung 1.68 ist ein Schliff einer FLS-Verschraubung schematisch dargestellt.

Das *Überdrehmoment* ist durch das maximale Moment gekennzeichnet, bei dem eine Verbindung versagt. Mittels eines Drehmomentenschlüssels wird die Schraube bis zur Zerstörung von Schraube, Schraubengewinde oder Muttergewinde angezogen. Hierdurch lässt sich das Versagensdrehmoment (Überdrehmoment $M_{ü}$) der Schraube bestimmen.

Zur Bestimmung der *Verbindungsfestigkeiten* wird zwischen der quasistatischen und dynamischen Prüfung unterschieden. Für beide Beanspruchungsarten werden in der Regel die maximale Scher-, Kopf- bzw. Schälzugkraft bestimmt.

Zerstörungsfreie Prüfung

Der Schraubprozess kann bei elektrischen Schraubgeräten bedienerunabhängig online überwacht werden. Dazu werden die wesentlichen Parameter Drehmoment, Drehwinkel, Einschraubtiefe, Zeit und Drehzahl prozessbegleitend aufgezeichnet und kontrolliert.

Zudem kann eine zerstörungsfreie Prüfung durch eine Sichtkontrolle des ausgebildeten Durchzuges und der Kopfendlage sowie durch eine Belastungsprüfung, die auf einen kritischen Sollwert unterhalb der Zerstörungsgrenze eingestellt ist, erfolgen.

1.5.4 Anwendungsbeispiele für Verschraubungen im Automobilbau

Abb. 1.69: *Einsatz von 610 Fließformschrauben in der Karosserie des Audi Q7 (Quelle: Audi / LWF)*

1.6 Hochgeschwindigkeitsbolzensetzen

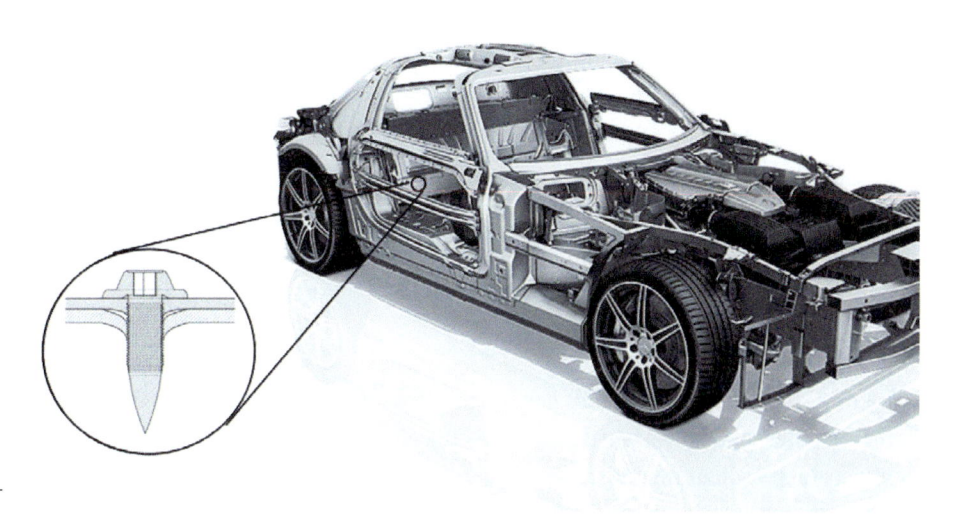

Abb. 1.70: *Vollautomatische Verarbeitung von ca. 300 Fließformschrauben an der Aluminium-Space-Frame Karosse des SLS von Mercedes-Benz (Quelle: Daimler)*

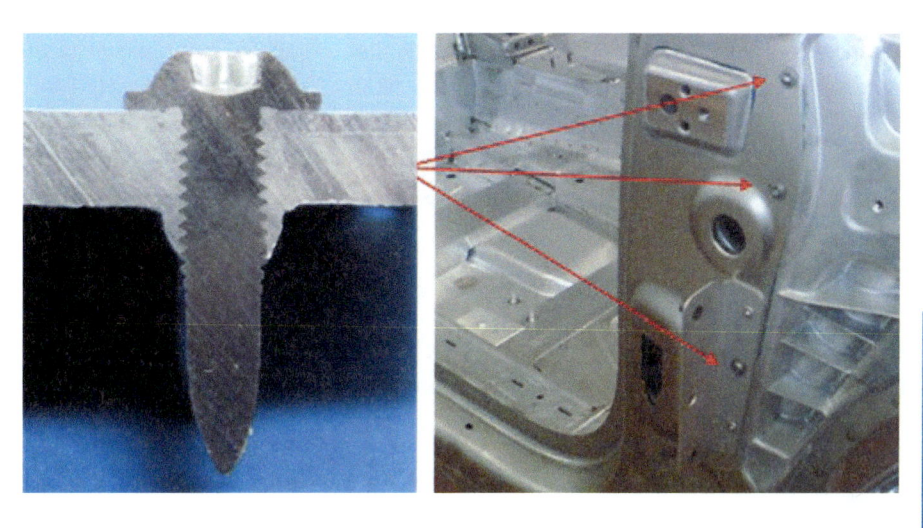

Abb. 1.71: *Anwendung von Fließformschrauben am Audi TT Coupé / Roadstar (Quelle: Ejot)*

1.6 Hochgeschwindigkeitsbolzensetzen

Im Leichtbau werden vermehrt höchstfeste Werkstoffe eingesetzt, mit denen eine Erhöhung der Karosseriesteifigkeit und Crashsicherheit bei gleichzeitiger Gewichtsreduzierung erzielt werden kann. Neben den klassischen Schalen- und Space Frame-Bauweisen rücken modulare und mittels Hohlprofilen skalierbare Fahrzeugplattformen wie z. B. die Mercedes E-Klasse (W213) oder dem Tesla Model 3 in den Fokus. Auch der vermehrte Einsatz von Gussbauteilen mit teils stark verrippten und komplexen Geometrien, in modernen Fahrzeugkarosserien, dient der Gewichts- und Kosteneinsparung.

Diese Fahrzeug- und Leichtbaukonzepte der modernen PKW-Rohkarosseriefertigung erfordern neuartige, flexible Fügetechnologien, die bei nur einseitig zugänglichen Fügestellen ohne vorherige Vorlochoperation sowohl für den Mischbau verschiedener Werkstoffe als auch für Fügeaufgaben mit höchstfesten Stahlwerkstoffen einsetzbar sind. Dabei soll der industrielle Einsatz in einer automobilen Großserienfertigung auch unter wirtschaftlichen Gesichtspunkten attraktiv sein (Lakeit 2008).

Konkrete Fügeaufgaben an einer derartigen Karosserie sind beispielsweise das Fügen oder das Beplanken von Rahmentragwerken aus geschlossenen Profilen bei einseitiger Zugänglichkeit. Neben dem Direktverschrauben und Blindnieten bietet sich das

Hochgeschwindigkeitsbolzensetzen im besonderen Maße als mechanische Fügetechnik für Profilbauweisen an. Dem Einsatz des Direktverschraubens steht jedoch die hohe Festigkeit des Stahlprofils entgegen und beim Blindnieten wirkt sich der zusätzliche Lochvorgang, das Abführen der Bohrspäne oder des Butzens sowie der zusätzliche Positionieraufwand negativ auf die Wirtschaftlichkeit vollautomatischer Fügeanlagen aus.

Die Verfahrenscharakteristika des Bolzensetzens können die genannten Nachteile dagegen kompensieren. Bei diesem Fügeverfahren wird die Fügeenergie über einen Kolben im Setzgerät auf den Setzbolzen übertragen. Dieses nagelähnliche Hilfsfügeteil wird auf hohe Geschwindigkeit beschleunigt und in die Fügeteile eingetrieben, wobei bei ausreichender Fügestellensteifigkeit eine einseitige Zugänglichkeit zur Fügestelle ausreichend ist. Diese gestattet eine flexible Gestaltung der Fügestellen und Baugruppen, wodurch neue Karosseriedesigns ermöglicht werden.

1.6.1 Grundlagen und Begriffe

Das Bolzensetzen ist in der Hauptgruppe 4 „Fügen" nach DIN 8593 in der Untergruppe 4.3 „An- und Einpressen" angeordnet und fällt unter die Kategorie Nageln/ Einschlagen (Untergruppe 4.3.5) (Abb. 1.72). Im Gegensatz zur Gruppe 4.5 (Fügen durch Umformen) wird hier das Hilfsfügeteil nicht verformt.

1.6.2 Verfahrensablauf und Verbindungsausbildung

Aufgrund des hochdynamischen Eintreibprozesses des Setzbolzens mit hoher Geschwindigkeit ergeben sich sehr kleine Setzzeiten, was eine Effizienzsteigerung in der Fertigung begünstigt (Abb. 1.73). Mit nur einer Bolzengeometrie ist eine Fülle von unterschiedlichsten Bauteilen fügbar, was die Teilevielfalt bei den Hilfsfügeteilen reduziert und so zu einer wirtschaftlichen Wertschöpfungskette beiträgt. Dem entgegen steht ein nicht vermeidbares Impulsgeräusch, welches während des Fügens insbesondere von den Fügeteilen ausgeht und oftmals eine Schallschutzeinhausung begründet. Zudem ist eine ausreichende Abstützungswirkung der rückseitigen Lage erforderlich, die wahlweise durch eine ausreichende Eigensteifigkeit der Bauteile oder mittels einer temporären rückseitigen Abstützung erreicht werden kann.

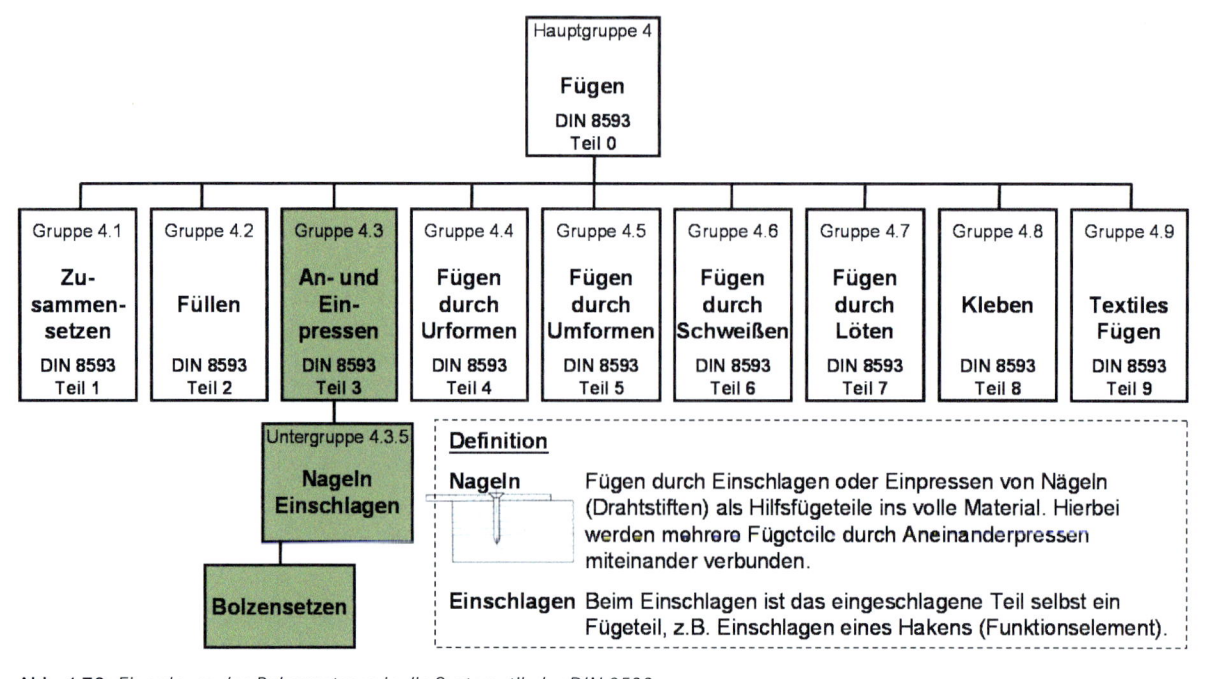

Abb. 1.72: Einordnung des Bolzensetzens in die Systematik der DIN 8593

1.6 Hochgeschwindigkeitsbolzensetzen

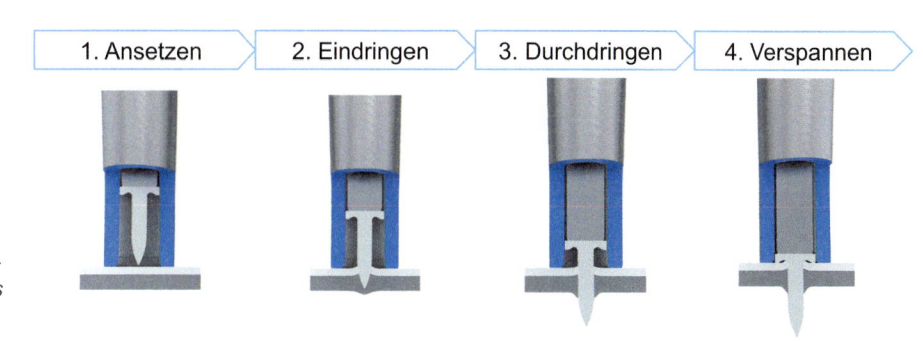

Abb. 1.73: Schematische Darstellung des Verfahrensablaufs beim Bolzensetzen (Quelle: Böllhoff)

1. Ansetzen 2. Eindringen 3. Durchdringen 4. Verspannen

Gekennzeichnet ist die erstellte Bolzensetzverbindung durch den direkt auf dem Deckblech aufliegenden Bolzenkopf sowie einen auf der rückwärtigen Seite ausgebildeten Durchzug, welcher den Bolzenschaft eng umschließt.

Des Weiteren ist eine möglichst gleichmäßige und vollständige Anlage des Bolzenkopfes am Deckblech insbesondere unter optischen Gesichtspunkten erwünscht, wenngleich selbst ein bis zu 20° schief sitzender Setzbolzen keinen signifikanten Einfluss auf die Verbindungsfestigkeit sowohl unter Kopf- als auch Scherzugbelastung aufweist.

Die fügbaren Werkstoffkombinationen, die mit einer einzigen Bolzengeometrie fügbar sind, reichen von Aluminium- und Magnesiumwerkstoffen über ein breites Spektrum von Kunststoffen bis hin zu Stählen. Selbst spröde Magnesium- und Aluminiumgusswerkstoffe lassen sich fügen und werden während des Fügeprozesses aufgrund adiabater Umformprozesse duktiler. Mehrlagenverbindungen lassen sich ebenfalls realisieren. In Kombination mit Klebstoff (Hybridfügen nach der Fixiermethode) lassen sich Verbindungen erzielen, bei denen eine konstante Klebschichtdicke im Fügeflansch eingestellt wird, da der viskose Klebstoff bei den hochdynamischen Fügegeschwindigkeiten seine Fließfähigkeit reduziert. Dabei verhält sich die Klebschicht aufgrund der hohen Setzgeschwindigkeit beim Bolzensetzvorgang wie eine dritte feste Lage, wodurch der zuvor eingestellte Klebespalt in der Fügezone fixiert und eine gleichmäßige Klebschichtdicke zwischen den Fügepunkten eingestellt wird.

Abbildung 1.76 zeigt exemplarisch für eine Aluminium-Blech-Profil-Verbindung das Bolzensetzkleben

Visuelle Kontrolle

Setzbolzenkopfseite
- Kopfüberstand
- Schiefstellung
- Spaltbildung

Querschliffdarstellung
- Ringnutfüllung
- Spaltbildung
- Form-/Kraftschluss
- Durchzugsgeometrie
- Kronenausbildung
- Symmetrie
- Schiefstellung

Setzbolzenaustrittsseite

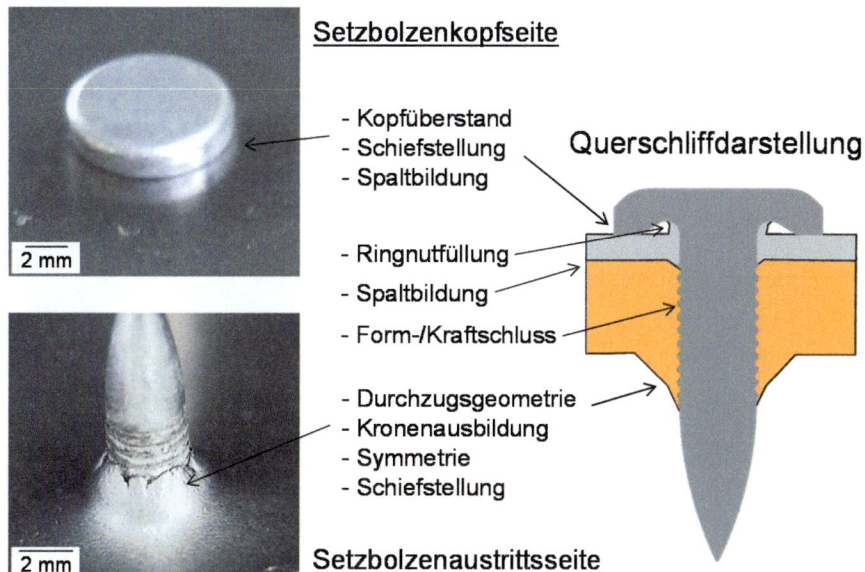

Abb. 1.74: Charakteristische Ausbildung der Fügezone beim Bolzensetzen und Prüfkriterien für die Verbindungsqualität (Hußmann 2008)

1 Mechanisches Fügen

Aluminium-Blech / Aluminium-Profil

Faserverstärkte Kunststoffe

Aluminium-Blech / Stahl-Blech

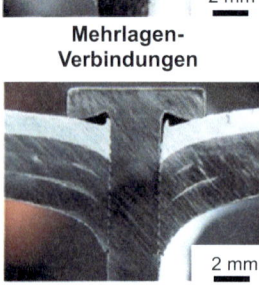

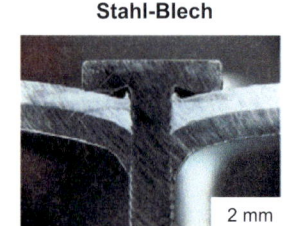

Al-Gusswerkstoffe

Mehrlagen-Verbindungen

Hybridfügen

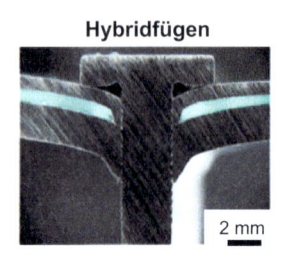

Abb. 1.75: *Exemplarische Werkstoffpaarungen beim Bolzensetzen (Draht 2008)*

entlang des Flansches zwischen zwei Setzbolzenverbindungen.

Die Wahl der Prozessparameter braucht für die Kombination mit Klebstoff gegenüber dem elementaren Bolzensetzen kaum angepasst zu werden, was den Bemusterungsaufwand reduziert. Niederhalter- oder Spannkräfte müssen demgegenüber jedoch angepasst werden, um die gewünschte Klebschichtdicke einzustellen, welche von der Bolzensetzverbindung eingefroren wird.

1.6.3 Setzgerät zum Bolzensetzen

Konstruktion und Prozessprinzip

Die Fügeanlage zum Bolzensetzen beruht auf einem Kolben-Zylinder-Prinzip und wird mit Druckluft betrieben. Die Hauptstellgröße des Fügeverfahrens ist der Arbeitsdruck, der mithilfe eines digitalen Druckventils variiert werden kann. Abbildung 1.77 veranschaulicht den schematischen Aufbau eines Bolzensetzgeräts im betriebsbereiten Zustand und zeigt die wesentlichen Bauteile auf.

Vierkant-Hohlprofil aufgeschnitten und geschliffen

Fügeverfahren
Bolzensetzen
Setzbolzen: s. Bild
Bolzensetzgerät: druckluftbetrieben
Arbeitsdruck [bar]
p = 4,2 bar
Klebstoff: BM1014
Aushärtung bei 180°C / 25 min

Deckblech: AlMg3 (1,2 mm) Basismaterial: AlMgSi1 (4,0 mm)

Spaltfixierung durch Werkstoffverdrängung an der Fügestelle

Konstante Klebschichtdicke zwischen den Fügepunkten

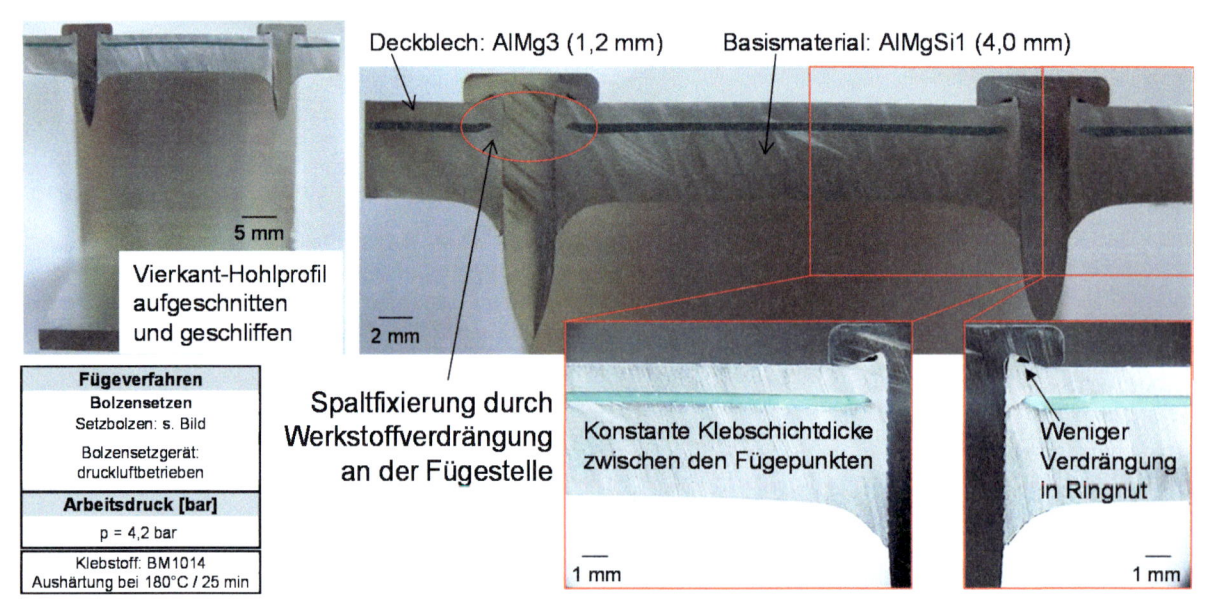

Weniger Verdrängung in Ringnut

Abb. 1.76: *Bolzensetzklebverbindung AlMg3 (1,2 mm) auf AlMgSi1 (4,0 mm) (Hußmann 2008)*

1.6 Hochgeschwindigkeitsbolzensetzen

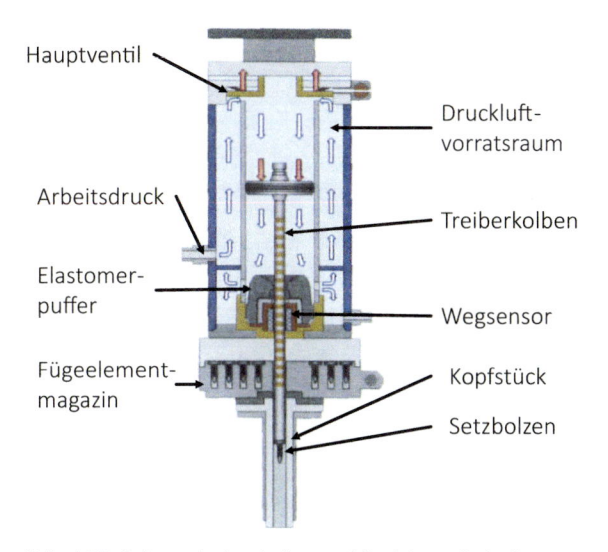

Abb. 1.77: *Schematischer Aufbau und Funktionsprinzip des Setzbolzenwerkzeugs (nach Grötzinger 2017)*

Aufgrund der Kinematik des Bolzensetzgerätes ergibt sich eine maximale Setzgeschwindigkeit von etwa 40 m/s. In der Regel befindet sich der Arbeitskolben dabei bis zum vollständigen Eintreiben des Setzbolzens in die Fügeteile in Anlage zu diesem. Folglich wird während des Eintreibvorgangs die gesamte kinetische Energie auf den Setzbolzen übertragen. Bei unsachgemäßer Bedienung oder fehlenden Fügeteilen wird der Arbeitskolben im Innern des Setzgerätes durch den Puffer abgebremst, wodurch aufgrund der Massenverhältnisse zwischen Arbeitskolben und Setzbolzen 99 % der kinetischen Energie im Gerät absorbiert werden.

1.6.4 Richtlinien zur Konstruktion und Fertigung

Grundsätzlich ist bei einseitig zugänglichen Fügestellen auf eine hohe Steifigkeit des Basisbauteils (unterste Lage) zu achten, damit durch den Setzimpuls keine übermäßigen Verformungen an der Fügestelle auftreten. Dies wird erreicht, indem Fügestellen vor allem bei Profilen in der Nähe von abstützenden Flanken vorgesehen werden. Fügen in ebene Bleche geringer Steifigkeit ist bei zweisei-

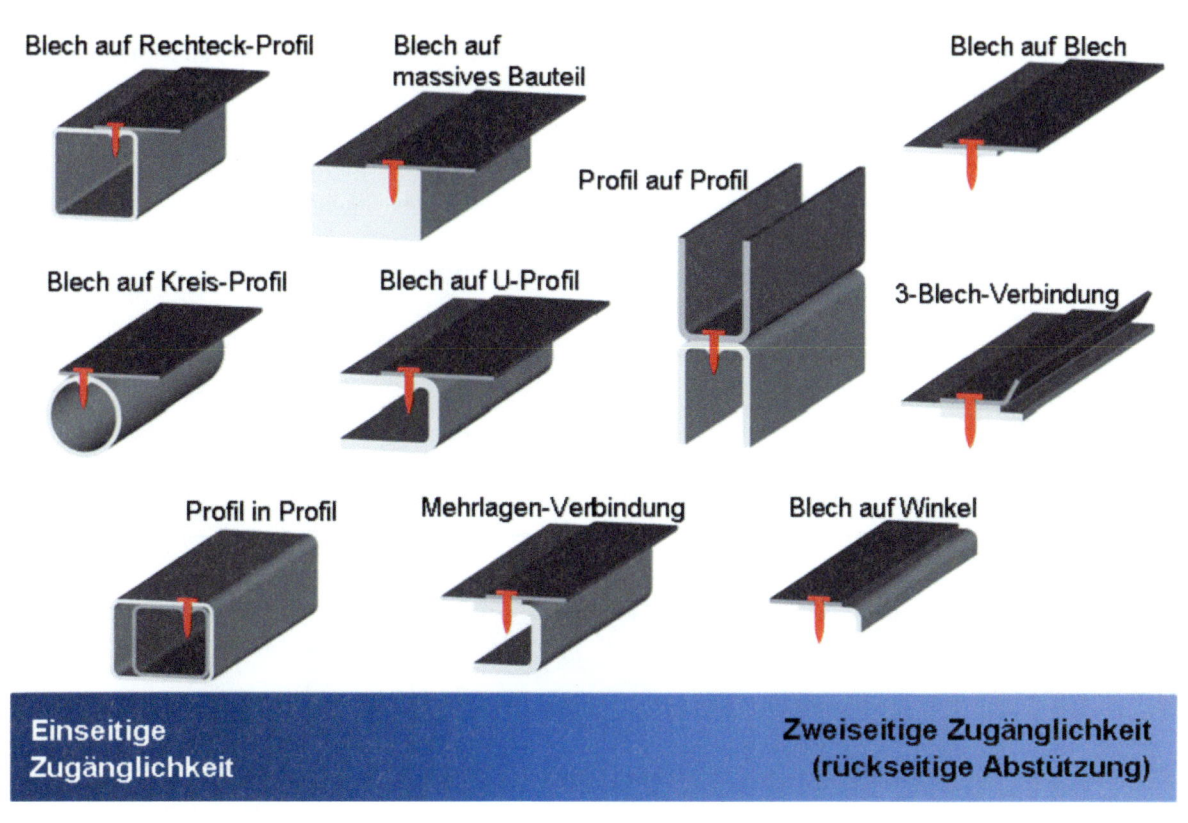

Abb. 1.78: *Beispiele für Fügekonstellationen (Draht 2008)*

1 Mechanisches Fügen

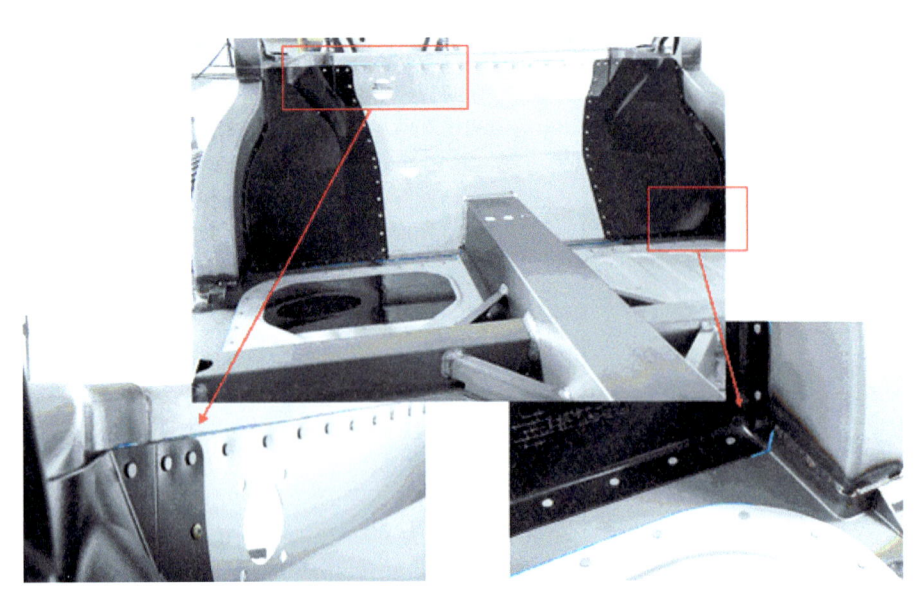

Abb. 1.79: RIVTAC®-Fügestellen in der Spritzwand bei einem Konzeptfahrzeug (Quelle: Böllhoff)

tiger Zugänglichkeit mit rückseitiger Abstützung z. B. in Form einer Rundhülse verformungsarm realisierbar.

Oft ist es ratsam, eine Blechkonstruktion mit den typischen zweiseitig zugänglichen Flanschen in eine meist leichtgewichtigere Profilkonstruktion zu überführen, um die Vorteile des Bolzensetzens auszuschöpfen. Beim Einsatz von Aluminiumstrangpressprofilen sollte die Möglichkeit von Mehrkammern mit inneren Stegen zur Abstützung der Fügestelle geprüft werden. Oft können Profilflächen (Membranen) durch geschickte Anordnung von Sicken ausreichend ausgesteift werden, um das Bolzensetzen bei einseitiger Zugänglichkeit einsetzen zu können. Für die Festigkeit von Setzbolzenverbindungen sind vor allem die Dicke und der Werkstoff der Basislage von Bedeutung, da sich in dieser der Setzbolzen verankert. Je nach Anforderung an die Festigkeit lassen sich Setzbolzenverbindungen in Aluminiumbauteile $\geq 2{,}5$ mm und Stahlbauteile $\geq 1{,}5$ mm Wanddicke einbringen. Während des Fügens sollten die Profile an ihren Enden fixiert sein. Je nach Funktion kann dies temporär durch Einspannungen oder dauerhaft durch z. B. Anbindung

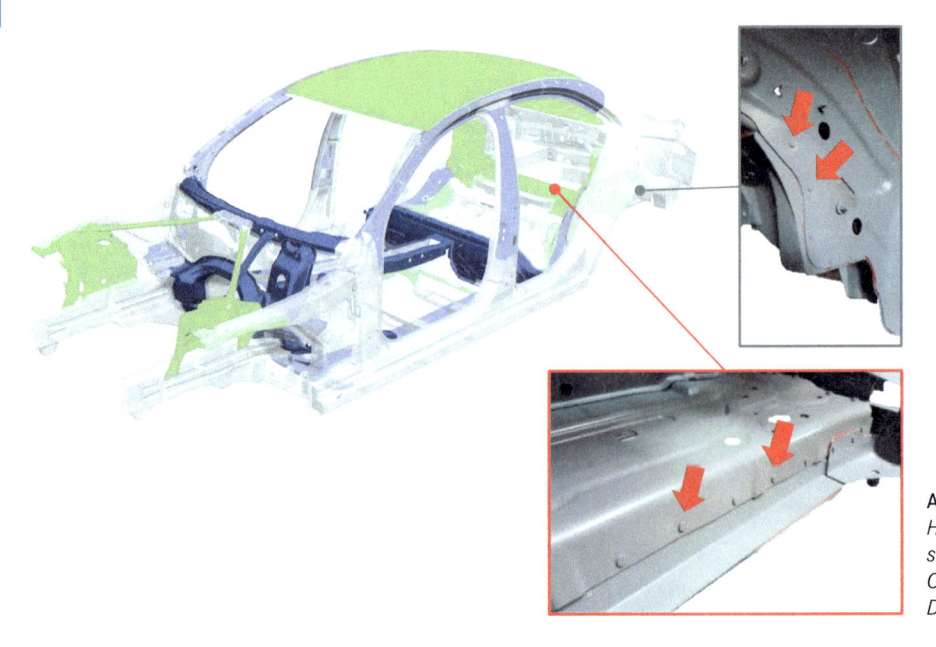

Abb. 1.80: Anwendung des Hochgeschwindigkeitsbolzensetzens an der Mercedes-Benz C-Klasse W 205 (Quelle: Daimler, LWF)

an weitere Bauteile (z. B. Profilrahmen) erfolgen. Eine Unterstützung des Profils unterhalb der Fügestelle kann bei geringer Biegesteifigkeit des Profils erforderlich sein. Aufgrund der Impulseinleitung ist eine in Fügerichtung massive und schwingungsarme Abstützung des Profils (Amboss) vorzusehen, um Vibrationen und Schall zu minimieren. Elastische Auflager können während des Bolzensetzens ein Ausweichen des Bauteils zulassen, wodurch ein Kopfüberstand oder auch eine Schiefstellung entstehen können. Eine feste und möglichst schwere Lagerung ist daher eine wichtige Voraussetzung für reproduzierbar gute Verbindungen.

1.7 Weiterführende Infomationen

Literatur

Bergau, M.: Qualifizierung des Vollstanznietklebens von dreilagigen Mischbauverbindungen mit Vergütungsstählen, Dissertation, Universität Paderborn, 2016

Birkelbach, R.: Neue Perspektiven für Dünnblechverbindungen; Tagungsband zur Fachkonferenz „Hybridfügen im Automobilbau", Bad Nauheim, 2001

Birkelbach, R.: Neue Verbindungstechnik für Dünnbleche; VDI Berichte: Fügen im Vergleich, Nr. 1072, 1993

Birkelbach, R.; Wildi, H.: Aus drei Operationen wird eine. Neue Verbindungstechnik für Dünnbleche; in SMM Heft 27, 1988

Bober, J.; Liebig, H.P.: Prozeßanalyse beim Druckfügen; Bänder Bleche Rohre 31, Heft 10, 1990

Bye, C.: Chrom (VI)-freie Beschichtungssysteme für Schließringbolzen und Blindnieten sowie für weitere mechanische Fügetechniken - Gegenwärtige Lösungen und Anforderungen an Neuentwicklungen, Tagungsbeitrag „Chrom (VI)-freie Alternativen in der Industrie", München, 2007

Bye, C.: Erweiterung des Einsatzfeldes von loch- und gewindeformenden Dünnblechschrauben zum Verbinden von Aluminiumhalbzeugen; Dissertation, Universität Paderborn, 2006

Bye, C.: Hochfeste Verbindungstechnik für den Fahrzeugbau - Schließringbolzensysteme auf dem Vormarsch, Karosserie- und Fahrzeugtechnik, Gentner Taschen-Fachbuch, Gentner Verlag, 2008

Bye, C.: Kleben und Dichten in Kombination mit hochfester kalter Fügetechnik - Chancen für die Zukunft im Bereich der Massentransportmittel - Beitrag zum 1. Wissensmarkt Technik in Emden, 2006

Bye, C.; Grandt, J. : Schluss mit Tunnelblick Schließringbolzen-Systeme als Alternative zum Schweißen und Schrauben; Der Zuliefermarkt 49/ Juni 2005 Carl Hanser Verlag, München

Bye, C.; Grandt, J.: Hochfeste Schließringbolzenverbindungen: konstante Vorspannung auch für geringe Bauteildicken. Fachzeitschrift Konstruktion, Ausgabe Januar/Februar 2005

Draht, T., Hußmann, D., Meschut, G.: Hochgeschwindigkeits-Bolzensetzen RIVTAC® - Mechanisches Fügen im Intermezzo der Werkstoffe; 28. EFB-Kolloquium Blechverarbeitung 2008, 3. und 4. April 2008, Dresden

Draht, T.: Entwicklung des Bolzensetzens für Blech-Profil-Verbindungen im Fahrzeugbau; Dissertation, Universität Paderborn, 2006

Draht, T.: Innovative Fügetechniken für den Fahrzeugboden; 5. CTI Fachkonferenz Fahrzeugunterboden, Stuttgart, 10./11. Februar 2009

Draht, T.: Nicht nur Verschrauben - Intelligente Verbindungs- und Montagetechnologien für den Automobilbau; ATZ-Konferenz Zukunft AutomobilMontage, Köln, 28./29. September 2009

Flügge, W.; Kröff, A.: ScaLight – Neue Fertigungstechniken mit Stahl; 28. EFB-Kolloquium Blechverarbeitung 2008, 3. und 4. April 2008, Dresden

Fraunhofer Institut für Produktionstechnik und Automatisierung (IPA): Taumelclinchen – ein Verfahren zum kraftreduzierten Durchsetzfügen, Informationsblatt 300/155, Stuttgart

Frings A.; Lohbrandt, H.: Festigkeitsverhalten von Durchsetzfügungen an kaltgewalzten, unbeschichteten und feuerverzinkten Stahlfeinblechen; Tagungsband zum DFB-Kolloquium „Mechanische Fügetechnik heute", Chemnitz 1990

Grandt, J.: Blindniettechnik: Qualität und Leistungsfähigkeit moderner Blindniete. Landsberg/Lech: Verlag Moderne Industrie 1994, Die Bibliothek der Technik, Bd. 97

Grandt, J.: Schließringbolzensysteme: Typen, Verarbeitung, Einsatzbereiche. Landsberg/Lech: Verlag Moderne Industrie 2001

Grandt, J.; Bye, C.: Moderne Prozessüberwachungssysteme machen „blinde" Fügetechnik „sehend" – Zerstörungsfreie Qualitätsprüfung beim Verarbeiten von Blindnieten, Blindnietelementen und beim Setzen von Schließringbolzensystemen, Beitrag auf der EFB-Fachtagung Fügen, Hannover, 2005

Grandt, J; Bye, C.: Kalte Verbindungstechnik für hochfeste Verbindungen im Karosseriebau, Karosserie- und Fahrzeugtechnik, Gentner Taschen-Fachbuch, Gentner Verlag, 2006

Groebel, K.-P.: Lösbare Dünnblechverbindungen; Stahlmarkt 10, 1992

Großberndt, H.: Lösbares Verbindungselement für Dünnbleche: Die FlowDrill-Schraube; Blech Rohre Profile 39 Heft 10, 1992

Großberndt, H.: Spring in eine Marktlücke. Dünnblechschraube, Neuheit, spart Kosten: Industrie Anzeiger Nr. 114, 1992

Grötzinger, M.: Weiterentwicklung des Hochgeschwindigkeits-Fügeverfahrens Bolzensetzen zur Realisierung moderner Leichtbaukarosserien aus Aluminium und Stahl, Dissertation, Universität Paderborn, 2017

Hahn, O.; Boldt, M.: Durchsetzfüge- und Punktschweißverbindungen unter quasistatischer und dynamischer Last; Blech Rohre Profile 39, Heft 3, S. 211-219, 1992

Hahn, O.; Bye, C.: Untersuchungen zum Hybridfügen mit selbstlochenden und gewindefurchenden Dünnblechschrauben; IIR Fachseminar – Fügetechnologien im Fahrzeugrohbau, 2004

Hahn, O.; Bye, C.: Untersuchungen zur Eignung ausgewählter Blechschrauben zum Verbinden von Aluminiumhalbzeugen; Abschlussbericht, Forschungsvorhaben AIF 13397N/1, Paderborn, 2004

Hahn, O.; Bye, C.; Ruther, M.; Küting, J.; u. w.: Fügen von faserverstärkten Kunststoffen im strukturellen Leichtbau. Abschlussbericht zum BMBF-Forschungsvorhaben, Förderkennzeichen: 02 PP 2500, 2004

Hahn, O.; Klasfauseweh, U.; Gieske, D.: Fügen im Leichtbau; 20. Vortragsveranstaltung des DVM-Arbeitskreises Betriebsfestigkeit, Stuttgart-Möhringen, 1994

Hahn, O.; Klemens, U.: Fügen durch Umformen, Nieten und Durchsetzfügen – Innovative Verbindungsverfahren für die Praxis (Dokumentation 707), Studiengesellschaft Stahlanwendung, 1996

Hahn, O.; Lappe, W.: Möglichkeiten der Prozeßüberwachung und Prozeßregelung beim Durchsetzfügen und Stanznieten; Tagung: Wärmearme Fügetechnik, Paderborn 1993

Hahn, O.; Lappe, W.: Untersuchungen zur Prozeßsicherheit von selbstlochenden /-stanzenden Nietverfahren beim Fügen von oberflächenveredelten Feinblechen; Förderprogramm der AIF; Antragsteller Studiengesellschaft Stahlanwendung e.V.; AiF-Identifikation Nr. P221/01/92, 1995

Hahn, O.; Schübeler, C.: Vollstanznietkleben von Stahlwerkstoffen mit Zugfestigkeiten von 800 N/mm^2 bis 1600 N/mm^2, Abschlussbericht, Projekt 773, FOSTA, 2010

Hahn, O.; Timmermann, R.: Ermittlung ertragbarer Beanspruchungen von Blindnietverbindungen als Grundlage zur rechnergestützten Auslegung, AiF11580N, EFB-Forschungsbericht Nr. 149, Europäische Forschungsgesellschaft für Blechverarbeitung e.V., Hannover, 2000

Hahn, O.; Tölle, J.: Bewertung der Schwingfestigkeit halbhohlstanzgenieteter Bauteile aus TRIP-Stählen anhand verschiedener Abbruchkriterien bei verschiedenen Prüffrequenzen, Abschlussbericht, 15603N, EFB, 2010

Hahn, O.; Wißling, M.: FEM-Simulation von mechanisch gefügten Verbindungen unter Crashbelastung; Fachzeitschrift „Schweißen und Schneiden" des DVS, Düsseldorf, 2008

Hilgert, T.; Hühnert, T.: Fließformschrauben – ein neues Befestigungsverfahren für Brems- und Kraftstoffleitungen; ATZ Automobiltechnische Zeitung 102, 2000

Hußmann, D.: Weiterentwicklung des Bolzensetzens für innovative Fahrzeugkonzepte des automobilen Leichtbaus; Dissertation, Universität Paderborn, 2008

Junkers, Strelow: Der Weg zur Standardisierung. In: Maschinenmarkt 78, Vogel Verlag, Würzburg, 1972

Klemens, U.; Hahn, O.: Nietsysteme: Verbindungen mit Zukunft. Hrsg.-Gemeinschaft: Interessengemeinschaft Umformtechnisches Fügen und Laboratorium für Werkstoff- und Fügetechnik der Universität Paderborn. 1. Aufl. Holzminden: Hinrichsen 1994

Kretschmer, G.: Fließlochformen und Gewindefurchen – mit einem Werkzeug, dem Verbindungselement; Werkstofftechnik, Springer Verlag, 1991

Kühne, K.: Druckfügetechnik – Alternative auch bei hohen Beanspruchungen, Bleche Rohre Profile, 42. Jahrgang, S. 94-99, 1995

Kurzok, J.R.: Beitrag zum Durchsetzfügen vorverfestigter Stahlhalbzeuge, Dissertation, Universität Paderborn, 1998

Küting, J.: Entwicklung des Fließformschraubens ohne Vorlochen für Leichtbauwerkstoffe im Fahrzeugbau; Dissertation, Universität Paderborn, 2004

Lakeit, A.: Hybride Werkstoffkombinationen – die Herausforderung im flexiblen Karosseriebau; 28. EFB-Kolloquium Blechverarbeitung 2008, 3. und 4. April 2008, Dresden

Meschut, G.; Augenthaler, F.: Schädigungsarmes Fügen von Faser-Kunststoff-Verbunden mit metallischen Halbzeugen mittels neuartigem Stanznietverfahren; Abschlussbericht, EFB-Forschungsbericht Nr. 477, 2017

Meschut, G.; Küting, J.: Direktverschrauben ohne Vorlochen zur Realisierung einseitig zugänglicher Verbindungen im Karosseriebau; www.utfscience.de, Meisenbach GmbH Verlag, 2003

Meschut, G.; Küting, J.: Niet und Direktverschraubungstechniken für Fahrzeugstrukturen in Mischbauweise; Tagungsband zum 10. Paderborner Symposium Fügetechnik, Freundeskreis des Laboratorium für Werkstoff- und Fügetechnik e.V., Paderborn, 2003

Meschut, G.; Sartisson, V.: Entwicklung vorlochfreier Hybridfügeverfahren für Mischbaustrukturen mit neuartigen Stählen mit Zugfestigkeiten größer 1.800 MPa; Abschlussbericht, Projekt 1133, FOSTA, 2018

Meschut, G.; Sartisson, V.: Fügen von Mischbaustrukturen aus metallischen Werkstoffen und FVK-Bauteilen mittels Schließelement-Stanznieten; Abschlussbericht, EFB-Forschungsbericht Nr. 411, 2015

Meschut, G.; Sartisson, V.: Vollstanznieten von höchstfesten Stahlwerkstoffen in Mischbaustrukturen mittels selbstschließendem Vollstanznietelement; Abschlussbericht, Projekt 1016, FOSTA, 2017

Poßberg, S.: Entwicklung des druckluftbetriebenen Bolzensetzens für den Einsatz im Karosserierohbau, Dissertation, Universität Paderborn, 2009

Ruther, M.; Jost, R.; Freitag, V.; Brüdgam, S.; Meschut, G.; Hahn, O.: Fügesystemoptimierung zur Herstellung von Mischbauweisen aus Kombinationen der Werkstoffe Stahl, Aluminium und Kunststoff. Abschlussbericht zum BMBF-Forschungsvorhaben 03N3077D1, 2002

Sawhill, J. M.; Sawdon, S. E.: A new mechanical joining technique for steel compared with spot welding; SAE Technical Paper Series No. 830128, Detroit 1983

Schäfers, C.; Schuster, V.: Innovative joining of Lightweight structures; Automotive Circle International; Fügen-Intensiv-Konferenz; 23. bis 25. April 2008; Bad Nauheim

Schulte, V.: Entwicklung und Untersuchung eines Verfahrens mit dynamischen Werkzeugbewegung zur Reaktionskraftreduzierung beim umformtechnischen Fügen, Dissertation, Universität Paderborn, 2002

Somasundaram, S.: Einsatz innovativer Verbindungsverfahren (Dokumentation 103), LWF-Transfer GmbH & Co. KG, 2009

Somasundaram, S.: Experimentelle und numerische Untersuchungen des Tragverhaltens von Fließformschraubverbindungen für crashbelastete Fahrzeugstrukturen, Dissertation, Universität Paderborn, 2009

Steinhardt und Valtinat: Hochfest vorgespannte Schließringbolzen im Stahlbau Maschinenmarkt 44 (1978). Vogel-Verlag, Würzburg.

Timmermann, R.: Beitrag zur Charakterisierung und konstruktiven Gestaltung blindgenieteter Feinblechverbindungen, Dissertation, Universität Paderborn, 2003

Timmermann, R.: Flexible Verbindungstechnologie für den Fahrzeugbau und die Instandsetzung - Beitrag in der Fachzeitschrift Lackiererblatt, 2006

Tölle, J.: Versagenskriterien für halbhohlstanzgenietete Aluminiumbauteile unter zyklischer Belastung; Dissertation, Universität Paderborn, 2010

Wanner, M.-C.; Henkel, K.-M.; Delin, M.: Auslegung von Schließringbolzenverbindungen durch scherzugbasierte Steifigkeitsanalyse. Fachzeitschrift WT, 2006

Wanner. M. C., Thoms. V., Henkel. K.M., Herzog. P., Six. S.: Auslegung von Schließringbolzenverbindungen bei Mischbauweisen unter thermischer Beanspruchung. IfF Rostock, IPT Dresden (2003) Forschungsbericht-Nr. AIF 13200B

Werth, B.: Automatische Schraubmontage in der Automobilindustrie; Tagungsband zum 2. Workshop Automatische Schraubmontage in Siegen, 1995

Wiek, R.: Ausbildung und Tragverhalten von Durchsetzfügeelementen mit vermindertem Schneidanteil; Dissertation TU Hamburg-Harburg, 1989

Wißling, M.: Methodenentwicklung zur Auslegung mechanisch gefügter Verbindungen unter Crashbelastung, Dissertation, Universität Paderborn, 2008

Normen und Richtlinien

DIN 8580: Fertigungsverfahren, Begriffe, Einteilung, 2003

DIN 8593-0: Fertigungsverfahren Fügen, Allgemeines; Einordnung, Unterteilung, Begriffe, 2003

DIN 65151: Dynamische Prüfung des Sicherungsverhaltens von Schraubverbindungen unter Querbeanspruchung (Vibrationsprüfung), 2002

DIN EN ISO 14588: Blindniete, Begriffe und Definitionen.

DIN EN ISO 14589: Blindniete, Mechanische Prüfung.

DVS/EFB 3410: Merkblatt Stanznieten – Überblick, Düsseldorf, DVS-Media, 2005

DVS/EFB 3420: Clinchen – Überblick; DVS-Verlag, Düsseldorf 2002

DVS/EFB 3430-1: Merkblatt Blindnieten

DVS/EFB 3435-1: Merkblatt Schließringbolzen

DVS/EFB 3435-2: Merkblatt Berechnung von Schließringbolzen, Entwurf vom 01.05.2010

DVS/EFB 3440-4: Merkblatt Loch- und gewindeformende Verschraubungen; 2004

DVS/EFB 3480: Merkblatt Prüfung von Verbindungseigenschaften – Prüfung der Eigenschaften mechanischer und kombiniert mittels Kleben gefertigter Verbindungen, Düsseldorf, DVS-Media, 2007

VDI-Richtlinie 2230, Blatt 1: Systematische Berechnung hochbeanspruchter Schraubenverbindungen; zylindrische Einschrauben-verbindungen. Düsseldorf: VDI-Verlag 2001

Richtlinien für Verbindungen mit Schließringbolzen im Anwendungsbereich des Stahlhochbaues mit vorwiegend ruhender Belastung. Deutscher Ausschuss für Stahlbau. Köln, 1970

Alle Normen und Richtlinien erscheinen im Beuth Verlag Berlin.

Patente

DE 19701088: Vorrichtung zum Duchsetzfügen und/oder Setzen von Stanznieten; Patentinhaber: BMW AG; Offenlegungstag: 16.07.1998

EP 0890397 A1: Vorrichtung und Verfahren zum mechanischen Fügen von Blechen und/oder Mehrblechverbindungen; Erfinder: Prof. Dr.-Ing. Hahn, O.; Dipl.-Ing. Schulte, V.

Firmeninformationen

http://www.scalight.de
www.boellhoff.com
www.tox-pressotechnik.com
www.ejot.de
www.weber-online.com
www.eckoldt.com
www.btm-europe.de

2 Fügen durch Umformen

Soeren Gies, A. Erman Tekkaya

2.1	Fügen durch Umformen von Rohr- und Profilteilen	809	2.3	Fügen durch Engen	816
			2.3.1	Einsatz von Wirkenergie	816
			2.3.2	Einsatz eines starren Werkzeuges	819
2.2	Fügen durch Weiten	810			
2.2.1	Einsatz eines Wirkmediums	811			
2.2.2	Einsatz eines starren Werkzeuges	814	2.4	Zusammenfassung	820
2.2.3	Einsatz von Wirkenergie	815	2.5	Weiterführende Informationen	821

2.1 Fügen durch Umformen von Rohr- und Profilteilen

Für den Strukturleichtbau nehmen die Fügeverfahren einen besonderen Stellenwert im Produktentstehungsprozess ein. Eine Herausforderung bei der Fertigung von leichten Baugruppen ist das Fügen unterschiedlicher Werkstoffe. Der heute übliche Materialmix umfasst hochfeste Stähle, Aluminium, Magnesium und Verbundwerkstoffe (Friedrich 2005). Die DIN 8593 gibt 72 Unterteilungen standardisierter Fügeverfahren an, die für eine Vielzahl von Fügeaufgaben eingesetzt werden können. Neben Fügeverfahren mit Hilfsfügeteilen (z.B. Nieten) kommen für die Umsetzung von Leichtbaustrategien noch weitere umformtechnische Fügeverfahren infrage. Dazu gehören das Fügen durch Weiten und durch Engen (Abb. 2.1).

Moderne thermische Fügeverfahren wie das Laserschweißen ermöglichen die Herstellung von hochfesten Fügeverbindungen auch aus weniger gut schweißbaren Werkstoffkombinationen mit guten Ausbringungen. Allerdings ist eine vergleichsweise hohe Genauigkeit bei der Fügestellenvorbereitung sowie der Orientierung und Positionierung der Bauteile erforderlich. Umformtechnische Fügeverfahren werden also insbesondere bei nicht schweißbaren Werkstoffkombinationen und bei vergleichsweise höherem prozesstechnischem Aufwand thermischer Fügeverfahren interessant (Homberg 2004).

Der Einsatz der Fügeverfahren des Weitens und Engens ist am Beispiel einer Rahmenstruktur in Leichtbauweise dargestellt (Abb. 2.2). Die Leichtbaustudie des Sonderforschungsbereiches Transregio 10 baut auf dem Serienfahrzeug des BMW C1 auf und wurde entsprechend einer kleinserientauglichen Leichtbauweise weiterentwickelt (Marré 2010). Dabei wurden neben Verfahren des Laserstrahlschweißens und des Friction-Stir-Welding (Rührreibschweißen) auch Verfahren des Fügens durch Weiten bzw. Engen in die Fertigung mit einbezogen (Abb. 2.2).

Bei den Fügeverfahren des Weitens und Engens kann eine Fügestelle nur durch überlappende Werkstoffbereiche erzeugt werden. Im Sinne des Leichtbaus gilt es, diesen Überlappungsbereich zu minimieren, um so das Gewicht der Fügestelle zu reduzieren. Dazu ist eine gute Kenntnis der kraftübertragenden Mechanismen für die Auslegung der Fügestelle erforderlich. Das Fügen durch Weiten und Engen für den flexiblen Leichtbau von Profilen in der Kleinserienfertigung bildet daher auch einen Schwerpunkt im Sonderforschungsbereich Transregio 10 (Marré 2007).

Abb. 2.1: *Verfahren zum Fügen durch Umformen bei Rohr- und Profilteilen*

Fügen durch Umformen		
Blech / Blech	Blech / Profil	Profil / Profil
• Falzen • Verlappen • Durchsetzfügen • Nietverfahren	Kerben Fügen durch Weiten • Rohreinwalzen • Innenhochdruckumformen • elektromagnetische Umformung Fügen durch Engen • elektromagnetische Umformung • Sicken Bördeln Verlappen	Kerben Fügen durch Weiten • Rohreinwalzen • Innenhochdruckumformen • elektromagnetische Umformung Fügen durch Engen • elektromagnetische Umformung • Sicken Bördeln Verlappen

Tragwerkstruktur in Leichtbauweise

Fügen durch Umformen:
- Innenhochdruckfügen (Weiten)
- Elektromagnetische Kompression (Engen)

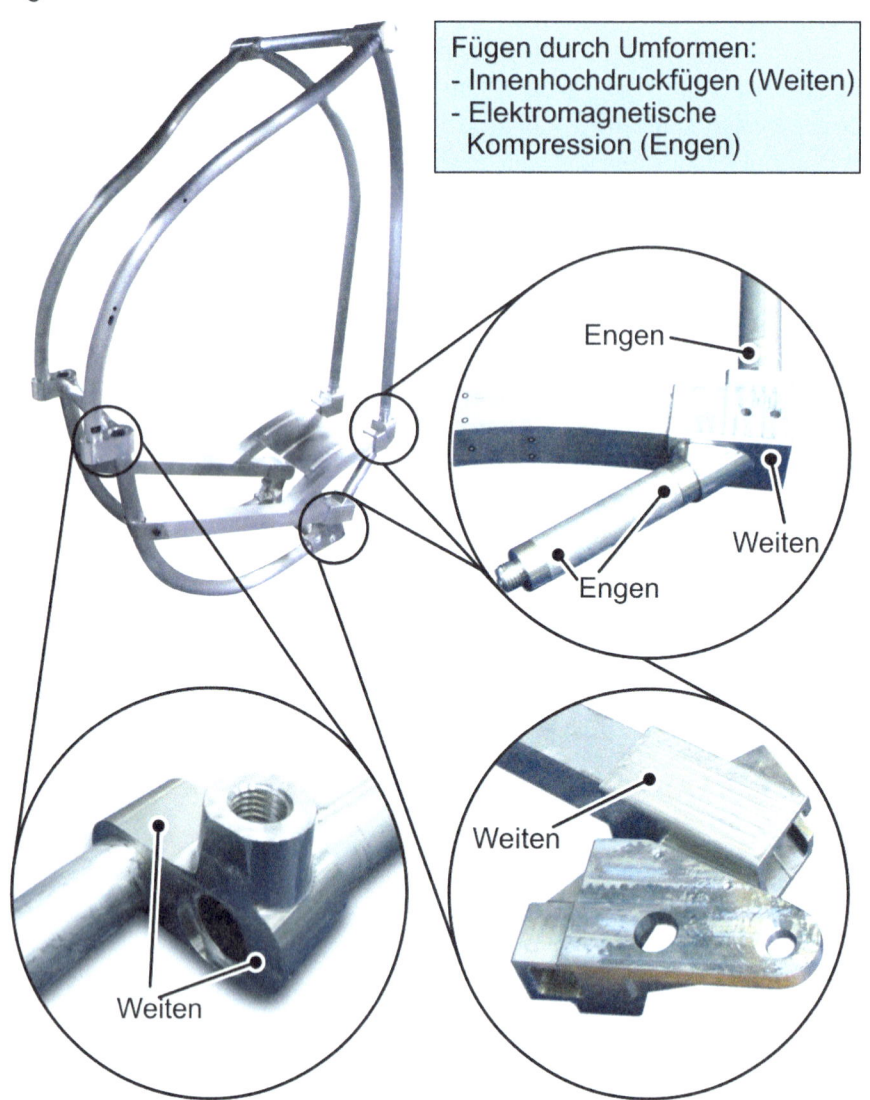

Abb. 2.2: *Fügen durch Weiten bzw. Engen für die Fertigung einer leichten Rahmenstruktur (Quelle: IUL)*

2.2 Fügen durch Weiten

Beim Fügen durch Weiten werden zunächst zwei Bauteile axial zueinander positioniert. Die Fügeverbindung wird dadurch erzeugt, dass das innere Bauteil vollplastisch und das äußere Bauteil lediglich elastisch aufgeweitet wird. Je nach Gestaltung der Fügezone, also dem Kontaktbereich zwischen den beiden Bauteilen, können in der Regel kraft- oder formschlüssige Verbindungen erzeugt werden. Bei einer planen Fügezone wird die Fügestelle dadurch erzeugt, dass es zu einem elastischen Verspannen beider Bauteile durch unterschiedliche Rückfederungen kommt. Sind an der Innenseite des äußeren Fügepartners Nuten eingebracht und das innere Bauteil wird derart in diese Nuten eingeformt, dass ein Hinterschnitt erzeugt wird, so spricht man von einer formschlüssigen Verbindung. Die Aufweitung des inneren Bauteils kann durch Wirkenergie (z. B. ein elektromagnetisches Feld), durch ein starres Werkzeug (z. B. ein Walzwerkzeug) oder durch ein Wirkmedium (z. B. Wasserdruck) erfolgen (Marré 2007). Diese Aufweitung kann gesenkgebunden, wie beim Innenhochdruckumformen (Tibari 2007), an Verbindungsknoten leichter Tragwerke (Wojciechowski

2004) oder auch durch nicht geometriegebundene Aufweitung, z. B. bei Produkten in Differenzialbauweise wie der gebauten Nockenwelle, erfolgen (Brandes 1989). Prinzipiell kann das Fügen durch Weiten auch durch das Aufbringen einer Umformkraft in axialer Richtung erfolgen. Dabei wird ein innenliegendes Bauteil axial gestaucht, sodass sich aufgrund der Volumenkonstanz eine Aufweitung des Bauteils in der Fügezone ergibt. Bei diesem Verfahren, dem sogenannten Knickbauchen, werden beide Enden des Bauteils für das Fügen eingespannt. Dies erzeugt eine signifikante Einschränkung bei der Zugänglichkeit zur Fügestelle, sodass dieses Verfahren wenig geeignet für die Fertigung von leichten Tragwerken und die Umsetzung entsprechender Leichtbaustrategien erscheint und daher im Weiteren nicht näher betrachtet wird.

2.2.1 Einsatz eines Wirkmediums

Fügeverbindungen, die mithilfe eines fluidischen Innendruckes erzeugt werden, können sowohl in einem geschlossenen Gesenk als auch durch Verwendung einer sogenannten Lanze oder Sonde hergestellt werden. Industriell wird im Sinne des Leichtbaus überwiegend das Fügen mithilfe einer Sonde oder Lanze eingesetzt, sodass dies im folgenden Abschnitt ausführlicher beschrieben wird.

Das Fügen durch Innenhochdruckumformung (IHF) mit dem Einsatz von Sonden wurde ursprünglich im Apparatebau für die Herstellung von Rohr-Rohrplatten-Verbindungen eingesetzt, wie sie beispielsweise bei der Fertigung von Wärmetauschern üblich sind. Bei Verwendung einer Sonde (Abb. 2.3) wird das Wirkmedium über eine kleine axiale Bohrung durch die Sonde geleitet. Eine weitere Bohrung, von der Sondenoberfläche in radialer Richtung zur Mitte laufend, führt das Wirkmedium in den Bereich der Fügezone. Die Fügezone ist in axialer Richtung über O-Ringe oder ähnliche Dichtungselemente begrenzt. Nach dem Positionieren der Fügepartner wird das Fügewerkzeug in den inneren Fügepartner eingeführt. Die axiale Position der Fügesonde sollte derart eingestellt werden, dass eine beidseitige Drucküberstandslänge l_0 bis 15 % des Durchmessers der Fuge d_f erreicht wird (Garzke 2001). Als Drucküberstandslänge wird der Abstand zwischen Nabenrand und Beginn der Dichtung bezeichnet. Durch die Dichtungen wird der Raum der Druckbeaufschlagung lokal begrenzt, sodass ein rohr- oder hohlprofilförmiger Fügepartner mit einem Wirkmediendruck beaufschlagt werden kann. Werkstoffkombinationen, die mit diesem Verfahren gefügt werden können, sind in Abbildung 2.4 genannt.

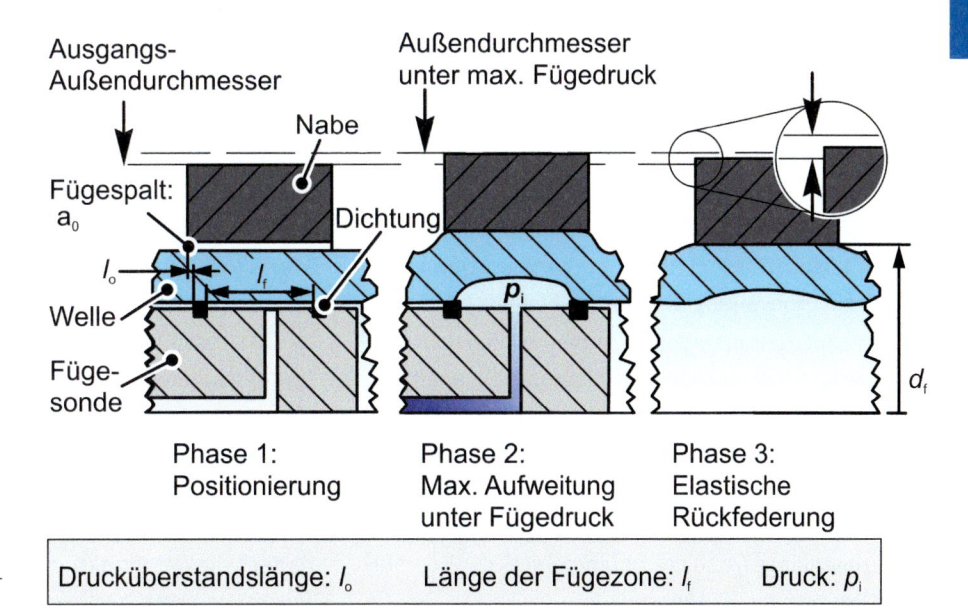

Abb. 2.3: *Verfahrensprinzip des gesenkfreien Innenhochdruckfügens (Garzke 2001)*

Drucküberstandslänge: l_o Länge der Fügezone: l_f Druck: p_i

GFK Glasfaserverstärkter Kunststoff CFK Kohlenstofffaserverstärkter Kunststoff

Profil Welle \ Nabe	Cu	Ms	AW-1050A	AW-6060	CFK	GFK
Kupfer (Cu)	✓	✓	✓	✓	✓	✓
Messing (Ms)	✗	✗	✗	✗	✓	✓
Aluminium (Al) AW-1050A	✓	✓	✓	✓	✗	✗
Aluminium (Al) AW-6060	✓	✓	✓	✓	✓	✓
CFK	✗	✗	✗	✗	✗	✗
GFK	✗	✗	✗	✗	✗	✗

✓ Werkstoffkombination möglich
✗ Werkstoffkombination nicht möglich

Abb. 2.4: *Werkstoffkombinationen zum Innenhochdruckfügen (Quelle: www.pulsar.co.il)*

Wenn die durch diesen Druck im inneren Fügepartner hervorgerufene Vergleichsspannung die Fließgrenze des Werkstoffes überschreitet, beginnt dessen plastische Aufweitung. Nachdem das Fügespiel, also der Abstand zwischen den beiden Fügepartnern (Fügespalt a_0), überwunden ist, kommt es zum Kontakt mit dem äußeren Fügepartner und dem sich anschließenden gemeinsamen Aufweiten beider Fügepartner. Die Aufweitung des äußeren Fügepartners erfolgt jedoch lediglich elastisch. Nach der Druckentlastung federn beide Fügepartner gemeinsam zurück. Durch die plastische Aufweitung des inneren Fügepartners wird der Rückfederungsweg des äußeren Fügepartners begrenzt, sodass sich eine Flächenpressung p im Kontaktbereich einstellt. Eine Auszugskraft F oder ein Torsionsmoment M ergibt sich schließlich entsprechend der DIN 7190 aus dem Produkt der Flächenpressung p, der Kontaktfläche A (unter Berücksichtigung der Fügezonenlänge l_f und des Durchmessers der Kontaktfläche d) und des Haftbeiwerts η.

$$\frac{M}{2 \cdot d} = F = A \cdot \nu \cdot p = d \cdot \pi \cdot l_f \cdot \nu \cdot p$$

Die Flächenpressung p ergibt sich aus den Werkstoffkennwerten (Fließspannung, E-Modul und Querkontraktionszahl), den Durchmessern der Fügepartner und dem Druck des Wirkmediums während des Fügens. Der Zusammenhang zwischen dem eingesetzten Wirkmediendruck und dem Passfugendruck ist bei ideal-plastischem Werkstoffverhalten durch zwei charakteristische Prozessphasen gekennzeichnet (Abb. 2.5). Zunächst nimmt der Passfugendruck bei Erhöhung des Wirkmediendrucks stark zu. Schließlich wird ein Punkt erreicht, bei dem die Zunahme des Passfugendrucks – bei weiterer Erhöhung des Wirkmediendruckes – nur noch moderat ausfällt. Für die wirtschaftliche Prozessauslegung gilt es daher, diesen Punkt zu bestimmen. Um diesen Punkt zu erreichen, sollte der Wirkmediendruck

2.2 Fügen durch Weiten

Abb. 2.5: Zusammenhang zwischen Wirkmediendruck und Passfugendruck

$d_{I,i}$ Innendurchmesser innerer Fügepartner
$d_{I,a}$ Außendurchmesser innerer Fügepartner
$d_{A,i}$ Innendurchmesser äußerer Fügepartner
$d_{A,a}$ Außendurchmesser äußerer Fügepartner

$$Q_I = \frac{d_{I,i}}{d_{I,a}}$$

$$Q_A = \frac{d_{A,i}}{d_{A,a}}$$

so gewählt werden, dass der innere Fügepartner vollplastisch und der äußere Fügepartner nur elastisch aufgeweitet wird. Die elastische Aufweitung des äußeren Fügepartners sollte bis kurz vor einer beginnenden Plastifizierung erfolgen.

Der zugehörige Wirkmediendruck $p_{i,p,max}$ lässt sich schließlich durch einen analytischen Zusammenhang beschreiben, bei dem die geometrischen Parameter (Abb. 2.5), die Fließspannung des inneren Fügepartners $k_{f,I}$ und die Fließspannung des äußeren Fügepartners $k_{f,A}$ berücksichtigt werden.

Um schließlich das Maß der Verspannung zu berechnen, müssen zusätzlich noch das E-Modul des inneren E_I und äußeren E_A Fügepartners sowie die Querkontraktionszahlen des inneren v_I und äußeren v_A Fügepartners berücksichtigt werden.

Die Berechnung der Flächenpressung, der wirtschaftlichen Prozessführung und der Betriebsmittel ist in der Literatur ausführlich dargestellt (Marré 2009).

Im Bereich des Automobilbaus fand das Innenhochdruckfügen erstmalig Anwendung bei der Fertigung von gebauten Nockenwellen. Diese Bauweise von Nockenwellen reduziert das Bauteilgewicht im Vergleich zu massiven, geschmiedeten Nockenwellen um mehr als die Hälfte, sodass dadurch dem moder-

$$p_{i,p,max} = 2 \cdot k_{f,I} \cdot \ln\frac{d_{I,a}}{d_{I,i}} + 0{,}5 \cdot k_{f,A} \cdot \left[1 - \left(\frac{d_{A,i}}{d_{A,a}}\right)^2\right]$$

$$p = \frac{\left[p_{i,p,max} - k_{f,I} \cdot \ln\left(\frac{1}{Q_I}\right)\right] \cdot \frac{1}{E_A}\left[\frac{1+Q_A^2}{1-Q_A^2} + v_A\right] + \frac{2 \cdot Q_I^2}{E_I \cdot (1-Q_I^2)} \cdot k_{f,I} \cdot \ln(Q_I)}{\frac{1}{E_A}\left[\frac{1+Q_A^2}{1-Q_A^2} + v_A\right] + \frac{1}{E_I}\left[\frac{1+Q_I^2}{1-Q_I^2} + v_I\right]}$$

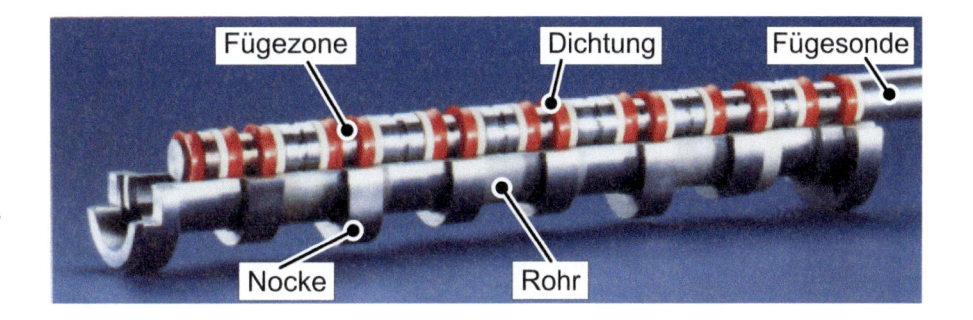

Abb. 2.6: Dichtsystem eines Werkzeuges zum Fügen mit Innenhochdruck (Quelle: DaimlerChrysler 2001)

nen Leichtbaugedanken im Antriebsstrang Rechnung getragen wird. Brandes stellt das Verfahren als partielles Innenhochdruckumformen vor, bei dem der Fügebereich in axialer Richtung auf der Sonde mehrfach hintereinander angeordnet wird (Brandes 1989). Auf diese Weise können mehrere Fügestellen in einem Schritt erzeugt werden (Abb. 2.6).

Beim Fügen werden Wirkmediendrücke bis 300 MPa eingesetzt. Von den Druckkammern führt eine radiale Bohrung zur axialen Mitte der Sonde. Dort verläuft ein Zuführkanal, der alle Druckkammern versorgen kann.

Tab. 2.1: *Vorteile und Nachteile des Fügens durch Weiten unter Einsatz eines Wirkmediums*

Vorteile	Nachteile
Einseitige Zugänglichkeit zur Fügestelle	Nur gerade oder konstant gekrümmte Profilabschnitte können gefügt werden
Ideal für rotationssymmetrische Querschnitte	Eingeschränkt geeignet für nicht rotationssymmetrische Querschnitte
Einfache Fügewerkzeuge	Geringe Dauerhaltbarkeit der Dichtungen bei sehr hohen Drücken
Einfache Prozessführung, nur eine Stellgröße	Eingeschränkter Eingriff in die Prozessführung
Hohe Wiederholgenauigkeit	Fügestellenvorbereitung erforderlich
Einfache und sehr genaue Berechnung der Kontaktspannung	Reibungsabhängige Verbindungsfestigkeit

2.2.2 Einsatz eines starren Werkzeuges

Im Folgenden wird auf das Verfahren des Rohreinwalzens eingegangen. Obwohl eine Vielzahl von Forschungsarbeiten zum Fügen durch Rohreinwalzen im Leichtbau existiert, hat sich das Verfahren bisher nur im Bereich des Behälter- und Apparatebaus etabliert. Dieses Fügeverfahren wurde typischerweise beim Bau von Wärmetauschern im Kraftwerksbetrieb sowie beim Kessel- und Apparatebau eingesetzt. Abbildung 2.7 zeigt eine industriell eingesetzte Bearbeitungsmaschine a) sowie gefügte Bauteile b) und das Prozessprinzip c).

Beim Rohreinwalzen kann das Walzübermaß, also das radiale Ausstellen der Walzkörper, während des Prozesses variiert werden (Hagedorn 2005). Das Fügen zweier Bauteile erfolgt beim Einwalzen mithilfe eines Einwalzwerkzeugs, das in einem Käfig Walzkörper führt, die auf einem konischen Dorn (Kegel) laufen. Die Walzkörper werden mithilfe eines konischen Dorns radial auseinandergestellt und gleichzeitig in eine Drehbewegung versetzt. Unter dem Druck der Rollen kommt es zu einer elastisch-plastischen Umformung des Rohrwerkstoffs und des äußeren Bauteils. Dies hat eine Durchmesservergrößerung sowie ein gewisses Längenwachstum des Rohrs zur Folge. Nachdem der Druck auf die Fügepartner abnimmt, federn beide Fügepartner (gemäß dem elastischen Anteil der Aufweitung) zurück. Ein Verspannen ergibt sich auch hier, wenn die vollständige Rückfederung der Nabe durch die plastisch umgeformte Welle verhindert wird.

Ein erster Einsatz des Rohreinwalzens für die Herstellung von Bauteilen in Leichtbauweise wurde für den Bau von Nockenwellen vorgestellt (Hagedorn 2003). Es konnte gezeigt werden, dass unter Verwendung der üblichen kleinen Wellendurchmesser für den Bau von Nockenwellen das geforderte zu übertragende Drehmoment bei der Wahl geeigneter Werkzeuge und Prozessparameter um ein Vielfaches übertroffen werden konnte.

Die Erzeugung von Fügestellen für den Bau von leichten Tragwerken wurde auf Basis experimenteller Untersuchungen betrachtet (Wojciechowski 2004). Die Untersuchungen wurden auf einer Tiefbohrmaschine und mithilfe eines prototypischen Einwalzwerkzeuges, das lokale Aufweitungen ausschließlich im Bereich unter der Fügestelle ermöglicht, durchgeführt. Es wurde der Einfluss der folgenden Prozessgrößen auf die axiale Abzugsfestigkeit untersucht: Fügelänge, Wandstärke des äußeren Fügepartners und Walzübermaß. Eine Übertragbarkeit der o.g. Untersuchungen auf den Werkstoff Aluminium EN AW-6060 konnte dabei nachgewiesen werden. Für die Erzeugung der formschlüssigen Verbindungen können nur Nutbreiten gewählt werden, die an das Einwalzwerkzeug und an den Durchmesser der Walzwerkzeuge angepasst sind. Eine lokale Aufweitung für das Fügen von nicht rotationssymmetrischen Querschnitten ist mit Sonderwerkzeugen möglich (Hagedorn 2005).

a) Automatisches Bearbeitungszentrum

Fertigung eines Wärmetauschers

(Quelle: Fa. MAUS Italia)

b) Bauteil

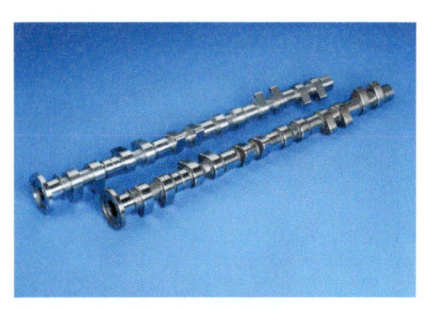

Gebaute Nockenwelle
(Quelle: ISF, TU Dortmund)

c) Prozessprinzip

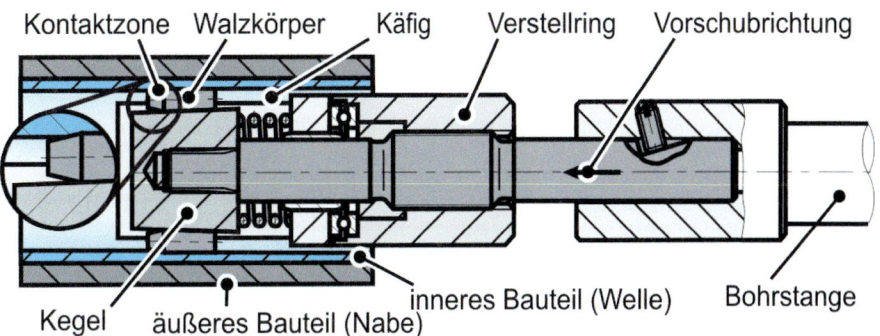

Kontaktzone — Walzkörper — Käfig — Verstellring — Vorschubrichtung — Kegel — äußeres Bauteil (Nabe) — inneres Bauteil (Welle) — Bohrstange

Abb. 2.7: *Prozessprinzip, Bauteile und Anlage zum Fügen durch Einwalzen*

Tab. 2.2: *Vorteile und Nachteile des Fügens durch Weiten oder des Rohreinwalzens*

Vorteile	Nachteile
Nur einseitige Zugänglichkeit zur Fügestelle	Nur gerade Profilabschnitte können gefügt werden
Ideal für rotationssymmetrische Querschnitte	Eingeschränkt geeignet für rechteckige Querschnitte
Sehr gute Oberflächenqualität	Komplexes Fügewerkzeug
Flexibel durch Prozessführungsstrategien	Sehr gute Prozesskenntnis erforderlich
Hohe Wiederholgenauigkeit	Fügestellenvorbereitung erforderlich
Kontinuierliche Erzeugung von Werkstoffverbunden möglich	Verbindungsfestigkeit schwer zu berechnen

2.2.3 Einsatz von Wirkenergie

Neben dem Einsatz von Fluiden und starren Werkzeugen kann für das Fügen durch Weiten auch Wirkenergie eingesetzt werden. Fügen durch Wirkenergie kann mithilfe von Magnetfeldern erfolgen. Diese Möglichkeit wird jedoch selten in der industriellen Fertigung eingesetzt. Beispiele aus dem Leichtbau für die Erzeugung von Fügestellen, die mithilfe der elektromagnetischen Expansion erzeugt worden sind, wurden in einer Studie von Ford USA vorgestellt (Abb. 2.8).

Das Prozessprinzip des Fügens durch Wirkenergie wird im folgenden Abschnitt an dem häufiger eingesetzten Verfahren der elektromagnetischen Kompression erläutert.

Abb. 2.8: *Beispiele zum Fügen durch elektromagnetische Expansion (Sweeney 2002, Rantenstrauch 2007, Beerwald 1999)*

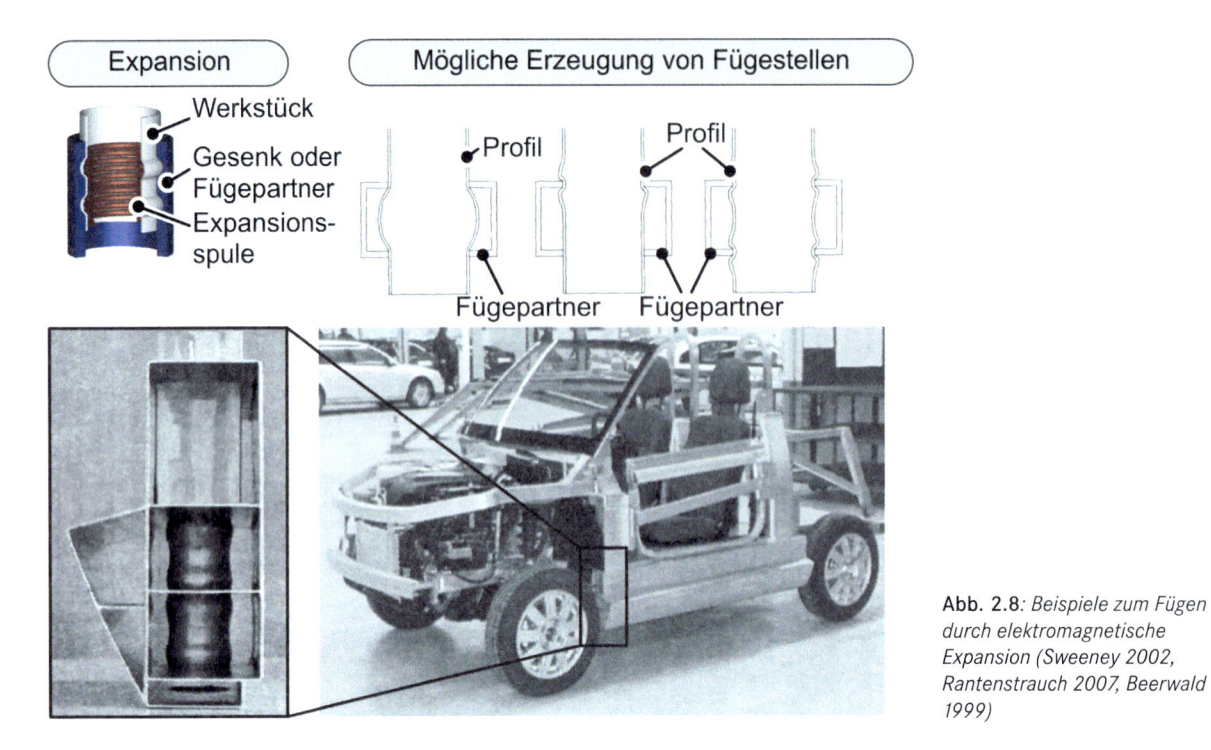

Tab. 2.3: *Vorteile und Nachteile des Fügens durch Weiten unter Einsatz von Wirkenergie*

Vorteile	Nachteile
Einseitige Zugänglichkeit zur Fügestelle	Nur gerade und konstant gekrümmte Profilabschnitte können gefügt werden
Ideal für rotationssymmetrische Querschnitte	Bedingt geeignet für rechteckige Querschnitte
Berührungslose Umformung	Eingeschränkte Lebensdauer von Expansionsspulen
Extrem kurze Prozesszeiten	Keine Prozessregelung möglich
Hohe Wiederholgenauigkeit	Fügestellenvorbereitung erforderlich
Kraft-, form- und stoffschlüssige Verbindungen möglich	Verbindungsfestigkeit schwer zu berechnen

2.3 Fügen durch Engen

2.3.1 Einsatz von Wirkenergie

Die elektromagnetische Umformung (EMU) ist ein Hochgeschwindigkeits- oder Impulsumformverfahren. Die Dauer des Umformprozesses beträgt wenige zehn bis 100 Mikrosekunden. Dies ist 4000-mal schneller als ein menschlicher Wimpernschlag. Die Geschwindigkeit bei der Umformung beträgt bis zu 300 m/s, sodass Dehnraten in der Größenordnung von 10^2 1/s bis 10^4 1/s erreicht werden können (Weimar 1963). Das Werkstück, das durch einen elektromagnetischen Druck umgeformt wird, sollte vorzugsweise aus einem elektrisch gut leitfähigen Werkstoff* bestehen. Je höher die elektrische Leitfähigkeit des umzuformenden Partners ist, desto höher ist der Wirkungsgrad. Der Fügepartner, der durch das Magnetfeld nicht plastisch umgeformt wird,

---

* Elektrisch schlecht leitfähige Werkstoffe können durch den zusätzlichen Einsatz von elektrisch gut leitfähigen Treibern umgeformt werden. Dabei wird mithilfe des Magnetfeldes der Treiber umgeformt. Der Treiber wiederum formt schließlich das eigentliche Bauteil um.

im Falle des Fügens durch Engen also der innere Fügepartner, muss in der Lage sein, eine elastische Deformation und ggf. das schnelle Auftreffen des äußeren Fügepartners zu ertragen. Die Eignung ausgewählter Werkstoffkombinationen zur Ausbildung stoffschlüssiger Verbindungen ist in Abbildung 2.9 zusammengefasst.

Als Fügewerkzeug werden im Falle der Kompression zylindrische Werkzeugspulen eingesetzt. Bei der EMU sind die erzielten Formänderungen eng gekoppelt an elektromagnetische Vorgänge, die im Folgenden näher beschrieben werden. Der Betrachtung wird dabei das Prozessmodell am Beispiel der elektromagnetischen Kompression zugrunde gelegt (Abb. 2.10).

Der Aufbau kann durch einen seriellen Schwingkreis abgebildet werden, bei dem die Umformanlage durch den Kondensator C, den Innenwiderstand R und die innere Induktivität L symbolisiert werden und die Werkzeugspule mit dem rohrförmigen Werkstück als Last anzusehen ist. Durch die schlagartige Entladung des Kondensators fließt ein impulsförmiger Strom $I(t)$ durch die Werkzeugspule, sodass innerhalb weniger Mikrosekunden ein entsprechendes Magnetfeld $H(t,r,z)$ aufgebaut wird. Durch das zeitlich veränderliche Magnetfeld wird im elektrisch leitfähigen Werkstück wiederum ein dem Spulenstrom entgegengerichteter Strom induziert, durch den das Magnetfeld vom Inneren des Werkstücks abgeschirmt wird. Die Energiedichte eines Magnetfeldes entspricht einem senkrecht zum Magnetfeld wirkenden Druck. Da das Magnetfeld in Abhängigkeit von der Entladefrequenz, der Leitfähigkeit sowie dem Radius und der Wandstärke des Werkstücks mit der Zeit in das Werkstückinnere eindringt, ergibt sich der magnetische Druck $p(t,r,z)$ aus dem Feld vor $H_a(t)$ und dem eingedrungenen Feld hinter $H_i(t)$ der Werkstückwand zu (Wilson 1964, Winkler 1973):

$$p(t,r,z) = \frac{1}{2} \cdot \mu_0 \cdot \left(H_a^2(t,r,z) - H_i^2(t,r,z) \right)$$

Zapfen \ Rohr Profil	Cu	Ms	Al	Mg	Stahl	Nickel
Kupfer (Cu)	✓	✓	✓	k. A.	k. A.	k. A.
Messing (Ms)	✓	✓	✓	k. A.	k. A.	k. A.
Aluminium (Al)	✓	✓	✓	✓		k. A.
Magnesium (Mg)	✓	k. A.	✓	✓	k. A.	k. A.
Stahl	✓	k. A.	✓	k. A.	✓	k. A.
Nickel	✓	k. A.	✓	k. A.	k. A.	✓
Titan	k. A.	k. A.	✓	k. A.	k. A.	✓

Abb. 2.9: *Eignung unterschiedlicher Werkstoffkombinationen zum Fügen durch Magnetimpulsschweißen*

k. A. - keine Angaben
✓ Werkstoffkombination möglich

Quelle: www.pulsar.co.il

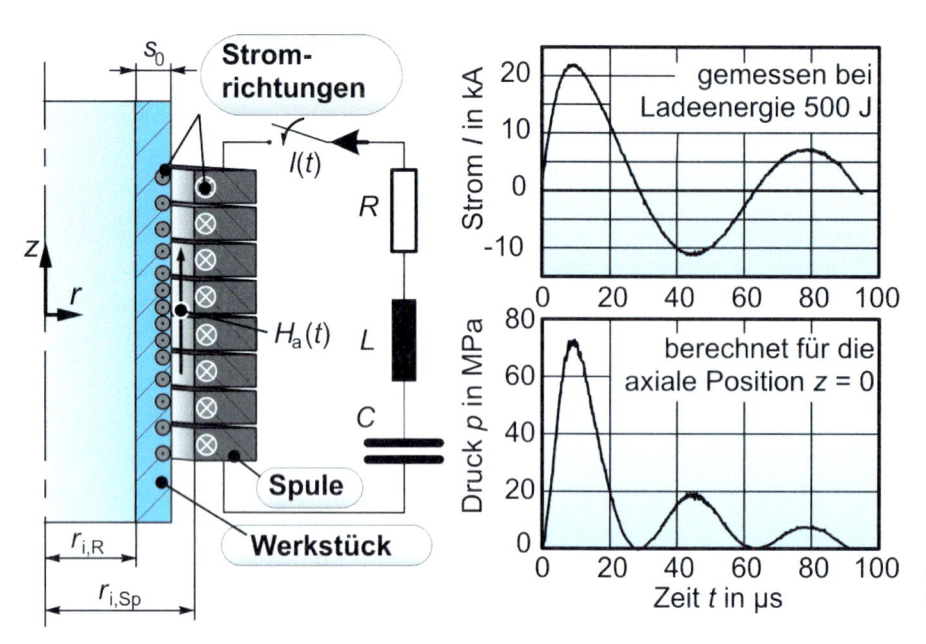

Abb. 2.10: *Anordnung von Spule und Werkstück (Beerwald 1999)*

Mit der Randbedingung $H_i \approx 0$ kann der wirksame Druck $p(t)$ aus dem Feld H_a berechnet werden, dessen Betrag und Verlauf wiederum durch den Betrag und den zeitlichen Verlauf des Spulenstromes $I(t)$, die Windungsdichte (Windunganzahl pro axialer Länge) der Werkzeugspule sowie die Spaltweite zwischen Werkzeugspule und Werkstück bestimmt sind (v. Finckenstein 1967). Wenn nun die durch den magnetischen Druck eingebrachten Spannungen die Fließgrenze des Rohrwerkstoffs überschreiten, beginnt die plastische Umformung des Werkstückes in Form einer radialen Einschnürung. Das Fließverhalten und auch die erzielbare Dehnung eines Werkstoffs können sich in Abhängigkeit von der Umformgeschwindigkeit ändern. So nimmt die Fließspannung bei hohen Umformgeschwindigkeiten, beispielsweise für den Werkstoff St37, höhere Werte an (Doege 1986). Viele Aluminiumwerkstoffe sind jedoch deutlich unempfindlicher gegenüber hohen Dehnraten (Lindholm 1971). Vielmehr können die hohen Umformgeschwindigkeiten einen positiven Einfluss auf die Rundheit der Bauteile haben (Psyk 2004). Für die Ermittlung entsprechender Werkstoffkennwerte können der dynamische Aufweitversuch (Bauer 1967) oder auch iterative Verfahren mithilfe von FE-Berechnungen genutzt werden (Brosius 2005).

Die mithilfe der elektromagnetischen Umformung hergestellten Fügeverbindungen können kraftschlüssig, formschlüssig und sogar stoffschlüssig sein. Eine Lastübertragung kann auch durch eine Kombination dieser Mechanismen erfolgen.

Kraftschlüssige Verbindungen sind als industrielle Anwendung nicht bekannt. Diese würden nur angewendet, wenn der umzuformende Werkstoff ein geringes Formänderungsvermögen, z. B. durch eingebettete Fasern oder Verstärkungen, aufweist (Hammers 2009). Bei den formschlüssigen Verbindungen wird der Werkstoff in eine Nut, Sicke oder eine andere Form des Hinterschnittes eingeformt. Der mechanische Widerstand gegen eine angreifende Last kann schließlich so lange ertragen werden, bis der Werkstoff wieder aus dem Hinterschnitt zurückgedrückt oder -gebogen wird. Die Geometrie von Nuten oder Sicken muss jedoch in Abhängigkeit des Fügeprozesses gewählt werden. Scharfkantige Nutradien können eine Vorschädigung erzeugen, da diese wie eine Schnittkante wirken. Beim formschlüssigen Fügen sollten daher nur abgerundete Nutkanten verwendet werden. Breite und Tiefe der Nut sollten durch den umgeformten Werkstoff vollständig ausgefüllt werden, um Korrosionsnester zu vermeiden (Weddeling 2010). Dazu gilt es die Nutbreite w, die Wandstärke s, den Rohrinnendurchmesser d_i und die Fließspannung k_f zu berücksichtigen. Der minimal erforderliche Druck zur Einformung eines Werkstoffes in eine Nut ergibt sich somit zu (Bühler 1971):

$$p_{min} = k_f \left[3 \cdot \left(\frac{s}{w} \right)^2 + \frac{2 \cdot s}{d_i} \right]$$

Je nach Gestaltung und Anzahl der Nuten sowie in Abhängigkeit von der Prozessführung kann eine Verbindungsfestigkeit erzielt werden, die bis zu 100 % der Festigkeit des schwächeren Fügepartners erreichen kann.

Bereits in den 1960er-Jahren gab es erste Ansätze, die elektromagnetische Umformung zum Schweißen einzusetzen. Diese Verfahrensvariante wird auch Magnetimpulsschweißen genannt. Dabei werden die beiden Fügepartner in einem definierten Abstand und Winkel zueinander positioniert (Abb. 2.11).

Das Magnetimpulsschweißen ist ein kaltes Fügeverfahren, welches für die Verbindung von dünnwandigen Bauteilen besonders geeignet ist. Bauteile, die derart gefügt werden, sind Gehäuseteile, Rohr- und Profilverbindungen. Das physikalische Prinzip der Entstehung der Schweißnaht ähnelt dem Prinzip des Explosions- oder Sprengschweißens. Beim Magnetimpulsschweißen werden die Komponenten durch ein Magnetfeld stark beschleunigt. Die Ausbildung der Verbindung erfolgt dann durch Adhäsion und Diffusion (Cramer 2010). Auf diese Weise ergibt sich eine wellenförmige Kontaktzone, die laminar oder turbulent auftreten kann. Die wichtigsten Parameter sind die Umformgeschwindigkeit, der Auftreffwinkel und die Geschwindigkeit, mit der sich der Kollisionspunkt entlang der Kontaktzone bewegt. Diese Parameter müssen in Abhängigkeit der zu fügenden Werkstoffkombination gewählt werden (Khrenov 1969).

Tab. 2.4: Vorteile und Nachteile des Fügens durch Engen durch elektromagnetische Kompression

Vorteile	Nachteile
Einseitige Zugänglichkeit zur Fügestelle	Nur gerade und konstant gekrümmte Profilabschnitte können gefügt werden
Ideal für rotationssymmetrische Querschnitte	Bedingt geeignet für nicht rotationssymmetrische Querschnitte
Berührungslose Umformung	Keine Prozessregelung möglich
Extrem kurze Prozesszeiten	Sehr gute Prozesskenntnis erforderlich
Hohe Wiederholgenauigkeit	Fügestellenvorbereitung erforderlich
Kraft-, form- und stoffschlüssige Verbindungen bis zur maximalen Festigkeit des schwächeren Fügepartners möglich	Verbindungsfestigkeit schwer zu berechnen

2.3.2 Einsatz eines starren Werkzeuges

Werden starre Werkzeuge eingesetzt, so greifen Walzen jeweils inkrementell am Umfang des äußeren Fügepartners an und werden radial zugestellt. Dadurch verringert sich lokal der Durchmesser des Bauteils. Bei zwei ineinander geschobenen Werkstücken werden diese gemeinsam umgeformt und mit einer Sicke versehen. Auf diese Weise

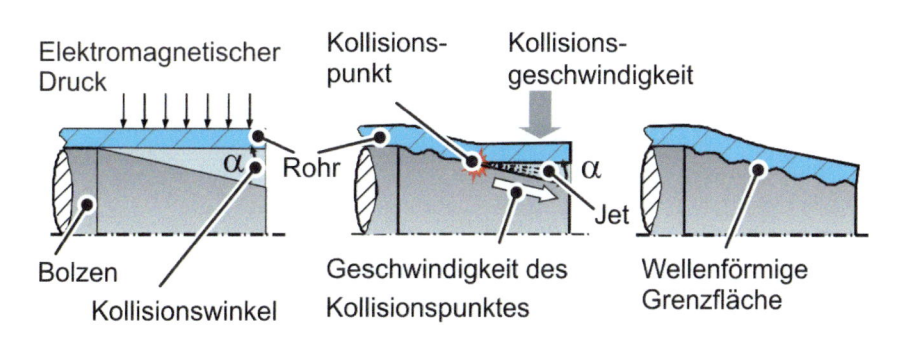

Abb. 2.11: Prinzip des stoffschlüssigen Fügens durch elektromagnetische Kompression

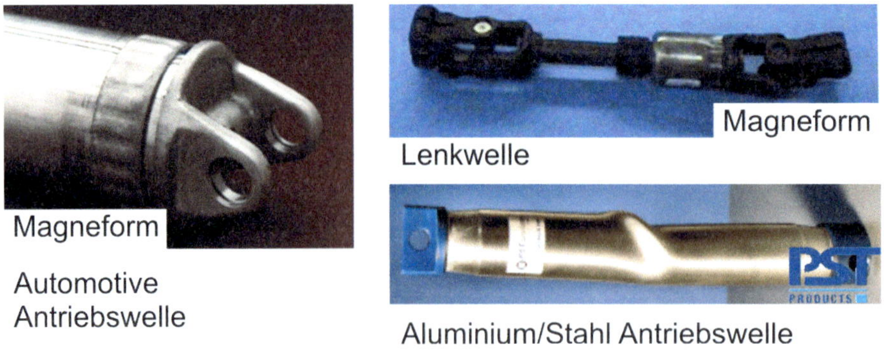

Abb. 2.12: *Formschlüssig und stoffschlüssig gefügte Bauteile*

entsteht eine formschlüssige Verbindung. Die Sicken werden mit Sonderwerkzeugen gefertigt. Die Fertigung kann dabei manuell oder maschinell erfolgen. Die erzeugte Sickenform ist abhängig von der Walzengeometrie. Industriell wird dieses Verfahren z. B. bei der Fertigung von Pneumatikzylindern und Gasdruckfedern für Heckklappen eingesetzt (Przybylski 2008).

Tab. 2.5: *Vorteile und Nachteile des Fügens durch Engen unter Einsatz eines starren Werkzeugs*

Vorteile	Nachteile
Einseitige Zugänglichkeit zur Fügestelle	Nur gerade Profilabschnitte können gefügt werden
Ideal für rotationssymmetrische Querschnitte	Nicht geeignet für nicht rotationssymmetrische Querschnitte
Sehr gute Oberflächenqualität	Komplexes Fügewerkzeug
Prozessführung gut anpassbar	Sehr gute Prozesskenntnis erforderlich
	Geringe Formänderung in der Fügezone
	Verbindungsfestigkeit schwer zu berechnen

2.4 Zusammenfassung

Bei der Umsetzung von Leichtbaustrategien spielt die Montage- und Fügetechnik eine besondere Rolle. Die umformtechnischen Fügeverfahren können bei der Umsetzung dieser Strategien sehr gut eingesetzt werden. Dies trifft insbesondere dann zu, wenn klassische thermische oder adhäsive Verfahren nicht eingesetzt werden können, z. B. wenn Aluminium und CFK verbunden werden sollen. Ein Aufschmelzen beider Grundwerkstoffe ist nicht möglich. Somit können umformtechnische Fügeverfahren ganz besonders bei der Umsetzung des modernen Werkstoffleichtbaus, der sich beispielsweise in einem ausgeprägten Material-Mix im Automobilbau widerspiegelt, eingesetzt werden.

Umformtechnische Fügeverfahren haben den Nachteil, dass sie zur Erstellung einer Verbindung überlappende Werkstückbereiche erfordern. Die Gewichtszunahme der Fügestelle durch den Einsatz von umformtechnischen Fügeverfahren gilt es zu minimieren. Bei den hier vorgestellten Verfahren des Fügens durch Weiten und Engen konnte dies bereits seit Langem erfolgreich in der Industrie eingesetzt werden. Als Beispiel sei hier nur das Fügen durch Weiten von Nocken auf eine Hohlwelle genannt. Auf diese Weise werden geschmiedete Nockenwellen für den Antriebsstrang in der Automobiltechnik ersetzt. Bei gleichbleibender Qualität der Fügestelle stellen die Gewichtsminimierung und die Prozessauswahl sowie -auslegung die Herausforderung für die Prozess- und Entwicklungsingenieure dar.

2.5 Weiterführende Informationen

Literatur

Bauer, D.: Ein neuartiges Meßverfahren zur Bestimmung der Kräfte, Arbeiten, Formänderungen, Formänderungsgeschwindigkeiten und Formänderungsfestigkeiten beim Aufweiten zylindrischer Werkstücke durch schnellveränderliche magnetische Felder. Dissertation, Universität Hannover, 1967

Beerwald, C., Brosius, A., Kleiner, M.: Fügen durch impulsmagnetische Umformung. Tagungsband der 6. SFU – Sächsische Fachtagung Umformtechnik, Dresden, 1999, S. 411–423

Brandes, K.: Kraftschlüssige Welle-Nabe-Verbindungen mit hoher Tragfähigkeit durch Innenhochdruckumformen. VDI-Berichte, Bd. 1384. VDI Verlag, Düsseldorf, 1989

Brosius, A.: Verfahren zur Ermittlung dehnratenabhängiger Fließkurven mittels elektromagnetischer Rohrumformung und iterativer Finite-Element-Analysen. Dissertation, Universität Dortmund, Shaker-Verlag, Aachen, 2005

Bühler, H., Finckenstein, E. v.: Bemessung von Sickenverbindungen für ein Fügen durch Magnetumformung. Werkstatt und Betrieb, 104, 1971, S. 45–51

Cramer, H.: Neuer Sonderschweißprozess für industrielle Anwender an der SLV München

Doege, E., Meyer-Nolkemper, H., Saeed, I.: Fließkurvenatlas metallischer Werkstoffe. Carl Hanser Verlag, München, 1986

Finckenstein, E. v.: Ein Beitrag zur Hochgeschwindigkeitsumformung rohrförmiger Werkstücke durch magnetische Kräfte. Dissertation, Universität Hannover, 1967

Friedrich, H. E.: Werkstofftechnische Innovationen für die Fahrzeugkonzepte der Zukunft, Vision Automobil, 9. Handelsblatt Jahrestagung Automobiltechnologien. München, 20. April 2005

Garzke, M.: Auslegung innenhochdruckgefügter Pressverbindungen unter Drehmomentbelastung. Diss., Technische Universität Clausthal. VDI Verlag, Düsseldorf, 2001

Hagedorn, M.: Herstellung von Verbundbauteilen durch Einwalzen – Verfahrensentwicklung und experimentelle Grundlagen. Dissertation, Universität Dortmund. Vulkan Verlag, Essen, 2005

Hagedorn, M., Weinert, K.: Lightweight Composite Camshafts – Joining by Expanding with Rolling Tools. Advances in Materials and Processing Technologies, 2003, S. 1089–1092

Hammers, T., Marré, M., Rautenberg, J., Barreiro, P., Schulze, V., Biermann, D., Brosius, A., Tekkaya, A. E.: Influence of Mandrel's Surface and Material on the Mechanical Properties of Joints Produced by Electromagnetic Compression. In: Steel Research International, 80, Nr. 5, 2009, S. 366–375

Homberg, W., Marré, M., Kleiner, M.: Umformtechnisches Fügen leichter Tragwerkstrukturen. In: Aluminium, International Journal for Industry, Research and Application, Bd. 80, 2004, S. 1396–1400

Khrenov, K. K., Chudakov, V. A.: Magnetic Pulse Welding of Butt Joints Between Tubes. Automatic Welding USSR, Bd. 22, 1969, S. 75

Lindholm, U. S., Bessey, R. L., Smith, G. V.: Effect of Strain Rate on Yield Strength, Tensile Strength, and Elongation of Three Aluminum Alloys. Journal of Materials, Bd. 6, Nr. 1, 1971, S. 119–133

Marré, M.: Grundlagen der Prozessgestaltung für das Fügen durch Weiten mit Innenhochdruck. Dissertation, Technische Universität Dortmund. Shaker-Verlag, Aachen, 2009

Marré, M., Gies, S., Maevus, F., Tekkaya, A. E.: Joining of Lightweight Frame Structures by Dieless Hydroforming. In: Proceedings of 13th International ESAFORM Conference on Material Forming, Brescia, 2010

Marré, M., Homberg, W., Brosius, A., Kleiner, M.: Umformtechnisches Fügen. Fortschrittbericht VDI, Reihe 2, Nr. 661. VDI Verlag, Düsseldorf, 2007, S. 215–245

Przybylski, W., Wojciechowski, J., Klaus, A., Marré, M., Kleiner, M.: Manufacturing of Resistant Joints by Rolling for Light Tubular Structures. In: The International Journal of Advanced Manufacturing Technology, Bd. 35, Nr. 9/10, Januar 2008, S. 924–934

Psyk, V.; Beerwald, C.; Homberg, W.; Kleiner, M.: Electromagnetic Compression as Preforming Operation for Tabular Hydroforming Parts. In Proceedings ICHSF2004 – International Conference on High Speed Forming, Dortmund, 31.03.–01.04.2004

Rautenstrauch, A., Uhlmann, E.: Einsatz der impulsmagnetischen Umformung zum Fügen von hybriden Leichtbaustrukturen. In: Tagungsband Join Tec-Fügen mit minimaler Grundwerkstoffbeeinflussung, Dresden, 8.-9. Februar 2007

Sweeney, K.: Electromagnetic Joining of Al Structures. Recent Developments in Metal Forming Technology ECR/NSM, Ohio, 2002

Tibari, K.: Grundlagen des fluidbasierten Fügens hohlförmiger Rahmenstrukturen bei simultaner Formgebung. Berichte aus der Produktionstechnik, Bd. 70. Shaker-Verlag, Aachen, 2007

Weddeling, C., Woodward, S., Nellesen, J., Psyk, V., Marré, M., Brosius, A., Tekkaya, A. E., Daehn, G. S., Tillmann, W.: Development of Design Principles for Form-fit Joints in Lightweight Frame Structures. In: Proceedings ICHSF10 – International Conference on High Speed Forming, Ohio, 9.-10. März 2010

Weimar, G.: Hochgeschwindigkeitsbearbeitung III – Umformung von Blechen und Rohren durch magnetische Kräfte. Werkstatt und Betrieb, Bd. 96, Heft 12, 1963, S. 893–900

Wilson, W.: High Velocity Forming of Metals. ASTME Manufacturing Data Series, 1964

Winkler, R.: Hochgeschwindigkeitsbearbeitung. VEB-Verlag Technik, Berlin, 1973

Wojciechowski, J., Klaus, A., Hagedorn, M., Przybylski, W., Marré, M., Kleiner, M.: Flexibles Fügen leichter Tragwerkstrukturen durch Einwalzen. In: UTF Science, Heft 1, 2004

Normen und Richtlinien

DIN 8593-2003-09: Fertigungsverfahren Fügen

DIN 7190-2001-02: Pressverbände - Berechnungsgrundlagen und Gestaltungsregeln

Alle Normen und Richtlinien erscheinen im Beuth-Verlag, Berlin

Firmeninformationen

http://hdl.handle.net/2003/27190

DaimlerChrysler: Die gebaute Nockenwelle – Eine innovative Systemlösung aus dem DaimlerChrysler Werk. Firmenschrift, Hamburg, 2001

3 Thermisches Fügen

Thomas Nitschke-Pagel

3.1	Schweißen	825
3.1.1	Anforderungen an Schweißverfahren für den Leichtbau	827
3.1.2	Übersicht wichtiger Schweißverfahren	829
3.1.2.1	Metall-Lichtbogenschmelzschweißverfahren	829
3.1.2.2	Spezielle Schweißverfahren	833
3.1.3	Lichtbogenarten beim MSG-Schweißen	836
3.1.4	Wärmereduzierte MSG-Prozesse	839
3.1.4.1	MSG-Prozesse mit Treppenstufenimpuls	839
3.1.4.2	ColdArc-Prozess	841
3.1.4.3	CMT-Prozess	843
3.1.4.4	Micro-MIG- Prozess	844
3.1.5	Anwendung der energiereduzierten MSG-Prozesse	845
3.1.6	Schweißen von Leichtmetalldruckguss	847
3.1.7	Besonderheiten beim Schweißen verfestigter Werkstoffe	849
3.1.8	Weiterführende Informationen zu 3.1	852
3.2	Löten	856
3.2.1	Löten als stoffschlüssiges Fügeverfahren	856
3.2.2	Löten artgleicher Werkstoffe	859
3.2.2.1	Löten von Stählen	859
3.2.2.2	Löten von Aluminiumwerkstoffen	862
3.2.2.3	Löten von Magnesiumwerkstoffen	862
3.2.2.4	Löten von Titanwerkstoffen	863
2.2.3	Löten von Mischverbindungen	863
3.2.4	Fazit	865
3.3	Weiterführende Informationen zu 3.2	866

3.1 Schweißen

Die Möglichkeit, Leichtbauwerkstoffe stoffschlüssig fügen zu können, stellt eine unverzichtbare Voraussetzung dafür dar, dass ambitionierte Konstruktionen überhaupt erstellt werden können. Ein wichtiges Beispiel sind die in vergangenen Jahren verstärkt angestellten Bemühungen, im Flugzeugbau das bislang etablierte Nieten zumindest teilweise durch Schweißen zu ersetzen. Das Nieten ist ein seit Beginn des Flugzeugbaus bewährtes zuverlässiges Fügeverfahren, hat aber ebenso wie das Kleben den systembedingten Nachteil, dass Werkstoffüberlappungen erforderlich sind. Hierdurch ergeben sich gegenüber stumpf zusammengefügten Komponenten, wie sie durch Schweißen grundsätzlich hergestellt werden können, naturgemäß Gewichtsnachteile, da ein zusätzlicher Werkstoffeinsatz zur Gewährleistung der Verbindungen benötigt wird, der ansonsten keine Tragfunktion hat. Bei Stumpfschweißverbindungen z. B. bei der Herstellung von Schalenelementen für Rumpfaußenstrukturen ergeben sich theoretisch erhebliche Gewichtsvorteile, wenn das bisher eingesetzte Nieten durch das Stumpfschweißen z. B. mit dem Laser ersetzt werden könnte. Erste Versuche, geschweißte Hautfelder in die Serienfertigung aufzunehmen, wurden bei verschiedenen Rumpfsektionen des A380 vorgenommen (Abb. 3.1). Es ist klar, dass hierdurch ein erhöhter Fertigungsaufwand unvermeidbar ist, weil die Qualität der Verbindungen unter anderem in erheblichem Maße von der Passgenauigkeit der Stoßflächen abhängen wird. Dieses Problem ist bei T-Stoßverbindungen einfacher zu lösen. Deshalb stellen solche Verbindungen auch heute bereits den Stand der Technik dar. Beispielhaft stehen hierfür die sogenannten Stringer-Hautverbindungen - die als Laserschweißungen mit Vollanschluss zuerst beim A318 eingeführt - heute standardmäßig bei verschiedenen Baureihen eingesetzt werden.

Der Einsatz des Schweißens als Fügeverfahren wird im Flugzeugbau dadurch erschwert, dass die bislang in großem Umfang verwendeten ausscheidungshärtbaren Aluminium-Legierungen wegen der immanenten Heißrissgefahr als außerordentlich schwierig schweißbar einzustufen sind. Dies gilt

Abb. 3.1: *Rumpfsektionen mit lasergeschweißten Stringer-Hautverbindungen (Mitte und unten) sowie Lage der geschweißten Sektionen beim A318 und A380 (Quelle: EADS)*

3 Thermisches Fügen

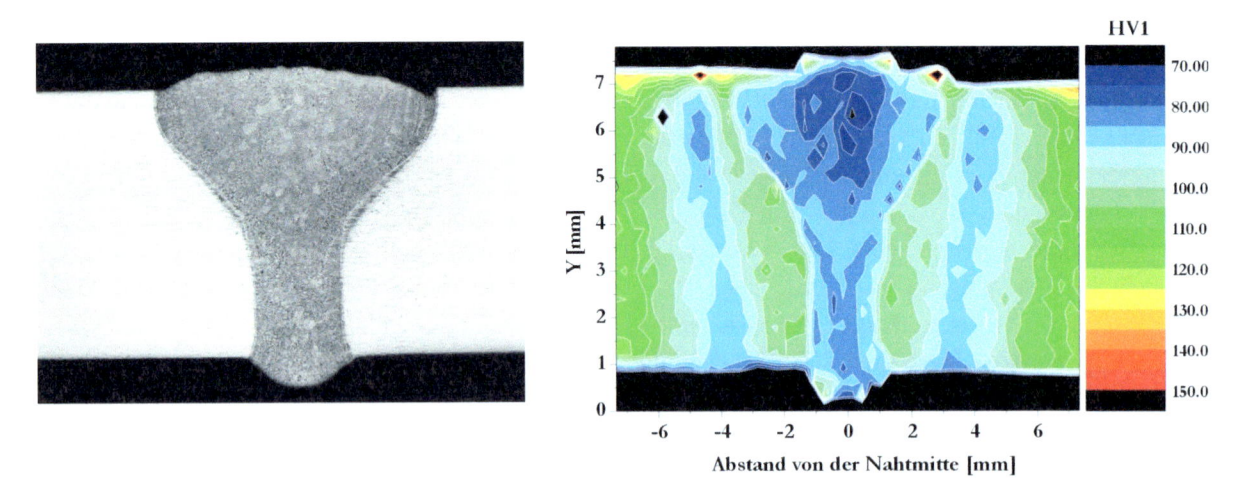

Abb. 3.2: *Laserschweißnaht in einem 6 mm-Blech der Legierung AW 6052 (AlMgSi1Mn - T6) (links) und lokale Härtewerte als Maß der Entfestigung in der Schweißnaht und deren Umgebung (rechts).*

besonders für AlCu-Werkstoffe, die nach wie vor in großem Umfang eingesetzt werden. Der verstärkte Einsatz der auch aus dem Schienenfahrzeugbau oder dem Automobilbau bekannten Legierungen auf AlMgSi-Basis erleichtert die Schweißbarkeit grundsätzlich. Allerdings ist auch hier zu beachten, dass der Schweißprozess unvermeidbar mit einer lokalen Werkstofferwärmung einhergeht, die den Verfestigungszustand der eingesetzten Legierungen nachteilig beeinflussen wird und der auch durch nachgeordnete Wärmebehandlungen nicht vollständig wieder hergestellt werden kann (Abb. 3.2).

Trotz der verstärkten Anwendung von Hochtechnologieverfahren, wie dem Laserschweißen, ist vor allem das klassische Metallschutzgasschweißen (MSG) ein Schweißverfahren, das aus der technischen Praxis nicht wegzudenken ist. Gerade die z.B. in der Automobilindustrie hohen Anforderungen hinsichtlich Robustheit des Prozesses, Vielfältigkeit der Anwendungen und Automatisierbarkeit werden durch dieses verhältnismäßig einfache Verfahren so gut abgedeckt, dass es nach wie vor die größte Verbreitung findet. Exemplarisch hierfür stehen die in den Abbildungen 3.3 und 3.4 gezeigten Anwendungen

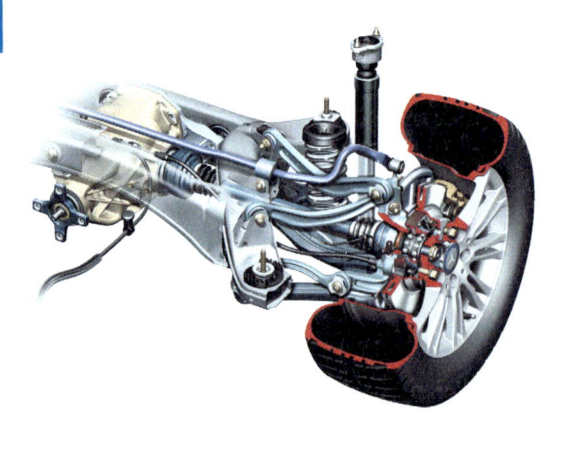

Abb. 3.3: *Hinterachsen der Mercedes E-Klasse (Stahl, links) und der S-Klasse (Aluminium, rechts) mit geschweißten Achskörpern (Quelle: Mercedes-Benz)*

Abb. 3.4: *Hinterachse aus der BMW-5er Reihe und MSG-geschweißtes Aluminiumrad (Quelle: BMW)*

aus dem Fahrwerksbereich. In der jüngeren Vergangenheit wurden erfolgreich viele Anstrengungen unternommen, durch verfeinerte Regelungsmöglichkeiten MSG-Prozesse für die Beherrschung kleiner Blechdicken zu qualifizieren.

3.1.1 Anforderungen an Schweißverfahren für den Leichtbau

Leichtbaustrukturen sind häufig nicht durch ihr primäres Erscheinungsbild erkennbar, sondern erschließen sich dem Betrachter erst, wenn er das Leistungspotenzial einer Konstruktion in Relation zu ihrem Gesamtgewicht betrachtet. Ein einprägendes Beispiel hierfür ist der in Abbildung 3.5 gezeigte Autokran, der in etwa das Leistungspotenzial beim Bau hochflexibler mobiler Schwerlastkrane widerspiegelt. Auf den ersten Blick erweckt das Fahrzeug den Eindruck klassischen Schwermaschinenbaus. Erst beim Blick in die Einzelheiten der Struktur eines solchen Fahrzeugs zeigen sich die Leichtbauanstrengungen beispielsweise beim dünnwandigen Aufbau

Abb. 3.5: *1200 t-Automobilkran (links) und Schweißaufbau bei der Herstellung des Teleskopauslegers (rechts) (Quelle: Liebherr)*

der Teleskopausleger mit denen Hubhöhen von bis zu 190 m zu erreichen sind. Fast die gesamte tragende Konstruktion sowie die Elemente der Teleskopausleger werden mit klassischen Schweißverfahren verbunden, wobei das Metallschutzgasschweißen aufgrund seiner Flexibilität den weitaus größten Anteil hat.

Die eigentliche Anforderung an das Verfahren besteht hier weniger darin, an spezielle Leichtbauanforderungen angepasste technologische Entwicklungen der Schweißverfahren voranzutreiben, als vielmehr die Schweiß- und Abkühlbedingungen an die speziellen Anforderungen der hier fast ausschließlich verwendeten hoch- und höchstfesten schweißbaren Stähle anzupassen. Während im klassischen Maschinenbau bei Schweißkonstruktionen nach wie vor einfach verarbeitbare Stähle dominieren, die Streckgrenzen von maximal etwa 355 MPa aufweisen, werden hier Feinkornbaustähle mit Streckgrenzen von bis zu 1100 MPa in großem Umfang eingesetzt (s. Kap. II.2). Da diese Festigkeiten ohne Einschränkungen der Schweißbarkeit nur durch sehr differenzierte Wärmebehandlungen zu erzielen sind, besteht beim Schweißen grundsätzlich die Gefahr großer Festigkeitsverluste. Aus diesem Grunde kommt der exakten Abstimmung und Kontrolle der Schweißbedingungen (Vorwärmtemperaturen, Schweißparameter, Streckenenergie, Schweißhilfsstoffe) eine außerordentlich hohe Bedeutung zu.

Für die Auswahl geeigneter Schweißverfahren in Anwendungsbereichen wie z.B. dem Automobilleichtbau sind andere Gesichtspunkte von Bedeutung, die fügetechnische Aufgaben von den Anforderungen des klassischen Schwermaschinenbaus unterscheiden. Das wichtigste Unterscheidungsmerkmal sind die geringen Blechdicken unter 1 mm, die es zu beherrschen gilt. Hier stoßen die klassischen Schweißprozesse in der Regel an ihre prozessbedingten unteren Leistungsgrenzen, sodass sie instabil werden oder schwer beherrschbar sind und einer gleichbleibenden Qualität entgegenstehen. Als zweites kommen verstärkt Werkstoffe zur Anwendung, die aufgrund ihrer physikalischen Eigenschaften, wie z.B. einer erhöhten elektrischen oder thermischen Leitfähigkeit in Verbindung mit einer verstärkten Verzugsneigung, schweißtechnisch schwer beherrschbar sind. Insbesondere stellen Verbindungen unterschiedlicher Werkstoffe eine immer öfter auftretende Aufgabe dar, die mit Schmelzschweißverfahren schwer zu bewältigen ist.

Zu den thermischen Fügeverfahren zählen das in Abschnitt 3.2 separat behandelte Löten und das Schweißen, das wiederum in solche Methoden unterteilt werden kann, bei denen die Verbindungen durch Überschreiten der Liquidustemperaturen der Fügepartner erfolgen und solche, bei denen die Verbindungen zwar bei erhöhten Temperaturen, aber zumindest teilweise im festen Zustand entstehen. Zu ersteren zählt die gesamte Palette der Schmelzschweißverfahren, zur zweiten zählen Press- und Widerstandsschweißverfahren sowie Sonderverfahren wie das Diffusionsschweißen. Bei den Schmelzschweißverfahren wird häufig noch zwischen solchen Methoden, die überwiegend auf klassischen Schweißverfahren beruhen, und den mit sehr stark konzentrierter Wärmeeinbringung verbundenen Strahlschweißverfahren unterschieden, die an anderer Stelle separat behandelt werden. Auf Prozesse, die auf klassischen Schmelzschweißverfahren beruhen, soll an dieser Stelle verstärkt eingegangen werden.

Bei der Wahl des geeigneten Schweißprozesses für eine spezifische Anwendung spielt eine Reihe von Gründen eine wichtige Rolle, wobei die mit dem Fügeprozess verbundenen Kosten meist vorrangig sind. Ein wichtiger Aspekt ist neben Gesichtspunkten wie den Fertigungskosten, die z.B. aus dem Aufwand, der für die Schweißkantenvorbereitung erforderlich ist sowie aus Investitions- und Unterhaltungsaufwand für die Schweißeinrichtungen resultieren, die Prozesssicherheit. Dies hat z.B. bewirkt, dass herkömmliche Schweißprozesse, wie das Metallschutzgasschweißen und seine diversen Verfahrensvarianten, durch sogenannte Hochtechnologieverfahren wie dem Laserstrahlschweißen nicht in dem Maße verdrängt wurden, wie dies vor 10 … 15 Jahren noch vermutet wurde, weil diese Methoden eben eine hohe Prozesssicherheit mit geringen Beschaffungs- und Unterhaltungskosten verbinden.

Einen wichtigen Gesichtspunkt stellt heute die Möglichkeit einer Anpassung der Schweißbedingungen an die individuellen Werkstoffeigenschaften dar. Durch den Schweißprozess sollen diese möglichst gar nicht, zumindest aber nur im geringst möglichen Maß beeinträchtigt werden. Durch die Überschreitung der Solidustemperaturen sind aber lokal begrenzte Rekristallisationen unvermeidbar. Es kommt also darauf an, durch geeignete Verfahrensoptimierungen oder -kombinationen das Ausmaß dieser Werkstoffbeeinflussung so klein wie möglich zu halten. Eine weitere Aufgabe besteht darin, die Herstellung von Verbindungen unterschiedlicher Werkstoffe prozesssicher zu beherrschen.

3.1.2 Übersicht wichtiger Schweißverfahren

3.1.2.1 Metall-Lichtbogenschmelzschweißverfahren

Beim Lichtbogenschweißen beruht die Erzeugung der Prozesswärme auf einer Gasentladung. Dabei wird das zwischen zwei Polen enthaltene Gas vollständig ionisiert und die Elektronen durch die zwischen den Polen anliegende Spannung beschleunigt. Es entsteht ein Plasma, das als Lichtbogensäule bezeichnet wird und beide Pole durch eine Kombination aus Strahlung und Widerstandserwärmung erhitzt. Durch den Elektronenfluss von der Kathode zur Anode hin wird zusätzlich die Energie der auf der Anode aufprallenden Elektronen in Wärme umgesetzt, sodass die Temperatur an der Anode deutlich höher als an der Kathode ist. Die vom Lichtbogen abgegebene Wärme ist direkt proportional zur angelegten Spannung und der Höhe des Stroms. Das Zünden des Lichtbogens erfolgt entweder durch einen kurzzeitigen Kurzschluss oder durch das Anlegen hochfrequenter Hochspannungsimpulse.

Bei den technisch relevanten Lichtbogenschweißprozessen bildet das Werkstück bzw. die Schweißstelle einen der Pole. In Abwägung der Verfahrensbesonderheiten und der Werkstoffeigenschaften ist zu entscheiden, mit welcher Polung gearbeitet, d. h. wo der heißere Pol angelegt werden muss. Hierbei spielt unter anderem auch die Frage eine wichtige Rolle, ob der Schweißprozess allein durch Ausnutzung der Lichtbogenwärme realisiert werden kann, oder aber aus Geometriegründen oder wegen der speziellen Werkstoffeigenschaften Schweißzusatzwerkstoffe eingesetzt werden müssen. Hiervon hängt letzten Endes auch ab, welches Verfahren zur Erfüllung der Schweißaufgaben besonders geeignet ist. Der Zusatzwerkstoff kann daher im Prozess selbst in Form einer kontinuierlich abschmelzenden Elektrode oder aber getrennt von der Schmelzwärme zugeführt werden. Darüber hinaus sind auch Kombinationen üblich, bei denen neben einer abschmelzenden Elektrode eine zusätzliche Drahtzufuhr erfolgt.

Lichtbogenschweißen mit umhüllten Stabelektroden

Beim Lichtbogenschweißen mit umhüllten Stabelektroden (LBH) (Abb. 3.6) brennt der Lichtbogen zwischen einer Elektrode begrenzter Länge und dem Werkstück. Die Elektrode besteht aus einem metallischen Kernstab und einer Umhüllung, die aus mineralischen und metallischen Bestandteilen zusammengesetzt ist. Die mineralischen Bestandteile bilden in der Schmelzwärme eine dünnflüssige Schlacke, die die Schweißstelle bedeckt und diese vor dem schädlichen Angriff der Atmosphäre schützt und eine zu rasche Abkühlung der Schmelze verhindert. Neben gasbildenden Bestandteilen, die die Lichtbogenstabilität verbessern, enthält die Umhüllung Legierungsbestandteile, die für die gewünschte Zusammensetzung des Schweißgutes sorgen und zudem die Abschmelzleistung und somit die Verfahrensproduktivität verbessern können. Das Zünden des Lichtbogens erfolgt im Kurzschluss zwischen Elektrode und Werkstück.

Nachteile dieses Verfahrens bestehen darin, dass wegen der begrenzten Länge der Elektroden (üblich zwischen 250 und 450 mm) die Ausbringung begrenzt ist und der Schweißprozess immer wieder unterbrochen werden muss, wenn die Elektrode vollständig abgeschmolzen und ein Elektrodenwechsel notwendig ist. Zudem ist die Fehleranfälligkeit z. B. durch von der Schmelze aufgenommene Schlackenpartikel bei unzureichend qualifiziertem Personal relativ hoch. Dem stehen die Vorteile der Methode gegenüber, dass die verwendeten Elektroden alle für den

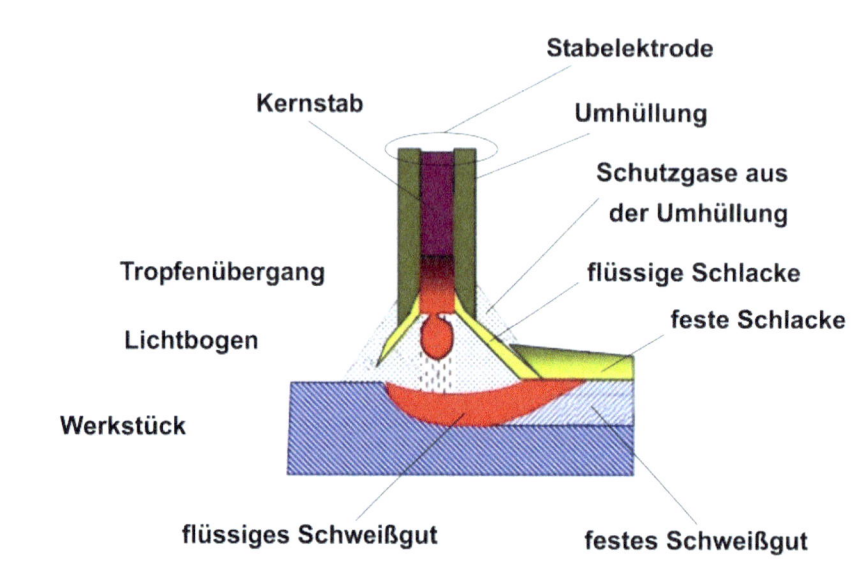

Abb. 3.6: Prinzip des LBH-Schweißens

Schutz der Schweißstelle erforderlichen Hilfsmittel enthalten, also keine weiteren Schutzvorrichtungen mehr benötigt werden und die Schweißarbeiten mit sehr einfachen, transportablen Schweißgeräten zu bewältigen sind. Durch die Verwendung verschiedener Umhüllungsstoffe kann die Viskosität der Schlacke variiert werden, wodurch das Verfahren z. B. auch in Zwangspositionen (steigend, fallend, Überkopfposition) eingesetzt werden kann. Da man auch die Form des Werkstoffübergangs durch die Umhüllungszusammensetzung stark variieren kann, eignet sich die Methode besonders für schwierige Schweißarbeiten, z. B. bei Wurzelschweißungen an Bauteilen mit großen Fertigungstoleranzen, da. z. B. große Spaltbreiten sicher überbrückt werden können. Dies hat dazu geführt, dass das Lichtbogenhandschweißen das zweithäufigste Schweißverfahren ist, das insbesondere unter rauen Baustellenbedingungen oder für besonders schwierige Reparaturarbeiten häufig eingesetzt wird. Es eignet sich für schwierig schweißbare Werkstoffe ebenso wie für Werkstoffkombinationen, wird aber praktisch ausschließlich für Eisenbasiswerkstoffe eingesetzt.

Metallschutzgasschweißen

Beim Metallschutzgasschweißen (MSG) brennt der Lichtbogen zwischen einer nicht umhüllten, kontinuierlich zugeführten abschmelzenden Drahtelektrode und dem Werkstück. Für den Schutz der Schweißstelle sorgt ein über eine Schutzgasdüse zugeführter Gasstrom, mit dem der Zutritt atmosphärischer Gase verhindert werden soll (Abb. 3.7). Als Schutzgase werden entweder vollständig inerte Gase (Ar, He oder Gemische) oder aber aktive Gase (CO_2) bzw. Gasgemische (Ar, CO_2, O_2) mit hohem Inertgasanteil verwendet. Im ersten Fall spricht man vom Metall-Inertgasschweißen (MIG), im zweiten Fall vom Metall-Aktivgasschweißen (MAG). Die Form des Werkstoffübergangs wird im Gegensatz zum LBH-Schweißen nicht durch die Zusammensetzung des Zusatzwerkstoffs, sondern in erster Linie durch die Variation von Schweißstrom, Schweiß-

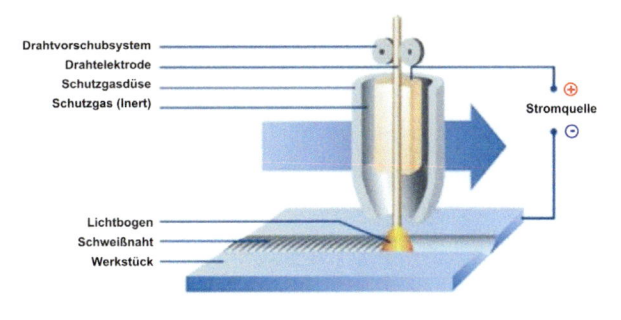

Abb. 3.7: *Prinzip des MSG-Schweißens*

spannung und Drahtfördergeschwindigkeit bestimmt. Zudem kann auch die Verwendung aktiver Gasbestandteile die Form der Schweißtropfen und damit die Spaltüberbrückbarkeit beeinflussen. Das MSG-Schweißen zeichnet sich durch eine hohe Prozesssicherheit und eine hohe Produktivität aus und ist bei qualifizierter Anwendung nicht sonderlich fehleranfällig. Durch die Möglichkeit der Schutzgasvariation in Kombination mit den geeigneten Zusatzwerkstoffen kann die Methode im Prinzip für alle metallischen Werkstoffe unabhängig von der Blechdicke eingesetzt werden. Übliche Drahtstärken beim Zusatzdraht liegen zwischen 0,8 und 1,6 mm, dünnere und dickere Drähte sind aber ebenso verwendbar. Eine Besonderheit stellen Fülldrähte dar, bei denen neben einer metallischen Umhüllung mineralische und metallische Bestandteile mit abgeschmolzen werden, die die Lichtbogencharakteristik beeinflussen und die Abschmelzleistung erhöhen können.

Das MSG-Schweißen umfasst eine sehr große Zahl an Verfahrensvarianten, die durch verfeinerte Abstimmungen und Regelcharakteristiken der Schweißstromquellen und der Hilfseinrichtungen eine differenzierte Anpassung des Prozesses an unterschiedliche Werkstoffe ermöglichen und damit letztlich dafür verantwortlich sind, dass dieses Verfahren das in der Praxis mit Abstand am häufigsten anzutreffende ist.

Verfahrensbedingt bietet das MSG-Schweißen die Möglichkeit, durch eine geeignete Zusatzwerkstoffauswahl die vor allem bei Aluminiumlegierungen evidente Heißrissgefahr sicher zu beherrschen. Diese beruht darauf, dass bei vielen Aluminiumlegierungen niedrigschmelzende Eutektika an den Korngrenzen in Verbindung mit konstruktions- und schweißprozessabhängigen Schrumpfungsbehinderungen für die Heißrissbildung verantwortlich sind. Dies betrifft eine Vielzahl ausscheidungshärtbarer Legierungen, wobei insbesondere Cu-haltige Werkstoffe und solche mit geringen Mg-gehalten gefährdet sind. Daraus folgt, dass Legierungstypen wie z. B. die im Fahrzeug- oder Flugzeugbau eingesetzten AlMgSi- Werkstoffe mit Magnesiumgehalten zwischen 0,5 und 1,0 % ohne Zusatzwerkstoffe mit Schmelzschweißverfahren in der Regel nicht zu beherrschen sind. Durch die Verwendung von Zusätzen mit höheren Si- oder Mg-Gehalten um 5 % kann die Heißrissgefahr aber weitgehend beseitigt werden.

WIG-Plasma-Schweißen

Das den Schutzgasschweißverfahren zuzuordnende WIG-Schweißen (Wolfram-Inertgasschweißen) und das verwandte WIG-Plasma-Schweißen (Abb. 3.8)

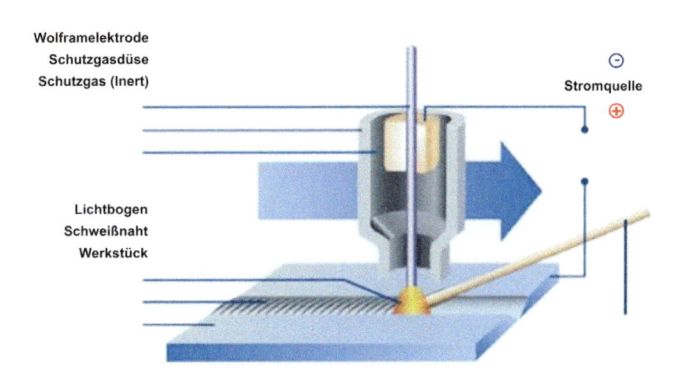

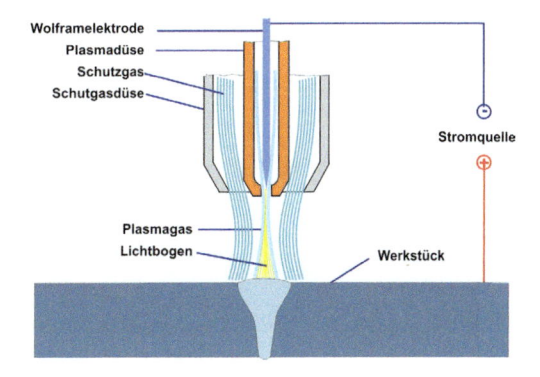

Abb. 3.8: *Prinzip des WIG-Schweißens (links) und des WIG-Plasma-Schweißens (rechts).*

unterscheiden sich von den vorangehend beschriebenen MSG-Verfahren in erster Linie durch Erzeugung der Schmelzwärme mit Hilfe einer nicht abschmelzenden Wolframelektrode. Der Lichtbogen brennt dabei - umgeben von einem inerten Schutzgasstrom - entweder zwischen Elektrode und Werkstück (WIG), oder aber umströmt durch einen eng fokussierten zusätzlichen Schutzgasstrom (Plasma), der den Lichtbogen einschnürt und eine schmale Lichtbogensäule in Verbindung mit einem Plasmagasstrom erzeugt. Dadurch wird eine starke Konzentration der Wärme erzeugt, und es stellt sich bei geeigneten Verfahrensparametern ein von den Strahlschweißverfahren her bekannter Tiefschweißeffekt ein.

Die gegebenenfalls erforderliche Zufuhr des für das Auffüllen der Schweißfuge benötigten Zusatzwerkstoffes erfolgt separat entweder manuell oder aber durch externe Drahtzufuhreinrichtungen. Die Verwendung inerter Gase (Argon, Helium oder Gemische) bewirkt, dass keine Gasreaktionen in der Schmelze stattfinden und sich somit ein außerordentlich ruhiger und stabiler Schweißprozess einstellt, der frei von Spritzerbildung und anderen Reaktionen in der Schmelze ist. Die Stabilität des Prozesses wird durch verringerte Leistungskennwerte kaum beeinflusst, sodass diese besonders auf die bei dünnen Blechdicken notwendigen sehr geringen Leistungswerte abgesenkt werden können. Da hierdurch beim WIG-Schweißen auch der Arbeitsabstand abnimmt, ist eine mechanisierte Brennerführung dann oft nicht zu umgehen. Aufgrund der außerordentlichen Lichtbogenstabilität wird das Verfahren vor allem bei schwierigen Schweißaufgaben mit hohen Qualitätsanforderungen eingesetzt. Hierzu gehören Wurzelschweißungen bei Bauteilen aus dem Schwermaschinenbau ebenso wie z. B. dünnwandige Bauteile aus hochlegierten korrosionsbeständigen Stählen, die mit anderen Verfahren z. B. wegen der geforderten Oberflächenqualität nicht geschweißt werden können, oder aber Anwendungen, bei denen die Schweißnähte keine Nachbearbeitung erfahren bzw. auf Oberflächenbeschichtungen aus optischen Gründen gezielt verzichtet wird, wie dies bei Fahrrad- oder Motorradrahmen häufig der Fall ist (Abb. 3.9).

Bei Aluminiumwerkstoffen kann die im Vergleich zu anderen Prozessen geringere Leistungsfähigkeit des WIG-Prozesses durch eine geeignete Schutzgaszusammensetzung teilweise kompensiert werden, wenn z. B. Helium oder Argon/Helium-Gemische zum Einsatz kommen. Die höhere Ionisationsenergie des Heliumlichtbogens erfordert eine um ca. 75% höhere Lichtbogenspannung, wodurch sich in Verbindung mit der besseren Wärmeleitfähigkeit von Helium eine erhöhte Wärmeeinbringung mit verbessertem Einbrand ergibt. Der im Vergleich zum Argonlichtbogen unruhigere Lichtbogen wird durch den notwendigerweise geringeren Arbeitsabstand kompensiert, der insbesondere beim Schweißen mit Gleichstrom diese Verfahrensvariante auch auf mechanisierte Anwendungen beschränkt, dadurch aber sehr hohe Schweißgeschwindigkeiten ermöglicht.

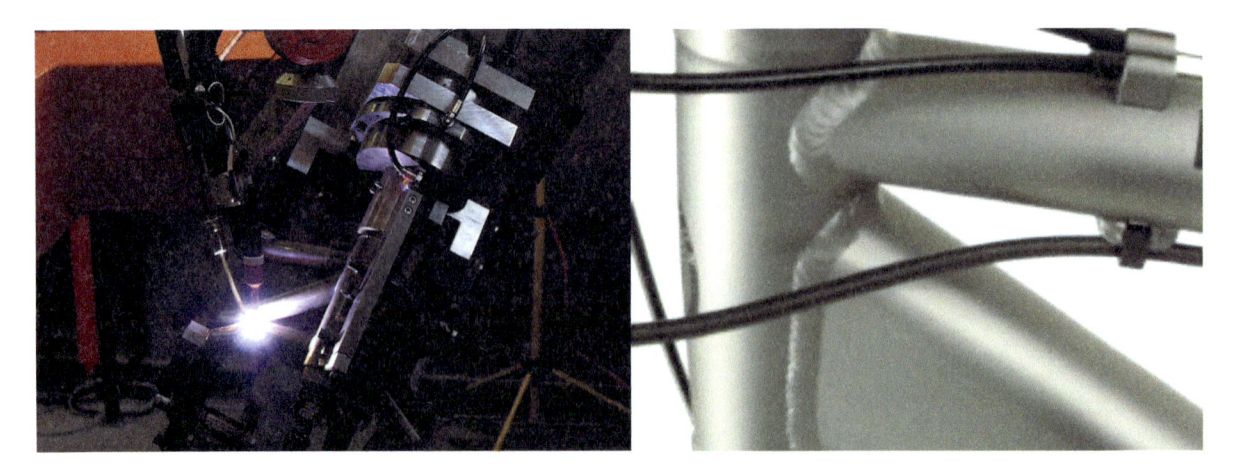

Abb. 3.9: *Automatisiertes WIG-Schweißen von Motorradrahmen (links) und WIG-Schweißnähte im Sichtbereich eines Aluminium-Fahrradrahmens (rechts). (Quelle: Fronius, Technobike)*

3.1.2.2 Spezielle Schweißverfahren

Neben den gesondert betrachteten Strahlschweißverfahren haben sich eine Reihe besonderer Schweißverfahren etabliert, die für spezielle Anwendungen besondere Vorteile bieten, oder aber den speziellen Anforderungen bestimmter Werkstoffe im besonderen Maße Rechnung tragen. Alle Methoden, die mit vergleichsweise niedrigeren Arbeitstemperaturen auskommen und die schmelzflüssige Phase umgehen, basieren letztlich auf dem Mechanismus der Diffusion zwischen zwei Grenzflächen, durch die die erforderlichen Bindungskräfte zwischen den Fügepartnern hergestellt werden. Die notwendige Voraussetzung hierzu ist die Entfernung der Deckschichten an den Oberflächen der Verbindungsstellen, was durch eine geeignete Vorbereitung, die Einstellung definierter Umgebungsbedingungen und die Kombination aus erhöhten Temperaturen und Anpresskräften ermöglicht werden kann.

Hierbei haben insbesondere verschiedene Pressschweißverfahren eine besondere Bedeutung erlangt. Das bekannteste Verfahren ist hierbei das Widerstandspunktschweißen, dass in vielen Verfahrensvariationen existiert und insbesondere in der Automobilindustrie breite Anwendung findet. Obwohl immer wieder unterschiedliche Bemühungen angestellt wurden und werden, das Widerstandspunktschweißen zumindest teilweise durch andere Fügeverfahren zu ersetzen, spielt dieses Schweißverfahren bei Dünnblechverbindungen nach wie vor eine wichtige Rolle. Allerdings liegen seine Anwendungsvorteile vor allem dort, wo überwiegend Stähle verarbeitet werden. Dies hängt damit zusammen, dass die für die Verbindung notwendige Erwärmung aus dem Übergangswiderstand an den Verbindungsstellen resultiert, der sich vom Übergangswiderstand an den Elektrodenkontaktstellen deutlich unterscheiden sollte. Nichteisenmetalle eignen sich aufgrund des meist geringeren spezifischen elektrischen Widerstandes wesentlich schlechter für das Punktschweißen als Stähle, und auch Mischverbindungen sind mit dem Verfahren schlecht beherrschbar, weil die Differenz der Übergangswiderstände sehr klein ist und daraus ein erhöhter Elektrodenverschleiß resultiert, und es immer wieder zu Anschweißungen der Elektroden kommen kann.

Reibschweißen

Ein in der Produktion etabliertes Pressschweißverfahren ist das Reibschweißen, bei dem zwei Bauteile, von denen wenigstens eines in der Regel rotationssymmetrisch sein sollte, eine Rotationsrelativbewegung zueinander vollführen. Durch Kontaktieren und Anpressen der beiden Teile wird die für die Verbindung notwendige Reibungswärme erzeugt und durch ein geregeltes Aufeinanderpressen letztlich die Schweißung vollzogen. Der Wärmeeintrag bei der Methode ist gering, die Schweißzeiten sehr kurz, sodass nur eine sehr schmale Diffusionszone entsteht und z.B. bei Mischverbindungen die Bildung intermetallischer Phasen minimiert werden kann. Aus diesem Grunde können mit dem Verfahren neben artgleichen Schweißungen an fast endbearbeiteten Teilen z.B. aus vergüteten oder gehärteten Stählen auch Mischverbindungen hergestellt werden, die mit anderen Methoden nur schwer zu beherrschen sind, wie z.B. Aluminium/Stahl oder Aluminium/Titan (Abb. 3.10).

Typisches Merkmal solcher Verbindungen ist der beim Schweißvorgang aus der Verbindungsfläche

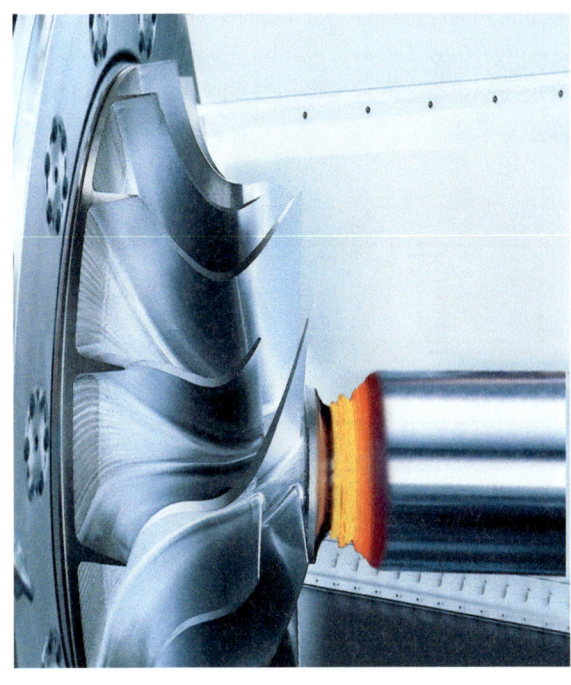

Abb. 3.10: *Reibschweißen endbearbeiteter Bauteile (Quelle: KUKA)*

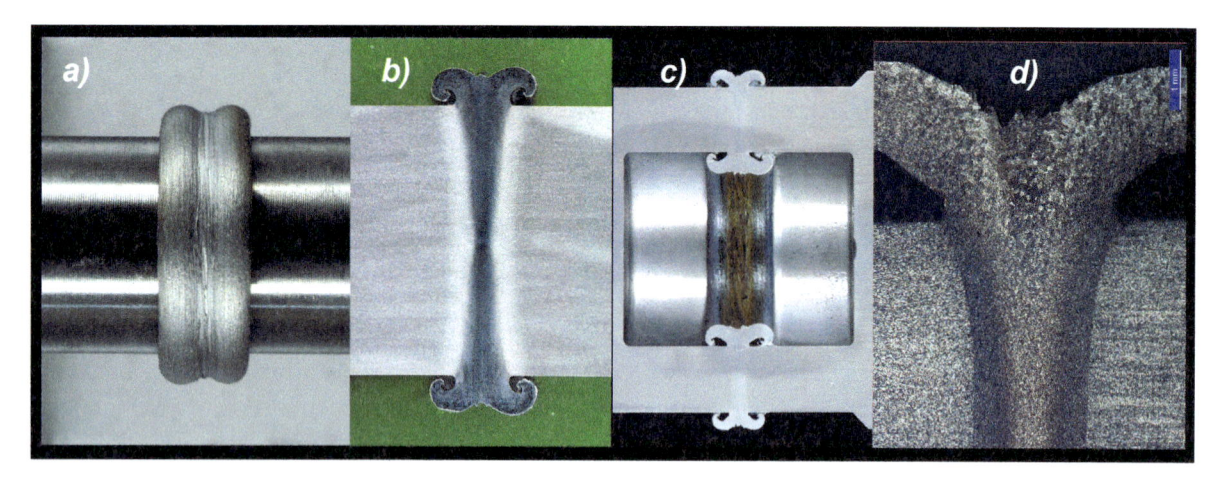

Abb. 3.11: Aufbau von Reibschweißverbindungen:
a) Vollwellen aus TiAl6Sn2Zr2Mo2Cr2, Ø18 mm mit Schweißwulst;
b) Querschliff;
c) Hohlwelle aus TiAl6V4, Ø50x10 mm;
d) Detailaufnahme der Verbindungszone (Quelle: Schweißtechnische Lehr- und Versuchsanstalt München)

herausgepresste Wulst aus verunreinigten Deckschichten. Dieser wird üblicherweise in einem unmittelbar nachgeordneten Arbeitsgang abgedreht, weil er die Funktion der Bauteile stört bzw. schwingfestigkeitsmindernd wirkt. Wie die in den Abbildungen 3.11 und 3.12 gezeigten Beispiele unterschiedlicher Ti-Ti und Ti-St-Verbindung verdeutlichen, lassen sich mit dem Verfahren qualitativ hochwertige Mischverbindungen mit ausgezeichneten Festigkeitseigenschaften herstellen (Abb. 3.12b und 3.12c).

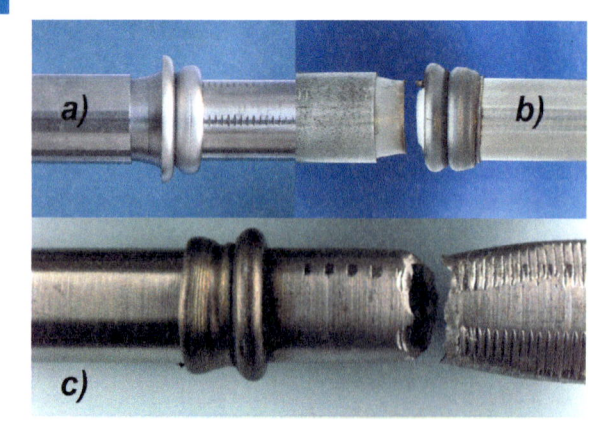

Abb. 3.12: Aufbau von reibgeschweißten Mischverbindungen:
a) 16MnCr5 / TiAl6V4, Ø18 mm;
b) C10 / TiAl6V4, Ø18x3 mm;
c) S235 / TiAl6V4, Ø18x2 mm
(Quelle: Schweißtechnische Lehr- und Versuchsanstalt München)

Rührreibschweißen

Ein dem Reibschweißen artverwandtes Schweißverfahren stellt das Anfang der 1990er Jahre in England entwickelte Rührreibschweißen (engl. Friction Stir Welding, FSW) dar. Bei dem Verfahren wird ein rotierendes Werkzeug benutzt, das aus einem Stift und einer Schulter besteht und rotierend in den Fügespalt der Fügepartner (in der Regel Bleche im I-Stoß) eingeführt wird (Abb. 3.13). Durch Anpressen des Werkzeugs an die Oberfläche der Fügepartner erzeugt der Kontakt zwischen Werkzeugschulter und Blechoberfläche die zum Schweißen benötigte Reibungswärme. Die dadurch bewirkte Abnahme der Fließgrenze und die höhere Plastizität ermöglicht eine Translationsbewegung des rotierenden Werkzeugs entlang des Fügespaltes. Der im Spalt rotierende Stift sorgt für eine Extrusion der Werkstoffe, die dabei mechanisch vermischt und zusammengepresst werden. Dadurch wird letztlich die für die Erzeugung einer stabilen Verbindung notwendige Diffusion ermöglicht (Abb. 3.13 oben links).

Der wesentliche Vorteil des Rührreibschweißens besteht in niedrigen Arbeitstemperaturen von 150 … 200 K unterhalb der Solidustemperatur. Durch die Umgehung von flüssigen Phasen liegt kein Erstarrungsgefüge, sondern ein dynamisch rekristallisiertes Gefüge hoher Festigkeit vor. Die bei

Abb. 3.13: *Prinzip des Rührreibschweißens (oben) und typische Werkzeugformen (unten). (Quelle: Schweißtechnische Lehr- und Versuchsanstalt Berlin-Brandenburg)*

Rührreibschweißen von Al-Blechen mittels Schweißroboter (Quelle: EADS)

Aluminiumwerkstoffen beschriebene Heißrissgefahr besteht somit nicht. Deshalb ermöglicht das Rührreibschweißen ebenfalls die Herstellung von Schweißverbindungen aus allgemein als nicht schweißgeeignet eingestuften Werkstoffen. Die geringe Wärmeeinwirkung begünstigt außerdem die Vermeidung nachhaltiger Entfestigungen in der Fügezone, die bei Schmelzschweißverbindungen an ausscheidungsgehärteten oder kaltverfestigten Legierungen praktisch unvermeidbar ist und hilft zudem, Verzug zu minimieren.

Der wesentliche Verfahrensnachteil sind die verhältnismäßig hohen Kräfte, die beim Prozess auf Werkstück und Schweißwerkzeug einwirken, und die sehr starre Einspannvorrichtungen erfordern und die Flexibilität der Schweißeinrichtungen beschränken. Aus diesem Grunde werden zum Schweißen, das im Prinzip auf üblichen Fräsbearbeitungszentren möglich ist, in der Regel Sondermaschinen eingesetzt, die in der Lage sind, Überlasten aufzunehmen oder über geeignete Schutzmaßnahmen verfügen. Aufgrund der notwendigen Spannkräfte eignet sich das Verfahren vor allem für lange, ebene Verbindungen, die in Wannenlage geschweißt werden können. Spezielle Roboter werden ebenfalls zum Rührreibschweißen eingesetzt und ermöglichen die Erzeugung von dreidimensionalen Verbindungen. Für das Fügen von Feinblechen können auch konventionelle Industrieroboter eingesetzt werden und zwar besonders dann, wenn der Prozess sinngemäß zum Punktschweißen verwendet wird.

Die Form der Werkzeuge hat ganz wesentlichen Einfluss auf die Qualität der Schweißergebnisse, wobei vor allem die Feingestaltung des Stiftes für den Werkstofftransport und die resultierende Verbindungsqualität verantwortlich ist. Die Form der Probenschulter beeinflusst in Verbindung mit Drehzahl, Vorschub und Anpresskräften die Reibungswärme sowie die Oberflächenstruktur, die im Idealfall einer Fräsbearbeitung nahe kommt. Für die Beschaffenheit und Form der Werkzeuge (Beispiele in Abb. 3.11, unten links) existieren bislang keine allgemein verbindlichen Maßgaben, beides ist normalerweise wesentliches Know-how der Anwender.

Die Anwendung des Rührreibschweißens konzentriert sich bislang vor allem auf mit anderen Methoden schwierig schweißbare Aluminiumwerkstoffe, wobei die Methode aufgrund großer Schweißnahtlängen vor allem im Flugzeugbau, im Schiffbau und im Schienenfahrzeugbau Vorteile bietet. Der Grund liegt erwartungsgemäß in den Fließeigenschaften der Aluminiumwerkstoffe, da der Werkzeugverschleiß und die Prozessstabilität unmittelbar durch die Reibungskräfte beeinflusst werden, die bei weicheren Werkstoffen mit geringer Warmfestigkeit erheblich geringer sind als beispielsweise bei den meisten Stählen. Ansätze, das Rührreibschweißen bei Stählen oder für die Herstellung von Stahl/Aluminium-Verbindungen einzusetzen, existieren zwar, da dies grundsätzlich möglich ist, eine industrielle Umsetzung ist aber bisher nicht realisiert, weil der erheblich erhöhte Werkzeugverschleiß eine gleichbleibende Qualität bei größeren Schweißnahtlängen behindert und das Verfahren unwirtschaftlich macht.

3.1.3 Lichtbogenarten beim MSG-Schweißen

Die Einsatzgebiete des MSG-Schweißens werden in starkem Masse von der Lichtbogencharakteristik und dem Werkstoffübergang beim Schweißen beeinflusst. Daher unterscheidet man zweckmäßig unterschiedliche Lichtbogenbetriebsarten, die aus den Leistungskennwerten resultieren und dabei durch die Schutzgaszusammensetzung beeinflusst werden. Neben der Spaltüberbrückbarkeit wirkt sich die Lichtbogenbetriebsart vor allem auf die Wärmeeinbringung sowie auf das Ausmaß entstehender Schweißspritzer aus, beides Einflussgrößen, die für die Qualität der Verbindungen bei temperaturempfindlichen Werkstoffen und bei hohen Anforderungen an die Oberflächenqualität eine entscheidende Rolle spielen. Generell werden beim MSG-Schweißen folgende Lichtbogenarten unterschieden (Abb. 3.14):

a) Der kurzschlussbehaftete Langlichtbogen mit grobtropfigem Werkstoffübergang
b) der Kurzlichtbogen mit feintropfigem Werkstoffübergang im Kurzschluss
c) der praktisch kurzschlussfreie Sprühlichtbogen mit einem feintropfigen Werkstoffübergang.

Der Kurzlichtbogen ist im unteren Leistungsbereich angesiedelt; er ist durch einen stetigen Wechsel zwischen Lichtbogenbrennzeit und einem feintropfigen Werkstoffübergang im Kurzschluss gekennzeichnet. Aufgrund der geringen Schweißströme und des stetigen kurzzeitigen Abreißens des Lichtbogens im Kurzschluss handelt es sich dabei um einen relativ kalten Prozess, der für das Beherrschen von Zwangslagen sowie für das Schweißen dünner Blechdicken geeignet ist (Abb. 3.14 a).

Im Gegensatz zum Kurzlichtbogen ist der Sprühlichtbogen im oberen Leistungsbereich des MSG-Prozesses angesiedelt. Der Werkstoffübergang erfolgt feinsttropfig in Form einer freien Flugphase der Zusatzwerkstofftropfen. Da hierbei keine Kurzschlüsse entstehen, kann der Prozess sehr spritzerarm eingestellt werden. Er tritt nur unter Argon bzw. argonreichen Mischgasen auf, ist ein relativ heißer Prozess und daher nur für größere Blechdicken und bevorzugt in Wannenpositionen anwendbar (Abb. 3.14 c).

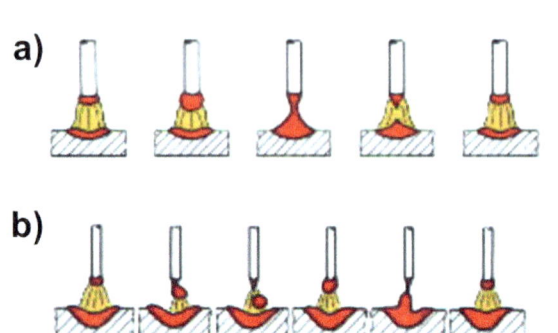

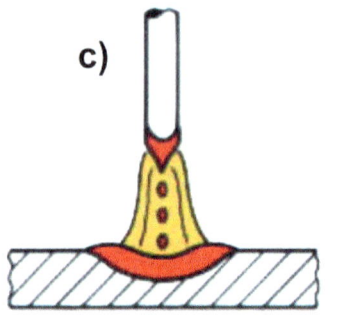

Abb. 3.14: Schematische Darstellung unterschiedlicher Lichtbogenarten:
a) Kurzlichtbogen
b) Langlichtbogen
c) Sprühlichtbogen

Abb. 3.15: *Wagenkastenrohbau für einen Regionalzug. Werkstoff 1.4301 (Quelle: Alstom LHB)*

Der Langlichtbogen tritt bei höheren Leistungen unter Verwendung von CO_2 bzw. bei Mischgasen mit höheren CO_2-Gehalten auf und ist durch einen grobtropfigen Werkstoffübergang im Kurzschluss gekennzeichnet (Abb. 3.14 b).

Neben diesen üblichen Lichtbogenarten existieren noch Übergangszustände, die als Mischlichtbogen bezeichnet werden, bei dem es je nach Leistungskennwerten und verwendeten Gasen zu einem mehr oder weniger hohen Anteil an Tropfenkurzschlüssen kommt.

Der große Vorteil der genannten Lichtbogenbetriebsarten besteht darin, dass sie einen relativ großen Leistungsbereich abdecken und durch die Verwendung von CO_2 oder Mischgasen mit hohem CO_2-Anteil kostengünstig arbeiten. Zudem sind die Ansprüche an die verwendeten Schweißstromquellen verhältnismäßig gering. Der große Nachteil besteht in der sehr starken Spritzeranfälligkeit. Diese beruht auf dem mit dem Tropfenkurzschluss verbundenen schnellen Temperaturanstieg der Schmelze. Werden dabei die Verdampfungstemperaturen des Zusatzwerkstoffs oder einzelner enthaltener Elemente erreicht, was bereits bei Stählen, vor allem aber bei Leichtmetallen der Fall sein wird, so kommt es dadurch zu einer erheblichen Bildung von Schweißspritzern. Diese bewirken im einfachsten Fall eine geringere effektive Ausbringung an Zusatzwerkstoff. Der gravierendere Effekt aber ist, dass beim Auftreffen der Schweißspritzer auf die Werkstoffoberfläche diese partiell angeschmolzen wird und die Spritzer damit auf der Oberfläche fest haften, was zumindest zu einer erheblichen Beeinträchtigung der Oberflächenqualität, schlimmer aber z.B. zu einer merklich verringerten Schwingfestigkeit der Bauteile führt. Vor allem aber stellen Schweißspritzer bei Bauteilen - wie dem in Abbildung 3.15 gezeigten Wagenkasten für einen Regionalzug - Oberflächenfehler dar, die nicht unerhebliche Nacharbeit erfordern und daher vermieden werden müssen.

Die einfachste Methode, der Spritzerbildung infolge des unkontrollierten Stromanstiegs im Kurzschluss entgegenzuwirken, besteht in der elektronischen Begrenzung des Kurzschlussstroms. Diese in älteren einfachen Stromquellen durch eine ungenaue und mit hoher Verlustleistung behaftete Drosselfunktion realisierte Begrenzung kann in modernen transistorgeregelten Stromquellen sehr fein auf den jeweiligen Werkstoff abgestimmt werden und ist in den meisten

Abb. 3.16: *Stufenlos einstellbare Drosselfunktion bei Transistorstromquellen (Quelle: Fronius)*

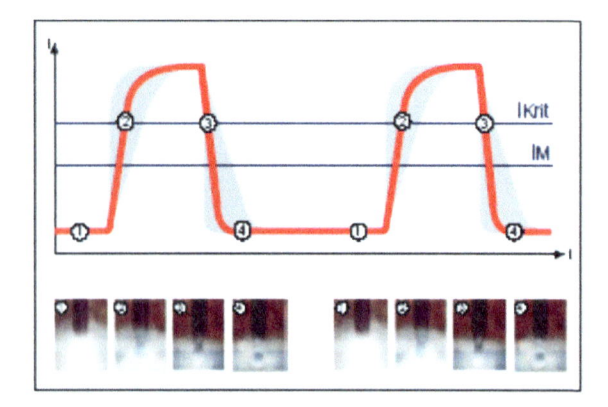

Abb. 3.17: *Stromverlauf beim Impulslichtbogen (Quelle: Fronius)*

Stromquellen durch eine einfache Vorwahl durch den Bediener möglich (Abb. 3.16).

Ebenfalls Abhilfe bietet der Impulslichtbogen, bei dem zwischen einem Grundwert und einem Maximalwert wechselnde Stromimpulse erzeugt werden. Da die Tropfenablösung immer in der Impulsstromphase erfolgt, ergibt sich ein von der Impulsfrequenz abhängiger feintropfiger Werkstoffübergang ohne Kurzschlüsse. Bei optimaler Abstimmung von Spannung, Drahtvorschubgeschwindigkeit und Impulsfrequenz ist damit ein praktisch spritzerfreier Schweißprozess zu realisieren (Abb. 3.17).

Durch die Methode, die zeitliche Abfolge des Strom-Zeitverlaufs mit Hilfe moderner Schweißstromquellen praktisch beliebig einzustellen, ergibt sich die Möglichkeit, einen spritzerfreien Werkstoffübergang mit einer begrenzten Wärmeeinbringung zu verknüpfen, was für wärmeempfindliche Werkstoffe und für Bauteile mit hoher Oberflächenqualität von großem Vorteil ist.

Hinzu kommen Übergangszustände zwischen Kurz-, Lang- und Sprühlichtbogen sowie Grenzzustände wie der so genannte Rotationslichtbogen, der im obersten Leistungsbereich des MSG-Prozesses anzutreffen ist und sehr hohe Abschmelzleistungen ermöglicht. Auch Verfahrensvarianten, wie Zweidraht- oder Tandemverfahren bzw. Plasma-MSG-Prozesse, zielen

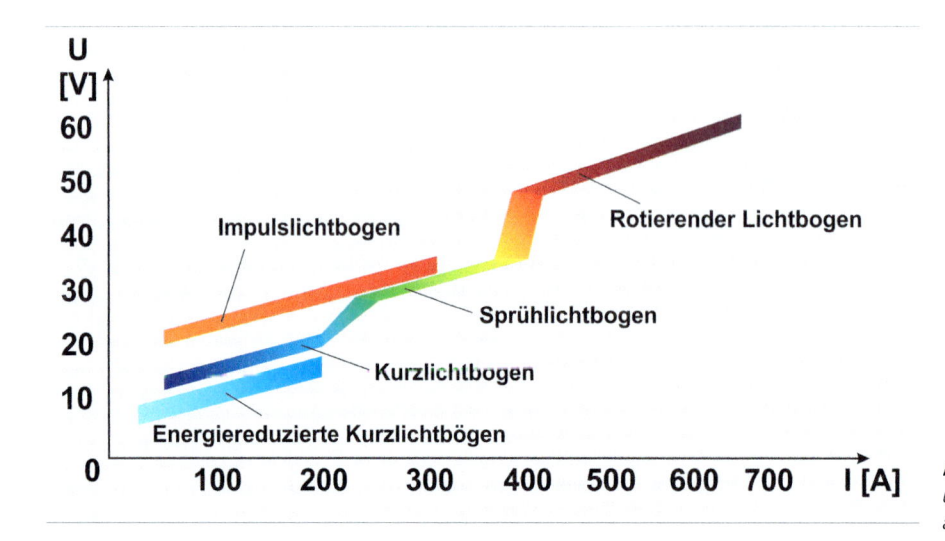

Abb. 3.18: *Leistungsbereiche unterschiedlicher Lichtbogenarten (Quelle: Fronius)*

durch Erzeugung hoher Abschmelzleistungen in erster Linie auf größere Blechdicken ab.

Im Dünnblechbereich sowie bei niedrigschmelzenden Werkstoffen sind diese Techniken nicht zielführend, weil entweder zu hohe Leistung ein Beherrschen der Verbindung unmöglich macht oder aber aufgrund des Tropfenübergangs im Kurzschluss eine nicht akzeptable Oberflächenqualität die Folge ist. Eine Orientierung über die Zuordnung unterschiedlicher Prozesse zu den jeweiligen Leistungsbereichen gibt Abbildung 3.18.

3.1.4 Wärmereduzierte MSG-Prozesse

Während bei Anwendungen im Schwermaschinenbau, Schiff- und Anlagenbau oft die Erhöhung der Abschmelzleistung von großem Interesse ist, weil sich dadurch die Produktionskosten verringern lassen, beruht das Interesse an wärmereduzierten MSG-Prozessen vor allem auf den Anforderungen aus dem Automobilbau. So ist der MSG-Prozess aufgrund seiner Robustheit und der guten Automatisierbarkeit ein bevorzugtes Schweißverfahren, das aber im Dünnblechbereich in konventioneller Anwendung an Grenzen stößt. So lassen sich Blechdicken unterhalb etwa 1 mm mit dem Kurzlichtbogen nicht beherrschen, wenn gleichzeitig die Oberflächenqualität durch übermäßige Spritzerbildung nicht beeinträchtigt werden darf. Unterhalb von 0,8 ... 0,5 mm ist der Prozess nicht mehr sicher. Das für solche Blechdicken häufig angewendete MSG-Löten hat sich aufgrund niedriger Prozesstemperaturen hierfür in vielen Bereichen etabliert, kann allerdings ein grundsätzliches Problem nicht beseitigen. Da im Dünnblechbereich im Automobilbau häufig verzinkte Bleche verarbeitet werden, lässt sich eine Beeinträchtigung oder partielle Zerstörung der Zinkschichten in der Umgebung der Fügezone mit konventionellen Prozessen nicht vermeiden. Dies gilt für das MSG-Schweißen mit Kurzlichtbogen ebenso wie für MSG-Löten mit CuSi-Loten, wie sie bislang häufig verwendet werden. Eine weitere Schwierigkeit besteht in der Herstellung von Mischverbindungen. Die häufig vorkommende Werkstoffkombination Stahl/Aluminium lässt sich schweißtechnisch auf konventionellem Wege überhaupt nicht beherrschen, weil die entstehenden intermetallischen Phasen die Eigenschaften der Verbindungen so verschlechtern, dass diese unbrauchbar sind. Aus diesem Grunde wurden verstärkte Anstrengungen unternommen, eine deutliche Reduzierung der Wärmeeinbringung beim MSG-Kurzlichtbogenschweißen zu erreichen und diese mit einer präzisen Kontrolle und Regelung des Prozesses zu kombinieren.

3.1.4.1 MSG-Prozesse mit Treppenstufenimpuls

Bei niedrigschmelzenden Metallen wie Aluminium oder Magnesium, die zudem noch Legierungselemente mit niedriger Siedetemperatur enthalten, lassen sich einige grundsätzliche Probleme des MSG-Schweißens sehr gut verdeutlichen. Gebräuchliche Magnesiumknetlegierungen, wie AZ61 oder AZ91, haben Zinkgehalte um 1 %. Neben dem daraus resultierenden relativ breiten Erstarrungsbereich, der grundsätzlich die Gefahr der Heißrissbildung verstärkt, bewirkt insbesondere die niedrige Verdampfungstemperatur des Magnesiumwerkstoffs, vor allem aber des enthaltenen Zinks, dass diese Werkstoffe mit den herkömmlichen, z. B. bei Aluminium bewährten MSG-Schweißprozessen nicht beherrschbar sind. Zurückzuführen ist dies darauf, dass bei Magnesiumwerkstoffen der schmale Übergang zwischen Erstarrung und Verdampfen zu einer explosionsartigen Tropfenablösung des abschmelzenden Drahtes führt. Diese unkontrollierte Tropfenablösung bewirkt, dass ein Großteil des abschmelzenden Drahtes nicht zum Aufbau der Schweißnaht beiträgt, sondern in Form von Spritzern verloren geht. Der Werkstoffübergang im Kurzlichtbogen ist in Abbildung 3.16 schematisch dargestellt. In der Grundstromphase wird der Draht aufgeschmolzen, es kommt zum Kurzschluss und einem schnellen Stromanstieg. Die dadurch entstehenden elektromagnetischen Kräfte schnüren den Tropfen ein (Pincheffekt). Es kommt - unterstützt durch die Oberflächenspannung des Schmelzbades, das den Tropfen quasi aufsaugt - zur Tropfenablösung und damit zum Werkstoffübergang. Das Problem bei Magnesiumwerkstoffen besteht

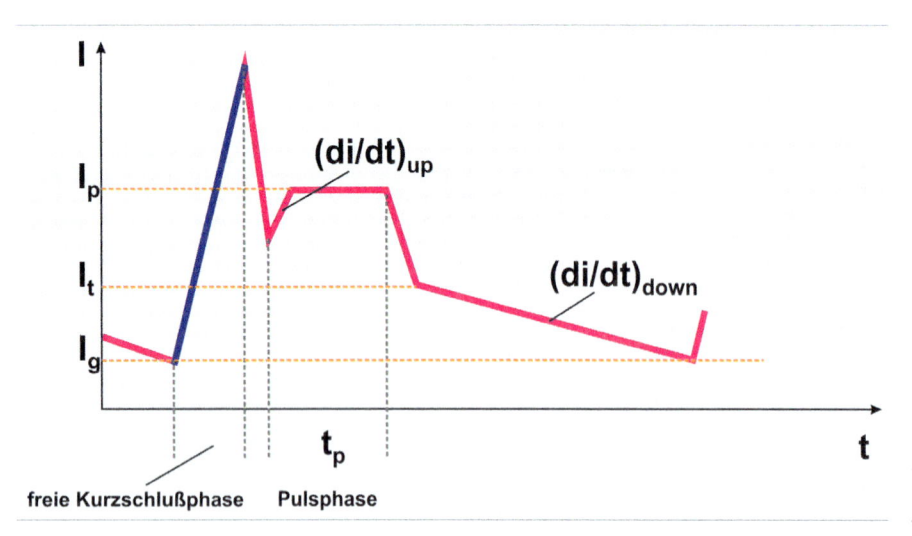

Abb. 3.19: *Speziell angepasster Impulslichtbogen - Treppenstufenimpuls (Quelle: Fronius)*

hierbei darin, dass der schnelle Stromanstieg in der Kurzschlussphase Teile des Werkstoffs verdampfen lässt, sodass –begünstigt durch den hohen Dampfdruck – eine starke Spritzerbildung einsetzt. Diesem Problem kann beim Kurzlichtbogen nur durch eine starke Reduzierung des Schweißstroms entgegengewirkt werden, was zu einer starken Verschlechterung der Einbrandverhältnisse führt. Ein besser kontrollierter kurzschlussfreier Übergang ist mit dem Impulslichtbogen möglich (Abb. 3.17), da die verschiedenen Merkmale der Stromimpulsform, wie Anstieg, Abfall und Dauer der Impulszeiten, sehr variabel eingestellt werden können. Den dadurch verbesserten Einbrandverhältnissen stehen aber - wie beschrieben - ebenfalls starke Spritzerverluste gegenüber.

Eine merkliche Verbesserung konnte hier durch die Entwicklung eines Kurzlichtbogens mit Impulsüberlagerung („Treppenstufenimpuls", Abb. 3.19) erreicht werden. Hierbei handelt es sich im Prinzip um eine Kombination aus Kurz- und Impulslichtbogen. Die zur Tropfenbildung führende freie Kurschlussphase, die mit dem Auftreffen des Drahtes auf das Schmelzbad beginnt, wird bei Erreichen des voreingestellten Spitzenwertes unterbrochen. Nach kurzzeitiger Stromabsenkung steigt der Strom auf den Impulsstrom i_p an, und es kommt zur Tropfenablösung in der Impulsphase. Um das abrupte Abreißen des Lichtbogens am Ende der Impulsphase zu verhindern, folgt eine Treppenphase, in der der Strom bis zur erneuten Kurzschlussbildung langsam auf den Grundstromwert abgesenkt wird.

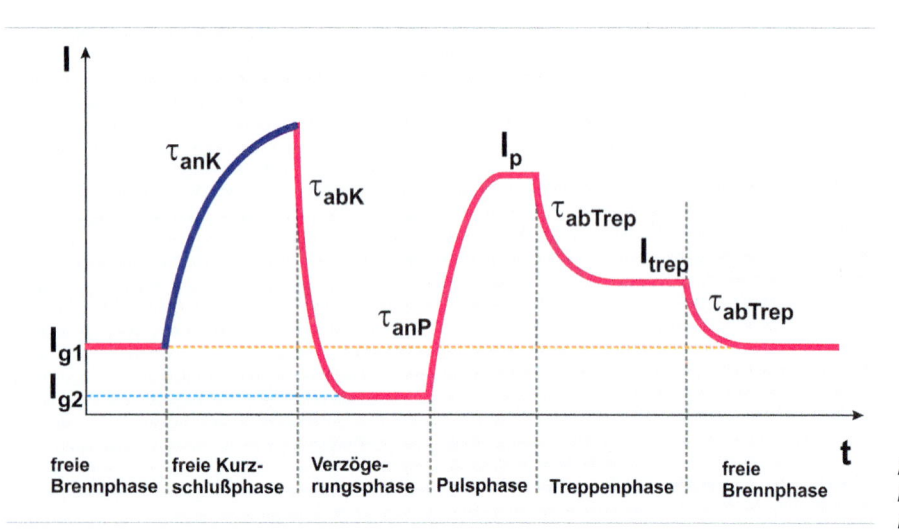

Abb. 3.20: *Getriggerter Kurzlichtbogen (Quelle: Rethmeier/Dalex/Elmatech)*

Verglichen mit den Einsatzmöglichkeiten konventioneller Lichtbogenarten ermöglicht der Treppenstufenimpuls akzeptable Schweißergebnisse, wobei allerdings trotzdem relativ große Spritzerverluste hingenommen werden müssen und für die jeweilige Draht/Blechdickenkombination ein sehr schmales Arbeitsfenster zur Verfügung steht, das z. B. eine Anpassung des Prozesses an die flexiblen Anforderungen automatisierter Fertigungsprozesse erheblich erschwert.

Eine Erweiterung des Treppenstufenimpulses stellt der sogenannte getriggerte Kurzlichtbogen dar, bei dem es sich ebenfalls im Prinzip um einen Kurzlichtbogenprozess handelt. Allerdings findet hier keine Impulsüberlagerung statt, sondern die abgestimmte Abfolge zweier Impulse (Abb. 3.20).

Die Anpassung des Stromanstiegs in der Kurzschlussphase sowie die nachfolgende Verzögerungsphase, bei der der Strom unter den Grundstromwert abgesenkt wird, sorgt für einen kälteren Prozess und verhindert eine Überhitzung der Schmelze während der Tropfenbildung, die in der Pulsphase stattfindet. Auch hier wird eine Treppenphase nachgelagert, um eine kontrollierte Tropfenablösung und den Übergang in das Schmelzbad zu ermöglichen, ohne dass eine Überhitzung mit daraus folgender Spritzerbildung stattfindet. Systematische Untersuchungen haben gezeigt, dass damit sehr spritzerarme Verbindungen mit gleichbleibenden Einbrandverhältnissen erzielt werden können, sodass auch Zwangslagenschweißungen beherrschbar sind und das Verfahren für die mechanisierte Schweißung von Bauteilstrukturen geeignet ist (Abb. 3.21 und Abb. 3.22).

Beide Lichtbogenbetriebsarten erfordern eine Anpassung der Betriebskennlinien an die Erfordernisse des Werkstoffs und Eingriffsmöglichkeiten in alle erforderlichen Steuerparameter, weshalb einfache bei Stahl und Aluminiumwerkstoffen bewährte Impulsstromquellen meist ohne Weiteres nicht für das Schweißen von Magnesiumwerkstoffen geeignet sind. Ein weiterer bedeutsamer Aspekt ist die Regelungsart der Stromquelle, mit der prozessbedingte Schwankungen der Lichtbogenlänge, die zu veränderten Einbrandverhältnissen führen, ausgeglichen werden. Hier bieten bei Magnesiumwerkstoffen U-I-geregelte Stromquellen gegenüber I-I-geregelten - besonders bei automatisierten Schweißungen - gewisse Vorteile, weil sie flexiblere Eingriffe in den Schweißprozess ermöglichen und für einen weicheren Tropfenübergang sorgen. Trotzdem ergeben sich auch dann sehr enge Arbeitsbereiche für eine spezifische Draht/Blechdickenkombination, die von Fall zu Fall angepasst werden müssen.

3.1.4.2 ColdArc-Prozess

Der unter dem Produktnahmen ColdArc vertriebene MSG-Schweißprozess wurde ursprünglich unter

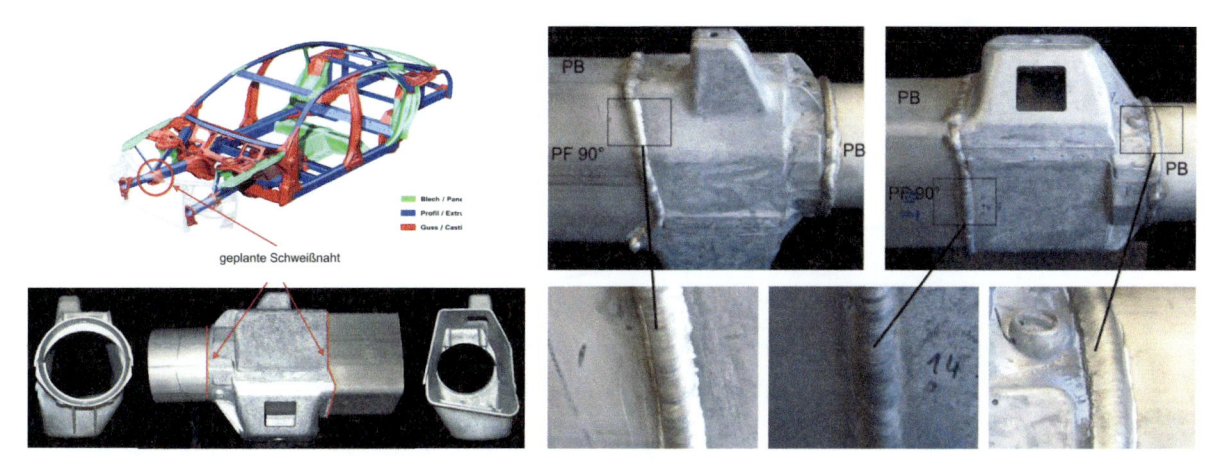

Abb. 3.21: *Anwendungsbeispiel für das Schweißen von Magnesiumwerkstoffen. Space-Frame-Konzept mit geplantem Mg-Bauteil (links) und Ausführung der Verbindungsschweißungen zwischen Magnesiumdruckgussbauteil und Strangpressprofilen (rechts) (Quelle: Volkswagen/AUDI)*

3 Thermisches Fügen

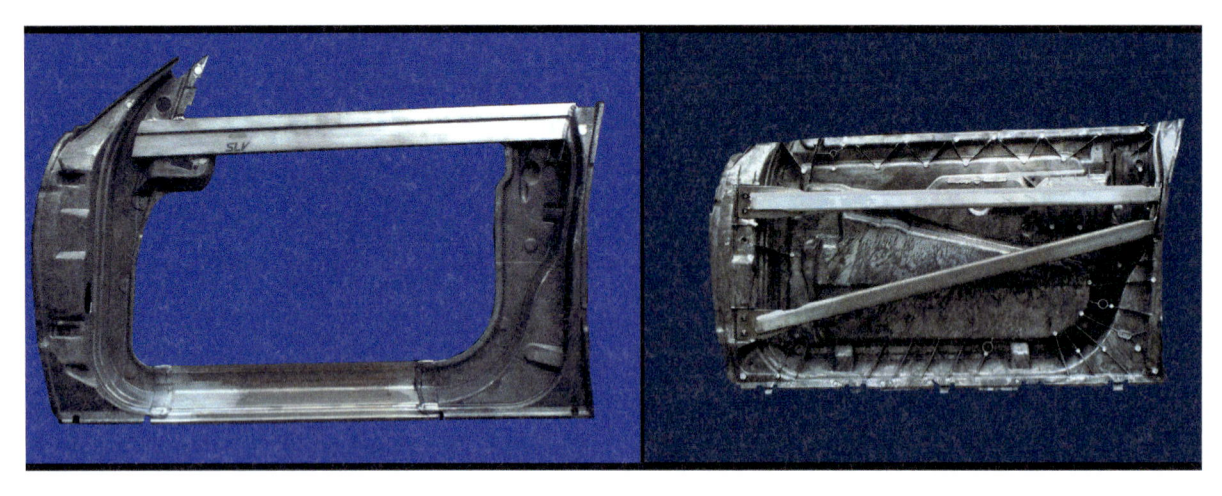

Abb. 3.22: *Geschweißter Tür-Innenrahmen aus Mg-Druckgusswerkstoffen und Knetlegierungen. (Quelle: Schweißtechnische Lehr- und Versuchsanstalt München, BMW)*

dem Begriff ChopArc entwickelt. Der Grundgedanke dieses Prozesses mit der Zielsetzung, Blechdicken unter 0,5 mm industriell prozesssicher zu beherrschen, besteht darin, durch eine detaillierte Analyse der einzelnen Stadien des Lichtbogenprozesses ein grundlegendes Verständnis der Wechselwirkung von Lichtbogenplasma und Metalldampf in Abhängigkeit von den Regelgrößen zu entwickeln. Durch die Kombination aus emissionsspektrometrischer Analyse des Lichtbogens, der synchronen Messung der elektrischen Parameter und der optischen Verfolgung des Prozesses durch Hochgeschwindigkeitsaufnahmen wurde eine breite Datenbasis bereitgestellt, deren Auswertung mit einem dafür

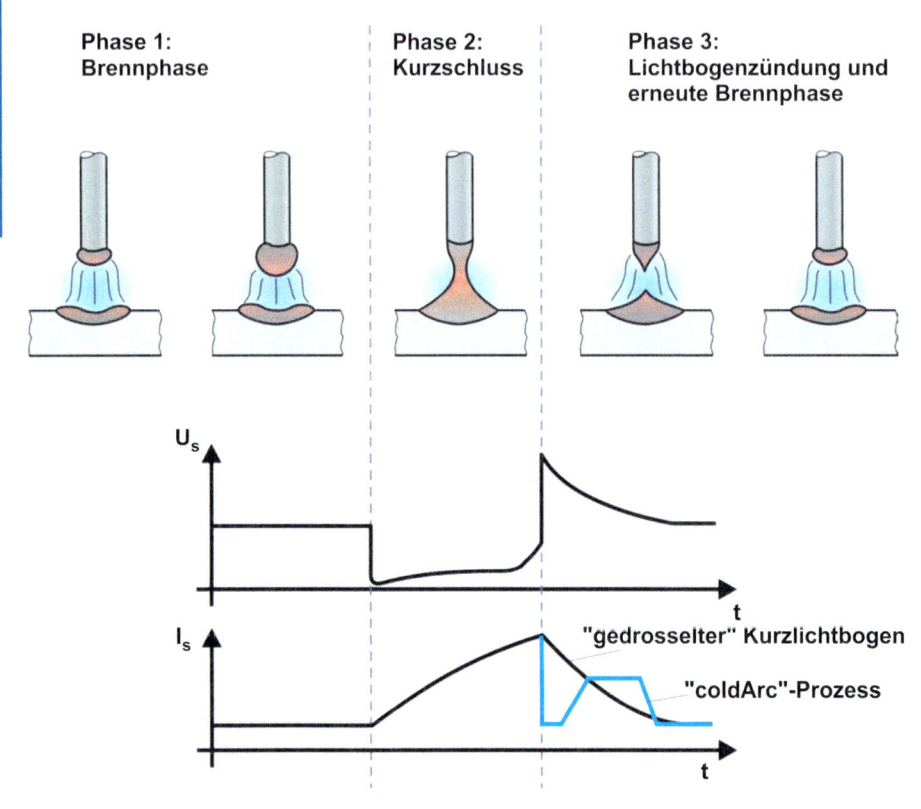

Abb. 3.23: *Strom-Spannungs-Verlauf beim energiereduzierten ColdArc-Prozess. (Quelle: EWM)*

entwickelten Softwarepaket erfolgte. Die daraus gewonnenen Kenntnisse wurden als Basis für die Modellierung und Schweißprozesssimulation genutzt, um geräteunabhängig Einflüsse der Regelparameter auf den Schweißprozess systematisch untersuchen zu können. Im letzten Schritt wurde die gerätetechnische Umsetzung angestrebt, die industriell anwendungsreif weiterentwickelt unter dem Produktnamen ColdArc realisiert ist.

Auch beim sogenannten ColdArc-Prozess handelt es sich im Prinzip um einen modifizierten Kurzlichtbogenprozess. Hierbei wird der Stromanstieg bei der Tropfenablösung und dem dadurch verbundenen Wiederzünden des Lichtbogens mittels einer schnellen elektronischen Regelung begrenzt. Dadurch wird dem Schweißprozess Wärme entzogen, die andernfalls zu einer Überhitzung der Schmelze und damit zu einer verstärkten, einer mit der Spritzerbildung sowie zu einer starken Erwärmung des Drahtendes und einer unkontrollierten Tropfenneubildung führen kann. Eine kontrollierte Tropfenneubildung – verbunden mit einem geringen Wärmeeintrag – wird stattdessen durch die Überlagerung eines geregelten Stromimpulses erreicht. Danach wird der Strom erneut abgesenkt und der nächste Zyklus kann beginnen. Die Folge ist ein gleichmäßiger, weicher Tropfenübergang, ein reduzierter Wärmeeintrag und ein spritzerarmer Schweißprozess. Der wesentliche Nutzen wird in Abbildung 3.23 durch die Gegenüberstellung zum Standard-Kurzlichtbogen deutlich. Die wesentliche Energiereduzierung wird beim Wiederzünden des Lichtbogens erreicht, was vor allem bei geringen Blechdicken und bei niedrigschmelzenden Oberflächenschichten von Vorteil ist.

3.1.4.3 CMT-Prozess

Der CMT-Prozess (Cold Metal Transfer) verfolgt das gleiche Ziel wie der voran beschriebene ColdArc-Prozess, d.h. die Reduzierung der Wärmeeinbringung beim Kurzlichtbogen bei minimierter Spritzerbildung. Der wesentliche Unterschied im Regelungskonzept besteht hierbei darin, den Drahtvorschub in den Regelungsprozess bei der Ablösung einzelner Tropfen mit einzubeziehen.

Das Grundprinzip des CMT-Prozesses wird aus Abbildung 3.24 deutlich, das den Verlauf der Schweißspannung, des Schweißstroms und der Drahtvorschubgeschwindigkeit und die synchron dazu aufgenommenen einzelnen Phasen des Werkstoffübergangs zeigt. Es handelt sich dabei im Grunde um einen Kurzlichtbogenprozess, bei

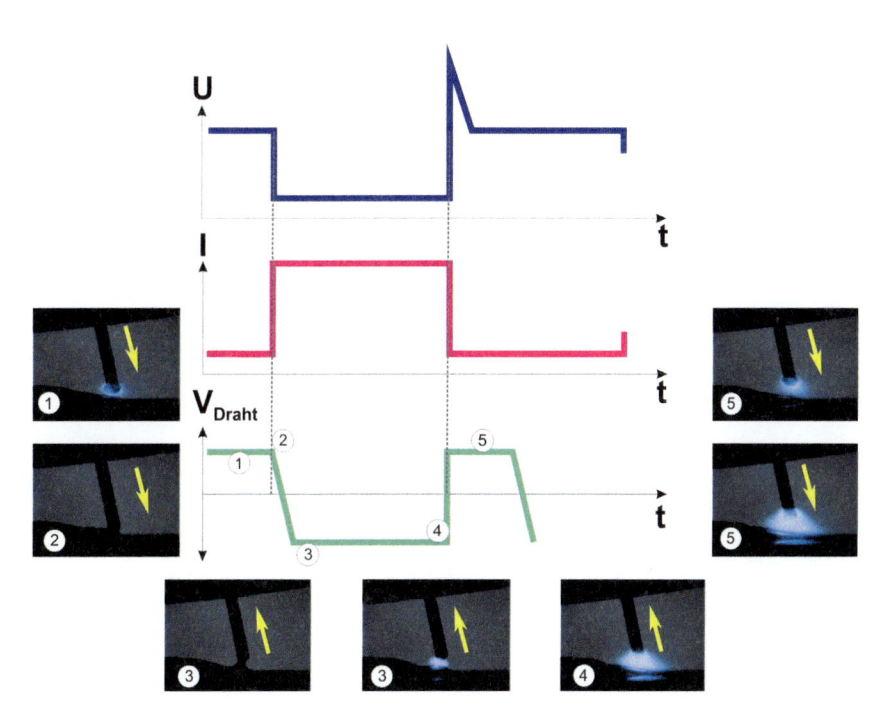

Abb. 3.24: Strom-, Spannungs- und Drahtvorschubgeschwindigkeitsverlauf beim CMT-Prozess (Quelle: Fronius)

dem der Kurzschlussstrom, der normalerweise zur Tropfenablösung verbunden mit starkem Temperaturanstieg und Spritzerbildung führt, vollständig begrenzt wird. Dies wird durch eine oszillierende Drahtbewegung erreicht. Der Drahtvorschub erfolgt bis zur Kurzschlussbildung in Werkstückrichtung. Beim Werkstoffübergang im Kurzschluss wird die Drahtvorschubrichtung umgekehrt, d. h. der Draht wird bis zum Wiederzünden des Lichtbogens zurückgezogen. Die Tropfenablösung erfolgt also praktisch auf mechanischem Wege, wodurch bei ausreichend rascher Regelung ein starker Stromanstieg vollständig vermieden wird. Danach kehrt sich die Drahtvorschubrichtung wieder um und der Prozess beginnt von neuem. Die Oszillationsfrequenz des Drahtvorschubs ist dabei keine einstellbare Größe, sondern ergibt sich aus der Frequenz des Werkstoffübergangs. Neben einer digitalen Regelung der Schweißstromquelle, die entsprechend schnell auf die Vorgänge im Prozess reagieren muss, besteht die Hauptanforderung beim CMT-Prozess in der Konzeption des Drahtvorschubsystems. Dieses muss einerseits eine konstante Zufuhr des Zusatzwerkstoffes gewährleisten, mit dem die Verbindungsstelle aufgefüllt werden muss. Andererseits ist diese Zufuhr mit schnellen oszillierenden Vor- und Rückwärtsbewegungen des Drahtendes in Einklang zu bringen, die für die kontrollierte Tropfenablösung erforderlich sind. Das Drahtfördersystem besteht daher aus zwei unabhängig regelbaren Antrieben, von denen eine den Drahtvorschub übernimmt und eine zweite, unmittelbar am Schweißbrenner angeordnete Antriebseinheit, die Oszillation des Drahtendes übernimmt. Da sich aus dem Vorschub und der Oszillationsbewegung gegenläufige Drahtbewegungen ergeben, muss das Vorschubsystem zudem einen integrierten Drahtpuffer aufweisen, damit eine für die Oszillation erforderliche freie Drahtlänge bereitgestellt wird, über die der Draht störungsfrei die Bewegungsunterschiede aufnehmen kann.

3.1.4.4 Micro-MIG- Prozess

Auch bei dem unter der Firmenbezeichnung microMIG vertriebenen MSG-Prozess handelt es sich um einen energiereduzierten Kurzlichtbogenprozess, bei dem die Energiereduzierung über eine synchronisierte Regelung von Drahtvorschub und Impulsfrequenz erreicht wird. Die Ablösung einzelner Tropfen im Kurzschluss wird – wie beim CMT-Prozess – über eine kurzzeitige Umkehr der Drahtvorschubrichtung erreicht. Zusätzlich erfolgt über die Stromquellenregelung die Überlagerung kurzer Stromimpulse.

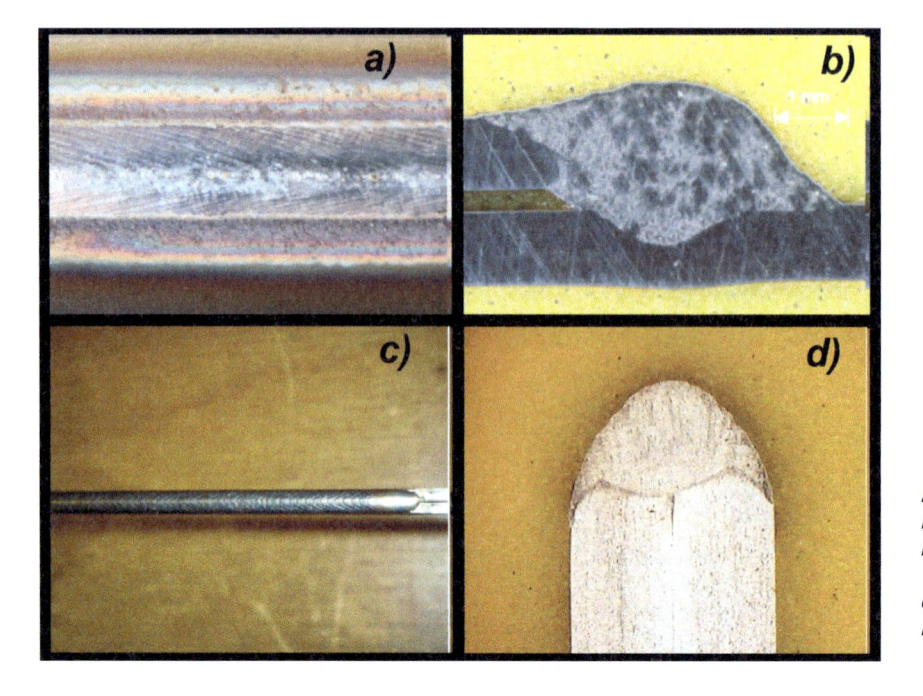

Abb. 3.25: Beispiele für das MicroMIG-Schweißen. a) und b) Überlappverbindung aus 1.4301, Blechdicke 0,8 mm; c) und d) Bördelnaht an zwei Blechen aus 1.4301, Blechdicke 1,5 mm (Quelle: SKS).

Dies führt dazu, dass neben dem Tropfenübergang im Kurzschluss beim Rückzug des Drahtes weiter von der Pulsfrequenz abhängige kleine Tropfen kurzschlussfrei abgelöst werden können. Damit soll eine Kombination aus erhöhter Abschmelzleistung und reduzierter Energiezufuhr erreicht werden und eine Beherrschung dünner Blechdicken wirtschaftlich möglich sein (Abb. 3.25). Da die Zahl der Tropfenübergänge unabhängig von der Drahtfrequenz in erster Linie von der Pulsfrequenz bestimmt wird, kommt der Prozess mit einem Drahtvorschubsystem und ohne Drahtpuffer aus, da aufgrund niedriger Drahtfrequenzen ein Drahtfördersystem unmittelbar am Brenner ausreichen soll.

3.1.5 Anwendung der energiereduzierten MSG-Prozesse

In Tabelle 3.1 sind die von verschiedenen Anbietern entwickelten und derzeit anlagentechnisch umgesetzten Konzepte zur Energiereduzierung bei MSG-Prozessen zusammengefasst. Das Bestreben, die Wärmeeinbringung bei unverändert hoher Prozesssicherheit zu beschränken zielt, wie bei den einzelnen Verfahren beschrieben, darauf ab,
- Blechdicken von weniger als 0,5 mm bei Stählen, möglichst auch bei Aluminiumwerkstoffen sicher schweißen zu können,
- Schweißverbindungen bei wärmebehandelten Werkstoffen mit geringst möglichen Veränderungen der Werkstoffeigenschaften zu erzeugen,
- mit MSG-Prozessen schwer beherrschbare Dünnblechverbindungen aus CrNi-Stählen, die bisher WIG-geschweißt werden müssen, schweißen zu können,
- Mischverbindungen z.B. zwischen verzinkten Stählen und Al-Werkstoffen zu beherrschen und
- die MSG-Prozesse auch für das Löten mit niedrigschmelzenden AlZn-Loten einsetzen zu können.

Das große Interesse an energiereduzierten MSG-Prozessen basiert unter anderem auch auf der im Vergleich zu anderen Verfahren, wie dem Laserstrahlschweißen oder Hybridverfahren, relativ einfachen und robusten Anlagentechnik, den universellen Anwendungsmöglichkeiten und der geringen Toleranzempfindlichkeit, die einen geringeren Vorarbeitsaufwand begünstigt.

Die in Abbildung 3.25 gezeigten Schliffbilder von microMIG-geschweißten Dünnblechverbindungen aus einem austenitischen CrNi-Stahl belegen, dass die gezielte Energiereduzierung die Bewältigung schwieriger Schweißaufgaben erlaubt. Neben der Beherrschung dünner Blechdicken wird dadurch auch die Herstellung verzugsarmer Bauteile bei hoher Oberflächenqualität möglich, wie die Beispiele des in Abbildung 3.26 gezeigten coldArc-geschweißten Trommelflansches und des CMT-Schweißens von Katalysatorgehäusen für Nutzfahrzeuge in Abbildung 3.27 belegen.

Außer der Möglichkeit, auch bei dünnwandigen Aluminiumbauteilen sicher Schweißen zu können, ohne dabei z.B. auf Badsicherungen angewiesen zu sein

Tab. 3.1: Übersicht über energiereduzierte MSG-Prozesse und Anwendungsgrenzen der verschiedenen Konzepte

Hersteller	Cloos	ESAB	EWM	Fronius	Kemppi		SKS	
Verfahren	CP-Technik	Super Pulse	coldArc	CMT	WIG-Fast-Pulse	Impuls-LB	KF-Puls	PlasmaTIG
Art	Impulslichtbogen	Kurz- und Pulslichtbogen	Kurzlichtbogen mit Impulsüberlagerung	Kurzlichtbogen mit pulsierender Drahtzufuhr	Hochfrequenzpuls		Pulsierender Kurzlichtbogen	WIG mit Zentrumgas
Stahl mm	0.5	0.6	0.3	0.3	0.6		0.6	0.15
Al mm	0.8	0.6	1.3	0.3		0.8	0.6	0.4
Mischverbindung	nein	ja	ja	ja	nein	nein	keine Erfahrungen	

Abb. 3.26: *Anwendung des coldArc-Prozesses. Verzugsminimierter Trommelflansch einer Waschmaschine (Quelle: Miele / EWM).*

Abb. 3.27: *CMT-geschweißtes Katalysatorgehäuse für Nutzfahrzeuge (Quelle: Fronius, Mercedes-Benz)*

(Abb. 3.28 b), stellt vor allem die Möglichkeit des Einsatzes solcher Prozesse für die Herstellung von Mischverbindungen dar. Hierzu gehören Mischverbindungen aus Werkstoffen mit stark unterschiedlichen Eigenschaften, zu denen Verbindungen aus weichen Tiefziehstählen mit hochfesten, wärmebehandelten Stählen, Leichtmetallverbindungen aus wärmebehandelten Werkstoffen oder Verbindungen aus Knet- und Gusswerkstoffen zählen. Das Problem bei der Herstellung solcher Verbindungen besteht darin, dass beim Schmelzschweißen z. B. der Kombinationen Stahl/Aluminium, Stahl/Titan oder Titan/Aluminium die Bildung versprödend wirkender intermetallischer Phasen praktisch nicht zu umgehen ist. Diese verfügen meist über so schlechte mechanische Eigenschaften, dass eine stoffschlüssige Verbindung als ungeeignete Lösung einzustufen ist. Dieses grundsätzliche Problem kann für das Schmelzschweißen zunächst einmal durch eine Verringerung der Wärmeeinbringung nicht gelöst werden.

Eine weitere Schwierigkeit besteht bei verzinkten Blechen in der Beschädigung der Zinkschicht in der Umgebung der Verbindungsstellen durch die notwendige Prozesswärme, wodurch eine Beeinträchtigung des Korrosionsschutzes erreicht wird. Dieser Effekt ist beim Schweißen, aber auch beim MSG-Löten mit den üblicherweise eingesetzten CuSi-Loten zu beobachten und stellt einen gravierenden Mangel dar.

Das Löten wird auch dadurch erschwert, dass die Oxidschicht auf der Aluminiumseite die Grenzflächenspannung zwischen Lot und Grundwerkstoff in der Regel so stark vermindert, dass eine für eine akzeptable Verbindungsqualität ausreichende Benetzung der Aluminiumoberfläche ohne den Einsatz von Flussmitteln nicht zu erreichen ist. Flussmittel sind aber sowohl aus prozesstechnischer als auch aus ökologischer Sicht unerwünscht. Abhilfe bietet hier der Einsatz der beschriebenen energiereduzierten MSG-Prozesse bei Verbindungen aus Aluminiumwerkstoffen und verzinkten Stahlblechen. Die Strategie beruht dabei darauf, dass die Prozessparameter so eingestellt werden, dass der Werkstoff aluminiumseitig aufgeschmolzen wird,

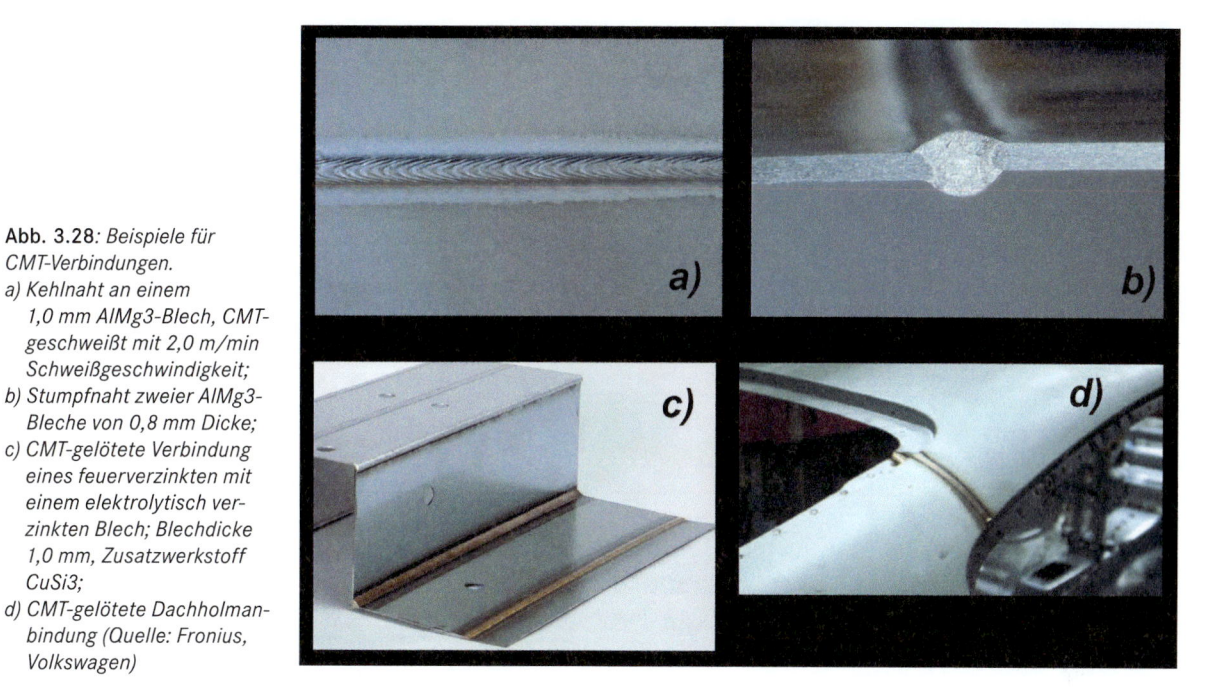

Abb. 3.28: *Beispiele für CMT-Verbindungen.*
a) Kehlnaht an einem 1,0 mm AlMg3-Blech, CMT-geschweißt mit 2,0 m/min Schweißgeschwindigkeit;
b) Stumpfnaht zweier AlMg3-Bleche von 0,8 mm Dicke;
c) CMT-gelötete Verbindung eines feuerverzinkten mit einem elektrolytisch verzinkten Blech; Blechdicke 1,0 mm, Zusatzwerkstoff CuSi3;
d) CMT-gelötete Dachholmanbindung (Quelle: Fronius, Volkswagen)

und stahlseitig nur die Zinkschicht aufschmilzt. Aufgrund der hohen Löslichkeit des Aluminiums in Zink wird die Bildung intermetallischer Phasen verhindert, die Schmelze benetzt das Stahlsubstrat sehr wirkungsvoll. Der Prozess stellt damit einen Übergangsprozess zwischen Schweißen und Löten dar. Die Qualität der Verbindungen hängt dabei davon ab, inwieweit das Zeit-Temperatur-Regime optimiert werden kann, sodass ein partielles Anschmelzen des Stahlsubstrats ebenso verhindert wird wie die Diffusion von Aluminium in das Eisen bzw. die Diffusion von Eisenatomen in die Aluminiummatrix, was wiederum die Bildung spröder intermetallischer Phasen nach sich ziehen würde. Dies erfordert eine Absenkung der Prozesstemperaturen, was z. B. durch den Einsatz niedrigschmelzender Lote auf AlZn-Basis im Vergleich zu üblichen CuSn-Loten erreicht werden kann.

3.1.6 Schweißen von Leichtmetalldruckguss

Das Druckgießen von Leichtmetallen wie Aluminium und Magnesium stellt vor allem in der Automobilindustrie ein Standardverfahren dar, das seit Beginn der neunziger Jahre stark an Bedeutung gewonnen hat, weil es sich um ein sehr produktives Verfahren zur Herstellung dreidimensionaler endabmessungsnaher Bauteile handelt. Hierzu haben die Entwicklung duktiler Druckgusslegierungen ebenso wie die Gewährleistung der Schweißbarkeit erheblich beigetragen. Während die Duktilität in erster Linie von der chemischen Zusammensetzung und der Wärmebehandlung der Legierungen abhängig ist, wirken sich auf die Schweißbarkeit vor allem die Herstellungsbedingungen beim Gießen aus. Hauptaugenmerk liegt dabei auf dem Gasgehalt der Bauteile nach dem Gießen, weil davon die Porosität der Schweißverbindungen nachhaltig abhängt. Der Gasgehalt kann durch die geeignete Auswahl wasserstoffspendender Hilfsstoffe und deren Dosierung merklich beeinflusst werden. Hierzu gehören Schmierstoffe für die druckführenden Elemente (Dosierkolben, Schließkolben, etc.) und vor allem die verwendeten Formtrennstoffe. Eine bessere Entgasung der Schmelze ist zudem durch die Vakuumunterstützung in der Gießform gewährleistet.

Die Porenbildung beim Schweißen beruht vor allem bei Aluminiumwerkstoffen auf der sprunghaften Änderung der Löslichkeit von Wasserstoff in Aluminium bei Erreichen der Solidustemperatur. Da die Erstarrung beim Schweißen meist wegen der hohen

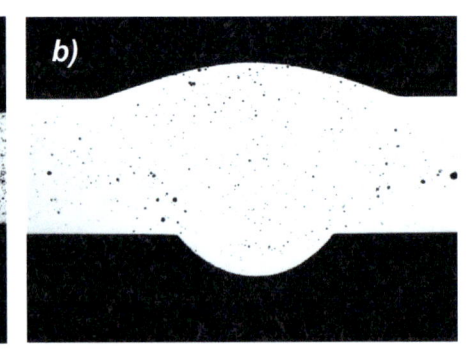

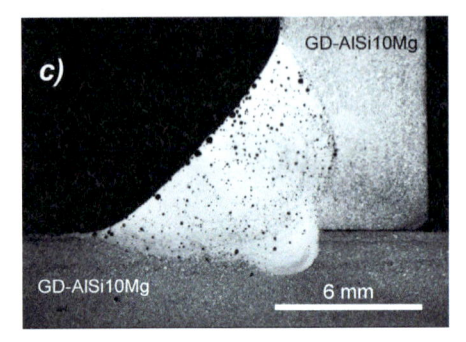

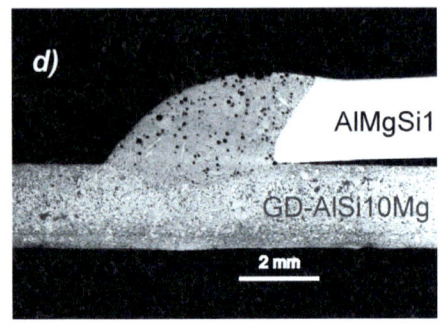

Abb. 3.29: *Querschliffe WIG-geschweißter Verbindungen aus Aluminium-Druckguss (GD-AlSi10Mg).*
a) konventioneller Druckguss;
b) nach optimiertem Gießprozess;
c) Kehlnahtverbindung;
d) Überlappverbindung aus einer Druckgusslegierung und einem Aluminium-Knetwerkstoff.

Wärmeleitfähigkeit sehr schnell abläuft, ist eine Entgasung häufig nicht möglich. Als Wasserstoffquellen fungieren hierbei neben dem bei Druckguss vorhandenen gelösten Wasserstoff Metallhydride, die durch den Schweißprozess dissoziiert werden, sowie die vom Schweißprozess herrührenden Quellen aufgrund unzureichenden Gasschutzes und Feuchtigkeitseinflüssen aus Umgebung, Schutzgas oder Verunreinigungen. Ein Beispiel für eine WIG-geschweißte Al-Druckgusslegierung zeigt Abbildung 3.29, bei der man in a) am Beispiel eines konventionell hergestellten Druckgussbauteils erkennt, dass der prozessbedingt hohe Gasgehalt praktisch keine Schweißung zulässt. Druckdichte Verbindungen sind wegen der Zahl und Größe der entstehenden Poren kaum möglich. Wird allerdings durch eine Optimierung des Gießprozesses, wobei vor allem die Auswahl und -dosierung des Formtrennstoffs die entscheidende Rolle spielt, der Gasgehalt des Werkstoffs merklich abgesenkt, so ist eine weitgehend porenfreie Schweißverbindung problemlos möglich (Abb. 3.29b). Dies gilt im Prinzip auch für den T-Stoß, bei dem die Entgasungsbedingungen schlechter sind (Abb. 3.29c) sowie für Mischverbindungen aus Guss- und Knetwerkstoffen (Abb. 3.29d).

Gute Schweißbarkeit ist vor allem dann gegeben, wenn die Schweißbedingungen eine gute Entgasung zulassen. Hierbei bieten klassische Lichtbogenschweißverfahren wie das MSG und das WIG-Schweißen den Vorteil einer weniger stark konzentrierten Wärmeeinbringung. Damit sind bei Werkstoffen mit prozesstechnisch vermindertem Gasgehalt Porengehalte in den Verbindungen zu erzielen, die denen von Knetlegierungen nicht merklich nachstehen. Das Strahlschweißen mit dem Laser oder Elektronenstrahl kann bei Druckgusswerkstoffen hingegen zu Problemen führen, wenn große Porositäten vorhanden sind, weil es zu sogenannten Durchschüssen kommen kann, wenn der Strahl auf größere Poren trifft. Dem stehen andererseits die geringere Verzugsgefahr und die insbesondere mit dem Elektronenstrahlschweißen systembedingte Möglichkeit der vollständigen Entgasung der Schweißnaht entgegen. In der Massenfertigung hat sich die Verwendung von Druckgusswerkstoffen bereits durchgesetzt. Als Beispiel dafür dienen die von Audi eingeführte Space-Frame-Bauweise (Abb. 3.30 links), die unter anderem auf der Verbindung von Guss- und Strangpresskomponenten basiert und eine anforderungsgerechte Mischbauweise ermöglicht. Auch hier konnte gezeigt

Abb. 3.30: *Space-Frame-Rahmen des Audi TT mit Lage druckgegossener Bauteile (links) und Aufnahme einer Mischverbindung aus einem Al-Druckgussknoten und einem Aluminium-Strangpressprofil (MIG-geschweißt)*

werden, dass die Herstellung schweißbarer Druckgussteile unter Serienbedingungen ohne Weiteres möglich ist (Abb. 3.30 rechts). Anwendungsbeispiele existieren hierzu mittlerweile bei unterschiedlichen Fahrzeugtypen. Auch bei Magnesiumwerkstoffen konnte nachgewiesen werden, dass das Schweißen von Druckgussbauteilen und Knetwerkstoffen problemlos möglich ist, wenn den zuvor beschriebenen Anforderungen Rechnung getragen wird.

3.1.7 Besonderheiten beim Schweißen verfestigter Werkstoffe

Bereits eingangs wurde darauf hingewiesen, dass ein Grundproblem beim Schweißen in der unvermeidbaren thermischen Beeinflussung der Werkstoffstruktur in der Schweißnaht und der angrenzenden Wärmeeinflusszone liegt. Bei den im Kranbau verbreiteten hochfesten, z.T. vergüteten Feinkornbaustählen mit Streckgrenzen bis zu 1100 MPa hat man diesem Umstand dadurch Rechnung getragen, dass eine fein auf den Werkstoff abgestimmte Kontrolle der Abkühlbedingungen vorgenommen wird. Hierzu bedient man sich des sog. $t_{8/5}$-Konzepts. In diesem werden bei einer gegebenen Blechdicke die variablen Schweißparameter und gegebenenfalls erforderliche Vorwärmtemperaturen so auf den Werkstoff abgestimmt, dass die Abkühlung der Schweißnaht und deren Umgebung innerhalb vom Stahlhersteller festgelegter Grenzen erfolgen kann.

Damit ist gewährleistet, dass die Phasenumwandlungen so ablaufen, dass der Werkstoffzustand nicht wesentlich nachteilig beeinflusst werden kann. Zähigkeits- und Festigkeitseigenschaften bleiben dabei im Wesentlichen erhalten. Bei Werkstoffen, bei denen die Festigkeiten auf eine Ausscheidungshärtung oder eine Kaltverfestigung zurückzuführen sind, wie dies bei Aluminiumlegierungen in der Regel der Fall ist, liegen ungleich schwierigere Verhältnisse vor.

Die Abkühlbedingungen beim Schweißen unterscheiden sich unabhängig vom verwendeten Schweißverfahren grundsätzlich von den Bedingungen bei der Wärmebehandlung. Zwar werden die Lösungsglühtemperaturen erreicht bzw. überschritten, doch reicht die Abkühlgeschwindigkeit in der Naht und deren Umgebung in der Regel nicht für das Erreichen der für die Ausscheidungshärtung notwendigen Abschreckgeschwindigkeit aus. Damit können auch bei Legierungen, die eine Kaltaushärtung erlauben, wie die schweißgeeignete Legierung AlZn4.5Mg1, die Bedingungen für eine Selbstaushärtung der Schweißnaht und deren Umgebung nicht eingestellt werden. Selbst mit einer durchgreifenden Wärmebehandlung, bei der die Fügepartner im weichgeglühten Zustand geschweißt und erst nach dem Schweißen wärmebehandelt werden - eine im Flugzeugbau durchaus angewendete Vorgehensweise - kann der Festigkeitsnachteil der Schweißverbindung nicht ausgeglichen werden (Abb. 3.31). Dies hängt damit zusammen, dass das Schweißgut in der Regel eine für die Aus-

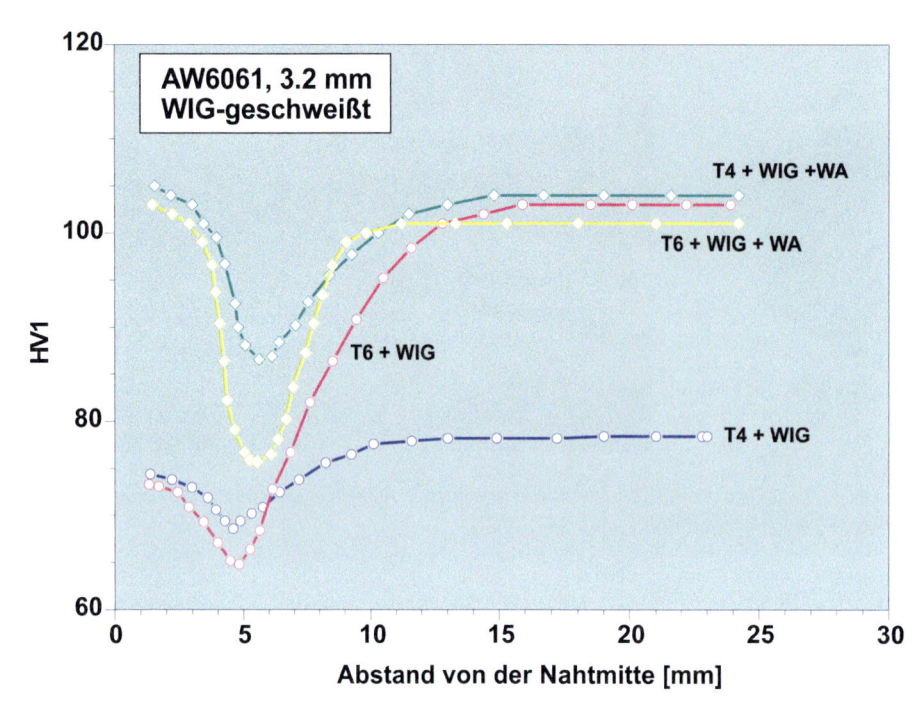

Abb. 3.31: *Härteverläufe in der Schweißnahtumgebung von WIG-Schweißverbindungen der Legierung AW 6061.*
T4 + WIG: *geschweißt im Zustand lösungsgeglüht und kaltausgelagert,*
T6 +WIG: *geschweißt im Zustand lösungsgeglüht, abgeschreckt und warmausgelagert.*
T6 + WIG + WA: *Warmauslagerung nach dem Schweißen*

scheidungshärtung ungeeignete Zusammensetzung aufweist, ein Merkmal, dass der Heißrissanfälligkeit dieser Werkstoffe geschuldet ist, die eine Verwendung artgleicher Zusatzwerkstoffe nicht erlaubt.

Dieser Effekt, der natürlich auch bei kaltverfestigten Werkstoffen zu beobachten ist, ist vor allem bei Schmelzschweißverbindungen besonders ausgeprägt, weil hier die Wärmebeeinflussung besonders groß ist. Verfahren mit konzentrierter Wärmeeinbringung, wie das Laser- oder Elektronenstrahlschweißen, bieten hier grundsätzlich Vorteile. Vollständig zu verhindern ist die Festigkeitseinbuße aber auch bei diesen Verfahren nicht (Abb. 3.31). Eine Begrenzung ist auch hier eher möglich, wenn es gelingt, die schmelzflüssige Phase

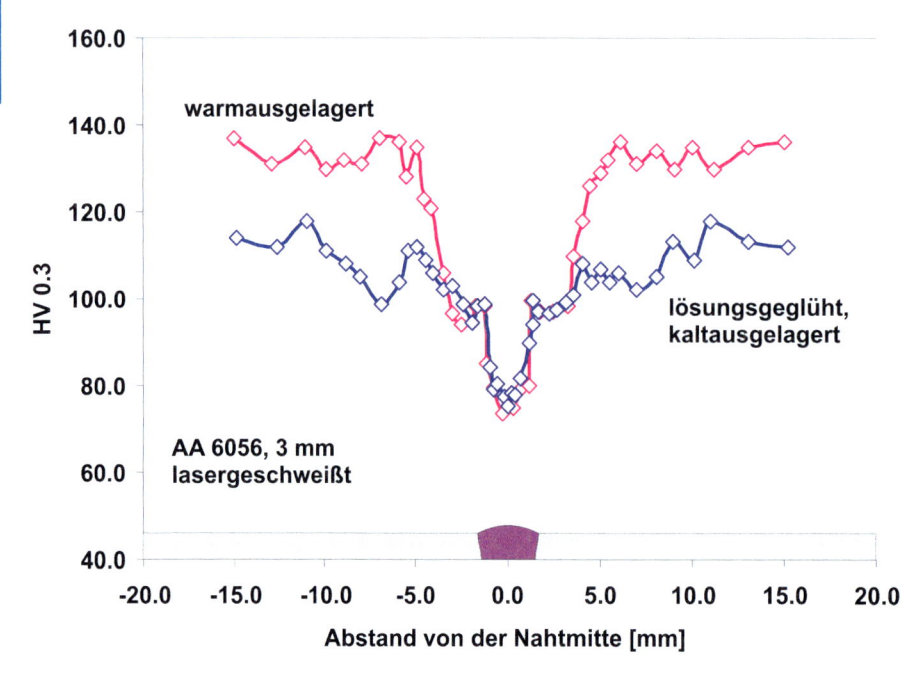

Abb. 3.32: *Härteverläufe um Laserschweißverbindungen der Legierung AA 6056*

3.1 Schweißen

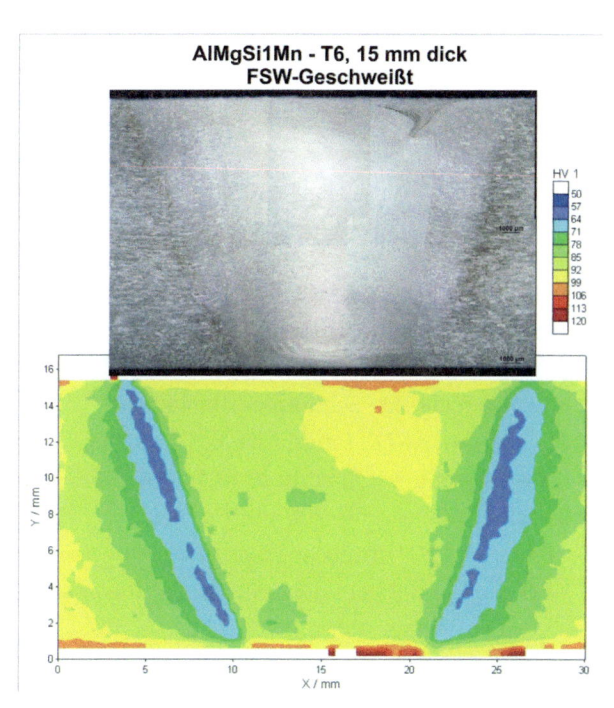

Abb. 3.33: *Schliffbild (oben) und Härteverteilung in einer rührreibgeschweißten Stumpfstoßverbindung der Legierung AW 6082 (AlMgSi1Mn - T6), Blechdicke 15 mm*

zu vermeiden wie beim Reibschweißen oder Rührreibschweißen. Wie das Beispiel in Abbildung 3.32 zeigt, ist ein Festigkeitsabfall vor allem bei größeren Blechdicken auch beim Rührreibschweißen unvermeidbar (Abb. 3.33). Allerdings ist bei solchen Verbindungen eine nachträgliche Wärmebehandlung grundsätzlich möglich, da durch den prozessbedingten Verzicht auf artfremde Zusatzwerkstoffe die Zusammensetzung im Schweißgut dies prinzipiell erlaubt.

Auch bei Stählen ist dieses Problem zu beachten, wenn das Schweißen nach der Endformgebung erfolgt und eine nachträgliche Wärmebehandlung nicht vorgesehen ist. Typisches Anwendungsbeispiel hierfür sind die im Automobilbau stark verbreiteten Tailored Blanks. Diese so genannten maßgeschneiderten Bleche, die z. B. als Ausgangsprodukt für Tiefziehteile dienen, zeichnen sich dadurch aus, dass sie für den jeweiligen Einsatzzweck speziell zugeschnittene Halbzeuge darstellen. Dies kann in der Form geschehen, dass die Abmessungen der Bleche bereits endformnah ausgeschnitten sind. Besonderes Merkmal ist aber meistens, dass Kombinationen unterschiedlicher Blechdicken ebenso möglich sind wie aus unterschiedlichen Werkstoffen zusammengesetzte Halbzeuge. Die kombinierten Werkstoffe können aber z. B. auch unterschiedliche Stähle sein, die sich hinsichtlich ihrer Festigkeitseigenschaften erheblich unterscheiden (Abb. 3.34), die im Unterteil zur Erhöhung des Energieaufnahmevermögens beim Crash aus einem duktilen, niedrigfesten Stahl besteht, im Oberteil hingegen aus einem hochfesten formgehärteten Stahl. Bei solchen Bauteilen ergeben sich zwei unterschiedliche Schweißaufgaben. Die erste Aufgabe besteht in der Herstellung der

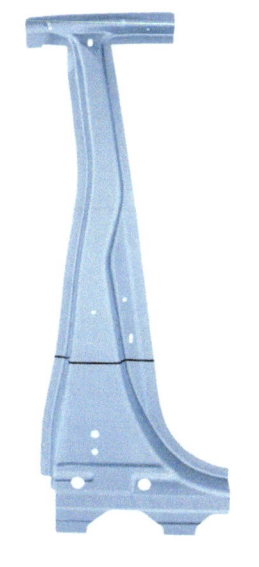

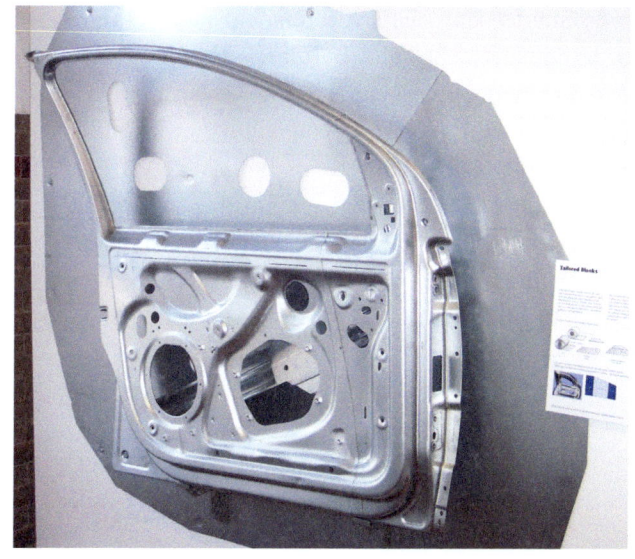

Abb. 3.34: *Lasergeschweißte Tailored Blanks für den Karosseriebau. links: B-Säule des Audi A5 (Quelle: Thyssen-Krupp / Audi), rechts: PkW-Tür (Quelle: Hoesch)*

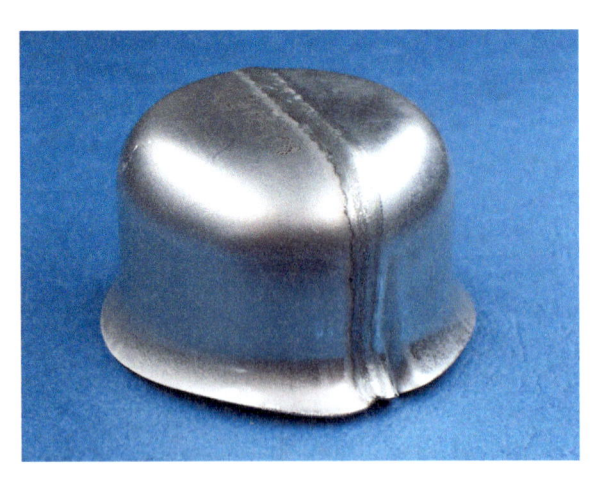

Abb. 3.35: *Tiefziehteil aus einer lasergelöteten Verbindung aus DC05 und der Al-Legierung AW 6056 (Quelle: Laser-Zentrum Hannover)*

Halbzeuge aus den unterschiedlichen Ausgangswerkstoffen und wird normalerweise mit dem Laser bewältigt.

Die zweite Aufgabe besteht in der Anbindung des fertigen Bauteils an die Karosserie. Da die Werkstoffeigenschaften des hochfesten Oberteils bei der Formgebung eingestellt werden, besteht hier grundsätzlich die Gefahr, die gewünschten Eigenschaften zu beeinträchtigen, weshalb hier der Auswahl des Schweißverfahrens und der günstigen Positionierung der Schweißstellen besondere Bedeutung zukommt, um die erreichten Eigenschaften möglichst wenig zu beeinträchtigen. Auch das in Abbildung 3.34 gezeigte Beispiel eines Türelements zeigt, dass eine wesentliche schweißtechnische Herausforderung darin besteht, bei der Verbindung unterschiedlicher Blechelemente die Verformbarkeit der Halbzeuge zu erhalten, um die gewünschte Formgebung der geschweißten Halbzeuge zu gewährleisten (Abb. 3.35). Die Ausführungen zeigen, dass darüber hinaus für das Schweißen die gleichen Randbedingungen gelten wie für die beschriebenen Bedingungen beim Schweißen dünner Blechdicken.

3.1.8 Weiterführende Informationen zu 3.1

Literatur

Autorenkollektiv: ChopArc – MSG-Lichtbogenschweißen für den Ultraleichtbau. Fraunhofer-Verlag, Stuttgart, 2005

Bach, F. W., Lau, K.: Einsatz moderner Hochleistungsfügetechnik zur Herstellung von Stahl-Aluminium-Hybridstrukturen. Schweißtechnik und Fügetechnik – Schlüsseltechnologien der Zukunft. ASTK, Internationales Aachener Schweisstechnik Kolloquium, 10. In: Aachener Berichte Fügetechnik, 2007, S. 461–475

Bergmann, J. P.: Thermische Fügeverfahren – Werkstoff- und Prozesstechnik für das Fügen bei niedrigen Temperaturen. Verlagshaus Mainz, Aachen, 2008

Bergmann, J. P., Wilden, J., Reich, S., Goecke, S.-F.: Methods and Solutions for Joining Plates Made from Different Metals Using Voltaic Arc Welding. Welding International, Bd. 23, Nr. 12, 2009, S. 647–654

Bertling, L., Harlfinger, N.: Innovative Fügeverfahren zur Herstellung von Al-Leichtbaustrukturen im Schienenfahrzeugbau. Materialwissenschaft und Werkstofftechnik, 30, 1999, S. 290–299

Bethke, U., Gigengack, T.: Fügetechnik im Umbruch: Neue Blechwerkstoffe und Karosseriekonzepte und ihre Auswirkungen auf die Fügetechnik im Automobilbau. Lösungen für die Verarbeitung moderner Blechwerkstoffe. EFB-Kolloquium, Tagungsband, T 24, Fellbach bei Stuttgart, 23.–24. März 2004

Blaschke, T., Esderts, A., Hollunder, S.: Wirtschaftlicher Leichtbau durch Rührreibschweißen. Der Praktiker, Bd. 57, Heft 7, 2005, S. 172–174

Braumöller, J.: Beitrag zum flußmittelfreien Laserstrahlhartlöten von Aluminiumwerkstoffen. Diss., Technische Universität Dresden, 2003

Broda, T.: Lotapplikation mittels Ultraschallschweißen zum flussmittelfreien Löten. DVS-Berichte, Bd. 263. DVS-Verlag, Düsseldorf, 2010, S. 416–419

Bruckner, J., Himmelbauer, K.: Cold Metal Transfer – Ein neuer Prozess in der Fügetechnik.

DVS-Bericht, Bd. 237. DVS-Verlag, Düsseldorf, 2003, S. 32–37

Dilthey, U., Brandenburg, A.: Schweißtechnische Fertigungsverfahren. Teil 1: Schweiß- und Schneidtechnologien. 3. Aufl., Springer Verlag, Berlin/Heidelberg, 2006. Teil 2: Verhalten der Werkstoffe beim Schweißen. 3. Aufl., Springer Verlag, Berlin/Heidelberg, 2005

Donst, D., Janssen, A., Klocke, F.: Flussmittelfreies Laserstrahllöten von Aluminium. Analyse der Prozessmechanismen zum Aufbau eines Prozessmodells. Wt Werkstatttechnik online, Bd. 99, Heft 6, 2009, S. 363–370

Engelbrecht, L.: Effects on Laser Brazing of Roof Seam Using Diodelasers with Adapted Beam Characteristics. EALA, Bad Nauheim, 2009

Füssel, U., Zschetsche, J., Vranakova, R., Nguyen, T.: Anwendung klassischer Schweißtechnik zur Herstellung neuer Fugenlötverbindungen. 3. Löttechnisches Forum der DVS-Fachgesellschaft Löten. DVS-Fachgesellschaft Löten, Chemnitz, 14. Mai 2003

Geiger, M. et al.: Eigenschaften reibrührgeschweißter Aluminium-Stahlverbindungen. 1. Berichtskolloquium der DFG-Forschergruppe 505, Hannover, 2005, S. 30–38

Goecke, S.: Energiereduziertes Lichtbogen-Fügeverfahren für wärmeempfindliche Werkstoffe. DVS-Bericht, Bd. 237. DVS-Verlag, Düsseldorf, 2003, S. 44–48

Goede, M., Dröder, K.: Hochleistungsfügetechnik für Hybridstrukturen. 1. Berichtskolloquium der DFG-Forschergruppe 505, Hannover, 2005

Hahmann, W.: Plasmalöten in der Fertigung der Automobilindustrie. EWM Hightec Welding, 2003

Haldenwanger, H.-G., Korte, M., Schmid, G., Walther, U.: Mischverbindungen im Pkw-Karosseriebau. In: Dünnblechverarbeitung. SLV München, 2001, S. 95–108

Helmich, A.: Untersuchungen zum wärmearmen Fügen von Feinblech mit Kupferbasis-Loten. Diss., Technische Universität Clausthal, 2002

Jüttner, S.: Untersuchungen zum Schutzgasschweißen von Magnesiumlegierungen für Konstruktionsbauteile im Automobilbau. Diss., Technische Universität Braunschweig, 1999

Jüttner, S., Winkelmann, R., Füssel, U., Vranakova, R., Zschetzsche, J.: Fügen von Aluminium-Stahl-Verbindungen mittels Lichtbogenverfahren. DVS-Bericht, Bd. 225. DVS-Verlag, Düsseldorf, 2003, S. 377–382

Killing, R.: Kompendium der Schweißtechnik. Bd. 1: Verfahren der Schweißtechnik. 2. Aufl., DVS-Verlag, Düsseldorf, 2002

Klocke, F., Castell-Codesal, A., Donst, D.: Process Characteristics of Laser Brazing Aluminium Alloys. In: Sheet Metal, Trans Tech Publications Ltd., 2005, S. 135–142

Knopp, N., Killing, R.: Lichtbogenhartlöten – Innovativ, sicher und wirtschaftlich. EWM Hightec Welding, 2003

Knopp, N., Lorenz, H., Killing, R.: Schweissverfahren für den Leichtbau. MIG-Schweissen von Aluminiumwerkstoffen leicht gemacht. Technica, Rupperswil, Bd. 51, Heft 25/26, 2002, S. 4/5, 7–9

Kocik, R., Vugrin, T., Seefeld, Th.: Laserstrahlschweißen im Flugzeugbau: Stand und künftige Anwendungen. 5. Laser-Anwenderforum, Bremen, 2006, S. 15–26

Kou, S.: Welding Metallurgy. Viley Interscience, Hoboken, New Jersey, 2002

Kreimeyer, M.: Verfahrenstechnische Vorrausetzungen zur Integration von Aluminium-Stahl-Mischbauweisen in den Verkehrsmittelbau. Strahltechnik, Bd. 30. BIAS Verlag, 2007

Kusch, M., Katthes, K.-J., Bartzsch, J., Bouaifi, B.: Möglichkeiten und Grenzen beim Plasma-MIG-Schweißen von Aluminium. DVS-Bericht, Bd. 220. DVS-Verlag, Düsseldorf, 2003, S.101–106

Larsson, J. K.: Laserlöten – Eine neue Technologie für kosmetisches Fügen im PKW Rohbau. DVS-Berichte, Bd. 240. DVS-Verlag, Düsseldorf, 2006, S. 173–178

Laukant, H.: Laserschweiß-Löten von Stahl-Aluminium-Mischverbindungen. Verlag Dr. Köster, Berlin, 2007

Lison, R.: Wege zum Stoffschluss über Schweiß- und Lötprozesse. Fachbuchreihe Schweißtechnik., Bd. 131. DVS-Verlag, Düsseldorf, 1998

Matthes, K.-J., Richter, E. (Hrsg.): Schweißtechnik - Schweißen von metallischen Konstruktionswerkstoffen. Fachbuchverlag Leipzig, 2002

Meschut, G., Friedrich, H.: Zukünftige Fügekonzepte für Automobilstrukturen in Mischbauweise. Dresdner Leichtbausymposium, Interaktionsfeld Leichtbau, Effizienzsteigerung durch dichtere Vernetzung, Dresden, 26.-28. Juni 2003

Meyer, A.: Rührreibschweißen, Anwendungen, Grundlagen und weiters Potential. In: 1. Fertigungstechnisches Kolloquium, Fügen, Beschichten, Zerspanen. Technische Universität Ilmenau, 2005

Mordike, B. L., Kainer, K. U. (Hrsg.): Magnesium Alloys and their Application. MatInfo – Werkstoffinformationsgesellschaft, Frankfurt, 1998

Mordike, L. et al.: Fügen von Magnesiumwerkstoffen. Fachbuchreihe Schweißtechnik, Bd. 147. DVS-Verlag, Düsseldorf, 2005

Mörsdorf, W., Zaps, D.: Werkstofforientierte Karosserietechnologien. 4. Chemnitzer Karosseriekolloquium: Flexibilität im Karosseriekonzept – Schlüssel zum Markt oder Kostenfalle? Tagungsband, Chemnitz, 8.-9. November 2005. In: Berichte aus dem IWU, Bd. 28, 2005, S. 29-39

Mücklich, S.: Leichtbaupotenziale durch Einsatz von Leichtmetallen. Schriftenreihe Werkstoffe und werkstofftechnische Anwendungen, Bd. 29, 2008

Mücklich, S.: Beitrag zum flussmittelfreien Löten von Magnesiumwerkstoffen mit angepassten Lotwerkstoffen. Schriftenreihe Werkstoffe und werkstofftechnische Anwendungen, Bd. 21, 2005

Neugebauer, R.: Technologietrends für den Karosseriebau. Entwicklungstendenzen im Automobilbau. 100 Jahre Automobilbau in Zwickau. Development Trends of Automobils. 100 Years Automobile Manufacturing in Zwickau. Tagungsband, Zwickau, 17.-18. Juni 2004

N.N.: Neuer Schweißprozess entwickelt. Konstruktionspraxis, 8 – Verbindungstechnik, 2009, S. 52-53

Ostendorf, A., Meier, O., Engelbrecht, L., Haferkamp, H.: Herstellung von Tailored Hybrid Blanks durch Laserstrahllöten mit Zinkbasisloten. 1. Berichtskolloquium der DFG-Forschergruppe 505, Hannover, 2005, S. 9-19

Palm, F.: Fügetechnik im Airbus A380. DVS-Berichte, Bd. 240. DVS-Verlag, Düsseldorf, 2006, S. 260-265

Palm, F.: Reibrührschweißen von Al- und Mg-Werkstoffen mit Blick auf zukünftige Anwendungen. DVS-Bericht, Bd. 225. DVS-Verlag, Düsseldorf, 2003, S. 395-400

Radscheidt, C.: Laserstrahlfügen von Aluminium mit Stahl. Diss., Universität Bremen, 1997

Reisgen, U., Behr, W., Cramer, A., Groß, S. M., Koppitz, T., Mertens, W., Remmel, J., Wetzel, F. J.: Die Hochtemperaturbrennstoffzelle – eine fügetechnische Herausforderung. DVS-Berichte, Bd. 240. DVS-Verlag, Düsseldorf, 2006, S. 216-221

Reisgen, U., Stein, L., Steiners, M., Bleck, W., Kucharczyk, P.: Schwingverhalten von mit modifiziertem MSG-Kurzlichtbogenprozess gefügten Stahl-Aluminium –Mischverbindungen. Schweißen und Schneiden, Heft 7/8, 2010, S. 396-399

Rethmeier, M.: MIG-Schweißen von Magnesiumlegierungen. Forschungsberichte des Instituts für Schweißtechnik, Nr. 7. Hrsg. v. H. Wohlfahrt. Shaker Verlag, Aachen, 2003

Roos, E., Mayer, U., Greitmann, M. J.: 7. Internationales Stuttgarter Symposium Automobil- und Motorentechnik. 7th Stuttgart International Symposium Automotive and Engine Technology, Bd. 1, Stuttgart, 20.-21. März 2007

dos Santos, J. F. et al.: Prinzipien und Grundlagen des Rührreibschweißens. 3. Workshop Rührreibschweißen, Geesthacht, 2005

Schlüter, S., Rasmussen, T.: Gelötetes Vollaluminium-Werkstoffkonzept für HVAC&R-Anwendungen. DVS-Berichte, Bd. 263. DVS-Verlag, Düsseldorf, 2010, S. 113-116

Schulz, E.: Leichtbau von Fahrzeugen mit innovativen Stählen. Stahl und Eisen, 117, Heft 10, 1997, S. 37-46

Vahrenwaldt, H. J., Schuler, V.: Praxiswissen Schweißtechnik. Vieweg Verlag, Wiesbaden, 2003

Vollertsen, F., Schumacher, J., Schneider, K., Seefeld, T.: Innnovative Welding Strategies for the Manufacture of Large Aircraft. Welding in the World, Bd. 48, 2004, S. 231-247

Wilden, J.: Brazing as the Key to Resource-efficient and Energy-efficient Joining in the Product Life Cycle. Welding and Cutting, Ausg. 5. DVS-Media, Düsseldorf, 2010, S. 301–312

Wilden, J., Jahn, S., Drescher, V., Reich, S., Bergmann, J. P.: Wärmearmes Laserstrahllöten verzinkter Stähle mittels niedrigschmelzender Lotwerkstoffe. Schweißen und Schneiden, Heft 11, 2010, S. 622–625

Technische Regel
SEW 088:2017-10
Schweißgeeignete un- und niedriglegierte Stähle – Empfehlungen für die Verarbeitung, besonders für das Schmelzschweißen, Beuth Verlag, Berlin 2017

3.2 Löten*

3.2.1 Löten als stoffschlüssiges Fügeverfahren

In die Betrachtung des Potenzials von Fügeverfahren geht eine Vielzahl von Faktoren ein, die von Fall zu Fall zu einem unterschiedlichen Ergebnis führen. Dieses kann exemplarisch am Fahrzeugbau erläutert werden, wo die Forderung einerseits nach Leichtbau, um den Gesamtenergieverbrauch zu senken und andererseits nach Multifunktionalität, um den Fahrkomfort zu steigern, herrscht. Durch neue Bauweisen (Konstruktion), gezielten Einsatz von Werkstoffen mit definierten Eigenschaften (Werkstoffentwicklung) und Fügekonzepten (Fertigungskonzept) zum Verbinden der einzelnen Baugruppen, werden die bestehenden Anforderungen unter Berücksichtigung der Herstellkosten umgesetzt.

Abbildung 3.36 verdeutlicht die Verknüpfung von Konstruktion, Werkstoffentwicklung und Fertigungskonzept am Beispiel der Karosseriekonzepte des Audi A8 (Aluminium-Space-Frame) und des Audi A6 (stahlintensive Mischbauweise).

Die Entwicklungen der letzten Jahre sowohl im Automobil- als auch im Flugzeugbau verdeutlichen, dass Leichtbau einerseits durch die Kombination unterschiedlicher Werkstoffe und andererseits durch unterschiedliche Fügeverfahren erzielt wird. Die Konstrukteure und Fertigungstechniker stehen vor der Herausforderung, im Sinne des Leichtbaugrades, der Kosten, der Sicherheit etc. die Wahl des Fügeverfahrens zu treffen. Diese Wahl erfolgt letztendlich bauteil- und konzeptspezifisch und hängt von vielen unterschiedlichen Faktoren ab, z. B.

* Für diesen Abschnitt sei Herrn Prof. Jean-Pierre Bergmann gedankt.

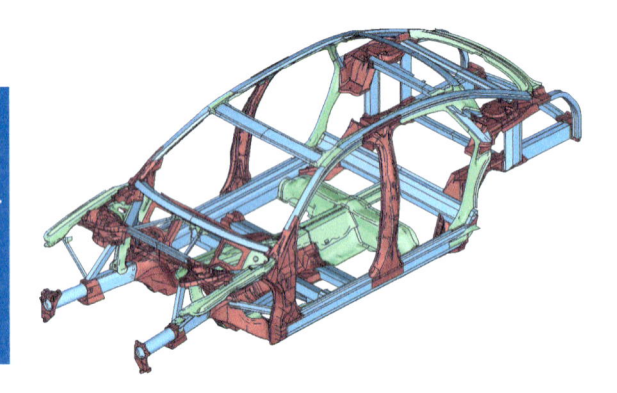

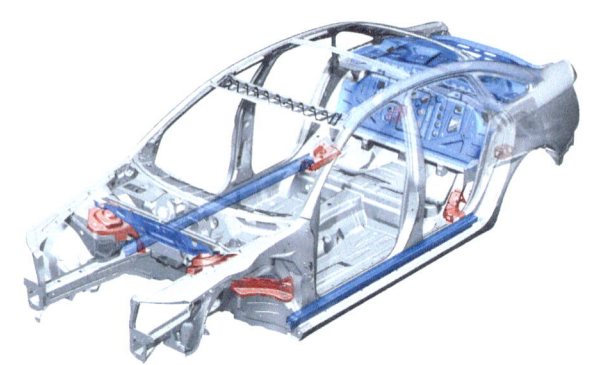

Verfahren	Audi A8	Audi A6
Punktschweißen	-	5100 (Stellen)
MIG-Löten	-	6,9 m
MIG/MAG-Schweißen	64 m	3,6 m
Laser-MIG-Hybridschweißen	4,5 m	-
Laserschweißen	20 m	13,5 m (+ 1,0 m Tailored Blanks)
Laserlöten	-	5,0
Bolzenschweißen	349 (Stellen)	330 (Stellen)
Quetschnahtschweißen	-	1,0 m
Stanznieten/Clinchen	2600 (Stellen)	300 (Stellen)
Kleben	(26 m Falze)	90 m (+ 24 m Falze)

Abb. 3.36: *Fügetechniken im Aluminium-Space-Frame (Audi A8) und bei stahlintensiver Mischbauweise (Audi A6), (Quelle: Audi AG, G. Schmid 2005)*

- von den einzelnen Werkstoffen (*Fügeeignung*),
- von der konstruktiven Gestaltung und den geforderten Eigenschaften der Verbindung (*Fügesicherheit*) und
- von den technologischen Möglichkeiten (*Fügemöglichkeit*).

Diese Gesichtspunkte sind nicht nur für das Schweißen, das Kleben und das mechanischen Fügen, sondern auch für das Löten von Bedeutung. Thermische Fügeverfahren zeichnen sich im Wesentlichen – im Vergleich zum mechanischen Fügen – durch den Stoffschluss und im Vergleich zum Kleben durch die höhere Temperaturbelastung der Werkstoffe und Temperaturbelastbarkeit des Bauteils aus.

Löten ist ein thermisches stoffschlüssiges Fügeverfahren, bei dem – im Gegensatz zum Schmelzschweißen – die Solidustemperatur der Grundwerkstoffe nicht überschritten wird und die Verbindung durch das Aufschmelzen des Lotes und Benetzen der Werkstückoberflächen erfolgt. An dieser Stelle kann zusammenfassend festgehalten werden, dass Löten beim Fügen im Leichtbau grundsätzlich aus drei Gründen eine Sonderstellung einnimmt:

- Durch die niedrigen Prozesstemperaturen wird das in den Grundwerkstoffen eingestellte Gefügedesign, das leichtbaubestimmend ist (z. B. in Stählen oder Aluminiumlegierungen) nicht vollständig zerstört. Eine Gefügeveränderung in den Grundwerkstoffen wird weitgehend vermieden.
- Durch die niedrigen Prozesstemperaturen werden funktionale Oberflächenschichten, wie metallische Überzüge (z. B. Verzinkungen), nur geringfügig thermisch belastet, sodass der Korrosionsschutz bei Stahlkonstruktionen gewährleistet bleibt.
- Durch die niedrigen Prozesstemperaturen wird bei artfremden Verbindungen vermieden, dass eine Durchmischung der Metalle im flüssigen Zustand erfolgt und sich dann bei der Abkühlung intermetallische Phasen bilden, die für die Gebrauchseigenschaften des Bauteils bestimmend sind.

Gerade aus diesen Gründen hat das Löten in den Automobilbau bereits seit langer Zeit Eingang gefunden und wird beispielsweise zum nachbehandlungsarmen bzw. -freien Fügen des Kennzeichenträgers mit dem Grundkörper der Heckklappe (z. B. Opel Vectra und Mercedes E-Klasse), aber auch beim Fügen der Dachnaht und des Anschlusses der C-Säule zum Kotflügel (Audi TT) angewandt. Diese Verbindungen, die sich auch im direkten Sichtbereich befinden, müssen hohen ästhetischen Anforderungen genügen (Abb. 3.37).

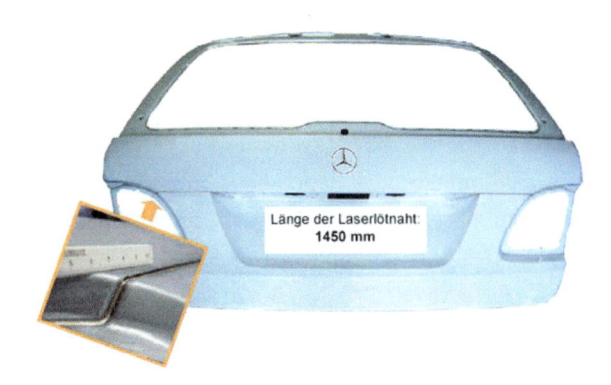

Abb. 3.37: *Lötnaht des Kennzeichenträgers an der Heckklappe eines Automobils (Quelle: Erlas)*

Sicherlich wird der Einsatz des Lötens in Bereichen hoher Belastung durch die in der Regel niedrigen Festigkeiten des Lotes erschwert, was wiederum die Forderung nach hochfesten Loten bei niedrigen Arbeitstemperaturen stellt.

Die Benetzung der Oberfläche der Fügepartner durch das aufgeschmolzene Lot stellt das wesentliche Stadium beim Löten dar und ist ausschlaggebend für die Prozessführung. Die benetzungsbestimmenden Größen beim Löten sind die Grenz- bzw. Oberflächenspannung des Grundwerkstoffes und des Lotes sowie insbesondere die Grenzflächenspannung zwischen Lot und Grundwerkstoff. Als Hauptparameter zur phänomenologischen Bewertung der Benetzung

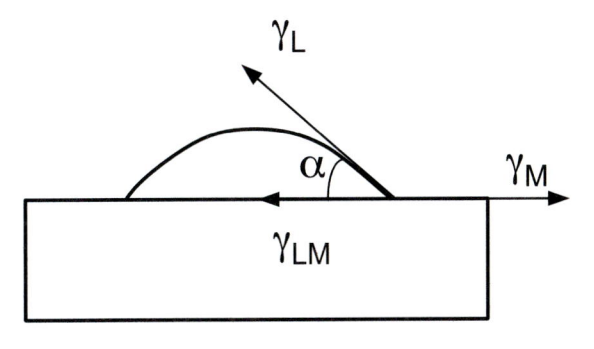

Abb. 3.38: *Schematische Darstellung des Benetzungswinkels*

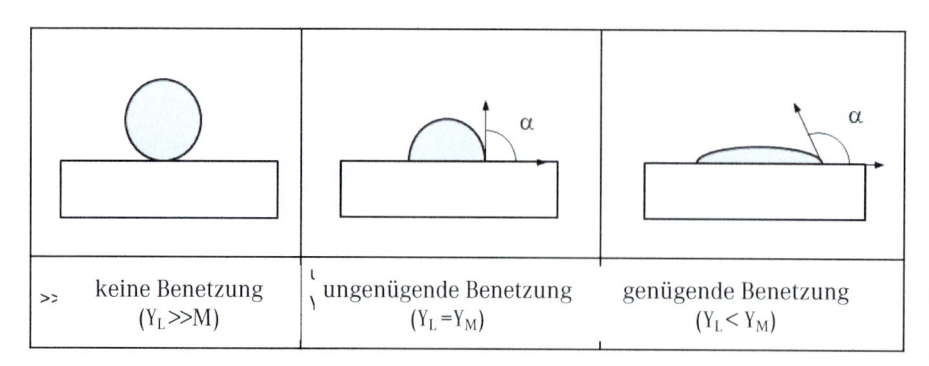

keine Benetzung	ungenügende Benetzung	genügende Benetzung
($\gamma_L \gg \gamma_M$)	($\gamma_L = \gamma_M$)	($\gamma_L < \gamma_M$)

Abb. 3.39: Schematische Darstellung möglicher unterschiedlicher Benetzungsverhältnisse

gilt der Kontakt- oder Benetzungswinkel α. Dies ist der Winkel zwischen der Oberfläche des Grundwerkstoffes und der Tangente an der Oberfläche. Er kann Werte in den Grenzen 0° < α < 180° annehmen (Abb. 3.38).

Zur Beschreibung der Benetzung wird in der Regel die Young'sche Gleichung herangezogen (Gl. 1), die jedoch nur für Systeme im thermodynamischen Gleichgewicht, für ideal ebene Flächen und nur für Flüssigkeiten gilt. In der Praxis zeigt sich aber, dass die Young'sche Gleichung eine gute Möglichkeit zur Abschätzung der Benetzung darstellt. Mit γ_M, γ_L und γ_{LM} wird jeweils die Oberflächenenergie des Grundwerkstoffs (Grenzfläche Grundwerkstoff/Umgebung), des Lotes (Grenzfläche Lot/Umgebung) sowie die Grenzflächenenergie Grundwerkstoff/Lot bezeichnet (mit Grenzflächenenergie versteht man die Wechselwirkung, insbesondere Kräfte, die zwischen zwei verschiedenen Phasen, die miteinander in Kontakt stehen und die sich nicht vermischen, auftreten).

$$\gamma_M = \gamma_L \cos\alpha + \gamma_{LM} \quad \text{Gl. 1}$$

Daraus lässt sich schließen, dass die Benetzung (α < 90°) bei beispielsweise gegebener Oberflächenenergie des Lotes durch die hohe Oberflächenenergie des Grundwerkstoffs und die niedrige Grenzflächenenergie Grundwerkstoff/Lot bestimmt wird (Abb. 3.39). Daraus kann auch geschlussfolgert werden, dass die Benetzung zunimmt, wenn die Differenz zwischen der Oberflächenspannung des Substrates und der Grenzflächenspannung zunimmt, d.h., dass z.B. durch ein gezieltes Beeinflussen der Grenzflächenenergie bei gleichbleibender Oberflächenenergie des Grundwerkstoffs die Benetzung durch eine Schmelze wesentlich verbessert werden kann.

Die Grenzflächenspannung γ_L hängt stark von der Legierungszusammensetzung des Lotes ab und nimmt mit zunehmender Temperatur ab, wobei im technisch relevanten Einsatz eine Überhitzung auf Grund von Wechselwirkungen mit der Umgebung zu vermeiden ist. Die Grenzflächenspannung γ_{LM} wird vermindert und damit die Benetzung verbessert, wenn beide Partner vollständig oder teilweise in festem Zustand ineinander löslich sind. Die Grenzflächenspannung zwischen Substrat und Umgebung γ_M wird durch adsorbierte Fremdschichten oder Oxide stark vermindert. Die Benetzbarkeit nimmt somit ab (Abb. 3.39, links). Um derartige Verunreinigungen zu beseitigen und den Benetzungsvorgang zu unterstützen, werden Flussmittel eingesetzt.

Die Benetzung ist an sich ein dynamischer Vorgang, d.h. dass das aufgeschmolzene Lot – in Abhängigkeit der herrschenden energetischen Zustände – auch einen gewissen Zeitintervall braucht, um den Fügepartner zu benetzen (Abb. 3.40). Unter diesem Gesichtspunkt spielt auch die Temperatur des Grundkörpers eine Rolle, da damit die Abkühlung verlangsamt werden kann.

Lötverfahren können grundsätzlich nach verschiedenen Kriterien eingeteilt werden, beispielsweise nach der Liquidustemperatur der Lote in Weich- und Hartlöten (Tab. 3.1). So können niedrigschmelzende Lote bereits unterhalb 450 °C verarbeitet werden (Weichlöten), wobei die Festigkeit dieser Lote gering

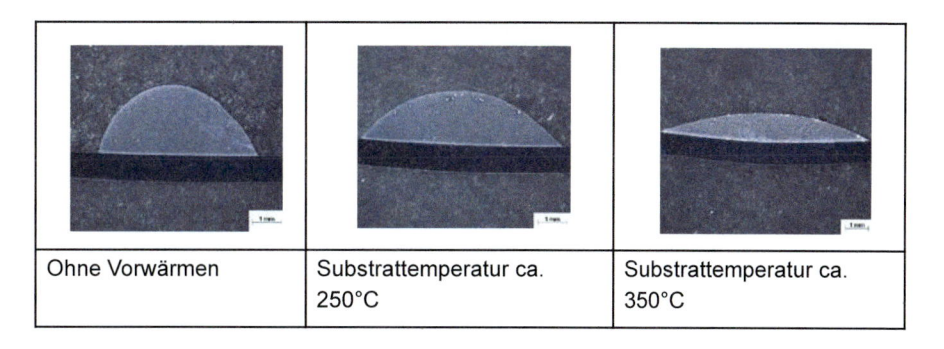

Abb. 3.40: *Schematische Darstellung der Benetzung in Abhängigkeit der Substrattemperatur und somit der Abkühlzeit des Lotes am Beispiel eines Zn-Lotes auf Stahl (verzinkt)*

| Ohne Vorwärmen | Substrattemperatur ca. 250°C | Substrattemperatur ca. 350°C |

ist, weshalb ihr Einsatz in der Elektronik bevorzugt wird. Lote mit Liquidustemperatur von 450°C werden für das Hartlöten eingesetzt. Bei Temperaturen über 900°C erfolgt das Löten im Vakuum- oder Schutzgasofen.

Tab. 3.1: *Einteilung der Lötverfahren nach der Liquidustemperatur der Lote*

Verfahren	Liquidustemperatur	Lote (Bsp.)
Weichlöten	bis 450°C	Zn-, Pb-Basis
Hartlöten	ab 450°C	Ni-, Au-Basis

Darüber hinaus kann eine Einteilung nach der Art des Energieträgers oder nach Art der Lötstelle in Spaltlöten (Ausnutzen der Kapillarkräfte, Spaltgröße unterhalb 0,2 mm) und Fugenlöten (Füllen des Spaltes, Spaltgröße oberhalb 0,2 mm) erfolgen.

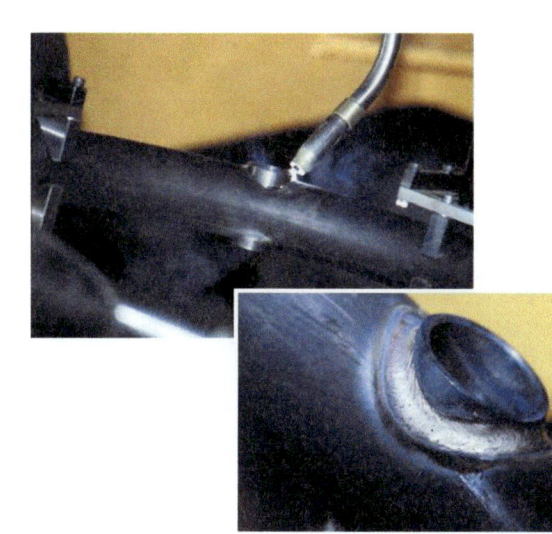

Abb. 3.41: *MSG-Löten (Metallschutzgas-Löten) eines Fahrradrahmens (Quelle: Messer Group)*

Aus fertigungstechnischer Sicht können Lötverbindungen in Abhängigkeit der Bauteilgeometrie und der Fügestellengeometrie als flächige Verbindung (mit eingelegtem Lot, bei dem das gesamte Bauteil erwärmt wird) oder linienförmige Verbindung (mit angesetzten Lot, wo nur die Fügestelle örtlich erwärmt wird) ausgeführt werden, woraus sich unterschiedliche Anforderungen an die Festigkeit, an die Anlagentechnik und an die Lötfolge ableiten.

Von einer durchgehend herrschenden Technologie zum Löten im Leichtbau kann nicht ausgegangen werden. Kommen in der Großserienfertigung (z.B. Karosseriebau) Prozesse, die durch hohe Automatisierung gekennzeichnet sind, wie z.B. das Laserstrahllöten zum Einsatz, hat sich bei geringeren Stückzahlen bzw. bei manuell durchzuführenden Aufgaben, die konventionelle Plasma- oder Lichtbogentechnik etabliert (Abb. 3.41).

Das Löten im Ofen mit Erwärmung des Gesamtbauteils findet bevorzugt im Leichtbau beim Fügen von Kühler- oder Abgasrücksystemen statt.

3.2.2 Löten artgleicher Werkstoffe

3.2.2.1 Löten von Stählen

Das Löten von Stählen findet im Fahrzeugbau im Bereich der Karosserie (Feinblech mit Dicken < 2 mm) in großem Maße zur Reduzierung einerseits des gesamten Wärmeeintrags und andererseits der Arbeitstemperatur statt. Es wird das Ziel verfolgt, durch die geringeren Temperaturen eine Veränderung des Gefügedesigns und eine Verletzung der metallischen Überzüge zu vermeiden. Während eine Unterdrückung der Gefügeveränderung beim Fügen mit dem Beibehalt der mechanischen Eigenschaften im Blech einhergeht, ist die Eingrenzung der Verletzung des Überzuges, vorzugsweise Zink, für den Erhalt des Korrosionsschutzes von Bedeutung. Die Verarbeitung derartiger Stähle entlang der gesamten Fertigungskette muss so erfolgen, dass die Oberflächenschicht nicht in Mitleidenschaft gezogen wird.

Reines Zink hat eine Schmelztemperatur von etwa 420 °C und eine Siedetemperatur von 907 °C. Beim Schmelzschweißen, bei dem Temperaturen über der Liquidustemperatur von Stahlwerkstoffen erreicht werden (> 1500 °C), kommt es daher zu einer thermischen Zerstörung der Zinkschicht in der Schweißzone. Zink verdampft beim Schweißen von verzinktem Stahl eruptionsartig, sodass sich Spritzer bilden. Darüber hinaus entstehen durch das ausdampfende Zink Poren in der Naht, die die Festigkeit der Verbindung beeinträchtigen. Im Endergebnis kommt es zu einem Verlust des Korrosionsschutzes in der Schweißzone und in der Wärmeeinflusszone (WEZ), wo Temperaturen von 907 °C überschritten wurden. In der Praxis hat sich gezeigt, dass die kathodische Schutzwirkung des Zinks in einem Bereich von etwa 0,5–1 mm noch wirksam ist. Sind die Bereiche, in denen Zink verdampft ist, breiter als 0,5–1 mm, ist davon auszugehen, dass der Korrosionsschutz beeinträchtigt ist.

Löten bietet an dieser Stelle den Vorteil, ein niedrigeres Temperaturregime zu erzielen, wobei der Spagat darin liegt, Lote mit hoher Festigkeit einzusetzen, oder ausreichend breite tragende Querschnitte zur Kraftübertragung zu erzielen (Spaltfüllungsvermögen). Insbesondere Lote auf CuSi-Basis und CuAl-Basis (Aluminiumbronzen) weisen einen günstigen Kompromiss zwischen Festigkeit und Liquidustemperatur für das Fügen von niedrig- bis höherfesten Stahlwerkstoffen auf.

Tab.3.2: Lote zum Fügen von beschichteten Stahlsorten. Die mechanischen Eigenschaften sind im Anlieferungszustand gemessen (Quelle: Bedra)

Lot	Schmelz-bereich [°C]	Festigkeit [N/mm²]	Dehnung [%]
CuSi2Mn1	1030–1050	285	45
CuSi3Mn	965–1030	350	40
CuAl9Ni5Fe3Mn2	1015–1045	690	16
CuMn13Al8Fe3Ni2	945–985	900	10

Die Festigkeit der CuSi-Basis-Lote liegt bei etwa 250–350 N/mm², sodass sich diese für das Löten von niedriglegierten Stahlfeinblechen etabliert haben. Auch wenn die Arbeitstemperatur oberhalb 940 °C, d. h. etwa 500 °C oberhalb der Schmelztemperatur liegt, wird in der Praxis durch eine gezielte Wärmeführung die Verletzung der Zinkschicht und das Auftreten der Spritzerbildung unterdrückt bzw. eingegrenzt. Durch maßgeschneiderte Legierungen (Aluminiumbronzen) liegen zurzeit auch Lote vor, die es erlauben, hochfeste Stähle (beispielsweise TRIP 700, DP600) zu bearbeiten.

Niedrigschmelzende Lote auf ZnAl-Basis (Tab.3.3) ermöglichen niedrigere Arbeitstemperaturen und eine starke Eingrenzung der thermischen Belastung der Zinkoberfläche (Abb. 3.42). Der geringeren Festigkeit von ZnAl-Loten wird durch einen breiteren tragenden Querschnitt Rechnung getragen. Darüber hinaus gelingt es, durch eine maßgeschneiderte Zusammensetzung des Lotes auch höhere Festigkeiten zu erzielen.

Tab.3.3: Lote auf ZnAl-Basis zum Fügen von beschichteten Stahlsorten. Die mechanischen Eigenschaften sind im gefügten Zustand bestimmt (Quelle: TU Berlin)

Lot	Schmelzbereich [°C]	Festigkeit [N/mm²]	Dehnung [%]
ZnAl4	380–388	205	35
ZnAl15	380–446	284	9
ZnAl5Cu3,5	-	325	2
ZnAl7,5Cu2,5	-	410	5

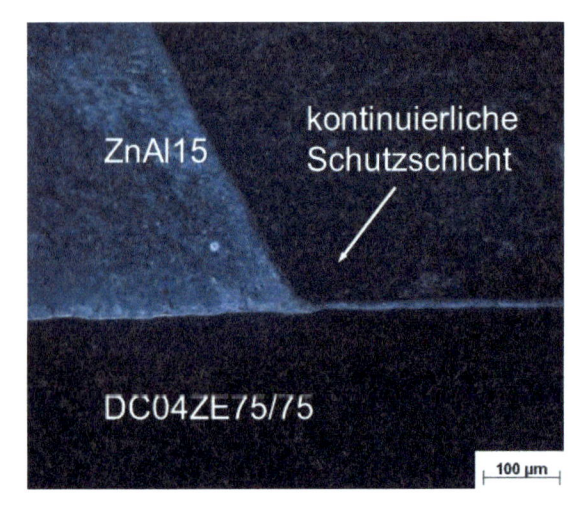

Abb. 3.42: Unverletzte Zinkschicht beim Löten mit ZnAl-Lot mit wärmereduzierter Lichtbogentechnik

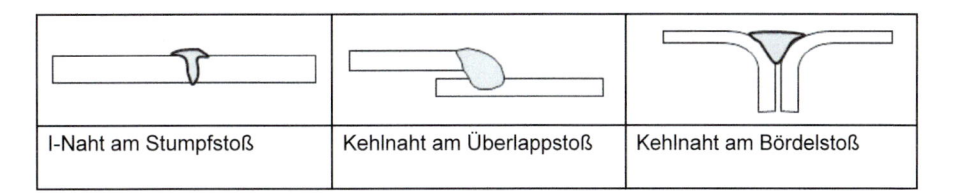

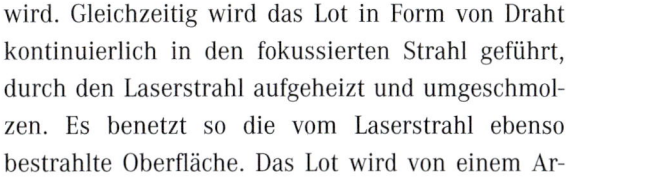

3.2 Löten

Abb. 3.43: *Typische Nahtkonfigurationen beim Löten (MSG- oder Laserlöten)*

I-Naht am Stumpfstoß	Kehlnaht am Überlappstoß	Kehlnaht am Bördelstoß

Bei der Ausführung der Lötaufgaben ist besonders der Art der Wärmeführung Rechnung zu tragen. Beim Löten von beschichteten Blechen soll örtlich ein möglichst geringer konzentrierter Wärmeeintrag erzeugt werden, um eine Überhitzung der lötnahtnahen Bereiche zu vermeiden. Gleichzeitig muss die zu benetzende Oberfläche so weit erwärmt werden, dass ein rasches Abkühlen der Schmelze und eine nicht vollständige Ausbreitung des Lottropfens erfolgt.

Die wesentlichen Nahtkonfigurationen sind die I-Naht am Stumpfstoß, die Kehlnaht am Überlappstoß und die Kehlnaht am Bördelstoß (Abb. 3.43).

Nachfolgend wird auf die in der Praxis im Leichtbau wichtigsten Verfahrensarten des Laserstrahllötens, des MIG-Lötens und des Plasmalötens eingegangen. Während sich das Laserstrahllöten für die Serienfertigung mit hoher Stückzahl eignet, ist es dem MIG- bzw. dem Plasmalöten gemein, dass sowohl manuelle Einzelfertigung (und Reparatur) als auch Serienfertigung betrieben werden kann. Andere Verfahren, wie z. B. das Widerstandslöten oder das WIG-Löten, werden hier nicht berücksichtigt.

Das Laserstrahllöten basiert auf einem konzentrierten Lichtstrahl (> 0,6 mm circa, typischer Weise jedoch über 1 mm), der auf die Fügestelle gerichtet wird. Gleichzeitig wird das Lot in Form von Draht kontinuierlich in den fokussierten Strahl geführt, durch den Laserstrahl aufgeheizt und umgeschmolzen. Es benetzt so die vom Laserstrahl ebenso bestrahlte Oberfläche. Das Lot wird von einem Arbeitsgas umspült (Abb. 3.44). Durch eine relative Verfahrbewegung von Werkstück zum Laserstrahl können dann beliebige Verbindungen auch an 3D-Bauteilen ausgeführt werden.

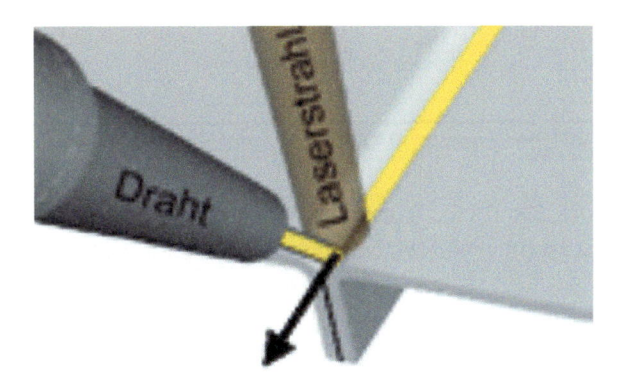

Typischer Weise eignet sich das Laserstrahllöten zum Fügen der Kehlnaht am Bördelstoß und am Überlappstoß. Als vorteilhaft hat sich eine als Tophat bezeichnete Strahlkaustik (d. h. eine gleichmäßige Intensitätsverteilung im Brennfleck, entgegengesetzt zur Gauss'chen Verteilung) erwiesen. Diese erlaubt es, eine gleichmäßige Erwärmung in einem breiten Bereich umzusetzen. Neben Festkörperlaser finden Diodenlaser mit Leistungen bis über 4 kW – auf Grund der geringeren Anforderungen an Fokussierbarkeit – für diese Anwendung einen sehr breiten Einsatz. Sie erlauben es, bei sehr hoher Effizienz Geschwindigkeiten über 4 m/min zu erreichen. Die Spaltüberbrückbarkeit liegt typischer Weise bei 0,2 mm.

Die Entwicklungen in der Lichtbogentechnik, die bereits im Abschnitt Schweißen und in Tabelle 3.1 als energiereduzierte Lichtbogenverfahren erläutert wurden, greifen ebenso für die lichtbogenbasierten Anwendungen des Lötens ein. Grundsätzlich wird entweder im Kurzlichtbogenbereich (auch mit Regelung) oder im Impulslichtbogenbereich gearbeitet. Die Impulslichtbogentechnologie erlaubt einen kurzschlussarmen und kontrollierbaren Werkstoffübergang mit guter Spaltüberbrückbarkeit, insbesondere beim Löten von Kehlnähten am Überlappstoß. Im Allgemeinen kann festgehalten werden, dass es durch den Impulslichtbogenprozess zu Lötnähten mit einem flacheren Verlauf als beim Kurzlichtbogenpro-

Abb. 3.44: *Schematische Darstellung der Anordnung zum Laserstrahllöten*

zess kommt. Um den Wärmeeintrag gering zu halten, wird mit einem relativ niedrigen Grundstrom gearbeitet. Als Schutzgase dienen entweder inerte Gase (MIG-Löten) oder inerte Gase mit geringen Anteilen von aktiven Gasen, z. B. 1 % O_2 oder N_2 (MAG-Löten). Die Spaltüberbrückbarkeit des MSG-Lötens von beschichteten Blechen liegt bei etwa dem Doppelten der Blechdicke, während die Lötgeschwindigkeit bei bis zu 50–70 cm/min liegt.

Beim Plasmalöten wird ähnlich dem Laserstrahllöten das Lot als nicht stromführender Draht in einen zwischen W-Elektrode und Bauteil brennenden Plasmalichtbogen zugeführt. Durch die starke Einschnürung des Plasmalichtbogens ist ein örtlich konzentrierter Wärmeeintrag möglich, der das Lot aufschmilzt und die Benetzung ermöglicht. Im Vergleich zum MSG-Löten zeichnet sich das Plasmalöten durch höhere Prozessgeschwindigkeit bei geringem Zinkabbrand (auch < 1 mm) und geringer Spritzerbildung aus. Im Fall von langen Nähten wird das Plasmalöten als vollmechanisches Verfahren und im Fall von kurzen Nähten als manuelles Verfahren ausgeführt.

3.2.2.2 Löten von Aluminiumwerkstoffen

Das Löten von Aluminium findet insbesondere bei der Fertigung von Wärmetauschern (Kühler, Heizer, Klimaverdampfer etc.) Einsatz. Hier hat Aluminium bereits in den 80er und 90er Jahren des letzten Jahrhunderts Werkstoffe wie Kupfer und Messing in zunehmendem Maß ersetzt. Neben der Möglichkeit, leichtere Bauteile herstellen zu können, macht man sich damit auch die weiteren Eigenschaften von Aluminium, wie Wärmleitfähigkeit, Verformbarkeit und Korrosionsbeständigkeit zu Nutzen. Die Forderung ist hier, ein Gebilde aus Lamellen, Rohren und Profilen so zu fügen, dass der Verzug minimiert wird.

Zum Löten von Aluminium werden Lote auf AlSi-Basis (Hartlote) mit Löttemperaturen zwischen 582 °C und 621 °C oder auf AlZn-Basis (Weichlote), bei denen die Temperaturen um die 400 °C liegen, verarbeitet. Da Aluminiumwerkstoffe eine stabile und hochschmelzende Oxidschicht auf der Oberfläche haben, muss diese vor dem Löten entfernt werden, da sie benetzungshemmend ist. Das Weichlöten von Aluminium und Aluminiumlegierungen wird in der Praxis vergleichsweise selten eingesetzt, was u.a. auf die geringe Korrosionsbeständigkeit einer solchen Verbindung zurückzuführen ist.

Als wirtschaftliches Verfahren zum Hartlöten von Aluminiumwärmetauschern haben sich Verfahren, die unter Schutzgas ausgeführt werden, wie das sogenannte Nocolok- oder CAB-Löten, durchgesetzt. Vakuumlötverfahren eignen sich lediglich für den Batch-Betrieb, darüber hinaus ist die Einhaltung der gewünschten Reinheit schwierig und relativ teuer. Für das Löten unter Schutzgasatmosphäre kommen kontinuierlich arbeitende Durchlauföfen mit Schutzgasspülung zum Einsatz. Beim Nocolok-Verfahren kommt ein Flussmittel auf KAlF-Basis mit einem definierten Schmelzbereich von 565–572 °C (also unterhalb des Schmelzbereiches der AlSi-Lote) zum Einsatz, das die Aluminiumoberfläche benetzt und somit die Oxidschicht entfernt.

AlSi-Lote enthalten zwischen 7,5 und 12 Gew.-% Silicium. Die Zunahme des Si-Gehaltes führt zu einer Abnahme der Liquidustemperatur bis zum Eutektikum, das durch eine Temperatur von 577 °C gekennzeichnet ist. Höhere Si-Gehalte sind durch ein besseres Fließ- und Spaltfüllungsvermögen gekennzeichnet, wobei auf Grund des Konzentrationsgradienten mit Diffusion zwischen Lot und Grundwerkstoff zu rechnen ist.

Aber nicht nur Ofenprozesse, sondern auch laserstrahlbasierte Prozesse zum Fügen von Aluminium durch Löten sind Gegenstand von derzeitigen Entwicklungen. So werden hier Hartlote auf AlSi-Basis eingesetzt, wobei die natürliche Oxidhaut über eine vorgeschaltete gepulste Laserquelle zerstört wird. Somit kann auf Flussmittel, die extrem korrosiv wirken, vollständig verzichtet werden.

3.2.2.3 Löten von Magnesiumwerkstoffen

Das Löten von Magnesium bietet im Vergleich zum Schweißen eine Vielzahl von Vorteilen an. Heißrissbildung, Wiederaufschmelzrisse, Wasserstoffempfindlichkeit (bei Gusswerkstoffen) etc. können vermieden werden, in dem die Grundwerkstoffe nicht aufgeschmolzen werden, sondern durch einen Lot benetzt und gefügt.

Die oxidische Deckschicht von Magnesiumwerkstoffen hat eine hohe Stabilität und muss vor dem Löten entfernt werden, um die Benetzung der Oberfläche zu ermöglichen. Ein relativ innovativer Ansatz zum flussmittelfreien Löten von Magnesium basiert auf dem Verfahren des Ultraschalllötens. Die oxidische Schicht wird mittels Ultraschall aufgebrochen und aus der Grenzfläche Lot/Grundwerkstoff ausgetrieben, während mit einer zusätzlichen Wärmequelle an Normalatmosphäre in wenigen Sekunden das Lot erhitzt und aufgeschmolzen wird. Das Lot liegt in Form von rasch erstarrten Folien der Dicke von etwa 0,1 mm vor und hat eine Zusammensetzung auf Basis MgZnAl. Die Löttemperatur beträgt 350 °C.

3.2.2.4 Löten von Titanwerkstoffen

Das Löten von Titanwerkstoffen spielt als Fügeverfahren eine besondere Rolle. Titan weist einerseits sehr hohe Affinität zu Sauerstoff, Stickstoff und Wasserstoff auf, sodass es unter inerten Bedingungen geschweißt werden muss. Andererseits erfolgt durch das Schweißen eine Kornvergrößerung bei Reintitanwerkstoffen und eine Aufhärtung, wie z. B. bei der typischen Ti6Al4V-Legierung. Beide Phänomene haben sowohl auf die Umformbarkeit als auch auf die Zähigkeit der Verbindung einen negativen Einfluss.

Die Diffusion von Gasen in Titan führt zur Versprödung und nimmt ab etwa 300 °C zu, wobei bei kurzzeitiger Temperaturbelastung der gefährlichere Bereich bei 600 °C beginnt. Das Löten ist hier durch seine geringeren Temperaturen von Vorteil. Das Löten von Titanwerkstoffen erfolgt heutzutage großflächig meistens als Vakuum- oder Schutzgaslöten, um den Schutzanforderungen vor atmosphärischen Gasen gerecht zu werden. Bei der Auswahl der Zusatzwerkstoffe spielen die Löttemperatur (die unterhalb α/β- Transustemperatur liegt), die Benetzungseigenschaften sowie die mechanischen Anforderungen eine übergeordnete Rolle.

Typischer Weise ist es mit Loten aus dem System Ti-Cu-Ni (die als Pulver, Paste oder Bänder vorliegen) möglich, Fügeverbindungen herzustellen, die zumindest mechanische Eigenschaften ähnlich dem Grundwerkstoff haben. Als Verfahren kommt in der Regel das Vakuumlöten in Betracht.

Ebenso kommen zum Löten von Titan auch Al- und Ag-Lote zum Einsatz. Bestrebungen zum Laserstrahllöten mit Ag-Basis-Loten haben gezeigt, dass örtlich eine Kornvergrößerung stattfindet. Der Einsatz der wärmereduzierten Lichtbogentechnik in Zusammenhang mit niedrig schmelzenden AlSi-Loten bietet eine weitere Möglichkeit, Ti-Konstruktionen auch unter Werkstattbedingungen zu fügen (Abb. 3.45).

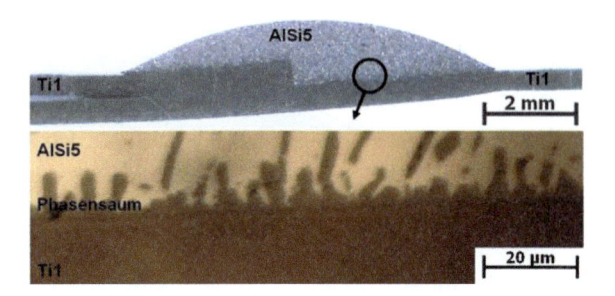

Abb. 3.45: MIG-gelötete Verbindung aus Ti Grade 1 mit AlSi5

2.2.3 Löten von Mischverbindungen

Die Anforderung, leichtere Strukturen herzustellen und zu fertigen, wird in einem Ansatz durch einen konsequenten Material-Mix Rechnung getragen. So können beispielsweise Aluminium und Stahl gleichzeitig eingesetzt werden und im Rahmen der Fertigung stoffschlüssig miteinander gefügt werden. Unterschiede in den Schmelzbereichen von über 800 °C bestehen beispielsweise bei den Paarungen Ti/Al und Fe/Al, während die stark abweichenden Wärmeleitfähigkeitswerte zu einer inhomogenen Temperaturverteilung neben der Fügenaht führen. Unterschiedliche Wärmeausdehnungskoeffizienten führen zu einem inhomogenen Schrumpfverhalten, sodass hohe Eigenspannungen auftreten können.

Darüber hinaus weisen Eisen und Aluminium zwar eine vollständige Löslichkeit im flüssigen Zustand auf, während im festen Zustand die Löslichkeit von Al in Fe bei etwa 42 at.-% bei 1310 °C und von Fe in Al bei 0,08 at.-% bei Raumtemperatur beträgt. D. h., dass sich letztendlich beim Abkühlen aus der Schmelze zwischen Fe und Al intermetallische Phasen bilden, die eine hohe Festigkeit und eine geringe Dehnung aufweisen. Durch die auf das Bauteil wirkenden mehrachsigen Beanspruchungen beim Schrumpfen und der niedrigen Dehnung der intermetallischen Phasen tritt ein Versagen der Verbindung bereits beim Abkühlen auf.

Durch Löten wird letztendlich vermieden, dass ein gemeinsames Schmelzbad gebildet und zumindest die Bildung intermetallischer Phasen eingegrenzt bzw. unterdrückt wird.

Die derzeit vorgestellten Konzepte zum Fügen von Leichtbaustrukturen zwischen Stahl/Aluminium und Titan/Aluminium können wie folgt eingeteilt werden:

- Ein Konzept zum thermischen Fügen basiert auf dem Unterschied der Schmelztemperatur der Werkstoffe. Dieser kann gezielt ausgenutzt werden, um nur den niedrigschmelzenden Partner Aluminium aufzuschmelzen, der dann, ähnlich wie beim Löten, die Stahl- oder Titanoberfläche benetzt.
- Ein anderes Konzept basiert auf dem Einsatz eines Lotes, das einerseits eine niedrige Schmelztemperatur hat und andererseits sowohl den Stahlpartner als auch den Aluminiumpartner benetzen kann.

Im ersten Fall wird das Konzept durch den Einsatz eines Laserstrahls umgesetzt. Dieser erwärmt beispielsweise die Stahloberfläche und über Wärmeleitung wird dann der Aluminiumpartner umgeschmolzen. Zusatzwerkstoffe auf AlSi-Basis können gegebenenfalls eingesetzt werden.

Für das Fügen von Titan mit Aluminium hat sich zum Beispiel als möglicher Ansatz zur Herstellung einer Multi-Material-Mix-Sitzschiene im Flugzeugbau das Aufdicken an der Stoßstelle des Aluminiums (AA6xxx) erwiesen. Hier wird bei der Stoßvorbereitung eine Nut eingebracht, in die das Titanblech (Ti6Al4V) eingeführt wird. Durch beidseitiges Aufschmelzen des Aluminiums und Benetzen der Titanoberfläche wird ein Stumpfstoß erzeugt. Auf eine Zuführung von Zusatzwerkstoff kann verzichtet werden, die Aufdickung gilt als Lotreservoir (Abb. 3.46).

In beiden Fällen bilden sich ebenso intermetallische Phasen durch Diffusion, deren Wachstum jedoch stark unterdrückt werden kann. Der intermetallische Phasensaum beträgt dann lediglich einige µm.

Im zweiten Fall basiert das Konzept zum flussmittelfreien Löten von Feinblechen aus Stahlwerkstoffen und Aluminiumlegierungen auf der Auswahl eines AlSi-Lots oder auf der Auswahl von Weichloten auf Zinkbasis. Für die Wahl der letzteren sind aus werkstofftechnischer Sicht zwei Faktoren von grundsätzlicher Bedeutung:

- Niedrige Schmelztemperatur von etwa 420 °C und durch Zulegieren von Aluminium eine Abnahme der Liquidustemperatur bis zum Eutektikum von etwa 40 °C (bei 11,3 at.-% Aluminium 380 °C), sodass die Zinkschicht beim Fügen nicht in Mitleidenschaft gezogen werden kann,
- ein dem Überzug des Stahls (typischer Weise Zink) ähnliches Lot, sodass die Benetzung zum Stahl flussmittelfrei erfolgen kann.

Die Wahl von AlSi-Loten birgt ähnliche Nachteile wie beim Löten von Aluminium selbst. Außerdem bildet sich eine Al-reiche Schmelze, die Zinkschicht wird zumindest aufgeschmolzen und die Diffusion zwi-

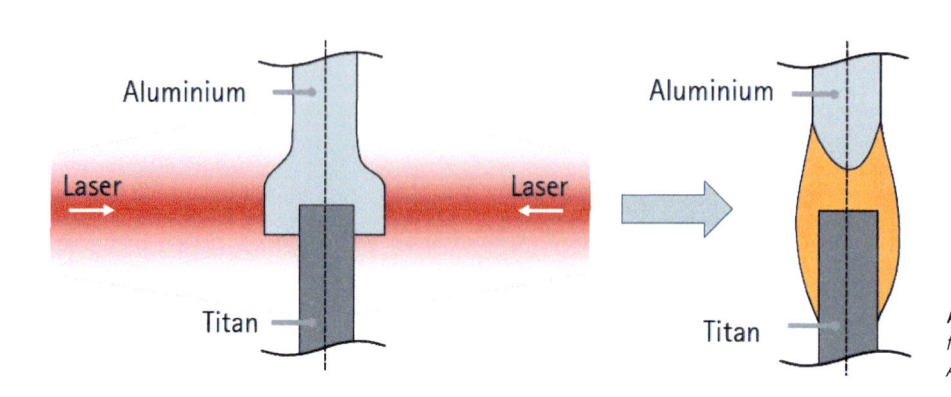

Abb. 3.46: Stoßvorbereitung für das Fügen von Titan mit Aluminium (Quelle: Airbus)

schen Aluminium und Stahl erfolgt in so kurzer Zeit, dass sich intermetallische Phasen bilden.

Der Einsatz von Zn-Basis-Loten verlangt eine gezielte und kontrollierbare Wärmezufuhr auf Grund der bereits dargestellten niedrigen Verdampfungstemperatur. Darüber hinaus muss ein Verfahren eingesetzt werden, das es erlaubt, die natürliche Oxidschicht des Aluminiums zu entfernen, ohne auf den Einsatz von Flussmitteln zurückgreifen zu müssen.

Über einen Laserstrahl kann zwar eine örtlich begrenzte Wärmezufuhr realisiert werden, jedoch zur Benetzung der Aluminiumoberfläche wird entweder eine zusätzliche Aktivierung (z. B. über einen vorgeschalteten Prozess) gebraucht, oder es muss der Aluminiumpartner in geringen Mengen aufgeschmolzen werden. An dieser Stelle spricht man dann von einem Löten zur Stahlseite (Voraussetzung ist die Zinkbeschichtung) hin und von einem Schweißen zur Aluminiumseite hin. Eine vollständige Unterdrückung der Bildung intermetallischer Phasen (über Diffusion) ist auch hier nicht möglich, wobei das Wachstum stark eingegrenzt werden kann.

Auf Grund der Lichtbogenwirkung kann dagegen beim MIG-Löten mit wärmereduziertem Eintrag (geregelter Kurzlichtbogentechnik) auf Flussmittel verzichtet werden und eine typische Lötung ausgeführt werden, ohne dabei ein übermäßiges Erhitzen des Zinks zu bewirken. ZnAl-Lote weisen eine geringe Festigkeit um 200–285 N/mm² auf, sodass die Festigkeit des Verbundes über einen breiten tragenden Querschnitt, also eine breite benetzte Zone, erzielt werden kann. Gleichwohl können ZnAlCu-Lote mit bis zu 3,5 % Cu und Spuren von Magnesium Festigkeiten bis zu über 410 N/mm² aufweisen. In diesem Fall versagt die Verbindung im Stahlpartner (Tiefziehstahl).

Der mäßigen Benetzung durch den geringen Wärmeeintrag beim MIG-Löten mit geregelter Kurzlichtbogentechnik kann durch Zusatzmaßnahmen zum örtlichen Erwärmen entgegengewirkt werden.

Unter korrosiven Belastungen empfiehlt es sich, die Fügestelle abzudichten, um zu vermeiden, dass Feuchte in den Spalt eindringt und Korrosion auftritt.

In Tabelle 3.4 ist eine orientierende Bewertung unterschiedlicher Fügegeometrien hinsichtlich ihrer Eignung zum Löten mit ZnAl-Basis Loten aufgeführt.

Tab. 3.4: *Orientierende Bewertung der Fügeeignung und -möglichkeit ausgewählter Nahtgeometrien*

Geometrie	Darstellung	Verzinkter Stahl/ Aluminium
Stumpfnaht		nicht geeignet
Kehlnaht am Bördelstoß		geeignet
Kehlnaht am Überlappstoß		geeignet (Aluminium zur Wärmequelle zugewandten Seite)

3.2.4 Fazit

Das Löten als stoffschlüssiges Fügeverfahren bietet eine Vielzahl von Möglichkeiten an, Werkstoffe ohne Veränderung ihres Gefüges thermisch miteinander zu fügen.

Die dargestellten Beispiele verdeutlichen,

- dass Löten im Leichtbau berechtigt dort eingesetzt werden kann, wo eine Abstimmung zwischen Grundwerkstoffen, Lot, Prozessführung und Anforderungen stattgefunden hat,
- dass Lote in der Regel eine geringere Festigkeit als die der Grundwerkstoffe besitzen, wobei hochfeste Lötverbindungen beispielsweise über den tragenden Querschnitt und somit zum Beispiel durch eine angepasste Auslegung hergestellt werden können,
- dass Löten ein deutlich höheres Potenzial darstellt als ihm bislang geschenkt wurde, um hochfeste Verbindungen auch unter verschiedenartigen Metallen herzustellen.

3.3 Weiterführende Informationen zu 3.2

Literatur

Autorenkollektiv: ChopArc - MSG-Lichtbogenschweißen für den Ultraleichtbau. Fraunhofer-Verlag, 2005

Bach, F. W.; Lau, K.: Einsatz moderner Hochleistungsfügetechnik zur Herstellung von Stahl-Aluminium-Hybridstrukturen. Schweißtechnik und Fügetechnik - Schlüsseltechnologien der Zukunft, ASTK, Internationales Aachener Schweisstechnik Kolloquium, 10, in: Aachener Berichte Fügetechnik 2007 Seite 461-475

Bergmann, J. P.: Thermische Fügeverfahren - Werkstoff- und Prozesstechnik für das Fügen bei niedrigen Temperaturen. Verlagshaus Mainz GmbH Aachen, 2008

Bergmann, J. P.; Wilden, J.; Reich, S.; Goecke, S.-F.: Methods and solutions for joining plates made from different metals using voltaic arc welding. Welding International, Vol. 23, No. 12, 2009, 647-654

Braumöller, J.: Beitrag zum flußmittelfreien Laserstrahlhartlöten von Aluminiumwerkstoffen. Dissertation, TU Dresden, 2003

Broda, T.: Lotapplikation mittels Ultraschallschweißen zum flussmittelfreien Löten. In DVS-Berichte, Bd. 263, 2010, 416-419

Bruckner, J.; Himmelbauer, K.: „Cold Metal Transfer" - Ein neuer Prozess in der Fügetechnik. DVS-Bericht 237, Verlag für Schweißen und verwandte Verfahren, DVS-Verlag Düsseldorf, 2003, 32-37

Donst, D.; Janssen, A.; Klocke, F.: Flussmittelfreies Laserstrahllöten von Aluminium. Analyse der Prozessmechanismen zum Aufbau eines Prozessmodells. Wt Werkstatttechnik online, Bd. 99, Heft 6, 2009, 363-370

Engelbrecht, L.: Effects on laser brazing of roof seam using diodelasers with adapted beam characteristics. EALA 2009, Bad Nauheim, 2009

Füssel, U.; Zschetsche, J.; Vranakova, R.; Nguyen, T.: Anwendung klassischer Schweißtechnik zur Herstellung neuer Fugenlötverbindungen., 3. Löttechnisches Forum der DVS-Fachgesellschaft Löten, DVS-Fachgesellschaft Löten, Chemnitz, 14. Mai, 2003

Goecke, S.: Energiereduziertes Lichtbogen-Fügeverfahren für wärmeempfindliche Werkstoffe. DVS-Bericht 237, Verlag für Schweißen und verwandte Verfahren, DVS-Verlag Düsseldorf, 2003, S.44/48

Goede, M.; Dröder, K.: Hochleistungsfügetechnik für Hybridstrukturen, 1. Berichtskolloquium der DFG-Forschergruppe 505, Hannover, DE, 22. Nov, 2005

Hahmann, W.: Plasmalöten in der Fertigung der Automobilindustrie. EWM Hightec Welding, 2003

Haldenwanger, H.-G.; Korte, M.; Schmid, G.; Walther,U.: Mischverbindungen im Pkw-Karosseriebau. In: Dünnblechverarbeitung, SLV München 2001, 95-108

Helmich, A.: Untersuchungen zum wärmearmen Fügen von Feinblech mit Kupferbasis-Loten, Dissertation, TU Clausthal, 2002

Jüttner, S.; Winkelmann, R.; Füssel, U.; Vranakova, R.; Zschetzsche, J.: Fügen von Aluminium-Stahl-Verbindungen mittels Lichtbogenverfahren. DVS-Bericht 225, Verlag für Schweißen und verwandte Verfahren, DVS-Verlag Düsseldorf, 2003, 377-382

Kocik, R.; Vugrin, T.; Seefeld, Th.: Laserstrahlschweißen im Flugzeugbau: Stand und künftige Anwendungen. 5. Laser-Anwenderforum, Bremen, 2006, 15-26

Klocke, F.; Castell-Codesal, A.; Donst, D.: Process Characteristics of Laser Brazing Aluminium Alloys. In: Sheet Metal 2005, Trans Tech Publications Ltd., 2005, 135-142

Knopp, N.; Killing, R.: Lichtbogenhartlöten – Innovativ, sicher und wirtschaftlich. EWM Hightec Welding, 2003

Kreimeyer, M.: Verfahrenstechnische Vorrausetzungen zur Integration von Aluminium-Stahl-Mischbauweisen in den Verkehrsmittelbau. Strahltechnik, Band 30, BIAS Verlag, 2007

Larsson, J. K.: Laserlöten – Eine neue Technologie für kosmetisches Fügen im PKW Rohbau. In DVS-Berichte, Band 240, 2006, 173-178

Laukant, H.: Laserschweiß-Löten von Stahl-Aluminium-Mischverbindungen. Verlag Dr. Köster, Berlin, 2007

Lison, R.: Wege zum Stoffschluss über Schweiß- und Lötprozesse. Fachbuchreihe Schweißtechnik., Band 131, DVS-Verlag Düsseldorf, 1998

Mücklich, S.: Beitrag zum flussmittelfreien Löten von Magnesiumwerkstoffen mit angepassten Lotwerkstoffen. Schriftenreihe Werkstoffe und werkstofftechnische Anwendungen Band 21, 2005

Mücklich, S.: Leichtbaupotenziale durch Einsatz von Leichtmetallen. Schriftenreihe Werkstoffe und werkstofftechnische Anwendungen Band 29 2008

Ostendorf, A.; Meier, O.; Engelbrecht, L.; Haferkamp, H.: Herstellung von Tailored Hybrid Blanks durch Laserstrahllöten mit Zinkbasisloten. 1. Berichtskolloquium der DFG-Forschergruppe 505 (Hrsg. F.W.Bach), 2005, 9/19

Radscheidt, C.: Laserstrahlfügen von Aluminium mit Stahl. Dissertation Universität Bremen 1997

Reisgen, U.; Stein, L.; Steiners, M.; Bleck, W.; Kucharczyk, P.: Schwingverhalten von mit modifiziertem MSG-Kurzlichtbogenprozess gefügten Stahl-Aluminium -Mischverbindungen. Schweißen und Schneiden, Heft 7-8, 2010, 396–399

Schlüter, S.; Rasmussen, T.: Gelötetes Vollaluminium-Werkstoffkonzept für HVAC&R-Anwendungen. In DVS-Berichte, Bd. 263, 2010, 113–116

Vahrenwaldt, H.J.; Schuler, V.: Praxiswissen Schweißtechnik. Vieweg Verlag 2003

Wilden, J.: Brazing as the key to resource-efficient and energy-efficient joining in the product life cycle. Welding and Cutting, DVS Media, Düsseldorf, Issue 5, 2010, 301–312

Wilden, J.; Jahn, S.; Drescher, V.; Reich, S.; Bergmann, J.P.: Wärmearmes Laserstrahllöten verzinkter Stähle mittels niedrigschmelzender Lotwerkstoffe. Schweißen und Schneiden, Heft 11, 2010, 622–625

4 Chemisches Fügen – Kleben

Klaus Dilger

4.1	Kleben als Fügeverfahren	873	4.3.8.3 Kleben von Duromeren	893
4.1.1	Klebgerechte Gestaltung	873	4.3.9 Kleben von Faserverbund-	
4.1.1.1	Kleben geschlossener Profile	875	werkstoffen	893
4.1.1.2	Kleben von T-Stößen	877		
4.1.2	Klebstoffe für den Leichtbau	877	4.4 Rechnerische Auslegung von	
4.1.2.1	Epoxidharzklebstoffe	877	Leichtbauklebungen	895
4.1.2.2	Polyurethanklebstoffe	879	4.4.1 Analytische Berechnungs-	
			methoden für Klebverbindungen	896
4.2	Vorbehandlung der		4.4.1.1 Berechnung von dünnen,	
	Oberflächen zum Kleben	879	strukturellen Klebschichten	896
			4.4.1.2 Berechnung von flexiblen, gummi-	
4.3	Leichtbauwerkstoffe und deren		elastischen Klebschichten	898
	Klebbarkeit	879	4.4.2 Numerische Berechungs-	
4.3.1	Kleben von Stahlblechen	881	methoden für Klebverbindungen	900
4.3.2	Kleben formgehärteter		4.4.2.1 Berücksichtigung mehrachsiger	
	Stahlbauteile	881	Spannungszustände	901
4.3.3	Kleben von Aluminiumblechen	884	4.4.2.2 Kohäsivzonenmodelle	902
4.3.4	Kleben von Aluminium-			
	Druckguss	887	4.5 Kleben im Fahrzeugbau	903
4.3.5	Kleben von Magnesium-		4.5.1 Kleben im Karosserie-Rohbau	903
	werkstoffen	890	4.5.2 Kleben in der Automobil-	
4.3.6	Kleben von Titanwerkstoffen	890	montage	905
4.3.7	Kleben lackierter Bleche	890		
4.3.8	Kleben von Kunststoffen	892	4.6 Zusammenfassung	905
4.3.8.1	Kleben thermoplastischer			
	Kunststoffe	892	4.7 Weiterführende Informationen	906
4.3.8.2	Kleben von Elastomeren	893		

Kleben als Fügetechnik wird genutzt, um komplexe Teile aus Substrukturen zu fertigen. Die Verbindung muss bestimmten Anforderungen genügen, die sich von der Anwendung des Bauteils ableiten lassen. In den meisten Fällen können die erforderlichen Eigenschaften auch von den eingesetzten Werkstoffen abgeleitet werden, da diese Werkstoffe gewählt wurden, um den zu erwartenden Einwirkungen zu widerstehen. Darüber hinaus können durch Klebungen Eigenschaften erzielt werden, die in einer monolitischen Bauweise nicht erreicht werden können. Dies sind z. B. elektrische Isolation oder die Dämpfung von Schwingungen, um die Schallemission zu reduzieren. Vor diesem Hintergrund muss bei der Gestaltung klebgerechter Geometrien zwischen unterschiedlichen Stoffklassen und einer Vielzahl von Anwendungen und den hiermit verbundenen Beanspruchungen und Umgebungsbedingungen unterschieden werden. Umgebungseinflüsse, wie Feuchtigkeit, extreme Temperaturen, Temperaturwechsel, Medien wie Öl oder Lösungsmittel etc., haben erheblichen Einfluss auf Festigkeit und Beständigkeit einer Klebverbindung und müssen bei der Klebstoffauswahl und der Gestaltung der Bauteile berücksichtigt werden.

Das Kleben ist als Fügetechnik in DIN 8593 genormt und in Teil 8 dieser Norm ausführlich beschrieben.

Neben einer geeigneten Oberflächenvorbehandlung und einer Vergrößerung der Klebfläche kann es bei möglichem Medienzutritt auch sinnvoll sein, die Klebfuge gegenüber diesem Medienzutritt abzudichten. In jedem Fall sollte vor allem bei der Einwirkung von Feuchte/Wasser darauf geachtet werden, dass das Wasser abfließen kann und somit nicht dauerhaft auf die Klebschicht einwirkt. Eine Schwächung der Klebung kann in diesem Fall durch die Schwächung der Klebschicht selbst (Kohäsionsbruch) oder durch die Schwächung der Randschichten zwischen der Klebschicht und einem der Fügeteile (Adhäsionsbruch) erfolgen. Für eine klebgerechte Gestaltung müssen diese Randbedingungen berücksichtigt werden.

4.1 Kleben als Fügeverfahren

Leichtbauweise ist eine Konstruktionsphilosophie, die maximale Gewichtseinsparung bei gleichbleibenden oder verbesserten Eigenschaften zum Ziel hat. Dabei handelt es sich um den Einsatz von Werkstoffen, Konstruktionen und Fertigungstechnologien, die für den jeweiligen Anwendungszweck ausgelegt werden. Daraus resultiert häufig eine Kombination aus verschiedenen Leichtbauwerkstoffen mit ihren spezifischen Eigenschaften. Bauteilgeometrien sowie Be- und Verarbeitungsverfahren dieser Materialien sind dabei zu berücksichtigen, d.h. die Ausnutzung entweder spezieller oder innovativer Fertigungs- und damit Konstruktionsmöglichkeiten der Leichtbauwerkstoffe.

Die Klebtechnik ist in hervorragendem Maße für die Herstellung von Verbindungen im Leichtbau geeignet, weil

- alle gleichartigen und ungleichartigen Werkstoffe gefügt werden können,
- die Werkstoffe infolge der flächigen Krafteinleitung sehr gut ausgenutzt werden,
- infolge der Vermeidung von Spannungsspitzen das Ermüdungsverhalten sehr gut ist,
- durch die isolierende Wirkung des Klebstoffes Kontaktkorrosion vermieden wird,
- durch die hohe Dämpfung die Schallemission verringert wird und
- keine Schwächung der Werkstoffe durch thermische Beeinflussung und Kerbwirkung stattfindet.

Dem stehen allerdings auch einige Nachteile gegenüber (Tab. 4.1).

Die Klebkraft beruht auf einer mechanischen *Adhäsion*, bei der sich die ausgehärtete Klebschicht in den Poren und Kapillaren verklammert, und/oder chemischen und physikalischen Haftmechanismen. Die Klebschicht selbst wird durch die innere Festigkeit, die *Kohäsion*, zusammengehalten.

Die Klebstoffe haften auf dem Werkstoff der Fügeteile, also im Leichtbau auf Metallen (Stahl, Aluminium, Magnesium oder Titan) bzw. auf Kunststoffen oder faserverstärkten Kunststoffen. Metalle können mit einem metallischen Überzug (Zink, Aluminium) oder einer anorganischen (AlSi) oder organischen Beschichtung (Lack) versehen sein. Dies bedeutet, dass der Klebstoff auf dem Überzug oder der Beschichtung haften muss, die ihrerseits fest auf dem Grundwerkstoff haften müssen. Hier sind in jedem Fall entsprechende Vorversuche notwendig.

4.1.1 Klebgerechte Gestaltung

Die Gestaltung und die Auslegung geklebter Verbindungen sind in den letzten 50 Jahren in einer Vielzahl von Publikationen betrachtet und diskutiert worden, sodass hier auf die Literatur verwiesen werden kann (Chamis 1991, Baldan 2004, Apalat 1995, Fuhrmann 1984, Heitz 1971, Moulds 2006, Käufer 1984, Marques 2008). In den meisten Fällen sind sowohl Festigkeit als auch Steifigkeit einer Klebschicht erheblich geringer als Festigkeit und Steifigkeit der Fügeteile, die mit dieser Klebschicht verbunden werden sollen. Gebräuchliche Klebstoffe verfügen über eine Zugscherfestigkeit von 1–40 MPa, abhängig

Tab. 4.1: *Vor- und Nachteile des Klebens als Fügetechnik*

Vorteile	Nachteile
Keine Wärmebeeinflussung der Fügeteile	Begrenzte Warmfestigkeit der Verbindung
Gleichmäßige Spannungsverteilung	Veränderung der Klebefuge bei Lagerung und Langzeiteinsätzen möglich
Flächige Verbindung möglich	
Verbindung unterschiedlicher Werkstoffe möglich	Sorgfältige Reinigung und Vorbehandlung der zu verbindenden Oberflächen meist erforderlich
Gas- und flüssigkeitsdichte Fugen, also keine Gefahr für Spaltkorrosion	Oft spezielle Vorrichtungen zum Fixieren der Verbindung erforderlich
Verhinderung von Kontaktkorrosion durch Klebstoff als Isolierung	Zerstörungsfreie Prüfung der Verbindung nur bedingt möglich
Keine präzisen Passungen der Fügeflächen erforderlich	Kriechneigung bei Langzeitbeanspruchung
Gute Dämpfungseigenschaften der Verbindung	
Hohe dynamische Festigkeit	

von der Klebfugengeometrie und der Temperatur etc. und einen E-Modul von 1-10.000 MPa. Verglichen mit unterschiedlichen Stahlgüten, die über einen Festigkeitsbereich von ca. 350-2000 MPa und einen E-Modul von ca. 210.000 MPa verfügen, ergibt sich somit ein Faktor von ca. 10-1000 in Bezug auf die Festigkeit und 1-100 in Bezug auf die Steifigkeit.

Um diese Unterschiede zu kompensieren, muss eine geeignete Geometrie für die Klebfuge gewählt werden. Wenn beispielsweise Stahlblech mit einem hochfesten Epoxidharzklebstoff geklebt werden soll, muss die Klebfläche ungefähr das Zehnfache des Blechquerschnitts betragen, um den Blechwerkstoff voll auszunutzen. Dieses Beispiel zeigt, dass die relativ geringere Festigkeit des Klebstoffs über eine größere Klebfläche ausgeglichen werden muss. Einige Möglichkeiten, die Klebfläche gegenüber dem Bauteilquerschnitt zu vergrößern, sind für Flachmaterialien in Abbildung 4.1 dargestellt. Hierbei dienen die mehrschnittigen Überlappungen zusätzlich dazu, eine zentrische Krafteinleitung zu gewährleisten und somit schädliche Momente (und hieraus resultierende Schälung) zu verhindern. Die abgesetzten bzw. abgeschrägten Enden und Übergänge (Schäftung) führen zu einer gleichmäßigeren Krafteinleitung, was Spannungsspitzen reduziert und somit die Tragfähigkeit der Verbindung erhöht.

Grundsätzlich wird die Nennfestigkeit von Klebungen (Klebfestigkeit = maximal durch die Klebung übertragbare Kraft/Klebfläche) negativ beeinflusst, wenn Spannungskonzentrationen auftreten. Diese Spannungskonzentrationen können aus unterschiedlicher Dehnung der Fügeteile resultieren oder aber aus einer nicht flächigen Krafteinleitung, was zur Schäl- oder Spaltbelastung der Klebung führt. Da bei einer Schälbelastung nur ein sehr geringer Bereich

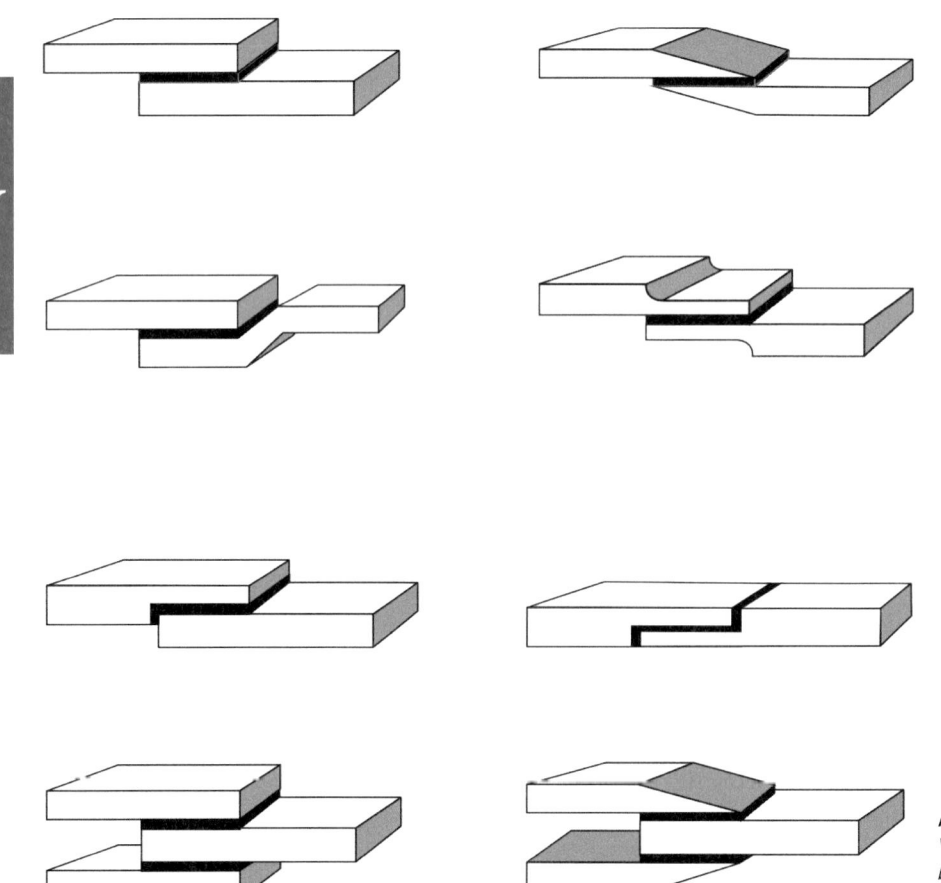

Abb. 4.1: Klebgeometrien zur Vergrößerung der Klebfläche bei gleichzeitiger Reduktion von Spannungsspitzen

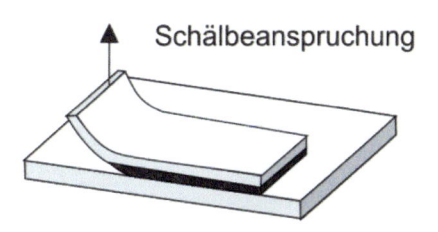

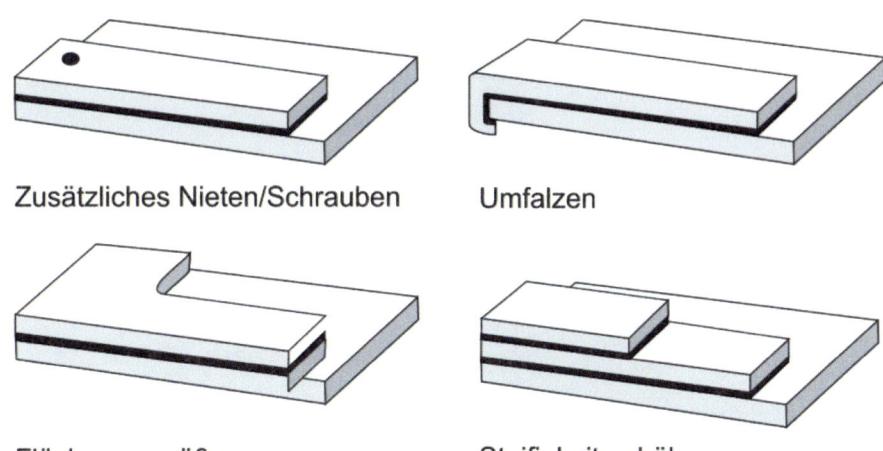

Abb. 4.2: *Gestaltoptimierung zur Reduzierung von Schälspannungen*

der Klebschicht trägt, kommt es zur partiellen Überbeanspruchung, was dann zum fortschreitenden Versagen führt. Aus dem Beschriebenen ergibt sich die Notwendigkeit, auch Spannungskonzentrationen, die aus Schälspannungen resultieren, zu minimieren. Mögliche konstruktive Ausprägung mit diesem Ziel sind in Abbildung 4.2 dargestellt.

4.1.1.1 Kleben geschlossener Profile

Für rotationssymmetrische Bauteile ergibt sich eine vergleichbare Situation. Auch in diesem Fall kann durch eine Überlappung die Klebfläche vergrößert werden. Hier kommt bei der Gestaltung und Herstellung der Klebungen erschwerend hinzu, dass die Verbindungsstellen statisch überbestimmt sind. Infolge von Bauteiltoleranzen können die Spaltbreiten zwischen null und einigen Millimetern schwanken. Zu geringe Spaltmaße führen zum Abschieben des Klebstoffs, was eine unzureichende Fugenfüllung und die Verschmutzung der Bauteile mit sich bringt. Zu große Spalte werden vom Klebstoff nicht ausgefüllt. Hinzu kommt, dass die große resultierende Klebschichtdicke infolge von Schrumpf, Lufteinschlüssen etc. strukturell geschwächt wird, was geringere Klebfestigkeiten und weniger robuste Prozesse zur Folge hat. Üblicherweise werden entsprechende Bauteile mit einer Rotationsbewegung gefügt, um den Fügevorgang zu erleichtern und ein Abschieben zu minimieren. Zusätzlich wird häufig die Welle gekühlt und die Nabe erwärmt, um durch die thermische Ausdehnung den Spalt zu vergrößern. Dies kann auch genutzt werden, um in einer sogenannten Schrumpfklebung die Vorteile der Verfahren Schrumpfen und Kleben zu vereinigen. Hieraus resultieren Verbindungen mit sehr hohen Festigkeiten. Eine sinnvolle Alternative zur beschriebenen Vorgehensweise stellt das Injektionskleben dar (Abb. 4.3). Hier werden die Teile zunächst ohne Klebstoff gefügt. Der Klebstoff wird nach dem Fügen durch Bohrungen injiziert. Dichtungselemente oder in die Bauteile eingeprägte Strömungsleit- und Spaltabdichtungsbuckel gewährleisten die erforderliche Fugenfüllung. Die aufgeführte Verfahrensweise birgt erhebliches Potenzial, hat sich aber in der industriellen Praxis noch nicht durchgesetzt.

4 Kleben

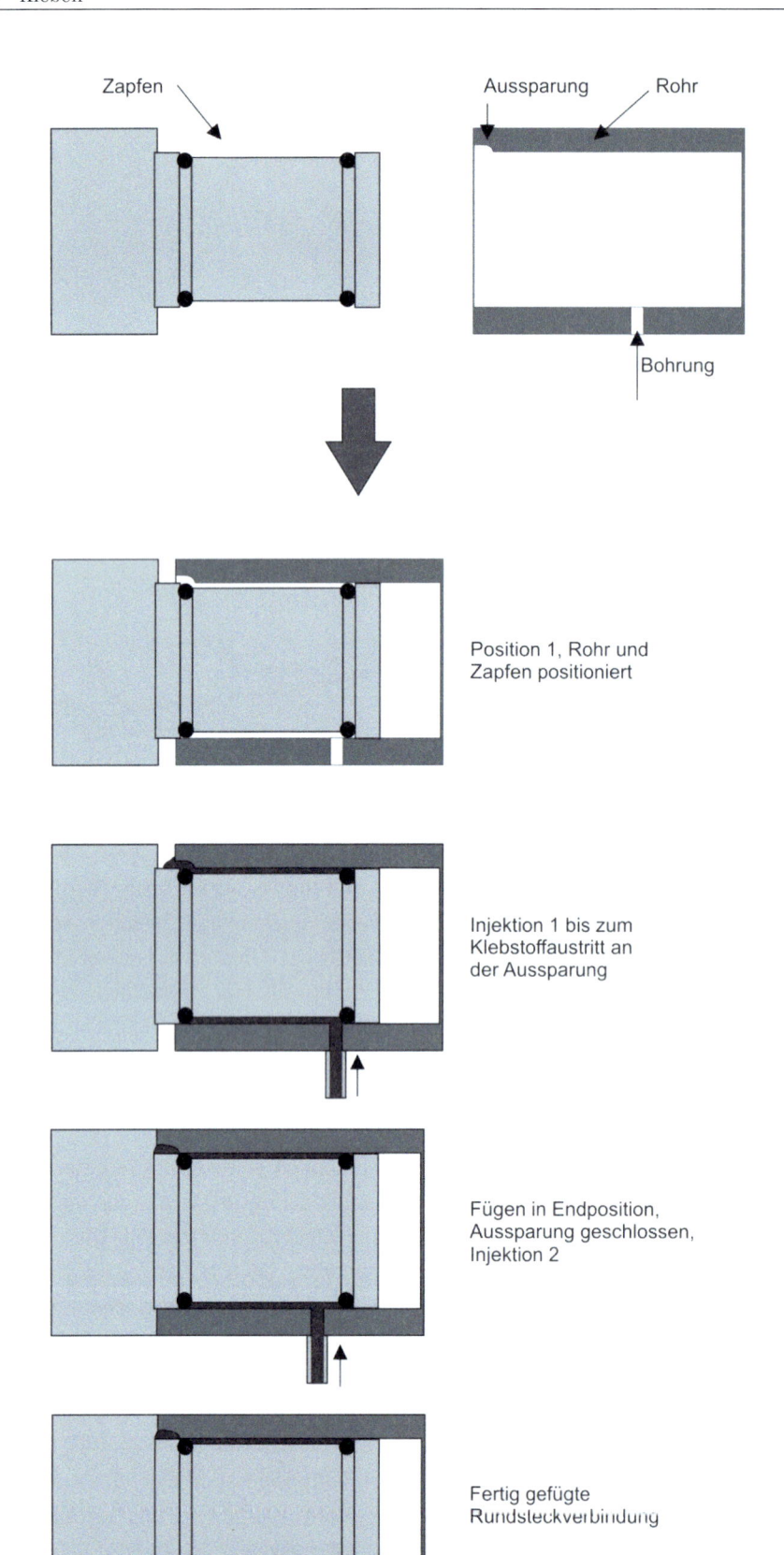

Position 1, Rohr und Zapfen positioniert

Injektion 1 bis zum Klebstoffaustritt an der Aussparung

Fügen in Endposition, Aussparung geschlossen, Injektion 2

Fertig gefügte Rundsteckverbindung

Abb. 4.3: *Injektionskleben geschlossener Profile (Siebert 2005)*

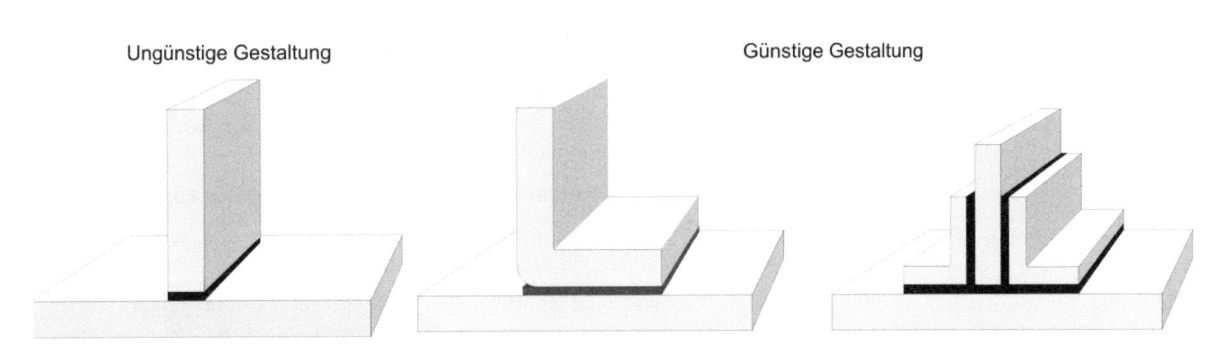

Abb. 4.4: *Gestaltungsbeispiele für das Kleben von T-Stößen*

4.1.1.2 Kleben von T-Stößen

Eine weitere Variante, die bei der Gestaltung von Klebungen berücksichtigt werden muss, ist der T-Stoß. Es werden zwei oder mehr Teile unter einem Winkel von meist 90° gefügt. Kritisch sind in diesem Fall neben der relativ geringen Fügefläche, die sich aus dem T-Stoß ergibt, das Auftreten von Schäl- und Spaltbeanspruchungen, die aus den angreifenden Momenten herrühren. Aus diesem Grund muss der Gestaltung dieser Stöße eine besondere Aufmerksamkeit gewidmet werden. Gestaltungsvarianten sind Abbildung 4.4 zu entnehmen. Weitere Gestaltungshinweise finden sich in der weiterführenden Literatur (Käufer 1984, Less 1986, Hashim 1990, Stuart 1992, To 2009, Davies 1990).

4.1.2 Klebstoffe für den Leichtbau

Die derzeit technisch genutzten Klebstoffe gliedern sich in physikalische abbindende und chemische aushärtende Klebstoffe, wobei die chemisch härtenden nach der Art der chemischen Reaktion unterteilt werden können, nach der die Grundstoffe zur festen Klebschicht reagieren, also Polymerisation, Polykondensation und Polyaddition. Diese Unterteilung bringt aber für den Praktiker wenig Nutzen.
Grundsätzlich könnte eine Vielzahl dieser Klebstoffe bzw. Klebstoffklassen eingesetzt werden, um in unterschiedlichen Anwendungen einen Leichtbaueffekt zu unterstützen. Bei den chemisch aushärtenden Klebstoffen (Reaktionsklebstoffen) soll auf epoxidharz- und polyurethanbasierte Systeme fokussiert werden, da diese die weiteste Verbreitung bei anspruchsvollen und höherfesten Anwendungen gefunden haben und somit das größte Potenzial für Leichtbauanwendungen aufweisen.

Diese Klebstoffklassen verfügen – wie alle Kunststoffe – infolge der Möglichkeit zu einer großen Vielfalt der Formulierung über ein sehr breites Spektrum an Eigenschaften. Durch die Verwendung unterschiedlicher Monomerer und Präpolymerer und die Wahl von Füllstoffen und Weichmachern können die Klebstoffe von hochelastisch bis hochfest eingestellt werden. In vielen technischen Anwendungen werden die Epoxidharzklebstoffe jedoch als hochfeste und die Polyurethanklebstoffe als hart- und hochelastische Klebstoffe eingesetzt.

4.1.2.1 Epoxidharzklebstoffe

Epoxidharzklebstoffe haben als hochfeste, strukturelle Klebstoffe im Leichtbau eine lange Tradition. Im Flugzeugbau haben sie die Phenolharzklebstoffe in den siebziger Jahren des letzten Jahrhunderts abgelöst, im Automobilbau werden sie zur Versteifung von Karosserien seit den achtziger Jahren des letzen Jahrhunderts eingesetzt. Während im Flugzeugbau vorwiegend 1K-Epoxidharzklebstoffe als Folie verwendet werden, die bei 125 bis 180 °C im Autoklaven ausgehärtet werden, kommen im Automobilbau pastöse ein- und zweikomponentige Epoxidharzsysteme zum Einsatz. Epoxidharzsysteme, die heute zur Verfügung stehen, zeigen die Probleme der ersten Generation nicht mehr. Jedoch bestehen infolge der in der Vergangenheit aufgetretenen Schäden auch heute

Tab. 4.2: *Übersicht über technisch genutzte Klebstoffe*

Physikalisch abbindende Klebstoffe	
Lösemittelhaltige Klebstoffe	Das Polymere ist im Lösemittel gelöst, das während der Trocknung verdampft. Mindestens einer der Fügepartner muss Diffusion ermöglichen. Die Trocknung dauert relativ lange.
	Kunststoffe können angelöst werden und so chemische Bindung zum Fügepartner erzeugen (Diffusionsklebstoffe).
	Die Lösemittel können aber auch Risse erzeugen.
Plastisole	Feste Polymerpartikel sind in Lösemittel dispergiert. Sie werden unter Temperatureinfluss angeliert, nehmen Lösemittel auf und werden dann ausgehärtet. Sie sind schon im angelierten Zustand auswaschbeständig.
	Beispiel ist PVC, das als Nahtabdichtung und im Unterbodenschutz Anwendung findet.
Wasserbasierte Klebstoffe Dispersionsklebstoffe	Feste Polymerpartikel sind in Wasser dispergiert, z. B. Acrylate oder kautschukbasierte Klebstoffe. Diese werden auch als Styrol-Klebstoffe bezeichnet, weil das Polymer ein Styrol-Butadien-Kautschuk (SBR) ist. Der Ablauf entspricht dem der lösemittelbasierten. Sie sind frostempfindlich (Lagerung) und können auf Stählen Korrosion verursachen.
Schmelzklebstoffe Hotmelts	Der Klebstoff besteht aus 100 % Feststoff, der durch Erwärmen aufgeschmolzen wird und beim Abkühlen die Klebschicht bildet.
Chemisch härtende Klebstoffe/Reaktionsklebstoffe	
2-Komponenten-Systeme	Binder und Härter werden getrennt angeliefert und gelagert. Sie werden genau im angegebenen Verhältnis gemischt und innerhalb der Topfzeit verarbeitet. Die Aushärtung erfolgt bei erhöhter Temperatur.
	Produkte, die nach Polykondensationsmechanismus aushärten, können Monomere (Gase, Flüssigkeiten) abgeben, die zu Störungen in der Klebschicht führen können.
1-Komponenten-Systeme	Binder und Härter werden gemeinsam angeliefert und härten durch Luftfeuchtigkeit, Sauerstoffausschluss, Temperaturerhöhung oder Kontakt mit einer aktivierten Oberfläche. EP-Klebstoffe haben eine gute Ölaufnahme.
	Die vorgeschriebenen Lagerbedingungen sind einzuhalten.
	Sowohl Epoxide als auch Polyurethane werden als 1K-Klebstoffe angeboten.
	Cyanacrylate sind geeignet für Metalle, erlauben dünnen Klebespalt, sind nicht feuchtigkeits- und temperaturstabil.

noch erhebliche Vorbehalte gegenüber dem Einsatz von Klebstoffen für strukturelle Anwendungen im Flugzeugbau.

Die Anwendung von Epoxidharzklebstoffen im Fahrzeugleichtbau begann mit dem Punktschweißkleben zur Erhöhung der Steifigkeit von Automobilkarossen. Hierfür wurden und werden heute noch hochfeste und hochsteife einkomponentige Epoxidharzklebstoffe eingesetzt, die bei 180°C im Lacktrockner gehärtet werden und eine gute Ölaufnahmefähigkeit besitzen. Diese gute Ölaufnahmefähigkeit ist notwendig, da die Klebstoffe im Karosseriebau auf beölte Bleche appliziert werden. Mitte bis Ende der neunziger Jahre des letzten Jahrhunderts wurden Epoxidharzklebstoffe entwickelt, die auch im Crashfall über eine hohe Festigkeit und Energieaufnahme verfügen. Dies wurde dadurch erreicht, dass durch Phasentrennung bei der Aushärtung oder durch Zugabe bei der Formulierung nanoskalige Elastomerzonen erzeugt werden, die als Rissstopper dienen. Diese Klebstoffe werden heute eingesetzt, um sowohl die Steifigkeit von Automobilkarossen zu erhöhen als auch die Fahrgastsicherheit im Crashfall zu verbessern.

In den letzen Jahren kam im Automobilbau die Forderung nach kalthärtenden Klebstoffen für einen „kalten Rohbau" bzw. zur Verbesserung der Auswaschbeständigkeit auf. Dem wurde durch den Einsatz zweikomponentiger Klebstoffe begegnet. Hier kommen Epoxidharze und Epoxid-Acrylat-Systeme zum Einsatz, die über eine bessere Ölaufnahmekapazität verfügen, während die Epoxidharzsysteme eine bessere Crashbeständigkeit aufweisen. Typische Klebfestigkeiten mit Epoxidharzklebstoffen auf Stahlblechen mit einer Dicke von 0,6 mm bzw. Aluminiumblechen mit einer Dicke von 1 mm liegen bei 15–20 MPa. Bei einer Überlappungslänge von 10 mm können somit Kräfte übertragen werden, die die Fügeteile bis knapp unter die Streckgrenze belasten. Die E-Moduln liegen bei klassischen Systemen bei etwa 2000 MPa.

4.1.2.2 Polyurethanklebstoffe

Hartelastische Polyurethanklebstoffe, die ein- oder zweikomponentig verarbeitet werden, verfügen in klassischen Anwendungen über Festigkeiten von ca. 10 MPa und E-Moduln von 50–200 MPa. Sie werden für strukturelle Anwendungen eingesetzt, bei denen die Anforderungen geringer sind als bei der Verwendung von Epoxidharzklebstoffen. Polyurethanklebstoffe verfügen über eine sehr geringe Ölaufnahmefähigkeit, sodass sie häufig auf lackierten Blechen Einsatz finden, wo sie über ein gutes Haftungsspektrum verfügen. Einkomponentige Polyurethane härten durch die Reaktion mit Wasser aus, was bei der Anwendung eine ausreichende Luftfeuchtigkeit voraussetzt.
Gummielastische Polyurethanklebstoffe, die meist einkomponentig (nicht zwingend) vorliegen, erreichen Klebfestigkeiten von bis zum 5 MPa und haben einen E-Modul von ca. 5 MPa. Der große Vorteil dieser Klebstoffe liegt in der sehr großen Bruchdehnung, die einige hundert Prozent beträgt. Aufgrund der relativ geringen Festigkeiten werden die gummielastischen Polyurethanklebstoffe als semistrukturelle Klebstoffe bezeichnet. Neben der Kraftübertragung z.B. zur Versteifung der Fahrzeugkarosserie bei eingeklebten Front- und Heckscheiben ist die Dichtwirkung von besonderer Relevanz. Gummielastische Polyurethanklebstoffe haften sehr gut auf lackierten Oberflächen und können große Klebspalte praktisch ohne Festigkeitsverlust überbrücken (Dilger 2005).

4.2 Vorbehandlung der Oberflächen zum Kleben

Eine wesentliche Voraussetzung für eine wirksame Klebschicht ist der Oberflächenzustand der Fügeteile. Die Bauteile sollen fettfrei, staubfrei und trocken sein. Aber auch Verunreinigungen, die sich aus vorangegangenen Prozessen auf der Oberfläche befinden, oder Oxide, die sich bei Leichtmetallen sehr schnell beim Kontakt mit Sauerstoff bilden, müssen sorgfältig entfernt werden, da sie die Adhäsion beeinträchtigen. Es gibt eine Reihe physikalischer und chemischer Verfahren, um die Oberfläche zu reinigen und sie für die Klebung vorzubereiten (Tab. 4.3), die auch der Vorbehandlung vor einer Lackierung entsprechen. Diese Methoden sind unterschiedlich für Metalle und Kunststoffe. Sie müssen auf den Werkstoff der Bauteile, auf den Klebstoff und auf die Anforderungen, die an die Klebschicht gestellt werden, abgestimmt sein. Gereinigte Oberflächen sind hochaktiv und sollten deshalb möglichst bald weiterverarbeitet werden.

4.3 Leichtbauwerkstoffe und deren Klebbarkeit

Klassische Leichtbauwerkstoffe sind höher- und höchstfeste Stähle, Legierungen von Aluminium, Magnesium und Titan sowie Kunststoffe und faserverstärkte Kunststoffe. Diese Werkstoffe können als großflächige Halbzeuge und Bauteile vorliegen, wie z.B. als Bleche im Falle der Stähle oder Metalllegierungen. Für Anwendungen in den tragenden Fahrzeugstrukturen kommen häufig massivere Bauteile zum Einsatz. Eine große Rolle spielen hier (geschlossene) Profile, die z.B. durch Strangpressen hergestellt werden. Folglich muss bei der Betrachtung der Klebbarkeit von Werkstoffen und Bauteilen nicht nur der Werkstoff selbst, sondern auch die Geometrie der Bauteile berücksichtigt werden.

Tab. 4.3: *Verfahren der Oberflächenvorbehandlung*

Verfahren	Beschreibung
Chemische Verfahren	
Wässrige Reinigung	Wässrige Reiniger können neutral, basisch oder sauer (Beizen) sein. Sie entfernen unpolare Verunreinigungen (Fette, Öle). Die Wirkung kann durch Temperaturerhöhung oder mechanische Verfahren gesteigert werden.
	Beizen (HCl, verd. H_2SO_4) ist ein sehr aufwändiger Vorgang, der nur bei hohen Anforderungen an die Oberfläche rentabel ist, z. B. Aluminium für den Flugzeugbau.
Lösemittelhaltige Reinigung	Mit lösemittelhaltigen Reinigern erfolgt die Dampfentfettung, d. h. die Temperatur muss in Höhe des Siedepunktes des Lösemittels liegen. Das Verfahren kann wegen der Toxizität der meisten organischen Lösemittel nur in geschlossenen Anlagen durchgeführt werden.
Mechanisches Verfahren	
Strahlen	Mechanische Reinigung erfolgt erst nach der Entfettung, da sonst Fettreste in die Oberfläche eingearbeitet werden.
	Durch Strahlen mit Korund oder Glaskugeln werden festhaftende Verunreinigungen und Oxidschichten entfernt. Die Druckluft muss ölfrei sein. Es gibt eine Vielzahl unterschiedlicher Verfahren, die die Oberfläche aufrauen und sie damit vergrößern.
Physikalische Verfahren für Kunststoffoberflächen	
Beflammen	Eine oxidierende Flamme wird über die Kunststoffoberfläche geführt, ohne dass die Oberfläche angeschmolzen wird. Durch Zusatz reaktiver Substanzen wird die Oberfläche zusätzlich aktiviert.
	Das Verfahren kann zu mikroskopischen Zerstörungen in der Oberfläche führen.
Corona-Verfahren	Es wird ein Funkenregen durch eine Elektrode auf die Oberfläche gebracht und Sauerstoff eingelagert.
Niederdruckplasma	Es wird Sauerstoff in die Oberfläche eingelagert und dadurch die Oberflächenspannung vergrößert.
Aufbringen zusätzlicher Schichten	
Aktivatoren Haftvermittler Primer	Chemisch reaktive Substanzen, die die Aktivität der Oberfläche durch Einbringen reaktiver Gruppen verbessern. Der hochenergetische Zustand der Oberfläche wird konserviert, die Benetzbarkeit wird verbessert.
	Haftvermittler (Primer) bestehen aus metallspezifischen Haftgruppen, einem Spacer und einem Molekülteil, das gut zu verkleben ist. Die metallspezifische Gruppe reagiert mit der Metalloberfläche, der andere Teil mit dem Klebstoff. Auch verdünnte Lösungen der Klebstoffe können als Primer dienen und die Oberfläche gut benetzen.
	Es lassen sich für jede Kombination von Werkstoffen des Fügeteils und jedem Klebstoff geeignete Verbindungen synthetisieren.
	Das Aufbringen von Haftvermittlern ist ein zusätzlicher Arbeitsschritt, der Zeit und Kosten verursacht.
Konversionsschichten	Konversionsschichten (Chromatierung, Phosphatierung) auf metallischen Oberflächen sind heute nur noch selten gebräuchlich. Es wird eine Reihe von Substanzen auf Basis anorganischer komplexer Fluoride (Ti, Zr) und organischer Polymerer angeboten.

4.3.1 Kleben von Stahlblechen

Stahl ist gut klebbar. Infolge der hohen Oberflächenenergie werden die Fügeteile gut benetzt. Bei geringer Feuchtebeanspruchung kann deshalb von Oberflächenvorbehandlungen abgesehen werden. Wenn lose anhaftende Schichten auf der Oberfläche vorliegen, müssen diese entfernt werden, z. B. durch Strahlen mit ölfreiem, feinkörnigem Korund. Infolge von Umformvorgängen, die im Vorfeld in der Prozesskette durchgeführt wurden bzw. zur Vermeidung von Korrosion, sind die Stahlbleche im Allgemeinen beölt. Eine Entfettung, die bei der Verwendung einer Vielzahl von Klebstoffen notwendig ist, stellt einen erheblichen Aufwand dar. Zudem sind hier ökologische Aspekte zu beachten. Ölbeläge sind für viele Klebstoffe störend und sollten entfernt werden. Von einigen Klebstoffen wird eine Ölmenge von maximal 4 g/m^2 toleriert, manchmal sogar mehr. Versuche haben allerdings gezeigt, dass auch bei erheblich größeren Ölmengen noch ausreichende Festigkeiten erzielt werden können. Kritisch ist jedoch, dass die unausgehärtete Klebstoffraupe nicht reproduzierbar auf der öligen Oberfläche appliziert werden kann.

Als Klebstoffe kommen einkomponentige Epoxidharze, verschiedene kautschukbasierte Klebstoffe und Plastisole zum Einsatz. Die Ölaufnahme der Klebstoffe wird erheblich durch die Warmaushärtung gesteigert. Bei kalthärtenden Zweikomponenten-Klebstoffen kommt es bei technisch üblichen Beölungsgraden zu Haftungsproblemen. Hier haben sich in den letzten Jahren Acrylat-Epoxid-Systeme durchgesetzt, die auch bei Aushärtung bei Raumtemperatur über eine sehr gute Ölaufnahmefähigkeit verfügen. Bei hohen Feuchtebeanspruchungen sind die Oberflächen zusätzlich mit einem Haftvermittler zu versehen. Eine Abdichtung der Klebfuge durch einen Dichtstoff ist in diesem Fall zu empfehlen.

Sind die zu verklebenden Bauteile lackiert, um einen dauerhaften Korrosionsschutz zu gewährleisten, so muss das bei der Klebstoffauswahl beachtet werden. Die Bauteile werden vor dem Lackieren entfettet und vorbehandelt (in der Regel phosphatiert), im Allgemeinen in wässrigen Bädern. Da der Klebstoff häufig erst gleichzeitig mit dem Lack im Lacktrockner aushärtet, ist sicherzustellen, dass der noch viskose Klebstoff in den Bädern nicht aus der Fuge ausgespült wird. Dies kann durch den Einsatz sehr hochviskoser Systeme erreicht werden. Eine weitere Möglichkeit, das Auswaschen zu verhindern, liegt in der Aushärtung der Klebschichten vor dem Lackieren. Bei 2K-Klebstoffen erfolgt das Aushärten ohne zusätzliche Wärmezufuhr. Diese bringt allerdings die oben dargestellte Ölaufnahmeproblematik mit sich. Andererseits können die Klebstoffe durch die Erwärmung mittels Induktion oder in Umluftöfen ausgehärtet werden. Dies führt wiederum zu erhöhten Kosten infolge der zusätzlichen Investitionen und des kontinuierlichen Energieverbrauchs (Lübbers 2002, Eicher 2003).

4.3.2 Kleben formgehärteter Stahlbauteile[*]

Zur Erhöhung der Reichweite von elektrisch betriebenen und konventionellen Kraftfahrzeugen sowie zur Einhaltung von Emissionsgrenzwerten letztgenannter ist der konsequente Leichtbau bei der Entwicklung von Kraftfahrzeugen unabdingbar geworden. Gleichzeitig sind die Integrität der Fahrgastzelle im Crashfall und die Wirtschaftlichkeit sicherzustellen, sodass bei der Entwicklung von Karosseriestrukturen ein Optimum zwischen Gewicht, Sicherheit und Kosten anzustreben ist. Aus dieser Notwendigkeit heraus ist in der Praxis vermehrt der Einsatz von warmumgeformten bzw. formgehärteten Bauteilen zu beobachten.

Die Standardgüte ist der Mangan-Bor-legierte Stahl 22MnB5 (ca. 0,22 % C; 0,25 % Si; 1,2 % Mn; 0,25 % Cr; 0,005 % B). Dieser erreicht durch die Warmumformung und den damit verbunden Presshärteprozess eine Festigkeit von über 1500 MPa. Typische Bauteile einer modernen Fahrzeugkarosserie aus formgehärteten Stählen sind in Abbildung 4.5 dargestellt.

---

[*] Für diesen Abschnitt sei Herrn Alexander Wieczorek gedankt.

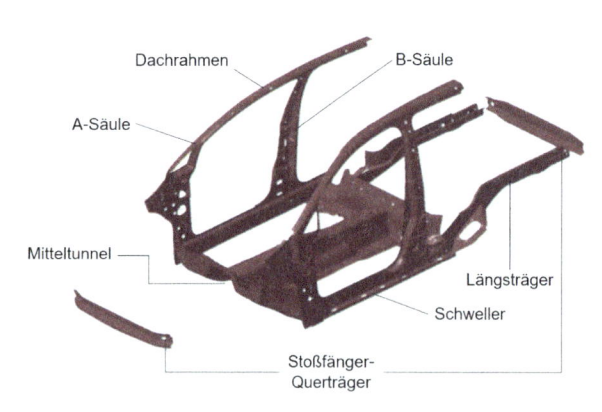

Abb. 4.5: *Typische Warmumformteile einer Pkw-Rohbaustruktur (Quelle: Volkswagen AG)*

Zur Herstellung dieser Bauteile existieren derzeit zwei Prozesse: Das indirekte und das direkte Verfahren. Das grundlegende Prinzip beider Verfahren ist das Erwärmen des Stahls auf 880–950 °C, das Halten bei dieser Temperatur für 6 bis 10 Minuten und der anschließende Abkühlschritt, bei dem das Bauteil in einem Werkzeug gezielt mit ca. 30 K/s abgekühlt wird. Durch die Abkühlung wird ein martensitisches Gefüge mit hoher Härte (ca. 450 HV) und Festigkeit erzielt. Die Endkontur des Bauteils wird durch Schnittwerkzeuge oder per Laser erzeugt (Abb. 4.6). Die Verfahren unterscheiden sich im Zeitpunkt der Umformung: Beim indirekten Verfahren wird die Platine vor dem Ofendurchlauf vorgeformt und danach zeitgleich fertiggeformt und abgekühlt. Beim direkten Verfahren wird die Platine während des Abkühlschritts in die Bauteilgeometrie umgeformt.

Derzeit werden in Abhängigkeit des Prozess folgende Beschichtungen eingesetzt, um der Zunderbildung im Ofen und Korrosionsangriffen entgegenzuwirken (Lenze 2010):
- Feuerverzinkung (Z)
- Feueraluminierung (AS)
- Nanopartikelbasierte Beschichtung (Markenname x-tec®)

Die Feuerverzinkung (Z) lässt sich für den indirekten, die Feueraluminierung (AS) für den direkten und die nanopartikelbasierte Beschichtung für beide Verfahren verwenden. Die Zinkbeschichtung ist für eine Warmumformung nicht geeignet, da das Zink im Ofenprozess in die Korngrenzen infiltriert und hier zu Rissen während des anschließenden Umformens führen kann. Die weiche Aluminiumbeschichtung hingegen ist für eine Kaltumformung nicht geeignet, da durch das vorherige Umformen die Beschichtung in Bereichen hoher Umformgrade durch das Umformwerkzeug vom Grundmaterial abgeschoben wird.

Durch die Erwärmung im Ofen kommt es bei den metallischen Beschichtungen (Z, AS) zu einer Diffusion von Eisen in den Überzug und von Überzugsbestandteilen in das Grundmaterial. Dadurch wächst im Erwärmungsprozess die Überzugsstärke auf Kosten des Grundmaterials an. Die sich ausbildende Schichtstärke ist abhängig von der Dauer und Temperatur im Ofen. Zusätzlich entstehen Oxidschichten auf den Oberflächen der metallischen Beschichtungen, die

■ **Indirekte Warmumformung / MBW® (Einsatz im VW-Konzern)**

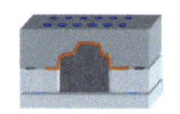

Kaltumformung | Erwärmen auf 850°C~950°C unter Schutzgasatmosphäre | Presshärten im gekühlten Werkzeug | Bauteilbeschnitt mittels Schneidwerkzeug bzw. Laser | Sandstrahlen

■ **Direkte Warmumformung / MBW®+AS150 (Einsatz bei ThyssenKrupp)**

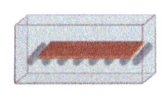

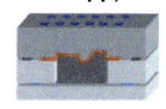

Erwärmen auf 850°C~950°C | Presshärten im gekühlten Werkzeug | Bauteilbeschnitt mittels Schneidwerkzeug bzw. Laser

Abb. 4.6: *Unterschiedliche Warmumformprozesse (Quelle: ThyssenKrupp Steel Europe)*

die Weiterverarbeitung negativ beeinflussen können. Sollen feuerverzinkte Bauteile geschweißt oder verklebt werden, so sind diese nach dem Prozess zu konditionieren (z.B. durch Strahlen mit CO_2 oder Korund), um die unzureichend haftende Oxidschicht abzutragen und die Oberfläche ausreichend vorzubereiten. Die Zink-Beschichtung selbst verfügt über eine höhere Haftfestigkeit als die gängigen Klebstoffe an Festigkeit aufweisen, es ist weder mit adhäsivem Versagen noch mit Beschichtungsversagen zu rechnen (Dilger 2011).

Feueraluminierte warmumgeformte Bauteile lassen sich im Allgemeinen gut schweißen, wenn die Prozessgrenzen eingehalten werden und die Beschichtung nicht zu stark gewachsen ist. Eine vorherige Konditionierung der Oberfläche ist für das Schweißen nicht notwendig. Für die Übertragung von Kräften mittels Klebstoff ist jedoch die Schichtfestigkeit zu beachten:

Zur Untersuchung der Kraftübertragungseigenschaften der Beschichtung im Klebverbund wurde ein hochfester Klebstoff (Zugfestigkeit: 50 MPa, Reißdehnung: ca. 1,7 %, E-Modul 5,5 GPa) mit einem zähmodifizierten Klebstoff (Zugfestigkeit: 30 MPa, E-Modul: 1,25 GPa, Reißdehnung: 20 %) mittels des quasistatischen Zugscherversuchs nach DIN EN 1465 verglichen. Die Fügeteilstärke betrug 1,5 mm, die Klebfläche 12,5 mm x 25 mm und die Prüfgeschwindigkeit 5 mm/min. Um den Einfluss der Beschichtung festzustellen, wurden Proben mit Beschichtung und ohne Beschichtung (mechanisch abgeschliffen) untersucht. Der hochfeste Klebstoff erreichte auf abgeschliffenem Substrat eine maximale Schubspannung von 36 MPa bei einer Bruchdehnung von 0,20%. Auf beschichtetem Material wurden hingegen eine maximale Klebfestigkeit von 10 MPa und eine Bruchdehnung von 0,07 % ermittelt. Der zähmodifzierte Klebstoff zeigte eine maximale Schubspannung von ca. 31 MPa bei 0,65 % Bruchdehnung auf abgeschliffenen Substrat. Bei der Prüfung mit beschichteten Proben fiel die maximal erreichbare Schubspannung auf 23 MPa und die Bruchdehnung auf 0,38 % zurück. Bei diesen Versuchen wurde bei allen beschichteten Proben Schichtversagen im Bruchbild festgestellt. Die relativ besseren Ergebnis-

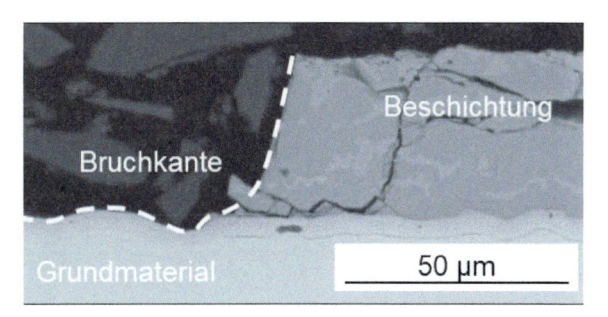

Abb.4.7: *Schichtversagen der Aluminium-Beschichtung (Quelle: Volkswagen AG)*

se des zähmodifzierten Klebstoffs sind auf dessen Eigenschaft zurückzuführen, Spannungsspitzen an den Überlappungsenden durch Verformung abzubauen. Dadurch kann die Verbindung insgesamt höhere Kräfte übertragen (Dilger 2011). Durch das Versagen der Beschichtung werden die Klebstoffeigenschaften, wie die Energieaufnahme im Versagensfall sowie die Aufrechterhaltung der Verbindung trotz Verformung nicht ausgenutzt. In Abbildung 4.7 ist ein Querschliff einer Probe mit Schichtversagen im REM dargestellt. Die spröde Beschichtung hat sich fast vollständig von der Interdiffusionsschicht abgelöst, die sich zwischen der Beschichtung und dem Grundmaterial befindet. Die Bruchlinie ist weiß gestrichelt dargestellt.

Zur Vermeidung des Schichtversagens kann die Beschichtung mittels Strahlen vor dem Verkleben abgetragen oder mittels Laser umgeschmolzen werden. Bei letzterem wird die Beschichtung lokal umgeschmolzen und die im Warmumformprozess entstandenen spröden Phasen aus Aluminium und Eisen aufgeschmolzen. Durch die schnelle Abkühlung aufgrund des Wärmeabtransports in das Blech und die Umgebung bildet sich ein feinkörniges Gefüge aus. Dadurch wird die Schichtintegrität erhöht und der Korrosionsschutz der Beschichtung sowie die Schweißbarkeit bleiben erhalten (Wieczorek 2017).

Die nanopartikelbasierte Beschichtung x-tec® ist ein einkomponentiges Beschichtungsmaterial besteht aus Aluminium in einem anorganisch-organischen Netzwerk mit Siloxanen und epoxyfunktionalen Gruppen. Sie ist sowohl im kalten Zustand als auch bei 950°C gut verformbar und somit für den direkten wie auch den indirekten Warmumformprozess geeignet (Gödicke 2005). Werden niedrige Schichtdicken

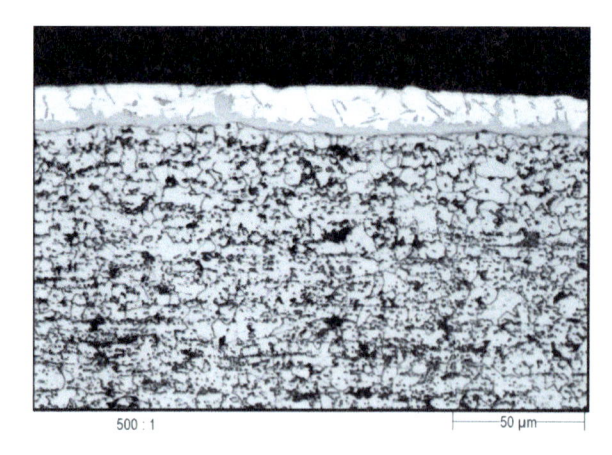

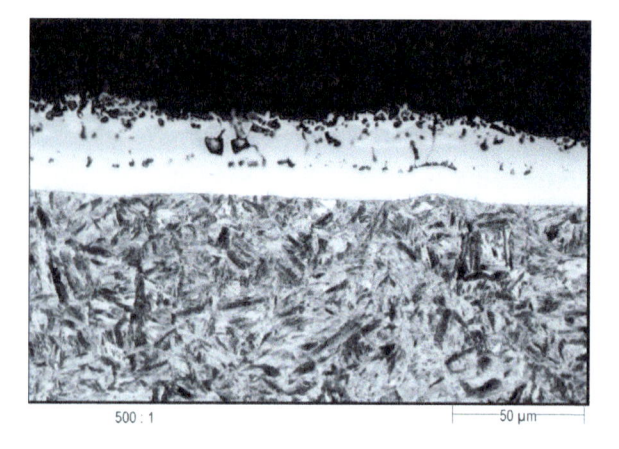

Abb. 4.8: *Feueraluminierter Warmformstahl vor und nach der Warmumformung (Quelle: ThyssenKrupp Steel Europe)*

von ca. 2–3 µm eingesetzt, ist laut Hersteller eine gute Schweißfähigkeit (Widerstandspunktschweißen) gegeben. Bei der Prüfung mit hochfesten, epoxidbasierten Klebstoffen wurde jedoch Schichtversagen beobachtet, was auf eine unzureichende Festigkeit der Beschichtung hinweist. Durch das Schichtversagen ist die Verbindungsfestigkeit sowie das Energiedissipationsvermögen bei Versagen vermindert (Dilger 2011). Dieser Effekt ist bei der klebtechnischen Auslegung von Aluminium- bzw. x-tec®-beschichteten Bauteilen zu berücksichtigen. Gegebenenfalls müssen die Beschichtungen entweder entfernt oder modifiziert werden, um die Klebstoffeigenschaften vollständig auszunutzen (Tab. 4.4).

Tab. 4.4: *Verfahren, Beschichtung und Eignung für Fügetechnologie*

Beschichtung	Verfahren		Fügetechnologie	
	indirekt	direkt	Kleben	Schweißen
AS	–	+	o*	+
Z	+	–	+	+*
x-tec®	+	+	–	+
– : nicht geeignet, o : bedingt geeignet, + : gut geeignet, * : nur mit Vorbehandlung				

4.3.3 Kleben von Aluminiumblechen

Aluminiumbleche haben infolge der hohen Affinität des Aluminiums zum Sauerstoff immer eine natürliche Oxidschicht. Diese ist bei einem Feuchteangriff wenig beständig, sodass es bei Klebungen zu Unterwanderung der Klebschicht und somit zum Versagen der Verbindung kommen kann. Es ist in jedem Fall vorteilhaft, die Oxidschicht zu entfernen. Bei einer Feuchteexposition der Klebung muss die Klebfläche darüber hinaus durch entsprechende Oberflächenbehandlungen vor Korrosion geschützt werden. Das Entfernen der Oxidschichten kann bei geringen Anforderungen an die Klebung bzw. bei geringen Feuchtebeanspruchungen mechanisch erfolgen, bei stärkerer Feuchteeinwirkung ist eine nasschemische Vorbehandlung durchzuführen.

Im Rahmen dieser Vorbehandlung wird zunächst durch einen Beizvorgang die bestehende Oxidschicht entfernt. Daraufhin wird nach ausreichendem Spülen eine neue definierte Oxidschicht erzeugt, die die Oberflächenschichten vor weiterer Korrosion schützt. Eine typische Prozessfolge für die Vorbehandlung von Aluminiumblechen im Fahrzeugbau ist Abbildung 4.11 zu entnehmen.

Früher wurde zur Herstellung der Konversionsschichten hauptsächlich in Chromschwefelsäurebädern anodisiert. Dies ist wegen der Toxizität und der Carzinogenität des CrVI+ inzwischen weitgehend verboten. Heute werden Beiz- und Anodisierprozesse in sauren wässrigen Lösungen, die komplexe Fluoride von Titan, Zirkonium etc. enthalten durchgeführt, um eine Konversionsschicht zu erzeugen, die eine Unterwanderung der Klebschicht verhindert und darüber hinaus das gesamte Bauteil vor Korrosion schützt. Bei diesem Verfahren wird die Ausbildung einer Konversionsschicht mit einer Belegung von 2–7 mg/m² angestrebt, die Schichtauflage wird mit-

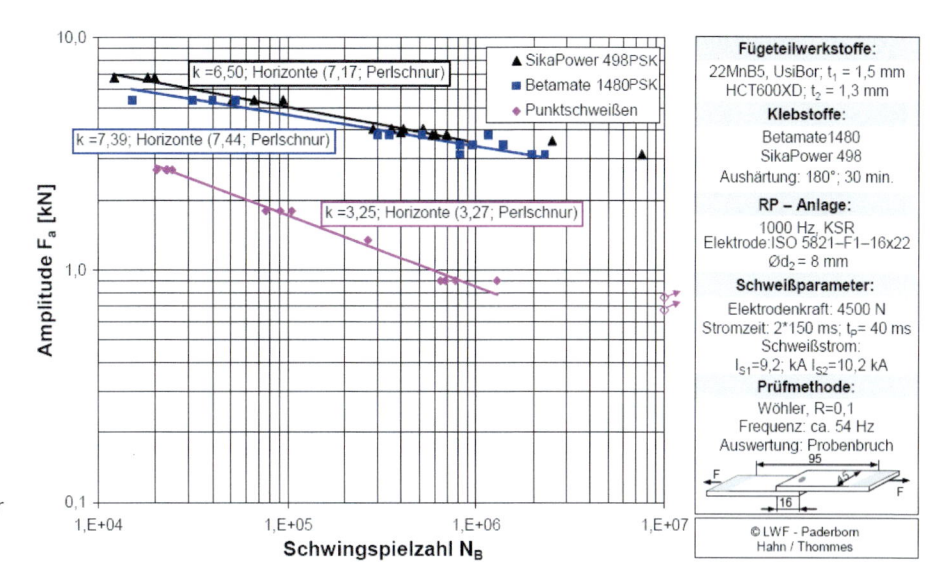

4.3 Leichtbauwerkstoffe und deren Klebbarkeit

Abb. 4.9: Verbindungsfestigkeiten punktgeschweißter und punktschweißgeklebter Verbindungen unter zyklischer Scherzugbelastung (Hahn 2007)

tels Röntgenfluoreszenzanalyse bestimmt (Wendel 2004). Ein Maß für die Qualität der Oberflächenpassivierung ist der resultierende Übergangswiderstand. Dieser liegt bei natürlich gewachsenen

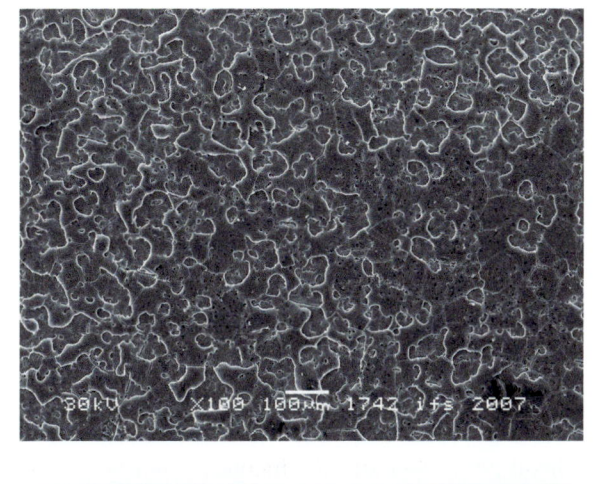

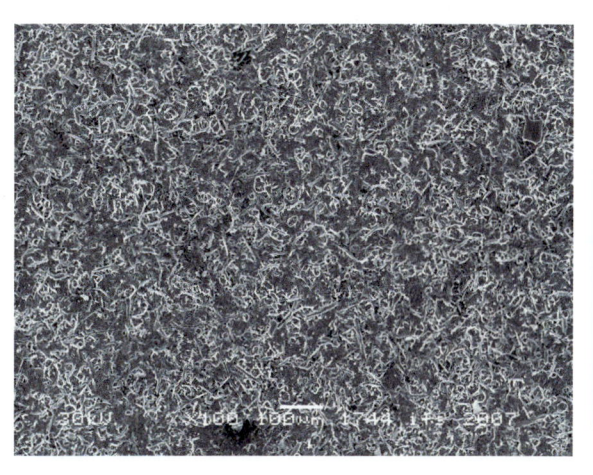

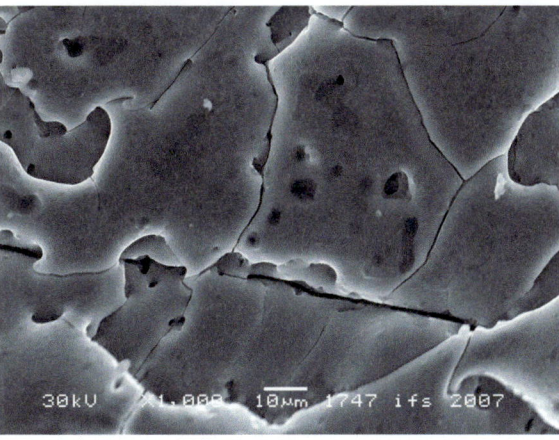

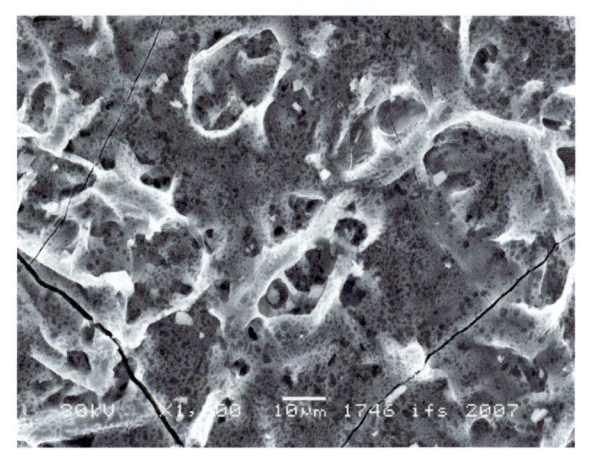

Abb. 4.10: 22MnB5 mit Zinkbeschichtung, links laservorbehandelt, rechts unvorbehandelt

Coil Vorbehandlung   Typische Prozessfolge

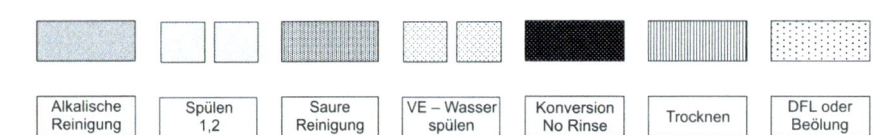

Alkalische Reinigung — Spülen 1,2 — Saure Reinigung — VE–Wasser spülen — Konversion No Rinse — Trocknen — DFL oder Beölung

- Prozesse typischerweise im Spritzen
- Automatische Ergänzung der Prozessbäder über Leitfähigkeit oder pH-Wert Messung
- Kontrolle der Bäder über Titrationen
- Kontrolle der Spülwasserqualität über Leitfähigkeitsmessung

Abb. 4.11: *Prozessfolge beim Aufbringen von Konversionsschichten im Automobilbau (Wendel 2004)*

Oxidschichten bei bis zu 100 μΩ, nach der Passivierung < 20 μΩ, wobei dieser Wert auch bei einer Auslagerung über Monate hinweg nur langsam ansteigen darf. Der schematische Aufbau der resultierenden Oberflächenschicht ist Abbildung 4.12 zu entnehmen.

Eine neue Art der Oberflächenvorbehandlung von Aluminium und Aluminiumlegierungen ist die Laservorbehandlung. Hier wird mit Lasern unterschiedlicher Wellenlänge (Eximerlaser 193 nm und Nd:YAG-Laser 1064 nm) eine lokale Oberflächenvorbehandlung durchgeführt, die bei entsprechender Wahl der Behandlungsparameter eine sehr gute Alterungsbeständigkeit von Aluminiumklebungen ermöglicht. Maßgebliche Effekte sind in diesem Zusammenhang sowohl die chemische als auch die morphologische Modifikation der oberflächennahen Schicht der Werkstoffe der Fügeteile. Eine mit Eximerlaser behandelte Aluminiumoberfläche ist in Abbildung 4.13 dargestellt.

Die aufgeführten Maßnahmen können durch den zusätzlichen Auftrag eines Haftvermittlers unterstützt werden. Die alleinige Anwendung eines Haftvermittlers ohne vorhergehende Passivierung ist im Allgemeinen unzureichend. Primer können eingesetzt werden, um die Oberfläche nach der Behandlung zu versiegeln und somit robuster gegen mechanische Beanspruchung in der weiteren Prozesskette vor dem Kleben zu machen. Hervorragendes Alterungsverhalten konnte durch eine Kombination eines Haftvermittlers/Primers mit einer Laserbehandlung erzielt werden. Hierbei wurde zunächst das Haftvermitler/Primer-Gemisch aufgetragen und dann mittels Bestrahlung durch einen Nd:YAG-Laser zusätzlich auf der Oberfläche verankert (Broad 1998). Neueste Forschungsarbeiten zeigen das enorme Potenzial von Plasmabeschichtungen zur Ver-

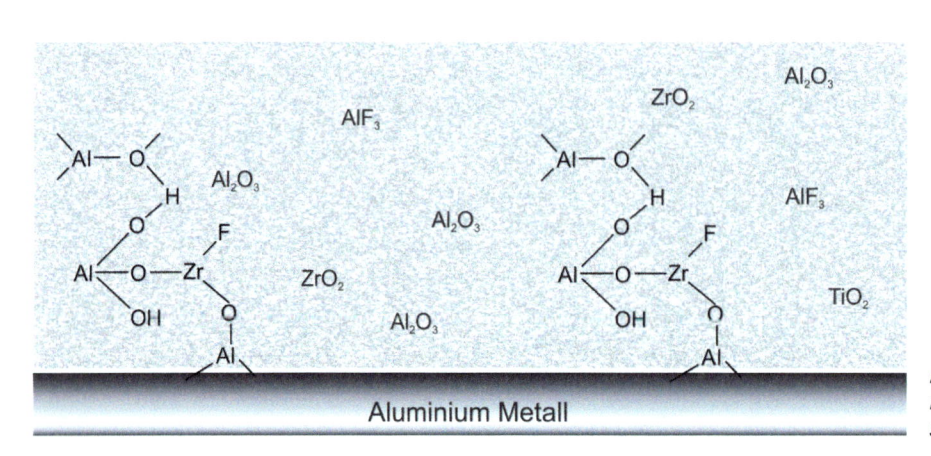

Abb. 4.12: *Schematische Darstellung einer Ti/Zr-Konversionsschicht (Wendel 2004)*

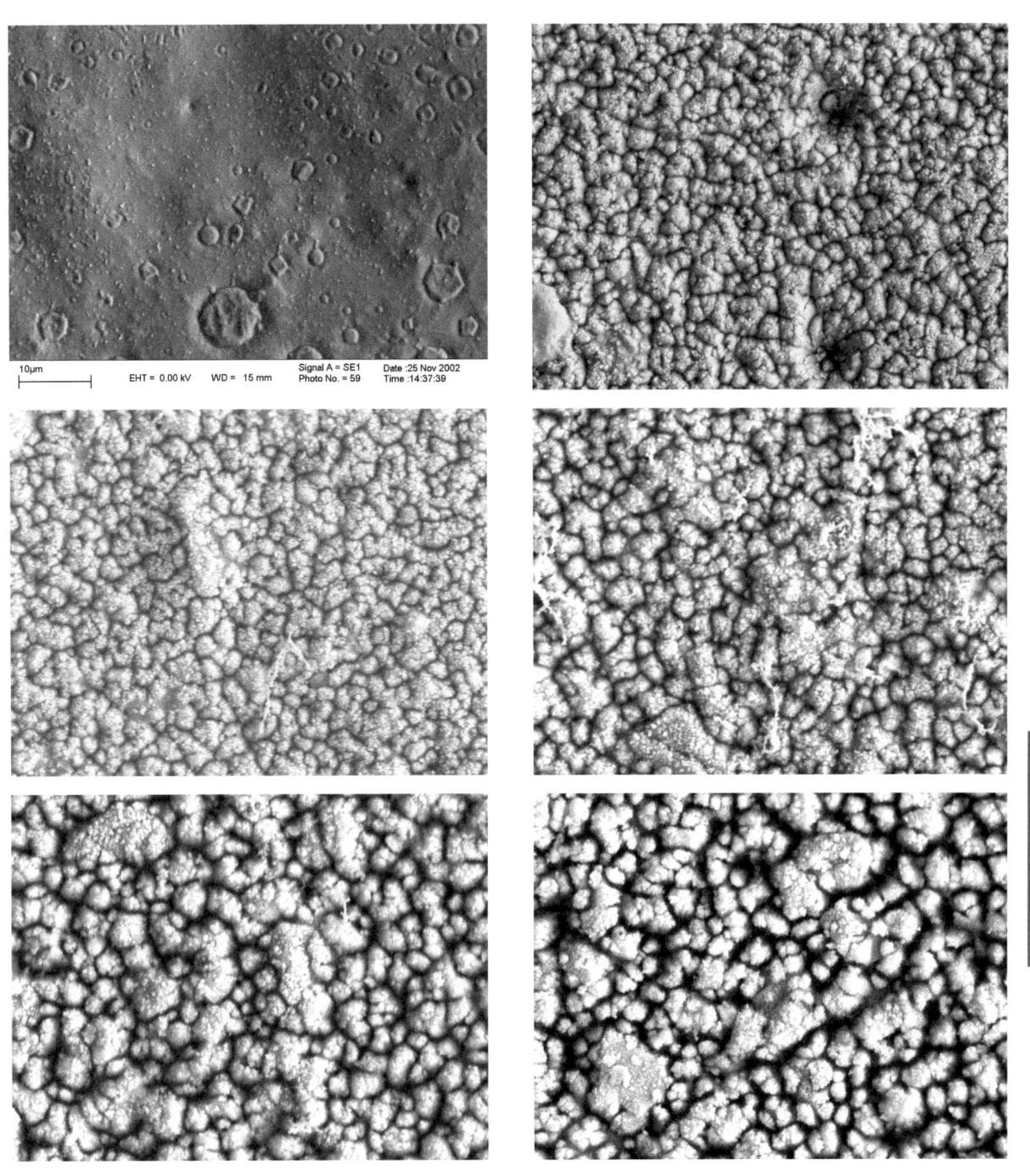

Abb. 4.13: *Oberflächenmorphologie von Aluminiumproben nach einer Behandlung mit einem Eximerlaser unter Variation der Laserleistung*

besserung der Alterungsbeständigkeit. Hier konnte nicht nur bei Aluminiumlegierungen eine hervorragende Alterungsbeständigkeit erzielt werden. Die Beschichtung kann im Vakuum (Niederdruckplasma) oder unter atmosphärischen Bedingungen (Atmosphärenplasma) erfolgen (Lommatzsch 2008).

4.3.4 Kleben von Aluminium-Druckguss

Zum Entformen von Druckgussteilen werden die Druckgießformen mit einem Trennstoff benetzt, der nach jeder Entnahme erneuert wird. Der Auftrag

4 Kleben

wassermischbarer Trennstoff
- Polyethylenwachse
- Polysiloxane

Temperatur 180–350 °C

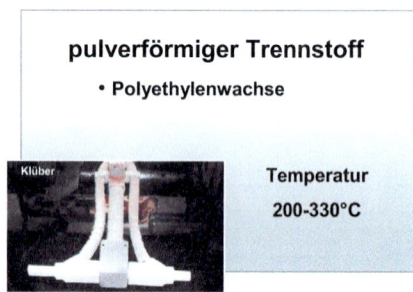

ölbasierter Trennstoff
- synthetische Öle
- Polysiloxane

Temperatur 100–350 °C

pulverförmiger Trennstoff
- Polyethylenwachse

Temperatur 200–330 °C

gasförmiger Trennstoff
- Polyethylenwachse

Temperatur 160–240 °C

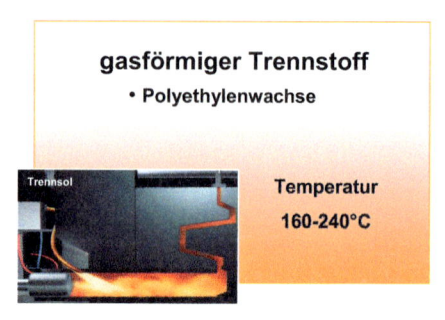

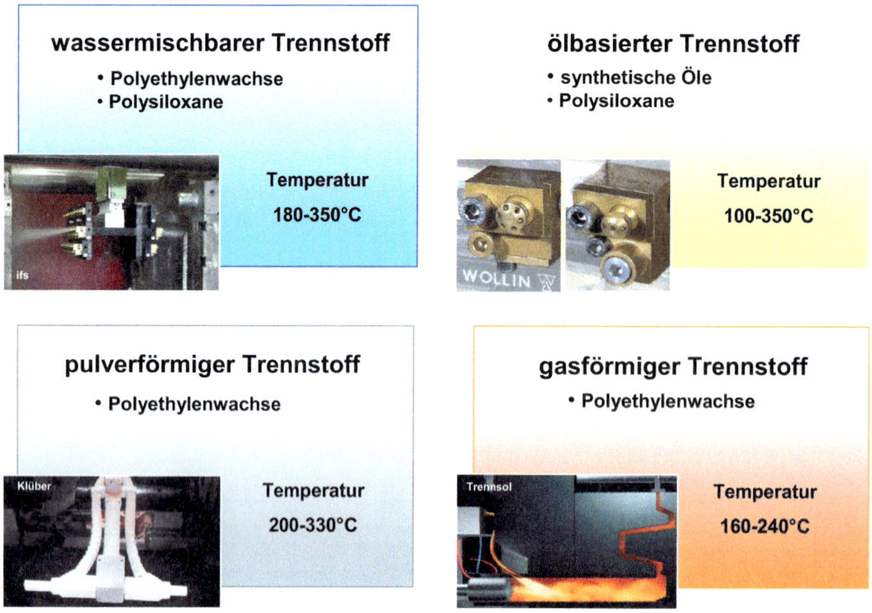

Abb. 4.14: Verschiedene Arten von Trennstoffen

erfolgt aus einer flüssigen Phase (meist wässrig) unter Abdampfen dieser Phase infolge der Formtemperatur von bis zu 300 °C, als Flüssigkeitsfilm, als Feststoff (pulverförmiger Trennstoff) oder aus der Gasphase (Abb. 4.14).

Als Trennstoffe werden Wachse oder Siloxane eingesetzt, die das Ankleben der erstarrten Aluminiumschmelze an der Form verhindern. Die Menge des aufgetragenen Trennstoffs ist abhängig vom Gießprozess und der Bauteilgeometrie. Da wässrige Trennstoffe gleichzeitig zur Kühlung der Form genutzt werden, wird häufig bei thermisch hoch beanspruchten Formen mehr Trennstoff aufgetragen als nötig ist. Bauteile, die stark konturiert sind und/oder über kleine Aushebewinkel verfügen, erfordern mehr Trennstoff als wenig konturierte. Da die flüssige Aluminiumschmelze unter hohem Druck in die Form fließt, kommt es zu Verwirbelungen, in deren Folge nicht nur die Oberfläche, sondern auch oberflächenfernere Schichten mit Trennstoffen kontaminiert werden. Nach dem Auswerfen aus der Form erfolgen im Allgemeinen weiter Bearbeitungsschritte wie das Waschen/Entfetten vor unterschiedlichen Prozessschritten, das Trowalisieren oder das Strahlen (Gerst 2005, Morgenschweis 2005). Durch diese Prozesse werden die Trennmittel z. T. abgetragen, können aber auch in tiefere Schichten eingearbeitet werden.

Zusätzlich kann es bei diesen Prozessen zu weiteren Kontaminationen kommen (Krammer 2005).

Wenn die Reinigung gut auf den Prozess abgestimmt ist, befinden sich wesentlich weniger Trennstoffe auf der Oberfläche. Da die Trennstoffe jedoch durch das Gussgefüge migrieren, kommt es im weiteren Verlauf zu einem Konzentrationsausgleich, was eine erneute Kontamination der Oberfläche zur Folge hat. Der Zeitraum und das Ausmaß dieser Kontamination sind von der Trennstoffart, dem Gussgefüge, der Oxidschicht, der eingeprägten Trennstoffmenge und der Temperaturführung abhängig (Abb. 4.15).

Da die Anwesenheit von Trennstoffen somit eigentlich nie ausgeschlossen werden kann, bestehen beim Kleben und Lackieren von Gussbauteilen erhebliche Vorbehalte. Grundsätzlich wird durch alle Trennstoffe die Klebfestigkeit erheblich herabgesetzt. Das Ausmaß der Reduktion wird durch die Kombination der eingesetzten Klebstoffe mit den verwendeten Trennmitteln bestimmt. So kommt es bei ungereinigten Bauteilen, die mit einem warmhärtenden Klebstoff auf Epoxidharzbasis geklebt werden, zu Festigkeit zwischen 0,5 und 5 MPa (Abb. 4.16).

Die vollständige Entfernung der Trennstoffe aus der gesamten Gusshaut durch die Einwirkung von

4.3 Leichtbauwerkstoffe und deren Klebbarkeit

wassermischbarer Trennstoff

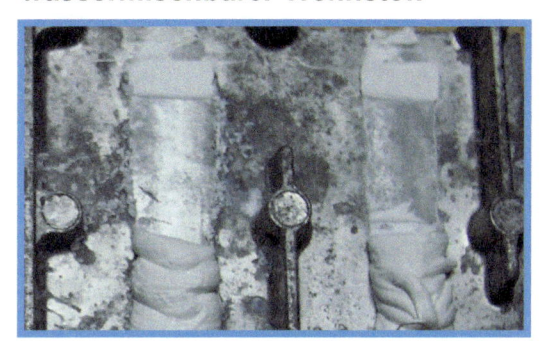

ölbasierter Trennstoff

Zersetzung des Klebstoffs

pulverförmiger Trennstoff

gasförmiger Trennstoff

Korrosion unter dem Klebstoff

Abb. 4.15: Ergebnisse von Peeltests an unterschiedlich kontaminierten Gussoberflächen nach Reinigung und Rekontamination durch Trennstoffmigration

wässrigen oder lösemittelhaltigen Reinigungsmitteln gelingt in der Regel nicht, sodass hier immer wieder Trennstoff nachmigriert. Zur vollständigen Trennstoffentfernung sind zusätzlich abtragende Verfahren anzuwenden.

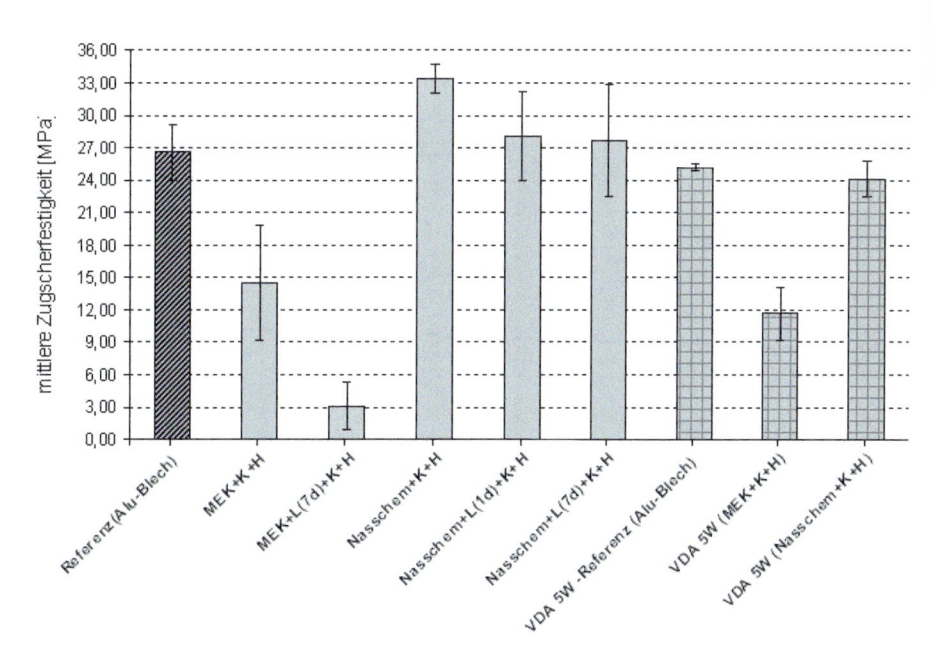

Abb. 4.16: Zugscherfestigkeiten von Klebungen von Al-Druckgussproben, die mit unterschiedlichen Trennstoffen belegt waren (MEK=Methylethylketon, Nasschem = Beizen, L = Lagerung vor dem Kleben, K = Kleben, H = Aushärten, VDA = Klimawechseltest)

4.3.5 Kleben von Magnesiumwerkstoffen

Magnesiumlegierungen verhalten sich im klebtechnischen Sinne dem Aluminium sehr ähnlich. Infolge der hohe Reaktivität und hohen Affinität zum Luftsauerstoff liegen auch hier natürliche Oxidschichten vor, die vor dem Kleben entfernt werden müssen. Eine dauerhafte Klebung ist dann auf einer vorher aufgebrachten Konversionsschicht möglich. Abbildung 4.17 zeigt das Spannungs-Dehnungsverhalten von geklebten Magnesium-Blechen mit unterschiedlichen Vorbehandlungen nach 60 Tagen in einem Klima-Korrosionstest.

4.3.6 Kleben von Titanwerkstoffen

Auch für Titanlegierungen ist das Kleben ein aussichtsreiches Fügeverfahren. Titan darf an Luft nur Temperaturen von maximal 300°C ausgesetzt werden, da sonst die Zähigkeitseigenschaften abnehmen (Wuich 1988 und 1994).
Folgende Schwierigkeiten können beim Kleben von Titanlegierungen auftreten:
- Aktivierung der Oberfläche für ausreichende Wechselwirkungen mit dem Klebstoff
- Keine definierten Oxidschichten, keine Vorbehandlungsverfahren, diese wirtschaftlich, prozesssicher und ökologisch unbedenklich zu erzeugen
- Langzeitbeständigkeit der Klebung gegen Feuchtigkeit (Warmfeuchte) und verschiedenen Medien nicht sichergestellt
- Fehlender Nachweis der Langzeitstabilität
- Temperaturbeständigkeit, die auf die Temperaturbeständigkeit des eingesetzten Klebstoffs beschränkt ist

Die in älterer Literatur aufgeführten Schwierigkeiten sind heute soweit behoben, dass Titanlegierungen selbst für den anspruchsvollen Bereich der Luft- und Raumfahrt geklebt werden. Nähere Angaben dazu finden sich in Kapitel II.5.

4.3.7 Kleben lackierter Bleche

In neueren Fahrzeug-Plattformkonzepten werden Fahrzeugmodule in einer verteilten Fertigung von den Fahrzeugherstellern oder auch von Lieferanten derart produziert, dass die Module als (quasi-)fertiges Teilprodukt in die verschiedenen Fahrzeuge integriert werden können. Dies setzt allerdings voraus, dass die eingesetzten Teile bereits über den notwendigen Korrosionsschutz und die gewünschte Farbgebung verfügen. Aus der beschriebenen Stra-

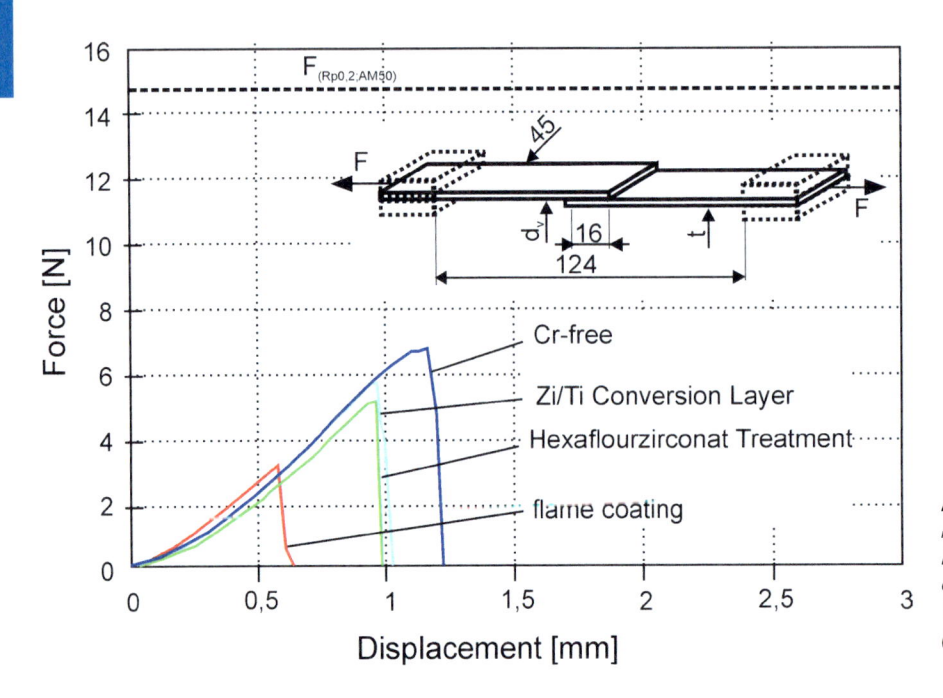

Abb. 4.17: *Spannungs-Dehnungsverhalten von geklebten Mg-Blechen mit unterschiedlichen Vorbehandlungen nach 60 Tagen im Klima-Korrosionstest (Meschut 2001)*

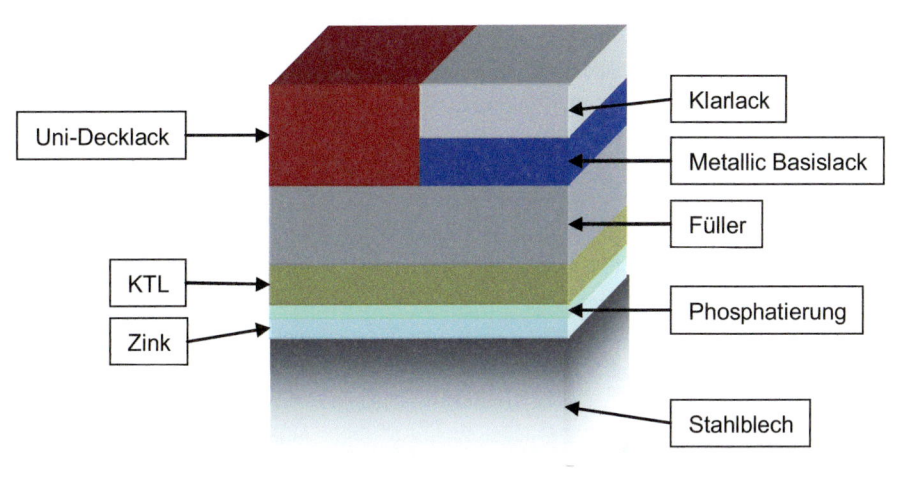

Abb. 4.18: *Schichtaufbau einer Lackierung*

tegie resultiert die Notwendigkeit, endfarbgegebene, d. h. in den meisten Fällen lackierte Baugruppen miteinander zu einem gebrauchsfertigen Produkt zu fügen. Hierzu scheiden außer dem Kleben praktisch alle anderen Fügeverfahren aus unterschiedlichen Gründen aus.

Neben der mechanischen Beanspruchbarkeit des Lackaufbaus ist die Adhäsion auf dem Decklack die kritische Größe, die Verbundfestigkeit und Dichtigkeit bestimmt. Bei PKW-Lackierungen wird als Deckschicht oft ein Klarlack aufgetragen, sodass hier immer von der gleichen chemischen Zusammensetzung des Lackes ausgegangen werden kann. Im LKW-Bau hingegen kommt eine Vielzahl unterschiedlicher Decklacke zum Einsatz. Dies bedingt, dass die Haftung für die eingesetzten Klebsysteme für alle Lackarten sichergestellt werden muss. Hierzu geben Benetzungsprüfungen erste Hinweise auf die Klebbarkeit, die dann über mechanische Prüfungen abgesichert werden muss. Üblich ist der einfache Abziehtest, bei dem eine Klebstoffraupe auf den Lack aufgebracht und nach Aushärten abgezogen wird. Hierzu wird die Raupe mit einem Messer eingeschnitten und ausgehend von dieser Kerbe geschält. Die Haftung ist in Ordnung, wenn das Versagen innerhalb der Klebschicht verläuft. Häufig werden auch Zugschertests nach DIIN EN 1465 und diverse Schältests durchgeführt. Die Prüfung der Klebfestigkeit erfolgt sowohl im Ausgangszustand als auch nach Alterung.

Das lackierte Blech stellt im Prinzip einen Schichtverbundwerkstoff dar, bei dem alle Schichten von Relevanz für die beim Kleben erreichbare Festigkeit und Beständigkeit sind. Der Lack wird hier also zum tragenden Material, das unter den unterschiedlichen Betriebsbeanspruchungen von der Schotterstrecke bis zum Crash über eine ausreichende Festigkeit verfügen muss. Dies bei Temperaturen von -40°C bis 90°C und bei bzw. nach unterschiedlichen Umwelteinflüssen wie Spritzwasser oder Streusalz. Lackierungen bestehen nicht aus einer einzigen Schicht, sondern aus einem Lackaufbau (Abb. 4.18).

Die einzelnen Schichten unterscheiden sich in ihrer Zusammensetzung und in ihrer Haftfestigkeit untereinander. Kritische Größe ist neben der Kohäsionsfestigkeit jeder einzelnen Schicht die Adhäsion zwischen den Schichten. Je nach Fertigungsparameter und Lack- bzw. Klebschichtbeschaffenheit kann es zum Versagen der Zinkschicht, der Phosphatierungsschicht, der einzelnen Lackschichten sowie der Klebschicht bzw. zum adhäsiven Versagen zwischen diesen Schichten kommen.

Es gibt eine Reihe von mechanischen Prüfmethoden zur Beurteilung der Lackhaftung. Die am Weitesten verbreitete und am einfachsten durchzuführende Methode, um die Haftung zwischen Lackschichten zu überprüfen, ist das Gitterschnittverfahren. Dieses hat allerdings den Nachteil, dass es größtenteils manuell durchgeführt werden muss – und somit ungenaue Randbedingungen existieren. Es generiert nur qualitative Ergebnisse in einer Skala von 0 (i. O.) bis 5 (n. i. O.).

Zur Prüfung von Lacken werden neben dem Gitterschnitttest auch Stirnabzugverfahren eingesetzt,

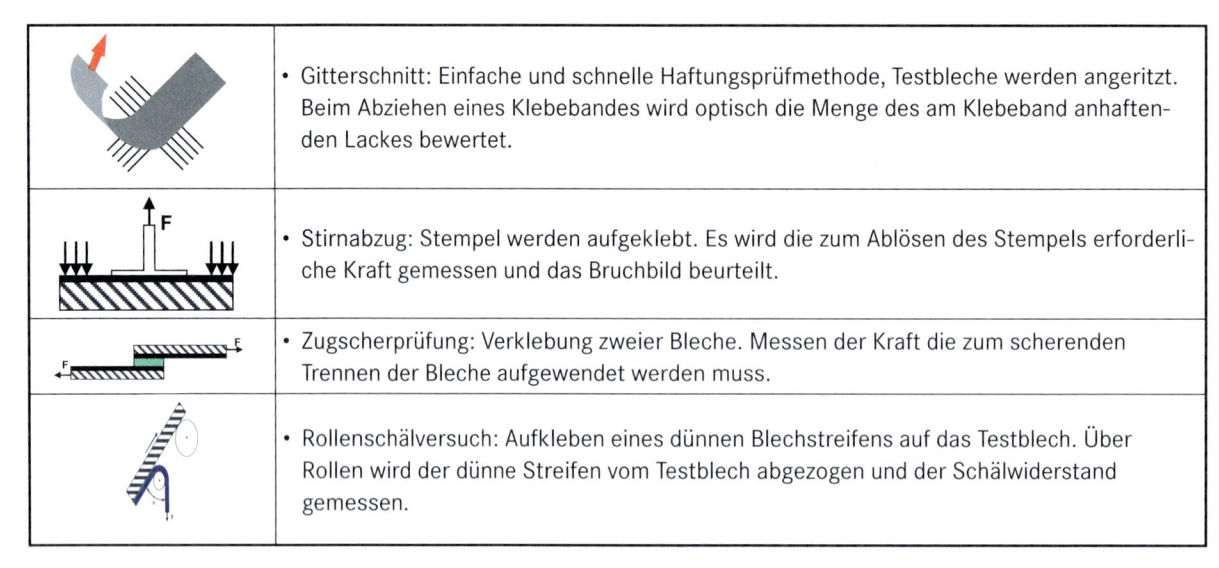

⬚	• Gitterschnitt: Einfache und schnelle Haftungsprüfmethode, Testbleche werden angeritzt. Beim Abziehen eines Klebebandes wird optisch die Menge des am Klebeband anhaftenden Lackes bewertet.
⬚	• Stirnabzug: Stempel werden aufgeklebt. Es wird die zum Ablösen des Stempels erforderliche Kraft gemessen und das Bruchbild beurteilt.
⬚	• Zugscherprüfung: Verklebung zweier Bleche. Messen der Kraft die zum scherenden Trennen der Bleche aufgewendet werden muss.
⬚	• Rollenschälversuch: Aufkleben eines dünnen Blechstreifens auf das Testblech. Über Rollen wird der dünne Streifen vom Testblech abgezogen und der Schälwiderstand gemessen.

Abb. 4.19: *Mechanische Prüfmethoden zur Beurteilung der Haftfestigkeit von Lackierungen und Klebungen*

während bei der Haftungsprüfung von Klebstoffen vor allem Zug-/Scherprüfungen und Schältests Anwendung finden. Um das Haftungsphänomen auf Lackschichten quantitativ erfassen zu können, wurden im Rahmen neuerer Untersuchungen die vier aufgeführten Verfahren bezüglich Anwendbarkeit überprüft.

Insbesondere Rollenschälversuche sind zur quantitativen Messung der Lackhaftung geeignet. Die Ergebnisse lassen sich mit Gitterschnittergebnissen bei Zeit, Temperatur, Farbton und Bindemittelkombinationen korrelieren. Durch die Entwicklung eines am Stirnabzug orientierten Schnelltests kann die Haftfestigkeit zeitnah im laufenden Serienprozess ermittelt werden. Auch hier hat sich gezeigt, dass bei präziser Versuchsdurchführung gut differenzierbare Ergebnisse erzielt werden.

4.3.8 Kleben von Kunststoffen

Beim Kleben von Kunststoffen muss grundsätzlich zwischen dem Kleben von Thermoplasten, Elastomeren und Duromeren unterschieden werden. Es gilt als Faustregel, dass Duromere ohne Vorbehandlung klebbar sind, ebenso teilweise auch polare und lösliche Thermoplaste. Unpolare und unlösliche Thermoplaste sind ohne Vorbehandlung nicht oder nur mit sehr geringen resultierenden Festigkeiten klebbar.

Ähnlich gilt dies für die meisten Elastomere, wobei hier mit speziellen Klebstoffen, die das Substrat geringfügig anlösen, eine gute Haftung erzielt werden kann.

Dies gilt allerdings nur, wenn die Bauteiloberflächen nicht durch Trennstoffe, Weichmacher etc. kontaminiert sind, was infolge der Herstellungsverfahren bei Kunststoffen häufig der Fall ist. Eine Vielzahl von Publikationen hat das Thema „Kleben von Kunststoffen" in den letzten Jahrzehnten beleuchtet, deshalb soll hier nur kurz auf dieses Thema eingegangen werden, um den Leser für die Problematik zu sensibilisieren. Vertieft wird daraufhin das Kleben von kohlenstofffaserverstärkten Kunststoffen (CFK) diskutiert, da es sich hier um neuere Entwicklungen im Leichtbau handelt.

4.3.8.1 Kleben thermoplastischer Kunststoffe

Lösbare thermoplastische Kunststoffe können sowohl diffusions- als auch adhäsionsgeklebt werden. Beim Diffusionskleben werden die Fügeteile durch ein geeignetes Lösungsmittel angelöst und anschließend unter Druck gefügt, was zur Diffusion des Lösemittels in die oberflächennahen Polymerketten und somit zur Ausbildung von zwischenmolekularen Kräften führt. Nach dem Ausdiffundieren des Lösungsmittels aus der Klebfuge können auch größere Kräfte übertragen werden. Vorteilhaft bei diesem Verfahren ist, dass Oberflächenzustände nur eine untergeordnete Rolle spielen und so ein relativ robuster Prozess resultiert. Nachteilig ist, dass die meisten Kunststoffe durch den Kontakt mit dem Lösemittel geschädigt werden, was z. B. infolge von Spannungsrissbildung zum vorzeitigen Versagen der Fügeteile führt.

Mittels Adhäsionskleben können praktisch alle Kunststoffe gefügt werden. Hierbei muss allerdings die relativ geringe Oberflächenenergie der Kunststoffe berücksichtigt werden, die eine schlechte Benetzung und somit geringe Ausbildung von Adhäsionskräften der Klebstoffe mit sich bringt. Polare Thermoplaste können häufig auch ohne Oberflächenvorbehandlung geklebt werden, unpolar Thermoplaste müssen vorbehandelt werden. Als Verfahren kommen hier hauptsächlich

- Beflammen,
- Coronabehandlung,
- Atmosphärenplasma,
- Niederdruckplasma,
- Fluorierung und
- Primerung

zum Tragen. Bei vielen Substraten kann die Klebfestigkeit mit Hilfe der aufgeführten Verfahren derart gesteigert werden, dass es zum Bruch des Fügeteils kommt (Lommatzsch 2003, Leeden 2002). Neueste Entwicklungen im Werkstoffbereich sind faserverstärkte Thermoplaste auf Basis von PEEK oder PPS. Diese Kunststoffe sind nur mäßig gut klebbar. Es gibt außerdem derzeit nur wenige fundierte Untersuchungen bezüglich der Klebbarkeit mit verschiedenen Klebstoffen.

4.3.8.2 Kleben von Elastomeren

Unter Bezeichnung Elastomere wird eine sehr weit gestreute Gruppe von Kunststoffen und Kunststoffmischungen mit sogenannten gummielastischen Eigenschaften verstanden. Aufgrund dieser Vielfalt ist eine einheitliche Aussage über die Klebbarkeit dieser Stoffgruppe schwierig. Im Allgemeinen kann aber gesagt werden, dass Elastomere über eine schlechte Adhäsion verfügen, die auch durch diverse Vorbehandlungen nur unwesentlich gesteigert werden kann. Gute Klebfestigkeiten können mit Klebstoffen erzielt werden, die die oberflächennahen Schichten durch Anlösen oder Anschmelzen aktivieren und somit eine gewisse Diffusion unterstützen. Als klassische Vertreter seien hier Cyanacrylate (Sekundenklebstoffe), Lösemittelklebstoffe und Schmelzklebstoffe genannt. Durch den Einsatz halogenierter Primer kann die Haftung verbessert werden, was allerdings heute aus physiologischen und ökologischen Aspekten als kritisch angesehen werden muss.

Ein weiterer kritischer Punkt beim Kleben von Elastomeren stellt die Behinderung der elastischen Verformung durch die meist spröderen Klebschichten dar. Diese Verformungsbehinderung führt zur Ausbildung von Spannungsspitzen und somit zum vorzeitigen Versagen der Fügeteile.

4.3.8.3 Kleben von Duromeren

Duromere sind im Allgemeinen gut klebbar. Entscheidend ist, dass keine fertigungsbedingten Hilfsstoffe an der Fügeteiloberfläche vorhanden sind. Diese Hilfsstoffe führen häufig zur starken Minderung der Adhäsion oder zur strukturellen Schwächung der Grenzschicht. Wenn sichergestellt ist, dass keine Hilfsstoffe an der Oberfläche vorhanden sind, kann normalerweise auf eine chemische Oberflächenvorbehandlung verzichtet werden. Eine ausreichende Klebfestigkeit kann durch mechanische Vorbehandlungen erreicht werden, wie Aufrauen mittels Schleifpapier oder Strahlverfahren und die Entfernung von Abreißgeweben.

Im Leichtbau werden Kunststoffe fast nie ohne Faserverstärkung eingesetzt. Bezüglich der klebtechnischen Besonderheiten dieser Werkstoffgruppe sei auf den nachfolgenden Abschnitt verwiesen.

4.3.9 Kleben von Faserverbundwerkstoffen

Faserverbundwerkstoffe (FVK), insbesondere mit Kohlenstofffasern verstärkte Kunststoffe (CFK) werden heute im Leichtbau wegen ihrer sehr hohen

Festigkeit und Steifigkeit eingesetzt. Diese hohen Werte resultieren aus den Eigenschaften der Fasern, die über eine E-Modul von bis zu 600 GPa und eine Zugfestigkeit von bis zu 6000 MPa verfügen. Das Matrixmaterial, im Allgemeinen Epoxidharz, hat einen E-Modul von ca. 10 GPa und eine Festigkeit von 50 MPa. Aus diesen Angaben geht hervor, dass die positiven Eigenschaften maßgeblich von den Fasern geprägt werden, die in Lastrichtung angeordnet sind. Um die positiven Eigenschaften der Grundwerkstoffe auch in geklebten Bauteilen beizubehalten ist es notwendig, neben einer guten Adhäsion auf dem Substrat (was beim Kleben selbstverständlich immer gefordert werden muss) die anliegende Last in die Fasern einzuleiten. Wenn lediglich zwei flache Halbzeuge aus faserverstärkten Kunststoffen einschnittig überlappend aufeinander geklebt werden, wird es bei höheren Belastungen zwangsläufig zur Delamination der obersten Lagen kommen. Die Verbindung verfügt somit über eine geringe Festigkeit und versagt zusätzlich bei sehr geringer Energieaufnahme. Höhere Beanspruchungsgeschwindigkeiten, wie sie beispielsweise im Crash-Fall auftreten, verschärfen dieses Problem. Dies bedeutet, dass der Werkstoff des Fügeteils nur in geringem Maße ausgenutzt wird, was die Ziele des Leichtbaus konterkariert. Der Werkstoff kann besser ausgenutzt werden, wenn durch die Klebung die Last in den kompletten Bauteilquerschnitt eingeleitet wird oder wenn die Faserlagen direkt vom Klebstoff penetriert werden. Die vollständige Aktivierung des Querschnitts wird durch eine klebgerechte Gestaltung erzielt. Häufig wird hier eine sogenannte Schäftung eingesetzt, wobei geringere Schäftungswinkel zur Erhöhung der übertragbaren Lasten führen. Abbildung 4.20 zeigt eine Geometrievariante für die Reparatur eines Bauteils aus faserferstärktem Kunststoff. Um gute

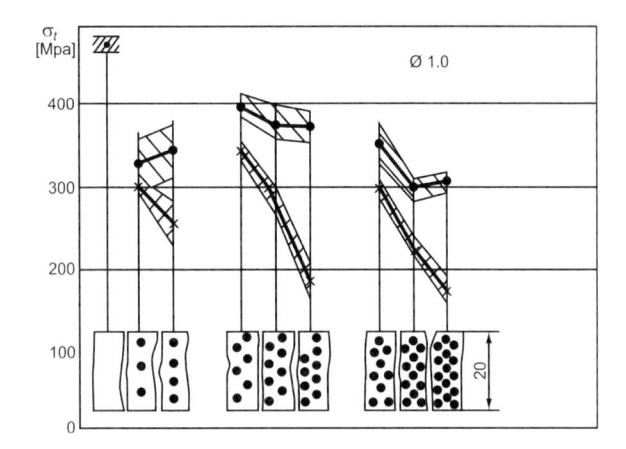

Abb. 4.21: Abminderung der Festigkeit von FVK-Strukturen durch eingebrachte mechanische Verbindungselemente (• in die unausgehärtete Struktur eingesetzte Elemente, x Elemente, die durch Bohren eingebracht wurden), adaptiert von (Karpov 2006)

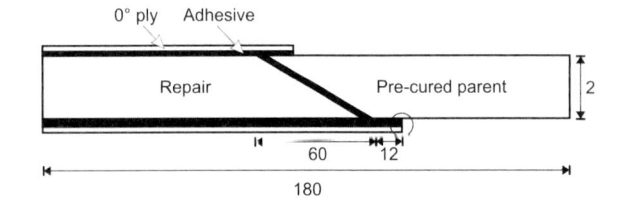

Abb. 4.20: Reparaturkonfiguration einer CFK-Struktur, adaptiert von (Charalambides 1998)

mechanische Eigenschaften zu erzielen, wird in diesem Fall ein Schäftungswinkel von ca. 2° angestrebt und zusätzlich werden beidseitig Faserlagen unter 0° aufgeklebt, um Schäl- und Biegelasten aufzunehmen. Eine weitere Methode, um größere Querschnitte zu aktivieren, ist das Einbringen von Dübelelementen in die FVK-Struktur. In diesem Zusammenhang ist es wichtig, dass die Elemente in das Bauteil eingebracht werden, bevor das Harz eingebracht bzw. ausgehärtet wird. Dies gibt die Möglichkeit, die Fasern derart auszurichten, dass sie kontinuierlich um das Insert laufen, was Spannungskonzentrationen vermeidet und einen optimierten Kraftfluss gewährleistet. Wenn die Dübelelemente erst später durch Bohren in die Bauteile eingesetzt werden, werden die Fasern zerstört und die Struktur wird geschwächt (Abb. 4.21).

Eine zusätzliche Aktivierung mehrerer Faserlagen kann auch durch die Einbringung einer oder mehrerer zusätzlicher interlaminarer Fasern erfolgen. In diesem Fall werden neben den Fasern, die in Richtung der Lastpfades liegen, Fasern in einer hierzu senkrecht stehenden Ebene eingebracht. Dies bewirkt eine Lasteinleitung in tiefergelegene Textillagen durch die interlaminaren Fasern und reduziert zusätzlich Schälspannungen, was die Festigkeit der Verbindung zusätzlich steigert (Abb. 4.22).

In diesem Zusammenhang stellt das Nähen eine geeignete Methode dar, um die zusätzlichen Fasern einzubringen.

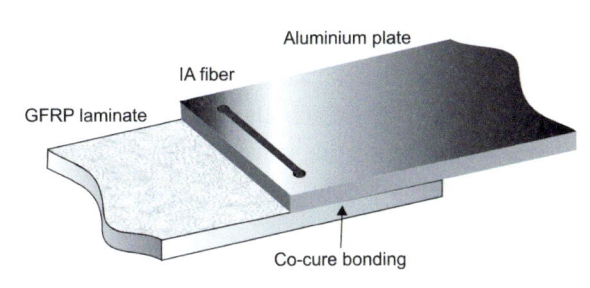

Abb. 4.22: *Schematische Darstellung der Steigerung der Festigkeit einer Klebung von faserverstärkten Kunststoffen durch das Einbringen von interlaminaren Fasern, adaptiert von (Matsuzaki 2008)*

4.4 Rechnerische Auslegung von Leichtbauklebungen

Bei der Dimensionierung von Klebverbindungen kann man grundsätzlich von zwei Klebstoffgruppen ausgehen, die sich in ihrem Verhalten wesentlich unterscheiden. Im Gegensatz zu den relativ starren Strukturverklebungen im Luftfahrtbereich mit Klebstoffen, deren Festigkeit etwa 50 MPa bei rd. 3 % Gleitung beträgt (Epoxidharze), verhalten sich elastomere Klebstoffe, die in Klebschichtdicken größer 2 mm verarbeitet werden, gummielastisch mit einer Festigkeit von etwa 5 MPa bei einer Dehnung bis rd. 300 % (Polyurethane). Die letztgenannten Eigenschaften ermöglichen neben den üblichen Vorteilen des Klebens den Ausgleich von großen Fertigungstoleranzen und von Verschiebungen der Fügeteile infolge ihrer unterschiedlichen Wärmeausdehnungskoeffizienten sowie hohe Dämpfungseffekte. Der Zusammenhang zwischen Schubspannung und Gleitung für beide Klebstoffgruppen – ermittelt an Zugscherproben – ist in Abbildung 4.23 dargestellt. Bei der Auslegung von Klebungen kann zwischen einer eher lokalen (örtliches Spannungskonzept) und einer eher globalen Betrachtung (Nennspannungskonzept) unterschieden werden. Das Nennspannungskonzept geht von einfachen, auf die Klebfläche bezogenen Kräften aus und beurteilt deshalb den Spannungszustand in der Schicht einachsig, sodass örtlich auftretende Spannungsspitzen und konstruktive Maßnahmen zu ihrer Reduktion nicht erfasst

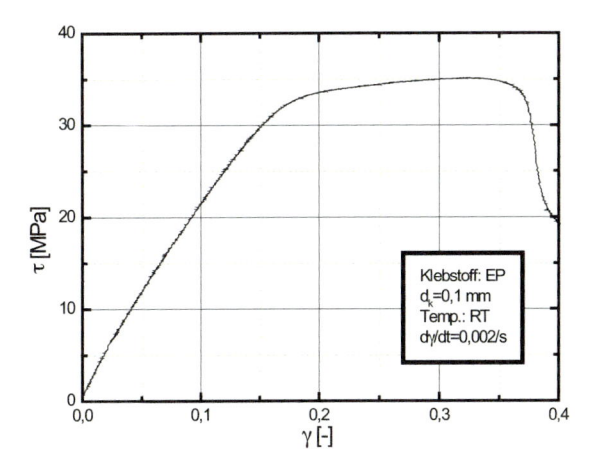

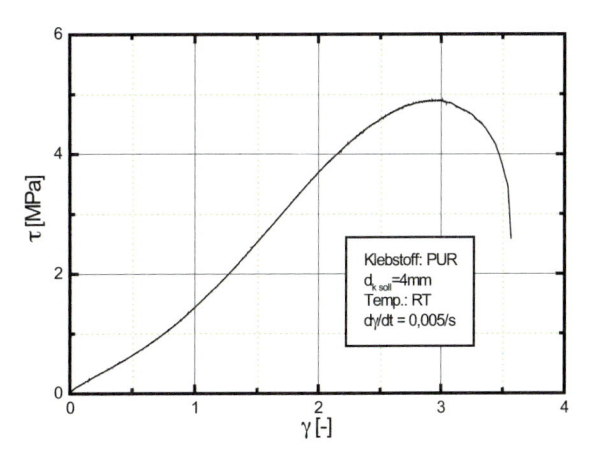

Die Fugenfüllung und die Geometrie der Klebraupe beeinflussen die Festigkeit der Verbindung ebenfalls wesentlich. Ein hoher Füllgrad und ein sanfter Übergang von Bauteil zur Klebraupe (flacher Nahtübergangswinkel) reduzieren Spannungsspitzen, was der Delamination von oberflächennahen Schichten entgegenwirkt.

Eine weitere Methode, um Spannungskonzentrationen an den Überlappungsenden zu vermeiden und somit die Nennfestigkeit der Verbindung zu erhöhen, ist der Einsatz unterschiedlicher Klebstoffe in den verschiedenen Bereichen der Überlappung. Die Kombination einer hochfesten und hochsteifen Klebschicht im zentralen Bereich der Überlappung und eines niedermoduligen Klebstoffs in Bereich der Überlappungsenden führt zu einer homogeneren Spannungsverteilung und somit zu einer höheren nominellen Beanspruchbarkeit der Klebung.

Abb. 4.23: *Zusammenhang zwischen Schubspannung und Gleitung von a) EP-Klebstoff und b) PUR-Klebstoff (Bornemann 2003)*

4 Kleben

werden können. Das örtliche Spannungskonzept hat seinen Ausgang für Anwendungen in der Luftfahrt durch Volkersen und Goland/Reissner mit analytischen linearelastischen Lösungen (Habenicht 2006, Hagl 2007).

Derzeit erfolgt die Dimensionierung und Auslegung von Bauteilen und Strukturen zunehmend mit numerischen Verfahren und insbesondere mit der Finite Elemente-Methode (FEM). Diese Methode hat gegenüber den analytischen Berechnungsmethoden eine größere Freiheit in der Geometrie-, Material- und Lastbeschreibung.

4.4.1 Analytische Berechnungsmethoden für Klebverbindungen

Analytische Auslegungsmethoden sind Grundlage des Dimensionierungsprozesses von gefügten Bauteilen. Sie sind zwar größtenteils mit deutlichen, vereinfachenden Annahmen versehen, doch für eine frühzeitige Auslegung der Baugruppen unerlässlich. Genauere, belastbarere Ergebnisse lassen sich mit Hilfe von Finite Elemente-Simulation erzielen. Doch dem Nutzen steht dabei der hohe Berechnungs- sowie Modellierungsaufwand entgegen.

Die analytische Auslegung bei quasistatischer, zügiger Beanspruchung erfolgt meist nach dem Nennspannungskonzept. Hierbei besteht jedoch einerseits das Problem bei geometrisch komplexen Bauteilen eine relevante Nennspannung zu definieren, andererseits einem inhomogenen Spannungszustand in einer (meist einschnittig überlappten) Klebung bei dünnen Fügeteilen zu beschreiben. Hieraus ergibt sich, dass die maximale Klebfestigkeit stark von der jeweiligen Geometrie (Überlappungslänge, Fügeteildicke) und vom Verformungsverhalten der Fügeteile (E-Modul, Streckgrenze) abhängt. Für die Praxis bedeutet dieses, dass aussagekräftige Festigkeitswerte nur an Versuchsanordnungen ermittelt werden können, die in Geometrie und Beanspruchungsart der Praxisbeanspruchung entsprechen. Dabei ist zwischen Klebstoffgruppen zu unterscheiden, die dünne, hochfeste strukturelle Klebverbindungen bzw. dicke, elastische Klebverbindungen ergeben.

Es sind sowohl verschiedene, relativ einfache Ansätze für die Dimensionierung vorhanden als auch aufwändigere mathematische Modelle verfügbar. Vor allem für die einschnittig überlappte Klebverbindung gibt es zahlreiche mathematische Ansätze, die den Spannungsverlauf beschreiben.

4.4.1.1 Berechnung von dünnen, strukturellen Klebschichten

Bei reiner Zugbelastung einer stirnseitigen Verklebung mit einer zentrischen Krafteinleitung ist die entsprechende Zugspannungsverteilung in der Klebschicht homogen.

$$\sigma = \frac{F}{a \cdot b} \leq \sigma_{zul} = \frac{\sigma_S}{S}$$

Eine nicht zentrische Krafteinleitung und das Auftreten von Momenten führen zu Spannungsspitzen an den Rändern, die deutlich über der mittleren Normalspannung liegen und die Verbundfestigkeit deutlich

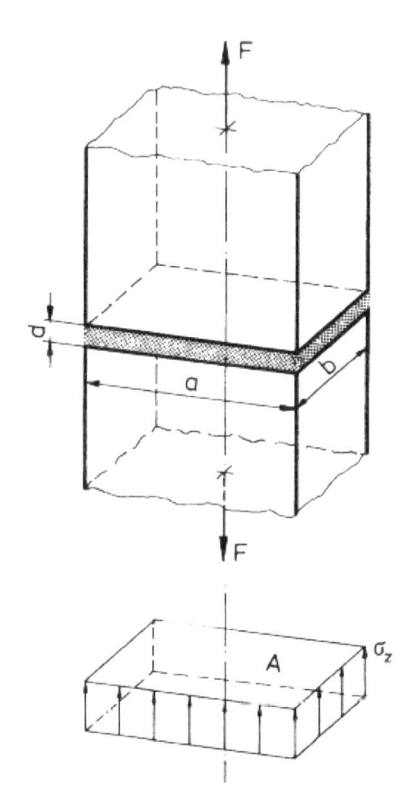

Abb. 4.24: Zugbeanspruchung einer Klebung bei zentrischer Belastung (Habenicht 2006)

reduzieren. Je nach Wahl des Klebstoffsystems und des Werkstoffs für das Fügeteil bildet sich in der Regel ein Festigkeitsverhältnis in der Größenordnung von Klebstofffestigkeit zu Fügeteilfestigkeit von ≈ 0,1 aus, woraus folgt, dass eine stirnseitige Verklebung eine Ausnutzung der Fügeteilfestigkeit nicht ermöglicht.

Für eine beanspruchungsgerechte Gestaltung einer Klebverbindung ist die Klebfuge in Belastungsrichtung unter Schubbeanspruchung auszulegen. Die häufigste Anwendungsform für Klebverbindungen stellt die einschnittig überlappte Blechverbindung dar. Um eine sichere Auslegung zu gewährleisten, müssen die Belastungsfälle analysiert und die resultierenden Beanspruchungsgrößen abgeschätzt werden. Die näherungsweise Bestimmung der Beanspruchbarkeit einer solchen Klebverbindung mit dem einfachen Festigkeitsnachweis

$$\frac{F}{l_{ü} \cdot b} = \tau_m \leq \tau_{zul}$$

liefert kein zufriedenstellendes Ergebnis, denn versagensursächlich ist nicht die mitttlere Bruchzugscherspannung, sondern der örtliche Spannungszustand in der Klebschicht an den Überlappungsenden. Zur Beschreibung der Festigkeit bzw. des Spannungsverlaufs einer einschnittig überlappten Klebschicht gibt es verschiedene Ansätze. Der Volkersen-Ansatz liefert mit folgenden vereinfachenden Annahmen

- linear-elastisches Materialverhalten
- reine Schubbeanspruchung in der Klebschicht
- isotroper Werkstoff
- gleiche Fügeteilgeometrie
- kein Biegemoment

folgenden Zusammenhang:

$$\frac{\tau_{max}}{\tau_m} = \sqrt{\frac{G \cdot l_{ü}^2}{2Esd}} \coth \sqrt{\frac{G \cdot l_{ü}^2}{2Esd}}$$

Aufbauend auf diesen Ansatz sind weitere analytische Lösungsansätze entstanden, die zusätzlich das Auftreten von Biegemomenten, Normalspannungen sowie plastisches Materialverhalten berücksichtigen.

Eine Ableitung der Volkersen-Gleichung nach Goland und Reissner berücksichtigt außer dem Kräftegleichgewicht in Beanspruchungsrichtung auch das Kräftegleichgewicht senkrecht dazu sowie das Biegemoment (Habenicht 2006, da Silva 2009). Goland und Reissner bestimmen über das maximale Biegemoment, welches sich im belasteten Fügeteil am Überlappungsende einstellt, die Exzentrizität der Krafteinleitung und berücksichtigen diese durch die Einführung eines Exzentrizitätsfaktors k im Berechnungsansatz:

$$\tau_{B\,max} = \tau_B \left[\frac{1+3k}{4} \sqrt{\frac{2G \cdot l_{ü}^2}{Esd}} \coth \sqrt{\frac{2G \cdot l_{ü}^2}{Esd}} + \frac{3}{4}(1-k) \right]$$

Die hiermit ermittelten Maximalspannungen der Klebschicht an den Überlappungsenden sind höher als bei der Volkersen-Gleichung und stimmen auch mit den Ergebnissen einer Berechnung mittels der FEM besser überein (Abb. 4.25).

Die Modifikation nach Hart-Smith berücksichtigt zusätzlich zu dem Ansatz nach Goland/Reissner den Einfluss der Klebschicht auf die Fügeteilbiegung und kann durch entsprechende Korrekturfaktoren auch auf anisotrope Fügeteilwerkstoffe erweitert werden.

Insgesamt gesehen zeigt die Abbildung, dass eine Vernachlässigung des Einflusses der Biegebeanspruchung zu deutlich geringeren Spannungsüberhöhun-

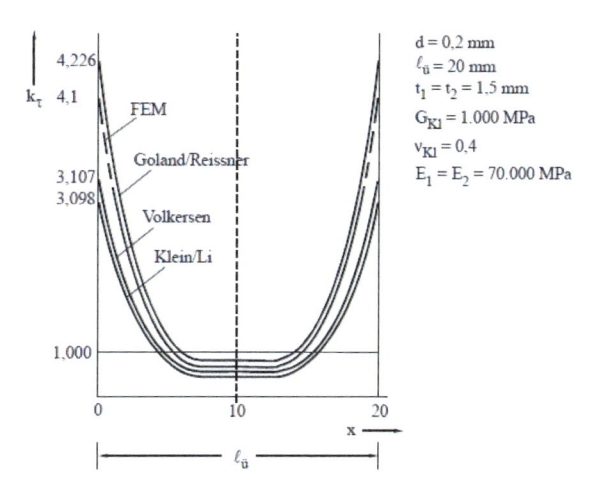

Abb. 4.25: *Verläufe der Schubspannungen, bestimmt nach verschiedenen Methoden (Klein 2007)*

gen an den Klebschichträndern führt. Voraussetzung für die analytischen und empirisch angepassten analytischen Ansätze bleibt allerdings die einfache Grundgeometrie der einschnittig überlappten Scherzugprobe. Eine Erweiterung auf allgemeine Bauteilgeometrien mit kombinierten Beanspruchungen ist daher nicht ohne weiteres möglich.

Ein sehr einfacher Ansatz zur überschlägigen Berechnung bietet die vereinfachte Volkersen-Gleichung nach Schliekelmann (Wirth 2004). Die Volkersen-Gleichung dient als Basis für die Berechnung und wird für eine Berücksichtigung einer plastischen Beanspruchung der Fügeteile modifiziert. Die Vereinfachung der Volkersen-Gleichung führt zu

$$\tau_{max} = \tau_m \sqrt{\frac{Gl_{\ddot{u}}^2}{2 \cdot Esd}} \text{ bzw. } \tau_B = \tau_{B\,max} \sqrt{\frac{2d}{G}} \cdot \sqrt{E} \cdot \frac{\sqrt{s}}{l_{\ddot{u}}}$$

Mit der Definition von

$$\tau_{B\,max} \sqrt{\frac{2d}{G}} = K; \quad \sqrt{E} \text{ bzw. } \sqrt{e}; \quad \frac{\sqrt{s}}{l_{\ddot{u}}} = f$$

mit
- K der Klebstofffaktor, der die Eigenschaften der Klebschicht, d. h. die maximale Bruchzugscherspannung, Schubmodul und Klebschichtdicke erfasst
- M der Metallfaktor bzw. reduzierte Metallfaktor, der die Festigkeitseigenschaften des Fügeteilwerkstoffs erfasst und auch plastische Deformation der Fügeteile berücksichtigt
- f der Gestaltfaktor, der die Geometrie der Klebschicht mit der Überlappungslänge und Klebschichtdicke erfasst,

ergibt sich letztendlich folgender Zusammenhang:

$$\tau_B = K \cdot M \cdot f$$

Die Berücksichtigung weiterer Einflüsse erfolgt durch entsprechende Abminderungsfaktoren, die die jeweiligen Beanspruchungs- und Umgebungsbedingungen abbilden.

4.4.1.2 Berechnung von flexiblen, gummielastischen Klebschichten

Grundsätzlich sind die Festigkeit und Steifigkeit von flexiblen, elastischen Klebschichten niedriger als bei dünnen strukturellen Klebschichten. Eine homogenere Spannungsverteilung und die somit vorhandene weitgehende Linearität zwischen Überlappungslänge und Klebfestigkeit erlauben es, die deutlich niedrige Klebfestigkeit durch eine lineare Veränderung der Überlappungslänge zu kompensieren (Habe nicht 2006). Für die Ausbildung von Spannungsspitzen an den Überlappungsenden ist das Steifigkeitsverhältnis zwischen Klebstoff und Fügeteil G zu E maßgeblich, d. h. je geringer dieses Verhältnis ist, desto geringer sind auch die sich ausbildenden Spannungsspitzen. Die Spannungsausbildung über der Klebfugenlänge wird entsprechend homogener.

Die überschlägige Dimensionierung einer Klebschicht erfolgt vornehmlich mittels Nennspannungs- und Dehnungskonzepten. Damit eine durch äußere Belastung vorliegende Beanspruchung nicht größer als die zulässige Beanspruchung σ_{zul} ist, muss die Bauteilklebfläche hinreichend dimensioniert werden. Die Mindestklebfläche ergibt sich mit der Klebschichtbreite b und der Überlappungslänge $l_{\ddot{u}}$ zu:

$$A_{min} = b \cdot l_{\ddot{u}} = \frac{F}{\sigma} \text{ mit } \sigma \leq \sigma_{zul}$$

Elastische Klebschichten dienen zum Verbinden großer Bauteilstrukturen, die aus unterschiedlichen Werkstoffen bestehen. Dieses sind z. B. im Schienenfahrzeug- oder Fahrzeugbau Stahlstrukturen, die mit Beplankungen aus glasfaserverstärktem Kunststoff versehen werden oder Klebungen im Fassadenbau mit der Werkstoffkombination Stahl und Glas. Resultierend aus einer Temperaturdifferenz ΔT und – werkstoffbedingt – unterschiedlichen Wärmeausdehnungskoeffizienten α_i treten Relativverschiebungen Δu zwischen den elastisch geklebten Fügeteilen auf. Diese können abgeschätzt werden durch

$$\Delta u = L_0 \cdot \Delta T \cdot (\alpha_1 - \alpha_2)$$

mit der Klebschichtlänge L_0. Vereinfachend wird angenommen, dass die Wärmeausdehnungskoeffizienten α_i temperaturunabhängig sind. Die minimal erforderliche Klebschichtdicke d_{min} ergibt sich bei maximal zulässiger Scherung γ_{zul} zu:

$$d_{min} = \frac{(\Delta u / 2)}{\tan \gamma_{zul}}$$

Häufig wird die Klebschichtdicke in gleicher Größe wie die gesamte Verschiebung Δu dimensioniert, wodurch die Klebschicht an den Überlappungsenden auf eine maximale Scherung $\gamma_{max} = 0{,}5$ beansprucht wird (Habenicht 2006).

Die zulässige Scherung γ_{zul} bzw. Maximaldehnung muss experimentell mit geeigneten Versuchen ermittelt werden (Abb. 4.26).

Die zulässige Spannung σ_{zul} für den erforderlichen Spannungsnachweis ergibt sich zu:

$$\sigma_{zul} = \sigma_S \cdot \frac{\sum f_i}{S}$$

Die Spannung σ_S als charakteristischer Festigkeitskennwert wird mittels geeigneter Versuche ermittelt. Weiterhin wird ein entsprechender Sicherheitsbeiwert S verwendet. Da die Bedingungen der Klebschicht in den entsprechenden Grundversuchen nicht den realen Beanspruchungs- und Umgebungsbedingungen entsprechen, wird σ_S mit sogenannten Abminderungsfaktoren beaufschlagt. Nachfolgend sind wichtige Abminderungsfaktoren f_i nach genannt (Habenicht 2006):

- Untere Grenze der Produktionsqualität im Vergleich zu Laborprüfungen
- Temperatureinfluss auf die Klebstofffestigkeit f_T
- Medieneinfluss f_M
- Geometrischer Abminderungsfaktor f_G, der den Unterschied zwischen Zugscherversuch und bauteilähnlichem Versuch berücksichtigt (Brede 2005)
- Abminderungsfaktor für eine statische Dauerbelastung.

Die jeweiligen Abminderungsfaktoren gehen als Produkt in die Berechnung der zulässigen Spannung σ_{zul} ein, was jedoch zu einer unrealistisch geringen zulässigen Spannung führen kann (Habenicht 2006, Kuna 2008). Die Ermittlung von Faktoren mit Versuchen unter kombinierten Belastungen kann zu Faktoren führen, die größer sein können als das Produkt der Einzelfaktoren unter nicht kombinierten Belastungen.

Eine detailliertere Spannungsbetrachtung bei mehrachsigen, kombinierten Spannungszuständen wird durch die Verwendung geeigneter Vergleichsspannungshypothesen ermöglicht. In (Brede 2005) wird durch die Verwendung der Vergleichsspannung σ_V

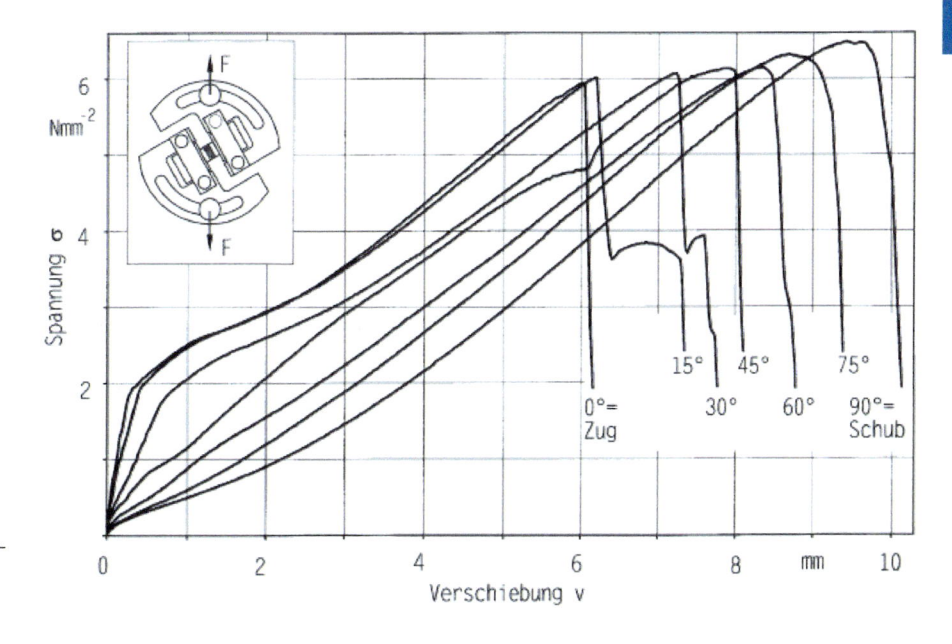

Abb. 4.26: Zusammenhang zwischen Spannung und Verformung einer elastischen Klebung unter ein- oder mehrachsig kombinierter Zug- und Schubbeanspruchungen (Koch 1996)

nach Raghava der Festigkeitsnachweis für Klebschichten unter mehrachsigen Beanspruchungen resultierend aus mechanischer und thermischer Belastung) geführt:

$$\sigma_V = \frac{(R-1)\cdot\sigma + \sqrt{(R-1)^2\cdot\sigma^2 + 4\cdot R\cdot(\sigma^2 + 3\cdot\tau^2)}}{2R}$$

Mit Hilfe dieser Vergleichsspannung kann ein unterschiedliches Verhalten unter Zug- und Druckbeanspruchung bei Polymeren berücksichtigt werden. R stellt dabei das Verhältnis aus der Druckspannung, bei der das Klebstoffverhalten deutlich nicht-linear wird, zu der entsprechenden Zugspannung dar. σ und τ entsprechen den Normal- und Schubspannungen, die durch die äußere Belastung hervorgerufen werden.

Abbildung 4.27 zeigt die resultierende Vergleichspannung nach Raghava in Abhängigkeit von der Klebschichtdicke und -breite. Die zulässige Spannung ist nach obiger Gleichung zu $\sigma_{zul} = 0{,}15$ MPa ermittelt worden. Der Schub- und der Elastizitätsmodul des eingesetzten Klebstoffes sind $G = 0{,}7$ MPa und $E = 1{,}8$ MPa. Damit die resultierende Vergleichsspannung geringer ist als die zulässige Spannung, muss die Klebschichtdicke größer als 13 mm sein und die resultierende Klebschichtbreite im Bereich 19 und 29 mm liegen.

Die Ermittlung der Spannungen erfolgte nach dem Nennspannungskonzept, bezogen auf den Ausgangsquerschnitt. In Versuchen mit Zugproben war die wahre Spannung um einen Faktor $F \geq 4$ höher als die berechnete Nennspannung beim Bruch (Brede 2005, Hagl 2007). Der Klebstoff kann folglich wesentlich höhere Spannungen ertragen, was hier aber keine Berücksichtigung findet. Einschränkend ist anzumerken, dass bei den vorgestellten Abschätzungen die Gültigkeit des Hooke'schen Gesetzes vorausgesetzt wurde, mit dem jedoch die großen Dehnungen der Klebschicht mit den entsprechenden Steifigkeiten nicht realistisch abgebildet werden kann. Eine besser belastbare Abschätzung unter Berücksichtigung geometrischer und werkstoffbedingter Nichtlinearität ist z. B. der FE-Methode mit den entsprechenden hyperelastischen Materialmodellen vorbehalten.

4.4.2 Numerische Berechungsmethoden für Klebverbindungen

Den Ablauf einer FEM-Berechnung für Klebverbindungen zeigt Abbildung 4.28.

Die Berechnung mittels der FE-Methode hat den großen Vorteil, dass sie auch dort eingesetzt werden kann, wo eine analytische Klebstellenberechnung an ihre Grenzen stößt. Die Anwendung dieses Verfahrens verlangt vom Ingenieur jedoch ein fundiertes Grundwissen über die FE-Methode sowie die Benutzung und Bedienung der entsprechenden Programme und Rechnersysteme. Bei der Diskretisierung von Bauteilen und Klebschicht ist darauf zu achten, dass es im Allgemeinen notwendig ist, mindestens drei Elemente in Klebschichtdicke einzubringen, um den Spannungszustand realitätsnah abbilden zu können und im Bereich der Überlappungsenden infolge der hohen Spannungsgradienten eine sehr feine Vernetzung zu wählen ist. Dies führt – auch bei Verwendung entsprechender Methoden zur Netzverfeinerung – bei realen Bauteilen zu riesigen Modellen, die sehr lange Rechenzeiten erfordern. Aus diesem Grund ist es häufig, sinnvoll mit Submodellen zu arbeiten, um die lokalen Zustände abzubilden.

Eine wesentliche Voraussetzung zum erfolgreichen Einsatz der FEM sind neben realistischen Lastannahmen und einem sorgfältig diskretisierten FE-Modell vertrauenswürdige Materialkennwerte

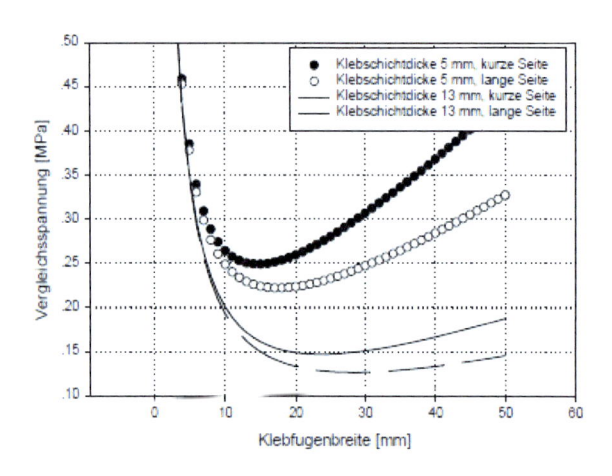

Abb. 4.27: Vergleichsspannung in Abhängigkeit der Geometrie (Kuna 2008)

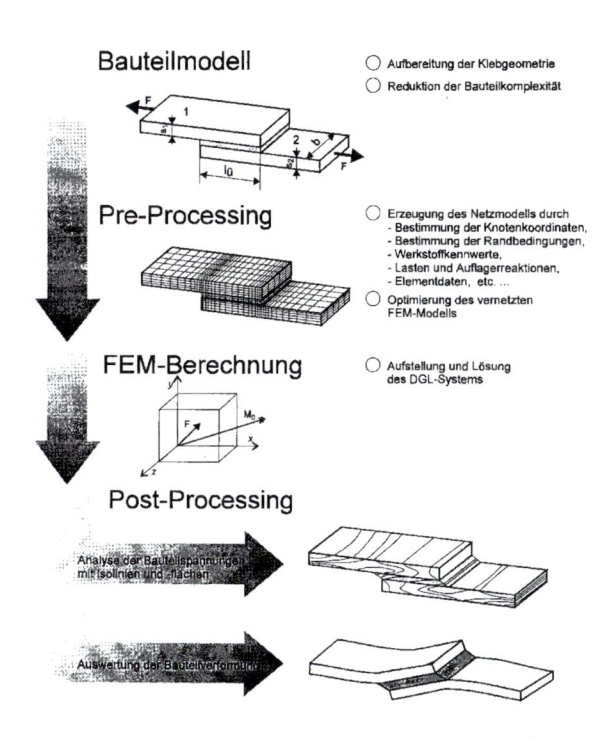

Bauteilmodell
- Aufbereitung der Klebgeometrie
- Reduktion der Bauteilkomplexität

Pre-Processing
- Erzeugung des Netzmodells durch
  - Bestimmung der Knotenkoordinaten,
  - Bestimmung der Randbedingungen,
  - Werkstoffkennwerte,
  - Lasten und Auflagerreaktionen,
  - Elementdaten, etc. ...
- Optimierung des vernetzten FEM-Modells

FEM-Berechnung
- Aufstellung und Lösung des DGL-Systems

Post-Processing
- Analyse der Bauteilspannungen mit Isolinien und -flächen
- Auswertung der Bauteilverformung

Abb. 4.28: *Umsatzkurve über die Lebenszyklusphasen (Ehrlenspiel 2003, Geyer 1976)*

sowohl der Fügepartner, insbesondere aber des Klebstoffs. Letztere sind in Laboruntersuchungen mit einem möglichst einachsigen Beanspruchungszustand zu ermitteln. Hierfür bieten sich Untersuchungen an Klebstoffsubstanzproben realistischer, aber noch in-situ Prüfmethoden an der einschnittig überlappten Verbindung oder dem stumpfgeklebten Rohr an. Ferner ist zu berücksichtigen, dass polymere Klebstoffe ein geschwindigkeitsabhängiges Beanspruchungsverhalten zeigen, sodass entsprechende Laborversuche unter Einhaltung einer konstanten Dehnungs- bzw. Gleitungsgeschwindigkeit der Klebschicht durchgeführt werden müssen. Nur auf diese Weise gelangt man zu den notwendigen geometrie- und werkstoffunabhängigen Klebstoffkennwerten, die für eine seriöse FE-Analyse unabdingbar sind.

Im Allgemeinen herrscht in einer mechanisch beanspruchten Klebschicht ein inhomogener mehrachsiger Spannungszustand. Dieser kann bei Kenntnis der elastischen Konstanten der als homogen und isotrop angenommenen Klebschicht je nach Anwendungsfall in zwei- oder dreidimensionaler Betrachtungsweise linearelastisch mit der FEM berechnet werden. So erhält man zumindest Auskunft über die Steifigkeit der geklebten Strukturen und die auftretenden Spannungskonzentrationen. Die linearelastische Rechnung ist jedoch nur für das in Abbildung 4.29a dargestellte Klebstoffverhalten mit Einschränkungen zulässig und nicht für das gummielastische Verhalten gemäß Abbildung 4.29.b. Dieses Materialverhalten kann zur Berechnung mit der FEM nur mit den für Elastomere entwickelten, über das lineare Elastizitätsgesetz weit hinausgehenden Stoffgleichungen beschrieben werden. Spezielle, daraus hergeleitete Ansätze, wie derjenige von Mooney und Rivlin oder derjenige von Ogden sind in gängigen FE-Programmen vorhanden.

4.4.2.1 Berücksichtigung mehrachsiger Spannungszustände

Betrachtet man den schematischen Verlauf von Fließbedingungen, ermöglicht das von Mises-Kriterium nicht die Berücksichtigung der Abhängigkeit vom hydrostatischen Spannungszustand. Die Erweiterung des von Mises-Kriteriums ist mit den Modellen nach Drucker-Prager erfolgt (Abb. 4.29).
Das lineare Drucker-Prager Modell
$F = q - p \tan\beta - d = 0$ (Abaqus Manual 2004)
zeigt dabei eine lineare Abhängigkeit vom hydrostatischen Spannungszustand. Das Exponent Drucker-Prager Modell folgt der Bedingung
$F = aq^b - p - p_t = 0$ [96]. Dabei bietet sich vor allen Dingen das Exponenten Drucker-Prager Modell an, um den Fließbeginn einer Epoxidharzklebschicht zu bestimmen (Abb. 4.35).

Eine weitere Fließbedingung wurde von Schlimmer als Funktion $F = (J_1, J_2')$ definiert. Aus Abbildung 4.35 wird ersichtlich, dass ein nichtlinearer Zusammenhang zwischen der ersten Invarianten des Spannungstensors J_1 und der zweiten Invarianten J_2' des Spannungsdeviators besteht. Diese lassen sich nach (Schlimmer 2007) mit der Bedingung
$F = J_2' + \frac{1}{3} a_1 \sigma_F J_1 + \frac{1}{3} a_2 J_1^2$ beschreiben. Die Ansatzfreiwerte a_1 und a_2 sind experimentell zu bestimmen.

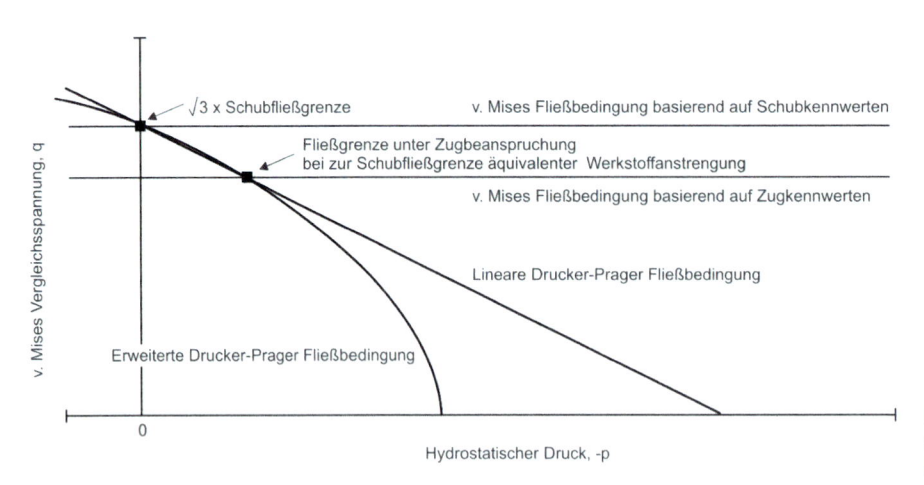

Abb. 4.29: *Fließbedingungen nach von Mises und Drucker-Prager (Dean 1999)*

4.4.2.2 Kohäsivzonenmodelle

Kohäsivzonenmodelle basieren auf der Überlegung, dass eine Materialseparation durch einen Riss ausschließlich in den Grenzflächen zwischen schädigungsfreien Bereichen erfolgt. Die Modellierung des Körpers erfolgt kontinuumsmechanisch mit beliebigen Stoffgesetzen im schädigungsfreien Bereich und mit Grenzflächen-Elementen, in denen die Separation des Materials erfolgt. Die Grenzflächen-Elemente öffnen sich als Folge von Schädigung und verlieren ihre Steifigkeit, wenn eine kritische Separation erreicht wird. Durch die Verwendung von Kohäsivzonenmodellen werden physikalisch unrealistische Spannungssingularitäten an der Rissspitze vermieden.

Die Grundlage von Kohäsionsmodellen stellt das Kohäsiv- oder Separationsgesetz dar, welches als Funktion der Randspannungen σ und der Separation δ, die Kraftwechselwirkung zwischen den Grenzflächen beschreibt. In Abbildung 4.30 sind beispielhaft verschiedene Ansätze, je nach Material und Versagensmechanismus, für Separationsgesetze abgebildet.

Grundsätzlich ist den verschiedenen Gesetzen überwiegend gemein, dass sie zwei Parameter, Kohäsionsfestigkeit σ_c und Dekohäsionslänge δ_c, je Separationsmodus enthalten und die entsprechenden Spannungen für $\delta \geq \delta_c$ zu Null werden (Brocks 2007). Die Integration des Separationsgesetzes bis zum Versagen

$$G_C = \int_0^{\delta_c} \sigma(\delta)d\delta$$

liefert die im Kohäsivzonenelement dissipierte Arbeit, die kritische Energiefreisetzungsrate G_c nach Griffith. Die Parameter σ_c, δ_c und G_c sind dabei, abhängig vom eingesetzten Separationsgesetz, in entsprechenden Versuchen experimentell zu bestimmen. Wenn Überlagerungen zwischen den Moden auftreten, also Tangential- und Normalseparation gleichzeitig vorhanden sind (mixed mode), müssen

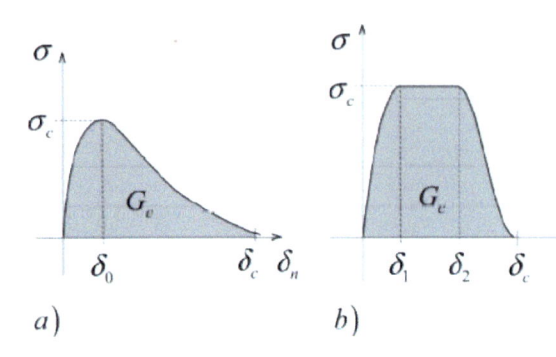

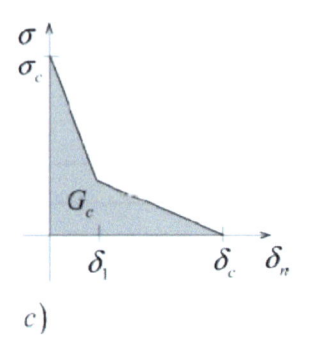

Abb. 4.30: *Typische Separationsgesetze (Kuna 2008)*

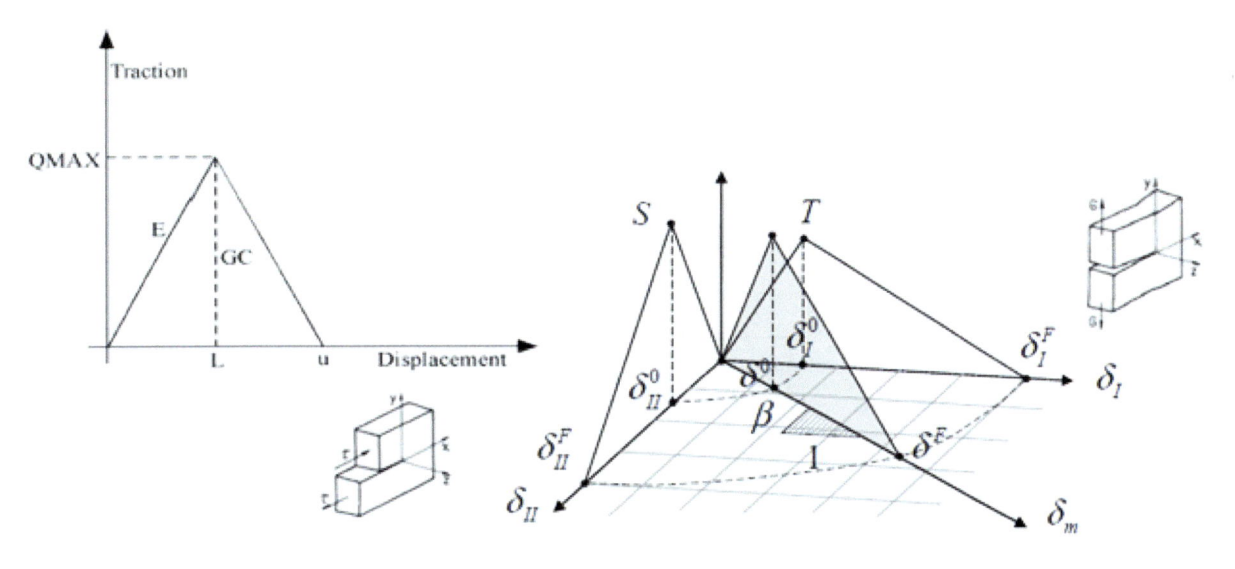

Abb. 4.31: Mixed-Mode Kohäsivzonenmodell mit bilinearem Separationsgesetz (Ls-Dyna 2007)

weitere Annahmen bzgl. der Interaktion der Moden eingeführt werden.

In Abbildung 4.31 ist ein Mixed-Mode Modell für Mode I und II mit bilinearem Separationsgesetz dargestellt. Mit den in FE-Codes implementierten Kohäsivzonenmodellen lässt sich das Versagen von Klebverbindungen hinreichend abbilden.

4.5 Kleben im Fahrzeugbau

Beim Kleben im Fahrzeugbau muss zwischen Karosseriebau-(Rohbau-) und Montageklebungen unterschieden werden. Die verschiedenen Prozessschritte bzw. deren Fertigungsparameter haben maßgeblichen Einfluss auf Klebstoffeinsatz und Klebstoffauswahl. Beim Kleben in der Montage wird auf die lackierte Oberfläche geklebt. Hier ist sicherzustellen, dass der Lack auf den Bauteilen und der Klebstoff auf der Lackoberfläche haftet.

In der Tabelle 4.5 sind die wichtigsten klebtechnischen Anwendungen im Automobilbau dargestellt.

4.5.1 Kleben im Karosserie-Rohbau

Im Rohbau wird auf beöltes Blech geklebt (Abb. 4.32). Die eingesetzten Klebstoffe müssen folglich in der Lage sein, Haftung auf diesen beölten Oberflächen aufzubauen. Für strukturelle Anwendungen kommen hauptsächlich epoxidharzbasierte Klebstoffe zu Einsatz. Neuerdings werden auch kautschukbasierte

Tab. 4.5: Anforderungen an Eigenschaften verklebter Bauteile

Art der Klebung	Beispiele	Geforderte Bauteileigenschaften
Unterfütterung	Klappen, Türen, Dachspiegel	Steifigkeit
Bördelflansche	Klappen, Türen, Radhaus/Seitenteil	Steifigkeit, Festigkeit, Schutz gegen Spaltkorrosion
Klebungen in der Tragstruktur	Pfosten, Profile, z. B. in Kombination mit WPS	Steifigkeit, Festigkeit
Dichtungen	Tankstutzen, Nahtabdichtungen	Dichtwirkung, Korrosionsschutz
Scheiben (VSG, ESG, Polycarbonat)	Front-, Heck- u. Seitenscheiben	Dichtwirkung, Karosseriesteifigkeit
Sandwichstrukturen	Himmel/Dachhaut, Türverkleidung	Steifigkeit, Optik, Haptik

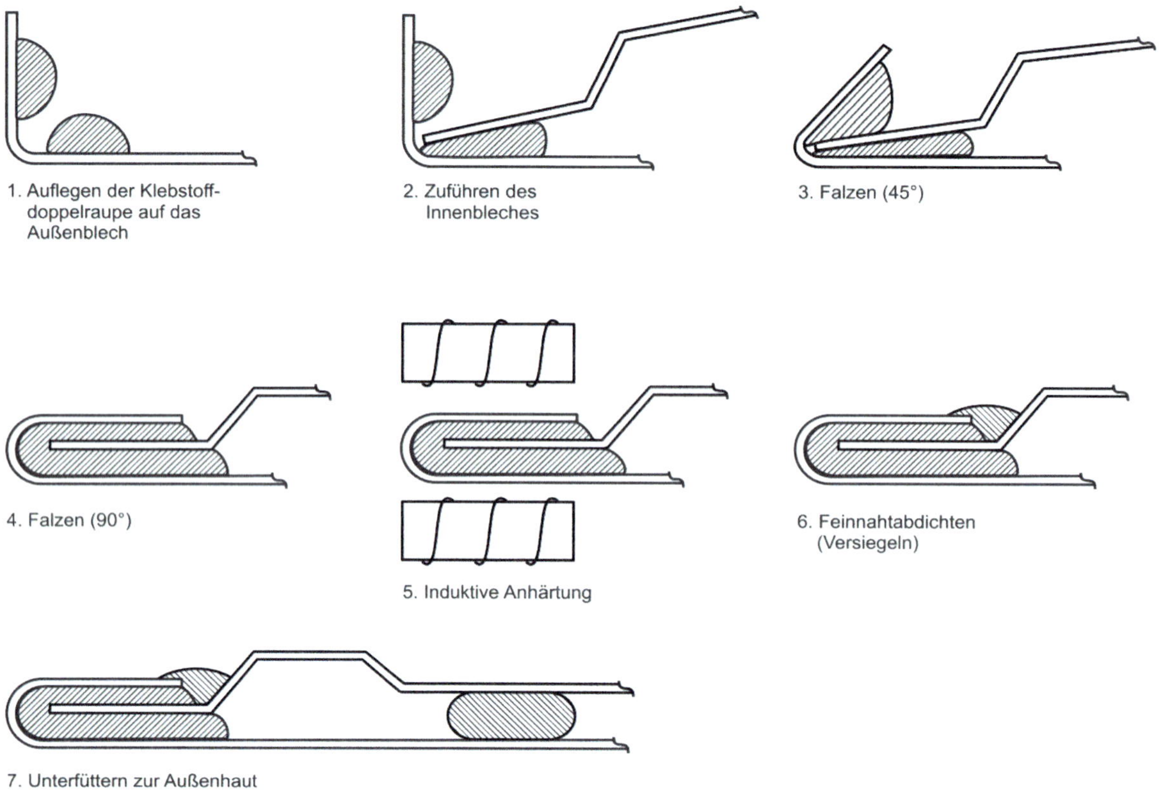

4 Kleben

1. Auflegen der Klebstoffdoppelraupe auf das Außenblech
2. Zuführen des Innenbleches
3. Falzen (45°)
4. Falzen (90°)
5. Induktive Anhärtung
6. Feinnahtabdichten (Versiegeln)
7. Unterfüttern zur Außenhaut

Abb. 4.32: Einsatz von Klebstoffen im Karosseriebau

Klebstoffe für (semistrukturelle) Anwendungen im Rohbau eingesetzt. Geringfeste und besser verformbare Butylkautschuke (IIR für Isobutyl-Isopren-Kautschuk) dienen für Unterfütterungsklebungen. Plastisole kommen für Bördelfalzklebung und Bördelfalzversiegelung zur Anwendung.

Epoxidharzklebstoffe im Leichtbau

In den vergangenen Jahren wurden hochfeste Klebstoffe für Strukturklebungen in der Bördelnaht von Türen, Deckeln, Klappen sowie in diversen Flanschverbindungen für Fahrzeuge entwickelt. Für diese Anwendungen eignen sich vorrangig medienbeständige Epoxidharze. Sie zeichnen sich durch ein gutes Adhäsionsverhalten auf vielen Werkstoffoberflächen aus und erreichen hohe Festigkeiten bis ca. 30 MPa in den Fügeverbindungen. Charakteristisch für diese Klebstoffe ist die geringe Flexibilität, sodass eine relativ starre Fügestelle resultiert. Einkomponentige Systeme sind warmhärtend bei Temperaturen über 160 °C innerhalb von 20 min. Die Applikation von Strukturklebstoffen kann punktförmig, linienförmig (Raupen) oder flächig erfolgen. Diese Produkte werden vorrangig im Karosseriebau eingesetzt.

Zweikomponentige Epoxidharzklebstoffe werden kalt verarbeitet, finden jedoch im Automobilbau wenig Anwendung. Obwohl die thermische Härtung in der Fertigung entfallen kann, stehen aufwändige Kosten für Spann- und Fixierverrichtungen sowie lange Aushärtungszeiten diesem entgegen. Das Ölaufnahmevermögen von zweikomponentigen Epoxidharzklebstoffen ist gegenüber den warmhärtenden einkomponentigen Systemen deutlich eingeschränkt.

Kautschukbasierte Klebstoffe im Leichtbau

Als sogenannte Unterfütterungsklebstoffe werden im Automobilrohbau häufig Produkte auf der Basis von synthetischen Kautschuken (SBR) verwendet. Bezüglich ihrer Festigkeit reichen diese von niedrigfest und weich bis hin zu hochfest und steif. Von dieser Klebstoffgruppe wird eine gute Haftung auf unterschiedlichen Substraten, Stahl, elektrolytisch- oder feuerverzinktem Stahl, lackierten Blechen, diversen Aluminium- und Magnesiumlegierungen erwartet. Das Ölaufnahmevermögen ohne Festigkeitsabfall einer Klebverbindung ist Stand der Technik im Rohbau. Die Auftragsverfahren sind beispielsweise Raupen- und Multipunktauftrag per Extrusion oder Wirbelsprüh- und Dünnstrahlverfahren. Die Auswaschbeständigkeit des nicht ausgehärteten Klebstoffes bei Durchlauf durch die Vorbehandlungsbäder kann einerseits durch Warmauftrag hochviskoser Materialien gewährleistet werden, andererseits werden pastöse Klebstoffe nach dem Auftrag durch Wärmeaktivierung, z. B. Härten beim Einbrennen der Karosserielackierung, angeliert. Hierbei werden die Materialien in einen hochviskosen Zustand überführt, der den Auswaschbedingungen standhält. Zu den Anwendungen im Rohbau zählen die Bördelfalz- und Unterfütterungsverklebungen in Türen, Deckeln, Klappen, Schiebedächern und im Radhaus, um die Steifigkeit der Anbauteile zu erhöhen.

Plastisole im Leichtbau

Eine weitere Gruppe von Klebstoffen im Automobilrohbau sind die Plastisole. Diese preiswerten Produkte werden vorwiegend zum Abdichten bzw. Versiegeln eingesetzt. Das aus Polyvinylchlorid (PVC) und Acrylat bestehende Basispolymer wird je nach Anwendungsfall aufgetragen und härtet bei Temperaturen zwischen 150 und 180 °C. Um das Eindringen von Wasser bei Bördelnahtklebungen zu vermeiden, werden Fügestellen zusätzlich durch diese Materialien versiegelt. Eine weitere Anwendung ist die Abdichtung bzw. Versiegelung von Schweißverbindungen. Der Einsatz dieser Materialien verhindert das Auftreten von Spaltkorrosion in der Fügezone.

4.5.2 Kleben in der Automobilmontage

In der Automobilmontage wird lackiertes Blech geklebt. Da die Haftung und die Eigenschaften der Lackschicht sowohl von deren chemischer Zusammensetzung als auch von den Parametern des Lackierprozesses abhängen, ist das Kleben auf Lack sehr anspruchsvoll und setzt einen erheblichen Prüfaufwand im Vorfeld voraus. In den letzten Jahren sind einige Klebungen vom Rohbau in den Montagebereich verlagert worden, da immer mehr hochintegrierte Baugruppen gefügt werden müssen, die im Lacktrockner geschädigt würden. Als Klebstoffe kommen in der Montage hauptsächlich 1-Komponenten- (feuchtigkeitshärtend) und 2-Komponenten- Polyurethansysteme zum Einsatz. Für Anwendungen mit geringeren Festigkeitsanforderungen werden auch Klebebänder verwendet.

Der Einsatz von hochelastischen Polyurethanklebstoffen gleicht einerseits Bauteiltoleranzen der Hauptkarosserie des Fahrzeuges zum Bauteil „Frontscheibe" aus und verhindert andererseits ausdehnungsbedingte Spannungen zwischen Glas und Stahl bei Temperatureinwirkung. Weiterhin zeichnen sich diese schwingungs- und vibrationsdämpfenden Klebstoffe durch eine hervorragende Feuchtigkeits- und Medienbeständigkeit im verfestigten Zustand aus. Vorteilhaft ist ebenfalls, dass diese Klebstoffe kaltverarbeitbar sind. Sie härten entweder durch Feuchtigkeitsaufnahme aus der Luft aus oder durch chemische Reaktionen mit der Härterkomponente. Das Fugenfüllvermögen kann mehrere Millimeter betragen. Die eingeklebte Frontscheibe trägt trotz einer „nur" zähelastischen Verbindung gravierend zur Steifigkeitserhöhung der Fahrzeugkarosserie bei. Ihre quasistatischen Festigkeitswerte betragen ca. 5 MPa.

4.6 Zusammenfassung

Das Kleben ist als Fügetechnik für den Leichtbau sehr gut geeignet, zumal im Prinzip alle gleichartigen und ungleichartigen Werkstoffe miteinander verbunden werden können. Es liefert je nach verwendetem Klebstoff hochfeste oder elastische Verbindungen zwischen den Bauteilen.

Voraussetzungen für wirksame Klebeverbindungen sind

- die Abstimmung von Klebstoff und Basiswerkstoff aufeinander und mit den Anforderungen, die an das Bauteil gestellt werden,

- sorgfältige Vorbereitung der Oberflächen der Bauteile durch Reinigen und/oder Aufbringen von Haftvermittlern,
- Berechnung oder Messung der Haftfähigkeit unterschiedlicher Klebstoffe auf dem Basiswerkstoff.

Die Auswahl von Klebstoffen ist groß, eingesetzt werden im Leichtbau, vor allem im Automobil- und Luftfahrtbereich, 1-Komponenten- oder 2-Komponenten-Systeme auf Basis von Epoxiden und Polyurethanen.

4.7 Weiterführende Informationen

Literatur

Abaqus Manual. Version 6.5., 2004

Apalak, M. K., Davies, R., Apalak, Z. G.: Analysis and Design of Adhesively-bonded Double-containment Corner Joints. Journal of Adhesion Science and Technology, 9, 2, 1995, S. 267–294

Baldan, A.: Adhesively-bonded Joints in Metallic Alloys, Polymers and Composite Materials: Mechanical and Environmental Durability Performance. Journal of Materials Science, 39, 15, 2004, S. 4729–4797

Bornemann, J. et al.: Berechnung und Dimensionierung von Klebverbindungen mit der Methode der Finiten Elemente und experimentelle Überprüfung der Ergebnisse. DVS-Berichte, Bd. 222, 2003, S. 74–79

Brede, M.: Berechnungsmethoden für Klebverbindungen. In: Festigkeit gefügter Bauteile. DVS, Braunschweig, 1./2. Juni 2005, S. 101–107

Broad, R., French, J., Sauer, J.: Effiziente Vorbehandlungsmethode für Metalle. Adhäsion – Kleben & Dichten, 42, 4, 1998, S. 31–34

Brocks, W.: FEM-Analysen von Rissproblemen bei nichtlinearem Materialverhalten. In: DVM-Weiterbildungsseminar „Anwendung numerischer Methoden in der Bruchmechanik". Institut für Werkstoffforschung, GKSS-Forschungszentrum Geesthacht, Dresden, 12. Februar 2007

Chamis, C. C., Murthy, P. L. N.: Simplified Procedures for Designing Adhesively Bonded Composite Joints. Journal of Reinforced Plastics and Composites, 10, 1, 1991, S. 29–41

Charalambides, M. N. et al.: Adhesively-bonded Repairs to Fibre-composite Materials I. Experimental. Composites Part A: Applied Science and Manufacturing, 29, 11, 1998, S. 1371–1381

Davies, R., Khalil, A. A.: Design and Analysis of Bonded Double Containment Corner Joints. International Journal of Adhesion and Adhesives, 10, 1, 1990, S. 25–30

Dean, G. D., Rad, B. E., Duncan, B. C.: An Evaluation of Yield Criteria for Adhesives for Finite Element Analysis. National Physical Laboratory (UK), 1999, S. i–iv, 1–51

Dilger, K.: Automobiles. In: R. D. Adams (Hrsg.): Adhesive Bonding. Science, Technology and Applications. 2005, S. 357–385

Dilger, K., Kreling,S.: Kleben von formgehärteten Stählen (UsiBond). In AiF-Forschungsvorhaben 16141N, IFS, TU Braunschweig, 2011

Eicher, C. et al.: Untersuchungen der langzeitbeständigen Klebbarkeit von nichtrostendem Stahl im Automobilbau. In: DVS-Berichte, Bd. 222, 2003, S. 21–25

Faderl, J., Radlmayr, K. M.: ultraform und ultraform_PHS – Innovation Made by Voestalpine. In: Erlanger Workshop Warmblechumformung, 2006

Fuhrmann, U., Hinterwaldner, R.: Konstruktionskatalog für Klebeverbindungen tragender Elemente. Adhäsion – Kleben & Dichten, 28, 6, 1984, S. 26–29

Gerst, T.: Automatisierung der Gussnachbearbeitung. Giesserei-Rundschau, 52, 11/12, 2005, S. 279–283

Gödicke, S.: Nano-Schicht verhindert, dass es Zunder gibt. Multifunktionale Schicht schützt Stähle im Warmumformprozess. Industrieanzeiger, 127, 24/25, 2005, S. 35

Habenicht, G.: Kleben – Grundlagen, Technologien, Anwendungen. Springer Verlag, Berlin/Heidelberg, 2006

Habenicht, G.: Kleben – Grundlagen, Technologien, Anwendungen. VDI-Buch, 6. Aufl., Springer

Verlag, Berlin/Heidelberg, 2009 (nur online verfügbar)

Hagl, A.: Bemessung von strukturellen Silikon-Klebungen. Stahlbau, 76, 8, 2007, S. 569–581

Hahn, O. et al.: Beeinflussung der mechanischen Eigenschaften geklebter Kunststoffverbindungen durch Diffusion von Klebstoffbestandteilen in die polymeren Fügeteile. Schweißen und Schneiden, 52, 6, 2000, S. 340, 342–344, 346, 348

Hahn, O. et al.: Untersuchungen zum Punktschweißkleben von höherfesten Stahlfeinblechen mit neuen warm- und kalthärtenden Klebstoffsystemen. In: AiF Forschungsvorhaben 14476. LWF, Uni Paderborn; SLV-München, 2007

Hashim, S. A., Cowling, M. J., Winkle, I. E.: Design and Assessment Methodologies for Adhesively Bonded Structural Connections. International Journal of Adhesion and Adhesives, 10, 3, 1990, S. 139–145

Heitz, E.: Konstruktive Gestaltung in der Klebetechnik. Industrieanzeiger, 93, 1971, S. 2185–2189

Karpov, Y.: Jointing of High-loaded Composite Structural Components. Part 3: An Experimental Study of Strength of Joints with Transverse Fastening Microelements. Strength of Materials, 38, 6, 2006, S. 575–585

Käufer, H.: Design of Constructive Adhesive Joints for the Optimization of Manufacture and Strength. Konstruktion, 36, 10, 1984, S. 371–377

Klein, B.: Leichtbau-Konstruktion: Berechnungsgrundlagen und Gestaltung. Viewegs Fachbücher der Technik. 7. Aufl., Vieweg Verlag, Wiesbaden, 2007

Koch, S.: Elastisches Kleben im Fahrzeugbau. Beanspruchungen und Eigenschaften. Techn. Universität München, 1996

Krammer, R.: Wässrige Reinigung von Aluminium. JOT Journal für Oberflächentechnik, 45, 5, 2005, S. 56, 58–59

Kuna, M.: Numerische Beanspruchungsanalyse von Rissen: Finite Elemente in der Bruchmechanik. Verlag Vieweg+Teubner, Wiesbaden, 2008

Leeden, M. C. v. d., Frens, G.: Surface Properties of Plastic Materials in Relation to their Adhering Performance. Oberflächeneigenschaften von plastischen Werkstoffen in Verbindung mit ihrem Adhäsionsvermögen. Advanced Engineering Materials, 4, 5, 2002, S. 270–289

Lees, W. A.: Bonding Composites. International Journal of Adhesion and Adhesives, 6, 4, 1986, S. 171–180

Lenze, F.-J., Horstmann, J., Köyer, M.: Oberflächenveredelungen für die Warmumformung. In: EFB-Kolloquium Blechverarbeitung „Bauteile der Zukunft – Methoden und Prozesse". Europäische Forschungsgesellschaft für Blechverarbeitung, Bad Boll, 2./3. März 2010

Lommatzsch, U.: Vorbehandlungsverfahren für das Kleben. In: Fügen von Kunststoffen in der Serienfertigung und im Rohrleitungs- und Behälterbau. DVS-Berichte, Düsseldorf, 2003, S. 83–89

Lommatzsch, U.: Plasmabeschichtung bei Atmosphärendruck. 100 Prozent höhere Alterungsbeständigkeit. Adhäsion – Kleben & Dichten, 52, 10, 2008, S. 38–41

LS-DYNA Keyword User's Manual 971. 2007

Lübbers, R. et al.: Fügetechnologien im Leichtbau. In: FUKA-PFT. Forschungszentrum Karlsruhe Technik und Umwelt. 2002, S. 205–213

Marques, E. A. S., da Silva, L. F. M.: Joint Strength Optimization of Adhesively Bonded Patches. Journal of Adhesion, 84, 11, 2008, S. 915–934

Matsuzaki, R., Shibata, M., Todoroki, A.: Reinforcing an Aluminum/GFRP Co-cured Single Lap Joint Using Inter-adherend Fiber. Applied Science and Manufacturing, Bd. 39, 5, 2008, S. 786–795

Meschut, G., Walther, U.: Kleben von Magnesium. In: Automotive Circle Internat. Conf., 2001, S. 335–344

Morgenschweis, C.: Druckgussteile – automatisch gestrahlt. Giesserei, 92, 12, 2005, S. 48–49

Moulds, R. J.: Design and Stress Calculations for Bonded Joints. In: V. Philippe Cognard (Hrsg.): Adhesives and Sealants: General Knowledge, Application Techniques, New Curing Techniques. Elsevier Science & Technology, Amsterdam, 2006, S. 231

Pfestorf, M., Müller, P.: Application of Aluminium in Automotive Structure and Hang on Parts.

In: Materials Week, Internat. Congress on Adv. Materials, their Processes and Applications, Proc., 2001

Schlimmer, M.: Klebverbindungen – Versuch und Simulation. In: 6. LS-DYNA Anwenderforum, Frankenthal, 2007

Siebert, M., Schlimmer, M.: Prozesssicheres Kleben von Rundsteckverbindungen aus metallischen Werkstoffen unter rauen Fertigungsbedingungen. In: 5. Kolloquium Gemeinsame Forschung in der Klebtechnik, Düsseldorf, 15./16. Februar 2005, S. 3

da Silva, L. F. M. et al.: Analytical Models of Adhesively Bonded Joints. Part I: Literature Survey. International Journal of Adhesion and Adhesives, 29, 3, 2009, S. 319–330

Stuart, T. P., Crouch, I. G.: The Design, Testing and Evaluation of Adhesively Bonded, Interlocking, Tapered Joints Between Thick Aluminium Alloy Plates. International Journal of Adhesion and Adhesives, 12, 1, 1992, S. 3–8

To, Q. D. et al.: Stress Analysis of the Adhesive Resin Layer in a Reinforced Pin-loaded Joint Used in Glass Structures. International Journal of Adhesion and Adhesives, 29, 1, 2009, S. 91–97

Wendel, T.: Vorbehandlung von Aluminiumoberflächen vor dem Fügen im Automobilbau. In: Leichtmetall-Anwendungen. Neue Entwicklungen in der Oberflächentechnik. Tagung, Deutsche Forschungsgesellschaft für Oberflächenbehandlung, 2004. Berichtsband DFO, Düsseldorf, S. 32–48

Wieczorek, A., Graul, M., Dilger, K.: Bonding Strength of Hot-Formed Steel with an AlSi Coating and Approaches to Improve It by Laser Surface Engineering. Materials Design and Applications. Springer International Publishing, 2017

Wirth, C.: Berechnungskonzept für die Klebflanschfestigkeit in Gesamtkarosseriemodellen. Techn. Universität München, 2004

Wuich, W.: Titan – ein neues Metall wird geklebt, geloetet und geschweisst. Titan – A New Metal Being Joined by Glueing, Soldering and Welding. Werkstattblatt. Neue Serie, A, 1060, 1988, S. 1–9

Wuich, W.: Kleben, Löten und Schweißen von Titan. Titanium Joining, Soldering and Welding. Metall – Internationale Zeitschrift für Technik und Wirtschaft, 48, 10, 1994, S. 801–806

Normen und Richtlinien

DIN 6701: Kleben von Schienenfahrzeugen und -fahrzeugteilen

DIN 8593-8: Fertigungsverfahren Fügen – Teil 8: Kleben; Einordnung, Unterteilung, Begriffe. 2003-09

5 Hybridfügen

Ortwin Hahn, Sushanthan Somasundaram, Gerson Meschut, Florian Augenthaler, Vadim Sartisson

5.1	Grundlagen des Hybridfügens	913	5.4	Besonderheiten bei loch- und gewindeformendem Schrauben in Kombination mit dem Kleben 919
5.2	Fertigung nach verschiedenen Verfahren	913		
			5.5	Anwendungsbeispiele 919
5.3	Eigenschaften der Verbindungen und deren Prüfung	916	5.6	Thermisch-mechanische Fügeverfahren 920
5.3.1	Qualitätssicherung	917		
5.3.2	Quasistatische Beanspruchung	917	5.6.1	Widerstandselementschweißen 921
5.3.3	Schwingende Beanspruchung	918	5.6.2	Reibelementschweißen 922
5.3.4	Schlagartige Beanspruchung	918		
5.3.5	Alterungs- und Korrosionsverhalten	918	5.7	Weiterführende Informationen 923
5.3.6	Temperaturabhängigkeit der Verbindungseigenschaften	918		

Unter Hybridfügen versteht man die Kombination von mindestens zwei elementaren Fügeverfahren, welche der Hauptgruppe 4 „Fügen" nach DIN 8580 „Fertigungsverfahren" zugeordnet sind. In der Regel wird dabei ein mechanisches oder ein thermisches Fügeverfahren mit dem Kleben mit dem Ziel kombiniert, die jeweiligen Verfahrensvorteile zu erhalten und die Verfahrensnachteile aufzuheben. Diese Kombination erfordert allerdings in den meisten Fällen eine Anpassung der Prozessparameter. Zum Beispiel ändern sich die tribologischen Systemeigenschaften beim Clinchkleben oder die Übergangswiderstände beim Widerstandspunktschweißkleben, was bei der Parametrierung und der Werkzeugauswahl zu berücksichtigen ist. Fügeprozessinduzierte Deformationen durch den mechanischen Fügeprozess oder auch die thermische Beanspruchung beim Schweißen können zudem zu einer geringeren Tragfähigkeit der Klebverbindung führen.

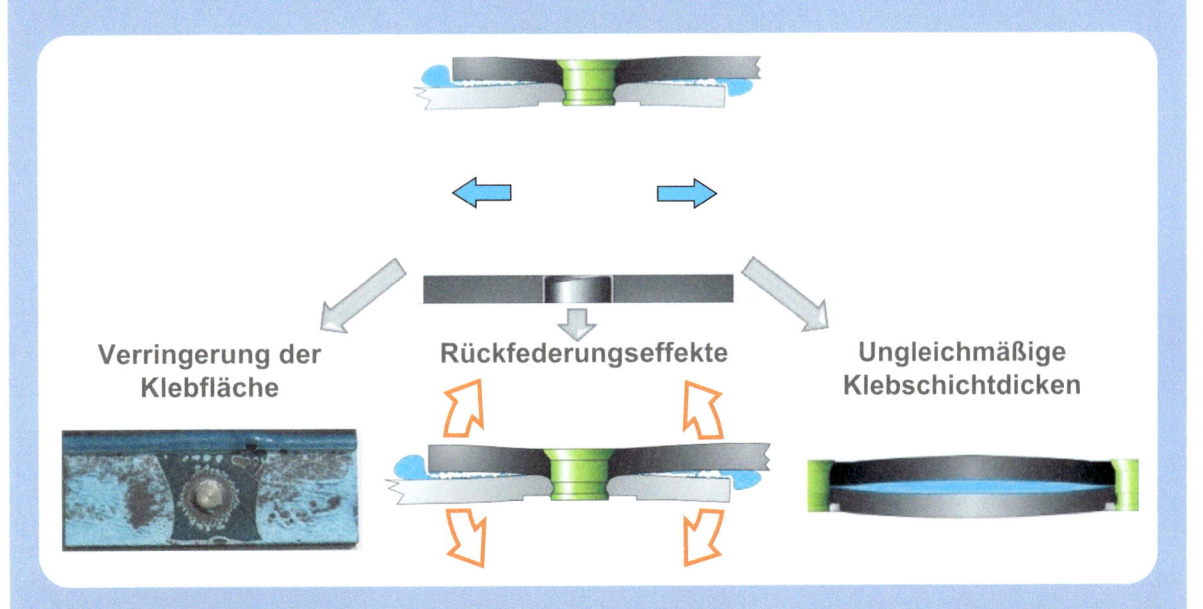

Beeinflussung der Klebverbindungen durch zusätzliches mechanisches Fügen

Der Einsatz solcher Hybridfügetechniken findet in Leichtbauweisen aus dem Karosseriebau großflächige Anwendung. Bei korrekter Verarbeitung können hiermit sehr wirtschaftliche Verbindungen mit herausragenden Eigenschaften erzielt werden. Weiterhin zählen auch thermisch-mechanische Fügeverfahren, wie das Reibelement- und Widerstandselementschweißen zu den Hybridfügeverfahren, wobei auch solche Verfahren zusätzlich mit der Klebtechnik kombiniert werden können.

5.1 Grundlagen des Hybridfügens

Unter Hybridfügen versteht man im fertigungstechnischen Sinne die Kombination von mindestens zwei elementaren Fügeverfahren, welche der Hauptgruppe 4 „Fügen" nach DIN 8580 „Fertigungsverfahren" zugeordnet sind. Die Fügeoperationen finden in gleichen Bereichen der Werkstücke zeitlich parallel oder versetzt statt, ohne dass die Reihenfolge festgelegt ist. In den Kapiteln 5.1–5.5 wird unter Hybridfügen die Kombination des Klebens mit mindestens einem mechanischen Fügeverfahren verstanden.

Die Begriffe bzw. Bezeichnungen der Hybridfügeverfahren werden für eine zweckmäßige Schreibweise aus den Bezeichnungen der elementaren Fügeverfahren zusammengesetzt, z. B. Clinchkleben oder Stanznietkleben. Analog zu den Verfahren werden die Hybridverbindungen bezeichnet, z. B. Clinchklebverbindung oder Stanznietklebverbindung.

Die allgemeinen Ziele beim Hybridfügen sind:

- Verbesserung der mechanischen Eigenschaften bzw. der Lebensdauer von Verbindungen mit punktförmigen Hilfsfügeteilen
- Erweiterung funktionaler Eigenschaften von elementar mechanisch gefügten Werkstoffen (z. B. Nahtabdichtung / Nahtisolation, Dämpfung, Vermeidung von Kontaktkorrosion)
- Optimierung des Fertigungsprozesses für das elementare Fügeverfahren Kleben (z. B. Fügeteilfixierung bei Klebprozessen in der Montage und im Rohbau)

Beim Hybridfügen ist eine Unterscheidung in Handhabungs- und Gebrauchstragfähigkeit vorzunehmen. Mit Handhabungstragfähigkeit wird bei der Fixiermethode die Tragfähigkeit bezeichnet, die für die weitere Handhabung mit unausgehärteten Klebstoffen gefordert wird. Die Gebrauchstragfähigkeit charakterisiert die nach Klebstoffaushärtung der mechanisch fixierten Verbindung vorhandene Gesamttragfähigkeit der Hybridverbindung.

Im Hinblick auf die Begriffe bei den mechanischen Fügeverfahren wird auf die relevanten Normen, Merkblätter und Richtlinien verwiesen. Die wichtigsten klebtechnischen Begriffe sind in Tabelle 5.1 erläutert.

Tab. 5.1: *Klebtechnische Begriffe (nach DVS/EFB-Merkblatt 3450-1)*

Klebstoff	Nichtmetall, das (mindestens) zwei zu fügende Teile miteinander verbindet, indem Adhäsionskräfte zu den Fügeteilen und Kohäsionskräfte im sich verfestigenden Bindemittel aufgebaut werden. Klebstoffe sind im ausgehärteten Zustand in der Regel hochmolekulare Verbindungen (Polymere). Für strukturelle Klebungen sind die am häufigsten verwendeten Klebstoffe: Epoxidharze (EP-Klebstoffe), Polyurethane (PU-Klebstoffe), Kautschuk (Elastomer-Klebstoffe), Polyacrylate (Acrylat-Klebstoffe) sowie Kombinationen von verschiedenen Polymeren.
Adhäsion	Zustand, in dem zwei Oberflächen durch Grenzflächenbindungen zusammengehalten werden (DIN EN 923).
Kohäsion	Zustand, in dem die Teile eines Stoffes durch intermolekulare Kräfte zusammengehalten werden (DIN EN 923).

In diesem Beitrag wird überwiegend auf die Kombination von mechanischen Fügeverfahren, wie z. B. Stanznieten und Clinchen mit dem Kleben im Hinblick auf das Fügen von unbeschichteten und beschichteten Stahl-, Aluminium- und Magnesiumwerkstoffen sowie Kunststoffen in Form von Fügeteilen aus Blechen, Platten, Profilen und Gussteilen in Überlappanordnung eingegangen. Die übrigen mechanischen Fügeverfahren, wie beispielsweise das Fließformschrauben sind hierfür ebenso grundsätzlich geeignet und werden am Ende dieses Kapitels unter Benennung ihrer Besonderheiten ebenfalls kurz behandelt.

5.2 Fertigung nach verschiedenen Verfahren

Der Fertigungsprozess beim Hybridfügen lässt sich in vier Prozessschritte untergliedern: Klebstoffapplikation, Positionierung der Fügeteile, mechanisches

Fügen und Klebstoffaushärtung. Je nach Abfolge der Prozessschritte wird unterschieden zwischen Fixier-, Injektions- und Sequenzmethode (Abb. 5.1).

Die Wahl der für den jeweiligen Anwendungsfall optimalen Methode richtet sich nach den fertigungstechnischen Randbedingungen, die mit der jeweiligen Methode verbunden sind. Das überwiegend angewendete Verfahren ist die Fixiermethode. Nachfolgend sind verfahrensspezifische Hinweise für die jeweilige Methode aufgeführt.

Fixiermethode (pastöse Klebstoffe)

- Lagegenaue Fixierung der Fügeteile vor dem Aushärten des Klebstoffs mittels mechanischer Fügeverfahren; es ist keine zusätzliche Fixierung notwendig
- Schnelle Weiterverarbeitung des Bauteils möglich; Möglichkeit zur Klebstoffaushärtung in einem späteren Fertigungsschritt bedeutet kurze Taktzeiten
- Beeinflussung der Ausbildung der Fügeelemente, z. B. ungleichmäßige Klebschichtdicken
- Gefahr der Bauteil-, Werkzeug-, Bäder- bzw. Personenkontamination durch nicht ausgehärteten Klebstoff, der aus der Fuge austritt.

Injektionsmethode (pumpbare, fließfähige Klebstoffe)

- Fügen von offenen Profilen, z. B. bei der Herstellung geklebter Rahmentragwerke
- Injektion des Klebstoffs, z. B. durch eine Bohrung unter erhöhtem Druck in den Klebspalt der zueinander positionierten bzw. zusammengesteckten und mechanisch fixierten Fügeteile
- Kein Abstreifen des Klebstoffes beim Zusammenschieben der Profile
- Überwachung der vollständigen Spaltfüllung durch definierten Klebstoffaustritt, z. B. durch Austrittsöffnung.

Sequenzmethode (Klebeband, Klebstofffolie und pastöse Klebstoffe)

- Zusätzliche Fixierung während der Klebstoffaushärtung notwendig

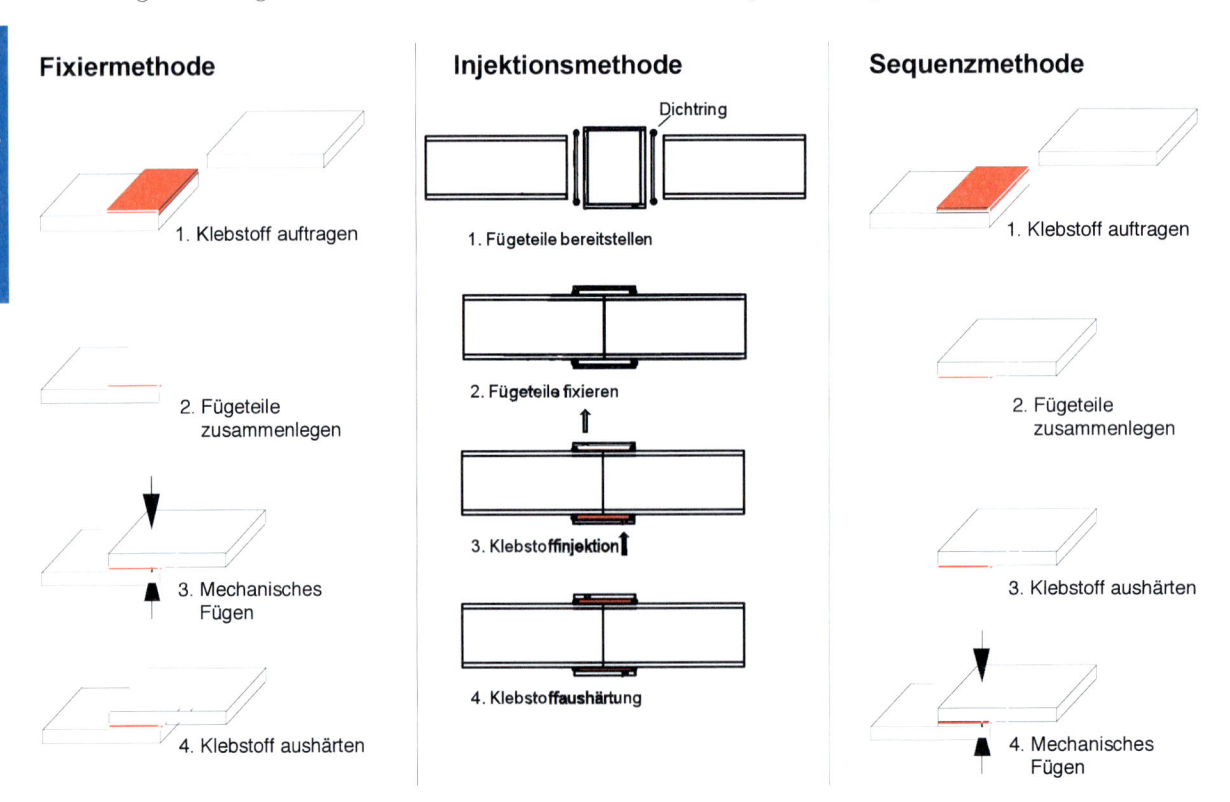

Abb. 5.1: *Verfahrensvarianten beim Hybridfügen (Fixiermethode und Sequenzmethode nach DVS/EFB 3450-1; Injektionsmethode nach Böddeker 2010)*

Tab. 5.2: *Vorteile der Verfahrenskombination mechanisches Fügen und Kleben*

Warum wird beim Einsatz mechanischer Fügeverfahren die Struktur zusätzlich geklebt?	Warum wird beim Einsatz der Klebtechnik die Struktur zusätzlich mechanisch gefügt?
Gleichmäßigere Spannungsverteilung im Fügebereich	Fixierung der Fügeteile bis zur Klebstoffaushärtung (Wegfall von Fixiervorrichtungen) bei Anwendung in der Montage und bei der Rohbaufertigung
Erhöhung der Schwingfestigkeit Verbesserung der Schwingungs- bzw. Schalldämpfung	Entlastung der Klebverbindung bei Schälbeanspruchung
Erhöhung der Verbindungssteifigkeit Erhöhung des Energieaufnahmevermögens unter schlagartiger Beanspruchung	Teilweise Kompensation von alterungsbedingten Festigkeits- und Steifigkeitsverlusten der Klebverbindung
Abdichtung des Fügespaltes gegen das Eindringen von Gasen und Flüssigkeiten	Erweiterung des Einsatztemperaturbereiches
Verbesserung der Korrosionsbeständigkeit durch Spaltfüllung und elektrochemische Isolation der Fügepartner	Entlastung der Klebverbindung bei hohen statischen Lasten (Hemmung zeitabhängiger Kriechvorgänge) Elektrisch leitfähige Kontaktierung

- Verfahrensbedingt oft längere Prozesszeiten (sequenzielle Prozessfolge)
- Beeinflussung der ausgehärteten Klebschicht in der Umformzone des mechanischen Fügeelementes
- Keine Verschmutzung der Werkzeuge beim mechanischen Fügen
- Anwendung im Reparaturfall möglich.

Die Kombination der klebtechnischen mit den mechanischen Fügeverfahren bietet Synergieeffekte im Hinblick auf die Fertigung und die Eigenschaften der Verbindungen sowohl unter quasistatischer als auch unter schwingender, schlagartiger, thermischer und korrosiver Beanspruchung, wodurch sich neue Verbindungsmöglichkeiten ergeben. In Tabelle 5.2 sind die Vorteile des Hybridfügens aufgeführt.

Da die Festigkeit der Klebstoffe niedriger ist als die der verwendeten metallischen Werkstoffe sind für eine möglichst hohe Ausnutzung der Bauteilwerkstoffe bestimmte konstruktive Gesichtspunkte zu berücksichtigen. Hybridgerecht zu konstruieren heißt in erster Linie, Schälbeanspruchungen und statische Dauerlast zu minimieren.
Idealerweise sollte eine Klebverbindung so gestaltet werden, dass die Kraftübertragung über eine ausreichend große Klebfläche erfolgt und die Klebschicht primär eine Schubbeanspruchung erfährt. Wichtig ist für eine günstige Kraftübertragung das Einhalten einer definierten Klebschichtdicke (z.B. 0,2 mm für EP), z.B. durch Reduzierung des Punktabstandes, die Versteifung der Fügezone und einer minimalen Klebnahtbreite. Durch das mechanische Fügen werden diese Parameter beeinflusst. Ansonsten sind die in den Merkblättern zum „Mechanischen Fügen" und zum „Kleben" (z.B. VDI-Richtlinie 2232, DVS/EFB-Merkblatt 3310-1) angegebenen Konstruktionshinweise auch auf das Hybridfügen anwendbar.
Insbesondere bei warmaushärtenden Klebstoffen müssen die gegebenenfalls unterschiedlichen thermischen Ausdehnungen (bedingt z.B. durch artverschiedene Werkstoffe oder durch unterschiedlich schnelles Erwärmen der Bauteilkomponenten) zusammen mit der Aushärtecharakteristik des verwendeten Klebstoffs berücksichtigt werden, um bleibende Bauteilverformungen oder Schädigungen in der Klebschicht zu vermeiden (Jendrny 2004). Hierbei muss eine Mindestgleitung durch die Wahl eines geeigneten Klebstoffs oder die Anpassung der Klebschichtdicke sichergestellt werden. Die schematische Darstellung von Hybridverbindungen in Zeichnungen ist dem DSV/EFB-Merkblatt 3470 zu entnehmen.
Die nicht ausgehärtete Klebschicht verändert den tribologischen Zustand an den Kontaktflächen der Fügepartner. Ebenso stellt sie eine Erhöhung der Gesamtfügeteildicke dar. Durch die neuen Randbe-

5 Hybridfügen

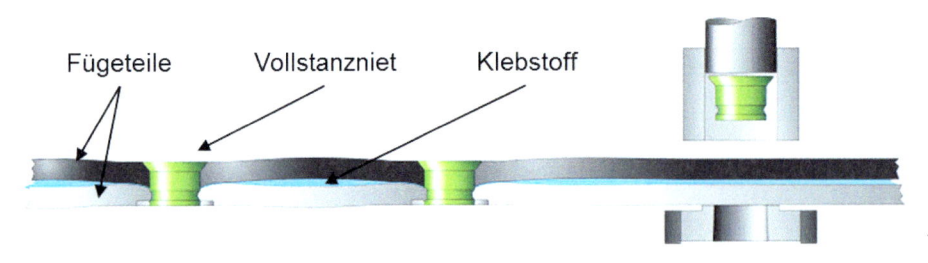

Abb. 5.2: Taschenbildung zwischen zwei Fügepunkten beim Hybridfügen (Quelle: LWF)

dingungen werden Parameter des mechanischen Fügens wesentlich beeinflusst, z. B. Hinterschnitt, Bodendicke und Halsdicke. Diese Änderungen können meistens durch Anpassung der Prozessparameter aufgefangen werden, wobei die Prozessfenster i. d. R. kleiner werden.

Aus den großen örtlichen plastischen Deformationen beim mechanischen Fügen resultieren globale Deformationen der Baugruppen. In einer Struktur kann durch Verdrängung von Klebstoff die Klebschichtdicke in großen Bereichen variieren. Man spricht von sog. Klebtaschen, die lokal im Fügepunkt oder global zwischen den Punkten auftreten können (Abb. 5.2). Die Fertigungshinweise zum Kleben sind dem DSV/EFB-Merkblatt 3310-2 zu entnehmen.

Zu den möglichen Maßnahmen für eine optimale Ausbildung der Fügeelemente beim Hybridfügen gehören:

- Verwendung von niedrigviskosen Klebstoffen ($\eta \leq 30.000$ Pa·s; $\omega = 5$ s^{-1}, T = 20 °C), insbesondere beim Stanznieten und Clinchen
- Auftrag möglichst geringer Klebstoffmengen zur Reduzierung der Klebschichtdicke (0,1…0,3 mm) bei hochfesten Strukturklebstoffen
- Gewährleistung eines gleichmäßigen Klebstoffauftrags
- Applikation möglichst flacher und rechteckiger Klebstoffraupen
- Einstellung einer Haltezeit (0,5…1 s) zwischen Zustell- und Krafthub
- Verwendung eines voreilenden Stempels zur Klebstoffverdrängung aus dem Fügebereich
- Aussparen der mechanischen Fügestelle beim Klebstoffauftrag
- Reduzierung der Eindringgeschwindigkeit beim mechanischen Fügen.

Die Möglichkeiten für Reparatur und Nacharbeit von Hybridverbindungen werden im Merkblatt DVS/EFB 3460-2 dargestellt.

Hinweise zur Arbeitssicherheit

Hinweise zur Arbeitssicherheit beim mechanischen Fügen können den jeweiligen Merkblättern entnommen werden. Klebstoffe und hier insbesondere unausgehärtete Klebstoffe können Inhaltsstoffe enthalten, die eine Einstufung nach Gefahrstoffverordnung (GefStoffV) erforderlich machen. Diese Einstufung erfolgt durch den Hersteller bzw. Importeur der Klebstoffe auf Basis europäischer und nationaler Vorschriften. Der Verwender des Klebstoffs wird mit dem Etikett, dass die jeweiligen Gefahrensymbole sowie die R- und S-Sätze zeigt sowie über das Europäische Sicherheitsdatenblatt, gem. EU-Richtlinien 91/155/EWG und 93/112/EG über die sicherheitstechnischen Aspekte beim Umgang mit dem jeweiligen Klebstoff informiert. Bei Einsatz von kennzeichnungspflichtigen Klebstoffen ist vom Arbeitgeber auf Grundlage des Sicherheitsdatenblatts und der speziellen Gegebenheiten des jeweiligen Arbeitsplatzes eine Betriebsanweisung zu erstellen und eine Gefährdungsbeurteilung mit der daraus resultierenden Festlegung der Schutzmaßnahmen (Einteilung in Schutzstufen) durchzuführen.

5.3 Eigenschaften der Verbindungen und deren Prüfung

Mögliche Nachteile der Einzelverfahren und der mit ihnen erzeugten Verbindungseigenschaften können durch Kombination der Verfahren reduziert werden (Synergieeffekte). Folgende Verbindungseigenschaften können verbessert werden:

- Festigkeit
- Steifigkeit
- Korrosionsbeständigkeit
- Dichtheit
- Dämpfung
- Versagenstoleranz
- Wärmeleitfähigkeit
- Elektrische Leitfähigkeit / Elektrische Isolation

Unter verbesserter Versagenstoleranz wird hier verstanden, dass bei Schädigung eines Fügeelementes das jeweils andere temporär die Festigkeitsfunktion übernimmt. Das jeweils festigkeitsgebende Verfahren bestimmt primär die erreichbare Bruchkraft, das Arbeitsaufnahmevermögen und das Bruchverhalten der Verbindung. Die viskosen Eigenschaften von Klebstoffen können zur Reduzierung von Spannungsspitzen in der Verbindung führen.

5.3.1 Qualitätssicherung

Grundsätzlich müssen beim Hybridfügen die Qualitätssicherungsmaßnahmen sowohl der mechanischen als auch der klebtechnischen Fügeverfahren berücksichtigt werden. Im Hinblick auf die mechanischen Fügeverfahren wird an dieser Stelle auf die verfahrensspezifischen Merkblätter verwiesen. Für das Kleben beim Hybridfügen sind die Qualitätsanforderungen einzuhalten, wie sie im hierfür geltenden Merkblatt DVS 3310 niedergelegt sind. Einen Überblick über die Prüfung der Eigenschaften auch von Hybridverbindungen mittels zerstörender und zerstörungsfreier Verfahren gibt das DVS/EFB-Merkblatt 3480.

Wesentliche zerstörungsfreie, in den Fertigungsprozess integrierbare Qualitätssicherungsmaßnahmen für das Hybridfügen nach der Fixiermethode sind:

- Kontrolle des Klebstoffauftrages, z. B. Raupenquerschnitt, Position
- Einhaltung vorgegebener Werte aus dem mechanischen Fügeprozess (z. B. Kraft – Weg – Verlauf) sowie geometrischer Kenngrößen des Fügeelementes, z. B. Nietkopfendlage, Bodendicke
- Überwachung von Klebstoffaustritt am Flanschrand und im bzw. am Fügeelement.

5.3.2 Quasistatische Beanspruchung

Unausgehärtete Klebstoffe und Haftklebstoffe (Handhabungstragfähigkeit)

Der unausgehärtete Klebstoff bzw. Haftklebstoff beeinträchtigt in der Regel - je nach Viskosität - mehr oder weniger stark die Ausbildung der mechanischen Verbindung und folglich auch die Tragfähigkeiten.

Ausgehärtete Klebstoffe (Verbindungstragfähigkeit)

Die Verbindungstragfähigkeit unter quasistatischer Scherzugbeanspruchung liegt bei Verwendung eines hochfesten Klebstoffes unter der Voraussetzung einer gut ausgebildeten Klebschicht gegenüber den mit elementaren mechanischen Fügeverfahren erreichbaren Tragfähigkeiten bei Raumtemperatur meist auf deutlich höherem Niveau. Gegenüber der elementar geklebten Verbindung kann es bei der hybrid gefügten zu einer leicht geringeren Scherzugtragfähigkeit kommen, da die i. d. R. festigkeitsbestimmende Klebschicht durch das in diese eingebrachte Hilfsfügeteil weniger homogen ausgebildet ist.

Die Verbindungseigenschaften unter quasistatischer Schälzugbeanspruchung hängen im Wesentlichen von der Ausbildung der Klebnaht in der Kehle zwischen den beiden Fügeteilen ab. Ein Klebstoffüberschuss, welcher zu einem Klebwulst führt, ist dabei hinsichtlich der Schälzugfestigkeit wesentlich günstiger als ein Nahtabschluss mit einer unzureichenden Klebstoffmenge, welcher zu einer spannungsempfindlichen Kerbe in der Klebfuge führt.

Ausgehärtete Klebstoffe (Verbindungssteifigkeit)

Die Verbindungssteifigkeit c_p entspricht der aus der Materialprüfung bekannten Steigung der „Hookschen Gerade" im Bereich der elastischen Verformung im Kraft-Weg-Diagramm. Insbesondere bei Verwendung eines hochfesten Klebstoffs kommt es zu einer deutlichen Erhöhung der Verbindungssteifigkeit gegenüber den mit elementaren mechanischen Fügeverfahren erreichbaren Verbindungssteifigkeiten. Ursache dafür ist die flächige Kraftübertragung und die daraus resultierende gleichmäßigere Spannungsverteilung in Klebverbindungen.

5.3.3 Schwingende Beanspruchung

Klebverbindungen weisen wegen der flächigen Kraftübertragung höhere Schwingtragfähigkeiten als Punktverbindungen auf. Dies gilt in gleicher Weise auch für hybrid gefügte Verbindungen. Beachtet werden sollte allerdings, dass bei höheren Prüffrequenzen eine Klebschichterwärmung durch Hystereseverluste auftreten kann, die mit entsprechenden Eigenschaftsverlusten des ausgehärteten Klebstoffs verbunden ist.

5.3.4 Schlagartige Beanspruchung

Hybrid gefügte Verbindungen können über ein hohes Energieaufnahmevermögen bei schlagartiger Beanspruchung verfügen, wenn ein für diese Beanspruchungsart geeigneter Klebstoff verwendet wird. Schlagzähe Klebstoffe weisen hier bei schlagartig beanspruchten Verbindungen besondere, günstige Eigenschaften auf.

Die konkreten mechanischen Eigenschaften von Hybridverbindungen werden jedoch von der jeweiligen Konstruktion und den Beanspruchungsbedingungen bestimmt.

5.3.5 Alterungs- und Korrosionsverhalten

Um die Festigkeitsverluste von Klebverbindungen durch Alterungs- und Korrosionseinflüsse so gering wie möglich zu halten, ist eine sorgfältige Klebstoffauswahl sowie - falls erforderlich - eine geeignete Oberflächenvorbehandlung der Bauteile notwendig. Abhängig von der Beanspruchung ist über die Lebensdauer dennoch mit einem Abfall der Tragfähigkeit zu rechnen.

Elementar mechanisch gefügte Verbindungen werden dagegen bei Alterung in ihrer Festigkeit nur gering beeinflusst. Gealterte Hybridverbindungen erreichen Festigkeiten, die zwischen denen elementar mechanisch gefügter und hybrid gefügter Verbindungen liegen.

Durch den verwendeten Klebstoff kann bei einer gut ausgebildeten Klebschicht das Auftreten von Spaltkorrosion bei dazu neigenden Werkstoffen und Werkstoffpaarungen vermieden oder zumindest verringert werden. Bei schwingender Beanspruchung insbesondere bei kleinen Lastamplituden ist die ertragbare Lastspielzahl von gealterten Hybridverbindungen im Vergleich zu elementar mechanisch gefügten Verbindungen deutlich größer. Das mechanische Fügeelement in einer hybrid gefügten Verbindung kann bei einem Versagen der Klebung die Funktion einer „Notlaufeigenschaft" übernehmen.

5.3.6 Temperaturabhängigkeit der Verbindungseigenschaften

Klebstoffe sind polymere Werkstoffe und unterliegen somit im Gegensatz zu Metallen im betrachteten Temperaturbereich (-40°C bis +120°C) zum Teil

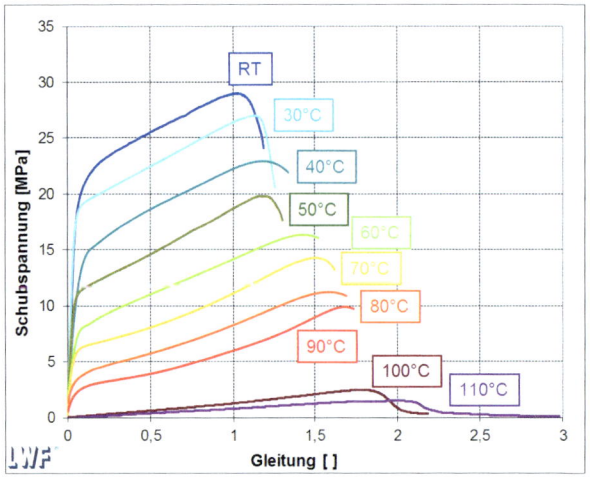

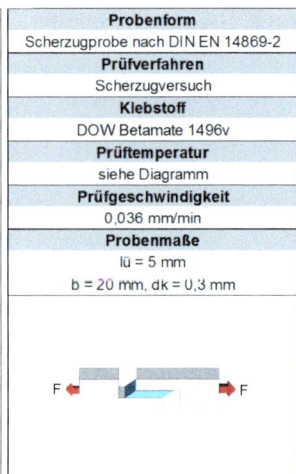

Abb. 5.3: *Spannungs-Gleitungs-Kurven von geklebten Scherzugproben bei unterschiedlichen Prüftemperaturen (Quelle: LWF)*

erheblichen Eigenschaftsänderungen. Sehr große Eigenschaftsänderungen treten beim Überschreiten des Glasübergangsbereichs auf. Der Schubmodul G nimmt mit steigender Temperatur ab und somit auch die Steifigkeit der geklebten Verbindung. In Abbildung 5.3 sind für unterschiedliche Prüftemperaturen die Spannungs-Gleitungs-Kurven von geklebten Scherzugproben dargestellt. Mit zunehmender Temperatur sinken der Modul und die Festigkeit, während die Bruchgleitung ansteigt.

5.4 Besonderheiten bei loch- und gewindeformendem Schrauben in Kombination mit dem Kleben

Das loch- und gewindeformende Schrauben ist in Kombination mit dem Kleben ebenso geeignet wie die übrigen mechanischen Fügeverfahren, wie z. B. Blindnieten und Bolzensetzen. Die allgemeingültigen Hinweise zum Hybridfügen lassen sich ebenfalls auf diese Fügeverfahren übertragen. Jedoch sind auch hier einige verfahrensspezifische Besonderheiten zu berücksichtigen.

Für Verschraubungen mit vorheriger Vorlochoperation der Fügestelle werden die Anziehmomente um ca. 20 % gegenüber den Verschraubungen ohne Klebstoff reduziert. Hier kann es zum Austreten des Klebstoffs aus dem Vorloch kommen, sodass die Bauteiloberfläche in unmittelbarer Umgebung des Schraubenkopfes verschmutzt wird. Dies kann zu einer erheblichen Reduzierung der Überdrehmomente führen, da der zwischen Schraubenkopf und schraubkopfseitiger Bauteiloberfläche befindliche Klebstoff die bestehenden Reibverhältnisse stark beeinflusst. Eine in der Praxis gängige Vorgehensweise ist es, die Klebstoffraupe im Bereich des Vorlochs auszusetzen oder umzulenken, um einen Klebstoffaustritt zu unterbinden.

Bei der Verfahrensvariante ohne Vorloch besteht die Gefahr der Bauteilkontamination durch Klebstoff nicht. Hier kommt es verfahrensbedingt während des Fügeprozesses zu keiner Beförderung des Klebstoffs an der Bauteiloberfläche. Wie schon bereits

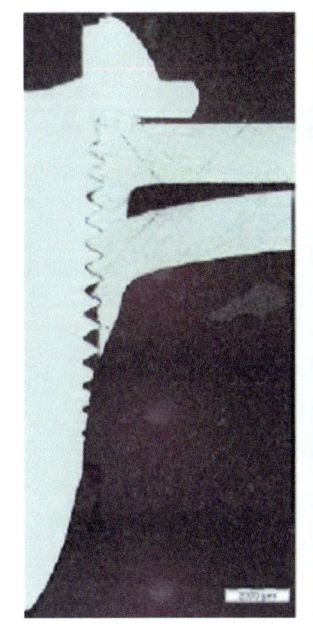

Abb. 5.4: *Gegenüberstellung einer elementar und hybrid verschraubten Aluminium/Aluminium-Verbindung (Somasundaram 2009)*

beim elementaren Verschrauben dargestellt, ist auch beim Hybridfügen eine Abhängigkeit der Spaltgröße von der Niederhalterkraft zu erkennen. Je größer die Niederhalterkraft gewählt wird, desto kleiner wird der Klebespalt.

Analog zum Stanznieten und Clinchen entsteht auch beim Fügen mittels loch- und gewindeformendem Schrauben häufig eine Klebstoff-Tasche zwischen den Hilfsfügeteilen. Ist die Steifigkeit der Bauteile nicht ausreichend, um dem Druck des Klebstoffes standzuhalten, bilden sich Beulen in der Oberfläche des Bauteils. Die Spaltbildung zwischen den Fügeteilen lässt sich beim loch- und gewindeformenden Schrauben durch die Wahl geeigneter Niederhalterkräfte gezielt beeinflussen.

5.5 Anwendungsbeispiele

Im Folgenden werden exemplarisch einige Anwendungsbeispiele anhand von Abbildungen vorgestellt.

Abb. 5.5: *Vorderwagen der Mercedes-Benz C-Klasse mit Hybridverbindungen (rot eingefärbter Klebstoff) (Quelle: LWF)*

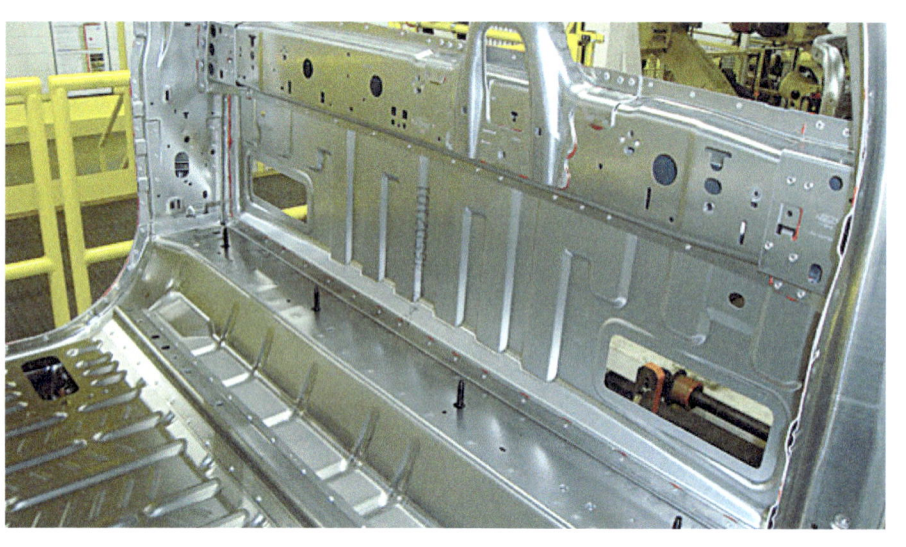

Abb. 5.6: *Einsatz des Halbhohlstanznietklebens im Ford F150 (Quelle: Assembly Magazine)*

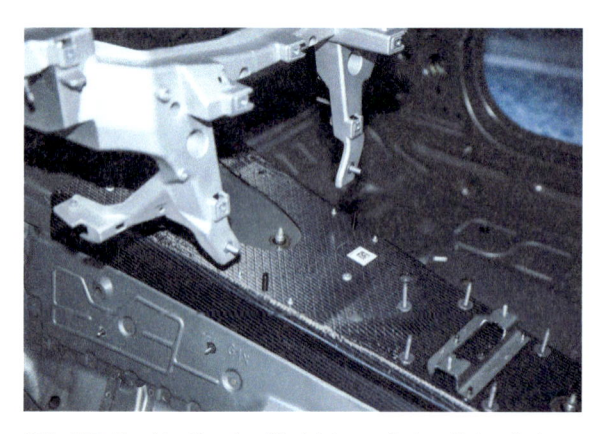

Abb. 5.7: *Kombination des Blindnietens mit dem Kleben bei CFK-Metall-Verbindungen im BMW 7er G11 (Quelle: BMW-Syndikat.de)*

5.6 Thermisch-mechanische Fügeverfahren

Die thermisch-mechanischen Fügeverfahren Reibelementschweißen und Widerstandselementschweißen bieten Einsatzmöglichkeiten für das Fügen von metallurgisch unverträglichen Werkstoffen, wie z. B. bei Aluminium-Stahl-Verbindungen

Neben der oben beschriebenen Kombination der mechanischen mit der klebtechnischen Fügetechnik können solche thermisch-mechanischen Fügeverfahren ebenso dem Hybridfügen zugeordnet werden. Diese beruhen auf der Verwendung eines mechanischen Hilfsfügeteils, das in ein Fügeteil eingebracht und mit einem weiteren Fügeteil stoffschlüssig gefügt wird. Die Kraftübertragung verläuft somit sowohl über die Schweißlinse als auch den Schaft und Setzkopf des Schweißnietes.

Thermisch-mechanische Fügeverfahren können ebenso mit der Klebtechnik kombiniert werden.

5.6.1 Widerstandselementschweißen

Das Widerstandselementschweißen nutzt die Anlagentechnik des konventionellen Widerstandspunktschweißens, setzt jedoch die Verwendung eines nietähnlichen Hilfsfügeteils voraus. Aufgrund der notwendigen schweißmetallurgischen Verträglichkeit zu einem Fügepartner muss das Schweißelement aus einem artgleichen Werkstoffs gefertigt werden. In der Regel kommt ein kaltschlaggeeigneter Stahlwerkstoff wie 20MnB4 zum Einsatz. Je nach Art der Elementeinbringung in das meist aus Aluminium bestehende Fügeteil werden zwei relevante Verfahrensvarianten unterschieden.

Beim Widerstandselementschweißen mit Vorkonfektionierung erfolgt die Einbringung des Hilfsfügeteils während der Bauteilfertigung oder in einem separaten Fertigungsschritt vor dem eigentlichen Fügen (Abb. 5.8).

Typischerweise werden die Schweißniete in Aluminiumbauteile eingestanzt, wobei mit konstruktiven Maßnahmen und einer angepassten Prozessführung eine Verliersicherheit sichergestellt wird. Das Einstanzen wird durch eine ausreichend hohe Festigkeit des Elementwerkstoffs gewährleistet. Sofern die Bauteile von einem Zulieferer gefertigt werden, können diese bereits mit Schweißelementen konfektioniert und beim Endanwender mit Schweißzangen gefügt werden. Die Schweißelektroden müssen dabei allerdings positionsgenau auf den vorher eingebrachten Schweißnieten aufliegen, wodurch erhöhte Toleranzanforderungen an Roboter und Spannsysteme gestellt werden.

Beim einstufigen Widerstandselementschweißen wird der Schweißniet unmittelbar vor dem Fügen mit der Schweißanlage in das deckseitige Fügeteil eingebracht, wodurch die Notwendigkeit der exakten Positioniergenauigkeit entfällt (Abb. 5.9).

Mithilfe der Elektrodenkraft und unter Zuschaltung von elektrischem Strom wird das Schweißelement in das dem Hilfsfügeteil zugewandte Fügeteil gepresst, bis eine Kontaktierung mit dem Basisblech gegeben ist. Metallische Decklagen erfahren durch den Stromfluss eine Widerstandserwärmung, die aufgrund der gesteigerten Plastizität die Durchdringung erleichtert. Sofern Werkstoffbereiche der Decklage durchtrennt werden müssen, sind diese in einem Hohlraum des Schweißnietes aufzunehmen, da im Prozess kein Material abgeführt werden kann. Typischerweise wird metallischer Fügeteilwerkstoff allerdings durch

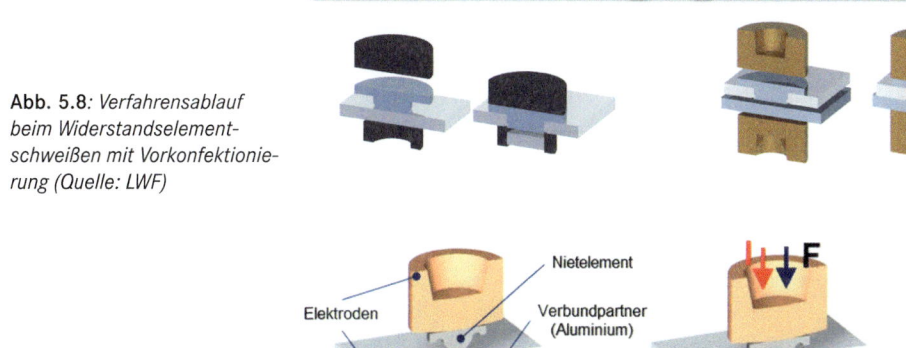

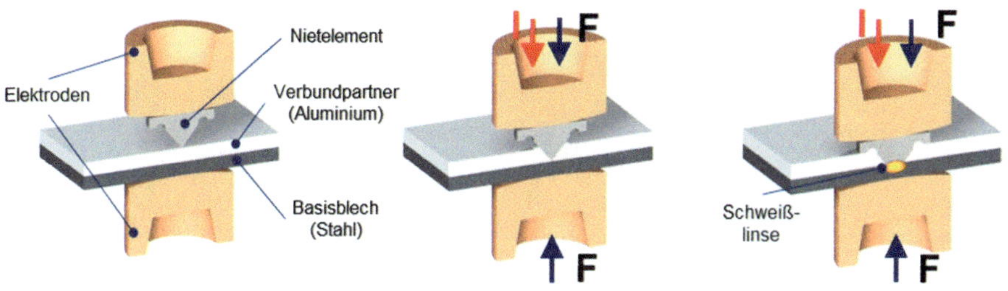

Abb. 5.8: *Verfahrensablauf beim Widerstandselementschweißen mit Vorkonfektionierung (Quelle: LWF)*

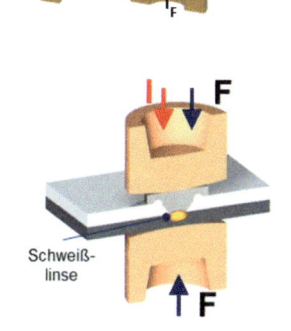

Abb. 5.9: *Verfahrensablauf beim einstufigen Widerstandselementschweißen (Quelle: LWF)*

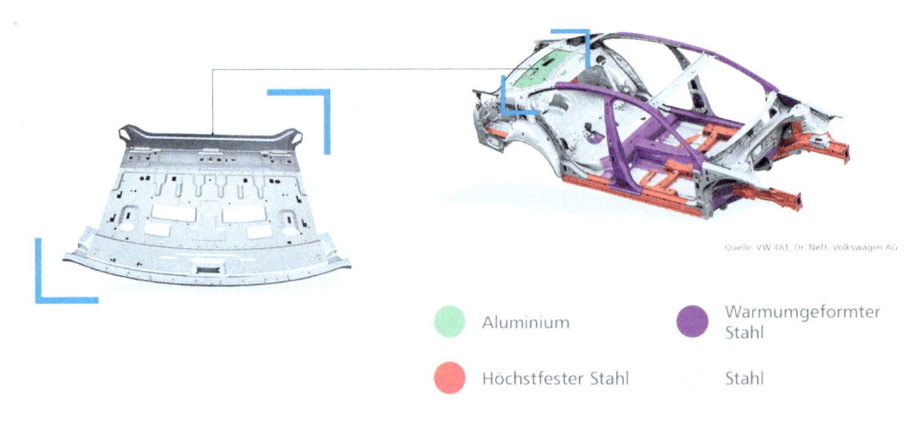

Abb. 5.10: *Einsatz des Widerstandselementschweißens am Beispiel der Hutablage des VW Passats B8 (Quelle: Volkswagen)*

die Spitze des Schweißelementes verdrängt und in einer Unterkopfringnut aufgenommen.

Im weiteren Verlauf des Fügeverfahrens wird unter Berücksichtigung der Werkstoffe, Beschichtungen und Geometrie mit einer geeigneten Prozessanpassung eine Schweißlinse zwischen Schweißniet und dem basisseitigen Fügepartner erzeugt.

Aufgrund der nicht notwendigen Umformbarkeit des Basisblechs eignet sich das Verfahren zum Fügen von Aluminiumwerkstoffen mit ultrahöchstfesten, pressharten Stählen in der Fügerichtung weich in hart. Das Widerstandselementschweißen mit Vorkonfektionierung wurde erstmalig im Volkswagen Passat der Baureihe B8 großserientechnisch umgesetzt. Mit 51 Widerstandsschweißelementen wird die Hutablage aus Aluminiumwerkstoff an eine Stahlstruktur gefügt (Abb. 5.10).

5.6.2 Reibelementschweißen

Beim Reibelementschweißen wird der Stoffschluss zwischen einem nietähnlichen Hilfsfügeteil und dem basisseitigen Fügeteil durch eine Pressschweißung hervorgerufen, die auf rotatorische Relativbewegungen und hoher axialer Kraft beruht. Das Verfahren erfolgt vorlochfrei, wodurch eine hohe Flexibilität und geringe Positionierungsanforderungen gegeben sind.

Die Fügeteile werden zunächst in der C-zangenförmigen Reibelementschweißanlage über den Niederhalter und Amboss positioniert und geklemmt, wobei die Fügerichtung weich in hart einzuhalten ist (Abb. 5.11).

Das der Anlage zugeführte Reibelement wird mittels der Spindel auf die Fügeteile aufgesetzt und im Anschluss eine Rotation mit hoher Drehzahl versetzt. Im Anschluss bringt die Spindel eine Axialkraft auf das rotierende Reibelement auf, wodurch Reibwärme in der Kontaktfläche zwischen Element und Fügeteil entsteht und der plastifizierte Fügeteilwerkstoff verdrängt wird. Der wulstförmige Werkstoff wird dabei in einer Unterkopfringnut des Reibelements aufgenommen, wodurch eine spaltfreie Auflage des Setzkopfes erzielt werden kann. Bei der Kontaktierung der Elementspitze mit dem basisseitigen Fügeteil wird eine thermische Aktivierung und Reinigung der Oberfläche durch die Verdrängung des sich plastifizierenden Elementwerkstoffs erreicht. Dieser bildet eine Wulst im Inneren des deckseitigen Fügeteilwerkstoffs aus, wodurch ein zusätzlicher Formschluss geschaffen wird. Parallel wird das Reibelement verkürzt, bis ein Abbremsvorgang eingelei-

Abb. 5.11: *Verfahrensablauf des Reibelementschweißens am Beispiel EJOWELD (Quelle: EJOT)*

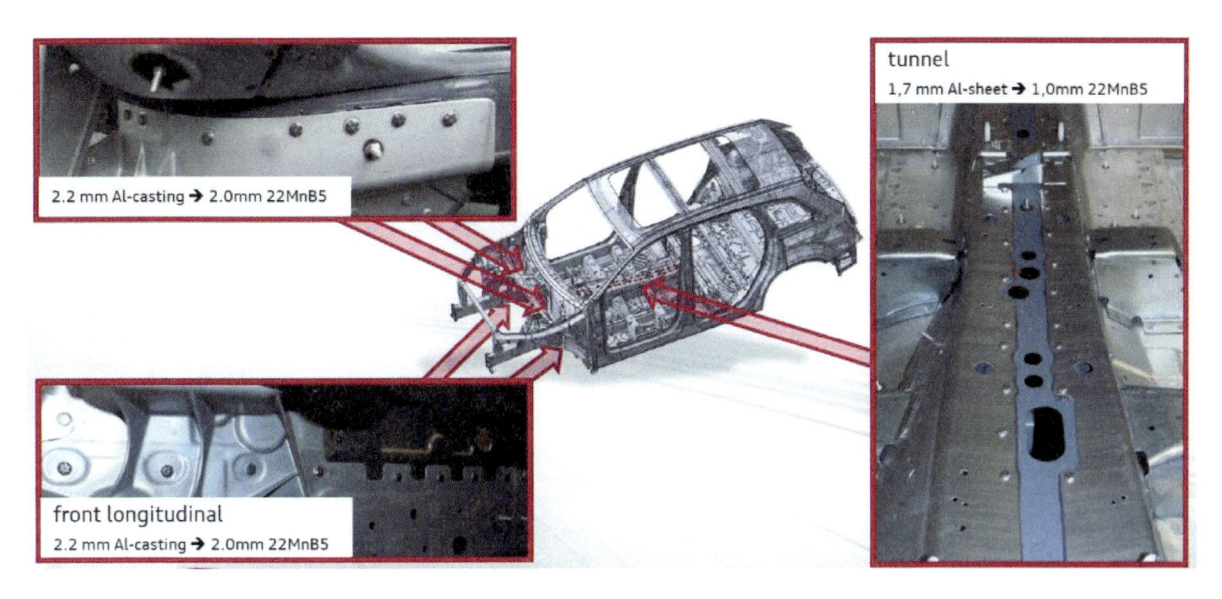

Abb. 5.12: *Einsatz des EJOWELD®-Verfahrens im AUDI Q7 (Quelle: Audi)*

tet wird und das Hilfsfügeteil mit hoher Axialkraft gestaucht wird. Hierbei werden Diffusionsvorgänge in der Pressschweißung hervorgerufen und das Deckblech wird über das Reibelement kraft- und formschlüssig angebunden. [Bar10, Olf17]

Das EJOWELD®-Verfahren der Firma EJOT wird aktuell im AUDI Q7 (Modell 2015) zum Fügen des Bodenbleches an die Tunnelverstärkung sowie des Federbeindoms an die Stirnwand eingesetzt (Abb. 5.12).

In diesem Fall wird Aluminiumblech mit ultrahöchstfestem, pressgehärtetem Stahl gefügt. Diese Technologie wird auch im AUDI A8 (Modell 2017) eingesetzt.

5.7 Weiterführende Informationen

Literatur

Baron, T.: Entwicklung des Reibelementschweißens für den Einsatz im Karosserierohbau, Dissertation, Universität Paderborn, 2010

Beenken, H.: Umformtechnisches Fügen von Feinblechen. Tagungsband T 15: Mechanische Fügetechnik - Verbindungstechnologie im Aufbruch. Kolloquium, Fellbach bei Stuttgart, 21.-22. Februar 1995. Hannover: Europäische Forschungsgesellschaft für Blechverarbeitung e.V. und Arbeitskreis Clinchen 1995, S. 97–109

Böddeker, T.: Entwicklung eines Fügeverfahrens für Stahlrohre und Stahlpipelines auf Basis der Klebtechnologie; Dissertation, Universität Paderborn, 2011

Bye, C.: Erweiterung des Einsatzfeldes von loch- und gewindeformenden Dünnblechschrauben zum Verbinden von Aluminiumhalbzeugen; Dissertation, Universität Paderborn, 2006

Hahn, O.; Peetz, A. und Liebrecht, F.: Verhalten kombiniert gefügter Verbindungen bei quasistatischer und dynamischer Beanspruchung. Tagungsband „Innovative Fügetechniken für Leichtbaukonstruktionen" am 7.-8. Nov. 1996, Paderborn, Gemeinschaftsveranstaltung Freundeskreis LWF e.V., S. 221-231

Hartwig-Biglau, S.: Entwicklung eines impulsartig und butzenfrei eingetriebenen Elementes für das Widerstandsschweißen von Aluminium-Stahl-Verbindungen, Dissertation, Universität Paderborn, 2016

Jendrny, J.: Entwicklung von Berechnungsmodellen zur Abschätzung der Verformung geklebter dünnwandiger Stahlbauteile in Leichtbaukonstruktionen während der Warmaushärtung, Dissertation, Universität Paderborn, 2004

Kötting, G.: Kombination von Fügeverfahren: Verbindungseigenschaften - Einsatzgesichtspunkte - Praxisbeispiele. Tagungsband „Innovative Fügetechniken für Leichtbaukonstruktionen" am 7.-8. Nov. 1996, Paderborn, Gemeinschaftsveranstaltung Freundeskreis LWF e.V., S. 204–215.

Meschut, G.: Fügen durch Umformen und Kleben – Grundlagen, Technologie, Anwendungen; Bericht zum DVM-Tag 2001

Meschut, G.; Küting, J.: Direktverschrauben ohne Vorlochen zur Realisierung einseitig zugänglicher Verbindungen im Karosseriebau; www.utfscience.de, Meisenbach GmbH Verlag, 2003

Meyer, C.: Weiterentwicklung des Widerstandselementschweißens für den Einsatz in der automobilen Serienfertigung, Dissertation, Universität Paderborn, 2016

Olfermann, T.: Qualifizierung des Reibelementschweißens von ultrahochfesten Aluminium-Silizium-beschichteten Stahlblechwerkstoffen für den Karosseriemischbau, Dissertation, Universität Paderborn, 2016

Ruther, M. et.al.: Fügesystemoptimierung zur Herstellung von Mischbauweisen aus Kombinationen der Werkstoffe Stahl, Aluminium, Magnesium und Kunststoff; Abschlussbericht BMBF-Projekt 03N3077D1; Juli 2003

Siebert, M.; Schlimmer, M.: Untersuchung der mechanischen Eigenschaften injektionsgefügter Rundsteckverbindungen; Schriftenreihe des Instituts für Werkstofftechnik Kassel, Shaker-Verlag GmbH, Aachen, 2006

Somasundaram, S.: Einsatz innovativer Verbindungsverfahren (Dokumentation 103), LWF-Transfer GmbH & Co. KG, 2009

Somasundaram, S.: Experimentelle und numerische Untersuchungen des Tragverhaltens von Fließformschraubverbindungen für crashbelastete Fahrzeugstrukturen, Dissertation, Universität Paderborn, 2009

Voelkner, W.; Hahn, O.: Fügen von Feinblechen mittels Durchsetzfügen - Kleben und Stanznieten - Kleben, EFB-Forschungsbericht Nr. 102, Europäische Forschungsgesellschaft für Blechverarbeitung e.V. Hannover 2001

Weber, A.: Assembling Ford's Aluminum Wonder Truck, Assembly Magazine, https://www.assemblymag.com/articles/92728-assembling-fords-aluminum-wonder-truck, 03.03.2015

Wiese, L.: Einstufiges Widerstandselementschweißen für den Einsatz im Karosseriebau, Dissertation, Universität Paderborn, 2018

Normen und Richtlinien

DIN EN 923: Klebstoffe – Benennungen und Definitionen; Mai 1998

DVS/EFB-Merkblatt 3410: Stanznieten, Überblick

DVS/EFB-Merkblatt 3420: Clinchen, Überblick

DVS/EFB-Merkblatt 3450-1: Hybridfügen – Clinchkleben - Stanznietkleben – Überblick

DVS-Merkblatt 3302: Klebfachkraft – Grundlagen-Modul; Ausgabe 3/1994

DVS-Merkblatt 3303: Klebfachkraft – Aufbaumodul Metallkleben; Ausgabe 12/1993

VDI-Richtlinie 2232: Methodische Auswahl fester Verbindungen; Systematik, Konstruktionskataloge, Arbeitshilfen; Januar 2004

VDI-Richtlinie 2229: Metallkleben; Juni 1979

Alle Normen und Richtlinien erscheinen im Beuth-Verlag, Berlin

Firmeninformationen

https://www.bmw-syndikat.de
https://www.ejot.de

6 Qualitätssicherung in der Produktion

Jens Ridzewski

6.1	Ziele der Qualitätssicherung	927	6.4	Prüfverfahren an faserverstärkten Kunststoffen 937
6.2	Qualitätsmanagement – eine Unternehmensphilosophie	928	6.4.1	Übersicht der Verfahren 937
			6.4.2	Zerstörungsfreie Prüfung 937
			6.4.3	Rheologische Prüfverfahren 938
6.3	Qualitätssicherungsmaßnahmen	931	6.4.4	Physikalische Prüfverfahren 939
6.3.1	Aufgaben in der Produktion von Faserverbundbauteilen	931	6.4.5	Prüfverfahren zur Bestimmung der mechanischen Eigenschaften von Laminaten 940
6.3.2	Einteilung der Qualitätssicherungsmaßnahmen	932	6.4.6	Prüfverfahren zur Bestimmung der thermischen Eigenschaften 949
6.3.3	QS-Maßnahmen bei zulassungspflichtigen Bauteilen im Bauwesen	935	6.4.7	Übersicht weiterer ausgewählter Prüfnormen 952
6.3.3.1	Einteilung	935		
6.3.3.2	Eigenüberwachung oder werkseigene Produktionskontrolle (WPK)	935	6.5	Zusammenfassung 952
6.3.3.3	Fremdüberwachung oder Inspektion	936	6.6	Weiterführende Informationen 953

6.1 Ziele der Qualitätssicherung

Faserverbundkunststoffe sind Konstruktionswerkstoffe, deren finale Eigenschaften sich aus den Eigenschaften der unterschiedlichen Grundkomponenten, wie z. B. Verstärkungsfasern, Matrixsystemen, Füllstoffen usw. ergeben. Eine weitere wesentliche Einflussgröße stellt - im Gegensatz zu den konventionellen isotropen Werkstoffen - der Herstellungsprozess zum Bauteil oder zum Halbzeug dar. Das heißt, die erzielbaren Bauteileigenschaften werden bei der Fertigung des Endproduktes sowohl durch die Eigenschaften der unterschiedlichen Grundkomponenten, deren Mengenanteil, geometrische Struktur wie Faserorientierung als auch durch den Verbundbildungsmechanismus und die Technologie der Verbundbildung bestimmt.

Aus der Kombination von mindestens zwei Werkstoffen, die in ihrer Form, ihren mechanischen Eigenschaften und ihrer chemischen Konsistenz unterschiedlich sind, ergibt sich eine große Anzahl möglicher Einflussgrößen. Diese stellen gleichzeitig Fehlerquellen dar, welche die weitere Verwendbarkeit der hergestellten Erzeugnisse grundsätzlich in Frage stellen können. Fehler im Endprodukt können weiterhin durch unsachgemäße Lagerung der Ausgangsmaterialien und/oder durch Abweichungen von Arbeitsbedingungen und Verarbeitungsparametern verursacht werden.

Ein gut strukturiertes und ganzheitliches Qualitätssicherungssystem kann helfen, Fehler auszuschließen oder frühzeitig zu erkennen.

Deshalb ist gerade bei Verbundwerkstoffen der Qualitätssicherung große Aufmerksamkeit zu widmen, d. h. ein erfolgreiches Qualitätsmanagement beschränkt sich nicht auf die Prüfung des Endproduktes, sondern es schließt neben prozessvorbereitenden Maßnahmen - wie z. B. eine Wareneingangskontrolle und Kontrolle der Lagerbedingungen - auch Kontrollen zwischen einzelnen Bearbeitungsschritten ein. So können fehlerhafte Teile frühzeitig erkannt und aus der weiteren Bearbeitung entfernt werden. Das hilft einerseits, direkt Kosten für unnötige Bearbeitungsvorgänge einzusparen, andererseits durch gezielte Auswertung der Fehlerquellen den gesamten Fertigungsprozess zu optimieren.

Werkzeuge der Qualitätssicherung stellen u. a. die Werkstoff- und Bauteilprüfungen dar. In Abhängigkeit z. B. von der Fertigungstiefe oder den Anforderungen an das Bauteil sowie der Einbindung eines Bauteils in nachfolgende Prozesse sind der Umfang und die Auswahl der zur Verfügung stehenden Prüfverfahren zu optimieren. Auch die Seriengröße sollte einen Einfluss auf den Umfang der Maßnahmen haben, vordergründig auf die Maßnahmen, die im eigenen Unternehmen durchführbar sind. So erfordert zum Beispiel die Herstellung eines Gehäuses aus Faserverbundkunststoff für Bedienpulte deutlich weniger Aufwand in der Qualitätssicherung als die Herstellung eines Strukturbauteils aus CFK für ein Passagierflugzeug. Eine pauschale Abhängigkeit der erforderlichen Qualitätssicherungsmaßnahmen von einer Branche ist nicht immer eindeutig möglich. Generell gilt jedoch, dass mit zunehmenden Risiken für Mensch, Umwelt, Technik und Folgekosten auch die Anforderungen an die Qualitätssicherung steigen. Zu bewerten sind dabei Risiken hinsichtlich der Tragfähigkeit, Einschränkungen der Gebrauchstauglichkeit oder der weiteren Bauteileigenschaften, wie Optik oder Haptik. Diese Einschätzung ist branchenunabhängig und gilt z. B. für den Maschinenbau und das Bauwesen genauso wie für die Luftfahrt.

Darüber hinaus spielt die Bestimmung der Werkstoff- oder Bauteileigenschaften bereits im Konstruktionsprozess eine große Rolle. Wegen der großen Variationsbreite von Faserverbundkunstoffen hinsichtlich Zusammensetzung, Fertigungsverfahren und Fertigungsqualität ist es mit dem bisherigen Erkenntnisstand nicht möglich, das Eigenschaftsbild jeder beliebigen Faser-Matrix-Füllstoff-Kombination mit Hilfe gesicherter Kennwerte und Kennfunktionen tabellarisch darzustellen. Zur Vordimensionierung von Faserverbundstrukturen sind aufbauend auf verschiedenen Festigkeitstheorien und Versagenshypothesen unterschiedliche Berechnungsverfahren entwickelt worden. Da diese jedoch nicht in allen Fällen zu einer Übereinstimmung von Theorie und Praxis führen, ist eine experimentelle Bestimmung der Werkstoff- und Bauteileigenschaften angeraten (Knauer 1986, Puck 1999, Michaeli u.a. 1992).

Durch geeignete Prüfungen ist einerseits die Eignung eines Materials oder eines Bauteils für bestimmte Anwendungen nachweisbar, andererseits werden Prüfungen zur Kontrolle der Qualität, d. h. zur Kontrolle der reproduzierbaren Herstellung von Bauteilen mit spezifischen Werkstoff- und Bauteileigenschaften eingesetzt.

6.2 Qualitätsmanagement – eine Unternehmensphilosophie

Die Rahmenbedingungen bei Produzenten, Zulieferern und Endabnehmern werden durch Einführung und Umsetzung aktueller Qualitätsphilosophien bestimmt, die sich in den Begriffen Qualität, Qualitätssicherung, Qualitätsmanagement, Audit, Zertifizierung, Akkreditierung von Laboren und den Regelwerken DIN EN ISO/IEC 17025, DIN ISO 9001, EN 9100 oder NADCAP widerspiegeln.

Alle diese Begriffe dienen dazu, im Zusammenhang mit dem Begriff Qualität den Anspruch auf Vertrauenswürdigkeit zu begründen und damit die Voraussetzungen für eine dauerhafte Marktfähigkeit zu schaffen.

Unter dem Begriff Qualitätsmanagement QM werden Planung, Lenkung, Organisation und Fortentwicklung qualitätssichernder Maßnahmen zusammengefasst, die dazu geeignet sind, durch den Nachweis der Erfüllung von Anforderungen an Sicherheit, Zuverlässigkeit und Gebrauchstauglichkeit eine ausreichende und gleichmäßige Beschaffenheit der Produkte sicherzustellen.

Das Qualitätsmanagement wird bestimmt durch die Verknüpfungen von Qualitätspolitik des Unternehmens, durch Art und Umfang von Arbeits-, Prüf- und Dokumentationsanweisungen, die nachweislich beherrscht werden müssen, und durch Regelung von Korrekturmaßnahmen, die aufgrund von Informationen über tatsächliche und mögliche Fehler einzuleiten sind, d. h. durch die Qualität des Unternehmens und durch die Qualität von Produkten und Dienstleistungen (Mengedoht et al. 1997, Rathjen 1998, Heeg et al. 1995, Golze 1995, Atzmüller 1997, Autorenkollektiv 2009).

Basis eines Qualitätsmanagement (QM)-Systems in einem Unternehmen ist das QM-Handbuch. Dessen Erstellung erhöht die Transparenz im Unternehmen, deckt vorhandene Planungsrückstände und betriebliche Engstellen auf, regelt verbindlich Kompetenzen und Verantwortungsbereiche in der Unternehmensstruktur und schreibt fest, dass bestimmte Betriebsabläufe, wie die Auftragsabwicklung oder komplexe Prüfarbeiten, formalisiert und nachvollziehbar werden.

Verfahren und Richtlinien zur einheitlichen Bewertung von Aufbau und Umfang von QM-Systemen sind in der Normenreihe DIN EN ISO 9000:2015 dargestellt. Diese Norm beschreibt die grundlegenden Konzepte, Grundsätze und Begriffe des Qualitätsmanagements und legt zugehörige Begriffe fest, die allgemein anwendbar sind. Sie dient zum Verständnis und beinhaltet keine Forderungen an das QMS. Diese Norm ist die Grundlage anderer ISO-Normen zu Qualitätsmanagementsystemen. Sie dient für viele von ihnen als normative Bezugsnorm.

In nachfolgender Tabelle (Tab. 6.1) sind die wichtigsten Normen für den Aufbau und die Unterhaltung eines funktionierenden Qualitätsmanagementsystems aufgelistet.

Tab. 6.1: Auswahl allgemeiner Normen des Qualitätsmanagements

Norm	Titel
DIN EN ISO 9000:2015-11	Qualitätsmanagementsysteme – Grundlagen und Begriffe
DIN ISO 9001:2015-11	Qualitätsmanagementsysteme – Anforderungen
DIN EN 9100:2018-08	Qualitätsmanagementsysteme – Anforderungen an Organisationen der Luftfahrt, Raumfahrt und Verteidigung
DIN EN ISO/IEC 17025:2018-03	Allgemeine Anforderungen an die Kompetenz von Prüf- und Kalibrierlaboratorien
DIN ISO 45001:2018-06	Managementsysteme für Sicherheit und Gesundheit bei der Arbeit – Anforderungen mit Anleitung zur Anwendung

DIN ISO 9001:2015 ist eine Norm, die Anforderungen an das QMS stellt. Sie fordert dokumentierte Verfahren für folgende QM-Elemente, z. B.:
- Lenkung von dokumentierten Informationen,
- Betriebliche Planung und Steuerung,
- Entwicklung von Produkten und Dienstleistungen,
- interne Audits,
- Steuerung nichtkonformer Ergebnisse,
- Korrekturmaßnahmen,
- Vorbeugemaßnahmen.

Die DIN ISO 9001:2015 zählt neben der DIN EN ISO 9000 „Qualitätsmanagementsysteme - Grundlagen und Begriffe" und DIN EN ISO 9004 „Leiten und Lenken für den nachhaltigen Erfolg einer Organisation - Ein Qualitätsmanagementansatz" zu den drei wichtigsten ISO-Normen für Qualitätsmanagementsysteme.

Die DIN EN 9100 enthält die Anforderungen an Qualitätsmanagementsysteme nach DIN ISO 9001. Sie definiert ergänzend (nicht als Alternative) zu vertraglichen und geltenden gesetzlichen und behördlichen Anforderungen, Definitionen und Anmerkungen für die Luftfahrtindustrie, die Raumfahrt- und Verteidigungsindustrie.

Die allgemeinen Anforderungen an die Kompetenz, an die Unparteilichkeit und an eine einheitliche Arbeitsweise von Laboratorien werden in der Norm DIN EN ISO/IEC 17025 definiert. Die Norm ist auf alle Organisationen anwendbar, die Labortätigkeiten durchführen, unabhängig von der Anzahl der Mitarbeiter.

Anhand dieser Richtlinien kann durch qualifizierte und unabhängige Stellen (Zertifizierungsstellen) durch Prüfung des QM-Systems (Audit) branchenunabhängig bestätigt werden, ob in Unternehmen die Anforderungen an die jeweilige QM-Stufe erfüllt sind und das Unternehmen insofern im Sinne der ISO/IEC-Norm qualitätsfähig ist.

Die Akkreditierung eines Labors (Konformitätsbewertungsstellen - KBS) erfolgt durch nationale Akkreditierungsstellen, z. B. in Deutschland durch die Deutsche Akkreditierungsstelle (DAkkS).

Durch Audits erfolgt die Begutachtung und neutrale Beurteilung der Wirksamkeit des Qualitätsmanagementsystems oder seiner Bestandteile. Das Akkreditierungsverfahren erfolgt in 4 Schritten:

1. Antragsverfahren

Die KBS muss mit dem von der DAkkS bereitgestellten Formularen sowie dazugehörigen Formblättern den angestrebten Akkreditierungsumfang beantragen. Dieser Antrag muss von dem / den berechtigten Vertretern der KBS unterschrieben werden. Nach Antragsstellung müssen die notwendigen Unterlagen eingereicht werden. Für jeden KBS-Typ sind die notwendigen Dokumente und die entsprechenden Formblätter (72 FB 004.X) auf der Internetseiten der DAkkS abrufbar.

2. Begutachtungsverfahren

Die DAkkS prüft die eingereichten Unterlagen, stellt das Begutachtungsteam zusammen und legt den erforderlichen Begutachtungsumfang fest. Die KBS wird über die Begutachter informiert und kann innerhalb von 2 Wochen nach Bekanntgabe der Begutachter Einwände gegen einzelne Begutachter schriftlich erheben. Die Entscheidung über die Berücksichtigung der Einwände obliegt der DAkkS.

Eine Vor-Ort-Begutachtung findet erst statt, wenn die erneute Prüfung der Dokumente ergeben hat, dass keine Abweichungen vorliegen, die der Begutachtung vor Ort entgegenstehen.

Nach der Vor-Ort-Begutachtung werden die Berichte nach Eingang bei der DAkkS unverzüglich der KBS zugesandt. Der KBS wird eine Möglichkeit gegeben, innerhalb von 2 Wochen nach Erhalt des Berichtes Stellung zu nehmen.

Die Nachweise zu den durchgeführten Korrekturmaßnahmen übersendet die KBS den jeweiligen Begutachtern.

3. Akkreditierungsverfahren bei der DAkkS

Für jeden in einem spezifischen Akkreditierungsverfahren betroffenen Fachbereich wird ein Teil-Akkreditierungsausschuss (AkA) eingerichtet. Ausgehend von der Empfehlung des Begutachterteams trifft der AkA im Innenverhältnis die Entscheidung zur Akkreditierung für diesen Fachbereich. Voraussetzung ist aber, dass alle Korrekturmaßnahmen durch die

KBS durchgeführt worden sind und die Akkreditierungsempfehlung des Begutachterteams vollständig vorliegt.

Die Erteilung der Akkreditierung erfolgt in Form eines Bescheids. Die Akkreditierungsurkunde ist für 5 Jahre gültig.

4. Überwachungsverfahren

Zur Aufrechterhaltung der Akkreditierung sind während des Akkreditierungszeitraumes regelmäßige Überwachungsmaßnahmen erforderlich. Das erste Überwachungsaudit wird nicht später als 12 Monate nach Erteilung der Erstakkreditierung durchgeführt. Die weiteren Überwachungsaudits erfolgen mit einem Intervall von 18 Monaten, bei Zertifizierungsstellen mit 12 Monaten.

Eine Erweiterung der Akkreditierung erfolgt nur auf Antrag seitens der KBS. Diese Erweiterungen können im Rahmen einer planmäßigen Überwachung, also zeitlich unabhängig durchgeführt werden. Entscheidet sich eine KBS für eine Erweiterung im Rahmen einer Überwachung, sollte dieser Antrag mindestens acht Wochen vor dem geplanten Termin der DAkkS vorliegen.

In begründeten Ausnahmefällen kann eine Vor-Ort-Begutachtung beantragt werden, soweit sich der Begutachter einer Erweiterung aufgrund der Fachkenntnisse in der Lage sieht und die DAkkS dies bestätigt.

Vor Ablauf der Akkreditierung wird die KBS auf diesen Umstand hingewiesen. Gleichzeitig wird eine Möglichkeit der Reakkreditierung angeboten. Die Reakkreditierung setzt einen erneuten Antrag seitens der KBS voraus. Das Reakkreditierungsverfahren läuft in denselben beschriebenen Schritten ab wie die Erstakkreditierung.

Unternehmen müssen den Beweis antreten können, dass sie alles nach dem Stand der Technik Mögliche getan haben. Dadurch verpflichten die steigenden Sicherheitsanforderungen immer mehr Unternehmer, über qualitätssichernde Maßnahmen z. B. über Jahre hinaus Nachweis zu führen, d. h. zur Dokumentation.

Sehr unterschiedliche Anforderungsspektren der verschiedenen Kunden ergeben häufig neue, oft sehr komplexe Qualitätsforderungen, z. B. die Anwendung spezieller Hausnormen und Verfahren. Zunehmend muss heute die Qualitätssicherung aufgrund der Forderung des Marktes nach Vereinheitlichung und Vereinfachung des Beurteilungsverfahrens für Qualitätssicherungssysteme vielfach bereits durch Zertifizierungsverfahren nachgewiesen werden. Solche Zertifizierungen, Anerkennungen usw. werden von verschiedenen Institutionen verliehen. Dazu zählen neben den OEM (Original Equipment Manufacturer) das Luftfahrtbundesamt, das Eisenbahnbundesamt, der DNV GL, das Deutsche Institut für Bautechnik (DIBt) oder diverse private oder öffentliche Zertifizierer sowie Branchenverbände.

Der Nutzen einer Zertifizierung wurde bis vor einigen Jahren häufig vorrangig als Marketing-Argument angesehen. Bewährt hat sich jedoch eindeutig z. B. das unter dem Begriff „Gütesicherung"/ „Güteüberwachung" bekannte Qualitätssicherungssystem für Duroplaste, das 1992 auch auf thermoplastische Formstoffe erweitert wurde. Diese 1924 durch den ersten freiwilligen Zusammenschluss von Firmen einer Branche (Isolierpressmassen) gegründete Gütegemeinschaft stattete ihre Produkte mit besonderen Qualitätsmerkmalen aus, dokumentierte dies in Form eines gemeinsamen Gütezeichens (RAL) nach außen und führte zur Qualitätssicherung die Einbeziehung einer neutralen Prüfstelle ein. 1938 gab sich diese Gütegemeinschaft den Namen „Technische Vereinigung der Hersteller typisierter Pressmassen und Formstoffe" und bezog damit die Überwachung von Formteilen ein (Autorenkollektiv 2009).

Die in diesem Güteüberwachungssystem über Jahrzehnte entwickelten Verfahren zur Gewährleistung von Produktqualität umfassen folgende festgeschriebene Merkmale und Qualitätsrichtlinien:

- Eigenüberwachung,
- Fremdüberwachung,
- Überwachungsbesuch,
- Registrierung,
- Gütezeichenvergabe.

Voraussetzung zur Gütezeichenverleihung für ein spezielles Produkt ist ein Dreiecks-Vertragsverhältnis zwischen Gütezeichenverleiher (Gütegemeinschaft),

neutraler Prüfstelle und Gütezeichenbesitzer (Mitgliedsunternehmer). Das Gütezeichen garantiert:
- Eigenschaftsprofile und Prüfvorschriften, die in nationalen Normen festgeschrieben sind,
- Regelungen für die werkseigene Produktionskontrolle,
- die regelmäßige Fremdüberwachung durch anerkannte, neutrale Prüf- und Überwachungsstellen,
- eindeutige Produktkennzeichnung bezüglich Werkstoff und Hersteller (Werkstoffidentifikation, Rückverfolgbarkeit),
- Regelungen bezüglich Verleihung, Nutzung, Entzug und Schutz des Gütezeichens (Wiederholter negativer Befund führt zum Entzug des Gütezeichens).

Dieses seit Jahrzehnten bewährte Gütesicherungsverfahren entspricht den Forderungen der ISO 9000-Normenfamilie und der DIN 18200:2018-09 „Übereinstimmungsnachweis für Bauprodukte – Werkseigene Produktionskontrolle, Fremdüberwachung und Zertifizierung" und verweist auf Bestimmungen, die auch für Faserverbundkunststoffe verbindlich sind.

Mit der DIN ISO 45001:2018-06 werden die Anforderungen an Arbeits- und Gesundheitsschutzmanagementsysteme einheitlich geregelt. Sie umfasst Anforderungen an den Gesundheitsschutz, soll für die kontinuierliche Verbesserung von solchen Managementsystemen sorgen und bessere Arbeitsbedingungen sowie mehr Sicherheit am Arbeitsplatz schaffen.

6.3 Qualitätssicherungsmaßnahmen

6.3.1 Aufgaben in der Produktion von Faserverbundbauteilen

Wie bereits dargestellt wurde, können die Merkmale, die ein Produkt charakterisieren, sehr unterschiedlich sein. Aus der Definition nach Normenreihe DIN 55350 „Begriffe zum Qualitätsmanagement, Qualitätssicherung und Statistik gemäß Abbildung 6.1 ist es ein Vergleich zwischen Vorgaben bzw. definierten Anforderungen und den tatsächlich erzielbaren Eigenschaften. Der Vergleich sollte objektiv und messbar sein, wird jedoch zunehmend geprägt von Kriterien wie Flexibilität, Pünktlichkeit oder Preis (Wortberg 1996). Daraus ableitend lassen sich im Rahmen eines Qualitätsmanagementsystems für die Produktentwicklung zwei Aufgaben zusammenfassen:
1. Bereitstellung von abgesicherten Werkstoff- und Bauteileigenschaften,
2. Nachweis einer geforderten Werkstoff- oder Bauteilqualität über den gesamten Produktionszeitraum.

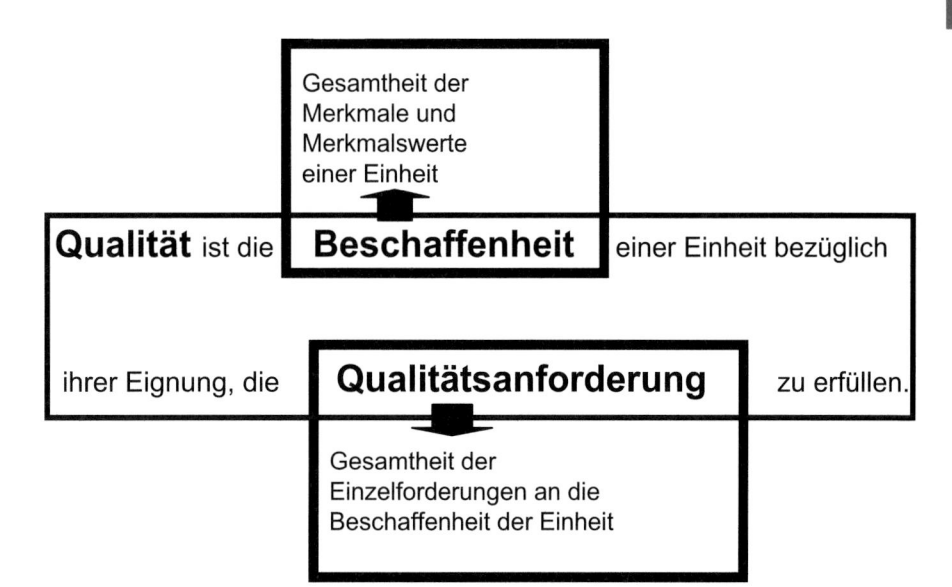

Qualität ist die **Beschaffenheit** einer Einheit bezüglich ihrer Eignung, die **Qualitätsanforderung** zu erfüllen.

- Beschaffenheit: Gesamtheit der Merkmale und Merkmalswerte einer Einheit
- Qualitätsanforderung: Gesamtheit der Einzelforderungen an die Beschaffenheit der Einheit

Abb. 6.1: *Definition der Qualität nach DIN 55350*

Die Kosten eines Bauteils oder eines Fertigungsprozesses beeinflussen das Preis-Leistungsverhältnis maßgeblich. Genau dieses Verhältnis entscheidet in der heutigen Zeit gemeinsam mit dem generell erzielbaren Preis in den Märkten den Absatz und damit den Erfolg eines Produktes. Daher ist es auch bei der Qualitätssicherung notwendig, die Maßnahmen so festzulegen, dass mit minimalem Aufwand eine ausreichende Aussage getroffen werden kann. Es gilt also auch hier der bekannte Leitsatz „Nicht so viel wie möglich, sondern so viel wie nötig."

6.3.2 Einteilung der Qualitätssicherungsmaßnahmen

Unabhängig von konkreten Anwendungen oder Branchen kann die Qualitätssicherung in der Produktion von Bauteilen aus Faserverbundkunststoffen in drei Bereiche unterteilt werden (Tab. 6.2).

Der Aufbau einer QS-Kette ist in Abbildung 6.2 dargestellt. Die Umsetzung der erforderlichen QS-Schritte muss und kann nicht grundsätzlich in dem Unternehmen erfolgen, in dem das finale Bauteil gefertigt wird. Es ist vielmehr erforderlich, eine geschlossene und rückverfolgbare Kette über alle beteiligten Lieferanten aufzubauen. Oft ist es z. B. für einen Produzenten ausreichend, vom Lieferanten des Harzes oder der textilen Strukturen ein Werkszeugnis zum gelieferten und verarbeiteten Material zu erhalten. Auch bei der Verarbeitung von Prepregs ist es nicht Aufgabe des Verarbeiters, einen Nachweis zu den enthaltenen Komponenten des Harzes zu liefern. Diese Aufgabe obliegt dem Lieferanten des Prepregs, der dann mit seinem Werkszeugnis dem Anwender garantierte Eigenschaften zusichert. Bei der Herstellung der meisten Bauteile ist also eine große Anzahl von Lieferanten am Aufbau der QS-Kette beteiligt. Umso wichtiger ist daher für den Verarbeiter eine lückenlose Dokumentation.

Prozessvorbereitende Maßnahmen – Wareneingangskontrolle

Hauptbestandteil der prozessvorbereitenden Maßnahmen ist die Wareneingangskontrolle. Wareneingangskontrollen sind Verfahren der Qualitätskontrolle im Sinne einer Abnahmeprüfung der Einsatzstoffe (Abb. 6.2). Ziel ist es, durch Materialfehler verursachte Störungen im Produktionsprozess zu vermeiden und die geforderten Endeigenschaften des Produktes abzusichern. Die jeweiligen Prüfungen erfolgen, außer bei sicherheitsrelevanten Strukturen, z. B. bei primären Strukturbauteilen, nur in Stichproben. Im Allgemeinen wird unter einer Wareneingangskontrolle die Quantitäts- und Qualitätskontrolle

Tab. 6.2: *Einteilung der Qualitätssicherungsmaßnahmen*

	Prozessvorbereitende Maßnahmen	Prozessbegleitende Maßnahmen	Prozessnachbereitende Maßnahmen
Inhalt	Bereitstellung der notwendigen technischen und räumlichen Voraussetzungen Schaffung der strukturellen und organisatorischen Voraussetzungen Mitarbeiterschulung Mitarbeitermotivation Wareneingangskontrolle Prozessvorbereitung	Dokumentation der für das Bauteil oder die Serie verwendeten Materialen Dokumentation der technischen Ausstattung Dokumentation der Fertigungsabläufe mit allen relevanten Fertigungsparametern unter Verwendung von eindeutigen Fertigungsanweisungen Dokumentation von Abweichungen Herstellung von Rückstellproben oder Verfahrenskontrollproben	Warenausgangsprüfung Nachweis der geforderten Eigenschaften über die Prüfung der Rückstellproben oder Verfahrenskontrollproben Erstellung einer zusammenfassenden Dokumentation Archivierung
Ziele	Schaffung der personellen und technischen Voraussetzungen für eine reproduzierbare und hochqualitative Fertigung	reproduzierbare und hochqualitative Fertigung	Nachweis einer definierten Qualität

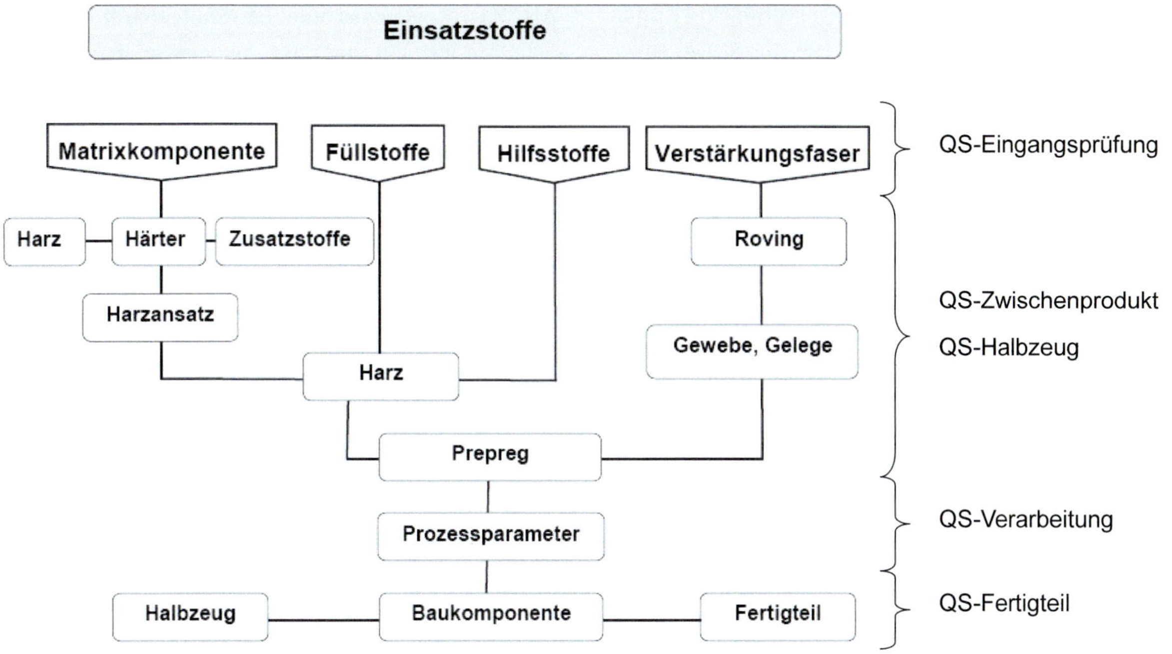

6.3 Qualitätssicherungsmaßnahmen

Abb. 6.2: Aufbau einer QS-Kette bei der Herstellung von Bauteilen aus FVK (Autorenkollektiv 2009)

einschließlich des Vergleichs von Bestell- und Liefermenge der eingehenden Waren verstanden.

Zu den Maßnahmen der Wareneingangskontrolle gehören z. B.:
- Sichtprüfung der gelieferten Ware und Vergleich der Kennzeichnung,
- Allgemeine Wareneingangsprüfung,
- Bestimmung der Dichte,
- Bestimmung der mechanische Eigenschaften,
- Bestimmung des Brandverhaltens,
- Bestimmung von Masseverlust, Ausgasung, Wasseraufnahme.

In Tabelle 6.3 sind exemplarisch verwendbare Normen aufgelistet. Zusätzlich können alle gültigen Prüfnormen verwendet werden.

Tab. 6.3: Exemplarische Normen zur Wareneingangskontrolle

Norm	Titel
DIN 61853-1 (Ausg. 1987-04)	Textilglas; Textilglasmatten für die Kunststoffverstärkung – Teil 1: Technische Lieferbedingungen
DIN 61853-2 (Ausg. 1987-04)	Textilglas, Textilglasmatten für die Kunststoffverstärkung – Teil 2: Einteilung, Anwendung
DIN 61854-1 (Ausg. 1987-04)	Textilglas; Textilglasgewebe für die Kunststoffverstärkung; Filamentgewebe und Rovinggewebe – Teil 1: Technische Lieferbedingungen
DIN 61854-2 (Ausg. 1987-04)	Textilglas; Textilglasgewebe für die Kunststoffverstärkung; Filamentgewebe und Rovinggewebe – Teil 2: Typen
DIN 16945 (Ausg. 1989-03)	Reaktionsharze, Reaktionsmittel und Reaktionsharzmassen; Prüfverfahren
DIN 65467 (Ausg. 1999-03)	Luft- und Raumfahrt – Prüfung von Reaktionsharzsystemen mit und ohne Verstärkung - DSC-Verfahren
DIN EN 2833-005 (Ausg. 2014-02)	Luft- und Raumfahrt – Wärmehärtbare Glasfaser-Prepregs – Technische Lieferbedingungen Prepregs aus Glasfaser und Phenolharz, Technische Lieferbedingungen

Eine große Bedeutung für glasfaserverstärkte Kunststoffe hat die Normenreihe der DIN EN 13121. Diese Normenreihe ist zwar für „Oberirdische GFK-Tanks und -Behälter" ausgerichtet, ersetzte jedoch die Normenreihe DIN 18820 „Laminate aus textilglasverstärkten ungesättigten Polyester- und Phenacrylatharzen für tragende Bauteile" (GF-UP, GF-PHA) in allen Teilen und ist auch auf andere Anwendungen übertragbar. Zur Normenreihe gehören:

- DIN EN 13121-1:2003-10: Ausgangsmaterialien; Spezifikations- und Annahmebedingungen
- DIN EN 13121-2:2004-01: Verbundwerkstoffe: Chemische Widerstandsfähigkeit
- DIN EN 13121-3:2016-10: Auslegung und Herstellung
- DIN EN 13121-4:2005-03: Auslieferung; Aufstellung und Instandhaltung

Prozessbegleitende Prüfung

Wie bereits in Tabelle 6.2 beschrieben, ist das Ziel einer prozessbegleitenden Prüfung eine reproduzierbare Fertigung in hoher Qualität. Als prozessvorbereitende Maßnahmen sind alle erforderlichen Voraussetzungen dafür geschaffen. Auch die Erstellung von Prozessabläufen, Fertigungs- oder Arbeitsanweisungen, Arbeitsaufträgen und die Definition der Verantwortlichkeiten sind im Vorfeld eindeutig festgelegt. Ebenso ist eine Vorgehensweise definiert, wie bei Abweichungen von Vorgaben zu verfahren ist. All diese Anweisungen sollten Bestandteil des QM-Systems sein.

Bei der prozessbegleitenden Prüfung geht es folglich darum, die festgelegten Abläufe abzuarbeiten und alle erforderlichen Parameter zu protokollieren. Welche der vielen möglichen Parameter als erforderlich einzustufen sind, muss ebenfalls in der Prozessvorbereitung beschrieben werden. Der Zweck der Dokumentation liegt wieder in der lückenlosen Nachvollziehbarkeit.

Sogenannte Fertigungsprotokolle haben sich hier als geeignet erwiesen. Typische Inhalte sind u. a.:

- Protokollieren der verwendeten Werkstoffe / Hilfsstoffe,
- Prozessdokumentation,
- Fertigungsprotokolle.

Als Nachweis, dass alle Fertigungsparameter eingehalten wurden und dass das verwendete Material den Vorgaben entspricht, haben sich Rückstellproben oder auch Verfahrenskontrollproben bewährt. Das Herstellen einer Verfahrenskontrollprobe (VKP) erfolgt im gleichen Fertigungsprozess wie das des Bauteils. Da die Bauteile oft endkonturnah oder auch bereits in Endkontur gefertigt werden, ist eine Entnahme von Testmaterial nicht möglich. Daher wird mit dem Fertigungsprozess, in der Regel bei der Fertigung im Autoklaven, eine VKP mit gefertigt, an der nachfolgende Prüfungen durchgeführt werden können. Ist eine Entnahme aus dem Bauteil möglich, ist dies zu bevorzugen. Möglichkeiten hierfür bieten u. a. Fensterausschnitte, nachträglich eingebrachte Durchbrüche oder Zwischenstücke aus einer kontinuierlichen Fertigung und Ähnliches.

Bei der Verwendung von Randabschnitten ist zwingend darauf zu achten, dass der Laminataufbau in diesem Bereich noch vollständig ist und auch alle Prozessparameter eingehalten sind. So kann es beim Pressen vorkommen, dass die vorgegebenen Temperatur-Zeitverläufe im Randbereich des Werkzeugs nicht eingehalten werden. Eine nachträgliche Auswertung des Aushärteverhaltens kann dann zu falschen Schlüssen führen.

Prozessnachbereitende Prüfung

Die Hauptaktivität in diesem QS-Prozessschritt besteht in der Ausgangsprüfung des Produktes. Ein Großteil der Reklamationen kann vermieden werden, wenn dieser Schritt hinreichend ernst genommen wird. Bereits über die visuelle Prüfung und die Bauteilvermessung sind viele Abweichungen erkennbar und das Bauteil kann vor der Auslieferung gestoppt werden. Auch wenn das Qualitätsbewusstsein der Mitarbeiter im gesamten Fertigungsprozess eine entscheidende Rolle spielt, beginnt bei Fehlern in diesem finalen Schritt das gesamte Unternehmen in der Außenwirkung Schaden zu leiden. Daher ist das Qualitätsmanagement in der Verantwortung der Geschäftsführung und sollte von ihr gelebt und in die Köpfe aller Mitarbeiter getragen werden.

Neben den visuellen Verfahren sind in der Regel einfach durchzuführende Prüfverfahren einzusetzen.

Typische Verfahren sind zum Beispiel: DSC, ILSS, Biegeprüfung oder Zugprüfung. Die Prüfmethoden werden an späterer Stelle in diesem Kapitel im Einzelnen beschrieben. Auch Bauteil- oder Funktionsprüfungen können Bestandteil der Ausgangskontrolle sein. Die vollständige Dokumentation stellt sicher, dass bei späteren Rückfragen eine 100%ige Nachvollziehbarkeit gegeben ist.

6.3.3 QS-Maßnahmen bei zulassungspflichtigen Bauteilen im Bauwesen

Am 1. Juli 2013 ist die Europäische Bauproduktenverordnung vollständig in Kraft getreten. Damit gelten neben rein nationalen Regelungen für zulassungspflichtige Bauprodukte auch die Regelungen auf europäischer Ebene.

Die Bauprodukte können somit eingeordnet werden in:
- Bauregelliste des Deutschen Instituts für Bautechnik (DIBt)
- Europäische Bewertungsdokumente (European Assessment Documents – EADs) und abgeleitete Europäische Technische Bewertungen (ETA)
- Harmonisierten Produktnormen.

Die jeweils festgeschriebenen QS-Maßnahmen sind den Produktnormen, Zulassungen oder Dokumenten zu entnehmen.

6.3.3.1 Einteilung

Im Bauwesen hat sich ein QS-System durchgesetzt, welches die Qualität von überwachungspflichtigen Bauprodukten sicherstellt. Es setzt sich aus einer werkseigenen Produktionskontrolle, der so genannten Eigenüberwachung, und der von einer unabhängigen Prüfeinrichtung durchgeführten Fremdüberwachung oder Inspektion zusammen.

6.3.3.2 Eigenüberwachung oder werkseigene Produktionskontrolle (WPK)

In der Eigenüberwachung stellt der Hersteller sicher, dass das Produkt die angestrebten Eigenschaften sowie die notwendige Qualität aufweist. Dafür werden für jedes Produkt Materialspezifikationen mit den zu verwendenden Materialien definiert. Diese können zum Beispiel die Hersteller, die zu berücksichtigen sind, und auch die Toleranzen enthalten.

Der erste Schritt der Eigenüberwachung ist eine Wareneingangskontrolle. Auf diese Weise wird sichergestellt, dass alle gelieferten und später verarbeiteten Materialien der Produktspezifikation entsprechen. Die Überprüfung erfolgt anhand der Lieferscheine, Materialzertifikate und durch Plausibilitätsprüfungen.

Entsprechen alle Eigenschaften den Forderungen, ist sicherzustellen, dass nur diese Materialien zur Herstellung verwendet werden. Dafür sind ebenfalls alle Herstellungsschritte wie folgt zu dokumentieren:

Jeder Arbeitsplatz ist mit einer Arbeitsanweisung zu versehen, die die Prozessschritte der Herstellung beschreibt und vor allem Vorgehensweisen bei Abweichungen definiert. Die Mitarbeiter sind anzuhalten, die Dokumentation sorgfältig zu führen und Abweichungen unverzüglich zu melden.

Abschließend ist das Endprodukt einer kontinuierlichen Kontrolle zu unterziehen. Dies kann eine regelmäßige Maßkontrolle bis hin zu regelmäßigen Materialprüfungen beinhalten. Alle Untersuchungen sind mit kalibrierten Messmitteln durchzuführen. Handelt es sich um ein zugelassenes Bauprodukt, sind weiterhin Rückstellproben der Fertigung zu bilden, welche in der Fremdüberwachung durch eine Überwachungsstelle überprüft werden können.

Der Aufbau einer werkseigenen Produktionskontrolle und die Ausstattung mit Mess- und Prüftechnik stehen in der Regel aus betriebswirtschaftlicher Sicht im direkten Zusammenhang mit den Produktionsumfängen und den Anforderungen der Kunden und der Märkte. Eine Akkreditierung des eigenen Prüflabors ist nicht grundsätzlich erforderlich, wohl aber eine gültige Kalibrierung der verwendeten Mess- und Prüftechnik und ggf. Anerkennung durch private oder öffentliche Zertifizierer. Sollten notwendige und geforderte Prüfmethoden nicht im eigenen Unternehmen zur Verfügung stehen, kann auch ein unabhängiges Prüflabor mit der Übernahme der werkseigenen Produktionskontrolle beauftragt werden. Im Interesse der Akzeptanz der Prüfergebnisse wird jedoch angeraten, für diesen Schritt auf ein akkreditiertes Labor zurückzugreifen.

Die Prüfung von Bauteilen zur Qualitätsüberwachung erfolgt in der Regel im Zusammenhang mit der Warenausgangsprüfung, kann aber auch in der fertigungsbegleitenden Prüfung erfolgen. Im Sinne der Qualitätssicherung erfolgt über die Bauteilprüfung der abschließende Nachweis, dass das Bauteil in seiner Beschaffenheit (Abb. 6. 1) den Qualitätsanforderungen entspricht. Kriterien können sein:
1. Optische Beschaffenheit
2. Maßhaltigkeit
3. Mechanische Eigenschaften
4. Stoffliche Eigenschaften
5. Funktionalität

Die exemplarische Bauteilprüfung erfolgt in der Regel zerstörend. Dazu wird aus der Serie in fest definierten Abständen ein Bauteil entnommen und eine Bauteilprüfung im Sinne des Funktionsnachweises durchgeführt, teilweise bis zum Versagen des Bauteils. Auch die Entnahme von Werkstoffproben und der folgende Nachweis der geforderten stofflichen Eigenschaften sind üblich.

Eine zerstörungsfreie Bauteilprüfung ist ebenfalls möglich. Dabei kann z. B. die Bauteilsteifigkeit oder das Gewicht ermittelt und mit Sollwerten abgeglichen werden.

Bei Strukturbauteilen ist oft eine „100 %-Prüfung" gefordert. Das bedeutet, dass über geeignete Verfahren die Bauteileigenschaften zerstörungsfrei ermittelt werden. Wichtige Methoden sind dabei die Verfahren der Zerstörungsfreien Prüfung, wie z. B. Ultraschalluntersuchungen oder Röntgen.

Bei einigen Bauteilen wird ein Funktionstest mit Betriebslasten durchgeführt. Dieses Lastniveau darf zu keinen Schäden am Bauteil führen. Das heißt, dass die so geprüften Bauteile als „geprüfte Teile" ausgeliefert werden können

6.3.3.3 Fremdüberwachung oder Inspektion

Die Fremdüberwachung, nach DIN EN ISO/IEC 17020 als Inspektion bezeichnet, stellt eine regelmäßige Kontrolle der Eigenüberwachung dar. Der Fremdüberwacher nimmt Einsicht in die Dokumentation der Eigenüberwachung und überwacht die Fertigung. Ein Teil der Rückstellproben wird anschließend in einem unabhängigen Labor untersucht und geprüft, und ebenfalls den Ergebnissen der Eigenüberwachung gegenübergestellt.

Die Fremdüberwachung stellt eine unabhängige Kontrolle durch eine amtlich anerkannte Fremdüberwachungsstelle dar. Durch die Überwachungsstelle ist in regelmäßigen Abständen zu prüfen:
- Die Konformität des Produkts nach gültigen Normen oder Zulassungen,
- die personelle und ausstattungstechnische Eignung des Herstellbetriebes.

Die Überwachung bzw. Inspektionen können unterteilt werden in:
- Erstüberwachung, Erstinspektion
- Regelüberwachung, Inspektion
- Sonderüberwachung

Sonderüberwachungen können von der Zertifizierungsstelle angeordnet werden, wenn grobe Verstöße gegen die Anforderungen der zugrunde liegenden technischen Spezifikationen festgestellt werden. Wird die Sonderüberwachung nicht bestanden, so stellt die Überwachungsstelle die Überwachung ein und teilt dies dem Hersteller und der Zertifizierungsstelle mit.

Tab. 6.4: *Übergreifende Normen der Europäischen Bauproduktenverordnung*

Norm	Titel
DIN EN ISO/IEC 17020 (Ausg. 2012-07)	Konformitätsbewertung – Anforderungen an den Betrieb verschiedener Typen von Stellen, die Inspektionen durchführen
DIN EN ISO/IEC 17065 (Ausg. 2013-01)	Konformitätsbewertung – Anforderungen an Stellen, die Produkte, Prozesse und Dienstleistungen zertifizieren

6.4 Prüfverfahren an faserverstärkten Kunststoffen

6.4.1 Übersicht der Verfahren

Ein wesentlicher Bestandteil des Qualitätsmanagements/ der Qualitätssicherung ist die Werkstoffprüfung. Eine prinzipielle Einteilung kann nach Abbildung 6.3 getroffen werden.

Im Sinne einer Qualitätssicherung in der Produktion von Faserverbundbauteilen besitzen einige der dargestellten Verfahren eine größere Priorität. Die wichtigsten Vertreter dieser Prüfmethoden sollen nachfolgend detailliert beschrieben und bewertet werden.

Die Prüfung der zyklischen mechanischen Eigenschaften, auch als Ermüdungsverhalten bezeichnet, soll an dieser Stelle nicht vertieft vorgestellt werden, da diese Eigenschaft eminent wichtig für die Auslegung von zyklisch beanspruchten Bauteilen ist, jedoch nur bedingt als Kriterium für die Qualitätssicherung herangezogen werden kann. Auch die Prüfungen der Verarbeitungseigenschaften sowie der elektrischen Eigenschaften sollen an dieser Stelle nicht betrachtet werden. Für alle Prüfverfahren ist jedoch zu beachten, dass die Prüfungen immer unter konstanten Bedingungen durchzuführen sind, wie zum Beispiel unter Normklima.

6.4.2 Zerstörungsfreie Prüfung

Als erste Aufgabe der Zerstörungsfreien Prüfung wird die *Sichtprüfung* bezeichnet. Wichtigstes Prüfmittel ist das „unbewaffnete Auge". Über Hilfsmittel wie Lupen, Mikroskope, Endoskope oder bereits über Lichtquellen mit verschiedenen Wellenlängen lassen sich Fehler im Bauteil erkennen. In Abbildung 6.4 sind exemplarisch Risse und Ondulationen im Faserverlauf in einem pultrudierten Profil aus GFK und in einem CFK-Bauteil dargestellt. Im linken Teil wurde zusätzlich ein Farbeindringmittel verwendet, um die Risse deutlicher abzuheben.

Auch Fehlstellen, Bauteilverformungen, Verzüge, Dickenschwankungen usw. lassen sich mit geringem Aufwand lokalisieren und ggf. mit Messmitteln exakt bestimmen. In Lieferbedingungen sind in der Regel die zulässigen Abweichungen und Toleranzen definiert. Bei pultrudierten Profilen sind Fehlerarten mit ihren Grenzen z. B. in der Norm DIN EN 13706:2003 beschrieben.

Als Prüfverfahren in der Eigenüberwachung hat sich aktuell das Ultraschallverfahren als Standardverfahren durchgesetzt. Mit diesem zerstörungsfreien Verfahren können sowohl Fehlstellen, Dickenschwankungen als auch Ondulation oder Faserfehlstellen nachgewiesen werden. In Abbildung 6.5 sind sowohl der Wandstärkengradient und die Hauptfaserverläufe als auch die Fehlstelle deutlich erkennbar.

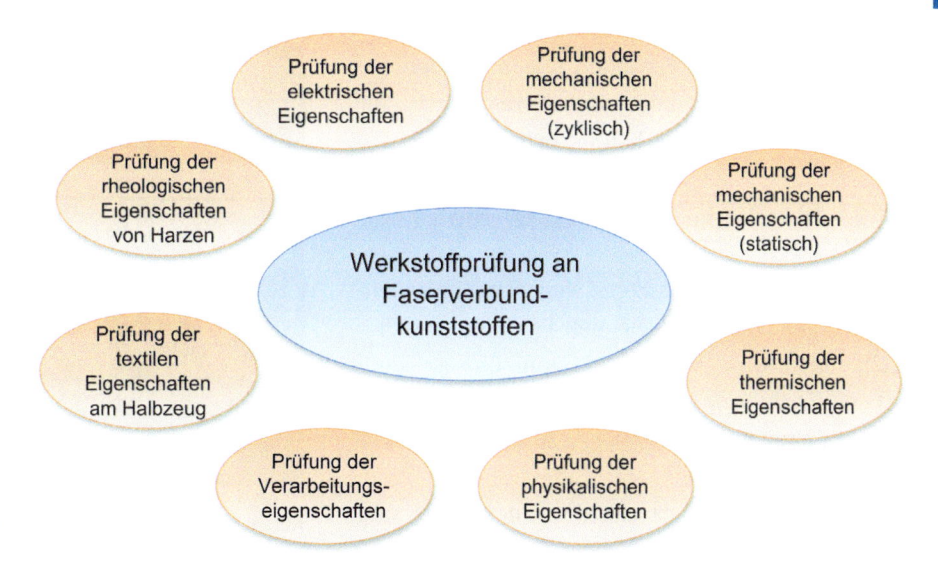

Abb. 6.3: *Einteilung der Prüfverfahren an faserverstärkten Kunststoffen*

Abb. 6.4: *Visuelle Prüfung (Sichtprüfung), links: mit Unterstützung eines Farbeindringmittels (Quelle: IMA Dresden)*

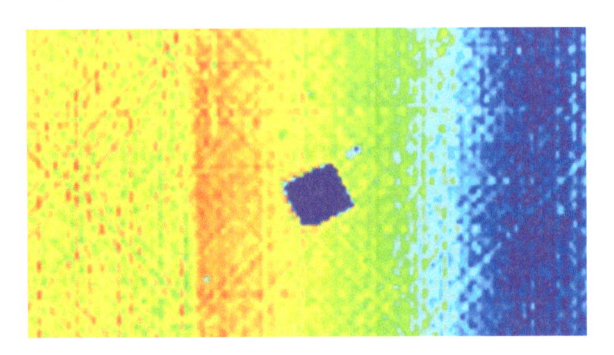

Abb. 6.5: *C-Scan eines CFK-Laminates mittels Ultraschalltechnik (Quelle: IMA Dresden)*

Die Scanparameter sind an das Bauteil anzupassen. Die Grenzen des Verfahrens sind in jedem Fall an Referenzmaterial zu bestimmen.

Weitere Verfahren, wie Farbeindringverfahren, Wirbelstromverfahren, Röntgen, Thermographie, Mikrowellenverfahren oder auch Neutronenradiographie stehen dem Markt zur Verfügung und müssen auf die konkrete Anwendung angepasst werden. Auch hier ist das Kosten-Nutzen-Verhältnis zu bewerten.

6.4.3 Rheologische Prüfverfahren

Als Rheologie wird die Lehre von den Fließeigenschaften von Stoffen bezeichnet. Bei Faserverbundkunststoffen wird dies auf die zum Einsatz kommenden Harze oder Klebstoffe bezogen, konkret auf deren Viskositätsbestimmung, z.B. nach DIN 1342 Teil 1 bis 3.

Die Viskosität resultiert aus der inneren Reibung der Teilchen einer Flüssigkeit und ist Maß für ihre Zähflüssigkeit. Je größer die Viskosität ist, desto dickflüssiger ist sie.

Es wird zwischen „Newtonschen" und „Nicht Newtonschen" Flüssigkeiten unterschieden. Bei Newtonschen Flüssigkeiten werden temperatur- und druckunabhängige Flüssigkeitseigenschaften angenommen sowie eine von der Schergeschwindigkeit unabhängige Viskosität. Bei Harzen liegt dieser Zustand nicht vor, d.h. die Viskosität muss in Abhängigkeit von Zeit, Temperatur oder Schergefälle bestimmt werden. Der bis vor einigen Jahren übliche Auslaufbecher kann durchaus als Orientierung verwendet werden. Als Messgerät dient jedoch i.d.R. ein Rotationsviskosimeter (Abb. 6.6).

Verwendbare Standards sind z.B. die DIN 53019 oder die DIN EN ISO 3219. Ein definierter Körper rotiert mit konstanter Geschwindigkeit in einer Flüssigkeit. Aus dem erforderlichen Drehmoment, der Geometrie und Geschwindigkeit des Drehkörpers wird die Viskosität berechnet.

Zur Bestimmung der *Dichte von flüssigen Harzen* wird das Skalenaräometer empfohlen. Die Viskositätsmessung an der Prüfflüssigkeit erfolgt in einem definier-

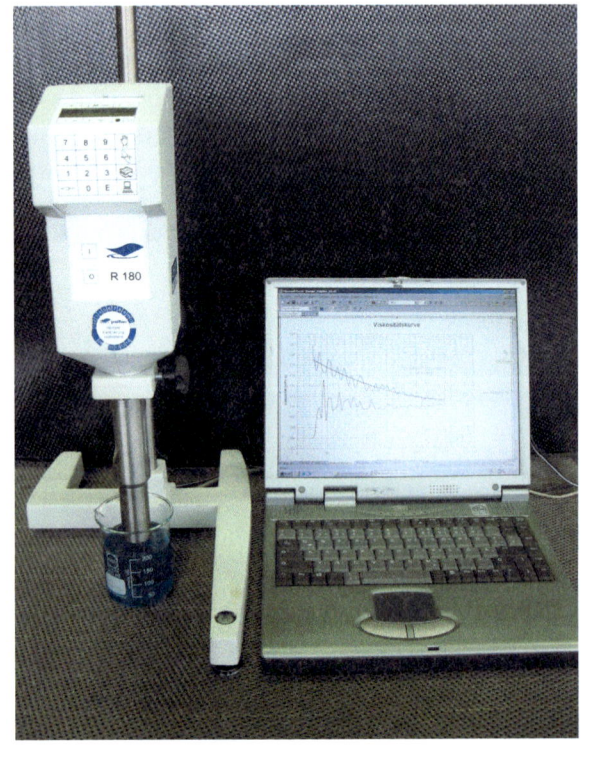

Abb. 6.6: *Viskosimeter Rheomat R180 mit Online-Aufzeichnung (Quelle: IMA Dresden)*

Tab. 6.5: *Exemplarische Normen zur Bestimmung verschiedener Eigenschaften von Harzen*

Norm	Titel
DIN 1342 (Ausg. 2003-11)	Viskosität – Teil 1: Rheologische Begriffe Teil 2: Newtonsche Flüssigkeiten Teil 3: Nicht newtonsche Flüssigkeiten
DIN EN ISO 2555 (Entwurf, Ausg. 2017-05)	Kunststoffe – Harze im flüssigen Zustand, als Emulsionen oder Dispersionen – Bestimmung der scheinbaren Viskosität mit einem Rotationsviskosimeter mit Einzelzylinder
DIN 53019 (Ausg. 2008-09)	Viskosimetrie – Messung von Viskositäten und Fließkurven mit Rotationsviskosimetern Teil 1: Grundlagen und Messgeometrie Teil 2: Viskosimeterkalibrierung und Ermittlung der Messunsicherheit Teil 3: Messabweichungen und Korrekturen
DIN EN ISO 3219 (Ausg. 1994-10)	Kunststoffe – Polymere/Harze in flüssigem, emulgiertem oder dispergiertem Zustand – Bestimmung der Viskosität mit einem Rotationsviskosimeter bei definiertem Geschwindigkeitsgefälle (ISO 3219:1993
DIN EN ISO 584 (Ausg. 1998-03)	Kunststoffe – Ungesättigte Polyesterharze – Bestimmung der Reaktivität bei 80 °C (herkömmliches Verfahren)

ten Gefäß (z. B. Messbecher). Das Aräometer wird unter Beachtung einer stabilen Lage in die Flüssigkeit eingetaucht. Nachdem das Aräometer einen stabilen Zustand erreicht hat (konstante Eintauchtiefe), kann der Skalenwert für die Dichte abgelesen werden. Je nach erwarteter Flüssigkeitsdichte sind verschiedene Aräometer erforderlich. Für Harze mit hohen Viskositäten ist das Verfahren nur bedingt geeignet.

6.4.4 Physikalische Prüfverfahren

Die Bestimmung der *Dichte* von festen Formstoffen und Laminaten kann nach drei Prüfmethoden erfolgen:

- Auftriebsverfahren, auf dem „Prinzip von Archimedes" basierende Methode zur Messung der Dichte fester Körper nach DIN EN ISO 1183-1, Verfahren A.
- Pyknometrisch nach DIN EN ISO 1183-1, Verfahren B: Methode zur Bestimmung der Dichte von Schäumen, Fasern, Pulvern etc. auf Basis der Gas- oder Flüssigkeitsverdrängung
- Gravimetrische Dichtebestimmung nach DIN EN ISO 845:2009: Bestimmung der Dichte aus Masse und Volumen

Unter *Fasergehalt* wird entweder der Anteil der Fasern am Gesamtvolumen verstanden, dann wird er als Faservolumengehalt ϕ_F bezeichnet oder als Anteil der Fasern an der Gesamtmasse. In diesem Fall ist die Bezeichnung Fasermassegehalt ψ_F. In der Regel erfolgt die Bestimmung des Fasergehaltes über eine Separierung von Matrix und Fasern + Füllstoffen. Das Messprinzip beruht auf:

1. Auswiegen der Proben,
2. Entfernung der Polymermatrix durch:
   - Veraschung (GFK) oder
   - Chemisches Herauslösen (CFK),
3. Auswiegen der Proben nach Entfernung der Polymermatrix,
4. Berechnung Faservolumengehalt, Porengehalt (Faser-, Matrixdichte erforderlich).

In Abbildung 6.7 sind typische GFK-Proben nach der Kalzinierung dargestellt. Neben der Ermittlung des

Abb. 6.7: *Glas- und Füllstoffrückstände nach der Veraschung (Quelle: IMA Dresden)*

Tab. 6.6: *Exemplarische Normen zur Bestimmung physikalischer Eigenschaften von Formstoffen und Laminaten*

Norm	Titel
DIN EN ISO 1183 Teil 1 Ausg. 2018-04, 2013-04)	Kunststoffe – Verfahren zur Bestimmung der Dichte von nicht verschäumten Kunststoffen – Teil 1: Eintauchverfahren, Verfahren mit Flüssigkeitspyknometer und Titrationsverfahren
DIN EN ISO 845 (Ausg. 2009-10)	Schaumstoffe aus Kautschuk und Kunststoffen – Bestimmung der Rohdichte
DIN EN ISO 1172 (Ausg. 1998-12)	Textilglasverstärkte Kunststoffe – Prepregs, Formmassen und Laminate - Bestimmung des Textilglas- und Mineralfüllstoffgehalts; Kalzinierungsverfahren
DIN EN 2564 (Ausg. Entwurf 2018-03, 1998-08)	Luft- und Raumfahrt – Kohlenstofffaser-Laminate – Bestimmung der Faser-, Harz- und Porenanteile
DIN EN ISO 1675 (Ausg. 1998-10)	Kunststoffe – Flüssige Harze – Bestimmung der Dichte nach dem Pyknometer-Verfahren

Fasergehaltes ist es bei Veraschung ebenfalls möglich, den Laminataufbau zu bestimmen. Sind keine Füllstoffe enthalten, lassen sich auch die Faserflächenmassen der textilen Strukturen hinreichend genau ermitteln. Für die Bestimmung des Fasergehalts von Naturfaser- oder Polymerfaserverbundwerkstoffen existieren keine praktikablen Methoden. Eine Alternative, allerdings sehr kostenaufwändig, sind quantitative Verfahren aus der Metallographie.

Auch die Ermittlung der Füllstoffgehalte stellt eine prüftechnische Herausforderung dar. Bei der Verwendung von Calciumcarbonat (Kreide) ist ein chemisches Herauslösen möglich, allerdings kann danach keine Bestimmung der Faserflächenmassen erfolgen. Bei der Verwendung des Brandschutzadditivs Aluminiumhydroxid ist eine exakte getrennte Bestimmung von Faser- und Füllstoffgehalt nicht möglich. Die relevanten Prüfnormen sind die DIN EN ISO 1172 für glasfaserverstärkte Kunststoffe (GVK) und die DIN EN 2564 für kohlenstofffaserverstärkte Kunststoffe (CVK).

6.4.5 Prüfverfahren zur Bestimmung der mechanischen Eigenschaften von Laminaten

Ziel der Werkstoffprüfung ist es, stichprobenartig über Probekörper eine Aussage über das Werkstoffverhalten im Bauteil zu erhalten. Bei einer Probenbreite von 10 mm bis 50 mm wird dabei ein geringer Randeffekt akzeptiert. Eine Beeinträchtigung der Laminateigenschaften durch unsachgemäßen Zuschnitt oder die Entnahme der Prüfkörper aus fehlerhaften Bereichen ist zu verhindern. Gerade bei Faserverbundkunststoffen kann ein falscher Zuschnitt zu Delaminationen oder Winkelabweichungen führen. Beides beeinträchtigt die Prüfergebnisse. Auch die Bestimmung der Probenabmaße hat einen entscheidenden Einfluss auf die Prüfergebnisse. Bei der Ermittlung der Messunsicherheit stellt die Probenvermessung den größten Einfluss dar.

Nicht aus allen mechanischen Prüfmethoden lassen sich alle Parameter ermitteln. Es ist jedoch mit ausreichendem Werkstoffwissen möglich, aus den Zusammenhängen fehlende Größen zu berechnen oder abzuschätzen. Die wichtigsten mechanischen Eigenschaften sind nachfolgend dargestellt:

- **E-Modul (Steifigkeit): E [GPa], aber auch Gleitmodul G [GPa]**

Der E- oder G-Modul beschreibt das Verformungsverhalten von Werkstoffen im linear-elastischen Bereich. Der Elastizitätsmodul E ist der Zusammenhang zwischen Spannung und Dehnung bei der Verformung in diesem Bereich.

- **Festigkeit: R_m oder s_m [MPa]**

Die Festigkeit ist der maximale mechanische Widerstand eines Werkstoffs gegen Verformung oder Trennung.

- **Bruchfestigkeit: R_B oder σ_B [MPa]**
Die Bruchfestigkeit ist der maximale mechanische Widerstand beim Probenbruch. Bei linear elastischem Werkstoffverhalten ist $R_m = R_B$.

- **Dehnung bei R_m: e_m [%]**
Die Dehnung bei Festigkeit ist die relative Änderung der Probenlänge, bezogen auf die Anfangslänge L_0.

- **Bruchdehnung bei R_B: ε_B [%]**
Die Bruchdehnung ist die relative Längenänderung der Probe bei Bruchfestigkeit.

Aus den Daten einer Werkstoffprüfung können in der Regel die oben genannten Eigenschaften bestimmt bzw. errechnet werden. Außerdem kann es entscheidend sein, den Spannungs-Dehnungsverlauf ebenfalls in die Bewertung mit einzubeziehen (Autorenkollektiv 2009). Aus der Anisotropie von Faserverbundkunststoffen lässt sich auch das unterschiedliche Spannungs-Dehnungsverhalten der Materialien ableiten. Wie in Abbildung 6.8 ersichtlich, zeigen unidirektionale Verbunde, in Faserrichtung belastet, ein linearelastisches Verhalten bis zum Bruch. Mit abnehmendem Faseranteil in Lastrichtung nähert sich das Verhalten der Kurve 1 an, dem unverstärkten Kunststoff.

Die Biegeprüfung stellt unter den mechanischen Prüfmethoden eine relativ simple Methode dar und ist damit per se geeignet für die werkseigene Produktionskontrolle. Die verschiedenen Normen zur Biegeprüfung weichen nur wenig voneinander ab. Es wird grundsätzlich zwischen zwei Verfahren unterschieden, der 3-Punkt-Biegung und der 4-Punkt-Biegung. Beim 3-Punkt-Biegeversuch wird die Probe auf zwei Auflagern liegend mit einem Druckstempel belastet. Der 4-Punkt-Biegeversuch verwendet zwei Druckstempel. Der zu verwendende Auflagerabstand ist von der Probendicke abhängig und in den Prüfnormen definiert.

Nachteil der Prüfmethode ist, dass sich infolge des Biegemoments im Gegensatz zum Zug- und Druckversuch kein einachsiger, sondern ein komplexer Spannungszustand einstellt. An der Prüfkörperoberseite tritt Druckspannung und an der Unterseite Zugspannung auf. Aus diesem Grund werden auch die Versagensarten Zug-, Druck- und Schubversagen unterschieden.

Die bei der Biegeprüfung zulässigen Versagensarten nach DIN EN ISO 14125 sind in der Abbildung 6.9 dargestellt. Die Abbildung 6.10 zeigt ein typisches Versagen für unidirektionales CFK und die Abbildung 6.11 das Versagen eines Mattenlaminats. Aus dem Versagensverhalten ist ableitbar, welche Beanspruchung kritischer ist. Betrachtet man z. B. ein unidirektionales Laminat in Querrichtung, so wird dieses auf der Zugseite versagen. Mit statistisch abgesicherten Prüfungen ist es durchaus möglich, so auch auf die Zugeigenschaften zu schließen.

E-Modul (Steifigkeit); E [GPa]

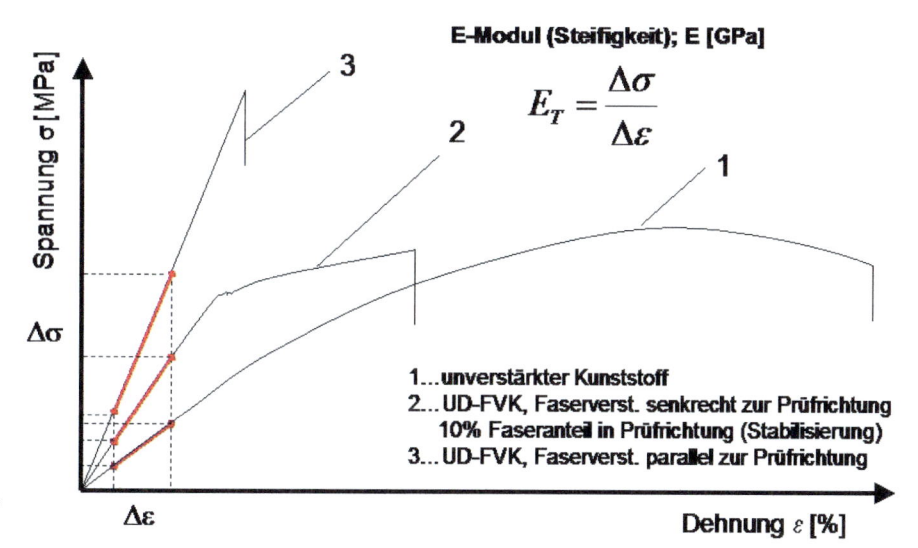

$$E_T = \frac{\Delta\sigma}{\Delta\varepsilon}$$

1... unverstärkter Kunststoff
2... UD-FVK, Faserverst. senkrecht zur Prüfrichtung 10% Faseranteil in Prüfrichtung (Stabilisierung)
3... UD-FVK, Faserverst. parallel zur Prüfrichtung

Abb. 6. 8: *Grundsätzliches Spannungs-Dehnungsverhalten von Faserverbunden (Ridzewski 2009)*

6 Qualitätssicherung in der Produktion

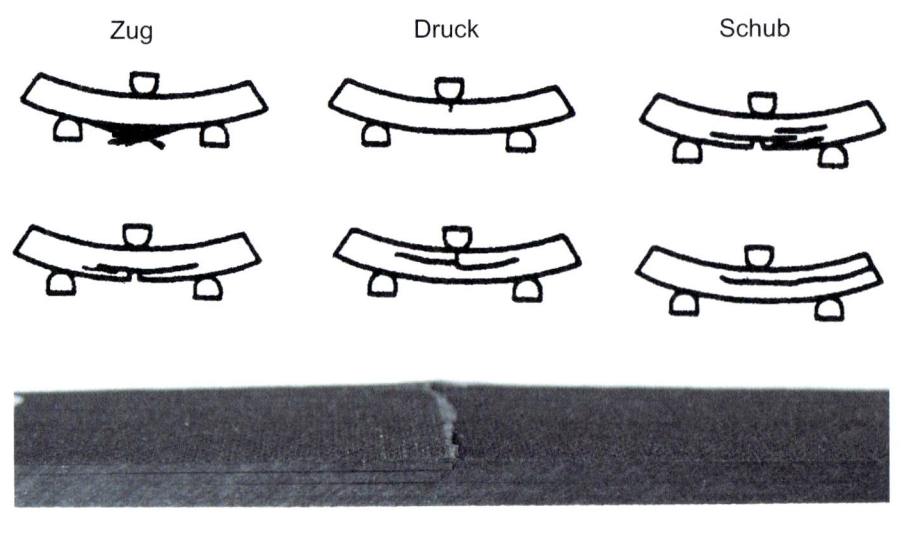

Zug **Druck** **Schub**

Abb. 6.9: Versagensarten im 3-Punkt Biegeversuch (Quelle: DIN EN ISO 14125)

Abb. 6.10: Typisches Druck- und Schubversagen eines unidirektionalen CFK-Prüfkörpers im 3-Punkt-Biegeversuch; Prüfung in Faserrichtung (Quelle: IMA Dresden)

Abb. 6.11: Zugversagen eines glasfaserverstärkten Mattenlaminats im 3-Punkt-Biegeversuch (Quelle: IMA Dresden)

Der 3-Punkt- und 4-Punkt-Biegeversuch unterscheidet im sich einstellenden Biegemoment. Beim 3-Punktversuch befindet sich das maximale Biegemoment in der Mitte der Probe, quasi auf einer Linie. Hingegen stellt sich beim 4-Punkt-Biegeversuch ein gleichmäßiges Biegemoment zwischen den Druckstempeln ein. Außerdem muss beim 4-Punkt-Biegeversuch mit der doppelten Prüfkraft gerechnet werden.

Die Bestimmung der scheinbaren interlaminaren Scherfestigkeit (ILSS) erfolgt ebenfalls im 3-Punkt-Biegeversuch. Die Stützweite ist allerdings auf ein Minimum verringert. Daher wird der Versuch auch als kurzer Biegebalken bezeichnet. Mit einer Verkürzung der Stützweite wird eine Schubbeanspruchung die dominierende Beanspruchung im Laminat. Diese wird allerdings noch überlagert von der Biegespannung. Ausgewertet werden das Versagensverhalten und die Scherfestigkeit, ermittelt beim ersten Kraftabfall.

Der Vorteil dieser Prüfmethode ist die ebenfalls sehr einfache Probengeometrie und der Versuchsablauf. Es muss jedoch an dieser Stelle klargestellt werden, dass die so ermittelte Scherfestigkeit nicht als Laminatkennwert für die Berechnung geeignet ist. Im Rahmen einer Produktionsüberwachung ist diese Methode jedoch sehr gut geeignet, um Schwankungen in der Produktion zu erkennen, z. B. über Soll-Ist-Vergleiche. Die relevanten Normen sind die DIN EN ISO 14130 und die DIN EN 2563 für CFK-UD-Laminate. Die Prüfung wird grundsätzlich nur in faserdominierender Richtung ausgeführt.

Die *Zugprüfung* an Faserverbunden dient der Bestimmung der statischen Zugeigenschaften: Zugfestigkeit, Zug-E-Modul, Bruchdehnung und Querkontraktionszahl. Wie in Abbildung 6.13 ersichtlich, erfolgt im Einspannbereich der Proben eine zusätzliche Verstärkung durch Krafteinleitungselemente. Diese Krafteinleitungselemente, auch Aufleimer oder Tabs genannt, sollen die Spannungsüberhöhung durch

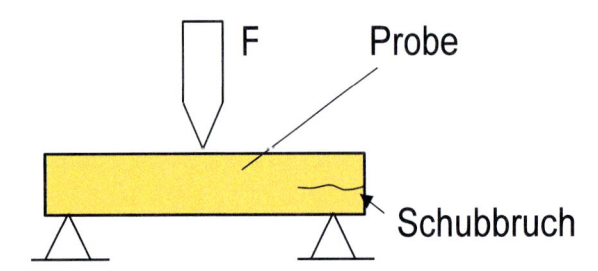

Abb. 6.12: Prinzipskizze zur Bestimmung der scheinbaren interlaminaren Scherfestigkeit (ILSS)

Tab. 6.7: *Exemplarische Normen zu Biegeprüfungen an Laminaten*

Norm	Titel
DIN EN ISO 14125 (Ausg. 2011-05)	Faserverstärkte Kunststoffe - Bestimmung der Biegeeigenschaften
DIN EN 2562 (Ausg. 1997-05)	Luft- und Raumfahrt – Kohlenstofffaserverstärkte Kunststoffe – Unidirektionale Laminate; Biegeprüfung parallel zur Faserrichtung
ASTM D 7264/D 7264M (Ausg. 2015)	Standard Test Method for Flexural Properties of Polymer Matrix Composite Materials
DIN EN 2746 (Ausg. 1998-10)	Luft- und Raumfahrt – Glasfaserverstärkte Kunststoffe - Biegeversuch, Dreipunktverfahren
DIN EN ISO 14130 (Ausg. 1998-02)	Faserverstärkte Kunststoffe – Bestimmung der scheinbaren interlaminaren Scherfestigkeit nach dem Dreipunktverfahren mit kurzem Balken
DIN EN 2563 (Ausg. 1997-03)	Luft- und Raumfahrt – Kohlenstofffaserverstärkte Kunststoffe – Unidirektionale Laminate; Bestimmung der scheinbaren interlaminaren Scherfestigkeit
DIN EN ISO 178 (Ausg. Entwurf 2017-06, 2013-09)	Kunststoffe – Bestimmung der Biegeeigenschaften

den Spanndruck abbauen und ein Probenversagen im Spannbereich verhindern. Sie bestehen aus einem ±45° verstärkten GFK-Laminat und werden aufgeklebt oder laminiert.

Die Probenbreiten betragen je nach normativen Vorgaben überwiegend zwischen 15 mm für unidirektional verstärkte Faserverbunde und 25 mm für alle übrigen Faserverstärkungen. In Abhängigkeit von der Prüfnorm und dem Material kann die Breite aber auch bis 50 mm betragen.

Die Spannungs-Dehnungsverläufe entsprechen dem in Abbildung 6.8 bereits dargestellten Verlauf.

Besondere Beachtung erfordert die Prüfung von unidirektionalen Laminaten. Auf Grund des nahezu linearen Spannungs-Dehnungsverhaltens bis zum Probenversagen tritt das anschließende Versagen schlagartig unter starker Energiefreisetzung ein (Abb. 6.14). Schutzmaßnahmen für den Prüfer und die Prüftechnik sind hier empfohlen, ebenso die Verwendung von berührungslosen Dehnungsmesssystemen oder Dehnungsmessstreifen (DMS).

Für die Prüfung von unidirektionalen Laminaten ohne Stabilisierung in Querrichtung ist die Zugprüfung nur bedingt geeignet. Die ermittelten Festigkeiten spiegeln eher die Imperfektionen wider als die Zugfestigkeit in dieser Richtung. Die Bewertung des hier auftretenden Zwischenfaserbruchgeschehens erfordert ein umfangreiches Fachwissen und ist auf Grund der Empfindlichkeit dieser Prüfung nur bedingt als Prüfung zur Qualitätsüberwachung geeig-

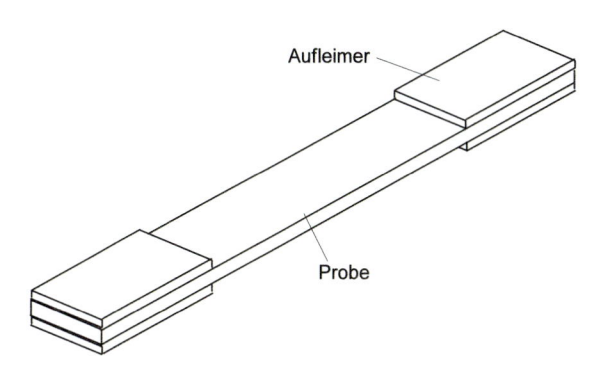

Abb. 6. 13: *Prinzip der Probengeometrie eines Zugprüfkörpers für faserverstärkte Kunststoffe*

Abb. 6.14: *Versagen einer unidirektionalen GFK-Probe (Quelle: IMA Dresden)*

Tab. 6.8: *Exemplarische Normen zur Bestimmung der Zugeigenschaften von Laminaten*

Norm	Titel
DIN EN ISO 527	Kunststoffe – Bestimmung der Zugeigenschaften Teil 1: Allgemeine Grundsätze (Ausg. Entwurf 2018-08, 2012-06) Teil 2: Prüfbedingungen für Form- und Extrusionsmassen (Ausg. 2012-06) Teil 3: Prüfbedingungen für Folien und Tafeln (Ausg. 2003-07) Teil 4: Prüfbedingungen für isotrop und anisotrop faserverstärkte Kunststoffverbundwerkstoffe (Ausg. 1997-07) Teil 5: Prüfbedingungen für unidirektional faserverstärkte Kunststoffverbundwerkstoffe (Ausg. 2010-01)
DIN EN 2561 (Ausg. 1995-11)	Luft- und Raumfahrt – Kohlenstofffaserverstärkte Kunststoffe – Unidirektionale Laminate – Zugprüfung parallel zur Faserrichtung
ASTM D 3039/D 3039M (Ausg. 2017)	Standard Test Method for Tensile Properties of Polymer Matrix Composite Materials

net. Häufig verwendete Prüfnormen sind in Tabelle 6.8 aufgelistet.

Mit der Druckprüfung an faserverstärktem Material werden die *Druckeigenschaften* in der Laminatebene bestimmt. Dazu zählen die Druckfestigkeit, der Druck-E-Modul und die Bruchdehnung. Die Querkontraktion wird üblicherweise aus dem Zugversuch ermittelt. Die Bestimmung dieser Eigenschaften ist weitaus komplizierter als die der Zugeigenschaften, denn das Versagen wird in der Regel durch eine Überlagerung mit einem Stabilitätsversagen herbeigeführt. Dieses Stabilitätsversagen bezieht sich sowohl auf das Versagen der Fasern in der Matrix als auch auf die Stabilität des Probenquerschnitts. So kommt es bei dünnen Prüfkörpern und langen Prüflängen vordergründig zum Ausknicken, bei dicken Laminaten zum lokalen Ausbeulen. Aus diesem Grund sind die Druckfestigkeiten von Faserverbunden auch häufig geringer als die Zugfestigkeiten (Grellmann 2005). Es existiert eine Vielzahl von verschiedenen Prüfnormen zur Bestimmung der Druckkennwerte. Als Standardprüfmethoden dürfen die DIN EN ISO 14126 und die DIN EN 2850 benannt werden.

Die Prüfung nach ASTM D695 verwendet einen geraden oder taillierten Prüfkörper, der über die Stirnflächen belastet wird (Abb. 6.15). Der Prüfkörper wird über die Vorrichtung auf beiden Seiten vor dem Ausknicken geschützt.

Bedingt durch die ausschließliche Krafteinleitung über die Stirnfläche kommt es oftmals zu einem ungültigen Probenversagen an dieser. Außerdem ist es schwierig, reproduzierbare Kennwerte zu erzeugen,

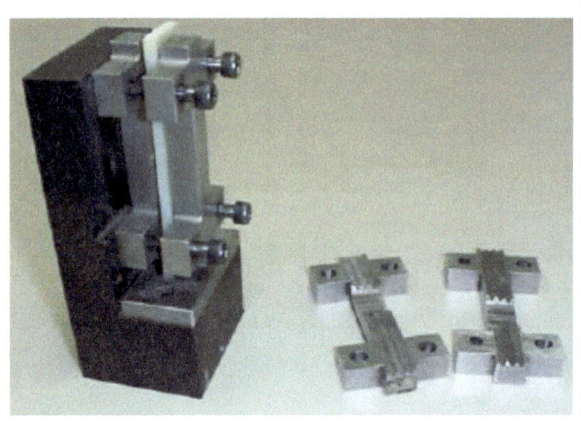

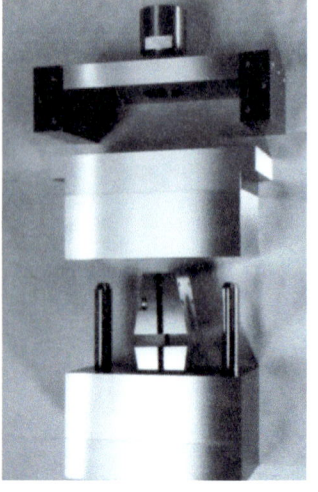

Abb. 6.15: *links: Prüfkörper und Vorrichtung zur Druckprüfung nach ASTM D695 (US-Department of Defense 2002); rechts: Prüfvorrichtung nach ASTM D3410 (IITRI)*

Abb. 6.16: *Im IMA entwickelte Vorrichtung zur Druckprüfung (Quelle: IMA Dresden)*

da der Einfluss der Knickstütze sehr erheblich ist. Gemäß Prüfnorm soll diese „handfest" am Prüfkörper anliegen. Zu wenig angezogen kommt es zum Ausknicken und zu niedrigeren Kennwerten, zu fest angezogen erzeugt die Reibung scheinbar zu hohe Kennwerte. Aktuell spielt diese Vorrichtung eine untergeordnete Rolle.

Eine weitere Methode verwendet die so genannte Celanese-Vorrichtung. Diese ist nach ASTM D3410 genormt und beschreibt eine Prüfung, bei der eine schmale Probe mit oder ohne Aufleimern in konischen Klemmbacken belastet wird. Die Probenbelastung erfolgt über Schub. Die Prüfung ist allerdings sehr aufwändig, da verschiedene Einzelteile zueinander positioniert werden müssen. Vor allem die Prüfung bei Hoch- oder Tieftemperatur stellt den Prüfer daher vor immense Herausforderungen. Eine Weiterentwicklung der ursprünglichen Vorrichtung durch das Illinois Institute of Technology Research Institute (IITRI) brachte ebenfalls nicht die erwünschte Durchsetzung der Methode (Abb. 6.15).

Neuere Prüfnormen, wie auch die aktuelle Airbus-Prüfnorm AITM 1-008 zur Bestimmung der Druckeigenschaften, kombinieren die Krafteinleitung über Schub und die Probenstirnflächen. Außerdem wird eine relativ kurze freie Länge zugelassen, sodass keine Knickstütze notwendig ist. ASTM D6641 beschreibt eine säulengeführte Vorrichtung mit kombinierter Krafteinleitung, in der die Prüfkörper ohne Aufleimer gespannt werden.

Bereits im Jahr 2003 wurde durch die IMA Materialforschung und Anwendungstechnik GmbH Dresden eine Druckprüfvorrichtung patentiert, in der ebenfalls eine kombinierte Lasteinleitung zum Einsatz kommt. Die Vorrichtung verfügt über eine Säulenführung, die ein Verkippen der Vorrichtungsober- und -unterseite verhindert und somit die Kraft frei von äußeren Biegeeinflüssen in die Probe einleitet. Die Konstruktion ist so ausgeführt, dass sowohl der

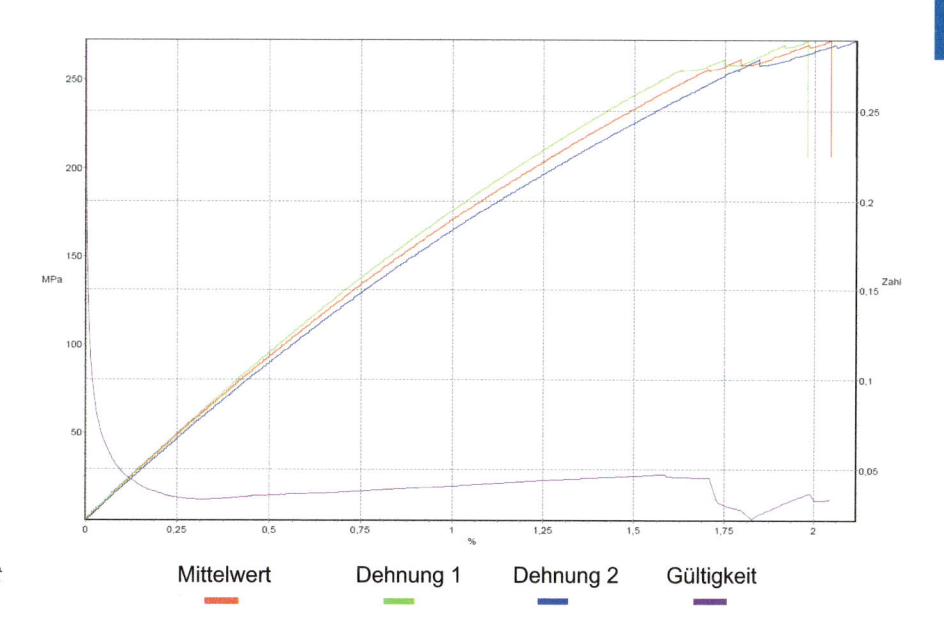

Abb. 6.17: *Spannungs-Dehnungs-Verlauf einer Druckprüfung mit Angabe der Gültigkeit (Quelle: IMA Dresden)*

Tab. 6.9: *Exemplarische Normen zur Bestimmung der Druckeigenschaften von Laminaten*

Norm	Titel
DIN EN ISO 14126 (Ausg. 2000-12)	Faserverstärkte Kunststoffe - Bestimmung der Druckeigenschaften in der Laminatebene (Aus. ISO 14126:1999)
DIN EN 2850 (Ausg. 2018-01)	Luft- und Raumfahrt - Unidirektionale Laminate aus Kohlenstofffasern und Reaktionsharz - Druckversuch parallel zur Faserrichtung
DIN 65375 (Ausg. 1989-11)	Luft- und Raumfahrt; Faserverstärkte Kunststoffe; Prüfung von unidirektionalen Laminaten; Druckversuch quer zur Faserrichtung
ASTM D 695 (Ausg. 2015)	Standard Test Method for Compressive Properties of Rigid Plastics
ASTM D 3410/D 3410M (Ausg. 2016)	Standard Test Method for Compressive Properties of Polymer Matrix Composite Materials with Unsupported Gage Section by Shear Loading
ASTM D 6641/D 6641M (Ausg. 2016)	Standard Test Method for Compressive Properties of Polymer Matrix Composite Materials Using a Combined Loading Compression (CLC) Test Fixture
AITM1-0008 (Ausg. 2015-03)	Fibre Reinforced Plastics, Determination of Plain, Open Hole and Filled Hole Compression Strength

Probenwechsel als auch die Prüfung möglichst einfach durchzuführen sind. Das Spannen der Proben erfolgt über Hydraulikzylinder, unter Nutzung von fliegenden Spannbacken (Abb. 6.16 die linken Backen).

Doch neben der Prüfvorrichtung beeinflusst vor allem die Prüfkörpervorbereitung die Ergebnisse der Druckprüfung entscheidend. Sind die Aufleimer nicht parallel ausgeführt und in einer Ebene (in der Flucht), kommt es zu Biegeeinflüssen, die das Ergebnis verfälschen. Aus diesem Grund werden alle Druckprüfungen mit beidseitiger Dehnungsmessung, z. B. über Dehnmessstreifen (DMS), durchgeführt. Aus den Unterschieden der gemessenen Dehnung kann der Biegeeinfluss berechnet werden. Gemäß DIN EN ISO 14126 führt ein Biegeeinfluss größer gleich 10 % zwischen 10 % und 90 % der Bruchkraft zum Ausschluss der Probe aus der Bewertung.

Abb. 6. 18: *Typisches Druckversagen eines quadraxial verstärkten CFK-Laminats, komplexes Druckversagen /6.10/ (Quelle: IMA Dresden)*

Andere Normen legen diese Grenzen auf 5 % Biegeeinfluss fest.

Auf Grund der hohen Anforderungen an die Probenvorbereitung und die Versuchsdurchführung gehört die Druckprüfung zu den anspruchsvollen Prüfmethoden. Daher werden diese Versuche vorrangig durch akkreditierte Prüflabore durchgeführt.

Als exemplarische Prüfnormen können Standards nach Tabelle 6.9 verwendet werden:

Die Prüfung des *Schubverhaltens* in der Laminatebene von uni- und bidirektionalen Laminaten dient der Bestimmung der Schubkenngrößen: Schubmodul, Schubfestigkeit und Schubverformung. Der Schubmodul und die Schubfestigkeit der unidirektionalen Einzelschicht sind essenzielle Werkstoffgrößen für die klassische Laminattheorie sowie die Festigkeitsberechnung.

Die Bestimmung von möglichst realistischen Schubkennwerten von Faserverbunden ist eine Herausforderung an Prüftechnik und -durchführung. Die Gründe dafür liegen im komplexen Verhalten von FVK unter Schubbeanspruchung sowie in den Schwierigkeiten bei der Erzeugung eines homogenen Schubspannungszustandes und der Krafteinleitung in den Prüfkörper. Die Ermittlung der Schubfestigkeit wird zusätzlich durch das oft nichtlineare Verformungsverhalten des Materials oder andere materialspezifische Effekte (Free-Edge-Effect, Faser-Matrix-Haftung

Abb. 6.19: *Versagensmode eines ± 45°-Zugversuchs (Quelle: IMA Dresden)*

usw.) erschwert. Ein Blick in das internationale Normungswerk (ISO, ASTM) zeigt, dass eine vergleichsweise große Anzahl an unterschiedlichen Verfahren zur Verfügung steht. Diese Problematik macht es dem Anwender schwer, ermittelte Werte richtig zu interpretieren und anzuwenden.

Der am meisten eingesetzte Schubversuch zur Bestimmung der ebenen Schubeigenschaften ist der so genannte ±45°-Schubzugversuch nach DIN EN ISO 14129 oder ASTM D3518. Dabei handelt es sich um eine Streifenprobe analog zum Zugversuch mit einer Probenbreite von 25 mm und 150 mm freier Länge. Das Prüflaminat muss mit ±45° orientierten Lagen aufgebaut sein. Diese können aus UD-Einzelschichten oder biaxial verstärkten Gelegen bestehen.

Durch Zugbelastung in 0°-Richtung wird ein Schubzustand erzeugt. Gemessen werden die Längs- und Querdehnung sowie der Kraftverlauf. Das Verfahren stellt eine sehr gute und einfache Möglichkeit dar, den Schubmodul eines ±45° verstärkten Lagenaufbaus zu bestimmen (Abb. 6.19).

Ein wesentlicher Nachteil sind die sehr niedrigen Schubfestigkeiten, die mit diesem Verfahren gemessen werden. Der Grund dafür sind hauptsächlich die Faserverschiebung durch die Zugbeanspruchung und die sich ausbildenden Normalspannungen. Aufgrund der Faserverschiebung wird der Versuch bei einer Schubverformung von $\gamma_{12} = 0{,}05$ abgebrochen. Außerdem ist das Verfahren auf ± 45° verstärkte Laminate beschränkt und kann nicht für multiaxiale Verstärkungen oder zum Beispiel Mattenverstärkung verwendet werden.

Eine weitere Prüfmethode wird in der Prüfnorm ASTM D5379 beschrieben. Dabei handelt es sich um ein Schubprüfverfahren nach Iosipescu, welches in den 60er Jahren für Metalle entwickelt wurde. Die Idee ist es, einen definierten Schubspannungsbereich durch Kerben zu definieren. Die Krafteinleitung erfolgt über die Stirnflächen des Prüfkörpers (Abb. 6.20). Durch die symmetrisch eingearbeiteten Kerben stellt sich ein biegemomentfreier Schubspannungszustand zwischen den Kerben ein. Trotzdem ist die Prüfungsdurchführung für Faserverbunde nicht optimal, da es durch die Krafteinleitung über die Stirnflächen häufig zu einem Druckversagen kommt, welches noch vor dem Schubversagen eintritt und somit die Prüfung ungültig macht.

Eine Weiterentwicklung führt zur so genannten V-Notched-Rail-Shear-Prüfung nach ASTM D7078. Sie verbindet die flächige Prüfkörpereinspannung der Rail-Shear-Prüfung mit der V-Kerbe der Iosipescu-Methode.

Untersuchungen an verschiedenen Materialien zeigten eine gute Übereinstimmung mit der Torsionsprüfung und erheblich höhere Festigkeiten als die ±45°-Schubzugprüfung. Der Zuschnitt ist gegenüber Streifenprüfkörpern aufwändiger, kann aber automatisiert mittels Wasserstrahlschneiden erfolgen. Zur Dehnungsmessung werden zwei im 45°-Winkel

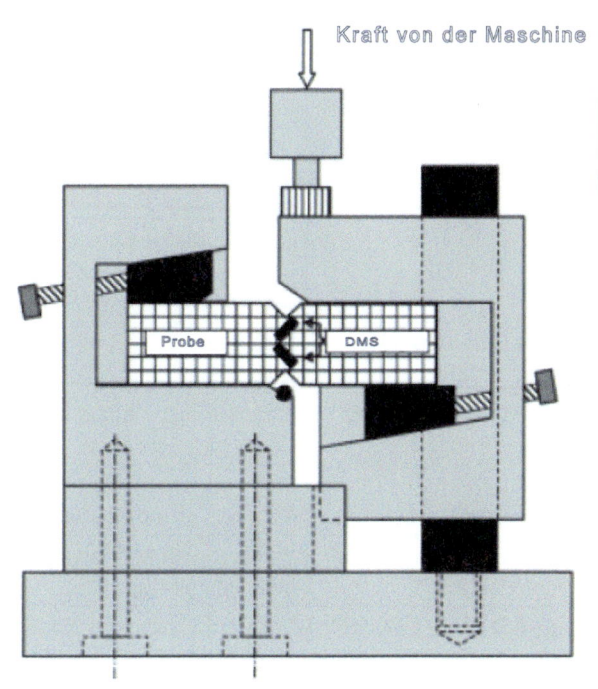

Abb. 6.20: *Iosipescu-Vorrichtung zur Prüfung des Schubverhaltens nach ASTM D5379*

Abb. 6.21: *Prüfvorrichtung der V-Notched-Rail-Shear-Prüfung nach ASTM D7078 (Quelle: IMA Dresden)*

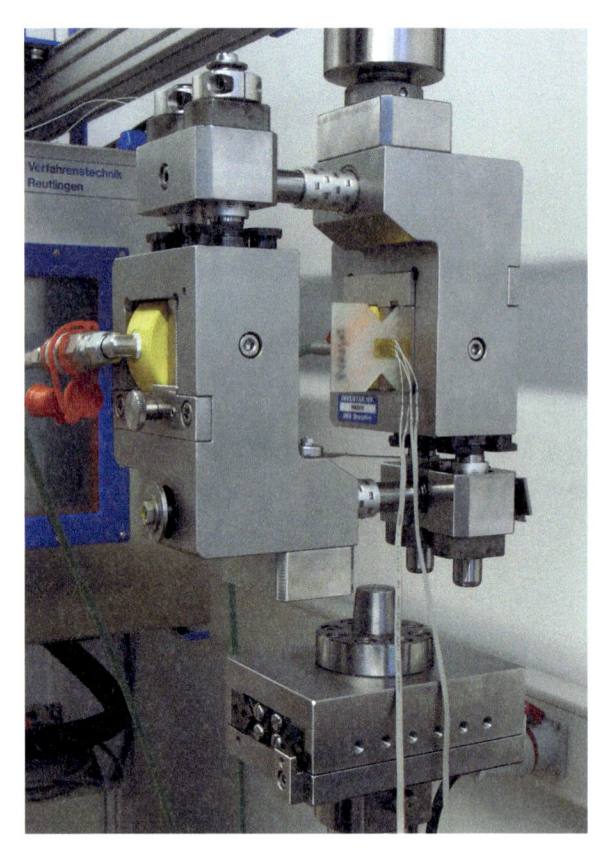

Abb. 6.22: *Neu entwickelte Schubprüfvorrichtung in Anlehnung an ASTM D7078 (Quelle: IMA Dresden)*

angeordnete Dehnmessstreifen (DMS) verwendet. Optimaler Weise sollten beide Gitter auf einem Träger angeordnet sein (Autorenkollektiv 2009).

Eine Weiterentwicklung der in Abbildung 6.21 dargestellten Vorrichtung wurde an der IMA Materialforschung und Anwendungstechnik GmbH betrieben.

Tab. 6.10: *Exemplarische Normen zur Bestimmung der Schubeigenschaften von Laminaten*

Norm	Titel
DIN EN ISO 14129 (Ausg. 1998-02)	Faserverstärkte Kunststoffe – Zugversuch an 45°-Laminaten zur Bestimmung der Schubspannungs-/Schubverformungs-Kurve des Schubmoduls in der Lagenebene (Ausg. ISO 14129:1997)
ASTM D 3518/D 3518M (Ausg. 2013)	Standard Test Method for In-Plane Shear Response of Polymer Matrix Composite Materials by Tensile Test of a ± 45° Laminate
ASTM D 5448/D 5448M (Ausg. 2016)	Standard Test Method for Inplane Shear Properties of Hoop Wound Polymer Matrix Composite Cylinders
ASTM D 4255/D 4255Ma (Ausg. 2015)	Standard Test Method for In-Plane Shear Properties of Polymer Matrix Composite Materials by the Rail Shear Method
ASTM D 5379/D 5379M (Ausg. 2012)	Standard Test Method for Shear Properties of Composite Materials by the V-Notched Beam Method (Iosipescu-Methode)
ASTM D 7078/D 7078M (Ausg. 2012)	Standard Test Method for Shear Properties of Composite Materials by V-Notched Rail Shear Method
DIN SPEC 4885 (Ausg. 2014-01)	Faserverstärkte Kunststoffe – Schubversuch mittels Schubrahmen zur Ermittlung der Schubspannungs-/Schubverformungskurve und des Schubmoduls in der Lagenebene

Die in Abbildung 6.22 dargestellte Vorrichtung (Patente DE112012007218, WO2014090298A1) erlaubt mit dem hydraulischen Spannsystem ein schnelles und reproduzierbar exaktes Einspannen der Proben. Zudem gewährleistet die Linearführung auch Querkontraktion des Materials. Damit ist das reale Materialverhalten in Bauteilen gut zu simulieren. Durch die kombinierte Lasteinleitung aus Schub und Stirnseite lassen sich gegenüber der klassischen Vorrichtung höhere Lasten einleiten.

Über die Verwendung eines Schubrahmens können ebenfalls die Schubkennwerte bestimmt werden. Exemplarisch kann dafür die DIN SPEC 4885 bzw. DIN EN ISO 20337 genannt werden. Bei der Auswertung der Versuche ist jedoch darauf zu achten, eine Grenzverformung, i. d. R. 5 % Schubverformung, nicht zu überschreiten.

Für eine werkseigene Qualitätsüberwachung ist maximal der so genannte Schubzugversuch nach DIN EN ISO 14129 geeignet. Alle anderen nachfolgend in Tabelle 6.10 aufgelisteten Verfahren erfordern einen hohen technischen Aufwand und geschultes Prüfpersonal.

Zu den Prüfmethoden mit geringem Aufwand zählt die Prüfung der Barcol-Härte. Diese Prüfung ist speziell für faserverstärkte Duroplaste und harte Thermoplaste geeignet (Grellmann 2005). Das in Abbildung 6.23 dargestellte Handgerät wird auf das zu prüfende Material aufgesetzt. Die Prüfkraft wird durch eine Feder auf einen Kegelstumpf aus gehärtetem Stahl aufgebracht. Die Barcol-Härte ist dann auf der Messuhr abzulesen.

Die Prüfmethode ist gut geeignet, um eine schnelle vergleichende Aussage zur Härte eines Bauteillaminats zu erhalten und damit indirekt auf den Vernetzungsgrad der Matrix zu schließen. Der Vergleich sollte jedoch nur innerhalb des gleichen Materials erfolgen, da verschiedene textile Strukturen oder Fasergehalte zu Fehlinterpretationen führen können. Da letztendlich die Härte der Matrix gemessen wird, ist folglich der Messwert bei niedrigen Fasergehalten glaubwürdiger. Als Leitfaden kann die Norm DIN EN 59 verwendet werden.

Abb. 6. 23: *Handprüfgerät (Quelle: IMA Dresden)*

6.4.6 Prüfverfahren zur Bestimmung der thermischen Eigenschaften

Die Eigenschaften von Kunststoffen, und das schließt die faserverstärkten Kunststoffe ein, sind abhängig von der Temperatur. Die Bestimmung dieser thermischen Eigenschaften wird auch als „Thermische Analyse" bezeichnet. Bei einer thermischen Analyse können Änderungen der mechanischen Eigenschaften wie die Steifigkeit, chemische Reaktionen wie Zersetzung, thermische Eigenschaften wie z. B. Ausdehnung und Strukturänderungen wie Glasumwandlung oder Vernetzung ermittelt werden (Grellmann 2005). Einige dieser Verfahren sollen nachfolgend auszugsweise beschrieben werden.

Dynamische Differenz-Thermoanalyse (DSC) nach DIN EN ISO 11357 Teil 1 und 2

Thermoanalytische Methode, bei der die Differenz zwischen dem Wärmestrom einer Probe und einem Referenzmaterial gemessen wird, während Probe und Referenzmaterial einem kontrollierten Temperaturprogramm unterworfen werden. Der Vorteil liegt darin, dass kleine Mengen an Material ausreichen. Es können sowohl ausgehärtete als auch unvernetzte Harze geprüft werden. Harzsysteme zeigen einen typischen Verlauf und sind an diesem Verlauf auch identifizierbar. Es lassen sich exotherme und endotherme Reaktionen messen. Für die Produktionsüberwachung ist die DSC-Analyse gut geeignet, um Vernetzungsvorgänge im Laminat oder Bauteil nachzuweisen.

Dynamisch-mechanische Analyse (DMA) nach DIN EN ISO 6721

Bei der DMA handelt es sich um die Messung der temperaturabhängigen dynamischen Steifigkeit mit dem Speichermodul E' und der Dämpfung tan δ an Werkstoffproben mit definierter Geometrie und Beanspruchung (Torsion, Zug, Druck, Scherung). In Abbildung 6.24 ist ein für Epoxidharze typischer Verlauf dargestellt. Die Analyse wird im 3-Punkt-Biegemodus durchgeführt. Neben der dynamischen Steifigkeit können die Erweichungstemperatur TW beim Onset im E' und die Glasübergangstemperatur T_G anhand des Peaks im tan δ ermittelt werden. Zusätzlich kann der Peak im Verlustmodul E'' ausgewertet werden. Deutlich zu erkennen ist, dass bei einer zweiten Aufheizung die gesamte Steifigkeit und die Glasübergangstemperatur T_G zunehmen. Entgegen der DSC-Proben haben die hier verwendeten Proben schon einen laminatähnlichen Charakter.

Auch die DMA kann gut verwendet werden, um Nachweise zum Vernetzungsverhalten der Laminate oder Bauteile zu bringen. Die Gerätetechnik ist – wie beim DSC, Dilatometer oder TGA – jedoch aufwändiger.

Thermogravimetrische Analyse (TGA) nach DIN EN ISO 11358

Die TGA ist eine Methode zur Bestimmung der thermischen Zersetzung von Polymeren unter Sauerstoffeinwirkung. Nachgewiesen werden sollen die Sauerstoffstabilität und damit die Widerstandsfähigkeit gegen Alterung. Die Messung erfolgt über die Masseänderung. Aktuell laufen Bestrebungen, die Thermo-

Tab. 6.11: *Exemplarische Normen zur Bestimmung des Vernetzungsgrades und der thermischen Eigenschaften*

Norm	Titel
DIN EN 59 (Ausg. 2016-06)	Glasfaserverstärkte Kunststoffe – Bestimmung der Eindruckhärte mit einem Barcol-Härteprüfgerät
ASTM D 2583a (Ausg. 2013)	Standard Test Method for Indentation Hardness of Rigid Plastics by Means of a Barcol Impressor
DIN EN ISO 11357	Kunststoffe – Dynamische Differenz-Thermoanalyse (DSC) Teil 1: Allgemeine Grundlagen (Ausg. 2017-02) Teil 2: Bestimmung der Glasübergangstemperatur und der Glasübergangsstufenhöhe (Ausg. 2014-07) Teil 3: Bestimmung der Schmelz- und Kristallisationstemperatur und der Schmelz- und Kristallisationsenthalpie (Ausg. 2018-07) Teil 4: Bestimmung der spezifischen Wärmekapazität (Ausg. 2014-10) Teil 5: Bestimmung von charakteristischen Reaktionstemperaturen und -zeiten, Reaktionsenthalpie und Umsatz (Ausg. 2014-07) Teil 6: Bestimmung der Oxidations-Induktionszeit (isothermische OIT) und Oxidations-Induktionstemperatur (dynamische OIT) (Ausg. 2018-07) Teil 7: Bestimmung der Kristallisationskinetik (Ausg. 2015-12)
DIN EN ISO 6721	Kunststoffe – Bestimmung dynamisch-mechanischer Eigenschaften – Teil 1: Allgemeine Grundlagen (Ausg. Entwurf 2018-03, 2011-08) Teil 2: Torsionspendel-Verfahren (Ausg. Entwurf 2018-03, 2008-09) Teil 3: Biegeschwingung; Resonanzkurven-Verfahren (Ausg. 1996-12)
ASTM D 7028 (Ausg. 2007)	Standard Test Method for Glass Transition Temperature (DMA Tg) of Polymer Matrix Composites by Dynamic Mechanical Analysis (DMA)
DIN EN ISO 11358-1 (Ausg. 2014-10)	Kunststoffe – Thermogravimetrie (TG) von Polymeren – Teil 1: Allgemeine Grundsätze (ISO 11358-1:2014)
DIN EN ISO 75	Kunststoffe – Bestimmung der Wärmeformbeständigkeitstemperatur Teil 1: Allgemeines Prüfverfahren (Ausg. 2013-08) Teil 2: Kunststoffe und Hartgummi (Ausg. 2013-08) Teil 3: Hochbeständige härtbare Schichtstoffe und langfaserverstärkte Kunststoffe (Ausg. 2004-09)

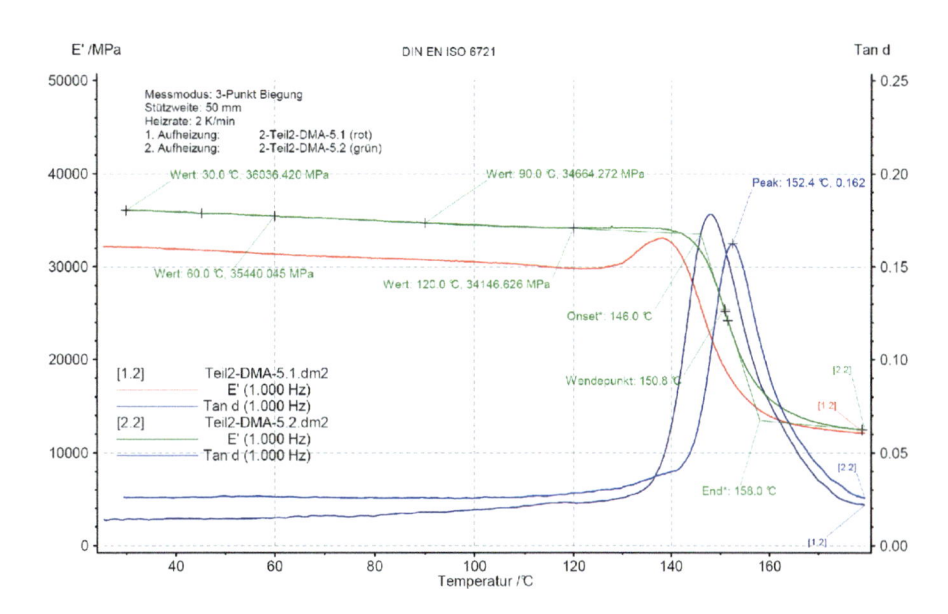

Abb. 6. 24: *Typischer Verlauf einer DMA für ein heißhärtendes EP-Harz mit Einfluss der Nachhärtung (Quelle: IMA Dresden)*

gravimetrische Analyse auch für die Bestimmung des Fasermassegehaltes von Faserverbundwerkstoffen in die Normenwelt zu integrieren. Die grundsätzliche technische Machbarkeit mit der Verwendung von Schutzgas ist bereits mehrfach nachgewiesen, geeignete Geräte sind bei Herstellern erhältlich.

Tab. 6.12: *Exemplarische Normen zur Charakterisierung von Reaktionsharzen, Reaktionsharz-Formstoffen (unverstärkt und verstärkt)*

Norm	Titel
DIN EN ISO 2114 (Ausg. 2002-06)	Kunststoffe (Polyester) und Beschichtungsstoffe (Bindemittel) – Bestimmung der partiellen Säurezahl und der Gesamtsäurezahl
DIN EN ISO 3251 (Ausg. Entwurf 2018-07, 2008-06)]	Beschichtungsstoffe und Kunststoffe – Bestimmung des Gehaltes an nichtflüchtigen Anteilen
ISO 3001 (Ausg. 1999-02)	Kunststoffe – Epoxid-Verbindungen – Bestimmung des Epoxid-Äquivalents
DIN EN ISO 2535 (Ausg. 2003-02)	Kunststoffe – Ungesättigte Polyesterharze – Bestimmung der Gelzeit bei Umgebungstemperatur
ISO 11359	Kunststoffe – Thermomechanische Analyse (TMA) Teil 1: Allgemeine Grundlagen (Ausg. 2014-01) Teil 2: Bestimmung des linearen thermischen Ausdehnungskoeffizienten und der Glasübergangstemperatur (Ausg. 1999-10) Teil 3: Bestimmung der Penetrationstemperatur (Ausg. Entwurf 2018-02)
DIN EN ISO 179	Kunststoffe – Bestimmung der Charpy-Schlageigenschaften Teil 1: Nicht instrumentierte Schlagzähigkeitsprüfung (Ausg. 2010-11) Teil 2: Instrumentierte Schlagzähigkeitsprüfung (Ausg. Entwurf 2018-08)
DIN EN ISO 899 (Ausg. 2018-03)	Kunststoffe - Bestimmung des Kriechverhaltens Teil 1: Zeitstand-Zugversuch (Ausg. 2018-03) Teil 2: Zeitstand-Biegeversuch bei Dreipunkt-Belastung (Ausg. 2015-06)
DIN EN 977 (Ausg. 1997-09)	Unterirdische Tanks aus textilglasverstärkten Kunststoffen (GFK) – Prüfanordnung zur einseitigen Belastung mit Fluiden
ISO 4901 (Ausg. 2011-08)	Verstärkte Kunststoffe basierend auf ungesättigten Polyesterharzen – Bestimmung des Restgehaltes an Styren-Monomer

Bestimmung der Wärmeformbeständigkeitstemperatur (HDT) nach DIN EN ISO 75

In der HDT-Prüfung (Heat Distortion Temperature) wird eine konstante Last im 3-Punkt-Biegemodus auf die Probe gebracht. Die Probe befindet sich in einem Wärmeträger, dessen Temperatur kontinuierlich um 2 K/min erhöht wird. Als HDT-Wert wird die Temperatur abgelesen, bei der die Durchbiegung der Probe den in der Norm definierten Grenzwert der Standarddurchbiegung überschreitet.

Die in diesem Verfahren ermittelten Werte stimmen sehr gut mit der in der DMA ermittelten Erweichungstemperatur überein. Die Prüfmethode ist im technischen Aufwand gegenüber den anderen Analysemethoden deutlich geringer, allerdings ist die Aussagekraft auch auf den HDT-Wert beschränkt.

6.4.7 Übersicht weiterer ausgewählter Prüfnormen

Ergänzend zu den bereits aufgeführten Prüfnormen sollen als Übersicht zu weiteren Verfahren für die Charakterisierung von unverstärkten Reaktionharzen, Kunst- und Formstoffen sowie Verstärkungstextilien die Tabellen 6.11 und 6.12 dienen.

6.5 Zusammenfassung

Die Anforderungen an Leichtbaustrukturen steigen permanent. Das liegt nicht nur am wachsenden Vertrauen in Faserverbund- oder Metall-Faserverbundstrukturen, sondern auch an der Verwendung moderner Dimensionierungswerkzeuge zur Berechnung. Moderne Leichtbaustrukturen haben einen hohen Ausnutzungsgrad und sind oft für spezielle Anwendungen optimiert.

Fehler im Material oder der Struktur können somit erhebliche Auswirkungen auf die Tragfähigkeit oder Gebrauchstauglichkeit haben.

Der Einsatz eines leistungsstarken und anforderungsgerechten Qualitätsmanagementsystems ist somit für den Erfolg unabdingbar.

Die Verwendung von Faserverbundkunststoffen als Konstruktionswerkstoff, dessen finale Eigenschaften sich aus den Eigenschaften der unterschiedlichen Grundkomponenten ergeben, stellt zudem eine besondere Anforderung.

Deshalb kommt generell bei Verbundwerkstoffen der Qualitätssicherung über alle Phasen der Produktentstehung eine höhere Bedeutung zu.

Für die werkstoffliche Charakterisierung steht eine große Anzahl unterschiedlicher Prüfmethoden zur

Tab. 6.13: Exemplarische Normen zur Charakterisierung von Textilverstärkungen

Norm	Titel
DIN 61853	Textilglas; Textilglasmatten für die Kunststoffverstärkung Teil 1: Technische Lieferbedingungen (Ausg. 1987-04) Teil 2: Einteilung, Anwendung (Ausg. 1987-04)
DIN 61854	Textilglas; Textilglasgewebe für die Kunststoffverstärkung; Filamentgewebe und Rovinggewebe Teil 1: Technische Lieferbedingungen (Ausg. 1987-04) Teil 2: Prüfverfahren und allgemeine Anforderungen (Ausg. 1998-12) Teil 3: Allgemeine Anforderungen für allgemeine Anwendungen (Ausg. 1998-12)
DIN EN ISO 1889 (Ausg. 2009-10)	Verstärkungsgarne – Bestimmung der Feinheit
ISO 3374 (Ausg. 2000-06)	Verstärkungsprodukte – Matten und Gewebe – Bestimmung des Flächengewichtes
ISO 1887 (Ausg. 2014-09)	Textilglas – Bestimmung des Glühverlustes
ISO 3344 (Ausg. 1997-05)	Verstärkungsprodukte – Bestimmung des Feuchtegehaltes

Verfügung. Die Auswahl einer geeigneten Methode, die Versuchsdurchführung und vor allem die Interpretation der Versuchsergebnisse erfordern ein komplexes Wissen zu den Ausgangswerkstoffen, Herstellungstechnologien, Materialverhalten und Bauteilanforderungen.

Multimaterialdesign, 3D-gedruckte Strukturen und neue faserverstärkte thermoplastische Halbzeuge werden die Weiterentwicklung von Prüfmethoden erforderlich machen und ebenfalls Einfluss auf die Prozesse innerhalb des Qualitätsmanagementsystems haben.

6.6 Weiterführende Informationen

Literatur

Atzmüller, H.: Ein Gerüst für hohe Ansprüche. Qualitätsmanagement: vierter und letzter Teil; PC Magazin (1997) Heft 3, Seite 50–51

Autorenkollektiv: Faserverbund-Handbuch, IMA Materialforschung und Anwendungstechnik GmbH, Dresden 2009

Golze, M.: Qualitätsmanagement und Akkreditierung von Prüflaboratorien. Materials and Corrosion, Band 46 (1995) Heft 10, S. 563–571

Grellmann, W.; Seidler, S.: Kunststoffprüfung; Carl Hanser Verlag München, 2005

Heeg, F.-J.; Ihlenfeldt, F.; Landwehr, J.: Aufbau von Qualitätsmanagement-Systemen in kleinen und mittleren Unternehmen (KMU) unter besonderer Berücksichtigung arbeitswissenschaftlicher Aspekte; Zeitschrift für Arbeitswissenschaft, Band 49 (1995) Heft 3, S. 165–174

Knauer, B.: Konstruktionshandbuch Bd.I – IV „Verstärkte Hochpolymere", Dt. Verl. für Grundstoffindustrie Leipzig, 1977–1986

Mengedoht, F.-W.; Grossmann, A et. al.: Flexibles Qualitätsmanagement. Flexibilisierung von Qualitätsmanagementsystemen nach DIN EN ISO 9000 im Zusammenhang mit simultaner Aufgabenbearbeitung im gesamten Produktionsentstehungsprozess in kleinen und mittleren Unternehmen (KMU). Forschungshefte Forschungskuratorium Maschinenbau e.V., Band 222 (1997)

Michaeli, W.; Wegener, M., et al: Einführung in die Technologie der Faserverbundwerkstoffe, Carl Hanser Verlag, München 1992

Puck, A.: Festigkeitsanalyse von Faser-Matrix-Laminaten, Carl Hanser Verlag, München 1999

Rathjen, G.: Qualitätsmanagement nach Norm. ISO Paradiso?; IT-Management, Band 5 (1998), Heft Juli, S. 26–18

Ridzewski, J.; Heinrich, F.; Tost, A.: AVK-Seminar „Prüfen von Faserverbundkunststoffen", IMA GmbH Dresden, 2019

Schemme, M.; Ehrenstein, G.W.: Qualitätssicherung bei der Verarbeitung langfaserverstärkter Kunststoffe. Zeitschrift Kunststoffe 84 (1994) 11, S. 1559–1568

Wortberg, J.: Qualitätssicherung in der Kunststoffverarbeitung, Carl Hanser Verlag München, 1996

Richtlinien und Verordnungen

U.S. Department of Defense: Composite Materials Handbook: Vol.1, Polymer Matrix Composites, Guidelines for Characterization of Structural Materials (MIL-HDBK-17-1F). Philadelphia 2002

Verordnung (EU) Nr. 305/2011 des Europäischen Parlaments und des Rates vom 9. März 2011 zur Festlegung harmonisierter Bedingungen für die Vermarktung von Bauprodukten und zur Aufhebung der Richtlinie 89/106/EWG des Rates

Deutsches Institut für Bautechnik vertreten durch den Präsidenten Gerhard Breitschaft, Bauregelliste A, Bauregelliste B und Liste C, Ausgabe 2015/2, Änderungsmitteilungen 2016/1 und 2

Teil V

Bewertung von Bauteilen und Leichtbaustrukturen

1 Werkstoffmodelle für die Prozess- und Bauteilsimulation   959
2 Crashverhalten von metallischen Werkstoffen und deren Fügeverbindungen   987
3 Crashverhalten von polymeren Werkstoffen   1007
4 Bedeutung der Betriebsfestigkeit im Leichtbau unter Berücksichtigung der besonderen Anforderungen der E-Mobilität   1017
5 Zerstörungsfreie Prüfung von Werkstoffen und Bauteilen   1063
6 Structural Health Monitoring – Schadensdetektion   1091
7 Reparaturfähigkeit und Reparaturkonzepte bei Strukturen aus faserverstärkten Kunststoffen   1109
8 Recyclingfähigkeit und End-of-Life-Konzept im Leichtbau   1141

Das Herstellen und Verhalten von Bauteilen lässt sich durch numerische Simulation darstellen. Mit Hilfe der Finite Elemente-Methode können die Gewichtsoptimierung, aber auch die Bauteilsicherheit realisiert werden. Um die Sicherheit zum Beispiel in der Fahrgastzelle zu gewährleisten, werden in die Crashsimulationen auch Bruchvorgänge einbezogen.

Das Kapitel über die Betriebssicherheit behandelt das Bauteilversagen durch Schwingbruch oder gefährlichen Schwinganriss. Ausgehend von einer bekannten Beanspruchungs/Zeit-Funktion lässt sich eine betrachtete Konstruktion durch eine fallbezogene Kombination von Werkstoff, Formgebung und Fertigung optimieren. Der entscheidende Faktor bei neuen Entwicklungen ist die Prüfung der erreichten Verbesserung, die möglichst zerstörungsfrei erfolgen sollte. Die bewährten Methoden der zerstörungsfreien Prüfung lassen sich nicht einfach auf die neuen Materialien übertragen. Es bedarf einer Innovation auch in der Prüftechnologie.

Vor allem für den Betrieb von Flugzeugen in der zivilen Luftfahrt ist eine zuverlässige Schadensdetektion wünschenswert. Unter dem Thema Structural Health Monitoring werden Erfahrungen mit SHM-Sensoren beschrieben, die teilweise realisiert sind, auf jeden Fall aber für die Zukunft bedeutsam sind.

Den Reparaturmöglichkeiten bei FVK-Strukturen kommt eine spezielle Bedeutung zu, da es sich um komplexe Strukturen mit hohem Integrationsgrad handelt. Im Kapitel 5 werden Verfahren aus unterschiedlichen Quellen der Flugzeugindustrie beschrieben, die sich in anderer Form auf die Reparatur anderer FVK-Strukturen übertragen lassen.

Unter dem Aspekt der Nachhaltigkeit steht die Frage des Recycling im Vordergrund. Recyclinglösungen müssen anwendungs- und materialspezifisch erarbeitet werden. Zudem müssen rechtliche Rahmenbedingungen beachtet werden. Die Wirtschaftlichkeit des Recycling, für das zahlreiche technische Lösungen zur Verfügung stehen, kann vor allem dann erreicht werden, wenn verschiedene Stoffströme gemeinsam verwertet werden können.

1 Werkstoffmodelle für die Prozess- und Bauteilsimulation

Hermann Riedel

1.1	Beschreibung von Plastizitätsmodellen	963	1.2.1	Bruchmechanismen	972
			1.2.2	Bruchkriterien für duktilen Bruch	973
1.1.1	Überblick	963	1.2.3	Schädigungsmechanik für duktilen Bruch	974
1.1.2	von Mises-Modell	964			
1.1.3	Chaboche-Modell	964	1.2.4	Anwendung des Gologanu-Modells auf die Kantenrissbildung beim Walzen	975
1.1.4	Anwendung des Chaboche-Modells auf die Rückfederung	965			
1.1.5	Phänomenologische Modelle für Anisotropie	966	1.2.5	Anwendung des Gologanu-Modells auf das Grenzformänderungsschaubild	977
1.1.6	Texturmodelle	967			
1.1.7	Anwendung von Texturmodellen auf Leichtbauwerkstoffe	969	1.2.6	Bruchverhalten faserverstärkter Kunststoffe	978
			1.2.7	Bruchmechanik	981
1.2	Beschreibung von Schädigungs- und Versagensmodellen	972	1.3	Weiterführende Informationen	982

Die numerische Simulation von Herstellungsprozessen und Bauteilverhalten hat in den letzten Jahren erheblich an Bedeutung gewonnen. Das wichtigste, wenn auch nicht das einzige, numerische Werkzeug ist dabei die Methode der Finiten Elemente (FEM). Elastische Analysen des Bauteilverhaltens sind Standard in vielen Branchen. Sie sind nicht nur ein unentbehrliches Werkzeug zur Gewichtsoptimierung (Kap. I.6), sondern auch zur sicheren Bauteilauslegung in der Betriebsfestigkeit (Kap. V.4). Daneben ist die Crashsimulation zu einem wichtigen und erfolgreichen Anwendungsgebiet der FEM geworden, sodass heute Simulationen einen großen Teil der extrem aufwändigen Crashversuche ersetzen können. Lange Zeit waren relativ einfache elastisch-plastische Werkstoffgesetze ausreichend für die Crashsimulation. Der zunehmende Einsatz hochfester Werkstoffe für den Leichtbau erfordert aber heute, dass auch Bruchvorgänge in der Crashsimulation berücksichtigt werden.

Die Prozesssimulation hat eine lange Tradition in der Gießereitechnik (Kap. III.1.1). Auch in der Umformtechnik setzen Werkzeugbauer und Teileentwickler heute regelmäßig Simulations-Software ein. Zunehmende Bedeutung gewinnt die Simulation von Prozessketten. Ein Beispiel ist die Kette Umformen - Crash (Kap. V.2). Hier werden Ergebnisse der Umformsimulation (Blechdicke, Verfestigung, Schädigung, eventuell andere Variable) an die Crashsimulation übergeben und dort berücksichtigt.

Besondere Herausforderungen werden von neuen Leichtbauwerkstoffen, wie Magnesiumlegierungen, höchstfesten Stählen oder faserverstärkten Kunststoffen sowohl an die Prozess- als auch die Bauteilsimulation gestellt, weil diese Werkstoffe oft nicht mit den konventionellen Materialgesetzen zu beschreiben sind. Beispiele werden im Folgenden dargestellt.

Die Finite Elemente-Methode arbeitet auf der makroskopischen Skala der Kontinuumsmechanik. Sie verwendet Werkstoffgesetze, die meist phänomenologischer Natur sind, jedoch zunehmend auch auf Modellen auf kleineren Skalen beruhen. Das betrifft zum Beispiel Texturmodelle, die auf der Skala der Körner ansetzen, oder Schädigungsmodelle auf der Skala von Einschlussteilchen und daran entstehenden Poren.

In diesem Kapitel werden zunächst Werkstoffmodelle für Plastizität und Schädigung dargestellt, jeweils mit Anwendungsbeispielen aus der Umformtechnik. Die Anwendung auf die Crashsimulation folgt in Kapitel V.2.

1.1 Beschreibung von Plastizitätsmodellen

1.1.1 Überblick

Das mechanische Verhalten von Werkstoffen wird üblicherweise durch Messung der Spannungs-Dehnungskurve im Zugversuch charakterisiert (Abb. 1.1). Bis zur Fließgrenze σ_0 beobachtet man linear elastisches Verhalten. In diesem Bereich ist die Verformung bei Entlastung reversibel. Ab der Fließgrenze verformt sich das Material plastisch. Der Anstieg der Fließspannung mit zunehmender Dehnung wird mit Verfestigung bezeichnet. Zur Beschreibung der Verfestigungskurve, $\sigma_y(\varepsilon)$, sind verschiedene Formeln gebräuchlich. In Abbildung 1.1 zum Beispiel beschreibt das Potenzgesetz nach Ramberg und Osgood, $\sigma_y \propto \varepsilon^N$, mit dem Verfestigungsexponenten N die Verfestigungskurve, bevor die Spannung als Folge der Materialschädigung abfällt und der Bruch eintritt. Für viele Werkstoffe hat der Verfestigungsexponent Werte zwischen $N = 0{,}1$ und $0{,}3$, wobei hochfeste Materialien tendenziell kleinere Verfestigungsexponenten aufweisen.

Im Allgemeinen ist die Belastung des Materials mehrachsig, das heißt sie erfolgt nicht nur in einer Richtung wie im Zugversuch. Das klassische Modell zur Beschreibung der Metallplastizität auf der Ebene der Kontinuumsmechanik ist das von Mises-Modell.

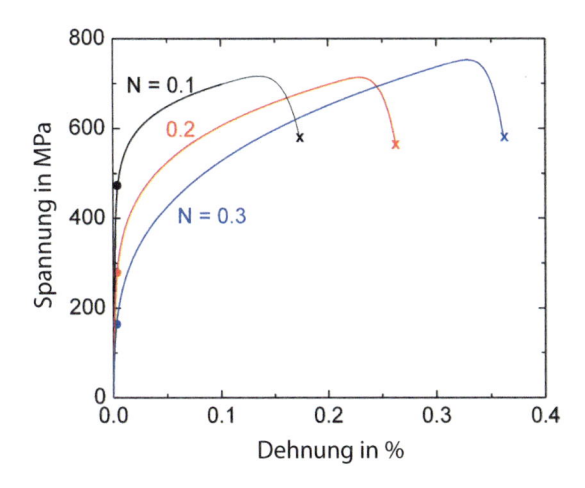

Abb. 1.1: *Typische Spannungs-Dehnungskurven für Metalle und Legierungen. Die Punkte markieren die Fließgrenze σ_0, die Kreuze den Bruch*

Angesichts der Tatsache, dass von Mises das nach ihm benannte Modell zu Beginn des 20. Jahrhunderts ohne jede Kenntnis der physikalischen Verformungsmechanismen vorgeschlagen hatte, beschreibt es das Verhalten realer Werkstoffe erstaunlich gut. Da jedoch viele Anwendungsgebiete eine höhere Genauigkeit erfordern, wurden zahlreiche Verbesserungen vorgeschlagen, von denen einige im Folgenden beschrieben werden.

Bei den meisten metallischen Werkstoffen steigt die Fließspannung mit steigender Belastungsgeschwindigkeit und sinkt mit zunehmender Temperatur. Dies muss z. B. bei der Crashsimulation in vielen Fällen berücksichtigt werden. In Kapitel V.2 werden gebräuchliche Formeln für die Dehnraten- und Temperaturabhängigkeit angegeben, z. B. (Johnson 1985).

Zur Beschreibung des Verhaltens bei Lastumkehr (allgemeiner bei Änderungen der Belastungsrichtung) sind weitere Modellerweiterungen erforderlich. Das von Mises-Modell in der üblichen Formulierung sagt voraus, dass das Fließen bei Lastumkehr beim gleichen Betrag der Spannung beginnt, der vor der Lastumkehr erreicht war. Die meisten Werkstoffe beginnen aber bei Lastumkehr deutlich früher plastisch zu fließen, ein Phänomen, das mit Bauschinger-Effekt bezeichnet wird. Ein häufig verwendetes Modell, welches zusätzlich zum Bauschinger-Effekt auch die Ratenabhängigkeit berücksichtigt (Chaboche 2008), wird im Folgenden beschrieben. Der Bauschinger-Effekt ist für die Voraussage der Rückfederung bei der Blechumformung von entscheidender Wichtigkeit.

Gewalzte Bleche sind im Allgemeinen anisotrop, das heißt sie haben verschiedene elastisch-plastische Eigenschaften in Walz-, Quer- und Normalenrichtung. Die wichtigste Ursache dafür ist die kristallografische Textur, das heißt eine nicht-zufällige Orientierung der Kristallite, aus denen der Werkstoff aufgebaut ist. Die Textur entsteht bei Umformprozessen mit hohen Umformgraden. Kapitel V.1.1.5 beschreibt phänomenologische Modelle für anisotropes Verhalten, während in Kapitel V.1.1.6 Texturmodelle genutzt werden, um auch das komplexe Verhalten von Leichtbau-Werkstoffen wie Magnesiumlegierungen zu beschreiben. Texturmodelle setzen auf der Ebene der Kristallite, also auf der Mikrometerskala an und leiten daraus das Verhalten von polykristallinen technischen Werkstoffen ab.

Auf einer noch kleineren Skala sind es Versetzungen (linienhafte Fehler im periodischen Kristallgitter), welche für die plastische Verformung verantwortlich sind. Eine durchgängige Multiskalensimulation der Plastizität von den atomaren Eigenschaften der Versetzungen bis zur kontinuumsmechanischen Beschreibung ist derzeit nicht machbar. Trotzdem erklären heute schon atomistische Versetzungsmodelle wichtige Aspekte der Plastizität (Mrovec 2004, Vitek 2008). Auch die Simulation der Bewegung interagierender Versetzungen hat deutliche Fortschritte gemacht (Weygand 2005).

1.1.2 von Mises-Modell

Von Mises geht davon aus, dass plastische Verformung ohne Volumenänderung erfolgt. Seine Hypothese ist, dass für das plastische Fließen nur die so genannte von Mises-Vergleichsspannung σ_e wesentlich ist. Sie ergibt sich aus den Komponenten des Spannungsdeviators s_{ij}:

$$\sigma_e = (\frac{3}{2} s_{ij} s_{ij})^{1/2} \qquad (1)$$

Gemäß der Einsteinschen Summenkonvention ist über doppelt auftretende kartesische Indices (hier i und j) zu summieren. Der Deviator ergibt sich aus dem Spannungstensor gemäß $s_{ij} = \sigma_{ij} - \delta_{ij}\sigma_m$, mit der hydrostatischen Spannungskomponente $\sigma_m = \sigma_{kk}/3$ und dem Kronecker-Symbol δ_{ij}. Analog zur Vergleichsspannung ist die Vergleichsdehnung definiert, jedoch mit einem Faktor (2/3) statt (3/2). Weiter gehende Erläuterungen finden sich in zahlreichen Lehrbüchern zur Kontinuumsmechanik, z. B. (Beer 1992).

Das Material fließt im Rahmen des von Mises-Modells plastisch, wenn die Vergleichsspannung σ_e gleich der materialspezifischen Fließspannung, σ_y, ist. Diese Fließbedingung wird häufig mithilfe eines Fließpotenzials Φ beschrieben, welches für von Mises-Plastizität die Form hat:

$$\Phi = (\sigma_e / \sigma_y)^2 - 1 \qquad (2)$$

Das Material fließt plastisch, wenn $\Phi = 0$, also $\sigma_e = \sigma_y$ ist; für $\Phi < 0$ ($\sigma_e < \sigma_y$) reagiert das Material elastisch. Das Fließpotenzial wird darüber hinaus häufig auch verwendet, um die Richtung der plastischen Verformung fest zu legen. Meist wird der Dehnratentensor aus dem Potenzial berechnet gemäß der Fließregel

$$\dot{\varepsilon}_{ij} = \lambda \partial \Phi / \partial \sigma_{ij} \qquad (3)$$

mit einem skalaren Faktor λ. Man spricht dann von assoziiertem Fließen. Für von Mises-Plastizität ergibt sich aus Gln. (2) und (3), dass das Material in Richtung des Spannungsdeviators fließt, $\dot{\varepsilon}_{ij} \propto s_{ij}$.

Zusammen mit den übrigen Gleichungen der Kontinuumsmechanik (Gleichgewicht und Kompatibilität) ist das von Mises-Modell in allen gebräuchlichen FE-Programmen der Festkörpermechanik implementiert.

1.1.3 Chaboche-Modell

Wesentlich leistungsfähiger und flexibler als das von Mises-Modell sind Modelle, die die Verfestigung mit Entwicklungsgleichungen für innere Variable beschreiben. Ein Repräsentant dieser Modellklasse ist das Chaboche-Modell, von welchem zahlreiche Varianten existieren (Chaboche 2008). Die prinzipielle Struktur ist stets so, dass die viskoplastische Dehnrate gegeben ist durch

$$\dot{\varepsilon}_{ij}^{vp} = \frac{3}{2} \dot{\varepsilon}_e^{vp} \frac{S_{ij}}{S_e} \qquad (4)$$

mit der Vergleichsdehnrate $\dot{\varepsilon}_e^{vp} = \left\langle \frac{S_e - R - \sigma_0}{K} \right\rangle^n$ (5)

$$S_e = (\frac{3}{2} S_{ij} S_{ij})^{1/2} \qquad (6)$$

Hier ist σ_0 die Fließgrenze; K und n sind Modellparameter; die spitze Klammer ist Null bei negativem Argument; R ist eine Variable zur Beschreibung der isotropen Verfestigung, S_{ij} ist die effektive Spannung $S_{ij} = s_{ij} - \alpha_{ij}$, die sich aus dem Spannungsdeviator s_{ij} und einer inneren Gegenspannung α_{ij} zusammensetzt. Diese innere Variable α_{ij} beschreibt die kinematische Verfestigung und damit den Bauschinger-Effekt.

Die Verfestigungsvariablen gehorchen den Entwicklungsgleichungen.

$$\dot{R} = b(Q - R)\dot{\varepsilon}_e^{vp} \tag{7}$$

$$\dot{\alpha}_{ij} = h\dot{\varepsilon}_{ij}^{vp} - r_{dyn}\dot{\varepsilon}_e^{vp}\alpha_{ij} - r_{stat}\alpha_{ij} \tag{8}$$

Hier ist Q der Sättigungswert der isotropen Verfestigungsvariablen, b beschreibt den Anstieg, h beschreibt die kinematische Verfestigung (h für hardening), r_{dyn} und r_{stat} sind Parameter für dynamische und statische Erholung (r für recovery), wobei der dynamische Erholungsparameter sich mit der kumulativen Dehnung ε_e^{vp} entwickelt und damit die zyklische Ver- oder Entfestigung beschreibt:

$$r_{dyn} = r_{ss} + (1 - r_{ss})\exp(-c\varepsilon_e^{vp}) \tag{9}$$

r_{ss} und c sind Modellparameter.

Zur genaueren Nachbildung der Hysteresekurven werden meist zwei (oder mehr) kinematische Verfestigungsvariable addiert, $\alpha = \alpha^{(1)} + \alpha^{(2)}$, die jeweils der Entwicklungsgleichung (8) gehorchen, jedoch jeweils mit individuellen Parametern. Zusätzliche Terme in Gln. (7) und (8) für variable Temperatur werden von Chaboche (2008) angegeben. Die Gesamtdehnrate enthält neben dem viskoplastischen auch elastische und thermische Anteile. In dieser oder einer ähnlichen Form ist das Chaboche-Modell in einigen FE-Programmen implementiert.

1.1.4 Anwendung des Chaboche-Modells auf die Rückfederung

In den 1990er Jahren stellte man fest, dass die berechnete Rückfederung nach dem Tiefziehen entscheidend vom verwendeten Plastizitätsgesetz abhängt (Mattiasson 1995). Beim Tiefziehen wird das Blech oft zunächst in die eine, dann in die entgegengesetzte und gelegentlich wieder in die ursprüngliche Richtung gebogen. Bei dieser Wechselplastifizierung spielt der Bauschinger-Effekt eine Rolle für die Spannungen im Blech und damit für die Rückfederung bei der Entnahme des umgeformten Blechteils aus dem Werkzeug. Hochfeste Werkstoffe, wie sie für Leichtbaukonstruktionen eingesetzt werden, federn stärker zurück als die klassischen Tiefziehstähle. Besonders empfindlich sind offene Profile wie das Hutprofil, an dem die Bedeutung des Effekts vielfach demonstriert und sein Zustandekommen erläutert wurde, z.B. (Krasovsky 2006, Kubli 2008, Sester 2009).

Abbildung 1.2 zeigt zwei Beispiele (Koch 2010). Der höher feste Dualphasenstahl HCT780X (Fließgrenze 483 MPa) zeigt eine wesentlich stärkere Rückfederung als der weniger feste Stahl HX340LAD (Fließgrenze 270 MPa). Das Bild zeigt auch den Vergleich von gemessener und berechneter Rückfederung, und es demonstriert, wie wichtig das Werkstoffmodell für die korrekte Voraussage der Rückfederung ist. Die Simulation mit rein isotroper Verfestigung sagt die Rückfederung beim HCT780X sogar in der falschen Richtung voraus, während das Chaboche-Modell mit isotroper und kinematischer Verfestigung die gemessene Rückfederung gut wiedergibt.

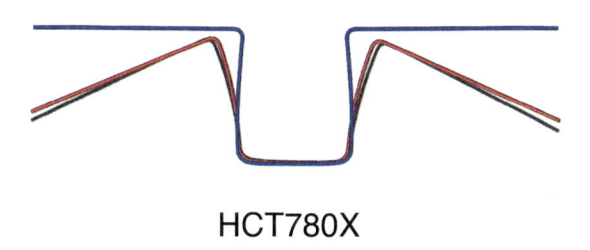

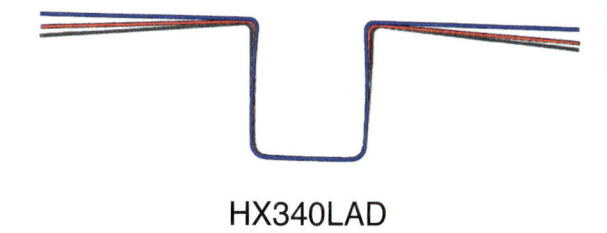

HCT780X   **HX340LAD**

Abb. 1.2: *Rückfederung von Hutprofilen. Schwarz: Versuch; blau: simuliert mit isotroper Verfestigung; rot: simuliert mit isotrop-kinematischer Verfestigung. Die durch das Presswerkzeug vorgegebene Sollgeometrie hat senkrechte Wände und waagrechte Flügel.*

Zur Messung der Modellparameter wurden spezielle Versuchstechniken für Zug-Druck-Versuche an dünnen Blechproben entwickelt (Krasovsky 2006). Dabei stellte sich heraus, dass der Tangentenmodul bei der Entlastung und bei der Wiederbelastung deutlich kleiner erscheint als der Elastizitätsmodul bei der Erstbelastung, ein Effekt, der seit Längerem bekannt ist (Yoshida 2002, Doege 2002). Unabhängig davon, wie dieser Befund physikalisch zu erklären ist, verbessert die Berücksichtigung eines variablen Tangentenmoduls die Genauigkeit der vorhergesagten Rückfederung (Krasovsky 2006). Wichtig für die Umformsimulation ist auch die Berücksichtigung der Anisotropie, die in den folgenden Abschnitten behandelt wird. Diese und andere Modell-Verbesserungen, wie sie z. B. in (Chaboche 2008) diskutiert werden, sind teilweise schon in kommerzieller Software zur Umformsimulation implementiert (Kubli 2008, Sester 2009).

1.1.5 Phänomenologische Modelle für Anisotropie

Die Anisotropie gewalzter Bleche spielt bei der Blechumformung eine wichtige Rolle. Der unterschiedliche Blecheinzug in verschiedenen Richtungen führt zum Beispiel zum Phänomen der Zipfelbildung (Abb. 1.3). Eine derartig ausgeprägte Zipfelbildung wie in diesem Fall ist schon wegen des Materialverlusts durch Beschneiden des Randes unerwünscht, und der ungleiche Einzug muss bei der Auslegung komplizierter Presswerkzeuge berücksichtigt werden.

Die klassischen phänomenologischen Modelle für plastische Anisotropie (Hill 1948, 1990, Barlat 1989, 2007) wurden in der Literatur vielfach dargestellt, und sie sind in den meisten FE-Programmen zur Simulation der Blechumformung implementiert (Kap. V.2), sodass auf eine Wiedergabe der Formeln verzichtet werden kann. Die Modellparameter bestimmt man meist durch Messung der sogenannten r-Werte (Lankford-Parameter) aus Zugversuchen an Blechproben in Walz-, Quer- und 45°-Richtung. Der r-Wert ist definiert als das Verhältnis der Dehnraten:

$$r = \dot{\varepsilon}_{22} / \dot{\varepsilon}_{33} \qquad (10)$$

Hier liegt die 2-Komponente in der Blechebene senkrecht zur Zugrichtung und die 3-Komponente liegt senkrecht zur Blechebene.

Abbildung 1.4 zeigt Fließortkurven, $\Phi = 0$, in der σ_{11}-σ_{22}-Ebene, wobei σ_{11} die Spannung in Walzrichtung und σ_{22} in Querrichtung ist. Verglichen werden die Voraussagen verschiedener Modelle (Krasovsky 2005, 2006). Bei einachsigem Zug in Walzrichtung gehen alle Modelle durch den gleichen Punkt, da dort die Modelle angepasst werden. Das von Mises-Modell ergibt in der σ_{11}-σ_{22}-Ebene eine um 45° geneigte Ellipse. Das Hill-Modell ergibt ebenfalls eine Ellipse, jedoch mit einem Achsenverhältnis und einer Neigung, die von der Anisotropie abhängen. Das Barlat-Modell enthält einen Parameter m, der die Form der Fließortkurve bestimmt; $m = 2$ führt auf elliptische Formen, während sich mit wachsendem m immer schärfere Ecken ausbilden. Empfohlen werden Werte von 6 (für kubisch raumzentrierte Metalle) oder 8 (für kubisch flächenzentrierte Metalle); verwendet wird hier $m = 8$.

Abbildung 1.4a zeigt den berechneten Fließort für den Stahl DX53, berechnet aus den r-Werten $r_{0°} = 1{,}54$,

Abb. 1.3: *Zipfelbildung am Rand eines rotationssymmetrischen Näpfchens aufgrund der Anisotropie des warmgewalzten Blechs aus einer Aluminiumlegierung (Engler 2007)*

1.1 Beschreibung von Plastizitätsmodellen

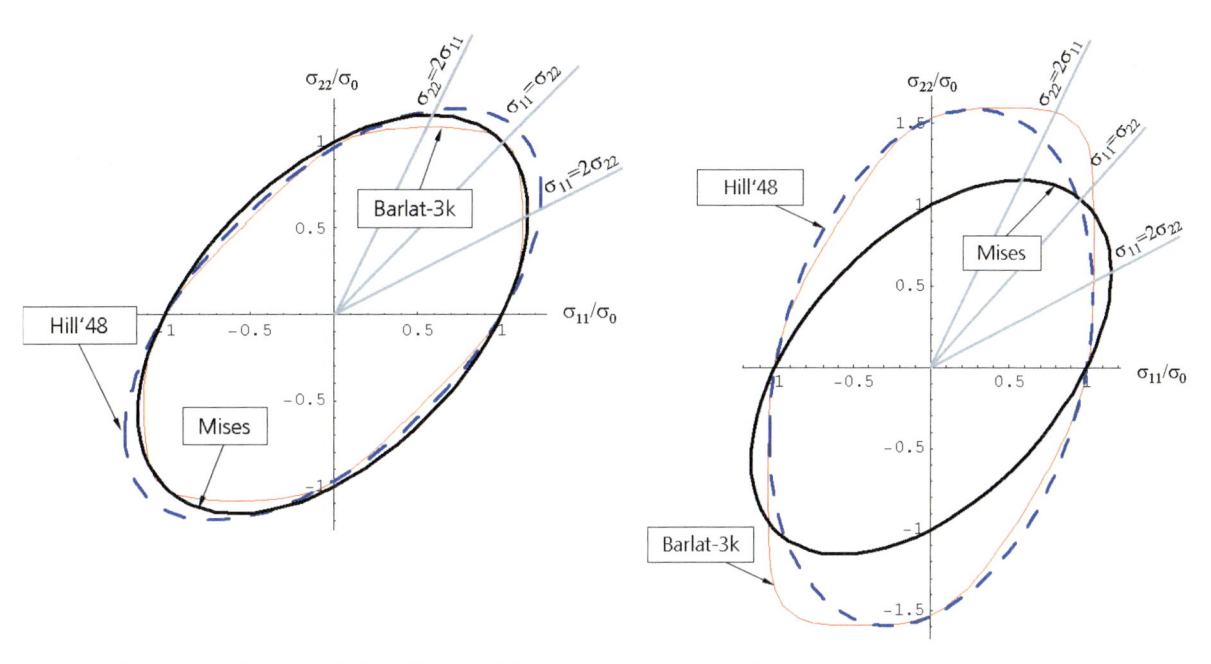

Abb. 1.4: *Fließortkurven für den Stahl DX53 (links) und für die Aluminiumlegierung Al 2090-T3 (rechts) (Krasovskyy 2005)*

$r_{90°} = 1{,}31$ und $r_{45°} = 1{,}72$. Die von den verschiedenen Modellen vorhergesagten Fließortkurven unterscheiden sich nur wenig von der von Mises-Ellipse, das heißt, der Werkstoff weist in der Blechebene nur eine geringe Anisotropie auf. Sehr viel ausgeprägter ist die Anisotropie bei der Aluminiumlegierung Al 2090-T3 (Abb. 1.4b). Die r-Werte sind hier $r_{0°} = 0{,}21$, $r_{90°} = 0{,}69$ (Yoon 2000). Bemerkenswert ist, dass die anisotropen Modelle um 50 % größere Fließspannungen in Querrichtung (also in σ_{22}-Richtung) ergeben als von Mises. Da Effekte dieser Größe erhebliche Auswirkungen auf die Simulationsergebnisse bei der Blechumformung haben, legen die Entwickler von FE-Programmen für die Umformsimulation großen Wert auf eine sorgfältige Erfassung der Anisotropie. Wenn die Anisotropie bei der Voraussage der Rückfederung berücksichtigt werden soll, so geschieht dies am einfachsten, indem das Chaboche-Modell mit dem Modell von Hill kombiniert wird. Man ersetzt dazu im Chaboche-Modell die Gln. (4, 6) und den Verfestigungsterm in Gl. (8) durch

$$\dot{\varepsilon}_{ij}^{vp} = \frac{3}{2}\dot{\varepsilon}_e^{vp}\frac{M_{ijkl}S_{kl}}{S_e} \quad S_e = (S_{ij}M_{ijkl}S_{kl})^{1/2}$$

$$h\dot{\varepsilon}_{ij}^{vp} \rightarrow \frac{3}{2}h\dot{\varepsilon}_e^{vp}S_{ij}/S_e \tag{11}$$

Die Komponenten des Anisotropie-Tensors M_{ijkl} können durch die gebräuchlichen Parameter des Hill-Modells ausgedrückt werden (Krasovsky 2005).

Viele Werkstoffe – z. B. Magnesium- und Titanlegierungen – zeigen jedoch ein anisotropes Verhalten, welches durch die klassischen Modelle nicht beschreibbar ist. Vorschläge für den Umgang mit diesem Verhalten mithilfe phänomenologischer Modelle finden sich bei (Kowalsky 1999, Krasovsky 2006, Banabic 2008 und Dell 2008). In diesen Modellen können die Fließortkurven auch nicht-elliptische Formen aufweisen (wie schon das Barlat-Modell), die sich während der Verformung ändern.

Als Alternative zu den immer komplizierter werdenden phänomenologischen Modellen werden im Folgenden Texturmodelle betrachtet. Ein Vergleich komplexer phänomenologischer Modelle mit Texturmodellen findet sich bei (Krasovsky 2005, 2006).

1.1.6 Texturmodelle

Die meisten metallischen Werkstoffe sind polykristallin, das heißt sie enthalten eine große Anzahl von Körnern (Kristalliten), von denen jedes eine periodische atomare Gitterstruktur aufweist und somit einen kleinen Einkristall darstellt. Einkristalle sind plastisch anisotrop, da sowohl das Gleiten von Versetzungen als auch die Zwillingsbildung an kristallografische Gleit- oder Zwillingssysteme gebunden sind.

Bei der Verformung des makroskopischen Polykristalls müssen sich die anisotropen Körner mit ihren Kristallachsen so drehen, dass der Zusammenhalt der Körner gewährleistet bleibt. Das führt bei Umformprozessen jeweils zu einer charakteristischen Orientierungsverteilung der Kristallachsen. Zum Beispiel orientieren sich die Körner beim Ziehen von Drähten aus einem kubisch raumzentrierten Metall bevorzugt so, dass die Flächendiagonalen des Kristallgitters, das heißt die {110}-Richtungen, parallel zur Drahtachse liegen. Die Orientierungsverteilungsfunktion (OVF) ist das quantitative Maß der Textur.

Das klassische Taylor-Modell beruht auf der Annahme, dass jeder Kristallit die gleiche – und damit die makroskopische – Dehnrate erfährt. Für kubische Metalle und andere Werkstoffe mit einer großen Zahl von Gleitsystemen sagt das Taylor-Modell die Texturen und die daraus folgenden anisotropen plastischen Eigenschaften meist mit akzeptabler Genauigkeit voraus. Für hexagonale Metalle und andere Materialien mit relativ wenigen Gleitsystemen jedoch versagt das Taylor-Modell.

Bessere Voraussagen erhält man mit dem viskoplastisch-selbstkonsistenten Modell (VPSC) nach (Lebensohn 1993). Das Verhalten der Kristallite wird dabei mit einem kontinuumsmechanischen Modell für Einkristallplastizität (Asaro 1983) beschrieben. Die plastische Dehnrate des Einkristalls setzt sich aus den Beiträgen aller aktiven Gleitsysteme zusammen, wobei die Scherrate auf jedem Gleitsystem durch die Schmid'sche Schubspannung gegeben ist:

$$\dot{\varepsilon}_{ij}^{\alpha} = \dot{\gamma}_0 \sum_{\alpha=1}^{S} m_{ij}^{\alpha} \left(\frac{m_{kl}^{\alpha} s_{kl}}{g^{\alpha}} \right)^n \quad (12)$$

Hier nummeriert der Index α die Gleitsysteme von 1 bis S, ijkl sind kartesische Indices, $m_{ij} = b_i n_j$ ist der Schmid-Tensor, der aus den Einheitsvektoren der Gleitrichtung, b_i, und der Gleitebenennormalen, n_j, gebildet wird, s_{kl} ist der Spannungsdeviator, $\dot{\gamma}_0$ ist eine Referenzgleitrate (z.B. 1/s), und der Spannungsexponent n ist ein Modellparameter. Die Verfestigungsfunktion g^{α} gehorcht der Entwicklungsgleichung:

$$\dot{g}^{\alpha} = \frac{d\hat{g}^{\alpha}}{d\Gamma} \sum_{\beta} h_{\alpha\beta} \dot{\gamma}^{\beta} \quad (13)$$

$$\text{mit} \quad \hat{g}^{\alpha} = \tau_0^{\alpha} + (\tau_1^{\alpha} + \theta_1^{\alpha}\Gamma)\left(1 - \exp\left(-\frac{\theta_0^{\alpha}\Gamma}{\tau_1^{\alpha}}\right)\right) \quad (14)$$

Hier ist Γ die über alle Gleitsysteme betragsmäßig summierte Scherung, $h_{\alpha\beta}$ ist die Verfestigungsmatrix, deren Diagonalglieder die Verfestigung eines Gleitsystems durch Gleitung auf diesem System und deren Nichtdiagonalglieder die Verfestigung durch Gleitung auf anderen Systemen beschreiben. Oft werden alle Elemente $h_{\alpha\beta} = 1$ gesetzt; τ_0, τ_1, θ_0, und θ_1 sind für alle Gleitsysteme spezifische Parameter. Die Verformung durch Zwillingsbildung wird ebenfalls durch Gl. (12) beschrieben mit der Nebenbedingung, dass Zwillingsbildung aus kristallografischen Gründen nur einsinnig erfolgen kann, während Gleitung in beide Richtungen möglich ist.

Das VPSC-Modell betrachtet ein repräsentatives einkristallines Korn als Einschluss mit der Form eines Ellipsoids in einer Matrix, welche die über alle Körner gemittelten anisotropen Eigenschaften hat. Durch Linearisierung von Gl. (12) wird das Problem näherungsweise auf das klassische Problem des ellipsoidischen Einschlusses in einer elastischen Matrix zurückgeführt und damit gelöst (Eshelby 1957). Dann wird die Konsistenzbedingung erfüllt, dass das gewichtete Mittel der Dehnraten in allen Körnern gleich der makroskopischen Dehnrate sein muss. Aus den Dehnraten der Körner werden die erforderlichen Rotationen der Kristallgitter und damit die Entwicklung der Orientierungsverteilungsfunktion (OVF) berechnet. Aus der OVF und den Eigenschaften der Kristallite ergeben sich makroskopische Verfestigungskurven und die Fließorte im Spannungsraum.

Typische Rechenzeiten zur Simulation einer idealisierten Walzverformung mit dem VPSC-Modell liegen im Bereich von Sekunden bis Minuten. Die Ergebnisse sind insbesondere für Stoffe mit relativ wenigen Gleitsystemen deutlich realistischer als beim Taylor-Modell. Ein Mangel beider Modelle ist, dass die berechneten Texturen meist schärfer sind als gemessene Texturen. Das war die Motivation für

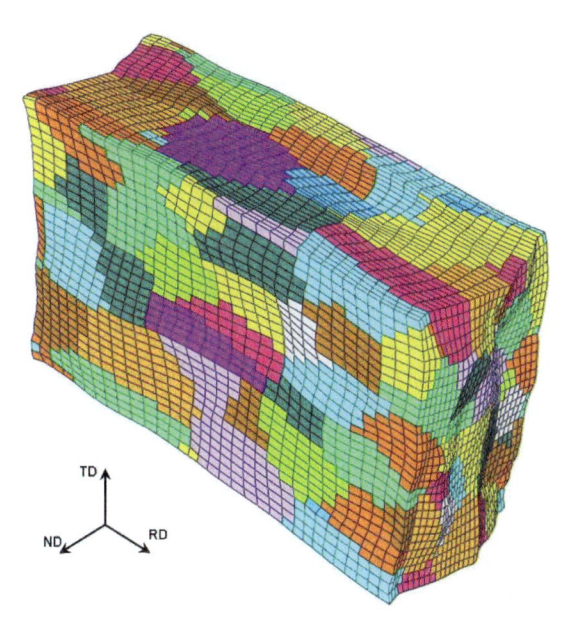

Abb. 1.5: *Verformtes FE-Netz nach idealisierter Walzverformung*

Abb. 1.6: *Stark reduzierte Zipfelbidung nach Optimierung der Prozesskette (Engler 2007)*

verschiedene Weiterentwicklungen (Raabe 2004, Engler 2005), auf die hier nicht im Einzelnen eingegangen werden kann.

Realistischere Ergebnisse erhält man, allerdings mit erheblich höherem numerischem Aufwand, wenn man eine reale oder idealisierte Kornstruktur ortsaufgelöst, z. B. mit Finiten Elementen, modelliert. Jedem Korn wird am Anfang entsprechend der Anfangstextur eine Orientierung zugewiesen. Sein Verhalten wird durch Gl. (12) beschrieben. Abbildung 1.5 zeigt ein solches Modell für eine Aluminiumlegierung nach einer Walzverformung. (Der Anfangszustand war ein würfelförmiger Block). Die Rechenzeit beträgt typischer Weise einen Tag. Als sehr viel effizienter hat sich die Fast Fourier Transform-Methode erwiesen, die das gleiche Problem in ungefähr einer Stunde löst (Prakash and Lebensohn 2009).

1.1.7 Anwendung von Texturmodellen auf Leichtbauwerkstoffe

Aluminiumlegierungen

Die Entwicklung der Textur und anderer Gefügemerkmale in Aluminiumlegierungen wurde in den letzten Jahren gründlich untersucht. Engler *et al.* (Hirsch 2006, Engler 2007) modellieren die Prozesskette vom mehrstufigen Warmwalzen über das Haspeln bis zum Kaltwalzen. Dabei wird nicht nur die Entwicklung der Verformungstextur beschrieben, sondern auch die Teilchen-Ausscheidung und die Rekristallisation mitsamt ihrem Einfluss auf die Textur. Durch sorgfältige Abstimmung der Prozessschritte mithilfe solcher Simulationen kann man erreichen, dass sich die Beiträge des Warm- und Kaltwalzens zur Textur weitgehend kompensieren, sodass annähernd isotrope Bleche entstehen. Die unerwünschte Zipfelbildung lässt sich so gegenüber dem warmgewalzten Zustand (Abb. 1.3) entscheidend reduzieren (Abb. 1.6). Weitere Informationen zu Aluminiumlegierungen finden sich Kapitel II.3.

Magnesiumlegierungen

Allgemeine Informationen zu Magnesiumlegierungen finden sich in Kapitel II.4. Im Folgenden werden Aspekte der Textur gewalzter Bleche dargestellt.

Magnesium und seine Legierungen haben ein hexagonales Kristallgitter, welches bei Raumtemperatur nur wenige aktive Gleitsysteme bietet. Von den in Abbildung 1.7 gezeigten Gleitsystemen sind bei Raumtemperatur nur das basale und das prismatische System aktivierbar. In beiden Fällen liegt der Gleitvektor <11.0> in der basalen Ebene, sodass keine Gleitung senkrecht

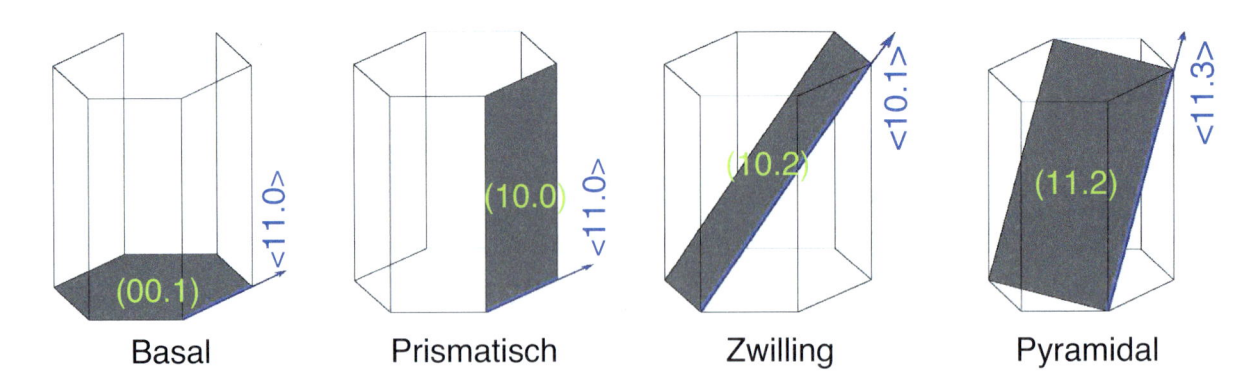

Abb. 1.7: *Gleit- und Zwillingssysteme in hexagonalen Metallen. Gelb: Normalenvektor der Gleitebene, blau: Gleitrichtung*

dazu möglich ist. Das würde die Verformung eines Polykristalls mit zufällig orientierten Körnern praktisch unmöglich machen. Jedoch bietet die Zwillingsbildung die Möglichkeit der Scherung aus der Basalebene heraus, und sie wird in Magnesiumlegierungen tatsächlich aktiviert, sodass eine begrenzte Umformbarkeit auch bei Raumtemperatur besteht.

Bei höheren Temperaturen wird auch die pyramidale Gleitung thermisch aktiviert. Zwillingsbildung ist dann nicht mehr erforderlich. Wie Abbildung 1.8 zeigt, wird die Verformung auf der Kornskala dadurch wesentlich homogener, und es entstehen viel weniger Spannungen an Korngrenzen. Das Material wird dann gut umformbar. Magnesiumlegierungen werden aus diesen Gründen bei ca. 280 °C gewalzt.

In gewalzten Magnesiumblechen entwickelt sich eine ausgeprägte Basaltextur, das heißt die hexagonalen Achsen der Körner richten sich bevorzugt senkrecht zur Blechebene aus. Das wird vom VPSC-Modell richtig wiedergegeben (Walde 2007a). Zur Darstellung eignen sich Polfiguren (Abb. 1.9a).

Die Textur hat eine extreme Zug-Druck-Asymmetrie zur Folge (Abb. 1.9b). Der Grund ist, dass Zwillinge unter Druck in Walzrichtung entstehen können, während für Zugbelastung keine Zwillingsorientierung existiert, in die das Gitter umklappen könnte. Deshalb ist das Material im Druckversuch zunächst leicht durch Zwillingsbildung verformbar. Im weiteren Verlauf erschöpft sich die Möglichkeit der Zwillingsbildung und das Material verfestigt stark. Der Zugversuch, in dem keine Zwillinge aktiviert

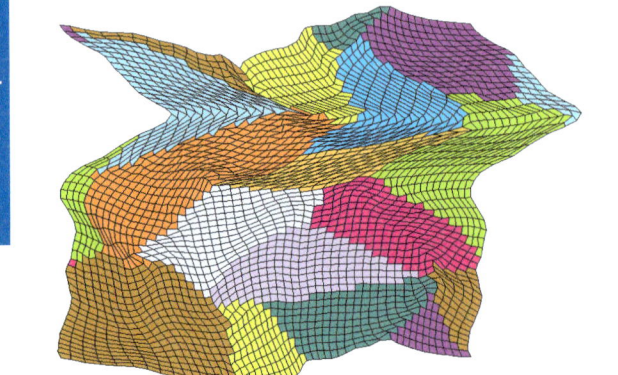

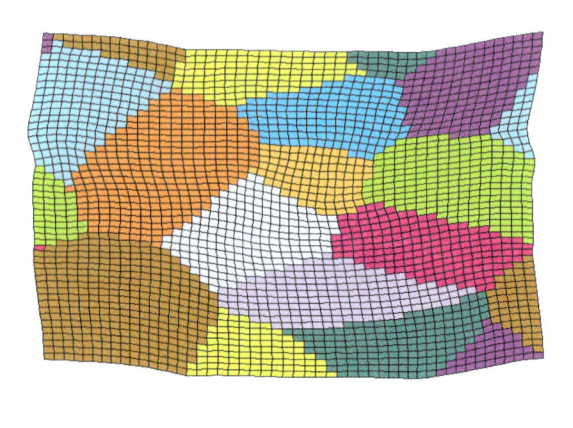

Abb. 1.8: *Idealisierte Walzverformung, Blick in Walzrichtung: Inhomogene Verformung der Körner nach 27 % Dickenreduktion bei Abwesenheit pyramidaler Gleitung (links), homogene Verformung nach 40 % Dickenreduktion bei aktivierter pyramidaler Gleitung (rechts). Die Farben geben die anfängliche Kornorientierung an (Prakash 2009)*

Abb. 1.9: *Links: Gemessene Polfigur eines gewalzten Blechs aus der Mg-Legierung AZ31. Die Konzentration der Häufigkeit im Zentrum zeigt eine basale Textur an. Rechts: Spannungs-Dehnungskurven aus einem Zug- und einem Druckversuch in Walzrichtung (Walde 2007b)*

werden, zeigt dagegen ein konventionelles Verhalten. Das Bild zeigt auch, dass sich diese ausgeprägte Asymmetrie mit dem VPSC-Modell erklären lässt, wenn man die Verfestigungsparameter der Gleitsysteme entsprechend wählt (Walde 2007b).

Die Zug-Druck-Asymmetrie ist nur ein spezieller Ausdruck der Anisotropie des basal texturierten Blechs. Tatsächlich unterscheidet sich die gesamte Fließortkurve stark von der symmetrischen von Mises-Ellipse (Abb. 1.10a). Dazu kommt, dass sich der Fließort bereits bei kleinen Dehnungen weiter verändert. Bei Zugverformung bleibt die Form im Wesentlichen erhalten (Abb. 1.10b), während sich unter Druckverformung das Aussehen des Fließorts stark ändert (Abb. 1.10c). Nach der Druckverformung hat sich die Zug-Druck-Asymmetrie umgekehrt: die Fließspannung in Zugrichtung ist nun wesentlich kleiner als in Druckrichtung.

Die starke Änderung des Fließorts bereits bei moderaten Dehnungen macht unter Umständen die Berücksichtigung der Texturentwicklung in Blechumformsimulationen erforderlich. Tatsächlich hängt die berechnete Zipfelbildung beim Ziehen eines Näpfchens stark davon ab, ob man die Texturänderung während des Ziehens berücksichtigt oder ob man die Textur – wie es üblich ist – konstant hält (Walde 2007b).

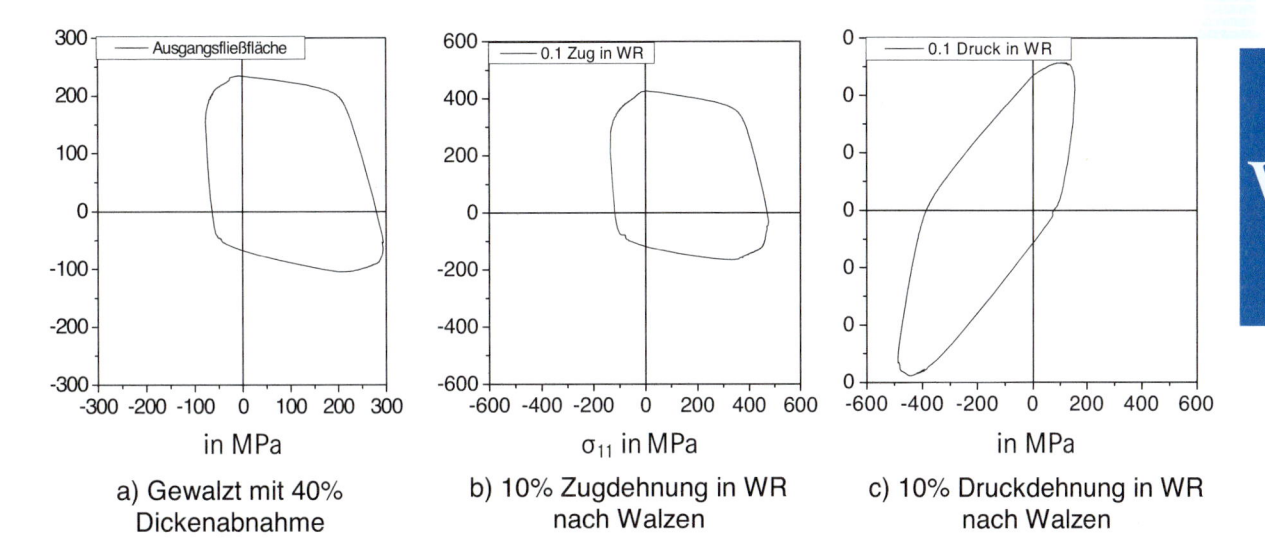

a) Gewalzt mit 40% Dickenabnahme

b) 10% Zugdehnung in WR nach Walzen

c) 10% Druckdehnung in WR nach Walzen

Abb. 1.10: *Mit VPSC berechnete Fließortkurven von Mg AZ31 (Walde 2007b)*

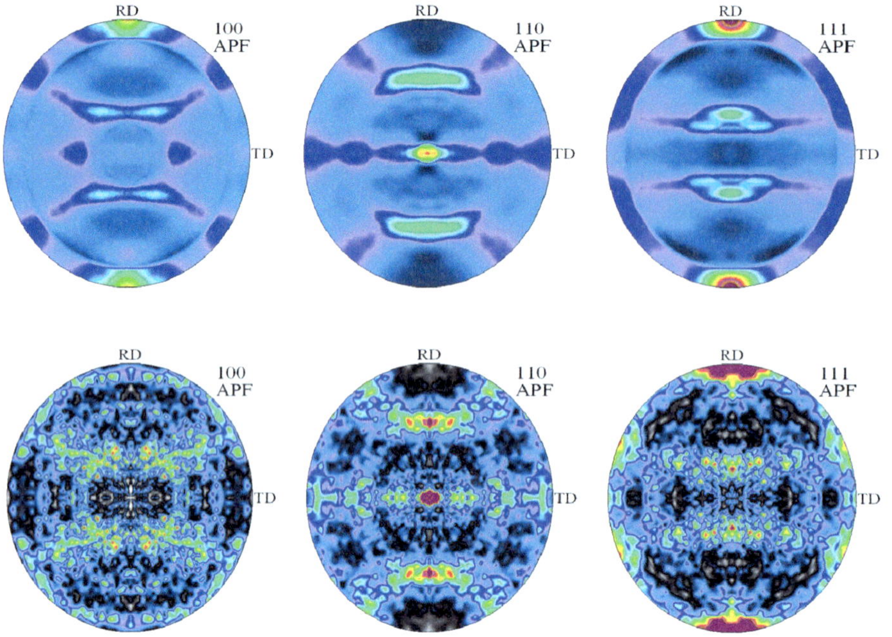

Abb. 1.11: *Polfiguren eines TWIP-Stahls (mit 25% Mn, 3% Si, 2% Al) nach 40% Zug in Walzrichtung. Oben: Röntgenografisch gemessen, unten: mit VPSC berechnet*

TWIP-Stähle

Die in den letzten Jahren entwickelten hochfesten und gut umformbaren Stähle werden zu Recht als Leichtbauwerkstoffe angesehen, da sie wesentlich dünnwandigere Konstruktionen erlauben als konventionelle Tiefziehstähle (Kap. II.2). Eine Gruppe dieser neuen Stähle sind die TWIP-Stähle (*Tw*inning *I*nduced *P*lasticity). Wie der Name sagt, bilden sich in diesen Stählen bei der plastischen Verformung Zwillinge und zwar in Form feiner Lamellen, die wie eine Kornfeinung wirken und damit die Duktilität erhöhen. Nun stellt sich die Frage, ob die starke Zwillingsaktivität zu einem ähnlichen unkonventionellen Verhalten führt wie bei Magnesiumlegierungen.

Um diese Frage zu untersuchen, wurden verbesserte Zwillingsmodelle mit dem VPSC-Modell kombiniert (Prakash 2008). Wie Abbildung 1.11 zeigt, lassen sich damit gemessene Texturen mit hoher Genauigkeit reproduzieren.

Gemessene Verfestigungskurven unter Zugbelastung lassen sich mit diesem Modell ebenfalls gut beschreiben. Druckversuche liegen nicht vor. Das VPSC-Modell sagt jedoch voraus, dass praktisch keine Zug-Druck-Asymmetrie auftritt. Damit sollten diese neuen Werkstoffe mit konventionellen Simulationsmethoden behandelbar sein.

1.2 Beschreibung von Schädigungs- und Versagensmodellen

1.2.1 Bruchmechanismen

Der dominierende Versagensmechanismus in metallischen Leichtbauwerkstoffen unter monoton ansteigender Last ist der duktile Bruch. Bei hinreichend hoher Belastung bilden sich an Einschlussteilchen Poren, die mit zunehmender plastischer Verformung wachsen und schließlich zu einer durchgehenden Bruchfläche zusammenwachsen. In Stählen bilden sich die Poren z. B. an Mangansulfid- oder Aluminiumoxidteilchen.

Abbildung 1.12 verdeutlicht diesen Bruchmechanismus. Die Waben auf der Bruchfläche eines Druckbehälterstahls in Teilbild (a) sind durch Zusammenwachsen von Poren entstanden. In der großen Wabe erkennt man noch das Al_2O_3-Teilchen, an dem sich die Pore gebildet hat. Die kleinen Waben sind charakteristisch für Poren an Carbiden. Das rechte Teilbild zeigt einen Querschliff zur Bruchfläche in einer Aluminiumlegierung. Die abgebildeten Poren sind an Mg_2Si-Teilchen entstanden und haben sich unter Zugverformung gestreckt.

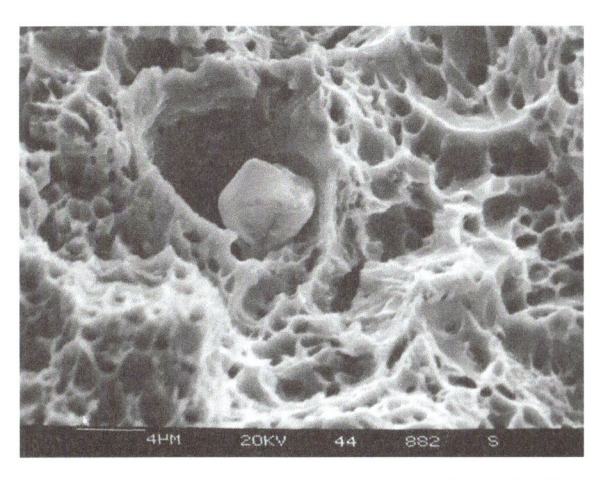

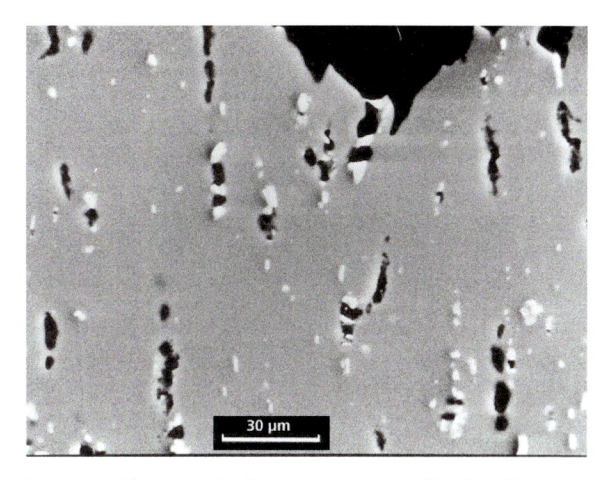

Abb. 1.12: *a) Bruchfläche eines Druckbehälterstahls. b) Schliff senkrecht zur Bruchfläche in der Aluminiumlegierung AlMgSi1; die Bruchfläche ist am oberen Bildrand erkennbar.*

Bevor Modelle für diese spezielle Versagensart dargestellt werden, sollen andere Bruchmechanismen kurz erwähnt werden. Detaillierte Darstellungen zu allen Mechanismen finden sich bei (Riedel 1993).

Kubisch raumzentrierte und hexagonale Metalle brechen bei tiefen Temperaturen spröde entlang kristallografischer Flächen (Spaltbruch). Bei krz-Metallen sind die Spaltflächen die {100}-Ebenen. Mit abnehmender Temperatur steigt der Anteil des Spaltbruchs gegenüber dem des duktilen Bruchs, und Bruchdehnung, Kerbschlagarbeit und Risszähigkeit sinken. Die Übergangstemperatur liegt bei ferritischen Stählen je nach Stahlsorte zwischen 0 °C und -180 °C.

Bei hohen Temperaturen, moderaten Belastungen und langen Belastungsdauern treten diffusionskontrollierte Versagensmechanismen in den Vordergrund. Dies führt zur Bildung von Poren auf Korngrenzen und zu relativ verformungsarmen Brüchen entlang der Korngrenzen.

Zum Versagen von Kunststoffen sei auf Kapitel V.1.4 und V.1.2.6 verwiesen.

Unter zyklischer Belastung entstehen in Metallen Mikrorisse, die in jedem Zyklus wachsen, bis schließlich der duktile oder spröde Restbruch eintritt (Kap. V.4).

1.2.2 Bruchkriterien für duktilen Bruch

Duktiles Versagen wird in der Prozess- und Bauteilsimulation meist mithilfe von Bruchkriterien berücksichtigt. Da der duktile Bruch offenbar auf plastischer Verformung beruht, liegt es nahe, ein Dehnungskriterium zu verwenden. Die kritische Dehnung hängt von der Mehrachsigkeit der Spannung und von der Vorgeschichte der Belastung ab. Diese Vorstellung führt auf einen Schädigungsparameter D, der sich aus einem Integral über die Dehnungsgeschichte ergibt:

$$D = \int_0^{\varepsilon_e^p} \frac{d\varepsilon_e^p}{\varepsilon_f(\eta,\theta)} \quad (15)$$

Bruch tritt ein, wenn $D = 1$; ε_e^p ist die plastische Vergleichsdehnung und ε_f ist die Bruchdehnung unter proportionaler Belastung, das heißt bei konstanten Werten der Mehrachsigkeit $\eta = \sigma_m/\sigma_e$ und des Lode-Winkels θ, der ein dimensionsloses Maß der dritten Invarianten des Spannungstensors darstellt. Gebräuchliche Gesetze dieser Art finden sich im Kapitel V.2 (Wierzbicki 2005, Buchmayr 2006). Viele davon sind in FE-Codes implementiert. Ein Beispiel ist das Johnson-Cook-Modell, bei dem die kritische Dehnung exponentiell mit der Mehrachsigkeit η abnimmt.

Eine häufig beobachtete Abhängigkeit der kritischen Dehnung von der Mehrachsigkeit ist in Abbildung 1.13 schematisch dargestellt (Wierzbicki 2005). Bei höheren Mehrachsigkeiten kann man den gemessenen Verlauf durch den exponentiellen Abfall des

Abb. 1.13: *Abhängigkeit der kritischen Dehnung von der Spannungs-Mehrachsigkeit (schematisch)*

Johnson-Cook-Modells beschreiben. Bei einachsigem Zug ($\eta = 1/3$) weist die Kurve jedoch eine Spitze auf und folgt nicht länger dem exponentiellen Verlauf, sondern fällt zu kleineren Werten von η ab, um bei reiner Scherung ($\eta = 0$) ein Minimum zu erreichen.

In (Wierzbicki 2005) wird dieses Verhalten aus einem Mohr-Coulomb-Kriterium (das ist eine Kombination aus Schub- und Zugspannung) abgeleitet, allerdings ohne dass es für ein solches Kriterium eine mechanismusbasierte Begründung gäbe. Jedoch beschreibt dieser Ansatz – neben einigen anderen Kriterien – das gemessene Verhalten einer Aluminiumlegierung mit guter Genauigkeit (Wierzbicki 2005). Experimentelle Ergebnisse dazu finden sich auch in Kapitel V.2.

Ein spezielles Dehnungskriterium ist das Grenzformänderungsschaubild, welches bevorzugt in der Blechumformung zur Anwendung kommt (Kap. V.1.2.5).

1.2.3 Schädigungsmechanik für duktilen Bruch

Schädigungsmechanische Modelle berücksichtigen die Schädigung im konstitutiven Materialgesetz. Anders als bei den Bruchkriterien im vorigen Abschnitt nimmt die Festigkeit des Materials nun mit zunehmender Schädigung kontinuierlich ab. Neben rein phänomenologischen Modellen (Lemaitre 1992), auf die hier nicht näher eingegangen wird, wurden auch Modelle entwickelt, die auf den Mechanismus der Porenbildung und des Porenwachstums Bezug nehmen. Solche Modelle werden im Folgenden dargestellt. Nicht die Poren im Einzelnen, sondern ihr gemittelter Einfluss auf die kontinuumsmechanischen Gleichungen werden modelliert.

Gurson (Gurson 1977) betrachtet kugelförmige Poren, die unter Zug wachsen und unter Druck schrumpfen, dabei aber ihre Kugelform nicht ändern. Ein Material mit einer großen Zahl solcher Poren wird durch ein Fließpotenzial der Form beschrieben:

$$\Phi = \frac{\sigma_e^2}{\sigma_M^2} + 2f \cosh \frac{3\sigma_m}{2\sigma_M} - 1 - f^2 \quad (16)$$

Hier ist f der Volumenanteil der Poren (kurz Porosität genannt) und σ_M ist die Fließspannung des Matrixmaterials ohne Poren. Für $f = 0$ geht dieses Fließpotenzial in die von Mises'sche Form, Gl. (2), über.

Die Entwicklungsgleichung für die Porosität enthält zwei Beiträge, einen für die Keimbildung neuer Poren, den anderen für das Porenwachstum:

$$\dot{f} = \dot{f}_{nuc} + \dot{f}_{gr} \quad (17)$$

Der Beitrag des Porenwachstums ergibt sich aus der Volumenzunahme, die aus dem Fließpotenzial (Gl. 16) und der Fließregel (Gl. 3) berechnet wird. Für den Beitrag der Keimbildung wird eine phänomenologische Beziehung verwendet, z. B.:

$$\dot{f}_{nuc} = \frac{f_N}{\sqrt{2\pi}s_N} \exp\left(-\frac{1}{2}\left(\frac{\varepsilon_e^p - \varepsilon_N}{s_N}\right)^2\right) \dot{\varepsilon}_e^p \quad (18)$$

Der Parameter f_N gibt den Poren-Volumenanteil an, der allein durch Keimbildung erzeugt werden kann, ε_N kennzeichnet die Dehnung, bei der die Keimbildungsrate ihr Maximum erreicht und s_N ist die Breite des Dehnungsbereichs, in dem Keimbildung stattfindet.

Meist wird das Gurson-Modell in einer durch (Tvergaard 1984) modifizierten Form angewandt, auf die hier nicht eingegangen wird. In dieser Form ist das Modell in einigen FE-Programmen implementiert, und es wird zur Beschreibung der Rissbildung bei Umformprozessen und beim Crash eingesetzt.

Eine wesentliche Weiterentwicklung ist das Modell von Gologanu *et al.* (Gologanu 1993, 1997). Es beruht auf der Analyse von rotationsellipsoidischen Poren und enthält deshalb neben der Porosität als weitere innere Variable das Achsenverhältnis der Rotationsellipsoide. Die Modellgleichungen sind kompliziert und sie werden hier nicht dargestellt. Das Modell ist zu Forschungszwecken in ein FE-Programm (ABAQUS Explicit) implementiert. Zwei Anwendungen auf Leichtbauwerkstoffe folgen in den nächsten Abschnitten.

Die Modelle von Ponte Castaneda *et al.* (Ponte Castaneda 1998, Kailasam 2000) gelten für Poren mit ellipsoidischer Form. Damit entfällt die Einschränkung des Gologanu-Modells auf rotationssymmetrische Poren. Zudem enthält das Modell Entwicklungsgleichungen für die Orientierung der Ellipsoidachsen. Es existieren jedoch noch keine veröffentlichten Ergebnisse zur Simulation von Umformprozessen mit diesen Modellen.

Alle genannten Modelle müssen ergänzt werden durch Kriterien für das schließliche Zusammenwachsen der Poren zu einem makroskopischen Riss. In den folgenden Kapiteln werden Kriterien von (Thomason 1990, Pardoen 2000 und Brown 1973) verwendet. Diese Kriterien machen Gebrauch von der im Gologanu-Modell berechneten Porosität und der Porenform, aber sie sind weit gehend heuristisch. Abbildung 1.14 demonstriert, wie komplex das schließliche Versagen durch Zusammenwachsen der Poren sein kann (Riedel 2005). Modelliert wird eine Zugprobe in ebener Dehnung mit 296 Poren, die alle mit Finiten Elementen vernetzt sind (linkes Teilbild). Bei der Belastung schlägt die anfangs gleichmäßige Verformung aller Poren um in ein Muster, bei dem die Poren in Probenmitte stark anwachsen, während alle anderen Poren noch klein bleiben und wegen der nun abfallenden Spannung auch nicht weiter wachsen. Unter ungefähr 45° bilden sich in Probenmitte Gleitbänder, in denen die Poren dünn und lang gestreckt werden.

1.2.4 Anwendung des Gologanu-Modells auf die Kantenrissbildung beim Walzen

Bei vielen Umformprozessen besteht die Gefahr der Rissbildung. Die Gefahr ist tendenziell größer bei hochfesten Werkstoffen, wie sie im Leichtbau eingesetzt werden. Als Beispiel dient die Kantenrissbildung beim Walzen, die bei vielen Werkstoffen auftreten kann.

Abb. 1.14: *Zweidimensionales Vielporenmodell für Zug in ebener Dehnung. Links ein Ausschnitt aus dem FE-Netz. Rechts: Kollaps durch Dehnungslokalisierung*

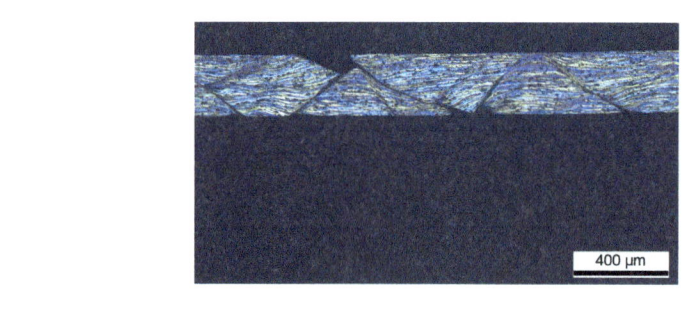

1 Werkstoffmodelle für die Prozess- und Bauteilsimulation

Abb. 1.15: *Kantenrisse an der Bandkante eines kalt gewalzten Aluminiumblechs (oben) und Simulation mit dem Gologanu-Modell (unten)*

Beim Blick auf die Bandkante zeigen solche Kantenrisse ein Zick-Zack-Muster, wie es in Abbildung 1.15 dargestellt ist. Beim Blick auf die Blechebene erkennt man periodisch angeordnete, vom Rand ausgehende Risse. Je nach Schwere der Schädigung können diese Risse mehrere Millimeter lang sein. Um das weitere Risswachstum in nachfolgenden Walzstichen zu vermeiden, werden die Bänder besäumt, was einen nennenswerten Materialverlust und zusätzliche Kosten zur Folge hat. Auf jeden Fall muss vermieden werden, dass die Risse unter dem Einfluss des Bandzugs zum Bandabriss führen, da dies Ausfallzeiten und hohe Kosten verursacht.

In Anlehnung an (Riedel 2007) wird hier der konkrete Fall der Kantenrissbildung in einer Aluminiumlegierung vom Typ AA5xxx beschrieben. Als Schädigungsmodell wird das Gologanu-Modell zusammen mit dem Brown-Embury-Kriterium verwendet. Die Modellparameter werden mithilfe von Zugversuchen in Walz-, Quer- und 45°-Richtung bestimmt.

Untersucht werden zwei aufeinander folgende Walzstiche mit Prozessparametern wie in der Praxis. Abbildung 1.16 zeigt das Ergebnis der Simulation. Wegen der Symmetrie des Problems braucht nur die Hälfte des Blechs simuliert zu werden. Die Symmetrieebene bildet den unteren Bildrand, die Bandkante liegt oben. Das Blech bewegt sich von links nach rechts, die aktuelle Umformzone ist am Farbkontrast zu erkennen. Die Farben stellen die Spannung in Walzrichtung dar. Man erkennt, dass an der Band-

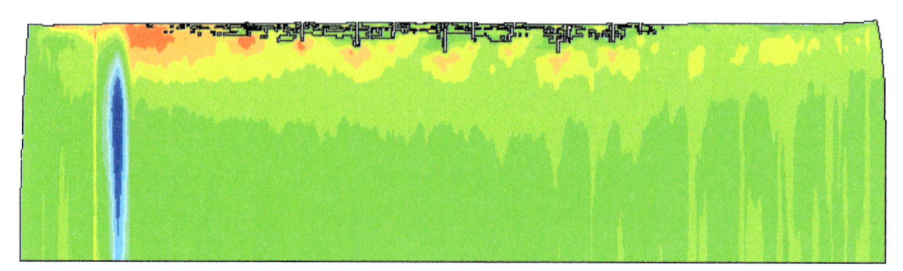

Abb. 1.16: *Blick auf die Blechebene während des ersten und zweiten Walzstichs. Die Farben bezeichnen die Höhe der Spannung in Walzrichtung (rot: hohe Zugspannung, blau: Druckspannung). Im zweiten Stich (unteres Teilbild) entstehen Kantenrisse*

Abb. 1.17: *Bandabriss bei geänderter Verteilung der gesamten Dickenreduktion auf die beiden Stiche*

kante Zugspannungen entstehen, die in der Nähe der Umformzone besonders hoch sind. Jedoch bilden sich im ersten Stich (oberes Teilbild) noch keine Kantenrisse. Diese treten in der Praxis wie in der Simulation im zweiten Stich auf (unteres Teilbild).

Im konkreten Fall war es nicht möglich, durch kleine Änderungen des Stichplans die Kantenrisse zu vermeiden, da der Prozess in der Praxis bereits optimiert war. Änderungen führten eher zu Verschlechterungen des Ergebnisses bis hin zum Bandabriss (Abb. 1.17).

1.2.5 Anwendung des Gologanu-Modells auf das Grenzformänderungsschaubild

Das Grenzformänderungsschaubild (Forming Limit Diagram, FLD) charakterisiert im Bereich der Blechumformung die Umformbarkeit eines Werkstoffs. Es wird in Simulationen verwendet, um die Gefahr der Rissbildung in einem ein- oder mehrstufigen Umformprozess vorherzusagen. Eine gebräuchliche Methode zur Messung der Umformgrenzen im FLD ist der genormte Nakajima-Test (ISO/DIS 12004). Dabei wird eine Serie unterschiedlich taillierter Proben (Abb. 1.18) folgendermaßen getestet: Das Blech wird am Rand von einem kreisförmigen Blechhalter festgehalten und senkrecht zur Blechebene durch einen Stempel mit halbkugelförmiger Oberfläche belastet.

In den verschiedenen Probenformen stellen sich unterschiedliche Spannungszustände ein, von annähernd einachsiger Belastung in der ganz links dargestellten Probe bis zu äqui-biaxialer Belastung in der Probe ganz rechts. Die Dehnungen werden auf der Blechoberseite gemessen, z. B. mit einem optischen Messverfahren. Die Auswertungsprozedur ist genormt (ISO/DIS 12004).

Für einen ultra-hochfesten Complex-Phasen-Stahl (CP1000) wurden Tests beim Stahlhersteller (voestalpine) und parallel dazu FE-Simulationen mit dem Gologanu-Modell durchgeführt (Falkinger 2010). Abbildung 1.19 zeigt einen Vergleich der Ergebnisse. Die Modellparameter waren an einen sogenannten Bulge-Test angepasst worden. Dabei wird eine kreisförmige Probe nicht wie im Nakajima-Test über einen Stempel, sondern über Flüssigkeitsdruck belastet. Man erkennt, dass mit den so bestimmten Modellparametern die Ergebnisse der Nakajima-Tests gut vorhergesagt werden können.

Generell erfolgt das Versagen auf der linken Seite des FLD (bei negativem ε_{II}) durch Einschnüren, das heißt durch lokale Dickenabnahme des Blechs. Auf der rechten Seite dominiert die duktile Schädigung, und der Bruch erfolgt ohne vorhergehende lokalisierte Einschnürung.

Der Vorteil eines zuverlässigen Schädigungsmodells ist nicht nur, dass damit Versuche eingespart werden können, sondern auch, dass damit beliebige Belastungspfade modelliert werden können.

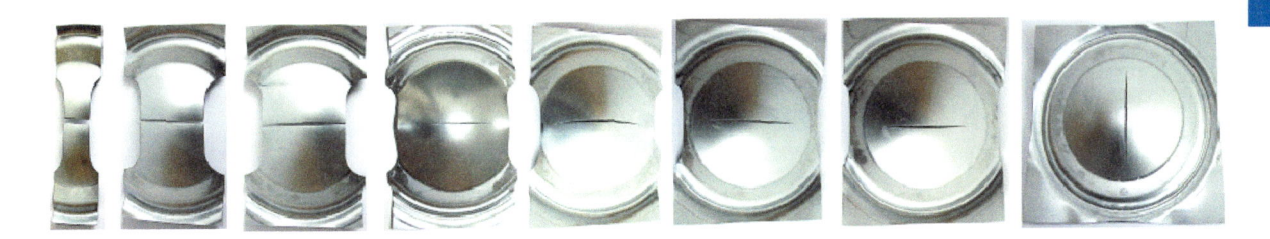

Abb. 1.18: *Probenformen im Nakajima-Test*

Abb. 1.19: *Gemessenes und berechnetes Grenzformänderungsschaubild (Falkinger 2010). Die blauen Linien geben die Richtungen der einachsigen und äqui-biaxialen Belastung an*

Während sich die Dehnungen im Nakajima-Versuch auf einem speziellen, ungefähr linearen Pfad ausgehend vom Nullpunkt entwickeln, erfährt das Material beim Umformen, speziell bei mehrstufigen Prozessen, oft eine ganz andere Belastungsgeschichte. Die kritischen Dehnungen können dann deutlich anders sein als im Nakajima-Test. Ein Modell wie das Gologanu-Modell, welches die Belastungsgeschichte berücksichtigt, kann dies korrekt beschreiben. Allerdings ist die Übereinstimmung von gemessenen und berechneten FLDs noch nicht in allen Fällen so gut wie in Abbildung 1.19.

1.2.6 Bruchverhalten faserverstärkter Kunststoffe

Faserverstärkte Kunststoffe sind typische Leichtbauwerkstoffe. In der Luftfahrt werden Kohlenstofffaser verstärkte Kunststoffe (CFK) bereits in großem Umfang eingesetzt. Die Fasern sind als Endlosfasern in Form von Gelegen oder Geweben in die Kunststoffmatrix eingebettet. Im Automobilbau werden eher Langfaser verstärkte Thermoplaste (LFT) eingesetzt mit Faserlängen im Bereich von Millimetern bis Zentimetern.

Die folgenden Abbildungen illustrieren die Herausforderungen bei der Simulation von Langfaser verstärkten Werkstoffen (Seelig 2008). Ein Demonstratorbauteil aus Polypropylen mit 12 mm langen Glasfasern wird durch Fließpressen hergestellt. Abbildung 1.20a zeigt den Herstellungsprozess: Das Vorprodukt („Plastifikat') wird in das Werkzeug eingelegt; es ist in Abbildung 1.20a blau gekennzeichnet. Dann wird das Werkzeug geschlossen, der Oberstempel übt Druck auf das Plastifikat aus, und das Material verteilt sich in der Kavität. Die Farben in Abbildung 1.20a stellen den berechneten Füllzustand zu verschiedenen Zeiten dar.

Bei der Formfüllung richten sich die Fasern im Strömungsfeld aus, sodass das Bauteil lokal variierende anisotrope Eigenschaften erhält. Die Faserorientierung kann man aus dem Geschwindigkeitsgradienten des Strömungsfelds berechnen (Folgar 1984, Strautins 2007). Abbildung 1.20b zeigt das Ergebnis. Auf der Seite, auf der das Plastifikat eingelegt war, sind die Fasern stark ausgerichtet (rot). Ab dem verdickten Mittelsteg des Bodens nimmt die Ausrichtung ab.

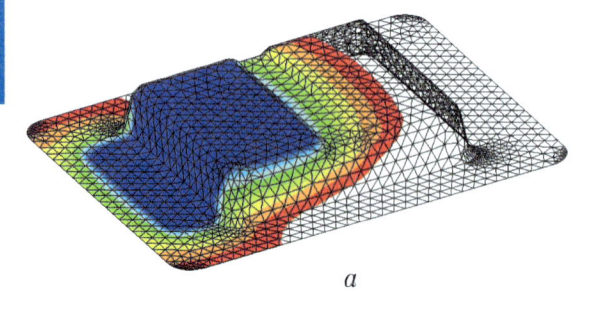

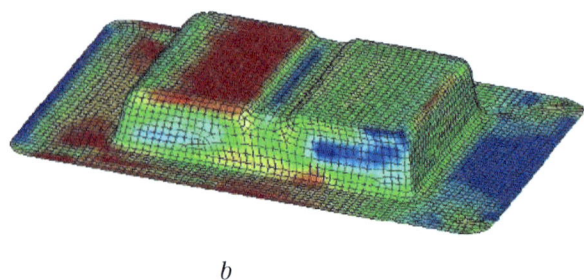

Abb. 1.20: *Simulation der Formfüllung (links). Die Farben im rechten Bild stehen für den maximalen Eigenwert des Faserorientierungstensors; rot: starke Ausrichtung, blau: annähernd isotrop*

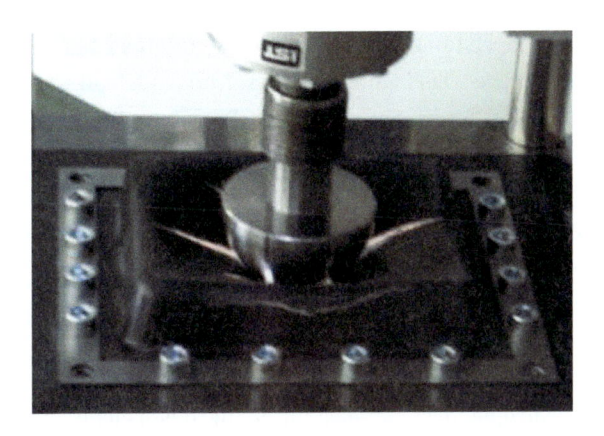

Abb. 1.21: *Quasistatischer Crashversuch mit halbkugelförmigem Stempel: Rissmuster im Versuch und in der Simulation*

Die Faserorientierung bestimmt die anisotropen Verformungs- und Brucheigenschaften. Damit wird die nachfolgende Simulation eines quasistatischen Crashversuchs durchgeführt. Als Plastizitätsmodell wird das Hillsche Modell verwendet, erweitert durch eine Druckabhängigkeit, um die beobachtete Zug-Druck-Asymmetrie zu beschreiben. Als Bruchkriterium dient ein Dehnungskriterium mit einer kritischen Dehnung von 2 % in Hauptfaserrichtung und von 4 % senkrecht dazu.

Damit lassen sich die quasistatischen Crashversuche simulieren. Der Versuchsaufbau und das sich ergebende Rissmuster sind in Abbildung 1.21 zu erkennen.

In Abbildung 1.22 sind die gemessenen und berechneten Kraft-Weg-Verläufe verglichen. Der erste Kraftabfall entspricht dem Bruch des verdickten Mittelstegs des Bauteils. Sowohl bezüglich der Rissmuster als auch der Kräfte stimmen die Simulationen mit den Beobachtungen gut überein.

Endlosfaser verstärkte Kunststoffe wie CFK werden oft als Laminate aus mehreren Einzellagen aufgebaut. In den Einzellagen können die Fasern auf vielfältige Art angeordnet sein. Am einfachsten sind UD-Lagen, in denen die Fasern parallel (also unidirektional) ausgerichtet sind. Das Laminat kann dann für jeden Anwendungsfall maßgeschneidert aus Schichten mit beliebigen Orientierungen aufgebaut sein. Häufig werden Orientierungswinkel von 0°, 45° und 90° miteinander kombiniert.

Modelliert werden diese Laminate im Rahmen der Kontinuumsmechanik als anisotrope elastische Werkstoffe (Tsai 1992), deren Elastizitätskonstanten man aus den Eigenschaften der UD-Lagen ableiten kann. Auf die elastische Verformung folgt in den gebräuchlichen Modellen unmittelbar der Bruch ohne vorhergehende plastische Verformung. Er wird durch Spannungskriterien beschrieben, die in plausibler Weise den Bruch der Fasern und der Matrix oder der Faser-Matrix-Grenzfläche berücksichtigen (Tsai 1992, Puck 1996). Unter Druckbelastung kommen das Beulen der Faserbündel und andere Versagensmodi hinzu.

Die Beschreibung des Laminats als homogenes anisotropes Kontinuum stößt an ihre Grenzen, wenn das lokale Versagen einzelner Lagen eine wichtige Rolle für das Einsatzverhalten eines Bauteiles spielt.

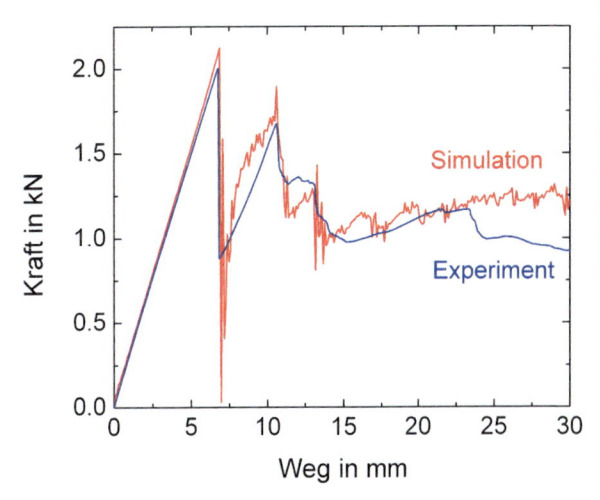

Abb. 1.22: *Vergleich von gemessener und berechneter Kraft als Funktion des Stempelwegs*

Experimente ergeben dann unter anderem, dass die Bruchspannung einer gelochten Platte mit abnehmendem Lochdurchmesser ansteigt, während ein homogenes Kontinuumsmodell keine solche Abhängigkeit erwarten lässt, solange das Loch klein gegen die Plattenbreite ist.

Schäuble *et al.* (Maschke 1997, Kyrkach 2004) modellieren das sukzessive lokale Versagen in einzelnen, unterschiedlich orientierten Lagen. Damit können der Bruchverlauf und die Festigkeit von Laminaten berechnet werden, die z.B. durch eine Bohrung gestört sind. Abbildung 1.23 zeigt ein Bruchbild, wie es in solchen Proben in typischer Weise entsteht, sowie die simulierte Abfolge und Ausrichtung intralaminarer Bruchflächen. Die Kunststoff-Matrix versagt in entsprechend orientierten Lagen schon bei ca. einem Drittel der Maximallast.

Abbildung 1.24 zeigt die berechnete Festigkeit einer Zugprobe mit Bohrung als Funktion des Winkels zwischen Belastungsrichtung und Faserorientierung in der 0°-Lage. Das Laminat ist anisotrop aufgebaut und besitzt 50 Prozent 0°-Lagen, 40 Prozent ±45°-Lagen und 10 Prozent 90°-Lagen (50/40/10-Laminat). Der relativ hohe Anteil an 0°-Lagen führt zur höchsten Festigkeit, wenn in dieser Richtung belastet wird. Entsprechend ist die Festigkeit am geringsten bei Belastung in Richtung der nur mit 10 Prozent vertretenen 90°-Lagen. Durch Wahl des Laminataufbaus aus verschieden orientierten Lagen kann man so die Anisotropie des Bauteils im Sinne des Leichtbaus optimal an die vorherrschende Belastungsrichtung anpassen.

Eine Möglichkeit, dieses komplexe Bruchverhalten in realen Bauteilen rechnerisch zu berücksichtigen, ist die Einbettung eines detaillierten Modells der Schädigungszone in ein FE-Bauteilmodell (Abb. 1.25) (Kyrkach 2004).

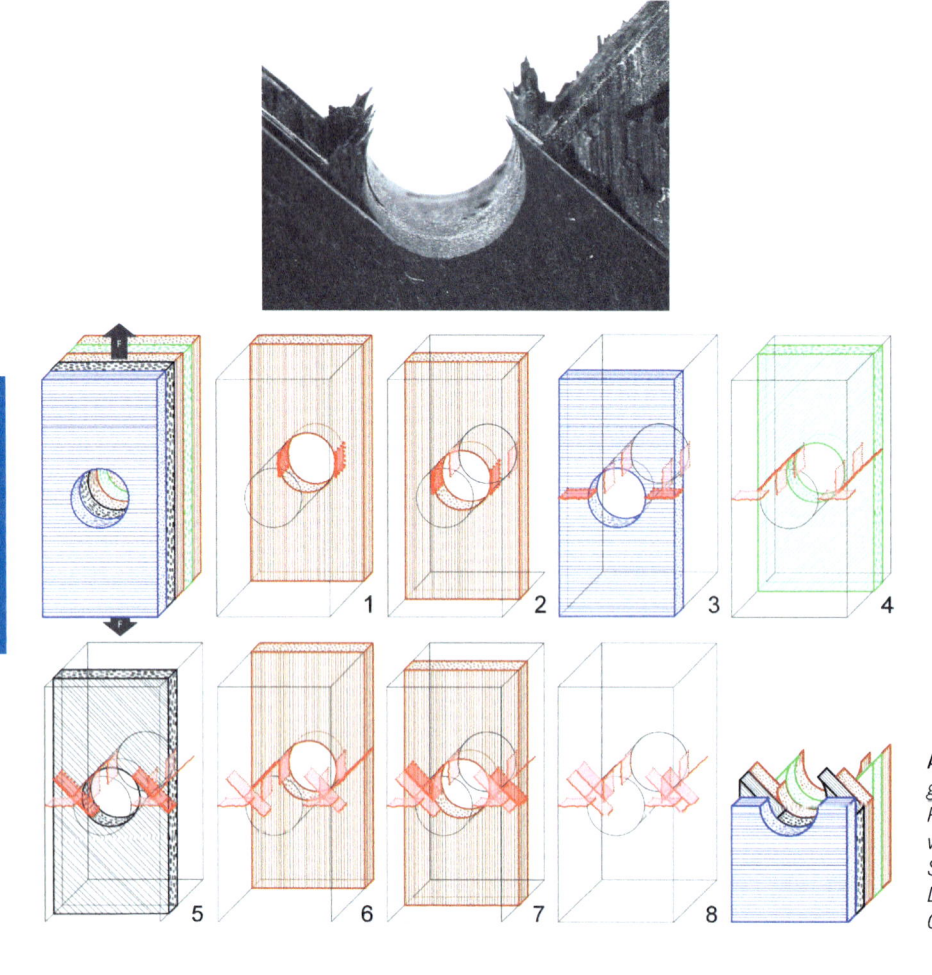

Abb. 1.23: *Bruchbild einer gelochten CFK-Zugprobe. Reihenfolge der Ausbildung von Bruchflächen aus der Simulation (schematisch). Die Probe ist ein Laminat aus 0°/45°/90°-UD-Schichten*

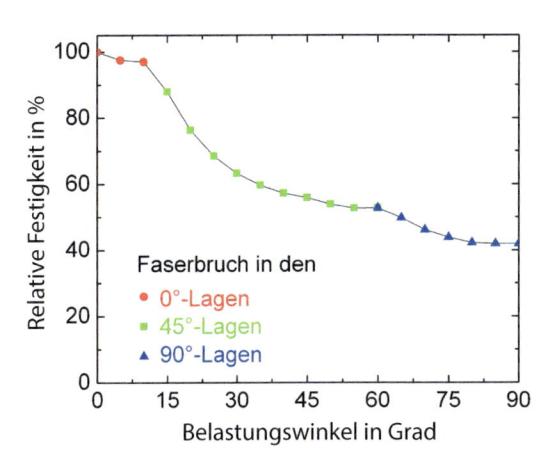

Abb. 1.24: *Berechnete Festigkeit einer 50/40/10-Zugprobe mit Bohrung in Abhängigkeit vom Winkel zwischen Lastrichtung und 0°-orientierten Fasern*

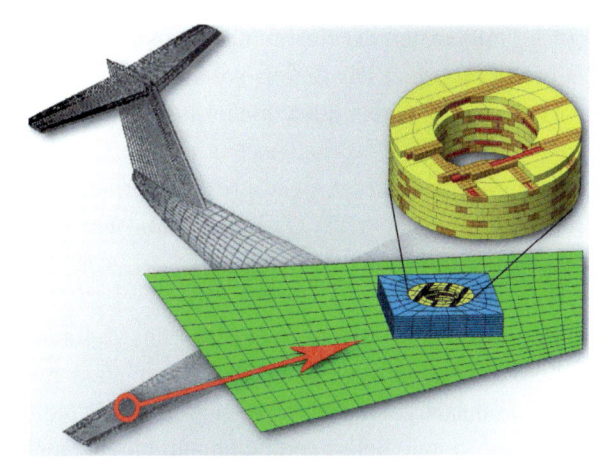

Abb. 1.25: *Einbettung eines detaillierten Modells mit 3D-Auflösung der Einzellagen (gelb) in ein 3D-Kontinuumsmodell (blau), welches in ein Schalenmodell (grün) eingebettet ist*

1.2.7 Bruchmechanik

Die Bruchmechanik hat das Ziel, die Beeinträchtigung der Bauteilfestigkeit durch Risse zu beurteilen. Es kann sich dabei um einen zerstörungsfrei nachgewiesenen Riss handeln (s. Kap. V.3) oder um einen Riss, den man annehmen muss, weil man ihn mit den eingesetzten Prüfverfahren nicht ausschließen kann.

Die Konzepte der Bruchmechanik beruhen darauf, dass die Spannungs- und Dehnungsfelder an Rissspitzen unter gewissen einschränkenden Bedingungen universell, das heißt unabhängig von der Proben- oder Bauteilform sind. Dies wird im Folgenden für elastisches, dann für elastisch-plastisches Materialverhalten ausgeführt. Detailliertere Darstellungen finden sich in zahlreichen Lehrbüchern zur Bruchmechanik, z. B. (Gross 2006, Riedel 1993).

In elastischen Materialien ist das Spannungsfeld nahe an einer Rissspitze:

$$\sigma_{ij} = \frac{K_I}{\sqrt{2\pi r}} f_{ij}(\theta) \tag{19}$$

Hier sind r und θ Polarkoordinaten um die Rissspitze, $f_{ij}(\theta)$ ist eine durch trigonometrische Funktionen gegebene Funktion des Polarwinkels und K_I ist der Spannungsintensitätsfaktor, der linear mit der Belastung ansteigt und von der Risslänge und der Probengeometrie abhängt. Für einen kreisförmigen Riss mit Radius a im unendlichen Medium ist zum Beispiel

$$K_I = \frac{2}{\pi}\sqrt{\pi a}\,\sigma \tag{20}$$

wobei σ die angelegte Spannung ist. Spannungsintensitätsfaktoren für reale Probengeometrien sind in verschiedenen Kompendien tabelliert, z. B. (Rooke 1974).

Die Kernaussage der linear elastischen Bruchmechanik ist nun, dass sich ein Riss in einem Bauteil genau so verhält wie ein Riss in einer Laborprobe, wenn der Spannungsintensitätsfaktor gleich ist. Wenn man also in der Laborprobe Rissausbreitung bei einem kritischen Wert K_{Ic}, der so genannten Bruchzähigkeit, beobachtet, so wird der Riss auch im Bauteil wachsen, wenn dieser Spannungsintensitätsfaktor erreicht ist. Bei zyklischer Beanspruchung gilt analog, dass die Rissverlängerung pro Zyklus mithilfe des Spannungsintensitätsfaktors von der Probe auf das Bauteil übertragbar ist.

Die wichtigste einschränkende Bedingung für die linear elastische Bruchmechanik ist, dass die plastische Zone, die sich im divergierenden Rissspitzenfeld ($\sigma \propto 1/\sqrt{r}$) unweigerlich bildet, hinreichend klein gegen die Risslänge und andere Probendimensionen sein muss oder umgekehrt, dass die Probe hinreichend groß gegen die plastische Zone sein muss. Dies ist in der Norm ASTM-E399 quantifiziert.

Jenseits der Gültigkeitsgrenzen der linear elastischen Bruchmechanik können Risse in elastisch-plastischen Materialien mithilfe des J-Integrals

(Rice 1968) anstatt des Spannungsintensitätsfaktors behandelt werden. Für Details sei auf die Literatur verwiesen, z. B. (Gross 2006, Riedel 1993).

Angewandt wird die Bruchmechanik hauptsächlich bei sehr hohen Anforderungen an die Sicherheit (z. B. Kerntechnik) oder an den Leichtbau (z. B. Weltraumtechnik). Ein Beispiel ist der Booster der Ariane 5 Rakete (Abb. 1.26).

Die Gehäuse der Booster bestehen aus zylindrischen Segmenten aus einem hochfesten Stahl mit 8 mm Wandstärke. Bis vor einigen Jahren waren die Segmente durch Bolzenverbindungen miteinander verbunden. Inzwischen sind sie verschweißt, was zu einer Verminderung des Startgewichts um mehrere Tonnen und damit zu einer erheblichen Erhöhung der Nutzlast geführt hat. Diese Verbesserung konnte nur mithilfe aufwändiger FuE-Arbeiten realisiert werden. Dazu gehörten auch anspruchsvolle bruchmechanische Untersuchungen, die zur Gewährleistung der Sicherheit erforderlich waren (Windisch 2009).

Abb. 1.26: *Ariane 5 mit den beiden seitlich angebrachten Boostern (Quelle: Arianespace)*

1.3 Weiterführende Informationen

Literatur

Asaro, R. J.: Crystal Plasticity. J. Appl. Mech. 50, 1983, S. 921–934

Banabic, D., Comsa, D. S., Sester, M., Selig, M., Kubli, W., Mattiasson, K., Sigvant, M.: Influence of Constitutive Equations on the Accuracy of Prediction in Sheet Metal Forming Simulation. In: Numisheet 2008. Proc. 7th International Conference and Workshop on Numerical Simulation of 3D Sheet Metal Forming Processes. Hrsg. v. P. Hora. Institute of Virtual Manufacturing, ETH Zürich, 2008, S. 37–42

Barlat, F., Lian, J.: Plastic Behavior and Stretchability of Sheet Metals. Part I: A Yield Function for Orthotropic Sheets under Plane Stress Conditions. Int. J. of Plasticity, 5, 1989, S. 51–66

Barlat, F., Yoon, J. W., Cazacu, O.: On Linear Transformations of Stress Tensors for the Description of Plastic Anisotropy. Int. J. Plasticity, 23, 2007, S. 876–896

Beer, F. P., Johnson, E. R.: Mechanics of Materials. McGraw-Hill, New York, 1992

Brown, L. M., Embury, J. D.: The Initiation and Growth of Voids at Second Phase Particles. Proc. 3rd Int. Conf. on Strength of Metals and Alloys. Institute of Metals, London, 1973

Buchmayr, B., Rüf, G., Sommitsch, C.: Modellierung der duktilen Schädigung einer Nickelbasislegierung unter Berücksichtigung der Werkstoffentfestigung bei der Warmformgebung. Lehrstuhl für Umformtechnik der Montanuniversität Leoben, 2006. http://www.metalforming.at/CDL-MMS/downloads/paper_5.pdf

Chaboche, J. L.: A Review of Some Plasticity and Viscoplasticity Constitutive Theories. Int. J. Plasticity, 24, 2008, S. 1642–1693

Dell, H., Gese, H., Oberhofer, G.: Advanced Yield Loci and Anisotropic Hardening in the Material Model MF GenYld + CrachFEM. In: Numisheet 2008. Proc. 7th International Conference and Workshop on Numerical Simulation of 3D Sheet

Metal Forming Processes, Part A. Hrsg. v. P. Hora. Institute of Virtual Manufacturing, ETH Zürich, 2008, S. 49–54

Doege, E., Zenner, H., Palkowski, H., Hatscher, A., Schmidt-Jürgensen, R., Kulp, S., Sunderkötter, C.: Einfluss elastischer Kennwerte auf die Eigenschaften von Blechformteilen. Mat.-wiss. u. Werkstofftech., 33, 2002, S. 667–672

Engler, O., Crumbach, M., Li, S.: Alloy-dependent Rolling Texture Simulation of Aluminium Alloys with a Grain Interaction Model. Acta mater, 53, 2005, S. 2241–2257

Engler, O., Löchte, L., Hirsch, J.: Through-process Simulation of Texture and Properties During the Thermomechanical Processing of Aluminium Sheets. Acta Mater, 55, 2007, S. 5449–5463

Eshelby, J.: The Determination of the Elastic Field of an Ellipsoidal Inclusion and Related Problems. Proc. R. Soc. Lond. A241, 1957, S. 376–396

Falkinger, G.: Mikromechanische Modelle für die Umformung von Stahlblech. Diss., Karlsruher Institut für Technologie, 2011

Falkinger, G., Andrieux, F., Helm, D., Riedel, H.: Finite-element Modelling of Nakajima Tests in Due Consideration of Anisotropic Ductile Damage. Proceedings of the 2010 IDDRG conference, Graz

Folgar, F., Tucker, C. L.: Orientation Behavior of Fibers in Concentrated Suspensions. J. of Reinforced Plastics and Composites, 3, 1984, S. 98–119

Gologanu, M., Leblond, J. B., Devaux, J.: Approximate models for ductile metals containing nonspherical voids - case of axisymmetric prolate ellipsoidal cavities. J. Mech. Phys. Solids, 41, 1993, S. 1723–1754

Gologanu, M., Leblond, J. B., Perrin, G., Devaux, J.: Continuum Micromechanics. CISM Courses and Lectures, Nr. 377. Hrsg. v. P. Suquet. 1997, S. 61–130

Gross, D., Seelig, T.: Fracture Mechanics. Springer Verlag, Berlin/Heidelberg, 2006

Gurson, A. L.: Continuum theory of ductile rupture by void nucleation and growth: Part I-yield criteria and flow rules for porous ductile media. J. Engn. Mater. Tech. 99, 1977, S. 2–15

Hill, R.: Constitutive Modeling of Orthotropic Plasticity in Sheet Metals. J. Mech. Phys. Solids., 38, 1990, S. 405–417

Hill, R.: A Theory of the Yielding and Plastic Flow of Anisotropic Metals. Proc. Roy. Soc., A193, 1948, S. 281–297

Hirsch, J. (Hrsg.): Virtual Fabrication of Aluminum Products – Microstructural Modeling in Industrial Aluminum Production. Wiley-VCH Verlag, Weinheim, 2006

Johnson, G. R., Cook, W. H.: Fracture characteristics of three metals subjected to various strains, strain rates, temperatures and pressures. Engn. Fracture Mech., 21, 1985, S. 31–48

Kailasam, M., Aravas, N., Ponte Castaneda, P.: Porous Metals with Developing Anisotropy: Constitutive Models, Computational Issues and Applications to Deformation Processing. Computer Modeling in Engng. Sci., 1, 2000, S. 105–118

Kailasam, M., Ponte Castaneda, P.: A general constitutive theory for linear and nonlinear particulate media with microstructure evolution. J. Mech. Phys. Solids, 46, 1998, S. 427–465

Koch, A.: Identifikation, Modellierung und Simulation der Materialeigenschaften von Blechwerkstoffen in Umformprozessen. Diplomarbeit, Universität Karlsruhe, 2010

Kowalsky, U., Ahrens, H., Dinkler, D.: Distorted Yield Surfaces-modeling by Higher Order Anisotropic Hardening Tensors. Comp. Mater. Sci., 16, 1999, S. 81–88

Krasovsky, A.: Verbesserte Vorhersage der Rückfederung bei der Blechumformung durch weiterentwickelte Werkstoffmodelle. Diss., Universität Karlsruhe, 2005

Krasovsky, A., Schmitt, W., Riedel, H.: Material Characterization for Reliable and Efficient Springback Prediction in Sheet Metal Forming. steel research int., 77, 2006, S. 747–752

Kubli, W., Krasovsky, A., Sester, M.: Advanced Modeling of Reverse Loading Effects for Sheet Metal Forming Processes. In: Numisheet 2008. Proc. 7th International Conference and Workshop on Numerical Simulation of 3D Sheet Metal Forming

Processes. Hrsg. v. P. Hora. Institute of Virtual Manufacturing, ETH Zürich, 2008, S. 479–484

Kyrkach, O., Schäuble, R.: Damage and Strength Analysis of Bolted Joints in CFRP. In: Proceedings of the 25th International SAMPE Europe Conference. Hrsg. v. K. Drechsler. SAMPE EUROPE, Paris, 2004, S. 235–240

Lebensohn, R. A., Tomé, C. N.: A Self-consistent Anisotropic Approach for the Simulation of Plastic Deformation and Texture Development of Polycrystals. Acta metall. Mater, 41, 1993, S. 2611–2624

Lemaitre, J.: A Course on Damage Mechanics. Englisch (USA) Springer Verlag, Berlin/Heidelberg, 1992

Maschke, H.-G., Schäuble, R., Rittenbacher, R., Busch, M.: Versagensanalyse von Faserverbundwerkstoffen auf mesoskopischem Strukturniveau. In: K. Friedrich (Hrsg.): Verbundwerkstoffe und Werkstoffverbunde. DGM Informationsges., Oberursel, 1997, S. 745–750

Mattiasson, K., Strange, A., Thilderkvist, P., Samuelsson, A.: Simulation of Springback in Sheet Metal Forming. In: S.-F. Shen, P. R. Dawson (Hrsg.): Simulation of Materials Processing. Numiform 95, Balkema, Rotterdam, 1995, S. 115–124

Mrovec, M., Nguyen-Manh, D., Pettifor, D. G., Vitek, V.: Bond-order Potential for Molybdenum: Application to Dislocation Behavior. Phys. Rev. B 6909, 2004, S. 4115

Pardoen, T., Hutchinson, J. W.: An Extended Model for Void Growth and Coalescence. J. Mech. Phys. Solids, 48, 2000, S. 2467–2512

Prakash, A., Hochrainer, T., Reisacher, E., Riedel, H.: Twinning Models in Self-consistent Texture Simulations of TWIP Steels. steel research int., 79, 2008, S. 645–652

Prakash, A., Lebensohn, R. A.: Simulation of Micromechanical Behavior of Polycrystals: Finite Elements Versus Fast Fourier Transforms. Modelling Simul. Mater. Sci. Eng., 17, 2009, 064010 (16 S.)

Prakash, A., Weygand, S. M., Riedel, H.: Modeling the Evolution of Texture and Grain Shape in Mg alloy AZ31 Using the Crystal Plasticity Finite Element Method. Comput. Mater. Sci., 45, 2009, S. 744–750

Puck, A.: Festigkeitsanalyse von Faser-Matrix-Laminaten. Carl Hanser Verlag, München, 1996

Raabe, D., Roters, F., Barlat, F., Chen, L.-Q. (Hrsg.): Continuum Scale Simulation of Engineering Materials. Wiley VCH Verlag, Weinheim, 2004

Rice, J. R.: A Path Independent Integral and the Approximate Analysis of Strain Concentration by Notches and Cracks. J. Appl. Mech., 35, 1968, S. 379–386

Riedel, H.: Fracture Mechanisms. In: R.-W. Cahn, P. Haasen, E. J. Kramer (Hrsg.): Materials Science and Technology. Bd. 6: Plastic Deformation and Fracture of Materials. Hrsg. v. H. Mughrabi. Kap. 12. VCH-Verlag, Weinheim, 1993, S. 565–633

Riedel, H., Andrieux, F., Sun, D.-Z., Walde, T.: Verbesserte konstitutive Modelle zur Beschreibung von Umformprozessen – Numerische Implementierung, Experimente und Anwendungen. In: R. Kopp (Hrsg.): Erweiterung der Formgebungsgrenzen. Englisch (USA) Deutsche Forschungsgemeinschaft, Bonn, 2005, S. 13–22

Riedel, H., Andrieux, F., Walde, T., Karhausen, K.-F.: The Formation of Edge Cracks during Rolling of Metal Sheet. steel research int., 78, 2007, S. 818–824

Rooke, D. P., Cartwright, D. J.: Stress Intensity Factors. Her Majesty's Stationery Office, London, 1974

Seelig, T., Latz, A., Sanwald, S.: Modelling and Crash Simulation of Long-fibre-Reinforced Thermoplastics. In: Proceedings 7th LS-DYNA Forum, Bamberg. DYNAmore, 2008, S. DI33–DI40

Sester, M., Krasovskyy, A., Kubli, W.: Material Data for Advanced Yield Surface and Hardening Models in AutoForm. In: IDDRG International Conference, Golden, Colorado, 2009, S. 207–218

Strautins, U., Latz, A.: Flow Driven Orientation Dynamics of Flexible Long Fiber Systems. Rheologica Acta, 46, 2007, S. 1057–1064

Thomason, P. F.: Ductile Fracture of Metals. Pergamon Press, Oxford, 1990

Tsai, S. W.: Theory of Composites Design. Think Composites, Dayton, 1992

Tvergaard, V.: Influence of Voids on Shear Band Instabilities under Plane Strain Conditions. Int. J. Fracture, 17, 1981, S. 389–407

Vitek, V., Paidar, V.: Non-planar Dislocation Cores: A Ubiquitous Phenomenon Affecting Mechanical Properties of Crystalline Materials. In: J. Hirth (Hrsg.): Dislocations in Solids, 14. Elsevier, 2008, S. 438-514

Walde, T., Riedel, H.: Modeling Texture Evolution During Hot Rolling of Magnesium Alloy AZ31. Mater. Sci. Eng., A443, 2007, S. 277-284

Walde, T., Riedel, H.: Simulation of Earing during Deep Drawing of Magnesium Alloy AZ31. Acta mater, 55, 2007, S. 867-874

Weygand, D., Gumbsch, P.: Study of Dislocation Reactions and Rearrangements under Different Loading Conditions. Mat. Sci. Eng, A400-401, 2005, S. 158

Wierzbicki, T., Bao, Y., Lee, Y.-W., Bai, Y.: Calibration and Evaluation of Seven Fracture Models. Int. J. Mech. Sci., 47, 2005, Englisch (USA) S. 719-743

Windisch, M., Sun, D.-Z., Memhard, D., Siegele, D.: Defect Tolerance Assessment of ARIANE 5 Structures on the Basis of Damage Mechanics Material Modelling. Eng. Fracture Mech., 76, 2009, S. 59-73

Yoon, J. W., Barlat, F. Pourboghrat, F., Chung, K., Yang, D. Y.: Earing Predictions Based on Asymmetric Nonquadratic Yield Function. Int. J. Plasticity, 16, 2000, S. 1075-1104

Yoshida, F., T. Uemori, T.: A Model of Large-strain Cyclic Plasticity Describing the Bauschinger Effect and Workhardening Stagnation. Int. J. Plasticity, 18, 2002, S. 661-686

Normen

ISO/DIS 12004-2 (ISO TC 164/SC 2). Metallic Materials. Sheet and Strip. Determination of Forming Limit Curves. Part 2: Determination of Forming Limit Curves in Laboratory. 2006

2 Crashverhalten von metallischen Werkstoffen und deren Fügeverbindungen

Dong-Zhi Sun

2.1	Einleitung	991	
2.2	Werkstoff- und Versagensmodelle für Crashsimulation	992	
2.2.1	Werkstoffmodelle für Dehnratenabhängigkeit und Anisotropie	992	
2.2.2	Versagensmodelle	993	
2.3	Crashsimulation von Aluminium- und Magnesiumwerkstoffen	995	
2.4	Durchgängige Simulation eines TRIP-Stahls vom Umformen bis Crash	998	
2.4.1	Einflüsse der Mehrachsigkeit und Belastungsgeschichte auf die Bruchdehnungen	998	

2.4.2	Versagensmodellierung mit Berücksichtigung von Vordehnungen und Vorschädigung	999
2.5	Crashsimulation von Fügeverbindungen	1001
2.5.1	Ersatzmodelle für Punktschweißverbindungen	1001
2.5.2	Modellierung von Klebverbindungen	1002
2.5.3	Simulation von Hybridverbindungen (Punktschweißkleben)	1003
2.6	Weiterführende Informationen	1005

Eine zuverlässige Prognose des Crashverhaltens von automobilen Komponenten aus verschiedenen Werkstoffen ist für die Bewertung der Insassensicherheit von zentraler Bedeutung. Dafür muss man systematische Werkstoffcharakterisierungen und Simulationen mit geeigneten Werkstoff- und Versagensmodellen durchführen. Dabei müssen die Einflüsse des Spannungszustands, der Dehnrate und der Fertigungsprozesse auf das Verformungs- und Versagensverhalten erfasst werden. Da die Werkstoffeigenschaften in einer Komponente durch Fertigung bedingt in der Regel inhomogen sind, ist eine Kopplung zwischen Prozess- und Crashsimulation erforderlich.

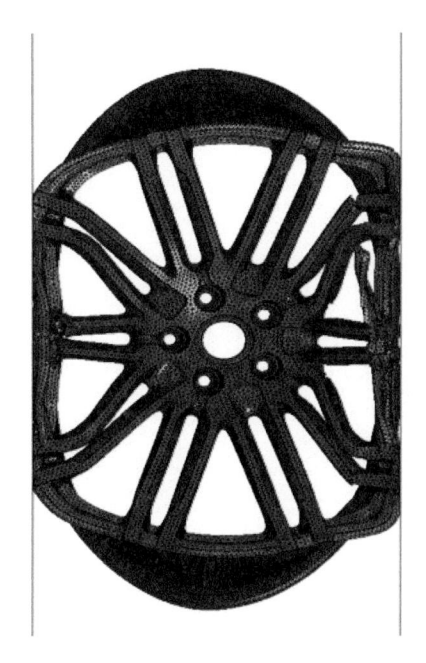

Gegenüberstellung des Drucktests einer Aluminiumguss-Felge und der entsprechenden Versagenssimulation

Die Bewertung der Tragfähigkeit von verschiedenen Fügeverbindungen ist ein wichtiger Schritt für die Sicherheitsbewertung eines gesamten Fahrzeugs, weil Fügeverbindungen häufig die Schwachstellen einer Karosserie unter Crashbelastung sind.

2.1 Einleitung

Aufgrund der steigenden Anforderungen an die Vorhersagegenauigkeit von Crashsimulationen wird es immer wichtiger, dass nicht nur Deformationen, sondern auch Versagen oder Bruch von Strukturkomponenten vorausberechnet werden können. Der Einsatz von neuen Leichtbauwerkstoffen, wie z.B. Magnesium- und Aluminiumlegierungen und hochfesten Stählen, bringt die Schwierigkeit mit sich, dass über das Bruchverhalten dieser Werkstoffe erst wenig bekannt ist. Zum Beispiel zeigt hochfester Stahl eine höhere Festigkeit, aber eine deutlich geringere Verformbarkeit verglichen mit herkömmlichem Tiefziehstahl. Zusätzlich sind die Fügeverbindungen der einzelnen Leichtbaukomponenten Schwachstellen der Gesamtstruktur. Das Versagensverhalten eines Werkstoffs hängt stark vom Belastungstyp (Zug, Druck, Scherung) und der Dehnrate ab, und die lokalen Eigenschaften einer Komponente sind häufig durch Fertigungsprozesse bedingt nicht homogen. Die zentralen Fragen für die Crashsimulation mit Berücksichtigung des Materialversagens sind, welches Werkstoff- und Versagensmodell die Einflüsse der Mehrachsigkeit und Dehnrate auf das Materialverhalten beschreibt, wie die entsprechenden Materialparameter bestimmt und die Einflüsse der Fertigungsprozesse, z.B. Umformen oder Giessen, auf das Komponentenverhalten berücksichtigt werden können.

Zur Klärung dieser Fragen wurde eine Vorgehensweise für die Versagensmodellierung in der Crashsimulation vorgeschlagen (Abb. 2.1). Diese Bewertungskette besteht aus drei Untersuchungsschritten:

1) Werkstoffcharakterisierung unter relevanten Belastungen,
2) Auswahl bzw. Ableitung eines geeigneten Werkstoff- und Versagensmodells und Bestimmung von Versagensparametern durch Simulation der Probenversuche und

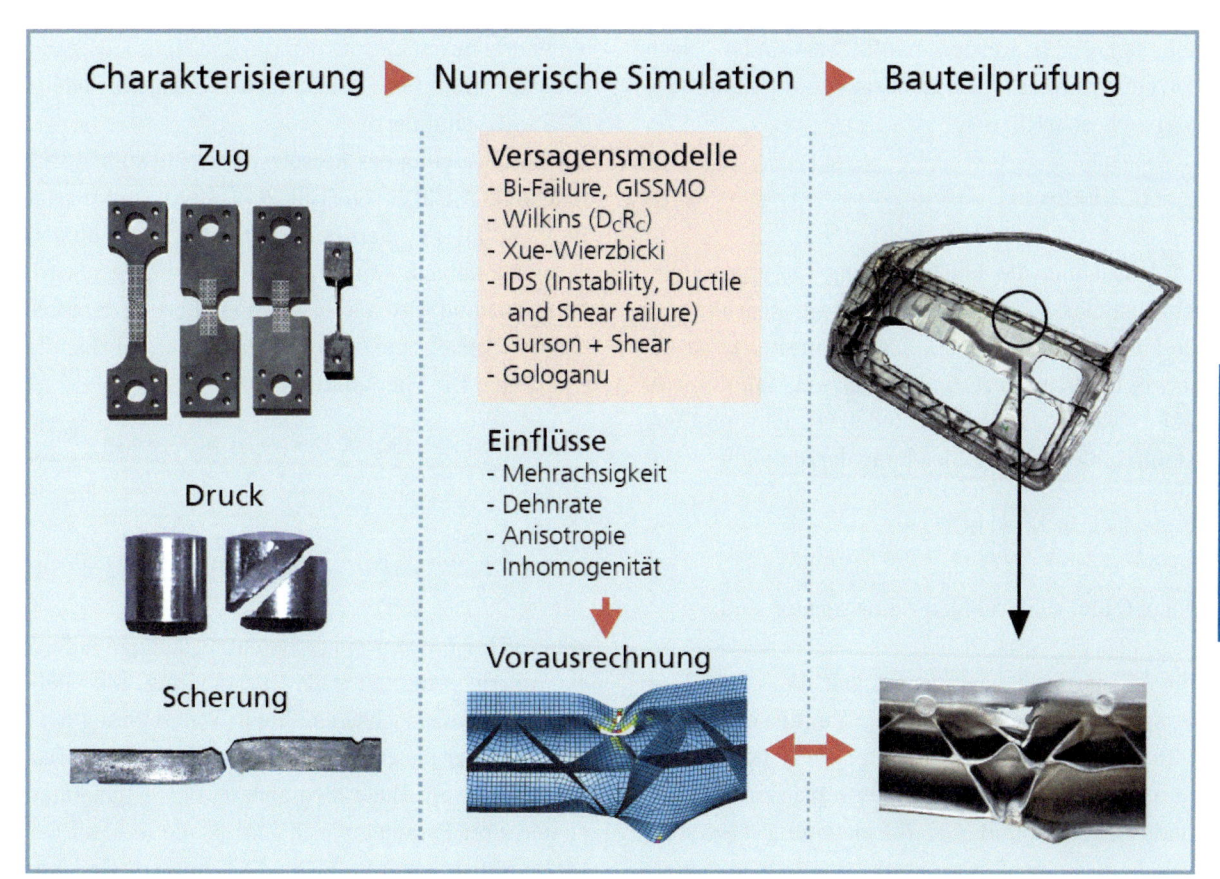

Abb. 2.1: *Übertragungskonzept für die Versagensmodellierung bei der Crashsimulation*

3) Verifikation dieses Versagensmodells durch Komponententests und Crashsimulation.

2.2 Werkstoff- und Versagensmodelle für Crashsimulation

2.2.1 Werkstoffmodelle für Dehnratenabhängigkeit und Anisotropie

Die Ableitung und Verwendung eines Werkstoffmodells für Verformung und Versagen ist ein entscheidender Schritt in der Bewertungskette. Zur Modellierung des Verformungsverhaltens von metallischen Werkstoffen unter Crashbelastung sind Werkstoffmodelle mit Berücksichtigung von Dehnraten- und Anisotropieeffekten von großer Bedeutung. Eine Reihe von Stoffgesetzen zur Beschreibung der Dehnratenverfestigung steht in Crashcodes zur Verfügung. Die beiden Modelle von Cowper-Symonds (Cowper 1957) und Johnson-Cook (Johnson 1985) werden häufig verwendet. Nach Cowper-Symonds ist die Dehnratenverfestigung wie folgt zu beschreiben:

$$\sigma_y = \sigma_y^{sta}\left[1 + \left(\frac{\dot{\varepsilon}_p}{C}\right)^{\frac{1}{p}}\right] \quad (1)$$

s_y^{sta} bezeichnet die Fließspannung für einen Referenzzustand z.B. quasistatische Beanspruchung, s_y die Fließspannung bei erhöhter Dehnrate, $\dot{\varepsilon}_p$ ist die plastische Dehnrate. C und p sind zwei Materialparameter. Das ratenabhängige Modell von Johnson-Cook ist durch die folgende Gleichung darzustellen:

$$\sigma_y = \left(1 + C \ln\left(\frac{\dot{\varepsilon}_p}{\dot{\varepsilon}_0}\right)\right)\sigma_y^{sta} \quad (2)$$

wobei C und $\dot{\varepsilon}_0$ zwei Materialparameter sind.

Für crashartige Belastungen spielt die lokale Temperaturentwicklung wegen des Einflusses auf die Entfestigung eine wichtige Rolle. Die Temperaturänderung wird durch die dissipierte plastische Deformationsenergie und die Wärmeleitung bestimmt, wobei diese Einflüsse stark dehnratenabhängig sind. Klassischerweise werden zur Modellierung vollgekoppelte thermomechanische Modelle herangezogen, die allerdings in der Crashsimulation aus Performancegründen nicht verwendbar sind. Deshalb wurde ein Modellansatz verwendet, bei dem die lokale Erwärmung von der Dehnrate abhängt und dadurch auf die Berücksichtigung der Wärmeleitung vollständig verzichtet werden kann (Trondl 2016). Der wesentliche Schritt ist die Einführung des dehnratenabhängigen Taylor-Quinney Koeffizienten in das Werkstoffmodell, der die lokale Erwärmung steuert. Abbildung 2.2 zeigt die gute Übereinstimmung zwischen den gemessenen technischen Spannungs-Dehnungskurven der Zugversuche bei drei unterschiedlichen Dehnraten und den berechneten Ergebnissen. Die berechnete Temperaturverteilung bei Dehnrate von 100/s stimmt ebenfalls mit der mit Hilfe einer Infrarot-Kamera gemessenen Verteilung (Klitschke 2016) überein. Dadurch steht ein effizientes Modell zur Verfügung, das die zentralen Einflussfaktoren genau berücksichtigt. Das Bruchverhalten der Zugproben unter den unterschiedlichen Dehnraten wurde durch Einsatz des von der Mehrachsigkeit und der Dehnrate abhängigen Versagensmodells (GISSMO) simuliert.

Zur Beschreibung der Anisotropieeffekte stehen verschiedene Ansätze von (Hill 1948, 1990) und (Barlat 1989, 2003) zur Verfügung. Das Barlat-3k-Modell (3 unabhängige Komponenten) für den ebenen Spannungszustand wird häufig zur Modellierung der plastischen Anisotropie vieler metallischer Werkstoffe eingesetzt. Die Fließfunktion ist:

$$\Phi = a|K_1 + K_2|^m + a|K_1 - K_2|^m + (2-a)|2K_2|^m = 2\sigma_{yield}^m \quad (3)$$

mit

$$K_1 = \frac{\sigma_{xx} + h\sigma_{yy}}{2}, \quad K_2 = \sqrt{\left(\frac{\sigma_{xx} - h\sigma_{yy}}{2}\right)^2 + p^2\sigma_{xy}^2} \quad (4)$$

σ_{ij} bezeichnet die jeweilige Spannungskomponente, x die Walzrichtung und y die Querrichtung. Die Fließspannung bei einachsigem Zug in Walzrichtung σ_{yield} hängt von der plastischen Vergleichsdehnung ab. Das Modell hat vier Materialparameter, den Exponenten m und drei Parameter a, h und p, die anhand der Lankford-Parameter R_0, R_{90} und R_{45} zu ermitteln sind. Bei Modellierung des Deformationsverhaltens unter

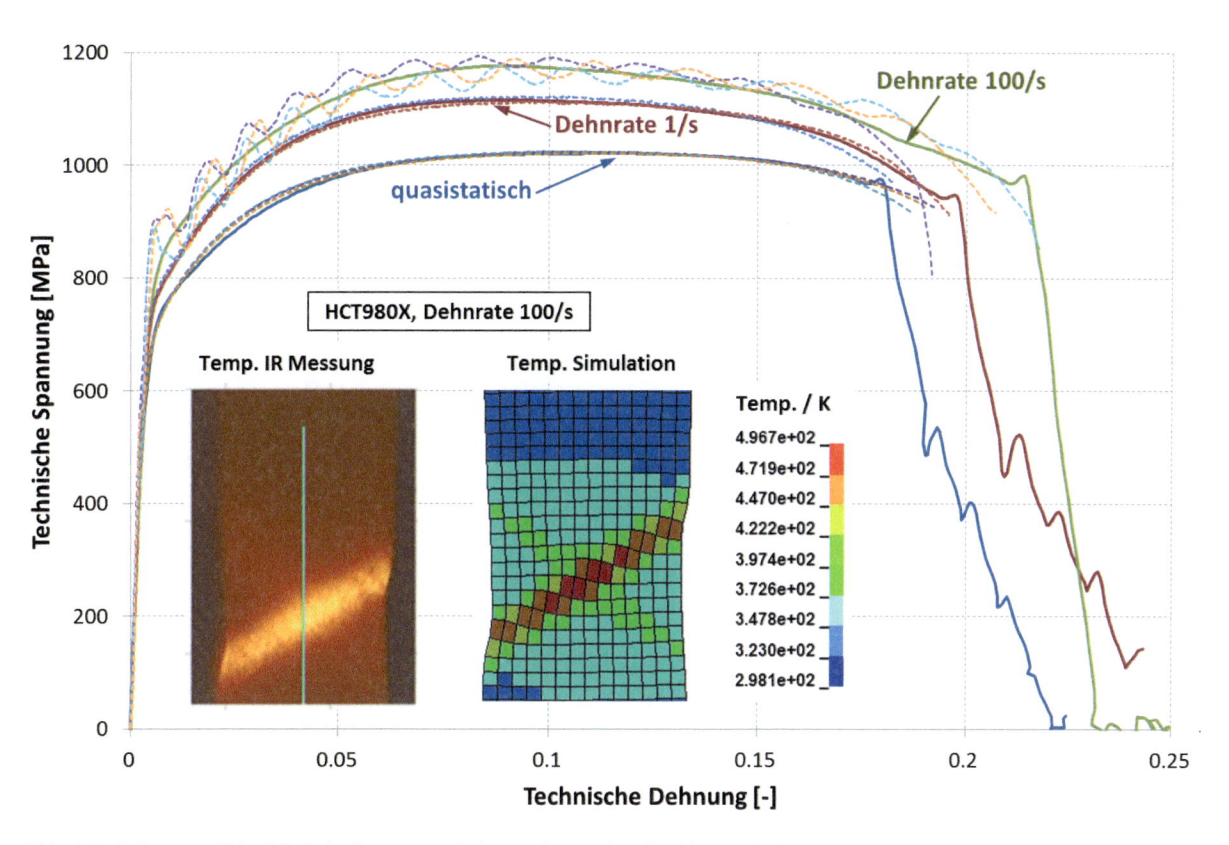

Abb. 2.2: *Dehnratenabhängigkeit der Spannungs-Dehnungskurve eines hochfesten Stahls aus Experiment und Simulation sowie Temperaturverteilung bei Dehnrate 100/s*

verschiedenen Spannungszuständen spielen zusätzlich die Ansätze für die Fließregel und Verfestigung eine große Rolle. In der Arbeit von (Stoughton 2009) wurden Vorteile eines nicht-assoziierten Modells mit anisotroper Verfestigung dargestellt.

2.2.2 Versagensmodelle

Einige ausgewählte Versagensmodelle in Crashcodes sind in Tabelle 2.1 mit einer kurzen Beschreibung zusammengestellt. Die in den Crashcodes verfügbaren Versagensmodelle lassen sich in zwei Gruppen aufteilen: phänomenologische Modelle, wie z.B. Johnson-Cook, Wilkins, Grenzformänderungsschaubild (FLD), Xue-Wierzbicki, CrachFEM, GISSMO oder Bi-Failure und mikromechanische Modelle, wie z.B. Gurson, Gurson+Shear und Gologanu. Während die phänomenologischen Versagensmodelle viele Versuche zur Bestimmung der Modellparameter benötigen, brauchen die mikromechanischen Modelle aufgrund der physikalischen Beschreibung von Versagensmechanismen wenig Versuche. Zum Beispiel können die Schädigungsparameter des Gurson-Modells durch Anpassung an die Bruchverlängerung einer Flachzugprobe ermittelt werden. Eine Schwäche des Gurson-Modells ist, dass es kein Scherversagen beschreiben kann. Zur Erweiterung des Gurson-Modells (Gurson 1977) bzgl. Scherversagen wurde beim Versagensmodell Gurson+Shear von (Nahshon 2008) eine von der dritten Spannungsinvariante abhängige Porenentwicklung eingefügt. Das mikromechanische Schädigungsmodell nach (Gologanu 1993, Andrieux 2004) ist in der Lage, die beiden Versagenstypen Duktil- und Scherbruch auf Basis mikromechanischer Betrachtung zu beschreiben.

Zum Vergleich von verschiedenen Ansätzen wird die Abhängigkeit der Bruchdehnung ε_f von der Mehrachsigkeit σ_m/σ_e in Abbildung 2.3 für die vier Versagensmodelle Johnson-Cook, Bi-Failure (oder GISSMO), Gurson und Gurson+Shear schematisch zusammengestellt. Gegenüber dem Johnson-Cook-

Tab. 2.1: *Versagensmodelle für den duktilen Bruch und Scherbruch*

Versagens-modelle	Beschreibung	Beispiele von Crash-Codes	Referenzen
Bruchdehnung	Unabhängigkeit der Bruchdehnung vom Spannungszustand	Fast Alle	Manuale
FLD	Verformungsgrenze im Raum der zwei Hauptdehnungen für dünnwandige Strukturen	LS-DYNA, PAM-Crash	Manuale
Johnson-Cook	Exponenzielle Abhängigkeit der Bruchdehnung von der Mehrachsigkeit (Verhältnis der hydrostatischen Spannung zur Vergleichsspannung), der Dehnrate und der Temperatur	ABAQUS, LS-DYNA, RADIOSS	Johnson 1985, Wierzbicki 2005
Wilkins (D_cR_C)	Abhängigkeit der Schädigung von der plastischen Vergleichsdehnung und einem Produkt zweier Gewichtsfunktionen (hydrostatisch und deviatorisch)	LS-DYNA, PAM-Crash, RADIOSS	Wilkins 1980, Sun 2003
GISSMO oder Bi-Failure-Modell	Unterschiedliche Abhängigkeiten der Bruchdehnung von der Mehrachsigkeit für Waben- und Scherbruch	LS-DYNA	Ebelsheiser 2008, Sun 2009
Xue-Wierzbicki	Bruchdehnung als Funktion der Mehrachsigkeit und des Lode-Winkels (Funktion der dritten Invariante des Spannungsdeviators)	ABAQUS (UMAT) PAM-Crash	Wierzbicki 2005
CrachFEM (IDS)	Bruchdehnungen für Duktil- und Scherbruch als Funktion der Mehrachsigkeit und eines zweiten Parameters (Verhältnis der Maximalscherspannung zur Vergleichsspannung)	PAM-CRASH, LS-DYNA, ABAQUS	Gese 2004 Hooputra 2004
Gurson	Mikromechanisches Schädigungsmodell mit dem Versagenskriterium eines kritischen Porenvolumenanteils (nicht verwendbar für Scherbelastung)	Fast Alle	Needleman 1987, Sun 2003, Feucht 2005
Gurson + Shear	Erweiterung des Gurson-Modells um eine phänomenologische Beschreibung des Scherversagens	ABAQUS (VUMAT), LS-DYNA (USER)	Nahshon 2008, Xue 2008
Gologanu	Mikromechanisches Schädigungsmodell mit Beschreibung des Porenwachstums und der Porenformänderung, zwei Versagenskriterien für Waben- und Scherbruch	ABAQUS (VUMAT), LS-DYNA (USER)	Gologanu 1993, Andrieux 2004

und dem Gurson-Modell haben die anderen beiden Modelle (Bi-Failure, Gurson+Shear) den Vorteil, das Versagen unter niedriger Mehrachsigkeit ($\sigma_m/\sigma_e<1/3$) mit einem anderen Ansatz als für den im Bereich $\sigma_m/\sigma_e>1/3$ stattfindenden duktilen Bruch zu beschreiben.

Exemplarisch werden hier die Gleichungen des Bi-Failure-Modells angegeben. Der gesamte Beanspruchungsbereich wird in zwei Teile aufgeteilt.

$$T > T_{trans} \quad \varepsilon_f = \left(d_1 + d_2 \exp(-d_3 T)\right) \quad (5)$$

$$T < T_{trans} \quad \varepsilon_f = d_{shear1} + d_{shear2}|T|^{m_2} + d_{shear3}(-T)^{m_3} \quad (6)$$

mit $T=\sigma_m/\sigma_e$ und T_{trans} als Grenze zwischen Duktil- und Scherbruch. Die Materialparameter d_1, d_2 und d_3 sind für den duktilen Bruch und d_{shear1}, d_{shear2}, d_{shear3}, m_2 und m_3 für den Scherbruch. Die Evolutionsgleichung der Schädigungsvariable D ist definiert als:

$$\dot{D} = \frac{n}{\varepsilon_f} D_p^{1-1/n} \dot{\varepsilon}_p \quad (7)$$

wobei ε_p die plastische Vergleichsdehnung und der Exponent n einen Materialparameter bezeichnet. Bei konstanter Bruchdehnung e_f führt die Integration der Gleichung (27) zu $D=(\varepsilon_p/\varepsilon_f)^n$. Versagen tritt bei D=1 auf. Die Versagensdehnung im Bi-Failure-Modell ist wie beim Johnson-Cook-Modell als eine Funktion der Spannungsmehrachsigkeit definiert, jedoch nicht als eine monoton abnehmende Funktion. Untersuchungen an unterschiedlichen Werkstoffen haben gezeigt, dass eine Änderung des Versagensmechanismus auch eine Änderung im Verlauf der Versagenskurve zur Folge hat

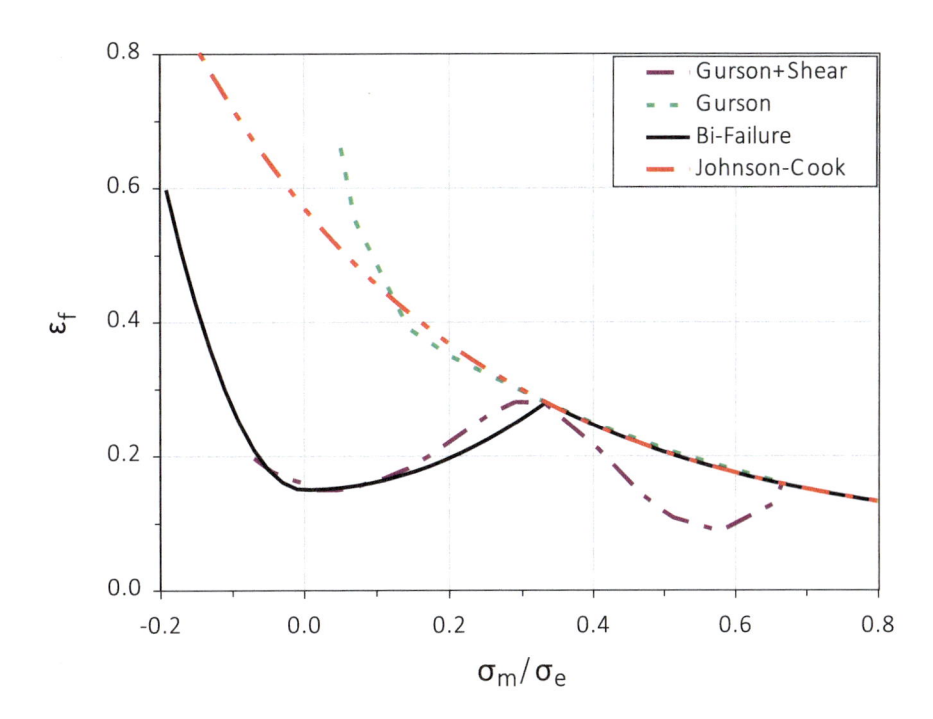

Abb. 2.3: *Vergleich zwischen den verschiedenen Versagensansätzen (ε_f: Bruchdehnung, σ_m/σ_e: Mehrachsigkeit)*

(Wierzbicki 2005). Bei vielen Metalllegierungen kann man den Versagensbereich in zwei Domänen unterteilen. Bei hohen Spannungsmehrachsigkeiten wird die Bruchdehnung von Hohlraumwachstum und -vereinigung kontrolliert. Bei niedrigen Mehrachsigkeiten erfolgt das Scherversagen durch Bildung von Mikrorissen an Korngrenzen und anschließender Ausbreitung und Zusammenschluss entlang der Korngrenzen oder durch transkristalline Scherbande. Es wurde häufig festgestellt, dass die Bruchdehnung unter Scherung deutlich niedriger als unter einachsigem Zug ist.

Nach (Wierzbicki 2005, Xue 2008) hängt die Bruchdehnung in einem dreidimensionalen Spannungszustand nicht nur von der Mehrachsigkeit sondern auch vom Lode-Parameter ab. Der Lode-Parameter ist eine Funktion von der zweiten und dritten Spannungsinvarianten. Zur Bestimmung der entsprechenden Versagensparameter müssen Probenversuche unter ausgewählten Spannungszuständen durchgeführt werden (Basaran 2011).

Eine Schwierigkeit bei der Versagensmodellierung ist die Abhängigkeit der Versagensparameter von der Elementgröße, also von der Diskretisierung der Komponente. Dies wird unter anderem durch lokale Entfestigung verursacht, die bei Eliminierung von geschädigten Elementen entsteht. Zur Berücksichtigung der Elementgrößenabhängigkeit von Versagensparametern wurde eine Kalibrierungsmethode entwickelt und in Bauteilsimulationen verwendet (Feucht 2005).

2.3 Crashsimulation von Aluminium- und Magnesiumwerkstoffen

Stranggepresste Aluminiumwerkstoffe zeigen häufig eine leichte Dehnratenabhängigkeit des Verformungsverhaltens und einen nicht-vernachlässigbaren Anisotropieeffekt. Als Beispiel wurden die technischen Spannungs-Dehnungskurven eines stranggepressten Aluminiumprofils aus einer 7000er Legierung für drei Orientierungen unter statischer Belastung und für eine Orientierung unter dynamischer Belastung ($d\varepsilon/dt=100/s$) in Abbildung 2.4 zusammengestellt (Sun 2008). Die dynamische Fließspannung liegt um ca. 10% über dem statischen Wert. Während die dynamische Bruchdehnung A um ca. 10% größer als die statische ist, ist die Einschnürung Z bei den dynamischen Zugversuchen um ca. 4% kleiner als bei den statischen Versuchen. Wie häufig bei Aluminiumwerkstoffen beobachtet, ist die Spannungs-Dehnungskurve für die diagonal entnom-

2 Crashverhalten von metallischen Werkstoffen und deren Fügeverbindungen

Abb. 2.4: *Dehnratenabhängigkeit und Anisotropieeffekte eines stranggepressten Aluminiumprofils (Barlat 2003)*

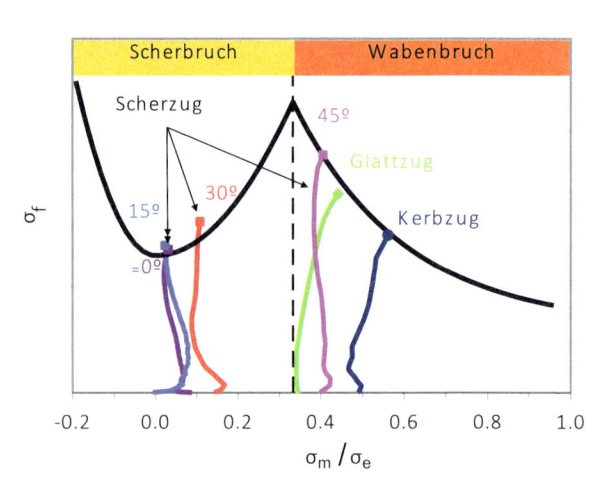

Abb. 2.5: *Bruchdehnung als Funktion der Mehrachsigkeit eines stranggepressten Aluminiumprofils*

menen Proben deutlich niedriger als für die parallel und quer zur Pressrichtung entnommenen Proben. Ein Werkstoffmodell zur Beschreibung der anisotropen plastischen Verformung von Aluminiumwerkstoffen wurde bereits von (Bron 2004) entwickelt und verwendet.

Abbildung 2.5 zeigt die Abhängigkeit der Bruchdehnung ε_f von der Mehrachsigkeit σ_m/σ_e für das stranggepresste Aluminiumprofil. Zur Variation der Mehrachsigkeit im Bereich $0 < \sigma_m/\sigma_e < 0,4$ wurden doppelt gekerbte Scherzugproben (Zhu 2007) verwendet. Das Verhältnis der Scherung zu Zug kann durch Variation des Winkels zwischen der Lastlinie und der Verbindungslinie beider Kerbspitzen eingestellt werden. In Abbildung 2.5 sind die Entwicklungen der berechneten lokalen plastischen Vergleichsdehnungen im Bereich mit maximaler Schädigung für die verschiedenen Proben eingezeichnet. Die Beziehung zwischen der Bruchdehnung und der Mehrachsigkeit für den Aluminiumwerkstoff kann nur mit einem Versagensmodell mit Berücksichtigung der beiden Versagensmechanismen Scher- und Wabenbruch wie z. B. Bi-Failure, Xue-Wierzbicki oder Gurson+Shear beschrieben werden. Das Aluminiumprofil wurde zur Validierung von Versagensmodellen unter statischer Biegung geprüft und mit verschiedenen Versagensmodellen berechnet. Abbildung 2.6 zeigt das Versagensbild im Experiment und in einer Simulation mit dem erweiterten Gurson-Modell mit Berücksichtigung des Scherbruchs. Da die Versagensparameter von der Elementgröße abhängig und die Elementgrößen im Komponentenmodell deutlich über denen der Modelle für Zug- und Scherzugproben liegen, wurde eine Netzabhängigkeit der Versagensparameter durch Simulation eines Flachzugversuchs mit verschiedenen Elementkantenlängen ermittelt und bei der Komponentensimulation verwendet.

Viele Aluminium- und Magnesium-Gusskomponenten werden aufgrund der Funktionsintegration (Verrippungen und Anbindungsstellen) und der Wirtschaftlichkeit bei hohen Stückzahlen insbesondere bei komplexen Geometrien im Fahrzeugbau eingesetzt. Ein großes Problem bei der Auslegung und Bewertung der Crashsicherheit von Gusskomponenten ist die große Streuung mechanischer Eigenschaften. Die Streuung lokaler Eigenschaften in einer Gusskomponente wird durch räumliche Variation der Mikrostruktur, Porosität, Porenform,

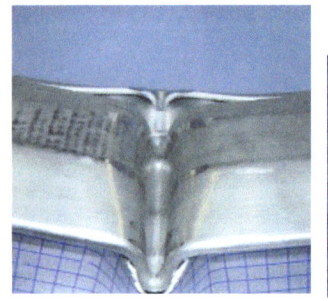

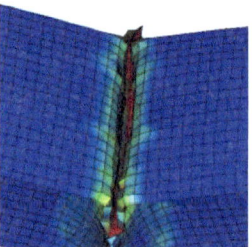

Abb. 2.6: *Versagensstellen in einem Al-Strangpressprofil (links) und im FE-Modell (rechts)*

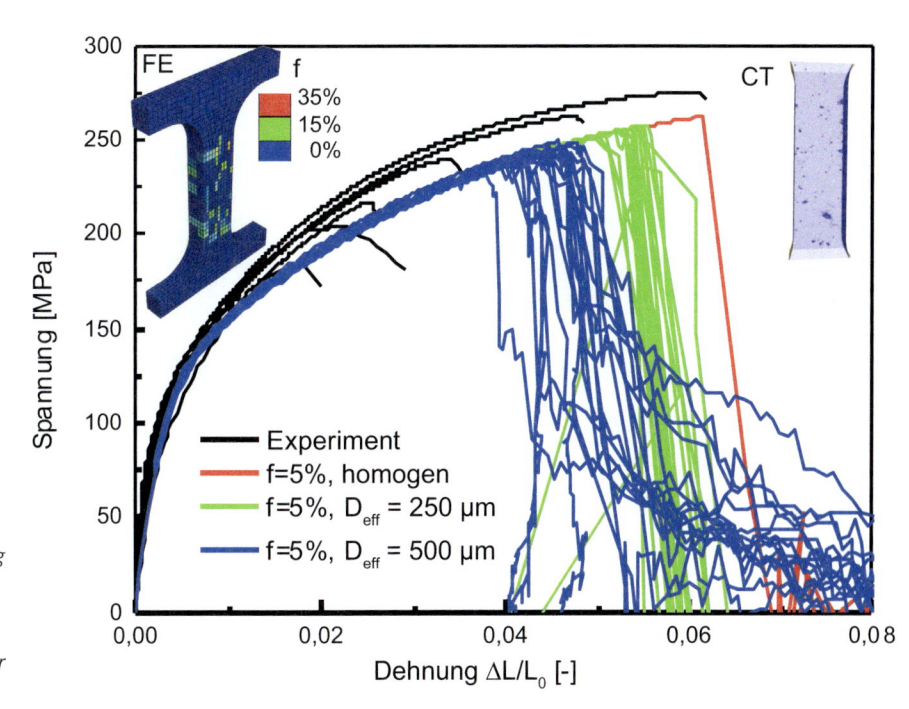

Abb. 2.7: *Gemessene Spannungs-Dehnungskurven einer Aluminium-Gusslegierung im Vergleich mit den berechneten Ergebnissen für zwei Porenmorphologien und eine Referenzlösung mit homogener Porenverteilung*

Porengröße und ihrer topologischen Anordnung sowie anderen Ungänzen verursacht, die von Gießprozessen und Komponentengeometrien beeinflusst werden. Die Entstehung der Mikrostruktur und Mikrodefekte ist nicht nur durch deterministische sondern auch stochastische Vorgänge bedingt. Eine anwendbare Methode zur Modellierung des Gussverhaltens wurde auf Basis der Kopplung zwischen der Mikrostrukturnachbildung und der Festigkeitssimulation unter stochastischem Aspekt entwickelt (Sun 2016). Im Wesentlichen besteht die Methode aus der Erzeugung einer örtlichen Porenverteilung mit Hilfe der CT-Untersuchungen oder Gießsimulation, der Homogenisierung und Mapping der Porosität auf einem FE-Modell und der Durchführung von Versagenssimulationen mit einem Werkstoffmodell mit Berücksichtigung der Porositätseinflüsse. Zur Charakterisierung einer Porenmorphologie wurden die Porosität f und der effektive Porendurchmesser Deff verwendet. Zur Erzeugung von unterschiedlichen Porenverteilungen bei der gleichen Porenmorphologie wurden Monte-Carlo-Simulationen in Verbindung mit einem Markov-Feld-Modell eingesetzt. Abbildung 2.7 zeigt, dass die Streuung der Bruchdehnung von glatten Zugproben aus der Legierung Castasil®-37 (AlSi9Mn) sehr groß ist und die Simulationen mit zwei unterschiedlichen Porenmorphologien (f=5% und Deff =250 bzw. 500 µm) den stochastischen Effekt qualitativ beschreiben (Andrieux 2017). Bei der gleichen Porosität 5 % ist die Versagensdehnung für eine homogene Porenverteilung deutlich größer als die für inhomogene Porenverteilungen. Für eine bessere Übereinstimmung zwischen Experiment und Simulation müssen die realen Porenmorphologien genau ermittelt und andere Mikrodefekte wie Oxidhäute, Einschlüsse und Kaltfließstellen bei der Modellierung betrachtet werden.

Die Einflüsse der Mehrachsigkeit und des Lode-Parameters auf die Bruchdehnung eines Magnesium-Druckgusswerkstoffs wurden in (Falkinger 2013) mit Druck-, Torsions-, Scherzug-, Glattzug-, Kerbzug-, ebener Dehnungsproben experimentell charakterisiert und mit dem GISSMO-Modell simuliert. Abbildung 2.8 zeigt die ermittelte Versagensfläche und das damit vorausgerechnete Versagensbild einer Komponente unter Biegung. In diesem Fall wurde die Streuung der Bruchdehnungen mit den unteren und oberen Grenzen abgedeckt. Die gemessenen Kraft-Verschiebungskurven und die beobachte Rissinitiierung und –erweiterung in der Komponente wurden dadurch gut vorausgerechnet.

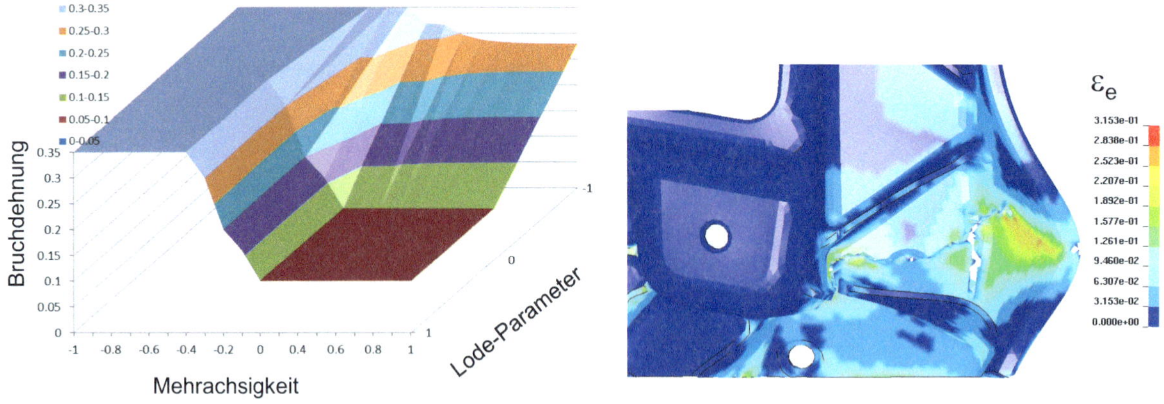

Abb. 2.8 a): *Bruchdehnung als Funktion der Mehrachsigkeit und des Lode-Parameters eines Magnesium-Druckgusswerkstoffs (AM50) b) Versagensmodellierung eines Biegeversuchs an Magnesium-Komponente mit der Versagensfläche (links)*

2.4 Durchgängige Simulation eines TRIP-Stahls vom Umformen bis Crash

Die mechanischen Eigenschaften von Ausgangsblechen können nicht direkt für die Crashsimulation einer durch Tiefziehen hergestellten Automobilkomponente verwendet werden, weil durch Tiefziehprozesse Vordehnungen und Vorschädigung in der Komponente verursacht werden. Die lokalen Fließspannungen und Bruchdehnungen in solchen Komponenten sind aufgrund unterschiedlicher Deformationsgrade nicht homogen. In welchem Maß wird das Crashverhalten der Komponente dadurch beeinflusst? In der Umformsimulation werden häufig Werkstoffmodelle mit kinematischer Verfestigung eingesetzt, während in der Crashsimulation nur Werkstoffmodelle mit isotroper Verfestigung betrachtet werden. Welche Werkstoffmodelle bzw. Versagensmodelle sollten für eine durchgängige Simulation vom Tiefziehen bis Crash verwendet werden? Während beim Tiefziehen eine biaxiale Belastung vorliegt, ist beim Crash hauptsächlich eine einachsige Belastung vorhanden. Wie kann man den Einfluss der Belastungsgeschichte auf die Schädigungsentwicklung berücksichtigen?

2.4.1 Einflüsse der Mehrachsigkeit und Belastungsgeschichte auf die Bruchdehnungen

Einflüsse der Mehrachsigkeit und Belastungsgeschichte auf das Versagen eines TRIP-Stahls wurden mit speziellen Versuchen charakterisiert (Sun 2009). Die Mehrachsigkeit wurde von Scherung über Scherzug und einachsigen Zug bis Biaxialzug variiert. Der Belastungspfad wurde zum Teil von Biaxialzug auf einachsigen Zug und Scherung geändert. Dafür wurden zunächst Marciniak-Proben unter Biaxialzug bis zu einer definierten Ziehtiefe belastet und entlastet. Aus den entlasteten Marciniak-Proben wurden Zug- und Scherzugproben entnommen und bis zum Versagen geprüft. Zur Untersuchung der kinematischen Verfestigung wurden Zug-Druck-Versuche durchgeführt.

Die Abhängigkeit der Bruchdehnung ε_f von der Mehrachsigkeit σ_m/σ_e wurde für den Werkstoff TRIP 700 wie beim stranggepressten Aluminiumprofil in Kapitel 1.3.2 durch Simulation der unterschiedlichen Probenversuche ermittelt (Abb. 2.9). Die Bruchdehnung unter Scherung ($\sigma_m/\sigma_e=0$) ist deutlich niedriger als die unter einachsigem Zug ($\sigma_m/\sigma_e=1/3$). In diesem Fall werden Versagensmodelle mit Berücksichtigung der beiden Versagensmechanismen Scher- und Wabenbruch wie das Bi-Failure-Modell oder Gurson+Scher für numerische Simulationen benötigt.

2.4 Durchgängige Simulation eines TRIP-Stahls vom Umformen bis Crash

Abb. 2.9: *Bruchdehnung eines TRIP-Stahls als Funktion der Mehrachsigkeit mit Belastungspfaden für unterschiedliche Proben*

2.4.2 Versagensmodellierung mit Berücksichtigung von Vordehnungen und Vorschädigung

Das bereits dargestellte Bi-Failure-Modell wurde zur Simulation von Versuchen an verschiedenen Proben und Komponenten aus dem TRIP-Stahl verwendet. Die Versagensparameter wurden durch Anpassung an die gemessenen Verschiebungen bei Bruch von ausgewählten Proben (glatte und gekerbte Flachzugproben und Scherzugprobe mit $\theta=0°$) ermittelt. Die mit diesen Versagensparametern berechneten Kraft-Verschiebungskurven für drei Typen von Scherzugproben ($\theta=0°$, 30° und

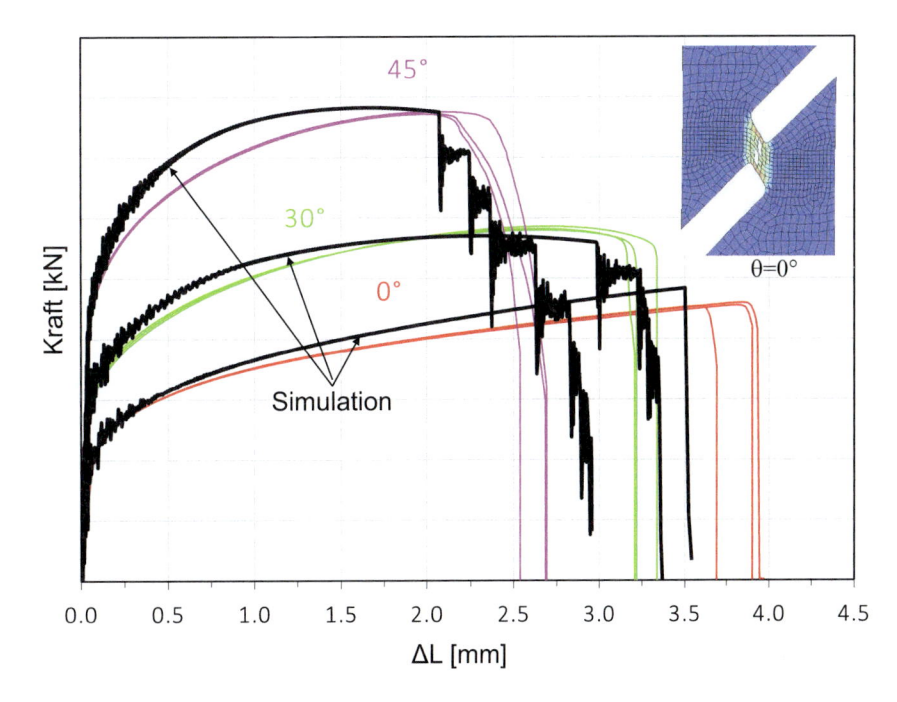

Abb. 2.10: *Gemessene und berechnete Kraft-Verschiebungskurven für drei Scherzugversuche ($\theta=0°$, 30° und 45°)*

Abb. 2.11: *Einflüsse der Vorverformung auf die normierten Kraft-Verschiebungskurven von glatten und gekerbten Zugproben*

45°) sind in Abbildung 2.10 mit den experimentellen Ergebnissen verglichen. In allen drei Fällen stimmt die berechnete Bruchverschiebung mit den entsprechenden Messwerten überein. Aufgrund des unterschiedlichen Scheranteils der Belastung tritt die erste Schädigung bei der Probe mit θ=0° in der Probenmitte, wo Scherung die dominante Belastung ist, und bei der Probe mit θ=45° am Kerbgrund auf, wo Zug die dominante Belastung ist. Die konventionellen Versagensmodelle, wie z. B. nach Johnson-Cook oder nach Gurson, können den Einfluss des Belastungswinkels auf das Versagensverhalten der Scherzugproben nicht richtig vorhersagen.

Die Zugversuche an glatten und gekerbten Zugproben, die vorher unter Biaxialzug bis zu 50% der Bruchdehnung belastet und entlastet wurden, wurden mit dem Bi-Failure-Modell simuliert. Abbildung 2.11 zeigt, dass das verwendete Versagensmodell die Einflüsse der Vordehnungen auf den Beginn des Fließens und die Bruchdehnung von Glatt- und Kerbzugproben mit einer guten Genauigkeit wiedergeben kann.

Zur Validierung der gesamten Simulationsmethode wurden Komponentenversuche unter Biegung mit überlagertem Zug durchgeführt und simuliert. Die aus der Umformsimulation berechnete Vordehnung und Vorschädigung wurden auf das Crashmodell mit einem Mapping-Verfahren übertragen. Das Versagensverhalten der Komponente wurde von der durchgängigen Simulation gut wiedergegeben (Abb. 2.12). Ohne Berücksichtigung der Vorgeschichte würde die Kraft bei der Faltenbildung um 20% unterschätzt. Für den untersuchten Werkstoff ist das Werkstoffmodell mit isotroper Verfestigung für die durchgängige Simulation besser geeignet als das Modell mit kinematischer Verfestigung.

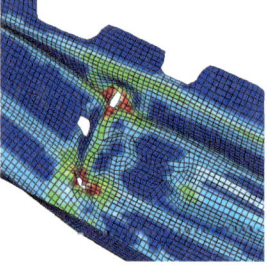

Abb. 2.12: *Links: Schädigung in einer Komponente aus einem hochfesten Stahl nach Komponententest; rechts: Berechnete Schädigung in einer Crashsimulation*

2.5 Crashsimulation von Fügeverbindungen

Fügeverbindungen, wie Schweißpunkte und -nähte, Klebschichten, mechanische Verbindungen und Hybridverbindungen sind häufig die Schwachstellen einer Karosserie unter Crashbelastung. Die Voraussetzungen für eine zuverlässige und realisierbare Beschreibung des Versagens von Fügeverbindungen in Crashsimulationen sind die Bereitstellung von speziellen Elementen mit den entsprechenden Versagenskriterien für diese Verbindungen, so genannte FE-Ersatzmodelle und die Ermittlung von Eingangsdaten für diese Ersatzmodelle. Dafür muss die Abhängigkeit der Tragfähigkeit einer Fügeverbindung von Belastungswinkel und -geschwindigkeit berücksichtigt werden.

2.5.1 Ersatzmodelle für Punktschweißverbindungen

Eine detaillierte Modellierung von Punktschweißverbindungen kann in Crashsimulationen ganzer Fahrzeuge, die in der Regel mehrere tausend Schweißpunkte enthalten, aus Effizienzgründen nicht eingesetzt werden. Stattdessen verwendet man Ersatzelemente, die das Verformungs- und Bruchverhalten von Punktschweißverbindungen mit deutlich geringerem Rechenaufwand wiedergeben. Als Ersatzmodell für einen Schweißpunkt wird neben Balken- und Federelementen häufig ein Volumenelement, ein Hexaeder, verwendet. Der Hexaeder wird über Kontaktdefinitionen an die zwei gefügten Bleche gebunden, die mit Schalenelementen in den Blechmittelebenen vernetzt sind. Für das Schweißpunktersatzelement werden die Spannungs-Dehnungskurve des Schweißguts und ein kraft- und momentenbasiertes Versagenskriterium mit quadratischem Ansatz

$$\left(\frac{f_n}{F_n}\right)^2 + \left(\frac{f_s}{F_s}\right)^2 + \left(\frac{m_b}{M_b}\right)^2 + \left(\frac{m_t}{M_t}\right)^2 = 1 \qquad (8)$$

verwendet. Im Zähler von Gleichung (28) stehen jeweils die momentan vorliegenden Belastungsgrößen (Normalkraft f_n, Scherkraft f_s, Biegemoment m_b, Torsionsmoment m_t) und im Nenner die entsprechenden Versagensparameter (kritische Normalkraft F_n, kritische Scherkraft F_s, kritisches Biegemoment M_b, kritisches Torsionsmoment M_t), die durch Simulation entsprechender Versuche bestimmt werden. Wenn dieses Kriterium erreicht ist, wird der Hexaeder aus der Berechnung eliminiert,

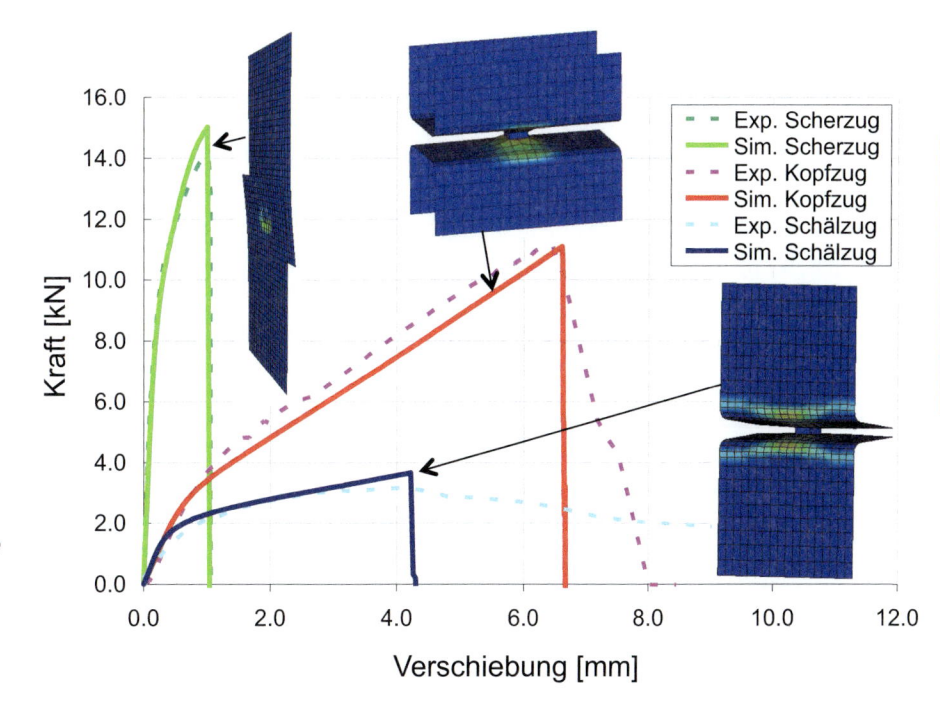

Abb. 2.13: *Gemessene (gestrichelte) und berechnete (durchgezogene) Kraft-Verschiebungskurven der Scherzug-, Kopfzug- und Schälzugversuche an punktgeschweißten Proben*

Abb. 2.14: *Gemessene technische Spannungs-Dehnungskurven bei unterschiedlichen Dehnraten für Substanzzugproben aus dem Strukturkleber Betamate 1496 (zähmodifiziertes Epoxidharz)*

d. h. das Versagen wird in den Schweißpunkt gelegt unabhängig vom vorliegenden Versagensmodus (Scherbruch, Ausreißbruch, Herausschälen aus der Verbindung). Durch Simulation von Kopfzug-, Schälzug-, Torsions- und Scherzugversuchen mit dem Ersatzelement und Anpassung der berechneten Versagenslasten an die gemessenen Tragfähigkeiten können die Parameter für das Versagenskriterium bestimmt werden (Sommer 2009). Da kein Torsionsversuch an der geschweißten Verbindung vorliegt und Versagen aufgrund von Torsionsbelastung im Fahrzeug von geringerer Bedeutung ist, wird das Kriterium auf drei Parameter reduziert. Die Vergleiche zwischen mit Ersatzelementen berechneten (durchgezogene Linien) und gemessenen (gestrichelte Linien) Kraft-Verschiebungskurven für Scher-, Kopf- und Schälzug sind in Abbildung 2.13 gezeigt. Die Versagensparameter sind abhängig von der Größe der Schalenelemente und der Lage des Hexaeders bzgl. der Schalenelemente. Dies wurde in (Sommer 2009b) untersucht und auch das Ersatzmodell durch Simulation von Versuchen mit punktgeschweißten Bauteilen verifiziert.

2.5.2 Modellierung von Klebverbindungen

Strukturkleber zeigen eine ausgeprägte Dehnratenabhängigkeit der Spannungs-Dehnungskurve. Als Beispiel werden in Abbildung 2.14 die gemessenen technischen Spannungs-Dehnungskurven von Substanzflachzugproben des Klebstoffs Betamate 1496 bei unterschiedlichen Dehnraten zusammengestellt. Außerdem hängt das Fließverhalten von der Mehrachsigkeit ab. Die Fließspannung ist unter Druck deutlich höher als unter Zug (Abb. 2.15).

Zur Beschreibung des kompressiblen viskoplastischen Verformungsverhaltens von Klebstoffen stehen einige Werkstoffmodelle zur Verfügung (Schlimmer 2003, Memhard 2006). Im Rahmen von (Brede 2007) wurde ein Werkstoffmodell auf Basis des Ansatzes von (Deshpande 2000) mit Berücksichtigung der Zug-Druckunterschiede und Dehnratenabhängigkeit der Fließspannung erweitert (Greve 2007). Die Fließbedingung ist gegeben durch

$$\Phi = \sqrt{\sigma_e^2 + \alpha^2 (\sigma_m - \sigma_0)^2} - B \leq 0. \qquad (9)$$

Die Fließfunktion stellt eine asymmetrische Ellipse in der aus hydrostatischer Spannung σ_m und Vergleichsspannung σ_e aufgespannten Spannungsebene dar (Abb. 2.15). Der Parameter α bestimmt die Form der elliptischen Fließfläche. Die Spannung σ_0 charakterisiert das Zentrum der Ellipse auf der horizontalen Achse. Die Asymmetrie der Fließfläche bezüglich dieser Mittelspannung beschreibt das unterschiedliche

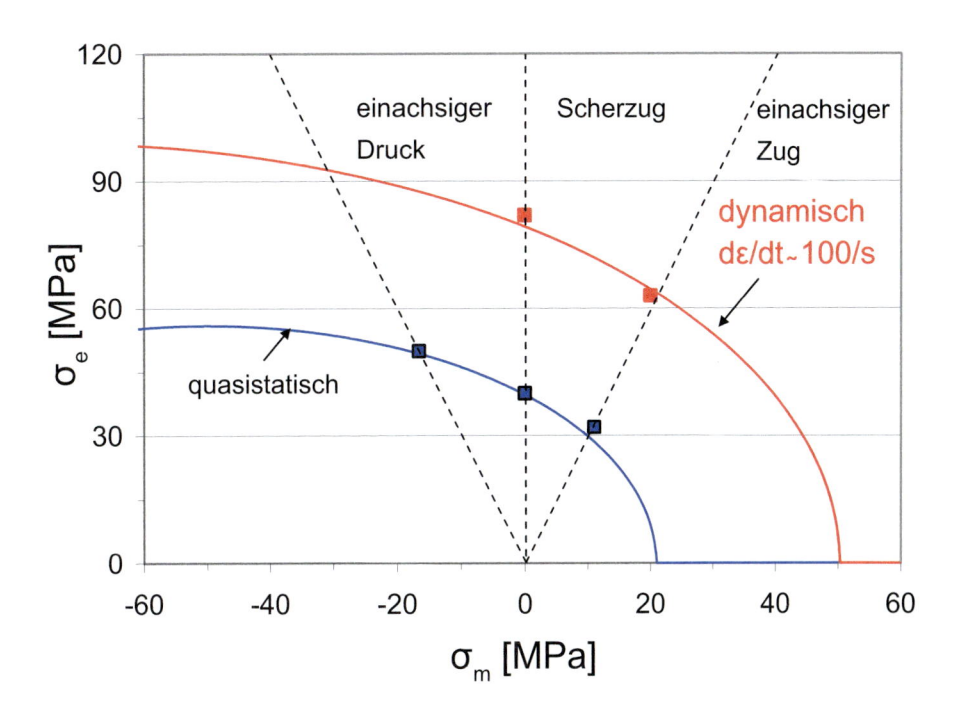

Abb. 2.15: *Fließflächen des Klebstoffs beim Fließbeginn unter quasistatischer und schlagartiger Belastung*

Fließverhalten unter Zug- und Druckbeanspruchung. Das Modell enthält eine nicht-assoziierte Fließregel, die dem plastischen Deformationsverhalten des Klebstoffs Rechnung trägt. Das Fließpotenzial wird durch eine Ellipse im Zugbereich und eine waagrechte Linie im Druckbereich abgebildet. Dadurch ist das Materialverhalten nur im Zugbereich kompressibel. Die Verfestigung des Materials wird aus einachsigen Zugversuchen ermittelt. Mit zunehmender Verformung vergrößert sich die Fließfläche, ohne dass sich ihre Form und Lage in der Spannungsebene ändert. Die Dehnratenabhängigkeit der Fließspannung wird nach dem Ansatz von Johnson-Cook beschrieben.

Zur Beschreibung von Versagen wird eine Schädigungsvariable D nach Johnson-Cook-Ansatz (Johnson 1985) definiert:

$$D = \int \frac{d\varepsilon_e}{\varepsilon_f(\sigma_m/\sigma_e, \dot{\varepsilon}_e)} \quad (10)$$

wobei ε_e die plastische Vergleichsdehnung nach von Mises ist. Die Einflüsse der Schädigungsentwicklung auf die Festigkeit des Klebstoffs wurden auf Basis des Modells von (Lemaitre 1990) beschrieben. Der Spannungstensor σ in der ursprünglichen Fließfunktion und dem ursprünglichen Fließpotenzial wurde durch einen effektiven Spannungstensor σ^* ersetzt:

$$\sigma = \left[1 - \left\langle\frac{D-D_I}{1-D_I}\right\rangle^n\right]\tilde{\sigma} \; mit \; \langle X \rangle = \begin{cases} 0 \; wenn \; X \leq 0 \\ X \; wenn \; X > 0 \end{cases} \quad (11)$$

wobei n eine Konstante ist. D_I bezeichnet den Schädigungswert bei der Initiierung. Bevor die Schädigungsvariable D den Initiierungswert D_I erreicht hat, wird das mechanische Verhalten des Klebstoffs nicht von der Schädigung beeinflusst. Bei Überschreitung des D_I-Werts führt die Schädigung zu einem Effekt der Entfestigung bis die Spannungen den Null-Wert bei D=1 erreichen. Abbildung 2.16 vergleicht die mit diesem Versagensmodell berechneten Ergebnisse von Zugversuchen an geklebten Doppelrohrproben mit experimentellen Messdaten.

2.5.3 Simulation von Hybridverbindungen (Punktschweißkleben)

Hybridverbindungen aus Klebschichten und Schweißpunkten finden immer mehr Anwendungen im Automobilbau aufgrund zunehmender Anforderungen an Passivsicherheit und Leichtbau (s. Kap. IV.5). In der Arbeit (Sun 2009b) wurde eine Klebpunktschweißverbindung unter verschiedenen Belastungsarten im Vergleich mit reiner Kleb- oder Punktschweißverbindung untersucht. Dabei

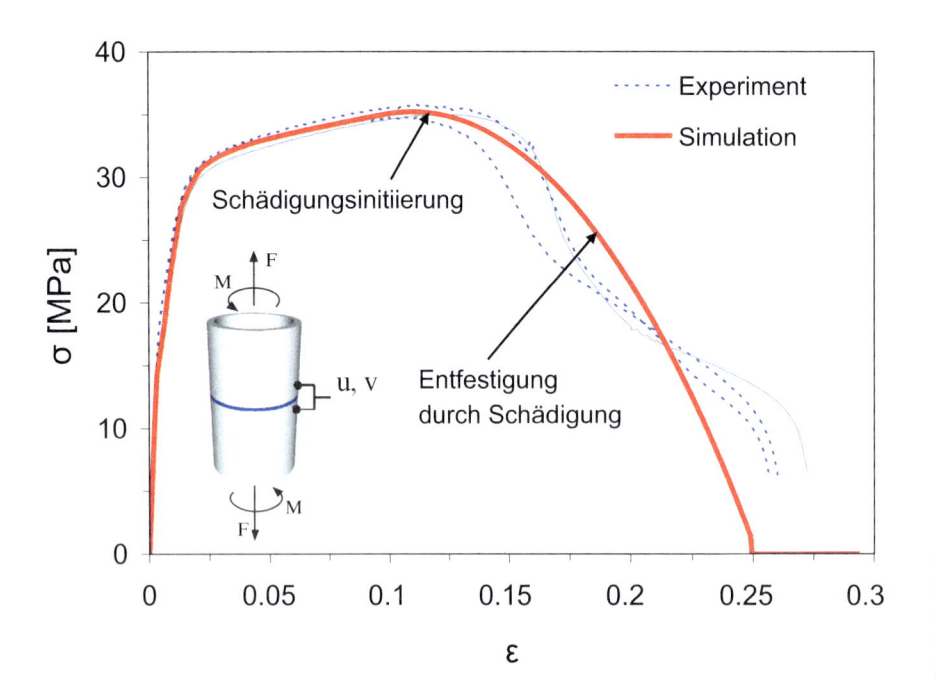

Abb. 2.16: *Gemessene und berechnete Spannungs-Dehnungskurven von Zugversuchen an geklebten Doppelrohrproben*

wurden Scherzug-, Kopfzug- und Schälzugproben zur Charakterisierung von Einzel- und Hybridverbindungen und T-Stoß-Proben zur Verifikation der numerischen Modelle verwendet. Es wurde festgestellt, dass bei allen Belastungsarten die Klebschicht vor dem Schweißpunkt versagt. Die maximale Tragfähigkeit der Hybridverbindung wird unter Schälzug- und Kopfzugbelastung von der Punktschweißverbindung und unter Scherzugbelastung von der Klebverbindung bestimmt. Die absorbierte Energie der Hybridverbindung wird in den drei Belastungsarten hauptsächlich von der Punkt-

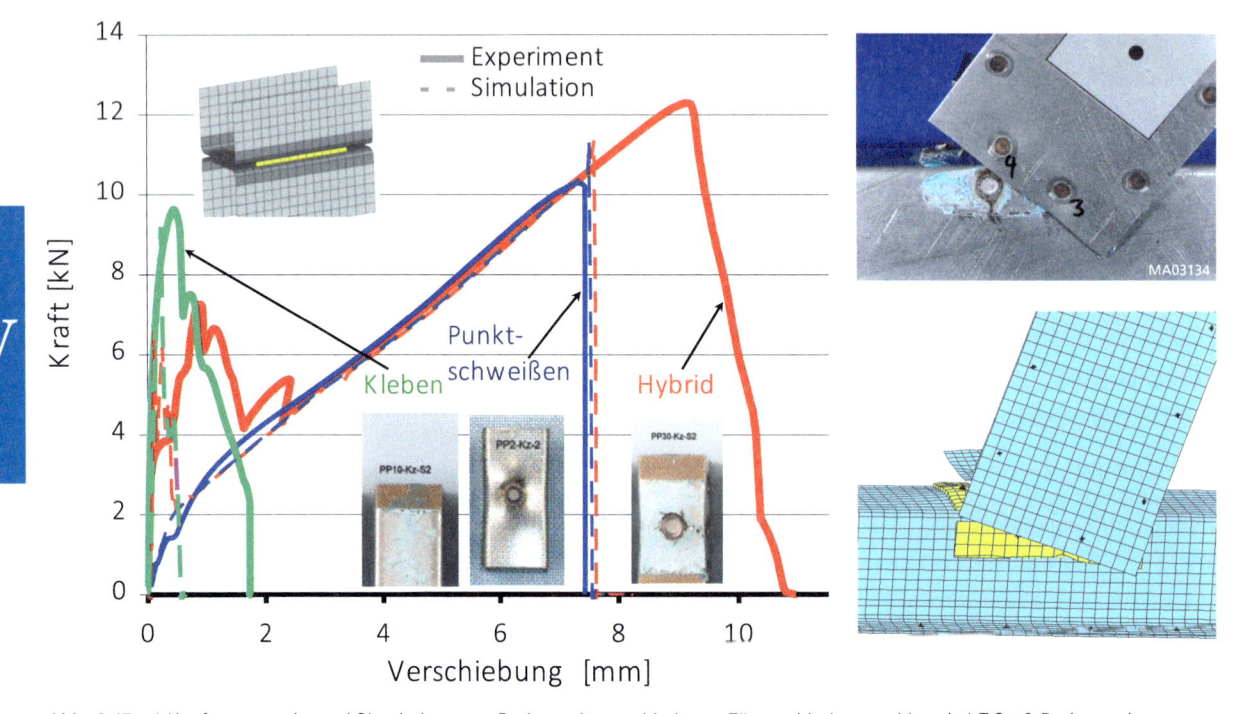

Abb. 2.17: *a) Kopfzugversuche und Simulationen an Proben mit verschiedenen Fügeverbindungen, b) und c) T-Stoß-Probe nach Längsbelastung in Experiment und Simulation*

schweißverbindung bestimmt. Versagen der Einzelverbindungen tritt sequentiell auf, das bedeutet, dass der Kraft-Wegverlauf der Hybridverbindung eine Quasi-Einhüllende der Kurven der Einzelverbindungen darstellt (Abb. 2.17). Zur Modellierung von Hybridverbindungen wurde das im letzten Abschnitt dargestellte Klebmodell für Strukturklebstoffe mit einem Schweißpunktmodell (Spring-Beam mit verteilter Multi-Point Constraint Anbindung) kombiniert. Das Versagenskriterium für Schweißpunkte basiert auf kritischen Normal- und Scherkräften und kritischem Biegemoment (Gl. 8). Die Modellparameter wurden durch Simulation von Probenversuchen an reinen Kleb- bzw. Punktschweißverbindungen ermittelt. Die Versagensbilder und Kraft-Verschiebungskurven von T-Stoß-Versuchen wurden von der Simulation gut vorausgesagt (Abb. 2.17).

2.6 Weiterführende Informationen

Literatur

Andrieux, F., Sun, D.-Z., Riedel, H.: International Forum on Advanced Material Science and Technology, IFAMST04, Troyes (France), Conference proceeding, 2004

Andrieux, F., Sun, D.-Z., Burblies, A.: ALUMINIUM TWO THOUSAND, 10th International Congress & ICEB, 6th International Conference on Extrusion and Benchmark, Verona – Italy, 20–24 June 2017.

Barlat, F., Lian, J.: Int. J. of Plasticity, Vol. 5, 1989, S. 51–66

Barlat, F., Brem, J. C., Yoon, J. W., Chung, K., Dick, R. E., Lege, D. J. & Pourboghrat, F. 2003: Int. J. Plast., 19 1-23.

Basaran, M.: 2011. Ph.D. thesis, RWTH Aachen

Brede M. et al.: Abschlußbericht zu Forschungsvorhaben P676/13/2004 / S024/10096/04, FOSTA-Forschungsvereinigung Stahlanwendungen e. V. (2007)

Bron, F., Besson, J.: Int. J. Plasticity. 20, 2004, 937-963 Deshpande, V. S., Fleck, N. A.: J. Mech. Phys. Solids 48 (2000), S. 1253–1283

Cowper, G.R. and Symonds, P.S.: Brown University, Division of Applied Mathematics report, 1957; 28

Ebelsheiser, H., Feucht, M., Neukamm, F.: 7. LS-DYNA Anwendungsforum, Bamberg 2008

Feucht M., Sun D.-Z., Frank T.: 5th International Conference on Computation of Shell and Spatial Structures June 1–4, 2005 Salzburg, Austria, E. Ramm, W.A. Wall, K.-U. Bletzinger, M. Bischoff (eds.)

Gese, H., Werner, H., Hooputra, H., Dell, H.; Heath, A.: Europam 2004, October 11th to 13th, Paris, France

Gologanu, M., Leblond, J.B., Devaux, J.: J. Mech. Phys. Solids 41, 1993, S. 1723-1754

Gologanu, M., Leblond, J.B., Perrin, G., Devaux, J.: Continuum Micromechanics, CISM Courses and Lectures No. 377, ed. by P. Suquet 1997 61-130

Greve, L., Andrieux, F.: International journal of fracture, 143, p. 143-160, 2007

Gurson, A. L.: J. Engn. Mater. Tech. 99, 1977, S. 2–15

Hill, R.: Proc. Roy. Soc. A193, 1948, S. 281–297

Hill, R.: J. Mech. Phys. Solids. Vol. 38, no. 3, 1990, S. 405–417

Hooputra, H., Gese, H., Dell, H., and Werner, H:, Int. J. of Crashworthiness, vol. 9, no. 5, 2004, S. 449–464.

Johnson, G.R., Cook, W.H.: Engn. Fract. Mech. 21 (1985) 1, S.31–48

Klitschke, S., Böhme, W.: 2016, Materials Testing 58, 3, 173-181, DOI 10.3139/120.110836.

Lemaitre, J., Chaboche, J.L.: Mécanique des matériaux solides, Dunod, Paris, Cambridge, Univ. Press., 1990.

Memhard, D., Andrieux, F., Sun, D.-Z., Feucht, M., Frank, T., Ruf, A.: 5. LS-DYNA Anwenderforum, Ulm 2006

Nahshon, K., Hutchinson, J.W.: European Journal of Mechanics A/Solids 27 (2008) 1-17

Needleman, A., Tvergaard, V.: J. Mech. Phys. Solids 35, 1987, S. 151-183

Schlimmer, M.: 10. Paderborner Symposium Fügetechnik, 11.–12. September 2003

Sommer, S., Sun, D.-Z.: 35. Tagung DVM-Arbeitskreis Bruchvorgänge, DVM-Bericht 235, 2003, 241-250

Sommer, S., Andrieux, F., Memhard, D., Sun, D.-Z.: Materialprüfung MP 51 (2009), 13–21

Sommer, S.: Modellierung des Verformungs- und Versagensverhaltens von Punktschweißverbindungen unter monoton ansteigender Belastung, Dissertation TU Karlsruhe 2009

Stoughton, T.B., Yoon, J.W.: Int. J. Plasticity 25 (2009), 1777–1817

Sun, D.-Z., Sommer, S., Memhard, D.: 21st CAD-FEM Users' Meeting 2003, 12.-14.11. 2003, Potsdam

Sun, D.-Z., Sommer, S.: Konstruktion, 7/8-2004, IW7-IW8

Sun, D.-Z., Ockewitz, A., Klamser, H., Malcher, D.: 11th International Conference on Aluminium Alloys, Sept. 22-26, 2008 Aachen

Sun, D.-Z., Andrieux, F., Feucht, M.: 7th European LS-DYNA Conference, 14.-15. Mai 2009, Salzburg, (2009) B-III-04

Sun, D.-Z., Andrieux, F., Sommer, S., Greve, L.: Swiss Bonding 2009, 11th–13th May 2009 at HSR Rapperswil at Lake of Zurich, Switzerland

Wierzbicki, T., Bao, Y., Lee, Y.-W., Bai, Y.: International Journal of Mechanical Sciences, 47(4-5), 2005, 719–743.

Trondl, A., Sun, D.-Z., Andrieux; F.: ATZ – Automobiltechnische Zeitschrift, Spinger (2016, ISSN 0001-2785), 2/2016. Vol. 118, 72–79.

Wilkins, M.L., Streit, R.D., Reaugh, J.E.: UCRL-53058 Distribution Category UC-25, Lawrence Liver-more Laboratory, University of California, Livermore 1980

Xue, L.: Engineering Fracture Mechanics, 2008, 75 (11), 3343–3366

3 Crashverhalten von polymeren Werkstoffen

Stefan Hiermaier

3.1 Mechanische Eigenschaften unverstärkter Thermoplaste 1009
3.2 Numerische Simulation faserverstärkter Kunststoffe unter Crashlast 1014
3.3 Weiterführende Informationen 1016

3.1 Mechanische Eigenschaften unverstärkter Thermoplaste

Thermoplastische Kunststoffe haben eine Reihe von Eigenschaften, die stark von denen metallischer Werkstoffe abweichen. So ist bei Thermoplasten keine rein elastische Deformation möglich und somit auch kein ausgeprägter Fließbeginn zu identifizieren. Vielmehr trifft man von Beginn der Deformation an auf eine Kombination aus reversiblen und irreversiblen Verzerrungsanteilen. Dieser Effekt wurde grundlegend von (Hong et al. 2004) durch schrittweise Be- und Entlastungszugversuche charakterisiert. Abbildung 3.1 illustriert die dabei gemessenen reversiblen bzw. irreversiblen Hencky-Verzerrungen $\varepsilon_{H,c}$ und $\varepsilon_{H,b}$ aufgetragen über der Henckyschen Gesamtverzerrung ε_H. Die ermittelten Daten zeigen nicht nur die unmittelbar bei Belastungsbeginn auftretenden plastischen Verzerrungen. Gut zu erkennen ist auch derjenige Wert in den Gesamtverzerrungen, ab dem keine weitere Zunahme der reversiblen Verzerrungen mehr möglich ist. Dieser erste kritische Punkt ist in Abbildung 3.1 als „C" markiert. Bei derselben Grenzverzerrung beginnt die Dehnverfestigung. Der bis dahin erreichte Maximalwert der reversiblen Verzerrung nimmt im Zuge der fortschreitenden Deformation ab dem mit „D" markierten Punkt wieder ab.

Mit Standardplastizitätsmodellen, wie sie in kommerziellen Softwarepaketen installiert sind, sind diese Effekte meist nicht darstellbar. Ein rheologisches Modell, das die ungewöhnlichen Formen der Plastizität in Polymeren abbildet, wurde von (Fritsch et al. 2009) für langfaserverstärktes Polypropylen vorgestellt.

Sollen Thermoplaste näherungsweise mit existierenden elastisch-plastischen Modellen beschrieben werden, so muss man sich, ähnlich der Herangehensweise bei Metallen, auf eine Untergrenze der irreversiblen Verzerrung für die Definition des Fließbeginns festlegen. So können uniaxiale Zugversuche bei unterschiedlichen Abzugsgeschwindigkeiten und -temperaturen zur Charakterisierung einer hypothetischen Fließspannung durchgeführt werden. Dabei findet man eine ausgeprägte Abhängigkeit des mechanischen Verhaltens der Thermoplaste von der Dehnrate und der Temperatur. Abbildung 3.2 zeigt dies exemplarisch am Verhalten eines PC-ABS Materials (Huberth 2008).

Bei der Entwicklung irreversibler Deformationen in thermoplastischen Kunststoffen beobachtet man stark unterschiedliches Verhalten je nach Belastung

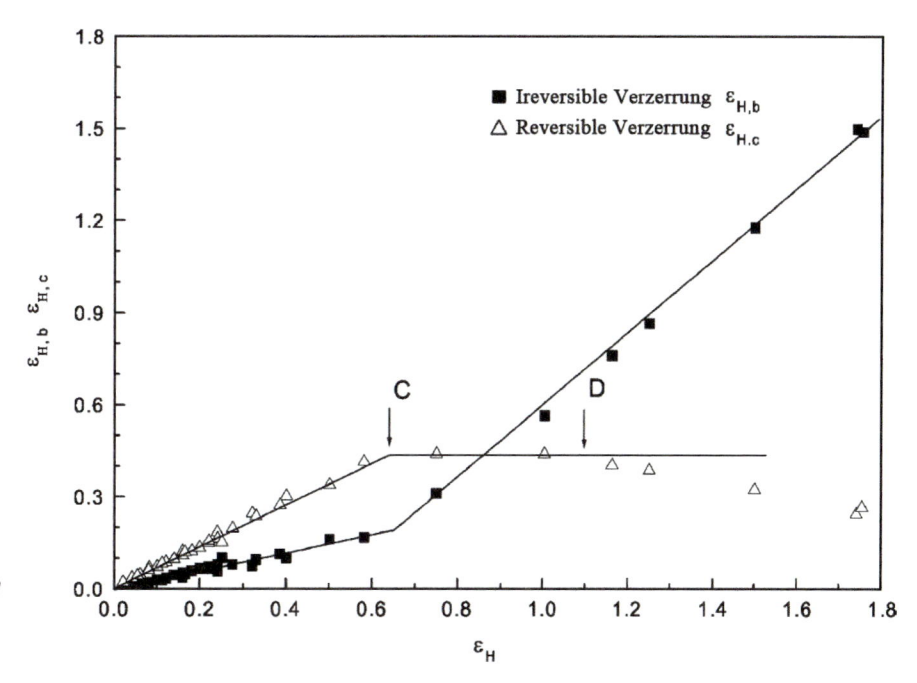

Abb. 3.1: *Reversible und irreversible Hencky-Dehnungen $\varepsilon_{H,c}$ bzw. $\varepsilon_{H,b}$ gemessen als Funktion der Gesamtdehnung ε_H (nach Hong et al. 2004).*

3 Crashverhalten von polymeren Werkstoffen

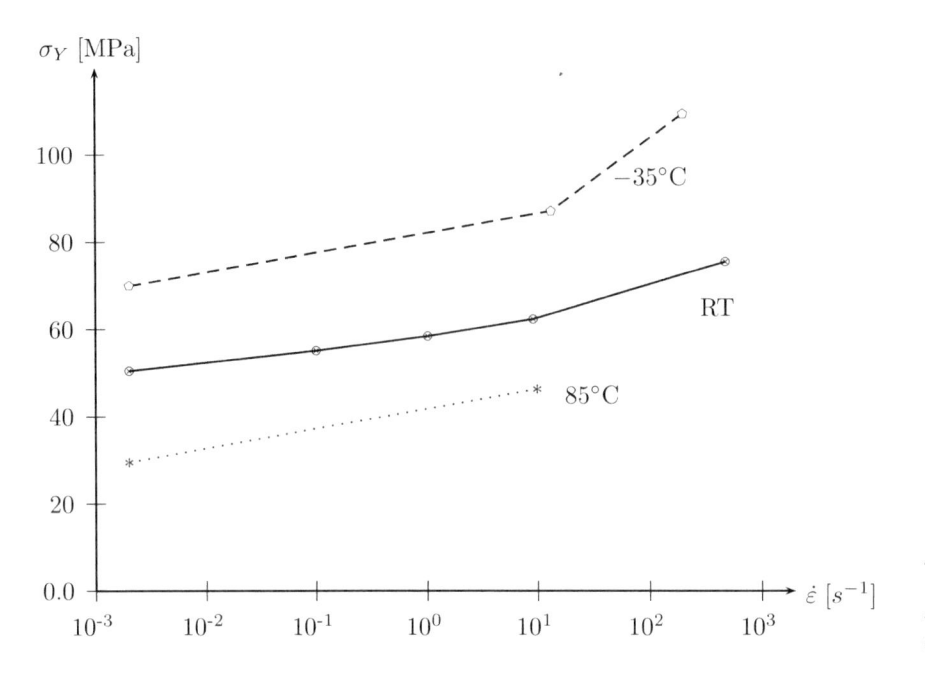

Abb. 3.2: *Dehnraten- und Temperaturabhängigkeit der Fließspannung von PC-ABS (Huberth 2008)*

auf Zug, Druck oder Schub. Die amorphe Struktur der Kettenmoleküle in teilkristallinen Thermoplasten führt zu Spannungs-Dehnungs-Pfaden und Fließorten, wie die in Abbildung 3.3 dargestellten Ergebnisse der Untersuchungen von (Junginger 2002) für ein PC-ABS zeigen.

Im Hinblick auf die vollständige mechanische Charakterisierung thermoplastischer Werkstoffe für die numerische Simulation bedeuten Ergebnisse, wie die in Abbildung 3.3 dargestellten, dass neben den uniaxialen Zugprüfungen bei verschiedenen Dehnraten und Temperaturen auch Druck- und Schubversuche durchgeführt werden müssen.

Die für die Simulation interessanten Bauteile aus thermoplastischem Material sind überwiegend dünnwandige, spritzgegossene Strukturen. Das Herstellungsverfahren Spritzguss bringt neben den erwähnten Abhängigkeiten des mechanischen Ver-

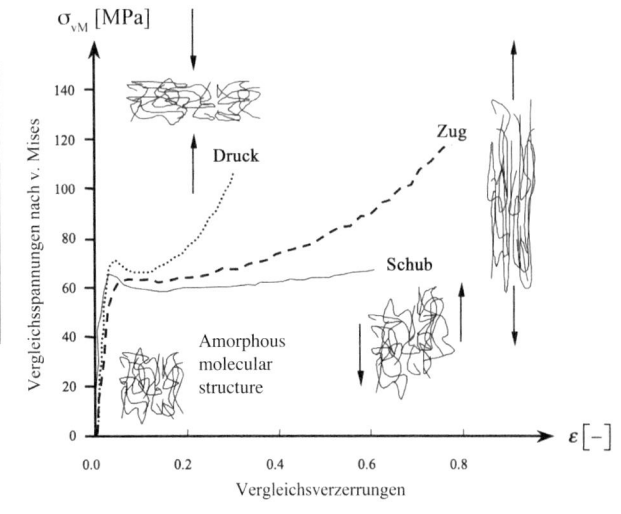

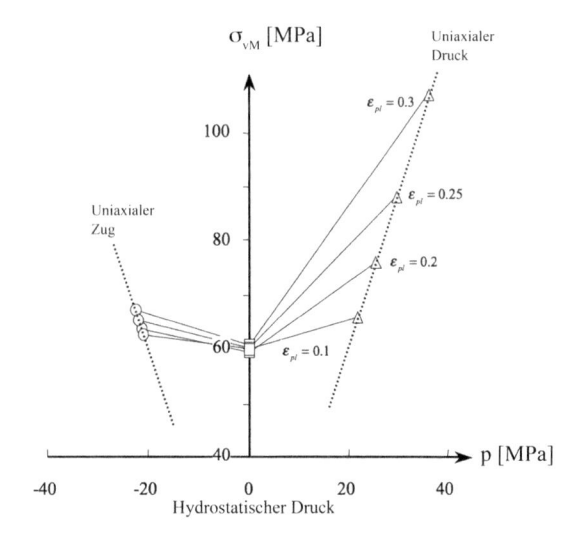

Abb. 3.3: *Einfluss der amorphen Struktur der Kettenmoleküle in teilkristallinen Thermoplasten auf das makroskopische Spannungs-Dehnungs-Verhalten. Dargestellt sind (A): die Spannungs-Dehnungs-Pfade für PC-ABS bei Raumtemperatur und einer Verzerrungsrate von $\dot{\varepsilon} = 1\,\text{s}^{-1}$ sowie (B): die Entwicklung des Fließortes für ausgewählte plastische Vergleichsverzerrungen (beides nach Junginger 2002).*

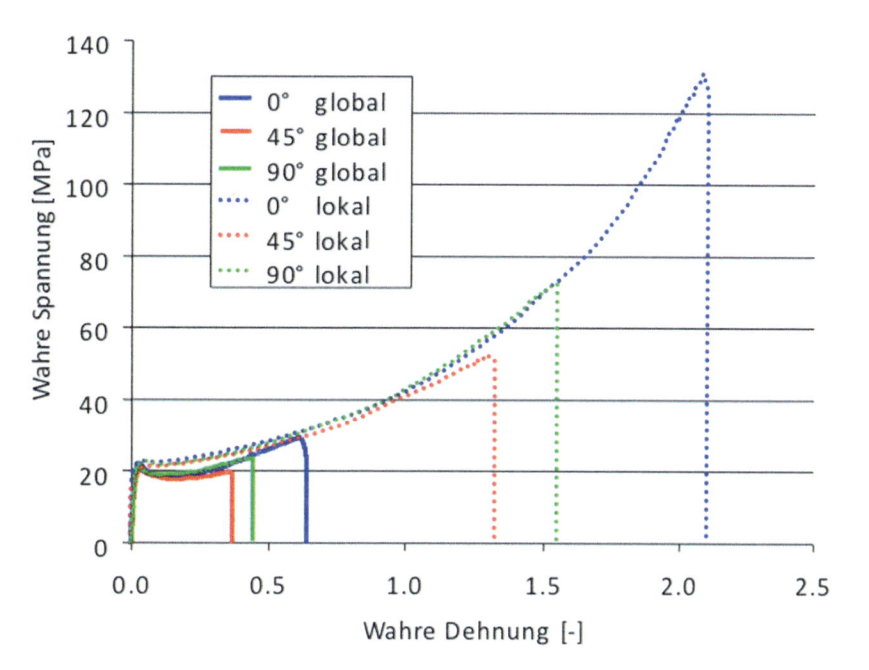

3.1 Mechanische Eigenschaften unverstärkter Thermoplaste

Abb. 3.4: *Einfluss der Entnahmerichtung und der Messlänge auf die beobachtete Spannungs-Dehnungsbeziehung im uniaxialen Zugversuch für den Fall eines mit Talkum gefüllten Polypropylens. Bei den mit „global" gekennzeichneten Versuchen wurde die Verschiebung der freien Einspannlänge (ca. 48 mm) zugrunde gelegt. Bei den optisch „lokal" bestimmten Dehnungen eine Messlänge von ca. 3 mm*

haltens von Dehnrate, Temperatur und Lastart auch eine mehr oder weniger ausgeprägte Anisotropie mit sich. Je nach Entnahmerichtung von Proben aus spritzgegossenen Platten findet man unterschiedliche Spannungs-Dehnungs-Eigenschaften. Abbildung 3.4 illustriert zum einen diesen Aspekt der Anisotropie in Form der stark voneinander abweichenden Spannungs-Dehnungs-Verläufe bei Zugproben, die unter 0°, 45° bzw. 90° relativ zur Angussrichtung aus einem mit Talkum gefüllten Polypropylen entnommen wurden.

Zusammen mit der aus Abbildung 3.1 bekannten Akkumulation plastischer Verzerrungskomponenten von Anbeginn der Deformation ergibt sich neben dieser prozessbedingten Anisotropie eine zweite, durch Vorbelastung induzierte Anisotropie. Für die Simulation bedeutet dies, dass ein ideales Materialgesetz die richtungsabhängigen Materialparameter zusammen mit den auftretenden Verzerrungen kontinuierlich anpasst.

In Abbildung 3.4 wird als weitere Eigenheit von Thermoplasten der enorme Einfluss der Dehnungslokalisierung auf den gemessenen Spannungs-Dehnungsverlauf deutlich. Im Zugversuch kann diese Lokalisierung zusammen mit einer Einschnürung an deren Ort stattfinden. Sie wird aber auch ohne Einschnürung beobachtet. Sie führt je nach Wahl der Ausdehnung des gewählten Messbereichs zu extrem unterschiedlichen Messergebnissen. Die mit „lokal" bezeichneten Ergebnisse wurden mittels optischer Instrumentierung auf einer Messlänge von etwa 3 mm ermittelt. Die „globalen" Messungen wurden aus den Verschiebungen an den Einspannungen ermittelt. Dies entspricht einer Messlänge von etwa 48 mm.

Als Konsequenz aus der beobachteten Dehnungslokalisation bedarf eine prognosefähige Materialmodellierung einer Anpassung der Messlänge bei der Dehnungsbestimmung an die Längendimensionen der in der Simulation verwendeten Diskretisierung.

Eine bekannte Versagensform von Kunststoffen ist das sogenannte Crazing. Es handelt sich dabei um die Bildung von Poren und Mikrorissen, die zum einen die elastisch-plastischen Eigenschaften des Materials verändern. Im Zuge dieser Form der Schädigungsentwicklung kommt es darüber hinaus zu einer messbaren Volumenzunahme. Messen lässt sich die zugeordnete Volumenzunahme mittels optischer Instrumentierung eines Versuchs. Verfolgt man ein Volumensegment in der Zugprobe mittels zweier Kameras, wie in Abbildung 3.5 dargestellt, so lässt sich die Änderung des Volumens DV messen und zum Volumen im Anfangszustand ins Verhältnis setzen.

3 Crashverhalten von polymeren Werkstoffen

Draufsicht Unverformt

(A) Verformtes Segment — Anfangszustand

Draufsicht Verformt

(B)

Seitenansicht Unverformt

(C) Verformtes Segment — Anfangszustand

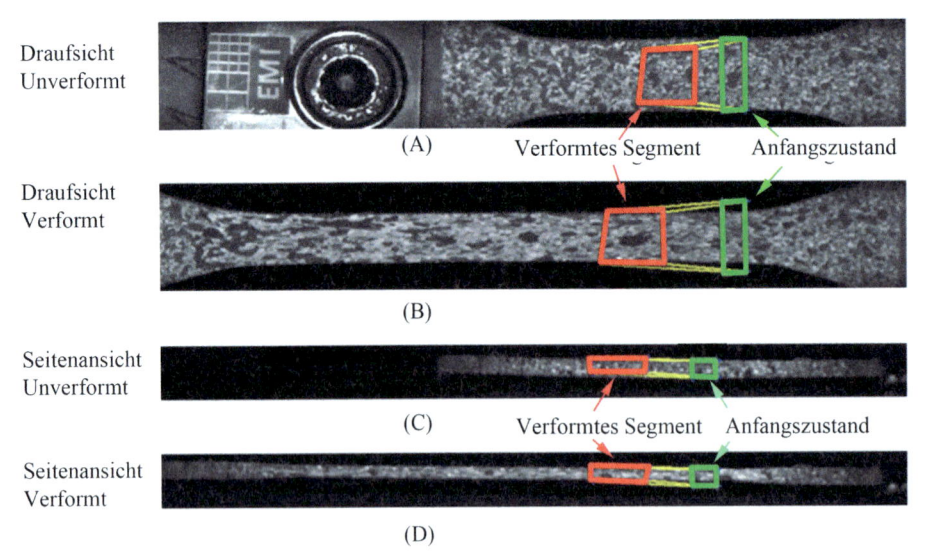

Seitenansicht Verformt

(D)

Abb. 3.5: *Beobachtung der Entwicklung eines Volumensegmentes im Zugversuch mit Hochgeschwindigkeitskameras (Huberth 2008).*

Abbildung 3.6 zeigt am Beispiel eines PC-ABS-Blends, wie signifikant das Volumen bei plastischer Deformation zunehmen kann. Bei den beiden Zugversuchen wurde das Material mit Abzugsgeschwindigkeiten von 0,1 bzw 500 mm s^{-1} beaufschlagt. Beide Verläufe der Volumenzunahme zeigen sehr ähnliche Steigungen. Im quasi-statischen Fall hat die Mikrostruktur des Materials Zeit zur Ausrichtung der Molekülketten, was zu einem, im Vergleich zur dynamischen Belastung, verzögerten Einsetzen der schädigungsbasierten Volumenzunahme führt.

Diese signifikante Volumenzunahme zu messen ist von großer Bedeutung für die Ableitung von Materialgesetzen, da die Annahme von Volumenkonstanz zu falschen Spannungs-Dehnungs-Verläufen im Verfestigungsbereich führt. Auf Basis der isochoren Annahme bestimmt man im unixialen Zugversuch die Spannung $s_{x,\,isoch}$ im aktuellen Probenquerschnitt aus der Anfangsbreite der Probe b_0, ihrer Anfangsdicke

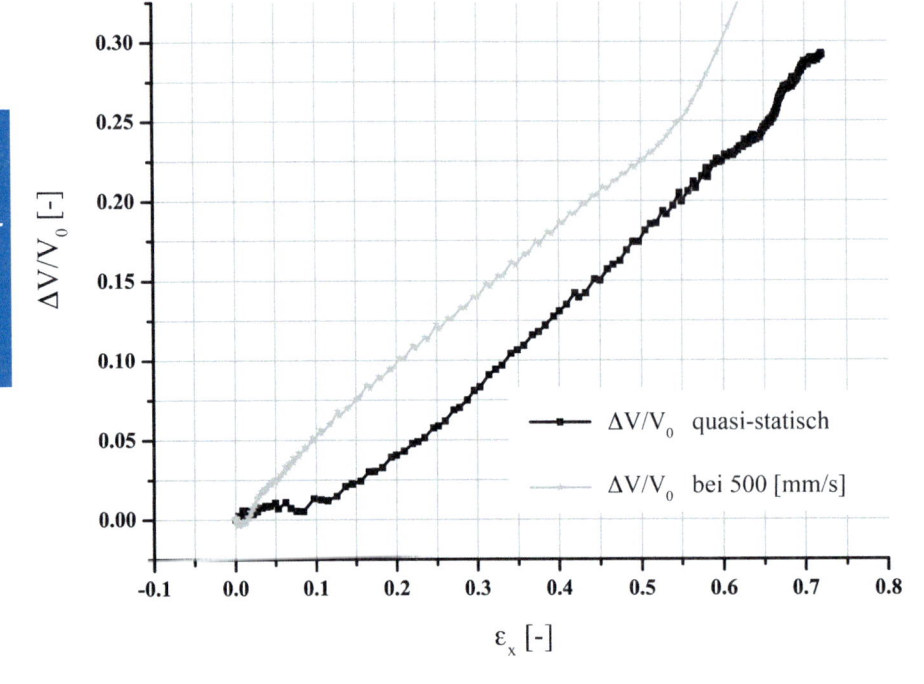

Abb. 3.6: *Im Zugversuch beobachtete Volumenänderung DV/V_0 in Abhängigkeit von der Längsdehnung e_x bei quasi-statischer Abzugsgeschwindigkeit von 0,1 mm s^{-1} und dynamischer Belastung von 500 mm s^{-1}.*

d_0, der Längsdehnung e_x sowie der Querkontraktionszahl v_{xy} und der aktuellen Kraft $F(t)$ zu

$$\sigma_{x,isoch} = \frac{F(t)}{b_0 d_0 e^{-2v_{xy}\varepsilon_x(t)}} = \frac{F(t)}{b_0 d_0 e^{-\varepsilon_x(t)}} \quad . \tag{1}$$

Misst man neben e_x auch die Querdehnung e_y und geht von isotropem Verhalten gemäß $v_{xy} = v_{xz}$ aus, so findet man für die Spannungen den Zusammenhang

$$\sigma_{x,isotr} = \frac{F(t)}{b_0 d_0 e^{2\varepsilon_y(t)}} = \frac{F(t)}{b_0 d_0 e^{-2v_{xy}\varepsilon_x(t)}} \quad . \tag{2}$$

Transversal-isotropes Verhalten setzt darüber hinaus die Kenntnis der Querkontraktionszahl in Dickenrichtung v_{xz} voraus und führt zu der weiter modifizierten Formulierung zur Bestimmung der Spannungen gemäß

$$\sigma_{x,trisotr} = \frac{F(t)}{b_0 d_0 e^{\varepsilon_y(t)+\varepsilon_z(t)}} = \frac{F(t)}{b_0 d_0 e^{-(v_{xy}+v_{xz})\varepsilon_x(t)}} \quad . \tag{3}$$

Wie sich die Verwendung der unterschiedlichen Formulierungen für die Spannungsberechnung in einem Versuch auf das abgeleitete Spannungs-Dehnungs-Verhalten auswirkt, ist in Abbildung 3.7 dargestellt. Für die in Abbildung 3.6 dargestellte, bei 500 mm s^{-1} gemessene Volumenzunahme zeigt sich, dass die isochore Annahme den Verlauf der Spannungen deutlich überschätzt. Die isotrope Annahme liegt schon sehr nahe an der zu maximaler Genauigkeit führenden transversal-isotropen Annahme. Letztere ist allerdings auch mit dem größten Messaufwand verbunden.

Neben den genannten Aspekten gibt es noch weitere beachtenswerte Punkte für die mechanische Charakterisierung von Thermoplasten. Nicht angesprochen wurden beispielsweise die dickenabhängigen mechanischen Eigenschaften, die ebenfalls herstellungsbedingt sind, oder die extremen Variationen in den Versagensgrenzen. Je nach Belastungsart und Bauteilgeometrie ergibt sich auch daraus zusätzlicher Aufwand bei der Werkstoffbeschreibung.

Wie gut man das Ziel einer für prognosefähige numerische Simulation geeigneten Materialbeschreibung erreicht, hängt im Falle von unverstärkten Thermoplasten von einer geeigneten Berücksichtigung folgender Aspekte der Charakterisierung ab:

- Identifikation der elastischen und plastischen Verzerrungskomponenten über den gesamten relevanten Spannungs-Dehnungs-Bereich,
- Untersuchung der Abhängigkeit der Dehnraten und der Temperatur,
- Separate Charakterisierung des plastischen Verhaltens unter Zug, Druck und Schub,

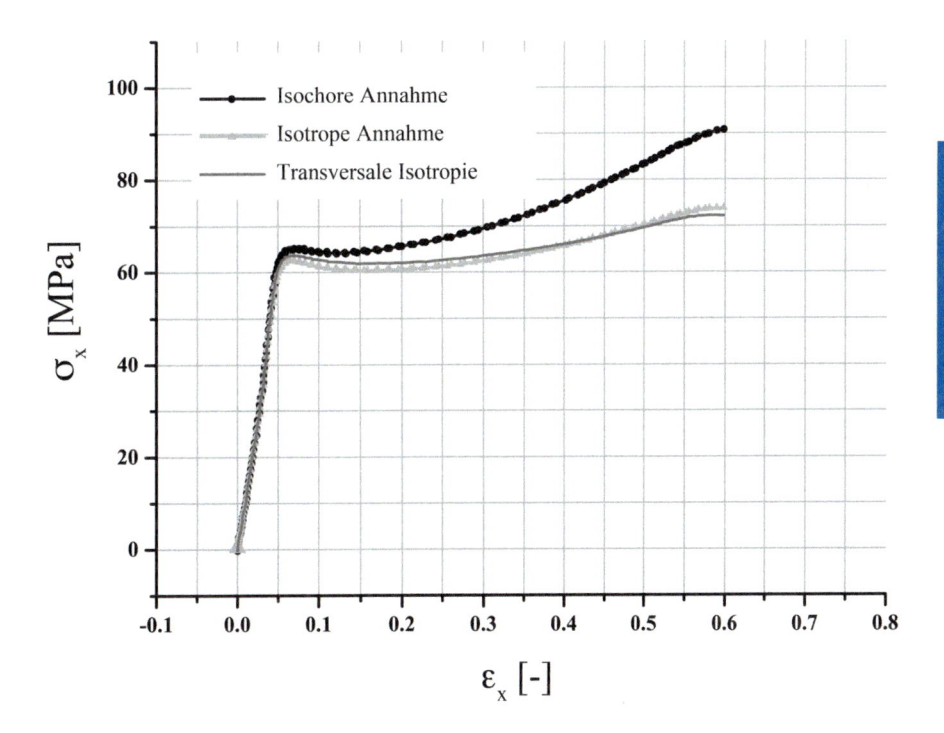

Abb. 3.7: *Unterschiedlich ausfallende Ermittlung der Spannung im aktuellen Probenquerschnitt bei einer Abzugsgeschwindigkeit von 500 mm s^{-1} je nach Annahme bezüglich isochorem, isotropem oder transversal-isotropem Verhaltens des Probenmaterials*

- Untersuchung der Anisotropie aufgrund des Herstellungsprozesses,
- Modellseitige Berücksichtigung der Anisotropie aufgrund von Vorbelastungen,
- Anpassung des Messbereichs für die Dehnungsbestimmung an die Längendimension der verwendeten Diskretisierung und
- Untersuchung der Volumenzunahme bei plastischer Verformung.

Im Einzelfall können am einen oder anderen Aspekt zwar sicher Abstriche im Sinne einer effizienten Charakterisierung in Kauf genommen werden. Die Relevanz jedes einzelnen Punktes für die angestrebte Anwendung und damit für die Genauigkeit des Materialmodells sollte aber zumindest abgeschätzt werden.

3.2 Numerische Simulation faserverstärkter Kunststoffe unter Crashlast

Das Spektrum an Fasern, Matrixmaterial und Möglichkeiten ihrer Kombination zum Verbundmaterial ist so groß, dass an dieser Stelle nur auf ein Material eingegangen werden soll, das im Automobilbau für Crashuntersuchungen relevant ist. Betrachtet wird die numerische Modellierung von unidirektional verstärkten Laminaten. Insbesondere wird die numerische Auslegung eines Kohlenstofffaserverstärkten Kunststoffs (CFK) zur Energieabsorption unter Crashlast dargestellt.

Von einem Materialmodell zur Simulation des Crashverhaltens von CFK-Bauteilen ist eine Vielfalt an abzubildenden Versagensarten zu erwarten. Diese erstrecken sich vom Versagen der Fasern über das Zug- und Scherversagen der Matrix sowie Kohäsions- und Adhäsionsbruch an den Grenzflächen zwischen Faser und Matrix bis zum Nachversagens- und Delaminationsverhalten des Verbundes. Einfachste Modelle zur Beschreibung des anisotropen intralaminaren Versagens ohne Differenzierung zwischen verschiedenen Bruchmoden sind quadratische Formulierungen für die kritischen Spannungszustände. Sie gehen meist zurück auf Formulierungen von (Hill 1948, Azzi und Tsai 1965 oder Tsai und Wu 1971).

Einen wesentlichen Schritt hin zur Erfassung der unterschiedlichen Bruchmoden ermöglichen die sogenannten Direct-Mode-Kriterien. Hashin formulierte ein solches Modell, das gezielt zwischen Zug-

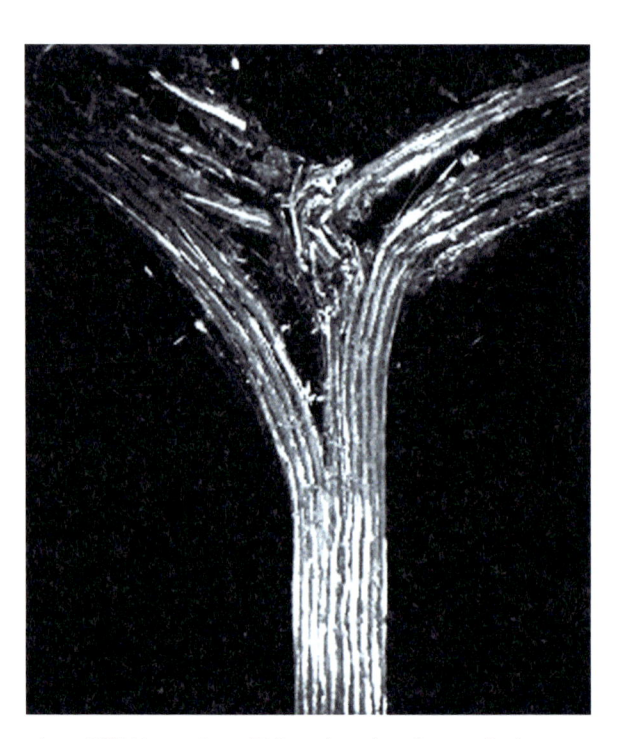

Abb. 3.8: *Versagensverhalten von CFK-Bauteilen: (A) Crashversuch an einem CFK-Motorträger, (B) Stauchen einer Coupon-Probe zur Untersuchung der Abhängigkeit von Versagensmechanismen wie Delamination, Rissausbreitung, Knicken und Fragmentbildung vom Lagenaufbau*

und Druckversagen sowohl in der Faser als auch in der Matrix unterscheidet (Hashin 1980). Chang und Chang gingen noch einen Schritt weiter und implementierten auch das Nachversagensverhalten mittels kontinuierlicher Degradation der elastischen Eigenschaften versagten Materials (Chang und Chang 1987). (Hou et al. 2000) implementieren ein modifiziertes Chang-Chang-Modell in LS-DYNA, das den Stand der Technik in dieser Modellart repräsentiert.

Eine Klasse noch physikalischer formulierter, mikromechanisch basierter Modelle beschreibt die Entstehung von Schädigung im Werkstoff. Diese sogenannten Continuum Damage-Modelle wurden ursprünglich vorgestellt von (Ladeveze und Le Dantec 1992). (Greve und Picket 2006) erweiterten es um Faserschädigung in longitudinaler Richtung sowie auf dreidimensionale Lastzustände. Detaillierte Beschreibungen der genannten Modelltypen findet man zum Beispiel bei (Hiermaier 2008). Eine umfassende Darstellung der Physik, der Herstellung und des mechanischen Verhaltens von Composites ist in (Berthelot 1999) gegeben.

Bei der Simulation von automobiltypischen Leichtbaustrukturen unter Crashlast und der aus dem Lagenaufbau des CFK-Laminats resultierenden Versagensart von CFK-Bauteilen treffen zwei Welten aufeinander. In der Crashsimulation greift man nahezu automatisch auf Schalenelemente zur Diskretisierung zurück. Die multiplen Versagensarten von Laminatmaterial und deren zentrale Bedeutung für das Lastniveau, auf dem die Energieabsorption stattfindet, können mit diesem Elementtyp jedoch kaum prognosefähig abgebildet werden.

Insbesondere, wenn es darum geht, die während des Stauchvorganges auftretende grundlegende Änderung des Materialzustands infolge Fragmentierung abzubilden, wird eine diskretisierungsseitige Abbildung dieser Vorgänge notwendig. Abbildung 3.8 zeigt zwei typische Versagensmuster, die mit einer dreidimensionalen Volumendiskretisierung wesentlich

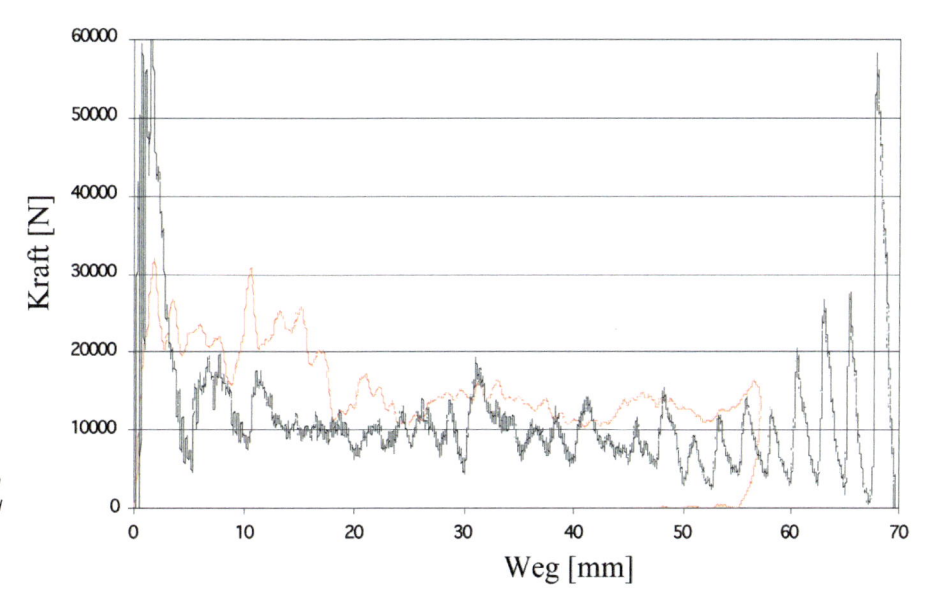

Abb. 3.9: *Simulation des Crashversuchs am CFK-Motorträger mit modifiziertem Hou-Petrinic-Modell 2000 und dreidimensionaler Volumendiskretisierung im EMI-Code SOPHIA (Peter 2004).*

besser zu berechnen sind als mit Schalenelementen. Eine durchgehende experimentelle Charakterisierung der unterschiedlichen Versagensformen zur Ableitung der Parameter für Direct Mode-Modelle wurde von (Peter 2004) vorgestellt. Die dort umgesetzte Implementierung in eine Diskretisierung mit mehrlagigen Volumenelementen illustriert den Vorteil dieser Diskretisierung. Sie erlaubte eine simulationsbasierte Auslegung des in Abbildung 3.8 dargestellten Motorträgers zur Energieabsorption im Crashlastfall. Die durchgeführten Simulationsrechnungen zeigten die Überlegenheit des Direct-Mode-Modells in Kombination mit der gewählten Diskretisierung. Sowohl das qualitative Ergebnis, erkennbar in Abbildung 3.9 A, als auch die quantitative Übereinstimmung der gerechneten Kraft-Weg-Kurven (Abb. 3.9 B), mit den experimentellen Resultaten unterstreichen die Prognosefähigkeit dieser Methode.

3.3 Weiterführende Informationen

Azzi, V. D., Tsai, S. W.: Anisotropic Strength of Composites, Journal of Experimental Mechanics 5: 283–288, 1965

Berthelot, J.-M.: Composite Materials, Springer, New York, 1999

Chang, F.-K., Chang, K.-Y.: Post-Failure Analysis of Bolted Composite Joints in Tension or Shear-Out Mode Failure, Journal of Composite Materials 21: 809–833, 1987

Fritsch, J., Hiermaier, S., Strobl, G.: Characterizing and modeling the non-linear viscoelastic tensile deformation of glass fiber reinforced polypropylene, Composites Science and Technology 69, 2009, 2460-2466

Greve, L., Pickett, A. K.: Delamination Testing and Modelling for Composite Crash Simulation, Composites Science and Technology 66: 816–826, 2006

Hashin, Z.: Failure Criteria for Unidirectional Fiber Composites", Journal of Applied Mechanics 47: 329–334, 1980

Hiermaier, S.: Structures Under Crash and Impact, Springer, New York, 2008

Hill, R.: A Theory of the Yielding and Plastic Flow of Anisotropic Metals, Royal Society of London, Proceedings Series A, Vol. 193, 1948

Hong, A., Rastogi, A., Strobl, G.: A Model Treating Tensile Deformation of Semicrystalline Polymers: Quasi-Static Streß-Strain Relationship and Viscous Streß Determined for a Sample of Polyethylene, Macromolecules 37, 2004, 10165–10173

Hou, J.P., Petrinic, N., Ruiz, C., Hallett, S.R.: Prediction of Impact Damage in Composite Plates, Composites Sciences and Technology 60, pp. 273-281, 2000

Huberth, F.: Mechanische Charakterisierung thermoplastischer Kunststoffe für die Crash-Simulation, Abschlussbericht zum AiF-Vorhaben Nr. 13427 N/1, EMI- Bericht I-52/08, Ernst-Mach-Institut Freiburg, 2008

Junginger, M.: Charakterisierung und Modellierung unverstärkter thermoplastischer Kunststoffe zur numerischen Simulation von Crashvorgängen. Dissertation, Fraunhofer-Institut für Kurzzeitdynamik Freiburg, Ernst-Mach-Institut, Heft Nr. 3 aus der wissenschaftlichen Reihe – Forschungsergebnisse aus der Kurzzeitdynamik, 2002

Ladeveze, P., Le Dantec E.: Damage Modelling of the Elementary Ply for Laminated Composites, Composites Science and Technology 43: 257–267, 1992

Peter, J.: Experimentelle und numerische Untersuchungen zum Crashverhalten von Strukturbauteilen aus kohlefaserverstärkten Kunststoffen, Dissertation, Fraunhofer-Institut für Kurzzeitdynamik, Ernst-Mach-Institut, Heft Nr. 8 aus der wissenschaftlichen Reihe – Forschungsergebnisse aus der Kurzzeitdynamik, Freiburg, 2004

Tsai, S. W., Wu, E. M.: A general theory of strength for anisotropic materials, Journal of Composite Materials. vol. 5, pp. 58-80, 1971

4 Bedeutung der Betriebsfestigkeit im Leichtbau unter Berücksichtigung der besonderen Anforderungen der E-Mobilität

Andreas Büter

4.1	Einleitung	1021	4.4	Möglichkeiten von Funktionsintegration im Entwicklungsprozess	1046
4.2	Betriebsfestigkeit als Basis für die Bauteilauslegung	1026	4.4.1	Beispiel 2: Hybride Leichtbau-Hinterachse für Elektrofahrzeuge	1047
4.2.1	Inhalt des Lastenheftes	1027			
4.2.2	Formen des Versagens	1029			
4.2.3	Auswahl des Materials	1031	4.4.2	Beispiel 3: Funktionsintegrierter Leichtbau am Beispiel eines Faserverbund-Querlenkers	1049
4.2.4	Beispiel 1: Betriebsfeste Auslegung einer hochbelasteten Kunststoffkomponente im Motorraum	1032	4.4.3	Beispiel 4: Entwicklung eines Faserverbund-Rades mit integriertem Elektromotor	1055
4.3	Numerische und experimentelle Betriebslastensimulation	1041	4.5	Zusammenfassung	1058
4.3.1	Materialeigenschaften	1041			
4.3.2	Mehrachsigkeit	1041	4.6	Weiterführende Informationen	1059
4.3.3	Festigkeit von Proben und Bauteilen im Vergleich	1043			
4.3.4	Schadensakkumulation	1044			

Die Betriebsfestigkeit beschreibt im Allgemeinen das Versagensverhalten von Materialien, Bauteilen oder Struktursystemen unter zyklischer Belastung. Hierbei werden vor allem die realen Belastungen mit variabler Amplitude betrachtet.

Leichtbau als eine Produktentwicklungskompetenz zielt darauf ab, Strukturkomponenten so auszulegen, dass sie nicht nur leicht sind, sondern auch sicher und zuverlässig ihre Funktion über ihre Lebensdauer erfüllen.

Zweiachsige Radprüfeinrichtung ZWARP nach Fischer (1986) und eine solche neuerer Generation (LBF 2010)

Wie hilft die Betriebsfestigkeit, derartige Forderungen im Konstruktionsprozess zu berücksichtigen?

Lässt sich Lebensdauer einer neu entwickelten Komponente abschätzen und wie kann die Betriebssicherheit nachgewiesen werden?

Was für Materialdaten werden gebraucht und welche Bedeutung hat in diesem Zusammenhang die Funktionsintegration?

Fragestellungen auf die im Weiteren versucht wird, eine Antwort zu geben. Ziel ist es hierbei über Beispiele die qualitativen Zusammenhänge darzustellen. Sie sollen helfen, sichere und zuverlässige Leichtbaukomponenten zu entwickeln.

V

4.1 Einleitung

Aus Sicht des Ingenieurs ist Leichtbau die Herausforderung das *Gewichtsminimum des Ganzen zu erzielen, was nur dadurch zu erreichen ist, dass jedes Einzelteil nur ein Minimum an Gewicht erfordert oder zum Minimum einer größeren Einheit optimal beiträgt.* Leichtbau, d.h. minimales Eigengewicht bei gegebener Funktion, bedarf daher eigentlich keiner weiteren Begründung solange hierdurch die Bauteilkosten nicht anwachsen und die Eignung oder Funktion des Bauteils nicht gemindert wird. Höhere Kosten sind erst dann gerechtfertigt wenn der Leichtbau anderweitige Einsparungen oder andere Vorteile zur Folge hat. Die E-Mobility stellt in diesem Zusammenhang besondere Anforderungen an den Leichtbau, da das Gewicht der Batterie durch die Gewichtsersparnis an anderen, zum Teil auch sicherheitsrelevanten Bauelementen kompensiert werden muss. Der Wechsel im Antriebssystem führt auch für die verbleibenden Strukturkomponenten zu veränderten Anforderungen, nicht nur was die mechanischen Belastungen betrifft, sondern auch hinsichtlich der umgebenden Medien und Einsatztemperaturen.

Leichtbau bedeutet die Realisierung einer Gewichtsminderung bei hinreichender Steifigkeit, dynamischer Stabilität und Betriebsfestigkeit. Das heißt, es ist zu gewährleisten, dass die entwickelten Bauteile und Konstruktionen ihre Aufgabe über die Einsatzdauer sicher erfüllen. Eine allgemeingültige Forderung die letztlich alle sicherheitsrelevanten Strukturkomponenten gilt.

Im Allgemeinen geht bei Leichtbaustrukturen die Auslegung über den Nachweis einer hinreichenden Steifigkeit und statischen Festigkeit hinaus, da Leichtbaukomponenten neben statischen Belastungen in der Regel während ihrer Einsatzzeit auch schlag- und stoßartigen, vor allem aber zyklischen Belastungen ausgesetzt sind. Eine gewichtsoptimale, betriebsfeste Auslegung von Komponenten und Strukturen setzt daher die genaue Kenntnis der im Betrieb auftretenden schädigungsrelevanten Belastungen bzw. Beanspruchungen voraus. Die für alle wichtigen Betriebspunkte messtechnisch oder auch rechnerisch ermittelten Betriebsbelastungen[1] und die damit im Bauteil auftretenden Beanspruchungen[2] werden gemäß der Einsatzbedingungen auf die Lebensdauer extrapoliert und zu Belastungs-/Beanspruchungskollektiven zusammengefasst. Hierbei können drei Lasttypen unterschieden werden: Die Missbrauchs-, die Sonder- und die bestimmungsgemäßen Betriebslasten (Abb. 4.1). Das Belastungskollektiv der bestimmungsgemäßen Betriebslasten sowie die Sonder- und Missbrauchslasten beschrei-

---
[1] Belastung: Alle von außen auf die Struktureinwirkenden äußeren Kräfte und Momente
[2] Beanspruchung: Die durch die Belastung in der Struktur generierten inneren Kräfte (Spannungen)

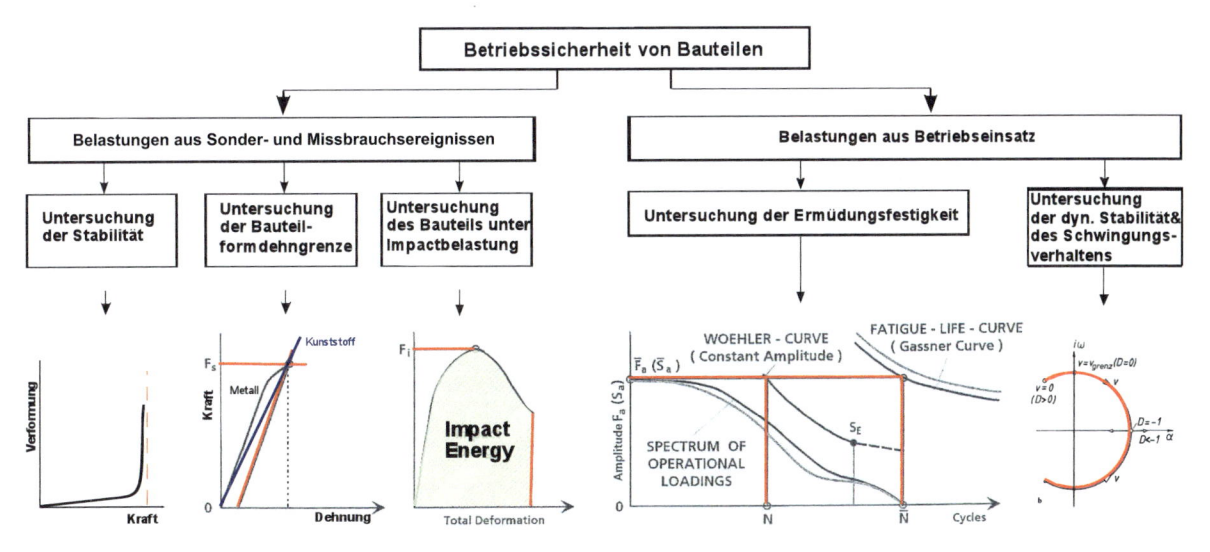

Abb. 4.1: *Betriebssicherheit von Leichtbaustrukturen (Büter 2005)*

ben alle über die gesamte Einsatzdauer auftretenden Belastungen und stehen somit in direkter Beziehung zur Bemessungslebensdauer der Struktur. Für Strukturkomponenten, die im Bereich der E-Mobility eingesetzt werden sollen, bedeutet das, dass Nutzungs- und Einsatzprofileprofile bekannt sind oder zumindest abgeschätzt werden können. Da darüber hinaus sowohl die Belastung selbst als auch die durch das Material gegebene Beanspruchbarkeit[3] einer natürlichen Streuung unterliegen sind statistisch abgesicherte Lastanalysen (z. B. durch ein Loadmonitoring) und Material-/Bauteiluntersuchungen zur Ermittlung der Festigkeiten nötig.

Es ist somit nachvollziehbar, dass aufgrund dieser Streuungen, auch durch strenge Materialkontrolle, präzise Fertigung und genaue Lastvorgaben die Versagenswahrscheinlichkeit zwar gemindert werden kann, in keinem Fall ist jedoch eine 100 %ige Zuverlässigkeit erreichbar (Wiedemann 1996).

Eine ausreichende Steifigkeit, statische und dynamische Stabilität auf der einen Seite und die Betriebsfestigkeit auf der anderen Seite stellen Anforderungen dar, denen die Leichtbaustruktur genügen muss. Versagensformen, wie z.B. die Instabilität, den Steifigkeitsverlust und den Bruch sind somit unbedingt zu vermeiden.

Wie in Abbildung 4.2 dargestellt, werden die Stabilität beeinflussenden Faktoren wie Steifigkeit, Dämpfung, Masseverteilung und Stabilität einer Konstruktion durch Parameter wie Material, Geometrie (Formgebung), Bauweise und Kosten bestimmt. Hinsichtlich der Festigkeit erfordern zyklische Betriebsbelastungen eine Bauteilauslegung gegenüber Ermüdung (Betriebsfestigkeit) unter Berücksichtigung nicht nur der Werkstoffe, sondern auch der konstruktiven Formgebung, des Herstellungsprozesses, der Umgebungsbedingungen, wie Temperatur, Feuchte und Medien sowie der Kosten. Leichtbau heißt somit aus Sicht der betriebssicheren Konstruktion immer auch einen ökonomischen Kompromiss zwischen Gewichtsminderung auf der einen und sicherer Konstruktion auf der anderen Seite zu finden.

Die Kosten für Reklamationen, Inspektion und/oder Wartung (b) stehen, wie in Abbildung 4.3 exemplarisch dargestellt, in Relation zu dem Aufwand für die Betriebsfestigkeitsuntersuchung (a), sodass es hier aus Sicht der Gesamtaufwendungen (c) ein Optimum (Teil der Life-Cycle-Costs) gibt. Die Betriebsfestigkeitsuntersuchung stellt hierbei eine Art quantitative Zuverlässigkeitsanalyse mechanischer Systeme dar, mit dem Ziel der Lebensdauerabschätzung, der Ausfallratenanalyse und/oder der probabilistischen Zuverlässigkeitsanalyse.

Die technisch-ökonomische Betrachtung reicht aber für eine Bewertung von Leichtbaustrukturen nicht aus, da im Allgemeinen aus juristischer Sicht noch der Aspekt der Produkthaftung hinzukommt. Der Gesetzgeber fordert hier den Nachweis, dass ein Bauteil so ausgelegt ist, dass es während seiner Lebensdauer bei bestimmungsgemäßem Betrieb nicht durch übermäßige Verformung oder gar Bruch ver-

---

[3] Beanspruchbarkeit: Die durch Material und Fertigung beeinflussbaren ertragbaren inneren Kräfte

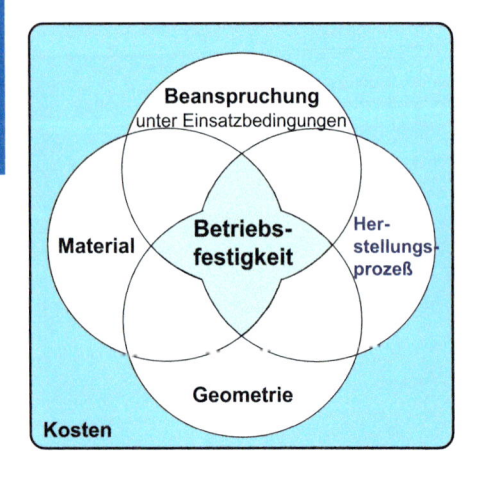

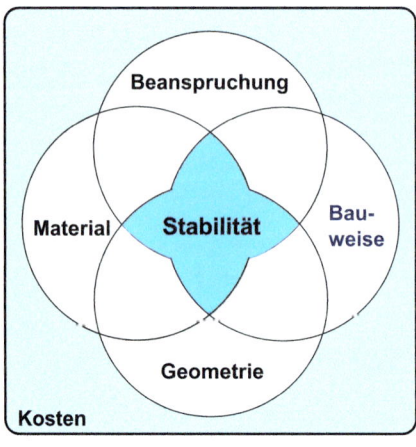

Abb. 4.2: *Einflussgrößen auf die Betriebsfestigkeit und die Stabilität (Büter 2005)*

Abb. 4.3: *Kosten für die Aussagequalität (Zuverlässigkeit) einer quantitativen Zuverlässigkeitsanalyse*

sagt! Dass diese juristische Forderung nach einer sicheren Konstruktion nicht neu ist, verdeutlicht Abbildung 4.4. Heute wird im Gegensatz zu diesen recht einfachen Forderungen vergangener Tage eine Auslegung nach den anerkannten Regeln der Technik vorausgesetzt. Der juristische Begriff der anerkannten Regel der Technik (RGSt 44, S. 79 ff) beinhaltet alle auf Erkenntnissen und Erfahrungen beruhenden, ungeschriebenen oder geschriebenen Regeln.

Um den mit der Auslegung und Bewertung verbundenen Aufwand anpassen zu können, werden – bedingt

Wird beim Einsturz Eigentum zerstört, so stelle der Baumeister wieder her, was immer zerstört wurde; weil er das Haus nicht fest genug baute, baue er es auf eigene Kosten wieder auf.

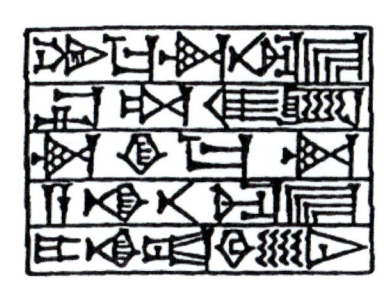

Wenn ein Baumeister ein Haus baut und macht die Konstruktion nicht stark genug, so dass eine Wand einstürzt, dann soll er sie auf eigene Kosten verstärkt wieder aufbauen.

Wenn ein Baumeister ein Haus baut für einen Mann und macht seine Konstruktion nicht stark, so dass es einstürzt und verursacht den Tod des Bauherrn; dieser Baumeister soll getötet werden.

Abb. 4.4: *Codex Hammurabi des Königs von Babylon 1728–1686 v. Chr. (Parrot 1961)*

4 Bedeutung der Betriebsfestigkeit im Leichtbau unter Berücksichtigung

Abb. 4.5: *Einteilung von Bauteilen nach Sicherheit und Funktionstüchtigkeit (Grubisic 1998)*

	Primär - Komponenten		Sekundär - Komponenten
	A	B	C
Einteilung	Sicherheitskomponenten bei denen kein Versagen auftreten darf.	Funktionskomponenten bei denen ein Versagen vermieden werden soll.	Funktionskomponenten bei denen ein gelegentliches Versagen toleriert wird.
Einfluss	Bei Versagen Lebensgefahr für Nutzer und Umgebung	Bei Versagen wird die Funktion der Anlage unterbunden.	Bei einem Versagen gibt es keine direkte Auswirkung auf die Sicherheit und Funktionstüchtigkeit der Anlage.

durch bauteilspezifische Sicherheitsanforderungen (Abb. 4.5) – Primär- und Sekundär-Komponenten unterschieden. Diese lassen sich in drei Bauteilkategorien einteilen: Lebenswichtige (Sicherheitsbauteile), funktionswichtige (Funktionsbauteile) und funktionswichtige Sekundär-Bauteile (Grubisic 1994, 1998).

Für die Konstruktion und Auslegung von Primärkomponenten, insbesondere für Sicherheitsbauteile, haben sich verschiedene Konstruktionsphilosophien etabliert, die auch unter dem Aspekt der Produkthaftung eine sichere Konstruktion gewährleisten können. So wird z. B. von einer sicheren Konstruktion gefordert, dass bei Sicherheitsbauteilen während der Bemessungslebensdauer kein Schaden auftritt oder dass sich bei einer regelmäßig inspizierten Struktur ein Teilschaden nicht zum Totalversagen auswächst. Um dieses zu gewährleisten lassen sich die folgenden zwei Konstruktionsphilosophien unterscheiden:

- Die *schwingbruchsichere* Konstruktion (safe-life design): Hierbei wird die Struktur so ausgelegt, dass im geplanten Lebenszeitraum keine Primärschäden (Anrisse) auftreten. Dieses lässt sich nur unter Berücksichtigung aller im Betrieb auftretenden Beanspruchungen, also auch der bei Missbrauch und Einzelereignissen entstehenden Sonderbeanspruchungen bzw. durch einen hinreichend großen Sicherheitsabstand zwischen Beanspruchung und Beanspruchbarkeit, realisieren. Anwendung findet dieses Konstruktionsprinzip vornehmlich bei der Auslegung von Sicherheitskomponenten im Kraftfahrzeug- und Eisenbahnfahrzeugbau.
- Der *schadenstolerante (ausfallsichere)* Entwurf (damage tolerance design) vermeidet nicht unbedingt den Anriss, jedenfalls aber seine katastrophale Auswirkung. Redundanz, die Frage nach Resttragfähigkeit und die klare Definition von Inspektionen sind wesentliche Bestandteile des Entwurfs. Anwendung findet dieses Konstruktionsprinzip vornehmlich in ausgewählten Bereichen des Flugzeugbaus (z. B. Rumpf-Oberschale, Flügel-Unterschale).

Während bei der *schwingbruchsicheren* Konstruktion mehr die Frage nach der primären Schädigung im Vordergrund steht und somit den Werkstoff, das Herstellungsverfahren und die lokale Bauteilgestaltung angeht, zielt der ausfallsichere Entwurf auf *Schadenstoleranz* ab. Er beeinflusst somit das Verhalten und letztlich das Versagen der gesamten Struktur. Hierbei sind die Bestimmung und Kontrolle des Schädigungsfortschritts, die Ermittlung bzw. Sicherstellung einer ausreichenden Resttragfähigkeit der geschädigten Struktur, die Anweisung regelmäßiger Inspektionen und die Möglichkeit eines Austauschs geschädigter Bauteile wesentliche Maßnahmen zur Realisierung schadenstoleranter oder ausfallsicherer Konstruktionen.

Die Gewichtsminderung eines als schwingbruchsichere Konstruktion ausgelegten Bauteils setzt somit die genaue Kenntnis des Sicherheitsabstandes zwischen der Beanspruchung und der Beanspruchbarkeit voraus. Die Belastungen sowie das lokale, vom Herstellungsverfahren abhängige Werkstoffverhalten und die Einflüsse der Bauteilgestaltung müssen hierfür bekannt sein.

Dagegen wird die Gewichtsminderung der ausfallsicheren Konstruktion über Redundanz und regelmäßige Inspektionen ermöglicht. Im Hinblick auf die Konstruktionssicherheit von Leichtbaustrukturen ergeben sich hieraus drei wesentlichen Fragen:

1. Die Frage nach der Geschwindigkeit des Rissfortschritts zur Definition optimaler Inspektionsintervalle und/oder zur Prüfung der Schadenstoleranz,
2. die Frage nach der Möglichkeit und Wirksamkeit der Behinderung des Rissfortschritts zur Ableitung geeigneter konstruktiver Maßnahmen und
3. die Frage nach der Resttragfähigkeit einer unterteilten, durch Ausfall eines Elementes geschwächten Struktur und nach dem zur Abdeckung eines solchen Ausfalls notwendigen Sicherheitsfaktor.

Um hier den Aufwand, z.B. durch die Einführung einer zustandsabhängigen Wartung reduzieren zu können, besteht die Möglichkeit – und das ist ein aktueller Forschungsschwerpunkt (Abb. 4.6) – strukturintegrierte Überwachungssysteme zu installieren (Kapitel V.4). Ansätze hierfür sind direkt arbeitende (Structural Health Monitoring SHM-Systeme) oder indirekt arbeitende Überwachungssysteme, wie z.B. Loadmonitoring-Systeme. Während die ersteren einen Schaden direkt erkennen, soll bei den Loadmonitoring-Systemen z.B. über die Lasthistorie indirekt auf einen Schaden geschlossen werden (Lehmann 2005).

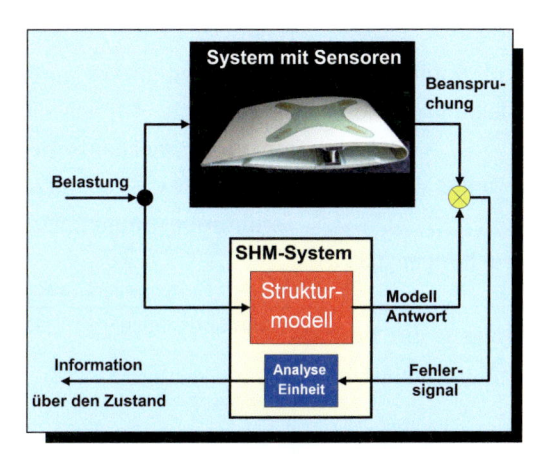

Abb. 4.6: *SHM-Flügel Mook-Up (LBF) aus FVK mit integrierten Sensoren*

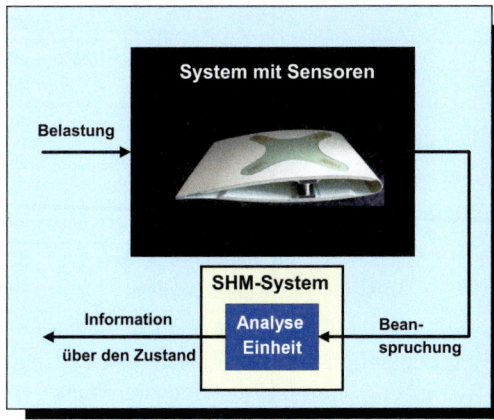

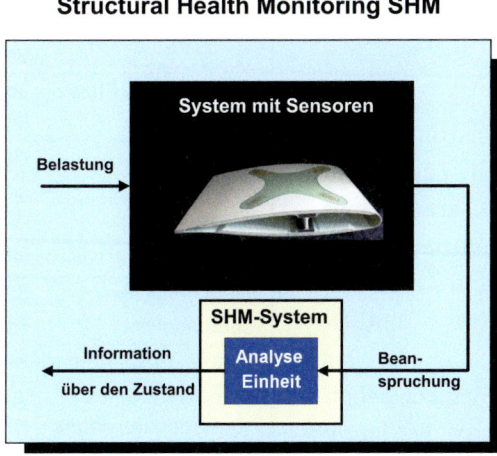

Die Realisierung und der Einsatz derartiger Systeme stellt in letzter Konsequenz sehr hohe Ansprüche an die Systemzuverlässigkeit (Lehmann 2008), da das Gesamtsystem den Anforderungen einer *sicheren Konstruktion* genügen muss. Das bedeutet, dass vom Überwachungssystem über die Lebensdauer der Struktur eine gleichbleibend hohe Ausfallsicherheit bei gleichzeitig hoher Erkennungswahrscheinlichkeit möglicher eintretender Schäden gefordert wird.

Die Betriebsfestigkeit liefert für die Konstruktionsphilosophien, wie auch für die Entwicklung von Überwachungssystemen die wesentlichen Grundlagen und ermöglicht so den Weg zu einer schadenstoleranten und ausfallsicheren Konstruktion.

4.2 Betriebsfestigkeit als Basis für die Bauteilauslegung

August Wöhler hat bereits zwischen 1858 und 1870 folgende Richtlinien zur Bauteilauslegung formuliert:

1. Es muss bekannt sein, welche schwankenden Beanspruchungen ein Bauteil erfährt.
2. Es ist zu klären, welche Beanspruchungen das Material aufnehmen kann.
3. Wesentlich ist ferner, wie zuverlässig die für eine Beanspruchung notwendigen Materialdaten sind.
4. Es ist zu fragen, ob und wie die Beanspruchbarkeit durch Irregularitäten im Bauteil beeinflusst wird.

Hieraus wird aus Sicht eines konstruierenden Ingenieurs deutlich gemacht, dass die Lasten, die Materialeigenschaften (Beanspruchbarkeit und deren Streuung) und die Bauteilgeometrie bekannt sein müssen, da sie, wie auch schon in Abbildung 4.2 dargestellt, die Betriebsfestigkeit wesentlich bestimmen. Bei Materialien wie z. B. bei kurz- oder langfaserverstärken Kunststoffen oder bei neuen Fertigungsverfahren wie die additive Fertigung stellen sich fertigungsbedingt, geometrieabhängig im Bauteil unterschiedliche Materialeigenschaften ein. Um dieses in der Bauteilauslegung zu berücksichtigen zu können, ist eine „integrative Simulation" erforderlich. Integrative Simulation heißt in diesem Zusammenhang, dass der Bauteilgestaltung über ein CAD-Programm eine Fertigungssimulation folgt. Hierüber werden, bedingt z. B. durch die lokalen Faserorientierungen, die sich aus einer Spritzgießsimulation ergeben, die lokalen Steifigkeiten ermittelt. Diese über das Bauteil z. T. sehr unterschiedliche Steifigkeitsverteilung wird dann dem Finite-Elemente-Modell des Bauteils hinterlegt, um realistische Beanspruchungsverteilungen ermitteln zu können. Gerade bei Fertigungsverfahren die, wie z. B. das Spritzgießen oder die additive Fertigung Materialsteifigkeiten prozess- und/oder geometriebedingt beeinflussen sind Materialeigenschaft, Fertigung und Auslegung nicht mehr getrennt voneinander zu betrachten und das ist im Entwicklungs-/Auslegungsprozess zu berücksichtigen.

Die Phasen dieses Entwicklungs-/Auslegungsprozesses (Tab. 4.1) lassen sich, bildlich betrachtet, als eine „mechanische Kette" darstellen, deren schwächstes Glied letztlich die Tragfähigkeit der Struktur bestimmen wird.

Tab. 4.1: *Phasen eines Entwicklungsprozesses*

Definitionsphase	Generierung des Lastenheftes mit Anforderungsliste, Lastannahmen, Umweltbedingungen, Bestimmung der Entwurfskriterien und Definition der Konstruktionsphilosophie, Versagen usw..
Schöpferische Phase	Lösungsfindung, Vorauslegung
Phase der konstruktiven Auslegung	Detailkonstruktion und Dimensionierung, Werkstoffauswahl und Festlegung der Herstellungstechnologie, usw.
Phase der rechnerischen Analyse	Statische und dynamische Festigkeitsbewertung
Phase der experimentellen Analyse und Prototypenerprobung	Bestimmung von Tragfähigkeit und Versagen, Betriebsfestigkeitsnachweis
Phase der Praxiserprobung	Versuche und Qualitätskontrolle

4.2 Betriebsfestigkeit als Basis für die Bauteilauslegung

Die Betriebsfestigkeit liefert während des Entwicklungs-/Auslegungsprozesses insbesondere bei der Phase der konstruktiven Auslegung, der Werkstoffauswahl und Festlegung der Herstellungstechnologie, der Phase der rechnerischen Analyse, der Phase der experimentellen Analyse und Prototypenerprobung sowie der Phase der Praxiserprobung einen wesentlichen Beitrag, wohingegen im Lastenheft die entscheidenden Randbedingungen hierfür definiert werden. Denn neben Anforderungen in Form von ertragbaren Lasten ist im Lastenheft auch das nicht tolerierbare Versagen definiert.

4.2.1 Inhalt des Lastenheftes

„Es muss bekannt sein, welche schwankenden Beanspruchungen ein Bauteil erfährt." Abbildung 4.7 zeigt Beispiele für reale Belastungs-/ Beanspruchungszeitverläufe.

Prinzipiell lassen sich diese Lasten wie in Abbildung 4.8 dargestellt nach dem Grad der Regellosigkeit einteilen.

Da die Art und der Umfang der Belastungen bzw. Beanspruchungen (Größe, Richtung, zeitliche Abfolge und Verteilung) das Ermüdungsverhalten und die Lebensdauer beeinflussen, muss sie für alle wichtigen Betriebspunkte experimentell oder auch rechnerisch ermittelt und gemäß der Einsatzbedingungen auf die Lebensdauer extrapoliert werden. Die Extrapolation von Lastdaten ist exemplarisch in Abbildung 4.9 dargestellt. Bei der Bewertung sind alle Lasten zu berücksichtigen (Tab. 4.2).

Die Belastungen als auch die Beanspruchungen lassen sich in Kollektive, wie z. B. Rechteckkollektiv, normalverteiltes kollektiv, gradlinig verteiltes Kollektiv (Abb. 4.10) zusammenfassen, die die Grundlage für die numerische und experimentelle Betriebslastensimulation darstellen.

Das Leichtbaupotenzial, das sich durch Berücksichtigung der wirklichen Belastungsverteilung (Kollektivform) ergibt, ist in Abbildung 4.10 exemplarisch dargestellt. Ausgelegt werden soll eine Spurstange für eine maximale Lastamplitude von $F_a=100$ kN bei $N=10^8$ Schwingspielen. Je nach Kollektivform ergeben sich – unter Berücksichtigung der entsprechenden Festigkeiten – andere erforderliche Querschnittsdurchmesser: Im Fall des Rechteckkollektivs

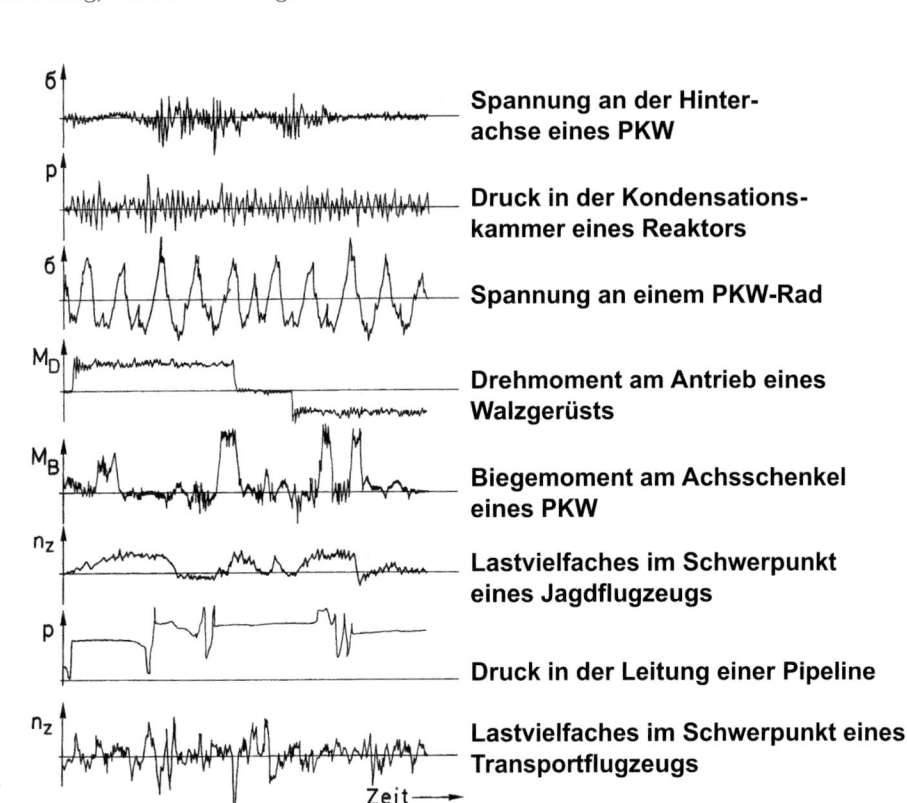

Abb. 4.7: *Beispiele für reale Belastungs-/Beanspruchungszeitverläufe (Buxbaum 1992)*

- Spannung an der Hinterachse eines PKW
- Druck in der Kondensationskammer eines Reaktors
- Spannung an einem PKW-Rad
- Drehmoment am Antrieb eines Walzgerüsts
- Biegemoment am Achsschenkel eines PKW
- Lastvielfaches im Schwerpunkt eines Jagdflugzeugs
- Druck in der Leitung einer Pipeline
- Lastvielfaches im Schwerpunkt eines Transportflugzeugs

4 Bedeutung der Betriebsfestigkeit im Leichtbau unter Berücksichtigung

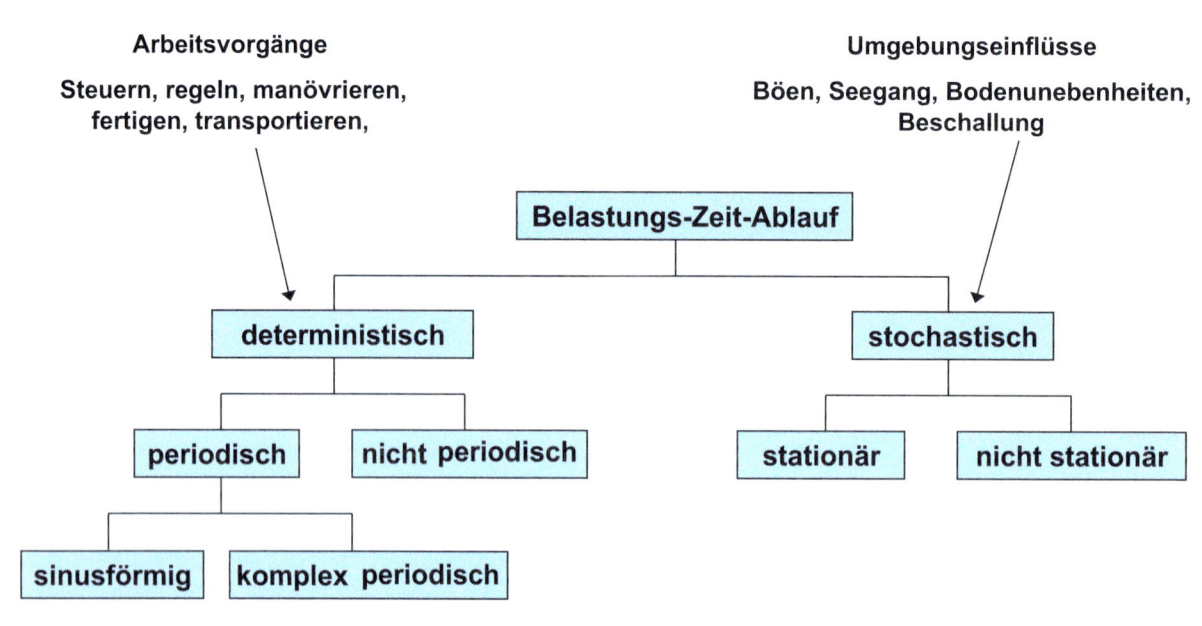

```
                Arbeitsvorgänge                              Umgebungseinflüsse
          Steuern, regeln, manövrieren,                 Böen, Seegang, Bodenunebenheiten,
             fertigen, transportieren,                            Beschallung

                            ┌──────────── Belastungs-Zeit-Ablauf ────────────┐
                            │                                                │
                     deterministisch                                  stochastisch
                    ┌────────┴────────┐                          ┌────────┴────────┐
                periodisch      nicht periodisch              stationär     nicht stationär
              ┌─────┴─────┐
         sinusförmig  komplex periodisch
```

Abb. 4.8: *Einteilung der Lasten nach dem Grad der Regellosigkeit (Buxbaum 1992)*

(konstante Amplitude Last – Wöhler) 22 mm, im Fall des normalverteilten Kollektivs 18 mm und im Fall des gradlinigverteilten Kollektivs 16 mm. Wird das Bauteil in Realität nun durch ein geradlinig verteiltes Kollektiv belastet und wird dies auch in der Auslegung berücksichtigt, so lässt sich gegenüber einer Auslegung, die eine Rechteckverteilung annimmt (Wöhler), eine Gewichtsersparnis von fast 50 % darstellen (Sonsino-MP 2008).

Dieses Beispiel verdeutlicht, wie von E. Gassner 1939 (Gassner 1939) erkannt und eingeführt, die Bedeutung der Kenntnis der realen Lasten für den Leichtbau (Bruder 2004, Sonsino 2009).

Da, wie oben bereits angedeutet, für die neuen Fahrzeugkonzepte der E-Mobilität, in der Definitionsphase oftmals die Lasten aufgrund von Annahmen bzw. Erfahrungswerten grob abgeschätzt oder nummerisch über MKS-Simulation am virtuellen Fahrzeug ermittelt werden müssen, ist es für Primärkomponenten sinnvoll, diese Lastannahmen in der *Phase der Praxiserprobung* nochmals zu überprüfen und/oder über integrierte Loadmonitoringsysteme abzusichern. Nur auf Basis solcher abgesicherter Lasten lässt sich die Lebensdauer einer Konstruktion verifiziert abschätzen. Für Primärkomponenten steht die Last- und Beanspruchungsanalyse somit in der Regel am

Tab. 4.2: *Zu erwartende Lasten und die daraus resultierenden Ereignisse*

Lasten	Mögliche Schäden
Hohe Spitzenbeanspruchungen, z. B. Sonderereignisse	führen je nach betrachteter Struktur zu Instabilitäten, Plastifizierungen, Delaminationen, Umlagerungen von Eigenspannungen und stehen in Beziehung mit Formdehngrenze, Bruchverhalten und Funktionsverhalten
Zyklische Belastungen	können je nach Frequenzinhalt strukturelle Resonanzen anregen und damit, je nach Dämpfung der Struktur, sehr hohe Beanspruchungen zur Folge haben
Konstante oder variable Amplituden und hohe Schwingspielzahlen	stehen in Beziehung mit dem Ermüdungsverhalten, z. B. Reibkorrosion, mechanische Alterung
Hohe Fliehkräfte, Montagelasten oder wechselnde Temperaturen	bewirken einen Einfluss auf die Mittelspannung, veränderte Passungsverhältnisse und Zusatzbeanspruchungen
Mehrachsige nicht-proportionale Belastungen	führen bei zeitlich veränderlichen Hauptspannungsrichtungen zu verändertem Festigkeitsverhalten

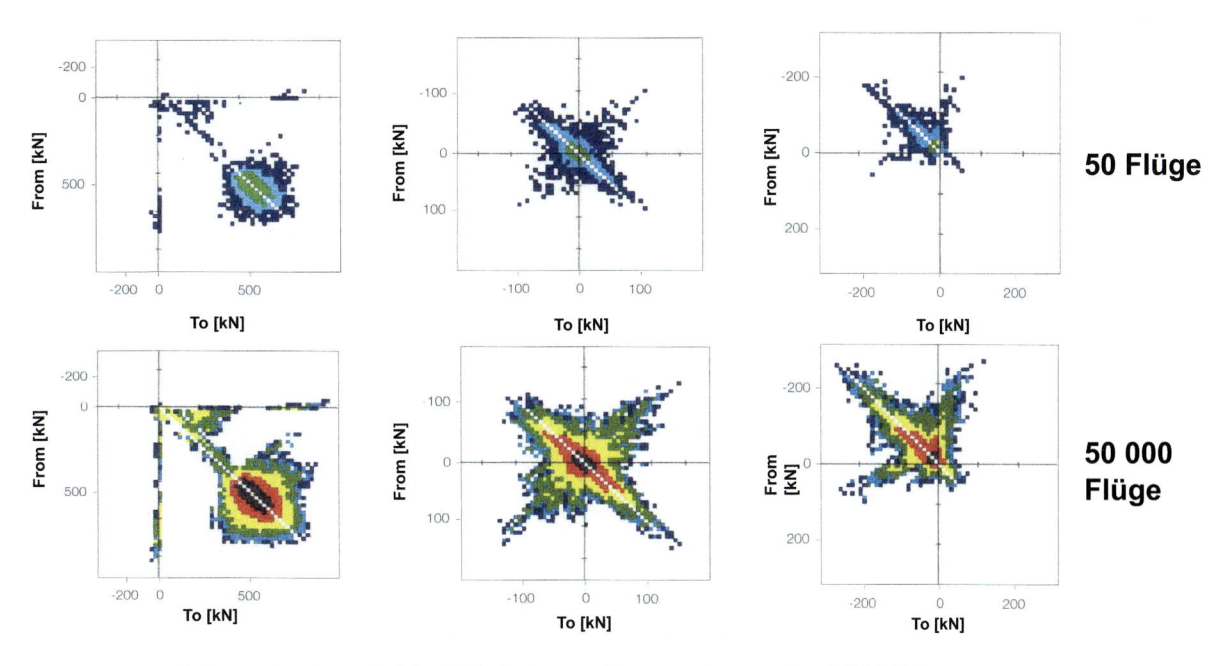

4.2 Betriebsfestigkeit als Basis für die Bauteilauslegung

Abb. 4.9: *Extrapolation von Lastdaten als Beispiel für die Last- und Beanspruchungsanalyse (LBF 2010)*

Anfang und am Ende einer jeden Konstruktion, da eine sichere Auslegung die genaue Kenntnis der im Betrieb auftretenden schädigungsrelevanten Beanspruchungen voraussetzt.

4.2.2 Formen des Versagens

Neben Anforderungen in Form von Lasten ist in einem Lastenheft auch das Versagen zu spezifizieren. Das Versagen ist material- und/oder bauteilabhängig und lässt sich z.B. durch folgende Eigenschaften

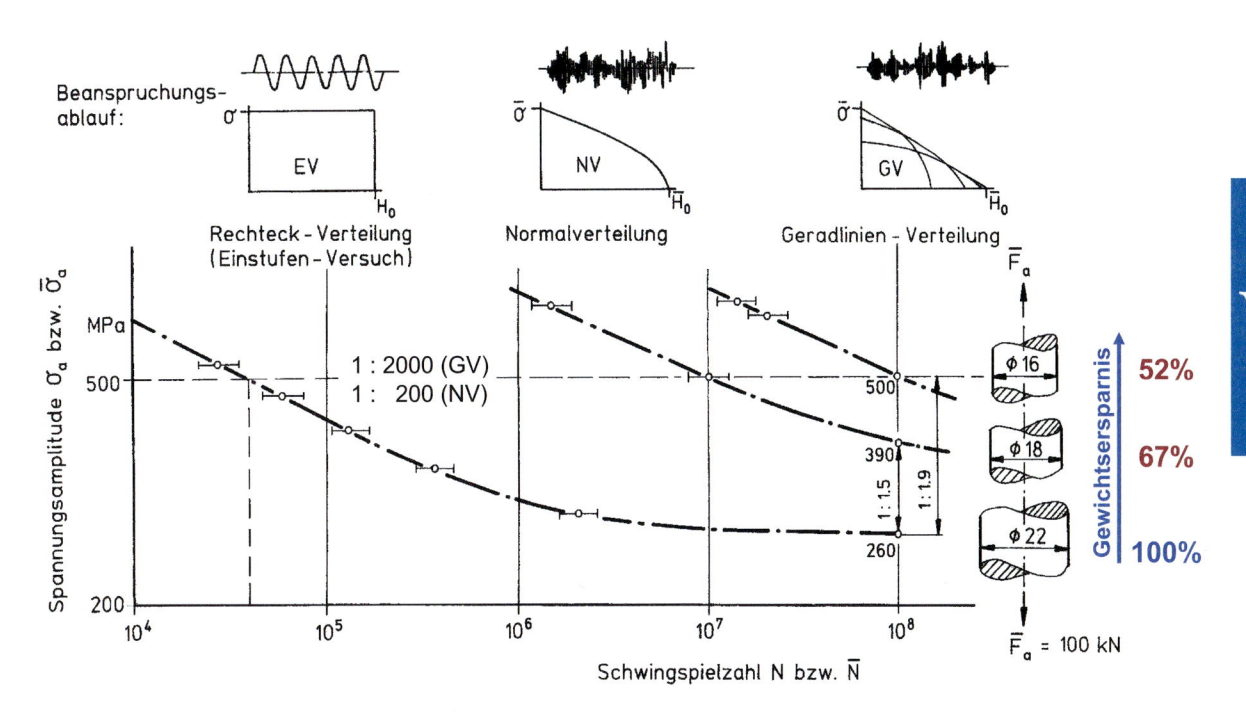

Abb. 4.10: *Einfluss der Kollektivform auf die Lebensdauer und die erforderlichen Bauteilabmessungen (Sonsino-MP 2008)*

definieren: Bruch, das Erreichen einer Stabilitätsgrenze, der technische Anriss, das Unterschreiten einer geforderten Mindeststeifigkeit, das Unterschreiten einer geforderten Restfestigkeit, das Risswachstum usw. Hieraus wird deutlich, dass für Leichtbaustrukturen neben den Festigkeitsanforderungen auch die Stabilitätsanforderungen wichtig sind. Was das bedeutet, wird im Folgenden kurz dargestellt.

Strukturdynamische Stabilität

Aus strukturdynamischer Sicht stellen die zeitlich veränderlichen Betriebslasten eine strukturdynamische Anregung der Leichtbaustruktur dar. In Abhängigkeit vom Eigenverhalten der Struktur bewirken diese externen Betriebslasten mehr oder weniger stark ausgeprägte zeitlich veränderliche Beanspruchungszustände. Strukturdynamisch wird dieses Übertragungsverhalten einer Komponente durch die Übertragungsfunktion beschrieben, aus der sich die *Amplitudenvergrößerungsfunktion* oder der Amplitudengang ermitteln lassen. Diese durch die Dämpfung und die Eigenfrequenzen stark beeinflusste Funktion beschreibt im Allgemeinen in Abhängigkeit von der Erregerfrequenz das Verhältnis der Amplituden des Ausgangs- zum Eingangssignal. Bei Resonanzanregung halten sich Steifigkeits- und Massenträgheitskräfte die Waage. Die von den Strukturbewegungen abhängige Dämpfungskraft, die im Gleichgewicht mit der Anregungskraft steht, bestimmt somit die schwingungsinduzierte Beanspruchungsverteilung. Bei schwachgedämpften Strukturen kann dieses zu sehr großen Schwingungsamplituden führen. Die Massen- und Steifigkeitsverteilung sowie die Strukturdämpfung werden im Wesentlichen durch das Material, die Geometrie (Formgebung) und die Bauform (z. B. Fachwerk, Integral- oder Differentialbauweise) bestimmt. Anregungskräfte ergeben sich aus den Betriebsbedingungen. Hierbei muss im Allgemeinen zwischen bewegungsabhängigen und bewegungsunabhängigen Anregungskräften unterschieden werden. Während diese die eigentlichen Anregungskräfte darstellen, bewirken jene „virtuelle" Steifigkeits-, Dämpfungs- oder Massenträgheitskräfte, die das Eigenverhalten der Struktur wesentlich verändern, aber auch zu einer Entdämpfung oder zu selbsterregten Schwingungen führen können.

Die Wechselwirkung zwischen Betriebsfestigkeit und Strukturdynamik erfordert somit eine ausreichende Bemessung, d. h. eine hinreichende Schwingfestigkeit, bei dynamischer Stabilität über den gesamten Betriebsfrequenzbereich.

Stabilität gegen Knicken und Beulen

Neben dem Knicken eines auf Druck belasteten Trägers kann es auch beim Einsatz dünnwandiger Strukturkomponenten, wie z. B. Schalen, Platten oder Schubfeldern, zum Ausbeulen kommen. Bei Untersuchungen zur Gewichtsreduktion auf Basis der Schwingfestigkeit von dünnwandigen Komponenten kann leicht gezeigt werden, dass oberhalb einer bauteil- und belastungsabhängigen Grenze eine weitere Gewichtsminderung nur über eine Steifigkeitsoptimierung möglich ist. Bei Leichtbaustrukturen ist somit neben einer hinreichenden Betriebsfestigkeit immer auch eine ausreichende Stabilität gegen Knicken und Beulen gefordert.

Festigkeitsversagen

Das Versagen aus Sicht der Betriebsfestigkeit oder auch das statische und dynamische Tragverhalten einer Leichtbaustruktur ist letztlich gegeben durch den Sicherheitsabstand zwischen der Beanspruchung und der Beanspruchbarkeit. Eine aussagekräftige Untersuchung der Betriebsfestigkeit erfordert für das Bauteil eine möglichst realitätsnahe Nachbildung aller Betriebsbeanspruchungen. Ist die lokale Beanspruchung größer als die lokale, material-, geometrie- und herstellungsbedingte Beanspruchbarkeit, kommt es zum Versagen. Beanspruchung und Beanspruchbarkeit unterliegen im Allgemeinen einer natürlichen Streuung, die sich in der Regel über die Lebensdauer ändert. Während sich die Höhe und Streuung der lokalen Beanspruchung durch Systemveränderungen infolge von Anrissen, Delaminationen und/oder Verschleiß verändern kann, kann die Beanspruchbarkeit der Gesamtstruktur während des Betriebes vornehmlich durch festigkeitsverändernde Einflüsse, wie z. B. Alterung, Umweltbelastungen, Delaminationen usw., vermindert werden.

Neben den Betriebsbeanspruchungen, die eine kontinuierliche Schädigung bewirken, erzeugen Sonder-

4.2 Betriebsfestigkeit als Basis für die Bauteilauslegung

```
                    Nutzung
                       ↓
                  Beanspruchung
         ┌─────────────┴─────────────┐
   Betriebsbeanspruchung  ←→  Sonder- + Missbrauchslasten
         │                             │
   Abnutzungserscheinungen:     Gewaltnutzungsfolgen:
   • Verschleiß                 • plastische Deformation
   • Korrosion                  • Riss, Bruch
   • Ermüdung, Alterung         • Beulen, Knicken
   • ...                        • ...
         │                             │
   Kontinuierliche Schädigung ←→ Spontane Schädigung
                    │     │
                  Instandhaltung
                   Vorbeugung
                    Diagnose
                  Instandsetzung
```

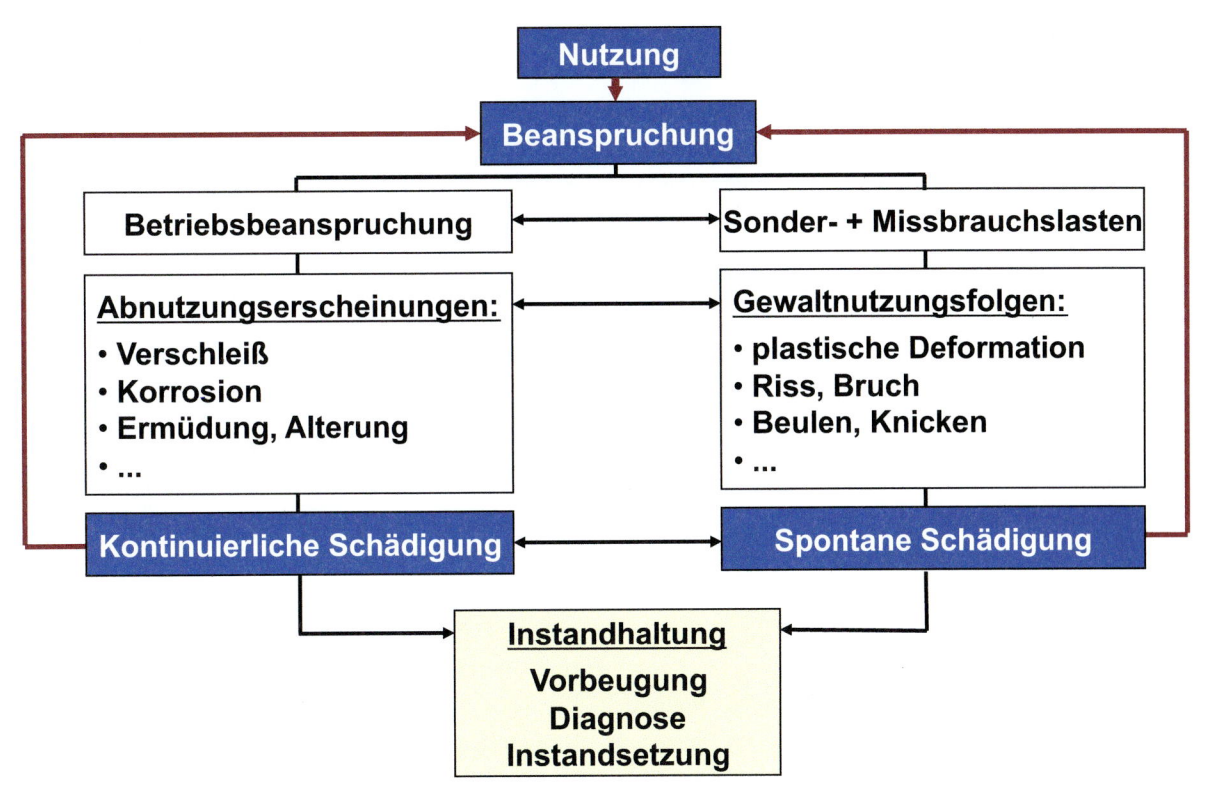

Abb. 4.11: *Wechselwirkung zwischen Beanspruchung und Schädigung (Sturm 1988)*

und Missbrauchslasten spontane Schädigungen, die durch ihre Folgen wieder auf die Beanspruchung zurückwirken können. Regelmäßige Inspektionen, Instandhaltungsmaßnahmen, integrierte Structural Health Monitoring (SHM) oder Diagnose-Systeme gewährleisten hier eine sichere Konstruktion.

Das nicht tolerierbare Versagen kann, wie oben bereits dargestellt, auf verschiedenste Weise, z. B. durch den technischen Anriss, das Unterschreiten einer geforderten Mindeststeifigkeit, das Unterschreiten einer geforderten Restfestigkeit oder das Risswachstum definiert werden. Zur Ermittlung dieser nicht tolerierbaren Versagensformen bietet sich eine Fehlerartenanalyse (FMEA) an. Hierbei werden systematisch mögliche Fehler und Ausfällen untersucht und auf ihre Auswirkung hin bewertet.

4.2.3 Auswahl des Materials

„Es ist zu klären, welche Beanspruchungen das Material aufnehmen kann." Diese Forderung Wöhlers unterstreicht die Bedeutung der für Auslegung/ Dimensionierung erforderlichen materialspezifischen Festigkeitswerte. Diese Materialdaten, auch unter Berücksichtigung von Umwelteinflüssen (Alterung, Korrosion), sind die Vorraussetzung für jede numerische Betriebsfestigkeitsbewertung. Berechnungen zur Abschätzung der Lebensdauer beruhen in der Regel auf numerisch ermittelten Beanspruchungen bzw. Beanspruchungsverläufen, die sich bei der Belastung des zu bewertenden Bauteils einstellen. Die Beanspruchungen lassen sich hierbei wie folgt charakterisieren:

- Beanspruchungsgradienten: Verteilung über die Oberfläche und den „Querschnitt"
- Beanspruchungsarten: räumlicher oder ebener Spannungszustand auf der Oberfläche
- Beanspruchung mit konstanten oder variablen Amplituden
- Ein- oder mehrachsige Beanspruchungen
- Beanspruchung mit konstanten und veränderlichen Hauptspannungsrichtungen.

Den Beanspruchungen werden bei der Bewertung lebensdauerspezifische Beanspruchbarkeiten

gegenübergestellt. Diese lassen sich durch Proben und Bauteilversuche bestimmen. Hierbei ergeben sich grundsätzlich folgende Versuchsparameter, die im Rahmen einer Versuchsplanung mehr oder weniger beliebig miteinander kombiniert werden können:
- Belastungsart (Zug/Druck, Biegung, Torsion, Innendruck, ...)
- verschiedene Spannungsverhältnisse[4], d.h. R-Werte zur Bewertung der Mittelspannungsempfindlichkeit
- Verschiedene Kerbzahlen zur Bewertung der Kerbempfindlichkeit
- Verschiedene Temperaturen
- Verschiedene Medien
- Wöhlerversuche mit konstanter Amplitude
- Gassnerversuche mit variabler Amplitude (Belastungskollektiv)
- Einachsige Versuche
- Mehrachsige Versuche mit unterschiedlichen Frequenzen und/oder unterschiedlichen Phasenverschiebungen zur Generierung sich ändernder Hauptspannungsrichtungen
- Mehrachsige Versuche mit unterschiedlichen Amplitudenverhältnissen
- Verschiedene Wandstärken
- Verschiedene Fertigungseigenschaften (z.B. Faserausrichtung bei kurzfaserverstärkten Kunststoffen).

Das Vorgehen und die Möglichkeiten, die sich hieraus für die Komponentenauslegung ergeben, sollen im Folgenden am Beispiel einer hochbelasteten Kunststoffkomponente verdeutlicht werden. Die dort dargestellten Ergebnisse basieren auf verschiedenen Veröffentlichungen wie (Moosbrugger 2004, Sonsino 2008, Jaschek 2007, Hartmann 2008).

4.2.4 Beispiel 1: Betriebsfeste Auslegung einer hochbelasteten Kunststoffkomponente im Motorraum

Kunststoffe sind aufgrund ihres geringen spezifischen Gewichtes für den Leichtbau prädestiniert und finden aktuell im Fahrzeugbau immer mehr Anwendungen.

---
4 Das Verhältnis von Unter- zu Oberspannung

Aus kurzglasfaserverstärkten Thermoplasten lassen sich kostengünstig komplexe Strukturkomponenten im Spritzgießverfahren herstellen. Zurzeit werden thermoplastische Kunststoffe in sicherheitsrelevante Bauteile, wie Brems- und kraftstoffführende Systeme, eingesetzt. Dabei müssen diese ihre Funktion in Luft oder unter Medien, wie Kraftstoff, Getriebeölen, Bremsflüssigkeiten oder AdBlue, über die Einsatzdauer bei Motorraumtemperaturen von teilweise bis zu 235°C ohne Ausfall erfüllen.

Die neuen Antriebskonzepte der E-Mobility führen hier nicht nur zu völlig neuen Bauteilen, sondern auch zu neuen Einsatzbedingungen: Batteriesäure, Wasserstoff, Erdgas, usw. sind z.B. Medien, für deren Kontakt Kunststoffbauteile in Zukunft befähigt werden müssen. Daher ist auch in Zukunft eine Bauteilauslegung gegen zyklische Betriebsbelastungen unter Berücksichtigung des Werkstoffs, der konstruktiven Formgebung (Spannungskonzentration) und der Umgebungsbedingungen (Medium und Temperatur) erforderlich. Für eine weiterhin gezielte und wirtschaftliche Bauteilauslegung sind umfassende Materialkenntnisse über die werkstoff- und bauteilgebundene Festigkeitseigenschaften erforderlich.

Zum Teil werden zur Bauteilauslegung immer noch statische Kennwerte, wie Zugfestigkeit, Streckgrenze, Bruchdehnung oder statisches Kriechen, herangezogen und über konventionelle Dimensionierungskonzepte bewertet. Die statischen Kennwerte sind hier aber in der Regel nicht ausreichend, insbesondere wenn es sich um zyklisch belastete Bauteile handelt (Sonsino 2000, Huth 2000). Gleichzeitig sollen ein Sicherheitsfaktor und zahlreiche empirische Abminderungsfaktoren bei konventionellen Dimensionierungskonzepten die Einflüsse wie

- Kerben,
- Temperatur,
- Alterung,
- Mittelspannungen,
- Mehrachsige Spannungszustände,
- Streuung,
- etc.,

berücksichtigen (Oberbach 1986, Ehrenstein 1995, Erhard 1999), was nicht im Sinne einer authentischen

Dimensionierung von Leichtbaustrukturen liegt und oft dazu führt, dass die Bauteile überdimensioniert sind bzw. erst gar nicht in Kunststoff realisiert werden aus Angst, sie könnten den Anforderungen nicht standhalten. Nach dem konventionellen *statischen* Dimensionierungskonzept wird in einer Finite-Elemente-Analyse die maximale Spannung ermittelt und mit der zulässigen Spannung σ_{zul} verglichen. Diese errechnet sich aus der statischen Zugfestigkeit K, dem Sicherheitsfaktor S und den Abminderungsfaktoren für die unterschiedlichen Einflüsse (A_T ...) wie folgt:

$$\sigma_{zul} = \frac{K}{S} \cdot \frac{1}{A_T} \cdot \frac{1}{A_{st}} \cdot \frac{1}{A_{dyn}} \cdot \frac{1}{A_A} \cdot \frac{1}{A_W} \cdots \geq \sigma_{max}$$

konventionelle Dimensionierung

Der Schritt von statischer zu zyklischer Belastung wird hierbei in der Regel mit Versuchsergebnissen an ungekerbten Proben (Formzahl $K_t = 1{,}0$) vorgenommen, deren Ergebnisse wiederum realitätsfern sind, weil es in der Regel keine ungekerbten Bauteile gibt. An jedem Bauteil sind die versagenskritischen Bereiche Stellen mit Kerben. Rückschlüsse aus statischen Kennwerten auf das zyklische Verhalten, aber auch aus zyklischen Kennwerten, die mit ungekerbten Proben ermittelt werden, auf den gekerbten Zustand reichen für die Beurteilung des tatsächlichen Werkstoffverhaltens nicht aus und führten auch in der Vergangenheit sowohl bei metallischen als auch bei Faserverbundwerkstoffen zu falschen Schlussfolgerungen (Sonsino 1993, Huth 2000).

Für eine zuverlässige Dimensionierung nach den Regeln der Betriebsfestigkeit müssen zuerst die Belastungen eines Bauteils oder einer Komponente identifiziert werden. Dazu wird zwischen den statischen und zyklischen Beanspruchungen unterschieden. Unterliegt das Bauteil einer zyklischen Beanspruchung, kann diese weiterführend nach Art der Schwingungsamplituden, wie die konstanten oder die variablen Amplituden, unterschieden werden. Nach Art der Amplituden und durch Definition der geforderten Lebensdauer kann das Bauteil mit der experimentell ermittelten und damit werkstoffspezifischen Schwingfestigkeit dimensioniert werden. Diese liegt in der Regel unter der statischen Festigkeit, welche für die konventionelle Dimensionierung herangezogen wird. Wird einer zyklischen Belastung eine statische Last überlagert, stellt sich eine Mittelspannung (σ_m) ein. Die Art und Größe der Mittelspannung lässt sich aus der Spannungsamplitude (σ_a) und dem Spannungsverhältnis (R-Wert) zwischen Unter- (σ_u) zu Oberspannung (σ_o) wie folgt ermitteln:

$$\sigma_m = \sigma_a \cdot \frac{1+R}{1-R} \quad \text{mit} \quad R = \frac{\sigma_u}{\sigma_o}$$

In Abbildung 4.12 sind Belastungs-/Beanspruchungsverläufe mit unterschiedlichen R-Werten dargestellt. Sonderfälle sind hier die wechselnde Belastung/Beanspruchung mit R=-1 und die Zugschwellbelastung/-beanspruchung mit R=0 bzw. Druckschwellbelastung/-beanspruchung mit R=-∞.

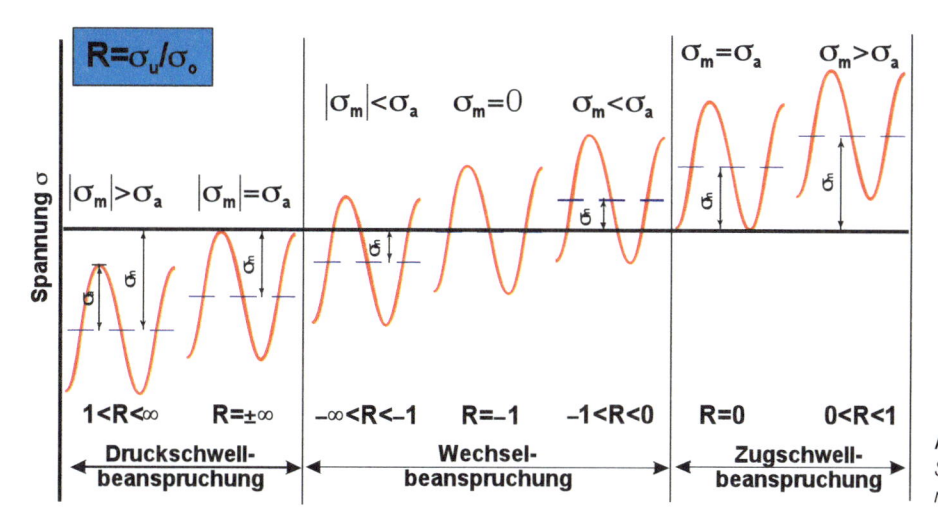

Abb. 4.12: *Mittelspannung / Spannungsamplitude / Spannungsverhältnis (LBF 2010)*

Schwingfestigkeitsuntersuchungen an Proben

Als typischer Werkstoff für hochbelastete Kunststoffkomponenten im Motorraum, wie Saugrohre oder Kraftstoffverteiler, wurde ein Polyamid 66 mit 35 Gewichts-% Kurzglasfasern (PA66-GF35) eingehend untersucht. An axial belasteten ungekerbten und gekerbten Flachproben (Abb. 4.13) wurden Wöhler- und Gaßnerlinien ermittelt. Dabei wurden Spannungskonzentration, Faserrichtung, Temperatur und Belastungsverhältnis variiert.

Der Einfluss der Spannungskonzentration wurde an verschieden scharf gekerbten Proben ermittelt. Die in Abbildung 4.14 dargestellten Wöhlerlinien für $R=-1$ zeigen im Nennspannungs-(Last-)System einen deutlichen Abfall der ertragbaren Spannungsamplituden bei Erhöhung der Formzahl, d. h. bei höherer Kerbschärfe. Im Unterschied zum Verhalten von Metallen, deren Lebensdauerlinien mit zunehmender Formzahl steiler verlaufen, verändert die Kerbschärfe die Neigung der Lebensdauerlinien für gekerbtes PA66-GF35 nicht wesentlich. Außerdem fällt in Abbildung 4.15 auf, dass die Wöhlerlinien kurzfaserverstärkter Kunststoffe im Gegensatz zu Stahl oder Leichtmetalllegierungen keinen Abknickpunkt im untersuchten Schwingspielzahlbereich bis 10^8 aufweisen. Insbesondere lässt sich bei Kunststoffen keine Dauerfestigkeit erkennen.

Abbildung 4.15 zeigt die Wöhlerlinien unter Raumtemperatur, 80 °C und 130 °C. Bei erhöhter Temperatur verringert sich die ertragbare Spannung erheblich. Dabei ist ein nahezu konstanter Neigungsexponent der Wöhlerlinien für verschiedene Umgebungsbedingungen zu verzeichnen.

Eine Besonderheit einiger Kunststoffe ist es, dass der Kerbeinfluss bei erhöhter Temperatur nahezu verschwindet (Abb. 4.16). Der Abstand der Wöhlerlinien für gekerbte und ungekerbte Proben ist bei 130 °C deutlich geringer als bei Raumtemperatur. Eine Zunahme der Kerbschärfe führt zu keiner weiteren Minderung der Schwingfestigkeit. Dieses Verhalten ist damit zu erklären, dass mit zunehmender Temperatur der Werkstoff duktiler wird und somit seine Kerbempfindlichkeit verbessert.

In Abbildung 4.17 ist der Einfluss des Spannungsverhältnisses dargestellt. Die $R=-1$ Wöhlerlinie verläuft mit nahezu konstantem Abstand zur $R=0$ Wöhlerlinie. Bei $R=0$ liegt der gesamte, bei $R=-1$ nur der halbe Beanspruchungswechsel im Zugbereich, d. h. bei $R=0$ ist der zyklischen Beanspruchung eine Mittelspannung überlagert. Der Vergleich der Wöhlerlinien von $R=0$ und $R=-1$ zeigt somit die Mittelspannungsempfindlichkeit des Materials.

Die Beanspruchung unter zufallsartigen Lasten – im vorliegenden Fall auf Basis einer Gaußschen Normalverteilung mit dem Teilfolgenumfang $H_0 = 5 \cdot 10^4$ –

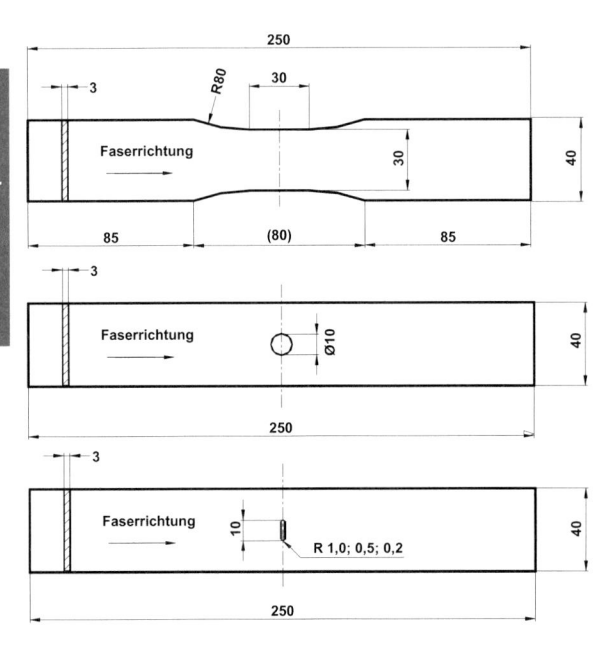

Ungekerbte Probe
$K_t = 1,0$ ($r \approx \infty$)

Mild gekerbte Probe
$K_t = 2,5$ ($r = 5$ mm)

Scharf gekerbte Proben
$K_t = 4,7$ ($r = 1,0$ mm)
$K_t = 6,5$ ($r = 0,5$ mm)
$K_t = 9,8$ ($r = 0,2$ mm)

Abb. 4.13: *Probenformen mit unterschiedlicher Spannungskonzentration (LBF 2010)*

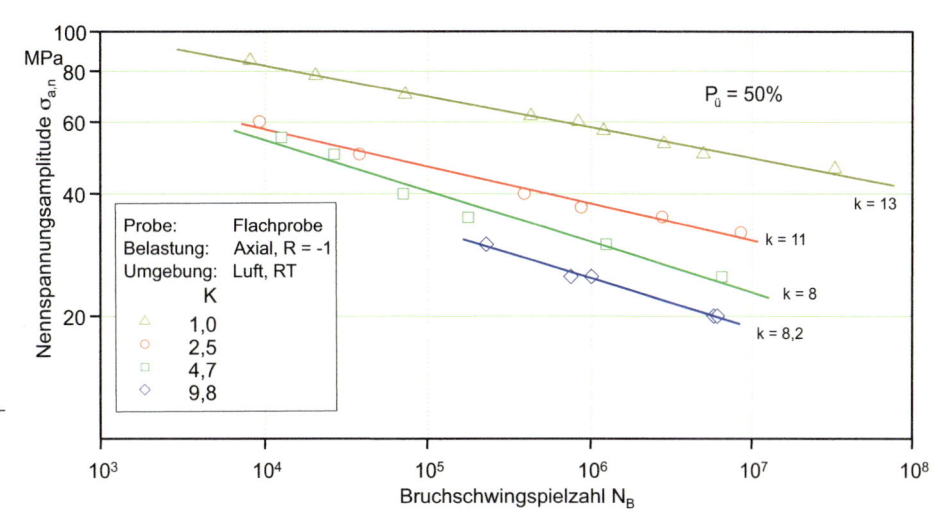

Abb. 4.14: *Schwingfestigkeitsverhalten von PA66-GF35 bei unterschiedlicher Spannungskonzentration (Moosbrugger 2004)*

ergibt bei Auftragung über dem Kollektivhöchstwert erwartungsgemäß längere Lebensdauerwerte als unter einstufiger Belastung (Abb. 4.18). Gaßner- und Wöhlerlinien unterscheiden sich beim vorliegenden Werkstoff nicht systematisch in ihren Neigungen, und die Abstände zwischen den Gaßner- und Wöhlerlinien wirken sich auf die Ergebnisse der Lebensdauerberechnungen nach der Palmgren-Miner-Regel aus. Hierbei tritt „theoretisch" Versagen ein, wenn eine Schadenssumme von $D_{th}=1{,}0$ erreicht wird. Die Ergebnisse der Gaßnerversuche dienen einer verbesserten Lebensdauerabschätzung, indem die tatsächlichen Schadenssummen

$$D_{tat} = \frac{N_{exp}}{N_{rech}(D_{th}=1{,}0)} \geq 1{,}0$$

berücksichtigt werden. Da in den Wöhlerlinien kein Abknicken festzustellen ist, kann hier die Elementar-Miner-Regel angewandt werden. Die Ergebnisse der Minerrechnung haben bei $R=-1$ eine Tendenz zur sicheren Seite und somit zu tatsächlichen Schadenssummen $D_{tat} > 1{,}0$. Bei $R=0$ ergibt die Schädigungsrechnung bei einer tatsächlichen Schadenssumme $<1{,}0$ eine längere Lebensdauer als im Versuch erzielt wurde. Die Ergebnisse liegen somit bei $R=0$ auf der unsicheren Seite. Der Grund hierfür ist, dass das Kriechen, welches die Lebensdauer verringert, von der Schädigungsrechnung nicht berücksichtigt wird. Die Abweichung von Original-Miner ist auch typisch für Faserverbundwerkstoffe (Mattheij 1992, Sonsino 2008, Dreißig 2009).

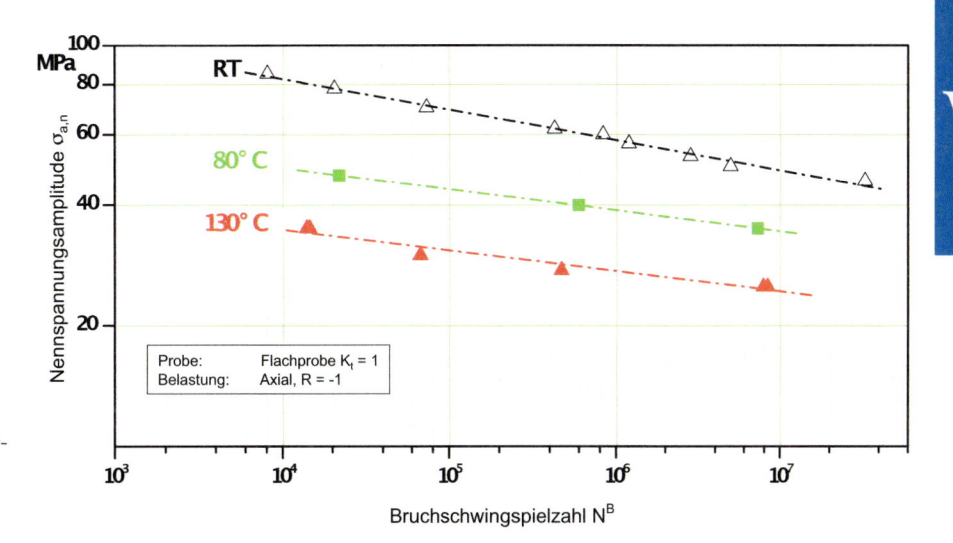

Abb. 4.15: *Schwingfestigkeitsverhalten von PA66-GF35 bei unterschiedlicher Temperatur (Moosbrugger 2004)*

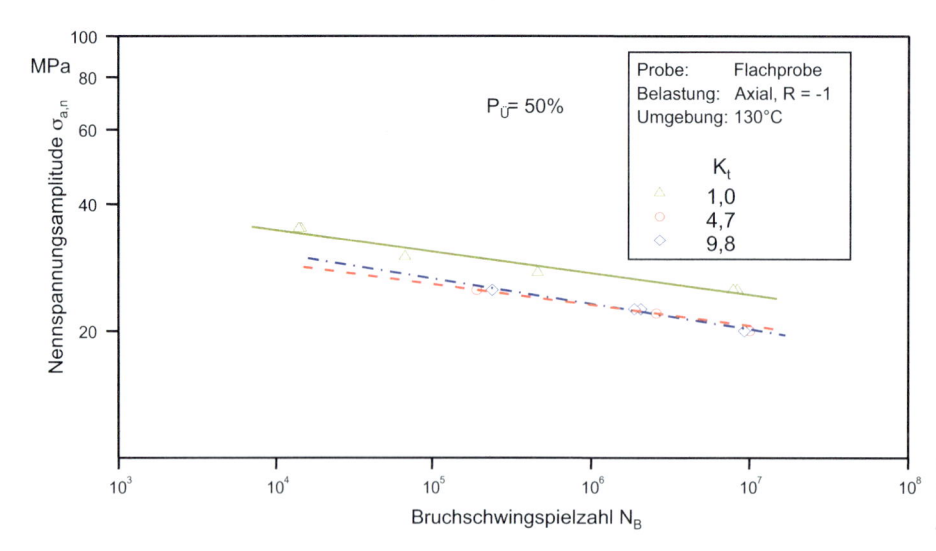

Abb. 4.16: *Kerbeinfluss auf PA66-GF35 bei erhöhter Temperatur (Moosbrugger 2004)*

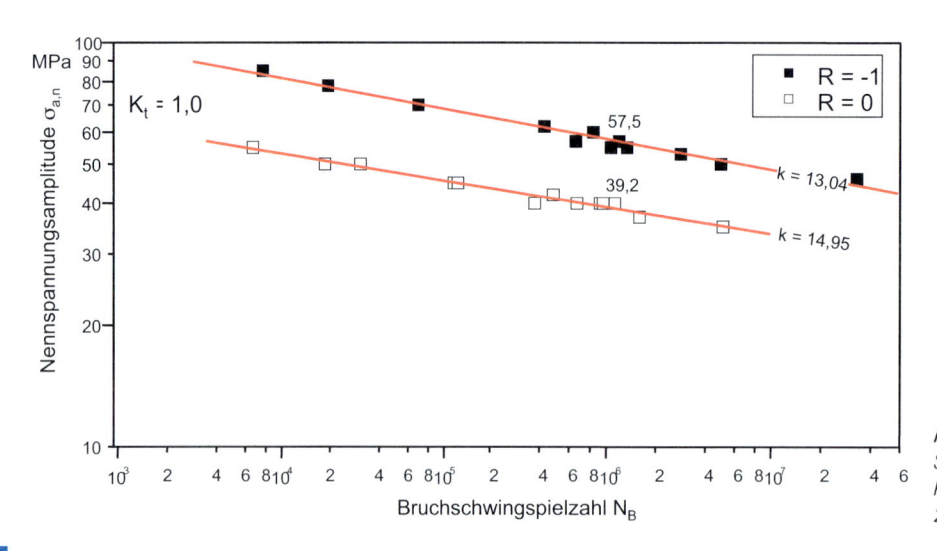

Abb. 4.17: *Einfluss des Spannungsverhältnisses bei PA66-GF35 (Moosbrugger 2004)*

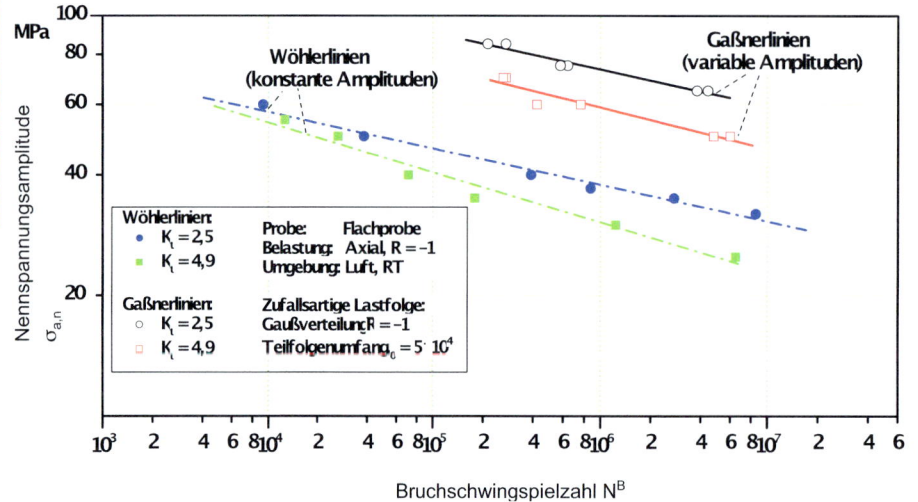

Abb. 4.18: *Einfluss der Lastfolge, konstante und zufallsartig wechselnde Amplitude (PA66-GF35) (Moosbrugger 2004)*

Übertragung der Ergebnisse auf ein Bauteil

Die vorliegenden Werkstoffdaten mit der Berücksichtigung aller relevanten Einflussgrößen erlauben eine sicherere Dimensionierung von Kunststoffbauteilen. Dies soll am Beispiel eines Kraftstoffverteilers (Abb. 4.19) aus PA66-GF35 demonstriert werden.

Die mechanische Belastung dieses Bauteils ist im Wesentlichen eine Innendruckpulsation von 3,5 bar mit einem Lastverhältnis R=0. Die maximale Einsatztemperatur beträgt 130 °C. Wie FE-Rechnungen und Praxisversuche zeigen, ist die höchstbeanspruchte Stelle an der Befestigung des Druckreglers zu finden. Aus der Finite-Elemente-Analyse mit einem fein vernetzten Submodell (Abb. 4.20) erhält man eine maximale Hauptspannung σ_{1max} = 170 MPa. Diese örtlichen Bauteilspannungen werden mit der ertragbaren örtlichen Spannung der Probekörperversuche verglichen.

Vergleich und Übertragungsrechnung erfolgt über das Konzept des höchstbeanspruchten Volumens. Hierbei wird das Werkstoffvolumen ermittelt, das ausgehend von der höchsten Spannung bis zu einem vorgegebenen Prozentsatz beansprucht wird (Sonsino 1993). Für Metalle hat sich eine Rechnung mit dem höchstbeanspruchten Volumen V_{90} ($\sigma > 0,9 \cdot \sigma_{1max}$) bewährt (Radaj 2000, Hanselka 2007, Sonsino 2009). Im Vergleich hierzu ist es für Kunststoffe günstiger, um eventueller Inhomogenitäten Rechnung zu tragen, ein höchstbeanspruchtes Volumen V_{80} ($\sigma > 0,8 \cdot \sigma_{1max}$) zu verwenden (Sonsino 2008).

Bei gleicher Bruchschwingspielzahl, z.B. $N = 10^6$, sollten die ertragbaren örtlichen Beanspruchungen an den Bruchstellen im Bauteil und der Probe dieselben sein, wenn dort nach dem Volumenkonzept die höchstbeanspruchten Volumina V_{80} übereinstimmen. Nach dem beschriebenen Vorgehen wurde für den Kraftstoffverteiler eine ertragbare Oberspannung $\sigma_{1,o}$ = 641 MPa bei Raumtemperatur bzw. $\sigma_{1,o}$ = 392 MPa bei 130 °C errechnet ($N = 10^6$). Die Bauteil-Wöhlerversuche erbrachten eine ertragbare Oberspannung von 646 MPa bzw. 460 MPa.

Eine klassische Dimensionierungsrechnung, die von einer Bruchspannung von 210 MPa ausgeht, würde diese Anwendung als äußerst kritisch beurteilen. Die Praxis zeigt aber, dass selbst nach 10 Jahren Serieneinsatz noch keine Feldbeanstandungen aufgetreten sind. Auf der Basis der durchgeführten

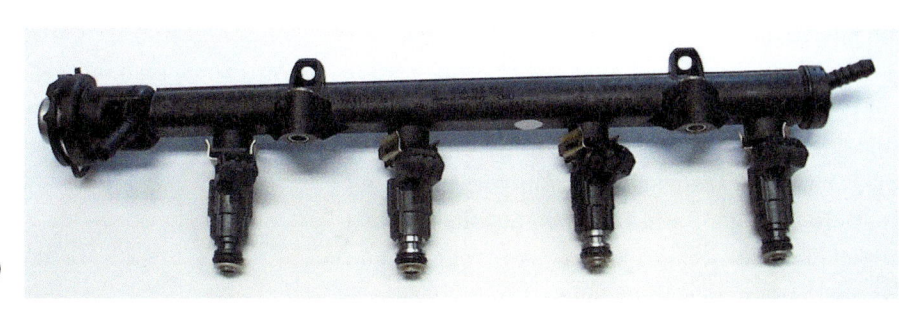

Abb. 4.19: *Kraftstoffverteiler aus PA66-GF35 (Quelle: Bosch) (Moosbrugger 2004)*

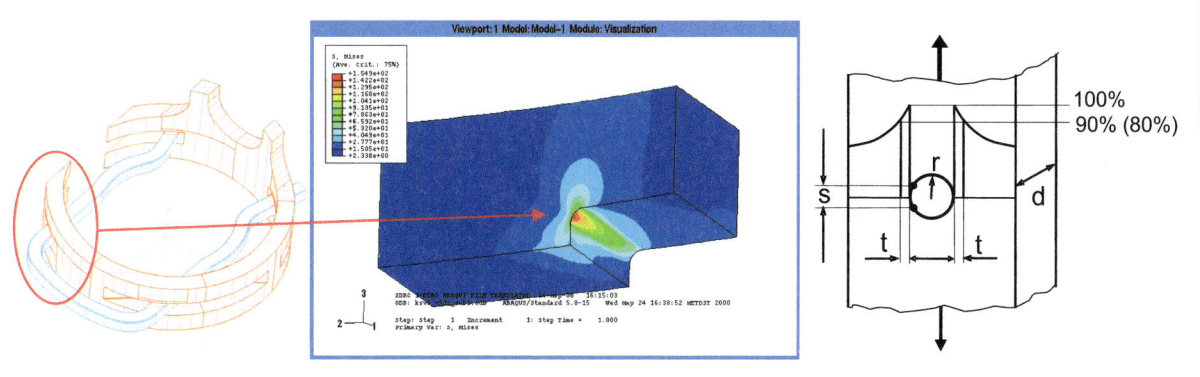

Abb. 4.20: *Druckreglerverrastung (links). FEA der höchstbeanspruchten Stelle (Mitte). Definition V80 (rechts) (Moosbrugger 2004)*

Berechnungen könnte der Kraftstoffverteiler sogar einen doppelt so hohen Betriebsdruck ohne Probleme aushalten.

Das entwickelte Bemessungsverfahren ist geeignet, die Lebensdauer hochbelasteter Kunststoffbauteile im Motorraum zuverlässig abzuschätzen und das mögliche Leichtbaupotenzial zu erschließen. Zur Verallgemeinerung muss die vorliegende Datenbasis für PA66-GF35 durch Untersuchungen an weiteren Kunststoffen verbreitert werden. Da in Kerben oft mehrachsige Beanspruchungszustände vorherrschen, wurde – wie im Weiteren dargestellt – in diesem Zusammenhang auch die Mehrachsigkeit betrachtet.

Bewertung mehrachsiger Beanspruchungszustände

Zur Festigkeitsbeurteilung bei mehrachsiger Beanspruchung werden die örtlichen Spannungen mittels einer geeigneten, werkstoffbezogenen Hypothese auf einen Vergleichswert – in der klassischen Festigkeitsanalyse in eine Vergleichsspannung – umgerechnet und der Beanspruchbarkeit des Materials gegenübergestellt. Das Verhältnis dieser beiden Werte ist ein Maß für die Anstrengung des Bauteils und kann als Schädigungsfaktor bei der Schadensakkumulation herangezogen werden (Küppers 2003).

Anisotrope Materialien zeichnen sich durch ihre richtungsabhängige Festigkeit aus. Aus diesem Grund stellt die Auslegung von Bauteilen aus anisotropen Werkstoffen eine weitaus komplexere Fragestellung dar als bei isotropen Werkstoffen. Um die maximale Anstrengung im Bauteil zu ermitteln, genügt es nicht, die maximale Beanspruchung zu identifizieren, sondern es wird diejenige Beanspruchung zum Versagen führen bzw. kritisch, die im Verhältnis zu ihrer Beanspruchbarkeit maximal ist. Hohe Beanspruchung führt nicht notwendigerweise zu einer hohen Anstrengung.

Im Gegensatz zur statischen Belastung ist die Beanspruchbarkeit bei zyklischer Belastung eine schwingspielzahlabhängige Größe. Entsprechend gilt die Anstrengung immer nur in Bezug auf eine bestimmte Schwingspielzahl und wird sinnvoller Weise für das Schwingspiel ermittelt, für das das Bauteil ausgelegt werden soll (design life).

Für die Festigkeitsanalyse bei mehrachsiger Belastung gibt es verschiedene Ansätze von Hypothesen, die die richtungsabhängige Beanspruchbarkeit bzw. Festigkeit (Anisotropie) berücksichtigen. Im Folgenden wird ein Ansatz nach Tsai-Wu zur Berücksichtigung des Einflusses mehrachsiger Spannungszustände bei der Auslegung von Bauteilen aus leicht anisotropen Materialien vorgestellt und beispielhaft bei der Auswertung von experimentell untersuchten Proben aus kurzfaserverstärktem Kunststoff angewendet. Dieser Ansatz wurde für endlosfaserverstärkte Kunststoffe entwickelt und ermöglicht auf Basis des globalen Versagens eine Festigkeitsbewertung anisotroper Materialien (Tsai 1988).

Quadratische Bruchhypothese nach Tsai-Wu

Bei Anwendung der quadratischen Bruchhypothese nach Tsai-Wu werden die multiaxialen Beanspruchungen nicht in eine Vergleichsspannung umgerechnet, sondern sie werden bei einem ebenen Spannungszustand als Vektor im dreidimensionalen Spannungsraum dargestellt, der durch die (drei) möglichen Beanspruchungen (σ_x, σ_y, τ_{xy}) aufgespannt wird (Abb. 4.21).

Der Beanspruchungsvektor zeigt vom Ursprung zu dem Punkt, der die aktuelle Kombination der drei

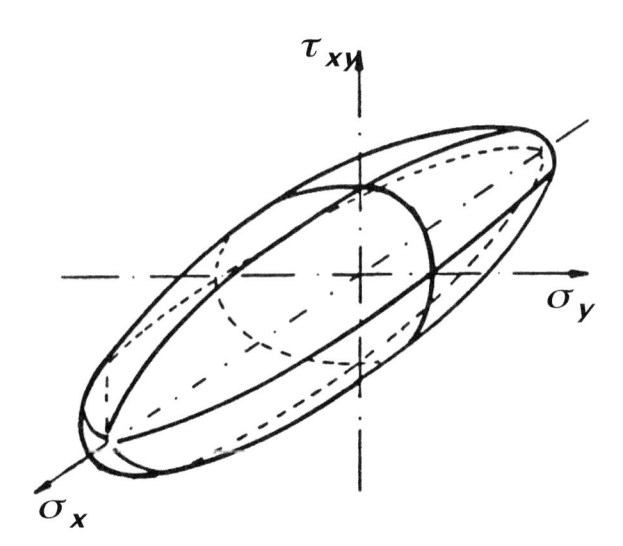

Abb. 4.21: *Tsai-Wu-Bruchkörper im Spannungsraum; $\sigma_1 = \sigma_x$, $\sigma_2 = \sigma_y$, $\tau_{12} = \tau_{xy}$ (Puck 1996)*

Spannungen des ebenen Spannungszustands repräsentiert. Aufgrund der sich zeitlich ändernden Belastung wird sich dieser Vektor in Länge und Richtung innerhalb eines Lastzyklus ständig ändern.

Auch die zugehörige Beanspruchbarkeit bzw. Schwingfestigkeit wird durch einen Vektor repräsentiert, dessen Richtung der des Beanspruchungsvektors entspricht. Durch die Vektormenge der Beanspruchbarkeitsvektoren für alle möglichen Lastkombinationen der multiaxialen Belastung wird eine Fläche um den Ursprung aufgespannt. Diese Fläche wird im Folgenden als Bruchfläche bezeichnet (Abb. 4.21).

Das Tsai-Wu-Kriterium verwendet zur Beschreibung dieser Bruchfläche eine mathematische Formulierung auf Basis der drei statischen Festigkeiten des ebenen Spannungszustandes bei uniaxialer Belastung, mit deren Hilfe sich die Festigkeit für beliebige Belastungskombinationen beschreiben lässt.

$$F_{xx}\sigma_x^2 + 2F_{xy}\sigma_x\sigma_y + F_{yy}\sigma_y^2 + F_{ss}\tau_{xy}^2 + F_x\sigma_x + F_y\sigma_y \lessgtr 1$$

Verwendet man statt statischer Festigkeiten F Schwingfestigkeiten bei uniaxialer Belastung, lässt sich das Tsai-Wu-Kriterium auch bei der Auslegung zyklisch multiaxial belasteter Bauteile anwenden. Die Schwingfestigkeiten der uniaxialen Belastungen sind durch experimentelle Untersuchungen zu ermitteln. Die Bruchfläche repräsentiert immer nur die Schwingfestigkeiten für eine bestimmte Schwingspielzahl. Der zu bestimmende Beanspruchbarkeitsvektor zeigt vom Ursprung zu dem Punkt, der die Beanspruchbarkeit bei einer Beanspruchungskombinaton repräsentiert. Beide Vektoren (Beanspruchungs- und Beanspruchbarkeitsvektor) unterscheiden sich lediglich in ihrer Länge. Zur Ermittlung der auf eine bestimmte Schwingspielzahl bezogenen Anstrengung wird die Länge des Beanspruchungsvektors berechnet und der Länge des richtungsgleichen Beanspruchbarkeitsvektors bei dieser Schwingspielzahl gegenübergestellt.

Zusätzlich ist zu beachten, dass die Form und Lage der Bruchfläche neben der Schwingspielzahl auch vom Spannungsverhältnis R abhängt. Natürlich können die Schwingfestigkeiten immer nur für eine begrenzte Anzahl an Spannungsverhältnissen experimentell ermittelt werden, wobei die multiaxialen zyklischen Beanspruchungen am Bauteil mit beliebigen, d. h. auch zueinander unterschiedlichen Spannungsverhältnissen auftreten können. Man denke z. B. an eine schwellende Zugbelastung, der eine wechselnde Torsionsschwingbelastung überlagert wird.

Die Berechnung der bezogenen Anstrengung erfolgt – wie bereits erwähnt – mit Hilfe der Länge des Festigkeitsvektors, die der Länge des entsprechenden Beanspruchungsvektors gegenübergestellt wird. Da die einzelnen Bruchflächen immer nur für ein bestimmtes Spannungsverhältnis gelten, müssen zur Ermittlung der Beanspruchbarkeit die Beanspruchungen zunächst auf ein einheitliches Spannungsverhältnis transformiert werden. Danach erst wird der Beanspruchbarkeitsvektor anhand der Richtung des Beanspruchungsvektors ermittelt.

Innerhalb eines Lastzyklus ergeben sich für jeden Zeitpunkt neue Last- und Festigkeitsvektoren. Die Anstrengung ändert sich somit über den Lastzyklus. Der „kritische Zeitpunkt" entspricht dem Zeitpunkt maximaler Anstrengung.

Sind die Schwingfestigkeiten für beliebige Schwingspielzahlen bekannt, d. h. liegen aus den Wöhlerversuchen bei uniaxialer Belastung entsprechende Wöhlerlinien vor, so lässt sich auch die Lebensdauer (maximale Schwingspielzahl) abschätzen, nach der das Bauteil (rechnerisch) versagen würde. Um dieses zu verifizieren und die Grenzen dieses Ansatzes auszuloten, wurde in (Jaschek 2007) hierzu ein erstes Bemessungswerkzeug entwickelt. Es wurden unter uni- und mehrachsiger Belastung experimentelle Untersuchungen an Rohrproben aus kurzglasfaserverstärktem Kunststoff durchgeführt.

In Abbildung 4.22 ist auf Basis von FE-Berechnungen die Verteilung der zulässigen Schwingspiele über die Rohrprobe dargestellt. Des Weiteren zeigt Abbildung 4.23 die mit Hilfe der quadratischen Bruchhypothese nach Tsai-Wu abgeschätzten Lebensdauern in Bezug zu den tatsächlichen, experimentell ermittelten Lebensdauern.

Mit der quadratischen Bruchhypothese nach Tsai-Wu lässt sich die reale Lebensdauer des untersuchten

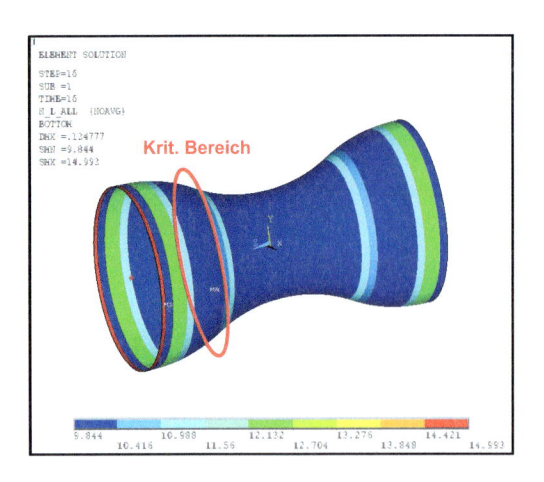

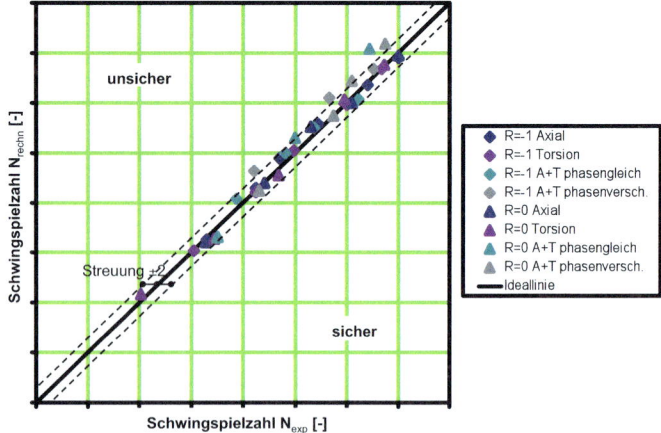

Abb. 4.22: Berechnete Lebensdauerverteilung, z. B. zur Bestimmung des Versagensortes, und Gegenüberstellung der experimentell und rechnerisch ermittelten Lebensdauer nach der quadratischen Bruchhypothese nach Tsai-Wu (Faschek 2007)

Materials bei mehrachsiger Belastung sehr gut abschätzen. Die ermittelte Anstrengung liegt in einem schmalen Streuband und kann dementsprechend hervorragend als Kennwert für eine Schadensakkumulation bei realen Lastkollektiven herangezogen werden.

Auch wenn die Methode inzwischen auf weitere Bauteile erfolgreich angewandt wurde, fehlt es noch an Erfahrung. Die vorliegende Datenbasis für PA66-GF35 muss auch hier durch Untersuchungen an weiteren Kunststoffen verbreitert werden. Die ungeklärten Fragen eröffnen ein weites Betätigungsfeld für die Zukunft.

Ziel sollte es sein, ein ganzheitliches Konzept zu entwickeln, das unter Berücksichtigung aller für die betriebsfeste Auslegung im jeweiligen Fall maßgebenden Faktoren für beliebige Lastabläufe bzw. -kollektive eine Abschätzung der Lebensdauer bzw. Anstrengung für faserverstärkte Kunststoffbauteile ermöglicht (Abb. 4.23).

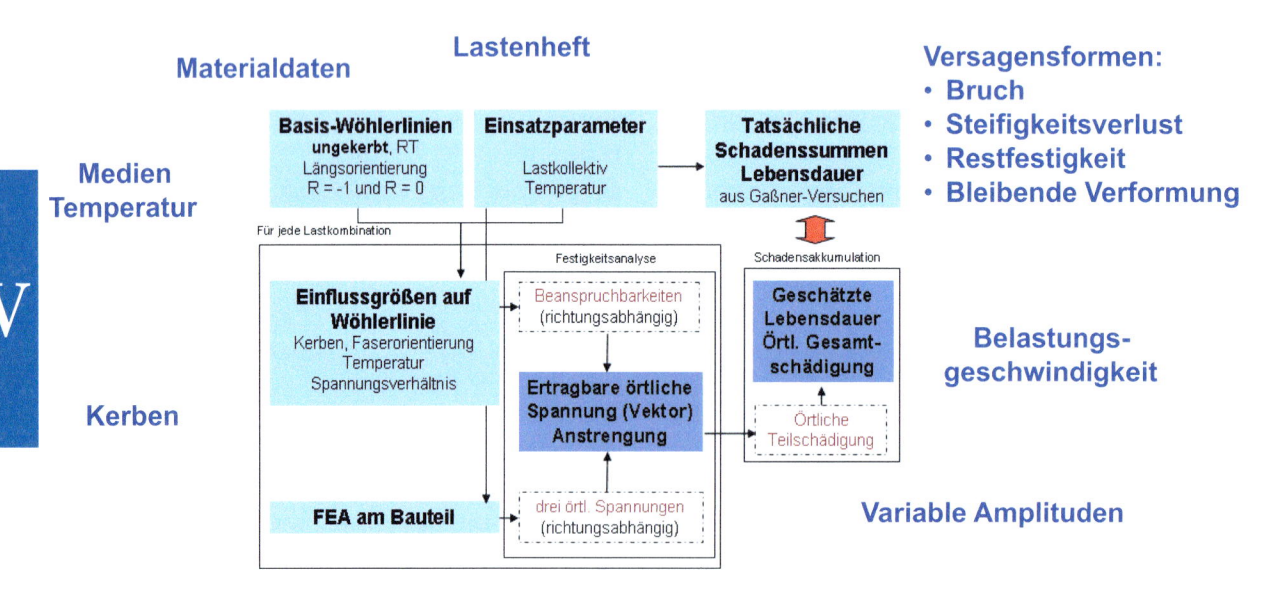

Abb. 4.23: Rechnerische Abschätzung der Lebensdauer für ein Bauteil (Bolender 2005)

Ein solches Konzept kann immer nur auf Ergebnissen ausgewählter experimenteller Untersuchungen basieren („Es ist zu klären, welche Beanspruchungen das Material aufnehmen kann."). Dabei werden, ausgehend von Basis-Wöhlerlinien, aus Versuchen an ungekerbten Materialproben, erforderliche Wöhlerlinien zur Berücksichtigung der jeweiligen Einsatzparameter abgeleitet. Um die lokalen Beanspruchbarkeiten realitätsnah zu ermitteln, können diese auch an bauteilähnlichen Proben experimentell bestimmt werden. Basierend auf die, für einen bestimmten Lastfall, durch eine FE-Analyse berechnete lokalen Beanspruchungen, kann durch Verwendung einer geeigneten - beispielsweise der hier vorgestellten - Festigkeitshypothese die lokale Teilschädigung dieses speziellen Lastfalls abgeschätzt werden. Gelingt es, eine geeignete, der Mehrachsigkeit gerecht werdende Hypothese für die Schadensakkumulation zu entwickeln, deren Anwendbarkeit an ausgewählten Versuchskörpern experimentell überprüft wurde, können die lokalen Teilschädigungen an jeder Stelle im Bauteil auf Basis des Lastkollektivs zu einer lokalen Gesamtschädigung ‚aufsummiert' werden. Die Verifizierung erfolgt mit Hilfe von Gaßnerlinien (Versuche unter variabler Amplitude) am Bauteil. Eine solche Schadensverteilung zeigt die hochbelasteten Bereiche eines Bauteils auf und kann als Basis für eine Bauteiloptimierung dienen.

4.3 Numerische und experimentelle Betriebslastensimulation

Nach den Phasen der konstruktiven Auslegung und rechnerischen Analyse folgt die Phase der experimentellen Analyse und Prototypenerprobung. Ziel ist der Betriebsfestigkeitsnachweis, das heißt, experimentell die Tragfähigkeit, die Sicherheit und die Versagensformen zu bestimmen.
Die numerische Betriebslastensimulation, wie in Beispiel 2 und 3 noch verdeutlicht wird, ermöglicht es im Vorfeld, auf Basis von Bemessungskollektiven die Schwachstellen der Konstruktion zu identifizieren sowie die erforderlichen Verteilungen der Schwingfestigkeit zu ermitteln bzw. die Lebensdauer abzuschätzen. Der Vorteil hiervon liegt in der Möglichkeit, vor der Prototypenfertigung die Anforderungen an den Werkstoff und das Herstellungsverfahren abschätzen zu können, die Sensitivität der Konstruktion auf das angenommene Beanspruchungskollektiv zu bewerten und eine erste qualitative Optimierung der Geometrie durchführen zu können. Mit Hilfe einer solchen nachgeschalteten Optimierungsrechnung lassen sich so z.B. die Geometrie und die fertigungsspezifischen Materialparameter, wie Faserorientierung, Fasergewichtsgehalt usw. so anpassen, dass die gewichtsspezifischen Anforderungen erreicht werden.

Die numerische Betriebsfestigkeitsbewertung vergleicht errechnete Beanspruchungen mit gemessenen Beanspruchbarkeiten. Hieraus ergeben sich zusammenfassend für die numerische Betriebsfestigkeitsanalyse die im Folgenden beschriebenen material- und bauteilspezifisch Schwerpunkte.

4.3.1 Materialeigenschaften

Die materialspezifischen Steifigkeiten und Beanspruchbarkeiten können je nach Art des Werkstoffs und des Fertigungsverfahrens lokal sehr unterschiedlich sein. Bei einem isotropen, homogenen Werkstoff kann im einfachsten Fall (keine Fertigungseinflüsse) von einer gleichmäßigen Verteilung der Beanspruchbarkeit ausgegangen werden. Anisotrope, heterogene Werkstoffe, wie wirrfaserverstärkte Kunststoffe, haben im Gegensatz hierzu alles andere als eine homogene Steifigkeits- und Beanspruchbarkeitsverteilung. Festigkeit und Steifigkeiten stellen sich lokal gemäß der Anordnung der wirrverteilten Fasern ein. Die lokale Faserausrichtung und der Fasergewichtsgehalt bestimmen hierbei die lokale Beanspruchbarkeit. Das LBF entwickelt im Rahmen verschiedener Forschungsprojekte numerische Ansätze zur Beschreibung heterogener Werkstoffe (LBF).

4.3.2 Mehrachsigkeit

Wie bereits verdeutlicht, führen bei anisotropen Materialien ein- und mehrachsige Belastungszustände zu mehrachsigen Beanspruchungen, die sich im

4 Bedeutung der Betriebsfestigkeit im Leichtbau unter Berücksichtigung

Materialabhäniger Versagensmechanismus
Spröd... ...Duktil

- **Normalspannungshypothese**
- **Gestaltänderungsenergiehypothese** (Huber-von Mises-Henky)
- **Schubspannungshypothese** (Tresca)

Spröd- bzw. Trennbruch, vorwiegend bei spröden Werkstoffen, entlang der Flächen, wo maximale Normalspannungen herrschen

Vergleichsspannung
$\sigma_v = f(\text{Spannungskomponenten})$

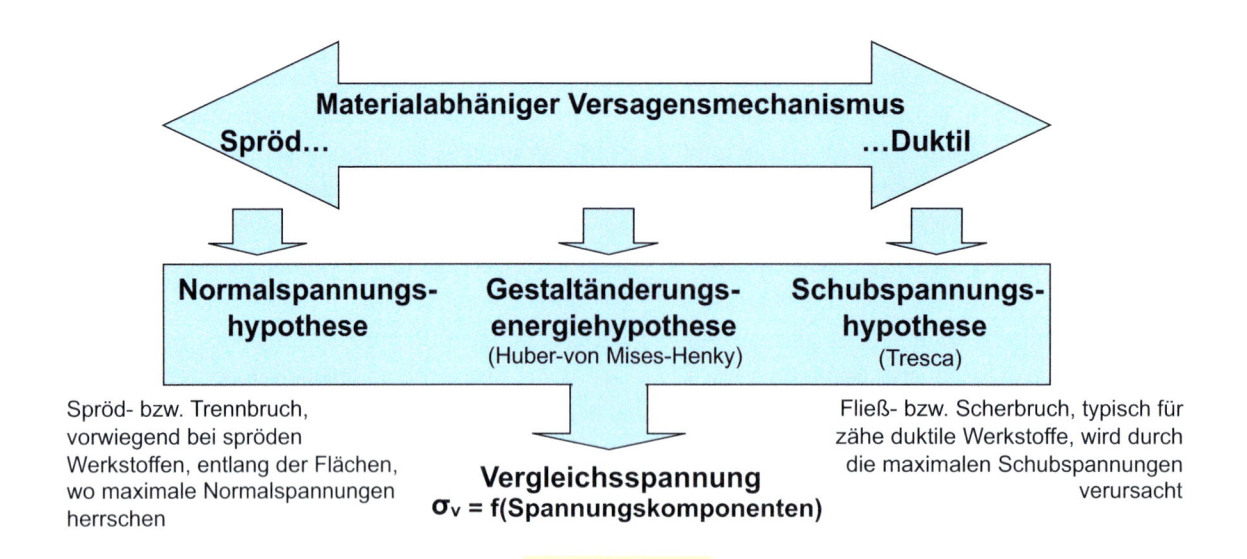

Fließ- bzw. Scherbruch, typisch für zähe duktile Werkstoffe, wird durch die maximalen Schubspannungen verursacht

Festigkeitsnachweis: $\sigma_{zul} = \dfrac{K}{S} \geq \sigma_v$ Versagen durch Fließen, Bruch oder Dauerbruch
K = Festigkeit   S = Sicherheitsfaktor

Abb. 4.24: *Vergleichsspannungshypothesen für isotrope Werkstoffe (LBF 2010)*

Allgemeinen auch in ihrer Phasenlage unterscheiden können. Zur Bewertung mehrachsiger Beanspruchungen ist es notwendig, diese über Festigkeitshypothesen auf skalare oder vektorielle Größen zu reduzieren, die dann mit entsprechenden Festigkeiten verglichen werden können. Für isotrope Werkstoffe haben sich Vergleichsspannungshypothesen (skalare Größe) durchgesetzt. So werden, wie in Abbildung 4.24 dargestellt, für spröde Materialien nach der Normalspannungshypothese,

Versagenshypothese

- Auf Grundlage der Bruchmechanik
- Auf Grundlage der Spannungen/Dehnungen

Keine Berücksichtigung der Interaktion
- Maximalspannungskriterium
- Maximaldehnungskriterium

Mehrachsigkeit

Berücksichtigung der Interaktion

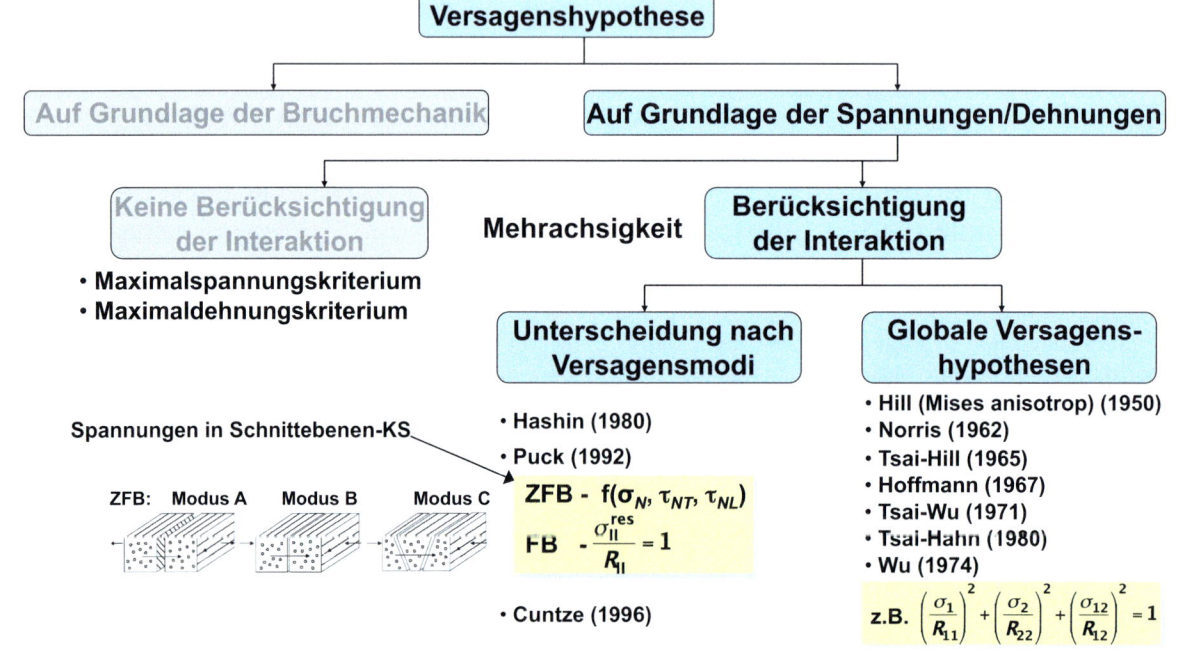

Unterscheidung nach Versagensmodi
- Hashin (1980)
- Puck (1992)

  Spannungen in Schnittebenen-KS
  ZFB: Modus A, Modus B, Modus C

  $ZFB = f(\sigma_N, \tau_{NT}, \tau_{NL})$

  $FB - \dfrac{\sigma_{\parallel}^{res}}{R_{\parallel}} = 1$

- Cuntze (1996)

Globale Versagenshypothesen
- Hill (Mises anisotrop) (1950)
- Norris (1962)
- Tsai-Hill (1965)
- Hoffmann (1967)
- Tsai-Wu (1971)
- Tsai-Hahn (1980)
- Wu (1974)

z.B. $\left(\dfrac{\sigma_1}{R_{11}}\right)^2 + \left(\dfrac{\sigma_2}{R_{22}}\right)^2 + \left(\dfrac{\sigma_{12}}{R_{12}}\right)^2 = 1$

Abb. 4.25: *Versagenshypothesen für faserverstärkte Kunststoffe (LBF 2010)*

für duktile Materialien nach der Schubspannungshypothese oder im Allgemeinen nach der Gestaltänderungsenergiehypothese Vergleichsspannungen errechnet, die eine Bewertung über einen direkten Vergleich mit entsprechenden skalaren Festigkeitswerten ermöglicht.

Für endlosfaserverstärkte Kunststoffe erfolgte auf Grund der anisotropen Festigkeiten die Bewertung im Spannungsraum (vektorielle Größe). Auch hier haben sich, insbesondere für die Bewertung statischer Lasten, verschiedene Hypothesen (Abb. 4.25) entwickelt. Unterscheiden lassen sich hier die Globalen (Tsai-Wu, Tsai-Hill, ...) von den nach Versagen unterscheidenden Festigkeitshypothesen (Puck, Cuntze) die insbesondere bei endlosfaserverstärkten Kunststoffen Anwendung finden.

Wie bereits dargestellt, wurde in (Jaschek 2007) die globale Hypothese nach Tsai-Wu erstmalig erfolgreich zur Bewertung zyklisch belasteter kurzfaserverstärkter Thermoplaste angewendet (Abb. 4.26). Zur Bewertung wird hierbei ein Beanspruchungsvektor mit einem Beanspruchbarkeitsvektor verglichen. Das Verhältnis aus Beanspruchungsvektor zu Beanspruchbarkeitsvektor ergibt die Anstrengung. Ist dieses Verhältnis ≥1, so versagt das Bauteil. Es konnte, basierend auf (Jaschek 2007), eine erste Festigkeitshypothese abgeleitet werden, mit der eine Bewertung wirrfaserverstärkter Materialien erfolgen kann. Zur Verifikation und Anpassung sind jedoch noch weitere Untersuchungen notwendig.

4.3.3 Festigkeit von Proben und Bauteilen im Vergleich

Schon 1935 wurde in (Thum 1935) aufgezeigt, dass zwischen den an Proben ermittelten Festigkeitswerten und den Bauteilfestigkeiten unterschieden werden muss, da nicht nur die Beanspruchung alleine, sondern auch der Beanspruchungsgradient über Versagen und Nichtversagen entscheidet. Ursache hierfür ist die Stützwirkung, die in der Regel umso größer wird, je lokaler die Beanspruchung und je duktiler das Material ist. Unter 2.1.1.2 und in (Sonsino 2008) ist dieses am Beispiel von Kerben dargestellt. So kann bei scharfen Kerben (großer Spannungsgradient) die örtlich ertragbare Spannung bis zu 10-fach größer sein als die ertragbare Spannung des ungekerbten Materials (kein Spannungsgradient). Für eine gute Bemessung und Bewertung von Bauteilen ist dieses zu berücksichtigen. Im LBF wurden über Jahre numerische Verfahren entwickelt und verifiziert, die eine numerische Bauteilbewertung unter Berücksichtigung der Stützwirkung ermöglichen. Da sich im Bereich starker Spannungsgradienten in

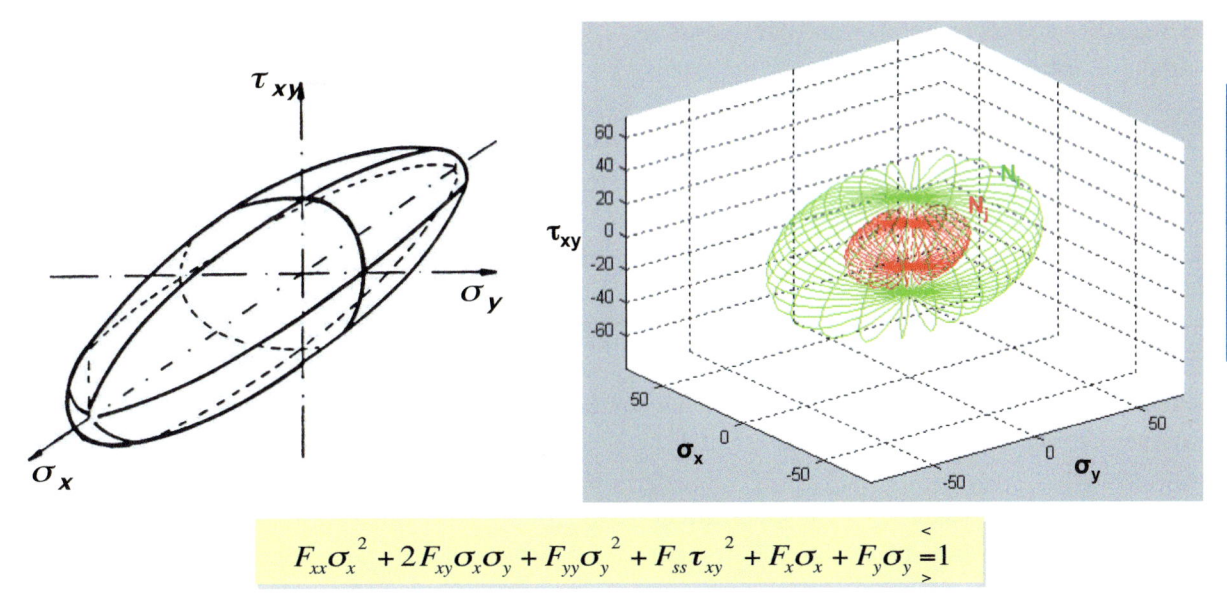

$$F_{xx}\sigma_x^2 + 2F_{xy}\sigma_x\sigma_y + F_{yy}\sigma_y^2 + F_{ss}\tau_{xy}^2 + F_x\sigma_x + F_y\sigma_y \lessgtr 1$$

Abb. 4.26: *Versagenshypothesen nach Tsai-Wu, erweitert auf zyklische Belastung*

der Regel mehrachsige Beanspruchungen einstellen, sind hier auch die in 4.3.2 beschriebenen Festigkeitshypothesen notwendig.

4.3.4 Schadensakkumulation

Bauteilbelastungen erfolgen im Allgemeinen mit variablen Spannungsamplituden. Diese erfordern für die numerische und experimentelle Betriebsfestigkeitsbewertung zum einen die Aufbereitung der Lastdaten (Kollektiviererstellung,…), zum anderen aber auch die Entwicklung geeigneter Schadensakkumulationsmodelle. Festigkeitswerte werden größtenteils als Belastungen unter konstanter Amplitude ermittelt (Wöhlerversuche). Auf Basis eines Beanspruchungskollektivs kann dann, wie schon in 2.1.1.1 verdeutlicht, mit Hilfe der Wöhlerlinie über eine Schadensakkumulationshypothese, z.B. nach Palgrem-Miner (Haibach 1989), (Buxbaum 1992), die Lebensdauer abgeschätzt werden. Dieses setzt aber die Kenntnis realer Schadenssummen voraus, die z.B. aus Probenversuchen bekannt sein sollten (Dreißig 2009).

Für verstärkte Kunststoffe besteht das Ziel, die Kette zu schließen, um mit ersten Ergebnissen die Sensitivitäten und Schwachstellen bei der numerischen Betriebsfestigkeitssimulation aufzuzeigen. Die Bewertungskette wurde hierzu, wie bereits dargestellt, im ersten Schritt an ein FE-Tool gekoppelt und für einfache Proben, hier Rohrproben aus kurzfaserverstärktem Kunststoff, basierend auf einer Belastung mit konstanter Amplitude und verfügbaren Materialdaten die Lebensdauerverteilung errechnet. Hieraus lassen sich dann klar die kritischen Bereiche identifizieren, in denen ein Versagen erwartet wird. In Abbildung 4.20 sind die numerischen Ergebnisse den experimentellen gegenübergestellt, um damit das Verfahren verifizieren zu können. Es zeigt sich für kurzfaserverstärkten Kunststoffe im hier untersuchten Fall eine sehr gute Übereinstimmung zwischen berechneter und experimentell ermittelter Lebensdauer.

Bei der Bewertung von Metallen ist man weiter. In der Software LBF® WheelStrength der Stress&Strength GmbH z.B. zur rechnerischen Auslegung von Rädern lassen sich auf Basis von Messdaten über ein Userinterface anwendungsspezifisch für eine geforderte Nutzungslebensdauer Bemessungskollektive ableiten (Hanselka 2003). Nach dem automatisierten Aufbringen dieser Lasten, wobei das Abrollen des Rades durch Verdrehen der Lasten in Winkelschritten über den Umfang simuliert wird, wird für die relevanten Lastfälle eine FEM-basierende Spannungsanalyse durchgeführt. Mittels der Abrollsimulation werden an jedem Knoten die Beanspruchungen (Vergleichsspannungen) über einer Radumdrehung sowie Amplituden und Mittelwerte ermittelt, und es wird unter Ausnutzung entsprechender Materialdaten eine Schadensakkumulation durchgeführt. Als Ergebnis der Schadensakkumulation wird für jeden Knoten des FE-Netzes die sogenannte erforderliche Beanspruchbarkeit RFS (Required local Fatigue Strength) berechnet. Diese skalare Größe gibt für Metalle an, welche lokale Schwingfestigkeit das Material im entsprechenden Bauteilbereich erreichen muss, um dem zugrunde liegenden Bemessungskollektiv Stand zu halten. Die RFS-Werte können für eine Festigkeitsbewertung z.B. auch mit an Bauteilproben ermittelten Festigkeitswerten verglichen werden. Anhand des RFS-Wertes können zum einen kritische Bereiche, zum anderen überdimensionierte Bereiche identifiziert werden.

Für faserverstärkte Kunststoff dagegen sieht das anders aus. Durch die Faserausrichtung ist die Festigkeit richtungsabhängig und d.h. eine Vergleichsspannung lässt sich für diese Materialien nicht sinnvoll berechnen. Für Faserkunststoffverbunde sind hier angepasste Verfahren von Nöten.

Wie auch bei der rechnerischen Bewertung erfordert eine aussagekräftige Betriebsfestigkeitsuntersuchung im Labor für das Bauteil eine möglichst realitätsnahe Nachbildung aller Betriebsbeanspruchungen. Während des Versuchs werden in den kritischen Bereichen der Struktur die realen Beanspruchungsverteilungen qualitativ und quantitativ erzeugt, um die lokale Beanspruchbarkeit ermitteln zu können. Um dieses zu verdeutlichen, sind in Tabelle 4.3 die möglichen Belastungen/Beanspruchungen ihren entsprechenden, schädigungsrelevanten Auswirkungen gegenübergestellt (Tab. 4.3).

4.3 Numerische und experimentelle Betriebslastensimulation

Tab. 4.3: *Gegenüberstellung der Belastungen und ihrer schadensrelevanten Auswirkungen*

Beanspruchung	Schädigungsrelevante Auswirkung
Hohe Spitzenbeanspruchungen	Delaminationen, Umlagerungen von Sonderereignissen (z. B. Bordsteinüberfahrt) Eigenspannungen, Bruchverhalten, …
Wechselnde Amplituden und hohe Schwingspielzahlen	Ermüdungsverhalten, Reibkorrosion (Schrumpf-, Schraub-, Klebeverbindung)
Hohe Fliehkräfte oder wechselnde Temperaturen	Mittelspannungseinfluss, veränderte Passungsverhältnisse, …
Mehrachsige Belastung	Mehrachsige Beanspruchungszustände mit verändertem Festigkeitsverhalten
Art der Belastung (axial, Biegung, Torsion, …)	Ermüdungsverhalten, Lebensdauer

Hierbei ist zu beachten, dass sich durch vereinfachte Prüfverfahren unter Umständen nicht alle relevanten Schadensmechanismen ansprechen lassen. Die verwendeten Prüfverfahren müssen daher immer, aber insbesondere bei neuen Konstruktionen, Werkstoffen oder Fertigungsverfahren, auf ihre Gültigkeit hin überprüft werden, denn für einen zuverlässigen Betriebsfestigkeitsnachweis muss als wichtigste Forderung eine realistische, betriebsähnliche Beanspruchung des Bauteils in der Versuchseinrichtung sichergestellt werden. Darüber hinaus müssen alle vorher beschriebenen Lastfälle mit zutreffender Korrelation einzelner Kräfte simuliert werden können. Abschließend ist ein Versuchsprogramm erforderlich, bei dem die maximal mögliche Versuchszeitverkürzung, die Schädigungsäquivalenz zum Betriebseinsatz und eine betriebsnahe Durchmischung von Lastabläufen verwirklicht werden.

Da der Betriebsfestigkeitsnachweis in der Regel an Prototypen oder Baugruppen der Serie Null durchgeführt wird, ist dieses bei der Auswertung zu berücksichtigen. Das Ziel muss es sein, den Nachweis an der qualitativ schlechtesten Baugruppe[5] mit der quantitativ ungünstigsten Belastung zu erbringen. Dieses

---

[5] Untere Grenze des Zugelassenen, basierend auf die definierten Qualitätsgrenzen.

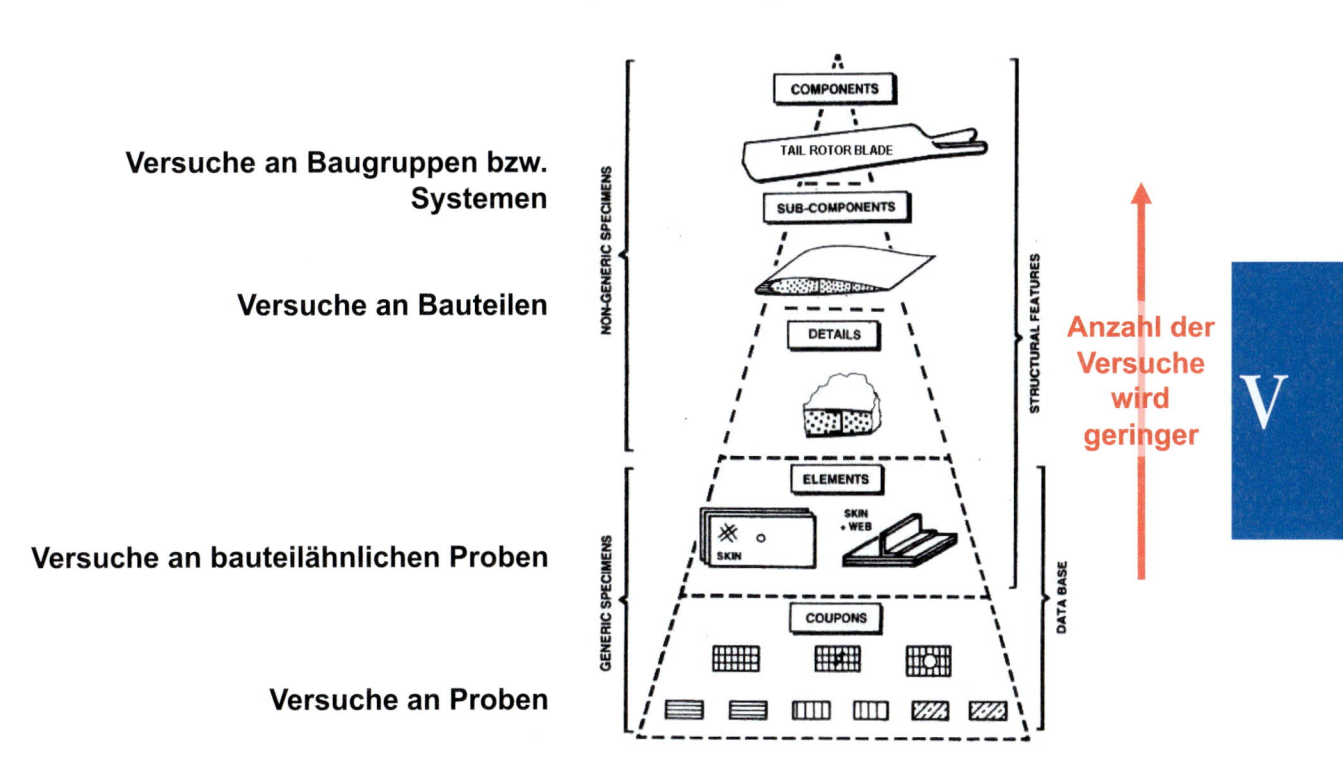

Abb. 4.27: *Testpyramide (JAR-27, JAR-29)*

	Prüfstäbe	Starre Bauteile, Verbindungen	Elastische Bauteile	Baugruppen	Gesamt-systeme
Zweck	Grundsatzversuche	Grundsatzversuche			
		Kontrollversuche	Kontrollversuche		
			Entwicklungsversuche	Entwicklungsversuche	
				Nachweisversuche	Nachweisversuche
Belastungsart	Einstufen-Versuche	Einstufen-Versuche			
		Programm- oder Random-Versuche	Programm- oder Random-Versuche	Programm- oder Random-Versuche	
				Betriebslasten-Versuche	Betriebslasten-Versuche
Simulation	Spannungen an einem Punkt	Spannungen an einem Punkt	Spannungen an einem Punkt		
		Einzelkräfte	Einzelkräfte	Einzelkräfte	
				Mehrere Kräfte	Mehrere Kräfte

Abb. 4.28: *Systematik zur experimentellen Betriebsfestigkeitsuntersuchung (LBF 2010)*

bedeutet, dass die Kenntnisse möglicher Streuungen im Fertigungsprozess, d. h. der Fertigungsqualität als auch möglicher, im Betrieb auftretender Abnutzungserscheinungen berücksichtigt werden müssen.

Ein weiterer wichtiger Punkt ist die statistische Absicherung. Abbildung 4.27 zeigt die bei Entwicklungen in der Luftfahrt übliche Testpyramide und in Abbildung 4.28 ist dem noch einmal die Systematik zur experimentellen Betriebsfestigkeitsuntersuchung gegenübergestellt. In Anbetracht der Kosten nimmt die Anzahl der Versuche mit deren Komplexität ab. Das heißt, dass in der Regel sehr viele Versuche in Form von Grundsatzversuchen an Materialproben gemacht werden, wohingegen final am Gesamtsystem in der Regel nur ein Nachweisversuch durchgeführt wird. An bauteilähnlichen Proben, Details, einfachen Bauteilen, Subkomponenten usw. werden je nach Aufwand unterschiedlich viele Grundsatz-, Kontroll- und Entwicklungsversuche durchgeführt. Alle diese Versuche dienen u. a. auch dazu, statistische Daten zu sammeln, die es ermöglichen, final durch z. B. einen Nachweisversuch am Gesamtsystem für eine definierte Vertrauenswahrscheinlichkeit die erforderlichen Sicherheiten zu bestimmen.

Der experimentelle Betriebsfestigkeitsnachweis ermöglicht somit im Allgemeinen:

- Den Nachweis der Tragfähigkeit der Gesamtkonstruktion unter Berücksichtigung der Einflüsse von Belastung, von Lasteinleitung, von Formgebung, der verschiedenen Materialien und deren Wechselwirkung, von Fertigungs- und Fügeverfahren sowie deren Qualität,
- die Verifikation von Fehlerarten in Form und Ort,
- die Ermittlung von Festigkeitsreserven,
- die Bewertung des Einflusses von Abnutzungserscheinungen, wie z. B. Verschleiß und/oder Korrosion,
- die Definition der zulässigen Fertigungsqualität, z. B. in Form von minimal zulässigen Fertigungstoleranzen sowie
- die Definition von Inspektionsrichtlinien und Inspektionsintervallen.

4.4 Möglichkeiten von Funktionsintegration im Entwicklungsprozess

An weiteren drei Beispielen aus der Praxis sollen die Vorgehensweisen und Möglichkeiten aufgezeigt werden, die Werkzeuge der Betriebsfestigkeit im Entwicklungsprozess bieten. Die drei Beispiele beschäftigen sich mit Primärkomponenten aus Faserverbundwerkstoffen und basieren auf den Veröffentlichungen: Becker 2017, Töws 2017, Schmidt 2016, Schweizer 2012. Im Beispiel 2 werden anhand einer hybriden Leichtbau-Hinterachse für Elektrofahrzeuge der Entwicklungsprozess und die Vorgehensweise verdeutlicht, die zu einer leichteren Hybrid-Konstruktion führt. In den Beispielen 3 und 4 geht es dagegen um funktionsintegrierten Leichtbau am Beispiel eines Faserverbund-Querlenkers und eines Faserverbundrades.

4.4.1 Beispiel 2: Hybride Leichtbau-Hinterachse für Elektrofahrzeuge

Im Rahmen des EU-Forschungsprojektes[6] „epsilon", das den Leistungsfeldern Elektromobilität und Leichtbau zugeordnet ist, entwickelte Paul Becker eine Hinterachse aus Faserverbundwerkstoff mit deutlich reduziertem Gewicht. Verglichen mit dem herkömmlichen Metall-Design konnte das Achsgewicht um 37 Prozent gesenkt werden. Die Gewichtsreduktion liefert damit einen sehr großen Beitrag zur Gesamtgewichtsreduktion, um das Gewicht der Batterie zu kompensieren und die Reichweite zu erhöhen. Ferner konnte ein Einfluss auf die Steifigkeit der Struktur durch die Verwendung von faserverstärkten Kunststoffen (CFK) und den geschickten Einsatz der Materialanisotropie festgestellt werden. Die im Rahmen des Projekts durchgeführten Fahrtests an einem Konzeptfahrzeug (Abb. 4.29) zeigten, dass die Fahrdynamik unter der Verwendung der neu entwickelten Leichtbau-Hinterachse, wie gewünscht, keinen signifikanten Unterschied zur Fahrdynamik unter Verwendung der konventionellen Hinterachse lieferte (Becker 2017, Gausling 2015).

Auslegung der Hybrid-Hinterachse
Besonders bei Sicherheitsbauteilen wie einer Hinterachse ist es wichtig, bei der Konstruktion und Auslegung die realen Belastungen so genau wie möglich zu kennen. Im Betrieb erfährt die Hinterachse hauptsächlich Biege- und Torsionsbelastungen. Dabei sind

Abb. 4.29: *„epsilon" Konzeptfahrzeug von Lancia (epsilon)*

Brems-, Beschleunigungs- und Lenkmanöver zu unterscheiden. Die Analyse der Fahrdynamik zeigt, dass sich durch einen Bremsvorgang das Gewicht des Fahrzeugs auf die Vorderachse verlagert. Die Hinterachse wird durch diese Verschiebung entlastet. Der kritische und auslegungsrelevante Lastfall ist der Beschleunigungsvorgang in einer Kurve. Bei dieser Belastung wirken auf die Hinterachse sowohl Biege- als auch Torsionslasten, was zu einem multiaxialen Belastungszustand führt. Ein zusätzlich zu betrachtender Belastungsfall bei der Auslegung ist als Sonder-/Missbrauchslast die vertikale Maximalbelastung, die z.B. durch eine Bordsteinüberfahrt entsteht.

Die entwickelte, Leichtbauhinterachse besteht aus metallischen Seitenteilen und einem Mittelteil (Hinterachsträger) aus FVK (Abb. 4.30). Diese Hybridbauweise vereinfacht die Gestaltung der Anbindungsstellen an die Fahrzeugstruktur. Zudem können Temperatureinflüsse und lokale Beanspruchungen besser berücksichtigt werden. Die Verbindung zwischen Faserverbund- und Metallbauteilen ist mittels sogenannter T-Igel®-Verbindungselemente umgesetzt. Dank der formschlüssigen Verbindung hat der T-Igel® den Vorteil, dass hierdurch sehr hohe Kräfte und Momente von der Metallbuchse auf den CFK-Hinterachsträger übertragen werden können. Das T-Igel® Prinzip wird zusätzlich auch für die Anbindung der Leichtbauhinterachse an das Zentral-

---

[6] epsilon: „small electric passenger vehicle with maximized safety and integrating a lightweight oriented novel body architecture"; Gefördert im 7ten Framework-Programm der EU, Fördernummer: 605460

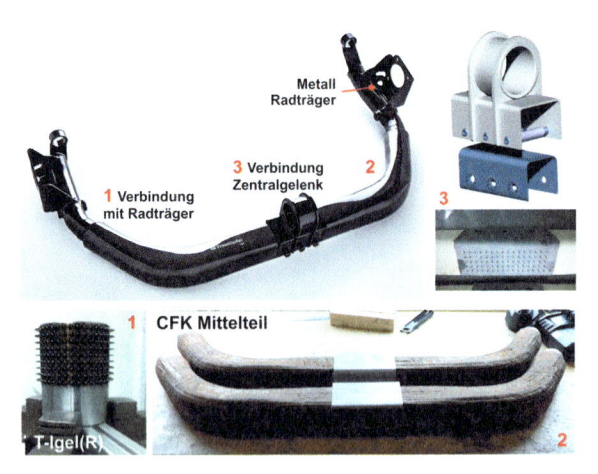

Abb. 4.30: *Aufbau der Hybrid-Hinterachse (Becker 2017)*

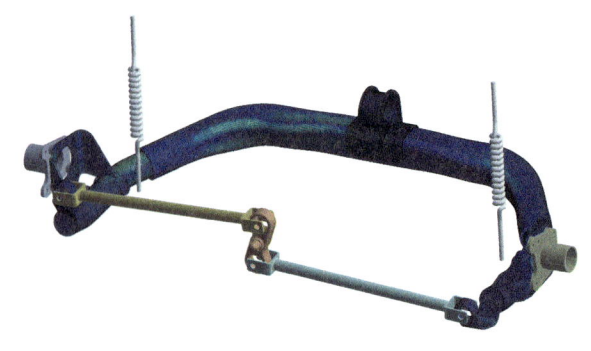

Abb. 4.31: *Ein Ergebnis der numerische Simulation (Lastfall: Beschleunigung in der Kurvenfahrt) (Becker 2017)*

gelenk genutzt (Abb. 4.30). Durch die flächige, formschlüssige Verbindung der vielen Metallpins mit dem Laminat reduziert sich bei der Anbindung des Zentralgelenks an den Hinterachsträger die Kerbspannung im Bereich der Schraubenverbindung. Das ermöglicht es, das Laminat spanend zu bearbeiten und mit einer Schraubenverbindung zu versehen ohne eine beträchtliche Schwächung des Laminats an den Bohrungen (Kerbwirkung) zu verursachen.

Um die geforderten Steifigkeiten der Hinterachse zu erreichen und gleichzeitig die Bauraumrestriktionen zu erfüllen, wurde das Profil des CFK-Hinterachsträgers geometrisch optimiert. Der Hinterachsträger muss dabei den kritischen Beanspruchungen aus Torsion und Biegung Stand halten. Durch die Optimierung mittels numerischer Analysen konnte eine ausreichende Steifigkeit erreicht werden. Die Auslegung des Faserverbund-Bauelements verläuft über mehrere Iterationsschritte, die als Ziel einen Kompromiss zwischen der Herstellbarkeit und den gesetzten Randbedingungen haben. Dazu wird der lokale Lagenaufbau schrittweise optimiert.

Bei der Auslegung mittels numerischer Simulation (Abb. 4.31) wird das Laminat des Hinterachsträgers dimensioniert. Gleichzeitig muss der Nachweis der Festigkeit der Gesamtstruktur erbracht und die Reserven müssen ermittelt werden. Für die numerische Simulation müssen daher zunächst die kritischen Lastfälle ermittelt und analysiert werden. Für die Hinterachse wurde als kritischer Lastfall die „Beschleunigung in Kurvenfahrt" gefunden. Bei diesem Lastfall entsteht aufgrund der Beschleunigung eine Biegebelastung in den Seitenteilen und aufgrund der Kurvenfahrt eine Torsionsbelastung im Hinterachsträger.

Zur ersten Auslegung wurden die Kräfte und Momente von folgender Belastungsvariation definiert:
- 50% der maximalen Beschleunigung
- 87% des maximalen Lenkradausschlags

Durch die numerische Simulation zeigte sich, dass am Seitenteil zwischen dem Radlager und der Federbeinanbindung hohe Schubbelastungen auftreten. Der Grund dafür sind die Querkräfte und gleichzeitig die geringe Länge des Bauelements. Die maximalen Biegemomente liegen ebenfalls im Bereich dieser Seitenteile. Hieraus wird deutlich, dass eine Ausführung der kompletten Hinterachse aus CFK nicht sinnvoll ist. Auch die im Bereich der Bremssysteme und der Anbindung am Federbein entstehende Wärme hätte einen negativen Einfluss auf CFK. Aus diesem Grund wurde für die Umsetzung eine Hybridbauweise gewählt.

Beim Lastfall Bordsteinüberfahrt besteht für die ausgeführte Leichtbauhinterachse eine Reserve von 1,75.

Fertigung und Prüfung der Leichtbauhinterachse
Die Auswahl der Fertigungsmethoden für Automobilbauteile hängt sehr stark von den Kosten ab. Die Produktionszeit spielt dabei im Hinblick auf die pro Tag zu erzielende Stückzahl eine entscheidende Rolle. Aus diesem Grund könnte eine effiziente Fertigung durch den Einsatz von Robotertechnik realisiert wer-

den. Die Herstellung der CFK-Bauteile erfolgt durch ein Radialflechtverfahren. Die Metallteile werden auf konventionellem Weg gefertigt. Zur Einhaltung der geforderten Toleranzen werden für die Montage der Leichtbau-Hinterachse besondere Vorrichtungen benötigt.

Im Anschluss an die Entwicklungs- und Fertigungsphase wurden Versuche auf dem Prüfstand und Fahrtests mit dem Konzeptfahrzeug auf der Teststrecke durchgeführt (Abb. 4.32). Ziel der statischen Prüfstandsversuche an der Leichtbau-Hinterachse war die Überprüfung der CFK-Komponente unter Betriebslasten. Diese Überprüfung dient gleichzeitig zur Validierung der Ergebnisse der numerischen Analyse. Dazu wurden an ausgewählten Stellen am Hinterachsträger Dehnungen gemessen und mit den Ergebnissen der numerischen Simulation verglichen. Die Ergebnisse der Messung zeigten, dass die gefertigte Struktur eine geringfügig höhere Steifigkeit aufweist als die numerisch simulierte.

Die auf der Teststrecke durchgeführten Fahrversuche mit der eingebauten Leichtbau-Hinterachse zeigen, dass die Festigkeitsanforderungen erfüllt wurden. Zusätzlich entspricht die Fahrdynamik des Fahrzeugs dem zuvor als Ziel gesetzten Fahrzeugverhalten.

Fazit

Im Rahmen der Untersuchungen konnte gezeigt werden, dass Faserverbundwerkstoffe prinzipiell für hochbelasteten Fahrwerkskomponenten geeignet sind. Vorher sollten aber die Randbedingungen genau analysiert werden. Nicht jedes Metallbauteil kann sinnvoll durch ein Faserverbundbauteil ersetzt werden. Explizit müssen die Belastungen und Belastungsrichtungen betrachtet werden. Die anisotropen Werkstoffeigenschaften von Faserverbunden bieten hierbei die Möglichkeit, Lastpfade lokal zu verstärken, um das Bauteilgewicht noch weiter zu reduzieren.

Ein Beispiel hierfür ist die neu entwickelte, unter den realen Bedingungen erprobte Leichtbau-Hinterachse mit einem Gewicht von 12 kg und einer Gewichtsreduktion gegenüber einer konventionellen, metallischen Hinterachse von 37 %.

4.4.2 Beispiel 3: Funktionsintegrierter Leichtbau am Beispiel eines Faserverbund-Querlenkers

Auf Basis eines Mittelklassewagens wurde am Fraunhofer LBF (Töws 2014; Töws 2017) ein funktionsintegrierter Leichtbauquerlenker entwickelt, der eine Gewichtsreduktion von zirka 35 Prozent gegenüber einem konventionellen Stahlblechquerlenker aus der Serienproduktion aufweist. Die Entwicklung erfolgte im Rahmen eines EU-Forschungsprojektes[7] „ENLIGHT". Der Querlenker aus Kohlenstofffaser-Epoxid-Verbund (CFK) ist mit einem Load-Monitoring-System zur Strukturüberwachung der hochbelasteten Bereiche ausgestattet. Bei der Entwicklung wurde der komplette Entwicklungsprozess von der Idee über die fasergerechte Auslegung und von der

Abb. 4.32: *Versuchsaufbau zum Nachweis der Festigkeit (Becker 2017)*

---

[7] ENLIGHT: „Enhanced Lightweight Design"; Gefördert im 7ten Framework-Programm der EU, Fördernummer: 314567

prototypischen Fertigung bis hin zur Schwingfestigkeitsprüfung des Leichtbauquerlenkers durchlaufen. Er ist im Folgenden kurz dargestellt.

Technologisch sollte anhand des Faserverbundquerlenkers aufgezeigt werden, dass im Bereich der hochbelasteten Fahrwerkskomponenten durch den gezielten Einsatz von Leichtbaumaterialien, wie FKV, noch Leichtbaupotenzial vorhanden ist und dass es diese Materialien darüber hinaus auch ermöglichen, zusätzliche Funktionen, wie z. B. ein Load-Monitoring-System, in die Struktur zu integrieren.

Im Zeitalter der Digitalisierung ermöglicht ein integriertes Load-Monitoring-System on-line Lastdaten zu erfassen und zu Lastkollektiven zu verrechnen. Diese Lastkollektive können einmal über eine Schädigungsrechnung direkt dazu genutzt werden, die Fahrzeugsicherheit zu erhöhen. Erfasst und gemittelt über mehrere Nutzer ergeben sich über die Lastdaten abgesicherte und standardisierbare Nutzungskollektive, die zur Auslegung zukünftiger Fahrzeuge herangezogen werden können.

Konzeptionierung und Auslegung des Faserverbund-Querlenkers

Die Querlenkerentwicklung basiert auf einer McPherson-Achse. Im Rahmen des Projektes gab es folgende Anforderungen:
- Erreichen einer deutlichen Gewichtsreduktion des FV-Leichtbauquerlenkers gegenüber dem herkömmlichen Querlenker aus Stahlblech (Abb. 4.33),
- Einhalten des vorgegebenen Bauraums,
- Kompatibilität zu den Anbindungsbauteilen am Chassis und Radträger aus dem Serienfahrzeug, wie beispielsweise Elastomer-Lager, Kugelgelenk, etc. und
- Tauglichkeit zur Serienfertigung

Für die betriebsfeste Bemessung von Primärbauteilen ist - wie oben bereits dargestellt - die Kenntnis der realitätsnahen Belastungen essenziell. Als Bemessungsgrundlage dienen Lastkollektive, die in einem realen Fahrzyklus, z. B. an einem mit Messsensoren ausgestatteten Messrad aufgenommen wurden.

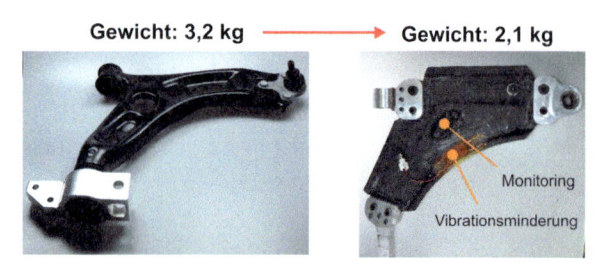

Abb. 4.33: *Gewichtsreduktion des Querlenkers durch Materialumstellung (Töws 2014)*

Daraus wurden dann kritische Fahrmanöver identifiziert und die Belastungen des Querlenkers abgeleitet. Bei neuen Fahrzeugkonzepten stellt sich in der Regel aufgrund veränderter Gewichtsverhältnisse und/oder anderer Momentenkennlinien des Antriebs (wie z. B. durch Elektromotoren) eine andere Fahrdynamik ein. Für die Bemessung von Elektrofahrzeugen ist es daher wichtig, hier angepasste und realitätsnahe Lastkollektive zu ermitteln. Auch die Einführung von Fahrunterstützungs- oder Fahrerassistenzsystemen wird die Belastung von Fahrwerkskomponenten ebenfalls verändern. Dies ist bei der Auslegung zu berücksichtigen. Numerische Modelle des Fahrzeuges (digital twin) helfen hier bereits im Vorfeld, Änderungen zu identifizieren und die neuen Lasten abzuschätzen.

Im alltäglichen Einsatz erfährt der Querlenker je nach Fahrmanöver Längs- und Querbelastungen, deren Betrag je nach Fahrsituation variiert. Als kritische Fahrmanöver gelten Vollbremsungen, Kurvenfahrten und Schlechtwegstrecken, aber auch Bordsteinüberfahrten. Diese Belastungszustände führen zu komplexen multiaxialen Beanspruchungen, für die der Querlenker ausgelegt werden muss.

Zur Identifikation der hochbeanspruchten Bereiche wurde auf eine auf der Finite Elemente-Methode (FEM) basierende Topologieoptimierung zurückgegriffen. Die Topologieoptimierung erfolgt unter der Definition eines Designraums und der maximal ertragbaren Beanspruchung der verwendeten Werkstoffe.

Dabei wird unter Annahme eines zunächst isotropen Materialverhaltens die Struktur oder die Topologie des Bauteils in dem Designraum iterativ so optimiert, dass unter den eingeleiteten Belastungen die Materialauslastung in den lasttragenden Bereichen erhöht wird. Durch diese Erhöhung der Materialauslastung bilden sich Lastpfade aus. Gleichzeitig wird in weniger beanspruchten Bereichen Material reduziert. Die Optimierung gibt so einen ersten Anhalt über die Lage bzw. Position der einzusetzenden Faserstränge. Die Umsetzung in einen serientauglichen Herstellprozess muss hierbei berücksichtigt werden.

Um die geforderte Kompatibilität mit serienmäßig verbauten Anbindungselementen, wie Elastomer-Lagern oder Kugelgelenken, zu gewährleisten, wurden Lasteinleitungen aus Aluminium verwendet. Diese Aluminiumbauteile übernehmen die Funktion der Lasteinleitung und werden durch zweischnittige Bolzenverbindungen mit der CFK-Struktur verbunden. Bedingt durch die Topologieoptimierung kann die Faserverbundstruktur hinsichtlich ihrer lasttragenden Funktion in Faserstränge und Stützgewebe unterteilt werden. Gemäß Abbildung 4.34 bestehen die Faserstränge aus unidirektional (UD), nur in den hochbeanspruchten Bereichen angeordneten Kohlenstofffasern. Diese UD-Fasern bilden die lasttragende Struktur des Querlenkers. Ihre Position wurde mittels der Topologieoptimierung ermittelt.

Durch die Umwicklung der Bolzen entsteht in den Aluminium-Lasteinleitungen ein Schlaufenanschluss, der die auftretenden Kräfte sehr gleichmässig überträgt. Der Schlaufenanschluss kann sowohl Zug- als auch Druckkräfte übertragen, da die Faserstränge im Bereich der Bolzen in einer Nut geführt sind und die Druckkräfte so in die Nutwand weitergeleitet werden können (Töws 2014).

Um ein Ausknicken der Faserstränge zu verhindern, werden sie in ein Stützgewebe eingebettet. Das Stützgewebe, das aus ökonomischer Sicht auch als Glasfasergewebe realisiert werden kann, ist quasi-isotrop und symmetrisch aufgebaut und mit Sicken versehen.

Durch die flache Form kann der Leichtbauquerlenker massenproduktionstauglich mit einem Resin-Transfer-Moulding-Verfahren (RTM) in Duromer oder als Spritzguss-/Pressbauteil aus einem thermoplastischen Kunststoff, mit zusätzlicher Verrippung, hergestellt werden.

Bei der Bewertung der optimierten Querlenkerstruktur wurden die kritischen Lastfälle Bremsen, Beschleunigung und Kurvenfahrt berücksichtigt. Das lineare FE-Modell bildet so eine sehr gute Basis für die abschließende Festigkeits- und Strukturanalyse. Der ersten Definition des Laminataufbaus folgten

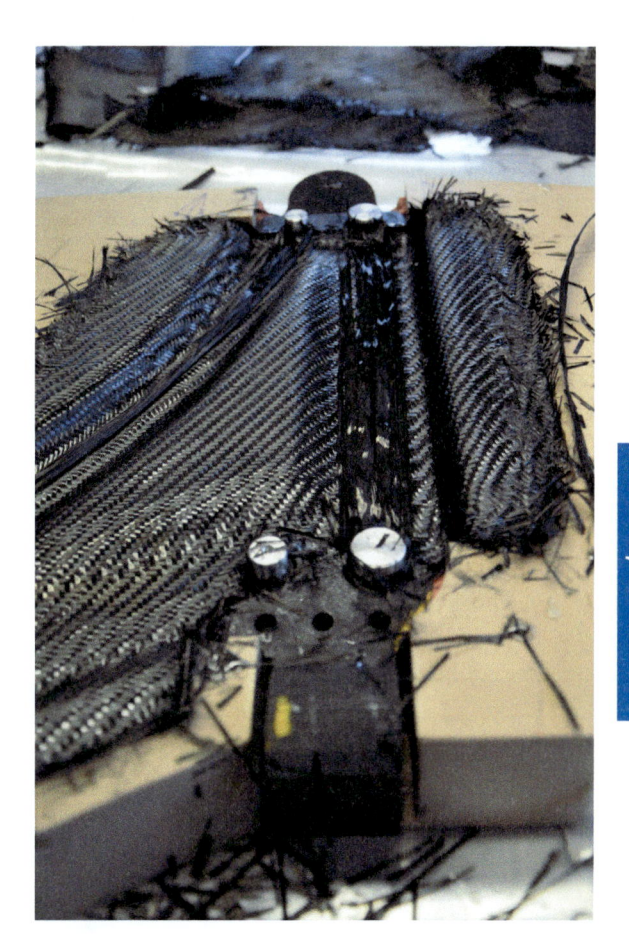

Abb. 4.34: *Ergebnis der Topologieoptimierung versus Schlaufenanschlüsse und Anordnung der Faserstränge (prototypische Fertigung) (Töws 2014)*

iterative FE-Berechnungen, in denen der Laminataufbau so lange angepasst wurde, bis die gewünschte Materialauslastung erreicht wurde. Als Abschätzung des Laminatversagens wurde ein Dehnungskriterium herangezogen. Neben der Auslegung gegen Laminat- und Strukturversagen ist es bei unter Druckkräften belasteten Strukturen notwendig, sicherzustellen, dass kein Versagen durch Beulen oder Knicken auftritt. Die lineare Beulanalyse des Querlenkers ergab für den kritischen Lastfall eine 2,5-fache Sicherheit gegen Beulen und Knicken (Töws 2014).

Fertigung und Prüfung des Faserverbund-Querlenkers

Zur Erprobung des Faserverbund-Querlenkers wurde aus Kostengründen zunächst eine aufwändige, prototypische Fertigung mit geringer Stückzahl (hier 5) gewählt. Die Validierung des Fertigungsprozesses erfolgte durch die Verwendung von additiv gefertigten Lasteinleitungskomponenten aus Kunststoff anstelle von Aluminium (Abb. 4.35). Nach der Validierung des Fertigungsprozesses wurden dann zur Schwingfestigkeitsprüfung weitere Querlenker mit Lasteinleitungselementen aus Aluminium (EN AW-2024) gefertigt. Für die Versuche wurde auf die Herstellung einer verrippten Lasteinleitung verzichtet, da hier die Erprobung der Faserverbund-Komponente im Vordergrund stand.

Die Schwingfestigkeitsprüfung erfolgte, ebenso wie die prototypische Herstellung, am Fraunhofer LBF. Dazu wurden zwei Querlenker mit Lasteinleitungselementen aus Aluminium gefertigt und in einem Prüfaufbau, der für die konventionelle Prüfung von Metallquerlenkern verwendet wird, zyklisch geprüft. Dabei wird der Querlenker starr gelagert und radseitig in der x-y-Ebene mittels eines servohydraulischen Zylinders einaxial belastet (Abb. 4.36).

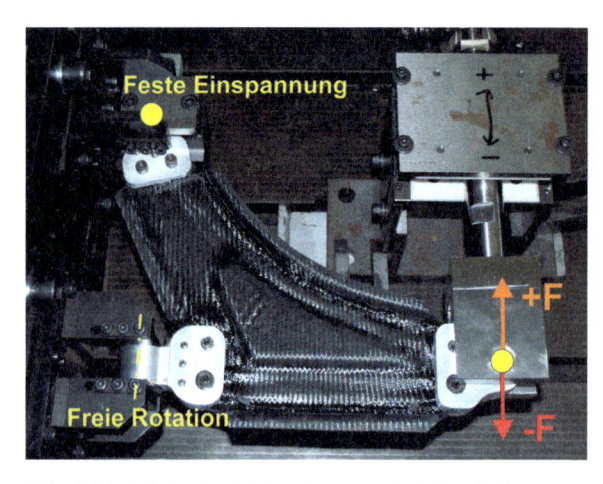

Abb. 4.36: *Schwingfestigkeitsprüfung am FKV-Querlenker (Töws 2017)*

Der Querlenker wird im regulären Betrieb auf der Straße mit variablen Belastungsamplituden und Belastungsrichtungen beaufschlagt. Um die gleiche Schädigungssumme im einaxialen Versuch abbilden zu können, wurde mit 4,4 kN für Bremsvorgänge und -3,3 kN für Beschleunigungsvorgänge eine schädigungsäquivalente Belastung bestimmt, die der Querlenker 100.000 Zyklen schädigungsfrei ertragen muss. Beim Erreichen der 100.000 Zyklen ohne sichtbare Schädigung wurde die Last sukzessive in 4 Schritten für jeweils weitere 100.000 Zyklen auf 200 % erhöht.

Während der zyklischen Prüfung wird die Steifigkeit des Querlenkers kontinuierlich überwacht. Die Prüffrequenz beträgt in allen durchgeführten Versuchen 3 Hz.

Die ersten 100.000 Schwingspiele bei 100 %iger Belastung konnten von beiden Querlenkern ohne Steifigkeitsverluste ertragen werden. Erst nach 400.000 Schwingspielen bei einem Belastungsniveau von 200 % trat ein Versagen der Querlenker auf. Dabei versagte nicht die Faserverbundstruktur, sondern die Aluminiumlasteinleitung (Abb. 4.37). Die Versagensschwingspielzahlen liegen bei N = 440.080 bei Querlenker 1 und N = 401.977 bei Querlenker 2.

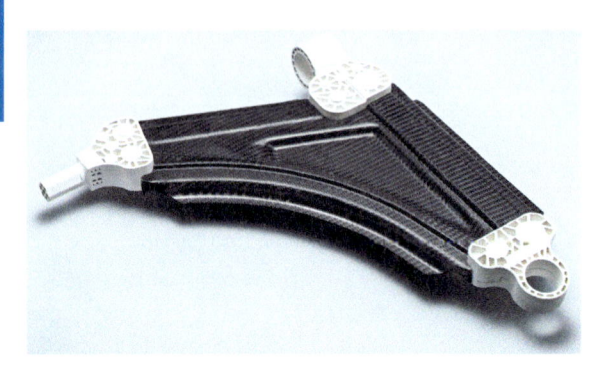

Abb. 4.35: *Querlenker aus FKV (Töws 2017)*

Abb. 4.37: *Versagen der FKV-Querlenker (links: Querlenker 1; rechts: Querlenker 2) (Töws 2017)*

Mit den Ergebnissen aus den Schwingfestigkeitsuntersuchungen wird deutlich, dass noch Leichtbaupotenzial im FKV-Querlenker steckt, welches durch weitere Optimierungsschleifen ausgeschöpft werden kann (Töws 2017).

Integration eines Load-Monitoring Systems

Zur Messung der lokalen Dehnung an den hochbelasteten Stellen des Querlenkers wurde, auf Basis von Faser-Bragg-Gitter-Sensoren (FBG-Sensoren), ein Load-Monitoring System in den Querlenker integriert (Töws 2017). Die Dehnungsmessung von FBG-Sensoren funktioniert, indem in eine Glasfaser an einer festgelegten Messstelle ein Gitter mit einem zuvor bestimmten Gitterabstand eingearbeitet wird. In einer Glasfaser können mehrere Messstellen realisiert und gleichzeitig ausgewertet werden. Bei der Dehnungsmessung wird mittels eines Interrogators breitbandiges Licht in die Faser eingeleitet. Das Licht wird an den Messstellen durch die eingebrachten Gitter reflektiert und wieder vom Interrogator ausgewertet. Da die Messstellen unterschiedliche Abstände zwischen den Gittern haben, wird an jeder Messstelle eine bestimmte Wellenlänge des Lichts reflektiert. Bei einer Dehnung der optischen Faser an der Messstelle ändern sich die Abstände zwischen den Gittern und somit auch die reflektierte Wellenlänge. Die Wellenlängenänderung korreliert mit der auftretenden Dehnung an der Messstelle. Insgesamt wurden, wie in Abbildung 4.38 dargestellt, im Querlenker sechs Messstellen definiert, an denen lokale Dehnungen gemessen werden können. Sie befinden sich in der Nähe der Schlaufenanschlüsse und im Bereich der Faserstränge.

Ziel des integrierten Load-Monitoring Systems ist es, z.B. reale Lasten am Fahrzeug zu erfassen. Neben der Möglichkeit, MKS-Modelle verifizieren zu können, lassen sich so auch fahrzeugabhängig reale Lastkollektive sowie Sonder- und Missbrauchslasten ermitteln, die in die Bemessung von Fahrwerkskomponenten einfließen können. Gleichzeitig lässt sich hierdurch die Faserverbundstruktur in Echtzeit direkt und indirekt überwachen, sodass der Fahrer z.B. bei Überlast (hohe Dehnungen) und/oder Schädigung (schlagartige Änderung des Dehnungsniveaus) der Verbundstruktur informiert werden kann (Töws 2017).

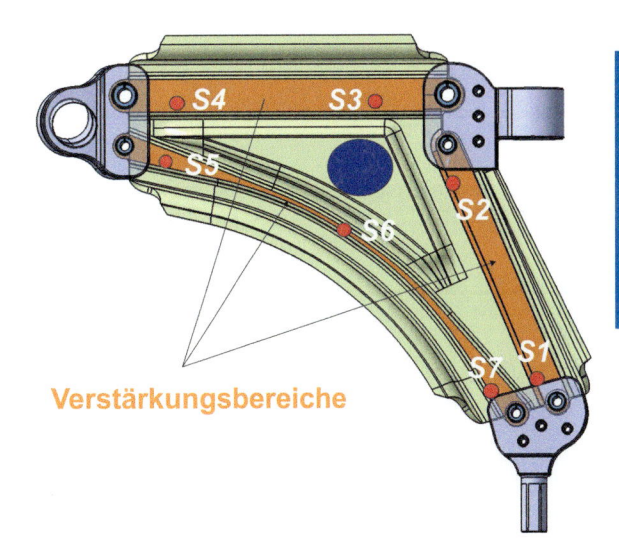

Abb. 4.38: *Querlenker mit integriertem Load-Monitoring System (Töws 2017)*

Integration piezoelektrischer Aktuatoren zur Vibrationsminderung

Quellen für Vibrations- und Geräuschbelästigung im Automobil sind u. a. die Fahrbahnanregung. Ziel in diesem Projekt war es, durch Integration von Piezokeramiken Körperschall zu reduzieren und somit die Lärmemissionen zu verringern. Körperschall kann prinzipiell über Dämpfung oder über Tilgung reduziert werden. Unter Anwendung von piezokeramischen Materialien ist es durch die elektromechanische Kopplung möglich, das mechanische Prinzip eines Dämpfers als auch eines Tilgers mit Hilfe einer elektrischen Schaltung bei reduzierter Masse und geringerem Bauraum nachzubilden.

Eine numerische Analyse (Salloum 2016) zeigte, dass um die nötige Steifigkeit zu erzeugen, zwei Stapel von 10 piezokeramischen Folienaktuatoren benötigt werden, welche in der Lage sind, die Struktur des Querlenkers zu verformen. Ein derartiger Aktuator lässt sich nicht ohne weiteres in eine dünnwandige Faserverbundstruktur integrieren, sodass hier von einer Integration Abstand genommen wurde. Wie Sandra Schmidt in (Schmidt 2016) zeigt, konnte mit Hilfe eines additiv gefertigter Werkzeugs ein vorgeformtes Piezomodul gefertigt werden, das auf den Querlenken appliziert werden kann. Abbildung 4.39 zeigt für die unterste Lage den Aufbau. Das Piezomodul wurde mittels Vakuuminfusionstechnik hergestellt. Abbildung 4.40 zeigt das Piezomodul nach der Harzinfusion.

Um die Piezofolienaktuatoren innerhalb der Fertigung des Querlenkers direkt in die doppelgekrümmte Querlenkerstruktur zu integrieren, sind vorgeformte Folienaktuatoren notwendig. Auch die sichere Kontaktierung der 20 Folienaktuatoren wäre in der Massenproduktion schwierig. Es gilt, sie weiter zu optimieren.

Fazit

Am Beispiel eines Leichtbauquerlenkers aus faserverstärktem Kunststoff konnte gezeigt werden, dass mit Beachtung konstruktiver Regeln für Faserverbunde und Zuhilfenahme von numerischen Bauteilauslegungen und -optimierungen eine hochbelastete Fahrwerkskomponente durch ein Bauteil aus FVK substituiert werden kann. Die Gewichtsreduktion gegenüber dem Metallbauteil beträgt bei dem aktuellen Querlenker 35 Prozent. Der Leichtbauquerlenker mit den metallischen Lasteinleitungen wiegt 2,1 kg und ist damit schon um 1,1 kg leichter als der Stahlblechquerlenker mit einem Gewicht von 3,2 kg (Töws 2017).

Die Schwingfestigkeitsuntersuchungen zeigen, dass der FVK-Querlenker mehrere Lebenszyklen erträgt und dass das Metall der Lasteineitung hier die bemessende Komponente darstellt. Es ist somit noch Leichtbaupotenzial vorhanden, das in weiteren Entwicklungsschleifen ausgeschöpft werden kann.

Durch die Integration faseroptischer Sensoren und piezoelektrischer Folienaktuatoren konnte darüber hinaus aufgezeigt werden, dass es möglich ist, Funktionen zu integrieren und so z. B. hochbelastete Faser-Verbund-Strukturen zu überwachen bzw. aktiv in ihren Eigenschaften zu beeinflussen.

Abb. 4.39: *Additiv gefertigtes Werkzeug und unterste Lage des Piezomoduls (Schmidt 2016)*

Abb. 4.40: *Werkzeug mit Piezomodul nach der Harzinfusion (Schmidt 2016)*

Abb. 4.41: *Querlenker mit appliziertem Piezomodul (Salloum 2016)*

4.4.3 Beispiel 4: Entwicklung eines Faserverbund-Rades mit integriertem Elektromotor

Bei Elektrofahrzeugen wird der konventionelle Verbrennungsmotor als Antrieb in der Regel durch einen oder mehrere Elektromotoren ersetzt. Um alternative Möglichkeiten aufzuzeigen, wurde am Fraunhofer Institut für Betriebsfestigkeit und Systemzuverlässigkeit LBF im Rahmen des Verbundprojekts Systemforschung Elektromobilität ein Faserverbund-Leichtbaurad mit integriertem Elektromotor entwickelt und prototypisch gefertigt (Abb. 4.42).

Konzeptionierung und Auslegung des Faserverbund-Rades

In Vorbereitung auf die Konstruktion wurden zunächst die Beanspruchung des Rades und die Einflussgrößen ermittelt. Des Weiteren wurde eine Designstudie, basierend auf bestehenden Kunststoffrädern, durchgeführt und es wurden Lösungsvarianten für mögliche Bauweisen zur Lagerung, Befestigung des Elektromotors und zur optimalen Ausnutzung der positiven Werkstoffeigenschaften eruiert. Aus diesen Lösungen wurde das Grobkonzept für das Kohlenstofffaserverbund (CFK)-Leichtbaurad mit integriertem Elektromotor erstellt.

Das Rad besteht nach diesem Konzept (Büter 2012) aus einem FV-Radkörper (Felge und Stern), einer FV-Motorglocke und einem kommerziell verfügbaren Elektromotor.

Um den Elektromotor zu schützen ist die Motorglocke nicht direkt mit dem Felgenbett verbunden (Abb. 4.43). Hierdurch wird verhindert, dass eine radial oder lateral wirkende Kraft, insbesondere Stöße hervorgerufen durch Schlechtwegstrecke oder „Bordsteinrempler", direkt auf den Elektromotor übertragen wird. Für eine kraftflussgerechte, kontinuierlichere Faserführung und somit zur Vermeidung von Spannungsspitzen durch scharfe Ecken und Steifigkeitssprünge wurden im FV-Radkörper und in der FV-Motorglocke werkstoffgerechte Radien und fließende Übergänge realisiert. Die Motorglocke ist nur mit dem inneren Bereich der Radachse des Ra-

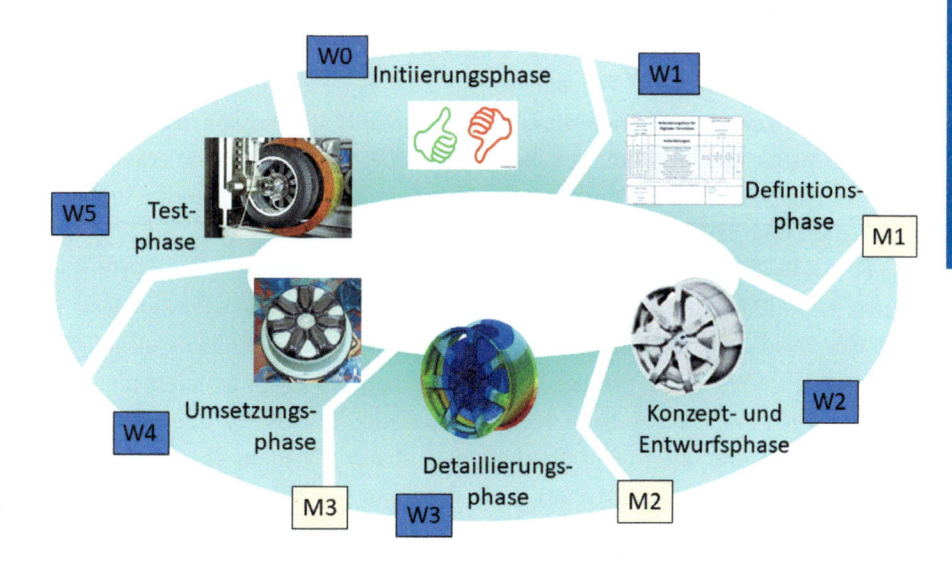

Abb. 4.42: *Entwicklungsprozess des Rades (LBF 2018)*

Abb. 4.43: *Schnitt durch das Leichtbaurad mit radgetriebenem Antrieb (Schweizer 2012)*

Abb. 4.44: *Optimierung des Laminataufbaus unter Berücksichtigung der Betriebslasten (Schweizer 2012)*

des verbunden. Zur Reduzierung der Masse und zur Erhöhung der Biegesteifigkeit wurden Schaumkerne in die Speichen eingebracht. Als Elektromotor wurde ein kleiner, kommerziell verfügbarer Radnabenmotor verwendet. Der aus einem Ring mit Permanentmagneten (Außenläufer) und aus einem Jochring mit Elektromagneten (Stator) bestehende Rollermotor hat eine Motorleistung von 4 kW und eine Ansteuerspannung von 2 x 24,5 V.

Zur Dimensionierung (Laminatdefinition, Laminatoptimierung) und Werkzeugkonstruktion der Faserverbund-Komponenten wurde ein Flächenmodell mithilfe eines CAD-Systems erstellt. Dieses enthielt bereits das endgültige Felgendesign inkl. Formtrennung und Entformungsschrägen, aber noch keine Wanddickeninformation. Das Laminatdesign wurde ebenfalls komplett mit den vorhandenen Werkzeugen der CAD-Software erstellt. Von den verschiedenen Ansätzen zur Laminatdefinition, die das CAD-System anbietet, wurde das Zonendesign gewählt. Hierbei wird ein Flächenmodell in Zonen mit verschiedenen Laminaten unterteilt (Abb. 4.44). Diese Methode eignet sich besonders, um im Nachgang das Laminat mittels der FEM zu berechnen und zu optimieren. Auf Basis des Flächenmodells mit den Zonengeometrien wurde ein FE-Modell erzeugt. Der Lagenaufbau der jeweiligen Zone wurde beim Vernetzen auf die einzelnen Elemente übertragen. Der Laminataufbau der einzelnen Elements orientiert sich dabei an einem für jede Zone spezifischen Koordinatensystem. Simuliert wurden die Lastfälle Schlechtweg- und Kurvenfahrt (Schweizer 2014).

Unter der Annahme dünnwandiger Bauteile basiert die Berechnung auf der Schalentheorie, wobei hier nur die Spannungen in der Ebene betrachtet werden. Ausgewertet wurden dann für jede Lage die Spannungen in Faserrichtung, quer zu den Fasern und der Schub in der Ebene. Durch mehrere Schleifen konnte so die Ausnutzung des Materials optimiert und die benötigten Wanddicken der einzelnen Zonen ermittelt werden (Abb. 4.44). Aus dem Flächenmodell wurde dann mit den Wanddickeninformationen ein Volumenmodell erstellt, woraus die Formkerne für das Werkzeug abgeleitet werden konnten. Der letzte konstruktive Schritt bestand darin, mit einer Drapiersimulation die Form der Zuschnitte der einzelnen Lagen zu erstellen.

Fertigung und Prüfung des Faserverbund-Rades

Um den notwendigen Faservolumengehalt zu generieren, eine gleichmäßige Harz- und Faserverteilung zu garantieren und den apparativen Aufwand zum Beispiel gegenüber Infusionsverfahren geringer zu halten, kam ein Kohlenstofffaser-Prepregsystem zur Anwendung. Gewählt wurde ein handelsübliches System M49 als Epoxidharzbasis mit einer „high strength carbon fibre" als technischer Faser. Als Webart der Fasermatte wurde für den Felgenkranz und die Speichen eine 2 x 2 Köperbindung mit ausreichender Drapierbarkeit gewählt. Durch die Verwendung von Köpergewebe, welches aus jeweils 50 % Fasern in 0°- und in 90°-Richtung besteht, werden beim Ablegen gleichzeitig zwei Hauptrichtungen abgedeckt (Schürmann 2005). Für die Felgentrommel wurden aufgrund der geometrischen Einfachheit UD-Fasern gewählt. Das Rad, welches eine komplexe dreidimensionale Geometrie darstellt, wird dabei in einem Stück gefertigt. Für die prototypische Fertigung mit geringer Stückzahl wurde aus wirtschaftlichen Gründen eine zweiteilige Form aus geschlossen-zelligem Hartschaum auf Polyurethanbasis verwendet (Abb. 4.45); die während der Autoklave-Fertigung ausschlaggebende Wärmeleitfähigkeit der Form wurde hierbei berücksichtigt. Die Form wurde vor dem Belegen mit Fasermatten versiegelt und mit Trennmittel benetzt, um ein Anhaften der Epoxidharzmatrix an der Formoberfläche zu verhindern.

Für den Aufbau der Gewebelagen der einzelnen Teilbereiche wurde ein entsprechendes Ply-Book erstellt, in dem die Anzahl der Lagen mit ihrer jeweiligen Orientierung und alle sonstigen fertigungsrelevanten Daten aufgeführt sind. Der Lagenaufbau resultierte aus der in der Auslegung der Felge durchgeführten Simulation, in der den Belastungen entsprechend der Anteil der 0°, 45°, 90° und der -45°-Lagen definiert wurde. Nach einer festgelegten Anzahl von Schichten wurde während der Belegung ein Vakuumaufbau über der Form generiert, um durch den entstehenden Unterdruck nach Evakuieren des Aufbaus die Schichten zwischenzeitlich miteinander zu verpressen und

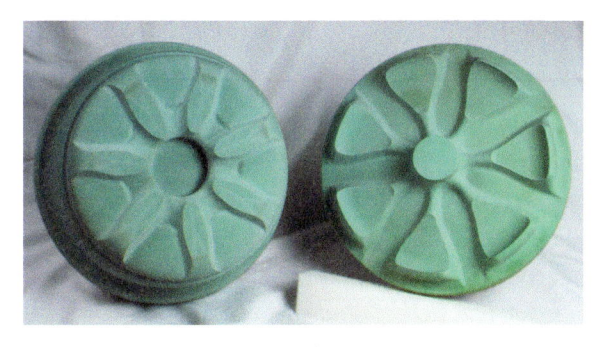

Abb. 4.45: *Zweiteiliges Werkzeug zur Herstellung der Prototypen (Schweizer 2012)*

Abb. 4.46: *CFK-Leichtbaurad mit Radnabenmotor (Schweizer 2012)*

damit eine höhere Bauteilqualität zu erzielen. Der endgültige Vakuumaufbau mit entsprechender Abfolge von Folienschichten wurde im Autoklav bei einer Temperatur von 120°C unter einem Druck von 3,5 bar 2 Stunden ausgehärtet und bei einer Temperatur von 50°C 16 Stunden getempert. Das fertige Bauteil wurde entpackt, aus beiden Formhälften getrennt und abschließend nachbearbeitet. Nach Anbringen des Ventils und Aufbringen des Reifens wurden Rad, Glocke und Radnabe miteinander verklebt. Abschließend wurden die elektromotorischen Komponenten eingesetzt und das Gesamtsystem in Betrieb genommen.

Das CFK-Leichtbaurad (Abb. 4.46) selbst mit der Radgröße 6,5 x 15" hat (ohne CFK-Glocke zur Integration des Elektromotors, ohne Metallteile wie Hülsen für Lager und Schrauben und ohne Motorkomponenten) ein Gewicht von ca. 3,5 kg. Somit ergibt sich im Vergleich zu einem Stahlrad gleicher Größe eine Gewichtsersparnis von ca. 60 %, die Gewichtsersparnis gegenüber einem Aluminium-Gussrad beträgt ca. 56 %. Das Gesamtgewicht des CFK-Leichtbaurades mit integriertem Elektromotor beträgt ca. 18 kg.

Fazit

Faserverbundräder besitzen großes Leichtbaupotenzial und hohe Schadenstoleranz, weshalb sie für den Einsatz als PKW-Räder prädestiniert sind. Da Fahrzeugräder höchstbeanspruchte Sicherheitsbauteile sind, muss die Betriebsfestigkeit nachgewiesen und gleichermaßen müssen die charakteristischen Werkstoff-, Fertigungs- und Bauteileigenschaften berücksichtigt werden. Für Faserverbundräder muss das gleiche Sicherheitsniveau wie für konventionelle, meist metallische Räder erreicht werden. Der Nachweis muss alle relevanten Belastungen, wie die Betriebslasten, Sonderlastsituationen und Missbrauchslasten berücksichtigen. Hierbei ist auch den Umgebungseinflüssen, wie Temperatur, Feuchte und Alterung Rechnung zu tragen. So kann zum Beispiel die Bremsenwärme aufgrund ihrer Höhe bei Kunststoffrädern zu einer Regression der Materialeigenschaften führen. Die mit kurzzeitigen Bremsen generierten Temperaturwechsel können darüber hinaus, aufgrund der Problematik zu Mittelspannungen und zyklischen Beanspruchungen führen, die ebenfalls das Material ermüden und ggf. zu berücksichtigen sind.

Kunststoffe weisen im Vergleich zu metallischen Werkstoffen sehr unterschiedliche Versagensmechanismen auf; je nach Laminataufbau (Anzahl der Lagen, Faserorientierung und Faservolumengehalt) und dem Faser- bzw. Matrixmaterial entsteht ein sehr individueller Werkstoff, der sehr schadenstolerant sein kann. Die Belastbarkeit des Materials und die Beanspruchungsverteilung sind bei Bauteilen aus FVK stärker als bei metallischen Werkstoffen vom Aufbau, der Fertigungsqualität und der Bauweise abhängig (Büter 2008). Die daraus resultierenden, gegenüber Metallen sehr unterschiedlichen Schädigungsmechanismen können zu grundsätzlich anderen Versagensverhalten führen. Das schadenstolerante Verhalten von FKV konnte in vielen Anwendungen, auch bei bisher untersuchten Faserverbundrädern belegt werden (Büter MP 2008).

Die Veröffentlichung einer abgesicherten Prüfrichtlinie für die Zulassung von Faserverbundrädern auf deutschen Straßen steht unmittelbar bevor.

4.5 Zusammenfassung

Leichtbau bedeutet die Realisierung einer Gewichtsminderung bei hinreichender Steifigkeit, dynamischer Stabilität und Betriebsfestigkeit. Das Ziel der Auslegung einer Leichtbaustruktur unter dem Aspekt der Betriebsfestigkeit ist somit in zweierlei Hinsicht vorgegeben: Zum einen gilt es, ein vorzeitiges Bauteilversagen durch Schwingbruch oder gefährlichen Schwinganriss mit der gebotenen Sicherheit auszuschließen. Zum anderen soll das Bauteil ohne Überdimensionierung, welche dem Leichtbaugedanken zuwider läuft, und ohne unnötigen Fertigungsaufwand auf wirtschaftliche Weise realisiert werden. Nach E. Gassner, Begründer der Lehre von der Betriebsfestigkeit, handelt es sich dabei um die Aufgabe, *„unter Anwendung neuzeitlicher Methoden der rechnerischen und experimentellen Spannungs- und Dehnungsanalyse und der Techniken des Betriebsfestigkeitsversuchs, ausgehend von einer bekannten oder repräsentativ angenommenen Beanspruchungs-Zeit-Funktion, die betrachtete Konstruktion durch eine fallbezogene Kombination von Werkstoff, Formgebung und Fertigung so zu optimieren, dass bei kleinstem Raum-, Werkstoff- und Herstellungsaufwand ein Höchstmaß an Ausfallsicherheit gegen Schwinganriss oder Schwingbruch erreicht wird"* (Gassner 1939).

Diese Aufgabe ist zeitlos und hat auch heute nichts an ihrer Aktualität verloren. Lediglich die Werkzeuge, die zur Lösung dieser Aufgabenstellung herangezogen werden können, werden immer effektiver. Neue Materialien und Fertigungsverfahren schaffen lediglich neue Möglichkeiten, aber die Aufgabe bleibt: „Leichte und sichere Bauteile/Strukturen zu schaffen" und damit das Potenzial des Neuen zu erschließen. Intelligenter Leichtbau setzt hierbei auf die Betrachtung des gesamten Produktentwicklungsprozesses und eine symbiotische Vernetzung der erforderlichen Kompetenzen, um alle Leichtbaupotenziale nachhaltig zu erschließen, *„denn da wo jeder ein Tausendkünstler ist, ist die Wissenschaft noch in größter Barbarei"* (Kant 1785).

4.6 Weiterführende Informationen

Literatur

Becker, P., Büter, A.: Hybride Leichtbauhinterachse für Elektrofahrzeuge. 10/2017; 10(5):44–47

Bolender, K.; Büter, A.; Gerharz, J.J.: Fatigue Behaviour of Short Fiber Reinforced Polyamide under Multiaxial Loading with Constant and Changing Principal Stress Directions – Consideration of the Lightly Anisotropic Material Property. EUROMECH 473, October 2005, Porto, 2005

Bruder, T.; Klätschke, H.; Sigwart, A.; Riehle, J.: Leichtbau und Betriebsfestigkeit durch realitätsnahe Lastannahmen am Beispiel von PKW-Anhängevorrichtungen. 31. Tagung des DVM-Arbeitskreises Betriebsfestigkeit, DVM-Bericht 131, 2004

Büter, A.; Jaschek, K.: Hochfeste Kunststoffstrukturen für CFK-Fahrzeugräder. In: ATZ Automobiltechnische Zeitung, Jahrgang 110 (02/2008), Seite 146–152

Büter, A.; Jaschek, K.; Türk, O.; Schmidt, M.R.: Hochfeste Kunststoffstrukturen – Räder aus Sheet Moulding Compound (SMC), MP Materials Testing, 50(2008) 1–2, pp. 28–36

Büter, A.; Schweizer, N.; Giessl, A.; Schwarzhaupt, O.: [De] Rad eines Elektrofahrzeugs. Patent, Ref. No: WO 2013/079653 A3, 11/2012

Buxbaum, O.: Betriebsfestigkeit, Stahleisen-Verlag Düsseldorf, 1992

Dreißig, J.; Jaschek, K.; Büter, A.; De Monte, M.: Fatigue Life Estimation for Short Fibre Reinforced Polyamide Components under variable Amplitude Loading. 2nd International Conference on Material and Component Performance under Variable Amplitude Loading; 23rd–26th March 2009, Darmstadt, 2009

Ehrenstein, G. W.: Mit Kunststoffen konstruieren. München: Carl Hanser Verlag, 1995

Erhard, G.: Konstruieren mit Kunststoffen. München: Carl Hanser Verlag, 1999

Gausling, M.: Entwicklung einer Leichtbauhinterachse in Verbundbauweise, Masterarbeit, Hochschule Darmstadt, 2015

Gassner, E.: Festigkeitsverhalten mit wiederholter Beanspruchung im Flugzeugbau. Luftwissen 6, S. 61–64, 1939

Grubisic, V.: Determination of load spectra for design and testing. Journal of Vehicle Design 15, 1/2, S. 8–26, 1994

Grubisic, V.: Bedingungen und Forderungen für einen zuverlässigen Betriebsfestigkeitsnachweis. DVM-Bericht 125, S. 9–22, 1998

Haibach, E.: Betriebsfestigkeit – Verfahren und Daten zur Bauteilberechnung. Düsseldorf: VDI-Verlag, 1989

Hanselka, H.; Karakas, Ö.; Morgenstern, C.; Sonsino, C. M.: Fraunhofer Institut für Betriebsfestigkeit LBF,: ifs; Grundlagen für die praktische Anwendung des Kerbspannungskonzeptes zur Schwingfestigkeitsbewertung von geschweißten Bauteilen aus Magnesiumknetlegierungen; Gemeinsamer Bericht, Fraunhofer Institut – LBF und Institut für Füge- und Schweißtechnik TU Braunschweig, Schriftenreihe Nr. 17, Dilger, K. (Hrsg.) 2007

Hartmann, J.; Büter, A.; Gumnior, P.; Dreißig, J.: Lebensdauersimulation von Kunststoffbauteilen, 37. Jahrestagung der GUS, Pfinztal bei Karlsruhe, März 2008

Hertel, H.: Leichtbau, Springer Verlag 1980

Huth, H.; Mattheij, P.; Gerharz, J.J.: Auswirkung von Kerben und Impactschäden auf die Betriebsfestigkeit von Faserverbundwerkstoffen. DVM-Berichtsband Nr. 127, S. 39–50, 2000

JAR-27, Joint Aviation Requirements Small Rotorcraft, 2002

JAR-29, Joint Aviation Requirements Large Rotorcraft, 2002

Jaschek, K.; Büter, A.; Sonsino, C.M.: Fatigue behaviour of short fibre reinforced polyamide under multiaxial loading. Sheffield: International

Conference on multiaxial Fatigue & Fracture, ICMFF8, 2007.

Kant, I.: *Grundlegung zur Metaphysik der Sitten 1785*, Meiner Verlag Hamburg, 1952

Küppers, M.; Sonsino, C.M.: Critical plane approach for the assessment of the fatigue behaviour of welded aluminium under multiaxial loading. Fatigue and Fracture of Engineering Materials and Structures 26, S. 507–513, 2003

Lehmann, M.; Büter, A.; Frankenstein, B.; Schubert, F.; Brunner, B.: Monitoring System for Delamination Detection. Prag: 3rd Workshop „NDT in PROGRESS", International Meeting of NDT Experts, 10.-12.10.2005, 2005

Lehmann, M.; Büter A.; Hanselka H.; Haase, K.-H.: Structural Health Monitoring of fiber composites. 2nd Symposium on Structural Durability in Darmstadt SoSDiD, Darmstadt, June 2008, pp. 125–139

Mattheij, P.: Anwendung der linearen Schadensakkumulationshypothese nach Miner bei Faserverbundwerkstoffen. Fachtagung 11. und 12. November 1992, Festung Marienberg, Würzburg, Hrsg. Süddeutsches Kunststoff-Zentrum, Würzburg, 1992

Moosbrugger, E.; Wieland, R.; Gumnior, P.; Gerharz, J.: Betriebsfeste Auslegung hochbelasteter Kunststoffbauteile im Motorraum. DVM – Bericht 131, S.37–46, 2004

Niemann, G.: Maschinenelemente, Springer Verlag 1981

Oberbach, K.: Die Schwingfestigkeit von Thermoplasten – ein Bemessungskonzept? 1. Sitzung des DVM-Arbeitskreises Polymerwerkstoffe „Schwingfestigkeit von Kunststoffen", S. 25–40, Frankfurt, 21.+22.10.1986

Parrot, A.: Assur – Die mesopothamische Kunst. München: C.H.Beck, S. 291, 1961

Puck, A.: Festigkeitsanalyse von Faser-Matrix-Laminaten: Modelle für die Praxis; Carl Hanser Verlag München Wien (1996)

Radaj, D.; Sonsino, C. M.: Ermüdungsfestigkeit von Schweißkonstruktionen nach lokalen Konzepten. DVS Fachbuchreihe Schweißtechnik 142, Düsseldorf: DVS Verlag für Schweißen und Schneiden, 2000

Salloum, R.; Töws, P.; Schmidt, S.; Mayer, D.; Spancken, D.; Büter, A.: Vibration damping of a composite control arm through embedded piezoceramic patches shunted with a negative capacitance. Conference: 4Smarts – Symposium für smarte Strukturen und Systeme, Darmstadt; 04/2016

Schmidt, S.: Konzeption und Bau eines Hybrid-Aktuators zur Schwingungsreduktion eines Querlenkers aus faserverstärktem Kunststoff, Ingenieur Forschungsprojekt IFP, Hochschule Darmstadt, 2016

Schürmann, H.: Konstruieren mit Faser-Kunststoff-Verbunden. Berlin/Heidelberg/New York: Springer 2005

Schweizer, N.; Giessl, A.; Schwarzhaupt, O.: Entwicklung eines CFK-Leichtbaurads mit integriertem Elektromotor, ATZ Automobiltechnische Zeitung, Jahrgang 114 (05/2012), Seite 424–429

Schweizer, N.; Büter, A.: Development of a Composite Wheel with integrated Hub Motor and Requirements on Safety Components in Composite. Advanced Composite Materials for Automotive Applications: Structural Integrity and Crashworthiness (Automotive Series), Edited by Ahmed Elmarakbi, 01/2014: chapter 14: pages 345–370; John Wiley & Sons

Sonsino, C.M.: Betriebsfestigkeit – Eine Einführung in die Begriffe und ausgewählte Bemessungsgrundlagen. MP Materials Testing 50, 1–2, S. 77–90, 2008

Sonsino, C.M.; Streicher, M.: Optimierung von Nutzfahrzeugsicherheitskomponenten aus Eisengraphitguss. MP Materials Testing 51, 7–8, S. 428–435, 2009

Sonsino, C.M.: Zur Bewertung des Schwingfestigkeitsverhaltens von Bauteilen mit Hilfe örtlicher Beanspruchungen. Konstruktion 45, S. 25–33, 1993

Sonsino, C. M.: Werkstoffauswahl für schlagartig und zyklisch belastete metallische Bauteile, DVM-Berichtsband Nr. 127, S. 21–38, 2000

Sonsino, C.M.; Moosbrugger, E.: Fatigue design of highly loaded short-glass-fibre reinforced polyamide parts in engine compartments. International Journal of Fatigue, 30, 1279–1288, 2008

Spancken, D.; Büter, A., Töws, P.; Schwarzhaupt, O.: Prüfung und Bewertung eines funktionsintegrierten Leichtbauquerlenkers. 06/2017; 10(3):32–35

Sturm, A.; Förster, R.: Maschinen- und Anlagendiagnostik., Berlin: VEB Verlag, 1988

Töws, P.: Konstruktion und Herstellung eines Leichtbauquerlenkers aus einem Kohlenstoff-Epoxid-Verbund, Masterarbeit, Hochschule Darmstadt, 2014

Töws, P. ; Spancken, D. ; Schwarzhaupt, O.; Herkenrath, L.M.; Büter, A.: Funktions-integrierter Leichtbauquerlenker. In: *Huber, O.* u. a. (Hrsg.); Hochschule Landshut (Veranst.): Tagungsband LLC 2017 (8. Landshuter Leichtbau-Colloquium „Leichtbau grenzenlos" Landshut 08. und 09. März 2017). Landshut: Leichtbau-Cluster, 2017, S. 220–230

Tsai, St. W.: Composites Design, 1988

Thum, A.; Bautz, W.: Die Gestaltfestigkeit. Schweizer Bauzeitung 106, Nr. 3, S.25–30, 1935

Wiedemann, J.: Leichtbau, Band 2: Konstruktion, Berlin: Springer Verlag, 1996

Internet-Adressen

https://www.lbf.fraunhofer.de
FSEM: https://www.elektromobilitaet.fraunhofer.de/ 10.01.2019)
EU-Projekt „epsilon": www.epsilon-project.eu/
EU-Projekt „enlight", www.project-enlight.eu/

5 Zerstörungsfreie Prüfung von Werkstoffen und Bauteilen

Gerd Dobmann, Christiane Maierhofer

5.1	Prüfung von Ausgangswerkstoffen	1067	5.2	Prüfung von Halbzeugen, Werkstoffverbunden und Verbundwerkstoffen 1078
5.1.1	Prozessintegrierte mikromagnetische Charakterisierung von Festigkeit und Tiefzieheignung	1067	5.2.1	Fertigungsintegrierte Prüfung von Tailored Blanks 1078
5.1.2	Das Multiparameter-Konzept 3MA	1069	5.2.2	Fertigungsprüfung mechanischer Fügungen 1082
5.1.3	Mikromagnetische Inline-Bestimmung von Streckgrenze und Zugfestigkeit	1070	5.2.3	Zerstörungsfreie Charakterisierung der Schadensentwicklung in kohlenstofffaserverstärkten Kunststoffen 1083
5.1.4	ZfP von Faserverbundwerkstoffen	1072	5.2.4	Blitzthermographie zur Charakterisierung von Fertigungsdefekten in CFK 1085
5.1.4.1	ZfP von Faserverbundmaterial mit Ultraschall	1073		
5.1.4.2	Thermographie von Faserverbundwerkstoffen	1074	5.3	Zusammenfassung 1086
5.1.4.3	Wirbelstromprüfung von Faserverbundkunststoffen	1077	5.4	Weiterführende Informationen 1086

Der zerstörungsfreien Prüfung (ZfP) von Materialien und Bauteilen lassen sich – unabhängig von der speziellen Betrachtung von Leichtbauwerkstoffen – grundsätzlich drei Aufgabenbereiche zuweisen:

- Als erste und wichtigste Aufgabe stehen der Nachweis, die Klassierung und die Größenbestimmung von Werkstoffungänzen, auch Werkstoffunregelmäßigkeiten oder Werkstofffehler genannt. Werkstofffehler können in jeder Phase der Fertigung der Materialien entstehen, also z. B. bei der Verarbeitung von Prepregs oder der Harzinjektion und Aushärtung, in der Fertigung von Faserverbundmaterialien, beim Urformen zu Halbzeugen, beim Umformen, wie z. B. Walzen, Schmieden, Kneten, Tiefziehen, oder beim Fügen, wie z. B. Schweißen, Nieten, Kleben. Diese sogenannten Fertigungsfehler sollen frühzeitig, möglichst schon im Prozess, nachgewiesen werden, um die nachfolgenden Schritte durchführen zu können. Der Fehler muss nach seiner Art klassiert werden. Rissartige Fehler, insbesondere, wenn sie mit der Oberfläche verbunden sind, weil in der Oberfläche grundsätzlich mechanische Spannungen nur Tangentialkomponenten besitzen, sind für ein Versagen unter Last als kritischer einzustufen als z. B. eine Pore. Der Größenbestimmung, d. h. der Bestimmung der Fehlergeometrie, kommt besondere Bedeutung (Dobmann 2007) zu, weil diese direkt den Spannungsintensitätsfaktor K (SIF) des Fehlers bestimmt. Dabei ist bei rissartigen Fehlern KI, – I gibt die Richtung senkrecht zur Rissfläche an, also unter Spannungen, die den Riss öffnen – der wesentliche SIF. Dieser gemeinsam mit weiteren Materialkenngrößen, wie Streckgrenze (Dehngrenze) $R_{p0,2}$ und Zugfestigkeit R_m, sowie der Bruchzähigkeit K_{IC} sind zur bruchmechanischen Beurteilung des Risikos für Versagen unter Last entscheidend. Werkstofffehler werden aber auch beim Betreiben von Komponenten induziert. Die Komponenten unterliegen Alterungsprozessen, wie Ermüdung, Alterung, Korrosion, in der kerntechnischen Industrie auch der Neutronenversprödung und im Hochtemperaturbereich dem Kriechen. Zusätzlich können sich Alterungsprozesse überlagern und die synergistische Wirkung führt zu einem schnelleren Verbrauch der Lebensreserven. Komponenten, die sicherheitsrelevant eingesetzt werden, wie z. B. druckführende Behälter, Flugzeuge oder Hochgeschwindigkeitszüge, werden daher regelmäßig wiederkehrend geprüft.
- Als zweite Aufgabe der ZfP ist die Charakterisierung des Werkstoffmikrogefüges zu nennen. Dabei kann und will die ZfP nicht die Elektronenmikroskopie ersetzen, obwohl auch Anstrengungen in diese Richtung unternommen werden (Altpeter 2002). Wegen der Abhängigkeit der Versagenswahrscheinlichkeit eines Bauteils unter Last von bestimmten Werkstoffkennwerten ist die Charakterisierung des Mikrogefüges mit ZfP-Verfahren besonders erwünscht, wenn sie durch zerstörungsfreie Bestimmung dieser Kennwerte gelingt.

- Aus dem bisher Gesagten wird auch offensichtlich, dass eine wesentliche ZfP-Aufgabe die Bestimmung des mechanischen Spannungszustandes ist. Dies betrifft sowohl Last- als auch Eigenspannungen.

Als Prüfverfahren kommen physikalische Messtechniken zum Einsatz. Sie basieren auf der Wechselwirkung bestimmter Energieformen mit dem zu prüfenden Material. Neben ionisierenden Strahlen (Röntgen- und Gammastrahlung, internationale Abkürzung RT, Radiographic Testing) kommen elektrische und magnetische Schwingungen und Wellenfelder, internationale Abkürzung ET, Electromagnetic Testing, mechanische Schwingungen und Wellenfelder, insbesondere Ultraschall (UT, Ultrasonic Testing) die Schallemission (internationale Abkürzung AT, Acoustic Testing), die Lecksuche (internationale Abkürzung LT, Leak Testing) sowie thermische Verfahren (internationale Abkürzung TT, Thermal Testing) zur Anwendung. Speziell für den Nachweis von Oberflächenungänzen wird auch das Penetrierverfahren (internationale Abkürzung PT, Penetration Testing), bei magnetisierbaren Werkstoffen die Magnetpulverprüfung (internationale Abkürzung MT, Magnetic Testing) bzw. Streuflussprüfung verwendet. PT beruht auf der Kapillarwirkung von Rissen, in die gefärbte Mittel eindringen, MT macht Risse durch Magnetpulverraupen sichtbar, die gefärbt sind und durch die inhomogenen magnetischen Streufelder an Rissen sich an den Rissflanken anlagern. Nicht unerwähnt bleiben soll die visuelle Prüfung (internationale Abkürzung VT, Visual Testing), welche insbesondere bei Flugzeuginspektionen eine hohe Bedeutung hat.
Der vorliegende Beitrag konzentriert sich auf Leichtbauanwendungen. Dabei kann jedoch nicht die gesamte Bandbreite der ZfP dieser Materialien behandelt werden, sondern die Potenziale der ZfP-Technologie werden in Fallbeispielen aufgezeigt, die den Vorteil ihres Einsatzes besonders deutlich machen.

5.1 Prüfung von Ausgangswerkstoffen

Überwiegend werden Automobilkarosserien noch aus Stahl gefertigt. Die Stahlindustrie befindet sich dabei in einem permanenten Wettbewerb mit der Aluminiumindustrie, der dadurch gekennzeichnet ist, dass Gewichtseinsparungen gefordert werden, um den Kraftstoffverbrauch zu senken, was sich direkt im Schadstoffausstoß bemerkbar macht. Die daraus resultierenden Entwicklungskonzepte zielen auf höherfeste Stähle, die es ermöglichen, die Dicke der Karosserie auch in den Bereichen zu reduzieren, wo – wegen des Crashverhaltens – hohe Steifigkeit gefordert ist, also in der Fahrgastzelle. Dagegen verlangt das Crashverhalten am Automobil auch Bereiche, die durch Verformung Energie aufnehmen können, sich also duktil verformen. Die Stahlindustrie reagiert auf diese Herausforderung mit der Entwicklung von maßgeschneiderten Werkstoffen.

5.1.1 Prozessintegrierte mikromagnetische Charakterisierung von Festigkeit und Tiefzieheignung

Mikromagnetische ZfP-Verfahren sind Methoden, die natürlich nur an magnetisierbaren Werkstoffen eingesetzt werden können. Üblicherweise wird dabei der Prüfbereich des Werkstoffs lokal mittels eines U-förmigen Elektromagneten magnetisiert.

Der in die Erregerspulen des Magnetjoches (Abb. 5.1) eingespeiste sinusförmige Wechselstrom erzeugt dabei ein zeitlich veränderliches Magnetfeld, und das Material durchsteuert im Prüfbereich eine Hysterese. Als mikromagnetische ZfP-Verfahren werden die Methoden bezeichnet, die auf der Erfassung von elementaren Ummagnetisierungsereignissen beruhen, die beim Durchsteuern der Hysterese-Schleife im ferromagnetischen Werkstoff ablaufen können (Tab. 5.1) (Dobmann 1998).

Als Sensoren kommen aktiv und passiv betriebene induktive Tastspulen (Abb. 5.1), aber auch Hallsonden zur Anwendung. Aktive Tastspulen benötigt die Wirbelstromprüfung und die Messung der Überlagerungspermeabilität. Zur Aufnahme des magnetischen Barkhausenrauschens wird eine passive Tastspule eingesetzt. Die Tastspulen können klein gestaltet werden, was die Ortsauflösung verbessert. Wird diese nicht verlangt, weil der Werkstoff über weite örtliche Bereiche homogen ist, kann das Joch mit einer Sender- und einer Empfängerwicklung selbst als Sensor genutzt werden. Zur Messung der magnetischen Tangentialfeldstärke wird eine

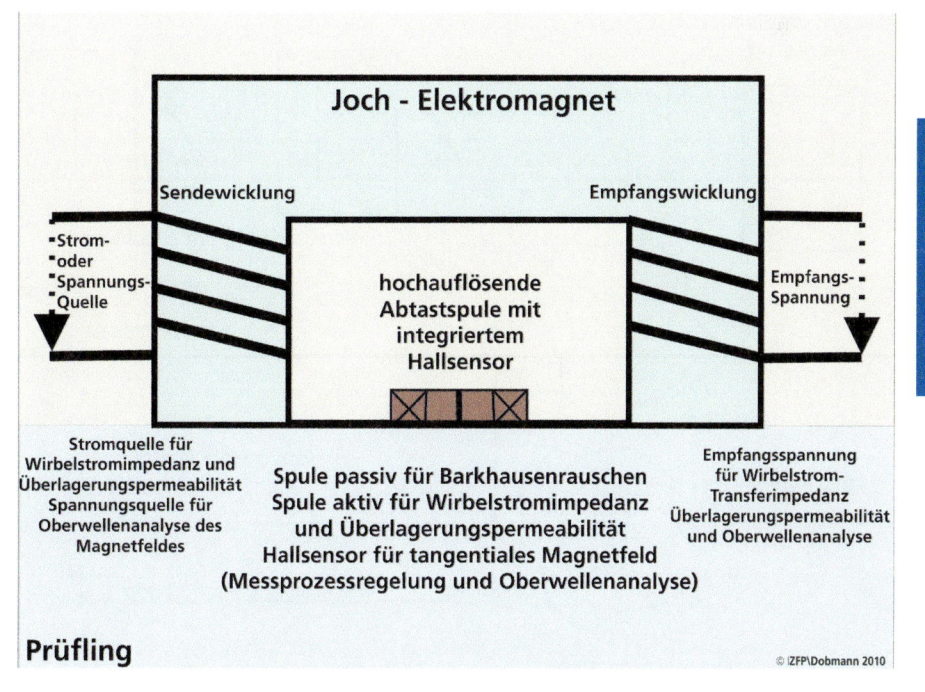

Abb. 5.1: *Magnetjoch als Erreger für die mikromagnetische Prüfung (Quelle: IZFP, Dobmann 2010)*

5 Zerstörungsfreie Prüfung von Werkstoffen und Bauteilen

Tab. 5.1: *Mikromagnetische ZfP-Verfahren*

Methode/Sensor	Reversibel / irreversibel	Variable	Prüfgrößen
Wirbelstromprüfung / aktive Abtastspule	reversibel	Prüffrequenz, Sensorgeometrie	Impedanzänderungen durch die elektrische Leitfähigkeit und die magnetische Permeabilität
Magnetisches Tangentialfeld, höhere Harmonische/ Hallsonde	irreversibel	Magnetisierungsfrequenz, Sensorgeometrie, maximales Magnetfeld	Amplitude und Phase der Grundwelle und der höheren Harmonischen, Klirrfaktor, Koerzitivfeldstärke
Überlagerungspermeabilität/aktive Abtastspule	weitgehend reversibel	Magnetisierungsfrequenz, Sensorgeometrie, maximales Magnetfeld	Profilkurven (Wirbelstromimpedanz als Funktion des magnetisierenden Feldes, Spitzenwerte und ihre Separation im Magnetfeld, 75%, 50% and 25% Halbwertsbreiten)
Magnetisches Barkhausenrauschen/passive Abtastspule	irreversibel	Magnetisierungsfrequenz Bandpass Filtereckfrequenzen, Sensorgeometrie, maximales Magnetfeld	Profilkurve (einfach und mehrfache Spitzenwerte und ihre Separation im Magnetfeld, Halbwertsbreiten)

Hallsonde eingesetzt. Diese Feldstärkemessung ist notwendig, zum einen, um den gesamten Magnetisierungsprozess zu steuern, zum anderen, um das Zeitsignal der magnetischen Tangentialfeldstärke einer Oberwellenanalyse zu unterziehen. Wegen des nicht-linearen Hysterese-Verhaltens und der Symmetrie der Hysterese treten ungeradzahlige Oberwellen der Grundwelle auf, auf deren Basis man einen Klirrfaktor berechnen kann. Des Weiteren ist aus dem Zeitsignal auch eine Koerzitivfeldstärke ableitbar (Dobmann 1989, 2010).

Der Magnetisierungsprozess ist ein Transformationsprozess, der einen Werkstoffzustand mit multiplen Domänen in einen Zustand mit nur einer Domäne unter Wirkung des treibenden Magnetfeldes überführt (Abb. 5.2).

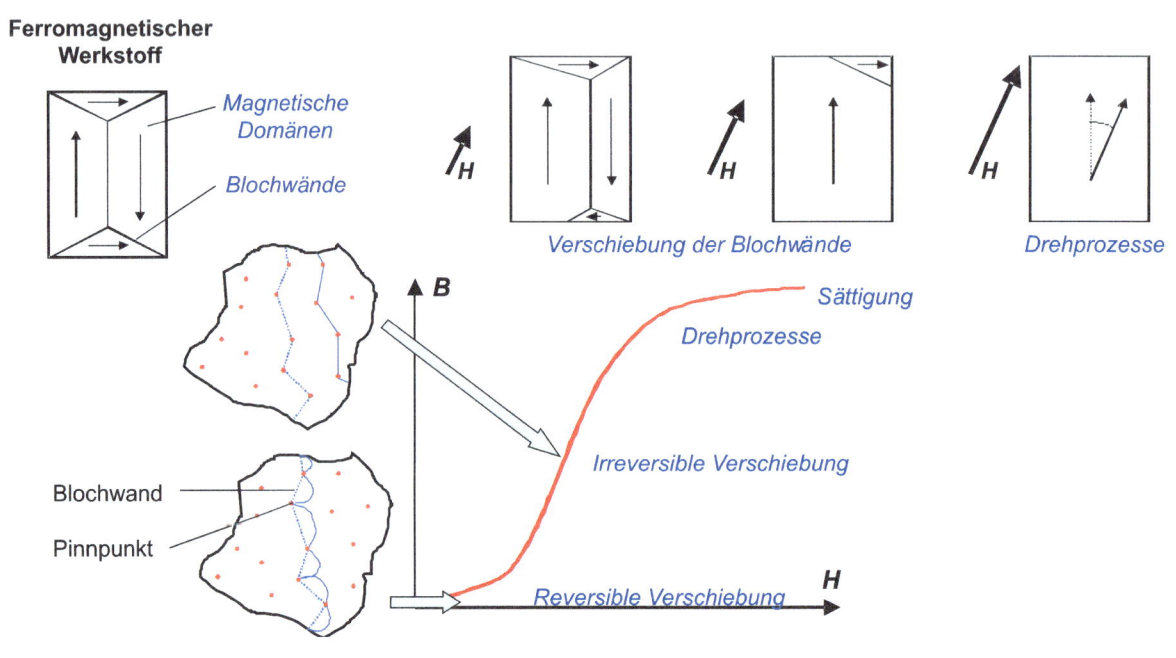

Abb. 5.2: *Magnetisierung und Hysteresekurve (Dobmann 2010)*

Es wird zwischen reversiblen und irreversiblen magnetischen Elementarprozessen unterschieden. Ein Blochwandsprung ist ein irreversibles Ereignis, d. h. es ist durch Verkleinerung der Feldstärke nicht rückgängig zu machen. Sämtliche mikromagnetischen Prüfgrößen sind sensitiv für mechanische Spannungen (Last- und Eigenspannungen). Wird z. B. eine Zylinderprobe der hochfesten Stahlgüte X20 Cr13 in ihrer Längsrichtung magnetisiert und gleichzeitig in diese Richtung eine Lastspannung überlagert (σ = 0 MPa und σ = ± 200 MPa), so werden unterschiedliche Profilkurven gemessen. Hervorzuheben ist, dass unter Zugspannungen die Profilkurven schlanker werden und unter Druck die Separation der Maxima und die Halbwertsbreiten anwachsen (Abb. 5.4). Gegenüber dem spannungsfreien Zustand nehmen die Amplitudenmaxima mit wachsendem Druck monoton ab, während sie unter steigenden Zugspannungen anwachsen, ein absolutes Maximum durchlaufen, um dann wieder abzunehmen. Diese Mehrdeutigkeit muss bei der Kalibrierung zur Spannungsermittlung berücksichtigt werden und macht deutlich, dass zur eindeutigen Charakterisierung des Mikrogefüges oder zur Spannungsmessung eine Multiparameterauswertung notwendig ist. Es sei festgehalten, dass beim Barkhausenrauschen ebenso Profilkurven ermittelt werden.

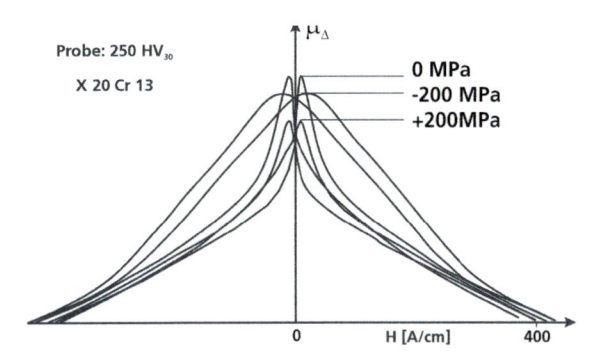

Abb. 5.4: *Profilkurve der Überlagerungspermeabilität als Funktion der Magnetfeldstärke (Quelle: IZFP, Dobmann 2010)*

Aus dem genannten Grund der Abhängigkeit von multiplen Parametern wurde das sogenannte 3MA-Konzept entwickelt (Mikromagnetische Charakterisierung, Multiparameter, Mikrostruktur und Spannungsanalyse).

5.1.2 Das Multiparameter-Konzept 3MA

Der 3MA-Ansatz (Altpeter 2002) kombiniert sowohl mikromagnetische Prüfgrößen mit irreversibler als auch reversibler Prozessrealisierung (Tab. 5.1). Die Information, die damit ermittelt werden kann, ist daher divers. Zusätzlich unterscheiden sich die Analysiertiefen der Methoden und damit die erfassten Volumenbereiche. Was die Messgrößen angeht, so sind sie zum Teil redundant, z. B. die Separationen der Maxima der Profilkurven oder ihre Halbwertsbreiten, die mit der Überlagerungspermeabilität und dem Barkhausenrauschen bestimmt werden.

Der Ansatz basiert auf einer Kalibrierung, und die wohl definierte Auswahl der Kalibrierkörper ist eine wesentliche Aufgabe. Sämtliche der ausgewählten Kalibrierkörper müssen die Mikrogefügezustände des Materials repräsentieren, die zu charakterisieren sind und Vergleichsuntersuchungen mit zerstörenden Prüfmethoden müssen durchgeführt werden. Jeder der während der realen Prüfung auftretenden Störeinflüsse, z. B. Temperatur- oder Eigenspannungseffekte, muss bei der Kalibrierung bei den Messungen simuliert und den ungestörten Messungen überlagert werden, oder sie müssen inhärent schon durch die Kalibrierkörper repräsentiert werden. Die Kalibrierung muss in diesem Falle so durchgeführt

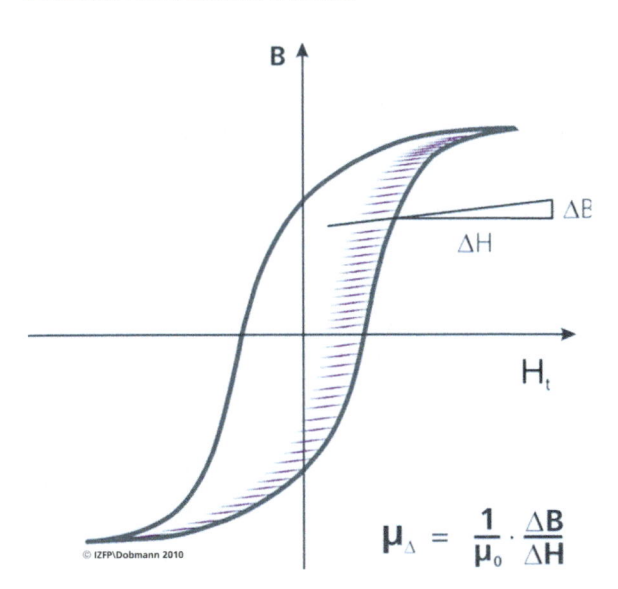

$$\mu_\Delta = \frac{1}{\mu_0} \cdot \frac{\Delta B}{\Delta H}$$

Abb. 5.3: *Physikalische Definition der Überlagerungspermeabilität als Steigung der sogenannten inneren Hysterese-Schleifen (Dobmann 2010)*

werden, dass Kalibrierkörper und Prüfkopf in einer temperaturkontrollierten Klimakammer den relevanten Temperaturfluktuationen unterworfen werden. Zusätzlich werden die Kalibrierproben während des Kalibrierprozesses fluktuierenden mechanischen Lastspannungen ausgesetzt, um die Wirkung von Eigenspannungen zu simulieren.

Vom Standpunkt der Statistik muss die Zahl der Kalibrierkörper, welche die Mikrogefügezustände repräsentieren müssen, die nachgewiesen werden sollen, multipliziert mit der Anzahl der Messpositionen auf den Kalibrierkörpern, sehr viel größer sein als die Zahl der Unbekannten, die das Modell beinhaltet.

5.1.3 Mikromagnetische Inline-Bestimmung von Streckgrenze und Zugfestigkeit

Aufgrund des globalen Wettbewerbs unterliegt die industrielle Fertigung einem stetig wachsenden Kostendruck bei gleichzeitig steigenden Qualitätsanforderungen. Dies erklärt den Trend, zeit-, material- und personalaufwändige Offline-Prüfungen durch vollautomatisierte, kontinuierliche Inline-Prüfungen zu ersetzen. Dadurch können nicht nur die Prüfkosten gesenkt, sondern es kann auch die vollständige und somit nicht nur stichprobenbasierte Überwachung und Dokumentation der Produktqualität sichergestellt werden. Speziell für die Stahlindustrie werden daher seit Jahren zerstörungsfreie Prüfverfahren (ZfP) entwickelt, die in die Fertigung integriert werden können (Dobmann 1998). Diese dienen nicht nur der klassischen Fehlerprüfung, sondern zunehmend auch der Charakterisierung von Werkstoffeigenschaften, die bislang nur an Werkstoffproben durch Einsatz zerstörender, teilweise genormter Prüfverfahren möglich war, wie etwa die aufwändige Bestimmung der mechanisch-technologischen Eigenschaften im standardisierten Zugversuch (Dobmann 1998, Wolter 2005).

Zur Sicherstellung und zum Nachweis stets gleichbleibender Eigenschaften kaltgewalzter Bleche, wie sie z. B. im Karosseriebau eingesetzt werden, ist eine vollständige Überwachung und Regelung der technologischen Parameter (z. B. Temperaturen, Abmessungen, Walzgrade) einerseits und eine zerstörende Stichprobenprüfung andererseits Stand der Technik. Wünschenswert ist jedoch eine bereits während der Fertigung verfügbare Charakterisierung und Dokumentation der Werkstoffeigenschaften. Einen Lösungsweg bieten die zerstörungsfreien Methoden zur Prozessüberwachung mit Inline-Prüfsystemen (Borsutzki 1997).

Ein Beispiel hierfür ist die Prüfung der mechanischen Eigenschaften in Stahlblech auf Basis zerstörungsfreier mikromagnetischer Verfahren. Im Rahmen eines durch die ECSC (European Coal and Steel Community) geförderten Vorhabens wurde ein 3MA-Prüfsystem zur kontinuierlichen Bestimmung der Zugfestigkeit (R_m) und der 0.2-Dehngrenze ($R_{p0.2}$) in kaltgewalztem, rekristallisierend geglühtem Feinblech vom Fraunhofer-Institut für Zerstörungsfreie Prüfverfahren (IZfP) aufgebaut, in einer Feuerverzinkungsanlage der ThyssenKrupp Stahl AG (TKS) installiert und anschließend kalibriert und erprobt (Stolzenberg 2004).

Die Steuerung des 3MA-Geräts (des so genannten Frontend) erfolgt über einen externen PC, der mittels standardisierter Ethernet-Schnittstelle an das netzwerkfähige Frontend angeschlossen wird. Die Bedienbarkeit, Prüfgeschwindigkeit und -sicherheit des Gerätekonzepts ist der Anwendung angepasst, sodass bei 300 m/min geprüft werden kann. Die Architektur von Hard- und Software ist modular gestaltet. Dies ermöglicht den Austausch bzw. die Aufrüstung einzelner Gerätekomponenten mit minimalem Aufwand.

Die Gesamtzahl der zur Verfügung stehenden möglichen Prüfgrößen, die aus den mikromagnetischen Verfahren abgeleitet werden, liegt bei 41. Damit gelingt eine exakte Abgrenzung zwischen verschiedenen Werkstoff- und Störeinflüssen, was der Messgenauigkeit und der Reproduzierbarkeit zugutekommt.

Der Prüfkopf befindet sich in einer verschiebbaren und drehbaren Halterung. Sowohl der Abstand des Prüfkopfs zum Band wie auch die Orientierung der Hauptmagnetfeldrichtung des Prüfkopfs zur Vorschubrichtung bzw. Walzrichtung des Bandes (0°, 45°, 90°) sind damit einstellbar. Die Prüfkopfhalte-

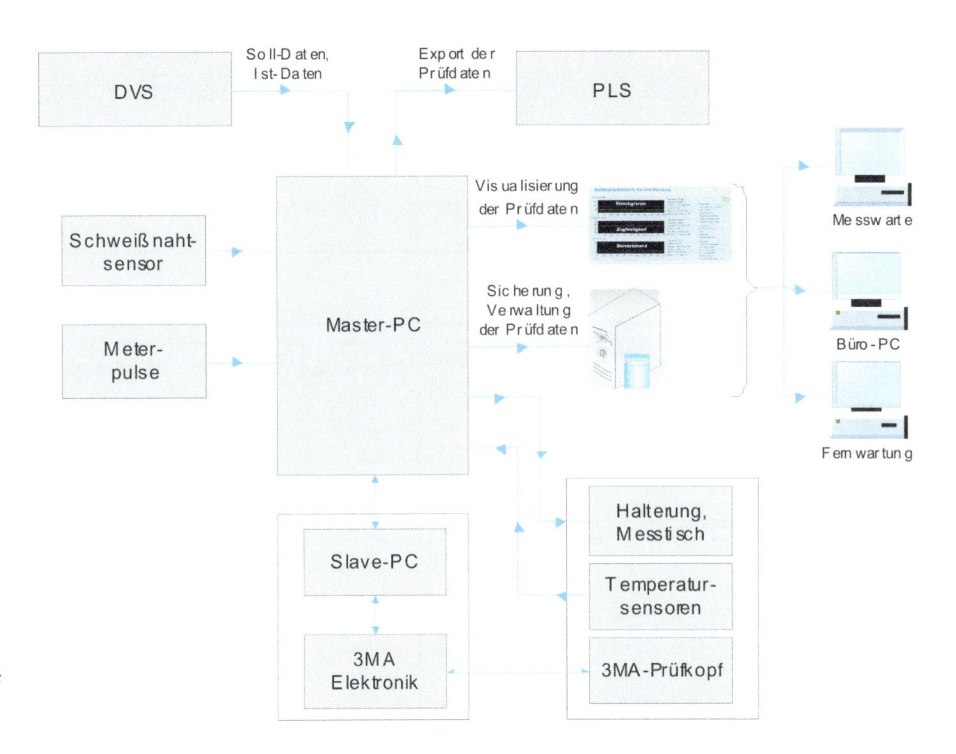

Abb. 5.5: *Gesamtaufbau des Prüfsystems (Quelle: IZFP, Wolter 2005)*

rung ist wiederum in einem Messtisch fixiert, der hydraulisch abgesenkt werden kann.

Das Gesamtsystem beinhaltet das 3MA-Basisgerät mit Slave-PC, den Master-PC, die Steuerungseinheit für den Messtisch sowie verschiedenen Schnittstellen zu anderen Systemen der Produktionsanlage (Abb. 5.5).

Im 3MA-Basisgerät ist der so genannte Slave-PC integriert, der die internen Abläufe des Prüfvorgangs steuert. Der Slave-PC ist seriell mit dem Master-PC verbunden, der für die Kommunikation mit dem Datenversorgungssystem (DVS) und dem Produktionsleitsystem (PLS) der Produktionsanlage sowie für die Ein- und Ausgabe digitaler Signale verantwortlich ist. Im Master PC werden die Prüfergebnisse visualisiert, statistisch analysiert, gespeichert / archiviert, und automatisch an das PLS weitergeleitet.

Für die Umsetzung des Prüfkonzeptes in die Praxis ist von Vorteil, für einzelne Gruppen von Stahlmarken mit ähnlichen metallurgischen Eigenschaften individuell angepasste Kalibrierfunktionen zu verwenden. Die 14 speziell untersuchten Stahlmarken wurden daher in 4 Stahlgruppen IF-weich (IF-interstitial-free), IF-höherfest, Bake-Hardening-Stahl und Baustahl eingeteilt.

Das Ergebnis der Kalibrierung wird anhand der Reststandardabweichung (1σ) als Absolut und Relativwert (Tab. 5.2) diskutiert, wenn man die zerstörend gemessenen Referenzwerte für R_m und $R_{p0.2}$ den Werten gegenüberstellt, die mit den Kalibrierfunktionen aus den 3MA-Prüfgrößen berechnet wurden.

Das Messsystem erstellt z. B. einen $R_{p0.2}$-Messplot für ein Band von rund 2,5 km Länge (Abb. 5.6). Ebenfalls eingezeichnet sind die Ergebnisse von zerstörenden

Tab. 5.2: *Reststandardabweichung (1σ) als Ergebnis der Kalibrierung für die 4 Stahlgruppen*

Stahlgruppe	ΔRm (1σ) [MPa]	ΔRm (1σ) [%]	ΔRp0.2 (1σ) [MPa]	ΔRp0.2 (1σ) [%]	Anzahl Bänder
IF-weich	5.4	1.7	8.2	4.9	2667
IF-höherfest	11.3	3.1	12.3	5.4	7764
Bake-Hardening	5.8	1.5	8.8	2.9	1294
Baustahl	7.9	2.5	10.1	5.1	164

Streckgrenze über der Bandlänge (H260BD+ZF)

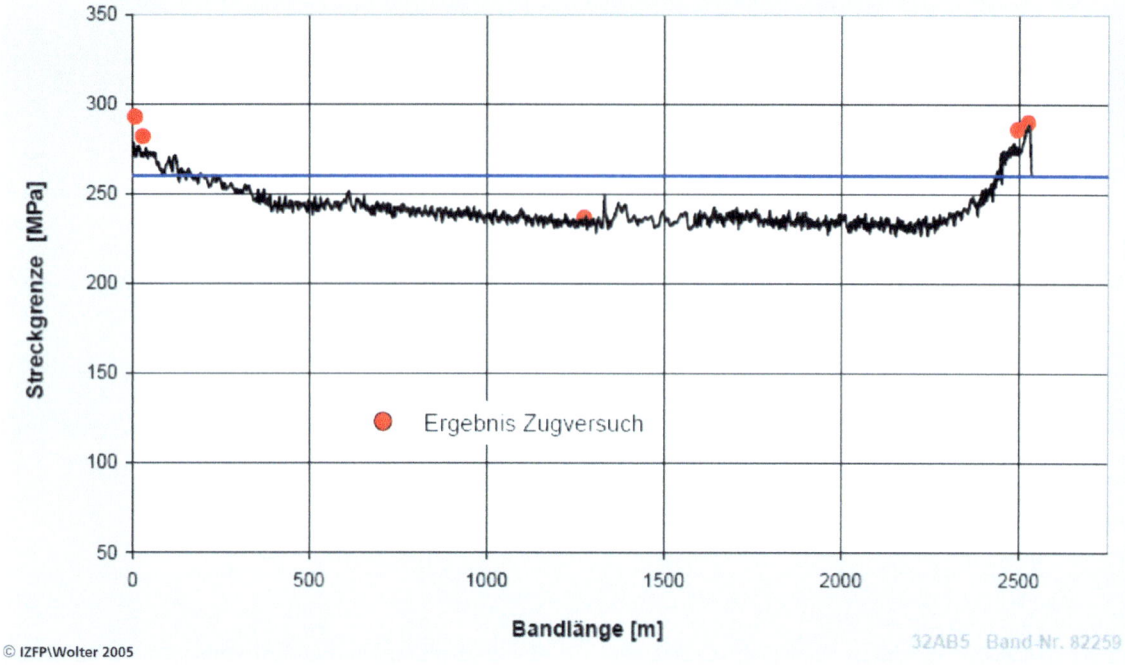

Abb. 5.6: *Mikromagnetische Inline-Prüfung, zerstörungsfreie Vorhersage der Zugfestigkeit und Streckgrenze; Vergleich mit zerstörend ermittelten Messwerten (Quelle: IZFP, Wolter 2005)*

Validierungsmessungen am Anfang, Ende und in der Mitte des Bandes.

Zur Validierung des Systems wurden die mittels 3MA berechneten Werte für R_m und $R_{p0.2}$ mit den zerstörend gemessenen Werten von ca. 2700 Bändern verglichen (Tab. 5.3).

Dargestellt ist die Reststreuung (1σ) zwischen den zerstörungsfrei und den zerstörend bestimmten Werten. Zum Teil liegt diese Abweichung im Bereich der Messunsicherheit des standardisierten Zugversuchs. Offensichtlich ist die Qualität der zerstörungsfreien Ermittlung für die Werkstoffkenngröße Zugfestigkeit besser als für die Streckgrenze. Das ist nicht verwunderlich, da es sich um Tiefziehstähle handelt, die keine ausgeprägte Streckgrenze besitzen.

5.1.4 ZfP von Faserverbundwerkstoffen

Nicht zuletzt die politische Entscheidung eines großen US-amerikanischen Flugzeugherstellers, seine jüngste Entwicklung in Carbonfaserwerkstoff zu bauen, hat auch die Europäische Industrie zum Umdenken gezwungen. In der Folge entstehen in vielen europäischen Ländern F&E-Zentren für Carbonfaserverbundwerkstoffe neu, um die vielen, vor allem fertigungstechnischen ingenieurmäßigen Frage-

Tab. 5.3: *Reststandardabweichung (1σ) als Ergebnis der Validierung für die 4 Stahlgruppen*

Stahlgruppe	ΔRm (1σ) [MPa]	ΔRm (1σ) [%]	ΔRp0.2 (1σ) [MPa]	ΔRp0.2 (1σ) [%]	Anzahl Bänder
IF-weich	5.3	1.7	7.4	4.5	1895
IF-höherfest	6.8	1.8	9.3	4.0	688
Bake Hardening	11.2	3.6	15.6	7.7	55
Baustahl	7.5	1.9	12.4	4.1	34

stellungen für eine zuverlässige Leichtbauweise zu beantworten. Die Qualitätsprüfung bei der Fertigung, aber auch Probleme der wiederkehrenden Prüfung bei der Instandhaltung von Flugzeugen in Faserverbundbauweise, stehen im Fokus des Interesses.

Bei der Automobilindustrie sieht man demgegenüber keinen unmittelbaren Druck, der Luftfahrt zu folgen und setzt weiterhin auf die bewährten kurzfaserverstärkten Thermoplast-Werkstoffe, wie Polyurethan, zum Beispiel für die Stoßstangenfertigung. Allein in dem Marktsegment der Premiumklasse von PKW, auch in Verbindung mit Elektroantrieb, beginnen Carbonfaserverbundwerkstoffe auch als Duroplaste zunehmend an Einfluss zu gewinnen.

5.1.4.1 ZfP von Faserverbundmaterial mit Ultraschall

Die zerstörungsfreie Prüfung der modernen Verbundwerkstoffe aus Glasfaser verstärkten (GFK) oder Kohlenstofffaser verstärkten (CFK) Epoxilaminaten erfolgt hauptsächlich mit Ultraschall (UT). Für die weitgehend automatisiert durchgeführte Fertigungsprüfung monolithischer Bauteile, wie Druckkalotten oder Seitenleitwerkschalen aus CFK, gibt es in der einschlägigen Industrie (Abb.5.7) erfolgreich genutzte Prüfsysteme (AREVA 2010, Meier 2003, Gripp 2003, Engl 2004).

Neben konventioneller Ultraschallprüfung in Einkopftechnik unter Nutzung von Mehrkanalanlagen kommen auch Ultraschall-Gruppenstrahlertechniken zur Anwendung. Prüfsysteme sowohl mit Schallankopplung in Kontakttechnik als auch unter Nutzung der Wasserstrahlankopplung (Squirter) in Impuls-Echo-Betrieb und in Durchschallung sind im Einsatz. Der Schwerpunkt liegt auf dem Erzielen einer hohen Prüfgeschwindigkeit.

Eine Herausforderung für die Ultraschallprüfung stellen Laminate mit Kern aus Wabenstrukturen dar, die es in unterschiedlicher Größe gibt. Je nach Wabengröße verliert der Ultraschallimpuls der Longitudinalwelle durch Modekonversion und Streuung in dem Kernmaterial höherfrequente Anteile. Aus diesem Grund hat es sich bewährt, Prüfsysteme für Wasserstrahl- und Luftschallankopplung aufzubauen (Hilger 2009), deren Impulsspektrum variabel anpassbar ist, wozu im Zeitbereich Rechteckimpulse variabler Länge genutzt werden können. So ist z.B. die Abbildung verdeckter Impactschäden, die im Kernmaterial sehr viel stärker ausgeprägt sein können als in der Oberfläche, mit dieser Impulsanpassung optimierbar. Je nach Kernmaterialausprägung wird die Impulslänge des Rechteckimpulses eingestellt und damit der niederfrequente Inhalt bis zur ersten Nullstelle der Spaltfunktion im Spektrum beeinflusst. Mit dieser

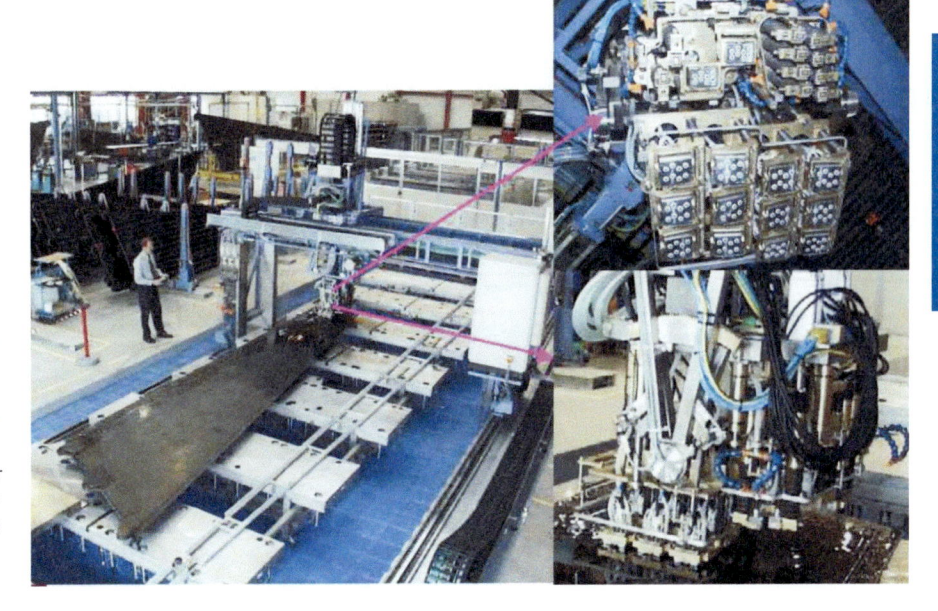

Abb. 5.7: Vielkanalprüfanlage für die Ultraschallprüfung von CFK-Laminaten. Links: Seitenleitwerkschale während der Prüfung, rechts unten: System der Sammelaufnehmer für die Prüfköpfe, rechts oben: Ansicht auf die Prüfkopfsohlen (Quelle: Airbus, Stade, AREVA 2010)

Abb. 5.8: *Impactschäden an einer CFK-Platte. Nachweis mit einer mittels Luftschall angeregten Plattenwelle (Quelle: IZFP, Dobmann 2010)*

Optimierung lassen sich dann auch Delaminationen zwischen Kernmaterial und CFK-Laminat auf der dem Prüfkopf abgewandten Seite in Impuls-Echo-Technik nachweisen.

Bei plattenartigen Strukturen hat sich die Prüfung mit Plattenwellen bewährt, die z. B. mit Luftschallankopplung erzeugt werden (Hillger 1999). Neben der Herausforderung, Delaminationen bei der Flugzeugwartung nachzuweisen, z. B. durch Vogelschlag bewirkte Impactschäden (Abb. 5.8), können mit Plattenwellen bei der Fertigungsprüfung der laminierten Paneele auch Gebiete mit erhöhter Porosität detektiert werden.

5.1.4.2 Thermographie von Faserverbundwerkstoffen

Die thermographische Prüfung unter der allseits bekannten Verwendung von Wärmebildkameras kommt auch an Faserlaminaten zur Anwendung. Dabei wird das Aufheizen der Komponenten mit Infrarotquellen (Meinlschmidt 2004) und anschließender Wärmebildanalyse ebenso genutzt wie die Impuls-Thermographie und die Lock-In-Thermographie (Netzelmann 2004). Bei der ersten der genannten Methoden müssen die Objekte dazu mit einer kontinuierlichen Geschwindigkeit an einer Infrarotquelle vorbeigeführt werden, die das Objekt möglichst homogen ausleuchten sollte (Abb. 5.9). Die Wärme diffundiert in das Prüfobjekt und wird an der Werkstoffunregelmäßigkeit teilweise reflektiert. Der reflektierte Energieanteil sorgt dann in der Oberfläche oberhalb der Fehlstelle zu einem Temperaturkontrast, welcher von der Thermokamera abgebildet wird.

Anwendungsbeispiele ergeben sich zum Nachweis für verdeckte Fehler und Struktur-Inhomogenitäten, z. B. in einem Flugzeugflügel (Abb. 5.10) oder zu Haftungsfehlern in PU-Schaum (Abb. 5.11).

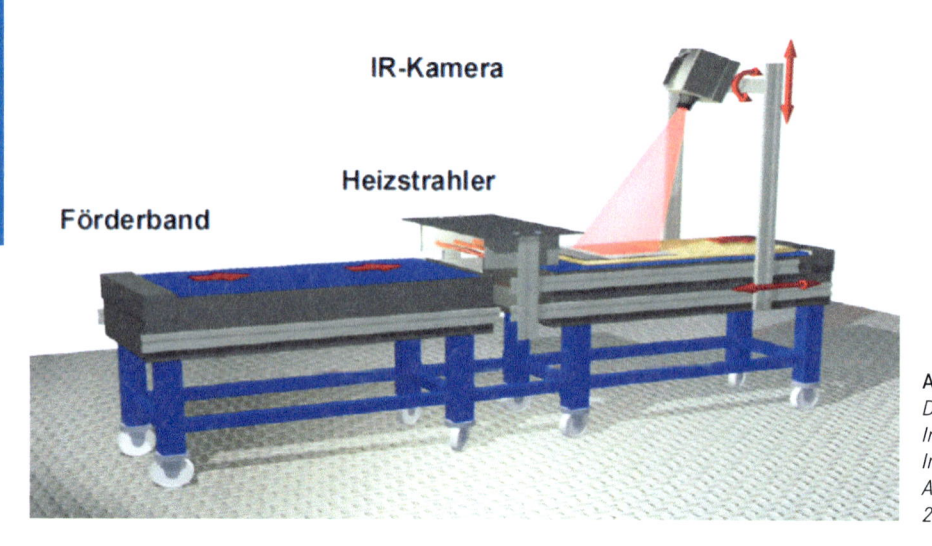

Abb. 5.9: *Schematische Darstellung der aktiven Infrarotthermographie mit Infrarotquellen (Quelle: FhG\Allianz Vision\Meinlschmidt 2004)*

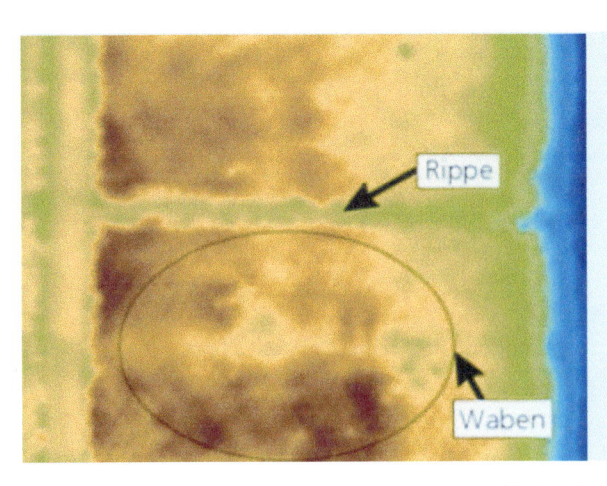

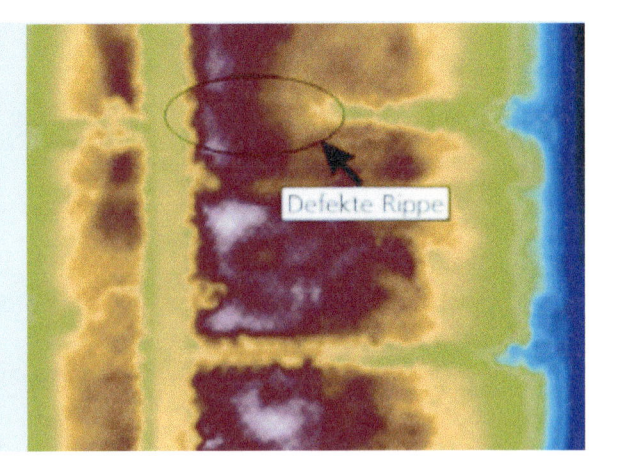

Abb. 5.10: *Thermographie am Flügel eines Flugzeuges, Nachweis von Strukturunregelmäßigkeiten am historischen Segelflugzeug LOM 61-Favorit (Quelle: FhG\Allianz Vision\Meinlschmidt 2004)*

Bei der Lock-In-Thermographie wird die Wärmequelle, z. B. ein Halogenstrahler, mittels eines Sinusbursts einer vorgegebenen Anzahl von Perioden moduliert (Abb. 5.12).

Wählt man als Modulationsfrequenz z. B. f=200 Hz (optischer Chopper), mit der das Dauerlicht einer 10 kW Halogenlampe periodisch unterbrochen wird, so ergibt sich bei einer Burstlänge von z. B. 10 Perioden ein Frequenzspektrum, das dominant neben der Modulationsfrequenz auch niederfrequente Anteile besitzt (Abb. 5.13). Dabei zeigt sich mathematisch, dass die Energie, die dem Prüfobjekt angeboten wird, mit der Anzahl der Perioden, also der Burstlänge, ansteigt, was heißt, dass für jede Modulationsfrequenz gezielt die Energie angehoben werden kann. Allerdings geht das zu Lasten einer längeren Prüfzeit.

Nach dem Lock-In-Prinzip wird das pixelweise im Wärmebild gemessene Zeitsignal mit einem Referenzsignal multipliziert und über der Zeit integriert (Tiefpassfilter). Ist das Referenzsignal $\cos(2\pi ft)$, so entsteht nach der Integration der Realteil des komplexen Signals. Entsprechend wird der Imaginärteil gebildet bei Multiplikation mit $\sin(2\pi ft)$ als Referenzsignal und anschließender Tiefpassfilterung. Aus Real- und Imaginärteil kann dann pixelweise Amplitude und Phase bestimmt und ein Amplituden- und Phasenbild erzeugt

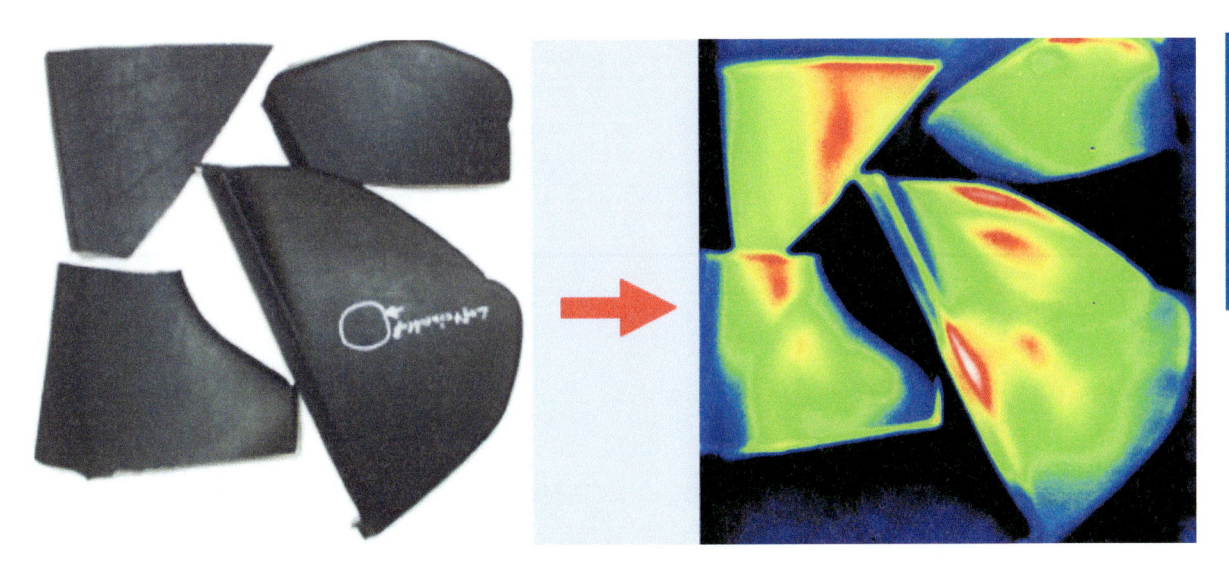

Abb. 5.11: *Haftungsfehler in PU-Schaumteilen eines Automobilarmaturenbretts (Quelle: FhG\Allianz Vision\Meinlschmidt 2004)*

Abb. 5.12: *Prinzip der Lock-In-Thermographie in Aufsicht (Quelle: FhG\Allianz Vision\ Netzelmann 2004)*

werden. Insbesondere werden so Störsignale, die multiplikativ das Nutzsignal überlagern, in dem Phasenbild eliminiert.

Das Verfahren wurde z. B. an einem Stufentestkörper aus CFK mit vier Dickenstufen erprobt, in den künstliche Fehlstellen als Delaminationen eingebracht sind. Die Röntgen-Computer-Tomographie (CT) Bildgebung wurde als Referenzverfahren genutzt, um die Fehler ortsgetreu im Vergleich zu rekonstruieren (Abb. 5.14). Die CT selbst kommt, wegen ihres Zeitbedarfs, als Massenprüfverfahren nicht in Frage.

Entsprechend der Anpassung der Modulationsfrequenz (Abb. 5.15) ist es möglich, in unterschiedlich tiefe Bildebenen zu fokussieren. Damit können sämtliche Delaminationen nachgewiesen werden.

Es sei darauf hingewiesen, dass die Lock-In-Technik, die sich auf die Modulation der Wärmequelle stützt, natürlich auch genutzt werden kann, wenn die Wärme periodisch mittels Leistungsultraschall eingebracht wird. Damit kann Wärme an einer Fehlstelle, z. B. an einem Riss, durch Rissuferreibung

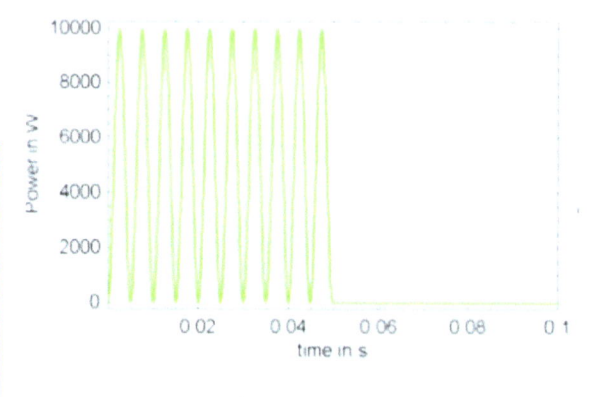

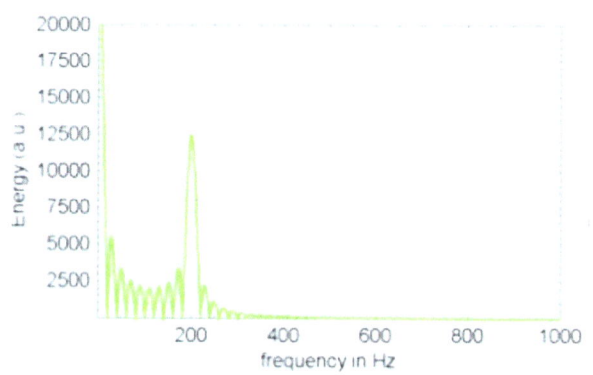

$P(t)=P0*0.5(1-\cos(2\pi ft))$, t=0 bis n*1/f

Halogenlampe 10 kW über Chopper 200 Hz
10 Perioden

Abb. 5.13: *Spektrum als Ergebnis der Lock-In-Thermographie (Quelle: FhG\Allianz Vision\Netzelmann 2004)*

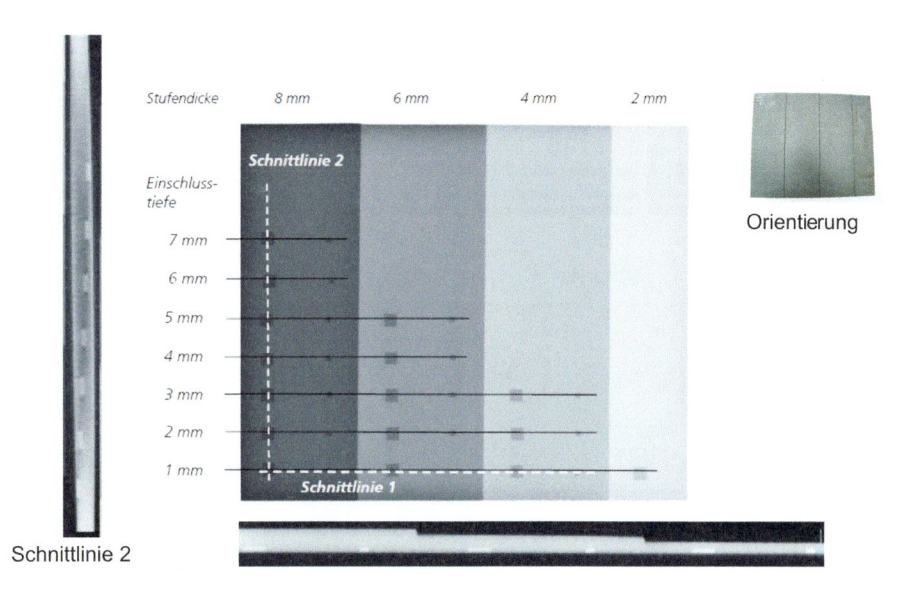

Abb. 5.14: Röntgen-Computer-Tomographie: Abbildung der Delaminationen als Referenz zu den anderen ZfP-Verfahren (Quelle: IZFP, Thoma 2010)

erzeugt und sichtbar gemacht werden. Genauso kann das Prinzip genutzt werden, wenn bei elektrisch leitenden Materialien die Wärme periodisch induktiv erzeugt wird (Riegert 2004). Daher kann an CFK-Material auch die induktive Anregung zur Anwendung kommen.

5.1.4.3 Wirbelstromprüfung von Faserverbundkunststoffen

Kohlenstofffaserverstärkter Werkstoff kann wegen der elektrischen Leitfähigkeit des Materials auch mit Wirbelstrom geprüft werden. Allerdings ist physikalisch die Nachweisempfindlichkeit auf oberflächennahe bzw. dünne Schichten, abhängig von der Prüfkopfapertur, also der Prüfkopfgeometrie, begrenzt. Ist das Laminat zusätzlich mit einem Kupfernetz zum Blitzschutz laminiert, wirkt sich dieses wie ein Faraday-Käfig aus und schirmt den Wirbelstrom ab.

Wird eine Zweifrequenzenprüfung (1,43 MHz und 500 kHz) durchgeführt, wird also mit unterschiedlichen Eindringtiefen geprüft, und wird auch die Orientierung der Sender-/Empfänger-Spulenanordnung variiert, so lassen sich bei qualifizierter Bildverarbeitung durch Filterung und mit Datenfusion, die künstlich in den Testkörper eingebrachten Delaminationen von Abbildung 5.14 auch mit Wirbelstrom nachweisen (Abb. 5.16).

Abb. 5.15: Ergebnis der Anwendung der Lock-In-Thermographie, wenn durch Anpassung der Modulationsfrequenz (0,5Hz, 0,2Hz, 0,1Hz, 0,05Hz, 0,02Hz, 0,01Hz) in unterschiedliche Werkstofftiefen fokussiert wird (Quelle: IZFP, Netzelmann 2010)

Abb. 5.16: *Ergebnis der Wirbelstromprüfung mit zwei Frequenzen (1,43 MHz und 500 kHz), wenn zusätzlich die Prüfkopfausrichtung variiert wird und die Bilder der Einzelfrequenzprüfung durch Datenfusion qualifiziert verknüpft werden (Quelle: IZFP, Schulze 2010)*

5.2 Prüfung von Halbzeugen, Werkstoffverbunden und Verbundwerkstoffen

5.2.1 Fertigungsintegrierte Prüfung von Tailored Blanks

Der moderne Leichtbau nutzt nicht nur die kontinuierlich verbesserten Eigenschaften der eingesetzten Werkstoffe, sondern auch neue Verfahren für ihre Verarbeitung. Ein Beispiel hierfür ist die bereits in den achtziger Jahren des letzten Jahrhunderts entwickelte Idee, verschiedene Stahlgüten und -dicken so miteinander zu verschweißen, dass die jeweiligen konstruktiven und wirtschaftlichen Anforderungen an das Bauteil ohne Kompromisse erfüllt werden können. Die mit dieser Idee geborenen maßgeschneiderten Bleche (Tailored Blanks) sind im modernen Karosseriebau nicht mehr wegzudenken.

Tailored Blanks tragen wesentlich zu der insgesamt möglichen Gewichtseinsparung von 20 % bei Verwendung des Werkstoffes Stahls beim Automobilbau bei (Mohrbacher 1977, ULSAB 1995). Typische Komponenten, die aus Tailored Blanks hergestellt werden, sind Längs- und Querträger, Türverstärkungsrahmen, Radhäuser oder Bodenbleche. Linear verlaufende Nähte werden z. Zt. noch am häufigsten eingesetzt, jedoch geht der Trend weiter zu gekrümmten und Rundnähten.

In vielen Produktionsanlagen von Tailored Blanks sind Qualitätskontrollsysteme im Einsatz, die auf einem Multisensorkonzept basieren. Mit Plasma-Monitoring-Systemen und Durchschweiß-Sensoren erfolgt die Schweißprozesskontrolle, und es werden dort durch Analyse des Plasmas an der Ober- und Unterseite des Schmelzbads prozessspezifische Defekte detektiert. Nach dem Schweißen wird am fertigen Produkt die Geometrie der Naht vermessen und auf Toleranzabweichungen überprüft.

Mit dem im Weiteren vorgestellten ohne Koppelmittel auskommenden Ultraschall-system, das nach dem schon vorgestellten Prinzip der elektromagnetischen Ultraschallwandlung (EMUS) arbeitet, werden innere Fehler und kleinste offene Poren entdeckt.

Erst durch die Integration des Ultraschallsensors in den Fertigungsablauf gelang es, im Verbund mit den anderen Sensoren das gesamte Schweißnahtfehlerspektrum abzudecken.

Moderne Tailored Blank-Laser-Schweißanlagen, wie z. B. die bei ARCELOR MTB in Genk, Belgien (Abb. 5.17), nutzen eine Roboter-Station zur Führung des Ultraschall-Prüfkopfes entlang der Schweißnaht.

Abb. 5.17: *Typische Tailored Blank Laser-Schweißanlage (Quelle: Taylor Steel, Genk, Salzburger 2005)*

Beim Laserschweißen werden dabei die zu verschweißenden Bleche an den Schweißkanten nebeneinander angeordnet und mechanisch geklemmt. Das Schweißen erfolgt ohne Zusatzwerkstoff. Das Ergebnis ist eine sehr schmale Wärmeeinflusszone (WEZ), die nur unwesentlich die mechanisch-technologischen und metallurgischen Eigenschaften der geschweißten Blanks beeinflusst.

Jedoch verlangt das Stumpfschweißen eine sehr präzise mechanische Vorbereitung der Schweißkanten, um eine gute Qualität der Schweißnaht zu erzielen. Der Schweißspalt darf höchstens 0,1 mm betragen; eine genaue Positionierung der Schweißkanten und eine ausreichend starke mechanische Klemmung sind notwendig. Während des Schweißens müssen jegliche durch Wärme bedingte Öffnungen des Schweißspaltes und laterale Verschiebungen des Laser-Spots von der Schweißnahtposition vermieden werden.

Gelingt es, die Prozessparameter (Laserleistung, Schweißgeschwindigkeit, Fokuspunkt des Laserstrahls, Inertgas-Atmosphäre) innerhalb eines optimierten Prozessfensters konstant zu halten, ist das Stumpfschweißen mittels Laser ein sehr robuster Prozess. Treten jedoch Abweichungen in der Vorbereitung der Schweißkanten und/oder der

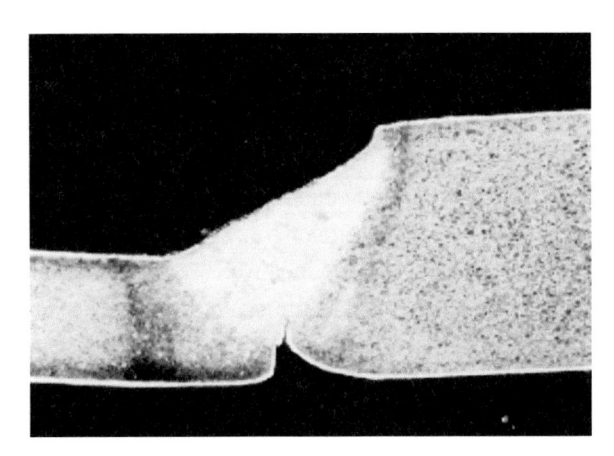

Abb. 5.18: *Querschliff einer Laserschweißnaht mit ungenügender Durchschweißung*

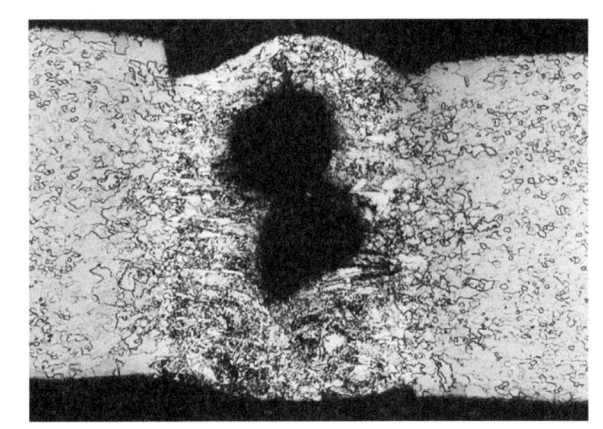

Abb. 5.19: *Querschliff einer Laserschweißnaht mit innerer Porosität*

Prozessparameter auf, können Fehler (Abb. 5.18 und 5.19) auftreten. Das geschweißte Blank muss dann verschrottet werden.

Während des Schweißprozesses werden, wie schon gesagt, allein mittels eines Plasma-Monitoring-Systems eine Analyse des Plasmas an der Ober- und Unterseite des Schmelzbads durchgeführt und prozessspezifische Fehler detektiert.

Sämtliche anderen Verfahren kontrollieren die Schweißnaht als ‚Post-Prozess', also zeitlich nach dem Schweißen (Tab. 5.4).

Tab. 5.4: *Übersicht über eingesetzte Post-Prozess-Prüfverfahren und deren Prüfinformationen*

Prüftechnik	Prüfinformation
Visuelle Kontrolle	Bindefehler, Löcher, Geometrie, Kantenversatz
Lichtschnittverfahren	Schweißnahtprofil, Versatz
Lichtschranken	Löcher
Infrarot-Thermographie	Bindefehler, Löcher
Röntgen-Durchstrahlung	Poren, unvollständige Durchschweißung, Löcher

Neben statistischer zerstörender Prüfungen (Tiefziehversuch) und visueller Kontrolle der Schweißnaht sind prozessintegrierte Verfahren im Einsatz, die mittels optischer und thermischer Methoden das Schweißnahtprofil abbilden und zur Oberfläche hin offene Fehler erkennen (Mohrbacher 1999).

Die optischen und thermischen Verfahren decken naturgemäß nur die sensornahe Oberfläche der Schweißnaht ab und sind nicht in der Lage, innen liegende bzw. an der gegenüber liegenden Oberfläche vorhandene Fehler nachzuweisen. Die einzige der aufgelisteten Techniken, die sowohl Innen- als auch Oberflächenfehler erkennen kann, ist die Röntgen-Durchstrahlungsprüfung, die jedoch einen hohen apparativen Aufwand erfordert, den gegebenen Zykluszeiten einer Schweißmaschine nicht Rechnung trägt und hohe Kosten für Strahlenschutz verursacht. Aufgrund der erwähnten Unsicherheiten der Teilevorbereitung und des Prozesses selbst ist eine zerstörungsfreie Prüfung aller Schweißnähte zu 100% auf Innen- und Oberflächenfehler, unerlässlich. Wegen hoher Produktionsvolumina muss die Prüfung in

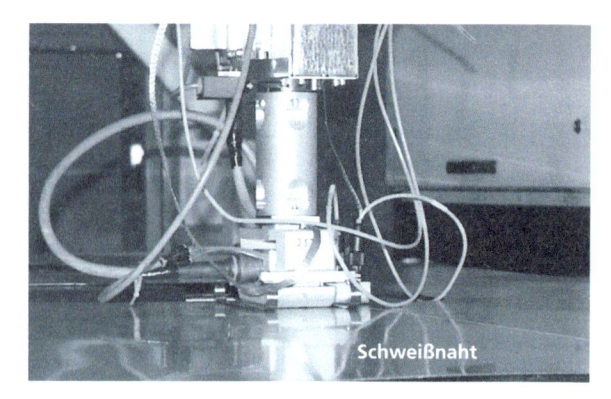

Abb. 5.20: *EMUS-Prüfkopf bei einer Prüffahrt (Quelle Tailor STEEL America LLC)*

den Produktionsprozess integriert werden und fehlerhafte Blanks müssen direkt aussortiert werden. Die Prozessintegration erfordert eine Inspektionsgeschwindigkeit von > 10 m/min und eine einfach zu automatisierende und kostengünstige Online-Signalauswertung. Die eingesetzten Prüftechniken müssen die unterschiedlichen Fehlertypen sicher nachweisen, auch bei Vorhandensein eines Dickensprunges im Bereich der Schweißnaht.

Die plattenförmige Geometrie der Blanks legt den Einsatz der Ultraschall (UT)-Prüfung mittels geführter (Platten-) Wellen nahe. Dieser Wellentyp wird als geführt bezeichnet, weil er zwischen Ober- und Unterseite in der Platte als Wellenleiter geführt wird. Er erfasst beide Oberflächen und das Volumen mit einer um eine Größenordnung höheren Nachweisempfindlichkeit als räumliche Wellen bei gleicher Frequenz. Damit ist eine vollständige Prüfung der Schweißnähte auf Innen- und Oberflächenfehler möglich (Salzburger 1985, Salzburger 1999).

Diese Wellen können sehr effektiv mit den schon beschriebenen EMUS-Prüfköpfen (Höller 1992) koppelmittelfrei gesendet und empfangen werden, wodurch eine trockene, schnelle und reproduzierbare Prüfung der Schweißnähte möglich wird.

Eingebaut in eine Halterung (Abb. 5.20) gleitet der Prüfkopf auf einem Kissen aus Pressluft nach dem Hoover-craft-Prinzip über die Blank-Oberfläche und wird in dieser Anwendung mittels eines Gentry parallel entlang der Schweißnaht verfahren.

Eine besondere Eigenschaft der EMUS-Technik ist das Senden und Empfangen horizontal polarisier-

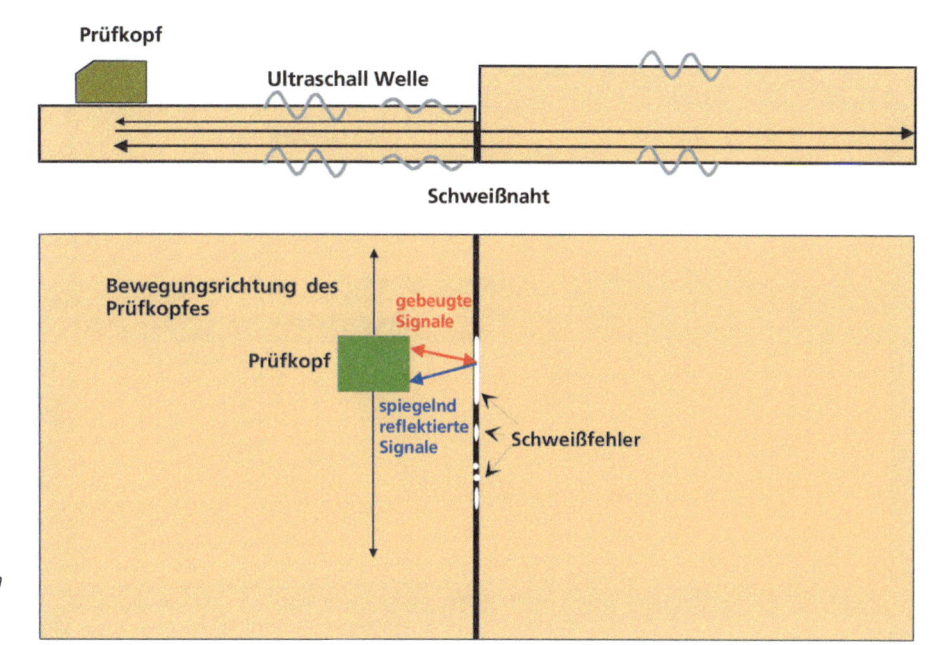

Abb. 5.21: *Prüfprinzip der Tailored Blank Ultraschallprüfung mit elektro-magnetisch angeregten und empfangenen Plattenwellen (Salzburger 2005)*

ter Transversalwellen, die als geführte Wellen in plattenförmigen Materialien in einem speziellen Schwingungsmode dispersionsfrei sind und nur wenig bei Einschallung am dünneren Blech durch den Dickenübergang im Bereich der Schweißnaht in ihrer Ausbreitung gestört werden.

Die Prüfung erfolgt in der klassischen Impulsecho-Technik unter Nutzung spiegelnd reflektierter und gebeugter Signale aus der Schweißnaht. Dabei wird der Prüfkopf auf einer der Oberflächen des dünneren Blanks aufgesetzt und strahlt den Ultraschallimpuls schräg in Richtung der Schweißnaht (Abb. 5.22). Der Abstand des Prüfkopfes zur Schweißnaht ergibt sich aus der Lage des Fokuspunktes der S/E-Anordnung. Aus der Schweißnaht zurückkommende Echosignale werden mittels zwei getrennter Empfänger als spiegelnd reflektierte und gebeugte Signale aufgenommen. Deren Maximalwerte werden als getrennte Amplituden-Orts-Kurven (Scans) beim Verfahren des Prüfkopfes dargestellt. Damit ist eine Unterscheidung zwischen den von lang gestreckten Schweißunregelmäßigkeiten (ungenügende Durchschweißung, Versatz, Bindefehler) reflektierten Anteilen und den von lokalen globularen Unregelmäßigkeiten (Löcher, Poren) gebeugten Anteilen gegeben. In zwei getrennten Anzeigefenstern (Abb. 5.22) werden die Amplitudenortskurven der spiegelnd reflektierten und der gebeugten Echosignale dargestellt. Der obere Scan stellt das gebeugte Signal dar, der untere das spiegelnd reflektierte Signal. Damit wird die Fähigkeit dieser Technik demonstriert, innen liegende, von außen nicht erkennbare, Schweißnahtfehler nachzuweisen. Im oberen Scan, ist die Anzeige einer ca. 2 mm langen Innenpore dargestellt. Die Höhe dieser Anzeige übersteigt die eingestellte Auswerteschwelle (horizontale Linie bei ca. 10 % Bildschirmhöhe (BSH)). Ansonsten ist die Amplitude nahezu auf maximal 3 % BSH. Die Auswerte-Software beurteilt dann das Prüfergebnis mit n.i.O. und das Blank wird aussortiert.

Im unteren Scan sind die Maximalwerte der aus der Schweißnaht spiegelnd reflektierten Echos dargestellt. Die Anzeigenhöhe ist generell höher als die des Beugungssignals und ist ein qualitatives Maß für die Qualität der Schweißnaht. Kleine Defekte wie Einzelporen heben sich aus diesem Untergrundpegel nicht ab, jedoch Binde- und Durchschweißfehler mit ‚rissartigem' Charakter führen zu starken Anzeigen und heben den Pegel des Scans an der entsprechenden Position über die eingestellte Schwelle von ca. 80 % BSH an.

Auf der Basis der beschriebenen Technik wurden industrielle Prüfsysteme für die automatisierte, prozessintegrierte Ultraschallprüfung der Laserschweißnähte von Tailored Blanks entwickelt, gebaut

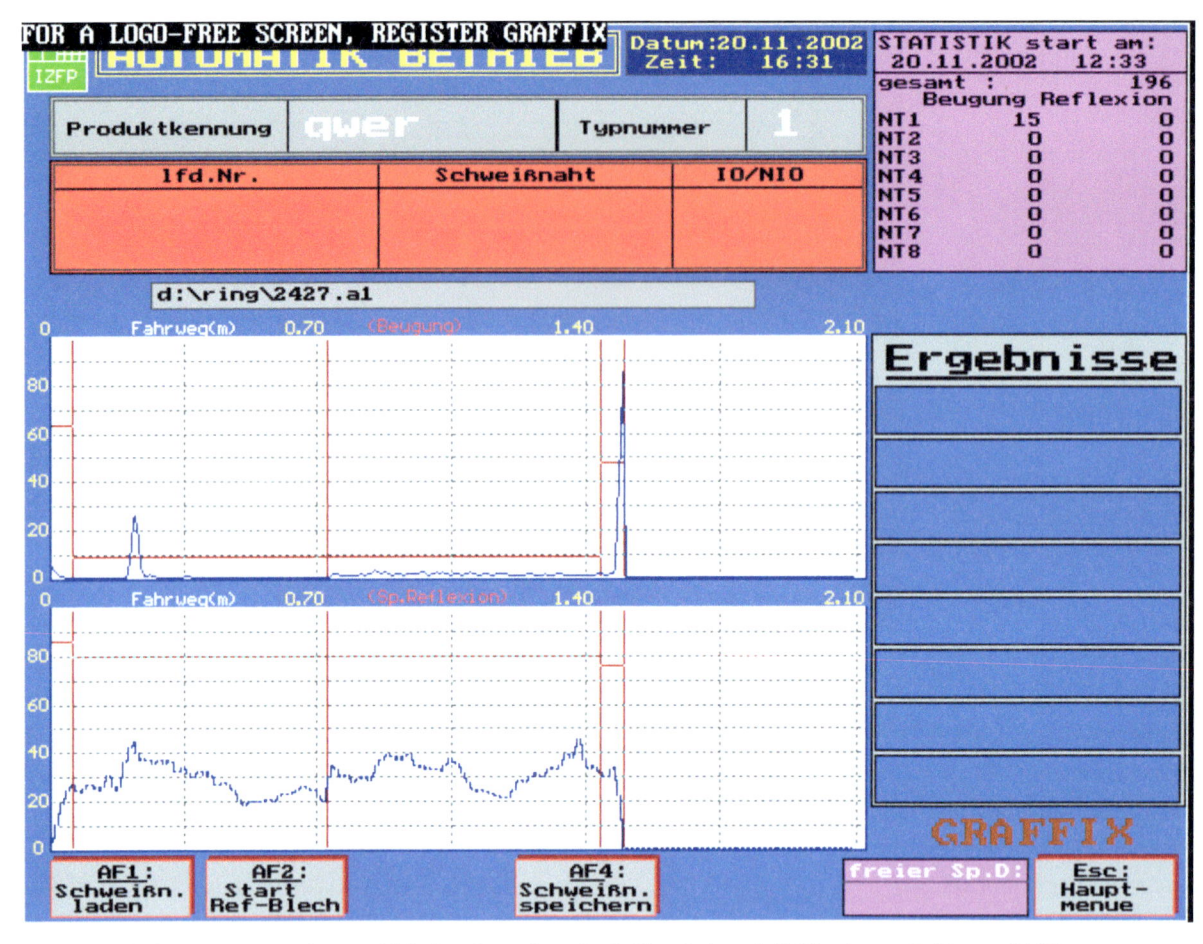

Abb. 5.22: *Grafisches User-Interface zur bildhaften Darstellung des Prüfergebnisses in Prüfkopfscans (Salzburger 2005)*

und in Betrieb genommen. Zurzeit sind insgesamt 18 Systeme in den Fertigungsanlagen der Firmen ARCELOR MTB (Belgien, Deutschland und USA) sowie ThyssenKrupp Tailored Blanks im Einsatz.

5.2.2 Fertigungsprüfung mechanischer Fügungen

Clinchen, auch Durchsetzfügen genannt, ist eine mechanische Fügetechnik für Punktverbindungen von Metallblechen, die mit hoher Prozessgeschwindigkeit ausgeführt werden kann (s. Kap. IV.1). Sie ist eine schnelle und einfache, in einem Fertigungsschritt anwendbare Technik, die keine Zusatzwerkstoffe braucht. Die Bleche müssen auch nicht, wie beim Verschrauben, mit Bohrlöchern versehen werden, es bedarf also keines Vorlochvorganges. Clinchen kann an beschichteten und lackierten Blechen eingesetzt werden und eignet sich auch zum Verbinden von artfremden Metallblechen.

Das Clinch-Werkzeug besteht, ähnlich wie beim Tiefziehen, aus einem Stempel und einer Matrize, in die der Stempel beim Fügen die zu verbindenden Bleche presst. Durch den hohen, lokal eingebrachten Druck beginnt das Material zu fließen und hinter fließt den stempelseitigen Bereich. Es bildet sich eine druckknopfartige Verbindung mit der Überschneidung (undercut) und der Halseinschnürung (neck) aus, welche letztlich die zwei Bleche zusammenhalten (Abb. 5.23 links).

Der Fügeprozess wird überwacht, indem der zeitliche Kraftverlauf und der Stempelweg während des Pressvorganges gemessen und an einem Sollverlauf angepasst werden. Diese Methode ist jedoch unempfindlich, weil lokale Änderungen des Ausmaßes der Überschneidung, die verbleibende Dicke des Halses

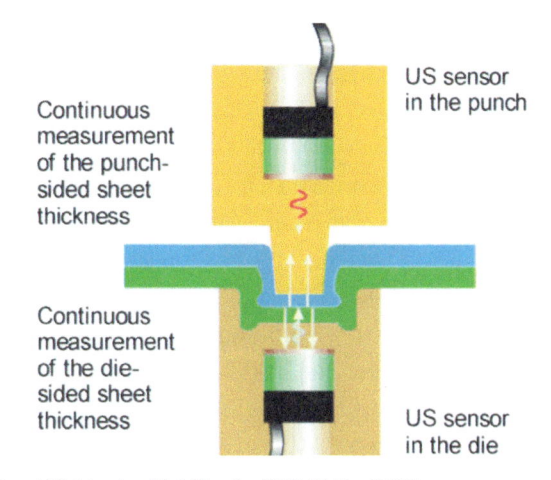

Abb. 5.23: Clinch-Punkt (links), Ultraschallsensoren integriert in Stempel und Matrize (rechts) (Quelle: IZFP, Wolter 2005)

nach der Einschnürung und ebenso die verbleibende Bodendicke (residual Bottom-Thickness) zwar die Festigkeit der Verbindung beeinflussen, ihre Veränderungen sich aber nur schwer im Kraft-Weg-Diagramm nachweisen lassen.

Ein neuer Ansatz ist die kontinuierliche Messung der sich während der Verformung verändernden Bodendicken bis zum Endzustand, indem sowohl in den Stempel als auch in die Matrix Ultraschallprüfköpfe eingebaut werden (Abb. 5.23, rechts). Der Ansatz geht dabei davon aus, dass die Masse, die der Bodendicke beim Fließen verloren geht, sich eindeutig in der Masse der Unterschneidung wiederfindet und so zur Festigkeit der Verbindung beiträgt.

Clinchverbindungen werden heute auch vorrangig in Kombination mit dem Kleben eingesetzt, um einerseits die Klebepartner während der Aushärtephase des Klebers zu fixieren, andererseits tragen sie beim Hybridfügen bedeutend zur Verbindungsfestigkeit bei. Als Prüfverfahren werden hier neuerdings auch Thermographie-Methoden vorgeschlagen (Srajbr 2009).

5.2.3 Zerstörungsfreie Charakterisierung der Schadensentwicklung in kohlenstofffaserverstärkten Kunststoffen

Während ihrer Lebensdauer können kohlenstofffaserverstärkte Polymer-(CFK)-basierte Strukturen und Komponenten statischen, quasi-statischen und zyklischen mechanischen Belastungen ausgesetzt sein, welche das Material schädigen und im schlimmsten Fall in einem katastrophalen Versagen enden. Eine breite Palette von Belastungsfrequenzen, einschließlich hoher Frequenzen von 1 kHz oder mehr, müssen berücksichtigt werden. Um eine erheblichen Menge an Unsicherheiten und Unbekannten zu beherrschen, sind die Ingenieure gezwungen, CFK-Strukturen auf konservative Art und Weise auszulegen. Das Nichtwissen über das VHCF-Verhalten (Very High Cycle Fatigue = ultrahohe zyklische Ermüdung) solcher Materialien und das dadurch bedingte Phänomen des Alterns gehören zu diesen Unbekannten. Aufgrund dieser Tatsachen kann das Potenzial des Materials nicht voll ausgeschöpft werden, was folglich zu der Forderung nach zerstörungsfreien Prüfverfahren (ZfP) führt, die zur Qualitätssicherung von CFK-Komponenten bei der Herstellung, Montage und bei ihrer Nutzung eingesetzt werden. Aus Sicht der Werkstoffprüfung und Materialwissenschaft ist eine Überwachung und Bewertung von Alterungs- und Ermüdungserscheinungen sowie eine Fehler-Vorhersage im VHCF-Regime erforderlich.

Herkömmliche Ermüdungstests mit Servo-Hydraulik Prüfsystemen im Frequenzbereich zwischen 5 und 10 Hz führen mit einer Gesamtzahl von 109 Zyklen zu einer unrealistischen Dauer von bis zu 6,3 Jahre. Aus diesem Grund wurden die meisten Experimente, die an CFK-Komponenten mit Frequenzen zwischen 0,5 und 10 Hz durchgeführt wurden, allein nur bis zu typischen Zyklus Zahlen von N = 106 (Couillard and Schwartz 1997, Pandita and Verpoest 2004) ausgeführt. Um ein Experiment in einem angemessenen Zeitraum mit hoher Anzahl von Zyklen durchzuführen, ist die Ultraschall-Ermüdungsprüfung ein Mittel (Kuhn and Medlin 2000, Bathias 2006, Stanzl-Tschegg 2014). Theoretisch lässt sich so ein Experiment mit einem Testkörper bei einer Frequenz von 20 kHz und 10^9 Zyklen in weniger als 14 Stunden realisieren. Allerdings verlangt die bei dieser Prüffrequenz dissipierte Energie das Einführen von Versuchspausen zu Abkühlung, um den Prüfling nicht thermisch zu schädigen. Diese Maßnahme führt zu einer effektiven Frequenz von etwa 1 kHz, und die 10^9-Zyklen lassen sich in 12 Tagen erreichen, was immer noch bis zu 200-mal schneller ist als herkömmliche Prüfverfahren (Backe et al. 2012, Balle 2013, Backe und Balle 2016). Um hohe Last-/Auslenkungs-Verhältnisse bei 20 kHz zu realisieren, werden diese Ultraschall-Ermüdungs-Systeme in Resonanz betrieben (Bathias 2006, Stanzl-Tschegg 2014). Die Prüfanordnung besteht aus einem Ultraschallgenerator, der ein sinusförmiges hohes Spannungssignal liefert, einem piezoelektrischen Konverter, der das elektrische Signal in eine mechanische Vibration umwandelt und einem sog. Booster, welcher die Belastungs-Zeitfunktion verstärkt. Der Prüfkörper muss im Testaufbau geometrisch, der Belastungseinleitung angepasst, montiert werden, um eine effiziente Übertragung des Ultraschall Pulses durch den Booster auf die Probe zu gewährleisten. Um eine stabile Schwingung bei geringem Energieeinsatz zu erreichen, muss ihre Form so gestaltet sein, dass die Resonanzfrequenz der Probe der Betriebsfrequenz des Prüfsystems entspricht. Die Materialalterung und Ermüdung in den CFK-Materialien unter verschiedenen Belastungen kann zu einer kontinuierlichen Degradierung führen, die als Veränderung der Eigenschaften des Materials beobachtet wird und mit dem Auftreten von Matrix-Rissen, Faser-zu-Matrix-Ablösungen und/oder Trennungen (Delamationen) verbunden sind, Phänomene, die sowohl auf der Mikro-, als auch der Makroebene auftreten. Die Demonstration der Fähigkeit, solche Nicht-Linearitäten zu erfassen und zu überwachen könnte die Möglichkeit eröffnen, entstehende Schäden wie Mikro-Delamination, Mikro-Risse, usw., schon in einem noch unkritischen Zustand der Komponente nachzuweisen (precoursor) lange, bevor sie bzgl. ihrer Größe kritisch werden.

Standardisierte akustische Methoden setzen auf die Messung linearer Parameter der Ultraschallsignale wie der akustischen Wellengeschwindigkeit, der Transmissions- und Reflexions-Koeffizienten, usw., um die elastischen Eigenschaften des Materials sowie ihre Veränderung als Funktion der zyklischen Belastung zu ermitteln (Boller et al. 2015). Das Vorhandensein eines Defekts ändert die Phase und/oder Amplitude der akustischen Signalantwort, während der Frequenzgehalt des Erregungssignals in der Antwort erhalten bleibt. Bei nicht-linearem Verhalten kann jedoch auch eine Änderung des Frequenzgehalts beobachtet werden, die sich aus der besonderen Art eines Defekts ergibt, wie etwa einer periodisch im akustischen Erregerfeld „atmenden" Delamation, welche auf der Mikroebene auftritt, und die ihre mechanische Konfiguration verändern kann, abhängig von der makroskopischen Verformung der zu prüfenden Proben. Nicht-lineare Effekte können entweder aus dem nicht-linearen elastischen Verhalten des Materials (intrinsische Werkstoffeigenschaften) selbst stammen, oder aus Reibeffekten- und Verhakungen rauer, innerer Defektoberflächen. Diese nicht-linearen Effekte führen daher zur Generierung von höheren Harmonischen, Verschiebung der Eigenfrequenz der Resonanz und zu Veränderungen des Frequenzgangs (Zitat: Solodov 2002, Birks 1991). Um den Schadensfortschritt zu verstehen und prognostische Monitor-Strategien umsetzen zu können, ist es eines der primären Ziele, die beginnenden Schäden in diesen Werkstoffproben schon sehr früh zu erkennen, was durch nicht-lineare Analyse der akustischen Daten gelingt, die durch Laser Vibrometer Messungen berührungslos gewonnen werden. Es ist erwähnenswert, dass die numerische Simulation von Schadenskonfigurationen, die innerhalb des VHCF-Regimes repräsentativ sind, mit FE-Werkzeugen wie COMSOL Multiphysics gut simuliert werden können.

Die Methodik könnte genauso bei der Ermüdung einer kompletten Flugzeugstruktur angewendet werden, welche nach den Grundsätzen des Schadenstoleranz-Konzepts in der experimentellen Simulation belastet wird. Im Benchmark könnten Referenzdaten erzeugt und abgesichert werden, die erlauben, eine Frühwarnung zu einer Schadensentwicklung an einer realen Komponente abzuleiten.

5.2.4 Blitzthermographie zur Charakterisierung von Fertigungsdefekten in CFK

Neben den durch die Nutzung eines Bauteils auftretenden Schäden können bereits während der Herstellung von Faserverbundwerkstoffen fertigungsbedingte Fehler und Abweichungen auftreten. Diese können entweder konstruktionsbedingt, durch die Nichteinhaltung von Verarbeitungsvorschriften oder durch unkontrollierte Umwelteinflüsse während der Fertigung induziert werden. Fertigungsbedingte Inhomogenitäten und Fehlstellen in Faserverbundwerkstoffen sind z. B. größere Lufteinschlüsse, lokale Poren oder eine insgesamt erhöhte Porosität, Abweichungen von den geplanten Faserorientierungen (z. B. Ondulationen), fehlende oder zusätzliche Faserbündel, eine nicht ausreichende Harzinjektion oder Fremdeinschlüsse (Heslehurst 2014). In allen Fällen können diese Inhomogenitäten dazu führen, dass die Last- und Lebensdauerauslegungen von Bauteilen nicht mehr erreicht werden und die Struktur vorzeitig versagt (Ehrenstein 2006). Umfangreiche Untersuchungen haben gezeigt, dass die Blitzthermographie sehr gut geeignet ist, um künstlich eingebrachte Flachbodenbohrungen und PTFE-Plättchen (als Nachbildung von Delaminationen) und von Impactschäden nachzuweisen (Maierhofer et al. 2014, 2018). Als fertigungsbedingte Fehler konnte auch eine erhöhte Porosität über die Änderungen der thermischen Materialeigenschaften nachgewiesen werden (Mayr et al 2010).

Vorteile der Thermographie im Vergleich zu anderen ZfP-Verfahren wie Ultraschall, Wirbelstrom und Shearografie sind u. a., dass die aktive Thermographie mit optischer Erwärmung völlig berührungslos und auch über größere Abstände vom Untersuchungsobjekt von bis zu mehreren Metern hinweg betrieben werden kann, dass der Zeitaufwand für die Vorbereitung und Durchführung der Messungen vergleichsweise kurz ist und dass das Verfahren direkt bildgebend und gut automatisierbar ist. In Abhängigkeit von der geforderten Ortsauflösung müssen oft erst für Prüfflächen größer als einen Quadratmeter Scanner oder Schrittmotoren eingesetzt werden.

Die Blitzthermographie basiert auf einer kurzzeitigen Erwärmung des Untersuchungsobjektes mit einem Lichtblitz, der an der Oberfläche absorbiert und in Wärme umgewandelt wird. Dabei wird davon ausgegangen, dass während des Lichtblitzes noch keine Wärmetransportvorgänge stattfinden. Mit Hilfe einer Infrarot (IR)-Kamera werden die räumlichen und zeitlichen Temperaturänderungen auf der Oberfläche erfasst. Aus diesen Messdaten können dann Informationen zu Inhomogenitäten und Fehlstellen im Bauteilen gewonnen werden, wenn diese den instationären Wärmetransport in das Bauteil hinein beeinflussen (Balageas 2012).

Es wurden vier CFK-Proben vergleichend mit der Blitzthermographie in Reflexions- und Transmissionskonfiguration und mit CT untersucht. Durch den Vergleich beider Methoden lassen sich die folgenden allgemeinen Schlussfolgerungen ziehen:

- Sehr kleine Einschlüsse mit hohem Dichtekontrast zum CFK (Aluminiumteilchen) konnten nur mit CT nachgewiesen werden.
- Größere Einschlüsse mit geringerem Kontrast der Dichte und der thermischen Eigenschaften (Fasereinschluss, Holzstück, Papierstück, Wachsrest) konnten mit beiden Methoden nachgewiesen werden, aber in den meisten Fällen zeigen die Ergebnisse der CT einen höheren Kontrast. Sind die Fehler weiter von der Prüffläche entfernt, nimmt die Nachweisbarkeit mit der Thermographie ab, bleibt aber für die CT nahezu konstant.
- Größere und sehr dünne Einschlüsse mit geringerem Kontrast der Dichte und der thermischen Eigenschaften (Sprühkleber) konnten nur mit CT nachgewiesen werden.
- Sehr kleine Einschlüsse mit geringerem Kontrast der Dichte und der thermischen Eigenschaften (Schmutzpartikel) oder größere Einschlüsse mit ähnlicher Dichte und thermischen Eigenschaften

(Harzreste ohne Härter, Formtrennmittel) konnten mit keiner der beiden Methoden nachgewiesen werden.
- Schäden (Faserbrüche) konnten mit beiden Methoden nachgewiesen werden, lagen jedoch für die Blitzthermographie an der Nachweisgrenze.
- Mit CT konnten Poren und Risse im Inneren der Kleberaupen mit hohem Kontrast und räumlicher Auflösung detektiert werden. Der thermische Kontakt zwischen den Kleberaupen und den Platten konnte mit der Blitzthermographie in Transmissionskonfiguration sehr gut bewertet werden. Die Anzahl der Poren korreliert nicht eindeutig mit dem thermischen Kontakt, aber die schlechteste und die beste Raupe können mit beiden Methoden identifiziert werden.

Daraus lässt sich schließen, dass die CT zwar die Inhomogenitäten und Einschlüsse mit besseren Kontrasten und räumlicher Auflösungen darstellt, die Blitzthermographie aber ebenfalls sehr gut geeignet ist, diese Strukturen nachzuweisen. Da die Blitzthermographie mit wenig Aufwand vor Ort eingesetzt werden kann und ein hohes Potenzial für die Automatisierung und eine schnelle und effiziente Prüfung aufweist, ist sie für die Qualitätssicherung während und nach der Herstellung von CFK-Halbzeugen und -Bauteilen sehr zu empfehlen.

5.3 Zusammenfassung

Die qualifizierte zerstörungsfreie Prüfung von Bauteilen des Leichtbaus ist wegen der Vielfalt der zum Einsatz kommenden Materialien, Materialverbunde und Verbundmaterialien sehr komplex und muss grundsätzlich an die spezielle Prüfaufgabe optimiert angepasst werden.

Die Materialforschung zu Leichtbaumaterialien zeichnet sich durch eine ungeheure Dynamik der Entwicklung aus, sowohl bei den Materialien selbst als auch bei der genutzten Fertigungstechnologie. Entsprechend flexibel muss die Prüftechnologie auch im Sinne der Strategie des Simultaneous bzw. Concurrent Engineering adaptiert und weiterentwickelt werden. Bewährte Methoden müssen grundsätzlich auf ihre Anwendbarkeit bei neuen Materialien überprüft werden, aber gleichzeitig bedarf es auch der Innovation bei der Prüftechnologie.

Für die Faserverbundmaterialien wurden Lösungen vorgestellt, die schon in die Herstellungsprozesse der Luftfahrindustrie integriert sind und die auf der Basis von Ultraschall (UT) den Werkstoff prüfen. Neue, überzeugende Ansätze gibt es beim Ultraschall durch die Erfassung nicht-linearer Phänomene, zur Thermographie (TT) und zum Wirbelstrom (ET), speziell für CFK und oberflächennahe Bereiche.

Zu den Fügetechniken des Leichtbaus wurde die erfolgreich in die Prüfung von lasergeschweißten Tailored Blanks eingeführte Ultraschallprüfung (UT) mit elektromagnetisch erzeugten und empfangenen geführten Plattenwellen diskutiert.

Zum mechanischen Fügen (Clinchen) wurde ein neuer, prozessintegrierter Ansatz diskutiert, wobei die Ultraschallprüfköpfe zur Überwachung der Fügequalität in das Werkzeug integriert werden. Für Referenzuntersuchungen, die insbesondere bei Qualifikationsmaßnahmen eine hohe Bedeutung haben, bietet sich die Röntgen Computer-Tomographie an.

5.4 Weiterführende Informationen

Literatur

Altpeter, I: Electromagnetic and Micro-Magnetic Non-Destructive Characterization (NDC) for Material Mechanical Property Determination and Prediction in Steel Industry and in Lifetime Extension Strategies of NPP Steel Components. Inverse Problems, 18, 2002, S. 1907–1921

AREVA, http://www.intelligendt.de/, 2010

Backe, D., Balle, F., Helfen, T.B., Rabe, U., Hirsekorn, S., Sklarczyk, C., Eifler, D., Boller, C.: Ultrasonic Fatigue Testing System Combined with Online Nondestructive Testing for Carbon Fiber Reinforced Composites, Suppl. Proc. Vol. 2: Materials Properties, Characterization, and Modeling, TMS 2012, Orlando, FL, USA, March 2012, 855–863.

Backe, D., Balle, F.: Ultrasonic fatigue and microstructural characterization of carbon fiber fabric reinforced polyphenylene sulfide in the very high cycle fatigue regime, Comp. Sci. Technol., 2016, 126, 115-121.

Balageas, D.: Defense and illustration of time-resolved pulsed thermography for NDE. Quantitative InfraRed Thermography Journal Vol. 9, No. 1, 2012, 3-32, DOI: 10.1080/17686733.2012.676902

Balle, F. (ed.): Ultrasonic Fatigue of Advanced Materials, Ultrasonics, 2013, 53, 1395-1450.

Bathias, C.: Piezoelectric fatigue testing machines and devices, Int. J. Fatigue, 2006, 28, 1483-1445.

Birks, A.S.: Nondestructive testing Hand Book 7: Ultrasonic testing, 1991, Columbus, USA, America Society of Nondestructive Testing

Boller, C.: Bagchi S., Sridaran Venkat R., Starke P., and Mitra M., Monitoring Early Damage Initiation of Very High Cycle Fatigued Composite Material Using a Nonlinearities Based Inverse Approach, Proc. of 10th International Workshop on Structural Health Monitoring, Stanford, USA, September 2015

Borsutzki, M.: Prozessintegrierte Bestimmung der Streckgrenze und der Tiefzieheigenschaften rm und Δr an kaltgewalzten und feuerverzinkten Stahlblechen. Diss., Saarland Universität, Saarbrücken, 1997

Borsutzki, M., Kroos, J., Reimche, W., Schneider, E.: Magnetische und akustische Verfahren zur Materialcharakterisierung von Stahlblechen. Stahl und Eisen, 120, 12, 2000, S. 115-121

Couillard, R. , Schwartz P.: Bending fatigue of carbon-fiber-reinforced epoxy composite strands, Compos. Sci. Technol., 1997, 57, 2, 229-235

Dobmann, G.: Physical Property Determination for Process Monitoring and Control. In: Nondestructive Characterization of Materials VIII, 1998, S. 175-182

Dobmann, G., Altpeter, I., Becker, R., Kern, R., Laub, U., Theiner, W.: Barkhausen Noise Measurements and Related Measurements in Ferromagnetic Materials. Sensing for Materials Characterization, Processing and Manufacturing, 1998, S. 233-251

Dobmann, G., Pitsch, H.: Magnetic Tangential Field Strength Inspection a Further Ndt-tool for 3MA. In: P. Höller, V. Hauk, G. Dobmann, R. Green, C. Ruud (Hrsg.): Nondestructive Characterization of Materials III. Springer Verlag, Berlin/Heidelberg, 1989

Ehrenstein, G.W.: Polymeric Materials, 2001, Munich, Hanser

Engl, G., Gripp, S., Nowacki, S.: Advanced Twin Robotic Approach for Cost-effective Squirter and Contact UT Inspection of CFRP Components. Tagungsband Aerospace Testing Expo, 30. März - 1. April 2004, Hamburg

Gripp, S., Spiegel, R.: Vielkanal-Ultraschallprüfung in Kontakttechnik - eine neuartige Prüftechnologie setzt sich durch. Berichtsband der DGZfP-Jahrestagung, Mainz, 26.-28. Mai 2003

Heslehurst, R. B.: Defects and damage in Composite Materials and Structures. CRC Press, Taylor and Francis Group, Boca Raton, 2014

Hillger, W., Gebhardt, W.: Bildgebende Ultraschallprüfung an CFK-Probekörpern mit Ankopplung über Luft. Berichtsband 68 der DGZfP, 1999, S. 243-250

Hillger, W.: Bildgebende Ultraschallprüfung von CFK-Sandwichbauteilen mit Wasser- und Luftankopplung - Optimierung der Impulsparameter und Vergleich der Leistungsfähigkeit beider Verfahren. Berichtsband BB 120-CD der DGZfP zum Seminar des Fachausschusses Ultraschall, Stutensee, 11.-12. November 2009

Höller, P., Salzburger, H. J.: UT by Electromagnetic Transducers - State of Technology and Applications in Industry. Monitoring, Surveillance, and Predictive Maintenance of Plants and Structures, 1992, S. 50-57

Kuhn, H., Medlin D. (eds.): Ultrasonic Fatigue Testing, ASM Handbook, 8: Mechanical Testing and Evaluation', 2000, Ohio USA, ASM International, 717-729

Maierhofer, C., Myrach, P., Reischel, M., Steinfurth, H., Röllig, M., Kunert ,M.: Characterizing damage in CFRP structures using flash thermography in reflection and transmission configurations. Composites: Part B 57 (2014) 35-46

Maierhofer, C., Röllig, M., Gower, M. et al.: Evaluation of Different Techniques of Active Thermography for Quantification of Artificial Defects in Fiber-Reinforced Composites Using Thermal and Phase Contrast Data Analysis. Int. J. Thermophys (2018) 39: 61. https://doi.org/10.1007/s10765-018-2378-z

Mayr, G., Hendorfer, G., Plank, B., Sekelja, J.: Porosity determination in CFRP specimens by means of pulsed thermography combined with effective thermal diffusivity models. AIP conference proceedings 1211, vol. 1103; 2010. doi: http://dx.doi.org/10.1063/1.3362166

Meier, R., Henrich, R.: Anwendung von Linienarrays zur schnellen und wirtschaftlichen Prüfung von Flugzeugkomponenten. Berichtsband der DGZfP-Jahrestagung, Mainz, 26.–28. Mai 2003

Meinlschmidt, P.: Online-Thermographie-Verfahren und Möglichkeiten der thermischen Anregung. Berichtsband zum Seminar „Wärmeflussthermographie", Fraunhofer Allianz Vision, 2004

Mohrbacher, H., Rubben, K, van der Hoeven, J.-M., Leirman, E.: Tailored Blanks – Mit gekrümmten Nähten in die Zukunft? EFB, TagungsbandT17: Leichtbau durch intelligente Blechbearbeitung, Stuttgart, 1977

Mohrbacher, H., Salzburger, H. J.: Qualitätsüberwachung der Laserschweißnähte von Tailored Blanks mittels geführter Ultraschallwellen und EMUS-Prüfköpfen. Deutsche Gesellschaft für Zerstörungsfreie Prüfung e. V., Berlin: Zerstörungsfreie Materialprüfung. DGZfP-Berichtsbände, 63, 1, 1999, S. 349–357

Netzelmann, U., Walle, G.: Moderne Thermographieverfahren: Impuls und Lock-In Thermographie. Berichtsband zum Seminar „Wärmeflussthermographie", Fraunhofer Allianz Vision, 2004

Pandita, S., Verpoest I.: Tension-tension fatigue behaviour of knitted fabric composites, Compos. Struct., 2004, 64, 2, 199–209

Riegert, R., Zweschper, Th., Dillenz, A., Busse, G.: Wirbelstromangeregte Lockin-Thermografie – Prinzip und Anwendungen. Berichtsband zur DGZfP Jahrestagung, Salzburg, 17.–19. Mai 2004

Salzburger, H. J.: Prozessintegrierte trockene Ultraschallprüfung der Laserschweißnähte von Tailored Blanks. Schweißen und Schneiden, Große Schweißtechnische Tagung, Essen, 12.–14. September 2005, S. 265–269

Salzburger, H. J.: Trockene Ultraschallprüfung der Laserschweißnähte von Tailored Blanks. Stahl und Eisen, 119, Nr. 1, 1999, S. 51–53

Salzburger, H. J.: Blech- und Bandprüfung mit elektromagnetisch angeregten Plattenwellen. Materialprüfung, 27, Nr. 10, 1985, S. 297–302

Schulze, M. H. et al.: Microsystem Technologies 16 (2010), Nr. 5, S.791–797

Solodov, I.Yu., Krohn, N., Busse, G.: CAN: an example of nonclassical nonlinearity in solids, Ultrasonics, 2002, 40, 621-625

Srajbr, C., Tanasie, G., Dilger, K., Böhm, S.: Quality Assurance of Automotive Join Connections by Active Thermography. Document of the International Institute of Welding, IIW, Auto-26-09, 2009. Submitted for publication in Welding of the World, under review

Stanzl-Tschegg, S.: 'Very high cycle fatigue measuring techniques', Int. J. Fatigue, 2014, 60, 2–7

Stolzenberg, M., Borsutzki, M., Angerer, R., Meilland, P., Reimche, W., Wolter, B., Kroos, J.: Final report – ECSC Contract Number: 7215-PP 055 – Combined Measuring System for an Improved Nondestructive Determination of the Mechanical / Technological Material Properties of Steel Sheet. European Coal and Steel Community, 2004

ULSAB, Ultra Light Steel Auto Body-Project, Porsche Engineering Services, Projektphase 1, 1995

Wolter, B., Dobmann, G., Boller, C.: NDT Based Process Monitoring And Control. In: J. Grum (Hrsg.): Slovenian Society for Nondestructive Testing: Application of Contemporary Nondestructive Testing in Engineering. The 10th International Conference of Slovenian Society for Nondestructive Testing, Ljubljana, 2009, S. 511–522

Wolter, B., Dobmann, G., Kern, R.: Kontinuierliche Inline-Prüfung von Qualitätsmerkmalen in Feinblech. In: W. Grellmann (Hrsg.): Herausforderungen neuer Werkstoffe an die Forschung und Werkstoffprüfung. Tagungsband Werkstoffprüfung 2005. Deutscher Verband für Materialforschung und -prüfung e. V. (DVM), DVM-Bericht, 641, Berlin, 2005, S.137–146

Handbücher

ASNT, Nondestructive Testing Handbook. 3. Ausg., Bd. 1: Leak Testing. The American Society for Nondestructive Testing, 1997

ASNT, Nondestructive Testing Handbook. 3. Ausg., Bd. 2: Liquid Penetrant Testing. The American Society for Nondestructive Testing, 1999

ASNT, Nondestructive Testing Handbook. 3. Ausg., Bd. 3: Infrared and Thermal Testing. The American Society for Nondestructive Testing, 2001

ASNT, Nondestructive Testing Handbook. 3. Ausg., Bd. 4: Radiographic Testing. The American Society for Nondestructive Testing, 2002

ASNT, Nondestructive Testing Handbook. 3. Ausg., Bd. 5: Electromagnetic Testing. The American Society for Nondestructive Testing, 2004

ASNT, Nondestructive Testing Handbook. 3. Ausg., Bd. 6: Acoustic Emission Testing. The American Society for Nondestructive Testing, 2005

ASNT, Nondestructive Testing Handbook. 3. Ausg., Bd. 7: Ultrasonic Testing. The American Society for Nondestructive Testing, 2007

ASNT, Nondestructive Testing Handbook. 3. Ausg., Bd. 8: Magnetic Testing. The American Society for Nondestructive Testing, 2008

ASTM, Standards On Disc. Section 3, Metals Test Methods and Analytical Procedures, Bd. 03.03, Nondestructive Testing, 2009

6 Structural Health Monitoring – Schadensdetektion

Hans-Jürgen Schmidt, Bianka Schmidt-Brandecker

6.1	Einleitung	1093	6.4.3	Alternative Stringer-Überwachung	1103
6.2	SHM-Methoden	1094	6.4.4	Schlussfolgerungen	1105
6.3	Erfassung von Betriebslasten durch SHM	1096	6.5	Inspektion von Leichtbaustrukturen	1105
6.3.1	Systeme zur Erfassung der Betriebslasten	1096	6.5.1	Reduzierung oder Ersatz von konventionellen Inspektionen	1106
6.3.2	Identifizierung von extremen Landelasten (hard landing detection)	1096	6.5.2	Reduzierung oder Ersatz von Modifikationen	1106
6.3.3	Anpassung der Inspektionsforderungen	1097	6.5.3	Lebensdauerverlängerung	1107
6.3.4	Sicherheitsfaktoren	1098	6.5.4	Zustandsabhängige Wartung	1107
			6.5.4.1	Erfassung von Betriebslasten	1107
6.4	Strukturoptimierung durch SHM	1099	6.5.4.2	Kontinuierliche Überwachung	1107
6.4.1	Grundlagen für die SHM-Anwendung am Druckrumpf	1101	6.6	Ausblick	1107
6.4.2	Beispiele zur Gewichtsreduzierung für typische Rumpfschalen	1102	6.7	Weiterführende Informationen	1108

6.1 Einleitung

Im Leichtbau spielen die Überwachung der Strukturen und die rechtzeitige Schadensdetektion eine wesentliche Rolle zur Gewährleistung der gewünschten Zuverlässigkeit. Zusätzlich kann der Vorteil der besseren Überwachung durch Structural Health Monitoring (SHM) bei der Auslegung der Leichtbaustrukturen berücksichtigt werden mit dem Ziel, Wartungskosten zu senken und/oder Strukturgewicht einzusparen. Beide Zielsetzungen spielen im Flugzeugbau eine entscheidende Rolle und werden im Folgenden für Metallstrukturen beschrieben. Die notwendigen Technologien sind teilweise entwickelt, jedoch bisher nicht bei Serien-Flugzeugen angewendet. Durch die Anwendung von SHM sollen die bisher mit konventionellen Methoden definierten Struktur-Inspektionsprogramme teilweise ersetzt werden.

Structural Health Monitoring (SHM) steht für die kontinuierliche und selbstständige Überwachung von Schäden, Spannungen, Dehnungen, Umweltparametern und Flugparametern durch permanent applizierte bzw. integrierte Sensorsysteme zur Gewährleistung der strukturellen Integrität. Dabei werden die Daten nicht nur gespeichert, sondern auch interpretiert, und es wird mit entsprechenden Meldungen oder Aktionen darauf reagiert. Es wird zwischen aktiven und passiven Systemen unterschieden, wobei passive Systeme durch die Struktur angeregt werden, aktive Systeme dagegen regen die Struktur an und messen anschließend die Strukturantwort.

Die derzeitige Vorgehensweise zur Erstellung von Struktur-Inspektionsprogrammen im Flugzeugbau basiert auf Betriebsfestigkeits- und Schadenstoleranz-Methoden (durability / damage tolerance). Der Ansatz verwendet eine Kombination von berechneten Lastkollektiven, Strukturanalysen, Ermüdungsversuchen und Methoden der zerstörungsfreien Prüfung (Non destructive testing – NDT) zur Bestimmung des Inspektionsbereiches, des Zeitpunktes der Erstinspektion, des Inspektionsintervalls und der Inspektionsmethode.

Die Anwendung von SHM ist bei Flugzeugstrukturen auf verschiedenen Gebieten möglich (Abb. 6.1).

Der Einsatz von SHM-Systemen bietet folgende Vorteile:

- Verlängerung der Wartungsintervalle und Verkürzung der Wartungszeiten
- Zustandsabhängige Wartung (condition based maintenance) anstatt fester Wartungsintervalle
- Verlängerung der Betriebsdauer und bessere Nutzung der Strukturreserven
- Einsparungen beim Strukturgewicht durch kontinuierliche Überprüfung des Strukturzustandes.

Im Vergleich zu den zerstörungsfreien Prüfverfahren (NDT) bieten die SHM-Technologien folgende Vorteile:

- Keine Notwendigkeit für wiederholten Zugang zum Inspektionsbereich
- Schnellere Durchführung von Inspektionen durch Wegfall der manuellen Bewegung des NDT-Prüfkopfs auf dem Bauteil (Suchen der optimalen Position)
- Reduzierung des Einflusses des Prüfers (human factor)

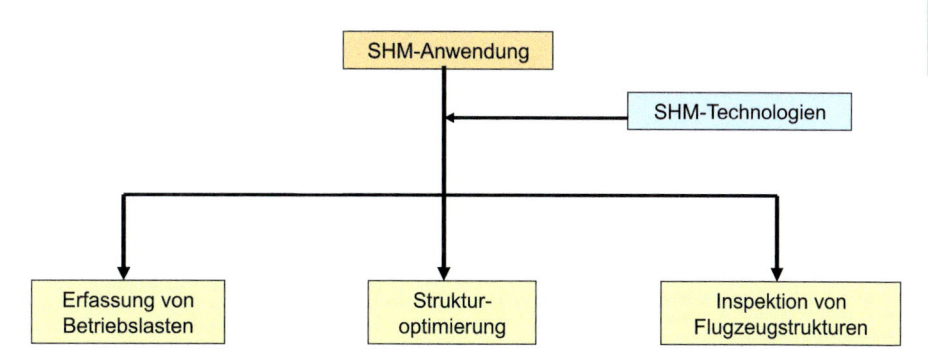

Abb. 6.1: *Beispiele für Anwendungsgebiete von SHM bei Flugzeugstrukturen*

- Kontinuierliche Diagnostik und Prognostik zur Planung zukünftiger Wartungs- und Reparaturaktivitäten (condition based maintenance)
- Detektierung von Überlastungen der Struktur und Festlegung von notwendigen Maßnahmen.

6.2 SHM-Methoden

Viele der SHM-Technologien, die derzeit bei den Flugzeugherstellern entwickelt oder getestet werden, beruhen auf Prinzipien, die bereits bei der Inspektion und Wartung von Flugzeugen eingesetzt werden, wie zum Beispiel Ultraschall oder Wirbelstrom. Die SHM-Technologien unterscheiden sich von den konventionellen zerstörungsfreien Prüfverfahren dadurch, dass die Sensoren an der Struktur verbleiben und damit der wiederholte Zugang zu den zu überwachenden Stellen nicht erforderlich ist. Die Messergebnisse können entweder online während des Fluges ausgewertet oder bei Wartungsarbeiten ausgelesen werden. Die SHM-Sensoren können auf die Oberfläche der Struktur aufgebracht, im Material eingebettet oder zwischen zwei Bauteilen integriert werden (Abb. 6.2).

Im Flugzeugbau wurden verschiedene SHM-Sensoren auf ihre Verwendbarkeit untersucht. Folgende Technologien werden derzeit favorisiert:
- Fiber Bragg Gratings (FBG)
- Comparative Vacuum Monitoring (CVM)
- Acousto-Ultrasonics (AU)
- Acoustic Emission (AE)
- Eddy Current Testing Foil Sensors (ETFS)
- Microwave Antennas (MWA)
- Crack Wires
- Strain Gages.

Fiber Optic Sensors (FOS) in Form von Fiber Bragg Gratings (FBG) (Abb. 6.3 links) arbeiten ähnlich wie die üblichen Dehnungsmessstreifen (DMS). Eine Dehnung des Strukturbauteils durch mechanische Belastung oder Temperatur, und damit des aufgeklebten Sensors bewirkt eine messbare Änderung der physikalischen Kenngrößen des Sensors. Beim FBG beeinflusst die Dehnung die Charakteristik des reflektierten Lichts und zusätzlich die Position der eigentlichen Messstellen, d.h. der Bragg Gratings in der Faser.

Eine weitere Methode ist das Comparative Vacuum Monitoring (CVM), das bei der Entwicklung, Qualifizierung und Zulassung des neuen Werkstoffes GLARE® eingesetzt wurde (Kap. III.9). GLARE® besteht aus dünnen Aluminium-Blechen (0,3 bis 0,5 mm) mit dazwischen liegenden Faser-Prepreg-Lagen (S-Glas, Kleber). Eine industrielle Anwendung erfolgt in den Rumpf-Ober- und –Seitenschalen des Airbus A380. CVM wurde bei den GLARE®-Entwicklungsversuchen zur Überprüfung von Schäden in den nicht zugänglichen Metall- und Prepreg-Lagen eingesetzt. Außerdem setzen mehrere Flugzeughersteller CVM standardmäßig für Strukturtests im Labor ein, insbesondere bei genieteten und geklebten Verbindungen und anderen schwer zugänglichen Bereichen.

CVM-Sensoren detektieren bereits Risse in einer Größenordnung von 1-2 mm, die mit herkömmlichen zerstörungsfreien Prüfverfahren kaum zu finden sind. Die CVM-Sensoren (Abb. 6.3 rechts) arbeiten

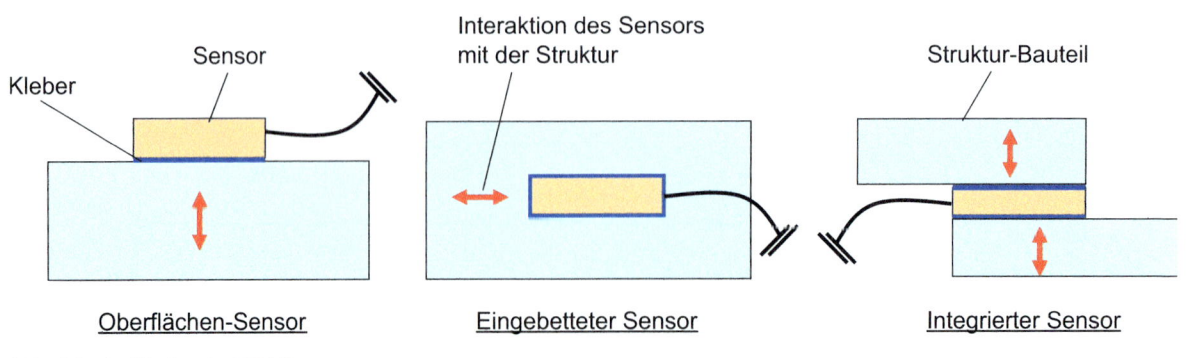

Abb. 6.2: *Applikation der SHM-Sensoren*

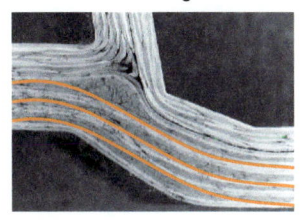

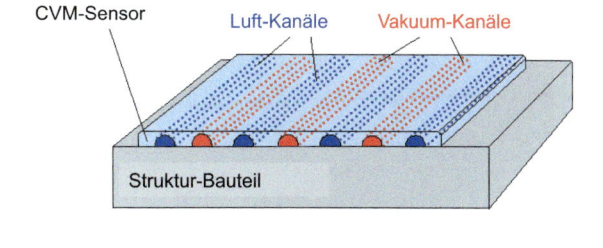

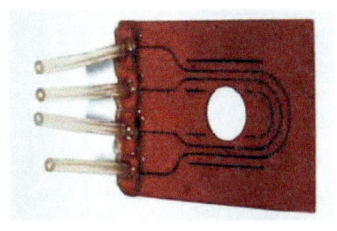

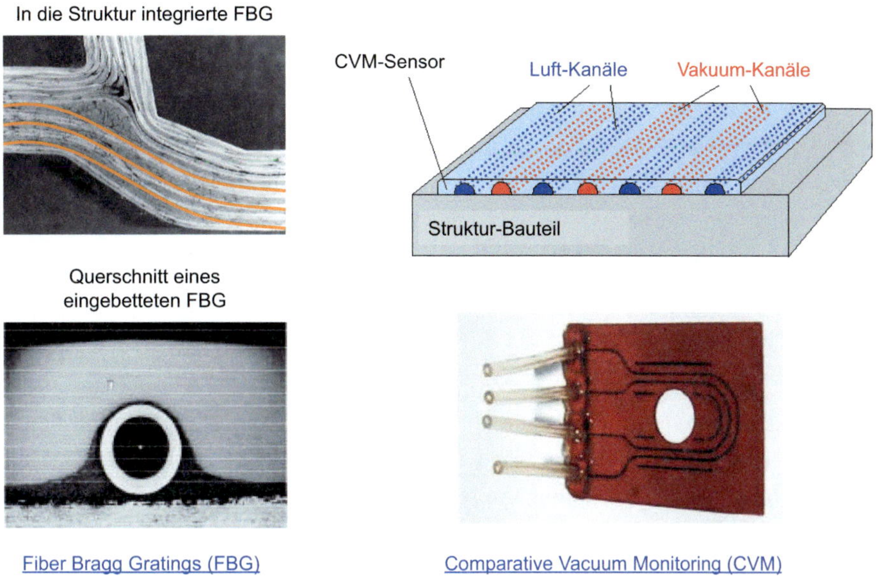

6.2 SHM-Methoden

Abb. 6.3: SHM-Sensoren – Fiber Bragg Gratings und Comparative Vacuum Monitoring

Fiber Bragg Gratings (FBG)

Comparative Vacuum Monitoring (CVM)

mit einem Differenzdruck. In den 0,125 mm dünnen Sensoren befinden sich feine Kanäle, welche abwechselnd Luft enthalten bzw. bis zum Vakuum evakuiert werden. Risse im Material führen zu Verbindungen zwischen den Kanälen und damit zu messbaren Druckänderungen.

Acousto-Ultrasonics (AU) (Abb. 6.4 links) ist eine Technik, bei der die Struktur akustisch angeregt wird und die Schallwellen an anderer Stelle wieder aufgefangen werden. Risse oder Delaminationen in der Struktur führen zu Störungen im Wellenmuster.

Acoustic Emissions (AE) Sensoren (Abb. 6.4 rechts) sind das passive Gegenstück zu AU. Risse, Delaminationen oder äußere Beschädigungen verursachen unübliche Schallereignisse, auf die die AE-Sensoren reagieren.

Eddy Current Testing Foil Sensors (ETFS) (Abb. 6.5 links) eignen sich nur für metallische Strukturen.

Risse und Korrosionsstellen verändern das vom Sensor erzeugte Wirbelstromfeld.

Microwave Antennas (MWA) (Abb. 6.5 rechts) senden und empfangen Mikrowellen, die Wassereinschlüsse in Verbundwerkstoffen und Sandwichstrukturen anzeigen.

Die SHM-Technologien Reißdrähte (crack wires) und Dehnungsmessstreifen (strain gages) beruhen auf den bekannten Technologien.

An die SHM-Technologien werden hohe Anforderungen bezüglich Haltbarkeit und Funktionsfähigkeit gestellt, um die gleichen Zulassungsforderungen der Luftfahrtbehörden wie an die zerstörungsfreien Prüfverfahren zu erfüllen. Das bedeutet eine Fehlerfindungswahrscheinlichkeit (probability of detection – POD) von 90 Prozent bei einem Vertrauensgrad von 95 Prozent. Die Haltbarkeit der Sensoren inklusive der Anbindung an

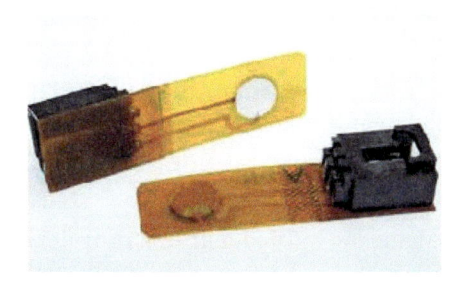

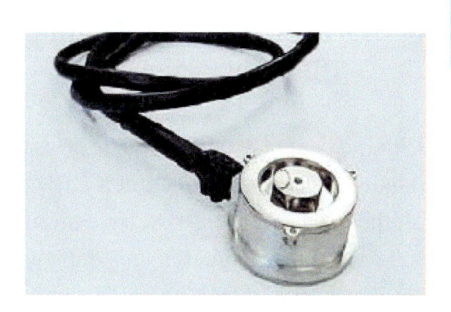

Abb. 6.4: SHM-Sensoren – Acousto-Ultrasonics und Acoustic Emmisions

Acousto Ultrasonics (AU)

Acoustic Emissions (AE)

Eddy Current Testing Foil Sensors (ETFS)   Microwave Antennas (MWA)

Abb. 6.5: *SHM-Sensoren – Eddy Current Testing Foil Sensors und Microwave Antennas*

die Struktur sollte eine Betriebsdauer von mehr als 30 Jahren erlauben. Dabei müssen Umwelt- und Temperatureinflüsse sowie mechanische Belastungen berücksichtigt werden.

6.3 Erfassung von Betriebslasten durch SHM

Die Berechnung von Forderungen zur Strukturinspektion basiert auf berechneten Lastkollektiven unter Verwendung angenommener mittlerer Einsatzprofile, Schnittgrößen für stationäre und Störlasten (Böen, Manöver, etc.) sowie Statistiken über die Häufigkeiten der Störlasten. Da diese Vorgehensweise zu mittleren Lastkollektiven führt, sind entsprechend hohe Sicherheitsfaktoren zu verwenden, um alle Flugzeuge eines Flugzeugtyps abzudecken. Die Genauigkeit der Lastkollektive kann wesentlich verbessert werden durch die Erfassung der Betriebslasten an individuellen Flugzeugen, was eine Reduzierung der Sicherheitsfaktoren ohne Verringerung der Zuverlässigkeit der Struktur erlaubt.

6.3.1 Systeme zur Erfassung der Betriebslasten

Unterschiedliche Methoden zur Erfassung der individuellen Betriebslasten wurden entwickelt. Die erste Methode basiert auf der Aufzeichnung und Verarbeitung der Flugparameter, bei der zweiten Methode werden Lasten direkt gemessen und/oder aus Dehnungsmessungen ermittelt; eine dritte Methode ist eine Kombination der beiden erstgenannten (Ladda 1991).

Das Gesamtsystem Airframe Condition Monitoring Procedure (ACMP), das die Effektivität des Strukturinspektionsprogramms erhöht, besteht aus Systemteilen an Bord der Flugzeuge (Operational Loads Monitoring System – OLMS) und aus Systemteilen am Boden zur Verarbeitung der Informationen (Abb. 6.6). Das beschriebene System OLMS ist anwendbar für alle Transport- und Kampfflugzeuge, die mit elektronischen Flugkontrollsystemen (EFCS) ausgerüstet sind.

Vier Hauptfunktionen sind in OLMS integriert, d. h.
- Daten-Akquisition: Aufbereitung der Parameter für die Lastberechnungen und die Ermittlung der Daten des Einsatzprofils
- Daten-Verarbeitung: Berechnung der Betriebslasten und der Daten des Einsatzprofils
- Daten-Reduzierung: Auswertung der Last-Zeit-Abläufe durch das Zählverfahren „Range-pair-range"
- Spezielle Funktionen, wie Erfassung von Landungen mit Übergewicht oder hoher Sinkgeschwindigkeit oder Überschreitung der sicheren Last zur Entscheidung über kurzfristige Sonderinspektionen.

6.3.2 Identifizierung von extremen Landelasten (hard landing detection)

Die Identifizierung der harten Landungen erfolgte bisher durch die Beurteilung und den subjektiven Eindruck der Piloten. Die identifizierten harten

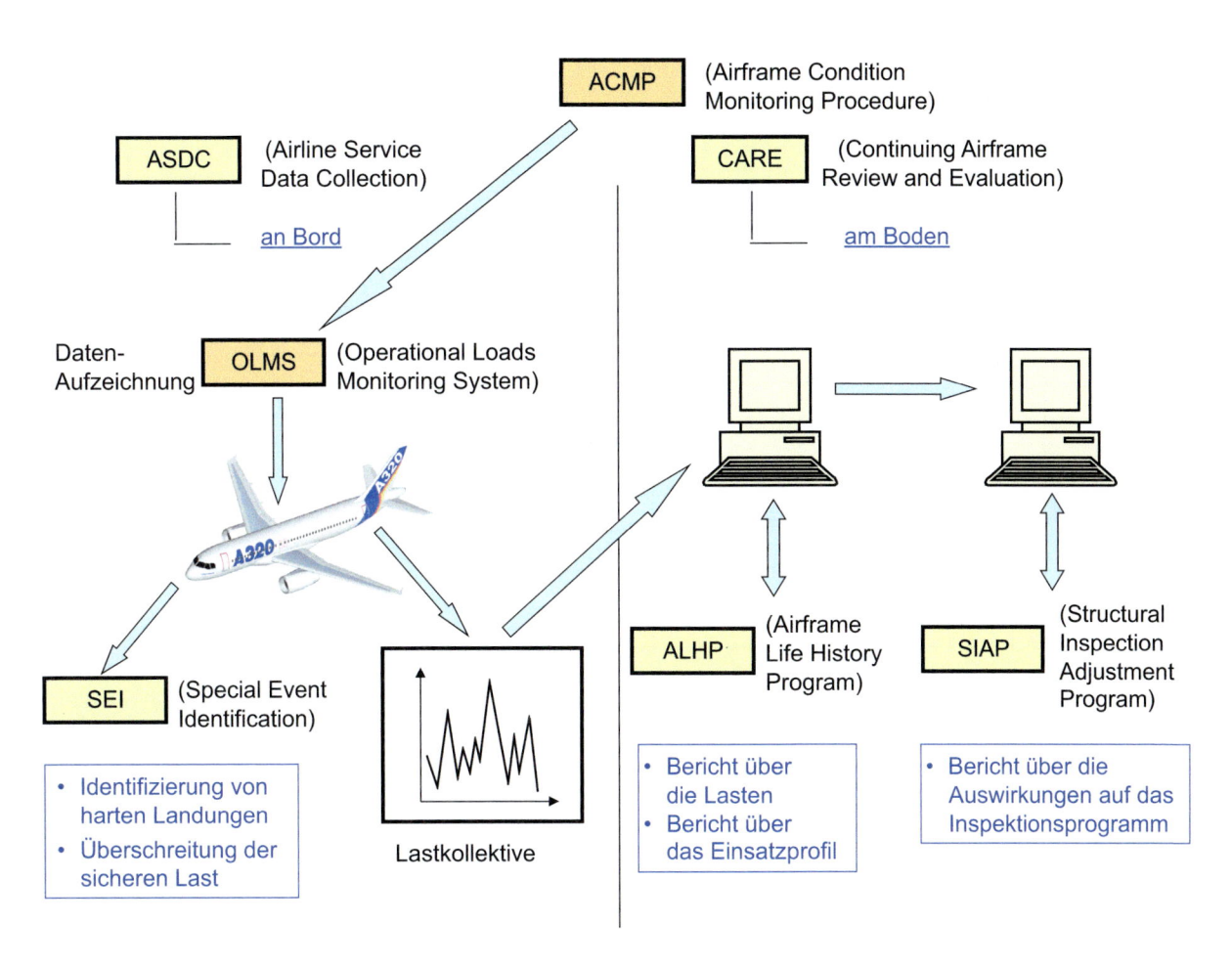

Abb. 6.6: *Airframe Condition Monitoring Procedure ACMP*

Landungen lösen bisher zeit- und kostenaufwändige Sonderinspektionen aus. Durch die Komplexität des dynamischen Landevorgangs und der damit schwierigen Beurteilung ergab sich eine Fehlerrate von mehr als 85 Prozent, d. h. in 85 Prozent der Fälle von angeblichen harten Landungen wurden keine Strukturschäden entdeckt (Young 2009).

Die kontinuierliche Auswertung der Flugparameter an Bord erlaubt die Identifizierung von tatsächlichen harten Landungen, die zu bleibenden Verformungen und anderen Schäden primär am hinteren Rumpf führen können, d. h. nur in diesen Fällen werden die Sonderinspektionen durchgeführt. Die Fehlerrate sinkt von 85 Prozent auf ca. 5 Prozent (Young 2009).

6.3.3 Anpassung der Inspektionsforderungen

Die Berechnung der Inspektionsforderungen (Erstinspektion (Threshold) und Intervall) erfolgt im Rahmen des bodengestützten Systems Continuing Airframe Review and Evaluation (CARE) und ersetzt die früheren, auf mittleren Lastkollektiven beruhenden Inspektionsforderungen. Damit berücksichtigen die neuen Inspektionsforderungen die gemessenen, individuellen Lastkollektive für jedes Flugzeug.

Die Anpassung des Inspektionsintervalls wird im Folgenden an einem Beispiel beschrieben (Abb. 6.7) (Meyer 1989). Die Kurve A des Rissfortschritts beruht auf den mittleren Lastkollektiven, im Gegensatz zur Kurve B, die auf den über 9500 Flüge gemessenen OLMS-Kollektiven beruht.

Abb. 6.7: *Beispiel zur Anpassung des Inspektionsintervalls*

Daraus würde sich ergeben, dass das Inspektionsintervall von ursprünglich 6500 Flügen auf 9200 Flüge steigt. Dies setzt allerdings voraus, dass das Flugzeug in Zukunft die gleichen Lasten erfährt wie in den vergangenen 9500 Flügen. Diese Annahme wird von den Luftfahrtbehörden jedoch nicht akzeptiert, sodass eine Korrektur notwendig ist. Es wird angenommen, dass das Flugzeug in Zukunft gemäß der mittleren Kollektive belastet wird, d. h. von 0 bis 9500 Flüge wird die OLMS-Kurve B verwendet, ab 9500 Flüge die Kurve A (mit mittleren Kollektiven). Daraus ergibt sich Kurve C und ein Inspektionsintervall von 8200 Flügen.

6.3.4 Sicherheitsfaktoren

Bei Ermittlung der Anzahl der Flüge bis zur Erstinspektion (Threshold TH) sowie bei der Bestimmung des Inspektionsintervalls I sind Sicherheitsfaktoren zu verwenden. Der Sicherheitsfaktor für die Berechnung der Erstinspektion TH, basierend auf Lebensdauerberechnung, berücksichtigt die Streuung der Betriebsbeanspruchungen (Standardabweichung s_L) sowie die Streuung der Materialdaten (Standardabweichung s_N) und gilt für eine geforderte Ausfallwahrscheinlichkeit P_A. Für die Bestimmung des Sicherheitsfaktors j in Abhängigkeit von s_L und s_N liegt ein Berechnungsverfahren vor (Haibach 1967), das von dem Verhältnis $v = s_L/s_N$ abhängig ist.

Bei der Verwendung von gemessenen, individuellen Lastkollektiven ist keine Streuung der Betriebsbeanspruchungen zu berücksichtigen, d. h. $s_L = 0$. Damit wird $v = 0$ und der Sicherheitsfaktor entsprechend reduziert (Horst 1995). Der Sicherheitsfaktor ist außerdem abhängig von der Standardabweichung der Materialdaten s_N. Als Beispiel wurden die notwendigen Sicherheitsfaktoren j für $s_N = 0{,}155$ in Abhängigkeit von v und P_A berechnet (Abb. 6.8).

Für die Inspektionsintervalle wird der Sicherheitsfaktor nicht mit dem oben genannten Haibach-Verfahren bestimmt, sondern es werden fest vorgegebene Sicherheitsfaktoren verwendet. Dabei wird ebenfalls unterschieden zwischen Bauteilen mit wenig variierenden, d. h. nahezu konstanten Betriebsbelastungen und andererseits Bauteilen mit sehr komplexen, stark variierenden Belastungen. Für Leichtbaustrukturen mit parallelen Lastpfaden (multiple load path design) werden Sicherheitsfaktoren für das Inspektionsintervall von mindestens 2 bzw. 2,5 angewendet (Abb. 6.9).

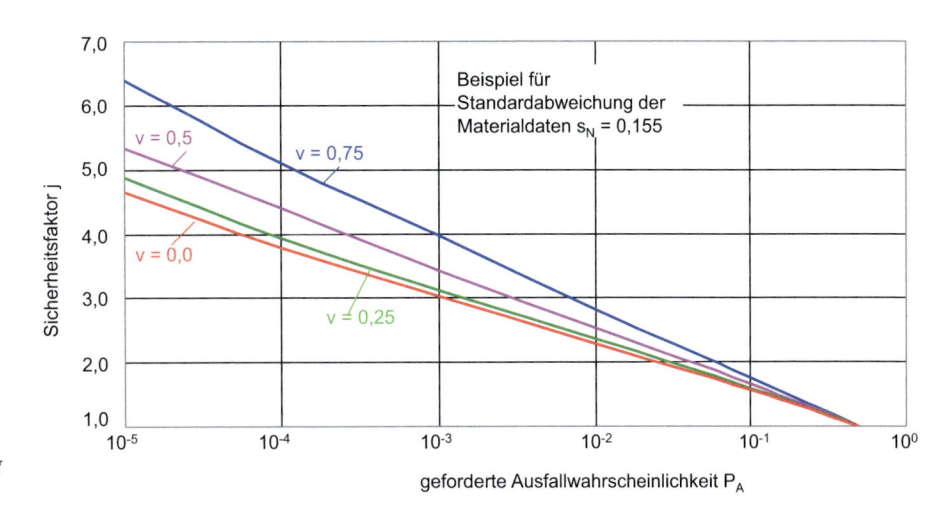

Abb. 6.8: *Beispiel für Sicherheitsfaktoren zur Bestimmung der Erstinspektion*

6.4 Strukturoptimierung durch SHM

Eines der wesentlichen Ziele der SHM-Anwendung ist die Gewichtsoptimierung, wie sie für Metallstrukturen (Schmidt 2001) und für kohlenstofffaserverstärkte Verbundwerkstoffe (Goggin 2003) vorgeschlagen wurde. Heutige zivile Transportflugzeuge müssen die Schadenstoleranz-Vorschriften (FAR 25.571 (Amendment 132) 2010) erfüllen, unabhängig vom Werkstoff, den Konstruktionsprinzipien und den Fertigungsmethoden. Schadenstoleranz (Damage Tolerance – DT) ist die Eigenschaft der Struktur, Beschädigungen infolge von Materialermüdung, Korrosion, Fertigungsfehlern oder äußerer Einwirkung zu tolerieren, ohne dass es zu einem katastrophalen Ausfall der Struktur während der gesamten Betriebsdauer des Flugzeugs kommt. Dieses Ziel wird durch ein angemessenes Inspektionsprogramm unter Verwendung von DT-Analysen erreicht, die Berechnungen des Rissfortschritts und der Restfestigkeit beinhalten (Abb. 6.10).

Schadenstoleranz ist das dimensionierende Kriterium für große Bereiche von metallischen Rumpf- und Flügelschalen, d. h. das Schadenstoleranz-Kriterium ist verantwortlich für das Gewicht der Schalen. Die Rumpf- und Flügelschalen sind versteifte Schalen, bei denen die Beplankung durch Stringer und Spante

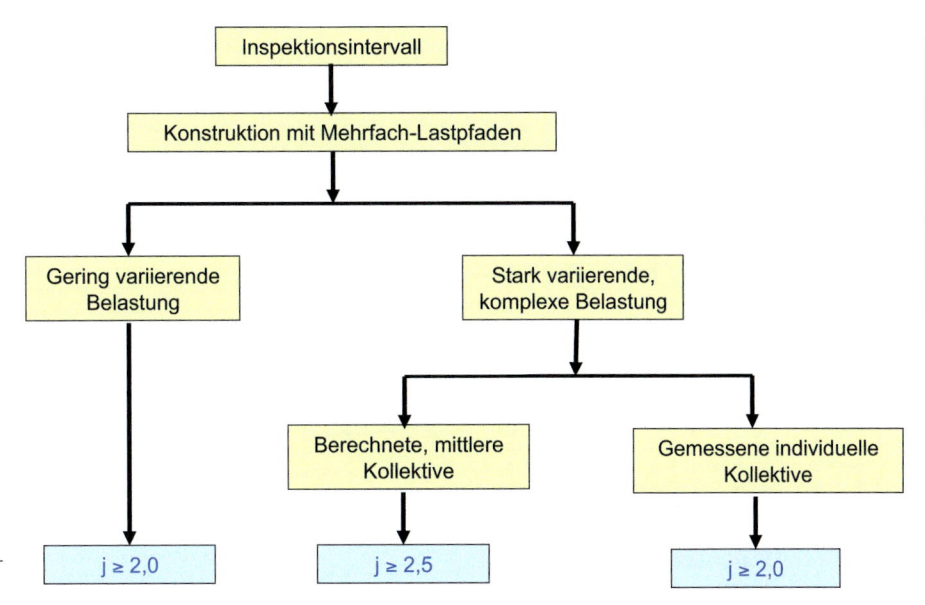

Abb. 6.9: *Sicherheitsfaktoren für die Bestimmung des Inspektionsintervalls*

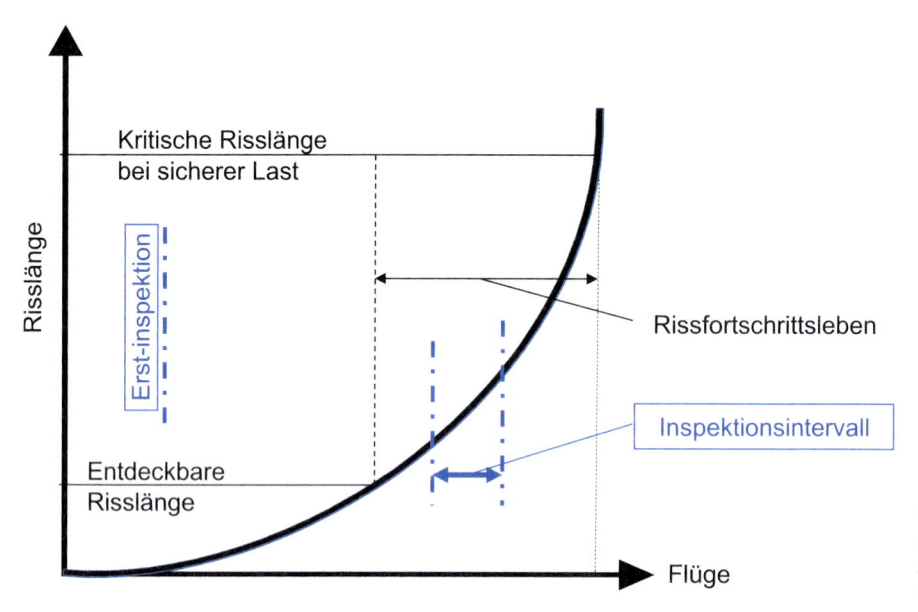

Abb. 6.10: *Untersuchungen der Schadenstoleranz und resultierende Strukturinspektionen*

bzw. Rippen versteift wird. Aufgrund des schwierigen Zugangs zur internen Struktur werden die Inspektionen überwiegend auf die Haut beschränkt, die von außen zugänglich ist. Daher wird bei der DT-Analyse aus Sicherheitsgründen von beschädigter interner Struktur ausgegangen. Das resultierende Schadensszenario „Hautriss über gebrochener interner Versteifung" führt im Vergleich zu anderen Schadensszenarien zu der kürzesten Rissfortschrittsperiode und zu den geringsten zulässigen Spannungen bei der Konstruktion.

Die Überprüfung der internen Versteifungen mittels SHM-Sensoren gestattet die Verwendung von weniger konservativen Schadensszenarien, d. h. „Hautriss über intakter interner Versteifung" und „Hautriss zwischen zwei intakten internen Versteifungen". Beide Szenarien führen zu längeren Rissfortschrittsperioden unter Beibehaltung des ursprünglichen Spannungsniveaus oder erlauben höhere zulässige Spannungen bei unverändertem Inspektionsintervall (Abb. 6.11). Beide Vorteile sind für den Flugzeughersteller sowie die Betreiber interessant, wobei die höheren zulässigen

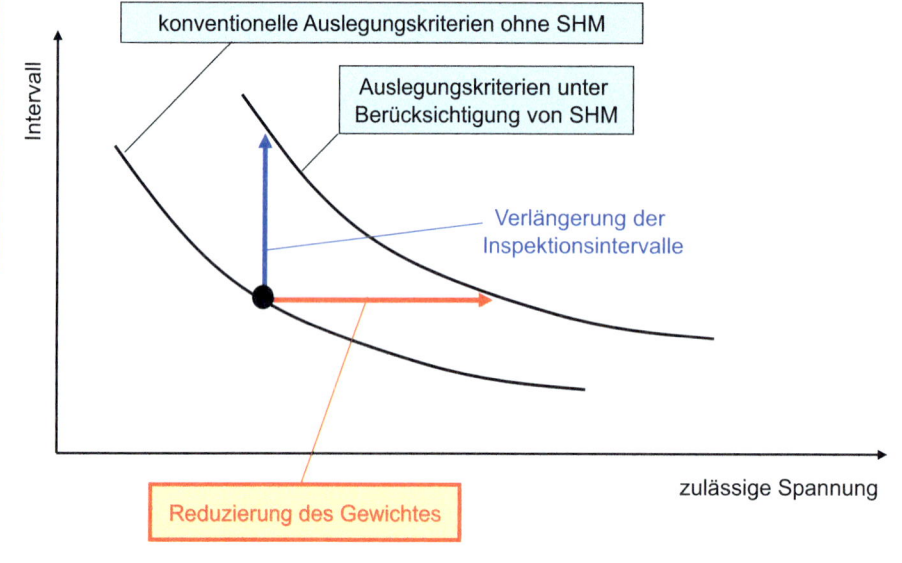

Abb. 6.11: *Prinzipielle Vorteile durch SHM bei Wartung oder Auslegung*

Spannungen und die damit verbundene Gewichtsreduzierung von besonderer Bedeutung für die Reduzierung der Betriebskosten (Direct operating costs – DOC) sind.

Die beschriebenen Verbesserungen können in den Bereichen realisiert werden, in denen die Schadenstoleranz das dimensionierende Kriterium ist. In statisch dimensionierten Bereichen kann durch eine Überwachung der internen Struktur mittels SHM keine Gewichtseinsparung erzielt werden, jedoch eine Verlängerung der Inspektionsintervalle.

6.4.1 Grundlagen für die SHM-Anwendung am Druckrumpf

Bei der DT-Analyse von versteiften, zweiachsig belasteten Rumpfschalen werden drei Schadensszenarien (I, II und III) in Umfangsrichtung und drei Szenarien (IV, V und VI) in Längsrichtung betrachtet (Abb. 6.12). Bei einer SHM-Anwendung entfallen die beiden konservativsten Szenarien I und IV.

Der Verzicht auf Szenario I für Umfangsrisse ist zulässig, wenn die Stringer durch SHM kontinuierlich oder periodisch auf Risse oder Versagen überwacht werden. Aufgrund der vorliegenden Spannungsverteilung ist der Stringerfuß der geeignete Ort für die Sensoren (Abb. 6.13). Die geforderte entdeckbare Schadensgröße ist der Ausfall des kompletten Stringerfußes, dessen Breite ca. 20 mm beträgt.

Das Strukturverhalten bei Längsrissen in der Haut ist abhängig vom Zustand der Spante und/oder der Haut. Grundsätzlich gibt es zwei Möglichkeiten der SHM-Anwendung, um die Gewichtsvorteile zu erzielen:

- Überwachung der Haut auf Längsrisse und damit Verzicht auf alle drei Schadensszenarien IV, V und VI. Die in Umfangsrichtung ausgerichteten Sensoren werden von innen mit einem maximalen Abstand von einer Spantteilung auf die Haut appliziert (Abb. 6.14). Dies setzt voraus, dass die kritische Risslänge größer als eine Spantteilung ist.
- Eine Alternative ist die periodische Messung der Spannungen am Spantaußengurt. Hautlängsrisse führen durch Lastumverteilung zu erhöhten Spantspannungen und erlauben damit die Detektierung von Hautrissen. Bei der vorgeschlagenen SHM-Anwendung kann auf die Schadensszenarien IV und VI verzichtet werden. Bei der dargestellten Spantgeometrie ist das Szenario V weiterhin zu berücksichtigen. Aufgrund der zu erwartenden Spannungsverteilung sollte der SHM-Sensor auf dem Spantaußengurt positioniert werden (Abb. 6.14).

Die Gewichts- und/oder Inspektionsvorteile durch eine SHM-Anwendung werden durch vergleichende Analysen des Rissfortschritts und der Restfestigkeit unter Verwendung der bekannten Methoden der linear-elastischen Bruchmechanik ermittelt. Die

I	Basis:	Riss über gebrochenem Stringer
II	SHM:	Riss über intaktem Stringer
III	SHM:	Riss zwischen intakten Stringern

IV	Basis:	Riss über gebrochenem Spant
V	SHM:	Riss über intaktem Spant
VI	SHM:	Riss zwischen intakten Spanten

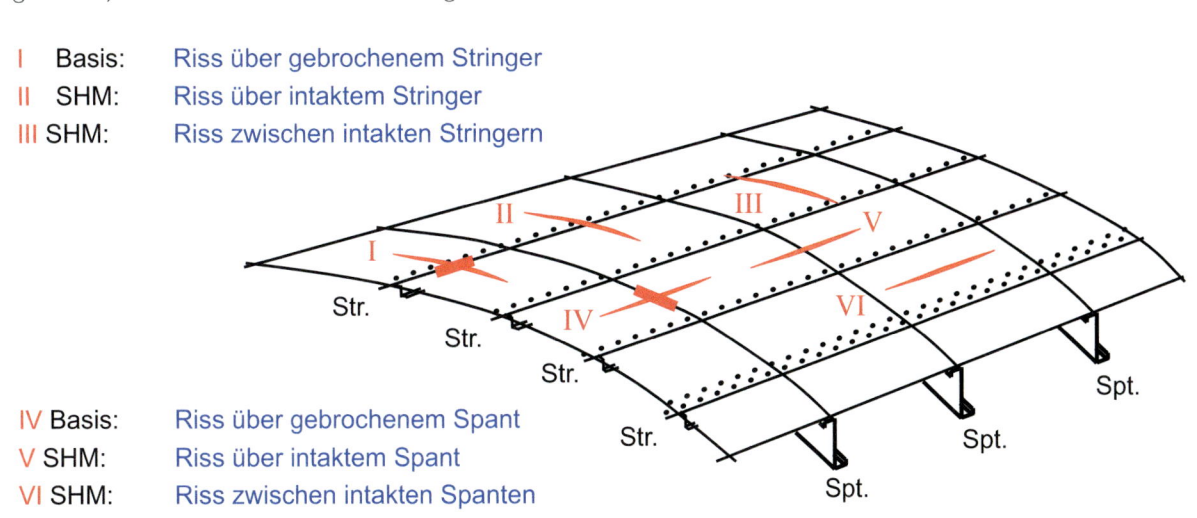

Abb. 6.12: *Risskonfigurationen für DT-Analysen mit und ohne SHM-Anwendung*

Abb. 6.13: *Position der Sensoren zur Schadensdetektierung im Stringer*

Berechnungsverfahren für zweiachsig belastete Rumpfschalen berücksichtigen alle relevanten Parameter (Schmidt 2005) wie
- Flexibilität der Haut-Spant-Verbindung
- Aufwölbung der Rissfronten bei Längsrissen unter Innendruck
- Spannungsverteilung in Haut (zweiachsig) und Stringer (einachsig) bei Innendruck
- Nicht-konstante Verteilung der Umfangsspannung zwischen den Spanten.

6.4.2 Beispiele zur Gewichtsreduzierung für typische Rumpfschalen

Die oben beschriebenen Gewichtsvorteile für die Rumpfschalen sind von der geometrischen Konfiguration der Schalen sowie von den lokalen Last- und Spannungsverhältnissen abhängig. Beispielhaft wurden vier Rumpfbereiche eines modernen zivilen Mittelstrecken-Flugzeuges mit großem Rumpfdurchmesser untersucht. Die Beispiele berücksichtigen typische Rumpfschalen bestehend aus Haut, Stringern, Spanten und Spant-Haut-Verbindungselementen (Clips) aus dem Aluminium-Werkstoff 2024. Die vier Berechnungsstellen zeigen typische Verhältnisse der Umfangs- und Längsspannungen im Reiseflug unter Berücksichtigung des Kabinen-Innendrucks und der stationären Lasten (Abb. 6.15). Die DT-Analysen berücksichtigen das gesamte Spektrum der Betriebslasten einschließlich Böen, Manövern, Bodenlasten, etc. In einer der vier Berechnungen wurde der Rissfortschritt eines Umfangsrisses in der hinteren, oberen Rumpfschale von einer angenommenen, entdeckbaren Risslänge von 75 mm bis zur kritischen Risslänge ermittelt. Der Wegfall des Szenarios I durch die SHM-Anwendung erlaubt eine Erhöhung der zulässigen Spannungen um 15 Prozent und damit eine Gewichtsreduzierung von 13 Prozent (Abb. 6.16).

Die Rissfortschrittsperioden für die Längsrisse in derselben Schale (Abb. 6.17) sind bezogen auf die Rissfortschrittsperiode für das Basis-Szenario I des Umfangsrisses. Im Falle der Hautüberwachung werden alle Rissszenarien IV, V und VI detektiert bevor der Riss die kritische Länge erreicht. Damit ist das Ergebnis für den Umfangsriss maßgebend für die Gewichtsreduzierung, d.h. eine Erhöhung der zulässigen Spannung um 15 Prozent ist mög-

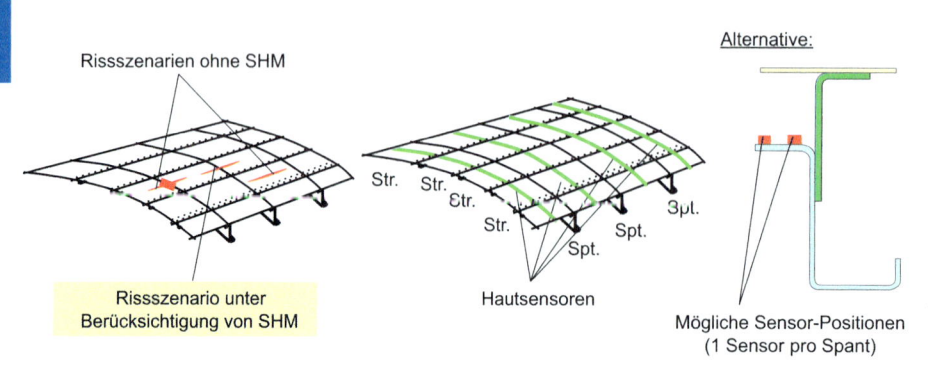

Abb. 6.14: *Sensor-Positionen zur Schadensdetektierung in der Haut und Spannungsmessung im Spant*

6.4 Strukturoptimierung durch SHM

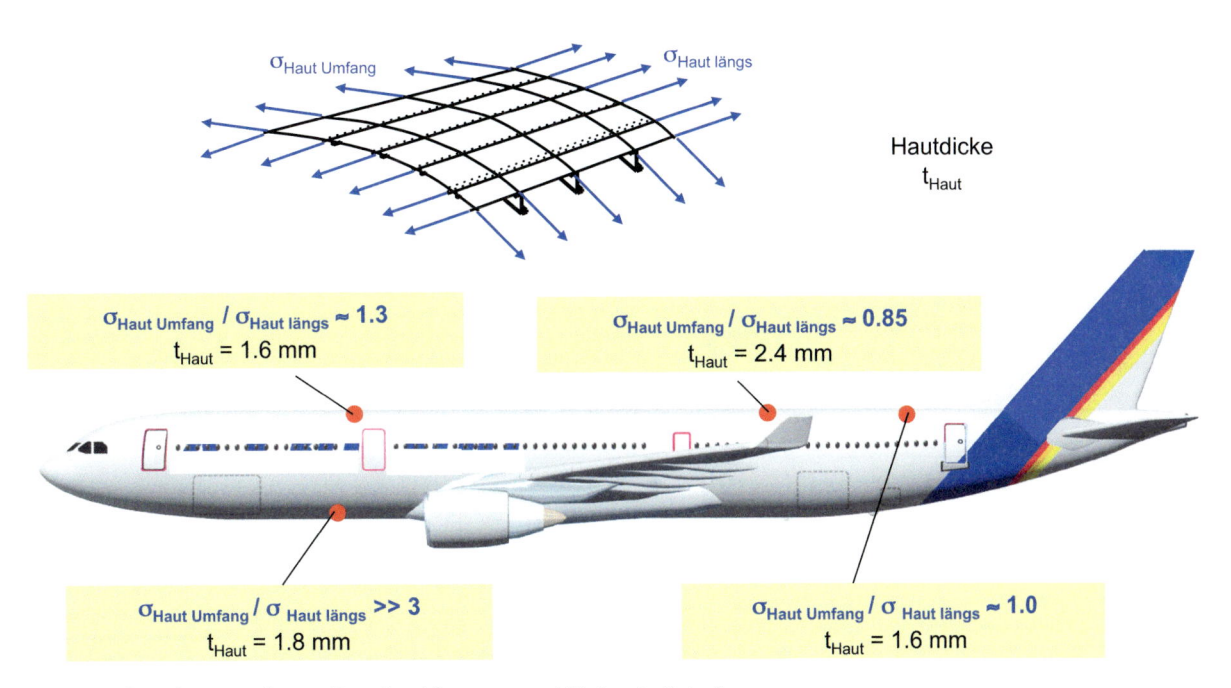

Abb. 6.15: *Berechnungsstellen am Rumpf und Spannungsverhältnisse im Reiseflug*

lich und damit eine Gewichtsreduzierung um 13 Prozent.

Die Gewichtsreduzierungen für die vier Berechnungspunkte liegen zwischen 13 und 20 Prozent (Abb. 6.18). Dabei sind im Oberschalenbereich entweder die Haut und die Stringer oder nur die Stringer zu überwachen. Im Unterschalenbereich dagegen ist eine Überwachung der Haut ausreichend.

6.4.3 Alternative Stringer-Überwachung

Die oben beschriebene Stringer-Überwachung geht von Sensoren aus, die auf den Stringerfuß appliziert sind. Eine alternative Stringer-Überwachung ist durch Verwendung von Aluminium Strangpress-Stringern möglich, die im Fußbereich eine oder mehrere Bohrungen in Längsrichtung

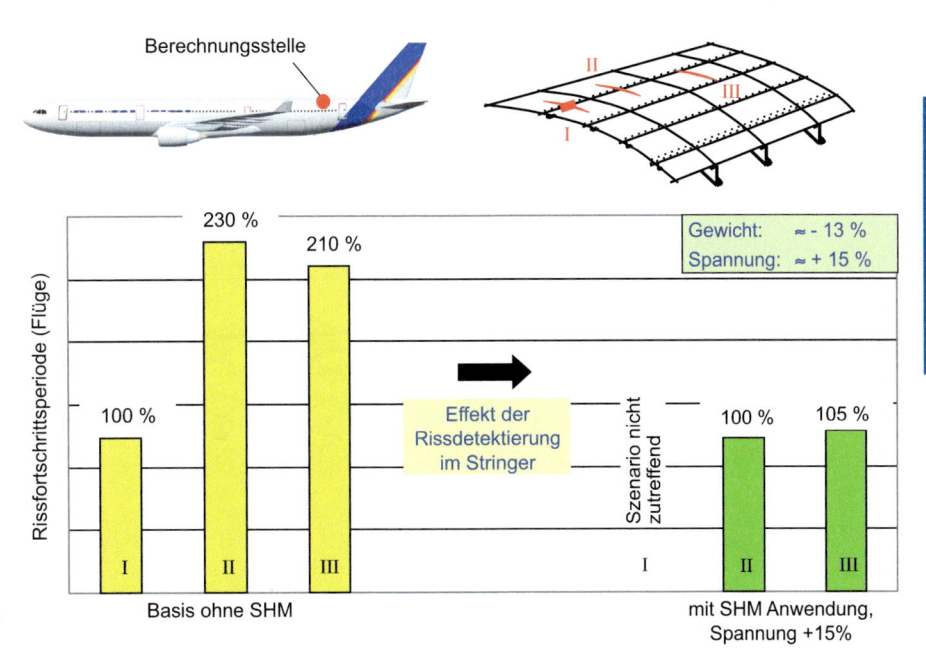

Abb. 6.16: *Berechnungsergebnisse des Rissfortschritts für die hintere, obere Rumpfschale – Umfangsriss*

Abb. 6.17: *Berechnungsergebnisse des Rissfortschritts für die hintere, obere Rumpfschale – Längsriss*

des Profils enthalten (Abb. 6.19). Der Durchmesser dieser Bohrungen ist ≤ 2 mm. Zu Versuchszwecken wurden bis zu 15 m lange Strangpress-Stringer aus der Aluminium-Lithium-Legierung 2099-T8 hergestellt (Weiland 2009). Die Bohrungen haben keinen signifikanten Einfluss auf die Festigkeit des Stringers. Die Beaufschlagung der Bohrungen durch Überdruck oder Vakuum erlaubt eine einfache und effektive Überwachung der Integrität der Stringer. Bei einem Riss im Stringer, der die Längsbohrung erreicht, ändert sich der Überdruck bzw. das Vakuum, sodass der Riss durch die Messung

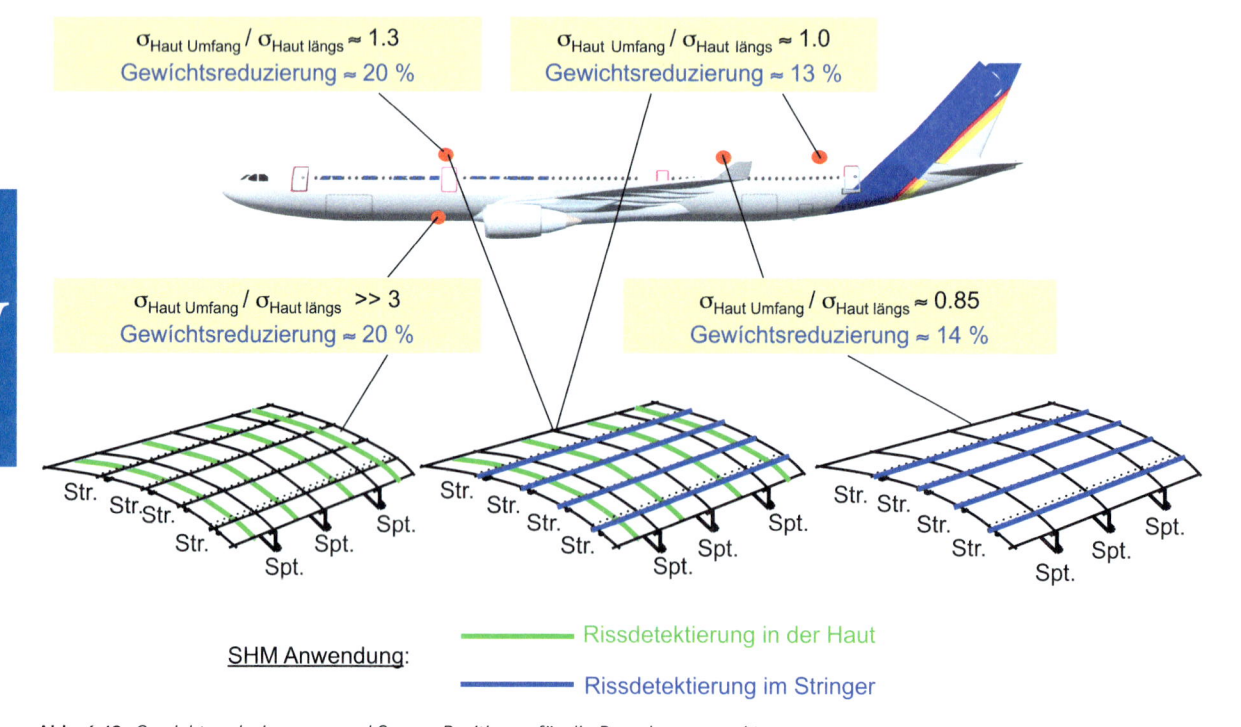

Abb. 6.18: *Gewichtsreduzierungen und Sensor-Positionen für die Berechnungspunkte*

dieser Änderung festgestellt werden kann. Dieses Verhalten wurde erfolgreich in Schalen-Versuchen nachgewiesen.

6.4.4 Schlussfolgerungen

Die Berechnungen bestätigten signifikante Möglichkeiten der Gewichtseinsparungen bei metallischen Rumpfschalen, bei denen das Schadenstoleranzverhalten das dimensionierende Kriterium ist. Infolge der unterschiedlichen Spannungsverhältnisse in den untersuchten Bereichen sind unterschiedliche SHM-Anwendungen notwendig, zum Beispiel Stringer-Überwachung, Hautüberwachung oder eine Kombination aus beidem. Eine Alternative zur Hautüberwachung stellen Spannungsmessungen am Außengurt der Spante dar.

6.5 Inspektion von Leichtbaustrukturen

Die Strukturinspektionsprogramme von schadenstoleranten Leichtbaustrukturen im Flugzeugbau basieren auf Berechnungen der Bauteil-Lebensdauer, des Rissfortschritts und der Restfestigkeit. Diese Vorgehensweise ist in den gültigen Luftfahrt-Vorschriften (FAR25.571/AC25.571 2010/2011) festgelegt und führt zu festen Inspektionsintervallen, unabhängig vom Alter und Zustand des Flugzeuges.

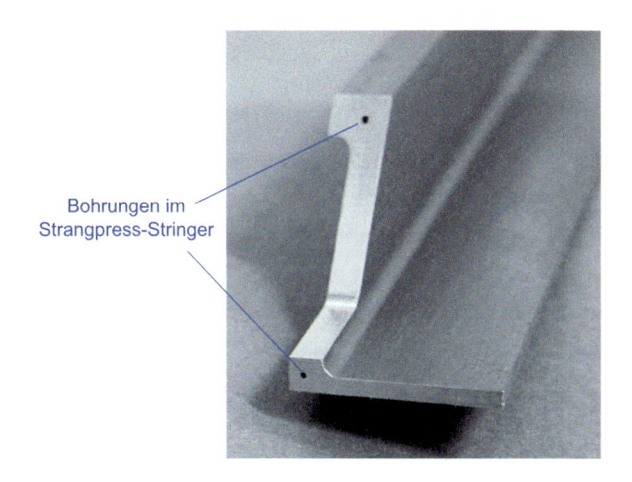

Abb. 6.19: *Stringer mit Längsbohrungen für Druck- oder Vakuumbeaufschlagung*

Dieses Inspektionskonzept stellt die rechtzeitige Entdeckung von Schäden infolge Materialermüdung, Korrosion und äußerer Beschädigung sicher, sodass ein Ausfall der Primärstruktur verhindert wird.

Mit SHM-Sensoren kann die Mehrzahl der Flugzeugbereiche überwacht werden, die schwer oder nur mit hohem Zeitaufwand zugänglich sind. Das Gleiche gilt für Bereiche, deren Inspektion eine Gefährdung der Inspektoren bedeutet. Ein Beispiel für schwere Zugänglichkeit ist die innere Struktur der Landeklappe, die bisher üblicherweise visuell unter Verwendung von Boroskopen inspiziert wird. Aufgrund der Lichtverhältnisse und Verschmutzungen können im Gegensatz zu den Möglichkeiten von SHM nur große Mängel aufgedeckt werden.

Ein kompletter Ersatz der bisherigen traditionellen Sicht- und NDT-Prüfungen durch SHM ist nicht anzustreben. Der Grund für diese Einschränkung ist, dass heutige SHM-Sensoren, wenn sie in einer wirtschaftlich vertretbaren Zahl angebracht werden, nur kleinere Bereiche überwachen können. Durch Fertigungsfehler, Beschädigungen im Flugbetrieb und Korrosion können jedoch auch Schäden in nicht überwachten Bereichen auftreten. Daher ist das Ziel der ersten Stufe der SHM-Anwendung die so genannten detaillierten visuellen oder NDT-Inspektionen in bestimmten Bereichen zu ersetzen und die so genannten generellen visuellen Inspektionen (Zonal Inspection Program) unverändert beizubehalten.

Das Einsparpotenzial bei zivilen Transportflugzeugen durch die oben beschriebene SHM-Anwendung lässt sich nur schwer abschätzen, da der kostenintensive Zugang zu vielen Flugzeugbereichen sowohl für Strukturinspektionen als auch für Systemüberprüfungen genutzt wird. Studien haben ergeben, dass sich die Wartungszeiten für moderne Kampfflugzeuge durch den konsequenten Einsatz von SHM um mehr als 40 Prozent reduzieren lassen. Diese Einsparung lässt sich bei zivilen Transportflugzeugen nicht annähernd erreichen. Im Bereich der Wartung von Flugzeugstrukturen führt der Einsatz von SHM zu Vorteilen auf sechs Gebieten (Abb. 6.20).

6 Structural Health Monitoring – Schadensdetektion

Abb. 6.20: *Anwendung von SHM bei der Wartung von Metallstrukturen*

Die Anwendung von SHM in der Wartung hat in erster Linie zum Ziel, einen Anriss zu entdecken. Das Verfahren kann auch dazu genutzt werden, den Rissfortschritt im Bereich der unkritischen Risslänge zu verfolgen. Die Entwicklung von Sensoren zur Auffindung und Überwachung von Korrosion beschränkt sich bisher primär auf begrenzte Bereiche. Verfahren zur generellen Überwachung von großen Bereichen sind in der Entwicklung.

6.5.1 Reduzierung oder Ersatz von konventionellen Inspektionen

Der Einsatz von SHM nach dem heutigen Stand der Technik und unter Berücksichtigung der Wirtschaftlichkeit ist sinnvoll, wenn folgende Voraussetzungen für die zu inspizierenden Bauteile (Significant structural item – SSI) erfüllt sind:

- Das SSI wurde definiert, um Schäden aufgrund von Ermüdung oder äußerer Beschädigung zu finden.
- Der Inspektionsbereich der einzelnen SSIs ist in seiner Größe limitiert.
- Der Zugang zum Inspektionsbereich ist schwierig oder zeitaufwändig.
- Die Inspektionsintervalle passen nicht in das Rahmen-Inspektionsprogramm der Fluggesellschaften.
- Eine der zur Verfügung stehenden SHM-Technologien ist anwendbar, effektiv und wirtschaftlich.

6.5.2 Reduzierung oder Ersatz von Modifikationen

Ermüdungsschäden, die bei Großzellen-Ermüdungsversuchen oder an fliegenden Flugzeugen aufgetreten sind, führen unter Umständen zu Verstärkungsmaßnahmen bei der fliegenden Flotte. Diese kostenintensiven Modifikationen werden zum Teil durch periodische Inspektionen ersetzt, die ebenfalls kosten- und zeitintensiv sein können, insbesondere im Fall von erschwertem Zugang. Das Problem kann durch den Einsatz von SHM auf einen einmaligen Zugang beschränkt werden. In Fällen, in denen die konventionelle Inspektion (anstelle der Modifikation) nicht wirtschaftlich oder technisch nicht ausreichend ist, bietet SHM eine gute Möglichkeit, die kostenintensive Modifikation zu vermeiden.

Bei dem Vergleich der Modifikationskosten mit den Aufwendungen für konventionelle oder SHM-Inspektionen ist zu berücksichtigen, dass ohne Modifikation das Risiko eines Schadens besteht, der unkritisch ist, aber Reparaturmaßnahmen erfordert. Die Wahrscheinlichkeit des Eintretens dieses Schadens lässt sich durch Betriebsfestigkeits-Berechnungen abschätzen.

6.5.3 Lebensdauerverlängerung

Zivile Transportflugzeuge sind für eine bestimmte Lebensdauer (definiert in Flügen für ca. 30 Jahre) ausgelegt. Vor Erreichen dieses Lebensdauerziels werden im Allgemeinen von den Herstellern umfangreiche Untersuchungen, d.h. Analysen und Versuche, durchgeführt um ein erweitertes Lebensdauerziel nachzuweisen. Aus den Untersuchungen ergeben sich oftmals zusätzliche Modifikationen und/oder Inspektionen, um das geforderte Sicherheitsniveau aufrecht zu erhalten. SHM erlaubt, die für den Flugzeughalter entstehenden Kosten zu reduzieren, damit das Flugzeug wirtschaftlich weiter betrieben werden kann. Auch in diesem Fall ist es sinnvoll, das Risiko für das Auftreten eines Anfangsschadens abzuschätzen und mögliche Folgekosten zu ermitteln.

6.5.4 Zustandsabhängige Wartung

Ein großes Ziel der Flugzeugbauer heißt „Wartung bei Bedarf" (condition based maintenance). Dieser aus ökonomischen Gründen gewünschte Fortschritt wird durch den Einsatz von SHM möglich, d.h. durch kontinuierliche Überwachung der Struktur-Bauteile sowie der Umwelt- und Flugparameter. Ein weiteres langfristiges Ziel sind SHM-Systeme, die neben dem Überwachen auch Routinen zur Diagnostik enthalten. Die Wartung bei Bedarf basiert entweder auf der Erfassung von Betriebslasten oder auf der kontinuierlichen Überwachung der Struktur, um Schäden frühzeitig zu entdecken.

6.5.4.1 Erfassung von Betriebslasten

Die Erfassung und Auswertung von Betriebslasten ermöglicht die Anpassung des Struktur-Inspektionsprogramms, d.h. der Erstinspektion und der Intervalle, an die tatsächlichen Betriebslasten des einzelnen Flugzeuges oder bestimmter Flugzeug-Gruppen. Weitere Details sind im Kapitel 6.3 beschrieben.

6.5.4.2 Kontinuierliche Überwachung

Die kontinuierliche Überwachung der Struktur durch SHM-Sensoren (Schadensdetektierung) ermöglicht das Auffinden von unkritischen Rissen sowie unter Umständen deren Verfolgung bis zu einer festgelegten Risslänge.

Bei der konventionellen Vorgehensweise mit festen Inspektionsintervallen wird das Intervall aus der Rissfortschrittsperiode zwischen der entdeckbaren und der kritischen Risslänge, geteilt durch den Sicherheitsfaktor, bestimmt. Die kritische Risslänge basiert dabei auf der so genannten sicheren Last, die maximal einmal pro Flugzeugleben auftreten kann. Dies ist zulässig, weil es sich bei den berechneten Rissen um angenommene und nicht um tatsächliche Risse handelt. Die Inspektionen und damit die mögliche Rissentdeckung erfolgen während der geplanten Wartungsliegezeiten, bei denen dann gegebenenfalls repariert wird, ohne dass eine Sonderliegezeit notwendig wird.

Bei der kontinuierlichen Überwachung der Struktur (oder in sehr kleinen Intervallen) durch SHM-Sensoren für die Wartung bei Bedarf wird ein möglicher Riss außerhalb einer Wartungsliegezeit entdeckt. Um eine Sonderliegezeit zu vermeiden und die nächste geplante Wartung zu erreichen, könnte das Flugzeug unter Umständen mit einem bekannten Schaden (unkritischer Riss) weiter betrieben werden. In diesem Fall muss die kritische Risslänge unter Berücksichtigung der so genannten Bruchlast berechnet werden, d.h. die sichere Last multipliziert mit Faktor 1,5. Dabei muss sichergestellt werden, dass der Schaden vor Erreichen der kritischen Risslänge unter Bruchlast repariert wird.

6.6 Ausblick

Im Prinzip sollte die Einführung der SHM-Technologien in den zivilen Flugzeugbau in mehreren Schritten erfolgen (Rösner 2009):

- Verwendung von SHM-Systemen bei Großzellen-Ermüdungsversuchen:
  Vorteile bei der Strukturanalyse und der Versuchsauswertung

- Einsatz von SHM-Sensoren im Flugzeug und Auswertung am Boden:
  Vorteile bei der Wartung
- Einsatz von SHM-Systemen im Flugzeug und Auswertung an Bord:
  Vorteile bei der Wartung und Gewichtsreduzierung der Komponenten
- Volle Integration der SHM-Systeme in die Flugzeugsysteme und Auswertung an Bord:
  Vorteile bei der Wartung und der Verfügbarkeit sowie Gewichtsreduzierung bei der gesamten Struktur.

6.7 Weiterführende Informationen

Goggin, P., Huang, J., White, E., Haugse, E.: Challenges for SHM Transition to Future Aerospace Systems. Proceedings of the 4th International Workshop on Structural Health Monitoring, Stanford/USA, 2003

Haibach, E.: Beurteilung der Zuverlässigkeit schwingbeanspruchter Bauteile. Luftfahrttechnik, 13, Nr. 8, 1967

Horst, P.: Benefits of Operational Loads Monitoring in Civil Transport Aircraft. Proc. Instn. Mech. Engrs., Bd. 209, Teil G: Journal of Aerospace Engineering, IMechE 1995

Ladda, V., Meyer, H.-J.: The Operational Loads Monitoring System OLMS. AGARD Conference Proceedings, 506, NATO, 1991

Meyer, H.-J., Ladda, V.: The Operational Loads Monitoring System (OLMS). Proceedings of 15th ICAF Symposium of the International Committee on Aeronautical Fatigue, 1989

Rösner, H.: Smart Structures Contribution to Airbus Aircraft Eco-efficiency. Presentation at the 7th International Workshop on Structural Health Monitoring, 2009

Schmidt, H.-J.: Damage Tolerance Technology for Current and Future Aircraft Structure. Plantema Memorial Lecture, Proceedings of the 23rd ICAF Symposium of the International Committee on Aeronautical Fatigue, 2005

Schmidt, H.-J., Schmidt-Brandecker, B.: Structure Design and Maintenance Benefits from Health Monitoring Systems. Proceedings of the 3rd International Workshop on Structural Health Monitoring, 2001

Weiland, H., Heinimann, M., Liu, J., Hofmann, A., Schmidt, H.-J.: Aluminum Extrusions with Microcavities Enabling Cost-effective Monitoring of Aerospace Structures. Proceedings of the 7th International Workshop on Structural Health Monitoring, Stanford/USA, 2009

Young, J., Haugse, E., Davis, C.: Structural Health Management an evolution in design. Proceedings of the 7th International Workshop on Structural Health Monitoring, Stanford/USA, 2009

N.N.: FAR 25.571 Amendment 132, Federal Aviation Regulations, Nov. 2010

N.N.: AC 25.571-1C, Advisory Circular to Federal Aviation Regulations, Jan. 2011

7 Reparaturfähigkeit und Reparaturkonzepte bei Strukturen aus faserverstärkten Kunststoffen

Christian Thum, Georg Wachinger, Helmut Wehlan

7.1	Einleitung	1113	7.3.7.1	Abtrag mittels Fräsen	1121
			7.3.7.2	Abtrag mittels Wasserstrahl	1125
7.2	Schäden und Reparaturen an FVK-Strukturen	1113	7.3.7.3	Abtrag mittels Laser	1127
7.2.1	Schadensursachen	1114	7.3.7.4	Bewertung der unterschiedlichen automatisierten Abtragsarten	1129
7.2.2	Schadensformen	1114	7.3.8	Verfahren mit Aufdoppelung	1129
7.2.3	Schadensbereiche	1114	7.3.9	Alternative Möglichkeiten für die Patchherstellung	1132
7.2.4	Reparaturkategorien	1115			
7.3	Reparaturverfahren monolithischer Verbundwerkstoffe	1115	7.4	Reparatur von Sandwichstrukturen	1135
7.3.1	Provisorischer Oberflächenschutz mit Reparaturklebebändern	1115	7.4.1	Anbindungsfehler zwischen Wabe und Decklaminat	1135
7.3.2	Schleifen als Reparaturverfahren	1116	7.4.2	Oberflächenversiegelung bei zulässigen Schadensgrößen	1136
7.3.3	Reparatur von Delaminationen mit injizierenden Verfahren	1116	7.4.3	Beschädigung von Decklaminat und Kernstruktur	1136
7.3.4	Reparatur von Delaminationen durch Einsetzen von Nieten	1117	7.4.4	Reparatur bei einem durchgehenden Schaden	1137
7.3.5	Reparatur von Schäden durch zusätzliche Lagen	1117	7.5	Fazit	1138
7.3.6	Schäften als Reparaturverfahren	1118			
7.3.7	Neue Entwicklungen für das automatisierte Schäften	1120	7.6	Weiterführende Informationen	1138

Verbundwerkstoffe gelten als Werkstoffe mit höchstem Leichtbaupotenzial, was vor allem bei Carbonfaser verstärktem Kunststoff (CFK) auf die hohe Steifigkeit und Festigkeit der Faser bei vergleichbar geringer Dichte des Verbundes zurückzuführen ist.

Gerade im Bereich der Hubschrauber spielt das Thema Leichtbau eine große Rolle durch die z.T. hochbelastete Struktur als auch dem Prinzip-bedingten hohen Energiebedarf des senkrecht startenden Drehflüglers (Weiland 2012).

Dies zeigt die Entwicklung des Anteils von Verbundwerkstoffen am Strukturgewicht inklusive der Rotorblätter seit den 1960er Jahren an ausgewählten Hubschraubermodellen.

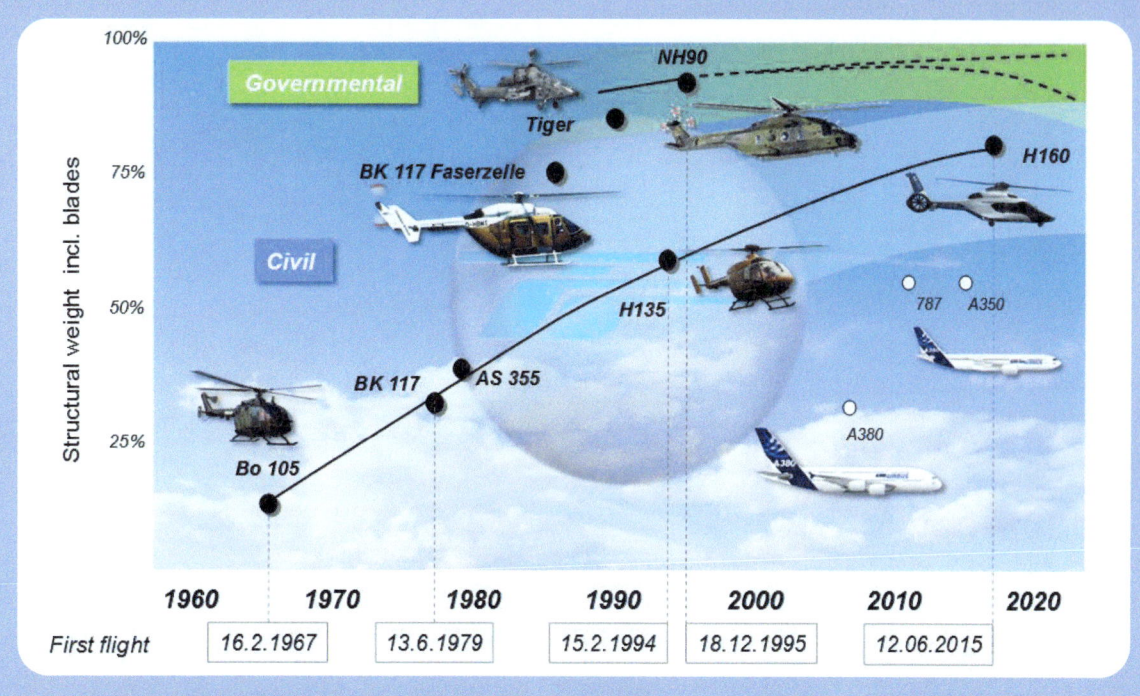

Anteil von Verbundwerkstoffen am Strukturgewicht inkl. Rotorblätter

Waren zu Beginn meist nur die Rotorblätter und verschiedene Verkleidungsbauteile aus Verbundwerkstoff, wurde dieser Werkstoff dann zunehmend auch für die Struktur, die Zelle und den Heckausleger verwendet. Moderne Hubschrauber im zivilen Bereich können einen Anteil von ca. 80% aufweisen und militärische Hubschrauber einen Anteil von 80% bis 90%. Passagierflugzeuge der neuesten Generation (Airbus A350 und Boeing 787) kommen auf knapp über 50% Anteil Verbundwerkstoff am Strukturgewicht.

Das Schaubild zeigt ausgewählte Hubschraubermodelle von Airbus Helicopters mit Fokus auf Verbundwerkstoffe. Dementsprechend muss gesagt werden, dass nicht alle neuen und auch zukünftigen Modelle dieser Entwicklung entsprechen müssen. Der Anteil von Verbundwerkstoffen ist stark abhängig von den Anforderungen des Fluggerätes, dem Einsatzspektrum, der Fertigungsumgebung, der generellen Materialentwicklung und anderen Voraussetzungen.

V

7.1 Einleitung

Auf Grund von steigenden ökologischen und ökonomischen Anforderungen im Luftfahrtbereich sind weitere Gewichtseinsparungen notwendig, die durch die konventionelle Aluminiumbauweise nicht mehr realisiert werden konnten. Diese Aluminium-Strukturen sind aufgrund der vorliegenden Langzeiterfahrungen schon ausgereift und weitere Optimierungsprozesse sind kaum noch möglich.

Durch den damit gesteigerten Einsatz von Faserverbundbauteilen in der Luftfahrt gewinnt der Reparaturaspekt immer mehr an Bedeutung. Es müssen zum einen nicht nur insgesamt mehr Bauteile repariert werden, sondern es bestehen an die Reparatur auch andere Anforderungen hinsichtlich Kosten, Reparaturdauer und dementsprechend auch Automatisierungsmöglichkeiten. Beschränkte sich der Einsatz und somit die Reparatur von FVK vorher auf wenige Primärbauteile wie Höhenleitwerke oder Seitenleitwerke und Sekundärbauteilen wie Klappen, bestehen heutzutage ganze Flugzeuge größtenteils komplett aus CFK inklusive Flügel, Fahrwerkskomponenten und vor allem dem kompletten Rumpf (Airbus A350 und Boeing 787).

7.2 Schäden und Reparaturen an FVK-Strukturen

Im Gegensatz zu den Schäden, die bei den gängigen Aluminiumlegierungen für strukturelle Anwendungen im Luftfahrtbereich bekannt sind, können bei Faserverbundbauteilen (FVK) auf Grund ihres unterschiedlichen Werkstoffcharakters (Verbundwerkstoff aus Fasern und Kunststoffmatrix) andere Schäden auftreten. Während Aluminiumwerkstoffe viel anfälliger gegen Verschleißerscheinungen, wie Rissbildung, Korrosion und Beulversagen sind, reagieren Verbundbauteile gegenüber mechanischen Belastungen FVK-spezifisch. Gerade die Gefahr einer Delamination der Faserlagen nach Stoß- oder Schlagbeanspruchung, welche äußerlich nicht sichtbar ist, spielt hier eine große Rolle. Unterschiedliche Schä-

Abb. 7.1: *Mögliche Schadensarten an FVK-Strukturen (Sauer 2008)*

den bedeuten dann auch andere Ansätze für eine Reparatur (Niu 2000, Baker 2004, Thum 2006).

7.2.1 Schadensursachen

Die Ursachen für Schäden lassen sich grundsätzlich einteilen in:
- Fertigungsfehler
- Handhabungsfehler bei der Montage
- mechanische Schädigung am Boden
- Schäden während des Flugbetriebs.

Häufige Ursachen für Schäden, die während des Einsatzes entstehen, sind unsachgemäße Handhabung, z.B. mechanische Beschädigungen durch Fahrzeuge bei Be- und Entladung, Vogelschlag, Steinschlag, Hagel, Blitzschlag, Überhitzung und Erosion (LTH, Sauer 2008).

7.2.2 Schadensformen

Vor Beginn einer Reparatur muss die Schadensform analysiert werden (Abb. 7.2). Dies ist häufig bei Composite-Bauteilen eine große Herausforderung, erfordert geschultes Personal und häufig spezielle Prüfverfahren. In Bezug auf die FVK-Verbundwerkstoffe wird unterschieden zwischen:
- Schäden an der Oberfläche,
- Delamination von Laminatlagen,
- Durchgehende Schäden.

Bei Sandwichstrukturen kommen noch Schäden im Bereich der Anbindung zwischen Kernwerkstoff und Klebstoff bzw. von Klebstoff zur Laminatdecklagenstruktur dazu (Danzer 1990). Auch kann es bei bestimmten Scherbeanspruchungen passieren, dass ein Scherversagen des Kernwerkstoffes selber auftritt.

7.2.3 Schadensbereiche

Ebenso muss generell unterschieden werden, ob der Schaden von einer oder von beiden Seiten zugänglich ist. Die Art der Zugänglichkeit hat einen großen Einfluss auf das anzuwendende Reparaturverfahren (LTH). Grundlegend wichtig für eine Reparatur ist neben der Art des Schadens auch der Bereich des Schadens. Verschiedene Bereiche im Flugzeug sind für die Gewährleistung der Flugtauglichkeit von unterschiedlicher Bedeutung. Dies ist durch die Anforderungen der Luftfahrtbehörden festgelegt. Deshalb werden die Schäden und die zugelassenen Schadensgrößen in Abhängigkeit von der Belastung definiert und in verschiedene Klassen eingeteilt:
- Primär: Die Tragstruktur hat entscheidenden Einfluss auf die Sicherheit des Flugzeugs
- Sekundär: Struktur, die bei Versagen den Betrieb des Flugzeugs beeinträchtigt, jedoch nicht zu dessen Ausfall führt
- Tertiär: Struktur, welche bei Versagen die Flugtauglichkeit des Flugzeugs nicht nachträglich beeinflusst.

Zwischen diesen Klassen variieren Wartung, Beurteilung des Schadens und Forderungen an die Reparatur erheblich. Die Einteilung der Baugruppen erfolgt üblicherweise schon vom Hersteller und ist in Reparaturhandbüchern angegeben (SRT 1999). Reparaturen sollen mit einfachsten Mitteln und mit geringstem Aufwand durchführbar sein. Dabei ist es notwendig, die erforderliche strukturelle Steifigkeit und das benötigte Spannungsvermögen wiederherzustellen, ohne die Funktion des Bauteils oder der Struktur einzuschränken. Darüber hinaus müssen auch Faktoren wie die Reparaturzeit, der Einsatz von gut lagerfähigen Reparaturwerkstoffen, der Materialabtrag, aerodynamische Eigenschaften und die

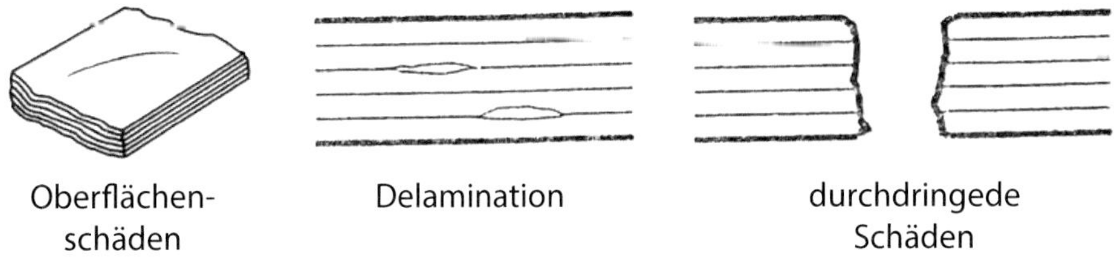

Oberflächenschäden   Delamination   durchdringende Schäden

Abb. 7.2: Schadensformen an FVK-Werkstoffen (Danzer 2008)

Minimierung der Gewichtszunahme berücksichtigt werden (Thum 2006).

7.2.4 Reparaturkategorien

Abhängig von der Art des Schadens sowie der technischen Möglichkeit zu dessen Behebung wird zwischen folgenden Reparaturkategorien unterschieden:

- Kosmetische Reparatur

Darunter versteht man die Beseitigung von Oberflächenschäden, z. B. Kratzern, die die Flugtauglichkeit nicht beeinflussen. Die Reparatur ist nicht dringlich, sollte auf lange Sicht jedoch durchgeführt werden, um mögliche Folgeschäden zu vermeiden (LTH).

- Field Level Repair (Schnellreparatur)

Unter Schnellreparatur versteht man die provisorische Wiederherstellung einer Mindesttragfähigkeit des Bauteils. Diese wird dann bei der nächsten großen Inspektion durch eine bleibende Reparatur ersetzt, oder es wird in besonderen Fällen das ganze Modul ausgetauscht. Die Schnellreparatur ist deswegen als zeitlich begrenzte Maßnahme anzusehen. Meist kommt sie bei geringeren Schäden in Bereichen, welche nicht zur primären Struktur gehören, zum Einsatz. Die Durchführung erfolgt anhand einer allgemein verständlichen Reparaturanleitung und ist so ausgelegt, dass sie auch unter einfachen Bedingungen und bei minimaler Ausstattung des Betreibers durchgeführt werden kann (Danzer 1990).

- Depot Reparatur (endgültige Reparatur)

Die permanente Reparatur dient zur Wiederherstellung der vollen Einsatzfähigkeit des Bauteils für die gesamte Lebensdauer, für die es ausgelegt ist. Für die Durchführung einer permanenten Reparatur müssen geeignete Reparaturwerkstoffe, technische Hilfsmittel, ausgebildetes Personal und bauteilspezifische Reparaturanweisungen zur Verfügung stehen. In besonderen Fällen wird von einer Reparatur abgesehen und ein ganzes Modul ausgetauscht. Die permanente Reparatur wird im Depot bzw. der Werft hierfür qualifizierter Fluglinien oder beim Flugzeughersteller selbst durchgeführt.

7.3 Reparaturverfahren monolithischer Verbundwerkstoffe

Die Größe des zulässigen Schadens und somit die Notwendigkeit und Ausführung einer Reparatur variieren je nach Flugzeug, Bauteil und Schadensort; sie sind vom Hersteller vorgeschrieben und in den Reparatur-Handbüchern dargestellt. Deswegen besteht grundsätzlich nicht die Möglichkeit, auf Grund von Schadensparametern wie z. B. Durchmesser oder Tiefe pauschal ein bestimmtes Reparaturverfahren auszuwählen.

7.3.1 Provisorischer Oberflächenschutz mit Reparaturklebebändern

Zum vorübergehenden Abdecken von kleineren oberflächlichen Schäden, wie Kratzern oder kleinen, oberflächlichen Rissen werden häufig spezielle Metallklebebänder, sogenannte High Speed Tapes bzw. Self-Adhesive Aluminium Tapes, verwendet. Sie werden so dimensioniert, dass sie den beschädigten Bereich in alle Richtungen zum Beispiel mit einem Aufmaß von 25 mm abdecken und dienen hauptsächlich dazu, das Eindringen von Feuchtigkeit und anderen Kontaminationen im Flugbetrieb zu verhindern (SRM 2018). Sie bestehen häufig aus Weichaluminium als Trägermaterial und Acrylaten als Klebstoffsystem und bieten den Vorteil, dass sie für eine gewisse Zeitspanne alterungs-, temperatur-, lösungsmittel- und feuchtigkeitsbeständig sind. Darüber hinaus bieten sie nur eine geringe Wasserdampfdurchlässigkeit und sind elektrisch und thermisch leitend (Abb. 7.3).

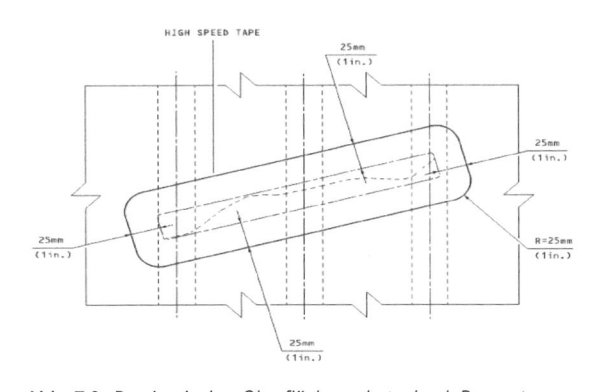

Abb. 7.3: *Provisorischer Oberflächenschutz durch Reparaturklebebänder (SRM 2018)*

Die Reparatur mit Füllwerkstoffen dient der dauerhaften Reparatur (Niu 2000, Baker 2004). Das Grundprinzip des sogenannten „Potting Repairs" besteht darin, beschädigte Bereiche von CFK-Deckschichten wie kleinere Beulen oder Vertiefungen mit Klebstoff oder Harz aufzufüllen (Abb. 7.4). Allerdings gilt dies nur für den Fall, dass keine Delamination aufgetreten oder das Laminatmatrixharz nicht erheblich beschädigt ist.

7.3.3 Reparatur von Delaminationen mit injizierenden Verfahren

Dieses Verfahren ist generell der permanenten Reparatur zuzuzählen, bereitet aber bei der Durchführung Probleme, wenn das beschädigte Bauteil sehr dünn ist oder sich die Delamination über mehrere Lagen erstreckt. Es wird niedrigviskoses Reparaturharz ohne Zusatz von Füllstoffen oder Fasermaterial in den delaminierten Bereich eingespritzt und anschließend ausgehärtet, wodurch die Delaminationsflächen miteinander geklebt werden (Abb. 7.5). Bei größeren Bereichen von Delamination müssen Injektions- und Entlüftungslöcher gebohrt werden. Ein an die Entlüftungsbohrungen angelegtes Vakuum und das Erwärmen des Harzes und des Bauteils können den Injektionsprozess noch verbessern (Baker 2004, Hautier 2009).

Auch muss berücksichtigt werden, dass die Gefahr besteht, dass durch Oberflächenrisse Kontaminatio-

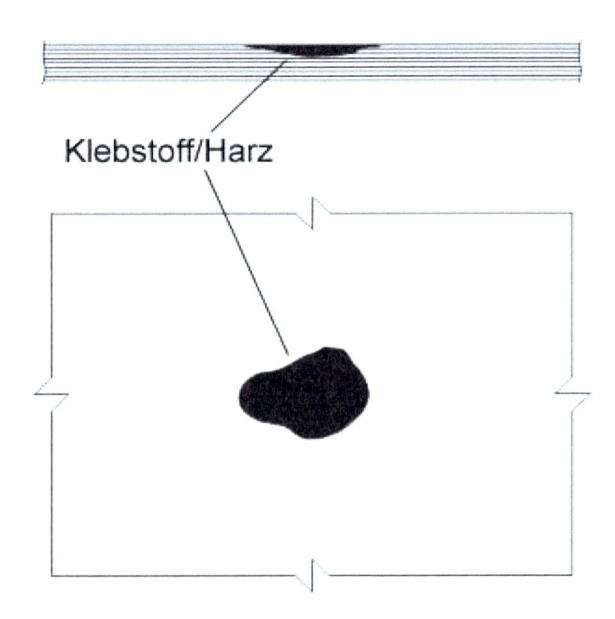

Abb. 7.4: *Reparatur mit Füllwerkstoffen (SRM 2018)*

7.3.2 Schleifen als Reparaturverfahren

Mittels Schleifen können geringfügige Oberflächenschäden – wie leichte Kratzer – behoben bzw. kann überstehendes Material entfernt werden. Bei nicht ausgebildetem Personal besteht jedoch die Gefahr, dass durch Anschleifen der Fasern der Schaden vergrößert wird. Schleifen als Reparaturverfahren dient sowohl zur dauerhaften als auch zur kosmetischen Oberflächenreparatur (LTH).

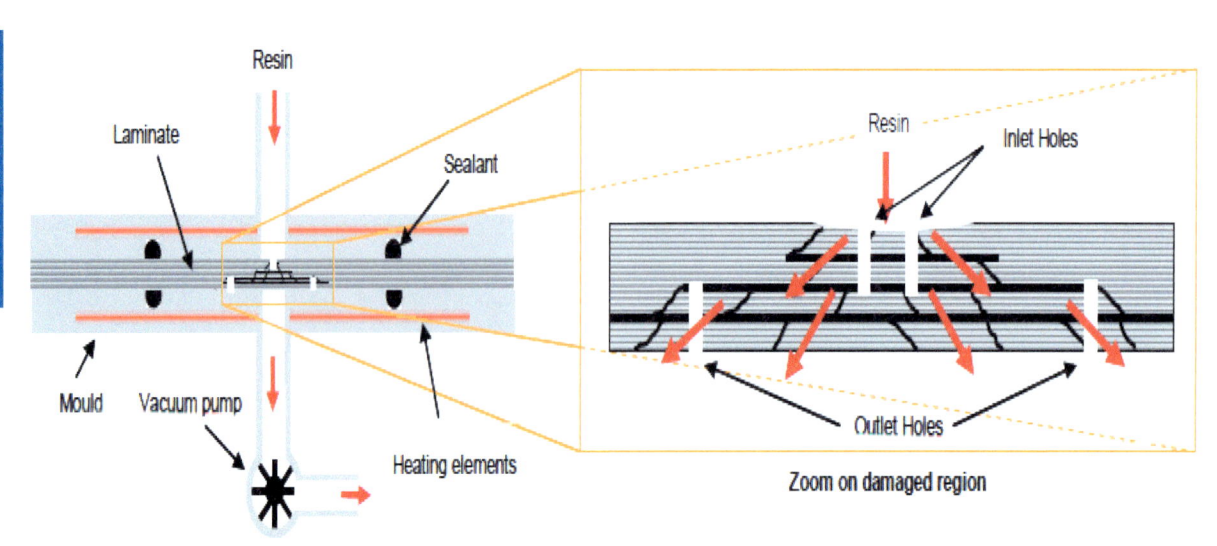

Abb. 7.5: *Reparatur durch Harzinjektionsverfahren (Hautier 2009)*

nen eingedrungen sind, welche zu Haftungsproblemen der zu klebenden Oberflächen führen können. Eine direkte Aktivierung der Klebeoberflächen ist bei dieser Reparaturmethode nicht möglich.

Ein weiteres Verfahren zur Reparatur von Rissen und kleineren Schäden könnte durch Verwendung sogenannter „Self-Healing Resins" realisiert werden. Zwar gibt es hierzu noch keine kommerziellen Harzsysteme, erste positive Forschungsergebnisse liegen jedoch schon vor (Jones 2007, Bailey 2009).

7.3.4 Reparatur von Delaminationen durch Einsetzen von Nieten

Dieses Verfahren wird hauptsächlich zur Schnellreparatur von Delaminationen eingesetzt. Durch das Setzen von Nieten im Delaminationsbereich wird eine Ausweitung der Delamination verhindert (Abb. 7.6). Zu berücksichtigen ist jedoch, dass die durch den Niet hervorgerufene Kerbwirkung die Tragfähigkeit des Bauteils reduziert. Der Abstand der einzelnen Nieten zueinander soll das 4-6fache des Nietdurchmessers betragen (Danzer 1990, LTH).

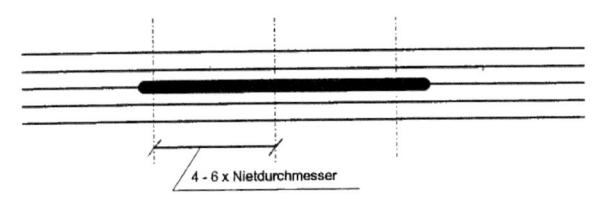

Abb. 7.6: *Reparatur durch Einsetzen von Nieten (LTH)*

7.3.5 Reparatur von Schäden durch zusätzliche Lagen

- Reparatur durch Auflaminieren

Dieses dauerhafte Reparaturverfahren für Oberflächenschäden kommt dann zum Einsatz, wenn die bereits beschriebene Methode mit Füllwerkstoffen nicht mehr ausreichend ist und eine Schadensvergrößerung durch Eindringen von Flüssigkeiten vermieden werden muss. Außer dem Anschleifen der Oberfläche und ggf. dem Rücktrocknen des Schadensbereiches erfolgt keine spezielle Bearbeitung der Schadensstelle. Als typische Schäden können hier kleinere Risse und Delaminationen genannt werden.

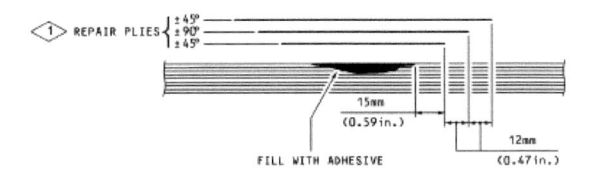

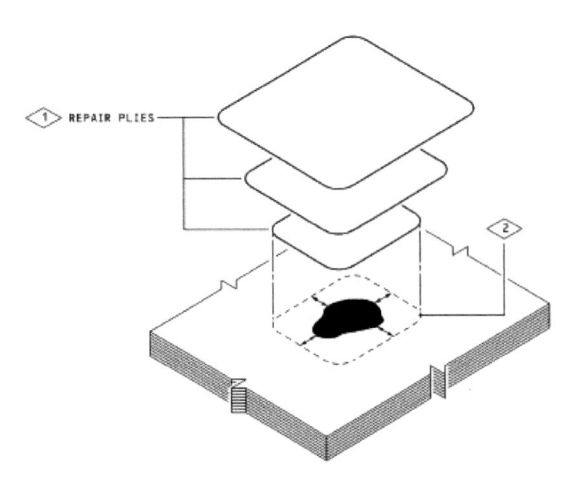

Abb. 7.7: *Reparatur durch Auflaminieren zusätzlicher Lagen (SRM)*

Zuerst wird der Hohlraum bei Bedarf mit Klebstoff aufgefüllt. Anschließend werden wenige Lagen eines CFK-Gewebes mit speziellem Reparaturharz auflaminiert. Die Aushärtung erfolgt unter Vakuum. Zur beschleunigten Aushärtung können Heizelemente (elektrische Heizmatten bzw. Wärmestrahler) eingesetzt werden (SRM).

- Quick Repair Methode von Boeing

Boeing unterscheidet grundsätzlich zwischen zwei Arten einer TSR (Temporary Structural Repair). Wie bereits beschrieben, werden bei der TSR1 Reparaturklebebänder verwendet. Bei Boeing heißen diese „Pressure Sensitive Adhesive" (PSA); sie kommen bei kleineren Oberflächenschäden zum Einsatz. Vorgabe der TSR1 ist es, dass das Flugzeug innerhalb von 35 Minuten wieder flugbereit sein muss. Das Klebeband wird dann noch während des regulären Flugbetriebes bei der nächstbesten Gelegenheit durch ein anderes Reparaturverfahren ersetzt.

Bei der TSR2 handelt es sich um etwas größere Oberflächenschäden und die Zeitvorgabe liegt bei einer Stunde, bis das betroffene Flugzeug wieder einsatzbereit sein muss. Das im Folgenden dargestellte

Schnellreparaturverfahren wurde von Boeing im Zuge der Neuentwicklung des Typs 787, welches als erstes Zivilflugzeug einen kompletten CFK-Rumpf hat, erarbeitet (Greenberg 2007, Akdeniz 2004).

Bei dem Reparaturflicken handelt es sich um einen „reinforced doubler with increased structural restorative capability", welcher mit einem schnellhärtenden Klebstoff (Raumtemperatur- oder einem niedrigtemperaturhärtendem System) auf das Originallaminat aufgeklebt wird. Auf diese Weise wird die betroffene Stelle vor einer möglichen Kontamination durch Feuchtigkeit geschützt. Dieser aufgeklebte Reparaturpatch wird erst nach einem großen Wartungsintervall durch eine dauerhafte Reparatur ersetzt. Nach dem Erkennen des Schadens und dem Abschleifen der Lackschicht inklusive Anschleifen der obersten CFK-Lagen wird das Dopplermaterial auf die entsprechende Größe zugeschnitten. Dabei handelt es sich entweder um ein einlagiges komplett ausgehärtetes CFK-Laminat oder ein Prepreg-Material mit kurzer Aushärtezeit und niedriger Härtungstemperatur. Durch die geringe Dicke (1 Lage) sind ein Zuschneiden und eine Anpassung an die jeweilige Rumpfkontur gegeben. Anschließend wird der 2K-Klebstoff sowohl auf den Patch als auch auf den vorbehandelten Rumpfbereich aufgebracht (Abb. 7.8). Eine weitere Vorbehandlung (z.B. Primer) neben Schleifen und Reinigen scheint nicht zu erfolgen. Die Arbeitszeit beträgt je nach Außentemperatur ca. 5 Minuten und die Endfestigkeit wird bei Raumtemperatur nach ca. 2 Stunden erreicht. Diese Zeit kann durch zusätzliches Einbringen von Wärme deutlich verkürzt werden. Um eine Aushärtung innerhalb von 35 Minuten zu erreichen, liegt dem „Repair Kit" ein Wärmekissen (Heat Pad) bei, welches im Ofen oder in einem Wasserbad auf Temperatur gebracht werden kann. Als letzter Schritt wird die reparierte Stelle mit einer Lackfolie abgedeckt.

7.3.6 Schäften als Reparaturverfahren

Allgemeines und Empfehlungen von Airbus

Schäftreparaturen werden dann vorgenommen, wenn mehrere Lagen des Laminats beschädigt sind und eine bündige Reparatur (glatte Oberfläche)

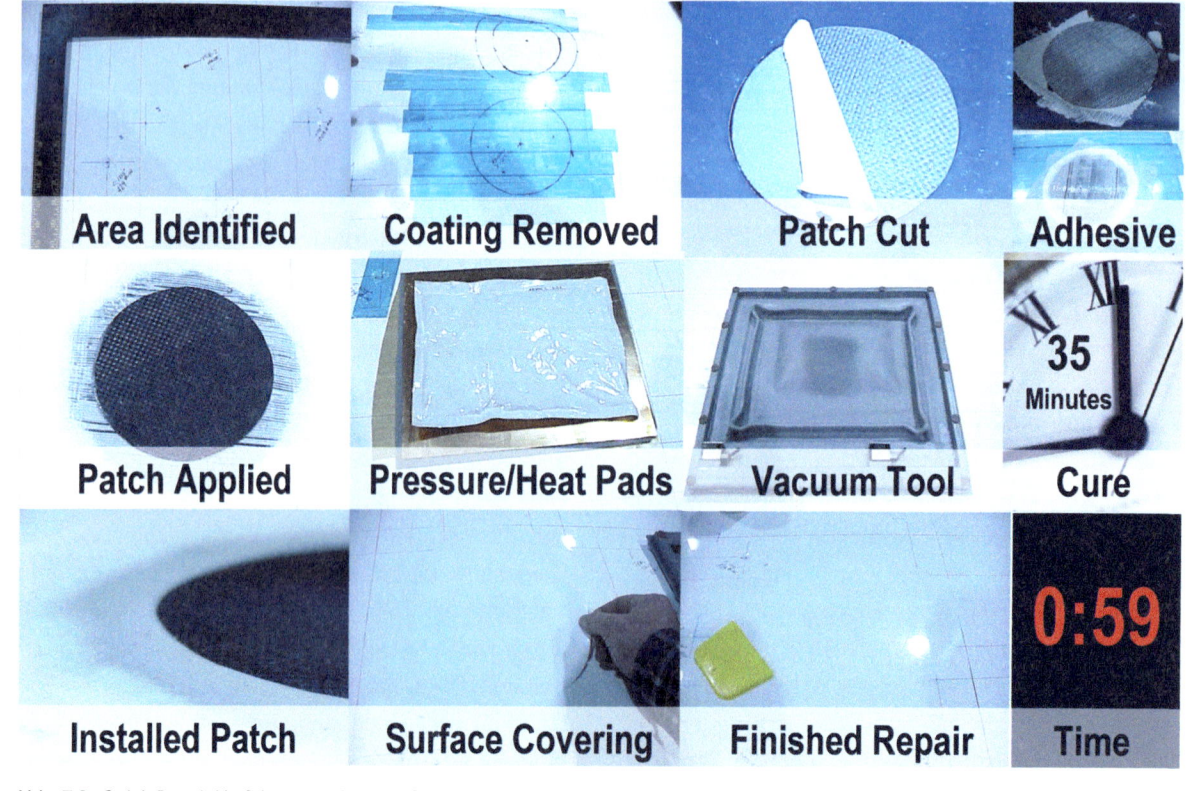

Abb. 7.8: *Quick Repair Verfahren von Boeing (Greenberg 2007)*

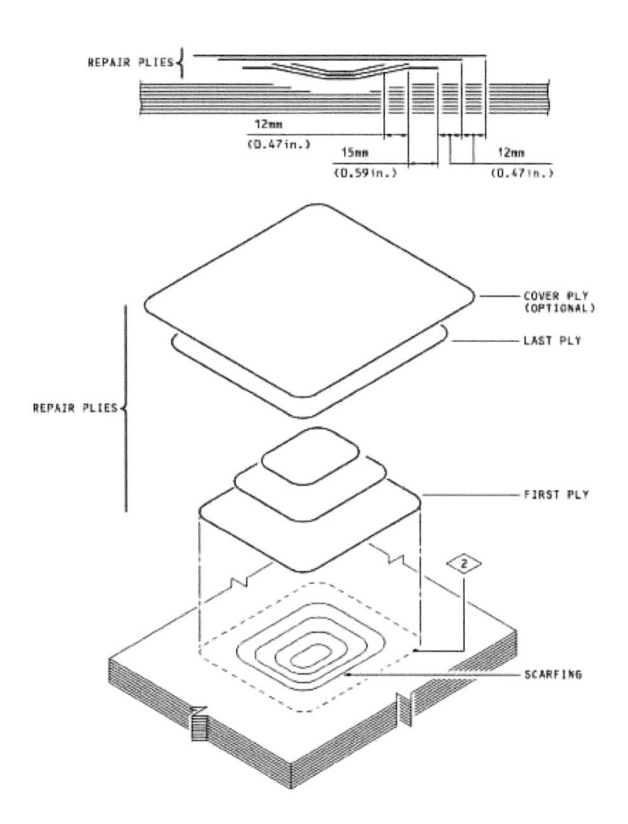

Abb. 7.9: *Nasslaminierverfahren als Beispiel für bündige Reparatur bei nicht-durchgehenden Schäden (SRM 2018)*

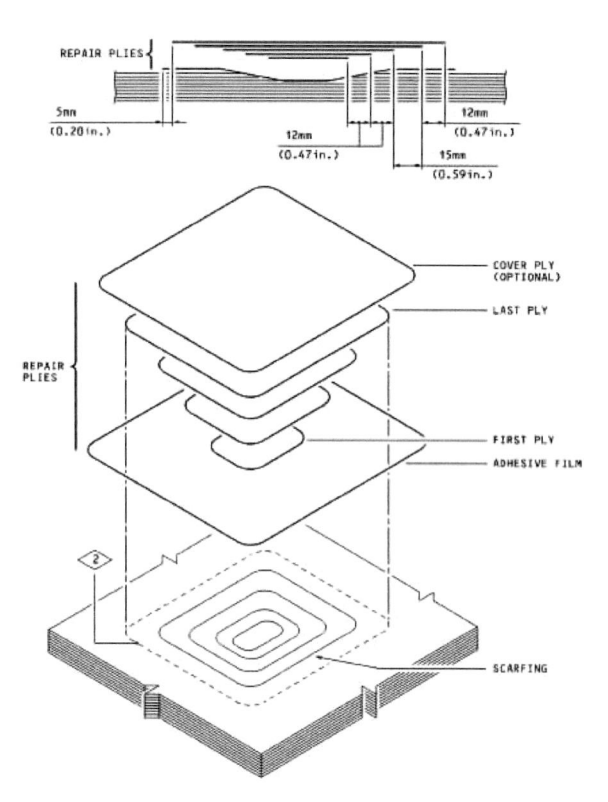

Abb. 7.10: *Reparatur mittels Prepreglagen und Filmklebstoff (Hot Bond Repair) als Beispiel für bündige Reparaturen bei nicht durchgehenden Schäden (SRM 2018)*

gefordert ist. Schäftreparaturen sind grundsätzlich permanente Reparaturen. Sie können sowohl bei nicht-durchgehenden als auch bei durchgehenden Schäden ausgeführt werden. Die Anwendung des Verfahrens ist auch bei einer eingeschränkten, einseitigen Zugänglichkeit zur Schadensstelle möglich und verspricht eine nahezu vollständige Wiederherstellung des Bauteils. Allerdings erfordert es den Einsatz von sehr erfahrenen Facharbeitern mit den entsprechenden Betriebsmitteln. Bei diesem Verfahren wird der Schadensbereich aus dem Laminat entfernt und die Kanten werden in einem vorgegebenen Verhältnis – abhängig von der Beanspruchung des Bauteils – üblicherweise mit einem kontinuierlichen Schäftungswinkel von 1:20 bis 1:60 angeschrägt beziehungsweise gestuft geschäftet (Armstrong 2005). Der entfernte Bereich wird mit einem Reparaturflicken wieder gefüllt. Durch die Schäftausführung vergrößert sich die Kleb- bzw. Anbindungsfläche des Flickens an das Originallaminat und die Kraftübertragung wird verbessert.

Folgende Reparaturmaterialien werden für Schäftverfahren verwendet:

- Nasslaminierverfahren (Wet Lay-Up Repair)

Beim Nasslaminierverfahren werden nacheinander einzelne Schichten aus Laminierharz und Gewebe aufgetragen. Die Aushärtung des Reparaturpatches erfolgt unter Vakuum am Bauteil. Falls eine beschleunigte Aushärtung notwendig ist, können zusätzliche Heizelemente appliziert werden (Abb. 7.9) (SRM 2018).

- Reparatur mit Prepreglagen und Filmklebstoff (Hot Bond Repair)

Bei der „Hot Bond Repair" werden unausgehärtete oder teilweise angehärtete (vorgelierte) Reparaturflicken aus Prepreg verwendet. Im Gegensatz zum Nasslaminierverfahren muss die vollständige Aushärtung am Bauteil immer unter Vakuum und Temperatureinwirkung erfolgen. Außerdem wird zur besseren Anbindung bei diesem Verfahren zusätzlich immer eine Lage Filmklebstoff zwischen Originallaminat und Prepregpatch eingelegt. Prepreg-Material und Filmklebstoff sind aber nur begrenzt lagerfähig (Abb. 7.10). Komplett ausgehärtete Füllstücke (Doubler Repair) kommen bei der Schäftreparatur bislang noch nicht zum Einsatz (Baker 2004, SRM 2018).

Der Vorteil des Nasslaminierverfahrens gegenüber dem Reparaturprinzip mit Prepreg-Material besteht darin, dass die Aushärtung meist bei einer Temperatur unterhalb des Siedepunktes von Wasser, nämlich bei einer maximalen Temperatur von ca. 90°C erfolgen kann und hier die Gefahr einer Schädigung (Lunkereinschlüsse) der Reparaturstelle, hervorgerufen durch eventuell enthaltene Restfeuchte aus dem zu reparierenden Laminat, geringer ist. Zum Aushärten von Prepreg-Material ist dagegen normalerweise eine Temperatur von mindestens 125°C notwendig. Restfeuchtigkeit oder flüchtige Kontaminationen im Bauteil können hier viel stärker ausdampfen und dementsprechend die Qualität der Reparatur stärker negativ beeinflussen (Sauer 2008).

Demgegenüber ist das Nasslaminierverfahren durch den manuellen Imprägnier-Prozess komplizierter und die Qualität der Reparatur mit Prepreglagen kann hinsichtlich Porosität nur unter optimalen Bedingungen erreicht werden.

Wie vorher beschrieben, werden beim Nasslaminierverfahren die einzelnen Reparaturlagen direkt auf das Originallaminat aufgelegt und ausgehärtet (Abb. 7.9). Bei der Reparatur mit Prepreglagen hingegen wird immer zwischen dem Originallaminat und dem Verbund aus Prepreglagen ein Filmklebstoff eingeklebt (Abb. 7.10). Zudem erfolgt hier die Aushärtung immer bei erhöhten Temperaturen.

Die Verfahren bei durchgehenden Schäden sind größtenteils ähnlich denen bei nicht-durchgehenden Schäden. Das Problem liegt allerdings darin, das für die Aushärtung nötige Vakuum zu erreichen. Wie in den Abbildungen Abb. 7.11 und Abb. 7.12 dargestellt ist, wird deswegen auf der Rückseite immer eine Gegenplatte angebracht, welche bei einseitigem Zugang nach dem Reparaturprozess nicht entfernt, bei beidseitigem Zugang jedoch wieder abgenommen wird.

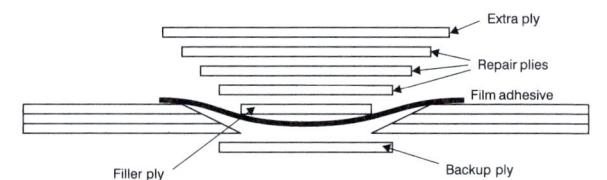

Abb. 7.11: *Durchgehender Schaden mit kontinuierlichem Schäftwinkel und Gegenplatte [15]*

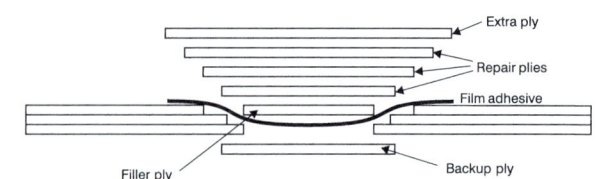

Abb. 7.12: *Durchgehender Schaden mit gestufter Schäftung und Gegenplatte (Hexcel 1999)*

Auch hier gilt in Bezug auf den Einsatz eines Filmklebstoffes das Gleiche wie bei nicht durchgehenden Schäden. Beim Nasslaminieren kommen die Reparaturlagen direkt auf das Originallaminat, wohingegen bei der Reparatur mit Prepreg-Material eine zusätzliche Lage Filmklebstoff zwischen Originallaminat und Reparaturprepreg eingelegt wird.

Zur Verbesserung des Lastflusses kann es vorteilhaft sein, wenn die oberen Reparaturlagen (Decklagen) den Schäftbereich um ein bestimmtes Maß (z.B. 10 mm) überlappen und zusätzlich die 0°-Lagen der UD-Reparaturprepregs am Rand gezackt ausgeführt sind (LTH). Die Abbildungen 7.11 und 7.12 zeigen auch die unterschiedlichen Möglichkeiten der Ausführung der Schäftungsfläche, einmal mit durchgehender Fläche und einmal als gestufte Ausführung. Beide Versionen sind möglich, eine eindeutige Vorgabe, unter welchen Bedingungen welche Ausführung herzunehmen ist, gibt es nicht.

Eine Überprüfung der Qualität, Maßhaltigkeit und Genauigkeit einer Schäftausführung erfolgt derzeit häufig durch Auflegen von sogenannten Haarlinealen oder Schablonen und durch Messen der einzelnen Breiten der freigeschliffenen CFK-Lagen.

7.3.7 Neue Entwicklungen für das automatisierte Schäften

Der manuelle Schleifprozess ist seit mehreren Jahrzehnten Stand der Technik und kann mit ge-

nerell verfügbaren Betriebsmitteln durchgeführt werden. Allerdings ist dieser Prozess auch mit gewissen Voraussetzungen bzw. Einschränkungen verbunden:
- Hochqualifiziertes und erfahrenes Personal notwendig
- Einschränkungen hinsichtlich Wiederholbarkeit
- Gefahr von Herstellungsfehlern
- Sehr zeitintensiv
- Reparaturzeit abhängig von der Größe, Form und Zugänglichkeit des Schadensbereiches
- Schwer durchführbar in Bereichen mit Zwischenlagen
- Nur durchführbar bei einfachen Schäftungsgeometrien.

Gerade hinsichtlich der Flexibilität und Genauigkeit sind dem manuellen Schleifprozess Grenzen gesetzt. Beim Herunterschleifen orientiert sich der Arbeiter an den unterschiedlichen Reflexionen von angrenzenden Lagen mit unterschiedlicher Orientierung. Basierend auf der bekannten Einzellagendicke und dem angestrebten Schäftungsverhältnis ist die zu erzielende Stufenbreite bekannt. Je nach Dicke des Substratmaterials und des Schäftungsverhältnisses sind laterale Genauigkeiten im Bereich von wenigen Zehntel Millimetern gewünscht oder notwendig. Variable Schäftungsverhältnisse, elliptische oder gar Freiformschäftungen sind per Hand eigentlich nicht durchführbar. Erschwert wird dieser Prozess noch durch komplexe 3D-Strukturen und bei Vorhandensein von Zwischenlagen zur lokalen Aufdickung in den Bauteilen. Der manuelle Schleifprozess ist deswegen überwiegend limitiert auf runde oder rechteckige Schäftungsformen (Schmutzler 2018).

Durch den stark gestiegenen Anteil von Faserverbundbauteilen in der Luftfahrt als auch anderen Industriezweigen (Automobilbau, Windenergie) und der damit gestiegenen Anzahl an Schäden bzw. Reparaturen stellen sich komplett neue Herausforderungen an Wartungsbetriebe, denn herkömmliche Reparaturverfahren sind meistens nicht mehr wirtschaftlich anwendbar. Deswegen gibt es Bestrebungen, den manuellen Schleifprozess durch automatisierte Prozesse zu ersetzen, wodurch sich folgende Vorteile ergeben würden:
- Unabhängigkeit vom Faktor Mensch
- Erhöhte Reproduzierbarkeit
- Verkürzung der Prozesszeit
- Anwendbarkeit an beliebigen Konturen und sphärischen Oberflächen
- Variabilität hinsichtlich Schäftungsformen, Schäftungswinkeln und Reparaturgrößen
- Erhöhtes Qualitätsmanagement.

Als Alternativen zum manuellen Schleifen ist der Abtrag durch Fräsen, durch Laser und auch durch Wasserstrahltechnik zu nennen.

Die Anlagen können mobil und auch stationär ausgebildet sein.

Im Folgenden sind Techniken zusammengestellt, welche zum Teil schon kommerziell verfügbar sind oder noch Forschungs- bzw. Laborstatus haben.

7.3.7.1 Abtrag mittels Fräsen

Mobile Systeme

- CAIRe-Schäftroboter

Der innerhalb des Forschungsprojektes CAIRe – Composite Adaptable Inspection and Repair (2012-2015), unterstützt im Rahmen der Luftfahrforschungsprogramme des Bundesministeriums für Wirtschaft und Energie, entwickelte mobile Fräsroboter besteht aus einem KUKA KR6-Roboter inklusive Frässpindel, Linienlaserscanner und lokaler Absaugung des Frässtaubes. Die Applikation an das zu bearbeitende Bauteil erfolgt über ein eigens konstruiertes V-förmiges Vakuumsaugsystem mit drei einzelnen Vakuumsaugern.

Mittels des Laserscanners wird die exakte Bauteilgeometrie abgescannt und an eine Software weitergegeben. Hier wird dann ein Fräsprogramm auf Basis verschiedener Eingabe-Variablen wie Schäftungsgeometrie, Schäftungswinkel, Fräsparamater, usw. für das genau vorliegende Bauteil berechnet. Dadurch ist es möglich, sehr komplexe Schäftungsgeometrien (siehe Abb. 7.13) auf beliebige und doppelt-gekrümmte Strukturen zu transferieren.

Abb. 7.13: *Schäftungsgeometrien (Schmutzler 2018, Höfener 2018)*

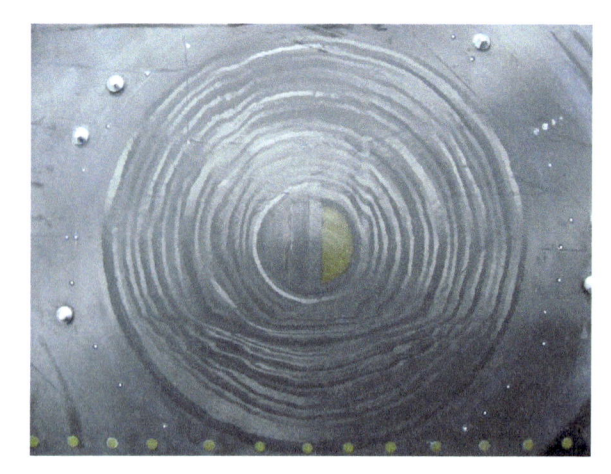

Abb. 7.14: *Schäftung mit Zwischenlagen im Nietbereich (unterer Teil des Bildes)*

Der abschließende Fräsprozess erfolgt vollautomatisch nach Übermittlung des Fräsprogrammes an die KUKA-Steuerung.

Durch die spezielle Anordnung des Scansystems und der Frässpindel auf der gleichen Achse liegt die Grund-Genauigkeit des Systems innerhalb der Wiederholgenauigkeit des Roboters bei ca. ± 0,1 mm hinsichtlich der Zustellrichtung.

Eine Besonderheit des beschriebenen Systems ist, dass durch einen speziellen, zum Patent angemeldeten Aufbau die system-spezifische Ungenauigkeit (limitierte Steifigkeit des Roboters) minimiert wird und eine Gesamt-Genauigkeit von ±0,05 mm erreicht werden kann. Hierbei ist die Frässpindel auf einer zusätzlichen Lineareinheit montiert. Die Regelung der Lineareinheit und somit der Abstand der Frässpindel zur Bauteiloberfläche erfolgt über einen Rahmen um die Frässpindel herum, welcher auf der Bauteiloberfläche aufliegt und den tatsächlichen Abstand der Einheit zur Oberfläche abtastet (Schmutzler 2018, Höfener 2018).

- MobileBlock von Sauer GmbH (DMG MORI)

Eine Ausführung mit einer 5-Achs-Kinematik zeigt das in Leichtbauweise ausgeführte Konzept mobileBLOCK von Sauer GmbH (DMG MORI). Der prozesstechnische Ablauf ist ähnlich wie beim CAIRe-Roboter.

Die Einheit besteht aus einem Trägerrahmen welcher mittels Saugfüßen auf das Bauteil positioniert und angesaugt wird. Auf den Trägerrahmen kommt die eigentliche 5-Achs-Kinematik mit integrierter Dreh- und Schwenkachse. Nach dem Ansaugen wird die Oberfläche über einen zweigeteilten Scanprozess eingescannt, die Festlegung der entsprechenden Schäftungsparameter erfolgt in der integrierten

Abb. 7.15: *Mobiler CAIRe-Schäftroboter (Schmutzler 2018, Höfener 2018)*

7.3 Reparaturverfahren monolithischer Verbundwerkstoffe

Stationäre Systeme

Stationäre Systeme bieten sich an für Reparatur-Arbeiten bei abbaubaren Teilen bzw. bei Reparaturen von großen Bauteilen mit größeren Schadensbereichen (z. B. Rotorblätter).

Zur Möglichkeit der adaptiven Bearbeitung von Bauteilen, deren CAD-Daten nicht bekannt sind oder bei denen auf Grund von Fertigungstoleranzen bzw. Änderungen durch den (Flug-)Betrieb die Ist-Kontur nicht der Soll-Kontur entspricht, wird das Bauteil nach dem Aufspannen zuerst eingescannt. Dies erfolgt bei BCT über einen zweigeteilten Scan-Prozess. Zuerst wird mit Hilfe eines Punktlasers das Bauteil über ein gewisses Raster grob erfasst. Auf dieser Basis wird dann das eigentliche Scan-Programm erzeugt. Das genaue Erfassen der 3D-Kontur erfolgt mit einem Linienlaser mit sehr hoher Genauigkeit. Die Scandaten repräsentieren die exakte Geometrie und Topologie des Bauteils. Auf Basis dieser wird dann

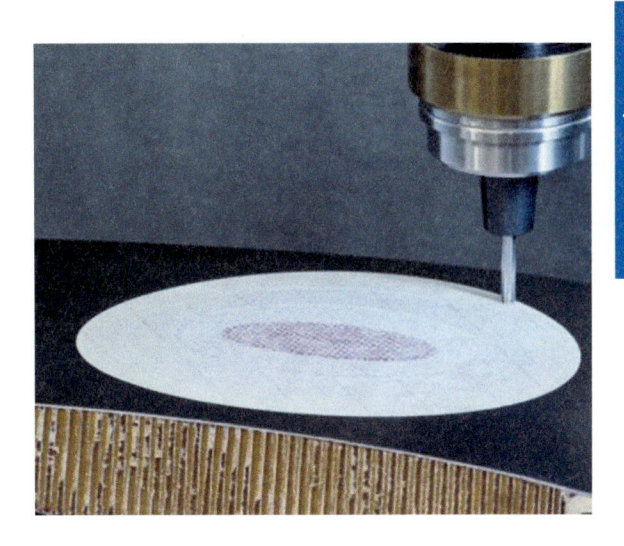

Abb. 7.16: *mobileBLOCK von Sauer GmbH (DMG MORI 2015)*

speziellen Software mit anschließender Generierung des Fräsprogrammes (DMG MORI, Bremer 2016).

Abb. 7.17: *Runde Schäftung (DMG MORI, Bremer 2016)*

Abb. 7.18: *Elliptische Schäftung (DMG MORI, Bremer 2016)*

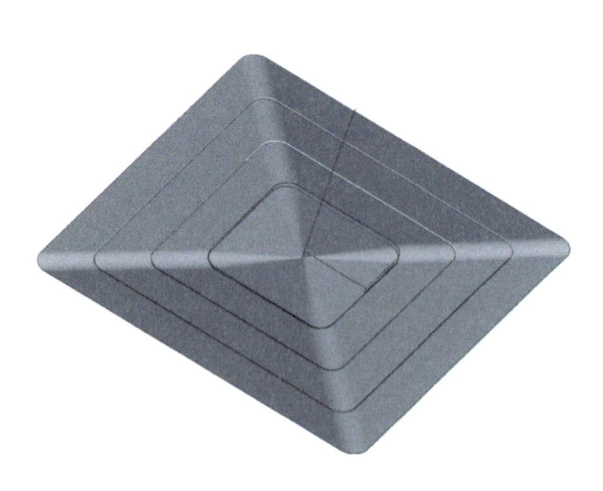

Abb. 7.19: *Rechteckige Schäftung (DMG MORI, Bremer 2016)*

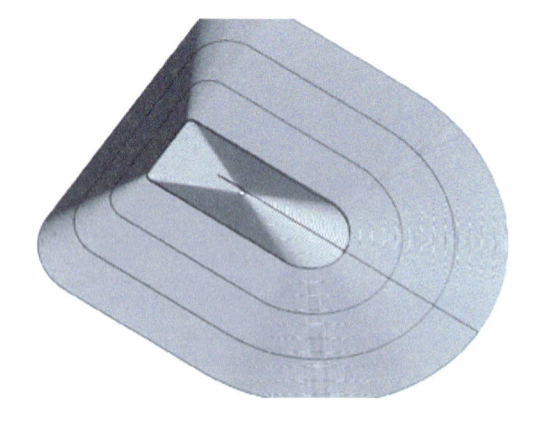

Abb. 7.20: *Formangepasste Schäftung (DMG MORI, Bremer 2016)*

Abb. 7.21: *Faser- und lastoptimierte Schäftung (DMG MORI, Bremer 2016)*

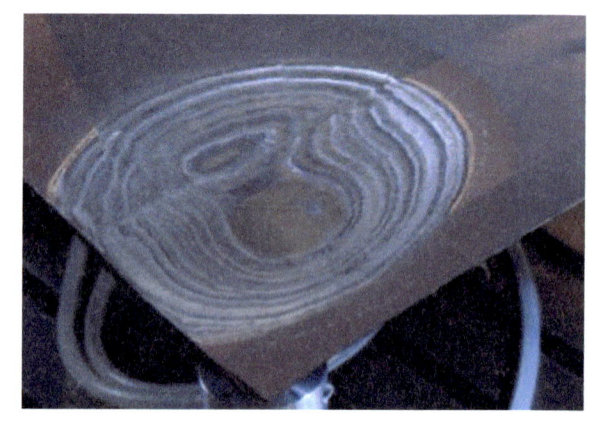

unter Berücksichtigung der Schäftungsform und anderen notwendigen Schäftungsparametern die Zielgeometrie bzw. das Bearbeitungsprogramm erzeugt. Neben der standardmäßigen runden bzw. rechteckigen Form können formangepasste Schäftungen generiert und durchgeführt werden. Diese sind zum Beispiel notwendig bei kantennahen Schäden, bei deinen ein gleichförmig ausgebildetes Schäftungsverhältnis nicht möglich ist.

Des Weiteren bietet sich die Möglichkeit der faser- und lastangepassten Schäftungen, welche mittels Handschäften unter keinen Umständen umsetzbar wären. Da hier nur die entsprechend des Lagenauf-

Abb. 7.22: *Atmosphärendruckplasma-Bearbeitung (industryarena.com)*

baus lasttragenden Lagen abgefräst werden, verringert sich die Größe der gesamten Schäftung auf ein Minimum ohne unnötigen Verlust der Festigkeit der Struktur (Bremer 2016).

Neben der frästechnischen Bearbeitung bietet sich sowohl bei mobilen als auch stationären Systemen weiterhin die Möglichkeit der Integration von Systemen zur Vorbehandlung von Oberflächen. Hier ist vor allem die Atmosphärendruckplasma-Technik zu nennen, bei der Gas mittels Hochspannung unter Umgebungsdruck derart angeregt wird, dass ein Plasma gezündet und mit Druckluft aus einer Düse herausgetrieben wird. Durch die im Plasmastrahl enthaltenen reaktiven Teilchen treten auf der behandelten Oberfläche zwei Effekte auf: eine Feinstreinigung und eine Aktivierung. Bei der Reinigung werden durch den kontinuierlichen druckluftbeschleunigten Aktivgasstrahl Schmutzpartikel entfernt und weggeblasen. Bei der Aktivierung werden durch chemische Reaktionen mit dem ionisierten Gas chemisch aktive Gruppen auf der Oberfläche erzeugt, was zu einer verbesserten Benetzbarkeit und besseren chemischen Anbindung führt (plasma.com)

Die Erzeugung der NC-Bahn für die Plasma-Aktivierung erfolgt direkt aus der Schäftsoftware heraus ebenso auf Basis der Scandaten bzw. der rückgeführten Fläche.

7.3.7.2 Abtrag mittels Wasserstrahl

Die Möglichkeit des automatisierten Abtragens mittels abrasiver Wasserstrahltechnik als mobile Einheit wurde durch die Firma BAYAB industrialisiert.

Bei der sogenannten REPLY.5-Anlage handelt es sich um eine 2-achsige Lineareinheit zur 3D-Bearbeitung von Composite-Bauteilen. Die Anlage hat einen Bearbeitungsraum von 500 mm x 500 mm bei einer Gesamtgröße von 1,2 m x 1,02 m x 0,45 m und einem Gesamtgewicht von 50 kg, was bedeutet, dass die Maschine von 2 Personen transportiert werden kann. Der Wasserstrahlkopf wird in Tiefenrichtung mittels feder-beaufschlagten Rollen über die Oberfläche geführt mit einem maximalen bearbeitbaren Höhenunterschied zwischen Maschine und Oberfläche von ± 20 mm. Ebenso sind winkeltechnische Abweichungen von bis zu ±10° bearbeitbar.

Die Bearbeitungsparameter – wie Strahldruck und Verfahrgeschwindigkeit – sind materialspezifisch und für unbekannte Materialien im Vorfeld zu ermitteln. Bei optimierten Anwendungen ist die Gesamtgenauigkeit in Tiefenrichtung mit +/-0.05 mm angegeben unabhängig vom Material, vom Aufbau und von der Komplexität des Bauteils.

Verglichen mit der frästechnischen Bearbeitung erfolgt der Abtrag hier tiefenkonstant. Über die

Abb. 7.23: *REPLY.5 – Reparaturanlage mittels Wasserstrahlabtrag (Cénac 2017)*

Abb. 7.24: *Konstanter Tiefenabtrag (Cénac 2017)*

2D-Verfahreinheit wird der Wasserstrahlkopf über die Oberfläche geführt und ein lagenspezifischer Abtrag ist möglich.

Die Bearbeitung des Bauteils erfolgt immer mäanderförmig über die 2-achsige Verfahreinheit. Zur Einhaltung der äußeren Konturen von Schäftungen sind entsprechende unterschiedliche Maskierungsbleche notwendig, die über die zu bearbeitende Fläche des Bauteils appliziert werden, sodass dementsprechend nur der abzutragende Bereich freigelegt ist.

Die Absaugung des Wassers inklusive des Abrasivmediums und des freigelegten FVK-Materials erfolgt mittels einer Absaugglocke über der Wasserstrahleinheit. Untersuchungen haben gezeigt, dass trotz der Verwendung von Wasser als Bearbeitungsmedium keine nennenswerte Feuchtigkeitszunahme bei Faserverbundwerkstoffen, welche sich negativ auf nachfolgende Klebprozesse auswirken könnte, gegeben ist.

Beispiele von Schäftungen hergestellt mittels Wasserstrahltechnik sind in Abbildung 7.25 darstellt.

Des Weiteren verfügt diese Anlage über ein integriertes optisches Auswertesystem, welches über Bilder und die unterschiedlichen Reflexionseigenschaften der verschiedenen Lagen eine automatische

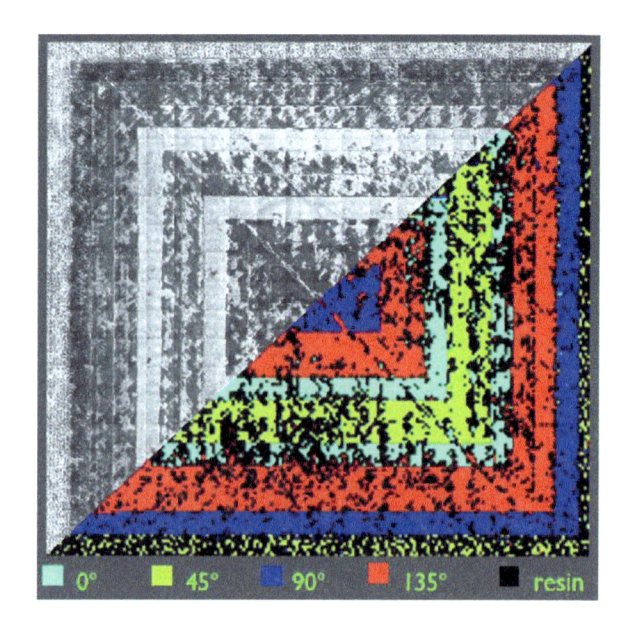

Abb. 7.26: *Bildunterstütztes Verfahren zur Lagenerkennung (Cénac 2017)*

Lagenerkennung ermöglicht. Dies wird zur generellen Dokumentation genutzt und dazu, um zwischen den einzelnen Verfahrschritten das Freilegen der gewollten Lagen sicherzustellen.

Wie auch schon beim frästechnischen Abtrag durch die Software der Firma BCT ermöglicht auch diese Anlage die Möglichkeit von innovativen faser- und lastoptimierten Schäftungsformen- und ausführungen. Dieser laut BAYAB patentierte Ansatz ist unabhängig von der beschriebenen Bearbeitungsmaschine, vielmehr wird er erst durch den automatisierten Abtrag möglich.

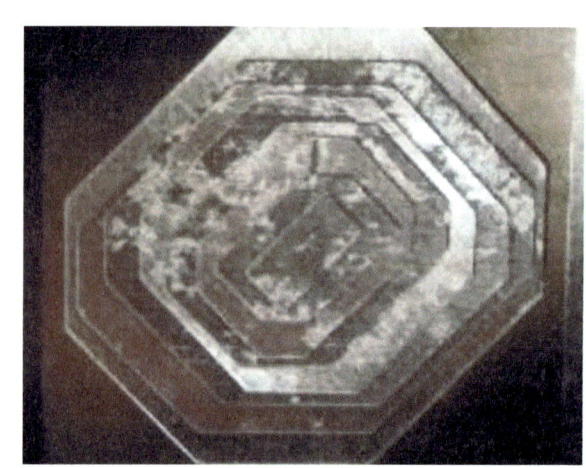

Abb. 7.25: *Beispiele für durch Wasserstrahl hergestellte Schäftungen (Cénac 2017)*

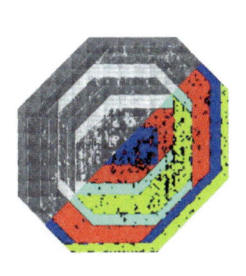

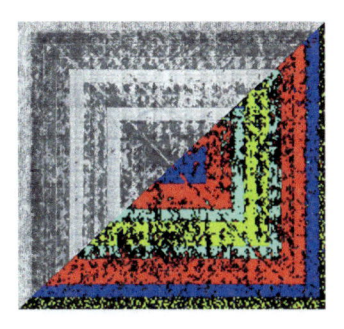

7.3 Reparaturverfahren monolithischer Verbundwerkstoffe

Abb. 7.27: *Größenvergleich von lagenoptimierter mit Standard-Schäftung (Cénac 2017)*

Abbildung 7.27 zeigt den größentechnischen Vergleich einer Standardschäftung (rechtes Bild) mit dem faseroptimierten Ansatz (linkes Bild). Durch das Weglassen von Überlappungen in Richtungen, in denen keine Kraftübertragung stattfindet, kann die Gesamtgröße bei gleichbleibender Gesamtfestigkeit eindeutig verringert werden.

Die Anlage ist seitens Airbus qualifiziert und zertifiziert zur automatisierten Ausarbeitung von Schäden bei Re-Work und Reparaturprozessen der A350 (Cénac 2017).

Allerdings erfolgt vor dem Reparaturprozess noch eine finale Aktivierung der Klebeoberflächen mittels Schleifen.

7.3.7.3 Abtrag mittels Laser

Das laserbasierte Schäften ist im Wesentlichen Thema der Verfahrensentwicklungen. Im Rahmen einiger öffentlich geförderter Forschungsvorhaben wurden bereits stationäre wie auch mobile Prototypenanlagen entwickelt (Dietmar 2018).

Darunter war eine Anlage von SLCR in Zusammenarbeit mit GKN, wo ein CO_2-Laser zum Verdampfen der Matrix in Kombination mit einem Bürstensystem zum Entfernen der Fasern genutzt wurde.

Des Weiteren hat cleanLASER ein mobiles Gerät auf Basis eines Faserlasers entwickelt, mit welchem sowohl Verstärkungsfasern als auch Matrixmaterial entfernt werden kann. Die eingesetzten Lasersysteme arbeiten mit einem gepulst austretenden Laserstrahl. Der Strahl wird auf eine sehr kleine Fläche fokussiert und mithilfe einer beweglichen Bearbeitungsoptik schnell über das Bauteil geführt. Die kurzen Pulse mit hoher Intensität verursachen ein schnelles Absprengen der obersten Matrixlage und den direkten Abtransport der eingebrachten Energie. Dadurch ist es möglich, die Erwärmung des Materials derart zu kontrollieren, dass eine Schädigung ausgeschlossen werden kann.

Die verwendeten Festkörperlaser sind aufgrund ihrer Robustheit und ihrer kleinen Bauweise auch für eine mobile Bearbeitung z. B. an Reparaturstellen geeignet. Im Vergleich zu UV-Lasern zeichnen sie sich durch eine gute Leistungseffizienz sowie geringe Investitions- und Betriebskosten aus. Ein wesentlicher und nahezu unabdingbarer Vorteil für die mobilen und kompakten Lasersysteme besteht in der Strahlübertragbarkeit mittels Lichtwellenleiter. Durch die verlustfreie Führung des Laserstrahls über Glasfasern lassen sich diese Systeme mit Lichtwellenleitern ausstatten, sodass die Laserstrahlung flexibel per Kabel übertragen werden kann. Durch Kabellängen von bis zu 50 m Länge ist somit die Bearbeitung von großen und dreidimensionalen Bauteilen sowohl manuell als auch automatisiert

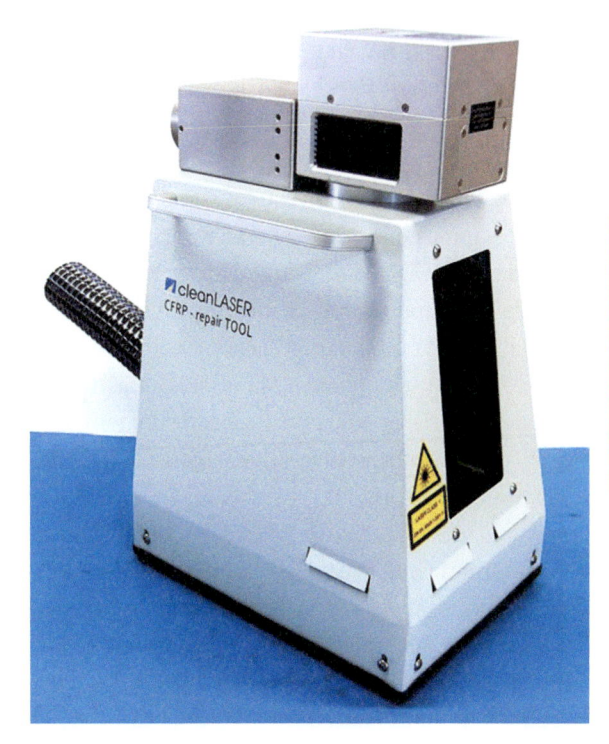

Abb. 7.28: *CFRP Repair Tool von cleanLASER*

Abb. 7.29: *Laserbearbeitung eines FVK mittels cleanLASER*

geführt mittels kompakter Bearbeitungsoptiken möglich. Diesen Vorteil weisen Lasersysteme, die im UV-Wellenlängenbereich emittieren, oder CO2-Laser nicht auf (Büchter 2012).

Aktuelle Arbeiten seitens des Laser Zentrums Hannover zielen auf die weitere Automatisierung des Verfahrens ab. Bei den bisher durchgeführten Arbeiten handelte es sich im Wesentlichen auf Erfahrungswerten basierenden, gesteuerten Prozessen. Derzeitige Arbeiten, z. B. im LuFoV-2 Projekt „ReWork", haben den Fokus darauf, den Schäftungsprozess mit parallel zur Bearbeitung stattfindenden Abtragtiefenmessungen bzw. Faserorientierungsmessungen zu regeln. Dies wird kombiniert mit Untersuchungen hinsichtlich der Auswirkungen der Laserbehandlung beim Schäften auf die Festigkeit der Reparatur z. B. an G1c-Tests.

Zum Einsatz kommen generell maximal kurzgepulste Laser (längstens Nanosekundenpulse), um den Aufbau einer Wärmeeinflusszone (der Bereich innerhalb dessen eine thermisch bedingte Veränderung der Matrix wahrnehmbar ist) gegen Null zu reduzieren. Je nach zu schäftendem Material kommen dabei UV- oder Faserlaser zum Einsatz. Bestimmt wird dies durch die optischen Absorptionseigenschaften des FVK (Dietmar 2018).

Innerhalb des Forschungsprojektes „CompInnova" (EU-gefördert innerhalb des H2020-Programmes) wird der innovative Ansatz verfolgt, die laserbasierte Reparatur mit einer vorgeschalteten Inspektion mittels der beiden NDT-Verfahren Infrarot-Thermographie (IRT) und Phased-Array Ultraschall (PA) zu kombinieren. Die genannten Systeme arbeiten auf einer gemeinsamen Roboterplattform. Nach der autonomen Inspektion durch die zerstörungsfreien Prüfverfahren werden die Informationen für die Laserbearbeitung automatisch abgeleitet. Der entwickelte Laser ist darauf ausgerichtet, gestufte Reparaturen zu erzeugen unter Berücksichtigung optimierter und komplexer Lastpfade.

Ebenso werden hier kurz-gepulste Laser eingesetzt, um eine Degradierung des Materials zu vermeiden bzw. die Wärmeeinflusszone so gering wie möglich zu halten.

Als Laser wurde der Typ IPG-GLPM-20-Y13 ausgewählt, ein grün-gepulster Nanosekunden- Faserlaser mit einer mittleren Leistung von 20 Watt, einer Wellenlänge von 532 nm und einer Repetitionsfrequenz von bis zu 600 kHz. Die Auswahl wurde gemacht unter Berücksichtigung verschiedener kommerziell verfügbarer Laser im Hinblick auf geringes Gewicht unter 1,5 kg und kompakten Abmaßen. Die beiden Kriterien resultieren aus den Anforderungen für das ausgewählte Robotersystem.

Abb. 7.30: *Gestufte Schäftung mittels Laserabtrag durch „CompInnova" (Psarras 2018)*

Mit diesem Laser wurde innerhalb einer Probenreihe die Einflussparameter untersucht, welche die Größe der Wärmeeinflusszone beeinflussen, mit welchen die größte Abtragsleistung und die größte mechanische Festigkeit erzielt werden können. Die Untersuchungen wurden gemacht mit einem luftfahrttypischen Prepreg-Material und einschnittig überlappenden Zugproben nach ASTM D 5868-01.

Die besten Ergebnisse konnten mit den Einstellungen mit f ≈ 500 kHz, Verfahrgeschwindigkeit v ≈ 1570 mm/min und einem Bahnabstand HD (Hatching distance) von ≈ 171 µm erzielt werden (Psarras 2018).

Ein Beispiel einer laser-abgetragenen Schäftung mittels des zuvor genannten Lasers in gestufter Ausführung ist in Abbildung 7.30 dargestellt.

7.3.7.4 Bewertung der unterschiedlichen automatisierten Abtragsarten

Das konventionelle, manuelle Verfahren des Schleifens ist sehr zeit- und kostenintensiv und darüber beinhaltet es ein hohes Fehlerpotential während der Umsetzung. Die aktuellen Bestrebungen auf automatisierte Prozesse umzusteigen sind notwendig auch im Hinblick auf zugelassene Reparaturen von strukturellen Reparaturen.

Eine direkte Bewertung bzw. ein Vergleich der verschiedenen beschriebenen Systeme ist objektiv schwer darstellbar und soll auch nicht Teil dieses Beitrages sein.

Die Systeme haben alle Vor- und Nachteile hinsichtlich Einsatzbarkeit, Geschwindigkeit, erzielter Oberfläche, Bearbeitungsraum und Kosten. Außerdem ist ein Vergleich auch schwer , da manche Systeme einen sehr hohen technischen Reifegrad haben und bereits kommerziell verfügbar sind, wobei andere noch auf Laborniveau untersucht werden.

Ob ein System im Reparaturfall zum Einsatz kommt, ist auch stark abhängig von den Kosten der Anlage und der damit verbundenen Rentabilität. Fallen zu wenige Reparaturen pro Jahr an, kann es sein, dass der manuelle Prozess weiterhin favorisiert wird, auch wenn die Qualität der Umsetzung durch ein automatisiertes System besser sein würde.

7.3.8 Verfahren mit Aufdoppelung

Die Verfahren mit Aufdoppelung unterscheiden sich gegenüber den Schäftverfahren grundsätzlich in drei Punkten:
- der Ausführung,
- der Art der Reparaturwerkstoffe
- der Anbindung des Reparaturpatches an das Originallaminat.

Durch Aufsetzen eines Dopplers kann grundsätzlich keine bündige Reparatur geschaffen werden, was aerodynamische und optische Nachteile hat. In bestimmten Fällen können Aufdopplungsverfahren dementsprechend nicht angewandt werden. Als Reparaturwerkstoffe werden hier sowohl CFK-Materialien als auch metallische Werkstoffe verwendet. Bei den CFK-Werkstoffen gibt es neben dem Nasslaminierverfahren und dem Verfahren mit teilweise ausgehärteten (vorgelierten) Prepregs noch die Möglichkeit, einen komplett ausgehärteten Reparaturdoppler (Doubler Repair) zu verwenden. Diese sind aufgrund des ausgehärteten Zustands lagerstabil und der zeitaufwändige Vakuumaufbau zum Aushärten entfällt, wodurch sich der Gesamtzeitaufwand für die Reparatur verringert. Allerdings haben sie den Nachteil, dass sie nur bei flachen oder leicht gekrümmten Strukturen eingesetzt werden können. Darüber hinaus bietet sich noch die Möglichkeit, Reparaturlaschen aus einer Titan- oder Aluminiumlegierung zu verwenden, die allerdings auf Grund möglicher galvanischer Korrosion von der CFK-Harz-Struktur isoliert werden müssen, z.B. durch Primer- und Dichtmittelauftrag.

Die Anbindung des Reparaturwerkstoffs an das Originallaminat erfolgt unterschiedlich. Beim Nasslaminieren werden – wie bei der Schäftreparatur – die Reparaturlagen mit dem Reparaturharz direkt aufgetragen und unter Vakuum mit optionaler Erwärmung ausgehärtet. Bei vorgelierten Flicken wird eine Lage Filmklebstoff zwischen Patch und Laminat eingelegt und unter Vakuum inklusive Erwärmung ausgehärtet. Die Anbindung von ausgehärteten CFK-Dopplern und metallischen Reparaturlaschen kann adhäsiv (2-K-System, Filmklebstoff) und auch mit Nieten erfolgen. 2Komponenten-Systeme haben gegenüber

Filmklebstoffen die Vorteile, dass sie einfacher gelagert, bei niedrigeren Temperaturen und Drücken gehärtet werden können und dass sie Klebespalttoleranzen besser ausgleichen können (Abb. 7.34).

Da der Zugang zu einer Reparaturstelle oft nur von einer Seite möglich ist, kommen meistens Blindnieten aus rostfreiem Stahl oder einer Titanlegierung zum Einsatz. Jedoch muss auch hier auf die Gefahr der Kontaktkorrosion geachtet werden. Deswegen werden Nieten generell „nass" gesetzt, was bedeutet, dass sowohl der ganze Reparaturrand wie auch die Nieten selbst mit einem geeigneten Dichtmittel versehen werden. Für den Einsatz bei Verbundwerkstoffen wurden eigene Blindnieten entwickelt, bei denen durch ihre spezielle Form der Druck auf die Bohrungswand nicht zu groß ist, sodass ein Delaminieren des Laminats verhindert wird.

Klebe- und Nietverbindungen haben unterschiedliche Vor- und Nachteile. Beim Kleben ist der zu verwendende Klebstoff abhängig von den Fügepartnern. Beim Nieten spielt dagegen die Werkstoffpaarung keine so entscheidende Rolle, und es ist kein aufwändiger Vorbehandlungsprozess des CFK-Laminats nötig. Die Kontaktstellen müssen nicht aufwändig getrocknet und vorbehandelt werden und auch der zeitintensive Aushärtevorgang des Klebstoffes und

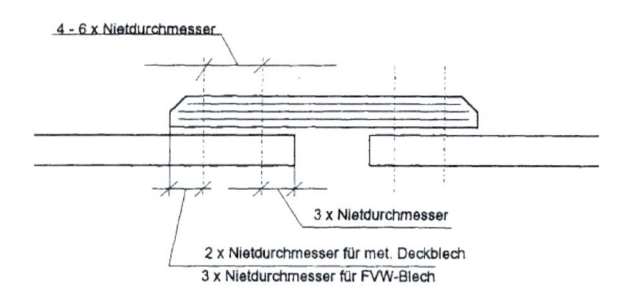

Abb. 7.32: *Genieteter Reparaturdoppler (CFK, Ti) (LTH)*

des Harzes entfällt durch die Verwendung von voll ausgehärteten Reparaturstücken (Thum 2006).

- Geklebte Doppler

Bei sehr dünnen Laminaten, z.B. 1 bis 2 Prepreglagen, können in vielen Fällen auf Grund der Lochleibung im Laminat und der Gefahr des Ausreißens keine Nieten eingesetzt werden. Somit ist hier generell nur eine geklebte Reparatur möglich.

Während bei nicht-durchgehenden Schäden der beschädigte Bereich oftmals gar nicht bearbeitet und der komplett ausgehärtete Reparaturdoppler mit Hilfe eines pastösen Klebstoffes aufgeklebt wird (Abb. 7.34), wird bei durchgehenden Schäden der Schadensbereich so entfernt, dass senkrechte rissfreie Kanten entstehen, dieses gilt sowohl für die geklebte als auch die genietete Version (Abb. 7.35).

- Gebolzte Doppler

Bei durchgehenden Schäden kann die Anbringung des externen Reparaturstücks einseitig oder von beiden Seiten erfolgen. Jedoch ist bei einseitiger Überlap-

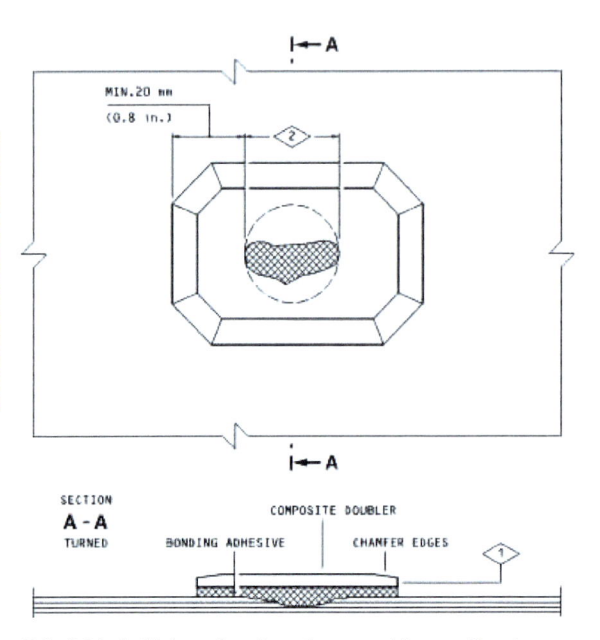

Abb. 7.31: *Aufkleben eines komplett ausgehärteten Dopplers (SRM)*

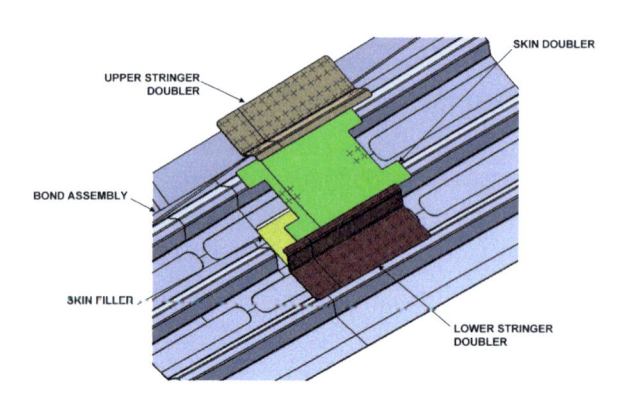

Abb. 7.33: *Schematischer Aufbau einer Nietreparatur nach Boeing (Greenberg 2007)*

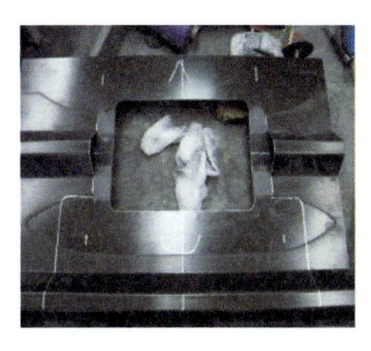

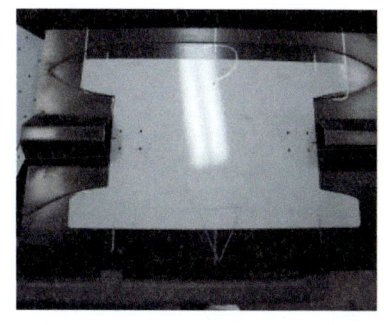

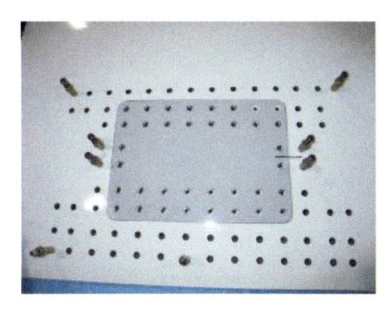

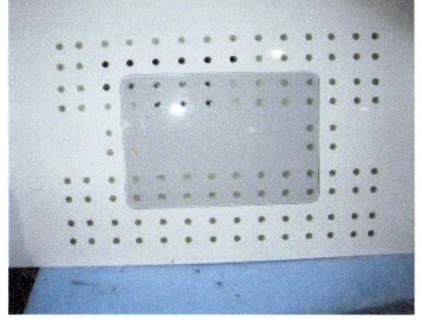

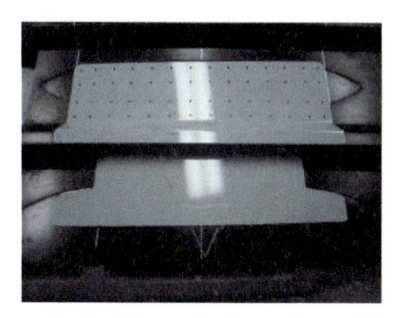

Abb. 7.34: *Nietreparatur an CFK-Demonstrator nach Boeing (Greenberg 2007)*

pung infolge der Exzentrizität mit einer weiteren Reduzierung der Tragfähigkeit des Bauteils zu rechnen. Für eine Reparatur von komplizierteren primären CFK-Strukturen (Anwendung beim Dreamliner 787) orientiert sich Boeing an bestehenden und bewährten Reparaturverfahren des Heckleitwerks der Boeing 777 (Bailey 2009). Am Beispiel einer Außenhaut-Stringer-Struktur wird das Prinzip dargestellt (Abb. 7.33).

Wie in Abbildung 7.33 zu erkennen, liegt der Schaden und somit der entfernte Bereich der Außenhaut genau unter einem Stringer, wodurch dieser teilweise mit entfernt werden muss. Die nachfolgende Reparatur beinhaltet deswegen neben der Reparatur der Außenhaut auch eine Aufdoppelung des Stringers.

Bild 1 von Abbildung 7.34 zeigt das vorbereitete CFK-Demonstrator-Bauteil inklusive des Austrennens der Außenhaut und der Entfernung des Stringerabschnittes. Danach wird der Doppler (Skin Doubler) von innen auf das Außenlaminat aufgelegt (Bild 2) und das Füllstück (Skin Filler) von außen in den ausgetrennten Bereich eingelegt (Bild 4). Eine Grundfixierung dieser zwei Elemente zueinander und zum Originallaminat erfolgt über die 8 Nietbohrungen, welche im Bild 2 (bzw. auch Bild 4 und 5) zu erkennen sind.

Die Bilder 5 und 6 der gleichen Abbildung 7.34 zeigen dann die fast fertige Reparatur. Zu erkennen ist im Randbereich noch eine dunkelgraue Masse, bei der es sich zur Vermeidung von galvanischer Korrosion wahrscheinlich um eine Dichtmasse handelt.

Für die Doppler werden hier weichgeglühte Bleche aus Ti6Al4V (Code AB-1) verwendet. Bei den Nieten handelt es sich entweder um Blindnieten (BACB30VL) oder Hi-Loks (BACB30MY). Ob diese auch für den Rumpfbereich der Boeing 787 verwendet werden, kann nicht sicher gesagt werden. Schub-Druck-Tests an Versuchsschalen, die nach diesem Verfahren repariert wurden, ergeben, dass keine negativen Auswirkungen auf das Versagensverhalten der Schalen erkennbar waren (Bailey 2009).

- Geklebte Bolzenverbindungen

Durch eine zusätzliche strukturelle Klebung einer gebolzten Verbindung wird die Festigkeit erhöht. Die Klebung bewirkt dabei eine gleichmäßigere Lastverteilung über die Verbindung (Abbau von Spannungsspitzen) und eine höhere Lebensdauer bei dynamischer Beanspruchung. Allerdings muss beachtet werden, dass durch die zusätzliche Klebschicht eine unlösbare Verbindung geschaffen wird, wodurch sie bei demontierbaren Bauteilpaarungen nicht angewandt werden kann. Geht man von einer reinen Klebeverbindung aus, vermindern zusätzliche Bolzen bzw. Nieten die Abschälgefahr (LTH) .

Wie in der Literatur (Baker 2004)) beschrieben, lässt sich bei einer solchen Verbindung die genaue Lastverteilung zwischen den beiden Verbindungselementen derzeit rechnerisch nicht exakt bestimmen. Die Anzahl der notwendigen Nieten kann theoretisch durch die zusätzliche Klebschicht herabgesetzt werden, was allerdings noch wenig umgesetzt wird. Im Falle eines Versagens der klebenden Schicht dienen die Nieten daher oft auch als Ersatzträger. Vor allem bei Bauteilen, bei denen durch eventuelles Eindringen von Feuchtigkeit eine dauerhafte Gewährleistung der Klebung nicht gegeben ist, kommt diese „Fail-Safe"-Lösung zum Einsatz. Darüber hinaus können die Nieten bei einer geklebten Reparatur die Patchs bis zur Aushärtung fixieren und den notwendigen Anpressdruck für eine optimale Aushärtung liefern (Thum 2006) .

7.3.9 Alternative Möglichkeiten für die Patchherstellung

Neben der Verbesserung des Schäftprozesses durch automatisierte Ausarbeitungsverfahren gibt es auch Überlegungen, die Fertigungszeit für die Herstellung des Reparaturpatches zu verringern.

Aus strukturtechnischer Sicht sind komplett ausgehärtete Patchs und vorgelierte Füllstücke dem Nasslaminierverfahren vorzuziehen. Diese können bei erhöhter Temperatur und Druck im Autoklaven gefertigt werden, wohingegen beim Nasslaminieren eine Aushärtung am Bauteil unter anderen Bedingungen (niedrigere Härtungstemperatur, nur Vakuum) erfolgt.

Für eine Autoklavherstellung des Patches gibt es zwei Möglichkeiten. Zum einen kann das beschädigte Bauteil demontiert werden, um es dann direkt als Negativ-Werkzeug (Male Tool) für den Patch zu verwenden. Eine Demontage ist aber oft zu aufwändig bzw. gar nicht möglich.

Deswegen kommen meistens andere Verfahren zum Einsatz.

Abformmassen

Mit Hilfe von möglichst schwundfreien und schnellhärtenden Abformmassen bzw. -harzen wird zuerst am Bauteil (mit fertiger Schäftung) eine Positiv-Form (Female Tool) des Füllstücks abgeformt und mit dieser dann anschließend das Negativ-Werkzeug (Male Tool) für den Autoklavprozess hergestellt. Beide Abdrücke müssen immer zuerst komplett aushärten bevor der nächste Schritt gestartet werden kann.

Wiederverwendbare mobile Formwerkzeuge

Neben den Abformmassen bietet sich auch die Möglichkeit, wiederverwendbare mobile Formwerkzeuge wie den Impression Master® der Firma Airtech zu verwenden (airtechonline.com).

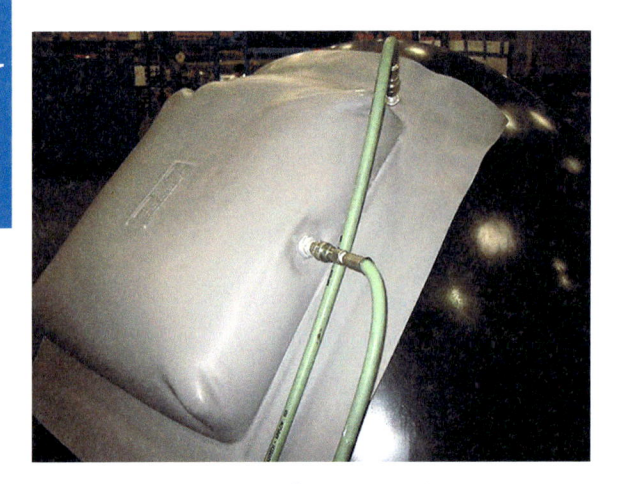

Abb. 7.35: *Impression Master® (Psarras 2018)*

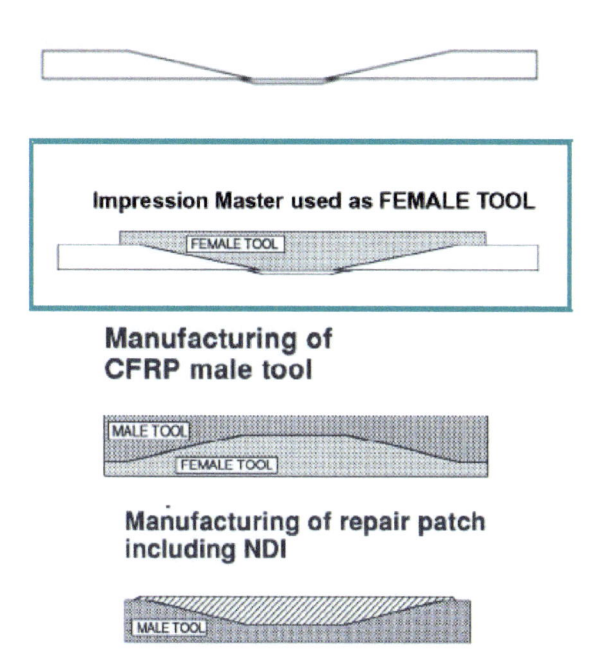

Abb. 7.36: *Abformwerkzeug Typ Impression Master® als Positiv-Werkzeug (Maier 2007)*

Abb. 7.37: *Vakuumtisch von Torrtech (Quelle: Torrtech)*

Dieses System besteht an der Abformseite aus einem Silikongummi, besitzt zwei verschiedene Vakuumanschlüsse und wird mit einer maximalen Einsatztemperatur von bis zu 202°C angegeben. Über den ersten Vakuumanschluss wird der Aufbau am Bauteil angesaugt und über den zweiten die Luft aus dem mit entsprechend anpassungsfähigem Material gefüllten Sack abgesaugt. Dadurch erstellt der Impression Master® innerhalb kürzester Zeit einen Abdruck des Bauteils. Dieser kann nun abgenommen werden und behält so lange seine Form, bis der Sack wieder belüftet wird. Die Herstellung eines Patches oder Bauteils erfolgt vor dem Einbringen der Schäftung am Bauteil hier direkt auf dem Impression Master® als Formwerkzeug. (Abb. 7.38)

Eine andere Möglichkeit ist es, den Impression Master® als Positiv-Werkzeug zu verwenden. Dazu wird er auf das bereits geschäftete Bauteil angesaugt, evakuiert und anschließend abgenommen (Abb. 7.39). Mit Hilfe dieses Abdruckes und durch den Einsatz von entsprechenden Abformmassen kann das Negativ-Werkzeug hergestellt werden. Im letzten Schritt wird der komplett ausgehärtete Reparaturpatch über das Negativ-Werkzeug im Autoklav hergestellt (Maier 2007).

Wiederverwendbare stationäre Vakuumsysteme

Wieder verwendbare Vakuumsysteme (Reusable Vacuum Bags) bestehen aus einer Grundplatte, über welche Vakuum gezogen wird, einem äußeren Dichtungsring und einem Silikongummi (Abb. 7.37).

Steht für eine Reparatur kein Autoklav zur Verfügung, erfolgt die Aushärtung des Reparaturpatches direkt am Bauteil. Um dennoch eine optimale Verdichtung und Entgasung zu erreichen, empfiehlt es sich, einzelne Lagenpakete extern vorzukompaktieren. Dadurch kann die Laminatqualität des Patches gesteigert und die Kompaktierungszeit am Bauteil reduziert werden. Der Silikongummi ist so elastisch, dass er auch bei dickeren bzw. sperrigen Bauteilen nicht reißt und nach dem Gebrauch keine bleibende Verformung behält. Außerdem besteht die Möglichkeit, die Grundplatte zu beheizen und dadurch den Reparaturpatch bis zu einem bestimmten Maß anzuhärten. Die Aushärtezeit am Bauteil selber wird dadurch verringert (Maier 2007).

Doppel-Vakuum-Verfahren

Dieser Aufbau besteht aus zwei Vakuum-Kammern (Abb. 7.41). Bei dem üblichen Vakuumsack-Verfahren erfolgt die Entgasung und Kompaktierung des Lami-

Abb. 7.38: *Schematische Darstellung des Doppel-Vakuum Verfahrens (Double-Vacuum Debulking)*

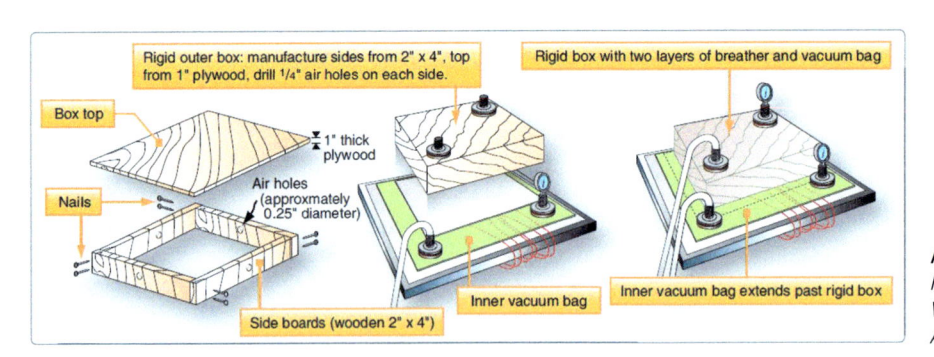

Abb. 7.39: *Anleitung zur Herstellung eines Double-Vakuum-Werkzeuges (F.A. Administration).*

nates gleichzeitig. Dies hat aber oft zur Folge, dass die im Laminat eingeschlossenen Gase und flüchtigen Stoffe durch den Druck des Vakuumsackes und der Kompaktierung gar nicht entweichen können. Deswegen versucht man hier, die beiden Vorgänge voneinander abzukoppeln. Zieht man sowohl aus der oberen als auch aus der unteren Kammer Vakuum, so kommt es zur Entgasung des Laminats, aber durch das Doppelvakuum eben noch zu keinem Druckaufbau auf das Laminat. Somit können alle Gase ungehindert entweichen und das Problem der Lunker im Laminat wird minimiert. Erst im zweiten Schritt wird die obere Kammer belüftet und der Silikongummi drückt – wie beim gängigen Vakuumsack-Verfahren – zur Kompaktierung aufs Bauteil.

Abbildung 7.42 beschreibt ein Verfahren wie ein Doppel-Vakuum-Werkzeug relativ einfach mit handelsüblichen Mitteln hergestellt werden kann (F.A. Administration). Dieses System kann natürlich auch mit einer Heizplatte kombiniert werden.

Durch ein Vorhärten (Staging) des Klebefilms verringert sich die nachfolgende Aushärtzeit am Bauteil und eventuell flüchtige Bestandteile des Klebefilms entweichen schon hier. Sie können somit beim

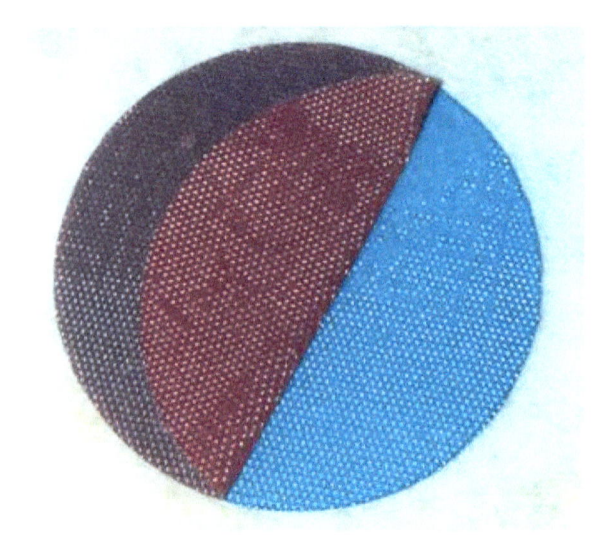

Abb. 7.40: *Geprägter Filmklebstoff [31]*

eigentlichen Einkleben des Patchs am Bauteil keine ungewollten Fehlstellen verursachen. Durch das gleichzeitige Prägen (Embossing) des Filmklebers mittels einer Wabenlage entstehen kleine Kanäle, über die auftretende Feuchtigkeit während des Aushärtens entweichen kann (Abb. 7.40).

7.4 Reparatur von Sandwichstrukturen

Tritt bei einem Sandwichbauteil ein reiner Oberflächenschaden auf, so werden die unter Kapitel 7.3 beschriebenen Verfahren angewandt. Bei größeren Schäden ergeben sich auf Grund des komplexeren Aufbaus von Sandwichstrukturen gegenüber Monolithen zwangsläufig andere Schadensszenarien und dementsprechend andere Reparaturansätze.

7.4.1 Anbindungsfehler zwischen Wabe und Decklaminat

Bei Anbindungsschäden der Wabenstruktur an die Decklaminate wird der entsprechende Bereich über Injektionsbohrungen und -spritzen mit niedrigviskosem Klebstoff aufgefüllt. Die Anzahl der Bohrungen richtet sich nach der Schadensgröße. Auf jeden Fall muss sichergestellt sein, dass alle Kammern der Wabe und die Injektionsbohrungen selbst komplett aufgefüllt sind. Überschüssiges Material wird mit feinem Schleifpapier abgeschliffen (SRM 2018).

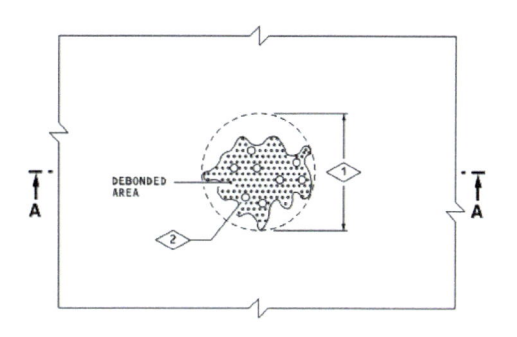

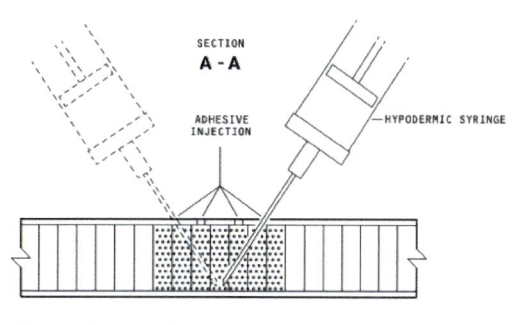

Abb. 7.41: *Anbindungsfehler zwischen Wabe und Decklaminat (SRM 2018)*

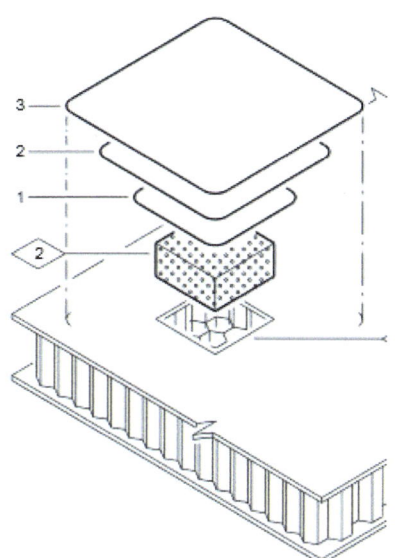

Abb. 7.42: *Oberflächenversiegelung von zugelassenen Schadensgrößen*

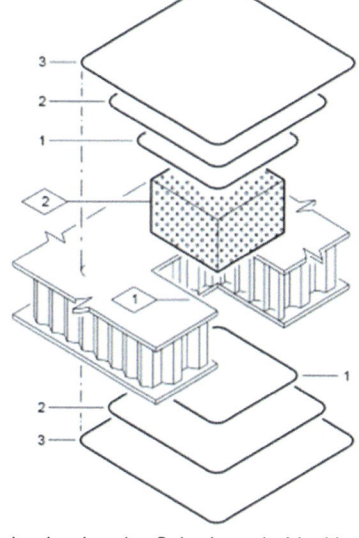

nicht durchgehender Schaden

durchgehender Schaden – beidseitige Zugänglichkeit

7.4.2 Oberflächenversiegelung bei zulässigen Schadensgrößen

Treten bei Sandwichbauteilen nur kleine Schäden des Decklaminats und der Kernstruktur auf, welche auf Grund ihrer geringen Größe keinen Einfluss auf die Tragfähigkeit des Bauteils haben, dann werden Oberflächenversiegelungen vorgenommen. Diese sollten so schnell wie möglich durchgeführt werden, da eindringendes Wasser und andere Medien die Kernstruktur und vor allem die Anbindung der Kernstruktur an die Decklaminate nachhaltig schädigen können. Bei einer derartigen Schädigung wird die Wabenstruktur mit Klebstoff oder niedrigviskoser Paste aufgefüllt, die dann ausgehärtet wird. Anschließend erfolgt die Versiegelung der Oberfläche nach dem Nasslaminierverfahren mittels CFK-Gewebe. In fast allen Fällen wird die entfernte Wabe nicht durch eine neue Wabe ersetzt, da die Anbindung einer Ersatzwabe an die vorhandenen Wabenstege des Reparaturbereiches in dieser Größenordnung sehr schwierig ist (SRM 2018).

7.4.3 Beschädigung von Decklaminat und Kernstruktur

Auch bei einer Schädigung des Decklaminats und der Kernstruktur gilt es, zur Vermeidung weiterer Schäden die Reparatur so schnell wie möglich durchzuführen. Außerdem wird zur Sicherstellung einer ausreichenden Reparatur oft beschädigtes Material großzügig entfernt und der Bereich vor dem eigentlichen Prozess aufwändig getrocknet.

- Reparatur durch Aufdoppelung

Das Aufkleben von Dopplerlagen (Nasslaminierverfahren oder Prepregmaterial) erfolgt ähnlich wie bei monolithischen Strukturen (Abb. 7.43). Das Aufkleben eines externen ausgehärteten Dopplers kann nur bei ebenen oder leicht gekrümmten Bauteilen angewandt werden. An der Planseite und an der Mantelfläche des Reparaturkerns werden in der Regel aufschäumbare Klebstoffe aufgebracht. Unabhängig von den Voraussetzungen und der Auswahl der Klebstoffsysteme erfolgt die Reparatur meist in

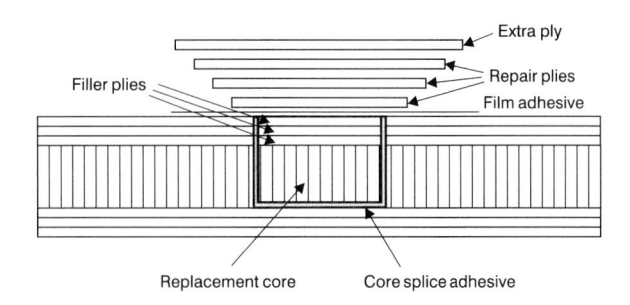

Abb. 7.43: *Reparatur durch Aufdoppelung an einer Sandwichstruktur (Hexcel 1999)*

zwei Schritten. Nach dem Einkleben des Reparaturkerns mit den ausgewählten Systemen wird der Doppler dann mit einem zugeschnittenen Filmkleber aufgeklebt. Beide Schritte werden unter Vakuum und unter Temperaturzufuhr ausgeführt.

- Bündige Reparatur

Die bündige Reparatur von Sandwichbauteilen mittels Nasslaminierverfahren oder vorgeliertem Prepregmaterial (Abb. 7.33 und Abb. 7.34) ist vom Grundprinzip her ähnlich den Schäftreparaturen von Monolithen. Allerdings wird zusätzlich noch ein Ersatzkern eingeklebt. Beim Nasslaminierverfahren wird der Reparaturkern komplett mit Klebstoff umhüllt. Das

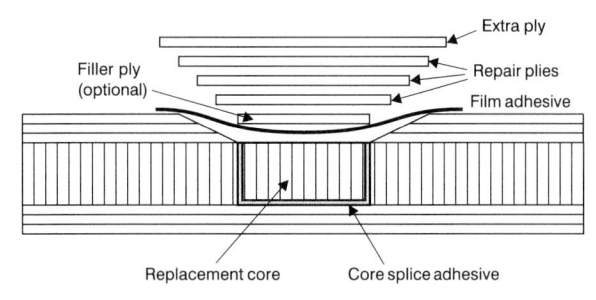

Abb. 7.44: *Bündige Sandwich-Reparatur mit kontinuierlicher Schäftung (Hexcel 1999)*

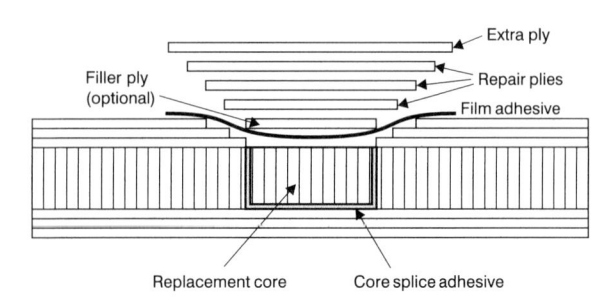

Abb. 7.45: *Bündige Sandwich-Reparatur mit gestufter Schäftung (Hexcel 1999)*

1. Puncture damage

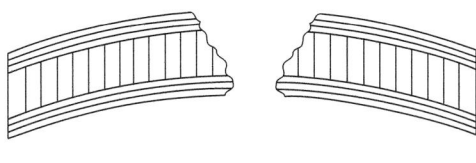

2. Remove damage

typically 12.5mm

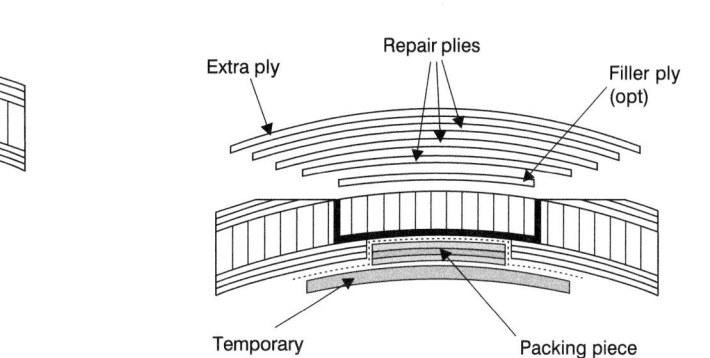

3. Taper sand

4. Bond new honeycomb

Release film (peel ply)
Temporary mould
Packing piece
■ Core splice adhesive

5. Repair first side

Extra ply
Repair plies
Filler ply (opt)
Temporary mould
Packing piece

6. Repair second side

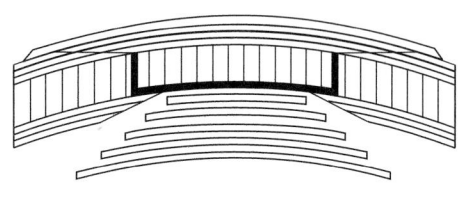

Abb. 7.46: *Bündige Reparatur eines durchgehenden Schadens bei beidseitiger Zugänglichkeit an einer Sandwichstruktur [15]*

Aushärten erfolgt zusammen mit den aufgelegten Reparaturgewebelagen in einem Schritt unter einseitigem Vakuum und optionaler Temperatur.

7.4.4 Reparatur bei einem durchgehenden Schaden

Bei der Reparatur durchgehender Schäden spielt die Zugänglichkeit (einseitig oder beidseitig) eine wichtige Rolle (bündig oder nicht bündig). Die Reparatur wird in 2 beziehungsweise 3 Härtungsschritten ausgeführt.

- Reparatur Kernwerkstoff

Reparatur der ersten Laminatlage (kann ggf. auf mit Kernwerkstoff ausgeführt werden).

- Reparatur der zweiten Laminatlage

Abschließend ist eine Sandwichreparatur mit beidseitigem Zugang in beidseitig bündiger Ausführung dargestellt. Wichtig ist eine Vakuumabdichtung (Bild 4 und 5 in Abb. 7.46) für die Reparatur des Kernwerkstoffes und der ersten Laminatlage.

7.5 Fazit

Den Reparaturmöglichkeiten bei FVK-Strukturen kommt eine spezielle Bedeutung zu, da es sich dabei meist um komplexe Strukturen mit hohem Integrationsgrad handelt, deren Austausch schwierig, mit hohen Ausfallkosten verbunden und deswegen teuer ist. Für die Betreibergesellschaften (Fluglinien) spielen nicht nur die reinen Anschaffungskosten eine große Rolle, genauso bedeutend sind für sie die laufenden Ausgaben für Wartung, Instandhaltung und Reparatur während des Flugbetriebes. Die hier beschriebenen Verfahren stammen aus unterschiedlichen Quellen der Flugzeugindustrie. Sie lassen sich aber in abgewandelter Form auch auf die Reparatur anderer FVK-Strukturen übertragen, also z.B. auf Windräder, Leichtflugzeuge, Sportboote oder auch Produkte der Automobilindustrie. Der Beitrag stellt keine Gebrauchsanweisung für Reparaturen von CFK-Strukturen dar, er zeigt lediglich den aktuellen Stand an gesammelten Daten zum Thema und kann aus diesem Grund auch keinen Anspruch auf Vollständigkeit erheben.

7.6 Weiterführende Informationen

Literatur

Akdeniz, A.: Composite_Structure_Maintainability_&_Repairability_Overview, Boeing, 2004

Armstrong, K., Bevan, L., Cole, W.: Care and Repair of Advanced Composites, 2. Auflage, SAE Int., 2005

Bailey, P., Hayes, S., Lafferty, A.: Novel Interlayers for self-healing sandwich structures, ICCM Edinburgh, 2009

Baker, A., Dutton, S., Kelly, D.: Composite Materials for Aircraft Structures, Reston: AIAA, 2004

Bremer, D. C.: Automated repair preparation and post-machining of composites, JEC Composites Magazine, Nr. 108, pp. 55–57, October 2016

Büchter, E., Kreling, S., Fischer, F., Dilger, K.: Festkörperlaser zur Vorbehandlung von CFK-Klebflächen, Adhäsion 5/2012

Cénac, F.: REPLY.5 – Portable Composite Machining, Montrabé, France, 2017

Cénac, F.: REPLY.5 – Solutions for Composite Repair, Montrabé, France, 2017

Danzer, G.: Reparatur von CFK-Bauteilen, Dornier, Friedrichshafen, 1990

Dittmar, H.: Interviewee, Laser Zentrum Hannover e. V. [Interview]. 04. April 2018

Feucht, F.: Mobile and stationary ULTRASONIC-machining of COMPOSITES for MRO and Production, 2015. [Online]. Available: http://www.dmgmori.com.

Greenberg, C.: Leasing & Asset Management Conference: 787 Structural Maintenance & Repair, Boeing, 2007

Hautier, M., Leveque, D., Huchette, C., Olivier, P.: Investigation of a composite repair method by liquid resin infusion, ICCM Edinburgh, 2009

Höfener, M.: Entwicklung und Untersuchung eines transportablen Systems zur Reparaturvorbereitung an CFK-Flugzeugstrukturen mit einem Knickarmroboter, Hamburg, 2018

Jones, F., Hayes, S., Marshiya, K., Zhang, W.: A Self Healing Thermosetting Composite Material, Elsevier, 2007

Maier, A.: CFK Reparatur Optimierung, EADS-MAS, 2007

Niu, M.: Composite Airframe Structures, 2. Auflage, Hongkong: Conmilit Press, 2000

Psarras, S. D.: Interviewee, University of Patras Rio, Greece. [Interview]. 08 March 2018

Sauer, C.: Herausforderung durch Betrieb und Instandhaltung von Composite Strukturen, IFW, 19./20. November 2008

Schmutzler, H., Höfener, M., Maier, A.: Automated Scarfing: A Prerequesite for Future Structural CFC Repairs?; 22.01.2018

Thum, C.: Reparatur von CFK-Sandwichstrukturen, Diplomarbeit, EADS, Ottobrunn, 2006

Weiland, F. M.: Ultraschall-Preformmontage zur Herstellung von CFK-Luftfahrtstrukturen, 2012

Handbücher und andere Firmeninformationen

Luftfahrttechnisches Handbuch, FL – Faserverbund Leichtbau, Kapitel FL 74 200-06: Reparatur von CFK Bauteilen

Structural Repair Manual, Consumable Materials, Airbus A330, 51-35-00, 1999, A340 SRM 51-77-12, 2018

Hexcel – Composite Repair, 1999

DMG MORI, [Online]. Available: https://de.dmgmori.com/news-und-media/fachpresse-news/news/ultrasonic-mobileblock-und-ultrasonic

Systemrobot [Online]. Available: http://www.systemrobot.it/hp_line_it.asp. [Zugriff am 10 April 2018]

electronic, https://www.plasma.com, 2018. [Online]. Available: https://www.plasma.com/plasmatechnik/atmosphaerendruckplasma/. [Zugriff am 09 April 2018]

https://de.industryarena.com, 2018. [Online]. Available: https://de.industryarena.com/dmgmori/news/mobile-und-stationre-ultrasonic-bearbeitung-von-composites--5250.html. [Zugriff am 09 April 2018]

cleanLASER, [Online]. Available: http://www.clean-laser.de/wEnglish/anwendungen/cfrp-repair.php. [Zugriff am 17 April 2018]

Airtech, [Online]. Available: http://www.airtechonline.com/Impression-Master. [Zugriff am 20 April 2018]

Torrtech, [Online]. Available: https://www.torrtech.com/Pages/Tools08-Heated1.htm. [Zugriff am 19 April 2018]

F. A. Administration, FAA_Advanced Composite Materials_Chapter 7

8 Recyclingfähigkeit und End-of-Life-Konzept im Leichtbau

Jörg Woidasky

8.1	Nachhaltigkeitsorientierung als Leitbild	1145	8.5.3	Aufwändig und vielversprechend: Chemische Verfahren	1154
8.2	End-of-Life-Konzept	1146	8.5.4	Nachfolgeschritte: Von der Faser zum rezyklathaltigen Halbzeug	1155
8.3	Grundlagen des Recycling von Leichtbauwerkstoffen	1148	8.5.5	Beseitigung carbonfaserhaltiger Abfälle	1155
8.4	Materialidentifikation als Schlüsselprozess bei Metallen in Luftfahrtanwendungen	1149	8.5.6	Lohnt sich das Recycling überhaupt?	1155
8.5	Recycling faserverstärkter Verbundwerkstoffe	1151	8.6	Kombination mit der Rohstofferzeugung bei der GFK-Verwertung bei der Zementklinkerherstellung	1156
8.5.1	Bewährt: Mechanische Verfahren	1152	8.7	Schlussfolgerungen	1157
8.5.2	Pilotanwendungen: Thermische Verfahren	1153	8.8	Weiterführende Informationen	1158

Das Recycling von metallischen Werkstoffen ist bereits seit Jahrhunderten gängige Praxis. Die Übertragung des Konzepts der Wiederverwertung von metallischen Werkstoffen auf „neue Werkstoffe" erfordert zum Teil völlig neue technische und organisatorische Ansätze: Grundsätzlich zu unterscheiden ist dabei zwischen „post industrial"- und „post consumer"-Abfällen. „Post industrial"-Abfälle, d. h. vorrangig Produktionsabfälle und nicht spezifikationsgerechte Produkte, fallen in definierter und reproduzierbarer Menge und Qualität an wenigen Orten an. „Post consumer"-Abfälle werden von den Produkten gebildet, derer sich der Letztnutzer aus verschiedensten Gründen entledigt hat. Solche Produkte fallen oft dezentral, beschädigt, gealtert, verschmutzt oder anderweitig deutlich modifiziert an.

Die Herausforderungen für das End-of-Life-Konzept bestehen zunächst in der Logistik, d. h. der Zusammenführung hinreichend großer Stoff- oder Produktmengen zu wirtschaftlich sinnvollen Losgrößen. Die anschließende Überführung der Produkte in einen verwendbaren Zustand oder die Verwertung zu Grund- oder Werkstoffen sind die zentralen Schritte, die über die Recyclingfähigkeit von Leichtbauwerkstoffen entscheiden.

Aluminium-Recycling – vom Luftschiff zum Gedenk-Löffel (Quelle: Städtische Museen der Stadt Lüdenscheid)

V

Die für die Verwertung zur Verfügung stehenden Technologien haben im Allgemeinen heute bei weitem nicht den technischen Entwicklungsstand erreicht wie die Herstellungsprozesse moderner Werkstoffe. Umso wichtiger ist die Kenntnis über die Möglichkeiten und Grenzen der Aufbereitungs- und Verwertungstechnik, um die Potenziale der Gestaltung verwertungsgerechter Stoffe und Produkte bereits in der Designphase voll auszuschöpfen und so eine hochwertige Kreislaufführung zu ermöglichen.

In diesem Kapitel wird das Leitbild der Nachhaltigkeit vorgestellt und es werden die grundsätzlichen Möglichkeiten der Kreislaufführung von Produkten und Stoffen diskutiert. Basierend auf diesen Ansätzen wird ein Konzept für den Umgang mit Leichtbauwerkstoffen nach ihrer Nutzungsphase entwickelt. Die Darstellung wird durch Umsetzungsbeispiele für Metalle und faserverstärkte Verbundwerkstoffe konkretisiert. Es werden Ansätze der Materialidentifikation, der mechanischen und thermischen Aufbereitung sowie die Kombination mit Prozessen der Rohstoffherstellung wie z. B. der Zementherstellung vorgestellt.

8.1 Nachhaltigkeitsorientierung als Leitbild

Im Jahr 2015 wurden von den Vereinten Nationen „Sustainable Development Goals" (SDG) festgelegt, mit deren Hilfe bis zum Jahr 2030 die Armut bekämpft, die Natur geschützt und Wohlstand für alle sichergestellt werden sollen. Die insgesamt 17 Ziele umfassen unter anderem den Zugang zu bezahlbarer und sauberer Energie (Ziel 7), menschenwürdige Arbeit und Wirtschaftswachstum (Ziel 8) sowie nachhaltigen Konsum und nachhaltige Produktion (Ziel 12). Die Umsetzung dieser Ziele fand und findet auch in einzelstaatliche Politiken Eingang. So wurden z. B. durch die deutsche Bundesregierung in der deutschen Nachhaltigkeitsstrategie insgesamt 63 einzelne Parameter festgelegt (Bundesregierung 2017), mit deren Hilfe der Zielerreichungsgrad der UN-SDG für Deutschland gemessen und verbessert werden soll. Für jedes der insgesamt 17 Ziele wurde mindestens ein Parameter definiert, der vom Statistischen Bundesamt regelmäßig gemessen bzw. fortgeschrieben wird. So ist z. B. einer der neun Parameter des Zieles 8 für Deutschland die Gesamtrohstoffproduktivität. Er löst den hierfür bis 2017 von der Bundesregierung verwendeten Parameter Rohstoffproduktivität (d. h. das Verhältnis von Bruttoinlandsprodukt zum Einsatz abiotischen Primärmaterials im Inland) ab (Abb. 8.1.), der von 1994 bis 2020 verdoppelt werden sollte. Der heute verwendete Indikator Gesamtrohstoffproduktivität setzt den Wert aller an die letzte Verwendung abgegebenen Güter in Beziehung zur Masse der für ihre Produktion im In- und Ausland eingesetzten Rohstoffe (Statistisches Bundesamt 2018). Von 2000 bis 2010 nahm dieser Parameter durchschnittlich jährlich um 1,6% zu; das Nachhaltigkeitsziel ist die weitere Steigerung dieses Parameters.

Die Zielerreichung des Zieles 12 wird mit drei Parametern gemessen, darunter der Marktanteil von Produkten mit Umweltsiegeln sowie die Anzahl von Organisationen, die über ein Umweltaudit (EMAS-Zertifizierung) verfügen.

Auch der Einsatz von Leichtbauwerkstoffen kann zum Erreichen von Nachhaltigkeitszielen beitragen. Durch ein im Vergleich zu anderen Werkstoffen um Faktoren besseres Verhältnis von Dichte zu Festigkeit und durch die Möglichkeit der Funktionsintegration sowie weitere Vorteile können während der Herstellung und Verarbeitung, aber vor allem während der Nutzungsphase Energie und Rohstoffe eingespart werden. Dies ist insbesondere beim Einsatz in Fahr- und Flugzeugen von höchster Bedeutung, da hier der erhebliche Teil des Ressourcenverbrauchs während der Nutzungsphase stattfindet. Eine weitere Vermin-

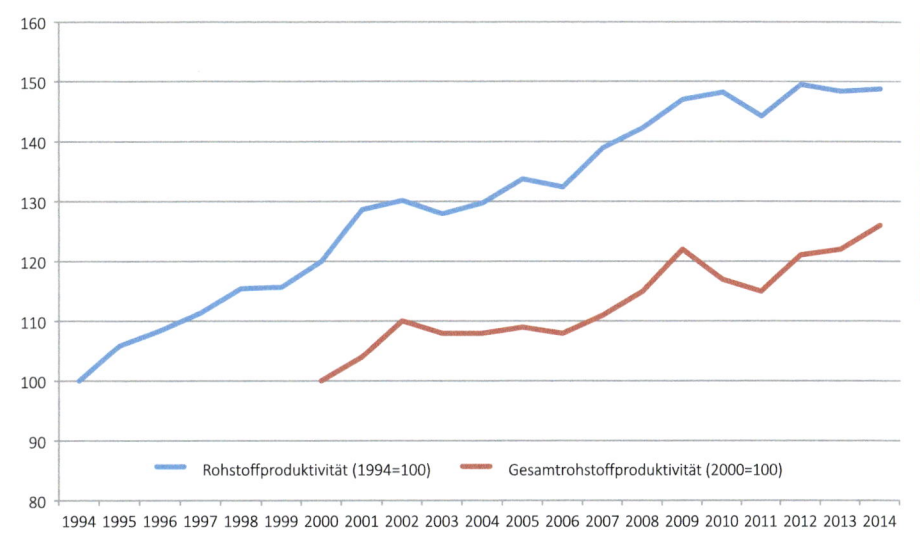

Abb. 8.1: *Entwicklung der (Gesamt-) Rohstoffproduktivität in Deutschland (Statistisches Bundesamt 2018)*

Abb. 8.2: *Vergleich der technischen Optionen der Kreislaufführung mit der Abfallhierarchie der EU-Abfallrahmen-Richtlinie (EU 2008)*

derung des Ressourcenverbrauchs ist dann möglich, wenn die Produkte oder Werkstoffe nach der Nutzung erneut eingesetzt werden können. Grundsätzlich sind für die Entsorgung neben der Beseitigung vier verschiedene Möglichkeiten des Wiedereinsatzes (der Kreislaufführung) vorhanden:

- *Wiederverwendung:* Die Produkte (Bauteile, Module) werden nach einer Prüfung unverändert zum gleichen Zweck erneut eingesetzt.
- *Weiterverwendung:* Die Produkte bleiben zwar unverändert, finden jedoch zu einem anderen als dem Ursprungszweck Verwendung.
- *Wiederverwertung*: Die Werkstoffe, aus denen die Produkte (Bauteile, Module) bestehen, werden für den ursprünglichen Zweck wieder eingesetzt.
- *Weiterverwertung*: Die Werkstoffe, aus denen die Produkte (Bauteile, Module) bestehen, werden für einen anderen als den ursprünglichen Zweck eingesetzt.

Diese technischen Optionen sind jedoch nicht gleichwertig. Es bestehen z. B. aus Sicht der EU-Abfallrahmen-Richtlinie (EU 2008) Präferenzen für möglichst „hochwertige" Verwertungswege (Abb. 8.2). Ist eine Vermeidung nicht möglich, soll das Produkt bevorzugt wieder eingesetzt (Wiederverwendung) oder stofflich verwertet werden (Recycling). Ist dies nicht möglich, so ist zumindest die sonstige Verwertung, z. B. die energetische Verwertung der endgültigen Beseitigung vorzuziehen. Neben diesen grundsätzlichen Anforderungen an alle Stoff- und Produktströme werden ab 2020 Wiederverwendungs- und Recyclingraten von 50 % für Papier, Metall, Kunststoffe und Glas aus Haushalten und ähnlichen Anfallstellen sowie von 70 % für Bau- und Abbruchabfälle gefordert. Gleichzeitig werden Standards für die Energieeffizienz bei der energetischen Verwertung von Abfällen definiert. Dennoch ist die Ablagerung von Verbundwerkstoffen in der EU und auch außerhalb derzeit noch von sehr hoher Relevanz (Mativenga 2017).

8.2 End-of-Life-Konzept

Aus dem Leitbild der Nachhaltigkeit lässt sich ein Konzept für Leichtbauwerkstoff-Abfälle entwickeln. Zu unterscheiden ist hier zwischen Abfällen aus der Herstellungsphase (Produktionsabfälle bzw. „Post industrial"-Werkstoffe) und Abfällen aus der Nachnutzungsphase („Post-consumer"-Werkstoffe bzw. -Produkte). Während die Produktionsabfälle bei der Produktherstellung anfallen und daher zumindest theoretisch Informationen über die Abfallqualität (z. B. hinsichtlich Menge, Werkstoffen oder Verarbeitungsparametern) verfügbar sind, so liegen bei Abfällen aus der Nachnutzungsphase im Regelfall weder genaue Kenntnisse über die Werkstoffauswahl noch über die im Laufe der Nutzungsphase aufgetretenen Beanspruchungen vor. Der entsprechende Aufbau von Erfahrungen und Kenntnissen wird so zum Kerngeschäft von an der Entsorgung beteiligten Firmen oder Organisationen. Informationen, wie z. B. Wartungs- und Demontagehandbücher, Wartungsdokumentationen oder Recyclingpässe können hier die Prozesse unterstützen und verbessern. Aufgrund der technischen und wirtschaftlichen Randbedingungen muss aber davon ausgegangen werden, dass die Entsorgungsphase in der Regel nicht einer „Herstellungsphase rückwärts" entspricht, sondern dass eigene Ansätze entwickelt und verfolgt werden.

Ist eine gezielte Verwertung der Produkte beabsichtigt, so ist der erste Schritt der Nachnutzungsphase die *Sammlung und Bereitstellung*. Die Verfügbarkeit der Produkte ist daher erheblich von der Entscheidung des letzten Nutzers abhängig, welcher Entsorgungsweg gewählt werden soll. Sind mit dem Altprodukt Erlöse erzielbar und/oder sind die Letztnutzer im gewerblichen Bereich angesiedelt (Nutzung hoher Stückzahlen an wenigen Standorten), so sind hohe Rücklaufquoten und damit vorteilhafte Rahmenbedingungen für eine Kreislaufführung möglich. Gleiches gilt für Produktionsabfälle, die in der Regel besser als Altprodukte für eine Kreislaufführung geeignet sind.

Nach der Sammlung und Bereitstellung erfolgt eine *Bewertung der Produkte* aus Sicht der Wiedereinsetzbarkeit. Es wird unter technischen und wirtschaftlichen Erwägungen entschieden, ob eine Verwendung oder eine Verwertung der Altprodukte in Frage kommt, und die nachfolgenden Schritte werden festgelegt. Zu diesen Schritten zählen oft die Feststellung des Zustandes des Produkts bzw. seiner Komponenten sowie die *Identifikation* von Stoffen (Werkstoffe, Gefahrstoffe), die *Entfernung gefährlicher Stoffe* (Vorbehandlung) wie z. B. Betriebsflüssigkeiten und die darüber hinaus gehende *Demontage* zur Gewinnung von Komponenten oder Stoffen, die zerstörend oder zerstörungsfrei durchgeführt werden kann. Es ist für eine Verwertung jedoch nicht zwingend, Demontageschritte vorzusehen, da auch das Gesamtprodukt durch eine adaptierte Aufbereitungstechnik (Kombination aus Zerkleinerung und Sortierung) in Werkstoffe aufgetrennt und verwertet werden kann. Die Demontage sowie der damit verbundene Logistikaufwand (Getrennthaltung, Transport zur Verwertung) ist durch die geringe Automatisierbarkeit oft ein sehr kostenintensiver Schritt, der z. B. bei der Demontage von Kunststoffteilen aus Altfahrzeugen dazu führt, dass diese Kosten die Erlöse durch den Werkstoffverkauf um bis zu einer Größenordnung übersteigen können (Woidasky 2003).

Altprodukte oder Komponenten können in der *mechanischen Aufbereitung* durch eine Kombination aus Zerkleinerung und Sortierverfahren zu verwertbaren Fraktionen umgewandelt werden. Die Zerkleinerung, die oft mehrstufig erfolgt, dient dabei dem Aufschluss der Werkstoffkombinationen, z. B. der Trennung von Metall und Polymeren. Die dadurch im Mahlgut freigelegten Werkstoffe werden durch nachfolgende Sortierschritte aufgrund ihrer physikalischen Eigenschaften wie z. B. Farbe, Dichte, Benetzbarkeit, elektrische Leitfähigkeit oder Magnetisierbarkeit getrennt (Schubert 1996). Neuere Ansätze fügen bei Produkten oder Werkstoffen durch Bedruckungen, Oberflächenstrukturen oder fluoreszierende Additive gezielt weitere Trennmerkmale ein (Reinig 2017). Die verfahrenstechnische Trennung im Rahmen der mechanischen Aufbereitung erfolgt nicht vollständig, sondern stellt einen Anreicherungsschritt dar. Wichtigste Kennzeichen dieses Schrittes sind daher die Produktreinheit sowie die Ausbringungsrate, d. h. der Anteil der Zielkomponente im Ausgangsmaterial, der als Produkt nach der Aufbereitung verfügbar ist. Für Verbundwerkstoffe, wie z. B. glas- oder kohlenstofffaserverstärkte Kunststoffe, ist es derzeit weder praktikabel noch wirtschaftlich, eine mechanische Auftrennung in die Ausgangsmaterialien (Fasern und Matrixmaterial) vorzusehen. Hier ist eine gemeinsame Verwertung des Mahlgutes sinnvoll, sofern ein entsprechender Absteuerungsweg vorhanden ist. Alternativ kann durch weitergehende Trennverfahren, wie z. B. Pyrolyse oder Löseverfahren (bei CFK), gezielt eine werthaltige Komponente (hier: C-Fasern) aus dem Stoffstrom zurückgewonnen werden.

Die entscheidende Frage für die Kreislaufführung ist das Vorhandensein eines *Absteuerungsweges*, d.h. eines technisch und wirtschaftlich sinnvollen Anwendungsfeldes für die gewonnenen Produkte oder Stoffe. Die Beachtung von Anforderungen des *Design for Recycling* bei der Produktentwicklung ist als äußerst relevant für die Werkstoffauswahl und den Einsatz von Rezyklaten einzustufen. Durch die Möglichkeit, Stoffe oder Produkte/Komponenten erneut einzusetzen, werden zumindest die technischen Voraussetzungen für eine hochwertige Kreislaufführung geschaffen.

Verwertungsuntersuchungen an Leichtbau-Lösungen, wie z. B. Sandwichblechen (faserverstärkte Metall-Mehrschichtverbunde) zeigten, dass die Aufbereitungs- und Verwertungstechnik auf viele der Werkstoffkombinationen derzeit bestenfalls im Versuchsmaßstab Antworten geben kann (Krampitz 2018). Für die Rückgewinnung sowohl von Metallen als auch von Faserwerkstoffen aus solchen Strukturen sind grundsätzlich neue Ansätze, die sich von heutigen Schritten der Kreislaufwirtschaft unterscheiden, erforderlich. Solange sich kreislaufwirtschaftliche Strukturen für neue Werkstoffe noch nicht etabliert haben, kann es ein sinnvoller Ansatz sein, bei der Produktentwicklung einfache Demontage- oder andere Trennmöglichkeiten für derzeit unverwertbare Module vorzusehen, um sie einfach aus dem Aufbereitungsprozess aussteuern zu können.

Zahlreiche Leitfäden und Checklisten zur Verbesserung des Recyclings wurden bereits veröffentlicht, (z. B. Lange 2017). Prinzipielle Anforderungen an recyclinggerechte Produkte umfassen die Rückgewinnbarkeit (Entnehm- oder Trennbarkeit) von Werkstoffen, die Verwendung grundsätzlich verwertbarer Materialien und kreislaufverträglicher Beschichtungen, die einfache Abtrennbarkeit von Betriebs- und Schadstoffen, die Berücksichtigung der Anfallstelle und Abfallsammlung, der Kennzeichnung von Entsorgungsart und Werkstoffen unter Nutzung genormter Kennzeichnungen sowie die Nutzung der Wiederverwendbarkeit (Wiederaufarbeitung) von Komponenten. Entscheidend für die Recycling- oder Kreislauffähigkeit von Produkten sind neben den Eigenschaften des Produktes, die durch die Entwickler beeinflusst werden können, in gleicher Weise auch das wirtschaftlich-technische Umfeld des Produktes. Konkret müssen z. B. Sammel- und Logistiklösungen vorhanden, eine Aufbereitungstechnik bekannt und in technischem Maßstab verfügbar sein sowie auch ein Absteuerungsweg oder Markt für die Produkte offenstehen, um Produkte oder Werkstoffe tatsächlich rezyklieren zu können. Die ausschließliche Betrachtung der technischen Eigenschaften eines Produktes greift für die Umsetzung der Kreislaufwirtschaft deutlich zu kurz. Forschungsseitig wurde dies bereits erkannt und umgesetzt: So arbeitet in Deutschland z. B. der durch das Forschungsministerium BMBF geförderte Forschungscluster MAI Carbon an der Entwicklung großserientauglicher Verfahren zum Einsatz von Carbonfasern von der Herstellung bis einschließlich der Verwertung (VDI 2013).

8.3 Grundlagen des Recycling von Leichtbauwerkstoffen

Eine Übersicht über die prinzipiellen Entsorgungswege der Werkstoffe (insbesondere von Polymeren) gibt Abbildung 8.3. Bei der Verwertung von Kunststoffen unterscheidet man zwischen stofflichem und energetischem Recycling, wobei das stoffliche Recycling noch weitergehend in werkstoffliches und rohstoffliches Recycling aufgeteilt wird. Diese Aufteilung entfällt bei metallischen Werkstoffen.

Die Annahme, dass Metalle praktisch unbegrenzt kreislauffähig seien, setzt den Standard für die stoffliche Verwertung anderer Werkstoffe, insbesondere der Kunststoffe. Den anscheinend vollständig wiederverwertbaren Metallen stehen die Kunststoffe oft als schlecht oder schwierig stofflich verwertbar gegenüber. Allerdings ist durch die verschiedenen Legierungselemente in den Metallen eine uneingeschränkte Kreislaufführung auch hier nicht möglich. Stellt man zudem die mechanischen Aufbereitungsschritte zum werkstofflichen Recycling der Kunststoffe der Aufbereitung von metallischen Bauteilen der klassischen Erzaufbereitung gegenüber, sind viele Parallelen in der Verfahrenstechnik und Anzahl

8.4 Materialidentifikation als Schlüsselprozess bei Metallen in Luftfahrtanwendungen

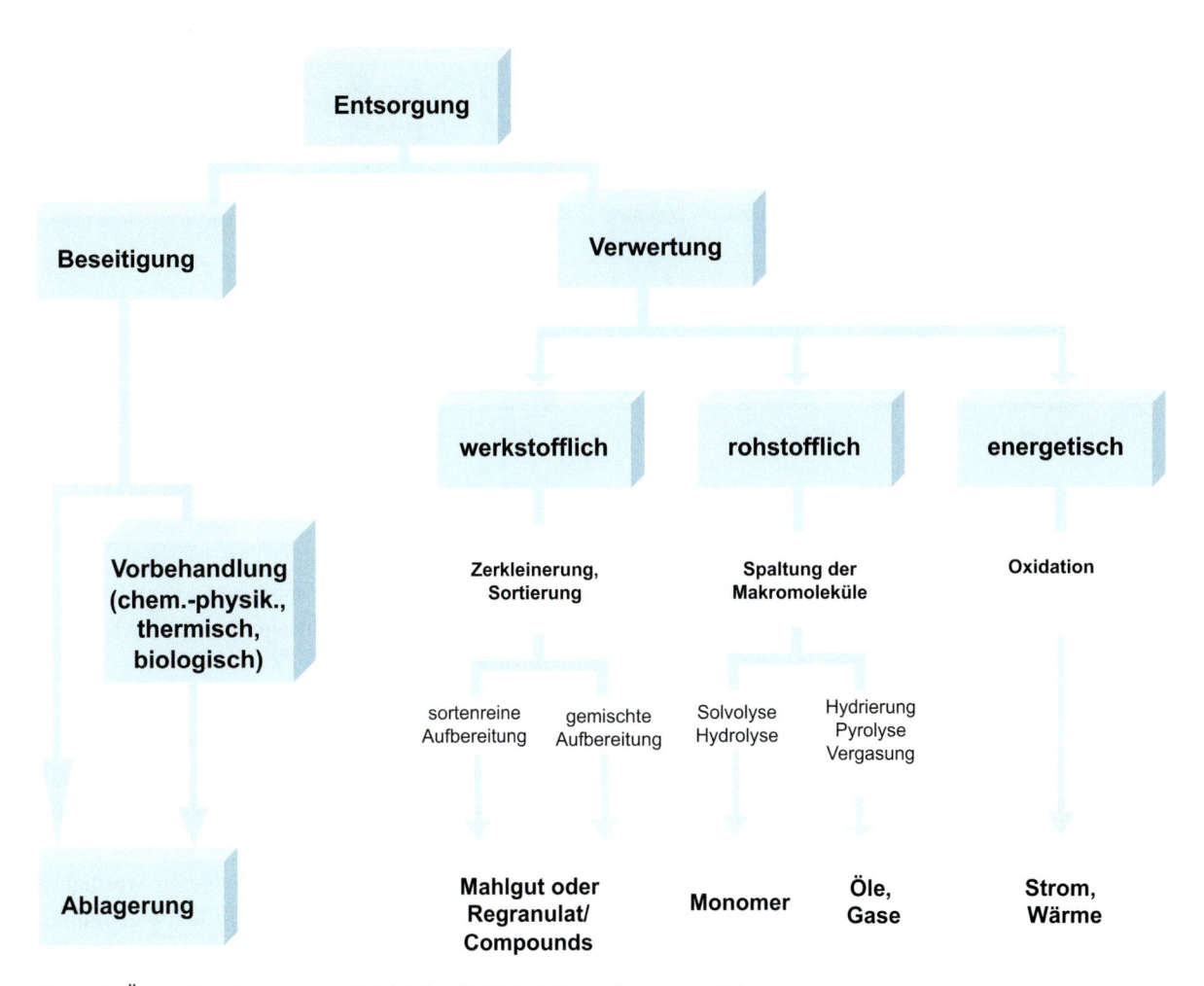

Abb. 8.3: *Übersicht zu Entsorgungsmöglichkeiten für Werkstoffe am Beispiel von Polymeren*

der Verarbeitungsschritte zu erkennen. Auf jeder der Verarbeitungsstufen (Gewinnung/Sammlung, Aufbereitung, Schmelzprozesse) treten Verluste auf: Bei der Sammlung bzw. Erfassung kann nicht die gesamte in Verkehr gebrachte Werkstoffmasse erfasst werden, da es zu Dissipationseffekten während der Nutzung kommt. Die Trennprozesse der Aufbereitung und des Schmelzens weisen aus physikalischen Gründen immer Ausbringungsverluste auf, da die in Produkten üblicherweise vorliegenden Werkstoffgemische nie in homogene Werkstofffraktionen aufgetrennt werden können, sondern stets entweder noch Restgehalte von Störstoffen enthalten oder aber ein Teil des Wertstoffs mit den Störstoffen gemeinsam abgetrennt wird, sodass eine vollständige Ausbringung des Wertstoffs nicht möglich ist. Somit ergibt sich, dass Ausbringungsraten von über 90 % auch bei Metall aus dem Post-Consumer-Bereich nur sehr selten gefunden werden. Ein Großteil der Prozesse arbeitet mit Ausbringungsraten im Bereich von 60 bis 80 % – dies gilt sowohl für Metalle als auch im Allgemeinen für Polymere (Rombach 2006).

8.4 Materialidentifikation als Schlüsselprozess bei Metallen in Luftfahrtanwendungen

Aluminiumlegierungen werden seit Jahrzehnten erfolgreich in der Luftfahrt eingesetzt (Abb. 8.4). Vorrangig kommen hier Legierungen der 2000-, 7000- und 8000-Serie zum Einsatz, daneben Titanlegierungen, Stähle sowie Elastomere (vorrangig als Dichtmaterial) und Dämmstoffe.

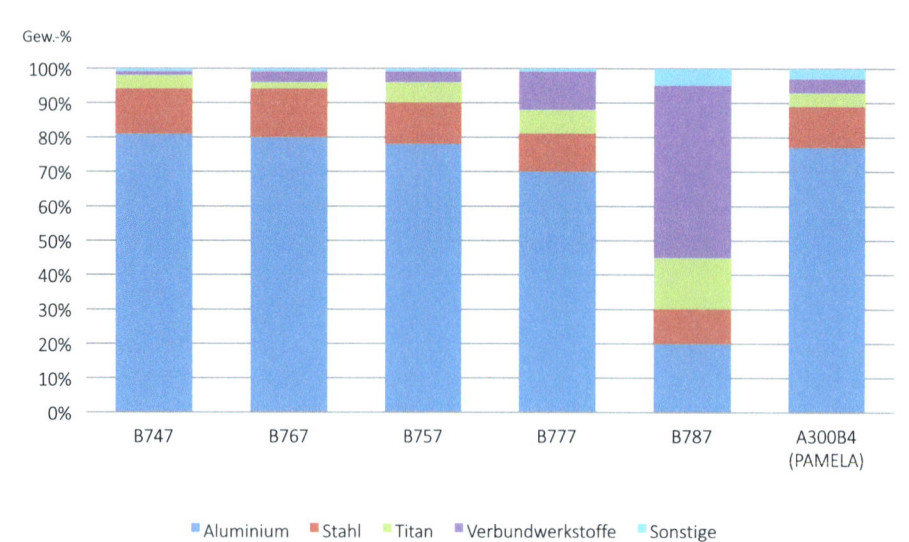

8 Recyclingfähigkeit und End-of-Life-Konzept im Leichtbau

Abb. 8.4: *Werkstoffe ausgewählter Flugzeuge (Airbus 2008) (Dursun 2014)*

Für die hochwertige Verwertung von Aluminiumlegierungen ist ihre Identifikation und getrennte Lagerung von erheblicher Bedeutung. Tab. 8.1 zeigt übliche Zusammensetzungen derartiger Legierungen im Vergleich mit einer Abschätzung einer Mischqualität unter der Annahme, dass Legierungen getrennt nach 2000- und 7000-Serien gehalten werden. Es zeigt sich, dass eine Getrennthaltung nach diesen Serien den Wiedereinsatz von Recycling-Aluminium im Flugzeugbau möglich macht, allerdings nur in Bereichen außerhalb der Primär- und Sekundärstrukturen, wie z. B. Versteifungselementen oder Klappen (Das 2008).

Für die Identifikation von Aluminiumlegierungen stehen derzeit vor allem spektroskopische Verfahren zur Verfügung. Ein gängiges Verfahren ist die Röntgenfluoreszenz-Analyse (RFA, englisch XRF), für die seit einigen Jahren Handgeräte verfügbar sind. Durch sie wird die Probe mit Röntgenstrahlen

Tab. 8.1: *Zusammensetzung von Aluminiumlegierungen (Das 2008)*

Al-Legierung	Anteile in Gew.-%						
	Al	Cu	Fe	Mg	Mn	Si	Zn
2014	~93	4,4	<0,7	0,5	0,8	0,8	<0,15
2214	~93	4,4	<0,3	0,5	0,8	0,8	<0,15
2024	~93	4,4	<0,5	1,5	0,6	<0,5	<0,25
2324	~94	4,1	<0,12	1,5	0,6	<0,1	<0,15
7050	~89	2,3	<0,15	2,2	<0,1	<0,12	6,2
7075	~90	1,6	<0,5	2,5	<0,3	<0,4	5,6
7475	~90	1,6	<0,12	2,2	<0,06	<0,1	5,7
7178	~89	2,0	<0,5	2,8	<0,3	<0,4	6,8
Al-Legierungen aus der Demontage							
2000-Serie getrennt gehalten	~93	4,4	0,5	1,0	0,7	0,5	0,1
7000-Serie getrennt gehalten	~90	2,0	0,4	2,5	0,2	0,2	6,0
2000/7000-Serie gemischt erfasst	~92	3,0	0,4	1,8	0,4	0,4	3,0

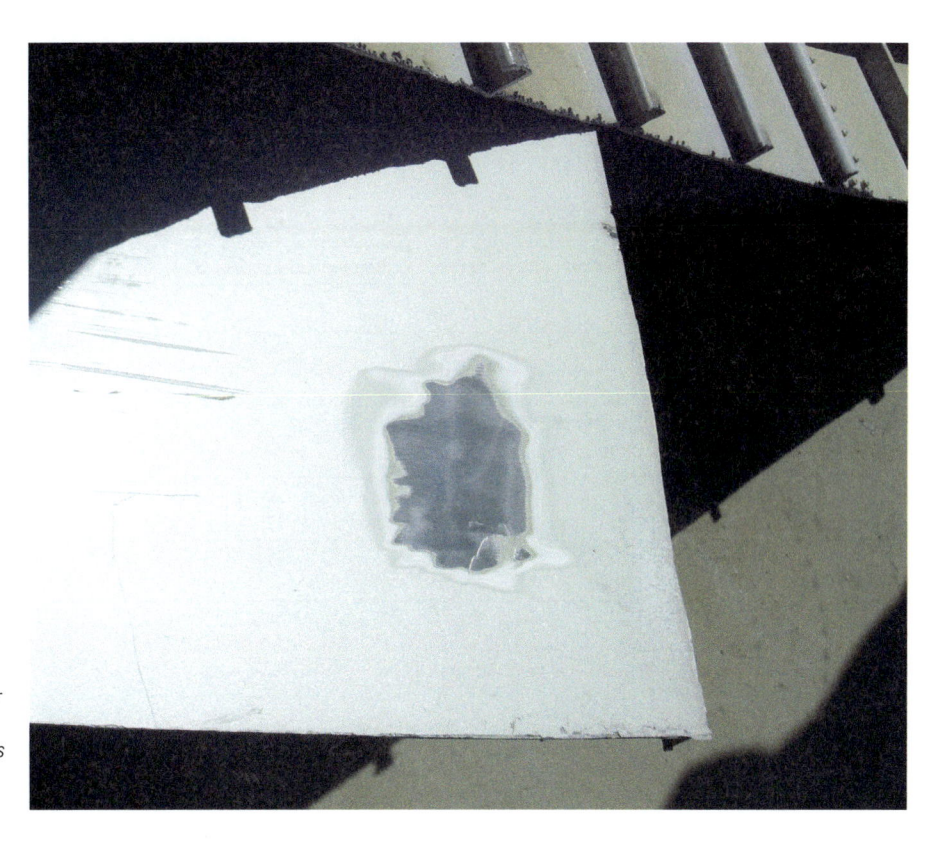

Abb. 8.5: *Entschichteter Messfleck zur Bestimmung der Legierungszusammensetzung an einem Aluminiumbauteil aus dem Luftfahrtbereich (ca. 10 cm Durchmesser)*

angeregt, und das elementspezifische Emissionsspektrum der Probe wird für die Bestimmung der Probenzusammensetzung verwendet. Für die Messung von Aluminiumlegierungen aus Flugzeugen ist eine Probenvorbehandlung (Entschichtung) erforderlich, um den Messkopf direkt auf dem Metall aufsetzen zu können (Abb. 8.5). Das mobile Messverfahren an sich arbeitet zerstörungsfrei und erbringt halbquantitative Ergebnisse, die jedoch zur Materialidentifikation ausreichen.

Ein alternatives Verfahren, das derzeit erst für stationäre Anwendungen zur Verfügung steht, ist die Laser-Direktanalyse. Hier wird ein Teil der Probe durch einen Laserstrahl verdampft. In dem entstehenden bis zu 10.000 K heißen Plasma werden elementspezifische Emissionen gemessen und für den Nachweis verwendet. Dabei entstehen Oberflächenschädigungen in der Größenordnung von Kratern bis ca. 300 µm Durchmesser. Das Verfahren wird bereits stationär zur Trennung von Aluminiumlegierungen nach Guss- (Si-Gehalt > 6 Gew.-%) und Knetlegierungen (Si-Gehalt < 3,5 Gew.-%) für bis zu 40 Teilen pro Sekunde bzw. bis zu 1,8 t/h eingesetzt.

Die Erweiterung auf die Identifikation einzelner Legierungen und eine Steigerung des Durchsatzes ist derzeit Forschungsgegenstand (Noll 2010).

8.5 Recycling faserverstärkter Verbundwerkstoffe

Die wichtigsten Werkstoffe zur Faserverstärkung von Polymeren sind Glasfasern und Carbonfasern. Bei den glasfaserverstärkten Kunststoffen (GFK) werden zu etwa 85 % duroplastische Matrixmaterialien eingesetzt, bei carbonfaserverstärkten Kunststoffen (CFK) liegt er Anteil polymerer Matrixmaterialien bei 86,5 %. Für diese Polymere werden zu 71,5 % Duromere, zu 26,3 % Thermoplaste und zu 2,2 % sonstige Werkstoffe, wie Elastomere oder Hybride als Matrixwerkstoffe gewählt. Daneben finden Metalle, Keramik oder Kohlenstoff als Matrixwerkstoffe Einsatz (AVK 2017). Es wird angenommen, dass bereits bei der Verarbeitung etwa 20 % der eingesetzten Fasermasse als Produktionsabfälle anfallen (McConell 2010).

8 Recyclingfähigkeit und End-of-Life-Konzept im Leichtbau

```
                        ┌──────────────────────┐
                        │ Carbonfaser-Abfälle  │
                        └──────────┬───────────┘
              ┌────────────────────┴────────────────────┐
  ┌───────────────────────────────┐       ┌───────────────────────────────────────┐
  │ Carbonfasern ohne Matrix-     │       │ Carbonfasern mit Matrix-Werkstoff (CFK)│
  │ Werkstoff                     │       └───────────┬───────────────────────────┘
  └───────────────────────────────┘           ┌───────┴────────┐
                                   ┌─────────────────────┐ ┌─────────────────────┐
                                   │ Thermoplastische    │ │ Duroplastische      │
                                   │ Matrix              │ │ Matrix              │
                                   └─────────────────────┘ └──┬──────────────┬───┘
                                                        ┌──────────┐  ┌──────────────┐
                                                        │ausgehärtet│  │nicht ausgehärtet│
                                                        └──────────┘  └──────┬───────┘
                                                                       ┌──────────┐
                                                                       │Aushärtung│
                                                                       └──────────┘
```

Abb. 8.6: *Recyclingoptionen für Carbonfaser-Abfälle (nach (Achternbosch 2003, Meiners 2014)*

Aufbereitungsprozesse:
- Mechanische Aufbereitung: Zerkleinerung → Partikel, Kurzfasern (<3 mm), Langfasern (3-50 mm)
- Thermische Aufbereitung: Pyrolyse
- Sonstige Aufbereitung: z. B. Elektropulsverfahren
- Chemische Aufbereitung: Solvolyse → Endlosfasern (>50 mm)

Produkt: Faser / Produkt: Faser-Matrix-Mischung

Bei der Kreislaufführung von Glas- oder Carbonfasern ist grundsätzlich zu unterscheiden zwischen matrixfreien Fasern bzw. Rovings z. B. von nicht vollständig entleerten Spulen, nicht ausgehärteten Faser-Matrix-Mischungen aus der Herstellung, ausgehärteten Produkten aus der Herstellung, wie z. B. Randbeschnitten, und ausgehärteten Produkten aus der Nachnutzungsphase (End-of-life-Produkte).

„Trockene", d. h. Faserabfälle ohne Matrixanhaftungen, können für die Herstellung von Faservliesen verwendet werden, z. B. rezyklierte Carbonfasern (rCF) für den BMW i3-Rücksitz oder -Dachstrukturen. Bei Mischung mit PET-Fasern entstehen im Heißpressverfahren thermoplastische Verbundbauteile oder auch Garne aus einem Spinnprozess (Fa. Sigmatex) (Job 2016). Die Verwertung von Carbonfasern in einer Thermoplastmatrix ist vergleichsweise einfach, da hier lediglich Zerkleinerungsprozesse vor der Verwertung z. B. im Spritzgussprozess notwendig werden. Ein konkretes Anwendungsfeld für rCF-Kurzfasern sind Spoiler des Mercedes AMG GTC Roadster (NN 2017).

Die zentrale Herausforderung beim Recycling liegt jedoch bei den Verbundwerkstoffen in der Trennung von Faser und Matrixwerkstoff (VDI 2013) (Abb. 8.6). Wichtige Eigenschaften bei der Kreislaufführung sind neben den Werkstoffkennwerten der Fasern vor allem die Oberflächeneigenschaften der Fasern (Sauberkeit, auch Freiheit von Fremdstoffen wie z. B. Trennlagen der Halbzeuge), die Faserlänge sowie die Verarbeitbarkeit (Dosierbarkeit, Ausrichtung). Grundsätzlich ist bei GFK die Substitution kleinerer Anteile der Fasern durch Rezyklatfasern möglich, während bei CFK in anspruchsvollen Anwendungen eine Wiederverwendung der Carbonfasern nicht erreicht wird, sodass neue Anwendungsfelder erschlossen werden müssen (Oliveux 2015). Bei Faserverbundwerkstoffen kommen als Aufbereitungsprozesse grundsätzlich mechanische, thermische oder chemische Verfahren in Frage, die teilweise bereits industriell eingesetzt werden (Liu 2017).

8.5.1 Bewährt: Mechanische Verfahren

Mechanische Verfahren zerkleinern die Produkte ggf. mehrstufig auf etwa 50 µm bis 10 mm. Das Verfahren wird für Glasfasern z. B. von Fa. Filon Product Ltd. (UK) oder von Fa. Neocomp (Bremen) angewandt. Erfahrungen anderer Unternehmen datieren zurück bis in die 1990er Jahre (Ercom 1995). Bei der Zerkleinerung muss mit thermisch induzierten

Nachreaktionen der Harzkomponenten im Mahlraum gerechnet werden (Projektverbund 2017). Die Produkte aus der mechanischen Aufbereitung sind Füll- oder Verstärkungsstoffe vor allem für die Polymerverarbeitung mit üblichen Zumischungsraten in Prozessen wie SMC, BMC oder in Thermoplasten von bis zu 10 %. Bevorzugt ist hier die Nutzung als Verstärkungsmaterial unter Beibehaltung von Fasereigenschaften, allerdings stellt die Benetzbarkeit der Fasern und die Faser-Matrix-Haftung beim rezyklathaltigen Produkt eine Herausforderung dar. Die Relevanz dieses Verfahrens für Carbonfasern ist gering (Job 2016).

Neue Ansätze der Aufbereitung faserverstärkter Verbundwerkstoffe in der Entwicklung sind Elektropulsverfahren im Wasserbad, bei denen ultrakurze elektrische Pulse Druckschwankungen auslösen, die zu einer Verbundauflösung führen (Pestalozzi 2016).

8.5.2 Pilotanwendungen: Thermische Verfahren

Thermische Verfahren werden für CFK bevorzugt. Sie führen durch Pyrolyse im Temperaturbereich zwischen 450 und 600 °C durch thermischen Bindungsbruch ab etwa 350 °C zur Matrixentfernung. Prepregs benötigen bei der Pyrolyse zum Teil (manuelle) Vorbehandlung, bei der die Trägerpapiere abgetrennt werden, um eine hohe Produktqualität sicherzustellen.

Während Polyesterharz-Matrixmaterial eher im niedrigen Temperaturbereich behandelt wird, erfordern Epoxidharz sowie Hochleistungs-Thermoplaste wie z. B. PEEK höhere Temperaturen (Job 2016). Bei der Rückgewinnung von C-Fasern ist die Pyrolysetemperatur von entscheidender Bedeutung: Während bei Temperaturen von etwa 1000 °C durch eine Carbonisierung der Faser eine gute Leitfähigkeit erzielt werden kann, sind niedrigere Temperaturen unter etwa 500 °C erforderlich, wenn die mechanischen Festigkeiten der Faser für den erneuten Einsatz erhalten bleiben sollen (Zugfestigkeit von ca. 3.000 MPa). Gleichzeitig ist jedoch eine hohe Oberflächenqualität der Fasern möglichst ohne Matrixrückstände sicherzustellen, um eine gute Haftung zwischen Fasern und Matrix zu erreichen.

Das Matrixmaterial wird zu Pyrolysegasen und -ölen sowie festen Rückständen (Koks) umgesetzt. Die Gase und Öle (vorwiegend Kohlenstoffmonoxid, Wasserstoff, Methan, kurzkettige Alkane (Limburg 2016)) sind grundsätzlich stofflich verwertbar, werden aber meist verbrannt, zum Teil zur Energieversorgung des Prozesses. Beim Pyrolyseprozess können feste Rückstände auf den Carbonfasern verbleiben und so die Faser-Matrix-Bindung bei der Wiederverwertung negativ beeinflussen (Abb. 8.7). Die Abwesenheit von Sauerstoff begünstigt die Koksbildung, bewahrt aber die mechanischen Eigenschaften der Carbonfasern im Prozess (Verhinderung von Oxidationsvorgängen), sodass neben einer Stickstoff-Atmosphäre auch z. T. synthetische Luft oder Heißdampf als Vergasungsmittel eingesetzt werden. Je nach Prozessparametern kann die Zugfestigkeit bei Carbonfasern zwischen 4 und 85 % absinken, bei Glasfasern zwischen 51 und 64 %. Bei Glasfasern führt die thermische Entfernung der Schlichte zu erheblichen Eigenschaftsverlusten sowie zu einer deutlich schlechteren Verarbeitbarkeit

Abb. 8.7: *REM-Aufnahmen von Prepreg-CFK nach Aufbereitung unter unterschiedlichen thermochemischen Rahmenbedingungen. Links: 40 Minuten Pyrolyse bei 670° C und anschließend 5 Minuten Oxidation. Mitte: 90 Minuten Pyrolyse bei 670 °C ohne Oxidation. Rechts: 40 Minuten Pyrolyse bei 670 °C und anschließend 20 Minuten Oxidation (Limburg 2016)*

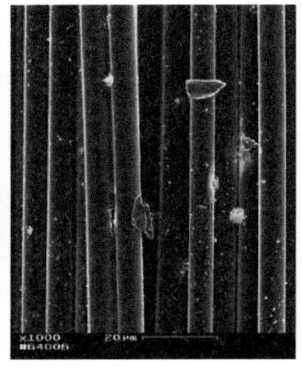

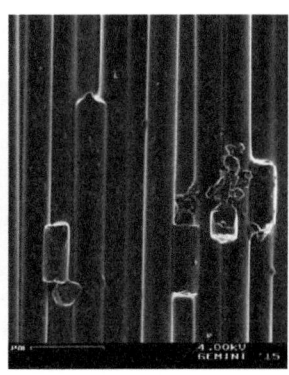

(Job 2016). Thermische Verfahren werden z. B. von Fa. ELG Carbon Fibre Ltd. (UK), von Fa. Hadeg (Stade/D) oder CFK-Valley Stade Recycling (Wischhafen/D), von Carbon Conversions (ehemals MIT-RCF; SC, USA), Karborek (IT) und Carbon Fiber Recycle Industry Co Ltd. (JP) (Job 2016) angewandt. Die Anlage in Wischhafen verfügt über eine Kapazität von jährlich 1.000 Mg Bauteil-Input. Das Unternehmen CFK Valley Stade Recycling kooperiert zur Verwertung seiner rCF mit dem Unternehmen carboNXT, das die rCF-Kurzfasern mit etwa 20–30 % Preisvorteil gegenüber Neufasern für die Verstärkung von Spritzgussteilen oder für Elektronikanwendungen vertreibt (VDI 2013).

Üblicherweise kommen zur Pyrolyse Öfen mit Kettenbandförderern mit typischen Behandlungstemperaturen bei CFK zwischen 500 und 550°C unter Schutzgas zum Einsatz. Hier bleiben die Ausgangskennwerte der Fasern zu etwa 90 % erhalten. Das Verfahren kann in konventionellen Pyrolyseöfen, in Wirbelschichtöfen (mit Sandbett) sowie in Mikrowellenöfen durchgeführt werden. Beim Wirbelschichteinsatz wird eine erhöhte Faserschädigung (Festigkeitseinbußen um bis zu 25 %) beobachtet. Die Mikrowellenpyrolyse ist derzeit noch im Entwicklungsstadium.

Es wird empfohlen, bei Carbonfasern die unterschiedlichen Faserqualitäten bei der Verwertung getrennt zu halten, um hochwertige rCF zurückzugewinnen, da bei HT-Fasern im Gegensatz zu HM-Fasern die Faser-Matrix-Haftung durch den Sauerstoffgehalt der Faseroberfläche beeinflusst wird (Oliveux 2015).

8.5.3 Aufwändig und vielversprechend: Chemische Verfahren

Chemische Verfahren (Solvolyse) depolymerisieren das Matrixmaterial in einem Reaktivmedium, sodass neben den Verstärkungsfasern und ggf. eingesetzten Füllstoffen oder anderen Additiven grundsätzlich auch Bestandteile der Matrix zurückgewonnen werden können. Als Lösemittel werden oft Wasser, Säuren oder organische Lösemittel (Ethanol, Methanol, Propanol, Aceton) eingesetzt (Mativenga 2017), die je nach Verfahren gemeinsam mit Katalysatoren bei erhöhten Temperaturen und ggf. Drücken bis hin zum überkritischen Zustand (bei Wasser > 374°C und > 221 bar) eingesetzt werden. Die Nutzung von Autoklaven erzwingt im Vergleich zur Pyrolyse in der Regel eine größere Vorzerkleinerung der Bauteile (Projektverbund 2017). Im Vergleich zum Pyrolyseprozess sind jedoch die niedrigeren Temperaturen schonender für den Erhalt der Fasereigenschaften, sodass etwa 90 % der Ursprungseigenschaften erhalten bleiben. Auch wird hier die Koksbildung auf der Faseroberfläche vermieden (Abb. 8.8). Allerdings können die für den Prozess zugesetzten Katalysatoren sich negativ auf die Rezyklateigenschaften auswirken (Job 2016). Aufgrund des Verlustes der Schlichte ist das Verfahren eher für Carbon- als für Glasfasern geeignet, sofern nicht die Rückgewinnung des Matrixmaterials (z. B. Polyesterharz, Monomere oder Additive) im Vordergrund steht. Anwender dieses Verfahrens sind z. B. Fa. Adherent Technologies Inc. (USA), Innoveox (überkritische Hydrolyse in Wasser; F) oder Panasonic Electric Works (Jahresdurchsatz 200 Mg; JP). Problematisch stellt sich bei der Solvolyse aber Wirtschaftlichkeit der Gewinnung von rCF dar (VDI 2016).

Abb. 8.8: *Rezyklat-C-Fasern aus Behandlung mit überkritischem Wasser (Quelle: Fraunhofer ICT)*

Tendenziell werden aus Kosten- und technischen Gründen (thermische Faserschädigung ab etwa 400°C) für GFK fast nur mechanische Verfahren eingesetzt. Die thermische Stabilität und der höhere technisch-wirtschaftliche Wert rechtfertigen für Carbonfasern thermische und solvolytische Verfahren, die dann für gute Werkstoffkennwerte eine möglichst saubere Faseroberfläche erzeugen sollten.

8.5.4 Nachfolgeschritte: Von der Faser zum rezyklathaltigen Halbzeug

Für eine erfolgreiche Kreislaufschließung ist neben der Matrixentfernung auch die Herstellung eines wiedereinsetzbaren Faserhalbzeuges erforderlich, das in üblichen Verarbeitungsverfahren Verwendung finden kann.

Aus größeren Prepreg- oder ausgehärteten Teilen können, sofern die Matrix entfernt wurde, die Gewebe grundsätzlich erneut eingesetzt werden. Dieses Verfahren ist gut z. B. für überlagerte Prepreg-Rollen geeignet, stößt jedoch bei unterschiedlichen und vor allem kleinen Teilegeometrien schnell an seine Grenzen.

Die Herstellung von Kurzfasern aus den aufbereiteten Carbonfasern (rCF) stellt oft einen sinnvollen Zwischenschritt für die Kreislaufschließung dar. Für sie kommt z. B. der direkte Wiedereinsatz in thermoplastischen Spritzgussmassen (faserhaltige Granulate) oder als Zusatz in leitfähigen Beschichtungen in Frage. Bei der Verarbeitung der rCF ist zu berücksichtigen, dass diese keine definierte Faserlänge, dafür aber ein hohes Volumen besitzen, sodass sie vor der Dosierung pelletiert oder anderweitig verdichtet werden müssen. Hinzu kommt die elektrische Leitfähigkeit der Fasern, die bei der Verarbeitung einen besonderen Schutz der elektrischen Einrichtungen, wie z. B. der Schaltschränke gegen das Eindringen der Faserstäube, erfordert (VDI 2016).

Auch können rCF zu textilen Halbzeugen weiterverarbeitet werden. Als Prozesse kommen hier Naßverfahren wie bei der Papierherstellung, aber auch Einblasverfahren sowie die trockene Vliesherstellung (Krempelvliese, aerodynamisch gelegte Vliese (VDI 2016)) in Frage, wobei die Krempelvliese Vorteile bei der Faserausrichtung haben. rCF-Faserlängen von 30 oder 100 mm wurden hier bereits erfolgreich erprobt und durch Vernadelung oder im Vlies-Nähwirkverfahren verfestigt (Hoffmann 2013). Die Vliese können in eine organische Matrix eingebettet und so zu Organoblechen verarbeitet werden. Auch die Mischung mit thermoplastischen Fasern ist hierbei möglich, die Ausrichtung der Fasern stellt aber derzeit noch eine große Herausforderung und damit einen Forschungsgegenstand dar (Job 2016). Die Werkstoffeigenschaften verschiedener rCF-Matrix-Kombinationen zeigen u.a. (Manis 2017) (Meng 2017).

Die Verarbeitung von rCF zu Stapelfaser-Bändern und weiter zu versponnenen Garnen ist eine weitere technische Option (Gebrüder Otto 2014), sowohl mit reinen rCF als auch in Mischung mit PA- oder anderen Fasern (Sigmund 2016). Allerdings ist bei den Verarbeitungsschritten ein erheblicher Faserflug zu beobachten, der in Verbindung mit den elektrischen Eigenschaften der Carbonfasern zu Schutzmaßnahmen zwingt.

8.5.5 Beseitigung carbonfaserhaltiger Abfälle

Carbonfasern sind – wie die üblichen Matrixmaterialien auch – bei Temperaturen zwischen 585°C und 800°C in sauerstoffhaltiger Atmosphäre vollständig brennbar. Bei Temperaturen über 650°C bildet sich bei der Verbrennung ein lungengängiger Partikelstaub. Auch werden z. B. in Müllverbrennungsanlagen die für eine vollständige Oxidation notwendigen Verweilzeiten nicht erreicht, sodass Fasern oder Faserbruchstücke sowohl in den Gas- als auch in den Feststoffpfad (Schlacke) ausgetragen werden. Partikel in der Schlacke von Sonderabfallverbrennungsanlagen wiesen Längen unter 3 μm auf, die zu einer Einstufung als krebserregender Stoff nach TRGS 905 führten. Die Fasereigenschaften können darüber hinaus im Gaspfad zu Filterverstopfungen oder zu Kurzschlüssen im Elektrofilter führen (Limburg 2016).

8.5.6 Lohnt sich das Recycling überhaupt?

Für eine Gesamtbewertung des Einsatzes von Faserverbundwerkstoffen ist es sinnvoll, nicht nur die Recyclingfähigkeit des Werkstoffs oder des

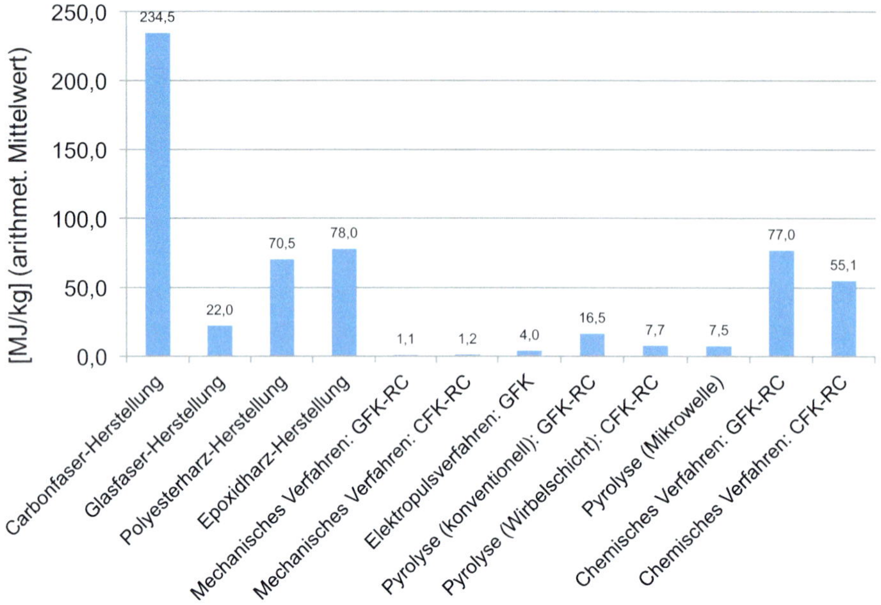

8 Recyclingfähigkeit und End-of-Life-Konzept im Leichtbau

Abb. 8.9: Spezifischer Energiebedarf von Herstellungs- und Recyclingprozessen (Daten aus Job 2016, Shuaib 2016, Howarth 2014, Meng 2017)

Werte in [MJ/kg] (arithmet. Mittelwert):
- Carbonfaser-Herstellung: 234,5
- Glasfaser-Herstellung: 22,0
- Polyesterharz-Herstellung: 70,5
- Epoxidharz-Herstellung: 78,0
- Mechanisches Verfahren: GFK-RC: 1,1
- Mechanisches Verfahren: CFK-RC: 1,2
- Elektropulsverfahren: GFK: 4,0
- Pyrolyse (konventionell): GFK-RC: 16,5
- Pyrolyse (Wirbelschicht): CFK-RC: 7,7
- Pyrolyse (Mikrowelle): 7,5
- Chemisches Verfahren: GFK-RC: 77,0
- Chemisches Verfahren: CFK-RC: 55,1

Bauteils zu berücksichtigen, sondern eine Gesamtbetrachtung des Lebenszyklus von der Gewinnung des Rohmaterials bis hin zum Nutzungsende durchzuführen (VDI 2013). Hilfreich kann eine orientierende Betrachtung des Energieaufwandes für die Herstellung, die Nutzung und auch die Kreislaufführung des Werkstoffs sein (Abb. 8.9), auch wenn bauteilspezifische Aussagen (Achternbosch 2003) und insbesondere die Einbeziehung der jeweiligen Nutzungsphase von besonderer Relevanz sind (Engels 2012) (Dér 2018). Abb. 8.9 zeigt einen massenbezogenen Vergleich des Energiebedarfs der Herstellung von Werkstoffen und der zugehörigen Verwertungsverfahren. Hier wird deutlich, dass die Herstellung von Carbonfasern ähnlich energieintensiv wie die Herstellung von Aluminium und etwa um einen Faktor zehn energieintensiver als die Glasfaserherstellung ist. Die Gründe hierfür liegen insbesondere im Faser-Graphitisierungsprozess mit Temperaturen von bis zu 3.000°C (Howarth 2014, Das 2018). Der Vergleich der Energieintensität der Recyclingverfahren mit dem Energieverbrauch der Herstellung von Carbonfaser-Neuware zeigt bei den mechanischen Verfahren einen Faktor von bis zu einhundert, bei der Pyrolyse von etwa zehn und bei den Solvolyseverfahren von etwa zwei bis drei zugunsten der Recyclingverfahren.

8.6 Kombination mit der Rohstofferzeugung bei der GFK-Verwertung bei der Zementklinkerherstellung

Für die Verwertung großer Bauteile, wie z.B. Rotoren von Windkraftanlagen, die bereits bei ihrer Demontage herausfordernd sind (Projektverbund 2017), wurden mit dem Ziel der Verwertung in der Zementherstellung bereits im technischen Maßstab durch das Unternehmen Geocycle, einem Teil der Unternehmensgruppe Holcim, Erfahrungen gesammelt (Schmidl 2009). Hauptschritte des Verfahrens sind eine transportgerechte Vorzerlegung am Anfallsort sowie eine zentrale Feinzerkleinerung mit einem Querstromzerspaner auf < 50 mm, sodass die Maximalkorngröße für die Aufgabe im Zementwerk sichergestellt werden kann (Projektverbund 2017). Nach der Abscheidung von Eisen- und Nichteisenmetallen wird das metallarme Mahlgut mit einem Heizwert von etwa 15 MJ/kg und einem Feuchtegehalt von 25 bis 30 % im Zementwerk als Ersatzbrennstoff bei der Zementherstellung genutzt.

In GFK wird üblicherweise E-Glas (Alumoborosilikatglas) zusammen mit Füllstoffen (Calciumcarbonat) und dem Matrixwerkstoff eingesetzt. Beim Erhitzen in oxidierender Atmosphäre verbrennt das organische Material und die verbleibenden Feststoffe werden mit dem Zementklinker eingemahlen: Die Glasbestandteile Aluminiumoxid und Siliciumoxid sind üblicherweise bis zu 25 % in Portlandzement enthalten, und Calciumoxid bildet die Hauptkomponente des Portlandzements. Aus GFK entsteht es unter Freisetzung von CO_2 aus Calciumcarbonat im Kalzinierungsprozess (Job 2016). Besonders relevant ist bei dem Prozess zum einen der hohe Materialverschleiß durch die Abrasion der Glasfasern, zum anderen die Ausgasung der Harzbestandteile bei der Zerkleinerung, die gemeinsam mit der Staubentstehung zu einer Explosionsgefährdung bei der Aufbereitung führen. Der Prozess zeichnet sich jedoch insgesamt durch Robustheit gegenüber verschiedenen Materialien (Lacke, Hölzer, verschiedene Matrixkunststoffe) aus, da der Energiegehalt der organischen Bestandteile genutzt und der mineralische bzw. unbrennbare Anteil in den Zementklinker eingebunden wird. Das Verfahren wird von den europäischen Verbänden der Verbundwerkstoffindustrie (EUPC et al. 2011) unterstützt.

Die industrielle Umsetzung des Verfahrens erfolgte zunächst durch das Unternehmen Zajons in Melbeck, mittlerweile wird das Verfahren an einem Standort in Bremen durch das Unternehmen Neocomp mit einer genehmigten Kapazität von 80.000 Mg/a und einem Durchsatz von etwa 30.000 Mg/a betrieben (neowa 2018). Es bietet die Annahme u. a. von Rotorblättern und anderen GFK-Abfällen, deren Aufbereitung und primär die Herstellung eines Ersatzbrennstoffs für die Zementindustrie aus diesen Edukten mit definiertem Heizwert, einem maximalen Feuchtegehalt von unter 35 Gew.-% sowie Korngrößen unter 35 mm an (Neocomp 2018). Nach Aussage der Betreiber zeichnet sich das Recyclingverfahren dadurch aus, dass keinerlei Abfälle zurückbleiben (Zero waste process), da die brennbaren Bestandteile der Abfälle beim Prozess der Zementklinker-Herstellung thermisch genutzt und die nichtbrennbaren Anteile Teil des Klinkerprodukts werden. Nach Angaben der EuCIA (EuCIA 2013) werden durch die Substitution von 75 % Kohle im Klinker-Brennprozess durch Verbundwerkstoffe bis zu 16 % der Treibhausgasemissionen des Prozesses eingespart.

8.7 Schlussfolgerungen

Aus den gezeigten Ansätzen für das Recycling von Leichtbauwerkstoffen lassen sich folgende Schlussfolgerungen ableiten:

- Durch eine hochwertige Verwertung von Leichtbauwerkstoffen kann deren Ressourceneffizienz weiter verbessert werden.
- Rechtliche Rahmenbedingungen können je nach Anwendungsfeld des Werkstoffes Anforderungen wie z. B. Verwertungsquoten fordern, die auch den Einsatz und die Verwertung von Leichtbauwerkstoffen berühren.
- Recyclinglösungen müssen anwendungs- und materialspezifisch erarbeitet werden. Besondere Relevanz hat dabei die Identifikation von Absteuerungswegen für die zurückgewonnenen Stoffströme, sofern es sich hierbei nicht um handelsübliche Qualitäten handelt. Neben den Qualitäten sind auch Mengen und zeitliche Verfügbarkeit der Rezyklate und dadurch auch ihr Nachhaltigkeitsprofil mit einzubeziehen.
- Die Verwertung von Leichtbauwerkstoffen erfordert nicht zwangsläufig eine aufwändige Aufbereitung. Vor allem bei Metallen kann die Identifikation der eingesetzten Legierungen eine hochwertige Verwertung sicherstellen.
- Verwertungslösungen lassen sich unterstützen, wenn bereits zum Zeitpunkt der Produktentwicklung die Grundsätze des „Design for Recycling" berücksichtigt werden. Insbesondere manuelle Demontage- und Sortiererfordernisse sollten aus Kostengründen vermieden werden.
- Zahlreiche technische Lösungen für die Kreislaufführung von Leichtbauwerkstoffen sind verfügbar, jedoch nur wenige davon sind wirtschaftlich tragfähig. Während bei glasfaserverstärkten Verbundwerkstoffen der Einsatz eines geringen Rezyklatanteils in der Ursprungsanwendung möglich ist, sind bei carbonfaserverstärkten Verbunden neue Anwendungsfelder für den Einsatz der Sekundärfasern erforderlich. Das Prozessverständnis beim Recycling hat sich in den vergangenen Jahren stark verbessert. Hierdurch verbessern sich auch die Möglichkeiten des

Rezyklateinsatzes, insbesondere durch die Herstellung von Halbzeugen wie Vliesen oder Garnen oder sogar Geweben.

8.8 Weiterführende Informationen

Achternbosch et al.: Analyse der Umweltauswirkungen bei der Herstellung, dem Einsatz und der Entsorgung von CFK- bzw. Aluminiumrumpfkomponenten. Herausgegeben vom Forschungszentrum Karlsruhe. Karlsruhe. 2003

Braunmiller, U., et al.(Hrsg.): Kreislaufgerechte Verbundwerkstoffbauteile. Pfinztal, Fraunhofer IRB Verlag. 1998

Bundesregierung (Hrsg.): Deutsche Nachhaltigkeitsstrategie – Neuauflage 2016. Stand 1.10.2016; Kabinettsbeschluss vom 11.1.2017. Berlin, 2017

Bundesregierung: Perspektiven für Deutschland – Unsere Strategie für eine nachhaltige Entwicklung. Berlin 2002

Das, S.: Recycling Aluminium Aerospace Alloys. In: Advanced Materials and Processes. March 2008, S. 34–35

Deitenbeck, G.: Geschichte der Stadt Lüdenscheid 1813-1914. Herausgegeben von der Stadt Lüdenscheid; Lüdenscheid, 1985

Dér, A., Kaluza, A., Kurnel, D, Herrmann, C., Kara, S, Varley, R.: Life cycle engineering of carbon fibres for lightweight structures. Procedia CIRP 69 (2018), S. 43–48

Dursun , T.; Soutis, C.: Recent developments in advanced aircraft aluminum alloys. Materials and design 56 (2014), 862–871

Engels, A., Roehrig, M, Witte, T.: Possible optimization for the energy balance in the automotive sector by the use of carbon composite structures. Procedia Engineering 49 (2012), S. 303–309

Europäische Kommission: COM (2015) 614 final, Mitteilung der Kommission [...]: Den Kreislauf schließen – Ein Aktionsplan der EU für die Kreislaufwirtschaft. Brüssel, 2 .12. 2015

Europäische Kommission: COM (2018) 28 final, Mitteilung der Kommission [...]: Eine europäische Strategie für Kunststoffe in der Kreislaufwirtschaft. Brüssel, 16. 1. 2018

Gebrüder Otto Bauwollfeinzwirnerei (Hrsg.): Wolf, K.; Merkel, A.: Spinnverfahren für recycelte Carbonfasern – Phase 1. Abschlussbericht über ein Entwicklungsprojekt gefördert unter dem Az. 29910 von der Deutschen Bundesstiftung Umwelt. Dietenheim, September 2014

Hoffman, M., Gulich, B.: Verarbeitng von rezyklierten Carbonfasern für die Herstellung von Verbundbauteilen. In: lightweightdesign 2/2013, S. 20–23

Howarth, J.; Mareddy, S.; Mativenga, P.: Energy intensity and environmental analysis of mechanical recycling of carbon fibre composite. Journal of Cleaner Production 81 (2014) S. 46–50

Job, S., Leeke, G., Mativenga, P. T., Oniveux, G., Pickering, S.,Shuaib, N. A. (2016). Composites Recycling. Where are we now?. Composites UK report. https://compositesuk.co.uk/industrysupport/environmental/composites-recycling-report, 7.7.2016,

Krampitz, T., Lieberwirth, H., Thüm, S.; Paul, C.; Klinger, M.; Klinger, D.: Untersuchungen zum Aufschluss von faserverstärkten Sandwichblechen in der Fahrzeugindustrie. In: Thiel, S.; Thomé-Kozmiensky, E.; Goldmann, D.: Recycling und Rohstoffe Band 11. TK-Verlag, Neuruppin, 2018, S. 381–393

Lange, U.: Oberender, C.: Ressourceneffizienz durch Maßnahmen in der Produktentwicklung. VDI-Zentrum Ressourceneffizienz (VDI ZRE, Hrsg.): VDI ZRE Publikationen: Kurzanalyse Nr. 20. Berlin, November 2017

Limburg, M., Quicker, P.: Entsorgung von Carbonfasern – Probleme des Recyclings und Auswirkungen auf die Abfallverbrennung. In: Thomé-Kozmiensky, K., Beckmann, M. (Hrsg.) Energie aus Abfall. Band 13. TK-Verlag, Neuruppin, 2016; S. 135–144

Lui, Y., Farnsworth, M, Tiwari, A.: A review of optimisation techniques used in the composite recycling area: State-of-the-art and steps towards a research agenda. Journal of Cleaner Production 140 (2017), S. 1775-1781. http://dx.doi.org/10.1016/j.jclepro.2016.08.038

Manis, F., Schmieg, M., Sauer, M., Drechsler, K.: Properties of Second Life Carbon Fibre Reinforced Polymers. Key Engineering Materials, Vol. 742, pp 562-567. doi:10.4028/www.scientific.net/KEM.742.562

Mativenga, P.; Sultan, A.; Agwa-Ejon, J.; Mbohwa, C.: Composites in a Circular Economy: A Study of United Kingdom and South Africa. Procedia CIRP 61 (2017), 691-696

McConell, V.: Launching the carbon fibre recycling industry. In: Reinforced Plastics.com. March 29, 2010

Meiners, D.; Eversmann, B.: Recycling von Carbonfasern. In: *Thomé-Kozmiensky, K., und Goldmann, D. (Hg.)*: Recycling und Rohstoffe. Neuruppin: TK-Verlag (7), 2014, S. 371-378.

Meng, F., McKechnie, J., Turner, T., Pikering, S.: Energy and environmental assessment and reuse of fluidised bed recycled carbon fibres. Composites: Part A 100 (2017), S. 206-214. http://dx.doi.org/10.1016/j.compositesa.2017.05.008

NN: Aufbereitungsanlage für vorzerkleinertes SMC/BMC-Material. In: Plastverarbeiter 43 (1992), Nr. 2, S. 82-83

NN: CFK: Sparen durch Recycling. In: Automobil-Produktion, Heft 10/2017, S. 58-60

NN: Sicheres Geschäft. In: Sekundär-Rohstoffe, Nr. 9, 2009, S. 10-11

NN: Aufbereitung verstärkter Kunststoffe. In: Gummi Fasern Kunststoffe 45 (1992), Nr. 7, S. 349-350

Noll, R. et al.: Perspektiven der Lasertechnik zur Steigerung der Ressourceneffizienz. In: Teipel, U. (Hrsg.): Rohstoffeffizienz und Rohstoffinnovationen. Tagungsband. Fraunhofer Verlag. Stuttgart/Pfinztal, 2010

Oliveux, G.; Dandy, L.; Leeke, G.: Current status of recycling of fibre reinforce polymers: Review of technologies, reuse and resulting properties. Progress in Materials Science 72 (2015), S. 61-99. http://dx.doi.org/10.1016/j.pmatsci.2015.01.004

Pestalozzi, F.; Woidasky, J.; Hirth, T.: Einsatz der elektrodynamischen Fragmentierung zum Recycling von Werkstoffverbunden. In: Pomberger, R., et. al., Montanuniversität Leoben, Lehrstuhl für Abfallverwertungstechnik und Abfallwirtschaft (Hrsg.): Recy&DepoTech 2016. Tagungsband zur 13. Recy&DepoTech-Konferenz, Montanuniversität Leoben, 8.-11. November 2016. Leoben/Österreich, 2016

Projektverbund ForCycle (Hrsg.): Seiler, E.; Teipel, U., Roth, M.: Recycling von Kompositbauteilen aus Kunststoffen als Matrixmaterial - ReKomp. Abschlussbericht. Nürberg, Weiden, Januar 2017

Reinig, P.: Polymark - Development of chemical markers. Presentation. Polymark Training & Webinar. Petcore Premises, Brüssel, 15.3.2017

Rombach, G.: Limits of Metal Recycling. In: von Gleich et al. (Hrsg.): Sustainable Metals Management. Springer Verlag, Dordrecht/NL 2006, S. 295-312

Rusch, K.: Recycling of Automotive SMC - The Current Picture. In: Composites Institute, The Society of Plastics Industry, Inc. (Hrsg.): 48th Annual Conference, February 8-11, 1993. Proc. Annu. Conf. Compos. Inst., Soc. Plast. Ind. o. O., 1993, S. 15-G 1-15-G 4

Schaefer, P.: GFK in der Kreislaufwirtschaft. In: Arbeitsgemeinschaft Verstärkte Kunststoffe (Hrsg.): Tagungshandbuch 25. Internationale AVK-Tagung 1993 in Berlin, Tradition eines jungen Werkstoffes. Tagungsband. Frankfurt/Main, 1993

Schmidl, E.: Verwertung von faserverstärkten Kunststoffen. In: Arbeitsgemeinschaft verstärkter Kunststoffe (AVK; Hrsg.): Internationale AVK-Tagung, Stuttgart, 26.-27. Oktober **2009**.

Schubert, H.: Aufbereitung fester Stoffe, Band II: Sortierprozesse. Stuttgart, 1996

Shuaib, N.; Mativenga, P.: Energy demand in mechanical recycling of glass fiber reinforces thermoset plastic composites. Journal of Cleaner Production 120 (2016), S. 198-206

Sigmund, I.: rCF-Stapelfaserband zur Herstellung von textilen Halbzeugen für hohe Drapiergrade. Vortrag. 15. Chemnitzer Textiltechnik-Tagung, 30./31.5.2016, Chemnitz

Statistisches Bundesamt: Nachhaltige Entwicklung in Deutschland - Indikatorenbericht 2018, Indikator NE2-08-01-A-1; Wiesbaden, 2018,

VDI Zentrum Ressourceneffizienz (Hrsg.): Eikenbusch, H.; Krauss, O.: Kohlenstofffaserverstärkte Kunststoffe im Fahrzeugbau- Ressourceneffizienz und Technologien. VDI ZRE Publikationen: Kurzanalyse Nr. 3. Berlin, März 2013

VDI Zentrum Ressourceneffizienz (Hrsg.): Kaiser, O.; Krauss, O.; Seitz, H.; Kirmes, S.: Ressourceneffizienz im Leichtbau. VDI ZRE Publikationen: Kurzanalyse Nr. 17. Berlin, November 2016

Woidasky, J.; Stolzenberg, A.: Verwertungspotenzial für Kunststoffteile aus Altfahrzeugen in Deutschland. Gutachten für das Umweltbundesamt. Pfinztal, 2003

Wood, K.: Carbon Fiber Reclamation: Going commercial. In: Composites world.com. 2. Februar 2010

Normen und Richtlinien

Europäische Union: KOM 2005; 670, Mitteilung der Kommission: Thematische Strategie für eine nachhaltige Nutzung natürlicher Ressourcen. Brüssel, 21.12.2005

Europäische Union: Richtlinie 2008/98/EG des Europäischen Parlamentes und des Rates vom 19. November 2008 über Abfälle und zur Aufhebung bestimmter Richtlinien

TRGS 905: Technische Regeln für Gefahrstoffe. Verzeichnis krebserzeugender, keimzellmutagener oder reproduktionstoxischer Stoffe. TRGS 905 – Ausgabe März 2016. GMBl 2016 S. 378–390 [Nr. 19] (v. 3.5.2016), zuletzt geändert und ergänzt: GMBl 2017 S. 372 [Nr. 20] (v. 8.6.2017)

Firmenschriften

Airbus (Hrsg.): Pamela Training Kit – Process for Advanced Management of End-of-Life Aircraft. Blagnac/F, 2008

Ercom Composite Recycling GmbH (Hrsg.): Produkt-Kennblatt Ercom-Recyclat RC 1000/RC 1100/RC 3000/RC 3101. Informationsblatt. Rastatt 1995

Teil VI

Spezielle Aspekte des Leichtbaus

1	Ganzheitliche Bilanzierung und Nachhaltigkeit im Leichtbau	1163
2	Bionik als Innovationsmethode für den Leichtbau	1189
3	Betriebswirtschaftliche Aspekte des Leichtbaus	1209

1 Ganzheitliche Bilanzierung und Nachhaltigkeit im Leichtbau

Matthias Fischer, Stefan Albrecht, Martin Baitz

1.1	Lebenszyklusanalyse und Nachhaltigkeit	1167	1.5	Design for Life Cycle im Leichtbau	1175
1.2	Entwicklung und Stand der Technik in der Ökobilanz	1169	1.6	Einflüsse von Leichtbau-Aspekten auf die technisch-ökologischen Eigenschaften von Produkten und Systemen	1177
1.3	Herausforderungen bei der Vereinfachung komplexer Zusammenhänge	1171	1.6.1	Bereitstellung von Material und Rohstoff in der Vorkette	1179
1.3.1	Ökonomisch basierte Ansätze der Input-Output-Ökobilanz	1171	1.6.2	Vom Material zum System – Aktuelle Entwicklungen im Leichtbau	1181
1.3.2	Bewertung der Ressourcen	1172	1.7	Schlussfolgerungen und Empfehlungen	1183
1.3.3	„Footprinting"-Methoden	1173			
1.4	Herausforderungen bei der ökologischen Beurteilung von Werkstoffen und Materialien im Leichtbau	1173	1.8	Weiterführende Informationen	1185

Die Methoden der Ganzheitlichen Bilanzierung und der Ökobilanz ermöglichen einen vorausschauenden technischen Umweltschutz und dienen als Grundlage für eine nachhaltige Forschung und Entwicklung von Bauteilen, Produkten und Systemen. Leider kommt es in der Industrie wie auch im akademischen Bereich immer noch vor, dass spezifische Erkenntnisse innerhalb der Nachhaltigkeit, speziell der Umweltverträglichkeit von Materialen, Produkten und Bauteilen über ihren Lebensweg als generelle Antworten und Ergebnisse dargestellt, veröffentlicht und konträr diskutiert werden, obgleich die Ergebnisse scheinbar auf wissenschaftlich etablierten und genormten Methoden basieren. Neben der Wahl einer adäquaten Methode ist es daher auch wichtig, die Möglichkeiten und Grenzen der Methoden zu verstehen, diese wissenschaftliche Methode richtig anzuwenden*, die Ergebnisse zu verstehen und – meist besonders wichtig – die Erkenntnisse verantwortungsvoll zu kommunizieren. Die Verantwortung mit geeigneten Werkzeugen auch sinnvolle Ergebnisse zu erzeugen, verbleibt hauptsächlich beim Nutzer der Werkzeuge. Bei Fehleinschätzungen oder konträren Aussagen sollte daher nicht das Werkzeug an sich in Frage gestellt werden, sondern geprüft werden, auf Basis welcher Aspekte die Ergebnisse zustande gekommen sind. Die zentralen Aspekte sind hierbei:

- In Betracht ziehen des gesamten Lebenszyklus
- Wahl einer geeigneten Methode
- Formulierung des Ziels der Untersuchung
- Formulierung des Untersuchungsrahmens und der Randbedingungen
- Beschreibung des analysierten technischen Systems
- Beschreiben der (spezifischen) Daten in der Hauptprozesskette
- Beschreiben der (spezifischen) Daten in den Zulieferketten
- Beurteilen der Ergebnisse und Szenarien mit Blick auf die eigenen Annahmen.

Die Nachhaltigkeit auf Basis der (ökologisch-technischen**) Vorteile von spezifischen Leichtbau-Konzepten kann also nur mit spezifischen Informationen unter den jeweiligen Randbedingungen gemessen, analysiert und beurteilt werden. Das ist auch mitunter ein Grund dafür, dass viele Firmen, wie z. B. BASF, Bayer, Daimler, Evonik, Unilever oder Volkswagen Abteilungen eingerichtet haben, die sich mit Fragestellungen zu Lebenszyklus und Prozessketten unter den spezifischen Randbedingungen der jeweiligen Firmen- und Zulieferstruktur beschäftigen.

---

* Zitat: Die Wissenschaft hat keine moralische Dimension. Sie ist wie ein Messer. Wenn man es einem Chirurgen und einem Mörder gibt, gebraucht es jeder auf seine Weise. *Wernher von Braun*

** Als ökologisch-technisch wird in diesem Zusammenhang eine ökologische Vorteilhaftigkeit bei konstanter technischer Leistung verstanden, da es trivial ist, ökologisch „bessere" Produkte herzustellen, wenn ihre technische Leistungsfähigkeit geringer sein darf (zum Beispiel ist eine Sonnenuhr sicher ökologischer als einen Armbanduhr, doch leider immobil).

VI

Die Säulen der Nachhaltigkeit

Daher ist es nicht Ziel dieses Kapitels, dem Leser möglichst viele einzelne Beispiele zu nachhaltigen oder weniger nachhaltigen Leichtbau-Konzepten vorzustellen. Vielmehr soll dem Leser ermöglicht werden, konkrete Hinweise und Vorgehensweisen zur Vermeidung oder Identifikation von Fehlern bzw. Fehleinschätzungen sowie konkrete Hinweise zur Hebung von Nachhaltigkeitspotenzialen spezifischer Bauteile und Konstruktionen in seinem individuellen Kontext zu erkennen.

Besonderes Augenmerk wird daher auf die Wahl einer geeigneten Methode und die Ergebnisinterpretation unter dem Aspekt des Lebenszyklus gelegt.

1.1 Lebenszyklusanalyse und Nachhaltigkeit

Die Ganzheitliche Bilanzierung als Lebenszyklus basiertes, technisch-ökonomisches-ökologisches Werkzeug zum Planen und Wirtschaften in Kreisläufen (Eyerer 1996) hat sich von einem wissenschaftlichen Konzept mit Praxisbezug Ende der achtziger Jahre zu einem festen Bestandteil der Messung von Nachhaltigkeit in der politischen und industriellen Praxis entwickelt.

Die Ganzheitliche Bilanzierung ist als eine um technische und ökonomische Aspekte erweitere Ökobilanz (engl. Life Cycle Assessment, LCA) definiert (Eyerer 1996). Inzwischen wurde dieses Konzept auch um die soziale Dimension der Nachhaltigkeit erweitert und deckt somit alle Säulen der Nachhaltigkeit ab. Neue technische Konzepte werden heute von der Gesellschaft nur dann als Innovation wahrgenommen und akzeptiert, wenn sie neben ihrem technischen-gesellschaftlichem Nutzen sowie ihrer ökonomischen Sinnhaftigkeit auch grundlegenden ökologischen Aspekten gerecht werden; kurz gesagt, wenn sie nachhaltigen Aspekten genügen.

Nachhaltigkeit ist ein oft verwendeter, aber häufig unterschiedlich interpretierter Begriff. Die wohl beste Definition findet sich im Report der UNO-Kommission, der unter Führung der norwegischen Premierministerin Gro Harlem Brundtland (Brundtland 1987) erstellt wurde. Im sogenannten Brundtland-Report heißt es sinngemäß, dass eine nachhaltige Entwicklung den Bedürfnissen und Wünschen heutiger Menschen gerecht wird, ohne die Möglichkeit zukünftiger Generationen zu kompromittieren, ihre eigenen Bedürfnisse und Wünsche zufriedenzustellen und ihren eigenen Lebensstil wählen zu können. Dies heißt, dass möglichst intergenerative Gerechtigkeit beim Umgang mit Menschen, Ressourcen und der Umwelt das Leitbild einer nachhaltigeren Gesellschaft – und damit auch der Produkte, die eine Gesellschaft hervorbringt – sein muss.

Die Brundtland-Definition beschreibt keine konkreten Möglichkeiten einer Realisierung, sondern beschränkt sich auf den gewünschten Effekt der nachhaltigen Entwicklung, basierend auf den drei Säulen „Ökonomie – Ökologie – Soziales".

Diese generische Beschreibung der Zielsetzungen wurde von verschiedensten Interessengruppen in sehr unterschiedlichen Ansätzen und Umsetzungswegen interpretiert, wobei der Ansatz über die drei oben zitierten Säulen als konsensual und etabliert gelten kann.

Aspekte der Ökonomie und der Ökologie können in der Praxis bereits gut quantifiziert und konsistent ins Verhältnis gesetzt werden. Auf die Ermittlung der ökonomischen Aspekte wird hier nicht weiter eingegangen, da dies etablierter Bestandteil betriebswirtschaftlicher Entscheidungen bezüglich neuer Verfahren oder Produkte ist.

Bei Ermittlung der ökologischen Aspekte sind heute lebenszyklusbasierte Ansätze der Ökobilanz (LCA) fester Bestandteil der praktischen Umsetzung der Nachhaltigkeit in Industrie und Politik (EU 2008, Volkswagen 2014, Daimler 2017, BASF 2017). Speziell die Politik auf europäischer Ebene treibt die Ökobilanz voran. Ein Beispiel dafür ist die sogenannte „Integrated Product Policy (IPP)" mit ihren vielen Aktivitäten, wie Direktiven und Rahmenprogrammen, die den Lebenszyklusgedanken adaptieren, z. B. die Direktive zu „Energy using Products (EuP)", „Integrated Pollution Prevention and Control (IPPC)", „End-of-Life Vehicle Directive (EoLV)", „Waste Electric and Electronic Equipment Directive (WEEE)" „Product Environmental Footprint (PEF) and Organisation Environmental Footprint (OEF)" (EU2013) und viele andere aufkommende ökologisch motivierte Verordnungen und Direktiven. All diese Maßnahmen haben zum Ziel, harmonisierte ökologische Rahmenbedingungen für die Produktion und den Konsum in Europa bereit zu stellen.

Das Einbeziehen des Lebenszyklus in die Systembetrachtung der Legislative ist ein Trend, der in verlässlichere Resultate einer langzeit- und zielorientierten Politik münden soll: Der Planungshorizont für Firmen wächst und gleichzeitig werden die möglichen Optimierungsansätze der Produkte flexibler. Firmen können den besten Weg für ökologische Verbesserungen selber wählen, anstatt nach und nach auf fest definierte Emissionslimits einzelner Substanzen angewiesen zu sein. Eine Konsequenz der Erfahrungen mit Lebenszyklus-Analysen und dem konsequenten

Umsetzen in neue politische Steuerungsinstrumente ist ein Übergang von der Materialbetrachtung zur Produktbetrachtung. Meistens liegt kein ökologisch gutes oder schlechtes Material vor, sondern eher eine mehr oder weniger sinnvolle Anwendung des Materials. Die Studie „LCA of PVC and principal competing materials" (Baitz 2004), die von der Europäischen Kommission in Auftrag gegeben wurde, zeigt, dass diese Erkenntnis auch für PVC gilt. PVC hatte eigentlich immer ein eher schlechtes ökologischen Image, das jedoch auf objektiver Produktbasis je nach Anwendung teilweise in ein anderes (differenzierteres) Licht gerückt werden muss (Wolf et al. 2009).

Soziale Aspekte, wie z. B. Kinderarbeit, Arbeitsbedingungen oder Arbeitsrechte, sind noch nicht in vergleichbarer Weise konsistent messbar und daher noch schwerer in Bezug zu setzen zu Ökonomie und Ökologie. Jedoch sind auch hier bereits quantitative Methoden verfügbar (Barthel 2015), um eine konsistente Betrachtung der Nachhaltigkeit über den Lebenszyklus zu ermöglichen.

Nachhaltigkeit wird heute in der Praxis als sinnvolle und nötige Richtung verstanden, in die gearbeitet und entwickelt werden muss. Die Richtungsbestimmung ist bereits sehr gut möglich; wie weit dabei gegangen werden muss und wo das Ziel Nachhaltigkeit genau liegt, ist noch nicht klar. Auch wenn heute – teilweise aufgrund fehlender wissenschaftlich robuster und dennoch praktisch anwendbarer Methoden der Messbarkeit – noch nicht alle Aspekte der Nachhaltigkeit in gleicher konsistenter Weise quantifiziert werden können, besteht seit Jahren ein relativ weitreichender Konsens darüber, dass Nachhaltigkeit umgehend umgesetzt und nachhaltige Entwicklung richtungsrichtig unverzüglich begonnen werden müssen.

Kriterien für nachhaltiges Verhalten wurden inzwischen von verschiedenen Institutionen, z. B. CSD – Committee on Sustainable Development, BMU – Nachhaltigkeitsindikatoren, GRI – Global Reporting Initiative etc. entworfen. Das derzeit umfassendste Set wurde von den Vereinten Nationen mit den „Sustainable Development Goals" verabschiedet (United Nations 2015). Es gibt einen Orientierungsrahmen vor, ist jedoch, wenn „harte" quantifizierbare Daten benötigt werden, nicht ausreichend. Etabliertes Instrument im Bereich der ökologischen Datenerhebung und Bewertung ist die Ökobilanz, auch Lebensweganalyse genannt (Baitz 2007).

In der internationalen Norm DIN EN ISO 14040 ff (DIN EN ISO 14040:2009, DIN EN ISO 14044:2018) wurde ein einheitlicher Standard festgelegt, der weltweite Anwendung findet. Die für die Nachhaltigkeitsanalyse notwendige Berücksichtigung von sozialen und ökonomischen Aspekten kann um existierende Konzepte, wie z. B. LCWT (Life Cycle Working Time) (Wolf 2002), weiterentwickelt zu LCWE (Life Cycle Working Environment) (Barthel 2015) und LCC (Life Cycle Cost) ergänzt werden. Solche Ansätze bauen auf die genormte Vorgehensweise der Ökobilanz auf und integrieren die zusätzlichen Dimensionen der Nachhaltigkeit. Dabei kann die LCC-Methode mit langjähriger Praxiserfahrung als etabliert angesehen werden. Die LCWE-Methode quantifiziert eine Vielzahl von Sozialindikatoren, die der Prozesskette zurechenbar sind. Darüber hinaus müssen jedoch auch der Integration von sogenannten „weichen" Aspekten (Moral, Ethik) Türen offen stehen. Der modulartige Aufbau der Lebensweganalyse ermöglicht eine variable Nachhaltigkeitsbetrachtung und die Erweiterung von Aspekten bei Wissensgewinn.

Eine Lebenswegbetrachtung ist gekennzeichnet durch die prozessbezogene Analyse der Lebenswegabschnitte bezüglich aller benötigten Energien, Rohstoffe und Vorprodukte sowie der auftretenden Produkte, Nebenprodukte, Emissionen und Abfälle. Die einzelnen Prozessabschnitte werden dabei durch die wesentlichen Nachhaltigkeitsaspekte gekennzeichnet.

Entscheidungen bezüglich Produkt, Bauteil und Verfahren werden in der industriellen Praxis täglich getroffen. Somit werden heute in der Praxis belastbare Ergebnisse in kurzer Zeit benötigt, um den (teilweise sehr kurzen) Entwicklungszyklen gerecht zu werden. Nachhaltig sinnvolle Entscheidungsunterstützung kann bereits in den meisten Fällen konkret gegeben werden.

Ziel muss es also sein, diese Entscheidungsunterstützung über wissenschaftlich fundierte Ansätze mit technisch realistischen Daten in möglichst kurzer

Zeit bereitzustellen, um im Entwicklungsprozess von Produkten, Bauteilen und Verfahren hilfreiche Informationen zu liefern, ohne den Prozess zu verzögern. Dieses Kapitel beschäftigt sich mit Realisierungsmöglichkeiten und Konsequenzen von Nachhaltigkeitsansätzen in Bezug auf den Leichtbau.

Es werden die heute in der industriellen Praxis diskutierten Ansätze, wie LCA/Ökobilanzen, Carbon Footprint-Methoden, Ressourcen-Bewertungen, Input-Output-Analysen dargestellt, und es wird auf wichtige Unterschiede eingegangen. Häufig auftretende Fehlinterpretationen werden angesprochen und die am besten geeigneten „Best Practice" Ansätze sowie der Stand der ISO-Normung wird besonders herausgestellt.

Es werden in der Folge Einflussmöglichkeiten von Bauteilen auf deren technisch-ökologische Performance und die Spezifizierung bezüglich Leichtbau-Teilen sowie deren Wirkung auf folgende Lebensabschnitte (Nutzung oder Recycling) dargelegt.

Damit können konkrete Folgerungen mit Blick auf die Potenziale im Leichtbau gezogen werden, und es wird die Möglichkeit eröffnet, konkrete Hinweise zur Vermeidung von Fehlern und Hebung von Potenzialen sehr früh in der Konstruktions- oder Konzeptphase zu erkennen. In diesen frühen Phasen sind die Freiheitsgrade noch hoch und die Kosten einer Änderung noch gering.

1.2 Entwicklung und Stand der Technik in der Ökobilanz

Die Ökologie gewann Anfang der 90er Jahre des vorigen Jahrhunderts an Bedeutung, da die Nachhaltigkeit in den Mittelpunkt des öffentlichen Interesses rückt und die Industrie nach Möglichkeiten sucht, die teils subjektiv geführte Diskussion zu objektivieren. Die Ökobilanz bietet sich als eine solche Möglichkeit an und etabliert sich.

Die Ökobilanz zeigt ihre Stärken als Instrument für die Analyse von Produktlebenszyklen, da auch Problemverlagerungen in andere Phasen des Produktzyklus identifiziert und verhindert werden können. Des Weiteren werden Ökobilanzen bzw. Ganzheitliche Bilanzierungen als Wettbewerbsvorteil und innovativer Ansatz erkannt, um die eigenen Produkte und Zulieferteile bzw. deren Vor- und Nachgeschichte analysieren, nachkalkulieren und optimieren zu können.

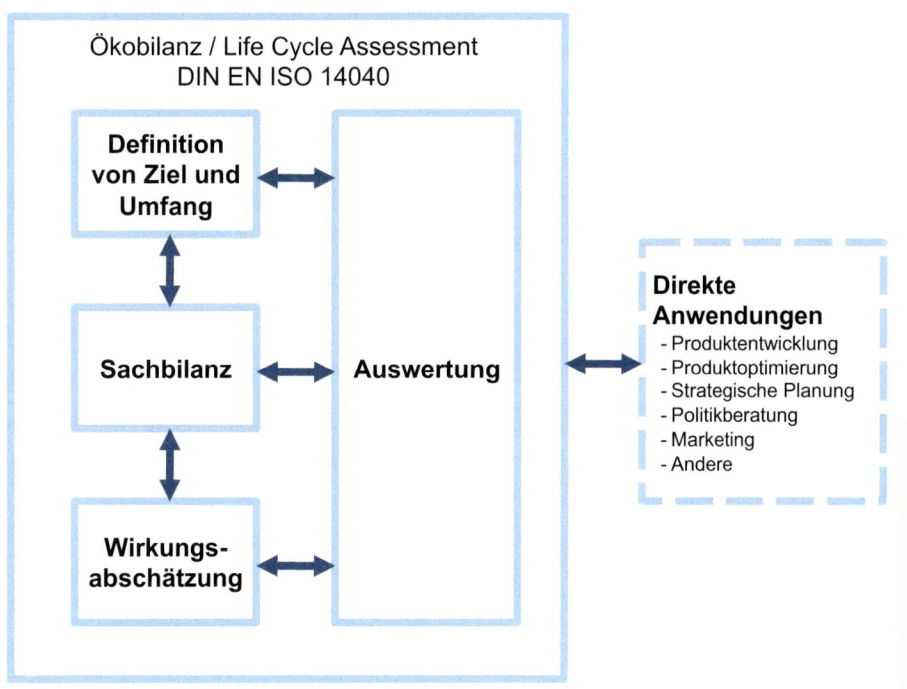

Abb. 1.1: *Aufbau einer Ökobilanz (nach DIN EN ISO 14040)*

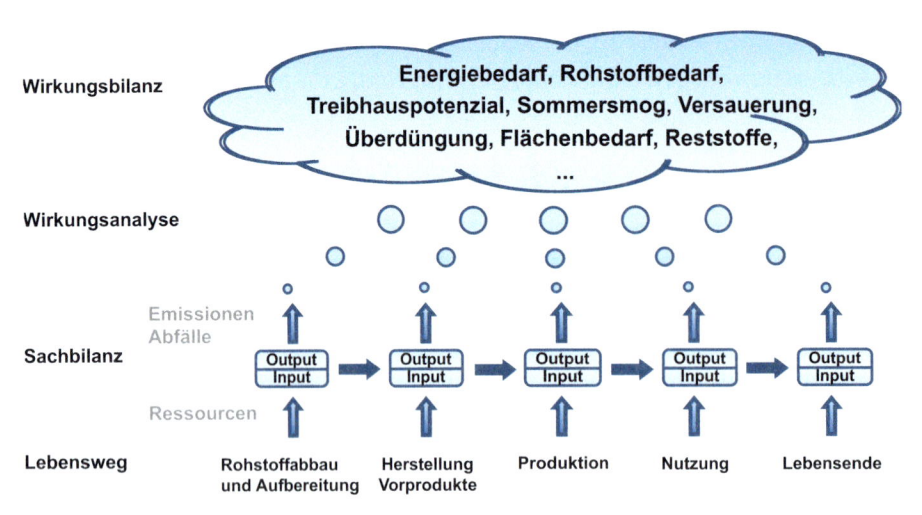

Abb. 1.2: *Vorgehen bei einer Ökobilanzanalyse (Quelle: Fraunhofer IBP)*

Die Bemühungen um eine einheitliche Vorgehensweise gipfeln in der DIN EN ISO Normenreihe 14040 „Umweltmanagement – Ökobilanz – Grundsätze und Rahmenbedingungen" und folgende, die 1996 erstmalig veröffentlicht und 2006 novelliert wurden sowie in der Deutschen Fassung 2009 bzw. 2018 noch kleinere Anpassungen erfahren haben (DIN EN ISO 14040:2009, DIN EN ISO 14044:2018).

Der Aufbau einer Ökobilanz (Abb. 1.1) geht aus von der Definition des Ziels und des Untersuchungsrahmens über den Aufbau des physikalischen Stoff- und Energienetzwerkes des Lebenszyklus zur Überführung der Ergebnisse in ökologische Wirkkategorien bis hin zur Interpretation der Ergebnisse und einer Nachkalkulation von unabhängiger Seite. Die Anwendung der Ergebnisse der Studie liegt außerhalb der Norm, sodass die Ergebnisse neben der Planung und Optimierung auch zur Schwachstellenanalyse und zum Marketing eingesetzt werden können. Die Lebenszyklusanalyse betrachtet sämtliche Phasen eines Produktes über den Lebensweg vom Abbau der Ressourcen über die Produktions- und Nutzungsphase bis zum Recycling. Abbildung 1.2 zeigt schematisch das Vorgehen bei einer Ökobilanzierung.

Um die komplexen Netzwerke bilanzieren zu können, sind erhebliche Datenmengen nötig. Dies sind Material-, Energie-, Logistik-, Herstellungs-, Verarbeitungs-, Verbrauchs-, Bedarfs- und Verfahrensdaten. Software-Werkzeuge bieten umfangreiche Datenbanken und Dokumentationen zu diesen Informationen an, sodass heute die Bilanzierung und die Anwendungen von Ökobilanzen nicht mehr an der fehlenden Verfügbarkeit von Daten scheitern müssen. Es existieren professionelle Datenbanken, die ein weites Spektrum an Materialien, Produkten und Prozessen abdecken und so die Durchführung individueller Ökobilanzen ohne zeitraubende Hintergrunddatenerfassung möglich ist, da die Datenerfassung oft auf das individuelle Vordergrundsystem reduziert werden kann. Um spezifische Analysen durchzuführen sind technisch, zeitlich und geografisch repräsentative Material- und Energieinventare und die Kooperation industrieller Netzwerke oder Zulieferstrukturen erforderlich. Da die Ökobilanz breite Anwendung gefunden hat, sind diese Informationsstrukturen (meist auf „business-to-business" Ebene, B2B) in vielen Fällen bereits etabliert.

Obwohl mit den ISO-Standards wichtige generelle Rahmenbedingungen einer konsistenten Modellierung gelegt werden, werden dort keine Handlungsanleitungen für konkrete Fälle gegeben. Das Joint Research Center (JRC) der Europäischen Kommission hat im Rahmen des Projektes „International Reference Life Cycle Data System (ILCD)" Dokumente erarbeitet, die auf die ISO aufbauen (DG JRC 2008a, DG JRC 2008b). Dabei handelt es sich um grundlegende Handlungsanweisungen, um in professionellen und politischen Entscheidungssituationen die unabdingbar wichtigen, konsistenten und reproduzierbaren Lebenszyklusdaten und -analysen zu gewährleisten.

Die Ökobilanz wird heute hauptsächlich in drei verschiedenen Bereichen genutzt:

1. In wissenschaftlich-akademischen Anwendungen, deren Ziel und Untersuchungsrahmen im Wesentlichen von generellem Erkenntnisinteresse, der Untersuchung des Verhaltens der Systeme und der Entwicklung neuer Methoden geprägt ist;
2. in professionell-industriellen Anwendungen, deren Ziel und Untersuchungsrahmen im Wesentlichen die Verbesserung konkreter Produkte und Verfahren auf etablierten Methoden und nachvollziehbaren Datengrundlagen sowie eine entsprechend objektive und zielführende Entscheidungsunterstützung ist;
3. in politischen Prozessen der Entscheidungsvorbereitung, deren Ziel und Untersuchungsrahmen im Wesentlichen den professionell-industriellen Anwendungen entspricht und zusätzlich neue Methoden aus der Wissenschaft auf Praxistauglichkeit überprüft.

Je nach Ziel und Untersuchungsrahmen wird häufig zwischen zwei Ansätzen in der Ökobilanz unterschieden: „Consequential LCA", die meist nur im wissenschaftlich-akademischen Umfeld angewendet wird und die „Attributional LCA", die in allen Bereichen Anwendung findet. Für praktische Anwendungen ist der Ansatz „Attributional LCA" überwiegend gut und besser geeignet als der Ansatz „Consequential LCA". Für weitergehende methodische Detailaspekte der Ökobilanz wird auf die ISO-Normen DIN EN ISO 14040 und DIN EN ISO 14044, das „General guidance document for Life Cycle Assessment (LCA)" (DG JRC 2008a) und das „Specific guidance document for generic or average Life Cycle Inventory (LCI) data sets" (DG JRC 2008b) verwiesen.

Da im Zusammenhang dieses Buches die Praxisorientierung eine wichtige Rolle spielt, wird im Folgenden unter dem Begriff Ökobilanz oder LCA die professionell-industriell und politische Anwendung der „Attributional LCA" verstanden.

1.3 Herausforderungen bei der Vereinfachung komplexer Zusammenhänge

Sinngemäß sagte Albert Einstein: „Mache es so einfach wie möglich, auf keinen Fall aber einfacher." Jenseits der Ökobilanz, die ja alle signifikanten Umweltaspekte über den gesamten Lebenszyklus beschreibt, tauchen auch immer wieder Methoden auf, die die scheinbare Komplexität von Datenbedarf und Untersuchungsrahmen der Ökobilanz verringern sollen. Diese Ansätze haben meist eines gemeinsam: Sie zeigen nicht das gesamte Spektrum an Wirkungen auf oder bedienen sich vereinfachter Zusammenhänge, um das gesamte Spektrum an Wirkungen aus wenigen Einzeldaten zu generieren. Im Einzelfall kann diese Vereinfachung zu vergleichbaren Ergebnissen führen. In der Mehrzahl der Fälle, vor allem, wenn es um die Einschätzung ganz konkreter Bauteile oder Konstruktionsvarianten geht, greifen diese (verallgemeinerten) Vereinfachungen zu kurz. In der Folge werden einige vereinfachende Ansätze diskutiert.

1.3.1 Ökonomisch basierte Ansätze der Input-Output-Ökobilanz

Die Methode der Input-Output-Analyse der volkswirtschaftlichen Gesamtrechnung ist von Wassily Leontief Ende der 60er Jahre entwickelt worden und hat die Untersuchung aller denkbarer Input-Output-Beziehungen der verschiedenen Sektoren einer Volkswirtschaft zum Gegenstand. Dabei werden modellmäßig die Verflechtungen zwischen den Sektoren einer Volkswirtschaft untersucht. Jeder Sektor hat einen Input an Rohstoffen und Produkten, den er von anderen Sektoren erhält, und einen Output eigener Produkte, der an andere Sektoren weitergeleitet wird. Die Einteilung der Sektoren (z. B. Automobil und Transport, Stahlherstellung, Chemische Industrie) ist eng verknüpft mit dem Erkenntnisinteresse. Die Flüsse zwischen den Sektoren werden von den Produktionsmengen bestimmt. Bei gegebenen Produktionszahlen lassen sich so der Bedarf an Arbeit und Kapital und die Umfänge der Flüsse ermitteln. Die Input-Output-Analyse wird daher als Instrument der Wirtschaftsplanung benutzt.

Dieser volkswirtschaftliche Ansatz wurde in den 90er Jahren auf ökologische Analysen übertragen. Als einer der Vorreiter dieses Verfahrens kann die Carnegie Mellon Universität in Pittsburgh USA gelten (Hendrickson 1997, Hendrickson 1998). Nach (Suh 2007) macht das Nutzen monetärer Größen in der Input-Output-Analyse deutlich, dass die analytischen Resultate, die erzielt werden, sehr anfällig für Preisschwankungen und Inhomogenität sein können. Die Stärke der Input-Output- Ökobilanzmodelle ist zweifelsohne die relativ einfache Datenermittlung über die (monetären) Zusammenhänge der Sektoren, die vordefiniert sind.

Jedoch ist die Schwäche dieser Herangehensweise, dass keine spezifischen Ressourcenverbrauche und gemessenen Emissionsdaten der jeweiligen Produktions- und Zuliefersituation herangezogen werden, sondern eben sektorale Durchschnittswerte an Ressourcenverbrauch und aus ökonomisch-technischen Zusammenhängen abgeleitete Emissionswerte.

Somit stellen die Input-Output-Ökobilanzmodelle eher verallgemeinerte Ergebnisse des Sektors zur Verfügung und weniger spezielle Ergebnisse einer konkreten Produktions- und Zuliefersituation. Bei einem Vergleich zweier alternativer Produkte eines Sektors, z.B. zwei alternative Harze einer Leichtbaukomponente, kann die (Prozess-)Ökobilanz die Unterschiede verfahrenstechnischer oder konstruktionstechnischer Innovation sehr genau aufschlüsseln und interpretieren. Die Input-Output-Ökobilanzmodelle müssen hier aufgrund ihrer Systematik wesentlich unschärfer bleiben.

Um diese Schwäche der Input-Output-Ökobilanzmodelle zu überwinden, wurden Hybridansätze vorgeschlagen. Eine monetäre Größe kann nach (Suh 2007) in eine physikalische umgewandelt werden, jedoch nur, wenn zusätzliche Information vorhanden ist. Somit können Hybridtechniken das Problem lösen, indem selektiv Schlüsselproduktflüsse von monetären in physikalische Ausdrücke umgewandelt werden. Dies sei hauptsächlich ein Datenproblem. Aber genau das ist der Punkt: Wo kommen technisch realistische Daten her, wenn nicht aus einer Prozessbeschreibung?

Die Input-Output-Ökobilanzmodelle und die Hybridansätze stellen daher – nicht nur in diesem Zusammenhang, sondern immer dann, wenn spezifische Antworten gefragt sind – nur bedingt und in speziellen Teilaspekten (z.B. zum Schließen von Datenlücken in Hintergrundsystemen) eine geeignete Anwendung dar, zumal sie auch keine Normung in den entsprechenden ISO-Dokumenten (ISO 14040, ISO 14044) erfahren.

1.3.2 Bewertung der Ressourcen

Die natürlichen Ressourcen der Erde sind seit jeher eine wichtige Grundlage für Fortschritt und wirtschaftliches Handeln der Menschen. Mit dem permanent steigenden Rohstoffbedarf unserer Gesellschaften sind dabei auch die aus der Ressourcennutzung resultierenden negativen Konsequenzen immer deutlicher geworden. So führt bereits der Rohstoffabbau, wie beispielsweise die Braunkohleförderung in Tagebaugebieten, zu zahlreichen Problemen, wie etwa der Zerstörung von Naturraum. Auch die Verarbeitung von Rohstoffen zu Produkten, insbesondere unter Nutzung fossiler Energieträger, kann zu gesundheitlichen und ökologischen Konsequenzen, wie Smog, der Klimaerwärmung oder der Versauerung von Gewässern führen. Während man sich dieser Probleme mittlerweile bewusst ist und nach Lösungen sucht, stehen unsere Gesellschaften bereits vor einer neuen Herausforderung: der zunehmenden Verknappung von Rohstoffen. Ein effizienterer Umgang mit den natürlichen Ressourcen sowie die Verminderung der durch ihre Nutzung hervorgerufenen ökologischen und gesundheitlichen Konsequenzen sind wichtige Aufgaben für unsere Gesellschaften. Auch wenn die Relevanz dieser Thematik unbestritten ist, gilt die Messung der Ressourceneffizienz, insbesondere auf Produkt- und Prozessebene, als schwierig. Bei Untersuchungen auf der Produkt- und Prozessebene erscheint eine lebenswegorientierte Betrachtung notwendig. Um ein objektives Bild zu erhalten, müsste also der gesamte Verbrauch von Ressourcen in der Herstellung, Nutzung und Entsorgung eines Produktes berücksichtigt werden (Berger 2008b).

Es sind verschiedene Ansätze zur Quantifizierung des Ressourcenverbrauchs vorgeschlagen worden. Die bekanntesten sind hierzulande der „Material Input pro Serviceeinheit – MIPS" (Ritthof et al. 2002), der

„Kumulierte Energieaufwand – KEA (Fritsche et al. 1999), die Ökobilanz Wirkungskategorien „Abiotischer Ressourcenverbrauch (CML)" (Guinee et al. 2001), „Ressourcenverbrauch (EDIP)" (Hauschild und Wenzel 1998) und die Ökobilanz Wirkungsabschätzungsmethode „Eco-indicator 99" (Goedkopp und Spriensma 2001). Das wichtige Thema der Ressourceneffizienz wird durch die Richtlinienreihe VDI 4800 adressiert. Bezüglich Details zu den jeweiligen Methoden wird auf die Primärliteratur verwiesen. Ferner bietet (Berger 2008b) einen guten Überblick der Hauptaspekte.

Berger schlussfolgert, dass die Untersuchung linearer Abhängigkeiten zwischen den mit verschiedenen Indikatoren erzielten Ökobilanzergebnissen signifikante Korrelationen zwischen allen input-orientierten Indikatoren ergeben (Berger 2008a). Wird Ressourceneffizienz also im klassischen Sinn definiert, ist es ausreichend, nur einen der untersuchten Indikatoren zur Wirkungsabschätzung heranzuziehen, da sich die Ergebnisse der Indikatoren kaum unterscheiden. Für die Messung der Ressourceneffizienz, die für die Umsetzung des Leitbildes in die Praxis von großer Bedeutung ist, hat sich die Ökobilanz als besonders geeignete Methode herausgestellt. Durch die Untersuchung des gesamten Produktlebensweges ermöglicht sie eine objektive Analyse des Rohstoff- und Energiebedarfs, aber auch der Umweltfolgen, die durch Emissionen und Abfälle entstehen.

Die Ressourcenbewertung stellt daher sinnvollerweise einen wichtigen Teil einer Ökobilanz dar und bedingt die Untersuchung weiterer wichtiger Umweltwirkungen. Wird die Ressourcenbewertung allein als repräsentativ für alle Umweltwirkungen angesetzt, greift sie meist zu kurz, da durchaus energieeffiziente, aber ökologisch bedenkliche Prozesse bekannt sind.

1.3.3 „Footprinting"-Methoden

Ökologische „Footprinting"-Methoden konzentrieren sich in der Regel auf einen Wirkungsaspekt aus der Ökobilanz. So ist beispielsweise der „Carbon Footprint" (CFP) die singuläre Darstellung der Wirkungskategorie „Treibhauspotenzial" (Global Warming Potential, GWP). Jedoch sind mit dieser spezifischen Betrachtung auch besondere Herausforderungen verbunden (Finkbeiner 2009). Insbesondere eine Verlagerung von Emissionen zwischen verschiedenen Wirkungskategorien wird nicht erfasst und somit eine nur partielle Optimierung aus einem Blickwinkel verfolgt. Entstehende Probleme an anderer Stelle kommen nicht oder erst spät in den Fokus. Ein aktuelles prominentes Beispiel ist der Dieselmotor in Fahrzeugen, bei dem zwar mit relativ niedrigerem Kraftstoffverbrauch und damit niedrigeren CO_2-Emissionen als bei einem Ottomotor eine bestimmte Fahrleistung erbracht werden kann, jedoch rückten die Stickoxidemissionen erst in jüngerer Vergangenheit zusätzlich in den Fokus.

Zum Carbon Footprint ist inzwischen der Entwurf einer internationalen Norm (ISO 14067) verfügbar. Auch zum Water Footprint wurde eine entsprechende Norm erarbeitet (ISO 14046).

Um die Herausforderungen einer singulären Betrachtung nur einer Wirkungskategorie zu umgehen, wurde von der Europäischen Kommission eine Empfehlung zur Berechnung des Umweltfußabdrucks von Produkten (Product Environmental Footprint, PEF) herausgegeben (EU 2013). Ein analoges Vorgehen wird dabei auch für den Umweltfußabdruck von Organisationen (Organisation Environmental Footprint, OEF) vorgeschlagen (EU 2013). Diese Aktivitäten befinden sich derzeit noch in der Test- bzw. Umsetzungsphase. Beim PEF auftretende Herausforderungen wurden beispielsweise von Finkbeiner (2014) zusammengestellt. Insbesondere die Leitlinie „Vergleichbarkeit vor Flexibilität" führt zu strikteren Vorgaben bezüglich einiger Schritte einer LCA (z. B. Auswahl der Wirkungskategorien), wodurch sich jedoch auch Inkonsistenzen ergeben.

1.4 Herausforderungen bei der ökologischen Beurteilung von Werkstoffen und Materialien im Leichtbau

Leichtbau-Konstruktionen wird oft ein Vorteil in mobilen Anwendungen zugeschrieben, ohne sich im Detail mit dem entsprechenden Konzept auseinander zu setzen. „Leichter ist besser", da man Energie sparen kann. „Gewichtsersparnis ist automatisch Kraftstoffersparnis und die Nutzungsphase dominiert die ökologischen Effekte!" Das ist zwar oft der Fall, aber nicht immer.

Der Wechsel von Stahl-basierten Fahrzeugchassis zu Carbonfaser verstärkten Konstruktionen wird häufig als Beispiel für eine erfolgreiche Anwendung von Leichtbau-Konzepten genannt. Jedoch betrachtet man die Umweltbelastung, die aus der Produktion des Carbonfaser verstärkten Chassis resultiert, häufig nicht: Diese ist jedoch teilweise vergleichbar hoch wie der durch das geringere Gewicht eingesparte Kraftstoff. Die Produktion von Carbonfasern ist sehr energieintensiv und daraus resultieren bei fossiler Strombereitstellung, die beispielsweise in Deutschland immer noch dominiert, hohe Emissionen. Wenn die Produktion des Carbonfaser verstärkten Chassis hinreichend genau untersucht wird (inkl. spezifischer Prozessemissionen), zeigen sich über den Lebenszyklus dieses Chassis Kompensationseffekte zwischen Gewichtsersparnis und daraus resultierender Kraftstoffersparnis und dem hohen Aufwand der Chassisproduktion. Außerdem ist die Wiederverwertbarkeit der faserverstärkten Kunststoffkomponenten bislang häufig begrenzt, im Gegensatz zum gut rezyklierbaren Stahl (Wolf et al. 2009).

Jedoch ist klar herauszustellen, dass in den meisten Fällen Leichtbauansätze in mobilen Anwendungen Sinn machen. In einer Nettobetrachtung über den gesamten Lebenszyklus zeigen Leichtbau-Konzepte von motorisierten Fahrzeugen aufgrund der Kraftstoffersparnis über eine Laufleistung von 100.000 bis 200.000 km meist deutliche Vorteile.

Wie die Grafik in Abbildung 1.3 zum Energiebedarf verschiedener PKW-Ansaugrohr-Konzepte zeigt, wurden verschiedentlich Bauteilvergleiche durchgeführt. Trade-Off- und Break-Even-Situationen über den Lebenszyklus wurden deutlich und so individuelle Verbesserungsmöglichkeiten der einzelnen Varianten ermittelt. Die gestrichelten Linien verdeutlichen ein Oberklasse-Fahrzeug, die beiden anderen Linien zeigen ein Fahrzeug der unteren Mittelklasse. Blau dargestellt ist jeweils eine Aluminium-Lösung und rot ist eine Konstruktion aus Polyamid.

Man erkennt, dass die Vorteile der geringeren Herstellungsaufwendungen der Aluminium-Variante bei der Oberklasse (links, grüne Linie bei 326 MJ) nach ca. 49.000 km kompensiert sind und die Polyamid-Variante (lila Linie) über den Lebenszyklus durch den geringeren Verbrauch Vorteile zeigt (1177 MJ gegenüber 1854 MJ der Aluminium-Variante auf der rechten Seite nach Lebensende), obwohl die Polyamid-Variante mit 550 MJ deutlich mehr Herstellungsaufwand erfordert. Bei der Mittelklasse-Version kann die Polymer-Konstruktion hingegen diesen Vorteil des Leichtbaus innerhalb der Lebensdauer des Fahrzeugs nicht realisieren (449 MJ PA gegenüber 433 MJ für Aluminium nach Lebensende).

Die Abbildung veranschaulicht eindrucksvoll, dass auch im Leichtbau eine wichtige Verbindung zwischen den technischen Grenzen, der beabsichtigten Anwendung und der gewünschten Umweltverbesserung besteht, die durch den Einbezug des Lebenszyklus verdeutlicht werden kann (Baitz 2001). Somit kann je nach konkreter Anwendung das richtige Leichtbau-Konzept auf Basis des individuell richtigen Materials erkannt werden. Über die allgemeinen und übergeordneten Erkenntnisse hinaus können so auch Informationen und Optimierungsansätze aus der jeweiligen Prozesskette der Polyamid- oder Aluminium-Lösung gewonnen werden.

- Kunststoffvarianten benötigen (häufig) mehr Energie in der Produktion
- Die Metallvarianten haben gewichtsbedingte Nachteile in der Nutzung
- Kunststoff- und Metallvarianten zeigen individuelle Verbesserungspotenziale

Es müssen verschiedene Möglichkeiten der Herstellungsprozessketten in Betracht gezogen werden, um in der Lage zu sein, die korrekten Potenziale des Materials verschiedener Herstellungswege zu bestimmen,

- z.B. kann das Polyamid über Adipinsäure oder Hexamethylendiamin sowie „lost core/twin shell"-Technologien hergestellt werden.
- Aluminium kann über verschiedene Anodenformen, Reinigungsschritte und Rezyklat-Anteile hergestellt werden.

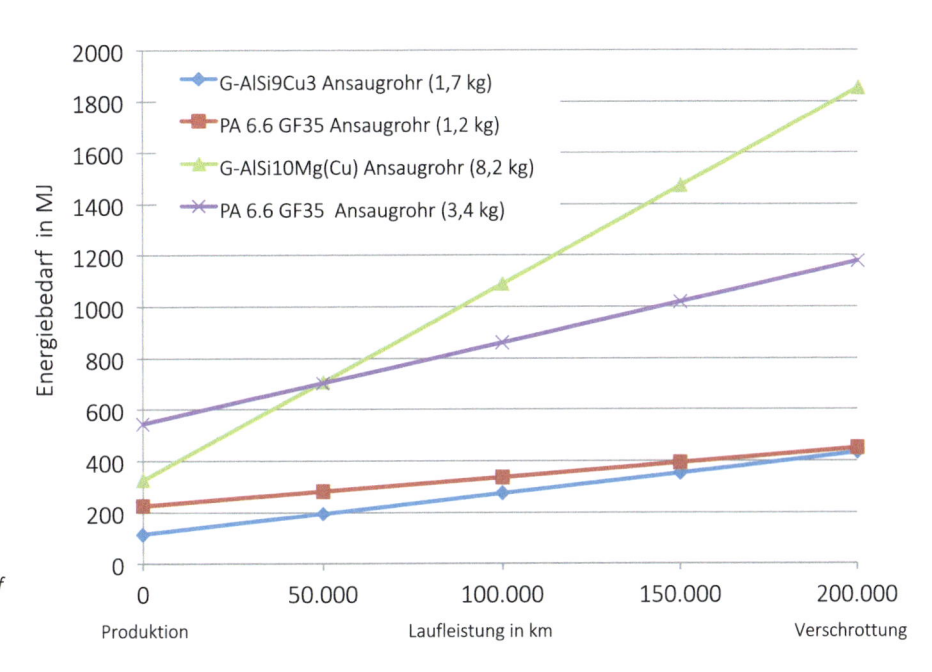

Abb. 1.3: *Primärenergiebedarf verschiedener PKW-Ansaugrohr-Konzepte über den Lebenszyklus (Baitz 2001b)*

- Verbesserungspotenziale liegen somit auch in den spezifischen Technologienpfaden der Herstellung, die angemessen detailliert betrachtet werden müssen.

Allgemeine Antworten zu geben, ist normalerweise nicht sinnvoll, da die Materialien abhängig vom System unterschiedliche Stärken zeigen. Mit wenigen Ausnahmen ist jedoch Gewichtsverminderung in mobilen Anwendungen sinnvoll, aber: Kein Konzept passt für alle Anwendungen. Somit ist immer die individuelle Kombination aus Herstellungsaufwendungen, Effekten in der Nutzungsphase und auch Aufwendungen oder Vorteilen am Lebensende ganzheitlich zu betrachten um eine belastbare Aussage zu erhalten.

1.5 Design for Life Cycle im Leichtbau

Die Gründe für Leichtbau und leichte Konstruktionen sind so vielfältig wie ihre Anwendungen. Dazu gehören Agilität beim Fahren, erhöhte Transportkapazitäten in der Luftfahrt, einfachere Handhabung während des Bauprozesses oder nur größere Gestaltungsfreiheit im Allgemeinen. Damit einher geht aber immer die Forderung, durch Leichtbau Ressourcen zu schonen und die Umwelt zu entlasten.

Die reine Reduzierung der Masse entspricht jedoch nicht den Anforderungen des Leichtbaus, da der Ressourcenverbrauch und die Umweltauswirkungen über den gesamten Lebenszyklus der Produkte auftreten. Leichtbau erfordert vielmehr eine genauere Betrachtung des gesamten Lebenszyklus von Produkten als bisher. Ein Design for Life Cycle ist ebenso obligatorisch wie die frühzeitige Untersuchung des Lebenszyklus und der Gestaltungsmöglichkeiten im Produktdesign durch Entwickler, Designer und Ingenieure.

In den Phasen des Lebenszyklus sind hierbei verschiedene Aspekte aus der Perspektive eines Produktherstellers von besonderer Bedeutung:

- *Herstellung*: Durch die Auswahl von Materialien und Rohstoffen werden auch die damit verbundenen Prozessketten und Bereitstellungswege festgelegt. Das Spannungsfeld zwischen hohen technischen Anforderungen bei gleichzeitig geringem Gewicht erfordert hierbei besondere Aufmerksamkeit und die Auswirkungen einer Materialwahl müssen genau betrachtet werden.
- *Nutzung*: Die Nutzung generell definiert die Nutzungsphase, also die gewünschte Funktion und

somit auch das Produktsystem, das zur Bereitstellung der Funktion angelegt werden muss. Darüber hinaus charakterisiert die Nutzung die geforderte Qualität der verwendeten Materialien und beeinflusst somit die Produktionsphase und das Ende der Lebensdauer.
- *Lebensende*: Beim Recycling oder der Entsorgung ist die jeweils bestmögliche Option zu identifizieren. Dabei sind für Hersteller erhöhte Anforderungen durch Produktverantwortung, Kreislaufwirtschaft, etc. relevant.

Unter Berücksichtigung des gesamten Lebenszyklus eines Produktsystems können Verbesserungen der Umweltbilanz auf verschiedene Weise erreicht werden. Diese sind in Abbildung 1.4 schematisch dargestellt:

- Kreislaufschließung
- Prozesskettenoptimierung
- Design for Life Cycle

Kreislaufschließung

Ein naheliegender Weg zur Steigerung der Ressourceneffizienz im Hinblick auf den Verbrauch von Primärrohstoffen ist das Recycling von Reststoffen und damit die Schließung von (Stoff-)Kreisläufen. Durch das Recycling von Wertstoffen aus Produktion, Nutzung und Entsorgung wird der notwendige Einsatz von Primärrohstoffen reduziert und durch Sekundärrohstoffe ersetzt. Eine Verwertung um jeden Preis ist jedoch nicht wünschenswert; sie ist in der Regel nur dann sinnvoll, wenn der Verwertungsaufwand geringer ist als der Aufwand für die Primärextraktion. Dies gilt insbesondere für hochwertige Rohstoffe, gute Sekundärrohstoffqualität und bestehende zuverlässige und effiziente Recyclingtechnologien. Insgesamt ist eine effiziente Kombination von Primär- und Sekundärrohstoffen anzustreben, da eine vollständige Sekundärwirtschaft aufgrund der Marktbedingungen in der Regel (bislang) nicht möglich oder sinnvoll ist. Die Ressourceneffizienz kann durch recyclinggerechtes Design und bedarfsgerechte Sortier- und Verarbeitungsprozesse positiv beeinflusst werden.

Prozesskettenoptimierung

Jeder einzelne Prozess innerhalb einer Prozesskette, einzelne Abschnitte einer Prozesskette oder ganze Prozessketten können hinsichtlich der Ressourceneffizienz verbessert werden. Dies erfordert eine strukturelle Prozessanalyse, die Stoff- und Energieströme, Ressourcen, Rückstände und Emissionen erfasst und analysiert. Informationen über Prozesseigenschaften, technische Eigenschaften und andere Randbedingungen können genutzt werden, um Ressourceneffizienzpotenziale strukturiert zu identifizieren und direkte und indirekte Wechselwirkungen, verstärkende oder schwächende Effekte etc. zu berücksichtigen. Generell versprechen Prozesse mit hohem Beitrag zu Umweltauswirkungen im Lebenszyklus und großem Veränderungspotenzial ein besonders hohes Ressourceneffizienzpotenzial. Doch schon kleine Änderungen können durch teilweise komplexe Abhängigkeiten zu großen Effekten führen. Die zukünftige Entwicklung, das Zukunftspotenzial von Prozessen, ist auch ein wichtiger Indikator dafür, ob weitere (große) Ressourceneffizienzpotenziale erschlossen werden können.

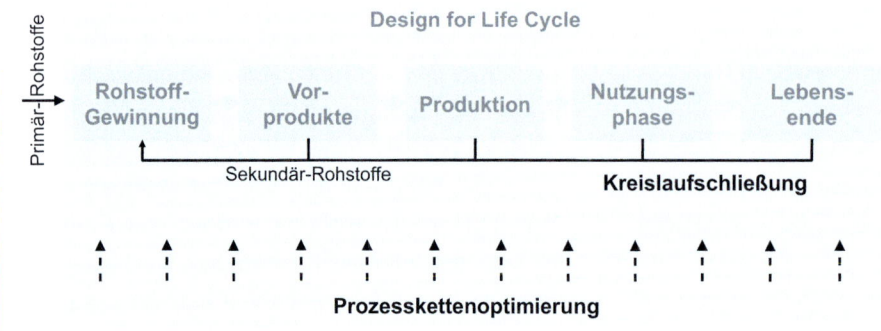

Abb. 1.4: *Design for Life Cycle*

Allerdings sind Ressourceneffizienzpotenziale oft weniger offensichtlich und erfordern daher eine systematische Analyse der Wertschöpfungskette und des Lebenszyklus, um sie zu identifizieren und zu nutzen (Held 2015). Die Methoden der Ökobilanzierung (DIN EN ISO 14040, DIN EN ISO 14044) und der Ganzheitlichen Bilanzierung (Erweiterung der Ökobilanzierung um technische und ökonomische Aspekte) (Eyerer 1996) vereinen dabei Lebenszyklussicht sowie technische Prozesskettenanalyse und liefern eine optimale Grundlage für die Bewertung und Optimierung der Ressourceneffizienz.

In der Praxis werden diese durch Software und Datenbanken (z. B. GaBi 2017) unterstützt. Diese liefern die notwendigen Prozessinformationen für Werkstoffe, Betriebsstoffe, Energieerzeugung sowie Herstellungs- und Verarbeitungsprozesse. Zusätzlich können Material-, Energie- und Prozesskosten gespeichert werden. Ressourceneffizienz beginnt also bereits bei der Produktentwicklung und der Auswahl von Materialien oder Verfahren. Um Ressourceneffizienz in Unternehmen langfristig zu verankern, müssen alle Beteiligten von der Produkt- und Prozessentwicklung bis hin zur technischen Umsetzung einbezogen werden. Optimierungsmaßnahmen müssen gezielt und unter den spezifischen Rahmenbedingungen erfolgen, ohne die direkten und indirekten Auswirkungen in der vor- und nachgelagerten Wertschöpfungskette zu vernachlässigen. Die Planung und Gestaltung von Prozessen und Abläufen spielt dabei eine ebenso wichtige Rolle wie die ressourcenoptimierte Produktgestaltung. Die Ganzheitliche Bilanzierung unterstützt die Beteiligten dabei, die relevanten Fragen zu beantworten und Ressourceneffizienz und Lebenszyklusperspektive im technischen und unternehmerischen Denken und Handeln langfristig und zielgerichtet zu verankern.

Design for Life Cycle
Ausgehend vom Produktnutzen (was will der Anwender, was braucht der Anwender?) kann ein Produktdesigner oder Produktentwickler einen wesentlichen Einfluss auf die Ressourceneffizienz haben. Entscheidungen im Produktdesign bestimmen die Materialien und damit die entsprechenden Lieferketten. Es werden Vorgaben gemacht, die sich auf die Auswahl der Vorprodukte und deren Be- und Verarbeitung auswirken, es wird die Herstellung des Produktes bestimmt und es werden auch einzelne Prozesse direkt oder indirekt bestimmt. Das Produktdesign definiert im Wesentlichen auch die Nutzungsphase, wie das Produkt eingesetzt wird, welche Energie benötigt wird, welche Wartungszyklen und -kosten notwendig sind und nicht zuletzt welche Lebensdauer zu erwarten ist. Denn auch das Ende der Lebensdauer und die Recyclingmöglichkeiten werden maßgeblich durch das Produktdesign bestimmt. Im Produktdesign ergeben sich daraus große Einflussmöglichkeiten und Potenziale zur Verbesserung der Ressourceneffizienz. Dies erfordert jedoch eine ganzheitliche Analyse des Produktsystems, Wechselwirkungen und Abhängigkeiten innerhalb und außerhalb des Systems müssen erkannt und verstanden werden, und es ist notwendig, „vom System zu lernen". Basierend auf den Vorteilen ermöglicht „Design for Life Cycle" eine systematische multikriterielle Produktoptimierung.

Ähnlich wie bei der Ökobilanz für natürliche Ressourcen kann die Nutzung ökonomischer oder sozialer Ressourcen mit Methoden wie Life Cycle Costing (LCC) und Life Cycle Working Environment (LCWE) analysiert werden.

1.6 Einflüsse von Leichtbau-Aspekten auf die technisch-ökologischen Eigenschaften von Produkten und Systemen

Es wurde bereits deutlich gemacht, dass bei der Beurteilung der Nachhaltigkeit von Leichtbau-Konzepten

- vereinfachende Footprinting- und Indikatoren-Ansätze in der Nachhaltigkeitsquantifizierung zu kurz greifen;
- pauschale Materialaussagen wie „Material A eignet sich besser im Leichtbau als Material B" nicht zielführend und falsch sein können, da stets die spezifische Anwendung im Gesamtsystem betrachtet werden muss;

1 Ganzheitliche Bilanzierung und Nachhaltigkeit im Leichtbau

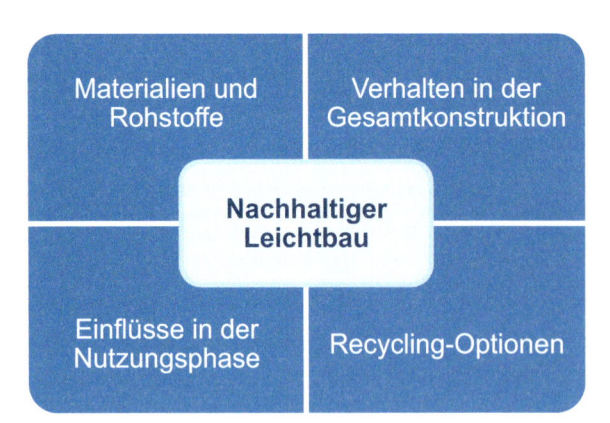

Abb. 1.5: Haupteinflüsse auf die Nachhaltigkeit des Leichtbau-Konzeptes

individuell ermittelt werden. Dennoch können allgemein wichtige Einflüsse beschrieben werden, und so Hinweise für einen „möglichen und effizienten Lösungsweg" in der täglichen Praxis der Nachhaltigkeitsbewertung von Leichtbau-Konzepten gegeben werden. Die Gewichtsreduktion mobiler Anwendungen ist aus Sicht der Nachhaltigkeitsbewertung der wichtigste Aspekt von Leichtbau-Konzepten. Um eine ökologisch optimale Lösung zu finden, müssen die Haupteinflüsse auf einander abgestimmt werden.

Die Haupteinflüsse (Abb. 1.5) lassen sich unterteilen in:
- Prozesskette der Rohstoffbereitstellung und Materialherstellung,
- die Einflüsse der Materialwahl auf die Konstruktion im Gesamtsystem,
- der Gesamteinfluss der Anwendung auf die Nutzungsphase und
- die Entsorgungs- und Recyclingaspekte.

- Einzelaspekte, wie eine hohe Recyclingfähigkeit, die Verwendung nachwachsender Ressourcen oder die Bioabbaubarkeit, keine Gewähr eines ökologischen Optimums bieten;
- und somit die Ökobilanz und deren Einbeziehung des gesamten Lebenszyklus als unter ISO genormte Methode und „Best Available Practice" in der Nachhaltigkeitsquantifizierung zu umfassenden und konsistenten Ergebnissen in praxistauglichen Zeitspannen führt.

Daher wird auch klar, dass pauschale Aussagen in Zusammenhang mit der Nachhaltigkeit von Leichtbau-Konzepten keinen Sinn machen. Diese müssen

Es hat entscheidenden Einfluss auf Kosten und die Möglichkeiten der (positiven) Beeinflussung der Umweltwirkungen, wann die Lebenszyklusanalysen durchgeführt werden.
Lebenszyklusanalysen sollten in einer frühen Phase der Produktentwicklung durchgeführt werden, denn

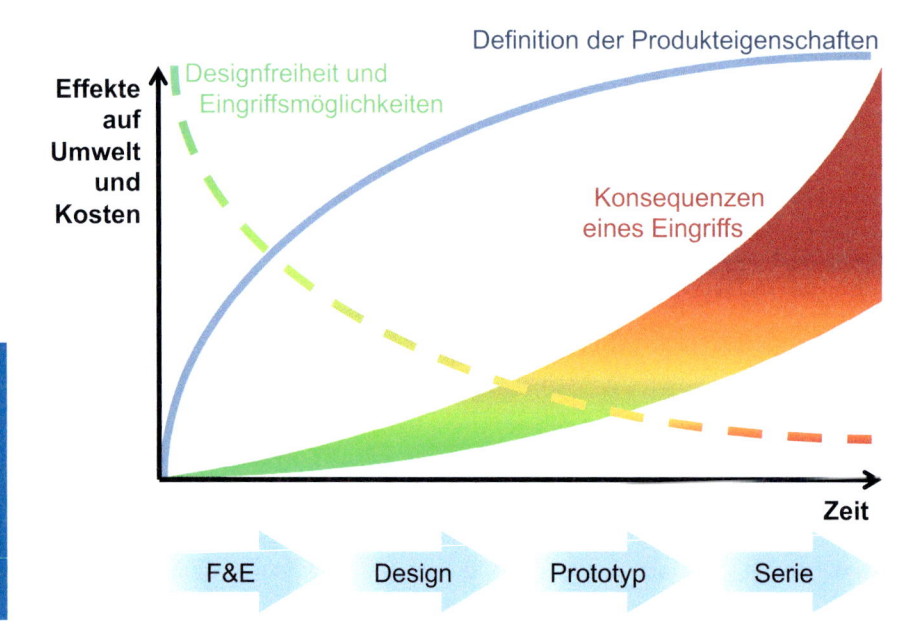

Abb. 1.6: Zeitlicher Verlauf von Eingriffsmöglichkeiten und Konsequenzen in der Produktentwicklung

in dieser Phase werden die maßgebenden technischen Eigenschaften eines neuen Produktes definiert und folglich werden dort auch die Umweltcharakteristika festgelegt (Abb. 1.6). Je früher also solche Untersuchungen und Simulationen verschiedener Leichtbau-Konzepte durchgeführt werden, desto höher ist der Freiheitsgrad und desto geringer sind die damit verbundenen Konsequenzen.

1.6.1 Bereitstellung von Material und Rohstoff in der Vorkette

Die Verwendung von Kunststoffen, Stahl, NE-Metallen, Holzwerkstoffen, Kunst- und Naturfasern bedingt den Ab- oder Anbau von Rohstoffen, wie Erdöl, Erdgas, Erzen oder Agrarprodukten. Bei diesen Abbau- oder Anbauprozessen der Rohstoffe werden unterschiedliche Substanzen und Energien benötigt:
- Strom und Dampf
- Kraftstoffe
- Sprengstoffe, Dünger und Pestizide
- Chemikalien und Hilfsstoffe.

Die Rohstoffe werden zu Zwischenprodukten und Materialien weiterverarbeitet. Diese Aktivitäten verursachen Ressourcenverbrauch und Umweltwirkungen. Je nachdem, um welches Material es sich handelt, stellen sich ein individueller Ressourcenverbrauch und individuelle Umweltwirkungen ein. Ein Material, das alle technischen Anforderungen eines Produktes allgemein oder eines Leichtbau-Konzeptes im Speziellen immer und grundsätzlich vorteilhaft bezüglich Ressourcenverbrauch und Umweltwirkungen erfüllt, gibt es nicht.

In Abbildung 1.7 sind repräsentativ ausgewählte Kunststoffe, Metalle und Werkstoffe bezüglich Ressourcenverbrauch (Primärenergieverbrauch [MJ]) im Verhältnis zueinander dargestellt.

Jedes Material hat seine individuellen Stärken und Schwächen bezüglich der technischen Anforderungen und der Ressourcen- und Umweltwirkungen. Erst die intelligente Kombination der Eigenschaften der Materialien führt zu optimalen Leichtbau-Konzepten. Daher kann optimierter Leichtbau sich nicht mit Aspekten wie „Stahl gegen Kunststoff" oder „Holz gegen Aluminium" beschäftigen, sondern zielt auf die sinnvollsten Synergien und ein Optimum an der Gesamt-Umweltwirkung ab.

Abbildung 1.8 zeigt typische Bandbreiten des Primärenergiebedarfs verschiedener Konstruktionsmaterialien. Die linke Abbildung zeigt Werte, bezogen auf gleiche produzierte Massen, die rechte dagegen Werte, bezogen auf gleiche produzierte Volumina. Es wird deutlich, dass je nachdem, ob die benötigte Masse oder das benötigte Volumen die geforderten technischen Eigenschaften bestimmt, unterschiedliche Werkstoffe vorteilhaft sind.

Da die technischen Eigenschaften durch die sinnvolle Kombination verschiedener Werkstoffe oft positiv beeinflusst werden können, liegt ein hohes Potenzial des Leichtbaus in der intelligenten Verknüpfung der unterschiedlichen Werkstoffeigenschaften in einem Leichtbauteil. Leichte Materialien, wie Aluminium, Magnesium oder Carbonfaser verstärkte Kunststoffe sind verglichen mit herkömmlichem Stahl, durch höheren Energiebedarf und – damit verbunden – höhere Treibhausgasemission in der Herstellung verbunden. Die Frage, ob ein spezifisches Material oder materielles Konzept ein besseres Umweltprofil als ein anderes Material aufweist, kann nicht allgemein beantwortet werden. Zuverlässige und robuste Antworten können nur für spezifische Anwendungen durch Lebenszyklus-Analysen abgeleitet werden (Krinke 2009). Ferner sei erwähnt, dass die geografischen Spezifika der Zuliefer- und Vorkette der Materialien durch regional unterschiedliche Abbau- und Produktionssituationen sowie Energiebereitstellungen zu signifikanten Unterschieden gleicher Materialien aus verschiedenen Ländern führen können. Beispielsweise weist Aluminium aus Ländern mit hohem Wasserkraftanteil (wie Norwegen) aufgrund des stromintensiven Elektrolyseschrittes vorteilhaftere Umweltwirkungen auf als das gleiche Material aus Ländern, die überwiegend auf fossil erzeugten Strom zurückgreifen.

Somit ist die Zulieferkette der jeweiligen Materialien zur korrekten Abbildung der realen Umweltwirkungen spezifisch zu ermitteln. Ein verstärkter Dialog mit allen Partnern entlang der Wertschöpfungskette ist folglich ein notwendiger

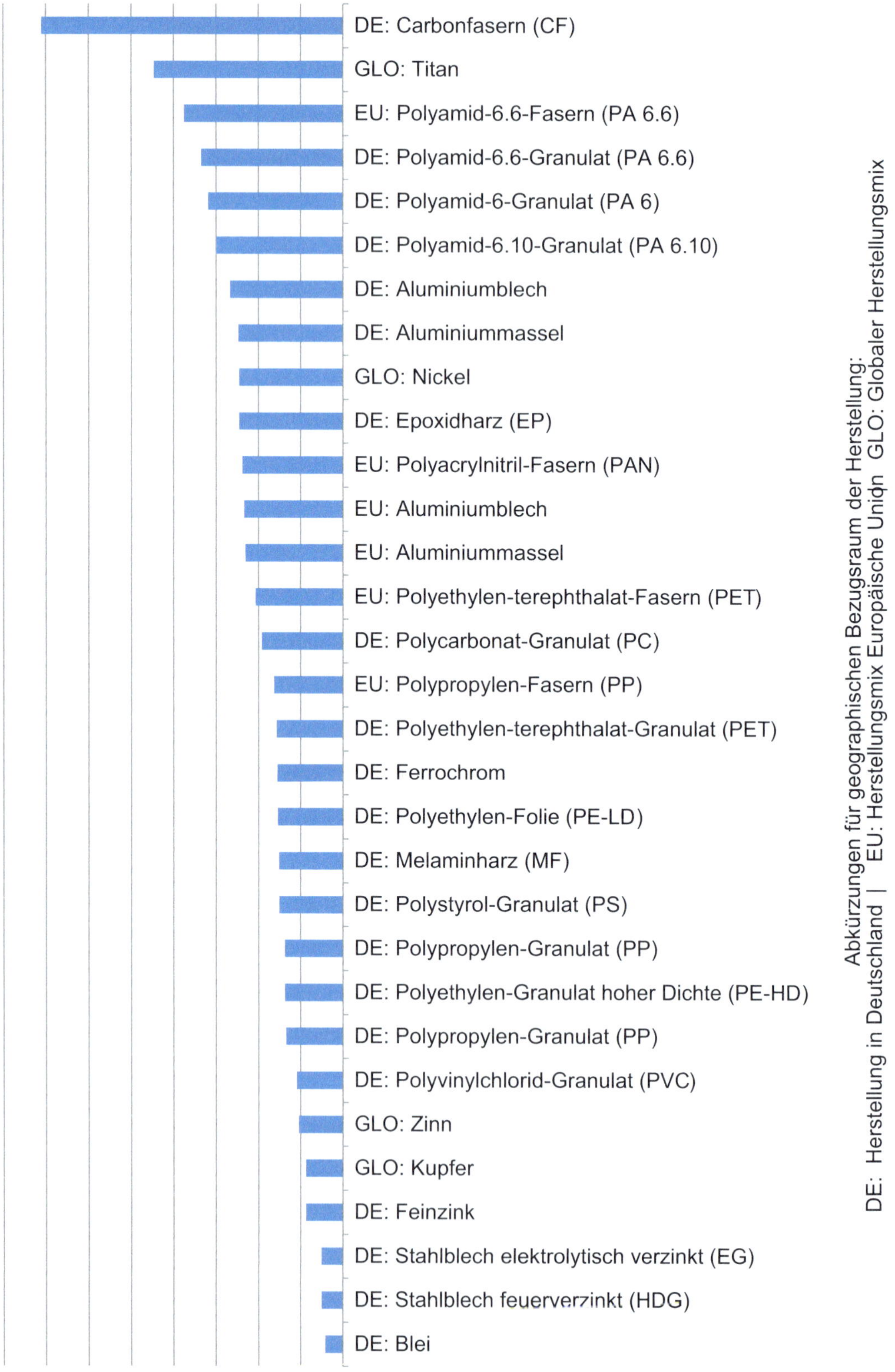

1 Ganzheitliche Bilanzierung und Nachhaltigkeit im Leichtbau

DE: Carbonfasern (CF)
GLO: Titan
EU: Polyamid-6.6-Fasern (PA 6.6)
DE: Polyamid-6.6-Granulat (PA 6.6)
DE: Polyamid-6-Granulat (PA 6)
DE: Polyamid-6.10-Granulat (PA 6.10)
DE: Aluminiumblech
DE: Aluminiummassel
GLO: Nickel
DE: Epoxidharz (EP)
EU: Polyacrylnitril-Fasern (PAN)
EU: Aluminiumblech
EU: Aluminiummassel
EU: Polyethylen-terephthalat-Fasern (PET)
DE: Polycarbonat-Granulat (PC)
EU: Polypropylen-Fasern (PP)
DE: Polyethylen-terephthalat-Granulat (PET)
DE: Ferrochrom
DE: Polyethylen-Folie (PE-LD)
DE: Melaminharz (MF)
DE: Polystyrol-Granulat (PS)
DE: Polypropylen-Granulat (PP)
DE: Polyethylen-Granulat hoher Dichte (PE-HD)
DE: Polypropylen-Granulat (PP)
DE: Polyvinylchlorid-Granulat (PVC)
GLO: Zinn
GLO: Kupfer
DE: Feinzink
DE: Stahlblech elektrolytisch verzinkt (EG)
DE: Stahlblech feuerverzinkt (HDG)
DE: Blei

Abkürzungen für geographischen Bezugsraum der Herstellung:
DE: Herstellung in Deutschland | EU: Herstellungsmix Europäische Union GLO: Globaler Herstellungsmix

Abb. 1.7: *Ressourcenverbrauch verschiedener Materialien (bezogen auf gleiche Massen) nach GaBi (2017)*

1.6 Einflüsse von Leichtbau-Aspekten auf die technisch-ökologischen Eigenschaften von Produkten und Systemen

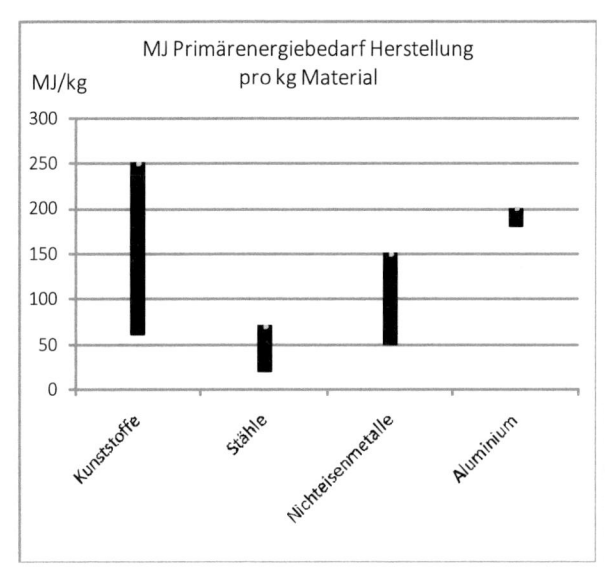

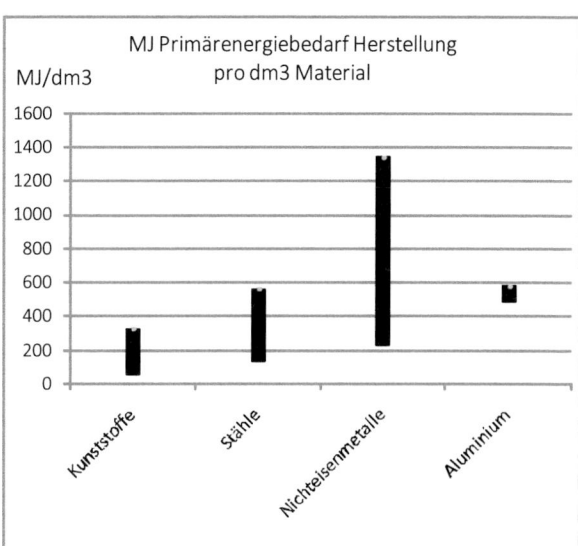

Abb. 1.8: *Primärenergieverbrauch bezogen auf produzierte Masse (links) und bezogen auf produziertes Volumen (rechts)*

Schritt hin zu einem erfolgreichen Lebenszyklus-Management.

Ein Design for Life Cycle Prozess legt den Grundstein für eine umweltfreundliche Produktgestaltung. In vielen Fällen reicht die Analyse allein nicht aus, um die ökologischen Chancen und Risiken von Produkten, Prozessen und Dienstleistungen als Entscheidungsgrundlage unter den aktuellen Rahmenbedingungen adäquat darzustellen. Insbesondere bei der Einführung neuer, innovativer Produkte und Technologien, aber auch bei Produkten mit langen Entwicklungszyklen (z. B. Luftfahrt) und Nutzungsphasen (z. B. Gebäude, Kraftwerke, Industrieanlagen) oder Planungsprozessen über längere Zeiträume ist ein Blick in die Zukunft erforderlich.

Oft genügt es, die Relevanz der Entwicklung einzelner Einflussfaktoren zu analysieren, um eine zuverlässigere Bewertungsgrundlage für Entscheidungen zu entwickeln. Mittels einer Sensitivitätsanalyse können die relevanten Einflussfaktoren und Parameter für die Ökobilanz des aktuellen Systems identifiziert und der Einfluss zukünftiger Entwicklungen dieser Faktoren auf die Ökobilanz mit Hilfe von Parametervariationen abgeschätzt werden. Durch die Nutzung bestehender (Zukunfts-)Szenarien, die von Wissenschaft und Politik unterstützt werden, wie z. B. die Entwicklung des länderspezifischen Energieerzeugungsmixes am Produktionsstandort oder Anwendungsbereich, können die notwendigen Erkenntnisse gewonnen werden, um die potenziellen Risiken fundiert einzuschätzen oder die notwendigen Rahmenbedingungen für den ökologisch sinnvollen Einsatz eines Produktes zu schaffen.

1.6.2 Vom Material zum System – Aktuelle Entwicklungen im Leichtbau

Leichtbau als Prinzip ist zweifellos eine der wichtigsten Zukunftstechnologien im Flugzeug-, Fahrzeug- und Maschinenbau, da immer mehr Umweltbewusstsein und immer komplexere Rohstoff- und Energieressourcen zur Verfügung gestellt werden. Aber auch im Bausektor sind große Masseneinsparungen notwendig und möglich. Nach der Definition von Ressourceneffizienz als Verhältnis von Nutzen zu Kosten, genauer gesagt von Produktnutzen zu Ressourcenverbrauch im Lebenszyklus, kann eine Steigerung der Ressourceneffizienz in zwei Richtungen erreicht werden. Zum einen durch Erweiterung oder Erhöhung des Nutzens, zum anderen durch Optimierung des Ressourceneinsatzes (Albrecht 2015). Je mehr Wissen über die Prozesskette vorhanden ist, desto größer ist die Hebelwirkung und desto gezielter kann sie eingesetzt werden. Die Idee des funktionalen Leichtbaus greift beide Trends auf. Bestehende oder neu entwickelte Produktsysteme sollen hinsichtlich ihres Nutzens erweitert und gleichzeitig die notwendigen Ressourcen in Produktion, Betrieb und am Ende der Lebensdauer (Recycling, Verwertung, Entsorgung) durch den Einsatz leichter Materialien reduziert werden.

Im Bereich der Luftfahrt ist Leichtbau ein absolutes Grundprinzip. Je leichter, desto besser aber keinesfalls schwerer ist das Credo der Forschung und Entwicklung im Luftfahrtsektor. Das vom Bundesministerium für Wirtschaft und Technologie geförderte Forschungsprojekt „SINTEG – Eco-Accounting of Manufacturing of Lining Elements" hat trotz jahrzehntelanger Erfahrung in der Entwicklung und Konstruktion von Leichtbaustrukturen gezeigt, dass der gezielte Einsatz einer ökologischen Lebenszyklusanalyse weitere Optimierungspotenziale bei der Herstellung dieser Bauteile bietet, die sich sowohl ökologisch als auch ökonomisch abbilden lassen (Albrecht 2015).

Auch im Automobilbereich wird der Leichtbau zunehmend gefördert. Während in der Luftfahrt der Nutzen von Leichtbau durch lange Einsatzzeiten und lange Flugstrecken nicht diskutiert wird, müssen im Automobilbau schwer herstellbare Leichtbaukonstruktionen differenzierter betrachtet werden. Der Einsatz von hochwertigen, leistungsfähigen Werkstoffen mit geringer Dichte und geringer Masse führt häufig zu einer gezielten Verlagerung von Lasten aus der Nutzungsphase in die Produktherstellungsphase. Die Verwendung von hochwertigen Materialien in der Herstellungsphase soll die Umweltbelastung und die Kosten in der Nutzungsphase reduzieren, aber eine komplexere Produktion wird akzeptiert. Beispiele hierfür sind Carbonfasern für den Leichtbau in der Mobilität. Die Frage, ob sich der Einsatz von Carbonfasern im Automobilbereich über den Lebenszyklus lohnt, wird derzeit kontrovers diskutiert, obwohl die kraftstoffreduzierenden Effekte der Gewichtsreduzierung während der Lebensdauer unbestritten sind. Über den Energie- und Materialeinsatz bei der Herstellung von Carbonfasern und Strukturen aus kohlenstofffaserverstärkten Kunststoffen ist bisher zu wenig bekannt, um die ökologische Bedeutung differenziert beantworten zu können.

Somit sind zukünftig Nachhaltigkeitsaspekte, Ressourceneffizienz und Leichtbau über den gesamten Lebenszyklus integriert zu betrachten und beim Vergleich verschiedener Werkstoffalternativen entsprechend abzuwägen. (Hohmann 2015).

Während die wirtschaftliche Optimierung von CFK-Prozessketten bzw. der CFK-Wertschöpfungskette zentraler Bestandteil zahlreicher Verbundvorhaben im Rahmen des BMBF-Spitzenclusters MAI Carbon ist, muss die kritische Bewertung der Ökoeffizienz insbesondere für die entwickelten Schlüsselinnovationen erst adressiert werden. Genau hier setzen die Forschungsaktivitäten des Vorhabens MAI Enviro an. Weitere Informationen finden sich unter www.mai-carbon.de/index.php/de/cluster-organisation/projekte/effizienz-und-nachhaltigkeit/mai-enviro-2-0 und in (Hohmann 2015). „Das Vorhaben trägt dazu bei, übergeordnete charakteristische Stellgrößen zu identifizieren und damit einhergehend den konkreten Handlungsbedarf für ressourcenschonende CFK-Leichtbaumaterialien, Gesamtprozessketten und sogenannte „End of Life (EOL)"-Szenarien ableiten zu können".

Funktional abgestufte Bauteile sind ein wichtiges Beispiel für funktionalen Leichtbau im Bauwesen (Sobek 2011). Ziel ist es, durch Graduierung eine höhere Materialeffizienz zu erreichen und den damit verbundenen Ressourceneinsatz zu reduzieren. Andererseits sollen „verschiedene Funktionszonen in einem Bauteil aus einem Werkstoff" angesprochen werden. Die so entstandenen porösen Flächen können z. B. für bauphysikalische Aspekte wie Wärmedämmung, Wasserdichtigkeit und Festigkeit, aber auch für mechanische Eigenschaften durch lokale Faserverstärkungen in Bereichen mit erhöhter Beanspruchung genutzt werden. Gradientenbeton ist somit ein gelungenes Beispiel für die Steigerung der Funktionalität bei gleichzeitiger Reduzierung des Ressourceneinsatzes. Weiterführende Informationen finden sich dazu über die Seiten des Instituts für Leichtbau Entwerfen und Konstruieren (ILEK) der Universität Stuttgart (www.uni-stuttgart.de/ilek/forschung/leichtbau/). Mit dem Thema Leichtbau und

Adaptivität beschäftigt sich außerdem der SFB 1244 „Adaptive Hüllen und Strukturen für die gebaute Umwelt von morgen" (www.sfb1244.uni-stuttgart.de) an der Universität Stuttgart.

1.7 Schlussfolgerungen und Empfehlungen

Nachhaltigkeit und Lebenszyklus-Denken sind heutzutage nicht mehr zu trennen. Ein praxistauglicher Ansatz für eine Nachhaltigkeitsbetrachtung von (Leichtbau-) Konzepten, der eine zuverlässige Entscheidungsunterstützung darstellt, sollte sich an folgenden Grundrichtlinien orientieren:

- Führen Sie die Analysen von Material- und Komponenten auf Basis technisch sinnvoller Alternativen durch. Dies vermeidet irreführende „Lösungen", die technisch unrealistisch oder nachteilig sind.
- Vergleichen Sie auf dem Niveau der letztendlichen Gesamtsysteme (fertige Produkte), die in der Lage sind, gleiche Anforderungen zu erfüllen. Dies vermeidet „das Vergleichen von Äpfeln mit Birnen", d. h. es stellt sicher, dass nur verglichen wird, was auch wirklich vergleichbar ist.
- Betrachten Sie den kompletten Lebenszyklus der Produkte. Dies vermeidet die Verschiebung von Belastungen zwischen den Lebenszyklus-Phasen Rohstoffbereitstellung, Produktion, Gebrauch und Nachnutzung. Es vermeidet zum Beispiel, dass etwas Energie während der Produktion gespart wird, während viel Energie während der Nutzung vergeudet wird.
- Betrachten Sie stets alle drei Dimensionen: Mensch, Umwelt und Ökonomie. Dies vermeidet die Verschiebung von Belastungen zwischen sozialen, ökologischen und wirtschaftlichen Interessen in Firmen oder Ländern.
- Schließen Sie alle relevanten Effekte in die jeweiligen Dimensionen ein. Dies vermeidet die Verschiebung von Belastungen unter Problemfeldern. In der Dimension „Umwelt" darf nicht einzig auf „prominente" Größen, wie globale Erwärmung und Energiebedarf gesetzt werden. Diese Größen dürfen durchaus Triebfeder und Schlüsselgrößen darstellen, jedoch müssen zumindest Versauerung, Überdüngung und Sommersmogbildung als Kontrollgrößen zur Vermeidung von Problemverschiebungen mitgeführt werden.
- Betrachten Sie die Marktfähigkeit von Alternativen. Dies vermeidet Lösungen, die auf dem Markt schwer verkauft werden können und so folglich keine Verbesserungspotenziale haben: Nur ökologisch vorteilhafte Produkte, die auch weniger umweltfreundliche Produkte in den großen Mengen ersetzen, erzielen eine reale Verbesserung.
- Führen Sie die Analyse parallel zur Produkt- oder zur Prozessentwicklung durch. Dies erlaubt effektive Entscheidungsunterstützung, wenn Änderungen noch ohne große Konsequenzen vorgenommen werden können. Wenn die Produktion einmal läuft, oder ein Produkt bereits produziert wird, können relevante Änderungen nicht mehr sinnvoll eingeführt werden. Dies heißt: Nur frühe Entscheidungsunterstützung ist nützliche Entscheidungsunterstützung.
- Und schließlich: Verwechseln Sie nicht Ansätze oder Strategien mit Zielen. Dieses vermeidet Fehleinschätzungen, wie sie beispielhaft genannt wurden. „Verwendung Nachwachsender Rohstoffe" oder „Wiederverwertung des Materials" sind Ansätze, garantieren aber nicht eine tatsächliche Verbesserung: Nur die produktspezifische Untersuchung der Alternativen gibt zuverlässige Hinweise. Eine solche zuverlässige Einschätzung erfordert immer die Betrachtung aller genannten Richtlinien.

Wird eine Untersuchung im Rahmen der ISO 14040ff durchgeführt, ist – zumindest für den ökologischen Teil der Untersuchung – schon recht weitreichend sichergestellt, dass versehentliche Fehleinschätzungen vermieden werden können. Wie bereits erwähnt, verbleibt ein großer Teil der Verantwortung einer sinnvollen Durchführung und Interpretation beim Ersteller der Analyse. Jedoch ist bei einer normkonformen kritischen Begutachtung ein erfahrener Gutachter in der Lage, „verantwortungslose Annahmen" recht einfach zu erkennen. Somit stellt die normgerechte Durchführung unter Beachtung der genannten Richtlinien einen sehr guten Ansatz für verlässliche Entscheidungsunterstützung dar.

Diese verlässliche Entscheidungsunterstützung ist gerade im Leichtbau von zentraler Wichtigkeit, da Leichtbau ja vornehmlich mit dem Ziel der Gewichtsreduktion und damit der Effizienzsteigerung bzw. Energieverbrauchsreduktion betrieben wird.

In vielen mobilen Anwendungen ist Leichtbau ein Schlüsselparameter für die Verringerung des Kraftstoffverbrauchs, zusammen mit Motoreffizienz, Aerodynamik und der Optimierung elektrischer Verbraucher. Leichte Materialien, wie Aluminium, Magnesium oder Carbonfaser verstärkte Kunststoffe zeichnen sich – verglichen mit herkömmlichem Stahl – durch höheren Energiebedarf und damit verbundene höhere Treibhausgasemissionen in der Produktionsphase aus. Die Frage, ob ein spezifisches Material oder ein Materialkonzept ein besseres Umweltprofil als ein anderes Material hat, kann nicht allgemein beantwortet werden. Zuverlässige und robuste Antworten können nur für spezifische Anwendungen durch Lebenszyklus-Analysen abgeleitet werden. Folglich werden Lebenszyklus-Analysen in der Industrie als Umweltmanagement-Werkzeug angewendet, um messbare Ziele für die Produktentwicklung abzuleiten, z. B. innerhalb Volkswagen (Krinke 2009). Im Rahmen des automobilen Leichtbaus sind diese messbaren Ziele z. B. eine bestimmte Kraftstoffverbrauchs- oder Gewichtsverminderung, die erzielt werden muss, um die ökologische Rentabilität innerhalb der Nutzungsphase des Fahrzeugs zu erreichen. Um ein ökologisch-technisch sinnvolles Leichtbau-Konzept am Markt zu etablieren ist also ein Zusammenwirken verschiedener Akteure im Lebenszyklus wünschenswert. Ein sinnvolles Gesamtkonzept ist effizienter als viele Einzelmaßnahmen. Zumal jeder Akteur selber nur einen begrenzen Einfluss auf das Gesamtergebnis hat.

Eine zentrale Botschaft nach (Krinke 2009) und (Koffler 2009) beim Thema Leichtbau ist, dass immer das Gesamtfahrzeug und nicht x kg Leichtbau bewertet werden müssen. Wenn man lediglich die Gewichtseinsparung des Leichtbaus bewertet, diskutiert man anschaulich die Frage, ob man mit vollem oder leerem Kofferraum fährt. Dies hat ohne Zweifel einen Einfluss auf den Verbrauch, der Kraftstoffreduktionfaktor FRV ist jedoch mit max. 0,15 l pro 100 km und 100 kg relativ gering. Erst wenn die Gewichtsreduktion einen gewissen Wert – der von Fahrzeug zu Fahrzeug variiert – überschreitet, kann eine Anpassung im Aggregatestrang, z. B. kleinerer Motor oder anderes Getriebe, vorgenommen werden ggf. auch weitere Maßnahmen wie kleinere Bremsen etc. Erst dann wirkt der Leichtbau mit einem großen Kraftstoffreduktionfaktor FRV (max. 0,35 l pro 100 km und 100 kg).

Häufig wird in publizierten Lebenszyklusanalysen über Leichtbau-Aspekte der Fehler gemacht, dass die Nutzungsphase des betrachteten Bauteils über den masseinduzierten Verbrauch abgebildet wird, aber anstatt korrekterweise mit dem kleineren masseabhängigen Kraftstoffreduktionsfaktor von (0,15 bzw. 0,12) zu rechnen, wird der große FRV (0,35) angesetzt. Dies wäre nur korrekt, wenn Sekundärmaßnahmen am Fahrzeug als sicher gelten können. Leichtbaumaßnahmen müssen daher immer im Fahrzeugkontext bewertet werden.

Die Ergebnisse von Lebenszyklusuntersuchungen und die dabei gewonnenen Erkenntnisse über Materialien und Materialkonzepte können und sollten nicht dazu verwendet werden, Werkstoffe zu bewerten oder gar zu verurteilen. Vielmehr ist es sinnvoll, dadurch in der Wertschöpfungskette Innovationen und Optimierungen anzuregen, damit diese Werkstoffe ihr volles Leichtbaupotenzial in Zukunft entfalten können. Es gibt keine schlechten Werkstoffe, nur geeignete und weniger geeignete Anwendungen für Werkstoffe.

Ferner können Verbesserungen in der Zulieferkette z. B. durch den verstärkten Einsatz von erneuerbarer Energie, den Einsatz von Klima schonenden Schutzgasen in der Magnesiumproduktion, die Verwendung von Sekundärmaterialien oder die Verbesserung eines qualitativ hochwertigen Recyclings der Materialien in der Nachnutzungsphase zu signifikanten Verbesserungen führen. Da die Lebenszyklusperspektive die komplette Wertschöpfungskette adressiert, sind verschiedene Akteure für die Realisierung der Maßnahmen verantwortlich. Ein intensiverer Dialog mit allen Partnern entlang der Wertschöpfungskette ist folglich ein notwendiger und sinnvoller Schritt hin zu einem erfolgreichen Lebenszyklus-Management. Vorwettbewerbliche Untersuchungen im Automobilbereich zeigen, dass Leichtbau kein Freibrief für ökologisches oder nachhaltiges Design ist. Selbst ökonomisch und technologisch aufwändige Maßnahmen zur Gewichtreduktion können nur zu moderaten oder sogar gar keinen Umweltverbesserungen führen (Lirecar 2004). Erst die Kombination von optimierter Materialherstellung, Gewichtsreduktion mit Blick auf das Gesamtfahrzeug, eventuelle Sekundärmaßnahmen sowie ein sinnvolles Recycling der Wertstoffe führt zu nachhaltigen Leichtbau-Konzepten.

Leichtbau birgt große und interessante Potenziale und kann eine zentrale Rolle innerhalb innovativer Zukunftskonzepte spielen. Wird nach etablierten und genormten Methoden vorgegangen und werden einige grundlegende Aspekte beachtet, kann Leichtbau auch in der täglichen industriellen Praxis nachhaltig zu optimierten Produkten beitragen, wie dies bereits von führenden Automobilherstellern professionell – durch Integration ins Umweltmanagement – praktiziert wird.

1.8 Weiterführende Informationen

Literatur

Albrecht, S., Krieg, H., Klingseis, M.: Ressourceneffizienz durch Prozesskettenanalyse. Vortrag am 4. Ressourceneffizienz- und Kreislaufwirtschaftskongress des Landes Baden-Württemberg. Oktober 2015

Baitz, M., Wolf, M-A.: Sustainable product development on basis of the life cycle analysis of materials: plastics and metals? Synergy or competition? Sustainable metals Workshop, University of Applied Sciences, Hamburg (Arnim von Gleich) (2001)

Baitz, M., Florin, H.: Mit der Ökobilanzierung zum Life Cycle Design (LCD) in der Automobilindustrie. Haus der Technik, Essen (2001)

Baitz, M., et. al.: LCA of PVC and principal competing materials, commissioned by the European Commission (2004)

Baitz, M., Deimling, S., Gabriel, R., Betz, M., Rehl, T.: Der Weg in Richtung nachhaltigere Biokraftstoffe - Die Lebensweganalyse als Basis für eine nachhaltigkeitsbasierte Zertifizierung. In: Econsense (Hrsg.): Klimafaktor Biokraftstoff. Experten zur Nachhaltigkeits-Zertifizierung. Forum Nachhaltige Entwicklung der Deutschen Wirtschaft e. V., Berlin (2007)

Barthel, L.-P.: Methode zur Abschätzung sozialer Aspekte in Lebenszyklusuntersuchungen auf Basis statistischer Daten. Dissertation, Fraunhofer Verlag, Stuttgart (2015)

Berger, M., Finkbeiner, M.: Indikatoren zur Messung der Ressourceneffizienz Korrelationen & Abhängigkeiten. Von der Abfall- zur Rohstoffwirtschaft. Rohstoffkonferenz 2008

Berger, M., Finkbeiner, M.: Methoden zur Messung der Ressourceneffizienz, Recycling und Rohstoffe, Karl J. Thome-Kozmiensky and Michael Beckmann (2008)

Brundtland, G. H. et. al.: Report of the World Commission on Environment and Development, United Nations (1987)

DG JRC a: International Reference Life Cycle Data System (ILCD) Handbook: General guidance document for Life Cycle Assessment (LCA) (2008)

DG JRC b: International Reference Life Cycle Data System (ILCD) Handbook: Specific guidance document for generic or average Life Cycle Inventory (LCI) data sets (2008)

Europäische Kommission (EU): Sustainable Consumption and Production and Sustainable Industrial Policy Action. COM (2008) 397 (2008)

Europäische Kommission (EU): Empfehlung der Kommission vom 9. April 2013 für die Anwendung gemeinsamer Methoden zur Messung und Offenlegung der Umweltleistung von Produkten und Organisationen (2013/179/EU), Brüssel (2013)

Eyerer, P. (Hrsg.): Ganzheitliche Bilanzierung, Werkzeug zum Planen und Wirtschaften in Kreisläufen, Springer-Verlag, Berlin Heidelberg (1996)

Finkbeiner, M.: Carbon footprinting - opportunities and threats. International Journal of Life Cycle Assessments 14:91–94 (2009)

Finkbeiner, M.: Product environmental footprint – breakthrough or breakdown for policy implementation of life cycle assessment. Editorial, The International Journal of Life Cycle Assessment, Februar 2014, Volume 19, Issue 2, pp 266-271

Fritsche, U. R., Jenseit, W., Hochfeld, C.: Methodikfragen bei der Berechnung des Kumulierten Energieaufwands (KEA). Darmstadt, Institut für angewandte Ökologie e.V. (1999)

Goedkopp, M., Spriensma, R.: The Eco-indicator 99 – A damage oriented method for Life Cycle Impact Assessment. Product ecology consultants (PRe) (2001)

Guinee, J. B., de Bruijn, H., van Duin, R., Gorree, M., Heijungs, R., Huijbregts, M. A. J., Huppes, G., Kleijn, R., de Koning, A., van Oers, L., Sleeswijk, A. W., Suh, S., Udo de Haes, H. A.: Life cycle assessment – An operational guide to the ISO standards. Leiden, Centre of Environmental Science, Leiden University (CML) (2001)

Hauschild, M., Wenzel, H.: Environmental Assessment of Products. Chapman & Hall, Thomson Science (1998)

Held, M., Albrecht. S.: Ganzheitliche Bilanzierung - mit dem Lebenszyklusansatz zu ressourceneffizienten Produkten. wt Werkstattstechnik online. Jahrgang 105 (2015) H. 7/8, Seite 530-532. Springer-VDI-Verlag, Düsseldorf

Hendrickson, C., Horvath, A., Joshi S.; Klausner,M. Lave, L. B., McMichael, F.C.: Comparing Two Life Cycle Assessment Approaches: A Process Model vs. Economic Input-Output-Based Approach M.. IEEE International Symposium on Electronics and the Environment, San Francisco, May 1997

Hendrickson, C., Horvath, A., Joshi S., Lave, L. B.: Environmental Science & Technology, Use of Economic Input-Output Models for Environmental Life Cycle Assessment (1998)

Hohmann, A., Schwab, B., Wehner, D., Albrecht, S., Ilg, R., Schüppel, D., von Reden, T.: MAI Enviro – Vorstudie zur Lebenszyklusanalyse mit ökobilanzieller Bewertung relevanter Fertigungsprozessketten. MAI Carbon Cluster Management GmbH, Fraunhofer Verlag, Stuttgart (2015)

Koffler, C., Rohde-Brandenburger, K.: On the calculation of fuel savings through lightweight design in automotive life cycle assessments. Int J LCA (2009)

Krinke, S.: Life cycle assessment and recycling of innovative multimaterial applications. Volkswagen, International Conference – Innovative Developments for Lightweight Vehicle Structures (2009)

Lirecar: Life Cycle Assessment of Lightweight and End-of-Life Scenarios for Generic Compact Class Passenger Vehicles. Int J LCA 9 (6) 405 – 416 (2004)

Ritthof, M., Rohn, H., Liedtke, C., Merten, T.: MIPS berechnen – Ressourcenproduktivität von Produkten und Dienstleistungen. Wuppertal Spezial 27, Wuppertal Institut für Klima, Umwelt, Energie GmbH (2002)

Sobek, W., Haase, W., Heinz, P., Herrmann, M.: Gradientenwerkstoffe im Bauwesen – Herstellungsverfahren und Anwendungsbereiche für funktional gradierte Bauteile im Bauwesen. Detail – Das Architekturportal (05/2011)

Suh, S., Nakamura, S.: Five Years in the Area of Input-Output and Hybrid LCA. Int J LCA 12 (6) 351 – 352 (2007)

United Nations (2015): Transforming our world: the 2030 Agenda for Sustainable Development. A/RES/70/1. <https://sustainabledevelopment.un.org/post2015/transformingourworld/publication>

Wolf, M.-A., Baitz, M., Kupfer, T.: Process-level Life Cycle Working Time (LCWT) inventories as basis for the social extension of LCA/LCE. 12th SETAC Europe Annual Meeting. 12-16 Mai 2002, Wien (2002)

Wolf, M.-A., Baitz, M., Kreissig, J.: Assessing the Sustainability of Polymer Products In: Eyerer, P., Weller, M., Hübner, C. (Hrsg.): Polymers – Opportunities and Risks II. The Handbook of Environmental Chemistry, Vol 12. Springer-Verlag, Berlin Heidelberg (2009)

Normen und Richtlinien

DIN EN ISO 14040 (Ausg. 2009-11): Umweltmanagement – Ökobilanz – Grundsätze und Rahmenbedingungen (ISO 14040:2006)

DIN EN ISO 14044 (Ausg. 2018-05): Umweltmanagement – Ökobilanz – Anforderungen und Anleitungen (ISO 14044:2006)

DIN EN ISO 14046 (2016-07): Umweltmanagement – Wasser-Fußabdruck – Grundsätze, Anforderungen und Leitlinien (ISO 14046:2014)

DIN EN ISO 14067 (Entwurf 2017-11): Treibhausgase – Carbon Footprint von Produkten – Anforderungen an und Leitlinien für Quantifizierung (ISO/DIS 14067:2017)

VDI 4800 Blatt 1 (Ausg. 2016-02): Ressourceneffizienz – Methodische Grundlagen, Prinzipien und Strategien

VDI 4800 Blatt 2 (Ausg. 2018-03): Ressourceneffizienz – Bewertung des Rohstoffaufwands

Firmeninformationen

BASF-Bericht 2017: Ökonomische, ökologische und gesellschaftliche Leistung (2017)

Daimler AG: Nachhaltigkeitsbericht 2017

Thinkstep AG, GaBi – Software-System and Database for Life Cycle Engineering (2017)

Volkswagen Nachhaltigkeitsbericht 2014

2 Bionik als Innovationsmethode für den Leichtbau

Helena Hashemi Farzaneh

2.1	Aspekte der Bionik für den Leichtbau	1193	2.2.2	Suche nach biologischen Vorbildern oder technischen Anwendungsgebieten 1199
2.1.1	Bionische Materialien und Strukturen	1193	2.2.3	Analyse und Vergleich biologischer und technischer Systeme 1201
2.1.2	Bionische Strategien im Leichtbau	1194	2.2.4	Abstraktion biologischer und technischer Systeme 1203
2.2	Entwicklung bionischer Innovationen für den Leichtbau	1196	2.2.5	Transfer bionischer Analogien für den Leichtbau 1205
2.2.1	Strategien zur Anwendung von Bionik	1197	2.3	Weiterführende Informationen 1206

Die Biologie hat bei der Entwicklung und Optimierung von Bauteilen mit minimaler Masse schon häufig als Vorbild gedient. Beispiele sind allgemeine Leichtbauprinzipien wie das Axiom der konstanten Spannung, biologische Strukturen wie zahlreiche Sandwichstrukturen und auch Hochleistungsmaterialien wie die Spinnseide (Klein 2013). Ist die Biologie als Vorbild für den Leichtbau damit erschöpft? Diese Frage lässt sich eindeutig mit „Nein" beantworten. Jedes Jahr werden ca. 12 000 neue Tiere, Pflanzen und Mikroorganismen beschrieben. Auch der Zugang zu biologischem Wissen hat sich im Zuge der Digitalisierung deutlich verbessert: Digitale Datenbanken, wie die Plattform asknature.org bieten biologische Informationen in für Ingenieure aufbereiteter Form (Deldin und Schuknecht 2014).

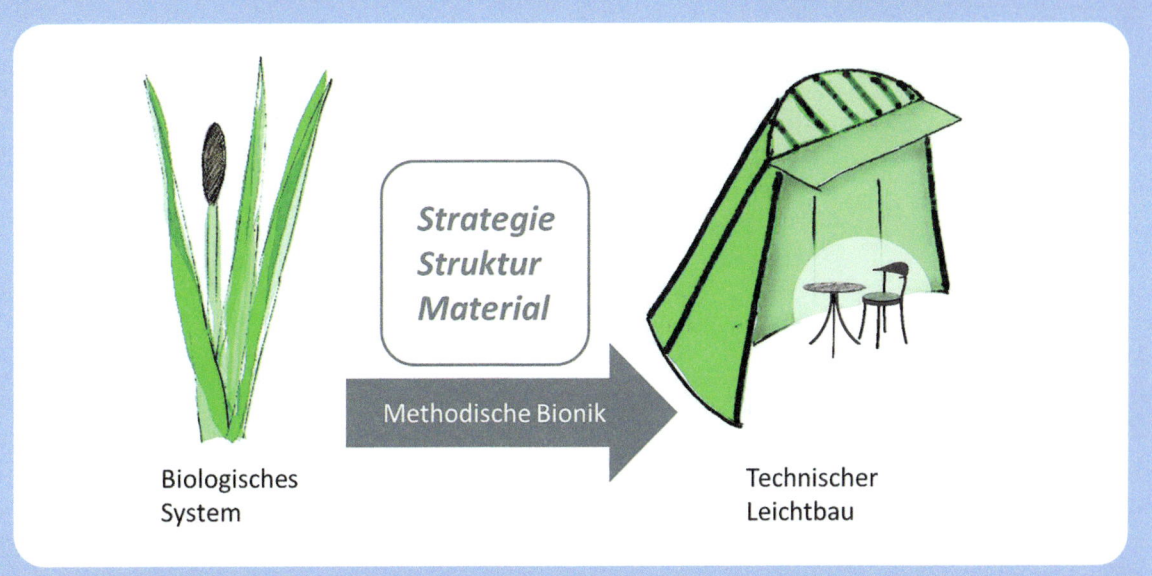

Umsetzung eines biologischen in ein technisches System, in diesem Fall in ein System des Leichtbaus

Bionik als Innovationsmethode ist daher auch in Zukunft ein interessanter Ansatz für die Entwicklung von Leichtbau-Komponenten. Dieses Kapitel stellt einige Beispiele für bionische Strategien, Strukturen und Materialien im Leichtbau vor. Der Kern des Kapitels ist jedoch die methodische Unterstützung von Bionik. Denn trotz der fast unzähligen biologischen Inspirationsmöglichkeiten stellt uns die Bionik als interdisziplinäre Innovationsmethode vor große Herausforderungen. Die Ziele von technischer Entwicklung und biologischer Forschung unterscheiden sich stark. Daraus resultieren unterschiedliche Arbeitsweisen und Begrifflichkeiten, die ein ernst zu nehmendes Hindernis für die Anwendung von Bionik sind.

VI

2.1 Aspekte der Bionik für den Leichtbau

Zwei Aspekte biologischer Systeme machen sie speziell für den Leichtbau sehr interessant: Biologische Systeme sind einerseits multifunktionell, andererseits erfüllen sie diese Funktionen stets durch ein Zusammenspiel von Elementen auf verschiedenen Größenebenen. Diese Eigenschaft kann durch die Nachbildung bestimmter biologischer Materialien und Strukturen in die Technik übertragen werden. Eine weitere Möglichkeit ist es, die abstrakteren Strategien der biologischen Systeme zu identifizieren und in der Technik anzuwenden. Im Folgenden werden einige Beispiele für bionische Materialien und Strukturen sowie für bionische Strategien im Leichtbau dargestellt.

2.1.1 Bionische Materialien und Strukturen

Biologische Materialien und Strukturen unterscheiden sich stark von herkömmlichen technischen Materialien. Viele ihrer Eigenschaften sind für die Technik interessant. Die VDI 6223 nennt unter anderem die folgenden Aspekte:

- *Fehlertoleranz*: Biologische Materialien versagen erst nach vergleichsweise hohen Belastungen. Beispielsweise wird die Rissausbreitung in Knochen durch deren Struktur gestoppt. Viele biologische Materialien verformen sich unter Belastung stark, können aber in ihre ursprüngliche Form zurückkehren.
- *Selbst-X*: Biologische Materialien sind selbstorganisiert (Wachstum) und auch selbstreparierend. Das Wachstum geschieht graduell vom Kleinen zum Großen (von der molekularen Ebene zur Makroebene). Es gibt aber noch weitere Selbst-X-Funktionen, wie beispielsweise die Selbstreinigung von Lotusblättern.
- *Graduelle Übergänge*: Die Eigenschaften biologischer Materialien ändern sich an Übergängen meist graduell und nicht sprunghaft (zum Beispiel der Übergang von Fasern zum Grundgewebe eines Pflanzenstängels).
- *Opportunismus*: Biologische Materialien bestehen aus wenigen Elementen, die in großer Menge in der Umwelt vorkommen (Wasser, Kohlenstoff etc.).
- *Milde Milieubedingungen*: Biologische Materialien werden unter bestimmten Umgebungsbedingungen (Temperatur, Druck) gebildet. Das geschieht beispielsweise durch Enzyme, die als Katalysatoren dienen.

Es gibt zahlreiche Beispiele für bionische Materialien, die sich insbesondere durch ihren Herstellungsprozess unterscheiden:

Erstens können biologische Materialien direkt in der Technik verwendet werden. Seit Beginn der Menschheitsgeschichte wird zum Beispiel Holz als Baumaterial verwendet. In jüngster Zeit wurde aber auch die Verwendung von Pflanzenfasern in Faserverbundwerkstoffen gebräuchlich. Vorteile von Pflanzenfasern sind hier insbesondere ihre geringen Kosten und ihr niedriges Gewicht (Hashemi Farzaneh 2019, Nachtigall und Wisser 2013).

Zweitens können biologische Materialien künstlich produziert werden. Beispielsweise ist Spinnseide ein sehr reißfestes, elastisches und leichtes Material. Sie kann auf die zwei- bis vierfache Länge gedehnt werden, ohne zu reißen. Spinnseide besteht aus unterschiedlichen Biopolymeren. Forscher haben die Spinnseide von verschiedenen Spinnenarten analysiert und für einen Teil der Biopolymere die DNA-Sequenzen identifiziert. Zur Herstellung „künstlicher" Spinnseide werden diese DNA-Sequenzen in Bakterien injiziert, die dann Biopolymere produzieren. Die Biopolymere können zu Fasern versponnen werden, der künstlichen Spinnseide. Künstliche Spinnseide kann als leichtes, hochreißfestes und dehnbares Material in technischen Textilien eingesetzt werden. Außerdem kann sie als Filtermaterial Partikel sehr effizient binden oder als biokompatible Beschichtung bei medizinischen Implantaten eingesetzt werden (AMSilk GmbH; Xia 2016, Helten et al. 2012; Zeplin et al. 2014).

Drittens können die technisch relevanten Eigenschaften biologischer Materialien aber auch mit technischen Materialien nachempfunden werden. Auch für ein solches Material diente die Spinnseide bereits

Abb. 2.1: *Spinnseide auf verschiedenen Größenebenen (Nova et al. 2010, Xia 2016)*

als Vorbild. Abbildung 2.1 zeigt die Spinnseide auf Makro-, Mikro- und Nanoebene. Auf Mikroebene besteht ein Spinnseidenfaden aus parallel angeordneten Fasern, die von einer Haut umschlossen sind. Auf Nanoebene sind die einzelnen Fasern aus kristallinen Proteinen und flexiblen Proteinen aufgebaut. Die Verbindung auf molekularer Ebene wird durch Wasserstoffbrücken hergestellt. Wird der Spinnseidenfaden gedehnt, brechen diese Verbindungen auf und ordnen sich neu, was die enorme Dehnbarkeit und Reißfestigkeit des Materials erklärt (Nova et al. 2010; Xia 2016).

Mit technischen Materialien können Kohlenstoffnanoröhren (englisch: carbon nanotubes, CNT) die Funktion der kristallinen Polymere erfüllen. Die flexiblen Verbindungen mittels Wasserstoffbrücken können durch PVA-Moleküle (Polyvinylalkohole) realisiert werden. So entstehen hochelastische und reißfeste Fasern, die versponnen werden können (Beese et al. 2013).

Dieses Beispiel zeigt den fließenden Übergang zwischen Material und Struktur von biologischen Systemen. Durch die Struktur des biologischen Materials Spinnseide auf Molekular- und Nanoebene entsteht aus für sich „schwachen" Wasserstoffbrücken ein außergewöhnlich elastisches und reißfestes Material.

2.1.2 Bionische Strategien im Leichtbau

Anstatt konkrete biologische Materialien und Strukturen zu betrachten, können auch die zugrundeliegenden Strategien für die Bionik genutzt werden. Biologische Systeme müssen Ressourcen wie Energie und Nahrung generell sparsam einsetzen, daher sind sie häufig hinsichtlich Gewicht und Belastung optimiert. Diese, dem Leichtbau ähnliche Ziele, machen ihre Strategien zur Erreichung von minimalem Gewicht für eine bestimmte Belastung für den Leichtbau interessant. Ein bekanntes Beispiel zur Optimierung von Bauteilen ist das belastungsgesteuerte Wachsen von Bäumen und Knochen. Ein anders gelagertes Beispiel ist die Selbstorganisation von Hexamerstrukturen in der Natur, die ebenfalls der Gewichts- und Belastungsoptimierung dienen.

Bauteiloptimierung in Anlehnung an belastungsgesteuertes Wachsen und Schrumpfen

Bei der Betrachtung von Jahresringen von Bäumen fällt auf, dass an Kerbstellen von früheren Verletzungen die Jahresringe verdickt sind. Der Baum hat also an Kerben mehr Material angelagert, um die Kerbspannungen zu reduzieren. Vergleichbar lagern auch Knochen Material an stark beanspruchten Stellen an. Zusätzlich können sie an weniger beanspruchten Stellen Material abbauen. Dies dient der Gewichtsoptimierung. Bäume besitzen diese Fähigkeit aus nachvollziehbaren Gründen nicht: Da ein Baum sich nicht bewegt, spielt das unnötige Gewicht im Nachhinein keine Rolle.

Diese Strategie – die Anlagerung von Material an stark beanspruchten Stellen und die Reduzierung von Material an gering beanspruchten Stellen – diente als Vorbild für mehrere Methoden.

Bei der so genannten *Computer Aided Optimization (CAO)* wird über einen Trick der Wachstumsprozess von Bäumen mithilfe einer FEM-Simulation dargestellt (Abb. 2.2): Zunächst wird ein Finite Element-Modell (FEM) erstellt und für einen gegebenen Lastfall eine numerische Simulation zur Ermittlung der Vergleichsspannungen (in der Regel Von Mises-Vergleichsspannung) durchgeführt. Anschließend kann der Wachstumsprozess in den Randbereichen simuliert werden, in denen beim Baum Wachstum stattfinden kann. Die Vergleichsspannung wird mit einer Temperaturverteilung gleichgesetzt, sodass in den am stärksten belasteten Bereichen die fiktive Temperatur am höchsten ist. Außerdem wird der E-Modul des Randbereichs stark herabgesetzt (auf 1/400 des Ausgangswerts) und dem Wärmeausdehnungskoeffizienten α des Randbereichs ein Wert größer Null zugewiesen. In einer weiteren FEM-Simulation wird nur die thermische Belastung simuliert. Das Ergebnis sind thermische Verschiebungen im Randbereich. Mit den berechneten Verschiebungen wird das FEM-Netz korrigiert, und es kann eine weitere FEM-Simulation zur Berechnung der Vergleichsspannungen im optimierten Bauteil durchgeführt werden. Der Zyklus kann so lange wiederholt werden, bis die gewünschte Spannungsreduktion erreicht ist. Neben belastungsgesteuertem „Wachstum" können so auch Randbereiche von Bauteilen belastungsgerecht „geschrumpft" werden. Dies kann realisiert werden, indem ein in das Bauteil hinein gerichteter Verschiebungsvektor angenommen wird (Mattheck 1993, DIN ISO 18459).

Bei der *Soft Kill Option (SKO)* werden dagegen das belastungsgerechte Versteifen und die Abbauvorgänge von Knochensubstanz imitiert. Bei Knochen werden stark belastete Bereiche stärker mit Mineralien versorgt und damit versteift, schwach belastete Bereiche werden dagegen abgebaut. Daher wird bei der SKO-Methode im Unterschied zur CAO-Methode im Rahmen einer Topologieoptimierung der gesamte Designraum und nicht nur die Randbereiche eines Bauteils betrachtet. Der Ablauf ähnelt dem Ablauf der CAO-Methode (Abb. 2.2): Zunächst wird der Designraum in möglichst gleich große Finite Elemente unterteilt. Die Größe der Elemente bestimmt die Feinheit der optimierten Struktur. Allen Elementen wird das gleiche E-Modul zugewiesen und eine FEM-Simulation zur Ermittlung der Vergleichsspannungen wird für einen gegebenen Lastfall durchgeführt. Anschließend wird das E-Modul der Elemente abhängig von der Vergleichsspannung variiert: Hoch belasteten Bereichen wird ein höheres E-Modul zugewiesen, niedriger belasteten Bereichen dagegen ein geringeres. In der Praxis kann das über die Elementtemperaturen realisiert werden, die von der Vergleichsspannung abhängig sind. Im Anschluss wird eine weitere FEM-Simulation mit den unterschiedlichen E-Modulen durchgeführt. Nach üblicherweise

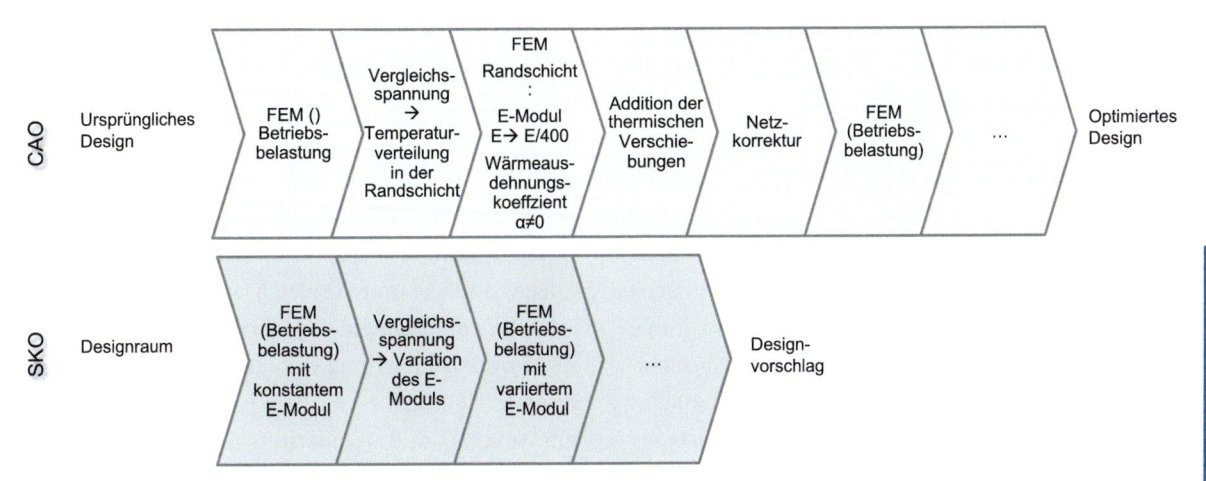

Abb. 2.2: *Computer Aided Optimization (CAO) und Soft Kill Option (SKO) (DIN ISO 18459; Mattheck 1993)*

mehreren Optimisierungszyklen wird das Material mit niedrigem E-Modul entfernt, sodass nur die stark belasteten, „versteiften" Bereiche zurückbleiben. Im Anschluss kann zur Reduzierung von Kerbspannungen noch eine CAO-Optimierung durchgeführt werden.

Die *Computer Aided Internal Optimization (CAIO)* ist eine Methode zur Optimierung der Faserausrichtung in Faserverbundbauteilen. Analog zur Faserausrichtung in biologischen Systemen, zum Beispiel in Bäumen, werden die Fasern an den Hauptnormalspannungstrajektorien ausgerichtet. Alle drei Methoden können näherungsweise auch grafisch durch das Einzeichnen sogenannter Zugdreiecke durchgeführt werden (DIN ISO 18459) .

Selbstorganisation

In der Natur zeigt sich eine Vielzahl von geometrischen Strukturen auf verschiedenen Größenebenen. Ein bekanntes Beispiel sind Hexamerstrukturen – zu finden auf Makroebene bei Bienenwaben. Auf Mikroebene sind aber auch Schneeflocken aus hexagonalen Strukturen aufgebaut. Sogar Zellen der Epidermis, zum Beispiel auf den Zehenpolstern von Fröschen, haben eine hexagonale Form. Werden jedoch auf konventionelle Weise beispielsweise Bleche mit hexagonalen Strukturen geprägt, entstehen Eigenspannungen, die die Festigkeit des Materials mindern. Statt also die konkreten Formen der Natur zu kopieren, kann die Entstehung der geometrischen Strukturen betrachtet werden. Natürliche Schalenstrukturen zeigen häufig Muster. Es wird angenommen, dass diese Muster aufgrund von energieminimierenden Wölb-Prozessen entstehen (Shipman und Newell 2004).

Ein vergleichbarer Prozess wurde in den 30er Jahren bei U-Booten beobachtet: Unter hohem Wasserdruck bildete sich eine Dellenstruktur in der Oberfläche der U-Boote. Ähnliches passierte einem Wissenschaftler in den 70er Jahren, der aus Versehen metallische Zylinder mit Druck beaufschlagte, die innen Ringe zur Verstärkung besaßen: Es bildeten sich rechteckige Strukturen in der Oberfläche der Zylinder. Die Nutzung dieses Selbstorganisationsprozesses ermöglicht heute die Erzeugung hexagonaler Strukturen in Flachmaterial aus verschiedenen Materialien, wie beispielsweise Metallen oder Kohlenstofffaser verstärkten Kunststoffen (CFK). Die so entstandenen wölbstrukturierten Materialien besitzen eine höhere Biegesteifigkeit und eine höhere Knickfestigkeit. Dabei behalten sie ihre ursprüngliche Oberflächenqualität. Durch ihre erhöhte Festigkeit kann die Materialdicke und damit das Gewicht reduziert werden. Wölbstrukturierte Materialien werden daher für den Leichtbau, zum Beispiel im Automobilbereich, eingesetzt. In Waschmaschinen sorgt eine wölbstrukturierte Oberfläche von Waschtrommeln für schonendere Wäschebehandlung (Schontrommel, Miele & Cie. KG). Wölbstrukturierte Bleche streuen das Licht und erzeugen eine angenehme Tageslichtähnliche Atmosphäre. Sie wurden daher bereits in Lichtbandsystemen eingesetzt (Hexal® LED, Osram/SITECO GmbH) (Mirtsch und Mirtsch 2012; Hashemi Farzaneh und Lindemann 2019).

2.2 Entwicklung bionischer Innovationen für den Leichtbau

Die Anwendung von Bionik erfordert spezifische Tätigkeiten. Dies umfasst insbesondere:

- die Abstraktion des technischen oder biologischen Systems,
- die Suche nach biologischen Vorbildern oder technischen Anwendungsfeldern,
- die Analyse und den Vergleich von biologischen und technischen Systemen und
- den Transfer von Analogien aus der Biologie in die Technik.

Im Folgenden werden zunächst grundsätzliche Strategien zur Durchführung erfolgreicher Bionikprojekte vorgestellt. Im Anschluss werden Methoden für Suche, Analyse und Vergleich, Abstraktion und dem Transfer von Analogien beschrieben.

Zur Veranschaulichung werden die Methoden mithilfe eines durchgängigen Beispiels illustriert: Es soll ein Sonnen- und Windschutzsystem für bewachte Strände/ Strandcafés entwickelt werden. Die Einzelelemente sollen zwar im Boden verankert werden, müssen aber demontierbar, tragbar und stapelbar sein. Im Gegensatz zu Konstruktionen aus Textilien sollen sie langlebig und wasserfest sein. Als biologisches Vorbild werden u. a. Pflanzenblätter betrachtet. Sie sind flach, haben eine große, zur Sonne ausgerichtete Fläche und dürfen durch Wind, Regen und Hagel nicht zerstört werden.

2.2.1 Strategien zur Anwendung von Bionik

In der Bionik werden zwei grundsätzliche Herangehensweisen unterschieden: Technology Pull (auch Top-down, oder problemgetriebene Vorgehensweise) und Biology Push (auch Bottom-up oder lösungsgetriebene Vorgehensweise). Der Technology Pull Ansatz geht von einem technischen Ausgangspunkt aus; das Bionik-Projekt wird durch eine technische Problemstellung initiiert. Das Ziel kann die Neuentwicklung eines technischen Systems oder auch die Optimierung eines bestehenden technischen Systems sein. Der Biology Push Ansatz geht dagegen von einem biologischen Phänomen als Startpunkt aus. Ziel ist es, mögliche technische Anwendungsfelder zu ermitteln und das biologische Phänomen auf geeignete Weise in einer technischen Lösung anzuwenden (Lenau et al. 2011; Helms et al. 2009; VDI 6220). Zwei typische Vorgehensweisen für die Technology pull und die Biology push Strategie sind in Abbildung 2.3 dargestellt. Ausgehend von der Beispiel-Problemstellung des Sonnen- und Windschutzsystems (Technology Pull) wird zunächst die Problemstellung abstrahiert. Zum Beispiel können abstrakte Funktionen benannt werden, die das technische System erfüllen muss, wie zum Beispiel „Wind standhalten" oder „Biegekräfte aufnehmen". Mithilfe dieser Funktionen, wird nach biologischen Vorbildern gesucht, zum Beispiel über Internet-Suchmaschinen. Die gefundenen biologischen Systeme müssen im Anschluss ebenfalls abstrahiert, analysiert und mit dem zu entwickelten technischen System verglichen werden.

Wird das Bionik-Projekt dagegen mit dem biologischen System „Pflanzenblatt" begonnen, müssen zunächst biologische Prinzipien abstrahiert werden. Da biologische Systeme multifunktional sind, können eine Vielzahl von abstrahierten Funktionen formuliert werden, wie zum Beispiel „von der Sonne beschienene Fläche maximieren" oder „Wasser ableiten". Mit diesen Funktionen können technische Anwendungsfelder ermittelt werden, wie zum Beispiel Dächer, Sonnenschutzsysteme oder die Tragflächen von Flugzeugen. Diese technischen Anwendungsfelder müssen im Hinblick auf konkrete Entwicklungspotenziale untersucht werden. Hierbei ist ebenfalls eine Abstraktion, Analyse und ein Vergleich mit dem biologischen System notwendig.

Wie dargestellt, beinhalten beide Strategien die oben genannten typischen Bionik-Tätigkeiten, d. h. die Abstraktion biologischer und technischer Systeme, die Suche, entweder nach biologischen Vorbildern oder nach technischen Anwendungsfeldern und die Analyse sowie den Vergleich zwischen technischem und biologischem System.

Die weiteren Entwicklungsschritte sind bei beiden Strategien vergleichbar. Ist das Ergebnis von Analyse und Vergleich des technischen und biologischen Systems die grundsätzliche Vergleichbarkeit, können Analogien aus der Biologie in die Technik übertragen werden. Dabei ist grundsätzlich der Transfer unterschiedlicher Analogien möglich, z. B. sehr konkrete Imitationen des biologischen Systems oder die Übertragung einer abstrakten Funktion. Im Anschluss erfolgt die weitere Entwicklung des technischen Konzepts bis hin zu einem marktreifen Produkt.

Wie in Abbildung 2.3 skizziert, sind in Bionikprojekten wie in anderen Entwicklungsprojekten Iterationen möglich. Wenn beispielsweise die gefundenen biologischen Vorbilder sich bei genauerer Analyse als ungeeignet herausstellen, kann mit neuen Suchbegriffen eine erneute Suche durchgeführt werden.

In der Realität zeigt sich, dass es auch gemischte Ansätze gibt. Zum Beispiel wird bei der Entwicklung humanoider Roboter zunächst nur der Mensch als biologisches Vorbild betrachtet. Manche Lösungen des Menschen sind aber in der Technik nur schwer umsetzbar bzw. unnötig aufwändig, wie zum Beispiel die Stütz- und Bewegungsfunktion der Wirbelsäule. Dann kann nach anderen biologischen Vorbildern

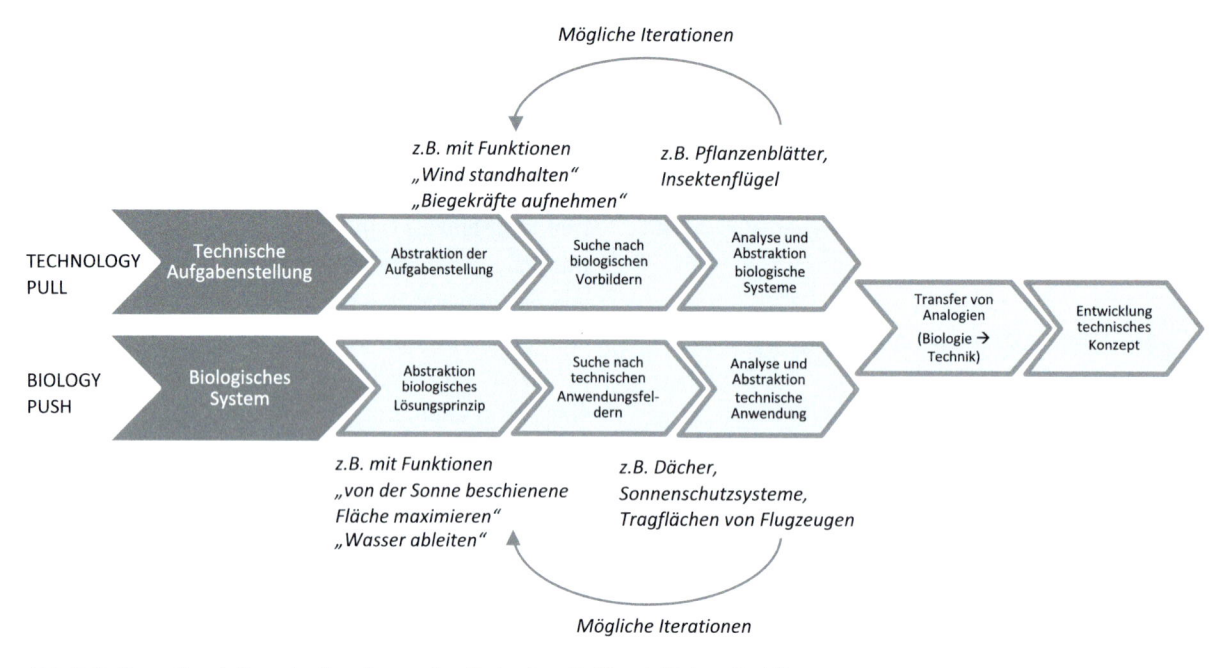

2 Bionik als Innovationsmethode für den Leichtbau

Abb. 2.3: *Gegenüberstellung der Vorgehensweise „Technology Pull" und „Biology Push"*

gesucht werden, die beispielweise nur die Stützfunktion erfüllen (wie etwa Pflanzenhalme) und die Bewegung kann mit konventionellen elektrischen Antrieben realisiert werden.

Sowohl Technology Pull als auch Biology Push Vorgehen sind skalierbar. Sie können sowohl bei einer eher oberflächlichen Verwendung von Bionik, z.B. in einem halbtägigen Workshop, als auch bei Projekten mit einer längeren Recherche-Phase oder einem interdisziplinären Forschungsprojekt mit Biologen und Ingenieuren als Vorgehensmodell dienen. Für interdisziplinäre Forschungsprojekte wird in der VDI 6220 das in Abbildung 2.4 dargestellte Vorgehen vorgeschlagen. Das Vorgehen detailliert Projektschritte nach der initialen Ideenfindungsphase sowohl für Technology Pull und Biology Push eine geeignete Herangehensweise. Neben den oben genannten Tätigkeiten Analyse, Abstraktion und Transfer von Analogien nennt es explizit Forschungs- und Entwicklungstätigkeiten. Forschungstätigkeiten sind Experimente und Berechnungen. Diese müssen teils von Biologen (z.B. mikroskopische Untersuchung von Pflanzenblattstrukturen), teils von Materialwissenschaftlern oder Ingenieuren (z.B. Umsetzbarkeit von analogen Strukturen mit technischen Materialien) durchgeführt werden. Entwicklungstätigkeiten umschließen Prototypenbau, Anwendungstests und Gesamtbewertung. Sie fallen eher in den Tätigkeitsbereich von Ingenieuren, dennoch müssen sie mit den biologischen Forschungsergebnissen abgestimmt werden. Die VDI 6220 gibt somit eine Orientierung, wie biologische und technische Forschungs- und Entwicklungstätigkeiten in einem Bionikprojekt miteinander verzahnt werden können.

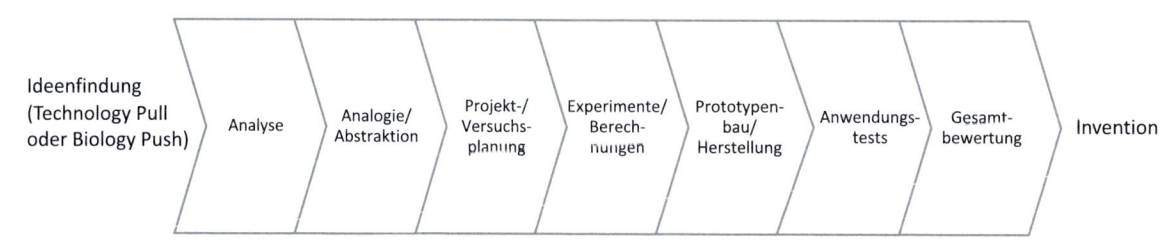

Abb. 2.4: *Interdisziplinäre Forschungsprojekte (VDI 6220)*

2.2.2 Suche nach biologischen Vorbildern oder technischen Anwendungsgebieten

Bionische Suche kann grundsätzlich in zwei Ansätze unterteilt werden:
Die intuitive oder kreative Suche greift auf persönliches Wissen zurück. Besonders erfolgreich kann dieser Ansatz sein, wenn Biologen und Ingenieure im interdisziplinären Team zusammenarbeiten. Sie kann mit Kreativitätsmethoden, wie zum Beispiel der Methode 6-3-5 unterstützt werden. Bei der Methode 6-3-5 skizzieren sechs Teilnehmer jeweils drei Ideen, die nach fünf Minuten an den nächsten Teilnehmer weitergereicht werden. Dann ergänzen und modifizieren die Teilnehmer jeweils die an sie weitergereichte Idee. So geht es weiter bis alle Teilnehmer alle Ideen bearbeitet haben. Die entstandenen Ideen und Konzepte werden in der Gruppe diskutiert (Lindemann 2009; Feldhusen et al. 2013).
Eine weitere Kreativitätsmethode ist die Synektik: In einer Gruppendiskussion verfremdet ein interdisziplinäres Team das technische Problem und bildet unterschiedliche Analogien, bevor es passende Analogien konkretisiert (Gordon 1961).
Im Folgenden wird der zweite Ansatz, die Suche nach dokumentierten Informationen, näher beschrieben. Entweder kann nach biologischen oder technischen Informationen gesucht werden, oder aber nach Informationen, die bereits für die Bionik aufbereitet wurden. Entscheidend für eine erfolgreiche Suche ist die Formulierung der Suchanfrage, die im Anschluss beschrieben wird.

Wo suchen?
Aktuelle, biologische oder technische Informationen sind über Publikationen aus den Biologie- und Technikwissenschaften verfügbar. Sie können über Internetsuchmaschinen (z. B. scholar.google.com oder pubmed.org) ermittelt und gefiltert werden. Um für den Biology Push Ansatz technische Anwendungsfelder zu ermitteln, kann außerdem nach technischen Patenten gesucht werden, z. B. über die Datenbanken des deutschen oder europäischen Patentamts. Der Vorteil dieser Informationen ist, dass sie den neuesten Stand der Forschung abbilden. Die Herausforderung ist jedoch, die Informationen in wissenschaftlichen Publikationen bzw. Patenten zu verstehen und die für die bionische Entwicklungsaufgabe relevanten Informationen herauszufiltern. Dies stellt insbesondere eine Schwierigkeit dar, wenn es im bionischen Entwicklungsprojekt keine direkte Zusammenarbeit mit Experten beider Disziplinen gibt. Wissenschaftliche Publikationen werden meist für Experten einer spezifischen Teildisziplin geschrieben und stellen die Ergebnisse einer Studie (Experimente, Simulationen o. ä.) dar. Die Autoren ziehen selten Schlussfolgerungen, die darüber hinaus gehen oder erklären die Ergebnisse in einem für Laien verständlich Kontext. Eine Analyse biologischer Publikationen ergab daher, dass diese nicht die Visualisierungen nutzten, die in Lehrbüchern für die Biologie üblich sind. Bei technischen Patenten kommt hinzu, dass sie eine patentierbare Invention beschreiben und nicht dazu formuliert werden, Informationen zu verbreiten (Hashemi Farzaneh et al. 2019; Hashemi Farzaneh und Lindemann 2019).

Für die Bionik aufbereitete Informationen finden sich in zahlreichen Veröffentlichungen (Tab. 2.1). Außerdem wurden für den Technology Pull-Ansatz Lösungskataloge in Anlehnung an herkömmliche Konstruktionskataloge (z. B. von Roth 2000; Koller 2011) entwickelt. Sie basieren auf Funktionsklassifikationen, die grundsätzliche Funktionen enthalten. Bei (Hill 1997) sind das zum Beispiel die Grundfunktionen, verbinden/trennen, formen, stützen/tragen, übertragen, speichern/sperren. In Verbindung mit einem Stoff-/Energie-/Informationsfluss bieten sie Zugang zu ausgewählten biologischen Systemen. Beispielsweise ist zur Funktion *Stoff stützen* die Luftröhre (Trachea) von Insekten beschrieben: Eine spiralförmige Verstärkung ist in die Röhrenmembran integriert, die das Einknicken der Luftröhre bei Verformungen verhindert. Digitale Datenbanken, wie zum Beispiel IdeaInspire (Chakrabarti 2014) oder DANE (Stone et al. 2014; Vattam et al. 2011) basieren auf einem ähnlichen Prinzip. Kostenfrei zugänglich ist die Online-Datenbank asknature (http://asknature.org). Sie basiert ebenfalls

Tab. 2.1: *Veröffentlichung von Beispielen aus der Bionik*

Author/ Editor	Titel	Jahr	Themen	Buch/ Journal
Nachtigall, Wisser	Bionik in Beispielen	2013	Beispiele zu unterschiedlichen technischen Anwendungen	Buch
Xia	Biomimetic Principles and Design of Advanced Engineering Materials	2016	Materialien, Oberflächen	Buch
Lakhtakia, Martín-Palma (Hrsg.)	Engineered Biomimicry	2013	Sensoren, Materialien, Robotik, Oberflächen, Selbstorganisation, Evolution, Optimierung	Buch
Hamm	Evolution of Lightweight Structures	2015	Leichtbau	Buchserie
Full	Bioinspiration & biomimetics : learning from nature	Seit 2006	Unterschiedliche technische Anwendungen	Fachzeitschrift
Winnik	Langmuir	Seit 1985	Materialien, Oberflächen, Strukturen	Fachzeitschrift
Wagner	Acta Biomaterialia	Seit 2005	Materialien, Oberflächen, Strukturen	Fachzeitschrift

auf einer Kategorisierung nach Funktionen, jedoch können Suchanfragen frei formuliert werden. Sie ist mit ca. 1700 biologischen Strategien die vermutlich umfangreichste Datenbank und wird kontinuierlich erweitert. Neben biologischen Strategien und den zugehörigen biologischen Systemen enthält sie auch bionische Ideen und Produkte. Für die Suchanfrage *Stoff stützen* schlägt sie unter anderem das Ruthentische Salzkraut vor, eine Steppenpflanze, deren Blätter sich durch Widerhaken gegenseitig stützen und überkreuzen. Insgesamt bildet die Pflanze so ein sehr stabiles dreidimensionales Gebilde (https://asknature.org/strategy/branches-provide-support/#.W0Mm4sJCSpo).

Für ein schnelles Suchergebnis ist die Nutzung von Datenbanken und Katalogen die effizienteste Strategie. Dennoch sind die dargestellten Informationen für sich häufig nicht ausreichend, um eine geeignete Analogie auf ein technisches System zu übertragen. Dann muss noch weitere Literatur zum biologischen System recherchiert werden. Die *asknature* Datenbank enthält zum Beispiel Links zu weiterführenden Informationen. Außerdem können Datenbanken nicht den neuesten Stand der Forschung enthalten, da die Datenbank-Einträge nur zu biologischen Systemen erstellt werden, die für die Bionik betrachtet und als interessant gewertet wurden. Insgesamt fokussieren Datenbanken und Kataloge sehr stark den Technology Pull- Ansatz, da sie über (technische) Funktionen biologische Systeme bereitstellen. Für den Biology Push-Ansatz gibt es kaum Unterstützung, allerdings können zum Beispiel die bionischen Ideen und Produkte, die in der Datenbank asknature enthalten sind, als Inspiration für die Suche nach technischen Anwendungsfelder dienen.

Wie suchen?

Bei der Suche nach biologischen Systemen oder technischen Anwendungsfeldern stößt man häufig auf unerwartete Hindernisse. Dies liegt zum Beispiel bei der Suche nach biologischen oder technischen Publikationen daran, dass Internetsuchmaschinen nicht funktionsbasiert sind: Wenn man beispielsweise nach einer defekten Komponente eines Rollladens sucht, nützt es wenig, mit der Funktion der Komponente (z. B. *Rollladen herunterlassen*) zu recherchieren. Man muss die Bezeichnung der defekten Komponente kennen (z. B. Gurtwickler). In der Bionik kommt als weitere Schwierigkeit hinzu, dass man mit den Begrifflichkeiten der anderen Disziplin meist nicht vertraut ist. Anschaulich beschreiben das Lenau et al. (2011). Zur Suche nach biologischen Inspirationen, um ein System zum besseren Schutz der Insassen eines Autos bei Unfällen, wurde u. a. der Suchbegriff *Schutzschicht* (englisch: *protection layer*) formuliert. Der Begriff Schutz bezieht sich in der Biologie jedoch in den meisten Fällen auf den Schutz vor Fressfeinden. Daher musste die Suchanfrage umformuliert und der Begriff *schützen* mit dem Begriff *Aufprall* kombiniert werden (*protect* AND *impact*) (Lenau et al. 2011; Hashemi Farzaneh und Lindemann 2019).

Als praktische Handreichung bei der Formulierung von Suchanfragen wurden verschiedene Vorgehensweisen vorgeschlagen: Für die englische Sprache wurden mehrere Taxonomien zur Übersetzung einer technischen Grundfunktion (aus der Liste der Functional Basis) in einen biologischen Suchbegriff erstellt (Cheong et al. 2011; Nagel et al. 2010; Baldussu 2014). Eine Übersicht zeigen Hashemi Farzaneh und Lindemann (2019). Zur Generierung unterschiedlicher Suchbegriffe wird die Bildung von Variationen eines Begriffs vorgeschlagen. Zum Beispiel lässt sich der Suchbegriff *stützen* ergänzen durch die Suchbegriffe *stabilisieren* (Synonym) oder *versteifen* (Troponym, d. h. Spezifikation des Begriffs). Um die oben beschriebenen Probleme der funktionsbasierten Internetsuche zu umgehen, wurde die *BIOscrabble*-Methode entwickelt. Zusätzlich zu Funktionen sollen Eigenschaften und Umwelteinflüsse formuliert werden. Das gesamte Vorgehen ist in Abbildung 2.5 dargestellt. Zunächst werden zum Beispiel für das Sonnen- und Windschutzsystem (Technology Pull), Suchworte formuliert, wie beispielsweise *Wind standhalten* (Funktion), *dünnwandig* (Eigenschaft), *Sturmböen* (Umwelt). Diese Suchbegriffe können noch variiert werden. Für die konkrete Suchanfrage müssen die Suchbegriffe spezifiziert und kombiniert werden. Durch geschickte Kombination kann die Suchanfrage so formuliert werden, dass sie zu einer überschaubaren Anzahl sinnvoller Suchergebnisse führt. Beispielsweise führt die Suche nach „*Wind standhalten UND dünnwandig*" (englisch: *resist wind AND thin-walled*) in der Datenbank PubMed, die biologische und medizinische Publikationen listet (https://www.ncbi.nlm.nih.gov/pubmed), zu keinem Ergebnis. Die weniger spezifische Anfrage „*standhalten UND dünnwandig*" (englisch: *resist AND thin-walled*) führte zu sechs Ergebnissen, darunter einer Publikation, die mechanische Tests (Biegung, Kompression) eines Grases der Gattung Rohrkolben, beschreibt (Liu et al. 2018).

Zum Umgang mit einer größeren Anzahl von Suchergebnissen empfiehlt Helms (2016) die Suchergebnisse zunächst zu sortieren, zum Beispiel nach Erscheinungsdatum oder Relevanz. Im Anschluss sollte mindestens der Abstract gelesen werden. Vorher können Ausschlusskriterien definiert werden, um weniger geeignete Artikel auszusortieren. Sind die Suchergebnisse zu zahlreich für eine Sichtung mittels des Abstract, können sie per Zufall aussortiert werden, zum Beispiel indem nur jeder fünfte Artikel betrachtet wird.

2.2.3 Analyse und Vergleich biologischer und technischer Systeme

Der Aufbau von biologischen und technischen Systemen unterscheidet sich stark. Wie bereits beschrieben, sind biologische Systeme immer multifunktio-

Suchbegriffe
- Funktion
- Eigenschaft
- Umwelt
- weitere Suchbegriffe

Variation
- Synonym
- Hyponym
- Hyperonym
- Antonym
- Wortstammbasierte Variation

Suchanfrage
- Spezifizierung
- Kombination Funktion/ Eigenschaft/ Umwelt
- Kombination mittels Boolescher Operatoren (AND, OR, NOT)

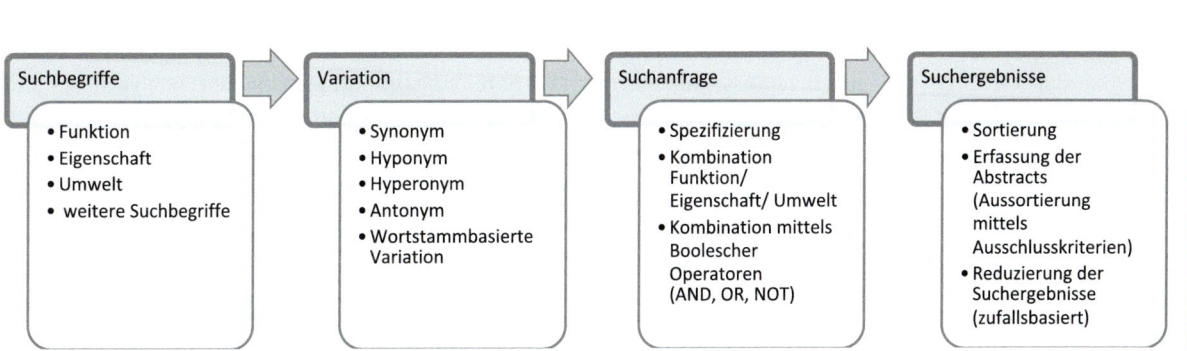

Suchergebnisse
- Sortierung
- Erfassung der Abstracts (Aussortierung mittels Ausschlusskriterien)
- Reduzierung der Suchergebnisse (zufallsbasiert)

Abb. 2.5: *BIOscrabble (angepasst an Helms 2016)*

Abb. 2.6: *Untersuchung biologischer Systeme auf verschiedenen Größenebenen (Alberts et al. 2015, VDI 6223)*

nal, d. h. sie erfüllen eine Vielzahl von Funktionen, von denen die Mehrheit für eine einzige bionische Entwicklung irrelevant ist. Betrachtet man zum Beispiel den Aufbau von Pflanzen, müssen diese einerseits stabil sein und äußeren Kräften standhalten, andererseits ist eine wichtige Funktion der Transport von Wasser von den Wurzeln in alle oberirdischen Teile der Pflanze. Diese Transportfunktion ist für die meisten Leichtbaukonstruktionen nicht von Bedeutung. Der Aufbau der Pflanze wird aber wesentlich davon bestimmt. Ein weiterer Aspekt ist der hierarchische Aufbau von biologischen Systemen: Sie sind nicht nur multifunktional, sondern erfüllen ihre Funktionen auch jeweils auf mehreren hierarchischen Ebenen. Diese Strategie ist auch im Leichtbau bekannt. Technische Systeme können auf Gesamtsystemebene, auf Bauteilebene und auf Materialebene hinsichtlich Gewicht und Materialverbrauch optimiert werden. Bei biologischen Systemen sind die hierarchischen Ebenen von der molekularen bis zur makroskopischen Ebene jedoch viel stärker miteinander vernetzt, wie das Beispiel Spinnseide zeigt (Abb. 2.1). Dies bedeutet auch, dass eine klare Unterscheidung von Material und Struktur nicht möglich ist (VDI 6223).

Daher ist die Untersuchung von biologischen Systemen auf verschiedenen Größenebenen von großer Bedeutung, um den Aufbau und seine Eigenschaften zu verstehen und auf ein technisches System übertragen zu können. Abbildung 2.6 zeigt, welche Ebenen mit dem Lichtmikroskop bzw. mit dem Elektronenmikroskop untersucht werden können.

Um die Eigenschaften eines biologischen und eines technischen Systems miteinander zu vergleichen, bietet sich die einfache Vier-Felder-Methode an. Sie kann genutzt werden, erste Ähnlichkeiten und Unterschiede zu sammeln, die gegebenenfalls näher untersucht werden müssen. Die Methode schlägt vier Bereiche vor, die am besten im interdisziplinären Entwicklungsteam diskutiert werden sollten: Umwelt, Funktion, Spezifikation und Performance (Yen et al. 2014). Abbildung 2.7 zeigt einen beispielhaften Vergleich zwischen dem technischen System *Wind- und Sonnenschutz* und den biologischen Systemen *Rohrkolben* und dem Blatt der Espe. Im Vergleich sind die Umwelt (Temperatur, Luftfeuchtigkeit) und die geforderte Performance (Windgeschwindigkeiten) der Systeme ähnlich. Unterschiedlich sind jedoch die Funktionen der beiden Systeme und auch die Spezifikation. Die Grashalme des Rohrkolbens und des Espenblattes haben die Funktion, eine Fläche für die Sonnenbestrahlung zu bieten (Fotosynthese) und Wasser sowie Nährstoffe zu transportieren. Die Übertragbarkeit der Struktur der beiden Pflanzen auf ein Sonnen- und Windschutzsystem muss daher hinsichtlich dieser Funktionen kritisch hinterfragt werden: Gibt es Strukturen der Pflanze, die beispielsweise primär dem Wasser- und Nährstofftransport dienen und die für die Stabilität ein Nachteil sind? Hinsichtlich der Spezifikation, unterscheiden sich die Maße

	Technisches System: Sonnen-/Windschutz	Biologisches System		Vergleich
		Rohrkolben (Gras)	Espe (Blatt)	
Umwelt	Umwelt: -10°C bis 35°C Feuchte, salzhaltige Luft	Umwelt: -10°C bis 35°C Feuchte/ trockene Luft		ähnlich
Funktion	Funktion: Vor Wind und Sonneneinstrahlung schützen	Funktion: Fläche für Sonnenbestrahlung bieten, Wasser- und Nährstoffe transportieren		verschieden
Spezifikation	Spezifikation: Höhe: 1,5 m Breite: 2 m Maximale Masse: 5 kg	Spezifikation: Höhe: bis zu 4m , sehr schmale Blätter	Spezifikation: fast runde Blätter (Durchmesser kleiner 10 cm)	verschieden
Performance	Performance: Windgeschwindigkeiten bis zu 80 km/h standhalten	Performance: Windgeschwindigkeiten größer 80 km/h standhalten		ähnlich

Abb. 2.7: *Vier-Felder Methode zum Vergleich eines biologischen und eines technischen Systems (Yen et al. 2014)*

von Sonnen- und Windschutz bzw. Rohrkolben stark voneinander: Der Rohrkolben erreicht Höhen von bis zu vier Metern, ist dabei aber nur wenige Zentimeter breit. Die Übertragbarkeit seiner Struktur auf einen sehr viel breiteren Wind- und Sonnenschutz muss daher geprüft werden. Die Espe hat dagegen fast runde Blätter, ihre Proportionen sind daher mit dem Sonnen- und Windschutz vergleichbar.

Dieses Beispiel zeigt, dass die Vier-Felder-Methode sich eignet, um erste Vergleiche zwischen biologischen und technischen Systemen anzustellen. Die Methode kann ähnlich zu herkömmlichen Kreativitätsmethoden in einer Gruppendiskussion verwendet werden. Sie zeigt auf, welche Eigenschaften noch genauer untersucht werden müssen, bevor sinnvolle bionische Analogien in die Technik übertragen werden können.

2.2.4 Abstraktion biologischer und technischer Systeme

Biologische Systeme können nur in seltenen Fällen direkt in der Technik angewandt werden. Dies ist meist nur auf molekularer Ebene möglich, da die Komplexität biologischer Systeme aufgrund ihres hierarchischen Aufbaus auf verschiedenen Größenebenen zunimmt (Sartori et al. 2010). Daher müssen die für die bionische Entwicklungsaufgabe relevanten Aspekte identifiziert und für eine Übertragung in die Technik abstrahiert werden. Zur Identifikation der relevanten Aspekte bieten sich einfache Modelle, wie das in Abbildung 2.6 gezeigte KoMBi-Modell des Pflanzenblatts an. KoMBi steht für Kommunikationsmodell Bionik. Es wurde unter Berücksichtigung von gebräuchlichen Visualisierungen in Biologie und Technik entwickelt. KoMBi soll Biologen und Ingenieuren ermöglichen, ein biologisches oder technisches System auf das Wesentliche zu reduzieren und ein für die andere Disziplin verständliches Modell zu erstellen (Hashemi Farzaneh et al. 2015).

Im ersten Schritt wird eine Systembeschreibung erstellt. Dafür werden wesentliche Elemente des Systems und ihre physischen Verbindungen dargestellt. Beim Pflanzenblatt werden für die Stützfunktion die Blattfläche, die Blattadern, der Blattstiel/Mittelvene des Blattes und die Zellen des Blattstiels als wesentlich erachtet. Wie in Abbildung 2.8 gezeigt, sind diese Elemente nicht alle auf einer Größenebene. Auf der makroskopischen Ebene besteht das Blatt aus Blattfläche, Blattadern und Blattstiel/Mittelvene, die miteinander verbunden sind. Auf der mikroskopischen Ebene besteht der Blattstiel/Mittelvene aus unterschiedlichen Zellen. Die Un-

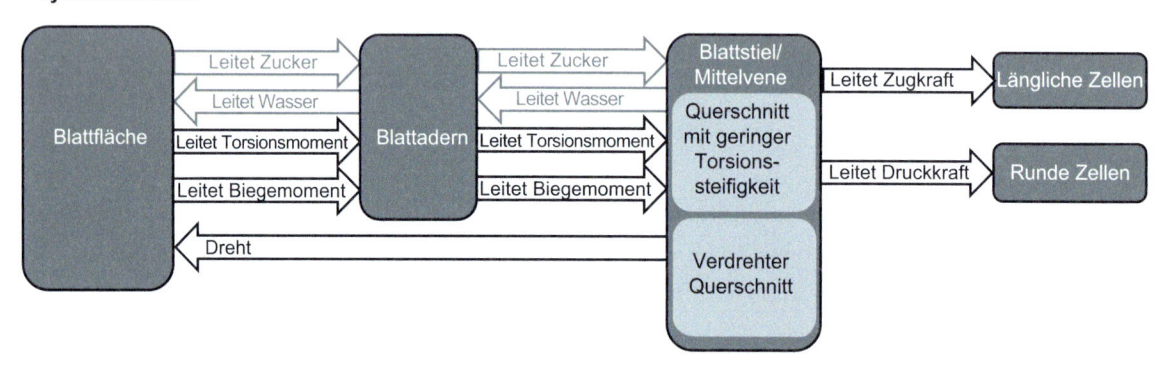

2 Bionik als Innovationsmethode für den Leichtbau

Abb. 2.8: *KoMBi-Modell des Pflanzenblatts (basierend auf Vogel und Ferrari 2013; Sack und Scoffoni 2013)*

terteilung in wasser- und zuckerleitende Zellen ist für die Stützfunktion des Blatts allerdings nicht relevant. Dagegen spielt die Form der Zellen eine Rolle. Die oberen Zellen sind länglich, die unteren Zellen sind rund (Vogel und Ferrari 2013; Sack und Scoffoni 2013).

Im zweiten Schritt werden, basierend auf den Elementen der Systembeschreibung, das Systemverhalten und seine Eigenschaften modelliert. Abbildung 2.8 zeigt die Weiterleitung von Torsions- und Biegemomenten von der Blattfläche auf Blattadern und Blattstiel/Mittelvene. Der Querschnitt vieler Blätter hat eine geringe Torsionssteifigkeit (z. B. durch Kerbe oben oder unten). Treten Torsionsmomente, zum Beispiel durch Wind auf, verdreht sich der Querschnitt und das Blatt wird gedreht. Biegemomente werden dagegen durch die Zellstruktur des Blattstiels und der Mittelvene aufgenommen. Dabei wirken im oberen Bereich des Blattstiels Zugkräfte, die durch länglich geformte Zellen aufgenommen werden. Im unteren Bereich wirken Druckkräfte, die durch die runden Zellen aufgenommen werden (Abb. 2.8). Beispielhaft ist auch das Leiten von Wasser und Zucker dargestellt, obwohl dies für die Stützfunktion des Blattes keine Rolle spielt (Vogel und Ferrari 2013; Sack und Scoffoni 2013).

Abbildung 2.8 zeigt somit, dass sich nicht nur Skizzen, sondern auch graphenbasierte Darstellungen zur Vereinfachung und Abstraktion von biologischen Systemen eignen. Das gleiche lässt sich auf technische Systeme anwenden, sodass auch ein Vergleich zwischen biologischem und technischem System anhand von Graphen möglich ist. Weitere Methoden zur graphenbasierten Darstellung von biologischen und technischen Systemen sind SAPPHIRE (Chakrabarti et al. 2005) und die Structure Behavior Function (Struktur, Verhalten, Funktion) Modellierung (Goel et al. 2009; Yen et al. 2014; Georgia Institute of Technology 2016). Beide Methoden ermöglichen eine sehr genaue Darstellung der Funktionsstruktur eines Systems, sind aber in der Erstellung deutlich zeitaufwendiger als die in Abbildung 2.8 gezeigte KoMBi-Modellierung. Eine weitere Methode zur Abstraktion biologischer Systeme sind BioCards, die Schritt für Schritt eine biologische Funktionsbeschreibung in eine abstrakte technische Funktionsbeschreibung übersetzen (Lenau et al. 2011; Lenau et al. 2015).

2.2.5 Transfer bionischer Analogien für den Leichtbau

Es wurde bereits gezeigt, dass biologische Systeme multifunktional sind und ihre Funktionen auf unterschiedlichen Ebenen erfüllen. Daher gibt es nicht eine mögliche bionische Analogie zur Erfüllung einer technischen Aufgabenstellung, sondern eine Vielzahl möglicher Analogien, die in die Technik transferiert werden können. Bionik bedeutet eben nicht die Nachahmung eines biologischen Systems mit technischen Mitteln. Die Herausforderung besteht dagegen darin, die am besten geeignete Analogie in die Technik zu transferieren, um eine technische Lösung zu entwickeln.

Ein entscheidender Parameter ist dafür der Abstraktionsgrad auf verschiedenen Größenebenen. Betrachtet man die technische Aufgabenstellung Entwicklung eines *Sonnen- und Windschutzsystems* und die möglichen biologischen Vorbilder *Pflanzenblatt bzw. Gras* (Rohrkolben): Das Sonnen- und Windschutzsystem ist durch Wind den Biege- und Torsionsmomenten ausgesetzt, vergleichbar zu den beiden biologischen Systemen. Das Pflanzenblatt spannt die Blattfläche über ein Adersystem verbunden mit einer Mittelvene auf (Makroebene). Abbildung 2.8 zeigt, dass das Pflanzenblatt Biegekräfte durch die Zellstruktur des Blattstiels bzw. der Mittelvene aufnimmt (Mikroebene). Der Rohrkolben nimmt Biegekräfte durch seine Rippen und die schwammartige Zellstruktur zwischen den Rippen auf (Liu et al. 2018). Abbildung 2.9 zeigt Beispiele für unterschiedliche Analogien:

Lösungsidee 1 basiert auf einem Transfer des Aufspannprinzips des Pflanzenblatts. Die Sonnen- und Windschutzelemente ähneln konkav gebogenen Blättern. Jedes Element besitzt eine gebogene Strebe, an der mehrere Querstreben befestigt sind. Zusammen spannen sie ein Textil auf. Die Streben können unterschiedlich gestaltet werden, zum Beispiel massiv oder mit Hohlprofilen. Theoretisch ist auch eine Gestaltung analog zur Zellstruktur des Blattstiels bzw. der Mittelvene eines Pflanzenblatts möglich, jedoch nur mit höherem Fertigungsaufwand. Der Analogietransfer findet somit primär auf der Makroebene statt. Ein möglicher Nachteil dieser Lösungsidee ist, dass Torsionskräfte beim Pflanzenblatt eine Drehung bewirken. Diese Eigenschaft ist für das Sonnen- und Windschutzsystem nicht gewünscht.

Lösungsidee 2 basiert dagegen auf einer Analogie zur Mikroebene des Pflanzenblatts: Die ebenfalls konkav gebogenen Sonnen- und Windschutzelemente werden durch gebogene Streben aufgerichtet. Die Innenseite der Elemente besteht aus einer aufblasbaren Struktur. Sie ähnelt den runden Zellen der innenliegenden Zellen der Blattstiele/Mittelvene von Pflanzenblättern. Werden die Sonnen- und Windschutzelemente durch Winde belastet, nehmen die Streben vor allem Zug-, die aufblasbaren Zellen vor allem Druckkräfte auf.

Für Lösungsidee 3 wird der Rohrkolben betrachtet: Die Sonnen- und Windschutzelemente ähneln in ihrem Querschnitt dem Sichel-Querschnitt des Rohrkolbens (Makroebene). Verstärkt werden die Elemente durch Querrippen in Analogie zur Mikrostruktur des Rohrkolbens. Die Konstruktion kann aus einem wetterfesten Kunststoff ausgeführt werden, wie zum Beispiel aus Polymethylmethacrylat (PMMA). Um eine größere Sonnenschutzfläche zu ermöglichen, wird an den Elementen eine Markise befestigt. Diese Lösungsidee setzt also eine Analogie von Makro- und Mikroebene um. Die Mikroebene des Rohrkolbens wird allerdings stark vergrößert und die schwammartige Zellstruktur des Rohrkolbens wird nicht betrachtet.

Bei Betrachtung der unterschiedlichen Lösungsideen fällt auf, dass auch eine bionische Lösung denkbar ist, die auf Analogien von beiden biologischen Vorbildern basiert. Beispielsweise könnte die Mittelstrebe der konkaven Elemente der Lösungsidee 1 auch als Kunststoffprofil mit Rippenstruktur analog zum Rohrkolben ausgeführt werden.

2 Bionik als Innovationsmethode für den Leichtbau

Lösungsidee 1
Transfer Aufspannprinzip Pflanzenblatt (Makroebene)
— Strebe
— Querstrebe

Lösungsidee 2
Transfer Stützprinzip Blattstiel/ Mittelvene (vergrößerte Mikroebene)
— Aufblasbare Struktur
— Strebe

Lösungsidee 3
Transfer Stützprinzip Rohrkolben (Makro- und vergrößerte Mikroebene)
— Stützen (Rippen)
— Sichelquerschnitt

Abb.2.9: *Übertragung von Analogien auf verschiedenen Abstraktionsebenen*

Zusammenfassend zeigt Abbildung 2.9, dass eine systematische Betrachtung der einzelnen Größenebenen und Abstraktionsebenen als Kreativitätsmethode zur Generierung verschiedener Lösungsideen hilfreich ist. Zur Auswahl einer geeigneten Lösung für die Weiterentwicklung sollten die einzelnen Lösungsideen parallel hinsichtlich Funktionserfüllung, Kosten, Aufwand etc. evaluiert werden.

Dieses Kapitel zeigte erfolgreiche Anwendungen von Bionik zur Entwicklung von Materialien, zur Gestaltung von Leichtbaustrukturen und zur Nutzung biologischer Strategien im Leichtbau. Um weitere biologische Vorbilder für den Leichtbau nutzen zu können, wurden Methoden vorgestellt, die die Anwendung von Bionik vereinfachen. Insbesondere der hierarchische Aufbau von biologischen Systemen, d.h. das Zusammenspiel von Material und Struktur von Molekular- bis Makroebene, wurde bisher noch kaum in die Technik übertragen und bietet ein enormes Innovationspotenzial.

2.3 Weiterführende Informationen

Literatur

Alberts, B.; Johnson, A.; Lewis, J.; Morgan, D.; Raff, M.; Roberts, K. et al.: Molecular biology of the cell. 6. Ausgabe. New York, NY: Garland Science Taylor and Francis Group 2015

AMSilk GmbH: Nature based spider silk fibers. Online verfügbar unter https://www.amsilk.com/industries/biosteel-fibers/, zuletzt geprüft am 02.03.2018.

Baldussu, A.: A problem-solving methodology for the development of bio-inspired products. Dissertation. Politecnico di Milano, Milan 2014

Beese, A.; Sarkar, S.; Nair, A.; Naraghi, M.; An, Z.; Moravsky, A. et al.: Bio-inspired carbon nanotube-polymer composite yarns with hydrogen bond-mediated lateral interactions. In: ACS nano 7 (4), S. 3434–3446. 2013

Chakrabarti, A.: Supporting Analogical Transfer in Biologically Inspired Design. In: A. K. Goel, D. A. McAdams und R. B. Stone (Hg.): Biologically inspired design - computational methods and tools. London: Springer-Verlag, S. 201–220 2014

Chakrabarti, A.; Sarkar, P.; Leelavathamma, B.; Nataraju, B. S.: A functional representation for aiding biomimetic and artificial inspiration of new ideas. In: Artificial Intelligence for Engineering Design, Analysis and Manufacturing (AIEDAM) 19, S. 113–132 2005

Cheong, H.; Chiu, I.; Shu, L. H.; Stone, R. B.; McAdams, D. A.: Biologically Meaningful Keywords for Functional Terms of the Functional Basis. In: Journal of Mechanical Design 133 (2), S. 21007 2011

Deldin, J.-M.; Schuknecht, M.: The asknature database: enabling solutions in biomimetic design. In: A. K. Goel, D. A. McAdams und R. B. Stone (Hg.): Biologically inspired design - computational methods and tools. London: Springer-Verlag, S. 17–27. 201)

Feldhusen, J.; Grote, K.-H.; Nagarajah, A.; Pahl, G.; Beitz, W.; Wartzack, S.: Vorgehen bei einzelnen Schritten des Produktentstehungsprozesses. In: J. Feldhusen und K.-H. Grote (Hg.): Pahl/Beitz Konstruktionslehre. Methoden und Anwendung erfolgreicher Produktentwicklung. 8. Aufl. Berlin: Springer-Verlag, S. 291–409 2013

Georgia Institute of Technology 2016: Learning about SBF models. Online verfügbar unter http://dilab.cc.gatech.edu/dane/?page=LearningAboutSBFModels

Goel, A.; Rugaber, S.; Vattam, S.: Structure, behavior, and function of complex systems. The structure, behavior, and function modeling language. In: Artificial Intelligence for Engineering Design, Analysis and Manufacturing 23, S. 23–35. 2009

Gordon, W. J. J.: Synectics. The Development of Creative Capacity. New York: Harper & Row 1961

Hashemi Farzaneh, H.; Helms, M. K.; Lindemann, U.: Visual representations as a bridge for engineers and biologists in bio-inspired design collaborations. In: Ch. Weber, S. Husung, M. Cantamessa, G. Cascini, D. Marjanovic und V. Srinivasan (Hg.): Proceedings of the 20th International Conference on Engineering Design, Milan, Bd. 2. ICED 15. Milan, 27.-30.07.2015. Glasgow, UK: Design Society, S. 215–224 2015

Hashemi Farzaneh, H.; Kaiser, M. K.; Lindemann, U.: Selecting models from biology and technical product development for biomimetic transfer. In: L. Blessing, A. J. Qureshi und K. Gericke (Hg.): The Future of Transdisciplinary Design. Heidelberg: Springer-Verlag 2019

Hashemi Farzaneh, H.; Lindemann, U.: A Practical Guide to Bio-inspired Design. Berlin: Springer-Verlag 2019

Helms, M. K.: Biologische Publikationen als Ideengeber für das Lösen technischer Probleme in der Bionik. Dissertation. Technische Universität München, Lehrstuhl für Produktentwicklung 2016

Helms, M.; Vattam, S. ; Goel, A. K.: Biologically inspired design. process and products. In: Design Studies 30, S. 606–622 2009

Helten, K.; Hepperle, C.; Lindemann, U.: Interdisziplinärer Entwicklungsleitfaden für die bionische Lösungssuche. In: CiDaD Working Paper Series 8 (3), S. 1–16 2012

Hill, B.: Innovationsquelle Natur. Naturorientierte Innovationsstrategie für Entwickler, Konstrukteure und Designer. Aachen: Shaker-Verlag 1997

Klein, B.: Leichtbau-Konstruktion. Berechnungsgrundlagen und Gestaltung. 10., überarb. u. erw. Aufl. 2013. Wiesbaden: Springer Fachmedien Wiesbaden 2013

Koller, R.: Konstruktionslehre für den Maschinenbau. 4. Aufl. Berlin: Springer-Verlag 2011

Lenau, T.; Helten, K.; Hepperle, C.; Schenkl, S.; Lindemann, U. 2011: Reducing consequences of car collsion using inspiration from nature. In: N.F.M. Roozenburg, L. L. Chen und P. J. Stappers (Hg.): Proceedings of the 4th World Conference on Design Research (IASDR), Delft. IASDR. Delft.

Lenau, T.; Keshwani, S.; Chakrabarti, A.; Ahmed-Kristensen, S.: Biocards and level of abstraction. In: Ch. Weber, S. Husung, M. Cantamessa, G. Cascini, D. Marjanovic und V. Srinivasan (Hg.): Proceedings of the 20th International Conference on Engineering Design, Milan. Vol 2: Design Theory and Research Methodology Design Processes. ICED 15. Milan, 27.-30.07.2015. Glasgow, UK: Design Society, S. 177–186 2015

Lindemann, U.: Methodische Entwicklung technischer Produkte. 3. Aufl. Berlin: Springer-Verlag 2009

Liu, Jingjing; Zhang, Zhihui; Yu, Zhenglei; Liang, Yunhong; Li, Xiujuan; Ren, Luquan 2018: Experimental study and numerical simulation on the structural and mechanical properties of Typha leaves through multimodal microscopy approaches. In: Micron (Oxford, England : 1993) 104, S. 37–44 2018

Mattheck, C.: Design in der Natur. Der Baum als Lehrmeister. 2. Aufl. Freiburg im Breisgau: Rombach (Rombach Wissenschaft Reihe Ökologie, Band 1) 1993

Mirtsch, F.; Mirtsch, M.: Material- und Oberflächenschonendes 3D-Strukturieren von Flachmaterialien aus Blech, Lochblech und Faserverbundstoffen. In: Reimund Neugebauer (Hg.): 4th International Conference on Accuracy in Forming Technology. ICAFT 2012; November 13 - 14, 2012; 19th Saxon Conference on Forming Technology SFU 2012; Auerbach: Verl. Wiss. Scripten (Berichte aus dem IWU, 66), S. 425–436 2012

Nachtigall, W.; Wisser, A.: Bionik in Beispielen. 250 illustrierte Ansätze. Cham, Heidelberg, New York, Dordrecht, London: Springer-Verlag 2013

Nagel, J. K. S.; Stone, R. B.; McAdams, D. A.: An Engineering-to-Biology Thesaurus for Engineering Design. In: Proceedings of the ASME 2010 International Design Engineering Technical Conferences (IDETC) and Computers and Information in Engineering Conference (CIE). Montreal, Quebec, Canada, August 15–18, 2010

Nova, A.; Keten, S.; Pugno, N. M.; Redaelli, A.; Buehler, M.: Molecular and nanostructural mechanisms of deformation, strength and toughness of spider silk fibrils. In: Nano letters 10 (7), S. 2626–2634 2010

Roth, K.: Konstruieren mit Konstruktionskatalogen - Bd. 2. Konstruktionskataloge. 3. Aufl. Berlin: Springer-Verlag 2000

Sack, L.; Scoffoni, Ch.: Leaf venation: structure, function, development, evolution, ecology and applications in the past, present and future. In: The New phytologist 198 (4), S. 983–1000 2013

Sartori, J.; Pal, U.; Chakrabarti, A.: A methodology for supporting "transfer" in biomimetic design. In: Artificial Intelligence for Engineering Design, Analysis and Manufacturing 24, S. 483–505 2010

Shipman, P. D.; Newell, A. C.: Phyllotactic patterns on plants. In: Physical review letters 92 (16), S. 168102 2004

Stone, R. B.; Goel, A. K.; McAdams, D. A.: Charting a course for bio-inspired design. In: A. K. Goel, D. A. McAdams und R. B. Stone (Hg.): Biologically inspired design - computational methods and tools. London: Springer-Verlag 2014

Vattam, S.; Wiltgen, B.; Helms, M.; Goel, A. K.; Yen, J.: DANE. Fostering Creativity in and through Biologically Inspired Design. In: Toshiharu Taura und Yukari Nagai (Hg.): Design Creativity 2010. London: Springer-Verlag, S. 115–122 2011

Vogel, St.; Ferrari, A. de : Comparative biomechanics. Life's physical world. 2. ed. Princeton: Princeton Univ. Press 2013

Xia, Zhenhai: Biomimetic principles and design of advanced engineering materials. Chichester, West Sussex, United Kingdom: John Wiley & Sons Inc. (2016) Online verfügbar unter http://onlinelibrary.wiley.com/book/10.1002/9781118926253.

Yen, J:; Helms, M:; Goel, A.; Tovey, C.; Weissburg, M.: Adaptive evolution of teaching practices in biologically inspired design. In: A. K. Goel, D. A. McAdams und R. B. Stone (Hg.): Biologically inspired design - computational methods and tools. London: Springer-Verlag, S. 153–199 2014

Zeplin, P. H.; Maksimovikj, N. C.; Jordan, M. C.; Nickel, J.; Lang, G.; Leimer, A. H. et al.: Spider Silk Coatings as a Bioshield to Reduce Periprosthetic Fibrous Capsule Formation. In: Adv. Funct. Mater. 24 (18), S. 2658–2666 2014

Normen und Richtlinien

DIN ISO 18459 Ausg. 2016-08: Bionische Strukturoptimierung

VDI 6220 Ausg. 2012-12: Bionik - Konzeption und Strategie - Abgrenzung zwischen bionischen und konventionellen Verfahren/Produkten

VDI 6223 Ausg. 2013-06: Bionik - Bionische Materialien, Strukturen und Bauteile

Alle Normen und technischen Regeln erscheinen im Beuth-Verlag, Berlin

3 Betriebswirtschaftliche Aspekte des Leichtbaus

Wolfgang Seeliger

3.1	Allgemeine Einführung – Herstellkosten und Investitionsrechnung	1213	
3.2	Prozessorientiertes Kostenmodell zur Ermittlung der Herstellkosten	1214	
3.2.1	Aufstellung des Kostenmodells	1214	
3.2.2	Datenerhebung und Berechnung	1215	
3.2.3	Prozessmodule und die Bedeutung der Gewinn-Marge	1218	
3.3	Beispiel für die Anwendung des Kostenmodells – CFK- vs. Blechbauteil	1218	
3.3.1	Bedeutung der Stückzahlen für die Kosteneffizienz	1219	
3.3.2	Einfluss der Taktzeit	1220	
3.3.3	Solide Marktnische für CFK – Sorgenkind Prozesszeit	1222	
3.4	Investitionsrechnung als Maßstab für die Wirtschaftlichkeit	1222	
3.4.1	Grundlagen der Investitionsrechnung nach dem DCF-Modell: Tabelle der Cash Flows und Ermittlung des Netto-Barwerts (NPV)	1223	
3.4.2	Beispiel für die Anwendung der Investitionsrechnung – ein topologieoptimiertes Maschinenbett	1226	
3.4.3	Leichtbau lohnt sich auch im Maschinenbau	1227	
3.5	Schlussbetrachtungen	1228	
3.6	Weiterführende Informationen	1228	

Technologischer Fortschritt findet seinen Weg in den Markt nur, wenn er auch wirtschaftlich ist. Dies gilt natürlich auch für den Leichtbau – wollen wir verstärkte Ressourceneffizienz in unseren Produkten sehen, müssen wir diese zu wettbewerbsfähigen Kosten in ausreichender Qualität und mit einem deutlichen Mehrwert für den Kunden versehen.

Was „wirtschaftlich" jedoch genau bedeutet, ist unter Ingenieuren und Naturwissenschaftlern oft nur diffus bekannt. Dieses Kapitel soll darauf hinführen, Wirtschaftlichkeit an konkreten Zahlen festzumachen und die dahinführenden Methoden zu erläutern. Damit wird dann nicht nur eine ex-post Berechnung der Kosten für eine technologische Entwicklung möglich, sondern auch eine vorausschauende Betrachtungsweise, mit der eine Abschätzung von neuen Technologien in die Zukunft projiziert werden kann, bevor erste Versuche oder gar Kommerzialisierungsschritte unternommen werden.

Bei der Abschätzung der Machbarkeit von Leichtbauprojekten sollten jedoch nicht nur Kostenaspekte eine Rolle spielen. Gerade der Leichtbau bietet die Möglichkeit, Produkte bei gleichem oder sogar verringertem Ressourceneinsatz leistungsfähiger zu machen und damit den Mehrwert für den Kunden zu erhöhen (Beispiel: der Sportwagen, der dank Leichtbau schneller durch die Kurve fährt). Dafür ist der Kunde oft bereit, auch deutlich höhere Preise zu bezahlen. Dieser, vom Kunden subjektiv empfundene Mehrwert lässt sich jedoch nur schwer in Zahlen fassen und in der Regel auch nicht allgemeingültig formulieren. Daher überlassen wir dieses wichtige Thema den Preisbildungsexperten im Marketing und widmen uns in diesem Kapitel lediglich der Kostenseite des Leichtbaus.

VI

3.1 Allgemeine Einführung – Herstellkosten und Investitionsrechnung

Ingenieure werden dazu ausgebildet, bis dato für unmöglich gehaltene technische Lösungen in die Realisierung zu bringen. Das technisch Machbare begeistert die Menschen und reißt sie mit. Ernüchterung setzt dann aber meist sehr schnell in der ersten Sitzung mit dem Unternehmens-Controlling ein, in der der Fachabteilung die betriebswirtschaftlichen Grenzen ihres Tuns aufgezeigt werden. Frustration droht übermächtig zu werden.

So geschieht dies häufig auch im Leichtbau. Mit diesem Abschnitt wollen wir dem in gewissem Maße vorbeugen und dem Ingenieur ein grundlegendes Verständnis betriebswirtschaftlicher Zusammenhänge auch im Leichtbau mitgeben. Er soll befähigt werden, mit einigen einfachen Handwerkszeugen vorab Abschätzungen zur Wirtschaftlichkeit des eigenen Projektes zu machen (oder wenigstens den Gedankengängen des Controllings folgen zu können):

Grundsätzlich bewegen das Unternehmens-Controlling zwei fundamentale, aber auch sehr generische Fragen, wenn eine neue Technologie betrachtet wird. Diese sind:

- Was kostet die neue Technologie (im Vergleich zur alten)?
- Was bringt die neue Technologie für das Unternehmen an Wertsteigerung?

Konkret bezieht sich die erste Frage im Leichtbau beispielsweise auf die Problemstellung, ob ein Bauteil in herkömmlicher Weise aus (Stahl-) Blech oder aus einem Verbundwerkstoff, hier z. B. Kohlenstofffaser verstärktem Kunststoff (CFK), hergestellt werden soll. Welche Herstellkosten ergeben sich unter welchen Bedingungen, und unter welchen Bedingungen lohnt sich die Fertigung in z. B. CFK?

Die zweite Frage bezieht sich auf eine Investition in den Leichtbau, also z. B. eine neue Produktionslinie, oder auch die konstruktive Überarbeitung eines vorhandenen Bauteils, die ja auch eine Investition darstellt. Wie „rechnet" sich eine solche Investition, wie hoch ist die dahinter liegende Rendite, die damit erzielt werden kann?

Zur Klärung dieser Fundamentalfragen sollen in diesem Abschnitt zwei Themenblöcke angegangen werden: Einerseits beispielhaft die Berechnung von Herstellkosten eines Leichtbauproduktes, andererseits die Berechnung der Rendite auf ein für Technologie eingesetztes Kapital. Letzteres wird auch als Investitionsrechnung bezeichnet, was auch der im Folgenden verwendete Begriff sein wird.

Wert ist hierbei auf die Feststellung zu legen, dass es sich bei den vorgestellten Modellen, und insbesondere den verwendeten Zahlen, nicht um eine exakte Berechnung der Kosten handelt. Im Vorhinein (also bevor eine Investition z. B. in eine neue Produktionslinie getätigt wird) lassen sich Kosten nur plausibel abschätzen. Genaue Kosten lassen sich immer erst nach Inbetriebnahme (einer neuen Linie etc.) ermitteln; zu viele Unwägbarkeiten gehen bei Technologieprojekten oder Produktionsumstellungen in die Gleichungen ein. Die Erfahrung zeigt aber, dass selbst mit groben Abschätzungen oft Genauigkeiten von weniger als 5% Fehler erreicht werden können.

Ebenso sind die Bedingungen, unter denen Kosten zustande kommen, von Betrieb zu Betrieb zu verschieden. So können die Prozesseffizienz (die Frage, wie z. B. Produktionsprozesse im Unternehmen organisiert sind), unternehmensspezifische Lieferverträge für Vorprodukte, individuell ausgehandelte Arbeitsverträge und viele andere Faktoren das Kostenniveau im Unternehmen spezifisch beeinflussen. Daher wird in diesem Kapitel Wert auf die Modellbildung gelegt, um ein Finanzmodell zu schaffen, welches die Algorithmen und Verknüpfungen abbildet und in das Unternehmen und Forschungseinrichtungen dann ihre eigenen, spezifisch für die Organisation ermittelten Zahlen „einkippen" können.

3.2 Prozessorientiertes Kostenmodell zur Ermittlung der Herstellkosten

3.2.1 Aufstellung des Kostenmodells

Prozessdarstellung

In dem hier vorgeschlagenen Modell zur Ermittlung der Herstellkosten eines exemplarischen Bauteils werden Kostenzuweisungen zu einzelnen Prozessschritten vorgenommen. Dazu ist es notwendig, zunächst die für die Produktion erforderlichen Prozessschritte zu definieren und aufzuschreiben. Meist wird ein generischer Produktionsablauf von Vorverarbeitung, Verarbeitung und Nachbearbeitung, wie in Abbildung 3.1 dargestellt, ausreichen. Bei komplexen oder nicht standardisierten Prozessen kommen aber auch z. T. deutlich abweichende Prozessbeschreibungen zur Anwendung.

Hier muss abgewogen werden, wieweit die Darstellung vereinfacht bzw. standardisiert werden kann, ohne zu sehr an Genauigkeit zu verlieren. Auch dies ist wieder stark von individuellen Bedürfnissen und Gegebenheiten im Unternehmen abhängig. In dem hier aufgebauten Modell wird ein generischer Prozess verwendet, der zu ebenso generischen Kostenmodulen führt, die dann bei Bedarf beliebig oft kopiert und damit an jede Komplexität angepasst werden können.

Kostentreiber

In der zweiten Stufe müssen nun die Kostentreiber ermittelt werden, die für jeden Prozessschritt die Kosten darstellen. Auf der ersten Ebene können diese ebenfalls meist generisch benannt werden, wie z. B. Materialkosten, Energie-, Arbeits- und Investitionskosten (Abb. 3.1). Oft sind diese Kostentreiber allerdings aus Einzelfaktoren zusammengesetzt; so bestimmen sich die Energiekosten beispielsweise aus der Leistungsaufnahme der Verbraucher, der Anzahl Stunden im Jahr, an der die Maschine in Betrieb ist, und den Stromkosten, die das Unternehmen abzuführen hat.

Hieraus können ganze Bäume von Kostentreibern entstehen; auch hier muss abgewogen werden, welcher Detaillierungsgrad noch wünschenswert oder zweckmäßig ist. Eine Verästelung der Treiber in immer kleinere Einheiten erhöht die Genauigkeit nur noch wenig, während der Aufwand für die Erstellung, die Dateneingabe und die Pflege des Systems erheblich ansteigt. In den meisten Fällen reichen, auch um ausreichend Variationsmöglichkeiten im Modell zu bekommen, Kostendaten auf der ersten und einige wenige Parameter auf der zweiten Ebene aus.

Häufig finden sich auf der zweiten Ebene Kostentreiber, die für mehrere Prozessschritte in der Produktion gleich sind. So sind z. B. bei einer verketteten Produktion die jährlich produzierten Stückzahlen für alle Prozessschritte gleich. Taktzeiten einer Produktionslinie werden durch den langsamsten Prozessschritt bestimmt und können daher in erster Näherung ebenfalls für alle Prozessschritte gleich angenommen werden.

Hier ist wiederum eine Abwägung zu treffen, wie genau die Abschätzung der Kosten ausfallen soll: Für einfache Trends reicht sicher die Pauschali-

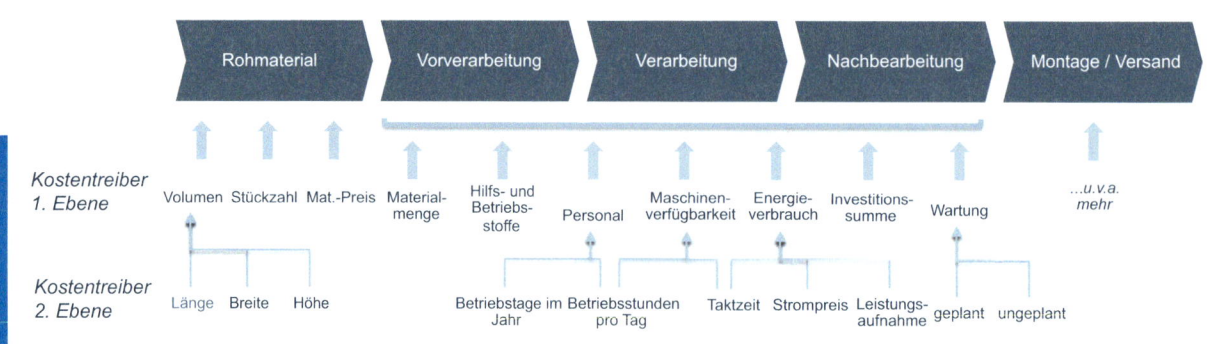

Abb. 3.1: Generischer Herstellprozess zur Ermittlung der Kostentreiber. Die hier dargestellten Kostentreiber sind nur schematisch und keineswegs vollständig abgebildet.

sierung dieser Parameter, will man höhere Genauigkeit erreichen (und hat man die Daten hierfür), müssen die Kostentreiber der zweiten Ebene für jeden Prozessschritt einzeln eingegeben und berechnet werden.

3.2.2 Datenerhebung und Berechnung

Die Ermittlung der Daten sowie die Formulierung und sinnvolle Verknüpfung der Algorithmen ist der bei weitem anspruchsvollste Schritt bei der Erstellung des Kostenmodells. Während eine Reihe von Kostendaten relativ einfach aus dem Unternehmens-Controlling zu erhalten ist (z. B. Flächenmiete, hier aufgeführt unter „Infrastruktur"), müssen andere Daten aus verschiedenen Unternehmensbereichen (neben der Buchhaltung/dem Controlling überwiegend aus der Produktion) sowie gegebenenfalls aus Lieferantenanfragen, allgemeinen Schätzungen usw. zusammengetragen werden und über Umwege und Nebenrechnungen in die Form gebracht werden, die wir benötigen.

Der Verknüpfung der einzelnen Zahlenfelder in Excel durch Algorithmen folgt in der Regel einfachen, allgemein bekannten Prinzipien (z. B. Länge x Breite x Höhe = Volumen), oder, wo dies nicht der Fall ist, wird im Folgenden eine kurze Erklärung dazu geliefert:

Modellerstellung

Zunächst sollte geklärt werden, welche Größe als Ergebnis erhalten werden soll: meist wird es sich dabei um einen Stückpreis pro Bauteil (€/Bauteil) handeln, im Leichtbau ist aber häufig auch eine Auskunft über den Preis pro Gewicht (€/kg) gefragt. Beide Datensätze können alternativ auch nebeneinander geführt werden (Abb. 3.2) und sind dann über den Faktor Gewicht pro Bauteil miteinander verknüpft. Andere Ergebnisgrößen sind möglich, im Leichtbau aber eher selten relevant; wir beschränken uns hier der Einfachheit halber auf die Darstellung des Stückpreises.

Danach werden die ermittelten Kostentreiber in ein für die Berechnung zweckmäßiges Excel-Format gebracht. Dabei können die Kostentreiber zur Vereinfachung des Modells, wie hier auch geschehen, in zwei Gruppen zusammengefasst werden: die (generischen) Kostentreiber der ersten Ebene werden dabei jedem Prozessschritt in hier so genannten Prozessmodulen individuell zugeteilt (Abb. 3.2), während die Kostentreiber der zweiten Ebene ausgegliedert werden. Pauschalierbare Parameter, wie z. B. Jahresstückzahlen, werden in einem allgemeinen Block der Gesamtrechnung vorangestellt, während nicht-pauschalierbare Parameter auf ein zweites Tabellenblatt (bei komplizierteren Nebenrechnungen) oder gar direkt unter dem Prozessschritt aufgeführt werden können (Abb. 3.2 und Abb. 3.3 rechts).

	€/kg	€/Bauteil
Rohmaterialien (inkl. Verschnitt)	44,44	41,61
CFK-Gewebe	23,70	22,19
Matrix (Epoxidharz)	4,07	3,82
Verschnitt (nur zur Info; vgl. oben)		60%
Hilfs- und Betriebsstoffe	0,89	0,83
Energie	0,34	0,32
Arbeit	4,73	4,43
Wartung	0,13	0,12
Anlagekosten	1,00	0,94
Infrastruktur	0,84	0,79
Materialkosten	45,33	42,44
Verarbeitungskosten	7,05	6,60
Netto-Herstellkosten	54,00	50,56
Gewinn-Marge		0%
Verkaufspreis	54,00	50,56

(Vorverarbeitung (Preforming))

Abb. 3.2: *Prozessmodul im Modell zur Ermittlung der Herstellkosten. Das Modul stellt die Kostentreiber für einen einzelnen Prozessschritt dar; die Kosten werden meist in €/Bauteil angegeben (rechte Spalte), im Leichtbau häufig auch in €/kg (linke Spalte).*

Diese Anordnung hat sich in der täglichen Praxis als zweckmäßig erwiesen. Sicherlich ist eine Vielzahl weiterer Anordnungen möglich, allerdings sichert dieses Vorgehen erfahrungsgemäß die Übersichtlichkeit, wie vor allem auch die Vergleichbarkeit der Daten zwischen verschiedenen Prozessen und/oder Prozessschritten desselben Prozesses.

Hier soll als Beispiel angenommen werden, dass die Daten für die Bauteilgeometrie, die Maschinen- und Linienparameter sowie Energieverbräuche und Arbeitskosten pauschalierbare Parameter darstellen. Sie sind deshalb in der Abbildung 3.2 in einem Vorsatzblock den Prozessmodulen vorangestellt und im Folgenden kurz beschrieben werden.

Bauteilgeometrie

In diesem Teil werden die Parameter gelistet, nach denen sich die Materialkosten inklusive Verschnitt berechnen. Das Volumen des Bauteils lässt sich in ausreichender Näherung aus seinen geometrischen Daten Länge, Breite und Höhe errechnen; über die Materialdichte erhält man die Masse des Bauteils. Mit dem (bekannten bzw. vom Lieferanten zu erfragenden) Materialpreis pro kg können die Kosten für das benötigte Rohmaterial pro Bauteil berechnet werden. Durch das Verhältnis zwischen dem Volumen des Rohteils und dem des eigentlichen Bauteils ergibt sich die Verschnittrate, die eine Rolle spielt wenn Material der Restverwertung zugeführt wird. Diese letztere (kostensenkende) Maßnahme wird hier der Einfachheit halber nicht berücksichtigt.

Betriebsparameter

Hierunter verstehen wir in diesem Beispiel im Wesentlichen Effizienzraten wie den oben errechneten Verschnitt oder die pauschalisierte Ausschussrate, die einen wichtigen Kostenfaktor darstellen kann und in die Errechnung der Netto-Herstellkosten eingeht. Die Maschinenauslastung, die für die Berechnung variabler Kosten, wie z. B. der Energie oder des Personals benötigt wird, ist hier ebenfalls aufgeführt; in diesem Beispiel wird sie aus dem Verhältnis der geforderten Stückzahl N und der theoretisch möglichen Durchsatzmenge („Effektiver Durchsatz") berechnet. Weitere Betriebsparameter sind hier je nach Prozess denkbar, einige davon sind jedoch in unserem Beispiel unter dem folgenden Block aufgeführt:

Maschinen-/Linienparameter

Die jährliche Laufleistung einer Maschinenanlage ist meist ein wesentlicher Kostentreiber für das hergestellte Bauteil, da sich hierüber insbesondere Fixkosten, wie die Investitionskosten in die Anlage oder die Infrastrukturkosten, auf das produzierte Bauteil umlegen. Geringe Stückzahlen können damit zu erheblichen Kostentreibern werden.

Der effektive mögliche Durchsatz errechnet sich dabei aus den Kostentreibern Betriebstage der Linie pro Jahr, den Betriebsstunden pro Tag, in denen auch die geplante Wartung eingeschlossen werden kann. Hierbei sind häufig Treiberbäume im Spiel, die eine Nebenrechnung nötig machen können; so können sich z.B. die Betriebsstunden pro Tag über die Zahl der Schichten, die Länge der Schichten und ggf. Pausenzeiten sowie über die Wartungsintervalle errechnen. Wir haben diese Parameter statt in eine eigene Nebenrechnung (wie das auch möglich wäre) in den allgemeinen Block integriert (Abb. 3.3).

Einer der meist größeren Hebel unter den Kostentreibern ist die Taktzeit, die ganz entscheidend dazu beiträgt, Fixkosten zu amortisieren. Über die Taktzeit bestimmt sich die jährlich maximal herstellbare Stückzahl: eine längere Taktzeit erwirkt einen geringeren effektiven Durchsatz und bestimmt damit die Jahresstückzahl. Auf diese wiederum werden die Investitionskosten für die Anlage und andere Fixkosten umgelegt. Daraus ergibt sich der bereits oben erwähnte erhebliche Einfluss von geringen Stückzahlen auf die Bauteilkosten (Stückkosten).

Energie und Arbeitskräfte

Der Energieverbrauch an der Linie setzt sich häufig aus mehreren Kostentreibern, das sind diverse elektrische Verbraucher, zusammen, kann aber auch aus Gasversorgung oder anderen Brennstoffen bestehen. Die Arbeitskosten errechnen sich aus der Anzahl der benötigten Arbeitskräfte sowie deren Brutto-Stundensatz.

Sowohl Energieverbrauch als auch der Einsatz von Arbeitskräften wird in dem hier verwendeten Modell als variabel angenommen: wenn kein Bauteil produziert wird, verbrauchen die Maschinen keine Energie und die Arbeitskräfte werden woanders eingesetzt. Ob dies sinnvoll ist, muss im Einzelfall entschieden werden. Häufig werden gerade Personalkosten als Fixum angenommen (die Kollegen und Kolleginnen können woanders nicht eingesetzt werden) und müssten dann ebenfalls als Jahres-Fixum auf die Stückzahl umgelegt werden.

Finanzparameter

Zusammen mit der produzierten Jahresstückzahl bildet dieser Block einen erheblichen Kostenanteil ab. Hier sind insbesondere die Investitionskosten der Produktionsanlage (meist Maschinen und Werkzeu-

3.2 Prozessorientiertes Kostenmodell zur Ermittlung der Herstellkosten

Blech

Zu fertigende Stückzahl	N	100.000	

Bauteilgeometrie		Rohteil	Bauteil
Länge	m	1,68	1,2
Breite	m	1,15	0,82
Höhe	m	0,001	0,001
Materialdichte	kg/m3	2700	2700
Materialpreis	€/kg	3,3	
Masse	kg	5,22	2,66
Roh-Volumen	m3	0,0019	
Volumen Bauteil	m3		0,0010

Betriebsparameter			
Verschnittrate	%	51%	
Ausschussrate	%	3%	
Maschinenauslastung	%	3,416%	

Maschinenparameter			
Betriebstage Linie (inkl. geplante)	d/Jahr	250	
Betriebsstunden Linie	hr/d	22,05	
Ungeplante Wartung	%	11,5%	
Erfahrungsfaktor	%	100%	
Taktzeit	s/Bauteil	6	
Maschinenverfügbarkeit	hr/Jahr	4879	
Effektiver Durchsatz	Bauteile/Ja	2.927.138	

Energie			
Elektrische Leistung	kW	2848	
Strompreis	€/kWh	0,15	

Arbeitskräfte			
Anzahl Mitarbeiter	N	1,5	
Stundenlohn (brutto)	€/hr	45	

Finanzparameter			
Lebensdauer der Maschine	Jahre	15	
Lebensdauer Werkzeuge	Jahre	5	
Investitionssumme Maschine	m€	21,00	
Investitionssumme Werkzeuge	m€	1,25	
ggf. Zinskosten	%	6%	
ggf. Anteil Kredit an Investition	%	30%	

Prozessmodul – Verarbeitung (Blech)

Rohmaterialien	6,48	17,21
Hilfs- und Betriebsstoffe	0,52	1,38
Energie	0,27	0,71
Arbeit	0,04	0,11
Wartung	0,84	2,23
Anlagekosten (Abschreibung)	6,21	16,5
Infrastruktur	0,12	0,32
Gemeinkosten		
Materialkosten	*7,00*	*18,59*
Verarbeitungskosten	*7,48*	*19,87*
Netto-Herstellkosten	*14,93*	*39,65*
Gewinn-Marge		*0%*
Verkaufspreis	*14,93*	*39,65*

CFK-RTM in Epoxidharz

Zu fertigende Stückzahl	N	100.000

Bauteilgeometrie		
Länge	m	0,8
Breite	m	0,38
Höhe	m	0,002
Materialdichte Faser	kg/m3	1825
Materialdichte Matrix	kg/m3	1255
Materialpreis Faser	€/kg	40
Materialpreis Matrix	€/kg	10
Faservolumengehalt	%	50%
Masse Faser	kg	0,55
Masse Matrix	kg	0,38
Volumen Bauteil	m3	0,0006

Betriebsparameter		
Verschnittrate	%	60%
Ausschussrate	%	3%
Maschinenauslastung	%	84,0%

Maschinenparameter		
Betriebstage Linie (inkl. geplante)	d/Jahr	250
Betriebsstunden Linie	hr/d	22,05
Ungeplante Wartung	%	11,5%
Erfahrungsfaktor	%	100%
Taktzeit	s/Bauteil	295
Maschinenverfügbarkeit	hr/Jahr	4879
Effektiver Durchsatz je Presse	Bauteile/Jal	59.535
Effektiver Durchsatz gesamt	Bauteile/Jal	119.070

Energie		
Elektrische Leistung	kW	69
Strompreis	€/kWh	0,15

Arbeitskräfte		
Anzahl Mitarbeiter	N	1
Stundenlohn (brutto)	€/hr	45

Finanzparameter		
Lebensdauer der Maschine	Jahre	15
Lebensdauer Werkzeuge	Jahre	5
Investitionssumme Maschine	m€	0,92
Investitionssumme Werkzeuge	m€	0,32
ggf. Zinskosten	%	6%
ggf. Anteil Kredit an Investition	%	30%

Vorverarbeitung (Preforming)

	€/kg	€/Bauteil
Rohmaterialien (inkl. Verschnitt)	44,44	41,61
CFK-Gewebe	23,70	22,19
Matrix (Epoxidharz)	4,07	3,82
Verschnitt (nur zur Info; vgl. oben)		60%
Hilfs- und Betriebsstoffe	0,89	0,83
Energie	0,34	0,32
Arbeit	4,73	4,43
Wartung	0,13	0,12
Anlagekosten	1,00	0,94
Infrastruktur	0,84	0,79
Gemeinkosten		
Materialkosten	*45,33*	*42,44*
Verarbeitungskosten	*7,05*	*6,60*
Netto-Herstellkosten	*54,00*	*50,56*
Gewinn-Marge		*0%*
Verkaufspreis	*54,00*	*50,56*

Verarbeitung (RTM)

Rohmaterialien	50,56
Hilfs- und Betriebsstoffe	1,01
Energie	0,43
Arbeit	3,69
Wartung	0,12
Anlagekosten (Abschreibung)	1,25
Infrastruktur	0,72
Gemeinkosten	
Materialkosten	*51,57*
Verarbeitungskosten	*6,21*
Netto-Herstellkosten	*59,57*
Gewinn-Marge	*0%*
Verkaufspreis	*59,57*

Nachbearbeitung (Randbefräsung)

Rohmaterialien	59,57
Hilfs- und Betriebsstoffe	1,79
Energie	0,38
Arbeit	7,38
Wartung	0,15
Anlagekosten	1,63
Infrastruktur	0,35
Gemeinkosten	
Materialkosten	*61,36*
Verarbeitungskosten	*9,89*
Netto-Herstellkosten	*73,45*
Gewinn-Marge	*0%*
Verkaufspreis	*73,45*

Abb. 3.3: *Vollständige, vereinfachte Kostenmodelle für die Herstellung von Blechbauteilen (links) im Vergleich zu solchen aus Carbonfaser im RTM-Verfahren hergestellten (rechts).*

ge, Handlinggeräte) aufzuführen sowie die jeweils dazugehörende Abschreibungsdauer. Meist wird einfache lineare Abschreibung angewendet, das heißt, die Investitionssumme wird durch die Anzahl Jahre, die die Maschine in Betrieb ist (Lebensdauer), geteilt. Die daraus resultierende Jahresabschreibung legt sich dann über die produzierte Jahresstückzahl auf ein einzelnes Bauteil/Produkt um.

3.2.3 Prozessmodule und die Bedeutung der Gewinn-Marge

Der nächste Schritt ist die Aufstellung der Prozessmodule. Da diese meist generisch sind und großteils aus dem allgemeinen Block der pauschalierbaren Parameter errechnet werden, ist diese Aufgabe meist deutlich einfacher. Je Prozessschritt ist ein solches Modul einzurichten und ggf. an die spezifischen Bedingungen anzupassen, eventuell auch noch mit einer Nebenrechnung zu versehen.

Meist sehen diese Module jedoch aus wie in Abbildung 3.2 gezeigt. In dem hier gezeigten Beispiel sind alle Prozessmodule der Einfachheit halber mit den gleichen allgemeinen Betriebs- und Maschinenparametern etc. verknüpft, jedoch kann jedes Prozessmodul auch eigene Parameter besitzen; so sind z.B. Ausschussraten meist spezifisch für jeden Prozessschritt. Die einzelnen Module verknüpfen sich über die aufsummierten Herstellkosten der Vorstufe. In den Prozessmodulen sind üblicherweise die Kosten nach Material- und nach Prozesskosten getrennt aufgeführt (Abb. 3.2, grauer Balken). Zu den Materialkosten zählen neben den Rohmaterialien, die in diesem Prozessschritt verarbeitet werden, auch die Hilfs- und Betriebsstoffe wie Kühl- und Spülflüssigkeiten, Öle, Trennmittel, Klebstoffe usw., die dafür notwendig sind, das Rohmaterial zu verarbeiten. Zu den Prozesskosten gehören alle anderen Kosten. Die Summe aus Material- und Prozesskosten bildet dann die Netto-Herstellkosten für den jeweiligen Prozessschritt. Wird hier eine Gewinnmarge zugefügt, entsteht daraus ein Verkaufspreis für das Produkt dieses Prozessschrittes (Abb. 3.2, dunkelgrauer Balken).

Hier liegt ein weiterer wesentlicher Kostentreiber vor: sind nämlich die Vorstufen eines Produktes von einem externen Lieferanten zu beziehen, wird dieser eine Gewinn-Marge für sich in Anspruch nehmen. Daher muss die Verknüpfung mit dem nächsten Prozessmodul über den Verkaufspreis erfolgen; der Verkaufspreis entspricht dann den Rohmaterialkosten des nächsten Prozessschrittes.

Wird die Vorstufe dagegen im eigenen Unternehmen angefertigt, kann die Marge auf Null gesetzt werden; damit entsprechen die Rohmaterialkosten des folgenden Prozessschrittes den Netto-Herstellkosten der Vorstufe. Damit wird klar, warum Unternehmen in der Regel danach streben, einen größeren Teil der Wertschöpfungskette selbst zu betreiben und ins eigene Unternehmen zu integrieren: durch den Margenentfall für die Zwischenstufen steigt die Kosteneffizienz und damit die Wettbewerbsfähigkeit.

In dem hier aufgeführten Beispiel wird unterstellt, dass alle Prozessschritte in-house durchgeführt werden und damit reine Herstellkosten ohne Margen erhalten werden.

3.3 Beispiel für die Anwendung des Kostenmodells – CFK- vs. Blechbauteil

Welchen Nutzen hat nun die aufwändige Erstellung eines solchen Kostenmodells? Dazu kehren wir an den Anfang unserer Überlegungen zurück und stellen uns der Frage, unter welchen Bedingungen eine neue Technologie kostengünstiger sein kann als die bisher betriebene, herkömmliche Lösung.

Wir greifen hierzu exemplarisch die Fragestellung auf, ob ein Bauteil besser wie bisher in Stahlblech oder neu in CFK im RTM-Verfahren hergestellt werden soll. Die Aufstellung der Kostenmodelle wurde oben diskutiert; die fertigen Modelle sind in Tabelle 3.3 gegenüber gestellt. Die darin enthaltenen Zahlen wurden überwiegend aus der Kostenstudie „Wertschöpfungspotenziale" entnommen und sind nach eigenen Erfahrungswerten angepasst worden (Thielmann 2014).

Es sei an dieser Stelle aber nochmals ausdrücklich darauf hingewiesen, dass alle Werte lediglich Schätzungen darstellen und für jedes Unternehmen indivi-

3.3 Beispiel für die Anwendung des Kostenmodells – CFK- vs. Blechbauteil

Tab. 3.1: *Die Ergebnisse aus der Kostenberechnung der Modelle in Abb. 3.3 für verschiedene Stückzahlen von Blech- und CFK-Bauteilen sind hier in Tabellenform gegenübergestellt. Graphische Darstellung in der Abb. 3.4.*

Stückzahl N	1000	2000	3000	5000	7000	9000	11000	20000	30000	40000	50000	60000	65000	100000	500000	900000	1300000	1700000	2700000
CFK-RTM	500,9	283,9	211,5	153,6	128,8	115,1	106,3	88,5	81,3	77,7	75,5	74,1	77,01	73,5	71,3	70,9	70,9	70,8	70,8
Blech	1983,8	1001,9	674,6	412,8	300,6	238,2	198,5	118,2	85,5	69,1	59,3	52,8	50,2	39,7	23,9	22,2	21,5	21,2	20,74

duell und spezifisch ermittelt werden müssen. Daher sind alle hier getroffenen Aussagen lediglich als qualitativ oder bestenfalls halb-quantitativ zu verstehen. Sie sind lediglich beispielhaft für eine Anwendung des vorgestellten Modells und stellen daher keine verbindliche oder gar abschließende Aussage dar.

3.3.1 Bedeutung der Stückzahlen für die Kosteneffizienz

Um uns der Frage zu nähern, unter welchen Bedingungen sich eine neue Technologie eignet, wollen wir hier betrachten, bei welchen Jahresstückzahlen welches Material oder Verfahren sich besser für ein bestimmtes Bauteil eignet. Dazu wurde ein hypothetisches Bauteil definiert und mit Hilfe der Kostenmodelle aus Abbildung 3.3 für Stahlblech und CFK im RTM-Verfahren durchgerechnet.

In beiden Modellen wurden verschiedene Stückzahlen, von 1000 Stück pro Jahr bis 2,7 Millionen im Jahr, eingegeben und die jeweils dazugehörigen Herstellkosten aus dem Modell entnommen. Tabelle 3.1 zeigt das Ergebnis, in der Abbildung 3.4 sind die Zahlen graphisch dargestellt. Zu beachten ist, dass die Auftragung doppelt logarithmisch erfolgte, um die Effekte besser sichtbar zu machen.

Zunächst mag überraschen, dass eine Domäne geringerer Stückzahlen existiert, in der das vermeintlich teure CFK-RTM-Verfahren deutlich günstigere Bauteile liefert als das herkömmliche Blechpressen, obwohl im RTM-Prozess mindestens zwei zusätzliche Prozessschritte (neben der Hauptverarbeitung noch das Pre-forming und die Nachbearbeitung) notwendig sind. Dass hier dennoch Kostenvorteile vorliegen, dürfen wir überwiegend auf die deutlich niedrigeren Investitionskosten für den Maschinenpark zurückführen. Die hier

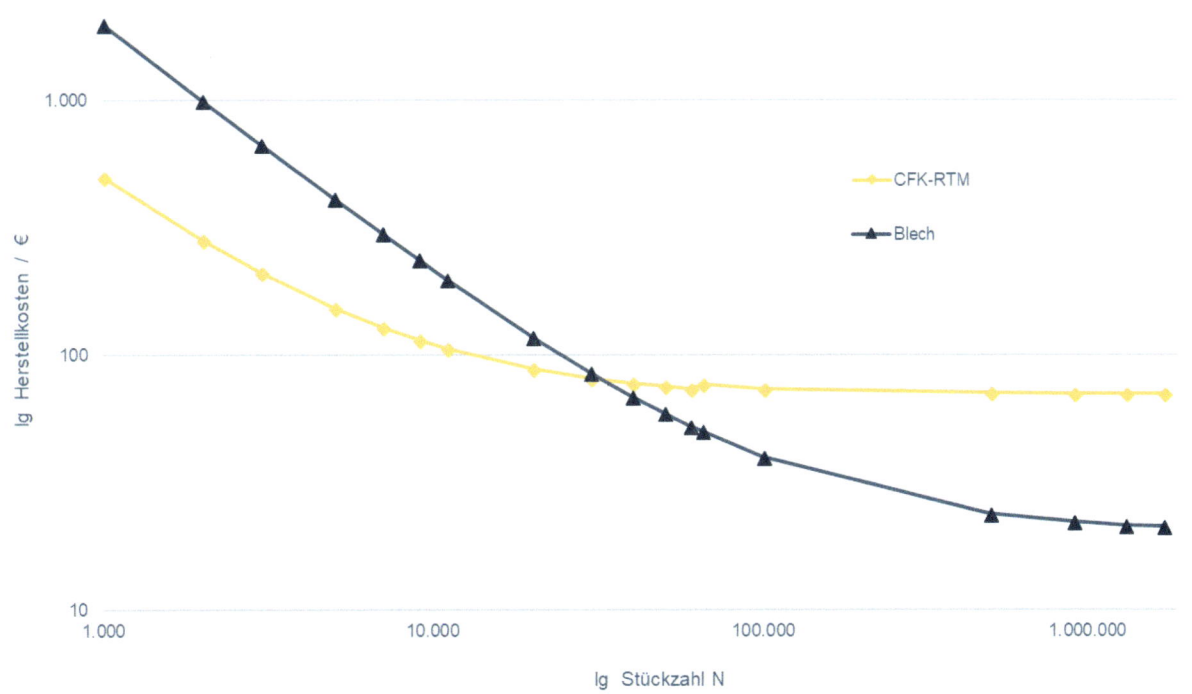

Abb. 3.4: *Die graphische Darstellung von Herstellkosten bei verschiedenen Stückzahlen zeigt, dass vermeintlich teure Bauteile aus Carbonfaser in niedrigen Stückzahlenbereichen deutlich günstiger sein können als aus Blech gefertigte.*

angesetzten Kosten für einen Zug Blechpressen liegen um über eine Größenordnung über dem Investitionsbedarf für eine adäquate Kapazität der RTM-Pressen im unteren Stückzahlenbereich.

Die exorbitanten Bauteilkosten eines Blechbauteils bei niedrigen Stückzahlen lassen sich durch die geringe Auslastung der Linie erklären: bei einer Stückzahl von 5000 Bauteilen im Jahr ist die Blechpresse nur zu 0,17% ausgelastet, während die RTM-Anlage immerhin 8,4% Auslastung einfährt. Daraus ergibt sich bereits intuitiv eine erhebliche Kostendifferenz (Tab. 3.1).

Der Grund für die hohen Anlagekosten lassen sich dann aus dem Kostenmodell schnell entnehmen: da die Investitionskosten nicht nur über die Zeit abgeschrieben werden, sondern auch auf die produzierten Bauteile pro rata umgelegt werden, ergibt sich bei sehr niedrigen Jahresstückzahlen ein enorm hoher Betrag für die Anlagekosten. Dieser Betrag wird in kleinen Stückzahlenbereichen dann prohibitiv teuer. Dies legt nahe, das Verfahren zur Herstellung des Bauteils zu ändern, womit dann auch eine vollkommen neue Kostenrechnung aufgestellt werden muss. Erhöht man nun die Jahresstückzahlen, so sinken die Kosten des Bauteils aus Blech schneller als die des CFK-RTM-Bauteils (Abb. 3.4). Bei etwa 32.000 Stück produzierter Bauteile kreuzen sich in diesem Beispiel die beiden Kurven: oberhalb dieser Stückzahl ist die Verwendung eines Blechteils die wirtschaftlich günstigere Wahl.

Als eine vorläufige Erkenntnis aus unseren Berechnungen dürfen wir hier also festhalten: werden lediglich kleinere Stückzahlen eines Bauteils benötigt, so können im RTM-Verfahren hergestellte CFK–Bauteile die (deutlich) kostengünstigere Variante sein. Allerdings sollte der Markt nicht so schnell wachsen, dass die magische Grenze von 32.000 Stück überschritten wird. Theoretisch gilt dies für den gesamten Abschreibungszeitraum der Anlage (15 Jahre), es sei denn, die Anlage lässt sich nach Auslaufen des Bauteils anderweitig auslasten. Da hier das Wachstum klar begrenzt wird, ist dies möglicherweise einer der Gründe dafür, warum die Verwendung von CFK aus betriebswirtschaftlichen Erwägungen heraus eher nicht erfolgt (Wachstumsbremse).

3.3.2 Einfluss der Taktzeit

Um die Daten weiter zu analysieren, gehen wir nun einen Schritt weiter und wollen versuchen, aus den betriebswirtschaftlichen Randbedingungen heraus technische Entwicklungspotenziale abzuleiten, die es erlauben, leichtere CFK-Bauteile so kostengünstig herzustellen, dass deren Einsatz möglich wird. Häufig wird argumentiert, dass die hohen Materialkosten von CFK den großflächigen Einsatz des Materials verhindern. Wir können dies in unserem Modell simulieren, indem wir die Materialkosten sowohl bei Blech als auch bei CFK auf Null setzen.

Die Abbildung 3.5 zeigt, was passiert: Abhängig von den jeweiligen Investitionskosten sinken wiederum die Herstellkosten mit der Stückzahl schneller oder langsamer und nähern sich dann asymptotisch einem unteren Wert an, der die minimal darstellbaren Prozesskosten (also nur die Verarbeitung des Bauteils) darstellt.

Dieser Wert liegt bei CFK bei etwa 23 €/Bauteil, bei Blech nähert er sich bei sehr hohen Stückzahlen dem Wert von 1,53 €/Bauteil an (Achtung: die y-Achse in Abbildung 3.5 ist wiederum logarithmisch dargestellt). Dies ist einerseits darauf zurückzuführen, dass ein äquivalentes CFK-Bauteil drei (zusätzlich Pre-forming und Nachbearbeitung) statt nur einen Prozessschritt benötigt und damit per se aufwändiger und damit kostenintensiver zu fertigen ist. Immerhin gelingt es so, den Kreuzungspunkt mit der Blechkurve bis auf etwa 80.000 Stück hinaus zu schieben, sodass es durchaus sinnvoll erscheint, an den Materialkosten des CFK zu arbeiten.

Andererseits ergibt sich eine weitere, hier sehr wichtige Restriktion: nämlich die Beschränkung der Taktzeit. Während das Blechteil in lediglich sechs Sekunden gefertigt werden kann, benötigt in unserem Beispiel das CFK-Bauteil satte 295 Sekunden. Was würde passieren, wenn die Taktzeit für das Bauteil reduziert würde?

Das lässt sich in unserem Modell testen, indem dort die Taktzeit sukzessive verringert wird. Dies geschieht bei jeweils maximaler Auslastung (Parameter „Maschinenauslastung" bei 100%), um andere Stückzahlen-Effekte wie die Anlagekosten auszuschalten bzw. konstant zu halten.

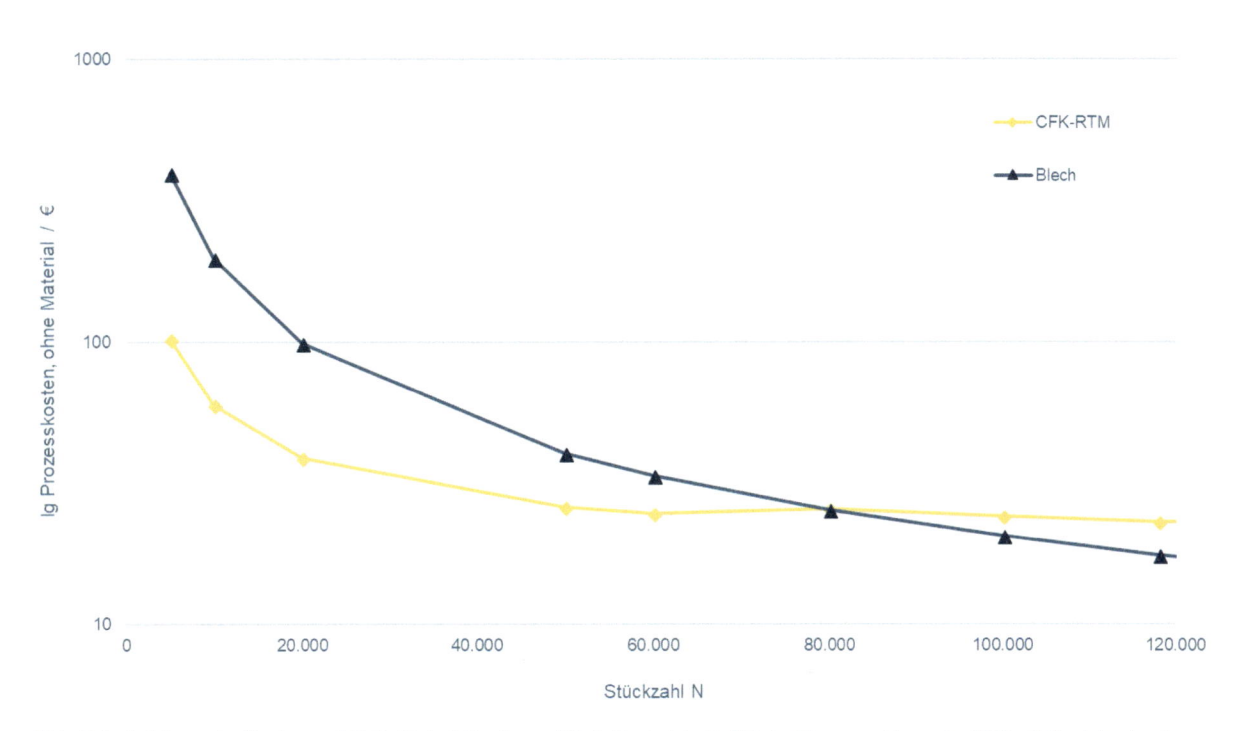

3.3 Beispiel für die Anwendung des Kostenmodells – CFK- vs. Blechbauteil

Abb. 3.5: *Setzt man im Kostenmodell die Materialkosten auf Null, lässt sich die Stückzahlgrenze, bis zu der CFK mit Blech konkurrieren kann, noch deutlich zu höheren Stückzahlen verschieben. Das bedeutet, dass die Materialkosten der Carbonfasern einen überproportional hohen Einfluss auf die Gesamtkosten eines Bauteils haben.*

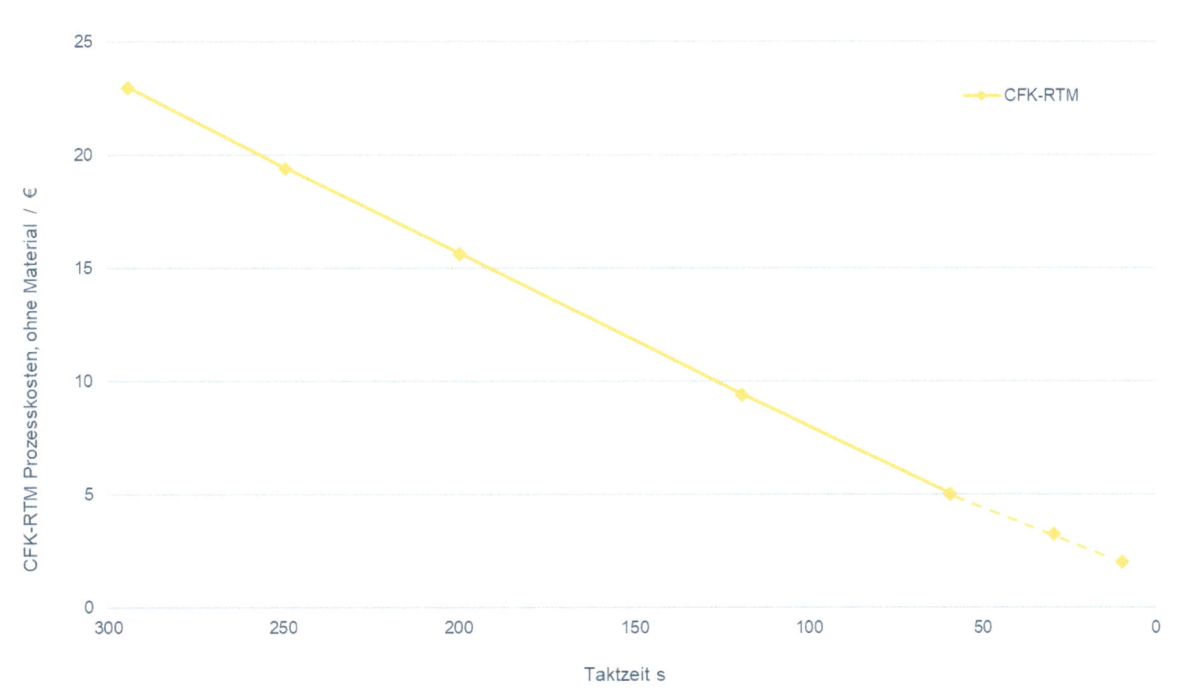

Abb. 3.6: *Lässt man wie in Abb. 3.3 die Materialkosten außer Acht und variiert die Taktzeit der RTM-Produktionslinie, so zeigen sich weitere wesentliche Kostensenkungspotenziale. Wie weit diese tatsächlich gehen, lässt sich allerdings mit der rein betriebswirtschaftlichen Berechnung nicht mehr ermitteln. Aus der technisch-naturwissenschaftlichen Betrachtung lässt sich eine untere Grenze von etwa 60 s abschätzen, womit die Minimalkosten des RTM-Verfahrens bei etwa 5 € pro Beispiel-Bauteil landen dürften.*

Das Ergebnis zeigt Abbildung 3.6: die Herstellkosten sind linear abhängig von der Taktzeit und sinken drastisch mit deren Abnahme. Theoretisch wären Prozesskosten erreichbar, die unterhalb denen von Blech liegen, da die Investitionskosten für den Maschinenpark deutlich niedriger sind. Die Frage ist allerdings, wo die technisch-naturwissenschaftliche untere Grenze der Taktzeit in einem RTM-Verfahren liegt.

Der wichtigste zeitbegrenzende Schritt dürfte dabei die Injektion des Harzes sein. Einerseits muss dieses flüssig genug sein, um durch das Carbonfaser-Gelege in alle Ecken des Werkzeugs zu fließen, andererseits ist eine schnelle Aushärtung wünschenswert. Beide Anforderungen gleichzeitig zu erfüllen schließt sich nach heutigem Stand aus, sodass eine realistische Untergrenze von 60 s angenommen werden kann (daher die Strichelung in Abbildung 3.6 unterhalb von 60 s Taktzeit).

Damit bleiben die Prozesskosten aber immer noch etwa dreimal so hoch wie die von Blech. Auch bei einer Verringerung der Materialkosten von CFK auf hypothetische Null € bleibt das Verfahren damit in großen Stückzahlen teurer.

3.3.3 Solide Marktnische für CFK – Sorgenkind Prozesszeit

Mit dem hier vorgestellten Kostenmodell lassen sich auf einfache und schnelle Weise Abschätzungen erarbeiten, wie sich verschiedene Material- und Verfahrenssysteme verhalten und miteinander vergleichen lassen. Auch können solche Systeme sehr schnell auf ihren Entwicklungsbedarf untersucht werden.

Die Beispiele oben zeigen exemplarisch, dass es auch für vermeintlich teure Systeme, wie das RTM-Verfahren zur Herstellung von CFK, Räume gibt, in denen sie ökonomisch betrieben werden können. So ist dieses System dann wirtschaftlich vertretbar, wenn niedrige Jahresstückzahlen zu produzieren sind, die eventuell dann auch in einem hochpreisigen Produkt eingebaut werden und so einen erheblichen Deckungsbeitrag erwirtschaften können.

Für die Weiterentwicklung des Systems leitet sich aus den oben gemachten Überlegungen ab, dass die Senkung der Kosten für die Rohmaterialien Carbonfaser und Epoxidharzmatrix einen erfolgversprechenden Weg darstellt. Allerdings ist es gleichzeitig unabdingbar, die bisher noch sehr hohen Prozesskosten ebenfalls anzugehen. Sie entstehen überwiegend durch die begrenzte Taktzeit des Systems. Den größten Hebel für eine zunehmende Wettbewerbsfähigkeit des Systems stellt also die Verkürzung der Prozesszeit dar.

In der Praxis dürfte dieses Vorgehen allerdings an physikalische Grenzen stoßen, weshalb bereits seit einigen Jahren schon Bestrebungen erkennbar sind, vom HP-RTM-Verfahren (High Pressure Verfahren) auf andere Verfahren, z. B. Organobleche, umzusteigen. Mit einem Verfahrenswechsel können so auch naturgegebene, physikalische Grenzen umgangen werden. Gleichzeitig zeigt dies Beispiel, wie allein schon mit einfachen, überschlägigen Rechnungen aus der Finanzwelt gute bis solide Vorhersagen gemacht werden können.

Festzuhalten bleibt auch, dass für die vermeintlich immer so teuren CFK-Werkstoffe eine solide Marktnische ausgemacht werden kann, in der selbst das als aufwändig geltende HP-RTM-Verfahren seine Berechtigung hat. Es gilt hier lediglich (Tipp vom „Finanzer"), das richtige Marktsegment zu identifizieren.

3.4 Investitionsrechnung als Maßstab für die Wirtschaftlichkeit

Mit der Berechnung der Herstellkosten im vorigen Abschnitt haben wir eine wichtige Grundlage gelegt für die Entscheidung, ob eine Investition getätigt werden soll oder nicht. Intuitiv entscheiden wir uns für das günstiger herzustellende Produkt. Wir haben aber noch nicht berücksichtigt, dass jedes neue Herstellverfahren eine erhebliche Investition (engl. Capital Expenditure, CapEx) bedeutet.

So müssen z. B. für das im vorigen Abschnitt behandelte Blechbauteil Produktionsanlagen im Werte von 21 m€ angeschafft werden. Obwohl das Produkt deutlich billiger hergestellt werden kann, können wir mit dem bisher vorgestellten Kostenmodell nicht die Frage beantworten, ob sich diese hohe Investition über die Laufzeit des Produktes hinweg amortisiert. Ebenso wenig können wir sagen, ob durch diese Maßnahme (günstigeres Bauteil, aber vielfach erhöhter Investitionsaufwand) der Unternehmenswert gesteigert oder eher vermindert wird.

Die Fragen, die sich hier ergeben, lauten also etwa folgendermaßen: Spart das günstiger herzustellende Produkt tatsächlich so viel Geld ein, dass damit die höhere Investition gedeckt werden kann? Ist eigentlich das Geld, das ich in fünf Jahren noch mit dem günstigeren Bauteil verdiene, dasselbe wert wie das Geld das ich heute in die Investition stecke? Deckt das verdiente Geld die Renditeerwartungen meines Unternehmens ausreichend ab?

Für die Beantwortung dieser Fragen benötigen wir eine leicht komplexere Berechnung: sie wird allgemein als Investitionsrechnung bezeichnet. Hier wollen wir uns der umfassendsten Form der Investitionsrechnung nach dem Verfahren des Discounted Cash Flow (DCF; deutsch: abgezinster Zahlungsstrom) widmen. Da das Verfahren auch im deutschsprachigen Raum als „DCF" bekannt ist, wird im Weiteren dieser Begriff verwendet.

3.4.1 Grundlagen der Investitionsrechnung nach dem DCF-Modell: Tabelle der Cash Flows und Ermittlung des Netto-Barwerts (NPV)

Zahlungsströme (engl. Cash Flow)

Im DCF-Verfahren werden, wie der Name schon besagt, lediglich Zahlungsströme, d. h. wirklich geflossenes Geld, angesetzt. Dies ist im Gegensatz zu buchhalterischen Größen, wie Abschreibungen, oder Umlagen, wie Gemeinkosten, zu sehen, die allein durch buchhalterische Zuschreibung entstehen. Dies ist auch der Grund für die Nutzung von Zahlungsströmen (Cash Flow), da die Zuschreibung relativ willkürlich geschieht und leicht veränderbar ist. Cash Flows dagegen lassen sich als Geldflüsse bzw. Kontenbewegungen eindeutig festlegen und nicht manipulieren. Bei der Identifizierung der relevanten Zahlungsströme ist zu beachten, dass die Zahlungsströme mit dem zu beurteilenden Projekt ursächlich zusammenhängen.

Zahlungsströme, die nicht durch das Projekt verursacht werden, sind irrelevant für die Investitionsrechnung, da sie sich mit einer Entscheidung für oder gegen die Investition nicht verändern. Dazu muss es sich um zukünftige Zahlungsströme handeln, da Geldflüsse aus der Vergangenheit nicht mehr rückgängig gemacht werden können (diese werden daher auch nicht in der Investitionsrechnung berücksichtigt; im Englischen gibt es den etwas süffisanten Ausdruck der „sunk costs" für diese Zahlungsströme).

Des Weiteren interessieren uns nur die Differenzen in den Cash Flows, sogenannte inkrementelle Zahlungsströme. Da eine Investitionsrechnung den bestehenden Zustand gegen einen neuen Zustand abschätzt (und damit eine Entscheidung „ja, ich tätige diese Investition" oder „nein, ich tätige diese Investition nicht" ermöglicht), wird nur der Unterschied zwischen „alt" und „neu" betrachtet. Ein unveränderter Zahlungsstrom trägt nicht zur Entscheidungsfindung bei und wird deshalb mit Null (Inkrement zwischen „alt" und „neu") angesetzt. Um in obigen Beispiel der Fertigung in CFK oder Blech zu bleiben: nur der Unterschied zwischen den beiden Verfahren ist relevant, also quasi die Differenz der beiden Kurven in Abbildung 3.4.

Relevante Zahlungsströme werden dann in Cash Flows mit inkrementellem Nutzen, inkrementellen Kosten und als vermeidbare Kosten eingeteilt. Während Nutzen (positive Zahlungsströme, Cash-in) und Kosten (negative Zahlungsströme, Cash-out) intuitiv schnell verstanden werden, ist dies mit vermeidbaren Kosten meist nicht der Fall. Sie stellen aber einen wichtigen Teil der meisten Investitionsrechnungen dar. So kann z. B. eine neue Fertigungsstraße eingerichtet werden, weil sie einen deutlich geringeren Energieverbrauch ausweist als die alte – die eingesparte Energie ist dann eine vermeidbare Auszahlung und wird daher wie ein positiver Zahlungsstrom (Cash-in) behandelt.

Um diese etwas komplexeren Zusammenhänge überschaubar zu machen, wird hier die Verwendung einer Tabelle entsprechend Tabelle 3.2 vorgeschlagen, in der systematisch alle inkrementellen Zahlungsströme abgebildet und für die eigentliche Investitionsrechnung vorbereitet werden.

Tab. 3.2: *Die Klassifizierung verschiedener Zahlungsströme wird zweckmäßigerweise in einer Tabellenform vorgenommen, die der hier gezeigten entspricht. Erfahrungsgemäß gelingt damit am ehesten eine korrekte Zuweisung der Zahlungsströme für die DCF-Rechnung. Alle hier angegebenen Zahlen sind nur beispielhaft.*

Position *(exemplarisch)*	Irrelevant		Relevant in T€, p.a.		
	in der Vergangenheit	Zugewiesen / buchhalterisch	Inkrementeller Nutzen	Inkrementelle Kosten	Vermeidbare Kosten
Materialkosten					80
Werker					107
Produktionsleiter Gehalt					20,4
Zugewiesene Mietkosten		20,1			
Externe Mietkosten					27
Abschreibung Maschinenpark	27				
Wartung Maschinenpark					6,3
Sonstige Betriebskosten					25,5
Verwaltung		40,5			
Verkauf Maschinenpark (nach fünf Jahren)			30		
Verkauf von recyclebaren Verschnittmaterial			32		
Lieferantenvertrag				260	

Abzinsung oder Diskontierung

Ebenfalls intuitiv verstehen wir, dass einhundert Euro in einem Jahr weniger wert sind als einhundert Euro heute. Doch worin liegen die Gründe, dass dies so akzeptierte Praxis ist? Dazu müssen wir uns kurz dem Thema Risiko widmen: lege ich heute hundert Euro auf das Konto einer Bank, besteht ein (zugegebenermaßen sehr geringes) Risiko, dass die Bank in einem Jahr nicht mehr existiert. Zur Abdeckung dieses Risikos zahlt mir die Bank einen kleinen Ausgleich, der in der Fachwelt mit dem Begriff „Zins" bezeichnet wird und entsprechend dem Ausfallrisiko eher gering ausfällt. Stecke ich mein Geld aber stattdessen in ein Unternehmen, besteht ein deutlich höheres Risiko, meine Investition zu verlieren: das Unternehmen unterliegt dem Wettbewerb, den Unwägbarkeiten des Marktes und zahlreichen anderen äußeren Einflussfaktoren, die die Rückzahlung meines Geldes, falls gewünscht, ebenfalls unmöglich machen könnten. Daher erwarte ich als Investierender einen weit höheren Risikoaufschlag; die „Kapitalkosten" nehmen zu.

Dazu kommt ein Inflationsaufschlag, der der allgemeinen Entwertung des Geldes entgegenwirkt. Mit diesen drei Faktoren lässt sich die Entwertung des Geldes über die Zeit genau berechnen. Durch meist komplizierte volks- und betriebswirtschaftliche Betrachtungen lassen sich auch diese Faktoren ziemlich exakt berechnen; an dieser Stelle soll es aber genügen, diesen Komplex als Kapitalkosten zu bezeichnen und zu erwähnen, dass diese in der Regel im Unternehmen im Controlling in Erfahrung zu bringen oder bei börsennotierten Unternehmen auch aus den jährlichen Geschäftsberichten zu entnehmen sind. Die Kapitalkosten sind, sehr vereinfacht, die Zinsen des Geldes, das ich für meine Investition benötige und werden damit dann auch als Prozentsatz ausgedrückt.

Oft wird der Unternehmer seine Kapitalkosten mit einem zusätzlichen Aufschlag versehen, der den Gewinn für ihn abbilden soll; dieser Satz ist dann dem Diskontsatz zuzuschlagen.

Die Kapitalkosten sind es nun, die die zukünftigen Zahlungsströme entwerten. Die Zahlungsströme in der Zukunft sind also mit dem Satz der Kapitalkosten oder, wie er hier zu bezeichnen wäre, mit dem Diskontsatz abzuzinsen. Der (heutige) Barwert eines Zahlungsstroms in der Zukunft berechnet sich dann mit der Diskontierungs-Formel

$$PV = CF_n/(1+DR)^n$$

mit PV = Barwert, CF_n = Zahlungsstrom im Jahr n, DR = Diskontsatz (oder Kapitalkosten), n = Jahr des Zahlungsstroms.

und beantwortet damit die eingangs gestellte Frage, wieviel einhundert Euro in einem Jahr nach heutigem Stand noch wert sind.

Da niemand gern mit solch komplizierten Formeln rechnet sei darauf hingewiesen, dass entsprechende Diskontierungsfaktoren (das ist dann der Term $DF_n = 1/(1+DR)^n$; DF_n = Diskontierungsfaktor im Jahr n) tabellarisch für alle Jahre und verschiedene Zinssätze in Lehrbüchern (Atrill 1999) und im Internet gelistet sind.

Netto-Barwert (NPV)

Nachdem nun nach dem Schema in Tabelle 3.2 alle (zukünftigen) Zahlungsströme ermittelt sind, müssen diese also Jahr für Jahr abgezinst werden. Am besten geschieht dies wie in dem Beispiel in der Tabelle 3.3 dargestellt: die tatsächlichen und für jedes Jahr einzeln aufsummierten Zahlungsströme (linke Spalte in Tabelle 3.3) werden über fünf fiskalische Jahre verteilt und dann mit der obigen Formel (oder einfacher: mit tabellarischen Werten des Diskontierungsfaktors; letzte Spalte) „entwertet" (zweite Spalte in Tabelle 3.3).

Die so entstehenden jährlichen diskontierten Zahlungsströme werden dann gegen die Investition, die definitionsgemäß in Jahr Null stattfindet*, aufgerechnet oder akkumuliert. Die daraus entstehende Summe ist der Netto-Barwert (engl.: Net Present Value, NPV) der Investition und der dazugehörigen und gegengerechneten Netto-Zahlungsströme über fünf Jahre.

---
* Das Jahr Null wird gewählt, weil mit n=0 nach der Abzinsungsformel keine Diskontierung der Investition stattfindet. Das ist konsistent, da eine Investition „heute" getätigt wird und damit dem heutigen Wert des Geldes entspricht.

Die Rechnung folgt dabei der allgemeinen Formel für die Berechnung des Netto-Barwertes

$$NPV = \Sigma((\text{eingehende Zahlungsströme} - \text{ausgehende Zahlungsströme})_n/(1+DR)^n)$$

wobei Σ die Summe aller Zahlungsströme darstellt (restliche Variable wie oben). Meist fällt allerdings die tabellarische Bearbeitung der Cash Flows wie in Tabelle 3.3 leichter.

Bedeutung des Netto-Barwertes

Der Netto-Barwert oder NPV, wie er auch im deutschsprachigen Raum meist genannt wird, stellt ein direktes Maß für die Wertzunahme des Unternehmens unter Berücksichtigung aller Kosten und Risiken einer Investition dar. Ist der NPV positiv, wirft die Investition eine Rendite ab und sollte daher aus dieser Perspektive getätigt werden.

Wie Tabelle 3.3 deutlich macht, verliert ein Zahlungsstrom weiter in der Zukunft sehr schnell an Wert; trotz der drastisch hohen Zahlungsströme im Jahr 5 nach der Investition ergibt sich ein nur noch sehr geringer positiver Gesamtwert (oder Netto-Barwert). Dies ist auch der Grund dafür, dass Investitionsrechnungen in aller Regel über maximal fünf Jahre durchgeführt werden, denn eingehende Zahlungsströme hiernach sind häufig auf die Hälfte oder weniger ihres Wertes reduziert und spielen dann in der Gesamtrechnung kaum noch eine Rolle.

Das erklärt auch den oft als kurzfristig empfundenen Zeithorizont bei vielen Investitionen; aber auch, warum der recht- und vor allem frühzeitigen Fertigstellung von Projekten eine so große Aufmerksam-

Tab. 3.3: *Prinzipielle Vorgehensweise bei der Errechnung des NPV: die Netto-Zahlungsströme werden mit dem (meist aus tabellierten Werken entnommenen) Diskontierungsfaktor abgezinst und aufsummiert. Damit wird der Netto-Barwert oder NPV in diesem einfachen Beispiel mit 651 T€ erhalten.*

Periode	Zahlungsströme T€ nicht abgezinst	Zahlungsströme T€ abgezinst mit 10%	Diskontierungsformel	Diskontierungsfaktor
Jahr 0	-10000	-10000	./.	
Jahr 1	1000	909	$1/(1+0,1)$	0,9091
Jahr 2	2000	1652	$1/(1+0,1)^2$	0,8264
Jahr 3	3000	2254	$1/(1+0,1)^3$	0,7513
Jahr 4	4000	2732	$1/(1+0,1)^4$	0,6830
Jahr 5	5000	3104	$1/(1+0,1)^5$	0,6209
Nettosumme	5000	651 NPV		

3 Betriebswirtschaftliche Aspekte des Leichtbaus

keit gewidmet wird: frühzeitig erfolgende (Rück-)Zahlungsströme tragen weit überproportional zur Rentabilität einer Investition bei und werden daher stark bevorzugt.

Interner Zinsfuß (Internal Rate of Return)
Der interne Zinsfuß ist eine der Rendite eng verwandte Größe, die allerdings aus den diskontierten Zahlungsströmen errechnet (Renditen werden meist nicht diskontiert berechnet) und in Prozenten angegeben wird. Auf eine Darstellung der Berechnung soll hier aufgrund ihrer Komplexität verzichtet werden; es sei darauf hingewiesen, dass Excel eine entsprechende Funktion zur Berechnung bereithält und in Abbildung 3.9 weiter unten ein Beispiel dargestellt ist.

Als diskontierte Renditegröße ist der interne Zinsfuß direkt vergleichbar mit anderen Kenngrößen des Unternehmens, hier hauptsächlich mit dem ROCE (Unternehmensrendite; engl. Return on Capital Employed). Diese Größe gibt die Profitabilität eines Unternehmens im Verhältnis zum eingesetzten Kapital an und wird ebenfalls als Cash Flow-Größe berechnet; sie wird in Prozent angegeben. Daher lässt sich der interne Zinsfuß (oder IRR) direkt damit vergleichen: ist er höher als das ROCE, ist die Investition für das Unternehmen profitabel – die Rendite des Unternehmens wird erhöht.

3.4.2 Beispiel für die Anwendung der Investitionsrechnung – ein topologieoptimiertes Maschinenbett

Um die Anwendung der Investitionsrechnung auch für den Leichtbau zu demonstrieren, wollen wir hier auf das Beispiel eines mittelständischen Maschinenbauers eingehen (Rothaupt, Schurr 2015). Das Beispiel, an dem die hier gezeigten Rechnungen durchgeführt werden, ist aus der Praxis gegriffen, allerdings sind die Zahlen zum Schutz des Unternehmens fiktiv gewählt.

Die Abbildung 3.7 zeigt links einen Teil der Maschine, die in den genannten Arbeiten als Versuchsträger verwendet wurde. Das Bauteil ist aus Grauguss gefertigt und wiegt in der Originalversion 251 kg. Wird das Bauteil zunächst topologieoptimiert (Abb. 3.7, Mitte) und anschließend neu konstruiert, wiegt es nur noch 174 kg und damit 31% weniger als die ursprüngliche Version (Abb. 3.7 rechts außen).

Da die Konstruktion des Gussbauteils nachträglich erfolgte, ist in die Neukonstruktion zu investieren. Die hierfür erforderliche Engineering-Leistung wurde von dem Dienstleister auf 72.000 € veranschlagt. Die Kostenberechnung für diesen Teil des Maschinenbetts (erfolgt in Analogie zu dem Kostenmodell

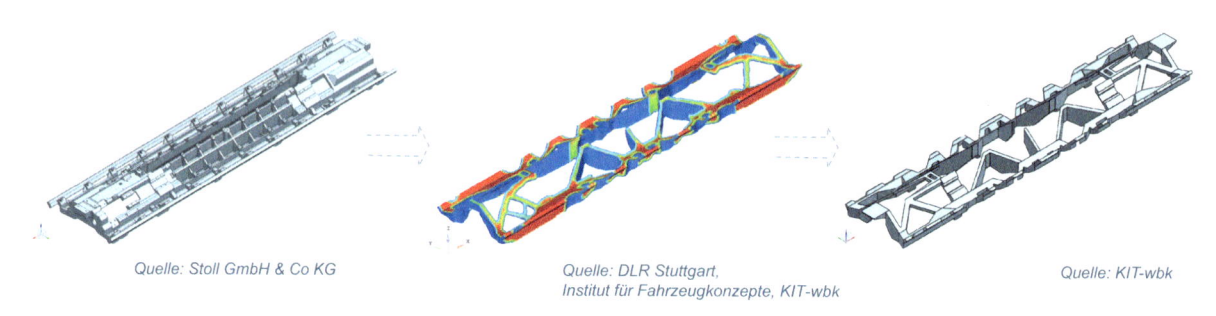

Quelle: Stoll GmbH & Co KG

Quelle: DLR Stuttgart, Institut für Fahrzeugkonzepte, KIT-wbk

Quelle: KIT-wbk

Geometrie vorher — 251, 2 kg — Massereduzierung 31 % — 173,8 kg — *Geometrie nachher*

Abb. 3.5: *Ein Gussbauteil als Teil des Maschinenbettes, das in diesem Beispiel leichtbau-optimiert wurde (links). Eine Topologieoptimierung durch die DLR (Mitte) führte zu einem gewichts-optimierten Bauteil gleicher Stabilität (KIT-wbk, rechts), welches durch die Materialersparnis deutlich preisgünstiger wird.*

3.4 Investitionsrechnung als Maßstab für die Wirtschaftlichkeit

Herstellkosten	Einheit	Alt	Neu	Abweichung	Abweichung
Materialkosten	€/Bauteil	1.418,08 €	1.325,81 €	-92,27 €	6,51%
Anlagenkosten- und Investitionskosten	€/Bauteil	144,68 €	144,68 €	- €	0,00%
Personalkosten	€/Bauteil	265,51 €	265,51 €	- €	0,00%
Energiekosten	€/Bauteil	10,04 €	10,04 €	- €	0,00%
Materialgemeinkosten	€/Bauteil	222,73 €	162,24 €	-60,50 €	27,16%
Gesamte Herstellkosten (HK)	€/Bauteil	**2.061,03 €**	**1.908,27 €**	**-152,77 €**	**7,41%**
Gemeinkostenzuschlag	€/Bauteil	157,45 €	157,45 €	- €	0,00%
Gesamte Selbstkosten	€/Bauteil	2.218,49 €	2.065,72 €	-152,77 €	6,89%

Abb. 3.8: *Eine Kalkulation der Herstellkosten ergab im Wesentlichen Einsparungen bei den Materialkosten. Für das Gussbauteil ergaben sich dadurch Kosteneinsparungen von ca. 6,5 %.*

aus dem vorigen Abschnitt) ist in Abbildung 3.8 dargestellt. Da das Bauteil weiterhin nach dem Graugussverfahren hergestellt wird, ergeben sich als kostenmäßige Abweichungen niedrigere Materialkosten und geringere Materialgemeinkosten – alle anderen Kostenpositionen bleiben gleich.

Da uns die gleichbleibenden Zahlungsströme nicht interessieren (inkrementeller Cash Flow ist Null) und die Materialgemeinkosten kein Zahlungsstrom, sondern nur eine rein buchhalterische Zuweisung von Gemeinkosten darstellt, bleibt als zu berechnender Zahlungsstrom lediglich die Differenz in den Materialkosten, nämlich die in Abbildung 3.8 aufgeführten, ganz rechts als Abweichung aufgezählten 92,27 €.

Dieser Betrag ist als vermeidbare Kostenposition zu klassifizieren, mit der Jahresstückzahl an produzierten Bauteilen (hier: 950) zu multiplizieren und dann als jährlich eingehender Zahlungsstrom in die Investitionsrechnung einzusetzen (Abb. 3.9).

Hier wurde zusätzlich noch angenommen, dass die Materialkosten mit jedem Jahr um 2% ansteigen, die Kapitalkosten für das Unternehmen wurden mit 11% angenommen.

3.4.3 Leichtbau lohnt sich auch im Maschinenbau

Damit ergibt sich bereits nach zwei Jahren** ein komfortables Polster von einem Netto-Barwert von 79.500 €, um den der Unternehmenswert direkt ansteigt. Oder, anders ausgedrückt: wenn das Unternehmen sich heute 72.000 € von seinen Investoren zu 11 % Kapitalkosten borgt und in die Verbesserung der Maschine steckt, dann hat es nach zwei Jahren

---

** Abweichend von der Norm, fünf Jahre als Amortisationszeitraum für die Investitionsrechnung zu verwenden, haben wir uns hier rein aus praktischen Gründen auf zwei Jahre beschränkt. In Nominalwerten gemessen hat sich die Investition bereits nach weniger als neun Monaten amortisiert.

Berechnung Netto-Barwert (DCF)	2018	2019	2020
Investition / T€	-72		
Eingehende Zahlungsflüsse / T€		0,0	0,0
Vermiedene Auszahlungen / T€		87,7	89,4
Netto Zahlungsströme / T€	-72	87,7	89,4
Abgezinste Zahlungsströme / T€		**79,0**	**72,6**
Netto-Barwert (NPV) / T€			**79,5**
Internal Rate of Return (IRR) / %			69,2%

Abb. 3.9: *Eine vereinfachte Investitionsrechnung über lediglich zwei Jahre (üblich sind fünf) zeigt, dass die aufzuwendenden Zusatzkosten für die Topologieoptimierung, hier 72 T€, bereits nach zwei Jahren einen deutlich positiven Netto-Barwert von fast 80 T€ erwirtschaften.*

79.500 € zu heutigem Wert des Geldes verdient. Die Investition hat sich trotz des hohen „Zins"satzes ausgezahlt.

Der interne Zinsfuß (IRR) beträgt 69,2 %. Das ist nicht ungewöhnlich hoch; erstens ist die Größe nicht linear und daher nicht direkt aus dem Verhältnis von Investition zu Nutzen zu errechnen, und zweitens verlangen Unternehmen meist Projektrenditen deutlich höher als der ROCE des Unternehmens.

Der Grund ist, dass das Risiko, das ein Projekt „schief" gehen kann, d. h. nicht die versprochenen Renditen erzielt, meist sehr hoch ist. Nicht unüblich ist, dass bis zu 80 % der Projekte deutlich unter den prognostizierten Werten bleiben. Daher betrachten viele Unternehmen ein Portfolio von Projekten (ähnlich wie Banken es mit ihren Kredit-Portfolios machen, deren Gesamtrendite über der Unternehmensrendite liegen muss). Damit wird das Projektrisiko gestreut, das bedeutet aber auch, dass die Anforderungen an den Zinsfuß steigen: so muss dann etwa wie in dem Beispiel oben jedes fünfte Projekt die Rendite für die restlichen 80 % ausgefallener Projekte erwirtschaften.

3.5 Schlussbetrachtungen

Mit den beiden hier vorgestellten Methoden ist der Ingenieur mit zwei wesentlichen Tools ausgestattet, um sein eigenes Entwicklungsgeschehen und den Nutzen davon auch einem kritischen Controller vermitteln zu können. Mit der Berechnung der Kosten, sowie dem Kosten-/ Nutzen-Verhältnis einer Investition sind die zwei wichtigsten betriebswirtschaftlichen Fragen für die Beschreibung technologisch neuer Felder zu beantworten.

Bei einer Investitionsentscheidung wie auch einer technologischen Neu-Orientierung spielen aber nicht immer nur die reinen Zahlen eine Rolle. Darüber hinaus gibt es eine Reihe von strategischen Fragen, die beantwortet werden müssen: Wie werden meine Kunden auf das neue Produkt/die neue Bauweise reagieren? Erfordert der Markt die Einführung einer neuen Technologie (weil ich sonst nicht mehr als Marktteilnehmer wahrgenommen werde – ein häufiges Problem bei IT-Projekten)? Kann die Rohmaterialversorgung auch über einen längeren Zeitraum sichergestellt werden? Bewegen sich die Kosten, wie auch die Nutzen für die nächsten fünf Jahre im prognostizierten Rahmen? Usw. usf.

Technische, (markt-) strategische und finanzielle Betrachtungen laufen so zusammen zu einer gut begründbaren Rationale für oder gegen eine neue Technologie im Unternehmen. Das hiesige Kapitel liefert einen Baustein dazu, um fundierte Größen zu entwickeln, die die finanzielle Machbarkeit eines Projektes bemessen können.

3.6 Weiterführende Informationen

Atrill, P.; McLaney, E.: Management Accounting for Non-Specialists; London 1999

Rothaupt, B.: Leichtbau in Werkzeugmaschinen, Karlsruhe 2015, Masterarbeit am KIT-wbk

Schurr, J.: Wirtschaftliche Betrachtung von Leichtbau in Werkzeugmaschinen, Karlsruhe 2015, Bachelor-Arbeit am KIT-wbk

Thielmann, A. et al.: Wertschöpfungspotenziale im Leichtbau und deren Bedeutung für Baden-Württemberg; Stuttgart 2014; Studie im Auftrag der Leichtbau BW, durchgeführt durch KIT-wbk und Fraunhofer-Gesellschaft

Sachregister

A

Abrasive Wasserstrahltechnik
- Reparaturverfahren 1125

Abtragen
- Trennen 510

Additive
- Kunststoffe 330

Aluminiumbleche
- Zerteilen 496

Aluminiumdruckguss
- Kleben 887

Aluminiumhalbzeuge 241
Aluminiumlegierungen 230
- gießbar 430
- Trennen und Spanen 243
- Zerspanung 506

Aluminiumwerkstoffe 225
- Anwendungen 249
- Crashsimulation 995
- Fertigung 237
- Löten 862

Aramidfasern 347
Ausscheidungshärtung
- Aluminiumlegierung 527

Autoklavverfahren 597
Automated Tape Laying (ATL) 593

B

Bake-Hardening-Stähle 205
Bänder, Bleche und Platten
- Aluminium 239

Bauteilauslegung 1026
Bauteilsimulation 959
Bauweisen 66
Bedingungsleichtbau 59
Betriebsfestigkeit 1017
Betriebslastenerfassung - SHM 1096
Betriebslastensimulation 1041
Betriebswirtschaftliche Aspekte 1209
Biegen
- Rohre und Profile 479

Biegeumformung 472

Biologische Vorbilder 1199
Bionik 1189
- Strategien zur Anwendung 1197

Bionische Materialien 1193
Bleche in größeren Dicken
- Stahl 210

Blechformteile 457
Blechhalbzeuge 460
Blechumformung 453
Blitzthermographie
- CFK 1085

Bruchmechanik 972, 981
Bruchverhalten
- FVK 978

Bulk Moulding Compound (BMC) 361

C

CAIRe-Schäftroboter 1121
Carbonfaserhaltige Abfälle 1155
Cash Flow 1223
Closed mouldAusführungen
- (LCM-Technologie) 603

CMC-Werkstoffe 392
- Eigenschaften 395

CMT-Prozess (cold Metal Transfer) 843
ColdArc-Prozess 841
Composite Spray Moulding (CSM) 571
Computer Aided Design (CAD) 77
Computer Aided Engineering CAE 79
Crashverhalten
- FVK 1014
- Metalle 987
- polymere Werkstoffe 1007

D

Delaminationen
- Reparatur 1116

Design for Life Cycle 1175
Differentialbauweise 66
Drähte
- hochfeste Stähle 220

Druckgießverfahren 441

Drucksackverfahren 598
Dualphasenstähle (DP-, DH-Stähle) 208
Durchgehender Schaden
– Reparatur 1137
Duromere 321
Duromere Formmassen 569
Duromerprepregs
– faserverstärkt 363
Duroplast-Spritzgießen 550

E

Eigenschaftsänderungen
– Fertigungsverfahren 515
Einsatzhärten
– Stahl 526
Elastomere 170
Elastomer-Spritzgießen 550
Elastomerwerkstoffe 323
EndofLifeKonzept 1141
Epoxidharzklebstoffe 877
Erweiterter Target Weighing Ansatz (ETWA) 137
Extrusion
– Kunststoffe 543
Extrusionsblasformen
Extrusionsschäumen 554

F

Faser-Direct-Compoundieren (FDC) 578
Faserverbundwerkstoffe
– Anwendungen 621
– Fertigung 567
– Kleben 893
Faserverstärkte Kunststoffe 335
– Anwendungen 373
– Eigenschaften 369
– Fertigung 565
– Prüfverfahren 937
Faserwickeln 619
Feinblech
– Stahl 202
Feingussverfahren 443
Feinschneiden 495
Feinstblech
– Stahl 199
FEM-Analyse 83

FEM-Programme 82
Fertigungsleichtbau 63
Fertigungsverfahren 421
Fiber Composite Spraying (FCS) 571
Fiber Patch Preforming 356
Finite-Elemente-Methode (FEM) 80
Flachprodukte
– Stahl 199
Fließpressen
– Direktverfahren 574
– langfaserverstärkte Thermoplastgranulate 580
– SMC 573
– Thermoplaste 580, 581
Flüssigharz-Imprägnierverfahren 601
Footprinting-Methoden 1173
Formfaktor
– Werkstoffauswahl 187
Formgießen
– Aluminium 237
Formleichtbau 62
Formoptimierung 94
– CAD-basiert 94
– FE-Netzbasiert 95
– mit Sicken 102
Fräsen
– Reparaturverfahren 1121
Free-Size-Optimierung 108
Fügen
– Aluminiumwerkstoffe 244
– Magnesiumwerkstoffe 273
– Titanwerkstoffe 296
Fügeverbindungen
– Crashsimulation 1001
Füllstoffe
– Kunststoffe 330
Funkenerosives Abtragen 511
Funktion-Aufwand-Matrix 139
Funktionsintegration
– Entwicklung 1046
Funktionssemantische Methode (FSM) 43
Fuzzy-Stage-Gate-Ansatz 15

G

Ganzheitliche Bilanzierung 1163
Gasinnendrucktechnik (GIT) 552

Geflechte
- für FVK 353
Gefügegradienten einstellen 534
Gelege
- FVK 352
Geschäumte Polymere 326
Gesticke
- FVK 354
Gesenkschmieden 471
Gewebe
- FVK 351
Gewichtseinsparung
- Grundsätze 245
Gewichtsreduzierung 113
- SHM 1102
Gießen
- Metalle 427
Gießereitechnik 428, 433
Gläser 171
Glasfasen 343
Gologanu-Modell 975
Gussbauteil 427
Gusseisenwerkstoffe 431
Gusslegierungen
- Aluminium 230, 236

H

Haftung
- Matrix und Faser 371
Halbharte Schaumstoffe 328
Halbzeugherstellung
- Titanwerkstoffe 303
Handlaminiertechnik 585
Härtbarkeit
- Stahl 524
Härten 520
- Aluminiumlegierungen 527
- Titanlegierungen 532
Harte Schaumstoffe 328
Harzimprägierverfahren (LCM-Technologie) 605
Heizpressenverfahren 598
Herstellkosten 1213
HLFVWHalbzeuge 626
Hochdruckinjektionsverfahrens (Hochdruck-RTM) 607

Hochleistungspolymere 320
HSLA-Stähle Siehe Mikrolegierte Stähle
Hybridbauweisen
- Blechhalbzeuge 460
Hybride kontinuierlich faserverstärkte Thermoplaste
- Fertigung 627
Hybride Werkstoffverbunde 403
- Gießverfahren 432
Hybridfügen 909
Hybridisierung 407
Hybridkonzepte
- leichtbaurelevant 409

I / J

IF-Stähle 207
In-Line-Compoundieren 578
Input-Output-Ökobilanz 1171
Inspektion
- SHM 1105
Integralbauweise 66
Integriertes Produktentstehungsmodell (iPEM) 20
Investitionsrechnung 1213
- Beispiel 1226
JectbondingTechnologie
- Kunststoffe 547

K

Keilschneiden 495
Keramiken 170
Keramische Verbundwerkstoffe 391
Keramische Werkstoffe
- Systemleichtbau 158
Klebbarkeit
- Leichtbauwerkstoffe 879
Kleben 869
- Beispiele 903
- und Schrauben 919
Klebstoffe 877
Klebverbindungen
- Berechnng 895
Knetlegierungen
- Aluminium 230
Kohlenstofffasern 344

Kohlenstofffaserverstärkte Kunststoffe
- ZfP 1083
Kontinuierlich faserverstärkte Duromere
- Fertigung 585
Kontinuierlich faserverstärkte Thermoplaste 623
Konzeptleichtbau 60
Korrosionsschutz
- Magnesium 267
Kostenmodell
- CFK- vs. Blechbauteil 1218
- Herstellkosten 1214
Kraftverformungskurven
- Hybride 410
Künstliche Intelligenz 37
Kunststoffe 309
- faserverstärkt 335
- Kleben 892
- Verarbeitung 539
Kunststoff-Holz-Hybride 416
Kunststoff-Keramik-Hybride 415
Kunststoff-Kunststoff-Hybride 412
Kunststoff-Metall-Hybride 409

L

Lackierte Bleche
- Kleben 890
Laminierprozess 587
Laserbasiertes Schäften 1127
Laserbearbeitung 510
Lastenermittlung 127
Lastenheft 1027
LCM-Technologien 601
Lebenszyklusanalyse 1167
Leichtbau
- versus Kosten 63
Leichtbaukonstruktionen
- Anforderungen 55
Leichtbaustrategie
- Bauweise 53
Leichte Produkte
- funktionsbasierte Entwicklung 133
Leichtmetalldruckguss
- Schweißen 847
Legierungselemente
- Einfluss auf Magnesium 261

LFTD Technologie 582
Long Fiber Injection (LFI) 572
Lösungsglühen 527
Löten 856

M

Magnesiumbleche
- Zerteilen 497
Magnesiumlegierungen 260
- Anwendungen 274
- Kleben 890
- Zerspanung 505
Magnesiumwerkstoffe
- Crashsimulation 995
- gießbare 429
- Löten 862
Maraging-Stähle 222
Martensitische Stähle (MS-Stähle) 209
Martensitische Umwandlung 520
Massivumformung 462
Matten und Vliese
- FVK 350
Mechanische Fügungen
- ZfP 1082
Mehrkomponentenspritzgießen
- Kunststoffe 551
Metallschutzgasschweißen 830
Micro-MIG-Prozess 844
Mikrolegierte Stähle (HSLA-Stähle) 207
Mikromagnetische Inline-Bestimmung
- Festigkeit 1070
Mischverbindungen
- Löten 863
Modellbasierte Systementwicklung (MBSE) 145
Modulbauweise 67
Monolithische Keramik 387
MSG-Schweißen 836
MuCell-Verfahren
- Kunststoffe 553
Multi-Kaskaden Spritzgießen 607
Multiparameter-Konzept 3MA 1069

N

Nachhaltigkeit 1163, 1167, 1178
Nachhaltigkeitsorientierung 1145

Nähtechnologie
- Faserverstärkung 357
Nasspress-Verfahren 609
Naturfasern 348
Nibbeln 496
Nichtoxidische CMC-Werkstoffe 393
Niederdruck-Kokillengießverfahren 440
Nitrieren
- Stahl 526

O

Oberflächenbehandlung
- Aluminium 243
- Magnesium 268
- Titanwerkstoffe 301
- zum Kleben 879
Oberflächenschutz
- Reparaturverfahren 1115
Ökobilanz 1169
Ökologischen Beurteilung 1173
Open mouldAusführung (LCM-Technologie) 604
Organobleche 625

P

Parameteroptimierung 107
Partikelschäumen 554
Patchherstellung 1132
Physikalische Prüfverfahren
- FVK 939
Plastizitätsmodelle 963
Ply-Stack-Optimierung 109
Polymere 171
Polyurethan
- Fasersprühen 570
Polyurethanschäumen 556
Prepreg
- imprägnierte Halbzeuge 359
Prepreg-Technologien 590
Pressen
- Kunststoffe 558
Pressformen 214
Presshärten
- Blechformteile 458
Produktentstehung 5

Produktentstehungsprozess
- Modellierung 9
- Validierung 153
Produktentwicklung 9
- virtuelle 73
Profilbiegeverfahren 481
Prüfung
- Ausgangswerkstoffe 1067
Pultrusion 617
Punktschweißkleben 1003

Q

Qualitätssicherung 925
Qualitätssicherungsmaßnahmen 931
- Bauwesen 935

R

Rechnergestützte Methoden
- Systemleichtbau 123
Recycling
- Aluminium 249
- chemische Verfahren 1154
- FVK 1151
- Leichtbauwerkstoffe 1148
- mechanische Verfahren 1152
- Stahl 224
- thermische Verfahren 1153
- Titanwerkstoffe 302
Recyclingfähigkeit 1141
Reibelementschweißen 922
Reibschweißen 833
Reinforced-Reaction Injection Moulding (R-RIM) 570
Reparaturen
- FVK-Strukturen 1113
Reparaturkonzepte
- FVK 1109
Reparaturmöglichkeiten
- Aluminium 245
Reparaturverfahren
- monolithische Werkstoffe 1115
Resin Infusion (RI) 615
Resin Liquid Infusion (RLI) 615
Resin Transfer Moulding (RTM)-Verfahren 606
Ressourcenverbrauch 1180

Rheologische Prüfverfahren
- FVK   938
Rohr- und Profilextrusion
- Kunststoffe   544
Rotationsformen
- Kunststoffe   560
RTM-Verfahren (LCM-Technologie)   606
Rührreibschweißen   834

S
Sandwichstrukturen
- Reparatur   1135
Sandwichverbunde   407
Schäden
- FVK-Strukturen   1113
Schadensakkumulation   1044
Schadensdetektion   1091
Schädigungsmodelle   972
Schäften
- Reparaturverfahren   1118
Schäumverfahren   554
Schleifen   509
- Reparaturverfahren   1116
Schmieden   470
Schmiedestücke
- Stähle für   217
Schneidstoffe   500
Schrauben
- und Kleben   919
Schweißen   825
Schwerkraftguss   436
Schwerkraftsandguss   439
SHM-Methoden   1094
Sickenbilder   104
Siliciumnitrid
- Anwendung   390
Size-Optimierung   109
SPALTEN
- Produktentstehungsprozess   24
Spanen
- Trennen   498
Spritzgießen
- faserverstärkte Thermoplaste   576
- Kunststoffe   547
Stage-Gate-Modell von Cooper   15

Stahlbleche
- Kleben   881
Stähle
- gießbar   431
- höchstfeste   221
- Löten   859
- Maraging-Stähle   222
Standardkunststoffe   319
Stanzen   495
Stoffeigenschaften ändern   517
Stoffleichtbau   61
Strangpressen   463
Strangpressprofile
- Aluminium   239
Structural Component Spraying (SCS)   572
Structural Health Monitoring (SHM)   1093
Strukturkeramik   387
Strukturoptimierung   87
- SHM   1099
Strukturwerkstoffe, mittelfeste
- Aluminium   233
Systemleichtbau   113
Systemtechnik
- Produktentstehung   12

T
Tapelegetechnologien   623
Technische Keramik   383
- Anwendungen   390
Technology Intelligence   37
Textile Halbzeuge
- für FVK   350
Text-Mining-Systeme   49
Texturmodelle   967
Thermische Eigenschaften   949
Thermisches Fügen   823, 869
Thermischmechanische Fügeverfahren   920
Thermochemische Verfahren
- Stahlumwandlung   526
Thermographie
- FVK   1074
Thermomechanisches Behandeln
- Titanlegierungen   532
Thermoplaste   316
- faserverstärkt   365

– mechanische Eigenschaften 1009
Thermoplastische Elastomere (TPE) 325
Thermoplast-Spritzgießen 548
Tiefziehen
– Kunststoffe 559
Titanbleche
– Zerteilen 498
Titanlegierungen 286
– Eigenschaften 289
– Formguss 430
– Kleben 890
– Zerspanung 501
Titanwerkstoffe 281
– Löten 863
– Verarbeitung 293
Topologieoptimierung 87
Trennen
– faserverstärkte Kunststoffe 633
– Fertigungsverfahren 491
– und Spanen 243
TRIP-Stähle 209
– Crashsimulation 998

U

Ultraschallprüfung
– FVK 1073
Umformen
– Magnesium 272
– Metalle 449
– Titanwerkstoffe 300
Umformverfahren 451
Urformen 425
– Aluminium 237
– Magnesium 271
– Metalle 423

V

Vakuuminfusionsverfahren 609
Vakuumsackverfahren 598
VAP-Verfahren 612
VARI-Verfahren 611
VARTM-Verfahren 609
Verbundbauweise 68
Verbundwerkstoffe 172, 405
– Prinzip 339

– ZfP 1078
Verbundstrangpressen 469
Verfestigungsstrahlen 519
Verfestigte Werkstoffe
– Schweißen 849
Vergütungsstähle 525
– höchstfeste 221
Vernetzte Polyurethane 321
Versagensformen
– Beispiele 1029
Versagensmodelle 972
– Crashsimulation 992
Verstärkungsfasern
– für Keramik 392
– für Kunststoffe 343
Virtuelle Produktentwicklung 73
V-Modell der VDI-Richtlinie 2206 16
von Mises-Modell 964

W

Walzprofilieren 475
Wärmebehandlung 520
Wasserstrahlschneiden 508
Weichelastische Schaumstoffe 327
Werkstoffauswahl
– Diagramme 183
– Leichtbau 167
– Werkstoffindices 177
Werkstoffe
– Eigenschaften 169
Werkstoffindices
– leichtbaurelevant 181
– Werkstoffauswahl 177
Werkstoffverbund 405
Werkstoffverbunde
– Aluminium 240
– ZfP 1078

Z

Zeit-Temperatur-Umwandlungsschaubilder 522
Zerspanen 498
Zerstörungsfreie Prüfung 1063
– FVK 1072
Zerteilen 495

So haben Sie Stahl noch nie gesehen!

HANSER

Bleck, Moeller (Hrsg.)
Handbuch Stahl
Auswahl, Verarbeitung, Anwendung
944 Seiten. E-Book inside. Komplett in Farbe
€ 250,–. ISBN 978-3-446-44961-9
Auch einzeln als E-Book erhältlich

Stahl ist der wichtigste Konstruktionswerkstoff.

Im Maschinen- und Anlagenbau, Fahrzeugbau, Schiffbau, Stahlbau und in vielen anderen Industriebereichen ist er durch keinen anderen Werkstoff zu ersetzen. Für jeden Anwendungszweck gibt es passende Stahlsorten am Markt zu kaufen. Die Anzahl der Möglichkeiten ist sehr groß und somit auch die Schwierigkeit, den genau passenden Stahl zu finden bzw. zu erzeugen. Das vorliegende Handbuch hilft Ihnen, dieses Problem zu lösen. Damit stellt dieses Handbuch eine wertvolle Ergänzung zu etablierten Normenverzeichnissen und Herstellerkatalogen dar.

Das Handbuch Stahl zeigt, wie es andere Anwender gemacht haben und bietet eine unvergleichliche Fundgrube von Anregungen für Konstrukteure und Ingenieure, die es in dieser Form sonst nirgends gibt.

Mehr Informationen finden Sie unter **www.hanser-fachbuch.de**

HANSER

FEA mit frei verfügbarer Software

Rieg, Hackenschmidt, Alber-Laukant
Finite Elemente Analyse für Ingenieure
Grundlagen und praktische Anwendungen mit Z88Aurora
6., überarbeitete und erweiterte Auflage
803 Seiten
€ 69,–. ISBN 978-3-446-45639-6
Auch einzeln als E-Book erhältlich

- Finite Elemente Analyse in Theorie und Praxis verständlich erklärt
- Ermöglicht die schnelle Berechnung einfacher Bauteile, aber auch komplexe Berechnungen für ganze Baugruppen, die bei professionellen Anwendungen häufig gebraucht werden
- Über 30 Beispiele demonstrieren die praktische Anwendung
- Exklusiv: Mit frei verfügbaren Vollversionen der FEA-Programme Z88 und Z88 Aurora
- Z88 Aurora enthält ein neues Modul »Arion«, mit dem sich Strukturoptimierungen für Leichtbauteile durchführen lassen

Mehr Informationen finden Sie unter **www.hanser-fachbuch.de**

HANSER

Composite Lightweighting: A Holistic Approach

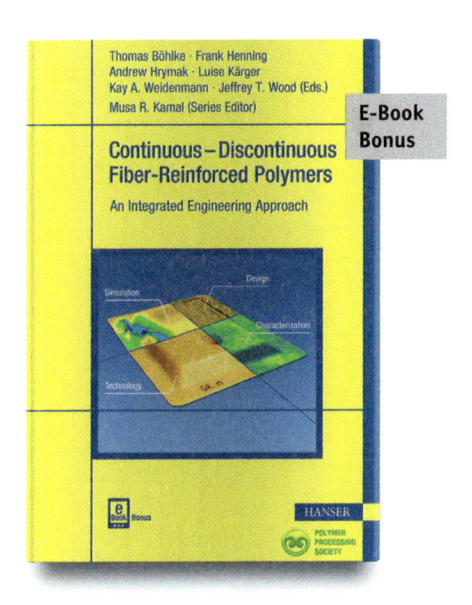

Böhlke, Henning, Hrymak, Kärger, Weidenmann, Wood (Ed.)
Continuous–Discontinuous Fiber-Reinforced Polymers
An Integrated Engineering Approach
348 pages. In full color
€ 169.–. ISBN 978-1-56990-692-7

Also available separately as an eBook

- An integrated and holistic approach for composites material selection, product design, and mechanical properties

- Characterization, simulation, technology, future research, and implementation directions are discussed

- Includes both continuous and discontinuous fiber processing strategies

- Covers specific design strategies for advanced composite reinforcement strategies

- Provides an excellent foundation for the enhancement of scientific methods and the education of engineers who need an interdisciplinary understanding of process and material techniques especially in the field of application of three-dimensional load-bearing structures

More information at **www.hanserpublications.com**

Comprehensive and Easy-to-use

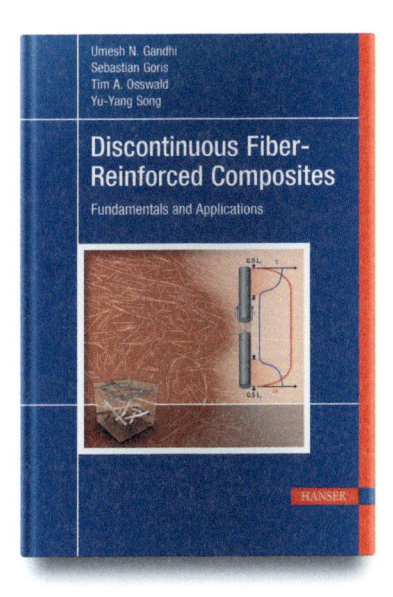

Gandhi, Goris, Osswald, Song
Discontinuous Fiber-Reinforced Composites
Fundamentals and Applications
480 pages. In full color
€ 179.99. ISBN 978-1-56990-694-1

Also available separately as an eBook

- Provides the theoretical and practical background to design and use discontinuous fiber-reinforced polymer materials, with an emphasis on structural parts for the automotive industry
- Makes it possible for someone with an engineering background to understand the micromechanics and analyze the structural performance of components made of these materials
- Covers the key, unique capabilities that are critical for a successful structural analysis
- Includes a broad range of real-world examples, such as joining and hybrid composite materials

More information at **www.hanserpublications.com**